阀门手册
——选型

张清双　尹玉杰　明赐东　主编

FAMEN SHOUCE
XUANXING

化学工业出版社

·北京·

本书由中国阀门信息网（沈阳阀门研究所）组织编写。全书针对阀门用户的实际需求，在介绍了各种阀门选型基本知识的基础上，重点介绍了各种阀门的结构、技术特点、应用场合及选用原则等内容，阀门种类包括闸阀、球阀、蝶阀、截止阀、止回阀、旋塞阀、柱塞阀、隔膜阀、电磁阀、节流阀、蒸汽疏水阀、减压阀、安全阀、调节阀、放料阀、塑料阀门、陶瓷阀门以及供水管网、水力发电、火力发电、核工业、油罐、炼化装置、高炉炼铁等专用阀门。

可作为设计院所及终端用户阀门选型使用，也可供从事阀门工作的工程技术人员、阀门使用维修人员以及设备管理人员参考。

图书在版编目（CIP）数据

阀门手册——选型/张清双，尹玉杰，明赐东主编.
北京：化学工业出版社，2012.8（2024.4重印）
ISBN 978-7-122-14701-1

Ⅰ.①阀… Ⅱ.①张…②尹…③明… Ⅲ.①阀门-选型-技术手册 Ⅳ.①TH134-62

中国版本图书馆CIP数据核字（2012）第142819号

责任编辑：张兴辉　韩亚南　　装帧设计：王晓宇
责任校对：陈　静

出版发行：化学工业出版社（北京市东城区青年湖南街13号　邮政编码100011）
印　　装：北京天宇星印刷厂
787mm×1092mm　1/16　印张42¾　字数1338千字　2024年4月北京第1版第14次印刷

购书咨询：010-64518888　　售后服务：010-64518899
网　　址：http://www.cip.com.cn
凡购买本书，如有缺损质量问题，本社销售中心负责调换。

定　　价：138.00元

《阀门手册——选型》编委会

《阀门手册——选型》编写人员

主　　　编　张清双　尹玉杰　明赐东

副　主　编（按姓氏笔画排序）

乐精华　刘晓英　邬佑靖　肖而宽　肖奎军　张汉林　张逸芳
李树勋　杨　恒　陈国顺　胡远银　鹿焕成　谢　韬　缪富声

其他编写人员　金　晶　孙宝杰　纪永武　周子民　肖　朋　于晓沅　王同越
王永山　李春华　崔　硕　邢卫平　杨刚保　梁碧华　李习洪
孙明菊　张惠东　周　超　杜静瑶　夏　燕　盛广波　花云双
胡陈春

总　　　审　丁伟民　林瑞义

前　言

近年来随着阀门产品的不断开发，国外阀门技术的引进，阀门种类日渐增多，阀门结构不断更新换代，对阀门用户的要求也越来越高。为了确保阀门用户合理选型，更好地适应阀门技术发展的新形势和新要求，中国阀门信息网（沈阳阀门研究所）组织行业力量编写了《阀门手册——选型》一书。

全书共分32章。该书从阀门用户的实际需求出发，系统地介绍了各种阀门的特点及选型的基本知识，许多内容在阀门行业出版史上属于首次出现，如核工业用阀门、衬里阀门、低温阀门和电磁阀等。该书容纳了新标准、新知识和新经验，内容完整实用，对于设计院所、工程公司及终端用户采购部门如何进行阀门选型是一本很好的参考书。本书也可作为从事阀门设计工作的工程技术人员、阀门销售人员及大中专院校的师生的参考工具书。

在本书的编写过程中，众多行业专家参与编写工作，如肖尔宽、郜佑靖、胡远银、鹿焕成、乐精华、杨恒、张汉林、明赐东、缪富声、张逸芳和刘晓英等，同时也邀请到兰州理工大学硕士生导师李树勋教授参与本书部分章节的编写工作。

本书第1章由尹玉杰编写；第2章由周子民和肖朋编写；第3章由郜佑靖编写；第4章由肖尔宽编写；第5、6、7、8、9、11、16、17、20、27章由张清双编写；第10章由孙宝杰和纪永武等编写；第12章由李树勋编写；第13章由金晶和崔硕等编写；第14章由缪富声编写；第15章由明赐东和谢韬等编写；第18章由夏燕、杜静瑶和盛广波编写；第19章由胡远银编写；第21章由乐精华编写；第22章由张惠东编写；第23章第1节由杨刚宝、梁碧华、李习洪和周超等编写，第2、3、4节由陈国顺编写；第24章由张汉林编写；第25章第1节由鹿焕成编写，第2、3、4节由张清双和胡陈春编写；第26章由刘晓英、王同越和王永山编写；第28章由孙明菊编写；第29章由张逸芳编写；第30章由肖奎军和邢卫平编写；第31章由杨恒编写；第32章由李春华和花云双编写。

对书中所有的作者表示感谢，是他们的努力才使得本书付诸出版，事实上，正是由于他们在各个方面的专业知识，才使得本书得以涵盖各种阀门的特点及一些特殊工况的阀门产品选型，单靠我们之中的某一个人，由于缺少全方位的经验以及时间上的限制，是不可能完成此书的。

我们还邀请了阀门行业专家，享受国务院特殊津贴的原沈阳高中压阀门厂（现沈阳盛世高中压阀门有限公司）总工程师丁伟民高级工程师和原福州阀门总厂总工程师林瑞义高级工程师负责本书的审核工作，对参与本书审核的专家表示感谢。

在整个书籍的准备过程中，于晓沅负责全书的编辑工作，她在本书各章的组合方面给予了特别的帮助。

本书不仅引用了国内外有关的文献和资料，而且引用了一些科研院所、设计院、大专院校以及阀门制造企业的参考资料，还得到了相关企业和设计院提供的一些基础资料，编者谨在此一并表示衷心的感谢！

在各章后面都注明了相关的参考文献，其中亦不乏国内早期有影响的经典之作，这既可方便读者直接查阅、核对，同时也借此机会表达对前辈的无限敬意！

本书在编写过程中承蒙北京市阀门总厂（集团）有限公司、沈阳盛世高中压阀门有限公司、江苏神通阀门股份有限公司、上海耐腐阀门集团有限公司、江苏竹箦阀业有限公司、永嘉县科技开发服务中心等单位的关切及大力支持，并给该书的编写创造了条件，致以衷心的感谢。另外，本书在出版过程中得到了化学工业出版社有关领导及专家的指导和帮助，在审稿过程中，化学工业出版社的编辑也做了大量细致的工作，在此也一并表示衷心的感谢！

由于阀门涉及的行业及工况条件极为广泛，而且近年来阀门的参数变化又非常迅速，部分情况难以及时、完全掌握。尽管编者千方百计从各种渠道搜集资料及信息，但由于时间和水平所限，不当之处仍恐难免，敬请读者予以指正！

编　者

目　　录

第1章　阀门选型基本知识

1.1　概述

阀门是用来控制管道内介质的，具有可动机构的机械产品的总体。其基本功能是接通或切断管路介质的流通，改变介质的流动方向，调节介质的压力和流量，保护管路和设备的正常运行。

随着现代科学技术的发展，阀门在工业、建筑、农业、国防、科研以及人民生活等方面使用日益普遍，阀门现已成为人类活动的各个领域中不可缺少的通用机械产品。

工业用阀门诞生在蒸汽机发明之后，近十几年来，由于石油、化工、电站、冶金、船舶、核能、宇航等方面的需要，对阀门提出了更高的要求，促使人们研究和生产高参数的阀门。工作温度从−269℃的超低温到3430℃的高温，工作压力从超真空1.33×10^{-8}Pa到超高压1460MPa，公称尺寸从几毫米的仪表阀到公称尺寸十几米、重几十吨的工业管路阀，驱动方式从最初的手动发展到电动、气动、液动直至如今的程控、数控、遥控等。

从以上描述可知，阀门的用途极为广泛，但是如果选型、使用维护不当，造成阀门泄漏，由此引起的火灾、爆炸、中毒、烫伤事故及造成能源浪费、设备腐蚀、物料增耗、环境污染，甚至造成停产等事故，后果将难以想象。如何正确了解、选择、安装及使用维护阀门，成为广大用户及工程技术人员迫在眉睫的问题。

1.2　阀门的分类

随着各类成套设备工艺流程和性能的不断改进，阀门的种类也在不断变化增加着。阀门的分类方法有很多种，分类方法不同，结果也不相同，常用的几种分类方法如下。

1.2.1　按用途和作用分类

阀门按用途和作用分类可分为截断阀类、止回阀类、分流阀类、调节阀类、安全阀类、其他特殊专用阀类和多用途阀类。

截断阀类——主要用于截断或接通管道中的介质。如闸阀、截止阀、球阀、旋塞阀、蝶阀等。

止回阀类——用于阻止介质倒流。如止回阀等。

分流阀类——用于改变管路中介质的流向，起分配、分流或混合介质的作用。如三通或四通旋塞阀、三通或四通球阀、分配阀等。

调节阀类——主要用于调节介质的流量和压力等。如调节阀、减压阀、节流阀、平衡阀等。

安全阀类——用于超压安全保护，排放多余介质，以防止压力超过额定的安全数值，当压力恢复正常后，阀门再关闭阻止介质继续流出。如各种安全阀、溢流阀等。

其他特殊专用阀类——如蒸汽疏水阀、放空阀、排渣阀、排污阀、清管阀等。

多用途阀类——如截止止回阀、止回球阀、截止止回安全阀等。

1.2.2　按动力源分类

阀门按动力源分类可分为自动阀门和驱动阀门。

自动阀门——依靠介质（液体、空气、蒸汽等）本身的能力而自行动作的阀门。如安全阀、止回阀、减压阀、蒸汽疏水阀、紧急切断阀等。

驱动阀门——借助手动、电力、气力或液力来操作的阀门。如闸阀、截止阀、球阀、蝶阀、隔膜阀等。

1.2.3　按主要技术参数分类

(1) 按公称尺寸分类

阀门按公称尺寸可分为小口径阀门、中口径阀门、大口径阀门和特大口径阀门。

小口径阀门——公称尺寸≤DN40的阀门。

中口径阀门——公称尺寸DN，DN50≤DN≤DN300的阀门。

大口径阀门——公称尺寸DN，DN350≤DN≤DN1200的阀门。

特大口径阀门——公称尺寸≥DN1400的阀门。

(2) 按公称压力分类

阀门按公称压力可分为真空阀、低压阀、中压阀、高压阀和超高压阀。

低真空阀门——10^5～10^2Pa。

中真空阀门——10^2～10^{-1}Pa。

高真空阀门——10^{-1}～10^{-5}Pa。

超高真空阀门——<10^{-5}Pa。

低压阀——公称压力≤PN16的阀门。

中压阀——PN16<公称压力≤PN100的阀门。

高压阀——PN100<公称压力≤PN1000的阀门。

超高压阀——公称压力>PN1000的阀门。

(3) 按介质极限工作温度分类

阀门按工作温度可分为高温阀、中温阀、常温阀、低温阀和超低温阀。

高温阀——$t>425$℃的阀门。

中温阀——120℃$\leqslant t \leqslant$425℃的阀门。

常温阀——-29℃$<t<$120℃的阀门。

低温阀——-100℃$\leqslant t \leqslant -29$℃的阀门。

超低温阀——$t<-100$℃的阀门。

(4) 按壳体材料分类

阀门按壳体材料可分为非金属阀门、金属阀门和金属衬里阀门。

非金属阀门——陶瓷阀门、玻璃钢阀门、塑料阀门等。

金属阀门——铸钢阀门、铸铁阀门、合金阀门等。

金属衬里阀门——衬铅阀门、衬塑阀门、衬胶阀门、衬搪瓷阀门等。

(5) 按与管道的连接方式分类

阀门按与管道的连接方式可分为螺纹连接阀门、法兰连接阀门、焊接连接阀门、对夹连接阀门、卡箍连接阀门和卡套连接阀门。

螺纹连接阀门——阀体上带有内螺纹或外螺纹，与管道采用螺纹连接的阀门。

法兰连接阀门——阀体上带有法兰，与管道采用法兰连接的阀门。

焊接连接阀门——阀体上带有对焊口或承插口，与管道采用焊接连接的阀门。

对夹连接阀门——阀体无法兰或有单法兰，与管道采用对夹连接的阀门。

卡箍连接阀门——阀体上带有夹口，与管道采用卡箍连接的阀门。

卡套连接阀门——用卡套与管道连接的阀门。

1.2.4 按结构特征分类

阀门按结构特征可分为截门形、闸门形、旋塞和球形、旋启形、滑阀形和蝶形。

截门形——关闭件沿着阀座的中心线移动，如图1-1所示。

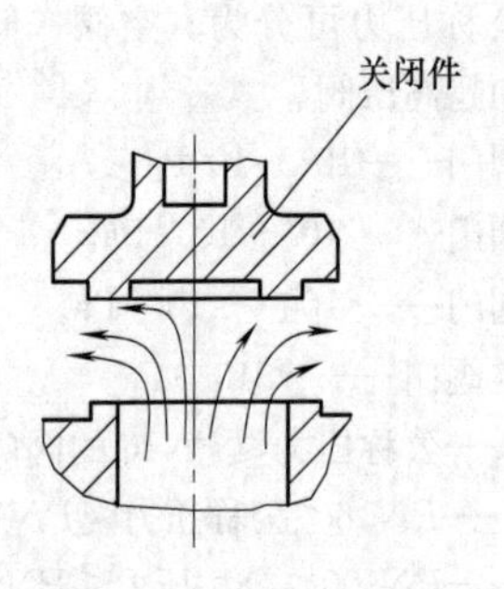

图 1-1 截门形结构

闸门形——关闭件沿着垂直于阀座中心线的方向移动，如图1-2所示。

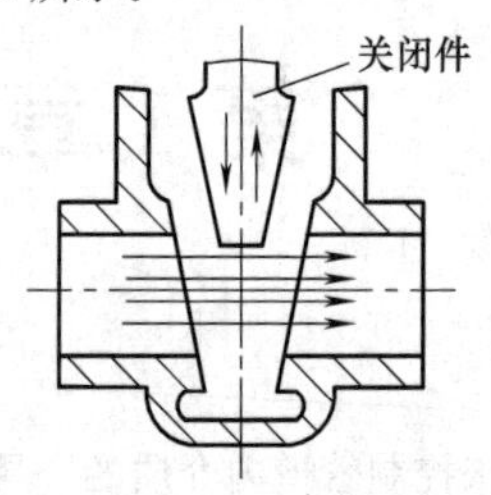

图 1-2 闸门形结构

旋塞和球形——关闭件是柱塞、锥塞或球体，围绕本身的轴线旋转，如图1-3所示。

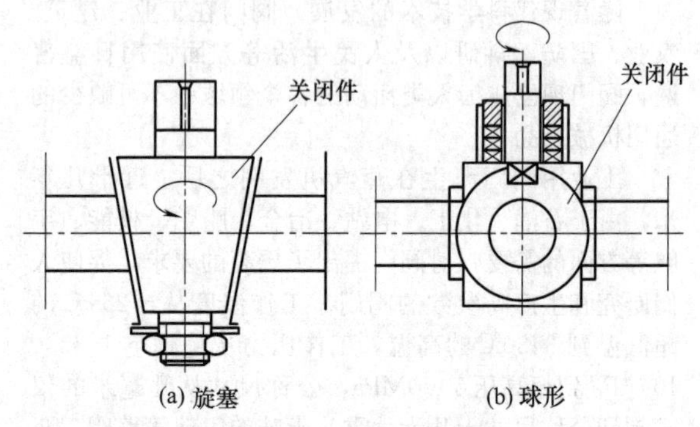

图 1-3 旋塞和球形结构

旋启形——关闭件围绕阀座外的轴线旋转，如图1-4所示。

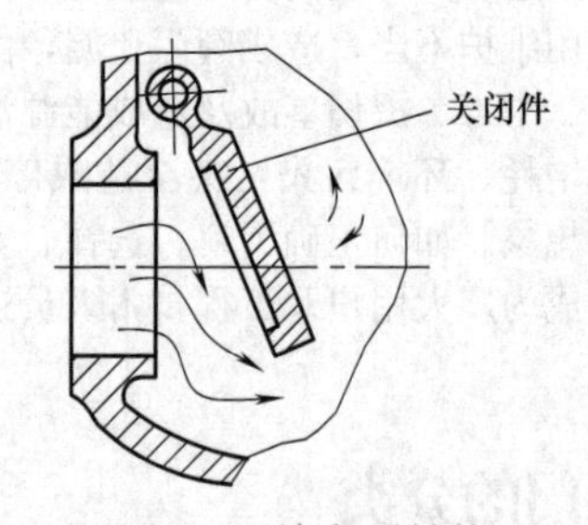

图 1-4 旋启形结构

滑阀形——关闭件在垂直于通道的方向上滑动，如图1-5所示。

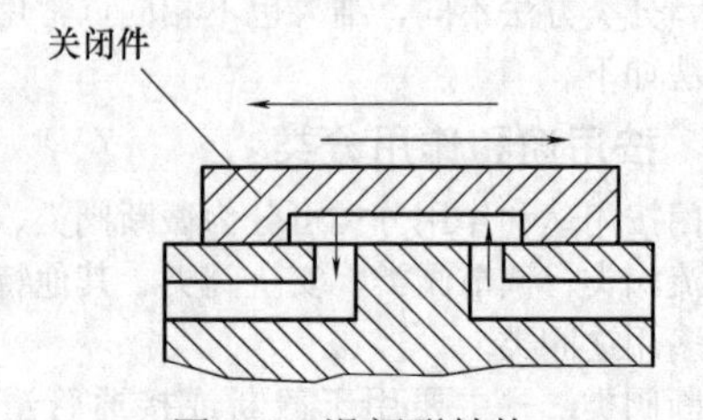

图 1-5 滑阀形结构

蝶形——关闭件的圆盘围绕阀座内的轴线旋转（中线式），或围绕阀座外的轴线旋转（偏心式）的结构，如图1-6所示。

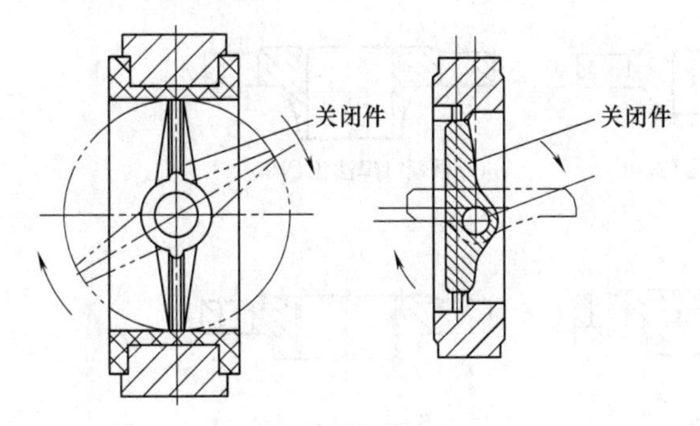

图 1-6　蝶形结构

1.3　阀门型号编制方法

对阀门型号的编制，20 世纪 60 年代我国就制定了 JB 308—62《阀门型号编制方法》。目前，《阀门型号编制方法》标准较新版本为 JB/T 308—2004。通用阀门型号的编制一直基于该标准进行。阀门型号的统一，给阀门的选型、设计和经销提供了方便。阀门制造厂一般按上述标准进行阀门的统一编号。

当今阀门的类型和材料种类越来越多，阀门型号的编制也越来越复杂。虽然我国有阀门型号编制的统一标准，但已不能完全适应阀门工业发展的需要，逐步演变出一些行业或单位自己的编号方法。例如，在石油化工行业，石化设计院为了使装置采用的阀门科学化、规范化以及便于计算机统计，制定了一套阀门型号编制规定——《阀门编码规定》。在《阀门编码规定》中，对阀门类型、端部连接形式、压力等级、壳体材质、阀杆材质、密封副材质、壳体连接的紧固件材质、特殊要求、阀门密封用垫片和填料等项进行了编码规定。读者在接触到相关内容时，可查阅相关设计院或工程公司的《阀门编码规定》。

1.4　阀门端部连接

阀门端部连接结构及尺寸对于阀门能否正常安装使用至关重要，如果选择不当，易引起安装过程中尺寸或连接结构不匹配，导致阀门无法安装。因此，在选择阀门时，应特别注意。正确、合适地选择阀门端部连接结构，才能保证阀门顺利安装使用。

阀门连接端连接形式通常分为：螺纹式、法兰式、焊接式、卡箍及卡套式。

1.4.1　螺纹连接结构

螺纹连接属于可拆卸连接，不宜焊接或需要拆卸的场合大多使用螺纹连接，对于＞$DN50$ 的螺纹连接可用于没有危险的流体，但其连接不易控制，并且很难在不损伤构件情况下，施加足够的转矩来拧紧连接接头，所以螺纹连接大多用于≤$DN50$ 没有危险流体的管道中。螺纹连接分内螺纹连接和外螺纹连接两种，其结构又分为直管螺纹和锥管螺纹。内螺纹连接通常将阀体端部加工成锥管螺纹或直管阴螺纹，与其连接的管道加工成锥管螺纹或直管阳螺纹。外螺纹连接是将阀体端部加工成阳螺纹，便于安装和拆卸螺纹端部的阀门。由于这种连接可能出现较大的泄漏沟道，故可以采用密封剂、密封胶带或填料来堵塞这些沟道。如果阀体的材料是可以焊接的，螺纹连接后还可以进行密封焊。直管螺纹用于一些进行单独密封的地方，直管螺纹会形成机械连接，并且为密封和压缩密封力提供相应的位置；锥管螺纹主要用于工艺生产中，工艺密封是通过锥形螺纹的锁定作用来完成的。

1.4.2　法兰连接结构

对于＞$DN50$ 的管道，法兰是最常用的连接方法，法兰连接的阀门，安装和拆卸都非常方便，而且适用的公称尺寸和公称压力非常广。与阀门连接的法兰，可分为平焊法兰、对焊法兰、承插焊法兰、整体法兰等；按密封面形式又可分为全平面法兰、突面法兰、凹凸面法兰、榫槽面法兰和环连接面法兰。各种法兰结构形式和密封面形式选择取决于不同的使用工况。

一般在客户无特殊要求的情况下，阀门的连接法兰都是与阀门一起铸造出来的，称之为整体式法兰，也是法兰连接中最常用的；平焊法兰由于结构强度、刚度较低，多使用于条件较缓和的工况下，如低压循环水用阀门，一般低压压缩空气用阀门等，其优点是价格低廉、安装方便；螺纹法兰的使用范围不能超过 $DN150$，适用工况与平焊法兰相似，但螺纹法兰的密封和准确定位是很难做到的，因此当管道要求不能有任何泄漏时，一般不考虑螺纹法兰；在小尺寸的法兰中承插焊是很常见的，这种法兰很容易安装和焊接，但是不能用于有毒流体，因为焊缝很难进行射线探伤，也不能用于会导致产生腐蚀或者引起腐蚀问题的流体管道，常用于小于或等于 $PN100$，小于或等于 $DN50$ 的没有危险流体的管路中；对焊法兰其颈部过渡结构强度和刚度都较好，可与管子对焊连接并很容易进行射线检测，使其具有极高的整体性，因此可适用于工况较苛刻的场合，如油气及化工介质等。

常用法兰类型及代号如图 1-7 所示。

全平面法兰一般用于低压铸铁、铸钢或非金属阀门中。突面法兰在中低压情况下能达到很好的密封效果，故在客户无特殊要求时中低压阀门大多采用突面法兰。榫槽式法兰是将平垫片安装在封闭槽中，这种结构在密封面上，可产生很高的密封比压，通常远远超过垫片材料的屈服点，从而保证了可靠的密封性。其缺点是长期使用后，阀门部件维修或更换时，垫片难以从密封槽中取出，如果硬性取出，往往会将密封

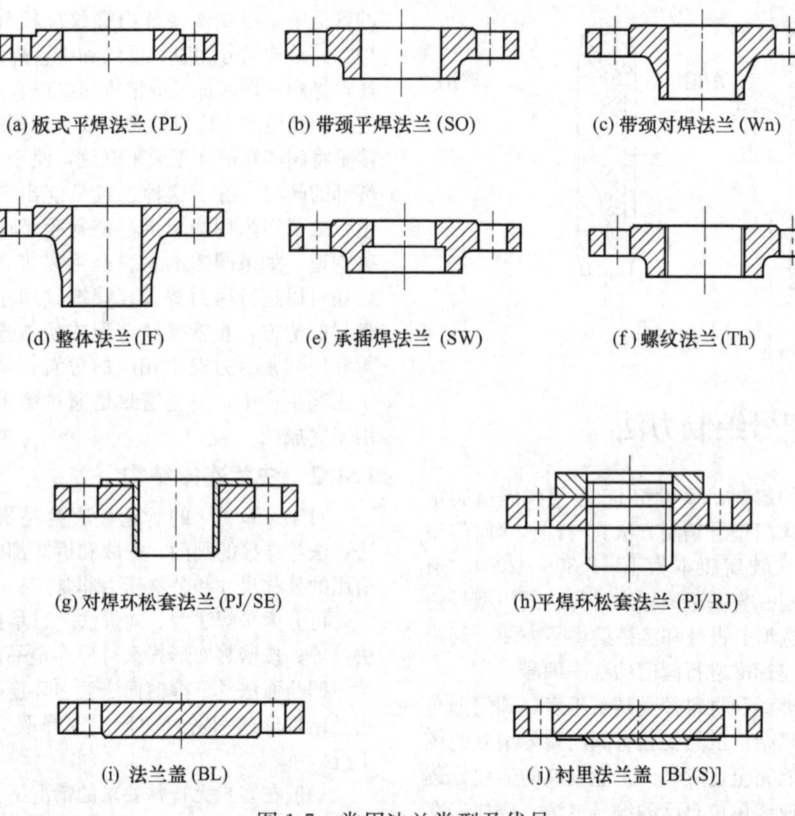

图 1-7 常用法兰类型及代号

槽损坏，所以这种法兰并不是广泛使用的法兰类型，它的用途也很有限。凹凸式法兰是将平垫片安装在凹面法兰的密封面内，与榫槽式密封结构相比，其易于拆卸，其缺点是垫片容易与介质接触，使用在高压下易被介质冲刷、变形，无法起到良好的密封效果，设计、制造时可根据实际需要适当地加入内、外环，及内、外包边，以提高其密封效果。环连接面法兰是在两个带有环形凹槽的突面法兰中放入一个环形软金属环垫片，垫片会有轻微的变形以起到密封作用，它广泛用于高压和有毒流体管道。常用法兰密封面类型及代号如图 1-8 所示。

1.4.3 焊接端部连接结构

这种结构适用于各种压力和温度，在较苛刻的条件下使用时候，比法兰连接更为可靠。但是焊接连接的阀门拆卸和重新安装都比较困难，所以它的使用限于通常能长期可靠地运行，或使用条件苛刻、温度较高的场合。如火力发电站、核能工程、乙烯工程的管道上。

对于≤*DN*50、壁厚较薄的管道焊接阀门通常具有焊接插口来承接带平面端的管道。但由于承插焊接在插口与管道间形成缝隙，因而有可能使缝隙受到某些介质的腐蚀，同时管道的振动会使连接部位疲劳，因此承插焊接的使用也受到一定的限制。

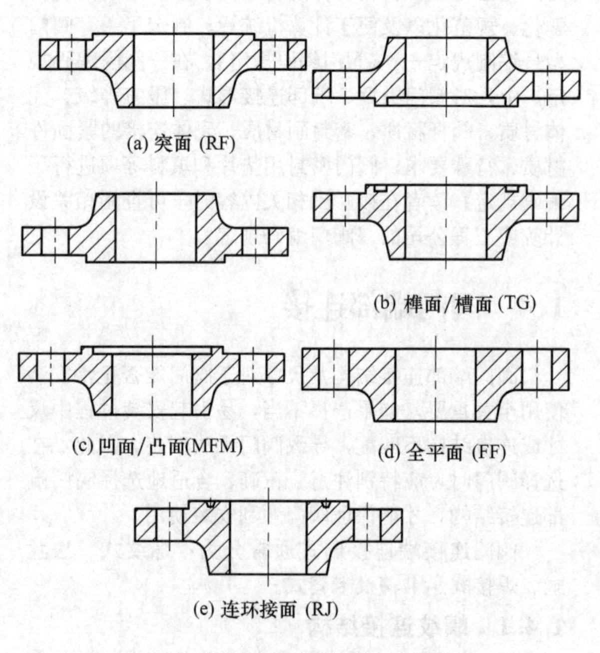

图 1-8 常用法兰密封面类型及代号

1.4.4 卡箍连接结构

卡箍连接结构具有独特的柔性特点，使管路具有抗振动、抗收缩和膨胀的能力，与焊接和法兰连接相比，管路系统的稳定性增加，并能够更好地抵御由于振动引起的疲劳，更适合温度的变化，从而保护了管路组件，也减少了管道应力对结构件的破坏，其操作简单，所需要的操作空间变小，维修方便。被广泛用于卫生工况和快速拆卸等极端操作的工况。

1.4.5 卡套连接结构

卡套连接特点是依靠卡套的切割刃口，紧紧咬住钢管管壁，使管内的高压流体得到完全密封。这种连接结构具有连接紧固、耐冲击、抗振动性好、维修方便、防火防爆和耐压能力高、密封性能良好等优点，是电站、炼油、化工装置和仪表测量管路中的一种先进连接方式。

1.5 阀门常用材料

1.5.1 阀门常用材料性能

(1) 铸铁

① 灰铸铁：如HT200、HT250等，适用于公称压力不大于*PN*16，工作温度在－10～100℃之间的油类、一般性质的液体介质（水、蒸汽、石油产品等）；公称压力不大于*PN*10，工作温度在－10～200℃之间的蒸汽、一般性质气体、煤气、氨气等介质（氨、醇、醛、醚、酮、酯等腐蚀性较低的介质）。它不适用于盐酸、硝酸等介质。但能用于浓硫酸中，这是因为浓硫酸能对其金属表面产生一层钝化膜，以阻止浓硫酸对铸铁的腐蚀。

② 可锻铸铁：如KTH350-10、KTH450-06等，适用于公称压力不大于*PN*25，工作温度在－10～300℃之间的蒸汽、一般性质气体和液体、油类等介质。其耐蚀性能与灰铸铁相似。

③ 球墨铸铁：如QT400-15、QT450-10等，适用于公称压力不大于*PN*25工作温度在－10～300℃之间的蒸汽、一般性质气体及油类等介质。其耐腐蚀性较强，能在一定浓度的硫酸、硝酸、酸性盐中工作。但不耐氟酸、强碱、盐酸和三氯化铁热溶液的腐蚀。使用时要避免骤热、骤冷，否则会破裂。

④ 镍铸铁：耐碱性能比灰铸铁、球墨铸铁阀门强；用于稀硫酸、稀盐酸和苛性碱中，镍铸铁是一种理想的阀用材料。

(2) 碳素钢

碳素钢有WCA、WCB和WCC等，适用于工作温度在－29～425℃之间的蒸汽、非腐蚀性气体、石油及相关制品等介质。

(3) 不锈钢

① 304系列不锈钢一般适用于工作温度在－196～650℃之间的蒸汽、非腐蚀性气体、石油及相关制品等介质；工作温度在－30～200℃之间的腐蚀性介质。其耐大气性优良，能耐硝酸和其他氧化性介质，也能耐碱、水、盐、有机酸及其他有机化合物的腐蚀。但不耐硫酸、盐酸等非氧化性酸的腐蚀，也不耐不干燥的氯化氢、氧化性的氯化物和草酸、乳酸等有机酸。

② 在304的基础上增含2%～3%钼的316系列不锈钢，其耐蚀性能比304系列不锈钢更为优越，它在非氧化性酸和热的有机酸、氯化物中的耐蚀性能比铬镍不锈钢好，抗孔蚀性也好。

③ 含钛或铌的321、347系列不锈钢对晶间腐蚀有较强的抵抗力。

④ 含高铬、高镍的904L系列不锈钢，其耐蚀性能比普通不锈钢更高，可用于处理硫酸、磷酸、混酸、亚硫酸、有机酸、碱、盐溶液、硫化氢等，甚至可用于某些浓度下的高温场合。但不耐浓或热的盐酸及湿的氟、氯、溴、碘、王水等的腐蚀。

(4) 铜合金

铜合金主要适用于公称压力不大于*PN*25，工作温度在－40～180℃之间氧气、海水管路用的阀门中，其对水、海水、多种盐溶液、有机物有良好的耐蚀性能。对不含有氧或氧化剂的硫酸、磷酸、醋酸、稀盐酸等有较好的耐蚀性，同时对碱有很好的抗力。但不耐硝酸、浓硫酸等氧化性酸的腐蚀，也不耐熔融金属、硫和硫化物的腐蚀。切忌与氨接触，它能使铜及铜合金产生应力腐蚀破裂。选用时应该注意，铜合金的牌号不同，其耐腐蚀性有一定的差异。

(5) 铝合金

铝合金对强氧化性的浓硝酸的耐蚀性好，能耐有机酸和溶剂。但在还原性介质、强酸、强碱中不耐蚀。铝的纯度越高，耐蚀性越好，但强度较低，只能用作压力很低的阀门或阀门衬里。

(6) 钛合金

钛合金主要适用于公称压力不大于*PN*25，工作温度在－30～316℃之间的海水、氯化物、氧化性酸、有机酸、碱类等介质。钛是活性金属，在常温下能生成耐蚀性很好的氧化膜。它能耐海水、各种氯化物和次氯酸盐、湿氯、氧化性酸、有机酸、碱等的腐蚀。但它不耐较纯的还原性酸，如硫酸、盐酸的腐蚀，却耐含有氧化剂的硝酸腐蚀。钛合金阀门对孔蚀有良好的抗力，但在红发烟硝酸、氯化物、甲醇等介质中会产生应力腐蚀。

(7) 锆合金

锆也属于活性金属，它能生成紧密的氧化膜，它对硝酸、铬酸、碱液、熔碱、盐液、尿素、海水等有良好的耐蚀性能，但不耐氢氟酸、浓硫酸、王水的腐蚀，也不耐湿氯和氧化性金属氯化物的腐蚀。

(8) 陶瓷

陶瓷以二氧化硅为主熔化烧结制成的，如氧化锆、氧化铝、氮化硅等，除有极高的耐磨、耐温、隔热性能外，还具有很高的耐蚀能力，除不耐氧氟酸、氟硅酸和强碱外，能耐热浓硝酸、盐酸、王水、盐溶液和有机溶剂等介质，陶瓷阀门一般适用于公称压力不大于 *PN*6 的管路中。这类阀门如使用了其他材料，选用时，应该考虑其他材料的耐蚀性能。

(9) 玻璃钢

玻璃钢的耐蚀性能随着它的胶黏剂而异。环氧树脂玻璃钢能在盐酸、磷酸、稀硫酸和一些有机酸中使用；酚醛玻璃钢的耐蚀性能较好；呋喃玻璃钢有较好的耐碱、耐酸以及综合性耐蚀性能，其一般适用于公称压力不大于 *PN*16 的管路中。

(10) 塑料

塑料阀门的最大特点是耐蚀性强，甚至有金属材料阀门所不能具备的优点。一般适用于公称压力不大于 *PN*6 的管路中，随着塑料种类的不同，其耐蚀性差异较大。

① 尼龙，又称聚酰胺，它是热塑性塑料，有良好的耐蚀性。能耐稀酸、盐、碱的腐蚀，对烃、酮、醚、酯、油类有良好的耐蚀性。但不耐强酸、氧化性酸、酚和甲酸的腐蚀。

② 聚氯乙烯：是热塑性塑料，有优良的耐蚀性能。能耐酸、碱、盐、有机物。不耐浓硝酸、发烟硫酸、酸酐、酮类、卤代类、芳烃等的腐蚀。

③ 聚乙烯：有优良的耐蚀性能，它对盐酸、稀硫酸、氢氟酸等非氧化性酸以及稀硝酸、碱、盐溶液和在常温下的有机溶剂都有良好的耐蚀性。但不耐浓硝酸、浓硫酸和其他强氧化剂的腐蚀。

④ 聚丙烯：是热塑性塑料，其耐蚀性与聚乙烯相似，稍优于聚乙烯。它能耐大多数有机酸、无机酸、碱、盐，但对浓硝酸、发烟硫酸、氯磺酸等强氧化性酸的耐蚀能力差。

⑤ 酚醛塑料：能耐盐酸、稀硫酸、磷酸等非氧化性酸、盐类溶液的腐蚀。但不耐硝酸、铬酸等强氧化酸、碱和一些有机溶剂的腐蚀。

⑥ 氯化聚醚，又称聚氯醚，是线型、高结晶度的热塑性塑料。它具有优良的耐蚀性能，仅次于氟塑料。它能耐浓硫酸、浓硝酸外的各种酸、碱、盐和大多数有机溶剂的腐蚀，但不耐液氯、氟、溴的腐蚀。

⑦ 聚三氟氯乙烯：与其他氟塑料一样，具有优异的耐蚀性能和其他性能，耐蚀性能稍低于聚四氟乙烯。它对有机酸、无机酸、碱、盐、多种有机溶剂等有良好的耐蚀性能。在高温下含有卤素和氧的某些溶剂，能使其溶胀。它不耐高温的氟、氟化物、熔碱、浓硝酸、芳烃、发烟硝酸、熔融碱金属等。

⑧ 聚四氟乙烯：具有非常优异的耐蚀性能，它除了熔融金属锂、钾、钠、三氟化氯、高温下的三氟化氧、高流速的液氟外，几乎能耐所有化学介质的腐蚀，缺点是其具有冷流性。

(11) 衬里

由于塑料强度低，很多阀门采用金属材料作外壳，用塑料、橡胶等作衬里。衬里阀门一般适用于公称压力不大于 *PN*16 的管路中，随着衬里材料的不同，其耐温、耐蚀性也不相同。

① 塑料衬里：塑料衬里的耐蚀性与上述塑料中的相应材料相同。但选用时，应该考虑塑料衬里阀门中使用的其他材料的耐蚀性能。

② 橡胶衬里：橡胶较软，因此很多阀门采用橡胶作衬里，以提高阀门的耐蚀性能和密封性能。随橡胶种类的不同，其耐蚀性差异较大。经过硫化的天然橡胶能耐非氧化性酸、碱、盐的腐蚀，但不耐强氧化剂，如硝酸、铬酸、浓硫酸的腐蚀，也不耐石油产品和某些有机溶剂的腐蚀，因此，天然橡胶被合成橡胶逐渐代替。合成橡胶中的丁腈橡胶耐油性能好，但不耐氧化性酸、芳烃、酯、酮、醚等强溶剂的腐蚀；氟橡胶耐蚀性能优异，能耐各类酸、碱、盐、石油产品、烃类等，但耐溶剂性不及氟塑料；聚醚橡胶可用于水、油、氨、碱等介质。

③ 铅衬里：铅属活性金属，但因材质软，常用作特殊阀门的衬里。铅的腐蚀产物膜是很强的保护层，它是耐硫酸的有名材料，在磷酸、铬酸、碳酸及中性溶液、海水等介质中具有较高的耐蚀性能，但不耐碱、盐酸的腐蚀，也不适于在它们的腐蚀产物中工作。

1.5.2 阀门材料选用

(1) 阀体材料选用

对于钢和镍合金阀体和阀盖材料的选择在 ASME B16.34 表 1 中已经列出。这个表被分为三组：第 1 组是黑色金属材料；第 2 组是奥氏体不锈钢材料；第 3 组是与特殊的压力-温度等级表相关的镍合金材料。在 ASME B16.1（铸铁）、ASME B16.24（铜合金）、ASME B16.42（球墨铸铁）中含有其他材料。

对于表中涉及温度和热处理范围的注释，需要给予特别关注。通过查阅这些温度-压力表，压力-温度额定值为选择合理的满足机械强度需求提供了依据。此外材料对许多存在于过程流体流动工况中材料性能下降机理，也应该给予考虑，例如受到腐蚀、应力开裂、低温和高温、含氢工况影响等。

(2) 阀门内件选用

① 通则 阀门内件材料的选用不只是阀座密封面材料，在 API 600 和 API 602 包含的内件表中对其有明确定义。通常对于所有类型的阀门其内件包括所有与过程流体接触的部件。如果没有定义特殊的要求，那么 API 标准要求内件材料的耐蚀性必须至少与阀体材料的耐蚀性相同。

② 闸阀　对于闸阀，其内件为关闭件和阀座密封面以及阀杆和上密封座。正如API标准中所指出的，一个避免阀座磨损的关键因素是为与其相配合的一对密封面提供一个不同的硬度，除非两个密封面都是硬面。在参考标准中提供了内件表。某些合理内件是在一个或两个表面进行耐磨堆焊，以更好地确保密封面长期具有耐磨损性能、耐蚀性能和耐磨性能。

③ 其他阀门内件　对于止回阀，其内件被定义为关闭件和阀座密封面。在参考标准中提供了内件表。某些合理的内件是在一个或两个表面进行耐磨堆焊，从而更好地确保阀座在长期磨损、腐蚀和磨蚀性工况使用中不会失效。

对于球阀，其关闭件被定义为阀门的内部金属件，例如球体、阀杆和金属阀座或阀座支撑圈。这些件都可以具有与壳体相同的名义化学成分，以及具有与壳体材料相似的力学性能和耐蚀性能。

对于蝶阀，所有与过程流体接触的材料都应遵循制造商的标准，除另有规定外。蝶阀内件被定义为阀体阀座密封面、蝶板、蝶板与轴连接件（例如键、销、螺钉等）和全部与过程流体接触的内部紧固件。轴和轴套的材料与内件材料的腐蚀性能相似。

对于旋塞阀，要求旋塞和阀杆材料的耐蚀性至少与阀体材料相同。

对于截止阀，其内件见API 602中定义。

(3) 阀座密封面——软阀座

球阀和蝶阀经常使用带有弹性的、非金属的阀座来提供密封。API 608和API 609中包含带有压力-温度额定值规定的PTFE和增强型PTFE材料。其他软阀座材料的压力-温度额定值，经购买者和制造商商定。PTFE阀座的使用温度范围往往是177～225℃（350～400℉）。对于一些用于液体工况中的软阀座球阀，应该考虑中腔泄压要求。

(4) 阀杆密封——逸散性排放

通常用于工艺管道中的阀杆填料为一种柔性石墨。新阀门填料典型设计方法是：放置几个压制成形的几道填料环，填料环上面放置一个编织材料环以及在堆叠填料的底部放置一个编织材料环。这种编织材料“擦拭环”有助于防止压制填料环被挤出填料函。与先前使用的石棉材料相比，目前阀门填料技术有效地阻止了轻烃泄漏（逸散性排放）。影响柔性石墨填料材料性能的关键因素有：碳的百分含量、填料密度和耐蚀/氧化剂。为提高阀杆填料性能，MSS SP-120中对用于升降阀杆阀门的柔性石墨填料系统进行了很好的讨论。API 622的填料应予以考虑。

虽然石墨材料在温度高于343℃（650℉）时易氧化，但是其已经被成功地用于使用温度大于等于538℃（1000℉）的阀门中。

动加载和超时工况中的填料，由于“填料压实”可能会导致其密封性能降低。这使压盖载荷减小，导致填料泄漏。这种“动加载”的过程可能是合理的选择，包含由碟形弹簧加载的填料压盖，从而提供了一种维持填料压盖载荷的方法以帮助延长填料有效使用时间。

某些1/4旋转阀门的阀杆可能会用弹性O形圈密封。这些密封圈的使用温度范围可能会低于PTFE。

波纹管密封阀门已经被用于蒸汽和某种有危险/有毒的工况中，从而减少潜在的填料泄漏。在API 602中阀门的公称尺寸为NPS 1/2～2。API 602除传统填料外还包括波纹管阀杆密封的设计方法和试验细节。

(5) 阀盖垫片

API 600提供了几种阀盖垫片的选择类型：金属环形垫、金属包复垫片、柔性石墨复合金属齿形垫片（仅仅适用于150磅级），环连接，缠绕式（大于等于300磅级）和增强型柔性石墨垫片其仅仅适于150磅级（买方批准时）。这种阀盖垫片在－29～538℃（－20～1000℉）温度中使用时是合理的。

API 602要求阀盖法兰垫片类型为填充柔性石墨的缠绕式垫片，另有规定除外。设计要求防止垫片的过度压缩。

API 603阀盖垫片设计与API 600相似。带有压缩限制和柔性石墨填料缠绕式垫片（压力等级≥300磅级）是被允许的。API 603没有定义一个更高的温度要求。

1.6　阀门选用原则

选用阀门应满足以下基本原则。

(1) 安全可靠性

石化、电站、冶金等行业生产要求连续、平稳、长周期运行。因此，要求采用的阀门应有高的可靠性，安全系数大，不能因为阀门故障造成重大生产安全及人身伤亡事故；满足装置长周期运行的要求，长周期连续生产就是效益；另外，减少或避免由于阀门引起的泄漏，创建清洁、文明工厂，推行HSE（即健康、安全、环境）管理。

(2) 满足工艺生产要求

阀门应满足使用介质、工作压力、工作温度及用途需要，这也是阀门选用最基本的要求。如需要阀门起超压保护作用，排放多余介质的，应选用安全阀、溢流阀；需要防止操作过程中介质回流的，应采用止回阀；需要自动排除蒸汽管道和设备中不断产生的冷凝水、空气及其他不可冷凝性气体，同时又要阻止蒸汽逸出的，应选用疏水阀。另外，当介质有腐蚀性时，应选用耐蚀性好的材料。

(3) 操作、安装、检(维)修方便

阀门安装好后，应能使操作人员正确识别阀门方向、开度标志、指示信号，便于及时果断地处理各种应急故障。同时，所选阀门类型结构应尽量简单，安装、检(维)修方便。

(4) 经济性

在满足工艺管道正常使用的前提下，应尽量选用制造成本相对较低、结构简单的阀门，降低装置成本，避免阀门原材料的浪费以及减少后期阀门安装、维护的费用。

1.7 阀门选用步骤

选用阀门一般遵循以下步骤：

① 根据阀门在装置或工艺管道中的用途，确定阀门的工作状况。例如，工作介质、工作压力及工作温度等。

② 根据工作介质、工作环境及用户要求确定阀门的密封性能等级。

③ 根据阀门的用途确定阀门的类型和驱动方式。类型如截断阀类、调节阀类、安全阀类、其他特殊专用阀类等。驱动方式如蜗轮蜗杆、电动、气动等。

④ 根据阀门的公称参数选用。阀门的公称压力、公称尺寸的确定应与安装的工艺管道相匹配。阀门是安装在工艺管道中，因此其使用工况应与工艺管道的设计选择相一致，管道采用的标准体系及管道公称压力确定后，所采用阀门的公称压力、公称尺寸、阀门设计制造标准就可确定下来。有些阀门则是根据介质额定时间内流经阀门的流量或排量来确定阀门的公称尺寸的。

⑤ 根据实际操作工况及阀门的公称尺寸确定阀门端面与管道的连接形式。如法兰、焊接、对夹或螺纹等方式。

⑥ 根据阀门的安装位置、安装空间、公称尺寸大小来确定阀门类型的结构形式。如暗杆闸阀、角式截止阀、固定球阀等。

⑦ 根据介质的特性、工作压力及工作温度，来正确合理地选择阀门壳体及内件的材料。

1.8 阀门选用应注意事项

1.8.1 常规阀门选用需注意事项

(1) 阀门的使用要求

① 普通闸阀、球阀、截止阀按其结构特征是严禁作调节用的。但在工艺设计中，普遍将其用于调节使用。由于调节使用，阀门密封件长期处于节流状态，油品中杂质冲刷密封件，损伤密封面，造成关闭不严或因操作人员为了使已经损伤密封面达到密封，造成阀门的过关、过开现象。

② 阀门安装位置不合理，当使用介质含有杂质时，没有在其前端安装过滤器或过滤网，使杂质进入阀门内部，造成密封面损伤，或者杂质沉积于阀底部，引起阀门关闭不严，而产生泄漏。

(2) 从工艺要求角度考虑

① 对腐蚀性介质而言，如果温度和压力不高，应该尽量采用非金属阀门；如果温度和压力较高，可用衬里阀门，以节约贵重金属。在选择非金属阀门时，仍应考虑经济合理性；对于黏度较大的介质，要求有较小的流阻，应采用直流式截止阀、闸阀、球阀、旋塞阀等流阻小的阀门。流阻小的阀门，能源消耗少；当介质为氧气或氨等特殊性介质时，应选用相应的氧气专用阀或氨用阀等。

② 双流向的管线不宜选用有方向性的阀门，应选用无方向性的阀门。例如炼油厂重质油管线停止运行后，要用蒸汽反向吹扫管线，以防重油凝固堵塞管线，这里就不宜采用截止阀，因为介质反向流入时，容易冲蚀截止阀密封面，还影响阀门的效能，而应选用闸阀为佳。

③ 对某些有析晶或含有沉淀物的介质，不宜选用截止阀和闸阀，因为它们的密封面容易被析晶或沉淀物磨损。因此，应该选用球阀或旋塞阀较合适；也可选平板闸阀，但最好采用夹套阀。

④ 在闸阀的选型上，明杆单闸板比暗杆双闸板更适应腐蚀性介质；单闸板适于黏度大的介质；楔式双闸板对高温和对密封面变形的适应性比楔式单闸板要好，不会出现因温度变化产生卡阻现象，特别是比刚性单闸板更加优越。

⑤ 一般水、蒸汽管道上的阀门，可采用铸铁阀门，但在室外蒸汽管道若停汽，会造成凝结水结冰，从而冻坏阀门。所以在寒冷地区，阀门采用铸钢、低温钢材质或加以有效保温措施为宜。

⑥ 对危险性很大的剧毒介质或其他有害介质，应采用波纹管结构的阀门，防止介质从填料中泄漏。

⑦ 闸阀、截止阀和球阀是阀门中使用量最大的阀门，选用时应综合考虑。闸阀流通能力强，输送介质的能耗少，但安装空间较大，截止阀结构简单，维修方便，但流阻较大，球阀具有低流阻、快速启闭的特点，但使用温度受限制，石油产品等黏度较大的介质中，考虑到闸阀流通能力强，大多选用闸阀；而在水和蒸汽类管路上，应用截止阀，压力降不大，故截止阀在水、汽等介质管道中应用较多，球阀则在使用工况允许的条件下二者皆可。

(3) 从操作方便角度考虑

① 对于大直径阀门和远距离、高空、高温、高压场合，应选用电动和气动阀门，对易燃易爆场合下，要采用防爆装置，为了安全可靠，应用液动和气动装置。

② 对需要快开、快关的阀门，应根据需要选用蝶

阀、球阀、旋塞阀或快开闸阀等阀门，不宜选用一般的闸阀、截止阀。在操作空间受到限制的场合，不宜采用明杆闸阀，应选用暗杆闸阀为宜，但最好选用蝶阀。

(4) 从调节流量的准确性考虑

需要准确调节流量时，应选用调节阀，当需要调节小流量的准确性时，应采用针形阀或节流阀。需要降低阀后压力时，应采用减压阀，要保持阀后压力的稳定性时，应采用稳压阀。

(5) 从耐温耐压能力考虑

高温高压介质常采用铸件的铬钼钢及铬钼钒钢，对于超高温高压介质应考虑选用其相应锻件，锻件的综合性能优于铸件，耐温耐压能力也比铸件优越。

(6) 从可洁净性考虑

食品和生物工程生产运输中，工艺管线上对阀门的要求需要考虑介质的洁净性，一般的闸阀和截止阀都无法保证。从可洁净性考虑，没有任何一种阀门可以和隔膜阀相比拟。

① 隔膜阀结构简单，阀体和隔膜材料多种多样，可广泛应用于食品和生物工程领域，而且也适用于一些难以输送的和危险的介质。

a. 仅有阀体和隔膜与物流接触，其他部分全部隔离，可用蒸汽对阀门进行彻底灭菌。

b. 具有自身排净能力。

c. 可在线维修。因此隔膜阀已成为食品和生物工程领域使用最为广泛的阀门。

② 底阀。在对灭菌要求严格的情况下，储罐底部的放料阀几乎没有什么选择的余地。底阀在设备制造时直接焊在储罐的底部封头上，与通常采用的在罐底部做一管口，再在管口上连接阀门的做法有很大区别，该阀关闭时，其阀芯与储罐的内底相平，故它有效地消除了罐内的死角，使罐内的所有液体在发酵过程中都能充分混合，再加上特有的蒸汽密封系统，大大降低了产品染菌的可能性。

1.8.2　专用阀门选用需注意事项

应用于加工工业中的大多数流体介质涉及不同腐蚀性级别的油气流。这些包括介质流在内的流动工况被认为要么是干净的、要么是污秽的、要么是磨损的（泥浆工况中），其区别主要在于导致阀门堵塞或腐蚀破坏的固体悬浮颗粒的数量和类型。除此之外，含有硫和其他混合物的介质流在与高温结合时将有助于形成腐蚀环境。对于这样的介质流需通过认真选择材料来保持阀门具有足够的使用寿命。腐蚀工程师继续研究和开发材料来解决这些问题。

(1) 炼油加氢裂化、焦化装置专用阀

炼油延迟焦化装置是将减压渣油经深度热裂化生成气体、轻质馏分油及焦炭的加工过程，是炼油厂提高轻质油收率和生产石油焦的重要手段。其工艺分为焦化和除焦两部分。焦化为连续生产，除焦为间断式生产。加热炉和焦炭塔的进出口用四通阀连接。四通阀是切换加热炉进入焦炭塔的重要通道。它属于特殊阀门，用于高温场合，其质量的好坏直接影响到装置的生产能力，国内无论新设计还是旧装置大都采用进口四通旋塞阀，但价格昂贵。而国产四通阀，一般存在结构不合理，质量不稳定，易发生故障的问题。

炼油厂加氢裂化是主要的原油炼制工艺之一。由于加氢裂化装置在高温高压下操作，介质为易燃易爆的氢气和烃类，工况特殊，所以密封必须可靠。因此对阀门的设计和结构提出了较高的要求。目前国内大部分选用不锈钢楔式闸阀及直流式截止阀。

(2) 油气专用阀

为了实现对油气流的控制，油气专用阀应具备以下基本性能：密封性，耐压强度，安全性，可调节性，流体通流性及开关灵活性。对于高压、易燃、易爆的油气介质，首先要解决密封性，要考虑油气专用阀特殊工况要求：

① 在含硫化氢及二氧化碳气体的湿天然气中，对阀体材质提出了特殊要求；

② 在井口装置及集输系统中存在着卤水、残酸及其他腐蚀介质，对阀体材料的选择及防腐要求；

③ 粉尘及固体颗粒加快了阀门关闭件的冲刷、磨损，使密封副很快失效；

④ 在高原、沙漠及高寒地区的室外，阀门材料的低温脆变，弯曲变形等；

⑤ 用于长距离输送管道上的油气专用阀，要求与管道同等寿命，几十年不换。

所有这些都说明油气专用阀有别于普通阀门，在恶劣条件下要具有高可靠性，满足高强度和不泄漏的要求。

(3) 含氯工况

含氯工况阀门的选用应该参照美国氯气学会编写的《干氯气管道系统》。

含氯气或液氯的工况是高腐蚀工况，特别是这种工况中含有水。氯与水混合形成的 HCl（盐酸）将会腐蚀阀体和内件。由于氯具有高的热膨胀系数，如果液氯封存于阀门中腔，将导致阀门中腔的压力高速增加。使用于这种工况的阀门应该具有一种可靠的中腔泄压功能。

(4) 冷冻（低温）工况

虽然用于低温工况的阀门基于 ASME B16.34 标准和 API 标准，但是这些阀门也带有其他设计功能进而确保其在低温工况中具有一定的可靠操作。这样的阀门也可能包含阀盖延长设计即延长填料和操作机构与低温流体的距离，从而允许在一个较高的温度上对阀杆填料进行操作及确保在使用中阀门操作装置不会被冰冻住。MSS SP-134 提供了包含阀盖延长设计的一些细节。

(5) 含氢氟酸工况

用于氢氟酸工况中的阀门，应该仅仅局限于已经在使用中论证过的或在测试中能成功处理这种工况的阀门类型。通常不为固体物质堆积提供机会的阀门是首选的阀门类型。应由持有资格证书的技术人员进行氢氟酸处理操作，这些人严格控制上市的阀门。对于这些阀门（典型的带有特殊蒙乃尔内件或实心蒙乃尔内件的碳钢阀门）的设计和材料要求及内部几何体的细节是非常详细的，这种阀门应该被设计为具有耐氢氟酸腐蚀的特殊结构。在含氢氟酸工况中，阀门的检验和试验应高于典型的过程阀门所用的标准。

(6) 含氢工况

这种工况中使用的阀门相比于常规铸造用品往往规定其具有很高铸造质量。因为氢是一种极具渗透性的流体，压力等级大于或等于600磅级的焊接连接阀门在使用中减少了潜在泄漏源。

API 941包含氢工况中材料的选择和使用范围。

(7) 含氧工况

含氧工况中使用的阀门当适用时应该遵循美国压缩燃气协会标准CGA G4.4—2003《氧气管道系统》。用于这种工况的阀门应该是完全脱脂的、干净的和在干净条件下安装以及恰当的包装和密封，因为油和脂在氧气存在下是极易燃的。有关的指南在CGA G4.1氧工况的清洗设备中给出。安装之前有必要进行适当的处理和储存。

适合于含氧工况的青铜或蒙乃尔阀体和内件材料，经常用来防止由于高能的机械碰撞产生火花和着火。有特殊配制的硅基润滑脂用于含氧工况中，因为在氧气存在下标准烃润滑油不应使用。

(8) 脉动或不稳定流动

用于脉动或不稳定流动中的止回阀，其选用需给予特殊考虑，例如用于往复式压缩机中的止回阀，可能会随着流量的变化被快速打开和关闭，这可能会导致锤击和阀门的损坏。关于脉动和不稳定流动中使用的阀门类型可能会存在不同的意见，但是通常蝶形止回阀、斜盘式止回阀和轴流式止回阀被推荐用于脉动或不稳定流动。

(9) 含酸工况（湿H_2S工况）

含酸工况中阀门材料使用应该服从NACE MR0103标准。这个针对下游烃加工工业的标准限制了所有钢的硬度；要求奥氏体钢固溶退火；禁止承压件（包括阀杆）使用某些材料；以及对螺栓连接、焊接阀门等提出了特殊的要求。

应该注意在NACE MR0103中用户的责任，其规定用户应详细地说明是否将螺栓暴露于含H_2S环境中。除非用户已有规定，否则未在阀门内部的螺栓如阀盖连接螺栓往往服从产品标准，含硫工况未包括在此标准中。如果螺栓连接用材料没有直接承受过程流体，那么阀体-阀盖栓接不需要满足NACE的要求。如果含硫油品的任何硫泄漏不能排除或蒸发（例如隔断阀门），那么螺栓连接应该服从NACE标准。

如果NACE允许的材料被认为是不需要的，那么螺栓连接材料应该给予特别关注。这种强加的硬度要求将会导致强度的减少。阀盖连接螺栓的强度将减小可能不适合于按标准栓接材料的相同的设计条件。

(10) 黏性或固化工况

用于黏性或固化流体工况中的阀门，例如液态硫或重油，为使阀门具有可操作性，经常需要蒸汽伴热或蒸汽套管来维持足够的操作温度。因为止回阀的滞后反应会引起操作问题，对其应给予特别关注。

1.9 阀门订货要求

1.9.1 阀门采购通则

(1) 阀门采购计划

① 阀门采购必须按计划进行。

② 阀门的需求计划应以确定的生产、建设、科研、技术措施等计划和工程及产品设计、消耗定额为依据。

③ 计划、设计、资金等不落实的项目，其用料不得列入阀门需求计划。

④ 阀门采购计划应以阀门需求计划为依据，并考虑已有资源和合理储备。

⑤ 关键部位的阀门采购计划必须进行以下几方面的论证：品种的选择、质量要求、采购数量的确定、进货时间和批量的确定、价格的确定、供方的选择以及其他特殊要求。

⑥ 采购新产品、试制产品和非标准产品时，应参照GB/T 19004的要求，制定采购质量大纲。

(2) 阀门品种的选择

① 阀门品种的选择应考虑下列因素：技术上的先进性、适用性、可靠性和安全性，能否满足工程及产品在质量和工作效率、使用寿命、技术寿命、能耗、物耗、使用条件、劳动强度、环保条件等方面的要求。

② 使用上的可能性。如对工人操作技能的要求、本单位现有装备能否检验的可能性、维修周期、维修的难易程度的可能性等。

③ 经济上的可行性和合理性。如采购成本（一次性投资）、运转费用、维修费用、损耗和废品率等。

(3) 质量要求

① 确定阀门质量要求的主要原则是适用和经济。过低的质量无法保证产品和工程的质量；过高的质量要求会造成功能过剩，增加采购成本。

② 采购阀门的质量要求应以国际和国内现行的产品标准（国家标准、行业标准、地方标准、企业标

准）为依据，但对某些特殊阀门，用户可根据使用时的具体要求和生产、制造的可能性，提出技术要求和补充条款，要求供方按产品标准、采购标准、技术要求和补充条款供货。

③ 对不能用迅速、简单的方法或必须有一定时间才能验证其质量和内在缺陷的产品，应在合同中规定具体的质量保证期和保修规定。

(4) 采购数量的确定

① 确定分期的需要量。

② 平衡库存数量、期货和待入库数量、在用数量及闲置数量和待修复数量。

③ 确定季节性储备量和保险储备量。

④ 季节性储备的数量应根据该产品在生产、运输和使用中受季节性影响的大小来确定。

⑤ 保险储备的确定应考虑下列因素：

a. 储备的必要性。如正常供应中断的可能性、意外需要的频率、生产周期和临时采购的可能性、停工待料的损失程度、储存整机和储存零部件的技术经济对比等。

b. 储备的可能性。如资金的可能性、储存场地和设施的可能性、储备期间损耗失效和技术淘汰的可能性以及运输条件和季节性的影响等。

c. 经济的合理性。如自然损耗和技术淘汰的损失、储备资金的利息、仓储费用等支出与停工损失或临时高价购买的经济对比等。

(5) 订货时间和批量的确定

总的要求是“多批次、少批量”，并考虑生产和订货的难易程度、包装和运输的合理性和经济性、批量进货的价格优惠、季节差价、自然灾害和不可抗力的可能性及其影响、接运检验和储存的可能性等。

(6) 价格的确定

① 价格应根据阀门的质量、采购的批量、包装要求、交货地点、季节差价、供求形势等因素来确定。

② 用户应建立各类阀门的价格信息系统，以便做到及时、准确比价。

(7) 供方的选择

① 应对主要供货厂商的主体资格、生产能力、加工工艺、产品质量和质量保证体系、产品价格，运输条件、供货信誉、售后服务等情况进行调研，并建立厂商记录，作为评价和选择供方的依据。

② 已实行生产许可证制度的产品，必须在已获得产品生产许可证的生产厂中优选供方。

③ 大部分阀门都应选定两个以上的供方，以减少供货的风险性，并有利于在质量、价格、运输、服务和新技术发展等方面的选择。

④ 常用的、大批量的或高价值的阀门采购，可采用招标的方式，以增加阀门采购工作中的透明度和公平竞争，选择最优的供货条件。

(8) 订货合同的签订

① 阀门采购都应签订产品订货合同，合同的签订和履行都必须遵守《中华人民共和国产品质量法》、《中华人民共和国经济合同法》等有关法规的各项规定，并应使用国家工商行政管理局制定的各类“经济合同示范文本”。

② 合同中规定有质量保证期的产品，应商定在货款中留下一部分作为质量保证金，在确认质量完全合格后，再予付清。

(9) 物资的检验

① 采购的阀门都要进行检验。检验的内容包括随行的技术资料，物资的包装、数量及质量。

② 无产品说明书、合格证和质量检验证明等技术资料或资料不符的物资，一概不予检验。

③ 产品的包装应符合产品标准或合同的要求，包装不符或有严重破损时，应由有关部门做出记录，按规定处理。

④ 数量检验：

a. 数量检验原则上应采取全检；

b. 数量检验可采取点数、称量、换算等方法；

c. 数量检验遇到盈缺时，应办理各种证明文件，按照规定提出索赔、扣付货款或自行核销。

⑤ 质量检验：

a. 质量检验应根据供货合同、设计文件、产品标准和采购标准的规定进行；

b. 对于生产工序和环节很多，或组装后不易发现其内在缺陷，或在事后检验会造成重大损失的特殊产品，需方可根据合同规定，要求到生产厂监制，或在主要工序取样检验，但这并不能减轻供方提供合格产品的责任，也不能排除其后的拒收；

c. 质量不符合规定的产品，应及时向供方提出降级降价、扣款、索赔、换货、返修、拒收等要求，在双方未协商一致前，该批货物应单独保存，并不得办理入库手续和发放使用。

⑥ 进口物资必须按《中华人民共和国进出口商品检验法》进行检验。

(10) 采购记录和合同管理

① 采购部门应根据实际情况建立采购记录和合同管理办法，作为优选供方和确定采购成本的依据。

② 采购记录按阀门品种建立，应记录每项阀门的采购时间、数量、生产厂及供应商、质量、价格、包装及运输杂费等情况。

③ 合同管理卡应记录每份合同的交货时间、数量、价格，包装、运输、商检、质量、索赔、返修等情况。

(11) 采购人员的素质要求

① 对采购人员的素质要求包括：

a. 掌握所购阀门的生产工艺、分类、技术要求及检验、标志、包装、运输等方面的标准、规范和规定；

b. 掌握本单位的使用、运输、储存要求；

c. 了解市场信息；

d. 熟悉有关的运输、财政、税收方面的法规。

② 各单位应对采购人员提供必要的指导和培训，不断提高其业务素质，确保采购工作的质量。

1.9.2 阀门采购规格书的编写

阀门订货时只明确规格尺寸、型号、材质及结构说明就满足采购要求的做法，在当前市场经济环境里是一个很普遍的现象，但是这种做法是错误的，因为一个简单的阀门型号，所涵盖的技术要求只有很少的一部分，而且所涵盖的这部分要求也并不能完全正确地从型号里体现出来，这样就容易造成阀门供需双方信息不对称，延误正常安装使用的时间或安装后造成重大事故。因此在阀门采购时编写出详尽、正确的技术文件是十分必要的。

(1) 编写招标阶段时的阀门采购技术规格书

首先管道材料工程师会接收到各个装置的阀门材料汇总，这里面一般会包括各种形式的，各种尺寸和各种材质的阀门。这些阀门首先要分为普通阀门和特种阀门。例如，普通金属阀门、普通非金属衬里阀门、普通非金属阀门、超高温阀门、超低温阀门、氧用阀门、低泄漏级阀门、夹套阀门等。因为不同厂家实力重点是不一样的，分发技术标书的时候必须分开提出。所以往往一个比较大的项目中会编写不止一个阀门采购技术规格书，这样编制出来的技术文件可以很好适应报价的要求。一般情况下，应该包括下列内容。

① 范围 应明确指出所编写的技术规格书的针对性，如针对什么工程、什么装置上使用、阀门类型和哪些方面的要求等。

② 现场基础资料 包括：安装场所、环境条件和操作介质特性几方面。

指明阀门安装场所是在室内还是室外；环境条件包括诸如主要气象参数表：历史极限最低和最高温度、月平均温度、风速、相对湿度等；操作介质特性里要指出操作介质的成分及含量比例，表 1-1、表1-2 是某工程项目主要气象参数表及操作介质参数表。这些条件对制造商来说，有时会影响到他提供产品的结构和配置等，例如，阀门制造商要考虑寒冷地区的防冻问题，还要考虑防腐蚀涂漆等级和各零配件对环境的适应性问题等。

③ 应用标准和规定 应包括制造标准、检查试验标准、材料标准等。以阀门的标准来说，美国标准中就有 API、ASTM、ASME、MSS 等多个学会或阀门协会的标准，而国内大多是 GB、JB、HG 或者 SH 标准等。不同的设计、检验、材料及结构连接尺寸标准，其要求也大不相同，反映在阀门的结构、长度、配置也不相同，从而导致其价格也不相同。一般 ASME 或者 API 标准制造的阀门比 GB 或者 JB 标准制造的阀门贵一些。SH 标准体系中引用 API 阀门时，应注意二者的温度-压力值的差别。尤其是碳素钢和铬钼钢材料，由于二者应用的材料的可比性较差，往往会出现对同一个公称压力等级，SH 法兰却比同一温度下的 API 阀门的许用压力值低很多，此时就应适当提高法兰材料的强度等级，否则会造成阀门能力的浪费。除制造标准、检查试验标准、材料标准等这些基本标准以外，产品所涉及的其他标准也一定要填写全，否则可能会因此带来麻烦和失误。例如当阀门为对焊连接时，应给出其接管应用标准、接头焊缝坡口应用标准、管道标号等。

④ 主要技术要求 包括阀门的设计与制造、材料、检验和试验、铭牌、涂层包装和运输、提交文件、技术服务、验收、售后服务、保证和担保主要几

表 1-1 主要气象参数

序号	项目		气象指标
1	气温/℃	极端最低	−20.9
		最冷月平均	−5.4
		极端最高	36.3
		年均	11
2	降水量/mm	最大	649.9
		年均	505
3	蒸发量/mm	年均	1855.7
4	风速/(m/s)	最大	24
		夏季平均风速	2.3
		冬季平均风速	2.6
5	主导风向		SW
6	日照/h	年均	2877
7	最大冻土深度/cm		80
8	相对湿度/%	年均	67

表 1-2 操作介质参数

项目名称		数值
密度(20℃)/(kg/m³)		859～878.2
凝固点/℃		23
初馏点/℃		70
析蜡点/℃		26.5
含蜡量/%		9.14
胶质沥青含量/%		12.46
含水/%		<0.5
不同温度下的黏度/mPa·s	28℃	29.98
	40℃	22.65
	50℃	19.05
	60℃	16.63
	70℃	13.62
	100℃	

大项。

a. 设计与制造要根据实际使用的需要，尽量多地描述所需阀门的相关结构类型、结构特点、设计制造标准以及特殊要求等，以便于阀门制造商更加准确地根据描述，制造出符合实际需要的阀门。

b. 材料要求中应规定阀门所需材料的标准及代号、材料名称、性能等级及其成形方式等，阀门制造商按此加工制造时，应要求提供相关材料的化学成分和力学性能检测报告，对需要无损检测的部件应要求提供无损检测报告。

c. 检验和试验中应规定阀门的检验和试验标准代号；提出相应检验和试验要求，如有特殊要求的，要单独提出并给予说明，对需要无损检测的部件应规定无损检测的方法及接收等级。

d. 对所需阀门铭牌内容、铭牌材料、固定方式给予规定。

e. 规定所需阀门涂层包装和运输相应标准，并给予适当补充。如阀门表面预处理、涂料类型、涂层厚度、包装运输类型要求等。

f. 根据需要分别规定阀门制造商在投标中、订货后与交货时所需提交的技术文件。

g. 规定阀门制造商在中标后对所供阀门配套的技术服务。

h. 规定验收方法及验收要求。验收分为工厂验收、到货验收、中间验收及最终验收。

i. 售后服务、保证和担保则根据实际需要进行规定。

⑤ 阀门数据表　是阀门订货单位向阀门制造商提出的阀门产品具体要求，它应包括阀门代号、公称压力、公称尺寸、数量、应用标准、结构类型、驱动方式、连接类型（对焊时应同时给出接管壁厚）、阀体材料及材料标准、阀内件号、阀盖垫片、阀盖螺栓、阀杆填料、执行机构用的公用条件（如果有时）等内容；对管子、管件等，它应包括产品名称、结构要求、规格、公称壁厚、数量、材料、材料标准、应用标准、连接类型等内容。该项的填写既烦琐又要细致，如果漏项，将会给采购工作带来重大失误，尤其是向国外采购时，会带来巨大的经济损失，并可能涉及工程建设的进度。这个是阀门采购的核心部分，特别是对于特种阀门来说能否正确而经济地选购合适产品尤为重要。这步工作如果能够做到位，那么对于正确选购阀门来说已经成功了一半。表1-3是某单位的阀门数据表，由订货单位认真填写后向制造商提供。

⑥ 特殊技术要求协商　招标技术文件不同于最终签订合同用的技术附件，因为此时制造商尚未确定，前来投标的制造商情况又不尽相同，一些技术要求不便具体提出。此时可以将一些对产品质量有影响的问题提出来，由制造商来回答。例如制造商拟采用的材料冶炼方法、工艺评定的项目、型式试验的项目、型式试验的合格率和内定指标、交货状态、原产地、同类条件的应用业绩、交货期、售后服务、质量保证期等。如果为了统一报价基础，也可以就影响价格的项目如规定好一个阀门泄漏等级进行谈判，然后再根据谈判的结果进行调整。

（2）技术评审

技术评审是整个选购过程中的一个重要环节，通过技术评审才能真正了解到参与投标的制造商的真正实力和产品质量状况，并给他们排出一个从优到劣的顺序来，以便在能满足技术要求的情况下，选择价格和质量兼优的制造商。要做好这一步是比较难的，因为全国上下大大小小的阀门制造厂商有几千家，想从标书纸面上的一些“真真假假”的证书来辨别真伪是远远不够的，而且操作起来难度很大。可以重点从以下两点去评审厂家的实力。

① 厂家情况　主要包括其成立年代、发展状况和业绩等。不要忽略参与投标的制造商的主导产品是什么，其主导产品是否就是选购者所需要的产品。选购阀门时，特别是苛刻工况下的特殊阀门时，阀门在同类装置的应用业绩是选购者进行取舍的一个重要依据。如果该制造商的阀门有许多在同类装置中成功应用的业绩，无疑将会大大增加选购者选用其产品的信心。但这里应注意两点，其一，它必须是同类装置、同样工况条件下的应用业绩。因为即使同一类装置，也有许多不同的操作条件和使用工况，在一般工况条件下应用的业绩并不能完全说明它在较苛刻条件下使用的效果；其二，应用的规格等级和材料与选购者要求的产品应基本吻合，或者要有可比性。因为不同规格、不同等级、不同材料的产品无不与制造商的生产能力、生产经验等有关。例如，小口径锻钢阀门做得比较好并不代表其大口径铸造阀门做得也好；衬胶大蝶阀做得好并不代表其普通小蝶阀做得很专业。所以选购者需要了解厂家的背景和业绩，这对挑选阀门厂家起到了很好的技术支撑和说服力。

② 阀门产品的制造检验证书　管道阀门作为重要的压力管道元件，其制造质量直接影响到压力管道的安全运行。就质量管理方面来讲，目前国内外都比较流行第三方认证的质量管理模式，例如ISO 9000质量体系认证的管理模式。如果一个制造商早期就获得了第三方的质量认证，并证明在生产中一直严格地按所认定的质量管理体系操作，将增加顾客对其产品质量的信心。还有许多制造商获得了许多行业或协会的某些特许认证，如ASME认证、海军部门认证、核工业部门认证、欧氯认证（国外关于阀门泄漏级别的权威认证）等，这些认证标志着其产品获得了有关特殊性能的考验，因此也给顾客增加了对其产品可信性的砝码。还有一个国家级权威认证“特种设备制造

表 1-3　阀门数据表

××××××××公司	数　据　表	档案号： 项目号：
名称	气动开关阀	

类别	项目	子项	数据	数据	类别	项目	子项	数据	数据
概要	位号		011PV-127		执行机构	型号		DEL-500SR	
概要	用途				执行机构	类型		单作用汽缸型	
概要	安装位置				执行机构	作用方式			
概要	P&ID图号				执行机构	全行程时间/s		10～15(可调)	
概要	管线号				执行机构	耗气量		245L	
概要	管线材质		碳钢		执行机构	气源接口		NPT1/4-ϕ8	
概要	管线内外/径		273/259		执行机构	手轮装置		侧装	
工艺数据及计算结果	介质名称		含水油		执行机构	弹簧范围/尺寸		弹簧钢	606mm
工艺数据及计算结果	介质状态		液体		执行机构	气源故障时阀门位置		FO	
工艺数据及计算结果	流量(最大/正常)			180m³/h	阀位开关	位号		062ZS205	
工艺数据及计算结果	阀前压力(表压)/MPa		0.6		阀位开关	型号		APL-410N	
工艺数据及计算结果	阀后压力(表压)/MPa				阀位开关	开关形式		接近式	
工艺数据及计算结果	操作温度/℃		40		阀位开关	检测位置		全关/全开	
工艺数据及计算结果	操作密度/(kg/m³)		860		阀位开关	电气接口		NPT1/2	
工艺数据及计算结果	标准密度/(kg/m³)				阀位开关	接点形式	接点容量	SPDT	24V
工艺数据及计算结果	汽化率/%				阀位开关	本体材料		不锈钢	
工艺数据及计算结果	液体饱和蒸汽压				阀位开关	防护等级	防爆等级	IP65	ExiaⅡC T6
工艺数据及计算结果	临界压力(表压)/MPa				阀位开关	避雷器			
工艺数据及计算结果	等熵指数				电磁阀	位号		062HSV205/105①	
工艺数据及计算结果	压缩系数				电磁阀	型号		ASCO	
工艺数据及计算结果	动力黏度/mPa·s				电磁阀	形式		二位三通直动式	
工艺数据及计算结果	允许噪声/dB				电磁阀	气源接口		NPT1/4	
工艺数据及计算结果	故障位置		FO		电磁阀	电气接口		NPT1/2	
工艺数据及计算结果	最大切断压降(表压)/MPa		2		电磁阀	供电		24V DC	
工艺数据及计算结果	供气压力/MPa		0.5～0.8		电磁阀	耗电量		4W	
工艺数据及计算结果	爆炸危险区域		2区		电磁阀	操作方式		电开	
工艺数据及计算结果					电磁阀	本体材料		不锈钢	
工艺数据及计算结果	计算Cv				电磁阀	阀芯材料		不锈钢	
工艺数据及计算结果	预估噪声/dB		80		电磁阀	手动复位机构		不带	
工艺数据及计算结果	环境温度/℃		−28.5～43.7		电磁阀	防护等级	防爆等级	IP65	ExdⅡC T6
工艺数据及计算结果					电磁阀	小型接线盒		带	
控制阀规格	仪表名称		气动开关阀		气源装置	型号		BLPY-1800	
控制阀规格	仪表型号		Q647Y-300LB		气源装置	设定值		0.4～0.7MPa	
控制阀规格	阀体类型		全通径球阀		气源装置	附件	过滤器	带	
控制阀规格	公称压力		Class300		气源装置	附件	油雾器	不带	
控制阀规格	公称直径		NPS10		气源装置	附件	压力表	带	
控制阀规格	阀座直径		NPS10		气源装置	气源接口		1/4NPT-ϕ10	
控制阀规格	选用Cv				其他	气动配管直径/材料		ϕ10×1	不锈钢
控制阀规格	最大允许压降				其他	控制开关箱		带	
控制阀规格	流量特性				其他	快速排气阀/速度控制器			带
控制阀规格	材质	阀体/阀盖	ASTM A216 Gr. WCB		其他	铭牌		带	
控制阀规格	材质	阀芯&阀板	ASTM A276 Type 316		其他	推荐制造厂		DEL	
控制阀规格	材质	阀座	ASTM A276 Type 316						
控制阀规格	材质	阀杆	ASTM A276 Type 316						
控制阀规格	填料/衬里		柔性石墨						
控制阀规格	阀门连接形式或标准		RF,ASME B16.5						
控制阀规格	上阀盖形式		常温型						
控制阀规格	泄漏等级		FCI 70-2 V						
控制阀规格	火灾安全设计		是						

设计规范：API 6D；结构：固定式；通径类型：全通径，法兰规范 ASME B16.5；阀座环的处理：Stellite 钴铬钨硬质合金包覆；阀杆材质：ASTM A276 316 型；阀座环材质：ASTM A276 316 型；垫片：S.S YFG，SWG；螺栓螺母材料：AB3 Gr. B7/AB4 Gr. 2H；使用要求：NACE MR 0175，酸性。数据表中的设备、材料由厂家成套提供。控制阀的材质应满足盐雾、潮湿等海洋性气候

许可证”，是由国家质量监督检疫总局颁发的。这个是阀门生产厂家必须具备的证书，如果没有这个证书进行生产销售阀门，可以说是相当于“无证驾驶”，没有实力的小制造厂或者不具备制造某类阀门资格的产品比较单一的阀门厂，是不能取得比较全的许可证书的。

1.10　阀门供货要求

1.10.1　一般要求

① 阀门必须按其相应的技术标准、设计图样、技术文件及订货合同的规定进行制造。并经检验合格后，方可出厂供货。

② 当有特殊要求时，应在订货合同中规定，并应按规定要求检验和供货。

③ 制造商应在合同规定的期限内供完用户所需产品。

1.10.2　涂层及保护

① 除奥氏体不锈钢及铜制阀门外，其他金属制阀门的非加工外表面应涂漆或按合同的规定予以涂层。

② 非涂漆或无防锈层的加工表面，必须涂或喷类似易除去的防锈层。阀门内腔及零件不得涂漆，并应无污垢锈斑。

③ 在检验和试验完成后，应将阀门内部的杂物和水清除干净并吹干以备运输。应对阀门进行保护以免运输过程中的机械损坏和大气腐蚀，并保证能满足安装前至少 18 个月的现场储存。

④ 制造商的标准涂漆适用于非机加工表面。青铜、不锈钢和高合金阀门不应涂漆。

⑤ 应对奥氏体不锈钢阀采取保护，以避免在运输、清理、制造、试验以及存放过程中因暴露于盐雾或大气中而受到氯腐蚀。若在使用氯盐的区域内采用货车运输，也应提供防护。应考虑采用防潮材料进行封闭或包裹。

⑥ 对于碳钢和铁素体合金钢法兰和对焊阀门，在端部安装保护之前，端法兰密封面以及坡口应涂有可揭去或可用溶剂清除的防锈涂层。

⑦ 法兰端和对焊端阀门的端面，应用金属板、硬质纤维板、厚塑料板或木板保护，并紧密附着在阀体上。具有螺纹或者承插端部以及放净口的阀门，应将这些端部用金属、木块或塑料塞子保护。

⑧ 螺纹以及承插焊开口应采用塑料或金属保护件进行封闭，以避免灰尘或其他异物进入阀门内部。

1.10.3　标志

① 除另有说明外，美标阀门按 API 600、API 6D 或 MSS SP-25、国标阀门按 GB/T 12220 标准具有永久性的标识，标识上应包括熔炼炉号或制造厂的熔炼标记。

② 只有在本体上施加所要求的标记不可行时，可将标记施加在铭牌上。然而，表示阀门流动方向的箭头必须标注在阀体上。

③ 标牌应牢固地固定在阀门的明显部位，其内容必须齐全、正确。并应符合 GB/T 13306 的规定，其材料应用不锈钢、铜合金或铝合金制造。

④ 用于色标和标记的涂料不得含有任何有害金属或金属盐，如锡、锌、铅、硫、铜或氯化物等在热态时可引起腐蚀的物质，且涂料应能抗盐水、热带环境或类似情况的腐蚀。

⑤ 对难以标记的小尺寸物件，应用不锈钢丝拴不锈钢标牌的方法来标记。

1.10.4　包装

① 阀门在试验合格后，应清除表面的油污脏物，内腔应去除残存的试验介质。

② 阀门两端应用盲板保护法兰密封面、焊接端或螺纹端及阀门内腔。盲板应用木材、木质纤维板、塑料或金属制成，并用螺栓、钢夹或锁紧装置固定，且应易于装拆。

③ 阀门应装有含缓蚀剂的填料或其他符合设计图样及使用要求的优质填料，外露的螺纹（如阀杆、接管）部分应予以保护。

④ 设备在发货前，制造商应对每台设备按 GB/T 13384 妥善地包装，以避免设备在运输过程中损坏。设备应固定在包装箱的底部，以免设备在运输期间在箱内晃动。

⑤ 每个货物集装箱、板条箱、包装箱都必须在上面或侧面或以其他方式刷上清晰可读的运输防护标志，如防水、防晒、不准倒置等标志，需标示吊装重心，并在装卸时严格遵守。

⑥ 如有专用工具应单独包装并同专用工具清单一起发运，在包装箱外应标明所属的设备编号及“专用工具”字样。

⑦ 制造商如有提供备件，应单独包装，便于长期保存，同时备件上应有必要的标志，便于日后识别。

⑧ 如果需要，对于易受水和湿气损坏的设备及部件应进行附加保护，有不可排水的缝隙或空隙的部件应予覆盖，以防止在整个运输过程中水和杂物进入。

1.10.5　运输

① 出厂球阀和旋塞阀的启闭件应处于开启位置，其他阀门的启闭件应处于关闭位置，止回阀的启闭件应处于关闭位置并固定。

② 阀门应包装发运。对于公称尺寸小于 *DN*40

的各类阀门均应装箱发运，对于公称尺寸不小于*DN*50的各类阀门除按合同规定外，可以散装或用其他方式包装，但必须保证在正常运输过程中不破损和丢失零件。

③ 陆上运输包装箱应放在能防风雨的棚车内，应用防雨帆布盖好，如果通过海洋运输，制造商应采取措施避免设备内外表面受到海洋环境盐雾的腐蚀。

④ 运输包装应完整、整齐。内装货物应均布装载，摆放整齐、衬垫合适、内货固定、重心位置尽量居中靠下。

⑤ 装车和装船的木箱必须加以固定，严防因运输过程中的振动，而损坏木箱的完整性。

⑥ 装卸过程应注意安全，起重设备不得用于起吊超过其额定载荷的重物。

⑦ 如包装箱外标志有起吊搬运位置，则一定要严格执行，防止发生意外事故损坏阀门。

⑧ 出口阀门尽可能采用集装箱装运。

⑨ 阀门出厂时随带产品合格证、产品说明及装箱单。

1.10.6 阀门的产品质量证明文件的内容

① 阀门制造厂应提供所有阀门的材料以及成品证书，包括制造厂合格试验报告、安装、使用维护说明书。

② 合格试验报告应由原始制造厂编制，并可通过钢印或清晰的油漆模印炉号追踪至每一项。

③ 钢制承压部件材质证（由铸造或锻造厂发放）应至少包括以下内容：

a. 制造厂名称；

b. 炉号；

c. 热处理；

d. 材料标准与等级；

e. 化学成分分析报告；

f. 力学性能试验报告；

g. 所有无损检测结果。

④ 成品证书应包括：

a. 制造厂名称及出厂日期；

b. 产品名称、型号及规格；

c. 公称压力、公称尺寸、适用介质及适用温度；

d. 依据的标准、检验结论及检验日期；

e. 出厂编号；

f. 检验人员及负责检验人员签章；

g. 设计要求做低温密封试验的阀门，应有制造厂的低温密封试验合格证明书；

h. 铸钢阀门的磁粉检验和射线检验由供需双方协定，如需检验，供方应按合同要求的检验标准进行检验，并出具检验报告；

i. 设计文件要求进行晶间腐蚀试验的不锈钢阀门，制造厂应提供晶间腐蚀试验合格证明书。

1.10.7 产品说明书的内容

① 制造厂名。

② 用途和主要性能规范。

③ 作用原理和结构说明。

④ 注有主要外形尺寸和连接尺寸的结构图。

⑤ 主要零件的材料。

⑥ 维护、保养、安装和使用注意事项。

⑦ 可能发生的故障和消除方法。

⑧ 附件清单。

1.10.8 产品装箱单应包括的内容

① 订货合同编号。

② 制造厂名和出厂日期。

③ 产品名称、型号及公称尺寸。

④ 产品数量和净重。

⑤ 随带文件的名称和份数。

产品装箱单应加盖制造厂负责装箱检验员的印章及检验日期。

1.10.9 储存和质量保证

① 储存场所不得选在低洼处，即使遇大风大雨也不会积水。

② 储存场所应通风、干燥和清洁，不得露天存放，同一场所不能存放腐蚀物品。

③ 储存区域应便于运输，并备有起吊设备。

④ 储存前应检查包装箱是否完整，如发现内包装损坏，必须检查阀门是否受到污染和损坏，如阀门外表面已受污染则必须加以清除污物，如内表面受污染则按有关要求进行清洗，去污后仍要恢复内包装，若有严重污染和损坏，应向有关部门报告。

⑤ 要检查入库单与入库产品型号、数量等是否一致。

⑥ 储存时应排列整齐，若要重叠堆放时，重的箱子应放在下面，轻的箱子放在上面，注意存放时箱子一定要放稳妥，防止倾斜倒下造成不必要的损坏。

⑦ 储存的产品要有记录，包括产品的名称、型号、储存位置、存取时间、经办人员等内容。

⑧ 要注意产品的储存要求，在储存期间内要进行定期检查和做好记录，有真空度要求的要定期检查真空度，定期检查干燥剂并按时更换。

⑨ 阀门自发货日期起18个月内，在产品说明书规定的正常操作条件下，因材料缺陷、制造质量、设计等原因造成的损坏，应由制造厂负责免费保修或更换零件或整台产品。

1.10.10 技术服务

① 阀门制造厂应提供阀门的安装程序，并现场指导安装，需要调试的阀门应进行现场调试。

② 当用户通知阀门制造厂需要提供投产运行、

现场或售后服务时，阀门制造厂应派有经验的技术人员到现场指导工作，提供技术支持。

③ 在质保期内，当设备出现故障（由于设计、制造、安装、调试等因素）或不能满足用户要求时，阀门制造厂应按用户要求排除故障。

④ 在保修期内，当设备需要维修或更换部件时，阀门制造厂应派有经验的技术人员到现场进行技术支持。

参考文献

[1] 《阀门设计》编写组. 阀门设计. 沈阳：沈阳阀门研究所，1976.

[2] 机械工业部合肥通用机械研究所编. 阀门. 北京：机械工业出版社，1984.

[3] GB/T 21465—2008. 阀门　术语.

[4] GB/T 3163—2007. 真空技术　术语.

[5] 宋虎堂等. 阀门选用手册. 北京：化学工业出版社，2007.

第2章　闸　　阀

2.1　概述

闸阀是隔离类阀门中最常见的阀门类型之一。在每个精炼厂、化工厂、电站和工业企业生产设备中都可以找到这类阀门，其制造尺寸范围可以从 *DN*6～4200。选用闸阀的主要目的是截断流体。正是由于这个原因，闸阀通常被称为“截断”阀或“阻断”阀。闸阀一般应用于全开或全关操作的工作场合。当全开时，通过闸阀的压力降非常小；当全关时，具有很好的压力密封性能。由于闸板与阀座环的配合，当闸阀关闭时，几乎没有泄漏发生。然而，在背压（一般不小于 0.34bar，1bar$=10^5$Pa）非常低的情况下，可能会发生某些泄漏。闸阀的另一个优点是通常开启和关闭很缓慢，这一特性可以防止流体水锤效应对管道系统的损坏。

在众多通用阀门类型中，只有全通径球阀能够与闸阀的流量特性相当。对称设计结构和对等密封使得闸阀可以从两个方向中的任何一个方向上截断介质流。闸阀还可以选用各种材料制造，可以从五金店货架上找到 *DN*15 的小型黄铜闸阀，也可从核电站核岛中找到特殊合金闸阀。闸阀的主要局限性在于不能适用于节流性工况。当闸阀应用于节流性工况时，流体在阀座附近常常具有很高的流速，这样会引起侵蚀。同样在部分开启状态，闸板会在介质的冲击下出现摆动，这样会造成密封副损坏。通常，闸阀比截止阀更易于产生阀座和闸板密封面的磨损，而这种磨损的修复，很难通过研磨和抛光的手段来完成。

由于闸阀的结构特点非常适合于大型化装置，所以其应用范围不断扩大，并向着高温高压发展。闸阀最大口径已达 *DN*4200，在合成氨装置中已大量使用 *PN*320 的高压闸阀，用于石油、天然气钻采的井口的闸阀工作压力高达 138MPa。制造高温高压闸阀的关键，是解决由于温度变化引起闸板楔死的问题，以及保证其可靠的密封性能。为此，要在闸板和阀座密封结构上进行研究改进。弹性阀座和弹性浮动阀座已开始得到应用，使闸阀能够实现进口密封、出口密封或进出口双重密封。目前闸阀使用寿命还难以与其他阀类相比，如何提高使用寿命，也是闸阀发展的重要课题。

2.2　闸阀的工作原理、特点、分类及结构

2.2.1　闸阀的工作原理及特点

闸阀又叫闸板阀，主要由阀体、阀盖、闸板、阀杆、阀座和密封填料等部分组成，如图 2-1 所示。

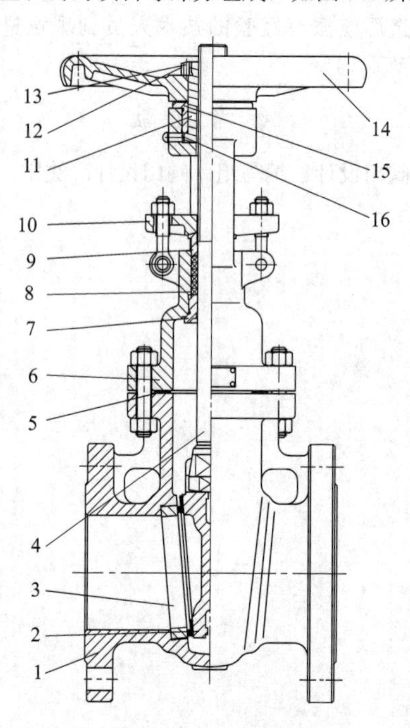

图 2-1　典型的闸阀结构

1—阀体；2—闸板；3—阀座；4—阀杆；5—垫片；6—阀盖；7—上密封座；8—填料；9—填料压套；10—填料压板；11—阀杆螺母；12—锁紧螺母；13—紧定螺钉；14—手轮；15—轴承压盖；16—油杯

闸阀是启闭件（闸板），由阀杆带动，沿阀座（密封面）做直线升降运动的阀门。一般，闸阀不可用来调节流量，只能作为截断装置使用，要么完全开启，要么完全关闭。在各种类型的阀门中，闸阀是应用最广泛的一种。既适用于常温和常压工况，也适用于高温及低温和高压及低压工况，并可以通过选用不同的材质，适用于各种不同的介质中。

闸阀具有如下优点：

① 流体阻力小。闸阀阀体内部介质通道是直通的，介质流经闸阀时不改变其流动方向，因而流体阻力较小。

② 结构长度（与管道相连接的两端面间的距离）较小。由于闸板呈圆盘状，是垂直置于阀体内的，而截止阀阀瓣（也呈圆盘状）是平行置于阀体内的，因而与截止阀相比，其结构长度较小。如 *PN*16、*DN*150 的截止阀，其结构长度为 480mm，而同一参数的闸阀结构长度仅为 350mm。

③ 启闭较省力。启闭时闸板运动方向与介质流动方向相垂直，而截止阀阀瓣通常在关闭时的运动方向与阀座处介质流动方向相反，因而必须克服介质的作用力。所以与截止阀相比，闸阀的启闭较为省力。

④ 介质流动方向不受限制。介质可从闸阀两侧任意方向流过闸阀，均能达到接通或截断的目的。便于安装，适用于介质的流动方向可能改变的管路中。

⑤ 全开时，密封面受工作介质的冲蚀很小。

⑥ 形体结构比较简单，制造工艺性较好。

同时闸阀也存在一些缺点如下：

① 密封面易产生擦伤。启闭时闸板与阀座相接触的两密封面之间有相对滑动，在介质推力作用下易产生擦伤，从而破坏密封性能，影响使用寿命。

② 零件较多，结构较复杂，制造与维修都较为困难，与截止阀相比成本较高。

③ 外形尺寸和开启高度都较大，所需安装的空间亦较大。

④ 一般闸阀都有两个密封副，给加工、研磨和维修增加了一些困难。

⑤ 操作行程大，启闭时间长。由于开启时需将闸板完全提升到阀座通道上方，关闭时又需将闸板全部落下阻断阀座通道，所以闸板的启闭行程很大，启闭时间较长。

2.2.2　闸阀的分类

闸阀有各种不同的结构形式，其主要区别是所采用的密封元件结构类型不同。根据密封元件的结构，常把闸阀分成几种不同的类型。例如，根据结构类型分类，有平行式闸阀和楔式闸阀；根据阀杆的结构还可分为明杆（升降杆）闸阀（图2-2）和暗杆（旋转杆）闸阀（图2-3）。

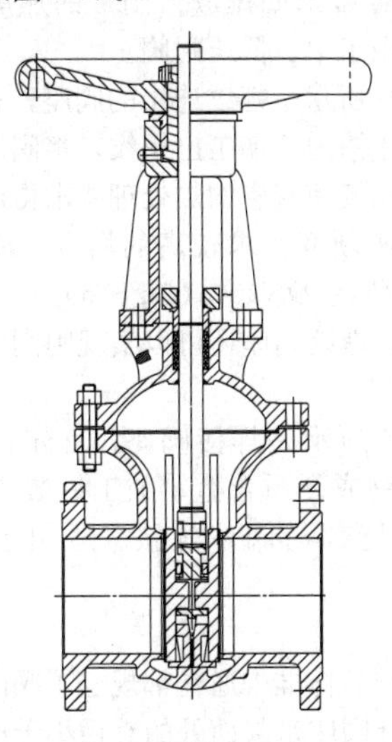

图2-2　明杆平行式闸阀

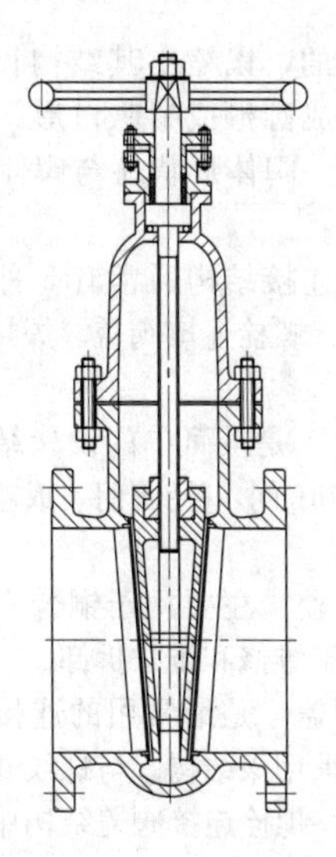

图2-3　暗杆楔式闸阀

(1) 按阀杆分类

阀杆是闸阀的操作部件，其作用是将启闭力传递到启闭件上。按阀杆结构类型分类，有明杆闸阀与暗杆闸阀两种。

① 明杆闸阀　其阀杆梯形螺纹置于阀体之外，位于阀杆上部，通过旋转阀杆螺母，使阀杆带动闸板同步上升与下降来实现阀门的启闭，因此容易识别阀门的启闭状态，避免误操作。由于阀杆螺母在体腔外，有利于润滑，同时启闭状态直观明显，因而应用广泛。但在恶劣环境中，阀杆的外露螺纹易受损害和腐蚀，甚至影响操作。它的缺点是阀门开启后的高度大，通常在阀门原高度的基础上要加一个行程，因而需要很大的操作空间。

② 暗杆闸阀　阀杆螺母置于阀体内部，常被固定在闸板上，通过阀杆的旋转使阀杆螺母带动闸板做升降运动来完成启闭。由于传动用的梯形螺纹位于阀体内部，虽不受外界环境影响，但易受介质腐蚀和无法进行润滑，开启程度不能直接观察，需另设指示装置。但它的阀杆不做升降运动，所需操作空间小，故适用于位置有限管路密集的场合，如船舶、地下管道等。

(2) 按结构类型分类

闸阀的结构类型通常指的是闸板的类型，闸板的类型分为楔式和平行式两种。即闸板为楔式的称为楔式闸阀，闸板为平行式的即为平板闸阀。

2.2.3　闸阀的结构

(1) 阀体与阀盖结构

由于闸阀通常应用于大口径管道上，所以阀体与阀盖多采用法兰连接。阀体要容纳垂直放置并做升降运动的圆盘状闸板，因而阀体内腔高度较大。阀体截面的形状主要取决于公称压力，如低压闸阀阀体可设计成扁平状的，以缩小其结构长度。高、中压闸阀阀体多设计成圆形或喇叭口形，以提高其承压能力，减小壁厚。阀体形状还与阀体材料及制造工艺有关。

阀体与阀盖的连接结构通常有5种：螺纹式阀盖、活接头式阀盖、螺栓连接阀盖、焊接阀盖和压力自密封阀盖。

① 螺纹式阀盖　是最简单的设计结构。通常只用于不需要经常拆卸的小口径阀门，成本较低的铜合金阀门等。

② 活接头式阀盖　主要用于铜合金类阀门，但是活接头结构更便于维修和维护拆卸。

③ 螺栓连接阀盖　是最常用的连接结构，当今工业用闸阀大多数采用该结构。与螺纹式和活接头式连接结构不同的是，螺栓连接阀盖结构中阀体和阀盖之间的连接需要垫片密封。

④ 焊接阀盖　对于规格1/2～2in（1in＝0.0254m），磅级介于Class800～2500之间，不需要拆卸的紧凑型钢制阀门来说，焊接阀盖是最常用的结构。与压力密封阀盖相似的是，焊接阀盖阀门比螺栓连接阀盖阀门的重量要轻。

⑤ 压力自密封阀盖　是靠阀体内介质压力作用于阀体与阀盖间的金属密封环或柔性石墨密封环上实现密封。压力自密封阀门阀腔内的压力越高，作用于密封环上的力就越大，也就越容易实现密封。压力自密封结构的阀门，重量一般要轻于螺栓连接阀盖结构。

(2) 阀杆结构

闸阀阀杆结构主要有三种不同形式：下螺纹升降式阀杆（ISRS）、非升降式阀杆（暗杆NRS）和上螺纹带支架（明杆OS&Y）。

① 下螺纹升降式阀杆　是当今铜合金类阀门最常用的阀杆结构。由于阀杆螺纹裸露于介质中，存在被腐蚀的可能，会导致阀杆与闸板失效。因此，该结构一般不适用于关键的工业用途阀门。

② 非升降式阀杆　因为阀门开启时阀杆不需要升起，所以此结构是在手轮上方的垂直空间受限制时所采用的特殊类型。当今，大多数由铸铁或铜合金材质制造的阀门采用此种阀杆结构。当操作空间受限时（例如地下操作），才使用钢制非升降式阀杆阀门。

③ 上螺纹带支架式阀杆　多用于工业。尤其是在腐蚀性工况中，因为阀杆螺纹基本不接触介质，也就远离了潜在的腐蚀危害。与其他两种阀杆结构不同的是，此种结构中，手轮是与阀门支架顶部的阀杆螺母相连，而不是直接与阀杆本身相连，因此开启时手轮不会随着上升。

(3) 阀座结构

闸阀通过闸板与阀座形成密封副，实现阀门的开启和关闭。因此，阀座结构也尤为关键。通常，阀座结构可以是阀体整体部件，也可以是单独的阀座圈结构。

整体式阀座与阀体是一个整体，当阀体由耐蚀材料制成时，整体式阀座可以直接由基体材料加工而成[图2-4（a）]，也可以同碳素钢类阀门一样，在基体上堆焊适用于不同介质的材料加工而成[图2-4（b）]。阀座圈则可以选用不同于阀体材料的其他所需材料制成，然后连接到阀体上相应的阀座槽内。但值得注意的是，当阀门应用于温度变化较大的工况时，应尽可能选用线胀系数与阀体材料相当的材质制造阀座圈，当阀座圈采用焊接的工艺与阀体连接时，还需要进一步考虑两种材料的焊接性。

阀座圈与阀体的连接主要有：胀接镶嵌、螺纹和焊接三种形式。其中比较常用的形式如图2-4（c）～（h）所示（左边为阀座圈简图，右边为连接后简图）。

图2-4（a）所示是在阀体上直接加工出密封面。适用于阀体为耐蚀材料的中、低压闸阀。

图2-4（b）所示是在阀体上直接堆焊金属材料制成密封面。根据阀门使用工况、工作压力和阀体材料与堆焊材料的焊接性，选择合适的堆焊材料。

图2-4（c）和（d）所示是胀接的阀座，主要适用于阀体材料为铸铁类阀门，阀座圈材料选用铜合金或不锈钢材料制造。在阀体上加工出燕尾槽，将阀座圈镶嵌入燕尾槽，加压使阀座圈产生塑性变形实现胀接结合。多适用于低压、小口径闸阀。

图2-4（e）所示是镶嵌连接的阀座，将铜合金或不锈钢制成的阀座圈镶嵌入阀体座槽后，用螺钉固定。一般适用于低压大口径铸铁类闸阀。

图2-4（f）所示是镶嵌连接的非金属阀座，把塑料或橡胶制成的O形圈镶嵌入闸板的燕尾槽内制成阀座。一般适用于中、低压闸阀。

图2-4（g）所示是螺纹连接的阀座，在阀座圈的外圆和阀体的座槽内均加工出螺纹，将阀座圈旋入阀体紧固。螺纹连接使阀座的热处理要求得以实现，主要适用于对阀座硬度要求较高的场合，通常应用于高、中压，口径在*DN*400（NPS16）以下的闸阀。某些用户认为，螺纹阀座还可以实现闸阀阀座的可更换修复。

图2-4（h）所示是焊接阀座，首先在阀座圈上堆焊铬系不锈钢或硬质合金，加工后装入阀体座槽内，在阀座圈尾部与阀体焊接。适用于高、中压闸阀。

(4) 缩径

在闸阀的产品标准中通常都规定了阀门的最小流道直径，当设计阀座密封面处的直径小于连接端处的直径称为通径收缩，即“缩径”（图2-5）。

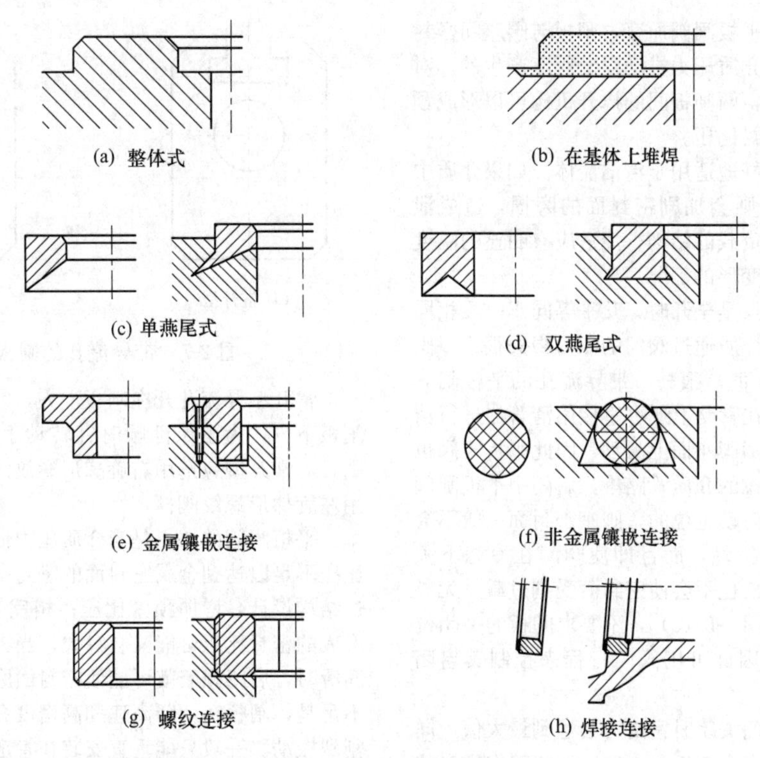

图 2-4　闸阀阀座的常用结构

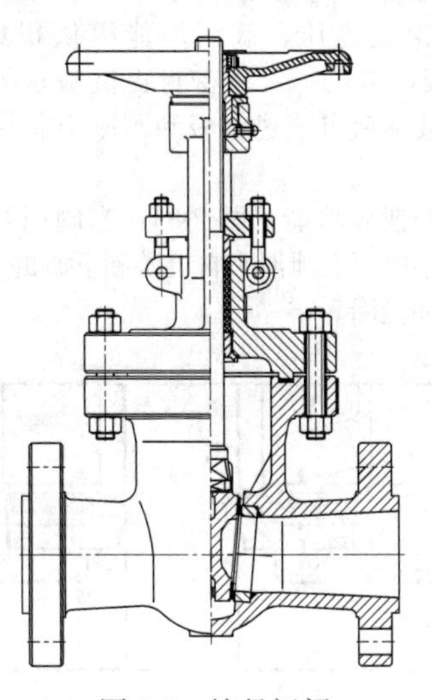

图 2-5　缩径闸阀

缩径阀门通常应用于管道需要节流的工况。产品标准里一般也规定了阀门具体缩径规格，在标准没有规定出具体缩径数据时，通常取标准流道直径的85%～75%，缩径通道母线对中心线倾角不大于12°。采用缩径形式可以减小闸板的尺寸，从而使其承受的介质作用力降低，闸阀的启闭力也相应减小；这样，小尺寸的闸板、阀杆等也可用于较大通径的闸阀，从而扩大了零部件的通用范围。但是采用缩径，会造成很大的压力损失，会增加阀内流体阻力，因而通道收缩比不宜太大。常见的缩径闸阀大多是公称尺寸不大于 *DN*300（NPS 12），阀门公称尺寸的孔径降低一个规格，公称尺寸 *DN*350～600（NPS 14～24），公称尺寸的孔径降低两个规格，例如公称尺寸为 *DN*100 的阀门，阀座通道直径可收缩到 *DN*80，公称尺寸应表示为 *DN*100(NPS4)×*DN*80(NPS3)。

在某些工作条件下（如石油行业的输油、气管线），不允许采用缩径阀门。这一方面是为了减少长输管线的阻力损失，另一方面是为了避免通径收缩后给扫线清管通球造成障碍。

2.3　平板闸阀

2.3.1　基本特点

平板闸阀是一个启闭动作为直线运动的阀门，它具有一个典型的垂直于流体的平板闭合元件，滑动切入流体而关闭。由于平板闸阀的闸板关闭时，没有楔式闸板关闭时所产生的楔紧力，所以相对而言操作更灵活、使用寿命更长、启闭力较小。广泛应用于天然气、轻质油、化工、城建、环保等行业，作切断介质用，并适用于含硫（H_2S）重油、排污及放空等系统以及流速快、杂质多、腐蚀严重的天然气长输管线。

平板闸阀（图 2-6）是一种关闭件为平行闸板的滑动阀。其关闭件可以是单闸板或是中间带有撑开机构的双闸板。

对于单闸板的平板闸阀而言，闸板与阀座间密封比压的形成，是由介质压力推动浮动阀座产生的。对于双闸板平板闸阀，两闸板间的撑开机构可以形成预紧比压，以补充密封比压。

平板闸阀能很好地适用于清洁流体。如果介质中夹带有固体颗粒，则会加剧密封面的磨损，造成泄漏。阀座带有弹簧负载的结构，能适应有明显的温度变化以及阀体可能变形的工况。

平板闸阀的优点是全开时，几乎等同于一段相同长度的管道，因此介质通过阀门的压力损失很小，阀门的流量系数（C_V 值）很高。带导流孔的平板闸阀［图 2-6（c）］安装在管路上还可直接用清管器进行清管。由于闸板是在两阀座面上滑动，因此平板闸阀也能使用于带悬浮颗粒的介质管路中。启闭中平板闸阀的密封面实际上是自动定位的，阀座密封面一般不会受到阀体热变形的损坏，而且即使阀门在冷态下关闭，升温后其热伸长也不会使密封面受到过载。无导流孔的平板闸阀［图 2-6（a）］，不要求闸板的关闭位置有较高的精度，因此可用阀门行程来控制其启闭位置。

平板闸阀在阀门关闭时密封力会达到最大值，同时阀门的压力损失也会接近最大值，但相互作用时的密封区域，只是总密封区域的一部分。当闸板大致移动到阀门关闭位置的 3/4 时，介质易使闸板向阀座孔倾斜，此时，阀座孔与闸板最外端就会发生磨损。为了保证密封力和允许范围内阀座的磨损量，因此要综合考虑，设计出合适的阀座宽度。

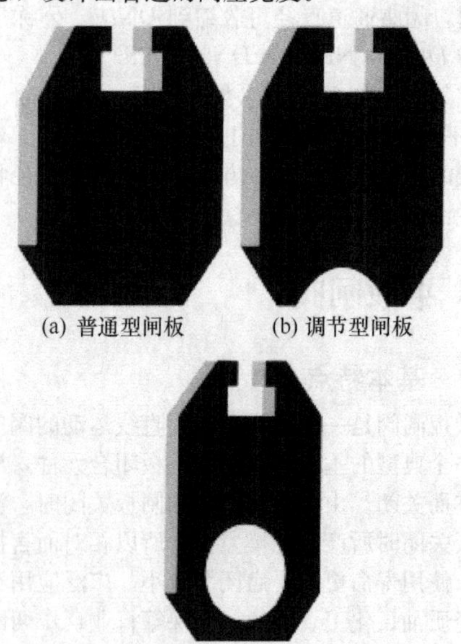

图 2-6 平板闸阀闸板外形图

带导流孔的闸板又分为常开型和常闭型，如图 2-7 所示。

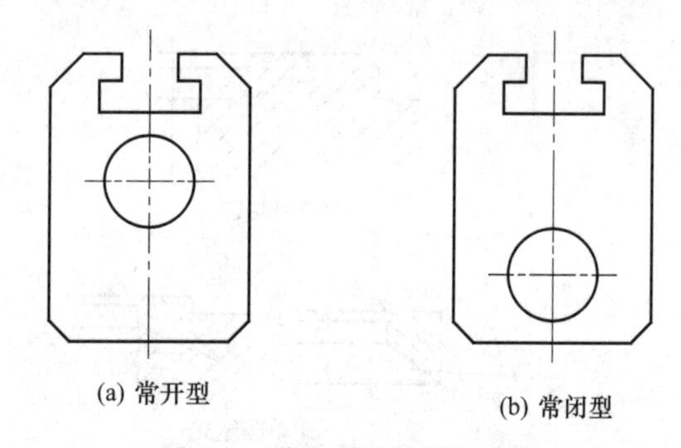

图 2-7 带导流孔的闸板分类

常开型导流孔开在闸板上方，常闭型导流孔开在闸板下方，为了保证顺时针转动手轮关闭阀门的原则，对常开型应选用右旋梯形螺纹阀杆，对常闭型选用左旋梯形螺纹阀杆。

平板闸阀的缺点是当介质压力低时，形成的密封比压不足以达到金属密封面的密封必须比压，需要通过结构设计，增加预紧比压；相反当介质压力高时，形成的密封比压可能又会过大，当密封副之间又缺少润滑时，启闭频繁就可能使密封面磨损过大。另一个不足是，闸板在切断高速和高密度介质流时，会产生剧烈振动。一般只能垂直安装在管道上。

密封性能：阀座设计成双 O 形圈及弹簧加载结构。无论是高压、低压均能提供很好的密封，PTFE（聚四氟乙烯）软密封提供基本的密封，当 PTFE 被破坏后可通过闸板和阀座金属接触提供第二道密封。

双阻断泄放功能（图 2-8）：当阀门打开或关闭时，阀门中腔不会泄漏来自上游和下游的介质，便于中腔排放和检漏。

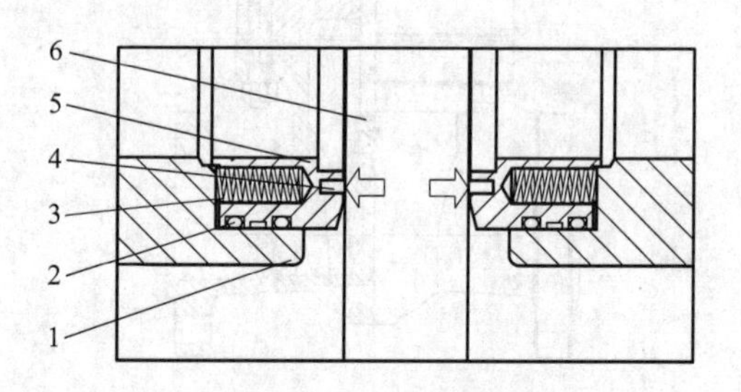

图 2-8 双阻断泄放功能

1—阀体；2—O 形圈；3—弹簧；4—密封环；5—阀座；6—闸板

防火设计（图 2-9）：当 O 形圈和 PTFE 被烧毁后，在流体压力作用下闸板与阀座、阀座与阀体形成金属密封，从而将流体隔断，此外，因中法兰垫片和填料均采用石墨和金属材质，从而防止外漏。

自泄压功能（图 2-10）：当中腔压力较高时，在中腔流体作用下，会将浮动阀座压向阀座槽内，从而避免中腔压力过高而发生事故。

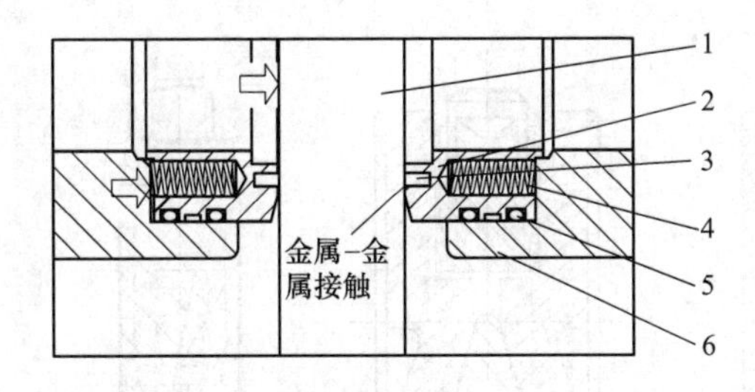

图 2-9　防火设计

1—闸板；2—阀座；3—密封环；4—弹簧；5—O形圈；6—阀体

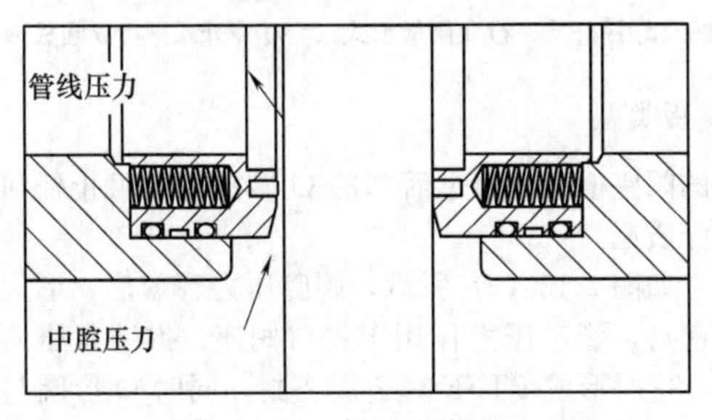

图 2-10　自泄压功能

紧急注脂和润滑系统（图 2-11）：平板闸阀设有阀座和阀杆紧急注脂和润滑装置，当在紧急情况下需要密封阀座和阀杆时，通过注脂枪注入密封脂；或在某些恶劣使用条件下，可通过注脂枪给阀座和阀杆注入润滑脂。

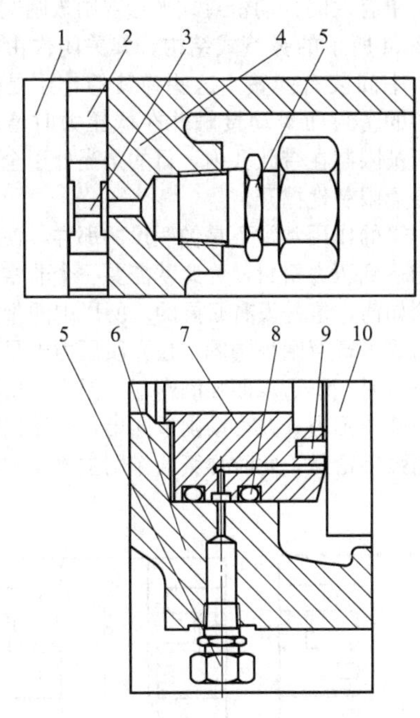

图 2-11　紧急注脂和润滑系统

1—阀杆；2—填料；3—隔环；4—阀盖；5—注脂阀；6—阀体；7—阀座；8—O形圈；9—密封环；10—闸板

2.3.2　闸板结构

平行式闸板两密封面相互平行，并有平行式单闸板和平行式双闸板之分。平行式双闸板，可分成自动密封式和撑开式两种结构。

(1) 平行单闸板

平行单闸板［图 2-12 (a)］为两面磨光的一块平板，其结构简单，加工方便，但不能靠其自身结构达到强制密封，所以当闸板两侧压力差较小时，闸板与阀座间的密封性能就大为降低。因此必须在阀体、阀座上采用固定或浮动的软质密封材料来增加其在压差较小时的密封性能。只适用于中、低压，大、中口径的油类或煤气、天然气管道。

(2) 自动密封式平行双闸板

自动密封式平行双闸板闸阀［图 2-12 (b)］是依靠介质的压力将闸板压向出口侧阀座密封面，达到单面密封目的。若介质压力较低时，则其密封性不易保证。为此，可在两块闸板之间加入预紧弹簧，阀门关闭时，弹簧被压缩，依靠弹簧预紧力辅助实现密封。这样虽然闸板启闭时，易于清除密封面上积垢，但增加了摩擦，所以密封面易擦伤和磨损，降低了使用寿命。

(3) 撑开式平行双闸板

撑开式平行双闸板常用的结构有顶楔式和双斜面式两种结构，顶楔式分为上顶楔、下顶楔两种。

上顶楔式如图 2-12 (c) 所示，在两闸板间装设顶楔，顶楔与阀杆相连，当关闭闸阀时，闸板降至阀体底部，阀杆继续推动顶楔向下移动，利用顶楔的楔紧力，迫使两闸板向两侧撑开，两侧密封面分别与相应的阀座压紧，形成密封比压。开启阀门时，阀杆首先带动顶楔上移，解除顶楔对闸板的压力，使闸板与阀座稍稍分离，再带动闸板上移，达到开启目的。由于闸板与阀座间几乎无摩擦，因而不易被擦伤和磨损。多用于低压，中小口径的闸阀。

下顶楔式与上顶楔式相同之处是在两闸板间也设有顶楔装置，不同的是装设的顶楔方向与上顶楔相反，见图 2-12 (d)。当关闭闸阀时，阀杆带动闸板下移，下移至一定位置时，下顶楔首先与阀体底部接触，此时阀杆可继续带动闸板下移，在下顶楔的作用下，两闸板被撑开，两侧密封面分别与相应的阀座压紧，形成密封比压。当需开启时，顶楔靠自重落下固定在双闸板之间，双闸板脱开阀座，随阀杆上移实现开启。其缺点是下顶楔如设计不当或阀杆关闭时作用力过大，致使开启时下顶楔未能脱离闸板，易造成阀门开启力矩增大。

双斜面结构如图 2-12 (e) 所示，由带有相互配合斜面的主、副两块闸板构成，主闸板和副闸板之间设有一连杆摆块机构，连杆摆块机构两端通过销轴分别与主、副闸板连接。当需要关闭阀门时，阀杆带动

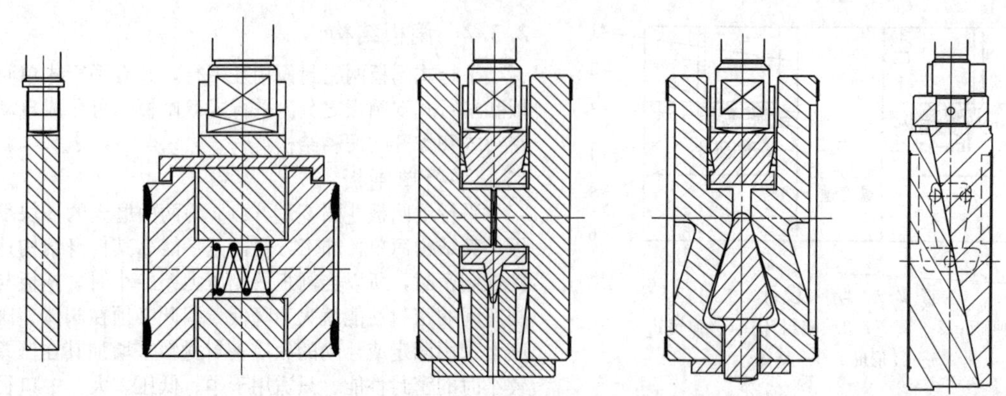

图 2-12 平行式闸板类型

副闸板运行至全关位置被阀体内腔底部的限位台阶限位，主闸板在阀杆推力作用下继续运动，在斜面的作用下，主、副闸板撑开，压紧阀座密封面，形成密封比压，使阀门密封。同时，主闸板上的销轴带动连杆摆动，使连杆上的摆块脱离导向筋。避免连杆摆块机构干涉闸板的撑开运动。开启时，阀杆带动主闸板移动，主闸板上的销轴带动连杆回摆，此时副闸板不动。主闸板继续移动，连杆上的摆块与导向筋接触，此时副闸板在连杆摆块机构与闸板斜面的作用下向主闸板靠拢并与主闸板一起被提升，使阀门达到开启。这种结构既能很好地实现密封，又大大降低了闸板与阀座的磨损，延长了寿命，因而被广泛采用，其结构也在不断变化。

2.3.3 密封原理

(1) 平行单闸板闸阀

其密封原理如图 2-13 所示。

如图 2-13（a）所示，当阀内部压力相当时，闸板处于关闭状态，阀座表面 PTFE 密封环形成初始密封，当阀门开启时，阀座圈能自动清洁闸板两侧的附着物。

如图 2-13（b）所示，阀门处于关闭状态，介质压力作用于闸板，推动闸板贴近出口端阀座上的 PTFE 环，压缩它直到闸板与阀座上金属密封面吻合，这样，就形成了双重密封，首先是 PTFE 对金属密封，然后是金属对金属密封，出口端阀座也被推向阀体的阀座槽内，通过后部的 O 形密封圈阻止任何后部介质流。

如图 2-13（c）所示，阀腔压力释放后，形成进口密封，管道压力作用于进口阀座，推动其压向闸板，这时形成 PTFE 对金属密封，同时 O 形圈与阀座槽形成紧密的密封。

如图 2-13（d）所示，阀门自动泄压。由于热膨胀或其他因素，造成阀腔压力大于管道压力时，进口端阀座会在中腔压力作用下缩回阀座槽内，阀腔内压力与进口端管道压力平衡。

(2) 自动密封式平行双闸板闸阀

最简单有效的自动密封式平行双闸板闸阀结构是采用图 2-14 所示的弹簧式结构。其关闭件由两块闸板组成，中间装有弹簧。这些弹簧的作用是保持与上、下游的密封面滑动接触并在低压力时增进密封力。闸板被限制在带状孔内，目的是当处于全启位置时，不会无限制地撑开。

但弹簧的作用常常不是像假设的那样，使两密封面借此均达到压力密封，为此就需要一个非常大的弹簧，无论如何，这是没有必要的。所以中间带弹簧的自动密封式平行双闸板闸阀，在介质压力不足以克服弹簧作用力时，属于双面强制密封；但当介质压力足以克服弹簧作用力，并推动闸板向出口端压紧时，就成了单面强制密封，此时弹簧的作用主要是预防闸板的颤动。

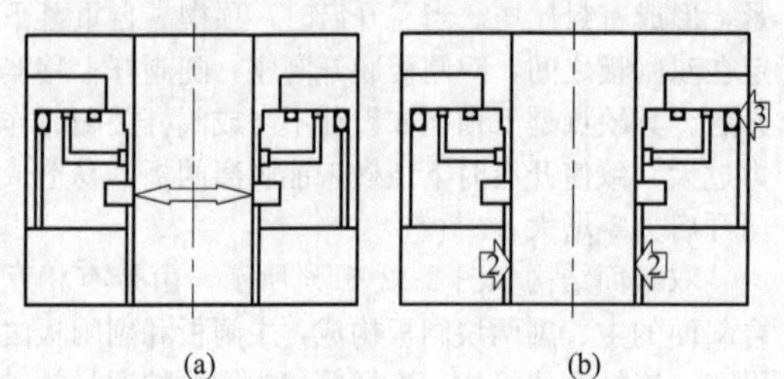

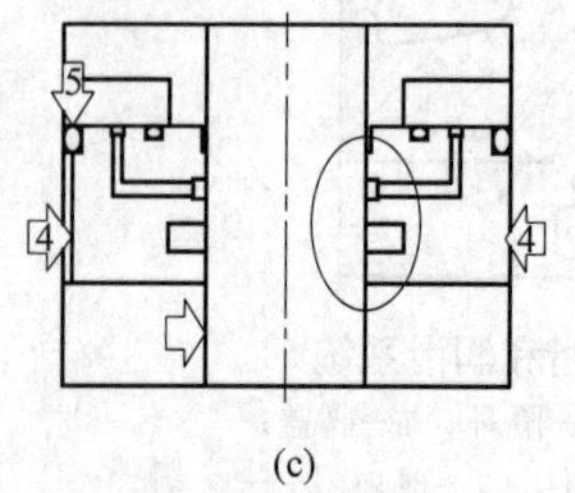

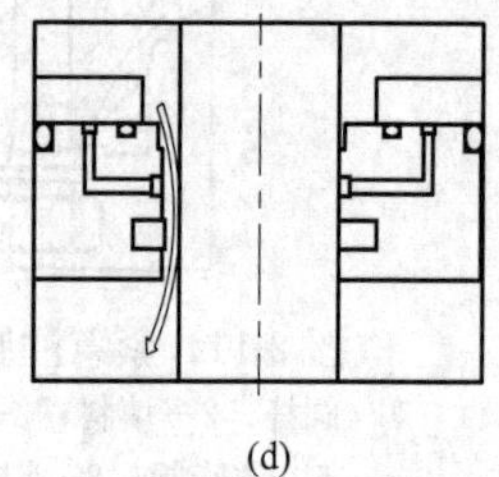

图 2-13 平行单闸板闸阀的密封原理

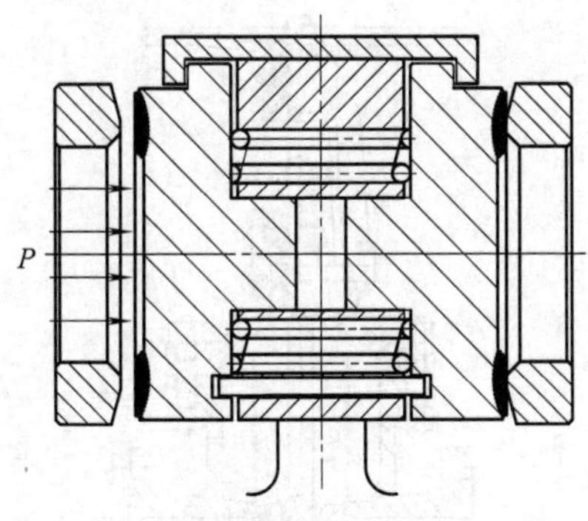

图 2-14 克服弹簧作用力后的自动密封式平行双闸板闸阀的动作特性

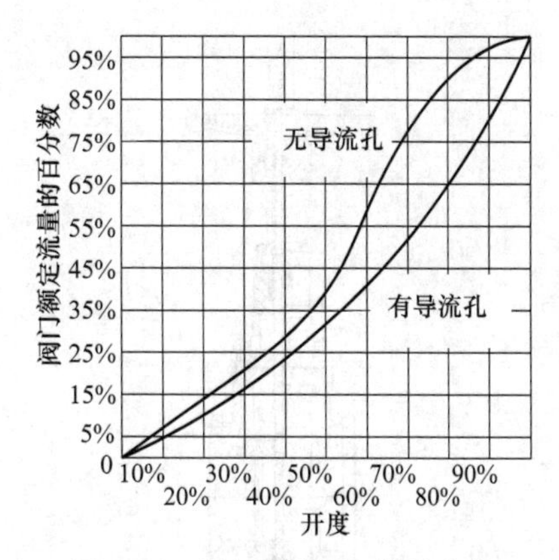

图 2-15 阀门开度 C_V 特性曲线

在蒸汽管道或使用在温度有明显变化的其他场合，由于材料的不同及截面的变化，不可避免地会产生不同的膨胀，它将引起一定的变形。应当注意的是，在两块闸板自由伸缩时，弹簧也应随着伸缩。

(3) 撑开式平行双闸板

撑开式平行双闸板闸阀结构如图 2-12 (c)～(e) 所示，三种结构形式虽有所不同，但其密封原理都是通过两闸板间的楔顶或楔块，迫使两闸板向两侧撑开，两侧密封面与各自阀座间滑动接触并产生预紧比压，关闭力越大密封比压越大，保证进出口端同时密封，属于双面强制密封。

2.3.4 流量特性分析

带导流孔的平板闸阀，其流量特性等于同规格的管道，呈等百分比特性。不带导流孔的平板闸阀，其中腔跨度较楔式闸阀小，且属于规则的圆柱体，所以，基本上除压力损失较带导流孔的大外，其余特性基本相近。阀门开度 C_V 特性曲线及带导流孔型平板闸阀的 DN-C_V 曲线分别如图 2-15 和图 2-16 所示。

2.3.5 常见种类

(1) 无导流孔单闸板平板闸阀

图 2-17 所示为无导流孔平行式单闸板闸阀。该阀采用阀座顺流浮动，弹簧预紧自动密封结构，启闭力小，工作压力越高，密封性能越好，闸板与阀座的密封有金属密封和软密封两种双重密封，金属密封设有密封脂注入机构。主要采用碳素钢、不锈耐酸钢、合金钢等材料制造。连接形式为法兰连接，法兰连接尺寸可选用 GB、JB、HG、ASME 等标准法兰。可适用于石油、石油产品、天然气、煤气、化工、环保等输送管线及放空系统和油、气储存设备上作启闭装置，抗硫型符合 GB/T 20972、NACE MR0175 等标准的规定。

(2) 无导流孔双闸板平板闸阀

如图 2-18～图 2-21 所示，平行式双闸板闸阀，可分成自动密封式（图 2-18）和撑开式两种结构。撑开式平行双闸板常用的结构又分为顶楔式（图 2-19、图 2-20）和双斜面式（图 2-21）两种结构。

自动密封式是依靠弹簧作用力撑开两闸板，与两阀座形成预紧比压，同时在介质压力作用下形成密封比压，实现密封。撑开式是依靠楔顶或楔块撑开两块闸板，与两阀座形成强制密封比压，实现密封。

无导流孔双闸板平板闸阀阀座与阀体的连接有两种形式，一种为胀接式，一种为焊接式。此种阀门一般都带有阀杆上密封，在开启状态下保护填料不受介质压力；阀杆螺母处装有推力轴承，以减轻操作转矩；与管道的连接方式一般有法兰连接和对焊连接两种连接形式。尺寸规格与标准闸阀相同。

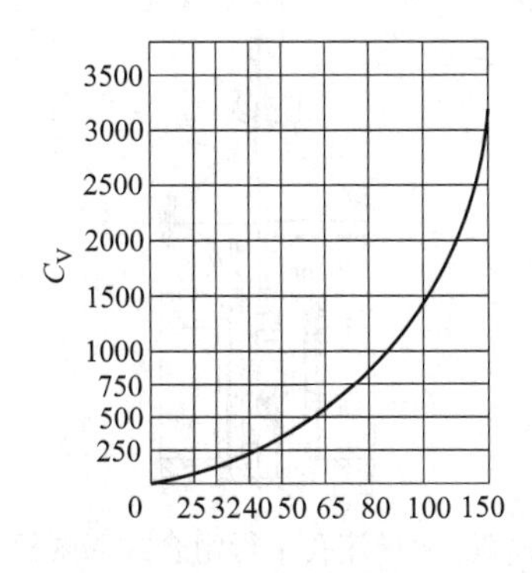

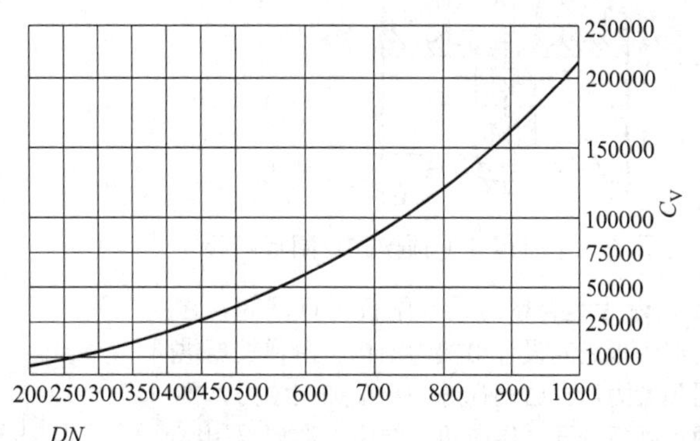

图 2-16 带导流孔型平板闸阀的 DN-C_V 曲线

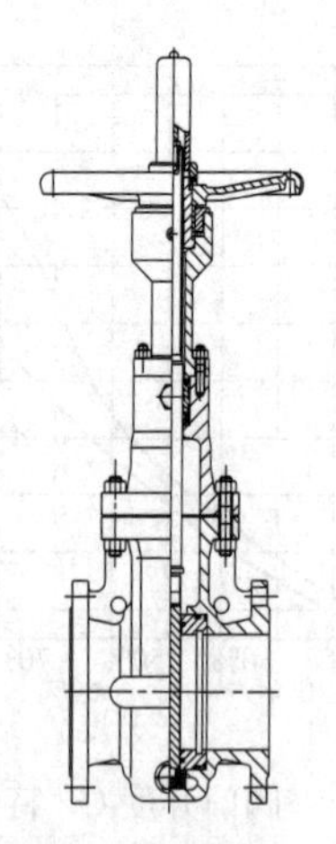

图 2-17　无导流孔平行式单闸板闸阀

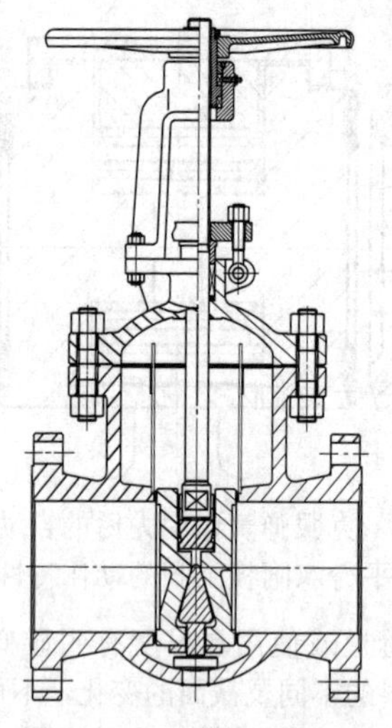

图 2-20　无导流孔平行撑开下顶楔式双闸板闸阀

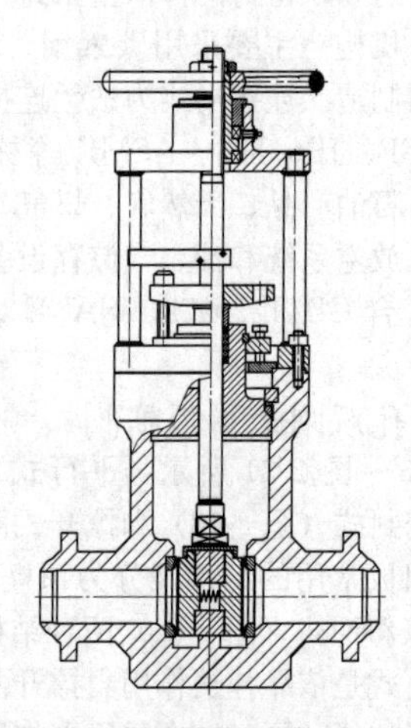

图 2-18　无导流孔平行自动密封式双闸板闸阀

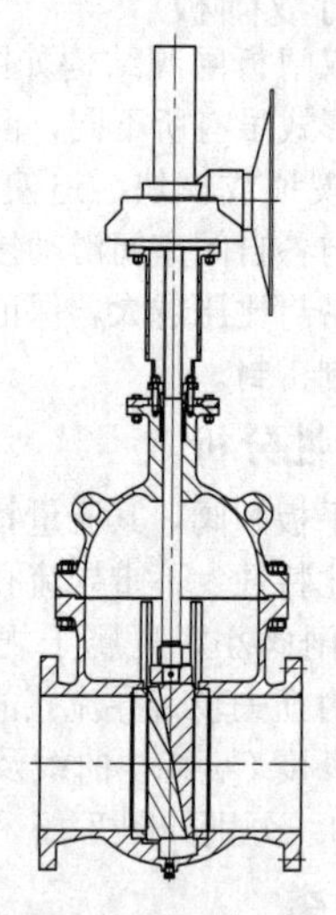

图 2-21　无导流孔平行撑开双斜面式双闸板闸阀

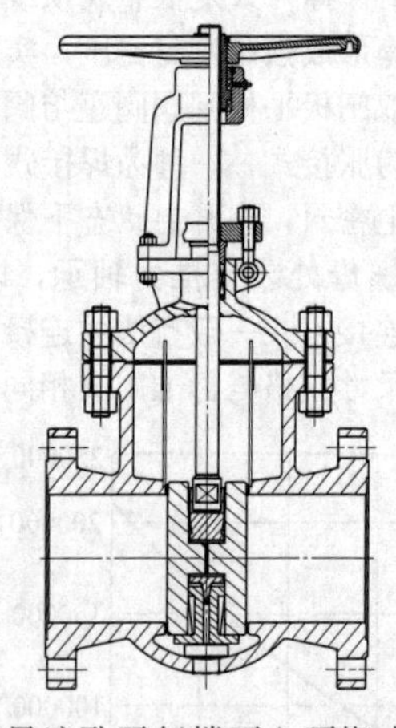

图 2-19　无导流孔平行撑开上顶楔式双闸板闸阀

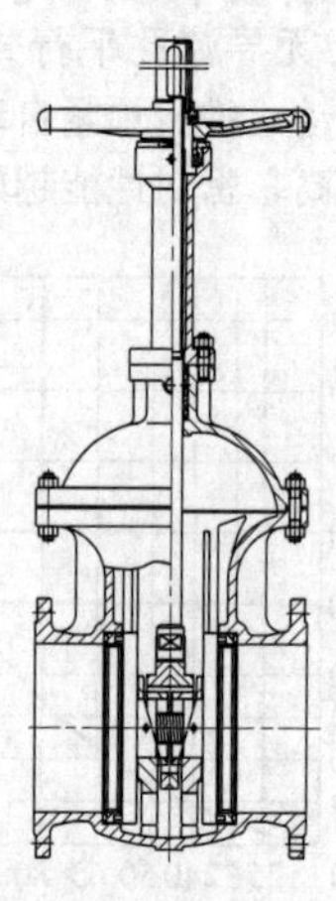

图 2-22　无导流孔平行组合式双闸板闸阀

图 2-22 所示为组合密封式双闸板平行闸阀，在弹簧加载的双闸板之间设计出楔面结构。由弹簧提供的初始密封预紧力，再由阀杆进一步施加楔紧力，推动楔面使两个闸板分开，压向两个阀座上形成强制密封。这种类型的阀门同时密封两个阀座。

(3) 带导流孔单闸板平板闸阀

带导流孔平板闸阀(图 2-23)的阀座为活塞浮动式，通常由金属和非金属两种不同的材料组成，即将高弹性体的合成橡胶或聚四氟乙烯等软质材料镶嵌于不锈钢或者带防腐镀层(如 ENP 等)锻钢件支承圈中，形成软密封对金属和金属对金属的双重密封。闸板采用不锈钢、碳素钢或者合金钢锻件表面 ENP 或堆焊硬质合金制成，闸板的下部有一个和公称尺寸相等的导流孔，阀门全开时，闸板上的导流孔与阀座孔贯通，同时与阀座面密封了阀体的腔室而防止固体颗粒进入。浮动阀座的密封可实现双截断与泄放功能(DBB)。如果阀座密封在使用中失效，则可通过向密封面注入密封脂进行临时应急密封。通常在阀体的下部还设有排污螺塞，打开排污螺塞可以清除体腔内的污垢。填料函部位可以注入密封脂，这样既可能保证阀杆密封可靠，又能为阀杆提供润滑。该阀密封性能良好，操作方便、灵活、省力、流阻系数小，便于清管扫线，使用寿命长，适用于石油、石油产品、天然气、煤气、水等介质，抗硫型符合 GB/T 20972、NACE MR 0175 等标准的规定。图 2-24 所示为井口装置用带导流孔平板闸阀。

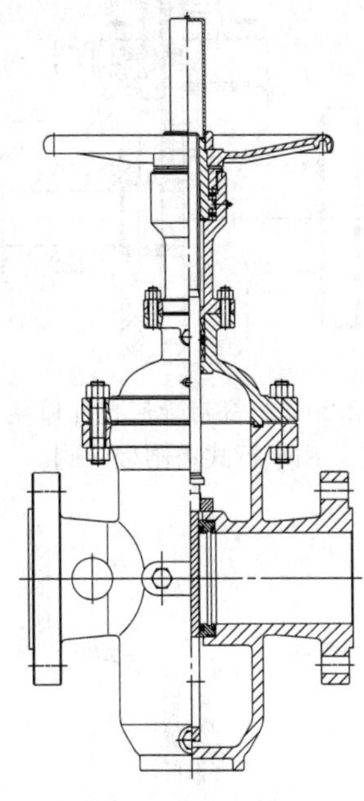

图 2-23 带导流孔平行式单闸板闸阀

(4) 带导流孔双闸板平板闸阀

图 2-25 所示为带导流孔双闸板平板闸阀。它依靠固定在阀体上的阀座和两块楔形对楔形的闸板组成密封副。在整个启闭过程中闸板始终不脱离阀座密封面，使介质不致进入阀体下腔内。吹扫管可清除阀体内的脏物。两块楔式闸板依靠其上的三个销钉和挂钩连接在一起。与管道的连接形式多为法兰连接，法兰连接尺寸可选用 GB、JB、HG、ASME 等标准法兰。

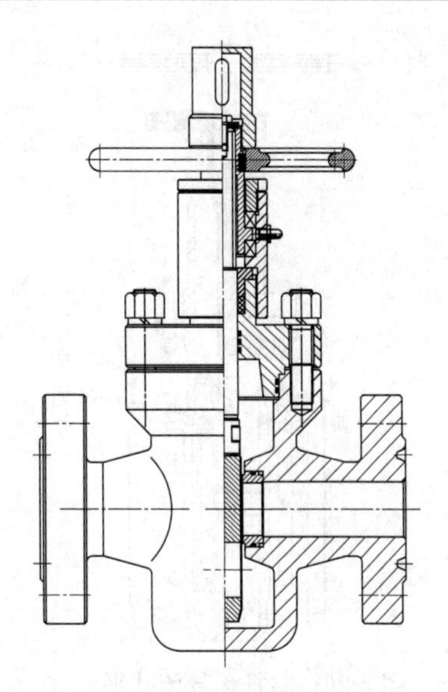

图 2-24 带导流孔井口装置用平行式单闸板闸阀

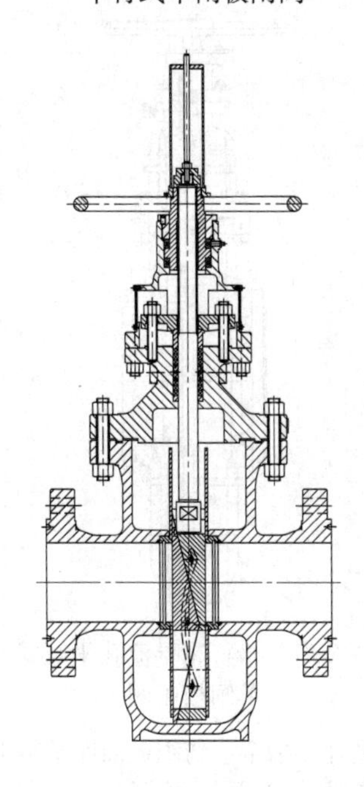

图 2-25 带导流孔平行撑开双斜面式双闸板闸阀

适用于石油、天然气管线上，并能在全开状态下进行清管扫线。

(5) 燃气管线用平板闸阀

图 2-26～图 2-28 所示为燃气暗杆平板闸阀常用结构，即通过旋转阀杆带动阀杆螺母及闸板一起升降。限位由阀杆螺母的位置来定，可大大节省安装和操作空间。可分为无导流孔，带导流孔，单闸板，双闸板形式。适用于石油、天然气、水等介质输送管道的切断或流通排放，广泛应用于天然气、石油、化

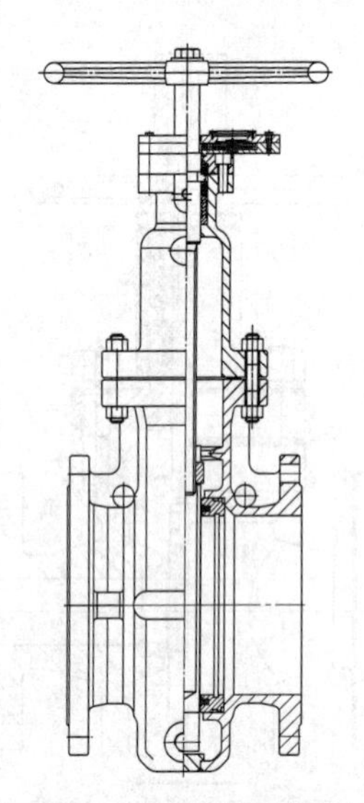

图 2-26　暗杆无导流孔平行式单闸板闸阀

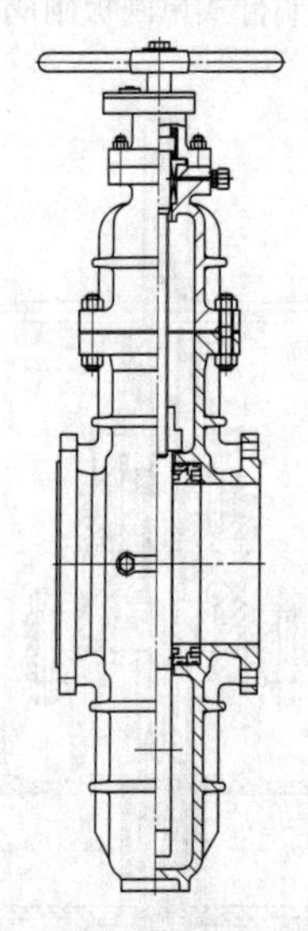

图 2-27　暗杆带导流孔平行式单闸板闸阀

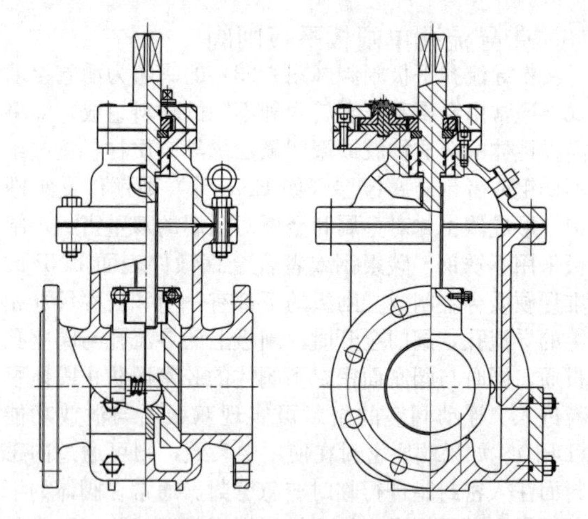

图 2-28　暗杆无导流孔平行撑开下顶楔式双闸板闸阀

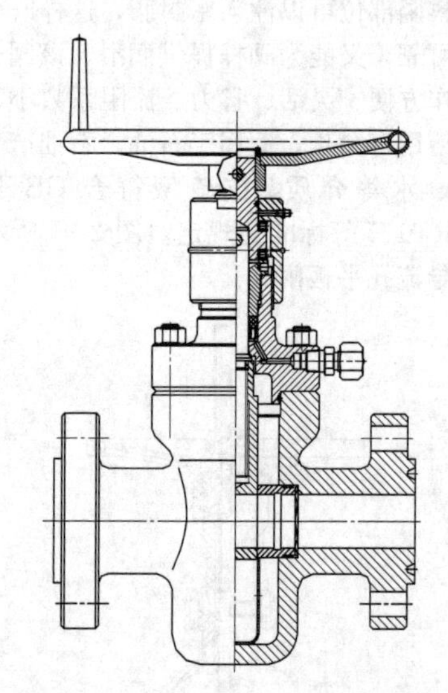

图 2-29　暗杆带导流孔井口装置用平行式单闸板闸阀

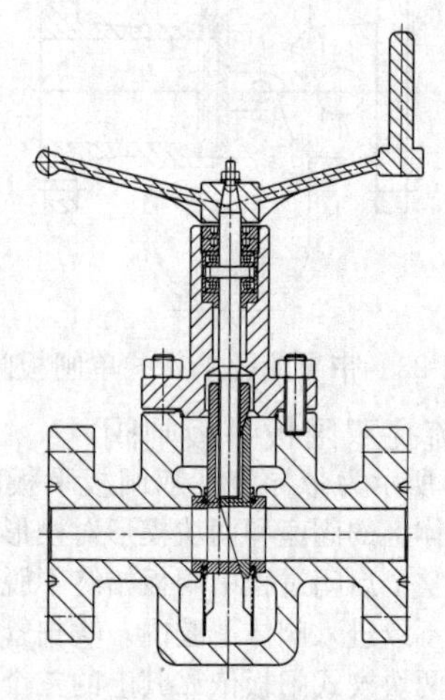

图 2-30　暗杆有导流孔平行撑开双斜面式双闸板闸阀

工、电力、商业、冶金、纺织、油库及军工等行业。

(6) 暗杆有导流孔平板闸阀

图 2-29 所示为暗杆单闸板有导流孔平板闸阀，图 2-30 所示为暗杆双闸板有导流孔平板闸阀。设计符合 API 6A 标准。阀体与阀盖采用金属与金属密封。闸板和阀座可根据用户需求采用弹簧预加载阀座，使密封更为可靠。闸板上有导流孔，开启后便于清管扫线。主要适用石油、天然气的井口装置。抗硫型符合 GB/T 20972、NACE MR0175 等标准的规定。

(7) 出料阀

出料阀如图 2-31 所示，是渣浆类耐磨阀新产品。主要用于电厂、钢厂、矿山、建材等行业输送干灰、料水混合物、泥浆、水泥混合物、矿浆用。该阀使用

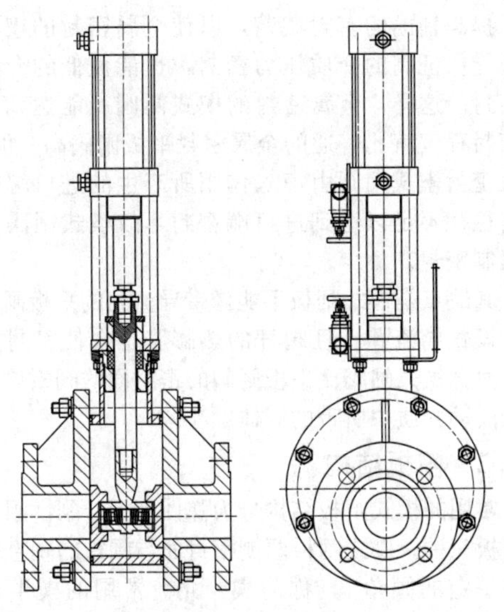

图 2-31 气动出料阀

温度不高于 425℃；介质的灰（渣）水比为 1∶1.5，粒度不大于 50mm。

出料阀采用先进的新技术、新工艺、新材料、新结构，克服了传统排渣闸阀、浆渣刀闸阀密封面易冲蚀、使用寿命短的致命缺陷，大大提高了该阀门的使用寿命，较传统排渣闸阀、浆渣刀闸阀使用寿命提高2～3 倍，是一种具有较高的社会价值、经济、耐用的产品。

结构特点：

① 具有自清扫功能，能自动清除密封面结垢，确保密封效果。

② 弹簧预压及自动补偿，形成双面强制密封。无论在介质进口端或出口端，闸板与阀座密封面都是密封的。阀门关闭后，介质不会进入中腔，不会造成阀门中腔积灰和堵塞，使阀门启闭不发生卡阻。

③ 全通径设计，阀门开启后与管道形成一完整的直线通道，灰渣无法残留、附着和堆积。

(8) 高温平板闸阀

① 高温平板闸阀结构组成 高温平板闸阀工作状态下是全开或全关的。闸板是一块两面平行的金属板，阀道由 2 个环状弹性的非金属密封圈组成，通过调节连接 2 个密封面之间的螺栓，来调节闸板与密封面之间的适当比压，使其紧密接触达到密封。阀门的操作机构具有气动和手动两种方式，图 2-32 为气动高温平板闸阀结构简图。

a. 阀体。高温平板闸阀的阀体由入口阀体与出口阀体两部分组成。两阀体端部大法兰各自与管道法兰相连。

在入口阀体上有 4 个闸板吹扫蒸汽注入口，开口位置沿阀体径向均匀分布。

b. 闸板。闸板为“8”字盲板形光滑平板状，闸

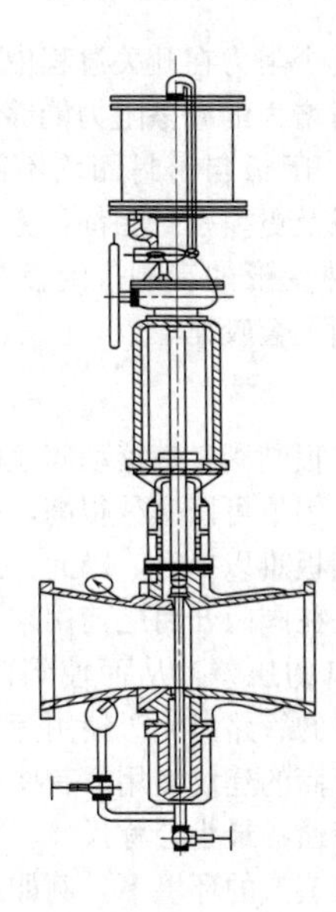

图 2-32 气动高温平板闸阀结构简图

板插进阀道两个密封面之间，无论是全开或全关，闸板与密封圈始终是完全紧密接触的，以保护密封面不受流体冲刷。闸板上布有 6 个圆孔，通过销轴与连接块配铰连接。闸板通过连接块的“T”形槽与阀杆头部连接。密封阀座的圈架结构能增强非金属密封圈的抗剪切力。

平板闸阀与管道连接法兰采用 12Cr13 合金缠绕式垫片，阀体与上下阀盖密封垫片为金属包石棉板（铁包陶纤毡）结构。

c. 阀杆。阀杆底部为“T”字形，与闸板上部“T”形槽挂连，上端通过梯形螺纹与传动装置连接。

d. 密封圈及密封元件。高温平板闸阀的密封性能主要取决于阀道的非金属密封面，密封面由 06Cr19Ni10 的金属圈架对密封面进行定位，通过阀体连接螺栓来调整密封圈与闸板的密封比压。阀体上下端通过圆角矩形法兰分别与上下阀盖连接，阀体设有用于密封圈冷却的水套；通常，阀体冷却套的环形槽及冷却水进出口加工成形后再与密封环进行焊接，两半阀体及密封封环的材质均为 06Cr19Ni10。

e. 蒸汽吹扫与冷却。设置吹扫与冷却蒸汽的作用是防止闸板与密封面处沉积异物或催化剂，将开启闸板瞬间落入阀盖内的催化剂吹出，保证闸板能达到全关位置，同时可冷却闸板和密封面，增加使用寿命。

② 高温平板闸阀的性能特点

a. 无论在全开或全关位置，密封圈始终与闸板紧密贴合，固体颗粒不会嵌进密封面中，避免密封面损伤。

b. 密封圈由优质柔性石墨压制而成，基本上能实现完全密封。

c. 关闭阀门所需的力主要是克服闸板与密封圈

之间的摩擦力，这个阻力在开关过程中变化较小，在初始和终了位置时增大的摩擦阻力能够起缓冲作用。

d. 结构简单，闸板与密封圈均不需要研磨，制造、安装、检修以及更换密封圈都很方便。

e. 不受高温热变形的影响，闸板与密封圈之间密封可靠，密封面不会咬死。

2.3.6 旁通

较大尺寸的平板闸阀（带浮动阀座的除外）的密封力在介质压力作用下可以变得很高，密封面之间的摩擦力就容易使闸板难以提升。因此，这种阀门经常提供旁路，旁路是在阀门开启之前用来泄放介质进口压力，减少进出口的压差，从而使阀门开启更加省力，亦可预热出口的管路。何时使用旁通还没有明确的规定，要按生产商的建议使用。有些闸阀的标准上包含推荐使用的旁通的最小公称尺寸。

在带有气体与蒸汽的环境下，例如水蒸气在下游系统中冷凝，下游系统的压力下降，这时旁路就应该比所提供的最小尺寸大些。

2.3.7 压力平衡装置

普通的平板闸阀，液体热膨胀进入关闭阀门腔室中，就会使上游与下游的闸板更加紧密地接触，且使阀腔中的压力上升。较高的密封力使闸板的开启更加困难，而阀腔内的压力就会很快造成阀盖法兰连接处的泄漏或者造成阀体的变形。因此，当这种阀用于热膨胀较大的介质时，必须提供有压力平衡的装置，使阀腔与上游管路接通。

如果这种阀用于切断蒸汽，那么，当封闭的腔室内的冷凝液再蒸发时，也会使阀腔内压力增高。阀腔和上游管路开始均处于压力之下，并充满蒸汽。最后蒸汽冷却，成为冷凝液，并部分被空气取代。

一旦重新工作，蒸汽就进入上游管路，由于上游阀座通常对上游压力密封不是很严，因而就在阀腔内流动。在开始时，当阀体和上游管路未达到蒸汽的饱和温度时，一部分新的蒸汽也会冷凝。

当达到饱和温度时，蒸汽就开始使冷凝液沸腾。如果不提供压力平衡装置，膨胀的蒸汽就迫使闸板更紧密地与阀座接触，并使阀腔内压力上升。压力上升的幅度是随着水的温度和阀腔冲水程度而变化的。

压力平衡装置可以是在上游闸板上开孔或在其内部和外部布置。在一些阀门用于蒸汽时，是将旁通管与压力平衡管组合在一起。

2.4 楔式闸阀

2.4.1 基本特点

楔式闸阀与平板闸阀不同点在于楔式闸阀的关闭件是楔形而不是平行的。使用楔形阀板的目的是为了提高辅助的密封载荷，以使金属密封的楔式闸阀既能保证高的介质压力密封，也能使低的介质压力密封。这样，金属密封的楔式闸阀所能达到的潜在密封程度就比普通的金属密封平板闸阀高。但是，金属密封楔式闸阀由楔入作用所产生的进口端密封载荷往往不足以达到进口端密封，故楔式闸阀为单面强制密封。

其缺点是楔式闸板不能像带导流孔的平板闸阀那样能设置导流孔，且阀杆的热膨胀也会使密封面过载。而且楔式闸阀比平板闸阀的密封面的阀板更容易夹杂流动介质中所带的固体颗粒。

2.4.2 闸板结构

常用的楔式闸板结构分为弹性闸板、刚性闸板和双闸板三种。楔式闸板两侧密封面与闸板的垂直中心线有一定的倾角 θ，称为楔半角。常用的楔半角有 2°52′和 5°两种。楔半角的大小对闸阀的使用性能有重要影响。角度小时关闭闸阀所需的力减小，但此时管道由于温度的变化而引起变形时，楔形闸板在阀体内被楔住的可能性却增大。

为了不使楔形闸板在阀体内被楔住，必须使其不自锁，即应保持下述条件：

$$f_m < \tan\theta$$

式中 f_m——摩擦因数；

θ——楔式闸板两侧密封面与闸板垂直中心线的倾角（称为楔半角），(°)。

对于楔半角 $\theta=2°52'$ 的闸阀，$\tan\theta=0.05$，对于楔半角 $\theta=5°$ 的闸阀，$\tan\theta=0.09$。楔式闸阀在实际使用条件下，摩擦因数大于上述数值，因此楔式闸阀一般是在楔形闸板自锁条件下工作。

(1) 弹性闸板

弹性闸板［图 2-33 (a)］的特点是结构简单，密封可靠，当介质温度变化时不易被楔住，楔角的加工精度要求相对较低。采用弹性闸板的闸阀，关闭力矩不宜过大，以防止超过闸板的弹性变形范围，所以阀门应设有限位机构以控制闸板的行程。

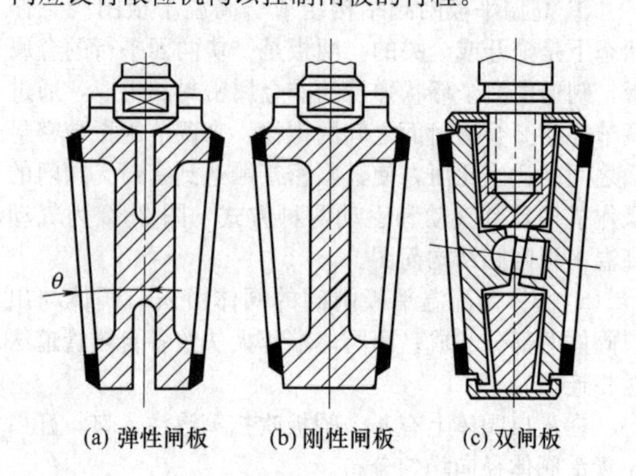

(a) 弹性闸板 (b) 刚性闸板 (c) 双闸板

图 2-33 楔式闸板类型

楔式弹性闸板是单片式，两个密封面被支承在中心的悬臂梁上。其垂直中分面上带有一个环形沟槽，正是这个沟槽使闸板具有一定的弹性，当阀门关闭时，利用闸板产生的微量变形，弥补因加工制造偏差而产生与阀座的配合间隙，使闸板两密封面分别与两侧阀座达到完整吻合，同时形成密封比压，从而实现密封。弹性闸板关闭时，是靠闸板的弹性负载施加于阀座密封面上而不是直接由阀杆施加的楔紧力。不论是温度变化引起的热胀冷缩，还是阀体变形产生的收缩应力均不会导致闸板被楔住。

弹性闸板结构适用于各种压力、温度的中、小口径闸阀，介质中不能含有过多固体颗粒物，以防积塞于闸板环形槽内，影响其弹性变形的能力。

(2) 刚性闸板

刚性闸板［图 2-33 (b)］为单片实心结构，不能补偿由于管道载荷或热波动引起的阀座对中变化，两侧密封面的楔半角加工精度要求很高，制造及维修都比较困难。运行中密封副间易产生磨损，温度变化时闸板易被楔住。因此，大于 *DN*50 (NPS2)，采用楔式刚性闸板时一般不推荐使用于温度超过 121℃ (250 ℉) 的场合。楔式刚性闸阀被认为是最经济的，几乎所有小于等于 *DN*50 (NPS2) 的小型闸阀，都采用楔式刚性闸板，一般适用于较低的“压力-温度”工况。

(3) 楔式双闸板

楔式双闸板［图 2-33 (c)］由两块闸板组合而成，用球面顶心铰接成楔形闸板。可以自由调整角度以达到与两阀座的良好吻合。闸板密封的楔角可以由中间铰接的顶心球面自动调节，因而对密封面楔角的加工精度要求较低。当温度发生变化时不易被卡住，也不易产生擦伤现象。闸板密封面磨损后可以在顶心处加垫片补偿，便于维修。缺点是结构复杂，零件较多，不适用于黏性介质，由于闸板是活动连接的，长期锈蚀后，容易造成闸板脱落。通常垂直安装于水和蒸汽介质的管路上。

楔式双闸板结构能解决实际工况中楔式单闸板结构容易产生的以下问题：如果阀体受到意外的压力或转矩，并可能造成阀体扭曲，但双闸板结构仍然能够正常开启，因为闸板试图开启之前，阀座密封负载已经消除。如果阀体只是轻微的扭曲，那么独立的闸板可以沿着它们各自的阀座移动。当阀门关闭时，温度改变也不会导致闸板楔死。这种阀门的设计适合尺寸为 *DN*50～600 (NPS 2～24)。阀体材料包括碳素钢、铬钼钢、不锈钢、双相不锈钢和镍合金等，适应工作温度范围可达－196～816℃。

2.4.3 闸板导向装置

闸板导向装置通常包含阀体导向筋与闸板导向槽，如图 2-34 所示。可防止闸板在开启或关闭时旋转，从而保证密封面相应对准，并使闸板在未达到关闭位置之前不与阀座摩擦，减少密封面的磨损。

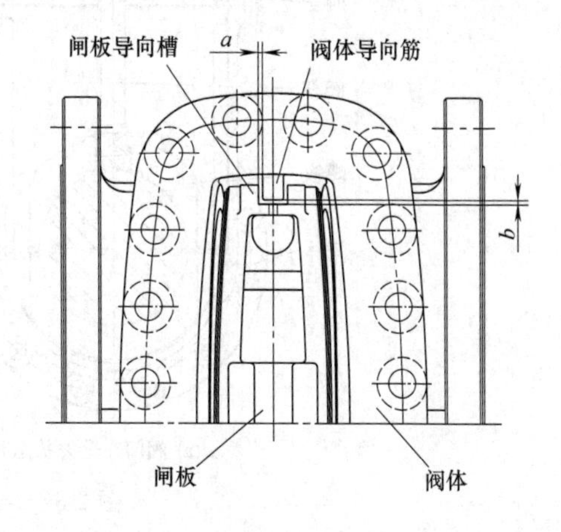

图 2-34 楔式闸阀闸板导向装置

阀体导向筋一般直接铸造在阀体上，其位置的特殊性，使其加工较麻烦，因此部分制造商不对其进行加工，只加工闸板导向槽，控制闸板导向槽与阀体导向筋横向间隙 a 及纵向间隙 b，间隙 a、b 预留过大会严重影响阀门的密封性能，应当引起重视。当阀门安装在垂直的管线时，介质流向自上往下，闸板因自重靠向出口密封端，此时如 a 尺寸间隙过大，启闭阀门时，出口端闸板密封面与阀座密封面始终摩擦，易造成出口端密封副严重磨损。当阀门水平安装在水平管线时，闸板因自重靠向底部导向筋，顶部则存在 2 倍的间隙 b，如设计不当，b 预留间隙过大，造成闸板顶部导向槽外端低于阀体顶端导向筋，则易造成闸板脱落而卡死在阀体中。

阀体导向筋长度不宜过短，应能保证在阀门启闭过程中，闸板被完全支撑，如图 2-35 所示。防止闸板偏离密封面，以及因配合长度过短，造成闸板导向槽与阀体导向筋错位，使阀门不能正常启闭。一般闸板在启闭位置时，阀体导向筋与闸板导向槽最小配合长度应不小于闸板导向槽总长度的 1/2。

2.4.4 常见种类

(1) 明杆楔式单闸板闸阀

明杆楔式单闸板闸阀（图 2-36）的闸板为楔形单闸板，阀杆的一端带有梯形传动螺纹，阀杆与闸板通过 T 形槽挂连在一起。在阀盖的上部固定有阀杆螺母，阀杆螺母外部装有手轮。逆时针方向旋转手轮时，阀杆带动闸板上升，阀门开启；顺时针方向旋转手轮时，阀杆下降，最终楔紧闸板，阀门关闭。

(2) 暗杆楔式单闸板闸阀

图 2-37 所示为暗杆楔式单闸板闸阀。楔形闸板中间有一通孔，通过非密封面两侧的导向槽与阀体上

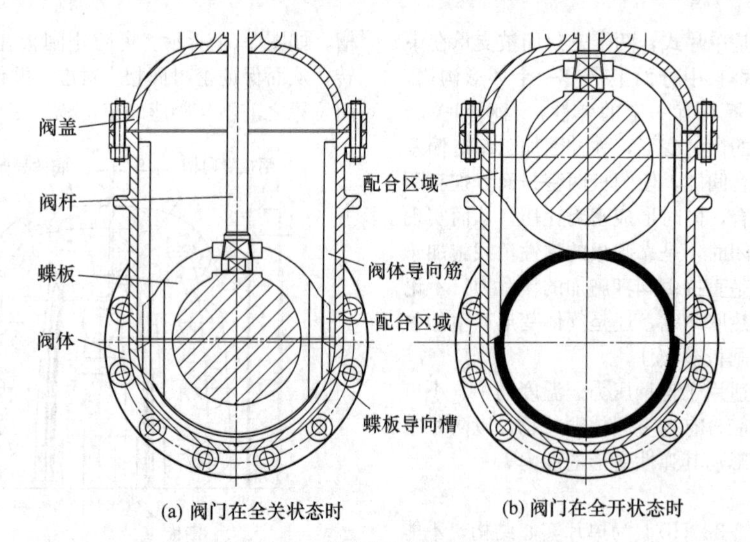

图 2-35 导向装置的配合长度

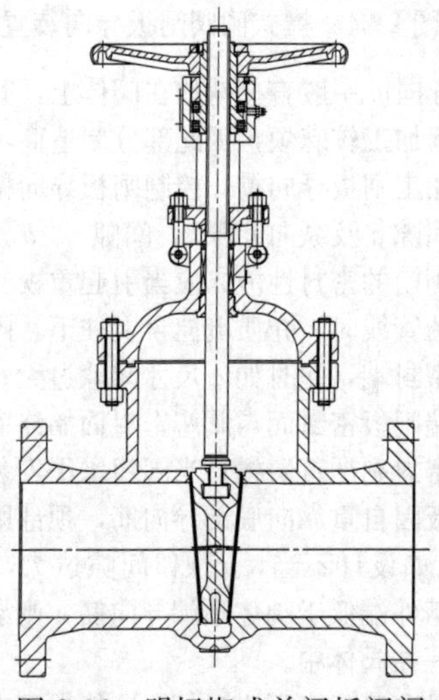

图 2-36 明杆楔式单闸板闸阀

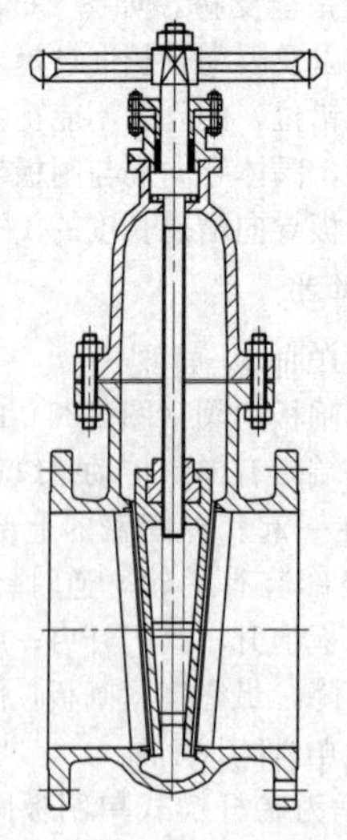

图 2-37 暗杆楔式单闸板闸阀

的导向筋相配合组成导向装置。闸板上部的凹槽内装有带梯形螺纹的阀杆螺母，与阀杆下端的梯形螺纹组成传动副，通过装在阀杆顶端的手轮操作，顺时针方向旋转手轮，阀杆转动，楔形闸板下降并楔紧，阀门关闭；逆时针方向旋转手轮，闸板上升，阀门开启。

暗杆楔式闸阀的阀杆在阀门开启或关闭时，只做回转运动，而不升降，所以阀杆的高度尺寸不大，也有利于阀杆填料的密封。为了确定闸板的启闭位置，可采用专门的指示器。

楔式单闸板阀门在结构上比较简单，内部没有易磨损的零件，但是这种阀门的楔形密封面的加工和检修比较复杂。一般使用于温度在200～250℃以下的介质中，温度较高时，由于阀门本体和闸板受到不均匀的热膨胀的影响，楔式闸板有卡住的危险。如果楔式闸板的密封面经过高度精密的加工和仔细的研合调整，也可适用于较高的工作温度。楔式闸阀可以安装在任意象限中，也就是说，阀杆的位置可以垂直向上或向下，或与管道成某一角度。

(3) 明杆楔式双闸板闸阀

图 2-38 所示为明杆楔式双闸板闸阀，阀体内装有两个圆盘闸板，依靠中间部位的半球芯组合在一起，两密封面之间的角度可以根据两阀座间的夹角浮动楔合，从而消除两密封面间因加工误差、阀体变形等引起的不利因素，更好地实现密封。双闸板闸阀只允许安装在水平的管路上，并保证阀杆垂直向上安装，但许多管路中的双闸板闸阀阀杆却是水平安装的，致使半球芯不是落向阀门底部而是落向阀体，不仅使半球芯不能正常发挥作用，还会导致阀门关闭不严和启闭困难。

(4) 暗杆楔式双闸板闸阀

图 2-39 所示为暗杆楔式双闸板闸阀。与单闸板闸阀比较，楔形双闸板闸阀的优点是闸板与阀座楔形

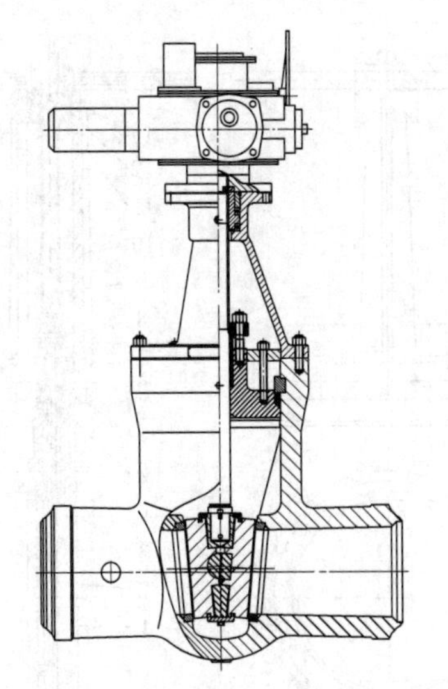

图 2-38 明杆楔式双闸板闸阀

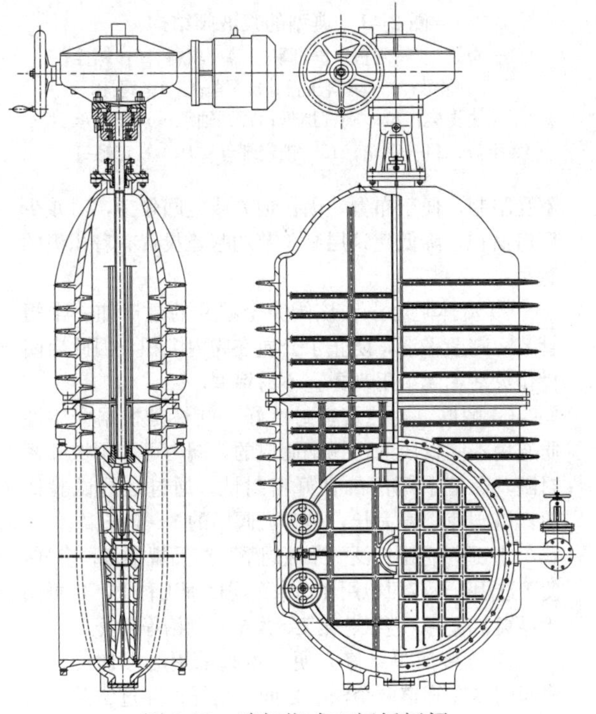

图 2-39 暗杆楔式双闸板闸阀

密封面的配合更好，更严密，加工更方便。另外，当阀门在受到高温高压影响，阀体变形时，双闸板两密封面能在阀杆楔紧力的作用下，随阀体一起变动，从而保证了密封的严密性，闸板卡死的概率也相对要低得多。

(5) 吹扫闸阀

图 2-40 所示为明杆楔式单闸板高温吹扫闸阀。该阀是在普通楔式单闸板闸阀基础上，在阀体、阀盖上增加了吹扫装置，通过吹扫装置注入高压水或蒸汽，对易结焦、颗粒状介质的管路、阀门等进行清洗、冲刷，实现在线清除管路、阀门内的杂质，具有方便、省时等优点，有效地提高系统的使用寿命。适用于水、蒸汽、烟气、油品或雾状、粉末状、颗粒状等介质的管路上，作为启闭装置用，尤其适用于石化行业输油和催化裂化装置，起到启闭、清洗冲刷管道的作用。

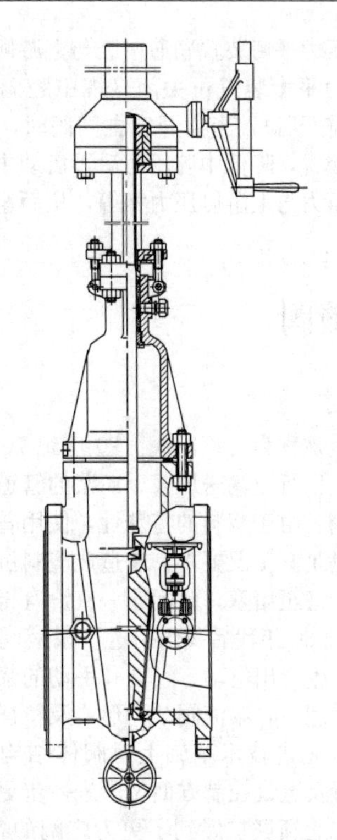

图 2-40 明杆楔式单闸板高温吹扫闸阀

2.4.5 阀门的旁通

楔式闸阀与平板闸阀中所述同样，可装置旁通连接件。

2.4.6 压力平衡装置

在某些场合会产生中腔压力异常升高现象，即当高温高压流体（液体或气体）被封堵于阀门中腔时，若上游侧流体温度升高，中腔流体会被热传递同步升高，由于中腔体积无法扩大，封堵在中腔的流体由冷态变为热态时，液体可能迅速汽化，导致中腔压力急剧升高和超压工作，此时若要开启阀门，其开启压力会成倍提升，导致承压边界所承受的载荷急剧增加，当材料实际应力超过许用应力时，高应力部位会产生断裂破坏，轻则驱动机构的驱动力不堪重负，无法启动，严重时造成阀杆断裂、双闸板闸板架断裂、单闸板 T 形槽断裂或电动机烧坏等，这些现象在许多高温高压闸阀中屡见不鲜，不少用户常常认为这是闸板“楔死”，其实“楔死”的真正原因常常是阀体中腔的异常升压。

解决中腔异常升压的根本方法是平衡中腔压力，

可采用外设压力平衡装置联通中腔与上游侧，当主闸板关闭后压力平衡装置可关闭（视中腔温度变化情况，过高时需开启），当需开启主闸阀时，应先行开启压力平衡装置，降低中腔压力后再启动主闸阀，始终保持中腔压力与上游侧压力相等，从而避免异常升压的发生。

2.5 浆液阀

2.5.1 概述

浆液阀也被称为刀型闸阀。20世纪70年代，国内在矿山、电厂行业输送煤浆、矿浆的管道上，还采用普通的闸阀。由于浆料的特殊性，使用普通的闸阀不能很好地满足其工况要求，易造成渣料沉积，使阀门难以启闭，甚至堵塞，此问题一直没有得到很好的解决。20世纪80年代后我国引进了浆液阀制造技术及有关设备，生产出电动、气动和手动的浆液阀。在近几十年的时间里，浆液阀结构形式及特征又在吸收和消化国内外先进技术基础上对阀体结构、密封形式、驱动装置及电气控制方面做了进一步更新。使其应用范围从普通领域扩展到了更为广阔的各行各业。从矿山电厂的选煤、排矸、排渣，发展到了城市的污水处理及造纸厂纸浆处理，从一般的工业管道发展到了食品、卫生、医药等专业管道系统。超薄型的浆液阀以其体积小、流阻小、重量轻、易安装、易拆卸等优点彻底解决了普通闸阀、平板闸阀、球阀、截止阀、调节阀、蝶阀等类阀门的流阻大、重量大、安装难、占地面积大等的疑难问题。浆液阀出现后，大量的通用切断和调节类阀门已被浆液阀所取代。

2.5.2 操作原理与结构特点

浆液阀主要由阀体、闸板、阀杆，阀座和密封填料等部分组成，如图2-41所示。该阀适用于泥浆和含纤维材料等介质中，其刀刃形闸板可以切断介质中的纤维材料。

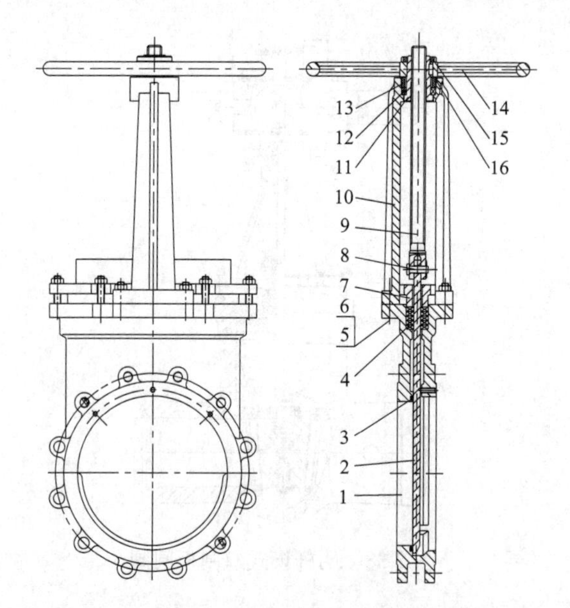

图2-41 典型的浆液阀结构

1—阀体；2—闸板；3—阀座；4—填料；5—螺栓；6—螺母；7—填料压盖；8—销轴；9—阀杆；10—支架；11—阀杆螺母；12—轴承；13—轴承压盖；14—手轮；15—锁定螺母；16—紧定螺钉

动作原理：当阀门需关闭时，顺时针转动手轮，阀杆开始下降并使闸板下移，继续转动手轮，阀杆推动闸板下降，将闸板推移到关闭位置，这时闸板面已完全覆盖通道，同时闸板在底部楔形刀口楔紧力的作用下，使得闸板面挤压密封圈，从而起到密封作用。开启时，逆时针转动手轮时，阀杆带动闸板向上运动，闸板移动离开密封圈，阀杆继续提升闸板（同时也使密封圈恢复弹性疲劳状态，从而提高了密封圈的使用寿命），使闸板离开密封面至通径顶部位置时，即浆液阀开到全通位置。

浆液阀具有以下优点：

① 结构简单　由于采用对夹式结构，该阀与普通阀门比较，具有体积小、重量轻的优点，安装位置不受限制，便于布置，因占地方或空间较少，对减少厂房面积，降低建筑层高，节约基建投资有着积极的意义。

② 流体阻力小　该阀完全敞开的通道如一个短管节，阀壁平滑，防止了介质在阀内沉积，因此启闭操作灵活，无卡阻现象，不易堵塞。

③ 耐磨、耐蚀及密封性好　闸板是根据介质性质选用不同材质的不锈钢制成的，阀内可采用橡胶密封圈，保证了阀门的良好密封性。通过运行试验证明，该阀使用寿命长，是普通阀门的3～4倍。

④ 适用范围广泛　浆液阀系列产品规格多种多样，便于选用，不仅可以用在污水污泥处理工程上，也可用于煤炭、冶金、造纸、化工、发电、制糖等行业。

⑤ 安装简单维修方便　本阀采用对夹连接，即将阀门夹在管道两个法兰之间，用螺栓穿过法兰及阀体的螺栓孔加以固定。

⑥ 经济效益好　由于这种阀门使用寿命长，可降低日常维修费用，减少了因阀门堵塞而需要拆换所影响的生产时间，直接和间接的经济效益是明显的。

浆液阀可认为是平板闸阀的衍生品。刀刃形闸板不仅薄，而且两面非常平滑，有良好的导向性能，阀座一般是镶嵌在阀体上的，通道与阀门口径一致，呈轴向设置，以保证闸板在介质压力作用下压向阀座，实现密封。薄片闸板，使阀体变得相当紧凑，铸体在外形上类似于带凸耳的阀体。因为闸板开启中要穿过阀体的顶部，所以安装阀门的螺栓不能穿透所有凸耳，而两凸耳之间受阀门结构长度限制，又没有安装螺母的空间，为了使所有紧固件相同，一般凸耳采用带螺纹盲孔。这种紧凑的短结构阀体，不仅节省材料和阀门的安装空间，同时也增加了阀门的耐用性。

浆液阀的通道是平滑的且为全通径设计，流体阻力系数小，压力损失少，从而具有很高 C_V 值，非常适合黏性物质和带固体残渣的液体。刀刃闸板能有效切断膏状物，蜡、纤维和纸浆等介质，并有效密封。闸板完全由密封填料包围而且不触及阀体，遇极端压力和转矩造成的阀体的变形，只会压紧密封填料，而不会导致闸板卡滞。

浆液阀大规模生产的规格从 *DN*50～600（NPS2～24），最大可达 *DN*1800（NPS72），较为常用的阀体材料包括铸铁、铸钢和不锈钢。奥氏体不锈钢一般应用于 *DN*50～600（NPS2～24）。结构钢阀体的阀门规格在 *DN*50～1050（NPS2～42）。异种合金制造的浆液阀也较为常见，如合金 20，哈氏合金 B 和哈氏合金 C 等。为了提高阀门的耐腐蚀和侵蚀性能，还可以采用全衬橡胶结构。闸板一般采用不锈钢材料。支架一般是铸钢件，某些情况下也有选择不锈钢。轴承或阀杆螺母一般采用铜合金。

阀门可配备标准法兰和螺栓紧固件，但压力限制会远低于正常法兰额定值，例如带有 ASME B16.5 Class150 法兰面的阀门，额定值只能限制到 3.5～10bar。用于固体输送、泥浆和纸浆浆料以及干燥颗粒工况的额定值，一般限制在阀体材料压力额定值的 50%。

2.5.3 结构形式

(1) 阀体与阀盖结构

浆液阀有无阀盖结构和有阀盖结构两种。

常见的浆液阀大多是无阀盖结构 [图 2-42 (a)]，即闸板不是完全封闭在阀体内部，阀门开启时，闸板升起，露出体外，通过设置在阀体上部的长方形填料函中的填料密封闸板，因此填料压盖不可能是螺纹或接头式，只能是螺栓压盖的形式（图 2-43），这种结构很难采用复杂填料进行填充，即使可以填充复杂填料，密封也并不是十分可靠，一般只适合使用在那些无危险的介质中。

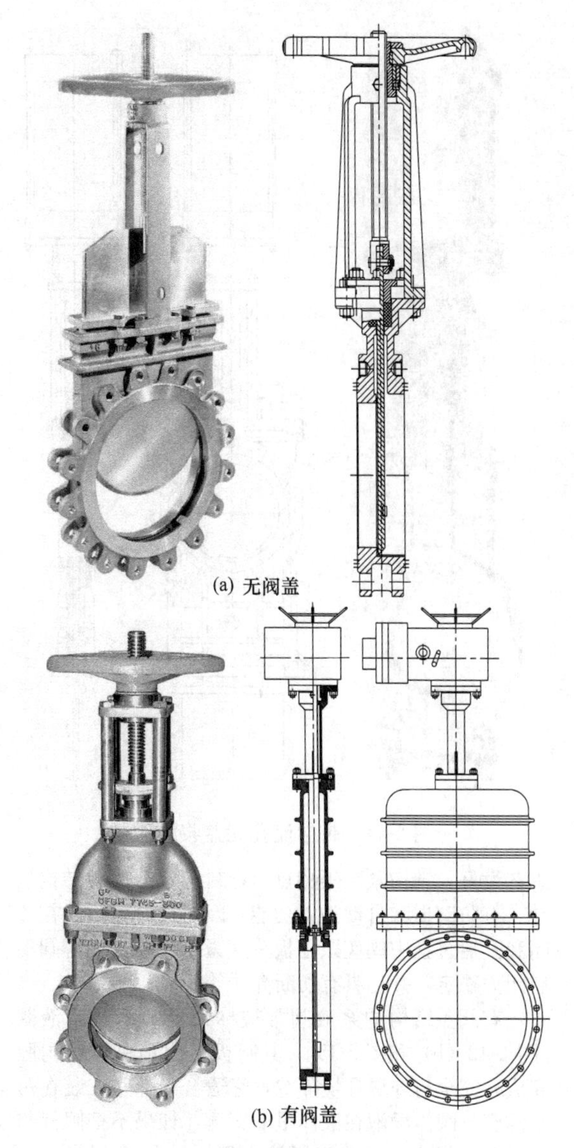

(a) 无阀盖

(b) 有阀盖

图 2-42　浆液阀阀体与阀盖结构

图 2-43　无阀盖浆液阀结构特征

1—阀杆；2—连接夹板；3—填料压盖

值得一提的是无阀盖浆液阀还有一种带导流孔式结构也被称为穿透式，如图 2-44 所示，闸板与阀座始终紧密接触密封的阀门，其闸板跟带导流孔的平板闸阀一样，闸板上开有一个通径大小的圆孔，通过闸板启闭使得闸板上圆孔跟通径做完全脱离和相吻合的动作。此外，该结构的优点还在于阀体通径无凹槽，介质不会卡阻堵塞，并且具有全通径流通特性，适合粉体颗粒介质的管道中使用。其密封结构可以分软密封、硬密封结构。带导流孔式浆液阀具有精密构造，

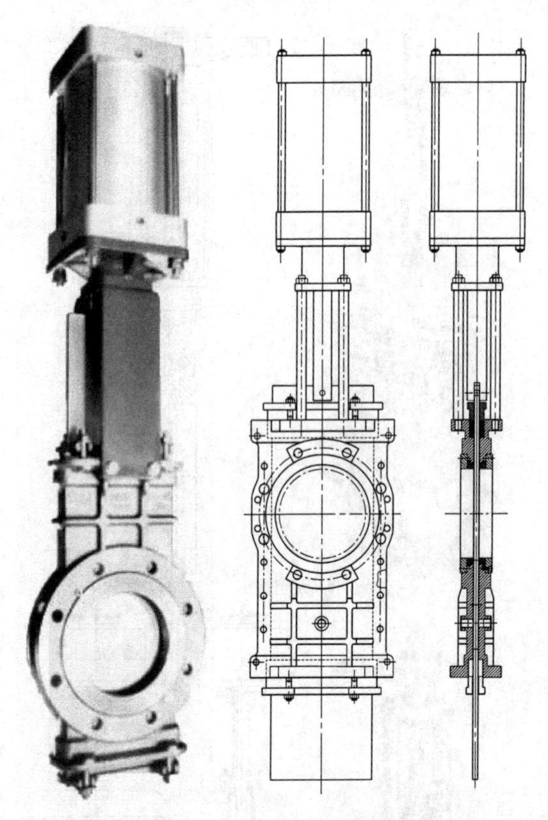

图 2-44 带导流孔无盖浆液阀

工艺性好，结构紧凑等特点，密封阀座为活动结构设计，有防磨损和自动补偿功能，因而寿命更长。在关闭和开启过程中阀座跟闸板一直紧贴运动，使得阀门启闭力稳定，并且具有切断介质等特点。

有阀盖结构的浆液阀常被称为全封闭式浆液阀[图 2-42 (b) 和图 2-45]，其闸板启闭均在体盖内腔完成，完全与外界环境隔绝，它适合与那些安装在污水池底下阀体浸泡在液体里的管道，如果不把闸板与外界环境隔离，那么闸板就会很快被外界环境所腐蚀，影响阀门使用寿命。其操作原理及密封结构与无盖式相同。阀体与阀盖采取特殊的结构，使得纸浆能够循环流动避免堵塞，见图 2-46。此种结构适用于水利工程、地下管道工程等领域。

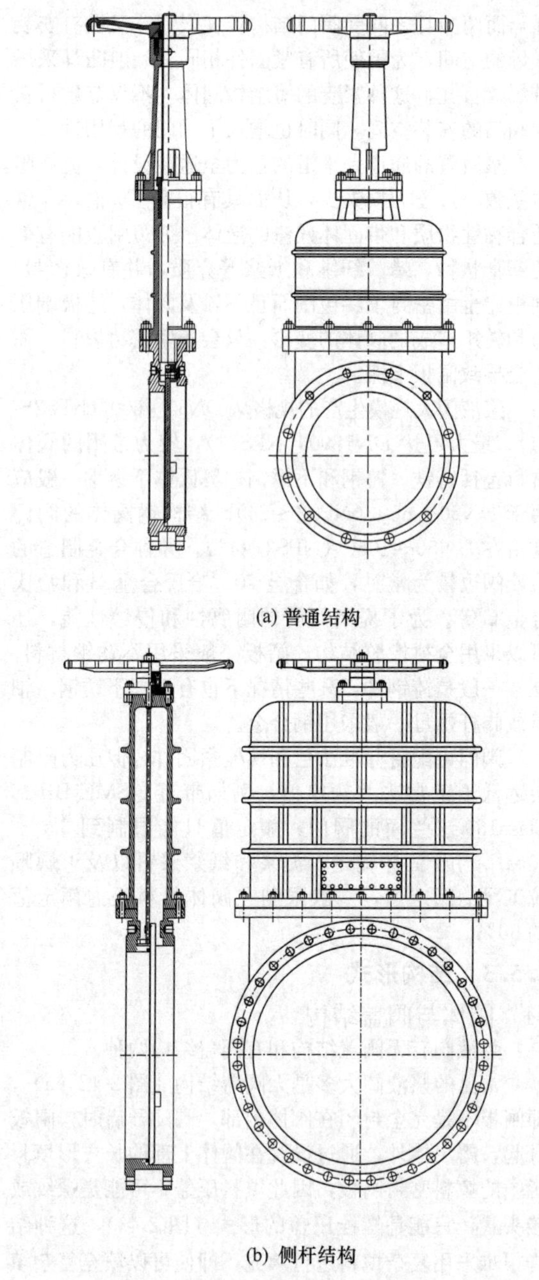

(a) 普通结构

(b) 侧杆结构

图 2-45 暗杆带盖式浆液阀

(2) 阀座结构

图 2-47 (a) 所示密封结构是在闸板的一侧的阀体上设有与橡胶密封圈截面形状相配合的槽，橡胶密封圈置于槽中，并用金属压圈固定在阀体上，闸板另一侧的阀体底部设有与阀体为一体的楔块，楔块上设有斜面，在闸板下端设有与楔块上斜面相吻合的斜面而构成密封结构，同时，橡胶密封圈可以更换，通常用于 *DN*50～450。

图 2-47 (b) 所示密封结构是橡胶密封圈形状为梯形，紧紧嵌入阀体密封面上的梯形凹槽中，当闸板下移关闭时，橡胶密封圈全部被挤压在梯形凹槽内，同阀体密封保持平整，这样橡胶密封圈不易被磨损，达到大口径浆液阀可靠的密封效果，通常用于 *DN*500～1000。

图 2-47 (c) 所示是在阀体上直接堆焊硬质合金，从而使密封面达到较高的硬度，适用于粉状、颗粒、煤渣、泥浆等介质，适用于介质含有较硬颗粒，密封性能要求不高的工况下，不适用于清水介质。

图 2-47 (d) 所示采用浮动阀座结构，阀座上镶嵌 O 形密封圈，工作时密封圈在不同受力的状态下可以在阀体内做适当的滑动。闸板受压越大，密封性

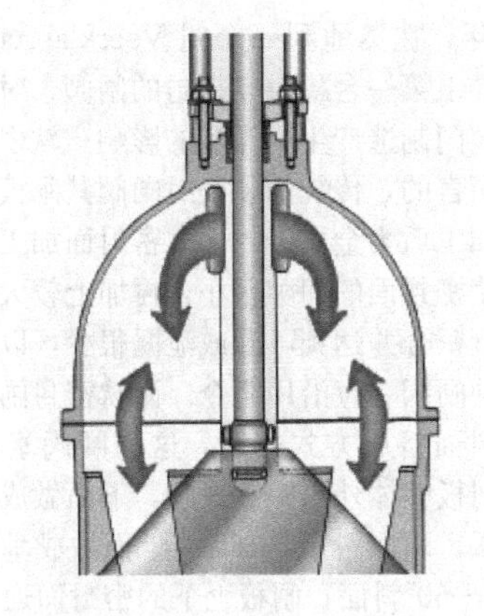

图 2-46　有盖浆液阀阀体与阀盖结构

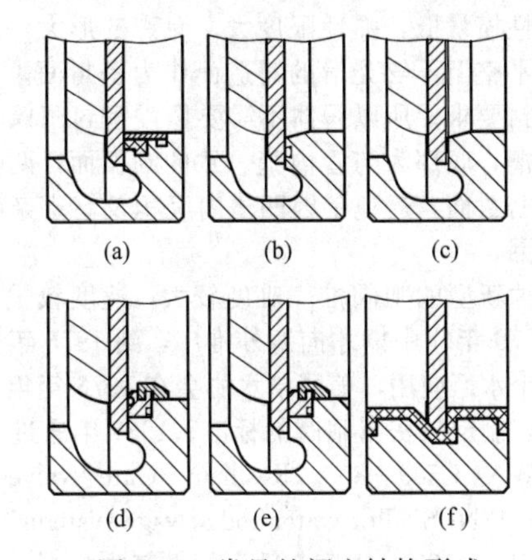

图 2-47　常见的阀座结构形式

能越好，此密封能实现闸板与密封圈完全密封状态，同时闸板在启闭过程中，密封面处于无摩擦区域，可延长阀门使用寿命。

图 2-47（e）所示结构与图（d）相同，不同的是阀座采用金属硬密封，提升了阀门的使用范围。

图 2-47（f）所示衬氨基甲酸乙酯浆液阀，专用于采矿业的关断和节流场合。这种阀门适用于磨粉浆和干燥研磨物质的处理应用，具备良好的双向密封性能。

阀座密封面由金属制成，密封性一般低于 ISO 5208 或 GB/T 13927 规定的 D 级。如果工况需要达到较高的介质密封性，可采用橡胶 O 形圈、唇形橡胶密封圈镶嵌或衬覆制成，可将密封性能提高至 A 级。

2.5.4　冲渣口

浆液阀的处理对象包括聚集在阀底或腔体中的悬浮物。通常，这些区域的物质聚集是无关紧要的，除非它引起了阀门操作的问题。冲渣口就是通过注入液体冲洗碎渣来达到保持阀门清洁的作用。

冲洗介质可以是液体、气体，甚至可以是蒸气，通常并不需要持续的、强流的冲洗，只需在阀门堵塞时清洗一下就足够了。如果要处理的物质将要积垢或脱水，通常用细流冲洗就足够了。

冲渣口的位置可在阀腔的侧面或在阀门的底部。图 2-48 所示为浆液阀的不同冲渣口位置。

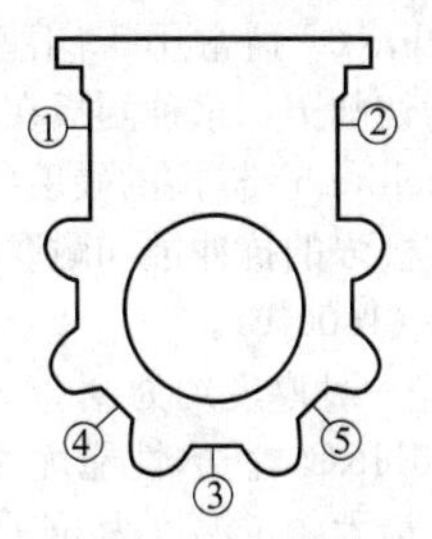

图 2-48　浆液阀常用冲渣口位置

2.5.5　防磨措施

浆液阀在应用于易磨损物质时，最易于磨损的部件就是闸板和阀座。有几种选择方案可帮助解决相关问题。

（1）偏转锥

偏转锥（图 2-49）是夹在介质进口端阀门法兰与邻近管法兰间的金属锥体。只需用偏转锥稍稍地缩小内径口，就可以使水流方向偏离阀座方向，保护闸板的密封表面。偏转锥很容易更换，成本远低于更换整个阀门。

*DN*80～400（NPS3～16）偏转锥的标准材料为镍铬冷硬铸铁。镍铬冷硬铸铁是一种坚固的高硬度的含镍铸铁，其硬度可达 58HRC。尺寸较大的偏转锥由不锈钢制造而成，可通过堆焊钴铬钨硬质合金 Stellite 6®或碳化钨来加强硬度。当偏转锥与阀门一起订购时，偏转锥配有一个衬垫，可垫于偏转锥与阀体之间。偏转锥在与对接法兰之间也需要衬垫。

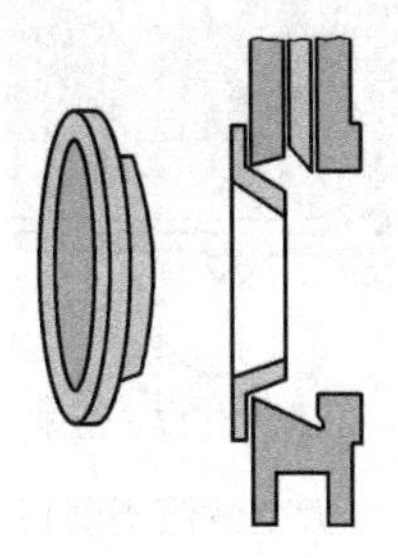

图 2-49　偏转锥

（2）阀座与闸板的硬化处理

闸板与阀座的表面硬化处理有多种方法，都可提供较高的表面硬度。

① 17-4PH 沉淀硬化不锈钢是一种用于闸板的经过热处理的不锈钢。由 17-4PH 制成的闸板硬度可达到约 44HRC。本材料有较强的防磨和抗冲击性能及极好的耐蚀性能。最大额定温度为 482℃（900°F）。

② 400 系列是一种硬合金钢，洛氏硬度为

51HRC。防磨性能及耐蚀性都非常好，并且有极强的耐冲击性。最大额定温度为482℃（900°F）。

③ Stellite 6®是一种堆焊在表面的钴铬钨合金，因此表面必须进行机械加工。Stellite 6®的最小厚度为1.5mm。Stellite 6®通常用于阀座和闸板的前缘。凭借耐用锋利的切削刃，这种闸板在切断纤维或碎片时特别有效。Stellite 6®提供的硬度约为41HRC，其防磨性能好，有极强的抗冲蚀和耐腐蚀能力。最大额定温度为871℃（1600°F）。

④ 碳化钨是一种厚度约为0.2mm的薄层，可提供的硬度约为70HRC。防磨性能优秀，耐蚀性能好，抗冲性能一般。最大额定温度为649℃（1200°F）。

⑤ 渗氮是一种（表面）硬化处理。被硬化的材料放在氨气中加热或与含氮材料接触，通过氮的吸收产生硬度。渗氮可用于闸板或阀座，对其整体进行处理，硬度可达到65HRC，而耐蚀能力会大大降低，且硬化层很薄，抗冲击能力也很弱的。

⑥ 硬铬镀层是一层工业硬铬薄层。洛氏硬度为52HRC，其耐磨、耐蚀性和抗冲击性较好。最大额定温度为538℃（1000°F）。

2.5.6 大型浆液阀的闸板支承座

安装于固定位置的大于*DN*600（NPS24）的阀门可能水平安装在管道上，这时它需要特殊的闸板支承和包装材料，以保证其理想的密封性能。阀门安装好后，闸板处于水平位置，其边缘有特制的闸板支承座（图2-50）安装于阀腔内，推荐使用的支承座材料，如acrylic/PTFE或Kevlar®。在订购大型浆液阀时，应指明阀门的安装方向。

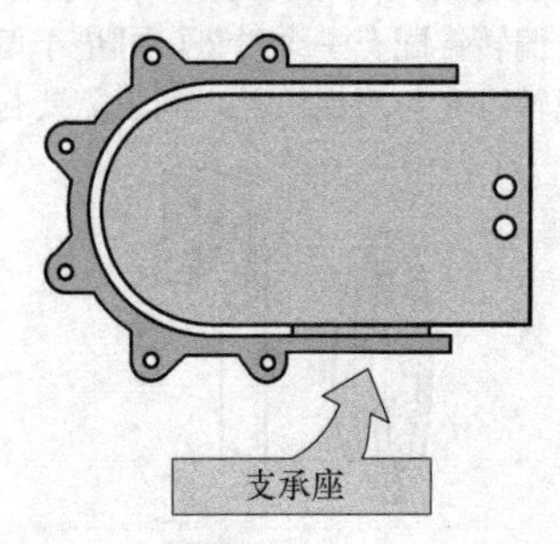

图2-50 大型浆液阀闸板支承座

2.6 弹性座封闸阀

2.6.1 概述

弹性座封闸阀也被称为软密封闸阀，是普通中、低压阀门的更新换代产品，被称为“绿色环保”产品。被广泛用于饮用水、给排水，废、污水处理，建筑、消防、能源系统流体管道上作为截流装置使用。

1955年，在奥地利一个叫Voecklabruck的小镇诞生了世界上第一台橡胶软密封的闸阀，对后来世界范围内的阀门制造产生了深远的影响。软密封是相对于硬密封而言的，传统的硬密封闸阀其闸板一般用金属制造，加工后为金属密封面。密封面加工得光滑平整，从而使密封面的间隙很小，再加上较大的压力使其间隙接近密合并达到不漏或泄漏很少，以满足使用要求，这种闸阀一直沿用至今。而软密封闸阀则改用橡胶以正斜面挤压方式密封，这种闸阀基本没有摩擦，即将闸板整体外包中硬橡胶，下面做成垂直于管轴线的圆弧，两侧斜45°～60°，上面做成垂直于轴线的两个45°～60°斜面，闸板上下的密封面通过外包的橡胶直接与铸造闸阀内面密封，见图2-51。由于橡胶的弹性模量低，弹性限度大，允许变形大，即便对基本平整但不够光滑的铸造面作为密封面，仍能达到密封要求。所以阀体不需要像硬密封闸阀一样做出凹槽，底部为与管内壁一致的圆弧面，两侧有斜面的密封面，避免了因凹槽内沉积及堵塞杂物产生的泄漏。

一种新型的闸阀推广难度较大，速度较慢，到20世纪70年代中期才向海外推广，到1975年美国只有几个水厂应用，美国给水协会在1976年年会上才决定，制定软密封闸阀的标准。1980年通过ANSI/AWWA C509—80“Resilient Gate valves，3 Through 12NPS。For water and sewage systems”，口径范围为3～12in，内容与欧洲标准基本相同。日本水道协会于1984通过JWWA B120—1984水道用软密封闸阀标准。日本在欧洲和美国的基础上又有所发展，把上部的密封面也改为在闸板两侧做成两条圆弧斜面，在垂直加压下起到密封作用，使闸板厚度大为缩小，因此其口径范围扩大到*DN*350，后又进一步扩大到*DN*500。同时又提高了防腐要求，进一步解决防锈问题。20世纪80年代初，由于软密封闸阀的优点突出，发展很快，已形成取代原有铜密封闸阀的趋势。当时在欧美及日本，这种闸阀已占领闸阀市场的80%以上。

国内软密封闸阀起步时间较晚。虽然在20世纪70年代中期，在国内的英国水工业展览时展出了软密封闸阀，但是没有得到重视。个别厂也生产过少量的软密封闸阀，但不被用户认可，没有销路，也就中止了生产。20世纪90年代国内有些厂家开始研制软密封闸阀，产品技术条件基本按照美国AWWA C509—80和日本JWWA B120—84标准，结合国内产品规格的连接尺寸制定了企业标准，并据此进行了型式试验和寿命试验，并通过了技术鉴定，投入批量生产。1995年中华人民共和国建设部将软密封闸阀列入“国家级科技成果重点推广计划”项目名单后，在全国得到普遍推广。

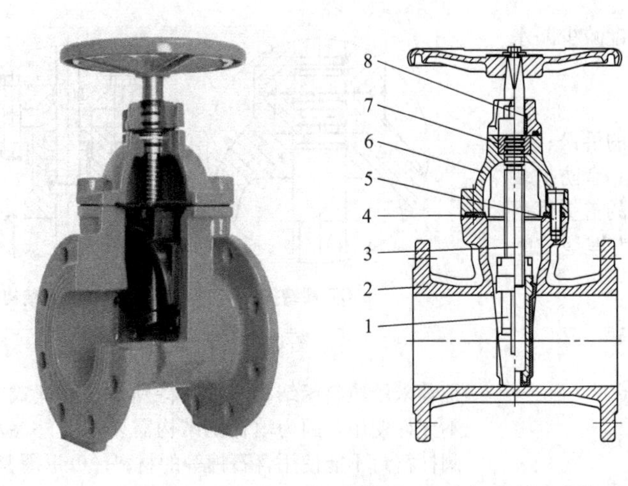

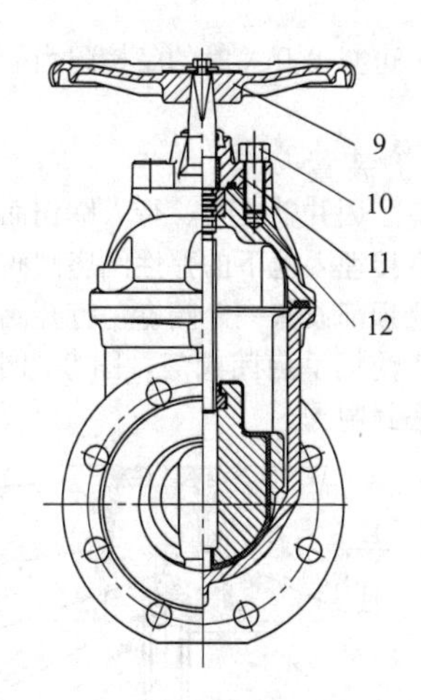

图 2-51　暗杆弹性座封闸阀

1—闸板；2—阀体；3—阀杆；4—密封垫；5—内六角螺钉；6—阀盖；7—止推轴承；8,12—O 形圈；9—手轮；10—螺钉；11—压盖

2.6.2　操作原理与结构特点

弹性座封闸阀核心零部件主要有阀体、阀盖、阀杆以及闸板等，如图 2-51 所示。闸板采用球墨铸铁外全覆无毒橡胶（直接硫化丁腈橡胶或三元乙丙橡胶）制作而成。整个阀门的密封主要依靠橡胶闸板与铸件接触，通过橡胶因受力而产生微量弹性变形达到良好的密封效果，密封可靠，可达到零泄漏，且摩擦因数很小，磨损小，阀门在启闭时力矩小，操作轻便，使用寿命长，无污染、耐蚀且外形美观。

弹性座封闸阀具有以下优点。

(1) 平底式阀座

传统的金属闸阀往往在通水清洗后即因外物诸如石头、木块、水泥、铁屑、杂物等淤积于阀底凹槽内，容易造成无法开关紧密，而形成漏水现象，如图 2-52 所示。弹性座封闸阀采用内腔底部无凹槽，底部与水管相同的平底设计，不易造成杂物淤积，密封始终如一，如图 2-53 所示。

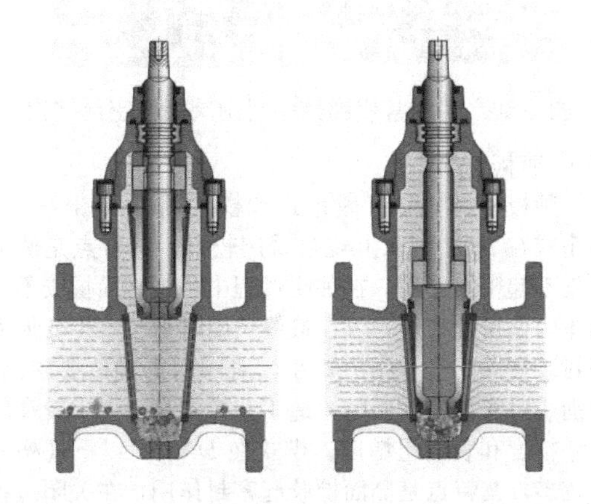

图 2-52　带有颗粒的介质通过传统金属阀门时

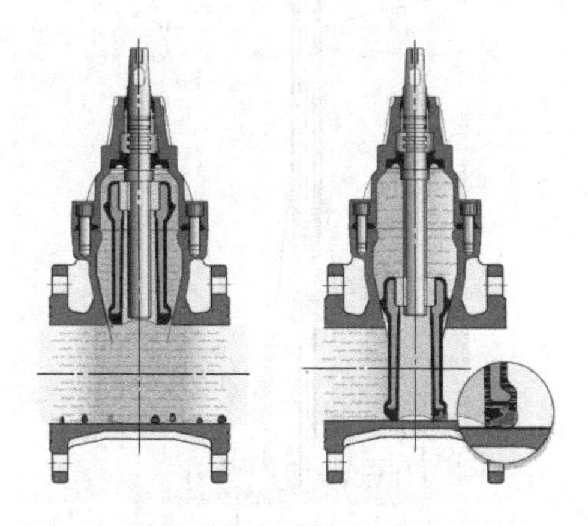

图 2-53　带有颗粒的介质通过弹性座封闸阀时

(2) 闸板整体包胶

闸板采用高品质的橡胶进行整体内外包胶，一流的橡胶硫化技术使得硫化后的闸板能够保证精确的几何尺寸，且橡胶与球墨铸铁附着牢固，不易脱落及弹性记忆佳。

(3) 全部零件符合环保要求

弹性座封闸阀的阀体、阀盖、支架、手轮、传动帽等零件均用球墨铸铁制成，经特殊处理后采用高压静电喷涂工艺在内、外表面喷涂环氧树脂粉末涂料，内件采用不锈钢或铜合金，从而有效地防止了腐蚀的形成，且无污染、无毒、表面美观。

(4) 流阻小、水头损失少

弹性座封闸阀由于采用喷涂工艺，环氧树脂涂层表面非常光滑，极大地降低了介质所流经通道的表面粗糙度，因此流阻小、水头损失少；同时阀体底部设计为直通型也减少了流阻和水头损失。

(5) 特殊轴密封

由于阀杆采用三道 O 形圈密封，一道防尘圈密封设计，可减少开关时的摩擦阻力，大幅度减少漏水现象。

(6) 防护装置

避免了因井盖失窃、行人跌伤而引发的诉讼、索赔。可直接埋入地下的弹性阀座闸阀配有一套防护装置，装置顶部设有一个阀盒，打开阀盒上的盖板可用加长的套筒扳手启闭阀门，图 2-54 所示为埋地式暗杆弹性座封闸阀。

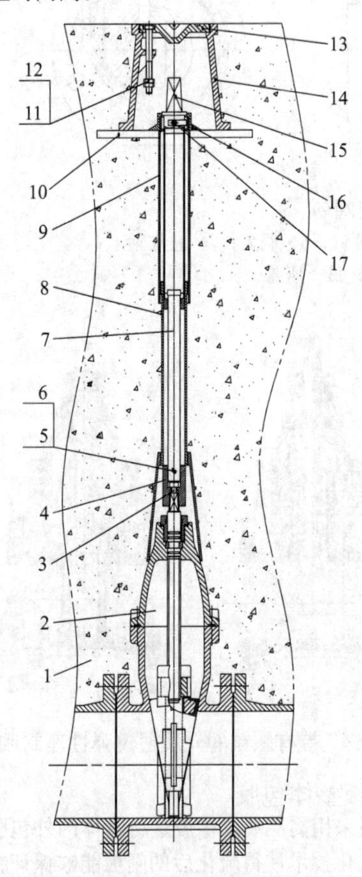

图 2-54 埋地式暗杆弹性座封闸阀

1—夯土层；2—阀门；3—内六角螺钉；4—连接方头；5—开口销；6—定位销；7—传动杆；8,9—防护罩；10—水泥硬面层；11—螺母；12—螺栓；13—盖板；14—阀盒；15—传动帽；16—定位盖；17—塑料卡环

2.6.3 结构形式

(1) 阀杆密封结构

阀杆密封采用三道 O 形圈结构，如图 2-55 (a) 所示。第三道 O 形圈可降低压盖处的压力，同时可以实现管道在有介质压力的情况下更换上面两道密封圈（AWWA C509 4.4.6.3.3 条提出，带压更换阀杆密封和填料是很危险的，因此不推荐这种做法）。与采用填料函结构［图 2-55 (b)］相比，O 形圈密封结构可以有效降低阀门的启闭转矩。在供水行业一般不

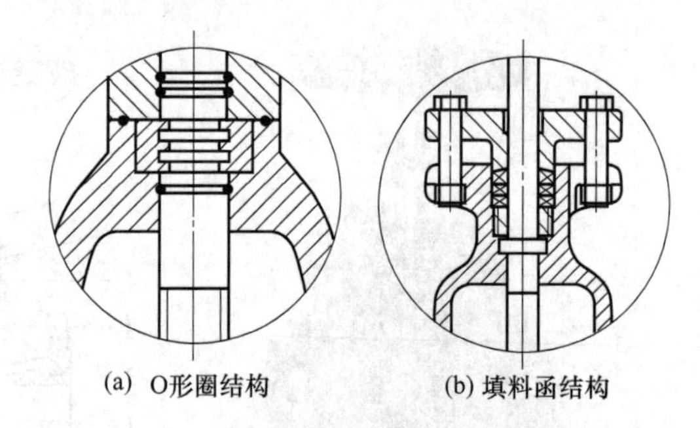

图 2-55 阀杆密封形式

推荐采用填料函结构形式，特别是在直埋式闸阀中，不允许使用，因为填料函结构需要用向外渗水润滑，阀杆密封不能使用含石棉等的材料。O 形圈密封结构对阀杆的加工精度和表面粗糙度精度要求比填料结构高，否则会出现切割 O 形圈情形。阀杆的梯形螺纹宜采用挤压成形，表面硬度高，摩擦因数小。对橡胶材质、工艺和性能的要求是必须符合标准规范，否则橡胶老化会影响阀门寿命，推荐采用 NBR（丁腈橡胶）或 EPDM（三元乙丙橡胶）。阀杆限位设计成台阶式，须考虑便于第三道密封圈装配，也可设计成组合式。图 2-56 所示为符合标准的四种常用弹性座封闸阀阀杆密封结构。

图 2-56 四种常用弹性座封闸阀阀杆密封结构

(2) 闸板结构

闸板密封主要有截止式和楔式两种（图 2-57）。截止式在 $DN250$ 以上规格采用较多，其特点是侧面橡胶不起密封作用，在关闭过程中闸板侧面橡胶不与阀体内壁挤压变形，仅在最终关闭时橡胶发生变形而密封。在关闭过程中力矩小，对阀门的制造要求高，特别是对阀体密封面的铸造工艺要求高，要求较高的尺寸精度和表面粗糙度。楔式在 $DN250$ 以下规格采用较多，其特点是侧面橡胶起密封作用，在关闭过程中闸板侧面橡胶阀体内壁挤压变形，进而形成密封

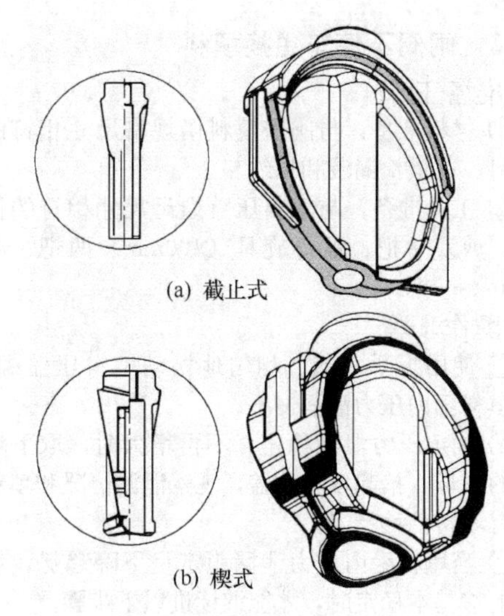

图 2-57　闸板结构形式

面，启闭过程中力矩要比同规格截止式的阀门大，对阀体的铸造要求相对降低。两种结构在使用中并无明显区别。

(3) 常用阀杆螺母连接形式

弹性座封闸阀的闸板与阀杆螺母连接有 T 形螺母式和整体嵌入式两种结构（图 2-58）。T 形螺母式结构简单，螺母与闸板有调整间隙，可简化闸板制造工艺，降低要求，但长期使用会出现 T 形螺母磨坏闸板橡胶层情况，露出铁芯而导致生锈。整体嵌入式结构复杂，螺母与闸板无调整间隙，闸板制造工艺复杂，同时对各零件的加工和装配精度要求高，但结构可靠，不会出现橡胶层磨损情况，如图 2-59 所示。

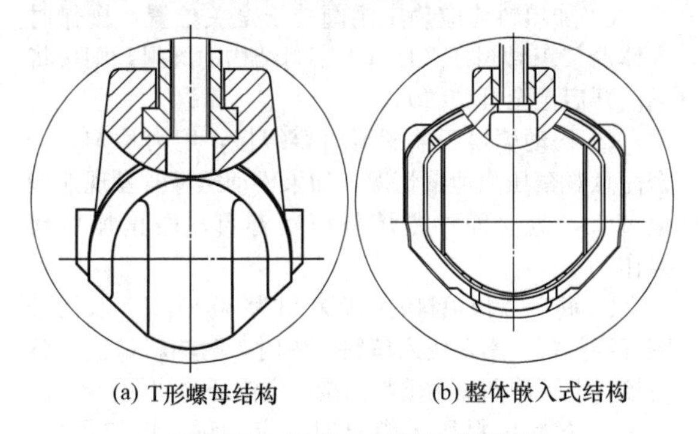

图 2-58　闸板与阀杆连接形式

国内大部分的闸板包覆橡胶普遍采用 NBR（丁腈橡胶），但澳大利亚标准 AS 2638.2《水道用闸阀-第二部分 弹性座封》中规定，闸板包覆橡胶材料为 EPDM（三元乙丙橡胶）。建议橡胶硬度为 65～75IRHD，使用压力超过 1.6MPa 时，可适当增加橡胶硬度。EPDM 具有很好的耐老化性能、优异的抗压变性能，而且能阻止有机物、臭氧和紫外线的破坏，欧洲国家供水管道橡胶圈已全部采用 EPDM 制成。

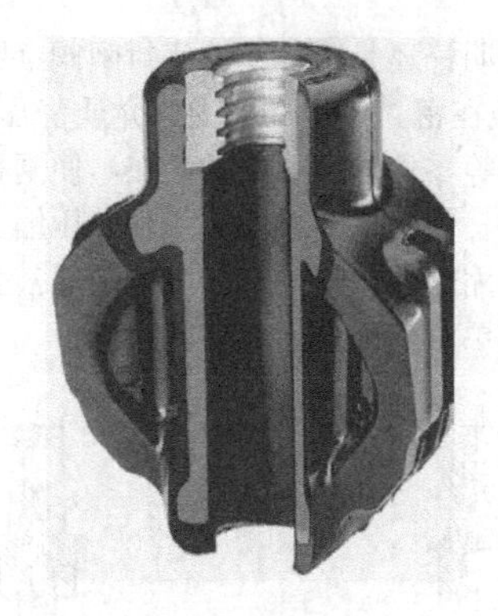

图 2-59　阀杆螺母整体嵌入式

闸板包覆橡胶的厚度一般不小于 2mm，公称尺寸较大的，密封面厚度一般为 6～9mm 左右。密封压缩率控制在 15%～25%左右。包覆后，不应有气泡、裂纹、疤痕、创伤及铸铁外露等缺陷。如图 2-60 所示。

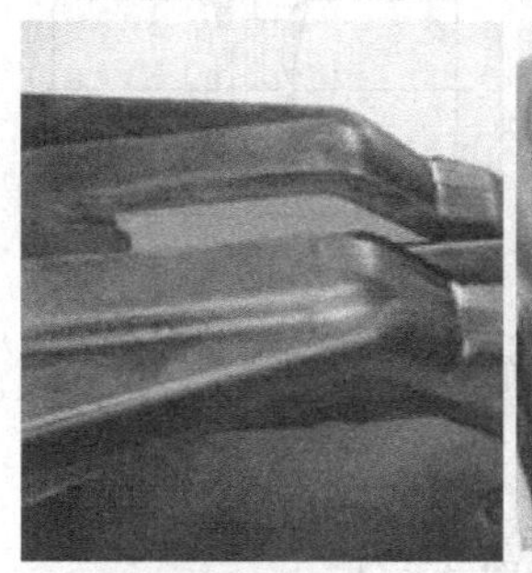

(a) 质量好的包覆　　(b) 存在缺陷的包覆

图 2-60　闸板包覆橡胶质量

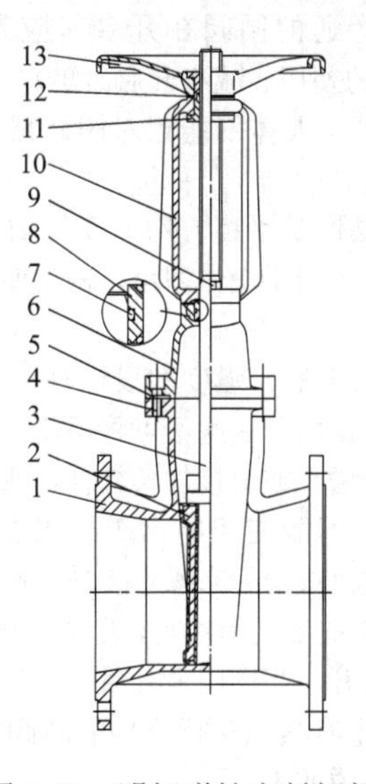

图 2-61　明杆弹性座封闸阀

1—阀体；2—闸板；3—阀杆；4—内六角螺钉；5—密封垫；6—阀盖；7—O 形圈；8—密封套；9—螺钉；10—支架；11—阀杆螺母；12—垫片；13—手轮

无论是明杆还是暗杆弹性座封闸阀（图2-61、图2-62），闸板在密封过程都会受到介质静压力的作用，并由于阀杆等零件装配间隙的存在，使闸板向介质流动方向游移，使出口密封面进一步被压缩。同时，进口楔面的压缩也因此被等量缩减，削弱甚至丧失密封条件，形成单侧楔面的强制性密封。

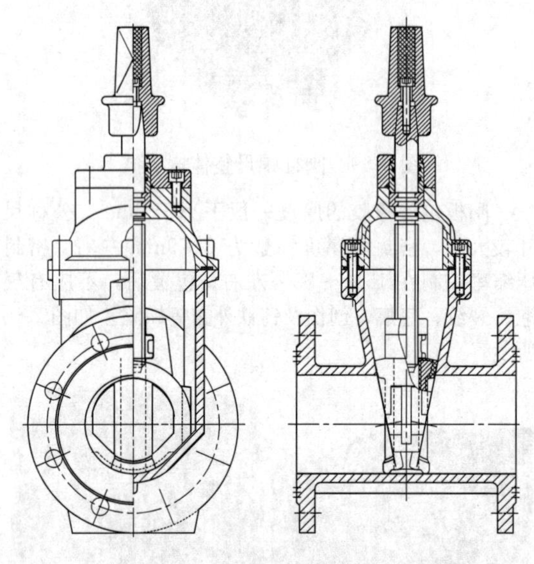

图2-62 带传动帽的暗杆弹性座封闸阀

2.7 闸阀操作注意事项

2.7.1 闸阀的基本操作

① 带有旁通的闸阀在开启前应先打开旁通阀（以平衡进出的差压、减小开启力矩）。

② 操作时，人体不能正对阀杆顶部，以防阀杆受压喷出伤人。

③ 开关操作要平稳、用力要均匀，严禁使用冲击力，一般情况用手操作即可，避免使用加力杠杆操作新阀。

④ 手轮（手柄）强度的设计是以操作所需的扭力值为参考依据的，因此不可将手轮（手柄）当做操作踏板及任意增长或套接加长杠杆，或以扳手来过度增加扭力，更不能使用绳索等作用在手轮（手柄）上，再以起重机或滑轮来操作或吊运阀门。

⑤ 带手轮或手柄的闸阀，顺时针转动手轮为关、逆时针转动为开。当阀门全开后，应将手轮反方向回转1～2圈。带有其他执行机构的闸阀的操作方式应严格遵循产品说明书。

⑥ 高压差下，闸板半开半关状态下易损坏闸板，因此闸阀不能用于节流或调节，必须一次性完全开启或完全关闭。

2.7.2 闸阀不停车更换填料

(1) 准备工作

① 材料准备：与阀盖填料函规格尺寸相符的盘根填料、适量检漏液和棉纱。

② 工具准备：与填料压盖螺母尺寸相符的扳手两把、剪刀一把、螺钉旋具（100mm）两把、毛刷（25mm）一把。

(2) 操作步骤

① 使用扳手缓慢、均匀地松动填料压盖螺母，观察填料函内压力泄漏情况。

② 确定压力泄漏稳定，不再增大时，取下填料压盖的螺母、抬起填料压盖，观察泄漏情况和填料函内原有填料上移情况。

③ 当填料函内压力泄漏稳定呈下降趋势，填料轻微上移基本稳定时，才能继续进以下步骤。

④ 将准备好的盘根填料剪成长度与填料函周长相符、两端面为45°斜口的短节。

⑤ 取一节剪好的盘根填料，绕阀杆一圈，平整压入填料函内，未填满时，继续加入第二条，注意两条的接口位置应错开约120°，直至加满。

⑥ 盖好填料压盖，旋上填料压盖螺母，用扳手对称、均匀拧紧螺母，适度压紧填料压盖。

⑦ 用检漏工具检查填料是否泄漏，如有泄漏，适当拧紧压盖螺母，以进一步压紧填料，至不漏为止。

⑧ 整理工具，打扫现场。

⑨ 做好加填料记录。

(3) 技术要求及注意事项

① 加填料前应确定闸阀处于全关位置，操作时人体严禁正对阀杆（具有上密封结构的阀门，则可将阀门开启至全开位置）。

② 松动填料压盖螺母时要缓慢，用力均匀，严密注意观察压力泄漏情况，如果松动螺母时发现泄漏量过大，应立即拧紧填料压盖螺母，停止加填料操作。

③ 每节盘根填料的端面斜口为30°～45°，长度应刚好绕阀杆一圈，压入填料函内时，两端斜口应平整对接，上下两条盘根填料的接口应错开约90°～120°。

④ 拧紧填料压盖螺母时，应对称、均匀用力，压盖的压紧程度应满足填料无泄漏、阀杆上下运动灵活。

⑤ 填料不可加得太满，以压紧后不超过填料函深度的3/4为宜。

⑥ 操作完成后，应对工具进行清洁、维护。

(4) 安装填料的四个要点

① 选得对：应根据工作条件及安装位置正确选用填料。

② 查得细：检查填料函、阀杆、活接螺栓、填

料压盖有无机械损伤和严重腐蚀等缺陷，是否黏附有机械杂质及弯曲现象。

检查盘根填料的外观是否平整，角度是否合适，表面有无缺陷等。

不要使用带有锋利刃口的装入工具，以免割坏填料。

③ 尺寸准：盘根宽度应与填料函尺寸一致或稍大1～2mm。剪切填料的尺寸要准，切口整齐无缺陷，接口平整，交接面一般成30°～45°斜角。

④ 压得好：关键的第一圈要压紧压平，使用油浸石墨盘根填料时，第一圈和最后一圈应装入未浸油盘根，以免油质渗出。每圈填料应单独分别压入填料函。

压入填料函内时，两端斜口应平整对接，上下两条盘根填料的接口应错开约90°～120°。

2.7.3　闸阀的拆装清洗

(1) 准备工作

① 按阀门所需规格选好扳手、螺钉旋具、撬杠、加力杠、顶丝等工具。

② 准备适量棉纱、洗涤剂，按阀门规格准备好阀门端面密封垫、填料、润滑油等。

(2) 操作步骤

① 操作阀门至全开位置。

② 截断被拆闸阀前后控制阀，放空管内剩余介质。

③ 用扳手拆卸闸阀与管道连接的法兰螺栓，用吊索拴住闸阀的适当部位，用合适的起重设备吊起闸阀。

④ 拆开中法兰，检查、清洗阀腔、闸板、阀杆头部、中法兰密封垫等。

⑤ 有破损的中法兰密封垫需重新更换，安装前在密封垫两面涂抹一层黄油。

⑥ 清洗完毕后，将阀杆套入闸板，将闸板导向槽与阀体导向筋对准，装入阀体，转动手轮，使两中法兰靠拢对正，装入螺栓，对角紧固螺母。

⑦ 调试完毕，按阀门相应试验规程进行压力试验。

⑧ 收拾工具、打扫现场。

(3) 技术要求

① 拆装时，严禁碰撞闸板和阀座密封面，并注意闸板的安装面方向，可在拆出前做好标记。

② 所有零部件应彻底清洗干净。

③ 各个零件应尽可能保证按原状装入，并调整到合理位置。

2.7.4　闸阀加注黄油的操作方法

(1) 准备工作

准备好黄油、黄油枪、棉纱。

(2) 操作步骤

① 拧开黄油枪上盖，向腔体内加入黄油。

② 盖紧黄油枪盖子，并压动黄油枪手柄直到有黄油流出。

③ 按阀门配置的注油嘴规格，选择合适的黄油枪嘴安装在油枪黄油出口。

④ 用棉纱将阀门注油嘴擦干净。

⑤ 用黄油枪嘴对准阀门注油嘴，压动黄油枪手柄加注黄油，直至黄油加满从阀杆孔溢出为止。

⑥ 全开阀门，在阀杆螺纹上均匀涂上黄油，并转动手轮，开关几次。

⑦ 清点工具，打扫好设备卫生。

(3) 技术要求

① 挤压黄油枪不宜太快，防止黄油溅出。

② 操作人员不得正对阀门。

③ 加注黄油后阀门开关灵活即可。

2.7.5　平板闸阀的注脂操作

(1) 准备工作

按阀门型号规格选择合适的扳手，密封脂、注脂机、棉纱。

(2) 操作步骤

① 全关阀门。

② 将注脂阀压盖松动约三圈，观察是否有泄漏，无泄漏时可卸下压盖。

③ 将注脂机里加满密封脂，接管并对准注脂阀接牢，开始注脂，至注满为止。

④ 卸下注脂机接管，用棉纱擦净注脂阀。

⑤ 装好注脂阀压盖，拧紧。

⑥ 擦拭阀体、保养工具、打扫现场。

(3) 技术要求

① 松动注脂阀压盖时应缓慢，并严密注意有无泄漏。

② 操作人员不得正对阀门。

③ 平板闸阀左右两阀座处的注脂阀，应均匀加满密封脂。

④ 加完密封脂的阀门，应该密封良好，无阀座密封泄漏。

2.7.6　更换法兰垫片

(1) 准备工作

① 材料：黄油、棉纱、检漏液、密封垫片。

② 工具：扳手、螺钉旋具。

(2) 操作步骤

① 卸下法兰连接螺栓，拆下阀门或移去泄漏端管段。清除密封面上废旧的密封垫。

② 选择合适的垫片，两面均匀涂抹一层黄油。

③ 将密封垫片垫于两法兰之间的密封面上，对准两法兰中心和螺栓孔中心，装入螺栓，拧上螺母，

均匀用力分多次对角拧紧螺母。螺栓伸出螺母长度2～3个螺距为宜。法兰垫片安装完毕后，应经过做工作压力试压无泄漏为合格。

(3) 技术要求

① 应小心操作，防止损坏法兰盘。

② 完工后，应对工具进行清洁、维护。

(4) 垫片安装五个要点

① 选得对：法兰、螺栓、垫片的形式、材料、尺寸应根据操作条件和法兰面的结构形式选配适当。

② 查得细：安装前应仔细检查法兰、螺栓、螺母、垫片的质量，应没有毛刺、凹凸不平、裂纹等缺陷。仔细检查法兰、管子安装情况，应无偏口、错口、错孔等现象。

③ 洗得净：法兰密封面必须清洗干净，螺栓、垫片不得粘有杂质、油污等。

④ 装得正：垫片应与管子或管件同心。

⑤ 上得匀：安装螺栓、螺母应用力均匀，分多次对称拧紧。

参考文献

[1] Peter Smith，R. W. Zappe. Valve Selection Handbook. Fifth Edition. Gulf Professional Publishing is an imprint of Elsevier Inc.，2004.

[2] Philip L. Skousen 著. 阀门手册. 第2版. 孙家孔译. 北京：中国石化出版社，2005.

[3] [英] 内斯比特著. 阀门和驱动装置技术手册. 张清双等译. 北京：化学工业出版社，2010.

[4] [英] 肯蒂什编著. 工业管道工程. 林钧富等译. 北京：中国石化出版社，1991.

[5] 沈阳阀门研究所，机械部合肥通用机械研究所主编. 阀门. 北京：机械工业出版社，1994.

[6] 王孝天等. 不锈钢阀门的设计与制造. 北京：原子能出版社，1987.

[7] 刘成林主编. 天然气集输系统常用阀门实用手册. 北京：石油工业出版社，2005.

[8] 《阀门设计》编写组. 阀门设计. 沈阳：沈阳阀门研究所，1976.

[9] 机械工业部合肥通用机械研究所编. 阀门. 北京：机械工业出版社，1984.

[10] 范继义主编. 油库阀门. 北京：中国石化出版社，2006.

[11] GB/T 21465—2008. 阀门 术语.

[12] 毕延龄. 软密封闸阀. 给水排水，1994 (11).

[13] 叶建舟. HAWLE 软密封闸阀. 城镇供水，1997 (3).

[14] 周子民. 软密封闸阀发展现状. 阀门，2010 (3).

第3章 球 阀

3.1 概述

球阀的问世是第二次世界大战以后的事，虽然它的发明可以追溯至20世纪初期，但是这一结构专利由于当时材料工业和机械加工业的限制，未能完成其商品化的步骤。一直到1943年，美国杜邦公司发明了一种高分子材料聚四氟乙烯（PTFE）塑料，这种材料具有足够的抗拉和抗压强度，一定的弹塑性，良好的自润滑特性，以及优良的耐蚀性能，十分适宜作为密封材料，可获得十分可靠的密封效果。另一方面，由于车球机和磨球机的进步，可以加工高圆度和表面光洁度的球体作为球阀的启闭件。这样，一种全通径，90°角行程回转的阀门新品种进入阀门市场，引起广泛的关注，逐步取代传统的阀门产品截止阀、闸阀、旋塞阀和蝶阀，并不断地扩大其应用领域，从小口径到大口径，从低压到高压，从常温到高温、到低温。目前，球阀的最大口径已发展至60in，最高压力等级为4500磅级，最低温度可达液氢温度−254℃，最高温度可达850～900℃，适用于各种介质以及气-固，液-固两相流，成为最有发展前景的一种阀门类型。

球阀就结构原理言，可以分为浮动球固定阀座球阀，简称浮动球球阀（floating ball valve）和固定球浮动阀座球阀，简称固定球球阀（trunnion mounted ball valve）两大类。

按阀体的结构形式分，可以分为上装式球阀和侧装式球阀。侧装式球阀又可分为整体式、两段式和三段式，即阀体是整体的，阀体由主、副阀体组成的和阀体由一个主阀体、两个副阀体组成的三种结构形式。

按阀门密封材料分，可以分为软密封球阀和硬密封球阀。软密封球阀的密封材料为：聚四氟乙烯（PTFE）、增强聚四氟乙烯、尼龙等高分子材料和橡胶；硬密封球阀密封材料为金属。

按阀门的功能分，可以分为二通开关阀、三通和四通换向阀，以及调节型球阀。

按操作方式分，可以分为手动、蜗轮传动、气动、气液联动、电动、电液联动、液动等。

按阀门的连接方式，可以分为法兰端连接、焊接端连接和螺纹端连接。焊接端又可以分为承插焊和对焊焊接连接。

另外，根据用户的工况需要直接命名的特种球阀，如管线球阀用于长输管线；夹套球阀用于管线加热、保温；衬塑球阀用于防腐蚀；锁渣球阀用于煤气化炉渣液排放，以及用于电厂高温高压蒸汽的疏水球阀等。

按球阀启闭件球体的形状与大小，可以分为V形球阀，半球阀，全通径和缩径球阀等。

按照使用的介质温度，可分为高温球阀，低温球阀和深冷球阀。

按照阀体材料，可以分为碳钢球阀，不锈钢球阀，钛合金球阀，蒙乃尔球阀，塑料球阀，铜球阀，铝合金球阀等。

不管对球阀进行如何分类，从球阀产品的制造和应用角度看，最重要的是从阀门结构和密封材料来分类，即浮动球球阀和固定球球阀，软密封球阀和硬密封球阀是两个最重要的分类方法。其次是按服务工况需要直接命名的特种球阀，下面按照这一分类方法进一步来讨论球阀的结构原理以及它们的应用。

3.2 浮动球球阀

3.2.1 浮动球球阀的密封原理和结构特征

(1) 浮动球球阀密封原理

浮动球球阀的启闭件是一个球体，中间有一个与管道通径相等的通孔，进口端和出口端各置一个用PTFE制造的密封座，并被包容在一个金属的阀体内，当球体内的通孔与管线通道重合时，阀门处于开启状态；当球体内的通孔与管线通道垂直时，阀门处于关闭状态。阀门从开启至关闭，或者从关闭至开启球体回转90°角行程（图3-1）。

当球阀处于关闭位置时，进口端的介质压力作用在球体上，产生一个推动球体的力，使球体紧压出口端的密封座，在密封座的锥面上产生一个接触应力，形成一个接触带，接触带单位面积上的作用力称为阀门密封的工作比压q，当这一比压大于密封所必需的比压时，阀门就获得了有效的密封。这种不是靠外力的密封方式，由介质压力密封的，称为介质自密封。在设计中，应满足：

$$q_b \leqslant q \leqslant [q]$$

式中 q_b——密封必需的比压，与密封材料和球体的加工精度有关，MPa；

$[q]$——密封材料的许用比压（$[q]_{PTFE}=20$，$[q]_{尼龙}=40$），MPa。

应该指出，传统的阀门如截止阀、闸阀、中线蝶阀、旋塞阀是靠外部施加的力，作用在阀座上来获得可靠的密封，这种借外力施加而获得的密封，称之为强制密封。外部施加的强制密封力带有随意性和不确定性，不利于阀门的长期使用。球阀的密封原理是作用在密封座上的力，由介质的压力产生的。这一作用力是稳定的，是可以控制的，由设计时确定。

① 为了保证球体在关闭位置时，能产生一个介质的作用力，事先在阀门装配时，球体必须紧贴密封座，而且需要过盈，产生一个预紧比压，这个预紧比压为 0.1 倍工作压力且不小于 2MPa。这个预紧比压的获得，完全靠设计的几何尺寸来保证。如果设球体和进口、出口密封座组合后的自由高度为 A；左、右阀体组合后内腔容纳球体、密封座的宽度为 B，则装配后产生必需的预紧比压所需的过盈为 C，必满足：$A-B=C$。这个 C 值必须由零件加工的几何尺寸来保证。可以设想这个过盈 C 是很难确定和保证的。过盈值的大小直接决定阀门的密封性能和操作力矩。

② 应该特别指出，早期国产的浮动球球阀（图 3-2）由于装配时过盈值难于控制，常常用垫片调整，很多制造商甚至在手册中把这一垫片称为调整垫。这样，装配时主、副阀体的连接平面之间存在间隙，这一间隙的存在，由于使用中介质压力波动和温度的波动，以及外部管线载荷作用，会使螺栓松弛，引起阀门外漏。

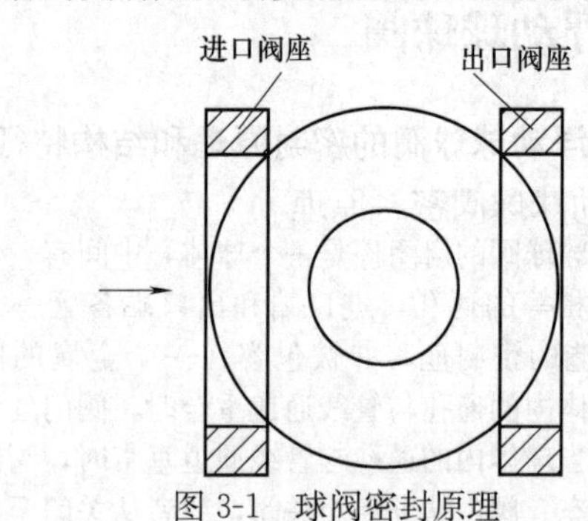

图 3-1　球阀密封原理

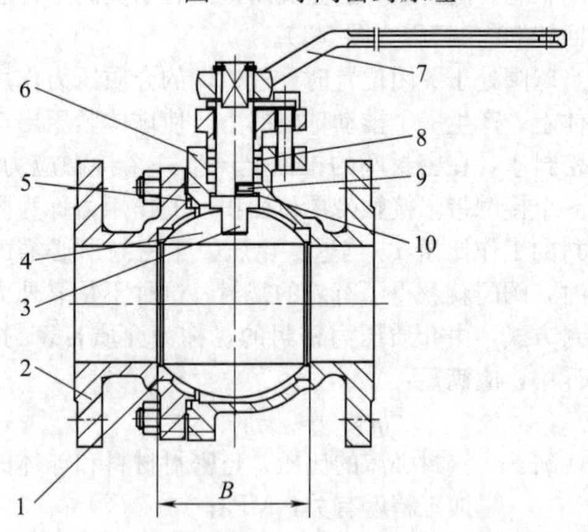

图 3-2　球阀的基本结构

1—密封座；2—副阀体；3—阀杆；4—球体；5,10—垫片；6—主阀体；7—手柄；8—填料；9—防静电结构

③ 当阀门处于关闭位置时，进口端的介质力作用在球体上，会使球体的几何中心产生一个微小的位移，与出口端阀座紧密接触，增加密封带上的接触应力，从而获得可靠的密封；而进口端阀座与球体相接触的预紧力将减小，影响进口密封座的密封性能。这种球阀结构，就是在工作状态下，球体几何中心有微小位移的球阀，称之为浮动球球阀。浮动球球阀是出口端密封座密封，进口端阀座是否有密封功能是不确定的。

④ 浮动球球阀结构是双向的（bi-direction），即两个介质流动方向均可密封。

⑤ 球体相接的密封座是高分子材料制造的，球体转动时，可能产生静电，如无特殊的结构设计——防静电设计，则静电可能在球体上积聚。

⑥ 对于由两个密封座组成的阀门，阀腔可能积聚介质，某些介质可能由于环境温度和使用工况变化而异常升压，引起阀门压力边界的破坏，应予以注意。

(2) 浮动球球阀结构特征

进一步分析球阀的结构，并与传统阀门做一个简明的比较。

① 全通径，就是与管线的流道直径相等，具有最大的流通能力，最大的流量系数 C_V 值，或者说流阻最小。这在工程上应用具有十分重要的意义，特别是从节能环保的角度而言，球阀是一个节能产品。对于一个 2in 的阀门，球阀与其他结构形式的阀门，如闸阀、截止阀、蝶阀、旋塞阀，其流量系数比较如表 3-1 所示。

表 3-1　2 in 阀门的流量系数

阀门类型	球阀	蝶阀	闸阀	旋塞阀	截止阀
流量系数 C_V 值	490	145	210	70	44

如果用等效的管子长度来表示阀门的局部阻力，在管网的水力计算中，美国气体加工和供应者联合会（GPSA）的工程数据手册中给出这一等效长（表 3-2）。数据表明，阀门的阻力系数截止阀和止回阀最大，其次是旋塞阀、闸阀，球阀的局部阻力最小。

表 3-2　阀门局部阻力的管径等效长度

单位：in

通径	截止阀	止回阀	旋塞阀	闸阀和球阀
1	55	13	7	1
2	70	17	14	2
3	100	25	21	2
4	130	32	30	3

1/2～20in 全通径与标准通径（缩径）球阀的流量系数列于表 3-3 中，流量系数 C_V 值是表示 60 ℉的

水，在1psi（0.07bar）的压差下，流经阀门每分钟的加仑（美制）数。

表3-3　球阀的流量系数 C_V

尺寸/in(mm)	缩口	全通径
½(15)	9	—
¾(20)	19	50
1(25)	45	100
1½(40)	125	270
2(50)	165	490
3(80)	350	1160
4(100)	550	2200
6(150)	765	5100
8(200)	1890	9300
10(250)	3900	15200
12(300)	6700	22400
14(350)	5100	36000
16(400)	8100	35000
18(450)	11000	45000
20(500)	16000	58000

至于球阀的流量特性，即开度与流量系数的关系为等百分比特性（图3-3）。球阀的开度为50%时，其流量系数仅为额定值的10%，开度为80%时，仅为额定值的40%。球阀作为调节阀使用具有近似于等百分比流量特性。

② 球阀的启闭阀杆做回转运动，和蝶阀、旋塞阀一样，不同于做直线运动的闸阀和截止阀。回转的角度是90°角行程，与直线运动的阀门比较，启闭方便，便于实现阀门操作的自动化。如果选用电动装置，直线行程的阀门选用的是多回转电动装置，做90°角行程的阀门选用的是部分回转角行程回转的电动装置。

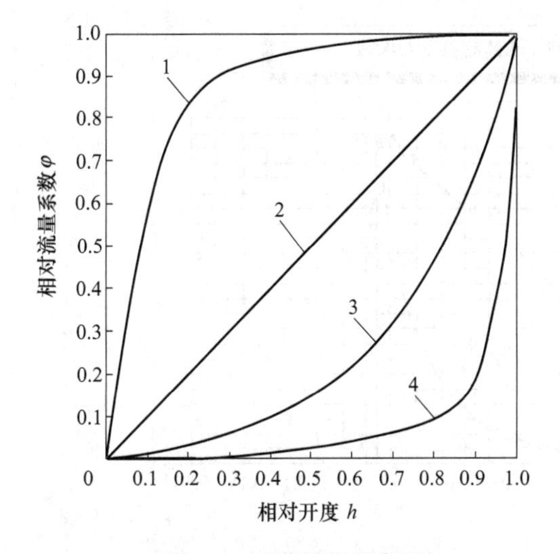

图3-3　球阀的流量特性

1—快开；2—线性；3—等百分比；4—双曲线

球阀的两大特点是球阀的发展以及在工业领域中不断替代传统阀门的动力。因此，在球阀问世之后其市场的占有量每年以20%的速度递增，是发展最为迅速的一个阀门品种。但在球阀的发展中，对于阀门高的密封要求和低的操作力矩要求始终是产品追求的两个目标，而这两个目标是一对矛盾，这一矛盾的对立与统一，进一步促进球阀的发展。其中最重要的发展是密封座结构的改进。

3.2.2　填塞式密封座与唇式密封座

(1) 填塞式

球阀填塞式密封结构（图3-4）是早期球阀密封座的标准设计，一个形状简单的由PTFE制造的圆环装在球体和阀体之间，这种密封座结构称为“填塞式”密封（jam-seal）。可以设想，这种结构设计很难来控制装配过盈量 C，或者说，装配时预紧比压值对过盈量 C 的变化十分敏感，制造的球阀不是过盈量太小而容易泄漏，就是过盈量太大而转矩太大，制造不出品质优良的产品。特别是当阀门用在过程工业中，阀门要经受压力波动和温度波动，这时填塞式密封的球阀的缺陷被显示出来。因为填塞式密封的塑料应变发生在球体与密封座和阀体与密封座之间，这两个区域的接触应力大小，决定阀门的密封性能。在阀门使用中，不希望这一接触应力会产生松弛而引起内漏。

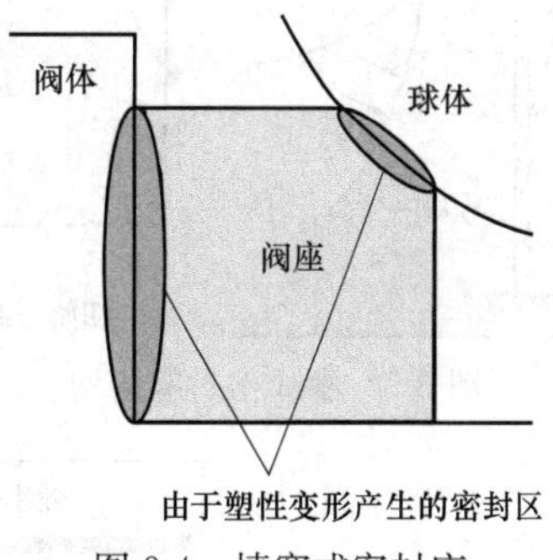

图3-4　填塞式密封座

因此，希望密封材料像橡胶一样，受压时可以发生较大的变形，来填补金属表面的微观不平度，而当应力消除后又能回复其原来的形状，这种现象被称为材料的“记忆特性”，一个较好的例子是橡皮筋，可以被拉得很长，应力一旦消失，就回复到其原来的形状，所以工程上很多场合选用橡胶密封圈作密封材料，但PTFE就不具备这种“记忆特性”，它的弹性范围很小，塑性范围很大。而且当应力达到一定程度，就产生“冷流”现象，就是发生了宏观的形状变化。例如PTFE在常温下，产生“冷流”的极限应力为42MPa。温度上升时，这一值迅速降低，当温度为150℃时，产生“冷流”的极限应力值为4.7MPa。

另一个缺陷是热膨胀特性，通常希望密封材料的热膨胀系数和金属材料接近，这样环境或者工况温度变化时，密封材料的“过盈”量不会发生明显的变化，遗憾的是PTFE的热膨胀系数是钢的7.5倍，这就使当温度升高时，密封材料的过盈量增加，阀门的关闭转矩增加，开关失灵。当温度下降时，密封材料收缩，保持密封的过盈量消失，阀门就产生泄漏。

如果把PTFE的“冷流”特性和热膨胀特性结合来考虑，问题就变得更加严重，就是一旦发生较大的热循环现象，由于PTFE的膨胀比金属膨胀大得多，过盈量增加，压缩应力增加，超过冷流极限，密封材料就产生“冷流”，温度下降后，其他材料回复到其原来的形状，而密封材料PTFE例外，产生了“冷流”，发生了严重的变形，装配时的密封座PTFE的过盈量消失，阀门就产生了不可恢复的泄漏。

(2) 唇式

基于上述情况，就要设计一种密封座的形状，克服PTFE的“冷流”和热膨胀特性的缺陷来改善其记忆特性。这种密封结构称之为具有挠性的唇式密封技术（lip-seal）。

有许多种的挠性设计可以来解决这一问题，从而出现各种各样的密封结构被申请了专利，这已是20世纪60～70年代的事。而它的设计技巧和原理并未被工程师们所认识。图3-5所示是唇式密封座的一种

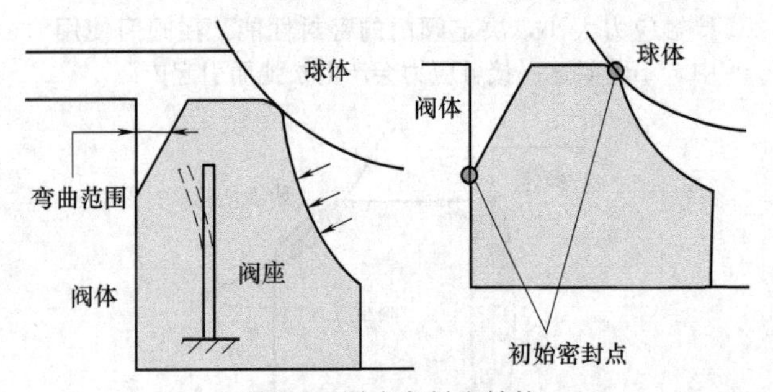

图3-5 唇式密封座结构

结构，它有一个特别的形状，有两个密封接触点，一点与球面接触，另一点与阀座接触。在介质力水平方向作用下，密封座的形状发生变化，产生一个恢复原始形状的挠曲力。当介质力消失后，恢复原来的形状，获得了“记忆特性”，这种密封座称为挠性唇式密封座。

对于挠性唇式密封座可以做一个压力和变形的实验（图3-6），图中的曲线表示2 in球阀密封座的效率曲线。区域A的面积表示密封座的最大变形能，区域B的面积表示压力去除后变形的回复。同时又可以看到，设计的2in球阀唇式密封座的最大初始变形尺寸可达到2.5mm。装配后唇式密封座弹性变形尺寸可达到1.5mm。

为了使唇部的变形量不致过大，防止可能发生的永久变形，所以在唇式密封座设计时考虑有一个支撑点来限制其过度变形的发生。如图3-7所示。这一改进使密封座具备下列功能：

① 球体保持在阀腔中心，球体浮动是微小的；

② 装配后，唇部发生变形，能储存弹性变形能，实现低压下的密封；

③ 密封座上有一支撑点，当压力升高，温度升高时，平衡部分作用在密封座上的介质力；

④ 防止材料可能产生的“冷流”。

这种截面形状的唇式密封座装配前的形状如图3-7（a）所示。装配后的形状如图3-7（b）所示，有四个接触点，B点是与球体接触的密封点，A点是与阀体接触的密封点，C点是与球体接触的支撑点，D点是与阀体接触的支撑点。装配前后唇缘的形状变化，储存了材料的弹性变形能，像弹簧一样。而且当温度或压力升高时，进一步吸收弹性变形能，当温度或压力下降时，泄放弹性变形能来获得记忆特性。

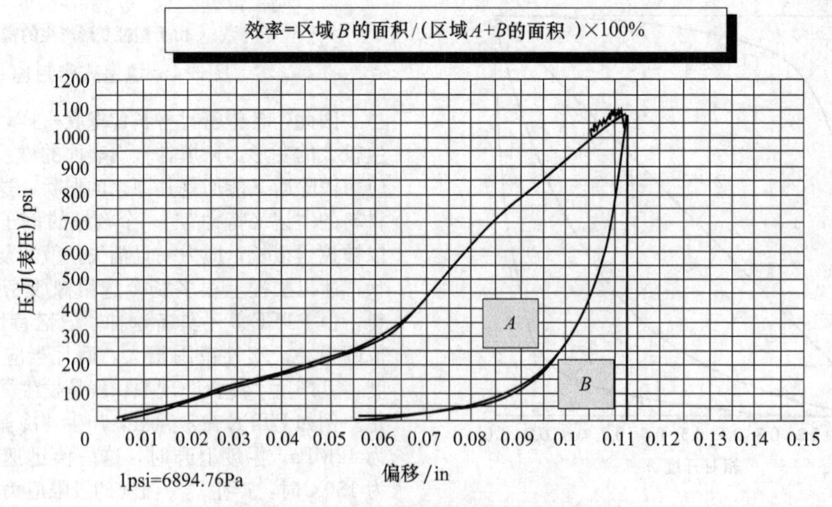

图3-6 球阀唇式密封座的效率曲线

（由Jamesbury公司提供）

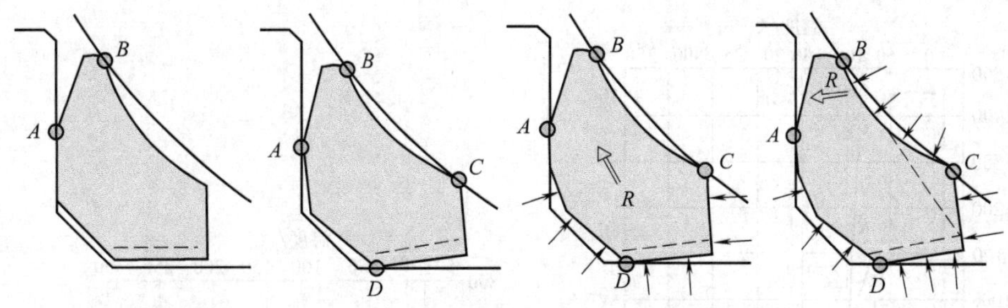

图 3-7 唇式密封座结构的设计原理

（由 Jamesbury 公司提供）

另外，还有一个阀腔内压力夹持的问题，就是 ANSI B16.34—2009《法兰、螺纹和焊接端阀门》标准中，第 2.3.3 节提出的介质热膨胀。“在某些情况下，一些双密封座的阀门结构可能会同时对中腔至相邻管线的压力差造成隔离，当中腔充满液体或部分充满液体，并受到温度升高的影响，就会造成中腔压力的异常升高，从而导致压力边界的失效。如果发生这种情况，购方应要求供方提供设计、安装或操作程序以确保阀腔中的压力不超过本标准规定的材料压力-温度许可值。”

解决这一问题可以在球体上钻一个孔，当球阀关闭时，腔体与进口端管道相通，夹持在腔体中的液体可以向进口端排出，但球阀失去双向流动的优点，在某些工程中不能被接受。也可以在壳体上装一只安全泄放阀，将增加麻烦，因此希望密封座具备自泄放功能。当腔体压力升高时，自动向进口侧或出口侧排放。

为说明这一结构的实施过程，先参考图 3-7（a）所示是未装配前密封座状态；图 3-7（b）所示是装配后密封座发生了变形，变形后根部 *C* 与球体接触，原来根部与球体的间隙消失，唇缘被压缩而弯曲，这一变形使整个环向中心有一个弯矩，*B*、*C* 两点是两条密封线。*A*、*D* 两点是在阀体上与密封环接触的两条密封线，腔体内的压力与进口、出口介质压力相隔离。如果在密封座外缘开泄放槽，如图 3-7（c）中虚线所示，腔内的介质合力方向是增加密封的可靠性。如果再在根部开泄压槽，如图 3-7（d）中虚线所示，介质合力的方向改变，倾向于将唇边弯曲，当腔内压力异常升高时，唇边处将使阀门内压力泄放。这就是为满足 ANSI B16.34 第 2.3.3 节压力泄放的要求而设计的唇式挠性密封座，被广泛用于现代浮动球球阀的产品中。

另外，在介质压力升高和环境温度升高时外缘的槽和根部的槽减轻了密封座对球体夹持力的增加，亦减少了操作力矩。

3.2.3 阀体与密封座的压力温度额定值

阀门在使用中有一个阀体材料的压力-温度额定值，这一数值是由标准 ANSI B16.34 给出。例如，一个 Class 150 的碳钢 A105 球阀，在常温－29～38℃时的最高工作压力为 19.6bar，但在 200℃温度时，最高工作压力为 13.8bar。表 3-4 是 Class 150，Class 300，Class 600 浮动球球阀阀体压力-温度额定值的数据。

另外，不同密封材料制作的密封座在使用中也有一个额定值，这个值与压力、温度、口径以及结构形式有关。因此，这一数值由制造厂提供，对于一个给定的密封材料和密封结构，一般都以图表形式来表示产品的压力和温度的使用范围。

图 3-8 所示是上海耐莱斯·詹姆斯伯雷阀门有限公司提供的 9000 系列球阀密封座的压力-温度额定值。*T* 表示传统 PTFE，*M* 表示增强 PTFE，*B* 表示 PFA 塑料，*U* 表示聚乙烯，*L* 表示 PEEK，*R* 表示旦林，*V* 表示 Polymide，一组虚线表示 Class 150，Class 300 阀体的压力-温度额定值。曲线表示水蒸气的饱和蒸汽压（saturated steam）。

表 3-4 Class 150，Class 300，Class 600 浮动球球阀阀体压力-温度额定值

最大工作压力/bar							
温度/℃		Class 150		Class 300		Class 600	
		WCB	CF8、CF8M	WCB	CF8、CF8M	WCB	CF8、CF8M
－29～30		20	19	51	50	102	99
93		18	17	47	43	4.0	86
149		16	15	45	39	3.90	77
204		13	13	44	36	3.80	71
260		12	12	41	33	3.60	66
试验压力	壳体(液体)	1.5×最大工作压力					
	密封(液体)	1.1×最大工作压力					
	低压密封(空气)	6					

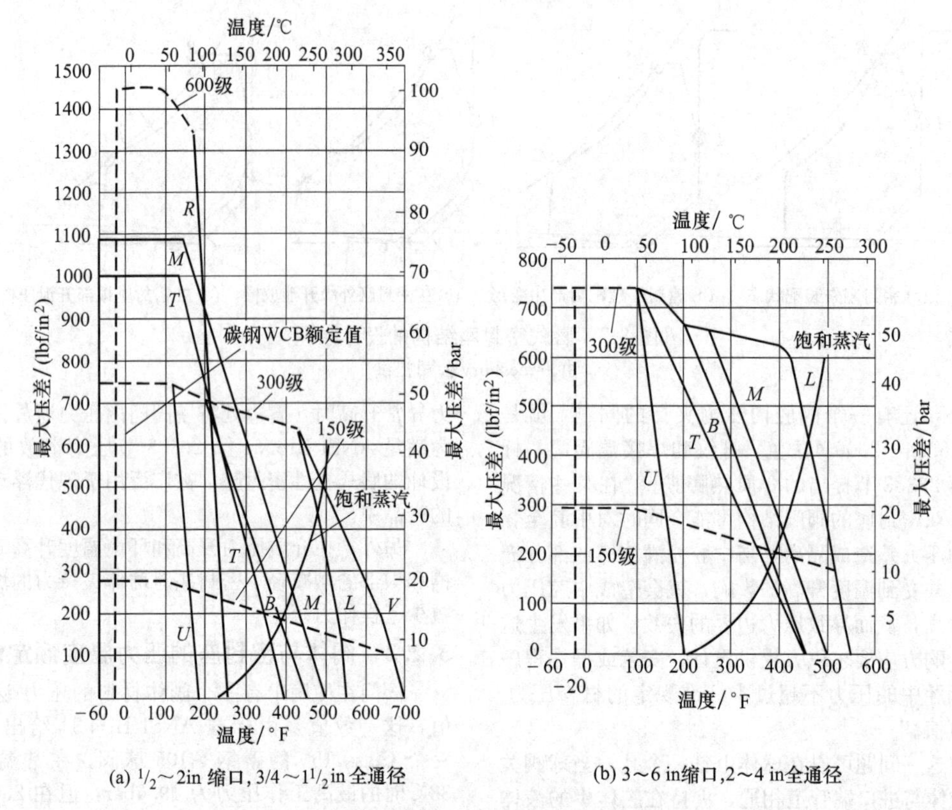

图 3-8 球阀密封座的压力-温度额定值

（由上海耐莱斯・詹姆斯伯雷阀门有限公司提供）

3.2.4 密封材料的发展和应用

PTFE 的发明对球阀的发展起着很大的作用，没有它恐怕不会有球阀的巨大发展。但随着时间的推进，PTFE 在具有许多优点的同时逐渐显露出一些缺点，如前面提到的“冷流”和热膨胀，以及压力-温度使用等级的限制。因此，有必要讨论密封材料的发展以及它们的适用范围。

密封材料就大范围而言可以分为两类，一类是高分子材料 PTFE 及其他聚合物，能保障可靠的密封；第二类是金属，一般情况只能保障低泄漏率，金属密封材料将在金属密封球阀中讨论，这里只介绍高分子材料聚合物的软密封材料。

某些聚合物密封的球阀，工厂试验可以达到无可见气泡泄漏，即“零”泄漏。而且在许多场合，在使用的持续时间内保持这一性能。影响密封性能重要的因素是使用的介质，如果阀门的使用条件十分严峻，如腐蚀性介质，极端高温、高压等则密封性能会受很大影响。

密封性能的寿命受下列因素影响：压力、温度、压力的波动程度，介质流速，阀门操作速度与启闭频率。在实际使用中，这些因素是交叉影响。因此，要获得长期的使用寿命和严酷的工况，就要发展密封材料。

① 聚四氟乙烯（PTFE） 纯的 PTFE 是球阀最基本的密封材料，它既具有一定的耐温范围，从低温至最高 350℉（177℃），又具有优良的抗化学稳定性和自润滑特性，适用范围较广。

② 填充 PTFE 填充的或者增强的 PTFE 塑料，实际上具有纯 PTFE 的一切特性，而其温度的适用范围增大，对 4in 以下的球阀可扩大至 400℉（205℃）。填充的材料一般是玻璃纤维、碳、石墨等。

③ 金属增强的 PTFE 填充的材料铜粉或其他金属粉末，设计这种密封材料是专门用于较强的压力波动的场合，主要用于纸浆厂蒸煮器的放料系统。

④ 特种尼龙 特种尼龙密封座适用于 PTFE 不能适应的更高压力的场合，根据阀门的类型和尺寸大小最高可以达到 4500psi，但它的抗化学稳定性较低，广泛用于高压液体、空气及其他气体（不包括氧气）的系统中。

⑤ 旦林 是聚甲醛的商品名称，具有类似金属的硬度、强度和刚性。较宽的温度和湿度下有很好的自润滑性，摩擦因数低，富有弹性，对大多数溶剂有较好的耐蚀性，其缺点是对强酸、强氧化剂敏感。适用温度－40～116℃，抗拉强度为 69MPa，剪切强度 65MPa，弯曲强度 97MPa，线胀系数为 $(9.6\sim12.8)\times10^{-5}\cdot℃^{-1}$，成形方法为注塑，最高压力可达

2400lbf/in²，覆盖600级的压力额定值。

⑥ PEEK　化学名称是聚醚醚酮，是含有酮基团的芳香族聚合物。具有良好的高温性能，耐有机、无机化学品和长时间耐热水分解性。在200～260℃范围内可保持其强度和韧性。可进行注塑、挤出和压塑加工。相对密度1.51，拉伸强度156MPa，弯曲强度250MPa，线胀系数$1.2\times10^{-5}℃^{-1}$。可有效地用于蒸汽系统，对于½～2in的球阀，在475lbf/in²的压力下的饱和蒸汽可达到可靠的密封。在其他场合，可用于温度550℉（280℃）并具有较好的化学稳定性。

⑦ 聚乙烯UHMW　这是一种高分子的聚乙烯材料，PTFE不能用于高放射性的场合，大于10^4rad［1rad（拉德）＝10mGy（毫戈）］就需要采用聚乙烯作材料，其适用的辐射级的剂量可达2×10^7rad。这种材料也可用于PTFE禁止使用的场合，如烟草工业中。

⑧ 聚酰亚胺　是一种高性能的塑料，具有很高的耐热性、尺寸稳定性，阻燃性、抗辐射性、抗紫外线和耐碱较差。其抗拉强度为95MPa，弯曲强度为170MPa，线胀系数为$(3.5\sim4)\times10^{-5}℃^{-1}$；摩擦因数为0.15～0.2。可用于较高的温度（至250℃），加工方式：模压或注塑。可用于热的气体、油及热媒介质，并可用于高磅级的阀门。但应注意，不适用于含水和蒸汽介质。

3.2.5　浮动球球阀的结构形式

浮动球球阀按阀体的结构形式可分侧装式阀体和上装式阀体两大类。侧装式阀体又可分为整体式、两片式和三片式。无论是哪种结构，它们均须满足一些基本原则。

① 阀杆应倒装，防吹出结构。这是ANSI B16.34第6.5.1.1节的规定，阀门的结构其阀杆应不是靠填料压盖紧固件来限制它的位置，准确地说，在阀门承压状态下，阀杆不会因阀杆密封紧固件的松开而脱离阀门。这是从阀门安全使用角度必须保证的基本条件。

② 防静电结构，是由一个不锈钢球和一个弹簧组成，一组置于阀杆端部的孔内，保持与球体接触；另一组置于阀杆的圆柱体上，保持与阀体接触，使可能产生的静电从阀体导走。

③ 失火安全（fire-safe）的结构设计，主、副阀体当四氟塑料密封座因失火烧损时，应与球体相接触，并保持一定程度的密封；主、副阀体的连接面应采用具有失火安全功能的垫片，如金属缠绕式垫片；在阀杆填料密封处，当填料（PTFE）被烧损后，应有一石墨环阻止介质向外泄漏。

④ 应有一限位机构，准确限制球体处在“开”或“关”的位置上。

⑤ 在阀体上应有可供安装气动、电动、蜗轮传动执行器支架的平台。

图3-9所示是整体式阀体的结构设计，阀杆倒装，在与阀体相接触的平面置有一组垫片由两片PTFE垫和一片石墨垫组成，以达到减摩和失火安全的目的。两只唇式密封座与球体从侧面装入，由一只带有螺纹的侧盖从侧面旋入，其间置有密封垫，组成一个完整的压力边界。阀杆填料对于通用球阀采用人字形PTFE制造填料，由填料压盖和螺栓、螺母压紧。阀体上有供安装支架的平台，设置“开”和“关”的位置限位机构，机构上有可供加锁的孔。这种结构的优点是阀体为整体结构，无中法兰螺栓松弛、泄漏之缺点，重量轻，成本较低，适用于Class150，Class300和Class600，通径4in以下的浮动球球阀。

图3-10所示是分体式阀体两段式浮动球球阀的阀体结构，是浮动球球阀最常见的一种结构形式。两段式阀体由主阀体和副阀体组成，用螺栓连接，中间置有失火安全型缠绕式垫片，由金属和PTFE组成。中法兰螺栓的有效截面应大于与管道连接法兰上螺栓的有效截面，并满足ANSI B16.34标准的规定，防止阀门在使用中由于外载荷、温度应力引起法兰螺栓的松弛。这种最常用的结构，适用于Class150和Class300，NPS 8以下的浮动球球阀。

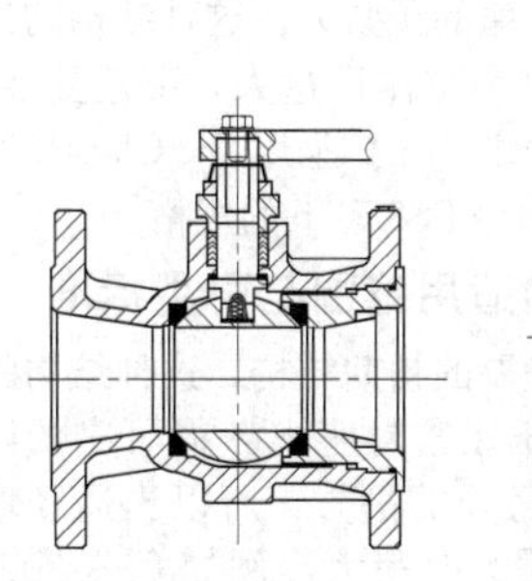

图3-9　整体式侧装浮动球球阀

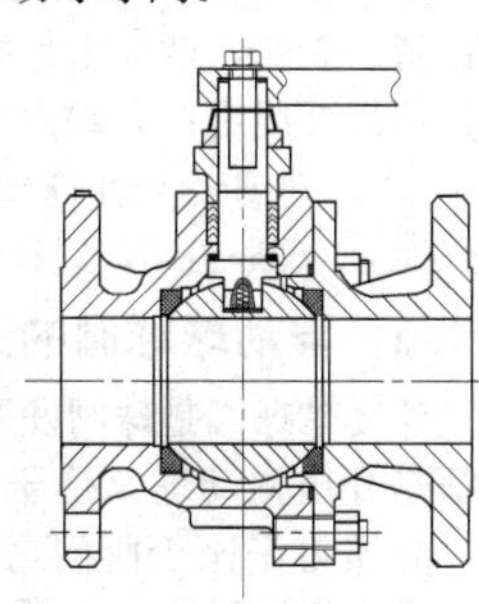

图3-10　分体式侧装浮动球球阀

图3-11所示是分体式三段式阀体结构浮动球球阀。这种阀体结构在NPS4以下有一个专门的系列，将在下面专门予以讨论。

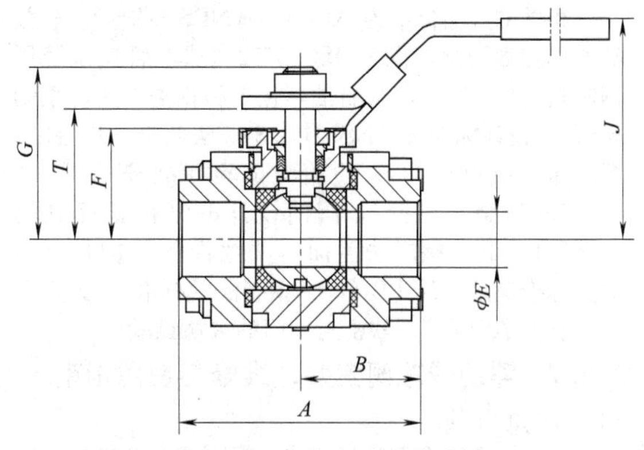

图3-11　三段式浮动球球阀

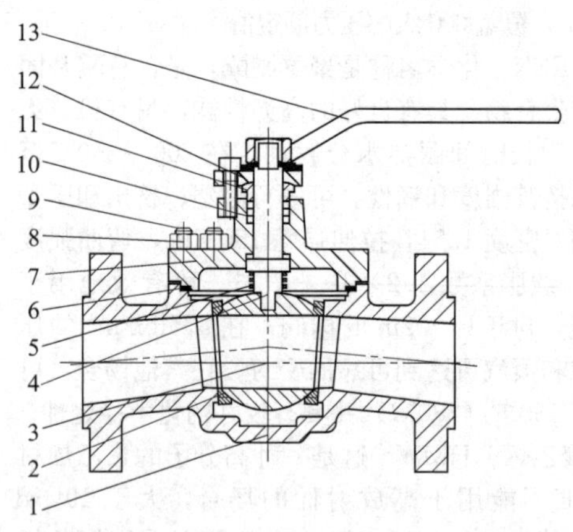

图 3-12 上装式阀体浮动球球阀

1—阀体；2—阀座；3—球体；4—阀杆；5—压缩弹簧；6—垫片；7—阀盖；8—螺母；9—螺栓；10—填料；11—填料压盖；12—填料压板；13—手柄

图 3-12 是上装式阀体浮动球球阀的外形图。阀体是整体结构，上部开孔具有很好的刚性，与密封座相接的面是两个有 3°倾角的斜面，球体与密封座组成后由上部装入，为了使密封座与球体组装后有一个 3°倾角的斜面，球体通道的中心线偏离球体中心，也有一个 3°的倾角。球体与阀杆可以在球体与阀盖之间设置一弹簧，增加密封座的预紧力。这种结构的优点是可以在线维修，缺点是整体重量大，工艺复杂，成本高。对于浮动球结构的适用于 Class150，Class300，Class600，通径 NPS8 以下的规格。

3.2.6 浮动球球阀的适用范围与引用标准

浮动球球阀是球阀发展的初期结构，这种结构的特征是介质推动球，挤压在密封座上获得可靠的密封，介质力正比于阀门通径的平方，所以当通径增大，压力级增加时，介质力会很大，例如 Class300，NPS 8 的浮动球球阀，作用在阀座上的介质力约为 190kN，这将使密封座上的接触应力接近材料的许用比压，并使操作力矩成倍增加。因此，浮动球球阀的适用范围在 NPS 8 以下，压力级 Class150，Class300。Class600 适用于小口径 NPS 2 以下。

相关的产品标准为 API 608《NPS 1/2～12 法兰端、焊接端钢制球阀》，ISO 5752《法兰管道系统用钢制阀门》，BS 5351《石油，化工和相关工业用钢制球阀》。设计标准按 ANSI B16.34《法兰端、焊接端、螺纹端 钢制阀门》，检验与试验标准按 API 598《阀门的检验与试验》，阀门设计的结构长度满足 ANSI B16.10《阀门法兰面对法兰面的结构长度》，法兰标准满足 ANSI B16.5《钢制法兰标准》，失火安全试验按 API 607《软密封阀门的火烧试验》。

3.2.7 浮动球球阀安装、维修与使用指南

(1) 注意事项

为了安全，在阀门从管线上拆下或分解之前必须注意下述事项：

① 在拆卸阀门时，手不能接触阀门内腔。遥控操作的阀门随时都会关闭而伤害操作人员。

② 应了解管道内的介质，如果有疑问，可向有关人员核实。

③ 接触介质时应按照常规要求穿上防护衣或佩戴相应装备。

④ 阀门和管道泄压时，在阀门从管道上取下来之前打开阀门，把可能留在阀门内的压力排空，使阀门处于开启位置。取下阀门后和分解之前，将阀门垂直放置，反复地开闭阀门，把残余介质排出。

⑤ 密封座和阀体额定值——安全和正确地使用该类阀门主要取决于密封座和阀体的额定值。应了解铭牌上的额定值。该类阀门有许多密封座材料供选择，有些密封座材料的额定值小于阀体额定值。阀体和密封座的整体额定值还有赖于阀门的类型、规格、密封座材料、螺栓材料和稳定，使用阀门的工况条件不能超过这些额定值。

(2) 安装

① 阀门处于开启位置。

② 阀门允许流体从任一侧流入。为确保安装良好，要按照标准的管路传输实际情况安装。

③ 使用相应规格的法兰螺栓，拧紧法兰螺栓时应按照垫片生产商的要求。

④ 安装时如发现阀杆密封处有渗漏，这是因为在阀门运输中受到较大温度变化，按照“维修”部分中所述对填料进行简单调整即可恢复密封。

(3) 维修

① 常规维修保养 要求定期检查确保阀门运行良好。日常维修保养包括定期拧紧压盖螺栓，使阀杆密封的磨损得到补偿。

② 大修 包括更换密封座和填料等。可购买维修

包，并参考下面“拆卸”和“装配”方法进行更换。

③ 维修备件包　标准的维修备件包，包括密封座、阀杆密封以及PTFE密封垫。

(4) 拆卸

① 将球阀右阀体法兰朝下固定在工作台上，转动阀杆使球阀处于关闭状态。

② 旋下连接法兰螺母，取下左阀体。

③ 从右阀体内腔取出球体（注意球体勿碰伤）。

④ 从左阀体和右阀体中取出密封座。

⑤ 卸下阀杆挡圈和扳手。

⑥ 旋下压盖与两螺栓，卸下定位块和压盖。

⑦ 将阀杆从右阀体内腔取出。

⑧ 从中口内取出4只填料（上填料1只，中填料2只，下填料1只）。

⑨ 从右阀体取下密封垫。

⑩ 从阀杆上卸下止推垫片，从压盖里取下上衬套。

检查所有零件是否损坏、碰伤和腐蚀，调换密封垫及损坏、磨损或腐蚀零件，修光碰伤零件。

(5) 装配（图3-13）

① 所有金属零件均用无油清洗剂清洗干净。

② 装配右阀体和左阀体上的密封座。

③ 将止推垫片放入阀杆上。

④ 将右阀体法兰朝下固定在工作台上，把阀杆从右阀体内腔装入填料孔内，然后装入一组填料（共4只）。

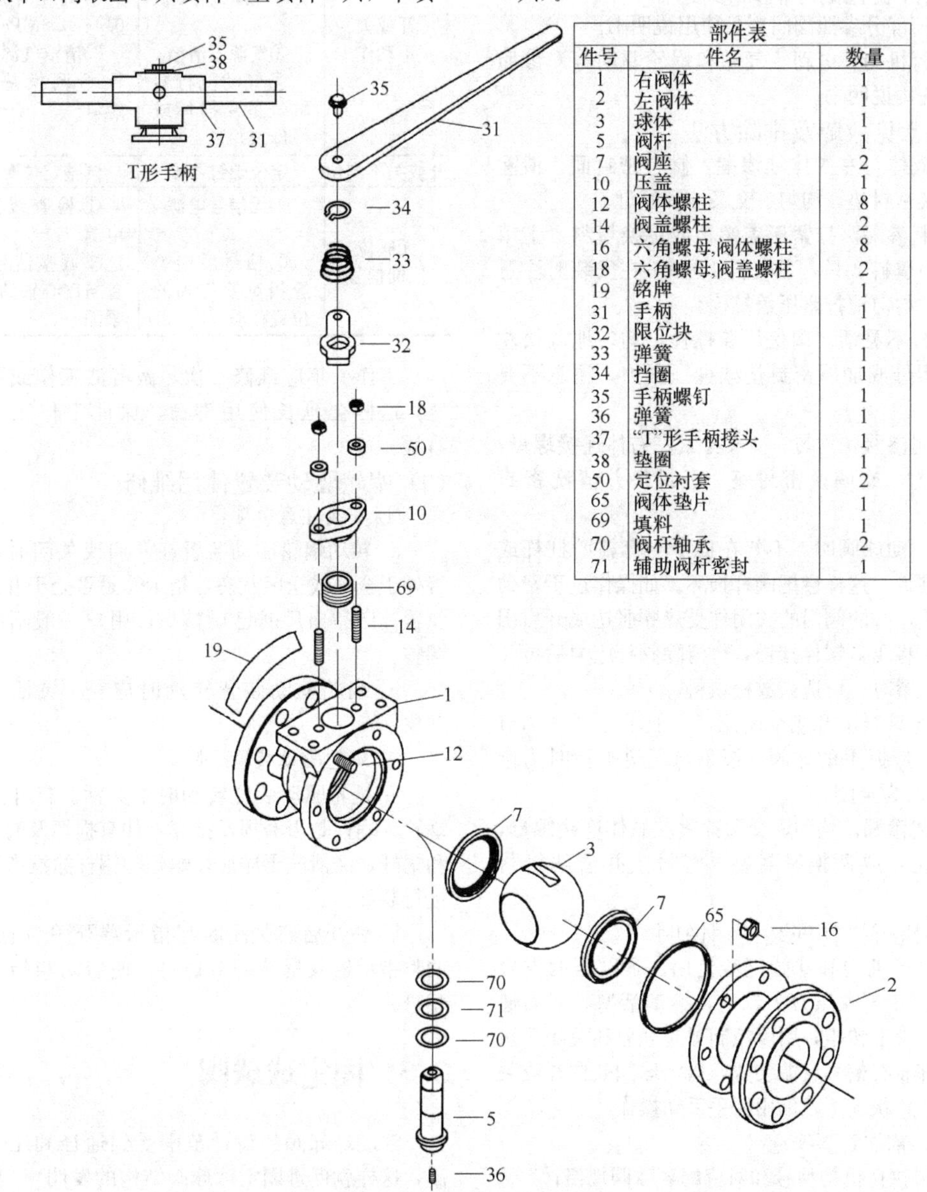

部件表

件号	件名	数量
1	右阀体	1
2	左阀体	1
3	球体	1
5	阀杆	1
7	阀座	2
10	压盖	1
12	阀体螺柱	8
14	阀盖螺柱	2
16	六角螺母,阀体螺柱	8
18	六角螺母,阀盖螺柱	2
19	铭牌	1
31	手柄	1
32	限位块	1
33	弹簧	1
34	挡圈	1
35	手柄螺钉	1
36	弹簧	1
37	“T”形手柄接头	1
38	垫圈	1
50	定位衬套	2
65	阀体垫片	1
69	填料	1
70	阀杆轴承	2
71	辅助阀杆密封	1

图3-13　浮动球球阀的装配

⑤ 将上衬套装入压盖内，把压盖装入中口，预紧两螺栓。

⑥ 转动阀杆，使阀杆端部扁身同通道一致，然后把球体上凹槽对准阀杆扁身，将球体放入右阀体内。

⑦ 将密封垫装入右阀体上，装上左阀体，转动阀杆使球体完全处于开启位置，然后预紧连接法兰上相对的螺母。转动阀杆启闭球阀数次，使球体处于开启位置，拧紧连接法兰全部相对螺母，然后启闭球阀数次，在启闭过程中感觉应灵活，无卡阻现象。将阀杆装上定位块，卡上轴用挡圈，并将球阀处于全开或全闭状态。

(6) 带执行装置的球阀维修使用

① 阀门部分参照阀门产品使用说明书。

② 执行机构（电动、气动和蜗轮驱动等）参照执行机构使用说明书。

(7) 阀门常见故障及排除方法

① 右阀体与左阀体处渗漏。修整密封面，清除污物，更换密封垫，均匀、交叉拧紧螺母。

② 填料渗漏。拧紧压盖螺栓或更换填料（上填料1只，中填料2只，下填料1只）。在安装时注意不要切边，均匀地拧紧压盖螺栓。

③ 阀杆不灵活。调松压盖螺栓，均匀地调松左右体连接螺母或加厚密封垫减少预紧力，注意不要渗漏。

④ 密封渗漏。均匀、交叉拧紧左右体连接螺母，增大预紧力，或调换密封座、密封垫并清洗密封凹槽。

⑤ 拧不动球阀时，不要在扳手上套辅助杠杆或其他工具硬扳，这样会把阀杆损坏。如操作过于费劲须分析原因，有的阀门的关闭件受热膨胀造成开启困难，此时可将压盖螺栓拧松，待清除阀杆应力后再开启，填料太紧时，可适当放松填料。

⑥ 球阀只能全开或全闭用，一般不允许作调节和节流用。带扳手的球阀，扳手与通道平行时为全开，转90°时为全闭。

⑦ 密封渗漏。均匀、交叉拧紧左右体连接螺母，增大预紧力，或调换密封座、密封垫并清洗密封凹槽。

(8) 气动执行机构安装使用说明

气动执行机构和球阀配套使用，是以压缩空气0.4～0.6MPa气源压力为动力，推动活塞，从而通过输出轴，输出转矩，用以控制球阀开启和关闭。执行机构顶部装有信号反馈装置，指示球阀处在开或关位置。在紧急状况下，可用扳手手动操作。

① 安装前注意事项：

a. 选准执行机构型号和对应配套球阀规格；

b. 气源必须是经净化后的压缩空气（气源压力0.4～0.6MPa）；

c. 使用前必须核对使用压力、温度、负荷，是否符合要求；

d. 通气孔、出气孔，不允许堵塞；

e. 通入压缩空气，观察球阀动作是否正常；

f. 注意球阀在开启或关闭时，球体是否处于全开或全闭状态。

② 可能发生的故障、原因及消除方法见表3-5。

表 3-5 故障处理

故障	原因	消除方法
开或关不动作	①负荷太大 ②气源压力太低 ③气源不清洁 ④气动执行器缸盖垫片损坏或螺母未并紧	①正确选用气动执行机构或降低负荷 ②调高气源压力到0.4～0.6MPa范围内 ③清洁气源 ④调换垫片并紧螺母
开或关不到位	定位螺钉不准	调整定位螺钉长度
无阀位反馈信号	①无信号电源 ②信号反馈装置相对偏心轴的位置移动	①检查线路，接通电源 ②调整信号反馈装置与偏心轴的位置，并紧固

工作一年应维修一次，做清洁工作或更换密封座，这样会延长使用寿命，保证工作正常，少出事故。

(9) 蜗轮驱动装置使用维修

① 安装注意事项：

a. 转动蜗轮驱动装置在开启或关闭时，球体是否处于全开或全闭状态，指示器是否处于开启或关闭位置。产品出厂时已调整好，用户一般不应再进行调整。

b. 蜗轮驱动装置转动时应轻、灵活，无卡阻现象。

② 蜗轮驱动装置维修：

a. 蜗轮驱动装置转动时不灵活。打开盖板检查蜗轮、蜗杆是否磨损及损坏，如有损坏及时调换蜗轮和蜗杆，经清洗干净后，蜗轮和蜗杆涂润滑脂，然后进行装配。

b. 在开启或关闭时与指示器开关位置不相符，调整指示器及蜗轮调节螺钉，使启闭与指示器启闭相符。

3.3 固定球球阀

浮动球球阀的设计范围受到通径和压力级的限制，这样就促进固定球球阀结构的发明。“固定球球阀”一词的翻译是不十分确切的，英文“trunnion mounted ball valve”准确的译文应是“支轴球球阀”，球体上带有两个支承轴的球阀。这一结构的球阀，大大拓展了球阀的压力等级和通径。下面讨论其结构原理。

3.3.1 固定球球阀的密封原理与结构特征

(1) 固定球球阀密封原理

固定球球阀（图 3-14）的启闭件是一个带两个支承轴的球体，中间有一个与管道通径相等通道，两侧有两个浮动的阀座，球体回转时不偏离球体上支承轴的轴线，支承轴由上下两滑动轴承支撑，阀座是浮动的，在介质力作用下，推向球体产生一个接触应力，以获得可靠的密封。同浮动球球阀一样，阀门从开启至关闭，或者从关闭至开启回转 90°角行程。

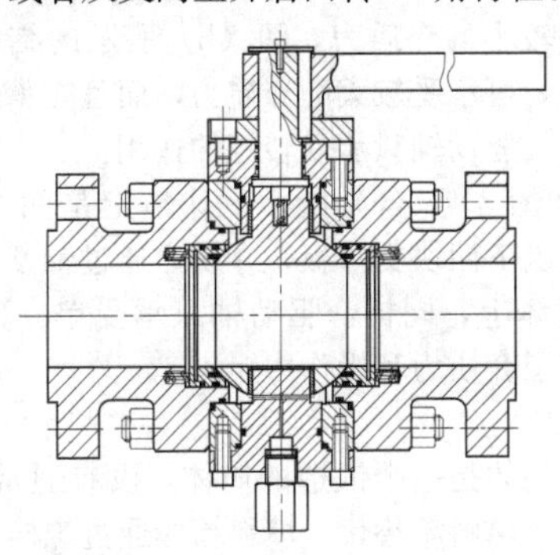

图 3-14 固定球球阀结构

(2) 固定球球阀结构特征

固定球球阀阀体由主阀体，左、右两个副阀体组成，球体是一个上端有轴颈，下端有一轴孔的球体，阀体上部有一个填料箱，与球体轴颈相接处有一个滑动轴承，球体下端有一个轴孔，装有滑动轴轴承套，阀体底部有一个轴承插入球体下端的轴孔内。这样球体被保持在回转中线上，转动时不会产生偏移。球体两侧对称地有两个浮动的阀座组件，这一阀座组件由金属座圈，镶嵌在座圈内 PTFE 密封环，外缘上的橡胶 O 形圈和背面螺旋弹簧等组成。当阀门关闭时，介质力作用在密封座的组件上，使阀座与球体接触，产生接触应力，获得有效的密封。阀杆与填料箱体由 O 形橡胶圈密封。

固定球球阀的结构比浮动球球阀复杂得多，其原理是介质压力推动阀座组件作用在球体上产生接触应力来获得密封，球体回转中心轴线不发生偏移，阀座的组件是浮动的，所以称之为固定球-浮动阀座结构。由于介质作用力是作用在一个环形面积上（图 3-14），其介质推力远小于浮动球球阀介质的作用力，所以固定球球阀结构适用于高压大口径，其适用的范围压力级为 Class150～2500，阀门通径为 NPS 2～60。对于采用 PTFE、增强 PTFE、尼龙、PEEK 等高分子材料作密封环的结构，设计中仍然要满足密封比压 q 大于必需的密封比压 q_b，小于材料的许用比压 $[q]$，即 $q_b \leqslant q \leqslant [q]$。

由此可见，与浮动球球阀比较，固定球球阀特征如下：

① 球体和阀座组合后的尺寸是一个自由尺寸，并不像浮动球球阀结构形成一个封闭尺寸链。因此，其密封性能在结构上不受温度和压力波动的影响；

② 同样是介质自密封的原理，但固定球球阀的介质力是作用在阀座的环形面积上，比浮动球球阀介质力作用在整个通道截面显然要小得多，而且可以通过合理的设计来予以控制，所以这种结构适用于 NPS 60 以下，压力等级适用于 Class2500 以下的所有球阀规格，成为球阀发展中重要的一个结构形式；

③ 基于上述的同样理由，球阀的操作力矩亦远比浮动球球阀小；

④ 其结构比浮动球球阀复杂，重量大，价格也比同规格浮动球球阀贵；

⑤ 可以设计成全通径、标准通径和缩径，具有较大的流通能力和较低的流阻系数。

3.3.2 固定球球阀浮动密封座的结构形式

(1) 自动泄放阀座

固定球球阀也是双向的，从正和反两个方向截断介质的流动。图 3-15 所示的阀座是前级密封，即进口端阀座密封。因为是双向的阀门，所以出口端阀座与进口端阀座是同一结构对称设置。这样，当腔体压力高于出口压力存在压差时，能自动泄放。

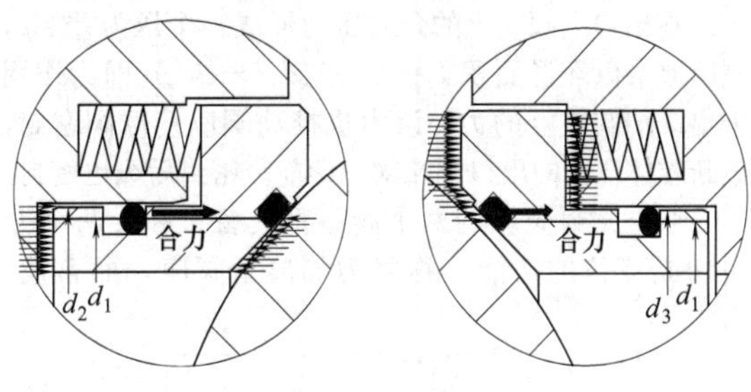

(a) 进口端阀座　　(b) 出口端阀座

图 3-15 自泄放阀座设计——前级密封，后级排放

进口端阀座在进口端压力高于阀腔中压力时，作用在进口端阀座上的介质压力形成一个进口端压力差 Δp，这一压差乘以环形面积 $F=0.785(d_2^2-d_1^2)$ 即为阀座的密封力，该力推动阀座使球阀密封，截断进口端介质。

出口端阀座在阀腔中的压力大于出口端压力时，作用在出口端阀座上的介质压力形成一个压力差 Δp，这一压差乘以环形面积 $F=0.785(d_3^2-d_1^2)$ 即为作用于出口端阀座上的力，其方向推开出口阀座，使腔体压力泄放。

典型的自泄放阀座由阀座、密封环、弹簧、O 形密封圈等组成。弹簧可以选用一组螺旋弹簧或一只碟形弹簧，可以设置在管线侧阀座的底部，也可以设置在阀腔侧阀座的背部。阀座与阀体侧的密封，可以是O形橡胶密封圈，也可以用由PTFE制成的V形碗。

(2) 双重密封阀座

图3-16所示为双重密封阀座的设计，只要调整密封环与O形橡胶密封圈的相对位置，或改变密封座尾部尺寸（图3-16的d_3）就可达到双重密封功能，又称之为“双活塞效应”。

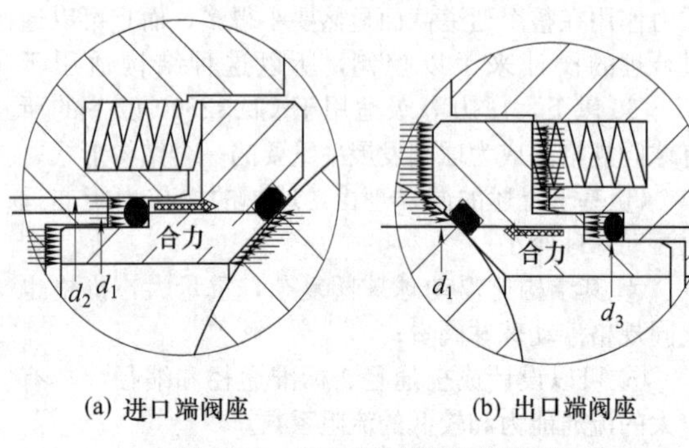

(a) 进口端阀座　(b) 出口端阀座

图 3-16　双重密封阀座的设计

进口端阀座在进口端压力高于阀腔中压力时，作用在进口端阀座上的介质压力形成一个压力差Δp，该压差乘以环形面积$F=0.785(d_2{}^2-d_1{}^2)$即为阀座的密封力，该力推动阀座使球阀密封，截断进口端介质。

出口端阀座在阀腔中的压力大于出口端压力时，作用在出口端阀座上的介质压力形成一个压力差Δp，该压差乘以环形面积$F=0.785(d_3{}^2-d_1{}^2)$即为作用于出口端阀座上的力，该力也推动阀座使球阀密封，截断腔体压力向出口端流动，即前级密封后级也密封。

双重密封阀座的两个阀座都具备正和反两个方向切断流体的功能，称之为隔离型阀座，而自泄放型阀座设计，就阀座本身而言是单向密封。

3.3.3 固定球球阀的结构

(1) 球体

介绍了密封座的各种结构形式设计之后，再来观察固定球球阀的球体结构。固定球球阀的最重要特征是球体在开关过程中不偏离球体的回转中心，球体上支轴的设计有三种结构形式：

① 如图3-14所示，球体上部有一个轴柄，下部是一个轴孔，供一个固定轴插入，球体的结构是一个轴，一个孔的结构。

② 如图3-17（a）和（b）所示，球体上是两个上下的轴孔，分别由上轴和下轴插入，图（a）所示的结构适用于小口径，在球体上轴孔的插入深度短，只能承受较小的介质力，图（b）所示的结构，适用于大口径，可承受较大的介质力，而且支承轴颈和驱动轴分离，驱动轴只承受转矩的作用。

③ 如图3-17（c）所示，球体上是两个外伸的轴，垂直上下两块支撑板，介质力通过轴颈和支撑板传递到阀体上，同样，驱动轴只承受单一的转矩作用，分离了介质力和操作力矩。

(2) 阀体

由于阀体是一个锻造的筒体，没有通常的阀颈，阀颈被一个填料箱替代，填料箱体通过螺栓固定在阀体的平台上，轴封则是采用O形橡胶圈，外部与执行器的连接支板，也是通过填料箱体上的通孔，固定在阀体上，可知，这种圆筒状结构阀体，在轴颈部分，阀体的强度被大大地削弱了。

至于阀体的结构，与浮动球球阀一样，有侧装式和上装式两种。

侧装式可以分为两段式，一个主阀体和一个副阀体结构，也可以是三段式，一个主阀体和两个副阀体结构。

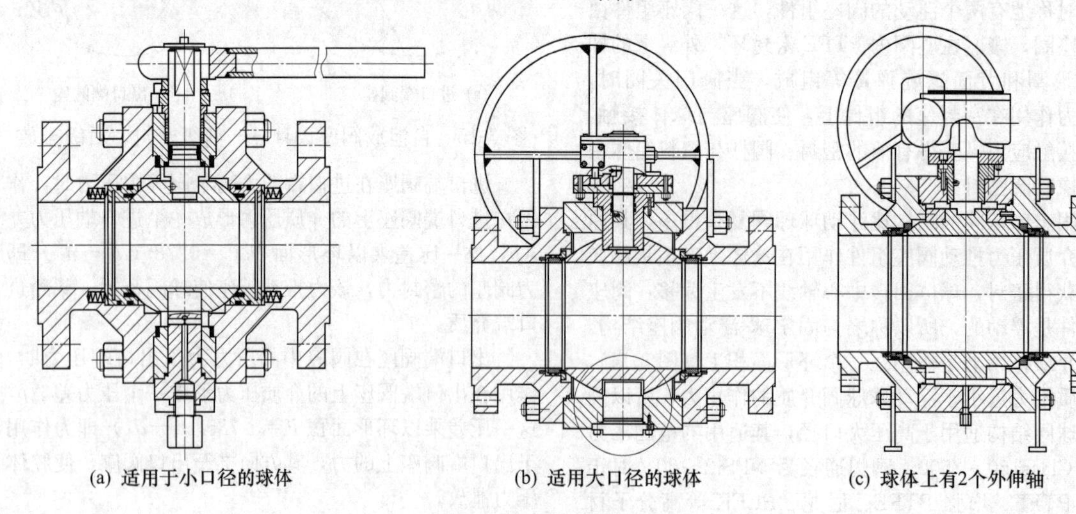

(a) 适用于小口径的球体　(b) 适用大口径的球体　(c) 球体上有2个外伸轴

图 3-17　固定球球阀结构

上装式阀体是一个整体结构，上部阀盖用螺栓与阀体组成一个完整的压力边界，球体是一个带有上下支轴的球，下支承轴承嵌入阀体内，上支承轴承置于阀盖内，上轴端加工一凹槽与轴头部的凸缘相连接，用来传递转矩，介质力作用在轴承上，驱动轴只传递转矩，并设计成防吹出的结构，阀座的设计存在装配或拆卸的困难，就是球体装入阀腔时阀座要向两侧移动，这样就设计一个可以滑动的背阀座，事先阀座缩入左右通道内，待球体装入后，通过背阀上的凸缘，将阀座推向球体中心，然后用一个卡环，卡入背阀座的凹槽内，拆卸时，则先取出卡环，然后将阀座推入阀腔的左、右通道内，球体即可从上部取出。因此，上装式结构球存在可在线维修的优点。

3.3.4 阀体与密封座的压力-温度额定值

与浮动球球阀一样，阀体材料在使用中有一个压力-温度额定值，这一数值由标准 ANSI B16.34 给出。另外，不同密封材料，镶嵌在金属阀座中，也有一个压力-温度额定值。因为，密封材料在使用中的压力-温度额定值除了与压力、温度有关，而且与通径和密封材料的镶嵌或结构形式有关。所以这一数值和浮动球球阀不同，各个制造厂提供的数据也不尽相同。应由阀门制造厂提供。图 3-18 所示是阀体和密封材料的压力-温度额定值。

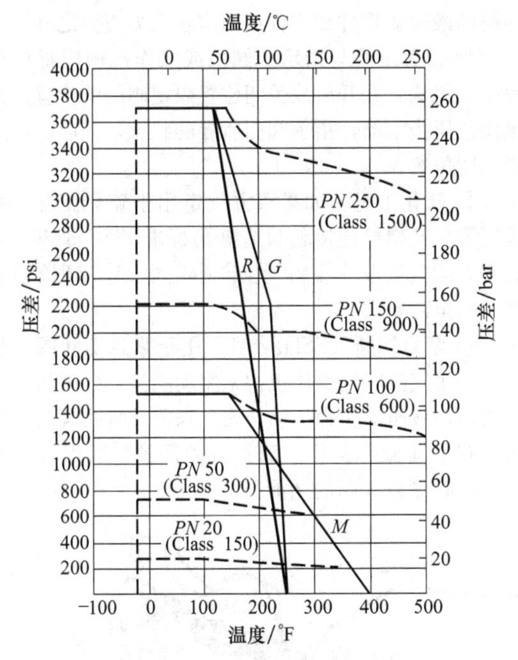

图 3-18 阀体和密封材料的压力-温度额定值

M—填充聚四氟乙烯曲线；*R*—聚甲醛树脂曲线；*G*—尼龙曲线

3.3.5 固定球球阀的适用范围与引用标准

浮动球球阀适用范围在 Class 600 级以下，通径在 NPS 8 以下。固定球球阀的适用范围就没有这个限制，这是由于设计中阀座上密封材料的比值能够予以控制，因此，它适用于 Class 2500 级以下，通径 NPS 60 以下所有规格。

供参考的相关的产品标准是 API 6D—2008《管线阀门》等同的国际标准 ISO 14313—2007《石油天然气工业— 管线输送系统— 管线阀门》。其他的引用标准可参见 3.4.8 管线球阀的引用标准。

3.4 管线球阀

管线球阀是固定球球阀的一种，是球阀一个最重要的发展。过去常常将"管线球阀"一词与"固定球球阀"一词相混用，将"管线球阀"不恰当地称之为"固定球球阀"。其实，管线球阀的全称，应该是长距离输送系统管线球阀（long distance pipeline transportation system pipeline ball valve)，简称管线球阀。这是从产品的服务对象而言。而"固定球球阀"一词是指这种阀门的结构，球体被支持在转轴中心。另外，也不适宜将管线（pipeline）一词译为管道(pipe)，而称之为管道球阀。产品的国际标准名称是 ISO 14313—2007《石油和天然气工业－管线输送系统－管线阀门》，这一名称就是最好的解读。管线阀门有球阀、闸阀、旋塞阀、止回阀，是满足长距离管线输送的特殊要求，具备特殊功能的专用阀门，对于球阀，则称之为管线球阀。规范该产品的美国石油学会最新标准是 API 6D—2008 第 23 版《管线阀门规范》与 ISO 14313 等同。

3.4.1 管道工业与管线球阀

1914 年，第一条 9 km 长的输油管线在美国中部建成，从此拉开管道的工业发展的序幕。用管道来输送原油、天然气，其成本是海上运输、油轮和液化天然气船舶运输成本的 2/3，是油罐列车陆上运输的 1/3。所以近百年来获得飞跃的发展。根据《Pipeline》杂志 2000 年统计，全世界已建成的管线 260×10^4 km，其中输油管线 80×10^4 km，输气管线 140×10^4 km，成品油管线 40×10^4 km。并且每年以 3×10^4 km 的速度增加，输油输气管线是一条跨国能源供给线，是一条生命线。世界上最著名的管线如美国阿拉斯加输油管线（图 3-19）从北部普拉德赫海湾至南部瓦尔迪兹港全长 1300km，管径 48in，穿北极圈，冻土层，高山和峡谷。前苏联乌连戈依中央输气管线（西伯利亚管线，图 3-20），全长 3.5×10^4 km，管径 56in，紧急切断大口径管线球阀 1000 余台，穿越西伯利亚冻土层、森林、沼泽地。在东南亚从菲律宾至马来西亚、爪哇、苏门答腊、新加坡至泰国全长 6276km 的输气管线，其中 1094km 为海底管线。

管线球阀的最大口径为 60in，最高压力等级为 Class2500 级（*PN* 420），在役的 32in 以上管线球阀约 20 万台以上，32in 以下近 250 万台。

图 3-19　美国 Cameron 管线球阀在阿拉斯加输油管线中服役

管线球阀在管道工业中获得广泛的应用无疑是它的产品特征：全通径、低流阻，便于实现远距离控制和自动化。管道输送近百年的发展已形成全球性跨国管网，这是人类赖以生存的能源供给系统，这一系统从北极圈至赤道，从高山至海底，从高原到沙漠，其间穿越地震带、沼泽地、江河、湖泊、山坡。有架设的也有直埋地下的，在野外远距离遥控操作，维修困难，要求 30 年以上使用寿命。输送的天然气含硫、焊渣、铁锈等杂质，出厂时要求气泡级密封，这些苛刻的要求已成为全球性共识的采购规范。并提出如下特殊的功能要求。

① 阀体的强度与韧性　阀体是一个承压部件，其压力边界除了承压内部介质的压力之外，尚需承受外部载荷，如地面沉降、滑坡、洪水、地震等自然灾害引起的弯曲载荷；以及由于昼夜温度变化，冬夏季节性温度变化而引起的拉伸和压缩载荷。在寒带及冰冻地区应考虑材料的低温冲击韧性，防止低温脆裂。对于全焊接阀体，在焊缝和热影响区应按断裂力学理论进行 CTOD（裂纹尖端张开位移）断裂韧性试验和焊后免热处理的安全评估。

② 气泡级的密封要求　产品出厂时应达到气泡级“零”泄漏，运行中要求密封座具有阻止金属颗粒进入密封区域的效果，如金属颗粒进入软密封，一旦出现泄漏，应有紧急密封的措施。

③ 失火安全与防静电功能　阀门的设计需考虑失火安全，一旦失火，阀门的内漏与外漏不能超过 API 6FA 和 API 607 规定的泄漏标准。球体被非金属密封材料夹持，转动时可能产生的静电必须与阀体导通，在 24V DC 的电压下，其电阻小于 10Ω。

④ 双截断与排放功能（double block and bleed）对于具有两个密封阀座的阀门，两个密封座之间的阀腔压力排放时，两个阀座应同时截断进口和出口的介质。

⑤ 双隔离与排放（double isolation and bleed）对于具有两个隔离型密封座的阀门，即具备双活塞效应功能的密封座，两个隔离型阀座之间的阀腔压力排放时，两个阀座应同时隔离进口和出口介质。

⑥ 防止阀腔压力超压　无论阀门处于关闭状态或开启状态，对于双密封座的阀门，阀腔夹持一部分介质，如果被夹持的介质有可能由于温度变化而压力升高，阀门应具备阀腔压力超压自动泄压的功能。阀腔压力泄放的最大值不超过阀门压力额定值的 1.33 倍。

⑦ 可清管能力（pig ability）允许清管器无阻碍通过的能力。

⑧ 阀杆保持　阀杆应设计在任何内压条件下，填料压盖卸去或操作装置卸去的情况下，保证阀杆不被吹出和阀体压力边界的完整。

⑨ 驱动链的设计　设计轴的转矩，在整个驱动链的计算中，应该以最大开启转矩的两倍来计算。驱动链的最薄弱零件或零件截面应在压力边界之外。

⑩ 位置限定与指示　阀门或操作机构应提供行程限定机构，在开启或关闭位置限定阀门的位置。并提供位置指示器，指示阀门所处的状态，开启位置或者关闭位置。

⑪ 硫化工况　如果买方规定用于硫化工况，则承压零件及螺栓连接材料应满足标准 ISO 15156《石油和天然气工业—油和气生产中用含 H_2S 环境中材料》的全部要求。

⑫ 紧急切断（ESD）对于用于紧急切断阀的场合，采用气液联动操作机构来驱动阀门，以天然气作为动力，液压油作为传动介质，来驱动管线阀门的启闭并有手动操作机构，破管自动保护，远程电控开关，ESD 紧急关断的功能。

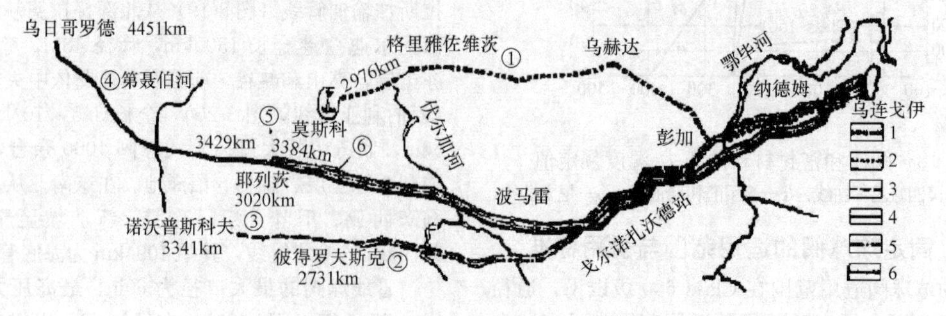

图 3-20　前苏联 56in 西伯利亚乌连戈依中央输气管道

⑬ 地下水的电位腐蚀与应力腐蚀　采用全焊接阀体结构，管道阴极保护以及外部防腐来防止电位腐蚀和应力腐蚀。

3.4.2 管线球阀的发展与结构形式

管线球阀经历半个多世纪的发展，形成两大阀体结构形式。一种是全焊接球状阀体结构，以美国Cameron公司为代表，其他有德国的Bosig公司、Shuck公司，日本TIX公司、Tubota公司，以及俄罗斯Tyazhpromarmatuva公司等。另一种是筒状阀体结构，有全焊接的，也有分体式的，以意大利Grove公司为代表，其他有意大利阀门公司、Perar公司、Nuovo Pignone公司、PCC公司、B.F.E公司和捷克的MSA公司等。

(1) 美国公司全焊接球状管线球阀

在20世纪50年代，美国Cameron公司，推出一种球状结构，全焊接锻钢阀体的管线球阀（图3-21），其结构特征如下。

① 阀体是全焊接，球状，由四块锻件拼接组成，焊接是在产品组装完成后进行，焊接工艺是最后一道工序，这样形成一个封闭的产品，不可再分解、拆卸。这种以焊接作为产品最后一道工序的，称为“焊接产品”。这样，内件如球体、密封座、密封环、轴承无须更换，因此，这种结构上的合理性及其带来的客户效益，是在服役生命期内的可靠密封（sealed for life）。另外，整体阀体提供了足够的强度和刚性，产品经弯曲试验和压缩试验验证了阀体的强度和刚性。

图3-21　美国Cameron公司全焊接球状阀体管线球阀

② 可转动阀座，阀座外缘加工成棘轮，球体表面上固定着一个拨动机构，球阀每开或关一次，棘轮转动一个角度。设计者的思路是考察球体对阀座之间相对运动，作用在阀座密封环带上，磨损的不均匀性，凭借阀座的转动来获得密封环磨损的均匀。但实践结果恰恰和这一预期效果相反，阀座的转动加速了阀座的泄漏。因为管道中砂粒出现在管线的底部，划痕从密封环底部位置上发生，阀座的转动增加了泄漏点，这一原始结构设计，现在已不被人们所认可。

③ 固定球结构，球体上有两个轴孔，插入两个过盈配合的支承轴，形成一个组合球体，上支承轴作为驱动轴，与传动机构采用花键连接。轴承采用低摩擦系数的PTFE塑料轴承，无须润滑，操作轻便。

④ 旋转阀座上的密封环材料为尼龙或PTFE，并被牢固地锁定在金属座圈内。阀座与阀体之间的密封采用唇式密封结构，用PTFE制成。背面有平板弹簧推动，提供密封座的初始密封。当密封座上软密封失效时，有一个密封脂紧急注入通道，密封脂通过一个注油嘴和单向阀通向球体表面，提供一个临时紧急密封。这一组合密封座结构满足DBB的功能要求以及低的密封压力，避免产生高的操作转矩，密封座的设计成为前级密封，具有自泄放功能，腔体压力异常升高时，出口端阀座自动排放。

⑤ 阀杆上的密封环用PTFE制造，有上、下两个轴封，如果需要，上轴封可以被更换。

⑥ 产品的火烧试验证明，塑料密封环被烧毁后密封座的金属球面金属相接触，密封座与阀体间的PTFE唇式密封环烧毁后，碟形弹簧的两个平面与阀体和阀座金属面相接触，其泄漏量的总和是有限的，能够达到液滴密封等级（drop-tight）的要求。

⑦ 对于直埋地下的管线，阀杆可以被延伸，接至地面，排污管、取气管、密封脂注入管亦接至地面。图3-22是Cameron T-31型产品组装图，可以详细看到其内部结构。

几十年前Cameron公司这一全焊接球形锻造阀体，固定球浮动阀座，无螺栓连接的管线球阀问世，提供了一个紧凑型、高强度、轻重量、无维护的集成型产品，在长输管线中取代了传统的管线闸阀，从此风靡全球，而且时至今日，仍是管线工业中的主导产品，其压力等级Class150～2500，通径NPS 2～42。

(2) 德国公司全焊接球状管线球阀

而后，德国Borsig公司发展类似的全焊接球状锻钢阀体结构的管线球阀（图3-23），在结构上变化可以归纳为：

① 球形壳体的焊缝在中间位置，壳体由左、右两个半球壳组成，轴颈部分的焊接与加工在左、右阀体焊接之后，在工艺上有很大变化；

② 驱动轴直接与球体相焊接；

③ 密封座的主密封采用氟橡胶或PTFE塑料，弹簧采用螺旋弹簧；

④ 轴端密封有两种结构，O形橡胶密封或PTFE U形密封圈加石墨防火填料（图3-24）。

另外，在提供全焊接球状阀体管线球阀的同时，并提供上装式管线球阀。密封结构与全焊接球形阀体管线球阀相同，壳体采用铸件，上装式结构主要用于场站，需要在线维修的场合。

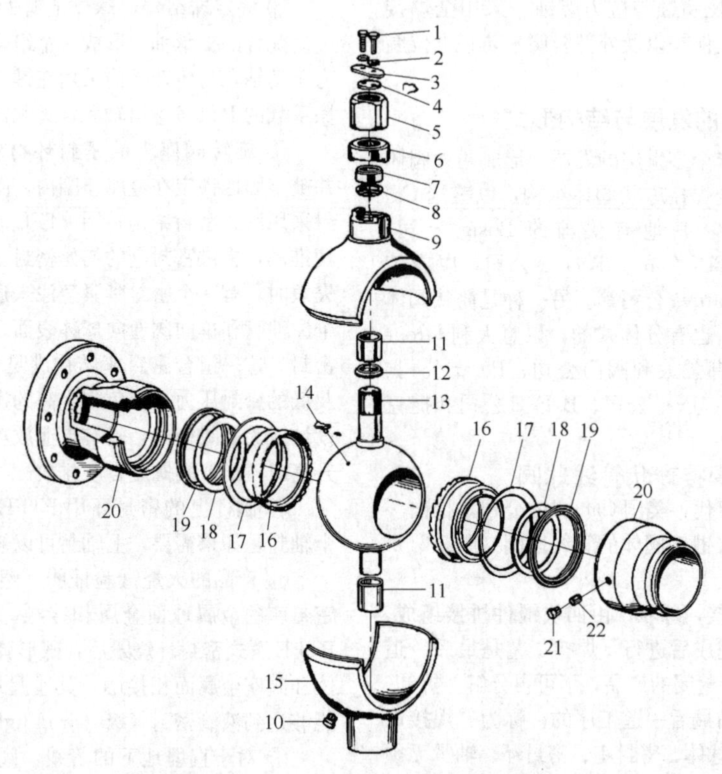

图 3-22 Cameron T-31 型产品组装图

1—螺钉；2—锁紧垫片；3—指示器；4—垫板；5—螺母；6—轴限位块；7—轴封压盖；8—轴外密封；9—上阀体；10—排液堵头；11—轴承；12—轴内密封；13—组合球体；14—拨动机构；15—下阀体；16—密封环；17，18—负载弹簧；19—唇式密封；20—连接端；21—塞子；22—单向阀

德国 Borsig 的阀门的发展中，除了一般的常规试验之外，还进行了球体应力、应变测试，阀体弯曲试验和应力分析，焊接残余应力测定，环境舱内低温下压力与功能试验，扭矩测试等强度分析和附加形式试验，产品的规格：通径 NPS 2～60，压力等级 Class150～900。

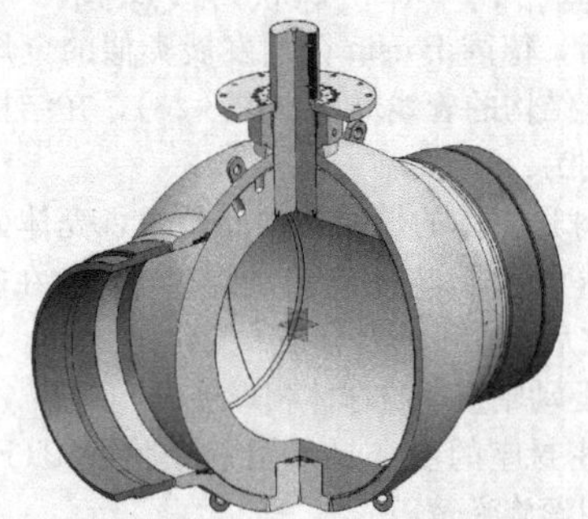

图 3-23 德国 Borsig 管线球阀

(3) 日本公司全焊接球状管线球阀

日本 KITZ 公司、久保田铁工（株）和 TIX 公司亦积极从事球状阀体全焊接结构的研究和开发工作，并且卓有成效和创新，可以以 TIX 公司产品作为代表来说明日本管线球阀的发展（图 3-25），其产品特征如下：

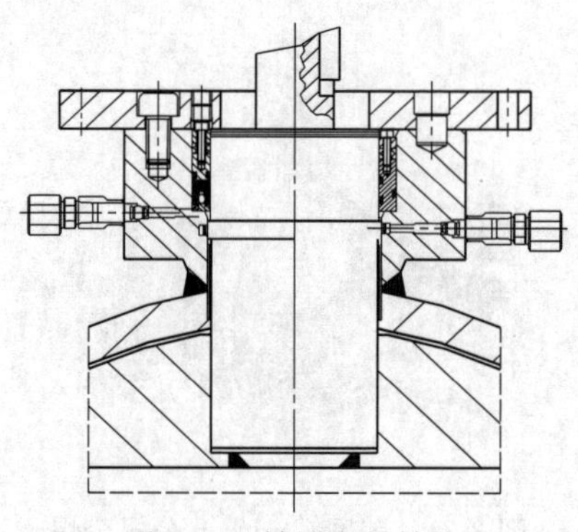

图 3-24 轴端密封结构

① 阀体由对称的两个左、右锻造半球体组成，焊缝在中间，采用 TIG 焊，轴颈的填料箱体与阀体球壳焊接是一纵向焊缝，不同于德国的 Borsig 公司的横向焊缝，焊缝处的应力状态更为合理；

② 上、下轴颈填料箱体与球体之间增加一道密封，旨在防止固体颗粒进入驱动轴系统；

③ 驱动轴与球体采用一个圆柱销作为驱动轴的键，来传递转矩；

④ 组合密封座的密封环采用 PTFE 或尼龙，并

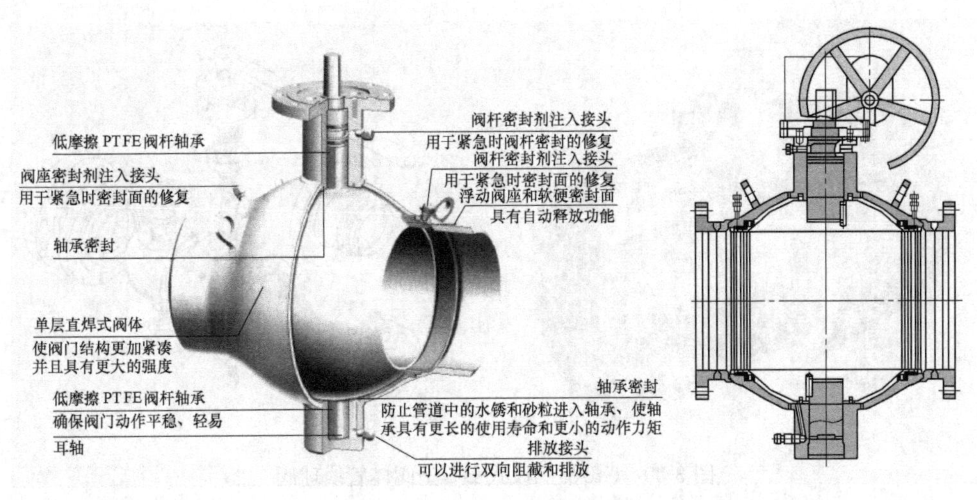

图 3-25　日本 TIX 管线球阀

用一个可动内环来固定（图 3-26）。

日本的产品（包括 KITZ 和 Tubota）都经过严格的形式试验，这些试验除了耐压强度、气密性和动作试验之外尚有砂粒磨损试验，异物嵌入试验，吹风试验，外载荷弯曲，拉伸、压缩试验，密封脂紧急注射泄漏量测定试验，长期介质浸渍试验，配管焊接时温度分布的测定等。例如，久保田铁工（株），Kubaba 公司对于一个 Class150，NPS8 的阀门，提供弯曲试验时，在不同内压和不同外部弯曲载荷下的扭矩变化曲线（图 3-27）。产品在外载荷条件下，阀门的操作力矩没有发生突变，开关是安全的。

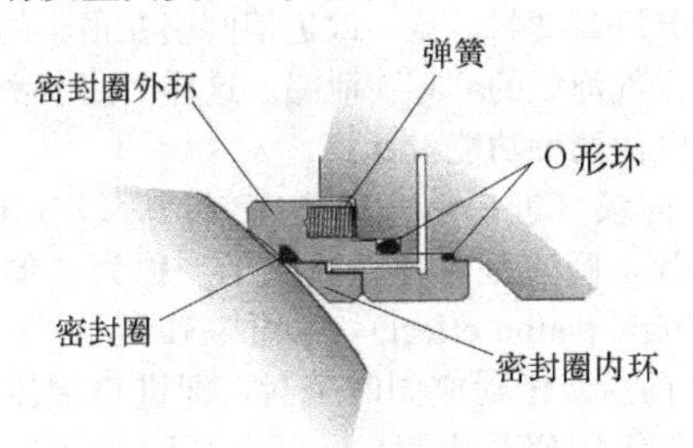

图 3-26　TIX 组合密封座

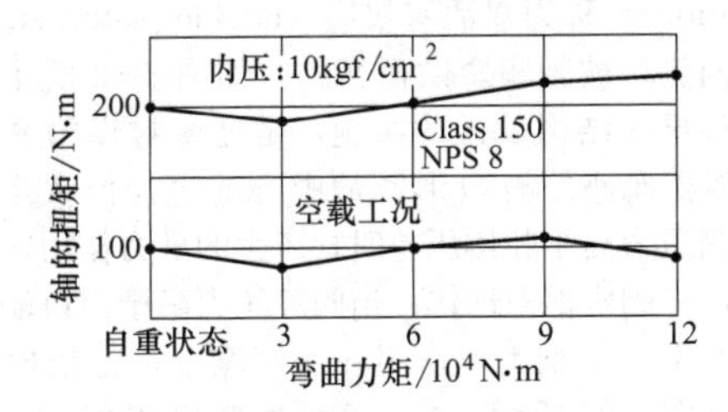

图 3-27　外部弯曲载荷下的扭矩变化曲线

（4）俄罗斯公司全焊接球状管线球阀

俄罗斯 Tyazhpromarmatuva 公司亦是一家生产全焊接球形阀体管线球阀的工厂，其产品的外貌如图 3-28 所示。

图 3-28　俄罗斯 Tyazhpromarmatuva 管线球阀

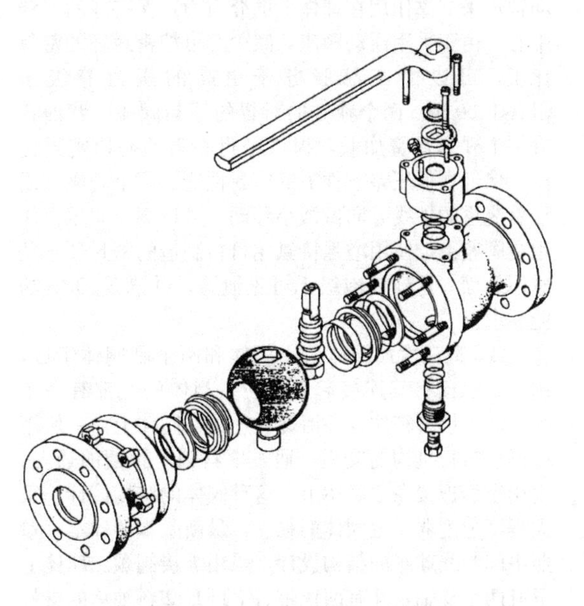

图 3-29　Grove 两段式阀体管线球阀

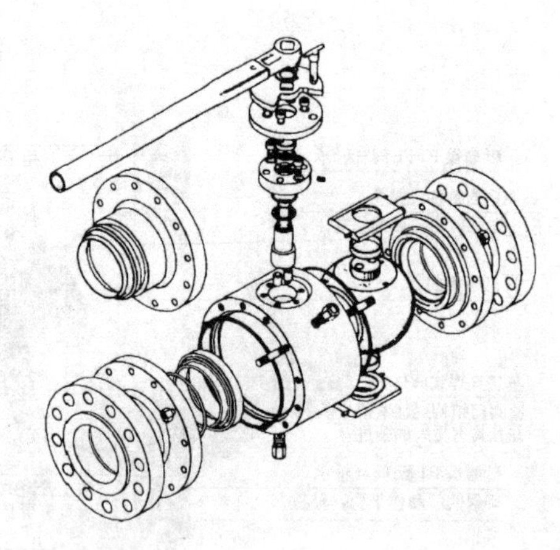

图 3-30 Grove 三段式 B-5 型阀体管线球阀

(5) 意大利 Grove 公司筒状阀体管线球阀

在石油、天然气长输管线的集输与分输站，以及天然气加工工业中需要分体式阀体的管线球阀。意大利 Grove 公司最早发展了这一产品。按结构可以分为两段式（two pieces）和三段式（three pieces）阀体结构，如图 3-29 和图 3-30 所示。

B-4 型两段式阀体主要是用在 NPS 4 以下，压力等级 Class150～1500 级。固定球结构，浮动阀座，前级进口侧密封，后级出口侧阀腔压力超压泄放，球体表面镜面抛光，驱动轴与阀体接触处有一减摩的推力垫，以降低启闭转矩。轴颈处两道 O 形橡胶密封，有一个外部的限位机构来限定阀门的“开”和“关”位置，有一个外部执行器的连接平台可供蜗轮箱或其他动力装置的安装。这种固定球的结构，在球体上有两个轴孔，两个固定轴精确地插入球孔中，有一对滑动轴承来支撑作用在球体上的介质力，保持球的回转中心。由于采用浮动阀座，减少并可控密封环的密封比压，可以使产品服务于更高的压力等级至 Class1500 级。两个独立的对置的浮动阀座，背面各有一个碟形弹簧加载，提供密封必需的初始密封比压，保证在低压差条件下的密封性能。两个阀座可以沿着流道的轴线方向做微小移动。进口端介质压力作用在阀座上，使用增强特氟龙材料制造的密封环紧贴球体表面，达到气泡级无可见泄漏，并满足 DBB 功能要求。

B-5 型三段式阀体由主阀体和两个副阀体组成，用一组螺栓将其连接起来，在主阀体的上部有一个孔，插入填料箱体，并由螺栓连接在阀体上，一块用以连接执行机构的支板，通过填料箱上预留的通孔，也用螺栓连接在主阀体上。这种阀体的结构设计，很大程度上削弱了主阀体的强度，最新版本的样本，参照中国管线球阀的结构设计，采用焊接阀颈。球体上下有两个支轴，并有两块带有 PTFE 塑料轴承的支板支撑，使轴回转中心不变。两块支板则夹持在左右副阀体的中间，这样主阀体、副阀体，支板形成一个封闭的尺寸链，其间隙的控制，根据制造厂的经验，既不能使固定球的回转中心偏移，又不能使支撑板受过度的压缩，发生应变而影响球的驱动。驱动轴插入球体轴颈内，有一对高硬度、高强度的销子来传递转矩，使球体转动。由于介质的力全部作用在支撑板上，驱动轴不承受任何的侧向力，只承受纯的扭转应力，从而具有低的操作力矩和长的使用寿命。轴的密封有上下两道橡胶 O 形圈。上部的 O 形圈可以在带压情况下在线维修；下部 O 形圈如果阀门处于关闭位置，把腔体中压力放至大气后，也可以更换。

密封座采用高硬度氟橡胶 O 形圈作为密封材料来替代 PTFE 塑料。这一改进使阀座在很小的压差下即可获得气泡级的“零”泄漏。这样，两个密封座的设计可以由两种功能设计。

① 前级（进口端）阀座密封，后级（出口端）阀座排放，阀座是单向截止型的，称为“单活塞效应”(single piston effect)，如图 3-31 所示。

② 前后级密封座同时密封，即进口端压力高于阀腔，前级阀座是密封的；阀腔压力高于出口端压力，后级阀座也是密封的；阀腔与进出口是隔离的(isolation)，称为双活塞效应（double piston effect)，球的两侧均被阀座紧贴而密封，如图 3-32 所示。仔细考察这一结构设计的实施，是把密封点的密封直径，置于阀座外侧 O 形圈的中心的直径位置上，当进口侧压力高于腔体压差时，产生的推力作用在前阀座上，将阀座推向球体；当阀腔压力高于出口端压力时，产生一个推力，作用在后阀座上，也是推向球体，如图 3-32 所示。这一双活塞效应在商业上大大地被宣扬，赢得客户的满意。而且，同时满足 DBB 功能的要求。至于就一个单独的密封座而言，也是一个组合的密封座功能，即金属对金属的初级密封，橡胶弹性体对金属次级主密封，以及在紧急情况下密封脂注射的紧急密封，同球形全焊接管线球阀组合密封

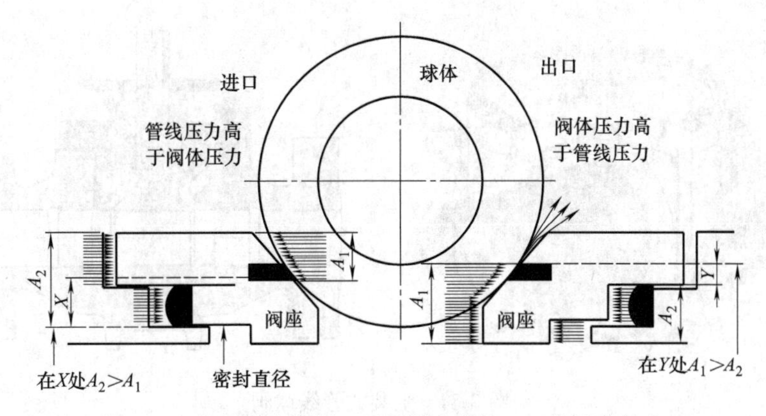

图 3-31 前级阀座密封，后级阀座排放——单活塞效应

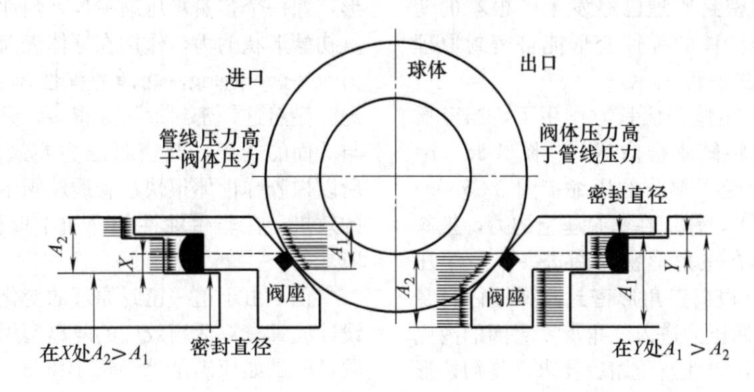

图 3-32 阀座双活塞效应设计——双重密封功能

座设计的概念一样。

另外，同样由于采用弹性体橡胶密封的原因，背部加载的弹簧力，很容易使阀座在很低压差条件下，并可获得可靠的密封。

由于球体上的轴颈被很好地固定在球体的回转中心，而且采用低摩擦因数的PTFE塑料轴承，从而获得低的操作力矩。

主阀体与副阀体之间的防火结构，驱动轴处的防火结构如图3-33所示，是一个石墨垫。防静电结构和轴防吹出结构，如图3-33所示。

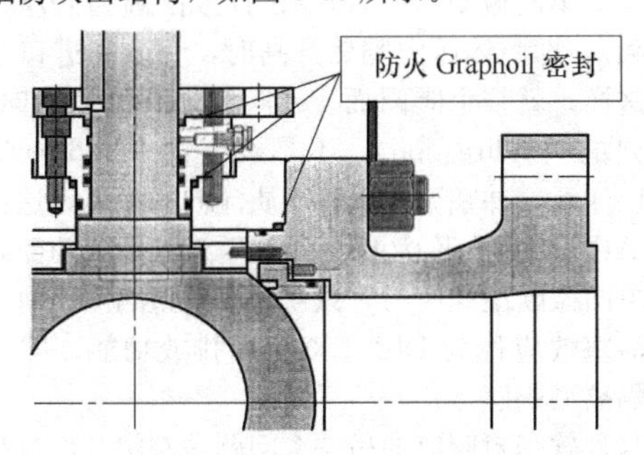

图 3-33 防火和轴防吹出结构

为了与全焊接阀体球状结构相竞争，在这一分体式筒状阀体的基础上，将阀体连接螺栓代之以环向焊缝，就变为一只全焊接筒形阀体管线球阀，它的内部零件球体、阀座、轴都是和分体式筒状阀体管线球阀通用的。这样，在管线球阀的发展中形成两大流派，一派是球状全焊接阀体管线球，如美国Cameron，德国Bosig和Schuck，日本TIX和Tubota。另一派是筒状阀体管线球阀，有全焊接阀体和分体式阀体两种形式。除了意大利Grove公司之外，尚有Parer，Nuovo Pignone，美国Velan，捷克MSA等，结构几乎类同，仅在驱动轴与球体相连接部分，有的采用扁身，有采用方身来传递转矩，筒状阀体管线球阀的通径为NPS 2～60，压力等级为Class150～2500。

在管道工业中，某些场合需要可以在线维修的上装式管线球阀，它的结构如图3-34所示。一个铸造的整体阀体，中间一个带有两个轴颈的球体，下轴颈与阀体相配合，中间有一个塑料减摩滑动轴承支撑，上轴颈与阀门顶部端盖相配合，中间亦有一个塑料滑动轴承，这样将球体固定在回转中心上，驱动轴与球体通过一个扁身来传递转矩，阀座的结构类同于分体式管线球阀阀座，主要是需要考虑装配时和在线维修时能向水平方向两侧移动，以便球体在开启位置时，从阀座中取出或者装入。上装式管线球阀的通径为NPS 2～40，压力等级为Class150～2500级。

3.4.3 弹性变形能密封原理与密封座结构模块化

如果次级主密封采用弹性体橡胶，无论是圆形截面

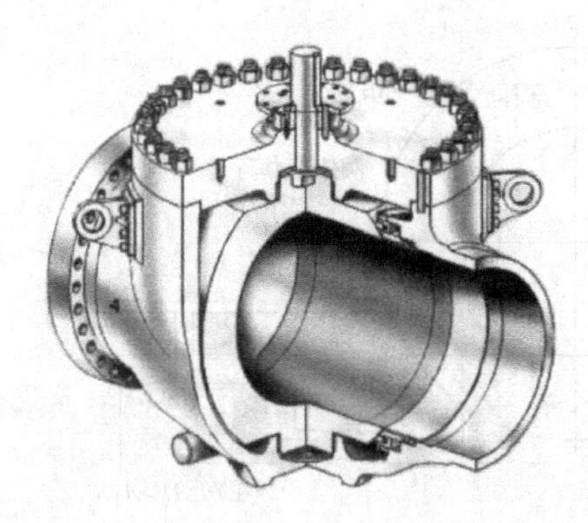

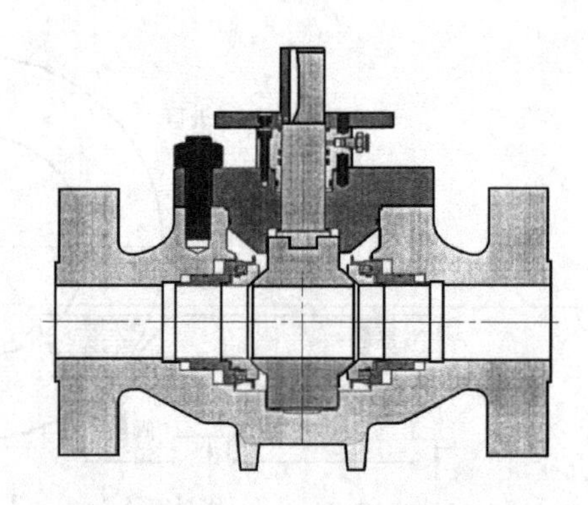

图 3-34 上装式管线球阀

或三角形截面，它的密封原理已经发生了根本的变化，这一原理称为弹性体的弹性变形能自密封原理(self-energying)，如图 3-35 所示。

图 3-35（a）中，在弹簧预紧力作用下，当介质压力为零时，弹簧力将阀座推向球体；图 3-35（b）中，三角形橡胶圈承受了部分的压缩；图 3-35（c）中，在介质压力作用下，作用在密封座上的力，把阀座进一步推向球体，在三角形密封圈进一步产生压缩；图 3-35（d）中，根据三角形密封圈弹性体自身变形能密封原理，介质压力进入三角形密封圈的内侧压迫弹性体产生变形，弹性被压缩后要求恢复初始形状的力，作用在球面上，获得可靠的密封效果。

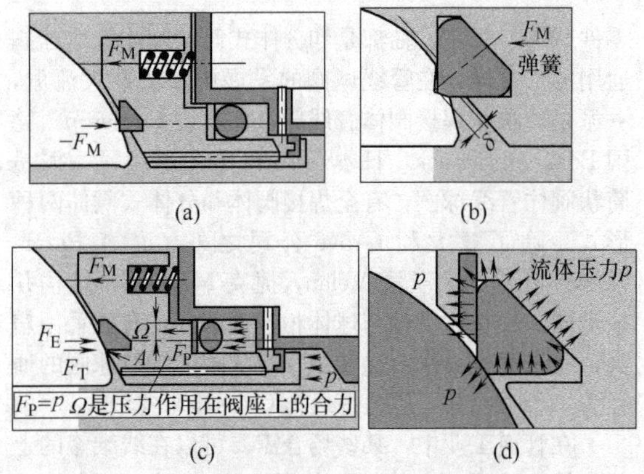

图 3-35 弹性体的弹性变形能自密封原理

先考察如果用高分子材料，如 PTFE 作为次级主密封的密封环材料，那么在由于压差引起的介质力作用在阀座上，推动阀座与球体接触，高分子材料上的接触应力，使密封环发生宏观变形，达到密封效果。这个力所产生的接触应力，称之为比压 q，必须大于密封的必需比压 q_b，这一个动态过程，高分子材料不是一个弹性体，在介质压力下发生局部的弹塑性变形。

如果用弹性体橡胶作为密封环的材料，密封的机理发生了变化，作用在阀座上的介质力只是把阀座推向球体，这个力不需要很大，而真正密封的力是介质进入到弹性体凹槽的一侧，压迫弹性体发生弹性变形，像一个弹簧被压缩一样，弹性体通过自身要求恢复初始形状的力，作用在球体表面，这一密封原理称为 self-energying，翻译为弹性体自身变形能密封原理。显然这一密封效果好得多，只要合理地选择凹槽与球面的间隙，其密封压力差最高可达到 320 bar。所以橡胶弹性体很快在管线球阀中获应用，取得很好的效果。在非耐蚀性的介质中取代高分子材料 PTFE。

正是由于这一密封原理的变化，才有可能将阀座设计成具有双活塞效应的隔离型阀座。但带来一个问题，就是如何满足 ASME B16.34 关于腔体压力泄放的规定。在 API 6D 标准中有相应的规定，就是另外设置一个压力泄放装置，当腔体压力超过额定压力 1.33 倍时，泄放装置应自动打开。发生这种情况的可能性只有液态介质被夹持在腔体内，而且当环境温度或者使用工况的温度发生变化时，有可能使被夹持在阀腔中的液态介质发生相变，而导致压力骤然升高时才有可能发生。因此，供方需要提醒，需方需确认，在合同中明确是否需要设置泄放装置。

有的时候，需方要求阀门具有“双活塞效应”，即进口和出口阀座同时具有密封功能，而又不希望设置安全泄放装置，这样可以将进口端阀座设计成截断型阀座（单向截断），出口端设计成隔离型阀座（双向隔离），即腔体压力骤然升高时，介质向进口端排放。这样，就整个阀门而言，阀门是有流动方向的，是单向的（indirection），不是双向的（bi-direction）应予以注意，并在壳体上有介质流向的标志。这种功能在 API 6D 中，称为 DIB-Ⅱ双隔离与排放功能，即一只单向截断型阀座与一只双向隔离型阀座。而通常的双活塞效应称为 DIB-Ⅰ双隔离排放功能，即两只双向隔离型阀座。

这种软密封阀座的另一个问题是阀门开启过程中流体通道喉部截面处的负压效应。无论是 Cameron 用 PTFE 或尼龙作密封环的组合密封结构，还是 Grove 以用弹性体橡胶作密封环的组合密封结构，在阀门的开启瞬间，在高压力差的情况下，都会发生负压效应，而积聚在密封环槽内的高压介质与通道介质产生压差，这一压差引起的力，足以使密封环从槽中吹出而损坏。

在开启瞬间，阀门的流通截面很像一个拉伐尔喷管的通道，在最小截面处（喉部），可能出现了声速流动，根据伯努利方程能量守恒原理，压力能变为动能，在喉部速度增加，压力降低，形成一个负压区。这种情况对于气体尤其危险，如出现声速流动时，负压区的压降可能达到0.77MPa，可能将密封环撕裂。

为了防止这一情况的发生，结构上采用两种方法，一是有效的固定，如金属阀座翻边，加压板固定，或过盈配合嵌入槽内。另一种方法是在密封环凹槽内，设置一组泄压的孔将凹槽内介质压力泄放至出口低压侧。这组小孔设置在阀门的水平位置，在15°角的区域内。它的效果是改变了作用在密封环上力的方向，保护密封材料不被损坏。

管线球阀的组合密封座发展至今，基本上已渐趋标准化，可以分为两种情况。

(1) 热塑性高分子材料

由热塑性高分子材料作为密封材料的组合密封座，其密封材料按不同工况（压力、温度和介质）给予选择，例如：

① 填充PTFE塑料适用于阀门Class150～600压力级；

② DELON适用于阀门Class150～2500压力级；

③ P.C.TFE适用于阀门Class150～1500压力级；

④ 尼龙NYLON与LAURAMID适用于阀门Class150～2500压力级；

⑤ PEEK适用于阀门Class150～2500压力级；

⑥ VESPEL（polyimide）适用于阀门Class150～2500压力级。

它们的结构与使用温度范围如图3-36所示。

(2) 橡胶弹性体

由橡胶弹性体作为密封材料的组合密封座，其密封材料的截面形状可以做成O形的或三角形的(deltaring)，橡胶的邵氏硬度为98，并牢固地被锁定在凹槽内，其适用范围的阀门压力级为Class150～900。最常用的橡胶材料：T49/TB Sh98（HNBR）；T58 sh98（FKM）全氟醚橡胶；T58/VED（FKM防爆型）防爆型全氟醚橡胶；T58/GLT sh989（FKM GLT）全氟醚橡胶。其适用的温度范围如图3-37所示。

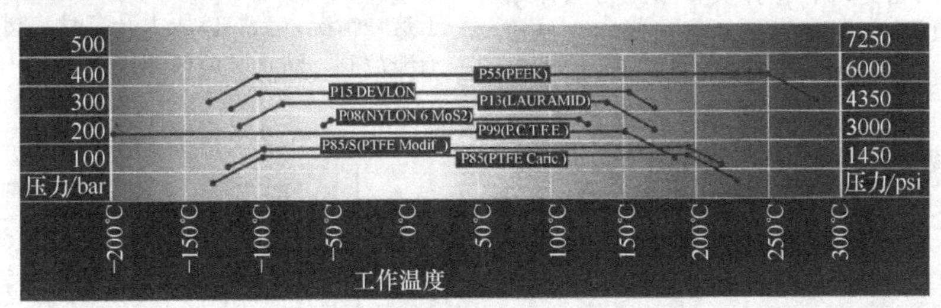

图3-36 热塑性材料的适用工作温度

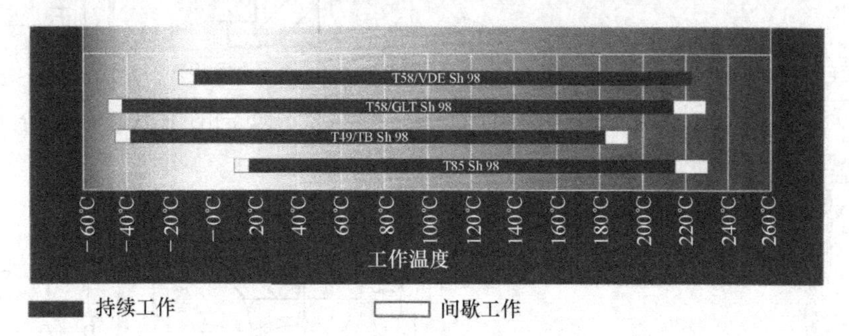

图3-37 橡胶材料的温度适用范围

3.4.4 管线球阀的结构特征与功能设计

管线球阀作为紧急切断阀，除了将流体切断之外，还有很多其他的功能需求，这些功能性的需求经过几十年的发展和改进，已具备较为统一的结构形式，这些结构形式和功能性设计是：固定球浮动阀座；组合密封功能的阀座；阀座单活塞效应设计——自排放功能；阀座双活塞效应设计——双重密封功能；双截止-排放（DBB）功能；双隔离-排放（DIB）功能；腔体压力安全泄放；失火安全（fire-safe）；防静电；阀杆与密封座紧急状态下密封脂注射；驱动轴的安全设计与阀杆延伸；阀门的限位。

(1) 固定球浮动阀座结构

所有管线球阀都是固定球浮动阀座（图3-38）的设计，球体绕球体的几何中心做开关90°角回转，保持回转中心不变，两个各自独立的浮动阀座，保证阀门在两个流体方向压差作用下的密封（bi-direction），浮动阀座在弹簧加载下，即使在低的压差情况下，仍使阀门获得可靠的密封。

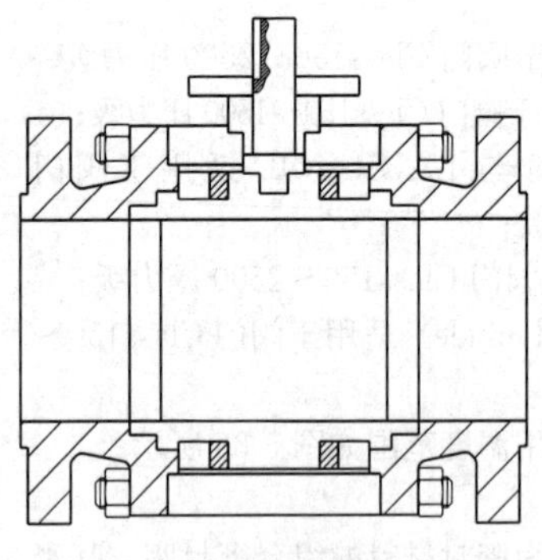
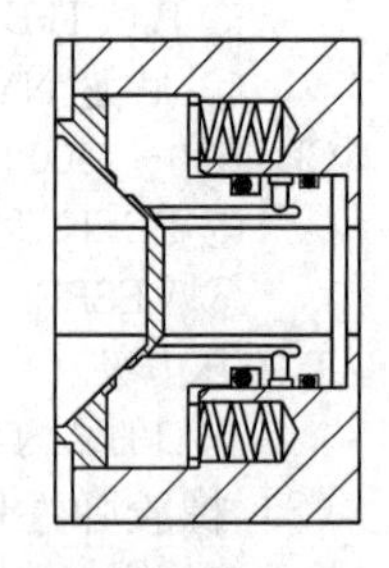
(a) 固定安装球体 (b) 浮动阀座圈

图 3-38 固定球浮动阀座

(2) 组合密封功能的阀座

由于长输管线输送的原油和天然气不可能是洁净的，管道需要定期清管，而又要求在 30 年的服役期内确保密封的可靠性，这样就设计一个组合密封座来满足这一功能要求。其结构如图 3-39 所示。它是由金属阀座、塑料密封环、背弹簧、阀座与阀体之间的橡胶密封环以及注脂喷嘴及其密封脂注入通道组成的，这一功能被描述为：金属阀座与球面金属对金属的硬密封，防止固体颗粒落入次级软密封；塑料或橡胶的软密封，满足 30 年服役期密封可靠性要求；紧急情况下，例如软密封或球面出现划痕，通过注脂喷嘴注入密封脂，满足紧急状态下临时密封的需要。

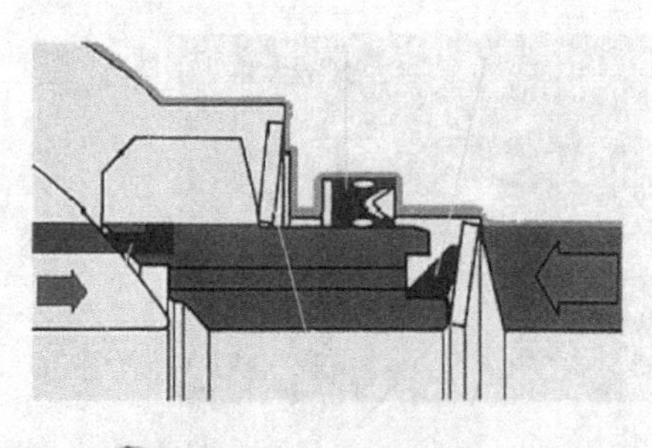
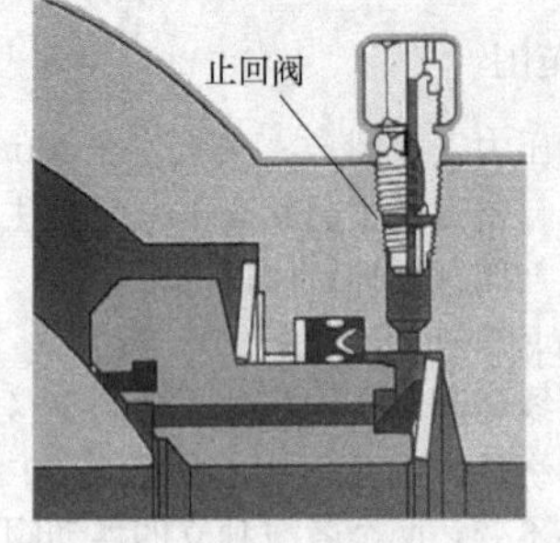

图 3-39 组合密封阀座结构

(3) 阀座单活塞效应设计——自排放功能

作为一种样本设计，阀座设计具有自泄放功能，并称之为“单活塞效应”(single piston effect) 设计。这是一种截止型的阀座设计。对于这种情况，当进口端管道压力高于腔体压力时，作用在阀座上的介质作用力，其合力是将阀座推向球体，如图 3-40 所示：$A-C>B-C$。腔体压力高于出口端管道压力，作用在阀座上的介质力，其合力是将阀座推离球体，如图 3-40 所示：$D-E>D-F$。这一种功能性设计最终截止了上游端介质流动，而腔体压力大于出口端管线的压力时，并能克服下游端阀座的弹簧力，可自动泄放(self-relieving) 至出口端管道，这一功能称之为腔体压力异常升高时的自泄放功能。

(4) 阀座双活塞效应设计——双重密封功能

如果客户需要，阀座可以被设计成双活塞效应(double piston effect)，这种设计不管管线压力高于腔体压力，或者腔体压力高于管道压力，均使介质对阀座产生的力使阀座推向球体，如图 3-41 所示：$A-C>B-C$ 和 $D-E>D-F$。即阀座不管两端压差如何，均能隔断阀门两端的介质流动，是一种隔离型阀座设计，对整个阀门而言，具有双重密封的效果，对于这一情况，当腔体压力升高时，阀体应具有外部压力泄放阀，防止其腔体超压。

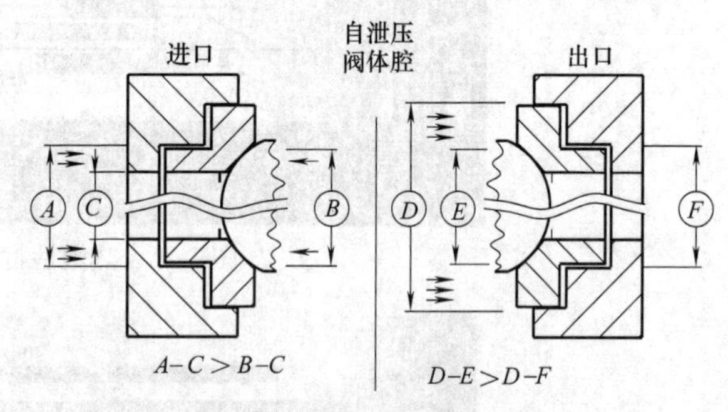

图 3-40 腔体压力自泄放阀座

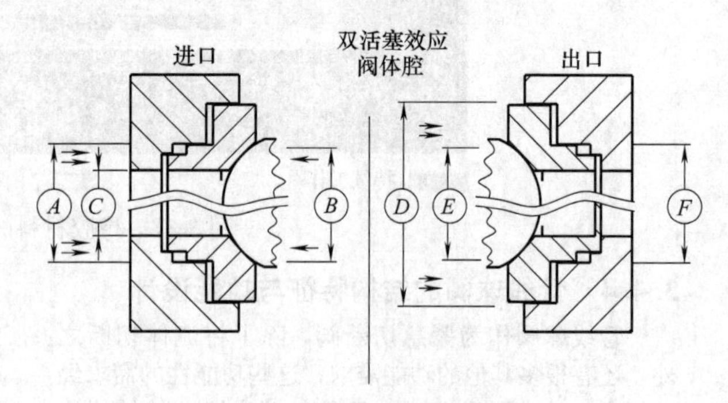

图 3-41 双活塞效应阀座

(5) 双截止排放 (DBB) 功能和双隔离排放 (DIB) 功能

双截止-排放与双隔离-排放的功能是指对于一个

具有两个密封座的阀门，无论阀门处于开启状态或者关闭状态，腔体中充满压力，如底部的排污阀需要排放，进口端和出口端的阀座应该切断进口和出口的流体，以保证排放时的安全。如果设计的阀座是单向的，截止型阀座就是“双截止-排放”功能，英文名称为 double brock and bleed，简称 DBB 功能。如果设计的阀座是隔离型阀座，即流体被隔离型阀座离隔，既不能从上下游流入腔体，也不能从腔体流向上下游，对于这一隔离型阀座的设计，这一功能称为“双隔离排放”（double isolating and bleed），简称 DIB 功能，如图 3-42 所示，这一功能是保证操作工人打开底部排污阀排放时操作的安全。

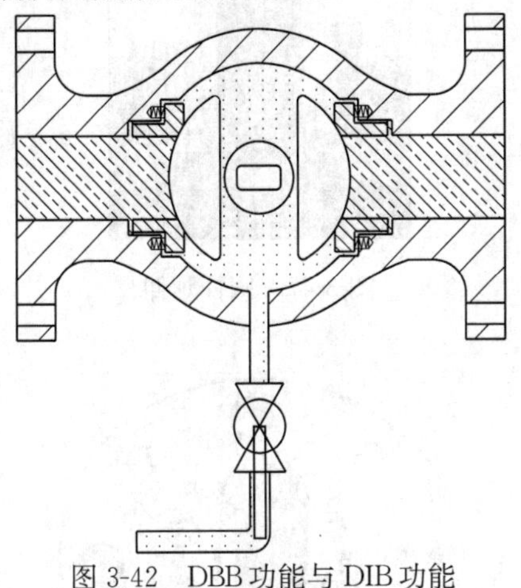

图 3-42 DBB 功能与 DIB 功能

（6）腔体压力安全泄放

对于一个有两个密封座的阀门，腔体中可能有介质积聚，如果这种介质随温度升高而膨胀或相变，从而可能引起腔体压力升高，那么对于上下游阀座设计成隔离型阀座的，就是腔体压力不可能自身泄放至上下游管道的，应设置一个安全阀来泄放腔体内异常升高的压力，以保证压力边界的完整。如图 3-43 所示，安全泄放阀的泄放压力不超过最高工作温度其压力额定值的 1.33 倍。

（7）失火安全

fire-safe 一词的翻译为“失火安全”，并非“防火”。其意义是要求阀门在遇到火灾时是安全的。安全是指其内，外泄漏量不超过 API 607 所规定允许值，在结构上为保证这一安全，在四个泄漏点上就有失火安全的设计。阀座的锥面与球面之间，一旦软密封被烧毁应使锥面和球面金属对金属接触；阀座与阀体之间，除橡胶 O 形圈软密封之外，应有一个石墨密封圈；主副阀体之间，除橡胶 O 形圈之外，应设置一个金属缠绕式垫片或者石墨垫；轴的填料处，应设置一个石墨密封环，这就是管线球阀的失火安全结构。

（8）防静电结构设计

防静电结构是指具有两个非金属材料制造的密封座的球阀，球体转动可能产生静电的集聚，应及时与阀体导通。其方法是在轴的头部有一小孔，内置一个弹簧和钢球，使其与球体相接触，在轴杆的径向部位也有一小孔，内置一个弹簧和钢球，使其与填料函内壁相接触，这样球体上可能产生的静电导入阀体，而阀是接地的，如图 3-44 所示。

（9）阀杆的密封

阀体与球是分离的，球轴上作用着介质的推力，在轴肩处置一个平面轴承，由于介质作用在球上的力已被分离，作用在支承板上，轴只承受单一的转矩，轴上无侧向力的作用，提高轴颈处密封的可靠性，采用二级 O 形圈和石墨环密封结构（图 3-45）。

（10）紧急情况下阀杆与阀座密封脂的注入

当发现阀杆填料泄漏时，在填料箱侧面设置一个密封脂的注入接头，供密封脂注入来消除阀杆处的泄漏，结构如图 3-46 所示。

（11）传动链的安全与开关位置限位

按照 API 6D 规定，传动链设计强度应按设计转矩或者实际测定同规格阀门转矩的 2 倍。而且传动链最取薄弱的截面应在阀门的压力边界外面，阀门的开与关的位置应精确地限定。对于直埋地下的阀门，阀杆应被接长。图 3-47 所示是 Velan 公司的传动链——加长阀杆的设计，阀门的开关位置通过阀杆的键在外部连接板 90°弧形凹槽中限定（图 3-48）。

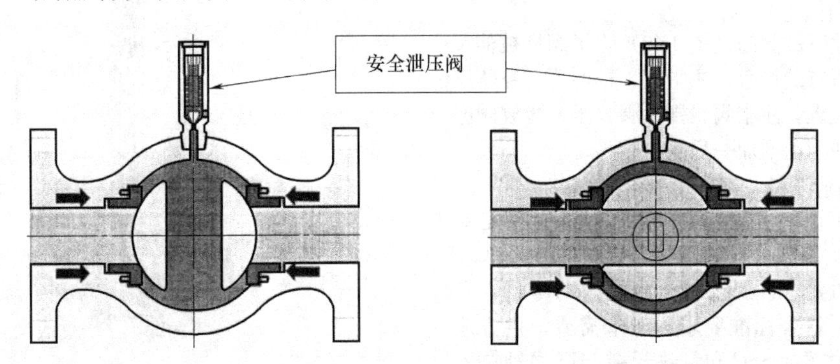

图 3-43 腔体压力安全泄放

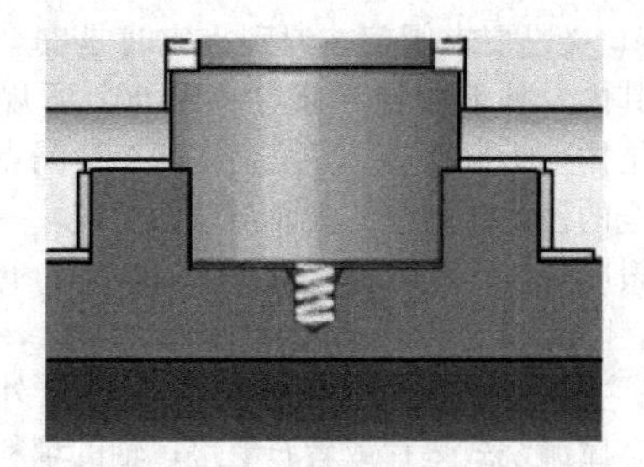
图 3-44 防静电结构

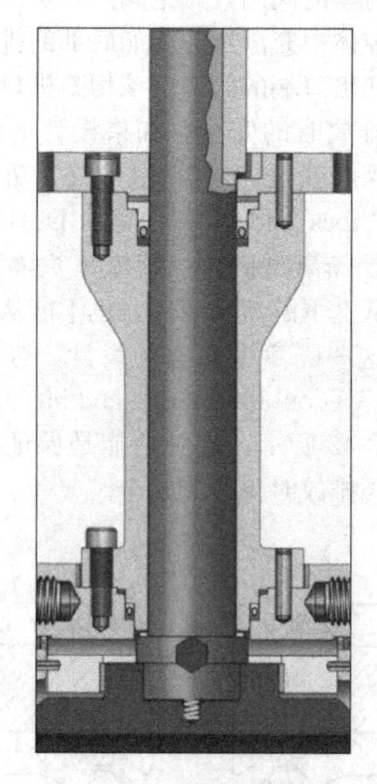
图 3-47 阀杆延伸

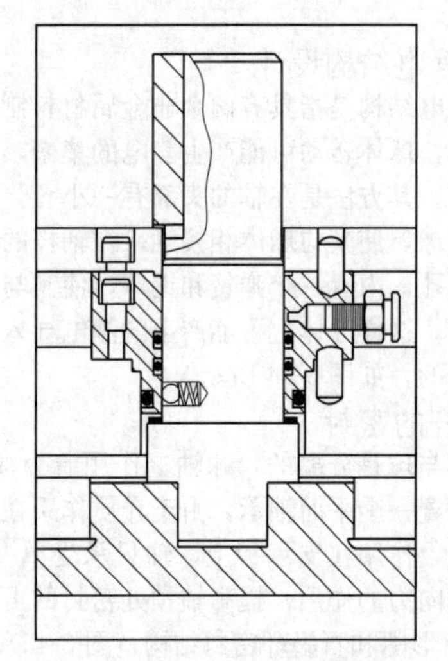
图 3-45 轴的密封

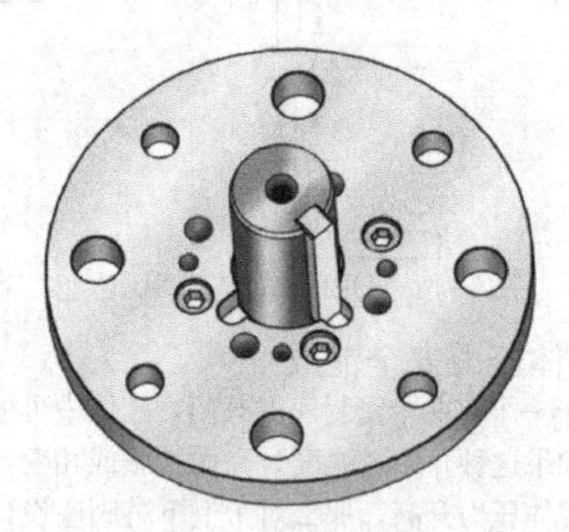
图 3-48 阀杆限位

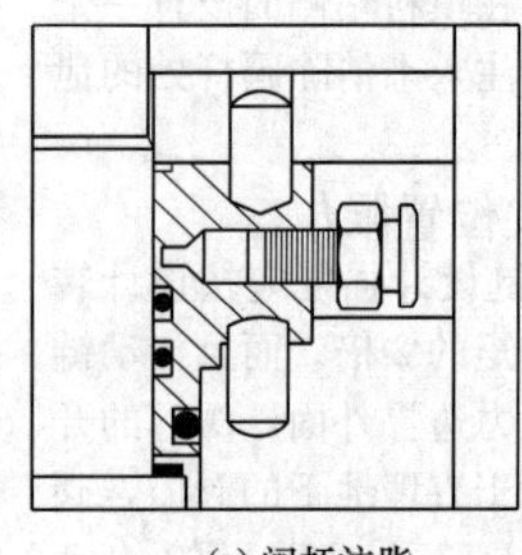
(a) 阀杆注脂

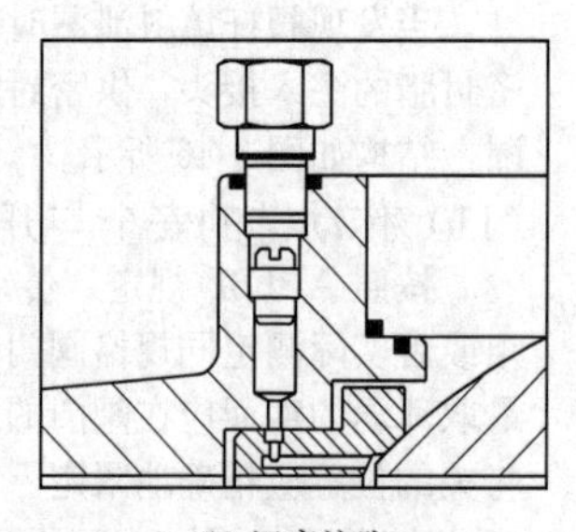
(b) 阀座注脂

图 3-46 紧急情况下阀杆与阀座密封脂的注入

(12) 直埋地下

对于直埋地下的阀门（图 3-49）除了阀杆被伸长到地表之外，所有的接管：注脂管、排污管、腔体压力泄放并引至地表，注脂阀、排污阀、压力泄放阀亦置于地表，并在阀前增加一只隔离阀。

(13) 硫化工况设计

对于硫化工况，可能产生应力腐蚀，特别是对于湿的硫化氢，这种材料的选用与制造满足 NACE MR0175 标准的要求，工艺与介质接触的零件，做材料硬度试验，符合标准要求。如果需要，供方应提供硫化物应力腐蚀 SSC 和氢致开裂 HIC 腐蚀试验报告。

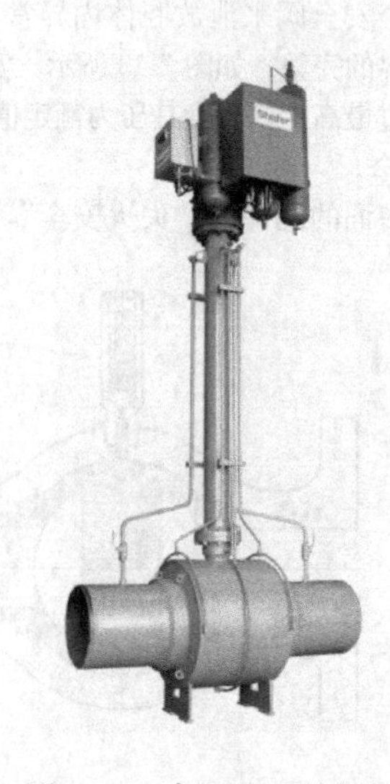
图 3-49 直埋地下的阀门

图 3-50 国产管线球阀在新疆涩宁兰复线上服役

3.4.5 国内管线球阀的发展

图 3-50 所示为在新疆涩宁兰复线上服役的全焊接管线球阀。和管道工业一样，2000 年中国全焊接阀体管线球阀落后于国外近半个世纪。然而，中国开发这一全焊接产品可以充分运用现代设计技术与现代制造技术，起步晚而起点高。整个开发过程一方面应用反求工程，消化吸收国外各个阀门公司之所长，综合为我所用；另一方面运用现代数值分析方法来解决产品设计和焊接工艺上的技术问题，运用现代断裂力学理论解决大厚度窄间隙埋弧焊焊缝免焊后热处理的技术难点。因此，中国全焊接阀体管线球阀在下列几个方面取得国际领先。

(1) 阀体强度的应力分析

最早采用 ASME Ⅷ锅炉压力容器第一、第二分册分析法，通过有限元分析，计算在外载荷与内压复合作用下阀体的应力强度。提出筒式阀体在阀颈处存在应力集中，建议采用焊接阀颈结构。已被国内外主要阀门公司认可和采用。图 3-51 为外载荷与内压复合作用下阀体的应力强度云图。

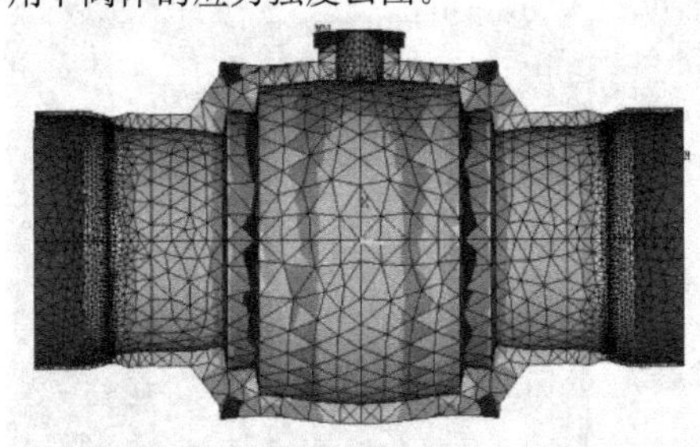

图 3-51 外载荷与内压复合作用下阀体应力的强度云图

(2) 低残余应力焊接工艺参数的优化

用数值分析方法对焊接过程温度场、应力场进行预测和控制，采用“固有应变法”对阀体焊接变形进行预测和控制，并与实际测定的温度场、残余应力和变形相比较，从而优化焊接工艺参数在较低的残余应力水平上。

(3) 焊缝免焊后热处理（PWHT）的安全评估

根据 API 6D 与 ASME 标准的相关规定，大于 38mm 以上厚度的焊缝必须进行热处理，而产品中有橡胶弹性体，不能进行热处理，国外的阀门公司无一对此做出科学的解析和安全评估。国内首先应用断裂力学理论，按照英国 BS 7448 第二部分《断裂韧性试验》的方法，采用美国 API 1104 附录 A《管道焊接与相关设施》的评定与验收标准，并参考挪威船级社 DNV 在工程验收评估中的标准，对全焊接阀体焊缝试样做全厚度断裂韧性 CTOD 试验以及残余应力测定，根据其结果来做出免焊后热处理的安全评估。图 3-52 所示为 MTS 809 测试机，进行全厚度断裂韧性 CTOD 试验及试验样品。

2008 年西气东输二线工程的启动，从新疆至上海，至广州全长 8800km，选用管线直径 *DN*1200（NPS 48），输送压力 12MPa，这样就需要 Class 900，*DN*1200（NPS 48）全焊接阀体管线球阀。这种高压大口径全焊接管线球阀，在全世界服役的仅 13 台。二线工程的主干线上，48in，Class 600 以上的紧急切断阀亦全部从国外进口，32in 以下在国内采购。同时，在国家能源局的主持下，中石油与上海耐莱斯·詹姆斯伯雷阀门有限公司，成都高中压阀门有限公司和五洲阀门厂签订 10 台 Class600，Class900 磅级，口径 *DN*1000，*DN*1200 大口径高压全焊接阀体管线

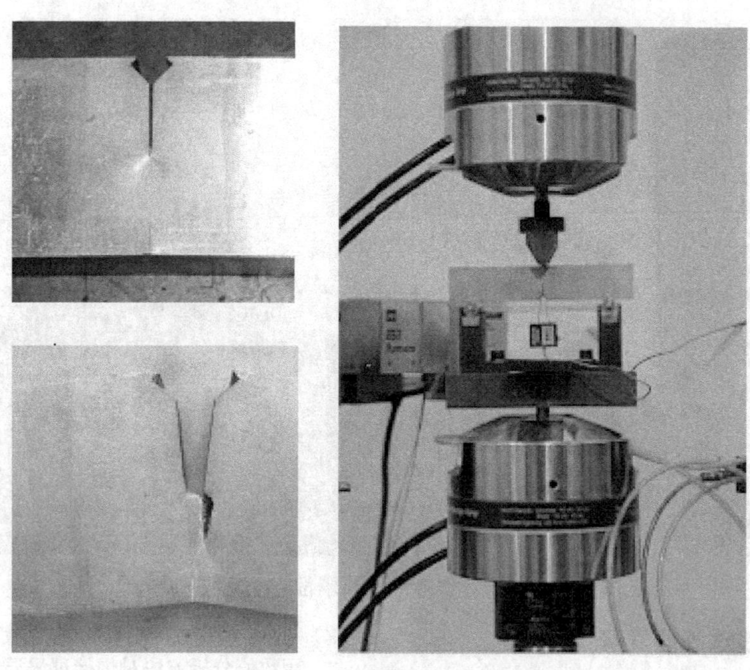

图 3-52 MTS 809 测试机全厚度断裂韧性 CTOD 试验及试验样品

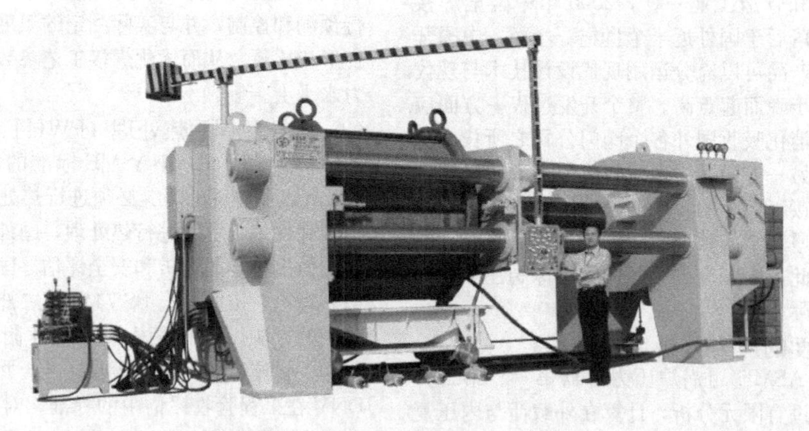

图 3-53 3200t 液压密封试验设备

（上海增欣机电设备制造有限公司提供）

球阀的技术开发合同。各有关厂积极扩充装备能力，如大型车磨一体化球体加工中心，3200t 大型液压设备，大型卧式、立式加工中心。具备了批量生产大口径高压全焊接阀体管线球阀的能力。在六个月的生产周期内完成了 30 台试制任务并于 2011 年通过工业性运行试验，产品已在西气东输二线服役。图 3-53 所示是上海增欣机电设备制造有限公司研究成功的 3200t 液压试验设备。图 3-54 所示是进口车磨一体化球体加工中心。

至此，中国已完成高压大口径管线球阀的国产化工作，可以为国内外提供压力等级 Class 150～2500 磅级，通径 2～60in 球状或筒状全焊接阀体或分体式阀体的管线球阀。图 3-55 所示是上海耐莱斯·詹姆斯伯雷有限公司生产的 Class 900，48in 高压大口径管线球阀。

图 3-54 进口车磨一体化球体加工中心

（上海耐莱斯·詹姆斯伯雷阀门有限公司提供）

图3-55　国产Class 900，48in高压大口径管线球阀
（上海耐莱斯·詹姆斯伯雷阀门有限公司提供）

3.4.6　阀门的检查与试验

与管线球阀相关的检查与试验标准有API 6D《管线球阀》，等同于ISO 14313：2007《石油和天然气工艺—管道输送系统—管道阀门球阀》，以及BS EN14141—2003《天然气传输管线用阀门的性能和试验》。综合上述标准，可供实施和参考的检查与试验如下。

（1）设计完整性检查

① 壳体的设计应满足ASME Ⅷ锅炉压力容器第一卷或第二卷的要求，或满足ASME B16.34，EN 12516-1和EN 12516-2的要求。球状或筒状焊接阀体应满足可接受的压力容器规范要求。制造商应有阀门设计的验证证明，可供评估和审查。

② 检查面对面的尺寸，符合API 6D表4的要求。

③ 焊接端端部的设计应满足ASME B16.25和ASME B16.34的规定。检查图纸与产品实际尺寸。焊接端应有足够的长度，不致在焊接时损坏阀门零件，制造商应规定最大可接受的焊接温度，如无法实现在征得买方同意下可以采用过渡段加长。

④ 阀杆防吹出设计的图纸检查。

⑤ 密封剂注入系统的检查，对图纸检查在注入点应有止回阀。注射系统的孔在阀座周围分布均匀，用密封剂注射试验注入量分布均匀，可在50%工作压差下检查分布情况，应在密封表面形成一个连续的环（可选）。

⑥ 排污管，放空管与密封脂注入管加长段的检查。

a. 加长管应用1.5倍额定压力进行静压水压试验。所有连接件不允许泄漏。

b. 加长的管线和接头应设计成可以承受密封剂注射设备的最大操作压力。

c. 排污阀与安全泄压阀应有一个隔离阀，与阀体的连接是焊接，与接管的连接是焊接。

d. 小于或等于*DN*150的阀门，排放管直径*DN*15；大于或等于*DN* 200阀门，排放阀直径*DN*25。

e. 密封剂注射管应焊接至阀体上，在与阀体连接端有一个止回阀，并应有一个隔离阀。

f. 末端的管径外径为22mm，管线内壁应清洁。

⑥ 传动链试验，其扭矩应是操作扭矩的两倍。做阀杆扭矩的强度试验（指导性型式试验）是为证明传动链的完整性，试验按照API 6D附录B.7进行。在关闭件密闭的情况下，施加两倍实际测得的扭矩，至少保持1min，传动系统应无可视的永久变形，加长杆的传动链其角位移偏转不得超过关闭件（球体）的有效密封角。

（2）操作灵活性检查

① 手动阀门的扳手可以是整体结构，亦可以由一个装在阀杆上的驱动头与驱动杆组成。手轮或扳手（驱动杆）长度，其所需的最大力不应超过360N。扳手长度不应超过阀门结构长度的两倍。手轮直径不得超过阀门的结构长度并小于1000mm。应按上述规定检查每一规格的产品尺寸。

② 扭矩测试。应测量并记录实测扭矩值。测得的扭矩值不得超过扭矩计算的许可值。

（3）材料的检查

① 相容性检查　与天然气相接触的所有金属和非金属、辅助材料、润滑材料和密封剂应与实际运行工况的介质相兼容，避免擦伤和磨蚀。对于*PN*100（Class 600级）以上使用的非金属弹性体橡胶应具有抗内爆（抗瞬间爆炸性减压）的能力。

② 壳体材料的选择　应符合ASME B16.34，ISO 14313，EN 1503-1，EN 1503-2的规定用钢，未规定的钢的采用要有相应机关的认证通过。锻件应进行热加工和热处理。

③ 化学成分的限制　阀体、阀盖等承压零件的化学成分应符合相关的材料标准，除非另有规范规定，焊接端阀体或阀盖材料化学成分应符合API 6D的规定要求，碳的质量含量不超过0.23%、硫的质量含量不超过0.035%、磷的质量含量不超过0.035%和碳当量（C_E）不超过0.43%。碳当量的计算公式为

$$C_E=\%C+\frac{\%Mn}{6}+\frac{\%Cr+\%Mo+\%V}{5}+\frac{Ni+\%Cu}{15}$$

其他部件材料的化学成分按相关材料标准，本体采样。对于免焊后热处理的焊缝母体材料的冶炼、化学成分及力学性能制造厂应有企业标准，另行规定。奥氏体不锈钢焊接端碳含量不应大于0.03%。

④ 韧性要求　阀门承压零件材料为碳钢、合金钢、不锈钢，其韧性要求应符合材料标准的要求。

规定设计温度低于−29℃的所有碳钢、合金钢和非奥氏体不锈钢承压件，应按 ISO 148-1 或 ASTM A370 进行 V 形缺口摆锤式冲击试验。试样应从同一冶炼炉号，同一热处理炉号的本体或单独试块材料中切取。冲击试验应按标准规定的最低温度下进行，至少做一次以三件试样为一组的冲击试验，其值满足表 3-6 的要求。

表 3-6　V 形缺口摆锤冲击的试验要求

规定的最小拉伸强度/MPa	三件试样的平均值/J	单件试样的最小值/J
≤586	20	16
586～689	27	21
＞689	34	26

⑤ 螺栓　应与规定的阀门使用工况和压力额定值相适应。硬度超过 34HRC 的碳钢、低合金钢螺栓材料，不能在可能发生氢脆的阀门上使用。

⑥ 硫化工况　承压零件及螺栓材料应符合 ISO 15156《石油和天然气工业含 H_2S 的油气产品环境使用材料》的要求。

⑦ 焊接　对承压部件的焊接和焊补应按程序进行，这些程序应根据 ISO 15607《金属材料焊接程序的规范和资质通则》，ISO 15609《金属材料焊接程序的规范和资质-焊接程序规范》，ISO 15614-1《金属材料焊接程序的规范和资质—焊接试验程序第一部分：钢的电焊和气焊以及镍和镍合金的电焊》或 ASME 第Ⅸ篇和 API 6D 第 9.2 节和 9.3 节的规定。

焊接工人应按 ISO 9606-1《焊接工的考核试验—熔焊第一部分：钢铁》，ASME《锅炉压力容器》第Ⅸ篇《焊接和钢焊资质》或 EN 287-1《焊工的评定试验—熔焊第一部分：钢》的要求取得资质。

所有资质测试结果应记录在工艺评定报告中。

焊后热处理按相关材料标准进行。

全焊接阀体管线球阀主焊缝焊接，焊后免热处理应做焊缝断裂韧性试验（CTOD），试验应按 BS 7448 PartⅡ进行。试验结果应按 API 1104 附录 A 和 DNV-OS-401 的标准，做出安全评估。

(4) 阀门的试验

① 试验通则　每台阀门出厂前均应做液压强度试验、液压密封试验与功能性试验。是否做 API 6D 附录 B 中特殊的附加试验，供需双方应在合同中规定。

试验应按程序进行，液压强度试验—液压密封试验—功能试验。试验应在阀体油漆前进行。

试验介质为淡水，或用黏度不大于水的轻油。经商定水可以加防锈剂、防冻剂。对奥氏体不锈钢，双相不锈钢的阀门及组件，试验时水中氯离子含量不超过 30μg/g（30ppm）。

试验时，密封表面不能有密封剂。

API 6D 附录 B 中的高压气密封试验存在危险，必须在阀体液压强度试验后进行，并采取适当的安全措施。

试验的相关标准除 API 6D/ISO 14313 之外，可参照 ISO 5208《工业阀门—阀门的压力试验》，BS EN14141《天然气管道用阀门的性能要求与试验》。

② 阀体液压强度试验　试验时，阀门两端封闭，球体处于半开关位置，阀门两端的封闭方法应确保施加的压力能传递到整个阀体的压力边界。如有外部泄压阀等则应去除，并将接口堵死。

试验压力应为该材料在 38℃时确定的压力额定值的 1.5 倍。持续时间不低于 API 6D 表 10 的规定：*DN*15～100（NPS1/2～4）持续时间 2min；*DN*150～250（NPS6～10）持续时间 5min；*DN*300～450（NPS12～18）持续时间 15min；大于或等于 *DN*500（NPS20）持续时间 30min。

阀体不得有可见泄漏，超过最短持续时间的试验应在合同中规定。

液压强度试验后重新装上外部泄压阀。用泄压阀整定压力的 95%对与阀体连接处进行检查。*DN*100（NPS4）以下的阀门检查持续时间为 2min，*DN*150（NPS6）及其以上的阀门持续时间为 5min。在持续时间内泄放阀的连接处不应有可见泄漏。

泄压阀的试验按 API 6D 11.4.5 规定在常温 38℃下进行，如果阀门的实际工况在高温下工作，则存在潜在危险，即阀体在高温下的额定压力低于压力泄放阀在 38℃时试验的泄放压力。这种工况建议不采用外部泄放阀，而选用单活塞效应的密封座，具备腔体压力升高自泄放功能。

③ 液压密封试验时间　*DN*15～100（NPS1/2～4）为 2min；大于或等于 *DN*15（NPS6）为 5min。

④ 验收标准　对于软密封球阀泄漏不能超过 ISO 5208 中 A 级（无可见泄漏，在试验持续时间内）。对于金属密封，其泄漏量不能超过 ISO 5208：1993 中 A 级。

⑤ 试验程序　阀门处于半开启状态，使阀腔充满介质，然后关闭阀门，单向密封的阀门，进口端加压，中腔排放阀处检漏；双向密封的阀门，两端加压，中腔排放阀处检漏。

(5) 附加试验（API 6D 附录 B）

API 6D 附录 B 规定了标准的附加试验。该试验应由购方提出试验内容与频次。

① 液压试验　压力高于 API 6D 附录 B 11.3 或 11.4 规定，试验持续时间高于表 9.10 或表 9.11 的规定，需在合同中协商规定。

② 低压气体密封试验　有两种试验方法：

a. 以空气或氮气为试验介质，试验压力为0.05～0.10MPa；

b. 以空气或氮气为试验介质，试验压力为0.55MPa±0.07MPa。

按照ISO 5208，A级标准验收（无可见泄漏）。

③ 高压气体试验（图3-56） 在液压强度试验之后进行，试验存在危险，应有安全防护措施。

密封试验，以惰性气体为试验介质，试验压力和持续时间按11.2和11.4规定。

壳体试验以惰性气体为试验介质，试验压力为7.2节规定材料38℃时，额定压力值的1.1倍。持续时间：*DN*15～450阀门为15min；大于或等于*DN*500阀门，持续时间为30min。检查壳体，法兰接合面，阀杆填料应无可见泄漏。

图3-56 高压气体试验

④ 防静电试验 球体与阀体以及阀杆与阀体之间的电阻值用24V DC来测量，其值不能超过10Ω。试验数量为订购数5%。

⑤ 扭矩试验 扭矩的测试应按购方规定的压力，按下列操作方式进行测试：

a. 从开至关，一端受压，阀腔为大气压；

b. 从关至开，两端受压，阀腔为大气压；

c. 从关至开，一端受压，阀腔为大气压；

d. 从关至开，另一端受压，阀腔为大气压。

扭矩测试在液压强度试验之后，低压气密封试验之前进行。

⑥ 传动链强度测试 试验扭矩为下列扭矩最大的一个：设计扭矩的两倍；测试扭矩的两倍。

试验时，至少球体停止转动1min。

检查传动链（阀杆、接长杆、连接轴套、键）有无可视的永久变形。

⑦ 阀腔泄压试验 每台阀门均需进行。试验介质为水。

对于单活塞效应的截止型组合密封阀座的球阀，将阀门处于关闭位置，阀腔内注满水并施加压力至阀座泄压，记录泄放压力。

对于双活塞效应的隔离型组合密封阀座，阀腔设置压力泄放阀，压力泄放阀的泄放压力为阀门额定压力值的1.33倍。

⑧ 氢裂试验 由板材制造，焊接成形的与介质接触的承压零件，应防氢裂（HIC），按照NACE TM0284进行氢裂试验来验证。试验溶液符合NACE T0177，验证标准如裂敏比（CSR）、裂长比（CLR）、裂厚比（CTR）应由购方规定。

⑨ DBB功能试验 DBB功能试验是指阀腔排放时，进口端阀座与出口端阀座应截断进口和出口的介质。

阀门处于半开关状态，进口和出口及阀腔注满压力介质（水），然后关闭阀门，打开阀腔排污阀，排尽阀腔介质，上出口阀座应切断介质，密封性能良好。

⑩ 带双隔离阀座的球阀双隔离排放（DIB-Ⅰ及DIB-Ⅱ）试验 隔离型阀座即具有双活塞效应的阀座，这种阀座具有正反两个方向切断流体的功能。如果两个组合密封座均具有隔离（正反两个方向切断流体）功能，做DIB-Ⅰ试验，如果进口端阀座不具备隔离功能，出口端阀座具有隔离功能，做DIB-Ⅱ试验。每个阀座均做双向密封试验。

DIB-Ⅰ试验方法：

a. 阀门处于半开启状态，充满试验介质水；

b. 关闭阀门，两端加压，阀腔检查每只阀座的泄漏；

c. 阀腔加压，从两端口检查每只阀座的泄漏。

DIB-Ⅱ试验方法：

a. 阀门处于半开启状态，充满试验介质水；

b. 两端加压，从阀腔检查每只阀座的泄漏；

c. 进口端加压，阀腔加压，检查出口端阀座的泄漏。

(6) 型式试验

管线球阀在系列化的开发研究中，尚有很多型式试验，这些试验虽未列入标准，但对验证产品的可靠

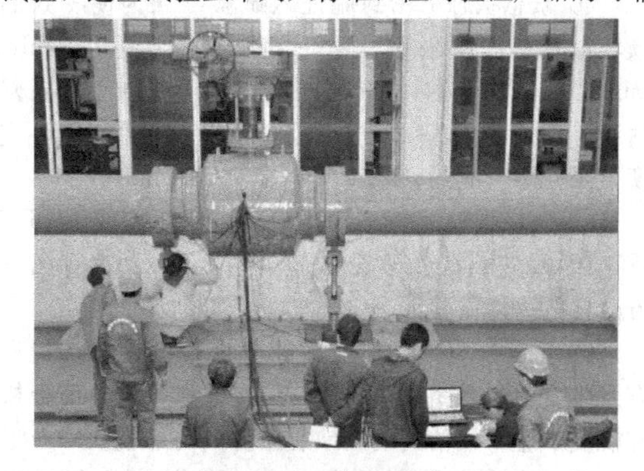

图3-57 弯曲试验

（图片由中国伯特利阀门集团公司提供）

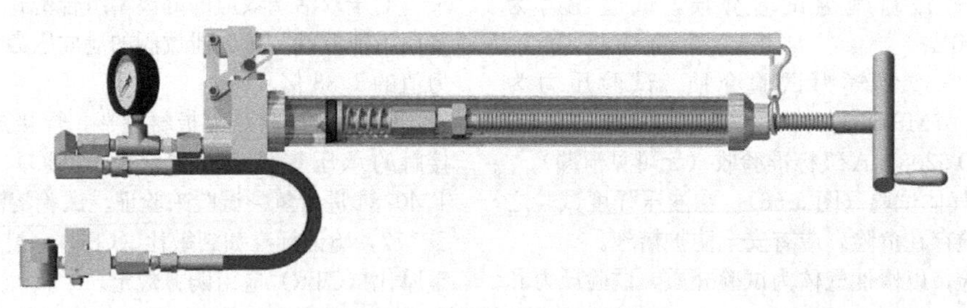

图 3-58 密封脂高压注射枪

性、稳定性，对长输管线使用工况的适用性十分重要。现代科学技术的发展，有些试验可以用有限元分析来数值模拟，并用实验科学实测数据，来证实数值模拟的精确性。鉴于这一点，一些制造厂建立一些试验设备，为阀门的验收提供试验依据。这些试验有以下几种。

① 外载荷试验 目的是证明产品可以在恶劣环境和自然灾害条件下安全使用，并获得在极限作用条件下的阀门性能参数。外载荷试验包括：弯曲试验（图 3-57），拉伸与压缩试验。例如，对于一只全焊接阀体管线球阀（Class600，*DN*500），置于一弯曲试验的台架上，施加 367t·m 弯曲力矩，以气体（或液体）为介质，给阀门加压至 10.2MPa 压力，进行外部及内部的密封性能检查，测量阀门的开关扭矩。测量阀体上各点的应力，是否在允许的范围之内，并与阀体强度的有限元分析相比较，验证数值分析程序的精确性，为建立准确的数值分析程序提供依据。

② 吹风试验 以 4 倍阀门通径立方数的空气量，在 0.7 倍的工作压力下，在阀门处于 6%～15%开度时，检查密封座是否异常，是否发生泄漏。

③ 异物咬入试验 将异物（直径 1.1～2.3mm 铁砂，直径 0.4～1.6mm 铁砂，直径 0.04～0.14mm 铁砂）各与 300g 焊渣混合，置于阀门底部，开关 30 次后，进行密封试验，每分钟泄漏量在 1mL 以下为优，每分钟 250mL 以下为良好。

④ 紧急状态下密封脂注入试验 人为使密封面损坏，划痕深度小于 0.4mm，使阀门产生 500mL/min 泄漏。用高压注射枪（图 3-58）对密封座注入密封脂，开关动作多次，按规范对阀门检查密封性，应恢复至“零”泄漏。

⑤ 火烧试验 按 API 607、API 6FA 或 BS EN ISO 10497 进行失火安全试验（图 3-59），应有第三方合格的火烧试验证书。

⑥ 抗震试验 阀体应力在允许范围内，密封没有发生变化，启闭没有失灵。可以通过抗震数值分析和抗震试验来评估阀门在地震条件的可靠性。

⑦ 环境模拟试验 阀门在环境舱中进行高温 70℃和低温－46℃下的密封试验和开关试验。图 3-60 所示为意大利阀门环境模拟试验舱。

⑧ 寿命试验 以液体为介质做全压差开关试验，每开关 10 次，检查其密封性能。

⑨ 抗内爆试验 橡胶密封圈在高压下抗内爆试验。

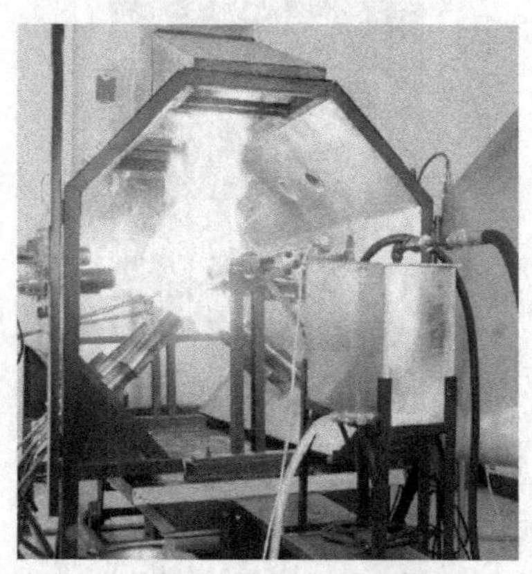

图 3-59 火烧试验

图 3-60 意大利阀门公司环境模拟试验舱

3.4.7 管线球阀的安装、运输、使用与告知

用户应该注意由制造商提供的管线球阀的“安装、运输、使用与告知”的说明书。特别应注意告知事项。下面以 Velan 公司和 Cameron（卡麦隆）公司的说明书为例来说明。

(1) Velan 公司有关管线球阀的“阀门采购、运输、使用中”注意事项

① 球阀在运输和储存中，球体应处于全开启状态。法兰端和焊接端应予以有效保护。端部的保护只有当阀门装到管线上时才允许去除。阀门吊装或搬运要使用阀门上的吊耳。

② 阀门的储存要遵守制造厂的规定，应该避免长期存放。

③ 对焊接端，如果要进行焊后热处理，需要一个过渡段来避免密封失效的危险。

④ 在操作阀门之前，管线应先清洁。用户应确保管线试验时的介质已被从管线和阀门中去除。阀门内腔不得有海水以避免内部腐蚀。

⑤ 管道试验时，阀门呈部分开启状态的时间越短越好。

⑥ 标准球阀只用作开和关使用，如用于节流，将阀门处于半开启状态时，密封座可能损坏。

⑦ 用户应准确地考虑到选用的阀体材料，O形圈和内件材料符合并满足工况条件。

⑧ 常常选用抗内爆可压缩弹性体（橡胶）用于高压天然气的场合。选择的执行器尺寸应该适当，选择一个过大尺寸执行器比过小尺寸的执行器更加危险。

⑨ 频繁启闭的阀门，更应注意选择适当尺寸的执行器。

⑩ 禁止用执行器去起吊阀门。

客户应注意供货商的告知。例如，警示：因现场搬运不当或者阀门使用工况与阀门制造和销售的情况不符，厂方不接受这类阀门损坏索赔。

在任何一种制造商不知晓阀门确切使用工况的情况（如阀门由第三方订购，诸如代销商等），第三方或客户有责任验证阀门的材料与阀门的设计介质和使用工况是否适合。

(2) 卡麦隆公司管线球阀（T31）安装、操作、维护、使用手册

① 铭牌

a. 尺寸：实际通径尺寸；

b. 温度 max：最高使用温度；

c. 温度 min：最低使用温度；

d. 阀体材料；

e. 密封座材料；

f. 组装零件编号；

g. 阀门长度；

h. API Class 设计压力等级；

i. 最高工作压力；

j. 最低工作压力；

k. 密封材料；

l. 球体材料；

m. 阀门组装的系列号；

n. ×年×月制造。

② 储存　阀门储存的周期为6个月。如下内容在储存中应予注意：

a. 储存中，阀门两端的阀盖应保留完好；

b. 如果阀门没有操作机构，而阀门被存储在室外，那么伸长的阀杆或连接器应予以保护，避免雨水的侵蚀；

c. 如果需要长期储存，其条件是防止腐蚀和连接端完好。Cameron 有一个内部工程出版物 476B，可以作为指导文件。该文件可以通过 Cameron 阀门供货商中得到复印件。

③ 安装

a. 吊装。

• 阀门的吊装应按图示起吊，由阀体来支撑重量。

• 如果阀门有专用吊环孔，那么就应该用这些吊环来起吊。

• 在阀门最后安装到管道上去之前，在吊装、移动、搬运过程中必须保持两端端盖完整，不能随便除去。

警告：吊装的时候，慎防起吊设备碰撞两个连接端端面，两个端面保护板的损坏将会对阀门造成碰坏的危险。

b. 阀门的安装位置。球阀可以被安装到任何一个位置上，无论哪一端均可被安置在进口端。

c. 球体的保护。

• 警告：球体必须是全开位置，在安装阀门的时候，球体不处于全开位置可能引起阀门损坏。

如果在阀门安装前必须使阀门处于全关位置，用油脂保护球体暴露的表面，这样可以防止焊渣碰撞球体。

• 警告：长期储存的阀门，不允许阀门处于部分开启的位置。

• 警告：如果没有袖管，安装时绝对不能使球体处于关闭位置。

④ 焊接端的焊接　焊接前的预热，焊接或焊后热处理，阀体温度不能超过400℉（204℃），在离开焊缝3in处，用点温计监视温度。

在阀门最后被焊接到管线中之前，阀门的密封区域（球到密封座，和密封座至焊接端），要覆盖1in宽的保护带，从阀门的时钟3点位置至9点位置。这样防止外部物质进入这一区域。同时建议，在阀门压力试验前，管线做一次清扫。清扫这些杂物（这一保护带建议用润滑脂涂抹）。

(3) 卡麦隆阀门装入管线后的试验（EB-826B）

如果阀门已装入管线，需要与管线做系统的液压强度试验，下面的试验程序将使阀门密封圈和密封座损坏的危险性减小至最低。

① 试验的液体进入系统前，阀门应处于全开位置，这将使管线中的杂质通过阀门通道，并从管线的

另一端排出；

② 管线杂质被清扫干净后，注满试验用液体，球体可置于半开启状态，试验介质进入阀腔；

③ 阀门已做好压力试验前的准备后，用户应按Cameron关于特殊管道液压试验的压力试验程序（EB-3016B）进行检查；

④ 液压强度试验完成后，阀门应回复到全开位置，排净试验介质；

⑤ 如果阀门和管线已经清理干净，工作介质进入系统，阀门必须离开半开位置，而后阀腔中的试验介质通过底部排污阀或接长杆阀门的地面排污阀排净；

⑥ 打开排污阀，工作介质将把试验液体推出系统外，直至排污阀已将试验液体排净；

⑦ 关闭排污阀，并把阀门再置于全开位置。

(4) 卡麦隆对全焊接球阀超标准试验的意见（EB-3016B）

基于下列理由，卡麦隆不推荐标准阀门进行超出API标准规定的压力试验：

① API 6D规定，标准的密封试验按1.1倍的工作压力进行，阀体强度试验按1.5倍的工作压力进行。所有阀门，不管在何处生产，必须满足这一要求，且压力试验标准已经有一定的安全裕量，没有必要进行超出规范标准的压力试验来验证阀门的性能是令人满意的。

② 软密封球阀采用非金属密封材料及非金属阀杆密封件来满足设计压力的要求。对这些密封结构进行超出试验压力的加压会引起初始的损坏，这种损坏不会一下子显现出来，但会导致缩短阀门的使用寿命。

③ 法兰端球阀如按超出ANSI或API额定设计试验压力进行压力试验会导致对法兰的损坏。

④ 阀门在超出设计要求的压差下动作会引起在试验或在以后的使用中过早的密封失效，甚至对阀门的内件也会有损坏。

卡麦隆建议所有球阀压力试验，不管是在工厂还是在客户现场，均严格按照工业认可的标准进行，即密封试验按1.1倍的工作压力，强度试验按1.5倍的工作压力，强度试验时阀门呈半开启状态。

当碰到用户坚持要用超出规范标准的试验时，卡麦隆建议使用另一台能适应高压力试验的阀门，通常情况下是选用高一个压力级的阀门。

若用户坚持要对阀门进行超出标准规定的压力试验，订购时必须立即告知卡麦隆的产品设计部门。

3.4.8 管线球阀的引用标准

ASME/ANSI B31.8 《气体运输及配气管线系统》

API 6D—2008/ISO 14313《管线阀门》

ASME/ANSI B 16.34 《钢制法兰连接和焊接端阀门》

API 607 《软密封阀门火烧试验标准》

API 6FA 《阀门耐火测试》

ASME 《锅炉和压力容器规范第Ⅴ、Ⅷ、Ⅸ部分》

API 598 《阀门试验与检验》

ASME/ANSI B16.5 《法兰和法兰连接件》

ASME/ANSI B16.10 《阀门结构长度》

ASME B16.20 《钢管阀兰的环形垫圈和环形槽》

ANSI B1.20.1 《管螺纹》

ASTM A350 《要求进行切口韧性试验的管件用碳钢和低合金钢锻件》

ASME/ANSI B16.25 《对焊接头》

GB/T 12237—2007 《石油、石化及相关工业用的钢制球阀》

GB/T 12224—2005 《钢制阀门 一般要求》

SSPC SP10 《金属表面处理》

APL 5L 《管线钢管规范》

NACE MR0175 《用于油田硫化环境中耐硫化应力裂纹和应力腐蚀裂纹的金属材料》

BS 7448 Part 2 《断裂韧性试验》

API 1104 《管道与相关设施的焊接》

DNV-0S-C401 《海洋平台结构建造和试验》

3.5 金属密封球阀

在历史上，球阀和蝶阀都是软密封，而无金属密封。这有两个原因，一是软密封球阀和蝶阀已覆盖大多数的应用领域而效果十分满意；二是认为金属密封座的结构简单，只适用于闸阀和截止阀。因此，一直到20世纪60年代才出现金属密封球阀，而金属硬密封蝶阀则可追溯至20世纪70年代中期，这就是Neles-Jamesbury公司的NELDISC专利阀。今天金属密封球阀已取得了很大的发展，这是由于金属作为密封材料的固有特征，及球阀具有全通径的流动特性和回转型阀门便于操作的优势，三者组合，相辅相成的结果。

虽然软密封球阀覆盖很多应用领域，但是某些应用的工况使阀门处于临界状态服役，甚至不能很好地服务，而必须代之以金属密封，采用金属密封有许多好处。第一点是扩大温度的使用范围，可以从−196～900℃。第二点是服务的介质可以带有固体颗粒，气-固或液-固两相流动。第三点是适用于腐蚀和磨损工况。第四点是扩大压力等级的使用范围，可达Class 2500压力级。

由于这些好处，加之全通径流动特性和90°回转角的开关特性，十分有利去取代传统的线行程的闸阀和截止阀。

由于金属密封球阀适用工况的多样性和特殊性，很难有一通用性的产品标准来规范和指导。制造商为了将产品满足市场的需求，采用两种方式，一种是通用型的金属硬密封球阀，是在原来浮动球和固定球球阀系列产品基础上增加金属密封的结构，扩大其应用领域，典型的例子是Velan公司和Cameron公司的金属密封球阀，是在原有的管线球阀基础上增加了金属密封阀座。另一种是针对特殊用途或特殊结构的金属硬密封球阀，这样就用一个特殊服务对象的名字或结构的名称来命名。例如，轨道球阀，偏心球阀，锁渣阀等。下面各节分别予以介绍。

3.5.1　通用型金属硬密封球阀

Cameron公司的T34型金属硬密封球阀是在原T31和T34型管线球阀基础上发展起来的。对于某些应用场合，软密封结构不适宜使用，T34型提供一种金属密封，其设计是球面和密封座表面喷涂碳化钨或碳化铬，来阻止球体、密封座的磨损和腐蚀，适合用于气-固或液-固两相流动的场合。T34和TB4型金属密封球阀的公称尺寸为2～48in（50～1200mm），压力等级Class150～2500（*PN*20～320），使用温度−50～375℉（−46～190℃）其密封座的结构如图3-61所示。密封座背部碟形弹簧提供在低压工况下的气泡级密封。

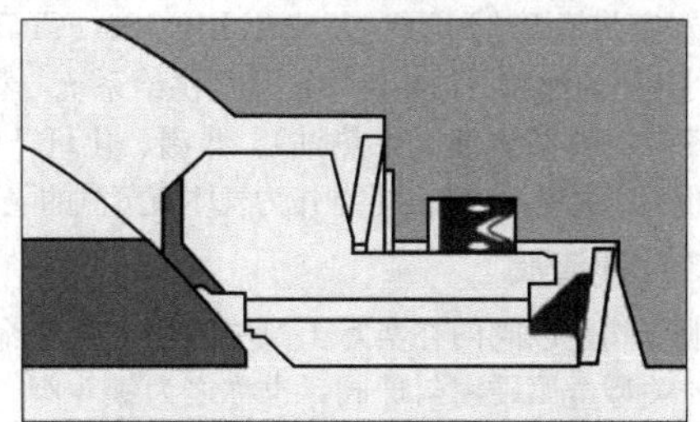

图3-61　Cameron公司T34型金属硬密封球阀密封座的结构

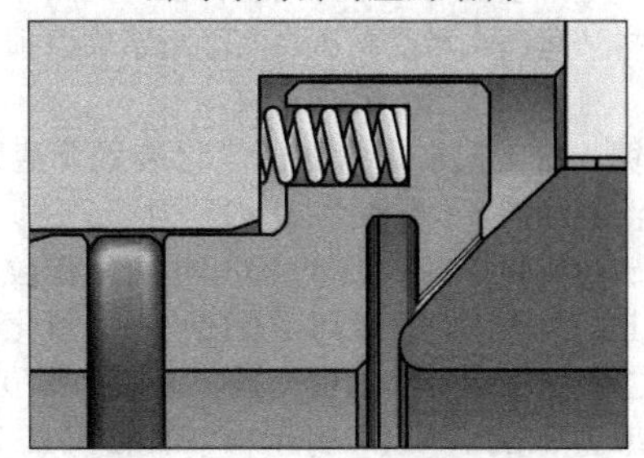

图3-62　Velan金属硬密封球阀密封座的结构

在管线球阀系列产品上为扩大应用领域而采用金属密封阀座的尚有美国Velan公司，图3-62所示就是该公司金属密封座的一种结构。这种结构除了螺旋弹簧提供阀座预紧力之外，金属密封座唇部，提供一个介质压力作用而引起的压紧力，提高密封性能的可靠性。

这种硬密封球阀只用于温度不超过200℃的一般磨损工况，如污水处理，物料输送等场合。

3.5.2　上装式金属密封球阀

上装式金属密封球阀（图3-63）可以在线维修，压力等级Class150～600，阀门通径1/2～6in（15～150mm），全通径和缩径。连接方式有法兰式和焊接端（承插焊和对接焊）。其设计特征可描述如下：

① 在线拆装，更换密封座；

② 可直接焊接管线上而无须拆卸阀门；

③ 在有固体颗粒的介质中提供全通径的通道，保持流体畅通；

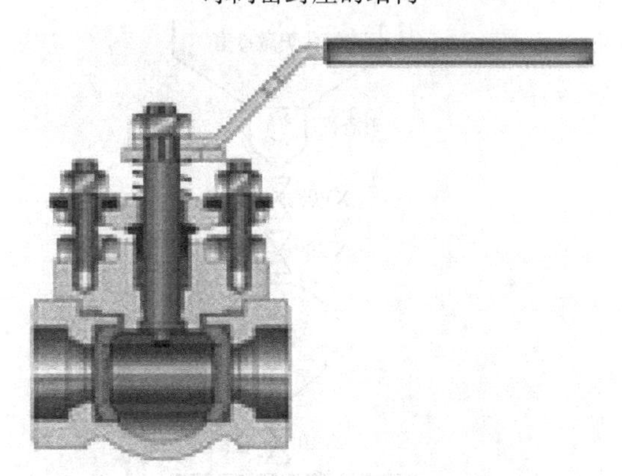

图3-63　上装式金属密封球阀

④ 阀体与阀盖的连接不受管道应力的影响；

⑤ 阀盖与阀体连接可靠，密封采用缠绕式不锈钢石墨密封垫；

⑥ 密封座用stellite 6合金，并加工成宽的金属密封面；

⑦ 背部密封材料石墨，耐温538℃；

⑧ 球体表面被自动清扫干净；

⑨ 壁厚设计符合ASME B16.34；

⑩ 不锈钢球体，涂硬铬处理；

⑪ 防被吹出的不锈钢阀杆设计；

⑫ 填料压盖采用碟形弹簧加载或螺栓压紧（live-loaded）；

⑬ 阀杆微泄漏密封；

⑭ 阀杆导向性好，减少侧向力可能引起的晃动；

⑮ 2in以下手动操作；

⑯ 如果需要，可以提供接长杆操作；

⑰ 密封等级达到Ⅳ级（ASME B16.104/FCI 70-2）。

可用于原油和石油精炼中催化剂供给系统，蒸汽及过热蒸汽、热媒体油（导热油）、低温、化纤 PLA 和 PTA 的生产过程，造纸工业中作为气体或蒸汽的隔离阀。

3.5.3 锁渣阀

锁渣阀是以阀门在实际工况中应用对象来命名的一个开关型金属硬密封球阀，也称之为锁斗阀。是煤化工气化炉水煤浆加压气化装置和干煤粉气流床加压气化装置上最重要的一个阀门组。锁渣阀用来控制气化炉的排渣程序，承受高压、高温渣浆的磨损，冲蚀和腐蚀，且开关频繁，要求密封。

以德士古工艺水煤浆加压气化装置排渣系统为例，其流程如图 3-64 所示。炉内压力 2.7～8.5MPa，煤渣经破渣机粉碎为直径 3～50mm 固体颗粒，约占 50%，其余为渣水，含氯离子及硫化氢、氧化镁、氧化铁、三氧化二铝等腐蚀性介质，温度为 270℃，开关的频率为 30min 一次，对于一个日投煤量 750t 的装置，每小时排放煤渣约 10578～13700kg。

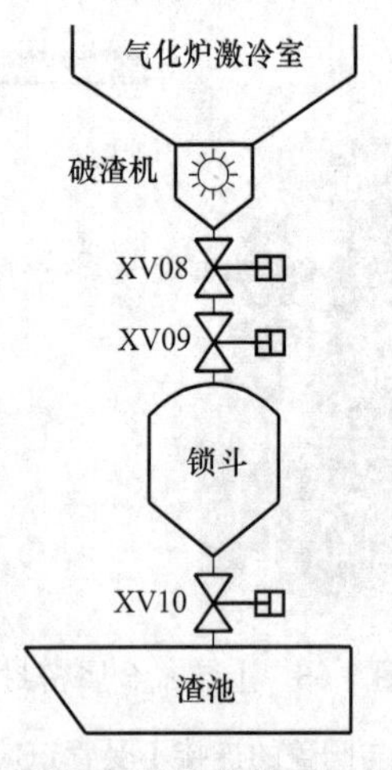

图 3-64 锁渣阀煤气化装置中的应用

锁斗的上面有两个锁渣阀，称为上锁渣阀 A 和 B，与气化炉激冷室相连，锁斗下面有一个锁渣阀，称为下锁渣阀 C。A 锁渣阀平时处于开启状态，在线备用。当 B 锁渣阀故障时投入使用，或者气化炉激冷室液位过低引起气化炉安全系统联锁动作时，A 锁渣阀亦联锁关闭，防止气化炉工艺气窜入锁斗。B 锁渣阀开启时，渣浆收集至锁斗，30min 后自动关闭。下锁渣阀 C 开启，与大气相通，渣浆排入渣池。然后关闭下锁渣阀 C，开启上锁渣阀 B，完成一个循环。气动锁渣阀要求的动作时间为 3～8s。锁斗阀的压力等级一般为 Class300，Class600，通径 NPS12～16，温度 140～270℃。

最早将硬密封球阀用作锁渣阀的是 Neles 公司 C_2 系列的金属硬密封球阀。是一个中间剖开的左、右对称的碳钢阀体，中间是一个带柄的球体，固定球结构，采用一组用波纹管状弹簧加载的浮动金属密封座，在球体通道内和左右阀体通道内各衬有耐磨材料的金属，以此减轻渣浆对阀体磨损，并可修理更换，同时防止渣粒落入波纹管状的弹簧内，而破坏阀门的密封性能。由于阀杆与球体是一体化设计，不存在阀杆与球体分体连接中存在间隙的情况，而且这一间隙会对于大转矩阀门因使用次数的增多而扩大，造成开关位置的偏移。在实际使用中这种阀门的使用寿命大约在 2～2.5 万次。其结构如图 3-65 所示。

其他用作锁渣阀的有德国 Perrin 公司的单阀座固定球球阀，阀杆与球体连接部位的断面为方形，在阀门腔体与密封座之间采用外部高压水冲洗，来改善其工作性能。由于球与阀杆不是一体化设计，可能造成开关位置的偏移，而产生不正常的冲刷和磨损，球体表面的涂层与阀座容易被冲蚀和脱落，这种结构已很少被认可。

美国 Mogas 公司的锁渣阀则是一个浮动球球阀，是一个单向流动的阀门，出口端阀座被锁定在阀体上，并具有刮削球体表面渣浆的效果，进口端阀座则是有一个碟形弹簧加载，球体表面喷涂碳化钨，硬度 70HRC 以上，阀座是司太立合金堆焊，阀体的通道衬有耐磨的合金套管。这种结构的特点是密封性能可靠，而操作力矩较大。如图 3-66 所示。

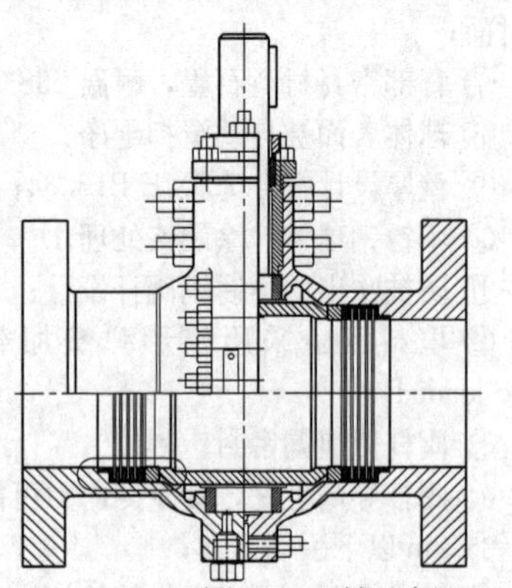

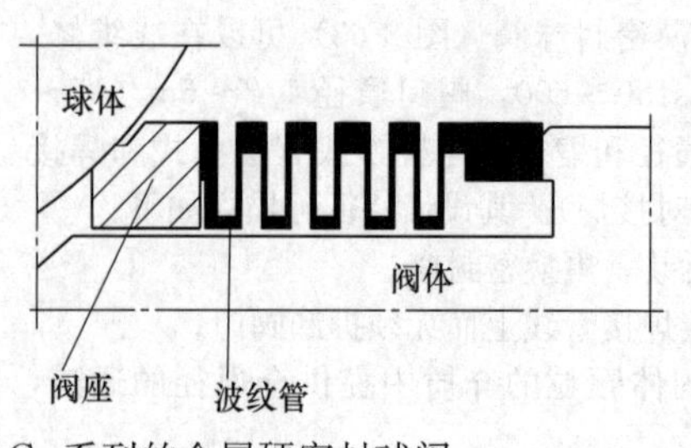

图 3-65 锁渣阀 Neles 公司 C_2 系列的金属硬密封球阀

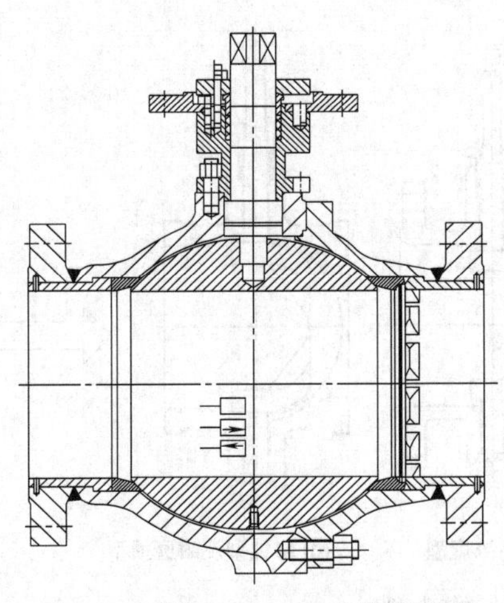

图 3-66　美国 Mogas 公司的锁渣阀

国内在维修进口 Neles 锁渣阀的基础上，吸收中间剖分阀体结构，带柄球一体化设计的优点，采用由 InconelX-750 弹簧钢丝绕制的螺旋弹簧加载外部用橡胶套保护，防止渣浆进入，阀座与阀体间的密封采用多组石墨填料，并在球体和进出口阀体通道用耐磨金属保护套，外部采用高压水对阀腔和阀座进行清扫。阀座的密封采用宽带设计，自刮削式结构。球体采用不锈钢表面喷涂碳化钨，提高抗刷性、耐磨、耐蚀性能，已成功替代进口锁渣阀。

3.5.4　V形金属密封球阀

V形金属密封球阀是一种90°回转的紧凑结构调节型球阀。球体是一个带有V形流通截面的半球体，固定球结构，单阀座，紧凑型整体式阀体，短的结构长度，对夹式 R1 型或法兰式 R21 型连接。如图 3-67 所示。

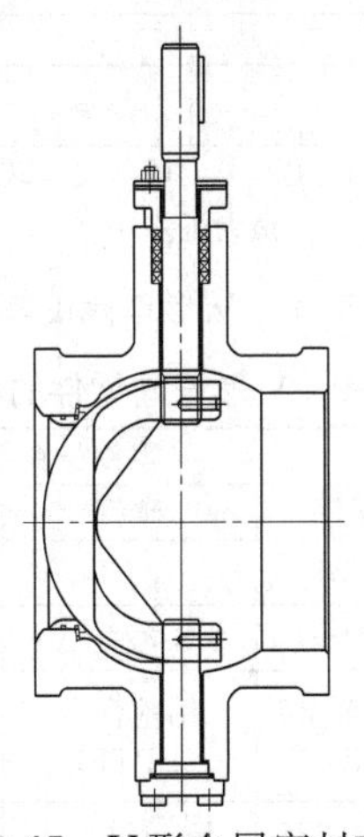

图 3-67　V形金属密封球阀

其结构特征在于关闭件是一个V形缺口的半球，可以从阀体的一侧装入阀腔，这样阀体可以设计成整体式。上下两个固定轴从两端插入，上轴的头部采用花键结构与球体相连接，传递操作力矩。密封座是316不锈钢基体上堆焊钴基合金硬化，密封座与阀体间的密封是 PTFE 包覆的橡胶弹性体，并用一个 Inconel 625 钢丝制作的五角形钢丝弹簧提供一个预紧力，阀座的锐利边缘与扇形缺口的球面接触，可防止污垢的黏附，并刮削球面上的纤维介质，可满足 ISO 5208 标准 D 密封等级 10 倍的密封要求。相当于标准 ANSI/FCI 70-2Ⅳ级最大泄漏量的 1/100。阀座亦可以设计成软密封。产品主要是用作控制阀，其调节特性为等百分比特性，可配以小流量低 C_V 值的V形球体，配以衰减器可减少噪声和气蚀，适用于高浓度介质设计，具有耐蚀的阀座。

阀门的压力等级 ANSI Class150，Class 300，公称尺寸 *DN*25～400（缩径）结构长度符合 ANSI B16.10 短阀体结构。温度−40～250℃，固有特性等百分比，密封性能达到 10 倍的 ISO 5208 标准 D 的泄漏量，阀体材料 WCB、CF8M 和钛合金。可供选择的结构方案有多种形式（图 3-68）。

① 低 C_V 值型　安装在 *DN*25 的阀体内，有四个可供选择的低 C_V 值的球体，其最大 C_V 值分别为 0.5、1.5、5 及 15。

② 减噪型　减少噪声及气蚀的衰减器置于球体的V形通道，用于 *DN*50～400 的球阀。

③ 高浓度型　可用于18%中等浓度的纸浆，出口的通道直径大于进口通道的通径。其扩径分别为 *DN*80/*DN*100、*DN*100/*DN*150、*DN*150/*DN*200 和 *DN*200/*DN*250。

④ 耐蚀型及耐磨损型　密封座用钨铬钴合金衬套替代，介质反向流动以保证其耐用性，为非紧密封控制阀。

阀门的流量系数列于表 3-7。阀门最大允许的泄漏列于表 3-8。

图 3-69 表示 R 系列 V 形球阀的转矩图，横坐标表示阀门两端的工作压差，纵坐标表开启转矩。

标准型 V 形球阀的零件材料如表 3-9 所示。

3.5.5　三偏心金属密封球阀

三偏心金属密封球阀的设计思想，已改变球阀的介质密封原理，密封力由外部转矩产生，施加在阀座上，与管线介质压力无关。是一种强制密封，可以在两个启动方向上获得“零”泄漏。这是截止阀的密封原理在球阀上的一种尝试。而作为一种产品，金属密封球阀又去替代传统的金属密封截止阀和闸阀。

典型的结构如意大利 Tomene Gas Technolog S.P.A 所提供的产品，其商业名称为 Konosphere 球阀。结构如图 3-70 所示。

这一结构是把密封环置于球体上，锥形密封阀座置于副阀体上。密封环通过背环由保持环固定在球体上，密封环的中心微小地偏离球体的回转中心，使密封环上产生不同长度的回转半径，这样密封环向密封

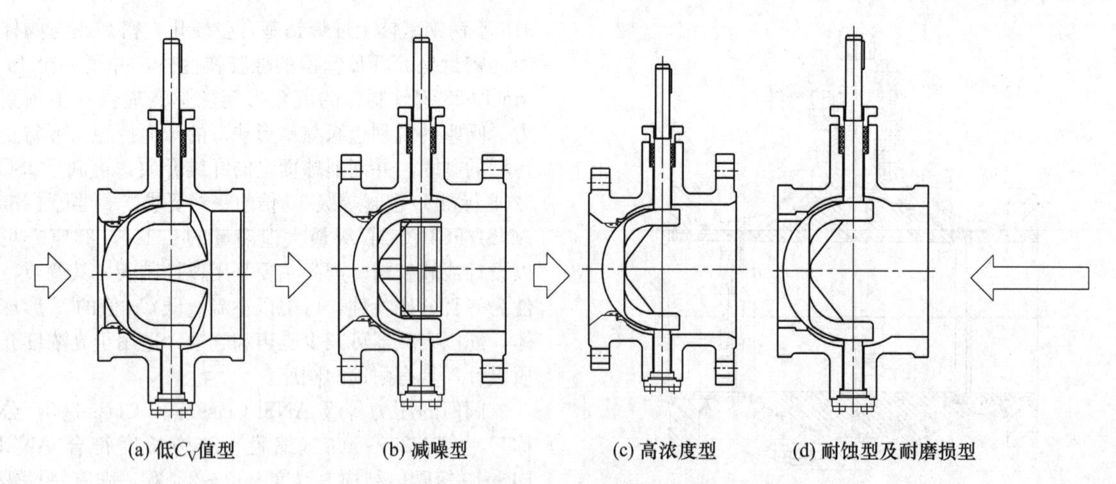

(a) 低C_V值型　(b) 减噪型　(c) 高浓度型　(d) 耐蚀型及耐磨损型

图 3-68　V 形金属密封球阀结构选型

表 3-7　V 形球阀的流量系数

阀门尺寸/mm	标准型金属阀座 C_V（100%开启）	标准型软密封阀座 C_V（100%开启）
25	45	21
40	110	61
50	180	110
65	280	215
80	420	340
100	620	520
150	1260	1070
200	2030	1760
250	3200	2830
300	4490	4080
350	6440	5750
400	8510	7630

表 3-8　V 形球阀门最大允许的泄漏

尺寸/mm	金属密封/(mL/min)	软密封/(mL/min)
25	1.50	0.15
40	2.40	0.24
50	3.00	0.30
65	3.90	0.39
80	4.80	0.48
100	6.00	0.60
150	9.00	0.90
200	12.00	1.20
300	18.00	1.80
350	21.00	2.10
400	24.00	2.40

座靠近时产生一个凸轮效应。另外密封座被固定在副阀体上，其锥面的中心线相对通道中心线偏离一个微小的角度，使密封环与密封座相接触的瞬间没有刮擦，没有摩擦。精心设计的密封环和密封座，使锥形密封带上的接触应力保持均匀一致，从而获得了一个可靠的“零”泄漏。

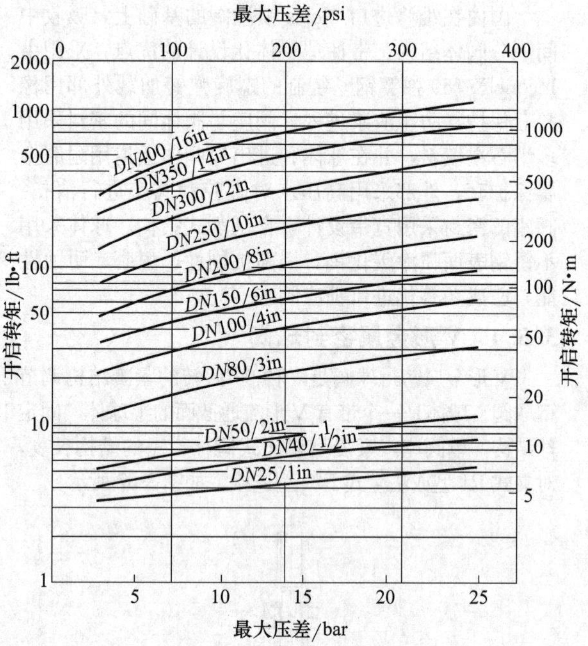

图 3-69　V 形球阀的转矩

表 3-9　V 形球阀零件的材料

零件名称	零件材料		
	不锈钢	碳钢	钛合金
阀体	CF8M	WCB	ASTM B367
V 形球	SIS2324＋Cr	SIS2324＋Cr	ASTM B367
阀座	钴基合金＋PTFE	钴基合金＋PTFE	ASTM B348＋PTFE
固定弹簧	Inconel 625	Inconel 625	ASTM B348
密封件	SS＋TFE	SS＋TFE	TITANIUM TFE
驱动轴，键	SIS 2324	SIS 2324	ASTM B348
轴承	SIS 2324	SIS 2324	ASTM B348
盘根	PTFE	PTFE	PTFE

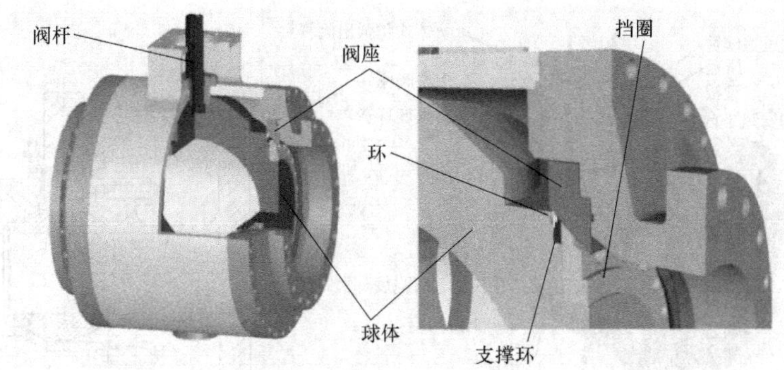

图 3-70　三偏心金属密封球阀

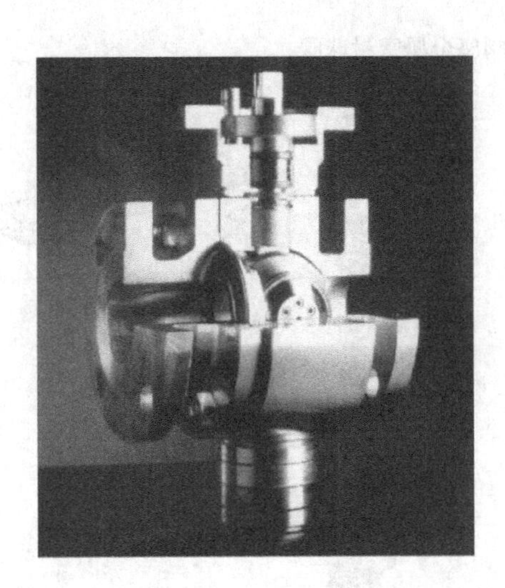

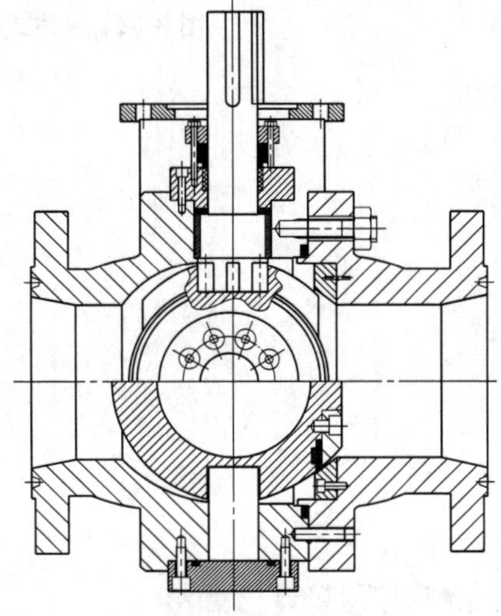

图 3-71　三偏心金属密封球阀

置于球体上的密封环并非是一个刚性的固定，而是在通道方向上具有微小弹性位移，这个位移是密封环的结构设计与环的材料提供的，增加了密封的可靠性。这一结构设计的动态关闭过程，可以这样设想：外部施加的转矩，通过机构给球体上密封环在整个圆周方向上提供一个均匀的力，使密封环和密封座紧密贴合，转矩继续增加，密封环的金属在挤压力作用下，产生了弹性变形，形成了一个可靠的密封系统。阀门开启的瞬间，在凸轮旋转的作用下，整个密封环脱开密封座，可以预计：

① 关闭状态下，密封是可靠的；

② 关闭瞬间或者开启瞬间，密封面之间没有摩擦和刮擦；

③ 开启或关闭过程的转矩为空载转矩。

显然，这样设计在密封面之间是没有刮削效果的，产品适用于洁净的流体，高温的场合。

图 3-71 所示球阀设计的材料：阀体 A105，球体 A105＋ENP，轴 A564 T630，密封环 F316＋石墨，密封座 F316＋WC，在制造工艺上的优点是三偏心的结构是在零件球体加工和密封座锥面加工中完成的。阀体的加工和普通阀门一样，简化了制造工艺。

3.5.6　一体式阀座金属密封球阀

现代金属密封球阀密封的困难不是在球体球面和密封座锥面之间，金属密封球阀球体加工大都采用数控磨球机（grinding machine），密封面之间又经过配对珩磨（honing）可以达到气泡级的密封，而金属密封球阀的泄漏，对于浮动球的球阀，其泄漏来自密封座的背面与阀体相接触的表面，对于固定球的球阀，则来自密封座与阀体相接触的圆柱面，这里的密封在高温下，不能采用橡胶密封，而选用石墨填料，它的不可靠是由于是一个动态密封，固定球阀的阀座是浮动的，这一浮动导致了泄漏。由于这一原因，一种简单的有效设计是密封座与阀体一体化设计，VTI 提供了这样一种金属密封球阀的产品，如图 3-72 所示。

由图 3-72 可知，球体直接与副阀体相接触，球体的另一侧有一个密封座和碟形弹簧提供必需的初始密封比压，很明显，阀门是单向的，只能截止一个方向流体的压差，主副阀体之间有一个金属密封环，用 Incoenl 825 制造，外表镀金或银，旨在高温有热循环条件下提供可靠的金属密封。

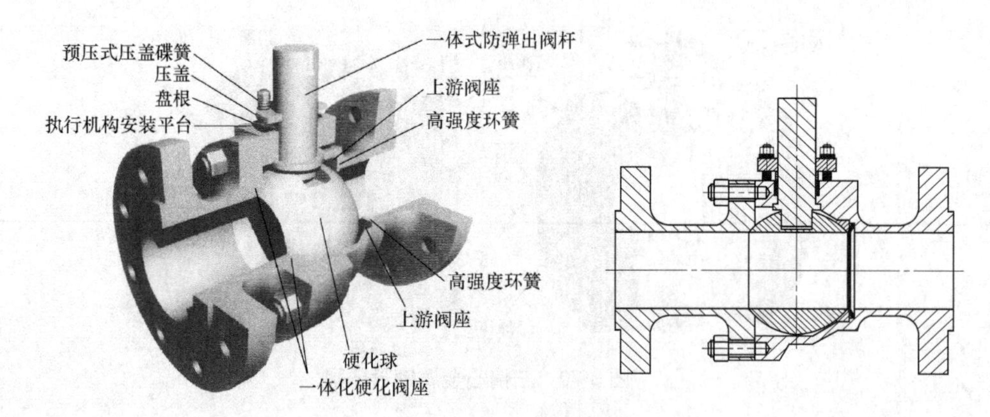

图 3-72 一体式阀座金属密封球阀

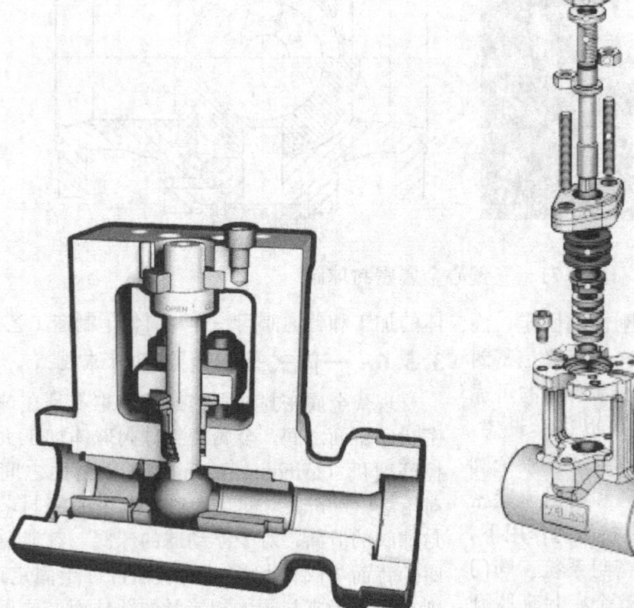

(a) Mogas一体式阀体金属密封球阀

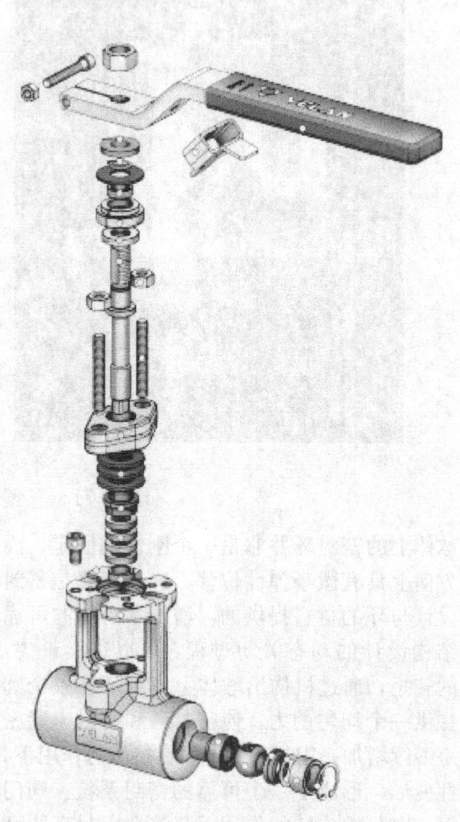

(b) Velan一体式阀体金属密封球阀

图 3-73 一体式阀体金属密封球阀

这一产品，阀体锻造，材料为 F22、A105、F316 和 F91；球体材料为 F6a、Gr660、Inconel 718 可选；密封座材料为 F22、F316；轴采用 Gr660。弹簧材料为 UNS7718。

其标准产品用 50psi 压差测试，介质为空气，测试时间 3min，泄漏量为零气泡数，对于 900～2500 压力级的阀门，用 1000psi 氢气做试验，3500～4500 压力级的阀门，用 4000psi 氢气做试验，时间为 3min，泄漏量为零气泡数。

产品的最大规格为 4in，压力级为 ANSI 900～4500，可用于高温、低温、耐磨和耐冲刷的场合。

3.5.7 一体式阀体金属密封球阀

Mogas 和 Velan 公司的金属密封球阀提供一种一体式模锻阀体结构，这种结构将阀体和操作机构的连接支座一体化，产品压力等级最高为 4500 磅级，通径 1/2～2in，用作电力系统锅炉疏水阀和旁路隔离阀，Mogas将它称为RSVP系列的一种创新设计，Mogas的产品和Velan的产品如图3-73所示。

由图3-73可见该密封球阀的特点为：单向密封；一体化锻造阀体设计；阀杆直接从阀体上部装入，在阀体上端，用一个推力环来防止阀杆被吹出；填料采用碟形弹簧加载（living lead），来防止热冲击和压力波动而引起的填料松弛；属于浮动球结构，出口端密封座密封，进口端密封座背部用一个Inconel材料制造的弹簧提供预紧比压，并由管道压力提供机械力保持良好的密封状态，在阀体上部设计一个90°角的限位装置，球体与阀座配对研磨，100%宽密封带的接触面，确保完全隔离，全开位置时密封面受到保护，可以选用Inconel作为球体的基材，并在表面喷涂碳化铬涂层，增加抗磨损、抗冲刷的能力。

该产品样本材料：球体为410SS/HOVF碳化铬或Inconel 718本体，HOVF碳化铬涂层，密封座材料为410SS+HVOF碳化铬或Inconel 718材料，阀体按温度不同可选用A182 F22，A105或A182 F91锻件，阀杆采用A276 Gr.431氮化处理或Cr17Ni2。填料加载弹簧为Inconel 718，填料压套为316SS氮化处理，填料压盖为410SS，填料为膨胀石墨防挤压环为石墨+Inconel金属丝，止退卡环为A638 660。

3.5.8 磨口球金属密封球阀

美国的Velan公司和Mogas公司采用一个磨口的球体作为球阀的关闭件，就是在球体的中心通孔上在孔的一侧球口磨去一个弧形缺口，缺口在球体开启瞬间或者关闭终了的一侧，这样提供了一个钝边的导流边缘，厚实的缺口硬化层避免了锐边涂层脱落的缺陷。另外，由于这一缺口的存在，在开启的初始和关闭的终了，降低了流体的流速，减少了流体对阀门零件的冲刷，提高了阀门的使用寿命。在高压、高温和含有固体颗粒的两相流场合，提高阀门的性能和使用寿命。图3-74所示是Velan公司小型的一种磨口球金属密封球阀，其设计特征可归纳为：

① 双向密封，并提供一个优选的阀门流体的流向。

② 阀杆采用防吹出设计。

③ 阀杆上设置一个轴套，提供一个导向并防止阀杆磨损。

④ 外部的推力轴承减少阀门的操作力矩。

⑤ 配置重型执行器时，提供的支架能保证与阀轴对准。

⑥ 阀杆填料设置碟形弹簧自动加载。

⑦ 缺口球和特殊的密封座加载系统。

⑧ 提供真空密封试验。

⑨ 采用高速氧喷涂表面喷涂技术，硬度可达70HRC。

⑩ 球体和密封表面粗糙度 $Ra2\sim4\mu m$。

⑪ 出口密封座被锁定。

⑫ 分体式阀体的密封设计采用特殊材料，可以满足在管线外部载荷作用下或者热应力作用下密封的可靠性。

⑬ 产品的规格可提供 $DN15\sim300$，压力等级150～4500磅级，适用于恶劣的工况，高压、高温、磨损、热颤振、外载荷等场合。

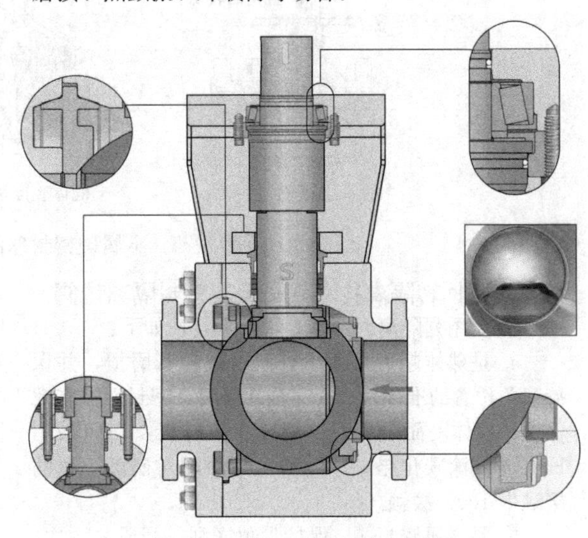

图3-74 磨口球金属密封球阀

3.5.9 Mogas金属硬密封球阀

美国Mogas（图3-75）的金属密封球阀可以分为两个系统，一个是金属密封隔离球阀，称为“直角回转隔离技术”，属于这一系统的产品有C系列隔离阀，CA系列隔离阀和RSVP系列隔离阀，用于高温高压工况下，作为隔离阀、排放阀、放空阀。另一个是金属密封流量控制阀，称为“直角回转流体控制技术”，属于这一系统的有两个系列产品，Rotary Tech催化剂流量控制用金属密封球阀和流量控制阀，“直角回转技术”是指球阀的开关是一个90°角行程，与传统的闸阀、截止阀多回转直行程相比具有很多优点。因此，即使在高温、高压条件下，仍可以成功地替代闸阀、截止阀。作为金属密封球阀其固有的技术特征，可以归为：

① 介质自密封，有别于截止阀和闸阀的外力密封，外力密封可能被松弛；

② 在开启和关闭状态下，密封面被保护不受介质的冲刷和磨损，不同于闸阀、截止阀在工况下密封面受到冲刷和磨蚀；

③ 90°回转，而闸阀、截止阀是多回转，90°回转有利于轴颈填料工作，并且是非提升设计，可获及填料更长的使用寿命；

④ 在工作状态下，没有流体的体积变化，流阻最小。

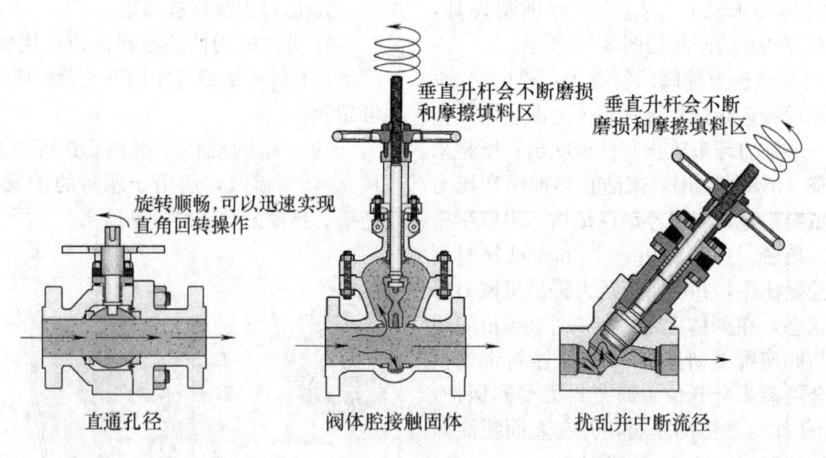

图 3-75　金属硬密封球阀与闸阀、截止阀比较

(1) 直角回转隔离技术——金属密封隔离球阀

① C 系列隔离阀（图 3-76）其特性如下：

a. 是球体超大尺寸设计，以减轻其磨损，并保持开关位置的准确性。在完全开启时，密封面被有效保护，球体表面硬化，选用 410SS 材料，表面采用 HVOF 喷涂碳化铬。球面和密封面配对研磨，宽的接触带 100%接触。

b. 是金属密封座。保持尖角锋利，开或关一次，擦拭或刮削球体表面一次，可最大限度防止固体物质在球体表面积聚。

c. 超大尺寸设计的阀杆，可提供大的操作力矩，并提高阀门使用的安全性和位置的精确度。

d. 填料采用动态加载（living-load），在每次热循环和压力循环后仍保持其密封的可靠性。

e. 阀杆头部有两个经过研磨的平面金属止推轴承，具有自紧密封的作用，并防止固体颗粒进入填料。

f. 阀杆上设置支撑套，避免阀杆由于侧向力，可能引起的填料变形和泄漏。

g. 坚固的执行器连接支架，便于安装执行器。

h. 主副阀体密封衬垫，对于 ASME Class150～1500 级采用一个 Inconel 缠绕垫片和浸渍石墨，对于 ASME Class2500 以及更高的压力级，采用三角形 Inconel 制造的表面镀金的衬垫，能承受热冲击和压力冲击而保持密封性能不变。

球体和密封座的涂层采用两种涂覆工艺，一种是超音速喷涂（HVOF），另一种是喷熔（冶金结合），为提高涂层的可靠性，球体和密封座的本体材料统一，涂层的工艺一致，以及球体边缘锐角的倒圆，减少了表面涂层剥落的危险。

在进口端隔阀座背面因有足够的空间，可确保阀门使用的安全，不会引起阀座被卡住的现象，整体结构拆装方便，最大程度降低阀门的维修成本。

在某些应用场合，介质常在阀座腔内结聚。可以在阀体和密封座背部增加设置外部吹扫系统，来完成清理阀腔内的污物，以保持阀门动作和密封的可靠性，如图 3-76 所示，这一系列的阀门压力等级为 ASME Class150～4500 级，NPS 1/2～36。

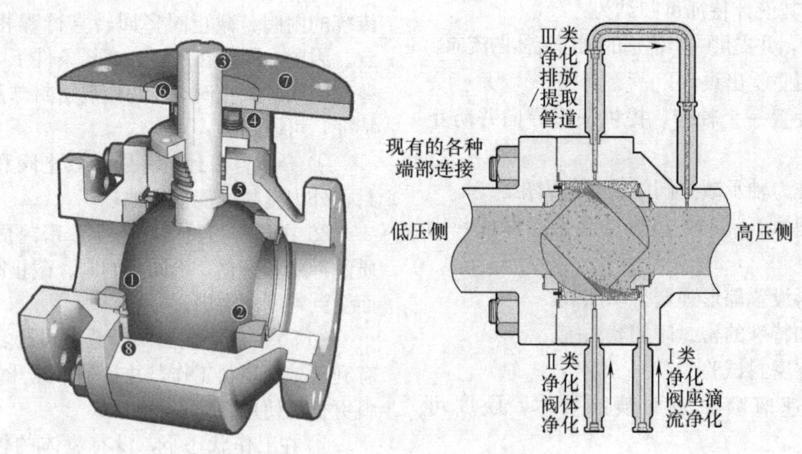

图 3-76　C 系列金属密封隔离阀

② CA-DRI 系列金属密封球阀　是 C 系列球阀的一种变型，适用在重油催化或有固体颗粒工况下应用。其结构上的变化在于进口端密封座的平板支撑弹簧设置在进口端密封座的外缘环形平面上，起到两个作用，一是支撑阀座，二是提供推力使球体与下阀座紧密接触，而进口端阀座背部有很大的空间来防止黏稠液体和固体颗粒结聚，这一系列产品的压力等级为 ASME 300～2500 级，NPS 2～36，如图 3-77 所示。

用一个 Inconel 材料制造的弹簧提供预紧比压，并由管道压力提供机械力保持良好的密封状态，在阀体上部设计一个 90°角的限位装置，球体与阀座配对研磨，100%宽密封带的接触面，确保完全隔离，全开位置时密封面受到保护，可以选用 Inconel 作为球体的基材，并在表面喷涂碳化铬涂层，增加抗磨损、抗冲刷的能力。

该产品样本设计的材料：球体为 410SS/HOVF 碳化铬或 Inconel 718 本体，HOVF 碳化铬涂层，密封座材料为 410SS＋HVOF 碳化铬或 Inconel 718 材料，阀体按温度不同可选用 A182 F22、A105 或 A182 F91 锻件，阀杆采用 A276 Gr. 431 氢化处理。填料加载弹簧为 Inconel 718，填料压套为 316SS 氢化处理，填料压盖为 410SS，填料为膨胀石墨，防挤压环为石墨＋Inconel 金属丝，止退卡环为 A638～660。如图 3-77 所示。

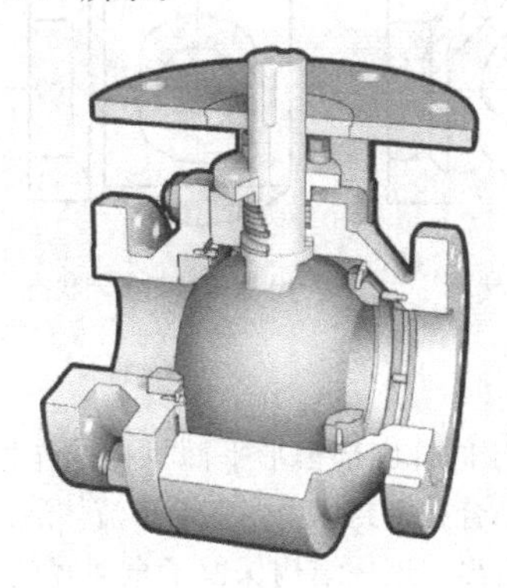

图 3-77　防结聚 CA-DRI 系列金属密封球阀

(2) 直角回转流量控制技术——金属密封控制球阀

① Rotary Tech 催化剂处理阀　流化催化裂化 (FCC) 工艺是将高分子量的碳氢化合物转化为具有附加值的产物，这一过程是在催化剂作用下进行的，催化剂将通过氢化处理的柴油在反应器内转化为汽油。

催化剂为粉末状，为了在再生器中处理超高温催化剂，需要设计一种专用阀，这是一种全流道的球阀，为满足高温和防止粉末磨损的需要，球体表面和通道采用一种特殊的涂层，使这种阀门的使用寿命长达4～5 年，并用间隙的或者是持续的净化系统来清除阀座和阀腔内的堆积物和焦炭，典型的工作条件是超高温 420～820℃。

在设备的操作过程中，阀门执行两个功能：一是无泄漏的隔离催化剂管道；二是控制废催化剂的清理速率。泄漏将浪费催化剂，速率控制不当将会使出口管道过热，或者使再生器内废催化剂堆积，影响设备的性能，所以这种阀门既是一个气密封的隔离阀，又是一个流量控制阀，如图 3-78 所示。

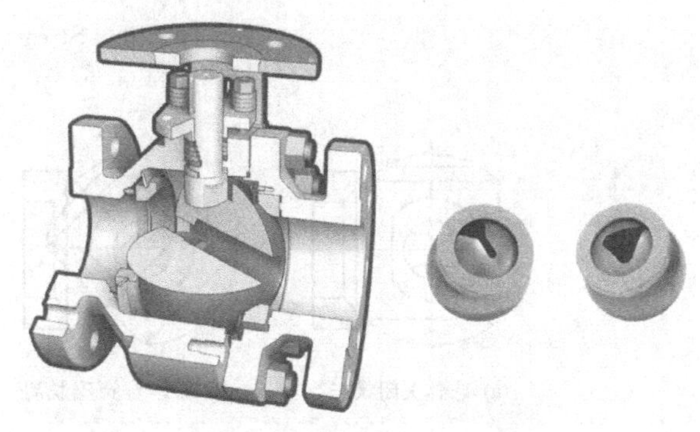

图 3-78　直角回转催化剂处理阀

② Flex Stream 流量控制阀　是一种高温高压设备的放空阀和循环压缩机的旁通阀，具有多级降压功能，限制高压流体的流速，减少管道的振动，防止气穴的产生，降低噪声，减少闪蒸引起的侵蚀，与传统产品相比体积更小，流量系数更大，典型产品如图 3-79 所示。

采用直角回转球阀作为流量控制阀有很多优点：

a. 不同的内件（球体）结构可提供不同工况的需求和不同的流量调节特性；

b. 可以设计成多级的降压、降噪结构来限制液体的流速，振动和噪声；

c. 可调比大，可调范围大于 500∶1，可满足低压差大流量的需求；

d. 执行器直接耦合提高调节的精确性；

e. 在严格的工况下，具有更长寿命。

3.5.10　轨道球阀

轨道球阀是美国 ORBIT 公司产品，之后该公司被 Cameron 公司兼并，因此轨道球阀的产品出现在 Cameron 的样本中。轨道球阀有软密封阀座，亦有金属密封阀座，但是其优点在金属密封轨道球阀中更为突出。与三偏心球阀一样，轨道球阀是借助外力来实施其密封，已经离开了球阀介质密封的原理，是一种借助外力的强制密封，因为是强制密封，所以设计成单阀座，这样就不存在腔体压力异常升高的可能性。

轨道球阀的结构特征是阀杆上有一个螺旋形的轨道，当手轮转动时，阀杆有两个运动：一是回转运动，

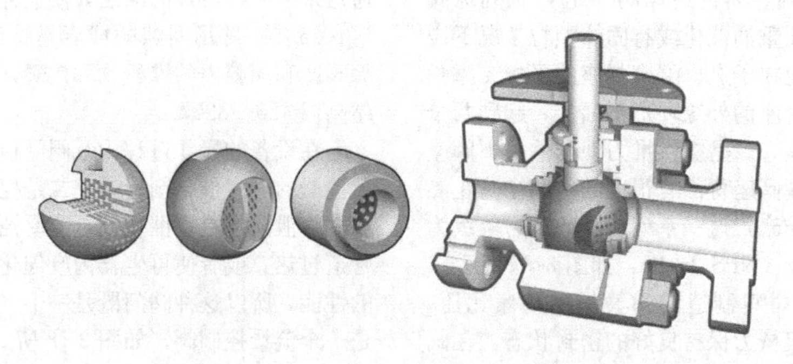

图 3-79 Flex Stream 直角回转流量控制阀

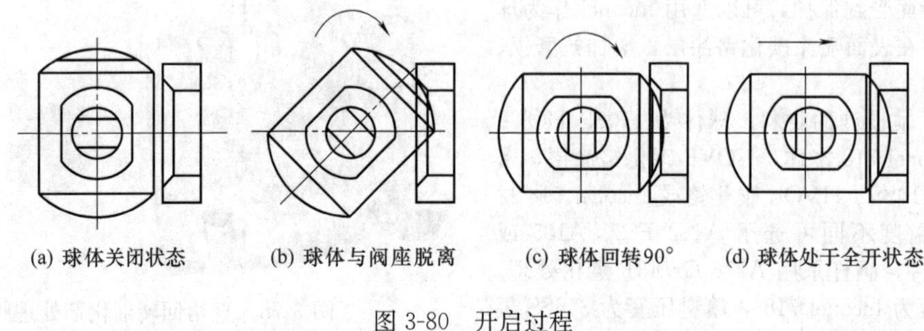

图 3-80 开启过程

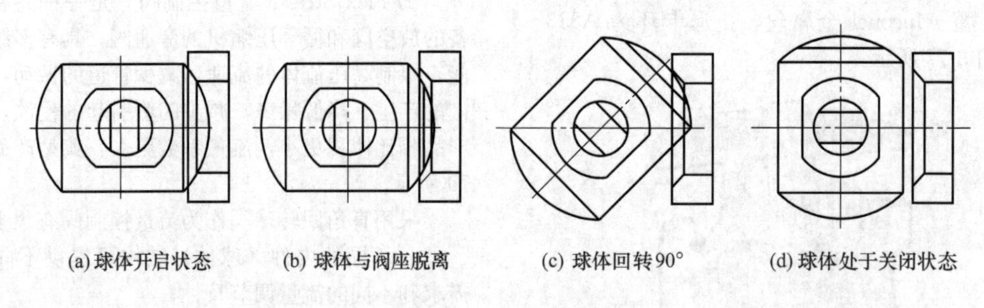

图 3-81 关闭过程

完成 90°角的转动，实施其开、关的过程；二是上下移动，通过阀杆端部的一个斜面，实施球体对密封座的压紧或松开。

阀门的开启过程（图 3-80）为：

① 处于关闭状态的球体在阀杆直线作用力的作用下，通过斜楔使阀门处于紧密的关闭状态；

② 转动阀杆，阀杆被向上提升，阀杆下端的楔形平面使阀球脱离密封座；

③ 阀杆继续提升，通过阀杆上的螺旋槽，与嵌入其内的导向销作用，使阀体做无摩擦 90°回转运动；

④ 阀杆升至限位位置，使球体处于全开状态。

阀门的关闭过程（图 3-81）是一个逆过程：

① 球体处于全开状态；

② 旋转手轮，阀杆受到嵌在导向槽内导向销钉作用，使球芯回转 90°角转动；

③ 阀球处于 90°转角终了位置；

④ 由于阀杆底部楔形平面机构的作用，压迫球芯紧密地贴合在密封座上，切断了流体通道。

可以看出。这一结构保留了全通径的流量特性，转动时阀球与阀座脱离，操作力矩很小，采用机械强制密封，可达到零级泄漏要求，在阀球离开阀座瞬间，阀腔有自清洁作用，顶装式阀体设计，整体刚性较好，缺点是结构复杂，价格昂贵。结构详图如图 3-82 所示。

在整体结构设计中，阀杆设计可分为整体式螺旋阀杆和两段式螺旋阀杆，阀盖的结构可分为封闭式阀盖和填料压盖式阀盖结构，均示于图 3-82 中。

轨道球阀适用于高压，其压力等级 ASME Class 1500～2500 级，尺寸 1～2in，适用温度：标准型 −29～427℃，低温型 −46～260℃。密封材料为金属、尼龙和 PEEK。

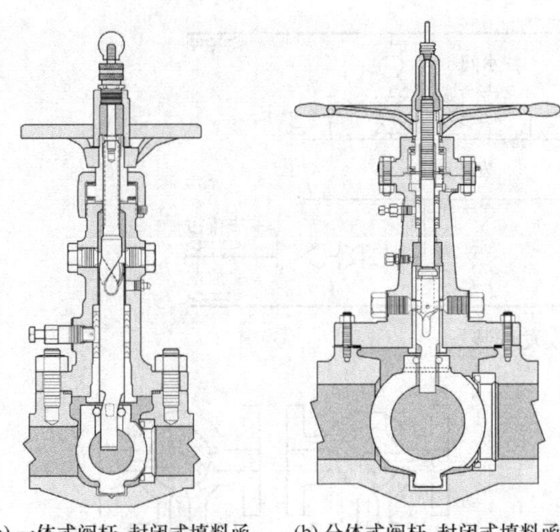
(a) 一体式阀杆,封闭式填料函 (b) 分体式阀杆,封闭式填料函

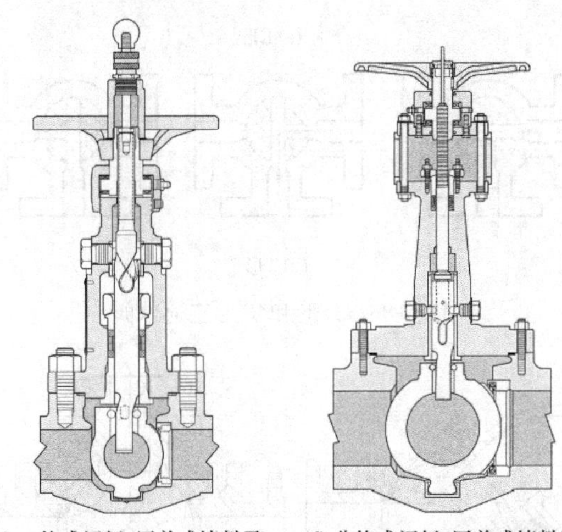
(c) 一体式阀杆,压盖式填料函 (d) 分体式阀杆,压盖式填料函

图 3-82 轨道球阀各种阀盖的结构

3.6 特种球阀

为满足某些特殊工况的需要，发展了某些特种球阀，如球阀换向阀、夹套球阀、衬塑球阀、清管阀和球阀止回阀等。衬塑耐蚀球阀在本书其他章节中介绍，其他几种特种阀门介绍如下。

3.6.1 球阀清管阀

Cameron公司提供了一种全焊接阀体球阀清管阀，它有很多优点，可以取代传统的清管收发球装置。

一个传统的清管收发球装置如图 3-83 所示。它是一个装置系统，由发射筒、主线路截断阀、平衡阀、发射阀、排放阀和放空阀等组成。现在用一个球阀清管阀去替代，大大降低了投资成本。它是将三个阀的功能组合在一个球阀清管阀内，传统的发射装置需要三个阀分别完成三个程序，主管线上的截断阀、发射阀和发射筒。

Cameron的清管阀设在主管线上，兼具截断主管线和发射清管球的两个功能。图 3-84 清楚地表示从装球到发球的全部过程：

① 主管线关闭；

② 阀门腔体内压力泄放；

③ 开启铰链门将球装入阀腔内；

④ 阀腔内允许装入几个清管球（spherical pig）；

⑤ 将铰链门关闭；

⑥ 阀体内充满介质；

⑦ 旋转球体将主管线开启；

⑧ 阀门处于发球位置，发射清管球。

另外清管球阀尚具备下列功能：

① 双截止排放功能，在腔体压力泄放时，同时截断上出口主管线上的压力；

② 可一次装入数个球，具备连续发射清管球的能力；

③ 附加的功能，如腔体泄压、排污、放空、旁通、压力平衡等阀门均可按需增加；

④ 防火和防静电功能。

3.6.2 球阀换向阀

球阀可以作为二通截断阀，也可设计成三通、四通换向阀，用来快速改变流体的流向，如果配以定位器具有调节功能，则亦可用作流体的分配与混合。

按照球体通道的形状，三通球阀换向阀外形和结构如图 3-85 所示，可以分为L形、T形和Y形3种。

L形三通球阀换向阀，其结构原理如图 3-86（a）所示，球体中通道形状是L形，呈直角布置。阀体上有通道A、B、C三个通道，呈T字垂直布置。这样球体转动90°角则可将进口端A的流体从出口端B切换至C，反之亦然。应该注意，浮动球球阀是出口端密封，所以浮动球L形三通换向阀只具备流向切换功能。它不可能同时将进、出口两端的流体截断。如果要做成兼具换向和同时截断两个出口通道的功能，则结构就较复杂，要做成固定球、浮动阀座的结构。

T形三通换向阀的球体与阀体的通道形状一样呈T字形垂直布置。如按照图 3-86（b）布置，可以实施出口通道切换或流体分配的功能。同样如果要使进口端截断，则球阀应设计成固定球浮动阀座。

如果将三通呈 120°按 Y 形分布，就是将球体通道和阀体通道都做成Y形布置，则成为Y形三通换向阀。球体要转动 120°角来实施流体的换向。这样做的目的是改善流动特性、减少流阻、提高流通能力。同样可以做成浮动球结构或者固定球结构，根据客户实际工况的不同。如图 3-87 所示。

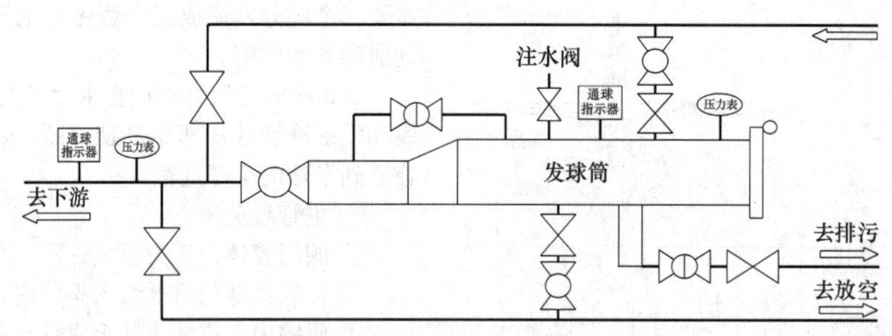

图 3-83 清管收发球装置

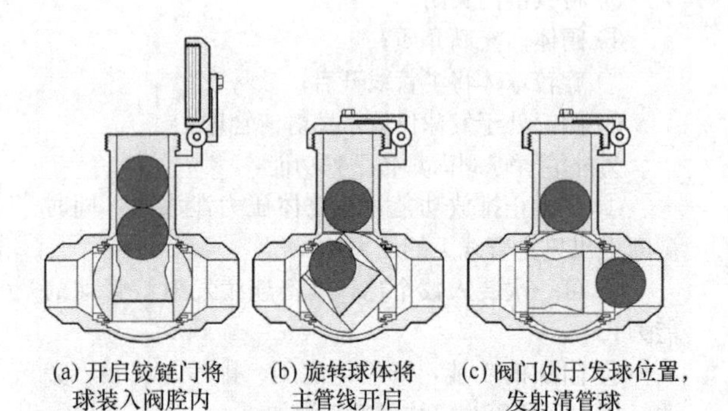

(a) 开启铰链门将球装入阀腔内 (b) 旋转球体将主管线开启 (c) 阀门处于发球位置，发射清管球

图 3-84 球阀清管阀

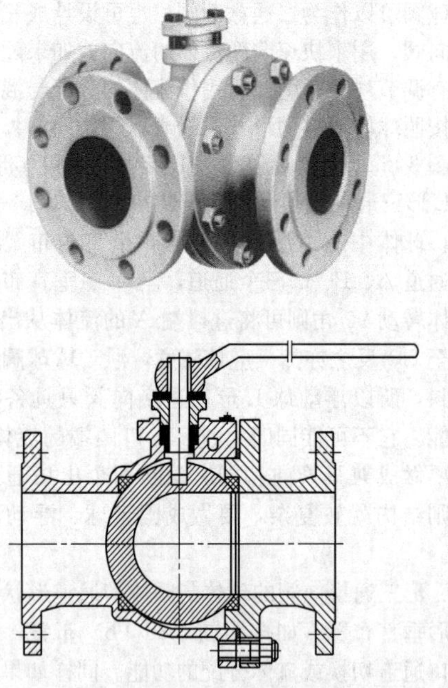

图 3-85 三通球阀换向阀外形和结构

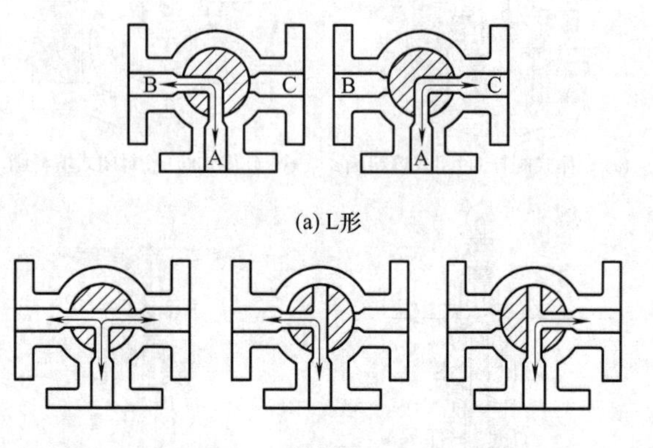

(a) L形

(b) T形

图 3-86 L形和T形三通球阀

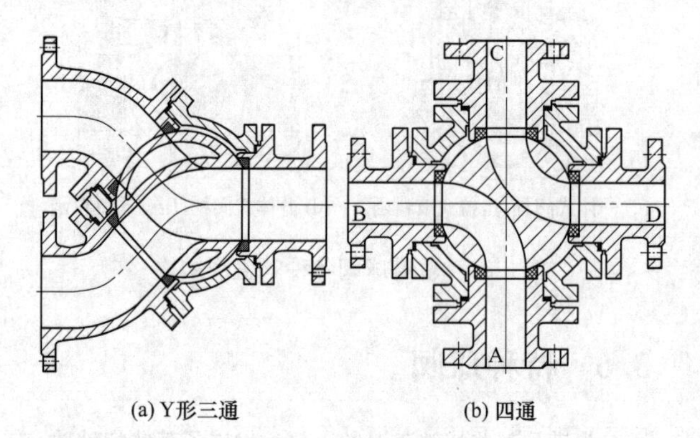

(a) Y形三通 (b) 四通

图 3-87 换向阀

换向阀亦可做成球阀四通换向阀，就是球体上有两个通道，四个进出口。阀体亦做成四个进出口 A、B、C、D，这样当球体转动 90°将 A 与 C 相通，B 与 D 相通，切换成 A 与 B 相通，C 与 D 相通。这在化工、低温工程中，吸附器、干燥器中可获得应用。干燥器由两个干燥筒组成，一个干燥器工作，另一组干燥器解湿，一个循环后切换。这种场合就需要球阀四通换向阀。

3.6.3 夹套球阀

对于输送易于结晶的物料和黏稠介质的流体，需要采用加热和保温的方法来防止物料结晶和改善流体的流动特性。避免阀门堵塞和开关失灵，一般最为常用的是外部蒸汽加热的夹套球阀，如图 3-88 所示。

夹套球阀一般都做成侧装式、整体阀体、浮动球结构，外面有一个保温夹套，夹套与阀体采用焊接结构。有一个蒸汽入口和一个蒸汽出口。蒸汽的压力与温度视主管线流动介质性质，由需方提供。

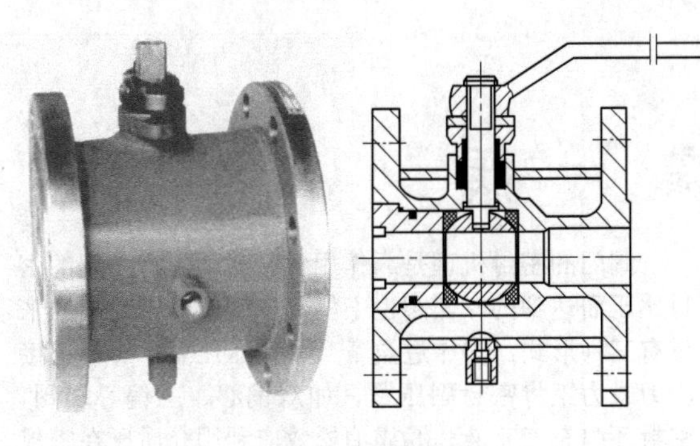
图 3-88　夹套球阀

3.6.4　球阀止回阀

球阀止回阀是一种一阀多用的设计，兼具球阀隔离进口和出口流体的功能及瞬间控制阀门流向的功能。图 3-89 所示就是球阀止回阀的一种设计。其结构是一个普通的浮动球球阀，在球体的通道内设置一个旋启式的阀瓣。这样，球阀可关闭，隔离进口和出口的介质。在球阀开启时，是一个止回阀，流体只能单向流动。当出口端压力高于进口端时，流体被自动切断，特别对于防止管道水击，这种阀门就可替代两个阀门的功能，节省工程投资。

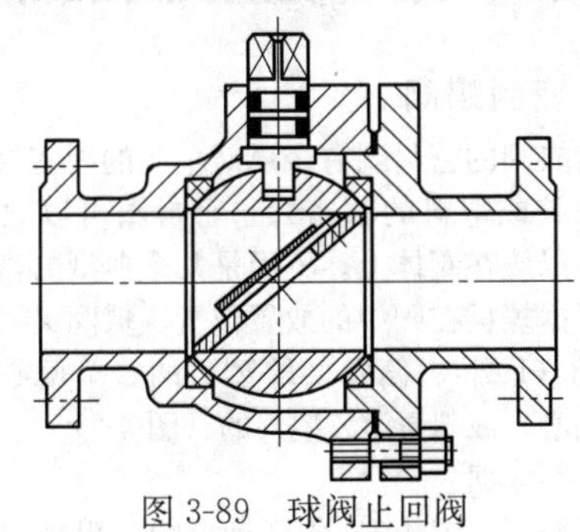
图 3-89　球阀止回阀

参 考 文 献

[1]　邬佑靖．浮动球球阀唇式密封座的设计原理．通用机械，2008.

[2]　邬佑靖．阀门与节能．上海流体工程学会论文集，1996—1997.

[3]　邬佑靖．浮动球球阀的使用范围．阀门，1983 (3).

[4]　邬佑靖．关于球阀密封比压计算方法的探讨．第一届全国阀门年会论文集，1978.

[5]　邬佑靖．管线球阀的发展．中国国际阀门论坛论文集，2006.

[6]　邬佑靖．中国金属硬密封球阀的市场预测．通用机械，2007.

[7]　邬佑靖．管线球阀的技术现状及发展方向．阀门，2007 (6).

[8]　周夏等．锁渣阀在水煤浆加压气化装置上的应用．国际控制阀，2010 (11).

[9]　邬佑靖，徐泽亮．全焊接管线球阀焊接接头的安全评估．阀门，2009 (2).

[10]　邬佑靖．API 6D 双隔离管线球阀的潜在危险．阀门世界亚洲阀门论坛论文集，2011.

[11]　徐泽亮．Application CTOD testing for evaluating Welds on full-welded Ball Valve. Oil & Gas，2006 (7).

[12]　邬佑靖．现代先进制造技术在大型管线球阀国产化中的应用．中国国际阀门论坛论文集，2010.

[13]　API 6D-23—2008．管线阀门.

[14]　ISO 14313—2007．石油和天然气—管线输送系统—管线阀门.

[15]　BS EN14141—2003. Valve for natural gas transportation in pipeline-performance requirements and tests.

[16]　邬佑靖．全焊接管线球阀断裂韧性（CTOD）试验与焊后免热处理安全评估．中国国际阀门论坛论文集，2008.

第 4 章　蝶　　阀

4.1　蝶阀的定义、特点及分类

蝶阀是用盘形关闭件（可以是圆形或矩形等）转动 90°或 90°左右来启闭阀门的一种旋转阀。蝶阀是一种古老的阀门，早期由于密封性能不良，只能作调节用，例如烟道阀便是一种调节蝶阀。随着合成橡胶等弹性密封材料的出现，以及密封机构的深入研究，出现了密封式的蝶阀。弹性金属阀座及新的结构形式的出现，使蝶阀在高温、低温环境中也逐渐被采用。目前蝶阀的发展趋势是既可作调节用，又可作密封用。

蝶阀具有结构简单，不易产生热变形、重量轻、占据空间位置小、阻力相对小、启闭迅速，启闭功率小、密封性好、寿命较长等优点，故得到广泛应用，尤其在低压大口径阀门中的应用日益扩大。总之密封蝶阀在水系统、气系统得到广泛应用。如市政工程的给、排水系统，火力发电厂、核电站各种供水系统、热力管网及污水处理系统，水电站大型水轮机的进水阀，电力、化工、石油、冶金、船舶、造纸、城市燃气、上下水道、食品工业以至原子能和国防工程中，都相继采用蝶阀，而且有向高中压发展的趋势。蝶阀能输送和控制的介质有水、凝结水、污水、海水等各种液体及空气、煤气等气体及蒸汽、干燥粉末、泥浆、果浆及带悬浮物的混合物。目前已有 Class600～1500 的蝶阀。在 20 世纪 70～80 年代，我国也曾制造过 *PN*40 的蝶阀，目前我国已能制造 *PN*100 乃至更高压力的蝶阀。世界上最大的蝶阀尺寸为 32ft (9.75m)。

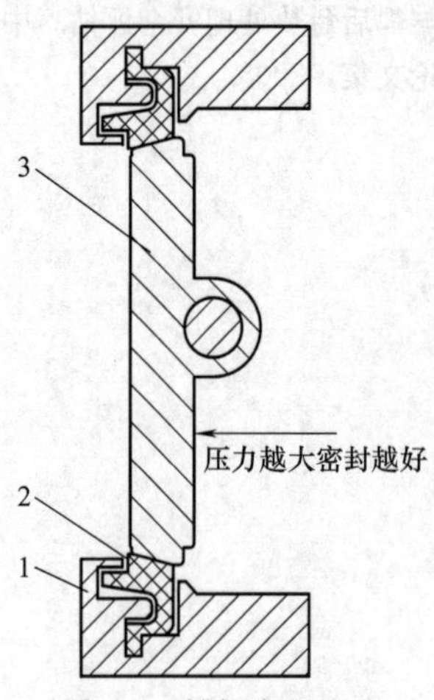

图 4-1　蝶阀密封原理

1—阀体；2—密封圈；3—蝶板

阀门的密封机理是靠作用在密封面上有一定的密封比压而达到的，蝶阀也不例外。蝶阀的密封总的来看有三种形式：①靠过盈量产生比压压紧。②靠直接压力或力矩将密封副压紧，如双偏心、三偏心蝶阀，密封环内充气充液。③靠泊松效应利用介质压在密封圈上。由图 4-1 可知，上下游压差越大则越易密封。有时还利用“肘节效应”的弹性体，该弹性体中间断面薄于外径或内径，当压力作用时，结构允许阀座外径挠曲而使接触表面密封。

蝶阀可以按多种方法进行分类，例如蝶阀按用途和作用分，可分为截断型和调节型；按结构形式分为中线型、单偏心、双偏心和三偏心蝶阀；按密封材料分，可以分为橡胶密封蝶阀、四氟密封蝶阀和金属密封蝶阀。

4.2　蝶阀的各种类型及优缺点

4.2.1　密封蝶阀

密封蝶阀的密封副有金属对金属的硬密封，也有金属对橡胶或塑料的软密封。密封圈可以放在蝶板上，也可以放在阀体上。下面是几个典型的密封蝶阀结构。根据蝶板在阀中的放置位置，蝶阀又可做成中心对称的（I 型）、偏置（H 型）的（单偏心、双偏心和三偏心）或斜置（Z 型）的（图 4-2）。

(1) 中线蝶阀

中线蝶阀（图 4-3）阀杆轴心线与蝶板中心平面在同一个平面内并与阀体管道中心线垂直相交，且蝶板两边面积对于阀杆轴线对称。中线蝶阀一般制成衬胶的形式，由于结构简单，中心对称（I 型）双向密封效果一样，并且流阻较小，开关力矩也小，因此在中、小型蝶阀上广泛应用。但轴头由于经常处于摩擦状态，比其他部位磨损快，容易在此处泄漏，因此衬胶蝶阀中有时在轴头衬有四氟薄膜以减少摩擦或增加弹簧以补偿磨损等，见图 4-4。显然，中线型如做成金属对金属，要密封有些困难，斜置板和偏置板蝶阀轴头没有磨擦，但它们的流阻和密封力矩都比中心对称蝶板要大。

(2) 单偏心蝶阀

单偏心蝶阀（图 4-5）阀轴偏离了蝶板中心平面产生了一次偏心 h，从而蝶板靠阀轴的上下端不再成为回转轴心，消除了上下轴端的摩擦磨损产生泄漏。密封效果更好，不过两个方向密封效果不一致，一般正向（从阀轴流向密封面）易于密封，反向则由于没

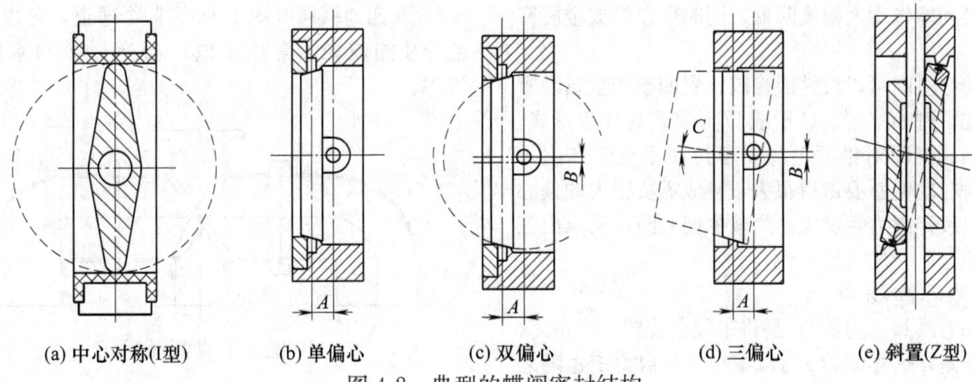

图 4-2　典型的蝶阀密封结构

有密封面的支承作用，易于泄漏。但采用橡胶软密封，利用其弹性，可以很好地实现双向密封。由于其密封接触机理属于“球在圆锥里”（ball in cone），因此蝶板在各开度下总有两点不能脱离接触，当用于调节时，此两点将比其他部位磨损更多一些，对密封将产生不利影响。如果做成金属硬密封，两个正锥配合，在转动蝶板时，密封面将产生干涉，开关有困难。

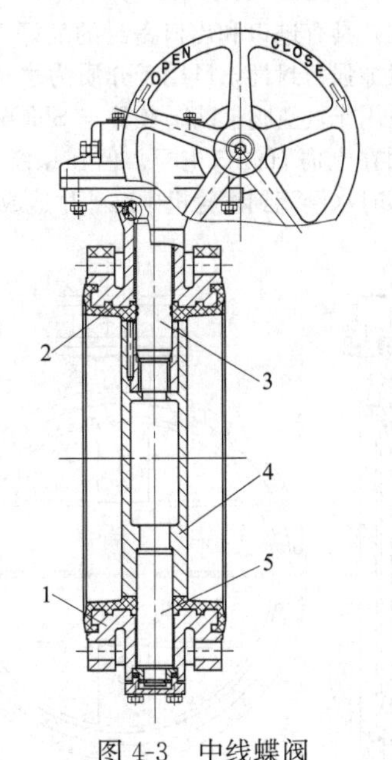

图 4-3　中线蝶阀

1—阀体；2—密封圈；3—上阀杆；4—阀板；5—下阀杆

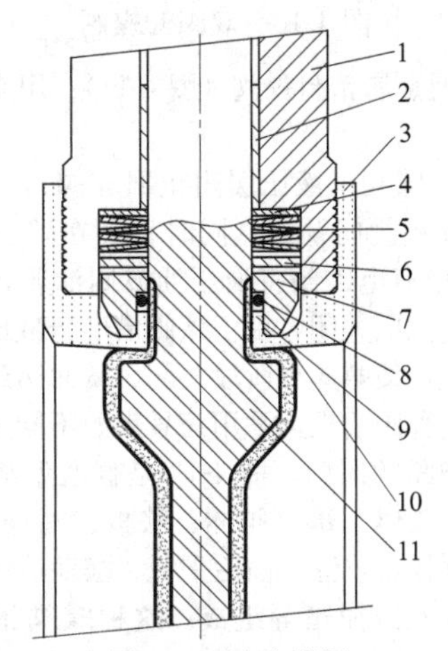

图 4-4　衬胶蝶阀

1—阀体；2—自润滑轴承；3—密封圈；4,6—垫片；5—碟簧；7—推力块；8—氟橡胶 O 形圈（第 3 级密封）；9—环状层密封（第 2 级密封）；10—弹簧作用的机械密封（初级密封）；11——体式带杆蝶板（外包聚四氟乙烯）

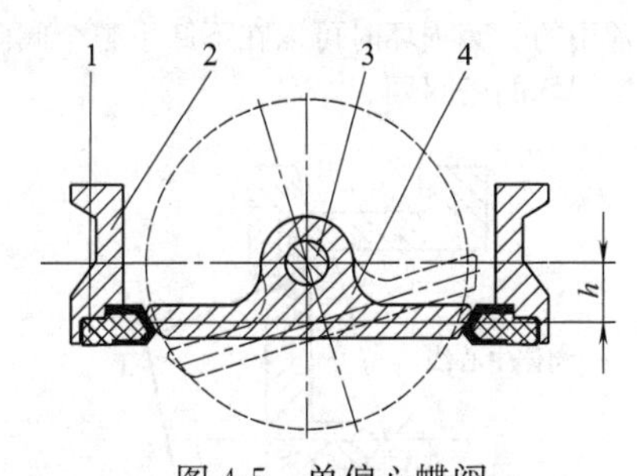

图 4-5　单偏心蝶阀

1—密封圈；2—阀体；3—阀杆；4—蝶板

(3) 双偏心蝶阀

双偏心蝶阀（图 4-6），为了改善单偏心的情况，将阀轴偏移一个距离 e，使轴心与密封点的连线和密封面成钝角（大于 90°），这样，密封时便不产生干涉，而且越关越紧，产生更大的密封面压紧力。双偏心的特点是当阀门开启时蝶板密封面能迅速与阀座脱

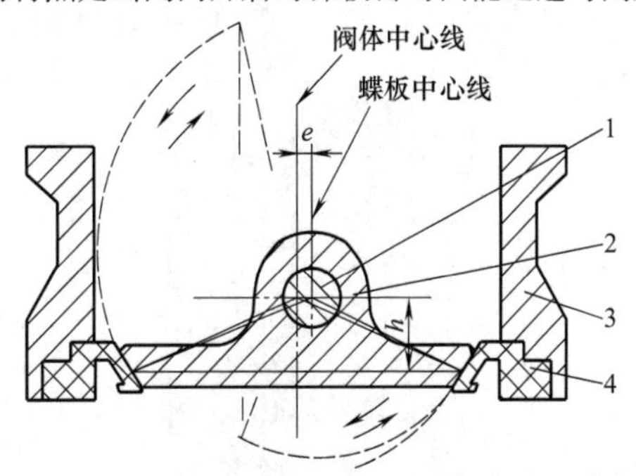

图 4-6　双偏心蝶阀

1—阀杆；2—蝶板；3—阀体；4—密封圈

离，接触刮擦作用大幅度降低，同时可以做成金属密封阀。

双偏心蝶阀可以设计成橡胶、聚四氟和金属硬密封的形式。例如C形、O形或U形属密封环等形式。如果要制成锥面对锥面金属硬密封而不至于产生干涉，有时二次偏心要做得很大，造成需要很大的偏心力矩，以致开阀力矩过大，为减少偏心距，又推出三偏心蝶阀。

(4) 三偏心蝶阀

三偏心蝶阀（图4-7）是将正锥角旋转一个角度，改为斜锥角，这样偏心 e 可以减小，开启力矩也随之减小。当然这只是直观地理解，实际轴心应设置在什么地方还是应该采用三维做运动分析，判断密封副是否会产生干涉。值得指出的是三偏心蝶阀的密封圈不但可以设计成多层次式，也可以做成像Neles那样的U形或O形圈，有些时候甚至可以采用橡胶、四氟等非金属材料，但是采用非金属弹性密封材料，是否有必要做成三偏心值得商榷（双偏心即可）。

(5) 特殊结构的蝶阀

① 蝶板能取出的蝶阀（图4-8）密封圈分前后两套。当常用的一套损坏时可以在不卸下整个阀门的情况下更换损坏的密封圈。

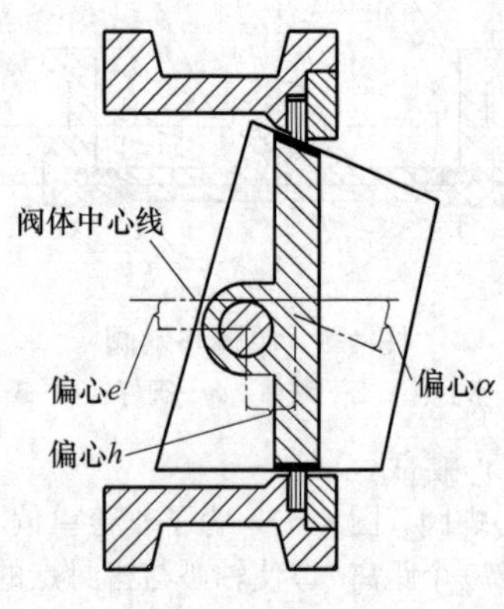

图4-7 三偏心蝶阀

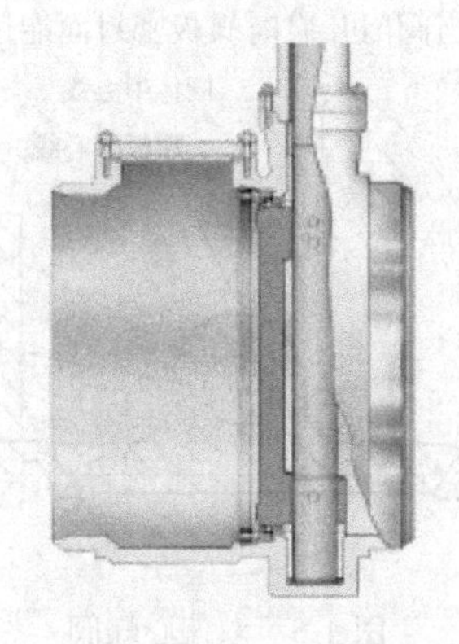

图4-8 蝶板能取出的蝶阀

② 四通蝶阀（图4-9）有四个通道，可以用来改变介质的流向，常用于电厂凝汽器冷却水的反冲洗中。

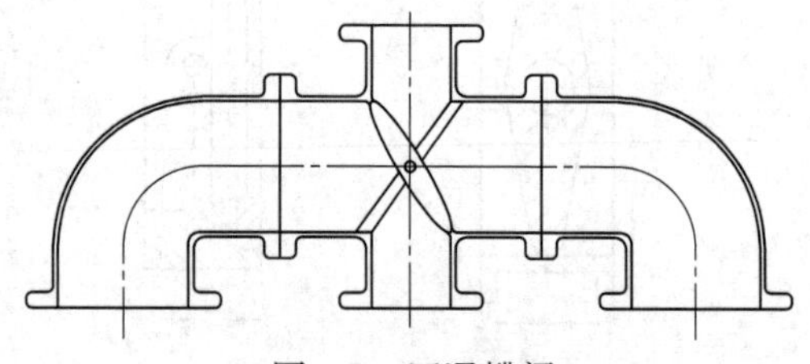

图4-9 四通蝶阀

③ 双阀瓣蝶阀，如图4-10所示，蝶阀蝶板上有双道密封圈，具有进口和出口密封的良好性能。中腔可通水，以加强密封性，可用于介质为水和气体的场合，特别适用作真空阀。该阀在日本SHOWA公司有制造，应用在上海石洞口电厂。但在系统的设计上，应防止开阀时水倒流到汽轮机中对叶片造成危害。

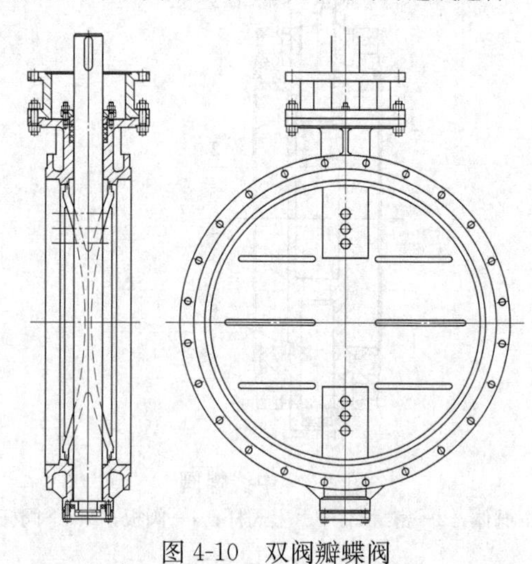

图4-10 双阀瓣蝶阀

④ 三通金属密封蝶阀（图4-11）：用来改变介质流向。

⑤ 液控蝶阀（液压缓闭止回蝶阀），见图4-12，用液压系统将阀门开启（同时将装在臂上的重锤升起），有时设有电磁阀将液压油放回油箱，在重锤的作用下，将阀门关闭，由于该阀借助于液压缸或控制阀门的方法，使蝶阀分阶段关闭，从而达到减少水锤的作用。此种阀门根据采用信号来源不同还可以作为防止管道破断的阀门。图4-13是普通型液控蝶阀外形图，它由阀体下部（阀体、蝶板、阀杆等）、驱动机构（连杆体、重锤、前后平板、摆动液压缸、高压软管）以及液压油箱等组成。这种蝶阀派生出多种类型。

a. 普通型（保位型）。图4-14为普通型（保位型）典型原理图，电动泵与手动泵出口都有止回阀。当电动泵开启时，液压油直接进入液压缸使阀门开

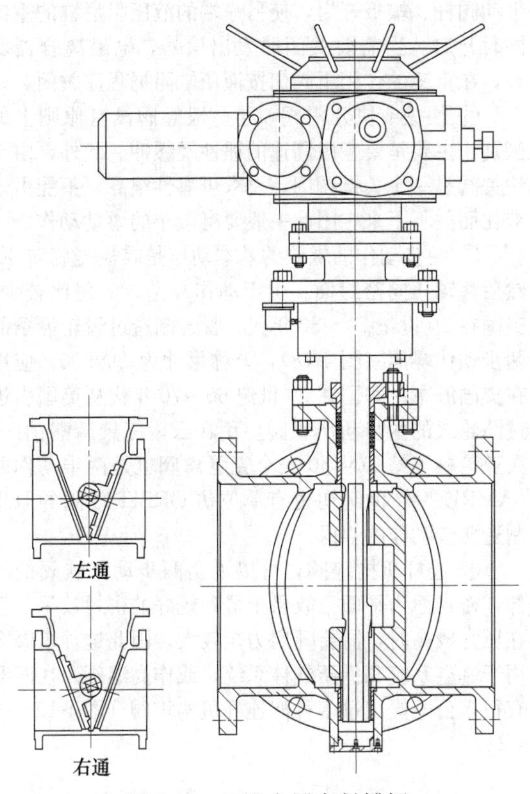

图 4-11 三通金属密封蝶阀

图 4-12 液控蝶阀

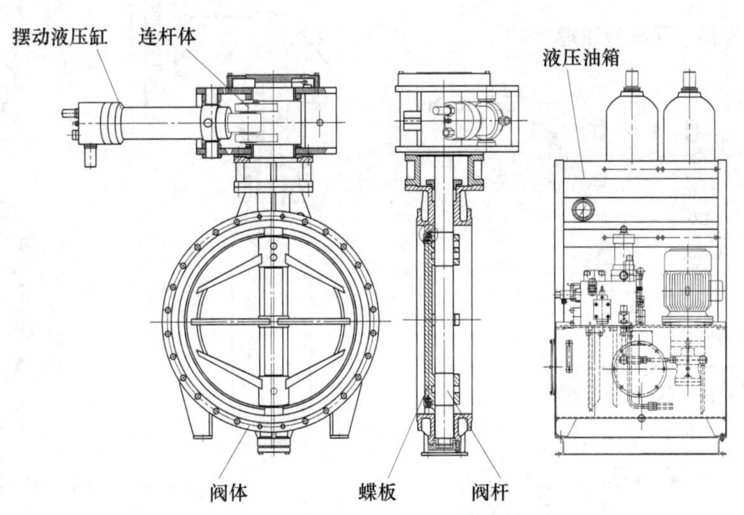

图 4-13 普通型液控蝶阀

启，到达全开位置时，位置行程开关将泵停止。当接到关阀指令时，电磁阀打开通路，阀门按液压缸预调的程序快关或慢关。这种液压系统比较简单，但要求液压阀及活塞缸必须是零泄漏，否则保位行程开关将离位，油泵开启运转。

b. 保压型。图 4-15 为保压型原理图，其是在普通型原理上，在电磁（泄压）阀前增加一个小型蓄能器，以迟缓由于泄漏使重锤掉锤现象。

c. 锁定型。锁定型（图 4-16）是在普通型的基础上加一个插销。当开启以后，用插销将蝶板锁定在开启位置，在接到开阀指令时，蓄能器将插销拔开，在重锤作用下将阀门关闭。蓄能器（无重锤）全液压型（图 4-17）开关都依靠蓄能器的油压。

d. 电动开启、液压阻尼关闭的阀门。它一般是在阀杆的一端安装一个电动装置，而通过电磁离合器

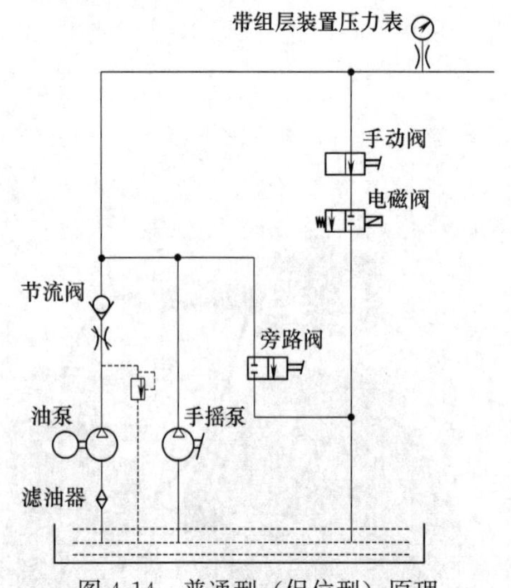

图 4-14 普通型（保位型）原理

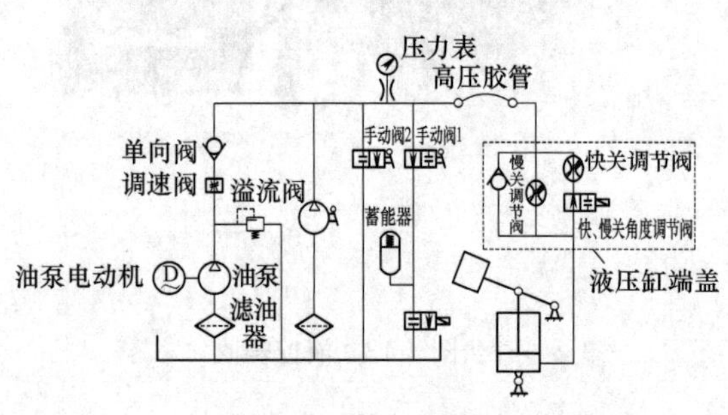

图 4-15 保压型原理

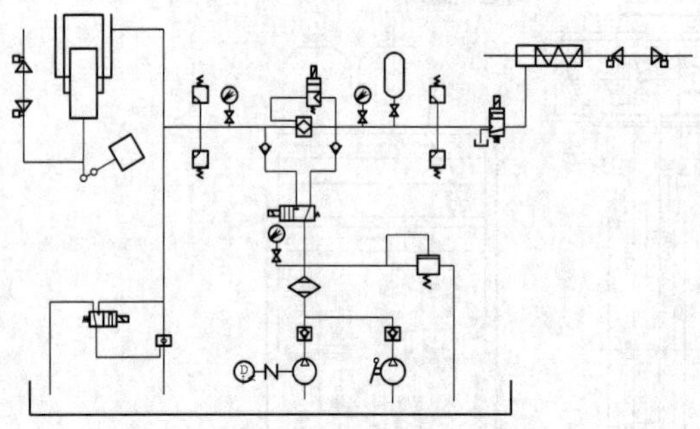

图 4-16 锁定型原理

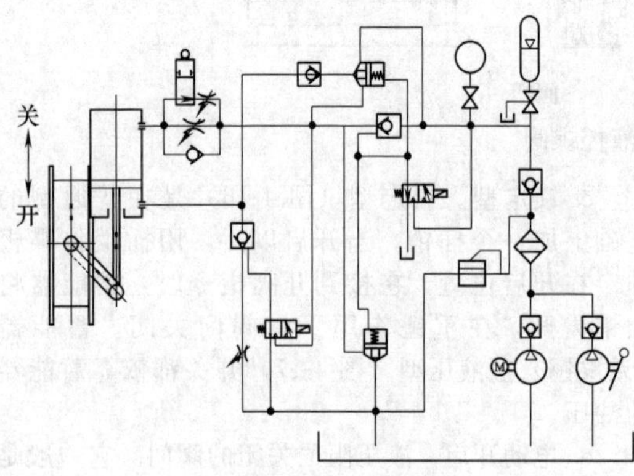

图 4-17 蓄能型原理

带动阀杆、蝶板开启，使另一端的液压阻尼缸的重锤同时开启。当需要关闭时发出信号，电磁离合器断开，在重锤的作用下阀门按液压缸阻尼程序关闭。

⑥ 快关或快开蝶阀，与一般蝶阀没有原则上的区别，主要是要考虑高速的惯性及缓冲。此外，由于快关阀是一个关键阀门，要求可靠性很高，不能由于卡住而关不下来，因此一般要有微小的游动动作。

⑦ 两步动作的蝶阀的基本动作是蝶板先旋转 90°然后移动压向密封面。由于动作复杂，应用比较少。美国在 20 世纪 70～80 年代，曾经制造过齿轮齿条的两步动作蝶阀（图 4-18），公称尺寸为 *DN*900，应用在美国海军。我国在 20 世纪 60～70 年代从英国引进过凸轮式的两步动作蝶阀应用在云南三聚磷酸钠厂。大亚湾核电站 *DN*750 安全壳隔离阀也是两步动作的（AMRI）。21 世纪初也有单位仿 ORBIT 球阀的原理制造两步动作的蝶阀。

⑧ 连杆机构蝶阀，可以说是两步动作蝶阀的延伸，密封面为平面，故易于得到较好的密封效果。但在压力较高时，需要开启力矩较大，因此这种蝶阀多用于真空系统和低压气体系统，或作高温阀。在西欧有很多公司提出过多种四连杆机构蝶阀（图 4-19～图 4-21）。

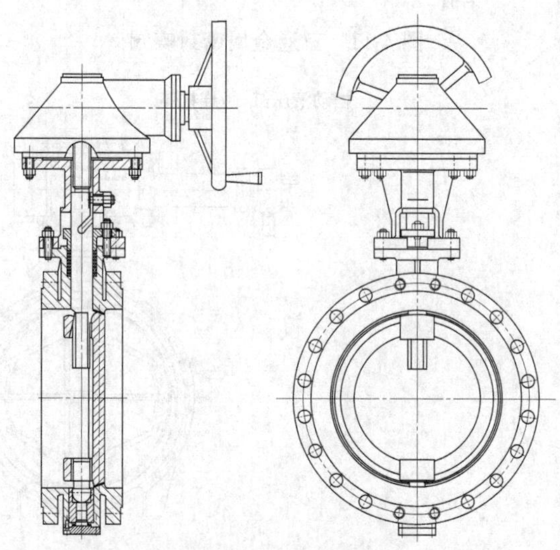

图 4-18 两步动作的蝶阀

⑨ 高温和低温蝶阀（图 4-22、图 4-23）都有一个保温问题。此外，为使温度不传至填料处，把蝶阀制成长颈结构。在高温蝶阀的长颈部位上可有散热片，而低温蝶阀则设有保冷板，以减少冷损。显然高温和低温阀对材料都有严格要求。

⑩ 核电站用蝶阀，由于结构紧凑、简单、重量轻、开关迅速、流量系数高等特点，在核电站有广泛应用，在工艺系统、循环水系统、通风系统等都应用颇多。

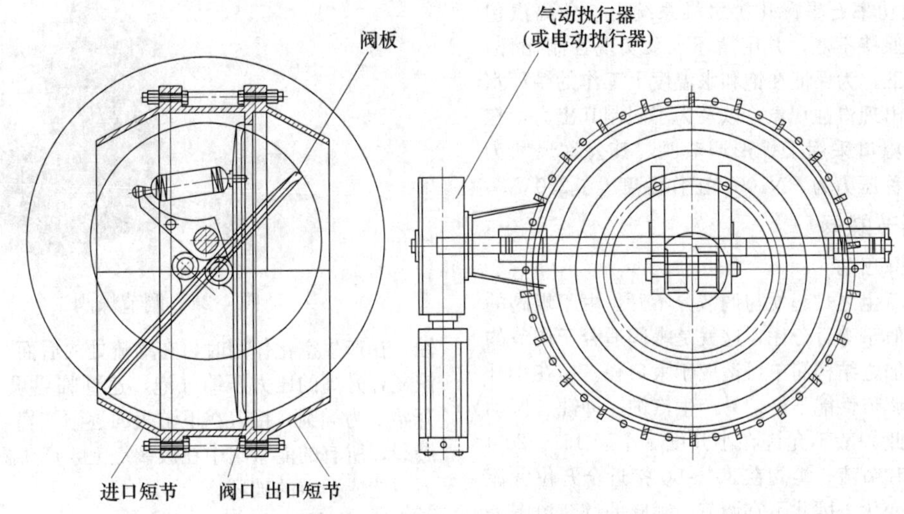

图 4-19　四连杆机构蝶阀（一）

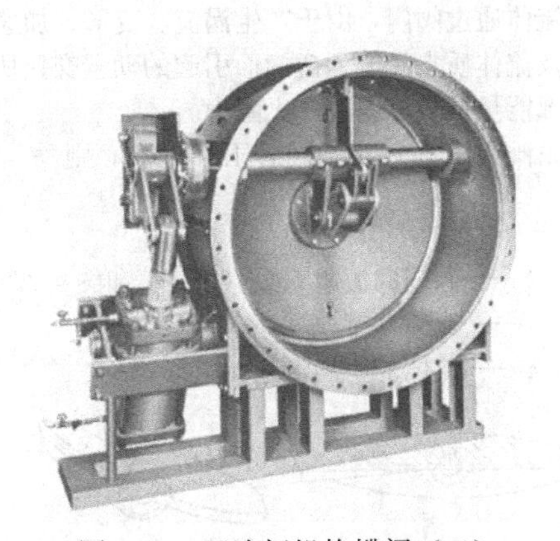

图 4-20　四连杆机构蝶阀（二）

图 4-22　高温蝶阀

图 4-21　四连杆机构蝶阀（三）

图 4-23　低温蝶阀

a. 在安全壳内的工艺系数多采用衬胶蝶阀：小于或等于 *DN*600，小于或等于 *PN*16，$t\leqslant$80℃。

b. 循环水系统大口径蝶阀：小于或等于 *DN*1200，小于或等于 *PN*10，$t\leqslant$80℃。

c. 海水用蝶阀：一般为防止海水和盐雾腐蚀，要求内部衬胶、涂环氧漆或其他防腐涂料，有的采用双向不锈钢和钛合金。

d. 小汽机真空蝶阀：小于或等于 *DN*2400，大亚湾采用的是二连杆蝶阀（*DN*2000）。

e. 安全壳与外界隔离的安全壳隔离阀：大亚湾采用 Amri 的金属密封蝶阀，*DN*250、*DN*750。

f. 汽轮机再热器中低压连通管快关调节蝶阀（双阀组），一般为 *DN*1200～1600。

g. 在大功率石墨慢化沸水堆系统上，分离汽包内的水位应保持不变，并用循环水泵实现强制循环，在这个条件下，为保证在饱和水温度下工作的循环水泵入口处不出现汽蚀现象，以及为了限制其出力，在该循环泵的出口采用了蝶形调节阀，其公称尺寸为 *DN*800，公称压力为 *PN*100，工作温度 $t_p \leqslant 270$℃。

4.2.2 调节蝶阀

(1) 蝶阀的调节

蝶阀从诞生之日起便与调节分不开，由于蝶阀的调节特性近似于等百分比，这就是蝶阀适合于调节的原因之一，加之结构简单可适应于大口径。但在小开度下，蝶阀调节性能不好，易产生汽蚀、冲蚀、振动和噪声。因此一般不允许在小开度（小于 15°～20°）下进行调节和节流。蝶阀在 80°～90°接近全开位置流量基本没有变化。因此不宜调节。蝶阀的调节范围一般为 20°～70°。

调节蝶阀结构如图 4-24 所示，为气动调节蝶阀，调节驱动装置为气动薄膜式，除气动调节阀外还有液动或电动。一般调节蝶阀阀体结构比较简单，阀杆一般是做成直通轴的形式，而蝶板一般为平板对称型（I型）。为了减少动水力矩，也有将蝶板做成盘形、S形或鱼尾形的（图 4-25）。为了在小开度下能起到调节作用出现了疏齿阀（图 4-26）。

蝶阀是一种高压力恢复的阀门，这就容易产生汽蚀。在产生空化作用时，在缩流处的后面，由于压力恢复，升高的压力压缩气泡，达到临界尺寸的气泡，开始变为椭圆，接着在下游表面逐渐变扁，然后突然爆裂，所有的能量集中在破裂点上，产生极大的冲击力，造成下游的破坏。

图 4-24 调节蝶阀

(2) 蝶阀的流阻系数

流体通过阀门，由于产生涡流、变形、加速或减速以及流体质点间剧烈碰撞而引起的动量交换所产生的局部能量损失，因而产生阻力。

设阀前压力为 p_1，阀后压力为 p_2，则

$$\Delta p = p_1 - p_2 = \zeta \frac{\rho v^2}{2} \tag{4-1}$$

式中 ζ——阀门的流阻系数（表 4-1 和图 4-27）；

ρ——流体密度；

v——流体的平均流速。

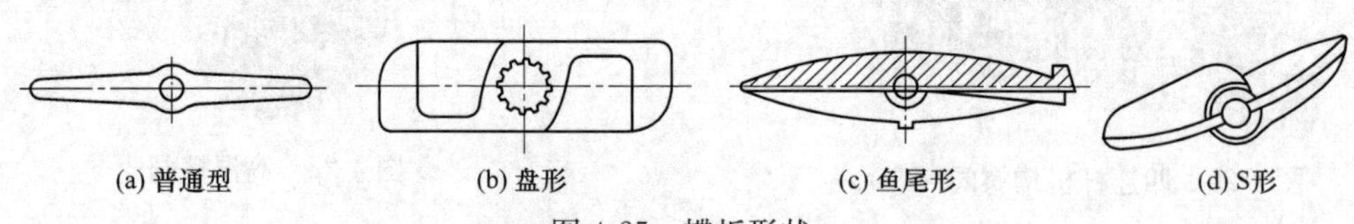

(a) 普通型 (b) 盘形 (c) 鱼尾形 (d) S形

图 4-25 蝶板形状

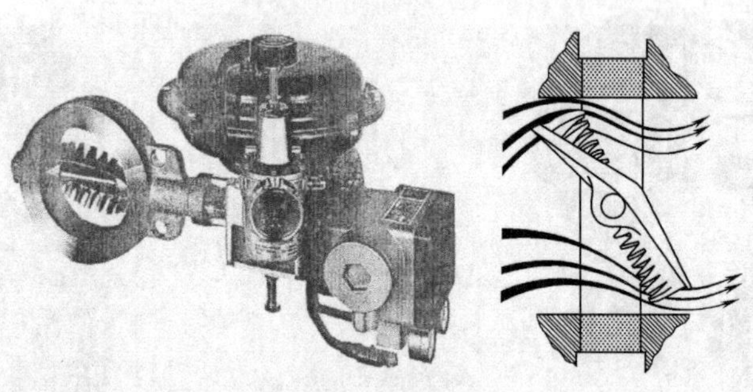

图 4-26 疏齿阀

表 4-1 蝶阀的 ***C***（K_V）、***K***（ζ）值（JB/T 53171—1999）

公称尺寸 *DN*	公称压力				公称尺寸 *DN*	公称压力			
	≤*PN*16		*PN*20、*PN*25			≤*PN*16		*PN*20、*PN*25	
	$C(K_V)$	$K(\zeta)$	$C(K_V)$	$K(\zeta)$		$C(K_V)$	$K(\zeta)$	$C(K_V)$	$K(\zeta)$
40	50	1.64	40	2.56	100	400	1.00	300	1.78
50	80	1.33	45	2.37	125	650	0.92	450	1.93
65	150	1.27	120	1.98	150	1000	0.81	800	1.26
80	250	1.05	200	1.64	200	1900	0.71	1500	1.14

续表

公称尺寸 DN	公称压力				公称尺寸 DN	公称压力			
	≤PN16		PN20、PN25			≤PN16		PN20、PN25	
	$C(K_V)$	$K(\zeta)$	$C(K_V)$	$K(\zeta)$		$C(K_V)$	$K(\zeta)$	$C(K_V)$	$K(\zeta)$
250	3100	0.65	2500	1.00	600	21000	0.47	18000	0.64
300	4700	0.59	3600	1.00	700	30000	0.43	25000	0.61
350	6700	0.53	5400	0.82	800	41000	0.39	35000	0.53
400	9000	0.51	7000	0.84	900	53000	0.37	46000	0.50
450	11500	0.50	9500	0.73	1000	67000	0.35	58000	0.48
500	14000	0.50	12000	0.69	1200	100000	0.33	87000	0.44

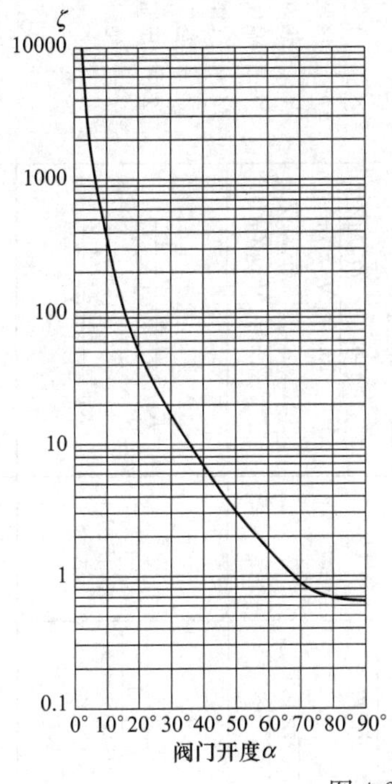

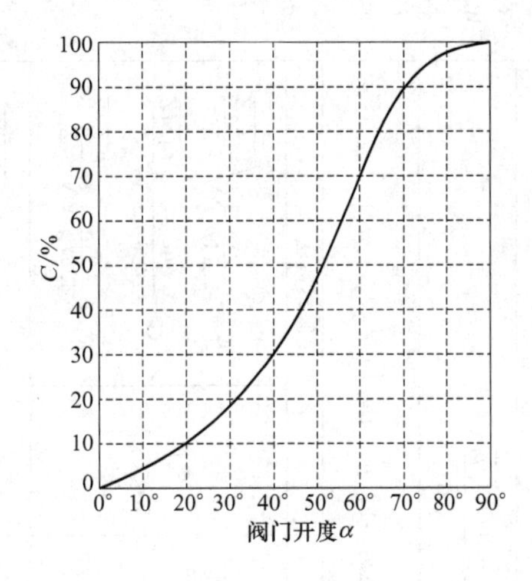

图 4-27　蝶阀的流阻系数

(3) 阀门的流量与流量系数

阀门的流量可由连续方程而得，再由式（4-1）求流速，由此阀门的流量Q为

$$Q=C\sqrt{\frac{\Delta p}{\rho}} \tag{4-2}$$

$$C=5.09\frac{A}{\sqrt{\zeta}}=Q\sqrt{\frac{\rho}{\Delta p}} \tag{4-3}$$

式中　C——流量系数，它与阀门内部结构（阀芯、阀座）、阀前后压差、流体性质等因素有关，表示调节阀的流通能力。

(4) 阀门口径的选择

在一般的流量计算过程中，可以把阀门的流量系数分为额定流量系数和工况流量系数。

额定流量系数是阀门的固有特性，只要阀门结构确定，额定流量系数就随之确定，与工况的温度、压力、密度等无关（具体数值可参考表 4-1）。

工况流量系数，顾名思义，由工况的（最大、正常、最小）流量以及对应的工作温度、阀前压力、阀后压力、介质密度等参数来确定，与阀门结构无关。工况流量系数的计算见表 4-2。

一般情况下，阀门口径的选择原则如下。

① 当蝶阀仅作为开关阀用，即阀门状态不是全开就是全关，此时只要阀门的额定流量系数大于工况所需的最大流量系数即可。阀门口径一般与管道公称尺寸相同。

② 当蝶阀作为调节阀使用时，除阀门的额定流量系数要大于工况所需的最大流量系数外，还应考虑由于阀门结构的限制，蝶阀在小开度下调节性能不好，推荐在最小运行工况下，其阀门开度在20°以上，推荐在最大运行工况下，其阀门开度在70°以下。为了达到节流调节效果，一般希望系统的调节损失主要应在调节阀上，蝶阀的流速可达到 5m/s 左右。蝶阀在满足上述要求的情况下，很多时候阀门口径需要缩径（比管道公称尺寸小），但不得小于管道公称尺寸的 1/2。

表 4-2 调节阀流量系数 K_V 值计算公式

流体		压差条件	计算公式			
液体	一般		$K_V=\frac{10Q_L\sqrt{\rho_L}}{\sqrt{\Delta p}}$ 或 $K_V=\frac{10^{-2}W_L}{\sqrt{\Delta p\rho_L}}$			
液体	高黏度		$K_V=\frac{K'_V}{F_R}$　$K'_V=\frac{10Q_L\sqrt{\rho_L}}{\sqrt{\Delta p}}$			
液体	闪蒸及空化	$\Delta p>\Delta p_T$	$K_V=10Q_L\sqrt{\frac{\rho_L}{\Delta p_T}}$　$\Delta p_T=F_L^2(p_1-F_F p_V)$			
			压缩系数法	平均密度法	线胀系数法	
气体		$p_2>0.5p_1$	$K_V=\frac{q_{VN}\sqrt{\rho_N(273+t)}}{5.14\varepsilon\sqrt{\Delta p p_1}}$	一般气体 $K_V=\frac{q_{VN}}{3.8}\sqrt{\frac{\rho_N(273+t)}{\Delta p(p_1+p_2)}}$ 高压气体 $K_V=\frac{q_{VN}}{3.8}\sqrt{\frac{\rho_N(273+t)}{\Delta p(p_1+p_2)}}\sqrt{Z}$	气体 $X<F_K X_T$	$K_V=\frac{q_{VN}}{5.14p_1Y}\sqrt{\frac{T_1\rho_N Z}{X}}$ $K_V=\frac{q_{VN}}{24.6p_1Y}\sqrt{\frac{T_1MZ}{X}}$ $K_V=\frac{q_{VN}}{4.57p_1Y}\sqrt{\frac{T_1G_0Z}{X}}$
气体		$p_2\leqslant 0.5p_1$	$K_V=\frac{q_{VN}\sqrt{\rho_N(273+t)}}{2.8p_1}$	一般气体 $K_V=q_{VN}\sqrt{\frac{\rho_N(273+t)}{3.3p_1}}$ 高压气体 $K_V=\frac{q_{VN}\sqrt{\rho_N(273+t)}}{3.3p_1}\sqrt{Z}$	气体 $X\geqslant F_K X_T$	$K_V=\frac{q_{VN}}{2.9p_1}\sqrt{\frac{T_1\rho_N Z}{kX_T}}$ $K_V=\frac{q_{VN}}{13.9p_1}\sqrt{\frac{T_1MZ}{kX_T}}$ $K_V=\frac{q_{VN}}{2.58p_1}\sqrt{\frac{T_1G_0Z}{kX_T}}$
蒸气(汽)		$p_2>0.5p_1$	$K_V=\frac{q_{ms}}{3.16\varepsilon\sqrt{\Delta p p_1}}$	$K_V=\frac{q_{ms}}{0.00827K}\sqrt{\frac{1}{\Delta p(p_1+p_2)}}$	蒸汽 $X<F_K X_T$	$K_V=\frac{q_{ms}}{3.16Y}\sqrt{\frac{1}{Xp_1\rho_1}}$ $K_V=\frac{q_{ms}}{1.1p_1Y}\sqrt{\frac{T_1Z}{XM}}$
蒸气(汽)		$p_2\leqslant 0.5p_1$			蒸汽 $X\geqslant F_K X_T$	$K_V=\frac{q_{ms}}{1.78}\sqrt{\frac{1}{kX_T p_1\rho_s}}$

Q_L——液体体积流量，m^3/h

ρ_L——液体密度，g/cm^3

W_L——液体质量流量，kg/h

F_L——压力恢复系数

F_F——临界压力比系数

F_R——雷诺数系数

p_V——饱和蒸汽压，kPa

T_1——入口热力学温度，K

K——气体绝热系数

ρ_s——蒸汽密度（ρ_1、T_1 条件下），kg/cm^3

ρ——密度 kg/m^3

$$\rho=\frac{\rho_N p_1 T_N}{p_N T}$$

ρ_N——气体标准状态下的密度，kg/m^3

p_1，p_2——阀前、后压力，kPa（绝对压力）

q_{ms}——蒸汽质量流量，kg/h

q_{VN}——气体标准体积流量，m^3/h

Δp——压差，kPa

T——热力学温度，K

t——温度，℃

M——气体分子量

G_0——空气的相对密度

Z——压缩因数

k——绝热指数（理想气体的热容比）

$$X=\Delta p/p_1$$

$$F_K=k/1.4$$

$$Y=1-\frac{X}{3F_K X_T}$$

X_T——对 60℃蝶阀取 0.38，对 90°蝶阀取 0.2

4.3　蝶阀的选择

蝶阀选择，首先根据成功的工程实践，有关法律法规，选择合适的结构、材料和压力等级，以确保蝶阀安全可靠。

4.3.1　蝶阀类型的选择

① 蝶阀的流量特性是近似直线，不论是中线型还是偏心型差别不是很大。中线型作为调节及小口径工艺阀是合适的。

② 双偏心与三偏心蝶阀如何选用，这两种结构都有能很快脱离、越关越紧的特点，那么两种结构又如何选用呢？作为软密封采用双偏心，在加工制造方面比较方便。而三偏心加工制造更复杂，但它越关越紧的特点更突出，而且不易产生干涉，因此用于金属硬密封更为合适。目前市场上没有综合地进行分析，认为什么情况下都推荐使用三偏心金属硬密封这是不对的，尤其是大口径常温水系统上推荐使用，没有必要。因为金属硬密封圈更换比软密封圈要难得多，因此在大口径水工用蝶阀宜采用软密封。只有那些不便于维修更换和有较高温度、恶劣工况下，才不得已使用金属硬密封。为了在恶劣工况下便于更换金属密封圈一般将阀体上加长一段，并开一个中口，以便于密封圈的拆卸（图 4-28）。

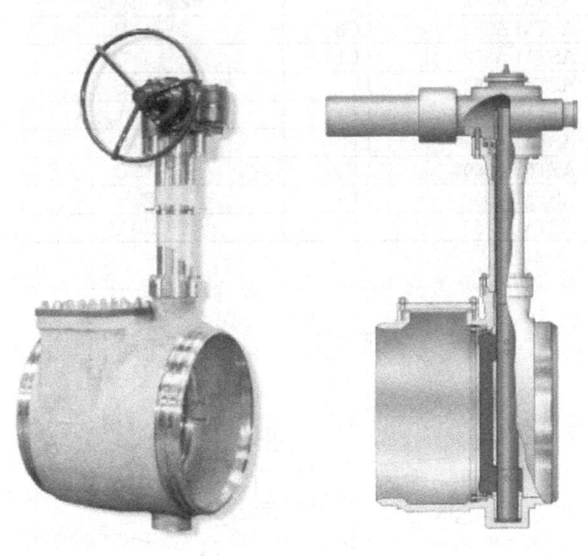

图 4-28　便于密封圈拆卸的蝶阀

③ 真空蝶阀的选择。真空蝶阀有橡胶软密封和金属硬密封两种，从结构上可以是中线型、偏心型和杠杆型，对于要求真空度高的一般是软密封。要求有一定温度只得用金属密封。为了得到好的效果一般能加工的表面宜进行加工且有较好的表面粗糙度和清洁度，不能涂漆和涂一般防锈油，只允许用真空油脂。

4.3.2　蝶阀口径的选择

蝶阀的口径选择主要由流经阀门的介质、流量或流速决定。

对液体一般流速不宜超过 5m/s，最大不超过7～8m/s。通常：水的经济流速 2～3m/s，低压气体流速推荐 2～10m/s，中压气体流速推荐 10～20m/s；对于蒸汽流速，推荐低压蒸汽 20～40m/s，中压蒸汽 40～60m/s，高压蒸汽 60～80m/s。

当然有时为了减少压力损失，将阀门选择大一些，这样流速低一些，但是如果要在小流量下进行调节则不能这样做。

液体在极短的时间内流过一个绝对压强很低的区域出现的快速蒸发和再凝结现象，称为空化，这一现象不可能在气流中出现，因为气体在低压之下其状态是不会改变的。当流体流入压强较高的区域时，蒸汽泡会突然凝结，气泡会崩塌或暴聚。这种暴聚的流速可能达到 110m/s 和高压 50MPa，对壁面产生冲击破坏。为了避免发生空化，应采取一些措施。

① 使流速不致大到产生这么低的压力。

② 将大气引入低压区。

③ 降低压差 $\Delta p_T \leqslant F_L^2$（$p_1 - p_{VC}$），其中 p_{VC} 表示产生阻塞流对缩流断面的压力。

当阀上压差 $p<1.5$MPa 时即使产生汽蚀现象，对材质破坏的情况也并不严重，因此不需要采取特殊措施。

从材料上考虑，一般来说材料越硬抗汽蚀能力越强。

蝶阀不产生汽蚀时，一般汽蚀系数 $\sigma \geqslant 2.5$。

4.3.3　蝶阀材料的选用

蝶阀主体材料要根据介质的性质及工况温度以及流动情况来确定（是否有颗粒、两相流等）。正常情况下要求用户提出阀门主体材料，特别是特殊工况或严酷工况用阀的主体材料。大多数情况下阀体材料与管线材料相同或略高于管线材料。

有关钢制阀门可适应的温度可在 ANSI B16.34 上查得，碳钢无疑是一种通用的经济材料，它耐温可达 425℃，铸铁、球墨铸铁在低压阀门上应用颇多，一般阀体材料的温度极限见表 4-3。

对于耐海水阀门，由于要求不同，视工况及重要性采取如下方法：

① 采用钛合金制造；

② 采用双相不锈钢；

③ 采用衬里橡胶或聚四氟乙烯；

④ 涂环氧或陶瓷涂料；

⑤ 采用低镍铸铁或低合金铸铁。

有时也采用以上几种材料的交叉复合。通常舰船上要求质量轻，宜采用钛合金，而普通电厂和化工厂宜采用衬里或低合金球墨铸铁加涂层。

表 4-3 阀体材料温度极限

名称	材料状态	中国牌号		美国牌号		温度范围
		标准号	牌号	标准号	牌号	
灰铸铁	铸件	GB/T 12226	HT200	ASTM A126	Gr. B	0～200℃
		GB/T 12226	HT250	ASTM A126	Gr. C	
球墨铸铁	铸件	GB/T 12227	QT400-18	ASTM A536	60-40-18	0～350℃
		GB/T 12227	QT450-10	ASTM A536	65-45-12	
碳素钢	铸件	GB/T 12229	WCB	ASTM A216	WCB	−29～425℃
	锻件	GB/T 12228	25	ASTM A105		
		GB/T 700	Q235A	ASTM A283	Gr. C	0～350℃
不锈钢	铸件	GB/T 12230	CF8	ASTM A351	CF8	−254～816℃
		GB/T 12230	CF8M	ASTM A351	CF8M	
		GB/T 12230	CF3	ASTM A351	CF3	−254～425℃
		GB/T 12230	CF3M	ASTM A351	CF3M	−254～450℃
		—	—	ASTM A995	4A	−46～315℃
		—	—	ASTM A995	6A	−101～315℃
	锻件	GB/T 1220	0Cr18Ni9	ASTM A182	F304	−254～816℃
		GB/T 1220	0Cr17Ni12Mo2	ASTM A182	F316	
		GB/T 1220	00Cr19Ni10	ASTM A182	F304L	−254～425℃
		GB/T 1220	00Cr17Ni14Mo2	ASTM A182	F316L	−254～450℃
		GB/T 1220	022Cr22Ni5Mo3N	ASTM A182	S31803	−46～315℃
		GB/T 1220	022Cr25Ni7Mo4N	ASTM A276	S32760	−101～315℃
合金钢	铸件	JB/T 5263	WC6	ASTM A217	WC6	−29～593℃
		JB/T 5263	WC9	ASTM A217	WC9	−29～593℃
		JB/T 5263	C12A	ASTM A217	C12A	−29～650℃
	锻件	NB/T 47008	15CrMo	ASTM A182	F11	−29～593℃
		NB/T 47008	12Cr2Mo1	ASTM A182	F22	−29～593℃
		NB/T 47008	10Cr9Mo1VNb	ASTM A182	F91	−29～650℃
低温钢	铸件	JB/T 7248	LCB	ASTM A352	LCB	≥−46℃
		JB/T 7248	LC1	ASTM A352	LC1	≥−59℃
		JB/T 7248	LC2	ASTM A352	LC2	≥−73℃
		JB/T 7248	LC3	ASTM A352	LC3	≥−101℃
	锻件	—	—	ASTM A350	LF2	≥−46℃
		—	—	ASTM A350	LF5	≥−59℃
		—	—	ASTM A350	LF9	≥−73℃
		—	—	ASTM A350	LF3	≥−101℃

4.4 蝶阀的安装

① 方向。蝶阀从理论上说可以任意方向进行安装，推荐阀轴水平放置的安装方式，这样两端轴承不会在底部（下面），以免介质中的泥沙进入轴承。

② 进水管配置。蝶阀的进水侧存在弯管、丁字管造成流体弯曲和分布不均匀流入阀门时，在管内将发生偏流，因此必须将所产生的偏流均匀配置在蝶板的两侧，以免产生蝶板两侧不均匀受力，并可能产生附加力矩，见图 4-29。

③ 出水管配置。如果在管线上，阀门上为了不承受施加轴方向来的力和弯曲力矩，最好在阀门的出口侧设置伸缩接头。阀门开闭时的阀门水压力不应该由地脚承受，而是通过阀门的法兰，由管路承受为好。

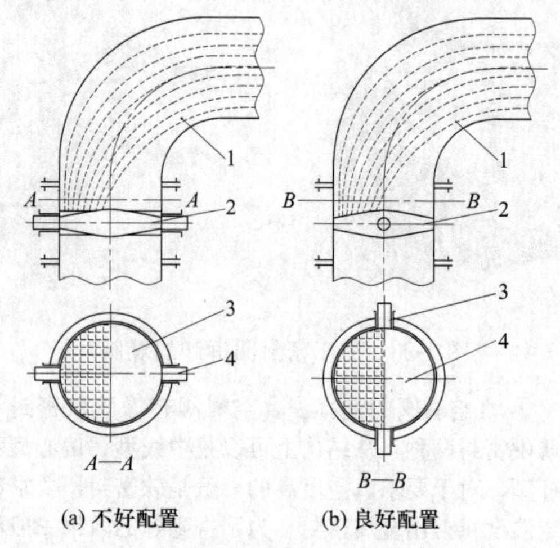

(a) 不好配置 (b) 良好配置

图 4-29 蝶阀进水管配置

1—弯管；2—蝶阀；3—蝶板；4—阀杆

④ 蝶阀一般结构长度都比较短，它的蝶板将伸到相邻的管道或其他部件内，因此要注意不能与其他零件碰撞和干涉。再则要防止相配管道内径的误差大于 c 而与蝶板相碰（图 4-30）。

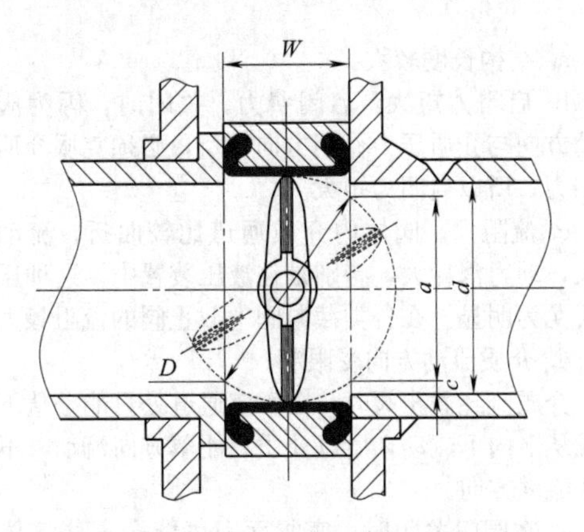

图 4-30 同心式蝶阀的尺寸位置（A类）

a—蝶板弦长；c—公称径向间隙；d—管道内径；D—蝶板最大直径；W—最小安装结构长度

⑤ 蝶阀作为调节用不外乎调节流量和压力。阀的调节都是通过压力的损失来实现。

关于蝶阀的流量与转角的关系曲线像一个积分符号，属于抛物线型。在蝶板开度大于60°的特定情况下增大转角时，流量的变化较小。同样，蝶板转角小于15°时也有类似情况。

为了取得好的调节效果应该注意如下几点：

a. 调节阀的损失至少占系统的1/3。

b. 为了取得好的调节效果往往使阀门的口径比相配管子通径小。

c. 根据经验，通径的确定应使阀门流速达到5m/s。

参考文献

[1] ANSI/AWWA C504—2006. 橡胶密封蝶阀.

[2] API 609. 第7版. 蝶阀：双法兰式，凸耳对夹式和对夹式.

[3] JIS B2064—1995. 水工程用蝶阀.

[4]《阀门设计》编写组. 阀门设计. 沈阳：沈阳阀门研究所，1976.

[5] 吴国熙编著. 调节阀使用与维修. 北京：化学工业出版社，1999.

[6] Philip L. Skousen. 阀门手册. 第2版. 孙家孔译. 北京：中国石化出版社，2005.

第5章 截止阀

5.1 概述

启闭件（阀瓣）由阀杆带动，沿阀座（密封面）轴线做直线升降运动的阀门称为截止阀。

截止阀一般由驱动件（手轮）、阀杆、阀体、阀盖、阀瓣（关闭件）和填料装置等主要零件组成。手轮与阀杆相连，并借助阀杆带动阀瓣，使阀瓣沿阀座轴线方向往复运动，从而使管路接通或切断。

截止阀应用很广泛，主要用于压力较高的及口径较小的场合，一般只生产到*DN*400（NPS 16），更大的口径规格仅应用于特殊管道。例如，大型氧气管道，由于其他阀类存在摩擦易产生静电起火，所以采用大口径不锈钢截止阀。

尽管尺寸达到 NPS 48（*DN*1200）的截止阀已经生产并投入使用，然而美国石油学会指导性文件 API 615《阀门选用指南》对截止阀的选用是这样描述的："虽然大口径和高压力等级也可能是合适的，但压力等级为 150 磅级的标准截止阀适合的公称尺寸不超过 NPS 12，300 磅级时不超过 NPS 10 和 600 磅级时不超过 NPS 8。"

5.2 截止阀的工作原理

截止阀阀杆一般都做旋转升降运动，手轮固定在阀杆顶端。当顺时针方向旋转手轮时，阀杆螺纹下旋，阀瓣密封面与阀座密封面紧密接触，截止阀达到关闭状态；当逆时针方向旋转手轮时，阀杆螺纹上旋，阀瓣密封面与阀座密封面脱开，截止阀开启。

5.3 特点

(1) 优点和不足

① 优点

a. 与闸阀比较，截止阀结构较简单，通常在阀体和阀瓣上只有一个密封面，密封面积小、节省贵重材料、成本低，因而制造工艺性比较好，便于维修。

b. 密封面磨损及擦伤较轻，密封性好。启闭时阀瓣与阀体密封面之间无相对滑动（锥形密封面除外），因而磨损与擦伤均不严重，密封性能好，使用寿命长。

c. 开启高度小，一般仅为阀座通道直径的 1/4，结构紧凑，节省安装空间。

② 缺点

a. 结构长度较大。

b. 启闭力矩大，启闭费力。关闭时，因为阀瓣运动方向与介质压力作用方向相反，必须克服介质的作用力，所以启闭力矩大。

c. 流阻大。阀体内介质通道比较曲折，流动阻力大，动力消耗大，特别是在液压装置中，这种压力损失尤为明显。在各类截断阀中截止阀的流阻最大。

d. 介质流动方向受限制。

介质流经截止阀时，在阀座通道处只能是从下向上或从上向下流动，所以介质只能单方向流动，不能改变流动方向。

e. 在阀门关闭时，密封面间可能会夹住流体介质中的固体颗粒。

f. 安装不便。

(2) 操作特点

截止阀的密封形式为强制密封，在阀门关闭时必须向阀瓣施加足够的力，达到密封必须比压以上，才能实现密封。由于密封力和介质压力是在同一轴线上，当介质由阀瓣下部进入（低进高出）时，由于介质压力与密封力方向相反，阀门关闭力矩远远大于开启力矩，阀杆承受的最大应力为压应力，所以必须具有足够的强度和刚性，否则阀杆会产生挠性变形。正因如此，当截止阀口径规格大于*DN*150（NPS 6）时，为了减小阀门操作力矩从而减小阀杆直径，通常将介质流向改由阀瓣上部进入（高进低出），此时介质压力与密封力方向相同，在介质压力作用下，阀门更容易实现密封，关闭力矩变小，开启力矩增大，阀杆承受的最大应力为拉应力，此时阀杆直径可相应减小。

截止阀开启时，阀瓣的开启高度达到阀门公称尺寸的 25%～30%时，流量即已达到最大，即表明阀门已达到全开位置，所以截止阀的全开位置应该按阀瓣的行程来确定。

截止阀关闭时和再次开启的情况与强制密封闸阀相似，即阀门关闭后，要在密封面上施加足够操作力以实现密封。因此，阀门的关闭力矩应在操作力矩的基础上增加到规定值来确定。而阀门再次开启时，由于要克服静摩擦和热膨胀等因素的影响，阀门开启力矩通常要比关闭力矩还要大，才能可靠地开启阀门，因此在设计时应予以考虑。

为了减小启闭阀门中形成的高冲击压力，截止阀操作时要缓慢，在某种意义上说，要产生与流量速度相一致的变化率。

截止阀的操作力矩呈现以下特性。

①“低进高出”时，阀门由全开位置开始关闭的阶段，操作力所需克服的阻力是阀杆和填料的摩擦阻力和介质压力在阀瓣截面上（轴向）造成的推力，随着阀瓣的下降，流体在阀瓣前后形成压差，阻止阀瓣下降，而且这个阻力会随着阀瓣的下降而迅速增大，随着阀门完全关闭，阀杆施加强制的密封力，阀瓣前后压差达到介质工作压力的最大值，此时阀杆承受最大关闭力矩。在阀门开启过程中，介质压力或阀瓣前后压差形成的推力与阀门开启方向相同，但应该指出的是，在开启瞬间，因为要克服密封面间较大的静摩擦力矩，此时的开启操作力矩有可能还会超过关闭力矩。

②“高进低出”时，阀门由全开位置开始关闭的阶段，操作力所需克服阻力仍是上述两个力，随着阀瓣的下降，流体在阀瓣前后的压差直到阀门关闭时都是有利于阀门关闭的。阀门开启时的情况恰好相反，由于介质压力和阀瓣前后压差所造成的推力都与阀门开启方向相反，所以阀门开启过程所需的操作力矩比关闭力矩要大得多。

5.4 截止阀的密封

5.4.1 阀瓣密封

根据截止阀密封副的材料不同，截止阀可使用金属密封和非金属密封。使用金属密封及非金属陶瓷密封时，不但需要密封比压高，而且需要四周均匀，以达到所需的密封性。根据以上要求，密封副的结构设计有很多种，其密封原理及密封力的计算也不尽相同。

(1) 平面密封

平面密封的优点是阀瓣在装配时有一定的晃量，阀瓣可以自动找正并和阀座密封面吻合，因而对阀瓣的导向要求并不重要；阀瓣是在没有被旋转时落在阀座上的，密封副之间就不会产生摩擦，因此对密封面材料抗擦伤的要求也不严格。同时，由于管道应力导致阀座的内孔圆度变形时，也不会影响密封性能。缺点是介质中的固体颗粒和沉淀物易损伤密封面，其密封原理是当介质从阀瓣下方流入时，所施加的密封力必须等于或大于密封面上所产生的必需比压和介质向上的作用力之和。见图 5-1 和式 (5-1)～式 (5-3)。

$$Q_{MZ} \geqslant Q_{MF} + Q_{MJ} \tag{5-1}$$

$$Q_{MF} = \pi (D_{MN} + b_M) b_M q_{MF} \tag{5-2}$$

$$Q_{MJ} = \frac{\pi}{4} (D_{MN} + b_M)^2 p \tag{5-3}$$

式中 Q_{MZ}——施加于密封面上的总作用力，N；
Q_{MF}——密封面上的密封力，N；
Q_{MJ}——密封面上的介质作用力，N；
D_{MN}——密封面内径，mm；
b_M——密封面宽度，mm；
q_{MF}——密封面必需比压，MPa；
p——计算压力，通常取公称压力，MPa。

当介质从阀瓣上方流入时，所施加的密封力只需要等于或大于密封面上所产生的必需比压和介质的作用力之差，即

$$Q_{MZ} \geqslant Q_{MF} - Q_{MJ} \tag{5-4}$$

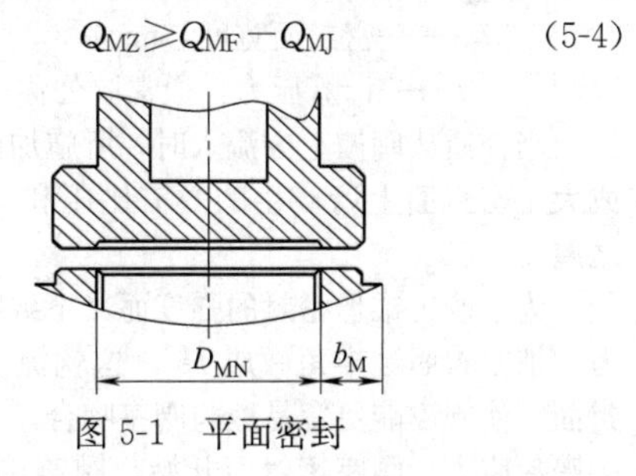

图 5-1 平面密封

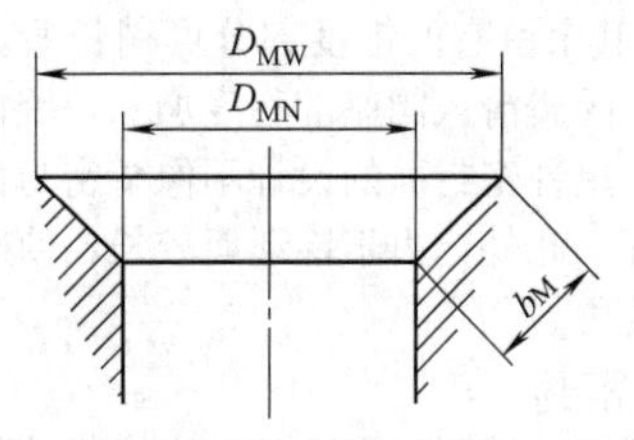

图 5-2 锥面密封

(2) 锥面密封

锥面密封是把密封面做成锥形，使接触面变窄，这种密封在一定的密封力作用下，其密封比压大大增加，更容易实现密封，与平面密封结构相比较，所施加的密封力较小。由于密封面狭窄，关闭时不易使阀瓣正确地压向阀座面，为了提高密封性能，必须对阀瓣进行导向。阀瓣在阀体中导向时，阀瓣受到流体的侧向推力由阀体承受，而不是由阀杆来承受，这就进一步增强了密封性能和填料密封的可靠性。锥形阀瓣用于大口径阀门时，因为管道应力的作用，使阀座孔的圆度产生一定的变形量，不容易实现密封。

另一方面，锥形密封是在两密封面有摩擦的情况下吻合，所以密封材料必须能耐擦伤。锥面密封和平面密封相比，受固体颗粒和介质沉淀物的损伤相对较小，但也不宜在含有固体颗粒和介质沉淀物的介质中使用。其密封原理是当介质从阀瓣下方流入时，所施加的密封力必须等于或略大于密封面上所产生的必需比压和介质向上的作用力之和，见图 5-2 和式 (5-5)～式 (5-7)。

$$Q_{MZ} \geqslant Q_{MF} + Q_{MJ} \tag{5-5}$$

$$Q_{MF} = \frac{\pi}{4} (D_{MW}{}^2 - D_{MN}{}^2) \left(1 + \frac{f_M}{\tan\alpha}\right) q_{MF} \tag{5-6}$$

$$Q_{MJ} = \frac{\pi}{4} (D_{MN} + b_M \sin\alpha)^2 p \tag{5-7}$$

式中 Q_{MZ}——施加于密封面上的总作用力，N；
Q_{MF}——密封面上的密封力，N；

Q_{MJ}——密封面上的介质作用力，N；
D_{MW}——密封面外径，mm；
D_{MN}——密封面内径，mm；
f_M——密封面摩擦因数；
α——密封面锥半角，(°)；
q_{MF}——密封面必需比压，MPa；
b_M——密封面宽度，mm；
p——计算压力，通常取公称压力，MPa。

当介质从阀瓣上方流入时，所施加的密封力等于或大于密封面上所产生的必需比压和介质的作用力之差。

为了改善锥形密封的强度而又不致牺牲其密封应力，把密封面锥半角做成15°，这就提供了较宽的密封面，使阀瓣能更容易地与阀座吻合。为了达到较高的密封应力，阀座密封面开始与阀瓣接触部分较窄，约3 mm，其余留有的锥度部分可稍长些。当密封负荷增大时，阀瓣滑入阀座的程度加深，因而增加了密封面宽度。这种密封面的设计不像窄密封面那样容易受冲蚀损坏。此外，由于锥形面较长，使阀门的节流特性得到改善。

(3) 球面密封

把阀瓣做成球形（图5-3)，阀座做成锥形。阀瓣的球体在阀杆的孔内能自由转动。因此阀瓣能在阀座上做一定范围的转动而进行调整。由于两密封面的接

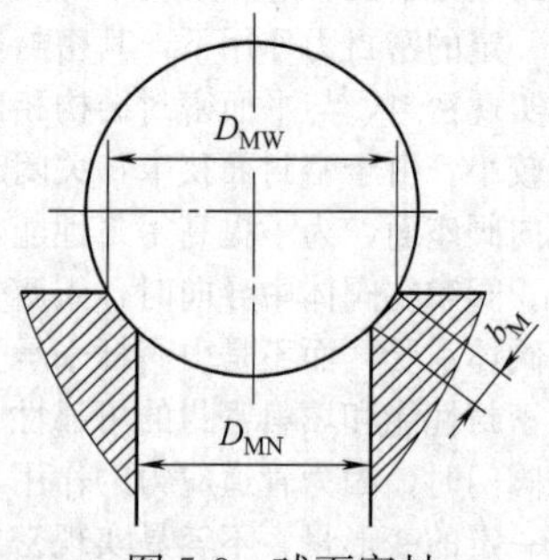

图5-3 球面密封

触几乎成一线，即线密封，故密封应力很高，更容易实现密封。阀瓣球体还可以使用硬质合金或陶瓷材料，硬度可达到40～60HRC，而且能耐很高的温度，因此可以应用于高温截止阀。缺点是密封面线型接触容易受冲蚀而损坏，所以阀座应选择耐冲蚀材料。球面密封的截止阀可适用于介质中带有微小固体颗粒的气体或液体。其密封原理是当介质从阀瓣下方流入时，所施加的密封力必须等于或略大于密封面上所产生的必需比压和介质上的作用力之和。

$$Q_{MZ} \geqslant Q_{MF} + Q_{MJ} \tag{5-8}$$

$$Q_{MF} = \pi D_{MN} q_{MF} \tag{5-9}$$

$$Q_{MJ} = \frac{\pi}{4} D_{MN}{}^2 p \tag{5-10}$$

式中 Q_{MZ}——施加于密封面上的总作用力，N；
Q_{MF}——密封面上的密封力，N；
Q_{MJ}——密封面上的介质作用力，N；
D_{MN}——密封面内径，mm；
q_{MF}——密封面必需比压，MPa；
p——计算压力，通常取公称压力，MPa。

当介质从阀瓣上方流入时，所施加的密封力必须等于或略大于密封面上所产生的必需比压和介质向下的作用力之差。

5.4.2 阀杆密封组件

阀杆密封组件是影响阀门产品性能的一个主要部件。阀杆密封组件与密封结构确定以后，阀门的总体设计方可以顺利地展开。

在截止阀、节流阀等许多阀门中，阀杆密封组件大体分波纹管密封结构与填料密封结构两种基本类型。波纹管密封结构的密封性能相当可靠，主要用于易燃、有毒及有腐蚀性的管路中；填料密封结构也有很好的密封性能，并且制造方便，成本较低，在阀门中应用十分广泛。

(1) 波纹管密封结构

① 基本类型 阀杆波纹管密封结构的类型有很多种，但从承受压力载荷的性质来分，只有外压及内压两种基本类型，如图5-4所示。

波纹管密封结构的设计应严格保证工作介质不能通过阀杆或阀瓣的运动间隙向外泄漏，并且能对波纹管元件的变形方式及变形量加以限制。

图5-4 (a) 所示为外压式密封结构，导向套3和阀杆1分别与波纹管4的两端焊接在一起（滚焊或氩弧焊），阀杆1的下端与阀瓣相连，上端与驱动机构相连，导向套3通过阀盖或支架紧压在阀体上密封面上，固定不动，阀杆则做轴向运动。因此，波纹管内腔与大气相通，外腔则与工作介质接触，承受介质压力。

图5-4 (b) 所示为内压式，接头7通过阀盖或支架紧压在阀体上密封面上，阀瓣可以上下运动，阀瓣上端与驱动机构相连，下端可以直接制成密封面，也可以另外连接阀瓣，阀瓣和接头分别与波纹管6的两端焊接。因此，波纹管内腔接触工作介质，承受介质压力，外腔则与大气相通。

在截止阀与节流阀中，驱动机构（传动装置或手轮）的输出运动通常为旋转运动。如果将阀杆或阀瓣直接与之相连，则波纹管元件势必受到扭转直至损坏。因此，为了避免波纹管元件被扭坏，在阀杆1上设有导向键2［图5-4 (a)］或在阀瓣5的上部两侧设有导向槽［图5-4 (b)］，并应在驱动机构与波纹管密封结构之间设置中间运动转换机构，使驱动机构的旋转运动转换为阀杆或阀瓣的轴向运动。

波纹管的变形量即为阀芯的工作行程，如果波纹管的变形量超过元件本身的限度，将会导致密封结构

的过早损坏。因此在各种波纹管密封结构中通常都设有变形量限制机构，例如外压式结构中阀杆的轴肩位置和内压式结构中接头的凸台高度均是常见的实例之一。也可以在驱动机构中采用行程开关等方式对波纹管的变形量加以间接限制。

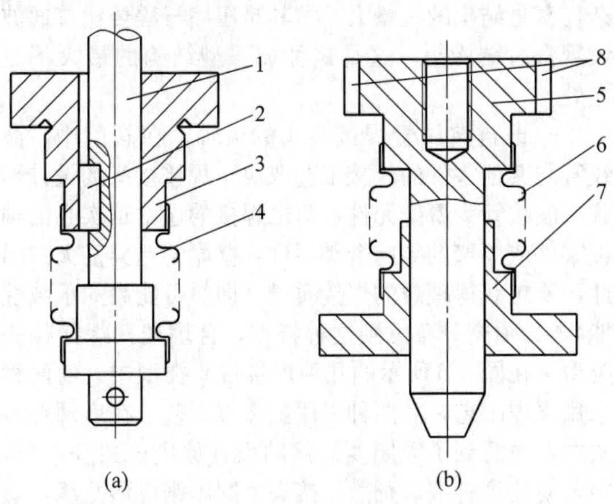

图 5-4 波纹管密封组件

1—阀杆；2—导向键；3—导向套；4,6—波纹管；5—阀瓣；7—接头；8—导向槽

② 波纹管的种类 按照材料来分，有金属波纹管和非金属波纹管两种。金属波纹管的材料有不锈钢耐酸钢，例如 1Cr18Ni9Ti、1Cr18Ni12Mo2iT、00Ci18Ni10、00Cr17Ni14Mo3 等；铜合金，例如铍青铜、锌黄铜等；因科镍合金及铝等。非金属波纹管的材料主要为聚四氟乙烯。

波纹管的种类按波形来分，有 Ω 形波纹管、U 形波纹管、三角形波纹管、圆形波纹管、特殊曲线形波纹管等多种，如图 5-5 所示。在管道阀门中，作为密封元件使用的波纹管波形通常只用 Ω 形、U 形、三角形及特殊曲线形几种。我国目前大量使用 U 形波纹管，三角形波纹管及特殊曲线形波纹管使用较少。三角形波纹管主要由聚四氟乙烯车制而成，只能用于很低的工作压力，且尚未形成系列和标准，波纹管还可以按照层数、成形方法及横截面形状等方法来分类。对于阀门来说，只使用其中的几种，而且仅限于圆形截面。

③ 波纹管的选择 波纹管的直径主要根据工作压力与结构设计确定。选择波纹管长度的依据是阀芯的工作行程（开启高度），波纹管的线性位移量应等于或略大于阀芯的工作行程，即应满足下式要求：

$$H \leqslant nf \text{ 或 } n \geqslant H/f \tag{5-11}$$

式中 H——阀芯工作行程，mm；

f——波纹管单波允许位移（或单波行程），根据波纹管直径与壁厚选取，mm；

n——波纹管的波数。

根据上式确定的波数，n 通常不是整数，应采用进一法加以圆整。

波纹管的波数 n 确定以后，就可以计算出波纹管的自由长度 L。

对于 A 型波纹管：$L=(n-1)t+a+2l$

对于 B 型波纹管：$L=(n+1)t-a+2l$

对于 C 型波纹管：$L=nt+2l$

式中 t——波距，mm；

a——波厚，mm；

l——两端配合部分长度，mm。

④ 提高波纹管密封结构承载性能的一般途径 在阀门中，波纹管密封结构通常同时承受工作介质的温度与压力载荷的作用，而且必须具有耐蚀性能和抗疲劳负载的能力。由于波纹管元件与阀体常可选择相同的优质材料，因此，对于波纹管密封结构来说，温度、介质腐蚀及疲劳负载一般并不当做主要问题来看，唯有压力载荷的作用极大地限制了阀门的使用范围，迫使人们为提高这种密封结构的承载性能进行了多方面的研究。

到目前为止，这种研究工作还没有取得理想的结果，只能说找到了提高这种密封结构承载性能的一般途径。

a. 尽可能选择较小直径、较大壁厚的波纹管作为密封元件 波纹管直径愈大，耐压力即阀门工做压力愈低，反之，直径愈小，耐压力愈高；在波纹管直径相同的情况下，波纹管壁厚愈大，耐压力也愈高。因此，对于某一公称尺寸的阀门来说，在不妨碍阀杆

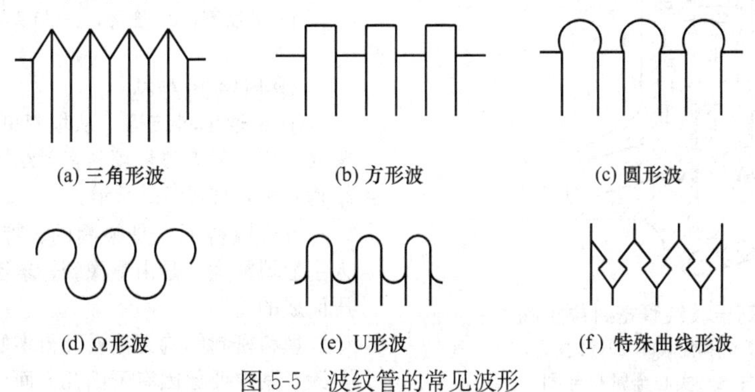

图 5-5 波纹管的常见波形

或阀瓣做轴向运动，也就是说在不使波纹管内径受到阀杆或阀针擦伤的前提下，首先应当选择较小直径、较大壁厚的波纹管。波纹管内径与阀杆或阀瓣的相对直径之间通常应当保持 2～4mm 的运动间隙为宜。另外，当较大壁厚的波纹管仍不能满足使用要求时，可选择双层或多层波纹管。

b. 采用铠装环加强波纹管密封结构的压力承载性能。在管道补偿器中，加强的方式很多，在阀门波纹管密封结构中，加强的方式主要为铠装环式，限于阀门结构，其他方式极少采用。

铠装环加强的基本方式是在波纹管的波谷间或波峰内设置一个加强环，如图 5-6 所示。加强环可以是实心金属 O 形圈、空心金属 O 形圈或机制 T 形环。加强环设在波谷间的称为外铠装加强型，加强环设在波峰内的称为内铠装加强型。内铠装加强型一般不能采用机制 T 形环作加强环。加强环的材料应与波纹管材料相同，至少应当与波纹管材料具有十分相近的热膨胀系数和耐蚀性能。

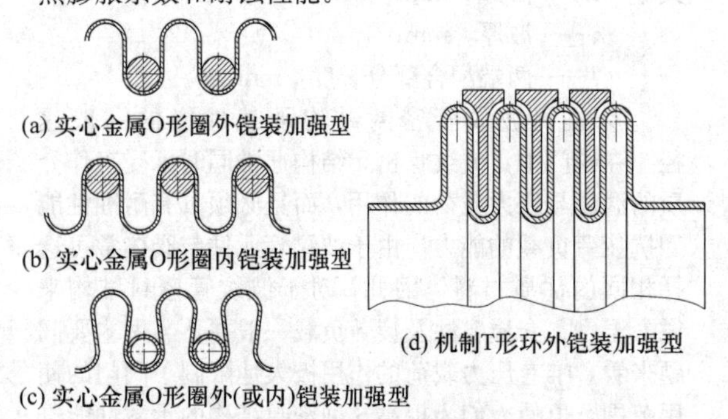

(a) 实心金属O形圈外铠装加强型
(b) 实心金属O形圈内铠装加强型
(c) 实心金属O形圈外(或内)铠装加强型
(d) 机制T形环外铠装加强型

图 5-6　铠装环加强型波纹管密封结构

图 5-7 所示高压波纹管密封截止阀为采用铠装环(实心金属 O 形圈加强环）加强波纹管密封结构，提高阀门压力承载性能的实例之一。该阀可以在 17.6MPa、400℃的放射性介质或强腐蚀性介质中工作。

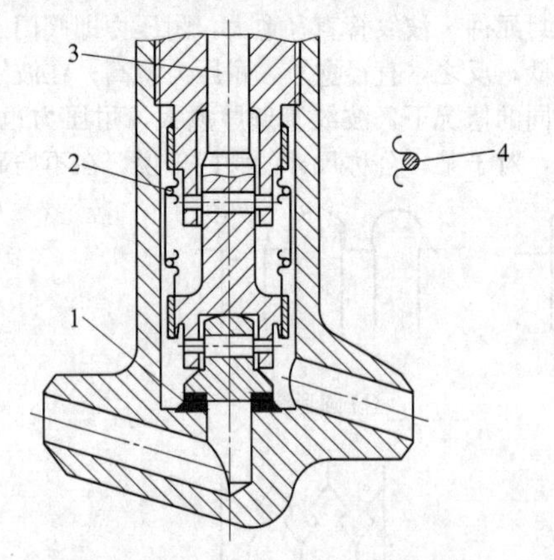

图 5-7　高压波纹管密封截止阀

1—阀座（本体堆焊）；2—波纹管；3—阀杆；4—实心金属 O 形圈

T 形环的尺寸一定要设计得合理，特别是圆角半径的大小。如果设计得不好，就有可能擦伤波纹管，甚至会造成波纹管的疲劳损坏。

采用铠装环加强波纹管密封结构，虽然能够提高压力承载性能，结构也比较紧凑，但是工艺性比较复杂，密封结构的重量大，尤其是压缩行程要比普通波纹管密封结构小，这是这种加强型结构的最大不足之处。

c. 改进波纹管焊接接头的设计。在阀门中，波纹管与其他零件的焊接工艺取决于焊接接头的设计形式。波纹管为薄壁元件，与之焊接的通常是实心的轴类零件或厚壁的导向套类零件，壁厚的差异甚大。因此，要想获得理想的焊接质量（即尽可能高的承载性能)，必须充分考虑到这种特点，合理选择焊接接头类型。在图 5-8 所示的几种焊接接头类型中，前两种采用滚焊工艺，后两种采用氩弧焊工艺。在后两种接头中，注意到了等厚度焊接的设计原则。图 5-8（c）中，使波纹管端口翻边，接头上制出锯齿形凸缘，这样容易保证焊接质量。图 5-8（d）中，先使波纹管 1 与套环 2 滚焊在一起，在接头 3 上制出圆弧底沟槽，然后再将套环与接头 3 用氩弧焊焊接，这样，焊接接头的性能更为可靠。因此，后两种接头的压力承载性能高于前者是不言而喻的。

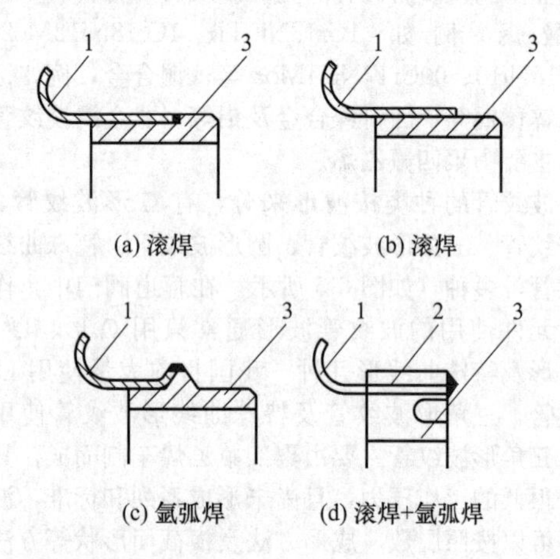

图 5-8　波纹管焊接接头

1—波纹管；2—套环；3—接头（阀杆、阀盖等）

(2) 填料密封结构

① 普通填料结构　从填料断面形状来分，填料密封结构一般有方形填料密封结构与人字形填料密封结构两种，如图 5-9 所示。

方形填料可以是整圈的、带 45°或 30°接口，而人字形填料大多是由氟橡胶、聚乙烯等材料车制或模压而成的。

填料密封结构无论设计得多好，都很难做到绝对不漏，其主要原因有下面几方面。

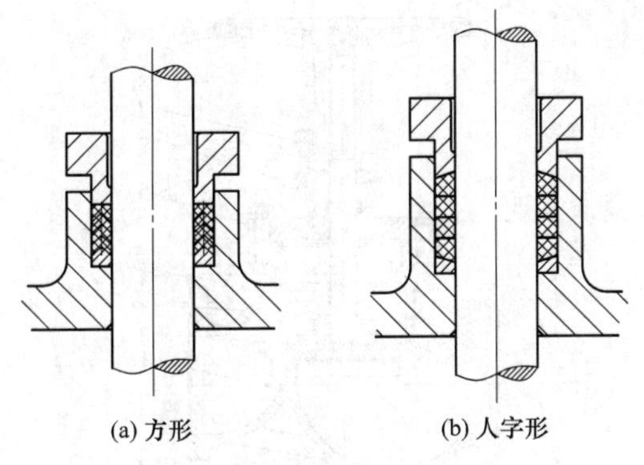

图 5-9　填料密封结构

a. 阀门工作条件（如压力、温度）的不稳定造成填料压紧力的波动范围较大；

b. 填料的弹性、耐磨性、抗老性等品质达不到应有的高度；

c. 阀杆的耐磨性及耐填料的腐蚀性较差，尤其是当填料去氯离子处理不完善时，对不锈钢阀杆的腐蚀更为严重，同时还存在电位差腐蚀；

d. 设计不够合理或不够完善。

总之，在密封性能方面，填料密封结构没有波纹管密封结构好。

填料密封结构设计通常具有校核性质，一般的程序是在确定阀门的公称压力和公称尺寸以后选择最小阀杆直径，再按确定的阀杆直径选择相应的填料宽度、填料函孔径和填料函深度，最后加以校核。

填料由于磨损和热烧损等原因，不可避免地会出现应力松弛现象，在填料压盖的螺栓上增设波形弹簧，可保证填料压盖始终作用于填料上较大的压力，从而可防止因压盖螺栓松弛或填料磨损引起的外漏。

填料函的填料应在压盖未压紧之前必须全部装满填料函，各圈填料的切口应 120°交叉安装。

② 组合填料结构　图 5-10 为美国 Garlock 公司推出的组合填料结构示意图，该组合填料由上、下端编织填料环，30°高密度中凸适配环，45°低密度凹/凸环，30°高密度中凹适配环组成，起密封作用的是 45°低密度凹/凸环。

当填料压盖压紧上端编织填料环时，上端编织填料环将载荷传递给 30°高密度中凸适配环，30°高密度中凸适配环将载荷传递至 45°低密度凹/凸环上。45°低密度凹/凸环的外侧径向膨胀以密封填料函壁，45°低密度凹/凸环上内侧径向膨胀以密封阀杆，低密度石墨会填充阀杆上最细小的缺陷并且在石墨密封上形成一个石墨层，上、下端编织填料环会抹去过剩的石墨，杯锥形设计允许多次调节。

相比传统的平环套装，锥形结构和径向膨胀允许其在填料的使用寿命周期内多次调整，该组合填料将在更长的时间内提供符合低逸散要求的服务。

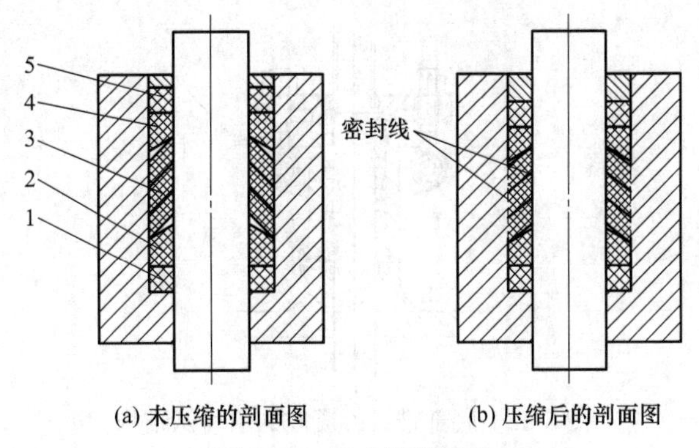

图 5-10　组合填料结构

1—下端编织填料；2—30°高密度中凹适配环；3—45°低密度凹/凸环；4—30°高密度中凸适配环；5—上端编织填料

5.5　填料函

图 5-11 和图 5-12 所示的填料函是带升降杆阀门使用的典型填料函。

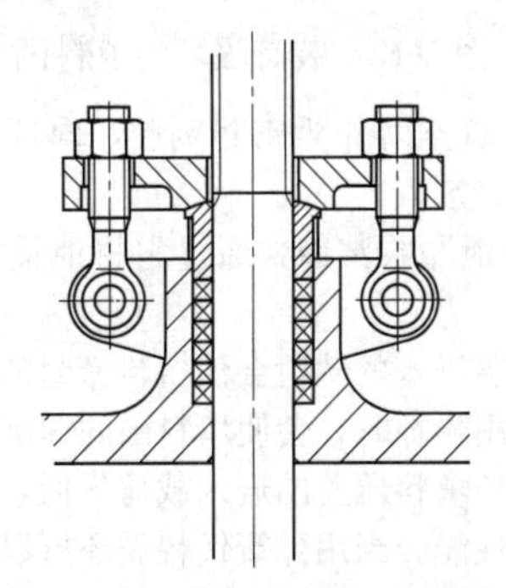

图 5-11　填料函的基本结构

图 5-11 所示的填料函是基本类型，在该填料函的环形腔室内从上部填料压盖到底部台肩之间装有填料。在填料函的下部设有上密封，该上密封与阀杆所带相应的密封配接，当阀门全开时，用来隔离系统介质与填料接触。

图 5-12 所示的填料函在底部附加有一个冷凝腔。这种带冷凝腔的填料函最初作用是作为可冷凝气体（如蒸汽）的冷却腔。作为这种特殊用途时，冷凝腔装有一个测试用丝堵，它可卸下以便测定上密封的紧密性。

图 5-13 所示的填料函是在两部分填料之间装有隔环，该隔环主要与压缩填料相连接，并有不同的用途。

① 作为密封剂或润滑剂的注射腔。

② 作为压力腔，用来接通外部介质使其达到或稍稍超过系统压力以防止系统内介质向外部泄漏。故外部介质必须能同系统介质相容，并对阀门外界环境无损害。

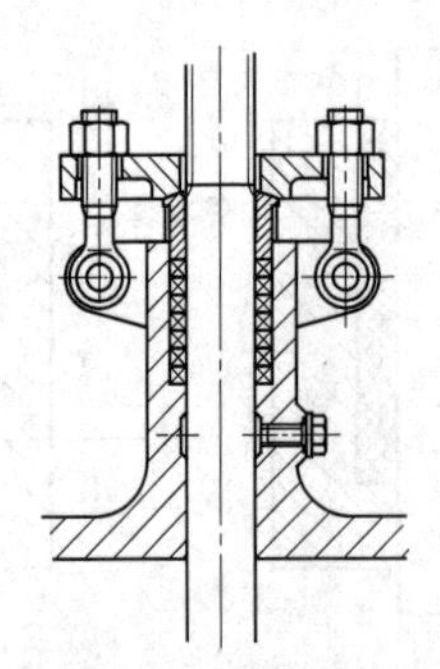

图 5-12 底部带有冷凝腔的填料函结构

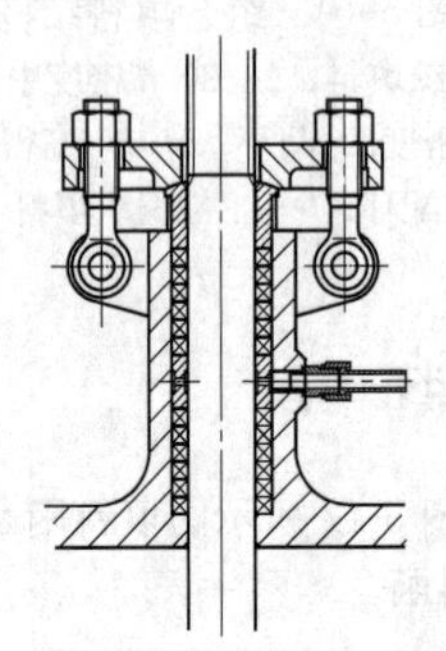

图 5-13 装有隔环的填料函

③ 用于真空时作为密封剂腔，向该腔添加外部介质作为密封剂。

④ 作为泄漏收集腔，通过它将泄漏液体引至安全点。

填料压盖进入的载荷会使填料密封的完整性遭到破坏。当使用隔环时，会使填料函的深度增加，侧壁摩擦力就会使填料压盖的进入载荷降低，从而会破坏密封的整体性能。当用弹簧代替隔环可以避免这一现象的发生，旋转泵的轴封，就是采用弹簧替换隔环来提高密封的整体性能。

5.6 阀体形式

截止阀阀体的基本形式有T形阀体，角式阀体和Y形阀体。

5.6.1 T形阀体

T形阀体是最常用的，但是这种形式阀体的曲折流道产生的流阻是上述各形式中最高的。T形阀体具有低流动特性和较高的压降。它们可以用于快速节流，如在绕过控制阀的旁路上。T形阀体也可以用于仅要求节流不考虑压力降的场合。

T形阀体的外形有三种结构，一种是欧洲的S形结构（图5-14），一种是美洲的腰鼓形结构，即球心形（globe）结构（图5-15），还有一种是电站上常用的Z形结构（图5-16）。

T形阀体属于直通流道。

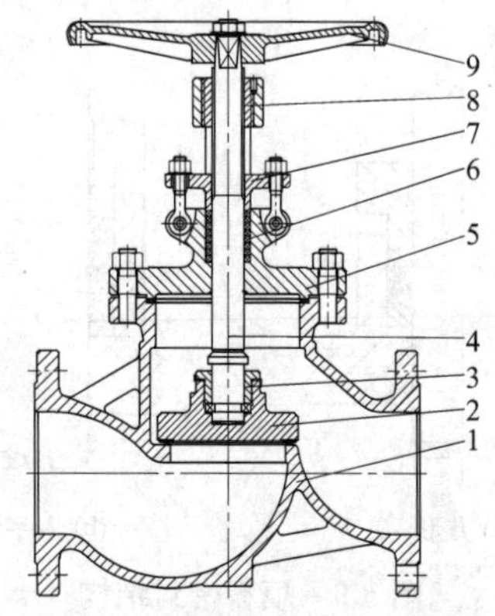

图 5-14 S形结构的T形阀体截止阀

1—阀体；2—阀瓣；3—阀瓣盖；4—阀杆；5—阀盖；6—填料；7—填料压盖；8—阀杆螺母；9—手轮

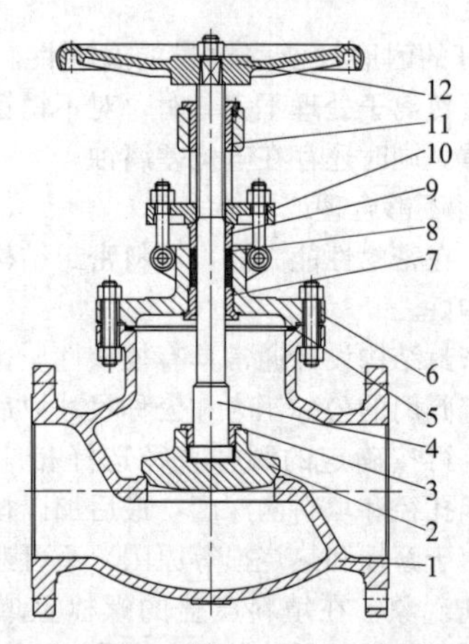

图 5-15 球心形（globe）结构T形阀体截止阀

1—阀体；2—阀瓣；3—阀瓣盖；4—阀杆；5—垫片；6—阀盖；7—上密封座；8—填料；9—填料压套；10—填料压板；11—阀杆螺母；12—手轮

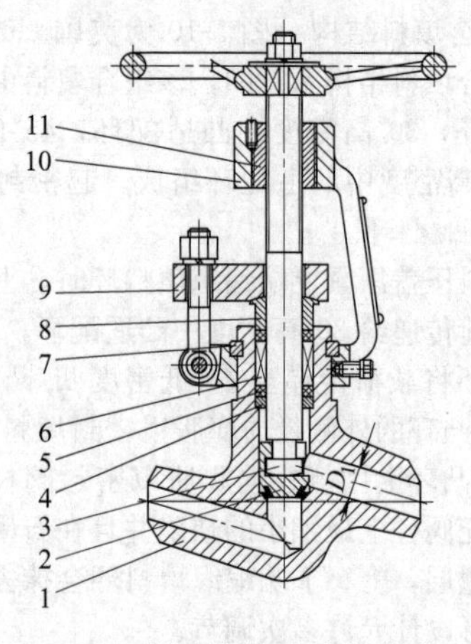

图 5-16 Z形结构的T形阀体截止阀

1—阀体；2—阀瓣；3—阀杆；4—填料垫；5—填料；6—中填料；7—对开圆环；8—填料压套；9—填料压盖；10—支架；11—阀杆螺母

5.6.2　角式阀体

角式阀体（图5-17）的阀门安装在靠近管路弯头部分时，有两大优点：第一，与T形阀体相比，流阻大大减小；第二，使用角式阀体可以减少管路接头和节省一个弯头。

角式阀体用于有脉动流动的地方，这是因为它具有处理这类流动节流作用的能力。

角式阀体属于角式流道。

5.6.3　Y形阀体

Y形阀体（图5-18）的设计，是为了使阀门的流阻减到最小程度。这种阀门在开关时，流阻小而且密封面也耐用。Y形阀体在截止阀的阀体类型中是流阻最小的，可以长期微启而无严重冲蚀。

Y形阀体属于直流流道。

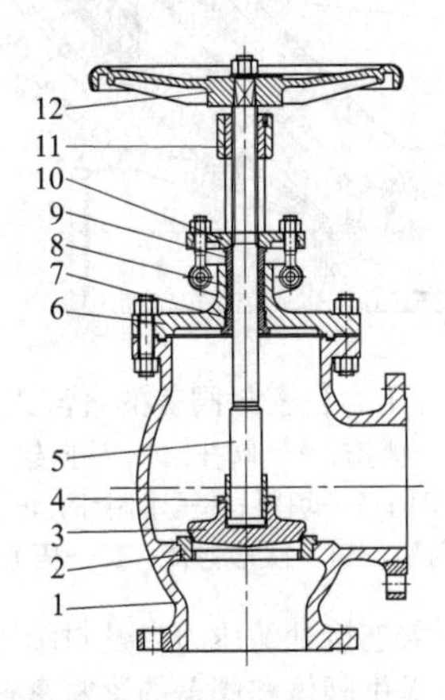

图5-17　角式阀体截止阀

1—阀体；2—阀座；3—阀瓣；4—阀瓣盖；5—阀杆；6—阀盖；7—上密封座；8—填料；9—填料压套；10—填料压盖；11—阀杆螺母；12—手轮

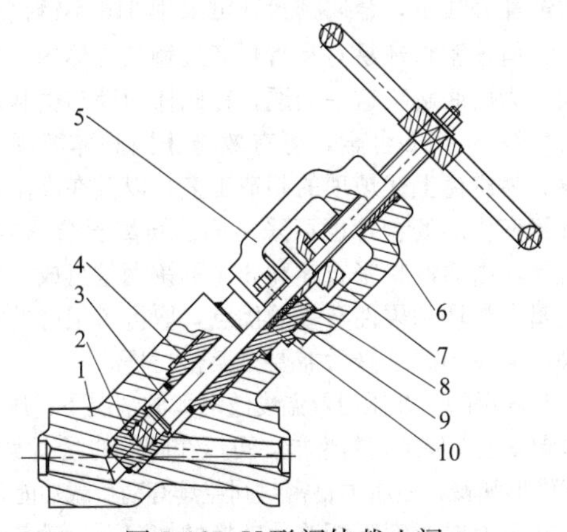

图5-18　Y形阀体截止阀

1—阀体；2—阀瓣；3—阀杆；4—填料函；5—支架；6—阀杆螺母；7—填料压板；8—填料压套；9—填料；10—填料垫

5.7　阀盖的连接

阀盖与阀体的连接可用螺纹、法兰、焊接，或借助于压力自密封装置，也可以把阀盖和阀体做成一个整体而无须连接。

5.7.1　螺纹连接阀盖

螺纹连接阀盖（图5-19）的结构较简便，价格低廉。但是阀盖的垫片与旋转面紧密贴合，而放松或拧紧阀盖很可能会破坏接合面，如果这种阀门尺寸较大，则拧紧阀盖需要的转矩就很大。因此，使用螺纹连接的阀盖往外只限于公称尺寸不大于*DN*80的阀门。

阀盖也可以由单独的螺纹环套与阀体连接，如图5-20所示。这种结构的优点是其接合处被紧固，因此接合面不会发生相对移动。因此，即使频繁地松紧阀盖，也不易损伤接合面。同螺纹连接阀盖一样，用螺纹环套连接的阀盖也只限于公称尺寸不大于*DN*80的阀门。

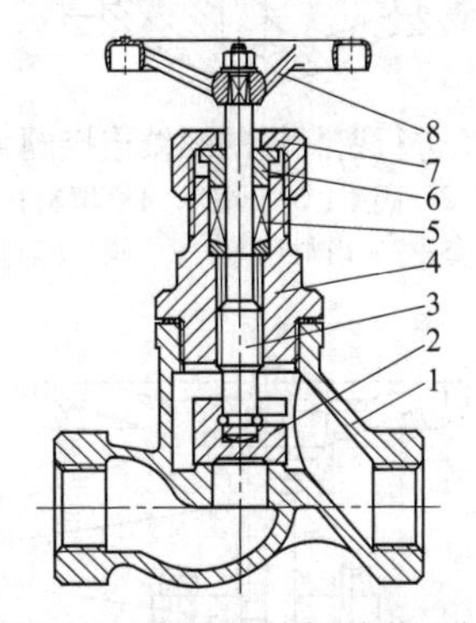

图5-19　螺纹连接阀盖截止阀

1—阀体；2—阀瓣；3—阀杆；4—阀盖；5—填料；6—填料压套；7—螺套；8—手轮

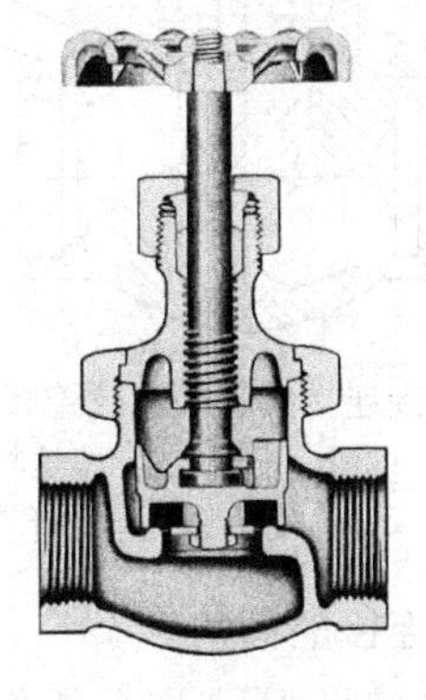

图5-20　带螺纹的管套节连接阀盖和阀体

如果阀盖由能够焊接的材料制成，螺纹连接的阀盖可以进行密封焊，如图5-21所示。

5.7.2　焊接连接阀盖

焊接连接阀盖（图5-22）结构不但经济而且较为

可靠，不受阀门尺寸、使用压力和温度的限制。但其不足是维护困难，只有车掉焊缝才能接触到阀门内部。因此，焊接阀盖通常仅用于长期无须维护的阀门、一次性阀门或对阀盖连接处进行密封的难度大于解体阀门进行检修的阀门。

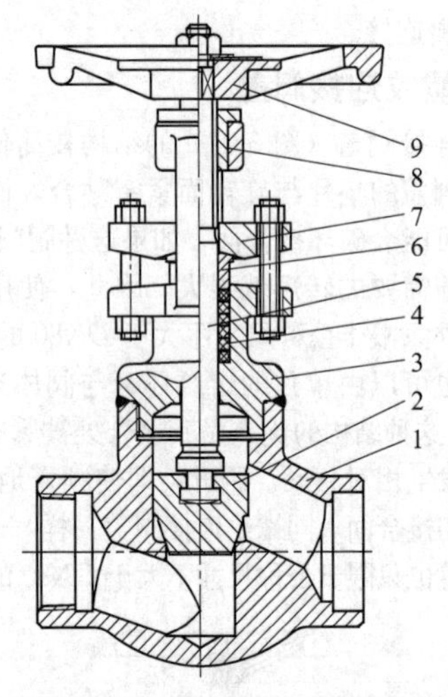

图 5-21 进行密封焊的螺纹连接阀盖截止阀

1—阀体；2—阀瓣；3—阀盖；4—填料；5—阀杆；6—填料压套；7—填料压盖；8—阀杆螺母；9—手轮

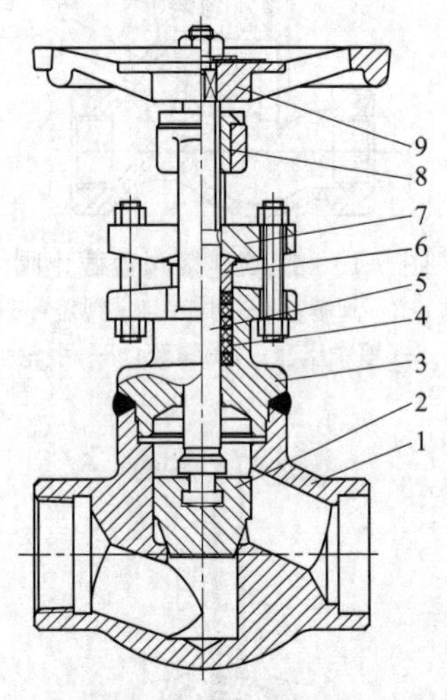

图 5-22 焊接连接阀盖的螺纹连接阀盖截止阀

1—阀体；2—阀瓣；3—阀盖；4—填料；5—阀杆；6—填料压套；7—填料压盖；8—阀杆螺母；9—手轮

5.7.3 法兰连接的阀盖

用法兰连接的阀盖可见图 5-14 和图 5-15 所示的阀门，它比用螺纹连接的阀盖优越之处在于其紧定力可分布给所有的螺栓。因此法兰连接的阀盖可适用于任何尺寸和压力级的阀门。但是，随着阀门尺寸的增大和压力的提高，这种结构的阀门的体积和重量就越来越大。当阀门工作温度高于 350℃（600℉）时，螺栓的承载能力会因蠕变松弛而大大降低。在使用要求苛刻的场合，法兰连接也可以进行密封焊。

5.7.4 压力自密封阀盖

图 5-23 所示的阀门为压力自密封阀盖，这种结构通过介质压力压紧接合面，克服了其他结构重量大的缺点。而且随着介质压力的增加，阀盖的密封会变得越来越紧。这种结构已成为高温高压的大型阀门优先使用的阀盖连接方式。

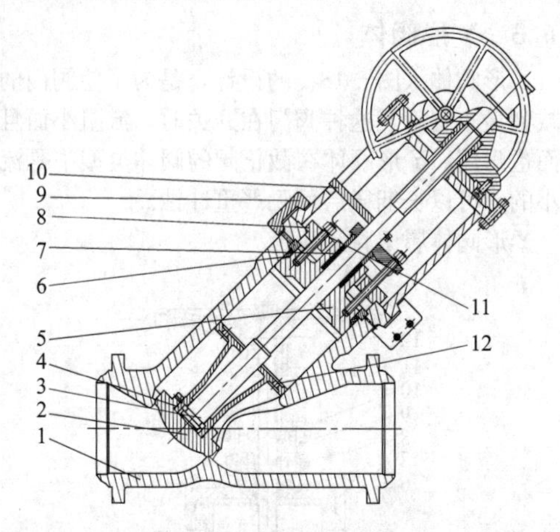

图 5-23 压力自密封阀盖的直流式截止阀

1—阀体；2—阀瓣；3—阀杆；4—导向架；5—阀盖；6—密封环；7—填料；8—牵制环；9—卡箍；10—导向块；11—碟形弹簧；12—压力平衡孔

阀体和阀盖连接处的压力自密封结构，通过阀门内流体的压力提供阀体和阀盖的紧密密封。目前压力自密封采用金属密封环和复合密封环（柔性石墨＋304 不锈钢丝）两种。金属密封环采用软钢并在外表面镀银，银的塑性较好，容易填充密封面上的微观孔隙，从而确保高压下密封环的密封性能。在高温及强烈腐蚀性介质下，金属密封环可采用 316 不锈钢表面镀铬，但该密封环易对和密封环接触的阀体内壁造成磨损，为彻底解决这一问题，在阀体内腔与密封环接触处堆焊 Stellite 合金，可有效防止因阀体磨损造成泄漏。为避免上述烦琐的制造工艺，以及在高温和温度频繁变化的场合，也可采用柔性石墨复合密封环，该密封环由柔性膨胀石墨和 304 不锈钢丝组成，综合了金属密封环和柔性石墨的优点，取得了很好的密封效果，但在阀门维修后需要更换密封环。

为确保阀门在压力及温度波动大的情况下，压力自密封阀盖还能保持密封性能，可以在阀盖的紧固螺柱上加载碟形弹簧，使压力自密封阀盖具有动负载功能。

在压力或温度不断波动转换的情况下，动负载阀盖螺栓储存了所需要的密封负载。动负载自动补偿波动转换中的变化，在压力减少时，阀帽会产生运动，维持压力密封垫圈上的正向负载。

5.7.5　无阀盖连接形式

小型截止阀可无须使用阀盖连接，见图5-24。通过填料函开口可以接触到阀门内部，填料函开口的大小应足以使阀门部件通过。

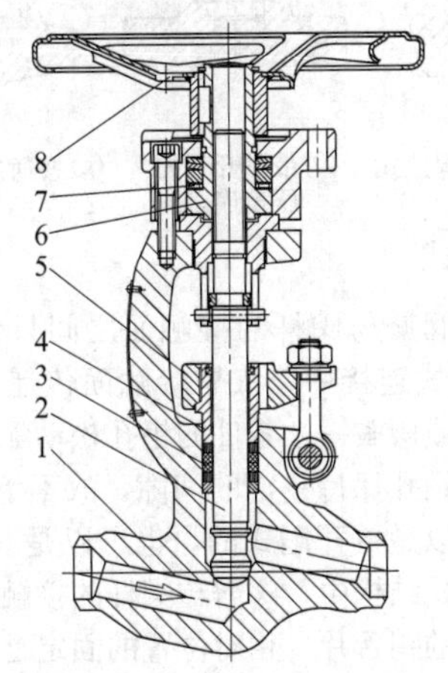

图5-24　无阀盖连接形式截止阀

1—阀体；2—阀瓣；3—填料；4—填料压套；5—填料压板；6—阀杆螺母；7—滚动轴承；8—手轮

5.8　阀杆形式

截止阀的阀杆螺纹位置的不同，可分为上螺纹阀杆和下螺纹阀杆。

5.8.1　上螺纹阀杆

图5-14～图5-18所示为各种类型的上螺纹阀杆的截止阀典型结构，传动螺纹位于阀杆上部并处于阀盖填料箱之外，螺纹不接触介质，因此不会受到介质腐蚀，也便于润滑。上螺纹阀杆不易歪斜，能保证阀瓣与阀座的良好对中，有利于密封。填料函设计深度不受限制，易防止产生外泄漏。上螺纹阀杆适用于较大口径、高温、高压或腐蚀性介质的截止阀。

5.8.2　下螺纹阀杆

图5-19所示为下螺纹传动阀杆的截止阀典型结构，传动螺纹位于阀杆下部，处于阀体腔内，与介质接触，易受介质腐蚀，且无法润滑。对黏度较大以及带悬浮固体的介质，易凝液体，还会使螺纹卡塞。下螺纹阀杆的优点是阀杆长度相对较短，从而可以减小阀门开启的高度，通常用于小口径、常温和非腐蚀性、较洁净介质的截止阀。

5.9　阀瓣（阀座）密封圈结构

阀瓣是截止阀的启闭件，与阀座一起形成密封副接通或截断介质。通常阀瓣呈圆盘状，对于小口径截止阀，阀瓣多与阀杆成一整体。阀瓣和阀座的密封圈直接影响密封性能，是截止阀的关键零件。其常见结构形式和固接方式如图5-25所示。

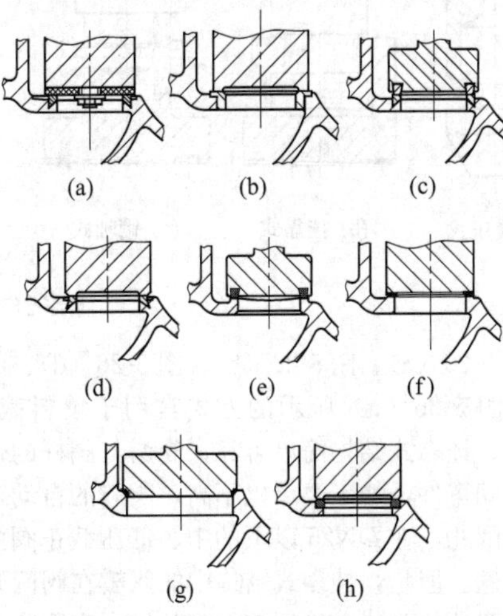

图5-25　截止阀密封圈常用形式及固接方法

图5-25（a）中，阀瓣密封圈用橡胶、塑料等软质材料制成，靠螺钉固定在阀瓣上；阀座密封圈用铜合金制成，或在铸铁阀体上直接加工出密封面。适用于低压小口径截止阀。

图5-25（b）中，阀瓣密封面是在阀瓣上直接加工而成；阀座密封圈用铬不锈钢制造，用螺纹与阀体固接。适用于中压小口径截止阀。

图5-25（c）中，阀体与阀瓣材料均为铸铁，加工出燕尾槽，再分别压入铜合金密封圈，靠塑性变形固接。适用于低压截止阀。

图5-25（d）中，阀瓣密封面是直接在阀瓣上加工而成；阀座密封圈用铜合金或铬不锈钢制造。适用于小口径截止阀。

图5-25（e）中，在阀瓣燕尾槽内压入氟塑料密封圈或浇注巴氏合金；在阀体上直接加工出密封面。适用于氨阀。

图5-25（f）中，在阀体和阀瓣上堆焊铬不锈钢，加工成密封面。适用于高、中压截止阀。

图5-25（g）中，在阀体和阀瓣上堆焊硬质合金，加工成锥形密封面。适用于高温、高压及不锈钢截止阀。

图5-25（h）中，阀瓣密封面是直接加工而成的；阀座密封圈材料为铬不锈钢，采用摩擦焊将阀座固定在阀体上。适用于高、中压小口径截止阀。

5.10　阀杆与阀瓣的连接

除了部分用于节流的小口径截止阀的阀瓣与阀杆制成一体外，阀瓣与阀杆通常都采用活动连接，如图5-26所示。

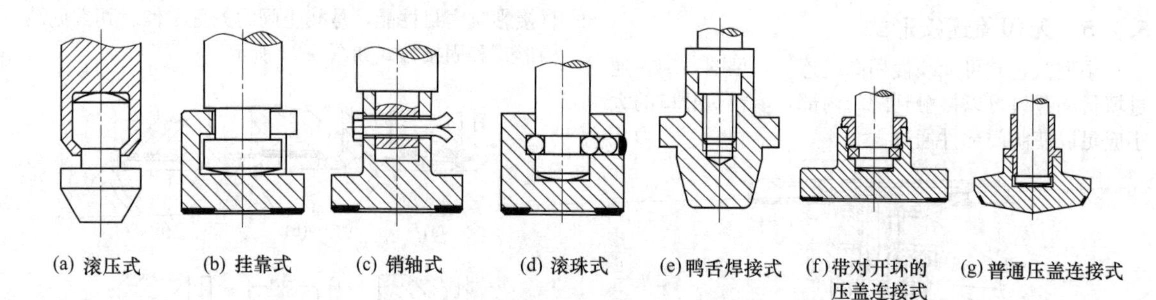

图 5-26 阀杆与阀瓣的连接方式

图 5-26（a)、图 5-26（b)、图 5-26（d)、图 5-26（f）和图 5-26（g）所示的方式常用于填料截止阀。滚压式、挂靠式结构简单可靠，阀瓣与阀杆的连接不通过中间零件，加工要求也不高，阀瓣的自动对位性能好，因此，在 DN25 以下的中、低压截止阀中应用比较普遍。但是，挂靠式结构中的阀瓣在阀门开启过程中有脱落的可能，必须依靠阀腔导向和限位，在这样的结构中，不可避免地存在着径向和轴向游动间隙，故用于节流的截止阀很少采用这种连接方式。压盖连接式适用于 DN32 以上的截止阀，一般带对开环的压盖连接式适用于平面密封的截止阀，因为使用对开环，使阀瓣沿阀杆球形支撑点的球心有一定的晃量，便于阀瓣自动找正阀座的密封面，实现密封，而普通压盖连接式由于阀杆只能沿轴向和径向有间隙，因此适用于锥形阀瓣密封的截止阀。阀杆通过阀杆螺母一边旋转，一边升降，阀座关闭时，在球形支承面上产生作用力 Q_0 和摩擦力矩 M。根据球形端面与支承平面之间形成的直径为 d_0 的曲面可以计算力矩 M：

$$M(\text{kgf}\cdot\text{cm})\approx 0.25\mu Q_0 d_0 \tag{5-12}$$

$$d_0(\text{cm})=1.76\sqrt[3]{\frac{2Q_0R_0}{E}} \tag{5-13}$$

式中 R_0——阀杆端部球面半径，mm。

一般，接触副为钢对钢时，摩擦因数 $\mu=0.3$。当接触副材料的弹性模量 E 完全相同时，则有

$$M(\text{kgf}\cdot\text{cm})\approx 0.132Q_0\sqrt[3]{\frac{2Q_0R_0}{E}} \tag{5-14}$$

当接触副材料的弹性模量 E 不相同时，则应按下式换算后代入式（5-14)：

$$E=\frac{2E_1E_2}{E_1+E_2} \tag{5-15}$$

式中 E_1，E_2——阀瓣与阀杆材料的弹性模量值。

当作用力 Q_0 很大时，为了减少接触副的摩擦力矩，常在阀杆与阀瓣的接触面之间设置一个具有较高表面硬度和粗糙度等级的金属垫片。此时，计算 E 值时应以垫片材料代替阀瓣材料来考虑。

销轴式与鸭舌焊接式适用于波纹管密封的截止阀。在这种阀门中，阀杆只做升降运动，不做旋转运动，因此，阀瓣与阀杆的接触面之间只传递轴向力 Q_0。在销轴式连接中，依靠接触面传递轴向力，销轴只与阀杆或阀瓣一个零件的销孔松动配合，而与另一个零件的销孔保持一定的间隙，故不承受 Q_0 的作用。销轴可以是单开尾式的，也可以是双开尾式的。在鸭舌焊接式结构中，阀瓣与阀杆的接触端面上均车有相同直径的鸭舌片，相对位置的固定是通过鸭舌片的点焊来实现的。鸭舌片的点焊可以反复使用多次，连接可靠，简便易行，而且这种结构同心度高，无游动间隙，既可垂直安装，也可水平安装，工作性能都很稳定。

5.11 截止阀的阀瓣及开启高度

5.11.1 阀瓣结构

(1) 阀瓣形状

截止阀阀瓣主要有平板形、锥形、带导向的平板形和球形（图 5-27)。尽管球形阀瓣具有密封力小的优点，但由于制造工艺比前三种阀瓣复杂，现场维修也比较困难，故较少采用。锥形阀瓣应用比较普遍，尤其是公称尺寸较小的阀门，但需要考虑密封副材料的配对问题，避免擦伤密封面，而平板形阀瓣主要用于公称尺寸较大的阀门。阀瓣带有导向爪以后，可以改善阀瓣的对中性。为使阀瓣与阀座之间的流通面积不被过分削弱，导向爪的截面尺寸不宜过大，而且应当对称布置。

(2) 压力平衡式阀瓣

其阀瓣结构如图 5-28 所示，流体流动方向从阀瓣上方流入下方，即“高进低出”。从图中可以看出，平衡式截止阀阀瓣内有一条小孔通道连通其上部和下部，在开闭阀门时，阀杆首先打开小孔通道，使阀瓣上部和下部的压力平衡，减轻阀瓣单面受力时的总压力，也大大减少开启阀门时的驱动转矩，克服了高压、大口径截止阀阀瓣单面受压过大，密封面易损和操作困难的缺陷。但由于平衡式阀瓣结构比较复杂，一般只用于高压及口径较大的截止阀。压力平衡式阀瓣的工作原理见图 5-29。

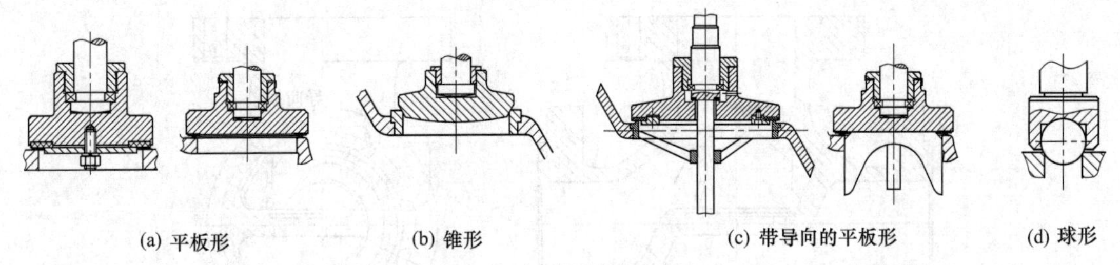

(a) 平板形　(b) 锥形　(c) 带导向的平板形　(d) 球形

图 5-27 截止阀阀瓣形状

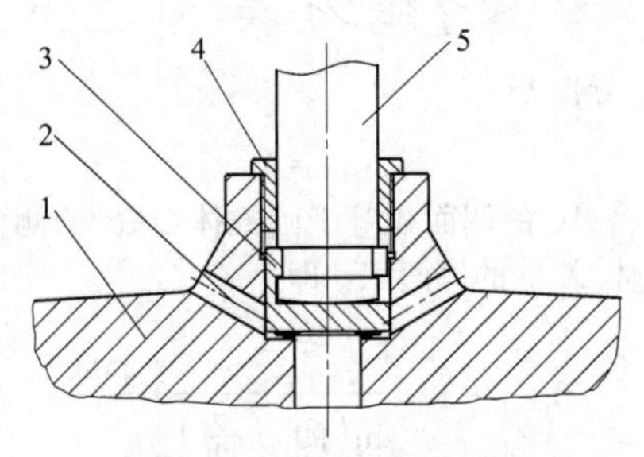

图 5-28 压力平衡式阀瓣

1—主阀瓣；2—压力平衡孔；3—先导阀瓣；4—阀瓣盖；5—阀杆

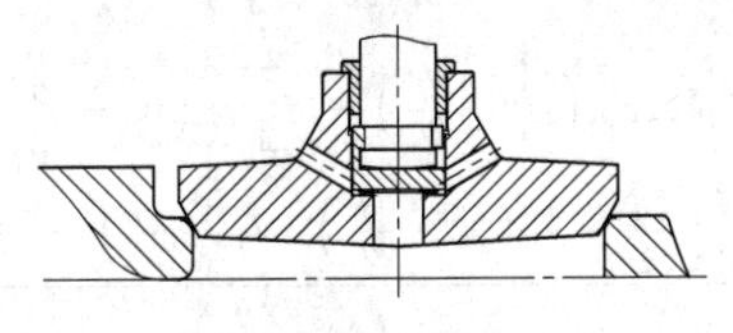

(a) 阀门处于关闭位置

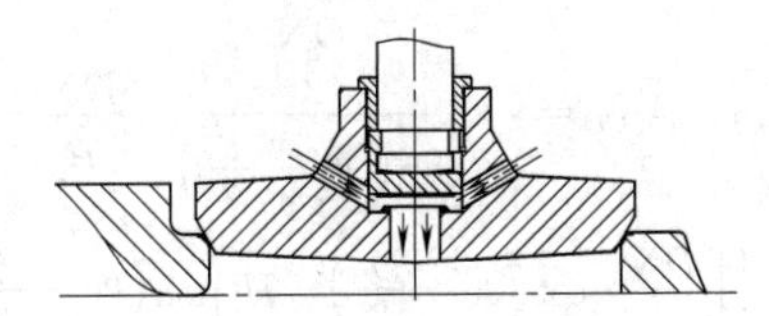

(b) 先导式阀瓣打开,压差平衡,主阀瓣开始打开

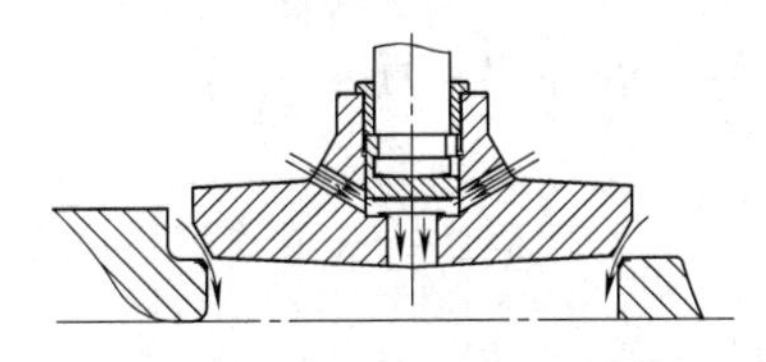

(c) 主阀瓣提升,大量液体通过

图 5-29 压力平衡式阀瓣的工作原理

5.11.2 阀瓣导向

对于大口径和高压力等级的阀门，应该考虑阀瓣全程导向的要求。导向可以确保阀瓣在运动时不会倾斜或翘起而导致阀座不均匀磨损和泄漏。

导向可以避免在高压差下阀门启闭时，阀瓣被流体推向侧面，导致阀瓣与阀座无法密封，也可避免在极端条件下，造成阀杆弯曲现象。

阀瓣导向可保持阀瓣密封面和阀体密封面紧密同心，有利于密封。阀瓣导向与阀体精密配合，保证了阀瓣与阀座的同轴度要求，还可防止在阀杆上产生侧面推力。

导向可以确保阀杆受力均衡，阀门启闭灵活，不会发生卡涩现象。

① 直接在阀瓣上加工导向环　对于口径不超过 *DN*100 锻钢截止阀，可以在阀瓣上直接加工 2 道导向环（图 5-30）。

② 在阀座上加工导向孔　对于船用截止阀及液化石油气截止阀，通常在阀瓣上铸造出轮毂及连接筋，轮毂加工导向孔，用于阀瓣导向杆的导向，如图 5-31 所示。

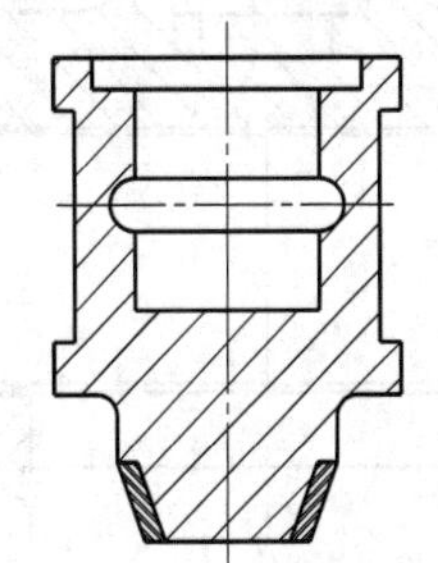

图 5-30 直接在阀瓣上加工导向环

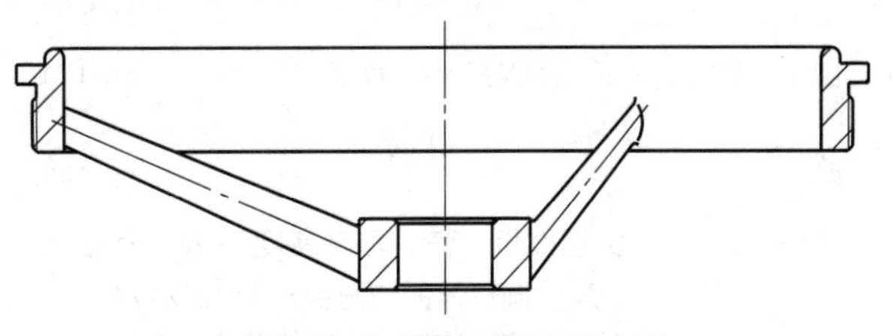

图 5-31 在阀座上加工导向孔

③ 直接在阀体上加工导向笼　对于铸钢截止阀，可以在铸造时在阀体中腔按 120°均布铸造出导向筋，然后加工成导向笼，如图 5-32 所示。

④ 配带导向架　对于一些大口径截止阀，特别是锻造成形的阀体，使用上述方法很难实现，这时可以在阀瓣上装配导向架进行导向，见图 5-23。

5.11.3 开启高度

截止阀的阀瓣通常只能有关闭和开启两个位置。关则“关死”，即保证阀座达到密封性能的要求；开则开够，即保证阀瓣与阀座之间的流通面积不小于管道的

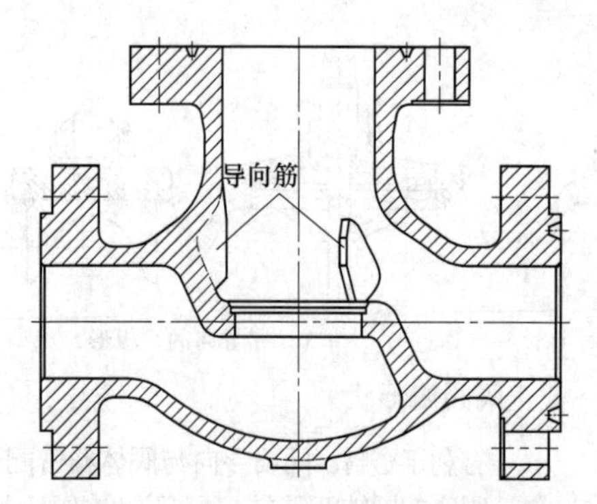

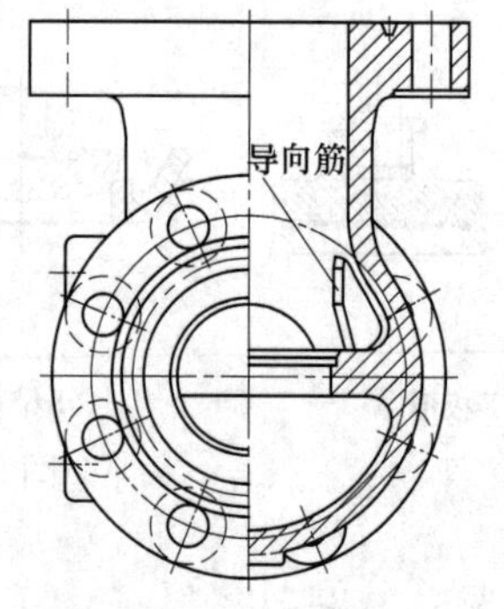

图 5-32　直接在阀体上加工导向笼

横截面积。截止阀的阀座直径通常取与阀门公称尺寸相同的数值，不采取缩径的设计方法，以达到与公称尺寸等效的阀门流通面积，因此阀门的横截面积即主通道横截面积 A 等于阀门开启后的流通面积，亦即帘面积。

（1）平板形阀瓣

平板形阀瓣的开启高度可根据图 5-33 及下列基本关系来确定：

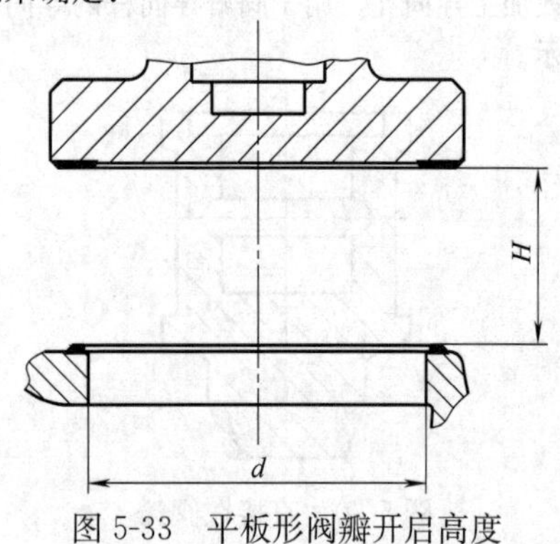

图 5-33　平板形阀瓣开启高度

$$A_D = A \tag{5-16}$$

即
$$\pi DNH = \frac{\pi}{4}DN^2 \tag{5-17}$$

故
$$H = \frac{DN}{4} \tag{5-18}$$

式中　A_D——流通面积，表示开启高度为 H、直径为 DN 的圆柱体的侧面积，$A=\pi DNH$；

A——管道的横截面积或主通道截面积，$A=\frac{\pi}{4}DN^2$。

由此可见，平板形阀瓣的开启高度只要取阀门公称尺寸的 1/4 就可满足使用要求。对带导向爪的阀瓣，开启高度应当适当增加，以弥补导向爪截面对流通面积的影响，一般取略大于公称尺寸的 1/2 为宜（也适用于缩孔式阀座）。

（2）锥形阀瓣

锥形阀瓣的开启高度可根据图 5-34 及下列基本关系来确定：

主通道横截面积 A 等于圆台 AC 的侧面积 A_{AC}，即

$$A_{AC} = A$$

圆台 AC 的侧面积等于圆锥体 OAB 的侧面积减去圆锥体 OCD 的侧面积，即

$$A_{OAB} = \pi \times \frac{\frac{DN}{2}}{\sin\left(90° - \frac{\theta}{2}\right)} \times \frac{DN}{2}$$

$$A_{OCD} = \pi \times \frac{\left[\frac{DN}{2}\times\cot\left(90°-\frac{\theta}{2}\right)-H\right]\tan\left(90°-\frac{\theta}{2}\right)}{\sin\left(90°-\frac{\theta}{2}\right)} \times \left[\frac{DN}{2}\times\cot\left(90°-\frac{\theta}{2}\right)-H\right]\tan\left(90°-\frac{\theta}{2}\right)$$

$$= \pi \times \frac{\left\{\left[\frac{DN}{2}\times\cot\left(90°-\frac{\theta}{2}\right)-H\right]\tan\left(90°-\frac{\theta}{2}\right)\right\}^2}{\sin\left(90°-\frac{\theta}{2}\right)}$$

$$A_{AC} = A_{OAB} - A_{OCD} = \pi \times \frac{\frac{DN}{2}}{\sin\left(90°-\frac{\theta}{2}\right)} \times \frac{DN}{2} - \pi \times \frac{\left\{\left[\frac{DN}{2}\times\cot\left(90°-\frac{\theta}{2}\right)-H\right]\tan\left(90°-\frac{\theta}{2}\right)\right\}^2}{\sin\left(90°-\frac{\theta}{2}\right)}$$

$$= \frac{\pi H}{\cos\frac{\theta}{2}}\left(DN\cot\frac{\theta}{2} - H\cot^2\frac{\theta}{2}\right)$$

因
$$A = \frac{\pi}{4}DN^2$$

故
$$\frac{\pi H}{\cos\frac{\theta}{2}}\left(DN\cot\frac{\theta}{2} - H\cot^2\frac{\theta}{4}\right) = \frac{\pi}{4}DN^2$$

通过解该一元二次方程可得

$$H = \frac{1\pm\sqrt{1-\cos\frac{\theta}{2}}}{2\cot\frac{\theta}{2}}DN$$

舍掉负值，即

$$H = \frac{1+\sqrt{1-\cos\frac{\theta}{2}}}{2\cot\frac{\theta}{2}}DN \tag{5-19}$$

式中　θ——锥形阀瓣锥角度，(°)；

DN——阀门公称尺寸，mm。

(3) 球形阀瓣

球形阀瓣的开启高度可根据图 5-35 及下列基本关系来确定：

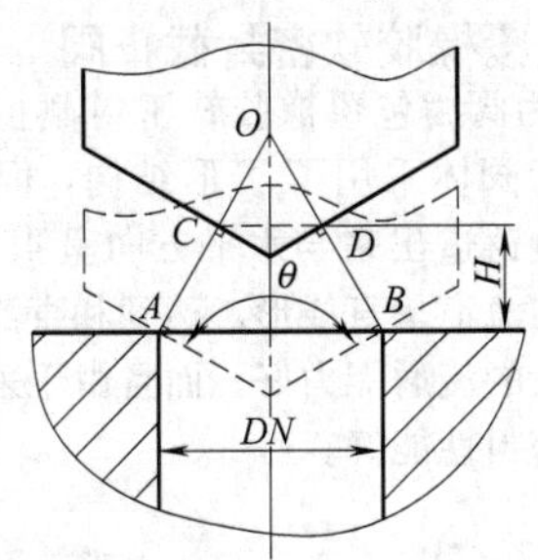

图 5-34　锥形阀瓣开启高度

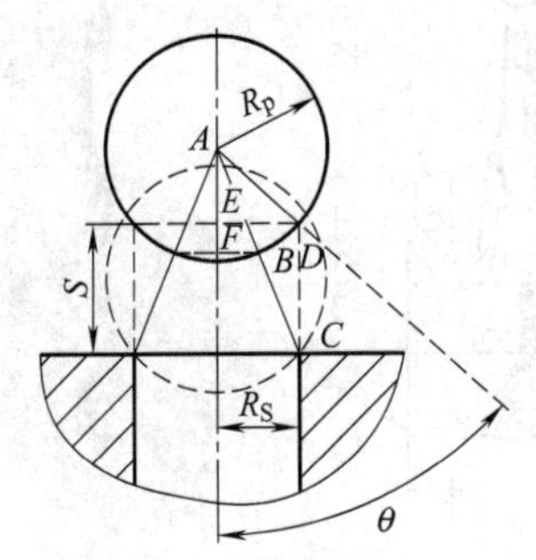

图 5-35　球形阀瓣开启高度

主通道横截面积 A 等于圆台 BC 的侧面积 A_{BC}，即

$$A_{BC}=A$$

$$A_{BC}=\pi\left[\sqrt{(\sqrt{R_p^2-R_S^2}+S)^2+R_S^2}-R_p\right]\left[R_S+\frac{R_pR_S}{\sqrt{(\sqrt{R_p^2-R_S^2}+S)^2+R_S^2}}\right]$$

在 $\triangle AED$ 中 $R_S=R_p\sin\theta$，整理得

$$A_{BC}=\frac{\pi R_S(S^2-2R_pS\cos\theta)}{\sqrt{R_p^2+S^2-2R_pS\cos\theta}}$$

因　$$A=\pi R_S^2$$

故　$$\frac{\pi R_S(S^2-2R_pS-\cos\theta)}{\sqrt{R_p^2+S^2-2R_pS\cos\theta}}=\pi R_S^2$$

整理得

$$R_S=\frac{S^2-2R_pS\cos\theta}{\sqrt{R_p^2+S^2-2R_pS\cos\theta}} \tag{5-20}$$

$$\cos\theta=\cos\left(180°-\arcsin\frac{R_S}{R_p}\right)$$

式中　R_p——球形阀瓣的球半径，mm；

R_S——阀座半径，mm；

S——球形阀瓣的工作行程，mm。

通过求解式 (5-20) 以 S 为未知数的一元四次方程，即可得到相应规格阀门的工作行程。

5.12　介质流向

一般截止阀的流通介质由阀座下方往上流动，即习惯上称为“低进高出”，这样当阀门关闭时，阀杆处的密封填料不致遭受工作介质压力和温度的作用，并且阀门关闭严密的情况下，还可进行填料的更换工作。其缺点是阀门的关闭力较大，较大口径的阀门很难实现密封。因此，有时也使介质由阀座上方往下流动，即习惯上称为“高进低出”，由于介质压力作用于阀瓣的上方，阀门很容易实现密封，但这样阀门的开启力矩较大，容易造成密封填料的泄漏并且不能在线更换阀门的填料。

一般 DN150 以下的截止阀介质大都从阀瓣的下方流入，而 DN200 以上截止阀介质大部分从阀瓣的上方流入，这是考虑到阀门的关闭力矩所致。为了减少开启或关闭力矩，一般 DN200 以上的截止阀都设内旁通或外旁通阀门。

电站行业通常的做法是：公称压力≤PN160 时，一般采用“低进高出”；公称压力≥PN200 时，一般采用“高进低出”。

对于截止阀的介质流向问题，国外的阀门公司和一些科技文献也有阐述，具体如下。

5.12.1　加拿大维兰公司推荐的做法

安装截止阀时，通常把进口安装在阀座下方。必须仔细检查，避免安装错误。如果节流环境特别严酷，建议安装截止阀时应该让流体从阀座上方流进，向下流经截止阀。这样能够保持阀门处于更加稳定的状态，磨损降到最小，外部噪声也比较小。由于关闭阀门所需的力矩较小，操作阀门也比较容易。但是，应该注意到填料处于恒负载状态。一般的截止阀适合用于适度的节流应用。一般而言，通径足够大的截止阀（例如管道内水流速度在 15～25ft/s 之间，蒸汽流速在 200～300ft/s 之间），节流后的流量不应该小于完全开启状态流量（流量系数大约为全冲程的 20%）的 35%以下。如果节流条件比较严酷，小于完全流量的 35%，就应该由应用部门分析并决定在可能的空化、冲蚀、噪声和振动现象下的适用性。

5.12.2　《Valve Selection Handbook》推荐的做法

如果介质从阀瓣上方流入时，介质可能将阀瓣从阀杆上方冲掉或使阀瓣上的元件脱落，则介质就必须改为由阀瓣下方流入。只要作用于阀瓣下方的流体载荷不超过 40～60kN，则关紧带有旋转升降阀杆和金属密封手动截止阀就不会太费力。对于金属密封手动截止阀，采用非旋转阀杆和滚子轴承支撑阀杆螺母。当流体载荷为 70～100kN 时也能关紧，具体的流体载荷大小取决于阀门结构和泄漏标准。介质从阀瓣下方流入有一个特别的优点，即阀门关闭时，填料函不会受到上游的压力，但是，它也存在缺点，如果阀门切断的是诸如蒸汽之类的热介质，则阀门关闭之后，阀杆的收缩将导致密封泄漏。

如果介质从阀瓣上方流入，由于阀瓣上方作用有介质压力，则阀杆的关闭力会增大，从而大大增加阀门的密封可靠性。在这种情况下，只要作用在阀瓣上方的流体载荷不超过40～60kN，则关闭带有旋转阀杆手动载止阀就不会太费力。当采用非旋转阀杆且用滚子轴承支撑阀杆螺母时，可以克服70～100kN的流体载荷而手动开启截止阀。如果作用在阀瓣上方的流体载荷更高，则有必要安装一只旁通阀。在截止阀开启之前给下游加压，从而帮助截止阀开启。

5.13 截止阀的功能

(1) 截断

截止阀是截断阀门中的一种，用来截断或接通管路中的介质，不宜用来调节介质的压力或流量。如果长期处于节流状态，密封面会被介质冲蚀，不能保证其密封性。

(2) 节流

理论上截止阀适合于节流使用，此时阀瓣的最小开启高度应为20%的开度；否则由流动诱发的振动可能会导致阀门的损坏。

当截止阀用于节流工况时，需要更换其阀瓣，用于节流的截止阀，其阀瓣结构见“节流阀”章节。

5.14 截止阀分类

截止阀的种类很多，并且有多种分类方法。

截止阀按照密封材料可分为软密封截止阀和金属硬密封截止阀两大类；按照阀瓣的结构形式可分为阀瓣平衡式截止阀和阀瓣非平衡式截止阀两大类；按照流道形式可分为直流通道、Z形流道、角式流道、直流流道和三通流道等。

5.14.1 软密封截止阀

在截止阀中，为防止软质密封件受热损坏，在软质密封件前安装了一种散热装置，它是由一块带有较大散热表面的金属片组成的。如果用于氧气的工况，这种设计还不足以防止软质密封件的起火燃烧，为防止该种阀门失效，就必须扩大阀座以外的进口通道，使进口通道的一端形成一个口袋，以便使高温气体集聚在离开密封件以外的地方。在设计软质密封面时，要着重考虑防止软质密封元件被介质压力挤出或造成位移。

软密封材料包括橡胶包覆阀瓣、PTFE（或其他塑料）阀座或金属阀瓣镶嵌非金属材料以及很流行的软硬双重密封阀瓣结构。这种软密封结构的阀门常用于蒸汽和气体介质，尤其是在低压铜截止阀上使用。

软密封阀门所需的关闭力极小，软密封阀瓣易于更换，只要阀座密封面没有损伤，更换阀瓣的软密封件，阀门的性能就能很快恢复如初。

(1) 阀瓣包覆橡胶软密封截止阀

图5-36为阀瓣包覆橡胶软密封截止阀结构图及效果图，尽管阀体采用了T形结构，但是在阀体内腔进口通道侧铸造出来与水平方向呈45°的阀座，这就使得阀门的流道呈直线形，达到和直流式阀体一样的效果，介质的流通能力好；而且由于采用橡胶软密封，阀门的密封性能好。

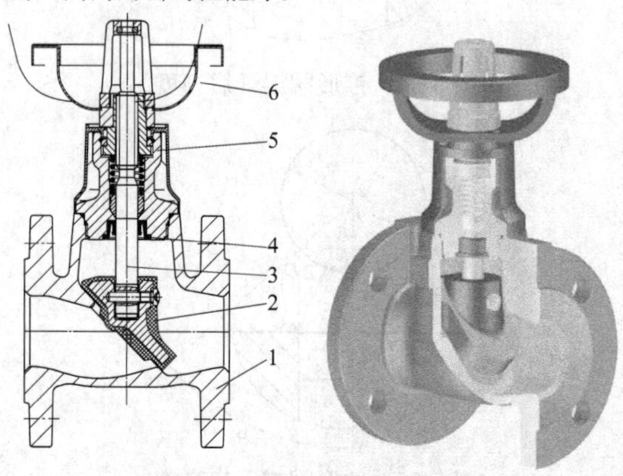

图5-36 阀瓣包覆橡胶软密封截止阀结构图及效果图
1—阀体；2—阀瓣；3—阀杆；4—密封填料；5—阀盖；6—手轮

该阀门壳体采用铸铁材料，阀瓣包覆三元乙丙橡胶。该阀门具有如下特点：

① 免维护；
② 低流阻，良好的流通性；
③ 节流功能；
④ 暗杆设计（内螺纹提升）；
⑤ 阀杆螺纹在阀体外部；
⑥ 自对中阀杆轴承；
⑦ EDD波纹管密封；
⑧ 双重密封保障；
⑨ 保温罩同时具有防结露功能；
⑩ 阀体可完全保温，可以节约能源。

该阀门主要用于－10～120℃的热水系统、供热系统及空调系统中。

(2) 非金属镶嵌式软密封截止阀

图5-37为非金属镶嵌式软密封截止阀结构图，阀瓣上镶嵌聚四氟乙烯等聚合物，主要用于液化石油气站的燃气管路系统。

5.14.2 金属密封截止阀

(1) 直通式截止阀

直通式截止阀中的“直通”是因为它的连接端是在

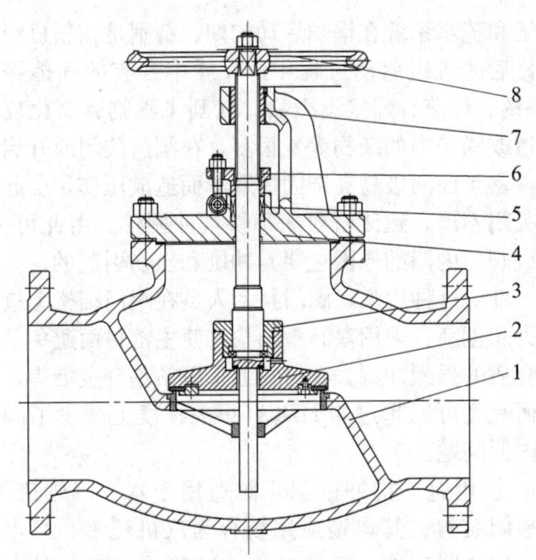

图 5-37 非金属镶嵌式软密封截止阀

1—阀体；2—阀瓣；3—阀瓣盖；4—阀盖；5—填料；6—填料压板；7—阀杆螺母；8—手轮

一条轴线上，但其流体通道并非真正意义的“直通”，而是相当曲折的。流体必须有90°转弯，方可通过阀座，然后再折回90°才能恢复到原来的方向。在铸造阀门里，通道的形状和面积由于阀门尺寸和压力额定值的不同也有所不同。其典型的结构如图5-14和图5-15所示。

图5-16所示为Z形通道截止阀的结构。模锻阀体或自由锻造阀体通常将进出口流道和管道中心线成一定的角度，即形成Z形流道，并且常常加工成缩径，然而缩小的孔径和曲折的流道会大大增加流体的压力损失，此外应该注意的是，转折的锐角在流体工况中会有汽蚀现象产生。

(2) 角式截止阀

追溯截止阀的发展历史，最初开发的是角式截止阀，然后才逐步发展成直通式截止阀。如今虽然直通式截止阀应用得更为普遍，但角式截止阀仍有一些独特的优势。

角式截止阀（图5-17）允许流体流向改变90°方向，流体总是从阀座底部进入。比起直通式，流道更为开放和更少曲折，因此压力损失较小。角式截止阀不容易被固体颗粒侵蚀。为了达到更好的调节特性，阀瓣可设计成爪形或裙式。由于流向的改变，阀体会受到流体反作用力的影响。这些力正常情况下不大，但由于阀门口径规格和流体密度的影响，有可能会增大。

小型铜合金螺纹连接角式截止阀广泛用于清洁水工况中。大多数工业用角式截止阀为螺栓阀盖式，铸钢制造，也会使用青铜、不锈钢和双相钢材料等。

角式截止阀常见的尺寸规格和压力等级通常为*DN*50～250（NPS 2～10），Class 150～800。超出此范围通常会采用平衡式阀瓣，以减少流体对阀杆的轴向推力。

(3) 直流式截止阀

直流式截止阀（图5-18）也被称为Y形截止阀或斜式截止阀，它可成直通式和角式阀门的中间状态。为了改变直通式曲折的流体通道，把阀座孔与阀体设计成一定角度，使流道变得与轴线更平直，以减少压力损失，所以称之为“直流式”。在大多应用条件下这种结构都比较受欢迎，大量用于蒸汽系统。固体输送能力得到很大改善，但使用中还需要谨慎测试。直流式截止阀同样只具备单流向。流道有全通径和缩径之分。在不拆卸阀盖的情况下，不适合清管器清管。

阀瓣通常是平面的、带爪形导向的或锥形的，以满足不同工况的要求。锥形阀瓣剖面可以设计成多个锥度，以产生初级和次级节流。平面阀瓣和带爪形导向阀瓣的阀门可加装一个擦拭件，用以在密封前清洁阀座，或者在阀座上加装一个橡胶密封件，以提高阀门的密封性能。

直流式截止阀通常采用铸造成形，高压阀门用锻造成形。根据不同工况需求，可选用如双相不锈钢之类的特殊材料制造。

(4) 三通截止阀

三通截止阀（图5-38）通常用于高压系统作为换向阀使用。如电站锅炉的高温高压给水阀门。换向通常用于启动，关闭或故障时候。

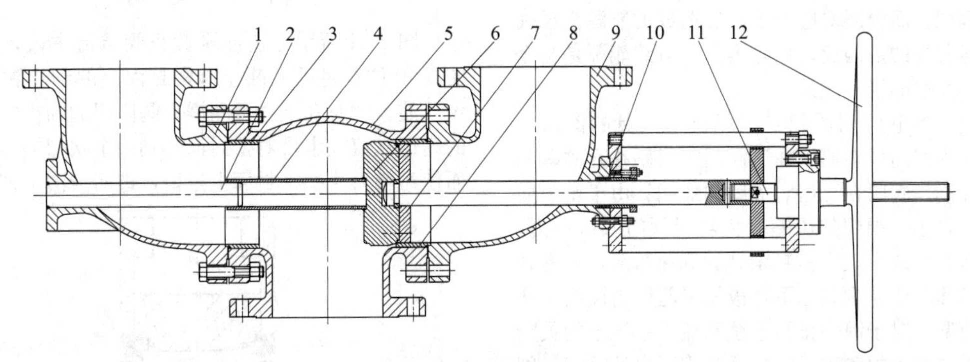

图 5-38 三通截止阀

1—左阀体；2—导向杆；3,8—阀座；4—导向套；5—中阀体；6—阀瓣；7—阀瓣盖；9—右阀体；10—填料；11—阀杆；12—手轮

另一种作为换向阀较常用的工况是压力释放系统。两个安全阀装在一个三通截止阀上，当其中一个安全阀需要隔离或者维修时，另外一个安全阀可以正常运行。由于内部结构的原因，三通截止阀流阻很大。流体方向的改变会使流体在大口径三通截止阀上产生较大的反作用力。

三通截止阀阀体一般是铸钢或者合金钢。用于发电厂的阀门一般采用对焊连接以克服法兰连接会产生泄漏的问题。

(5) 波纹管密封截止阀

波纹管密封截止阀如图5-39所示。

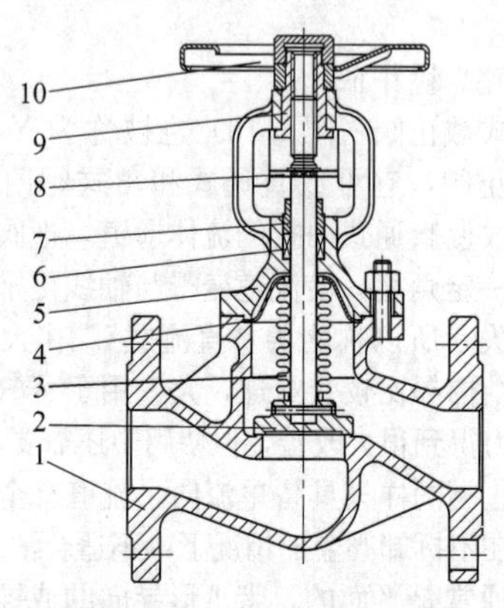

图5-39 波纹管截止阀

1—阀体；2—阀瓣；3—波纹管；4—密封垫；5—阀盖；6—填料；7—填料压套；8—防转板；9—阀杆螺母；10—手轮

5.14.3 抗冲刷截止阀

电力、石化、冶金行业所使用的排污疏水用高温高压截止阀普遍存在较为严重的内漏现象，尤其在电力系统更为严重。目前，阀门工程师及电厂技术人员都在努力通过改进阀门的结构、密封面材料等各种方法来试图解决阀门内漏问题，从而涌现出具有特殊结构的新型阀门。比较典型的结构有：硬质合金球面密封截止阀、Y形截止阀、带节流套筒截止阀等，但效果并不理想。而内漏对电力生产所造成的能源损耗确实是不容忽视的。因此，根除内漏，节约能源是当今电力生产系统的当务之急。

通过到各电厂调研和与电厂技术人员的深入交流，发现内漏的根本原因在于阀门密封副在开关瞬间造成的冲刷。阀门在开启和关闭的瞬间，由于密封面间的间隙很小，阀门的压差（相当于阀门入口压力）很大，从而导致介质在密封副处的流速很高，使密封面处于高速介质冲刷状态下，极易引起密封面的损坏而发生泄漏。对于锅炉排污系统和疏水系统上的关断阀，由于介质为饱和水，阀门关闭或开启的瞬间，阀门所承受的压差很大，密封面间既产生严重冲刷，同时又会在节流处下游产生汽蚀，从而引起内漏。排污系统和疏水系统在锅炉启动初期，特别是在新机组或大修后的机组启动过程中，介质中含有的固体颗粒（铁锈、焊渣、焊接飞溅物、气割飞溅物、氧化皮及管道或联箱内的杂物等）很多，在阀门关闭或开启瞬间，密封面间极易夹杂固体颗粒而造成压伤，引起阀门关闭不严，致使密封面很快被冲刷坏。由此可见，造成阀门内漏的原因主要是冲刷和压伤引起的。

针对这种现象，阀门技术人员在阀门结构上进行了大胆创新，采用双阀瓣结构，使主密封面避免了高速介质的强烈冲刷。在材料上采用钴基合金堆焊，密封面硬度可以超过45HRC，很大程度上减少了阀门的内漏问题。

① 用途　抗冲刷截止阀适用于水、汽管道上，作启闭装置。其典型应用场合为汽机疏水、给水疏水、加热器疏水、锅炉疏水、过热器疏水、对空排水、水冷壁下联箱排污和高加疏水。

② 性能特点　抗冲刷截止阀各项性能指标完全符合JB/T 3595—2002《电站阀门　一般要求》和美国ASME相关规范的要求。

③ 工作原理和结构说明　为避免介质高速冲刷，阀门采用倒流（高进低出）结构，阀门密封副采用先节流并阻断脏物，再利用节流后的介质使密封面得到自清洁，从而彻底解决了内漏问题，具体原理如下。

图5-40所示为抗冲刷截止阀关闭初期，环形密封面开始节流，阻断较大固体颗粒进到阀瓣和阀座锥形密封面处，只有细小颗粒的污物还会进入到阀门锥面密封空间。此时介质的最大流速发生在阀瓣和阀座环形空间内，从而使阀门锥面密封副避免了高速介质的冲刷。

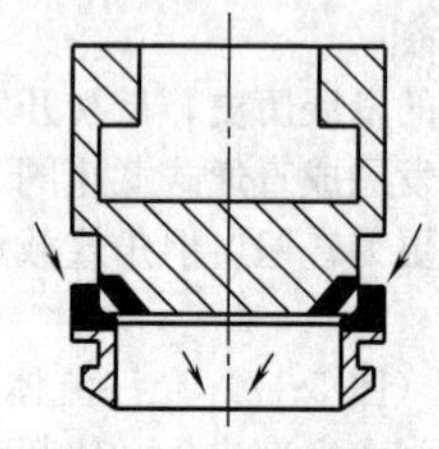

图5-40 关闭初期

图5-41所示为抗冲刷截止阀节流中段，是针对图5-40位置时进入截止阀密封面上的细小颗粒物而设计的。此时介质通过阀瓣和阀座间的细小空隙产生的高速气流或水流对密封面起到一个吹扫的作用，从而使污物无法在密封面上停留，进而清洁了密封面。

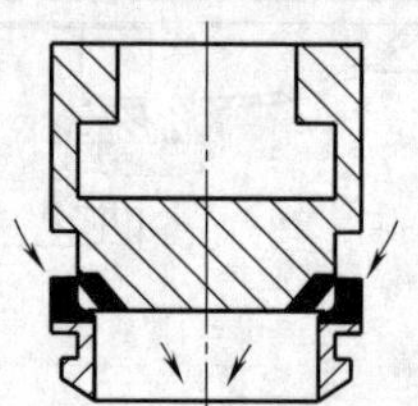

图5-41 节流中段

图5-42所示为抗冲刷截止阀关闭状态，从而实现了抗冲刷截止阀的全部功能。

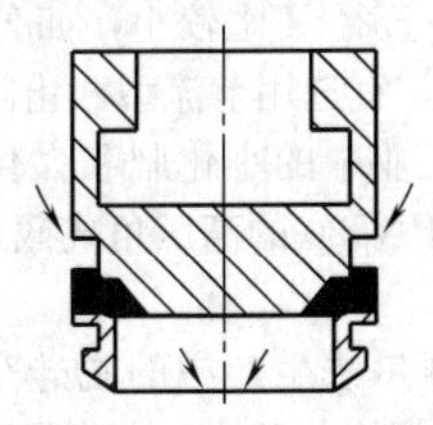

图5-42　关闭状态

5.15　截止阀的应用

小通径的截止阀，多采用外螺纹连接或卡套连接，较大口径的截止阀也可以采用法兰连接。

截止阀大多采用手轮或手柄驱动，少数高压较大口径的截止阀或需要自动操作的场合，也可以采用电动驱动。

截止阀的流动阻力很大，关闭力矩也大，影响了它在大口径场合的应用。为了扩大截止阀的应用范围，目前国内外都在研究改进截止阀的结构，以减小流动阻力和关闭力矩。例如近年来出现的内压自平衡式截止阀。下文简述各种类型的截止阀的应用。

5.15.1　针形截止阀

针形截止阀是作为精确的流量控制用的。阀瓣通常与阀杆制成一体，它有一个与阀座配合，精度非常高的针状头部。而且针形截止阀阀杆螺纹的螺距比一般普通截止阀的阀杆螺纹螺距要小。在通常情况下，针形截止阀阀座孔的尺寸比管道尺寸小。因此，它通常只限于在公称尺寸小的管线中使用，更多的用于取样阀。

5.15.2　直流式截止阀

直流式截止阀的阀杆和通道成一定角度，其阀座密封面与进出口通道也有一定的角度，阀体可制成整体式或分开式。直流式截止阀几乎不改变流体的流动方向，在截止阀中流阻最小。阀座和阀瓣密封面可堆焊硬质合金，使整个阀门更耐冲刷和腐蚀，非常适合于氧化铝系统中的管路控制，同时也适合于有结焦和固体颗粒的管道中。

5.15.3　角式截止阀

角式截止阀的最大优点是可以把阀门安装在管路系统的拐角处，这样既节约了90°弯头，又便于操作，最适合应用在化肥厂的合成氨生产系统中和制冷系统中。如J44H-160、J44H-320就完全是为合成氨生产系统而设计的。

5.15.4　钢球或陶瓷球密封截止阀

该阀的结构特点是阀体分为连体式和分体式，阀瓣为STL硬质合金钢球或为非晶粉末材料经压制成形、高温烧结、精研制成的瓷球。阀杆下端滚压包络球体在阀杆球孔内，球体在阀杆的球孔内做三维转动时可产生无数条密封线，大大增加了密封面的使用寿命，还能保证可靠的密封。该阀由于受球体尺寸的限制，一般用于较小的公称尺寸，约为*DN*6～25，适用于核电厂、火电厂的高温高压蒸汽管路，取样、排污系统的仪表管路以及石化、化工系统中的耐温、耐压、耐磨损、耐蚀的管路上。

5.15.5　高温高压电站截止阀

高温高压电站截止阀的阀体与阀盖连接均采用压力自紧密封式或卡箍式，阀体与管路的连接形式为对接焊连接，阀体材料多采用铬钼钢或铬钼钒钢，密封面堆焊硬质合金。因此，耐高温高压、抗热性好；密封面耐磨损、耐擦伤、耐蚀，密封性能好，寿命长。最适用于火电工业系统、石油化工系统及冶金行业等的高温高压水、蒸汽、油品、过热蒸汽的管路上。

5.15.6　氧气管路用截止阀

氧气管路用截止阀严格按氧气管路的要求进行设计，填料函外部严格密封，防止外界污物进入填料函内。阀体两端法兰有接地装置，在管路上安装完毕后，应接地，严防静电起火。壳体材料通常选用奥氏体不锈钢或铜合金，导电性好、不易发生静电起火。密封副材料为聚四氟乙烯对阀体本体材料，密封性能好，气体检验泄漏量为零。组装前的零部件和组装试验完成后的整机必须经脱脂处理，以防止引起静电起火。主要适用于冶金系统的氧气管路，在其他行业的氧气管路也适用。

5.15.7　石油液化气截止阀

石油液化气截止阀专为石油液化气的管路或装置设计。结构上注意了防火要求。填料采用聚四氟乙烯，密封可靠、无外漏。密封副材料选用聚四氟乙烯或尼龙对阀体本体材料，密封可靠。适用于液化石油气管路系统，作为启闭装置。也适用于温度不高于80℃的其他管路作切断阀使用。

5.15.8　上螺纹阀杆截止阀

上螺纹阀杆截止阀阀杆不与介质直接接触。根据壳体与内件材料的不同配置，适用于不同的工况。如壳体材料选用碳素钢，密封副材料为合金钢，填料为柔性石墨，阀杆材料为Cr13系不锈钢，适用于水、蒸汽、油品管路；若壳体材料为12Cr18Ni9或06Cr19Ni10，密封副材料为阀体本身材料或硬质合金，填料为聚四氟乙烯，阀杆材料为14Cr17Ni2，适用于以硝酸基为主的腐蚀性介质管路或装置上；若壳体材料为1Cr18Ni12Mo2Ti或0Cr18Ni12Mo2Ti，密封副材料为本体材料或硬质合金，填料为聚四氟乙烯，阀杆材料为1Cr18Ni12Mo2Ti，适用于以醋酸基为主的腐蚀性介质管路或装置上。上螺纹阀杆截止阀的最大公称尺寸一般为*DN*200，*DN*200以上最好设置内旁通或外接旁通阀，并将介质流向改为“高进低出”，以降低阀门操作力矩。

5.15.9 下螺纹阀杆截止阀

下螺纹阀杆截止阀阀杆螺纹直接与工作介质接触，直接受介质的浸蚀，使阀杆螺纹易锈蚀、造成启闭费力。其结构也只适合公称尺寸比较小的规格，一般在*DN*6～150之间，用于清洁介质作为仪表阀和取样阀。

5.15.10 API 602锻钢截止阀

按美国石油协会标准API 602进行设计的截止阀，阀体和阀盖为碳钢或不锈钢锻件制造，阀体和阀盖连接有螺栓连接、螺纹连接和焊接等多种形式。有上螺纹阀杆和下螺纹阀杆之分，密封副材料有Cr13系不锈钢钢、不锈耐酸钢、STL硬质合金等，填料可选用柔性石墨或聚四氟乙烯，连接方式有法兰、螺纹、承插焊和对接焊，压力等级为Class 150～1500，公称尺寸为NPS 1/4～4。广泛地应用于石油化工、电力、化工等部门的装置和管路上，工作介质为蒸汽、油品、腐蚀性介质。结构长度按制造厂标准，部分符合ASME B16.10；法兰连接尺寸按ASME B16.5；焊接尺寸符合ASME B16.25；承插焊孔尺寸符合ASME B16.11；螺纹连接端尺寸符合ASME B1.20.1。

5.16 截止阀的选用原则

截止阀是应用最广的阀类之一，虽然球阀和蝶阀不断发展，在部分场合可以取代截止阀，但截止阀本身所具备的一些特性并不能完全被球阀、蝶阀所替代。选用截止阀应遵循以下原则。

① 高温、高压介质的管路或装置上宜选用截止阀。如火电厂、核电站，石油化工系统的高温、高压管路上选用截止阀为宜。

② 对流阻要求不严的管路上，即对压力损失考虑不大的地方可以优先选用截止阀。

③ 小型阀门可选用截止阀，如针阀、仪表阀、取样阀、压力计阀等。

④ 有流量调节或压力调节，但对调节精度要求不高，而且管路直径又比较小，如公称尺寸不大于*DN*50的管路上，宜选用节流型截止阀。

⑤ 合成氨工业中的小化肥和大化肥宜选用公称压力*PN*160或*PN*320的高压角式截止阀或高压角式节流阀。

⑥ 氧化铝拜尔法生产中的脱硅车间、易结焦的管路上，宜选用阀体分开式、阀座可更换的、硬质合金密封副的直流式截止阀或直流式节流阀。

⑦ 城市建设中的供水、供热工程上，公称尺寸较小的管路，可选用截止阀、平衡阀或柱塞阀，如公称尺寸小于*DN*150的管路上。

参考文献

[1] Peter Smith，R. W. Zappe. Valve Selection Handbook. Fifth Edition. Gulf Professional Publishing is an imprint of Elsevier Inc.，2004.

[2] Philip L. Skousen著. 阀门手册. 第2版. 孙家孔译. 北京：中国石化出版社，2005.

[3] [英] 内斯比特著. 阀门和驱动装置技术手册. 张清双等译. 北京：化学工业出版社，2010.

[4] [英] 肯蒂什编著. 工业管道工程. 林钧富等译. 北京：中国石化出版社，1991.

[5] 沈阳阀门研究所，机械部合肥通用机械研究所主编. 阀门. 北京：机械工业出版社，1994.

[6] 王孝天等. 不锈钢阀门的设计与制造. 北京：原子能出版社，1987.

[7] 刘成林主编. 天然气集输系统常用阀门实用手册. 北京：石油工业出版社，2005.

[8] 《阀门设计》编写组. 阀门设计. 沈阳：沈阳阀门研究所，1976.

[9] 机械工业部合肥通用机械研究所编. 阀门. 北京：机械工业出版社，1984.

[10] 范继义主编. 油库阀门. 北京：中国石化出版社，2006.

[11] 张清双. 截止阀球形阀瓣设计. 阀门，2001(4).

[12] GB/T 21465—2008. 阀门 术语.

第6章 止 回 阀

6.1 概述

止回阀是启闭件（阀瓣）借助介质作用力，自动阻止介质逆流的阀门。

止回阀，曾称为“逆止阀”或“单向阀”，主要用于介质单向流动的管道上，防止管路中介质的倒流。止回阀属于自动阀类，其启闭动作是依靠介质本身的能量来驱动的。

止回阀的基本功能为在管道系统中通过防止介质倒流来保护机械设备。这对于泵与压缩机来说特别重要。因为倒流可造成设备内部元件的损坏，引起不必要的停车现象，情况严重时甚至会使整个工厂停止运转。

一般来说，止回阀是不需要人工操作的，它通过介质倒流实现自动操作。但在某些特殊工况下，其单向流动的特点不得不发生改变。为达到上述目的，可为止回阀配备一种使关闭件锁定于打开状态的装置，也可采用移除关闭件的方法。后一种方法需要将止回阀拆开，卸掉关闭件，然后再重新装上阀门。

这种介质模式对于防止倒流是必须的，它能使系统在停泵后保持压力、使往复泵和压缩机能够正常运行、防止转子泵和压缩机反向驱动设备。

止回阀还可用于压力可能升至超过主系统压力的辅助系统提供补给的管路上。

6.2 止回阀的工作原理及工作特点

6.2.1 止回阀的工作原理

止回阀允许流体以特定的方向流动并防止流体回流或向相反方向流动。理想的止回阀应该在管道中的压力下降和流体动能减缓时开始关闭。当流体流动方向逆转时，止回阀应完全关闭。

6.2.2 止回阀的工作特点

止回阀的工作特点是载荷变化大，启闭频率小，一旦处于关闭或开启状态，使用周期便很长，且不要求运动部件转动。但一旦有切换要求，则必须动作灵活，这一要求较常见的机械运动更为苛刻。由于止回阀在大多数实际使用中，定性地被确定用于快速关闭，而在止回阀关闭的瞬间，介质是反向流动的，随着阀瓣的关闭，介质从最大倒流速度迅速降至为零，而压力则迅速升高，即产生可能对管路系统有破坏作用的“水锤”现象。对于多台泵并联使用的高压管路系统，止回阀的水锤问题就更加突出。水锤是压力管道中瞬变流动的一种压力波，它是由于压力管道中流体流速的变化而引起的压力升高或下降的水力冲击现象。其产生的物理原理是液体的不可压缩性、流体运动惯性与管材弹性综合作用的结果。为了防止管道中的水锤隐患，多年来，人们在止回阀设计中，采用了一些新结构，在保证止回阀使用性能的同时，将水锤的冲击力减至最小方面取得了可喜的进展。

6.3 止回阀的操作

止回阀的操作方式要避免发生因阀门关闭而产生过高的冲击压力及阀门关闭件的快速振荡动作。

为避免因止回阀关闭而形成的过高冲击压力，阀门必须关闭迅速，从而防止形成极大的倒流速度，该倒流速度是阀门突然关闭时产生冲击压力的根本原因，故阀门的关闭速度应与顺流介质的速度衰减正确匹配。

但是，顺流介质的速度衰减在液体系统中可能变化很大。举例来说，如果液体系统采用一组并列泵，而其中的一台泵突然失效，则在该失效泵出口处的止回阀就必须几乎同时关闭。但是，如果液体系统只有一台泵，而此泵突然失灵，并且输送管道较长，且其出口端的背压及泵送压力较低，则采用关闭速度较小的止回阀就较好。

必须避免阀门关闭件的快速振荡运动，以防止阀门活动部件过度磨损而导致早期失效，通过根据计算产生使阀门关闭部件运动的力的流量来确定阀门通径，可以避免快速振荡运动的出现。如果介质为脉动流，则止回阀应尽可能置于远离脉动源的地方。关闭件的快速振荡也可能是由剧烈的介质扰动所引起，当存在这种情况时，止回阀应该安置在介质扰动最小的地方。

因此，选择止回阀的第一步是确定该阀门所处的工况条件。

6.3.1 快关止回阀的评定

在大多数实际使用中，止回阀只能定性地被用于快速关闭，以下几条可以作为判断依据。

① 关闭件从全开到关闭位置的行程应尽可能短。因此，从关闭速度这一点看，小型止回阀比同类结构

的大型止回阀关闭速度要快。

② 止回阀应在倒流之前，在最大可能的顺流介质速度下，从全开位置开始关闭，以得到最长的关闭时间。

③ 关闭件的惯性应尽可能小，但关闭力应适当加大，以保证对顺流介质的降速做出最快反应。从低惯性这一点出发，关闭件应该采用轻质材料制造，如铝或钛。为了兼顾轻质的结构和较大的关闭力，由关闭件的重量所产生的关闭力可用弹簧力予以增强。

④ 在关闭件周围，延迟关闭件自由关闭动作的限制因素，应予以去除。

6.3.2 止回阀操作时的数学应用

将数学方法应用于止回阀的正常运行是近年来发展起来的。对于带有铰接阀瓣的止回阀，国外止回阀厂家如POOL、Porwit以及Carlton提供了一个计算方法，这个计算方法涉及阀瓣运动方程的建立并应用系统中流体介质的减速特性。在建立阀瓣的运动方程之前，必须知道一些阀门的物理常量。可以通过计算来确定阀门在突然关闭时的倒流速度，也可计算因阀门突然关闭引起的倒流介质的冲击压力。

阀门制造商可根据止回阀的重要应用场合，采用数学方法进行设计并预测冲击压力，知道这一点对于阀门用户来说是很重要的。

6.4 止回阀的分类

止回阀按结构划分，可分为升降式止回阀、旋启式止回阀、双瓣蝶形止回阀和轴流式止回阀等。升降式止回阀可分为直通流道、立式结构、角式流道三种。旋启式止回阀分为单瓣式、双瓣式和多瓣式三种。蝶式止回阀为直通式。

在连接形式上可分为螺纹连接、法兰连接、对夹连接及焊接连接四种。

升降式止回阀的阀瓣形同一个活塞，因此也称为“活塞式止回阀”。流动开始时它被上游流体推动，脱开阀座，开启流道；流动停止时，阀瓣在重力作用下返回阀座以截断回流。球形止回阀的阀瓣为球形，其原理类似于升降式止回阀。

旋启式止回阀的阀瓣旋转离开阀座而使流体向前方流动，当上游流动停止时，阀瓣返回阀座形成密封，从而防止了流体反向流动。

在双瓣蝶形止回阀中，由中间销轴连接的两个半阀瓣组成关闭件，当上游流动停止时，在弹簧的驱动下，两阀瓣如蝴蝶展翅般迅速关闭；当上游流动开始时，两阀瓣向后如蝴蝶翅膀般折叠，阀门开启，这也是“蝶形”名称的由来。

6.4.1 升降式止回阀

如图6-1所示，升降式止回阀为阀瓣沿阀瓣密封面轴线做升降运动的止回阀。

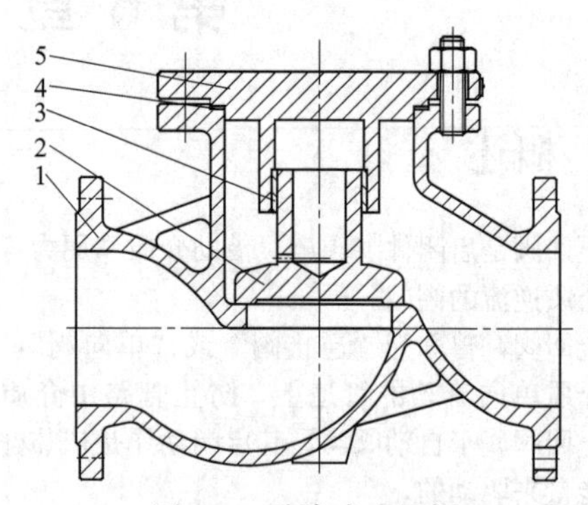

图6-1 升降式止回阀

1—阀体；2—阀瓣；3—摩擦垫；4—垫片；5—阀盖

升降式止回阀的结构与截止阀有很多相似之处，其中阀体与截止阀阀体完全一样，可以通用。阀瓣形式也与截止阀阀瓣相类似，阀瓣上部和阀盖下部设置有一组导向轴、套，阀瓣导向轴可在阀盖导向套筒内自由升降。采用导向套筒的目的是要保证阀瓣准确地回落在阀座上。在阀盖导向套筒上部加工出一个泄压孔，当阀瓣上升时，排出套筒内介质，以减小阀瓣开启时的阻力。升降式止回阀动作可靠，但流动阻力较大，适用于较小口径的场合。

升降式止回阀的阀瓣是自动工作的，一般是在阀门的进出口之间有个圆锥形阀瓣压在金属阀座上。阀瓣上可以加设弹簧以预载。流体正向流动时，在流体压力作用下，锥形阀瓣脱开阀座，阀门开启。倒流时，阀瓣在自重、弹簧作用力（如果设有弹簧预载）、流体回流压力的共同作用下，回落到阀座上，阀门关闭。

采用金属对金属密封副的升降式止回阀，允许有少量泄漏，仅适用于对流体倒流密封要求不是十分严格的场合，一般仅用于水系统，因此通常用于阻止蒸汽疏水阀的冷凝水倒流，也用于冷凝水循环泵的出口。

升降式止回阀的主要优点是结构简单，由于锥形阀瓣是唯一的运动部件，阀门结实耐用，几乎不需要维护，而且由于是金属阀座，磨损很少。升降式止回阀的局限性是必须安装在水平管道上。

活塞升降式止回阀由标准的升降式止回阀改进而来，包括一个活塞形阀瓣和一个减震装置，工作时减震装置产生阻尼，消除了由于阀门频繁动作而引起的破坏，例如，要承受水冲击压力的管道系统中，或是流体方向经常变换的场合（如锅炉出口）。

升降式止回阀，因其阀瓣的行程约为阀瓣直径的

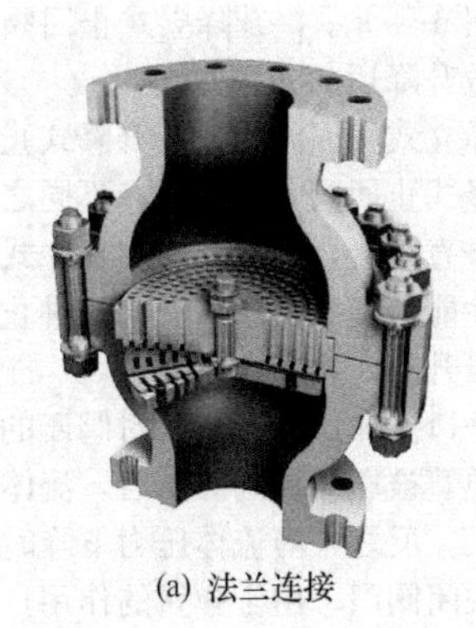

(a) 法兰连接

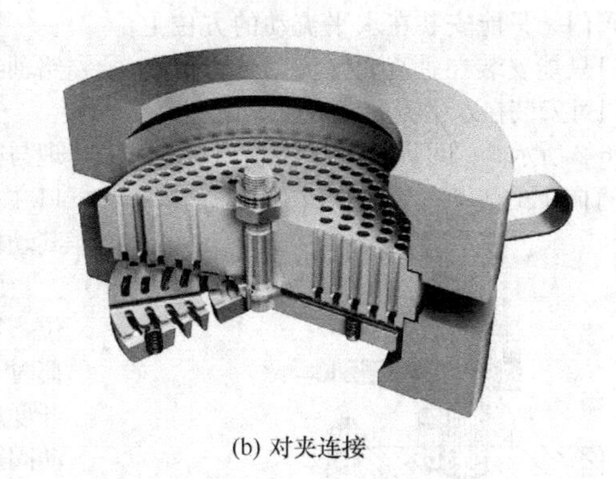

(b) 对夹连接

图 6-2　阀片式静音止回阀

1/3，大大减少了阀瓣关闭所需时间，从而有效地降低了止回阀的水锤压力。此外，在一些升降式止回阀中，出现了一些新的结构设计，在阀瓣上加有圆柱螺旋弹簧，由于弹簧载荷的作用和其具有最小的阀瓣行程，关闭更为迅速，对减小水锤的压力更为有利。

升降式止回阀的阀瓣可上下自由移动，流体应由下而上推动阀瓣，当阀瓣下部入口压力小于上部出口压力时，阀瓣靠自重及上部流体压力的双重作用而自行关闭。

与其他类型的止回阀相比，升降式止回阀的行程最短，因而只需要相对较短的行程就可以使阀门全开。例如图 6-2 所示的升降式止回阀，其阀座处的通道呈环形，这种阀的开程最小，故升降式止回阀具有快速关闭的能力。

图 6-2 中所示的止回阀，是专门为气体系统设计的。根据气流状况的差异，该阀门既可用作恒定流量的止回阀，无论系统中是否存在微小的流量波动，阀门始终保持全开，也可用作脉动流的止回阀，阀门随着气流脉冲打开和关闭。

借助弹簧的作用，在气体达到回流条件前的瞬间，阀片已对其两侧的气体压差变化做出响应，经极小的运动距离即与阀座贴合，防止气体回流。

当流量脉动不足以引起颤振时，恒流止回阀可用于离心泵，罗茨压缩机、螺杆式压缩机或往复式压缩机。若流量脉动能够使阀门随之开关，则在往复式压缩机系统中使用抗脉动止回阀，这些阀门的设计原理与压缩机气阀是相同的，因此，它们能够承受密封面间的反复冲击。生产厂家会建议在特定工况下应该使用恒流止回阀或抗脉动止回阀。

止回阀的工作特性取决于其设计原理。主要基于以下几方面：带有多级环形阀座节流孔的阀门行程最小，盘式关闭件的惯性低，关闭件的导向无摩擦，以及选择与运行工况相匹配的弹簧。

在大多数的升降式止回阀中，阀瓣有导向结构以保证阀瓣与阀座同轴并保持密封。但是，杂质进入到阀瓣的导向机构中，则阀瓣可能会被卡死或关闭缓慢。因此，此种类型的阀瓣只适用于低黏度介质，并且此介质中无固体颗粒。

图 6-3 所示的止回阀的阀瓣为球状，与导向装置之间存在较大的间隙，因而在有脏物的场合很适用。当阀门关闭时，球形阀瓣滚动到阀座中自动对中并获得准确的密封。

如图 6-4 所示的止回阀是带有缓闭装置的角式升降式止回阀，其活塞缸设计成上、下段，两段具有不同的直径。该结构止回阀在第一阶段能快速关闭，第二阶段，由于活塞缸直径减小，阀门最终能缓慢关闭。该止回阀的阀瓣头部设计成特定的形状，当阀门的快关阶段结束时，阀瓣与阀座间只留下了较小的流道面积，从而有效地限制了阀门的倒流速度。

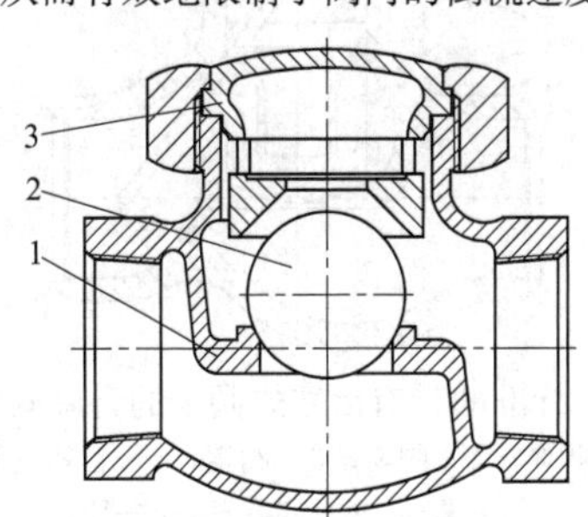

图 6-3　球形阀瓣升降式止回阀

1—阀体；2—球体；3—阀盖

该止回阀是为重要的低冲击压力而特别设计的。通过两种方式来实现低冲击压力：一是给关闭件设置圆锥形伸出端，这样在阀门关闭时，介质能够被缓慢节流；二是在关闭件上安装减振器，在关闭最后一刻起作用。用于提供辅助关闭力的弹簧被取消，因为阀门在这种工况工作时，弹簧的断裂是一种危险。

升降式止回阀的安装方位必须合适，要保证关闭件的重力作用在阀门关闭的方向。由于弹簧加载的小升降止回阀的关闭力主要来自于弹簧，因此这种阀门可不必过多考虑安装方位，基于上述原因，图 6-3 与

图 6-5 所示的阀门，只能安装在水平流动的方位上。图 6-4 所示阀门只能安装在垂直向上流动的方位上。图 6-6 所示阀门可安装在水平流动或者垂直向上流动的方位上。图 6-2 所示阀门可以安装在任意流动的方位上，包括垂直向下的流动。

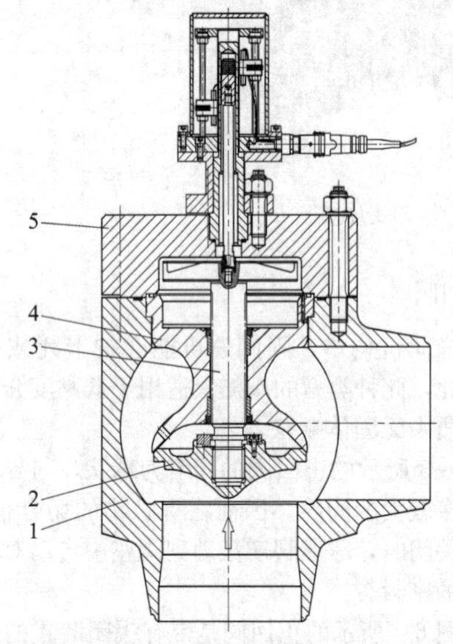

图 6-4 带有缓闭装置的角式升降式止回阀

1—阀体；2—阀瓣；3—活塞杆；4—汽缸；5—阀盖

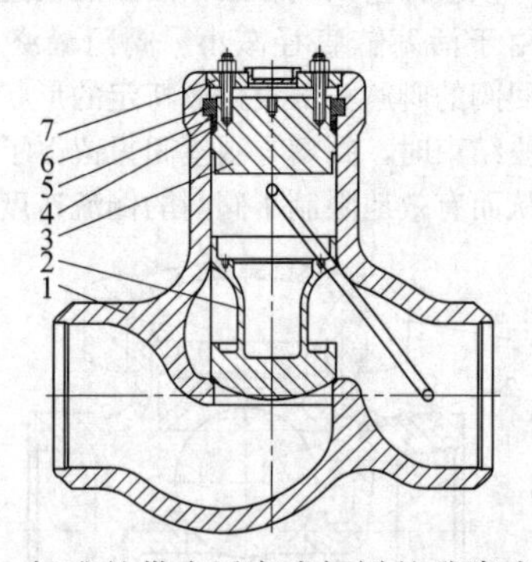

图 6-5 标准的带有活塞式阀瓣的升降式止回阀

1—阀体；2—阀瓣；3—阀盖；4—自密封环；5—止推环；6—四开环；7—压板

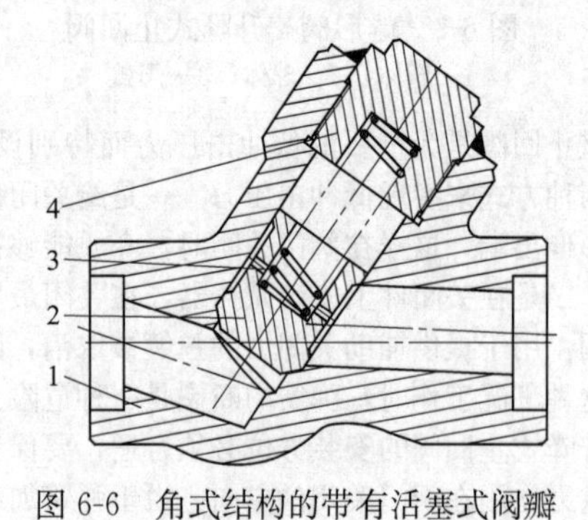

图 6-6 角式结构的带有活塞式阀瓣升降式止回阀

1—阀体；2—阀瓣；3—弹簧；4—阀盖

如图 6-7 所示，升降立式止回阀为阀瓣沿阀体通路轴线做升降运动的止回阀。

升降立式止回阀也属于升降式止回阀。其动作原理与升降式止回阀完全相同，不同之处是其进口和出口在一条直线上，可直接安装在立式管道上，不影响其动作性能，竖立式管道选用该种止回阀十分适用。

弹簧升降式止回阀（图 6-8）的弹簧置于阀瓣部位，当进口流体压力产生的对阀瓣的推力大于弹簧载荷时，弹簧被压缩，阀瓣开启。流体压力越大，阀门开度越大。反之，当流体压力下降时，弹簧伸张，推动阀瓣关闭阀门。由于弹簧的作用，有利于降低阀门启闭时产生的水锤压力，而且流体流道畅通，阻力较小。此外，小直径弹簧止回阀的阀瓣常用圆球制成，结构更简单。

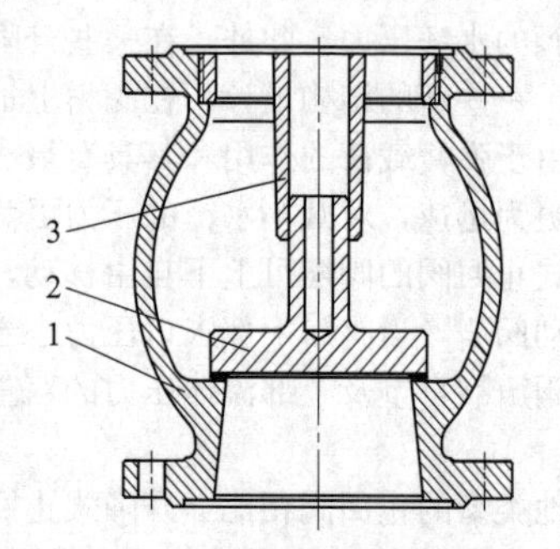

图 6-7 升降立式止回阀

1—阀体；2—阀瓣；3—导向套

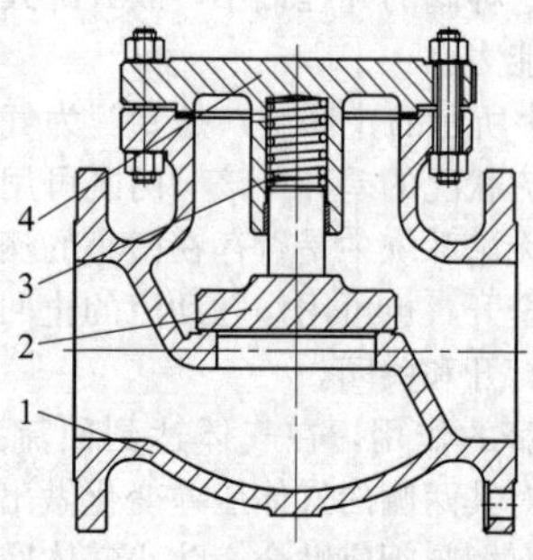

图 6-8 弹簧升降式止回阀

1—阀体；2—阀瓣；3—弹簧；4—阀盖

6.4.2 活塞式止回阀

活塞式止回阀，如图 6-9 所示，实质上是一种升降式止回阀。这种类型的止回阀带一个由活塞和汽缸组成的缓冲器，在操作的时候有缓冲作用。由于和升降式止回阀设计相似，介质通过活塞式止回阀的流量特性与通过升降式止回阀本质上是相同的。安装方法与升降式止回阀相同，介质必须从阀座下方流入。活塞式止回阀的阀座和阀瓣结构与升降式止回阀相同。活塞式止回阀一般与截止阀和角阀一起应用于介质方向变动频繁的管道系统。这种类型的阀门用于供水、蒸汽和空气系统。

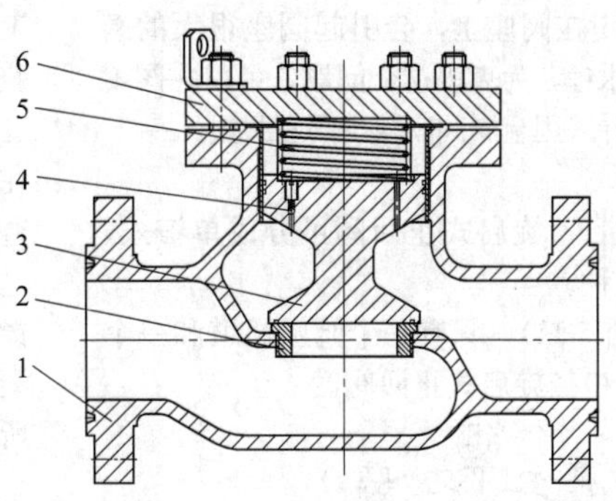

图 6-9　活塞式止回阀

1—阀体；2—阀座；3—阀瓣；4—止回阀；5—弹簧；6—阀盖

当介质系统经常出现压力骤增和波动时，活塞式止回阀能有效地保护系统。

活塞式止回阀推荐用在流量波动的管道中，如往复式的压缩机和泵的出口管道，不适合用在流体含沙或有杂质的管道上。

由于活塞式止回阀独特的缓冲设计，可以使该阀连续几年不间断地应用于水泵和往复式压缩机，以及其他导致常规止回阀过度磨损的领域。另外，活塞式止回阀的上装式设计，使所有内部部件易于在线检修和更换，尽量缩短停工期。

(1) 便捷可靠地防止回流

在无压差状态下，活塞式止回阀借助阀腔和弹簧作用返回关闭位置。阀门入口端的压力把阀瓣从关闭位置提升，允许介质通过。当介质发生变化时，活塞式止回阀的阀瓣在中腔中浮动。如果介质中断，阀瓣和阀座将会形成气密封，防止回流。

当压力突然发生变化或介质情况反常时，活塞式止回阀的机械装置和活塞中的相邻小孔能减轻活塞振荡，消除猛烈冲击或颤动。

活塞式止回阀装配有一块孔板来控制活塞的活动。用于液体的孔板要比用于气体的孔板大得多。为气体管道设计的活塞式止回阀，不能用于液体作业，除非更换活塞中的孔板。

由于小孔尺寸影响活塞位移程度，因此在订购活塞式止回阀时，用户应当向阀门制造商阐明工况条件，以满足某一特定范围的介质要求。

(2) 活塞式止回阀的特点

① 软密封；

② 硬密封；

③ 可更换阀座；

④ 多种阀体和内件材质；

⑤ 由于活塞和阀座的设计，作用在活塞上的回压越大，密封性能越好；

⑥ 活塞式止回阀通常适用于水平安装，当需要垂直安装时，应该咨询阀门制造商。

6.4.3　消声止回阀

图 6-10 所示的对夹消声止回阀实质为一种立式升降止回阀，本阀门除具有结构长度短、结构合理、重量轻、密封性能好和流阻小等优点外，还可有效地消除噪声、防止水击发生，并且安装方向不受限制。

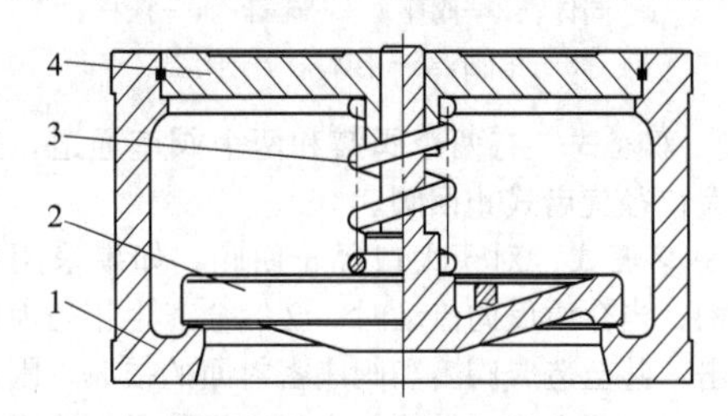

图 6-10　消声止回阀

1—阀体；2—阀瓣；3—弹簧；4—导向座

6.4.4　旋启式止回阀

旋启式止回阀是阀瓣绕体腔内摇杆轴做旋转运动的止回阀。旋启式止回阀的启闭原理与升降式止回阀一样，也是靠流体压力作用和阀瓣的自重自行动作，不同的是，阀瓣的启闭方式是旋转运动而不是上下移动，流体的入口方向应在能冲击阀瓣转动的一侧。

旋启式止回阀的关闭件是一个与管道通径相当的阀瓣或圆盘，悬挂于阀门腔体内，流体正向流动时在流体压力的作用下阀瓣打开，压力下降时阀瓣在自重和逆流流体的压力作用下关闭。

旋启式止回阀由阀体、阀盖、阀瓣和摇杆组成。阀瓣呈圆盘状，绕阀座通道外的销轴做旋转运动。阀内通道成流线型，流动阻力比直通式升降止回阀要小，适合用于大口径的管道。但低压时，其密封性能不如升降式止回阀。为提高密封性能，可采用辅助弹簧或采用重锤结构辅助密封。

由于阀瓣的重量，旋启式止回阀打开时，对流体的阻力相对较大。此外，由于阀瓣悬浮在流体中，可使流体产生湍流。这也表明通过旋启式止回阀的流体压降要大于通过其他形式止回阀的压降。当流动方向突然变化时，阀瓣会猛烈关闭在阀座上，会引起阀座很大的磨损，并沿管道产生水锤，为克服这个问题，可以在阀瓣上安装阻尼装置，并采用金属阀座减少阀座磨损。

(1) 阀瓣

根据阀瓣的数目，旋启式止回阀可分成单瓣式、双瓣式和多瓣式三种。

① 单瓣式（图 6-11）　只有一个阀座通道和一个阀瓣，适用于中等口径旋启式止回阀。

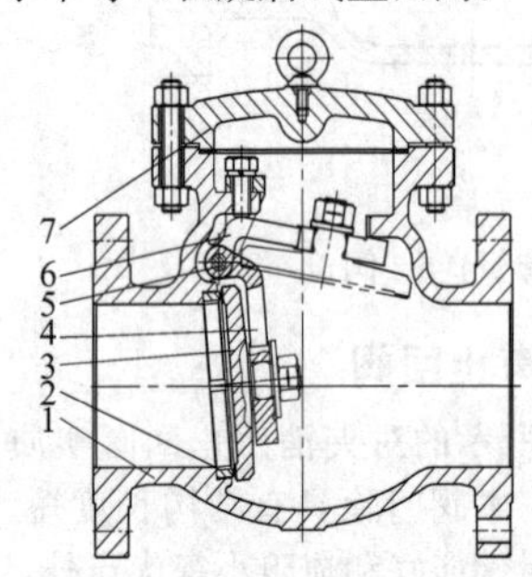

图 6-11　旋启式单瓣止回阀

1—阀体；2—阀座；3—阀瓣；4—摇杆；5—销轴；6—摇臂；7—阀盖

② 双瓣式　有两个阀瓣和两个阀座通道，适用于较大口径旋启式止回阀。

③ 多瓣式　对于大口径止回阀，如果采用单瓣式结构，当介质反向流动时，必然会产生相当大的水力冲击，甚至造成阀瓣和阀座密封面的损坏，因而采用多瓣式（图 6-12）结构。它的启闭件是由许多个小直径的阀瓣组成的，当介质停止流动或倒流时，这些小阀瓣不会同时关闭，大大减弱了水力冲击。由于小直径的阀瓣本身重量轻，关闭动作也比较平稳，阀瓣对阀座的撞击力较小，不会造成密封面的损坏。多瓣式适用于公称尺寸 *DN*600 以上的止回阀。较大口径的旋启式止回阀可带有旁通阀。

(2) 摇杆

旋启式止回阀摇杆的连接方式有在阀体上直接加工摇杆孔、在阀体内腔设置附件连接摇杆、在阀体内腔螺纹连接摇杆、组合连接和阀座上设置连接件等。

① 在阀体上直接加工摇杆孔　如图 6-13 所示，在阀体上设计摇杆轴孔，摇杆从阀体外部装入，待摇臂及阀瓣等全部装好后，在摇杆的端部安装堵盖，使之密封。这种结构加工简单，但是由于在阀体上需要镗孔，存在一处外连接，也就是存在一处潜在的外泄漏点，对有外漏要求严格的工况并不是理想的选择，所有内件都通过顶部阀盖安装。

② 在阀体内腔设置附件　如图 6-14 所示，在阀体内腔壁进口侧铸造出横梁，横梁上方挂支架并紧固，支架和摇臂通过摇杆轴连接，减少了外连接，避免了外漏。缺点是阀腔的高度要加高，零部件多，增加制造成本。

③ 阀体内腔螺纹连接　如图 6-15 所示，在阀体的进口端通道上侧铸造出两个凸台，在凸台上加工螺纹，用于紧固摇杆两端的铣平扁。这种连接方式既减少了外连接避免外漏，也减少了零部件数量，节约了制造成本。

④ 组合连接　如图 6-16 所示，阀体为分体式，由左、右阀体组成，左、右体中间夹持一个阀座，阀座上铸有凸台并加工成轴孔，阀瓣通过摇杆轴和阀座连接。这种结构既减少了外漏，也便于机加工。

⑤ 阀座上设置连接件　如图 6-17 所示，在阀座上方设计有支撑柱，套环穿过支撑柱固定位置后通过摇杆轴和摇杆连接，带动阀瓣实现阀门的启闭。

普通式的旋启式止回阀带有类似阀瓣的关闭件，关闭件绕阀座外部的销轴旋转，如图 6-18 与图 6-19 所示。阀瓣从全开到关闭位置的行程大于大多数升降式止回阀的行程。另外，阀瓣围绕销轴的转动不易受到污垢和黏性介质的阻碍。图 6-19 所示的阀门中，其关闭件是左右阀体之间的橡胶垫片的一部分，并用钢骨架进行加固。通过弯曲关闭件和垫片之间的橡胶带来实现阀门的开启或关闭。

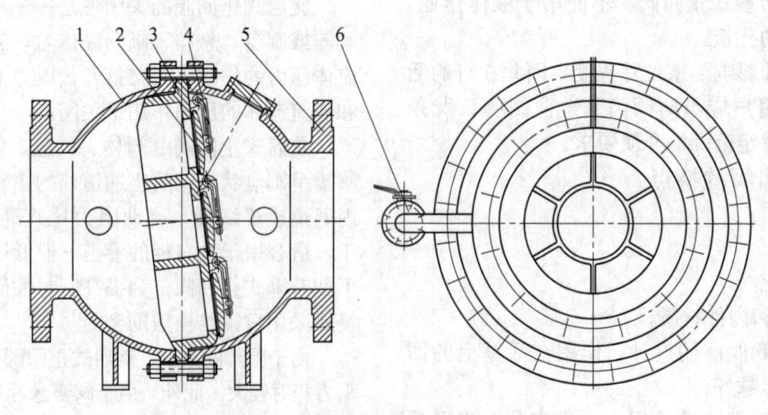

图 6-12　旋启式多瓣止回阀

1—阀体；2—阀瓣；3—隔板；4—摇臂；5—右阀体；6—旁通阀

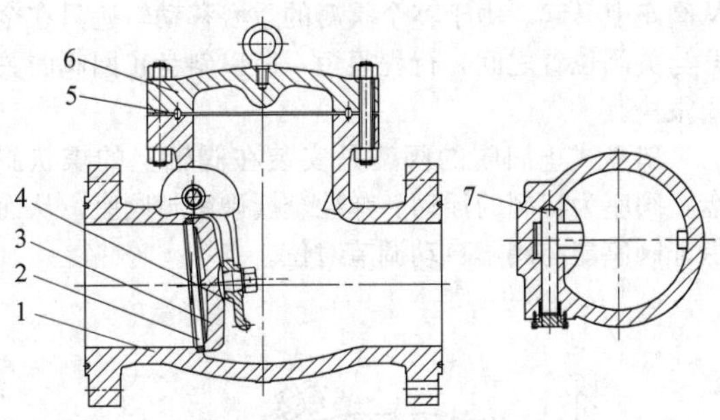

图 6-13　旋启式止回阀（一）

1—阀体；2—阀座；3—阀瓣；4—摇臂；5—垫圈；6—阀盖；7—摇杆

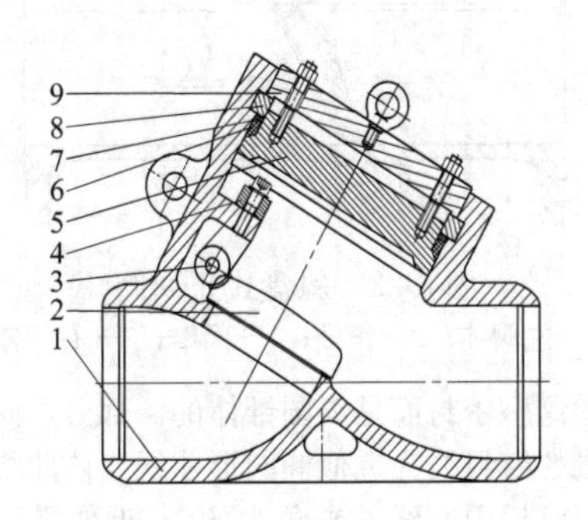

图 6-14　旋启式止回阀（二）

1—阀体；2—阀瓣；3—销轴；4—摇臂；5—阀盖；6—自密封环；7—止推环；8—四开环；9—压板

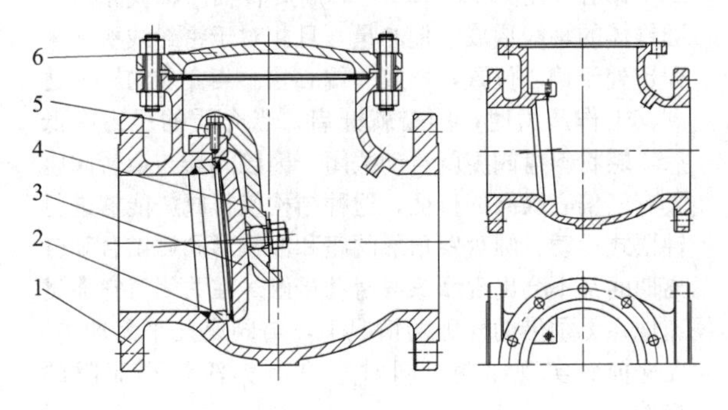

图 6-15　旋启式止回阀（三）

1—阀体；2—阀座；3—阀瓣；4—摇臂；5—摇杆轴；6—阀盖

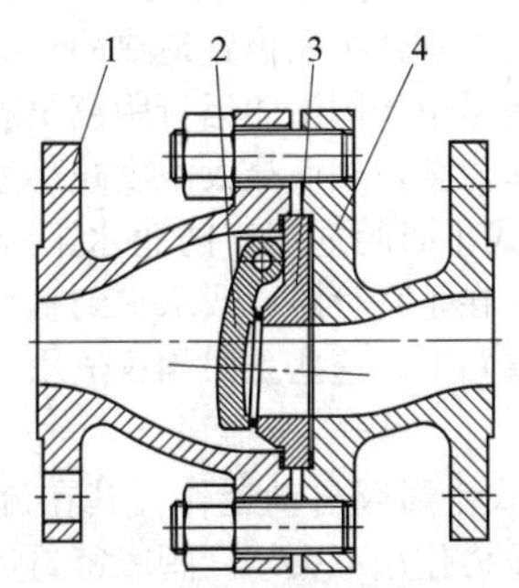

图 6-16　分体式旋启式止回阀

1—左阀体；2—阀瓣；3—阀座；4—右阀体

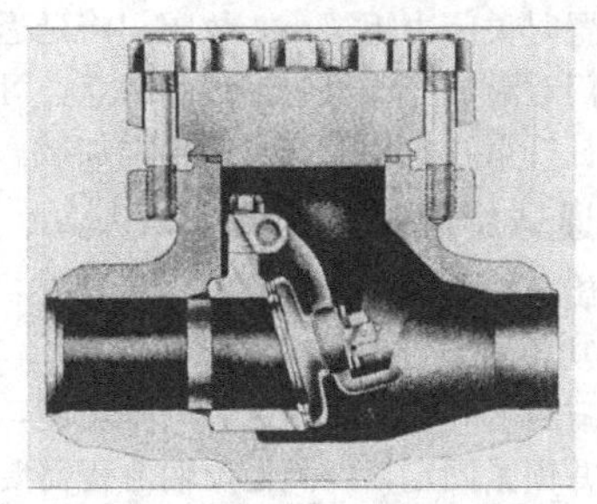

图 6-17　旋启式止回阀（四）

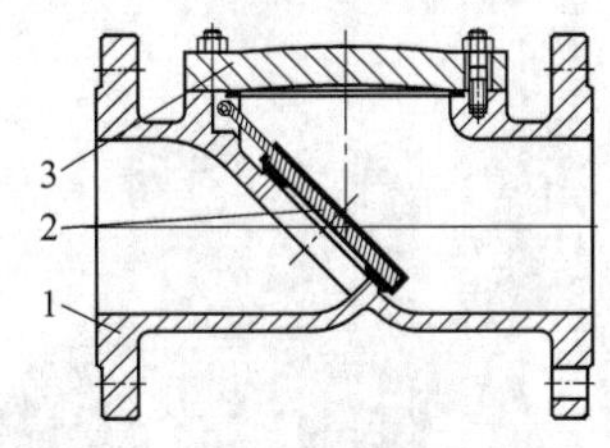

图 6-18　斜盘式橡胶阀瓣旋启式止回阀

1—阀体；2—阀瓣；3—阀盖

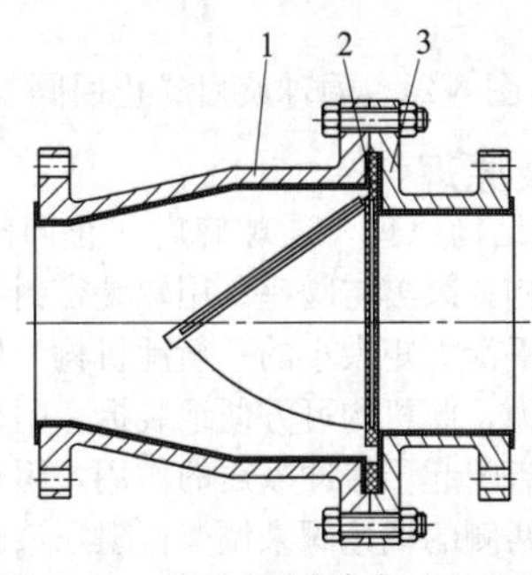

图 6-19　橡胶阀瓣旋启式止回阀

1—阀体；2—阀瓣；3—阀盖

对于旋启式止回阀，其阀瓣快速关闭即可有效地减小水锤压力。为了使阀瓣快速关闭，通常采用倾斜式阀座结构，并适当限制阀瓣的升度以减小阀瓣的行程（图 6-20）。

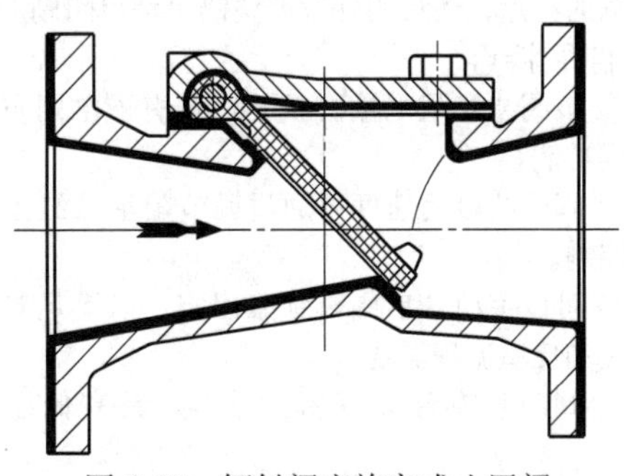

图 6-20　倾斜阀座旋启式止回阀

旋启式止回阀一般为水平安装，不过只要避免阀瓣率达到死点位置，也可以垂直安装。而在垂直安装情况下，阀瓣关闭力矩是由其重力产生的，由于阀瓣在全开位置时关闭力矩很小，故阀门将延迟关闭。为了克服阀门对滞流介质反应迟缓的缺点，可以为阀瓣配置一个杠杆重物机构或弹簧来辅助加载。

6.4.5 通球旋启式止回阀

通球旋启式止回阀（图 6-21）除具有一般旋启式止回阀的功能外，还装有阻尼液缸机构，具有低阻力、缓闭减震、阀瓣启闭速度可调等功能，可以手动开启阀瓣并锁紧固定，以满足反输流程需要和实现管线通球扫线功能。

图 6-21 通球旋启式止回阀

（1）结构及原理

① 阀门结构原理 通球旋启式止回阀的阀体为整体铸造结构，阀瓣与阀座采用软硬密封结构，还装有可以调节平衡力矩大小的平衡锤机构，以降低阀瓣开启时的阻力，此机构可方便地装拆。阻尼液缸的设置对阀瓣的启闭起了缓冲减震的作用，阻尼力矩的大小通过液缸两侧的调速阀来调节，阻尼液缸靠中间支架和连接套与阀体的摇杆轴组成一体，在使用中可方便地进行拆装和维修。当该阀装在需要有反输流程的管道上时，必须在该阀前后上下游端设置旁通，以便该阀可顺利开启，满足反输流程。

② 阻尼液缸的结构及工作原理 产品采用了叶片旋转式阻尼液缸结构，它具有阻尼调整灵敏、可调范围宽的特点，还可用外置调整锤手动启闭阀瓣。

（2）性能特点

① 该阀装有阻尼液缸机构，具有液缸阻尼、缓冲减震功能。

② 阀门的启闭速度可通过调节阻尼液缸上的调节阀控制。

③ 可以手动开启阀瓣锁紧固定，以满足管线通球扫线和反输流程需要。

④ 阀门设有硬软双密封结构，具有低压密封性能。

6.4.6 斜盘式止回阀

图 6-22 所示是斜盘式止回阀的一种。这种阀门有一种圆盘式的关闭件，阀瓣绕摇杆轴旋转，并与阀座面偏置。阀瓣转下与阀座密合时关闭，开启时阀瓣从阀座上升起。由于整个阀瓣的重心移动轨迹只在全开与关闭位置之间，行程很短，所以斜盘止回阀的关闭很快。

斜盘式止回阀的阀瓣是安装在阀轴上的蝶状斜盘，阀座为特制的浮动、弹性金属硬密封阀座，从而保证阀座能与阀瓣自动调节对位。

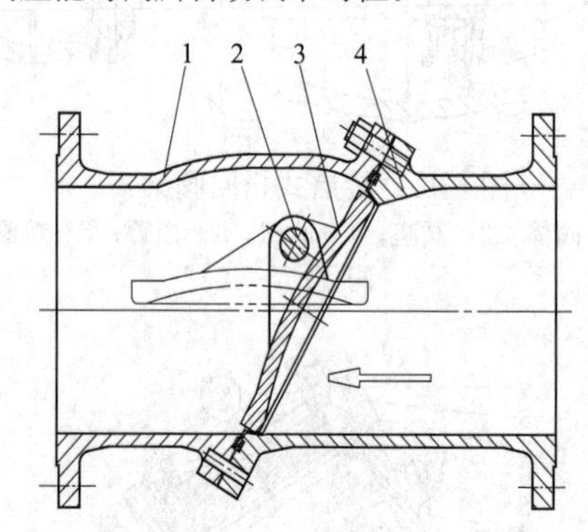

图 6-22 斜盘式止回阀

1—左阀体；2—销轴；3—阀瓣；4—右阀体

它的阀座密封面是斜圆锥体的一部分，阀座与阀瓣间形成的密封线为近似椭圆形曲线，该曲线所在平面与阀门流道中心线的夹角为 60°；近似椭圆密封线的长轴中心与锥体轴线形成一个角度偏心，即阀座密封面所在圆锥体的轴线和阀体流道中心线之间形成第二个偏心夹角为 15°～20°；阀瓣旋转轴的轴线相对于圆锥体的轴线形成一偏心量，且相对于密封线所在平面也处于偏心位置，形成一偏心量。当介质的压力达到其工作压力时，阀瓣就开启，当介质的压力降低后，蝶状斜盘阀瓣就自动关闭。因该阀瓣与金属阀座具有三偏心蝶阀的特征，这种结构使得阀瓣能够进行钟摆式运动。圆盘斜角形阀座和漏斗形阀瓣结合和分离期间都不会出现摩擦或滑动接触。在关闭时它能迅速地在无须借助外力的情况下，与阀座几乎无冲击、无碰撞而实现密封。同时它具有大流量小流阻的特性。

斜盘式止回阀特点如下。

① 止回阀的撞击现象，是由于在流体倒流之前，阀门的阀瓣没有到达关闭位置造成的。斜盘式止回阀能够迅速关闭是由于阀瓣的运行距离很短，因此能够迅速到达阀座位置，从而最大限度减小撞击现象。

② 斜盘式止回阀适用于防止水平或垂直管路上的流体倒流。在垂直管路，或水平到垂直之间的任何倾斜角度的管路上，这些止回阀仅适用于介质流向朝上的管路。

③ 斜盘式止回阀自动运作。其在流体流速压力下开启，在重力作用下关闭。阀座密封负载和紧密性与反压力相关。如果流速压力不足以将阀门支撑在敞开的、稳定的位置，则阀瓣和其他活动部件将会持续

振动。为了避免出现运动部件的过早磨损、噪声或振动运行，就要根据流体状态选择止回阀的通径。能够将翻转式阀瓣止回阀支撑在敞开的、稳定的开启状态所需的最小流体速度，需要通过下列公式进行计算得出：

$$v=80\sqrt{\overline{V}}$$

式中　v——流速，ft/s；

$\overline{V}$——流体比容积，ft^3/lb。

通过这种方式确定的止回阀通径，可能会出现所确定的止回阀通径小于管道通径，因此在安装时，可能需要安装异径管。所产生的压降不能大于那些处于部分开启状态的通径较大的阀门，这样将大大延长阀门的使用寿命，还可带来额外的好处，那就是阀门通径更小，成本相对降低。

斜盘式止回阀具有造价高的缺点，而且，较之旋启式止回阀，修理更加困难。因此，斜盘式止回阀通常限用于旋启式止回阀不能满足要求的场合。

6.4.7　微阻缓闭止回阀

缓闭止回阀是止回阀的一个特殊品种，它通过缓闭的形式减小水锤压力。缓闭止回阀有多种结构类型，下面介绍其中三种。

(1) 二阶段缓闭止回阀

这是一种带双缸阻尼器的侧阻式缓闭止回阀，其结构原理见图6-23，阀体是一只普通旋启式止回阀，但其阀瓣的摇杆轴较粗较长，穿出阀体之外，通过连接机构与分置两侧的油缸阻尼器相连，连接机构由摇臂、滑叉和横销组成。

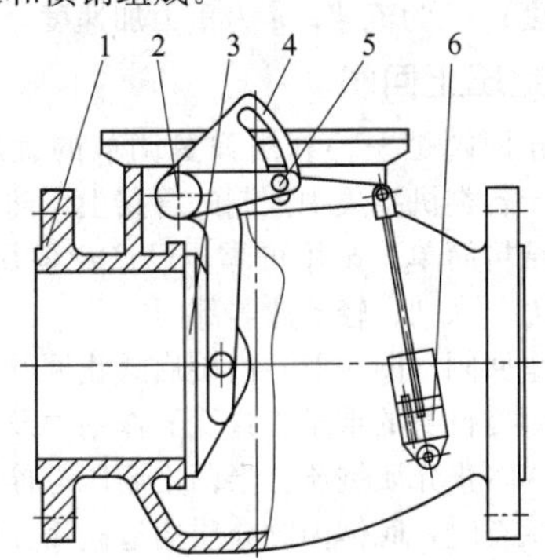

图6-23　二阶段缓闭止回阀

1—阀体；2—旋轴；3—阀瓣；4—滑叉；5—横销；6—油缸阻尼器

当水泵停泵后，阀瓣从全开位置分两个阶段关闭。首先阀瓣依靠自重下落，摇臂的横销在滑叉的导槽中从高处降到最低点，油缸阻尼器不工作，这就是快关阶段，约占整个关程的2/3～3/4。在其后的小部分关程中，因油缸阻尼器开始发挥作用，故阀瓣以慢速关闭。油缸阻尼器活塞被设计成变截面的油针，使在阻尼过程中，过油截面愈来愈小，阀瓣关闭速度随之也逐渐减小，直至完全关严，慢关的时间是可以调整的。

(2) 内置油缸阻尼式缓闭止回阀

该阀曾在某一净扬程为570m的高扬程泵站上使用一年多时间，有较好的消减水锤压力的作用。

阀的结构形式如图6-24所示。阀体呈罐状，油缸阻尼器位于罐的中央，首部为流线型，用辐向叶片支持。油缸阻尼缸内，活塞杆的一端是活塞，另一端便是阀瓣。油缸的前后腔用油管连通，并有截止阀供调节油量之用。油管延伸至阀体外部，以便于操作。

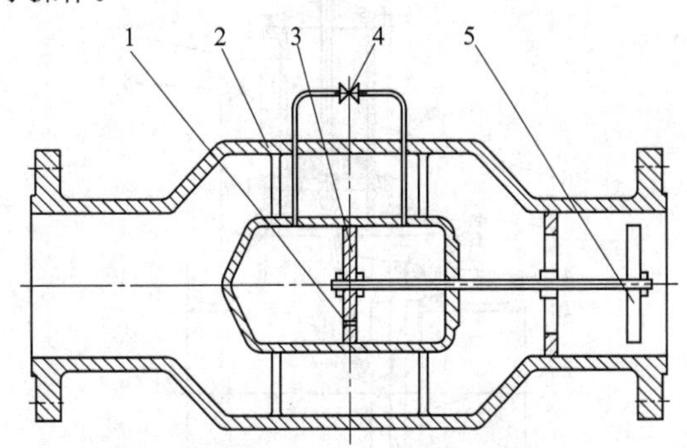

图6-24　内置油缸阻尼式缓闭止回阀

1—油孔；2—阀体；3—缸阻尼器；4—截止阀；5—阀瓣

在正常抽水时，阀瓣在水流推动下开启，并带动油缸活塞移动，将缸内有杆腔的油经油管排至无杆腔。关闭速度由管中油流速度决定，可通过油路上的截止阀调节。由于油缸活塞的运动规律在阀瓣开启和关闭时基本相同，故为方便起见，测定当水泵启动时阀瓣的开启力时，其方法为：在油缸的连接油路上装一只压力表，在水泵启动后，水流进入阀体，阀瓣开启，活塞移动，于是油缸内受压腔压力上升，油管开始排油，此时油路压力表的读数从“0”升至某一值。一旦阀瓣开启完毕，活塞停止运动，油腔压力解除，压力表又回到“0”，记录下油路压力表从升至回“0”的时间，可近似地认为是阀瓣关闭时间。

从上面介绍的国内缓闭止回阀的研究和应用情况看，虽然它的成本较低，实效也已证实，但仍需进一步完善，才能形成有一定推广价值的定型产品。

(3) 水阻可控缓闭止回阀

① 结构特点　水阻可控缓闭止回阀结构如图6-25所示，参数由优化关闭特性计算确定。

水阻可控缓闭止回阀是普通止回阀的阀体，中间有较大的腔室，以保证阀瓣有充分的转动空间，流体能通畅地流过。轴承位于腔体上方接近进口端面处，用于支撑旋启式阀瓣，阀体两端有法兰与管路连接。

a. 阀瓣及摇杆。圆形阀瓣与摇杆相连，摇杆绕轴转动时带动阀瓣旋启运动，实现阀门的开启和关闭，阀瓣的开启角为 $\theta=0^{\circ}\sim66^{\circ}$。在同类阀门中，66°是最大开启角。

阀体上方与水压缸直接相连，水压缸内有一差动活塞，活塞上方的活塞杆穿过水压缸盖，活塞下方通过连杆与摇杆相连。

b. 控制管路及缓闭调节阀。控制管路连通水压缸的上、下腔室及阀体。管路中配有缓闭调节阀。缓闭调节阀结构见图 6-26，实际上是一个单向节流阀，用以控制水压缸腔室的进排水流量，实现活塞运动的控制，即控制阀瓣的启闭速度。

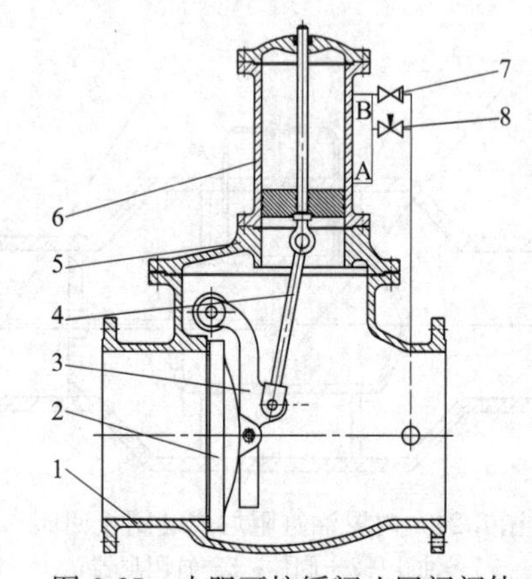

图 6-25 水阻可控缓闭止回阀阀体

1—阀体；2—阀瓣；3—摇杆；4—连杆；5—阀盖；6—水压缸；7—止回阀；8—节流阀

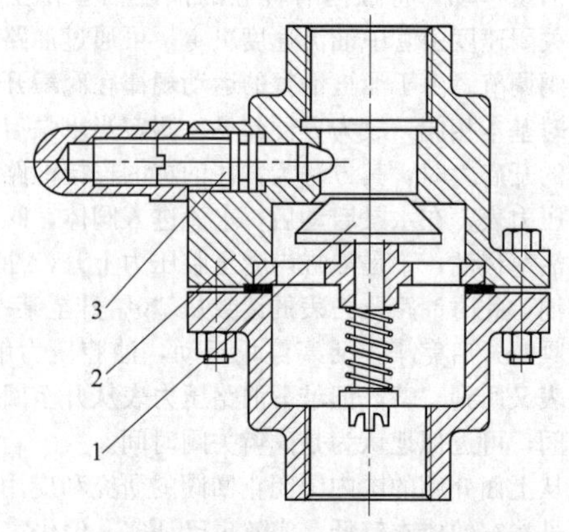

图 6-26 缓闭调节阀结构简图

1—单向阀阀芯；2—阀体；3—针阀阀芯

② 阀门工作原理

a. 启泵时，在水冲力矩的作用下，阀瓣克服自重力矩及摩擦力矩开启，水压缸内的活塞向上运动，活塞上腔的水经缓闭调节阀中的单向阀快速排入阀体，当活塞升到 A 孔以上时，水还可以直接通过 B 孔排入水压缸下腔室，此时缓闭调节阀的单向阀处于导通状态，水流可通畅流过，活塞可顺利向上运动，止回阀迅速打开。由于活塞是差动的结构，下腔水压作用面积大于上腔水压作用面积，活塞上、下端面水压作用的合力方向向上，在这个合力的作用下，阀瓣可达到全开位置，活塞被连杆向上拉住，并紧贴在阀体内壁的相应位置上。

b. 运行时，阀瓣稳定在全开位置，全开时开启角设计为 $\theta=66^{\circ}$。当水流有脉动时阀瓣能保持位置稳定，不漂动，不摇摆，工作阻力比普通止回阀小 20%～30%，寿命长，节能显著。

c. 断电停泵时，由于泵叶轮转动惯量大，断电后泵的转速逐渐降低，阀瓣所受的水冲力矩也相应地逐渐减少，阀瓣的自重力矩起主要作用，使阀瓣绕轴旋转关闭。关闭的开始阶段，活塞位于水压缸的上部，阀瓣关闭带动活塞向下运动，活塞上腔体积增大，水压缸的上部，阀瓣关闭带动活塞向下运动，活塞上腔体积增大，水可通过 A 孔经控制管道流入 B 孔，以补充上腔，由于补水通畅，活塞易于向下运动，这一阶段是快关阶段。关闭的第二阶段，从活塞运动到挡住 A 孔时算起，由于 A 孔被挡，活塞上腔的补水只能由与阀体相通的控制管道提供，补水必须经缓闭调节阀，而此时缓闭调节阀的单向阀是关闭的，水流只能通过缓闭调节阀的调节针阀补给，由于调节针阀流阻较大，补水流量较小，阀瓣只能缓慢关闭，这就是慢关阶段。设计好关阀的两阶段，可使关阀稳定，水锤最小。按水锤理论，有 $\Delta H=av_0/g$。若阀门在 v_0 接近于零时关闭，水锤最小，则优化的基本思想是阀门在正流与反流交界时间内关闭，则 ΔH 最小。其中，ΔH 为水锤升（降）压；a 为水锤波传播速度；v_0 为流速；g 为重力加速度。

6.4.8 定压止回阀

定压止回阀是一种利用弹簧调节的旋启式止回阀，可用于各类机泵集中控制的管路上，防止介质倒流，该阀结构简单，试用可靠，已广泛使用于石油、化工、电力、水利、轻工业等部门。

定压止回阀（图 6-27）由旋启式止回阀与弹簧组成，依靠阀瓣自身的重量、弹簧的作用力及介质压差关闭阀门，防止介质倒流。当调松调压螺栓，使弹簧处于自由状态时，阀体内的介质通过阀瓣，阀瓣可绕销轴做旋启运动，介质通过液压缸下盖孔进入活塞下部，将阀杆顶起；当弹簧处于压缩状态时，通过活塞将阀杆向下方与摇杆接触，限制阀瓣的运动。

6.4.9 双瓣蝶形止回阀

双瓣蝶形止回阀（图 6-28）也是一种旋启动作的止回阀，但它是双阀瓣，并在弹簧的作用下关闭。自下而上的流体将阀瓣推开，该阀结构简单，对夹安装在两个法兰之间，外形尺寸小，重量轻。

双瓣蝶形止回阀具有两个弹簧荷重的 D 形阀瓣，置于横跨阀门通孔的筋轴上。这种结构缩短了阀瓣重

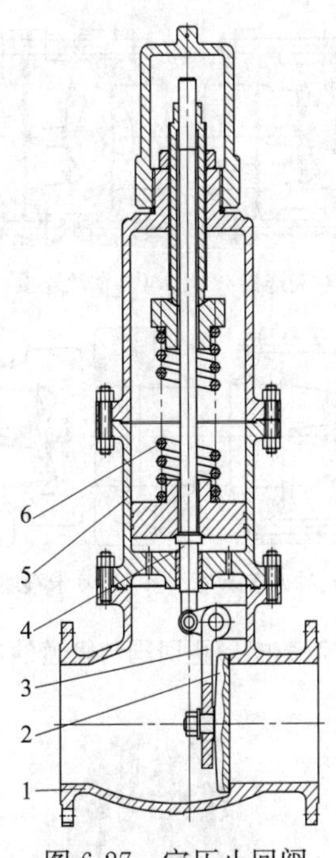

图 6-27　定压止回阀

1—阀体；2—阀瓣；3—摇杆；4—连杆；5—阀盖；6—弹簧

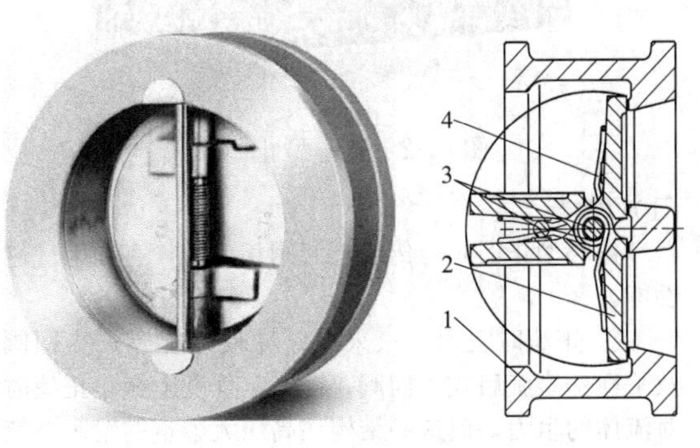

图 6-28　双瓣蝶形止回阀

1—阀体；2—阀瓣；3—销轴；4—弹簧

心移动的距离。与相同尺寸的单阀瓣旋启式止回阀相比较，这种结构还减小了50%的阀瓣重量。由于采用了弹簧载荷，这种阀门对于倒流的反应非常迅速。

双瓣蝶形止回阀的双瓣轻型结构使阀座密封和运行更加有效。

双瓣蝶形止回阀的长臂弹簧作用使得阀瓣能够在不摩擦阀座的情况下开启和关闭，弹簧独立作用关闭阀瓣（*DN*150及以上）。

双瓣蝶形止回阀的铰链支撑套管减小摩擦，并将通过独立阀瓣中止时的水锤现象降到最小程度（更大的通径）。

和常规的旋启式止回阀相比，双瓣蝶形止回阀结构通常更坚固、更轻、更小、更有效，也更便宜。这种阀门符合API 594的标准，对于大多数通径，这种阀门的面对面尺寸只是常规阀门的1/4，重量是常规阀门的15%～20%，因此也比旋启式止回阀便宜。在标准垫圈和管道法兰之间也更加容易安装。由于容易搬运处理，且只需要一套法兰连接螺栓，因此在安装期间也节省了部件，节约了安装成本和日常维护成本。

双瓣蝶形止回阀还具有特殊的结构特征，这使得这种阀门成为高性能无撞击止回阀。这些特征包括，免清洗开启，大多数通径的阀门配置独立的弹簧结构，以及独立的阀瓣支撑系统。这些特征有些止回阀并不具备。双瓣蝶形止回阀还可以设计成凸耳式，双法兰和加长阀体。

(1) 启闭过程

双瓣蝶形止回阀的启闭过程如图6-29所示。

双阀瓣结构采用两个弹簧负载阀瓣（半阀瓣），悬挂在中心垂直的铰链销轴上。当流体开始流动时，阀瓣在作用于密封表面中心的合力（F）作用下开启。起着反作用的弹簧支架力（F_S）的作用点位于阀瓣面中心外的位置，使得阀瓣根部首先开启。这就避免了旧型常规阀门在阀瓣开启时所出现的密封表面摩擦现象，消除了部件的磨损。

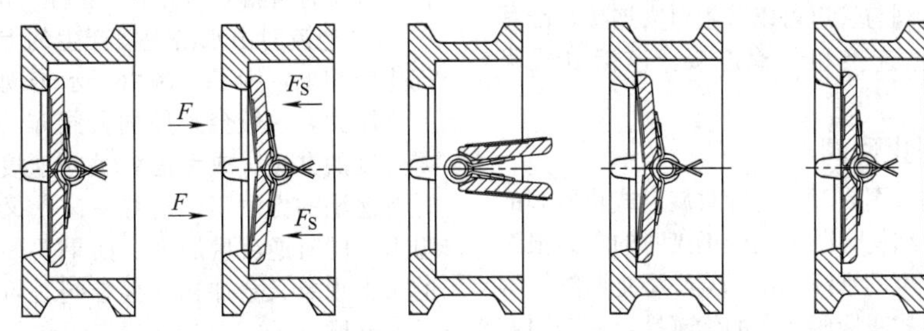

图 6-29　双瓣蝶形止回阀的启闭过程

当流速减缓，扭转弹簧自动反作用，使得阀瓣关闭，向阀体阀座靠近，减少了关闭的行程距离和时间。当流体倒流时，阀瓣逐渐靠近阀体阀座，阀门的动态反应随之大大加速，减小了水锤现象的影响，从而实现无撞击性能。

在关闭时，弹簧力作用点的作用使得阀瓣顶端首先关闭，防止阀瓣根部出现咬摩现象，使得阀门能够保持更长时间的密封整体性。

(2) 独立的弹簧结构

弹簧结构（通径 *DN*150 及以上）使得在每个阀瓣上能够施加更大的转矩，并且阀瓣随着工业液流的变化而独立关闭。实验证明这种作用使得阀门寿命延长了 25%，水锤现象减少了 50%。

双阀瓣的每个部分都有自身的弹簧，这些弹簧提供独立的关闭作用力，所经受的角度偏移比较小，只有 140°（图 6-30），而不是配置双支架的常规弹簧的 350°。

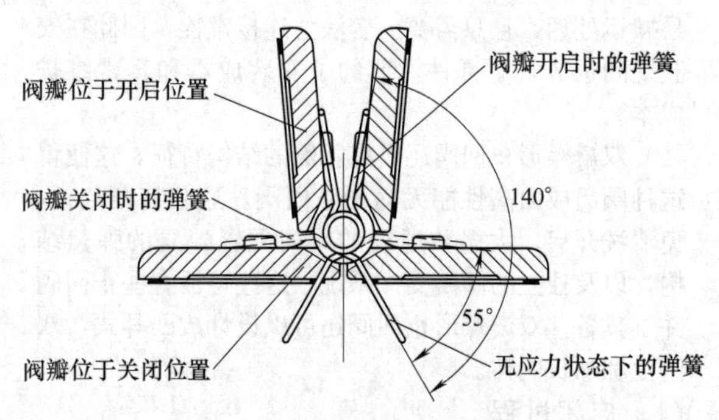

图 6-30 独立的弹簧结构

(3) 独立的阀瓣悬挂结构

独立的铰链结构减小摩擦力 66%，这种结构极大地改善了阀门的反应作用。支撑套管从外侧铰链插入，使得上部铰链在阀门运行期间能够由下部套管独立支撑。这使得两个阀瓣能够迅速反应，并同时关闭，实现优异的动态性能。

(4) 与管道的连接方式

双瓣蝶形止回阀与管道可以采用对夹连接、凸耳式对夹连接、法兰连接和卡箍连接。连接方式见图6-31。

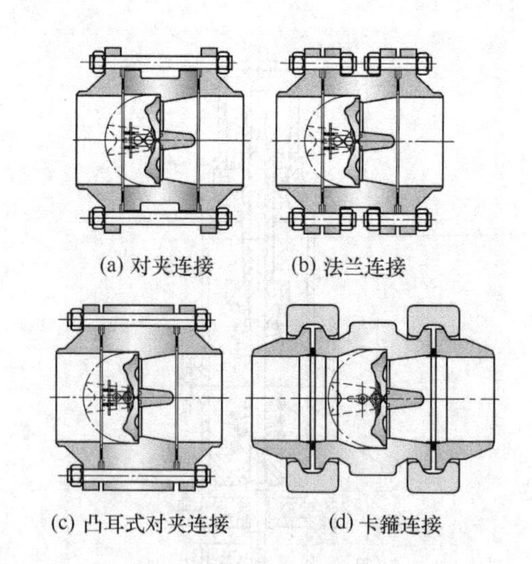

图 6-31 双瓣蝶形止回阀与管道的连接方式

6.4.10 偏心型止回阀

偏心型止回阀（图 6-32）是针对旋启式止回阀的缺点而改进的一种结构，既可减少正流时的压力损失又能减轻逆流时产生的水锤冲击。偏心型止回阀结构紧凑，具有比旋启式止回阀更多的优越性，在美国和日本，这种阀门已广泛应用。

通过对偏心型止回阀的流量研究，结果表明，偏心型止回阀结构紧凑，阀内通道截面积大，腔体内流动方向的变化小、动作稳定、流体阻力小。

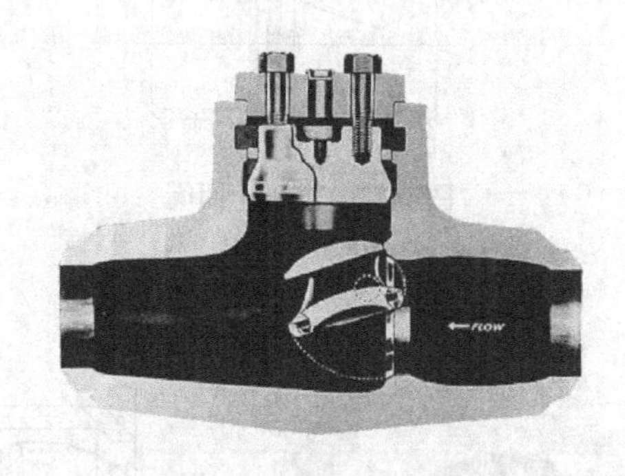

图 6-32 偏心型止回阀

(1) 特点

偏心型止回阀与传统止回阀相比较，有如下优越性能。

① 正流时阻力小　采用缓冲板型旋启式止回阀及平衡锤型旋启式止回阀，可一定程度上减小正流时对流体的阻力，但这些结构在高压大容量的给水系统中具有水击现象严重的缺点。

偏心型止回阀阀瓣的开度大，阀瓣制造成翼形，介质流动时阀瓣立即开启，正流时的阻力小。

② 逆流时由水击现象产生的上升压力小　在传统止回阀上，为了抑制由于水击现象而产生的水击上升压力，一般会采用加大阀瓣的关闭力，减小阀瓣开度的办法，或考虑将关闭速度减缓，允许逆流时有泄漏的方法，但这样一来，又增加了正流时的阻力，同时逆流量加大。如果要使阻力小，逆流时的水击现象又会加剧，很难同时解决这两个相互矛盾的问题。

偏心型止回阀，逆流时阀瓣能紧急关闭，阀瓣的回转轴上装设弹簧，在流体中能进行快速关闭运动，与阀座迅速密封，很大程度上降低了由于水击现象而产生的水击上升压力。

③ 逆流时无泄漏　普通止回阀多为平面型密封副，而偏心型止回阀的阀座为圆锥形，轴承部分设有适当的间隙，关闭时阀瓣可与阀座自动调整对中，可获得稳定的气密性，逆流时基本无泄漏。

④ 结构紧凑，安装空间小　偏心型止回阀的阀瓣在接近流体的中央部分进行动作，因此阀体的整体高度较低。与其他的类型相比，阀体近似于圆筒形，结构紧凑，占用安装空间小。

⑤ 无工作噪声及振动　偏心型止回阀从关闭到全开及全开工作状态下直流时无噪声及振动，比旋启式止回阀稳定。而且由于关闭时有弹簧的作用，不受逆流时水击现象产生的压力波的反射影响，不会发生振动。

(2) 结构和特性

① 偏心型止回阀的结构　阀瓣是在进、出口轴线的中间部位以摆动形式安装，阀瓣与阀座的接触面为圆锥形。

a. 阀体。其结构如图 6-33 所示，阀瓣以回转轴为中心启闭，由于阀瓣是翼形的，因此流体从阀瓣的下部及上部分为两部分流出。

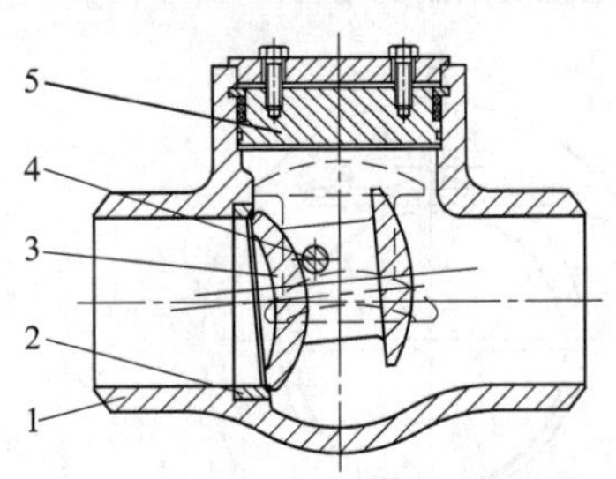

图 6-33　偏心型止回阀的结构

1—阀体；2—阀座；3—阀瓣；4—摇杆轴；5—阀盖

阀瓣的回转轴设在阀瓣的中间部位，阀瓣在流体中央位置动作，位置较低，所以阀体形状更为紧凑，而且制造相对简单，壁厚均匀，毛坯铸件不易出现制造上的缺陷。阀门腔体内流体的流动面积变化少，几乎不存在由于流动而引起的侵蚀问题。

b. 阀座。采用单座气密式的圆锥形阀座，密封面一般采用硬质合金堆焊。正流压力消失时阀瓣与阀座吻合，全闭时可实现“无可见泄漏”。

c. 阀瓣。如图 6-34 所示，可以分为 3 部分，即关闭流体的 A 部、回转轴承 B 部及平衡重量的 C 部分。为了综合提高偏心型止回阀的性能，各部分依照下列条件设计：阀瓣的 A 部在强度许可的范围内采取薄的流线型及翼形，这样可使正流时开启容易，逆流时关闭迅速。回转轴承 B 部应设置在，从中心线 O-O 向上约为阀瓣直径的 1/4 处最近阀座面的位置。回转部分尽可能减少摩擦，并留有适当间隙，轴心部装设扭簧（图 6-35），辅助阀瓣快速关闭。平衡重量的 C 部分与对应的 A 部相平衡，阀门全开时

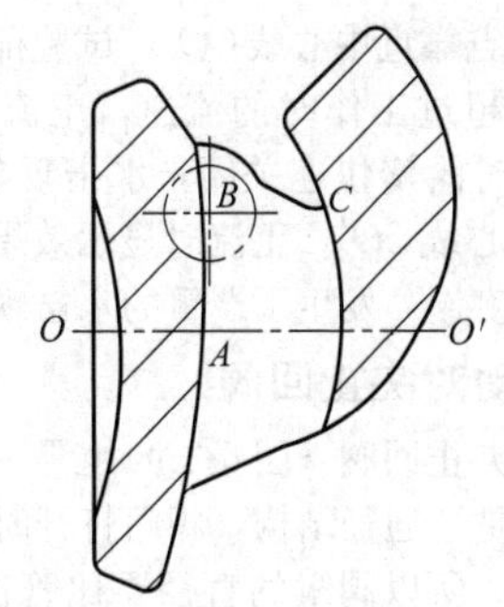

图 6-34　阀瓣

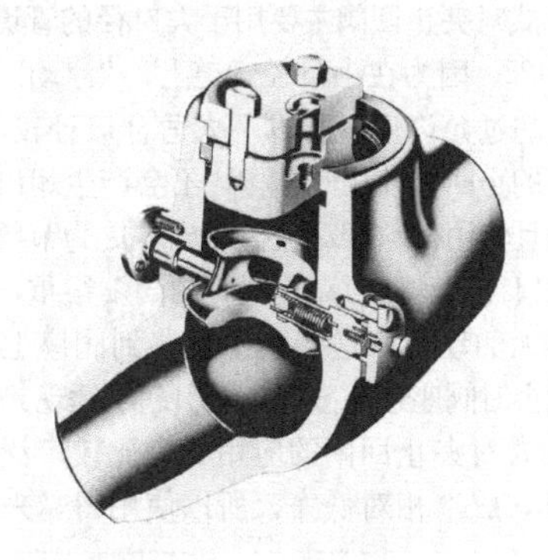

图 6-35　扭簧的安装

能平衡阀瓣，减轻振动，关闭时的重力作用可利于密封。

② 偏心型止回阀的机械原理　如图 6-36 所示，自中心线上 O 点引直线 OA、OB 与中心线形成相等的 θ 角，AOB 表示阀座面的圆锥形。从阀座最小内径 A 点作垂线 AD 垂直于 OA，从阀座最大内径 B 点同样作垂直于 OB 的垂线与 AD 相交于 C，W 表示阀座面的宽度。阀瓣的回转轴设在$\angle BCD$内，流体按规定方向流动时，在流体作用力下阀瓣绕回转轴 E 旋转而开启。

流动停止时借阀瓣自重的关闭力矩实现关闭。

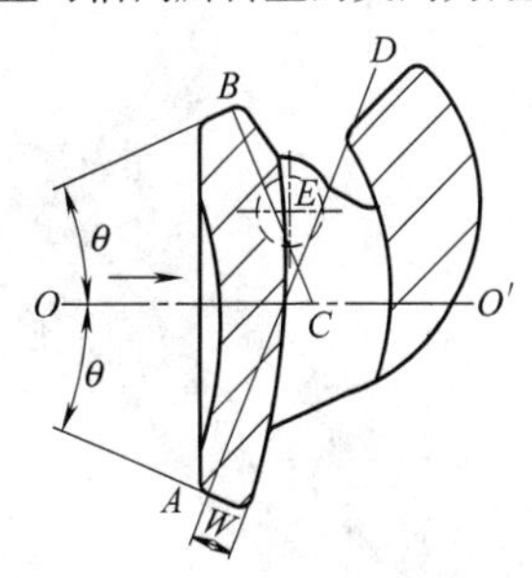

图 6-36　偏心型止回阀的机械原理

止回阀的理想性能要求在流动时压力损失小，低于工作流速时也能实现全开，逆流流速小时阀瓣能快速关闭。但通常都是在正流状态具有良好的效果，而逆流状态恶劣，对这两者之间关系影响较大的是图 6-36 所示 E 点的位置。

假设把 E 点靠近中心线 OO'，试验证明，全开时的流速增大，超过工作时的流速，正流时的阻力加大。但是逆流时阀瓣快速关闭，水击现象小；反之，使 E 点远离中心线 OO'，正流时显示效果良好，逆流时的关闭速度变慢，发生了严重的水击现象。

6.4.11 摆动对夹止回阀

摆动式对夹止回阀（图 6-37）也是一种旋启式止回阀，但并不是全通径结构，阀门打开时，阀瓣被顶至管道的顶部，所以阀瓣的直径要比管道的直径小，通过阀门的压降会比一般的旋启式止回阀更高。

摆动式对夹止回阀主要用于大口径的管道上，一般大于 $DN125$。因为在小口径管道上，“浮动”的阀瓣引起压降会超过允许值，所以不太适合口径较小的规格。而大口径的止回阀使用此结构，不会产生超出允许值的压降，而且使用材料相对较少，成本更为节约。其弊端就是，大口径摆动式对夹止回阀的阀瓣很重，所以关闭时会有很大的动能，这些能量转移到阀座上和流体中时，可能会对阀座造成破坏，并引起水锤现象。

摆动式对夹止回阀的应用场合比较广泛，由于其结构紧凑，成本相对低廉，所以使用得越来越多。

6.4.12 截止止回阀

截止止回阀是一种即能切断流体又能起止回作用的阀门，阀杆和阀瓣的连接设计成可以脱开的结构。

图 6-38 所示的截止止回阀起止回作用时，实质上是一种升降式止回阀，其工作原理和升降式止回阀一样。关闭阀门时，阀杆向下移动可推动阀瓣，使阀门起截止阀的关闭作用。当开启阀门时，阀杆与阀瓣脱开，阀瓣可以沿阀杆上下移动，此时即等同于升降式止回阀，当流体倒流时，阀瓣可在自重和逆流压力作用下自行关闭，防止介质倒流。

而图 6-39 所示的截止止回阀起止回作用时，实质上是一种旋启式止回阀，其工作原理和旋启式止回阀一样。关闭阀门时，阀杆向下移动可推动阀瓣，使阀门起截止阀的关闭作用。当开启阀门时，阀杆与阀瓣脱开，阀瓣可以沿摇杆轴摆动，此时即等同于旋启式止回阀，当流体倒流时，阀瓣可在自重和逆流压力作用下自行关闭，防止介质倒流。

截止止回阀将截止阀与止回阀的功能合并在一个阀上，因此不需要在止回阀后加一个切断阀，特别适用于安装位置受限制的场合。

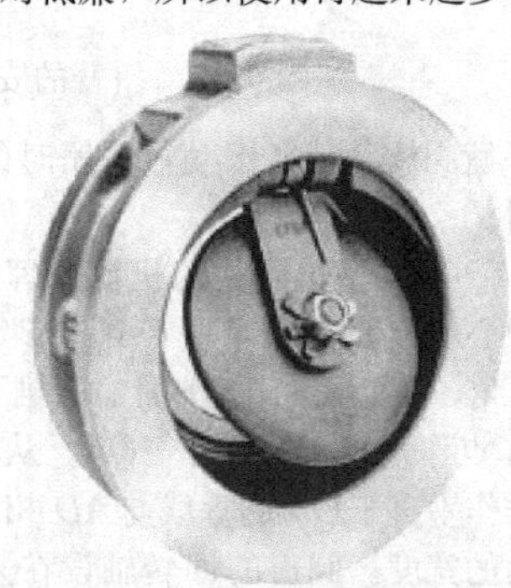

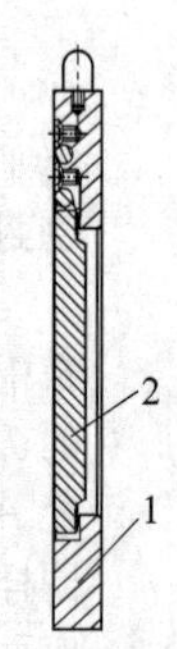

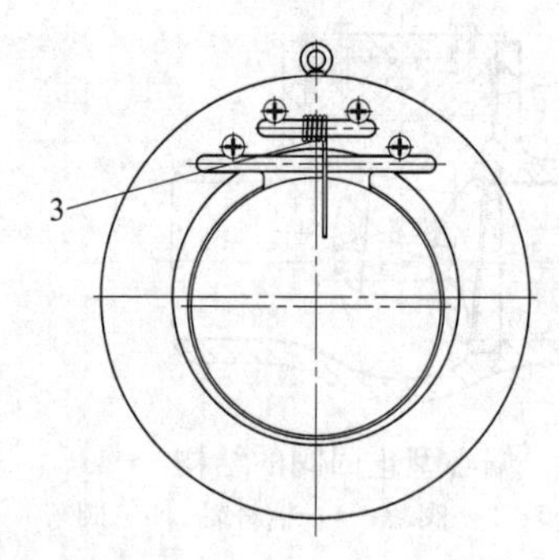

图 6-37 摆动式对夹止回阀

1—阀体；2—阀瓣；3—弹簧

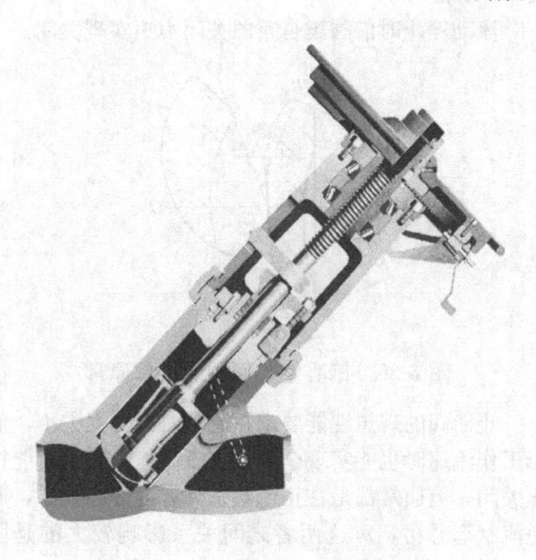

图 6-38 升降式的截止止回阀

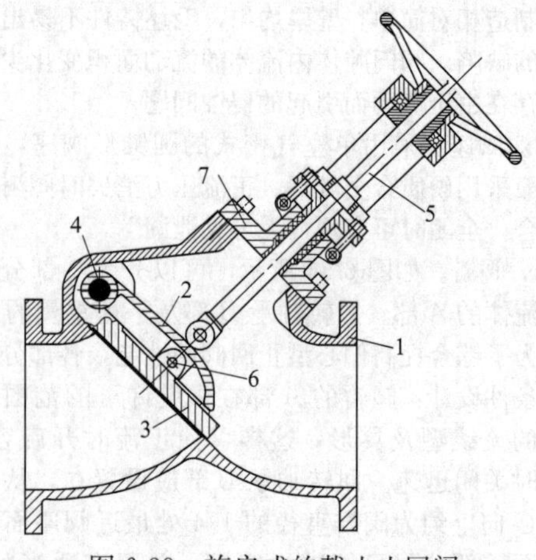

图 6-39 旋启式的截止止回阀

1—阀体；2—摇杆；3—阀瓣；4—摇杆轴；5—阀杆；6—销轴；7—阀盖

对于锅炉厂的安全运行来说，截止止回阀和其他附加在锅炉上的安全阀或其他安全设施一样是必不可少的。这种阀门在锅炉蒸汽管线中能够执行重要的功能：

① 能够作为一个自动止回阀，防止蒸汽从主蒸汽加热器倒流到锅炉里。

② 有助于切断锅炉，当停火后，阀瓣自动关闭，防止热水器压力进入锅炉。

③ 在关闭后，有助于将锅炉蒸汽带进应用管路系统中。这种操作在手工进行时，要求特别小心谨慎，但是采用截止止回阀则可以自动进行，而不会产生压力波动或水位扰动。

④ 通过防止蒸汽从热水器倒流的“安全第一”的阀门，或用于在检查或维修时关闭管路，维护人员应该偶尔开启阀门。

如果连接主蒸汽热水器的锅炉不止一个，则在每个锅炉与热水器之间的管路上都应该安装一个截止止回阀。

这种阀门安装时，应该使得锅炉内的压力位于阀瓣下方。直立阀可以用在水平管路或流向向上的垂直管路上。角形阀可以用在向上水平或水平向下的流体管路上。

圆柱形阀瓣是唯一一个活动部件。这是一种能够在最小流速下产生最大提升力的基本结构。没有侧翼导轨，因此不会产生“旋转”合力从而加快磨损。

长节流套位于阀瓣上，当流体接近阀座密封位置时可以阻止减速流体，从而防止阀瓣颤动，减轻阀座密封面的拉丝现象。

可拆衬套在整个行程中引导阀瓣。这个部件完全独立于阀体，因此不会受到膨胀应力的影响而产生变形。

活塞环加强的减震器的性能，避免阀瓣迅速运动，如果脉冲现象特别强烈，则可能需要安装两个活塞环。

易于再研磨的攻螺纹轮毂位于阀瓣顶部，允许插入管嘴或带孔螺栓，促进阀瓣迅速拆卸下来进行研磨。

超大端口面积位于阀腔内，使得通过阀门的压降最小，确保阀瓣的无限制移动。

6.4.13 底阀

底阀安装在泵进口端，保证泵进口端充满液体的一种止回阀。

底阀（图 6-40）属于升降式止回阀，安装在离心泵吸入管的底端，故称之为“底阀”。泵启动前，阀瓣因自重而关闭，可将水注满底阀上部的吸入管。泵启动后，吸入管内的吸力将底阀阀瓣提升，使水流不断进入泵。停泵后吸力消失，底阀又自行关闭。

底阀是一种特殊类型的升降式止回阀，安装在泵

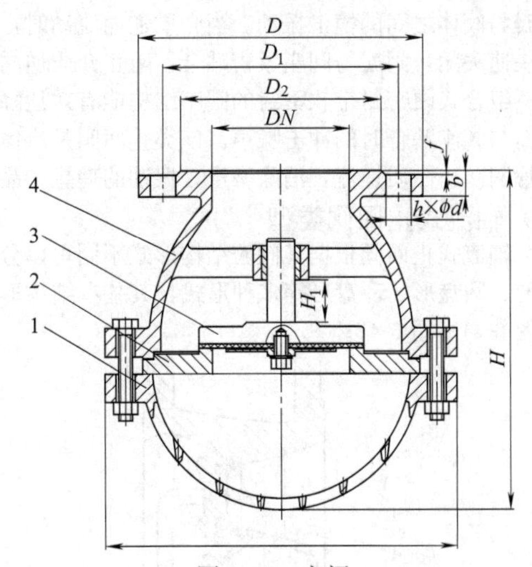

图 6-40 底阀

1—下阀体；2—阀座；3—阀瓣；4—上阀体

管道的吸入端。大多数水泵要求在启动之前注水，以排放泵壳内和吸入端管道内的空气，此时需要有一台止回阀，以防止注入的液体流失。

泵壳和吸入管道可以采用手动倾倒液体以充满泵，或者采用向泵壳里施加真空的方法诱导液体进入管道和泵壳。在这两种情况下，底阀可以防止充入的液体直接流出或排空泵壳的空气。切记，底阀的吸力系统是一个缓阻，导致泵的吸入压力损失，管道的设计和选择阀门时这种缓阻必须加以考虑。

6.4.14 轴流式止回阀

轴流式止回阀于 1930 年开发出来。它的开发是受接近于理想的设计要求的启发：一个止回阀能够满足于不同的应用工况中具有最大可靠性与最小维护运行成本。经过多年的应用，轴流式止回阀已经极好地证实了其可靠性和满足多种工况的能力，应用在很多严格场合。

轴流式止回阀的阀体内腔表面、导流罩、阀瓣等过流表面应有流线形态，且前圆后尖。流体在其表面主要表现为层流，没有或很少有湍流。

轴流式止回阀除具有一般止回阀的功能外，它还设计有减震弹簧，其硬密封带软密封的组合式阀座密封结构具有消声、减震效果，便于用户现场检修，独特的轴流梭式结构具有流阻小、流量系数大、外形尺寸小等优点，是国内外油气集输管网系统特别是输油泵出口的优选阀门。它适用于油、气、水浆液及含 H_2S+CO_2 酸性腐蚀性介质等管道系统，控制介质逆流使用。

轴流式止回阀在结构上采用了轴流梭式结构，其阀瓣安装有缓冲减震弹簧，当介质顺流时，阀瓣打开，介质通过阀体轴流式通道流通，介质推开阀瓣时，弹簧起到了缓冲效果，避免了普通止回阀开启时

阀瓣与阀体之间的撞击振动。当介质逆向流动时，阀瓣快速关闭，阀瓣与阀座紧密贴合，阻止介质逆向流动。组合式硬密封带软密封的阀座结构能有效地降低阀瓣与阀座贴合时的冲击噪声。该类止回阀是流体集输管网防止介质逆流，消除噪声、振动的理想产品。

(1) 轴流式止回阀类型

轴流式止回阀根据其阀瓣结构形式不同可以分套筒形、圆盘形、环盘形等多种形式，其基本结构形式见图 6-41～图 6-43。

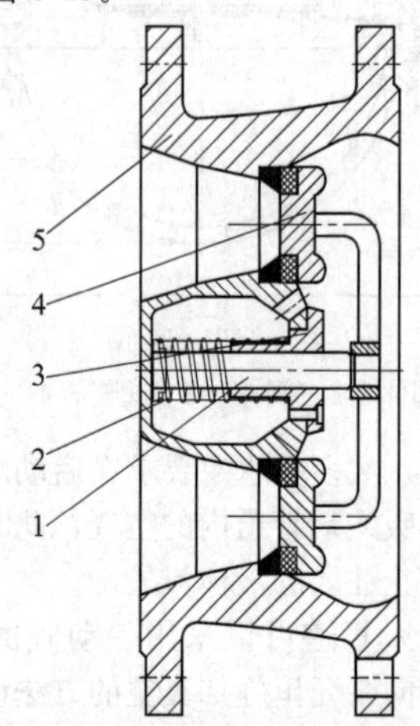

图 6-41 套筒形轴流式止回阀
1—固定螺杆；2—弹簧；3—导向套；4—阀座；5—阀体

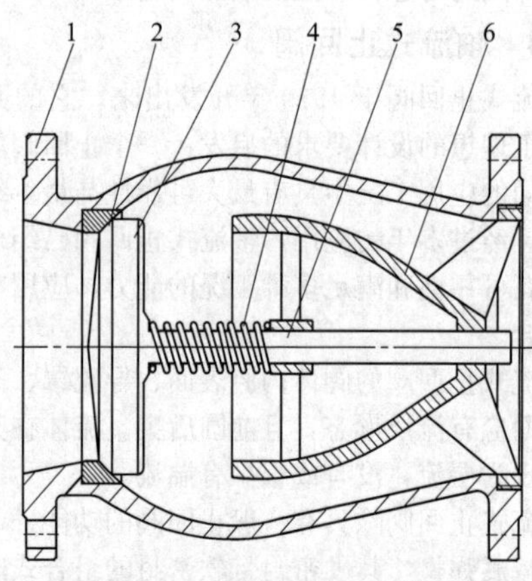

图 6-42 圆盘形轴流式止回阀
1—阀体；2—阀座；3—阀瓣；4—弹簧；5—固定螺杆；6—导流罩

(2) 结构特点

① 设计有减震弹簧，避免了普通止回阀开启时阀瓣与阀体之间的直接撞击产生振动和噪声。

② 阀座采用硬密封带软密封的组合式密封结构，具有消声、减震效果，便于用户现场检修。

③ 结构紧凑、造型美观、外形尺寸小。

④ 独特的轴流梭式结构，流阻小、流量系数大。

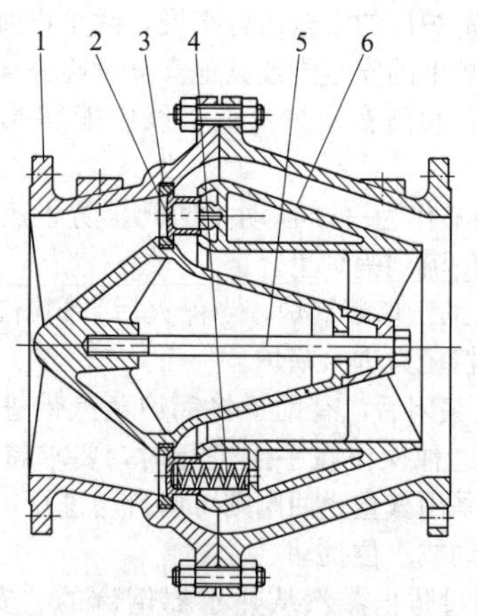

图 6-43 环盘形轴流式止回阀
1—阀体；2—导向套；3—阀座；4—弹簧；5—固定螺杆；6—阀瓣

(3) 轴流式止回阀工作原理

通过阀门进口端与出口端的压差来决定阀瓣的开启和关闭。当进口端压力大于出口端压力与弹簧力的总和时，阀瓣开启。只要有压差存在，阀瓣就一直处于开启状态，但开启度由压差的大小决定。当出口端压力与弹簧弹力的总和大于进口端压力时，阀瓣则关闭并一直处于关闭状态。由于阀瓣的开启与关闭是处于一个动态的力平衡系统中，因此阀门运行平稳，无噪声，水锤现象大大减少。

如果流体流速压力无法将阀门支撑在一个较大的开启度并保持在稳定的开启位置，则阀瓣和相关的运动部件可能会处于一种持续振动的状态。为了避免出现运动部件的过早磨损、噪声或振动，就要根据流体状态选择止回阀的通径。

轴流式止回阀的阀瓣重量轻，可减小在导向面上摩擦力，回座迅速。小质量低惯性的阀瓣经过一个短的行程并以极小的冲击力接触阀座面。这样能减轻阀座密封面遭到损坏，防止造成阀座泄漏。

轴流式止回阀关闭迅速，无撞击，质量小、惯性低的阀瓣经过一个短的行程并以极小的冲击力接触阀座面，能保持阀座密封面的良好状态，避免损坏。更重要的是，它能最大程度降低压力波动的形成，保证系统安全。

6.4.15 隔膜止回阀

隔膜式止回阀是近年来发展较快的一类止回阀。尽管隔膜式止回阀的使用温度和工作压力受到隔膜材料的限制，但其防止水锤的性能好，制造简单，造价低，噪声小，特别适用于压力、温度较低的场合。隔膜式止回阀有多种结构形式。

(1) 平板隔膜止回阀

图 6-44 所示的平板隔膜止回阀是用环形弹性隔膜作为阀瓣，用带孔口的钢板作为阀座。其优点是阀

内没有运动的机械零件，工作时无噪声，适用于各种流量与流速的系统。与普通的旋启式止回阀相比，水锤压力很小。

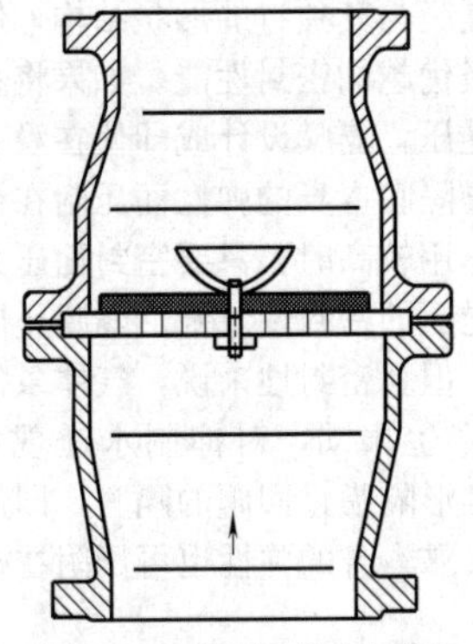

图 6-44 圆盘式止回阀

正流流体使弹性隔膜弯曲而脱离孔板，阀门为开启状态，如果流体方向改变，弹性隔膜展开，封闭孔口。该阀一般只建议用于清洁流体。

阀体是铸铁或聚四氟乙烯涂层的铸铁。带孔口的钢板可以是Rislan™涂层或聚四氟乙烯涂层。弹性隔膜的材料，只要是能适应介质性能，基本都可以使用，并决定阀门的最高操作温度。

(2) 鸭嘴式止回阀

图 6-45 所示的橡胶排污止回阀在西班牙称为"鸭嘴形柔性止回阀"；而在美国称为"鸭嘴形橡胶止回阀"。由于阀门形状像鸭嘴所以常称鸭嘴阀，橡胶排污止回阀产品有法兰连接和卡箍连接两种。鸭嘴阀是城市排水排洪系统和截污管网广泛采用的排污止回阀。鸭嘴阀为一体式结构，100%橡胶材质，内置锦纶帘布胶层，没有任何机械配件。阀门启闭特性好，只通过内部管线压力和外界背压来控制阀门启闭，不需要其他运行部件，也不需要人力或电力。阀门完全能够防污水腐蚀，阀门关闭时，渗漏量为零，密封性能好。

① 橡胶排污止回阀应用范围 橡胶排污止回阀(鸭嘴阀)广泛应用于沙滩、海岸、码头的洪水、废水及沿海城市的污水排放。橡胶排污止回阀(鸭嘴阀)可取代拍门止回阀。建议 $DN800$ 以下的橡胶排污止回阀可以采用卡箍连接或法兰连接。$DN800$ 以上的橡胶排污止回阀建议使用法兰连接方式。

② 橡胶排污止回阀结构特点 橡胶鸭嘴阀采用优质弹性橡胶材料，内置加强纤维的全橡胶结构的阀门产品，它根据受力分析和受力计算，针对不同工况，采用不同的设计机理，选用不同的橡胶配方，并按特殊工艺制作而成，其阀体特别柔韧，保证最大程度抗压的同时，确保水力损失最小，达到排放性与抗压性的完美结合。

③ 工作原理及用途 鸭嘴式止回阀靠模压膜自

(a) 鸭嘴式止回阀开启状态

(b) 鸭嘴式止回阀关闭状态

图 6-45 鸭嘴式止回阀

身密封。一端与管道连接，另一端压平成"鸭嘴"形，形成启闭孔口。当内部压力升高到可以撑开压平的端部，"鸭嘴"张开，阀门开启；如果内部压力降至不足以撑开"鸭嘴"膜，阀门会自行关闭并密封。密封十分可靠，且能用于苛刻的工况，比如固体介质等。全开时，形成通畅的管路，可容许大的固体介质通过。受几何形状限制，压平的端部长度尺寸比较重要。"鸭嘴"膜材料可选天然橡胶、氯丁基橡胶、氯丁橡胶和丁钠橡胶，或聚亚胺酯、氯磺化聚乙烯橡胶、氟橡胶和三元乙丙橡胶等。

鸭嘴阀作为潮汐止回阀应用时，阀门的尺寸最小为 $DN3$（NPS 1/8），对于潮汐用鸭嘴阀最大为 $DN3000$（NPS 120）。

(3) 锥形隔膜止回阀

锥形隔膜止回阀有一个锥形穿孔篮子形部件，此部件支撑内部的隔膜。这种阀门装在管道上的两个法兰之间，或者夹紧在管接头之间。通过锥形体的流体介质将隔膜从其阀座上掀起，介质继而通过。当顺流停止时，隔膜就重新恢复其原来的状态，且关闭极为迅速。

① 构造和原理 锥形隔膜止回阀，如图 6-46 所示，由作为主要构件的圆锥形隔膜和同样是圆锥形带有均匀密布小孔的框架组成。隔膜采用各种橡胶制作成形。螺钉埋入隔膜里，用螺母把隔膜固定在不锈钢的框架上，构造非常简单。这里应该注意的是它没有

类似于壳体的部分。

阀门框架的"周边"对夹于管法兰的连接处，安装在管道内部，管道兼作锥形隔膜止回阀的壳体。

在图6-46中，当流体从右侧流入时，紧密附着在框架上的隔膜在流体压力的作用而下弯曲（图中下半部分），流体从框架上密布的小孔中通过。反之，当流体从左侧流入时，由于流体的压力作用，隔膜被张开并压附在框架上，产生完全密封作用。这就是锥形隔膜止回阀能够实现止回功能的原理。

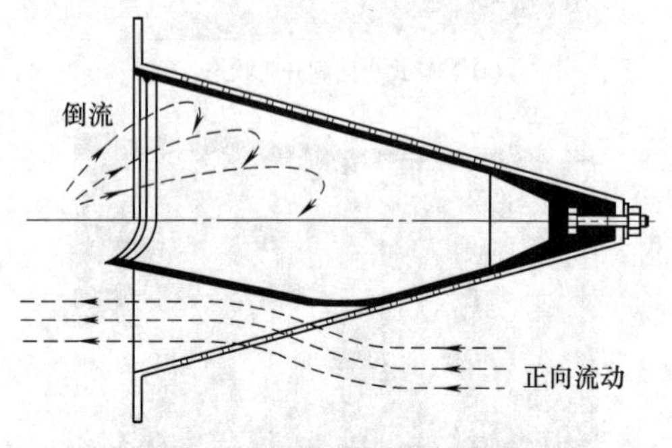

图6-46 锥形隔膜止回阀

② 锥形隔膜止回阀的优点　锥形隔膜止回阀基于上述工作原理及其独特的构造，相对于普通止回阀具有许多独特的优点。

a. 重量轻、组装方便。锥形隔膜止回阀本身没有壳体，利用配管中的其他元件的空间来安装，因此，它具有体积小、质量轻的优点。例如，NPS8的阀门的质量也不超过3kg，所以使用非常方便。不需要专用的组合型接头，与普通阀类同样配管。有效利用锥形隔膜止回阀的体积小、重量轻的优点，同时利用原有阀门连接端的接头形式，来组装锥形隔膜止回阀更为合理。

b. 可任意安装。升降式或旋启式止回阀，都必须遵循其结构限定的方向安装。对于锥形隔膜止回阀，因为唯一可动部件——隔膜的质量与其本身的弹性相比，可以忽略，因此，几乎不受重力的影响，所以不管怎样安装，均能保证其作为止回阀的优越性能。尤其在空间受限制时的一些配管系统，使用锥形隔膜止回阀更能显示出其独特的优点。

c. 动作声音小。因可动部件只是胶制隔膜，阀门启闭时产生的噪声较小，并且无金属间的碰撞，其音质较温和。

d. 泄漏极少。同样，由于其独特的构造，即密封处是胶制隔膜与其独特的形状结构，使锥形隔膜止回阀显示出极优越的密封性能。如果将止回方向的流体压力称为逆压，隔膜设计成即使在没有逆压作用的状态，亦可靠隔膜本身的弹性而压附在框架上。

在逆压作用较高时，只要密封面压力高，就可以发挥足够耐逆压的密封性。锥形隔膜止回阀可适用于气体和液体，但就密封性来说，气体条件要求严格。

e. 不易产生振动，对抑制水锤现象效果明显。如上所述，锥形隔膜止回阀的隔膜，即使不靠流体的压力作用，仅靠本身的弹性也可压附在框架里面而起密封作用。

这在小口径制品上，缺点是需要的开启压力稍高（在大口径制品上，和其他的止回阀比较，显示出不逊色的低的开启压力），但它也有不靠逆压作用，而由于隔膜弹性的作用，使流体迅速闭止的效果。这点与使用弹簧加载的止回阀相似，由于弹性和胶制隔膜的振动衰减性的差异，在产生振动这一点上有很大优越性，几乎不产生振动，关闭阀门时可有效抑止水锤现象。

f. 能用于气体。由于锥形隔膜止回阀不存在金属间的滑动或冲击部件，特别是具有泄漏少的优点，所以用作气体的止回阀也没有问题，是一种很好的气用止回阀。

③ 锥形隔膜止回阀的特性和应用

a. 材料选择。锥形隔膜止回阀的框架采用全不锈钢制造。隔膜的常用材料见表6-1所示的六种橡胶。但实际应用中要根据流体种类选择适宜的材料。

框架材料取决于对流体是否具有耐蚀性，不能仅仅从流体种类上确定，还要根据其浓度和温度的变化进一步验证。特别是在酸、碱等的场合，需要考虑浓度、温度和压力等条件，必须慎重地判断材料的适用性。当流体不是单一物质而是混合物，含有不纯物质时，还要分析是否有产生化学反应的可能性。

因为阀门制造厂和橡胶制造厂，没有所有流体对各种材料的耐蚀性的数据，鉴于这种情况，需要进行试验。表6-1列出了最高使用压力在常温下的数值。当温度高于表中数值时，必须考虑以较低的压力作为界限。

表6-1　隔膜材料种类

零件	材料	主要用途	温度/℃	最高使用压力/(kgf/cm²)
圆锥框架	不锈钢(SUS316)	—	—	—
隔膜	天然橡胶	水	−20～70	20(10:最高温度时)
	氟化橡胶	酸、无机溶剂蒸气	0～200	45(8.5:最高温度时)
	丁腈橡胶	水、油、空气、煤气	−15～100	28(7.7:最高温度时)
	乙烯丙烯橡胶	水、油、空气、煤气	−50～150	20(4.2:最高温度时)
	硅橡胶	碱液、稀酸	−60～200	30(4.5:最高温度时)
	乙烯丙烯和异丁烯橡胶的混合物	水	−20～100	20(7.0:最高温度时)

金属材料一般在高温下强度要降低。但在橡胶等高分子物质上需要注意，因为其降低程度不能与金属相比。

b. 压力损失。根据流体种类、温度、黏度和密度等而变化。这不仅对锥形隔膜止回阀，而且对所有流体设备也存在这种问题。锥形隔膜止回阀性能还取决于隔膜材料。这是由于各种橡胶材质对其变形的抵抗相差很大所致。

天然橡胶在空气中暴露时，不能忽视老化现象。因为只能保证1～2年的寿命，所以不推荐应用在气体（几乎是空气）中。

氟化橡胶隔膜比其他材料的弹性差，在对密封性要求严格的工况中也不推荐在气体介质中使用。

c. 确定口径的方法。确定锥形隔膜止回阀口径的一般原则是：选择口径等于应当组装锥形隔膜止回阀的配管系统上的管子和其他阀的口径。这个考虑方法大多数没有问题。例如，配管为1in时，选*DN*25型，配管为4in时，选*DN*100型。

但一律用这样单纯的原则处理所有情况也不适合，所以锥形隔膜止回阀作为单独判断的原则，而制定下面的界限，这就是阀的前后压差在0.03 MPa以下或者流速在4m/s以下。

这是根据阀本身的限制，同时也考虑了整个配管系统的平衡，大致是可靠的数值。因为这个限制，不能使用锥形隔膜止回阀的场合非常少。

关于流速的限制性，主要是由于流速太大而产生激烈的紊流。从防止隔膜振动这个观点要由试验决定。换句话说，压差的限制是基于隔膜静的强度制定的限度，流速的限制是基于隔膜的振动对于反复疲劳的强度而制定的限度。

d. 安装方法。如前文所述的锥形隔膜止回阀，利用配管中的法兰等接头之类组装是基本的用法。但是在组装和替换以前的止回阀时，为了不改变安装方法，如图6-47所示，采用组合形式的螺纹接头和带短管的法兰接头。用组合螺纹接头时，夹入法兰间用的“周边”太大时，不仅没有必要而且需要加大螺纹接头的外形，所以“周边”的直径尽量要小。

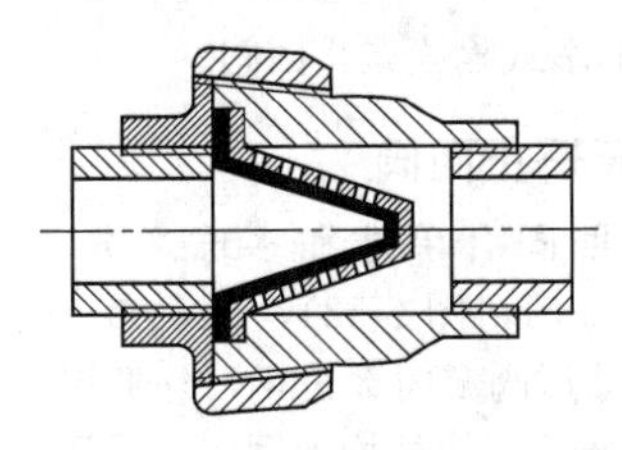

(a) 组合螺纹接头

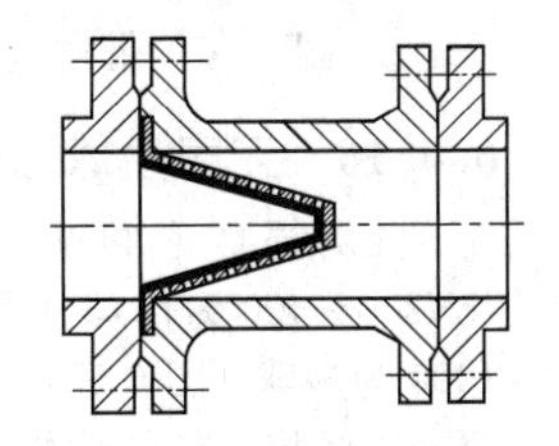

(b) 组合法兰接头

图6-47　锥形隔膜止回阀的安装方法

锥形隔膜止回阀的产品系列，一般口径为*DN*13～200。由于使用有些不方便，因此对口径*DN*250以上的规格，可从现有产品系列中，选择适当口径的锥形隔膜止回阀，做成“多圆锥型”。

现有产品系列不制作口径*DN*250以上规格，其理由之一是：形成这种尺寸时的隔膜的自重与其自身的弹性相比，不能忽视，而难于有效利用上述锥形隔膜止回阀独特的优点。其理由之二是：即使在设计上做些修改，能满足大口径隔膜的制作，但由于大口径制品的需要量少，而使其价格提高。

e. 应用中应注意的其他事项。任何流体设备，均不希望液体中含有杂质，锥形隔膜止回阀也不例外。它没有金属间的接触部分，不能发生因杂质而卡住或发热黏着现象。但框架上有许多小孔，难以通过纤维状杂质，所以必须尽量清除掉。纤维状杂质挂在框架的孔上，即使不会立即产生障碍，也会影响密封性和增大流体阻力，应引起注意。反之，粒径在1mm以下的固体杂质，只要不黏着就能通过。但是气体中含有固体杂质时，不管粒径大小，均会损伤隔膜的密封面，所以应尽量与过滤装置并用。

在维护或安装工程中，应该慎重，不要损伤密封面。

锥形隔膜止回阀只要掌握正确的使用方法（因无磨损），通常不需要进行隔膜的安装和拆卸。如果因为某些情况，需要更换隔膜时，安装隔膜的螺钉不要拧得太紧。关于螺钉的转矩，虽然没有特别规定，但是要使隔膜和框架之间轻轻拧紧得没有缝隙，再靠双螺母防止松弛。

在隔膜任何部分增加不适宜的外力，都会使其变形而损伤密封性能。

④ 有效利用锥形隔膜止回阀的优点的实例　上述有效利用锥形隔膜止回阀的优点的用途，涉及很多方面。首先举出一般性的例子，是作为泵的底阀用。事实上一点不漏，这是作为底阀最重要并且也是本质的优点。一般在安装工程环境不好的泵房，重量轻也成为大的优点。利用可任意安装的优点，使维修很容易。

对原有的接头之类，如能巧妙利用，几乎不再改变设计，便可安装锥形隔膜止回阀。如小口径止回阀组装在各家庭的水表上，以防止上水道系统倒流，其试验研究接近于实用阶段。作为气体值得关注的实例是应用在粉体压送系统上。

粉体压送系统，就是用压缩空气输送水泥等粉尘类介质的系统。为防止粉粒体倒流进压缩机，必须安装止回阀。此类工况，以前选用升降式和旋启式止回阀时，因为需要依靠产生倒流而使阀门关闭，所以不能避免粉尘倒流进压缩机。因此，不仅压缩机会遭受损害，而且止回阀也只有几个月的寿命。

换用锥形隔膜止回阀后，可有效改善上述缺陷，基本能满足此类系统需求。

(4) 褶皱的环状橡胶隔膜止回阀

图6-48所示的止回阀采用了褶皱的环状橡胶隔

膜作为关闭件。当阀门关闭时，褶皱上的唇形膜片关闭了流道的中心孔，顺流时褶皱膜张开，唇形膜片从阀座上缩回。由于在阀门开启时，隔膜受弹性张力，并且阀门从全开到关闭时唇形膜片的行程很短，因此隔膜式止回阀的关闭速度极快。该阀门很适用于流量变化较大的工况，但这种阀门的压差不能超过 10bar ($145lbf/in^2$)，最高工作温度约 74℃（158 ℉）。

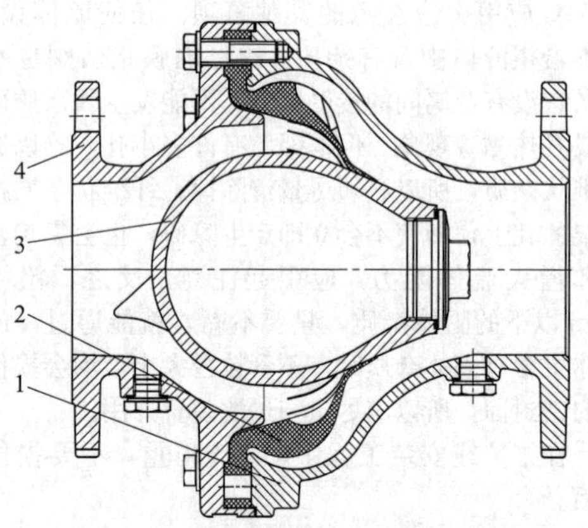

图 6-48 褶皱的环状橡胶隔膜止回阀

1—右阀体；2—褶皱的环状橡胶隔膜；3—阀瓣；4—左阀体

① 弹性套管隔膜止回阀 图 6-49 中所示为弹性套管隔膜止回阀的关闭件，含有挠性套管，且在其中的一端被压平。介质正向流动时，套管的扁平端张开，而当介质倒流时，套管的扁平端闭合。

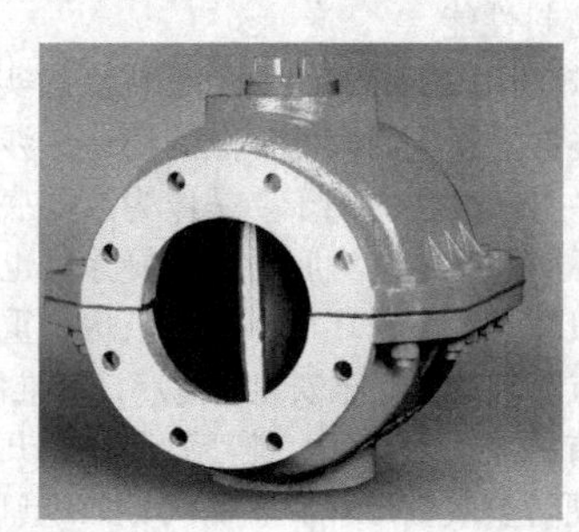

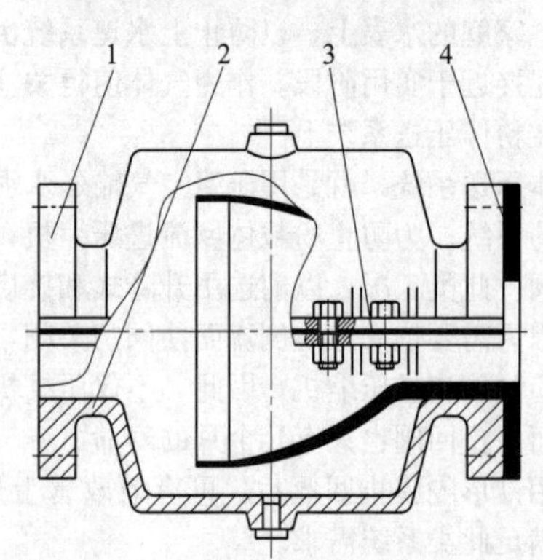

图 6-49 弹性套管隔膜止回阀

1—上阀体；2—下阀体；3—垫片；4—橡胶套管

套管由大量不同的弹性体制成，且外部用于汽车轮胎结构的用类似的尼龙纤维加固。套管内部较软，能够固定住固体。因此阀门就特别适合在携带固体或在包含泥浆的介质中使用。

弹性套管隔膜止回阀，用于磨损性的浆液、污水、泥浆和其他“难以对付”的介质，该阀门的核心是由纤维加强的合成橡胶止回套管，它可以一直保持流阻最小。正向压力自动开启阀门，反向压力使阀门关闭。

内置的橡胶止回套管，使因持续控制磨损性泥浆所造成的对阀门的磨损和侵蚀降至最小。该止回阀没有诸如摇杆、阀瓣、金属阀座等机械零件，这些零件容易造成阀门腐蚀、开关不灵或无法开关。独特的橡胶止回套管可以在介质含大量颗粒的场合正常密封，该阀门静音操作，无振颤。

该阀门内置支架以提高管中隔膜止回阀的额定背压。支架采用碳钢或不锈钢焊接件，至于壳体内，支撑橡胶止回套筒的拱起部分。

性能特点：

a. 耐磨且绝对防止倒流。

b. 可在颗粒介质条件下正常关闭。

c. 没有链接和阀座活动不灵或卡死——免维护设计。

d. 可在任何位置安装。

e. 静音、无撞击、消除振动。

② 堰式隔膜式止回阀 图 6-50 所示是带衬里的堰式隔膜式止回阀，其结构与堰式隔膜阀类似。

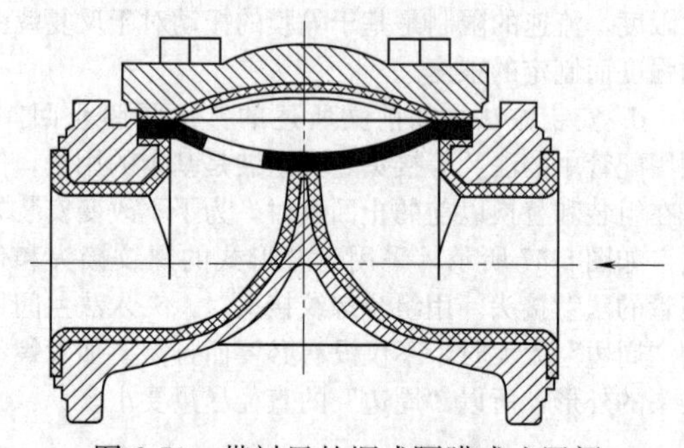

图 6-50 带衬里的堰式隔膜式止回阀

6.4.16 无磨损球形阀瓣止回阀

无磨损球形阀瓣止回阀有单球和多球之分，*DN*200～400 为单球（图 6-51、图 6-52），*DN*450～1000 为多球（图 6-53），球形阀瓣内部是钢，外部包裹一层橡胶，左右阀体、隔板、导柱均为钢制。阀门靠腔体内的球形阀瓣实现开启和关闭。当泵启动时，介质正向流动产生的介质压力推动球体运动，沿导柱离开阀座密封面，止回阀便开启，介质通过；当停泵时，介质反向流动的压力推动球体沿导柱回落阀座密封面，关闭止回阀，靠逆流的工作介质的压力，使球形阀瓣和阀座密封面间产生一定的密封比压，保证止回阀的密封，达到阻止介质逆流的目的。由于球形止回阀的球形阀瓣和阀座密封面接触的面积窄，接近于线密封，因此只要球形阀瓣的圆度高，即易于达到密封。因为密封面窄，在相同的介质工作压力下，线密封比面密封的密封比压大，因此密封可靠。但由于球形阀瓣包覆橡胶非金属材料，因而工作温度受到限制，其工作温度按照所包覆的非金属高分子材料而定。

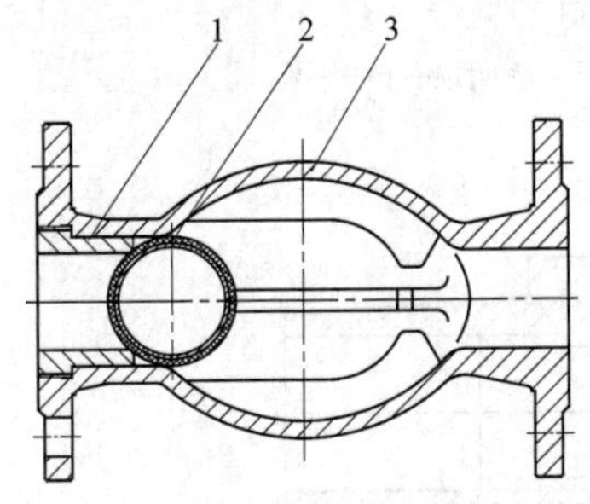

图 6-51　单球无磨损球形阀瓣止回阀
1—阀座；2—球体；3—阀体

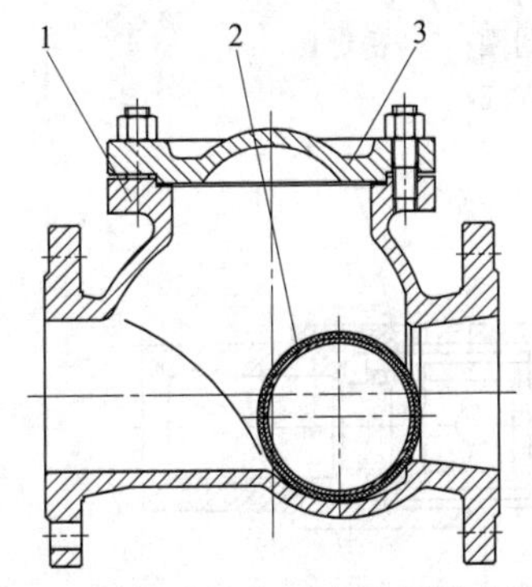

图 6-52　单球无磨损球形阀瓣止回阀
1—阀体；2—球体；3—阀盖

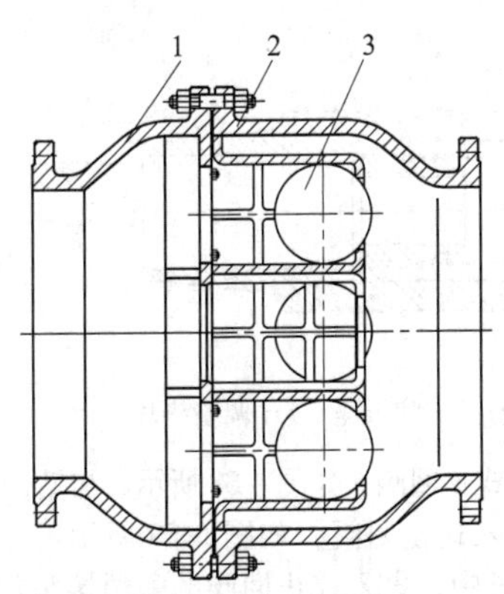

图 6-53　多球无磨损球形阀瓣止回阀
1—左阀体；2—右阀体；3—球体

但对于多球的阀门，不可能关闭时球体都密封，球体的密封有先后之分，这就起到缓闭和降低水击的作用。该止回阀的水击升值仅为旋启式止回阀的45%，因此适用于水击值要求严格的地方。

6.4.17　钻具止回阀

(1) 概述和用途

钻具止回阀是钻井过程中的一种重要内防喷工具。按结构形式分，钻具止回阀有蝶形、球形、箭形、投入式等。使用中安装在钻具的预定部位，只允许钻柱内的流体自上而下流动，而不允许其向上流动，从而达到防止钻具内喷的目的。它们的使用方法也不相同，有的被连接在钻柱中，有的在需要时才连接在钻柱上，有的在需要时才投入钻具水眼内，起封堵钻柱内压力的作用。根据现场使用经验，在正常钻井过程中通常并不装设钻具止回阀（特殊要求除外）。因为把钻具止回阀（投入式除外）长期连接在钻柱上进行钻井作业，其零部件（尤其是密封件）会因钻井液的冲刷、腐蚀而损坏，当发生溢流、井喷时就不能起到应有的作用。一般情况是将钻具止回阀放在钻台上备用，需要时再连接到钻柱上。但是，在含硫化氢井钻井过程中，应在钻具中加装回压阀等内防喷工具。

钻井现场大量使用箭形止回阀，内部结构受钻井液冲蚀作用小、表面硬度较高，密封垫采用耐冲蚀、抗腐蚀的尼龙材料，其整体性能好。

投入式止回阀由止回阀组件和一个联顶接头组成。联顶接头预先装在靠近钻铤的钻柱上，当发生溢流或井喷和进行不压井起下钻作业时，投入钻具水眼的止回阀组件，将自动锁紧在联顶接头处，起到止回阀的作用。止回阀组件除有橡胶密封圈以增强其密封能力外，还有强有力的锁紧细齿，使其可靠牢固地锁在联顶接头处。钻具止回阀的结构类型及代号见表 6-2。

表 6-2　止回阀的结构类型及代号

名称	代号	名称	代号
箭形止回阀	FJ	投入式止回阀	FT
球形止回阀	FQ	钻具浮阀(或称浮式止回阀)	FZF
蝶形止回阀	FD		

(2) 产品介绍

① 箭形止回阀　与钻杆接头连接。按结构分为组合式和整体式两种，分别如图 6-54 和图 6-55 所示。

② 手动打开式止回阀　与钻杆接头连接。其结构组成与箭形止回阀基本相同，如图 6-56 所示，是在箭形止回阀的母接头螺纹处，增加一套由联顶接头组成的阀瓣顶开装置。在连接手动打开式止回阀时，它处于打开泄压状态，便于与钻杆螺杆连接。当连接完毕后，卸止推丝杠解锁，打开的阀瓣便自动关闭，起到止回阀的作用。

③ 球形止回阀　与钻杆接头相连。球形止回阀的阀体为上、下接头组合式或整体式，如图 6-57 所示。

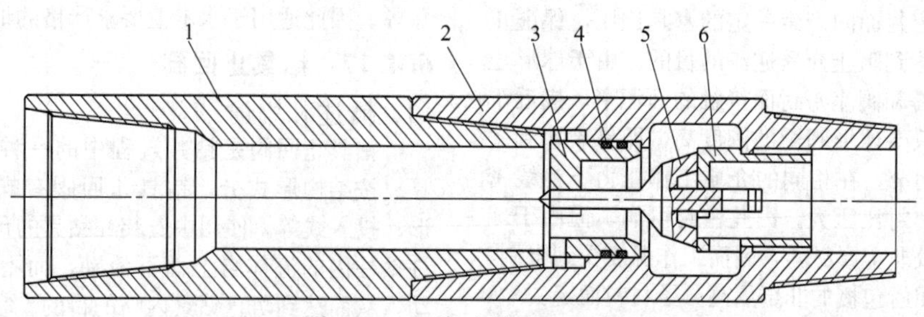

图 6-54 组合式箭形止回阀

1—上接头；2—阀体；3—密封盒；4—密封圈；5—密封箭；6—下座

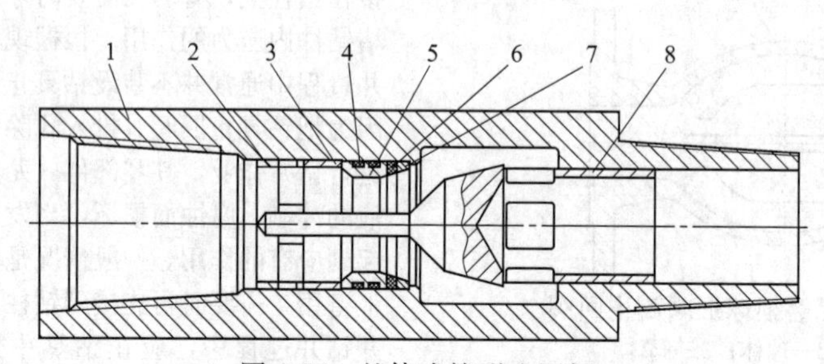

图 6-55 整体式箭形止回阀

1—阀体；2—锁紧压帽；3—压帽；4—O 形密封圈；5—密封套；6—上密封圈；7—下密封圈；8—阀芯

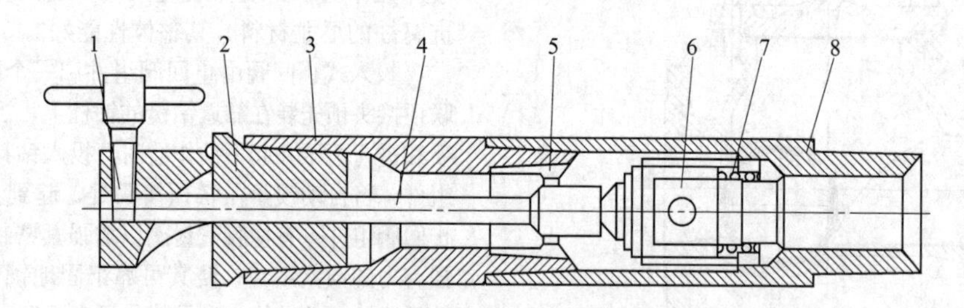

图 6-56 手动打开式止回阀

1—止推丝杠；2—联顶接头；3—上阀体；4—顶杆；5—阀座；6—阀；7—弹簧；8—下阀体

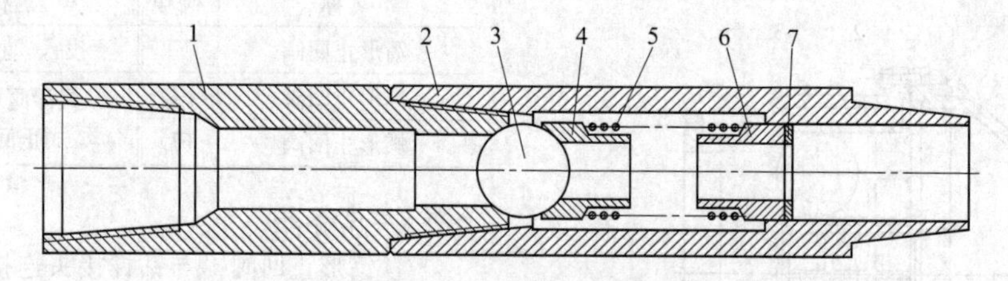

图 6-57 球形止回阀

1—上接头；2—下接头；3—密封球；4—球座；5—弹簧；6—弹簧座；7—调整垫片

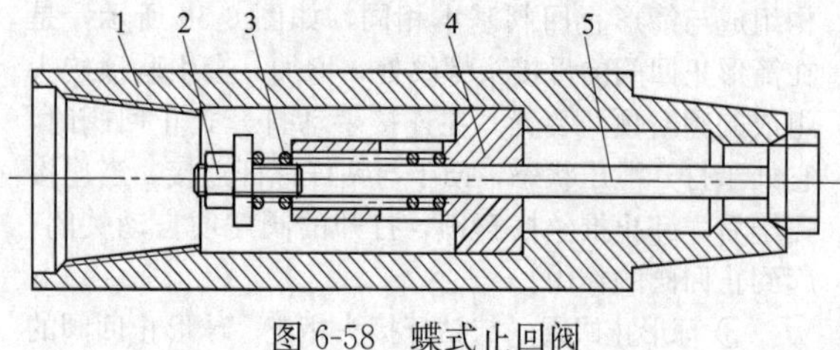

图 6-58 蝶式止回阀

1—阀体；2—调整压帽；3—弹簧；4—扶正套；5—阀瓣

④ 蝶式止回阀 如图 6-58 所示，与钻杆接头连接。

⑤ 投入式止回阀 如图 6-59 所示，与钻杆接头相连。钻进中，投入式止回阀的联顶接头预先连接在钻柱上需要的部位，此时阀中并无止回阀组件，钻井液循环畅通无阻。当钻进以及起下钻作业中发生溢流时，投入式止回阀并不妨碍关井立管压力真实数据的获取。只是需要封闭钻具中孔时才将止回阀组件投入钻柱中，使止回阀组件坐落在联顶接头上，防止钻柱

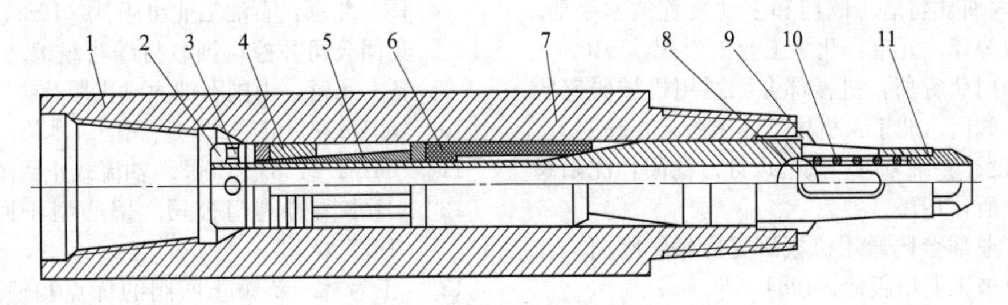

图 6-59 投入式止回阀

1—联顶接头；2—爪盘螺母；3—紧定螺钉；4—卡瓦；5—卡瓦体；6—筒形密封圈；
7—阀体；8—钢球；9—止动环；10—弹簧；11—尖形接头

内流体上行。

投入式止回阀在使用上优于其他止回阀，但其结构复杂，操作也较为烦琐。

将投入式止回阀的组件投入钻柱中孔后，应接方钻杆开泵循环钻井液推动止回阀组件输送到联顶接头的固定座上。当止回阀组件“到位”时泵压会突然升高，此时即能起到防止内喷的作用，只允许钻柱内的流体向下流动而不允许向上流动。

钻柱从井中起出后，从阳螺纹接头上卸下止动环，即可将止回阀组件抽出。

6.5 止回阀的选择

大多数止回阀是根据所需要的关闭速度及关闭特性的对比来选择的。这种选择方法在大多数场合下效果很好。但是尺寸也是阀门选择时的一个关键因素。如果使用场合很重要，则应咨询声誉较好的阀门制造商。

6.5.1 不可压缩性流体用止回阀

用于不可压缩性流体的止回阀，主要依据其突然关闭切断倒流时不会产生不可接受的高冲击压力的性能来进行选择。将此类阀门选作低压力降阀来使用，通常仅做两步考虑。

选择这种止回阀，第一步是对所需要的关闭速度进行定性评估。儒可夫斯基提出的阀门突然关闭时管路中的静压力升值可以用于对所需的关闭速度做出评估。

儒可夫斯基提的阀门突然关闭时管路中的静压力升值为

$$\Delta p=\alpha v\rho/\beta$$

式中 Δp——压力升值；

v——流体静止前的流速；

α——压力波传递速度。

$$\alpha=\left[\frac{K}{\frac{\rho}{B}\left(1+\frac{KDc}{Ee}\right)}\right]^{1/2}$$

式中 ρ——液体密度；

K——液体体积模量；

E——管壁材料的弹性模量；

D——管路内径；

e——管壁厚度；

c——管路限流系数（对非限流管路 $c=1.0$）；

B（公制单位）——对于公制单位 $B=1.0$，对于英制单位 $B=32.174\text{ft/s}^2$。

在使用 D/e 为 35 的钢管和水介质时，压力波传播速度约为 1200m/s（4000ft/s），当瞬时速度变化为 1m/s 时，静压力增加 13.5bar。

如果阀门不是快速关闭，而是在压力波往返一次所需的时间 $2L/\alpha$ 之内（L 为管路长度，α 为压力波传播速度）内关闭，则前一返回的压力波不能抵消即将产生的压力波，压力上升类似于阀门突然关闭时的状况。阀门的这种关闭方式叫速闭。如果阀门关闭时间大于 $2L/\alpha$，返回的压力波抵消了一部分下一轮压力波，则压力的最大升值将减小。阀门的这种关闭方式叫缓闭。

如果水锤是由停泵所引起的，则在计算水锤时，必须考虑泵的特性，同时还必须考虑切断电源后泵速的变化率。

第二步是选择可能满足所需要的关闭速度的止回阀类型。

6.5.2 可压缩性流体用止回阀

用于可压缩流体的止回阀的选择原则与用于不可压缩流体的止回阀的选择原则基本相似。然而用于气体介质的大升程止回阀的颤振是个值得注意的问题，可能需要增加一个减振器来解决。

在气流快速波动的场合，如图 6-2 所示的压缩机式止回阀是一个好的选择。

参 考 文 献

[1] Peter Smith, R. W. Zappe. Valve Selection Handbook. Fifth Edition. Gulf Professional Publishing is an imprint of Elsevier Inc., 2004.

［2］［英］内斯比特著．阀门和驱动装置技术手册．张清双等译．北京：化学工业出版社，2010.
［3］沈阳阀门研究所，机械部合肥通用机械研究所主编．阀门．北京：机械工业出版社，1994.
［4］《阀门设计》编写组．阀门设计．沈阳：沈阳阀门研究所，1976.
［5］机械工业部合肥通用机械研究所编．阀门．北京：机械工业出版社，1984.
［6］范继义主编．油库阀门．北京：中国石化出版社，2006.
［7］王学芳等著．工业管道中的水锤．北京：科学出版社，1995.
［8］［美］派珀（Piper C. F.）著．阀门．赵凯民译．北京：石油工业出版社，1989.
［9］集团公司井控培训教材编写组编．钻井井控设备．东营：中国石油大学出版社，2008.
［10］GB/T 21465—2008．阀门　术语．
［11］GB/T 21387—2008．轴流式止回阀．
［12］日本冈野阀门公司．偏心型止回阀．阀门，1977（2）.
［13］王为林．新颖止回阀的优点和使用方法．阀门，1979（3）.
［14］沈阳阀门研究所科技开发信息中心．适用于苛刻工况的先进喷嘴止回阀．国外阀门科技文献选编（五），2004.

第 7 章　旋　塞　阀

7.1　概述

旋塞阀是启闭件（塞子）由阀杆带动，并绕阀杆的轴线做旋转运动的阀门。

旋塞阀是最早被人们用来截流的阀类。通过旋转90°使旋塞上的通道口与阀体上的通道口接通或断开，来完成阀的开启和关闭。

旋塞阀最适宜作为截断介质以及分流使用。但依据使用的性质与密封面耐冲蚀性，通过特殊的结构设计以及改变旋塞的通道形状，可以用于节流工况。由于旋塞阀密封面之间运动带有擦拭作用，且在全启动时可完全防止与流动介质的接触，故通常也能够用于带悬浮颗粒的介质。

7.2　旋塞阀的特点和结构

7.2.1　旋塞阀的优、缺点

（1）旋塞阀优点

① 结构简单，零件少，体积小、重量轻。

② 流体阻力小，介质流经旋塞阀时，流体通道可以不缩小，也不改变流向，因而流体阻力小。

③ 启闭迅速，介质流动方向不受限制。只需旋转 90°旋塞即可完成启闭，十分方便。

（2）旋塞阀缺点

① 启闭力矩大。旋塞阀阀体和旋塞之间，其接触密封面较大，所以启闭力矩较大。如采用有润滑的结构，或在启闭时能先提升旋塞，则可大大地减小启闭力矩。

② 密封面为锥面，密封面较大，易磨损；高温下容易产生变形而被卡住。

③ 锥面加工（研磨）困难，难以保证密封，且不易维修。但若采用油封结构，可提高密封性能。

7.2.2　旋塞阀的结构

旋塞阀的结构简单，主要由阀体、旋塞和填料压盖等部件组成。简单的旋塞阀连填料压盖和填料也没有，仅有阀体和旋塞。

（1）阀体

旋塞阀的阀体有直通式、三通式和四通式等形式。直通式旋塞阀用于截断介质，阀体有成一直线的进、出口通道。三通和四通旋塞阀用于改变介质流动方向或进行介质分配。旋塞阀的阀体都是铸造而成的。三通式旋塞阀的旋塞通道为 L 形或 T 形，L 形通道有三种分配形式（图 7-1）。T 形通道有四种分配形式（图 7-2）。四通旋塞阀阀体上有四个通道，有三种分配形式（图 7-3）。

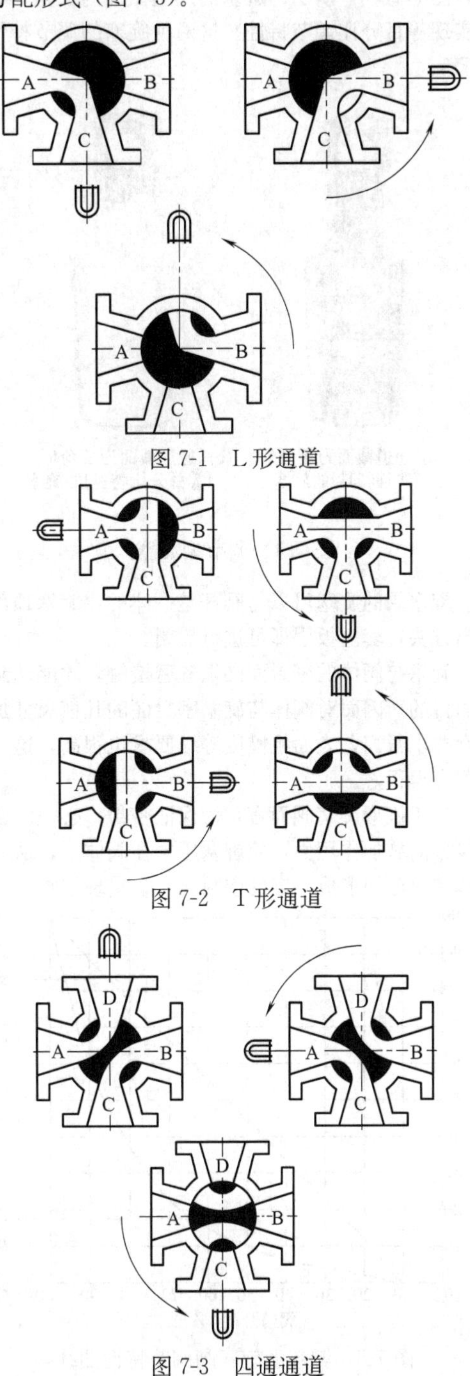

图 7-1　L 形通道

图 7-2　T 形通道

图 7-3　四通通道

(2) 旋塞

旋塞是旋塞阀的启闭件，呈圆柱形或圆锥形。圆柱形旋塞其通道截面呈矩形或圆形，圆锥形旋塞其通道截面呈矩形、梯形或圆形。这些形状使得旋塞阀的结构变得紧凑和轻巧，但却造成一定的压降。如果将旋塞的通道的形状适当变换，旋塞阀可以作为流量调节阀使用，能够得到很好的调节精度。图 7-4 (a) 所示的旋塞的通道截面为矩形，可以实现线性调节特性，图 7-4 (b) 所示的旋塞的通道截面为三角形，可以实现等百分比调节特性。这两种旋塞的调节特性见图 7-5。

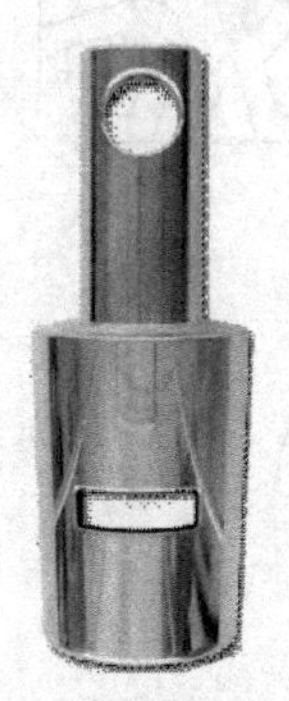

(a) 通道截面为矩形(线性特性)的旋塞

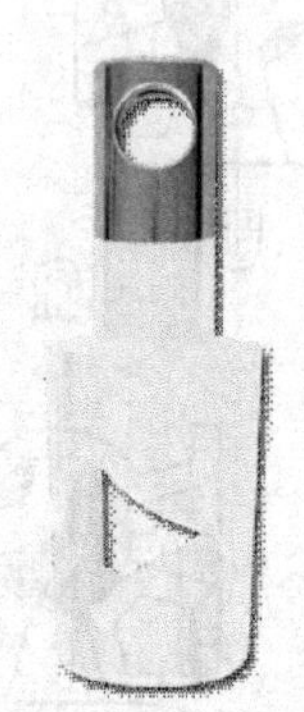

(b) 通道截面为三角形(等百分比特性)的旋塞

图 7-4 调节型旋塞

旋塞阀的旋塞可以与阀杆是一体的，旋塞顶部加工出方头，套上扳手即可进行启闭。

旋塞与阀体的密封面必须紧密接触，才能达到密封的目的。因而对阀体与旋塞密封面的几何尺寸加工精度要求很高，表面粗糙度等级要求也很高，这样才能配合得很好。

对于锥形旋塞阀而言，为保证密封，必须沿旋塞轴线方向施加作用力，使旋塞压紧在阀体上，从而在阀体密封面间形成一定的密封比压，实现密封。

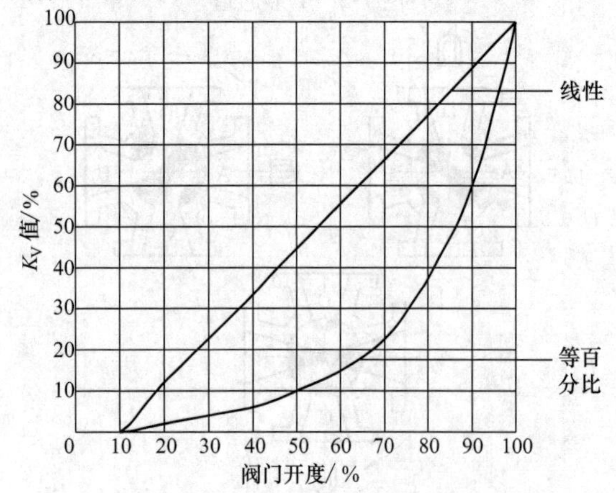

图 7-5 调节型旋塞阀调节特性曲线

7.3 旋塞阀的分类和定义

(1) 分类

旋塞阀根据其旋塞类型，可分为圆柱形旋塞阀和圆锥形旋塞阀两大类。

圆柱形旋塞阀根据密封材料可分为软密封圆柱形旋塞阀和金属密封圆柱形旋塞阀。金属密封圆柱形旋塞阀通常都是由油封来实现密封的，因而这里主要介绍油封圆柱形旋塞阀。软密封圆柱形旋塞阀按其结构又可分为膨胀圆柱形旋塞阀和 O 形圈密封圆柱形旋塞阀。

圆锥形旋塞阀根据密封材料可分为软密封圆锥形旋塞阀和金属密封圆锥形旋塞阀。金属密封圆锥形旋塞阀根据结构形式可分为紧定式、填料式、油封式、压力平衡式和提升式等结构。软密封圆锥形旋塞阀按照结构形式可分为卡套式旋塞阀和衬里旋塞阀等结构。衬里旋塞阀在“氟塑料衬里阀门”一章中将做详细阐述，这里不做介绍。

(2) 定义

① 软密封旋塞阀：阀体和旋塞之间由软性材料，例如聚四氟乙烯等材料制成的阀座。

② 金属密封旋塞阀：阀体和旋塞及密封面同为金属材料制成。

③ 油封式旋塞阀：采用油脂密封的旋塞阀。

④ 衬里旋塞阀：在阀门内腔及内件，例如旋塞等，介质可润湿到的全部表面上，用于基体紧密结合的衬里，包括法兰和端部的密封面。有时可部分衬里。

7.3.1 圆柱形旋塞阀

圆柱形旋塞阀有一个整体旋塞在一个紧配合的圆柱形阀体里旋转。如果是采用直接的金属-金属密封，则需要相当大的力矩来驱动旋塞阀。也可以在阀体的密封面或者旋塞的外表面涂层以减少摩擦并提高密封能力。典型的涂层包括 PTFE、Rislan™ 和陶瓷。旋塞是硬面的，可以减少摩擦和腐蚀。可以在旋塞和阀体之间安装一个 PTFE 的套筒来密封和减小摩擦。磨损后的套筒可以很容易被更换。

旋塞阀的使用在一定程度上要看阀塞与阀体之间产生密封的情况。圆柱形旋塞阀通常使用四种密封方法来实现密封，即利用密封剂，利用旋塞膨胀、使用 O 形圈或使用偏心旋塞楔入阀座。

(1) 油封圆柱形旋塞阀

油封圆柱形旋塞阀 (图 7-6) 的密封靠旋塞与阀体之间的密封脂来实现。密封脂是用注脂机或注脂枪经阀杆、旋塞杆加注到密封面。因此，当阀门在使用时，就可通过注射补充密封脂来有效地弥补其密封的不足。

由于密封面在阀门全开位置时被保护而不与流动介质接触，同时密封面即便磨损又可通过油封实现密封，所以油封式旋塞阀特别适用于磨蚀性介质。但是油封式旋塞阀不宜用于节流工况。这是因为节流时会从漏出的密封面上冲掉密封脂，这样阀门每次关闭时，都要对阀座的密封进行恢复。

该阀的缺点是对密封脂的添加需要人工操作，采用自动注射密封脂虽能克服这一问题，但需增加装填设备的费用。一旦由于缺乏保养或由于密封脂选型不合适，或者在密封之间产生了结晶使旋塞不能在阀体中转动时，就必须对阀门进行清理和维修。

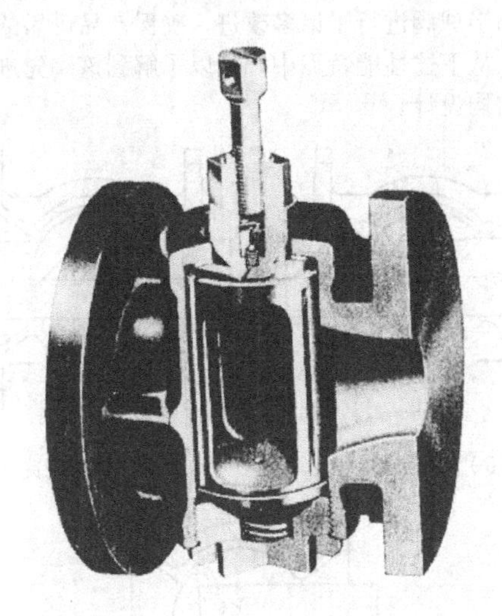

图 7-6 油封圆柱形旋塞阀

(2) 膨胀圆柱形旋塞阀

图 7-7 与图 7-8 所示圆柱形旋塞阀的密封是靠压紧螺母或旋塞对阀座的膨胀来实现的。

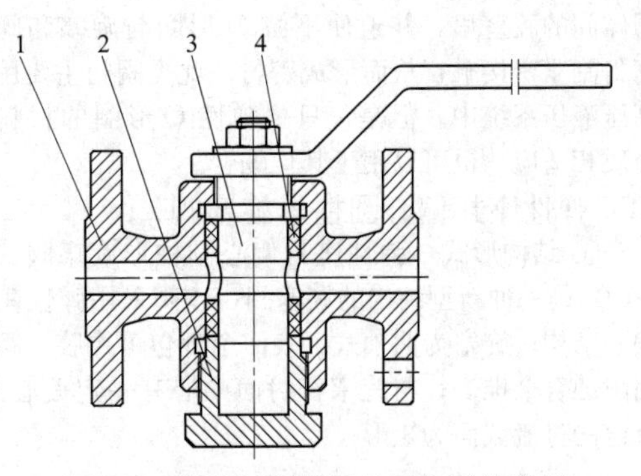

图 7-7 带有压紧螺母的圆柱形旋塞阀

1—阀体；2—压紧螺母；3—旋塞；4—填料

图 7-7 所示的旋塞阀有一填料套筒，它用压紧螺母紧固于阀体上。填料通常由压缩石棉或聚四氟乙烯制成。如果阀门泄漏，需要再次压紧填料以实现密封，则必须在阀门关闭位置进行，以防止填料进入流道内。这种阀门的尺寸较小，但可以用于较高压力和高温度工况。其典型应用是对压力表和液面计进行隔离。

图 7-8 膨胀圆柱形旋塞阀

图 7-8 中所示阀门的旋塞被分为两个部分，并有一个在外部可进行调节的楔块将其撑开。阀门的密封由镶入两个旋塞表面的狭窄 PTFE 环来实现。由于这种特殊的结构使得这种阀门也可实现双重截断和泄放。

这种阀门特别适用于要求使用不锈钢和其他贵重合金来制造阀门的场合中，能够用于处理泥浆，但不适用于磨蚀性介质。黏度很高的介质容易使楔紧机构不易操作。但是在使用条件限制的范围之内，将该阀门用于频繁操作的场合是非常可靠的。

(3) O 形圈密封圆柱形旋塞阀

图 7-9 所示旋塞阀是用 O 形圈密封的圆柱形旋塞阀。O 形圈镶嵌于旋塞的止口上，组成旋塞的密封圈。当阀门关闭时，介质经上游 O 形圈流入旋塞与

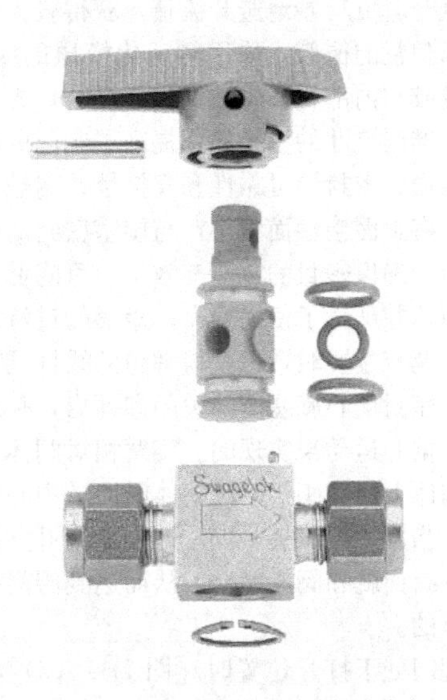

图 7-9 O 形圈密封圆柱形旋塞阀

阀体间的腔室里，并迫使下游O形圈与旋塞和阀体密封副紧密接触，从而形成密封。此类阀门主要用于高压液压系统中。但是，只要弹性O形圈的材料与介质相适应，也可以用于其他场合。

(4) 弹性座封偏心圆柱形旋塞阀

① 结构形式　弹性座封偏心圆柱形旋塞阀（图7-10）是一种新型结构的旋塞阀，该阀采用弹性座封偏心结构。旋塞为曲轴式，表面全部包覆橡胶；阀座用耐蚀合金堆焊；与旋塞密封面中心有一定偏心距；流道的过流截面为矩形。

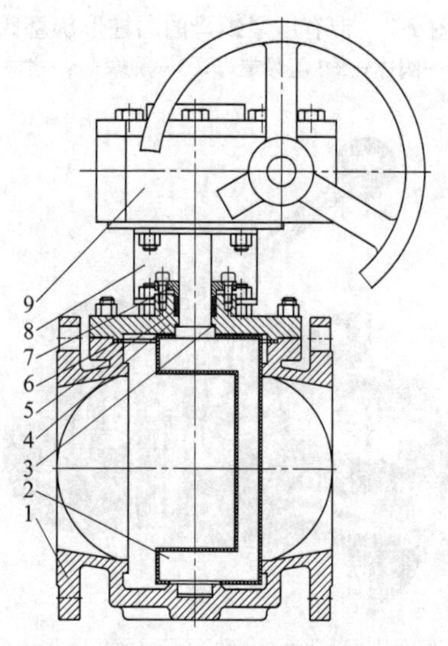

图7-10　偏心旋塞阀

1—阀体；2—旋塞；3—止推垫片；4—阀盖；5—填料；6—垫片；7—压盖；8—支架；9—蜗轮

② 工作原理　该种弹性座封偏心结构，曲轴式旋塞不仅有足够的强度来承受高压和传递转矩，而且在阀门全开时可巧妙地避开流道，获得较大的过流面积；表面包覆的橡胶，采用热硫化模压的成形工艺，保证了橡胶与内部金属骨架的牢固黏合，光滑流畅的外表面，准确尺寸的密封面，提高了阀门的耐蚀性能和使用寿命、密封的可靠性和互换性；耐蚀合金堆焊的阀座，密封面接触面积小，与旋塞密封面中心有一定偏心距，确保密封的零泄漏效果，可降低阀门启闭操作力矩，并延长了使用寿命；矩形的过流截面，使阀门用于调节装置时，可获得理想的线性调节特性。

弹性座封偏心旋塞阀的关闭和开启，是通过旋塞和阀体的偏心运动来实现的。旋塞相对阀体有一个偏心距，阀体上的阀座相对旋塞体的回转中心也有一个偏心距。当旋塞体旋转90°从全开到全闭位置时，旋塞体的密封面就和阀座贴合，从而达到阀门关闭，实现密封目的。

当阀门处于打开位置时［图7-11（a)］，整个旋塞体离开通道，流体全流量通过，这时通流能力最大，流阻最小。

当阀门处于调节位置时［图7-11（b)］，旋塞的一部分挡住了通道，流通面积改变，从而使流量得到调节。由于偏心运动，使旋塞在旋转时不与阀座、阀体接触，无磨损，无卡住现象，这一特性特别适合作为自动控制阀。

当阀门处于关闭位置时［图7-11（c)］，旋塞和阀座接触，由于偏心运动，使旋塞与阀座的密封比压随着输入力矩和介质压力的增加而增加，密封可靠性大大提高。

③ 性能特点　弹性座封偏心旋塞阀，对传统旋塞阀和半球阀进行了诸多改进，确保产品可靠的使用功能，从下述性能特点中，可以了解到该阀先进的功能和结构设计。

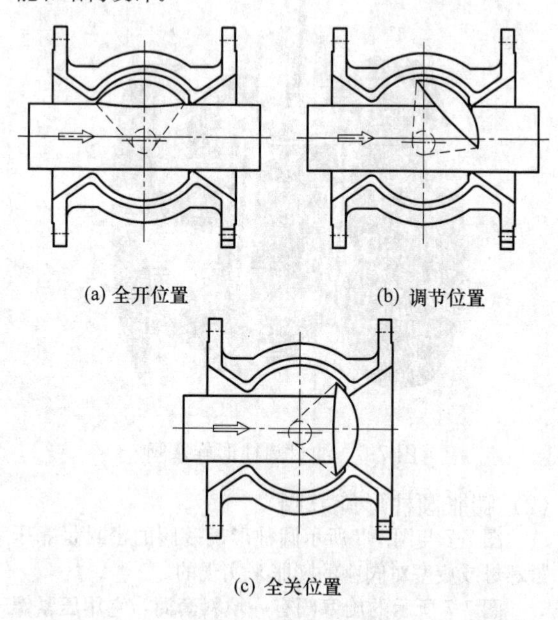

(a) 全开位置　(b) 调节位置

(c) 全关位置

图7-11　工作原理

a. 弹性座封结构。弹性旋塞与耐蚀阀座形成的密封结构，确保阀门密封可靠，实现零泄漏。克服了传统旋塞阀和半球阀金属密封易泄漏的缺陷。

b. 偏心密封设计。操作力只作用在阀门密封面接触或脱离的极短行程内，并且随工作压力的降低而迅速减小，密封面无磨损可自动补偿。解决了传统旋塞阀和球阀由于密封面全行程强制挤压，需要较大持久操作力且密封面磨损严重的问题。

c. 整体包胶旋塞。全部口径范围的整体旋塞均采用最新硫化工艺，外表面全部用高性能橡胶包覆，密封弹性佳，耐流体腐蚀和高速流体的冲蚀。克服了传统旋塞阀裸露的金属旋塞和半球阀分离式的球芯，容易受到流体腐蚀的缺陷。

d. 特种耐蚀阀座。不锈钢或纯镍堆焊的阀座与阀体结合牢固，耐固体颗粒的磨损、腐蚀介质的破坏和高速流体的冲蚀。密封件的可互换性高，仅更换阀门旋塞即可继续使用。克服了半球阀浮动式阀座密封件互换性差，后期维护困难的缺点。

e. 矩形直通流道。直通流道，流体水头损失小；矩形截面，可作为手动、电动及气动调节阀使用，流量线性调节特性非常好。克服了传统球阀和半球阀用作调节阀时，其圆形截面的线性调节特性不理想的问题。

f. 一体式弓形阀轴。阀轴与旋塞整体铸造成形，传动强度和刚度高。弓形阀轴设计，在阀门全开时可避开流道，导流效果显著。重量较传统旋塞阀和半球阀轻。

g. 可拆卸阀盖。阀盖与阀体通过螺栓连接，阀门只需拆下阀盖螺栓即可在管道上维护。传统球阀为对开式或筒状阀体，当阀门出现故障时，必须将阀门整体从管道上拆下方可维护。

h. 高强度承压壳体。阀体、阀盖等承压壳体采用高强度球墨铸铁，承压强度和刚度高，比传统旋塞阀和半球阀的灰铸铁重量轻，运输吊装便利。同时作为密封面堆焊基体，与密封面堆焊材料结合工艺性好。

i. 高速介质。高性能球墨铸铁壳体、密封橡胶及堆焊阀座，适用于高速流体的冲蚀。介质使用温度可达－50～135℃，特别适用于各种冷、热水场合。

j. 耐蚀表面处理。可根据介质的腐蚀性及工作环境，灵活选择对应的表面防腐处理方案，确保在各种恶劣工况下的长久使用寿命。

④ 应用范围。弹性座封偏心旋塞阀因其偏心设计、不锈钢或纯镍堆焊的阀座、整体包胶旋塞，使得其耐蚀性、密封性极好，使用寿命、可靠性比传统部分回转阀门要长很多。因此，该阀作为传统旋塞阀和半球阀的理想升级产品，特别适合于工业污水、城市污水、泥浆和含固量高的介质的场合，目前在美国、德国和意大利等欧美发达国家的污水处理和其他工业系统已得到广泛应用。

若弹性座封偏心旋塞阀用于清水管道系统中，其安装方式可以垂直也可以水平。

在原水、污水系统里，旋塞阀必须要水平安装，使旋塞的轴线在垂直方向，并保证操作装置在上方，这样，在开启旋塞阀时，旋塞不会被沉于底部的杂质阻止或刮伤，另外杂质若沉积在阀体的底部，当旋塞在节流调节状态时，由于介质流速高，杂质易于冲出。

对于清水，阀门安装方向应为正向，即阀座与流体方向相对。若流体内含有固体、可沉积的颗粒，则应优先考虑阀门的轴线为水平方向安装。即在水平管线上，若打开阀门，旋塞应位于水平管道的顶部；在竖直管线上，若关闭阀门，旋塞应位于上部。

旋塞阀可以正向或反向安装，流体介质和阀门所处的位置决定阀门的安装方向。由于偏心密封结构，旋塞阀承受反向压力的能力受到限制，正常情况下只保证正向密封性能。

弹性座封偏心旋塞阀的直通流道，使流体水头损失小，在相同的流量下旋塞阀的压力损失最小，能耗最低，且随着阀门通径的增大这一优点更加明显。弹性座封偏心旋塞阀的矩形截面，可获得理想的线性流量调节特性，阀门的驱动方式可以配置电动、气动或液动装置，以便实现自动控制。

例如，弹性座封偏心旋塞阀可用于泵出口控制阀，兼有防止回流、防止水锤和调节流量的功能。当泵启动时，阀逐渐开大，流量输出慢慢增加，不容易造成水锤，损坏系统上的设备。当泵关闭时，先关阀，再停泵，可提供分段关闭，控制阀能与泵的关闭保持同步，防止水流回流产生水锤。利用旋塞阀的调流和截流作用，可根据管理需要调节管路的送水量。

弹性座封偏心旋塞阀，是一种新型的旋塞阀，作为管路的调节或截流装置，已在城市污水、工业污水、泥浆及清水等场合得到广泛应用。

7.3.2　圆锥形旋塞阀

圆锥形旋塞阀是在圆柱形旋塞阀的基础上发展起来的旋塞阀。圆锥形旋塞阀密封副之间的泄漏间隙可通过力将阀塞更深入地压入阀座来调整。当旋塞与阀体紧密接触时，旋塞仍可旋转，或在旋转之前将旋塞提起旋转 90°，然后再压入密封。

(1) 紧定式锥形旋塞阀

紧定式锥形旋塞阀（图 7-12）的结构最为简单，仅由阀体和旋塞组成，旋塞下端伸出阀体外，并加工出螺纹，当拧紧紧固螺母时，将旋塞往下拉，使其压紧在阀体密封面上。

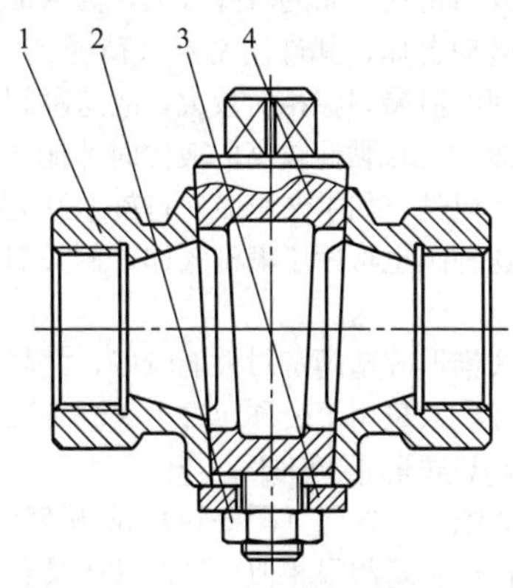

图 7-12　紧定式锥形旋塞阀

1—阀体；2—紧固螺母；3—垫圈；4—旋塞

紧定式锥形旋塞阀不带填料，旋塞与阀体密封面间靠本体金属来密封。密封力靠拧紧旋塞下面的螺母来实现。为了使用较小的预紧力便能达到密封，旋塞和阀体密封面的表面粗糙度精度一定要尽量高，而且几何形状误差也一定要小，锥度配合一定要准，才能使该类旋塞阀实现密封。

紧定式锥形旋塞阀易于维修和清理，维修或清理时，松开下面的螺母，退出垫圈，旋塞便可从阀体中取出进行维修或清理。

紧定式锥形旋塞阀只适用于低压场合，目前已很少采用。

(2) 填料式锥形旋塞阀

填料式锥形旋塞阀（图7-13）结构简单，仅由阀体、旋塞、填料和压盖等部件组成，当拧紧压盖上的螺母将填料压紧时，也同时压紧了旋塞与阀体的密封面，达到密封的目的。旋塞下面的螺母起到旋塞与阀体密封面之间配合松紧的调节作用。

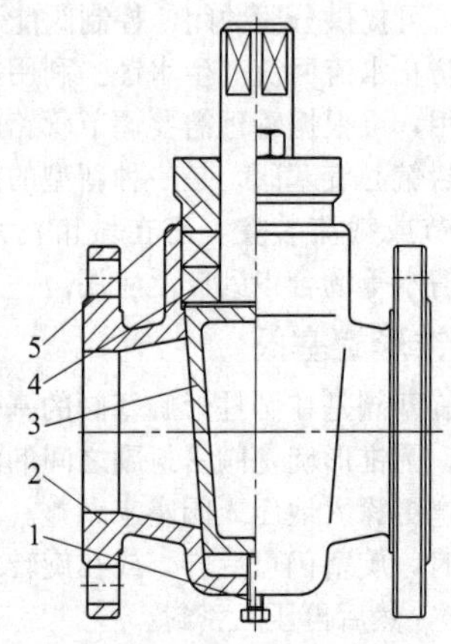

图 7-13 填料式锥形旋塞阀
1—调节螺钉；2—阀体；3—旋塞；4—填料；5—压盖

填料式锥形旋塞阀是使用非润滑的金属密封件，由于这种阀门密封副间的摩擦较大，为保证旋塞在阀体内能够转动自如，其许用密封载荷受到一定限制。因此密封面的泄漏间隙相对较大，故这种阀只有使用在具有表面张力和黏性较高的液体时才能达到满意的密封效果。但是，如果在组装前将旋塞涂上一层密封脂，那么这种阀也可用于潮湿气体，例如潮湿的含油压缩空气。

填料式锥形旋塞阀密封性能较好，尤其是外漏的密封性更好，大量用于公称压力 *PN*10 工况。

(3) 油封式锥形旋塞阀

油封式锥形旋塞阀（图7-14），除旋塞的形状外，与油封圆柱形旋塞阀很相似，这两种阀具有相同的功能。但是油封锥形旋塞阀具有操作上的优点，即一旦由于长期处于静止状态或由于忽视润滑而导致旋塞不能转动时，通过注入密封剂就能把旋塞从阀座提起而使它重新转动。当以这种方式松开旋塞时，操作者经常错误地将压盖松开，而正确的方法是应进一步将压盖压紧。这种阀门的缺点在于，人为压紧旋塞可能会使旋塞过紧而导致其运动困难。

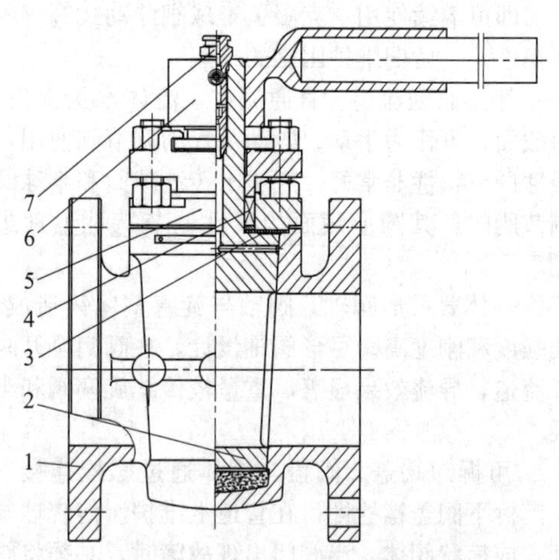

图 7-14 油封式锥形旋塞阀
1—阀体；2—旋塞；3—垫片；4—填料；5—阀盖；6—手柄；7—注脂阀

油封式锥形旋塞阀的结构和填料式旋塞阀基本相同。不同之处在于油封式旋塞阀设有注油装置，并在旋塞的密封面间加工出横向和纵向油槽。使用时，从注油孔向阀内注入密封油脂，使旋塞与阀体的密封面之间形成一层油膜，起润滑和密封的作用。油封式旋塞阀的主要特点是密封性能可靠，而且启闭省力。它的出现扩大了旋塞阀的使用范围。

油封式锥形旋塞阀的密封靠旋塞和阀体之间的密封脂来实现。密封脂是用注脂枪通过旋塞杆上的注脂阀注入旋塞的密封面上储存密封脂的油槽。因此，当阀门在使用时，就可以向油槽注射补充的密封脂，从而有效地弥补其密封的不足。然而，如果该阀的预紧力不够，即便再注射密封脂也不能保证密封，这时可通过紧固阀盖上的螺栓来施加预紧力，以保证密封。

油封式锥形旋塞阀的旋塞和阀体的密封面表面粗糙度等级要高，其几何形状精度及旋塞和阀体的锥度要准确，才能保证用较小的预紧力就能保证密封，从而使旋塞在阀体内的转动自如。由于密封面在全开位置时被保护而不与流动介质接触，同时损坏的密封面较易修复，所以油封式锥形旋塞阀特别适用于腐蚀性介质。但是，油封式锥形旋塞阀不宜用作节流工况，这是因为节流时会从露出的油槽中冲掉密封脂，这样一方面密封脂可能对介质造成污染，另一方面在阀门每次关闭时，都要向油槽注入密封脂才能保证阀门密封。

油封式锥形旋塞阀最适宜用于油、气田的分支管路上，因为这种管路不用清管，而油、气田的介质中又含有泥沙，用此种阀门最适合。

阀体进出口端的密封采用油封结构，特别适用于颗粒泥浆管道中，它在圆锥表面上开有油沟，注入高于管道中浆体压力的密封脂；在旋塞静止状态下，形成油膜隔离泥浆，使之不能进入旋塞和阀体内壁之间的缝隙，防止产生研磨；在旋塞运动时，产生高速油流冲击泥浆，使之进入不了旋塞和阀体内壁之间的缝隙，确保阀门正常运行，提高了浆体管道运输工程的经济效益。

油封式锥形旋塞阀主要结构特点：

① 阀门的密封性是通过外部油脂的方式来实现的。

② 阀门没有空腔，介质不易积聚。

③ 阀门的使用温度是根据所用油脂的类型来确定的。而油脂的选择应根据管道内的介质选定。

④ 双向流动，使用安装更方便。

⑤ 阀门的流道形式主要有常规型、文丘里型、短型及三通等，可以满足各种管道的需要。

(4) 压力平衡式倒锥形旋塞阀

压力平衡式旋塞阀是可以使用于任何工况的理想的切断阀，包括大多数恶劣操作环境下也能使用。可用于动作要求快、无故障和高效密封要求的场合，设计非常紧凑，要求的安装空间较小，可以在任意位置安装。该类阀的基本操作相当简便，当旋塞转动90°时，阀门就从关到开的位置：反之亦然。

旋塞锥度为1：6，完全紧密地与阀体装配组合在一起，它采用金属-金属密封，也就是没有采用易被流动的流体损坏的软密封。

作为二级密封，该阀门提供了一个辅助密封系统，即当阀门动作时，允许加入特殊的密封脂到阀门里。除了密封作用，密封脂的另一个目的是防止阀内件腐蚀和磨损，同时也降低阀门的力矩。

阀门是根据“压力平衡”原理设计的，旋塞带有压力平衡孔，以确保旋塞在轴向上始终处于压力平衡状态，从而防止旋塞被卡住。另外，旋塞和阀杆是两个独立的部件，借助于称为通用连接片的平衡环将它们连成一体。阀杆不能随意取出，只有在停车重新装配时，方能从底部取出。旋塞的安装位置是通过调节螺栓在阀体内部进行调整，当底部紧固螺栓固定时，用调整螺杆调整钢球来固定旋塞位置。通过两个柔软的垫片来实现旋塞位置的所有调整。

压力平衡式旋塞阀的密封部位如下。

① 阀杆顶部密封 密封圈是嵌入式的特殊材料密封圈，该密封圈可以从外部进行更换，它是用于失火状态下保证阀杆的密封。

② 阀杆密封 由O形圈来保证。

③ 底盖密封 底盖是用螺栓和螺母固定在阀体上的。两个柔软的垫片被放置在阀体和底盖之间的凹槽处，主要起金属密封作用，另外起到在调整紧定螺钉时阻止介质泄漏。

上面提到的，该阀提供了一个注入密封脂系统，它通过注脂阀和止回阀将可允许的特殊密封脂渗透到阀内部。密封脂是通过一个特殊高压注脂枪喷射到旋塞凹槽里的，该系统确保所有的密封表面都具有薄层的密封剂，实现有效的二级密封。

压力平衡式旋塞阀可以提供手柄或手轮操作机构。此外它也能够提供用于各种执行机构的顶部安装的法兰和阀杆。若阀门配有这样的顶部安装法兰，那么注入密封脂系统则会从阀杆移到阀体的侧面。

压力平衡式旋塞阀的主要特点如下：

① 产品结构合理、密封可靠、性能优良、造型美观；

② 倒装压力平衡的结构，启闭转矩小；

③ 阀体和密封面间设有油槽，可随时通过注脂阀向旋塞凹槽注入密封脂，增加密封性能；

④ 零件材质及法兰尺寸可根据实际工况或用户要求合理选配，满足各种工程需要。

压力平衡式倒锥形旋塞阀（图7-15）由阀体、阀杆、旋塞、底盖、注脂阀、填料等部件组成。其阀塞按相反位置安装并与阀杆分开。旋塞由底盖中的螺钉对其位置进行调节，为了防止介质压力将旋塞推入阀座，旋塞端部开有平衡孔，它可使介质压力进入旋塞两端的空腔内。这样的设计可使这种旋塞阀适用于很高的压力，不会由于介质压力将旋塞推向阀座而不能操作。目前，国内天然气管线及场站控制系统使用的旋塞阀全部采用进口的倒装平衡式油密封旋塞阀。

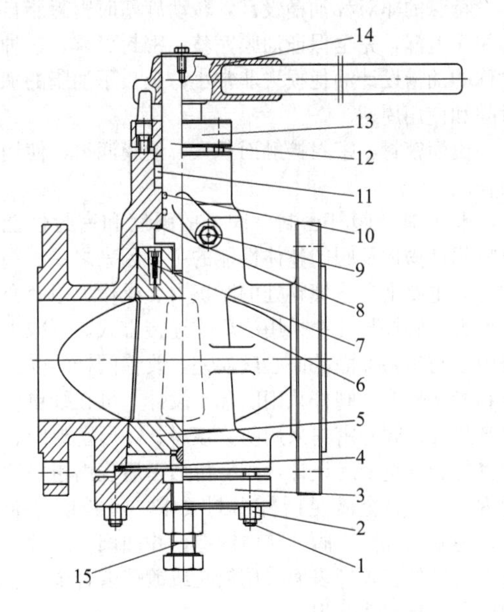

图7-15 压力平衡式倒锥形旋塞阀
1—螺柱；2—螺母；3—底盖；4—垫片；5—旋塞；6—阀体；7—单向阀；8—止推垫片；9—注脂阀；10—O形圈；11—填料；12—阀杆；13—压盖；14—手柄；15—调节螺栓

密封剂是从阀杆末端注入阀体的，在注入压力的作用下，通过旋塞上的油路，使阀体、旋塞的密封面间形成一层油膜，实现阀门的密封并起到润滑的作用。介质可通过旋塞底部的小孔进入下空腔，依靠介质压力将旋塞向上推动而压紧在阀体密封面上，介质压力越大，则密封性能越可靠。

① 压力平衡式倒锥形旋塞阀结构特点

a. 阀体。采用倒装式结构，整体铸造，强度高，刚性好，受力均匀，阀门重心与管道中心基本重合，操作稳定性好。阀体密封锥面采用高速精磨加工，经研磨后表面粗糙度精度高于 $Ra0.8$。

b. 旋塞。采用倒装式旋塞，整体锻造，精密机械加工并研磨后表面粗糙度可达 $Ra0.4$。旋塞表面采用氮化、镀镍磷合金或者喷涂硬质合金等表面处理手段提高表面硬度；超音速喷涂硬质合金的表面硬度可达 65HRC 以上，镀镍磷合金并经热处理后，其表面硬度可达 58～60HRC。在油膜润滑下具有超强的耐磨性能。

旋塞锥体的上部有一止回阀，可补偿阀腔上部的注油压力。旋塞的下部开有平衡孔，可将介质压力引入旋塞底部，使旋塞压紧阀体，起到密封作用。

c. 密封副。采用金属密封结构加注油脂密封，由于密封油脂的填充占位作用，介质中的固体颗粒物不会进入密封面，对密封面有非常好的保护作用。因为油脂的润滑，使得阀门操作力矩小，操作省力。

特殊的非对称油槽设计，转动旋塞时密封脂自动加注无泄漏，完全保证油膜完整，密封可靠。这种非对称的油槽设计油耗损失非常小，延长了油脂的加注时间和使用周期。

锥面密封，密封接触面积大，油膜润滑，使用寿命长。

d. 阀杆及阀杆密封。阀杆的强度和密封性能是影响阀杆操作及阀门整体性能的主要因素之一。阀杆的受力主要来自于填料处的摩擦力、操作力矩及介质的推力。阀杆与旋塞采用滑环式连接方式，可减少阀杆中心与旋塞锥面的同心度误差，改善阀杆的受力条件和操作性能。阀杆采用防飞出设计，可在线更换填料密封件。阀杆密封采用防火填料、O 形密封圈、加注密封脂三重密封设计，阀杆机加工后表面粗糙度可达 $Ra0.4$，完全满足阀杆密封要求，可长期可靠工作，免紧固维修。阀杆整体锻造，并加调质处理，强度高韧性好。阀杆表面采用氮化或镀镍磷合金，表面硬度高，抗摩擦磨损。

e. 阀盖及底部结构。底部阀盖是阀门底部承压部件，同时又是底部密封垫片、底部调节杆的固定和安装支撑件，要求具有高的刚度和强度。底部阀盖的密封采用整体密封垫完全隔离式结构，在保证阀盖螺栓紧固时阀门具有绝对可靠的密封。安装在阀盖底部的调节杆采用内置式结构，调整完成后旋紧压盖完全零泄漏。底部调节杆支持旋塞，导出旋塞因各种原因产生的静电。

② 工作原理　其工作过程是通过阀杆旋转 90°使旋塞上的通道口与阀体上的通道口接通或断开，实现阀门开启或关闭。通过该阀阀腔上部设计的注脂阀注入密封脂，该密封脂在注入压力作用下通过旋塞表面的特殊油槽均匀地涂在密封面上，形成致密的油膜层，实现阀门双向密封并起到润滑密封面的作用。在旋塞大端开有流通的小孔，使管道介质能进入旋塞底部，旋塞在底部介质力推动下向上紧贴旋塞倒锥面。旋塞小端装有单向阀，当阀腔上部的油脂压力低于介质压力时管道介质通过单向阀进入阀体上腔以补充油脂压力。同时旋塞在上腔油脂压力及旋塞自重作用下与旋塞底部向上的介质推力保持平衡，可以大大减轻密封面的密封比压，降低阀门操作力矩，延长阀门使用寿命。

旋塞表面硬化处理并开有特殊油槽回路，阀体外有两个密封脂注入装置，一个是通过注入密封脂对阀杆实现紧急密封，另一个是将密封脂注入阀体上腔。锥形旋塞体的小端通过平衡环与阀杆连接，阀体底部阀盖上装有调节支撑，可以调整旋塞的位置。阀门采用防火设计，有静电导出装置，过流道按照 API 6D 的规定有全通径、缩径。阀门材料可采用碳钢、低温钢、不锈钢及合金钢。驱动方式有电动、气动、手动等。

③ 该种管线旋塞阀与传统衬套式旋塞阀相比所具有的特点。

a. 密封可靠，使用寿命长。旋塞阀靠锥面密封，密封接触面大，油膜起到润滑和密封的作用。采用注密封脂密封，在旋塞的开关运动过程中能将密封脂均匀涂在密封面上，有效润滑密封面。同时因密封脂的填充占位及开关过程的擦拭作用，介质中所含的固体颗粒不会进入密封副内，而在全开时间可以完全防止与流动介质接触，有效保护密封副。

b. 阀门力矩小，操作省力。采用倒装安装方式的旋塞锥体。在阀门开启瞬间，阀体下腔的压力与管道的介质压力平衡，推动旋塞体向上贴紧阀体内锥面，阀体上腔的高压油密封迫使塞体受到向下的推力，而使旋塞椎体的上下端受力达到平衡，旋转塞体时的力矩将会减少。

c. 阀体底部阀盖上装有调节支撑，可以调整阀芯的位置。在高温工况下，旋塞的热膨胀可通过调节支撑来吸收，避免密封副楔死。同时该装置具有将阀芯与介质摩擦可能产生的静电导出的功能。

d. 阀杆防飞出设计，O 形圈及石墨填料、注入密封脂三重阀杆密封设计，符合泄漏要求，可以长期可靠工作，免紧固维护，具有防火功能。这些设计与

第3章所述的全焊接球阀相似。

④ 旋塞的几种结构　压力平衡式倒锥形旋塞阀有密封脂压力辅助平衡旋塞、压力平衡旋塞、被保护的压力平衡旋塞和弹簧辅助平衡旋塞。

a. 密封脂压力辅助平衡旋塞。所有压力平衡式倒锥形旋塞阀都有一个保护装置，以防止由于旋塞锁定而引起旋塞被卡住。旋塞锁定是由一个不平衡力作用于旋塞，引起主压力压向下腔（即较宽的部分）。如图7-16（a）中箭头所示，合力作用于旋塞上面（圆锥小头方向），使其压紧阀体锥面。即使主压力减弱，该旋塞仍然保持锁定。

为避免旋塞被锁定，可利用注入旋塞储油槽密封脂的压力，使其作用于旋塞的上表面以减弱向上的作用力。这种方法只能减少并不能消除圆锥锁定的可能性，且需定期注入密封脂，以保证阀门的启闭自如。

b. 压力平衡旋塞。压力平衡旋塞针对密封脂压力辅助平衡旋塞的缺点，如图7-16（b）所示，在旋塞的上方加工一个压力平衡孔并安装一个简单的单向阀，这样就使主压力的一部分抵消了向上的压力以防止锥面锁定的发生，而无须频繁注脂。

c. 被保护的压力平衡旋塞。在一些工况，一些介质中可能含有杂质颗粒，为提高装置的可靠性，避免杂质颗粒进入压力平衡旋塞［图7-16（c）］。保证平衡孔不会暴露于旋塞端口的介质通道，相比于普通的压力平衡旋塞，提供额外的安全性。

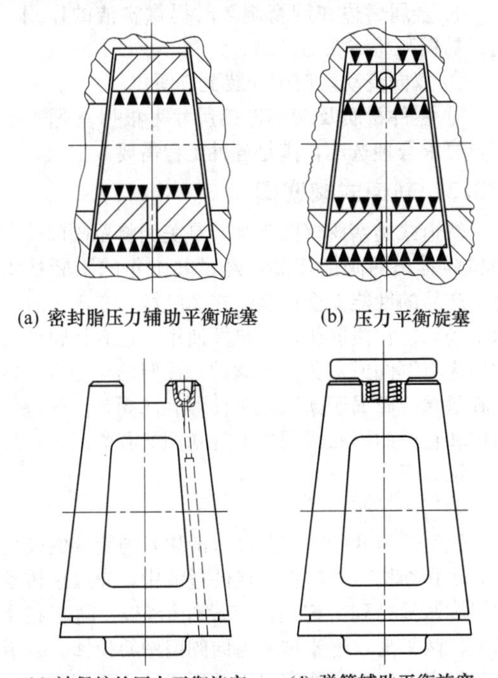

(a) 密封脂压力辅助平衡旋塞　(b) 压力平衡旋塞

(c) 被保护的压力平衡旋塞　(d) 弹簧辅助平衡旋塞

图7-16　压力平衡式倒锥形旋塞阀的几种旋塞结构

d. 弹簧辅助平衡旋塞。该设计通过弹簧预装旋塞［图7-16（d）］，以防止在压力和/或温度的急剧变化而使锥面锁定。作为一种选择，这也增加了管道配管的灵活性，阀门的安装方向不受限制。

(5) 金属硬密封提升式锥形旋塞阀

金属硬密封提升式锥形旋塞阀（图7-17）是近年来发展比较快的新型旋塞阀，它采用了先提升后启闭的阀门操作方式，大大减少了旋塞阀的启闭力矩，而且不同于传统旋塞阀采用矩形缩径通道，该阀门通常采用圆形通道，使旋塞阀的流体阻力大大减少，金属硬密封提升式旋塞阀兼有球阀与闸阀的优点，能用于高温、高压工况，大大扩展了旋塞阀的使用范围。

① 结构特点

a. 金属硬密封提升式锥形旋塞阀开启时先提升旋塞，使旋塞与阀座密封面相脱离，然后将旋塞旋转90°，使阀门开启。由于阀门在启闭过程中旋塞与阀座相脱离，故阀门启闭非常轻松，而且密封面在开启或关闭过程中不易擦伤，阀门使用寿命长。

b. 金属硬密封提升式锥形旋塞阀无论处在开启状态或关闭状态，密封面均受到保护，不受介质冲刷，密封紧密可靠。

c. 普通旋塞阀采用非圆形流道，且流道面积缩减，有较大的流体阻力损失，而金属硬密封提升式锥形旋塞阀采用与管道截面积相同的圆形通道，流体阻力最小。

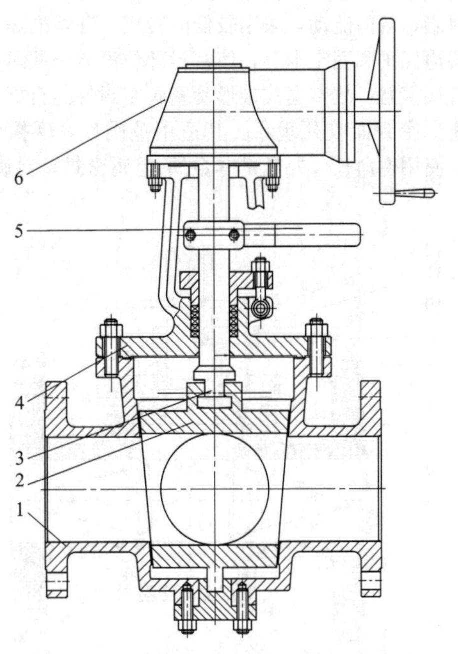

图7-17　金属硬密封提升式锥形旋塞阀

1—阀体；2—旋塞；3—阀杆；4—阀盖；5—手柄；6—手动装置

d. 金属硬密封提升式锥形旋塞阀结构紧凑，体积小，与闸阀相比，阀门总体高度大大减小，与截止阀相比，流阻大大减小。

e. 与普通旋塞阀相比，金属硬密封提升式锥形旋塞阀适用的压力及温度范围更大。

f. 金属硬密封提升式锥形旋塞阀两侧阀座密封面均可密封，阀门的安装与使用不受介质流向的限制。

g. 金属硬密封提升式锥形旋塞阀关闭时，可通过手轮和阀杆对阀座密封面加压，通过加大密封比压，可使旋塞阀具有更好的密封性能。

h. 阀座密封面凸起，便于密封面清洗，密封面上不易积存结晶介质或固体颗粒。

② 工作原理　逆时针旋转手轮以提升旋塞，使旋塞与阀座脱离，然后逆时针方向扳动扳手 90°，使扳手与管道呈平行位置，此时扳手与支架接触并限位，旋塞的通道和阀体的通道相接通，阀门开启；顺时针方向扳动扳手，使扳手与管道呈垂直位置，此时扳手与支架接触并限位，旋塞的通道和阀门的通道呈垂直状态，然后顺时针方向旋转手轮以降下旋塞，直至旋塞与阀体紧密接触，阀门关闭。

(6) 卡套式锥形旋塞阀

卡套式锥形旋塞阀（图 7-18）是采用具有自润滑作用的 PTFE 衬套镶嵌在阀体内，而且是在压力下将衬套压入，这样就能防止在衬套与阀体间产生泄漏。卡套式锥形旋塞阀在使用中无须注入可能导致污染的密封脂，双向流动，采用较低的转矩，独特的 360°金属唇边保护和固定卡套，使密封部位没有金属对金属的直接接触，故卡套式锥形旋塞阀密封性能良好，并可避免密封面咬死现象。其适用范围广，摩擦因数小，使用寿命长，并且是非金属-金属密封，对旋塞

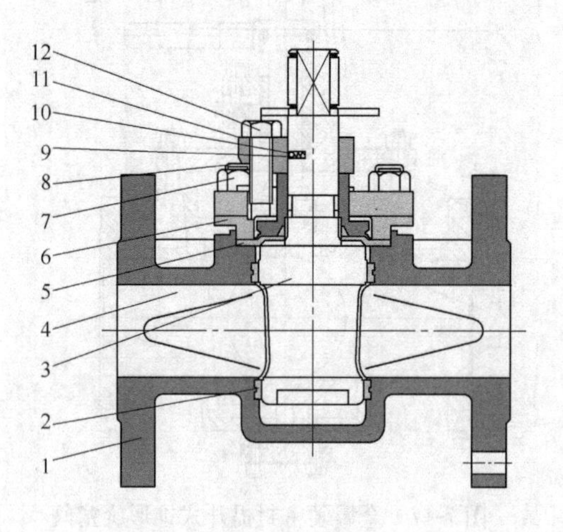

图 7-18　卡套式锥形旋塞阀

1—阀体；2—阀座圈；3—旋塞；4—调整垫片；5—调整压盖；6—阀盖；7—阀盖螺栓；8—螺母；9—弹簧；10—小球；11—压板；12—调整螺栓

加工要求可以降低，因而对于中小口径的旋塞阀较普遍采用衬套结构形式。

卡套式软密封旋塞阀适用于公称压力为 Class 150～600、PN16～100，工作温度为－29～180℃的石油、化工、制药、化肥、电力行业等各种工况的管路上，切断或接通管路介质。

卡套式旋塞阀主要结构特点如下。

① 阀体进出口端窗口设计为双道沟槽密封环结构，旋塞在旋转过程中，其密封副间的密封比压在逐渐变化，直至到达全开或全关位置时，产生足够的密封比压，密封副达到零泄漏。

② 双道沟槽密封环既可以使 PTFE 衬套稳固在阀体内不产生位移，又可以吸收由于温差变化引起衬套产生的微量变形，同时衬套与旋塞之间产生有力的擦拭作用，又提高了密封面的使用寿命。

③ 塞轴上部采用一个 PTFE 膜片和 O 形圈与调整垫片组合，既可以调整密封面间的密封比压，使塞子转动灵活，又可以保证进、出口端和中法兰连接端的密封。

④ 整个密封过程可近似认为与管道内压力无关。

⑤ PTFE 衬套内，根据使用温度和工作介质采用不同材料的填充物，润滑好、寿命长。

⑥ 阀门的密封性是通过卡套四周的密封面来实现的。独特的 360°金属唇边保护固定卡套。

⑦ 阀门没有空腔，介质不易积聚。

⑧ 金属唇边在旋塞旋转时提供自洁的作用，适用于黏稠和易结垢的工况。

⑨ 双向流动，使用安装更方便。

⑩ 零件材质及端部连接尺寸可根据实际工况或用户要求合理选配，满足各种工程需要。

7.3.3　轨道式旋塞阀

轨道式旋塞阀（图 7-19）是美国将军阀门公司在 1946 年推出的阀门产品，经过几十年的不断技术改进，产品的性能安全可靠。在 20 世纪 80 年代进入中国市场，并在民航机场和机坪使用。也有将轨道旋塞阀称为将军阀或双关双断阀的。按照结构分类，轨道式旋塞阀应归属于膨胀式圆柱形旋塞阀，但其特殊的结构和普通的膨胀式圆柱形旋塞阀又有些区别，故单独介绍如下。

(1) 工作原理

轨道式旋塞阀的密封件（滑块）与旋塞的连接采用导轨式结构。阀门在开启的过程中，先通过传动机构将旋塞提升到一定高度（设计给定），随着旋塞的提升，两只滑块逐步被旋塞向阀门中心拉回，当滑块密封面完全脱离阀体密封面并形成一定的间隙（设计给定），继续通过传动机构使旋塞与滑块一起旋转 90°到阀门开启。阀门在关闭过程中，先通过传动机构使旋塞与滑块一起旋转 90°（阀门处于关闭状态，但未

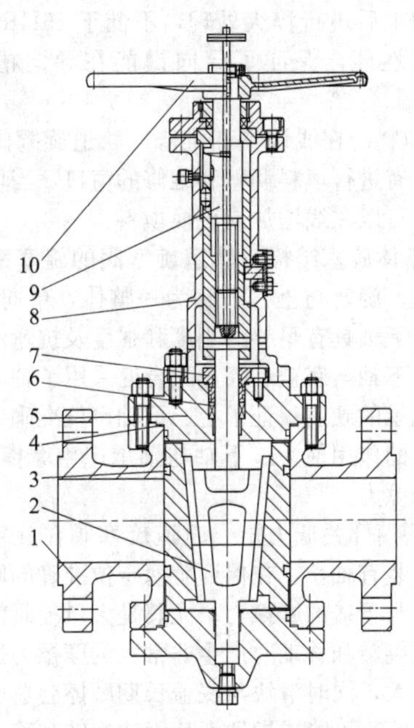

图 7-19 轨道式旋塞阀

1—阀体；2—旋塞；3—密封圈；4—垫片；5—阀盖；6—填料；7—压盖；8—支架；9—阀杆；10—手轮

形成密封)，继续通过传动机构将旋塞推下，随着旋塞的向下移动，从而推动滑块向阀体两边密封面靠拢，直至滑块上的弹性密封圈被均匀地挤压到阀体两边的密封面上，形成密封。

(2) 轨道式旋塞阀结构特点

① 中法兰双重密封结构　轨道式旋塞阀大部分用于航空煤油、天然气、液化石油气、成品油等，由于航空煤油等介质具有很强的渗透性且易燃易爆，为杜绝介质外泄漏，在中法兰处采用O形圈加缠绕垫片双重密封结构（图 7-20）。

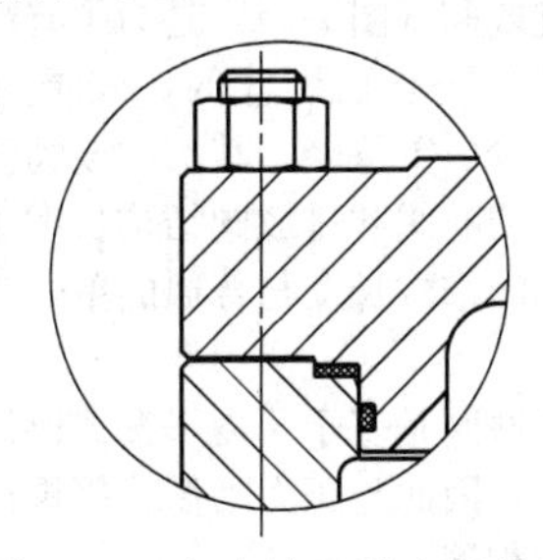

图 7-20　中法兰双重密封结构

② 填料密封结构　轨道式旋塞阀的阀芯在阀门开关过程中，既要上下移动又要进行旋转运动，加上介质的特殊性，为保证填料密封安全可靠采用内外O形圈与填料组合密封（图 7-21）。

③ 阀门中腔超压泄放功能　按照 API 6D 的规定，所有双密封的阀门，必须具有泄放装置和功能。

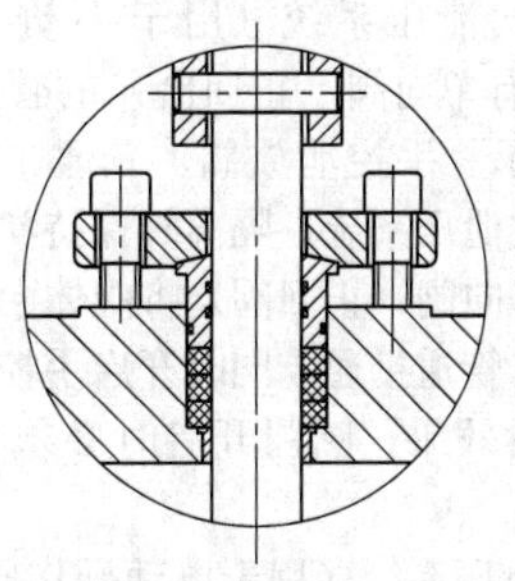

图 7-21　内外O形圈与填料组合密封结构

泄放的压差是因环境温度的变化而产生的。双密封阀门在关闭状态下，阀门中腔积存的介质随环境温度的升高体积膨胀，压力逐步升高，如果不及时泄放掉该压差，将会对阀门的操作产生严重影响，甚至出现阀门的胀裂，给系统的安全造成严重隐患。轨道式旋塞阀通常有三种泄压系统。

a. 手控泄压系统（用于手动操作阀门）。通常为安装在阀体上的针形阀，如图 7-22（a）所示。当阀门关闭后，开启中腔压力泄放阀，将阀体中腔介质泄到管道上游或大气中（当向大气中泄放时，可以检验阀门的密封效果）。

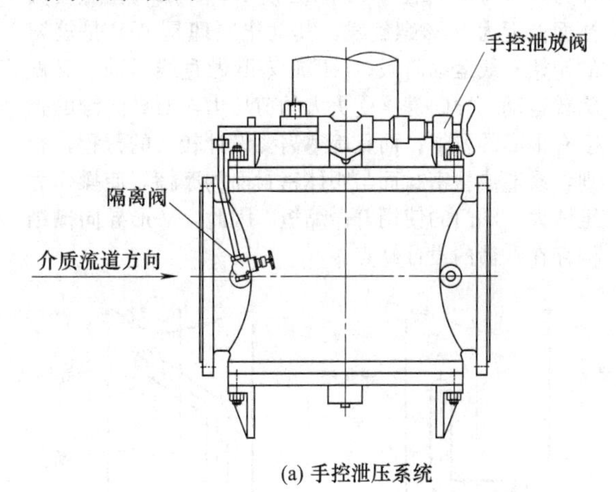

(a) 手控泄压系统

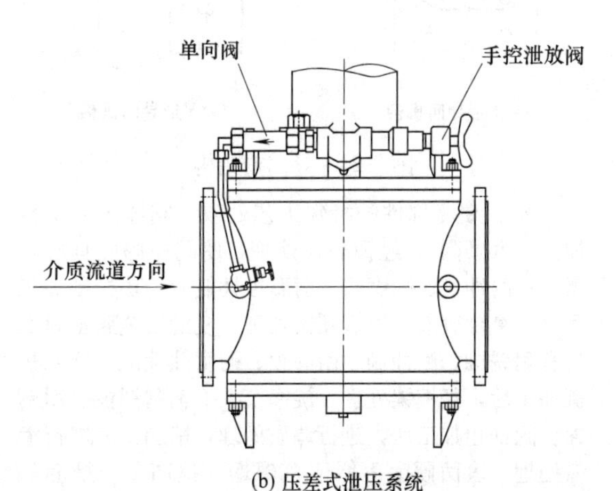

(b) 压差式泄压系统

图 7-22　轨道旋塞阀泄压系统

b. 压差式泄压系统（用于手动、电动操作阀门）。是一带有单向阀（止回阀）的管路系统，如图7-22（b）所示。手控泄放阀、三通、单向阀、隔离阀构成差热式泄压系统。隔离阀保持常开，当阀门关闭后，通过单向阀（止回阀）将阀体中腔的过压泄放到阀门上游与管道接通。同时开启手控泄放阀可以检验阀门的密封效果，阀门开启时必须将手控泄放阀关闭。

c. 自动泄压系统（用于电动操作阀门）。阀门关闭的同时，通过操作机构将泄压阀自动开启，使阀腔与管道上游或外界连通。

④ 阀门的操作机构及自锁性　轨道旋塞阀的操作机构（螺套）采用独特的L形槽结构，如图7-23（a）所示。将旋塞的轴向直线移动和90°旋转运动分开，使阀门操作灵活、轻便。图7-23（a）中A-B为直线移动部分，B-C为90°旋转部分，导向键在槽内滑动。为了减少手轮的转动圈数，一般阀杆与螺套的梯形螺纹采用双头或多头。采用的齿轮传动机构本身具有自锁性，梯形螺纹为重型梯形螺纹，可以承受更大的载荷。而目前市场上同类阀门中，导向槽也有设计为V形状，如图7-23（b）所示。该形状在螺套圆柱面上近为V形螺旋线，其动作原理是A-B是旋塞的初始直线运动阶段；B-C旋塞既做直线运动，又做旋转运动，导向键承受更大的剪切力，对导向键的强度有很高的要求；而且旋塞需要设计较大的行程，否则，易造成软密封面与阀体密封面的摩擦，使操作力矩增大，阀门的使用寿命缩短。因此，V形导向槽结构存在致命的设计缺点。

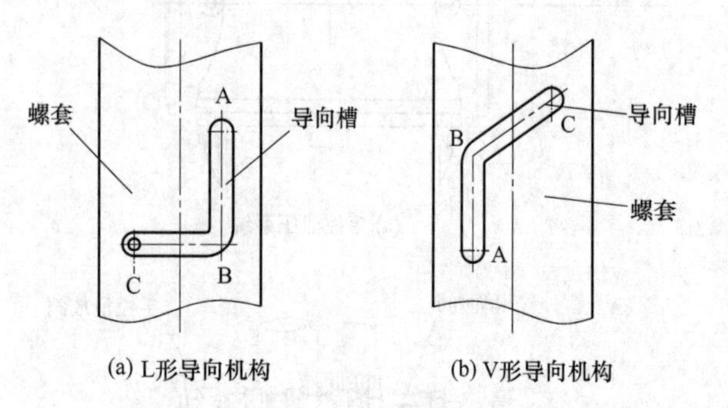

图7-23　导向槽结构

⑤ 关键零部件的特殊工艺处理　阀体内腔机械加工后（磨削），经镀硬铬处理，使阀体内腔具有耐锈蚀、耐冲刷、耐磨损、耐腐蚀性能。滑块机械加工后（压氟橡胶前）经镀硬铬处理，使滑块金属密封面具有耐锈蚀、耐冲刷、耐磨损、耐腐蚀性能。旋塞机械加工后，经镀镍处理，旋塞及上下轴耐锈蚀、耐腐蚀。阀杆粗加工后，进行调质处理，精加工后进行渗氮处理，表面硬度不低于900HV，提高了与螺套的抗咬和及抗磨损性能。螺套上的L形导向槽及导向键头部加工后进行淬火处理，不低于45HRC，提高了耐磨损性能，保证了导向键能在导向槽内自由滑动。

⑥ 填料的在线调整和维修　轨道旋塞阀在支架两侧面开有进行填料调整和维修的窗口，当填料产生泄漏时，可以在线增加或更换填料。

⑦ 整体旋塞结构　轨道旋塞阀的旋塞采用整体铸造结构。旋塞与上、下轴为一整体，单向受压时，确保上、下轴具有足够的刚度和强度及抗弯曲性。旋塞的上、下轴与底盖、阀盖配合处采用了轴承，加工精度和轴承的硬度保证了上、下轴定位准确，防止受介质压力的作用使上、下轴与轴承产生摩擦而磨损，减少了摩擦力。

⑧ 阀门开关低力矩　轨道旋塞阀在旋塞上、下轴处均安装有轴承，在保证旋塞定位准确的同时，降低了旋塞与下盖的摩擦力；尤其是大口径阀门，滑块在底盖上旋转和移动时产生非常大的摩擦力造成阀门开关力矩大，同时滑块与底盖长期摩擦会造成底盖磨损（有磨痕）可能或导致滑片无法旋转和移动。因此在底盖上安装了喷涂碳化钨（大于65HRC）的轴承圈，并在滑片底部安装了滚珠（大于60HRC），通过精密的加工和材料的高硬度有效地避免了上述情况的发生，完全保证了阀门的开关轻松灵活。

(3) 应用

轨道旋塞阀主要应用在民航机场油库、港口成品油库的计量系统、计量标定系统、多支管混输系统、罐根隔断、航空油料的储运及机场加油栓、频繁操作的加料及卸料系统等工况中。介质为航空煤油、轻质油、天然气、液化气、管道煤气等管道上，作为截断介质的理想装置。

7.3.4 双切断旋塞阀

(1) 结构特点

双切断旋塞阀（图7-24）是为了有严格密闭切断要求的特殊使用场合而设计的，该阀的设计非常紧凑，占用空间少，重量轻。其次，该阀设计的优点是比常规的两个切断阀和排放阀结构长度小。在大多数情况下，该阀的结构长度与普通的单个旋塞阀或球阀尺寸相同。

双切断旋塞阀是基于压力平衡式倒锥形旋塞阀的结构而设计的，因此与压力平衡式倒锥形旋塞阀的操作和维护方法相同。

因为移动的部件只有旋塞和阀杆，所以该阀操作简单，当旋塞顺时针旋转90°时，阀门就完成从开启到关闭的动作，反之亦然。

旋塞的锥度为1∶6，完全紧密地与阀体装配组合在一起，采用金属对金属的硬密封，也就是没有采用被流动的流体损坏的软密封。

双切断旋塞阀是根据“压力平衡式”原理设计制

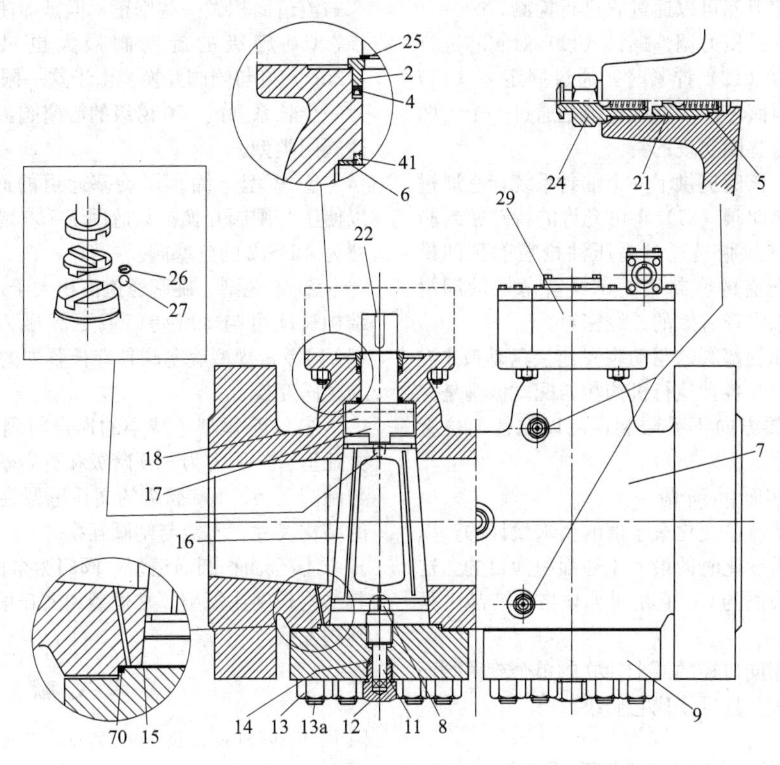

图7-24 双切断旋塞阀（部分）

2—阀杆轴承；4—密封圈；5—垫片；6—止推垫片；7—阀体；8—延伸片；9—底盖；11—压力调整螺钉；12—底部螺钉；13—螺母；13a—螺栓；14—固定环；15—调整垫片；16—旋塞体；17—平衡环；18—阀杆；21—单向阀；22—键；24—注脂阀；25—弹性卡圈；26—弹簧；27—钢珠；29—驱动装置；41—防火密封垫；70—石墨密封圈

造的，这也就意味着旋塞是带有压力平衡孔的，以确保旋塞总在轴向平衡，从而防止旋塞被卡。其次，为了减少阀门的力矩，旋塞的表面采用热喷涂技术喷涂PTFE保护层，旋塞和阀杆是两个独立的部件，是借助于通用连接片的平衡环将它们连成一体，阀杆不能随意取出，只有在停车重新装配时，方能从底部取出。

作为二级密封，该阀门提供了油封系统，当阀门动作时，允许加入特殊的密封脂进入阀门的油封回路。除了密封作用外，还可以起到润滑的作用，以防止内件腐蚀和磨损，同时也降低了阀门的操作力矩。

该阀的密封带有三种独立的密封方式，是它的独特优点，它由加强板R-PTFE组成，及由不锈钢备用环构成的100%纯石墨密封的。在超高温场合和满足各种苛刻的不同标准的防火设计要求的场合，使用石墨材料密封是很有效的。

阀杆顶部，是一次密封的地方，这是一个带有嵌入式的特殊合金弹簧的PTFE密封圈（4），该密封圈可以从外部进行更换，它是用来压紧阀杆轴承（2）和开口/锁紧环的。除上面提到的阀杆密封外，手动操作阀具有防水密封功能，来阻止水渗透和脏东西进入阀杆。

底盖（9）是用螺栓（13a）和螺母（13）固定在阀体上的。两个柔软的板或称膜片被放置在阀体和底盖之间的凹槽处，它们主要是起到金属密封作用，另外起到阻止介质在调整压力调整螺钉（11）、固定环（14）和底部螺钉（12）时泄漏。

该阀还有一个新的特点，那就是增加了一个防止内部空化的保护接口（在两个阀芯之间），称为专用压力释放口。这个特点是一个从逆着膜片的阀体密封表面通向每个阀芯外面的接口。当操作正常时，该接口是被底盖的压力封闭的，而底盖是用螺栓和螺母固定的，逆着膜片方向的。当两个阀芯均在关闭位置，一旦有过压出现，若阀门容易受热应力的影响，逆着阀门底盖的压力使得螺栓产生变形（拉伸），从而打开此释放阀，压力就会释放到管道中，在很短时间内管道压力释放到大气，并且在很短时间内，底部螺钉的变形度超过由ASME/API规范中定义的允许极限值。当压力下降时，螺栓回复至底盖处，然后关闭此接口。

除了金属密封，在阀体和底盖之间还置有一个纯石墨密封圈（70）。

根据不同用户的需求，排放接口会相应配置，该接口允许通向已检验的阀门自身的密封入口，经过第一个阀芯处的任何泄漏可以通过它进行检测。

在阀体内部通过压力调整螺钉（11）对阀芯进行调整，当底部螺钉（12）拧紧时，通过固定环（14）将阀芯固定住。对阀芯的所有调整都是通过一个由两个膜片组成的调整垫圈实现的。

上面提到的，该阀提供了一个油封系统，它通过注脂阀（24）和单向阀（21）将可允许的特殊密封脂渗透到阀内部。密封脂是通过高压油枪喷射到凹槽里。该系统确保所有的密封表面都具有薄层的润滑剂，通过这样做来实现有效的二级密封。

另外，双切断旋塞阀的驱动装置连接盘是按ISO标准设计的，可以与各种执行机构相匹配。该阀是完全双向流的，安装方向不受限制，可以在任何位置安装。

（2）双切断旋塞阀的流量

该阀是按保持流量变化最小值的要求设计的，以达到在最小的流量变化时的最大流通面积为目的。这样设计的结果是该阀的C_V值在同类规格的产品中是最大的。

阀门相对于相同口径的两个独立的单个旋塞阀而言，流量比它们大，且压损比它们小。

7.4 软密封旋塞阀的特殊要求

① 防静电装置　旋塞阀中，阀座和填料是由像PTFE这种聚合材料做成的，旋塞与阀杆同阀体之间电路是不连续的。在这种情况下，流动介质的摩擦会在阀塞和阀杆中产生高得足以引起火花的静电。在双相流体流动时这种可能性更大。如果流经阀门的介质是可燃的，则阀门必须装有防静电装置，即可使旋塞与阀杆同阀体电路保证连续性。

② 耐火安全结构　旋塞阀如果使用易燃介质，所有由聚合物组成的阀密封件即使在完全剥离后也仍要求在失火时对介质基本密封。旋塞阀的耐火质量要求与球阀相同，可参阅“球阀”章节关于耐火安全机构部分。

7.5 国外旋塞阀的结构长度与阀体类型

美国与英国铸铁和碳钢旋塞阀的标准制定者试图使旋塞阀的结构长度与闸阀结构长度相一致。为了使旋塞阀做成这样的尺寸，在低压力级时，就必须对旋塞的流道面积做一些修正。但是即使是做了这样的让步，150磅级的旋塞阀最大也只能做到DN300（12in），可与闸阀互换。由于这一限制就导致产生了另一个长系列的150磅级的旋塞阀。结果就出现了下述阀门类型。

① 短型　缩小了旋塞通道的面积和结构长度，以便于与闸阀互换。只适用于150磅级，最大公称尺寸为NPS12的旋塞阀。

② 常规型　旋塞通道面积大于短型或文丘里型。结构长度可与300磅级或更高压力级的闸阀互换。150磅级常规型旋塞阀具有长系列的结构尺寸，不能与闸阀互换。

③ 文丘里型　减小的通道与阀体喉部面积接近文丘里管。压力为300磅级和更高磅级的结构长度可与闸阀互换。150磅级的文丘里型旋塞阀具有长系列的结构尺寸，不能与闸阀互换。

④ 全面积圆通道型　阀门为全面积的圆形通道。其结构长度比短型、常规型和文丘里型都长，不能与闸阀互换。

参考文献

［1］ Peter Smith，R. W. Zappe. Valve Selection Handbook. Fifth Edition. Gulf Professional Publishing is an imprint of Elsevier Inc.，2004.
［2］ Philip L. Skousen著. 阀门手册. 第2版. 孙家孔译. 北京：中国石化出版社，2005.
［3］ ［英］内斯比特著. 阀门和驱动装置技术手册. 张清双等译. 北京：化学工业出版社，2010.
［4］ 范继义主编. 油库阀门. 北京：中国石化出版社，2006.
［5］ 韩安伟. 弹性座封偏心旋塞阀的应用与研究. 通用机械，2009（7）.
［6］ 蔡新炜. 偏心旋塞阀在轧钢除鳞系统中的应用. 冶金动力，2009（3）.
［7］ 余小明. 流体工程实用技术研究. 邓继林. 双关双断及泄放功能阀门的研发及应用. 上海：同济大学出版社，2010.
［8］ GB/T 21465—2008. 阀门　术语.
［9］ GB/T 12240—2008. 铁制旋塞阀.
［10］ GB/T 22130—2008. 钢制旋塞阀.
［11］ JB/T 11152—2011. 金属密封提升式旋塞阀.

第8章 柱 塞 阀

8.1 概述

柱塞阀亦称为活塞阀，其启闭件由阀杆带动，是沿阀座（密封圈）轴线做直线升降运动的阀门。性能与截止阀相同，除用于截流外，也可起一定的节流作用。

柱塞阀工作基于径向密封原理，具有结构简单、启闭灵活、密封性好、拆装维修方便、使用寿命长等特点。在柱塞阀中，阀门开启时，只有当柱塞全部离开密封圈后，介质才能开始流动。因此阀座密封面就不会受到流体侵蚀破坏。当阀门关闭时，柱塞能够刮去附着在阀座上的固相颗粒，因此柱塞阀可以用于含悬浮颗粒的介质。当密封损坏时，可以在现场更换柱塞和阀座，这样不需要进行机加工就能得到一只完好的新柱塞阀。与截止阀一样，柱塞阀也能够很好地控制流量。如果需要对流量进行灵敏的调节，那么柱塞上可安装一个针形加长段。在能够接受弯曲流道所产生的流体阻力的情况下，柱塞阀也可用于切断和接通流体。

8.2 柱塞阀的结构、工作原理、特点

8.2.1 结构

柱塞阀的结构简单，由阀体、阀盖、柱塞、阀杆、导向套、上下密封环、阀杆螺母和手轮等部件组成。

8.2.2 工作原理

当旋转手轮时，阀杆便带动柱塞在上、下两个密封圈中往复运动，完成阀的开启和关闭。柱塞与密封圈、密封圈与阀体之间均采用适量的过盈配合，通过调节阀盖上固定螺栓的压紧力，使密封圈被压缩，其内圈紧紧“抱住”柱塞外配合表面，外圈紧贴阀体内配合表面，这样在密封圈上所产生的径向分力大于流体压力，从而保证了密封性。

由于非金属密封圈采用回弹性强、耐磨性高的无毒新型密封材料，所以密封可靠，经久耐用。金属密封柱塞阀在阀座锥面上堆焊了合金钢或硬质合金，故全面提高了阀门的使用性能范围。

8.2.3 特点

与截止阀相比，柱塞阀具有以下优点。

① 柱塞阀密封副为金属与非金属相组合，密封比压较小，容易达到密封要求。

② 密封比压依靠密封件之间的过盈产生，并且可以用压盖螺栓调节密封比压的大小。

③ 密封面处不易积留介质中的杂物，能确保密封性能。

④ 密封件采用耐磨材料制成，使用寿命比截止阀长。

⑤ 检修方便，除必要时更换密封圈外，不像截止阀那样需对阀瓣、阀座进行研磨。

8.3 柱塞阀的分类

柱塞阀根据密封材料可分为金属密封和非金属密封柱塞阀。按照结构可分为阀瓣平衡式和阀瓣非平衡式两大类，而阀瓣非平衡式又分为直通式柱塞阀、三通柱塞阀、角式柱塞阀、直流式柱塞阀、Z形流道式柱塞阀，阀瓣平衡式分为直流式阀瓣平衡柱塞阀和角式阀瓣平衡柱塞阀。

由于金属密封柱塞阀在市场上用量并不是很大，加之国内制造金属密封柱塞阀厂家很少，因此本章对金属密封柱塞阀只做概括性介绍。

(1) 金属密封柱塞阀

金属密封柱塞阀（图 8-1）的密封副由精密磨削及抛光处理后的柱塞和在堆焊后的硬阀座面组成。柱塞经粗加工后分别进行渗碳、高频淬火及渗氮等热处理，硬度可高达 58～64HRC。

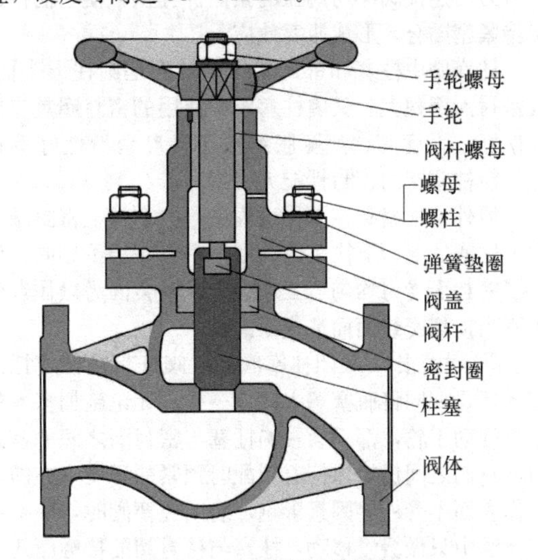

图 8-1 金属密封柱塞阀

(2) 非金属密封柱塞阀

非金属密封柱塞阀（图 8-2）的密封副由上下两个软密封圈和柱塞组成，当柱塞塞入密封圈内孔时，

通过由阀盖螺母施加在阀盖上的载荷把柱塞周围的密封圈压紧，从而保证了密封，当阀门开启抽出柱塞时，密封圈的材料在弹性的作用下恢复原始状态。柱塞经精密磨削及抛光处理后与阀杆相连接。密封圈采用新型无毒非金属材料，具有耐压、耐磨及自润滑的功能，密封性能好，使用寿命长。

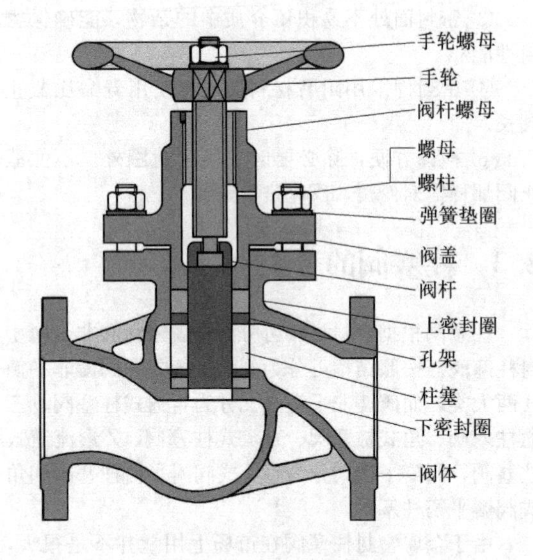

图 8-2 非金属密封柱塞阀

非金属密封柱塞阀性能特点如下。

① 密封性好 柱塞阀的密封副由一个不锈钢柱塞、上下两只富有弹性的密封圈及能保持上下密封圈固定距离的金属支撑环组成。柱塞像瓶塞一样，插在两只密封圈中。阀体与密封圈、柱塞与密封圈之间的密封力由连接阀体与阀盖的紧固件提供，使它们彼此保持紧密贴合，形成瓶塞效应。

柱塞阀中柱塞和密封圈的接触面是圆柱形表面，其密封面面积大。又因柱塞阀中使用的密封圈具有回弹性好、强度高、热膨胀系数小、自润滑性好等优点，使柱塞阀的密封性能大大提高。

另外，柱塞阀在工作过程中，柱塞在上密封圈之中，柱塞的上、下往复运动由上密封圈给予导向，保证了密封面受力均匀，工作稳定，不会因为操作者使用不当损伤密封面而造成泄漏。

② 耐磨损 关闭柱塞阀时，阀杆带动柱塞插入密封环，如同将瓶塞塞入瓶口一样。无论施加多大的力量旋动手轮，都不会影响柱塞与密封圈之间的密封力，它们之间仍然保持着装配时预紧的程度，亦即其工作表面不受外界因素影响，启闭柱塞阀时，柱塞在密封圈中只做缓慢移动，柱塞与密封圈的接触面几乎不磨损。

流体中的细微杂质不会伤害柱塞阀。当关闭阀门时，柱塞进入密封环中，会将附于密封环内表面的流体中的悬浮微粒刮去。

③ 拆装、维修方便 柱塞阀的阀体与阀盖之间留有一定的调整间隙，一旦当密封圈磨损，与柱塞配合表面产生间隙而引起泄漏时，只需将阀门处于关闭状态，然后稍微拧紧阀盖上的螺母，使密封圈再次压缩变形，重新紧紧“抱住”柱塞外配合表面，即可继续使用。直至调整间隙为零时，再换密封圈，这可大大减少维修时间和工作量。

柱塞阀由于密封圈与阀体、柱塞的材质不同，热膨胀系数不一，故在冷热交替的部位会造成瞬时泄漏，但是总的看来，柱塞阀启闭灵活，密封效果好，同时维修拆装方便，在实际生产中还是很适用的。

④ 启闭轻便，操作灵活 柱塞阀所选用的密封圈材料具有热膨胀系数小、自润滑性好、强度高、摩擦因数小、耐酸碱、不易老化等优点，加上密封部件接触表面粗糙度等级较高，所以柱塞阀的关闭力只要略大于介质压力即可，因而柱塞阀启闭轻便，操作灵活。

8.3.1 直通式柱塞阀

直通式柱塞阀（图 8-3）分非金属密封、金属密封两类。直通式柱塞阀的特点类似于直通式截止阀。

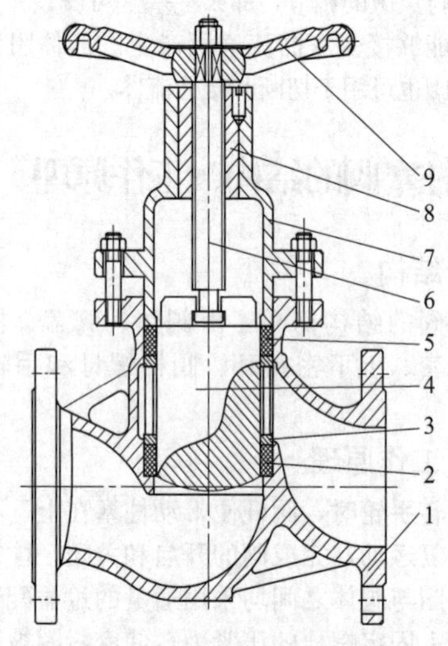

图 8-3 直通式柱塞阀

1—阀体；2—下密封环；3—导向套；4—柱塞；5—上密封环；6—阀杆；7—阀盖；8—阀杆螺母；9—手轮

8.3.2 角式柱塞阀

角式柱塞阀（图 8-4）与直通式柱塞阀的工作原理完全相同，只不过是安装在管线中的位置不同，因而石油、化工、化肥、制药等长输管线中有不少的拐角转弯处，而角式柱塞阀恰好装在这个部位，这样不但减少了接管弯头，而且安装方便，省工省时。

8.3.3 直流式柱塞阀

直流式柱塞阀（图 8-5）的优点是介质在内部平

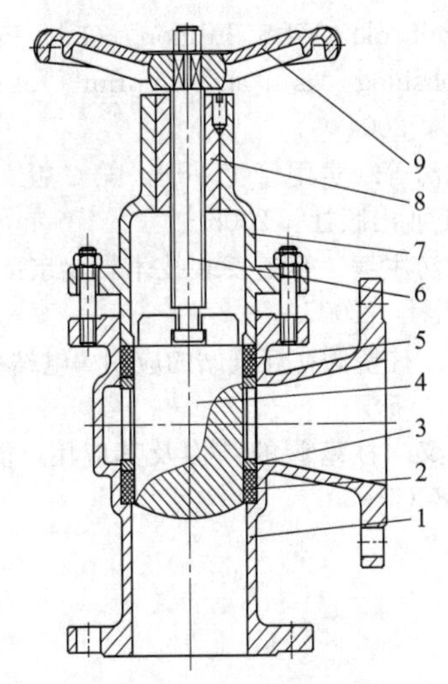

图 8-4 角式柱塞阀

1—阀体；2—下密封环；3—导向套；4—柱塞；
5—上密封环；6—阀杆；7—阀盖；
8—阀杆螺母；9—手轮

稳转弯拐角少。直通式通道为流线型，流阻系数小。

8.3.4 压力平衡式直通柱塞阀

压力平衡式直通柱塞阀（图 8-6）的柱塞为空心，上下腔有通孔，这样就可以使柱塞上、下腔压力平衡，以便减小阀门特别是大型阀门在高压介质时的操作力矩。和其他的柱塞阀相比，阀杆要有上密封和填料密封。

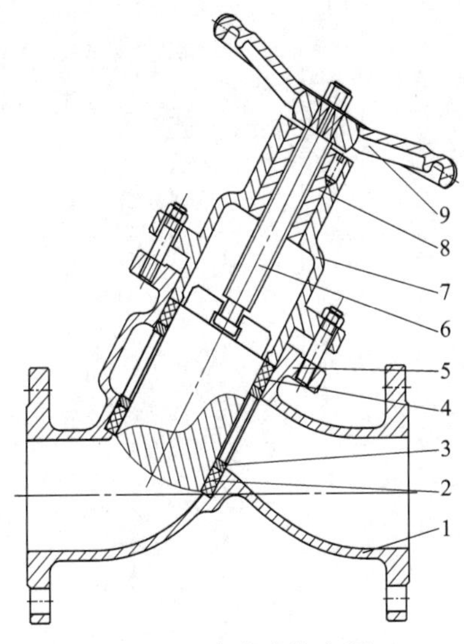

图 8-5 直流式柱塞阀

1—阀体；2—下密封环；3—导向套；
4—柱塞；5—上密封环；6—阀杆；
7—阀盖；8—阀杆螺母；9—手轮

8.3.5 暗杆柱塞阀

普通柱塞阀使用在石油、化工、化肥等管线系统

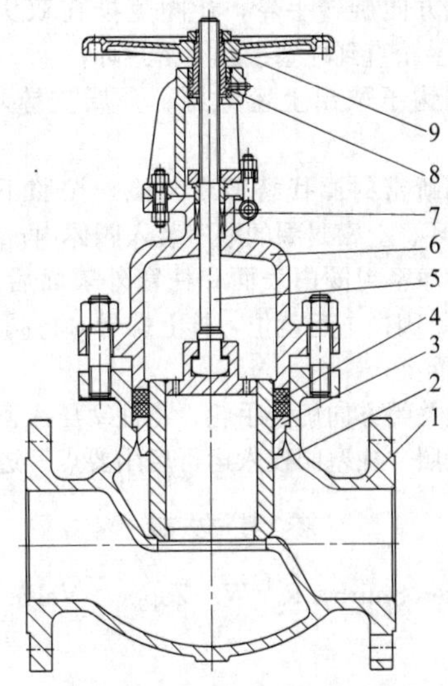

图 8-6 压力平衡式柱塞阀

1—阀体；2—柱塞；3—导向套；
4—密封环；5—阀杆；6—阀盖；
7—填料；8—阀杆螺母；9—手轮

中时，绝大部分时间是在室外使用，而往往又是常处于开启位置，这样相当长的一段带梯形螺纹的阀杆裸露在外边，容易被风沙侵蚀，进而损坏，而暗杆柱塞阀阀杆的梯形螺纹处于阀腔内，有效地保护了阀杆的传动梯形螺纹，并且还不增加阀门的高度，安装于操作空间有限的地方极为有利。

8.4 柱塞阀的运行与维护

8.4.1 柱塞阀投入运行启用要点

新柱塞阀开始投入运行时，应将阀盖上的螺母逐个再紧固一次，这一操作应在阀门达到操作温度后1h内进行，紧固时阀门应处在关闭位置。

8.4.2 渗漏的处理

假如柱塞阀久用之后出现渗漏，此时应将阀门关闭（关到底）然后按照对角方式沿着顺时针方向轮换着稍微紧固阀盖上的紧固螺母，直到渗漏现象消除为止。注意：千万不可将螺母一次性拧到底。

8.4.3 更换密封圈的方法

当阀盖上的螺母已经拧到底仍不可能消除渗漏现象时，就需要更新密封圈了，具体操作步骤如下：

① 切断上游流体，使待修阀门不再有流体通过，开启阀门至全开位置；

② 拆下螺母，朝关闭方向旋转手轮，将阀盖带出；

③ 待阀盖螺栓孔脱离双头螺柱时，将阀盖绕阀杆转一小角度，使阀盖法兰底面对着双头螺柱头；

④ 反方向旋转手轮，让阀盖抵在双头螺柱上，继续反转手轮直到柱塞拔脱上密封环；

⑤ 用钩子取出上密封圈、金属支撑环和下密封圈；

⑥ 用新密封圈代替旧密封圈，按照下密封圈、金属支撑环、上密封圈的顺序装入阀体内；

⑦ 擦净密封圈内表面和柱塞外表面后，将柱塞连同阀盖、阀杆一起就位，拧上螺母，将阀盖端面压在上密封圈上；

⑧ 朝关闭方向旋进手轮，将柱塞压入密封圈中；

⑨ 按照“柱塞阀投入运行启用要点”进行操作。

参考文献

［1］ Peter Smith，R. W. Zappe. Valve Selection Handbook. Fifth Edition. Gulf Professional Publishing is an imprint of Elsevier Inc.，2004.

［2］ 胡忆沩等. 实用管工手册. 第2版. 北京：化学工业出版社，2008.

［3］ 胡忆沩主编. 管道安装技术. 北京：化学工业出版社，2007.

［4］ 刘明. 柱塞阀在煤气站的应用. 电站系统工程，2001（5）.

［5］ 袁志义. 柱塞阀的结构及其应用. 能源工程，1988（5～6）.

第9章 隔膜阀

9.1 概述

隔膜阀（diaphragm valve）是一种挠性阀门，它的启闭件是一块用软质材料制成的隔膜，把阀体内腔与阀盖内腔及驱动部件隔开，故称隔膜阀。

隔膜阀为双向流动阀门，其流道光滑、呈流线型，且产生小的压降，使隔膜阀成为理想的切断阀门，并避免产生紊流，隔膜阀也可用于节流工况，适用于中等节流场合，并且即使在输送含有悬浮颗粒的液体时，也具有良好的密封性能。然而，当隔膜阀在某一位置长时间节流时，含有颗粒的流体会把隔膜或阀体底部冲蚀出槽口而导致腐蚀。

隔膜的操纵机构与介质通路隔离，它保证了管道内的介质不被污染。

由于隔膜阀的工作介质接触的仅仅是隔膜和阀体，二者均可以采用多种不同的材料，因此隔膜阀能理想地控制多种工作介质，尤其适合带有化学腐蚀性或悬浮颗粒的介质。

隔膜阀是靠隔膜把下部阀体内腔与上部阀盖内腔隔开，使位于隔膜上方的阀杆、阀瓣等零件不受介质腐蚀，省去了填料密封结构，且不会产生介质外漏。采用橡胶或塑料等软质密封制作的隔膜，密封性较好。但由于隔膜为易损件，应视介质特性而定期更换。受隔膜材料限制，隔膜阀常用于低压和温度相对不高的场合。

隔膜阀与一般阀门不同的是主要使用柔软的橡胶隔膜作为控制流体通断或调节流量的元件。它结构简单、密封性好，流道平滑、流阻系数相对较小，普遍应用于黏性介质、微颗粒流体及腐蚀性介质的管路上，特别是在火电系统的水处理装置上得到了广泛的应用。

由于橡胶隔膜的作用，无论阀门处于开启或关闭的位置，流道内的腐蚀性介质始终与阀门的驱动部分隔离，而阀体内腔可衬多种橡胶或氟塑料、搪瓷等，故隔膜阀能采用普通材料替代贵重金属而具有耐蚀性、耐磨性。

9.2 隔膜阀的原理、特点

9.2.1 隔膜阀的基本原理

隔膜阀的阀体和阀盖之间有一隔膜。隔膜由橡胶或聚四氟乙烯制成，当隔膜做上、下运动时，就调节了通过阀门的流量，达到调节的目的；当隔膜将阀体的堰面盖住，这时就切断了通过阀门的流量，阀门关闭。

9.2.2 隔膜阀的优点

① 结构简单、零件少　隔膜阀只由阀体、隔膜和阀盖组合件三个主要部件构成。

② 拆卸和维修方便　一般情况下，隔膜阀的损坏部件是隔膜，更换隔膜时，不用从管路上卸下阀门，只需拆下阀盖即可，更换隔膜可以在现场短时间内完成。

③ 密封性能好　由于采用橡胶或塑料等软质材料制成隔膜，因而具有较好的密封性，但隔膜的机械寿命较短。阀门内介质不会由阀体、阀盖连接处泄漏。阀门的上、下游之间可以完全切断，不发生内漏。

④ 阀内没有死角　阀体流道为流线型，流道光滑，没有死角，阀门中流过的介质不能在阀内沉积而发霉变质，且便于冲洗，流过的介质如含纤维或颗粒时不会卡死。

⑤ 无填料结构　隔膜阀无须用填料，对阀杆、阀盖无腐蚀性（由于隔膜把下部阀体与上部阀盖内腔隔开）。

⑥ 用途广　可以用作切断和节流。

⑦ 耐腐蚀　由于衬里的多样性，使其具有良好的抗化学品能力。

⑧ 适用于多种工况　隔膜阀尤其适用于危险化学药品和放射性流体。因阀门不会产生污染，所以广泛用于不允许污染的产品加工、制药、食品、核工业和其他行业。

9.3 隔膜阀的分类

隔膜阀的种类很多，而且有多种分类方法，此处主要按结构形式对隔膜阀进行分类介绍。

9.3.1 堰式（屋脊式）隔膜阀

阀体流道中以屋脊形结构与隔膜构成密封副的隔膜阀称为堰式（屋脊式）隔膜阀。

堰式隔膜阀（图9-1）的导流堰作为阀体的一部分，相当于阀座，隔膜压在上面以截断介质流动。这种类型的隔膜阀一般尺寸较大。凸起的导流堰减小了隔膜阀从完全开启至完全关闭的行程，从而减小了隔膜的应力和应变。关闭时，带有隔膜的阀瓣下移，使其与阀体的堰（脊背）密封，达到切断流体的要求。

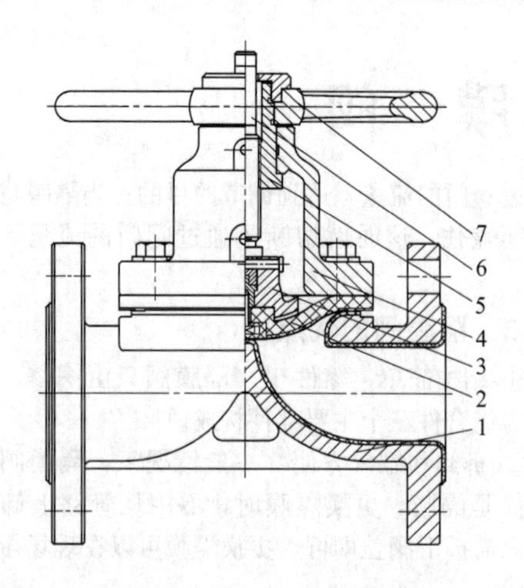

图 9-1 屋脊式隔膜阀

1—阀体；2—隔膜；3—阀瓣；4—阀盖；5—阀杆螺母；6—阀杆；7—手轮

行程短，流阻系数较大（相对直通式），对隔膜挠性要求较低，无淤积介质的死角，是隔膜阀中应用最广泛的一种，分无衬里及衬塑、衬胶、衬搪瓷等，具有一定的节流特性，耐蚀性和抗颗粒介质好，密封可靠。

堰式（屋脊式）隔膜阀在关闭与全启位置间的行程设计较短。这样隔膜的挠性应力较小，因而隔膜的寿命较长。因行程短故可允许使用 PTFE 这种材料制成的隔膜，对于较长的行程来说，PTFE 的挠性是不够的。不过在使用 PTFE 时，隔膜的背后必须衬以橡胶，以保证在紧密关闭时所必需的弹性。

标准的堰式隔膜阀也可使用在真空中。不过使用在高真空时，隔膜必须特殊增强。

由于隔膜面积大于流体通道的截面积，流体会对拱起的隔膜产生一个相对大的压力，这就使隔膜阀的关闭力矩很大，因而就限制了隔膜阀尺寸系列的发展。例如图 9-1 中所示，典型的堰式隔膜阀的尺寸最大为 *DN*350（14in）。如图 9-2 中所示的较大尺寸的堰式隔膜阀装有双隔膜，最大尺寸为 *DN*500（20in）。

常规类型的堰式隔膜阀同样可以用在自动排放的水平管路中。可以将阀杆从水平位置抬升 15°～20°，使水平管路有一些落差，这样可以实现管路的自动排放。

图 9-3 中所示的阀门为英国桑德斯的屋脊式隔膜阀，阀杆被护罩保护在内部，这种结构能够保护阀杆外螺纹免受灰尘及外部腐蚀的作用。当阀杆螺纹在黄色的开度指示器内移动时，手轮带动覆盖阀杆螺纹的护罩运动。反过来，黄色的开度指示器通过润滑油腔来润滑阀杆螺纹以延长其使用寿命。

如果隔膜破裂的话，需要在阀杆上装上 O 形密封圈紧贴着阀盖，这样能够防止流体溢出。

9.3.2 直流式隔膜阀

直流式隔膜阀（图 9-4）具有截止阀和屋脊式隔膜阀的特点，阀座密封采用包覆非金属材料的金属阀瓣，具有较高的承载能力和密封性。另有隔膜作为中法兰密封和阀杆填料密封，又作为隔离阀体和阀盖的屏障，密封可靠，阀体流道呈线形，流通能力好，流阻系数小，阀体内腔可衬塑、衬胶。

9.3.3 直通式隔膜阀

直通式隔膜阀（图 9-5）其流体的通道近似直线，流阻小，行程较长（相对于堰式）。对隔膜挠性要求较高，切断性能和流通性能均佳，耐腐蚀，能包容颗粒状介质，内腔分无衬里及有衬塑、衬胶、衬搪瓷等。

当直通式阀门开启时，它的隔膜升高，使任意方向都畅流；当阀门关闭时，隔膜密封紧密，可以保证

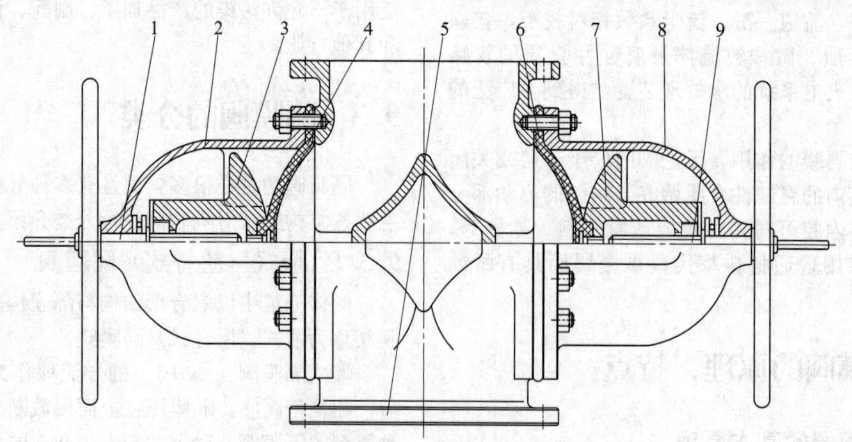

图 9-2 适用于大口径的双阀盖堰式隔膜阀

1,9—阀杆；2,8—阀盖；3,7—阀瓣；4,6—隔膜；5—阀体

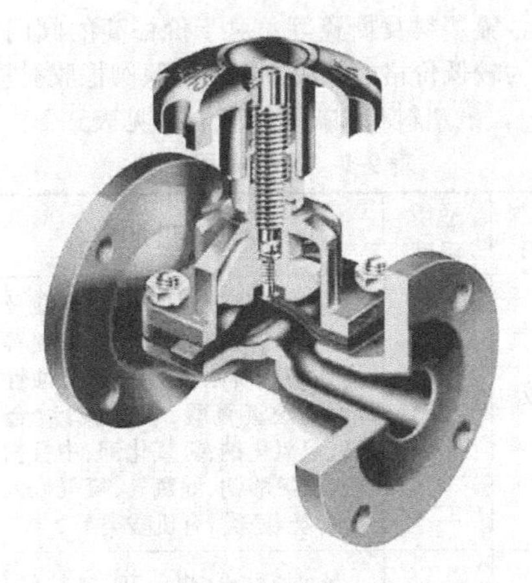

图 9-3　带有润滑功能及升降指示器的屋脊式隔膜阀

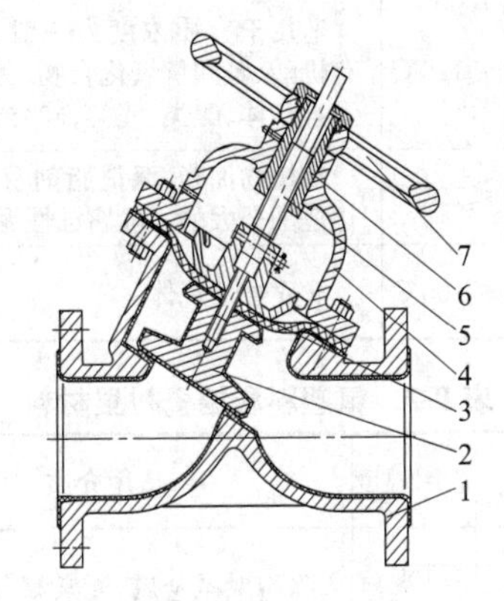

图 9-4　直流式隔膜阀

1—阀体；2—阀瓣；3—隔膜；4—阀盖；5—阀杆；6—阀杆螺母；7—手轮

管线中有沙砾或纤维时也能绝对闭合。

与堰式隔膜阀相比，直通式隔膜阀需要隔膜具有更多的弹性。因此，这种结构使隔膜选择弹性材料的范围受到了限制。

由于直通式隔膜阀隔膜是高弹性材料且面积比较大，因此高真空工况下隔膜容易膨胀并且进入流道。隔膜的膨胀程度与制造有关，膨胀会引起阀门流道面积减小或隔膜塌陷。为避免后者情况出现，阀盖必须向上移动来平衡隔膜上的压力。当在高真空中使用该种阀门时，需向生产制造商咨询。

直通式隔膜阀同样有全通径与缩径流道之分。对于缩径流道的阀门，需要安装小一个规格的阀盖组件。例如，公称尺寸为 *DN*50（NPS2）的缩径流道阀门应该安装公称尺寸为 *DN*40（NPS1½）的阀盖。其阀盖结构与堰式隔膜阀相似。典型的直通式隔膜阀的尺寸系列已经达到公称尺寸 *DN*350（NPS14）。

全流道式阀门多用于饮料工业。它可以使用蒸汽或烧碱用球刷清洗（图 9-6），而无须打开或从管线上拆除阀门。

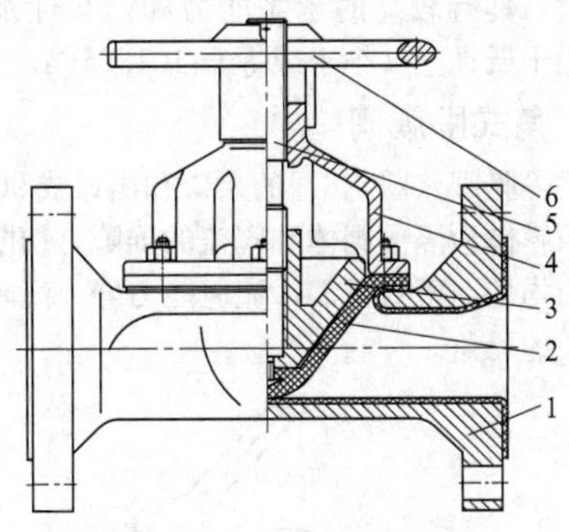

图 9-5　直通式隔膜阀

1—阀体；2—隔膜；3—阀瓣；4—阀盖；5—阀杆；6—手轮

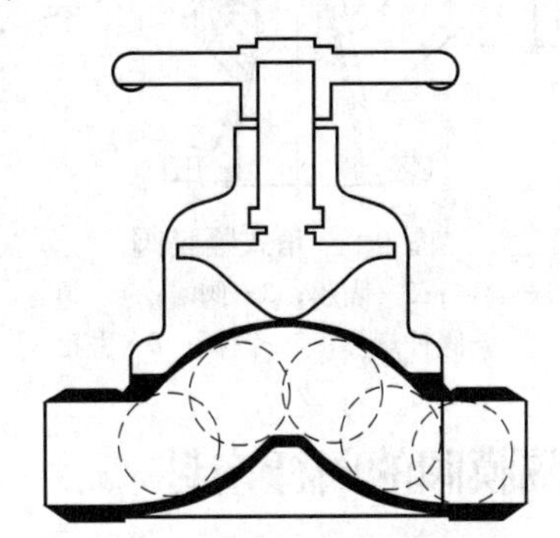

图 9-6　全流道式隔膜阀（球刷清洁器通过情形）

9.3.4　截止式隔膜阀

截止式隔膜阀（图 9-7）的阀体通道及密封面结构形式与截止阀相似，阀瓣采用金属包覆非金属材料的隔膜作为隔离阀体和阀盖的屏障。旋转手轮使阀杆升降，通过阀瓣将隔膜压在阀体密封面上达到密闭贴合，而使阀门启闭。

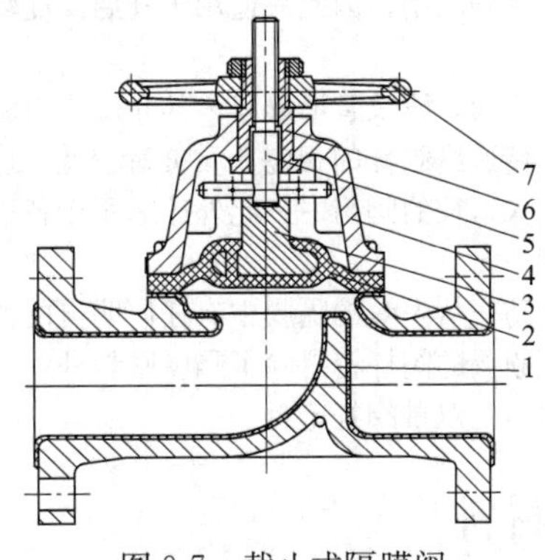

图 9-7　截止式隔膜阀

1—阀体；2—隔膜；3—阀瓣；4—阀盖；5—阀杆；6—阀杆螺母；7—手轮

截止式隔膜阀的密封性好，但流动阻力较屋脊式隔膜阀大，具有较高的承载能力和密封性及节流特性，可用于低真空（小于或等于 101325Pa）。

9.3.5 角式隔膜阀

角式隔膜阀（图 9-8）的入口和出口成 90°角，阀瓣下有隔膜作为隔离阀体和阀盖的屏障，切断性能和流通能力均佳，密封可靠，流通能力好，流阻小，无淤积介质的死角。

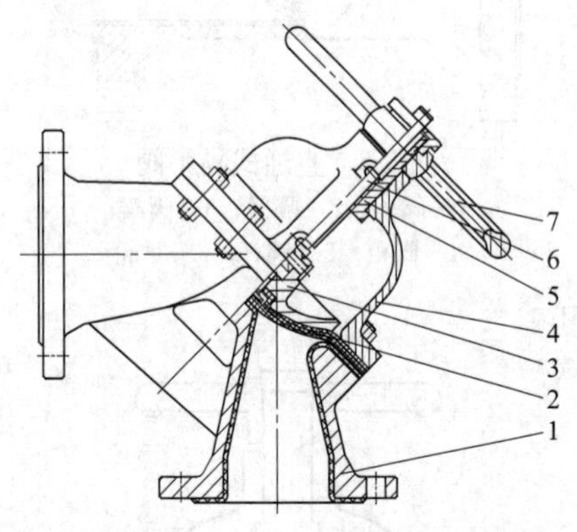

图 9-8 角式隔膜阀

1—阀体；2—隔膜；3—阀瓣；4—阀盖；5—阀杆螺母；6—阀杆；7—手轮

9.4 隔膜阀的阀杆密封

隔膜阀的阀杆由柔软且承压的隔膜来密封，该隔膜使阀杆与关闭件相连。这种密封只要隔膜不失效，就能避免任何介质通过阀杆向大气泄漏。隔膜的形状可以是圆帽盖形，也可以是波纹管形。隔膜的材质结构，依用途不同，可用橡胶弹性体和塑料制成。

圆帽盖形隔膜对介质压力的非补偿面积大，所以阀杆要克服相应高的介质负荷。因此圆帽盖形隔膜只限制使用在小口径阀门中。同时由于圆帽盖形隔膜有的挠度会受到限制，因此只适用于开启高度较小的阀门中。

另一方面，波纹管形隔膜，其介质压力的非补偿面积小，传递给阀杆的相应介质负荷较低。这就可使它用于较大口径的阀门中。此外还适用于各种阀门的开启高度。

为了防止从失效的隔膜中有任何明显的泄漏排向大气，隔膜阀的阀杆密封除了隔膜密封外，还装有类似压缩填料的双重阀杆密封。

9.5 材料

9.5.1 阀体

隔膜阀阀体可以使用不同的材料，如塑料等。简单的阀体类型与各种不同的防腐材料相衬，比如橡胶弹性体、氟塑料及搪瓷等。对于价格高的阀门而言，隔膜阀为较低价格的解决方案。隔膜阀橡胶衬里材料见表 9-1，氟塑料和和搪瓷衬里材料见表 9-2。

表 9-1 橡胶衬里材料

衬里材料（代号）	适用温度	适用介质
硬橡胶（NR）	≤85℃	除强氧化剂（如硝酸、铬酸及过氧化氢、苯二硫化碳、四氯化碳等）外，适用于介质浓度为一般腐蚀性的盐酸、硫酸氢氟酸、磷酸碱、镀金属溶液、氢氧化钠、氢氧化钾、中性盐水溶液、次氯酸钠、湿氯气、氨气以及大部分醇类、醛类、有机酸类等
软橡胶（BR）	≤85℃	水泥、黏土、煤渣灰、颗粒状化肥、各种浓度稠黏液以及磨损性较强的微颗粒固态液体等
丁基胶（ILR）	≤120℃	适用于介质浓度为一般腐蚀性的有机酸、碱和氢氧化合物、无机盐酸、元素气体、醇类、醛类、硅类、酮类等
氯丁胶（CR）	≤105℃	动植物油脂、润滑脂剂及 pH 值变化范围很大的一般腐蚀性泥浆等
铸铁（无衬里）	≤100℃	非腐蚀性流体

表 9-2 氟塑料和搪瓷衬里材料

衬里材料（代号）	适用温度	适用介质
聚全氟乙烯(FEP)	≤150℃	除熔融碱金属、元素氟及芳香烃类外的盐酸、硫酸、王水、有机酸、强氧化剂、浓稀酸交替、酸碱交替及各种有机溶剂等[本阀对使用于高温（>100℃）浓硝酸（68%～70%）、氯磺酸、新生态氟气和某些溶剂（如芳香烃类）中，塑料衬里有溶胀现象，故应避免在上述介质中应用]
聚偏氟乙烯(PVDF)	≤100℃	
聚四氟乙烯和乙烯共聚物(PTFE)	≤120℃	
可溶性聚四氟乙烯(PFA)	≤180℃	
耐酸搪瓷	≤100℃	除氢氟酸、浓磷酸、强碱外的一般腐蚀性流体（不允许有温差急变）

9.5.2 阀盖

由于隔膜在介质中屏蔽阀盖，通常情况下阀盖是由铸铁加工而成，其内外表面喷涂环氧涂层树脂，如果需要，其他各种不同的材料也适用于阀盖。

9.5.3 隔膜

隔膜可以在各种不同的弹性体和塑料中使用。生产商建议要根据给定的条件来选择隔膜的材料。

隔膜阀的隔膜材料主要为橡胶弹性体以及 PTFE。这样可通过选择适当的化学兼容性材料而使隔膜阀适用于几乎任何的工艺介质，而不必为阀门工作部件的升级而耗资。

隔膜阀的隔膜材料的选择范围很广，以适用于多种化学品。对于腐蚀严重的场合，隔膜阀由不锈钢或PVC塑料制成，或衬以玻璃、橡胶、铅、钛或其他材料。用于隔膜阀隔膜的某些常用材料列于表9-3。英国桑德斯阀门公司用于隔膜阀的隔膜材料列于表9-4。

(1) 橡胶隔膜

① 聚合物材料与高强度的增强型编织层黏结在一起，保证了最佳的强度和耐久性；

② 由多层橡胶和尼龙加固层构成；

③ 连接螺栓通过黏结剂和机械锚固定；

④ 不论是在开启还是关闭的位置，膜片都受到支撑，从而延长膜片寿命。

(2) PTFE隔膜

① 双膜片结构——PTFE膜片和其背面的支撑橡胶膜片，改善膜片的弯曲性能；

② 卡销连接件可以快速安装膜片，同时避免膜片出现负载集中点，确保最长的使用寿命；

③ 先进的3层214K型膜片，延长湿氯气和溴介质工况下的使用寿命。

表9-3 隔膜阀常用隔膜材料

工况	材料	温度/℉(℃)	
		最大	最小
有磨蚀作用的	软天然橡胶	−30(−34)	180(82)
水	天然橡胶	−30(−34)	180(82)
食物及饮料	白天然橡胶	0(−18)	160(71)
弱化学品、空气、油	聚氯丁橡胶	−30(−34)	200(93)
弱化学品、高度真空	强化聚氯丁橡胶	−30(−34)	200(93)
其他化学品、气体	黑氯化丁基橡胶	−20(−29)	250(121)
食物及饮料	白氯化丁基橡胶	−10(−23)	225(107)
过氧化氢专用	透明聚乙烯	0(−18)	150(66)
油或汽油	合成橡胶(通用)	10(−12)	180(82)
氧化设施	氯六酰化聚乙烯合成橡胶	0(−18)	225(107)
啤酒设施	纯天然橡胶	−30(−34)	160(71)
温度专用设备	硅橡胶	50(10)	350(177)
放射性工况	丁苯橡胶	−10(−23)	225(107)
强化学品、溶剂	聚四氟乙烯	−30(−34)	325(163)
强化学品	聚三氟氯化乙烯聚合物	60(16)	250(121)
特定酸	聚乙烯	10(−12)	135(57)
冷啤酒	白天然橡胶	−30(−34)	160(71)
热麦芽汁	白氯化丁基橡胶	−10(−23)	225(107)
冷啤酒	纯天然橡胶	−30(−34)	160(71)
化学品、空气、油	聚氯丁橡胶	0(−18)	180(82)
油及汽油	合成橡胶(通用)	10(−23)	180(82)
脂肪酸	黑氯化丁基橡胶	0(−18)	225(107)
氧化设备	氯硫酰聚乙烯合成橡胶	0(−18)	200(93)
食物饮料	白氯化丁基橡胶	−10(−23)	200(93)

9.6 阀门压力与温度的关系

图9-9与图9-10所示为堰式隔膜阀与直通式隔膜阀典型的压力与温度关系。但并非所有材料允许全等级的对应关系。在给定的操作温度下，对于所允许的操作压力，阀门使用者要咨询生产商。

衬氟隔膜阀工作温度与压力的关系如图9-11所示。衬胶隔膜阀工作温度与压力的关系如图9-12所示。

表9-4 英国桑德斯阀门公司用于隔膜阀的隔膜材料

代码	弹性体类型	常用工况及认证情况
Q	天然橡胶聚异戊二烯/SBR，硫化处理，黑色加强层	盐水、稀酸和稀碱、磨蚀性介质
AA	天然橡胶(聚异戊二烯)，金属氧化物颜料(棕色)，硫化处理，黑色加强层	浆料或者干粉料等磨蚀性介质
300	丁基橡胶(IIR)，树脂硫化，黑色加强层	稀酸和稀碱、气体、酸性浆料，FDA、WRAS认证
300V	丁基橡胶(IIR)，树脂硫化，黑色加强层	气体和真空、氨气、氧气及发酵介质
425	乙丙橡胶(EPM)，有机过氧化物硫化，黑色加强层	盐水、酸和碱、臭氧、间断性蒸汽，FDA认证
425V	乙丙橡胶(EPM)，有机过氧化物硫化，黑色加强层	含酸、碱、水汽的真空系统
C	丁腈橡胶，硫化，黑色加强层	润滑油、切削油、石蜡、动物和植物油、航空煤油
CV	丁腈橡胶，硫化，黑色加强层	含油真空系统，压缩空气、液化石油气
HT	氯丁橡胶，硫化，黑色加强层	含碳氢化合物的磨蚀性浆料
237	氯磺酸化聚乙烯，金属氧化物硫化，黑色加强层	强酸、次氯酸钠、氯气
226	氟橡胶，氨硫化，黑色加强层	浓酸、芳香族溶剂、氯气、臭氧、无铅石油等
286	氯磺酸化聚乙烯，金属氧化物硫化，黑色加强层，带特殊编织层	WFB消防隔膜阀用消防设施
500	二异丙苯硅橡胶，过氧化物硫化，白色	食品和干净的工艺流程
214/300	纯PTFE双膜片，带300型橡胶支撑	高温工况下的强酸、强碱和盐水，FDA、WRAS认证
214/425	纯PTFE双膜片，带425型橡胶支撑	高温工况下的强酸、强碱和盐水，FDA、WRAS认证
214/226	纯PTFE双膜片，带226型橡胶支撑	高温工况下的强酸、溶剂、氯、溴
214S/425	改性PTFE双膜片，带425型橡胶支撑	适用于不同温度的工况或者有真空存在的工况
214K/425	纯PTFE三膜片，带PVDF中间层和425型橡胶支撑	氯、溴等

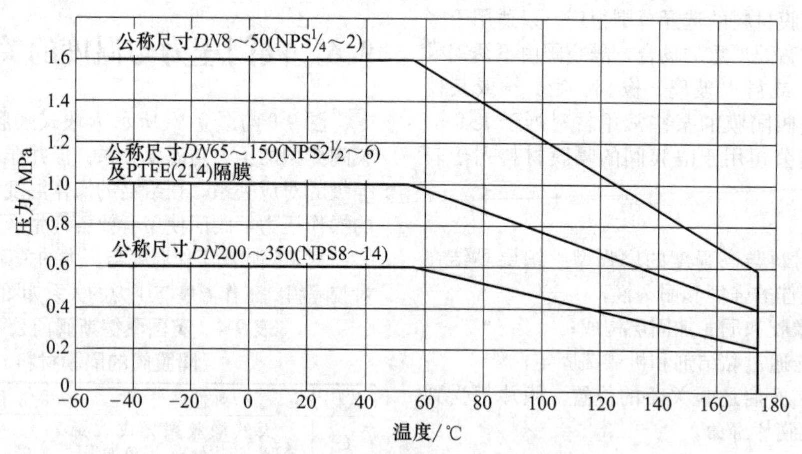

图 9-9 屋脊式隔膜阀压力与温度的关系

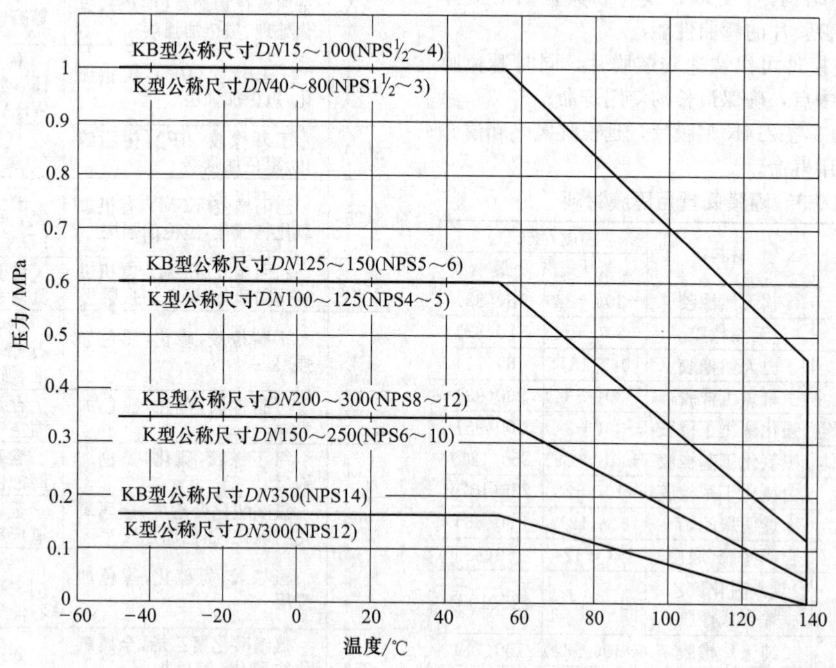

图 9-10 直通式隔膜阀压力与温度关系

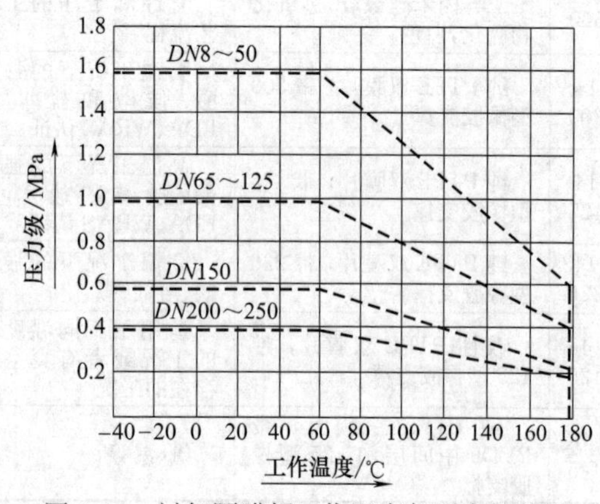

图 9-11 衬氟隔膜阀工作温度与压力的关系

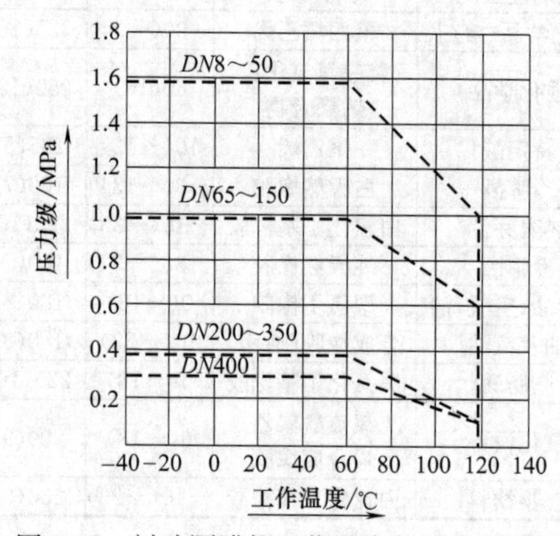

图 9-12 衬胶隔膜阀工作温度与压力的关系

9.7　隔膜阀的流量特性

隔膜阀的流量特性是指介质流过阀门的相对流量与位移（阀门的相对开度）间的关系，气动隔膜阀特性的选择实际上是直线和等百分比流量特性的选择。

隔膜阀流量特性的选择可以通过理论计算，但所用的方法和方程都很复杂。目前多采用经验准则，具体从以下几方面考虑：从调节系统的调节质量分析并选择；从工艺配管情况考虑；从负荷变化情况分析。

选择好隔膜阀的流量特性，就可以根据其流量特性确定阀门阀芯的形状和结构，但对于像隔膜阀、蝶阀等，由于它们的结构特点，不可能用改变阀芯的曲面形状来达到所需要的流量特性，需要通过可变凸轮定位器对流量特性进行修改。

常用堰式隔膜阀的流量特性曲线如图 9-13 所示，直通式隔膜阀的流量特性曲线如图 9-14 所示。

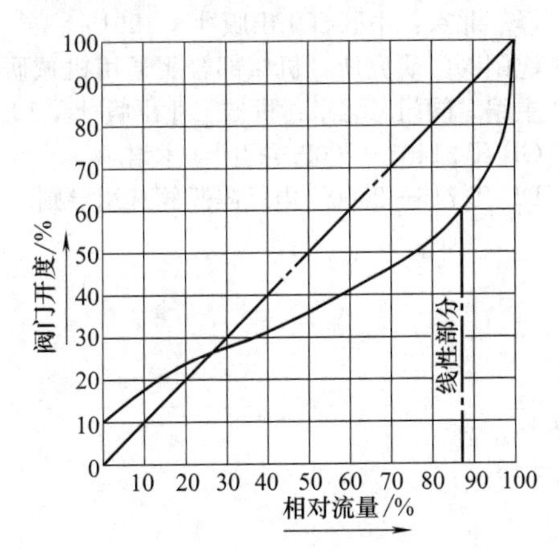

图 9-13　堰式隔膜阀流量特性曲线

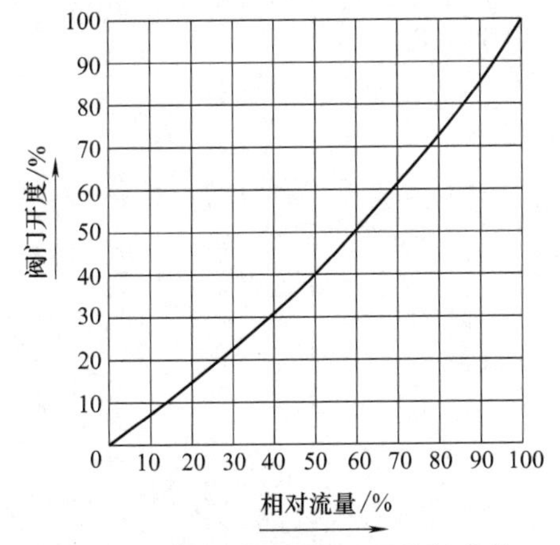

图 9-14　直通式隔膜阀流量特性曲线

图 9-15 所示为屋脊式隔膜阀典型的固有流量特性曲线与安装流量特性曲线，但不同尺寸系列的阀门的流量特性曲线可能会有一定的变化。如果是自动控制，需要通过可变凸轮定位器对流量特性进行修改。

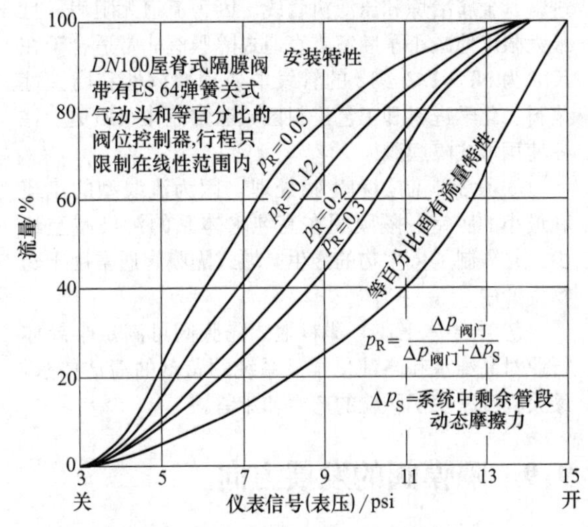

图 9-15　屋脊式隔膜阀的固有特性流量与安装流量特性曲线

9.8　隔膜阀的应用

隔膜阀的通径、公称压力和工作温度范围很小。目前国内一般生产屋脊式隔膜阀，其公称尺寸 *DN*15～300，公称压力≤*PN*16，工作温度 $t\leqslant$ 100℃。隔膜阀主要用于腐蚀性介质及不允许外漏的场合。

① 化学工业　隔膜阀可选择多种材料、固体塑料、塑料、橡胶和玻璃纤维内衬，非常适合用于处理多种化学品。硫磺酸、盐酸、氢氟酸和氢氧化钠是隔膜阀的典型应用。

② 动力系统　隔膜阀可广泛于脱矿质剂系统、FGD（烟气脱硫）系统、化学系统和放射性垃圾处理系统。脱矿质剂 OEM 和终端用户通常选择的阀是堰式隔膜阀，带 PP 或 Tefzel® ETFE 内衬、Teflon® ETFE 或 EPDM 隔膜。FGD 系统通常使用直通式阀，带橡胶内衬，以处理摩擦性和腐蚀性工艺介质。核工业使用按核标准制造的隔膜阀需含有一个“N”标记。

③ 纸浆和造纸　作为化学品最大的工业用户之一，纸浆和造纸经常在水处理、化学品、漂白和涂装工艺中使用隔膜阀。直通式隔膜阀用于浆料，如二氧化钛和石灰浆。堰式隔膜阀通常用于水处理、化学品运输和涂装工艺的清流用途。

④ 水处理　因为其阀体料及隔膜的多样性，隔膜阀可以为脱矿质剂、脱离子剂、反向渗透系统和过滤系统提供经济的方案。这些系统通常使用堰式隔膜阀，带 PP（聚丙烯）或 Tefzel® ETFE 内衬、Teflon® PTFE 或 EPDM 隔膜。

⑤ 采矿业　隔膜阀可安装在金矿、铜矿、锌矿和磷矿的不同工艺管线上。常用于化学品进料、工艺进料、金属冶炼和压滤机管线。因为流道无阻碍，且最大限度地减小了腔室，直通式隔膜阀非常适合于在尺寸为 NPS 1/2～12 的管线中处理摩擦性和腐蚀性浆料。化学进料和工艺进料区域通常流体杂质更少往往使用堰式隔膜阀。

⑥ 食品、制药和生物处理　因为流线型的流道和最小的腔室，隔膜阀在高纯水体系的污染减至最少，并限制了微生物的滋生。堰式隔膜阀通常用于药物生产中。

⑦ 半导体工业　塑料堰式隔膜阀可满足半导体行业对高纯水和高纯化学品系统的苛刻的清洁要求，最大程度减少了颗粒的产生和滞留。

9.9 隔膜阀的发展方向

目前国外隔膜阀生产，有两大发展方向，一是大型化、高参数化，主要为了适应各种特殊要求，体现各国的设计制造水平。如公称压力可达 *PN*16～40，其最高压力级可达到 4.5MPa，工作温度 t 可达 −65～200℃，最高温度可达到 300℃。隔膜阀除了满足 300MW、600MW 及 1500MW 大型火力发电机组的水处理系统外，还用于 900MW 的核电站。二是能满足一般工业管路的配套需要，生产量大面广的产品，以适应多种腐蚀性介质，适用于介质近 400～700 种。橡胶隔膜阀使用寿命达十多万次，最高能达 27～50 万次。生产厂家从完善工艺制造，节约原材料和提高生产能力，向专业化、自动化和标准化等方面努力。

参考文献

[1] Peter Smith, R. W. Zappe. Valve Selection Handbook. Fifth Edition. Gulf Professional Publishing is an imprint of Elsevier Inc., 2004.
[2] Philip L. Skousen 著. 阀门手册. 第 2 版. 孙家孔译. 北京：中国石化出版社，2005.
[3] [英] 内斯比特著. 阀门和驱动装置技术手册. 张清双等译. 北京：化学工业出版社，2010.
[4] [英] 肯蒂什编著. 工业管道工程. 林钧富等译. 北京：中国石化出版社，1991.
[5] 沈阳阀门研究所，机械部合肥通用机械研究所主编. 阀门. 北京：机械工业出版社，1994.
[6] GB/T 21465—2008. 阀门　术语.
[7] DL/T 716—2000. 电站隔膜阀选用导则.

第10章 电磁阀

10.1 概述

电磁阀隶属于自动化仪器仪表大类中的执行器单元，是一种依靠电磁力为动力源的自动阀门，即利用电磁阀的电磁铁通电后产生的电磁力，驱动电磁阀相关零部件运动实现其开启、关闭或切换功能的阀门。

电磁阀具有体积小、重量轻、密封性好、无外漏、失效状态确定、易维护、功耗低、控制简便、价格低廉、动作可靠、响应迅速等特点，广泛应用于包括航空航天、核电等各类涉及管路流体自动控制的系统中，用以实现对工艺流程管路中流体的通、断、切换或调节等自动控制。

电磁阀与其他阀门相比具有以下特点。

① 无外漏，失效状态确定，使用安全。阀门的内、外泄漏是危及人员和设备安全的重要指标。由于电动、气动、液动阀门需通过其执行机构驱使阀杆转动或直线位移来控制阀芯的运动而实现阀门的功能，阀杆和执行机构之间的连接必须有填料，阀杆和填料长期动作而出现的磨损导致外泄漏的问题至今仍是难题。

而电磁阀用电磁力作动力源，通过无接触方式驱动密封在隔磁套管和阀腔内的铁芯等零部件而完成阀门的启闭控制，避免了机械传动的填料系统，所以可以实现无外漏。

电磁阀的这一特性提高了其使用安全性，尤其适用于腐蚀性、剧毒、昂贵或高低温介质的管路系统中。

电磁阀的失效状态确定，即当系统电源出现故障时，电磁阀可自动恢复开启或关闭状态（常开型电磁阀自动开启，常闭型电磁阀自动关闭），可以用于系统的安全保护。

② 体积小，重量轻，价格低廉。电磁阀本身结构简单，易于安装维护，价格与其他阀门相比要相对低廉。由于电磁阀是开关信号控制，与工控计算机连接十分方便，易于实现自动控制系统。电磁阀外形尺寸小，既节省空间，又轻巧美观。

③ 动作快速，功耗较小。与其他阀门相比，响应时间短是电磁阀的一大特点，甚至可以短至几毫秒。与电动类阀门相比，电磁阀线圈功率消耗很低，还可做到只需触发动作，自动保持阀位，属节能产品。

④ 动作可靠，易于维护。随着科学技术水平的提高电磁阀已经具备了很高的可靠性，能够满足高可靠性要求场合的使用要求。由于其结构比较简便，易于维护。

⑤ 品种众多，用途广泛。电磁阀由于结构简单，易于形成派生产品，形成适用于各类特定场合的特殊产品，满足各种不同的需求，所以品种众多，用途广泛。

10.2 电磁阀基本原理及结构特点

电磁阀按动作原理分为直动式电磁阀、先导式电磁阀和反冲式电磁阀三大类，分别介绍如下。

10.2.1 直动式电磁阀

直动式电磁阀是指电磁力直接作用于阀芯系统，电磁阀的动作功能完全依靠电磁力及复位弹簧，不受介质压差等因素的影响，可靠性很高。

由于要求较大的电磁力，限于经济性的影响，这种结构的电磁阀国内过去大多为小口径（≤*DN*10）的电磁阀，应用于压力等级不高的管路系统中。20世纪90年代，鞍山电磁阀有限责任公司技术引进了世界上唯一的大口径直动式电磁阀技术——德国HERION公司的直动式双向电磁阀设计制造技术，通过消化吸收自主创新，如今这种直动式电磁阀已达*DN*300。

这种电磁阀的特点：适应介质广泛，在水、气、油等流体工况条件下均可可靠工作。不大于*DN*50的电磁阀可以任意安装使用，可以在无压差（从0MPa开始工作）或真空（1.33×10^{-7}MPa）状态下进行可靠的开关动作，工作介质可以正反两个方向流动，可实现双通双向截止。电磁阀动作可靠，结构简单，使用及维修方便，深受用户欢迎。

(1) 小口径直动式电磁阀

小口径直动式电磁阀（图10-1）的公称尺寸不大于*DN*10，动铁芯下部镶嵌密封塞，动铁芯的上下动作就可以实现电磁阀工作介质的通断控制，所以称为直动式电磁阀。

小口径直动电磁阀线圈通电时，磁路产生电磁吸力，提起动铁芯，克服了复位弹簧力开启阀座，于是工作介质立即在管路中流通。当线圈断电时，电磁力消失，动铁芯因自重与弹簧力而下落，将阀座密封，切断工作介质在管路中流通。

(2) 直动式双向电磁阀

鞍山电磁阀有限责任公司引进德国HERION公

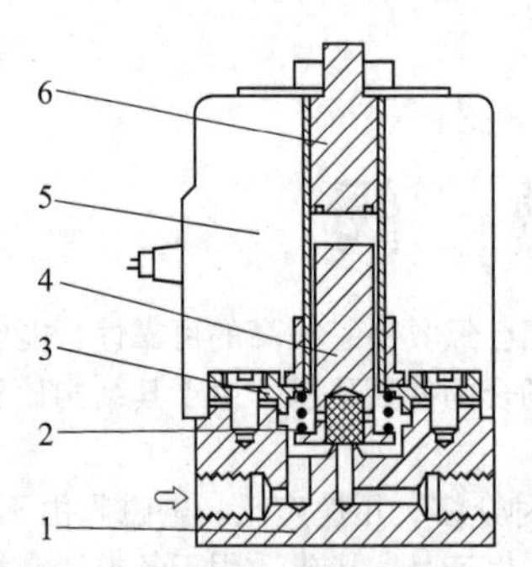

图 10-1 小口径直动式电磁阀

1—阀体；2—弹簧；3—阀盖；4—动铁芯；5—线圈；6—静铁芯

司技术的直动电磁阀为双阀座双方向的结构（图 10-2），该类电磁阀设计先进、性能可靠，工作压力可以从 0（无压差）～4.0MPa，特别适用于小于或等于 1.33×10^{-7}MPa 条件的真空系统中。该阀可实现正反两个方向介质的流动（正反两个方向密封），是目前世界上最先进的直动式电磁阀。

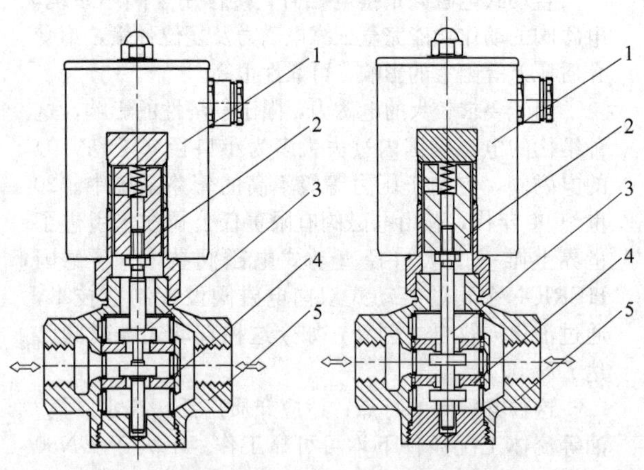

图 10-2 直动式双向电磁阀

1—电磁头；2—动铁芯；3—阀杆组件；4—阀座；5—阀体

双向电磁阀的电磁线圈通电时，产生电磁力，吸起动铁芯克服弹簧力带动阀杆组件向上运动开启阀门。当电磁线圈断电时，电磁力消失，动铁芯在弹簧力及自重的作用下推动阀杆组件向下运动关闭阀门。

断电时关闭电磁阀为常闭式电磁阀，断电时开启的电磁阀为常开式电磁阀。

(3) 多通直动式电磁阀

小通径的直动三通电磁阀（图 10-3）在国内很普遍，一般为 0～1.0MPa，电磁阀小于或等于 *DN*3 的直动式电磁阀在国内外应用很普遍，大部分作为多通气动电磁阀的先导阀用。

但较大通径 *DN*12～50 的三通、四通（五通）电

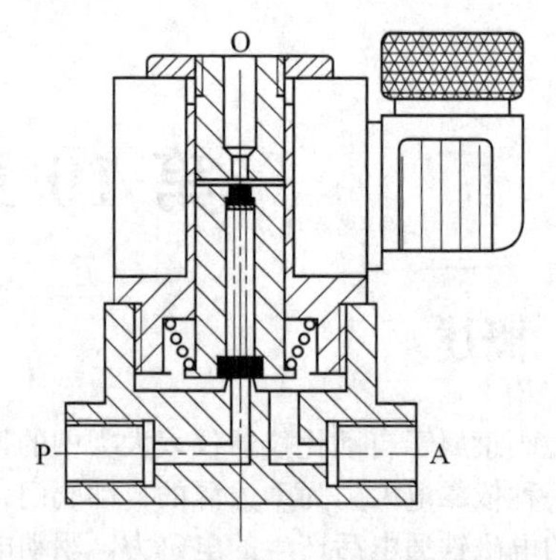

图 10-3 直动三通式电磁阀

磁阀，国内过去一直空白。自国内引进德国 HERION 公司制造技术后，通过消化吸收，已实现了国产化。不但作为执行器的多通电磁阀应用，而且在液动、气动执行器中得到应用。

① 二位三通直动式电磁阀结构及工作原理　直动式二位三通电磁阀（图 10-4）根据其接管位置的不同，可实现常闭、常开、换向、合流 4 种功能。

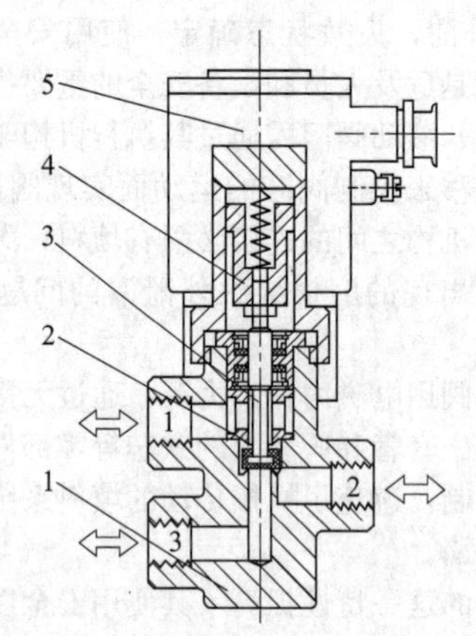

图 10-4 直动式二位三通电磁阀

1—阀体；2—阀座；3—阀杆组件；4—动铁芯；5—电磁头

常开功能：二位三通直动式电磁阀中“1”口为进口，“2”为工作口，“3”为排空口，在断电状态 1 口与 2 口是相通的，3 口被截止。当电磁线圈通电后产生电磁力，密封阀盘关闭 1 口，2 口与 3 口相通，此时三通电磁阀实现常开功能。

常闭功能：二位三通直动式电磁阀中“3”口为进口，“2”为工作口，“1”为排空口，在断电状态 1 口与 2 口是相通，3 口被截止。当电磁线圈通电后产生电磁力，密封阀盘关闭 1 口，3 口与 2 口相通，此时三通电磁阀实现常闭功能。

换向功能：二位三通直动式电磁阀中“2”口为进口，“1”和“3”为工作口，在断电状态 2 口与 1 口是相通，3 口被截止。当电磁线圈通电后产生电磁

力，密封阀盘关闭1口，2口与3口相通，此时三通电磁阀实现换向功能。

合流功能：二位三通直动式电磁阀中“1”口和“3”口为进口，“2”为工作口，通过将两个进口通入不同的介质，从2口端混合，此时三通电磁阀可实现合流（混合）功能。

② 直动式二位四通（二位五通）电磁阀结构及工作原理　直动二位四通电磁阀（图10-5）及二位五通电磁阀的进口方向及工作口的方向（常开口及常闭口）是一定的。其中，直动二位四通电磁阀是将“A”和“B”工作口的排气口合二为一，形成直动二位四通电磁阀。

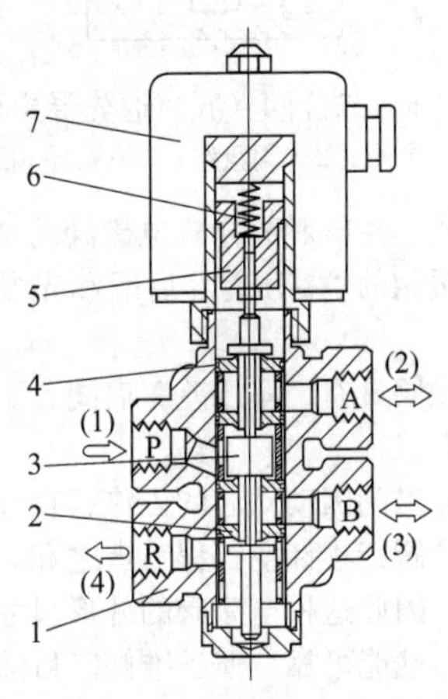

图10-5　直动式二位四通（二位五通）电磁阀

1—阀体；2—阀座；3—阀杆组件；4—密封圈；5—动铁芯；6—复位弹簧；7—电磁头

图10-5中“P”口为进口，“A”和“B”为工作口，“R”为排空口。电磁阀的线圈在断电状态下，P口与A口相通，B口与R口相通。当电磁线圈通电后产生电磁力吸起动铁芯提起阀杆及阀盘，使电磁阀实现P口与B口相通，A口与R口相通的换向功能。

10.2.2　先导式电磁阀

先导式电磁阀是一种电磁力只作用于先导阀，主阀依据先导阀的指令，完全依靠介质压差的作用而完成其动作功能的电磁阀。由于体积小、价格低，这类电磁阀在控制系统中应用最广泛。先导式电磁阀由两大组件组成，上部件为先导阀，下部件为主阀。先导阀和主阀间通过在阀盖上的管道相联系，并通过这种联系用先导阀的动作来控制主阀的开关。

先导电磁阀的特点是先导阀先动作，然后依靠管路压差（阀前与阀后的压差）完成主阀的开启或关闭。先导式电磁阀具有先导阀行程短、电磁力小、耗电量低（功率小）、结构简单紧凑、外形小、公称尺寸范围广泛（*DN*6～500）等特点。

(1) 先导式二位二通电磁阀的结构及工作原理

先导式二位二通电磁阀（图10-6）由两大部分组成，上部件为先导阀，下部件为主阀，先导阀和主阀间通过在阀盖上的管道相联系，并通过先导阀的动作由介质的压差控制主阀的开启或关闭。

先导式电磁阀的主阀有膜片式和活塞式两种结构，膜片结构较活塞结构价格低廉，不易磨损。但橡胶片易老化，有时性能不可靠，但膜片更换方便。

当线圈通电，先导阀开启，膜片或活塞（主阀）腔的工作介质由先导孔外泄到阀的出口端。一部分工作介质由平衡孔进入膜片或活塞腔，由于平衡孔进入的流量远小于先导孔排出的流量，使膜片或活塞腔的介质压力急剧下降。而膜片或阀塞下方的介质压力仍维持不变与进口介质压力相同。这样膜片或阀塞的内外便有了压力差。正是这种压差，促使膜片或活塞克服自重与弹簧力而上提（上浮），使工作介质在管路内流通。

当线圈断电时，先导阀关闭，主阀腔的工作介质不能外泄，而进口来的工作介质仍从平衡孔不断地涌入主阀腔内，导致活塞内外的压力逐渐消失而趋于平衡。于是主阀靠自重和弹簧力迅速关闭主阀口，使管路内的工作介质切断。

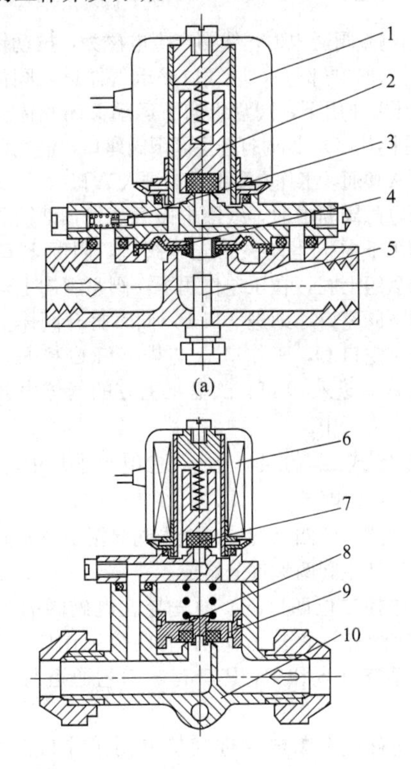

图10-6　先导式二位二通电磁阀

1,6—电磁头；2,7—先导阀；3—节流孔；4—膜片；5—手动装置；8—活塞；9—平衡孔；10—阀体

(2) 先导式二位三通电磁阀的结构及工作原理

先导式二位三通电磁阀（图10-7）同样由先导阀

组及主阀两大部分组成。主阀的进口端有工艺通道使介质与先导阀相通。通过电磁线圈的通电与断电，使先导阀控制主阀完成下面的功能：进口与工作口接通或关闭；工作口与排空口接通或关闭。

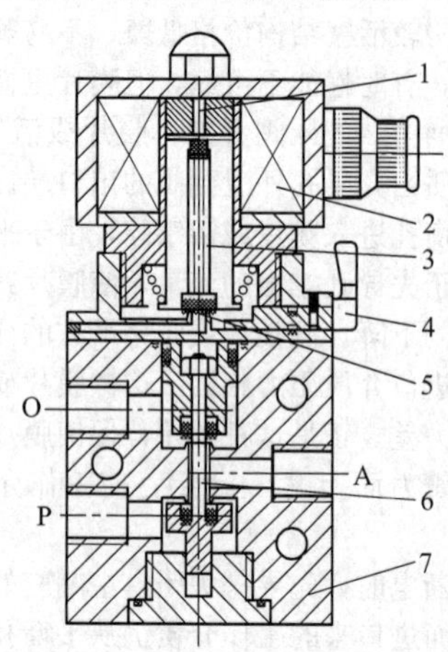

图 10-7 二位三通截止式电磁阀

1—先导排空口；2—电磁头；3—动铁芯；4—手动装置；5—先导口；6—阀盘组；7—阀体

当电磁阀通电时，线圈产生电磁力，拉动铁芯向上运动打开先导阀口，进气口 P 端气体进入阀盘组上腔，在压差作用下，阀盘组向下运动关闭阀体上阀座口，即排空口 O，同时打开主阀下阀座口，进气口 P 与工作口 A 接通，工作介质由 P 口进入 A 口。

当电磁阀断电时，线圈电磁力消失，动铁芯在弹簧力作用下向下运动关闭先导阀口，阻断 P 口介质进入阀盘组上腔，在压差作用下，阀盘组向上运动关闭主阀下阀座口，即进气口 P，同时打开阀体上阀座口，即排空口 O，工作口 A 与排空口 O 接通，工作介质由 A 口进入 O 口。阀盘组上方的气体由先导排空口排入大气中。

(3) 先导式二位四（五）通电磁阀的结构及工作原理

先导式二位四（五）通电磁阀（图 10-8）同样由先导阀组和主阀两大部分组成。

单电控二位四（五）通先导式电磁阀的工作原理：电磁阀有一个进气口 P，有两个工作口 A 和 B，有两个排空口 S 和 R，P 口有一工艺通道与先导阀相通。

当电磁阀在断电时进气口 P 与工作口 B 相通，工作口 A 端的气体由排气口 R 排出；当电磁阀在通电状态时进气口 P 与工作口 A 相通，工作口 B 端的气体由排气口 S 排出。二位四通电磁阀的排空口是共用一个排空口。

10.2.3 反冲式电磁阀

反冲式电磁阀（国外称强制先导式或强制直动式）是直动式电磁阀和先导式电磁阀的结合体，集合了直动式电磁阀的“零压差”启闭和先导阀的高压差启闭的优点。

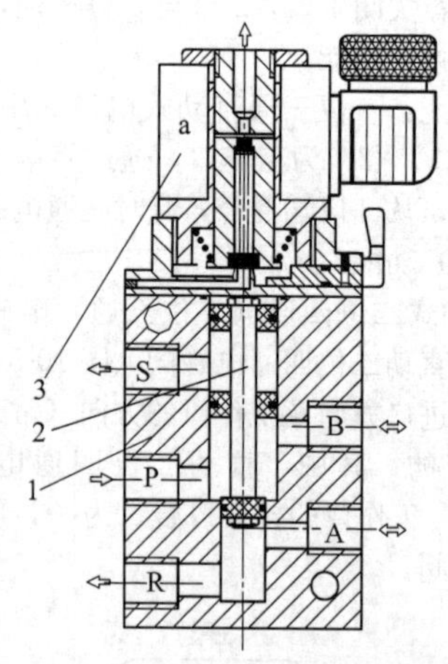

图 10-8 二位四（五）通先导电磁阀

1—主阀；2—阀盘组；3—先导阀组

这种电磁阀具有“零压差”启闭、耐高压、使用寿命长等特点。

反冲式电磁阀因动铁芯的工作行程较长，是主阀活塞行程、导阀行程和空行程三者之和，所以需要的电磁头较大，因此这种电磁阀的外形尺寸较大，结构也较复杂，但性能可靠、便于维修。目前国内在高温高压和其他可靠性要求高的自控管路系统中应用广泛。

反冲式电磁阀由电磁头、阀体组件及反冲组件组成，电磁头由线圈、导磁壳、上下导磁板及导磁管组成，阀体组件由阀体、阀盖及非磁管或屏蔽套组成，反冲组件由动铁芯、阀杆、辅阀、主阀塞组成。

反冲式电磁阀的结构大部分为缸套活塞式（膜片式用的极少），适用于大口径电磁阀（*DN*15～150），可靠性高。为提高使用寿命，目前国内外大部分采用在活塞上增加活塞环或在活塞上镶嵌 YS 圈的结构形式。应用在高温场所的反冲式电磁阀，其活塞环一般采用球墨铸铁、青铜或聚四氟乙烯蓄能圈等。介质温度超过 300℃时，活塞环一般采用青铜、高温合金或堆焊硬质合金工艺制造。

反冲式电磁阀大部分用在二通电磁阀（图 10-9）结构上，应用在多通电磁阀上的极少。

反冲式电磁阀线圈通电时，磁回路受激产生电磁力，吸起动铁芯上提，由于动铁芯向上有空行程作用，瞬间向上的冲击力施加在动铁芯组顶端的辅阀上，辅阀开启，活塞上腔高压介质瞬间从活塞上先导阀口喷出形成反作用力，此时，活塞在反作用力、线圈的提拉力和介质压差三力的共同作用下，活塞组被抬起，阀门导通。带有信号反馈装置的电磁阀会将开

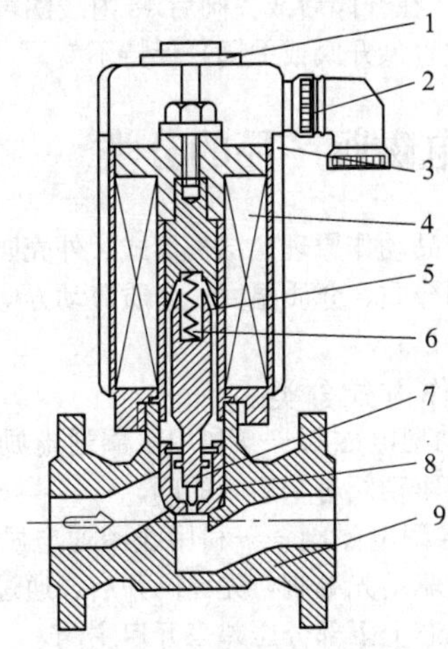

图 10-9 反冲式二通电磁阀

1—顶盖；2—插座；3—外壳；4—线圈；5—动铁芯（衔铁）；6—弹簧；7—辅阀（小阀头）；8—活塞；9—阀体

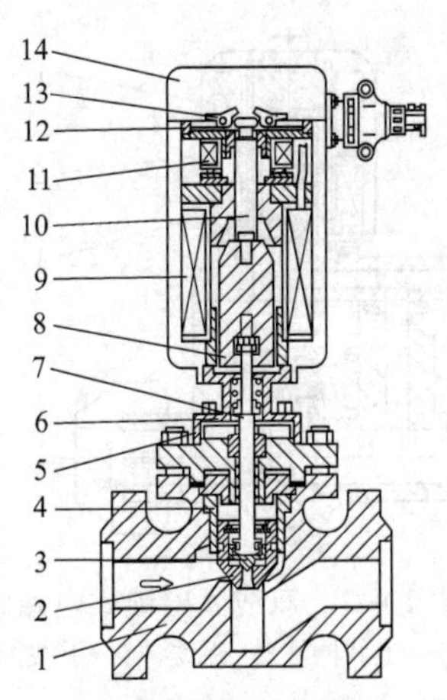

图 10-10 有填料或波纹管密封的电磁阀

1—阀体；2—活塞；3—小阀；4—缸套；5—密封；6—压盖法兰；7—阀杆；8—动铁芯；9—开阀线圈；10—悬挂杆；11—关阀线圈；12—关阀动铁芯；13—卡子；14—线圈外壳

阀信号反馈到控制台上。

当电磁阀线圈断电时电磁力消失，动铁芯与静铁芯分离，辅阀关闭，工作介质通过活塞与缸套之间的间隙和活塞环之间的间隙进入活塞上腔，在复位弹簧和介质压差力的共同作用下，活塞回位落座，切断流过电磁阀的工作介质。带有信号反馈装置的电磁阀会将关阀信号反馈到控制台上。

反冲式电磁阀在辅阀上方一般留有1～2mm空行程，有助于阀门的开启。

该类电磁阀可在“零压差”下工作，但流量一般不能达到阀门的额定流量，对于用户在小压差（0.1MPa以下）有流量时，选用电磁阀时应慎重，一般应提高阀门的通径，以满足用户的流量要求。因为工作介质的压力很低，对主阀塞的浮力很小，不能开启规定的流量值。

10.2.4 有填料或波纹管密封的电磁阀

有填料或波纹管密封的电磁阀（图10-10）一般使用在深冷和高温（－100～250℃）工作介质的管路系统中，用填料或波纹管密封电磁阀的阀杆，结构类似电动或启动控制阀。

有填料或波纹管密封的电磁阀一般采用机械自锁方式，瞬间通电的结构，也有采用杠杆力开关的结构，因在开阀时必须克服阀杆填料密封的摩擦力或波纹管的反作用力，故需电磁力很大（有的电磁阀使用功率达8kW以上）。由于采用自锁型结构，实际功耗并不大。

该类电磁阀具有结构复杂、外形尺寸大、易从填料处泄漏、维修难、价格高等缺点。其优点是耐高低温、使用范围广、开阀与关阀瞬间通电（1～5s），可达到节能目的。

机械自锁电磁阀的电磁头部分一般由两个线圈组成，开、关阀各一个线圈，阀杆的起落带有机械自锁装置，阀体组与电磁头之间是用填料或波纹管隔开。阀体组结构类似反冲式电磁阀的结构。

有填料或波纹管密封电磁阀开阀线圈通电时，电磁力克服弹簧力吸起动铁芯，动铁芯带动阀杆克服填料的摩擦力（或波纹管的弹力）向上运动并使辅阀开启，而在活塞上下方形成压差，主阀（活塞）依靠介质压差开启，使电磁阀处于开阀状态。同时，锁紧装置将动铁芯上的悬挂杆卡住，防止其回位，并同时将开阀线圈的触点弹开，开阀线圈失电，但电磁阀能始终保持其通电时的状态。

当关阀线圈通电时，电磁力吸引导磁板将动铁芯悬挂杆上的锁紧装置解锁，动铁芯在自重和弹簧的作用下，迅速将辅阀关闭，依靠介质的压差主阀塞回坐将电磁阀关闭。

10.2.5 磁锁式电磁阀

磁锁式电磁阀是靠永久磁铁吸引力及电磁线圈产生的电磁吸引力之间的关系，使电磁阀保持在开阀或关阀的状态，线圈可瞬间通电。动铁芯依靠永久磁铁的磁力，保持在电磁阀开阀或关阀时的位置。

磁锁电磁阀有外形尺寸小、结构简单、耗电小节能等优点。近几年小口径磁锁电磁阀已应用在民用的煤气表和水表的自控装置中。

双线圈磁锁式电磁阀（图10-11）一般是在两个线圈的中间放置永久磁铁（磁环），上线圈通电为开阀状态，下线圈通电为关阀状态。也有将永久磁铁（磁环）放在单线圈的骨架中间，开关电磁阀时只需转换供给电磁阀线圈引线上电压的正负极，并瞬间通

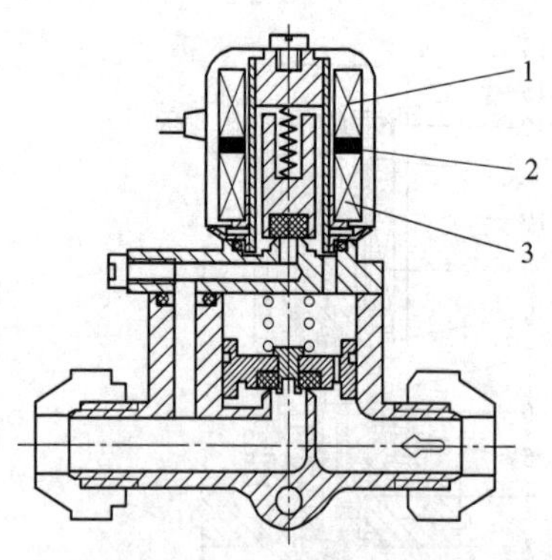

图 10-11　双线圈磁锁式电磁阀
1—上线圈；2—磁铁；3—下线圈

电，即可使电磁阀开启或关闭并保持在该状态。

单线圈磁锁式电磁阀（图 10-12）是将永久磁铁（磁环）套在非磁管的外面，单线圈放在永久磁铁上端，同样只转换线圈的引线正负极的电压，电磁阀便保持在开阀或关阀的状态。

最简单的一种是将永久磁铁（磁片）放在静铁芯上端紧靠线圈处，同样通过转换线圈的引线正负极的电压，并瞬间通电，电磁阀就能保持在开阀或关阀状态。

磁锁式电磁阀结构的下部件大多为反冲式或先导式。

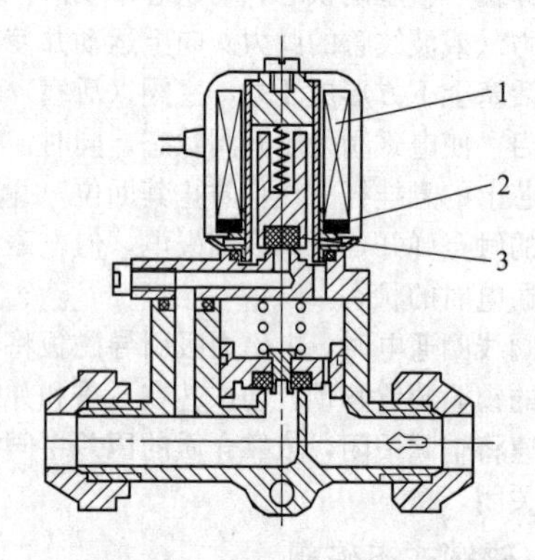

图 10-12　单线圈磁锁式电磁阀
1—线圈；2—磁铁；3—动铁芯

当上线圈通电时动铁芯向上，永久磁体的磁力将动铁芯保持住，先导阀呈开启的位置，其原理同先导式电磁阀，主阀塞开启，此时上线圈可以断电。当下线圈通电时动铁芯向下，关闭先导阀仍受永久磁体的磁力保持，下线圈可立即断电，电磁阀呈关阀的位置。

该磁锁电磁阀的电源电压必须是直流，线圈引线为 A、B 两端，当 A 端接正极，B 端接负极时，受永久磁铁的影响，线圈的吸力向上，开启阀门（先导阀亦可）。当线圈的 A 端接负极，B 端接电源正极时，受永久磁铁的影响，线圈的吸力向下，关闭阀门（先导阀亦可），在开阀后或关阀后 1s 内线圈可断电，但电磁阀的位置（开阀或关阀）保持不变。

10.3　电磁阀产品的分类

根据产品动作原理、结构形式、外壳防护、控制方式、使用介质、介质温度、介质流动方向等可进行不同的分类。

(1) 按动作方式分类

① 直动型电磁阀——利用线圈通电励磁产生的电磁力直接驱动阀芯来启闭的阀。

② 先导型电磁阀——利用线圈通电励磁产生的电磁力直接驱动先导阀，先导阀开启，通过先导阀的开启产生阀芯上下部分压差来开启主阀。

③ 反冲型电磁阀——电磁力驱动动铁芯空程的冲击力，直接提拉先导阀（辅阀）和阀芯主阀或驱动先导阀以建立阀芯上下部分压差开闭主阀，它是直动型和先导型的结合型。

(2) 按控制方式分类

① 二通式

a. 常闭式电磁阀——断电时阀门关闭，通电时阀门开启。

b. 常开式电磁阀——断电时阀门开启，通电时阀门关闭。

c. 自保持电磁阀——脉冲瞬时通电动作，断电后阀门仍然保持断电前所处的位置。

d. 手动复位式电磁阀——线圈通电或断电时，阀门变位，变位后的电磁阀不再随断电或通电而变化，依旧保持原位，电磁阀必须重新手动操作将其锁住再定位，即手动开启或关闭，电磁阀解锁关闭或开启，是一种半自动的安全阀。

② 三通式

a. 直动式三通电磁阀——电磁力直接控制阀芯（阀杆）动作，交换进口压力源位置可使三通阀变位二位三通常开或常闭阀。

b. 先导式三通电磁阀——用在气动控制系统上较多，变换先导阀进气孔位置，可使三通阀变为二位三通常开或常闭阀。

③ 四通式或五通式

a. 直动式四通、五通电磁阀——电磁阀有动力源的进口，有两个工作口及两工作口统一的排空口（四通）或各有各的排空口（五通）。直动式的四通、五通电磁阀均为二位四通、二位五通电磁阀。它是通过电磁力直接控制阀芯（阀杆）动作，完成电磁阀的接通或换向功能。直动式四通、五通电磁阀大都为单电控结构。

b. 先导式四通、五通电磁阀用在气动控制系统中应用较多，其结构为截止式换向阀或滑动式换向阀，有单电控或双电控两种类型，有二位四通（五通）换向阀和三位四通（五通）换向阀等。

(3) 按使用介质分类

① 制冷用——氟利昂、氨。

② 气用——空气、氨水、可燃气体（煤气、天然气）。

③ 水用——工业用水、民用水、冷却水、水溶液。

④ 煤油用——煤油、轻油、重油。

⑤ 蒸汽用——饱和蒸汽、过热蒸汽。

⑥ 酸碱用——盐酸、硝酸、硫酸、氢氧化钠（钾）、氯化钠。

⑦ 其他特种介质——牛奶、饮料、酒、矿泉水、液氨。

(4) 按介质温度分类

① 低温型——使用介质的温度在−40～−20℃的气体或液体。

② 超低温型——使用介质的温度低于−40℃的气体或液体。

③ 常温型——使用介质的温度在−5～80℃的气体或液体。

④ 中温型——使用介质的温度在120～200℃的气体或液体。

⑤ 高温型——使用介质的温度在250～400℃的气体或液体。

⑥ 超高温型——使用介质的温度高于400℃的气体。

(5) 按使用介质压力分类

① 真空型——空气一般真空为1.33×10^{-4} MPa，中真空为1.33×10^{-6} MPa，高真空为1.33×10^{-9}～1.33×10^{-7} MPa。

② 微压型——工作压力一般为0～0.002MPa的煤气介质。

③ 低压型——工作压力一般为0～0.4MPa的气体或液体。

④ 常压型——工作压力一般为0～1.6MPa的气体或液体。

⑤ 中压型——工作压力一般为2.5～6.4MPa的气体或液体。

⑥ 高压型——工作压力一般为6.4～20MPa的气体或液体。

(6) 按外壳防护型分类

① 普通型——无防护标志。

② 防尘型——防护标志用IP表示，IP后面第一位数字愈大，防尘等级愈高，执行GB 4208标准。

③ 防水型——防护标志用IP表示，IP后面第二位数字愈大，防水等级愈高，执行GB 4208标准。

一般防尘型、防水型在电磁阀产品中同时使用，如电磁阀防护等级一般为IP53、IP54、IP65等，特殊用IP66、IP67、IP68，防护等级中最高防护等级是IP68，电磁阀浸在水中也可以可靠工作。

④ 防爆型——在防爆场合使用的电磁阀必须有国家级防护检验站的防爆合格证书和防爆产品生产许可证，煤矿用电磁阀产品还必须有矿用防爆产品安全标志认证。执行GB 3836标准。

国内生产的电磁阀大部分为隔爆型，防爆标准为dⅡBT4、dⅡCT5（厂用隔爆型）、dⅠBT4、dⅠCT4（矿用隔爆型）、dⅠ/ⅡBT4、dⅠ/ⅡCT5（厂、矿用隔爆型）。

功率比较小的电磁阀亦可采用全增安型防爆，可用于1区防爆，防爆标志为eⅡT4，eⅡT5。

功率低于2W的电磁阀，国内外已有本质安全型防爆形式，这种电磁阀可以用零区防爆场所，防爆标志为iaⅡBT5。

⑤ 船用型——船用电磁阀必须经国家船检部门进行认可，并发给产品型试认可证书、企业认可证书及船检的印记。

船用电磁阀必须按标准进行船舶电子设备环境试验、船舶高低温环境试验、交换温热试验、霉菌试验、盐雾试验、振动与颠震试验、倾斜与摇摆试验和冲击试验等。

⑥ 防腐型——在对电磁阀的外观有腐蚀的环境中，生产厂应了解使用环境，对电磁阀应进行相应的防腐处理，喷烘干漆，喷涂防腐涂层，或改变外观材料等措施，生产厂和用户协商解决。

(7) 按介质流动方向分类

① 定向阀——介质流向一定，只能自入口流向出口。

② 双向阀——介质可以从入口流入，也可以从出口流入，无出口、入口之分。

③ 合流阀——有两个入口及一个出口。

④ 分配阀——有一个入口及两个出口。

⑤ 换向阀——有一个入口及两个出口（或一个出口），两个排空口（或一个排空口）。

(8) 按接管连接形式分类

① 扩管式——一般用于常压电磁阀的接管，用铜管连接的管路，铜管端扩成喇叭口。

② 夹板式——一般用于常压电磁阀的连接，将电磁阀放置夹板内，管路由夹板连接。

③ 螺纹式——一般用于常压电磁阀的连接，接管的螺纹常用管螺纹，分内螺纹和外螺纹两种接口，一般应用于*DN*50以下的电磁阀。

④ 法兰式——一般用于高压和中压电磁阀的连接，法兰尺寸按工作压力选定。

⑤ 焊接式——一般用于高压电磁阀的连接，阀体直接与管路焊接。

接管连接形式的尺寸和接管端距的尺寸应符合相应的国家行业标准的规定。

根据用户的特殊需求，可采用其他特定的接管连接形式及接管端样式和尺寸。

(9) 按线圈的控制分类

① 单电控——用一个电磁头控制电磁阀启闭。

② 双电控：

a. 双动作电磁阀——开阀线圈通电，处于开阀状态，关阀线圈通电，处于关阀状态。

b. 信号电磁阀——主线圈通电电磁阀开启，副线圈靠感应电流传递阀位信号。

c. 机械自锁电磁阀——主线圈通电后开启电磁阀，机械自锁机构立即控制开阀状态，瞬间（小于5s）主线圈自动断电，传出开阀位置信号（用时间继电器或行程开关控制），同样副线圈通电后，自锁机构解锁，靠弹簧力使主阀复位，关闭电磁阀，传出关阀阀位信号。

d. 磁锁电磁阀——两线圈功率相同，开阀线圈通电后电磁阀处开阀状态，动铁芯由两线圈中间的永久磁铁保持，线圈可立即断电，关阀线圈通电，动铁芯克服永久磁铁的磁力，处于关阀状态，关阀线圈可立即断电。

目前磁锁电磁阀多为一个线圈，变换线圈的正负极，由永久磁铁保持铁芯的状态，电磁阀可处在开阀或关阀状态，线圈亦可瞬间通电。

(10) 按密封形式分类

① 截止式密封——分软密封和硬密封两种。橡胶密封无论主阀口、辅阀口和先导阀口的密封都为软密封。一般适用于工作压力在1.6MPa以下的低压（常压）类电磁阀。工作压力在1.6～6.4MPa的电磁阀密封和低压蒸汽电磁阀密封大多为聚四氟乙烯密封、PPL密封或刚性密封（硬密封），工作压力在6.4MPa以上的高温高压电磁阀均为刚性密封。

② 滑动式密封——分间隙密封和弹性密封，间隙密封利用相对滑动的配合间隙而实现电磁阀的密封形式，弹性密封式利用密封件的弹性而实现电磁阀的密封形式。

10.4 电磁阀产品性能检测和执行的标准

10.4.1 执行标准

电磁阀产品性能检测执行JB/T 7352《工业过程控制系统用电磁阀》，电磁阀的检测项目共十七项，其中出厂检验项目八项。

(1) 产品性能检验

① 基本性能

a. 电气性能：绝缘电阻、绝缘强度、电源变化、线圈温升；

b. 产品特征性能：工作压差、泄漏量、密封性、耐压强度、额定流量系数、寿命、外观。

② 外部环境适用性能

a. 气候环境条件：湿热、运输环境温度；

b. 机械环境条件：工作振动、运输连续冲击。

(2) 电磁阀出厂检验项目

工作压差、电源电压变化、绝缘电阻、绝缘强度、泄漏量、密封性、耐压强度、外观。

(3) 电磁阀型式检验项目（新产品鉴定时做，大批量产品每五年做1次）

工作压差、电源电压变化、绝缘电阻、绝缘强度、泄漏量、密封性、耐压强度、湿热影响、线圈允许温度、额定流量系数、寿命、响应时间、机械振动、运输环境温度影响、运输连续冲击、外观、外壳防护性。

10.4.2 气动换向电磁阀执行标准

气动换向电磁阀执行JB/T 6378《气动换向阀技术条件》，检测项目共十三项，其中出厂必检项目六项，抽检项目两项。

(1) 出厂必须检验项目

工作电压、最低工作压力、换向动作、密封性（内泄漏量、外密封）、外观质量、工频耐压。

(2) 出厂抽检项目

释放电压、耐压性。

(3) 型式检验项目

换向时间、流量特性、耐久性、温升、耐湿热性。

10.4.3 电磁阀的基本参数

(1) 公称尺寸 *DN*

1、1.6、2、3、4、5、6、8、10、12、15、20、25、32、40、50、65、80、100、125、150、200、250、300。

(2) 工作压力 *PN*

0.002、0.005、0.01、0.016、0.025、0.004、0.06、0.1、0.16、0.25、0.4、0.6、0.8、1.0、1.6、2.5、4.0、6.4、10、15、18、20、25、30（正压）。

1.33×10^{-4}、1.33×10^{-6}、1.33×10^{-7}、1.33×10^{-9}（负压）。

(3) 额定电压（V）

AC：6、12、24、36、127、220、380（50Hz）。

DC：1.5、3、6、12、36、48、110、220。

注意：其他电压等级由用户和制造厂商定。

(4) 线圈标记

电磁阀的线圈外表面上应有识别电压类别（AC或DC）和额定电压的标记。

(5) 介质种类和温度

电磁阀应在出厂的铭牌上或使用说明书中标出工作介质和适用温度范围。

(6) 工作环境条件

电磁阀应在使用说明书中说明在一定的工作条件下，才能正常使用（开、闭），分下列三组工作条件。

① Ⅰ组：环境温度 5～40℃，相对湿度5%～95%。

② Ⅱ组：环境温度 －10～50℃，相对湿度5%～100%。

③ Ⅲ组：环境温度 －25～55℃，相对湿度5%～100%。

10.4.4 电磁阀的主要技术性能指标

(1) 工作压差

电磁阀入口与出口之间或阀前与阀后的压力差称为电磁阀的工作压差，能使电磁阀可靠开闭的最小压力差称为最小工作压差，是反映电磁阀正常可靠动作的基本性能指标之一。直动式电磁阀可以无压差工作；反冲式电磁可以实现无压差工作，但可能影响流量；先导式电磁阀必须靠一定的压力差（不低于最小工作压差）才能正常工作。

电磁阀工作压差范围越宽，产品适用性就越广。

(2) 泄漏量

在规定的试验条件下，试验液体通过阀腔和当电磁阀处在关闭位置时的泄漏量大小直接影响电磁阀动作的可靠性，影响系统的工艺工况控制质量，介质泄漏还会造成系统的无功损耗。

气体介质泄漏检测用气泡法或气体转子流量计，液体介质泄漏检测用量杯容积法计量，泄漏的试验压力为最小工作压差（双向电磁阀为最大工作压差），允许泄漏量的大小在标准中有明确规定。

(3) 线圈温升

电磁阀线圈处于通电状态，线圈中电磁线及导线通电后会产生热效应，导致线圈升温。升温幅度的大小直接影响电磁线圈的绝缘性能和电磁阀动作的可靠性，线圈温升超过绝缘等级后线圈会烧毁。同时因温度升高，线圈电磁线的电阻增加，电流会相对减小，导致线圈的功率下降，电磁阀的电磁力也将随之降低，这些在电磁阀设计时是必须考虑的。使用中如发现线圈温升超标时应停电检查，查明原因并及时维护。

(4) 额定流量系数

在规定试验条件下，阀门通以压差为 100kPa 水介质，电磁阀开启至额定行程，此状态下流经电磁阀的流量即为流量系数，以 m^3/h 表示。

流量系数象征电磁阀可通过液体能力的大小，是电磁阀的静态特性指标之一。用户可以按电磁阀的技术参数中规定的流量系数选择电磁阀的口径。

(5) 寿命

在规定动作次数寿命终止前，电磁阀所有性能均应符合标准的试验寿命，不可理解为破坏性极限试验寿命，它是反映电磁阀的综合质量性能的动态指标。寿命试验后，复测电磁阀的工作压差、泄漏量等指标应仍符合标准规定要求。

10.5 电磁阀产品应用实例

10.5.1 温度、水位控制

用电磁阀控制温度和水位的系统如图 10-13 所示。当水槽的温度低于控制温度时，温度检测元件的触点接通，使蒸汽电磁阀 S1 开启，通入蒸汽进行热交换使水温上升达到控制点温度，可关闭蒸汽电磁阀。

温水电磁阀 S3 可以随时使用（如淋浴等）。

当水槽液位高于控制点，接点液位计电接点闭合，使常开的水用电磁阀 S2 关闭，液位下降时，电接点离开，使常开的水用电磁阀断电开启，水进入槽中补充水位。

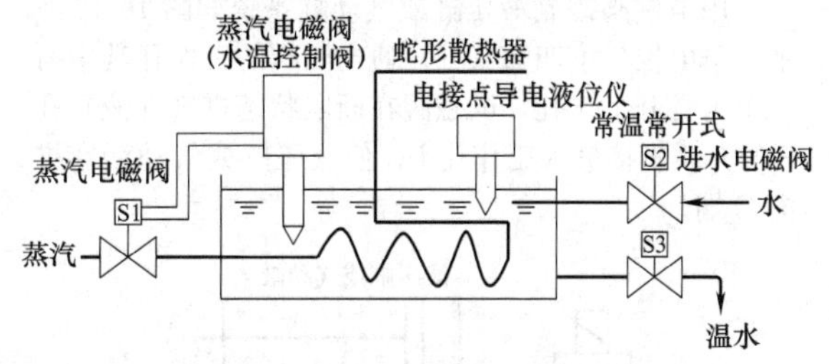

图 10-13 用电磁阀控制温度和水位

10.5.2 压力控制

用电磁阀控制压力的系统如图 10-14 所示。当罐内压力达到额定值时，电接点压力表或压力开关电接点断开，电磁阀断电后关闭，罐内压力低时，电接点接通，电磁阀通电后开启，无论水源或气源的压力在补充，直至达到额定值。

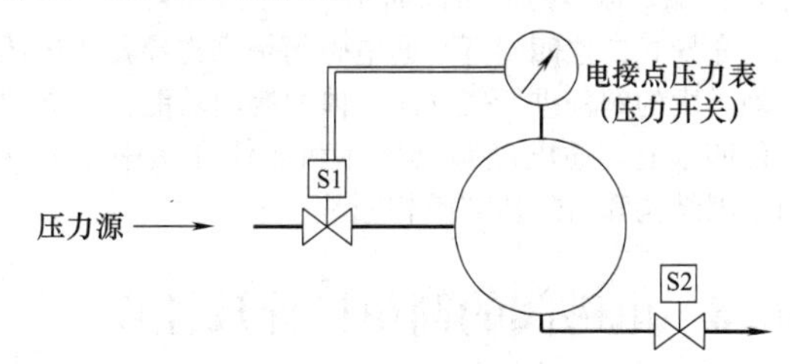

图 10-14 用电磁阀控制压力

10.5.3 除尘工艺管路控制

用电磁阀控制除尘工艺管路系统如图 10-15 所示。当尘埃超标时，报警器接通电源，电磁阀通电后开启，大管路充满水后，各小管路进行喷雾除尘，无尘埃时，报警器断电，电磁阀自动关闭。

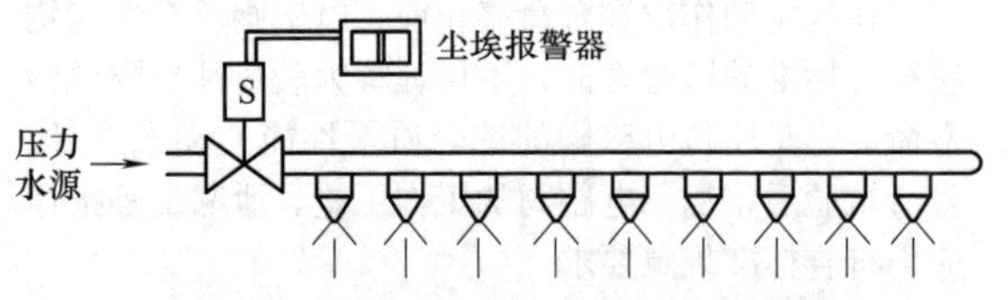

图 10-15 用电磁阀控制除尘工艺管路

10.5.4 工艺配比控制

用电磁阀控制工艺配比系统如图 10-16 所示。用液态配比控制仪，物料管路用 S2 电磁阀和 S1 水管路用电磁阀的开启和关闭来调整罐内的配比度。

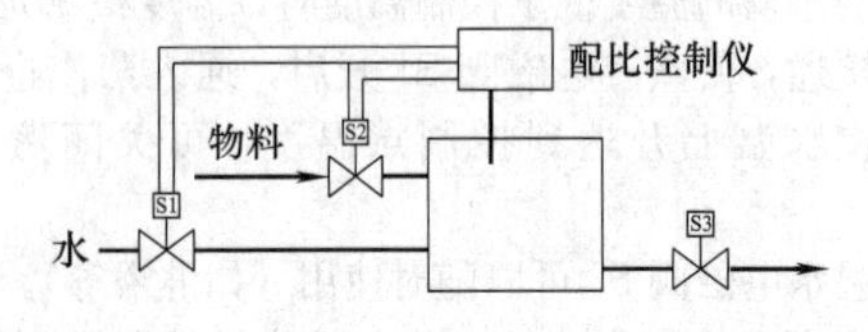

图 10-16 用电磁阀控制工艺配比

10.5.5 推动液压缸或气动缸控制

用电磁阀控制液压缸或气动缸系统如图 10-17 所示。单电控二位四通（五）通电磁阀的工作孔其中有一个为常开工作孔，电磁阀在断电状态进气（液）孔 P 的介质直接进入工作孔 B，使液压缸或气动活塞推向 C 端。

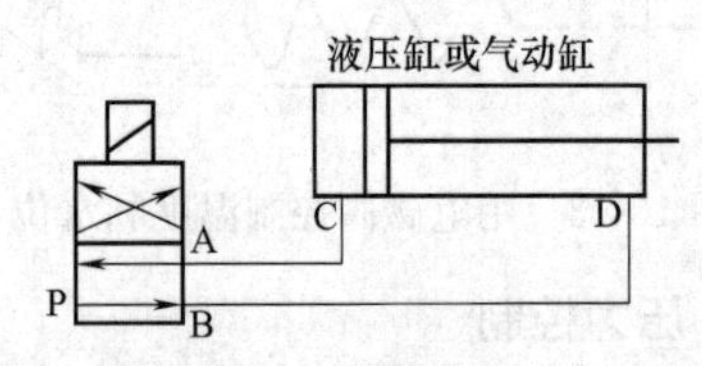

图 10-17 用电磁阀控制液压缸或气动缸

当电磁阀通电时，直动二位四（五）通的电磁阀直接将铁芯阀杆提起关闭 B 工作孔，压力源的气体或液体通向 A 工作孔，使气动（液压）缸的活塞推向 D 端，该电磁阀可以通用。

先导式二位四（五）通电磁阀是靠先导孔的进压推动阀内的阀杆进行气（液）体的换向功能。先导式二位四（五）通电磁阀在气体和液体介质中不能通用，因结构和密封形式不相同。

10.6 电磁阀的简单设计及计算

由于电磁阀的使用面十分广泛，工作原理及结构形式也很多，因此在设计上有许多不同的思路，但是一般来说应着重考虑适用性、先进性和经济性。

适用性是指工作介质的性质、外部环境的状态与工作条件等，如工作介质及工作压力、温度、流量、黏度与腐蚀性等，外部环境的温度、湿度、振动、防护等级等，工作条件中的工作频率、电源电压、工作制等。

先进性是指与国内外同类产品相比，取其优点，设计生产结构先进、性能可靠、工艺性好，适用于批量生产，原材料供应方便，材料物理性能符合产品要求，价格合理等。

经济性是指产品成本低、安装简单、维护容易、检试方便、费用小、工作可靠寿命长、耗电量低等。选定电磁阀的类型时，如工作介质属于强腐蚀性介质，现国内外的软磁合金及有关材料不能适应，要采用喷涂等工艺措施。若工作介质温度过高或过低，超过现有国内外的绝缘材料的耐热等级，应采用填料函或波纹管密封形式，或采用外屏蔽套加散热片，内隔热套加散热片结构形式，若工作介质无压差，应采用直动形式，若有压差采用反冲或先导形式，若要瞬间带电工作时，可采用机械自锁或磁保持形式的电磁阀。应该是技术性能先进、适用性广、结构简单、加工方便、体积小、重量轻、成本低和易维修等，既能满足使用要求，又是质优价廉的产品，实际上，由于某些指标是相互矛盾的，对产品设计者是很难做到或实现的，只能有所侧重在某几个方面达到要求，而其他方面尽可能完善，即以最小的物耗达到最大的功效。

电磁阀的产品设计的适用性、先进性和经济性一般也是从某几个方面或某几项指标相比较而言来衡量的。

10.6.1 工作压差与体积尺寸设计

工作压差反映电磁阀正常可靠动作的基本性能指标之一，最低工作压差为关键指标。先导型电磁阀（图 10-18）所通介质的压差必须达到规定的最小工作压差，否则主阀不会正常动作。

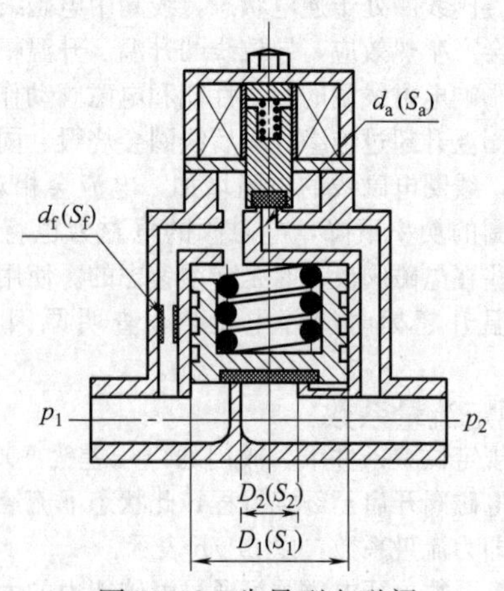

图 10-18 先导型电磁阀

主阀起始开启的条件：

$$p_C S_1 + K_S C_S + F_W = p_1(S_1 - S_2) + p_2 S_2$$

$$p_2 \geqslant \frac{p_C S_1 + K_S C_S + F_W - p_1(S_1 - S_2)}{S_2}$$

式中　S_1——活塞外径尺寸面积；

S_2——阀口公称尺寸面积；

K_S——复位弹簧刚度；

C_S——弹簧初压缩位移；

F_W——活塞自重；

p_C——活塞上腔压力；

p_1——进口压力；

p_2——出口压力。

先导阀开启，使压力变化，在压力从 0 变化到 p_2 区间，主阀位置未移动为死区，直至压力大于 p_2 时才开启。

主阀全开时所需最小工作压差：

$$p_1(S_1 - S_2) + p_2 S_2 - p_C S_1 = K_S C_{Smax} + F_W$$

$$(p_1 - p_C)S_1 - (p_1 - p_2)S_2 = K_S C_{Smax} + F_W$$

当先导阀开启时在有压状态下，设 $p_2 \approx p_C$，则

$$(p_1 - p_C)(S_1 - S_2) = K_S C_{Smax} + F_W$$

$$\Delta p = p_1 - p_C = \frac{K_S C_{Smax} + F_W}{S_1 - S_2}$$

式中　C_{Smax}——阀行程全开时弹簧最大压缩位移。

由上式可知，降低开阀动作压差，可增加活塞下部阀端的环形作用面积，或降低复位弹簧的刚度和活塞自重，但需保证开闭件密封无泄漏，开闭件活塞面积与阀口通径面积之比越大，其工作压差可越低，产品适用范围越广，但阀体外形尺寸增大。

主阀的活塞或膜片尺寸的确定：

$$\text{阀塞式：}\frac{\pi}{4}D_1^2 = (2\sim2.2)\times\frac{\pi}{4}D_2^2$$

$$\text{膜片式：}\frac{\pi}{12}(D^2 + Dd + d^2) = (2\sim2.2)\times\frac{\pi}{4}D_2^2$$

式中　D_1——阀塞外径（活塞外径），cm；

D_2——主阀公称尺寸，cm；

D——膜片外径，cm；

d——膜片硬芯直径，cm。

另外，提高最大工作压差，电磁阀吸力也要随之增大，增加导阀体积。

10.6.2　线圈电磁力与温升

对电磁阀的设计计算，通常由已知的公称尺寸 DN，工作压力 PN，电源电压，允许温升等参数条件下进行电磁力计算。

① 介质压力作用力 F_P

$$F_P = \frac{\pi}{4}DN^2 PN \times 9.8$$

式中　F_P——介质作用力，N；

PN——工作压力，MPa；

DN——公称尺寸，cm。

② 密封作用力 F_M

$$F_M = \pi d_{cp} b q_M \times 9.8$$

式中　F_M——密封作用力，N；

d_{cp}——阀口密封端平均直径，cm，$d_{cp} = DN + 2R$；

R——阀口密封端半径，cm；

b——密封端密封宽度，$b = 2R$，cm；

q_M——介质压力密封比压值，MPa，$q_M = 0.06 + 1.04P$。

密封比压：保证阀密封所需要的单位面积上的最小压力，此压力称为比压。

③ 弹簧预压缩作用力 F_S　为保证阀口端密封，对常闭式电磁阀常采用密封作用力与介质压力同向，以有利密封，一般所需密封力由弹簧预压缩力产生。

$$F_S = K_S C_S = K_1 F_{Mmin}$$

式中　F_S——弹簧预压缩作用力，N；

K_S——复回弹簧刚度，N/mm；

C_S——弹簧初压缩位移，mm；

K_1——结构设计裕度系数，一般为1.1～1.3。

④ 励磁线圈电磁力 F

$$F = K_2 F_P + K_1 F_{Mmin}$$

式中　K_2——结构设计裕度系数，一般为 1.1～1.3。

螺管式电磁铁电磁吸力 F 计算式：

$$F = 9.8\times6.4\times10^{-8}\times(IW)^2\times\frac{\pi r^2}{\delta_1^2} = K(IW)^2\times\frac{\pi r^2}{\delta_1^2}$$

式中　I——吸持电流，A；

W——线圈匝数，匝；

πr^2——铁芯面积，cm^2；

δ_1——工作气隙行程，cm。

由上式可知，电磁吸力大小与线圈电流和匝数乘积的平方成正比，而线圈功耗 P_U 与线圈电压 U 和电流 I 成正比，即 $P_U = IU$。增大电流可提高电磁吸力，但功耗相应增大，使线圈温升升高，必要时可牺牲部分电磁吸力，以缩小线径，增加匝数和阻抗，降低电流来达到所要求的线圈温升指标。

降低线圈温升的另一途径是增大线圈散热面积，但体积会相应增大。

另外，可通过提高选用导线绝缘等级的方式提高线圈的耐温性能，这样可以不增加体积，但选用导线成本提高，且线圈温升偏高。对于使用蒸汽等高温介质的电磁阀，电磁铁与主阀间的连接应采用长颈型，以减少介质热传导影响。

线圈温升计算公式：

$$T = \frac{R_2 - R_1}{R_1}\left(\frac{1}{\alpha} + t_1\right) + (t_1 - t_2)$$

$$= \frac{R_2 - R_1}{R_1}(234.5 + t_1) + (t_1 - t_2)$$

式中 T——线圈温升，℃；

R_1——冷态电阻，Ω；

R_2——热态电阻，Ω；

t_1——冷态环境温度，℃；

t_2——热态环境温度，℃；

α——在20℃时导线材料的电阻、温度系数（铜线为1/234.5，铝线为1/245）。

10.6.3 电磁阀的密封和动作寿命

电磁阀的密封包括防止内泄漏的密封和防止外泄漏的密封两种，是指其密封副接触并在外力作用下，密封材料产生弹性、塑性变形，使密封副间的间隙填实而堵闭泄漏的能力。

为了保证密封所需要的密封副参与密封部分单位面积上的最小压力称为必需比压，设计时必须保证必需比压。必需比压取决于密封副材料（橡胶、塑料、金属），工作介质（水、气、油、蒸汽），工作压力，密封宽度及表面形状的位置精度和质量等因素。

电磁阀的泄漏量是表征阀的密封性能的一项主要性能指标，通常影响阀的密封性能的因素主要有以下几项。

① 密封结构　电磁阀密封结构的形式有平面密封、球形密封、锥形密封、刃形密封和刚性带弹性密封面的密封（图10-19）。

② 密封表面形状　电磁阀密封表面形状有微观表面光滑、凸棱、凹槽和凸棱-凹槽（图10-20）。

③ 密封介质压力的大小　泄漏量与介质压差呈非线性关系，即

$$Q_{泄}=M(N\Delta p^2+S\Delta p)$$

式中 M，N，S——与材料密封面加工质量、密封面上的密封比压值和其他条件有关的固定系数。

④ 密封面宽度　在必需密封比压得到保证的前提下，随着密封面宽度增加其泄漏量应按比例减少。但实际上可能不是整个宽度以同样程度起着密封作用，有时反而造成泄漏可能。

⑤ 密封介质的类别　由于气、液、油介质黏度和渗透性不同，其泄漏也不同。

⑥ 密封面形状和位置偏差　密封表面的不平度、平行度、垂直度及其表面粗糙度，对密封泄漏均有影响。

泄漏量与被密封表面的密封比压成反比，即选用的密封比压与必需比压相比越大，则泄漏量越趋减少，密封性越好。

从阀的动作次数寿命试验，主要考验产品机械磨损和弹性变形，磨损后仍应保证产品标准所规定性能指标，对提高动作次数的寿命来说，密封面选用密封比压应越趋近必需比压，即在保证密封性条件下，密封副弹性变形越小，工作状态越好，寿命越长，故密封性与寿命二者是有矛盾的。

一般情况下，电磁阀运动密封副软质密封时选用邵尔硬度较高的橡胶件或塑料件，刚性密封选用弹性模量大的金属材质。理论上，高密封比压有利于阀的密封，但对阀的动作寿命而言，选用密封比压越大，越接近该材料挤压许用比压，将使密封材料变形大，容易出现疲劳或损坏，会大大降低动作寿命次数。解决方法为避免刃口密封，采用光滑圆弧形或斜面形或过载限位保护方法，随着介质压力提高，接触密封宽度逐渐增加，使承受密封比压的增加是缓慢的，最终仍在挤压许用比压的限度内，这样既发挥了良好的密封效果又延长了密封副动作寿命。

10.6.4 导阀孔与节流孔（平衡孔）面积之比和阀响应时间

电磁阀的开启是由于其导阀孔大于节流孔（平衡孔），当导阀开启，使流经节流孔后的腔室压力迅速下降形成阀芯上下部压力差而使电磁阀开启。

导阀孔与节流孔面积之比越大，阀开启越迅速，但关阀较慢。当面积比较小，阀开启较慢，但关阀迅速。为使电磁阀在不同介质和压力下开启和关闭时间相当，应选用适当面积比并经试验验证。按经验数据，导阀孔面积 S_a 与节流孔面积 S_p 之比为

$$\alpha=\frac{S_a}{S_p}=4\sim6$$

如果提高阀的开、闭速度，减少充压和泄压时间，适当增大滑动密封间隙，这样势必增大导阀孔径和节流孔，但相应要提高电磁吸力和增大导阀体积尺寸，减少节流孔后腔室容积也是提高阀开闭速度途径之一。通常同规格的膜片式比活塞式电磁阀开闭速度要快，气体介质比液体介质电磁阀开启速度要快。

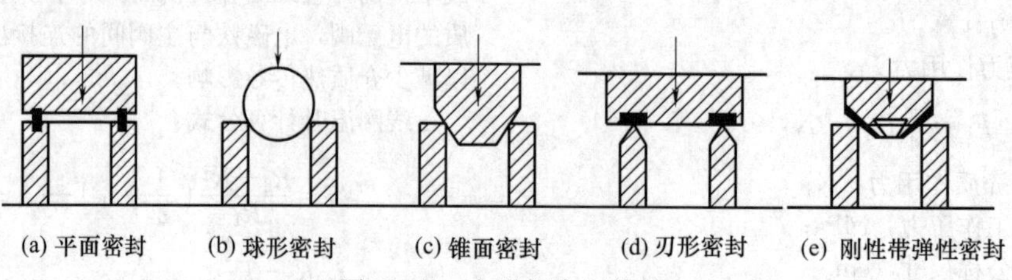

图10-19　电磁阀密封结构

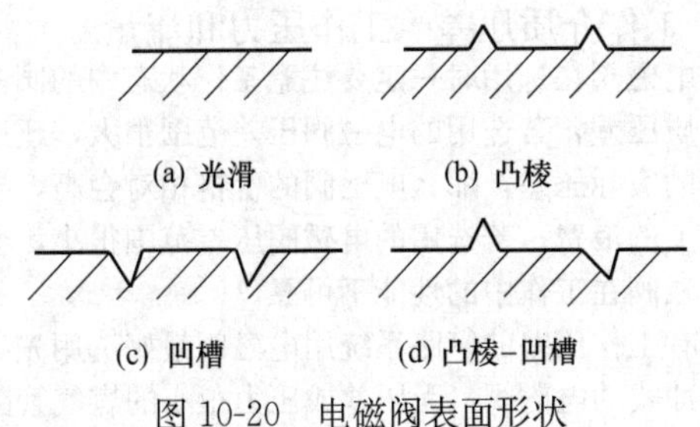

图 10-20　电磁阀表面形状

10.6.5　额定流量系数与体积尺寸

额定流量系数表征阀可通过流体能力的大小，在工作压差范围内其所测得额定流量系数相等，尤其是在最小工作压差下阀仍是呈全开流量是阀的重要性能指标之一，对于不同规格的阀，达到相同或相当的流量系数，则反映小规格的阀设计更合理和更经济。流量系数大小除了与阀的流道是否流畅，有无旋涡死角、流阻损失、铸件成形工艺有关外，还与阀通径和阀芯行程是否满足有关，这反映产品合理设计水平，随之决定体积尺寸。

(1) 活塞式阀体设计（图 10-21）

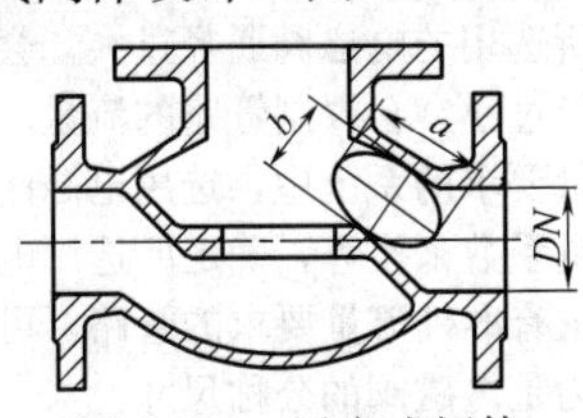

图 10-21　活塞式阀体

① 流入、流出流道的各处截面积原则上应设计相等，流道变大或缩小均使压力传送受损失。

② 流道形状应光滑流畅，无死角及流体旋涡空穴产生。

③ 在通径 DN 流入至阀座出口间呈喇叭形过渡，在阀体俯视图上，不同断面处作为椭圆长轴 a，在阀体正视图上相应不同断面处为椭圆短轴 b，应有

$$\frac{\pi}{4}DN^2=\frac{\pi}{4}ab$$

④ 在阀体正视图上各处椭圆短轴用光滑曲线连接并进行适当修正。

(2) 膜片式阀体设计（图 10-22）

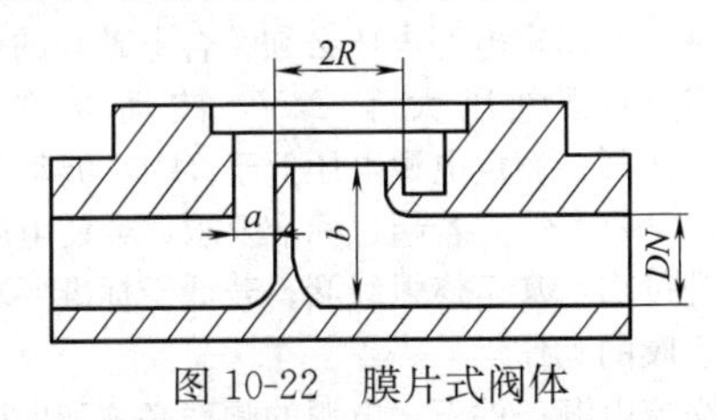

图 10-22　膜片式阀体

① 流入、流出流道的各处截面积原则上应设计相等，流道变大或缩小均会使压力传送受损失。

② 流道形状应光滑流畅，无死角及流体旋涡空穴产生。

③ 从通径 DN 流入阀腔至阀座出口间槽径差作为 a，阀座高作为 b，应有

$$\frac{\pi}{4}DN^2=2ab$$

另从斜坦槽径截面，有

$$\frac{\pi}{4}DN^2=2a\pi R$$

10.6.6　滑动密封间隙与动作可靠性

阀芯（活塞）与阀壁相对滑动，两者间不可避免地存在滑动间隙，为了降低间隙泄漏量，电磁阀滑动密封通常采用迷宫密封、唇形密封或其他弹性环密封等。

滑动密封间隙过小，增大摩擦力，提高了形位公差加工要求，另外，过小间隙当流体介质清洁度不高含有尘埃颗粒易在中间卡住，而影响动作的可靠性。

滑动密封间隙过大，活塞或阀芯晃动或定位歪斜影响密封的泄漏，另外导阀开启，介质压力从活塞（阀芯）较大间隙中渗漏使活塞（阀芯）背压腔内压力较难下降，从而需提高开启工作压差，增加导阀孔流量，相应地电磁力也必须增加，有时要重新设计导阀和电磁头。

为了使阀动作可靠，针对流体介质气、液、油、蒸汽黏滞性和渗透能力的不同，应有不同的滑动密封间隙量。目前国内外采用活塞环来补偿配合间隙的不足，如在高温 200℃以上或在低温 −60℃以下的条件下工作时，在常态下的间隙须进行修正计算，以选择比较正确配合类别。

计算公式如下：

$$X_{Zmax}=X_{Qmax}+d[\alpha_Z(t_Z-t)-\alpha_K(t_K-t)]$$
$$X_{Zmin}=X_{Qmin}+d[\alpha_Z(t_Z-t)-\alpha_K(t_K-t)]$$

式中　X_{Zmax}，X_{Zmin}——最大与最小的装配间隙，mm；

X_{Qmax}，X_{Qmin}——最大与最小的间隙，mm；

t_Z，t_K——孔（阀体或阀衬）和轴（活塞）的工作温度，℃；

α_Z，α_K——孔和轴材料的线胀系数，℃$^{-1}$；

t——装配时环境温度，℃；

d——配合面的公称直径，mm。

一般情况下配合间隙类别可选用在 H7/d8～d9、H8/d8～d9 之间。

如密封间隙设计合理，可以适用不同的流体介质。

迷宫密封结构简单，工艺易行，寿命长，但泄漏量较大。不同金属材料组合件摩擦因数为 0.15～0.2。

唇形密封结构断面形状有 O 形、K 形、Y 形等，

泄漏量低，密封效果好，对颗粒杂质不敏感，不至于使活塞卡住而动作失误。但有一定的静摩擦和动摩擦阻力，橡胶件摩擦因数为 0.1。

弹性环（活塞环）密封由弹性环（圈）与滑动环组合而成，这种结构具有耐磨性好、摩擦阻力小、密封性较好、寿命长等特点。常用滑动环材料有聚四氟乙烯或石墨充填塑料等，后者的摩擦因数为 0.04。

10.6.7 工作压差与流量的计算方法

目前电磁阀的样本中都标出流量系数 K_V，用 K_V 值可以换算出不同压力。有些国家用 C_V 值表示流量系数，气动行业用流通面积 S 表示流量系数。

K_V、C_V、S 三者流量系数关系公式：

$$K_V=\frac{10Q}{\sqrt{\Delta p/\rho}} \qquad C_V=1.167K_V$$

$$S=21.53K_V=18.45C_V$$

式中 Q——实测流量，m^3/h；

Δp——阀前、阀后压差，kPa；

ρ——流体介质密度，g/cm^3（水为 1）。

10.7 选用、安装与维护

10.7.1 选用

电磁阀的选用是一项很重要的工作，选用得合理，电磁阀就能恰如其分地发挥出作用，保证系统正常工作，选用不当，不但电磁阀难以正常工作，而且会影响整个系统。

选用电磁阀通常应考虑下列事项：

(1) 工作介质的性质

工作介质的性质往往决定着使用电磁阀的类型、性能等，因此必须首先引起注意。工作介质的性质包括工作压力、介质温度、介质黏度、介质的腐蚀性等，另外，介质中是否夹杂有微粒杂质，也是必须要考虑的，如有的水用电磁阀用在空气、蒸汽管路中往往不能开阀，用在黏度稍大点的油介质管路中往往不能关阀，气用电磁阀用在水介质管路中会出现不关阀的现象等。如城市煤气的工作压力很低，用先导式和反冲式结构电磁阀不能工作或不能可靠工作。又如，常温用电磁阀不能用在高温介质场合，否则，线圈会烧毁，阀体及密封件损坏，动作不可靠。

当介质中混有微粒等杂质时，应选用直动式电磁阀；介质为蒸汽时应选用蒸汽电磁阀；水介质选水电磁阀，气介质选气电磁阀，腐蚀介质选防腐电磁阀。对于工作压力不大（2.5MPa）、介质温度不高（120℃）的工况条件，因双向式直动电磁阀具有通用性强、可靠性高，适用于水、气、油等多种工作介质，具有很强的适用性和覆盖性。

(2) 工作介质压差、工作压力和流量

电磁阀在选用时一定要注意工作状态中的阀前阀后介质压差，若选用的电磁阀压差范围很大，超过工作中的实际压差，那么电磁阀的价格相对会高，导致经济上的浪费；若选用的电磁阀压差范围很小，会导致电磁阀在工作中的性能不可靠。

有工作压差的管路系统用电磁阀最好选用先导式或反冲式的电磁阀，无压差或压力很小的煤气管路系统一定要选用直动式电磁阀。

工作压力一般用最高与最低的上限、下限来规定它的可靠工作范围，如果选用的电磁阀的最高工作压力低于管路中可能出现的最高压力，那么电磁阀在该状态期间就难以工作；同样，当选用的电磁阀的最低工作压力高于管路中可能出现的最低压力，那么电磁阀这时不能可靠工作。

正常选用电磁阀的做法是：电磁阀的最高工作压力差应高于管路中可能出现的最高压力的 5%以上；电磁阀的最低工作压力差应低于管路中可能出现的最低压力的 5%～10%左右。

流量大小关系到电磁阀应选用的通径和主阀孔径尺寸，如果所选用的电磁阀通径过大，会造成经济上的浪费；通径过小，会限制管路的流量。

在有流量要求的系统中，选用电磁阀时，一定按电磁阀的流量系数来换算，确定所选用电磁阀的通径（规格），若没有准确流量要求的管路，可选用与管路相同尺寸作为是电磁阀的公称尺寸。

(3) 工作制与工作频度

电磁阀通常有三种工作制：连续工作制、反复短时工作制与短时（瞬时）工作制。

工作频度是电磁阀在工作动态时所允许的最高动作次数。在电磁阀的技术参数中大多都已规定每分钟电磁阀的开阀与关阀的次数，用切换频率来表示。这项指标由电磁阀的类型与结构所决定，如直动式电磁阀动作时间快，它的切换频率高些。如在某些要求动作时间极短、工作次数极高极频繁使用的场所，就不能不选用高频率的交流电源电磁阀。

(4) 电源条件

电磁阀的电源条件可能是直流或交流，因此在选用电磁阀时必须注意电源条件。

电磁阀的额定电源电压必须符合电磁阀的标准要求（额定电源电压大于 24V，波动允许范围：－15%～10%；额定电源电压低于 24V，波动允许范围：－6%～10%）。若超过标准要求，会使电磁阀的线圈温升过高，甚至烧毁线圈；若低于标准要求，会影响电磁阀的动作。

在交流电源条件下，电源的频率必须和电磁阀所要求的频率相符，因电磁力与电源频率的平方成反比，如 50Hz 的电磁阀用在 60Hz 的电路中时，它的电磁吸力只有原吸力的70%左右，因此，电磁阀的开阀能力会大大下降。

(5) 环境条件

环境是电磁阀所在的工作场所的情况，所以选用的电磁阀类型必须和环境相符，一般的环境条件如下。

① 环境温度 若环境温度超过电磁阀所要求的最高温度，会引起线圈温升增加，降低电磁阀的使用寿命；若环境温度过低，会影响电磁阀的引线及密封件等的性能使电磁阀不能可靠工作。

② 相对湿度 关系到电磁阀的电气绝缘性，过分潮湿会使电绝缘电阻下降，影响到电磁阀的可靠性。有时它与温度共同影响产品。如湿度过高，在一定气温下容易引起霉菌、湿热对电磁阀的侵蚀，在这种条件下使用的电磁阀必须是经三防试验合格的产品。

③ 机械作用 为振动、颠振与冲击等现象，如在大型的机械设备上装有的电磁阀必须能克服机械作用并能可靠工作，这类电磁阀应按振动、颠振与冲击的环境要求，做好有关耐振试验的合格证明方能选用。

④ 外界介质的作用 外界介质对电磁阀的侵害影响，如电磁阀周围的沙尘飞动，灰尘的侵入，滴水、喷水及潜水等，在环境外界因素的作用，必须选用相应罩壳防护等级的电磁阀。一般电磁阀的防护等级为IP54、IP65、IP67。特殊要求的防护等级为IP68，可以潜水使用。

防护等级的标准选用GB/T 4942.2《低压电器外壳防护等级》。

⑤ 爆炸危险物质 如在环境中具有爆炸危险物质，那么安装的电磁阀必须具有防爆性能。

国内防爆电磁阀的防爆类型有：隔爆型dⅡBT4（CT5），增安型eⅡT4（T5），本安型ibⅡCT5，浇封型mⅡT4，隔爆与增安结合型edⅡBT4（CT5）。

电磁阀的防爆性能是由产品防爆结构的类型、爆炸危险场合的传爆能力与可燃气体、蒸汽级别、温度级别来决定的，如dⅡBT4的防爆标志为Ⅱ类（厂用）隔爆型防爆B级T4组，eⅡT4防爆标志为Ⅱ类增安型防爆T4组，eⅡ（135℃）T4防爆标志表示最高表面温度为135℃的工厂用增安型防爆电器。

电磁阀的防爆标准采用GB 3836《爆炸性环境防爆电气设备》。

⑥ 辐射、盐雾、噪声电磁兼容性等环境 在以上的特殊工作环境中所用的电磁阀必须经过有关部门的试验认可方能使用。

10.7.2 安装与维护

在合理选用了电磁阀以后，正确安装与慎重维护是电磁阀可靠工作的充分保证，但因电磁阀的种类繁多，用途千差万别，所以对电磁阀的安装与维护也不相同，在此以FDF型气用电磁阀为例介绍其安装与维护的注意事项。

FDF-10型电磁阀的技术参数如下。

公称尺寸：10mm。

工作介质：气（压缩空气）。

工作压力（压力范围）：0.03～1.7MPa。

环境温度：−20～40℃。

介质温度：−10～80℃。

电源电压：AC 220V，50Hz；DC 24V。

通电时间：持续通电100%（ED100%）。

(1) 安装注意事项

① 注意工作介质的流动方向，应按阀体上标志的箭头所指的工作介质流动方向安装，安装前应清扫管路。

② 注意电源条件是直流或交流（频率）、电压值及波动范围、功率等，现场使用是否与电磁阀铭牌所示的数据相符，以及它与控制系统的配合是否准确，电磁阀应安装接地线，以保证工作中的安全。

③ 阀内装有弹簧，使主阀塞及动铁芯及时复位。该弹簧应能承受一定程度的振动，要求电磁阀尽量正立安装，虽然有的小口径电磁阀说明书提出可以任意安装，根据现场的要求，安装位置可自行选择，但正立安装可增加电磁阀工作的可靠性和寿命，否则因阀件的自重，将增加运动部件单面磨损量，直接会影响阀门的使用寿命和工作的可靠性。

④ 导阀与阀盖上螺钉或螺栓安装前应分别拧紧，防止外漏影响密封性能。

⑤ 在有腐蚀性的环境工作场所，一般不可以选用该电磁阀，但确实想选用本阀时，应想法在电磁阀外露部分增加防护措施。

⑥ 不能在其他工作介质中使用，只能用在气体管路中的自控，但必须在规定的压力范围内使用，工作压力小于0.03MPa，电磁线圈通电时，只有导阀动作，主阀因压差小不会开启，但也关闭不严（漏气），若工作压力大于1.7MPa时，电磁线圈通电后电磁吸力不够，导阀不能开启，故主阀亦不能开启。

(2) 维护注意事项

① 使用电磁阀前应吹扫管路，将管路中的积污排除。

② 阀盖经过拆卸后，最好更换新的阀盖密封垫，以免发生漏气现象。

③ 在较长时间不工作后，再次工作时，先导阀部分可先通电几次，可以听到或用手摸到先导阀开关时撞击的声音或振动，然后再通入工作介质进行工作。

若先导阀部分没有打开，应看先导阀内动铁芯是否在非磁管内卡住，应将动铁芯取出除去污物（或在空气中产生的锈蚀），将动铁芯及非磁管擦拭干净、涂油后，用手按压动铁芯检查其在非磁管内动作是否灵活，若灵活可复装。再次通电动作正常后，先导阀检查完毕。

打开主阀部分，看主阀与阀体是否动作灵活，平衡孔是否堵塞，弹簧力动作是否正常，若有锈蚀、平衡孔堵塞、弹簧力不够，应清洗、除锈、通平衡小孔、换弹簧，然后在管路中组装电磁阀，通入工作介质进行电磁阀的开关试验。

④ 为了有利于电磁阀产品的正常工作和维护方便，平时应准备一些易损件，如不动作的密封垫及导阀与阀盖、阀盖与阀体间的密封垫要准备 3～5 件/台，动铁芯阀口及主阀塞阀口密封垫要准备 1～2 件/台，电磁线圈要准备 1 件/10 台。

（3） 故障现象及排除方法

① 通电时导阀不工作（无声响），检查线圈是否断路。

② 通电时导阀开启，主阀不开，检查主阀塞是否被杂物卡住，导阀孔是否被堵塞。

③ 断电时不能关阀，检查主阀塞是否被杂物卡住，导阀口是否被杂物卡住，阀塞上的平衡孔是否被堵，导阀密封口垫是否被气流冲掉。

④ 阀关闭后仍有严重泄漏，检查阀塞密封垫是否破损，平衡孔是否被堵小。

10.8 电磁阀新品种

（1） 核级电磁阀

核级电磁阀分为核级电磁动截止阀和核级仪表电磁阀，用于军核、民用核电站和核化工等核领域。国内核级电磁阀已生产多年，但至今除军核外，大多核级电磁阀被国外产品所垄断。

我国相关核法规规定：应用于核级工艺管路上的电磁动截止阀必须取证后方可销售，包括：核Ⅰ级、核Ⅱ级、核Ⅲ级。适用的主流标准为 ASME 和 RCC-M 等。应用于非工艺管路上的核级仪表电磁阀不用取证，制造厂可以和业主沟通按鉴定程序进行采购。

目前国家对核级电磁阀的国产化高度重视，国内相关厂家正在进行相关工作。

（2） 带阀位指示发讯电磁阀

带阀位指示发讯电磁阀便于现场与控制直观显示阀位状态，一般有真实阀位信号和检测通电信号两种。选用永久磁铁和位置开关等方式来显示电磁阀动作位置信号较多，技术相对成熟。

（3） 单向流通止回电磁阀

单向流通止回电磁阀防止介质回流，提高工艺控制要求。

（4） 双向电磁阀

双向电磁阀的双阀座具有压力平衡补偿，适用于无压差及流体的流向正反变换的场合。

（5） 数字式或比例式流量电磁阀

数字式或比例式流量电磁阀与计算机数字或模拟信号相联，可替代部分电动或气动调节阀。

（6） 转角式电磁阀

转角式电磁阀可替代手动、气液动、电动球阀。

（7） 食品饮料行业用电磁阀

食品饮料行业用电磁阀选材精准，无毒卫生，流路流畅、无死角，便于清洗，且符合国家相关卫生标准。

（8） IC 卡控制的电磁阀

IC 卡控制的电磁阀近些年在供燃气、供暖、供水等自动控制系统或“一户一阀”项目得到了大量的应用，IC 卡自动控制交费状态。

（9） 报警器控制的电磁阀

报警器控制的电磁阀大多用于燃气（煤气、天然气）的报警控制装置中。

（10） 高频率电磁阀

高频率电磁阀用于纺织行业中的喷气带纱，频率高达 70 次/s。

参 考 文 献

［1］ 王兴，蒋庆华著. 电动执行器. 北京：机械工业出版社，1982.
［2］ 蔡国廉著. 电磁铁. 上海：上海科学技术出版社，1964.
［3］ 杨源泉主编. 阀门设计手册. 北京：机械工业出版社，1992.
［4］《阀门设计》编写组. 阀门设计. 沈阳：沈阳阀门研究所，1976.

第11章　节　流　阀

11.1　概述

通过启闭件（阀瓣）的运动，改变通路截面积，用以调节流量、压力的阀门称为节流阀。

节流阀在外形和结构上都与截止阀非常相似，所不同的只是阀瓣的形状和工作行程，因此，节流阀与截止阀的零部件通用程度很高。

各种截断阀都可以改变介质通道截面积，因而在一定程度上也可以起到调节作用，但是它们的调节性能不好。这是因为它们的启闭件和阀杆是活动连接的，在连接处有间隙，不便调节；启闭件的升降与通道面积的改变不成比例，因而不易做到准确、连续调节；当通道面积小而介质流速很大时，会造成密封面的严重冲蚀，并引起阀瓣的振动。因而通常都采用专门结构和启闭件形状的节流阀进行调节。

节流阀主要用于调节流量、压力，在选择阀门时必须考虑流量控制范围、压力降及其负荷等，以避免过早失效并确保安全使用。用于高压差节流的阀门要求有专门设计的阀门密封元件。总的来说，通过阀瓣的最大压差不得超过最大上游压力的20%或200psi（1380kPa）两者中的较小值。具有专门密封元件的阀门可用于超出此压差极限的场合。

11.2　节流阀的分类

一般工业用节流阀按照工作介质的流向分类，可以分为阀瓣平衡式和阀瓣非平衡式两大类。阀瓣平衡式节流阀可分为直流式节流阀和角式节流阀，阀瓣非平衡式节流阀可分为直通式节流阀、角式节流阀、直流式节流阀、Z形流道式节流阀和三通流道节流阀等。在石油、天然气钻采行业中使用的节流阀的分类方法又稍有不同，因此单独列为一节介绍。

节流阀按照调节精度可分为粗调式和精调式两种。

图11-1所示的Z形流道式节流阀，其内部结构简单，属于粗调式节流阀，行程的大小与流量变化关系无法事先标定，只能借助另外的流量测试仪表临时加以判断，所以，这种阀只用于一般工艺管路。

图11-2所示的角式节流阀，其结构复杂，属于细调式节流阀，它有三个特点：①采用针形阀瓣，工作行程大，行程与流量变化的关系具有较小的斜率；②采用螺旋测微机构标定行程，精度高而且稳定，为事先标定行程与流量变化关系曲线提供了有利的条件；③结构紧凑，轻巧，密封性能好，安装位置与形式不受限制。因此，它可用于调节精度要求较高的工艺分析管路和小流量精密调节工位，既能方便地安装于仪表控制盘上，又能直接安装于各种管路中，当安装于仪表控制盘上时，可将锁紧螺母旋下，待阀门插入控制盘孔后再复位并拧紧即可。

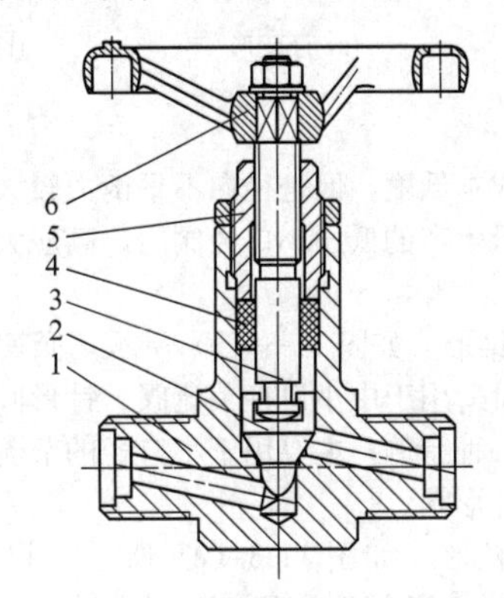

图11-1　Z形流道式节流阀

1—阀体；2—阀瓣；3—阀杆；4—填料；5—填料压套；6—手轮

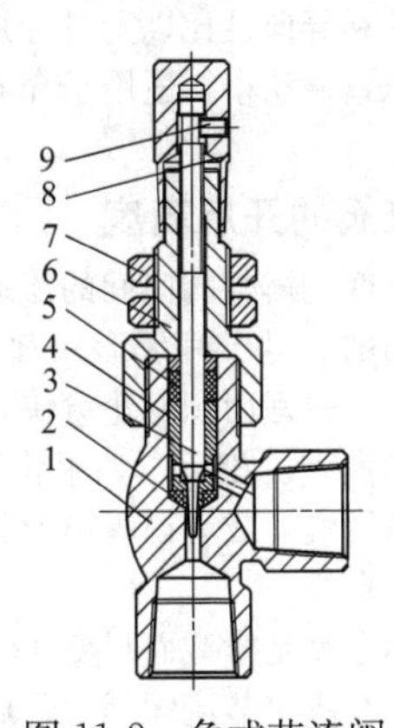

图11-2　角式节流阀

1—阀体；2—密封垫；3—阀杆；4—导向套；5—填料；6—阀盖；7—锁紧螺母；8—刻度板；9—限位螺钉

11.3　节流阀的阀瓣及开启高度

11.3.1　节流阀的阀瓣

节流阀阀瓣主要有以下几种形状。

① 月牙形　如图11-3（a）所示，又叫沟形，在柱塞侧面以一平面斜切而成。这种阀瓣适应性强，加

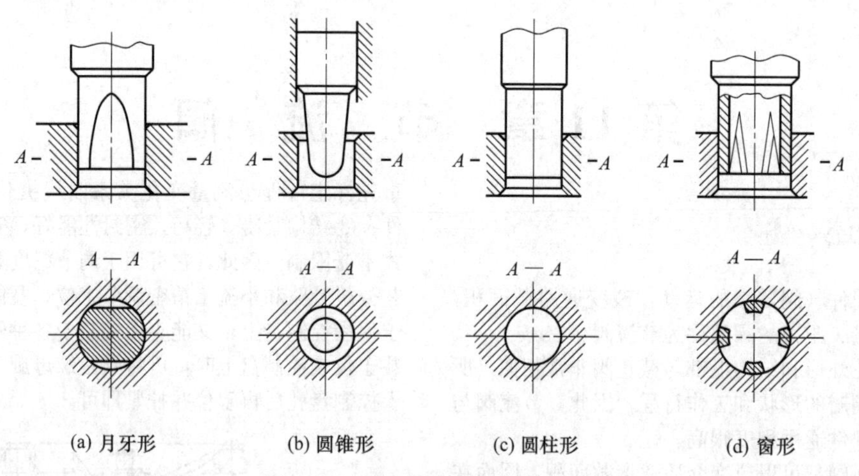

(a) 月牙形 (b) 圆锥形 (c) 圆柱形 (d) 窗形

图 11-3 节流阀阀瓣的结构形式

工简单，成本低廉，但是径向不平衡力较大，故只适用于小批量生产的低压小口径阀门，高压大口径阀门很少采用。

② 圆锥形 如图 11-3（b）所示，阀瓣通常车削而成，大量适用于中小口径节流阀。针形阀瓣是圆锥形阀瓣的一种特例，主要用于小口径的节流阀中，习惯上成为针形阀。

③ 圆柱形 如图 11-3（c）所示，阀瓣和圆锥形阀瓣一样，通常车削而成，主要用于套筒式节流阀。

④ 窗形 如图 11-3（d）所示，又叫缺口形，这种阀瓣的对称性和异向性比以上月牙形和圆锥形阀瓣都好，动作平稳，振动小，适用于介质压力较高的大口径节流阀。

11.3.2 节流阀的开启高度

节流阀是改变阀瓣与阀座间的流通面积来实现对流量的调节作用的。对于月牙形和圆锥形阀瓣来说，锥度或斜率愈大，横截面积变化愈快，即开启高度愈小，则调节性能愈差。相反，如果锥度或斜率愈小，横截面积变化愈缓慢，或者说阀瓣愈长，开启高度愈大，则调节性能愈好。

针形阀实际上就是横截面积变化十分缓慢的一种小口径节流阀。在决定节流阀阀瓣开启高度时，应考虑到阀门的密封形式。当阀门为填料密封时，由于截止阀与节流阀常常采用完全相同的阀体毛坯，开启高度的大小并无严格的规定而只受阀体高度的限制。当阀门为波纹管密封时，由于开启高度的大小直接影响波纹管元件的长度，波纹管原件过长，不仅大大增加阀门的总体高度，还会降低波纹管元件本身的失稳压力，即降低密封结构的压力承载性能。因而，开启高度的大小是否合理，最终会影响阀门的性能和密封效果。这时，应首先找出节流阀的理想工况点，规定合理的节流范围（通常为开启高度的 30%～70%），再据此确定开启高度的大小。但是，不论何种密封方式的阀门，到达开启高度的终点时，在阀瓣与阀座之间的流通面积均应不小于入口端的横截面积。

实际上，节流阀的调节性能好坏，除了阀瓣与阀座间的流通面积变化情况外，还与流阻系数有密切相关，故在确定阀瓣几何形状及尺寸时，流量与流阻试验常常是不可缺少的手段。

11.4 节流阀的节流原理

节流阀的阀瓣在不同高度时，阀瓣与阀座所形成的帘面积（环形通路面积）也相应地变化，所以只要细致地调节阀瓣的高度，就可以精确地调节阀瓣与阀座所形成的帘面积，从而也就可以得到确定数值的流量和压力。

11.5 节流阀的设计要求

（1）导向要求

当介质流过节流通道时，以很高的速度冲击阀瓣，会使其产生偏斜和振动，而影响调节的精确性，所以必须有导向装置。对于月牙形、圆柱形和窗形结构的阀瓣由阀座的通道作为导向；对于圆锥形结构的阀瓣，可以在阀盖的腔体里设计足够长的凸台并加工成导向孔，用来导向，如图 11-3（b）所示，也可以在阀杆和阀盖之间设计导向机构，然而这时阀瓣要固接在阀杆上，留有的间隙要尽量小。

（2）抗冲蚀要求

阀瓣与阀座密封面受到高速介质的冲蚀作用，因而必须用耐冲蚀和磨损的材料来制造。

（3）阀杆梯形螺纹螺距

节流阀的阀杆螺纹梯形的螺距比同规格截止阀阀杆螺纹的螺距小，以便于节流阀进行精确的调节。

11.6　节流阀与截止阀的区别

一般，节流阀阀座的密封性能较差，当做截止阀使用常常是不可靠的，即使精心设计的节流——截止两用阀门，在制造厂装配试验时能够表明阀门具有密封性能，但在长期使用中仍然不能保证密封的可靠性。同样，截止阀虽然也有某种粗调功能，但调节性能极差，属于快开特性，当做节流阀使用也是不妥当的，因为这时阀瓣与阀座的间隙很小，流阻很大，流速增加，在介质的剧烈冲蚀下，阀瓣与阀座的密封面很快就会损坏，使截止阀失去原有功能。

11.7　针形阀

针形阀也是一种小口径节流阀，其工作介质流向有Z形流道式和角式两种结构。针形阀的阀芯类似于圆锥形阀瓣，只是锥度较小，锥体较长，略呈针形。由于针形阀阀芯截面变化小，故调节灵敏度高，可作为精确流量控制阀。针形阀特别适宜于高压下操作，因其阀芯为针形，承受介质压力小，易于启闭。

针形阀的连接方式有卡套连接、外螺纹连接、内螺纹连接等。

针形阀一般用于要求高压力及低流量的地方。针形阀也可作为压力表、气动调节器的配套用阀，也可用作取样阀。

11.8　石油、天然气钻采行业用节流阀

节流阀是石油、天然气行业井控装置用于节流管汇中的核心部件，其功能是在实施油气井压力控制技术时，借助它的开启和关闭维持一定的套压，将井底压力变化稳定在一定窄小的范围内。节流阀的节流元件，大多数采用针形阀结构；也有的是筒形橡胶，由气液驱动橡胶筒外壁来改变其内孔大小；还有的是利用两块重叠金属板，靠其相对转动来改变孔口大小。尽管节流阀结构各异，但原理都是通过改变流体通道大小，使钻井液流过节流元件的阻力大小不同，造成的井口回压也不同，通孔越小阻力越大，回压也越大；通孔越大阻力越小，回压也越小，从而达到节流的目的。

节流管汇中的节流阀主要分为两大类，固定式节流器和可调式节流阀。可调式节流阀按照阀瓣的结构可分为针形节流阀、筒形节流阀、笼套式节流阀和孔板式节流阀等。其操作方式有手动、气动、电动和液动。

11.8.1　固定式节流器

固定式节流器的流量是固定不变的，可根据需要更换不同尺寸的节流嘴而得到不同的排量，固定式节流器与可调节流阀配合使用，通常先使用可调节流阀，当井涌量大时才用固定式节流器配合。

固定式节流器不是一个阀，而是一个整体装置，里面有一短接或一节管子。它的尺寸在API Spec6A中有描述。这种提供节流嘴的短节是可以更换的，通过改变其尺寸大小可得到所希望的流量。流量的变化是靠更换具有另一孔径的节流嘴来实现的。固定式节流器适用于压力固定的情况，例如采油树。

固定式节流器用于油井（采油树）上，有加热式和非加热式两种。加热式节流器由节流阀体、加热套和油嘴构成，如图11-4所示。

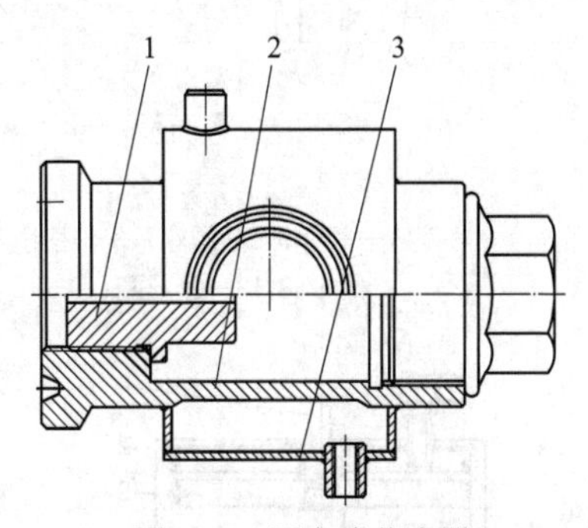

图11-4　固定式节流器

1—油嘴；2—节流器本体；3—加热套

11.8.2　可调式节流阀

(1) 针形节流阀

针形节流阀用于节流管汇、高压油气井口装置等。针形节流阀有手动和液动两类。此处仅简介手动针形节流阀。

针形节流阀主要由法兰、阀体、O形密封圈、盘根盒、压盖、阀杆、手轮、阀座、轴承、压帽、阀针、螺母、键等组成。一对隐入式节流头和阀座，减少高速流体造成的损害，一个顶盖大螺母，方便维护保养，测试口便于安装压力检测仪表，如图11-5所示。针形节流阀广泛用于井口系统、管汇、测试等目的。

(2) 筒形节流阀

筒形节流阀其阀芯为筒形，为整体硬质合金；阀座内圈镶硬质合金；阀盖与介质接触端堆焊有硬质合金，使之具有良好的耐磨性和耐蚀性。在阀的出口通道上嵌有尼龙的耐磨衬套，以保护阀体不受磨损。

筒形节流阀靠液压的推动（图11-6）或手轮的转动（图11-7）来调节阀瓣的开关，具有流体流动性能好、振动小的特点。筒形阀瓣由前后止动帽、带槽圆螺母等固定在阀杆上，随阀杆的上下移动调节流量，阀瓣和阀座内套均采用YG8制成，具有耐腐蚀、耐冲刷的性能。阀体与阀盖、阀体与液缸间用O形密封圈、唇形圈密封。用螺栓连接，且连接部位凸出，远离内腔，消除了腐蚀介质对螺栓和螺孔的侵蚀，并减小了螺栓载荷。手动节流阀由手轮直接与阀杆连接驱动阀芯工作，为减轻操作力矩，也可以在手轮和阀杆之间增加一个带有伞齿

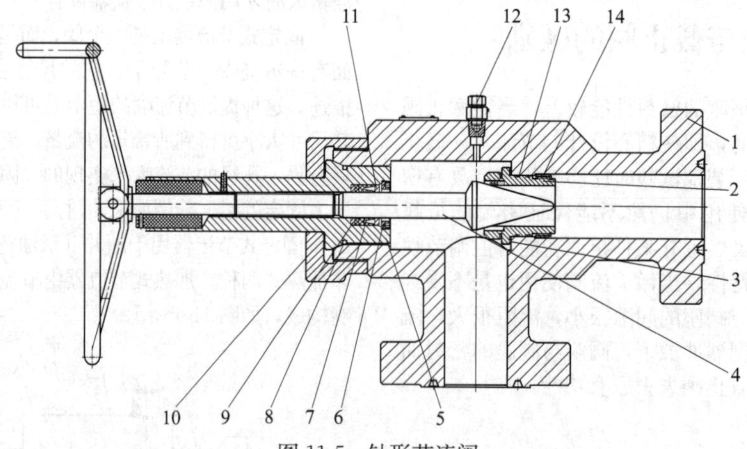

图 11-5 针形节流阀

1—阀体；2—阀座；3—密封垫；4—阀杆；5—支架；6,14—锁紧螺母；7—密封圈；8,13—O形圈；9—上支撑；10—锁紧螺母；11—垫片；12—放气阀

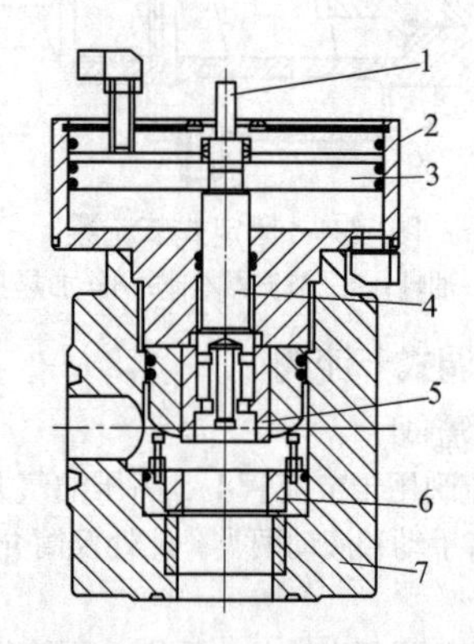

图 11-6 液动筒形节流阀

1—显示杆；2—液缸；3—活塞；4—阀杆；5—阀芯；6—阀座；7—阀体

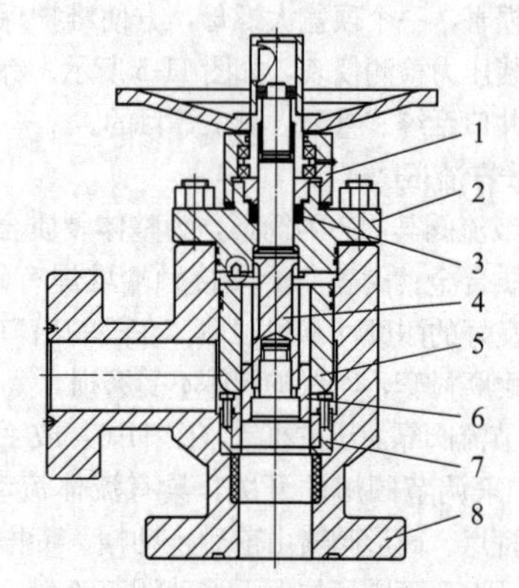

图 11-7 手动筒形节流阀

1—轴承座；2—阀盖；3—阀杆密封填料；4—阀板；5—阀座；6—阀芯；7—阀座；8—阀体

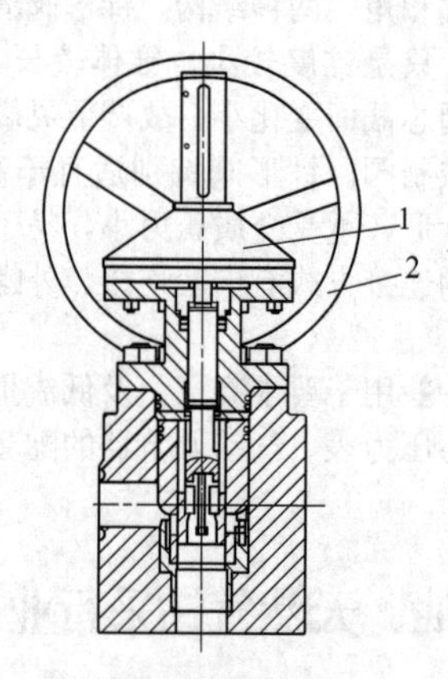

图 11-8 带省力机构的手动筒形节流阀

1—省力机构；2—手轮

轮结构的省力机构（图 11-8）。

液动筒形节流阀的阀盖尾部是液缸及活塞，靠液压油推动活塞带动阀杆，再带动阀芯前后推进，使阀芯与阀座之间的流道面积改变达到节流目的。为使操作控制台的人员能知道节流阀的开度，故在阀盖的液缸外端装有阀位变送器。

液动筒形节流阀具有如下特点：

① 它具有较好的耐蚀性，耐冲刷性能；

② 筒形阀芯和阀座内圈为硬质合金，且能颠倒使用，增长了使用寿命；

③ 较大的阀体腔和筒形阀体结构，较之通常的针形节流阀，它具有较大的流量，采用侧进正出的流向，其筒形阀板周围的导筒减少了节流时的振动，减少了噪声；

④ 阀位变送器能借助气压信号，将节流阀阀芯的实际开关位置输送到控制台上显示出来；

⑤ 操作者通过控制台能远程控制节流阀的开关。

操作手动筒形节流阀时，顺时针旋转手轮，开启度变小并趋于关闭；逆时针旋转手轮，开启度变大，节流阀的开启可以从护罩上的刻度显示出来。在旋转手轮快到行程终点时，不可太快，以免损伤阀杆和限位帽。

节流阀只能控制压力和流量用，绝不能作截止用，即阀芯与阀座之间不能起密封作用。

(3) 笼套式节流阀

笼套式节流阀利用带孔的笼套结构来改变流体方向，并利用流体力学原理使流体沿笼套的中心线运动，避免对节流元件的冲损和腐蚀，减少运行噪声。笼套式节流阀可以提供一个可变的流量，且节流通径有较大的调节范围，但是如果要求流量不变时，该节流阀也能够在某一位置，提供固定的流量，这样可以满足用户的不同的流量需求。

笼套式节流阀阀芯组合的内部和节流阀阀杆头部都采用碳化钨材料，耐蚀、耐冲损，具有很长的使用寿命。阀体上设有泄压阀，以方便操作者在打开阀盖前安全地释放腔内的压力。阀盖的密封采用了特殊的结构形式和密封材质，耐高压、密封可靠、寿命长。笼套式节流阀的节流元件采用碳化钨材料，上下多点固定，节流范围广，噪声低，耐高冲损，环形空间有助于减少阀本体腐蚀。

笼套式节流阀多孔多向消除能量，可消除紊流冲损现象，大大延长了安全使用寿命，降低了停产维修率。笼套式节流阀维护方便，而针式节流阀由于结构本身的特点使其具有结构简单、价格低廉的特点，同时节流阀针头易损坏，寿命短，针头破损的碎块冲入管道中存在着潜在的危险。这些情况增加了油气井开采后期的作业成本，而且还造成由于更换节流阀而停井的间接油气产量的损失。

笼套式节流阀分为活塞笼套式和套筒笼套式。

① 活塞笼套式　如图 11-9 所示，利用活塞在笼套位置不同实现节流目的，主要用于高流速、中压降的工况。主要应用于海洋及陆地的井口、管汇、分离器、气举、注气。

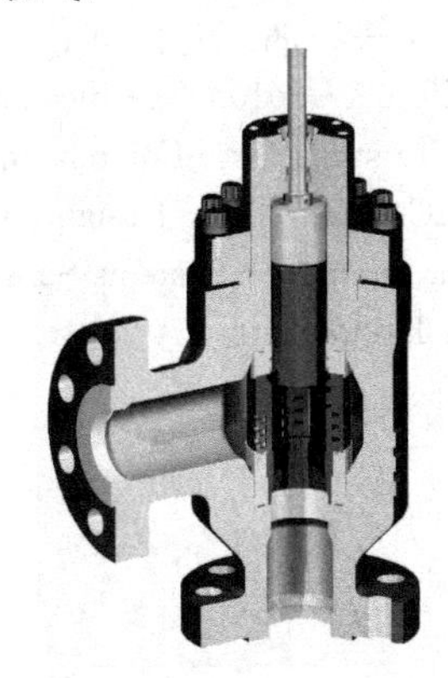

图 11-9　活塞笼套式节流阀内部结构

② 套筒笼套式　如图 11-10 所示，采用一个套筒套在笼套上，套筒的运动将密封或放开笼套上的

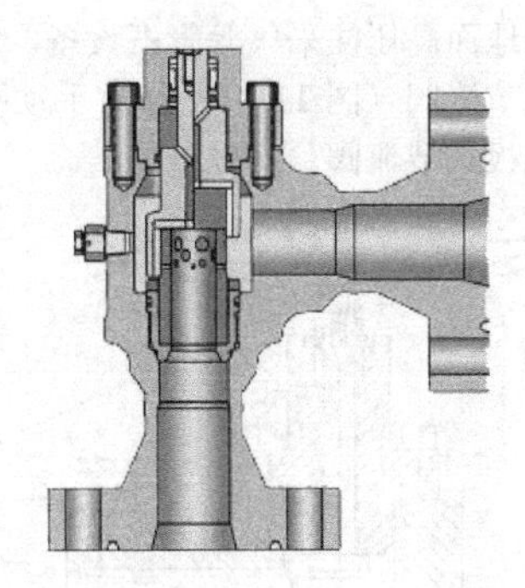

图 11-10　套筒笼套式节流阀内部结构

孔，从而实现节流目的。套筒笼套式节流阀用于低流速、高压降、高腐蚀的工况。利用活塞在笼套位置不同实现节流目的。

(4) 孔板式节流阀

孔板式节流阀由两块极具抗冲损能力的特殊碳化钨材料模制而成的孔板组成。通过对其中一个孔板的旋转，改变两个孔板上孔与孔之间的同心度，从而实现液体或气体流量的调节。此阀用于钻井、压裂、泥浆循环和地面高压注气采气等管汇设备。

孔板式节流阀与其他各种节流阀相比，其具有使用寿命长，抗冲损及磨损能力强的特点。

多孔阀板型节流阀是三种基本型节流阀中可靠性最高、性能最好的一种（相对于控制式节流阀及阀杆阀座式节流阀）。

多孔是一种特殊的设计，由一对可调的圆盘组成，每个圆盘有一组对孔。两片圆盘的接触面经过特殊金刚石材料研磨表层处理，以确保平面公差在规定范围以内，并可以非常精确地开关和控制流量。实际使用中，多孔原板型节流阀完全符合 ANSI B104 的四类标准。当一个圆盘相对于另一个圆盘旋转一定的角度，通孔直径内全闭变为全开，控制通过节流阀的气体或液体的流量。通过圆盘的不同压力将两片圆盘压紧，不会有任何一个部分发生振动，产生共振噪声或疲劳失效。每次阀盘旋转时，圆盘表面暴露的部分会被流体冲洗干净。阀盘的旋转也避免了由于沥青质造成的问题。这类流体容易在阀盘旋转时产生固化，严重影响节流能力，圆孔形多孔板阀门在圆盘上有一个小的磨面，而且在通孔中心位置没有交界面。这样，在节流和关断区域会大大减少磨损，调节也很精确，可以延长使用寿命，同时减少维护保养的次数和维修的时间。另一个可延长使用寿命的独特设计是另有一个带磨边的孔，只需要简单地将圆盘转向相反的方向。标准的多孔圆板阀门配用陶瓷圆板芯。在恶劣和高压工况下，也可根据需要使用特殊材料制造。

得益于简化的设计，维修时并不需要更换很多的部件。日常维护也相当简单，不会有很长的停机检修时间，并且运行成本很低。此阀是用于钻井、压裂、泥浆循环和地面高压注采气等管汇设备。

孔板式节流阀（图 11-11）分为手动孔板式节流阀和液动孔板式节流阀。

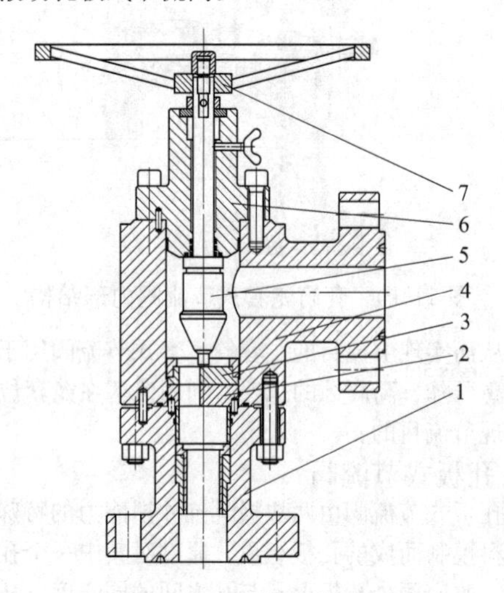

图 11-11　孔板式节流阀
1—下阀体；2—固定孔板；3—旋转孔板；4—阀体；5—阀瓣；6—阀盖；7—手轮

孔板式节流阀具有以下特点：

① 阀杆与阀体之间采用螺栓相连，具有连接安全可靠等优点。

② 手动孔板式节流阀采用省力结构，靠手轮的传动来改变节流口径，孔板式节流阀采用四缸连动的液动驱动器来驱动，具有开关灵活，操作方便等优点。

③ 流动孔板式节流阀在驱动器上安装有角位变送器，可在液控箱中能瞬间观察到节流孔的面积。

④ 阀杆密封采用O形圈及其四氟圈的双重密封，在保证密封性能的情况下，降低了阀门开关力矩。

⑤ 阀板是以轴线为旋转轴的关闭件，既起调节流体节流面积的作用，又起关闭流体的作用。

⑥ 手轮以逆时针方向旋转为开，顺时针方向旋转为关。

⑦ 孔板式节流阀同其他各种节流阀相比，具有最长的使用寿命，最具抗冲损及磨损的能力。

⑧ 孔板式节流阀适用于钻井、压裂、泥浆循环和地面高压注气采气等设备。该阀最显著的特点是在于当被关闭时，进、出口之间的压力差，能使两块孔板紧紧地压在一起，实现密封切断的功能。尤其是在遇到压力突然升高或因泄漏造成的压力突然降低等紧急突发事件的情况下，可通过预先设置的高、低压传感器压力信号值，使其自动关闭和切断，因此可避免重大危险事故的发生。

11.9 节流阀的应用

节流阀用于调节介质流量和压力。截止型节流阀能够在较大范围内调节，也能进行精确调节，但口径较小，适用于中、小口径，蝶式节流阀适用于大口径。节流阀不宜作为截断阀用，节流阀若是长期用于节流，其密封面必然会被冲蚀，而不能保证密封性。

国产节流阀多采用截止型，其公称尺寸 *DN*3～200，公称压力小于或等于 *PN*320，工作温度 $t<450℃$。

参考文献

［1］ 王孝天等. 不锈钢阀门的设计与制造. 北京：原子能出版社，1987.

［2］ 王华主编. 井控装置实用手册. 北京：石油工业出版社，2008.

［3］ ［美］派珀（Piper C. F.）著. 阀门. 赵凯民译. 北京：石油工业出版社，1989.

［4］ 卫晓亭. 石油矿场水力机械. 北京：石油工业出版社，1989.

［5］ 中国石油天然气总公司劳资局组织编写. 井控技术. 北京：石油工业出版社，1996.

［6］ 周全兴主编. 钻采工具手册：下册. 北京：科学出版社，2002.

［7］ 刘成林主编. 天然气集输系统常用阀门实用手册. 北京：石油工业出版社，2005.

［8］ GB/T 21465—2008. 阀门　术语.

［9］ API SPEC 6A—2010. Specification for Wellhead and Christmas Tree Equipment.

［10］ API SPEC 17D—2011. Design and Operation of Subsea Production Systems-Subsea Wellhead and Tree Equipment.

第12章 蒸汽疏水阀

12.1 概述

蒸汽作为二次能源，已广泛地应用在各行各业中，如能源、化工、造纸、船舶等领域，使其达到工艺所需的指标。在输送蒸汽介质的管道或设备内，还混有其他成分的介质，并在整个输送过程中这些介质还会不断地产生和形成。如在输送蒸汽介质的沿途因蒸汽介质间的碰撞运动或与管壁的摩擦等而产生的沿途凝结水，设备运行前管道系统内储存的冷空气等有害介质。因此，能够尽可能地将蒸汽在输送过程中产生的冷凝水及设备运行初期的冷空气排除干净，以提高蒸汽的热效率是蒸汽管道系统一个极其重要问题，而蒸汽疏水阀正是解决此项问题的关键装置。蒸汽疏水阀是保障蒸汽系统（加热设备或蒸汽管网）正常工作、凝结水回收利用、节约能源的重要控制类阀门。

12.2 用途

蒸汽供热系统所耗的能源在我国能源消耗中占有重要地位，全国产煤量的1/3用于该系统。蒸汽疏水阀对系统热能的节约，不仅节约了煤，还相应地降低了燃烧这部分煤所产生的CO_2、SO_2及粉尘的排放量，同时也意味着节约了生产这部分蒸汽所消耗的辅助原料、材料、电力、水、人力和设备折旧等，因此蒸汽疏水阀是一种节能环保产品。

蒸汽疏水阀可自动排除设备内的冷空气，排出管道系统内不断产生的凝结水，同时阻止蒸汽逸出，所以蒸汽疏水阀的作用简称阻汽、通水、排空气。

12.2.1 排除凝结水

在输送蒸汽介质的管道或用热设备内，蒸汽失去热量会转变成凝结水，同时系统还可能混入空气和其他不凝性气体。凝结水和空气及其他不凝性气体，成为降低用热设备热效率，引起设备产生故障和降低性能的重要原因。在这种情况下，蒸汽疏水阀节能作用主要表现在迅速排除产生的凝结水、排除空气和其他不凝性气体，且防止蒸汽泄漏。

（1）凝结水排除的必要性

① 防止水击　首先，从安全角度考虑，如果蒸汽管道中有凝结水，高速流动的蒸汽推动积结在一起的凝结水，使凝结水在管壁和阀门及蒸汽使用设备上进行强烈的撞击，同时伴随很大的冲击力，这种现象称为水击（也叫水锤作用）。当水击很强时，会造成管道转弯处或阀门的损伤与破坏。当然，水击现象并不完全是由于凝结水而产生的，假如锅炉安装与使用不正确，锅炉里的水进入蒸汽里，被带入输送管道；或锅炉的水位过高时，锅炉供应的蒸汽湿度过大，造成凝结水形成的速度加快，这也是导致水击现象的一个原因。通常，锅炉供应的饱和蒸汽中，湿度应在4%以下；如果是6%，这就说明湿度大了；如若到10%，其湿度过大。在湿度大或过大的情况下，就有必要修改锅炉的结构或解决安装上的问题。

② 防止腐蚀蒸汽使用设备内部　水和空气中的氧与设备接触，产生化学反应，使铁锈蚀。因此从防止设备腐蚀的角度来看，必须排除凝结水。

③ 防止降低蒸汽使用设备的效率　要使凝结水迅速从用汽设备中排除而又不让蒸汽排出，是由于蒸汽中的热量由显热和潜热组成。用蒸汽做功的蒸汽设备（特别是热交换器等间接加热的装置），都是为了有效地利用蒸汽的潜热。在这些设备内滞留过多的凝结水与加热面进行接触，妨碍了蒸汽与加热面接触，使热交换器等蒸汽使用设备的产生效率显著降低。蒸汽使用设备内产生的凝结水是饱和蒸汽使用之后的状态，只有显热，所以它不再具有加热的作用，因此，设备内滞留了凝结水，就完全失掉加热作用。为了不使加热效率降低，并持续保证加热效果，必须不断地排除设备内产生的凝结水。

④ 防止蒸汽使用设备的损伤　由于蒸汽和凝结水的温度不同，设备内的凝结水使设备局部产生温差，往往损伤设备。因此，从设备保养上看，也必须排除凝结水。

（2）空气排除的必要性

① 防止腐蚀蒸汽使用设备内部　设备内如果混有空气，如前所述，凝结水和空气中的氧产生化学反应，造成对铁的腐蚀，这是危险和不经济的，所以必须排除。

② 防止降低蒸汽使用设备的运转效率　设备内蒸汽的潜热使被加热物加热，蒸汽则冷却，凝结成水，在管壁周围形成凝结水层。当设备内部混有空气，由于空气是不凝性气体，不能液化，所以在设备内管壁上的凝结水层内侧形成空气层，由于空气的热导率极低，比保温材料还小，因而使蒸汽和被加热物之间的热交换能力显著降低。另外，由于蒸汽与空气的性质截然不同，一旦混入空气且滞留，就变成了蒸汽与空气的混合物，由于温度下降，使热交换能力降低。如果蒸汽是饱和蒸汽，它的温度是由压力决定

的。一般来说，蒸汽使用设备运转时的压力是由压力表显示的。由于混入了空气，形成了蒸汽与空气的混合物，这时的温度就比该压力相对应的温度低。

12.2.2 回收利用热能

蒸汽在各用汽设备输送的过程中，变为接近同温同压下的饱和凝结水，并且凝结水所具有的热量可达蒸汽全热量的20%～30%，且压力、温度越高的凝结水具有的热量就越多，占蒸汽总热量的比例也就越大。可以看出，回收凝结水的热量，并加以有效利用，具有很大的节能潜力。根据使用蒸汽的工艺流程及用汽参数不同，实际所采用的凝结水回收与利用系统千差万别，除了根据回收的凝结水输送方式不同将其分为自流凝结水回收系统、余压（背压）凝结水回收系统、满管凝结水回收系统、加压凝结水回收系统、无泵自动压力凝结水回收系统等。除此还可以根据凝结水是否与大气相通将这些系统分为开式和闭式凝结水回收与利用系统。下面从开式与闭式两大系统入手，就现有的一些典型的凝结水回收与利用系统做进一步阐述。

(1) 开式凝结水回收与利用系统

开式凝结水回收与利用系统是把凝结水回收到锅炉的给水罐中，在凝结水的回收与利用过程中，回收管路的一端向大气敞开，通常是凝结水的集水箱敞开于大气。凝结水携带的蒸汽和冷凝水因减压到常压后闪蒸蒸汽的二次蒸汽排空，散失了部分热量，或将二次蒸汽加以利用。当凝结水的压力较低，靠自压不能到达再利用时，可利用泵对凝结水进行压送。为了防止压送时泵发生汽蚀，可将近100℃凝结水自然或加冷凝水降温到70℃以下。开式凝结水回收与利用系统由于凝结水直接与大气接触，凝结水中的溶氧浓度较高，易产生设备腐蚀。这种系统适用于小型蒸汽供应系统，设备简单、操作方便。采用该系统时，应尽量减少冒汽量，从而减少热污染和工质、能量损失。常见开式凝结水回收与利用系统的典型方式有以下几种。

① 开式自流凝结水回收系统　自流凝结水回收系统又称低压重力凝结水回收系统。在此系统中，热用户处于高位，凝结水回水箱处于低位，凝结水通过热用户与凝结水箱之间的位差来克服其在管道中的流动阻力，流体在凝结水管道中的流动有满管流动与非满管流动。管内一部分是空气，一部分是凝结水，管道的腐蚀较严重，且选用的管径较大。开式自流凝结水回收系统根据凝结水流动的状态分为低压自流凝结水回收系统和分离出二次蒸汽的自流凝结水回收系统。

a. 开式低压自流凝结水回收系统（图12-1）。该系统是低压蒸汽（$p<70$kPa）设备排出的凝结水经疏水阀后，沿着一定的坡度依靠重力流向锅炉房水箱

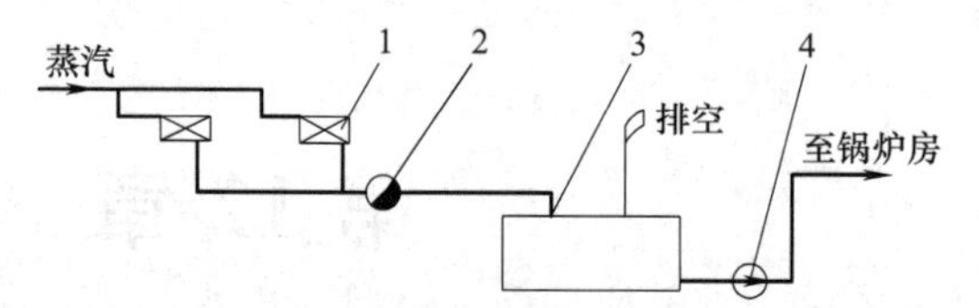

图12-1　开式低压自流凝结水回收系统

1—用汽设备；2—疏水阀；3—凝结水箱；4—凝结水泵

的回水系统。水箱上有排向大气的放散管。

该系统适用于供热面积小，地形坡向凝结水箱的蒸汽供热系统，锅炉房应位于全厂最低位置。

b. 分离出二次蒸汽的开式自流凝结水回收系统（图12-2）。用汽设备排出的凝结水经疏水阀产生二次蒸汽，为了把二次蒸汽从凝结水中分离出来，首先把凝结水集中到二次蒸发箱排除二次蒸汽直接流入室外热力管网，利用二次蒸发箱与锅炉房凝结水箱的位差，返回至凝结水箱。该系统的设备使用蒸汽压力可高可低不受任何限制且简单可靠，但管道腐蚀较大，适用于地形较平坦且坡向锅炉房的供热系统。

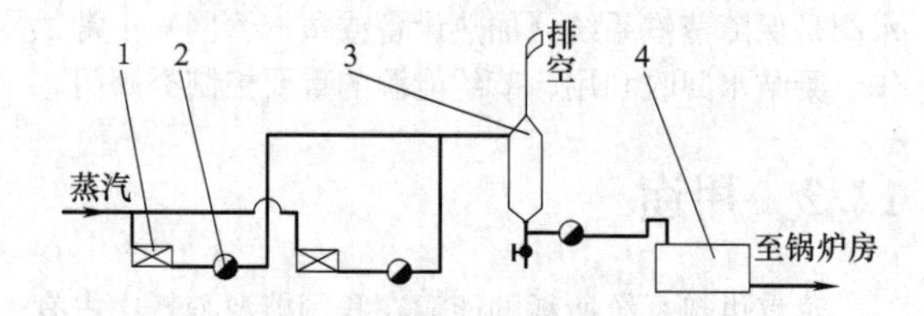

图12-2　分离出二次蒸汽的开式自流凝结水回收系统

1—用汽设备；2—疏水阀；3—二次蒸发箱；4—凝结水箱

② 开式背压凝结水回收系统（图12-3）　是各车间用汽设备的凝结水，经疏水阀后直接排入室外凝结水管网或经疏水阀排入二次蒸发箱，分离二次蒸汽后再经疏水阀排入管网。靠疏水阀的背压返回锅炉房总凝结水箱。根据凝结水是否分离出二次蒸汽，可分为背压凝结水回收系统和分离出二次蒸汽的背压凝结水回收系统。

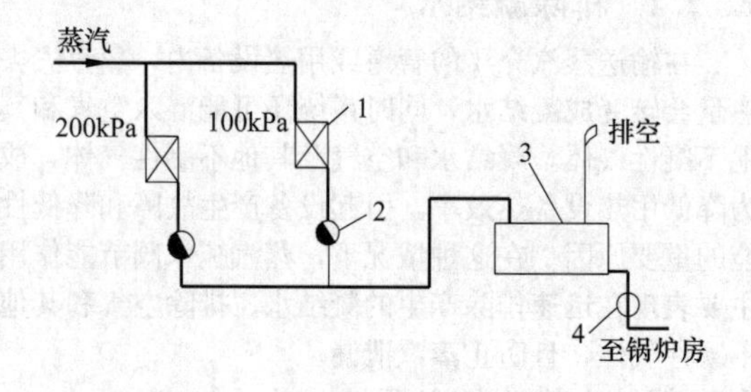

图12-3　开式背压凝结水回收系统

1—用汽设备；2—疏水阀；3—凝结水箱；4—凝结水泵

a. 开式背压凝结水回收系统。背压凝结水回收系统是蒸汽在设备中放热变成凝结水，经疏水阀直接排入凝结水管网，依靠疏水阀背压将凝结水送至锅炉

房凝结水箱或区域凝结水箱，最后用水泵将凝结水送至锅炉给水箱或总凝结水箱。背压凝结水回收系统适用于压力为 0.1～0.3MPa 的用汽设备，若用汽压力过低，疏水阀工作背压太低，凝结水不能克服回收系统阻力；若蒸汽压力过高，又要和低压凝结水合流，经疏水阀压力较高的凝结水产生二次蒸汽较多，在疏水阀后凝结水管中的二次蒸汽占据了大量的空间。为了防止水击，凝结水流速不能太高，否则导致凝结水管道直径很大。因此，开式背压凝结水回收系统不宜用于蒸汽压力过高的用汽设备，凝结水合流于低压凝结水的场合。但当高压用汽设备所产生的凝结水量远小于低压用汽设备的凝结水量（10%以下）时，也可采用开式背压凝结水回收系统。

b. 分离出二次蒸汽的开式背压凝结水回收系统。这种凝结水回收系统是蒸汽在设备中放热形成凝结水，经疏水阀排入二次蒸发箱分离出二次蒸汽后，再经疏水阀排入凝结水管网，依靠疏水阀的背压，将凝结水送至凝结水箱。最后用泵将凝结水送至锅炉给水箱或总凝结水箱。在该系统中二次蒸汽排入大气，不仅造成大量热量的浪费，而且污染环境，因此这种凝结水回收方式不应得到推广。

③ 开式加压凝结水回收系统　当靠背压不足以克服系统的阻力，不能把凝结水送回锅炉房时，可在用户处或几个用户联合起来设置回水箱，收集用热设备中流出的各种压力的凝结水，在排出或利用二次蒸汽后，把剩余的凝结水用凝结水泵或凝结水回收装置送至锅炉房总凝结水箱，这就是加压凝结水回收系统，它实际是背压和加压凝结水回收系统的组合（图 12-4）。

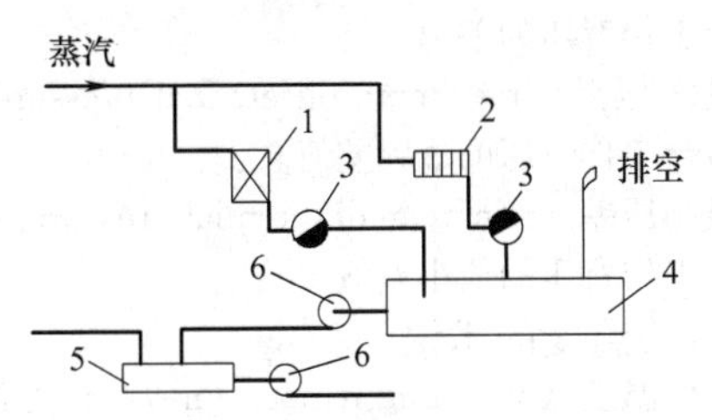

图 12-4　加压凝结水回收系统

1—生产用汽设备；2—供暖用热设备；3—疏水阀；4—车间或区域凝结水箱；5—总凝结水箱；6—凝结水泵

(2) 闭式凝结水回收与利用系统

闭式凝结水回收系统的凝结水集水箱以及所有管路都处于恒定的正压下，系统是封闭的。系统中凝结水的大部分能量通过一定的回收设备直接回收到锅炉内，凝结水的回收温度仅在管网内降温，同时由于系统封闭，减少了回收进锅炉的水处理费用，而且水质也有保证。该系统的凝结水回收经济效益好，设备的工作寿命长，注重蒸汽输送系统、用汽设备和疏水阀的选型，目前大力推广闭式凝结水回收系统，以下给出典型的几种系统。

① 闭式背压凝结水回收系统　与开式背压凝结水回收系统类似，闭式背压凝结水回收系统中用汽设备的凝结水经疏水阀分离后，同样依靠疏水阀的背压返回凝结水箱，不同的是闭式回收系统中凝结水箱与大气不相通，而且在一定的条件下还要充分利用二次蒸汽。根据凝结水是否分离出二次蒸汽，分为背压凝结水回收系统和分离出二次蒸汽的背压凝结水回收系统。

a. 闭式背压凝结水回收系统。闭式背压凝结水回收系统的二次蒸汽可用于低压采暖或其他用汽设备。凝结水箱内的压力由安全水封保持，由于回收了二次蒸汽，也延长了管道的使用寿命。闭式背压凝结水回收系统中，为了减少室外凝结水管中的二次蒸汽和水击现象，可将凝结水在接入室外管网前加以冷却，充分利用其热量。原则上是把从用热设备出来的高温凝结水冷却到 100℃ 以下，使二次蒸汽不再产生。

b. 分离出二次蒸汽的闭式背压凝结水回收系统。为分离出二次蒸汽并加以利用的闭式背压凝结水回收系统，该系统多用于蒸汽压力为 0.3MPa 以上的用汽设备，此时经疏水阀排出的凝结水所产生的二次蒸汽较多（占 5%以上），利用这些蒸汽，可减少热损失，减小所需的凝结水输送管道直径，而且因为凝结水输送管中没有二次蒸汽，基本上不会产生水击，运行安全。但该系统必须具备两个基本条件：一是用户用汽设备的蒸汽消耗量较大，蒸汽压力较高，产生的二次蒸汽较多；二是产生的二次蒸汽有可利用的设备。

② 闭式满管凝结水回收系统（图 12-5）是背压和自流凝结水回收系统的混合系统。这种系统是将用户的各种压力的高温凝结水依靠背压先引入专门的二次蒸发箱，在箱内分离出二次蒸汽并被利用。剩余的凝结水变成低温、低压的凝结水经过水封或疏水阀排

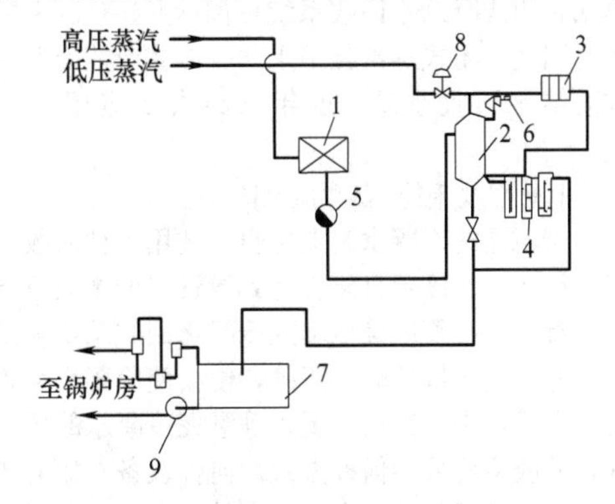

图 12-5　闭式满管凝结水回收系统

1—用汽设备；2—二次蒸发箱；3—低级二次用汽设备；4—多级用水；5—疏水阀；6—安全阀；7—闭式总凝结水箱；8—压力调节阀；9—凝结水泵

入室外凝结水管网，然后靠背压和重力作用送至锅炉房总凝结水箱，在回水系统的末端，总凝结水箱前增设与全厂区的回水管道最高处相同高度的水封，以防止空气进入系统。

③ 闭式余压加压凝结水及二次蒸汽回收利用系统 凝结水闪蒸产生的二次蒸汽在闭式凝结水回收系统中有两种回收方式：一是将二次蒸汽直接引入低压蒸汽管网内；另一种是利用高压蒸汽通过喷射压缩器将二次蒸汽抽出加压送到中压蒸汽管网中。这种系统能较好地充分利用二次蒸汽，回收热能，且系统装置不复杂，值得推广。

④ 使用组合式凝结水泵将凝结水直接返回锅炉房的闭式回收系统 闭式蒸汽凝结水回收方式是回收100℃以上的饱和水，一般离心泵在输送饱和状态的热水时会产生汽蚀，使泵不能正常工作，严重的汽蚀会损坏泵叶轮造成事故。目前采用将离心泵和喷射压缩器紧密组合的方式来解决汽蚀问题。该系统由离心泵、喷射压缩器、循环管路、出口压力控制阀、排汽阀及运行的自控装置等组成。这种组合式凝结水泵不需要大的安装场地和凝结水罐，也不需要台架，在闭式凝结水循环中常用到。

(3) 开式与闭式凝结水回收系统的比较

开式与闭式凝结水回收系统主要存在以下一些区别：

① 开式蒸汽凝结水回收系统操作方便，设备简单，初始投资小，但系统占地面积大，经济效益差，对环境污染大。闭式凝结水回收系统经济效益好，设备工作寿命长，故障率低，维修方便，是值得推广的一项装置。

② 开式凝结水回收系统是间歇的，半自动运行的，而闭式凝结水回收系统是连续的、全自动运行的。

③ 开式蒸汽凝结水回收系统只能利用80℃以下的热水，闭式凝结水回收系统可回收100℃以上的饱和水，因此，闭式蒸汽凝结水回收方式节能效益优于开式凝结水回收系统，近年已经大量应用于工业实践。

(4) 回收方式和设备的确定

对于不同的冷凝水改造项目，选用何种回收方式和回收设备，是该项目能否达到投资目的至关重要的一步。首先，必须准确地掌握冷凝水回收系统的冷凝水量，若冷凝水量计算不正确，便会使冷凝水管管径选得过大或过小。其次，要正确掌握冷凝水的压力和温度，回收系统采用何种方式、何种设备、如何布置管网，都和冷凝水的压力温度有关。再次，冷凝水回收系统疏水阀的选择也是应该注意的内容，疏水阀选型不妥，会影响冷凝水利用时的压力和温度，亦影响整个回收系统的正常运行。在系统选择时也并非回收效率越高越好，还要考虑经济性问题，也就是在考虑余热利用效率的同时，还要考虑初始的投入。由于闭式回收系统的效率较高，环境污染少，往往被优先考虑。

12.3 蒸汽疏水阀术语解释

12.3.1 蒸汽疏水阀常用术语

(1) 有关压力常用术语

最高允许压力（maximum allowable pressure）：在给定温度下蒸汽疏水阀壳体能够持久承受的最高压力。

工作压力（operating pressure）：在工作条件下蒸汽疏水阀进口端的压力。

最高工作压力（maximum operating pressure）：在正确动作条件下，蒸汽疏水阀进口端的最高压力，由制造厂给定。

最低工作压力（minimum operating pressure）：在正确动作条件下，蒸汽疏水阀进口端的最低压力。

工作背压（operating back pressure）：在工作条件下，蒸汽疏水阀出口端的压力。

最高工作背压（maximum operating back pressure）：在最高工作压力下，能正确动作时蒸汽疏水阀出口端的最高压力。

背压率（rate of back pressure）：工作背压与工作压力的百分比。

最高背压率（maximum rate of back pressure）：最高工作背压与最高工作压力的百分比。

工作压差（operating differential pressure）：工作压力与工作背压的差值。

最大压差（maximum differential pressure）：工作压力与工作背压的最大差值。

最小压差（minimum differential pressure）：工作压力与工作背压的最小差值。

(2) 有关温度的术语

工作温度（operating temperature）：在工作条件下蒸汽疏水阀进口端的温度。

最高工作温度（maximum operating temperature）：与最高工作压力相对应的饱和温度。

最高允许温度（maximum allowable temperature）：在给定压力下蒸汽疏水阀壳体能持久承受的最高温度。

开阀温度（opening valve temperature）：在排水温度试验时，蒸汽疏水阀开启时的进口温度。

关阀温度（closing valve temperature）：在排水温度试验时，蒸汽疏水阀关闭时的进口温度。

排水温度（temperature at discharging condensate）：蒸汽疏水阀能连续排放热凝结水的温度。

最高排水温度（maximum temperature at discharging condensate）：在最高工作压力下蒸汽疏水阀能连续排放热凝结水的最高温度。

过冷度（subcooled temperature）：凝结水温度与相应压力下饱和温度之差的绝对值。

开阀过冷度（subcooled temperature of open valve）：开阀温度与相应压力下饱和温度之差的绝对值。

关阀过冷度（subcooled temperature of close valve）：关阀温度与相应压力下饱和温度之差的绝对值。

最大过冷度（maximum subcooled temperature）：开阀过冷度中的最大值。

最小过冷度（minimum subcooled temperature）：关阀过冷度中的最大值。

过热度（degree of superheat）：蒸汽温度高于对应压力下的饱和温度的程度。主要应用于火力发电厂超临界及超超临界等场合。

(3) 有关排量的术语

冷凝结水排量（cold condensate capacity）：在给定压差和 20℃条件下蒸汽疏水阀 1h 内能排出凝结水的最大重量。

热凝结水排量（hot condensate capacity）：在给定压差和温度下蒸汽疏水阀 1h 内能排出凝结水的最大重量。

(4) 有关漏汽量和负荷率的术语

漏汽量（steam loss）：单位时间内蒸汽疏水阀漏出新鲜蒸汽的量。

无负荷漏汽量（no-load steam loss）：蒸汽疏水阀前处于完全饱和蒸汽条件下的漏汽量。

有负荷漏汽量（load steam loss）：给定负荷率下蒸汽疏水阀的漏汽量。

无负荷漏汽率（rate of no-load steam loss）：无负荷漏汽量与相应压力下最大热凝结水排量的百分比。

有负荷漏汽率（rate of load steam loss）：有负荷漏汽量与试验时间内实际热凝结水排量的百分比。

负荷率（rate of load condensate）：试验时间内的实际热凝结水排量与试验压力下最大热凝结水排量的百分比。

12.3.2 蒸汽疏水阀其他相关术语

使用寿命（service life）：连续运行一定时期后，其漏气率已超出标准规定要求的连续运行持续的时间。

等效使用寿命（equivalent service life）：蒸汽疏水阀模拟工况寿命试验中测试得到的正常启闭次数转化为特定蒸汽疏水阀在生产使用工况下的连续运行时间。

过热度（degree of superheat）：蒸汽温度高于对应压力下的饱和温度的程度。主要应用于火力发电厂超临界及超超临界等场合。

水锤（water hammer）：亦称水击。当管道中阀门突然启闭时，引起阀门附近压力周期性急剧升降，由此造成的压力差在管道中往返传播而逐渐消失。管道中液体流速很高时，在截面突变处产生空泡（见空泡损害），空泡在下流破灭时也会产生很大的冲击力。管壁受力时，可以听到近乎锤击的响声，故称水锤现象。

闪蒸蒸汽（flash steam）：当一定压力下的热凝结水或锅炉水被降压，部分水会二次蒸发，所得到的蒸汽即为闪蒸蒸汽。

泄漏蒸汽（steam leakage）：由于疏水阀漏汽或者旁通阀未关严而窜入凝结水管道的蒸汽。

汽锁（vapor lock）：包括由蒸汽引起的蒸汽锁以及空气及其他不凝性气体引起的空气锁。这两种现象的机理是一样的，蒸汽或者不凝性气体（如空气）在冷凝水之前先进入疏水阀，导致疏水阀关闭。

12.4 蒸汽疏水阀的分类

12.4.1 广义蒸汽疏水阀分类

为了正确选择、安装、使用蒸汽疏水阀，有必要详细了解各种蒸汽疏水阀的动作原理及其结构。蒸汽疏水阀和其他机械设备一样，其分类方法很多。例如，按使用压力分，有低压、中压、高压、超高压等；按排量分，有小排量、中排量、大排量、超排量等；按连接方式分，有螺纹连接、法兰连接、焊接等。但从实用的角度和学术性的立场考虑，按其动作原理进行分类比较妥当。这种分类方法如表 12-1 所示。

表 12-1　疏水阀分类

种类			动作原理
自力式	热动力型	脉冲式、圆盘式、孔板式、文丘里式、迷宫式	利用蒸汽和凝结水的热力学性质差异
	热静力型	波纹管式、膜盒式、双金属片式、温敏蜡式	利用蒸汽和凝结水的温度差
	机械型	自由浮球式、杠杆浮球式、倒吊桶式(钟形浮子式)、杠杆钟形浮子式、差压钟形浮子式、半自由浮球式、浮桶式	利用蒸汽和凝结水的密度差
电动式	电动疏水阀		启闭由程控指令实现
气动式	气关式膜式疏水阀		由气动温度自动控制
手动式	手动式疏水阀		与电动式或气动式疏水阀组合

12.4.2 一般蒸汽疏水阀分类

按蒸汽疏水阀动作的基本原理可分类为机械型、热静力型、热动力型等类型。对于各类阀的基本动作原理和特征应有充分的了解，然后根据使用对象，即蒸汽使用设备的特性和使用条件，选用最适合的一种蒸汽疏水阀。

机械式蒸汽疏水阀，其动作原理是利用蒸汽和疏水阀的密度差。其对液面高度敏感，即利用凝结水液面的高低进行工作。属于这种类型的有浮桶式、钟形浮子式、浮球式、飞碟式等。由于它们是以凝结水为基础，故排出的凝结水几乎是与蒸汽压力相同的饱和水。可以利用其排出的凝结水产生二次蒸汽加以利用。

热静力型蒸汽疏水阀，它的动作原理是依靠蒸汽和凝结水的温度差引起元件的变形式膨胀来工作的，它对温度是敏感的。由于使用双金属或波纹管等作为感温原件，它可以随温度的变化而改变其形状。利用这种感温体的变化，达到开闭疏水网的目的。属于这类型的疏水阀有双金属片式、波纹管式、膜盒式、隔膜式等。因为利用了蒸汽和凝结水的温度差，这类疏水阀不能排出饱和温度的水，而只能排出比饱和水温度低的热水，但这类疏水阀的排空气性能都很好。

热动力型蒸汽疏水阀，是利用蒸汽和凝结水通过启闭件时的不同流速引起被其启闭件隔开的压力室和进口处的压差来启闭疏水阀的。当凝结水排到较低压力区时会发生二次蒸发，并在黏度、密度等方面与蒸汽存在差异，从而驱动启闭件。疏水阀内设置了压力缓冲变压室，当蒸汽与接近饱和温度的凝结水流向变压室时，蒸汽的压力或凝结水二次蒸发产生的压力会使疏水阀关闭，停止排出凝结水。当变压室因凝结水流入或自然冷却而使温度降低时，蒸汽会冷却凝结，在变压室形成低压，使疏水阀开启。属于这类型的疏水阀有孔板式、脉冲式或圆盘式等。热动力型疏水阀结构紧凑、体积小、重量轻，使用压力范围较大，抗水击能力强，启闭迅速，不易冻结，维护方便，但是有蒸汽泄漏。

12.5 蒸汽疏水阀的工作原理、特点及产品介绍

12.5.1 机械式蒸汽疏水阀

机械型蒸汽疏水阀是利用蒸汽和凝结水的密度差原理研制的。作为蒸汽疏水阀内的流体介质——蒸汽与凝结水，由于气体和液体的密度相差很大，其浮力也大不一样。通过这一原理，使浮子动作来启闭阀门，这种具有排除凝结水结构的阀门即为机械型疏水阀。机械型蒸汽疏水阀，其动作原理是基于流体浮力的纯力学原理。其容量是根据蒸汽压力（动作压力）和阀口面积来确定的。该型疏水阀噪声小，凝结水排除快，外形较其他类型的疏水阀要大，需水平安装，适用于大排水量。阀的允许背压度不低于80%。

(1) 杠杆浮球式

杠杆浮球式疏水式阀（图12-6）结构较为复杂，灵敏度稍低，连续排水，漏汽量小。分为具有自动排气功能和不具有自动排气功能两种，当选用不具有自动排气功能的杠杆浮球式疏水阀时，需选用附加热静力型排气阀或设置手动放空阀，能适应负荷的变化，可自动调节排水量，但抗水击和抗污垢能力差。

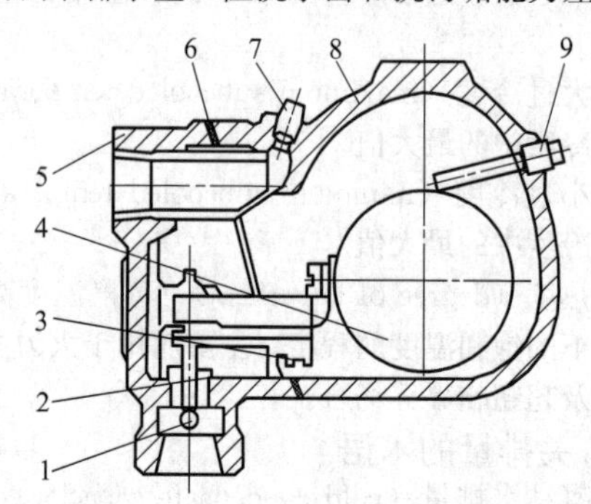

图12-6 双金属片杠杆浮球式疏水阀

1—阀瓣；2—阀座；3—排空气阀；4—浮球；5—左阀体；6—中口垫片；7—螺塞；8—阀体；9—限位杆螺钉

凝结水未流入阀体之前，浮球及杠杆的重量，通过杠杆绕支点转动使排出孔关闭，在开始运行需排放管路中的空气时，要有附加排气装置，一般采用波纹管式或热膨胀双金属片式自动排气阀，当凝结水流入后，随着水位的上升，浮球受到的浮力逐渐增加，使截止阀开启，排出凝结水。当凝结水流出后，浮球和杠杆受到重力作用将阀孔关闭。

Gestra公司生产的UNA39型杠杆浮球式疏水阀（图12-7）用于排出高压系统中的废水，反装时可以排出水路管线系统中的气体。锻造合金阀体和不锈钢内件，最高使用温度可达400℃，运行不受背压影响，带有手动排污旋塞及手动排气阀，硬化合金钢的阀芯和阀座可以保证更长的使用寿命。可在线更换内件，维护不会影响管路的运行。

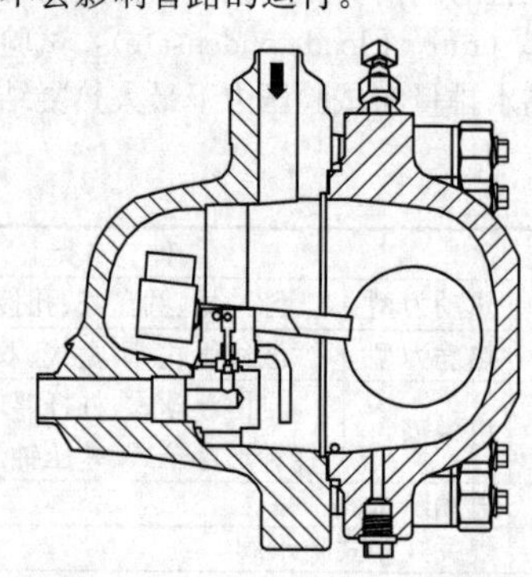

图12-7 Gestra UNA39型杠杆浮球式疏水阀

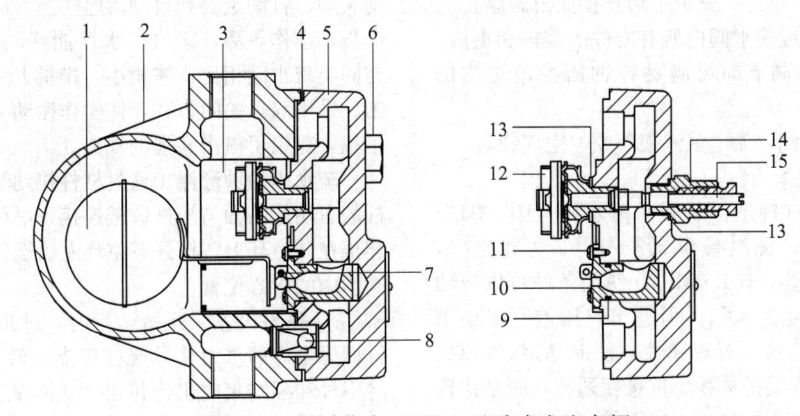

图12-8　斯派莎克FTC32型浮球式疏水阀

1—浮球；2—阀盖；3—过滤器；4—密封盖；5—阀体；6—螺栓；7—枢轴；8—止回阀；9—O形圈；10—主阀座；11—螺钉；12—排气装置；13—气孔；14—密封垫；15—防汽锁装置

斯派莎克公司生产的FTC32型浮球式疏水阀（图12-8）采用碳钢阀体，带有独特防汽锁结构，适用于所有的过程控制系统，即使在压力波动很大或者高负载的情况下，仍然能够迅速高效排除凝结水。

(2) 自由浮球式

自由浮球式疏水阀（图12-9）的活动部件是一只空心的不锈钢球，结构简单，灵敏度高，能连续排水，漏汽量小。分为具有自动排气功能与不具有自动排气功能的两种，当选用后者时，需选用附加热静力型排气阀或设置手动放空阀。最大工作压力为9.0MPa，背压率大于85%，抗水击、抗污垢能力差，动作迟缓，但有规律，性能稳定、可靠。内部只有一个活动部件（精细研磨的不锈钢空心浮球），既是浮子又是启闭件，无易损零件，使用寿命很长。自由浮球式疏水阀的阀座总处于液位以下，形成水封，无蒸汽泄漏，节能效果好。最小工作压力0.01MPa，从0.01MPa至最高使用压力范围之内不受温度和工作压力波动的影响，连续排水。能排饱和温度凝结水，最小过冷度为0℃，加热设备里不存水，能使加热设备达到最佳换热效率，是生产工艺加热设备最理想的疏水阀之一。

自由浮球式疏水阀是利用浮力原理，使浮球随体腔内的凝结水液面的升降而升降，从而打开和关闭阀座上的排水嘴，起到排水阻汽的作用。疏水阀内部带有Y系列自动排空气装置，非常灵敏，能自动排空气，工作质量高。设备刚启动工作时，管道内的空气经过Y系列自动排空气装置排出，低温凝结水进入疏水阀内，凝结水的液位上升，浮球上升，阀门开启，凝结水迅速排出，在排水过程中，当液面下降时，由于体腔内液体压力分布不均匀，而排水嘴处的压力最低，离排水嘴越远压力越高，使漂浮在液面的浮球受到不均衡的力，推动浮球向排水嘴浮动，直到浮球完全封闭排水嘴孔后，阀体底部的凸台也同时将浮球托住，浮球不能继续下降，这时疏水阀关闭，停止排出凝结水，并且阻止蒸汽逸出。蒸汽很快进入设备，设备迅速升温，Y系列自动排空气装置的感温液体膨胀，自动排空气装置关闭。疏水阀开始正常工作，浮球随凝结水液位升降，阻汽排水。

日本TLV公司生产的J10型浮球动力式蒸汽疏水阀（图12-10）耐高压，可在线维护，大排量，适用于大型工艺热交换设备。并具有如下特点。

① 自由浮球先导机构确保不会发生冷凝水积存。

② 滑阀启闭平稳、有效排放大量的冷凝水。

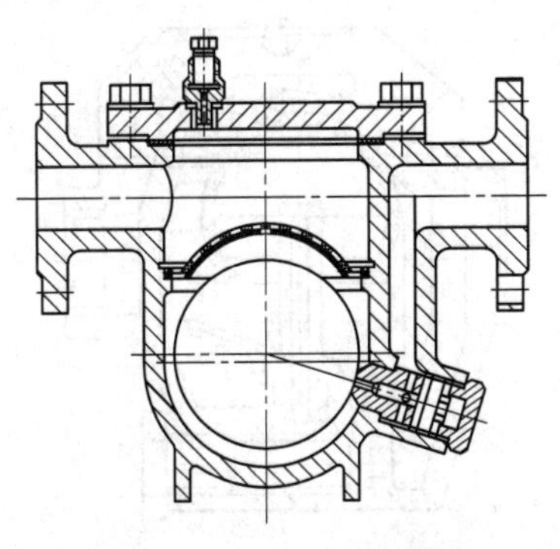

图12-9　自由浮球式疏水阀

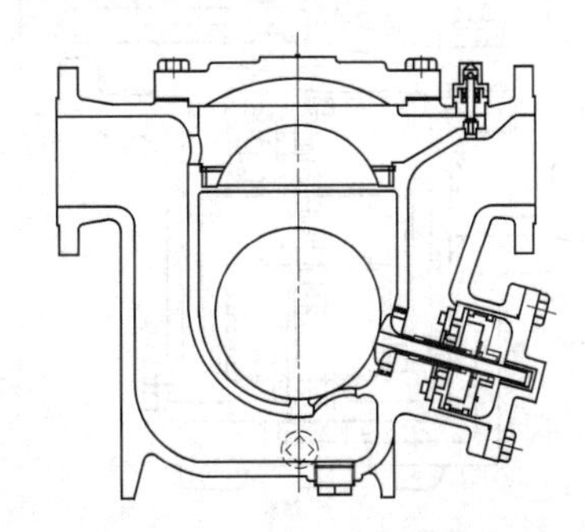

图12-10　TLV J10浮球动力式疏水阀

③“蒸汽垫”设计可避免主阀直接撞击阀座。

④ 可在线完成疏水阀内所有内件的维护和更换。

⑤ 无须任何调节即可满足各种压力范围内的使用。

⑥ 内置排气阀、无“蒸汽锁”或“空气锁”。

(3) 倒吊浮桶式

倒吊浮桶式（钟形浮子式）疏水阀（图 12-11）间歇排放凝结水，漏汽率为 2%～3%，可排空气，额定工作压力范围小于 1.6MPa，使用条件可以自动适应。允许背压度为 80%，但进出口压差不能小于 0.05MPa。动作迟缓，有规律性，性能稳定、可靠。工作压力必须与浮筒的体积、重量相适应，阀结构较复杂，阀座及销钉尖易磨损，使用前应充水。

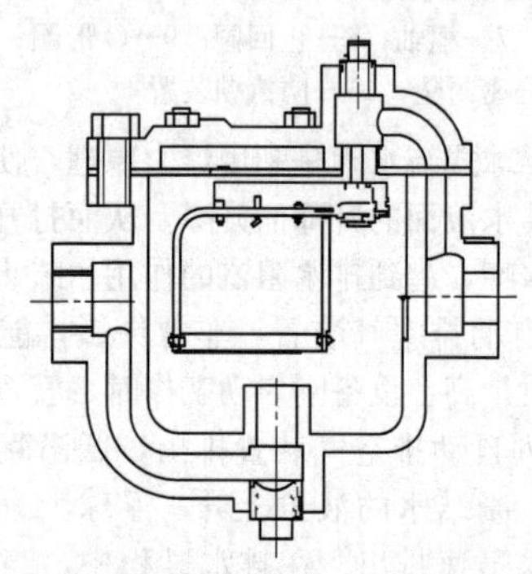

图 12-11 杠杆钟形浮子式疏水阀

当装置刚启动时，管道内的空气和低温凝结水进入疏水阀内，倒吊桶靠自身重量下坠，倒吊桶连接杠杆带动阀芯开启阀门，空气和低温凝结水迅速排出。当蒸汽进入倒吊桶内，倒吊桶的蒸汽产生向上浮力，倒吊桶上升连接杠杆带动阀芯关闭阀门。倒吊桶上开有一小孔，当一部分蒸汽从小孔排出，另一部分蒸汽产生凝结水，倒吊桶失去浮力，靠自身重量向下沉，倒吊桶连接杠杆带动阀芯开启阀门，循环工作，间断排水。

(4) 差压倒吊浮桶式

差压倒吊浮桶式疏水阀（图 12-12）采用了“自动关阀、自动定心和自动落座阀芯”的关闭系统，寿命长，动作灵活，阻汽排水性能好，自动排除空气，与同类疏水阀相比，体积小、排量大、强度好且耐水击。采用双重关闭方式，使操作振动小，主副阀动作平稳，克服了撞击磨损的缺点。

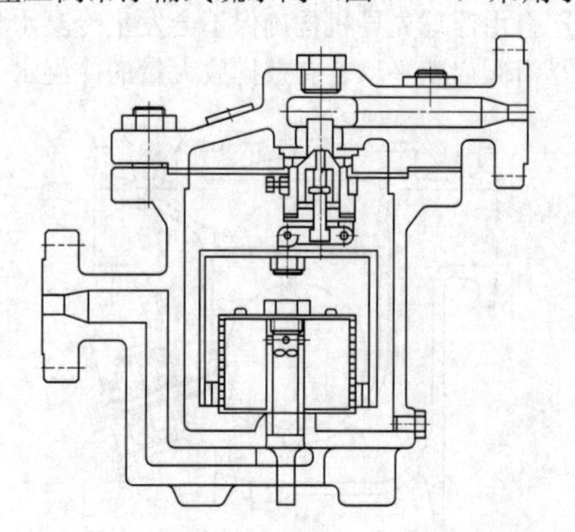

图 12-12 杠杆差压式钟形浮子疏水阀

疏水阀的钟形浮子通过杠杆拉动其上的副阀，杠杆的右端用销轴与吊杆铰链连接，吊杆的上端用销钉连接在调位环上，松开调位环左边螺钉可调节浮子在阀体内的中心位置。

① 关闭状态 开始运行时，钟形浮子、主阀和杠杆等零件的重力使其绕杠杆支点转动。将阀开启，冷空气和凝结水向出口排出，然后从入口通入蒸汽，在钟形浮子内形成蒸汽腔，浮子上浮，从而关闭主副阀座孔，切断凝结水排出通道，阀门处于关闭状态。

② 转入开启状态 浮子内的蒸汽一部分凝结成水，而另一部分从排气孔逸出。钟形浮子因所受浮力减小而下沉，通过杠杆的作用，副阀打开副阀座孔，阀门处于小排量排水状态。随着浮子内蒸汽不断凝结和逸出，浮子和副阀继续下沉，直到副阀下端关闭反密封座孔。此时主阀下端与内腔通大气，而主阀的上端，处在蒸汽压力的作用下，使主阀开始下沉，直到主阀下沉打开主阀座孔，凝结水通过座孔排出，阀门处于大排量排水状态。

③ 转入关闭状态 蒸汽管道内凝结水逐渐减少，接近排尽时蒸汽进入钟形浮子内，浮子的空间被蒸汽占据，使钟形浮子因浮力增大而上升，副阀关闭座孔，主阀下端压力升高，主副阀同时上移，关闭主阀座孔，阀门转入关闭状态。

(5) 半浮球式

自由半浮球式疏水阀（图 12-13）只有一个半浮球式的球桶为活动部件，开口朝下，球桶既是启闭件，又是密封件。整个球面都可为密封，使用寿命很长，能抗水锤，没有易损件，无故障，经久耐用，无蒸汽泄漏。背压率大于 80%，能排饱和温度凝结水，最小过冷度为 0℃，加热设备里不存水，能使用加热设备达到最佳换热效率。

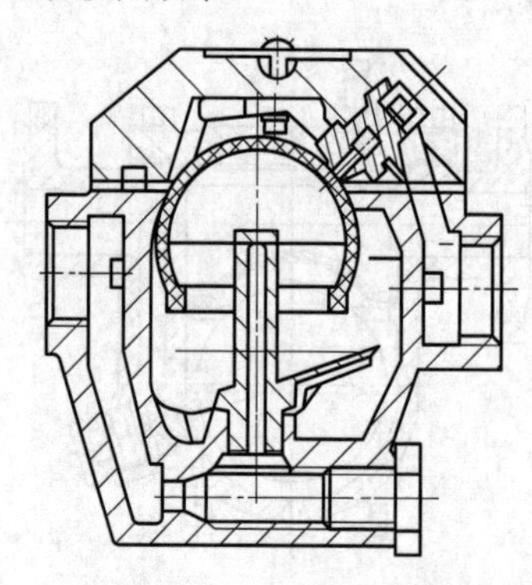

图 12-13 自由半浮球式疏水阀

当装置刚启动时，管道内的空气和低温凝结水经过发射管进入疏水阀内，阀内的双金属片排空元件把球桶弹开，阀门开启，空气和低温凝结水迅速排出。当蒸汽进入球桶内，球桶产生向上浮力，同时阀内的温度升高，双金属片排空元件收缩，球桶漂向阀口，阀门关闭。当球桶内的蒸汽变成凝结水，球桶失去浮力往下沉，阀门开启，凝结水迅速排出。当蒸汽再进入球桶之内，阀门再关闭，如此循环往复工作。

(6) 泵式疏水阀

蒸汽设备上使用的特殊疏水阀是泵式疏水阀，因为它兼备泵的功能而得名。当蒸汽设备上使用的蒸汽疏水阀不能排除设备内部的凝结水时，或者是向不可能输送凝结水的特殊场合输送凝结水时，可以用泵式疏水阀。这些特殊的场合如下。

① 有些蒸汽设备所需要的蒸汽压力比大气压低，例如蒸发器等，即使用“真空蒸汽”的装置，其凝结水需要排放到外界，将凝结水从真空区排放到大气中。

② 向压力高于蒸汽使用设备蒸汽压力的地方排放凝结水。

③ 使用低压蒸汽的装置所产生的凝结水，升高到相当于该压力的水头高度以上时。

④ 当需要排除的凝结水温度较高时，泵易因出现汽蚀而发生故障，从而降低了凝结水的排放能力。此时为了不增加设备的投入，可以使用此种泵式疏水阀，而且此种疏水阀可以随着凝结水的排量自动控制。

泵式疏水阀阀瓣的切换是靠浮子的沉浮实现的，浮子的升降主要有两种形式，即吊桶型和浮球型。下面以浮球式为例对其工作原理加以说明。首先打开操作用气体给气管的进气阀，操作用气体流入操作装置，操作用气体（可以是高压蒸汽或者压缩空气）的压力压缩波纹管，给气阀关闭，排气阀打开，接着打开疏水阀的入口阀（球形蝶阀），凝结水自然流下，通过进口止回阀流入阀体内，残存的气体甲随着阀体内的水面上升，由排气阀排到外部，同时气体乙也通过空气阀与气体甲一起排到外部，随着水面上升，浮子上浮，推上开关杆，打开球阀，操作用气体输入波纹管内，波纹管内的压力一旦上升，排气阀关闭，给气阀打开，操作用气体导入阀体，压力开始上升，阀体内的压力上升，凝结水经出口处的止回阀压送到外部，并输送到高处的凝结水回收管里，凝结水排出后，阀体内的水位从浮子箱的下端降下来时，浮子箱内的凝结水向下流到阀体内，浮子随之下降，关闭球阀，于是停止向波纹管内补充操作用气体，波纹管内的压力，通过阀孔排气而降压，波纹管收缩。然后自动重复以上的动作，有类似于泵的功能。

TLV公司生产的GT10L系列泵式疏水阀（图12-14）广泛应用于排放小排量热交换器、闪蒸汽回收系统以及多以真空状态运行的储水罐内的冷凝水，具有如下特点。

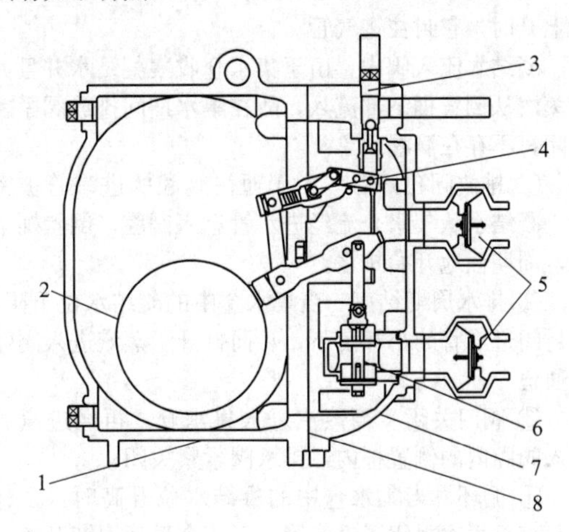

图12-14 TLV GT10L泵式疏水阀

1—泵体；2—浮球；3—动力介质进气阀；4—弹压机构；5—止回阀；6—泵单元；7—泵盖；8—泵盖垫圈

① 排放高温冷凝水时不会产生汽蚀。

② 无须电力驱动或加装液位控制装置，使用更安全。

③ 低水头运行。

④ 经久耐用的镍合金压缩弹簧。

⑤ 在线更换内件，清理非常方便，减少了维护保养费用。

⑥ 优质不锈钢内件、硬化处理的工作表面确保可靠运行。

(7) 过热蒸汽疏水阀

Armstrong公司生产的501-SH倒置桶型过热蒸汽疏水阀（图12-15）可在极端恶劣的工况下工作，

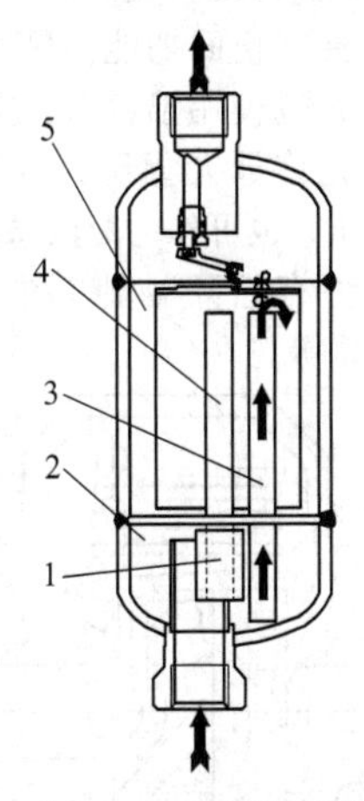

图12-15 Armstrong 501-SH倒置桶型过热蒸汽疏水阀

1—小杯；2—集水仓；3—进水管；4—进汽管；5—阀腔

工作压力可达10.5MPa，温度可达454℃。集水仓存储足够的凝结水，保证在整个排放周期都能够保持水封。集水仓中的小杯可以在进汽管口上下浮动。凝结水上升时，它封住进气管。

凝结水流入阀内，由于集水仓收集凝结水并且允许蒸汽从倒置桶下部流入，故在集水期间排放阀紧密关闭，不存在滴漏现象。

① 排放阀孔开启　由于通往阀腔的进汽管被密封，凝结水从集水仓流经进水管进入阀腔，倒置桶下沉，周期性地开始排水。

② 排水周期结束　当集水仓中的凝结水位下降，使封闭进汽管的小杯落下，从而打开了蒸汽进入阀体的通道。

③ 阀门关闭　当蒸汽进入集水仓，再经进汽管进入阀腔内的倒置桶内，排水阀紧紧关闭。

④ 循环　当集水仓中的凝结水位升高时，小杯浮起直至再次封闭了进汽管，下一个循环周期开始。

12.5.2 热静力式蒸汽疏水阀

热静力式蒸汽疏水阀较其他类型疏水阀噪声小，低温时呈开启状态，在开始启动时或停止运行时存积在系统中的凝结水可在短时间内排除，使疏水阀不会冻结。由于该型阀依靠温差而动作，因此动作不灵敏，不能随负荷的急剧变化而变化，仅适用于压力较低，压力变化不大的场合。阀的允许背压度不低于30%。

(1) 双金属片式疏水阀

双金属片疏水阀的主要部件是双金属片感温元件，即用两种温度线胀系数相差很大的双金属制作而成。双金属组件根据蒸汽系统温度和压力的不同，可在不同介质温度中产生不同的变形和推力（或拉力），从而推动阀芯开关阀门。其动作灵敏度高，能连续排水，排水性能好，过冷度较大，并可调节，排气性能好，且反向密封具有止回功能。最大使用压力可达21.5MPa（表），最高使用温度可达550℃。抗污垢、抗水击性能强，允许最大背压为入口压力的50%，经调整可提高背压，也可作为蒸汽系统排空气阀。常见的双金属片组件有悬臂梁型（图12-16）、简支梁型、星型和圆板型等。

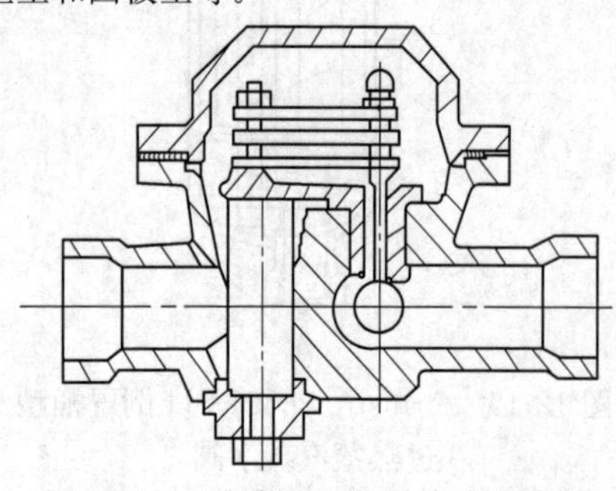

图12-16　悬臂梁双金属片式疏水阀

系统开始工作时，凝结水在低温状态下进入蒸汽疏水阀，双金属片不变形，阀孔开启，所有低温凝结水及大量进入疏水阀的空气得以顺利排出。当凝结水温度升高达到一定程度后，双金属片就会受热变形产生作用力，当此力大于蒸汽疏水阀内压力时，就会关闭阀瓣，终止排水。当凝结水在管道或用汽设备中因散热造成温度下降后，双金属片的变形减少，作用力小于蒸汽疏水阀内的压力，阀瓣重新开启，排出凝结水。所以双金属片式疏承阀是间歇工作的。双金属片随蒸汽温度变化控制阀门开关，阻汽排水。

ARI公司生产的CONA@ B600系列高压双金属片疏水阀（图12-17），规格参数为DN15～25，PN630，最高工作温度580℃时工作压力可达32MPa，专门用于高压场合。具有防水锤耐蚀型双金属片结构，系统启动时可以自动排除空气等不凝性气体，带止回保护功能，内置过滤器，可安装在任意位置，阀盖勿向下。根据工况要求可连续调节所排放凝结水过冷度，其双金属片结构可以在线更换。

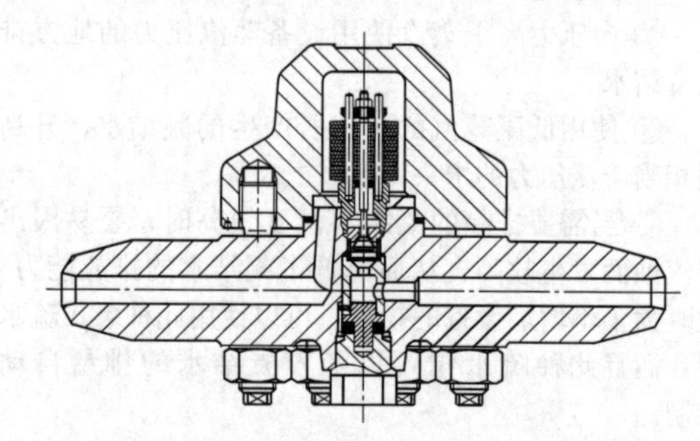

图12-17　ARI B600高压双金属片疏水阀

(2) 膜盒式疏水阀

膜盒式疏水阀（图12-18）的主要动作元件是金属膜盒，内充一种汽化温度比水的饱和温度低的流体。结构简单，延迟时间短，灵敏度高，耐水击，不易损坏，不需要人工调整，工作性能可靠，可连续排

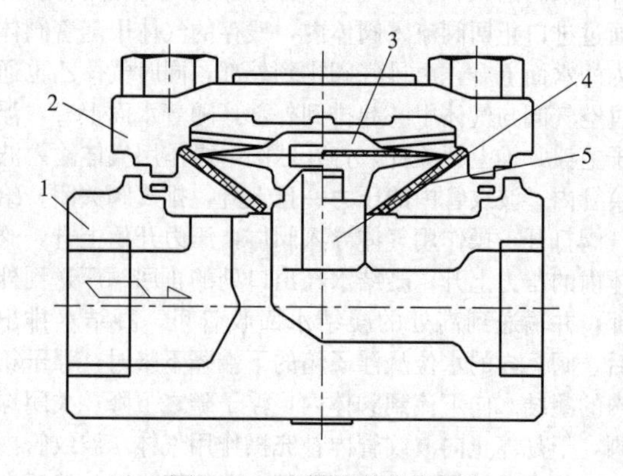

图12-18　膜盒式疏水阀

1—阀体；2—阀盖；3—膜盒和阀片；4—阀座；5—过滤网

水，工作时阀前存有高温冷凝水，漏汽率小于 1%，节能效果显著；自动排放空气等不凝气体；体积小，不怕冻，安装不受方位限制，可以水平或垂直安装，也可以倾斜安装；维修方便，在管线上就可以检查、修理和更换零件；最大背压率小于等于 80%，膜盒坚固，使用寿命长；关阀时阀瓣和阀座所受冲击力小，不易磨损；但抗污垢、抗水击性差，排量小，也可作为蒸汽系统的排空气阀，同时不能排放饱和温度下的冷凝水，不能用于不允许积存冷凝水的设备上。

阀壳及阀盖为铸铁或铸钢制造，阀片、阀座、膜盒壳、膜片及滤网等均用耐蚀材料如不锈钢等制成。在膜盒内封入感温溶液。阀片焊在膜片上，随膜片动作而上下动作。当膜盒周围凝结水温度低时，膜盒内部感温溶液未达到沸点蒸发，膜盒内压力比外部压力低，阀处于开启状态，空气和低温凝结水可连续顺利排出，当凝结水温度上升，接近感温溶液饱和温度时，膜盒内部感温溶液达到沸点汽化膨胀，膜盒内压力上升，且大于膜盒外部压力，将带阀片的膜片压下，关闭阀孔。关闭阀孔的动作极为迅速，不致泄漏蒸汽。当凝结水系统因散热使水温度降低，膜盒内感温溶液蒸汽向已降温的凝结水放热，感温溶液蒸汽凝结，膜盒内压力下降，到小于膜盒外凝结水压力时，阀片就开启排水。

(3) 波纹管式疏水阀

波纹管式疏水阀的阀芯是不锈钢波纹管内充一种汽化温度低于水饱和温度的液体。随着蒸汽温度变化控制阀门开关，该阀设有调整螺栓，可根据需要来调节使用温度。该阀结构简单，动作灵敏，间断性排水，过冷约 5～20℃，工作压力受波纹管材料的限制，一般为 1.6MPa（表），抗污垢、抗水击性能差，也可作为蒸汽系统排空气阀。此类蒸汽疏水阀分单波纹管和多波纹管（图 12-19）两种。

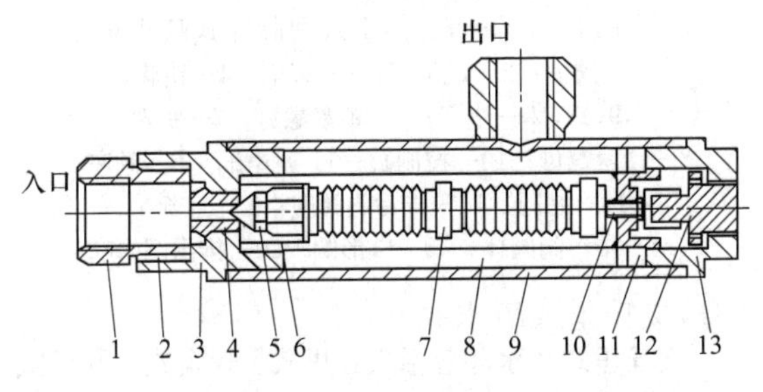

图 12-19　多波纹管式疏水阀

1—管接头；2—过滤网；3—大管接头；4—阀座；5—阀瓣；6—阀门弹簧；7—感温元件；8—套筒；9—外壳；10—调节螺栓；11—调节弹簧；12—调节旋钮；13—压盖

波纹管式疏水阀的波纹管内装有乙醇（酒精）、水、机油、蜡质或其他混合的感温介质。一般把感温元件安装在壳体内，装乙醇的波纹管式蒸汽疏水阀用于低压；装水作感温溶液的波纹管式蒸汽疏水阀用于较高压力处。但在波纹管内灌注水时，波纹管须抽真空，使感温元件波纹管先受一定的压缩力。所以在受热膨胀时，所产生的拉力，还应减去其压缩力。波纹管灌注其他感温溶液时不需要抽真空。当用汽设备启动时，因凝结水温度低，感温元件未膨胀，不能关闭阀孔，所以空气能顺利通过疏水阀排出。排出空气后，低温凝结水才流入疏水阀中，此时感温溶液仍是液体状态，不能使感温元件膨胀而关阀，因此，低温凝结水能顺利通过疏水阀排出。此时波纹管中感温溶液尚未达到饱和温度，液体压力与外力和压缩弹力相平衡，波纹管伸长量很小，不能关闭阀孔，所以阀孔一直开着。当流入疏水阀中凝结水的温度逐渐升高，波纹管内感温溶液温度上升，达到一定温度时，开始蒸发成蒸汽发生压力。在凝结水温度比饱和蒸汽温度低到一定值时，即达到所设定的“过冷度”时，波纹管内感温溶液蒸发的饱和压力大于凝结水压力，此时就关闭阀孔。

(4) 温敏蜡式疏水阀

温敏蜡式疏水阀采用新型温敏蜡热动力元件（图 12-20），同时满足微位移与大驱动力的要求，具有结构简单、动作可靠、温度控制精度较高的优点。但是由于蜡式热动力元件内件的限制，作为蒸汽疏水阀的感温元件，其使用温度范围有限，适用于有一定过冷度的场合，不能用于高温环境。

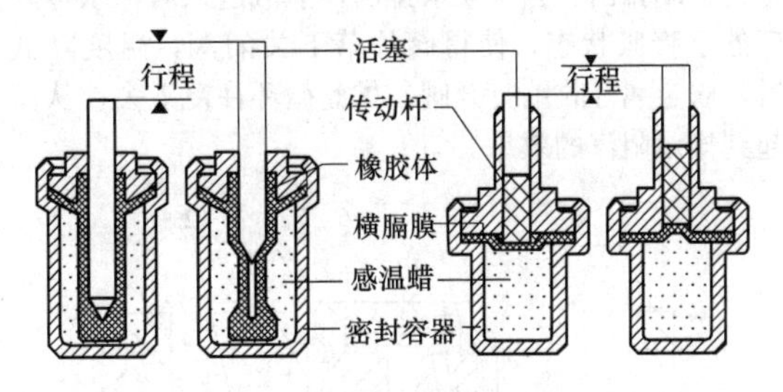

图 12-20　温敏蜡式热动力元件

感温蜡被密封在铜罩和橡胶套之间，当流体或蒸汽通过蜡式热动力元件时，蜡式热动力元件受热（遇冷），热量通过刚性紫铜密封容器外壁使杯内石蜡受热熔化（冷凝）体积膨胀（收缩），推动胶囊橡胶体（或横隔膜），推动活塞，带动调节套筒运动，从而完成装置所要求的目的。推杆行程的大小是蜡式热动力元件的主要性能指标。同一温度下，载荷越大，行程越小。对于已确定的蜡元件和外载荷，蜡式热动力元件的特性是固定不变的。为了制造的标准化和系列化，可将蜡式热动力元件设计为标准形式，在需要的力量和行程较大时，可选用密封容器容积较大的，反之可选用容积较小的。这样可使蜡式热动力元件适用于不同的条件下和装置中，也对蜡式热动力元件的推广起到了很大的促进作用。在蜡式热动力元件中，推杆与弹性套筒之间的摩擦对蜡元件的工作寿命起着决定性的作用，因此在设计制造蜡式热动力元件时应尽可能地降低推杆和弹性套筒摩擦副表面的粗糙度，减小摩擦力。

蜡式热动力元件是一种温度敏感性元件，不同的设计额定温度就要使用相应膨胀性能的感温蜡，蜡的热膨胀性直接影响热动力元件的控温性能，因此对感温蜡的研究就显得非常重要。感温元件的关键部件是石蜡材料和橡胶套，为了使石蜡在各点能最大限度地均匀膨胀，在石蜡中掺有金属粉末，提高其导热性，而金属粉末的添加方式对石蜡复合材料的膨胀率也有一定影响，但不会改变石蜡复合材料的膨胀特性。

12.5.3　热动力式蒸汽疏水阀

体积小、重量轻，便于安装和维修，价格低廉，抗水击能力强，不易冻结；不适用于大排量；阀的允许背压度不低于 50%，其中脉冲式不低于 25%。

(1) 圆盘式疏水阀

圆盘式疏水阀（图 12-21）结构简单，间断排水，有噪声，可排放接近饱和温度的凝结水，过冷为 6～8℃，有一定的漏汽率（大约 3%），能自动排气，耐水击。其背压不超过最低入口压力的 50%，最小工作压差为 $\Delta p=0.05$MPa。其工作原理：当蒸汽进入圆盘式蒸汽疏水阀时，阀座上锥形面顶部的双金属环处于收缩状态，从而提起阀片，使空气和冷凝水的混合物自动排出。当冷凝水排出，蒸汽进入后，双金属环处于膨胀状态，使得阀片落下关闭阀，温度降低时，双金属环收缩打开阀，如此循环往复下去，从而起到排水阻汽的效果。

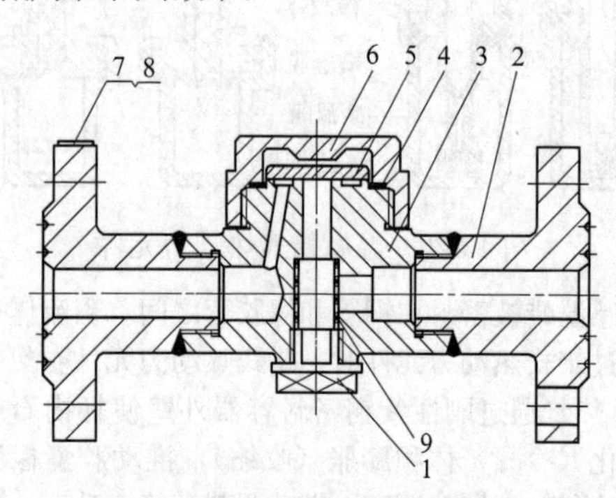

图 12-21　圆盘式疏水阀

1—螺塞；2—法兰；3—阀体；4—垫片；5—阀片；6—阀盖；7—铭牌；8—铆钉；9—过滤网

(2) 脉冲式疏水阀

脉冲式疏水阀（图 12-22）有两个孔板，是根据蒸汽压降变化调节阀门的开关，即使阀门完全关闭入口和出口也是通过第一、第二个小孔相通，始终处于不完全关闭状态，蒸汽不断逸出，漏汽量大。该阀结构简单，能连续排水，最大背压 25%，因此使用者很少。一般结构可参考 Yarway 公司的 741 系列脉冲式疏水阀。

当空气和凝结水进入疏水阀时，控制盘下的压力使阀瓣上升，其作用如同活塞，空气和凝结水从主排泄孔流出，小部分则流入控制室并从副泄孔流往出口。由于控制缸为倒锥孔（上大下小），阀瓣上升时，阀瓣上的控制盘与控制缸间隙量逐渐增加，直至盘的上、下压力平衡才停止。当进入控制盘上方的介质为很热的凝结水时，温度仅比蒸汽低 0～2℃，它的一部分再蒸发为二次蒸汽，使之体积增大，向下的压力增高，阀瓣就下降关闭主泄孔。随着凝结水继续流入疏水阀，温度下降，凝结水的再蒸发作用减小，控制室压力降低，阀瓣再开启，重复循环达到阻汽排水的目的。

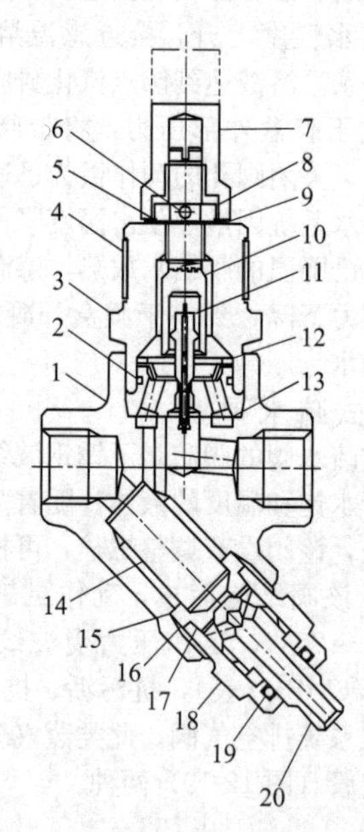

图 12-22　Yarway 741 系列脉冲式疏水阀

1—阀体；2—定位环；3—阀罩；4—铭牌；5,9,13,15—垫圈；6—锁紧螺钉；7—护罩；8—锁紧螺母；10—控制缸；11—阀瓣；12—阀座；14—滤网；16—排污阀阀座；17—卡环；18—排污阀阀体；19—O 形圈；20—排污阀阀嘴

(3) 文丘里式疏水阀

文丘里式疏水阀包括文丘里式、迷宫式、孔板式等疏水阀。该类型阀门结构简单，能连续排水、排空气。迷宫式适用于特大排量，孔板式和文丘里式适用于小排量。但都不能适应压力、流量变化较大的情况，而且要注意防止流道的阻塞和冲蚀。

12.5.4　组合式蒸汽疏水阀

组合型由机械型与热静力型或手动阀组合而成，给机械型疏水阀添加了排冷空气或防气锁的功能。

具体类型有：自由浮球式＋膜盒、杠杆浮球式＋膜盒、倒吊桶式（钟形浮子式）＋膜盒、自由浮球式＋双金属片、杠杆浮球式＋波纹管、自由浮球式＋波纹管、杠杆浮球＋手动防气锁阀＋膜盒等。该类蒸汽疏水阀的技术性能由机械型与热静力型或手动阀共同确定。

12.5.5　先导式蒸汽疏水阀

先导式蒸汽疏水阀采用先导式结构，由导阀和活塞一体化主阀组成，利用介质力实现了小阀控制大阀，最终实现大排量。该类型蒸汽疏水阀的最大特点就是排量大、体积小。目前产品类型有：自由浮球＋活塞一体化主阀、膜盒＋活塞一体化主阀、杠杆浮球＋活塞式一体化主阀、脉冲式＋活塞式一体化主阀、倒吊桶＋活塞式一体化主阀，目前最大排量可达200t/h。该类阀门允许背压较低，具体性能指标主要依据主阀，该类阀门在高压差下易由于启闭过速造成管路冲击振动。

此外，一些公司针对使用工况的特殊性，设计了新颖的可更换头型蒸汽疏水阀，来满足特殊工况和特殊用户的需求，方便选型与节能优化。比如 TLV 公司生产的 Quicktrap 系列疏水阀（图 12-23），通过独特的万向法兰结构可在短时间内完成疏水阀头的更换，方便地将疏水阀转换为机械式、热静力式或热动力式，满足复杂工况的要求。

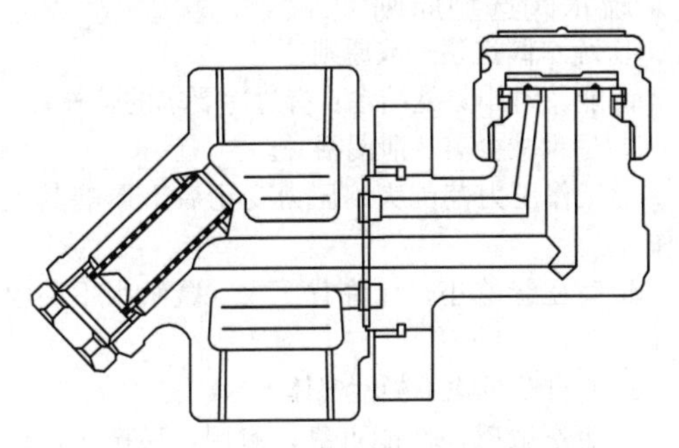

图 12-23　TLV Quicktrap 系列疏水阀

TLV 公司生产的 Quicktrap 系列 FP32 热动力圆盘疏水阀具有“故障常开”性能，双螺栓万向法兰结构便于在线更换和维护，适用于蒸汽主管、伴热管线以及轻型工艺设备。该系列疏水阀具有如下特点。

① 双螺栓法兰接头可以在不影响管路运行的情况下，在几分钟内完成疏水阀的更换。

② 万向法兰结构确保疏水阀不受管路布置的影响，始终处于正确的工作位置。

③ 过滤网位于接头处，确保无故障运行。

④ 空气夹套设计减少单位时间内阀门启闭次数，延长了使用寿命。

⑤ 双金属环式热静力空气排放装置确保快速启动。

⑥ 高精磨的圆盘提供了良好的蒸汽密封、无“空气锁”。

⑦ 不锈钢工作表面经硬化处理，使用寿命长。

⑧ 清理维护简便易行。

12.6　蒸汽疏水阀的选择

12.6.1　各类蒸汽疏水阀主要共性

（1）机械式疏水阀的共性

① 适用于大排量。但是，由于要使用浮子，同其他类型的蒸汽疏水阀相比其外形尺寸要大。

② 由于是靠浮力使浮子上下移动，故要水平安装，但是要求并不是十分严格。

③ 使用时若超出蒸汽疏水阀的设计压力，则阀门不能打开，也就是不能排除凝结水。

④ 如果使用在过热蒸汽上，因蒸汽疏水阀内部的凝结水要蒸发，而使浮子下沉，蒸汽容易泄漏。

⑤ 在寒冷地区，为防止蒸汽疏水阀内部的凝结水冻结必须进行保温。

⑥ 特别注意不要安装在有剧烈振动的部位。

⑦ 当背压异常高时，也不会泄漏蒸汽，但这时凝结水的排放量必须降低。

（2）热静力型疏水阀的共性

① 低温时呈开阀状态。因此开始启动时，是在低温条件下呈最大开阀状态，大量产生的凝结水可在短时间内排除。同时可排除空气，故不会出现空气气堵现象。

② 设备停止运转时，在设备内形成了低温，所以疏水阀呈开阀状态，从而使残留的凝结水能够全部排除，因此不用担心疏水阀因冻结而损坏。

③ 与其他类型比动作声音最小，有利于在防止噪声公害的场合使用。

④ 在处于蒸汽温度时能精确关阀，只要凝结水的温度不降低，疏水阀就不会打开，从而不会泄漏蒸汽。

⑤ 依靠温差而动作，所以其动作不灵敏，不能随负荷的急剧变化而变化，然而从另一个角度讲，在蒸汽使用设备内，可以长时间滞留高温凝结水，因而可以有效地利用这些凝结水的显热。从节能观点出发，它最适合用作“温调疏水阀”。

⑥ 此种只适用于压力比较低的蒸汽设备，且不适用于压力变化较大的场合。因为蒸汽压力变化较大，其饱和温度也会变化。

⑦ 制造这种蒸汽疏水阀时，要根据使用要求对疏水阀进行调整，如果发生调整差错，在使用中会给现场修理带来困难。

⑧ 按一般原则蒸汽疏水阀要安装在凝结水排放口的附近。对于热静力型蒸汽疏水阀，由于同一压力

下蒸汽和凝结水都处于同一温度（即饱和温度），为了使蒸汽疏水阀动作，需要产生一定的温差，那么凝结水必须释放出一部分显热（即放热）后，也就是在排放之前，滞留的凝结水必须下降一定的温度，以确保动作所必要的温差。因此，在疏水阀前必须装设一段长约 1m 的冷却管（放热管）。

（3）热动力型疏水阀的共性

① 体积小重量轻，便于安装和修理。

② 成本低。

③ 抗水击能力强。

④ 不容易冻结。

⑤ 不适用于大排量。

⑥ 由于是根据热力学性质进行动作所以易受压力影响。当蒸汽使用设备借自动调节阀控制进口压力时，往往使进口压力变化频繁，引起动作不协调。

12.6.2 各类蒸汽疏水阀的主要特性及优缺点对比

（1）排凝结水性能及噪声

① 疏水阀要迅速排出蒸汽使用装置内产生的凝结水，使蒸汽使用装置的加热效率保持在最高状态；使装置内的凝结水不形成滞留，最大程度确保装置内的蒸汽空间，保证有最高的加热效率。

② 圆盘式疏水阀排水有 30s 左右的间隔，由于阀片与阀座的不断冲击而有噪声。

③ 蒸汽压力式中的波纹管式疏水阀，机械型中的浮桶式疏水阀和倒吊桶式疏水阀在排出的凝结水较少时，其排水也是间隔的。

④ 其余各类疏水阀排水是连续的，噪声较小。

（2）排空气性能

① 不同类型的疏水阀排除空气（包括氧、氮、二氧化碳等不凝性气体）的性能不同，在选择疏水阀时必须对排空气性能进行优选，保证加热温度，保护管道、设备不被腐蚀；由于缩短了预热时间，也就缩短了每次的作业时间，提高了加热设备的效率。

② 热静力型疏水阀的排空气性能最好，它可以同时排放低于饱和温度下一定温差的凝结水和空气，也可以安装在用汽设备的上部，单纯作为排空气阀来使用，但不能排除接近饱和蒸汽温度的热空气。

③ 热动力型疏水阀中，脉冲式及迷宫式疏水阀由于其阀瓣上和阀体上有一个常开的小孔，所以可以排除一定量的冷热空气，但仍不能满足排除大量冷空气的需要。

④ 机械型疏水阀一般是单一机械型结构，都不能排除空气，因为它们的动作仅取决于液位的变化，区分不出来是蒸汽还是空气，所以一律密封在阀前，故空气也排不出去。

（3）漏汽率

疏水阀的漏汽率不允许超过 3%；热动力型疏水阀的漏汽率较高，在 2%～3%之间；热静力型疏水阀的漏汽率居中；机械型疏水阀漏汽率较低，因为它们是根据水位的变化来工作的，且疏水阀内还存在水封，一般浮球式的漏汽率低于浮桶式。

12.7 蒸汽疏水阀的选型

12.7.1 疏水阀的设置

① 饱和蒸汽管（包括用来伴热的蒸汽管）的末端或最低点。

② 长距离输送的蒸汽管的中途；对于饱和蒸汽的蒸汽管的每个补偿弯前或最低点；立管的下部。

③ 蒸汽管上的减压阀和控制阀的阀前。

④ 蒸汽管不经常流动的死端且又是最低点处，如公用物料站的蒸汽管的阀门。

⑤ 蒸汽分水器、蒸汽分配罐或管、蒸汽减压增湿器、扩容器的低点以及闪蒸罐的水位控制处。

⑥ 蒸汽加热设备；夹套、盘管的凝结水出口。

⑦ 经常处于热备用状态的设备和机泵；间断操作的设备和机泵以及现场备用的设备和机泵的进汽管的最低点。

⑧ 其他需要疏水的场合。

12.7.2 蒸汽疏水阀选型条件

（1）疏水阀选型原则

① 疏水阀选型一般原则

a. 能及时排除凝结水（有过冷要求的除外）。

b. 尽量减少蒸汽泄漏损失。

c. 工作压力范围大，压力变化后不影响其正常工作。

d. 背压影响小，允许背压大（凝结水不回收的除外）。

e. 能自动排除不凝性气体。

f. 动作敏感，性能可靠、耐用，噪声小，抗水击、抗污垢能力强。

g. 安装方便、容易维修。

h. 外形尺寸小，重量轻，价格便宜。

i. 具体的选型参数如下：

• 疏水阀的类型（工作特性）；
• 疏水阀的容量（凝结水排量）；
• 疏水阀的最大使用压力；
• 疏水阀的最高使用温度；
• 正常工况下疏水阀的进口压力；
• 正常工况下疏水阀的出口压力（背压）；
• 疏水阀的阀体材料；
• 疏水阀的连接管径（配管尺寸）；
• 疏水阀的进口、出口的连接方式。

② 阀体的材料选择　在不同的使用条件下，应

选择不同的阀体材料，主要是以蒸汽的压力和温度来选取阀体材质（表 12-2）。

表 12-2　阀体材料与温度

蒸汽工作压力/(kg/cm²)	蒸汽工作温度/℃	阀体材料
≤16	≤200	铸铁
>16	200～400	锻、铸钢，合金钢
>16	≥440	耐高温钢
冷凝液有腐蚀		不锈钢

③ 其他注意事项

a. 选疏水阀时，应选择符合国家标准的优质节能疏水阀。这种疏水阀在阀门代号 S 前都冠以“C”，其使用寿命大于 8000h，漏汽率小于 3%，有关疏水阀性能应以制造厂说明书或样本为准。

b. 在负荷不稳定的系统中，如果排水量可能低于额定最大排水量 15%时，不应选用脉冲式疏水阀，以免在低负荷下引起蒸汽泄漏。

c. 在凝结水一经形成，必须立即排除的情况下，不宜选用脉冲式和波纹管式疏水阀（二者均要求有一定的过冷度），可选用浮球式 ES 型和 ER 型等机械型疏水阀，也可选用圆盘式疏水阀。

d. 对于蒸汽泵、带分水器的蒸汽主管及透平机外壳等工作场合，可选用浮球式疏水阀，必要时可选用热动力式疏水阀，不可选用脉冲式和恒温型疏水阀。

e. 热动力式疏水阀有接近连续排水的性能，其应用范围较广，一般都可选用，但最大允许背压不得超过入口压力的 50%，最低进出口压差不得低于 0.05MPa。

f. 间歇工作的室内蒸汽加热设备或管道，可选用机械型疏水阀。

g. 机械型疏水阀在寒冷地区不宜在室外使用，否则应有防冻措施。

h. 疏水阀的选型要结合安装位置考虑：

• 疏水阀安装位置低于加热设备，可选任何类型的疏水阀；

• 疏水阀安装位置高于加热设备，不可选用浮桶式，可选用双金属式疏水阀；

• 疏水阀安装位置标高与加热设备基本一致，可选用浮筒式、热动力式和双金属式疏水阀。

i. 对于易发生蒸汽锁的蒸汽使用设备，可选用倒吊桶式疏水阀或安装与解锁阀（安装在疏水阀内的强行开阀排气的装置）并用的浮球式疏水阀。

j. 管路伴热管道、蒸汽夹套加热管道，各类热交换器、散热器以及一些需要根据操作要求选择排水温度的用汽设备，可选用温度调整型等热静力型疏水阀。要求用汽设备恒温的可选用温度调整型疏水阀。

k. 要选择适宜疏水量的疏水阀，如果选用的排水量过大致使阀门动作频繁，会降低疏水阀的寿命。

(2) 疏水阀选型具体参数

① 疏水量　选用疏水阀时，必须按设备每小时的耗汽量乘以选用富裕度为最大凝结水量，来选择疏水阀的排水量，才能保证疏水阀在开车时能尽快排出凝结水，迅速提高加热设备的温度。疏水阀排放能量不够，会造成凝结水不能及时排出，降低加热设备的热效率（当蒸汽加热设备刚开始送汽时，设备是冷的，内部充满空气，需要疏水阀把空气迅速排出，再排大量低温凝结水，使设备逐渐热起来，然后设备进入正常工作状态。由于开车时，大量空气和低温凝结水，较低的入口压力，使疏水阀超负荷运行，此时疏水阀要求比正常工作时的排水量大，所以根据适合的富裕度来选择疏水阀）。

② 疏水口　应足够大，并且处在易于凝结水流进疏水阀的位置。如一个 150mm 的蒸汽管道需要一个直径至少为 100mm，深 150mm 的位于管道底部的疏水口。

③ 疏水阀的连接尺寸和管道尺寸　疏水阀的工艺条件决定以后，根据疏水阀前后的工件压差和疏水阀制造厂家的技术参数来选择疏水阀的规格尺寸（不能按设备连接尺寸随便选配同样尺寸的疏水阀，疏水阀的连接口径不能代表疏水量的大小，同一种口径的疏水阀，疏水能力可能差别很大，所以选用疏水阀时必须根据设备的工艺条件，参照疏水阀制造厂家提供的参数来选配疏水阀）。

连接疏水阀的管道应该足够大。这对于热力疏水阀尤为重要，因为凝结水管道中过多的流动阻力会扰乱正常运行。靠近疏水阀的管道部件如阀门、弯头和三通会造成过高的背压，因此也应避免使用这些部件。

④ 通风排气　当蒸汽携带空气进入疏水空间后，若不采用适当的方式使空气通过疏水阀或单独的排气设备排掉，疏水阀的性能就会受到影响。即没有适当的排出气体，就会消耗大量时间来预热。

⑤ 工作压差　选用疏水阀时，不能以公称压力选疏水阀，因为公称压力只能表示疏水阀壳体承受压力等级，疏水阀公称压力与工作压力的差别很大，所以要根据工作压差来选择疏水阀的排水量。工作压差是指疏水阀前的工作压力减去疏水阀出口背压的差值。

⑥ 过冷度

a. 每种疏水阀都有特定的最小过冷度。选择不同过冷度的疏水阀要由加工工艺来决定，一般在加热温度不高、温度控制要求不严的场合，可采用过冷度较大的疏水阀，以期在加热设备中利用一部分凝结水的显热，而在加热温度较高、负荷大、温度控制要求严格的场合，需要快速排掉凝结水，这时就要采用过冷度小的疏水阀。

b. 机械型疏水阀有水即排，它可以排出饱和水，即它允许的最小过冷度为0℃；热动力型中的圆盘式和脉冲式疏水阀允许最小过冷度为6～8℃；热静力型疏水阀一般允许的最小过冷度都较大；但其中蒸汽压力式膜盒式疏水阀，其允许的最小过冷度为3℃，而蒸汽压力式中的波纹管式疏水阀其允许的最小过冷度为10～30℃。

⑦ 凝结水回收率　在供热系统中，凡是蒸汽间接加热产生的凝结水都应加以回收利用，而且要注意回收利用的品质。严格按照GB/T 12712—91标准执行，凝结水回收率不得小于60%。

⑧ 低负荷工作能力　指在0.05MPa压差下，能进行正常动作的能力。正常动作的压差越小，其工作的可靠性就越高。各类疏水阀正常动作的最小压差见表12-3。

表12-3　疏水阀正常动作最小压差

类型	最小压差/MPa	类型	最小压差/MPa
自由浮球式	0.01	杠杆浮球式	0.01
膜盒式	0.01	波纹管式	0.05
倒吊桶式	0.03	双金属片式	0.05
浮桶式	0.05	液体膨胀式	0.15
圆盘式	0.05		

⑨ 防水击能力　蒸汽系统中被流动的蒸汽带走的凝结水能对管道、零件和疏水阀造成损害，称为水击。水击是由于疏水阀的不正常运行所致。形成水击的原因有多种，主要是没能将管道中高速蒸汽里的凝结水去除掉；再采用控温方法，将凝结水运送到回水管，或者送回加压系统的运行方式。要求疏水阀前一段管路应尽可能平直，避免拐弯、弯曲和凹下，并要求管道不能突然缩小口径，且管道应保持一定连续的坡度，这样才能使得无局部积水产生，保持排水通畅，不易产生水击。

⑩ 任意方位安装的能力　一般疏水阀应尽量水平安装，不允许倒装或斜装；热静力型疏水阀可任意方位安装，但垂直安装时进口应在上方；热动力型中，迷宫式疏水阀可任意方位安装，圆盘式和脉冲式疏水阀只允许水平安装，机械型疏水阀只允许水平安装。

⑪ 抗冻能力　主要是指在寒冷地区室外工作的疏水阀在低温下正常工作的能力，而且一旦阀体内部积水结冰后，阀体也不致损坏。这样一个共同的要求是阀体、阀盖等受压元件应全部为钢件，而不能用铸铁件；热动力型疏水阀抗冻能力最好；双金属片式疏水阀较好；机械型因体内积水不宜采用；在寒冷地区还应注意，疏水阀应尽量靠近加热设备；疏水阀及回水管上应设置防冻阀（自动放水阀）；管道、阀门要进行充分保暖。

⑫ 使用寿命

a. 使用寿命是指在一定的保质期内，疏水阀的漏汽率不超过规定值，一般小于或等于3%。其一般使用寿命应等于或大于8000h。

b. 机械型疏水阀使用寿命较长，优质产品在正常情况下可使用5年；热静力型中的双金属片疏水阀，其优质产品在正常情况下可使用3年；热静力型中的蒸汽压力式疏水阀，其优质产品在正常情况下可使用2年；热动力型中的圆盘式疏水阀，其优质产品在正常情况下可使用1～2年。

12.7.3　依据不同工况选择疏水阀

在不同工况下选择不同类型的疏水阀（表12-4）。

12.7.4　凝结水量的计算

(1) 疏水阀的排水量及规格参数的确定

① 对于连续操作的用汽设备，计算凝结水量W应采用工艺计算的最大连续用汽量。对于间断操作的用汽设备，W应采用操作周期中的最大用汽量（表12-5）。

② 当开工时的用汽量大于上述数值时，可按具体情况加大富裕度或通过排污阀排放凝结水，或再并联一个疏水阀。

③ 蒸汽管道、蒸汽伴热管的疏水量可取正常运行时产生的凝结水量计算值。如果在开工时产生的凝结水量大于计算值，可通过排污阀排放。

④ 蒸汽管道及阀门在开工时所产生的凝结水量W：

$$W=\frac{q_1c_1\Delta t_1+q_2c_2\Delta t_2}{i_1-i_2}\times 60 \tag{12-1}$$

式中　W——凝结水量，kg/h；

q_1——钢管和阀门的质量，kg；

q_2——用于钢管和阀门的保温材料质量，kg；

c_1——钢管的比热容（碳素钢$c_1=0.469$，合金钢$c_1=0.486$），kJ/(kg·℃)；

c_2——保温材料的比热容（近似地取$c_2=0.837$），kJ/(kg·℃)；

Δt_1——钢管升温速度（一般取$\Delta t_1=5$），℃/min；

Δt_2——保温材料升温速度（一般取$\Delta t_2=1/2\Delta t_1$），℃/min；

i_1——工作条件下过热蒸汽的焓或饱和蒸汽的焓，kJ/kg；

i_2——工作条件下饱和水的焓，kJ/kg。

⑤ 正常工作时蒸汽管道的凝结水量$W_{正}$：

$$W_{正}=\frac{Q}{i_1-i_2} \tag{12-2}$$

式中　Q——蒸汽管道散热量，kJ/h。

表 12-4 一般疏水阀在不同工况下的选型表

序号	特点	热静力型			机械型			热动力型		
		膜盒式	波纹管式	双金属式	倒吊桶式	杠杆浮球式	自由浮球式	圆盘式	脉冲式	孔板式
1	工作(排水)方式	间歇	间歇	间歇	间歇	连续	连续	间歇	间歇	间歇
2	节能效果	○	○	○	○	○	+	—	—	—
3	耐磨损	○	○	○	○	○	+	—	—	○
4	耐水击	○	—	○	○	○	○	+	+	+
5	耐冰冻	○	○	+	○	○	○	+	+	+
6	排空气性能	+	+	+	+	+	+	—	○	+
7	对凝结水的反应	○	○	○	+	+	+	○	+	
8	抗背压运行	+	○	○	+	+	+	—	—	+
9	低压力下运行	○	+	○	○	+	+	—	—	+
10	污垢处理能力	—	○	○	○	○	○	—	—	—
11	过热蒸汽适应能力	○	—	○	+	+	+	+	+	+
12	处理二次蒸汽能力	—	—	—	○	○	○	○	○	○
13	低负荷工作能力	○	○	—	○	+	+	○	○	+
14	压力波动影响	○	○	—	+	+	+	+	+	—
15	体积重量	○	○	○	○	○	+	+	+	+
16	使用寿命	○	○	○	○	○	+	○	—	○

注：＋表示性能杰出；○表示性能一般；—表示性能较差。

表 12-5 蒸汽伴管用汽量的经验数值

环境温度/℃	保持介质温度/℃	项 目	工艺物料管公称直径 *DN*				
			40～50	80～100	150～200	250～350	450～500
不低于－20	≤60	根数×伴热管公称直径	1×15	1×15	1×20	1×25	2×20
		最大放水距离/m	100	100	120	150	120
		用汽量/[kg/(m·h)]	0.2	0.2	0.25	0.35	0.5
	61～100	根数×伴热管公称直径	1×20	1×25	2×20	2×20	2×25
		最大放水距离/m	120	150	120	120	150
		用汽量/[kg/(m·h)]	0.25	0.35	0.5	0.5	0.7
－31～－21	≤60	根数×伴热管公称直径	1×20	1×20	1×25	2×20	2×25
		最大放水距离/m	120	120	150	120	150
		用汽量/[kg/(m·h)]	0.25	0.25	0.35	0.5	0.7
	61～100	根数×伴热管公称直径	1×25	2×20	2×25	2×25	2×40
		最大放水距离/m	150	120	150	150	200
		用汽量/[kg/(m·h)]	0.35	0.5	0.7	0.7	0.9

(2) 富裕度

由于疏水阀最大排水能力是按照连续正常排水测得的，计算求得的设备或管道凝结水应乘以富裕度(n)。富裕度受下列因素影响：

① 疏水阀的操作特性；

② 估计或计算凝结水量的准确性；

③ 疏水阀的进出口压力。

如果凝结水量及压力条件可以准确确定，富裕度可以取小一些，以避免选用大尺寸的疏水阀，否则操作效率低，背压不正常，会降低使用寿命。按蒸汽加热工艺的特点，推荐的排水量富裕度见表12-6。

表 12-6 富裕度选择

序号	供 热 系 统	使 用 状 况		富裕度
1	分汽缸下部疏水	在各种压力下应能迅速排除凝结水		3
2	蒸汽主管疏水	每 100m 管线或控制阀前、管路转弯、主管末端等处应设疏水点		3
3	支管	支管长度≥5m 处的各种控制阀前应设疏水点		3
4	汽水分离器	在汽水分离器的下部疏水		3
5	供热管	一般供热管径为 *DN*15，在不大于 50m 处设疏水点		2
6	暖风机	压力不变时		3
		压力可调时	0～0.1MPa	2
			0.1～0.2MPa	2
			0.2～0.6MPa	3

续表

序号	供热系统	使用状况		富裕度
7	单路盘管加热液体	快速加热		3
		不需快速加热		2
8	多路并联盘管加热液体			2
9	烘干室(箱)	压力不变时		2
		压力可调时		3
10	溴化锂制冷设备蒸发器	单效,压力≤0.1MPa		2
		多效,压力≤1MPa		3
11	浸在液体中的加热盘管	压力不变时		2
		压力可调时	0.1～0.2MPa	2
			＞0.2MPa	3
		虹吸排水		5
12	列管式热交换器	压力不变时		2
		压力可调时	≤0.2MPa	2
			＞0.2MPa	3
13	夹套锅	必须在夹套锅上方设排空气阀		3
14	单效多效蒸汽器	凝结水量	≤20t/h	3
			＞20t/h	2
15	层压机	应分层疏水,注意水击		3
16	消毒柜	柜的上方设排空气阀		3
17	回转干燥圆桶	表面线速度 v	≤30m/s	5
			30m/s＜v≤80m/s	8
			＞80m/s	10
18	二次蒸汽罐	罐体直径应保证二次蒸汽速度≤5m/s,且罐体上部要设排空气阀		3
19	淋浴	单独热交换器		2
		多喷头		4
20	采暖	压力≥0.1MPa		2～3
		压力＜0.1MPa		4
21	间歇,需速加热设备			4
22	空气加热器	0.003MPa下的排量		2
		0.014MPa下的排量		2
		在最大压力差的1/2		3
23	蒸汽吸收器	在最大压力差的1/2		2

计算的排水量 W 乘以富裕度 n 为需要的排水量 W_r，以此作为选择疏水阀的依据。即

$$W_r=Wn \tag{12-3}$$

式中 W_r——需要的排水量，kg/h；

W——计算的凝结水量，kg/h；

n——富裕度。

(3) 疏水阀使用压力的确定

① 最大使用压力　疏水阀的最大使用压力应根据疏水阀前管系或用汽设备的最大压力来确定，疏水阀的公称压力应满足管系的设计压力。

② 入口压力（p_1）　疏水阀的入口压力（p_1）是指疏水阀入口处的压力，它比蒸汽压力低 0.05～0.1MPa。疏水阀的公称压力按工程设计规定的管道等级选用，而疏水阀的疏水能力应按入口压力（p_1）选择。

③ 出口压力（p_2）　疏水阀的出口压力（p_2）也称为背压，它由疏水阀后的系统压力决定。如果凝结水不回收，就地排放时，出口压力为零。当凝结水经管网集中回收时，疏水阀的出口压力是管道系统的压力降、位差及凝结水槽或界区要求压力的总和，见式(12-4)。

$$p_2=\frac{H}{96.8}+p_3+L\Delta p_e \tag{12-4}$$

式中 H——疏水阀与凝结水槽之间的位差，或疏水阀与出口最高管系之间的位差（两者取大值），m；

p_3——凝结水槽内的压力或界区要求的压力，MPa（表）；

Δp_e——每米管道的摩擦阻力，MPa/m；

L——管道长度及管件当量长度之和，m。

疏水阀的工作压差（Δp）为

$$\Delta p=p_1-p_2 \tag{12-5}$$

式中　Δp——疏水阀的工作压差，MPa；

p_1——疏水阀的入口压力，MPa（表）；

p_2——疏水阀的出口压力，MPa（表）。

其中疏水阀的排水量与 $\sqrt{\Delta p}$ 成正比。

④ 背压对排水量的影响　由于疏水阀的排水量多是在不同的入口压力下，出口为排大气而测得的，在有背压的条件下使用时，排水量必须校正。背压度越大，疏水阀排水量下降得越多，校正时可参照表 12-7。

表 12-7　背压使疏水阀排水量下降的百分率

单位：%

背压度/%	入口压力(表)			
	0.035MPa	0.17MPa	0.69MPa	1.38MPa
25	6	3	0	0
50	20	12	10	5
75	38	30	28	23

（4）疏水阀公称直径的选择

疏水阀一般以需要的凝结水排水量及压差为依据，对照所选型号的疏水阀的排水量曲线或表选公称直径，以此为参考决定进、出口管径。

（5）排水能力的核对

根据所选的公称直径、计算的压差及疏水阀的凝结水排水量曲线或表，确定疏水阀的凝结水最大排水量 W_{max}，并与需要的排水量（W_r）比较，要求：

$$W_{max}(1-f) \geqslant W_r \tag{12-6}$$

式中　W_{max}——疏水阀的最大排水量，kg/h；

f——背压使疏水阀排水量下降率，%；

W_r——需要的排水量，kg/h。

12.8　蒸汽疏水阀出厂试验与型式试验

12.8.1　出厂试验

根据 GB/T 22654—2008《蒸汽疏水阀　技术条件》的规定，出厂试验须逐台进行，检验合格方可出厂。蒸汽疏水阀的出厂试验项目包括：壳体强度试验、动作试验、外观和标志，试验依据 GB/T 12251—2005、GB/T 12712—91 和 GB/T 22654—2008 的规定进行。

12.8.2　型式试验

① 有下列情况之一时，应提供 1～2 台阀门进行型式试验，试验合格后方可成批生产：

a. 新产品试制定型鉴定；

b. 正式生产后，如结构、材料、工艺有较大改变可能影响产品性能时；

c. 产品长期停产后，恢复生产时。

② 有下列情况之一时，应抽样进行型式试验：

a. 正常生产时，定期或积累一定产量后，应进行周期性检验；

b. 国家质量监督机构提出进行型式试验的要求时。

③ 蒸汽疏水阀型式试验应包括：

a. 壳体强度试验；

b. 动作试验；

c. 最低工作压力试验；

d. 最高工作压力试验；

e. 最高背压试验；

f. 排空气能力试验；

g. 最大过冷度试验；

h. 最小过冷度试验；

i. 漏汽量试验；

j. 热凝结水排量试验。

蒸汽疏水阀型式试验按 GB/T 12251—2005 的规定进行。

参 考 文 献

[1] GB/T 22654—2008. 蒸汽疏水阀　技术条件.

[2] GB/T 12250—2005. 蒸汽疏水阀　术语、标志、结构长度.

[3] GB/T 12712—1991. 蒸汽供热系统凝结水回收及蒸汽疏水阀技术管理要求.

[4] GB/T 12251—2005. 蒸汽疏水阀试验方法.

[5] JB/T 2778—2008. 阀门零部件高压管件和紧固件温度标记.

[6] JB/T 5300—2008. 工业用阀门材料　选用导则.

[7] JB/T 10768—2007. 空调水系统用电动阀门.

[8] XY/T 0153—93. 蒸汽疏水阀的选型、安装、使用、维护导则.

[9] HG/T 20570—1995. 工艺系统工程设计技术规定.

[10] SLDI 233A31—1998. 蒸汽疏水阀的设置.

[11] 程代京，刘银河. 蒸汽凝结水的回收及利用. 北京：化学工业出版社，2007.

[12] 蒋兴可. 蒸汽疏水阀. 北京：纺织工业出版社，1986.

[13] James F. McCauley. The Steam Trap Hand book，Liburn，GA. The Fairmont Press Inc.，1995.

[14] 兰静，封翠华. 蒸汽疏水阀的选型及蒸汽管道疏水量的计算. 云南电力技术，2009.

[15] 蒋雨. 蒸汽疏水阀的选型及节能效益的探讨. 企业科技与发展，2008 (12).

[16] 孙艳枝. 蒸汽疏水阀与正确选型方法. 应用能源技术，2003 (4).

[17] 李海涛. 蒸汽疏水阀内部泄漏的检测. 节能，2008 (8).

［18］［日］中井多喜雄著．蒸汽疏水阀．李坤英译．北京：机械工业出版社，1989.
［19］吴高峰．蒸汽节能——应用技术及实施方案．北京：机械工业出版社，2008.
［20］杨源泉．阀门设计手册．北京：机械工业出版社，1992.
［21］［日］高田敏则，平正登著．凝结水回收与利用．李坤英译．北京：机械工业出版社，1992.
［22］宋虎堂．阀门选用手册．北京：化学工业出版社，2007.
［23］［美］Armstrong International，Inc. 编．Solution Source for Steam，Air and Hot Water Systems，2006.
［24］［德］斯派莎克集团编．蒸汽和冷凝水系统手册．斯派莎克工程（中国）有限公司译．上海：上海科学技术文献出版社，2007.

第 13 章　减　压　阀

13.1　概述

减压阀是自能源（依靠管路介质的本身能量进行工作）压力调节装置中的一种形式。它能将进口压力降低至某一需要的出口压力，并当负荷（流量）及进口压力变动时，能自动地保持出口压力基本不变（仅在一个极小的允许范围内稍有变动）。

13.2　减压阀的分类

减压阀可分为直接作用式和副阀式两大类。直接作用式的敏感膜片检测到被调压力 p_c 的变化量后，未经放大便直接用来推动阀盘；副阀式减压阀（定压载荷除外）则把检测到的 p_c 的变化量，经放大为动力腔压力 p_h 的变化，然后通过动力活塞或膜片推动主阀盘。

副阀式减压阀是由任意结构的两只直接作用式减压阀叠加而成的。根据动力腔的载荷压力变化与否，分为定压载荷和变压载荷两种。每种根据副阀向动力腔注入介质或从动力腔引出介质又可分为注入式和引流式两种。减压阀的各种分类方法，见表 13-1。

表 13-1　减压阀的分类

直接作用式	以结构形式分	正作用式	介质对截止机构（阀盘）的合力倾向于使阀开启
		反作用式	介质对截止机构的合力倾向于使阀关闭
		卸荷式	介质对截止机构的合力等于零
	以载荷形式分	重力式	以重力给阀加载
		弹簧式	以弹簧力给阀加载
		气囊式	以气体压力给阀加载
	以是否排大气分	封闭式	任何工况下无介质外泄
		开放式	任何工况下有介质外泄
		半封闭式	正常工况时无介质外泄，零工况（流量为零）时或由于其他原因使出口压力高于一定值时少量介质外泄
	以工作介质分	空气减压阀	适用于空气介质
		蒸汽减压阀	适用于蒸汽介质
		水用减压阀	适用于水介质
副阀式	以载荷形式分	定压载荷（主阀载荷不变）	注入式（副阀向动力腔注入介质）
			引流式（副阀向动力腔引出介质）
		变压载荷（主阀载荷变动）	注入式
			引流式

13.3　减压阀的工作原理

13.3.1　重力载荷、全封闭、卸荷式减压阀

如图 13-1 所示，在重量载荷作用下，阀开启。进口压力为 p_j 的介质经阀座节流后，压力降为 p_c。压力 p_c 经反馈孔“a”引至膜片下方［图 13-1（a）］或者直接作用于膜片下方［图 13-1（b）］，于是在膜片上产生一个向上的力，使阀盘上移，阻止 p_c 继续上升。当此力与载荷重力平衡时，阀盘停止移动。此时阀后压力对应于一定的 p_c 并且流量达某一值。调节重力的大小即可获得所需的减压压力 p_c。当工况变动时，例如出口流量增加，将引起 p_c 压力降低，平衡即遭破坏，膜片在重力的作用下下移并开启阀盘，使 p_c 升至原来值［对于图 13-1（a）］与重力重新建立平衡。所以在任何平衡工况下，p_c 恒为常数。这种情况称无差调节。对于图 13-1（b），由于阀弹簧的存在，当阀的开度变化时，弹簧力也随之而变。故工况变化后，在新的平衡状态下，p_c 不能绝对地回至原来数值。此种情况称为有差调节。一般减压阀均为有差调节。

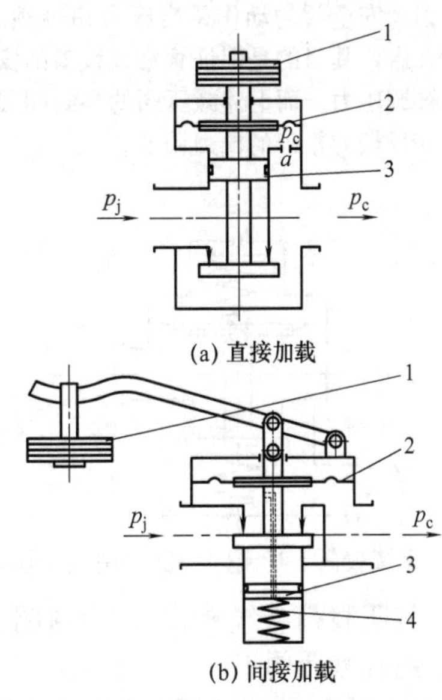

图 13-1　重力载荷、全封闭、卸荷式减压阀原理
1—重块；2—膜片；3—平衡活塞；4—弹簧

13.3.2　弹簧载荷、全封闭、正作用式减压阀

如图 13-2 所示，其基本原理与重力式相同。由

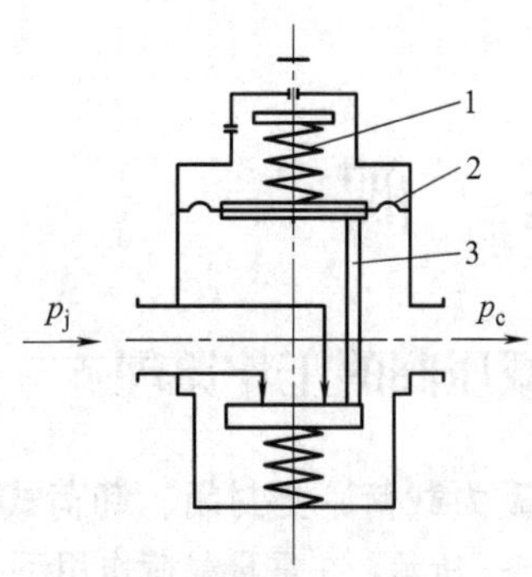

图 13-2　弹簧载荷、全封闭、正作用式减压阀原理

1—调节弹簧；2—膜片；3—副动杆

于用调节弹簧代替重力给阀加载并具有阀弹簧，故属有差调节。

13.3.3　弹簧载荷、半封闭、反作用式减压阀

如图 13-3 所示，其基本原理同前。膜片中心有一小孔与阀杆端部构成一密封副，正常工况下，由于介质对阀盘的作用力之和同调节弹簧力与介质在膜片上的作用力之和方向相反，使膜片与阀杆互相压紧，保证了此密封副的密封。当出口需要的流量突然大幅度下降，阀盘的动作由于惯性而滞后，或出口流量为零，而阀座处的密封性欠佳以及旋松调节弹簧而降低整定压力时，均会使出口压力过大超过整定值。此时膜片被向上抬起并与阀杆脱离接触，从而把低压腔的多余介质排入大气。这一作用类似安全阀，但不同于安全阀。因为安全阀的动作是当压力超过额定值时，阀盘骤然开启，其目的是保证管路或设备的安全而不保证管路被调压力。而上述减压阀的半封闭装置的目的是为了获得较为精确的压力调节。

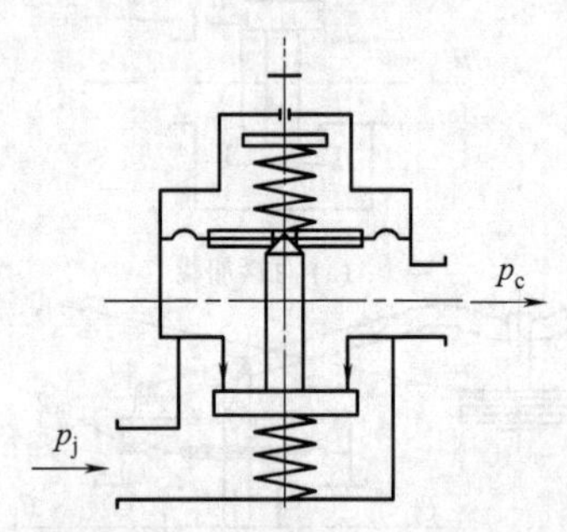

图 13-3　弹簧载荷、半封闭、反作用式减压阀原理

13.3.4　气压载荷（气囊式）、全封闭、反作用式减压阀

如图 13-4 所示，其基本原理同前。其特点是以一半球形气室的气体压力代替调节弹簧给阀加载。气室的气体来自进口高压介质，调节针阀 a 和 b，可以使密闭气室获得所需的压力。调节结束后，针阀必须完全处于截止状态。工况变动后，膜片的平衡位置亦

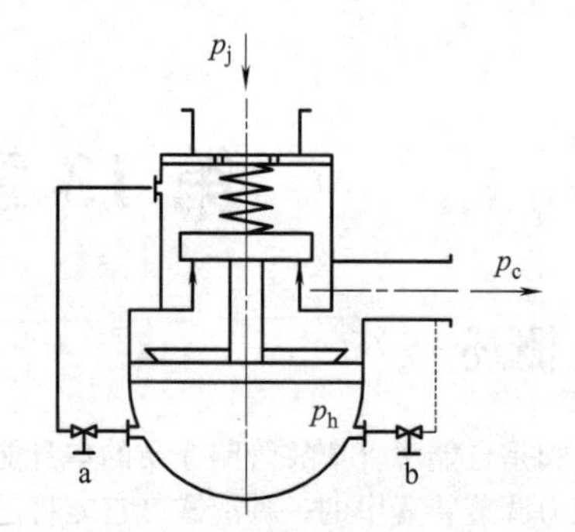

图 13-4　气压载荷（气囊式）、全封闭、反作用式减压阀原理

将变动，从而由于气室容积的变化使 p_h 也发生变化，故也属有差调节。针阀 b 可将气室的介质排入大气或如虚线所示引入低压腔。

实际上气囊是一个气体弹簧。只要气囊的容积足够大，气体弹簧的刚度就足够小。刚度越小则阀的静态性能越好，所以气囊式减压阀较弹簧载荷式减压阀具有较好的静态性能。但气囊式减压阀只能用于气体介质并受环境温度及气囊漏气的影响。为了克服这些缺点，可以用一副阀代替针阀 a，于是就构成了定压载荷的副阀式减压阀。

13.3.5　定压载荷、注入式、全封闭、副阀式减压阀

如图 13-5 所示，所有副阀式减压阀均由两只直接作用式减压阀叠加而成。其中之一作副阀，用以调节另一作主阀的减压阀的载荷。图 13-5 所示的副阀式减压阀是以一弹簧载荷、全封闭、反作用式减压阀作副阀，其出口压力 p_c 即主阀的载荷压力。调节副阀的调节弹簧可获得不同的主阀载荷压力 p_h。副阀的作用可视为主阀的调节弹簧或气囊式减压阀的供气针阀 a（把动力腔看做气囊），则此副阀式减压阀的工作原理与气囊式减压阀相同。

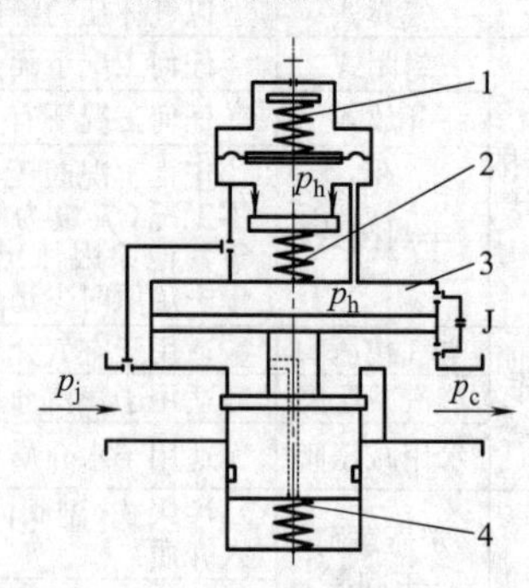

图 13-5　定压载荷、注入式、全封闭、副阀式减压阀原理

1—调节弹簧；2—副阀弹簧；3—动力腔；4—主阀弹簧

动力腔的载荷压力由副阀提供，动力腔内介质经节流孔J流至低压腔，处于流动平衡状态，所以能自动补偿环境温度变化及动力腔渗漏所造成的对 p_h 的影响，因此其动态性能优于气囊式。此外，动力腔的压力由副阀和节流孔J保证，所以也适用于蒸汽介质和液体介质。

因主阀的载荷压力仅取决于副阀的整定值，主阀出口压力 p_c 的变化并不被副阀膜片所检测，然后通过副阀反映为主阀载荷压力 p_h 的变动，故称为定压载荷。但并非说载荷压力绝对不变。由于 p_c 的变化将引起主阀动力膜片的移动，从而压缩或扩张动力腔的容积以及 p_c 本身的变化都会破坏节流孔的流量平衡，并使 p_h 发生某些相应的变化（因为副阀是有差调节）。另外 p_j 的变化会破坏副阀力的平衡，所以会引起 p_h 的变化。

13.3.6 变压载荷、注入式、全封闭、副阀式减压阀

如图13-6所示，其基本原理同图13-5。因副阀膜片能直接感受 p_c 的变化，从而通过副阀的动作反映载荷压力 p_h 的变化，故称为变压载荷。所以，副阀不仅起到主阀调节弹簧的作用，同时还具有将 p_c 的变化量（Δp_c）变为 p_h 的变化量（Δp_h）的放大作用。例如 p_c 降低时，活塞向上作用力减小，主阀开启（和直接作用式时情况相同）。同时，副阀的敏感膜片检测到 p_c 的变化后，使副阀瓣开启，从而 p_h 增加，协助打开主阀瓣。所以其调节性能优于定压载荷的副阀式减压阀。活塞与本体间环形间隙的作用相当于图13-5的节流孔J。

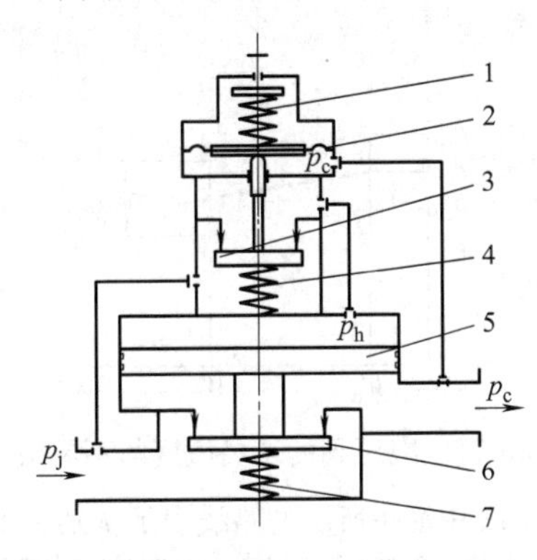

图13-6 变压载荷、注入式、全封闭、副阀式减压阀原理

1—调节弹簧；2—膜片；3—副阀瓣；4—副阀弹簧；5—动力活塞；6—主阀瓣；7—主阀弹簧

13.3.7 变压载荷、引流式、半封闭、副阀式减压阀

如图13-7所示，其基本原理同图13-6相似。不同点在于：图13-6中用副阀控制进入动力腔介质的多少来控制 p_h，称为注入式；图13-7中用副阀控制从动力腔排入低压腔的介质的多少来控制 p_h，故称引流式。进入动力腔的介质多少是通过节流阀定量供给的。

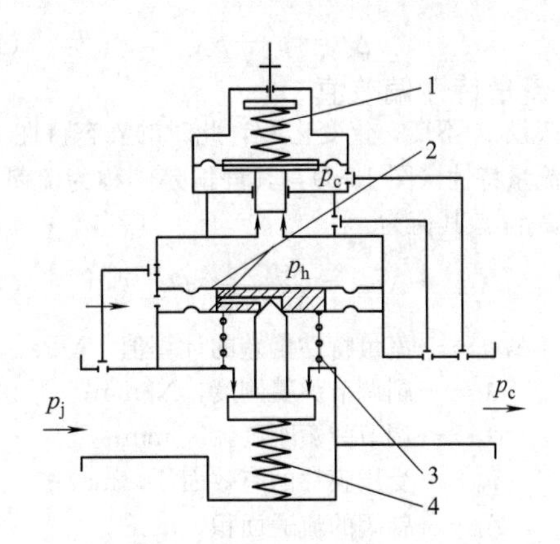

图13-7 变压载荷、引流式、半封闭、副阀式减压阀原理

1—调节弹簧；2—膜片；3—弹簧；4—主阀弹簧

图13-6在任何工况下均无介质外泄。图13-7在正常工况时，p_j、p_c、p_h 和弹簧力相互作用，使动力膜片中心的小孔被主阀杆的锥端所密封，无介质外泄。当零工况时，主阀处于关闭位置，而副阀在 p_c 的作用下仍然处于开启状态。于是 p_c 逐渐升高，动力膜片两边的压力差 p_h-p_c 逐渐减小，当 p_h-p_c 减小到一定程度时，动力膜片在弹簧的作用下向上抬起。将低压腔中的多余介质经动力膜片中心的小孔和两片动力膜片间的间隙排至大气。

13.4 性能指标

评定减压阀性能的优劣有若干指标。在大多数情况下，使用减压阀的目的是为了获得恒定不变的出口压力 p_c。但事实上，由于扰动（使被调量 p_c 偏离给定值的原因，如流量 W 或进口压力 p_j 的变化或重新整定调节弹簧等）要引起阀的动作，直至建立新的平衡。从发生动作开始到新的平衡建立为止，这一过程称为动态过程。对应于不同的扰动量（如流量 W 等），若略去动态过程，仅描述被调量 p_c 在各平衡状态时的变化关系则称为静态过程。以下讨论减压阀的各项静态性能指标。

13.4.1 静偏差 Δp_c

工况变化（包括进口压力 p_j 及流量 W 的变化）后，减压压力 p_c 将偏离额定值（图13-8）。偏离的大小即为减压阀的静态特性偏差（简称静偏差）Δp_c。若以下标“0”表示额定工况下的参数；以上标“′”表示工况变化后的参数，则

$$\Delta p_c = p'_c - p_{c0} \quad (13\text{-}1)$$

(1) 流量特性偏差值

假设 p_j 不变，仅变化 W，此时的静态特性 p_c-W 称为流量特性（图 13-9），其静偏差则称为流量特性偏差 Δp_{cL}。其值为

$$\Delta p_{cL} = \frac{\lambda_f - \lambda_t}{A_m - A_f} \Delta H_f \quad (13\text{-}2)$$

式中 Δp_{cL}——流量特性偏差的计算值，MPa；

λ_f——副调节弹簧刚度，N/mm；

λ_t——调节弹簧刚度，N/mm；

A_m——受压膜片的有效面积，mm^2；

A_f——副阀的流通面积，mm^2；

ΔH_f——由于流量改变而引起的副阀瓣开启高度变化值，mm。

对于先导式减压阀，GB/T 12246《先导式减压阀》标准要求的流量特性负偏差值见表 13-2。

表 13-2 GB/T 12246 规定的流量特性负偏差值

单位：MPa

出口压力 p_c	偏差值
＜1.0	0.1
1.0～1.6	0.15
＞1.6～3.0	0.20

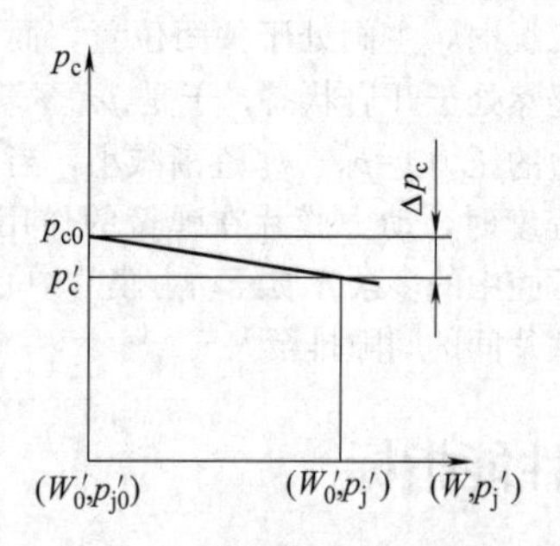

图 13-8 减压阀静偏差

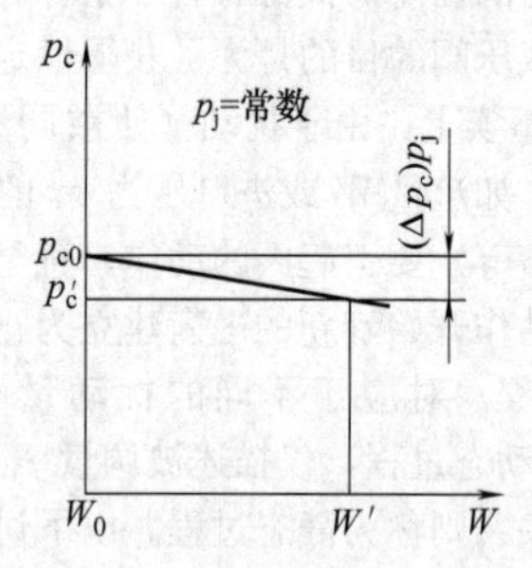

图 13-9 减压阀的流量特性

(2) 压力特性偏差值

若 W 不变，仅变化 p_j，此时静态特性 p_c-p_j 称为压力特性（图 13-10），其静偏差则称为压力特性偏差。其值按下式计算：

$$\Delta p_{cY} = \frac{A_f}{A_m - A_f} \Delta p_j \quad (13\text{-}3)$$

式中 Δp_{cY}——压力特性偏差的计算值，MPa；

Δp_j——进口压力变化值，MPa。

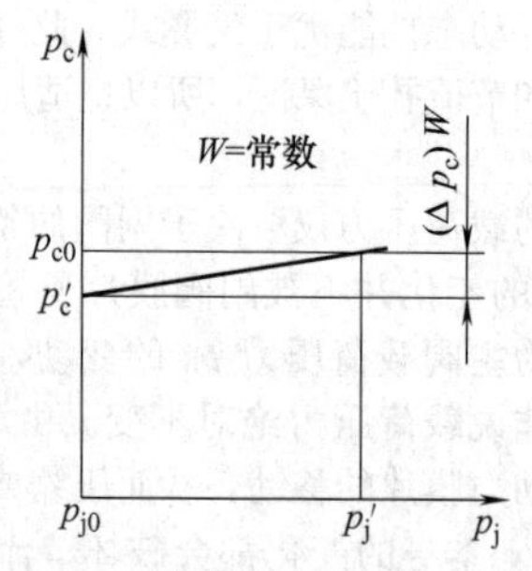

图 13-10 减压阀的压力特性

对于先导式减压阀，GB/T 12246《先导式减压阀》标准要求的压力特性偏差值见表 13-3。

表 13-3 GB/T 12246 规定的压力特性偏差值

单位：MPa

出口压力 p_c	偏差值
＜1.0	±0.05
1.0～1.6	±0.06
＞1.6～3.0	±0.10

13.4.2 不灵敏度 Δ

当阀的运动部件由于结构上的某种原因而存在空行程（例如铰链连接的间隙）或摩擦力时，使 p_c 在某一范围变动时，不引起执行机构——阀盘的动作。此 p_c 的变动范围 Δ（图 13-11）称为不灵敏度。图 13-11 中虚线间的区域称为不灵敏区。

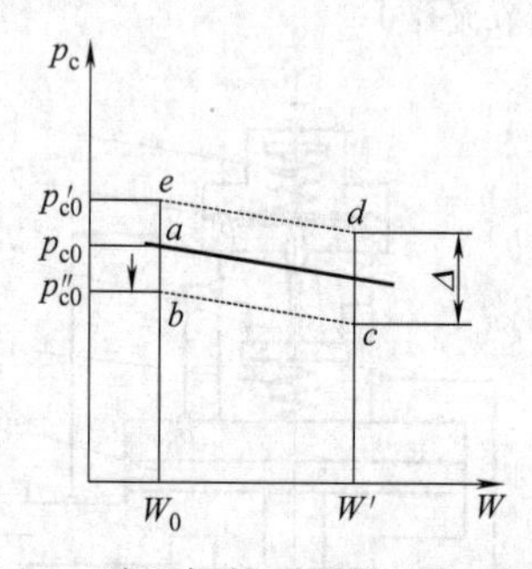

图 13-11 减压阀的不灵敏度与不灵敏区

图 13-11 中箭头所示的路线表示从某一平衡态 a 起，流量从 W_0 逐渐增至 W'，然后从 W' 回降至 W_0 时的静态变化过程。$a \to b \to c \to d$ 的过程处于不灵敏区内，阀不起调节作用。所以当外界所需的流量有一个极微小的变化时，阀盘不产生相应的动作，于是 p_c 就发生急剧的变化。直到 p_c 到达不灵敏区的边界线后，阀盘才开始移动以适应外界流量的变化。不灵敏度可表示为

$$\Delta = p'_{c0} - p''_{c0} \quad (13\text{-}4)$$

式中 p'_{c0}——p_c 向增加方向移动时，在 $W = W_0$ 处

的平衡值；

p''_{c0}——p_c 向减小方向移动时，在 $W=W_0$ 处的平衡值。

当 W=常数，p_j 变化或 W、p_j 同时变化时，都存在同样的不灵敏区。

13.4.3 利用率 η

为了弄清 p_j 降低多少，减压阀才不能整定至额定值（假定调节弹簧可不受限制的给阀加载）的问题，引入进口压力的利用率这一概念，并定义如下。

(1) 极限利用率 η_z

$$\eta_z=\frac{p_{c0}}{p_{jmz}} \tag{13-5}$$

式中 p_{c0}——额定减压压力，MPa；

p_{jmz}——极限进口压力（当 $W=0$ 时，为获得 p_{c0} 所必需的最低进口压力），MPa。

除副阀式及气囊式外的减压阀，总可借助调节弹簧使阀达到开启状态。因此即使 p_j 降低到 $p_{jmz}=p_{c0}$ 时，阀后亦能获得 p_{c0} 的压力。所以

$$\eta_z=1$$

对于气囊式减压阀，为了克服阀弹簧作用力，气囊压力 p_h（参阅图13-4）必须大于 p_{c0}，而 $p_j \geqslant p_h$，所以 $p_{jmz}>p_{c0}$，即

$$\eta_z<1$$

副阀式减压阀的动力腔相当于气囊式减压阀的气囊。所以同样有

$$\eta_z<1$$

(2) 有效利用率 η_u

$$\eta_u=\frac{p_{c0}}{p_{jmu}} \tag{13-6}$$

式中 p_{jmu}——有效进口压力（当 $W=W_{max}$ 时，为了获得 p_{c0} 所必需的最低进口压力），MPa。

为了获得一定的流量，减压阀进出口压力必须保持一定的压差，所以 $p_{jmu}>p_{c0}$，即

$$\eta_u<1$$

由于减压阀的运动部件较少带有空行程的结构及摩擦力是很难定量地加以计算的，因此本文对不灵敏度不做定量的分析，仅要求在设计上和加工中应尽量保持精度和光洁度，并尽可能地加以润滑。

对于静偏差，一般要求越小越好，但在某些场合下，却要求有一定的偏差量（如两台减压阀并列运行时）。而且在某些场合对偏差的“正”和“负”也有一定的要求。利用率越大越好，但不是主要的性能指标。就静态性能而言，主要的为静偏差。

13.5 减压阀所适用的场合

(1) 正作用式

由于主阀弹簧须克服进口介质对阀瓣的作用力及提供的密封力，因此，主阀弹簧的负荷较大。不适用于大口径的场合。压力特性偏差和流量特性偏差都是“负”值。所以任一工况时的静偏差都为“负”。同时，主阀弹簧的负荷较大，而它的结构空间却有限。为了获得大的负荷，只有提高刚度。因此，它的静偏差较大。

由于上述原因，正作用式减压阀通常只适用于小口径（小于 $DN5$ 以下）低流量的场合。

(2) 反作用式

进口介质使阀瓣压向阀座，保证了阀的密封。主阀弹簧只需承受运动部件的重力，负荷较小。因此有较小的流量特性偏差。$W=0$ 时，在进口压力降低到与出口压力相等之前，压力特性偏差是逐渐正向增加的。$W\neq0$ 时，在进口压力降到与出口压力相等之前，压力特性偏差就由增加转为下降，直至变为负偏差。W 越大，开始转为下降特性的进口压力也越高。反作用式减压阀通常都具有“正”向的静偏差。只有当流量很大，而进口压力接近最大或最小值时，静偏差才为“负”。所以，当需要获得“正”向偏差时，以采用反作用式减压阀为宜。

由于需要从阀座中穿过，故不宜于小口径的场合。同时，由于调节弹簧须克服进口介质对阀瓣的作用力，所以，当进口压力较高，而口径很大时，调节弹簧必须承受的负荷极大。可能造成调节弹簧极不合理的设计。另外，阀座密封面所承受的力也相当大。所以反作用式减压阀通常适用于进口压力（严格地说应指进、出口压力差）不太高，中等口径的场合。当进口压力较高时，口径必须较小，而进口压力较低时，口径允许较大。主要取决于是否获得尺寸合理的调节弹簧及阀座密封副能否承受进口介质的作用力。

(3) 卸荷式

卸荷式是静态性能较为理想的形式。由于 p_j 不参加运动部件的力平衡，压力特性偏差极小。$W=0$ 时，压力特性偏差为零。$W\neq0$ 时，压力特性偏差为“负”，所以静偏差恒为“负”值。阀弹簧仅需提供密封力和克服运动部件的重力。调节弹簧无须克服介质对阀瓣的作用力。所以，阀弹簧和调节弹簧都只承受较小的负荷，从而刚度也可设计得较小。所以，静偏差较上述两种形式小。除了由于阀杆必须从阀座中穿过而不适用小口径的情况外，其适用范围较大。

13.6 改善减压阀动态品质的若干措施

动态稳定是减压阀工作的基本要求，但减压阀是一个常常具有大扰动的非线性系统，所以对于减压阀的动态性能的定量分析是十分困难的。这里只列举能改善减压阀动态的若干措施，仅供参考。

13.6.1 降低静态性能的消振措施

一切使静偏差增大的措施都能使动态稳定性提高。如增大各弹簧刚度、减小膜片的有效面积和增大阀瓣行程等。其中以增大阀瓣的行程最为显著和最为简便。因为振荡多数发生在流量较小的情况下，这是由于流量较小时，阀的开度也较小，于是阀瓣开度的微小超调量所引起的通道面积变化的百分数较大的缘故。增大阀瓣的行程，实质上就是使对应于同一阀瓣行程的超调量所引起的通流面积的变化较小，从而减小了被调压力 p_c 的超调量。增大阀瓣行程的方法如下。

① 减小阀座直径。

② 采用某种型线的阀盘（图 13-12）或具有某种型线窗口的阀盘（图 13-13）。

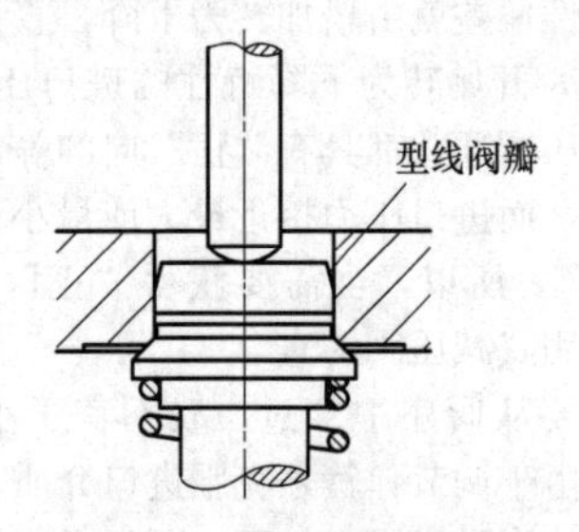

图 13-12 型线阀瓣图

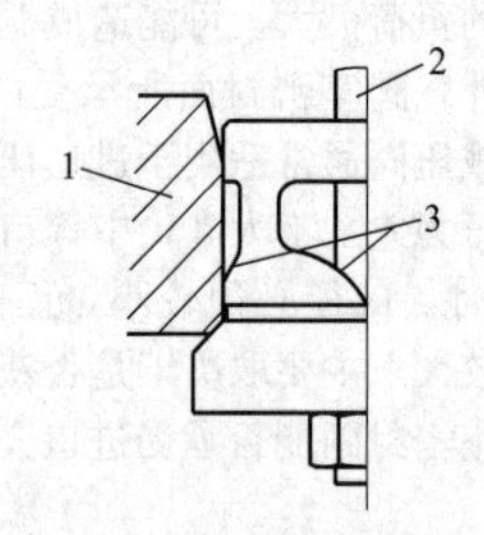

图 13-13 具有型线窗口的阀瓣

1—阀体；2—阀杆；3—窗口型线

上述两种方法中第二种方法较好。这是因为第二种方法能较自由地控制阀盘与阀盘窗口的型线的形状，即可以较自由地改变 $f=W(H)$ 曲线各段的斜率。这样就可以使 $f=W(H)$ 曲线在 H 较小（即流量较小）时有较小的斜率，以减小由于行程的超调引起的流通面积变化，从而减小了 p_c 的超调量，达到减振的目的。而在流量较大时，可使 $f=W(H)$ 曲线的斜率较大，使静偏差不至于过大，即使 $f=W(H)$ 的曲线有如图 13-14 所示的形状。另外，由于阀座直径没有减小，所以阀盘开度足够大时，仍能保持通流能力不被降低。

13.6.2 不影响静态性能的消振措施

（1）加装阻尼结构

阻尼结构具有各种不同的形式。图 13-15 所示的是一种简单易行的结构。它的阻尼腔经针阀与压力为 p_j 的进口腔室相通。调节针阀的开度即能调节阻尼的效果。因为对每一个平衡态，阻尼腔的压力均等于进口压力 p_j，所以不影响静态性能。

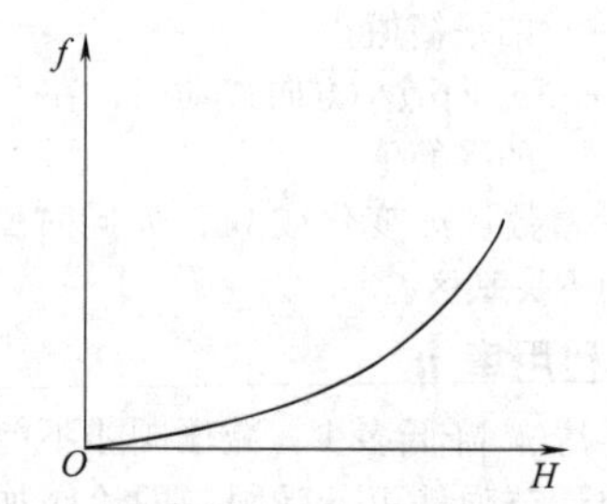

图 13-14 $f=W(H)$ 曲线

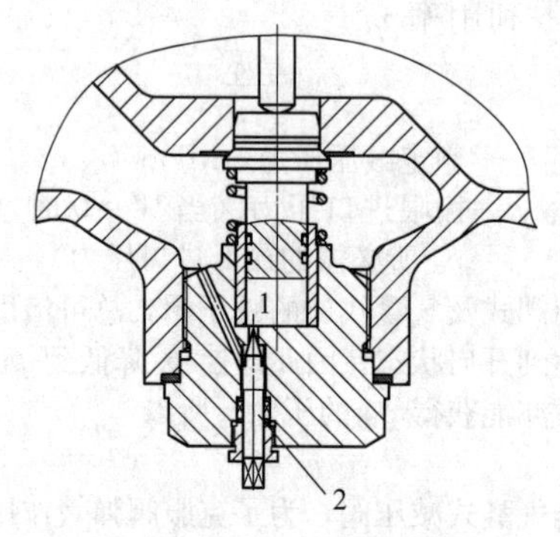

图 13-15 阻尼结构

1—阻尼腔；2—针阀

扩大减压阀动力腔的容积可用在阀外串接或并接（注意连接管的内径须足够大）附加容器来解决（图 13-16）。

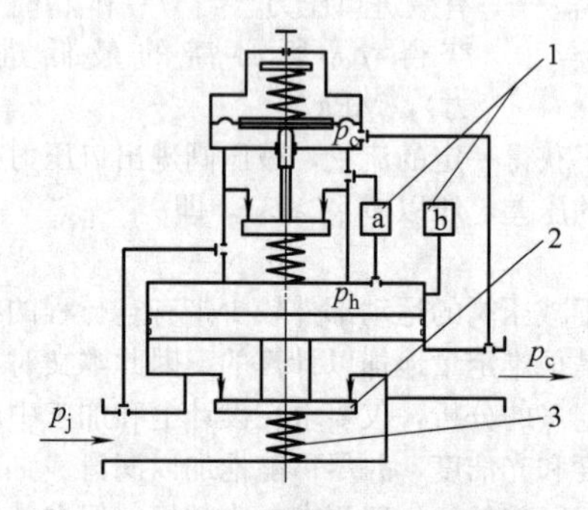

图 13-16 动力腔附加容器原理图

1—附加容器；2—主阀瓣；3—主阀弹簧；a—串联的容器；b—并联的容器

（2）扩大副阀式减压阀动力腔的容积

因为平衡态时，附加容器内的压力与动力腔的压力一致，所以不会影响阀的静态性能。但若附加容器的容积过大，则可能使阀的动作过于迟钝。

此外，增加阀弹簧的安装力或在减压阀出口至敏感膜片下方的管路上加装节流针阀也有助于使动态性

表 13-4　主要零件材料

主要零件名称	PN16			PN25～64		
	材料名称	材料牌号	标准号	材料名称	材料牌号	标准号
阀座、阀瓣	铬不锈钢	20Cr13	GB/T 1220	铬不锈钢	20Cr13	GB/T 1220
活塞汽缸	铜 不锈钢	ZQSn6-6-3 ZQAL9-4 20Cr13	GB/T 1176 GB/T 1220	铬不锈钢	20Cr13	GB/T 1220
膜片波纹管	锡青铜 铍青铜	QSn6.5-0.1	GB/T 2066			
主弹簧	弹簧钢	50CrVA	GB/T 1222	弹簧钢	50CrVA Co40CrNiMo 30W4Cr2V	GB/T 1222
调节弹簧	弹簧钢	60Si2Mn	GB/T 1222	弹簧钢	60Si2Mn 50CrVA	GB/T 1222

能趋于稳定。

13.7　减压阀的材料

除特殊规定外阀门壳体材料为碳素钢锻件、碳素钢铸件和不锈钢铸件的按 GB/T 12228～12230 的规定；阀门材料为灰铸铁的按 GB/T 12226 的规定；阀门材料为球墨铸铁的按 GB/T1 2227 的规定。其他主要零件的材料应按表 13-4 的规定选取或按订货合同的规定。

13.8　减压阀的相关标准

JB/T 2205—2000 《减压阀结构长度》

JB/T 7310—1994（2005 复审）《装载机用减压阀式先导阀》

JB/T 7376—1994（2005 复审）《气动空气减压阀　技术条件》

JB/T 10367—2002 《液压减压阀》

JB/T 53265—1999 《先导式减压阀　产品质量分等》

JB/T 53361—1994 《液压减压阀产品质量分等(试行)》

GB/T 1852—1993 《船用法兰铸钢蒸汽减压阀》

GB/T 12244—2006 《减压阀　一般要求》

GB/T 12245—2006 《减压阀　性能试验方法》

GB/T 12246—2006 《先导式减压阀》

GB/T 10868—2005 《电站减温减压阀》

NF P43-035—2000 《建筑阀门　供水减压阀和复合供水减压阀　要求和试验》

NF A84-420—1991 《气焊设备和有关方法　减压阀进口接头　尺寸》

NF M88-773—1981 《商用丁烷容器装置　低压固定调节的家用商品丁烷减压阀》

NF M88-775—1990 《装液态碳氢化合物的钢瓶　可移动部分和半移动部分用高压可调减压阀　功能、标记、试验》

NF M88-737—2003 《可运输可再填充液化石油气瓶用减压阀》

NF E48-423—2001 《液压传动　减压阀、顺序阀、卸载阀、节流阀和止回阀　装配面》

ANSI/ASSE 1003—2001 《水压减压阀的性能要求》

ANSI/ASSE 1046—1990 《热膨胀减压阀》

ANSI Z 21.22a—1999 《减压阀和真空减压阀》

ANSI Z 21.22b—2001 《热水供应系统的减压阀》

ANSI/ASTM F 1508—1996 《用于蒸汽、气体和液体设备的角型减压阀规范》

ASME PTC 25.3—1988 《安全和减压阀》

ASTM F 1795—2000 《空气或氮气系统用减压阀标准规范》

ASTM F 1565—2000 《蒸汽设备用减压阀标准规范》

ASTM F 1508—1996 《用于蒸汽、气体和液体设备的角型减压阀标准规范》

ASTM F 1370—1992 《船上给水系统用减压阀》

BS EN 1567—2000 《建筑物阀门　供水减压阀和组合减压阀　要求和试验》

BS ISO 5781—2000 《液压传动　减压阀、顺序阀、卸荷阀、节流阀和止回阀　安装面》

BS ISO 6264—1998 《液压传动　减压阀　装配面》

EN 14071—2004 《LPG 罐用减压阀　辅助设备》

BS 6283-2—1991 《热水系统中使用的安全和控制装置　压力范围从 1～10bar 温度减压阀规范》

BS 6283-4—1991 《热水系统中使用的安全和控制装置　第 4 部分：最大供给压力为 12bar，标准尺

寸包括 $DN50$ 的微量绷紧减压阀规范》

DIN EN 13953—2007《液化石油气（LPG）用可运输的可再充式储气瓶的减压阀》

DIN EN 1567—2000《建筑阀门 水减压阀和组合水减压阀 要求和试验》

JIS B8652—2002《电动液压比例减压阀及安全阀的试验方法》

JIS F0504—1989《船上机械装置用减压阀的应用和压力调节》

JIS B8666—2001《液压动力 减压阀 安装表面》

JIS B8372—1994《气动装置用减压阀》

JIS B8410—2004《水用减压阀》

JIS B8651—2002《比例电动液压减压阀试验方法》

ISO 15500-12—2001《道路车辆 压缩天然气（CNG）燃料系统元部件 第12部分：减压阀》

ISO 6264—1998《液压传动 减压阀 装配面》

ISO 5781—2000《液压传动 减压阀、顺序阀、卸荷阀、节流阀和止回阀 装配面》

UL 1468—1995《防火设备用直接作用式减压阀》

UL 1478—1995《消防泵减压阀》

13.9 减压阀的选型计算

13.9.1 流量核算

设计已知条件：

① 介质种类；

② 进口压力 p_j 及其变化范围 Δp_j；

③ 出口压力 p_c 及其变化范围 Δp_c；

④ 质量流量 W 及其变化范围 ΔW（或体积流量 Q 其变化范围 ΔQ）；

减压阀的流量一般由选用单位提供，但对于通用范围较广的减压阀，亦可用下列方法计算。

(1) 质量流量

对于水和空气，W 为

$$W=\frac{\pi\times10^{-6}}{4}DN^2 v\rho \tag{13-7}$$

式中 W——质量流量，kg/s；

DN——阀门通径，mm；

v——介质流动速度（按表13-5选取），m/s；

ρ——介质密度（水的密度按表13-6选取），kg/m³。

对于蒸汽，W 为

$$W=\frac{\pi\times10^{-6}DN^2}{4v} \tag{13-8}$$

式中 v——蒸汽比容，m³/kg。

(2) 体积流量

$$Q=\frac{W}{\rho} \tag{13-9}$$

式中 Q——体积流量，m³/s。

表13-5 介质流动速度

介质	压力/MPa	流动速度 v/(m/s)
液体		1～3
低压气体	≤0.8	1～10
中压气体	>0.8	10～20
低压蒸汽	≤1.6	20～40
中压蒸汽	2.5～6.4	40～60
高压蒸汽	≥10	60～80

表13-6 水的密度与温度的关系

温度/℃	0	4	10	20
密度 ρ/(kg/m³)	999.87	1000	999.75	998.26
温度/℃	40	60	80	100
密度 ρ/(kg/m³)	992.26	983.38	971.94	958.65

13.9.2 主阀流通面积及开启高度核算

(1) 主阀流通面积计算

① 液体介质 对于不可压缩的流体，如水和其他液体介质，根据流量的基本方程可得出主阀的流通面积 A_Z 为

$$A_Z=\frac{707W}{\mu\sqrt{\Delta p_Z\rho}}=\frac{707Q}{\mu\sqrt{\frac{\Delta p_Z}{\rho}}} \tag{13-10}$$

式中 A_Z——主阀瓣流通面积，mm²；

μ——流量系数（表13-7）；

Δp_Z——减压阀进口和出口的压差，MPa。

$$\Delta p_Z=p_j-p_c \tag{13-11}$$

式中 p_j——减压阀进口压力，MPa；

p_c——减压阀出口压力，MPa。

表13-7 流量系数

介质	水	空气	煤气	蒸汽
μ	0.5	0.7	0.6	0.8

② 理想气体 当 $\sigma\leqslant\sigma^*$ 时，主阀流通面积 A_Z 为

$$A_Z=\frac{3.13\times10^3W}{\mu\sqrt{gk\left(\frac{2}{k+1}\right)^{\frac{k+1}{k-1}}\frac{p_j}{V_j}}} \tag{13-12}$$

式中 σ——减压阀减压比，$\sigma=\frac{p_c}{p_j}$；

σ^*——临界压力比，$\sigma^*=\left(\frac{2}{k+1}\right)^{\frac{k}{k-1}}$；

k——绝对指数（表13-8），$k=\frac{C_p}{C_V}$；

C_p——流体的定压分子热容量；

C_V——流体的定容分子热容量；

V_j——进口处流体在 p_j 绝对压力下的比容，m³/kg；

g——重力加速度，m/s^2。

表 13-8　绝对指数 k 和临界压力比 σ^*

介　质	σ^*	k	$\sqrt{2g\frac{k}{k-1}}$	$\sqrt{gk\left(\frac{2}{k-1}\right)^{\frac{k+1}{k-1}}}$
饱和蒸汽	0.577	1.135	12.84	1.99
过热蒸汽和三原子气体	0.546	1.3	9.22	2.09
双原子气体（空气、煤气）	0.528	1.4	8.29	2.15
单原子气体	0.498	1.667	7.00	2.27

当 $\sigma>\sigma^*$ 时，主阀流通面积 A_Z 为

$$A_Z=\frac{3.13\times10^3W}{\mu\sqrt{2g\frac{k}{k-1}\times\frac{p_j}{V_j}\times\left[\left(\frac{p_c}{p_j}\right)^{\frac{2}{k}}-\left(\frac{p_c}{p_j}\right)^{\frac{k+1}{k}}\right]}}\tag{13-13}$$

③ 干饱和蒸汽 $\sigma\leqslant\sigma^*$　当 $p_j\leqslant$11MPa 时，主阀流通面积 A_Z 为

$$A_Z=685.7\times\frac{W}{\mu p_j}\tag{13-14}$$

当 11MPa$\leqslant p_j\leqslant$22MPa 时，主阀流通面积 A_Z 为

$$A_Z=685.7\times\frac{W}{\mu p_j}\left(\frac{33.242p_j-1061}{27.644p_j-1000}\right)\tag{13-15}$$

④ 空气或其他真实气体　当 $\sigma\leqslant\sigma^*$ 时，主阀流通面积 A_Z 为

$$A_Z=\frac{91.2W}{\mu p_j\sqrt{k\left(\frac{2}{k+1}\right)^{\frac{k+1}{k-1}}\frac{M}{ZT}}}\tag{13-16}$$

式中　M——气体分子量，kg/kmol；

T——减压阀进口热力学温度，K；

Z——压缩系数（图 13-17），对于通常试验条件下的空气，$Z=1$。

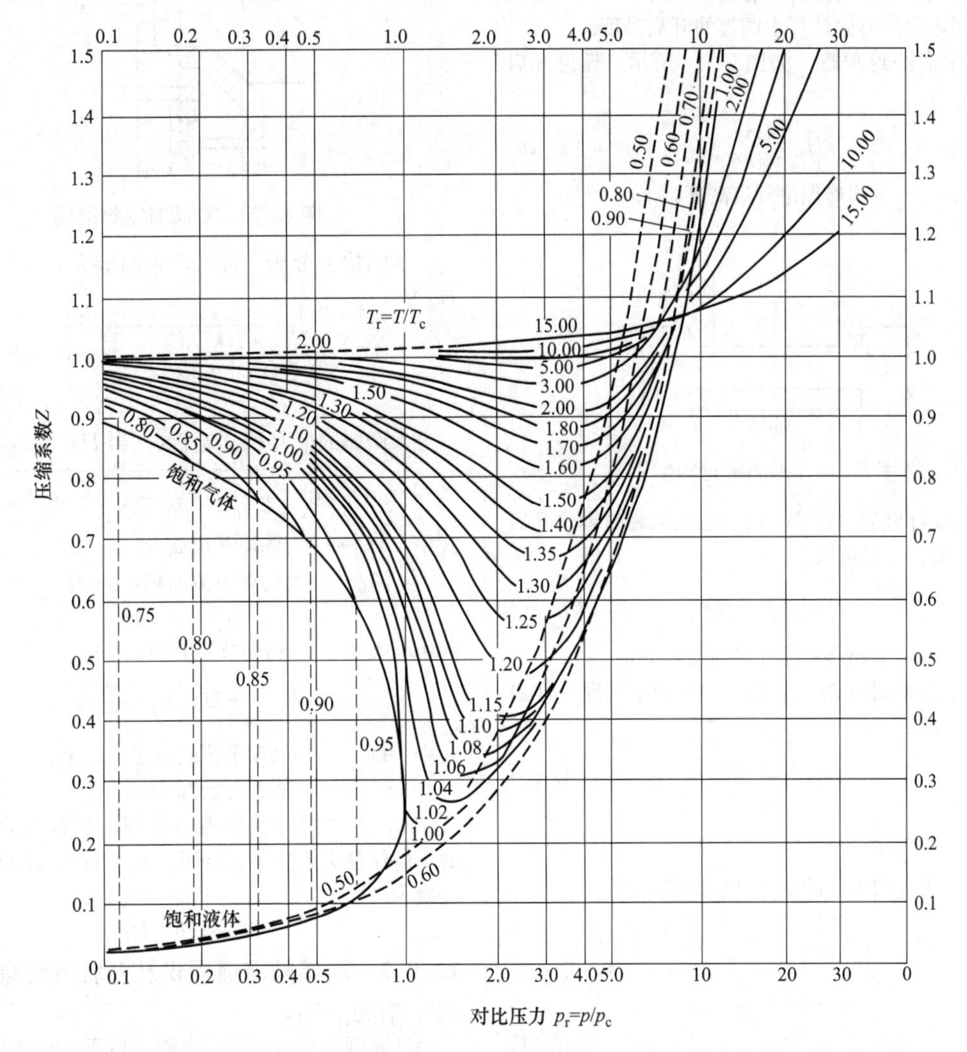

图 13-17　压缩系数 Z 与对比压力 p_r 和对比温度 T_r 的关系

p_c—介质临界点绝对压力，MPa；T_c—介质临界点热力学温度，K；p——减压阀进口处介质的绝对压力，MPa

用式（13-7）～式（13-13）计算的流通面积仅是理论值。实际上，为了改善调节性能，选用的流通面积比理论计算值大 2～4 倍，主阀的实际流通面积 A_Z' 为

$$A_Z'=\frac{\pi}{4}D_T^2 \tag{13-17}$$

式中　A_Z'——主阀实际流通面积，mm^2；

　　D_T——主阀流道直径，mm。

为了满足上述要求，通常根据不同介质按经验选取主阀的通道直径。液体介质为 $D_T=D_N$，蒸汽介质为 $D_T=0.8D_N$，空气介质为 $D_T=0.6D_N$。GB/T 12246 标准规定，先导式减压阀的通道直径一般不小于 $0.8D_N$。

(2) 主阀开启高度计算

主阀瓣开启后，与阀座形成一个环形面积，此面积应大于或等于主阀瓣的流通面积。对于不同类型的阀瓣采用不同的方法计算主阀瓣的开启高度。

① 平面密封阀瓣　如图 13-18 所示，理论开启高度 H_Z 为

$$H_Z=\frac{A_Z}{\pi D_T} \tag{13-18}$$

式中　H_Z——主阀瓣理论开启高度，mm。

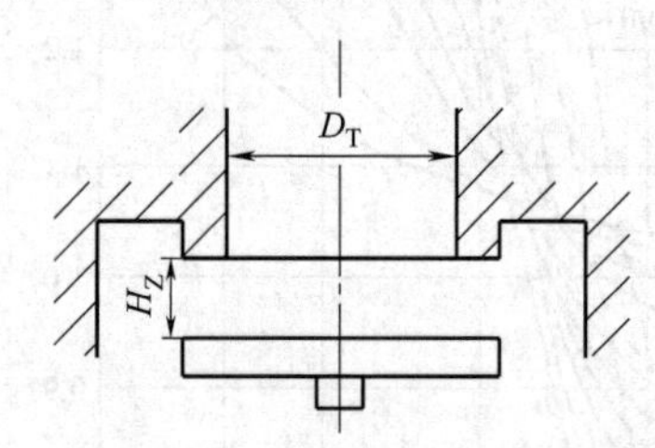

图 13-18　平面密封阀瓣

选定实际开启高度 $H_Z{}'$时，应大大超过理论开启高度 H_Z 值，一般可取

$$H_Z'=\frac{D_T}{4}>H_Z \tag{13-19}$$

式中　H_Z'——主阀瓣实际开启高度，mm。

② 锥面密封阀瓣　如图 13-19 所示，理论开启高度 H_Z 为

$$H_Z=\frac{H_{Z1}}{\sin\frac{\alpha}{2}} \tag{13-20}$$

式中　α——锥角，(°)；

H_{Z1}——主阀锥面的垂直开启高度，mm。

$$H_{Z1}=\frac{\pi D_T-\sqrt{(\pi D_T)^2-4\pi A_Z\cos\frac{\alpha}{2}}}{2\pi\cos\frac{\alpha}{2}}\approx\frac{A_Z}{\pi D_T} \tag{13-21}$$

选定实际高度 H_Z'时，应使 $H_Z'>H_Z$。

③ 双阀瓣密封结构　如图 13-20 所示，双阀瓣

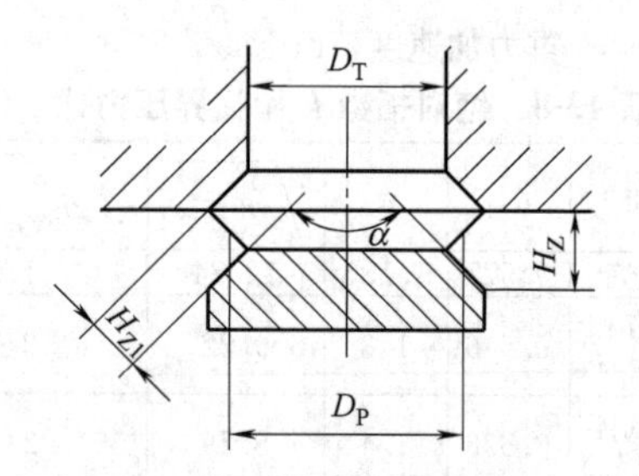

图 13-19　锥面密封阀瓣

密封结构往往在大口径（$DN\geqslant150$mm）的减压阀上采用。计算时，应首先求出总的节流面积，然后再计算大阀瓣、小阀瓣的节流面积以及它们的开启高度。

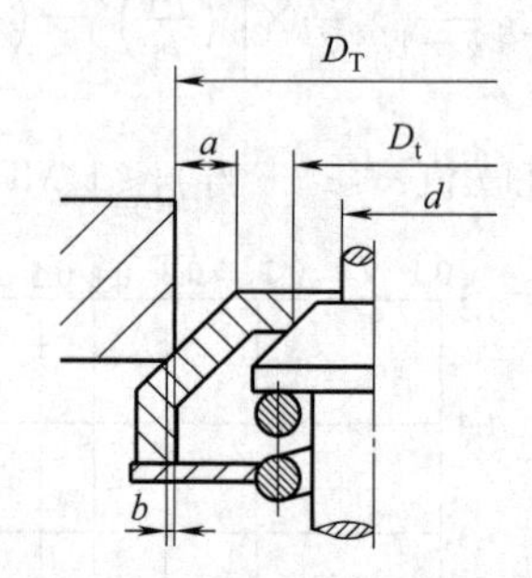

图 13-20　双阀瓣密封结构

从结构上分析，可能产生的最大有效开启高度 H_Z'为

$$H_Z'=\sqrt{\left[\frac{(D_T^2-d^2)}{4(D_T+2b-a)}\right]^2-a^2}+a \tag{13-22}$$

大阀瓣的最大开启高度为（当 $H_Z>2a$ 时），有

$$H_D=\sqrt{\left[\frac{A_D}{\pi(D_T+2b-a)}\right]^2-a^2}+a \tag{13-23}$$

式中　H_D——大阀瓣开启高度，mm；

　　A_D——大阀瓣节流面积，mm^2。

$$A_D=A_Z-A_C \tag{13-24}$$

式中　A_C——小阀瓣节流面积，mm^2。

$$A_C=\frac{\pi}{\sqrt{2}}H_C\left(D_t-\frac{H_C}{2}\right) \tag{13-25}$$

式中　D_t——小阀瓣节流孔直径，mm^2；

　　H_C——小阀瓣开启高度，mm。

H_C 可根据流量的最小范围由设计选定。设计时，应使最大有效开启高度 $H_Z'>H_D$，而总的开启高度为

$$H_Z=H_P+H_C \tag{13-26}$$

13.9.3　副阀瓣流通面积及开启高度核算

(1) 副阀泄漏量

计算副阀瓣流通面积之前，必须首先确定副阀的泄漏量（即副阀的流量）。当流体从阀前流经副阀时，一部分通过副阀的阀杆；另一部分通过活塞环与汽缸

的间隙向低压端泄漏，同时亦依靠这种不断的流体消耗而使副阀腔体和活塞上腔保持所需的压力 p_h，否则无法进行正常的减压工作。

副阀的泄漏量由通过活塞环的泄漏量和副阀的阀杆的泄漏量两部分组成，即

$$W_f = W_{f1} + W_{f2} \tag{13-27}$$

式中　W_f——通过副阀的泄漏量，kg/s；

W_{f1}——通过活塞环的泄漏量，kg/s；

W_{f2}——通过副阀阀杆的泄漏量，kg/s。

对于活塞环和副阀的阀杆，它们的进口压力均为 p_h，出口压力均为 p_c。出口压力的临界值 p_L 为

$$p_L = \frac{0.85 p_h}{\sqrt{Z_1 + 1.5}} \tag{13-28}$$

式中　p_L——临界压力，MPa

p_h——作用于活塞上方的绝对压力（图 13-21），MPa；

Z_1——活塞环数。

$$p_h = p_c + \frac{(p_j - p_c)A_T + Q_m - Q_{Z1} - Q_h}{A_h} \tag{13-29}$$

$$Q_m = f_1 Q_1 \tag{13-30}$$

式中　A_T——主阀瓣通面积，mm^2；

Q_m——活塞环摩擦力，N；

Q_{Z1}——主阀瓣弹簧作用力，N；

Q_h——活塞和主阀瓣的重力，N；

A_h——活塞面积，mm^2；

f_1——摩擦因数（取 $f_1 = 0.2$）。

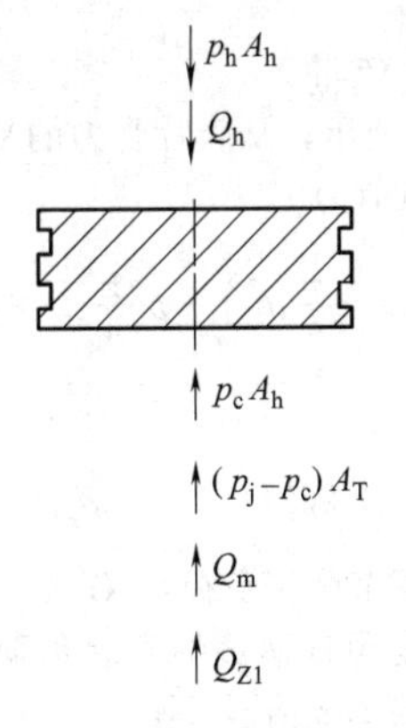

图 13-21　作用在活塞上的力

$$Q_1 = qB_1 \tag{13-31}$$

$$q = \frac{\frac{\Delta}{h}E}{7.08\frac{D_h}{h}\left(\frac{D_h}{h} - 1\right)^3} \tag{13-32}$$

$$B_1 = \pi D_h b Z_1 \tag{13-33}$$

$$Q_{Zt} = \lambda_1 H + Q_a \tag{13-34}$$

式中　Q_1——活塞环对汽缸壁的作用力，N；

q——活塞环对汽缸壁的比压，MPa；

Δ——活塞环处于自由状态和工作状态时缝隙之差，mm；

h——活塞环的径向厚度，mm；

E——活塞环弹性模量（采用铸铁时可取 1×10^5），MPa；

D_h——活塞直径（一般取 $D_h = 1.5 D_T$），mm；

B_1——活塞环和汽缸的接触面积，mm^2；

b——活塞环的宽度，mm；

λ_1——主阀瓣弹簧的刚度，N/mm；

H——主阀瓣开启主高度，mm；

Q_a——主阀瓣弹簧安装负荷（取 $Q_a \approx 1.2 Q_h$），N。

$$A_h = \frac{\pi}{4} D_h^2 \tag{13-35}$$

有时，对作用于活塞上方的压力 p_h 亦可按经验取进、出口压力的平均值，即

$$p_h = \frac{1}{2}(p_j + p_c) \tag{13-36}$$

泄漏量按两种情况分别计算。

① 当出口压力大于临界压力　即 $p_c > p_L$ 时，有

$$W_{f1} = 3.13 \times 10^{-3} \mu A_1 \sqrt{\frac{g(p_h^2 - p_c^2)}{Z_1 p_h V_h}} \tag{13-37}$$

$$W_{f2} = 3.13 \times 10^{-3} \mu A_2 \sqrt{\frac{g(p_h^2 - p_c^2)}{Z_2 p_h V_h}} \tag{13-38}$$

$$A_1 = \pi D_h \delta \tag{13-39}$$

式中　μ——流量系数（表 13-7）；

A_1——活塞环与汽缸之间的间隙面积，mm^2；

V_h——流体在 p_h 绝对压力下的比容，mm^3/kg；

A_2——副阀阀杆与阀座之间的间隙面积（按配合公差计算），mm^2；

Z_2——副阀阀杆上的迷宫槽数；

δ——活塞环与汽缸之间的间隙（取 $\delta = 0.3$），mm。

② 当出口压力小于或等于临界压力　即 $p_c \leqslant p_L$ 时，有

$$W_{f1} = 3.13 \times 10^{-3} \mu A_1 \sqrt{\frac{g p_h}{(Z_1 + 1.5)V_h}} \tag{13-40}$$

$$W_{f2} = 3.13 \times 10^{-3} \mu A_2 \sqrt{\frac{g p_h}{(Z_2 + 1.5)V_h}} \tag{13-41}$$

(2) 副阀流通面积

副阀的泄漏量（即流量）确定后，便可以进行流通面积的计算。计算原理与主阀瓣相同。

① 液体介质

$$A_f = \frac{707 W_f}{\mu\sqrt{\Delta p_f \rho}} = \frac{707 Q_f}{\mu\sqrt{\frac{\Delta p_f}{\rho}}} \tag{13-42}$$

式中 A_f——副阀的流通面积，mm^2；

Δp_f——副阀压力差（$\Delta p_f=p_h-p_c$），MPa；

Q_f——副阀的体积泄漏量，m^3/s。

② 理想气体 当 $\sigma_f\leqslant\sigma^*$ 时，副阀流通面积为

$$A_f=\frac{3.13\times10^3W_f}{\mu\sqrt{gk\left(\frac{2}{k+1}\right)^{\frac{k+1}{k-1}}\frac{p_h}{V_h}}} \tag{13-43}$$

式中 σ_f——副阀的减压比，$\sigma_f=p_c/p_h$。

当 $\sigma_f>\sigma^*$ 时，副阀流通面积为

$$A_f=\frac{3.13\times10^3W_f}{\mu\sqrt{2g\frac{k}{k-1}\times\frac{p_h}{V_h}\times\left[\left(\frac{p_c}{p_h}\right)^{\frac{2}{k}}-\left(\frac{p_c}{p_h}\right)^{\frac{k+1}{k}}\right]}} \tag{13-44}$$

③ 干饱和蒸汽 $\sigma_f\leqslant\sigma*$ 当 $p_j\leqslant$11MPa 时，副阀流通面积为

$$A_f=685.7\frac{W_f}{\mu p_h} \tag{13-45}$$

当 11MPa$\leqslant p_h\leqslant$22MPa 时，副阀流通面积为

$$A_f=685.7\frac{W_f}{\mu p_h}\left(\frac{33.242p_h-1061}{27.644p_h-1000}\right) \tag{13-46}$$

④ 空气或其他真实气体 当 $\sigma_f\leqslant\sigma^*$ 时，副阀流通面积为

$$A_f=\frac{91.2W_f}{\mu p_h\sqrt{k\left(\frac{2}{k+1}\right)^{\frac{k+1}{k-1}}\frac{M}{ZT}}} \tag{13-47}$$

用式（13-41）～式（13-46）计算的流通面积仅是理论值。实际流通面积为

$$A_f'=\frac{\pi}{4}d_f^2 \tag{13-48}$$

式中 d_f——副阀阀座直径，mm，d_f 由设计给定，实际取值时，应使 $A_f'>A_f$。

(3) 副阀瓣开启高度

副阀瓣通常采用锥面密封，开启高度 H_f 为

$$H_f=\frac{H_{f1}}{\sin\frac{\alpha}{2}} \tag{13-49}$$

$$H_{f1}=\frac{\pi d_f-\sqrt{(\pi d_f)^2-4\pi A_f\cos\frac{\alpha}{2}}}{2\pi\cos\frac{\alpha}{2}}\approx\frac{A_f}{\pi d_f} \tag{13-50}$$

式中 H_f——副阀瓣开启高度，mm；

H_{f1}——副阀瓣开启后密封面间的垂直距离，mm。

在结构设计时，应使实际开启高度 $H_{f1}>H_f$。

13.9.4 调节弹簧核算

减压阀弹簧主要包括主阀瓣弹簧、副阀瓣弹簧和调节弹簧等。计算时，应首先确定弹簧的最大工作负荷，据此再确定弹簧钢丝直径。亦可以根据结构情况先选定标准弹簧，然后进行核算。有关弹簧的基本计算公式和数据见 GB/T 23935—2009《圆柱螺旋弹簧设计计算》。

弹簧的设计制造应按 GB/T 1239.2—2009《冷卷圆柱螺旋弹簧技术条件 第二部分：压缩弹簧》中二级精度的规定。其调节弹簧压力级按表 13-9 的规定。弹簧指数（中径和钢丝直径之比）应在 4～9 范围内选取。弹簧两端应各有不少于 3/4 圈的支承面，支承圈不应少于一圈。弹簧的工作变形量应在全变形量的 20%～80%范围内选取。

表 13-9 调节弹簧压力级

单位：MPa

公称压力 PN	出口压力 p_c	弹簧压力级
1.6	0.1～1.0	0.05～0.5 0.5～1.0
2.5	0.1～1.6	0.1～1.0 1.0～1.6
4.0	0.1～2.5	0.1～1.0 1.0～2.5
6.4	0.1～3.0	0.1～1.0 1.0～3.0

(1) 调节弹簧负荷

如图 13-22 所示，从膜片受力的平衡关系可以得出调节弹簧的负荷为

$$Q_t=p_c\left(A_m-\frac{\pi}{4}d_f^2\right)+p_j\frac{\pi}{4}d_f^2+Q_{fa}+\lambda_f H_f \tag{13-51}$$

$$A_m=0.262(D_m^2+D_m d_m+d_m^2) \tag{13-52}$$

式中 H_f——调节弹簧负荷，N；

Q_{fa}——副阀瓣弹簧的安装负荷（取副瓣重量的 1.2 倍），N；

λ_f——副阀弹簧刚度，N；

A_m——受压膜片的有效面积，mm^2；

D_m——膜片有效直径，mm

d_m——调节弹簧垫直径，mm。

(2) 调节弹簧尺寸

调节弹簧的负荷确定之后，可根据 GB/T 1239.2《冷卷圆柱螺旋弹簧技术条件 第 2 部分：压缩弹簧》来计算和选定弹簧的钢丝直径、圈数、刚度、间距、自由长度等，并验算材料的剪切应力。

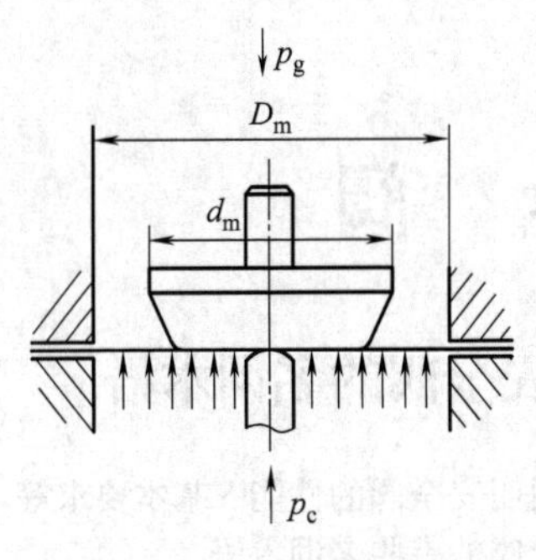

图 13-22　膜片的受力

参 考 文 献

[1]　杨源泉. 阀门设计手册. 北京：机械工业出版社，1992.
[2]　JB/T 2205—2000. 减压阀结构长度.
[3]　GB/T 12244—2006. 减压阀　一般要求.
[4]　GB/T 12245—2006. 减压阀　性能试验方法.
[5]　GB/T 12246—2006. 先导式减压阀.

第 14 章　安　全　阀

14.1　概述

安全阀是一种自动阀门，它不借助任何外力而利用介质本身的力来排出额定数量的流体，以防止压力超过额定的安全值。当压力恢复正常后，阀门再行关闭并阻止介质继续流出。因此，安全阀常用在锅炉、压力容器、受压设备或管路上，作为超压保护装置，用来防止受压设备中的压力超过设计允许值，从而保护设备及其人员的安全。

安全阀可以不依赖任何外部能源而动作，所以常常作为受压设备的最后一道保护装置。安全阀性能的好坏关系到上亿元投资的电站设备的安全、大型化工装置的长期正常运行、易燃易爆和有害有毒危险品储罐的安全等，世界各国都对安全阀的设计制造制定了许多相关标准和法规，同时安全阀性能的好坏不仅与安全阀选材、结构、制造有关，也与安全阀的选型、使用、维护密切关联。基于安全阀的特殊性，国家质量监督检验检疫总局将安全阀从特种设备压力管道元件（阀门）中分离出来，实施单独的安全附件行政许可，并制定了《安全阀安全技术监察规程》，对安全阀的材料、设计、制造、检验、安装、使用、校验、维修和安全阀制造许可条件等方面都进行了明确、具体的规定，从而逐渐规范了安全阀制造商的设计、选材和制造、使用单位的安全阀管理、校验单位的能力和校验要求，明确规定了从事使用中的安全阀的运行维护、拆卸检修、校验工作的人员应当取得“特种设备作业人员证”，其目的就是保证安全阀的性能能够满足设备安全的需求。

安全阀是超压的保护装置，在大多情况下是不动作的，甚至直至安全阀报废都没有在线发生一次起跳，这样，安全阀的重要性没有得到人们的普遍认同，对安全阀的原理、结构、选材、性能要求、选型、维护、校验了解较少，也造成了许多产品质量低劣、选型不当、材质档次低、性能不能满足要求甚至不起安全保护作用的安全阀还长期应用在各种设备和管线上，如安全阀提前开启、泄漏、排放压力严重超过标准要求或排放能力不能满足要求、回座压力低、卡阻、频跳或颤振、阀门腐蚀严重等，因此，就安全阀的术语、分类、基本要求、相关标准、原理、结构、选型、管理、校验和维修等方面有必要进行比较系统的介绍。

14.2　安全阀的名词术语

为了说明安全阀的性能、基本要求等，有必要了解涉及安全阀的一些名词术语。

安全阀（safety valve）：一种自动阀门，能不借助任何外力而又利用介质本身的力来排出额定数量的流体，以防止系统内压力超过预定的安全值。当压力恢复正常后，能再行关闭并阻止介质继续流出。

直接载荷式安全阀（direct loaded safety valve）：一种仅靠直接的机械加载装置，如重锤、杠杆加重锤或弹簧来克服由阀瓣下介质压力所产生作用力的安全阀。

带动力辅助装置的安全阀（assisted safety valve）：该安全阀借助一个动力辅助装置（例如气压、液压、电磁等），可以在低于正常的整定压力时开启，即使该辅助装置失灵，阀门应仍能满足标准对安全阀的所有要求。

带补充载荷的安全阀（supplementary loaded safety valve）：这种安全阀在其进口处压力达到整定压力前始终保持有一个用于增强密封的附加力。该附加力（补充载荷）可由外部能源提供，而在安全阀进口压力达到整定压力时应可靠地释放。补充载荷的大小应这样设定，即假定该附加力未释放时，安全阀仍能在进口压力不超过国家法规规定整定压力百分数的前提下达到额定排量。

杠杆式安全阀（lever and weight loaded safety valve）：一种利用重锤通过杠杆加载于阀瓣上的作用力来控制阀的启闭，从而起到泄压保护的安全阀。

弹簧式安全阀（spring loaded safety valve）：一种利用压缩弹簧的压缩预紧力加载于阀瓣上的作用力来控制阀的启闭，从而起到泄压保护的安全阀。

先导式安全阀（pilot operated safety valve）：一种靠从导阀排出介质来驱动或控制的安全阀，该导阀本身应是符合标准要求的直接载荷式安全阀。

全启式安全阀（full lift safety valve）：阀辨开启高度大于或等于 1/4 阀座喉径的安全阀。

微启式安全阀（low lift safety valve）：阀辨开启高度为 1/40～1/20 阀座喉径的安全阀。

中启式安全阀（middle lift safety valve）：开启高度介于微启式和全启式之间的安全阀。

常规式安全阀（conventional safety valve）：一种动作特性直接受阀后背压变化影响的弹簧载荷式安

全阀。

平衡式安全阀（balance safety valve）：一种采用波纹管或活塞等平衡机构将背压对安全阀动作特性（整定压力、回座压力以及排量）的影响降低到最小限度的弹簧载荷式安全阀。

双联式安全阀（duplex safety valve）：将两个安全阀并联，具有同一进口的安全阀组（即2台安全阀满足排放量要求）。

切换式安全阀（quick crossover safety valve）：将两个安全阀并联，且可选择性地只使一台阀切入工作，另一台阀待用，具有同一进口的安全阀组（即单台安全阀满足排放量要求）。

整定压力（set pressure）：安全阀在运行条件下开始开启的预定压力，是在阀门进口处测量的表压力。在该压力下，在规定的运行条件下由介质压力产生的使阀门开启的力同使阀瓣保持在阀座上的力相互平衡。

整定压力偏差（set pressure derivation）：安全阀多次开启，其整定压力的偏差值。

冷态试验差压力（cold different test pressure）：安全阀在试验台上调整到开始开启时的进口静压力。该压力包含了对背压力及温度等运行条件所做的修正。

排放压力（relieving pressure）：整定压力加超过压力。

额定排放压力（rated relieving pressure）：有关规范或者标准规定的排放压力上限值。

超过压力（overpressure）：超过安全阀整定压力的压力增量，通常用整定压力的百分数表示。

回座压力（reseating pressure）：安全阀排放后其阀瓣重新与阀座接触，即开启高度变为零时的进口静压力。

启闭压差（blowdown）：整定压力与回座压力之差。通常用整定压力的百分数来表示，而当整定压力小于0.3MPa时则以MPa为单位表示。

背压力（back pressure）：安全阀排放出口处的压力。它是排放背压力和附加背压力的总和。

排放背压力（built-up back pressure）：由于介质流经安全阀及排放系统而在阀出口处形成的压力。

附加背压力（superimposed back pressure）：安全阀即将动作前在其出口处存在的静压力，是由其他压力源在排放系统中引起的。

密封试验压力（leak test pressure）：进行密封性试验时的进口压力。在该压力下测量通过阀瓣与阀座密封面间的泄漏率。

开启高度（lift）：阀瓣离开关闭位置的实际行程。

流道面积（喉部面积）（flow area）：阀进口端至关闭件密封面间流道的最小横截面积，用来计算无任何阻力影响时的理论流量，亦称喉部面积。

流道直径（喉径）（flow diameter）：对应于流道面积的直径，亦称喉径。

帘面积（curtain area）：当阀瓣在阀座上方升起时，在其密封面之间形成的圆柱形或者圆锥形通道面积。

排放面积（discharge area）：安全阀排放时流体通道的最小截面积。对于全启式安全阀，排放面积等于流道面积；对于微启式安全阀，排放面积等于帘面积。

前泄（simmer）：安全阀开启前，进口压力低于整定压力时阀瓣与阀座之间有可听见或可看见的可压缩流体溢出。

提升装置（扳手）（level）：手动开启安全阀的装置。它利用外力来降低使安全阀保持关闭的载荷。

理论排量（theoretical relieving capacity）：流道横截面积与安全阀流道面积相等的理想喷管的计算排量，以质量流量或容积流量表示。

排量系数（coefficient of discharge）：实际排量与理论排量的比值。

额定排量系数（rated coefficient of discharge）：排量系数与减低系数（取0.9）的乘积。

额定排量（rated relieving capacity）：实际排量中允许作为安全阀应用基准的那一部分。额定排量可以取以下三者之一：

① 实际排量乘以减低系数（取0.9）；

② 理论排量乘以排量系数，再乘以减低系数（取0.9）；

③ 理论排量乘以额定排量系数。

频跳（chatter）：安全阀阀瓣快速异常地来回运动，运动中阀瓣接触阀座。

颤振（flutter）：安全阀阀瓣快速异常地来回运动，运动中阀瓣不接触阀座。

卡阻（jam）：安全阀阀瓣在开启或者关闭过程中产生的卡涩现象。

14.3 安全阀分类

安全阀因其用途的不同，结构种类也较多，通常可按以下方法进行分类。

(1) 按使用介质分类

蒸汽安全阀：通常以A48Y型为代表。

气体安全阀：通常以A42Y型为代表。

液体安全阀：通常以A41H型为代表。

国外将用于液体介质的称为泄压阀，用于空气或蒸汽介质的称为安全阀，用于液体、空气和蒸汽介质的称为安全泄压阀。

（2）按公称压力分类

低压安全阀：公称压力≤PN16 的安全阀。

中压安全阀：PN16＜公称压力≤PN100 的安全阀。

高压安全阀：PN100＜公称压力≤PN1000 的安全阀。

超高压安全阀：公称压力≥PN1000 的安全阀。

（3）按适用温度分类

超低温安全阀：t＜－100℃。

低温安全阀：－100℃≤t≤ －29℃。

常温安全阀：－29℃＜t＜120℃。

中温安全阀：120℃≤t≤425℃。

高温安全阀：t＞425℃。

（4）按连接方式分类

法兰连接安全阀、螺纹连接安全阀、焊接连接安全阀。

（5）按密封副的材料分类

金属对金属（硬密封）、金属对非金属（软密封）。

（6）按作用原理分类

直接作用式安全阀（又分直接载荷式安全阀和带补充载荷式安全阀），其中直接载荷式安全阀又可分重锤式、杠杆重锤式和弹簧式安全阀。

非直接作用式安全阀（又分先导式安全阀和带动力辅助装置的安全阀），其中先导式安全阀又分为突开型先导式安全阀和调制型先导式安全阀。

（7）按动作特性分类

比例作用式安全阀：开启高度随压力升高而逐渐变化的安全阀。

两段作用式（突跳动作式）安全阀：起初阀瓣随压力升高而比例开启，在压力升高一个不大的数值后，阀瓣即在压力几乎不再升高的情况下急速开启到规定高度的安全阀。

（8）按开启高度分类

微启式安全阀：开启高度在 1/40～1/20 流道直径范围内的安全阀。

全启式安全阀：开启高度不小于 1/4 流道直径的安全阀。

中启式安全阀：开启高度介于微启式和全启式之间的安全阀。

（9）按有无背压平衡机构分类

平衡式安全阀、常规式安全阀。

（10）按阀瓣加载方式分类

重锤式或杠杆重锤式安全阀、弹簧直接载荷式安全阀、气室式安全阀、永磁体式安全阀。

（11）按出口侧是否密封分类

封闭式安全阀：安全阀的出口侧要求密封。当用于有毒、有害、易燃等介质时为了防止介质向周围环境逸出，或为了回收排放的介质，以及当存在附加背压时，都应采用封闭式安全阀。

敞开式安全阀：安全阀的阀盖敞开，使弹簧与向大气直接相通，有利于降低弹簧的温度，主要应用在空气或对环境不造成污染的高温气体，如水蒸气。

14.4 安全阀的基本要求

安全阀作为锅炉、压力容器、压力管道的超压保护装置，对它的要求也是比较全面的，同时安全阀的功能是通过下列动作过程来实现的：当系统达到最高允许压力时，安全阀能准确地开启，并随着系统压力的升高能稳定地排放，并在额定的排放压力下能排放出额定数量的工作介质，当系统压力降至一定值时安全阀应及时关闭，并在关闭状态下，保持必需的密封性。世界主要工业国家对安全阀都制定了许多适应本国水平的相应标准和法规来规范安全阀的设计、制造和使用，综合各国的这些规范来看，都要求安全阀满足以下几个方面的条件。

（1）准确开启

安全阀准确开启是安全阀的最基本要求。当系统内压力达到最高允许压力时，即安全阀进口压力达到预先规定的整定压力值时，安全阀应准确地开启泄压。

安全阀整定压力（开启压力）的偏差，在相关标准和规范中有明确规定。安全阀进行整定压力调试时，其偏差应严格控制在规定的范围内。

（2）适时全开

安全阀适时全开是防止系统压力超过规定值，达到超压保护的目的。随着安全阀进口压力的升高，安全阀的开启高度也是增加的，当安全阀进口压力继续升高到超过整定压力一个规定的数值时，安全阀应达到设计的开启高度，排放压力应小于或等于标准规定的极限值。从开启到全开，是一个压力积聚的过程，任何场合所安装的安全阀都要求它安全有效地将超压介质可靠地排出，起到保护受压设备的安全运行目的。

（3）稳定排放

安全阀稳定排放是安全阀稳定地保持在排放状态，并有良好的机械特性（无频跳、颤振、卡阻等现象）。安全阀随着进口压力的升高而开启并达到预定的开启高度后，安全阀应稳定地保持在排放状态，并能够排放出额定的排量。

安全阀应有合理的结构形式及良好的机械特性（没有频跳、颤振、卡阻等现象）以保持稳定排放，安全阀的结构及其流道尺寸应满足计算所需的参数要求。如果流道截面积过小，安全阀开启后，不能及时将超压部分的介质排放，系统压力继续上升，是十分危险的，相反，流道截面积过分大于计算所需值，安全阀开启后，压力将急剧下降到回座压力以下，阀门将随着阀瓣对阀座的剧烈撞击而关闭。但是由于系统压力升高的因素并未消除，阀瓣再次开启，形成频跳，结果会造成阀座与阀瓣密封面的损坏。当安全阀用于不可压缩的液体时，还会引起系统中的水锤现象。同时安全阀的颤振或频跳也大大地降低了安全阀的排放能力，可能造成系统压力超过标准规定值而导致受压设备的危险。

安全阀在规定的压力下可靠地达到预定的开启高度，并达到规定的排放能力，这一要求是重要的。对同样参数的介质，同样口径的安全阀，结构形式等不同，排放能力会有很大差别。

(4) 及时关闭

安全阀及时关闭用于防止系统压力降低太多，减少介质的过多损失。当安全阀排放一定时间后，介质压力下降至一定值，阀瓣下落与阀座密封面接触，重新达到关闭状态。安全阀能及时有效地回座关闭，是性能良好的一个重要标志。安全阀发生动作，不一定要求设备或系统停止运转和进行维修，有时，安全阀发生动作是由于系统中的误操作等偶然因素所引起的，在这种情况下，不希望安全阀回座压力低于工作压力太多。回座压力过低意味着能量和介质的过多损失，并给设备与系统恢复正常运行带来困难。相反，回座压力也不宜过高，当回座压力高到接近整定压力时，容易导致安全阀重新开启，造成安全阀频跳或颤振，不利于关闭后重新建立密封。

安全阀的结构设计应当保证能快速有效地关闭，迅速有力的回座比逐渐、缓慢的回座更有利于密封的建立。

安全阀的回座性能是以整定压力值来相对衡量的，一般以启闭压差来确定，用于不同介质的安全阀，其启闭压差值是有所区别的。

(5) 可靠密封

安全阀可靠密封用于防止泄漏损失介质、污染环境、危及安全、加速损坏密封面。当锅炉、压力容器和压力管道处于正常运行压力时，关闭状态的安全阀应具有良好、可靠的密封性能。因为安全阀产生泄漏，损耗了工作介质（有时是很贵重或很危险的介质），增加了能量消耗，并使周围环境和大气受到工作介质的污染，过多的泄漏甚至会影响到设备或系统的正常工作，甚至迫使装置停止运行，持续的泄漏还会使安全阀密封面遭受侵蚀，从而导致安全阀完全失效。

安全阀开启动作以后重新建立密封，比维持原有密封状态更加困难，因为安全阀在关闭过程中，工作介质压力作用在阀瓣的较大的面积上，而在开启以前，只作用在受密封面限制的较小的面积上，所以，安全阀容易在动作之后会降低以致失去密封性。

安全阀保持密封性要比一般截止用的阀门困难得多，由于密封作用力较小，因此在结构上不仅要考虑安全阀的密封比压，也要考虑安全阀的泄漏通道。

对安全阀密封性的要求依其使用场合不同而有所区别，而使用场合的不同也决定着安全阀密封结构要求的不同。一般来说，对于金属-金属密封面的安全阀，要达到无泄漏是很难实现的，对于金属-非金属的软密封结构的安全阀，其密封性能会好得多。

在上述安全阀的性能基本要求中，准确开启及适时、稳定排放是首要的要求，因为安全阀防超压的功能正是通过其排放过程来实现的。回座和密封要求虽然也很重要，但相比之下还是第二位的。

另外，除安全阀的性能基本要求外，不同的标准或规范对安全阀结构、选型等方面也有些基本要求。

① 整定压力大于 3.0MPa 的蒸汽用安全阀或介质温度大于 235℃的空气或其他气体用安全阀，应能防止排出的介质直接冲蚀弹簧。

② 蒸汽用安全阀必须带有扳手，当介质压力达到整定压力 75% 以上时，能利用扳手将阀瓣提升，该扳手对阀的动作不应造成阻碍。

③ 对有毒或易燃性介质用安全阀必须采用封闭式安全阀，且要防止阀盖和阀帽垫片处的泄漏。

④ 为防止调整弹簧压缩量的机构松动，以及随意改变已调整好的整定压力，必须设有防松装置并加铅印。

⑤ 阀座应固定在阀体上，不得松动，全启式和中启式安全阀应设有限制开启高度的机构。

⑥ 安全阀即使有部分损坏，仍应能达到额定排量，当弹簧破损时，阀瓣等零件不会飞出阀体外。

⑦ 对有附加背压力的安全阀，应根据其压力的大小和变动情况，设置背压平衡机构。对于平衡式安全阀的阀盖上应当设置一个泄出孔，以保证阀盖内腔与大气相通，对于可燃的或者腐蚀性介质，该泄出孔用管子连接到安全场地。

⑧ 重锤式安全阀应当有防止重锤自行移动的装置。

⑨ 带动力辅助装置安全阀必须有可靠的动力源和电源接口。

⑩ 为了确保安全阀动作可靠和密封性，安全阀应当设有运动零件的导向机构，导向机构要考虑热胀冷缩等温度因素。

⑪ 安全阀阀体设计应当力求减少介质沉积污垢的影响，蒸汽和液体使用的安全阀需在低于阀座密封面的集液最低部位设置排泄孔。

⑫ 在附加背压高于先导式安全阀进口压力时，应采取措施保证主阀不能开启。

⑬ 当主阀具有限开高装置时，限开高装置只限制主阀的开高，而不应影响主阀的动作。如果限开高装置设计成可调节的，应进行机械固定和铅封。主阀

的开启高度不能限制到小于1mm。

⑭ 用于有毒或可燃性流体的先导式安全阀，导阀的出口应排放到一个安全的地方。

14.5 安全阀的工作原理

安全阀是锅炉、压力容器和压力管道的保护装置，用来防止受压设备中的压力超过设计允许值，从而保护设备及其运行人员的安全。

由于安全阀可以不依赖任何外部能源而动作，所以常常作为受压设备的最后一道保护装置。从这个意义上说，它的作用是不能用其他保护装置来代替的。

当受压设备中介质的压力由于某种原因而异常升高，达到预先的设定值时，安全阀自动开启，继而排放，以防止压力继续升高。当介质压力由于安全阀的排放而降低，达到另一预定值时，阀门又自动关闭，阻止介质继续排出。当介质压力处于正常工作压力时，阀门保持关闭和密封状态。

以下分别以弹簧直接载荷式安全阀和先导式安全阀为例，进一步说明安全阀的动作原理。

图14-1所示为常规弹簧载荷式气体安全阀的动作原理示意，其动作基于力的平衡。在正常操作条件下，进口压力低于整定压力，阀瓣在弹簧力作用下压在阀座上处于关闭位置，阀门处于关闭（密封）状态［图14-1（a）］。

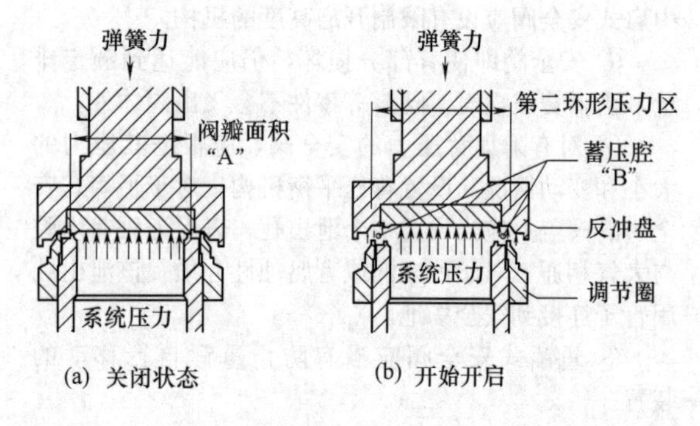

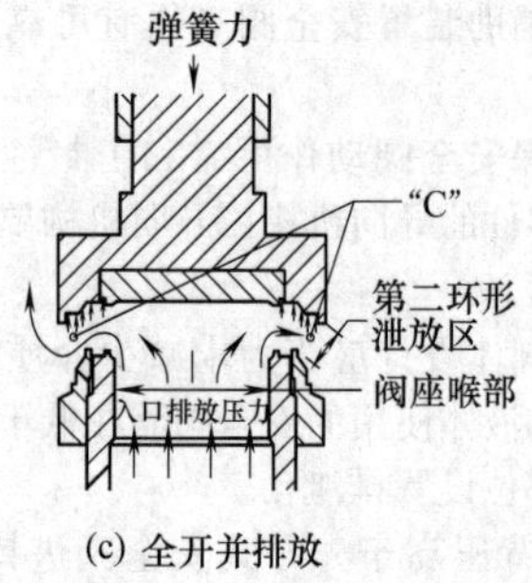

图14-1 气体安全阀的工作原理

此时作用在阀瓣上的弹簧力F为

$$F=pA+F_s \quad (14\text{-}1)$$

式中 p——介质压力，MPa；

A——阀瓣上受压面积，mm^2；

F_s——为使阀瓣和阀座压紧的向下密封附加力，N。

阀瓣在阀座密封面上的压紧力F_s，保证了所需的密封性。

在正常工作时，安全阀处于关闭状态，安全阀阀瓣在系统压力的作用下向上的作用力小于阀瓣受到向下的弹簧力，其差值就是密封附加力F_s，即随着系统压力的增加，安全阀的密封比压是逐渐降低的。

当系统进口压力等于安全阀的整定压力时，弹簧力等于进口介质作用在关闭阀瓣上的力，阀瓣与阀座之间的作用力等于零。当进口压力略高于整定压力时，介质流过阀座表面进入蓄压腔"B"，由于反冲盘与调节圈间节流作用的结果，蓄压腔"B"内的压力增加［图14-1（b）］，因为这时进口压力作用在更大的面积上，产生一个通常被称为膨胀力的附加力来克服弹簧力。通过调整调节圈，便可以调节环形流道缝隙的大小，从而控制蓄压腔"B"内的压力，这时蓄压腔内被控制的压力将克服弹簧力，导致阀瓣离开阀座，阀门突跳开启。

一旦阀门已经开启，"C"处便会产生附加增压［图14-1（c）］，这是由于突然流量的增加以及由反冲盘裙边的内沿与调节圈外径所围成的另一个环形流道上的节流所造成的，这些"C"处的附加力（含反冲力）会导致阀瓣在突跳时达到足够的开启高度。

流量始终被阀座与阀瓣间的开度限制着，直到阀瓣离阀座的开启高度接近1/4喉径。当阀瓣达到这种程度的开启高度以后，流量便由喉部流道面积控制而不是由阀座表面间的面积（帘面积）控制。

当进口压力已经降到低于整定压力足够多，以致弹簧力足以克服"A"，"B"，"C"三处力之和时，阀门关闭。

图14-2表示的是阀瓣从整定压力（图中A点）

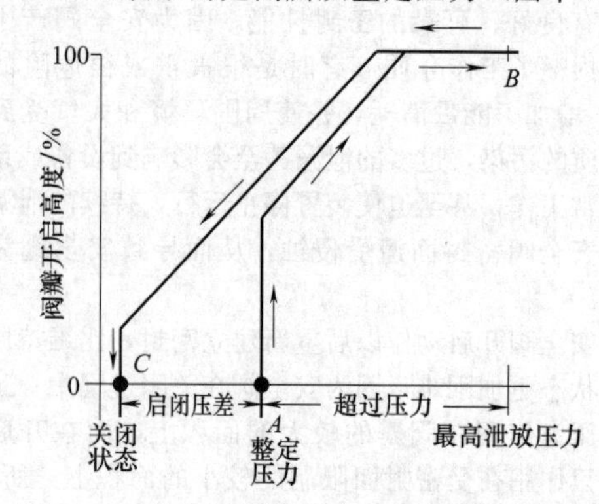

图14-2 安全阀阀瓣开启高度与被保护系统压力间的典型关系

经历超压阶段到达最大泄放压力（B点），经历启闭压差阶段回到回座压力（C点）的全部行程。

液体介质用安全阀不会像气体介质用安全阀那样突跳（图14-3），因为液体流动不产生像气体介质流动那样的膨胀力。液体介质用安全阀必须依靠反作用力来达到开启高度。

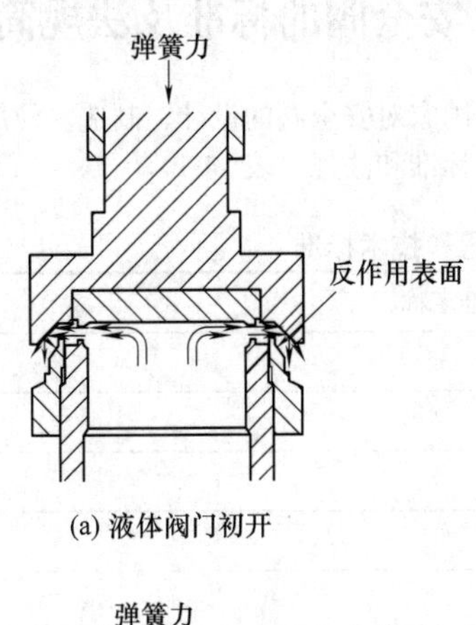

(a) 液体阀门初开

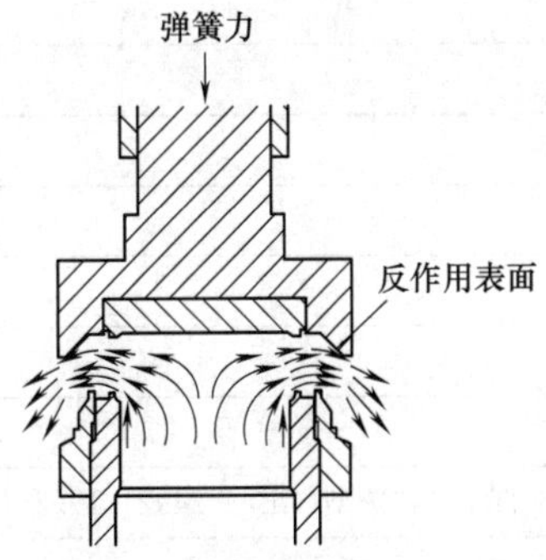

(b) 液体阀门全开并排放

图14-3 液体安全阀的工作原理示意

当阀门关闭时，作用在阀瓣上的力与应用于气体介质中的作用力是相同的，直到达到力的平衡，即保持阀座关闭的合力接近零。

在最初开启时，溢出的液体形成一层非常薄的流体，见图14-3（a），在阀座表面间迅速扩展，液体冲击阀瓣反冲盘的反作用面，并被折流向下，产生向上推动阀瓣和反冲盘的反作用力。在最初的2%～4%的超过压力范围内，这些力通常建立得很慢。

随着流量逐渐增加，流过阀座的液体的速度也在增加，这些动量作用力与快速泄放的液体介质由于从反作用表面［图14-3（b）］被折流向下所产生的作用力的合力足以使阀门达到全开。通常情况下，在2%～6%的超过压力下，阀瓣会突然间升高到50%～100%的全开高，随着超过压力增加，这些力继续增加，推动阀瓣达到全开。ASME鉴定的液体介质用安全阀的排放量，要求安全阀在10%或更小的超过压力下，达到全部的额定泄放量。

在阀门关闭的过程中，随着超过压力减小，液体介质动量和反作用都减小，弹簧力推动阀瓣返回与阀座接触。

过去，许多用在液体介质中的泄压阀都是为可压缩（蒸气）介质设计用的安全泄放阀或泄放阀。许多这样的阀门当用在液体介质时，需要高的超过压力（25%）才能达到全开高和稳定的工作，这是因为液体介质无法提供气体介质那样的膨胀力。

ASME《锅炉和压力容器规范》第Ⅷ卷要求，液体介质在10%超过压力下，达到全开启、稳定工作和额定泄放量。而GB/T 12223—2005则规定额定排放压力不大于1.20倍整定压力。

图14-4是先导式安全阀的工作原理图，先导式安全阀由主阀和导阀组成，导阀随系统介质压力的变化而动作，主阀则由导阀的驱动或控制而动作。

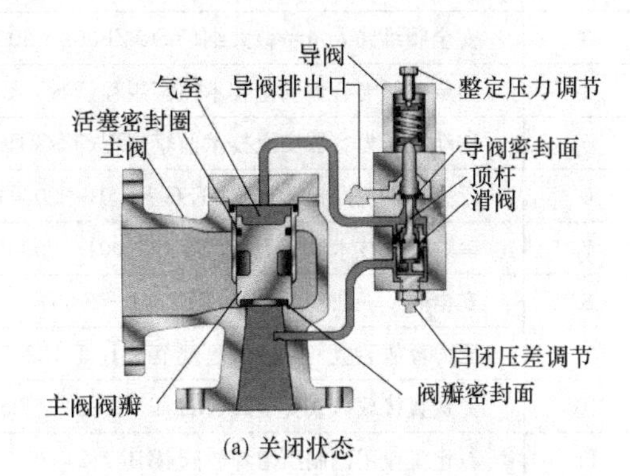

(a) 关闭状态

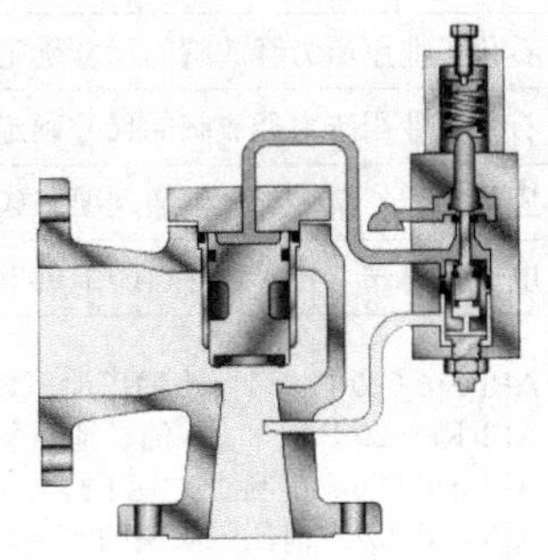

(b) 开启状态

图14-4 先导式安全阀工作原理

当被保护系统处于正常运行状况时，导阀阀瓣处于关闭状态，系统压力从主阀进口通过导管和导阀传入主阀阀瓣（活塞）上方气室。由于活塞面积大于阀瓣密封面面积，系统压力对阀瓣产生一个向下的合力，使主阀处于关闭、密封状态。

当系统压力升高达到整定压力时，导阀开启，同时滑阀向上移动封闭导阀的进气通道。主阀阀瓣上方气室的介质经由打开的导阀排出，使主阀阀瓣上方压力（腔压）降低，主阀阀瓣在进口压力的推动下打开而使系统泄压。

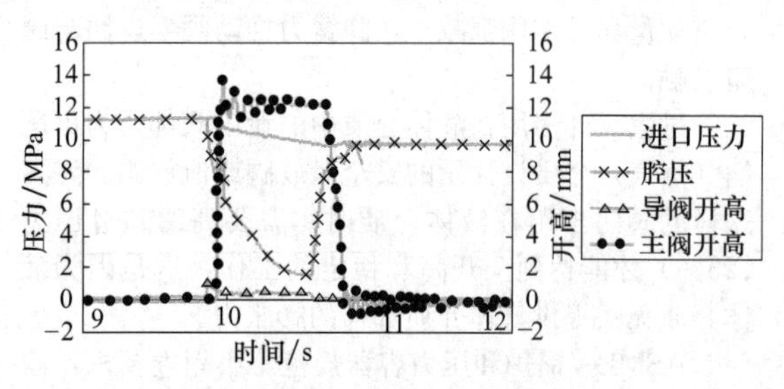

图 14-5 突跳型先导式安全阀实际测试的压力关系

当系统压力降低到一定值时，导阀回座并带动顶杆顶开滑阀，系统压力再次通过导阀传入主阀阀瓣上方气室，并推动主阀阀瓣关闭。

图 14-5 是突跳型先导式安全阀的实际测试的压力关系图。

14.6 安全阀的标准及法规简介

许多国家对安全阀的设计、制造、使用和管理制定了相关标准和法规（表 14-1）。

表 14-1 常用安全阀法规、安全规程和技术标准

编号	法规、规程和技术标准名称
1	特种设备安全监察条例
2	安全阀安全技术监察规程(TSG ZF001—2006)
3	安全阀维修人员考核大纲(TSG ZF002—2005)
4	固定式压力容器安全技术监察规程(TSG R0004—2009)
5	移动式压力容器安全技术监察规程(TSG R0005—2011)
6	压力容器定期检验规则(TSG R7001—2004)
7	锅炉安全技术监察规程(TSG G0001—2009)(征求意见稿)
8	安全阀 一般要求(GB/T 12241—2005)
9	压力释放装置 性能试验规范(GB/T 12242—2005)
10	弹簧直接载荷式安全阀(GB/T 12243—2005)
11	石化工业用钢制压力释放阀(GB/T 24920—2010)
12	石化工业用压力释放阀的尺寸确定、选型和安装 第 1 部分:尺寸的确定和选型(GB/T 24921.1—2010)
13	石化工业用压力释放阀的尺寸确定、选型和安装 第 2 部分:安装(GB/T 24921.2—2010)
14	压力容器 第 1 部分 通用要求(GB 150.1—2011)
15	电站安全阀 技术条件(JB/T 9624—1999)
16	API Std 520 Part 1 炼油厂泄压装置的定径、选择和安装—定径和选择 API RP 520 Part 2 炼油厂泄压装置的定径、选择和安装—安装 API Std 526 钢制法兰泄压阀 API Std 527 泄压阀阀座的密封性 API RP 576 泄压装置的检查 ASME 锅炉与压力容器规范 第Ⅰ卷 动力锅炉建造规则 安全阀和安全泄放阀 ASME 锅炉与压力容器规范 第Ⅷ卷 第一册 压力容器建造规则 泄压装置 ASME PTC 25 压力泄压装置——性能试验规范

14.7 安全阀的性能指标和设计原则

安全阀是一种自动阀门，它的设计是一个系统性问题，既要考虑安全阀本身的有关因素，又要考虑被保护系统的各种情况对最终的产品的影响。因此，在设计时需要对引起超压的各种因素进行综合分析、判断，才能确保安全阀的设计合理、安全和可靠。

安全阀的设计主要考虑结构和性能设计内容。结构设计包括阀体结构、密封结构、阀座结构、阀瓣结构、背压平衡结构、紧急提升机构；性能设计包括阀门喷嘴、弹簧以及被保护系统的优化组合设计。

14.7.1 安全阀的相关标准和性能指标

安全阀相关标准和法规是安全阀设计的基本依据。在表 14-2 中列出了国内和国外相关的安全阀标准。

安全阀的主要性能指标包括排放压力、启闭压差、整定压力偏差等动作性能指标，用密封试验压力和允许泄漏率来表示的密封性能指标。不同的标准或规范对安全阀的性能要求有不同的要求和规定，表14-3～表14-8列出了一些标准和规范中对安全阀主要性能指标的规定。

表 14-2 安全阀的相关标准

序号	标准代号	标准名称
1	GB/T 12241	安全阀 一般要求
2	GB/T 12242	压力释放装置 性能试验规范
3	GB/T 12243	弹簧直接载荷式安全阀
4	GB/T 24920	石化工业用钢制压力释放阀
5	GB/T 24921.1	石化工业用压力释放阀的尺寸确定、选型和安装 第1部分：尺寸的确定和选型
6	GB/T 24921.2	石化工业用压力释放阀的尺寸确定、选型和安装 第2部分：安装
7	JB/T 9624	电站安全阀 技术条件
8	JB/T 6441	压缩机用安全阀
9	ISO 4216-1	超压保护装置—第1部分：安全阀
10	ISO 4216-2	超压保护装置—第5部分：可控制的压力泄放系统
11	ISO 4216-4	超压保护装置—第4部分：先导式安全阀
12	ISO 4216-5	超压保护装置—第5部分：受控安全泄压系统
13	ASME锅炉及压力容器规范 第Ⅰ卷	动力锅炉建造规则 安全阀和安全泄放阀
14	ASME锅炉及压力容器规范 第Ⅱ卷	核动力装置设备建造原则
15	ASME锅炉及压力容器规范 第Ⅷ卷	压力容器建造原则 泄压装置
16	ASME PTC 25	压力释放装置 性能试验规范
17	DIN3320	安全阀 安全关闭阀
18	德国压力容器规范 AD-A2	防超压安全装置—安全阀
19	德国蒸汽锅炉技术规范 TRD421	压力泄放装置-用于Ⅰ、Ⅱ、Ⅲ、Ⅳ组蒸汽锅炉的安全阀
20	BS 1123	空气储器及压缩空气装置用的安全阀、仪表和其他安全附件规范
21	BS6759	蒸汽及热水用安全阀技术规范
22	BS6759 第四部分	安全阀及安全阀弹簧
23	JIS B8210	蒸汽及气体用弹簧安全阀
24	API Std 520 Part 1	炼油厂泄压装置的定径、选择和安装—定径和选择
25	API RP 520 Part 2	炼油厂泄压装置的定径、选择和安装—安装
26	API Std 526	钢制法兰泄压阀
27	API Std 527	泄压阀阀座的密封性

表 14-3 蒸汽用安全阀动作性能比较 单位：MPa

序号	性能指标	ISO 4126-1—2004	ASME Ⅰ—2007	ASME Ⅷ—2007	GB/T 12241—2005	GB/T 12243—2005	GB/T 24290—2010
1	整定压力(p_s)偏差Δp_s						
	$p_s \leqslant 0.5$	±0.015	±0.015	±0.015	±0.015	±0.015	0.015
	$0.5 < p_s \leqslant 2(2.3)$	$\pm 3\% p_s$	$\pm 3\% p_s$	$\pm 3\% p_s$	$\pm 3\% p_s$	$\pm 3\% p_s$	$\pm 3\% p_s$
	$2(2.3) < p_s \leqslant 7$	$\pm 3\% p_s$	±0.07	$\pm 3\% p_s$	$\pm 3\% p_s$	±0.07	$\pm 3\% p_s$
	$p_s > 7$	$\pm 3\% p_s$	$\pm 1\% p_s$	$\pm 3\% p_s$	$\pm 3\% p_s$	$\pm 1\% p_s$	$\pm 3\% p_s$
2	排放压力p_d	不超过$1.1p_s$与$p_s+0.01$MPa的较大者	$\leqslant 1.03\ p_s$	$\leqslant 1.1\ p_s$	按标准或规范的规定	$\leqslant 1.03\ p_s$	$\leqslant 1.03\ p_s$
3	启闭压差Δp_{bL}	最小为$2\% p_s$，最大为$15\% p_s$与0.03MPa的较大者	$\leqslant 4\% p_s$	$\leqslant (5\%\sim 7\%) p_s$	可调阀门$2.5\% \leqslant \Delta p_{bL} \leqslant 7\%$或$\Delta p_{bL} \leqslant 15\% p_s$ $p_s \leqslant 0.3$ $\Delta p_{bL} \leqslant 0.03$ 不可调阀门$\Delta p_{bL} \leqslant 15\% p_s$	$p_s \leqslant 0.4$ $\Delta p_{bL} \leqslant 0.03$或0.04 $p_s > 0.4$ $\Delta p_{bL} \leqslant 7\%(4\%)$或$10\% p_s$	可调阀门Δp_{bL}最小为$(5\%\sim 7\%) p_s$，最大为$15\% p_s$与0.03MPa的较大者； 不可调阀门$\Delta p_{bL} \leqslant 15\%$ p_s与0.03MPa的较大者

表 14-4 气体用安全阀动作性能比较 单位：MPa

序号	性能指标	ISO 4126-1—2004	ASME Ⅷ—2007	GB/T 12241—2005	GB/T 12243—2005	GB/T 24290—2010
1	整定压力(p_s)偏差 Δp_s					
	$p_s \leqslant 0.5$	±0.015	±0.015	±0.015	±0.015	±0.015
	$p_s > 0.5$	±3%p_s	±3%p_s	±3%p_s	±3%p_s	±3%p_s
2	排放压力 P_d	不超过 1.1 p_s 与 p_s+0.01 MPa 的较大者	≤1.1p_s	按标准或规范的规定	≤1.1p_s	≤1.1p_s
3	启闭压差 Δp_{bL}	最小为 2%p_s，最大为 15%p_s 与 0.03MPa 的较大者	≤(5%～7%)p_s	可调阀门 2.5%≤Δp_{bL}≤7% 或≤15%p_s p_s≤0.3MPa Δp_{bL}≤0.03MPa 不可调阀门 Δp_{bL}≤15%p_s	p_s≤0.2MPa Δp_{bL}≤0.03MPa(金属密封)Δp_{bL}≤0.05MPa(非金属密封) p_s>0.2MPa Δp_{bL}≤15%p_s(金属密封) Δp_{bL}≤25%p_s(非金属密封)	可调阀门 Δp_{bL}最小为(5%～7%)p_s，最大为 15%p_s 与 0.03MPa 的较大者；不可调阀门 Δp_{bL}≤15%p_s 与 0.03MPa 的较大者

表 14-5 液体用安全阀动作性能比较 单位：MPa

序号	性能指标	ISO 4126-1—2004	ASME Ⅷ—2007	GB/T 12241—2005	GB/T 12243—2005	GB/T 24290—2010
1	整定压力(p_s)偏差 Δp_s					
	$p_s \leqslant 0.5$	±0.015	±0.015	±0.015	±0.015	±0.015
	$p_s > 0.5$	±3%p_s	±3%p_s	±3%p_s	±3%p_s	±3%p_s
2	排放压力 p_d	不超过 1.1p_s 与 p_s+0.01 MPa 的较大者	≤1.1p_s	按标准或规范的规定	≤1.2p_s	≤1.2p_s
3	启闭压差 Δp_{bL}	最小为 2.5%p_s，最大为 20%p_s 与 0.06MPa 的较大者	≤(5%～7%)p_s	p_s≤0.3 Δp_{bL}≤0.06 p_s>0.3 Δp_{bL}≤20%p_s	p_s≤0.3 Δp_{bL}≤0.06 p_s>0.3 Δp_{bL}≤20%p_s	p_s≤0.3 Δp_{bL}≤0.06 p_s>0.3 Δp_{bL}≤20%p_s

表 14-6 气体用安全阀密封性能指标 单位：MPa

项　目	GB/T 12243—2005	API Std 527	GB/T 24920—2010
密封试验压力 p_t	p_s≤0.3 时：p_t=p_s−0.03 p_s>0.3 时：p_t=90%p_s	p_s≤0.345 时：p_t=p_s−0.0345 p_s>0.345 时：p_t=90%p_s	p_s≤0.345 时：p_t=p_s−0.0345 p_s>0.345 时：p_t=90%p_s
最大允许泄漏率/(气泡数/min)	流道直径 d_0≤16mm	流道代号≤F	流道代号≤F
	p_s≤6.9 时：40 泡	p_s≤6.9 时：40 泡	p_s≤6.9 时：40 泡
	6.9～10.3 时：60 泡	6.9～10.3 时：60 泡	6.9～10.3 时：60 泡
	10.3～13.8 时：80 泡	10.3～13.0 时：80 泡	10.3～13.8 时：80 泡
	p_s>13.8 时：100 泡	p_s>13.0 时：100 泡	p_s>13.8 时：100 泡
	流道直径 d_0>16mm	流道代号>F	流道代号>F
	p_s≤6.9 时：20 泡	p_s≤6.9 时：20 泡	p_s≤6.9 时：20 泡
	6.9～10.3 时：30 泡	6.9～10.3 时：30 泡	6.9～10.3 时：30 泡
	10.3～13.8 时：40 泡	10.3～13.0 时：40 泡	10.3～13.8 时：40 泡
	13.8～17.2 时：50 泡	13.0～17.2 时：50 泡	13.8～17.2 时：50 泡
	17.2～20.7 时：60 泡	17.2～20.7 时：60 泡	17.2～20.7 时：60 泡
	20.7～27.6 时：80 泡	20.7～27.6 时：80 泡	20.7～27.6 时：80 泡
	p_s>27.6 时：100 泡	p_s>38.5 时：100 泡	p_s>27.6 时：100 泡
	非金属弹性材料密封面的安全阀，不允许有泄漏(0 泡/min)		

表 14-7 蒸汽用安全阀密封性能指标 单位：MPa

项目	GB/T 12243—2005	API Std 527	GB/T 24920—2010
密封试验压力 p_t	p_s≤0.3时：$p_t=p_s-0.03$	p_s≤0.345时：$p_t=p_s-0.0345$	p_s≤0.345时：$p_t=p_s-0.0345$
	p_s>0.3时：$p_t=90\%p_s$或最低回座压力(取较小者)	p_s>0.345时：$p_t=90\%p_s$	p_s>0.345时：$p_t=90\%p_s$
最大允许泄漏率	用目视或听音的方法检查安全阀的出口端，应未发现泄漏现象	以黑色背景下用目视或听音的方法检查安全阀的出口端，1min没有听得见或可看得见的泄漏	以黑色背景下用目视或听音的方法检查安全阀的出口端，应无可由听觉或视觉感知的泄漏

表 14-8 液体用安全阀密封性能指标 单位：MPa

项 目	GB/T 12243—2005		API Std 527		GB/T 24920—2010	
密封试验压力 p_t	p_s≤0.3时：$p_t=p_s-0.03$		p_s≤0.345时：$p_t=p_s-0.0345$		p_s≤0.345时：$p_t=p_s-0.0345$	
	p_s>0.3时：$p_t=90\%p_s$		p_s>0.345时：$p_t=90\%p_s$		p_s>0.345时：$p_t=90\%p_s$	
最大允许泄漏率/(cm^3/h)	DN≤25mm	DN>25mm	DN≤25mm	DN>25mm	DN≤25mm	DN>25mm
	10	10(DN/25)	10	10(DN/25)	10	10(DN/25)
	非金属弹性材料密封面的安全阀，1min不允许有泄漏					

14.7.2 安全阀的设计原则

① 设计的产品必须满足用户实际使用的所有要求。

② 保证实际使用的前提下，所设计的产品应是最经济的（如选型、用材等方面）。

③ 如何使安全阀的综合性能达到标准是设计人员的首先原则。

④ 尽可能多地对设计产品做型式试验，以获取性能参数作为设计依据。

⑤ 正确设计弹簧的刚度，以便内部零件结构的匹配更合理，设计的产品便于装拆和维修。

⑥ 有较长的使用寿命（包括维修后的寿命）。

由于安全阀使用的介质繁多，总体可归纳为三种状态，即蒸汽、气态和液体（临界状态是一种特例）。有时，设计人员借助于冷态试验的手段，对安全阀所得出合格的性能数据，但用于重油（沥青）等介质性能又不一定理想，设计人员又不可能在各种介质的工况条件下做性能试验，这就使得安全阀的设计不能照搬哪种成熟产品模式，而是要根据不同介质的实际使用状况，设计出弹簧刚度适当，内件结构合理的产品。当然，安全阀设计原则最终是要让用户得到满意的产品。但设计好产品的捷径，主要还是来自现场实践经验的积累。

14.8 安全阀主要零部件作用、结构和选用材质

安全阀的零件结构、形状各异，品种繁多，以广泛使用的弹簧直接载荷式安全阀为例，说明安全阀的主要零部件的作用、结构和选用材质等，图14-6是波纹管平衡式安全阀的示意图。

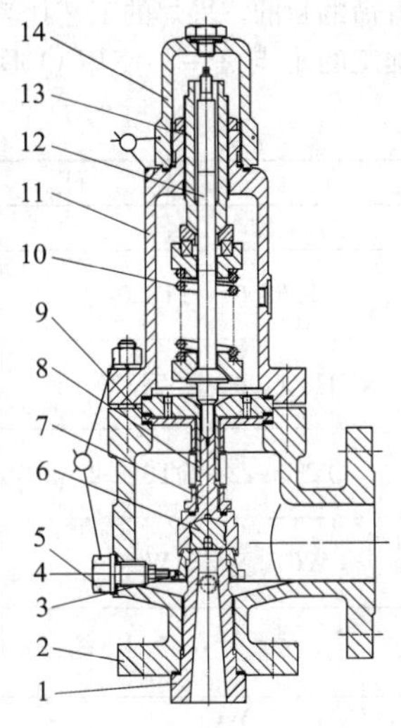

图14-6 波纹管平衡式安全阀

1—阀座；2—阀体；3—下调节圈；4—螺杆；5—定位螺塞；6—阀瓣；7—反冲盘；8—导套；9—波纹管组件；10—弹簧；11—阀盖；12—阀杆；13—调整螺钉；14—阀帽

14.8.1 阀体和阀盖

安全阀是通过阀体、阀盖使零部件相互连接成为一个完整的产品，安全阀通过阀体的法兰、螺纹管接头或焊接连接在系统上。阀体和阀盖承受着被保护系统的压力作用，所以阀体和阀盖应有足够的强度和密封性，不允许出现变形或泄漏。阀体和阀盖应按有关标准和规范的要求进行强度试验和气密性试验。

安全阀的阀体一般以角式为主，进出口通常以法兰式较多，螺纹连接较少（一般体积小的，压缩机、泵等选用较多），焊接式一般用于电站，主要是为了减少泄漏点。

阀体结构可按标准或用户的要求做成各种形式，但其强度和刚度是设计人员首先要考虑的，壁厚的设计通常采用查表法、线性插入法和计算法三种方法。

安全阀阀体的进出口法兰压力等级的确定是按照相应的标准，依据阀体的材质、工作温度和整定压力进行选取。

阀体和阀盖的选材主要根据使用场合而定（如介质、温度、压力等），大致的选用情况见表14-9，一般情况下阀体与阀盖的材质相同，对于有背压平衡结构（背压平衡机构起隔离作用）的安全阀，阀盖的材质选用可以比阀体的档次低。

14.8.2 阀座和阀瓣

安全阀的密封性能主要是通过阀瓣和阀座这对元件来实现的，其加工精度对于密封性能有着极大的影响。采用在密封表面堆焊硬质合金的方法来达到提高密封性能和寿命的目的。堆焊的工艺比较复杂、较难控制，这是加工的难点之一。使用O形圈等非金属软密封结构，可以在较低的加工精度下就能实现可靠的密封，但由于这些材料不能用于高温，所以也受到了很大的限制。

阀座一般设计成可拆卸的结构形式，阀座流道设计成拉伐尔喷嘴的低阻力形状，同时还应减少阀座和阀瓣密封面的机械变形、热变形和侵蚀。阀座与阀体为一体（或焊成一体）这种安全阀，其阀座是由阀体自身带出或焊成一体，这就对阀体铸造质量的合格率要求非常高，否则在强度试验不合格时，只能连阀体一起报废，这样很不经济，所以国内厂家大都将阀座单独制造，这对密封面的研磨也带来很大的方便（密封面堆焊硬质合金的研磨较费时）。

阀瓣、阀座的密封面的结构设计是根据安全阀要达到的密封性能指标、密封面宽度和密封比压、受弹簧预紧力的大小、所使用的介质特性等诸多因素来考虑的，具体的结构形式如图14-7～图14-12所示。

① 锥面密封结构（图14-7） 比较适用于小口径高压力的场合，对锥孔的圆度和光洁度要求很高，阀

表14-9 壳体材料选择

材料名称	铸件		锻件		说明
	牌号	使用温度/℃	牌号	使用温度/℃	
灰铸铁	HT200～HT350	－15～250			用于≤*PN*16的低压阀门
可锻铸铁	KTH300-06～KTH370-12	－15～250			用于≤*PN*25中低压阀门
球墨铸铁	QT350-22～QT900-2	－30～350			用于≤*PN*40的中低压阀门
碳素钢	WCA、WCB、WCC	－29～425	20、25、30、40		用于中高压阀门
低温钢	LCB	－46～345			用于低温阀门
合金钢	WC6	－29～595	15CrMo	－29～595	用于非腐蚀性介质的高温高压阀
	WC9	－29～595	25Cr2MoV	－29～595	
	C5	－29～650	1Cr5Mo	－29～595	用于腐蚀性介质的高温高压阀
	C12				
奥氏体不锈钢	ZG00Cr18Ni10 ZG0Cr18Ni9 ZG1Cr18Ni9 ZG0Cr18Ni9Ti ZG1Cr18Ni9Ti ZG0Cr18Ni12Mo2Ti ZG1Cr18Ni12Mo2Ti ZG1Cr17Mn$_{G}$9Ni14Mo3Cu2N ZG1Cr18Mn13Mo2CuN	－196～600	00Cr18Ni10 0Cr18Ni9 1Cr18Ni9 0Cr18Ni9Ti 1Cr18Ni9Ti 00Cr17Ni14Mo2 0Cr18Ni12Mo2Ti	－196～600	用于酸、碱等腐蚀性介质
	CF8 CF8M CF3 CF3M CF8C CN7M		304 316 304L 316L 321L B461		用于腐蚀性介质

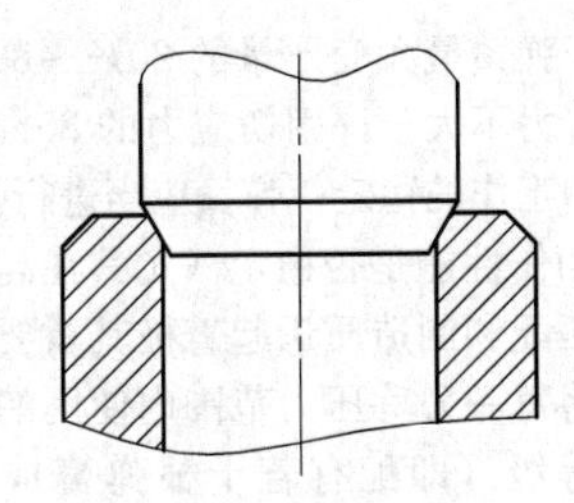

图 14-7 锥面密封

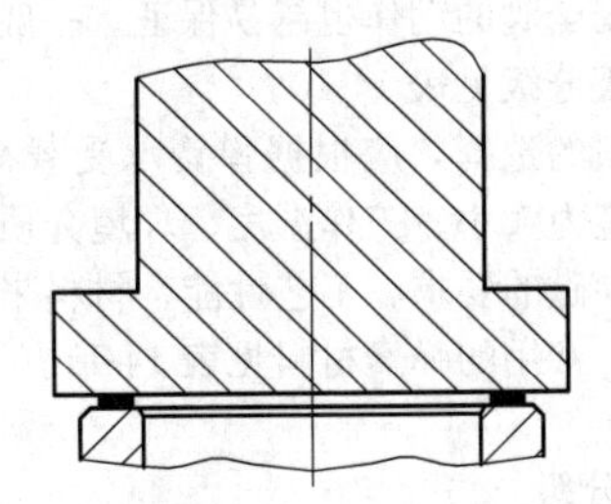

图 14-8 平面密封

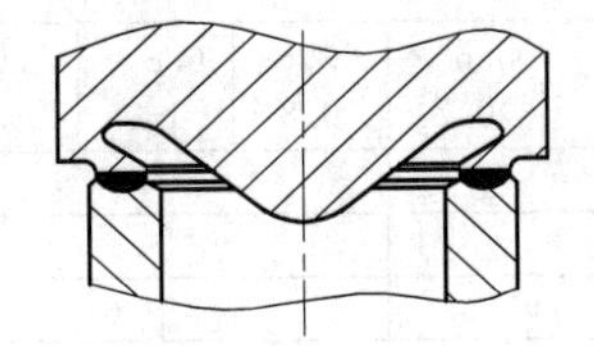

图 14-9 弹性密封

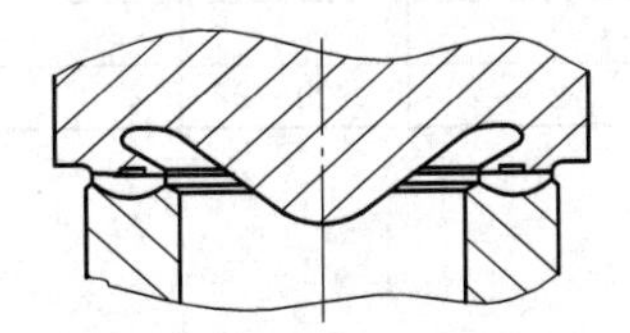

图 14-10 双密封面弹性密封

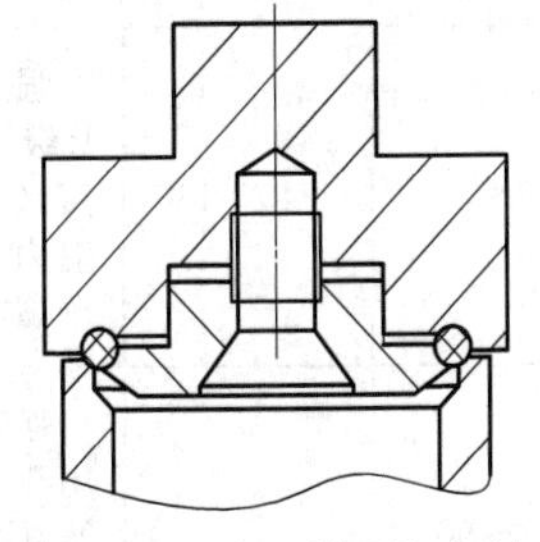

图 14-11 O形圈软密封

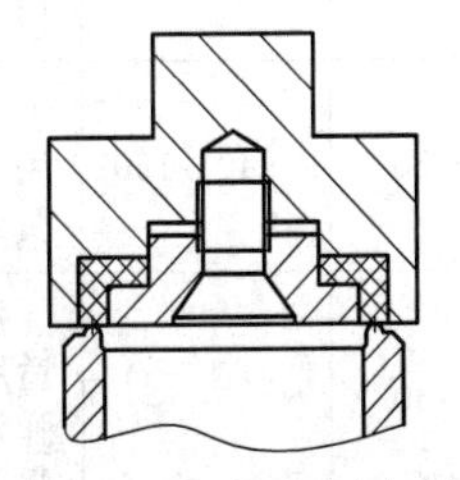

图 14-12 氟塑料密封

瓣和阀座的表面最好是堆焊硬质合金，以提高密封面的硬度和耐磨性，为避免卡住，密封面的锥角应大于90°。

② 平面密封结构（图 14-8） 大部分弹簧式安全阀的密封面都做成平面密封结构，主要是因为加工和研磨相当方便，维修时对密封面的修复也来得简单，因此被广泛地用于中低压阀门的密封副上。

③ 弹性密封结构（图 14-9） 这种阀瓣带有弹性密封唇，作用在密封唇上的介质压力增加了密封比压，由于密封唇较薄，热传递较快，使密封面前后温差较小，当发生泄漏时，由于介质的膨胀降温而产生的温差也较小，从而减小了温差变形，提高了在高温条件下的密封性能。

④ 双密封面弹性密封结构（图 14-10） 这种阀瓣带有的弹性密封唇被一个环形槽分割成两部分。外侧部分与阀座密封面成一个小的倾角，或者被适当磨低一些。内侧密封面起密封作用，而外侧密封面起保护内侧密封面作用。

⑤ O形圈软密封结构（图 14-11） 这种软密封结构主要用于大型石油液化气储罐、某些已知性质的油气等温度和压力不高的场合。它的密封可靠，但启闭压差比较大，起密封作用的O形圈应根据不同的介质采用不同的橡胶材料。

⑥ 聚四氟乙烯软密封结构（图 14-12） 聚四氟乙烯结构的密封性能较好，能适用于温度小于200°的气体、油品及其他有腐蚀性的介质，能承受的压力也比较高。缺点是密封面较软，做成平面密封的时候，开启后容易压出印子来，造成泄漏，所以阀座一般都做成R形密封面，既增加密封接触面积，又避免密封面压出印痕。

对于金属硬密封结构的密封面，密封面应有硬度差，密封面较宽的硬度应比密封面较窄的硬度高，以防止动作后密封面的损伤造成密封性能的失效。

阀座的强度是设计人员主要考虑的项目，因为标准规定安全阀进口侧的强度试验压力为公称压力的1.5倍。有些安全阀就是在高温下因强度不够，阀座密封面细微变形，导致密封失效而泄漏。而阀座、阀瓣的密封面的材料和宽度的选取不仅要考虑介质的腐蚀性、密封比压，还需考虑安全阀回座对密封面的冲击。

安全阀阀座和阀瓣的材料必须能够抗冲击、耐腐蚀，不允许采用铸铁材料。工艺参数较高的安全阀，其密封面推荐采用较硬的耐蚀材料。阀瓣的材料选用和阀座相比，应相同或更好一点，对美标安全阀来说，采用较多的是304、316和316L，当然，在所有腐蚀性强的地方，还应选用更好的如蒙乃尔、哈氏合金、钛合金等其他材料。

14.8.3 弹簧

弹簧是安全阀的关键零件之一，其质量直接影响到安全阀性能的好坏和稳定性，因而安全阀用弹簧与一般设备中使用的弹簧相比，具有一些特殊的高要求。安全阀的整定压力是通过调整弹簧的压缩量获得的，在安全阀的结构尺寸已经确定的情况下，弹簧的刚度决定了安全阀的排放压力、回座压力、开启高度和力学性能是否能够满足相关标准的要求。

安全阀的弹簧一般采用圆柱螺旋压缩弹簧，有些国内外安全阀制造厂在高压安全阀中采用了碟形弹簧，显得总体结构紧凑，但是碟形弹簧的性能较难控制，因而可能造成安全阀性能不稳定。安全阀的结构要求能够防止排出的介质直接冲蚀弹簧，尤其是热的腐蚀性流体。弹簧设计能够保证在安全阀全启时弹簧的变形量等于弹簧最大变形量的 20%～80%，弹簧设计的最大切应力不大于许用切应力的 80%，同时为了保证弹簧长期工作的稳定，弹簧应当进行强压处理。

安全阀动作性能是否稳定（尤其在高温下使用），弹簧设计的匹配和制造质量起着极其重要的作用。安全阀制造厂将每一公称压力范围内使用的弹簧，分成若干个压力等级（即配有若干根弹簧），显而易见，分得越细，弹簧根数越多，每根弹簧的实际使用刚度就越准确，安全阀的动作也越易保证。一般国内安全阀弹簧压力级分级见表 14-10。

弹簧材料的选择，应根据弹簧承受载荷的性质、应力状态、应力大小、工作温度、环境介质、使用寿命，对导电导磁的要求、工艺性能、材料来源和价格等因素确定，常用的弹簧材料见表 14-11。

表 14-10 国内安全阀弹簧压力级分级

公称压力(*PN*)	弹簧压力级/MPa												
16	0.1～0.13	0.13～0.16	0.16～0.2	0.2～0.25	0.25～0.3	0.3～0.4	0.4～0.5	0.5～0.6	0.6～0.7	0.7～0.8	0.8～1.0	1.0～1.3	1.3～1.6
25	＞1.3～1.6	＞1.6～2		＞2～2.5									
40①		＞1.6～2		＞2～2.5	＞2.5～3.2		＞3.2～4						
40②	＞1.3～1.6	＞1.6～2		＞2～2.5	＞2.5～3.2		＞3.2～4						
64					＞2.5～3.2		＞3.2～4	＞4～5		＞5～6.4			
100								＞4～5		＞5～6.4	＞6.4～8	＞8～10	
160	＞10～13	＞13～16											
320				＞16～19	＞19～22		＞22～25	＞25～29		＞29～32			

① 有 *PN*25 系列时采用此系列。

② 无 *PN*40 系列时采用此系列。

表 14-11 常用的弹簧材料

标准号	标准名称	牌号	直径规格/mm	切变模量/(GN/mm²)	推荐硬度范围/HRC	推荐温度范围/℃	性能
GB/T 4357	冷拉碳素弹簧钢丝	25～80 40Mn～70Mn	B级:0.08～13.0 C级:0.08～13.0 D级:0.08～6.0	79×10^2	45～50	−40～130	强度高、性能好；B级用于低应力弹簧；C级用于中等应力弹簧；D级用于高应力弹簧
GB/T 4358	重要用途碳素弹簧钢丝	60～80 T8MnA～T9A 60Mn～70Mn	G1组:0.08～6.0 G2组:0.08～6.0 F组:2.0～5.0		47～50		强度好、韧性好，用于重要的小弹簧，G2组较G1组强度高，F组主要用于阀弹簧
GB 4359	阀门用油淬火回火碳素弹簧钢丝	65Mn 70	2.0～6.0	79×10^3	45～50	−40～150	强度高、性能好，用于内燃机阀门弹簧或类似用途弹簧
GB 4360	油淬火回火碳素弹簧钢丝	55、60、60Mn、65、65Mn、70、70Mn、75、80	A类、B类 2.0～12.0	79×10^3	45～50		强度高、性能好，适用于普通机械用弹簧，B类较A类强度高

续表

标准号	标准名称	牌号	直径规格/mm	切变模量/(GN/mm²)	推荐硬度范围/HRC	推荐温度范围/℃	性　能
GB 4361	油淬火回火硅锰合金弹簧钢丝	60Si2MnA	A类、B类、C类 2.0～14.0			－40～200	强度高、弹性好，易脱碳，用于较高负荷的弹簧。A类用于一般用途弹簧，B类用于一般用途和汽车悬挂弹簧，C类用于汽车悬挂弹簧
GB 4362	阀门用油淬火回火铬硅合金弹簧钢丝	55CrSi	1.6～8.0	79×10³		－40～250	有较高的疲劳强度，用于较高工作温度的高应力内燃机阀门弹簧或其他类似弹簧
GB 2271	阀门用油淬火回火铬钒合金弹簧钢丝	50CrVA	1.0～10.0			－40～210	
GB 5218	硅锰弹簧钢丝	60Si2MnA 65Si2MnWA 70Si2MnA	1.0～12.0	79×10³	45～50	－40～200	强度高，有较好的弹性，易脱碳，用于普通机械的较大弹簧
GB 5219	铬钒弹簧钢丝	50CrVA	0.8～12.0	79×10³	45～50	－40～210	高温时强度性能稳定，用于较高工作温度下的弹簧，如内燃机阀门弹簧等
GB 5220	阀门用铬钒弹簧钢丝	50CrVA	0.5～12.0				
GB 5221	铬硅弹簧钢丝	55CrSiA	0.8～6.0			－40～250	高温时强度性能稳定，用于较高工作温度下的高应力弹簧
YB(T) 11	弹簧用不锈钢丝	A组 1Cr18Ni9 0Cr19Ni10 0Cr17Ni12Mo2	0.8～12.0 （通常≤6）	71.5×10³	45～50	－240～300	耐腐蚀、耐高温、低温，用于腐蚀或高低温工作条件下的小弹簧
		B组 1Cr18Ni9 0Cr18Ni10	0.8～12.0 （通常≤6）	71.5×10³			
		C组 0Cr17Ni7AL	0.8～12.0	73.5×10³	45～50	－240～300	
GB 1222	热轧弹簧钢	65Mn	5～80	78×10³	45～50	－40～120	弹性好，用于普通机械用弹簧
		55Si2Mn 55Si2Mn8 60Si2Mn 60Si2MnA				－40～120	较高的疲劳强度，弹性好，广泛用于各种机械交通工具等用弹簧
		55CrMnA 60CrMnA			47～52	－40～250	强度高，抗高温，用于承受较重负荷的较大弹簧
		50CrVA			45～50	－40～210	高的抗疲劳性能，抗高温，用于较高工作温度下的较大弹簧

安全阀的材料，国内制造厂通常都用50CrVA，对有腐蚀的介质，一般都采用50CrVA表面喷涂聚四氟乙烯，但只能用于温度小于等于200℃的工况，高于200℃又有腐蚀或低温的工况，一般使用304、316不锈钢或因科镍材料。对用于高温高压的安全阀（如电站过热蒸汽的汽包），如用50CrVA材料，就需加隔热器将弹簧腔隔离，或将阀盖设计成敞开式，也可采用30W4Cr2VA、W18Cr4V等高温弹簧钢。

14.8.4 调节圈

调节圈是全启式安全阀的重要部件之一，调节圈分上调节圈和下调节圈，有的制造厂商生产的安全阀甚至有三个以上的调节圈。通常下调节圈安装在阀座的上部，上调节圈安装在导套上。利用调整调节圈的不同位置，改变安全阀的升力曲线从而对排放压力、回座压力等进行调整，以获得合适的性能参数。安全阀调节圈的具体位置，不同的制造厂商都会依据各自安全阀的结构特点在出厂时就已确定，用户在使用过程中不得随意调整调节圈的位置，它决定着安全阀的动作性能，特别是在安全阀进行分解、维修重新装配后，要将调节圈的位置恢复至出厂时的状态，因为目前用户或校验站的安全阀试验能力很难检测出安全阀的真正的动作性能（利用系统压力在线校验除外），只是进行安全阀的整定压力校验和密封性的检测。

多调节圈结构的安全阀虽然调整的余度和范围大，但是调试过程比较复杂，同时也要求调试人员经验丰富，因此，除高性能的安全阀外，一般均采用单调节圈的结构，结构简单，调试方便。

14.8.5 波纹管和活塞

背压对安全阀造成的影响可能包括整定压力的变化、排量的下降、动作不稳定等。如果排放背压对于常规式泄压阀来说太高，或是附加背压变化范围相对于整定压力较大的工况下，应该使用背压平衡式安全阀。

平衡背压的机构常用的有波纹管式和活塞式两种，但由于活塞存在一定的摩擦阻力，对安全阀的排放和回座过程特别是在低整定压力状态下有影响，故波纹管式被广泛使用。同时背压平衡机构具有将腐蚀性介质与弹簧、导向机构和阀盖等隔离的作用，从而防止这些重要零件因受介质腐蚀而失效或可降低不与介质接触的零部件材料档次而降低成本。平衡机构中的波纹管有液压成形和膜片焊接式，波纹管是薄壁弹性元件，容易变形和腐蚀，因而在设计中一定要充分考虑到它所需承受的最大出口背压力、工作介质和温度等情况。依据介质的腐蚀性、温度和材料的来源，波纹管的主要使用材料有316、316、321、monel、Inconel、哈氏合金、钛材等。

对于有背压平衡机构的安全阀，阀盖应当设置一个泄出孔，以保证平衡机构内腔与大气相通，对于可燃的或者腐蚀性介质，泄出孔应当用管子连接到安全场地，以防波纹管破损或活塞密封圈失效后介质外泄造成危险。

14.8.6 提升装置

提升装置（扳手）可以使阀杆连同阀瓣一起提起，使安全阀开启排放。按照有关标准的规定，对有些安全阀需做不定期的手动排放，以防止可能发生的阀瓣同阀座的焦结、冻结和黏着。当安全阀的进口压力大于75%整定压力时，提升装置应当能够将阀瓣从阀座上提起，而除去外力后提升装置不应当卡住，阀瓣能够顺利回座。

14.8.7 导套和反冲盘

为了确保安全阀动作可靠和密封性，安全阀应当设有运动零件的导向机构，导向机构要考虑热胀冷缩等温度因素。导套和反冲盘是对导向件，其导向表面的材质、硬度和表面粗糙度影响着安全阀的导向质量，进而可能造成安全阀的卡阻，而反冲盘的内部尺寸更影响到安全阀的流道，从而影响到安全阀的性能是否符合设计要求。因此，安全阀导向表面材料应当采用耐腐蚀材料，而且表面应当能够耐磨，并且具有一定的硬度防止卡阻。

14.8.8 阀杆

安全阀弹簧的作用力是通过阀杆传递给阀瓣的，阀杆传递给阀瓣的力最大可达到数万牛，因而阀杆的端部是通过钢球传递力或者端部做成球面，同时阀杆端部需要有足够的硬度以承受高的载荷力。阀杆有一定的直线度和同轴度要求，以保证安全阀受力的对中性，阀杆的材料一般为马氏体和奥氏体不锈钢。

14.9 安全阀典型结构和特点

安全阀的结构类型比较多，广泛应用于各个领域，满足了不同工况条件对安全阀的各种要求，以下就锅炉、压力容器、压力管道等经常选用的安全阀典型结构和特点做个简单介绍。

14.9.1 微启式安全阀

图14-13是微启式安全阀的不带下调节圈和带下调节圈两种结构，开启高度为流道直径的1/40～1/20，开启高度是随着系统内的压力升高而逐渐变化的，没有辅助阀瓣增加开启高度的专门机构。对于不带下调节圈的，不能对排放压力和启闭压差进行调节，而对于带下调节圈的，可对排放压力和启闭压差进行调节。微启式安全阀主要用于液体场合，有时也用于需要排放量比较小的气体场合。

① 进出口通径通常相同。

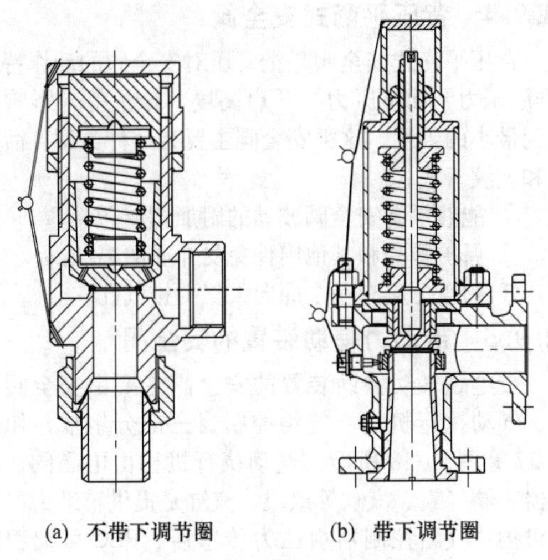

图 14-13　微启式安全阀

② 没有反冲机构，开启高度低，排放量小。

③ 阀瓣结构比较简单。

④ 对开启高度不强求设立限位。

14.9.2　全启式安全阀

全启式安全阀具有辅助增加阀瓣开启高度的专门机构，如图 14-14 所示是利用了反冲盘式阀瓣扩大了的面积上的静作用力和流速的反作用力，使安全阀达到大的开启高度，通过调节下调节圈的合适位置从而获得满意的排放压力和回座压力。而图 14-15 所示在安全阀的导套和阀座上各设置了一个调节圈（亦称上、下调节圈），通过上、下调节圈位置的不同组合来对气流作用在阀瓣上的力进行调节，从而调节安全阀的排放压力和启闭压差，虽然该结构能够调节出高性能的排放压力和启闭压差，但由于现场调整难度较大，特别对于经验较少的人员更是难以胜任，难以调整到满足性能的合适位置，因此，目前单调节圈的结构使用比较广泛。

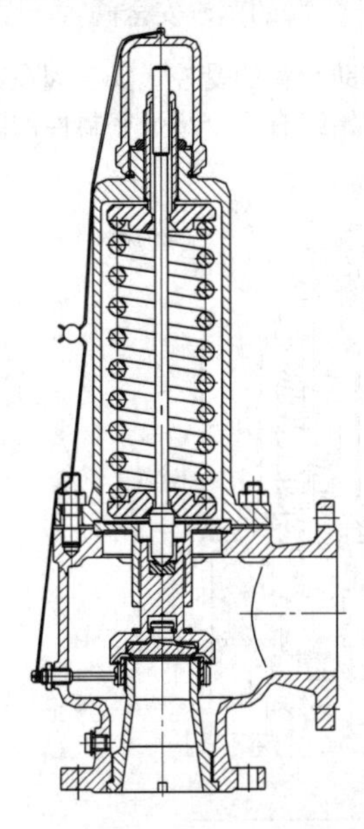

图 14-14　反冲盘式阀瓣

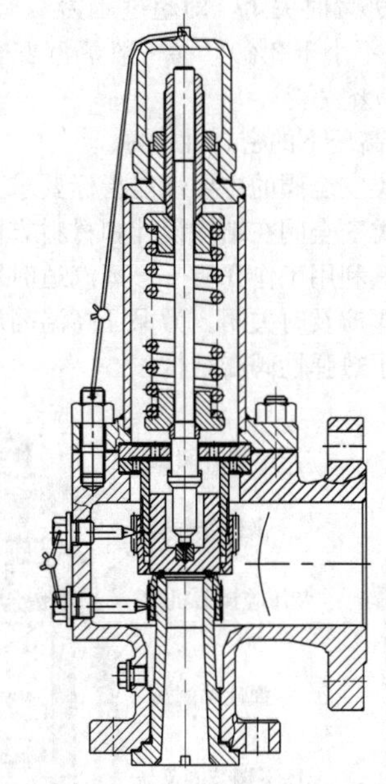

图 14-15　在导套和阀座上设置调节圈

① 进出口通径不一样大小，出口通径通常比进口通径大 1～3 挡。

② 具有反冲机构，使开启高度提高，排放量大。

③ 部分用于蒸汽的全启式安全阀，配有上、下调节圈，开启、回座和排放压力能得以更准确的调整。

④ 阀瓣结构多样化（根据不同的介质，设计不同的结构）。

⑤ 对开启高度设有限位。

14.9.3　具有背压调节作用的全启式安全阀

如图 14-16 所示，除上、下调节圈外，在其阀杆上还设置了一个背压调节机构，并在阀瓣上方腔室设置了节流阀。利用背压调节机构和节流阀可对阀瓣上方腔室中的背压力进行调节，从而达到对排放压力和启闭压差的调节。

该结构的安全阀主要用于锅炉（特别是电厂锅炉）的安全保护，其按照 ASME《锅炉与压力容器规范》第Ⅰ卷的要求进行设计、制造、试验和验收。

该类安全阀的主要性能指标如下：

① 当整定压力 ≥7MPa 时，整定压力允许偏差为±1%（一般安全阀的整定压力允许偏差为±3%）。

② 安全阀的设计和制造应使其在运行中不会发生颤振，而且全开时的压力不得比其整定压力大 3%。排放后，所有安全阀均应能在压力不小于各自

整定压力的96%时关闭，即超过压力≤3%，启闭压差≤4%（但不小于2%），而一般蒸汽安全阀的启闭压差7%～10%。

③ 高温高压下的密封性能好。

由于该类安全阀的主要性能指标要求高，目前仍在进口。该类安全阀在结构设计和材料方面均采取了特殊措施，其利用工作介质——蒸汽适时地加载在阀瓣上以帮助阀瓣及时关闭。为保证高温高压下的密封性能，采取了热弹性阀瓣结构。

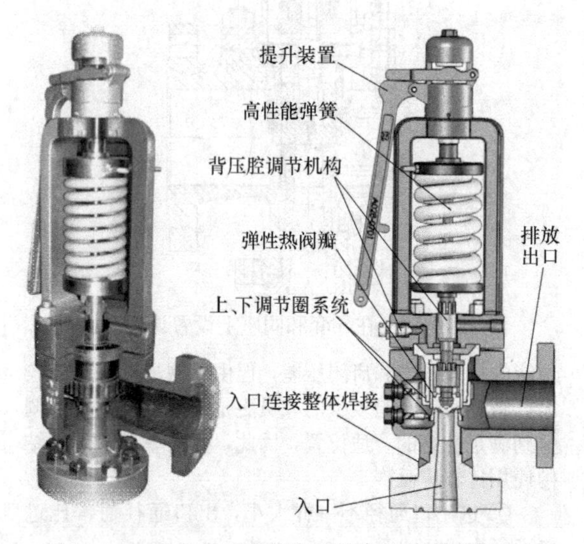

图 14-16 具有背压调节作用的高性能蒸汽安全阀

① 阀瓣采用弹性设计，允许系统压力提供辅助密封力，保证安全阀在高温高压下的密封性能。

② 阀杆端部采用球形接触方式，使阀杆上端的弹簧载荷力对中性能好，保证安全阀动作灵活可靠。

③ 采用了背压调节系统结构设计，利用安全阀进口蒸汽提供回座背压并可调节，保证安全阀性能符合ASME设计规范。

14.9.4 背压平衡式安全阀

背压平衡式安全阀是把背压对安全阀的动作特性（排放压力、回座压力、开启高度、排量等）影响降低到最小的限度，这类安全阀主要有两种类型：活塞式和波纹管式。

① 能够平衡安全阀波动的附加背压。

② 保护弹簧和其他内件免受介质的腐蚀。

③ 阀盖上应有一个通向大气的排气孔。

14.9.5 带动力辅助装置的安全阀

带电磁气动辅助装置的安全阀主要由安全阀本体、气动执行机构、气路控制器三部分组成，如图14-17和图14-18所示。气动执行机构由电磁阀、减压器、储气罐、汽缸等组成，汽缸是提供辅助力的执行机构；气路控制器由压力传感器、PLC可编程控制器、继电器、UPS电源等组成。

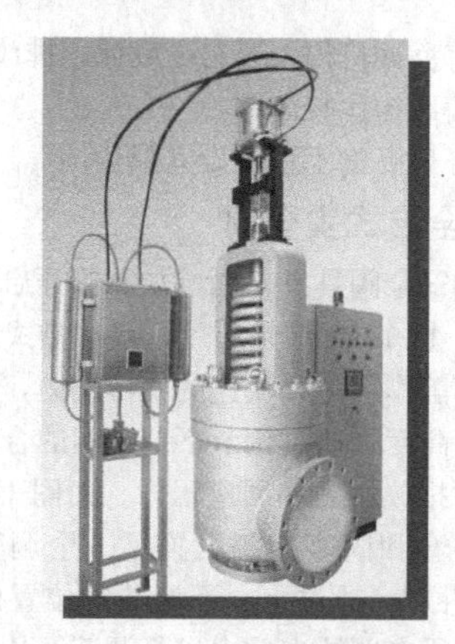

图 14-17 带电磁气动辅助装置的蒸汽安全阀

带动力辅助装置的受控式安全阀在其入口压力低于整定压力时始终有一个增强密封性的附加力，帮助

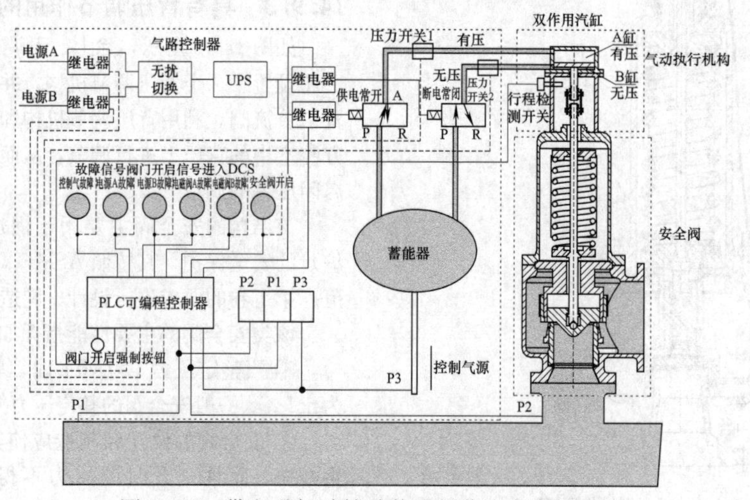

图 14-18 带电磁气动辅助装置的蒸汽安全阀原理

安全阀密封，在入口压力达到整定压力时，可以借助动力装置辅助安全阀准确开启，并在回座过程中利用辅助装置提供关闭力帮助安全阀迅速回座。这样就可以使关键场合的安全阀实现整定压力偏差小、超过压力低、回座压力高、密封性能良好的高性能参数。

带电磁气动辅助装置的特点：

① 开启前阀座密封而无泄漏，节省能源消耗；

② 允许工作压力高，提高效率；

③ 准确开启允许超压低，安全可靠；

④ 启闭压差小缩短回座时间，减少排放，避免污染，减少安全阀排放时产生噪声的持续时间；

⑤ 更高的适用率，节省成本；

⑥ 适用于要承受功率波动而使安全阀频繁启跳的系统、安全阀出口端存在无法确定或变化的高附加背压的系统；

⑦ 具有远程操作强制排放及回座的功能；

⑧ 工作寿命长。

14.9.6　保温夹套安全阀

保温夹套安全阀（图 14-19）是在原有背压平衡式安全阀的基础上增加了保温夹套，起到对安全阀阀座中的介质进行保温的作用，防止介质的结晶或凝固，常用于聚酯、乙烯及尿素化肥等装置中介质需要保温之处。其特点如下：

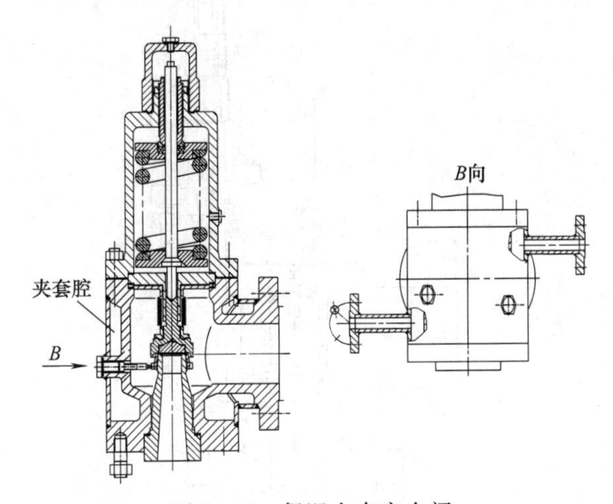

图 14-19　保温夹套安全阀

① 对进、出口法兰在内的阀体均进行保温，因而保温效果好，特殊需要时可增加蒸汽冲洗功能；

② 平衡波纹管式结构，变动背压不影响安全阀的整定压力，且波纹管对弹簧等阀盖内的零件起到防护介质侵蚀作用。

14.9.7　聚丙烯环管反应器用安全阀

聚丙烯环管反应器安全阀（图 14-20）是用作聚丙烯环管反应器的安全附件，是根据环管反应器的特殊要求而专门设计的，其结构特点如下：

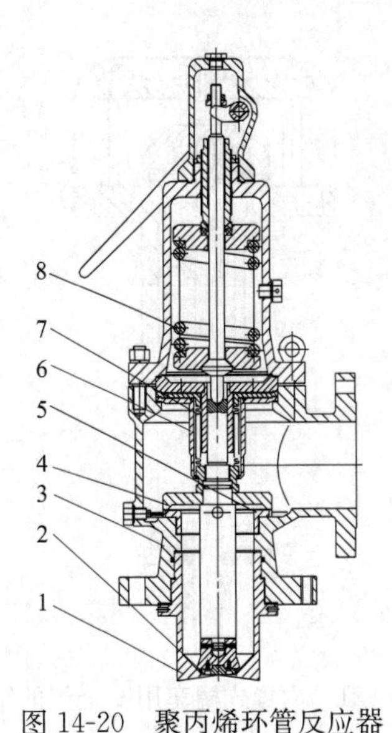

图 14-20　聚丙烯环管反应器安全阀结构

1—阀座；2—密封圈；3—阀体；4—反冲盘；5—调节圈；6—波纹管保护套；7—波纹管；8—弹簧

① 凸出式进口阀座设计——满足环管反应器的特殊要求（阀座的下端面设计成与安装管道内壁弧度相符的圆弧状，阀座的圆弧曲率与环管内径的曲率一致，合理设计流道结构，避免介质聚集和结晶）；

② 阀瓣阀座采用软密封结构——保证具有优良的密封性，并能适应含有固体微粒的介质环境；

③ 多层波纹管设计——保证安全阀在较大的变动背压下正常工作；

④ 保护套及波纹管结构——消除了固体颗粒介质对阀门动作性能的影响。

14.9.8　槽车用安全阀

由于槽车的特殊用途，槽车用安全阀安装在槽车的顶部，高出槽车罐体的高度受到限制。图 14-21、图 14-22 分别为内置式和外置式安全阀的结构图，槽车用安全阀通过法兰直接与被保护装置相连。内置式安全阀为减少在被保护装置外侧的伸出高度，将阀瓣和阀座等零部件都设置在安装法兰的下部，介质排放出口直接向上，阀瓣带有固定或可调整的反冲盘结构，密封面采用软密封形式，这种安全阀主要是用于液化石油气等介质罐车上。

而外置全启式弹簧安全阀主要用于液化石油气、液氨、液氯等介质固定储罐、罐车及要求排放量较大的压力容器上，阀门密封采用软密封或硬密封结构，对于腐蚀性强的介质还可使用衬里结构。

14.9.9　衬里安全阀

衬里安全阀（图 14-23）广泛应用于氯碱工业、

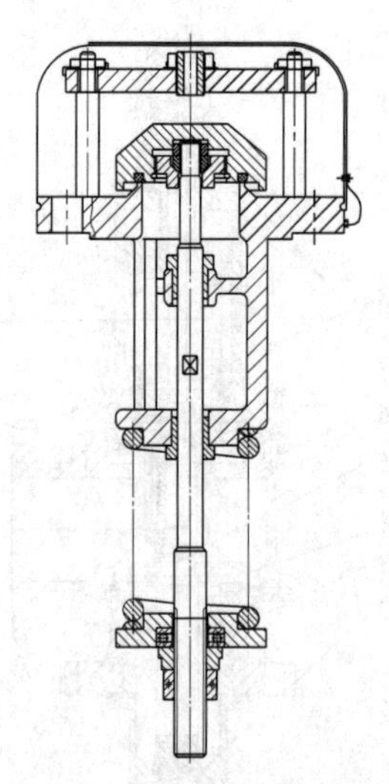

图 14-21 内置式槽车用安全阀的结构

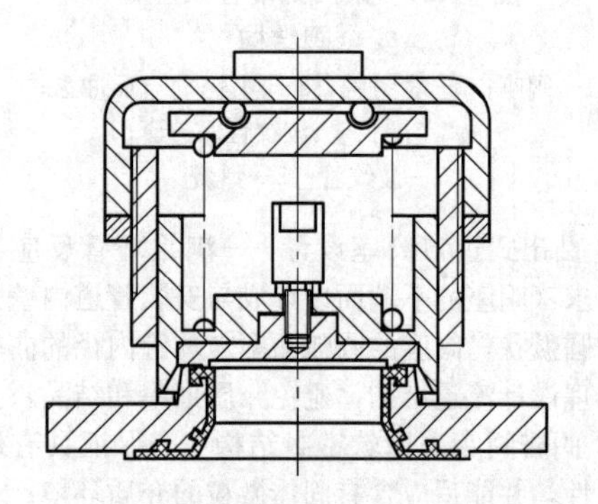

图 14-22 外置式槽车用安全阀的结构

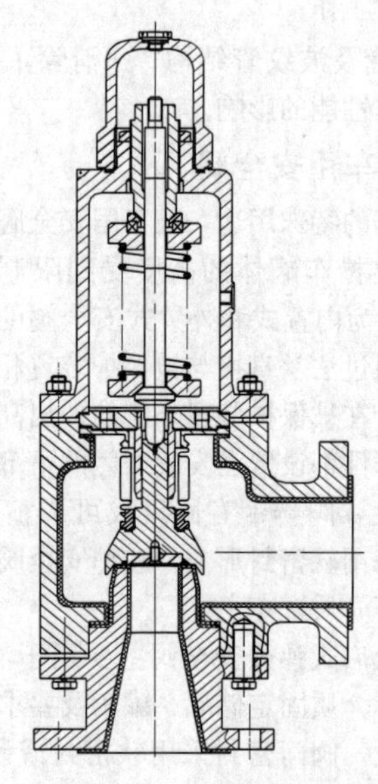

图 14-23 衬里安全阀

光伏工业、石油化工、煤化工、材料工业、制药工业及其相关领域中，适用于对金属材料腐蚀性很强的介质中，如饱和盐水、湿氯气、烧碱、盐酸、硝酸及硫酸等。其特点如下：

① 阀体和阀座用碳钢内衬氟塑料并简化了内部结构，减少了耐强腐蚀性介质所需的贵金属，节约了成本；

② 采用耐蚀波纹管隔离了导套、弹簧、阀盖等与介质的接触；

③ 软密封结构设计使安全阀达到零泄漏。

14.9.10 先导式安全阀

先导式安全阀（图 14-24、图 14-25）通常由一个活动的不平衡阀瓣（活塞）的主阀和一个外部的导阀组成。阀瓣的设计是顶部面积比底部面积大，在达到整定压力前，顶部和底部表面均承受相同的进口操作压力。由于阀瓣顶部面积大于底部面积，净作用力保持阀瓣紧压在主阀阀座上。随着操作压力的增加，阀座的净作用力增加，以使阀门关闭得更紧密。这个特点允许大多数先导式阀门被用在最大期望的操作压力较高的场合中。在整定压力下，导阀将阀瓣顶部的压力泄出，此时净作用力向上，致使阀瓣开启，流体通过主阀。经过超压阶段后，导阀关闭阀瓣顶部气室的泄出口，因此重新建立压力，净作用力导致阀瓣回座。

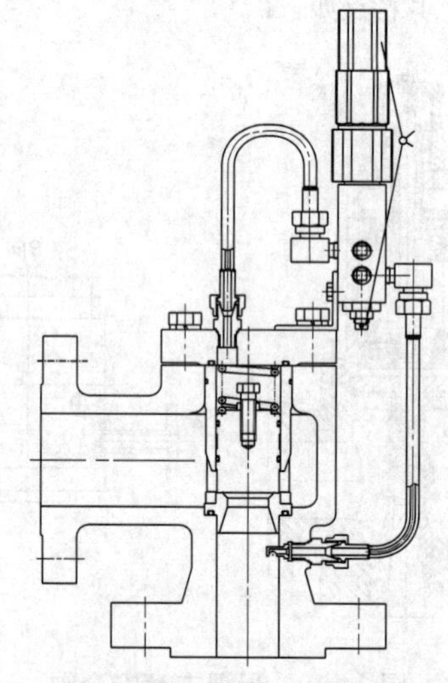

图 14-24 先导式安全阀（突开型）

根据导阀的结构设计情况及用户的要求，导阀泄出口可以是直接排放至大气或是排放到主阀出口。只有整定压力不受背压影响的平衡式导阀，将它的排放管安装到压力变化的地方（如主阀出口处）。

控制主阀的导阀既可以是突开作用的阀，也可以是调制作用的阀。突开作用的导阀（图 14-26）可使主阀在无超压的整定压力情况下，达到全开启。而调制作用的导阀（图 14-27）是通过控制主阀气室的压力来控制主阀的开度来满足所需的泄放量。

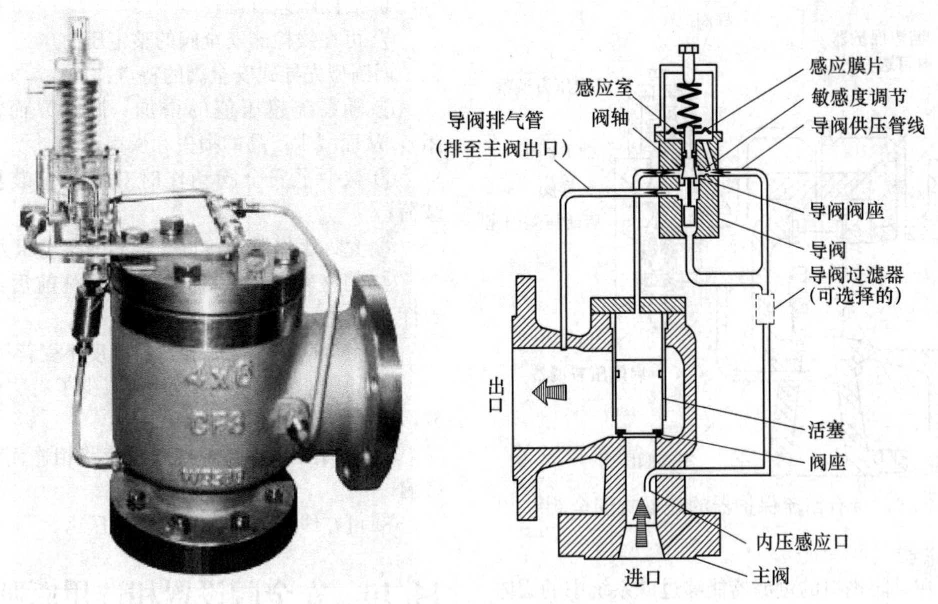

图 14-25　先导式安全阀（调制型）

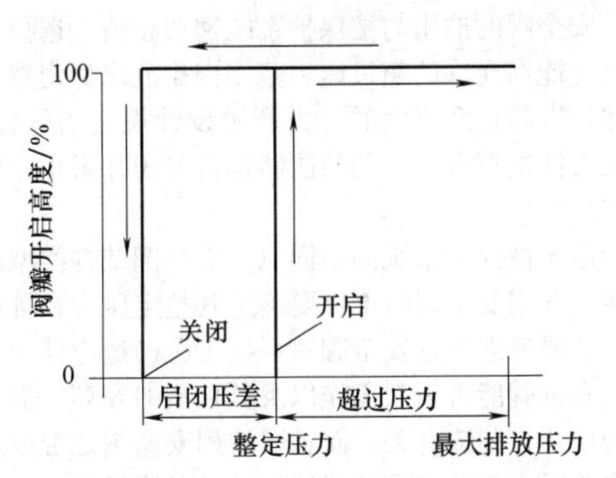

图 14-26　突开型先导式安全阀特性

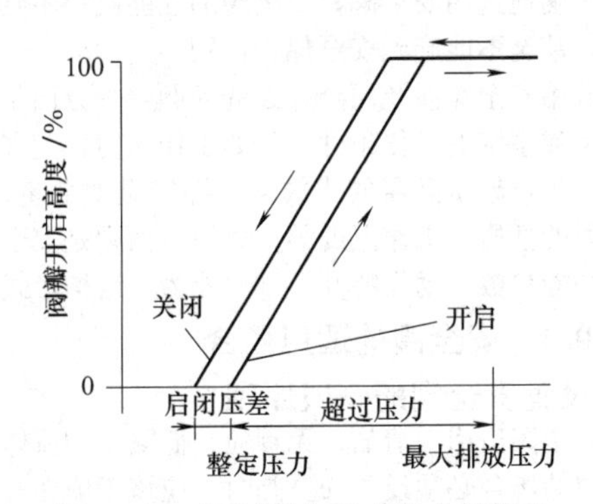

图 14-27　调制型先导式安全阀特性

调制型先导式安全阀既可应用于气体也可应用于液体或两相流。对比突开动作的先导阀，调制型先导安全阀泄放流体的量仅仅是引起系统超压的流量。由于调制型先导式安全阀仅仅泄放所需的泄放量，排放背压力的计算可以基于所需的泄放量来替代安全阀的额定泄放量。调制型先导式安全阀也能够减少系统中相配的其他的压力控制设备，减少有害的大气泄放物以及减少伴随泄放到大气的噪声量。

导阀既可以是流动型，也可以是非流动型。当主阀开启时，流动型允许介质流体连续流过导阀；而非流动型的则不允许。为了减少流体损失和污染环境，通常建议大多数场合使用非流动型导阀。

类似于软座弹簧载荷式阀门，大多数主阀及其导阀中用到了非金属元件，因此操作温度和流体相容性会限制它们的使用。此外，同所有泄压装置一样，流体特性如聚合或结垢的敏感程度、黏度、固体的存在以及腐蚀等问题都要考虑。向制造商咨询以保证所拟定的用途与选用的阀相适应。

为先导式安全阀选择各种附件以提供附加功能，常用的附件如下。

(1) 现场试验接头

先导式安全阀用现场试验接头容易在正常的系统工作期间校验整定压力。现场试验通常其压力来自一个单独的能源，例如一个氮气瓶，气体通过一个仪表阀缓慢地供应。导阀和主阀气室被增压，以模拟增加的系统压力，现场试验压力驱动导阀并驱动主阀。

(2) 回流保护器

回流保护器（图 14-28）防止了介质的倒流。当附加背压力大于系统压力时，主阀阀瓣就有打开的趋势，从而造成出口管道的介质经过主阀阀瓣进入系统的可能。加装了回流保护器，主阀阀瓣上方气室始终作用着附加背压力和系统压力的较大者，使主阀阀瓣在导阀动作之前始终作用着一个向下的净作用力，防止主阀阀瓣开启造成倒流。

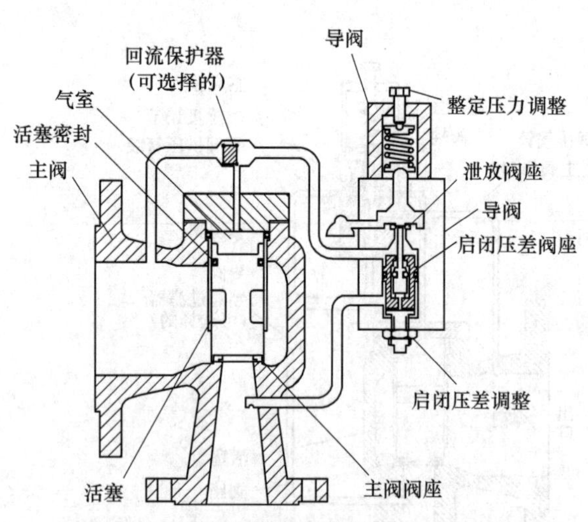

图 14-28 带有回流保护器的先导式安全阀

(3) 过滤器

安装在导阀进口的过滤器能够过滤系统中的固体颗粒等，消除固体颗粒对导阀动作的影响。

(4) 远程压力感受连接

远程压力感受连接使得导阀能够准确地感受被保护系统的实际压力，防止安全阀由于进口管道阻力降太大而造成的颤振或频跳（图 14-29）。

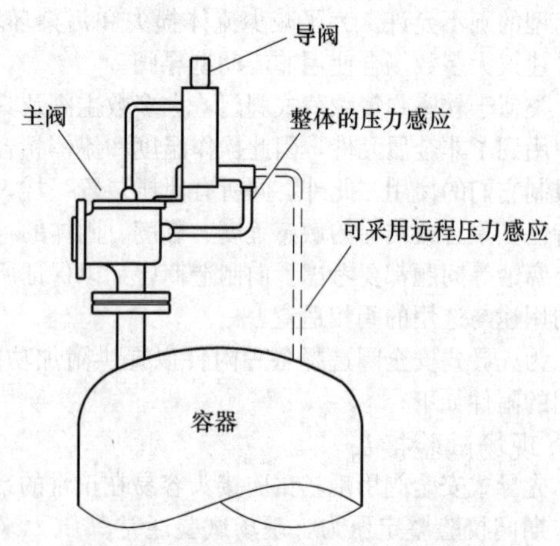

图 14-29 典型先导式安全阀的安装

(5) 提升扳手

导阀提升扳手能够强制导阀在低于整定压力下排放，从而控制主阀的排放。

突开型先导式安全阀的特点：

① 允许工作压力接近安全阀的整定压力；

② 阀座软密封保证安全阀起跳前后的良好密封性；

③ 安全阀动作性能和开启高度不受背压的影响；

④ 较小超压就能使主阀迅速达到全启状态；

⑤ 导阀非流动型结构设计减少了有害介质的排放，避免环境污染；

⑥ 启闭压差可调；

⑦ 可在线检测安全阀的整定压力。

调制型先导式安全阀的特点：

① 随系统超压值的增加（减少）而开启（关闭），从而减少产品的损失和噪声；

② 减少了安全阀动作时对被保护装置的冲击载荷；

③ 允许工作压力接近安全阀的整定压力；

④ 阀座软密封保证安全阀起跳前后的良好密封性；

⑤ 安全阀动作性能和开启高度不受背压的影响；

⑥ 导阀非流动型结构设计减少了有害介质的排放，避免环境污染；

⑦ 导阀出口可直接与排放管路相连而不受背压影响；

⑧ 可在线检测安全阀的整定压力。

14.10 安全阀设置和选用原则

安全阀的选用与被保护系统密切相关，选择的安全阀应能在允许的超过压力范围内排放出额定数量的流体，以防止系统内的压力超过设计规定的压力值，当压力恢复正常后，阀门能够自行关闭并阻止介质继续流出。

由于被保护系统的不同以及安全阀结构类型的多样性，选用安全阀时不仅要确定其整定压力和排放面积，还要考虑所选安全阀对系统工况的适应性。

安全阀能否正常工作以及其性能的好坏，不仅同它的设计、制造有关，而且同选用安全阀是否得当有直接关系。如果不是按照被保护设备或系统的工作条件来正确地选用安全阀，安全阀的性能就得不到正确发挥，甚至不能起到安全保护作用。

选用安全阀涉及两个方面的问题，一方面是被保护设备或系统的工作条件，例如工作压力、允许超压限度、防止超压必需的排放量（即安全泄放量）、工作介质的性质、工作温度等；另一方面则是安全阀本身的性能参数、动作特性、排放能力、结构形式等。

14.10.1 安全阀的适用场合

(1) 设置安全阀的一般原则

安全阀适用于清洁、无颗粒、低黏度的流体。当有颗粒的场合必须设置安全阀时，应该考虑在安全阀前加设过滤装置，过滤装置必须保证不会影响安全阀的性能。

须安装安全泄放装置而又不适合单独安装安全阀的场合，可以采用爆破片或安全阀与爆破片组合设置的方式。

(2) 应设置安全阀的场合

① 容器的介质来源于没有设置安全阀的压力

系统；

② 设计压力小于外部压力源的压力，出口可能被关断或堵塞的设备和管道系统；

③ 出口可能被关断的容积泵和压缩机的出口管道；

④ 由于不凝气的累积产生超压的设备和管道系统；

⑤ 加热炉出口管道中切断阀或调节阀的上游管道；

⑥ 由于工艺事故、自控事故、电力事故和公用工程事故引起的超压部位；

⑦ 两端阀门关闭而产生液体热膨胀或汽化的管道系统；

⑧ 凝气透平机的蒸汽出口管道；

⑨ 蒸汽发生器等产汽设备的出口管道；

⑩ 低沸点液体（液化气等）容器的出口管道；

⑪ 管程可能破裂的热交换器低压侧的出口管道；

⑫ 减压阀组的低压侧管道；

⑬ 放热反应可能失控的反应器出口处切断阀上游的管道系统；

⑭ 因冷却水或回流中断或再沸器输入热量过多而引起超压的蒸馏塔顶的气相管道；

⑮ 某些场合下，由于泵出口止回阀的泄漏，在泵的入口管道上设置安全阀；

⑯ 经常超压的场合以及温度波动很大的场合；

⑰ 设计者认为可能产生超压的其他部位。

(3) 不适合设置安全阀的场合

① 系统压力有可能迅速上升，如化学爆炸等场合；

② 泄放介质含有颗粒、易沉淀、易结晶、易聚合和介质黏度较大；

③ 泄放介质有强腐蚀性，而使用安全阀时价格过高；

④ 工作压力很低或很高的场合，且安全阀难以满足要求时；

⑤ 需要较大的排放面积；

⑥ 系统温度较低并影响安全阀动作性能。

(4) 安全阀和爆破片联合使用的场合

① 工艺介质十分贵重或有剧毒，在过程中不允许有任何泄漏时，就将安全阀与爆破片串联使用或只使用爆破片；

② 保护安全阀不受工艺介质腐蚀、堵塞或其他不利因素影响；

③ 减少爆破片破裂后的泄放损失；

④ 安全阀的在线检测；

⑤ 为增加在异常工况（如火灾等）下的泄放面积，可考虑与爆破片并联使用。

14.10.2　安全阀的定径

根据工艺参数或工艺条件，按照相应规范或者标准提供的公式，计算安全阀所需的排放面积，然后从安全阀产品的实际流道面积中，选择大于这个数值的临近流道尺寸及规格。

(1) 按照GB/T 12241—2005中提供的计算公式计算安全阀所需流道面积

① 蒸气的定径程序

a. 干饱和蒸汽的理论排量计算。这里干饱和蒸汽是指最小干度为98%或最大过热度为10℃的蒸汽。当压力为0.1～11MPa时，有

$$W_{ts}=5.25Ap_d \tag{14-2}$$

当压力大于11MPa小于等于22MPa时，有

$$W_{ts}=5.25Ap_d\left(\frac{27.644p_d-1000}{33.242p_d-1061}\right) \tag{14-3}$$

式中　W_{ts}——理论排量，kg/h；

A——流道面积，mm^2；

p_d——实际排放压力，MPa（绝压）。

b. 过热蒸汽的理论排量计算。这里过热蒸汽是指过热度大于10℃的蒸汽。当压力为0.1～11MPa时，有

$$W_{tsh}=5.25Ap_dK_{sh} \tag{14-4}$$

当压力大于11MPa小于等于22MPa时，有

$$W_{tsh}=5.25Ap_d\left(\frac{27.644p_d-1000}{33.242p_d-1061}\right)K_{sh} \tag{14-5}$$

式中　W_{tsh}——理论排量，kg/h；

A——流道面积，mm^2；

p_d——实际排放压力，MPa（绝压）；

K_{sh}——过热修正系数（其圆整数见GB/T 12241—2005标准中的相关表）。

c. 一种理论排量计算方法。干饱和蒸汽和过热蒸汽的理论排量W_t也可按下式计算（无压力限制）：

$$W_t=0.9118AC\sqrt{\frac{p_d}{V}} \tag{14-6}$$

式中　W_t——理论排量，kg/h；

A——流道面积，mm^2；

p_d——实际排放压力，MPa（绝压）；

V——实际排放压力和排放温度下的比体积，m^3/kg；

C——绝热指数k的函数（见下式，其圆整数见表14-12）。

$$C=3.984\sqrt{k\left(\frac{2}{k+1}\right)^{(k+1)/(k-1)}} \tag{14-7}$$

此处，k为排放时阀进口状况下的绝热指数。如果不能获得在该状况下的k值，则应取在0.1013MPa和15℃时的值。

注意：由于公式来源不同，从式（14-4）和式（14-5）计算得到的结果未必与从式（14-6）得到的相同，但其差值是很小的。

表 14-12　与 k 值对应的 C 值

k	C	k	C	k	C	k	C	k	C	k	C
0.40	1.65	0.84	2.24	1.02	2.41	1.22	2.58	1.42	2.72	1.62	2.84
0.45	1.73	0.86	2.26	1.04	2.43	1.24	2.59	1.44	2.73	1.64	2.85
0.50	1.81	0.88	2.28	1.06	2.45	1.26	2.61	1.46	2.74	1.66	2.86
0.55	1.89	0.90	2.30	1.08	2.46	1.28	2.62	1.48	2.76	1.68	2.87
0.60	1.96	0.92	2.32	1.10	2.48	1.30	2.63	1.50	2.77	1.70	2.89
0.65	2.02	0.94	2.34	1.12	2.50	1.32	2.65	1.52	2.78	1.80	2.94
0.70	2.08	0.96	2.36	1.14	2.51	1.34	2.66	1.54	2.79	1.90	2.99
0.75	2.14	0.98	2.38	1.16	2.53	1.36	2.68	1.56	2.80	2.00	3.04
0.80	2.20	0.99	2.39	1.18	2.55	1.38	2.69	1.58	2.82	2.10	3.09
0.82	2.22	1.01	2.40	1.20	2.56	1.40	2.70	1.60	2.83	2.20	3.13

② 空气或其他气体的定径程序

a. 临界流动和亚临界流动。在达到临界流动之前，气体或蒸汽通过一个孔口（例如安全阀的流道）的流量是随着下游压力的减小而增加的，一旦达到临界流动，下游压力的进一步减小将不会使流量继续增加。

在下列条件下达到临界流动：

$$\frac{p_b}{p_d} \leqslant \left(\frac{2}{k+1}\right)^{k/(k-1)} \tag{14-8}$$

在下列条件下达到亚临界流动：

$$\frac{p_b}{p_d} \leqslant \left(\frac{2}{k+1}\right)^{k/(k-1)} \tag{14-9}$$

式中　p_d——实际排放压力，MPa（绝压）；

p_b——背压力，MPa（绝压）；

k——在排放时进口状况下的绝热指数（对于理想气体，k 等于比热容比）。

这里假定兰金（Rankine）定律有效。

b. 临界流动下的理论排量计算。

$$W_{tg} = 10Ap_d C\sqrt{\frac{M}{ZT}} = 0.9118AC\sqrt{\frac{p_d}{V}} \tag{14-10}$$

式中　W_{tg}——理论排量，kg/h；

A——流道面积，mm^2；

p_d——实际排放压力，MPa（绝压）；

C——绝热指数 k 的函数［其圆整数见表14-12，其计算见式（14-7）］；

M——气体的分子量，kg/kmol；

T——实际排放温度，K；

Z——压缩系数，在许多情况下 Z 为 1，可以不计（见 GB/T 12241—2005 标准中的图 B.1）；

V——实际排放压力和排放温度下的比体积，m^3/kg。

c. 亚临界流动下的理论排量计算。

$$W_{tg} = 10Ap_d CK_b\sqrt{\frac{M}{ZT}} = 0.9118ACK_b\sqrt{\frac{p_d}{V}} \tag{14-11}$$

式中　K_b——亚临界流动下的理论排量修正系数（其圆整数见表 14-13）。

$$K_b = \sqrt{\frac{\frac{2k}{k-1}\left[\left(\frac{p_b}{p_d}\right)^{2/k} - \left(\frac{p_b}{p_d}\right)^{(k+1)/k}\right]}{k\left(\frac{2}{k+1}\right)^{(k+1)/(k-1)}}} \tag{14-12}$$

表 14-13　亚临界流动下的理论排量修正系数 K_b

p_b/p_d	绝热指数 k																		
	0.4	0.5	0.6	0.7	0.8	0.9	1.01	1.1	1.2	1.3	1.4	1.5	1.6	1.7	1.8	1.9	2.0	2.1	2.2
	亚临界流动下的排量修正系数 K_b																		
0.45																	1.000	0.999	0.999
0.50												1.000	1.000	0.999	0.999	0.996	0.994	0.992	0.989
0.55									0.999	1.000	0.999	0.997	0.994	0.991	0.987	0.983	0.979	0.975	0.971
0.60							1.000	0.999	0.997	0.993	0.989	0.983	0.978	0.972	0.967	0.961	0.955	0.950	0.945
0.65						0.999	0.995	0.989	0.982	0.974	0.967	0.959	0.951	0.944	0.936	0.929	0.922	0.915	0.909
0.70			0.999	0.999	0.993	0.985	0.975	0.964	0.953	0.943	0.932	0.922	0.913	0.903	0.895	0.886	0.879	0.871	0.864
0.75		1.000	0.995	0.983	0.968	0.953	0.938	0.923	0.909	0.896	0.884	0.872	0.861	0.851	0.841	0.832	0.824	0.815	0.808
0.80	0.999	0.985	0.965	0.942	0.921	0.900	0.881	0.864	0.847	0.833	0.819	0.806	0.794	0.783	0.773	0.764	0.755	0.747	0.739
0.82	0.992	0.970	0.944	0.918	0.894	0.872	0.852	0.833	0.817	0.801	0.787	0.774	0.763	0.752	0.741	0.732	0.723	0.715	0.707

续表

p_b/p_d	绝热指数 k																	
	0.4	0.5	0.6	0.7	0.8	0.9	1.01	1.1	1.2	1.3	1.4	1.5	1.6	1.7	1.8	1.9	2.0	2.1	2.2
	亚临界流动下的排量修正系数 K_b																		
0.84	0.979	0.948	0.917	0.888	0.862	0.839	0.818	0.799	0.782	0.766	0.752	0.739	0.727	0.716	0.706	0.697	0.688	0.680	0.672
0.86	0.957	0.919	0.884	0.852	0.800	0.779	0.759	0.742	0.727	0.712	0.700	0.688	0.677	0.667	0.667	0.658	0.649	0.641	0.634
0.88	0.924	0.881	0.842	0.809	0.780	0.755	0.733	0.714	0.697	0.682	0.668	0.655	0.644	0.633	0.624	0.615	0.606	0.599	0.592
0.90	0.880	0.831	0.791	0.757	0.728	0.703	0.681	0.662	0.645	0.631	0.617	0.605	0.594	0.584	0.575	0.566	0.558	0.551	0.544
0.92	0.820	0.769	0.727	0.693	0.664	0.640	0.619	0.601	0.585	0.571	0.559	0.547	0.537	0.527	0.519	0.511	0.504	0.497	0.490
0.94	0.739	0.687	0.647	0.614	0.587	0.565	0.545	0.528	0.514	0.501	0.489	0.479	0.470	0.461	0.453	0.446	0.440	0.434	0.428
0.96	0.628	0.579	0.542	0.513	0.489	0.469	0.452	0.438	0.425	0.414	0.404	0.395	0.387	0.380	0.373	0.367	0.362	0.357	0.352
0.98	0.462	0.422	0.393	0.371	0.353	0.337	0.325	0.314	0.306	0.296	0.289	0.282	0.277	0.271	0.266	0.262	0.258	0.254	0.251
1.00	0.000	0.000	0.000	0.000	0.000	0.000	0.000	0.000	0.000	0.000	0.000	0.000	0.000	0.000	0.000	0.000	0.000	0.000	0.000

③ 液体的定径程序　液体的理论排量按下式计算：

$$W_{tL}=5.09A\sqrt{\rho\Delta p} \tag{14-13}$$

式中　W_{tL}——理论排量，kg/h；

A——流道面积，mm^2；

ρ——密度，kg/m^3；

Δp——压差，其值为 p_d-p_b，MPa；

p_d——实际排放压力，MPa（绝压）；

p_b——背压力，MPa（绝压）。

液体排量的黏度修正系数见 GB/T 12241—2005 附录 D。黏度修正系数用来确定用于黏性液体的安全阀的理论排量。

(2) 按照 API Std 520 Part 1 和 GB/T 24920 第一部分中提供的计算公式计算安全阀所需流道面积

① 气体和蒸气的定径程序

a. 首先要确定其流动状态，具体程序如下。计算安全阀背压与额定排放压力绝压数值的比 p_b/p_{dr}，按下式计算临界流动压力 p_{cf}：

$$\frac{p_{cf}}{p_{dr}}=\left(\frac{2}{k+1}\right)^{k/(k-1)} \tag{14-14}$$

$$p_{dr}=p_s(1+\Delta p_0)+p_{atm} \tag{14-15}$$

式中　p_{dr}——额定排放压力，该压力等于整定压力加上允许超过压力，再加上大气压，MPa（a）；

p_s——整定压力，MPa（g）；

p_{atm}——大气压力，取 0.103MPa；

p_{cf}——出口临界流动压力，MPa（a）；

k——气体的比热容比。

若 $p_b/p_{dr}>p_{cf}/p_{dr}$，则可确定流动为亚临界流动，若 $p_b/p_{dr}\leqslant p_{cf}/p_{dr}$，则可确定流动为临界流动。

b. 气体和蒸气的定径公式：

$$A=\frac{13.16W}{CK_dp_{dr}K_bK_c}\sqrt{\frac{TZ}{M}} \tag{14-16}$$

式中　A——所需的有效排放面积，mm^2；

W——所需泄放量，kg/h；

C——根据气体或蒸气在入口排放条件下的比热比（$k=C_p/C_V$）确定的系数；

$$C=520\sqrt{k\left(\frac{2}{k+1}\right)^{(k+1)/(k-1)}}$$

K_d——有效排量系数，用于初步计算时可用 0.975；

p_{dr}——额定排放压力，该压力等于整定压力加上允许超过压力，再加上大气压，$p_{dr}=p_s(1+\Delta p_0)+p_{atm}$，MPa（a）；

K_b——排量的背压修正系数，对于常规式和先导式泄压阀，当为临界流动时 K_b 等于 1.0，当为亚临界流动时，$K_b=\sqrt{\frac{2[(r)^{2/k}-r^{(k+1)/k}]}{(k-1)\times\left(\frac{2}{k+1}\right)^{(k+1)/(k-1)}}}$，其中 r 为背压对上游排放压力的比值，$r=p_b/p_{dr}$，对于平衡波纹管式泄压阀，超压 21%时，且 $p_b/p_s\leqslant 50\%$ 时，K_b 等于 1.0，超压 10%和 16%时，由图 14-30 确定；

K_c——当安全阀上游装有一爆破片时的联合修正系数（当不安装爆破片时取 1.0，当一爆破片与一安全阀联合安装取 0.9）；

T——入口气体或蒸汽的排放温度，K；

Z——压缩因子；

M——气体和蒸汽在入口排放状态下的摩尔质量，kg/kmol。

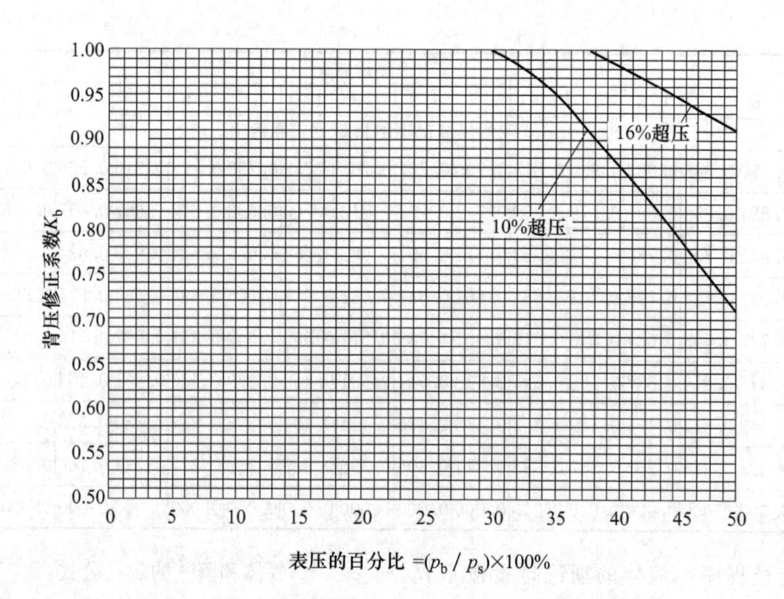

图 14-30 平衡波纹管式泄压阀（蒸汽和气体）的背压修正系数 K_b

② 蒸汽的定径程序。

$$A=\frac{W}{5.25p_{dr}K_dK_bK_cK_NK_{SH}} \quad (14\text{-}17)$$

式中 A——所需的有效排放面积，mm^2；

W——所需泄放量，kg/h；

p_{dr}——额定排放压力，该压力等于整定压力加上允许超过压力，再加上大气压，$p_{dr}=p_s(1+\Delta p_0)+p_{atm}$，MPa (a)；

K_d——有效排量系数，用于初步计算时可用 0.975；

K_b——排量的背压修正系数，对于常规式和先导式泄压阀，当为临界流动时，K_b 等于 1.0，当为亚临界流动时，$K_b=\sqrt{\frac{2[(r)^{2/k}-r^{(k+1)/k}]}{(k-1)\times\left(\frac{2}{k+1}\right)^{(k+1)/(k-1)}}}$，其中 r 为背压对上游排放压力的比值，$r=p_b/p_{dr}$，对于平衡波纹管式泄压阀，超压 21%时，且 $p_b/p_s\leqslant 50\%$时，K_b 等于 1.0，超压 10%和 16%时，由图 14-31 确定；

K_c——当安全阀上游装有一爆破片时的联合修正系数（当不安装爆破片时取 1.0，当一爆破片与一泄压阀联合安装取 0.9）；

K_N——Napier 公式的修正系数，当 $p_{dr}\leqslant$ 10.339MPa（a）时取 1，当 $p_{dr}>$ 10.339MPa（a）且 $p_{dr}\leqslant$ 22.057MPa (a) 时，取 $\frac{27.64p_{dr}-1000}{33.24p_{dr}-1061}$；

K_{SH}——过热蒸汽修正系数，见表 14-14。

③ 液体的定径程序。

$$A=\frac{0.1963W}{K_dK_bK_cK_VK_p\sqrt{\rho(1.25p_s-p_b)}} \quad (14\text{-}18)$$

$$K_V=\left(0.9935+\frac{2.878}{Re^{0.5}}+\frac{342.75}{Re^{1.5}}\right)^{-1.0} \quad (14\text{-}19)$$

$$p_{dr}=p_s(1+\Delta p_0)+p_{atm}$$

式中 A——所需的有效排放面积，mm^2；

W——所需泄放量，kg/h；

p_{dr}——额定排放压力，该压力等于整定压力加上允许超过压力，再加上大气压，MPa (a)；

K_d——有效排量系数，用于初步计算时可用 0.65；

K_b——排量的背压修正系数，对于常规式和先导式泄压阀 K_b 等于 1.0，对于平衡波纹管式泄压阀，由图 14-31 确定；

K_c——当安全阀上游装有一爆破片时的联合修正系数（当不安装爆破片时取 1.0，当一爆破片与一泄压阀联合安装取 0.9）；

K_V——黏度修正系数；

K_p——超压修正系数（超过压力为 25%时 $K_p=1$，超过压力不是 25%时，由图 14-32 确定）；

ρ——在流动温度下液体的密度，kg/m^3；

p_s——整定压力，MPa (g)；

p_b——背压，MPa (g)；

Re——雷诺数。

安全阀用于黏性液体，在确定口径时，应先按非黏性介质来确定口径（即 $K_V=1.0$），这样可用式 (14-18) 初步得到所需的排放面积 A。从系列流道面积中，选择大于 A 的临近的流道面积，利用下面的公

表 14-14 过热修正系数 K_{SH}

整定压力（表压）/psi	温度/°F									
	300	400	500	600	700	800	900	1000	1100	1200
15	1.00	0.98	0.93	0.88	0.84	0.80	0.77	0.74	0.72	0.70
20	1.00	0.98	0.93	0.88	0.84	0.80	0.77	0.74	0.72	0.70
40	1.00	0.99	0.93	0.88	0.84	0.81	0.77	0.74	0.72	0.70
60	1.00	0.99	0.93	0.88	0.84	0.81	0.77	0.75	0.72	0.70
80	1.00	0.99	0.93	0.88	0.84	0.81	0.77	0.75	0.72	0.70
100	1.00	0.99	0.94	0.89	0.84	0.81	0.77	0.75	0.72	0.70
120	1.00	0.99	0.94	0.89	0.84	0.81	0.78	0.75	0.72	0.70
140	1.00	0.99	0.94	0.89	0.85	0.81	0.78	0.75	0.72	0.70
160	1.00	0.99	0.94	0.89	0.85	0.81	0.78	0.75	0.72	0.70
180	1.00	0.99	0.94	0.89	0.85	0.81	0.78	0.75	0.72	0.70
200	1.00	0.99	0.95	0.89	0.85	0.81	0.78	0.75	0.72	0.70
220	1.00	0.99	0.95	0.89	0.85	0.81	0.78	0.75	0.72	0.70
240	—	1.00	0.95	0.90	0.85	0.81	0.78	0.75	0.72	0.70
260	—	1.00	0.95	0.90	0.85	0.81	0.78	0.75	0.72	0.70
280	—	1.00	0.96	0.90	0.85	0.81	0.78	0.75	0.72	0.70
300	—	1.00	0.96	0.90	0.85	0.81	0.78	0.75	0.72	0.70
350	—	1.00	0.96	0.90	0.86	0.82	0.78	0.75	0.72	0.70
400	—	1.00	0.96	0.91	0.86	0.82	0.78	0.75	0.72	0.70
500	—	1.00	0.96	0.92	0.86	0.82	0.78	0.75	0.73	0.70
600	—	1.00	0.97	0.92	0.87	0.82	0.79	0.75	0.73	0.70
800	—	—	1.00	0.95	0.88	0.83	0.79	0.76	0.73	0.70
1000	—	—	1.00	0.96	0.89	0.84	0.78	0.76	0.73	0.71
1250	—	—	1.00	0.97	0.91	0.85	0.80	0.77	0.74	0.71
1500	—	—	—	1.00	0.93	0.86	0.81	0.77	0.74	0.71
1750	—	—	—	1.00	0.94	0.86	0.81	0.77	0.73	0.70
2000	—	—	—	1.00	0.95	0.86	0.80	0.76	0.72	0.69
2500	—	—	—	1.00	0.95	0.85	0.78	0.73	0.69	0.66
3000	—	—	—	—	1.00	0.82	0.74	0.69	0.65	0.62

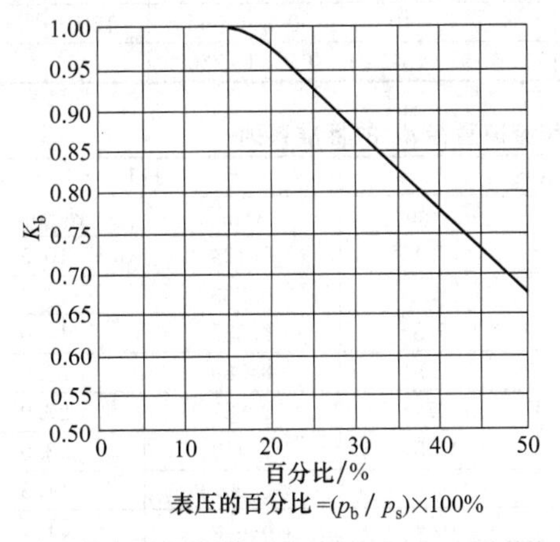

图 14-31 平衡波纹管式安全阀（液体）的背压修正系数 K_b

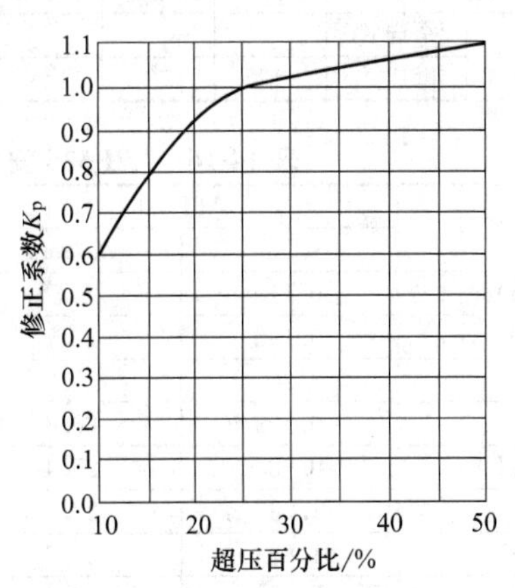

图 14-32 未取得排量认证的泄压阀用于液体时针对超压的排量修正系数

式来确定雷诺数 Re：

$$Re=\frac{313.33W}{\mu\sqrt{A}} \tag{14-20}$$

式中 Re——雷诺数；

W——在流动温度下的质量流量，kg/h；

μ——在流动温度下的绝对黏度，cP（1cP=10^{-3}Pa·s）；

A——有效排放面积，mm^2。

确定雷诺数 *Re* 以后，代入式（14-20）计算得到系数 K_V，K_V 数值代入式（14-18）来修正初算的所需排放面积。如果修正后的面积超过了所选择的标准喉部面积，则应用下一个更大的标准喉部尺寸重复上面的计算。

④ 气、液两相流泄放的定径程序　如果泄压装置的应用介质是处于气液平衡的液体或多相的流体，则当流体流过装置时，将发生闪蒸，并产生气体。

闪蒸和两相流工况会导致背压的增加，如果增加值过高或无法准确预测，则必须选用平衡式或先导式安全阀。如果在喷嘴（阀座）处没有达到平衡，则装置的实际流量将增大数倍。

设计者还应研究在液体闪蒸时可能发生的任何自冷作用所造成的影响。结构的材料应适用于出口温度。此外，安装必须排除因水合物或可能的固体生成而发生流动阻塞的可能性。

以往对于气、液两相流泄放的定径，采取气、液分别计算流道面积然后叠加的方法。这种定径方法较为保守，计算所得安全阀的规格较大。

2000 年 1 月的 API Std 520 Part 1 第 7 版的附录 D 中给出了一种推荐的两相流工况泄压装置的定径方法——*ω* 方法。但应注意的是，现今还没有任何泄压装置获得两相流排量认证，因为还没有认证的试验方法。

气、液两相流排放有许多种不同的情况，这些情况包括介质在安全阀进口即为两相混合状态，或介质在泄压阀中流动时发生两相混合。由于闪蒸而生成蒸气必须要予以考虑，因为它可能会减小阀门的有效排放能力。

2008 年 12 月的 API Std 520 Part 1 第 8 版的附录 C 中给出了 3 种推荐的两相流工况泄压装置的定径方法：C.2.1 用等熵喷管流动的直接整合（direct integration）方法定径；C.2.2 用 ω 方法对通过泄压阀的两相闪蒸或非闪蒸流的定径；C.2.3 用 ω 方法对进口为亚冷液体的泄压阀的定径。

14.10.3　安全阀规格的确定

依据安全阀的工艺参数，通过安全阀的定径计算，计算出安全阀所需的流道面积，并根据安全阀的制造厂的产品样本或相关标准的规定，列出了我国安全阀流道直径 d_0 的标准系列，见表 14-15，表 14-16 列出了 API Std 526 标准规定的安全阀流道面积标准系列，选取其流道面积（或流道直径）稍大且又接近计算值的某一流道面积。然后根据安全阀的使用工况选取材质，并结合安全阀的整定压力、设计温度、选用的材质和流道面积来确定安全阀的进出口规格和法兰压力等级。表 14-17 是 API Std 526 中 L 流道规格表，表 14-18 是 API 标准中弹簧载荷式安全阀的规格清单。

各个制造厂安全阀的实际流道直径或流道面积可能与标准系列相同，也可能稍大于标准系列，如表 14-16 中所列出了某公司 JOS 和 HT 系列安全阀的流道尺寸。

表 14-15　我国安全阀公称通径 *DN* 和流道直径 d_0 的标准系列　　单位：mm

DN		15	20	25	32	40	50	65	80	100	150	200
d_0	全启式				20	25	32	40	50	65	100	125
	微启式	12	16	20	25	32	40	50	65	80		

表 14-16　API 526 安全阀流道面积 *A* 和流道直径 d_0 的标准系列

流道代号	API 526		JOS		HT	
	A/in^2	d_0/mm	A/in^2	d_0/mm	A/in^2	d_0/mm
D	0.110	9.5	0.124	10.1	0.134	10.5
E	0.196	12.7	0.218	13.4	0.238	14.0
F	0.307	15.9	0.343	16.8	0.352	17.0
G	0.503	20.3	0.563	21.5	0.589	22.0
H	0.785	25.4	0.887	27	0.887	27.0
J	1.287	32.5	1.449	34.5	1.449	33.0
K	1.838	38.9	2.076	41.3	2.097	41.5
L	2.853	48.4	3.216	51.4	3.229	51.5
M	3.60	54.4	4.053	57.7	4.095	58.0
N	4.34	59.7	4.89	63.4	4.986	64.0
P	6.38	72.4	7.20	76.9	7.218	77.0
Q	11.05	95.3	12.46	101.2	12.66	102
R	16.0	114.6	18.0	121.8	18.12	122
T	26.0	146.1	29.3	155.2	29.62	156

表 14-17 弹簧载荷式泄压阀 L 流道（有效流道面积＝2.853in²）

材料	阀门规格	ANSI法兰磅级		最高压力/(lbf/in²)									
				常规式和平衡波纹管式阀门									
				弹簧材料						最高出口压力/(lbf/in²)		面心距尺寸/in	
	进口×流道×出口			低温合金钢	碳钢或铬合金钢	碳钢或铬合金钢	碳钢或铬合金钢	高温合金钢	高温合金钢	常规式阀门	平衡波纹管式阀门		
阀体阀盖		进口	出口	－450～－76°F	－75～－21°F	－20～100°F	101～450°F	451～800°F	801～1000°F	100°F	100°F	进口	出口
温度范围－20～800°F													
碳钢	3L4	150	150			285	185	80		285	100	6 1/8	6 1/2
	3L4	300	150			285	285	285		285	100	6 1/8	6 1/2
	4L6	300	150			740	615	410		285	170	7 1/16	7 1/8
	4L6	600	150			1000	1000	825		285	170	7 1/16	8
	4L6	900	150			1500	1500	1235		285	170	7 3/4	8 3/4
	4L6	1500	150					1500		285	170	7 3/4	8 3/4
温度范围 801～1000°F													
铬钼钢	4L6	300	150					510	215	285	170	7 1/16	7 1/8
	4L6	600	150					1000	430	285	170	7 1/16	8
	4L6	900	150					1500	650	285	170	7 3/4	8 3/4
	4L6	1500	150					1500	1080	285	170	7 3/4	8 3/4
温度范围－450～1000°F													
奥氏体不锈钢	3L4	150	150	275	275	275	180	80	20	275	100	6 1/8	6 1/2
	3L4	300	150	275	275	275	275	275	275	275	100	6 1/8	6 1/2
	4L6	300	150	535	720	720	495	420	350	275	170	7 1/16	7 1/8
	4L6	600	150	535	1000	1000	975	845	700	275	170	7 1/16	8
	4L6	900	150	700	1500	1500	1485	1265	1050	275	170	7 3/4	8 3/4
温度范围－20～600°F													
镍/铜合金	3L4	150	150			140	140	140		140	100	6 1/8	6 1/2
	3L4	300	150			140	140	140		140	100	6 1/8	6 1/2
	4L6	300	150			360	360	360		140	120	7 1/16	7 1/8
	4L6	600	150			720	720	720		140	120	7 1/16	8
温度范围－20～300°F													
20#合金	3L4	150	150			230	180			230	100	6 1/8	6 1/2
	3L4	300	150			230	180			230	100	6 1/8	6 1/2
	4L6	300	150			600	465			230	170	7 1/16	7 1/8
	4L6	600	150			1200	930			230	170	7 1/16	8
	4L6	900	150			1800	1395			230	170	7 3/4	8 3/4
	4L6	1500	150			3000	2330			230	170	7 3/4	8 3/4

14.10.4 安全阀的结构选择

安全阀的结构选择需要考虑到温度、介质、工作压力、背压力等诸多方面因素的影响。

(1) 安全阀结构选择的一般原则

① 全启式安全阀适用于排放气体、蒸汽或者液体介质；

② 微启式安全阀一般适用于排放液体介质；

③ 当要求安全阀的阀瓣-阀座密封性能好的场合，可以选用软密封的结构类型；

④ 在石油、石化生产装置中，一般选用弹簧式安全阀或先导式安全阀。

(2) 工况因素对安全阀选择的影响

① 温度对安全阀选择的影响

a. 一般先导式安全阀内部存在非金属材料的零件，故其使用温度范围限制在－29～260℃，然而，若在结构上采取措施和选取合适的零件材料，则先导式安全阀也可以用在低温和高温工况（－196～427℃）的条件；

b. 当温度范围在－196～－29℃或者300℃以上时，可以采用带有冷却腔或者散热片的弹簧载荷式安全阀。

表 14-18 弹簧载荷式安全阀的规格清单

弹簧载荷式 泄压阀规格清单		表编号 共 页 第 页	
		申请号	
		工程号	
		日期	
		校对	
		制表	
概况		选型依据	
1.	项目编号：	5.	规范：ASME 第Ⅷ卷[ ] 需要钢印：是[ ] 否[ ]
2.	工位号：		其他[ ] 详细说明：
3.	位置、管线或设备号	6.	遵循 API 526：是[ ] 否[ ]
4.	台数：	7.	着火[ ] 其他[ ] 详细说明：
		8.	爆破片：是[ ] 否[ ]
阀门设计		材料	
9.	阀门类型：	17.	阀体：
	常规式[ ] 波纹管式[ ] 平衡活塞式[ ]	18.	阀盖：
10.	喷嘴类型：全喷嘴型[ ] 半喷嘴型[ ]	19.	阀座(喷嘴)： 阀瓣：
	其他[ ] 详细说明：	20.	弹性阀座：
11.	阀盖类型：敞开式[ ] 封闭式[ ]	21.	导套：
12.	阀座类型：金属对金属[ ] 弹性[ ]	22.	调节圈：
13.	阀座密封性：API 527[ ]	23.	弹簧： 弹簧座：
	其他[ ] 详细说明：	24.	波纹管：
连接		25.	平衡活塞：
		26.	遵循 NACE MR0175：是[ ] 否[ ]
14.	进口口径： 压力级： 端面形式：	27.	其他[ ] 详细说明：
15.	出口口径： 压力级： 端面形式：		
16.	其他[ ] 详细说明：		
使用条件		附件	
33.	流体及状态：	28.	阀帽：螺纹连接[ ] 螺栓连接[ ]
34.	每台阀所需排量及单位：	29.	提升扳手：普通式[ ] 封闭式[ ] 无[ ]
35.	分子量或密度：	30.	试验堵塞：有[ ] 无[ ]
36.	流动温度下的黏度及单位：	31.	防昆虫帘：有[ ] 无[ ]
37.	操作压力及单位：	32.	其他[ ] 详细说明：
38.	整定压力及单位：		
39.	启闭压差：标准[ ] 其他[ ]		
40.	蒸发潜热及单位：	规格和选型	
41.	操作温度及单位：		
42.	泄放温度及单位：	49.	计算流道面积(in^2)：
43.	排放背压及单位：	50.	选取的有效流道面积(in^2)：
44.	附加背压及单位：	51.	流道代号(字母)：
45.	冷态试验差压力及单位：	52.	制造商：
46	允许超压百分数或单位：	53.	型号：
47	压缩系数 Z：	54.	卖方需要计算确认：是[ ] 否[ ]
48	比热容比：		

② 介质对安全阀选择的影响

a. 如果介质黏稠或在排放过程中容易出现结晶、凝结现象时，应当选用保温夹套平衡波纹管式安全阀；

b. 如果介质的腐蚀性较强，为保护弹簧不受侵蚀或降低材料成本，可以选用平衡波纹管式安全阀；

c. 如果介质允许排放到周围环境空间，则可以选用常规式安全阀；

d. 空气、水蒸气、水介质可选用带扳手的弹簧载荷式安全阀；

e. 排放有毒或者可燃性介质时，为保护环境，必须选用封闭式安全阀或含非流动型导阀的先导式安全阀。

③ 工作压力对安全阀选用的影响

a. 对于工作压力值不大于90%整定压力时，可以选用弹簧载荷式安全阀；

b. 对于工作压力值大于90%整定压力，而不大于95%整定压力时，通常可以选用先导式安全阀，若选用弹簧载荷式安全阀时应采用弹性密封或软密封结构，同时提高密封试验压力以检验在工作压力下的密封性能。

④ 背压力对安全阀选择的影响　背压力对安全阀结构的选择起着至关重要的作用，背压力包括附加背压力和排放背压力，附加背压力可能是恒定的也可能是变动的。

a. 当附加背压力是恒定的或相对于整定压力变动不大（小于整定压力的极限偏差）时，可以选用常规式安全阀；

b. 选用常规式安全阀且允许超压不大于10%时，排放背压力不能超过整定压力的10%，如果允许超压大于10%，最大允许的排放背压力可以提高，但是不能超过允许的超过压力；

c. 当背压力对于常规安全阀来说太高且不大于50%整定压力时，应选用平衡波纹管式安全阀；

d. 当背压力大于50%整定压力时，应选用先导式安全阀。

(3) 安全阀结构选择的其他建议

① 热水锅炉一般选用敞开（不封闭）式带扳手微启式安全阀。

② 蒸汽锅炉或蒸汽管道一般用敞开（不封闭）式带扳手全启式安全阀。

③ 运送液化气的火车槽车、汽车槽车、储罐等一般用内装式安全阀。

④ 若要求对安全阀做定期开启试验时，应选用带提升扳手的安全阀。当介质压力达到整定压力的75%以上时，可利用提升扳手将阀瓣从阀座上稍微提起，以检查阀门开启的灵活性。

⑤ 若安全阀的外界环境存在昆虫等侵扰时，应对安全阀与外界的敞开口处加装防昆虫网。

⑥ 闪蒸和两相流工况会导致背压的增加，如果增加值过高或无法准确预测，则必须选用平衡式或先导式安全阀。

⑦ 许多制造商建议，如果在阀门进口处两相混合的质量百分比是气体占50%或者更低时，应选用液体或液气混合介质用阀门。另外，如果介质流中液体与气体的比例不确定，应选用专门为液体介质或气液混合介质设计的阀门。

⑧ 在有些场合中，阀门有可能需要泄放液体或是气体，这要取决于导致超压的条件（例如换热器管破裂），在这种情况下，推荐选用液体介质或是气液共用阀门。

⑨ 为了减少水合物的生成（结冰）或在装载流体中的固体颗粒影响导阀性能的可能性出现，通常建议大多数场合使用非流动型导阀。

⑩ 需要大的排放面积或者高的整定压力时，可以选择先导式安全阀，因为导式安全阀最高整定压力通常能达到进口法兰的额定压力级。

⑪ 工艺情况需要在一处感受压力而在另一处泄放流体时，或者进口管线流阻损失高时，可以选择先导式安全阀，因为先导式安全阀适应远程感受压力。

⑫ 需要在线确认整定压力时，可以选择先导式安全阀。

(4) 安全阀与爆破片的组合应用

① 安全阀与爆破片组合应用的设置（图14-33）

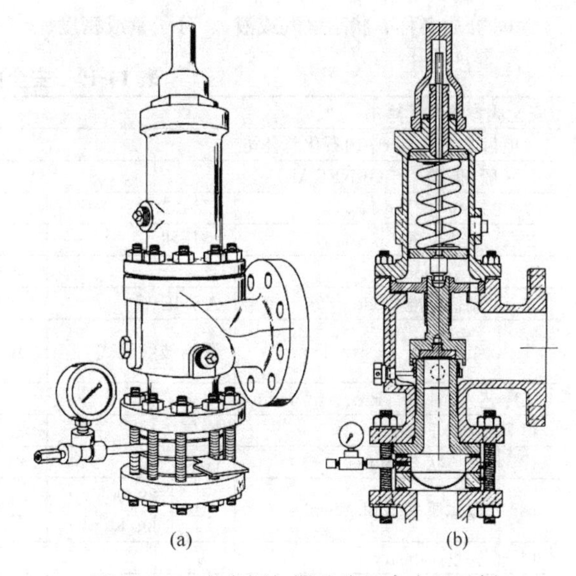

图14-33　安全阀与爆破片组合应用示例

a. 爆破片安装于安全阀的进口，这种设置最常见。其优点是爆破片将安全阀与进口的工艺介质隔离，系统无泄漏。安全阀不受工艺介质的腐蚀，可以降低安全阀的成本，一旦系统超压，爆破片和安全阀能够同时爆破和开始泄压，当系统压力恢复正常后，安全阀又能自动关闭，大大减少了工艺介质的损失。

b. 爆破片安装于安全阀的出口，这种设置适用于有公共泄放的场合，其优点是爆破片将安全阀与出口的公共泄放管路隔离，安全阀不受出口公共泄放管路工艺介质的腐蚀，并使安全阀不受出口的公共泄放管路中的背压力的影响。

② 安全阀与爆破片组合应用的注意事项

a. 安全阀与爆破片的组合应用时，要求爆破片的排放面积大于安全阀流道面积90%以上；

b. 安全阀与爆破片的组合排量系数应当经过鉴定试验确认；

c. 安全阀出口安装爆破片装置时，选用的安全阀应考虑在安全阀和爆破片之间可能积聚的背压力，不能影响安全阀在排放压力下的开启排放；

d. 安全阀与爆破片之间应设置压力表、试验用旋塞、泄出阀等，以监测爆破片有无损坏（破裂或泄漏）等故障，因为爆破片在给定的差压力下爆破，所以爆破片下游的压力增长抑制了爆破片提供超压保护的能力；

e. 安全阀与爆破片的组合应用时，应当选择无碎片或者非脱落型爆破片。

14.10.5 安全阀的选型程序

① 明确安全阀所处的工况（工艺参数）。

a. 法兰连接标准及密封面形式；

b. 进出口压力级；

c. 介质名称、状态（气或液）、分子量或密度、黏度；

d. 介质的压缩系数、绝热指数；

e. 工作温度和排放温度；

f. 操作压力；

g. 整定压力；

h. 允许超压；

i. 背压力（附加背压、排放背压）；

j. 泄放量；

k. 安全阀的安装位置（工位号）；

l. 所需配件（配对法兰、螺栓、螺母、垫片等）。

② 安全阀的定径计算。

③ 确定流道面积。

④ 安全阀材料的选取。

⑤ 确定安全阀的类型。

⑥ 确定阀帽类型。

⑦ 确定规格、型号，表 14-19 是国内一家安全阀制造商的安全阀参数及计算书表格。

表 14-19 安全阀参数及计算书

安全阀参数及计算书							
项目 Pro.	中国石化总公司						
一般事项 GENERAL							
1	工位号 Tag No.	SV-0001		6	阀盖形式 Bonnet Type	封闭式	
2	安装位置 Location	空压机		7	密封面形式 Seat Type	金属对金属 metal to metal	
3	台数 Quantity	1		8	保温夹套 with Jacked	无 No	
4	制造标准 Code	ASME Ⅷ		9	爆破片 Rupture Disk	否 No	
5	结构形式 Design Type	平衡波纹管式		10	三通切换 Crossover Valve	否 No	
工艺条件 Process Conditons							
11	介质 Fluid	空气		20	工作压力 Oper. Pressure	1.17	MPa(g)
12	介质状态 State	Gas		21	整定压力 Set Pressure	p_S	1.30MPa(g)
13	摩尔质量 Mol. Weight	M	29.00 kg/kmol	22	超过压力 Overpressure	Δp_0	10%
14	密度 Density	ρ			背压 Back Pressure		
15	绝热指数 Spe. Heat Ration	k	1.400	23	附加恒定 Super. Const		MPa(g)
16	压缩系数 Compress. Factor	Z	1.000	24	附加变动 Super. Min/Max		/0.05 MPa(g)
17	黏度 Viscosity	μ		25	排放背压 Bulit -Up		0.10 MPa(g)
18	工作温度 Oper. Temp.		45 ℃	26	总背压 Total	p_b	0.15 MPa(g)
19	排放温度 Reliev. Temp.	T	89 ℃	27	所需排量 Required Cap.	W	19356 kg/h
计算和选择 Calculation and Selection							
28	计算面积 Calculated Area	A	1893.6mm²	34	流道直径 Throat Diameter	51.5mm	
29	选择面积 Selected Area	A_s	2083.1mm²	35	冷态试验差压力 CDTP	1.300MPa(g)	
30	面积代号 Orifice Design.		L	36	启闭压差 Blowdown	7%	
31	提供排量 Relieving Cap.	W_r	21293.2 kg/h	37	排放反力 Reactive Force	3237 in open system	
32	型号 Model No.	3L4HTBGM0210B-C		38	噪声 Noise Level		
33	切换阀型号 Crossover Valve			39			

续表

安全阀参数及计算书					
项目 Pro.	中国石化总公司				
材 料 Material					
40	阀体/阀盖 Body/Bonnet	WCB	43	波纹管 Bellows	316L
41	阀座/阀瓣 Nozzle/Disk	304+Ste	44		
42	弹簧 Spring	50CrVA	45		
附 件 Accessories					
46	扳手 Lifting Lever 试验杆 Test Gag	无 No			
47	试验杆 Test Gag	无 No			
连 接 Connection					
48	连接标准 Connection Code	ASME B16.5			
49	进口 Inlet	3″300lb			
50	出口 Outlet	4″150lb			
51	面心距 Center to Face	E/P	156.0 mm		
52		X	165.0 mm		
53	高度 Approach Height	H	675 mm		
54	约重 Approach Weight	63 kg			
55	特殊技术要求 Requirments				
56	选型说明 Notes				
57	计算公式 Calculation Formula				
	$A=\frac{13.16W}{CK_{dr}p_{dr}K_bK_c}\sqrt{\frac{TZ}{M}}$ $W_r=\frac{CK_{dr}p_{dr}K_bK_c}{13.16}\sqrt{\frac{M}{TZ}}\times A_s$	p_{dr}:额定排放压力 Rated Relieving Pressure 1.5310MPa (a)			
		K_{dr}:额定排量系数 Rated Coefficient of Disharge 0.872			
		K_b:背压修正系数 Back Press Correction Factor 1.000			
		K_c:爆破片修正系数 Rupture Disk Correction Factor 1.00			
		C:气体特征系数 Coefficient Determined by k 356			
		T:排放温度 Relieving Temperature 362.00 K			
设计		校对	批准		

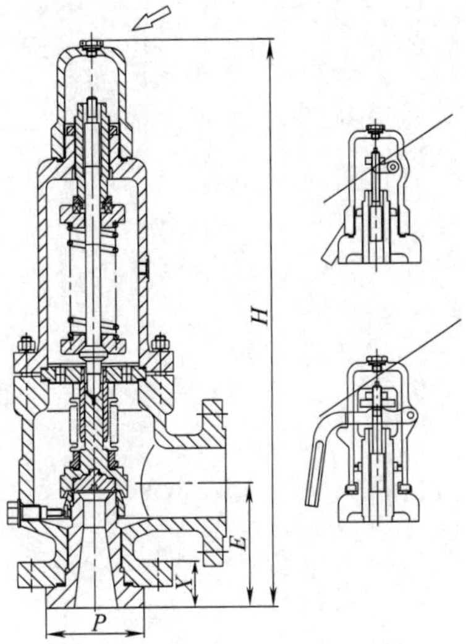

14.10.6 安全阀的订货

① 用户在选用安全阀时，首先应根据实际的工况进行计算，确定好具体的型号后，按需要订货。在下订单时，订购单上至少应注明下列各项：

a. 安全阀的型号、公称通径、流道直径、进出口的连接形式、压力级；

b. 安全阀操作压力、整定压力；

c. 安全阀的材质（阀体、内件、弹簧等的材料）；

d. 安全阀的制造、验收标准。

② 特殊要求：

a. 最大允许超过压力；

b. 必需排量及拟装设阀门数量；

c. 介质的物性参数、使用介质名称及其重度或摩尔质量、组分比；

d. 介质工作温度、排放温度等；

e. 安全阀背压力情况；

f. 是否封闭式、是否带扳手等。

参 考 文 献

[1] [苏] T. Φ. 康德拉契娃著. 安全阀. 黄光禹译. 上海：上海科学技术出版社，1982.

[2] 机械工业沈阳教材编委会. 压力容器安全装置：安全阀阀与爆破片. 沈阳：东北工学院出版社，1989.

[3] 杨源泉等著. 阀门设计手册. 北京：机械工业出版社，1992.

［4］ 安堂虎等著. 阀门选用手册. 北京：化学工业出版社，2007.
［5］ 赞斐 RW 著. 阀门选用手册. 冯涤森，黄光禹译. 北京：中国阀门工业协会，1986.
［6］ GB/T 12241—2005. 安全阀 一般要求.
［7］ GB/T 12242—2005. 压力泄放装置 性能试验装置.
［8］ GB/T 12243—2005. 弹簧直接载荷式安全阀.
［9］ TSG ZF001—2006. 安全阀安全技术监察规程.
［10］ GB/T 24920—2010. 石化工业用钢制压力释放阀.
［11］ GB/T 24921—2010. 石化工业用压力释放阀的尺寸确定、选型和安装.
［12］ API Std 520. Sizing，Selecting，and Installation of Pressure-Relieving Device in Refineries.

第 15 章　调　节　阀

15.1　计算选型篇

15.1.1　流量系数的来历及定义

(1) 流量系数 K_V 的来历

调节阀同孔板一样，是一个局部阻力元件。前者，由于节流面积可以由阀芯的移动来改变，因此是一个可变的节流元件；而后者孔径不能改变。此处把调节阀模拟成孔板节流形式（图 15-1）。

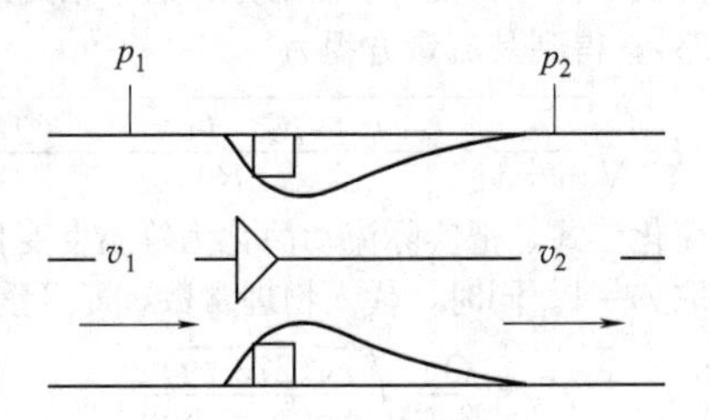

图 15-1　调节阀节流模拟

对不可压缩流体，代入伯努利方程为

$$\frac{p_1}{r}+\frac{v_1^2}{2g}=\frac{p_2}{r}+\frac{v_2^2}{2g} \tag{15-1}$$

解出

$$v_2^2-v_1^2=2g\,\frac{p_1-p_2}{r}$$

令

$$v_2^2-v_1^2=\xi v^2$$

再根据连续方程 $Q=Av$，可得

$$Q=Av=A\,\frac{1}{\sqrt{\xi}}\sqrt{v_2^2-v_1^2}$$

$$Q=\frac{A}{\sqrt{\xi}}\sqrt{2g\,\frac{p_1-p_2}{r}} \tag{15-2}$$

式中　v_1，v_2——节流前后速度，m/s；

v——平均流速，m/s；

p_1，p_2——节流前后压力（$p_1=p_2=100$kPa），kPa；

A——节流面积，cm^2；

Q——流量，cm^3/s；

ξ——阻力系数；

r——重度，kgf/cm^3；

g——加速度（$g=981cm/s^2$），cm/s^2。

式 (15-2) 为调节阀的流量方程。

如果将 Q、p_1、p_2 和 r 采用工程单位，即 Q 取 m^3/h，p_1、p_2 取 100kPa，r 取 gf/cm^3，则式 (15-2) 为

$$Q=\frac{A}{\sqrt{\xi}}\sqrt{2\times 981\times\frac{1000\Delta p}{r}\times\frac{3600}{10^6}}=5.04\frac{A}{\sqrt{\xi}}\sqrt{\frac{\Delta p}{r}} \tag{15-3}$$

再令流量 Q 的系数 $5.04\,\frac{A}{\sqrt{\xi}}$ 为 K_V，即 $K_V=5.04\,\frac{A}{\sqrt{\xi}}$，则有

$$Q=K_V\sqrt{\frac{\Delta p}{r}}\quad 或\quad K_V=Q\sqrt{\frac{r}{\Delta p}} \tag{15-4}$$

故可以推论出 K_V 值有两个表达式，即

$$K_V=5.04\frac{A}{\sqrt{\xi}}\quad 或\quad K_V=Q\sqrt{\frac{r}{\Delta p}}$$

用 K_V 公式可求阀的阻力系数 $\xi=(5.04A/K_V)^2$，$K_V\propto 1/\sqrt{\xi}$。可见阀阻力越大，K_V 值越小。$K_V\propto A$ $\left(A=\frac{\pi}{4}DN^2\right)$，所以口径越大，$K_V$ 越大。

(2) 流量系数定义

在式 (15-3) 中，令流量 Q 的系数 $5.04A/\sqrt{\xi}$ 为 K_V，故 K_V 称流量系数。另一方面，从式 (15-4) 中知道，$K_V\propto Q$，即 K_V 的大小反映调节阀流量 Q 的大小。流量系数 K_V 国内习惯称为流通能力，现新国标已改称为流量系数。

① K_V 定义　对不可压缩流体，K_V 是 Q 和 Δp 的函数。不同 Δp 和 r 时，K_V 值不同。为反映不同调节阀结构，不同口径流量系数的大小，调节阀需要统一试验条件，在相同试验条件下，K_V 的大小就反映了该调节阀的流量系数的大小。于是调节阀流量系数 K_V 定义为，当调节阀全开，阀两端静压损失 Δp_{KV} 为 10^5 Pa（1bar），5～40℃范围内的水，每小时流经调节阀的体积流量为

$$K_V=Q\sqrt{\frac{\Delta p_{KV}}{\Delta p}\times\frac{\rho}{\rho_w}}$$

式中　Q——被测体积流量，m^3/h；

Δp_{KV}——静压损失；10^5 Pa；

Δp——阀两端测出的静压差，Pa；

ρ——流体密度，kg/m^3；

ρ_w——水的密度，kg/m^3。

② K_V 与 C_V 值的换算　在国外，流量系数常以 C_V 表示，其定义的条件与国内不同。C_V 的定义是当调节阀全开，压力下降 1psi 情况下，温度为 40～100℉的水在 1min 内流过阀的美加仑数（gal/min）。

由于 K_V 与 C_V 定义不同，试验所测得的数值不同，它们之间的换算关系为

$$C_V=1.167K_V \tag{15-5}$$

③ 推论　从定义中可以明确在应用中需要注意

两个问题。

a. 流量系数 K_V 不完全表示为阀的流量，只有在当介质为常温水，压差为 100kPa，K_V 才为流量 Q。同样 K_V 值下，r 和 Δp 不同，通过阀的流量不同。

b. K_V 是流量系数，故无量纲（有些资料和说明书都错误地带上单位，应改正）。

15.1.2 流量系数计算方式的演变及常用流量系数计算方法与公式

(1) 原流量系数 K_V 计算公式

① 不可压流体的流量系数公式　公式（15-4）是以不可压缩流体推导的，此公式即为不可压缩流体的流量系数公式。

② 可压缩流体的流量系数公式　可压缩流体由于考虑的角度不同，有不同的计算公式，主要采用的是压缩系数法和平均重度法两种。

压缩系数法是在不可压缩流体流量系数公式（15-4）基础上乘以一个压缩系数而来，即

$$Q=\varepsilon K_V\sqrt{\frac{\Delta p}{r}} \quad 或 \quad K_V=\frac{1}{\varepsilon}Q\sqrt{\frac{r}{\Delta p}}$$

将 r 换算成标准状态（0℃、760mmHg）的气体重度为

$$r=r_N\times 273p_1/(273+t)\times\frac{760}{730}$$

于是得出

$$K_V=\frac{Q_N\sqrt{r_N(273+t)}}{514\varepsilon\sqrt{\Delta p p_1}} \tag{15-6}$$

式中　ε——压缩系数；

t——介质温度，℃；

r_N——r 在标准状态下的参数。

压缩系数由试验确定。$\varepsilon=1-0.46\Delta p/p_1$。在饱和状态时，$\Delta p/p_1=0.5$，此时流量不再随 Δp 的增加而增加，即产生了阻塞流（阻塞流定义为流体通过调节阀时，所达到的最大极限流量状态），在图 15-2 中，$\varepsilon=1-0.46\times0.5=0.76$。

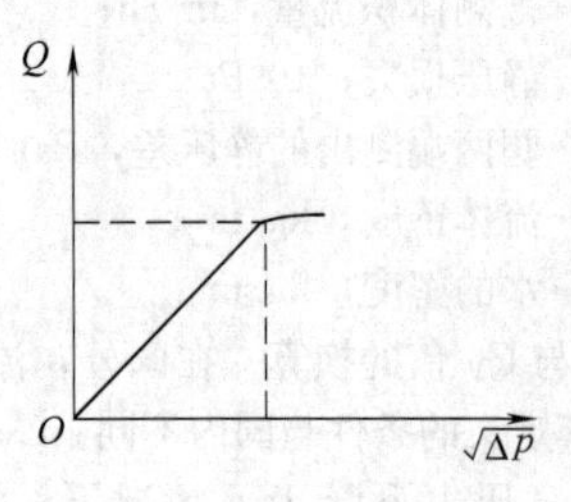

图 15-2　Q-$\sqrt{\Delta p}$曲线

用于蒸气计算时，计算公式略有不同（表 15-1）。

③ 平均重度法　其公式推导要复杂得多。在推导中将调节阀相当长度为 L、断面为 A 的管道来代替，并假定介质为理想流体，当介质稳定地流过管道时，采用可压缩流体流量方程式。

$$\frac{dp}{r}+d\left(\frac{v^2}{2g}\right)+dL_f=0 \tag{15-7}$$

式中　L_f——摩擦功，J；

g——加速度，m/s^2。

在式（15-7）基础上，再引入理想气体多变热力过程的变化规律方程、状态方程和连续方程三个辅助方程：

$$p_1v_1m=常数 \quad p_1v_1=RT_1 \quad vA/\nu=常数$$

式中　ν——比容；

m——多变指数；

R——气体常数；

T——绝对温度，K；

v——流速，m/s。

通过式（15-7）和三个辅助方程的一系列纯数学推导（略），得到其流量方程为

$$Q=K_V\sqrt{\frac{m}{m+1}\times\frac{r_v[1-(p_2-p_1)^{(m+1)/m}]p_1^2}{RT_1}}$$

为简化公式，把实际流动简化为等温度变化来处理，故取 $m=1$。同时，代入物理常数，即可整理得

$$K_V=\frac{Q_N}{380}\sqrt{\frac{r_N(273+t)}{\Delta p(p_1+p_2)}} \tag{15-8}$$

当 $\Delta p/p_1\geqslant0.5$ 时，流量饱和，故以 $\Delta p=0.5p_1$ 代入式（15-8），得

$$K_V=\frac{Q_N}{330}\times\frac{\sqrt{r_N(273+t)}}{p_1} \tag{15-9}$$

同样，蒸气的计算公式也是在式（15-8）和式（15-9）基础上推导出来的。把原各种介质的 K_V 值计算公式汇总在表 15-1 中。

(2) K_V 值计算新公式

目前，调节阀计算技术国外发展很快，就 K_V 值计算公式而言，早在 20 世纪 70 年代初 ISA（国际标准协会标准）就规定了新的计算公式，国际电工委员会 IEC 也正在制定常用介质的计算公式。下面介绍一种在平均重度法公式基础上加以修正的新公式。

① 原公式推导中存在的问题　在 K_V 值计算公式的推导，可以看出如下问题：

a. 把调节阀模拟为简单形式推导，未考虑与不同阀结构实际流动之间的修正问题；

b. 在饱和状态下，阻塞流动（即流量不再随压差的增加）的差压条件为 $\Delta p/p=0.5$，同样未考虑不同阀结构对该临界点的影响问题；

c. 未考虑低雷诺数和安装条件的影响。

② 压力恢复系数 F_L　由 p_1 的推导公式可知，调节阀节流处由 p_1 直接下降到 p_2（图 15-3 中虚线所示）。但实际上，压力变化曲线如图 15-3 中实线所示，存在差压力恢复的情况。不同结构的阀，压力恢复的情况不同。阻力越小的阀，恢复越厉害，越偏离

表 15-1 原调节阀流量系数 K_V 值的计算公式

流体	压差条件	计算公式	
液体		$K_V=\frac{Q\sqrt{r}}{\sqrt{\Delta p}}$ 或 $K_V=G/\sqrt{\Delta pr}$ G——质量流量,t/h	
		压缩系数法	平均重度法
气体	$p_2>0.5p_1$	$K_V=\frac{Q_N\sqrt{r_N(273+t)}}{514\varepsilon\sqrt{\Delta p p_1}}$	一般气体 $K_V=\frac{Q_N}{380}\sqrt{\frac{r_N(273+t)}{\Delta p(p_1+p_2)}}$
	$p_2\leqslant 0.5p_1$	$K_V=\frac{Q_N\sqrt{r_N(273+t)}}{280p_1}$	一般气体 $K_V=\frac{Q_N}{380}\times\frac{\sqrt{r_N(273+t)}}{p_1}$
蒸气	$p_2>0.5p_1$	$K_V=\frac{G_s}{31.6\varepsilon\sqrt{\Delta p\gamma_1}}$	$K_V=\frac{G_s}{0.827K'}\sqrt{\frac{1}{\Delta p(p_1+p_2)}}$ G_s——质量流量
	$p_2\leqslant 0.5p_1$	$K_V=\frac{G_s}{16.1\sqrt{\Delta p\gamma_1}}$	$K_V=\frac{G_sK'}{10.2}$ $K'=1+0.013t_{sh}$ t_{sh}——过热温度,℃

原推导公式的压力曲线，原公式计算的结果与实际误差越大。因此，引入一个表示阀压力恢复程度的系数 F_L 来对原公式进行修正。F_L 称为压力恢复系数，其表达式为

$$F_L=\sqrt{\Delta p_C/\Delta p_{VC}}=\sqrt{\Delta p_C/(p_1-p_V)} \tag{15-10}$$

式中 Δp_{VC}，Δp_C——产生闪蒸时的缩流处压差和阀前后压差。

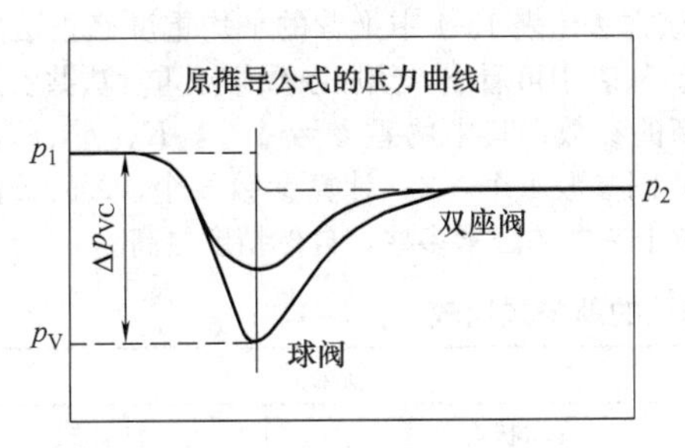

图 15-3 阀内的压力恢复

图 15-3 中阀内的压力恢复关键是 F_L 的试验问题。用透明阀体试验，将会发现当节流处产生闪蒸，即在节流处产生气泡群时，Q 就基本上不随着 Δp 的增加而增加。这个试验说明，产生闪蒸的临界压差就是产生阻塞流的临界压差，故 F_L 又称临界流量系数（critical flow factor），因此 F_L 既可表示不同阀结构造成的压力恢复，以修正不同阀结构造成的流量系数计算误差，又可用于对正常流动，阻塞流动的差别，即 F_L 定义公式（15-10）中的压差 Δp_C 就是该试验阀产生阻塞流动的临界压差。这样，当 $\Delta p<\Delta p_C$ 时为正常流动，当 $\Delta p\geqslant\Delta p_C$ 时为阻塞流动。从式（15-11）中即可解出液体介质的 Δp_C 为

$$\Delta p_C=F_L^2(p_1-p_V) \tag{15-11}$$

由试验确定的各类阀的 F_L 值见表 15-2。

表 15-2 F_L 值

调节阀形式		流向	F_L 值
单座调节阀	柱塞形阀芯	流开	0.90
		流闭	0.80
	V 形阀芯	任意流向	0.90
	套筒形阀芯	流开	0.90
		流闭	0.80
双座调节阀	柱塞形阀芯	任意流向	0.85
	V 形阀芯	任意流向	0.90
角形调节阀	柱塞形阀芯	流开	0.80
		流闭	0.90
	套筒形阀芯	流开	0.85
		流闭	0.80
	文丘里形	流闭	0.50
球阀	O 形	任意流向	0.55
	V 形	任意流向	0.57
蝶阀	60°全开	任意流向	0.68
	90°全开	任意流向	0.55
偏心旋转阀		流开	0.85

③ 梅索尼兰公司的公式——F_L 修正法

a. 对流体计算公式的修正。当 $\Delta p<\Delta p_C$ 时，为正常流动，仍采用原公式（15-4）；当 $\Delta p\geqslant\Delta p_C$ 时，因 Δp 增加 Q 基本不增加，故以 Δp_C 值而不是 Δp 值代入公式（15-4）计算即可。当 $\Delta p_V\geqslant 0.5p_1$ 时，意味差有较大的闪蒸，此时 Δp_C 还应修正，由试验获得

$$\Delta p_C = F_L^2\left[p_1 - \left(0.96 - 0.28\sqrt{\frac{p_1}{p_C}}\right)p_V\right] \tag{15-12}$$

式中　p_C——液体热力学临界点压力（表15-3），MPa。

表 15-3　临界压力 p_C　　单位：100kPa（a）

介质名称	p_C	介质名称	p_C
醋酸	59	甲烷	47.2
丙酮	48.4	甲醇	81
乙炔	63.7	氧	51.2
空气	38.2	氧化氯	73.8
氨	114.5	辛烷	25.4
氮	34.5	氯	73
氟	25.7	乙烷	50.2
氦	2.33	乙醇	65
氢	13.1	氯化氢	84
氩	49.4	丙烷	43.2
苯	49	二氧化硫	80
二氧化碳	75	水	224
一氧化碳	36	戊烷	34

b. 对气体计算公式的修正。原产生阻塞流的临界差压条件是 $\Delta p_C = 0.5p_1$，即固定在 $\Delta p/p_1 = 0.5$ 处，这和实际情况出入较大。实际上 Δp_C 仍与 F_L 有关，由试验得临界压差条件为

$$\Delta p_C = 0.5F_L^2 p_1 \tag{15-13}$$

利用 F_L 概念推得的新公式有多种，但以在原平均重度法公式基础上修正的新公式最简单、方便，即平均重度修正法，它只需将原阻塞流动下的计算公式除以 F_L 即可。若要更精确些，则再除上一个系数 $y-0.14y^3$，其中

$$y = \frac{1.63}{F_L}\sqrt{\Delta p/p_1} \tag{15-14}$$

蒸气计算公式的修正同上。为了便于比较、应用，将采用 F_L 修正的新公式和原公式汇总于表 15-4 中。归纳起来，有两个不同：一是流动状态差别式不同，二是在阻塞流动的情况下计算公式不同。引入了 3 个新的参数：F_L、p_C 和 $y-0.14y^3$。

c. 公式计算步骤。

第一步：根据已知条件查参数：F_L、p_C；

第二步：决定流动状态。

液体：判别 p_V 是大于还是小于 $0.5p_1$；采用相应的 Δp_C 公式：$\Delta p < \Delta p_C$ 为一般流动，$\Delta p \geqslant \Delta p_C$ 为阻塞流动。

气体：$\frac{\Delta p}{p_1} < 0.5F_L^2$ 为一般流动，$\frac{\Delta p}{p_1} \geqslant 0.5F_L^2$ 为阻塞流动。

第三步：根据流动状态采用相应 K_V 值计算公式。

(3) 国际电工委员会推荐的新公式

① 简介　国际电工委员会（IEC）推荐公式见表 15-5，对于液体，与表 15-4 中公式一样，只是气体计算公式有所不同。在考虑压力恢复系数 F_L 的新概念基础上，不是表 15-4 中用 F_L 对原平均重度法加以修正的形式，而是采用又一种新的修正方法——线胀系数修正重度法。线胀系数修正重度法根据流量单位的不同，有体积流量和质量流量之分，前者用于一般气体，后者用于蒸气。对于一般气体，根据已知介质的标准重度 r_N、气体分子量 M 或对空气的密度 G，有 3 种相对应的计算公式。对蒸气，根据已知的入口实际重度或分子量，有两个相对应的计算公式供选用。该方法比表 15-4 中推荐的平均重度修正法要复杂些。从表中可看出，线胀系数修正重度法共引入了 8 个新的参数，其中物理参数 4 个，K、p_C、T_C 和 M；查图参数 1 个，Z；计算参数 3 个，X_T、F_K 和 Y。由于考虑的因素多些，自然精度更高。

表 15-4　国内公式和采用 F_L 修正的新公式比较

介质	流动状态	原计算公式		新公式	
		流动状态判别	计算式	流动状态判断	计算式
液体	一般流动	无	$K_V = Q\sqrt{\frac{r}{\Delta p}}$	$\Delta p < \Delta p_C = F_L^2(p_1 - p_V)$	同原计算公式
	阻塞流动			$\Delta p \geqslant \Delta p_C$ 当 $p_V < 0.5p_1$ 时， $\Delta p_C = F_L^2(p_1 - p_V)$ 当 $p_V \geqslant 0.5p_1$ 时，$\Delta p_C = F_L^2\left[p - \left(0.96 - 0.28\sqrt{\frac{p_1}{p_C}}\right)p_V\right]$	$K_V = Q\sqrt{\frac{r}{\Delta p_C}}$
气体	一般流动	$\frac{\Delta p}{p_1} < 0.5$	$K_V = \frac{Q_N}{380}\sqrt{\frac{r_N(273+t)}{\Delta p(p_1+p_2)}}$	$\frac{\Delta p}{p_1} < 0.5F_L^2$	同原计算公式
	阻塞流动	$\frac{\Delta p}{p_1} \geqslant 0.5$	$K_V = \frac{Q_N}{330} \times \frac{\sqrt{r_N(273+t)}}{p_1}$	$\frac{\Delta p}{p_1} \geqslant 0.5F_L^2$	原计算式乘以 $\frac{1}{F_L}$ 或 $\frac{1}{F_L(y-0.148y^3)}$

续表

介质	流动状态		原计算公式		新公式	
			流动状态判别	计算式	流动状态判断	计算式
蒸汽	饱和蒸汽	一般流动	同气体	$K_V=\frac{G_S}{16}\times\frac{1}{\sqrt{\Delta p(p_1+p_2)}}$	同气体	同原计算公式
		阻塞流动	同气体	$K_V=G_S/13.8p_1$	同气体	原计算式乘以$\frac{1}{F_L}$或$\frac{1}{F_L(y-0.148y^3)}$
	过热蒸汽	一般流动	同气体	$K_V=\frac{G_S}{16}\times\frac{1+0.0013t_{sh}}{\sqrt{\Delta p(p_1+p_2)}}$	同气体	同原计算公式
		阻塞流动	同气体	$K_V=\frac{G_S}{13.8}\times\frac{1+0.0013t_{sh}}{P_1}$	同气体	原计算式乘以$\frac{1}{F_L}$或$\frac{1}{F_L(y-0.148y^3)}$
表中代号及单位	Q:液体流量,m³/h Q_N:气体流量,Nm³/h G_S:蒸气流量,kgf/h r:液体密度,g/cm³ r_N:标准状态气体密度,kg/m³ p_1:阀前压力,100kPa p_2:阀后压力,100kPa Δp:压差,100kPa				p_V:饱和蒸气压,100kPa p_C:临界点压力,见表15-4 F_L:压力恢复系数,见表15-2 t:摄氏温度,℃ t_{sh}:过热温度,℃ Δp_C:临界压差,100kPa $y=\frac{1.63}{F_L}\sqrt{\Delta p/p_1}$	

注：p_V 可查 GB 2624—81 或理化数据手册，蒸汽、气体压力为绝压。

表 15-5 国际电工委员会推荐的新公式汇总

介质	流动状态	计算公式	
		流动状态	K_V值计算公式
液体	一般流动	同表15-4推荐公式	同表15-4推荐公式
	阻塞流动		
气体	一般流动	$\frac{\Delta p}{p_1}<F_KX_T$	$K_V=\frac{Q_N}{514p_1Y}\sqrt{\frac{T_1r_NZ}{\Delta p/p_1}}$或$K_V=\frac{Q_N}{457p_1Y}\sqrt{\frac{T_1GZ}{\Delta p/p_1}}$或$K_V=\frac{Q_N}{2460p_1Y}\sqrt{\frac{T_1MZ}{\Delta p/p_1}}$
	阻塞流动	$\frac{\Delta p}{p_1}\geqslant F_KX_T$	$K_V=\frac{Q_N}{290p_1}\sqrt{\frac{T_1r_NZ}{KX_T}}$或$K_V=\frac{Q_N}{258p_1}\sqrt{\frac{T_1GZ}{KX_{T_1}}}$或$K_V=\frac{Q_N}{1390p_1}\sqrt{\frac{TMZ}{KX_T}}$
蒸汽	一般流动	$\frac{\Delta p}{p_1}<F_KX_T$	$K_V=\frac{G_S}{31.6Y}\sqrt{\frac{1}{\Delta pr_1}}$或$K_V=\frac{G_S}{101p_1Y}\sqrt{\frac{T_1Z}{M\Delta p/p_1}}$
	阻塞流动	$\frac{\Delta p}{p_1}\geqslant F_KX_T$	$K_V=\frac{G_S}{17.8Y}\sqrt{\frac{1}{KX_Tp_1r_1}}$或$K_V=\frac{G_S}{62p_1}\sqrt{\frac{T_1Z}{KX_TM}}$
表中代号及单位	原有代号	Q_N:气体标准状态下的流量,m³/h r_N:气体标准状态下的密度,kg/m³ p_1:阀前绝压,100kPa r_1:入口蒸气密度,kg/m³(若为过热蒸汽时,带入过热条件下的实际密度) G:对空气的密度	G_s:蒸气质量流量,kg/h T_1:入口热力学温度,K Δp:压差,100kPa
	新引入代号	F_K:比热容比系数,$F_K=K/1.4$ X_T:临界压差比系数,$X_T=0.84F_L$ Y:线胀系数,$Y=1-\frac{\Delta p/p_1}{3F_KX_T}(Y=0.667\sim1.0)$ Z:压缩系数(由比压力 p_4/p_C 和比温度 T_1/T_C 查表,p_C 为临界压力,T_C 为临界温度)	K:气体的绝热指数 M:气体的分子量

注：p_C、Z、K 可进一步查阅 GB 2624—81 或理化数据手册。

② 计算实例 举例比较平均重度法、平均重度修正法、线胀系数修正重度法在同样条件下的计算差别。

已知二氧化碳 $Q_N=76000Nm^3/h$，$r_N=1.977kg/m^3$，$p_1=40\times100kPa$（绝压），$p_2=22\times100kPa$，$t_1=50℃$，选用双座阀，求 K_V 值为多少？

a. 按原平均密度法计算。

∵ $$\frac{\Delta p}{p_1}=\frac{18}{40}=0.45<0.5$$

∴为一般流动，K_V 值计算公式为

$$K_V=\frac{Q_N}{380}\sqrt{\frac{r_N(273+t)}{\Delta p(p_1+p_2)}}$$

$$=\frac{76000}{380}\times\sqrt{\frac{1.977(273+50)}{18(40+22)}}$$

$$=151.3$$

b. 按平均重度修正法计算。查表得 $F_L=0.85$，故

$$0.5F_L^2=0.5\times0.85^2=0.36$$

∵ $$\frac{\Delta p}{p_1}=0.45>0.5F_L^2$$

∴为阻塞运动，K_V 值计算公式为

$$K_V=\frac{Q_N}{330}\times\frac{\sqrt{r_N(273+t)}}{p_1F_L}$$

$$=\frac{76000}{330}\times\frac{\sqrt{1.977(273+50)}}{40\times0.85}$$

$$=171.2$$

c. 按线胀系数修正重度法计算。查有关物理参数得 $K=1.3$，$p_C=75.42\times100kPa$，$T_C=304.2℃$。根据 p_C、T_C 查图得 $Z=0.827$，流动状态差别。

∵ $X_T=0.84F_L^2=0.84\times0.85^2=0.61$

$F_K=K/1.4=1.3/1.4$

$X_TF_K=0.61\times1.3/1.4=0.57$

$\frac{\Delta p}{p_1}=0.45<X_TF_K$

∴为一般流动，采用公式为

$$K_V=\frac{Q_N}{514p_1Y}\sqrt{\frac{T_1r_NZ}{\Delta p/p_1}}$$

计算 K_V 值：

$$Y=1-\frac{\Delta p/p_1}{3F_KX_T}=1-\frac{0.45}{3\times0.57}=0.74$$

$$K_V=\frac{Q_N}{514p_1Y}\sqrt{\frac{T_1r_NZ}{\Delta p/p_1}}$$

$$=\frac{76000}{514\times40\times0.74}\times\sqrt{\frac{323\times1.977\times0.827}{0.45}}=171.1$$

d. 结论。由计算实例可见，采用平均重度修正法与线胀系数修正重度计算结论基本一致，其 K_V 值为171.1～171.2，而原平均重度法计算出的 K_V 值为151.3，差（171.2−151.3）/151.3=13%。

这个例子是比较巧合的。平均重度修正法与线胀系数修正法实际计算结果有差别，而后者精度更高，但计算复杂，推广应用还比较困难。前者精度低些，同时也考虑了 F_L 的影响。由于它计算简便，需要的物理参数不多，使用起来更加方便。从满足工程应用和简化上看，前者更适用。

15.1.3 调节阀 S 值的选定

压差的确定是调节阀计算中的关键。在阀工作特性讨论中知道，S 值越大，越接近理想特性，调节性能越好；S 值越小，畸变越厉害，因而可调比减小，调节性能变坏。但从装置的经济性考虑时，S 小，调节阀上压降变小，系统压降相应变小，这样可选较小行程的泵，即从经济性和节约能耗上考虑 S 值越小越好。综合来说，一般取 $S=0.1\sim0.3$（不是原来的 $0.3\sim0.6$），对高压系统应取小值，可小至 $S=0.05$。最近，为减小调节阀上的能耗，还提出了采用低 S 值的设计方法（$S=0.05\sim0.1$），即选用低 S 节能调节阀。

压差计算公式由 S 定义，$S=\Delta p/(\Delta p+\Delta p_{管})$ 得

$$\Delta p=\frac{S\Delta p_{管}}{1-S}$$

再考虑设备压力的波动影响，加（5%～10%）p 作为余地，故

$$\Delta p=\frac{S\Delta p_{管}}{1-S}+(0.05\sim0.1)p \qquad (15\text{-}15)$$

式中 Δp——调节阀全开时的阀上压降，MPa；

$\Delta p_{管}$——调节阀全开时，除调节阀外的系统损失总和（即管道、弯头、节流装置、手动阀门、热交换器等损失之和），MPa。

若一个实际投运了的系统，如引进装置，对方提供了已知的最大、最小流量及相应压差，阀门的标准 K_V 值，即可由下公式求 S 值：

$$S=\frac{Q_{max}^2-Q_{min}^2}{Q_{min}^2\left(\frac{K_V^2}{K_{Vmin}^2}-1\right)-Q_{max}^2\left(\frac{K_V^2}{K_{Vmax}{}^2}-1\right)} \qquad (15\text{-}16)$$

15.1.4 放大倍数的选定

可以推导证明，放大系数 m 计算式，就是调节阀固有流量特性表达式 $f(l/L)$ 的倒数（l/L 为相对行程，即开度）。常用流量特性的 m 计算值见表15-6。

15.1.5 阀门开度验算

由于决定阀口径时 K_V 值的圆整和 S 值对全开时最大流量的影响等因素，所以还应进行开度验算，以验证阀实际工作开度是否在正确的开度上。

表 15-6　放大倍数 m 值的计算值

可调比 R		0.1	0.2	0.3	0.4	0.5	0.6	0.7	0.8	0.9
30	直线	7.69	4.41	3.09	2.38	1.94	1.63	1.41	1.24	1.11
	等百分比	21.4	15.2	10.8	7.70	5.48	3.90	2.77	1.97	1.41
	平方根	4.61	2.62	1.90	1.53	1.32	1.18	1.10	1.04	1.01
	抛物线	14.3	8.35	5.46	3.85	2.86	2.21	1.76	1.43	1.18
50	直线	8.47	4.36	3.18	2.43	1.96	1.64	1.42	1.24	1.11
	等百分比	33.8	22.9	15.5	10.4	7.07	4.78	3.23	2.19	1.48
	平方根	4.85	2.68	1.92	1.54	1.32	1.18	1.10	1.04	1.01
	抛物线	19.4	10.2	6.28	1.25	3.07	2.32	1.81	1.46	1.20

在过去的有关资料中，在开度验算公式和工作开度允许值方面存在一些问题。针对存在的问题，特推导出相应的验算公式和工作开度允许值，其内容见表 15-7。其中开度验算公式应采用以理想流量特性解出的公式，该公式简单，但其 K_{Vi} 应是对应工作条件计算出的流量系数。

表 15-7　正确的开度验算公式及验算要求

内容		原公式及验算要求	原公式及验算要求存在的问题	正确公式及验算要求
验算公式	考虑实际工作情况（即考虑对 S 值的影响）的开度验算公式	直线特性：$K=\left(1.03\sqrt{\dfrac{S}{S-1+\dfrac{K_V^2\Delta p}{Q_i^2 r}}}-0.03\right)\times100\%$ 对数特性：$K=\left(\dfrac{1}{1.48}\lg\sqrt{\dfrac{S}{S-1+\dfrac{K_V^2\Delta p}{Q_i^2 r}}}+1.0\right)\times100\%$	由于原公式是由液体来推导的，不能用于气体。用于气体时公式的根号内出现负值，无法计算	直线特性： $K=\dfrac{30K_{Vi}/K_V-1}{29}$ $\approx K_{Vi}/K_V$ 对数特性： $K=1+\dfrac{1}{1.48}\lg\dfrac{K_{Vi}}{K_V}$
	以理想流量特性（即不考虑 S 值的影响）来验算的近似公式	$K=\dfrac{K_{Vi}}{K_V}$	K_{Vi}/K_V 实际是相对流量，只有直线特性时可近似看成相对开度，用于对数特性时，将造成验算上的错误	
开度验算	最大工作开度验算	希望大工作开度应 90%左右，即 $K_{max}\approx90\%$	不管流量特性与带定位器否，笼统地规定在 90%左右是不合理的。以 90%计算，当系统为最大流量，而调节阀又出现最大的负流量误差时，直线特性将有 4% K_V（不带定位器）、1% K_V（带定位器）的流量不能通过调节，选用对数特性时，使调节阀还有 5% K_V（不带定位器）、16% K_V（带定位器）的容量没有充分利用，造成选大调节阀的可能	因为调节阀的 K_V 值是理想值，应考虑其误差。因此，本方法考虑调节阀出现最大负行程偏差时和 $-10\%K_V$ 的流量误差时，具有的实际流量作为全开时的流量，令此流量为最大工作流量，得出条件如下。 直线特性： 不带定位器 $K_{max}<86\%$ 带定位 $K_{max}<89\%$ 对数特性： 不带定位器 $K_{max}<92\%$ 带定位器 $K_{max}<96\%$
	最小工作开度验算	最小工作开度不应小于 10%，即 $K_{min}>10\%$	没考虑高压阀小开度冲蚀以及小开度易振荡问题	一般情况 $K_{min}>10\%$ 高压关阀、阀稳定性差时 $10\%<K_{min}\leqslant30\%$
式中代号		Q_i：某一开度的流量，m³/h K：对应 Q_i 的工作开度 r：介质密度，kg/cm³ K_{Vi}：对应 Q_i 的计算流量系数	K_V：调节阀的流量系数 Δp：调节阀全开的压差，100kPa S：压差分配比	

计算实例如下。

［例 1］ 工作介质液氨，$t=33℃$，$r=0.59g/cm^3$，$p_V=15\times100kPa$，$Q_{max}=15m^3/h$，对应 Q_{max} 之 p_1、p_2、Δp_{min} 为 $530\times100kPa$、$130\times100kPa$、$400\times100kPa$，$Q_{min}=5m^3/h$，$\Delta p_{max}=500\times100kPa$，$S=0.2$，选用高压阀，直线特性，带定位器工作，求口径 DN。

解 流量已确定为 $Q_{max}=15m^3/h$，$Q_{min}=5m^3/h$。压差确定为：$\Delta p_{min}=400\times100kPa$，$\Delta p_{max}=500\times100kPa$。

① K_V 值计算。

第一步：查表得 $F_L=0.8$

第二步：决定流动状态

$\because 0.5p_1\gg p_V$

$\therefore \Delta p_C=F_L^2(p_1-p_V)=0.8^2\times(530-15)=329.6\times100$ (kPa)

又$\because \Delta p_{min}>\Delta p_C$

∴均为阻塞流

第三步：采用阻塞流动状态的 K_V 值计算公式

$$K_V=Q\sqrt{\frac{r}{\Delta p_C}}$$

$$K_{vmax}=Q_{max}\sqrt{\frac{r}{\Delta p_C}}=15\sqrt{\frac{0.59}{320}}=0.644$$

$$K_{vmin}=Q_{min}\sqrt{\frac{r}{\Delta p_C}}=5\sqrt{\frac{0.59}{320}}=0.21$$

根据 $K_{vmax}=0.64$，查高压阀流量系数，得 $DN=10$，阀座口径 $d_g=7$ 其 $K_V=1.0$。

② 开度验算。

因 $K_V=1$，只有直线特性，应采用直线特性验算公式，故有

$$K_{max}=\frac{K_{vmax}}{K_V}=\frac{0.64}{1.0}=64\%$$

$$K_{min}=\frac{K_{vmin}}{K_V}=\frac{0.21}{1.0}=21\%$$

$K_{max}<89\%$，$K_{min}>10\%$，故 $K_V=1.0$ 验算合格

③ 可调比验算。

$$R_{实际}=10\sqrt{S}=10\sqrt{0.2}=4.47$$

$$\frac{Q_{max}}{Q_{min}}=\frac{15}{5}=3$$

$R_{实际}\geqslant\frac{Q_{max}}{Q_{min}}$，故验算合格

④ 压差校核。

$\Delta p<[\Delta p]$（因 $d_s>d_g$），校核通过。

结论为 $DN=10mm$，$d_g=7mm$，$K_V=1.0$，验算合格。

15.1.6 可调比验算

调节阀的理想可调比 $R=30$，但在实际运行中，受工作特性的影响，S 值越小，最大流量相应越小。同时工作开度也不是从 0 至全开，而是在 10%～90%左右的开度范围内工作，使实际可调比进一步下降，一般能达 10 左右，因此验算时，以 $R=10$ 来进行。

验算公式 $R_{实际}=R\sqrt{S}$，代入 $R=10$，得可调比验算公式为 $R_{实际}=10\sqrt{S}$。当 $S\geqslant0.3$ 时，$R_{实际}\geqslant3.5$，能满足一般生产要求，此时，可以不验算。

若调节阀不能满足工艺上最大流量、最小流量的调节要求时，可采用两个调节阀进行分程控制，也可选用一台 R 较大的特殊调节阀来满足使用要求。

15.1.7 执行机构的刚度验算与调节阀的稳定性校核

(1) 执行机构刚度

执行机构抵抗负荷变化对行程影响的能力称为执行机构的刚度，也等于弹簧刚度。气动执行机构的刚度表达式为

$$B=K=\frac{\Delta f_t}{\Delta L}=\frac{p_rA_e}{L} \tag{15-17}$$

式中 B，K——执行机构、弹簧的刚度；

Δf_t——不平衡力，N；

ΔL——推杆位移的变化量，mm；

p_r——气源压力；

A_e——气源作用面积；

L——最大行程。

从式（15-17）中，可得出如下推论：

① 刚度越大，在相同 Δf_t 变化下，推杆位移变化量 ΔL 越小，阀越稳定，反之亦然。

② $B\propto p_r$，弹簧范围越大，刚度越大，阀越稳定，故阀易产生振荡时，应选 p_r 大的弹簧。

(2) 调节阀的稳定性

调节阀的稳定性与阀关闭时的不平衡力 F_t 对阀的作用方向有关。当 F_t 的作用方向是将阀芯顶开时（即“$-F_t$”），调节阀就稳定。反之，F_t 的作用方向是将阀芯压闭时（即“$+F_t$”），阀的稳定性就差，即容易产生振荡。调节阀在现场通常产生振荡就是此原因所致。解决振荡的办法就是改变阀的流向，把“$+F_t$”变成“$-F_t$”，调节阀的振荡即可消除。

对“$-F_t$”，当干扰使阀增加一个“ΔF_t”时，阀被顶开，阀芯被顶开压差就下降，“ΔF_t”就自动消失。由此看出，由于它能自动排除干扰，所以阀稳定。

对“$+F_t$”，当干扰使阀增加一个“ΔF_t”时，阀芯被压闭，使阀的压差增加，“ΔF_t”再进一步增大，又进一步压闭阀芯，压差再增加，“ΔF_t”再增加，这样就破坏了原平衡状态，阀芯在干扰作用下，不能自动消除它，反而使得放大，迫使阀芯做浮上浮

下运动，这就是调节阀的振荡。

(3) 调节阀稳定性的校核

在对“$+F_t$”工作时，阀的稳定性差。在什么条件下才认为是稳定的呢？它与阀的刚度有关，最终的结果是（推导略）：稳定的条件，“$+F_t$”$<1/3 p_r A_e$；不稳定的条件，“$+F_t$”$\geqslant 1/3 p_r A_e$。

(4) 调节阀不稳定（振荡）的克服

从上述看出“$+F_t$”稳定性差，“$-F_t$”稳定性好，通常阀产生振荡都是在“$+F_t$”下工作造成的。遇到此现象，首先分析受力和流向，若为“$+F_t$”工作，只需将阀改变流向安装即可，从根本上消除上述问题；若不能改变流向，则必须增大弹簧范围，如 $p_r=20\sim100$kPa 改为 $p_r=40\sim200$kPa 等。

15.1.8 调节阀噪声估算

众所周知，由于噪声对人体的健康有害，因此，需要设法限制工业装置所产生的噪声的强度。1970年，美国《职业保护和健康条例》规定了工作场所的最大允许声级。每天工作8h的地方，声级不允许超过90dB（A）。每天工作6h的地方，声级不允许超过92dB（A）等。到目前为止，作为工业设计时的一个依据。

要设法限制噪声，首先就要预先估计出可能产生的噪声的强度。调节阀是炼油、化工等工业装置中一个重要的噪声源。因此，在设计中选用调节阀时，应预先估算出它可能产生的噪声的强度，以便采取相应的措施。目前，我国对于调节阀噪声的研究工作只是刚刚开始，还没有标准的计算方法。

(1) 噪声计算中的名词术语

① 有效声压　是声场中一点上的瞬时声压在一个周期内的均方根值，故又称为均方根声压，简称声压，单位是 μdB（A）（即微巴）。

② 一个声压级（SPL）　一个声音的声压级，等于这个声音的声压和基准声压之比的常用对数值再乘以20，即

$$SPL=20\lg p/p_0 \tag{15-18}$$

式中　p——有效声压，μbar；

p_0——基准声压，在听觉量度或空气中声级量度中，取 $p_0=2\times10^{-4}$ μbar；

SPL——声压级，dB。

③ 声级　是指位于声场中的某一点上，在整个可以听得见的频率范围内和在一个时间间隔内，频率加权的声压级。声级是用来衡量噪声大小的一个基本量。

A声级是以声级计的A网络测得的声压级，单位是dB（A），称为分贝A-加权。

此计算方法是基于已经标准化的试验方案的试验结果。在这个标准化的试验方案里，调节阀装在各向同性、均匀声场内的直管道中，管道的耐压等级为 $PN40$。声级计放在调节阀出口法兰的平面内，距管道外壁1m处。计算的结果，即为该情况下的声级。

(2) 噪声估算公式

① 适用于液体调节阀噪声的估算公式　当介质为液体，在调节阀前后的差压（$\Delta p=p_1-p_2$）增大到某一数值的时候，便会由于出现闪蒸、空化现象，而使噪声的声级急剧上升。开始出现空化的点即称为临界点，它所对应的差压即称为临界差压。以此为界，可以把工作状态分成临界差压和亚临界两种，二者的噪声估算公式也不同。

a. 无空化的情况（$X_F\leqslant Z_Y$）。

$$L_A=10\lg K_V+18\lg(p_1-p_V)-5\lg\rho+18\lg(X_F/Z_Y)+40+\Delta L_F \tag{15-19}$$

式中　X_F——液体的压力比，$X_F=\Delta p/(p_1-p_V)=(p_1-p_2)/(p_1-p_V)$；

Δp——调节阀前后的压差，bar；

p_1——阀前绝压，bar；

p_2——阀后绝压，bar；

p_V——液体的蒸气压（水的蒸汽压见图15-4），bar（a）；

Z_Y——调节阀开度为Y时的Z值（图15-5），它是用来说明是否发生空化的一个参数；

Z——由调节阀型号决定的阀门参数，其数值由阀门制造厂用图线或表格的形式提供；

Y——阀的开度，$Y=K_V/K_{VS}$；

K_V——阀的流通能力；

K_{VS}——阀的开度为100%（即最大流量）时的K_V值，m^3/h；

L_A——噪声的声级，dB（A）；

ρ——液体的密度（水的密度见图15-6），kg/m^3；

ΔL_F——由调节阀型号和阀的开度$Y=0.75$时的压力比X_F决定的校正量，dB（A）。

当$\Delta p\leqslant Z_Y(p_1-p_V)$时无空化现象发生，当$\Delta p>Z_Y(p_1-p_V)$时有空化现象发生，当$\Delta p=Z_Y(p_1-p_V)$时开始产生空化现象，此差压称为临界差压，记为$\Delta p_K$。

各种调节阀的Z值并不相同。旋转球阀$Z=0.1\sim0.2$，蝶阀$Z=0.15\sim0.25$，标准单座阀或双座阀$Z=0.3\sim0.5$，低噪声阀$Z=0.6\sim0.9$。

ΔL_F反映了调节阀的声学特性，标准单座阀或双座阀的$\Delta L_F=0$时，低噪声调节阀的ΔL_F曲线由制造厂提供（图15-7）。

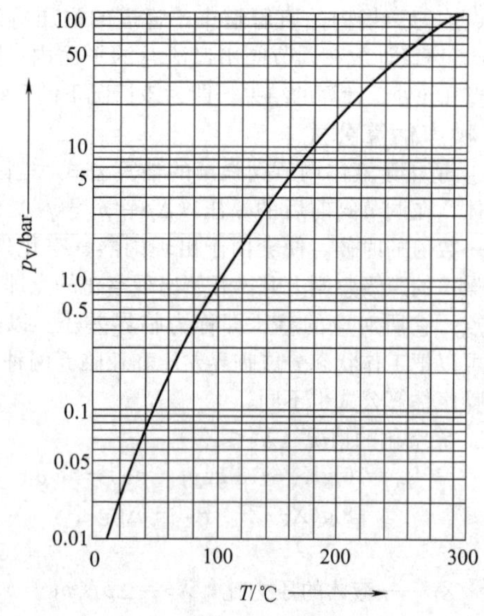

图 15-4　水的蒸汽压

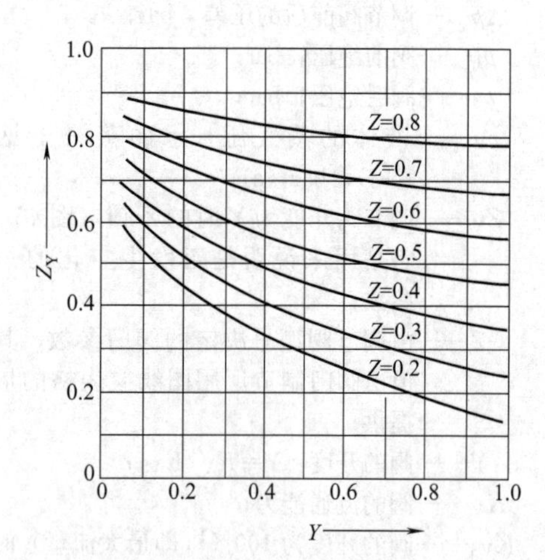

图 15-5　是否发生空化的 Z_Y

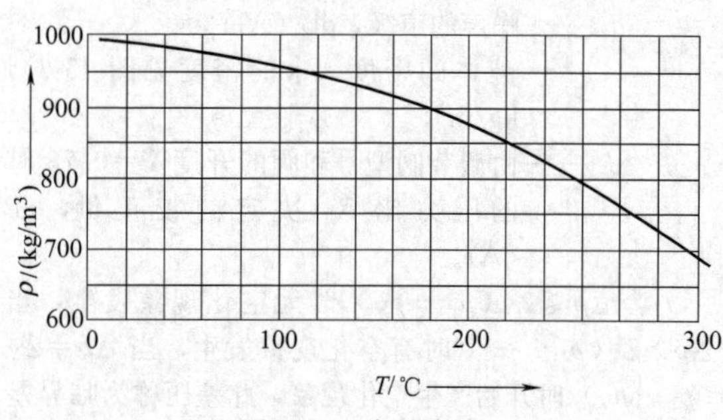

图 15-6　水的密度

b. 有空化的情况（$X_F > Z_Y$）

$$L_A = 10\lg K_V + 18\lg(p_1 - p_V) - 5\lg\rho + 29\lg(X_F - Z_Y) 0.75 - (268 + 38Z_Y)(X_F - Z_Y)0.935 + 40 + \Delta L_F \quad (15\text{-}20)$$

对应于最大声级的差压比记为 X_{FM}，当 $X_{FM} \leqslant 1.0$ 时，有

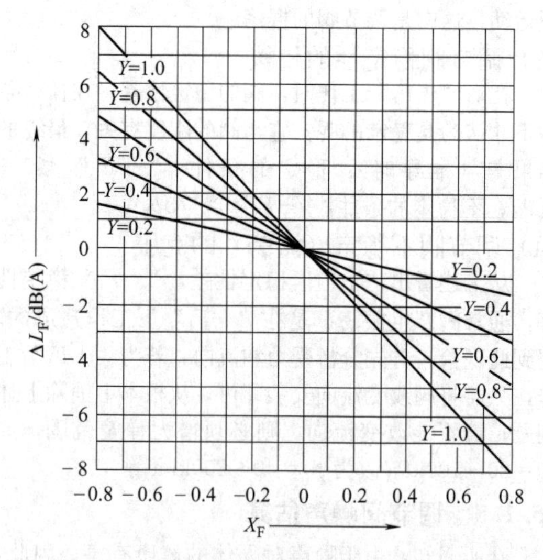

图 15-7　低噪声调节阀的声级校正量 ΔL_F

$$X_{FM} = 0.48 + 0.72Z_Y \quad (15\text{-}21)$$

若以 X_{FM} 取代式（15-20）和式（15-21）的 X_F，则可取最大声级 L_{AM}。

② 适用于气体和蒸汽调节阀噪声的公式

$$L_A = 14\lg K_V + 18\lg p_1 + 5\lg T_1 - 5\lg\rho + 20\lg(p_1/p_2) + 52 + \Delta L_G \quad (15\text{-}22)$$

式中　T_1——阀前流体的温度，K；

ρ——流体的密度（气体取标准状态下的密度，水蒸气取 $\rho \approx 0.8\text{kg/m}^3$），$\text{kg/m}^3$；

ΔL_G——由调节阀型号和阀的开度 $Y = 0.75$ 时的压力比 $X = (p_1 - p_2)/p_1$ 决定的校正量，dB（A）。

标准单座阀和双座阀的 ΔL_G 小到可以忽略不计，低噪声调节阀 ΔL_G 曲线由制造厂提供（图 15-8）。

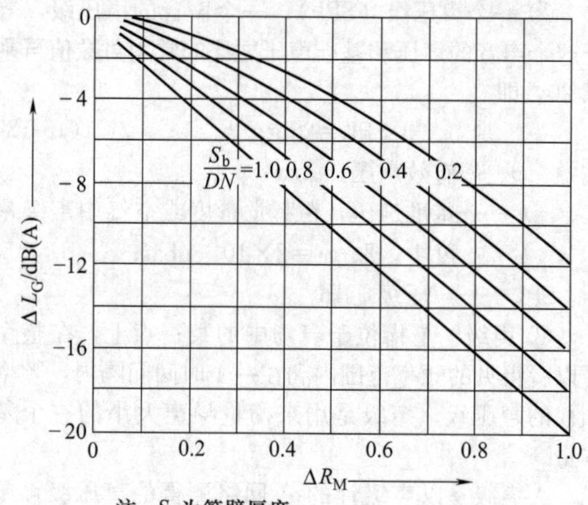

图 15-8　低噪声调节阀的声级校正量 ΔL_G 与管壁厚度 S 有关的校正量 ΔR_M

表 15-8 与管壁厚度 S 有关的校正量 ΔR_M

管径 DN/mm		25	40	50	80	100	150	200	250	300	400	500
管壁厚度 S /mm	2.6	0	0	—	—	—	—	—	—	—	—	—
	2.9	−0.5	−0.5	0	—	—	—	—	—	—	—	—
	3.2	−1.0	−1.0	−0.5	0	—	—	—	—	—	—	—
	3.6	−1.5	−1.5	−1.0	−0.5	0	—	—	—	—	—	—
	4.0	−2.0	−2.0	−1.5	−1.0	−0.5	—	—	—	—	—	—
	4.5	−2.5	−2.5	−2.0	−1.5	−1.0	0	—	—	—	—	—
	5.6	−3.5	−3.0	−3.0	−2.0	−2.0	−1.0	0.5	1.0	—	—	—
	6.3	−4.0	−3.5	−3.5	−2.5	−2.5	−1.5	0	0.5	1.0	—	—
	7.1	—	−4.0	−4.0	−3.0	−3.0	−2.0	−0.5	0	0.5	2.0	—
	8.0	—	−4.5	−4.5	−3.5	−3.5	−2.5	−1.0	−0.5	0	1.5	2.5
	10	—	−5.0	−5.5	−4.0	−4.5	−3.5	−2.0	−1.0	−1.0	0.5	1.5
	11	—	—	—	−5.0	−5.0	−4.0	−2.5	−2.0	−1.5	0	1.0
	12.5	—	—	—	−5.5	−5.5	−4.5	−3.0	−2.5	−2.0	−0.5	0.5
	14.2	—	—	—	−6.0	−6.0	−5.0	−3.5	−3.0	−2.5	−1.0	0
	16	—	—	—	—	−6.5	−5.5	−4.0	−3.5	−3.0	−2.0	−0.5
	20	—	—	—	—	—	−6.0	−5.0	−4.5	−4.0	−3.0	−1.5
	25	—	—	—	—	—	−7.5	−6.0	−5.5	−5.0	−3.5	−2.5
	30	—	—	—	—	—	—	−7.0	−6.5	−6.0	−4.5	−3.5

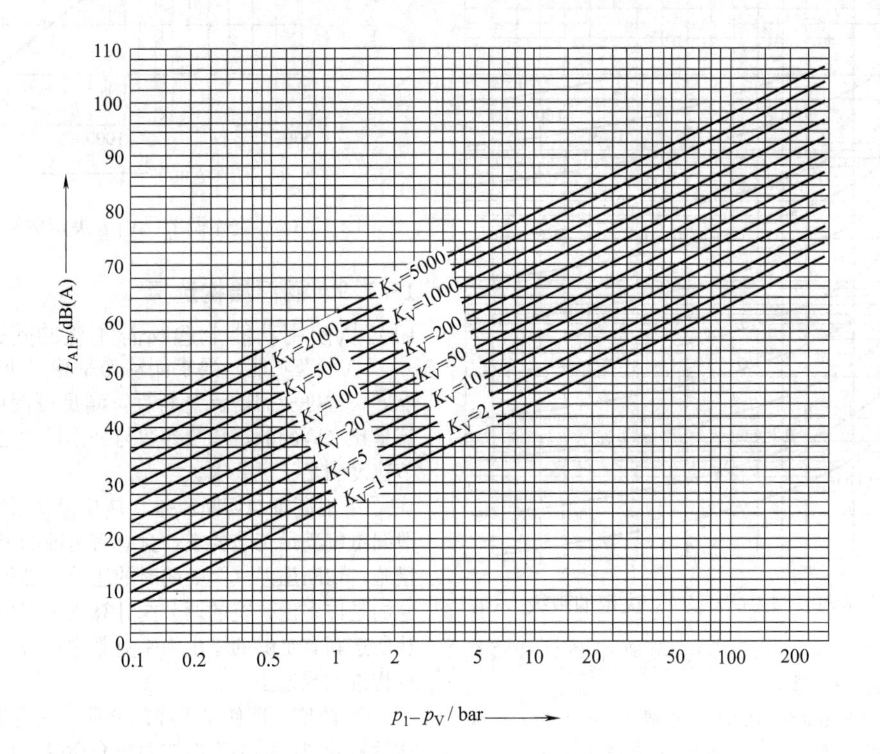

图 15-9 液体调节阀由 p_1-p_V 决定的声级 L_{A1F}

在式（15-19）、式（15-20）和式（15-22）中，实际上包含着一个压力额定值为 $PN40$ 的管道平均衰减量，如果实际使用的管道之压力额定值不是 $PN40$，那么在计算噪声的声级时，在式（15-19）、式（15-20）和式（15-22）中就应再加上校正量 ΔR_M 一项进行修正。

$$\Delta R_M = 10\lg(S_{40}/S) \tag{15-23}$$

式中 ΔR_M——与管壁厚度 S 有关的校正量，dB（A）；

S_{40}——$PN40$ 的管壁厚度，mm；

S——实际使用的管壁厚度，mm。

某成批生产的钢管，其 ΔR_M 值如表 15-8 所示。

③ 估算方法的使用范围及结果的精确度

a. 该估算方法只考虑了在封闭管道系统中的流体动力学噪声，而并不包括调节阀内部可动部件产生的响声，以及在固体材料中传播的声音，或由于某种原因反射和共振造成的声音放大效应。

b. 当测试条件与标准化试验方案有差别时，则应按 DIN 458635 BLatt 1 进行修正。

c. 调节阀出口处以及管道中的流速不应超过下

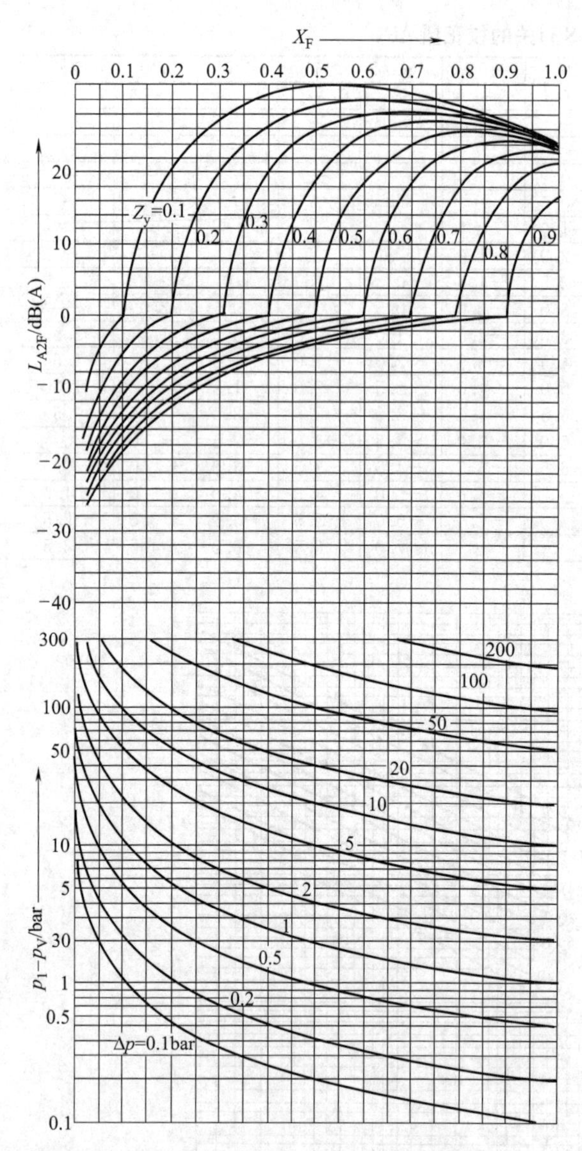

图 15-10 液体调节阀由 X_F 及 Z_Y 决定的声级 L_{A2F}

列极限值：液体 $\omega \leqslant 10$m/s（ω 为流速）；气体和蒸汽 $\omega \leqslant 0.3\omega_s$（$\omega_s$ 为声速）。

d. $1 < K_V < 6000$，$0.01 < X$ 或 $X_F < 1.0$（X 为气体或蒸汽的压力比），$L_A > 20$dB（A）。

e. 声级的计算结果存在一个 10dB（A）的偏差带。

（3）声级的图解法

① 适用于液体调节阀噪声的图解法 液体调节阀噪声的声级 L_A 可以表示为几项之和：

$$L_A = L_{A1F} + L_{A2F} + L_{A3} + \Delta L_F \quad (15\text{-}24)$$

式中 L_{A1F}——液体调节阀由 $p_1 - p_V$ 决定的声级（可由图 15-9 查出），dB（A）；

L_{A2F}——液体调节阀由 X_F 及 Z_Y 决定的声级（可由图 15-10 查出），dB（A）；

L_{A3}——液体调节阀由 ρ 决定的声级（可由图 15-11 查出），dB（A）。

② 适用于气体和蒸汽调节阀噪声的图解法 气体和蒸汽调节阀噪声的声级 L_A 亦可以表示为几项之和：

$$L_A = L_{A1G} + L_{A2G} + L_{A4} + \Delta L_G \quad (15\text{-}25)$$

式中 L_{A1G}——气体和蒸汽调节阀由 p_1 决定的声级（可由图 15-12 查出），dB（A）；

L_{A2G}——气体和蒸汽调节阀由 X 决定的声级（可由图 15-13 查出），dB（A）；

L_{A4}——气体和蒸汽调节阀由 ρ_N 决定的声级（可由图 15-14 查出），dB（A）。

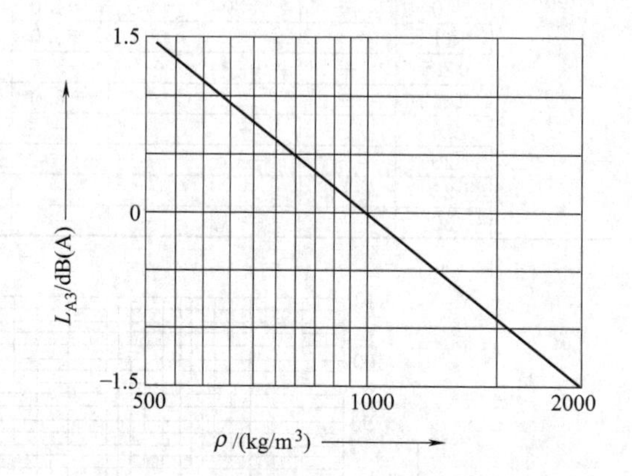

图 15-11 液体调节阀由 ρ 决定的声级 L_{A3}

15.1.9 阀门结构选择

（1）从使用功能上选阀需注意的问题

① 调节功能 要求阀动作平稳，小开度调节性能好，选好所需的流量特性，满足可调比，阻力小，流量比（阀的额定流量参数与公称尺寸之比）大，调节速度满足工况要求。

② 泄漏量与切断压差 是互相联系的两个因素。泄漏量应满足工艺要求，且有密封面的可靠性的保护措施；切断压差（阀关闭时的压差）必须提出来（遗憾的是许多设计院的调节阀计算规格书中无此参数），让所选阀有足够的输出力来克服它，否则会导致执行机构选大或选小。

③ 防堵 即使是干净的介质，也存在堵塞问题，这就是管道内的不干净东西被介质带入调节阀内，造成堵卡，这是常见的故障，所以应考虑阀的防堵性能。通常角行程类的调节阀比直行程类的调节阀防堵性能好得多，故以后角行程类的调节阀使用将会越来越多。

④ 耐蚀 包括耐冲蚀、汽蚀、腐蚀。主要涉及材料的选用和阀的使用寿命问题，同时，涉及经济性问题。此问题的实质是所选阀具有较好的耐蚀性能且价格合理。如能选全四氟阀就不应该选全耐蚀合金阀；能选反汽蚀效果较好、结构简单的角形高压阀（满足两年左右使用寿命），就不应该选结构复杂、价格贵的其他高压阀。

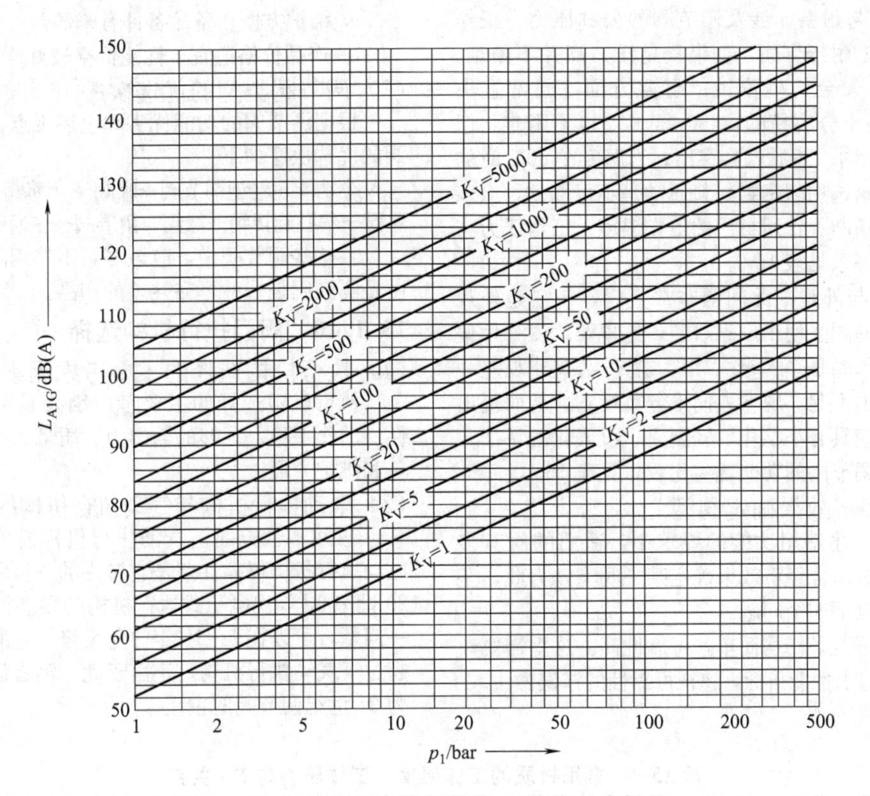

图 15-12 气体和蒸汽调节阀由 p_1 决定的声级 L_{A1G}

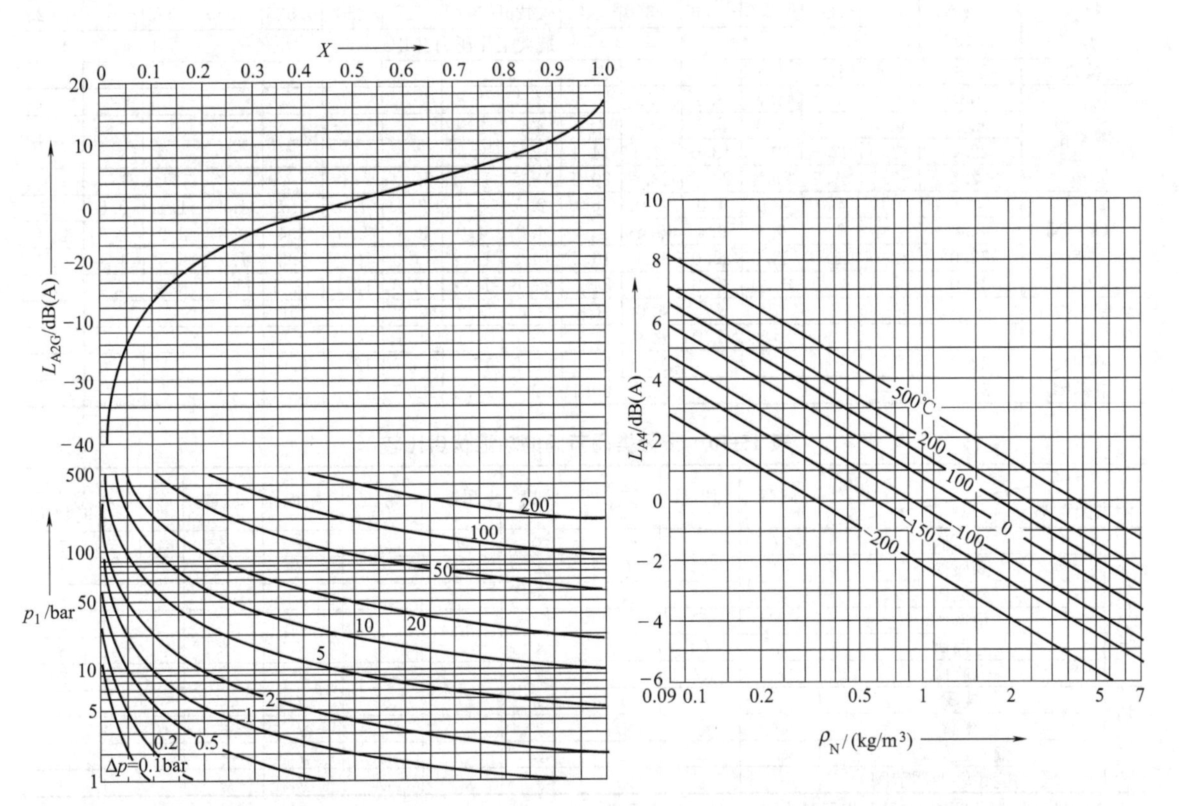

图 15-13 气体和蒸汽调节阀由 X 决定的声级 L_{A2G}

图 15-14 气体和蒸汽调节阀由 ρ_N 决定的声级 L_{A4}

⑤ 耐压与耐温　涉及调节阀的公称压力、工作温度的选定。耐压方面，如果只是压力高并不困难，主要是压差大会产生汽蚀；耐温方面，通常解决450℃以下是十分容易的，450～600℃也不困难，但到600℃以上时，矛盾就会突出；当温度在80℃时的切断类调节阀选用软密封材料通常是不可取的，应该考虑硬密封切断。常用材质的工作温度、工作压力与公称压力的关系见表15-9。

⑥ 重量与外观　此问题非常直观，一定是外观好、重量轻的阀受使用厂家欢迎。这里要改变一种偏见，认为调节阀是个“老大粗”，重一点或外观差一点，没什么了不起。现在人们十分重视它，从而提出了调节阀应该具有小型化、轻型化、仪表化的特征。

十大类调节阀的功能优劣比较，见表15-10。

(2) 综合经济效果确定阀型

在满足上述使用功能的要求中，适用的阀有多类，此时便应综合经济效果确定某一阀型，为此，至少应该考虑以下四个问题：

a. 高可靠性。结构简单，可靠性高。这里需要改变过去片面追求性能指标，忽视可靠性的错误做法。

b. 使用寿命长。

c. 维护方便，备品备件有来源。

d. 产品价格适宜，性能价格较好。

(3) 调节阀类型的优选次序

根据调节阀的功能优劣和上述观点，特提供调节阀的优选次序如下。

全功能超轻型调节阀→蝶阀→套筒阀→单座阀→双座阀→偏心旋转阀→球阀→角形阀→三通阀→隔膜阀。

在这些调节阀中，应该尽量不选用隔膜阀，其理由是隔膜阀是一种可靠性差的产品。

15.1.10　阀门执行机构选择

(1) 执行机构选择的主要考虑因素

执行机构选择的主要考虑因素是可靠性、经济性、动作平稳、足够的输出力、质量、外观、结构简单和维护方便。

(2) 电动执行机构与气动执行机构的选择比较

① 可靠性方面　气动执行机构简单可靠，老式电动执行机构可靠性差是它过去的一贯弱点，然而在20世纪90年代电子式执行机构的发展彻底解决了这一问题，可以在5～10年内免维修，它的可靠性甚至超过了气动执行机构。正由于此，笔者认为，它将成为21世纪调节阀的主流。

表15-9　常用材质的工作温度、工作压力与 *PN* 关系

材料	公称压力 *PN* /MPa	介质工作温度/℃														
		＜120	＜200	＜250	＜300	＜350	＜400	＜425	＜450	＜475	＜500	＜525	＜550	＜575	＜600	＜625
		最大工作压力/MPa														
铸铁	1.6	1.6	1.5	1.4												
碳素钢	4.0	4.0	4.0	3.7	3.3	3.0	2.8	2.3	1.8							
	6.4	6.4	6.4	5.9	5.2	4.7	4.1	3.7	2.9							
	22.0	22.0	22.0	20.2	18.0	16.1	14.1	12.7	9.8							
	32.0	32.0	32.0	29.4	26.2	23.4	20.5	18.5	14.4							
1Cr18Ni9Ti	4.0	4.0	4.0	4.0	4.0	4.0	3.0	2.7	2.4	2.1	1.9	1.7	1.4	1.1	0.8	0.5
	6.4	6.4	6.4	6.4	6.4	6.4	4.4	4.2	4.0	3.8	3.5	3.4	3.2	2.9	2.6	2.2
	22.0	22.0	22.0	22.0	22.0	22.0	16.5	14.8	13.2	11.5	10.5	9.3	7.7	6.0	4.4	2.7
	32.0	32.0	32.0	32.0	32.0	32.0	24.0	21.6	19.2	16.8	15.2	13.6	11.2	8.8	6.4	4.0
含钼不少于0.4%的钼钢及铬钼钢	4.0					4.0	3.6	3.4	3.2	2.8	2.2	1.6				
	6.4					6.4	5.8	5.5	5.2	4.5	3.5	2.5				
	22.0					22.0	20.1	19.0	17.9	15.7	12.2	9.0				
	32.0					32.0	29.1	27.5	25.9	22.7	17.6	13.0				

表15-10　十大类调节阀的功能优劣比较

十大类产品 \ 功能		调节	切断	克服压差	防堵	耐蚀	耐压	耐温	重量	外观	最佳功能数量
直行程	单座阀	√	○	×	×	√	√	√	×	×	4
	双座阀	√	×	√	×	○	√	√	×	×	4
	套筒阀	√	×	√	×	○	√	√	×	×	4
	角形阀	√	○	×	○	√	√	√	×	×	4
	三通阀	√	○	×	×	×	√	√	×	×	3
	隔膜阀	×	√	×	√	○	×	×	×	×	2
角行程	蝶阀	√	√	×	√	○	√	√	√	√	7
	球阀	√	√	√	√	√	√	√	×	×	7
	偏心旋转阀	√	√	√	√	√	√	√	×	×	7
	全功能超轻型调节阀	√	√	√	√	√	√	√	√	√	9

注：“√”表示最佳；“○”表示基本可以；“×”表示差。

② 驱动源　气动执行机构的最大不足就是需另设置气源站，增加了费用；电动阀的驱动源随地可取。

③ 价格方面　气动执行机构必须附加阀门定位器，再加上气源，其费用与电动阀不相上下（进口电气阀门定位器与进口电子式执行机构价格相当；国产定位器与国产电动执行器不相上下）。

④ 推力和刚度　两者相当。

⑤ 防火防爆　“气动执行机构＋电气阀门定位器”略好于电动执行机构。

(3) 推荐意见

① 在可能的情况下，建议选用进口电子式执行机构配国产阀，以用于国产化场合、新建项目等。

② 薄膜执行机构虽存在推力不够、刚度小、尺寸大的缺陷，但其结构简单，所以目前仍是使用最多的执行机构。但这里强调的是最好选用精小型薄膜执行机构去代替老式薄膜执行机构，以获得更轻的重量、更小的尺寸和大的输出力。

③ 活塞执行机构选择注意以下方面：

a. 气动薄膜执行机构推力不够时，选用活塞执行机构来提高输出力；对大压差的调节阀（如中压蒸汽切断），当≥*DN*100时，建议选用单密封的调节阀（单座阀或单座套筒阀），保证阀有较好的切断性能，但此时，压差对阀芯的不平衡力增大，宜选活塞执行机构；当≥*DN*200时，要选双层活塞执行机构。

b. 对普通调节阀，还可选用活塞执行机构去代替薄膜执行机构，使执行机构的尺寸大大减小，就此观点而言，气动活塞调节阀使用会更多。

c. 对角行程类调节阀，其角行程执行机构的结构类型很多，使之复杂化，应首先考虑结构简单、动作自如、尺寸小、推力大的执行机构，典型的结构是双活塞齿轮齿条转动式。值得强调的是，传统的“直行程活塞执行机构＋角铁＋曲柄连杆”方式应该淘汰。

15.1.11　阀门材料的选择

材料的选择主要根据介质的温度、腐蚀性、汽蚀、冲蚀四方面决定。

① 根据介质的腐蚀性选择

a. 金属耐蚀材料的选择。这是调节阀材料选择的主要内容。在强腐蚀类的介质中选用耐腐蚀合金阀时，必须根据其浓度、温度、压力三者结合起来才能选用相应的材质，这方面有专门的耐腐蚀数据手册。常见的耐腐蚀材料见表15-11。

b. 氟塑料成功地用在耐腐蚀阀上。由于选用耐腐蚀合金不仅价格昂贵，而且针对性特别强，如果温度、浓度、成分稍有改变，就有可能不耐腐蚀了，所以在没有实践和试验证明时不可盲目地选用，否则导致选材不当，这也是20世纪80年代前耐腐蚀阀还是个“老大难”的原因所在。因此，人们在不断地探索将非金属材料用在耐腐蚀场合。最典型的材料是橡胶和塑料，由此产生了衬胶的蝶阀、衬胶隔膜阀、衬胶的截止阀，还有玻璃钢的球阀、陶瓷球阀等。其中衬胶的调节阀在20世纪50年代就开始使用，在20世纪60年代成为当时的主要的耐腐蚀调节阀，起到了较大的作用。在20世纪70年代末至80年代初，耐腐蚀合金阀使用多了起来，陶瓷类调节阀因太硬、易碎，使用最少，效果最差。真正的突破还是在20世纪80年代，氟塑料成功地用在了调节阀上，由此产生了衬氟塑料的调节阀（阀的品种有单座阀、蝶阀、O形球阀、V形球阀）。至目前，氟塑料除融状碱金属、高温三氟化氯及氟元素等个别介质对它有腐蚀外，其他介质对它几乎没有腐蚀，故被称为耐腐蚀王，由它制造的阀也就成了“万能”的耐腐蚀调节阀。但其缺点就是耐温仅能在180℃以内，耐压仅能到2.5MPa，耐冲蚀性能差，故要求压差越小越好，通常在7.6MPa内。这一条件已经覆盖了强腐蚀场合90%以上。正由于此，耐腐蚀问题不再是“老大难”了。

② 耐磨损材质的选择　对汽蚀、冲蚀严重的阀，如高压差介质，含固体颗粒的介质必须考虑耐磨损问题；对切断类硬密封调节阀，也必须保护密封面，防止和减小冲蚀，可选用的最常用的耐磨材料是司特立硬质合金。

15.1.12　阀门流量特性选择

在流量特性的选择之前，先需要简单地介绍一下调节阀流量特性的一些基本理论。

(1) 调节阀理想流量特性

① 定义　调节阀的流量特性是指介质流过阀门的相对流量与相对开度的关系。数学表达式为

$$\frac{Q}{Q_{\max}}=f\left(\frac{l}{L}\right) \tag{15-26}$$

式中　Q——某一开度下的流量，m^3/h；

$\frac{Q}{Q_{\max}}$——相对流量；

L——全开位移，mm；

$\frac{l}{L}$——相对开度。

一般来说，改变调节阀阀芯、阀座间的节流面积，便可以调节流量。由于多种因素的影响，改变节流面积，流量改变，导致系统中所有阻力的改变，使调节阀前后压差改变，为了便于分析先假定阀门前后压差不变，然后再引申到真实情况进行讨论。前者称为理想流量特性，后者称为工作流量特性。理想特性又称固有流量特性。理想特性主要有直线、对数两种。

表 15-11　选材表

材料名称/流体名称	碳钢	铸钢	304 或 302 不锈钢	316 不锈钢	铜	蒙乃尔合金 (Monel)	哈氏合金 (Hastel-loy-B)	哈氏合金 (Hastel-loy-C)	Duri-met20	钛材	钴基合金 6	416 不锈钢	440C 硬质不锈钢	17-4PH
乙醛(CH_3CHO)	A	A	A	A	A	A	I、L	A	A	I、L	I、L	A	A	A
醋酸(气)	C	C	B	B	B	B	A	A	A	A	A	C	C	B
醋酸(汽化)	C	C	A	A	A	A	A	A	A	A	A	C	C	B
醋酸(蒸气)	C	C	A	A	B	B	I、L	A	B	A	A	C	C	B
丙酮(CH_3COOH_3)	A	A	A	A	A	A	A	A	A	A	A	A	A	A
乙炔	A	A	A	A	I、L	A	A	A	A	I、L	A	A	A	A
醇	A	A	A	A	A	A		A	A	A	A	A	A	A
硫酸铅	C	C	A	A	B	B	A	A	A	A	I、L	C	C	I、L
氨	A	A	A	A	C	A	A	A	A	A	A	A	A	I、L
氯化铵	C	C	B	B	B	B	A	A	A	A	B	C	C	I、L
硝(酸)铵	A	C	A	A	C	C	A	A	A	A	A	C	B	I、L
磷酸铵(单基)	C	C	A	A	B	B	A	A	B	A	A	B	B	I、L
硫酸铵	C	C	B	A	B	A	A	A	A	A	A	C	C	I、L
亚硫酸铵	C	C	A	A	C	C	I、L	A	A	A	A	B	B	I、L
苯胺($C_6H_5NH_2$)	C	C	A	A	C	B	A	A	A	A	A	C	C	I、L
苯	A	A	A	A	A	A	A	A	A	A	A	A	A	A
苯(甲)酸(C_6H_5COOH)	C	C	A	A	A	A	I、L	A	A	A	I、L	A	A	A
硼酸	C	C	A	A	A	A	A	A	A	A	A	B	B	I、L
丁烷	A	A	A	A	A	A	A	A	A	I、L	A	A	A	A
氯化钙	B	B	C	B	C	A	A	A	A	A	I、L	C	C	I、L
次氯酸钙	C	C	B	B	B	B	C	A	A	A	I、L	C	C	I、L
石碳酸(C_8H_5OH)	B	B	A	A	A	A	A	A	A	A	A	I、L	I、L	I、L
二氧化碳(干)	A	A	A	A	A	A	A	A	A	A	A	A	A	A
二氧化碳(湿)	C	C	A	A	B	A	A	A	A	A	A	A	A	A
二氧化碳	A	A	A	A	C	B	A	A	A	A	A	B	B	I、L
四氯化碳	B	B	B	B	A	A	B	A	A	A	I、L	C	A	I、L
碳酸(H_2CO_3)	C	C	B	B	B	A	A	A	A	I、L	I、L	A	A	A
氯气(干)	A	A	B	B	B	A	A	A	A	C	B	C	C	C
氯气(湿)	C	C	C	C	C	C	C	B	C	A	B	C	C	C
氯气(液态)	C	C	C	C	B	C	C	A	B	C	B	C	C	C
铬酸(H_2CrO_4)	C	C	C	B	C	A	C	A	C	A	B	C	C	C
焦炉气	A	A	A	A	B	B	A	A	A	A	A	A	A	A

续表

材料名称/流体名称	碳钢	铸钢	304或302不锈钢	316不锈钢	铜	蒙乃尔合金(Monel)	哈氏合金(Hastel-loy-B)	哈氏合金(Hastel-loy-C)	Duri-met20	钛材	钴基合金6	416不锈钢	440C硬质不锈钢	17-4PH
硫酸铜	C	C	B	B	B	C	I、L	A	A	A	I、L	A	A	A
乙烷	A	A	A	A	A	A	A	A	A	A	A	A	A	A
醚	B	B	A	A	A	A	A	A	A	A	A	A	A	A
氯乙烷(C_2H_5Cl)	C	C	A	A	A	A	A	A	A	A	A	B	B	I、L
乙烯	A	A	A	A	A	A	A	A	A	A	A	A	A	A
乙二醇	A	A	A	A	A	A	I、L	I、L	A	I、L	A	A	A	A
氯化铁	C	C	C	C	C	C	C	B	C	A	B	C	C	I、L
甲醛(HCHO)	B	B	A	A	A	A	A	A	A	A	A	A	A	A
甲酸(HCOOH)	I、L	C	B	B	A	A	A	A	A	C	B	C	C	B
氟利昂(湿)	B	B	B	A	A	A	A	A	A	A	A	I、L	I、L	I、L
氟利昂(干)	B	B	A	A	A	A	A	A	A	A	A	I、L	I、L	I、L
糖醛	A	A	A	A	A	A	A	A	A	A	A	B	B	I、L
汽油(精制)	A	A	A	A	A	A	A	A	A	A	A	A	A	A
盐酸(汽化)	C	C	C	C	C	C	A	B	C	C	B	C	C	C
盐酸(游离)	C	C	C	C	C	C	A	B	C	C	B	C	C	C
氢氟酸(汽化)	B	C	C	B	C	C	A	A	B	C	B	C	C	C
氢氟酸(游离)	A	C	C	B	C	A	A	A	B	C	I、L	C	C	I、L
氢气	A	A	A	A	A	A	A	A	A	A	A	A	A	A
过氧化氢($H_2[O_2]$)	I、L	A	A	A	C	A	B	B	A	A	I、L	B	B	I、L
硫化氢(液体)	C	C	A	A	C	C	A	A	B	A	A	C	C	I、L
氢氧化镁	A	A	A	A	B	A	A	A	A	A	A	A	A	I、L
甲基乙基酮,甲乙酮,丁酮	A	A	A	A	A	A	A	A	A	I、L	A	A	A	A
天然气	A	A	A	A	A	A	A	A	A	A	A	A	A	A
硝酸	C	C	A	B	C	C	C	B	A	A	C	C	C	B
草酸	C	C	B	B	B	B	A	A	A	B	B	B	B	I、L
氧气	A	A	A	A	A	A	A	A	A	A	A	A	A	A
甲醇	A	A	A	A	A	A	A	A	A	A	A	A	B	A
石油润滑油(精制)	A	A	A	A	A	A	A	A	A	A	A	A	A	A
磷酸(汽化)	C	C	A	A	C	C	A	A	A	B	A	C	C	I、L
磷酸(游离)	C	C	A	A	C	B	A	A	A	B	A	C	C	I、L
磷酸蒸汽	C	C	B	B	C	C	A	I、L	A	B	C	C	I、L	
苦味酸$[(NO_3)_3C_6H_2OH]$	C	C	A	A	C	C	A	A	A	I、L	I、L	B	B	I、L

续表

材料名称/流体名称	碳钢	铸钢	304 或 302 不锈钢	316 不锈钢	铜	蒙乃尔合金（Monel）	哈氏合金（Hastel-loy-B）	哈氏合金（Hastel-loy-C）	Duri-met20	钛材	钴基合金 6	416 不锈钢	440C 硬质不锈钢	17-4PH
亚氯酸钾（$KClO_2$）	B	B	A	A	B	B	A	A	A	A	I、L	C	C	I、L
氢氧化钾	B	B	A	A	B	A	A	A	A	A	I、L	B	B	I、L
丙烷	A	A	A	A	A	A	A	A	A	A	A	A	A	A
松香、松脂	B	B	A	A	A	A	A	A	A	I、L	A	A	A	A
醋酸钠	A	A	B	A	A	A	A	A	A	A	A	A	A	A
碳酸钠	A	A	A	A	A	A	A	A	A	A	A	B	B	A
氯化钠	C	C	B	B	A	A	A	A	A	A	A	B	B	B
铬酸钠	A	A	A	A	A	A	A	A	A	A	A	A	A	A
氢氧化钠	A	A	A	A	C	A	A	A	A	A	A	B	B	A
次氯酸钠	C	C	C	C	B-C	B-C	C	A	B	A	I、L	C	C	I、L
硫代硫酸钠	C	C	A	A	C	C	A	A	A	A	I、L	B	B	I、L
二氯化锡（$SnCl_2$）	B	B	C	A	C	B	A	A	A	A	I、L	C	C	I、L
硬质酸/$CH_3(CH_2)_{16}COOH$	A	C	A	A	B	B	A	A	A	A	B	B	B	I、L
硫酸盐溶液（black）	A	A	A	A	C	A	A	A	A	A	A	I、L	I、L	I、L
硫	A	A	A	A	C	A	A	A	A	A	A	A	A	A
二氧化硫（干）	A	A	A	A	A	A	B	A	A	A	A	B	B	I、L
硫酸（汽化）	C	C	C	C	C	C	A	A	A	B	B	C	C	C
硫酸（游离）	C	C	C	C	B	B	A	A	A	B	B	C	C	C
亚硫酸	C	C	B	B	B	C	A	A	A	A	B	C	C	I、L
焦油	A	A	A	A	A	A	A	A	A	A	A	A	A	A
三氟乙烯	B	B	B	A	A	A	A	A	A	A	A	B	B	I、L
松节油	B	B	A	A	A	B	A	A	A	A	A	A	A	A
醋	C	C	A	A	B	A	A	A	A	I、L	A	C	C	A
水（锅炉供水）	B	C	A	A	C	A	A	A	A	A	A	B	A	A
水（蒸馏水）	A	A	A	A	A	A	A	A	A	A	A	B	B	I、L
海水	B	B	B	B	A	A	A	A	A	A	A	C	C	A
氯化锌	C	C	C	C	C	C	A	A	A	A	B	C	C	I、L
硫酸锌	C	C	A	A	B	A	A	A	A	A	A	B	B	I、L

注：1. A—推荐使用；B—小心使用；C—不能使用；I，L—缺乏资料。

2. 本表摘自《ISA Handbook of Contrl Valve》。

② 直线特性　是指调节阀的相对流量与相对开度呈直线关系，即单位行程变化引起的流量变化是常数，用数学式表达为

$$\frac{\mathrm{d}\frac{Q}{Q_{\max}}}{\mathrm{d}\frac{l}{L}}=K \tag{15-27}$$

式中　K——常数，即调节阀的放大系数。

将式（15-27）积分得

$$\frac{Q}{Q_{\max}}=K\frac{l}{L}+C$$

式中　C——积分常数。

代入边界条件：$l=0$ 时，$Q=Q_{\min}$，$l=L$ 时，$Q=Q_{\max}$，从积分式中解出常数项为

$$C-\frac{Q_{\min}}{Q_{\max}}=\frac{1}{R}$$

$$K=1-C=1-\frac{1}{R}$$

$$\frac{Q}{Q_{\max}}=\frac{1}{R}\left[1+(R-1)\frac{l}{L}\right] \tag{15-28}$$

式（15-28）表明，$Q/Q_{\max}$ 与 l/L 之间呈直线关系，在直角坐标上得到一条直线。因 $R=30$，当 $l/L=0$ 时，$Q/Q_{\max}=\frac{1}{R}=0.033$；当 $l/L=1$，即全开时 $Q/Q_{\max}=1$。连接上述两点得直线特性曲线（图15-15中曲线1）。

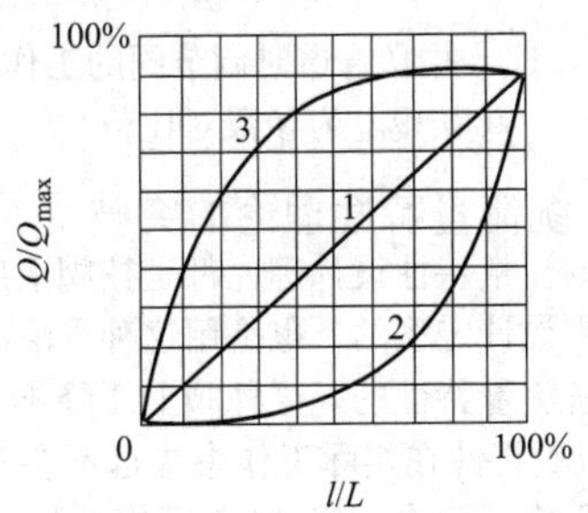

图 15-15　理想流量特性

1—直线；2—等百分比；3—快开

从图15-15中看出直线特性调节阀的曲线斜率是常数，即放大系数是常数。

从式（15-28）中看出，当开度 l/L 变化10%时，所引起的相对流量的增量总是9.67%，但相对流量的变化量却不同。以开度10%、50%、80%三点为例，其相对的流量见表15-12。

在10%开度时，流量相对变化值为

$$\frac{22.7-13}{13}\times 100\%=\frac{9.7}{13}\times 100\%=75\%$$

在50%开度时，流量相对变化值为

$$\frac{61.3-51.7}{51.7}\times 100\%=\frac{9.7}{51.7}\times 100\%=19\%$$

在80%开度时，流量相对变化值为

$$\frac{90.3-80.6}{80.6}\times 100\%=\frac{9.7}{80.6}\times 100\%=12\%$$

可见，直线特性的阀门在小开度工作时，流量相对变化太大，调节作用太强，易产生超调引起振荡；而在大开度时，流量相对变化小，调节太弱，不够及时。为解决上述问题，希望在任意开度下的流量相对变化不变，产生了对数特性。

③ 对数（又称等百分比）特性　是指单位行程变化引起相对流量变化与该点的相对流量成正比，即调节阀的放大系数是变化的，它随相对流量的增加而增大。用数学式表达为

$$\frac{\mathrm{d}\frac{Q}{Q_{\max}}}{\mathrm{d}\frac{l}{L}}=K\frac{Q}{Q_{\max}} \tag{15-29}$$

经过积分，同直线特性的推导过程一样，将边界条件代入式（15-29），定常数项，得

$$\frac{Q}{Q_{\max}}=R^{\left(\frac{l}{L}-1\right)} \tag{15-30}$$

从式（15-30）看出，相对开度与相对流量呈对数关系，故称对数特性。在直角坐标中，得出一条对数曲线（图15-15中曲线2）。为了和直线特性比较，同样以开度10%、50%和80%三点为例，当开度变化10%时，从表15-12中得出

$$\frac{6.58-4.67}{4.67}=\frac{25.6-18.3}{18.3}=\frac{71.2-50.8}{50.8}=40\%$$

可见，单位位移变化引起的流量变化与此点的原有流量成正比，而流量相对变化的百分比总是相等的，故又称等百分比特性。

由于对数特性的放大系数 K 随开度增加而增加，因此有利于系统调节。在小开度时，流量小，流量的变化也小，调节阀放大系数小，调节平稳缓和；在大开度时，流量大，流量的变化也大，调节阀放大系数大，调节灵敏有效。从图15-15可知，对数特性始终在直线特性的下方，因此，在同一行程时流量比直线特性小。

表 15-12　流量特性的相对开度和对应流量（$R=30$）

相对流量 $Q/Q_{\max}$/% 相对开度 l/L/%	0	10	20	30	40	50	60	70	80	90	100
直线流量特性	3.3	13.0	22.7	32.3	42.0	51.7	61.3	71.0	80.6	90.3	100
等百分比流量特性	3.3	4.67	6.58	9.26	13.0	18.3	25.6	36.2	50.8	71.2	100
快开流量特性	3.3	21.7	38.1	52.6	65.2	75.8	84.5	91.3	96.13	99.03	100
抛物线流量特性	3.3	7.3	12	18	26	35	45	57	70	84	100

(2) 调节阀的工作流量特性

在实际运行中，调节阀前后压差总是变化的，这时的流量特性称为工作流量特性。

① 串联管道的工作流量特性　由于阀开度的变化引起流量的变化，在流体力学中，阻力损失与流速的平方成正比，调节阀一旦动作，流量一改变，系统阻力（如弯头、手动阀门、管理损失等）都相应改变，因此，调节阀上压降也相应变化。其公式为

$$\Delta p_i=\frac{\Delta p}{\left(\frac{1}{S}-1\right)f^2\left(\frac{l}{L}+1\right)} \tag{15-31}$$

进一步推导，得出工作流量特性公式为

$$\frac{Q}{Q_{max}}=f'\left(\frac{l}{L}S\right)=\frac{f\left(\frac{l}{L}\right)}{\sqrt{\frac{l}{S}\times f^2\left(\frac{l}{L}\right)+1}} \tag{15-32}$$

从式（15-32）可以看出，工作流量特性与压降分配比 S 有关。阀上压降越小，调节阀全开流量相应越小，曲线越向下移，使理想的直线特性畸变为快开特性，理想的对数特性畸变为直线特性（图 15-16）。可见，S 太小，对调节不利，一般不小于 0.3。阀补偿这种畸变后，S 可达 0.05～0.1。对此下面还会重点介绍。

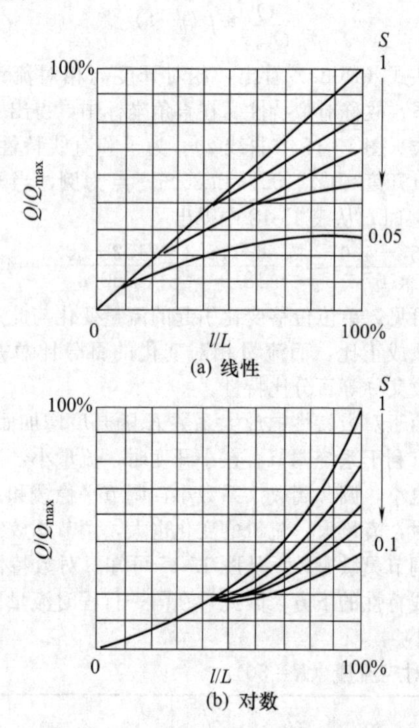

图 15-16　串联管道时调节阀的工作特性（以 Q_{min} 为参数对比值）

② 并联管道的工作流量特性　在可调比分析中已经知道，调节阀的 Q_{min} 为旁通阀流量 $Q_{旁}$。因此，旁通阀流量越大，Q_{min} 越大，Q_{min} 上移，使整个曲线上移（图 15-17），其中 X＝调节阀全开的最大流量/总管最大流量。根据现场经验，一般 $X\geqslant 0.8$，即旁通阀流量不应超过总流量的 20%。

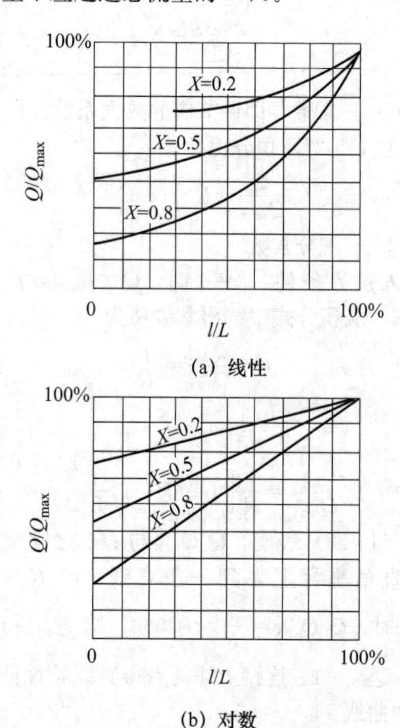

图 15-17　并联管道时调节阀的工作特性（以 Q_{min} 为参数对比值）

(3) 对传统流量特性理论的突破

传统的流量特性设计理论都是按阀上压降不变的理想状况来设计定型的，也是用这种方法向用户提供调节阀固有流量特性的。这种阀上压降不变，即 $S=1$ 的理想流量特性在实际工作中永远不会存在。实际工作中，$S<1$，工作特性偏离理想特性，严重地产生畸变。为了保证流量特性有较好的调节品质，人们按传统的流量特性理论，要求实际工作情况向理想情况靠拢，以牺牲能耗来换取，提出 S 应等于 0.3～0.6。$S<0.3$，实际工作特性畸变得不好使用。那么，为什么不可以将阀的固有特性向实际工作特性来靠拢呢？为什么提供实际工作中不存在的特性，让其在使用中严重畸变呢？为什么不可以按实际工作特性来讨论以减小这种畸变呢？由此可见，传统的理想与实际相脱离的设计与应用理论，从思想方法上看就存在着严重问题。因此，应该研究实际工作中具有代表性的、典型的 S 值，提供在这些 S 值下的直线和对数流量特性等，使阀固有特性尽可能与工作特性相吻合。作者提出的这种理想与实际相结合的方法将带来如下优点和实用意义：

a. 阀提供的固有特性与实际工作特性更加接近，

畸变减小，调节性能提高。

b. 按低S来设计阀的固有特性，打破传统的牺牲能耗来换取调节品质的高S运行理论，可大大节省系统能耗。据此理论，S可以在0.05～0.15之间，与原高S运行相比，可节省能耗15%～22%。这对于我国能源紧张的状况，有较好的使用价值和社会效益。

c. 随着计算机的应用，研究这种理论可使调节阀特性很容易根据不同S值实现在线整定、补偿，根据系统需要获得较佳的工作特性。这种阀华林公司正在研究之中。

d. 有利于产品制造。目前，调节阀流量特性误差是工厂最难达到的性能指标。然而，使用中因畸变厉害，从来没有用户提出过流量特性误差影响使用和调节的问题，因为即使提供的流量特性误差为0，到实际工作中，也畸变得一塌糊涂。因此，原流量特性误差的把关是只抓住其次要矛盾，忽视了实际工作中畸变厉害这一主要矛盾。采用常用典型S值下的工作特性为阀的固有特性，不但抓住了主要矛盾，保证了调节性能，而且这种试验更简化，也有利于产品制造。

(4) 节能调节阀流量特性

节能调节阀其实质就是保证在低S运行下调节阀有较理想的流量特性问题。

能否在低S下运行，传统的讨论都是僵持在阀的固有流量特性这个问题上。S值太小，主要影响两个调节品质指标，一是可调范围减小，二是流量特性畸变。因此，得出结论，为保证调节阀调节品质，S应取大一些，一般为0.3～0.6，从而否定了低S运行的问题。

上述争论不休的问题，实际上只要根据前面所谈到的理想与实际相结合的流量特性设计方法，在阀上做文章，也就显得十分简单了。由工作流量特性方式，将$S=0.1$代入，即可得到$S=0.1$的节能调节阀流量特性。

在试验中，通过修正阀芯曲面或套筒窗口的形状和尺寸，便很方便地解决了低S流量特性畸变的问题。实际可调比可达30，实际流量特性满足了国标对流量特性误差考核的要求，完全同普通阀一样。于是一种只在理想固有特性上讨论，把S定在0.3以上，通过提高阀上压降，牺牲能耗来换取调节品质的传统的方法被打破了。通过对阀的小小修正来解决问题，不仅简单易行，而且还节约了大量能耗。

(5) 流量特性的选择

① 工作流量特性的选择　由于选择方法较多，不必一一阐述。这里，推荐根据流量特性的使用特点得出的一种直观选择流量特性的参考表见表15-13；推荐根据系统的主要干扰来选择的参考表见表15-14。

② 固有流量特性的确定

a. 根据S值确定阀固有特性。根据表15-15选定工作特性，再根据S值确定阀固有特性（即理想特性）。

b. 根据不平衡力作用方向确定阀固有特性。不平衡力变化为“$-f_t$”（作用方向将阀芯压开）时，按通常方法即按上述方法确定；不平衡力变化为“$+f_t$”（作用方向将阀芯压闭）时，选用对数特性。

15.1.13 作用方式的选择

(1) 调节阀作用方式的选择

气动调节阀按作用方式不同，分为气开阀与气闭阀两种。气开阀随着信号压力的增加而打开，无信号时，阀处于关闭状态。气闭阀即随着信号压力的增加，阀逐渐关闭，无信号时，阀处于全开状态。

气开、气闭阀的选择主要从生产安全角度考虑。当系统因故障等原因使信号压力中断时（即阀处于无信号压力的情况下时），考虑阀应处于全开还是关闭状态才能避免损坏设备和保护工作人员。若阀处全开位置危害性小，则应选气闭阀；反之，应选气开阀。

(2) 气动薄膜执行机构作用方式的决定

选定了调节阀作用方式之后，即可决定气动薄膜执行机构的作用方式，即决定正作用或反作用执行机构的问题。

表15-13　直观选择流量特性

项目	直线特性	对数特性
流量特性的选择	具有恒定压降的系统	阀前后盖压力变化大的系统
	压降随负荷增加而逐渐下降的系统	压降随负荷增加而急剧下降的系统
		调节阀压降在小流量时要求大，大流量时要求小
		介质为液体的压力系统
	介质为气体的压力系统，其阀后管线长于30m	介质为气体的压力系统，其阀后管线短于3m
		流量范围窄小的系统
		阀需要加大口径的场合
	工艺参数给的准	工艺参数不准
	外界干扰小的系统	外界干扰大的系统
		调节阀压降占系统压降小的场合：$S<0.6$
	阀口径较大，从经济上考虑时	从系统安全角度考虑时

表 15-14 工作流量特性选择

系统及被调参数	干扰	流量特性	说明
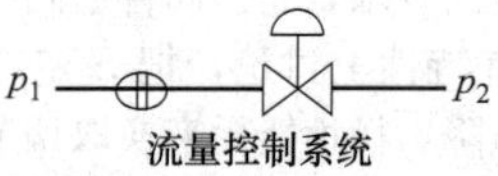 流量控制系统	给定值	直线	变送器带开方器
	p_1、p_2	等百分比	
	给定值	快开	变送器不带开方器
	p_1、p_2	等百分比	
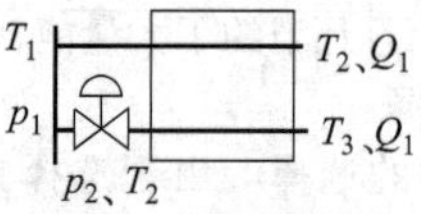 温度控制系统	给定值 T_1	直线	
	p_1、p_2、T_3、T_4、Q_1	等百分比	
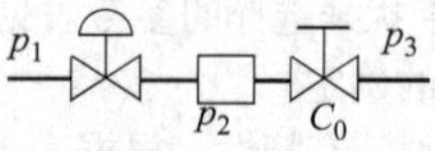 压力控制系统	给定值 p_1、p_3、C_0	直线	液体
	给定值 p_1、C_0	等百分比	气体
	p_3	快开	
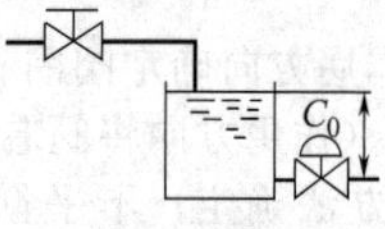 液位控制系统	给定值	直线	
	C_0	直线	
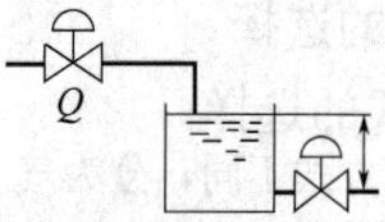 液位控制系统	给定值	等百分	
	Q	直线	

表 15-15 调节阀固有流量特性选择

调节阀与系统压降之比	≥0.6			<0.6		
要求的工作特性	平方根	直线	等百分比	平方根	直线	等百分比
选用的固有特性	平方根	直线	等百分比	等百分比	等百分比	等百分比

表 15-16 阀作用方式与执行机构作用方式

执行机构	作用方式	正作用		反作用
	型号	ZMA		ZMB
	动作情况	信号压力增加，推杆运动向下		型号压力增加，推杆运动向上
阀芯导向形式		双导向		单导向
执行机构作用方式		正作用		反作用
阀的作用方式	气开式			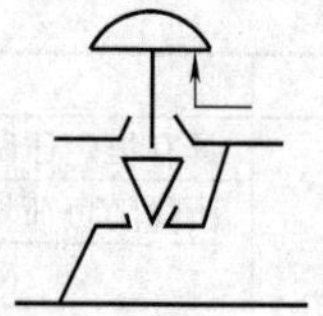
	气闭式	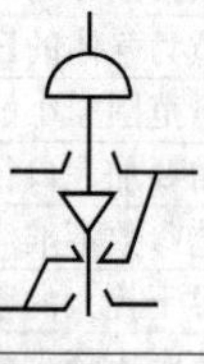	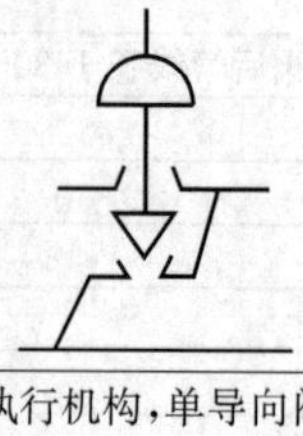	
结论		双导向阀气开、气闭均配正作用执行机构，单导向阀气开反作用，气闭配正作用执行机构（但现在双导向阀气开式也配反作用了）		

传统的执行机构与阀体部件的配用情况见表15-16。依据所选的气开阀或气闭阀，从该表中即可决定执行机构的作用方式及型号。

值得强调的是，对气开阀采用倒装阀芯去配正作用执行机构，现在看来是极不可取的。不去考虑阀的本身（阀芯仍然正装），而从改配反作用执行机构解决，这样既简单、又方便（理由是改动阀比改反作用执行机构复杂得多）。

15.1.14 弹簧范围选择

(1) “标准弹簧范围”错误说法应纠正

弹簧是气动调节阀的主要零件。弹簧范围是指一台阀在静态启动时的膜室压力到走完全行程时的膜压力，用p_r表示。如p_r为20～100kPa，表示这台阀静态启动时膜室压力是20kPa，关闭时的膜室压力是100kPa。常用的弹簧范围有20～100kPa、20～60kPa、60～100kPa、60～180kPa、40～200kPa。由于气动仪表的标准信号是20～100kPa，因此传统的调节阀理论把与气动仪表标准信号一致的弹簧范围(20～100kPa）定义成标准弹簧范围。调节阀厂家按20～100kPa作为标准来出厂，这是错误的。

为了保证调节阀正常关闭和启动，就必须用执行机构的输出力克服压差对阀芯产生的不平衡力。对气闭阀膜室信号压力首先保证阀的关闭到位，然后再继续增加的这部分力，才把阀芯压紧在阀座上，克服压差把阀芯顶开。不带定位器调节阀的最大信号压力是100kPa，它所对应的20～100kPa的弹簧范围只能保证阀芯走到位，再也没有一个克服压差的力量，阀工作时必然关不严，造成内漏。为此，就必须调整或改变弹簧范围，但是，把它说成“标准弹簧范围”就出问题了，因为是标准就不能改动。如果坚持标准，按“标准弹簧范围”来调整，那么，它又怎么能投用呢？在现实中，却有许多使用厂家和安装公司，都坚持按“标准弹簧范围”20～100kPa来调整和验收调节阀，又确实发生阀关不严的问题。错误的根源就在此。

正确的提法应该是“设计弹簧范围”，是设计生产弹簧的零件参数。工作时根据气开、气闭还要做出相应的调整，称为工作弹簧范围。仍以上述为例，设计弹范围20～100kPa，对气闭阀可以将工作弹簧范围调到10～90kPa，这样就有10kPa，作用在膜室的有效面积A_e上；又如气开阀，有气打开，无气时阀关闭，此时克服压差靠的是弹簧的预紧力。为了克服更大的压差，需调紧预紧力，还需带定位器，若定位器气源为140kPa，可以将设计弹簧范围20～100kPa调紧到50～130kPa，此时输出力为50kPa×A_e。如果把20～100kPa作为标准弹簧固定的话，就只有20kPa×A_e，带定位器也失去作用。由此可见，气开阀带定位器也必须调高弹簧范围的起点压力才能提高执行机构的输出力。

对不带定位器的场合，气闭阀还可以设计20～80kPa，这样不带定位器仍有20kPa×A_e的输出力。所以弹簧范围应根据气开与气闭、带定位器与否、压差产生的不平衡力作用的方向，三者结合起来才能设计出相适应的弹簧。国外设计的弹簧之所以很多，多达十几种，就是此道理。由此可见，标准弹簧范围的提法是错误的，它让人们在“标准”二字上而不能改动，误导人们死套20～100kPa来调校，结果造成无输出力或输出力不够。正确的做法应是：将“标准弹簧范围”提法取消，改为“设计弹簧范围”。其中20～100kPa的弹簧范围称为常用弹簧范围。

(2) 弹簧范围的选择

弹簧范围的选择主要从阀的稳定性、输出力两方面考虑。

① 从阀的稳定性上选择　弹簧应该是越硬越好，如选用40～200kPa、60～180kPa的弹簧，它不仅克服轻微振荡、克服摩擦力，而且能使阀芯往复运动自如。

② 从输出力上选择　由于执行机构的输出力是执行机构总的合力减去弹簧的张力、摩擦力，弹簧越软其输出力就越大。所以，从输出力上考虑应该选择软弹簧（即小的弹簧范围）。

③ 从综合性能上选定弹簧范围　若从稳定性上选择，要选用弹簧范围大的硬弹簧；若从输出力来看，又应该选用弹簧范围小的软弹簧。两者互为矛盾，因此应予以综合考虑。在满足输出力的情况下，尽量选用范围大的硬弹簧。笔者建议，对薄膜阀充分利用定位器250kPa的气源，选用60～180kPa的弹簧，它对气开阀有60kPa的输出力，对气闭阀有250kPa－180kPa＝70kPa的输出力，其弹簧范围p_r为180kPa－60kPa＝120kPa。再看传统的20～100kPa的弹簧配140kPa的气源时的输出力：气开阀为20kPa，气闭阀为140kPa－100kPa＝40kPa，其弹簧范围p_r＝100kPa－20kPa＝80kPa。由此不难看出，无论从输出力、刚度上讲，建议选择60～180kPa的弹簧范围远远优越于常规弹簧范围。

④ 特殊情况弹簧范围的选择　若遇大口径、大压差、含颗粒等场合时，其弹簧范围的选定通过详细计算来确定。

15.1.15 调节阀流向选择

由于介质流动方向的改变，一是使得阀前后压力p_1、p_2对换，不平衡力作用方向或大小改变；二是介质对阀芯的绕流方向改变，使流动轨迹发生变化，对液体的阻力不同。这些变化对阀的工作性能有什么影响呢？反过来，又怎样根据工作情况来选择阀的流向呢？

(1) 流向对工作性能的影响

① F_t作用方向改变对工作性能的影响　对阀杆

直径 d_s＞阀座口径 d_g 的调节阀，不同流向，可引起 F_t 作用方向的改变，它将带来如下影响。

a. 对稳定性的影响：前面已经分析了，“$-F_t$”时阀稳定，“$+F_t$”时稳定性差。

b. 对阀芯密封性能的影响：“$-F_t$”时，阀芯密封力 $F_O=F-F_t$，“$+F_t$”时，不平衡力本身是将阀芯压闭的，从而增加了密封比压。可见前者密封力小，密封性能差；后者密封力大，密封性能好。

c. 对许用压力、许用压差的影响：由于流向的改变，使阀杆端压力为 p_1 或 p_2，前者不平衡力比后者小，使许用压力、许用压差改变，p_1 在阀杆端比 p_2 在阀杆端［Δp］大（$d_s<d_g$ 时）。在同样阀芯装配上，流闭型的许用压力、许用压差较流开型大（$d_s\leqslant d_g$，因其输出力大）。

② 体阻力改变对工作性能的影响　为说明这一问题，首先从流体力学上分析一下流体对不同绕流物的阻力情况。在表 15-17 中，飞机机翼是在风洞里试验的，风速为 210mile/h（1mile＝1609.344m）。当圆头朝上时，阻力为 1 个单位；将机翼倒 180°，使尖尾朝前，阻力则为前者的 2 倍。把前一情况模拟为流闭型，后一情况模拟为流开型，即可得到流闭型比流开型阻力小的结论。其主要原因在于大头朝前时产生的涡流区远小于大头向后产生的涡流区，因此大头向前的阻力小于大头向后的阻力。现在回到调节阀中，因流闭型阻力比流开型小，故流闭型的流量系数比流开型大，一般可提高 10%～15%左右。同时，也提高了阀的可调范围。由于一般调节阀的流量系数、流量特性是在流开型状态下由试验确定的，即流开型具有标准的流量系数和理想流量特性。因此，选用流闭型可得到比标准流量系数大 10%～15%的流量系数。另一方面，因这一差别主要发生在大开度上，它可以补偿 S 值影响，就是说，流闭型大开度流量增加，适当地减小了特性曲线的畸变。

③ 流动方向改变对使用寿命的影响　由于介质流动方向改变，因而介质对阀芯、阀座产生的冲刷和汽蚀发生了变化。对流开型，介质从阀芯尖的一头往大的一端流动，冲刷和汽蚀直接作用在密封面上，同时，介质一旦经过节流口后，流速突然减慢，相当于突然扩大，使压力急剧回升，因此，汽蚀作用较强，致使密封面很快被破坏。故流开型使用寿命短［图 15-18（a）］。对流闭型，与上述情况相反，汽蚀和冲刷主要作用在密封面下面。同时，介质需要流经阀座后才突然扩大使压力急剧回升。因此，在流经阀座通道过程中，相当于逐步扩大，压力恢复慢，减少了汽蚀的破坏。流出阀座后，压力急剧回升，汽蚀加剧，但是它基本上不作用在阀芯阀座密封面上。故流闭型使用寿命长［图 15-18（b）］。实践证明，在严重冲刷和汽蚀条件下，选用流闭型比流开型使用寿命长 1/4～1/2 以上，若长期在小开度上工作，可相差数倍。

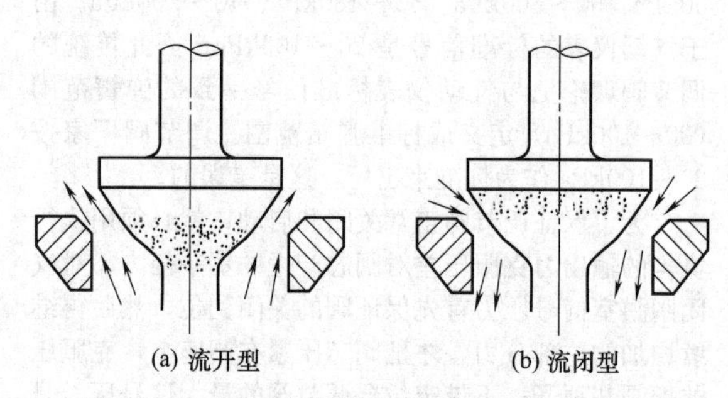
(a) 流开型　　(b) 流闭型

图 15-18　流动方向改变对使用寿命的影响图

④ 不同流向对其工作性能的影响

a. 对产生闪蒸的临界压差 Δp_C 的影响。由于流闭型阻力小，流开型阻力大，因此，在节流时前者阻力小，压力恢复大，即压力损失小，后者阻力大，压力损失大。如果让压力下降的最低点恰好等于该介质的饱和蒸气压 p_V 值，此时在阀上的压降就恰好等于产生闪蒸的临界压差 Δp_C（图 15-19）。从图中可以明显地看出：流闭型 Δp_{C1} 小，流开型 Δp_{C2} 大，即流闭

表 15-17　调节阀流阻力模拟

机翼阻力试验			模拟阀芯节流	
试验条件	流动示意图	阻力单位	流向	阻力
风速：210mile/h 从圆头向尖尾绕流		1	流闭型	小
风速同上，从尖尾向圆头绕流		2	流开型	大

型比流开型易产生闪蒸。由计算 $\Delta p_C = F_L^2(p_1 - p_V)$，可见其中 F_L 反映了压力在节流口的恢复程度。查表知道：单座阀流闭型 $F_L=0.8$，流开型 $F_L=0.9$；角形阀流闭型 $F_L=0.5\sim0.8$，流开型 $F_L=0.85\sim0.9$。因此流闭型 F_L 值小，故 Δp_C 小。

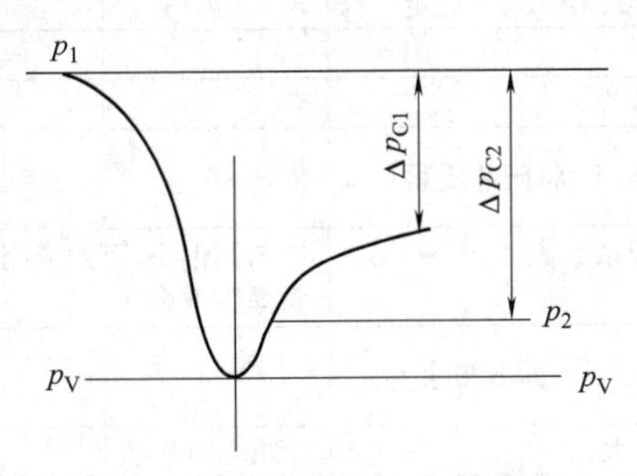

图 15-19　流向对 Δp_C 的影响

b. 对"自洁"作用性能的影响。对角形调节阀，流闭型介质往下流动（侧进底出），有冲刷和"清洗"的作用，故"自洁"作用好；流开型，介质往上流动（底进侧出），介质中的易沉淀物易堆积在上容腔死区内，造成堵塞现象，故"自洁"作用差。这就是调节阀用于易堵塞场合时应选流闭型的原因所在。

c. 对阀杆密封性能的影响。当 p_2 处于阀杆端时，阀杆密封性好，p_1 在阀杆端时，阀杆密封性较前者差，特别是在高压差时更为突出。

(2) 流向对工作性能的影响及选择

一般调节阀对流向的要求可分为 3 种情况：

a. 对流向没有要求，即为任意流向，如球阀、普通蝶阀。

b. 规定了某一方向，一般不得改变，如三通阀、文丘里角阀、双密封带平衡孔的套筒阀。

c. 根据工作条件，存在流向的选择问题。这一类阀主要为单座阀、单密封的调节阀，如单座阀、角形阀、高压阀、无平衡孔的单密封套筒阀等。后面一类阀怎样选择呢？为了便于应用，把前面流向对工作性能的影响分析、归纳在一个表中，并以此为选择根据得出调节阀流向选择（表 15-18）。

从表 15-40 中可以看出，两种流向各有利弊，在具体选择时，应根据阀工作的主工矛盾来决定。

a. 高压阀，$d_g \leqslant 20$mm 时，通常压力大，压差高，汽蚀冲刷严重，应选流闭型；$d_g > 20$mm 时，因存在稳定性问题，应根据情况决定。

b. 角形阀，对高黏度、悬浮液、含固体颗粒介质，要求"自洁"性能好，应选流闭型；仅为角形连接时，可选流开型。

c. 单座阀，通常选流开型。

d. 小流量调节阀，通常选流开型，当冲刷厉害时，可选流闭型。

e. 单密封套筒阀，通常选流开型，有"自洁"要求时，可选流闭型。

f. 对两位型调节阀（单座阀、角形阀、套筒阀等，快开流量特性），应选流闭型；当出现水击、喘振时应改用流开型。其中，当选用流闭型且 $d_s < d_g$ 时，阀存在稳定性较差问题。

g. 还应注意以下几点：最小工作开度大于 20%～30% 以上；选用刚度大的弹簧［推荐选用 (0.6～1.8)×100kPa 范围的弹簧］；选用对数流量特性。

(3) 需要纠正的概念

需要纠正一下国内在流向概念上存在的错误。过去流向的划分除按流动方向来定义外，还从不平衡力的作用方向来定义。认为，"$-F_t$"的作用是将阀芯顶开，故称流开型；"$+F_t$"的作用是将阀芯压闭，故称流闭型。事实上，在同一种流向的情况下，F_t 可能是"+"，也可能是"－"，自相矛盾。因此，正确的划分只能从流动方向来定义。从后一种错误的定义出发，进一步得出的流开型恒为"$-F_t$"，故稳定性好，流闭型恒为"$+F_t$"，故稳定性差的结论也是不全面的。这一错误概念带来不少问题。如在高压阀应用上，认为流闭型恒为"$+F_t$"，故笼统地定为流开型，结果，大量高压差下使用的小口径高压阀使用寿命极短。笔者根据本书对不平衡力和流向的分析中提出的问题，将 $d_g \leqslant 20$mm 的小口径高压阀改为流闭型，稳定性不变，却使高压阀使用寿命得以明显提高，有的提高了十几倍。

15.1.16　调节阀填料选择

目前，柔性石墨填料应用越来越广泛，特别是在高温情况下，选用这种填料，密封可靠，并可省去散热片，经济性也好。如高温蝶阀、高温高压调节阀均采用这种结构。这样一来，生产厂将有柔性石墨填料和四氟填料两种供选用。四氟、石墨填料的比较，选择见表 15-19。

15.1.17　阀门附件选择

调节阀附件的正确选择应该是对阀的功能、安全、可靠性的有益保证和补充，但如果选型不当，就会带来许多副作用，因此，在选择时应予以高度重视。

(1) 定位器与转换器的选择

① 定位器的工作原理　定位器是提高调节阀性能的重要手段之一。定位器利用闭环原理，将输出量阀位反馈回来与输入量比较，即阀位信号直接与阀位比较。在不带定位器时，阀位信号为气动压力。它作用在膜片上产生推力，与弹簧张力和阀的轴向作用力平衡。因此，在此力一定的情况下，若摩擦力、不平衡力等发生变化，必然引起弹簧张力的变化，而使行程发生变化，即不带定位器时，阀位信号压力不是直

表 15-18 流向对工作性能的主要选择

对性能影响 \ 流向	流开	流闭		流向选用	
				流开	流闭
对稳定性影响	稳定	$d_s \geqslant d_g$	稳定		√
		$d_s < d_g$	$F_t < 1/3 p_r A_e$,稳定	√	√
			$F_t \geqslant 1/3 p_r A_e$,不稳定	√	
对寿命影响	寿命短	寿命长			√
对“自洁”性能影响	“自洁”性能差	“自洁”性能好			√
对密封性能影响	密封性能差(通常 F_t 将阀芯顶开)	密封性能好(通常 F_t 将阀芯压紧)			√
对流量系数影响	一般具有标准流量系数	一般比标准流量系数大 10%～15%左右		若阀偏小,可改流闭,使流量系数增大	
对输出力的影响	输出力小(输出力计算要另除 p_r)	输出力大(输出力不计算不扣除 p_r)			√
F_L 值	大(阻力大,恢复小)	小(阻力小,恢复大)		减小闪蒸√	
动作速度	平缓	接近关闭时有跳跃启动、跳跃关闭现象		√	

表 15-19 四氟、石墨填料的比较与选择

		V形四氟填料	O形石墨填料
密封的可靠性		寿命短,可靠性差	寿命长、耐磨、可靠性高、摩擦大
填料温度		−40～180℃	−200～600℃
选择情况	常温 −40～250℃	可优先选用	在需要带定位器使用时可以考虑,尤其是蒸气介质
	中温 −60～450℃	必须加散热片,以使填料在 250℃以下工作。因增加散热片,使产品价格比常温增加10%～20%左右	可以不带散热片使用,故经济性好,外形尺寸小,并且密封性能好,但必须带定位器,目前选用越来越多,当工作温度较高时,可优先选用
	高温 450～600℃	不能用(目前,四氟填料只设计到 450℃以下)	可用到 600℃
禁用介质		熔融状碱金属、高温三氟化氯及氟元素	高温、高浓度强氧化剂
结论		由于石墨填料耐磨、耐蚀、耐温,使用寿命长,是四氟填料寿命的 2～3 倍,所以建议尽可能选用石墨填料,尤其是旋转类调节阀、超高温调节阀、带定位器使用的调节阀	

接阀位比较，而是力的平衡，故精度低，不平衡力变化大，阀位变化也大。因此，选用定位器能大大地提高阀的精度，同时，因气源压力大，还能提高阀许用压差，而且还具有加快阀动作，改变作用方式、改变流量特性等功能。

② 定位器的主要作用

a. 它可以将全部气源压力送到调节阀的执行机构的膜室内，使气源压力得到充分利用，以此提高了执行机构的输出力，相应阀能切断更大的压差。

b. 由于是靠位置来反馈，当摩擦力较大时，便产生较大的回差，定位器便可改变输出压力使阀定在相应的位置上，“定位器”其名的得来，就是这个道理。所以，它又具有提高阀的位置精度的作用。

c. 定位器将整个气源送到膜室，当膜室压力使阀运动并走在相应的位置时，气源被切换，阀便稳定在某位置上，即是说，阀的供气速度快，阀的动作速度加快。

d. 电气转换器的作用，能用电信号来控制气动阀（电气转换器就只有这一功能）。

③ 定位器与转换器的比较与选择　从上述作用中不难看出，定位器具有提高输出力、提高位置精度、提高动作速度和电气转换四大作用；而电气转换器就只有电气转换功能。两者比较，宜首选定位器。定位器的选用场合详见表 15-20。

在某些特殊场合，如防爆要求特别高时，可选“气动阀门定位器＋电气转换器”，而不应选电气阀门定位器。这样，气动阀门定位器在现场不存在防爆，而转换器就可远离现场，远离防爆区，值得一提的是，有的炼油厂和一些化肥厂却将“气动阀门定位器＋电气转换器”广泛应用于一般场合，不仅多耗成本，还降低了阀的可靠性，这显然是不可取的。

表 15-20 定位器选用场合

<table>
<tr><th>序号</th><th>应选择的场合</th><th colspan="2">选择原因</th></tr>
<tr><td>1</td><td>阀的工作压差较大时或采用刚度大的弹簧范围时</td><td colspan="2">增加阀的许用压差和阀的刚度，以增加稳定性</td></tr>
<tr><td>2</td><td>为防止阀杆处外泄需要将填料压紧时</td><td rowspan="3">因填料处增加了阀杆的摩擦力</td><td rowspan="6">因定位器直接与阀位比较而不是与力直接比较，故为克服各种力对阀工作性能的影响而选定位器</td></tr>
<tr><td>3</td><td>高温阀、低温阀、波纹管密封阀</td></tr>
<tr><td>4</td><td>使用柔性石墨填料的场合</td></tr>
<tr><td>5</td><td>悬浮液、高黏度、胶状、含固体颗粒、纤维、易结焦介质的场合</td><td>因增加了阀杆运动的摩擦力</td></tr>
<tr><td>6</td><td>用于阀大口径场合，一般阀≥DN100，蝶阀≥DN250</td><td>因阀芯阀板的重量影响阀动作</td></tr>
<tr><td>7</td><td>高压调节阀</td><td>压差大，使阀芯的不平衡力较大</td></tr>
<tr><td>8</td><td>气动信号管线长度≥150m</td><td colspan="2">加快阀的动作</td></tr>
<tr><td>9</td><td>用于分程控制</td><td colspan="2"></td></tr>
<tr><td>10</td><td>调节阀由电动调节器控制的场合</td><td colspan="2">电气转换</td></tr>
</table>

(2) 电磁阀的选择

对两位控制的阀应选用电磁阀来切换气信号，使主阀或关或开，如果电磁阀失控，动作不灵，就会出现大的失误，所以电磁阀的选择主要考虑其可靠性，特别是故障情况下使用的安全开（关）的阀更要加倍重视其可靠性。选择电磁阀时，除要告知型号外，还必须告知信号、防爆否、失电时主阀的开关位置（绝大部分选用电磁阀均没有提及此问题，现应引起重视）。

(3) 行程开关的选择

过去选用机械式的行程开关较多，现在多数选用非接触式开关，它具有简单、可靠、安装方便的特点。

(4) 手轮机构的选择

手轮机构有侧装和顶装两种，由于手动操作方便，因此被大量选用。气动薄膜执行机构所配手轮机构的适用场合及选择见表 15-21。

ZPS 型侧装手轮机构结构复杂、笨重，现在绝大部分场合选用结构简单、轻巧的顶装手轮执行机构。

(5) 空气过滤减压阀的选择

对接有气源压力的气动仪表和电气阀门定位器、转换器，可选用空气过滤减压阀。它既可过滤空气，又可调节气源压力的大小，以得到所需要的气源压力值。

15.1.18 调节阀选型咨询表

为保证用户选好阀、用好阀，在订货前，可按表 15-22 和表 15-23 提供的要素向使用厂咨询。

表 15-21 手轮选用场合

<table>
<tr><th rowspan="2">选 用 场 合</th><th colspan="3">型号决定</th></tr>
<tr><th>ZPS-Ⅰ</th><th>ZPS-Ⅱ</th><th>ZPS-Ⅲ</th></tr>
<tr><td rowspan="4">①当阀在发生故障时，为使阀成为手动调节的场合
②需用开度限位时（手轮机构可起到开度限位器的作用）
③对大口径和使用贵金属制作管道时，为省去旁路节约投资时（由手轮机构代替旁路，但在特别重要的调节中，仍需要采用旁路切断阀）</td><td colspan="3">配用执行机构型号</td></tr>
<tr><td>ZHA(B)-11</td><td>ZHA(B)-23</td><td>ZHA(B)-45</td></tr>
<tr><td>ZHA(B)-22</td><td>ZHA(B)-34</td><td></td></tr>
<tr><td colspan="3">由阀的执行机构决定手轮机构的型号</td></tr>
</table>

表 15-22 调节阀选型咨询表

<table>
<tr><td rowspan="10">调节阀选择方面</td><td rowspan="6">1. 主阀选择</td><td colspan="2">装置名称:________</td><td colspan="2">位号:________</td><td colspan="2">管道外径×壁厚:ϕ ____×____</td><td colspan="2">管道材质:________</td></tr>
<tr><td colspan="2">名称:________</td><td colspan="2">型号:________</td><td colspan="2">公称压力:PN ________</td><td colspan="2">作用方式:(见5)</td></tr>
<tr><td colspan="2">尺寸:DN __×d_g __</td><td colspan="2">流量系数:C __或C_V __</td><td colspan="2">流量(详见8)特性:________</td><td colspan="2">上盖形式:________</td></tr>
<tr><td rowspan="2">零件与材质</td><td>名称</td><td>阀体</td><td>内件</td><td>阀杆或轴</td><td>堆耐磨合金</td><td>衬里</td><td>填料</td></tr>
<tr><td>材质</td><td></td><td></td><td></td><td></td><td></td><td></td></tr>
<tr><td colspan="8">特殊要求及说明:流向____________;精小型执行机构:________________</td></tr>
<tr><td rowspan="4">2. 附件选择</td><td>名称</td><td>阀门定位器</td><td>电气转换器</td><td>电磁阀</td><td>回讯器</td><td></td><td>手轮机构</td><td>减压阀</td></tr>
<tr><td>信号</td><td></td><td></td><td></td><td></td><td rowspan="3">其他附件</td><td>油雾器</td><td>调整阀</td></tr>
<tr><td>国产</td><td></td><td></td><td></td><td></td><td>保位器</td><td>单向阀</td></tr>
<tr><td>进口</td><td></td><td></td><td></td><td></td><td></td><td></td></tr>
<tr><td></td><td>3. 配套件备件</td><td>配对法兰</td><td>配对螺栓螺母</td><td>法兰垫片</td><td>膜片</td><td>O形圈</td><td>填料</td><td>节流件</td><td></td></tr>
</table>

续表

类别	项目											
调节阀工作条件与使用要求	4. 工作条件		流量/(t/h或m^3/h)	阀前压力 p_1/MPa	阀后压力 p_1/MPa	压差Δp/MPa	介质温度/℃	计算C值				
		最大值										
		正常值										
		最小值										
		其他条件	相对密度	重度	黏度	浓度/%	调解范围	S值	相对温度			
	5. 故障下的状态	气开（故障关）	气闭（故障开）	电开	电闭	保持（即保位）	电磁阀失电主阀位置		是否要反馈信号			
							主阀开	主阀开				
	6. 走完行程的要求	带定位器时对阀的动作时间要求(s)____	两位阀紧急动作的方向		两位阀紧急动作的要求			两位阀动作频率/(次/min)：____				
			紧急打开	紧急关闭	3~5s	1~3s	0.1~1s					
	7. 防爆要求	不要求	要求防爆	防爆等级			特别严格场合，可选用：电气转换器（离开现场）+气动阀门定位器（现场）					
	8. 调节要求	调节型及其特性						既要求调节又要求两位动作	手动调节			
		直线	对数	近似对数	抛物线	低S节能直线	快开					
	9. 满足泄漏要求	不作要求	允许有大的泄漏	低泄漏	一般切断		较严格切断		严格切断			
		不要求	<2%	<0.5%	<0.1%	<0.01%	1×10^{-5}	1×10^{-6}	1×10^{-7}	1×10^{-8}	气泡级	零泄漏
	10. 克服压差保证阀关闭	阀关闭时的压差Δp=____MPa	可供气源压力p_g=____MPa	弹簧工作范围p_r=____MPa	Δp大需要增大执行机构	Δp小需要增小执行机构	需要过载保护					
调节阀选择方面	11. 提高寿命	汽蚀	原用阀寿命____月	10 最大压差Δp____MPa	饱和蒸汽压p_V____MPa	原用阀通常开度____%	原用阀尺寸 DN____ d_g____	原用阀C值____	原用阀结构角性直通			
		冲蚀	原用阀寿命____月	0 最大压差Δp____MPa	由硬物冲击引起	原用阀通常开度____%	原用阀尺寸 DN____ d_g____	原用阀C值____	原用阀结构角性直通			
		腐蚀	原用阀寿命____月	介质成分	60 介质温度____℃	72 介质浓度____%	阀体、内件、轴、衬材质说明		原用阀结构			
		零件不可靠	原用阀寿命____月	隔膜阀膜片常折破	密封面不可靠	薄膜膜片常破裂	弹簧常断裂	阀杆断裂	铸件渗漏			
	12. 防堵塞	含固体的比例____%	固体直径ϕ:____mm	结晶	结巴	含纤维	悬浮液	需要保温夹套				
	13. 振动噪声流向	振动	振荡	定位器振荡	跳跃式启动并引起冲击	振动振荡强弱	噪声____dB	流向：流向开 流向关				
	14. 满足现在安装尺寸及限制重量	法兰距____	法兰标准	法兰凹凸面形式	活塞用铜管外径ϕ____mm	电信号连接螺纹M____	需要在现场实测尺寸	限重、要求减轻阀的重量				
		安装空间至中心的极限尺寸(mm)：至上____至下____至前____至后____至左____至右____					手轮位置（相对流向）至左 至前 至右 至后					
	15. 其他要求	要求特别清洗	要求脱油处理	经常拆卸要求拆装方便	加长支架	需要温度保护	要求用不锈钢螺钉螺母	批量大，是否要求供方到现场落实				

表 15-23　调节阀选型表

	单位名称	仪表数据表 Instrument Data Sheet					
		调节阀选型表	版次 Vet.	编制 Prep.	校核 Chk.	审核 Apro.	日期 Date
工程名称 Item							
项目名称 Plant		Regulating Calculating and Selecting	图号 Dwg No.				
设计阶段 Des. Stage		第 1 页共　页 Sheet of 1					

左项	子项	值	右项	子项	值
位号 Tag No.			作用形式 Action Style		
数量 Quantity			弹簧范围 Spring Range		
用途 Service			气源压力 Air Press		
管道编号 Line No.			行程 Travel		
管道材质 Pipematerial			全开/全关时间 All Open/Close Time		
管道规格 Pipe Size			手轮 Hand Wheel		
工艺参数 Parameters			气信号接口尺寸 Pneu. Conn. Size		
工艺介质 Process Fluid			电动执行机构 Electronic Actuator		
介质状态 medium State			型号 Model		
操作温度 Oper Temper/℃			类型 Type		
阀前压力 Upstream Pressure			生产厂家 manufacturer		
阀后压力 Downstream Pressure			电源电压 Voltage of the Power		
关闭压差 Shut-Off Diff			输入信号 Input Signal		
流量 Flow	气体 Gas　最大 Max.		输出信号 Output Signal		
	蒸汽 Vapor　正常 Nor.		转矩(推力)Sprain The Distance(Thru)		
	液体 Liquid　最小 Min.		行程 Travel		
密度 Density			全行程时间 The Whole Journey Time		
相对密度 Proportion			手轮 Hand Wheel		
动力黏度 Dynamic viscosity			电器接口尺寸 Size of Interface		
压缩系数 Compress Factor			防爆等级 Ex. Certification		
气化压力 Vapor Pressure			防护等级 Protection Class		
临界压力 Critical press			附　件 Accessories:		
噪声 Noise Level			定位器 Positioner	型号 model	
动力中断时阀开/关 Open/Close				生产厂家 manufacturer	
阀体/阀芯规格 Booy/Plug Specification				输入信号 Input Signal	
型号 model				输出信号 Output Signal	
类型 Type				作用形式 Action Style	
口径 Requirements				电气接口尺寸 Elec. Size	
阀座直径 Valve Size				气源接口 Air Conn. Size	
压力等级 Grade of Pressure				防爆等级 Ex. Certification	
连接形式及标准 Connect Type				防护等级 Protection Class	
材质 Material	阀体 Body		电磁阀 Solenoid Valve	型号 Model	
	阀芯 Plug			阀体材质 Bodymaterial	
	阀座 Seat			电源电压 Power Supply	
	填料 Packing			防爆等级 Ex. Certification	
流开/流闭 Flow Open/Close				电气接口尺寸 Elec. Size	
泄漏等级 Leakage Class				非励磁状态 Non-excitation	
流量特性 Flow Characteristic			限位开关 Limited Switch	型号 Model	
上阀盖形式 Valve Type				防爆等级 Ex. Certification	
计算 K_V Calc.　K_V	最大 Max.			防护等级 Protection Class	
	正常 Nor.			电气接口尺寸 Elec. Size	
	最小 Min.		空气过滤减压阀 Regulator		
选择 K_V Selected K_V			阀位变送器 Valve Location Changer		
允许最大压差 Allow Δp					
开度 Open Degree	最大 Max.		保位阀 Locked Valve		
	正常 Nor.		其他 Other		
	最小 Min.		外接气源管尺寸 Worthy of managing size		
气动执行机构 Pneumatic Actuator			管路附件 Pipe Accessorie		
型号 Model					
类型 Type			备注 Remarks		
生产厂家 Manufacturer					

15.2 物化数据篇

15.2.1 计算公式

(1) F_L 修正系数计算公式（表 15-24）

表 15-24 F_L 修正系数计算公式

介质		流动态	流动状态判断	计算式
液体		一般流动	$\Delta p<\Delta p_C=F_L^2(p_1-p_V)$	$K_V=Q\sqrt{r/\Delta p}$
		阻塞流动	$\Delta p\geqslant\Delta p_C$ 当 $p_V<0.5p_1$ 时 $\Delta p_C=F_L^2(p_1-p_V)$ 当 $p_V\geqslant 0.5p_1$ 时 $\Delta p_C=F_L{}^2[p-(0.96-0.28\sqrt{p_C/p_V})]$	$K_V=Q\sqrt{r/\Delta p_C}$
气体		一般流动	$\Delta p/\Delta p_1<0.5F_L^2$	$K_V=Q_N/380\sqrt{r_N(273+t)/\Delta p(p_1+P_2)}$
		阻塞流动	$\Delta p/\Delta p_1\geqslant 0.5F_L^2$	$K_V=Q_N\sqrt{r_N(273+t)}/330p_1p_L(y-0.148y^3)$
蒸汽	饱和蒸汽	一般流动	$\Delta p/\Delta p_1<0.5F_L^2$	$K_V=G_S/16\sqrt{\Delta p(p_1+p_2)}$
		阻塞流动	$\Delta p/\Delta p_1\geqslant 0.5F_L^2$	$K_V=G_S/13.8p_1p_L(y-0.148y^3)$ $y=1.63/F_L\sqrt{\Delta p/p_1}$
	过热蒸汽	一般流动	$\Delta p/\Delta p_1<0.5F_L^2$	$K_V=G_S(1+0.0013t_{sh})/16\sqrt{\Delta p(p_1+p_2)}$
		阻塞流动	$\Delta p/\Delta p_1\geqslant 0.5F_L^2$	$K_V=G_S(1+0.0013t_{sh})/13.8p_1p_L(y-0.148y^3)$

注：1. Q—液体流量，m^3/h；p_V—饱和蒸汽压，100kPa，可查 GB/T 2624—2006 或理化数据手册；r_N—标准状态下气体密度，kg/m^3；Q_N—标准状态下气体流量，m^3/h；p_C—临界点压力；p_1—阀前压力，100kPa；G_S—蒸汽流量，kgf/h；F_L—压力恢复系数；p_2—阀后压力，100kPa；r—液体密度，g/cm^3；t—摄氏温度，℃；Δp—压差，100kPa；t_{sh}—过热温度，℃；Δp_C—临界压差，100kPa。

2. 蒸汽、气体压力为绝对压力。

(2) 膨胀系数法计算公式（表 15-25）

表 15-25 膨胀系数法计算公式

介质	流动状态	计算公式	
		流动状态	K_V 值计算公式
液体	一般流动	$\Delta p\leqq F_L^2(p_1-F_Fp_V)$	$K_V=Q\sqrt{r/\Delta p}$
	阻塞流动	$\Delta p\geqslant F_L^2(p_1-F_Fp_V)$	$K_V=Q\sqrt{r/\Delta p_C}$
气体	一般流动	$\Delta p/p_1<F_XX_T$	$K_V=\frac{Q_N}{514p_1Y}\sqrt{\frac{T_1\gamma_NZ}{\Delta p/p_1}}$ 或 $K_V=\frac{Q_N}{457pY}\sqrt{\frac{T_1GZ}{\Delta p/p_1}}$ 或 $K_V=\frac{Q_N}{2460p_1Y}\sqrt{\frac{T_1MZ}{\Delta p/p_1}}$
	阻塞流动	$X=\frac{\Delta p}{p_1}\geqslant F_KX_T$	$K_V=\frac{Q_N}{290p_1}\sqrt{\frac{T_1\gamma_NZ}{KX_T}}$ 或 $K_V=\frac{Q_N}{258p_1}\sqrt{\frac{T_1GZ}{KX_T}}$ 或 $K_V=\frac{Q_N}{1390p_1}\sqrt{\frac{TMZ}{KX_T}}$
蒸汽	一般流动	$X=\frac{\Delta p}{p_1}<F_KX_T$	$K_V=\frac{G_s}{31.6X}\sqrt{\frac{1}{\Delta pr_1}}$ 或 $K_V=\frac{G_s}{101p_1Y}\sqrt{\frac{T_1Z}{M\Delta P/p_1}}$
	阻塞流动	$X=\frac{\Delta p}{p_1}\geqslant F_KX_T$	$K_V=\frac{G_s}{17.8}\sqrt{\frac{1}{KX_Tp_1r_1}}$ 或 $K_V=\frac{G_s}{62p_1}\sqrt{\frac{T_1Z}{KX_TM}}$
表中代号及单位	已经熟悉的代号	Q_N—气体标准状态下的流量，m^3/h γ_N—气体标准状态下的重度，kgf/m^3 p_1—阀前绝压，100kPa Δp—压差，100kPa G—对空气的相对密度	G_s—蒸汽重量流量，kgf/h T_1—入口绝对温度，K γ_1—入口蒸汽重度，kgf/m^3（若为过热蒸气时，代入过热条件下的实际重度）
	新引入的代号	F_K—比热容比系数，$F_K=K/1.4$ Z—压缩系数（由比压力 p_1/p_C 和比温度 T_1/T_C 查得，p_C 为临界压力，T_C 为临界温度） K—气体的绝热指数（对空气 $K=1.4$），可查表 X_T—临界压差比系数，$X_T=0.84F_L$ M—气体的分子量	p_C—临界压力，可查表 Y—膨胀系数，$Y=1-\frac{\Delta p/p_1}{3F_KX_T}=0.667\sim1.0$

注：p_C，Z，K 可进一步查阅 GB/T 2624—2006 或理化数据手册。

15.2.2 物化数据

(1) 气体性质(表15-26)

表15-26 气体性质

名称	分子式	分子量	气体常数 R	密度 ρ^0/(kg/mm³)		相对密度(在0℃,760mmHg下,空气=1)	沸点 T_b(在760mmHg下)/K	比热容比 X(在20℃及760mmHg下)	临界点		
				在0℃,760mmHg下	在20℃,760mmHg下				温度 T_c/K	压力 p_c/(kgf/cm²)	密度 ρ_c/(kg/m³)
空气(干)		28.96	29.28	1.2928	1.205	1.00	78.8	1.4*	132.42~132.52	38.4	328~320
氮	N_2	28.0134	30.27	1.2506	1.165	0.9673	77.35	1.4*	126.1	34.6	312
氧	O_2	31.9988	26.5	1.4289	1.331	1.1053	90.17	1.397*	154.78	51.7	4265
氩	Ar	39.948	21.23	1.7840		1.38	87.291	1.68	150.7	49.6	535
氖	Ne	20.183	42.02	0.90000		0.6062	27.09	1.68	44.4	27.8	483
氦	He	4.003	211.84	0.17847		01.1380	4.215	1.66	5.199	2.34	69
氪	Kr	83.40	10.12	3.6431		2.818	119.79	1.67	209.4	56.1	909
氙	Xe	131.30	6.46	5.89		4.53	165.02	1.666	289.75	59.9	1105
氢	H_2	2.016	420.63	0.08988	0.084	0.06952	20.38	1.412*	32.976	13.2	31.45
甲烷	CH_4	16.043	52.86	0.7167	0.668	0.5544	111.7	1.315*	190.7	47.3	162
乙烷	C_2H_6	30.07	28.20	1.3567	1.263	1.0494	184.52	1.18*	305.45	49.8	203
丙烷	C_3H_8	44.097	19.23	2.005	1.867	1.5509	231.05	1.13*	369.95	43.4	220
正丁烷	C_4H_{10}	58.124	14.59	2.703		2.091	272.65	1.10*	425.15	38.71	228
异丁烷	C_4H_{10}	58.124	14.59	2.675		2.0692	261.45	1.11*	408.15	37.2	222
正戊烷	C_5H_{12}	72.151	11.75	3.215		2.4869	309.25	1.07*	469.75	34.37	244
乙烯	C_3H_4	28.054	30.23	1.2604	1.174	0.975	169.45	1.22*	283.05	51.6	227
丙烯	C_3H_6	42.081	20.15	1.914	1.784	1.48	225.45	1.15*	365.05	47.1	233
丁烯-1	C_4H_8	56.108	15.11	2.500		1.9338*	266.85	1.11*	419.15	40.99	233
顺丁烯-2	C_4H_8	56.108	15.11	2.500		1.9338*	276.85	1.1214*	433.15	42.89	238
反丁烯-2	C_4H_8	56.108	15.11	2.500		1.9338*	274.05	1.1073*	428.15	41.83	238
异丁烯	C_4H_8	56.108	15.11	2.500		1.9338	266.25	1.1058*	417.85	40.77	234
乙炔	C_2H_2	26.038	32.57	1.1717	1.091	0.9063	189.139(升华)	1.24	309.15	63.7	231
苯	C_6H_6	78.114	10.86	3.3		2.553	353.25	1.101	562.15	50.19	304

续表

名称	分子式	分子量	气体常数 R	密度 ρ^0/(kg/mm³)		相对密度(在0℃,760mmHg下,空气=1)	沸点 T_b(在760mmHg下)/K	比热容比 X(在20℃及760mmHg下)	临界点		
				在0℃,760mmHg下	在20℃,760mmHg下				温度 T_c/K	压力 p_c/(kgf/cm²)	密度 ρ_c/(kg/m³)
一氧化碳	CO	28.0106	30.27	1.2584	1.165	0.9672	81.65	1.395	132.92	35.6	301
二氧化碳	CO_2	44.00995	19.27	1.977	1.842	1.5291	194.75(升华)	1.295	304.19	75.28	468
一氧化氮	NO	30.0061	28.26	1.3401		1.0366	121.45	1.4	179.15	66.1	52
二氧化氮	NO_2	46.0055	18.43	2.055		1.59	294.35	1.31	431.35	103.3	570
一氧化二氮	N_2O	44.0128	19.27	1.9781		1.530	184.66	1.274	309.71	74.1	457
硫化氢	H_2S	34.07994	24.88	1.539	1.434	1.1904	212.85	1.32	373.55	91.8	373
氢氰酸	HCN	27.0258	31.38	1.2246		0.947(3℃)	298.85	1.31(65℃)	456.65	54.8	200
氧硫化碳	COS	60.0746	14.12	2.712		2.105	222.95		378.15	63	
臭氧	O_3	47.9982	17.67	2.144		1.658	161.25		261.05	69.2	537
二氧化硫	SO_2	64.0628	13.24	2.727	2.726	2.264	263.15	1.25	430.65	80.4	524
氟	F_2	37.9968	22.32	1.695		1.31	85.03	1.358	172.15	56.8	493
氯	Cl_2	70.906	11.96	3.214	3.00	2.486	238.55	1.35	417.15	78.6	573
氯甲烷	CH_3Cl	50.488	16.8	2.3044		1.782	249.39	1.28/1.19	416.15	68.1	353
氯乙烷	c_2H_5Cl	64.515	13.14	2.870		2.22	285.45	0.3～0.5(16℃)	455.95	53.7	330
氨	NH_3	17.0306	49.79	0.771	0.719	0.5964	239.75	1.32	405.65	115.0	235
氟利昂-11	CCl_3F	137.3686	6.17	6.20		4.8	296.95	1.135	471.15	44.6	554
氟利昂-12	CCl_2F_2	120.914	7.01	5.39		4.17	243.35	1.138	385.15	40.0	558
氟利昂-13	$CClF_3$	104.4594	8.12	4.654		3.6	191.75	1.150(10℃)	302.05	39.4	578
氟利昂-113	CCl_2FCClF_2	187.3765	4.53	8.274		6.4	320.75		487.25	34.80	576

注：1. 带星号“*”表示15.6℃时的值。

2. 1mmHg=133Pa，1kgf/cm²=0.1MPa。

(2) 气体的比热容比 C_p/C_V (表15-27)

表15-27 气体的比热容比 C_p/C_V(压力为0.10135MPa)

名称	分子式	温度/℃										
		0	100	200	300	400	500	600	700	800	900	1000
氩	Ar	1.67	1.67	1.67	1.67	1.67	1.67	1.67				
氦	He	1.67	1.67	1.67	1.67	1.67	1.67	1.67				
氖	Ne	1.67	1.67	1.67	1.67	1.67	1.67	1.67				
氪	Kr	1.67	1.67	1.67	1.67	1.67	1.67	1.67				
氙	Xe	1.67	1.67	1.67	1.67	1.67	1.67	1.67				
水银蒸气	Hg					1.67	1.67	1.67				
甲烷	CH_4	1.314	1.268	1.225	1.193	1.171	1.155	1.141				
乙烷	C_2H_6	1.202	1.154	1.124	1.105	1.095	1.085	1.077				
丙烷	C_3H_8	1.138	1.102	1.083	1.070	1.062	1.057	1.053				
丁烷	C_4H_{10}	1.097	1.075	1.061	1.052	1.046	1.043	1.040				
戊烷	C_3H_{12}	1.077	1.060	1.049	1.042	1.037	1.035	1.031				
己烷	C_6H_{14}	1.063	1.050	1.040	1.035	1.031	1.029	1.027				
庚烷	C_7H_{16}	1.053	1.042	1.035	1.030	1.027	1.025	1.023				
辛烷	C_8H_{18}	1.046	1.037	1.030	1.026	1.023	1.022	1.020				
卤甲烷	CH_3Cl	1.27	1.22	1.73	1.16	1.15	1.13	1.12				
三氯甲烷	CH_3Cl_3	1.15	1.13	1.12	1.11	1.10	1.10					
乙酸乙酯	$C_4H_8O_2$	1.088	1.069	1.056	1.049	1.048	1.038	1.035				
氮	N_2	1.402	1.400	1.394	1.385	1.375	1.364	1.355	1.345	1.337	1.331	1.323
氢	H_2	1.410	1.398	1.396	1.395	1.394	1.390	1.387	1.381	1.375	1.369	1.361
空气		1.400	1.397	1.390	1.378	1.366	1.357	1.345	1.337	1.330	1.325	1.320
氧	O_2	1.397	1.385	1.370	1.358	1.340	1.334	1.321	1.314	1.307	1.304	1.300
一氧化碳	CO	1.400	1.397	1.389	1.379	1.367	1.354	1.344	1.335	1.339	1.321	1.317
水蒸气			1.28	1.80	1.29	1.28	1.27	1.26	1.25	1.25	1.24	1.23
二氧化硫	SO_2	1.272	1.243	1.223	1.207	1.198	1.191	1.187	1.184	1.179	1.177	1.175
二氧化碳	CO_2	1.301	1.260	1.235	1.217	1.205	1.195	1.188	1.180	1.144	1.174	1.171
氨	NH_3	1.31	1.28	1.26	1.24	1.22	1.20	1.19	1.16	1.17	1.16	1.15
丙酮	C_3H_6O	1.130	1.103	1.086	1.076	1.067	1.062	1.059				
甲基溴	CH_3Br	1.27	1.20	1.17	1.15	1.14	1.13	1.13				

(3) 干燥空气的密度(表15-28)

表15-28 干燥空气的密度 单位:kg/m^3

t/℃	760mmHg	1	2	3	4	5	6	7	8	9	10
0	1.2928	1.2515	2.5030	3.7545	5.0060	6.2575	7.5090	8.7605	10.0120	11.2635	12.515
5	1.2696	1.2290	2.4580	3.6870	4.9160	6.1450	7.3740	8.6030	9.8320	11.0610	12.2900
10	1.2471	1.2072	2.4144	3.6216	4.5288	6.0360	7.2432	8.4504	9.6576	10.8648	12.0720
15	1.2255	1.1863	2.3726	3.5589	4.7452	5.9315	7.1178	8.8041	9.4904	10.6767	11.8630
20	1.2046	1.1661	2.3322	3.4983	4.6644	5.8305	6.9966	8.1627	9.3288	10.4919	11.6610
25	1.1844	1.1465	2.2930	3.4395	4.5860	5.7325	6.8799	8.0255	9.1720	10.3185	11.4660
30	1.1649	1.1276	2.2552	3.3325	4.5104	5.6380	6.7656	7.8932	9.0208	10.1484	11.2760
35	1.1466	1.1099	2.2198	3.3297	4.4396	5.5495	6.6594	7.7693	8.8792	9.9891	11.0990
40	1.1277	1.0917	2.1834	3.2751	4.3668	5.4585	6.5502	7.6419	8.7236	9.8253	10.9170
45	1.1099	1.0744	2.1488	3.2232	5.2976	5.3720	6.4464	7.5208	8.5952	9.6696	10.7140
50	1.0926	1.0577	2.1154	3.1731	4.2308	5.2885	6.3462	7.4039	8.4616	9.5193	10.5770
55	1.0761	1.0418	2.0880	3.1254	4.1672	5.2090	6.2508	7.2926	8.3344	9.3762	10.4180
60	1.0600	1.0261	2.0522	3.0783	4.1044	5.1305	6.1566	7.1827	8.2088	9.2349	10.2610
65	1.0443	1.0109	2.0218	3.0327	4.0436	5.0545	6.0654	7.0768	8.0872	9.0981	10.1090
70	1.0291	0.9962	1.9924	2.9886	4.9886	4.9810	5.9772	6.9734	7.9696	8.9658	9.9620

续表

t/℃	760mmHg	1	2	3	4	5	6	7	8	9	10
75	1.0143	0.9819	1.9683	2.9457	3.9276	4.9095	5.8914	6.3733	7.8552	8.8371	9.8190
80	1.000	0.9680	1.9360	2.9040	3.8720	4.8400	5.8080	6.7760	7.7440	8.7120	9.6800
85	0.9860	0.9545	1.9090	2.8636	3.8180	4.7725	5.7270	6.6315	7.6360	8.5905	9.5450
90	0.9724	0.9418	1.8826	2.8239	3.7652	4.7065	5.6478	6.5891	5.5304	8.4717	9.4130

t/℃	11	12	13	14	15	16	17	18	19	20
0	13.7665	15.0180	16.2695	17.5210	18.7725	20.0240	21.2755	22.5270	23.7785	25.0300
5	13.5190	14.7480	15.9770	17.2060	18.4350	19.6640	20.8930	22.1220	23.3510	24.5800
10	13.2792	14.4864	15.6936	16.9008	18.1080	19.3152	20.5224	21.7296	22.9368	24.1440
15	13.0493	11.2356	15.4219	16.6082	17.7945	18.9308	20.1671	21.3534	22.5397	23.7260
20	12.3271	13.9932	15.1593	16.3254	17.4915	18.6576	19.2837	20.9808	22.1559	23.3220
25	16.6115	13.7580	14.9045	16.0510	17.1975	18.3440	19.4905	20.3370	21.7835	22.9300
30	12.4036	13.5312	14.6598	15.7864	16.9140	18.0416	18.1692	20.2968	21.4244	22.5520
35	12.2089	13.3188	14.4287	15.5386	16.6485	17.77584	18.8683	19.9782	21.0881	22.1980
40	12.0087	13.1004	14.1921	15.2838	16.3755	17.4672	18.5589	19.6506	20.7423	21.8340
45	11.8134	12.8928	13.9672	15.0416	16.1160	17.1904	18.2648	19.3392	20.4136	21.4880
50	11.6847	12.6924	13.7501	14.3078	15.8655	16.9232	17.9809	19.0386	20.0963	21.1540
55	11.4598	12.5016	13.5634	14.5852	15.6270	16.6688	17.7106	18.7524	19.7942	20.8300
60	11.2871	12.3132	13.3393	14.3654	15.3915	16.1176	17.4437	18.4698	19.4959	20.5220
65	11.1199	12.1308	13.1417	14.1526	15.1630	16.1744	17.1853	18.1962	19.2071	20.2180
70	10.9582	11.9544	12.9506	13.9468	14.9435	15.9392	16.9354	17.9316	18.9278	19.9240
75	10.8009	11.7828	12.7647	13.7366	14.7285	15.7104	16.6923	17.6742	18.6561	19.6380
80	10.6480	11.6160	12.5840	13.5520	14.5200	15.4880	16.4580	17.4240	18.3920	19.3600
85	10.4995	11.4540	12.4085	13.3630	14.3175	15.2720	16.2265	17.1810	18.1355	19.0900
90	10.3543	11.2956	12.2809	13.1782	14.1195	15.0608	16.0021	16.9434	17.8847	18.8260

(4) 气体压缩系数(图 15-20)

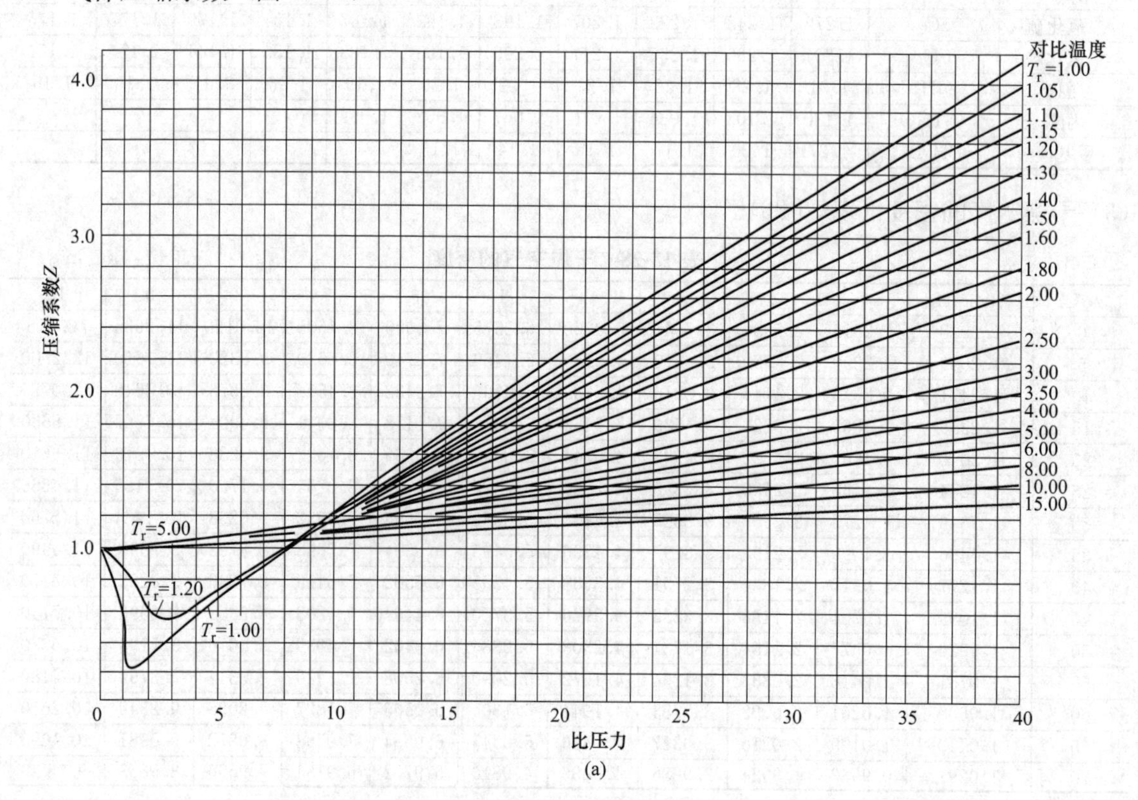

(a)

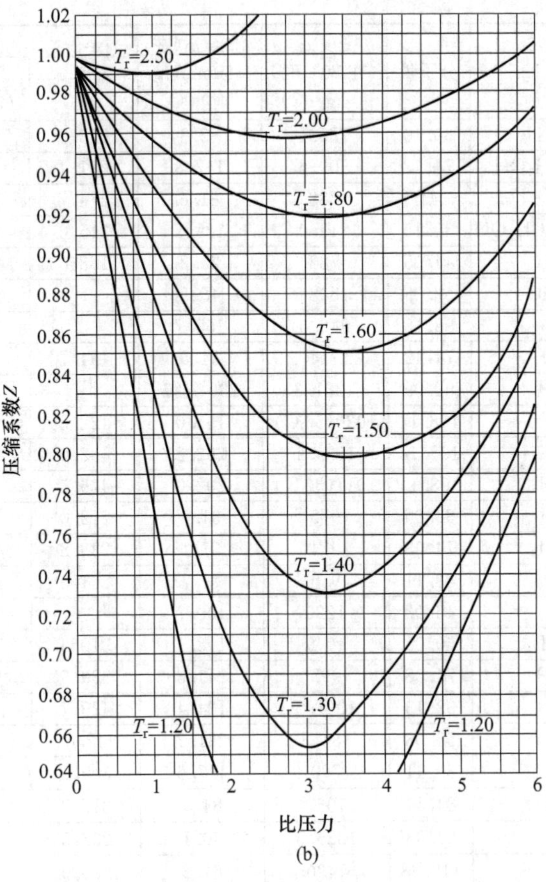

(b)

图 15-20 气体压缩系数

（5）液体性质（表 15-29）

表 15-29 液体性质

名称	分子式	分子量	密度 ρ_{20}（在 20℃时）/(kg/m³)	沸点 ρ_0（在 760mmHg 时）/℃	临界点			体积线胀系数 /10^5℃$^{-1}$
					温度 t_c /℃	压力 p_c /(kgf/cm²)	密度 ρ_c /(kg/m³)	
水	H_2O	18.0	998.2	100.00	374.15	255.65	307	18
汞	Hg	200.6	13545.7	365.95	1460	107.6	5000	18.1
溴	Br_2	159.8	3120	58.8	311	105.4	1180	113
硫酸	HO_2S_4	98.1	1834	340 分解				57
硝酸	HNO_3	63.0	1512	86.0				124
盐酸(30%)	HCl	36.47	1149.3					
环丁砜	$C_4H_8SO_2$	120	1261(30℃)	285				
				56.2	235	48.6	268	143
丙酮	CH_3COCH_3	58.08	791	79.6	260	39.5		
甲乙酮	$CH_3COC_2H_5$	72.11	803	181.8	419	62.6		
酚	C_8H_3OH	94.1	1050(50℃)					
二硫化碳	CS_2	76.13	1262	46.3	277.7	75.5	440	119
乙醇胺	$NH_2CH_2CH_2OH$	61.1		170.5				
乙醇	CH_3OH	32.04	791.3	64.7	240	81.3	272	119
甲醇	C_2H_5OH	46.07	789.2	78.3	243.1	64.4	275.5	110
乙二醇	$C_2H_4(OH)_2$	62.1	1113	197.6				
正丙醇	$CH_3CH_2CH_2OH$	60.10	804.4	97.2	265.8	51.8	273	98

续表

名称	分子式	分子量	密度 ρ_{20}（在 20℃时）/(kg/m³)	沸点 ρ_0（在 760mmHg 时）/℃	临界点			体积线胀系数 /10^5℃$^{-1}$
					温度 t_c /℃	压力 p_c /(kgf/cm²)	密度 ρ_c /(kg/m³)	
异丙醇	$CH_3CHOHCH_3$	60.10	785.1	82.2	273.5	54.9	274	
正丁醇	$CH_3CH_2CH_2CH_2OH$	74.12	809.6	117.8	287.1	50.2		
乙氰	CH_3CN	41	783	81.6	274.7	49.3	240	
正戊醇	$CH_3CH_2CH_2CH_2CH_2OH$	88.15	813.0	138.0	315.0			88
乙醛	CH_3CHO	44.05	783	20.2	188.0			
丙醛	CH_3CH_2CHO	58.08	808	48.9				
环己酮	$C_6H_{10}O$	98.15	946.6	155.7				
二乙醚	$(C_2H_5)_2O$	74.12	714	34.6	194.7	37.5	264	162
甘油	$C_3H_5(OH)_3$	92.09	1261.3	290 分解				
邻甲酚	$C_6H_4OHCH_3$	108.14	1020(50℃)	191.0	422.3	51.1		
间甲酚	$C_6H_4OHCH_3$	108.14	1034.1	202.2	432.0	46.5		
对甲酚	$C_6H_4OHCH_3$	108.14	1011(50℃)	202.0	426.0	52.6		
甲酸甲酯	CH_3OOCH	60.05	975	31.8	212.0	61.1	349	121
醋酸甲酯	CH_3OOCCH_3	74.08	934	57.1	235.8	47.9		
丙酸甲酯	$CH_3OOCC_2H_5$	88.11	915	79.7	261.0	40.8		
甲酸	$HCOOH$	46.03	1220	100.7				
乙酸	CH_3COOH	60.05	1049	118.1	312.5	59		
丙酸	C_2H_5COOH	74.08	993	141.3	339.5	54.1	320	109
苯胺	$C_6H_5NH_3$	93.13	1021.7	184.4	425.7	54.1	340	85
丙腈	C_3H_5N	55.08	781.8	291.2	42.8			
丁腈	C_4H_7N	69.11	790	117.6	309.1	38.6		
噻吩	$(CH)_2S(CH)_2$	84.14	1065	84.1	317.3	49.3		
二氯甲烷	CH_3Cl_2	84.93	1325.5	40.1	237.5	62.9		
氯仿	$CHCl_3$	119.38	1490	61.2	260.0	55.6	496	128
四氯化碳	CCl_4	153.82	1594	76.8	283.2	46.5	558	122
邻二甲苯	C_8H_{10}	106.16	864	139.2	346	37.2		99
间二甲苯	C_8H_{10}	106.16	861	138.1	345	36.1		102
对二甲苯	C_8H_{10}	106.16	861	138.1	345	36.1		102
甲苯	C_7H_8	92.1	866	110.7	320.6	43.0	290	108
邻氯甲苯	C_7H_7Cl	126.6	1081	159				89
间氯甲苯	C_7H_7Cl	126.6	1072	162.2				
环己烷	C_6H_{12}	84.1	778	80.8	280	41.3	273	120
己烷	C_6H_{14}	86.2	660	68.73	234.7	30.9	234	135
庚烷	C_7H_6	100.2	684	98.1	267.0	27.9	325	124
辛烷	C_8H_{18}	111.2	702	125.7	296.7	25.4	233	114

（6）各种流体的物理常数（表 15-30）

表 15-30 各种流体的物理常数

液体	分子式	分子量	沸点(在绝压 14.696psi 时)/℉	蒸汽压力(在 70℉)/psi(表压)	临界温度/℉	临界压力/psi(绝压)	相对密度	
							液体 60/60℉	气体
醋酸	$HC_2H_3O_2$	60.05	245				1.05	
丙酮	C_3H_6O	58.08	133		455	691	0.79	2.01
空气	N_2O_2	28.97	317		−221	547	0.86	1.0
乙醇乙醛	C_2H_6O	46.07	173	2.3②	470	925	0.794	1.59
乙醇木精	CH_4O	32.04	147	4.63②	463	1174	0.796	1.11
氨	NH_3	17.03	−28	114	270	1636	0.62	0.59

续表

液体	分子式	分子量	沸点(在绝压14.696psi时)/℉	蒸汽压力(在70℉)/psi(表压)	临界温度/℉	临界压力/psi(绝压)	相对密度	
							液体 60/60℉	气体
氯化氢	NH_4Cl						1.07	
氢氧化氨	NH_4OH						0.91	
硫酸铵	$(NH_4)_2SO_4$						1.15	
苯胺	C_6H_7N	93.12	365		798	770	1.02	
氩	Ar	39.94	302		−188	705	1.65	1.38
啤酒							1.01	
溴	Br_2	159.84	138		575		2.93	5.52
氯化钙	CaCl						1.23	
二氧化碳	CO_2	44.01	−109	839	88	1072	0.801	1.52
二硫化碳	CS_2	76.1	115				1.29	2.63
一氧化碳	CO	28.01	−314		−220	507	0.80	0.97
四氯化碳	CCl_4	153.84	170		542	661	1.59	5.31
氯气	Cl_2	70.91	−30	85	291	1119	1.42	2.45
铬酸	H_2CrO_4	118.03					1.21	
柠檬酸	$C_6H_8O_7$	192.12					1.54	
硫酸铜	$CuSO_4$						1.17	
二醚	$(C_2H_5)_2O$	74.12	34				0.74	2.55
三氯化铁	$FeCl_3$						1.23	
氟	F_2	38.00	−305	300	−200	809	1.11	1.31
甲醛	H_2CO	30.03	−6				0.82	1.08
甲酸	HCO_2H	46.03	214				1.23	
糖醛	$C_5H_4O_2$	96.08	324				1.16	
甘油	$C_3H_8O_3$	92.09	554				1.26	
乙二醇	$C_2H_6O_2$	62.07	387				1.11	
氦	He	4.003	−454		−450	33	0.18	0.14
盐酸	HCl	36.47	−115				1.64	
氢氟酸	HF	20.01	66	0.9	446		0.92	
氢气	H_2	2.016	−422		−400	188	0.07	0.07
盐酸	HCl	36.47	−115	613	125	1198	0.86	1.26
硫化氢	H_2S	34.07	−76	252	213	1307	0.79	1.17
亚麻子油			538				0.93	
氯化镁	$MgCl_2$						1.22	
汞	Hg	200.61	670				13.6	6.93
溴化钾	CH_3Br	94.95	38	13	376		1.73	3.27
氯化钾	CH_3Cl	50.49	−11	59	290	969	0.99	1.74
萘	$C_{10}H_8$	128.16	424				1.14	4.43
硝酸	HNO_3	63.02	187				1.5	
氮	N_2	28.02	−320				0.81	0.97
菜油							0.91～0.94	
氧	O_2	32	−297				1.14	1.105
光气(碳酰氯)	$COCl_2$	98.92	47	10.7			1.39	3.42
磷酸	H_3PO_4	98.00	415				1.83	
碳酸钾[①]	K_2CO_3						1.24	
氯化钾[①]	KCl						1.16	
氢氧化钾[①]	KOH						1.24	
氯化钠[①]	NaCl						1.19	
氢氧化钠[①]	NaOH						1.27	
硫酸钠[①]	Na_2SO_4						1.24	

续表

液体	分子式	分子量	沸点(在绝压14.696psi时)/℉	蒸汽压力(在70℉)/psi(表压)	临界温度/℉	临界压力/psi(绝压)	相对密度	
							液体 60/60℉	气体
硫代硫酸钠[1]	$Na_2S_2O_3$						1.23	
淀粉	$(C_6H_{10}O_5)X$						1.50	
糖溶液[1]	$C_{12}H_{22}O_{11}$						1.10	
硫酸	H_2SO_4	98.08	626				1.83	
二氧化硫	SO_2	64.6	14	34.4	316	1145	1.39	2.21
松节油			320				0.87	
水	H_2O	18.016	212	0.9492[2]	706	3208	1.00	0.62
氯化锌[1]	$ZnCl_2$						1.24	
硫酸锌[1]	$ZnSO_4$						1.31	

① 水溶液-化合物重量占25%。

② 100℉时的蒸汽压力，单位psi（绝压）。

（7）碳氢化合物的物理常数（表15-31）

表15-31　碳氢化合物的物理常数

序号	化合物	分子式	分子量	在14.696psi(绝压)时的沸点/℉	在100℉时的蒸汽压力/psi(绝压)	在14.696psi(绝压)时的冰点/℉	临界常数		在14.696psi(绝压)时的相对密度	
							临界温度/℉	临界压力/psi(绝压)	液体[3][4] 60/60℉	60℉气体(空气=1)[1]
1	甲烷	CH	16.043	−258.69	5000[2]	−296.46[5]	−116.63	667.8	0.3[8]	0.5539
2	乙烷	C_2H_6	30.070	−127.48	800[2]	−297.89[5]	90.09	707.8	0.3564[7]	1.0382
3	丙烷	C_3H_8	44.097	−43.67	190	−305.84[5]	206.01	616.3	0.5077[7]	0.5225
4	*n*-丁烷	C_4H_{10}	58.124	31.10	51.6	217.05	305.65	550.7	0.5844[7]	2.0068
5	异丁烷	C_4H_{10}	58.124	10.90	72.2	−255.29	274.98	529.1	0.5631[7]	2.0068
6	*n*-戊烷	C_5H_{12}	72.151	96.92	15.570	201.51	385.7	488.6	0.6310	2.4911
7	异戊烷	C_5H_{12}	72.151	82.12	20.44	−255.83	369.10	490.4	0.6247	2.4911
8	新戊烷	C_5H_{12}	72.151	49.10	35.9	2.17	321.13	464.0	0.5967[7]	2.4911
9	*n*-已烷	C_6H_{14}	86.178	155.72	4.956	−139.58	453.7	436.9	0.6640	2.9753
10	2-甲基戊烷	C_6H_{14}	86.178	140.47	6.767	−244.63	435.83	436.6	0.6579	2.9753
11	3-甲基戊烷	C_6H_{14}	86.178	145.89	6.098	—	448.3	453.1	0.6689	2.9753
12	新已烷	C_6H_{14}	86.178	121.52	9.856	−147.72	420.13	446.8	0.6540	2.9753
13	2,3-二甲基丁烷	C_6H_{14}	86.178	136.36	7.404	−199.38	440.29	453.5	0.6664	2.9753
14	*n*-庚烷	C_7H_{16}	100.205	209.17	1.620	−131.05	512.8	396.8	0.6882	3.4596
15	2-甲基正乙烷	C_7H_{16}	100.205	194.09	2.271	−180.89	495.00	396.5	0.6830	3.4596
16	3-甲基正已烷	C_7H_{16}	100.205	197.32	2.130	—	503.78	408.1	0.6917	3.4596
17	3-乙基戊烷	C_7H_{16}	100.205	200.25	2.012	−181.48	513.48	419.3	0.7028	3.4596
18	2,2-二甲基戊烷	C_7H_{16}	100.205	174.54	3.492	−190.86	477.23	402.2	0.6782	3.4596
19	2,4-二甲基戊烷	C_7H_{16}	100.205	176.89	3.292	−182.63	475.95	396.9	0.6773	3.4596
20	3,3-二甲基戊烷	C_7H_{16}	100.205	186.91	2.773	−210.01	505.85	427.2	0.6976	3.4596
21	3甲基丁烷	C_7H_{16}	100.205	177.58	3.374	−12.82	496.44	428.4	0.6946	3.4596
22	*n*-辛烷	C_8H_{18}	114.232	258.22	0.537	−70.18	564.22	360.6	0.7068	3.9439
23	二异丁基	C_8H_{18}	114.232	228.39	1.101	−132.07	530.44	360.6	0.6979	3.9439
24	异辛烷	C_8H_{18}	114.232	210.63	1.708	−161.27	519.46	372.4	0.6962	3.9439
25	*n*-壬烷	C_9H_{20}	128.259	303.47	0.179	−64.28	610.68	332	0.7217	4.4282
26	*n*-葵烷	$C_{10}H_{22}$	142.286	345.48	0.0597	−21.36	652.1	304	0.7342	4.9125
27	环戊烷	C_5H_{10}	70.135	120.65	9.914	−136.91	461.5	653.8	0.7504	2.4215
28	甲基环戊烷	C_6H_{12}	84.162	161.25	4.503	−224.44	499.35	548.9	0.7536	2.9057

续表

序号	化合物	分子式	分子量	在14.696psi(绝压)时的沸点/℉	在100℉时的蒸汽压力/psi(绝压)	在14.696psi(绝压)时的冰点/℉	临界常数		在14.696psi(绝压)时的相对密度	
							临界温度/℉	临界压力/psi(绝压)	液体[3][4] 60/60℉	60℉气体(空气=1)[1]
29	环己胺	C_6H_{12}	84.162	177.29	3.624	43.77	536.7	591	0.7834	2.9057
30	甲基环乙胺	C_7H_{14}	98.189	213.68	1.609	−195.87	570.27	503.5	0.7740	3.3900
31	乙烯	C_2H_4	28.054	−154.62	—	−272.45[5]	48.58	729.8	—	0.9686
32	丙烯	C_3H_6	42.081	−53.90	226.4	−301.45[5]	196.9	669	0.5220[7]	1.4529
33	1-丁烯	C_4H_8	56.108	20.75	63.05	−301.63[5]	295.6	583	0.6013[7]	1.9372
34	顺-2-丁烯	C_4H_8	56.108	38.69	45.54	−218.06	324.37	610	0.6271[7]	1.9372
35	转-2-丁烯	C_4H_8	56.108	33.58	49.80	−157.96	311.86	595	0.6100[7]	1.9372
36	异丁烯	C_4H_8	56.108	19.59	63.40	−220.61	292.55	580	0.6004[7]	1.9372
37	1-戊烯	C_5H_{10}	70.135	85.93	19.115	−265.39	376.93	590	0.6457	2.4215
38	1,2-丁二烯	C_4H_6	54.092	51.53	20.00[2]	−213.16	339[2]	653[2]	0.6587	1.8676
39	1,3-丁二烯	C_4H_6	54.092	24.06	60.00[2]	−164.02	306	628	0.6272	1.8676
40	橡胶基质	C_5H_8	68.119	93.30	16.672	−230.74	412[2]	558.4[2]	0.6861	2.3519
41	乙炔	C_2H_2	26.038	−119.00[6]	—	−114[5]	95.31	890.4	0.615[9]	0.8990
42	苯	C_6H_6	78.114	176.17	3.224	41.96	552.22	70.4	0.8844	2.6969
43	甲苯	C_7H_8	92.141	231.13	1.032	−138.94	605.55	595.9	0.8718	3.1812
44	乙烷苯	C_6H_{10}	106.168	277.16	0.371	−138.91	651.24	523.5	0.8718	3.6655
45	*o*-二甲苯	C_8H_{10}	106.168	291.97	0.264	−13.30	675.0	541.4	0.8848	3.6655
46	*m*-二甲苯	C_8H_{10}	106.168	282.41	0.326	−54.12	651.02	513.6	0.8687	3.6655
47	*p*-二甲苯	C_8H_{10}	106.168	281.05	0.342	55.86	649.6	509.2	0.8657	3.6655
48	苯乙烯	C_8H_8	104.152	293.29	0.24[2]	−23.10	706.0	580	0.9110	3.5959
49	乙丙苯	C_9H_{12}	120.195	306.34	0.188	−140.82	676.4	465.4	0.8663	4.1498

① 计算值。
② 估计值。
③ 含有饱和空气的碳氢化合物。
④ 真空中的重量绝对值。
⑤ 在饱和压力时（三点）。
⑥ 升华点。
⑦ 饱和压力和60℉。
⑧ 60℉下甲烷的表观值。
⑨ 相对密度119/60℉（升华点）。

(8) 致冷剂（氨）液体和饱和蒸汽的特性（表15-32和表15-33）

表15-32　气体的氨性质

温度/K	定压比热容/[cal/(mol·K)]	黏度/10^{-4}Pa·s	热导率/[10^{-5}cal/(cm·K)]	温度/K	定压比热容/[cal/(mol·K)]	黏度/10^{-4}Pa·s	热导率/[10^{-5}cal/(cm·K)]
50	8.818			550	10.42	195	17.6
100	7.191			600	10.8	214	20.6
150	7.46			650	11.17	232	23.8
200	7.803	68.9	2.9	700	11.54	251	27.1
250	8.158	85.3	4.31	750	11.89	269	30.7
300	8.522	102.7	5.97	800	12.24	288	34.4
350	8.894	120.6	7.87	850	12.57	306	38.4
400	9.272	139	9.98	900	12.89	324	42.5
450	9.853	157.6	12.3	950	13.19	341	46.8
500	10.04	178.3	14.9	1000	13.46	359	51.3

表 15-33 液体氨性质

温度/℃	压力/MPa	汽化热/(cal/mol)	密度/(g/cm³)	热容/[cal/(mol·℃)]	表面张力/(10^{-5}N/cm)	黏度/10^{-5}Pa·s	热导率/[10^{-5}cal/(cm·℃)]
−70	0.0110131	8013	0.7223	17.63	42.51	0.512	
−60	0.022079	5899	0.7112	17.79	40	0.424	
−50	0.41142	5783	0.6999	17.94	37.52	0.357	
−40	0.072042	5662	0.6883	18.38	35.07	0.305	
−30	0.119599	5536	0.6764	18.2	32.64	0.264	
−20	0.189818	5406	0.6642	18.36	30.24	0.231	
−10	0.2876	5270	0.6616	18.52	27.88	0.205	
0	0.4214	5128	0.6387	18.71	25.55	0.183	
10	0.6075	4979	0.6253	18.93	23.25	0.164	
20	0.8466	4823	0.6114	19.19	20.99	0.149	
30	1.152	4657	0.597	20.23	18.77	0.136	110
40	1.534	4481	0.5819	21.28	16.59	0.125	105
50	2.006	4293	0.566	21.78	16.48	0.114	99.8
60	2.578	4090	0.5491	22.43	14.48	0.103	94.8
70	3.284	3868	0.5311	23.3	12.39	0.0922	89.1
80	4.078	3623	0.5115	24.52	10.36	0.0826	83.5
90	5.034	3347	0.49	26.33	8.408	0.0732	78.8
100	5.151	3026	0.4657		6.521	0.064	73.9
110	7.447	2638	0.4389		4.724	0.056	
120	8.844	2113	0.3996		3.038	0.0484	
122		1979	0.3903		1.497		
124		1827	0.3798				
126		1651	0.3677				
128		1437	0.3531				
130	10.669	1148	0.3336		0.0373	0.0373	
132			0.2987				

(9) 水的性质（表 15-34）

表 15-34 水的性质（按温度排序）

温度/℉	温度/℃	饱和压力(绝压)/(kgf/cm²)	相对密度 G_f	温度/℉	温度/℃	饱和压力(绝压)/(kgf/cm²)	相对密度 G_f
32	0	0.0062	1.0013	190	87.8	0.6566	0.9681
40	4.4	0.0086	1.0013	200	93.3	0.8104	0.9646
50	0.0	0.0121	1.0007	210	98.9	0.9930	0.9605
60	15.6	0.0187	1.0000	212	100	1.0333	0.9594
70	21.1	0.0255	0.9989	220	104.4	1.2083	0.9566
80	26.7	0.0356	0.9976	240	115.6	1.7364	0.9480
90	32.2	0.0491	0.9963	260	126.7	2.4910	0.9386
100	37.8	0.0667	0.9946	280	137.8	3.4595	0.9294
110	43.3	0.0896	0.9919	300	148.9	4.7117	0.9194
120	48.9	0.1190	0.9901	350	176.7	9.4698	0.8918
130	54.4	0.1563	0.9872	400	204.4	17.3884	0.8606
140	60.0	0.2031	0.9848	450	232.2	29.7130	0.8270
150	65.6	0.2614	0.9818	500	260.0	47.8670	0.7863
160	71.1	0.3333	0.9786	550	287.8	73.4480	0.7358
170	76.7	0.4213	0.9752	600	315.6	108.4813	0.6796
180	82.2	0.5280	0.9717	700	371.1	217.5180	0.4347

(10) 饱和水蒸气及过热水蒸气的密度（表15-35）

表15-35 饱和水蒸气及过热水蒸气的密度 单位：kg/m³

压力(绝压)/(kgf/cm²)		1.0	1.1	1.2	1.3	1.4	1.5	1.6	1.7	1.8	1.9	2.0	2.1	2.2	2.3	2.4
饱和温度/℃		99.09	101.76	104.25	106.56	108.74	110.76	112.73	114.57	116.33	118.01	119.62	121.16	122.65	124.08	125.46
密度		0.5797	0.6337	0.6873	0.7407	0.7943		0.9001	0.9524	1.005	1.057	1.109	1.161	1.212	1.264	1.315
温度/℃	100	0.5784														
	110	0.5621	0.6192	0.6764	0.734	0.791										
	120	0.547	0.6023	0.658	0.714	0.769	0.826	0.881	0.938	0.994	1.049	1.107				
	130	0.5325	0.5865	0.641	0.695	0.7488	0.803	0.857	0.912	0.967	1.022	1.077	1.132	1.187	1.242	1.298
	140	0.5192	0.5714	0.6238	0.677	0.7294	0.782	0.835	0.888	0.942	0.995	1.048	1.102	1.155	1.209	1.263
	150	0.5063	0.5574	0.609	0.660	0.7112	0.763	0.714	0.866	0.918	0.970	1.021	1.073	1.125	1.178	1.230
	160	0.4943	0.5441	0.5942	0.644	0.6943	0.745	0.794	0.845	0.895	0.9408	0.996	1.047	1.097	1.748	1.199
	170	0.4828	0.5313	0.580	0.629	0.6786	0.727	0.776	0.8242	0.875	0.923	0.972	1.022	1.071	1.120	1.170
	180	0.4719	0.5192	0.567	0.615	0.6621	0.710	0.757	0.805	0.853	0.901	0.950	0.998	1.046	1.094	1.142
	190	0.4615	0.508	0.554	0.601	0.6473	0.694	0.41	0.787	0.834	0.881	0.928	0.975	1.022	1.069	1.116
	200	0.4515	0.4969	0.542	0.588	0.6333	0.679	0.725	0.770	0.816	0.862	0.9076	0.954	0.999	1.045	1.1091
	210	0.4419	0.4864	0.531	0.575	0.620	0.664	0.7102	0.754	0.799	0.844	0.8888	0.933	0.978	1.023	1.067
	220	0.4327	0.4762	0.520	0.563	0.607	0.650	0.6943	0.738	0.782	0.826	0.670	0.913	0.957	1.001	1.045
	230	0.4241	0.4666	0.509	0.552	0.594	0.637	0.680	0.723	0.766	0.809	0.852	0.894	0.937	0.980	1.023
	240	0.4156	0.4513	0.4990	0.54	0.583	0.624	0.667	0.709	0.751	0.792	0.835	0.876	0.918	0.961	1.003
	250	0.4071	0.4484	0.4893	0.530	0.571	0.612	0.654	0.695	0.736	0.776	0.818	0.859	0.900	0.942	0.983
	260	0.3998	0.4399	0.4800	0.520	0.560	0.601	0.640	0.681	0.722	0.761	0.803	0.842	0.883	0.923	0.964
	270	0.3924	0.4318	0.4711	0.510	0.550	0.5895	0.629	0.668	0.708	0.747	0.787	0.826	0.866	0.906	0.946
	280	0.3852	0.4239	0.4625	0.5012	0.540	0.579	0.617	0.656	0.695	0.734	0.773	0.811	0.850	0.889	0.928
	290	0.3784	0.4165	0.4541	0.4922	0.530	0.568	0.606	0.644	0.682	0.721	0.759	0.797	0.835	0.873	0.911
	300	0.3717	0.4089	0.4460	0.4833	0.5207	0.558	0.596	0.633	0.670	0.708	0.745	0.783	0.820	0.858	0.895

压力(绝压)/(kgf/cm²)		2.5	2.6	2.7	2.8	2.9	3.0	3.2	3.4	3.6	3.8	4.0	4.2	4.4	4.6	4.8
饱和温度/℃		126.79	128.08	129.34	130.55	131.73	132.88	135.08	137.18	139.18	141.09	142.92	144.68	146.38	148.01	149.59
密度		1.368	1.417	1.469	1.520	1.570	1.621	1.722	1.823	1.924	2.024	2.124	2.223	2.323	2.422	2.521
温度/℃	130	1.354	1.409	1.466												
	140	1.317	1.371	1.425	1.480	1.534	1.588	1.698	1.808	1.918						
	150	1.282	1.335	1.387	1.440	1.493	1.546	1.658	1.758	1.865	1.937	2.081	2.819	2.298	2.407	2.517
	160	1.250	1.301	1.325	1.403	1.455	1.506	1.609	1.721	1.816	1.921	2.025	2.130	2.235	2.341	2.447
	170	1.220	1.269	1.319	1.369	1.419	1.469	1.569	1.669	1.710	1.871	1.913	2.074	2.177	2.279	2.382
	180	1.191	1.289	1.288	1.336	1.385	1.434	1.531	1.629	1.727	1.826	1.924	2.024	2.123	2.222	2.321
	190	1.163	1.211	1.258	1.305	13535	1.400	1.495	1.590	1.686	1.782	1.878	1.974	2.07	2.168	2.266
	200	1.137	1.184	1.230	1.276	1.322	1.368	1.461	1.554	1.646	1.941	1.834	1.929	2.023	2.117	2.211
	210	1.113	1.158	1.203	1.248	1.293	1.338	1.429	1.520	1.611	1.702	1.793	1.885	1.977	2.068	2.161
	220	1.089	1.133	1.177	1.221	1.266	1.310	1.398	1.487	1.576	1.665	1.754	1.844	1.933	2.022	2.113
	230	1.086	1.110	1.153	1.196	1.239	1.282	1.369	1.456	1.343	1.630	1.717	1.805	1.892	1.979	2.067
	240	1.045	1.087	1.129	1.172	1.214	1.257	1.341	1.426	1.511	1.596	1.682	1.767	1.853	1.937	2.024
	250	1.024	1.065	1.107	1.148	1.190	1.231	1.314	1.397	1.481	1.564	1.648	1.731	1.815	1.898	1.982
	260	1.004	1.045	1.085	1.126	1.167	1.209	1.288	1370	1.452	1.533	1.615	1.697	1.779	1.861	1.943
	270	0.985	1.025	1.065	1.105	1.145	1.184	1.264	1.344	1.424	1.504	1.584	1.664	1.744	1.824	1.905
	280	0.967	1.006	1.045	1.084	1.123	1.162	1.240	1.319	1.397	1.476	1.554	1.632	1.711	1.790	1.869
	290	0.950	0.988	1.026	1.064	1.102	1.141	1.218	1.295	1.371	1.448	1.525	1.602	1.680	1.757	1.834
	300	0.933	0.970	1.008	1.045	1.083	1.121	1.196	1.271	1.346	1.422	1.497	1.573	1.649	1.724	1.800

续表

压力(绝压)/(kgf/cm²)		5.0	5.5	6.0	6.5	7.0	7.5	8.0	8.5	9.0	9.5	10.0	11.0	12.0	13.0	14.0
饱和温度/℃		151.1	154.72	158.08	161.22	164.17	166.97	169.61	172.12	174.53	176.88	179.04	188.20	187.08	190.71	194.13
密度		2.626	2.866	3.111	3.355	3.600	3.843	4.085	4.326	4.568	4.812	5.051	5.531	6.013	6.494	6.974
	150															
	160	2.553	2.822	3.003												
	170	2.485	2.744	3.006	2.271	3.537	3.807	4.078								
	180	2.421	2.673	2.926	2.181	3.440	3.699	3.926	4.226	4.494	4.764	5.035				
	190	2.362	2.607	2.852	2.099	3.350	3.601	3.855	4.109	4.367	4.625	4.888	5.417	5.963		
	200	2.306	2.544	2.783	2.022	3.266	3.510	3.757	4.006	4.250	4.500	4.753	5.263	5.784	6.317	6.842
	210	2.253	2.484	2.717	2.951	3.187	3.425	3.663	3.902	4.142	4.385	4.630	5.120	5.621	6.125	6.640
温度/℃	220	2.203	2.428	2.655	2.883	3.113	3.344	3.575	3.808	4.042	4.275	4.515	4.992	5.473	5.963	6.456
	230	2.155	2.375	2.597	2.820	3.044	3.268	3.493	3.720	3.948	4.175	4.407	4.871	5.340	5.880	6.290
	240	2.110	2.325	2.541	2.759	3.918	3.196	3.415	3.637	3.859	4.080	4.306	4.757	5.210	5.670	6.130
	250	2.066	2.277	2.488	2.707	2.915	3.128	3.343	3.539	3.775	3.990	4.120	4.644	5.090	5.544	5.990
	260	2.025	2.231	2.438	2.646	2.855	3.064	3.274	3.484	3.696	3.907	4.210	4.547	4.980	5.410	5.851
	270	1.986	2.187	2.390	2.593	2.797	3.002	3.207	3.513	3.621	3.827	4.034	4.452	4.873	5.300	5.724
	280	1.948	2.145	2.341	2.543	2.742	2.943	3.144	3.346	3.069	3.749	3.952	4.351	4.771	5.190	5.602
	290	1.911	2.105	2.300	2.495	2.690	2.886	3.083	3.281	3.479	3.676	3.874	4.274	4.675	5.080	5.485
	300	1.876	2.066	2.257	2.449	2.640	2.932	3.000	3.218	3.412	3.606r	3.800	4.191	4.583	4.980	5.376

压力(绝压)/(kgf/cm²)		15	16	17	18	19	20	21	22	23	24	25	26	27	28	29
饱和温度/℃		197.36	200.43	203.35	206.14	208.81	211.38	213.85	216.23	218.53	220.75	222.90	224.99	227.01	228.96	230.89
密度		73452	7.930	8.410	8.889	9.366	9.852	10.34	10.82	11.30	11.78	12.27	12.76	13.24	13.73	14.22
	210	7.160	7.690	8.230	8.787	9.346										
	220	6.960	7.470	7.989	8.511	3.042	9.578	10.130	10.960	11.250						
	230	6.770	7.260	7.760	8.260	8.770	9.298	9.810	10.330	10.870	11.420	11.970	12.530	13.100	13.680	
	240	6.600	7.070	7.550	8.040	8.530	3.020	9.520	10.020	10.540	11.060	11.580	12.120	12.660	13.210	13.72
	250	6.440	6.900	7.360	7.830	8.310	8.780	9.260	9.570	10.240	10.740	11.240	11.750	12.260	13.790	13.310
	260	6.290	6.740	7.190	7.640	8.140	8.560	9.020	9.500	9.970	10.45	10.93	11.42	11.97	12.41	12.91
	270	6.150	6.590	7.020	7.460	7.910	8.350	8.800	9.260	9.720	10.18	10.64	11.12	11.59	12.07	12.55
	280	6.020	6.450	6.870	7.290	7.730	8.160	8.590	9.040	9.480	9.930	10.38	10.83	11.29	11.75	12.22
	290	5.890	6.310	6.720	7.140	7.560	7.980	8.400	7.830	9.260	9.700	10.13	10.57	11.01	11.46	11.61
温度/℃	300	5.770	6.180	6.580	6.990	7.390	7.810	8.220	8.630	9.060	9.480	9.900	10.33	10.76	11.19	11.62
	310	5.660	6.060	6.450	6.850	7.240	7.650	8.050	8.450	8.870	9.270	9.680	10.10	10.52	10.94	11.35
	320	5.550	5.940	6.320	6.710	7.100	7.400	7.890	8.280	8.686	9.080	9.480	9.880	10.29	10.70	11.11
	330	5.450	5.830	6.200	4.580	6.960	7.340	7.7307	8.120	8.500	8.900	9.200	9.680	10.07	10.47	10.87
	340	5.350	5.720	6.090	6.460	6.830	7.200	.580	7.960	8.340	8.720	9.100	9.480	9.870	10.26	10.65
	350	5.260	5.620	5.980	6.340	6.710	7.070	7.440	7.810	8.180	8.550	8.930	9.310	9.680	10.06	10.44
	360	5.160	5.520	5.870	6.230	6.580	6.940	7.300	7.670	8.030	8.396	8.760	9.130	9.500	9.870	10.24
	370	5.076	5.420	5.770	6.120	6.470	6.820	7.170	7.530	7.890	8.240	8.600	8.690	9.320	9.690	10.05
	380	3.990	5.330	5.670	5.020	6.360	6.710	7.059	7.400	7.760	8.100	8.450	8.800	9.150	9.510	9.870
	390	4.909	5.240	5.580	5.920	6.250	6.590	6.930	7.270	7.620	7.960	8.300	8.650	8.990	9.340	9.690
	400	4.831	5.100	5.490	5.820	6.150	6.480	6.820	7.150	7.490	7.830	8.160	8.500	8.840	9.180	9.520

续表

压力(绝压)/(kgf/cm²)		30	31	32	33	34	35	36	37	38	39	40	41	42	43	44
饱和温度/℃		232.76	234.57	236.35	238.08	239.77	241.42	243.04	244.62	246.17	247.69	249.18	250.64	252.07	253.48	254.87
密度		14.71	15.20	15.70	16.19	16.69	17.18	17.68	18.18	18.68	19.19	19.70	20.20	20.71	21.22	21.73
温度/℃	240	14.34	14.91	15.49	16.08	16.68										
	250	13.85	14.40	14.94	15.50	16.07	16.64	17.22	17.82	18.42	19.02	19.65				
	260	13.42	13.94	14.46	14.99	15.52	16.06	16.61	17.16	17.73	18.29	18.88	19.47	20.06	20.66	21.28
	270	13.04	13.53	14.08	14.53	15.04	15.55	16.07	16.60	17.13	17.66	18.21	18.76	19.32	19.88	20.46
	280	12.96	13.16	13.64	14.12	14.60	15.09	15.59	16.09	16.60	17.10	17.62	18.14	17.67	19.20	19.74
	290	12.36	12.82	13.28	13.77	14.21	14.68	15.16	15.63	16.12	16.60	17.10	17.59	18.10	18.60	19.11
	300	12.06	12.50	12.95	13.40	13.85	14.30	14.76	15.22	15.68	16.15	16.62	17.10	17.58	18.06	18.55
	310	11.78	12.21	12.64	13.08	13.51	13.95	14.39	14.83	15.28	15.79	16.18	16.65	17.11	17.57	18.04
	320	11.52	11.94	12.35	12.78	13.20	13.62	14.05	14.48	14.91	15.35	15.78	16.23	16.67	17.12	17.57
	330	11.27	11.68	12.08	12.50	12.90	13.32	13.72	14.15	14.57	14.99	15.41	15.84	16.27	16.70	17.14
	340	11.04	11.44	11.83	12.33	12.68	13.03	13.43	13.84	14.24	14.65	15.06	15.48	15.89	16.31	16.73
	350	10.82	11.20	11.59	11.98	12.37	12.76	13.15	13.54	13.94	14.34	14.74	15.14	15.54	15.94	16.35
	360	10.61	10.99	11.36	11.74	12.12	12.50	12.88	13.27	13.65	14.04	14.43	14.82	15.21	15.60	16.90
	370	10.41	10.78	11.15	11.51	11.88	12.25	12.63	13.01	13.38	13.76	14.14	14.52	14.90	15.28	15.67
	380	10.22	10.58	10.94	11.3	11.66	12.02	12.39	12.76	13.12	13.49	13.86	14.23	14.60	14.98	15.35
	390	10.03	10.39	10.74	11.09	11.45	11.80	12.16	12.52	12.87	13.23	13.60	13.96	14.32	14.61	15.05
	400	9.866	10.21	10.55	10.90	11.24	11.59	11.94	12.29	12.64	12.99	13.34	13.70	14.06	14.41	14.77

压力(绝压)/(kgf/cm²)		45	46	47	48	49	50	52	54	56	58	60	62	64
饱和温度/℃		256.23	257.56	258.88	260.17	261.45	262.70	265.15	267.53	269.84	272.10	274.29	276.43	278.51
密度		22.25	22.76	23.27	23.79	24.31	24.84	25.89	26.95	28.02	29.10	30.19	31.28	32.38
温度/℃	250	—	—	—	—	—	—	—	—	—	—	—	—	—
	260	21.91	22.53	23.16	—	—	—	—	—	—	—	—	—	—
	270	21.04	21.62	22.22	22.83	23.44.	23.44	25.32	26.64	28.00	—	—	—	—
	280	20.29	20.84	21.40	21.69	22.53	23.11	24.29	25.50	26.74	28.04	29.73	30.75	32.14
	290	19.63	20.15	20.67	21.20	21.74	22.29	23.39	24.52	25.67	26.86	28.07	29.33	30.61
	300	19.04	19.53	20.03	2054	21.05	21.56	22.60	23.67	24.75	25.84	26.99	28.15	29.33
	310	18.51	18.98	19.45	19.94	20.43	20.91	21.91	22.92	23.94	24.99	26.05	17.12	28.23
	320	18.02	18.48	18.93	19.40	19.86	20.33	21.28	22.24	23.21	24.20	25.21	16.29	27.27
	330	17.57	18.01	18.45	18.90	19.34	19.80	20.70	21.62	22.56	23.50	24.46	25.43	26.42
	340	17.15	17.58	18.00	18.43	18.86	19.30	20.18	21.06	21.96	22.86	23.79	24.72	25.66
	350	16.76	17.17	17.58	18.00	18.42	18.84	19.69	20.54	21.41	22.27	23.17	24.06	24.96
	360	16.39	16.79	17.19	17.60	18.01	18.41	19.23	20.06	20.90	21.73	22.59	23.45	24.32
	370	16.05	16.44	16.83	17.22	17.62	18.01	18.80	19.61	20.42	21.23	22.05	22.88	23.72
	380	15.73	16.11	16.49	16.87	17.25	17.63	18.40	19.18	19.97	20.76	21.55	22.36	23.17
	390	15.42	15.79	16.16	16.53	16.90	17.20	18.03	18.78	19.55	20.32	21.09	21.87	22.65
	400	15.13	15.49	15.85	16.21	16.57	16.94	17.67	18.41	19.15	19.90	20.65	21.41	22.17
	410	14.85	15.20	15.55	15.91	16.26	16.62	17.83	18.05	18.79	19.51	20.24	20.98	21.72
	420	14.24	14.93	15.27	15.62	15.97	16.31	17.01	17.71	18.42	19.14	19.85	20.57	21.29
	430	13.99	14.67	15.01	15.34	15.68	16.02	16.71	17.39	18.08	18.78	19.48	20.18	20.89
	440	13.78	14.42	14.75	15.08	15.41	15.75	16.42	17.09	17.76	18.44	19.12	19.81	20.50
	450	13.53	14.18	14.50	14.83	15.15	15.48	16.13	16.80	17.45	18.12	18.79	19.46	20.13
	460	13.31	13.95	14.27	14.59	14.90	15.22	15.86	16.52	17.16	17.81	18.46	19.12	19.78
	470	13.10	13.76	14.04	14.35	14.67	14.98	15.61	16.24	16.88	18.52	18.16	18.80	19.44
	480	12.90	13.51	13.82	14.13	14.44	14.75	15.37	15.98	16.61	17.23	17.86	18.49	19.12
	490	12.71	13.31	13.61	13.91	14.22	14.52	15.13	15.73	16.34	16.96	17.58	18.19	18.82

续表

压力(绝压)/(kgf/cm²)		45	46	47	48	49	50	52	54	56	58	60	62	64
饱和温度/℃		256.23	257.56	258.88	260.17	261.45	262.70	265.15	267.53	269.84	272.10	274.29	276.43	278.51
密度		22.25	22.76	23.27	23.79	24.31	24.84	25.89	26.95	28.02	29.10	30.19	31.28	32.38
温度/℃	500	12.52	13.11	13.41	13.70	14.00	14.30	14.90	15.49	16.09	16.70	17.30	17.91	18.52
	510						14.09	14.68	15.26	15.85	16.45	17.04	17.64	18.24
	520						13.89	14.46	15.04	15.62	16.20	16.79	17.37	17.96
	530						13.69	14.26	14.83	15.40	15.97	16.54	17.12	17.70
	540						13.50	14.06	14.62	15.18	15.74	16.31	16.88	17.44
	550						13.31	13.86	14.42	14.97	15.52	16.08	16.64	17.20
	560						13.13	13.68	14.22	14.77	15.31	15.86	16.41.	16.96
	570						12.96	13.50	14.03	14.57	15.11	15.64	16.19	16.73
	580						12.79	13.32	13.85	14.38	14.91	15.44	15.97	16.50
	590						12.63	13.15	13.67	14.19	14.72	15.24	15.76	16.29
	600						12.47	12.98	13.50	14.01	14.53	15.04	15.56	16.08

压力(绝压)/(kgf/cm²)		66	68	70	72	74	76	78	80	82	84	86	88	90	92	94	96
饱和温度/℃		280.55	282.54	284.48	286.39	288.25	290.08	291.86	293.62	295.34	297.03	298.69	300.32	301.92	303.46	305.04	306.56
密度		83.49	34.61	35.74	36.89	38.05	39.20	41.58	41.58	42.78	43.99	45.21	46.45	47.69	48.94	50.22	51.52
温度/℃	250	—	—	—	—	—	—	—	—	—	—	—	—	—	—	—	—
	260	—	—	—	—	—	—	—	—	—	—	—	—	—	—	—	—
	270	—	—	—	—	—	—	—	—	—	—	—	—	—	—	—	—
	280	—	—	—	—	—	—	—	—	—	—	—	—	—	—	—	—
	290	31.94	33.31	34.32	36.19	37.71											
	300	30.54	31.79	33.06	34.38	35.73	37.12	38.57	40.05	41.60	43.20	44.84					
	310	29.36	30.51	31.69	32.89	34.12	35.40	36.68	38.01	39.37	40.78	42.23	43.74	45.27	46.90	48.57	50.30
	320	28.63	29.40	30.51	31.62	32.76	33.94	35.12	36.34	37.58	38.85	40.16	41.49	42.86	44.28	45.72	47.21
	330	27.42	28.43	29.47	30.52	31.59	32.69	33.79	34.92	36.07	37.24	38.43	39.64	40.88	42.18	43.48	44.82
	340	26.61	27.57	28.55	29.55	30.56	31.59	32.64	33.69	34.76	35.86	36.97	38.08	39.22	40.42	41.62	42.83
	350	25.87	26.79	27.73	28.68	29.64	30.61	31.61	32.60	33.61	34.64	35.69	36.73	37.80	38.91	40.02	41.14
	360	25.19	26.08	26.98	27.89	28.80	29.73	30.68	31.62	32.58	33.56	34.55	35.54	36.55	37.58	38.62	39.68
	370	24.57	25.43	26.29	27.16	28.04	28.93	29.84	30.73	31.65	32.58	33.52	34.47	35.42	36.40	37.38	38.73
	380	23.99	24.82	25.65	26.49	27.34	28.19	29.06	26.92	30.81	31.69	32.59	33.50	34.40	35.34	36.28	37.22
	390	23.45	24.25	25.05	25.87	26.69	27.51	28.34	29.18	32.03	30.88	31.74	32.61	33.48	34.37	35.27	36.17
	400	22.94	23.72	24.50	25.29	26.08	26.87	27.68	28.49	29.31	30.13	30.96	31.79	32.64	33.49	34.35	35.21
	410	22.47	23.22	23.98	24.74	25.51	26.28	27.06	27.85	28.64	29.43	30.24	31.04	31.85	32.68	33.50	34.33
	420	22.02	22.75	23.49	24.23	24.98	25.73	26.48	27.25	28.01	28.73	29.57	30.34	31.12	31.92	32.71	33.52
	430	21.59	22.31	23.03	23.75	24.48	25.21	25.94	26.68	27.42	28.17	28.93	29.69	30.44	31.21	31.98	32.76
	440	21.19	21.89	22.59	23.29	24.00	24.72	25.43	26.15	26.87	27.60	28.33	29.07	29.80	30.55	31.30	32.05
	450	20.81	21.49	22.17	22.86	23.55	24.25	24.95	25.65	26.85	27.06	27.77	28.49	29.20	29.93	30.66	31.38
	460	20.44	21.11	21.78	22.45	23.12	23.80	24.49	25.17	25.85	26.55	27.24	27.94	28.68	29.34	30.06	30.75
	470	20.09	20.74	21.40	22.06	22.72	23.38	24.05	24.71	25.38	26.06	26.74	27.42	28.10	28.78	29.48	30.16
	480	19.76	20.39	21.04	21.68	22.33	22.98	23.06	24.28	24.94	25.60	26.26	26.92	27.59	28.26	28.93	29.61
	490	19.44	20.06	20.69	21.32	21.96	22.59	23.23	23.87	24.51	25.16	25.81	26.45	27.10	27.76	28.41	29.08
	500	19.33	19.74	20.36	20.98	21.60	22.22	22.85	23.47	24.10	24.73	25.37	26.00	26.63	27.28	27.92	28.57
	510	18.84	19.44	20.04	20.65	21.26	21.87	22.48	23.09	23.71	24.32	24.95	25.57	26.19	26.82	27.45	28.09
	520	18.55	19.13	19.73	20.33	20.93	21.53	22.13	22.73	23.33	23.94	24.55	25.16	25.77	26.38	27.00	27.63
	530	18.28	18.86	19.44	20.02	20.61	21.20	21.79	22.38	22.97	23.57	24.17	24.76	25.36	25.97	26.57	27.18
	540	18.01	18.58	19.15	19.73	20.30	20.88	21.46	22.05	22.68	23.21	23.80	24.38	24.97	25.57	26.16	26.75
	550	17.76	18.32	18.88	19.45	20.01	20.58	21.15	21.72	22.30	22.87	23.45	24.02	24.59	25.18	25.75	26.34
	560	17.51	18.06	18.62	19.18	19.73	20.29	20.85	21.41	21.97	22.54	23.10	23.63	24.23	24.81	25.38	25.95
	570	17.27	17.81	18.36	18.91	19.46	20.00	20.55	21.11	31.66	22.22	22.77	23.33	23.88	24.45	25.01	25.58
	580	17.04	17.57	18.11	18.65	19.19	19.73	20.28	20.82	21.36	21.91	22.46	23.00	23.55	24.10	24.65	25.21
	590	16.82	17.34	17.87	18.40	18.93	19.47	20.00	20.54	21.07	21.61	22.15	22.69	23.22	23.77	24.31	24.86
	600	16.60	17.12	17.64	18.16	18.68	19.21	19.74	20.26	20.79	21.32	21.85	22.38	22.91	23.45	23.98	24.52

(11) 饱和水蒸气压力表(15-36)

表 15-36 饱和水蒸气压力

温度 t/℃	绝对压强 p/kPa	水蒸气的密度 ρ/(kg/m³)	焓 H/(kJ/kg)	汽化热 r/(kJ/kg)	
				液体	水蒸气
0	0.61	0.00	0.00	2491.10	2491.10
5	0.87	0.01	20.94	2500.80	2479.86
10	1.23	0.01	41.87	2510.40	2468.53
15	1.71	0.01	62.80	2520.50	2457.70
20	2.33	0.02	83.74	2530.10	2446.30
25	3.17	0.02	104.67	2539.70	2435.00
30	4.25	0.03	125.60	2549.30	2423.70
35	5.62	0.04	146.54	2559.00	2412.10
40	7.38	0.05	167.47	2568.60	2401.10
45	9.58	0.07	188.41	2577.80	2389.40
50	12.34	0.08	209.34	2587.40	2378.10
55	15.74	0.10	230.27	2596.70	2366.40
60	19.92	0.13	251.21	2606.30	2355.10
65	25.01	0.16	272.14	2615.50	2343.10
70	31.16	0.20	293.08	2624.30	2331.20
75	38.55	0.24	314.01	2633.50	2319.50
80	47.38	0.29	334.94	2642.30	2307.80
85	57.88	0.35	355.88	2651.10	2295.20
90	70.14	0.42	376.81	2659.90	2283.10
95	84.56	0.50	397.75	2668.70	2270.50
100	101.33	0.60	418.68	2677.00	2258.40
105	120.85	0.70	440.03	2685.00	2245.40
110	143.31	0.83	460.97	2693.40	2232.00
115	169.11	0.96	482.32	2701.30	2219.00
120	198.64	1.12	503.67	2708.90	2205.20
125	232.19	1.30	525.02	2716.40	2191.80
130	270.25	1.49	546.38	2723.90	2177.60
135	313.11	1.72	567.73	2731.00	2163.30
140	361.47	1.96	589.08	2737.70	2148.70
145	415.72	2.24	610.85	2744.40	2134.00
150	476.24	2.54	632.21	2750.70	2118.50
160	618.28	3.25	675.75	2762.90	2037.10
170	792.59	4.11	719.29	2773.30	2054.00
180	1003.50	5.15	763.25	2782.50	2019.30
190	1255.60	6.38	807.64	2790.10	1982.40
200	1554.77	7.84	852.01	2795.50	1943.50
210	1917.72	9.57	897.23	2799.30	1902.50
220	2320.88	11.60	942.45	2801.00	1858.50
230	2798.59	13.98	988.50	2800.10	1811.60
240	3347.91	16.76	1034.56	2796.80	1761.80
250	3977.67	20.01	1081.45	2790.10	1708.60
260	4693.75	23.82	1128.76	2780.90	1651.70
270	5503.99	28.27	1176.91	2768.30	1591.40
280	6417.24	33.47	1225.48	2752.00	1526.50
290	7443.29	39.60	1274.46	2732.30	1457.40
300	8592.94	46.93	1325.54	2708.00	1382.50
310	9877.96	55.59	1378.71	2680.00	1301.30
320	11300.30	65.95	1436.07	2648.20	1212.10
330	12879.60	78.53	1446.78	2610.50	1116.20
340	14615.80	93.98	1562.93	2568.60	1005.70
350	16538.50	113.20	1636.20	2516.70	880.50
360	18667.10	139.60	1729.15	2442.60	713.00
370	21040.90	171.00	1888.25	2301.90	411.10
374	22070.90	322.60	2098.00	2098.00	0.00

(12) 饱和蒸汽的特性(表 15-37)

表 15-37 饱和蒸汽的特性

绝对压力		真空度(汞柱英寸数)	温度 t /°F	液体热量 /(Btu/lb)	蒸发潜热 /(Btu/lb)	总蒸汽热 H_g /(Btu/lb)	比容 /(in³/lbf)
p'/(lbf/in²)	汞柱(英寸数)						
0.20	0.41	29.51	53.14	21.21	1063.8	1085.0	1526.0
0.25	0.51	29.41	59.30	27.36	1060.3	1087.7	1235.3
0.30	0.61	29.31	64.47	32.52	1057.4	1090.0	1039.5
0.35	0.71	29.21	68.93	36.97	1054.9	1091.9	898.5
0.40	0.81	29.11	72.86	40.89	1052.7	1093.6	791.9
0.45	0.92	29.00	76.38	44.41	1050.7	1095.1	708.5
0.50	1.02	28.90	79.58	47.60	1048.8	1096.4	641.4
0.60	1.22	28.70	85.21	53.21	1045.7	1098.9	540.0
0.70	1.43	28.49	90.08	58.07	1042.9	1101.0	466.9
0.80	1.63	28.29	94.38	62.36	1040.4	1102.8	411.7
0.90	1.83	28.09	98.24	66.21	1038.3	1104.5	368.4
1.0	2.04	27.88	101.74	69.70	1036.3	1106.0	333.6
1.2	2.44	27.48	107.92	75.87	1032.7	1108.6	280.9
1.4	2.85	27.07	113.26	81.20	1029.6	1110.8	243.0
1.6	3.26	26.66	117.99	85.91	1026.9	1112.8	214.3
1.8	3.66	26.26	122.23	90.14	1024.5	1114.6	191.8
2.0	4.07	25.85	126.08	93.99	1022.2	1116.2	173.73
2.2	4.48	25.44	129.62	97.52	1020.2	1117.7	158.85
2.4	4.89	25.03	132.89	100.79	1018.3	1119.1	146.38
2.6	5.29	24.63	135.94	103.83	1016.5	1120.3	135.78
2.8	5.70	24.22	138.79	106.68	1014.8	1121.5	126.65
3.0	6.11	23.81	141.48	109.37	1013.2	1122.6	118.71
3.5	7.13	22.79	147.57	115.46	1009.6	1125.1	102.72
4.0	8.14	21.78	152.97	120.86	1006.4	1127.3	90.63
4.5	9.16	20.76	157.83	125.71	1003.6	1129.3	81.16
5.0	10.18	19.74	162.24	130.13	1001.0	1131.1	73.52
5.5	11.20	18.72	166.30	134.19	998.5	1132.7	67.24
6.0	12.22	17.70	170.06	137.96	996.2	1134.2	61.98
6.5	13.23	16.69	173.56	141.47	994.1	1135.6	57.50
7.0	14.25	15.67	176.85	144.76	992.1	1136.9	53.64
7.5	15.27	14.65	179.94	147.86	990.2	1138.1	50.29
8.0	16.29	13.63	182.86	150.79	988.5	1139.3	47.34
8.5	17.31	12.61	185.64	153.57	986.8	1140.4	44.73
9.0	18.32	11.60	188.28	156.22	985.2	1141.4	42.40
9.5	19.34	10.58	190.80	158.75	983.6	1142.3	40.31
10.0	20.36	9.56	193.21	161.17	982.1	1143.3	38.42
11.0	22.40	7.52	197.75	165.73	979.3	1145.0	35.14
12.0	24.43	5.49	201.96	169.96	976.6	1146.6	32.40
13.0	26.47	3.45	205.88	173.91	974.2	1148.1	30.06
14.0	28.50	1.42	209.56	177.61	971.9	1149.5	28.04

续表

压力/(lbf/ft²)		温度 t /°F	液体热量 /(Btu/lb)	蒸发潜热 /(Btu/lb)	总蒸汽热 H_g/(Btu/lb)	比容 /(in³/lbf)
绝对压力 p'	表压 p					
14.696	0.0	212.00	180.07	970.3	1150.4	26.80
15.0	0.3	213.03	181.11	969.7	1150.8	26.29
16.0	1.3	216.32	184.42	967.6	1152.0	24.75
17.0	2.3	219.44	187.56	965.5	1153.1	23.39
18.0	3.3	222.41	190.56	963.6	1154.2	22.17
19.0	4.3	225.24	193.42	961.9	1155.3	21.08
20.0	5.3	227.96	196.16	960.1	1156.3	20.089
21.0	6.3	230.57	198.79	958.4	1157.2	19.192
22.0	7.3	233.07	201.33	956.8	1158.1	18.375
23.0	8.3	235.49	203.78	955.2	1159.0	17.627
24.0	9.3	237.82	206.14	953.7	1159.8	16.938
25.0	10.3	240.07	208.42	952.1	1160.6	16.303
26.0	11.3	242.25	210.62	950.7	1161.3	15.715
27.0	12.3	244.36	212.75	949.3	1162.0	15.170
28.0	13.3	246.41	214.83	947.9	1162.7	14.663
29.0	14.3	248.40	216.86	946.5	1163.4	4.189
30.0	15.3	250.33	218.82	945.3	1164.1	13.746
31.0	16.3	252.22	220.73	944.0	1164.7	13.330
32.0	17.3	254.05	222.59	942.8	1165.4	12.940
33.0	18.3	255.84	224.41	941.6	1166.0	12.572
34.0	19.3	257.58	226.18	940.3	1166.5	12.226
35.0	20.3	259.28	227.91	939.2	1167.1	11.898
36.0	21.3	260.95	229.60	938.0	1167.6	11.588
37.0	22.3	262.57	231.26	936.9	1168.2	11.294
38.0	23.3	264.16	232.89	935.8	1168.7	11.015
39.0	24.3	265.72	234.48	934.7	1169.2	10.750
40.0	25.3	267.25	236.03	933.7	1169.7	10.498
41.0	26.3	268.74	237.55	932.6	1170.2	10.258
42.0	27.3	270.21	239.04	931.6	1170.7	10.029
43.0	28.3	271.64	240.51	930.6	1171.1	9.810
44.0	29.3	273.05	241.95	929.6	1171.6	9.601
45.0	30.3	274.44	243.36	928.6	1172.0	9.401
46.0	31.3	275.80	244.55	927.7	1172.4	9.209
47.0	32.3	277.13	246.12	926.7	1172.9	9.025
48.0	33.3	278.45	247.47	925.8	1173.3	8.848
49.0	34.3	279.74	248.79	924.9	1173.7	8.678
50.0	35.3	281.01	250.09	924.0	1174.1	8.515
51.0	36.3	282.26	251.37	923.0	1174.4	8.359
52.0	37.3	283.49	252.63	922.2	1174.8	8.208
53.0	38.3	284.70	253.87	921.3	1175.2	8.062
54.0	39.3	285.90	255.09	920.5	1175.6	7.922
55.0	40.3	287.07	256.30	919.6	1175.9	7.787
56.0	41.3	288.23	257.50	918.8	1176.3	7.656
57.0	42.3	289.37	258.67	917.9	1176.6	7.529
58.0	43.3	290.50	259.82	917.1	1176.9	7.407
59.0	44.3	291.61	260.96	916.3	1177.3	7.289

续表

压力/(lbf/ft²)		温度 t /°F	液体热量 /(Btu/lb)	蒸发潜热 /(Btu/lb)	总蒸汽热 H_g/(Btu/lb)	比容 /(in³/lbf)
绝对压力 p'	表压 p					
60.0	45.3	292.71	262.09	915.5	1177.6	7.175
61.0	46.3	293.79	263.20	914.7	1177.9	7.064
62.0	47.3	294.85	264.30	913.9	1178.2	6.957
63.0	48.3	295.90	265.38	913.1	1178.5	6853
64.0	49.3	296.94	266.45	912.3	1178.8	6.752
65.0	50.3	297.97	267.50	911.6	1179.1	6.655
66.0	51.3	298.99	268.55	910.8	1179.4	6.560
67.0	52.3	299.99	269.58	910.1	1179.7	6.468
68.0	53.3	300.98	270.60	909.4	1180.0	6.378
69.0	54.3	301.96	291.61	908.7	1180.3	6.291
70.0	55.3	302.92	272.61	907.9	1180.6	6.206
71.0	56.3	303.88	273.60	907.2	1180.8	6.124
72.0	57.3	304.83	274.57	906.5	1181.1	6.044
73.0	58.3	305.76	275.54	905.8	1181.3	5.966
74.0	59.3	306.68	276.49	905.1	1181.6	5.890
75.0	60.3	307.60	277.43	904.5	1181.9	5.816
76.0	61.3	308.50	278.37	903.7	1182.1	5.743
77.0	62.3	309.40	279.30	903.1	1182.4	5.673
78.0	63.3	310.29	280.21	902.4	1182.6	5.604
79.0	64.3	311.16	281.12	901.7	1182.8	5.537
80.0	65.3	312.03	282.02	901.1	1183.1	5.472
81.0	66.3	312.89	282.91	900.4	1183.3	5.408
82.0	67.3	313.74	283.79	899.7	1183.5	5.346
83.0	68.3	314.59	284.66	899.1	1183.8	5.258
84.0	69.3	315.42	285.53	898.5	1184.0	5.226
85.0	70.3	316.25	286.39	897.8	1184.2	5.168
86.0	71.3	317.07	287.24	897.2	1184.4	5.111
87.0	72.3	317.88	288.08	896.5	1184.6	5.055
88.0	73.3	318.68	288.91	895.9	1184.8	5.001
89.0	74.3	319.48	289.74	895.3	1185.1	4.948
90.0	75.3	320.27	290.56	894.7	1185.3	4.896
91.0	76.3	321.06	291.38	894.1	1185.5	4.845
92.0	77.3	321.83	292.18	893.5	1185.7	4.796
93.0	78.3	322.60	292.98	892.9	1185.9	4.747
94.0	79.3	323.36	293.78	892.3	1186.1	4.699
95.0	80.3	324.12	294.56	891.7	1186.2	4.652
96.0	81.3	324.87	295.34	891.1	1186.4	4.606
97.0	82.3	325.61	296.12	890.5	1186.6	4.561
98.0	83.3	326.35	296.89	899.9	1186.8	4.517
99.0	84.30	327.08	297.65	899.4	1187.0	4.474
100.0	85.3	327.81	289.40	888.8	1187.2	4.432
101.0	86.3	328.53	299.15	888.2	1187.4	4.391
102.0	87.3	329.25	299.90	887.6	1167.5	4.350
103.0	88.3	329.96	300.64	887.1	1187.7	4.310
104.0	89.3	330.66	301.37	886.5	1187.9	4.271

续表

压力/(lbf/ft²)		温度 t /°F	液体热量 /(Btu/lb)	蒸发潜热 /(Btu/lb)	总蒸汽热 H_g/(Btu/lb)	比容 /(in³/lbf)
绝对压力 p'	表压 p					
105.0	90.3	331.36	302.10	886.0	1188.1	4.232
106.0	91.3	332.05	302.82	885.4	1188.2	4.194
107.0	92.3	332.74	303.54	884.9	1188.4	4.157
108.0	93.3	333.42	304.26	884.3	1188.6	4.120
109.0	94.3	334.10	304.97	883.7	1188.7	4.084
110.0	95.3	334.77	305.66	883.2	1188.9	4.049
111.0	96.3	335.44	306.37	882.6	1189.0	4.015
112.0	97.3	336.11	307.06	882.1	1189.2	3.981
113.0	98.3	336.77	307.75	881.6	1189.4	3.947
114.0	99.3	337.42	308.43	881.1	1189.5	3.914
115.0	100.3	338.07	309.11	880.6	1189.7	3.882
116.0	101.3	338.72	306.79	880.0	1189.8	3.850
117.0	102.3	339.36	310.46	879.5	1190.0	3.819
118.0	103.3	339.99	311.12	879.0	1190.1	3.788
119.0	104.3	340.62	311.78	878.4	1190.2	3.758
120.0	105.3	341.25	312.44	877.9	1190.4	3.728
121.0	106.3	341.88	313.10	877.4	1190.5	3.699
122.0	107.3	342.50	313.75	876.9	1190.7	3.670
123.0	108.3	343.11	314.40	876.4	1190.8	3.642
124.0	109.3	343.72	315.04	875.9	1190.9	3.614
125.0	110.3	344.33	315.68	875.4	1191.1	3.587
126.0	111.3	344.94	316.31	874.9	1191.2	3.560
127.0	112.3	345.54	316.94	874.4	1191.3	3.533
128.0	113.3	346.13	317.57	873.9	1191.5	3.507
129.0	114.3	346.73	318.19	873.4	1191.6	3.481
130.0	115.3	347.32	318.81	872.9	1191.7	3.455
131.0	116.3	247.90	319.43	872.5	1191.9	3.430
132.0	117.3	348.48	320.04	872.0	1192.0	3.405
133.0	118.3	349.06	320.65	871.5	1192.1	3.381
134.0	119.3	349.64	321.25	871.0	1192.2	3.357
135.0	120.3	350.21	321.85	870.6	1192.4	3.333
136.0	121.3	350.78	322.45	870.1	1192.5	3.310
137.0	122.3	351.35	323.05	869.6	1192.6	3.287
138.0	123.3	351.91	323.64	869.1	1192.7	3.264
139.0	124.3	352.47	324.23	868.7	1192.9	3.242
140.0	125.3	353.02	324.82	868.2	1193.0	3.220
141.0	126.3	353.57	325.40	867.7	1193.1	3.198
142.0	127.3	354.12	325.98	867.2	1193.2	3.177
143.0	128.3	354.67	326.56	866.7	1193.3	3.155
144.0	129.3	355.21	327.13	866.3	1193.4	3.134
145.0	130.3	355.76	327.70	865.8	1193.5	3.114
146.0	131.3	356.29	328.27	865.3	1193.6	3.094
147.0	132.3	356.83	328.83	864.9	1193.8	3.074
148.0	133.3	357.36	329.39	864.5	1193.9	3.054
149.0	134.3	357.89	329.95	864.0	1194.0	3.034

续表

压力/(lbf/ft²)		温度 t /°F	液体热量 /(Btu/lb)	蒸发潜热 /(Btu/lb)	总蒸汽热 H_g/(Btu/lb)	比容 /(in³/lbf)
绝对压力 p'	表压 p					
150.0	135.3	358.42	330.51	863.6	1194.1	3.015
152.0	137.3	359.46	331.61	862.7	1194.3	2.977
154.0	139.3	360.49	332.70	861.8	1194.5	2.940
156.0	141.3	361.52	333.79	860.9	1194.7	2.904
158.0	143.3	362.53	334.86	860.0	1194.9	2.869
160.0	145.3	363.53	335.93	859.2	1195.1	2.834
162.0	147.3	364.53	336.98	858.3	1195.3	2.801
164.0	149.3	365.51	338.02	857.5	1195.5	2.768
166.0	151.3	366.48	339.05	856.6	1195.7	2.736
168.0	153.3	367.45	340.07	855.7	1195.8	2.705
170.0	155.3	368.48	341.09	854.9	1196.0	2.675
172.0	157.3	369.35	342.10	854.1	1196.2	2.645
174.0	159.3	370.29	343.10	853.3	1196.4	2.616
176.0	161.3	371.22	344.09	852.4	1196.5	2.587
178.0	163.3	372.14	345.06	851.6	1196.7	2.559
180.0	165.3	373.06	346.03	850.8	1196.9	2.532
182.0	167.3	373.96	347.00	850.0	1197.0	2.505
184.0	169.3	374.86	347.96	849.2	1197.2	2.479
186.0	171.3	375.75	348.92	848.4	1197.3	2.454
188.0	173.3	376.64	349.86	847.6	1197.5	2.429
190.0	175.3	377.51	350.79	846.8	1197.6	2.404
192.0	177.3	378.38	351.72	846.1	1197.8	2.380
194.0	179.3	379.24	352.64	845.3	1197.9	2.356
196.0	181.3	380.10	353.55	844.5	1198.1	2.333
198.0	183.3	380.95	354.46	843.7	1198.2	2.310
200.0	185.3	381.79	355.36	843.0	1198.4	2.228
205.0	190.3	383.86	357.58	841.1	1198.7	2.234
210.0	195.3	385.90	359.77	839.2	1199.0	2.183
215.0	200.3	387.89	361.91	837.4	1199.3	2.134
220.0	205.3	389.86	364.02	835.6	1199.6	2.087
225.0	210.3	391.79	366.09	833.8	1199.9	2.0422
230.0	215.3	393.68	368.13	832.0	1200.1	1.9992
235.0	220.3	395.54	370.14	830.3	1200.4	1.9579
240.0	225.3	397.37	372.12	828.5	1200.6	1.9183
245.0	230.3	399.18	374.08	826.8	1200.9	1.8803
250.0	235.3	400.95	376.00	825.1	1201.1	1.8438
255.0	240.3	402.70	377.89	823.4	1201.3	1.8086
260.0	245.3	404.42	379.76	821.8	1201.5	1.7748
265.0	250.3	406.11	381.60	820.1	1201.7	1.7422
270.0	255.3	407.78	383.42	818.5	1201.9	1.7107
275.0	260.3	409.43	385.21	816.9	1202.1	1.6804
280.0	265.3	411.05	386.98	815.3	1202.3	1.6511
285.0	270.3	412.65	388.73	813.7	1202.4	1.6228
290.0	275.3	414.23	390.46	812.1	1202.6	1.5954
295.0	280.3	415.79	392.16	810.5	1202.7	1.5689

续表

压力/(lbf/ft²)		温度 t /℉	液体热量 /(Btu/lb)	蒸发潜热 /(Btu/lb)	总蒸汽热 H_g/(Btu/lb)	比容 /(in³/lbf)
绝对压力 p'	表压 p					
300.0	285.3	417.33	383.84	809.0	1202.8	1.5433
320.0	305.3	423.29	400.39	803.0	1203.4	1.4485
340.0	325.3	428.97	406.66	797.1	1203.7	1.3645
360.0	345.3	434.40	412.67	785.4	1204.1	1.2895
380.0	365.3	439.60	418.45	785.8	1204.3	1.2222
400.0	385.3	444.59	424.0	780.5	1204.5	1.1613
420.0	405.3	449.39	429.4	775.2	1204.6	1.1061
440.0	425.3	454.02	434.6	770.0	1204.6	1.0556
460.0	445.3	458.50	439.7	764.9	1204.6	1.0094
480.0	465.3	462.82	444.6	759.9	1204.5	0.9670
500.0	485.3	467.01	449.4	755.0	1204.4	0.9278
520.0	505.3	471.07	454.1	750.1	1204.2	0.8915
540.0	525.3	475.01	458.6	745.4	1204.0	0.8578
560.0	545.3	478.85	463.0	740.8	1203.8	0.8265
580.0	565.3	482.58	467.4	736.1	1203.5	0.7973
600.0	585.3	486.21	471.6	727.6	1203.2	0.7698
620.0	605.3	489.75	475.7	727.2	1202.9	0.7440
640.0	625.3	493.21	479.8	722.7	1202.5	0.7198
660.0	645.3	496.58	483.8	718.3	1202.1	0.6971
680.0	665.3	499.88	487.7	714.0	1201.7	0.6757
700.0	685.3	503.10	491.5	709.7	1201.2	0.6554
720.0	705.3	506.25	495.3	705.4	1200.7	0.6362
740.0	725.3	509.34	499.0	701.2	1200.2	0.6180
760.0	745.3	512.36	502.6	697.1	1199.7	0.6007
780.0	765.3	515.33	506.2	692.9	119.1	0.5843
800.0	785.3	518.23	509.7	688.9	1198.6	0.5687
820.0	805.3	512.08	513.2	684.8	1198.0	0.5538
840.0	825.3	523.88	516.6	680.8	1197.4	0.5396
860.0	845.3	526.63	520.0	676.8	1196.8	0.5260
880.0	865.3	529.33	523.3	672.8	1196.1	0.5130
900.0	885.3	531.98	526.6	668.8	1195.4	0.5006
920.0	905.3	534.59	529.8	664.9	1194.7	0.4886
940.0	925.3	537.16	533.0	661.0	1194.0	0.4772
960.0	945.3	539.68	536.2	657.1	1193.3	0.4663
980.0	965.3	542.17	539.3	653.3	1195.6	0.4557
1000.0	985.3	544.61	542.4	649.4	1191.8	0.4456
1050.0	1035.3	550.57	550.0	639.9	1189.9	0.4218
1100.0	1085.3	556.31	557.4	630.4	1187.8	0.4001
1150.0	1135.3	561.86	564.6	621.0	1185.6	0.3802
1200.0	1185.3	567.22	571.7	611.7	1183.4	0.3619
1250.0	1235.3	572.42	578.6	602.4	1181.0	0.3450
1300.0	1285.3	577.46	585.4	593.2	1178.6	0.3293
1350.0	1335.3	582.35	592.1	584.0	1176.1	0.3148
1400.0	1385.3	587.10	598.7	574.7	1173.4	0.3012
1450.0	1435.3	591.73	605.2	565.5	1170.7	0.2884

续表

压力/(lbf/ft^2)		温度 t /℉	液体热量 /(Btu/lb)	蒸发潜热 /(Btu/lb)	总蒸汽热 H_g/(Btu/lb)	比容 /(in^3/lbf)
绝对压力 p'	表压 p					
1500.0	1485.3	596.23	611.6	556.3	1167.9	0.2765
1600.0	1585.3	604.90	624.1	538.0	1162.1	0.2548
1700.0	1685.3	613.15	636.3	519.6	1155.9	0.2354
1800.0	1785.3	621.03	648.3	501.1	1149.4	0.2179
1900.0	1885.3	628.58	660.1	482.4	1142.4	0.2021
2000.0	1985.3	635.82	671.7	463.4	1135.1	0.1878
2100.0	2085.3	642.77	683.3	444.1	1127.4	0.1746
2200.0	2158.3	649.46	694.8	424.4	1119.2	0.1625
2300.0	2285.3	655.91	706.5	403.9	1110.4	0.1513
2400.0	2385.3	662.12	718.4	382.7	1101.1	0.1407
2500.0	2485.3	668.13	730.6	360.5	1091.1	0.1307
2600.0	2585.3	673.94	743.0	337.2	1080.2	0.1213
2700.0	2685.3	679.55	756.2	312.1	1068.3	0.1035
2800.0	2785.3	684.99	770.1	284.7	1054.8	0.1035
2900.0	2885.3	690.26	785.4	253.6	1039.0	0.0947
3000.0	2985.3	695.36	802.5	217.8	1020.3	0.0858
3100.0	3085.3	700.31	825.0	168.1	993.1	0.0753
3200.0	3185.3	705.11	872.4	62.0	934.4	0.0580
3206.2	3191.5	705.40	902.7	0.0	902.7	0.0503

注：1Btu=1055.0.56J。

(13) 过热蒸汽的特性（表15-38）

表15-38 过热蒸汽的特性

压力 /(lbf/in^2)		饱和温度 t /℉	比容 V 及总蒸汽热 H_g	总体温度/℉										
绝对压力 p'	表压 p			360	400	440	480	500	600	700	800	900	1000	1200
14.696	0.0	212.00	V	33.03	34.68	36.32	37.96	38.78	42.86	46.94	51.00	55.07	59.13	67.25
			H_g	1221.1	1239.9	1258.8	1277.6	1287.1	1334.8	1383.2	1432.3	1482.3	1533.1	1637.5
20.0	5.3	227.96	V	24.21	25.43	26.65	27.86	28.46	31.47	34.47	37.46	40.45	43.44	49.41
			H_g	1220.3	1239.2	1258.2	1277.1	1286.6	1334.4	1382.9	1432.1	1482.1	1533.0	1637.4
30.0	15.3	250.33	V	16.072	16.897	17.714	18.528	18.933	20.95	22.96	24.96	26.95	28.95	32.93
			H_g	1218.6	1237.9	1257.0	1276.2	1285.7	1333.8	1382.9	1431.7	1481.8	1532.7	1637.2
40.0	25.3	267.25	V	12.001	12.628	13.247	.13.862	14.168	15.688	22.96	18.702	20.20	21.70	24.69
			H_g	1216.9	1236.5	1255.9	1275.2	1284.8	1333.1	1382.4	1431.3	1481.4	1532.4	1637.0
50.0	35.3	281.01	V	9.557	10.065	10.567	11.062	11.309	12.523	17.198	14.950	16.152	17.352	19.747
			H_g	1215.2	1235.1	1254.7	1274.2	1283.9	1332.5	1381.9	1430.9	1484.1	1532.1	1636.8
60.0	45.3	292.71	V	7.927	8.357	8.779	9.196	9.403	10.427	11.441	12.449	13.452	14.454	16.451
			H_g	1213.4	1233.6	1252.5	1273.2	1283.0	1331.8	1380.9	1430.5	1480.8	1531.9	1636.6
70.0	55.3	302.92	V	6.762	7.136	7.502	7.863	8.041	8.924	9.796	10.662	11.524	12.383	14.097
			H_g	1211.5	1232.1	1252.3	1272.2	1282.0	1331.1	1380.4	1430.1	1480.5	1531.6	1636.3
80.0	65.3	312.03	V	5.888	6.220	6.544	6.862	7.0202	7.797	8.562	9.322	10.077	10.830	12.332
			H_g	1209.7	1230.7	1251.1	1271.1	1281.1	1330.5	1379.9	1429.7	1480.0	1531.3	1636.2
90.0	75.3	320.27	V	5.208	5.508	5.799	6.084	6.225	6.920	7.603	8.279	8.952	9.623	10.959
			H_g	1207.7	1229.1	1249.8	1270.1	1280.1	1329.8	1379.4	1429.3	1479.8	1531.0	1635.9
100.0	85.3	327.81	V	4.663	4.937	5.202	5.462	5.589	6.218	6.835	7.446	8.052	8.656	9.860
			H_g	1205.7	1227.6	1248.6	1269.0	1279.1	1329.1	1378.9	1428.9	1479.5	1530.8	1635.7

续表

压力/(lbf/in²) 绝对压力 p'	表压 p	饱和温度 t/°F	比容 V 及总蒸汽热 H_g	总体温度/°F 360	400	440	480	500	600	700	800	900	1000	1200
120.0	105.3	341.25	V	—3.844	4.081	4.307	4.527	4.636	5.165	5.683	6.195	6.702	7.207	8.212
			H_g	1201.6	1224.4	1246.0	1266.9	1277.2	1327.7	1377.8	1428.1	1478.8	1530.2	1635.3
140.0	125.3	353.02	V	3.258	3.258	3.667	3.860	3.954	4.413	4.861	5.301	5.738	6.172	7.035
			H_g	1197.3	1221.1	1243.3	1264.7	1275.2	1326.4	13768	1427.3	1478.2	1529.7	1634.9
160.0	145.3	363.53	V	—	3.008	3.187	3.359	3.443	3.849	4.244	4.631	5.015	5.396	6.152
			H_g	—	1212.6	1240.6	1262.4	1273.1	1325.0	1375.7	1426.4	1477.5	1529.1	1634.5
180.0	165.3	373.06	V	—	2.649	2.813	2.969	3.044	3.411	3.764	4.110	4.452	4.792	5.466
			H_g	—	1214.0	1237.8	1260.2	1271.0	1323.5	1374.7	1425.6	1476.8	1528.6	1634.1
200.0	185.3	381.79	V	—	2.361	2.513	2.656	2.726	3.060	3.380	3.696	4.002	4.309	4.917
			H_g	—	1210.3	1234.9	1257.8	1268.9	1322.1	1373.6	1424.8	1476.2	1528.0	1633.7
220.0	205.3	389.86	V	—	2.125	2.267	2.400	2.465	2.772	3.066	3.352	3.634	3.913	4.467
			H_g	—	1206.5	1231.9	1255.4	1266.7	1320.7	1372.6	1424.0	1475.5	1527.5	1633.3
240.0	225.3	397.37	V	—	1.9276	2.062	2.187	2.247	2.533	2.804	3.068	3.327	3.584	4.093
			H_g	—	1202.5	1228.8	1253.0	1264.5	1319.2	1371.5	1423.2	1474.8	1526.9	1632.9
260.0	245.3	404.42	V	—	—	1.8882	2.006	2.063	2.330	2.582	2.827	3.067	3.305	3.776
			H_g	—	—	1225.7	1250.5	1262.3	1317.7	1370.4	1422.3	1474.2	1526.3	1632.5
280.0	265.3	411.05	V	—	—	1.7388	1.8512	1.9047	2.156	2.392	2.621	2.845	3.066	3.504
			H_g	—	—	1222.4	1247.9	1260.0	1316.2	1369.4	1421.5	1473.5	1525.8	1632.1
300.0	285.3	417.33	V	—	—	1.6090	1.7165	1.7675	2.005	2.227	2.442	2.652	2.859	3.269
			H_g	—	—	1219.1	1245.3	1257.6	1314.7	1368.3	1420.6	1472.8	1525.2	1631.7
320.0	305.3	423.29	V	—	—	1.4950	1.5985	1.6472	1.8734	2.083	2.285	2.483	2.678	3.063
			H_g	—	—	1215.6	1242.6	1255.2	1313.2	1367.2	1419.8	1472.1	1524.7	1631.3
340.0	325.3	428.97	V	—	—	1.3941	1.4941	1.5410	1.7569	1.9562	2.147	2.334	2.518	2.881
			H_g	—	—	1212.1	1239.9	1252.8	1311.6	1366.1	1419.0	1471.5	1524.1	1630.9
360.0	345.3	434.40	V	—	—	1.3041	1.4012	1.4464	1.6533	1.8431	2.025	2.202	2.376	2.719
			H_g	—	—	1208.4	1237.1	1250.3	1310.1	1365.0	1418.1	1470.8	1523.5	1630.5

压力/(lbf/in²) 绝对压力 p'	表压 p	饱和温度 t/°F	比容 V 及总蒸汽热 H_g	总体温度/°F 500	540	600	640	660	700	740	800	900	1000	1200
380.0	365.3	439.60	V	1.3616	1.444	1.5605	1.6345	1.6707	1.7419	1.8118	1.9149	2.083	2.249	2.575
			H_g	1247.7	1273.1	1308.5	1331.0	1342.0	1363.8	1385.3	1417.3	1470.1	1523.0	1630.0
400.0	385.3	444.59	V	1.2851	1.3652	1.4770	1.5480	1.5827	1.6508	1.7177	1.8161	1.9767	2.134	2.445
			H_g	1245.1	1271.0	1306.9	1329.6	1340.8	1362.7	1384.3	1416.4	1469.4	1522.4	1629.6
420.0	405.3	449.39	V	1.2158	1.2935	1.4014	1.4697	1.5030	1.5684	1.6324	1.7267	1.8802	2.031	2.327
			H_g	1242.5	1268.9	1305.3	1328.3	1339.5	1361.6	1383.3	1415.5	1468.7	1521.9	1629.2
440.0	425.3	454.02	V	1.1526	1.2282	1.3327	1.3984	1.4306	1.4934	1.5549	1.6454	1.7925	1.9368	2.220
			H_g	1239.8	1266.7	1303.6	1326.9	1338.2	1360.4	1382.3	1414.7	1468.1	1521.3	1628.8
460.0	445.3	458.50	V	1.0948	1.1685	1.2698	1.3334	1.3644	1.4250	1.4842	1.5711	1.7124	1.8508	2.122
			H_g	1237.0	1264.5	1302.0	1325.4	1366.9	1359.3	1381.3	1413.8	1467.4	1520.7	1628.4
480.0	465.3	462.82	V	1.0417	1.1138	1.2122	1.2737	1.3038	1.3622	1.4193	1.5031	1.6390	1.7720	2.033
			H_g	1234.2	1262.3	1300.3	1324.0	1335.6	1358.2	1380.3	1412.9	1466.7	1520.2	1628.0
500.0	485.3	467.01	V	0.9927	1.0633	1.1591	1.2188	1.2478	1.3044	1.3596	1.4405	1.5715	1.6996	1.9504
			H_g	1231.3	1260.0	1298.6	1322.6	1334.2	1357.0	1379.3	1412.1	1466.0	1519.6	1627.6
520.0	505.3	471.07	V	0.9473	1.0166	1.1101	1.1681	1.1962	1.2511	1.3045	1.3826	1.5091	1.6326	1.8743
			H_g	1228.3	1257.7	1296.9	1321.1	1332.9	1355.8	1378.2	1411.2	1465.3	1519.0	1627.2
540.0	525.3	475.01	V	0.9052	0.9733	1.0646	1.1211	1.1485	1.2017	1.2532	1.3291	1.4514	1.5707	1.8039
			H_g	1225.3	1255.4	1295.2	1319.7	1331.5	1354.6	1377.2	1410.3	1464.6	1518.5	1626.8
560.0	545.3	478.85	V	0.8659	0.9330	1.0224	1.0775	1.1041	1.1558	1.2060	1.2794	1.3978	1.5132	1.7385
			H_g	1222.2	1253.0	1293.4	1318.2	1330.2	1353.5	1376.1	1409.4	1463.9	1517.9	1626.4

续表

压力/(lbf/in²)		饱和温度	比容V及总蒸汽热	总体温度/°F										
绝对压力 p'	表压 p	t /°F	H_g	500	540	600	640	660	700	740	800	900	1000	1200
580.0	565.3	482.58	V	0.8291	0.8954	0.9830	1.0368	1.0627	1.1331	1.1619	1.2331	1.3479	1.4596	1.6776
			H_g	1219.0	1250.5	1291.7	1316.7	1328.8	1352.3	1375.1	1408.6	1463.2	1517.3	1626.0
600.0	585.3	486.21	V	0.7947	0.8602	0.9463	0.9988	1.0241	1.0732	1.1207	1.1899	1.3013	1.4096	1.6208
			H_g	1215.7	1248.1	1289.9	1315.2	1327.4	1351.1	1374.0	1407.7	1462.5	1516.7	1625.5
620.0	605.3	489.75	V	0.7624	0.8272	0.9118	0.9633	0.9880	1.0358	1.0821	1.1494	1.2577	1.3628	1.5676
			H_g	1212.4	1245.5	1288.1	1313.7	1326.0	1349.9	1373.0	1406.8	1461.8	15616.2	1625.1
640.0	625.3	493.21	V	0.7319	0.7963	0.8795	0.9299	0.9541	1.0008	1.0459	1.1115	1.2168	1.3190	1.5178
			H_g	1209.0	1243.0	1286.2	1312.2	1324.6	1348.6	1371.9	1405.9	1461.1	1515.6	1624.7
660.0	645.3	496.58	V	0.7032	0.7670	0.8491	0.8985	0.9222	0.9679	1.0119	1.0759	1.1784	1.2778	1.4709
			H_g	1205.4	1240.4	128.44	1310.6	1323.2	1347.4	1370.8	1405.0	1460.4	1515.0	1624.3
680.0	665.3	499.88	V	0.6759	0.7395	0.8205	0.8690	0.8639	0.9369	0.9800	1.0424	1.1423	1.2390	1.4269
			H_g	1201.8	1237.7	1282.5	1309.1	1321.7	1346.2	1369.8	1404.1	1459.7	1514.5	1623.9
700.0	685.3	503.10	V	—	0.7134	0.7934	0.8411	0.8639	0.9077	0.9498	1.0108	1.1082	1.2024	1.3853
			H_g	—	1235.0	1280.6	1307.5	1320.3	1345.0	1368.7	1403.2	1459.2	1513.9	1623.5
750.0	735.3	510.86	V	—	0.6540	0.7319	0.7778	0.7996	0.8414	0.8813	0.9391	1.0310	1.1196	1.2912
			H_g	—	1227.9	1275.7	1303.5	1316.6	1341.8	1366.0	1400.9	1457.2	1512.4	1622.4
800.0	785.3	518.23	V	—	0.6015	0.6779	0.7223	0.7433	0.7833	0.8215	0.8763	0.9633	1.0470	1.2088
			H_g	—	1220.5	1270.7	1299.4	1312.9	1338.6	1363.2	1398.6	1455.4	1511.0	1621.4
850.0	853.3	525.26	V	—	0.5546	0.6301	0.6732	0.6934	0.7320	0.7685	0.8209	0.9037	0.9830	1.1360
			H_g	—	1212.7	1265.5	1295.2	1309.0	1335.4	1360.4	1396.9	1453.6	1509.5	1620.4
900.0	885.3	531.98	V	—	0.5124	0.5873	0.6294	0.6491	0.6863	0.7215	0.7716	0.8506	0.9262	1.0714
			H_g	—	1204.4	1260.1	1290.9	1305.1	1332.1	1357.5	1393.9	1451.8	1508.1	1619.3
950.0	935.3	538.42	V	—	0.4740	0.5489	0.5901	0.6092	0.6453	0.6793	0.7275	0.8031	0.8753	1.0136
			H_g	—	1195.5	1254.6	1286.4	1301.1	1328.7	1354.7	1391.6	1450.0	1506.6	1618.3
1000.0	985.3	544.61	V	—	—	0.5140	0.5546	0.5733	0.6084	0.6413	0.6878	0.7604	0.8294	0.9615
			H_g	—	—	1248.8	1281.9	1297.0	1325.3	1351.7	1389.2	1448.2	1505.1	1617.3

压力/(lbf/in²)		饱和温度	比容V及总蒸汽热	总体温度/°F										
绝对压力 p'	表压 p	t /°F	H_g	660	700	740	760	780	800	860	900	1000	1100	1200
1100.0	1085.3	556.31	V	0.5110	0.5445	0.5755	0.5904	0.6049	0.6191	0.6601	0.6866	0.7503	0.8177	0.8716
			H_g	1288.5	1318.3	1345.8	1358.9	1371.7	1384.3	1420.8	1444.5	1502.2	1558.8	1615.2
1200.0	1185.3	567.22	V	0.4586	0.4909	0.5206	0.5347	0.5484	0.5617	0.6003	0.6250	0.6843	0.7412	0.7967
			H_g	1279.6	1311.0	1339.6	1353.2	1366.4	1349.3	1416.7	1440.7	1499.2	1556.4	1613.1
1300.0	1285.3	577.46	V	0.4139	0.4454	0.4739	0.4874	0.5004	0.5131	0.5496	0.5728	0.6284	0.6816	0.7333
			H_g	1270.2	1303.4	1333.3	1347.3	1361.0	1374.3	1412.5	1437.0	1496.2	1553.9	1611.0
1400.0	1385.3	587.10	V	0.3753	0.4062	0.4338	0.4468	0.4593	0.4714	0.5061	0.5281	0.5805	06305	0.6789
			H_g	1260.3	1295.5	1326.7	1341.3	1355.4	1369.1	1408.2	1433.1	1493.2	1551.4	1608.9
1500.0	1485.3	596.23	V	0.3413	0.3719	0.3989	0.4114	0.4235	0.4352	0.4684	0.4893	0.5390	0.5862	0.6318
			H_g	1249.8	1287.2	1320.0	1335.2	1349.7	1363.8	1403.9	1429.3	1490.1	1548.9	1606.8
1600.0	1585.3	604.90	V	0.3112	0.3417	0.3682	0.3804	0.3921	0.4034	0.4353	0.4553	0.5027	0.5474	0.5906
			H_g	1238.7	1278.7	1313.0	1328.8	1343.9	1358.4	1399.5	1425.3	1487.0	1546.4	1604.6
1700.0	1685.3	613.15	V	0.2842	0.3148	0.3410	0.3529	0.3643	0.3753	0.4061	0.4253	0.4706	0.5132	0.5542
			H_g	1226.8	1269.7	1305.8	1322.3	1377.9	1352.9	1395.0	1421.4	1484.0	1543.8	1602.5
1800.0	1785.3	621.03	V	0.2597	0.2907	0.3166	0.3284	0.3395	0.3502	0.3801	0.3986	0.4421	0.4828	0.5218
			H_g	1214.0	1260.3	1298.4	1315.5	1331.8	1347.2	1390.4	1417.4	1480.8	1541.3	1600.4
1900.0	1885.3	628.58	V	0.2371	0.2688	0.2947	0.3063	0.3173	0.3277	0.3568	0.3747	0.4165	0.4556	0.4929
			H_g	1200.2	1250.4	12906	1308.6	1325.4	1341.5	1385.8	1413.3	1477.7	1538.8	1598.2

续表

压力/(lbf/in²)		饱和温度	比容 V 及总蒸汽热	总体温度/°F										
绝对压力 p'	表压 p	t /°F	H_g	660	700	740	760	780	800	860	900	1000	1100	1200
2000.0	1985.3	635.2	V	0.2161	0.2489	0.2748	0.2863	0.2972	0.3074	0.3358	0.3532	0.3935	0.4311	0.4668
			H_g	1184.9	1240.0	1282.6	1301.4	1319.0	1335.5	1381.2	1409.2	1474.5	1536.2	1596.1
2100.0	2085.3	642.77	V	0.1962	0.2306	0.2567	0.2682	0.2789	0.2890	0.3167	0.3337	0.3727	0.4089	0.4433
			H_g	1167.7	1229.0	1274.3	1294.0	1312.3	1329.5	1376.4	1405.0	1471.4	1533.6	1593.9
2200.0	2185.3	649.46	V	0.1768	0.2135	0.2400	0.2514	0.2621	0.2721	0.2994	0.3159	0.3538	0.3837	0.4218
			H_g	1147.8	1217.4	1265.7	1286.3	1305.4	1323.3	1371.5	1400.8	1468.2	1531.1	1591.8
2300.0	2285.3	655.91	V	0.1575	0.1978	0.2247	0.2468	0.2468	0.2567	0.2835	0.2997	0.3365	0.3703	0.4023
			H_g	1123.8	1204.9	1256.7	1298.4	1298.4	1316.9	1366.6	1396.5	1464.9	1528.5	1589.6
2400.0	2385.3	662.12	V	—	0.1828	0.2105	0.2327	0.2327	0.2425	0.2689	0.2848	0.3207	0.3534	0.3843
			H_g	—	1191.5	1247.3	1291.1	1291.1	1310.3	1361.6	1392.2	1461.7	1525.9	1587.4
2500.0	2458.3	668.13	V	—	0.1686	0.1973	0.2196	0.2196	0.2294	0.2555	0.2710	0.3061	0.3379	0.3678
			H_g	—	1176.8	1237.6	1283.6	1283.6	1303.6	1356.5	1387.8	1458.4	1523.2	1585.3
2600.0	2585.3	673.94	V	—	0.1549	0.1849	0.2074	0.2074	0.2172	0.2431	0.2584	0.2926	0.3236	0.3526
			H_g	—	1160.6	1227.3	1275.8	1275.8	1296.8	1351.4	1383.4	1455.1	1520.6	1583.1
2700.0	2685.3	679.55	V	—	0.1415	0.1732	0.1960	0.1960	0.2059	0.2315	0.2466	0.2801	0.3103	0.3385
			H_g	—	1142.5	1216.5	1267.9	1267.9	1289.7	1346.1	1378.9	1451.8	1518.0	1580.9
2800.0	2785.3	684.99	V	—	0.1281	0.1622	0.1854	0.1854	0.1953	0.2208	0.2356	0.2685	0.2979	0.3254
			H_g	—	1121.4	1205.1	1243.8	1259.6	1282.4	1340.8	1374.3	1448.5	1515.4	1578.7
2900.0	2885.3	690.26	V	—	0.1143	0.1517	0.1745	0.1754	0.1853	0.2108	0.2254	0.2577	0.2864	0.3132
			H_g	—	1095.9	1193.0	1234.2	1251.1	1274.9	1335.3	1369.7	1445.1	1512.7	1576.5
3000.0	2985.3	695.36	V	—	0.0984	0.1416	0.1644	0.1660	0.1760	0.2014	0.2159	0.2476	0.2757	0.3018
			H_g	—	1060.7	1180.1	1242.2	1242.2	1267.2	1329.7	1365.0	1441.8	1510.0	1574.3
3100.0	3085.3	700.31	V	—	—	0.1320	0.1571	0.1571	0.1672	0.1926	0.2070	0.2382	0.2657	0.2911
			H_g	—	—	1166.2	1233.0	1233.0	1259.3	1324.1	1360.3	1438.4	1507.4	1572.1
3200.0	3185.3	705.11	V	—	—	0.1226	0.1486	0.1486	0.1589	0.1843	0.1986	0.2293	0.2563	0.2811
			H_g	—	—	1151.1	1223.5	1223.5	1251.1	1318.3	1355.5	1434.9	1504.7	1569.9
3206.2	3191.5	705.40	V	—	—	0.1220	01480	0.1480	0.1583	0.1838	0.1981	0.2288	0.2557	0.2806
			H_g	—	—	1150.2	1222.9	1222.9	1250.5	1317.9	1355.2	1434.7	1504.5	1569.8

注：比容 V 单位 ft³/lbf；总蒸汽热 H_g 单位 Btu/lbf。

15.2.3 阀门参数

(1) 压力恢复系数 F_L 值和临界压差比 x_T（表 15-39）

表 15-39 压力恢复系数 F_L 值和临界压差比 x_T

调节阀形式		流向	F_L 值	x_T
单座调节阀	柱塞形阀芯	流开	0.90	0.72
		流闭	0.80	0.55
	V 形阀芯	任意流向	0.90	0.75
	套筒形阀芯	流开	0.90	0.75
		流闭	0.80	0.70
双座调节阀	柱塞形阀芯	任意流向	0.85	0.70
	V 形阀芯	任意流向	0.90	0.75
角形调节阀	柱塞形阀芯	流开	0.80	0.72
		流闭	0.90	0.65

续表

调节阀形式		流向	F_L 值	x_T
角形调节阀	套筒形阀芯	流开	0.85	0.65
		流闭	0.80	0.60
	文丘里型	流闭	0.50	—
球阀	O形	任意流向	0.55	0.15
	V形	任意流向	0.57	0.25
蝶阀	60°全开	任意流向	0.68	0.38
	90°全开	任意流向	0.55	0.20
偏心旋转阀		流开	0.85	0.61

(2) 阀门计算数据具有代表性的阀门系数（表 15-40）

表 15-40 用于调节阀口函数计算的有代表性的阀门系数

阀体和阀内件形式	流　向	和管线尺寸相同的阀体($D=d$)						管线尺寸的一半($D=2d$)			
		C_d	F_l	X_t	F_d^*	F_s^*	K_c	N_1C_V/D^2	F_{Lp}	X_{tp}	F_s
单座球形阀侧面导向	开关中的任何一个	11	0.90	0.75	1.5	1.05		2.8	0.85	0.75	1.04
V形套环	开关中的任何一个	9	0.90	0.75	1.5	1.38		2.3	0.86	0.75	1.36
柱塞式阀芯	开	11	0.90	0.72	1.0	1.05	0.65	2.8	0.85	0.73	1.04
柱塞式阀芯	关	11	0.80	0.55	1.0	1.09	0.58	2.8	0.76	0.57	1.08
V形口阀芯	开关中的任何一个	9.5	0.90	0.75	1.0	1.05	0.80	2.4	0.86	0.75	1.04
套筒	开	14	0.90	0.75	1.0	1.06	0.65	3.5	0.82	0.75	1.04
套筒	关	16	0.80	0.70	1.0	1.11		4.0	0.72	0.71	1.08
双座球形阀侧面导向		14	0.90	0.75	0.71	0.84		3.5	0.82	0.75	0.83
V形套环		13	0.90	0.75	0.71	0.84		3.3	0.83	0.75	0.83
柱塞式阀芯		13	0.85	0.70	0.71	0.85	0.70	3.3	0.79	0.71	0.84
V形口阀芯		12.5	0.90	0.75	0.71	0.84	0.80	3.1	0.83	0.75	0.84
角形阀											
全通道口柱塞式	关	20	0.80	0.65	1.0	1.12	0.53	5.0	0.69	0.68	1.08
全通道口柱塞式	开	17	0.90	0.72	1.0	1.08	0.64	4.3	0.78	0.73	1.04
限流柱塞式	关	≥6	0.70	0.55	1.0	1.13		1.5	0.69	0.56	1.13
限流柱塞式	开	≥5.5	0.95	0.80	1.0	1.02		1.3	0.93	0.80	1.02
2∶1锥形孔	关	12	0.45	0.15	1.0	1.31		3.0	0.44	0.17	1.31
套筒	开	12①	0.85	0.65	1.0	1.08		3.0	0.80	0.66	1.06
套筒	关	12①	0.80	0.60	1.0	1.10		3.0	0.75	0.62	1.08
文丘里式	关	22	0.50	0.20	1.0	1.29	0.17	5.5	0.46	0.26	1.26
球阀											
标准孔②		3.0	0.55	0.15	1.0	1.28	0.25	7.5	0.47	0.24	1.22
赋予流量特性的		2.5	0.57	0.25	1.0	1.25	0.22	6.3	0.50	0.33	1.21
蝶阀											
开度60°		17	0.68	0.38	0.71	0.92	0.3	4.3	0.63	0.43	0.91
开度90°		>30	0.55	0.20	0.71	1.01		>7.5	0.45	0.33	0.97

① 可变的。

② 孔径≈0.8d。

注：F_d 的数值是基于极限的试验数据，未经单独的试验室证实。F_s 是从 F_d 计算得出的。

(3) 工作流量特性选择（表 15-41～表 15-43）

表 15-41 工作流量特性选择

系统及被调参数	干　扰	流量特性	说　明
p_1 —— p_2 流量控制系统	给定值	线性	变送器带开方器
	p_1、p_2	等百分比	
	给定值	快开	变送器不带开方器
	p_1、p_2	等百分比	

续表

系统及被调参数	干 扰	流 量 特 性	说 明
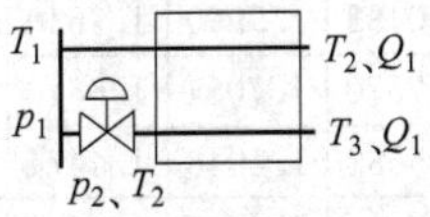 温度控制系统	给定值 T_1	线性	
	p_1、p_2、T_2、T_3、Q_1	等百分比	
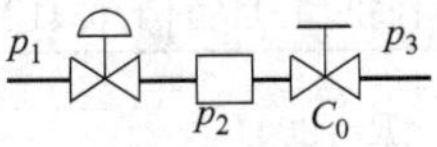 压力控制系统	给定值 p_1、p_3、C_0	线性	液体
	给定值 p_1、C_0	等百分比	气体
	p_3	快开	
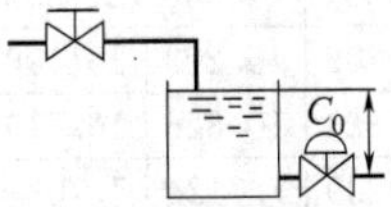 液位控制系统	给定值	线性	
	C_0	线性	
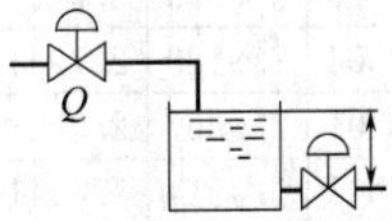 液位控制系统	给定值	等百分比	
	Q	线性	

表 15-42 调节阀固有流量特性选择用

调节阀与系统压降之比	$S \geqslant 0.6$			$S < 0.6$		
要求的工作特性	平方根	线性	等百分比	平方根	线性	等百分比
选用的固定特性	平方根	线性	等百分比	等百分比	等百分比	等百分比

表 15-43 直观选择流量特性参考表

线 性 特 性	对 数 特 性
具有恒定压降的系统	阀前后盖压力变化大的系统
压降随负荷增加而逐渐下降的系统	①压降随负荷增加而急剧下降的系统 ②调节阀压降在小流量时要求大，大流量时要求小 ③介质为液体的压力系统
介质为气体的压力系统，其阀后管线长于 30m	①介质为气体的压力系统，其阀后管线短于 3m ②流量范围窄小的系统 ③阀需要加大口径的场合
工艺参数给得准	工艺参数不准
外界干扰小的系统	①外界干扰大的系统 ②调节阀压降占系统压降小的场合：$S < 0.6$
阀口径较大，从经济上考虑时	从系统安全角度考虑时

(4) 不同压降比时的倍率（表 15-44～表 15-46）

表 15-44 线性流量特性控制阀，不同压降比时的倍率 K ($R=30$)

压降比	0.05	0.10	0.15	0.2	0.25	0.3	0.4	0.5	0.6	0.7	0.8	0.9	1.0
10%	8.8415	8.2566	8.0522	7.9481	7.8849	7.8425	7.7892	7.7570	7.7355	7.7201	7.7085	7.6995	7.6923
20%	8.2019	5.3351	5.0130	4.8439	4.7396	4.6687	4.5786	4.5237	4.4867	4.4601	4.4400	4.4243	4.4118
30%	5.3447	4.3087	3.9028	3.6831	3.5448	3.4494	3.3265	3.2504	3.1987	3.1613	3.13298	3.1107	3.0928
40%	4.9668	3.8300	3.3668	3.1095	2.9443	2.8288	2.6775	2.5824	2.5171	2.4693	2.4329	2.4042	2.3810

续表

压降比	0.05	0.10	0.15	0.2	0.25	0.3	0.4	0.5	0.6	0.7	0.8	0.9	1.0
50%	4.7693	3.5702	3.0680	2.7832	2.5973	2.4657	2.2904	2.176	2.1007	2.0432	1.9990	1.9640	1.9354
60%	4.6538	3.4144	2.8853	2.5804	2.3787	2.2342	2.0392	1.9127	1.8235	1,7570	1.7054	1.6642	1.6304
70%	4.5808	3.3142	2.7659	2.4462	2.2324	2.0788	1.8665	1.7273	1.6280	1.5532	1.4946	1.4474	1.4085
80%	4.5318	3.2460	2.6839	2.3530	2.1300	1.9673	1.7426	1.5927	1.4844	1.4019	1.3367	1.2837	1.2397
90%	4.4973	3.1977	32.6253	2.2859	2.0556	1.8865	1.6509	1.4918	1.3756	1.2861	1.2147	1.561	1.1070
100%	4.4721	3.1623	2.5820	2.2361	2.0000	1.8257	1.5811	1.4142	1.2910	1.1952	1.1180	1.0541	1.0000

表 15-45 等百分比流量特性控制阀，不同压降比时的倍率 *K*（*R*=30）

压降比	0.05	0.10	0.15	0.2	0.25	0.3	0.4	0.5	0.6	0.7	0.8	0.9	1.0
10%	21.791	21.560	21.483	21.444	21.421	21.405	21.385	21.374	21.366	21.361	21.356	21.353	21.351
20%	15.609	15.488	15.380	15.326	15.293	15.272	15.244	15.228	15.217	15.209	15.203	15.199	15.195
30%	11.659	11.222	11.073	10.997	10.952	10.921	10.833	10.806	10.845	10.834	10.826	10.819	10.814
40%	8.8448	8.2602	8.0559	7.9518	7.8886	7.8463	7.7930	7.7608	7.7393	7.7239	7.7124	7.7034	7.6961
50%	7.0000	6.2450	5.9722	5.8310	5.7446	5.6862	5.6125	5.5678	5.5377	5.5162	5.5000	5.4874	5.4772
60%	5.8476	4.9188	4.5674	4.3812	4.2655	4.1867	4.0859	4.0243	3.9827	3.9526	3.9300	3.9123	3.8981
70%	5.1668	4.0861	3.6555	3.4200	3.2705	3.1669	3.0325	2.3489	2.8919	2.8504	2.8189	2.7941	2.7742
80%	4.7852	3.5914	3.0927	2.8103	2.6264	2.4963	2.3234	2.2132	2.1365	2.0801	2.0367	2.0023	1.9744
90%	4.5798	3.3128	2.7642	2.4442	2.2303	2.0755	1.8640	1.7246	1.6251	1.5501	1.4914	1.4441	1.4051
100%	4.4721	3.1623	2.5820	2.2361	2.0000	1.8257	1.5811	1.4142	1.2910	1.1952	1.1180	1.0541	1.0000

表 15-46 等百分比流量特性控制阀，不同压降比时的倍率 *K*（*R*=50）

压降比	0.05	0.10	0.15	0.2	0.25	0.3	0.4	0.5	0.6	0.7	0.8	0.9	1.0
10%	34.920	33.9450	33.8959	33.8713	33.8565	33.8467	33.8343	33.8270	33.8220	33.8185	33.8159	33.8138	33.8122
20%	23.2770	23.0612	22.9888	22.9526	22.9308	22.9162	22.8980	22.8871	22.8798	22.8746	22.8707	22.8677	22.8653
30%	16.0651	15.7508	15.6446	15.5913	15.5592	15.5377	15.5109	15.4948	15.4840	15.4763	15.4706	15.4661	15.4625
40%	11.3286	10.8782	10.7239	10.6459	10.5989	10.5674	10.5279	10.5041	10.4882	10.4769	10.4683	10.4617	10.4564
50%	8.3066	7.6811	7.4610	7.3485	7.2801	7.2342	7.1764	7.1414	7.1181	7.1013	7.0887	7.0789	7.0711
60%	6.4703	5.6449	5.3415	5.1832	5.0858	5.0198	4.9361	4.8852	4.8510	4.8264	4.8078	4.7934	4.7818
70%	5.4274	4.4109	4.0154	3.8022	3.6683	3.5763	3.4578	3.3847	3.3351	3.2992	3.2721	3.2508	3.2336
80%	4.8767	3.7124	3.2324	2.9634	2.7896	2.6674	2.5063	2.4045	2.3342	2.2826	2.2432	2.2120	2.1867
90%	4.6029	3.3447	2.8024	2.4873	2.2774	2.1260	1.9201	1.7851	1.6892	1.6172	1.5610	1.5159	1.4788
100%	4.4721	3.1632	2.5820	2.2361	2.0000	1.8257	1.5811	1.4142	1.2910	1.1952	1.1180	1.0541	1.0000

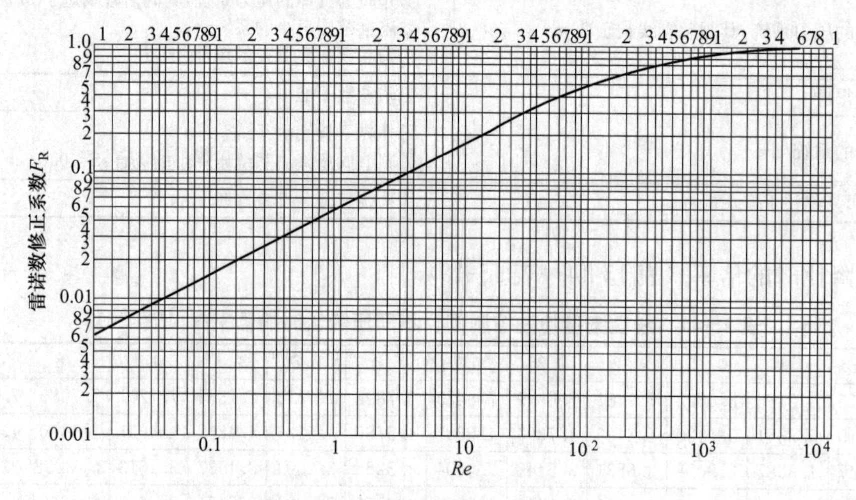

图 15-21 雷诺数修正系数 F_R

(5) 雷诺数修正系数 F_R（图 15-21）

对于有两个平行流路的调节阀，如直通双座阀、蝶阀、偏心旋转阀等，雷诺数为

$$Re=49490\frac{Q_L}{V\sqrt{K_V}}$$

对于只有一个平行流路的调节阀，如直通单座阀、套筒阀、球阀、角形阀、隔膜阀等，雷诺数为

$$Re=70700\frac{Q_L}{V\sqrt{K_V}}$$

(6) F_R 过渡流的雷诺数因子（表 15-47）

表 15-47　F_R 过渡流的雷诺数因子

F_R	C_V'	q'	$\Delta p'$	F_R	C_V'	q'	$\Delta p'$
0.46	0.46	0.47	0.46	0.74	1.35	1.70	1.16
0.48	0.49	0.50	0.48	0.76	1.50	2.10	1.27
0.50	0.52	0.53	0.51	0.78	1.67	2.40	1.40
0.52	0.56	0.57	0.54	0.80	1.90	2.90	1.55
0.54	0.59	0.62	0.57	0.82	2.20	3.40	1.72
0.56	0.63	0.67	0.61	0.84	2.50	4.30	1.95
0.58	0.68	0.73	0.65	0.86	3.00	5.6	2.30
0.60	0.74	0.81	0.69	0.88	3.75	7.9	2.70
0.62	0.80	0.89	0.74	0.90	4.9	12	3.25
0.64	0.86	0.99	0.79	0.92	6.5	18	4.1
0.66	0.93	1.10	0.85	0.94	9.5	31	5.2
0.68	1.01	1.23	0.92	0.96	13	50	7
0.70	1.10	1.38	0.99	0.98	20	100	10
0.72	1.22	1.55	1.07				

注：1. C_V'为假定的湍流流动的 C_V 除以假定的层流流动的 C_V。

2. q'为假定的湍流流动的 q 除以假定的层流流动的 q。

3. $\Delta p'$为假定的湍流流动的 $\sqrt{\Delta p}$除以假定的层流流动的 $\sqrt{\Delta p}$。

(7) 阀门安装在短管大小头之间的 F_P 和 X_{TP} 计算值（表 15-48）

表 15-48　阀门安装在短管大小头之间的 F_P 和 X_{TP} 计算值

（假定两个大小头的大小相同的面积是突变的）

C_d	10						15				
X_T	0.40	0.50	0.60	0.70	0.80		0.40	0.50	0.60	0.70	0.80
d/D	X_{TP}					F_P	X_{TP}				
0.80	0.40	0.49	0.59	0.69	0.78	0.99	0.40	0.49	0.58	0.67	0.75
0.75	0.40	0.50	0.59	0.69	0.78	0.98	0.40	0.49	0.58	0.67	0.75
0.67	0.40	0.50	0.60	0.69	0.78	0.98	0.41	0.50	0.59	0.68	0.76
0.60	0.41	0.51	0.60	0.70	0.79	0.97	0.42	0.52	0.61	0.69	0.78
0.50	0.41	0.52	0.61	0.70	0.80	0.96	0.44	0.53	0.63	0.71	0.79
0.40	0.42	0.52	0.62	0.71	0.80	0.95	0.44	0.55	0.65	0.74	0.82
0.33	0.43	0.53	0.62	0.72	0.81	0.94	0.46	0.56	0.66	0.75	0.83
0.25	0.44	0.53	0.63	0.73	0.83	0.93	0.48	0.58	0.67	0.76	0.85

C_d		20					25					30			
X_T		0.40	0.50	0.60	0.70		0.20	0.30	0.40	0.50		0.15	0.20	0.25	
d/D	F_P	X_{TP}				F_P	X_{TP}				F_P	X_{TP}			F_P
0.80	0.98	0.39	0.48	0.56	0.64	0.96	0.21	0.30	0.39	0.47	0.94	0.17	0.21	0.26	0.91
0.75	0.97	0.40	0.49	0.57	0.65	0.94	0.22	0.31	0.40	0.48	0.91	0.18	0.23	0.27	0.88
0.67	0.95	0.42	0.51	0.59	0.67	0.91	0.24	0.33	0.43	0.51	0.87	0.19	0.25	0.30	0.83

续表

C_d		20					25					30			
X_T		0.40	0.50	0.60	0.70		0.20	0.30	0.40	0.50		0.15	0.20	0.25	
d/D	F_P	X_{TP}				F_P	X_{TP}				F_P	X_{TP}			F_P
0.60	0.93	0.43	0.53	0.61	0.69	0.89	0.25	0.36	0.45	0.54	0.84	0.21	0.27	0.32	0.79
0.50	0.91	0.46	0.55	0.64	0.72	0.85	0.28	0.39	0.49	0.58	0.79	0.24	0.30	0.36	0.73
0.40	0.89	0.49	0.58	0.67	0.75	0.82	0.30	0.42	0.53	0.62	0.76	0.26	0.33	0.40	0.70
0.33	0.88	0.50	0.60	0.69	0.76	0.81	0.31	0.44	0.55	0.64	0.74	0.27	0.34	0.40	0.69
0.25	0.87	0.52	0.62	0.71	0.79	0.79	0.33	0.46	0.57	0.67	0.72	0.27	0.37	0.44	0.65

注：$C_d=C_V/d^2$。

(8) 阀入口和出口渐缩管的影响（表 15-49）

表 15-49 阀入口和出口渐缩管的影响

控制阀类型	流向	$D/d=1.5$		$D/d=2.0$	
		R	F_Lr/R	R	F_Lr/R
单座阀系列	关→	0.96	0.84	0.94	0.86
	开←	0.96	0.89	0.94	0.91
偏心旋转阀	关→	0.95	0.68	0.92	0.71
	开←	0.95	0.84	0.92	0.86
10000 系列	柱塞形阀芯	0.96	0.89	0.94.	0.91
	V形阀芯	0.96	0.93	0.94	0.95
双座阀	向前	0.97	0.89	0.94	0.91
阀体分离球体阀	关→	0.96	0.80	0.94	0.81
	开←	0.96	0.75	0.94	0.77
蝶阀系列	任意流向	0.81	0.74	0.72	0.83
控制球阀	开→	0.87	0.63	0.80	0.68
套筒阀系列	1½～4in 关→	0.94	0.93	0.89	0.96
	6～16in 关→	0.98	0.81	0.94	0.82
角形阀系列	关→	0.96	0.81	0.94	0.82
	开←	0.96	0.88	0.94	0.90

注：1. 表中所示数值用于全容量阀芯。如用于低容量阀芯，假定 $R=1.0$。

2. F_Lr—渐缩管临界流条件下的压力恢复系数，在相应的临界流公式用 F_Lr 代替 F_L；R—装有渐缩管对亚临界流容量修正系数。

(9) 磅级、K 级和公称压力对照（表 15-50）

表 15-50 磅级、K 级和公称压力对照

磅级	150	300	400	600	800	900	1500	2500
K 级	10	20		40				
公称压力/MPa	1.6 2.0	2.5 4.0 5.0	6.3	10.0	13.0	15.0	25.0	42.0

15.2.4 金属材料

（1）常用金属材料中外牌号对照（表15-51）

表 15-51 常用金属材料中外牌号对照

标准	牌号	化学成分/%											国外产品牌号		
		C	Si	Mn	Cr	Ni	Mo	Cu	Ti	S	P	N	美国	日本	德国
碳素结构钢 GB/T 700—2006	Q235A (A3)	≤0.22	≤0.3	0.30～0.65	—	—	—	—	—	≤0.05	≤0.045	—	A570Gr. A	SS400	S235JR
	Q235B (C3)	≤0.20	≤0.3	0.30～0.70	—	—	—	—	—	≤0.045	≤0.045	—	A570Gr. D	（SS41）	S235JRG1
	Q235C	≤0.17	≤0.3	0.35～0.80	—	—	—	—	—	≤0.040	≤0.040	—	A283MGr. D	—	S235JRG2
	Q235D	≤0.17	≤0.3	0.35～0.80	—	—	—	—	—	≤0.035	≤0.035	—	—		St37-2
优质碳素结构钢 GB/T 699—1999	20	0.17～0.23	0.17～0.37	0.35～0.65									1020	S20C	C22E CK22
	35	0.32～0.39	0.17～0.37	0.50～0.80									1035	S35C	C35E CK35
	45	0.42～0.50	0.17～0.37	0.50～0.80									1045	S45C	C45E CK45
	15Mn	0.12～0.18	0.17～0.37	0.70～1.00									1016	—	15Mn3
合金结构钢 GB/T 3077—1999	35CrMo	0.32～0.40	0.17～0.37	0.40～0.70	0.80～1.10		0.15～0.25						4135	SCM435	34CrMo4
	35CrMoV	0.30～0.38	0.17～0.37	0.40～0.70	1.00～1.30		0.20～0.30	V:0.10～0.30							
	15CrMn	0.12～0.18	0.17～0.37	1.10～1.40	0.40～0.70								5115	—	16MnCr5
不锈钢棒 GB/T 1220—2007	1Cr18Ni9	≤0.15	≤1.0	≤2.0	17.00～19.00	8.00～10.00	—			≤0.03	≤0.035		302	SUS302	X12CrNi88
	0Cr19Ni9	≤0.08	≤1.00	≤2.00	18.00～20.00	8.00～10.05	—			≤0.03	≤0.035		304	SUS304	X5CrNi1810
	（0Cr18Ni9）	0.07	1.00	2.00	19.00	11.00							304H		
	0Cr17Ni12Mo2	≤0.08	≤1.00	≤2.00	16.00～18.50	10.00～14.00	2.00～3.00			≤0.030	≤0.035		316	SUS316	X5CrMo17122 X5CrMo17133
	0Cr18Ni12Mo2Ti	≤0.08	≤1.00	≤2.00	16.00～19.00	11.00～14.00	1.80～2.50		5(C%—0.70)	≤0.03	≤0.035		316Ti	—	X6CrNiMo Ti1712 2

续表

标准	牌号	化学成分/%											国外产品牌号		
		C	Si	Mn	Cr	Ni	Mo	Cu	Ti	S	P	N	美国	日本	德国
不锈钢棒 GB/T 1220—2007	00Cr17Ni14Mo2	≤0.030	≤1.00	≤2.00	16.00～18.00	12.00～15.00	2.00～3.00			≤0.030	≤0.035		316L	SUS316L	X2CrNi
	0Cr19Ni13Mo3	≤0.08	≤1.00	≤2.00	18.00～20.00	11.00～15.00	3.00～4.00			≤0.030	≤0.035		317	SUS317	X5CrNiMo17
	00Cr19Ni13Mo3	≤0.030	≤1.00	≤2.00	18.00	11.00	3.00			≤0.030	≤0.035		317L	SUS317L	X2CrNi
	(00Cr17Ni14Mo3)	0.030	1.00	2.00	20.00	15.00	4.00			0.030	0.035				Mo18164
	1Cr18Ni9Ti	≤0.12	≤1.00	≤2.00	17.00～19.00	8.00～11.00	—		5(C%－0.02)	≤0.030	≤0.035		321	SUS321	X12CrNiTi
	1Cr132Cr13	≤0.15	≤1.00	≤1.00	11.50～13.50					≤0.030	≤0.035		410	SS410	X10Cr13
	2Gr13	0.16～0.25	≤1.00	≤1.00	12.00～14.00					≤0.030	≤0.035		420	SUS420J1	X20Cr13
	8Cr17	0.75～0.95	≤1.00	≤1.00	16.00～18.00					≤0.030	≤0.035		44OB	SUS440B	—
	11Cr17	0.95～1.20	≤1.00	≤1.00	16.00～18.00					≤0.030	≤0.035		44OC	SUS440C	—
	(9Cr18)	0.90～1.00	≤0.80	≤0.80	17.00～19.00					≤0.030	≤0.035				
	0Cr17Ni4Cu4Nb	≤0.07	≤1.00	≤1.00	15.50～17.50	3.00～5.00		3.00～5.00		≤0.030	≤0.035	Nb：0.15～0.45	630	SUS630	X5CrNiCuNb 17 14
	0Cr17Ni7Al	≤0.09	≤1.00	≤1.00	16.00～18.00	6.50～7.75				≤0.030	≤0.035	Al：0.75～1.5	631	SUS631	X7CrNiAl 17 7
耐热钢棒 GB/T 1221—2007	2Cr23Ni13 (1Cr23Ni13)	≤0.20	≤1.00	≤2.00	22.0～24.0	12.0～15.0				≤0.03	≤0.035		309	SUIH309	X15CrNiSi 20 12
	2Cr25Ni20 (1Cr25Ni20Si2)	≤0.20	1.50～2.50	≤1.50	24.00～27.00	18.00～21.00				≤0.03	≤0.035		310	SUH310	X15CrNiSi2012 25 20
	1Cr16Ni35	≤0.15	≤1.50	≤2.00	14.0～17.0	33.0～37.0				≤0.03	≤0.035		330	SUH330	X12NiCrSi 36 16

续表

标准	牌号	化学成分%											国外产品牌号		
		C	Si	Mn	Cr	Ni	Mo	Cu	Ti	S	P	N	美国	日本	德国
耐热钢棒 GB/T 1221—2007	0Cr23Ni13	≤0.08	≤1.00	≤2.0	22.0～24.0.	12.0～15.0				≤0.03	≤0.035		309S	SUS309S	X7CrNiAl 23 14
	0Cr25Ni20 (1Cr25Ni20Si2)	≤0.08	≤1.50	≤2.0	24.0～26.0	19.0～22.0				≤0.03	≤0.035		310S	SUS310S	X12CrNi 25 21
	1Cr5Mo	≤0.15	≤0.50	≤0.06	4.0～6.0	≤0.6	0.45～0.60			≤0.03	≤0.035		502	—	—
一般工程用铸造碳钢件 CB/T 11352—2009	ZG200-400 (ZC15)	≤0.20	≤0.60	≤0.80	≤0.35	≤0.40	≤0.20	≤0.040		≤0.035	≤0.035		415-205 (60-30)	SC410 (SC42)	GS-38G
	ZG230-450 (ZC25)	≤0.30	≤0.60	≤0.90	≤0.35	≤0.40	≤0.20	≤0.40		≤0.035	≤0.035		450-240 (65-35)	SC450 (SC46)	GS-45
	ZG270-500(ZC35)	≤0.40	≤0.60	≤0.90	≤0.35	≤0.040	≤0.02	≤0.40		≤0.035	≤0.035		485-275 (70-40)	SC480 (SC49)	GS-52
	ZG310-570(ZG45)	≤0.50	≤0.60	≤0.90	≤0.35	≤0.40	≤0.20	≤0.40		≤0.035	≤0.035		(80-40)	SCCS	GS-60
大型低合金钢铸件 JB/T 6402—2006	ZG35CrMo	0.30～0.37	0.30～0.50	0.50～0.80	0.80～1.20	—	0.20～0.30			≤0.035	≤0.035		—	SCCrM3	GS-34GrMo4
	G35CrMnSi	0.30～0.40	0.50～0.75	0.90～1.20	0.50～0.80	—	—			≤0.035	≤0.035		—	SCMnCr3	—
一般用途耐蚀钢铸件 GB/T 2100—2002	ZG2Cr13	0.16～0.24	≤1.0	≤0.6	12.0～14.0					≤0.030	≤0.040		CA-40	SCS2	G-X20Cr14
	ZG00Cr18Ni10	≤0.03	≤1.5	0.8～2.0	17.0～20.0	8.0～12.0				≤0.030	≤0.040		CF-3	SCS19A	G-X2CrNi 18-9
	ZG0Cr18Ni9	≤0.08	≤1.5	0.8～2.0	17.0～20.0	8.0～11.0				≤0.030	≤0.040		CF-8	SCS13 SCS13A	G-X6CrNi 18-9
	ZG1Cr18Ni9	≤0.12	≤1.5	0.8～2.0	17.0～20.0	8.0～11.0				≤0.030	≤0.045		CF-20	≈SCS12	G-X10CrNi 18-8
	ZG0Cr18Ni9Ti	≤0.08	≤1.5	0.8～2.0	17.0～20.0	8.0～11.0			5(C%—0.02)—0.7	≤0.030	≤0.040		CF-8C	SCS21	≈G-X5Cr NiNb18-9

（2）不锈钢的特性和用途（表 15-52～表 15-59）

表 15-52 奥氏体型不锈钢的物理性能

钢种	密度(室温)/(10^{-3}kg/cm^3)	熔点/℃	比热容(0～100℃)/[kJ/(kg·℃)]	热导率(100℃)/[W/(m·℃)]	线胀系数(0～100℃)/10^{-6}℃$^{-1}$	电阻率(室温)/10^{-8}Ω·m	磁导率(室温)/(10^{-7}H/m)	纵向弹性模量(室温)/(kN/mm^2)
1Cr17Ni7	7.93	1398～1420	0.50	16.3	16.9	72	12.8	193
1Cr18Ni9Si3	7.93	1370～1398	0.50	16.3	16.4	72	12.8	193
Y1Cr18Ni9	7.93	1398～1420	0.50	16.3	17.3	72	12.8	193
0Cr18Ni9	7.93	1398～1453	0.50	16.3	17.3	72	12.8	193
1Cr18Ni12	—	1398～1453	0.50	16.3	17.3	72	12.8	193
0Cr20Ni10	—	1398～1420	0.50	15.5	17.3	72	12.8	193
SUS309	7.98	1398～1453	0.50	13.8	14.9	78	12.6	193
0Cr25Ni20	7.98	1398～1453	0.50	16.3	14.4	78	12.6	200
0Cr17Ni12Mo2	8.0	1370～1379	0.50	16.3	16.0	74	12.6	193
0Cr19Ni13Mo3	8.0	1370～1397	0.50	16.3	16.0	74	12.8	193
0Cr18Ni11Ti	7.98	1397～1425	0.50	16.3	16.7	72	12.8	193
0Cr18Ni11Nb	8.0	1397～1425	0.50	16.3	16.7	73	12.8	188
SUSXM15J1	7.75	1400～1430	0.50	16.3	13.8	94	12.8	188
超级不锈钢 23Cr-25Ni-6Mo-N	8.06	1330～1390	0.50	16.3	14.8	93	12.6	188

注：摘自《不锈钢》第 3 版，不锈钢协会编，日本，1995。

表 15-53 马氏体型不锈钢的物理性能

钢种	密度(室温)/(10^{-3}kg/cm^3)	熔点/℃	比热容(0～100℃)/[kJ/(kg·℃)]	热导率(100℃)/[W/(m·℃)]	线胀系数(0～100℃)/10^{-6}℃$^{-1}$	电阻率(室温)/10^{-8}Ω·m	磁导率(室温)/(10^{-7}H/m)	纵向弹性模量(室温)/(kN/mm^2)
1Cr12	7.8	1480～1530	0.46	24.2	9.90	57	高	200
1Cr13	7.7	1480～1530	0.46	24.2	10.99	57	高	200
1Cr15	7.7	1470～1510	0.46	24.2	10.3	55	高	200
7Cr17	7.7	1371～1508	0.46	—	10.0	60	高	200

注：摘自《不锈钢》第 3 版，不锈钢协会编，日本，1995。

表 15-54 铁素体型不锈钢的物理性能

钢种	密度(室温)/(10^{-3}kg/cm^3)	熔点/℃	比热容(0～100℃)/[kJ/(kg·℃)]	热导率(100℃)/[W/(m·℃)]	线胀系数(0～100℃)/10^{-6}℃$^{-1}$	电阻率(室温)/10^{-8}Ω·m	磁导率(室温)/(10^{-7}H/m)	纵向弹性模量(室温)/(kN/mm^2)
0Cr13Al	7.8	1480～1530	0.46	24.2	10.8	60	高	200
1Cr17	7.7	1480～1447	0.46	26.0	10.5	60	高	200

注：摘自《不锈钢》第 3 版，不锈钢协会编，日本，1995。

表 15-55 沉淀硬化型不锈钢的物理性能

钢种	密度(室温)/(10^{-3}kg/cm^3)	熔点/℃	比热容(0～100℃)/[kJ/(kg·℃)]	热导率(100℃)/[W/(m·℃)]	线胀系数(0～100℃)/10^{-6}℃$^{-1}$	电阻率(室温)/10^{-8}Ω·m	磁导率(室温)/(10^{-7}H/m)	纵向弹性模量(室温)/(kN/mm^2)
0Cr17Nu4CV4Nb	7.78	1397～1435	0.46	16.3	10.8	98	高	196
0Cr17Ni7Al	7.81	1414～1447	0.46	16.3	15.3	79	高	200

注：摘自《不锈钢》第 3 版，不锈钢协会编，日本，1995。

表 15-56 双相不锈钢的物理性能

钢种	密度(室温)/(10^{-3}kg/cm^3)	熔点/℃	比热容(0～100℃)/[kJ/(kg·℃)]	热导率(100℃)/[W/(m·℃)]	线胀系数(0～100℃)/10^{-6}℃$^{-1}$	电阻率(室温)/10^{-8}Ω·m	磁导率(室温)/(10^{-7}H/m)	纵向弹性模量(室温)/(kN/mm^2)
00Cr22Ni5Mo2N	7.80	1420～1462	0.46	16.3	10.5	88	高	196

注：摘自《不锈钢》第3版，不锈钢协会编，日本，1995。

表 15-57 不锈钢主要使用性能对比

特性		马氏体型不锈钢	铁素体型不锈钢	奥氏体型不锈钢	双相不锈钢	备注
耐蚀性能	耐大气腐蚀性能	一般	良好	良好	良好	与合金因素有关
	耐酸性能	一般	良好	良好	良好	与合金因素有关
	耐孔蚀、间隙腐蚀	一般	良好	良好	良好	与合金因素有关
	耐应力腐蚀裂纹	一般	良好	一般	良好	与合金因素有关
耐热性能	高温强度	良好	稍差	良好	稍差	高温脆性
	高温氧化、硫化	一般	良好	良好	—	
	热疲劳	一般	良好	一般	—	
加工性能	焊接性能	一般	一般	良好	良好	
	冷加工(深、冲)	稍差	良好	良好	稍差	
	冷加工(胀、形)	稍差	一般	良好	稍差	
	切削性能	一般	一般	一般	一般	
强度	室温强度	良好	一般	一般	良好	
	低温强度、韧性	稍差	差	良好	差	
	疲劳、切口敏感性	一般	一般	良好	一般	
其他	非磁性能	差	差	良好	差	
	电热性能	良好	一般	—		

表 15-58 我国不锈钢主要牌号的特点和用途

类型		特点和用途
奥氏体型	1Cr17Mn6Ni5N	节Ni钢种，代替牌号1Cr17Ni7，冷加工后具有磁性。铁道车辆用
	1Cr18Mn8Ni5N	节Ni钢种，代替牌号1Cr18Ni9
	1Cr18Mn10Ni5Mo3N	对尿素有良好的耐蚀性，可制造尿素腐蚀的设备
	1Cr17Ni7	经冷加工有高的强度。铁道车辆。传送带螺栓螺母用
	1Cr18Ni9	经冷加工有高的强度，但伸长率比1Cr17Ni7稍差。建筑用装饰部件
	Y1Cr18Ni9	提高切削性，耐烧蚀性。最适用于自动车床。螺栓螺母
	Y1Cr18Ni9Se	提高切削性，耐烧蚀性。最适用于自动车床。铆钉、螺钉
	0Cr18Ni9	作为不锈钢耐热钢使用最广泛，食品用设备，一般化工设备。原子能工业用设备
	00Cr19Ni10	比0Cr19Ni9碳含量更低的钢。耐晶间腐蚀性优越，为焊接后为进行热处理部件类
	0Cr19Ni9N	在牌号0Cr19Ni9上加N。强度提高，塑性不降低，使材料的厚度减少。作为结构用钢强度部件
	0Cr19Ni10NbN	在牌号0Cr19Ni9上加Nb，具有与0Cr19Ni9相同的特点和用途
	00Cr18Ni10N	在牌号00Cr19Ni10上添加N，具有以上牌号同样特性，用途与0Cr19Ni9N相同，但耐晶间腐蚀性更好
	1Cr18Ni12	与0Cr19Ni9相比，加工硬化性低。旋压加工，特殊拉拔，冷镦用
	0Cr23Ni13	耐腐蚀性，耐热性均比0Cr19Ni9好
	0Cr25Ni20	抗氧化性比0Cr23Ni13好，实际上多作为耐热钢使用
	0Cr17Ni12Mo2	在海水和其他各种介质中，耐腐蚀性比0Cr19Ni9好，主要作耐点蚀材料
	1Cr18Ni2Mo2Ti	用于抵抗硫酸，磷酸、甲酸，乙酸的设备，有良好的耐晶间腐蚀性
	0Cr18Ni12Mo2Ti	用于抵抗硫酸，磷酸、甲酸，乙酸的设备，有良好的耐晶间腐蚀性
	00Cr17Ni14Mo2	为0Cr17Ni12Mo2的超低碳钢，比0Cr17Ni12Mo2耐晶间腐蚀性好
	0Cr17Ni12Mo2N	在牌号0Cr17Ni1Mo2中加入N，提高强度，不降低塑性，使材料的厚度减薄。作耐腐蚀性较好的强度较高的部件

续表

类型		特点和用途
奥氏体型	00Cr17Ni13Mo2N	在牌号 00Cr17Ni14Mo2 中加入 N，具有以上牌号同样性能，用途与 0Cr17Ni12Mo2N 相同，但耐晶间腐蚀性更好
	0Cr18Ni12Mo2Cu2	耐腐蚀性、耐点腐蚀性比 0Cr17Ni12Mo2 好，用于耐硫酸材料
	00Cr18Ni14Mo2Cu2	为 0Cr18Ni12Mo2Cu 的超低碳钢，比 0Cr18Ni12Mo2Cu2 的耐晶间腐蚀性好
	0Cr19Ni13Mo3	耐点腐蚀性比 0Cr17Ni2Mo2 好，作染色设备材料等
	00Cr19Ni13Mo3	为 0Cr19Ni13Mo3 的超低碳钢，比 0Cr19Ni13Mo3 耐晶间腐蚀性好
	1Cr18Ni12Mo3Ti	用于抵抗硫酸、磷酸、甲酸、乙酸的设备，有良好的耐晶间腐蚀性
	0Cr18Ni12Mo3Ti	用于抵抗硫酸、磷酸、甲酸、乙酸的设备，有良好的耐晶间腐蚀性
	0Cr18Ni16Mo5	吸取含氯离子溶液的热交换器，乙酸的设备，磷酸设备，漂白装置等，在 00Cr17Ni14Mo2 和 00Cr17Ni13Mo3 不能适用的环境中使用
	1Cr18Ni9Ti	作焊芯、抗磁仪表、医疗器械、耐酸容器及设备衬里输送管道等设备和零件
	0Cr18Ni10Ti	添加 Ti 提高耐晶间腐蚀性，不推荐作装饰部件
	0Cr18Ni11Nb	含 Nb 提高耐晶间腐蚀性
	0Cr18Ni9Cu3	在牌号 0Cr19Ni9 中加入 Cu，提高冷加工性的钢种。冷镦用
	0Cr18Ni13Si4	在牌号 0Cr19Ni9 中添加 Ni，添加 Si，提高耐应力腐蚀断裂性。用于含氯离子环境
奥氏体-铁素体型	0Cr26NiSMo2	具有双相组织，抗氧化性，耐点腐蚀性好。具有高的强度，作耐海水腐蚀用等
	1Cr18Ni11Si4AlTi	制作抗高温浓硝酸介质的零件和设备
	00Cr18Ni5Mo3Si2	具有铁素体-奥氏体型双相组织，耐应力腐蚀破裂性好，耐点蚀性能与 00Cr17Ni13Mo2 相当，具有较高的强度适于含氯离子的环境，用于炼油、化肥、造纸、石油、化工等工业热交换器和冷凝器等
铁素体型	0Cr13Al	从高温下冷却不产生显著硬化，汽轮机材料，淬火用部件，复合钢材
	00Cr12	比 0Cr13 含碳量低，焊接部位弯曲性能，加工性能，耐高温氧化性能好。作汽车排气处理装置，锅炉燃烧室、喷嘴
	1Cr17	耐蚀性良好的通用钢种，建筑内装饰用，重油燃烧器部件，家用电器部件
	Y1Cr17	比 1Cr17 提高切削性能。自动车床用，螺栓，螺母等
	1Cr17Mo	为 1Cr17 的改良钢种，比 1Cr17 抗盐溶液性强。作为汽车外装材料使用
	00Cr30Mo2	高 Cr-Mo 系，C、N 降至极低，耐蚀性很好，作为乙酸、乳酸等有机酸有关的设备，制造苛性碱设备。耐卤离子应力腐蚀破裂
	00Cr27Mo	要求性能、用途、耐蚀性和软磁性与 00Cr30Mo2 类似
马氏体型	1Cr12	作为汽轮机叶片及高应力部件的良好的不锈耐热钢
	1Cr13	具有良好的耐蚀性，机械加工性，一般用途，刃具类
	0Cr13	作较高韧性及受冲击负荷的零件，如汽轮机叶片、结构架、不锈设备、衬里、螺栓、螺母等
	Y1Cr13	不锈钢中切削性能最好的钢种，自动车床用
	1Cr13Mo	为比 1Cr13 耐蚀性高的高强度钢钢种，汽轮机叶片，高温部件
	2Cr13	淬火状态下硬度高，耐蚀性良好。作汽轮机叶片
	3Cr13	比 2Cr13 淬火后的硬度高，作刃具、喷嘴、阀座、阀门等
	Y3Cr13	改善 3Cr13 切削性能的钢种
	3Cr13Mo	作较高硬度及高耐磨性的热油泵轴，阀片、阀门轴承，医疗器械弹簧等零件
	4Cr13	作较高硬度及高耐磨性的热油泵轴、阀片、阀门轴承，医疗器械、弹簧等零件
	1Cr1TNi2	具有较高强度的耐硝酸及有机酸腐蚀的零件、容器和设备
	7Cr17	硬化状态下，坚硬，但比 8Cr17、11Cr17 韧性高。作刃具、量具、轴承
	8Cr17	硬化状态下，比 7Cr17 硬，而比 11Cr17 韧性高。作刃具、阀门
	9Cr18	不锈切片机械刃具及剪切刀具、手术刀片、高耐磨设备零件等
	11Cr17	在所有不锈钢，耐热钢中，硬度最高，作喷嘴、轴承
	Y11Cr17	比 11Cr17 提高了切削性的钢种。自动车床用
	9Cr18Mo	轴承套圈及滚动体用的高碳铬不锈钢
	9Cr18MoV	不锈切片机械刃具及剪切工具、手术刀片、高耐磨设备零件等
沉淀硬化型	0Cr17Ni4Cu4Nb	添加钢的沉淀硬化型钢种。轴类、汽轮机部件
	0Cr17NiTAl	添加铝的沉淀硬化型钢种，作弹簧、热圈、计器部件
	0Cr15NiTMo2Al	用于有一定耐蚀要求的高强度容器、零件及结构件

表 15-59 日本不锈钢主要牌号的特点和用途

牌 号	主要组成	特点和用途
SUS201	17Cr-4.5Ni-6Mn-N	是节 Ni 钢种，301 钢的替代钢。经冷加工后具有磁性，用于铁路车辆
SUS202	18Cr-5Ni-8Mn-N	是节 Ni 钢种，301 钢的替代钢。用于庖厨器具
SUS301	17Cr-7Ni	经冷加工后可得到高强度。用于铁路车辆、带式输送机、螺栓和螺母、弹簧等
SUS301L	17Cr-7Ni-低 C-N	是低碳 SUS301 钢，具有优良的抗晶间腐蚀性能的焊接性能。用于铁路车辆等
SUS201J1	17Cr-7.5NJ-0.1C	拉伸加工性能和弯曲加工性能优于 304 钢，加工硬化居 304 钢和 301 钢中间。用于弹簧、厨房用具、器件、建筑、车辆等
SUS302	18Cr-8Ni-0.1C	冷加工后可获高强度，但延伸劣于 301 钢。用于建筑物外部装饰材料
SUS302B	18Cr-8Ni-2.5Si-0.1C	抗氧化性能优于 302 钢，在 900℃以下具有与 310S 钢等同的抗氧化性能和强度。用于汽车尾气净化装置、用作工业炉等高温设备材料
SUS303	18Cr-8NJ-高 S	提高切削性能和抗高温黏结性能。最适用于自动车床，螺栓和螺母
SUS303Se	18Cr-8Ni-Se	提高切削性能和抗高温黏结性。最适用于自动车床，用于铆钉和螺钉
SU8304	18Cr-8Ni	是得到最广泛应用的不锈钢、耐热钢。用于食品生产设备、普通化工设备、核能等
SUS304L	18Cr-9Ni-低 C	是极低碳 304 钢。具有优良的抗晶间腐蚀性能。用于焊接后不能进行热处理的部件等
SUS304N1	18Cr-8Ni-N	在 304 钢中添加 N，在抑制延伸性能下降的同时提高强度，有减小材料厚度的效果。用于结构强度用部件
SUS304N2	18Cr-8Ni-N-Nb	在 304 钢中添加 N 和 Nb，使其具有同上一样的性能。用途与 304N1 钢相同
SUS304LN	18Cr-8Ni-N-低 C	在 304L 钢中添加 N。使其具有同上一样的性能。用途与 304N1 钢相同，但抗晶间腐蚀性能优越
SUS304J1	17Cr-7Ni-2Cu	减少 SUS304 钢中的 Ni、添加 Cu。冷成形性能特别是深冲性能优良。用于污水渗坑、热水槽等
SUS304J2	17Cr-7Ni-4Mn-2Cu	深冲性能优于 SUS304 钢。用于洗澡用热水器、门把手等
SUS304J3	18Cr-8Ni-2Cu	在 304 钢中添加 Cu，改善了冷加工性能和非磁性能。成分为 SUS304 钢和 SUSXM7 钢之间。用于冷加工用螺栓和螺母等
SUS305	18Cr-12Ni-0.1C	与 304 钢相比加工硬化性能低。用于旋压成形加工、特殊拉拔和冷压制等
SUS305J1	18Cr-13Ni-0.1C	是低碳 305 钢，加工硬化性能低。用途与 305 钢相同
FUS309S	22Cr-12Ni	虽耐腐蚀性能优于 304 钢，但实际上多作为耐热钢使用
SUS310S	25Cr-20Ni	抗氧化性能优于 309S 钢，多作为耐热钢使用
SUS316	18Cr-12Ni-2.5Mo	对于海水及各种腐蚀介质的抗腐蚀性能优于 304 钢。用于抗点蚀材料
SUS316L	18Cr-12Ni-2.5Mo-低 C	是极低碳 316 钢。性能为 316 钢的性能加上抗晶间腐蚀性能
SUS316N	18Cr-12Ni-2.5Mo-N	是在 316 钢中添加 N，在抑制延伸性能下降的同时提高强度，有减小材料厚度的效果。是耐腐蚀性能优良的高强度的材料
SUS316LN	18Cr-12Ni-2.5Mo-N-低 C	是在 316L 钢中添加 N，使其具备同上的特性。用途等同 316N 钢，但有优良的抗晶间腐蚀性能
SUS316Ti	18Cr-12Ni-2.5Mo-Ti	是在 SUS316 钢中添加 Ti 来改善抗晶间腐蚀性能
SUS316J1	18Cr-12Ni-2Mo-2Cu	耐腐蚀性能和抗点蚀性能优于 316 钢。用于耐硫酸腐蚀用材料
SUS316J1L	18Cr-12Ni-2Mo-2Cu-低 C	是低碳 316J1 钢。使 316J1 钢具备抗晶间腐蚀性能
SUS317	18Cr-12Ni-3.5Mo	抗点蚀性能优于 316 钢。用于印染设备材料
SUS317L	18Cr-12Ni-3.5Mo-低 C	是极低碳 317 钢。使 317 钢具备抗晶间腐蚀性能
SUS317LN	18Cr-13Ni-3.5Mo-N-低 C	在 SUS317L 钢中添加 N，具有高强度和高耐腐蚀性能，用于各种罐和容器
SUS317J1	18Cr-16Ni-5Mo	用于使用含氯离子液体的热交换器、醋酸生产设备、磷酸生产设备和漂白装置等 316L 钢和 317L 钢不能适用的环境中
SUS317J2	25Cr-14Ni-1Mo-0.3N	与 SUS317 钢相比为高 Cr、高 Mo，添加了 N。具有高强度且具有优良的耐腐蚀性能

续表

牌　号	主要组成	特点和用途
SUS317J3L	21Cr-12Ni-2.5Mo-0.2N-低C	抗点蚀性能优于SUS317钢。用于处理公害装置和醋酸环境
SUS317J4L	22Cr-25Ni-6Mo-0.2N-低C	抗点蚀性能优于SUS317L钢。用于纸浆造纸业、海水热交换器等
SUS317J5L	21Cr-24.5Ni-4.5Mo-1.5Cu-极低C	具有优良的耐海水腐蚀性能。用于各种在海水中使用的装置上
SUS321	18Cr-9Ni-Ti	添加Ti,使其提高抗晶间腐蚀性能。不推荐用于装饰部件
SUS347	18Cr-9Ni-Nb	含Nb,使其提高抗晶间腐蚀性能
SUS384	16Cr-18Ni	加工硬化程度低于305钢。为大变形量冷压制和冷成形用材料
SUSXM7	18Cr-9Ni-3.5Cu	是在304钢中添加Cu,使其提高冷加工性能的钢种。冷压制用
SUSXM15J1	18Cr-13Ni-4Si	增加304钢中的Ni、添加Si,提高抗应力腐蚀裂纹性能。用于含氯离子的环境中
SUS329J1	25Cr-4.5Ni-2Mo	具有双相组织。有优良的耐酸性能和抗点蚀性能,有高强度。用于废气脱硫装置等
SUS329J3L	22Cr-5Ni-3Mo-N-低C	含硫化氢、二氧化碳和氯化物等的环境中具有耐蚀性。用于油井管、化工产品运输船,各种化工装置上
SUS329J4L	25Cr-6Ni-3Mo-N-低C	在海水等高浓度氯化物环境中具有优良的抗点蚀性能和抗SCC性能。用于海水热交换器和盐制设备等
SUS405	13Cr-Al	从高温冷却时也不会发生显著的硬化。用于透平材料、淬火用部件和复合材料
SUS410L	13Cr-低C	降低410S钢的含碳量。具有良好的焊接部位弯曲性能、加工性能和耐高温氧化性能。用于汽车尾气处理装置、锅炉燃烧室和烧嘴等
SUS429	16Cr	是改善430钢焊接性能的改良钢种
SUS430	18Cr	是具有良好的耐腐蚀性能和通用钢种。用于建筑装饰用、燃油烧嘴部件、家庭用器具、家电部件
SUS430F	18Cr-高s	是在430钢上加上易切削性能的钢种。用于自动车床、螺栓和螺母等
SUS430LX	18cr-Ti或Nb-低C	在430钢中添加Ti或Nb、降低C含量,改善了加工性能的和焊接性能。用于热水罐、供热水系统、卫生器具、家庭用耐用器具、自行车飞轮等
SUS43U1L	18Cr-0.5Cu-Nb-极低(C,N)	在430钢中加Cu和Nb,且为极低C和N。改善了耐腐蚀性能、成形性能和焊接性能。用于汽车的外装饰材料、废气处理材料等
SUS434	18Cr-1Mo	是430钢的改良钢种。较430钢耐盐分。用于汽车外装饰材料
SUS436L	18Cr-1Mo-Ti,Nb,Zr极低(C,N)	降低434钢的C和N,单独或复合添加TiNb或Zr。改善了加工性能和焊接性能。用于建筑物内外装饰、车辆部件、厨房用具、供热水和供水器具等
SUS436nJ1L	19cr-0.5Mo-Nb-极低(C,N)	在430钢中添加Mo、Cu和Nb,为极低C和N。改善了耐腐蚀性能、成形性能和焊接性能。用于厨房设备、建筑物内装饰、汽车用外装饰、家电产品等
SUS444	19Cr-2Mo-Ti,Nb,Zr-极低(C,N)	Mo含量较436钢多,进一步提高了耐腐蚀性能。用于热水储槽、储水槽、太阳能热水器、热交换器、食品生产设备、印染设备等。用于耐应力腐蚀裂纹
SUS447J1	30Cr-2Mo-极低(C,N)	高Ct-Mo,极大降低C和N,具有优良的耐腐蚀性能。用于醋酸和乳酸等有机酸相关的生产设备,如苛性苏打生产设备,抗氯离子应力腐蚀裂纹,用于抗点蚀用途、防止公害装置上
SUSXM27	26Cr-1Mo-极低(C,N)	具有与447J1相类似的性质和用途。需要耐腐蚀性能和软磁性能的用途
SUS403	13Cr-低Si	是用于透平叶片及高应力部件的优良不锈钢、耐热钢
SUS410	13Cr	具有良好的耐腐蚀和机械加工性能。为一般用途钢、刃具钢
SUS410S	13Cr-0.08C	是提高了410钢的耐腐蚀性能和成形性能的钢种
SUS410F2	13Cr-0.1C-Pb	是不使410钢的耐腐蚀性能下降的铅易切钢
SUS410J1	13Cr-Mo	是进一步提高了410钢的耐腐蚀性能的高强度钢种。用于透平叶片和高温用部件
SUS416	13Cr-0.1C-高S	是不锈钢中易切性能最好的钢种。用于自动车床等

续表

牌　号	主要组成	特点和用途
SUS420J1	13Cr-0.2C	在淬火状态下有高的硬度，有较13Cr钢更好的耐腐蚀性能。用于透平叶片
SUS420J2	13Cr-0.3C	淬火后硬度较420J1钢更高的钢种。用于刃具、喷嘴、阀座、阀门和直尺
SUS420F	13Cr-0.3C-高S	是改善了420J2钢易切性能的钢种
SUS420F2	13Cr-0.2C-Pb	是不使420J1钢的耐腐蚀性能恶化的铅易切钢
SUS429J1	16Cr-0.3C	适用于需要耐磨损性能和耐腐蚀性能的场合。摩托车刹车闸、磁盘等
SUS431	16Cr-2Ni	含Ni的Cr钢。通过热处理可得到高力学性能。耐腐蚀性能优于410钢和430钢
SUS440A	18Cr-0.7C	淬火硬化性能优良、硬度高，较440B钢和40C钢有高的韧性。用于刃具、量具和轴承
SUS440B	18Cr-0.8C	较440A钢硬度高，较440C钢韧性高。用于刃具、阀门
SUS440C	18Cr-1C	具有所有不锈钢、耐热钢中最高的硬度。用于喷嘴、轴承
SUS440F	18Cr-1C-高S	是提高440C钢的易切性能的钢种。用于自动车床
SUS630	17Cr-7Ni-4Cu-Nb	是通过添加Cu来使其具备沉淀硬化性能的钢种。用于轴类、透平部件、层压板的面板。钢制输送带
SUS631	17Cr-7Ni-1Al	是通过添加Al来使其具备沉淀硬化性能的钢种。用于弹簧、洗涤器、仪器仪表部件
SUS631J1	17Cr-8Cr-1Al	是提高了631钢的拔丝性能的钢种。用于制线、弹簧钢丝

(3) 不锈钢牌号与各国不锈钢标准牌号对照（表15-60）

表15-60　不锈钢牌号与各国不锈钢标准牌号对照

序号	中国	日本	美国	英国	德国	法国
1	1Cr18Mn8Ni5N	SUS202	202,S20200	284S16	X12CrNi177	Z12CN17.07
2	1Cr17Ni7	SUS301	301,S30100	301S21	X12CrNi188	Z10CN18.09
3	1Cr18Ni9	SUS302	302,S30200	302S25	X5CrNi189	Z6CN18.09
4	0Cr18Ni9	SUS304	304,S30300	304S15	X2CrNi189	Z2CN18.09
5	00Cr19Ni10	SUS304L	304L,S30403	304S12		Z5CN18.09A2
6	0Cr19Ni9N	SUS304N1		304N S30451	X2CrNiN1810	Z2CN18.10N
7	00Cr18Ni10N	SUS304LN			X5CrNi1911	Z8CN18.12
8	1Cr18Ni12	SUS305	305,S30500	305S19		
9	0Cr23Ni13	SUS309S	309S,S30908			
10	0Cr25Ni20	SUS310S	310S,S31008		X5CrNiMo1812	Z6CND17.12
11	0Cr17Ni12Mo2	SUS316	316,S3160	316S16	X2CrNiMo1812	Z2CND17.12
12	00Cr17Ni14Mo2	SUS316L	316L,S31603	316S12		
13	0Cr17Ni12Mo2N	SUS316N	316N,S31651			
14	00Cr18Ni14Mo2Cu2	SUS316JIL				
15	0Cr19Ni13Mo3	SUS317	317,S31700	317S16	X2CrNiMo1816	Z2CN19.15
16	00Cr19Ni13Mo3	SUS317L	317L,S31703	317S12	X10CrNiTi189	
17	1Cr18Ni9Ti					
18	0Cr19Ni10Ti	SUS321	321,S32100	321S12 321S20	X10CrTi189	Z6NT18.10
19	0Cr18Ni11Nb	SUS347	347,S34700	347S17	X10CrNiNb189	Z6NNb18.10
20	0Cr13Al	SUS405	405,S40500	405S17	X71CrAl13	Z6CA13
21	1Cr17	SUS430	430,S43000	430S15	X8Cr17	Z8C17
22	00Cr27Mo	SUSXM27	XM27,S44625			Z01CD26.1
23	1Cr12	SUS403	403,S40300	403S17		
24	1Cr13	SUS410	410,S41000	410S21	X10Cr13	Z12C13
25	0Cr13	SUS410S	410S	403S17	X7Cr13	Z6C13
26	1Cr13Mo	SUS410J1				
27	2Cr13	SUS420J1	420,S42000	420S37	X20Cr13	Z20C13

续表

序号	中国	日本	美国	英国	德国	法国
28	3Cr13	SUS420J2		420S45		Z15CN16.02
29	1Cr17Ni2	SUS431	431,S43100	431S29	X22CrNi17	
30	7Cr17	SUS440A	440,S44002			
31	8Cr17	SUS440B	440,S44003			Z100CD17
32	9Cr18	SUS440C	440C		X105CrMo17	Z6CNU17.04

序号	中国GB		日本JIS	美国		韩国KS	欧盟BS EN	印度IS	澳大利亚AS
	旧牌号	新牌号		ASTM	UNS				
奥氏体不锈钢									
1	1Cr17Mn6Ni5N	12Cr17Mn6Ni5N	SUS201	201	S20100	STS201	1.4372	10Cr17Mn6Ni4N20	201-2
2	1Cr18Mn8Ni5N	12Cr18Mn9Ni5N	SUS202	202	S20200	STS202	1.4373		—
3	1Cr17Ni7	12Cr17Ni7	SUS301	301	S30100	STS301	1.4319	10Cr17Ni7	301
4	0Cr18Ni9	06Cr19Ni10	SUS304	304	S30400	STS304	1.4301	07Cr18Ni9	304
5	00Cr19Ni10	022Cr19Ni10	SUS304L	304L	S30403	STS304L	1.4306	02Cr18Ni11	304L
6	0Cr19Ni9N	06Cr19Ni10N	SUS304N1	304N	S30451	STS304N1	1.4315	—	304N1
7	0Cr19Ni10NbN	06Cr19Ni9NbN	SUS304N2	XM21	S30452	STS304N2	—	—	304N2
8	00Cr18Ni10N	022Cr19Ni10N	SUS304LN	304LN	S30453	STS304LN	—	—	304LN
9	1Cr18Ni12	10Cr18Ni12	SUS305	305	S30500	STS305	1.4303	—	305
10	0Cr23Ni13	06Cr23Ni13	SUS309S	309S	S30908	STS309S	1.4833	—	309S
11	0Cr25Ni20	06Cr25Ni20	SUS310S	310S	S31008	STS310S	1.4845	—	310S
12	0Cr17Ni12Mo2	06Cr17Ni12Mo2	SUS316	316	S31600	STS316	1.4401	04Cr17Ni12Mo2	316
13	0Cr18Ni12Mo3Ti	06Cr17Ni12Mo2Ti	SUS316Ti	316Ti	S31635	—	1.4571	04Cr17Ni12MoTi20	316Ti
14	00Cr17Ni14Mo2	022Cr17Ni12Mo2	SUS316L	316L	S31603	STS316L	1.4404	02Cr17Ni12Mo2	316L
15	0Cr17Ni12Mo2N	06Cr17Ni12Mo2N	SUS316N	316N	S31651	STS316N	—	—	316N
16	00Cr17Ni13Mo2N	022Cr17Ni13Mo2N	SUS316LN	316LN	S31653	STS316LN	1.4429	—	316LN
17	0Cr18Ni12Mo2Cu2	06Cr18Ni12Mo2Cu2	SUS316J1	—	—	STS316J1	—	—	316J1
18	00Cr18Ni14Mo2Cu2	022Cr18Ni14Mo2Cu2	SUS316J1L	—	—	STS316J1L	—	—	—
19	0Cr19Ni13Mo3	06Cr19Ni13Mo3	SUS317	317	S31700	STS317	—	—	317
20	00Cr19Ni13Mo3	022Cr19Ni13Mo3	SUS317L	317L	S31703	STS317L	1.4438	—	317L
21	0Cr18Ni10Ti	06Cr18Ni11Ti	SUS321	321	S32100	STS321	1.4541	04Cr18Ni10Ti20	321
22	0Cr18Ni11Nb	06Cr18Ni11Nb	SUS347	347	S34700	STS347	1.4550	04Cr18Ni10Nb40	347
奥氏体-铁素体型不锈钢(双相不锈钢)									
23	0Cr26Ni5Mo2	—	SUS329J1	329	S32900	STS329J1	1.4477	—	329J1
24	00Cr18Ni5Mo3Si2	022Cr19Ni5Mo3Si2N	SUS329J3L	—	S31803	STS329J3L	1.4462	—	329J3L
铁素体型不锈钢									
25	0Cr13Al	06Cr13Al	SUS405	405	S40500	STS405	1.4002	04Cr13	405
26	—	022Cr11Ti	SUH409	409	S40900	STS409	1.4512	—	409L
27	00Cr12	022Cr12	SUS410L	—	—	STS410L	—	—	410L
28	1Cr17	10Cr17	SUS430	430	S43000	STS430	1.4016	05Cr17	430
29	1Cr17Mo	10Cr17Mo	SUS434	434	S43400	STS434	1.4113	—	434
30	—	022Cr18NbTi	—	—	S43940	—	1.4509	—	439
31	00Cr18Mo2	019Cr19Mo2NbTi	SUS444	444	S44400	STS444	1.4521	—	444
马氏体型不锈钢									
32	1Cr12	12Cr12	SUS403	403	S40300	STS403	—	—	403
33	1Cr13	12Cr13	SUS410	410	S41000	STS410	1.4006	12Cr13	410
34	2Cr13	20Cr13	SUS420J1	420	S42000	STS420J1	1.4021	20Cr13	420
35	3Cr13	30Cr13	SUS420J2	—	—	STS420J2	1.4028	30 Cr13	420J2
36	7Cr17	68Cr17	SUS440A	440A	S44002	STS440A	—	—	440A

(4) 阀门材料的标准规格

① 锻造碳钢 ASTM A216 等级 WCC，温度范围=－20～800℉（129～427℃），成分（质量百分数%）：

C 0.25（最大）
Mn 1.2（最大）
P 0.04（最大）
S 0.045（最大）
Si 0.6（最大）

② 锻造碳钢 ASTM A352 等级 LCC，温度范围=－50～700℉（－46～371℃），成分同 ASTM A261 等级 WCC

③ 圆棒碳钢 温度范围=－20～800℉（－29～427℃），成分（质量百分数%）：

C 0.15～0.2
Mn 0.6～0.9
P 0.04（最大）
S 0.05（最大）

④ 铅钢圆棒 AISI 12L14，UNS G12144，温度范围=－20～800℉（－29～427℃），成分（质量百分数%）：

C 0.15（最大）
Mn 0.85～1.15
P 0.04～0.09
S 0.26～0.35
Pb 0.15～0.35

⑤ AISI 4140 铬-钼，类似于 ASTM 1913 等级 B7 螺栓材料，温度范围=－55～1000℉（－48～538℃），成分（质量百分数%）：

C 0.38～0.43
Mn 0.75～1.0
P 0.035（最大）
S 0.35（最大）
Si 0.15～0.35
Cr 0.8～1.1
Mo 0.15～0.25
Fe 其余

⑥ 锻造 3-1/2%镍钢，ASTM A352 等级 LC3，温度范围=－20～800℉（129～427℃），成分（质量百分数%）：

C 0.15（最大）
Mn 0.5～0.8
P 0.04（最大）
S 0.045（最大）
Si 0.6（最大）
Ni 3.0～4.0

⑦ 锻造铬-钼钢 ASTM A217 等级 WC6，温度范围=－20～1100℉（－29～593℃），成分（质量百分数%）：

C 0.05～0.2
Mn 0.5～0.8
P 0.04（最大）
S 0.045（最大）
Si 0.60（最大）
Cr 1.0～1.5
Mo 0.45～0.65

⑧ 锻造铬-钼钢 ASTM A217 等级 WC9，温度范围=－20～1100℉（－29～593℃），成分（质量百分数%）：

C 0.05～0.18
Mn 0.4～0.7
P 0.04（最大）
S 0.045（最大）
Si 0.6（最大）
Cr 2.0～2.75
Mo 0.45～0.65

⑨ 锻造铬-钼钢 ASTM A182 等级 F22，温度范围=－20～1100℉（－29～593℃），成分（质量百分数%）：

C 0.05～0.15
Mn 0.3～0.6
P 0.04（最大）
S 0.04（最大）
Si 0.5（最大）
Cr 2.0～2.5
Mo 0.87～1.13

⑩ 锻造铬-钼钢 ASTM A217 等级 C5，温度范围=－20～1200℉（－29～649℃），成分（质量百分数%）：

C 0.2（最大）
Mn 0.4～0.7
P 0.04（最大）
S 0.045（最大）
Si 0.75（最大）
Cr 4.0～6.5
Mo 0.45～0.65

⑪ 302 型不锈钢 ASTM A479 等级 UNS S30200，温度范围=－325～1500℉（－198～816℃），成分（质量百分数%）：

C 0.15（最大）
Mn 2.0（最大）
P 0.04（最大）
S 0.03（最大）
Si 1.0（最大）
Cr 17.0～19.0
Ni 8.0～10.0

N 0.1（最大）
Fe 其余

⑫ 304L 型不锈钢 ASTM A479 等级 UNS S30403，温度范围=－425～800℉（－254～427℃），成分（质量百分数%）：

C 0.03（最大）
Mn 2.0（最大）
P 0.045（最大）
S 0.03（最大）
Si 1.0（最大）
Cr 18.0～20.0
Ni 8.0～12.0
N 0.1（最大）
Fe 其余

⑬ 铸造 304L 型不锈钢 ASTM A351 等级 CF3，温度范围＝－425～800℉（－254～427℃），成分（质量百分数%）：

C 0.03（最大）
Mn 1.5（最大）
Si 2.0（最大）
S 0.03（最大）
P 0.045（最大）
Cr 18.0～21.0
Ni 8.0～11.0
Mo 0.50（最大）

⑭ 316L 型不锈钢 ASTM A479 等级 USN S31603，温度范围=－425～850℉（－254～454℃），成分（质量百分数%）：

C 0.03（最大）
Mn 2.0（最大）
P 0.045（最大）
S 0.03（最大）
Si 1.0（最大）
Cr 16.0～18.0
Ni 10.0～14.0
Mo 2.0～3.0
N 0.1（最大）
Fe 其余

⑮ 316 型不锈钢 ASTM A479 等级 USN S31600，温度范围＝－425～1500℉（－254～816℃），成分（质量百分数%）：

C 0.08（最大）
Mn 2.0（最大）
P 0.045（最大）
S 0.03（最大）
Si 1.0（最大）
Cr 16.0～18.0
Ni 10.0～14.0
Mo 2.0～3.0
N 0.1（最大）
Fe 其余

⑯ 铸造 316 型不锈钢 ASTM A351 等级 CF8M，温度范围＝－425～1500℉（－254～816℃），大于 1000℉（538℃）时，需要 0.04%的碳。成分（质量百分数%）：

C 0.08（最大）
Mn 1.5（最大）
Si 1.5（最大）
P 0.04（最大）
S 0.04（最大）
Cr 18.0～21.0
Ni 9.0～12.0
Mo 2.0～3.0

⑰ 317 型不锈钢 ASTM A479 等级 USN S31700，温度范围＝－425～1500℉（－254～816℃），成分（质量百分数%）：

C 0.08（最大）
Mn 2.0（最大）
P 0.045（最大）
S 0.03（最大）
Si 1.0（最大）
Cr 18.0～20.0
Ni 11.0～15.0
Mo 3.0～4.0
N 0.1（最大）
Fe 其余

⑱ 铸造 317 型不锈钢 ASTM A351 等级 CG8M，温度范围＝－325～1000℉（－198～538℃），大于 1000℉（538℃）时，需要 0.04%的碳。成分（质量百分数%）：

C 0.08（最大）
Mn 1.5（最大）
Si 1.5（最大）
P 0.04（最大）
S 0.04（最大）
Cr 18.0～21.0
Ni 9.0～13.0
Mo 2.0～3.0

⑲ 410 型不锈钢 ASTM A276 等级 S41000，温度范围：退火，－20～1200℉（－29～649℃），热处理 38HRC，－20～800℉（－29～427℃），成分（质量百分数%）：

C 0.15（最大）
Mn 1.0（最大）
P 0.04（最大）
S 0.03（最大）

Si 1.0（最大）
Cr 11.5～13.5
Fe 其余

⑳ 17-4PH 型不锈钢 ASTM A564 等级 630，UNS S17400，温度范围＝－20～650℉（－29～343℃）。可用于应力通常是压缩性且没有冲击载荷的场合，如阀笼，可以达到 800℉（427℃），成分（质量百分数%）：

C 0.07（最大）
Mn 1.0（最大）
Si 1.0（最大）
P 0.04（最大）
S 0.03（最大）
Cr 15.0～17.5
Nb 0.15～0.45
Cu 3.0～5.0
Ni 3.0～5.0
Fe 其余

㉑ 254 型 SMO 不锈钢 ASTM A479 等级 UNS S31254，温度范围＝－325～750℉（－198～399℃），成分（质量百分数%）：

C 0.02（最大）
Mn 1.0（最大）
P 0.03（最大）
S 0.01（最大）
Cr 18.5～20.5
Ni 17.5～18.5
Mo 6.0～6.5
N 0.18～0.22
Fe 其余

㉒ 铸造 254 型 SMO 不锈钢 ASTM A351 等级 CK3MCuN，温度范围＝325～750℉（－198～399℃），成分（质量百分数%）：

C 0.025（最大）
Mn 1.2（最大）
Si 1.0（最大）
P 0.044（最大）
S 0.01（最大）
Cr 19.5～20.5
Ni 17.5～19.5
Mo 6.0～7.0

㉓ 2205 型，S31803 双层不锈钢 ASTM A279 等级 UNS S31803，温度范围＝－20～600℉（－29～316℃），成分（质量百分数%）：

C 0.03（最大）
Mn 2.0（最大）
P 0.03（最大）
S 0.02（最大）
Si 1.0（最大）
Cr 21.0～23.0
Ni 4.5～6.5
Mo 2.5～3.5
N 0.03～0.2
Fe 其余

㉔ 铸造 2205 型，S31803 不锈钢 ASTM A890 等级 4a，CK3MN，温度范围＝－20～600℉（－29～316℃），成分（质量百分数）：

C 0.03（最大）
Mn 1.5（最大）
Si 1.0（最大）
P 0.04（最大）
S 0.02（最大）
Cr 21.0～23.5
Ni 4.5～6.5
Mo 2.5～3.5
N 0.1～0.3
Fe 其余

㉕ 铸铁 ASTM A126 级别 B，UNS F12102，温度范围＝受压部件，－20～450℉（－29～232℃）；不受压部件，－100～800℉（73～427℃）；ANSI B31.5 最低温度（如果最大应力没有超过 40%的周围允许应力）－150℉（－101℃）。成分（质量百分数%）：

P 0.75（最大）
S 0.15（最大）

㉖ 铸铁 ASTM A126 级别 C，UNS F12802，温度范围＝受压部件，－20～450℉（－29～232℃）；不受压部件，－100～800℉（73～427℃）；ANSI B31.5 最低温度（如果最大应力没有超过 40%的周围允许应力）－150℉（－101℃）。成分（质量百分数%）：

P 0.75（最大）
S 0.15（最大）

㉗ 球墨铸铁 ASTM A395 型号 D-28，UNS F43001，温度范围＝－20～650℉（－29～343℃），成分（质量百分数%）：

C 3.0（最小）
Si 2.5（最大）
P 0.08（最大）

㉘ 球墨抗镍铸铁 ASTM A439 型号 D-28，UNS F43001，温度范围＝－20～1400℉（－29～760℃），成分（质量百分数%）：

C 3.0（最小）
Si 1.5～3.00
Mn 0.70～1.25

P　0.08（最大）

Ni　18.0～22.0

Cr　2.75～4.0

㉙ 阀青铜　ASTM B61 等级 UNS C92200，温度范围＝－325～550℉（－198～288℃），成分（质量百分数%）：

Cu　86.0～90.0

Sn　5.5～6.5

Pb　1.0～2.0

Zn　3.0～5.0

Ni　1.0（最大）

Fe　0.25（最大）

S　0.05（最大）

P　0.05（最大）

㉚ 锡青铜　ASTM B564 等级 UNS C90500，温度范围＝－325～400℉（－198～204℃），成分（质量百分数%）：

Cu　86.0～89.0

Sn　9.0～11.0

Pb　0.30（最大）

Zn　1.0～3.0

Ni　1.0（最大）

Fe　0.2（最大）

S　0.05（最大）

P　0.05（最大）

㉛ 锰青铜　ASTM B584 等级 UNS C86500，温度范围＝－325～350℉（－198～177℃），成分（质量百分数%）：

Cu　55.0～60.0

Sn　1.0（最大）

Pb　0.4（最大）

Ni　1.0（最大）

Fe　0.4～2.0

Al　0.5～1.5

Mn　0.1～1.5

Zn　36.0～42.0

㉜ 铸造铝青铜　ASTM B148 等级 UNS C95400，温度范围＝ANSI B31.1、B31.3，－325～500℉（－198～260℃）；ASME 第 8 部分，－325～600℉（－198～316℃）。成分（质量百分数%）：

Cu　83.0（最小）

Al　10.0～11.5

Fe　3.0～5.0

Mn　0.50（最大）

Ni　1.5（最大）

㉝ 铸造铝青铜　ASTM B148 等级 UNS C95800，温度范围＝－325～500℉（－198～260℃），成分（质量百分数%）：

Cu　79.0（最小）

Al　8.5～9.5

Fe　3.5～4.5

Mn　0.8～1.5

Ni　4.0～5.0

Si　0.1（最大）

㉞ B16 黄铜圆棒　ASTM B16 等级 UNS C36000，1/2 硬度，温度范围＝非受压部件，－325～400℉（－198～204℃），成分（质量百分数%）：

Cu　60.0～63.0

Pb　2.5～3.7

Fe　0.35（最大）

Zn　其余

㉟ 海军用黄铜锻件　ASTM B283 合金 UNS C46400，温度范围＝－325～400℉（－198～204℃），成分（质量百分数%）：

Cu　59.0～62.0

Sn　0.5～1.0

Pb　0.2（最大）

Fe　0.15（最大）

Zn　其余

㊱ 铝圆棒　ASTM B211 合金 UNS A96061-T6，温度范围＝－452～400℉（－269～204℃），成分（质量百分数%）：

Si　0.04～0.8

Fe　0.7（最大）

Cu　0.15～0.4

Zn　0.25（最大）

Mg　0.8～1.2

Mn　0.15（最大）

Cr　0.04～0.35

Ti　0.15（最大）

其他元素 0.15（最大）

Al　其余

㊲ 6 号钴基合金　铸造 UNS R30006，焊条 CoCr-A，温度范围＝－325～1500℉（－198～816℃），成分（质量百分数%）：

C　0.9～1.4

Mn　1.0（最大）

W　3.0～6.0

Ni　3.0

Cr　26.0～32.0

Mo　1.0（最大）

Fe　3.0（最大）

Si　2.0（最大）

Co　其余

㊳ 镍-铜合金圆棒 K500　B865 等级 N05500，温度范围＝－325～900℉（－198～482℃），成分（质

量百分数%)：

Ni　63.0～70.0
Fe　2.0（最大）
Mn　1.5（最大）
Si　0.5（最大）
C　0.25（最大）
S　0.01（最大）
P　0.02（最大）
Al　2.3～3.15
Ti　0.35～0.85
Cu　其余

㊴ 400 号铸造镍-铜合金　ASTM A494 等级 M35-1，温度范围＝－325～900℉（－198～482℃），成分（质量百分数%）：

Cu　26.0～33.0
C　0.35（最大）
Mn　1.5（最大）
Fe　3.5（最大）
S　0.03（最大）
P　0.03（最大）
Si　1.35（最大）
Nb　0.5（最大）
Ni　其余

㊵ 镍-铬-钼合金 C276 圆棒　ASTM B574 等级 N10276，温度范围＝－325～1250℉（－198～677℃），成分（质量百分数%）：

Cr　14.5～16.5
Fe　4.0～7.0
W　3.0～4.5
C　0.01（最大）
Si　0.08（最大）
Co　2.5（最大）
Mn　1.0（最大）
V　0.35（最大）
Mo　15.0～17.0
P　0.04
S　0.03
Ni　其余

㊶ 镍-铬-钼合金 C　ASTM A494 CW2M，温度范围＝－325～1000℉（－198～538℃），成分（质量百分数%）：

Cr　15.5～17.5
Fe　2.0（最大）
W　1.0（最大）
C　0.02（最大）
Si　0.8（最大）
Mn　1.0（最大）
Mo　15.0～17.5
P　0.03
S　0.03
Ni　其余

㊷ 镍-钼合金 B2 圆棒　ASTM B335 等级 B2. UNS N10665，温度范围＝－325～800℉（－198～427℃），成分（质量百分数%）：

Cr　1.0（最大）
Fe　2.0（最大）
C　0.02（最大）
Si　0.1（最大）
Co　1.0（最大）
Mn　1.0（最大）
Mo　26.0～30.0
P　0.04（最大）
S　0.03（最大）
Ni　其余

㊸ 铸造镍-钼合金 B2　ASTM A494 N7M，温度范围＝－325～1000℉（－198～538℃），成分（质量百分数%）：

Cr　1.0（最大）
Fe　3.0（最大）
C　0.07（最大）
Si　1.0（最大）
Mn　1.0（最大）
Mo　30.0～33.0
P　0.04（最大）
S　0.03（最大）
Ni　其余

（5）阀门受压部件的材料性能（表 15-61）

表 15-61　阀门受压部件的材料性能

材料代号	最小力学性能				70℉(21℃)时的弹性模量/psi(MPa)	典型的布氏硬度
	抗拉强度/10^3psi(MPa)	弯曲强度/10^3psi(MPa)	2in(50mm)的伸长量	面积收缩率/%		
1	70～95 (485～655)	40 (275)	22	35	27.9E6 (19.2E4)	137.187
2	70～95 (485～655)	40 (275)	22	35	27.9E6 (19.2E4)	137.187
3	57 (390) 典型的	42 (290) 典型的	37 典型的	67 典型的	—	111

续表

材料代号	最小力学性能				70°F(21℃)时的弹性模量/psi(MPa)	典型的布氏硬度
	抗拉强度/10^3psi(MPa)	弯曲强度/10^3psi(MPa)	2in(50mm)的伸长量	面积收缩率/%		
4	79 (545) 典型的	71 (490) 典型的	16典型的	52典型的	—	163
5[①]	135(930) 典型的	115 (792) 典型的	22典型的	63典型的	29.9E6 (20.6E4)	255
6	70～95 (480～655)	40 (275)	24	35	27.9E6 (19.2E4)	137
7	70～95 (480～655)	40 (275)	20	35	29.9E6 (20.6E4)	147～200
8	70～95 (485～655)	40 (245)	20	35	29.9E6 (20.6E4)	147～200
9	75(515)	45 (310)	20	30	29.9E6 (20.6E4)	156～207 (要求的)
10	90～115 (620～795)	60 (415)	18	35	27.4E6 (19.0E4)	176～255
11	75 (515)	30 (205)	30	40	28.3E6 (19.3E4)	150
12	70 (485)	25 (170)	30	40	29.0E6 (20.0E4)	149
13	70 (485)	25 (170)	30	40	29.0E6 (20.0E4)	149
14	70 (485)	25 (170)	30	40	28.3E6 (19.3E4)	150～170
15[②]	80 (551)	35 (240)	30	40	28.3E6 (19.5E4)	150
16	70 (485)	30 (205)	30	0	28.3E6 (19.5E4)	163
17	75 (515)	35 (240)	25	0	28.3E6 (19.5E4)	170
18	75 (515)	35 (240)	25	0	28.3E6 (19.5E4)	170
19	70 (480)	40 (275)	16	45	29.2E6 (20.1E4)	223
20	145 (1000)	125 (860)	13	45	29.0E6 (20.0E4)	302(min)
21	95 (665)	44 (305)	35	50	29.0E6 (20.0E4)	90HRB
22	80 (550)	38 (260)	35	—	29.0E6 (20.0E4)	82HRB
23	90 (620)	65 (450)	25	—	30.5E6 (21.0E4)	290(max)
24	90 (620)	65 (450)	25	—	30.5E6 (21.0E4)	98HRB
25[③]	31 (214)	—	—	—	13.4E6 (9.2E4)	160～220
26[④]	41 (282)	—	—	—	13.4E6 (9.2E4)	160～220
27	60 (415)	40 (276)	18	—	23E6 (16E4)	143～187

续表

材料代号	最小力学性能				70℉(21℃)时的弹性模量/psi(MPa)	典型的布氏硬度
	抗拉强度/10^3psi(MPa)	弯曲强度/10^3psi(MPa)	2in(50mm)的伸长量	面积收缩率/%		
28	58 (400)	30 (205)	7	—	—	148～211
29	34 (234)	16 (110)	24	—	14.0E6 (9.7E4)	65
30	40 (275)	18 (124)	20	—	14.0E6 (9.7F4)	75
31	65 (448)	25 (172)	20	—	15.3E6 (10.5E4)	98
32	75 (515)	30 (205)	12	—	16E6 (11.0E4)	150
33	85 (585)	35 (240)	15	—	16E6 (11.0E4)	120～170
34	55 (380)	25 (170)	10	—	14E6 (9.6F4)	60～80HRB (要求的)
35	60 (415)	27 (186)	22	—	15E6 (10.3E4)	131～142
36	42 (290)	35 (241)	10	—	9.9E6 (6.8F4)	95
37[⑤]	154 (1060) 典型的	93 (638) 典型的	17 典型的	—	30E6 (21F4)	37HRC
38	100 (689)	70 (485)	20	—	26E6 (17.9E4)	250～325
39	65 (450)	25 (170)	25	—	23E6 (15.8E4)	110～150
40	100 (689)	41 (283)	40	—	29.5E6 (20.5E4)	210
41	72 (496)	40 (275)	20	—	30.8E6 (21.2E4)	150～185
42	110 (760)	51 (350)	40	—	31.4E6 (21.7E4)	238
43	76 (525)	40 (275)	20	—	28.5E6 (19.7E4)	180

① 硬化（1200℉/650℃）。
② 退火。
③ A126CI. B1.125in（95mm）直径圆棒。
④ A126CI. B1.125in（95mm）直径圆棒。
⑤ 锻造。

（6）耐腐蚀材料选择（表15-11）

（7）常用材料环境温度下的腐蚀情况（表15-62）

该腐蚀表格的目的是提供各种材料在接触某些流体时会怎样反应的一般性提示。表格中的建议不是绝对的。因为浓度、温度、压力和其他条件也许会改变某一特定金属的适用性，经济性的考虑也是影响金属材料选择的因素。该表格仅作为一个指南。

表15-62　常用材料环境温度下的腐蚀情况

流体	铅	铜	铸铁和钢	416和440C	17-4 SST	304 SST	316 SST	双相不锈钢	254 SMO	20号合金	400号合金	C276号合金	B2号合金	6号合金	钛	锆
乙醛	A	A	C	A	A	A	A	A	A	A	A	A	A	A	A	A
醋酸(不含空气)	C	C	C	C	C	C	A	A	A	A	A	A	A	A	A	A
醋酸(充气的)	C	C	C	C	B	B	A	A	A	A	C	A	A	A	A	A
丙酮	B	A	A	A	A	A	A	A	A	A	A	A	A	A	A	A
乙炔	A	A	A	A	A	A	A	A	A	A	A	A	A	A	A	A

续表

流体	铅	铜	铸铁和钢	416和440C	17-4 SST	304 SST	316 SST	双相不锈钢	254 SMO	20号合金	400号合金	C276号合金	B2号合金	6号合金	钛	锆
乙醇	A	A	A	A	A	A	A	A	A	A	A	A	A	A	A	A
硫酸铝	C	C	C	C	B	A	A	A	A	A	B	A	A	A	A	A
氨	A	C	A	A	A	A	A	A	A	A	A	A	A	A	A	A
氯化铵	C	C	C	C	C	C	B	A	A	A	B	A	A	B	A	B
氢氧化氨(氨水)	A	C	A	A	A	A	A	A	A	A	C	A	A	A	A	A
硝酸铵	B	C	B	B	A	A	A	A	A	A	C	A	A	A	C	A
磷酸铵(单基)	B	B	C	B	B	A	A	A	A	A	B	A	A	A	A	A
硫酸铵	C	C	C	C	B	B	A	A	A	A	A	A	A	A	A	A
亚硫酸铵	C	C	C	C	A	A	A	A	A	A	C	A	A	A	A	A
苯胺	C	C	C	C	A	A	A	A	A	A	B	A	A	A	A	A
沥青	A	A	A	A	A	A	A	A	A	A	A	A	A	A	A	A
啤酒	A	A	B	B	A	A	A	A	A	A	A	A	A	A	A	A
苯(粗苯)	A	A	A	A	A	A	A	A	A	A	A	A	A	A	A	A
苯(甲)酸A	A	A	C	C	A	A	A	A	A	A	A	A	A	A	A	A
硼酸	C	B	C	C	A	A	A	A	A	A	B	A	A	A	A	A
溴、干	C	C	C	C	B	B	B	A	A	A	A	A	A	A	C	C
溴、湿	C	C	C	C	C	C	C	C	C	C	A	A	A	C	C	C
丁烷	A	A	A	A	A	A	A	A	A	A	A	A	A	A	A	A
氯化钙	C	C	B	C	C	B	B	A	A	A	A	A	A	A	A	A
次氯酸钙	C	C	C	C	C	C	C	A	A	A	C	A	B	B	A	A
二氧化碳(干)	A	A	A	A	A	A	A	A	A	A	A	A	A	A	A	A
二氧化碳(湿)	A	B	C	C	A	A	A	A	A	A	A	A	A	A	A	A
硫化碳	C	C	A	B	B	A	A	A	A	A	B	A	A	A	A	A
碳酸	A	B	C	C	A	A	A	A	A	A	A	A	A	A	A	A
四氯化碳	A	A	B	B	A	A	A	A	A	A	A	A	A	A	A	A
氯(干)	C	C	A	C	B	B	B	A	A	A	A	A	A	A	C	A
氯(湿)	C	C	C	C	C	C	C	C	C	C	B	B	B	C	A	A
铬酸	C	C	C	C	C	C	C	B	A	C	C	A	B	C	A	A
柠檬酸	B	C	C	C	B	B	B	A	A	A	A	A	A	A	A	A
焦炉酸	C	B	A	A	A	A	A	A	A	A	B	A	A	A	A	A
棉花籽油	A	A	A	A	A	A	A	A	A	A	A	A	A	A	A	A
杂酚油	C	C	A	A	A	A	A	A	A	A	A	A	A	A	A	A
乙烷	A	A	A	A	A	A	A	A	A	A	A	A	A	A	A	A
乙醚	A	A	B	A	A	A	A	A	A	A	A	A	A	A	A	A
氯乙烷	C	B	C	C	B	B	B	A	A	A	A	A	A	A	A	A
乙烯	A	A	A	A	A	A	A	A	A	A	A	A	A	A	A	A
乙二醇	A	A	A	A	A	A	A	A	A	A	A	A	A	A	A	A
氧化铁	C	C	C	C	C	C	C	C	B	C	C	A	C	C	A	A
氟(干)	B	B	A	C	B	B	B	A	A	A	A	A	A	A	C	C
氟(湿)	C	C	C	C	C	C	C	C	C	C	B	B	B	C	C	C
甲醛	A	A	B	A	A	A	A	A	A	A	A	A	A	A	A	A
甲酸	B	C	C	C	C	C	B	A	A	A	C	A	B	B	C	A
氟利昂(湿)	C	C	B	C	B	B	A	A	A	A	A	A	A	A	A	A
氟利昂(干)	A	A	B	A	A	A	A	A	A	A	A	A	A	A	A	A
糠醛	A	A	A	B	A	A	A	A	A	A	A	A	A	A	A	A
精炼汽油	A	A	A	A	A	A	A	A	A	A	A	A	A	A	A	A
葡萄糖	A	A	A	A	A	A	A	A	A	A	A	A	A	A	A	A
盐酸(充气的)	C	C	C	C	C	C	C	C	C	C	C	B	A	C	C	A

续表

流体	铅	铜	铸铁和钢	416和440C	17-4 SST	304 SST	316 SST	双相不锈钢	254 SMO	20号合金	400号合金	C276号合金	B2号合金	6号合金	钛	锆
盐酸(不含空气的)	C	C	C	C	C	C	C	C	C	C	C	B	A	C	C	A
氢氟酸(充气的)	C	C	C	C	C	C	C	C	C	C	B	B	B	C	C	C
氢氟酸(不含空气的)	C	C	C	C	C	C	C	C	C	C	A	B	B	C	C	C
氢	A	A	A	C	B	A	A	A	A	A	A	A	A	A	C	A
过氧化氢	A	C	C	C	B	A	A	A	A	A	C	A	C	A	A	A
硫化氢	C	C	C	C	C	A	A	A	A	A	A	A	A	A	A	A
碘	C	C	C	C	A	A	A	A	A	A	C	A	A	A	C	B
氢氧化镁	B	B	A	A	A	A	A	A	A	A	A	A	A	A	A	A
水银	C	C	A	A	A	A	A	A	A	A	B	A	A	A	C	A
甲醇	A	A	A	A	A	A	A	A	A	A	A	A	A	A	A	A
牛奶	A	A	C	A	A	A	A	A	A	A	A	A	A	A	A	A
天然气	A	A	A	A	A	A	A	A	A	A	A	A	A	A	A	A
硝酸	C	C	C	C	A	A	A	A	A	A	C	B	C	C	A	A
油酸	C	C	C	B	B	B	A	A	A	A	A	A	A	A	A	A
草酸	C	C	C	C	B	B	B	A	A	A	B	A	A	B	C	A
氧	C	A	C	C	B	B	B	B	B	B	A	B	B	B	C	C
精炼汽油	A	A	A	A	A	A	A	A	A	A	A	A	A	A	A	A
磷酸(充气的)	C	C	C	C	B	A	A	A	A	A	C	A	A	A	C	A
磷酸(不含空气的)	C	C	C	C	B	B	B	A	A	A	B	A	A	B	C	A
苦味酸	C	C	C	C	B	B	A	A	A	A	C	A	A	A	A	A
碳酸钾	C	C	B	B	A	A	A	A	A	A	A	A	A	A	A	A
氧化钾	C	C	B	C	C	B	B	A	A	A	A	A	A	A	A	A
氢氧化钾	C	C	B	B	A	A	A	A	A	A	A	A	A	A	A	A
丙烷	A	A	A	A	A	A	A	A	A	A	A	A	A	A	A	A
松香	A	A	B	A	A	A	A	A	A	A	A	A	A	A	A	A
硝酸银	C	C	C	C	B	A	A	A	A	A	C	A	A	A	A	A
醋酸钠	A	A	A	A	A	A	A	A	A	A	A	A	A	A	A	A
碳酸钠	C	C	A	B	A	A	A	A	A	A	A	A	A	A	A	A
氯化钠	C	A	C	C	B	B	B	A	A	A	A	A	A	A	A	A
铬酸钠	A	A	A	A	A	A	A	A	A	A	A	A	A	A	A	A
氢氧化钠	C	C	A	B	B	B	A	A	A	A	A	A	A	A	A	A
次氯化钠	C	C	C	C	C	C	C	C	C	C	C	A	B	C	A	A
硫代硫酸钠	C	C	C	C	B	B	A	A	A	A	A	A	A	A	A	A
氯化亚锡	C	C	C	C	C	C	B	A	A	A	C	A	A	B	A	A
蒸汽	A	A	A	A	A	A	A	A	A	A	A	A	A	A	A	A
硬脂酸	C	B	B	B	B	A	A	A	A	A	A	A	A	B	A	A
硫酸盐溶液(黑色)	C	C	A	C	C	B	A	A	A	A	A	A	A	A	A	A
硫	A	B	A	A	A	A	A	A	A	A	A	A	A	A	A	A
硫酸(充气的)	C	C	C	C	C	C	C	A	A	A	C	A	C	B	C	A
硫酸(不含空气的)	C	C	C	C	C	C	C	A	A	A	B	A	A	B	C	A
亚硫酸	C	C	C	C	C	B	B	A	A	A	C	A	A	B	A	A
焦油(柏油)	A	A	A	A	A	A	A	A	A	A	A	A	A	A	A	A
三氯乙烯	B	B	B	B	B	B	A	A	A	A	A	A	A	A	A	A
松节油	A	A	B	A	A	A	A	A	A	A	A	A	A	A	A	A
醋	B	B	C	C	A	A	A	A	A	A	A	A	A	A	A	A
水、锅炉给水	A	A	A	A	A	A	A	A	A	A	A	A	A	C	A	A
蒸馏水	A	A	C	C	A	A	A	A	A	A	A	A	A	A	A	A
海水	C	A	C	C	C	C	B	A	A	A	A	A	A	A	A	A
威士忌和酒	A	A	C	C	A	A	A	A	A	A	A	A	A	A	A	A
氯化锌	C	C	C	C	C	C	C	B	B	B	A	A	A	B	A	A
硫化锌	C	C	C	C	A	A	A	A	A	A	A	A	A	A	A	A

注：A—通常是适合的；B—微小至中等影响，使用时要小心；C—不满意。

表 15-63 弹性材料的特性

特性	ACM，ANM[1] 聚丙烯酸酯橡胶	AU，EU[2] 聚氨酯	CO，ECO 环氧氯丙烷	CR 氯丁二烯氯丁橡胶	EPM，EPDM[3] 乙烯丙烯	FKM[1][2]，氟橡胶 Viton[4]	FFKM 全氟橡胶	IIR 丁基合成橡胶	VMO 硅树脂	NBR 丁腈橡胶	NR 天然橡胶	SBR 丁苯橡胶	TFE/P 四氟乙烯丙烯共聚物
抗拉强度/psi(MPa)													
纯橡胶	100(0.7)	—	2000(14)	3500(24)	—	—	—	3000(21)	200～450 (1.4～3)	600(4)	3000(21)	400(3)	—
加强型	1800(12)	6500(45)	2500(17)	3500(24)	2500(17)	2300(16)	3200(22)	3000(21)	1100(8)	4000(28)	4500(31)	3000(21)	2800(19)
抗撕裂	一般	优	好	好	差	好	—	好	差～一般	一般	优	差～一般	好
抗磨蚀	好	优	一般	优	好	很好	—	一般	差	好	优	好	好
老化、太阳光下	优	优	好	优	优	优	优	优	好	差	差	差	—
氧化环境下	优	优	好	好	好	优	优	好	很好	一般	好	一般	优
耐热（最高温度）	350℉ (117℃)	200℉ (93℃)	275℉ (135℃)	200℉ (93℃)	350℉ (117℃)	400℉ (204℃)	550℉ (288℃)	200℉ (93℃)	450℉ (232℃)	250℉ (121℃)	200℉ (93℃)	200℉ (93℃)	400℉ (204℃)
抗弯曲开裂	好	优	—	优	—	—	—	优	一般	好	优	好	—
抗压缩定型	好	好	一般	优	一般	差	—	一般	好	很好	好	好	好
抗溶剂													
脂肪烃	好	很好	优	一般	差	优	优	差	差	好	很差	很差	好
芳烃	差	一般	好	差	一般	很好	优	很差	很差	一般	很差	很差	一般
氧化溶剂	差	差	—	一般	—	好	优	好	差	差	好	好	差
卤化溶剂	差	—	—	很差	差	—	优	差	很差	很差	很差	很差	很差
耐油性													
低苯胺矿物油	优	—	—	一般	差	优	优	很差	差	优	很差	很差	优
高苯胺矿物油	优	—	—	好	差	优	优	很差	差	优	很差	很差	一般
人造润滑剂	一般	—	优	很差	差	—	优	差	一般	一般	很差	很差	优
有机磷酸盐	差	差	优	很差	很好	差	优	好	差	差	很差	很差	优
耐汽油性													
芳香族化合物	一般	一般	优	差	一般	好	优	很差	差	好	很差	很差	差
非芳香族化合物	差	好	优	好	差	很好	优	很差	好	优	很差	很差	一般
耐酸性													
稀释(<10%)	差	一般	好	一般	很好	优	优	好	一般	好	好	好	优
浓缩[5]	差	差	好	一般	好	很好	优	一般	差	差	一般	差	好
低温弹性（最大值）	−10℉ (−23℃)	−40℉ (−40℃)	−40℉ (−40℃)	−40℉ (−40℃)	−50℉ (−45℃)	−30℉ (−34℃)	0℉ (−18℃)	−40℉ (−40℃)	−100℉ (−73℃)	−40℉ (−40℃)	−65℉ (−54℃)	−50℉ (−46℃)	0℉ (−18℃)

续表

特性	ACM，ANM[1] 聚丙烯酸酯橡胶	AU，EU[2] 聚氨酯	CO，ECO 环氧氯丙烷	CR 氯丁二烯氯丁橡胶	EPM，EPDM[3] 乙烯丙烯	FKM[1][2]，氟橡胶 Viton[4]	FFKM 全氟橡胶	IIR 丁基合成橡胶	VMO 硅树脂	NBR 丁腈橡胶	NR 天然橡胶	SBR 丁苯橡胶	TFE/P 四氟乙烯丙烯共聚物
对气体的渗透性	好	好	优	很好	好	好	一般	很好	一般	一般	一般	一般	—
耐水性	一般	一般	一般	一般	很好	优	优	很好	一般	很好	好	很好	优
耐碱性													
稀释(<10%)	差	一般	优	好	优	优	优	很好	一般	好	好	好	优
浓缩	差	差	优	好	好	很好	优	很好	差	一般	一般	一般	好
回弹性	很差	一般	一般	很好	很好	好	—	很好	好	一般	很好	一般	—
延展性(最大)	200%	625%	400%	500%	500%	425%	142%	700%	300%	500%	700%	500%	400%

① 不可用于蒸汽场合。
② 不可用于氨场合。
③ 不可用于石油基地流体。可用于脂基（不易燃烧）液压油和温度低于300℉（149℃）的低压蒸汽场合。
④ E.L. 杜邦公司的商标。
⑤ 氨和硫除外。

表 15-64 弹性材料的流体适应性等级

流 体	ACM，ANM 聚丙烯酸酯橡胶	AU，EU 聚氨酯	CO，ECO 环氧氯丙烷	CR 氯丁二烯氯丁橡胶[1]	EPM，EPDM 乙烯丙烯	FKM，氟橡胶 Viton[1]	FFKM 全氟橡胶	IIR 丁基合成橡胶	VMO 硅树脂	NBR 丁腈橡胶	NR 天然橡胶	TFE/P 四氟乙烯丙烯共聚物
醋酸(30%)	C	C	C	C	A+	C	A+	A	A	B	B	C
丙酮	C	C	C	C	A	C	A	A	C	C	C	C
空气(常温)	A	A	—	A	A	A	A	A	A	A	B	A
空气(200℉/93℃)	B	B	—	C	A	A	A	A	A	A	B	A
空气(400℉/204℃)	C	C	—	C	C	A	A	C	A	C	C	A
醇(乙基)	C	C	—	A	A	C	A	A	A	A	A	A
乙醇(甲基)	C	C	B	A+	A	C	A	A	A	A	A	A
氨(无水的，液体)	C	C	—	A+	A	C	A	A	B	B	C	A
氨[气体(热)]	C	C	—	B	B	C	A	B	A	C	C	A+
啤酒(饮料)	C	C	A	A	A	A	A	A	A	A	A	A
苯	C	C	C	C	C	A	A	C	C	C	C	C
黑色体液	C	C	—	B	B	A+	A	C	C	B	B	A
高炉气体	C	C	—	C	C	A+	A	C	A	C	C	A
盐水(氯化钙)	A	A	A	A	A	A	A	A	A	A	A	A
丁二烯气体	C	C	C	C	C	A+	A	C	C	C	C	—

续表

流　　体	ACM，ANM 聚丙烯酸酯橡胶	AU，EU 聚氨酯	CO，ECO 环氧氯丙烷	CR 氯丁二烯氯丁橡胶[1]	EPM，EPDM 乙烯丙烯	FKM，氟橡胶 Viton[1]	FFKM 全氟橡胶	IIR 丁基合成橡胶	VMO 硅树脂	NBR 丁腈橡胶	NR 天然橡胶	TFE/P 四氟乙烯丙烯共聚物
丁烷气体	A	C	A	A	C	A	A	C	C	A+	C	B
丁烷(液体)	A	C	A	B	C	A	A	C	C	A	C	C
四氯化碳	C	C	B	C	C	A+	A	C	C	C	C	C
氯(干)	C	C	B	C	C	A+	A	C	C	C	C	C
氯(湿)	C	C	B	C	C	A+	A	C	C	C	C	B
焦炉气体	C	C	—	C	C	A+	A	C	B	C	C	A
道氏换热剂 A[2]	C	C	C	C	C	A+	A	C	C	C	C	B
乙酸乙烷	C	C	C	C	B	C	A	B	B	C	C	C
乙二醇	C	B	A	A	A+	A	A	A	A	A	A	A
11 号[1]氟利昂	A	C	—	C	C	B+	B	C	C	B	C	C
12 号[1]氟利昂	B	A	A	A+	B	B	B	B	C	A	B	C
22 号[1]氟利昂	B	C	A	A+	A	C	A	A	C	C	A	C
114 号[1]氟利昂	—	A	A	A	A	A	B	A	C	A	A	C
氟利昂替代物(见下面的苏瓦)[1]												
汽油	C	B	A	C	C	A	A	C	C	A+	C	C
氢气	B	A	—	A	A	A	A	A	A	A	B	A
硫化氧(干)	C	B	B	A	A+	C	A	A	C	A	A	A
硫化氧(湿)	C	C	B	A	A+	C	A	A	C	C	C	A
喷气发动机燃料(JP-4)	B	B	A	C	C	A	A	C	C	A	C	B
蒸气	C	C	C	C	B+	C	A	B	C	C	C	A+
二氧化硫(干)	C	—	—	C	A+	—	—	B	B	C	B	—
二氧化硫(湿)	C	B	—	B	A+	C	A	A	B	C	C	B
硫酸(≤50%)	B	C	B	C	B	A+	A	C	C	C	C	A
硫酸(50%～100%)	C	C	C	C	C	A+	A	C	C	C	C	A
苏瓦 HCFC-123[1]	—	C	—	A+	A+	B	—	A+	B	C	C	
苏瓦 HFC 134a[2]	—	—	—	B	A	C	—	B	B	A+	B	—
水(常温)	C	C	B	A	A	A	A	A	A	A	A	A
水(200℉/93℃)	C	C	B	C	A+	B	A	B	A	C	A	—
水(300℉/149℃)	C	C	—	C	B+	C	A	B	C	C	C	—
水(脱离子的)	C	A	—	A	A	A	A	A	A	A	A	A
白水	C	B	—	B	A	A	A	A	B	B	B	—

① E.I. 杜邦公司的商标。

② 陶氏化学公司的商标。

注：A+—最佳的可能选择；A—通常是适应的；B—勉强适应；C—不推荐。

(8) 弹性材料的特性信息(表15-63)

选择用于控制阀中的弹性材料需要了解该材料将要使用的工况条件及材料本身的基本特性。应该全面了解介质温度、压力、流体流量。阀门动作类型(调节或开关)和流体的化学成分。列于表15-63的适用等级性能(优、很好、好、一般、差、很差)仅可作为一个指南。存在于某种材料中的特殊成分会有所改变,这可能会改变材料的适用等级。

(9) 弹性材料的流体适应性(表15-64)

表15-64对弹性材料对于特定流体的适应性进行了评定和比较。注意这些信息应该仅仅作为指导来使用。适应于某一流体的某一弹性体材料也许不适用于它的整个温度范围。通常化学适应性会随工作温度的增加而减弱。注意:表中的建议可作为一般指导来使用。在选择某一弹性材料时,必须考虑关于压力、温度、化学因素和工作模式的详细情况。

(10) 非金属材料的工作温度极限(表15-65)

(11) 典型的阀内件材料温度限制(表15-66)

表15-65 非金属材料的工作温度极限

ASTM代号和商品名称	基本描述	温度范围/℉(℃)
CR	氯丁橡胶	40～180(－40～82)
EPDM	乙烯丙烯三(元共)聚物	－40～275(－40～135)
FFKM. Kairez①. chemraz②	全氟橡胶	0～500(－18～260)
FKM. Viton①	氟橡胶	0～400(－18～204℃)
FVMQ	氟硅酮	100～300(－73～149)
NBR	晴	－65～180(－54～82)
NR	天然橡胶	－20～200(－29～93)
PUR	聚氨酯	－20～200(－29～93)
VMQ	硅树脂	－80～450(－62～232)
PEEK	聚乙醚甲酮	－100～480(－73～250)
PTFE	聚四氟乙烯	－100～400(－73～204)
PTFE(填充碳)	聚四氟乙烯(充填碳)	－100～450(－73～232)
PTEE(填充玻璃)	聚四氟乙烯(充填玻璃)	－100～450(－73～232)
TCM Plus③	矿物质和MoS_2(充填聚四氟乙烯)	－100～450(－73～232)
TCM Uitra③	PEEK和MoS_2(充填聚四氟乙烯)	－100～500(－73～260)
复合垫片		－60～300(－51～150)
柔性石墨		－300～1000(－185～540)

① E. I. 杜邦公司商标。
② Greene. Tweed公司的商标。
③ 费希尔控制设备的商标。

表15-66 典型的阀内件材料温度限制

材 料	应 用	下限		上限	
		℉	℃	℉	℃
304 SST. S30400. CF8	无涂层阀芯和阀座	－450	－268	600	316
316 SST. S31600. CF8M	无涂层阀芯和阀座	－450	－268	600	316
317 SST. S31700. CG8M	无涂层阀芯和阀座	－450	－268	600	316
416SST. S41600. 38 HRC最小	套筒、阀芯和阀座	－20	－29	800	427
CA6BM. 32HRC最小	套筒、阀芯和阀座	－20	－29	900	482
Nitronic 50①. S2091高强度回火	阀轴、阀杆和销钉	－325	－198	1100	593
440 SST. S44004	轴套、阀芯和阀座	－20	－29	800	427
17-4PH. S17400. CB7Cu-1 H1075回火	套筒、阀芯和阀座	－80	－62	800	427
6号合金R30006. CoCr-A	阀芯和阀座	－325	－198	1500	816
非电镀镍涂层	阀内件涂层	－325	－198	750	400
硬铬镀层	阀内件涂层	－325	－198	600	316
V形球上的硬铬镀层	阀内件涂层	－325	－198	800	427
硬铬镀层	阀内件涂层	－325	－198	1100	593
蒙乃尔②K500. N05500	无涂层阀芯和阀座	－325	－198	800	427
蒙乃尔②400. N04400	无涂层阀芯和阀座	－325	－198	800	427

续表

材　料	应　用	下限		上限	
		℉	℃	℉	℃
哈斯特合金③B2. B10665. N7M	无涂层阀芯和阀座	−325	−198	800	427
哈斯特合金③C276. N10276. CW2M	无涂层阀芯和阀座	−325	−198	800	427
钛等级 2. 3. 4. C2. C3. C4	无涂层阀芯和阀座	−325	−198	600	316
镍 N02200. CZ100	无涂层阀芯和阀座	−325	−198	600	316
20 号合金，N08020. CN7N	无涂层阀芯和阀座	−325	−198	600	316
NBR 晴橡胶	阀座	−20	−29	200	93
FKM 氟橡胶(Viton④)	阀座	0	−18	400	204
PTFE，聚四氟乙烯	阀座	−450	−268	450	232
PA(尼龙)	阀座	−60	−51	200	93
HDPE 高密度聚乙烯	阀座	−65	−54	185	85
CR. 氯丁橡胶(Neopren②)	阀座	−40	−40	180	82

① Amco 钢材公司的商标。
② 蒙乃尔和英康乃尔是 Inco 合金国家公司的商品名称。
③ 哈斯特合金是 Haynes 国家公司的商品名称。
④ E. I 杜邦公司商标。

参 考 文 献

[1] EMERSON Prouss management. Control Valve Hand book. Fourth Edition. USA，2005.

[2] J. W. 哈奇森. 美国仪表学会调节阀手册. 林秋鸿译. 北京：化学工业出版社，1984.

[3] 明赐东. 调节阀计算选型使用. 成都：成都科技大学出版社，1999.

第 16 章　节流截止放空阀和阀套式排污阀

16.1　节流截止放空阀

节流截止放空阀（图 16-1）是在吸收截止阀和节流阀技术的基础上发展起来的新一代高性能节流截止放空阀，既可以达到可靠的截止功能，又具有节流和放空的功能。

节流截止放空阀具有噪声低、密封可靠、耐冲蚀、使用寿命长、启闭力矩小，操作方便，易于维修，工作稳定可靠等特点，适用于石油、天然气输送管道装置节流、截止、放空用。

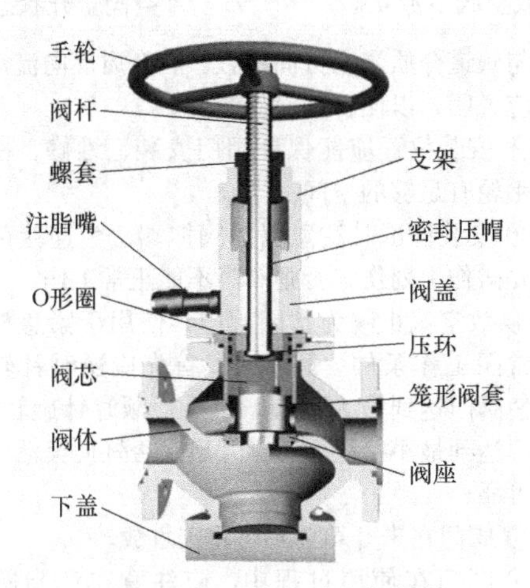

图 16-1　节流截止放空阀结构

16.1.1　结构特点

节流截止放空阀是采用自平衡式套筒多孔分流双密封式阀芯，软硬双重密封能满足高压气体介质工作条件下“零泄漏”，缓压装置能满足特殊工况条件下介质的正反向流动。节流部位与密封部位完全分开，避开了介质的直接冲刷，延长了使用寿命。

① 阀芯底端面与阀座端面组成一道硬密封副，密封面堆 Stellite 合金。

② 阀芯底端面与笼形套斜槽和阀座斜槽里面的凸形橡胶圈组成软密封副。

③ 阀芯套嵌密封橡胶圈的环槽至阀芯套开槽处有一段缓压距离，使阀芯底端离开阀座上端面接近笼形套开槽处时形成密封缓压带，保护密封副在阀门放空时不受直接冲刷。

④ 阀芯套上开设有窗口，其窗口面积能保证流通能力。阀芯在阀杆提升作用下，改变窗口的通流面积，形成流量的变化。窗口的边缘为节流口的节流面，其表面堆焊有 Stellite 合金（简称 STL 合金）。

⑤ 阀芯为柱塞形结构，其中部开设平衡孔，使阀芯在笼芯套内壁上下移动中受力平衡，开启轻便。

⑥ 阀芯设有两道 O 形圈，在两道 O 形圈间设有储渣槽，阀芯下端 O 形圈在阀套内上下移动实现自动除渣，阀芯外圆及阀套内壁随时保证清洁。

⑦ 阀芯储渣槽的设置，减少阀芯与阀套接触面积，降低了摩擦阻力，并对第二道密封圈提供了良好的工作条件。

⑧ 为保证填料密封不外漏，分别在上阀盖密封处、下填料垫和注脂衬环加有橡胶 O 形密封圈，并与聚四氟乙烯填料交叠配置，以保证在松动情况下压紧密封螺母仍能保证密封性能要求。

16.1.2　节流截止放空阀的功能

① 截止密封功能　采用软硬双重密封结构，软密封座安装于独立的阀座密封槽内，并由阀套固定，无论介质正向或反向流动，密封圈均不会被吹出。

② 节流调节功能　阀套上设计了对称节流小孔，介质进入节流孔并沿中心向下游流动。节流孔采用了分层排列结构，引导介质实现分层流动，有效防止介质产生紊流和漩涡。

③ 放空功能　多级节流结构保证阀门可实现全压差下的放空功能。

16.1.3　工作原理

图 16-2 为节流截止放空阀关闭、节流、放空三种状态下的剖面示意图。

(1) 关闭状态

如图 16-3 所示，阀芯硬密封副端面紧压在阀座

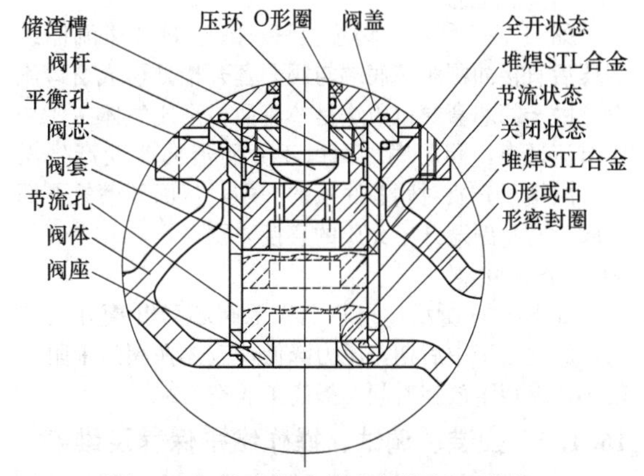

图 16-2　节流截止放空阀关闭、节流、放空三种状态下的剖面示意图

的端面，同时凸形橡胶圈紧贴在阀芯底端面上，形成软硬双重密封，保证了气体介质零泄漏。

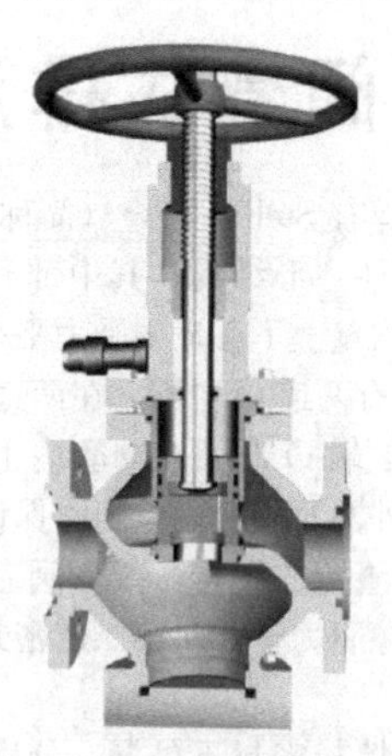

图 16-3 节流截止放空阀关闭状态

(2) 缓压状态

如图 16-4 所示，阀门开启阀芯底端离开阀座端面，底端面又接近阀芯套开槽处底边缘时，阀芯外径与笼形套内径形成一道密封副，此时介质没有直接放空泄压，起到缓压作用。

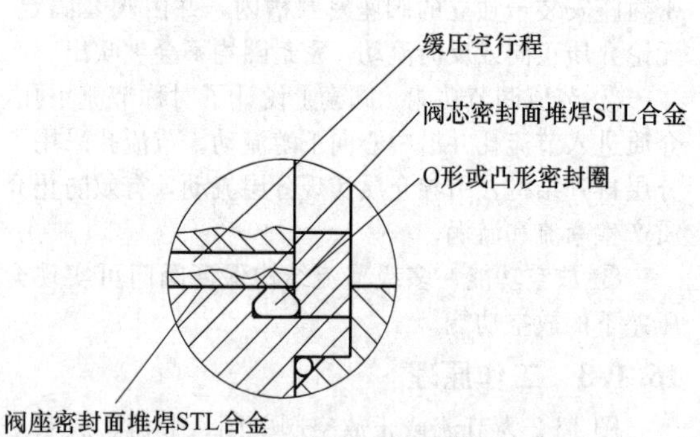

图 16-4 节流截止放空阀硬软双质密封结构、缓压行程局部放大图

(3) 节流状态

如图 16-5 所示，阀芯上移，放空时高速流体经缓压后直接冲刷阀芯底端与阀芯套开槽处形成窗口流道，由于阀芯套窗口边缘是节流面，高压气体主要冲刷节流通道，阀芯底端面由于介质流向改变产生涡流，减缓了介质对阀芯底端的冲刷，从而开槽处下部的阀座密封副避开了介质的直接冲刷。

(4) 全开状态

如图 16-6 所示，阀芯上移至阀芯套开槽处上端时，放空处于中后期，压力降低，流体在阀门中阻力较小，缩短了放空时间，提高了放空效果。

16.1.4 安装、调试、操作维护保养及维修

① 节流截止放空阀可在室内外安装，安装时注意阀体上的介质流动方向，阀体上的介质流动箭头标

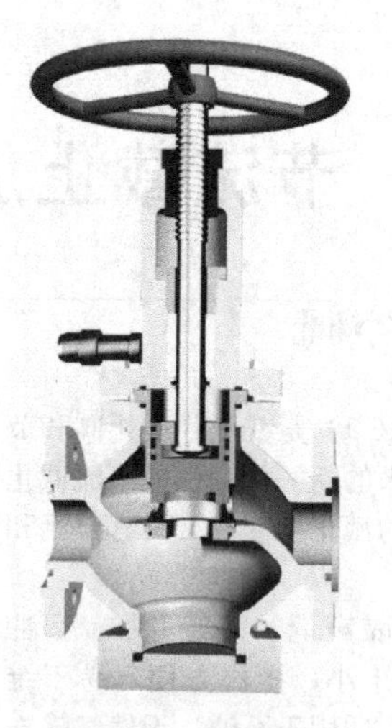

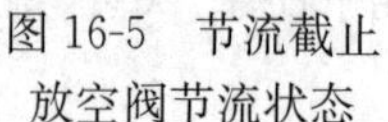

图 16-5 节流截止放空阀节流状态

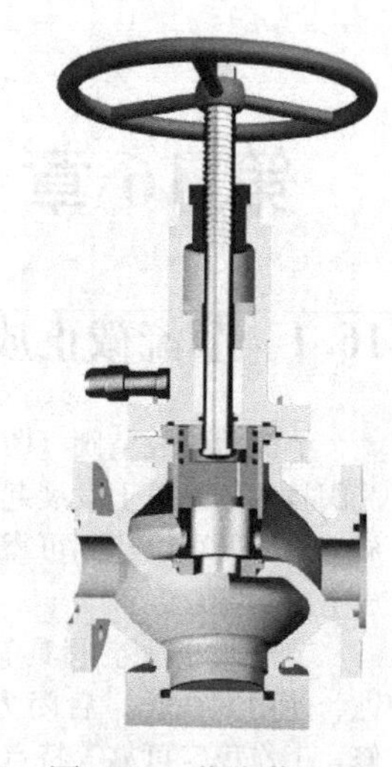

图 16-6 节流截止放空阀全开状态

识应与管道介质流动方向一致。若介质反向流动，订货时应说明，以便特殊设计制造。

② 安装位置应能保证阀门安装、维修、检查和操作手轮有足够的空间。

③ 安装调试时注意保护阀体端法兰连接部位表面不要碰伤、划伤，否则阀门不能正常工作。

④ 放空截止阀为常闭阀门，使用于紧急放空及其他常闭工作条件。调试时，首先应逆时针转动手轮，使阀门达到最大行程，然后，顺时针旋转手轮，使阀门达到最小行程，感觉开启是否轻便灵活，密封是否可靠。

⑤ 阀门在未开箱前不得露天堆放。

⑥ 阀门在使用过程中，应注意在注脂阀加密封脂。

⑦ 在维修保养时，应注意密封副的清洁及检查软密封是否损坏。若软密封损坏，则须更换。

16.2 阀套式排污阀

阀套式排污阀（图 16-7）采用节流轴与阀座喷嘴、套垫窗口与阀座通道、阀芯底端与阀套窗口的多级节流技术，完全打破了传统的排污阀结构功能原理。具有密封零泄漏、耐冲刷、防堵塞密封面自清扫、节流降压、满足大颗粒杂质排放等优良性能，特别能满足恶劣工况条件下的排污要求，使用寿命比传统排污阀高 8～10 倍。广泛用于石油、天然气、化工、冶金等领域管道集输轴装置直接排污。

抗硫合金、陶瓷节流部件与特殊密封副结构产品可满足高压差、高含 H_2S、CO_2、Cl^- 介质条件下耐冲刷、防腐蚀的使用要求。

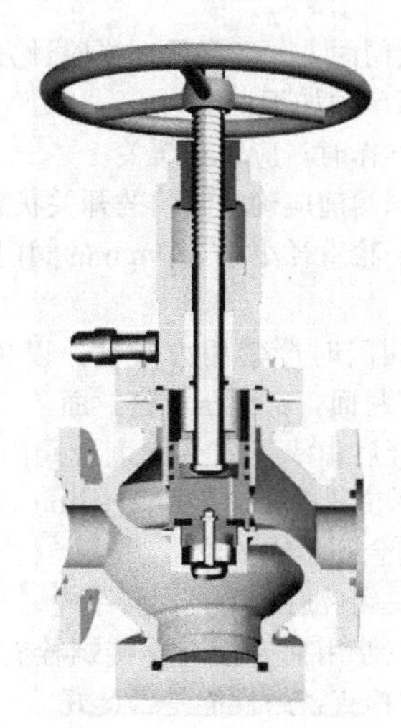

图 16-7　阀套式排污阀

16.2.1　性能特点

① 密封可靠　软硬双重密封，保证气、液介质“零泄漏”。

② 节流功能　采用节流轴与阀座喷嘴、套垫窗口与阀座通道、阀芯底端与阀套窗口的多级节流结构设计，既能满足排污流量的变化，又能满足不同工况的需要，而且有效缓减了含湿气和沙粒较重的介质对阀芯密封副的冲刷。

③ 缓压空行程　在节流轴和阀座喷嘴、套垫与阀座内腔、阀芯与阀套下端配合处分别设有一段等距同步缓压空行程，使得阀芯离开阀座密封面有足够的空间距离时，介质才开始节流、排放，降低了密封面受到的冲刷力，有效保证密封面。

④ 自清扫功能　阀门关闭过程中，套垫与阀座通道的配合间隙阻止较大颗粒介质流向密封副，介质从套垫斜角处进入阀座通道，流阻系数增加，流速加快，阀座端面介质径向力增加，实现阀座密封面的吹扫；阀芯底部凹槽处由于介质改变流向产生涡流，实现硬软密封的自吹扫，从而避免了硬软密封面黏附杂质，保证了阀门排污后的密封性能。

⑤ 排污功能　排放时，阀门内部设置的缓压空行程，避开了开启时高压差介质的直接冲刷，能有效保护密封面，延长了阀门使用寿命。阀门关闭过程中，硬软双重密封面的自清扫，避免了硬软双重密封面黏附杂质，防止关闭后密封面被划伤，保证密封可靠，满足恶劣工况条件下排污使用要求。

⑥ 自动除渣功能　阀芯两道 O 形圈之间设有储渣槽，当第一道 O 形圈损坏，介质中杂质进入储渣槽，实现自动除渣，使阀芯外圆及阀套内壁随时保证清洁，避免了第二道 O 形圈被划伤，保证密封可靠。

⑦ 阀芯开设平衡孔　使启闭转矩小，开启轻便、灵活。

⑧ 填料函装有注脂阀　并在密封填料间设置了 O 形密封圈与聚四氟乙烯填料交叉使用，保证填料密封不外漏。

16.2.2　阀套式排污阀的功能

(1) 节流功能

阀套式排污阀内部组成三级节流装置（图 16-8），形成逐段降压，以达到振动小、流量调节有效控制的目的。旋塞阀作排污阀，只能实现一级节流功能。其一级节流和三级逐段节流相比，多级节流更利于密封副的保护和满足现场节流排污功能要求的实现。

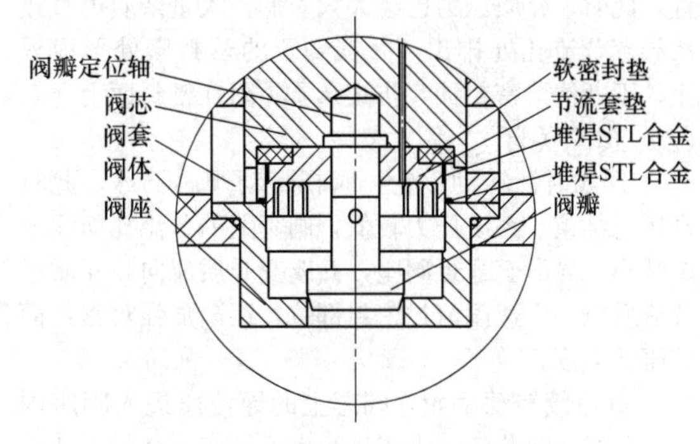

图 16-8　阀套式排污阀节流原理

(2) 缓压功能

阀套式排污阀设计有缓压空行程，其目的是为避开全压差开启排污时介质对密封面的冲刷，改善了密封面的工作条件。旋塞阀通过旋转旋塞通道与阀体通道形成角度来实现节流排污，节流通道面积就是排污通道面积，全压差排污在密封面间不能形成缓压区域，其密封面工作条件得不到改善。

(3) 排污功能

阀套式排污阀具有自清扫功能，密封副表面不黏附杂质，满足阀门排污后硬软质密封副关闭零泄漏。旋塞阀密封通过旋塞外锥面与阀体内锥面贴合实现密封。密封副没有自清扫功能，随着阀门开启次数的增多，密封表面划伤的面积越来越大，直至不能密封。

(4) 截止功能

阀套式排污阀采用硬软双质密封，采用三级逐段节流结构密封面与节流面完全分开，缓压空间区域改善了密封面的工作条件，加之阀芯、阀座密封表面自清扫功能的实现，使排污阀在不同工况条件下保证零泄漏。如使用一定时间（三个月以上）软密封垫有所划伤不能保证密封零泄漏时，更换软密封垫后又完好如初，继续满足使用。旋塞阀在全压差工况条件下节流、排污，密封面极易冲刷划伤损坏，截止后很难保证密封面要求。若密封面划伤则不能满足现场使用要求，必须更换整台阀门。

16.2.3 工作原理

(1) 阀门开启过程（排污过程）

① 逆时针转动手轮，阀杆带动阀芯逐渐上移，密封面脱开，阀芯上的导流座逐渐移出阀座内孔，形成窄缝间隙，介质通过阀座上的对称节流孔进入阀座内部，少量介质可通过窄缝流出，逐渐降低系统压力。

② 继续逆时针转动手轮，阀芯向上运动，导流座上的节流孔移出阀座内腔，较多的介质通过导流座和阀套节流孔顺利排出。

③ 继续逆时针转动手轮，阀芯向上移至全开位置，此时，介质压力已经大大降低，大量杂质可直接从阀套节流孔处排出，并在倒置的密封座处形成涡流，不断清洁密封面，防止杂质黏附在密封面上。

(2) 阀门关闭过程

① 顺时针转动手轮，阀杆带动阀芯下移，此时排污已结束，系统压力较低，阀套上的节流孔面积逐渐减小，导向套靠近阀座，并改变介质流向，介质经节流后以一定速度流过密封部位，逐渐加强对密封面的清洁力度。

② 继续转动手轮，阀芯上的导流座进入阀座内孔，形成窄缝节流，由于排污接近结束，介质中杂质已经较少，导向套和阀座间的窄缝阻止了残存的微小杂质流入密封面，介质通过窄缝快速流出，彻底清扫密封面。

③ 继续转动手轮，阀芯与密封座接触，实现密封。

16.2.4 安装、调试、操作维护保养及维修

① 本阀可在室内外进行安装，安装时注意阀体上的介质流动方向，阀体上的介质流动箭头标识应与管道介质流动方向一致。

② 安装位置应能保证阀门安装、维修、检查和操作手轮有足够的空间。

③ 安装调试时注意保护阀体端法兰连接部位表面不要碰伤、划伤，否则阀门不能满足正常工作。

④ 排污阀调试时，首先应逆时针转动手轮，使阀门达到最大行程，然后，顺时针旋转手轮，使阀门达到最小行程，感觉开启是否轻便灵活，密封是否可靠。

⑤ 阀门在未开箱前不得露天堆放。

⑥ 阀门在使用过程中，应注意在注脂阀加密封脂。

16.3 操作和注意事项

16.3.1 操作方法

手动操作：关闭阀门时，一般手轮向顺时针方向旋转；开启阀门时，一般手轮向逆时针方向旋转。

操作注意事项如下：

① 阀门操作时，应缓开缓关。

② 开关阀门前应确定阀门的开关状态后再操作。

③ 一般手轮直径小于 320mm 的阀门，只允许一个人操作。

④ 操作阀门时严禁用力过猛，以免损坏手轮，擦伤阀杆和密封面，甚至压坏密封面。

⑤ 阀门开启 10%～20%开度或阀门离全关位还有 10%～20%位置时，应停留 1～3min，让气流吹走杂质，然后到全开位或关位。

⑥ 阀门关到位后，不要回转手轮。

⑦ 阀门在使用前应检查连接螺栓有无松动，保证连接可靠，检查密封性能是否良好。

⑧ 该阀门为常闭阀门，只在排污放空及其他相应工况条件下使用，介质为单向流动。

⑨ 阀门关闭到位时，严禁强力旋转。

⑩ 防止介质压力超过规定值，以保证管道设备的安全。

⑪ 当关闭阀门出现问题时，应当立即退出运行。

⑫ 严禁阀门在承压时敲击阀门各部位或拆卸。

16.3.2 检查、维护和保养

(1) 阀门的长时间存放

阀门的存放周期应根据密封圈材料的保质期而定。如果该阀门的存放周期超过一个月，则应存放于室内，保持室内干燥通风。如果阀门必须存放于室外，则应将其支撑起来，不与地面进行接触，并用防水罩加以保护。注意阀门外包装是否严密，定期清除污垢，并在加工面涂防腐油，防止锈蚀。

安装前应认真核对产品的各项性能是否符合要求并清洁内腔，检查各零部件是否坚固与完好无损。

(2) 日常检查

① 应保持裸露在外的阀杆螺纹的清洁。

② 检查阀门的阀杆螺纹和阀杆螺母及传动机构的润滑情况，及时加注合格润滑脂。

③ 检查阀门填料压盖、阀盖与阀体连接及阀门法兰等处有无渗漏或生锈。

④ 检查法兰等连接处的螺栓是否松动。

⑤ 检查阀门的填料压盖不宜压得过紧，应以阀门开关（阀杆上下运动）灵活为准。

(3) 阀门的维护保养

阀门是压力容器和操作机械的混合结构，对它的维护要求既要考虑阀门的偶然开启与关闭，又要考虑阀门大部分时间是处于承压不动的状态。

节流截止放空阀和阀套式排污阀是一种既有运动件又有磨损件的特殊产品。为使阀门获得满意的使用性能，就应经常对部分部件的精加工表面进行维护保养。

① 周期性维保　阀门在开关 50 次左右时应加注一次密封脂，并定期在阀杆与螺套梯形螺纹处加注润滑脂。

② 承压边界　其完整性主要是要求承压部件完好无损，固定装配连接处的承压密封，以及在大多数情况下保证运动的阀杆和阀盖之间有效的工作密封。承压边界和固定装配连接处应经常检查并确认。

③ 拆卸　拆卸检查时，应注意阀体及阀座间的角密封、O 形密封环是否损坏，如有损坏则需尽快更换。

④ 每季度对不常动作的阀门进行一次开关操作。

⑤ 拆卸检查时，应注意阀体及阀座间的软密封、O 形圈是否损坏，若有则须更换。

⑥ 阀门在使用中如出现内漏，可旋转手轮连续启闭几次，让介质吹扫阀芯阀座密封面，保证密封面清洁，再投入使用。

⑦ 吹扫后若仍存在内漏，则切断气源，松开拆卸上盖的紧固螺母，整体将阀芯总成抽出，然后检查阀芯阀座密封面是否有杂质黏附，阀座软密封 O 形圈是否损坏，如有则及时清洁或更换。

⑧ 检修操作步骤：先拆掉阀门底盖螺母，看有无杂质，排掉杂质后，再拆开中法兰螺母，用力取出阀芯、阀套并清洗干净，检查密封面有无损坏。若密封面损坏，必须更换密封面，同时检查各密封圈是否损坏，更换好后，在阀套外壁和内壁抹上机油，放入阀套和阀芯，装好阀门。

16.3.3　常见问题及处理方法

常见问题及处理方法见表 16-1。

表 16-1　常见问题及处理方法

常见问题	原　因	处理方法
阀瓣和阀座密封面间渗漏	①密封面有污杂物黏附 ②密封面磨损，冲蚀损坏 ③关闭力矩过大使阀瓣受力变形	①清除污黏物 ②重新研磨密封面进行堆焊及加工至密封面达到要求 ③更换阀瓣
阀杆填料处渗漏	①填料压盖未压紧 ②填料磨损 ③阀杆与填料接触的表面受到损坏	①可均匀地将压紧填料压盖的螺母拧紧 ②适当增加填料 ③修磨阀杆表面或更换阀杆
阀杆升降不灵活	①填料压盖未压紧 ②填料压盖斜歪 ③转动部位有夹杂物 ④阀杆与阀杆螺母上有损坏 ⑤阀杆弯曲	①适当放松填料压盖 ②校正填料压盖 ③清除夹杂物，涂润滑脂 ④修整螺纹或更换阀杆与阀杆螺母 ⑤校正或更换阀杆

参 考 文 献

[1]　黄春芳．天然气管道输送技术．北京：中国石化出版社，2009.

[2]　中国石油管道兰州输气分公司．天然气长输管道调度手册．兰州：兰州大学出版社，2005.

[3]　李莲明等．天然气开发常用阀门手册．北京：石油工业出版社，2011.

第 17 章　放　料　阀

17.1　概述

放料阀主要用于反应器、储罐和其他容器的底部排料，借助于阀门底部法兰焊接于储罐和其他容器的底部，消除工艺介质通常在容器出口残留的现象。

放料阀是反应釜构造中的一个重要部件，它起到控制化学液体在反应釜中进行密闭加压反应以及在反应结束后正确打开放料口排放料液的作用，且不影响反应釜内料液完全混合和完全反应，放料阀构造和性能的优劣，不只影响到反应釜的操作性能，还直接影响到化学反应的效率和化工产品质量等。随着有机化工和精细化工的高速发展，对反应釜放料阀提出了更高要求。

放料阀操作方便，开启自由，运动灵活可靠，阀瓣装配维修简单，密封结构合理，密封圈更换方便，最适宜控制容易沉积或含有颗粒的流体。广泛应用在化工、石油、冶金、制药、农药、染料、食品加工等行业的反应器上，用于控制料液和料位。

17.2　分类

放料阀按照其结构可以分为上展式放料阀、下展式放料阀、柱塞式放料阀和放料球阀。在氧化铝行业，由于其工艺的特殊性，在种分槽上常安装长筒式放料阀。

17.2.1　上、下展式放料阀

上、下展式放料阀是直接安装于反应釜底部的专用放料阀门，其关闭件——阀瓣是沿放料口通道中心线上下移动的，按其开启时的阀瓣运动方向不同，分为上展式和下展式，当阀门开启而阀瓣提升时为上展式放料阀（图 17-1），当阀门开启而阀瓣下降时为下展式放料阀（图 17-2）。在氧化铝行业中，通常选用上展式放料阀，人们根据放料阀和罐体的连接方式又将上展式放料阀分为平底放料阀和管接放料阀，但这一提法尚有争议。无论是上展式还是下展式放料阀，在关闭状态时，都能使阀瓣顶面与釜底面大致吻合，不存在沉积料液的死角。

上、下展式放料阀的放料口底结构设计为平底型，阀体为 Y 形，阀体流路流畅，流量大，压降损失小，阀座泄漏量符合 ASME B16.104 标准，是反应罐应用系统装置中的节能型阀门。放料阀根据实际需要，放底结构设计为平底型，并提供提升和下降两

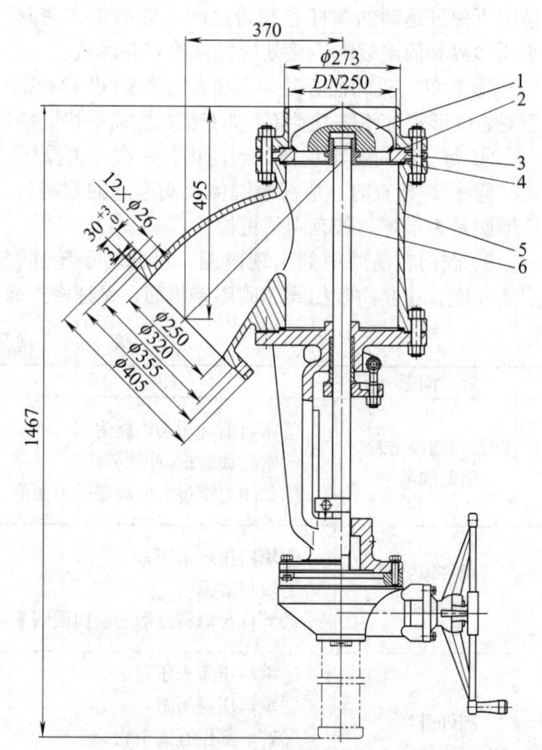

图 17-1　上展式放料阀

1—阀瓣；2,4—垫片；3—阀座；5—阀体；6—阀杆

种工作方式阀瓣。阀体内腔装有耐冲刷、耐腐蚀的密封圈，在开启阀门瞬间，可以保护阀体不被介质冲刷、腐蚀，并对密封圈进行特殊处理，使表面硬度达到 56～62HRC，具有高耐磨、耐腐蚀的功能。阀瓣密封根据需要可以堆焊硬质合金，密封副采用线密封，保证密封的可靠性，并可防止结疤。同时，采取短行程阀瓣的设计。在化工、石油、冶金、制药、农药、染料、食品加工等行业广泛使用。可以采用各种操作方式，例如，手动、气动（弹簧复位式、双作用式、带手轮和不带手轮）、电动、液动、齿轮传动等。

上、下展式放料阀可以采用以下几种材质。

① 采用 WCB 材质　使用介质如水、丙酮、酒精、氨、碳酸钡、苯等，最低温度－29℃，最高使用温度 425℃。

② 采用不锈钢材质　使用介质如颗粒、油品、纸浆、二氧化碳气体等，最低温度－100℃，最高使用温度 232℃。不锈钢的一般工作温度不高于 150℃。

③ 采用搪玻璃材质　搪玻璃是含高硅量的玻璃

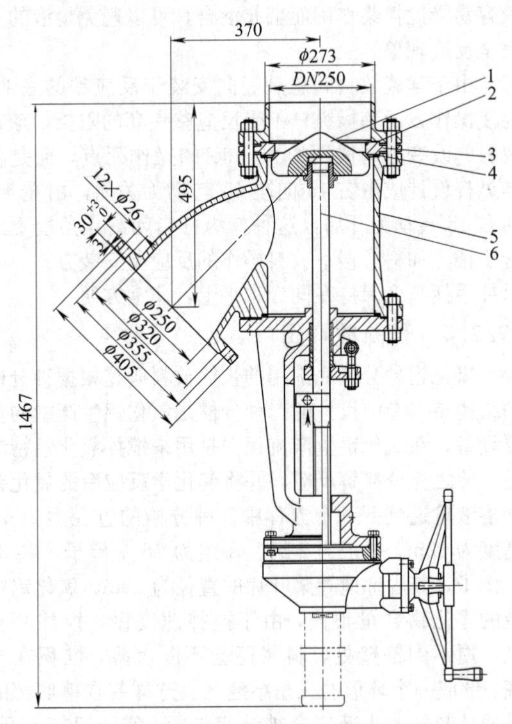

图 17-2　下展式放料阀
1—阀瓣；2,4—垫片；3—阀座；
5—阀体；6—阀杆

质釉。通过 900℃左右高温涂于金属表面而成。它具有良好的力学性能和耐蚀性能，能防止介质与金属离子取代作用进而避免污染制品，并且表面光洁、耐磨，有一定的热稳定性。在化工、石油、冶金、制药、农药、染料、食品加工等行业广泛使用。

a. 能耐一般无机酸、有机酸弱碱液（$t \leqslant 60℃$ $pH \leqslant 12$）以及有机剂介质。

b. 在盐酸、硝酸、水等强腐蚀性介质中优于不锈钢。

c. 严禁使用含氟离子液体（如 HF 等），也不能用强碱及磷酸（温度高于 150℃浓度大于 30%），允许在－30～240℃间使用（耐温急变小于 120℃）。

d. 具有光滑的表面，不易黏结物料、易清洗。

e. 绝缘性：玻璃料有良好的绝缘性，厚 1mm 的玻璃在 2000V 的高压下不会被击穿而导电。

f. 耐冲击性能较小，为 2500g/cm，因而使用时应避免硬物冲击。

g. 耐压：0.6MPa。

17.2.2　柱塞式放料阀

柱塞式放料阀是类似柱塞阀结构的斜出口形式。它的阀瓣是一柱塞，阀门开启时，柱塞形的阀瓣向下运动进入阀体和阀瓣形成的空间，露出通道孔，不但使流道通畅，而且介质不易黏结在阀瓣表面。即使阀体内存有残余黏液，黏结阀瓣上，在开启过程中，阀瓣也会将其刮除，从而保证阀门开关自如，防堵性能良好。

柱塞式放料阀（图 17-3）用于对反应器、各种容器以及管线实现放料和无死区关断操作。对于需要阀门全排量工作的系统，柱塞式放料阀比上、下展式放料阀更适用。由于柱塞在阀腔内移动的过程也是清洁阀腔的过程，因此，柱塞式放料阀可应用于浆体工艺介质。设计多样化，可与各种容器的出口对接。可用于管线取样和放料。低温采用配备聚四氟乙烯、石墨径向密封，高温采用金属密封。各种操作方式可供选择，例如手动、气动（弹簧复位式、双作用式、带手轮和不带手轮）、电动、液动等。

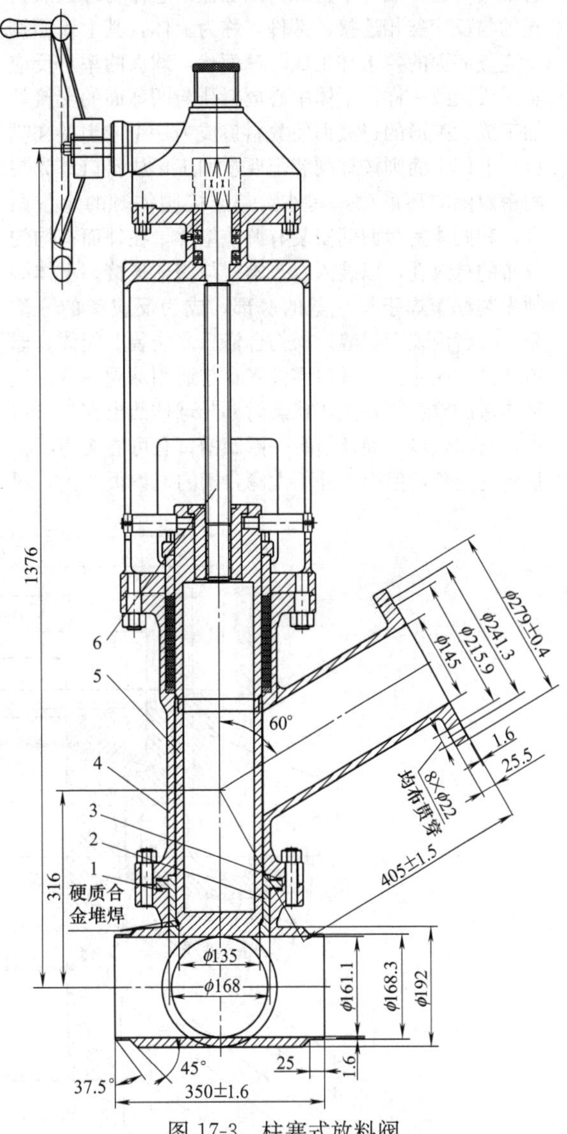

图 17-3　柱塞式放料阀
1,3—垫片；2—阀座；4—阀体；
5—柱塞式阀瓣；6—阀杆

只要柱塞完全离开流道，柱塞阀就可提供全排量状态工作。柱塞式放料阀适用于化工、石油化工装置所有带有搅拌器的反应釜的放料及取样。

17.2.3 放料球阀

放料球阀是在浮动球阀结构的基础上，结合反应釜使用性能和操作条件设计而成的。图 17-4 为球式放料阀的剖面图，其特点是关闭件为一带孔球体绕通道的垂线进行 90°旋转，以达到开启或关闭的目的，球体两端各有一个氟塑料材料制成的密封圈，也称阀座。上密封圈装在反应釜底部放料口下侧凹槽内，这样可使球体紧贴在反应釜的底部，尽量减少球体上死角容积。考虑到制造上的分工和装配的方便，将釜底的放料口设计成一个特殊的凸缘盘，它作为球式放料阀的与反应釜相连接的部件，称为上体，其上表面按反应釜底面的要求加工成凸球面状，球面曲率与反应釜封头大致一样，上体中心放料孔与凹球面的交接处加工成大弧形的过渡面使放料口成为一个向上的喇叭口，上体下面则按球阀装配要求加工，放料口外为装配密封圈的环形槽，其外圈是连接阀体时的定位凸台，和阀体密封面间安装有调节垫片。在外面有均匀分布的螺纹孔，以装入双头螺栓与阀体连接。上体必须先装配镶焊于反应釜的底部，成为反应釜的一部分，打磨内表面焊缝，探伤合格后才能装上阀体、球体部件。阀体内的其他零件基本与通用球阀一致。这种构造的放料阀在关闭状态时部分球体凸出在放料口中，与喇叭口之间还留有一圈凹槽，有可能成为沉积物料的死角，但由于并不太深，槽的上口很宽大，料液容易受搅拌桨作用而翻起混合，可以避免料液的不完全反应现象。

由于球式放料阀总是竖向安装于反应釜的底部，为使操作方便和操纵杆不受反应釜夹套的阻挡，球式放料阀改变球阀惯用的 0°～90°的操作死点，而是将操纵杆设计成由右 45°向左 45°转动为关闭，由左 45°向右 45°转动为开启，这种操纵杆启闭终点角度更适合于楼上加料，楼下放料操作的反应釜安装方式。操纵杆手柄高度保持在同一水平上，非常方便。

17.2.4 长筒放料阀

氧化铝种分槽底部用的长筒放料阀是根据种分槽的结构特点专门设计的。种分槽是氧化铝生产中的重要设备，在氧化铝生产流程中是用来搅拌氧化铝精液的，使之充分溶解反应，并将起化学反应后的氧化铝和溶液输送到下一个流程中。种分槽的直径为 16m，高度为 32m。一般为 2 组，每组为 16 个槽子，共 32 个槽子，其内部搅拌桨叶片的直径为 12m，氧化铝精液的固化物含量很高，由于搅拌速度慢，搅拌叶直径，搅不到槽壁处，料浆还会不断沉降，堆积在槽底，形成一个环形的三角结疤区。这样装在槽底部的普通放料阀的头部完全被结疤包围，使阀门打不开，放不出料来。为此专门设计了一种长筒放料阀。加长了阀杆，使阀头伸进无结疤区内（图 17-5），阀门放料口保持在流动的料浆中，不被结疤包围，阀门启闭通畅，彻底解决了放料难的问题。

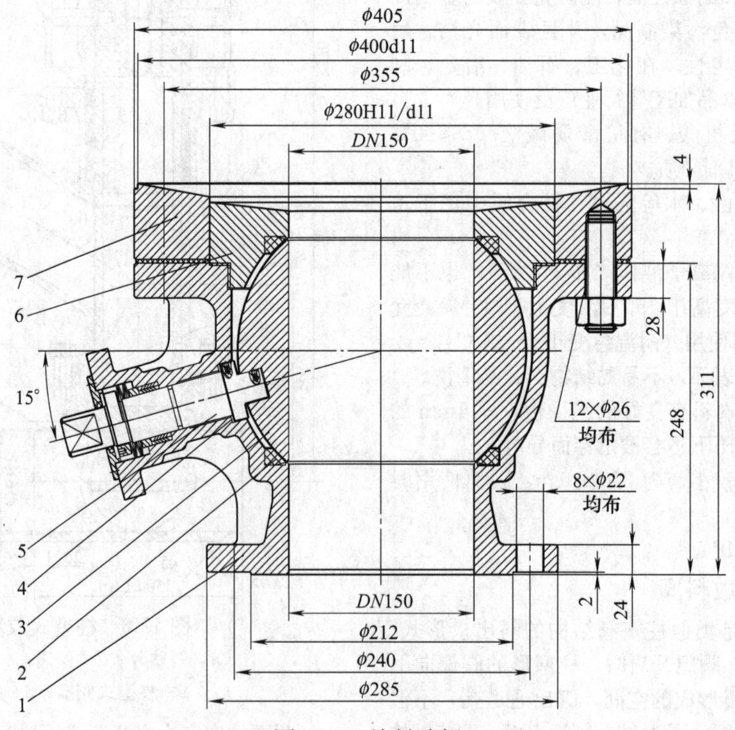

图 17-4 放料球阀

1—阀体；2—阀座；3—球体；4—止推垫片；5—阀杆；6—阀盖；7—罐体连接法兰

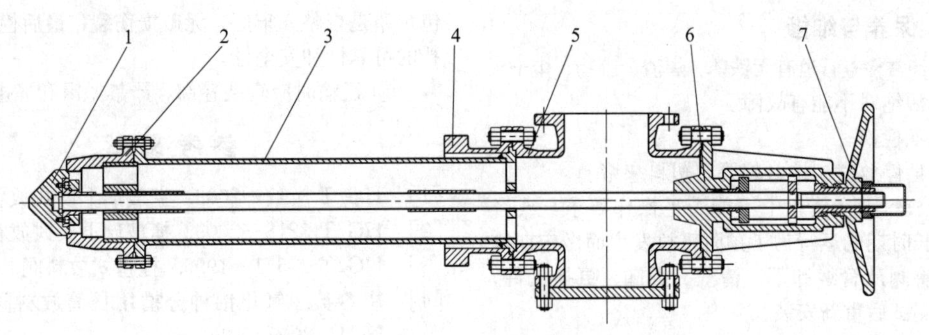

图 17-5　长筒放料阀

1—阀瓣；2—阀座；3—长筒；4—短节；5—阀体；6—支架；7—手轮

17.2.5　安装与使用

① 安装前需仔细检查阀门，并清除阀门在运输、存放过程中造成的损害。

② 在安装时应注意各部分的螺钉受力是否平衡、升降（活动）是否灵活。

③ 阀门应安装在无剧烈振动和冲击的地方，以及使用阀门无损害的场地。

④ 当出料受阻塞时，可以使用金属杆或硬性工具疏通，要注意使用金属杆或硬性工具不要损害阀瓣和密封圈接触面。

⑤ 应尽量避免酸碱介质交替使用（除中和反应介质），以免缩短使用寿命。

⑥ 根据介质性能及使用期，应经常检查阀体顶部四氟密封圈和孔板部的四氟薄片。如发现有损坏应及时更换再使用。

⑦ 若发现阀门面有损坏时应立即停用，可用专门材料修补损坏处，或委托有关生产单位修理。

17.2.6　故障分析与排除

放料阀故障排除方法见表 17-1。

表 17-1　放料阀故障排除方法

常见故障状态	故障产生原因	排除方法
电动机不动作	①电源没输入 ②断线或接线脱落 ③电源电压不同、偏低 ④电容器被击穿 ⑤输入信号不同 ⑥热保护动作(周围温度高,使用频率高)	①接通电源 ②更换电线或正确接好导线 ③用仪器检查电压 ④更换电容器 ⑤更换输入信号选择 ⑥降低周围温度,降低使用频率
手动操作费劲	内部产生异常	卸阀门检查
在自动调节过程中停止	①在过大负荷下超载启动 ②热保护动作 ③阀体进入异物	①检查调节阀排除负载 ②检查调节阀排除负载 ③拆卸阀
不发开度信号	开度信号接线的接触不良或断开	检查开度信号接线的连接
开度信号达不到全闭	电位器的安装不良	检查电位器安装情况
到达极限位置电动机不停止转动	①设定限位开关极限位置调整不良 ②限位开关安装不良	①重新调整 ②重新安装
阀杆转动不灵活	①填料压得太紧 ②阀杆与阀杆螺母间有杂物卡住,螺纹部分损坏 ③电动装置出现故障	①调整填料松紧度 ②拆开清洗或修复螺纹损坏部分 ③检查并修复
阀在全闭时泄漏大	①阀芯或阀座被腐蚀、磨损 ②阀座外圆的螺纹被腐蚀	①更换阀芯或阀座 ②更换阀座
填料及连接处泄漏	①填料压盖没压紧 ②填料老化失效 ③阀杆损坏 ④坚固六角螺母松弛 ⑤密封垫损坏	①压紧填料压盖 ②更换填料 ③更换阀杆 ④锁紧螺母 ⑤更换密封垫

17.2.7 保养与维修

① 要经常检查管道有无铁锈、焊渣、脏物、尘土。

② 电源绝对不能有故障。

③ 定期检修。

④ 长期停放时，接口都要用塑料塞堵上。

⑤ 当放料阀在使用中不能满足操作要求，或者经过一段长时期的运行为了预防事故发生而做定期检查时，先将阀从管线卸下，清洗、拆卸、更换元件，重新组装测试后重新安装。

17.2.8 运输与储存

① 储运前检查各种标志是否完整、齐全、清晰，包装箱是否整齐牢固，无破损伤裂，最后检查钉箱包扎的可靠性和安全性。

② 运输时应轻装轻卸，严禁抛滑和撞击。

参 考 文 献

[1] HG/T 3217—2009. 搪玻璃上展式放料阀.

[2] HG/T 3218—2009. 搪玻璃下展式放料阀.

[3] HG/T 21551—1995. 柱塞式放料阀.

[4] 唐希英. 氧化铝种分槽用长筒放料阀的改进. 阀门，2006，(3).

第 18 章 塑料阀门

18.1 概述

塑料阀门是对塑料管道系统可操作介质通、断及流量调节的控制装置的总称。

由于塑料阀门具有质量轻、耐腐蚀、不吸附水垢、可与塑料管路一体化连接和使用寿命长等优点，塑料阀门在给水（尤其是热水与采暖）和工业用其他流体的塑料管路系统中，应用的优势是其他阀门所无法相比的。

用于化工管道的塑料阀门的类型主要有塑料球阀、塑料蝶阀、塑料止回阀、塑料隔膜阀、塑料闸阀和塑料截止阀等。结构形式主要有两通、三通和多通阀门，阀门主体原料品种主要有 ABS、PVC-U、PVC-C、PB、PE、PP、PVDF、和 PPO 等。塑料阀门常用塑料材料缩写词见表 18-1。

表 18-1 塑料阀门常用塑料材料缩写词

缩写词	中文名称
ABS	丙烯腈-丁二烯-苯乙烯共聚物
PVC-U	硬(质)聚氯乙烯
PVC-C	氯化聚氯乙烯
PB	聚丁烯
PE	聚乙烯
PP	聚丙烯
PVDF	聚偏二氟乙烯
PPO	聚丙醚

在塑料阀门产品的国际标准中，首先是对生产塑料阀门所用的原料提出要求，其原料的生产厂家必须出具符合塑料管材产品标准的蠕变破坏曲线和定级的证明；同时对塑料阀门的密封试验、阀体试验、整体阀门的长期性能试验、疲劳强度试验和操作力矩等进行了规定，并给出了输送工业用水的塑料阀门的设计使用寿命为 25 年的要求。

应注意的是阀门承压部位的最小壁厚，应高于相同计算直径管材的最小壁厚；塑料阀门的最小流通截面直径一般不小于公称尺寸的 90%，若因结构因素需要小于公称尺寸的 90%，应标明阀门实际最小流通截面直径数值。

与塑料阀门连接的塑料管材都用公称外径 *dn* 表示，*dn* 与公称尺寸 *DN* 的对照见表 18-2。

表 18-2 公称外径 *dn* 与公称尺寸 *DN* 的对照

阀门公称尺寸	*DN*10	*DN*15	*DN*20	*DN*25	*DN*32	*DN*40	*DN*50
管材、件公称直径	*dn*16	*dn*20	*dn*25	*dn*32	*dn*40	*dn*50	*dn*63
阀门公称尺寸	*DN*65	*DN*80	*DN*100	*DN*125	*DN*150	*DN*200	*DN*250
管材、件公称直径	*dn*75	*dn*90	*dn*110	*dn*140	*dn*160	*dn*225	*dn*280
阀门公称尺寸	*DN*300	*DN*400	*DN*450	*DN*500	*DN*600		
管材、件公称直径	*dn*355	*dn*450	*dn*500	*dn*560	*dn*630		

18.2 塑料阀门使用温度

各种塑料阀门材料的使用温度范围与原材料品质和使用寿命有关系，通常情况下，可参考表 18-3 推荐的使用温度范围，若超出表列温度范围时，应由供货商予以确认。使用温度范围一般只在低压下适用于水或其他类似液体，在较高压力下，温度上限有所降低，取决于流体性质和预期使用寿命的组合。

表 18-3 塑料阀门材料的使用温度范围

材料		连续使用温度/℃	
		最低	最高
ABS		−40	60
PVC-U		0	60
PVC-C		−5	90
PB		0	95
PE	PE100	−20	60
	PE-X	−10	95
PP	PP-H	−10	95
	PP-R	−10	95
PVDF		−20	140

18.3 流体工况对阀门材料的要求

材料的选用直接影响到管道的安全运行，因而选材时应慎重，充分满足设计条件（压力、温度、介质性质、环境等）要求，并留有余量。

18.3.1 需考虑的因素

① 塑料阀门暴露于明火下的可燃性以及在暴露情况下，塑料阀门材料的熔点、软化温度、高温下材料强度的降低程度。

② 当遇到火灾或采取灭火措施时，塑料阀门对由于热冲击而引起脆性断裂或损坏的敏感性，以及由于受损而使塑料阀门破裂引起的危害程度。

③ 在遭遇火灾时，绝热材料对于防止管道损坏的能力（如稳定性、耐火性能及在火中保持原有位置的能力）。

④ 在垫环下面、螺纹接头、承插焊接头和其他不流动的封闭区，塑料阀门材料对缝隙腐蚀的敏感性。

⑤ 螺纹上使用的润滑剂或密封剂与流体工况的相容性。

⑥ 衬垫、密封件与流体工况的相容性。

⑦ 管子、管件和塑料阀门连接用的胶黏剂、溶剂等与流体工况的相容性。

⑧ 因为在塑料阀门的运行中，易产生有害静电。需考虑在输送非导体流体介质时，应在塑料阀门的金属组件上安装接地装置。

⑨ 当输送物料为强氧化介质（如氧、氟）时，设计人员更应注意管道材料、胶黏剂、密封填料等对流体工况的适应性。

18.3.2 特殊要求

① PVC-U 和 PVC-C 材料耐磨性差，不宜用于输送气固两相流体。

② PVC-U 和 PVC-C 阀门不应用于输送压缩空气或其他压缩气体工况。

18.4 几种常用塑料材料的性能特点

18.4.1 丙烯腈-丁二烯-苯乙烯共聚物（ABS）

丙烯腈-丁二烯-苯乙烯共聚物（ABS）兼具丙烯腈（A）的耐热性能好、抗老化、耐腐蚀，丁二烯（B）的高韧性、抗冲击、耐低温，以及苯乙烯（S）的易加工等众多优点。使 ABS 塑料独有高强度、高韧性、耐冲击、耐热、耐低温、耐腐蚀、无毒等特点。因此，被广泛应用于各种水、化学流体、气体与粉体的输送。

如承压给水、排水，污水处理、水处理，海水输送，化工、药厂的各种化学流体的输送，冶金、造纸厂的酸、碱化学流体的输送，电力、电子工厂的水与化学流体的输送，食品、饮料、中央空调也广泛应用，但不适用于汽油及有机溶剂、酯、酮、醇类等输送。

(1) ABS 塑料的主要物化数据

ABS 塑料的主要物化数据见表 18-4。

表 18-4 ABS 塑料的主要物化数据

项目	单位	数值
维卡软化温度 VST	℃	≥90
熔体速率 MFR	g/10min	≤1.0
冲击强度 I_{zod}	J/m	≥150
弯曲模量 FM	GPa	≥1.5
密度 ρ	kg/m³	≥1060
热导率 λ	W/(m·K)	0.17
线胀系数 α	K^{-1}	0.8×10^{-4}
丙烯腈(A)含量	%	≥20(质量分数)
拉伸强度	MPa	≥36
弯曲强度	MPa	≥60
洛氏硬度	—	≥100

(2) 耐化学性

ABS 材料对大多数的化学流体介质都有很好的耐受性，详见 ISO/TR 10358：1993《塑料管材和管件 耐化学性综合分类表》。

18.4.2 硬（质）聚氯乙烯（PVC-U）

PVC 塑料是一种多组分材料，以 PVC 树脂为基础，根据不同的用途加入不同的助剂，如稳定剂、着色剂、改色剂及填充剂等，经混合、塑化、成形加工而成。因此，随着树脂及添加剂的种类、数量不同，可以制造出物理力学性能完全不同的硬质和软质制品。

因加入增塑剂的不同，习惯上将 PVC 塑料分为硬质和软质两类。通常将加入大量增塑剂的 PVC 塑料称为软质 PVC，不加增塑剂的称为未增塑 PVC（unplasticized polyvinyl chloride 简称 PVC-U），习惯上将 PVC-U 称为硬质 PVC。

(1) 常温下 PVC-U 材料物理力学性能

常温下 PVC-U 材料的物理力学性能见表 18-5，抗拉强度与温度的关系见图 18-1。

表 18-5 常温下 PVC-U 材料的物理力学性能

项目	数值
密度 ρ/(kg/m³)	1.4～1.6
维卡软化温度 VST/℃	72～80
吸水率/%	≤0.5
拉伸强度/MPa	40～60
断裂伸长率/%	≥80
拉伸模量/10^2MPa	25～42
压缩强度/MPa	50～90
弯曲强度/MPa	80～110
冲击(缺口)/(J/cm²)	0.25～0.51
弯曲模量 FM/10^2MPa	21～35
热导率 λ/[W(m·K)]	0.14～0.16
比热容/[cal/(K·g)]	0.25～0.35
线胀系数 α/$10^{-5}K^{-1}$	5.0～10.0

注：1cal=4.2J。

(2) 耐化学腐蚀性

聚氯乙烯主链由非极性共价键 C—C 联结而成，不含活性较大的基团，化学性质比较稳定。硬质聚氯乙烯除了强氧化剂（如浓硝酸、发烟硫酸等）、芳香族碳氢化合物及酮类外，能耐大部分酸、碱、盐、碳氢化合物、有机溶剂等介质的腐蚀，见表18-6。

在20℃左右常温下，PVU-U材料有较好的耐化学腐蚀性，可输送大多数酸碱介质。其耐化学腐蚀性应按ISO/TR 10358：1993选择耐化学性S级可使用的化学介质。对未给出的化学介质，依据ISO 4433系列标准给出的耐液体化学物质——分类的浸泡试验方法确定其耐化学性。

表18-6 硬（质）聚氯乙烯耐化学腐蚀性能数据

介质	质量分数/%	温度/℃	耐腐蚀评价等级
氢氧化钠	25	60	耐腐蚀
硝酸	50～70	20	耐腐蚀
	>70	22	不耐腐蚀
盐酸	0～35	60	耐腐蚀
	>35	60	不耐腐蚀
硫酸	90～95	20	耐腐蚀
	96～98	20	不耐腐蚀

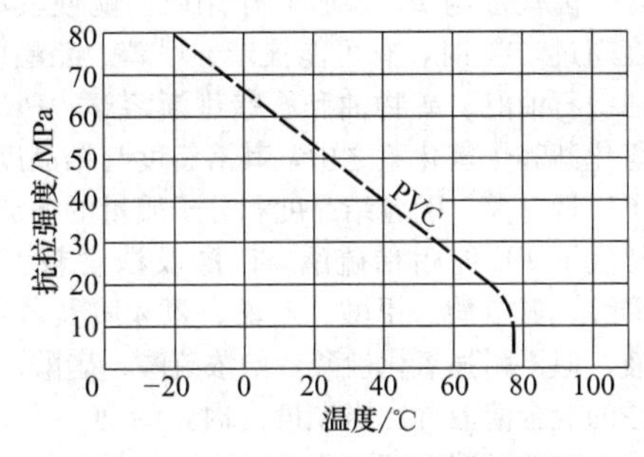

图18-1 抗拉强度与温度的关系

(3) 应用

硬质聚氯乙烯能耐大部分酸、碱、盐和碳氢化合物的腐蚀，在炼油化工防腐中应用广泛。但硬质聚氯乙烯的使用温度比较低，一般为70℃以下，而且由于聚氯乙烯线胀系数较大，为普通碳钢的5～6倍，故在温度相对较高且温度变化较大的生产工艺条件下不能使用。

18.4.3 氯化聚氯乙烯（PVC-C）

氯化聚氯乙烯（PVC-C）又名过氯乙烯，是将聚氯乙烯进一步氯化的产物，一般将PVC树脂粉碎后，经氯化、过滤、水洗、中和、干燥五个步骤即可得到氯化聚氯乙烯。

氯化聚氯乙烯为白色粉末状物，理论上最高含氯量可达73.1%，一般生产的PVC-C含氯量为61%～68%。由于PVC-C含氯量比PVC有所提高，使得氯化聚氯乙烯的结构上分子的不规整性增强，结晶度下降，分子链的极性增强，因而使其热变形温度显著上升。PVC-C产品的使用温度最高可达93～100℃，比PVC提高30～40℃，氯含量的增加还会使得氯化聚氯乙烯的硬质脆化温度 t_g 显著升高。又由于单体PVC的分子质量的增加，也会使 t_g 在相同的氯含量水平时有小幅度的增加；物理力学性能，特别是耐候性、耐老化性、耐高温能力、变形性、可溶性及阻燃自熄性等均比PVC有较大提高。易溶于酯类、酮类、芳香烃等多种有机溶剂。具有良好的黏结性、难燃性、耐化学腐蚀性、耐老化性、电绝缘性。

(1) 主要物化数据和力学性能

PVC-C材料主要物化数据和力学性能见表18-7。

表18-7 PVC-C材料主要物化数据和力学性能

项目	数值
密度 ρ/(kg/m³)	1.45～1.65
维卡软化温度VST/℃	≥100
拉伸强度/MPa	≥50
线胀系数 α/(10^{-5}/K)	7～8
弹性模量(20℃)/MPa	3500
泊松比	0.35～0.38
冲击(缺口)/(kJ/m)	0.03～0.04

(2) 耐化学性

氯化聚氯乙烯材料的耐化学腐蚀性能数据见表18-8。依据ISO 4433：1977的试验方法将耐化学性分为“耐化学性S、L和NS级”，设计者应根据输送的介质及应用条件合理选材，更详细的耐化学性，可参阅ISO/TR 10358：1993标准。

(3) 氯化聚氯乙烯应用

氯化聚氯乙烯具有低成本、高硬质脆化温度、高热弯曲温度、稳定的化学性质、优异的力学性能等特性，在发达国家被广泛用于工艺条件苛刻的腐蚀环境，国内也在近几年开始引进这种非金属材料，在一些腐蚀比较严重的石化生产装置应用，取得了良好的应用效果。

表18-8 氯化聚氯乙烯耐化学腐蚀性能数据

介质	质量分数/%	温度/℃	耐蚀评价等级
氢氧化钠	任意	100	耐腐蚀
		20	
硝酸	0～70	20	耐腐蚀
	100	20	不耐腐蚀
盐酸	0～38	85	耐腐蚀
	38	100	不耐腐蚀
硫酸	0～80	85	耐腐蚀
	>80	85	不耐腐蚀

18.4.4 聚丁烯（PB）

聚丁烯的英文名称为polybutene，简称PB。PB为以1-丁烯为单体、在Ziegler-Natta催化剂的作用下聚合而成，目前世界上只有日本三井石油化学公司和美国巴塞尔公司生产。

PB为一种半结晶的聚烯烃热塑性弹性体，与聚乙烯、聚丙烯、聚甲基-1-戊烯并称为四大聚烯烃（PO）塑料。PB具有良好的力学性能，突出的耐环境应力开裂性能和抗蠕变性能（这一点与PP不同），良好的耐热性、耐化学腐蚀性、耐磨性、可挠曲性和高填充性，性能接近工程塑料。

PB的玻璃化温度为－30℃，熔点为124～130℃，可在－30～100℃范围内长期使用。结晶度为48%～55%，相对密度为0.93～0.94，PB的突出性能为耐热、耐蠕变和耐应力开裂，同时还具有PE的冲击韧性。

（1）主要物化数据和力学性能

PB的电绝缘性好，并具有良好的隔湿性能，对气体和水蒸气的阻隔性比PE还要好。

PB材料的主要物化数据和力学性能见表18-9。

表18-9 PB材料的主要物化数据和力学性能

项目	数值	
相对密度	0.915	
拉伸强度/MPa	35	
断裂伸长率/%	250	
邵氏硬度/D	60～68	
缺口冲击强度/(J/m)	不断	
熔融温度/℃	125～130	
软化温度/℃	120～126	
脆化温度/℃	－30～－10	
热变形温度/℃	88	
热导率λ/[W/(m·K)]	0.2326	
线胀系数$\alpha/10^{-4}K^{-1}$	20℃以下	1.26
	20～60℃	1.25
体积电阻率/Ω·cm	10^{16}	
介电常数	2.2～2.3	
介电强度/(mV/m)	70	
介电损耗角正切值	0.005	

（2）耐化学性

PB在90℃以下可耐大多数无机试剂，在常温下耐酸、碱、有机溶剂、蜡、轻油、洗涤剂等，但不耐热氧化性酸，PB制品可溶解于芳烃和卤代烃。

18.4.5 聚乙烯（PE）

聚乙烯（polyethylene，简称PE）是由多种工艺方法生产、具有多种结构和特性、用途广泛的系列树脂品种。PE是一种热塑性高度结晶型的非极性的聚合物。

PE是由乙烯（ethylene）单体或/和少量共聚单体（如α-共聚单体，1-丁烯）经过聚合反应的聚合物。表征聚乙烯结构性能的主要参数有相对分子质量及其分布以及结晶度。

（1）物理力学性能

聚乙烯是乙烯的高分子聚合物，可分为高密度聚乙烯和低密度聚乙烯。低密度聚乙烯分子结构中含有较多的支链，结晶度较小；高密度聚乙烯支链很少，结晶度比较大。聚乙烯是结晶性聚合物，结晶度对其物理力学性能影响比较大。聚乙烯的物理力学性能见表18-10。

表18-10 聚乙烯物理力学性能

项目	密度/(g/cm³)	热导率/[W/(m·K)]	线胀系数/$10^{-4}K^{-1}$	最高耐热温度/℃	短期拉伸强度(20℃)/MPa
低密度聚乙烯	0.92～0.93	0.55	1.6～1.8	50～100	7～16.2
高密度聚乙烯	0.94～0.95	0.55	1.1～1.3	50～100	21.8～38.2

（2）耐腐蚀性能

聚乙烯是无极性的饱和脂肪烃长链聚合物，这就决定了它对水和各种化学试剂的惰性。常温下除极少数溶剂外，几乎不溶于一般的有机溶剂，但脂肪烃、芳香烃、卤代烃与PE长时间作用时，能使其溶胀。当温度超过60℃时，有可能被苯、甲苯、醋酸戊酯、松节油、石油醚、矿物油和石蜡逐渐溶解，PE可溶于四氢化萘和十氢化萘之中，其溶解度与结晶度、相对分子质量有关，随着结晶度和分子质量的增加而降低。常温下PE能耐稀硫酸、硝酸及浓度较大的盐酸、磷酸、氢氟酸、甲酸、乙酸、氨和胺及各种碱、盐溶液，但不耐强氧化性酸，如浓硫酸、硝酸、铬酸和硫酸的混合溶液等。当温度高时，约90～100℃的硫酸、硝酸能迅速破坏聚乙烯结构。

聚乙烯的耐腐蚀性能与聚氯乙烯相比要好一些，主要体现在除耐腐蚀外，还几乎不溶于任何有机溶剂，在甲酸、氢氟酸介质中的耐腐蚀性也优于聚氯乙烯，见表18-11。但聚乙烯的环境应力开裂现象较严重，在较低应力或应变下，浸在一些介质中会发生突然开裂。在腐蚀环境下，聚乙烯在不受力的情况下，使用温度可稍高于硬质聚氯乙烯，但由于聚乙烯强度较低，在同样应力条件下，允许的使用温度低于硬质聚氯乙烯。

更详细的耐化学性，可参阅ISO/TR 10358：1993标准。

表18-11 聚乙烯耐化学腐蚀性能数据

介质	质量分数/%	温度/℃	耐蚀评价等级
氢氧化钠	0～20	60	耐腐蚀
	>20	20	不耐腐蚀
硝酸	0～30	60	耐腐蚀
	>30	20	不耐腐蚀
盐酸	<37	60	耐腐蚀
	>37	20	不耐腐蚀
硫酸	0～75	20	耐腐蚀
	>75	20	不耐腐蚀

(3) 应用

由于聚乙烯的环境应力开裂现象较严重，在较低应力或应变下，浸在一些介质中会发生突然开裂，另外其力学性能不及聚氯乙烯，所以其在石油化工腐蚀环境中的综合性能不如聚氯乙烯，应用也没有聚氯乙烯广泛。

18.4.6 聚丙烯（PP）

聚丙烯（PP）是由丙烯聚合而成的一种热塑性塑料，有等规、间规和无规三种立体结构。无规立构体的聚丙烯不能结晶，强度低，只用于改性载体。而间规立构体聚丙烯结晶度低于等规立构体，强度、刚性不如等规聚丙烯，但有较好的韧性和弹性，可以用作高弹性热塑体，且力学性能高于普通橡胶。

(1) 物理力学性能

聚丙烯是丙烯的高分子聚合物，是目前工程塑料中最轻的一种，其物理力学性能见表18-12。与聚氯乙烯相比，它的缺点是线胀系数大、弹性模量小、成形收缩率大、低温下的脆性大；优点是具有较高的使用温度，软化点较高（180℃）。在70℃以下，硬聚氯乙烯的强度高出聚丙烯许多，但随着温度上升，聚丙烯强度下降趋势较小。当超过硬聚氯乙烯玻璃化温度（80℃时）时，聚氯乙烯完全丧失强度，而聚丙烯仍保持强度（12～15MPa），所以高温度使用性能良好是聚丙烯最大的优点。

表 18-12 聚丙烯的物理力学性能

项目	密度/(g/cm³)	热导率/[W/(m·K)]	线胀系数/$10^{-4}K^{-1}$	最高耐热温度/℃	短期拉伸强度(20℃)/MPa
聚丙烯	0.90～0.91	0.087～0.14	0.9～1.5	80～120	32～34

(2) 耐腐蚀性能

腐蚀工程中应用较多的是等规立构体的聚丙烯塑料。聚丙烯的熔点为170℃左右，具有很好的耐热变形性。其制品可耐100℃以上的高温，无外力时，使用温度可达150℃也不变形，但低温脆性不好。

聚丙烯注塑制品具有较高的表面硬度和光泽，耐应力开裂和高温稳定性。

聚丙烯除了强氧化剂如浓硝酸、发烟硫酸、绿磺酸等以外，可以耐大多数无机酸、碱、盐的腐蚀，而且常温下几乎所有的有机溶剂均不能溶解聚丙烯，见表18-13。由于具有良好的耐高温、耐腐蚀性能，聚丙烯广泛应用于石油化工耐腐蚀管道、阀门储槽等构件中。

(3) 应用

聚丙烯具有线胀系数大的特点，在加热时管线受热伸长，温度下降时收缩，在生产过程中长时间温变拉伸、压缩应力载荷作用下，管线易出现塑性弯曲变形。由于聚丙烯管材线胀系数大、弹性模数小、低温下的脆性大，不适用于温度很高且温度变化较大的生产工艺环境。

表 18-13 聚丙烯耐化学腐蚀性能数据

介质	质量分数/%	温度/℃	耐腐蚀评价等级
氢氧化钠	52	100	耐腐蚀
硝酸	30～50	20	耐腐蚀
	>50	20	不耐腐蚀
盐酸	30	80	耐腐蚀
	>36	80	不耐腐蚀
硫酸	96～98	20	耐腐蚀
		80	不耐腐蚀

18.4.7 聚偏二氟乙烯（PVDF）

聚偏二氟乙烯（PVDF），是1，1-二氟乙烯的聚合物，是一种坚韧的综合性能很好的工程塑料。氟原子体积很小，极性很强，氟碳键是有机物合成物种最强的化学键，因此含氟聚合物具有聚烯烃材料所不具备的优势，例如表面张力高、摩擦因数低、优异的耐化学腐蚀性、低烟、阻燃、耐光老化、抗霉菌和微生物生长等。

PVDF均聚物刚度、硬度和熔点较高，共聚物结晶度较低、柔韧性比较好、抗冲击强度和耐应力开裂性能较好。PVDF材料能采用一般的挤出工艺、注塑工艺和压制工艺进行加工。高温条件下，能溶于极性溶剂如有机酯类和胺类。在许多应用场合，这种选择性溶解的特性都是一个很大的优势。

PVDF的主要特性是力学强度高、韧性好，具有优异的耐磨性、热稳定性和介电性，其纯度高，能熔融成形，对于大多数化学品和溶剂都具有很好的耐腐蚀性、抗紫外线和核辐射性能好、耐候性好、耐生物菌类的作用、气体和液体阻隔性好、阻燃性好、发烟量少等优点，面对苛刻的热环境和血腐蚀和紫外线，都具有很好的耐受性，具有很强的机型，从而改变了聚烯烃塑料的溶解性和介电特性。

(1) 物理力学性能

聚偏二氟乙烯为白色粉末结晶聚合物，机械强度高，PVDF的结晶度约为68%，最具代表性的晶型是Ⅱ型（α型，平面锯齿形）和Ⅰ型（β型，斜方晶型）。这两种晶型在常温下稳定，在PVDF制品中它们经常并存，制品的物理力学性能受两种晶型比例的影响。

PVDF抗压性能和耐蠕变性优良。PVDF熔融温度为165～185℃，玻璃化转变温度－35℃，长期连续使用温度范围为70～150℃，起始热分解温度在316℃以上。表18-14列举了美国Pennwalt公司的PVDF性能。

(2) 耐腐蚀性能

PVDF的耐腐蚀性能不及PTFE和PCTFE。它对无机酸、碱抵抗性优良，但对有机酸和有机溶剂的抵抗性则较差，在室温至 100℃，能溶解或溶胀 PVDF 的有二甲基亚砜、丙酮、丁酮、戊二酮、环已酮、醋酸、醋酸甲酯、丙烯酸甲酯、碳酸二乙酯、二甲基甲酰胺、六甲基磷酰三胺、环氧乙烷、四氢呋喃、二氧杂环已烷等。

表 18-14 美国 Pennwalt 公司聚偏二氟乙烯性能

项目	数值	
密度 ρ/(kg/m³)	1.75～1.78	
吸水率/%	0.04～0.06	
拉伸强度/MPa	35.9～51	
拉伸弹性模量/GPa	1.34～1.51	
弯曲弹性模量/GPa	5.93～7.45	
压缩弹性模量/GPa	5.52～6.90	
邵氏硬度(D)	80	
冲击强度(缺口)/(J/m)	160～549	
热变形温度/℃	0.46MPa	112～140
	1.82MPa	80～90
最高使用温度(连续)/℃	149	
线胀系数 $\alpha/10^{-5}K^{-1}$	7.9～14.2	
热导率 λ/[W/(m·K)]	0.101～0.126	
维卡软化温度 VST/℃	154～164	
氧指数/%	44	
介电常数	60Hz	8.4
	10^6Hz	6.1
介质损耗因素	60Hz	4.9×10^{-2}
	10^6Hz	1.6×10^{-2}
体积电阻率/Ω·cm	2×10^{14}	

18.5 使用范围

不同材质、不同壁厚系列和不同结构的塑料阀门，其适用的范围也不同。选用者根据不同品种塑料阀门的特点来选择。本章给出的公称压力 PN 的数值是国际标准中用于输送工业温水的数值，不同的使用温度、不同的输送介质适用压力也不同。

18.6 塑料阀门规格和系列

18.6.1 塑料球阀 (plastics ball valve)

(1) 结构

塑料球阀是启闭部件（球体）绕着阀杆的轴线旋转的阀门，所有与介质接触的部位均为塑料材料。此类型阀门具有启闭速度快、流体阻力小、应用范围广等特点。塑料球阀有双活接塑料球阀（图 18-2）、塑料法兰球阀（图 18-3）和多路塑料球阀（图 18-4）等结构。

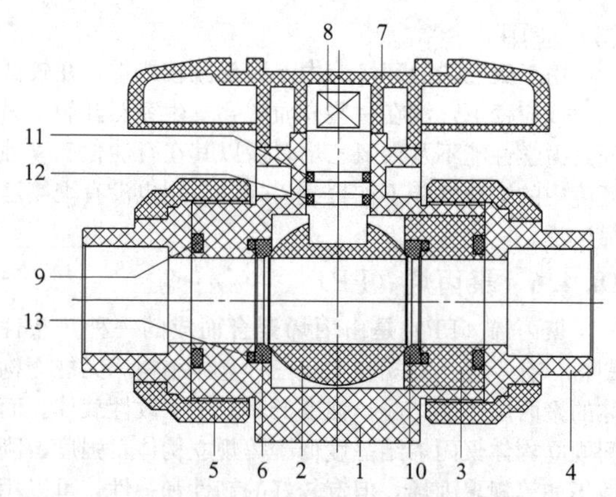

图 18-2 双活接塑料球阀

1—阀体；2—球体；3—球堵；4—承口连接件；5—活接螺母；6—阀座；7—手柄；8—阀杆；9～12—密封圈；13—阀座垫

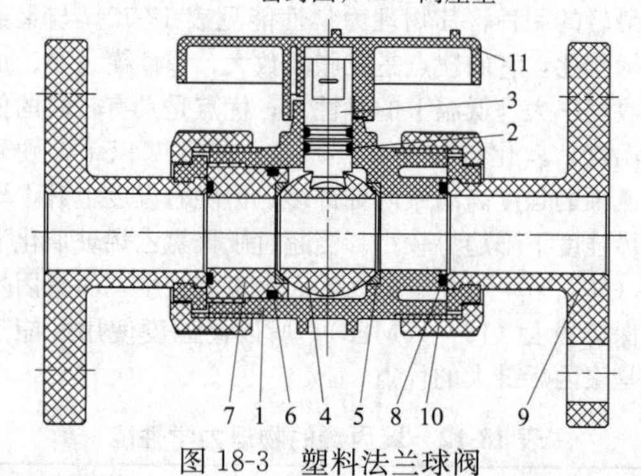

图 18-3 塑料法兰球阀

1—阀体；2,6,8—O 形圈；3—阀杆；4—球体；5—密封圈；7—阀座；9—阀盖；10—活接螺母；11—手柄

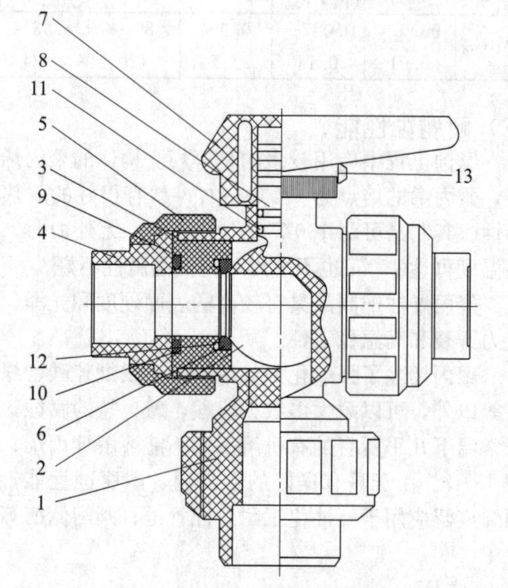

图 18-4 多路塑料球阀

1—阀体；2—球体；3—球堵；4—承口连接件；5—活接螺母；6—阀座；7—手柄；8—阀杆；9～11—密封圈；12—阀座垫；13—固定螺钉

(2) 公称尺寸

塑料球阀的尺寸规格为 DN8、DN10、DN15、DN20、DN25、DN32、DN40、DN50、DN65、DN80、DN100、DN125 和 DN150。

(3) 公称压力

塑料球阀输送水时的使用压力范围：PN6、PN8、PN10、PN16、PN20、PN25。

18.6.2　塑料蝶阀 (plastics butterfly valve)

(1) 结构

塑料蝶阀（图 18-5）是启闭件（蝶板）绕固定轴旋转的阀门。此类型阀门具有启闭速度快、流通口径大和应用范围广等特点。具有一定的流量调节性能。

(2) 公称尺寸

塑料蝶阀的尺寸规格为 DN15、DN20、DN25、DN32、DN40、DN50、DN65、DN80、DN100、DN125、DN150、DN200、DN250、DN300、DN400、DN450、DN500 和 DN600。

(3) 公称压力

塑料蝶阀输送水时的使用压力范围为 PN6、PN10、PN16。

18.6.3　塑料止回阀 (plastics check valve)

(1) 结构

塑料止回阀是启闭件（阀瓣）借助介质作用力，自动阻止介质逆流的阀门。塑料止回阀有升降式止回阀（图 18-6）和旋启式止回阀（图 18-7）。

(2) 公称尺寸

塑料止回阀的尺寸规格为 DN8、DN10、DN15、DN20、DN25、DN32、DN40、DN50、DN65、DN80、DN100、DN125、DN150、DN200、DN250、DN300、DN400、DN500 和 DN600。

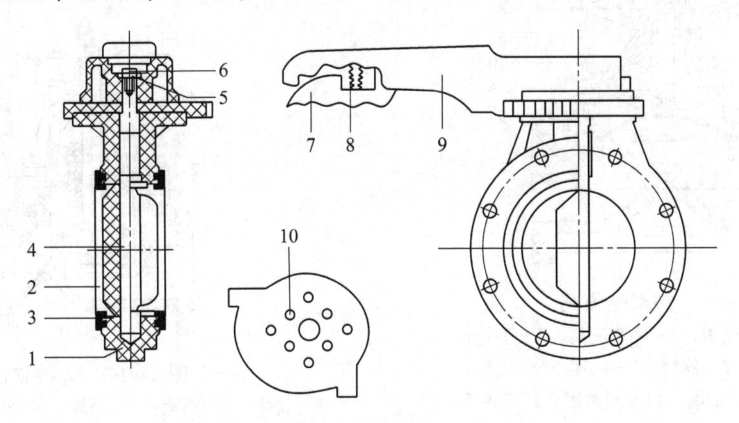

图 18-5　塑料蝶阀

1—阀体；2—蝶板；3—阀座；4—阀杆；5—垫圈；6—手柄螺钉；7—扳手；8—弹簧；9—手柄；10—限位盘

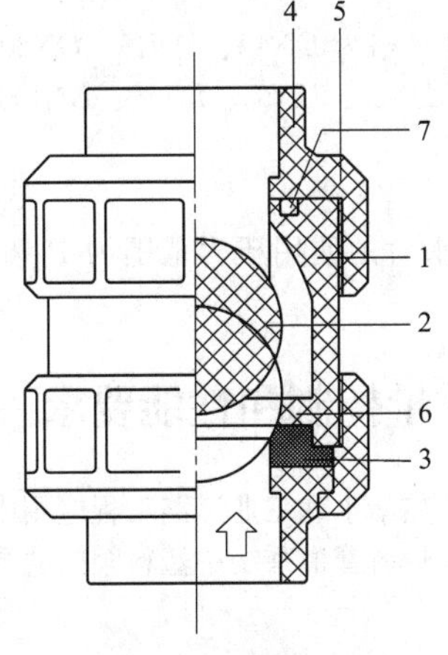

图 18-6　升降式止回阀

1—阀体；2—球体；3—阀座；4—连接端；5—连接螺母；6—密封环；7—端面密封圈

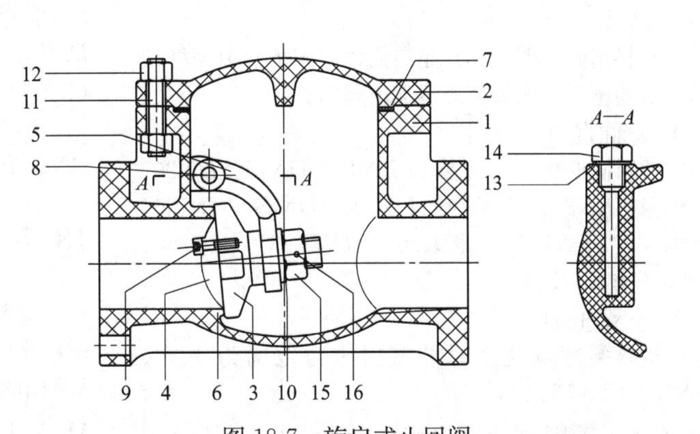

图 18-7　旋启式止回阀

1—阀体；2—阀盖；3—阀瓣；4—压盘；5—摇杆；6—阀座垫；7—密封圈；8—销轴；9—螺钉；10—垫圈；11—螺栓；12—销轴螺母；13—薄垫圈；14—螺栓；15—螺母；16—销钉

(3) 公称压力

塑料止回阀输送水时的使用压力范围为 *PN*6、*PN*10、*PN*16 和 *PN*2.5。

18.6.4 塑料隔膜阀 (plastics diaphragm valve)

(1) 结构

塑料隔膜阀是启闭件（隔膜）由阀杆带动，沿阀杆轴线做升降运动，并将动作机构与介质隔离的阀门（图 18-8）。

(2) 公称尺寸

塑料隔膜阀的尺寸规格为 *DN*8、*DN*10、*DN*15、*DN*20、*DN*25、*DN*32、*DN*40、*DN*50、*DN*65、*DN*80、*DN*100、*DN*125、*DN*150 和 *DN*200。

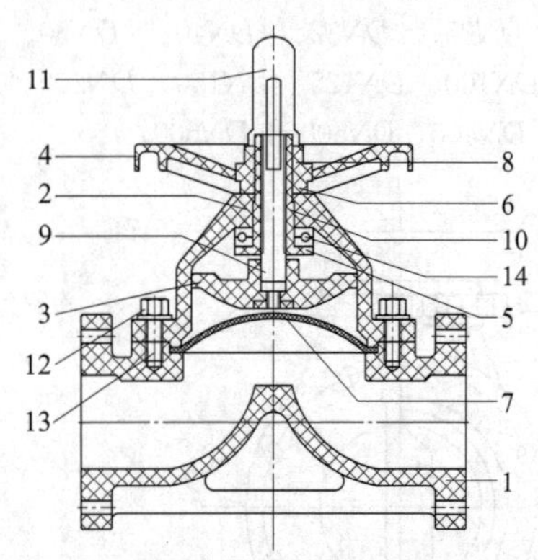

图 18-8 塑料隔膜阀

1—阀体；2—阀盖；3—隔膜压头；4—手轮；5—阀杆螺母；6—阀杆；7—隔膜；8—压母；9—销钉；10—加油嘴；11—观察窗；12—螺栓；13—镶嵌螺母；14—推力轴承

(3) 公称压力

塑料止回阀输送水时的使用压力范围为 *PN*6、*PN*10 和 *PN*16。

18.6.5 塑料闸阀 (plastics gate valve)

(1) 结构

塑料闸阀（图 18-9）是启闭件（闸板）由阀杆带动，沿阀座密封面做升降运动的阀门。

(2) 公称尺寸

塑料闸阀的尺寸规格为 *DN*10、*DN*15、*DN*20、*DN*25、*DN*32、*DN*40、*DN*50、*DN*65、*DN*80、*DN*100、*DN*125、*DN*150、*DN*200、*DN*250、*DN*300 和 *DN*350。

(3) 公称压力

塑料闸阀输送水时的使用压力范围为 *PN*6、*PN*10 和 *PN*16。

18.6.6 塑料截止阀 (plastics globe valve)

(1) 结构

塑料截止阀（图 18-10）是启闭件（阀瓣）由阀杆带动，沿阀座密封面轴线做升降运动的阀门。

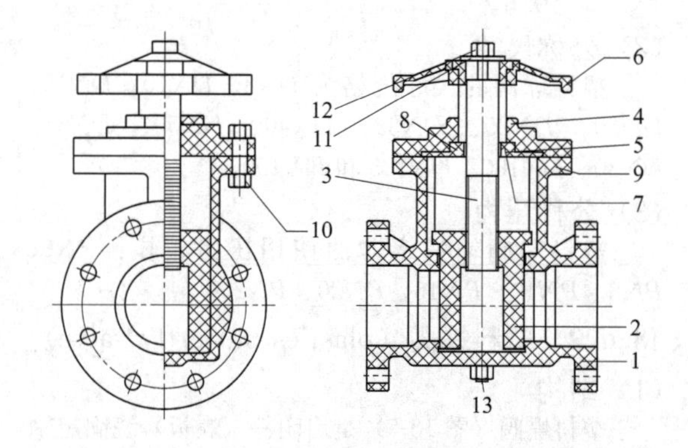

图 18-9 塑料闸阀

1—阀体；2—阀瓣；3—阀杆；4—阀盖；5—阀杆固定套；6—手轮；7～9—密封面；10—螺母；11—垫圈；12—手轮螺母；13—排水螺栓

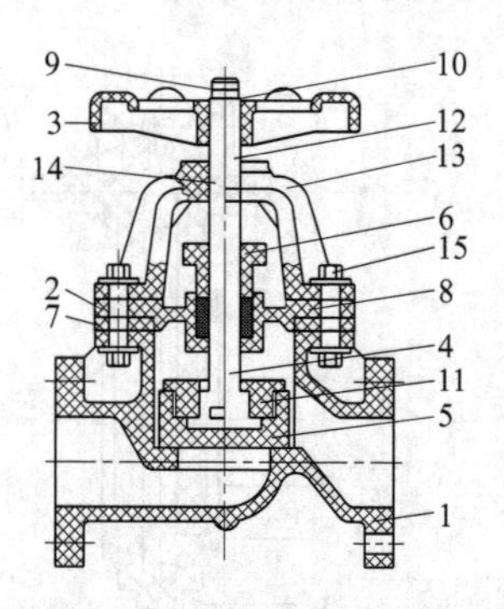

图 18-10 塑料截止阀

1—阀体；2—阀盖；3—手轮；4—阀杆下段；5—阀瓣；6—填料压环；7—密封圈；8—填料；9—螺母；10—垫圈；11—阀瓣架；12—阀杆上段；13—阀杆支架；14—螺杆套；15—螺栓

(2) 公称尺寸

塑料截止阀的尺寸规格为 *DN*10、*DN*15、*DN*20、*DN*25、*DN*32、*DN*40、*DN*50、*DN*65、*DN*80、*DN*100、*DN*125 和 *DN*150。

(3) 公称压力

塑料截止阀输送水时的使用压力范围为 *PN*6、*PN*10 和 *PN*16。

18.7 阀门的质量控制和性能要求

随着塑料管路在冷热给水和工业道路工程应用中所占比例的不断提高，塑料管道系统中塑料阀门的质量控制越来越重要。

18.7.1 原料要求

阀体、端帽和阀盖的材料选用应符合 ISO 15493:2003《工业用塑料管道系统—ABS、PVC-U 和 PVC-C-管材和管件系统规范—第一部分：公制系列》，

ISO1549：2003《工业用塑料管道系统—PB，PE 和 PP—管材和管件系统规范—第一部分：公制系列》和 ISO10931-1：1997《工业用塑料管道系统—偏二氟乙烯（PVDF）第一部分：总则》等相关标准的规定。

18.7.2　阀体与塑料管道的连接方式

① 对焊连接　阀门接连部位的外径与管材的外径相等，阀门接连部位端面与管材的端面相对进行焊接。

② 插口黏结连接　阀门连接部位为插口形式，与管件进行黏结连接。

③ 电熔承口连接　阀门连接部位为内径敷设电热丝的承口形式，与管材进行电熔连接。

④ 承口热熔连接　阀门连接部位为承口形式，与管材进行热熔连接。

⑤ 承口黏结连接　阀门连接部位为承口形式，与管材进行黏结连接。

⑥ 承口橡胶密封圈连接　阀门连接部位为内镶橡胶密封圈的承口形式，与管材进行承插连接。

⑦ 法兰连接　阀门连接部位为法兰形式，与管材上的法兰进行连接。

⑧ 螺纹连接　阀门连接部位为螺纹形式，与管材或管件上的螺纹进行连接。

⑨ 活接连接　阀门连接部位为活接形式，与管材或管件进行连接。

一个阀门可以同时具有不同的连接方式。

18.7.3　密封试验

塑料阀门的密封试验要求见表 18-15、表 18-16 和表 18-17。

阀体试验和整体阀门长期性能试验时要求排净阀门试样中的空气，逐渐升高试验压力，30s 内达到规定压力，试验过程中试验装置不能对阀门产生额外的应力。

表 18-15　阀座和阀体密封的试验条件

试　验	最少测试时间/s	试验压力/bar	温度/℃	试验介质	外部介质
阀座试验(阀门关闭)①	60	0.5	20±2	空气	水
	15/30④	1.1PN②	20±2	水③	空气
密封试验(阀门打开)	15/30⑤	1.5PN②	20±2	水③	空气

① 根据有关产品规定开关阀门。
② 最大试验压力（PN+5)bar。
③ 或试验介质为空气时为（6±1)bar。
④ 阀门公称尺寸≤DN200：最少试验时间 15s；>DN200：最少试验时间 30s。
⑤ 阀门公称尺寸≤DN50：最少试验时间 15s；>DN50：最少试验时间 30s。

表 18-16　阀体密封试验的条件

材料	最少试验时间/h	试验压力① p_{test}/MPa	设计应力 σ_s/MPa	温度/℃	试验介质	
					内部	外部
ABS	1	3.12PN	8	20±2	水	水或空气②
PE100	100	1.55PN				
PE80		1.59PN	6.3			
PP-H	1	4.2PN	5			
PP-R-GR						
PP-B		3.2PN				
PP-R						
PVC-C		3.4PN	10			
PVC-U		4.2PN				
PVDF		2.0PN	16			

① 试验压力 p_{test}的计算公式为 $p_{test}=PN\times\sigma_t/\sigma_s$，其中，$\sigma_t$ 为试验条件下的诱导应力，σ_s 为设计应力。
② 如有争议，外部应为水。

表 18-17 整体阀门长期性能试验的条件

材料	最少测试时间/h	试验压力①p_{test}/bar	温度/℃	试验介质	
				内部	外部
ABS	1000	0.55PN	60±2	水	水或空气②
PE100、PE80、PPB		1.5PN	20±2		
PP-H		2.16PN	20±2		
PPR、PP-R-GR		1.52PN	20±2		
PVC-C		0.39PN	80±2		
PVC-U		0.37PN	80±2		
PVDF		1.45PN	20±2		

① 试验压力 p_{test}的计算公式为 $p_{test}=PN\times\sigma_t/\sigma_s$，其中，$\sigma_t$ 为试验条件下的诱导应力，σ_s 为设计应力。

② 如有争议，外部应为水。

18.7.4 塑料阀门疲劳强度试验

塑料阀门应在下列状态进行启、闭的疲劳强度试验。

① 试验介质为水，在阀门输入端压力为公称压力 PN 和温度为 (20±3)℃的条件下。

② 把阀门全开，使水的流速达到 (1±0.2)m/s。

③ 把阀门关闭，输出端压力为大气压。

④ 接着把阀门全开，使水的流速达到(1±0.2)m/s。

⑤ 循环次数不少于 5000 次。

试验方法应符合标注规定，疲劳强度试验后所有功能部分应保持完好，还能满足短期性能的密封试验要求。

18.7.5 操作力矩试验

手动阀门应在公称压力和室温条件下，按标准规定状态调节后进行操作力矩试验，并给出阀门全开或全关的最大允许操作力矩数值。此项数值对手动部件的加工精度和装配的影响波动较大。

18.7.6 操作允许作用力要求

塑料阀门的手柄或圆手轮的全开与全关的作用力，不能超过表 18-18 给出的值。

18.7.7 设计要求

① 如果阀门仅单向承压，应在阀体外部用箭头标识，双向承压的阀门适用于流体双向流动和隔离。

② 密封部件由阀杆带动进行阀门的启闭动作，应在终点或中间任一位置靠摩擦力或执行装置进行定位，流体压力不能将其位置变动。

③ 根据 EN 736-3，阀门内腔最小通孔符合以下两点：

a. 对于阀门上介质流通的任一孔径，都不应小于阀门公称尺寸 DN 数值的 90%；

b. 对于在结构上需要缩小介质流通直径的阀门，制造者应说明其实际最小通孔直径尺寸数值。

④ 阀杆与阀体之间的密封应符合 EN 736-3。

⑤ 在阀门耐磨性能方面，阀门的设计应考虑磨损部件的使用寿命，或者生产商应在操作指导书中注明更换整个阀门的建议。

⑥ 所有阀门操作装置所适用的流速应达到 3m/s。

⑦ 从阀门的上方看，阀门的手柄或手轮应为顺时针方向关闭阀门。

⑧ 塑料阀门所有与介质接触的部件，都要满足介质腐蚀和系统运行温度与压力的要求。

18.7.8 使用压力与温度的关系

随着使用温度的提高，塑料阀门的使用寿命要缩短。要想保持相同的使用寿命，就需要降低使用压力。表 18-19 给出了阀体材料的温度等级系数 f_r。

表 18-18 塑料阀门的手柄或圆手轮的全开与全关的作用力

L/mm	100	125	160	200	250	315	400	500	630	720	800	1000
F/N	250	300	300	350	400	400	400	400	400	400	400	400
F_s/N	500	600	600	700	800	800	1000	1000	1000	1000	1000	1000

注：L—手柄或者手轮操作力臂长度；F—操作力；F_s—最大操作力。

表 18-19 使用寿命 25 年的等级系数 f_r

温度/℃	ABS	PE80	PP-H	PVC-C	PVC-U	PVDF
−40	1	1	—	—	—	a
−30	1	1	—	—	—	a
−20	1	1	—	—	—	1
−10	1	1	—	—	—	1
0	1	1	—	—	—	1
5	1	1	1	—	—	1

续表

温度/℃	ABS	PE80	PP-H	PVC-C	PVC-U	PVDF
10	1	1	1	1	1	1
20	1	1	1	1	1	1
25	1	1	1	1	1	1
30	0.8	0.76	0.85	0.85	0.8	0.9
40	0.6	0.53	0.7	0.65	0.6	0.8
50	0.4	0.35	0.55	0.5	0.35	0.71
60	0.2	0.24	0.4	0.35	0.15	0.63
70	—	—	0.27	0.25	—	0.54
80	—	—	0.15	0.15	—	0.47
90	—	—	0.08	a	—	0.36
100	—	—	a	—	—	0.25
110	—	—	—	—	—	0.17
120	—	—	—	—	—	0.12
130	—	—	—	—	—	a
140	—	—	—	—	—	a

注：1. 这些等级系数 f_r 与管材、管道其他相关的折减系数不一致。

2. 此等级系数 a 应由制造者给出。

18.8 塑料阀门的选用及安装

18.8.1 阀门的选用

① 首先根据管道输送介质的温度、压力、腐蚀性和执行功能，选择阀门的阀门主体材质、壁厚系列、结构形式和密封材质的适应性。

② 阀门的手柄或手轮必须操作灵敏柔和，转矩均匀性好，各项检验指标都能满足产品标准的要求。

18.8.2 阀门井安全要求简图

阀门井安全要求简图见图 18-11。注意将阀井内的沉积气体排到井外才能进行下井操作和检修，以避免发生人身危险。

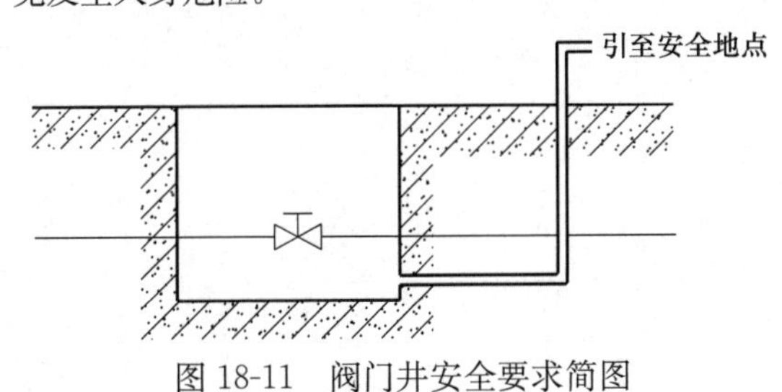

图 18-11　阀门井安全要求简图

18.9 塑料阀门的发展

由于塑料具有的特殊性能，因而广泛用来生产石油化工管道阀门。塑料阀门的生产工艺主要是注塑成形的。又因塑料阀门的主要元件是由注塑模具制造的，近些年来，数控机床快速发展、不断更新，促进了模具制造业的发展，精密模具、大型模具以及精密注塑设备的出现，使塑料阀门的生产得到快速发展。

使塑料阀门发展的另一个原因是市场需求，给排水工业上使用了大批塑料阀门，这是因为塑料材质的某些特性决定的：

① 给排水管道用阀门使用温度不高（常温），使用的压力不高（0.4～0.6MPa），而且管道阀门内不易结垢，没有污染，塑料阀门很适合。

② 连接方便，除去法兰连接外，还有螺纹连接、卡套连接和承插焊连接，某些塑料材质可以简单地承插黏合连接，而有些塑料需要熔焊，即使熔焊也比金属对金属的焊接简单很多，所以受到使用者的欢迎。

③ 塑料价格便宜，生产阀门成本低。

由于以上原因，塑料阀门的发展非常迅速，随着工程塑料新品种的出现，耐温、耐压、耐腐蚀性能不断提高，塑料阀门的应用范围还将进一步拓展，几乎涉及所有通用阀门。

塑料阀门的制造在我国方兴未艾，随着新型塑料品种的不断出现，塑料阀门的生产工艺不断改进和完善，塑料阀门的品种规格不断增加和品质的不断提高，在这个塑料世界的年代里，塑料阀门的应用前景无比广阔。

由于塑料阀门优异的耐腐蚀性、不粘性、保温性、电绝缘性和生产成本低、安装简便等特点，已经在我国石化工业、给排水工业中发挥重要作用。

参考文献

[1] 赵启辉等. 工业常用塑料管道设计手册. 北京：中国标准出版社，2008.

[2] 黄锐. 塑料工程手册. 北京：机械工业出版社，2000.

[3] 杨鸣波等. 中国材料工程大典. 第六卷 高分子材料工程（上）. 北京：化学工业出版社，2006.
[4] 王文广等. 塑料材料的选用. 北京，化学工业出版社，2007.
[5] 李金桂著. 腐蚀控制系统工程学概论. 北京：化学工业出版社，2009.
[6] 天华化工机械及自动化研究设计院. 腐蚀与防护手册. 耐蚀非金属材料设备及防蚀工程. 北京：化学工业出版社，2008.
[7] 朱利平. 塑料阀门在工业管道中的要求与应用. 化工设备与管道，2006（2）.
[8] 朱绍原. 塑料阀门与塑料衬里阀门的开发. 第六届全国阀门与管道学术会议论文集. 合肥：合肥工业大学出版社，2009.
[9] GB/T 27726—2011. 热塑性塑料阀门压力试验方法及要求.

第 19 章　氟塑料衬里阀门

19.1　概述

随着现代石油化工工业的快速发展，之前出现的衬橡胶、搪瓷阀门已不能满足日新月异的工业需要。人们在不断地寻求最经济、最合理、最低碳的方法来解决这些工业需要，因此出现了各种材料的衬里阀门，其中氟塑料衬里阀门是衬里阀门中的一朵奇葩。

早在塑料问世不久，就有人预言，塑料阀门将成为化工应用领域里首选阀门，对塑料管道和阀门的需求量将会大幅上升，工程师们相信将出现一个塑料世界，塑料不仅广泛用于建材工业、汽车工业、宇航工业、给排水工业，在石油化工业中更是理想的材料。因为石化工业中 90% 的工况要求低温操作，而塑料符合这一要求，同时避免了许多腐蚀性问题。

在浩繁的塑料家族中，选用哪种塑料作为衬里阀门的材料比较合适，各国的科技工作者都在努力寻找，人们发现在特种工程材料中的氟塑料最适合作防腐蚀阀门的衬里材料。众所周知，氟塑料是性能优越的热塑性材料，最开始用于军工和宇航工业，典型的聚四氟乙烯（PTFE）材料，具有优良的耐热性和耐寒性，可长期在 −195～200℃范围内使用。低摩擦性和自润滑性非常好，还具有优良的电绝缘性和优异的化学稳定性，可耐各种强酸、强碱和强氧化剂的腐蚀，甚至可耐“王水”，有“塑料王”之称。由于氟塑料具有这些优异特性，所以特别适合作耐腐蚀性强的阀门材料。衬里阀门就是利用了氟塑料这些优异特性、可塑性和可熔融加工及加工成形性能好的原理设计制造的。

氟塑料衬里阀门（国外称为铁氟龙阀门），在 20 世纪 70 年代开始研发，由于阀门结构的特殊性，最初的氟塑料衬里阀门主要集中在旋塞阀与球阀几个结构简单品种，主要用于石化管道中强酸、强碱及溶剂类物质。由于石化工业这类介质具有极强腐蚀性，一般的碳钢阀门很快被腐蚀掉，即使是不锈钢阀门，也会被腐蚀。后来人们发明了哈氏合金、蒙乃尔合金、20 号合金，解决了石化特殊管道输送难题，由于这些合金中含有大量 Ni、Cr、Nb、Ti、Pt 等贵重金属，加上资源有限，满足不了石油化工工业的发展。必须有使用效果好、节能效果佳的新材料、新工艺取而代之。氟塑料衬里阀门也就应运而生。

因为氟塑料的拉伸强度和硬度相对较低，不适宜单独作阀门壳体材料，尤其是口径比较大的阀门，所以通常作为衬里材料采用。氟塑料衬里阀门的外壳材料，一般有灰铸铁、球墨铸铁、碳素钢、不锈钢等。灰铸铁由于机械强度低，容易碎裂，现在使用较少。

氟塑料衬里阀门的设计压力，一般公称压力小于或等于 *PN*25，使用温度根据壳体材料和氟塑料的适用温度来确定。一般碳钢衬氟塑料阀门的工作温度为 −29～180℃。

19.2　氟塑料的种类与特性

19.2.1　氟塑料的种类

氟塑料是指分子结构含有氟原子的一类高分子合成材料的总称。它是一类含有氟的不饱和单体自聚合以及由氟不饱和单体共聚而成的一类合成树脂。

氟树脂的品种很多，根据分子中氟原子的个数来分有下列品种：聚氟乙烯（PVF），简称 F1；聚偏二氟乙烯（PVDF），简称 F2；聚三氟氯乙烯（PCTFE），简称 F3；聚四氟乙烯（PTFE），简称 F4；聚六氟丙烯，简称 F6。含氟塑料的共聚物有以下品种：可溶性聚四氟乙烯，简称 PFA，是由聚四氟乙烯与全氟烷基乙烯醚共聚所组成；聚全氟乙丙塑料（FEP）简称 F46，是四氟乙烯与六氟乙烯的共聚物；F42 是四氟乙烯与偏二氟乙烯的共聚物简称；F40 是四氟乙烯与乙烯的共聚物简称；F30 是三氟氢乙烯与乙烯的共聚物简称；F23（又称 3M）是偏二氟乙烯与三氟氯乙烯的共聚物简称。

19.2.2　氟塑料的特性

由于氟塑料分子结构中都有氟碳键及其屏蔽效应，故具有优良的耐腐蚀性、耐高（低）温性、非黏附性、电绝缘性等，又由于它们彼此间的结构上的差异，使其具有各自的特性，选用时要充分注意发挥不同品种氟塑料各自的优点。由于氟塑料的品种很多，这里仅介绍产量最大，使用最多的聚四氟乙烯（PTFE）以及它的两个改性产品：聚全氟乙丙烯（FEP）和可熔性聚四氟乙烯（PFA）。

（1）聚四氟乙烯（PTFE）

从聚四氟乙烯分子结构看，C—C 主要链的周围对称排列着氟原子，形成了一个氧原子组成的外罩保护着主链。C—F 键极其牢固，使聚四氟乙烯具有很高的耐化学腐蚀性能，其耐腐蚀性超过了现有的所有塑料，故有“塑料王”之称。聚四氟乙烯几乎耐任何浓度的强酸、强碱、强氧化剂和溶剂的腐蚀，即使在高温下对它也不发生作用。只有熔融的碱金属或它们的氨溶液、氟化氯及元素氟会对它发生作用，而且也只有在高温下才明显地发生作用。

聚四氟乙烯的力学性能见表19-1。

聚四氟乙烯（PTFE）的商品名为“铁氟龙”、“泰氟龙”、“F4”等，是由四氟乙烯自由基聚合而制得的一种全氟聚合物，它具有—CF_2—CF_2—重复单元线性分子结构，是结晶性聚合物，熔点大约为631℃，密度为2.13～2.19g/cm^3。PTFE具有优异的耐化学品性，其介电常数为2.1左右，损耗因数低，在很宽的温度和频率范围内是稳定的，力学性能都很好。

PTFE抗冲击强度高，但拉伸强度、耐磨性、抗蠕变性比其他工程塑料差。有时加入玻璃纤维、青铜、碳和石墨来改善其特殊的力学性能。它的摩擦因数几乎比任何其他材料都低，具有很高的氧指数。

PTFE可制成粒料、凝结的细粉（0.2μm）和水分散液。粒状树脂用于压塑和柱塞挤塑；细粉可以糊状挤塑成薄壁材料；分散液可用作涂料和浸渍多孔材料。

PTFE具有非常高的熔体黏度，这妨碍了惯用的熔融挤塑或模塑技术的采用。粒状PTFE的模塑和挤塑方法与粉状金属和陶瓷用的方法相似——先压缩再高温烧结；细粉需与加工辅料混合（如石脑油）形成糊状，然后在高压下挤成薄壁材料，再加热除掉挥发性的加工助剂，最后烧结。

（2）聚全氟乙丙烯塑料（FEP）

FEP是四氟乙烯和六氟丙烯共聚而成的。

聚全氟乙烯由于C—C键周围有极牢固的氟碳键存在及其屏蔽效应，因而使它的耐腐蚀性能极好。与聚四氟乙烯相似（在150℃下），它几乎能抵抗所有化学介质（包括浓硝酸及王水）的腐蚀。只有高温下的氟、碱金属及二氟化氯、三氟化氯等能与它发生作用。它对稀或浓的无机酸、碱、醇、酮、芳烃、氯代烃、油脂等均有优良的耐腐蚀性。由于具有支链，故使它的耐温略有降低，最高使用温度约200℃，长期使用温度比F4降低了50℃。

FEP的突出优点是具有较好的成形加工性能，可以用热塑性塑料通用的成形加工方法如模压、挤出、注射等进行加工。FEP在熔融状态能和金属黏结。

FEP的力学性能见表19-2。

FEP结晶熔化点为580℉，它是一种软性塑料，其拉伸强度、耐磨性、抗蠕变性低于许多工程塑料。它是化学惰性的，在很宽的温度和频率范围内具有较低的介电常数（2.1×10^{6}Hz）。该材料不引燃，可阻止火焰的扩散。它具有优良的耐候性，摩擦因数较低，从低温到392℉均可使用。该材料可制成用于挤塑和模塑的粒状产品，用作流化床和静电涂饰的粉末，也可制成水分散液。其主要的用途是用于制作管和化学设备的内衬、滚筒的面层及各种电线和电缆，如飞机挂钩线、增压电缆、报警电缆、扁形电缆和油井测井电缆。FEP膜已用作太阳能收集器的薄涂层。

（3）可溶性聚四氟乙烯塑料（PFA）

PFA是聚四氟乙烯改性物，PFA树脂相对来说是比较新的可熔融加工的氟塑料。

PFA在室温和250℃以下的力学性能与F4相似，285℃经2000h后的拉伸强度和断裂伸长率不下降，弯曲寿命是F4的2～3倍。PFA比F4的力学性能要好得多，如在250℃下，PFA的抗拉强度为13.7MPa，而F4在该温度下其拉伸强度只有4.9MPa。PFA结晶熔点比F4低20℃，使用温度与F4相同（250℃），且高温强度比F4大2倍。PFA的熔点大约为304℃，密度为2.13～2.16g/cm^3。

表19-1 聚四氟乙烯（PTFE）的力学性能

项 目	指 标	项 目	指 标
密度/(g/cm^3)	2.13～2.19	拉伸强度/MPa	13.7～24.5
比热容/[10^3J/(kg·K)]	1.05	压缩强度/MPa	11.8
热导率/[W/(m·K)]	0.244～0.273	弯曲强度/MPa	10.8～13.7
线胀系数/K^{-1}	11×10^{-5}	冲击强度/(J/m^2)	1.61×10^3
非晶区玻璃化温度/℃	−120	弹性模量/MPa	392
晶体熔点/℃	327	介电常数/10^{6}Hz	2.0～2.2
开始分解温度/℃	415	断裂伸长率/%	300～500
工作温度范围/℃	−190～250	分解温度/℃	>415

表19-2 聚全氟乙丙烯（FEP）的力学性能

项 目	指 标	项 目	指 标
密度/(g/cm^3)	2.14～2.17	开始分解温度/℃	400
比热容/[10^3J/(kg·K)]	1.17	拉伸强度/MPa	20.3～24.5
热导率/[W/(m·K)]	0.184	冲击强度,带缺口	不断
线胀系数/K^{-1}	8.3～10.5	弹性模量/MPa	343
玻璃化温度/℃	130	介电常数/10^{6}Hz	2.0～2.2
熔点/℃	265～278	断裂伸长率/%	250～330

PFA与PTFE和FEP相似，但在302℃以上时，力学性能略优于FEP，且可在高达500℉的温度下使用，它的耐化学性能与PTEF相当。PFA的产品形式有用于模塑和挤塑的粒状产品，用于旋转模塑和涂料的粉状产品。

PFA具有F4的所有优良性能，又无F4那样加工困难的缺点，它具有良好的热流动性，可采用高效率的注塑机注塑加工成形，有可溶性聚四氟乙烯之称。

(4) 聚三氟氯乙烯（PCTFE）

PCTFE是三氟氯乙烯自由基引发聚合的带有主要是重复—CF(Cl)—CF单元线性主链的产物。

PCTFE是结晶性的高分子，熔点为425℉，密度为2.13g/cm^3。

PCTFE在室温下对大多数活泼的化学品呈惰性，而在212℃以上可被少数几种溶剂溶解，也可被一些溶剂溶胀，尤其是氯化过的溶剂。PCTFE具有优异的阻隔气体的能力，其膜产品的水蒸气透过性在所有透明塑料膜中是最低的。其电性能与其他全氟聚合物相似，但介电常数（2.3×10^{6}Hz）和损耗因数稍高，尤其是在高频时。PCTFE可制作厚的（1/8in）光学透明制件。

PCTFE虽可用熔融加工，但由于熔体黏度高，有降解趋势，导致加工品的性能变坏，故加工困难。

PCTFE树脂可制成用于模塑和挤塑的粒料。

(5) 乙烯三氟氯乙烯共聚物（ECTFE）

ECTFE树脂是乙烯和三氟氯乙烯1∶1的交替共聚物，熔点为464℉，密度为1.68g/cm^3。此材料从低温到330℃的性能良好，其强度、耐磨性、抗蠕变性大大高于PTEE、FEP和PFA。它在室温和高温下耐大多数腐蚀性化学品和有机溶剂。它的介电常数（2.6×10^{6}Hz）低，在很宽的温度和频率范围内性能稳定。ECTFE不着火，可防止火焰扩散，当暴露在火焰中时，将分解成硬质的炭。

ECTFE可制成用于模塑和挤塑的粒料及用于旋转模塑、流化床涂饰、静电涂饰的粉状产品，还可用作耐化学品和强度要求高的槽罐的内衬。

(6) 乙烯-四氟乙烯共聚物（ETFE）

ETFE是乙烯和四氟乙烯1∶1交替共聚物，俗称F40。ETFE熔点为518℉，密度为1.70g/cm^3。ETFE是一种从低温到356℉具有高抗冲性和力学性能好的坚韧的材料。耐化学品性能、电性能和耐候性与ECTFE相似，与全氟聚合物相近，抗拉强度可达到50MPa，接近聚四氟乙烯的两倍，更重要的是加工性能的提高，它和金属表面的附着力表现突出，改变了一直使人们认为氟塑料和金属复合不一致的可能，这一点对于工业防腐蚀领域的应用意义重大，使氟塑料和钢的紧衬工艺真正得以实现。该聚合物暴露在火焰中会熔化和分解。ETFE可制成用于挤塑和模塑的粒料及用于旋转模塑、流化床和静电涂饰的粉末，但价格昂贵。注塑产品有泵、阀和其他化工设备的部件。

(7) 聚偏氟乙烯（PVDF）

PVDF是偏二氟乙烯高分子量的白色粉末状聚合物，它属于结晶性材料，熔点为338℉，密度为1.78g/cm^3。其强度、耐磨性和抗蠕变性比PTFE、FEP和PFA高得多；具有良好的抗紫外线性和耐大气老化性，在室温下不被酸、碱等强氧化剂和卤素所腐蚀，脂肪烃和芳香烃及醇、醛等有机溶剂对它也无影响。但发烟硫酸、强碱等能使其溶胀，二甲基乙酸胺等强极性有机溶剂能使其溶解成胶体状溶液。聚偏氟乙烯具有良好的耐候性，在空气中不燃烧，有较大的极性，介电常数高，介电损耗角正切值也大，体积电阻率为1014Ω·cm，在148～302℉温度范围具有的性能良好。PVDF可制成粉状、粒料和分散体系（邻苯二甲酸二甲酯和二异丁基甲酮中含44%的树脂）。它可用于挤塑、注射模塑、传递模塑，也可通过干粉或分散体喷涂技术用作涂料。

19.2.3 阀门衬里用氟塑料

衬里材料必须符合相关材料标准规定，其密度宜选用不小于2.16g/cm^{3}的氟塑料，且不允许有杂质存在。目前常用的氟塑料有FEP（F46）、PFA、PTFE（F4）和F2等。随着新型塑料工程材料的不断出现，将给阀门衬里增添更多的品种。用于食品医药、卫生级阀门材料，还要求无毒无菌、无杂质及清洁卫生的材料。

① 聚四氟乙烯突出的加工性能特点是成形加工困难，在熔融状态无流动性，在熔融温度以上也不能从“高弹态”转变到“黏流态”，加热到它的分解温度（415℃）也不能流动。因此聚四氟乙烯很难用模压、注射等一般热塑性塑料的加工方法来制造形状复杂的制件，只能将聚四氟乙烯粉料预压成所需形状，然后再烧结成形。其涂层多微孔，不能单独用作防腐涂层。

F4可以进行黏结，但需进行表面特殊处理。将F4与F4制件接合的最理想方法是焊接，一般F4的焊接方法分为热压焊接和热风焊接。

② 聚全氟乙丙烯塑料（FEP），又简称为F46，FEP是四氟乙烯和六氟丙烯共聚而成的。F46的突出优点是具有较好的成形加工性能，可以用热塑性塑料通用的成形加工方法如模压、挤出、注射等进行加工。F46在熔融状态能和金属黏结。

③ 可溶性聚四氟乙烯塑料（PFA）。PFA兼有F4与F46的优点，它即有F4优异的耐化学腐蚀性和耐高温性能。又可像F46一样可用一般热塑性塑料加工方法成形加工，还可采用注塑机注塑成形，且比

F46更为方便。PFA在工业上可用作防腐蚀衬里及防腐涂层。

综上所述，目前用得最多的氟塑料是聚全氟乙丙烯塑料（F46）与聚四氟乙烯塑料（F4）。前者采用模压衬里，后者采用粉末预压-烧结成形方法衬里。可溶性聚四氟乙烯塑料（PFA），可采用高效率注塑的方法衬里，衬里的工艺性与防腐蚀性能都比较好，但由于材料价格太高，限制了它的使用。

19.3 氟塑料衬里阀门的种类与典型结构

进入21世纪以来，随着新技术、新材料、新工艺不断出现，促进了阀门工业的发展，各种新结构、新材料的阀门产品大量涌现，新型陶瓷阀、塑料阀以及各种复合材料的衬里阀门，不论在品种上还是在性能上，都有较大发展和提高。这些特殊用途的阀门，满足了工业部门特殊工况的需要。通用阀门使用面广、使用量大，各工业部门都用应用。几乎所有的通用阀门都能采用衬里的方法制造，从而提高了通用阀门的使用性能和适用范围。氟塑料衬里阀门的典型特点是具有优良的耐腐蚀性，相对于哈氏合金、蒙乃尔合金等贵重金属阀门，价格要便宜得多。下面将常用的氟塑料衬里阀门的种类与典型结构做一些简要介绍，为合理使用和维护氟塑料衬里阀门做准备。

19.3.1 氟塑料衬里闸阀

闸板在阀杆的带动下，沿阀座密封面做升降运动而达到启闭目的的阀门称为闸阀。在闸阀的过流面上衬一层氟塑料，用来隔绝介质与金属壳体的接触，这样的阀门便称为氟塑料衬里闸阀。

(1) 氟塑料衬里闸阀性能参数

氟塑料衬里闸阀是截断阀类的一种，用来接通或截断管路中的腐蚀性介质。目前国内有少数几家企业生产，氟塑料衬里闸阀性能参数如下：

公称压力 $PN6\sim25$

公称尺寸 $DN15\sim600$

工作温度 $t\leqslant150$℃

适用介质 强酸、强碱类

(2) 氟塑料衬里闸阀结构形式

氟塑料衬里闸阀结构形式，由于受衬里工艺的限制，不像通用闸阀那样名目繁多，目前主要有：明杆楔式单闸板结构；暗杆楔式单闸板结构；平行式单闸板结构。

(3) 氟塑料衬里闸阀的特点

① 流体阻力小　因为阀体通道是直流式的，介质流经闸阀时不改变其流动方向，加上内衬氟塑料，内壁光滑，所以流体阻力小。

② 启闭阻力小　闸阀启闭时闸板运动方向与介质流动方向相垂直，与截止阀相比，闸阀的启闭较省力。

③ 介质流动方向不受限制　介质可从闸阀两侧任意方向流过（双向密封），均能达到使用的目的，更适用于介质的流动方向可能改变的管路中。

④ 结构长度较短　因为闸阀的闸板是垂直置于阀体内的，而截止阀阀瓣是水平置于阀体内的，因而结构长度比截止阀短。

⑤ 密封性能好　全开时密封面受冲蚀较小，关闭时密封面为氟塑料软密封，零泄漏。

⑥ 密封面易损伤　启闭时氟塑料衬里闸阀的闸板与阀座相接触的两密封面之间有相对摩擦，易损伤，影响密封性能与使用寿命，所以应避免在有颗粒介质工况条件下使用。

⑦ 启闭时间长且高度大　由于闸阀启闭时须全开或全关，闸板行程大，开启需要一定的空间，外形尺寸高。

⑧ 结构复杂　零件较多，制造与维修较困难，成本比截止阀高。

(4) 氟塑料衬里闸阀典型结构图

闸阀主要由阀体、阀盖或支架、阀杆、阀杆螺母、闸板、阀座、填料函、密封填料、填料压盖及传动装置组成，图19-1是典型的法兰连接明杆楔式单闸板氟塑料衬里闸阀。对于大口径氟塑料衬里闸阀，为了减少启闭力矩，可在阀门邻近的进出口管道上并联旁通阀（氟塑料衬里截止阀），使用时，先开启旁通阀，使闸板两侧的压力差减少，再开启闸阀。旁通阀公称直径不小于$DN32$。

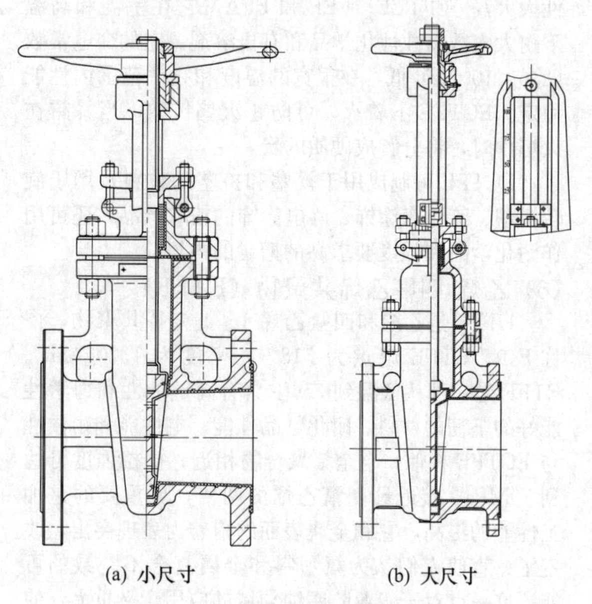

(a) 小尺寸　(b) 大尺寸

图19-1 楔式单闸板衬里闸阀

19.3.2　氟塑料衬里截止阀

阀瓣在阀杆的带动下，沿阀座密封面的轴线做升降运动而达到启闭目的的阀门称为截止阀。在截止阀的过流面上衬一层氟塑料，用来隔绝介质与金属壳体的接触，这样的阀门便称为氟塑料衬里截止阀。

(1) 氟塑料衬里截止阀性能参数

氟塑料衬里截止阀是截断阀的一种，用来截断或接通管路中的腐蚀性介质。

氟塑料衬里截止阀多采用手轮或齿轮传动，在需要自动操作的场合，也可采用电动、气动、液动等传动。

氟塑料衬里截止阀的流体阻力很大，启闭力矩也大，因而影响了它在大口径场合的应用。

目前国内生产氟塑料衬里截止阀的企业较多，主要性能参数如下：

公称压力　*PN*6～25
公称尺寸　*DN*3～300
工作温度　$t \leqslant 150℃$
适用介质　强酸、强碱类

(2) 氟塑料衬里截止阀结构形式

氟塑料衬里截止阀结构形式，由于受衬里工艺的限制，不像通用截止阀形式多样，氟塑料衬里截止阀主要结构形式有阀瓣非平衡直通式、阀瓣非平衡直流式、阀瓣非平衡直角式和阀瓣非平衡堰式。

(3) 氟塑料衬里截止阀的特点

① 结构比氟塑料衬里闸阀简单，制造与维修都较方便。

② 密封面不易磨损及擦伤，启闭时阀瓣与阀体密封面之间无相对滑动，因而磨损与擦伤均不严重，密封性能好，零泄漏，使用寿命长。

③ 启闭时，阀瓣行程小，因而氟塑料衬里截止阀高度比闸阀小，但结构长度比闸阀长。

④ 启闭力矩大，启闭较费力，启闭时间较长。

⑤ 流体阻力大，因阀体内介质通道较曲折，流体阻力大，动力消耗大。

⑥ 氟塑料衬里截止阀使用时介质只能单方向流动，不能改变流动方向。

⑦ 全开时阀瓣易受介质冲蚀。

(4) 氟塑料衬里截止阀典型结构

氟塑料衬里截止阀（图 19-2）主要由阀体、阀盖、阀杆、阀杆螺母、阀瓣、阀座、填料函、密封填料、填料压盖及传动装置等组成。通常阀杆光杠部分与阀瓣合为一体，阀体与阀座合为一体，丝杠与光杠采用卡套连接。

为了衬里工艺方便易行和保证产品质量，壳体承压件最好采用精密铸造。

19.3.3　氟塑料衬里止回阀

启闭件（阀瓣）借助介质作用力，自动阻止介质逆流的阀门称为止回阀。在止回阀的过流面上衬一层氟塑料，用来隔绝介质与金属壳体的接触，这样的阀门便称为氟塑料衬里止回阀。

氟塑料衬里止回阀是腐蚀性介质顺流时开启、逆流时关闭的自动阀门。控制介质流的这种方式被用来防止介质倒流，以便泵在停止运转之后维持初始状态，使往复式泵和压缩机能运行，并防止驱使备用的旋转式泵和压缩机装置反转。

(1) 氟塑料衬里止回阀性能参数

管路中，凡是不允许腐蚀性介质逆流的场合均需要安装氟塑料衬里止回阀。氟塑料衬里止回阀的参数范围如下：

公称尺寸　*DN*10～600
公称压力　*PN*2.5～25
工作温度　$t \leqslant 150℃$
适用介质　强酸、强碱类

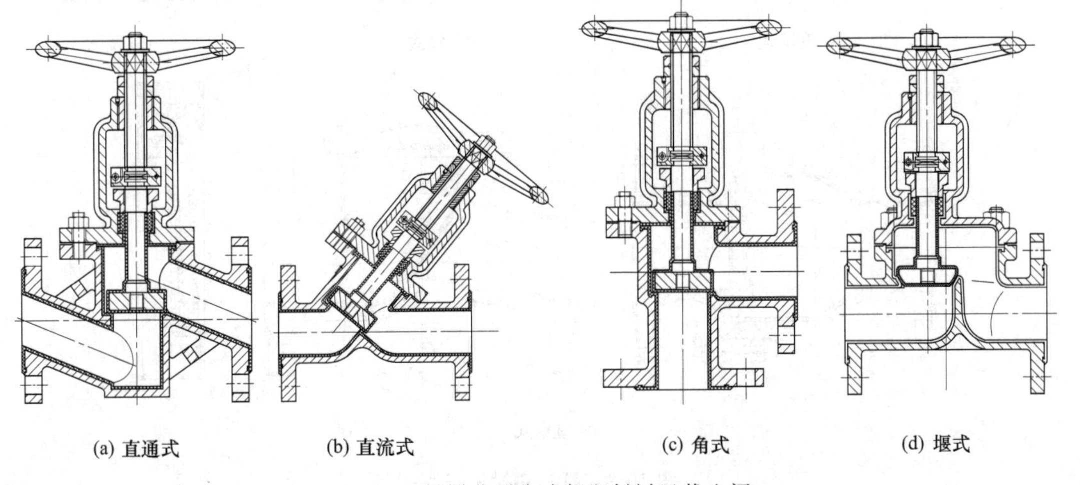

图 19-2　阀瓣非平衡式氟塑料衬里截止阀

(2) 氟塑料衬里止回阀结构形式

氟塑料衬里止回阀的结构形式很多，几乎所有通用止回阀都能用氟塑料衬里。常见的氟塑料衬里止回阀的结构形式有：升降式结构，旋启式结构，立式结构，蝶式结构等。每种结构的氟塑料衬里止回阀作用与通用止回阀相同，前面已经介绍过，不再赘述。

(3) 氟塑料衬里止回阀的特点

① 氟塑料衬里升降式止回阀的阀瓣沿着阀座中心线做升降运动，其阀体与截止阀阀体完全一样，可以通用。在阀瓣导向筒下部或阀盖导向套筒上部加工出一个泄压孔。当阀瓣上升时，通过泄压孔排出套筒内的介质，以减小阀瓣开启时的阻力。该阀门的流体阻力较大，只能装在水平管道上。

与其他类型的止回阀相比，升降式止回阀的升程最短，因而升降式止回阀可能是快速关闭的阀门。但是，如果脏物进入关闭件的运动导向套，则关闭件可能会被卡死或关闭缓慢。另外，倘若用于黏性介质，则关闭件在其导向套中的运动可能变慢。

② 氟塑料衬里旋启式止回阀的阀瓣呈圆盘状，阀瓣绕阀座通道外固定轴做旋转运动。旋启式止回阀由阀体、阀盖、阀瓣组成；阀门通道呈流线型，流体阻力小。

如果能够防止阀瓣处于失速位置，旋启式止回阀也可以垂直安装。但是，在全开位置时，由阀瓣重量决定的关闭力矩就非常小，因此，此类阀会趋向于关闭迟缓。为了克服这种对于倒流的迟缓反应，阀瓣可以装上带有秤砣或弹簧载荷的杠杆。

③ 氟塑料衬里蝶式止回阀的阀瓣有形如蝴蝶状的两瓣式和盘状式。蝶板（阀瓣）旋转轴位于阀内通道中心，这种止回阀的结构简单，但密封性差。氟塑料衬里蝶式止回阀通常限用于旋启式止回阀所不能满足要求的场合。

④ 氟塑料衬里立式止回阀为球芯阀瓣，直流式结构，流道光滑通畅，流体阻力小。立式安装于防腐蚀工业管道中，箭头所示方向为介质流动的方向。

(4) 氟塑料衬里止回阀典型结构

氟塑料衬里止回阀（图 19-3）主要由阀体、阀瓣、阀轴等组成。为了衬里工艺方便易行和保证产品质量，壳体承压件最好采用精密铸造。

19.3.4 氟塑料衬里球阀

球体绕垂直于通道的轴线旋转而启闭通道的阀门称为球阀。在球阀的过流面上衬一层氟塑料，用来隔绝介质与金属壳体的接触，这样的阀门便称为氟塑料衬里球阀。

氟塑料衬里球阀也是一种带球形关闭件的旋塞阀。与球体相配的阀座为圆形，故在圆周上的密封应力是相同的。氟塑料衬里球阀球体与阀座密封面都衬有氟塑料，为软密封结构，能很好地吻合。从密封的角度看，球阀的构想是很优异的。

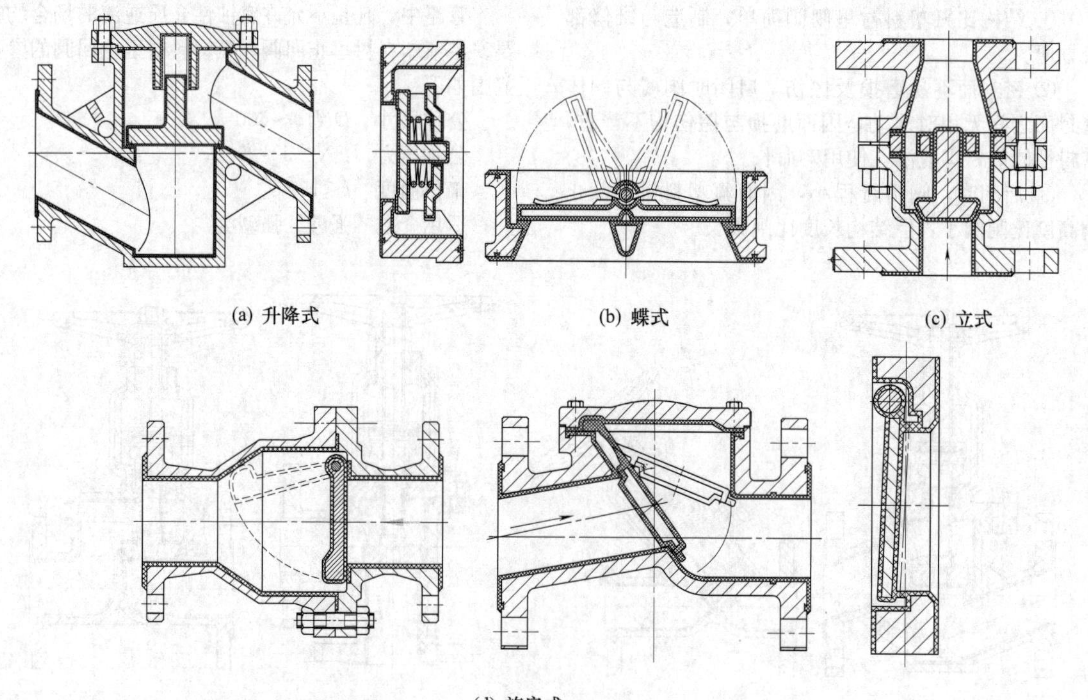

图 19-3 氟塑料衬里止回阀

为使氟塑料衬里球阀结构经济，大部分球阀带缩口及约为 3/4 公称尺寸的文丘里式流道。缩口球阀的压力损失较小，以致通常没有理由要去增加费用来使用全通道的氟塑料衬里球阀。但是，有些场合却必须使用不缩口的球阀，例如，当管道必须进行清管扫线时，按 API 6D《管线阀门》生产的球阀，必须是全通径阀门。

(1) 氟塑料衬里球阀性能参数

氟塑料衬里球阀的参数范围如下：

公称尺寸　*DN*10～600

公称压力　*PN*2.5～25

工作温度　$t \leqslant 150℃$

适用介质　强酸、强碱类

(2) 氟塑料衬里球阀结构形式

氟塑料衬里球阀结构形式主要有浮动球式和固定球式。浮动球结构球阀中有直通式，Y 形三通式，L 形三通式，T 形三通式。固定球结构球阀中有直通式和四通式。

直通式氟塑料衬里球阀用于截断腐蚀性介质，应用最为广泛。多通球阀可改变介质流动方向或进行分配，氟塑料衬里球阀广泛应用于防腐蚀工业管线。球阀的介质流动方向不受限制。球阀压力、通径使用范围较宽，但使用温度受氟塑料材料的限制和制约。

氟塑料衬里球阀是近几十年来发展最为显著的阀种。特别是大口径球阀已经脱出了传统用于放流和断流的使用概念，越来越多地用来代替传统节流的截止阀。随着球阀结构的创新发展，新材料的开发应用，特别是内件结构的改进，它的使用范围也随之扩大。在流程工业的节流中，它已经打破了截止阀的“一统天下”的局面，成为控制阀的工业领域中发展最快的一种阀门，这是因为旋转 90°启闭的球阀在流量控制方面有比截止阀更大的优点。

① 不像截止阀那样启闭时阀杆穿过填料易于拉伤填料和泄出介质，易使阀杆在大气中腐蚀。

② 由于驱动装置和定位器技术发展，特别是计算机集成处理系统（CTPEM）的应用，使包括球阀在内的旋转 90°启闭阀门更适于应用在控制系统中。

③ 调节范围大，同一尺寸的球阀比截止阀的流量调节范围要大 10～20 倍，球阀的可调比（即最大控制流量与最小控制流量之比）为 100∶1 以上。

④ 规格范围大、系列多。

从浮动球与固定球方面来看，更倾向于使用固定球，即球带耳轴支撑。

当口径大于 *DN*150 时，最多的使用是固定球阀。这是考虑到这种口径阀门其球体的质量很大，约在 50kg 以上，如果采用浮动球，球体压在密封座上，操作时就会对密封座产生很大的磨损。相反固定球沿流道轴向密封，就不会对密封座产生那样大的磨损。

(3) 氟塑料衬里球阀的特点

氟塑料衬里球阀是在旋塞阀基础上发展起来的一种阀门，它具有旋塞阀的一些优点。

① 中、小口径球阀结构较简单，外形尺寸小，重量轻。

② 流体阻力小，各类阀门中球阀的流体阻力最小。这是因为全开时阀体通道、球体通道和连接管道的截面积相等，并成直线相通。

③ 启闭迅速、方便，介质流动方向不受限制。

④ 启闭力矩比旋塞阀小。这是因为球阀密封面接触面积较小，启闭比旋塞阀省力。

⑤ 密封性能较好，这是因为球阀密封圈材料为氟塑料，摩擦因数较小；球阀全开时密封面不会受到介质的冲蚀。

球阀的缺点是：球体加工和研磨均较困难。

(4) 氟塑料衬里球阀典型结构

氟塑料衬里球阀（图 19-4）主要由阀体、带杆球体、阀座、及传动装置等组成。为了衬里工艺方便易行和保证产品质量，壳体承压件最好采用精密铸造。

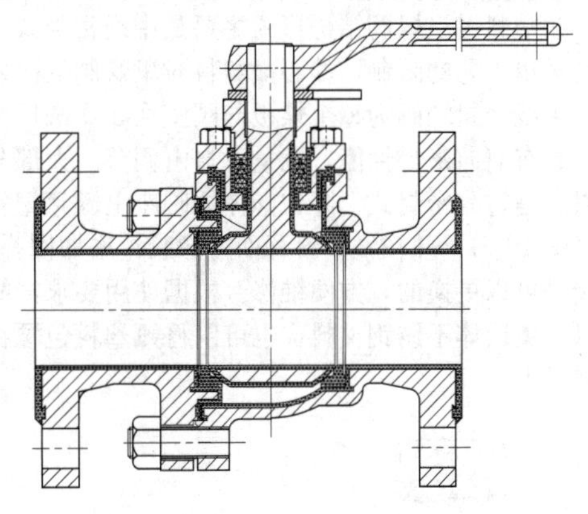

(a) 浮动球式

(b) 固定球式

图 19-4　氟塑料衬里球阀

19.3.5 氟塑料衬里蝶阀

氟塑料衬里蝶阀的关闭件为一圆盘形蝶板，在阀体内绕固定轴旋转来开启、关闭和调节流体通道的阀门称之为蝶阀。在蝶阀的过流面上衬一层氟塑料，用来隔绝介质与金属壳体的接触，这样的阀门便称为氟塑料衬里蝶阀。

氟塑料衬里蝶阀是近期发展最快的阀门品种，具有结构简单、体积小、重量轻、材料耗用省、安装尺寸小、开关迅速、90°往复回转、驱动力矩小等特点。用于截断、接通、调节管路中的腐蚀性介质，具有良好的流体控制特性和关闭密封性能。蝶板的流线型设计，使流体阻力变小，是一种节能型产品。

(1) 氟塑料衬里蝶阀性能参数

氟塑料衬里蝶阀可用于截断腐蚀性介质，也可用于调节流量。多用于低压和中、大口径的阀门。氟塑料衬里蝶阀参数如下：

公称压力　*PN*2.5～16

公称尺寸　*DN*50～1200

工作温度　$t\leqslant150$℃

适用介质　强酸、强碱类

(2) 氟塑料衬里蝶阀结构形式

氟塑料衬里蝶阀结构形式主要是中线密封式，由于受衬里工艺的限制，偏心氟塑料衬里蝶阀的研发较难。中线密封蝶阀为整个蝶板与阀座在360°圆周内同心，具有双向密封性能，流量可自由调节。大部分中线蝶阀是过盈密封式，即在阀体的阀座上镶氟塑料衬圈（图19-5），并在氟塑料背面衬橡胶，增加回弹性。镶圈是可以更换的，方便维修。根据使用要求，蝶板可以是奥氏体不锈钢材料，也可以将氟塑料包覆在碳钢蝶板上。

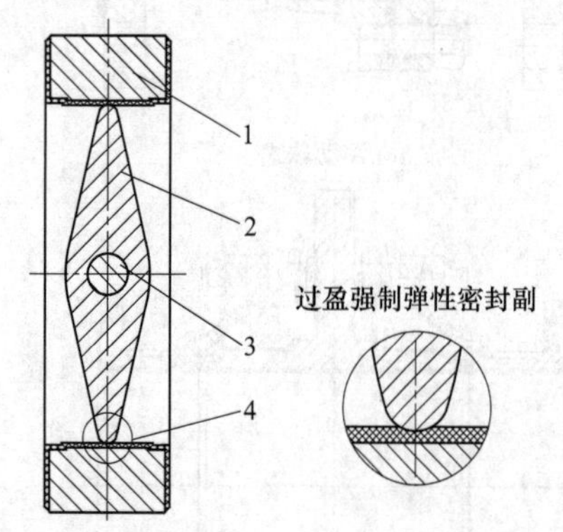

图19-5　中线密封蝶阀

1—阀体；2—蝶板；3—阀轴；4—弹性密封阀座

中线密封蝶阀由于是过盈强制性密封形式，因此适用压力有限，通常在≤*PN*10的工况条件下使用，随着公称尺寸的增大，适用压力减小。

氟塑料衬里蝶阀的法兰面也是对管道法兰的密封面，如果在安装这种阀门时，在两法兰面之间再加一个氟塑料垫片，会影响管道阀门的密封性能，因此，不必多此一举。

氟塑料衬里蝶阀的结构长度和总体高度较小，开启和关闭速度快，在完全开启时，具有较小的流体阻力，当开启到大约15°～70°之间时，又能进行灵敏的流量控制，蝶阀的结构原理最适合于制作大口径阀门。

在下列工况条件下，推荐选用氟塑料衬里蝶阀：

① 要求节流、调节控制流量；

② 要求阀门结构长度短的场合；

③ 要求启闭速度快的场合；

④ 压差较小的场合。

在双位调节、缩口的通道、低噪声、有气穴和汽化现象，向大气少量渗漏，可以选用氟塑料衬里蝶阀。

早年出现的蝶阀大都采用天然橡胶阀座密封，尽管有非常优异的密封性能，但适用温度压力较低，一般在70℃左右，不超过*PN*10。后来合成橡胶的出现并应用在蝶阀上，使适用温度提高到120℃左右，适用压力也相应提高到1.6MPa。特别是耐蚀性能、耐磨损性能有较大提高，直到今天在给排水工业中还被广泛使用。随着化学工业的快速发展，氟塑料的出现，使蝶阀的性能有了进一步提高，采用PTFE材料制造的蝶阀阀座，使蝶阀的适用温度提高到了180℃，适用压力也有较大提高，而且能耐强酸、强碱及化学溶剂的腐蚀。

(3) 氟塑料衬里蝶阀的特点

① 与同规格、同压力等级的其他阀门比较，氟塑料衬里蝶阀结构长度短、尺寸小、重量轻、结构简单。

② 启闭迅速、操作简便，可作快速启闭阀门用。

③ 具有良好的流量调节功能和关闭密封性，零泄漏。使用寿命长，能作调节阀使用。

④ 适合作大口径阀门，在大型防腐蚀工业管道上被广泛采用。

⑤ 氟塑料衬里蝶阀中较为优异的阀体结构是对夹式阀体，它可夹装于两管道法兰之间。这种结构的一个重要优点是，拉紧两个相配法兰的螺栓承受了由管道张力引起的全部张应力，并使对夹式阀体受到压缩。内部介质压力所产生的张应力使这一压缩应力得到缓和。而法兰式阀体除必须承受管道张力所产生的全部张应力外，还要增加内部管道压力所产生的张应力。由于这一情况，再加上大部分金属具有承受压缩负荷要比承受张力负荷的极限大一倍的特性，故推荐使用对夹式阀体。

(4) 氟塑料衬里蝶阀典型结构

氟塑料衬里蝶阀（图19-6）主要由阀体、带杆蝶板、氟塑料阀座圈及传动装置等组成。为了衬里工艺方便易行和保证产品质量，承压件采用精密铸造，大尺寸蝶阀的阀体和蝶板可采用钢板焊接，并符合相关标准的要求。

19.3.6　氟塑料衬里旋塞阀

塞子绕其轴线旋转而启闭通道的阀门称为旋塞阀。在旋塞阀的过流面上衬一层氟塑料，用来隔绝介质与金属壳体的接触，这样的阀门便称为氟塑料衬里旋塞阀。

氟塑料衬里旋塞阀是在氟塑料问世后最先出现的阀种之一，一般用于低压、小口径、温度不高的场合，作截断、分配和改变腐蚀性介质流向用。

(1) 氟塑料衬里旋塞阀性能参数

氟塑料衬里旋塞阀性能参数如下：

公称尺寸　*DN*15～500

公称压力　*PN*2.5～16

工作温度　$t \leqslant 150℃$

适用介质　强酸、强碱类

(2) 氟塑料衬里旋塞阀结构形式

氟塑料衬里旋塞阀结构形式有直通式、三通式和四通式。旋塞有圆柱形与圆锥形两种。根据使用要求，旋塞采用碳钢包覆氟塑料，也可用奥氏体不锈钢制作。

直通式氟塑料衬里旋塞阀主要用于截断腐蚀性介质流动；三通氟塑料衬里旋塞阀和四通氟塑料衬里旋塞阀则多用于改变腐蚀性介质流动方向或进行腐蚀性介质分配。

在圆柱形旋塞中通道截面一般为矩形，而在锥形旋塞中通道截面为梯形。这些形状使阀门结构变得轻巧，但也牺牲了压降。不缩口圆形通道通常只用于管路要进行刮擦和介质性质要求不缩口圆通道的场合。但是某些旋塞阀由于所使用的密封方法关系也只能做成全圆开通道。

旋塞阀最适于作为切断和接通介质以及分流使用，但是依据使用的性质和密封面耐冲蚀性，有时也可用于节流。

① 圆柱形旋塞阀　旋塞阀的使用在一定程度上要看阀塞与阀体之间产生密封的情况。圆柱形旋塞阀经常使用四种密封方法：利用密封脂、利用阀塞膨胀、使用 O 形圈、使用偏心旋塞楔入阀座。

圆柱形旋塞阀是一种油封旋塞阀，这种阀的阀座密封靠阀塞和阀体之间的密封脂来实现。密封脂是通过旋塞杆顶端带螺纹孔的机构，由注脂枪经阀塞杆体注入密封面。因此，当阀门在使用时，就可通过注射补充的密封脂来有效地弥补其密封不足。

② 锥形旋塞阀　密封件之间的泄漏间隙可通过用力将阀塞更深地压向阀座来调整。当阀塞与阀体紧

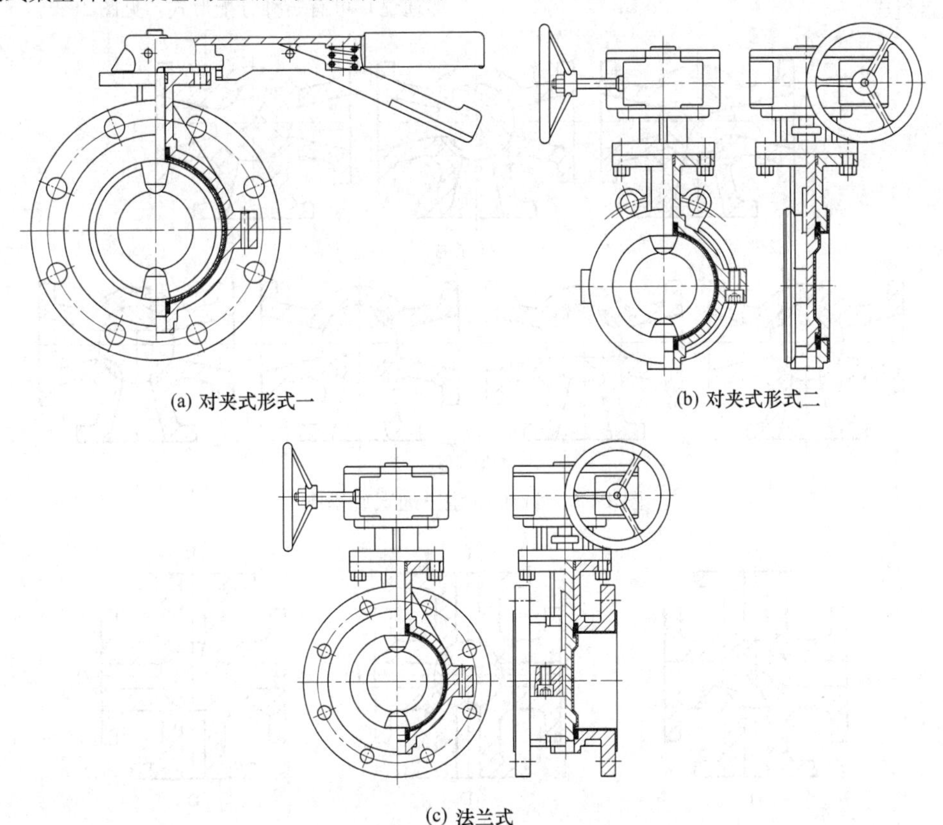

(a) 对夹式形式一　(b) 对夹式形式二

(c) 法兰式

图 19-6　氟塑料衬里蝶阀

密接触时，阀塞仍可旋转，或在旋转前从阀体提起旋转 90°后再密封。

锥形旋塞阀是使用非润滑的金属密封件。由于这种密封面之间的摩擦力较高，为保证旋塞能够运动自如，所允许的密封载荷要受到限制。因此密封面的泄漏空隙相对较宽，故这种阀只有在使用具有表面张力和黏性较高的液体时才能达到满意的密封效果。但是，如果在安装前旋塞涂上一层油脂，那么这种阀也可用于潮湿气体，例如湿的含油压缩空气。

(3) 氟塑料衬里旋塞阀的特点

① 结构简单，外形尺寸小，重量轻。

② 流体阻力小，介质流经旋塞阀时，流体通道可以不缩小，因而流体阻力小。

③ 启闭迅速、方便，介质流动方向不受限制。

④ 启闭力矩大，启闭费力，因阀体与塞子是靠锥面密封，其接触面积大。但若采用润滑的结构，则可减少启闭力矩。

⑤ 密封面为锥面，密封面较大，易磨损；高温下易产生变形而被卡住；锥面加工（研磨）困难，难以保证密封，且不易维修。但若采用油封结构，可提高密封性能。

(4) 氟塑料衬里旋塞阀典型结构

氟塑料衬里旋塞阀（图 19-7）主要由阀体、塞子和填料压盖组成。

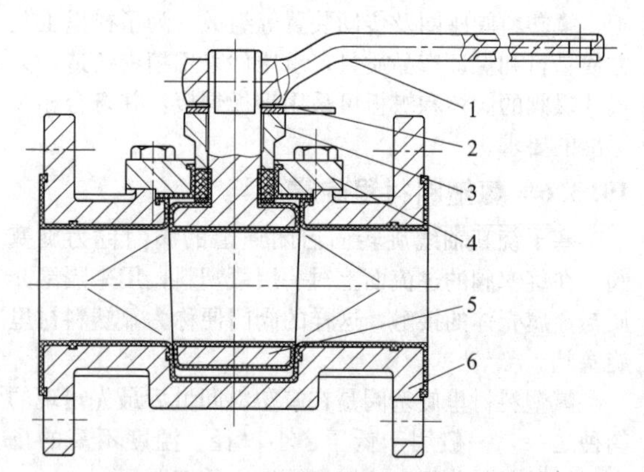

图 19-7 氟塑料衬里旋塞阀

1—阀体；2—旋塞；3—阀盖；4—填料压盖；5—定位块；6—手柄

① 阀体 其结构有直通式、三通式和四通式。

② 塞子 是旋塞阀的启闭件。塞子与阀杆成一体。塞子顶部加工成方头，用扳手可进行启闭。塞子与阀体的密封面由本体直接加工而成，其锥度一般为 1∶6 或 1∶7，密封面的精度和表面粗糙度要求高。在阀体上衬有氟塑料。三通式旋塞阀的塞子通道为 L 形或 T 形，L 通道有三种分配形式，T 形通道有四种分配形式，见图 19-8。四通旋塞阀的塞子有两个 L 形通道，可有三种分配形式，见图 19-9。

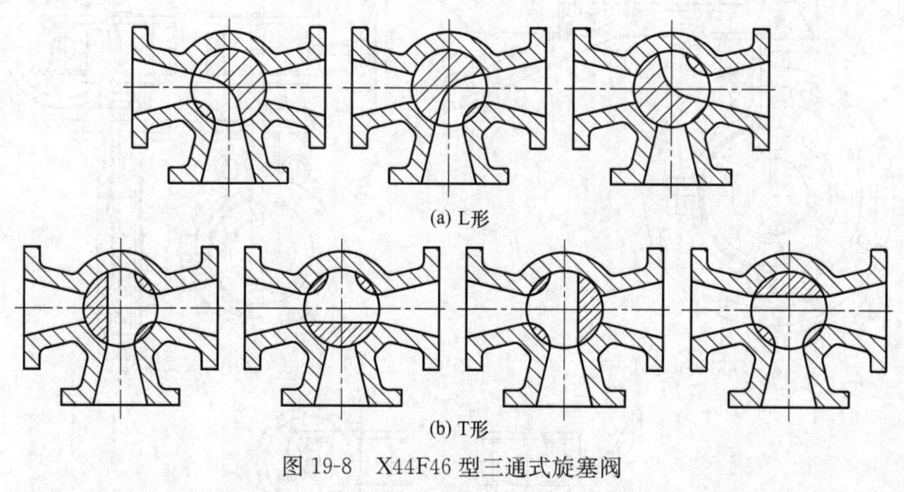

图 19-8 X44F46 型三通式旋塞阀

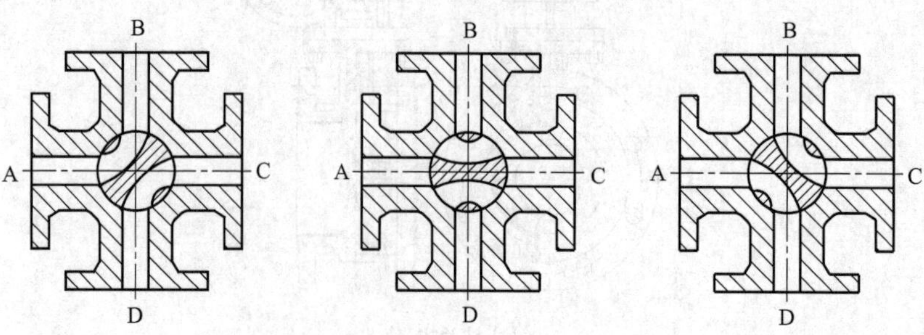

图 19-9 X45F46 型四通式旋塞阀

为了保证密封，必须沿塞子轴线方向施加作用力，使密封面紧密接触，形成一定的密封比压。

氟塑料衬里旋塞阀，旋塞有圆柱形或圆锥形，根据使用要求，旋塞采用碳钢包覆氟塑料，也可用奥氏体不锈钢制作，全衬或部分衬氟塑料。

③ 氟塑料衬里旋塞阀防静电装置　在氟塑料衬里的旋塞阀中，旋塞与阀杆同阀体之间对静电能绝缘。在这种情况下，流动介质的摩擦会在旋塞与阀杆中产生高得足以引起火花的静电。在双相流动时这种可能性更大。如果流经阀门的介质是可燃性的，则阀门必须装有防静电装置，即可使用旋塞与阀杆同阀体电路接通。

19.3.7　氟塑料衬里隔膜阀

启闭件（隔膜）由阀杆带动，沿阀杆轴线做升降运动，并将动作机构与介质隔开的阀门，称为隔膜阀。在隔膜阀的过流面上衬一层氟塑料，用来隔绝介质与金属壳体的接触，这样的阀门便称为氟塑料衬里隔膜阀。

(1) 氟塑料衬里隔膜阀性能参数

氟塑料衬里隔膜阀属于截断阀类，主要用于腐蚀性介质及不允许外漏的场合。目前生产较多的是屋脊式隔膜阀。其参数范围如下：

公称尺寸　*DN*15～300

公称压力　*PN*2.5～16

工作温度　$t\leqslant150$℃

适用介质　强酸、强碱类

(2) 氟塑料衬里隔膜阀结构

氟塑料衬里隔膜阀结构形式主要有屋脊式和直流式。

氟塑料衬里隔膜阀与一般阀门不同的是主要使用柔软的橡胶与氟塑料隔膜作为控制流体通断或调节流量的元件。它结构简单，密封性好，流道平滑、流阻系数相对较小，普遍应用于黏性介质、微颗粒流体及腐蚀性介质的管路上，特别是在火电系统的水处理装置上得到了广泛的应用。

由于阀体通道过流面衬有氟塑料，阀板上装有橡胶与氟塑料组合的隔膜件的作用，无论阀门处于开启或关闭的位置，流道内的腐蚀性介质始终与阀门的驱动部件隔离，故隔膜阀能采用普通材料代贵重金属而具有耐腐蚀性、耐磨性。阀体多采用碳钢、球墨铸铁、铝合金及不锈钢。

目前氟塑料衬里隔膜阀生产，有两大发展方向，一是大型化、高参数化，主要为了适应各种特殊要求。如公称压力可达 *PN*16～25，工作温度可达 −65～200℃。隔膜阀除了满足 300MW、600MW 及 1500MW 大型火力发电机组的水处理系统外，还用于 900MW 的核电站。二是能满足与一般工业管路的配套需要，以适应多种腐蚀性介质。其操作及驱动形式有手动、气动、电动、手-气动等。

图 19-10 是电站机组水处理系统上用得最多的手-气联动的氟塑料衬里隔膜阀。

(a) G641F46 型气动薄膜式衬里隔膜阀(常闭式)

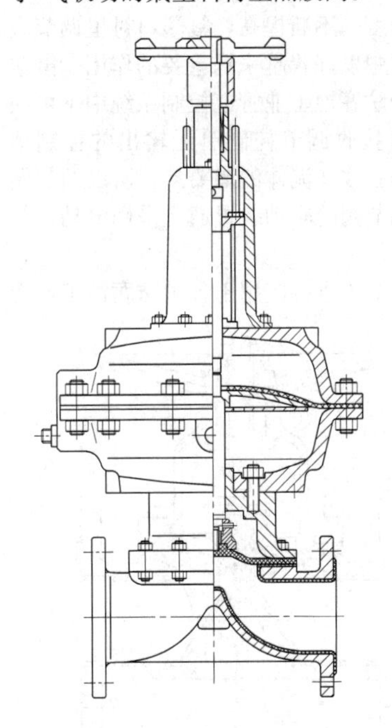

(b) G641F46 型气动薄膜式衬里隔膜阀(常开式)

图 19-10　手-气联动的氟塑料衬里隔膜阀

(3) 氟塑料衬里隔膜阀的特点

① 因采用氟塑料隔膜，使位于隔膜上方的阀盖、阀杆、阀瓣等零件不受介质腐蚀，亦不会产生介质外漏；不用填料机构，结构简单，维修方便。

② 受隔膜材料的限制，使用范围小，仅用于低压、温度不高的场合。

③ 氟塑料衬里隔膜阀典型结构见图 19-11。主要由阀体、阀盖、阀杆、隔膜、阀瓣、衬里层及传动装置等组成。

a. 阀体：结构常用屋脊式。

b. 隔膜：起阀瓣密封圈和垫片的作用，用螺栓固定在阀体和阀盖之间。隔膜由天然橡胶、氯丁橡胶、氟化橡胶与聚全氟乙丙塑料（F46）组合而成。隔膜的材料决定了隔膜阀的使用温度。

c. 阀瓣：通常为球冠状并与球芯隔膜吻合，在阀杆的驱动下与阀体密封面组成密封副，从而截断或接通腐蚀性介质。阀瓣与阀体密封弧线吻合的好坏，决定隔膜阀密封性能的优劣。

19.3.8 氟塑料衬里调节阀

氟塑料衬里调节阀是阀门行业根据防腐蚀工业管道的需要而研发的高新技术产品。

氟塑料衬里调节阀主要用于调节含有腐蚀性介质的流量、压力温度和液位。根据调节部位信号，自动调节开度，从而达到腐蚀性介质流量、压力、温度和液位的调节。

随着自动化程度的不断提高，氟塑料衬里调节阀在设备和管道控制中发挥着越来越重要的作用。氟塑料衬里调节阀成为防腐蚀工业管道控制系统中不可缺少执行元件，通过接收调节控制单元输出的控制信号，借助动力操作去改变流体的诸要素，所以调节阀也称为控制阀。调节阀的驱动装置通常采用电动、气动和液动。

氟塑料衬里调节阀直接应用于各种防腐蚀工业管道和设备上，其质量和可靠性不仅影响调节品质，而且还涉及系统的安全，维护人员安全和环境污染等重大问题。

调节阀在我国通用机械产品中属仪表行业，由于其越来越重要的作用，几乎在工业管道中无处不在，而氟塑料衬里调节阀又有其自身的特性，所以本节中仍将其列入，并做一般介绍。对于驱动装置和控制部分，本文不予叙述，请参阅第 15 章。

(1) 氟塑料衬里调节阀性能参数

① 调节阀技术参数

公称尺寸	*DN*20～200
公称压力	*PN*6～16
工作温度	−29～150℃
流量特性	线性、等百分比
输入信号范围	气信号：标准 20～100kPa 电信号：4～20mA
作用方式	正作用或反作用（气开或气关，电开或电关）
泄漏量	≤±0.01%（或零泄漏）
固有可调比	30∶1
基本误差	≤±8%
额定流量系数误差	≤±10%（K_V≤5 时±15%）
产品使用环境温度	−29～150℃

② 氟塑料衬里调节阀阀体主要材料和适用介质 氟塑料衬里调节阀所使用的壳体材料主要有碳钢和不锈钢，衬里材料主要有 PTFE、FEP、PFA 等。适用的介质主要是各种酸碱类化学物质、有机溶剂等。

③ 氟塑料衬里调节阀的流量特性 是指在调节阀进出口压差固定不变的情况下的流量特性，有直线、等百分比、抛物线及快开四种特性（表 19-3）。氟塑料衬里调节阀，通常应用最多的是直线流量特性（图 19-12）和等百分比流量特性（图 19-13）。

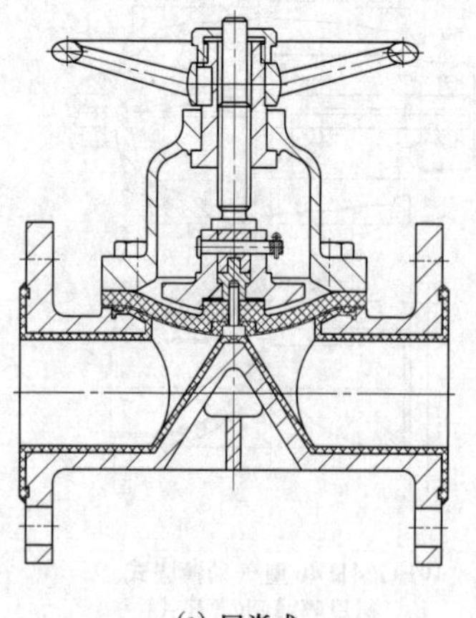

(a) 屋脊式

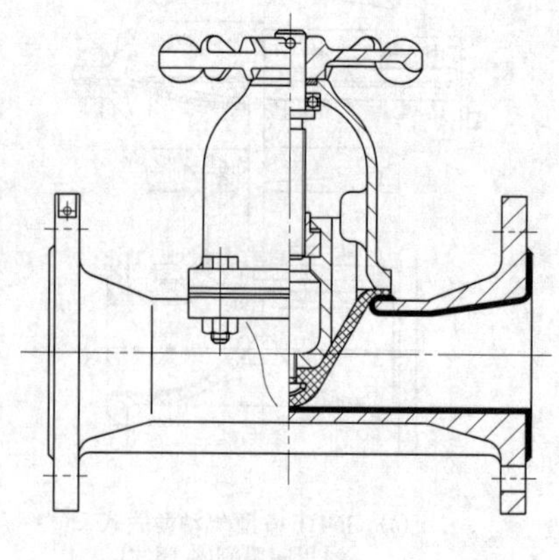

(b) 直流式

图 19-11 衬里隔膜阀

表 19-3　调节阀四种流量特性

流量特性	性　质	特　点
直线	调节阀的相对流量与相对开度呈直线关系，即单位相对行程变化引起的相对流量变化是一个常数	①小开度时，流量变化大，而大开度时流量变化小 ②小负荷时，调节性能过于灵敏而产生振荡，大负荷时调节迟缓而不及时 ③适应能力较差
等百分比	单位相对行程的变化引起的相对流量变化与此点的相对流量成正比，即调节阀的放大系数是变化的，它随相对流量的增大而增大。等百分比流量特性也称对数流量特性	①单位行程变化引起流量变化的百分率是相等的 ②在全行程范围内工作都较平稳，尤其在大开度时，放大倍数也大，工作更为灵敏有效 ③应用广泛，适应性强
抛物线	特性介于直线特性与等百分比特性之间，使用上常以等百分比特性代之	①特性介于直线特性与等百分比特性之间 ②调节性能较理想，但阀瓣加工较困难
快开	在阀行程较小时，流量就有比较大的增加，很快达最大	①在小开度时流量已很大，随着行程的增大，流量很快达到最大 ②一般用于双位调节和程序控制

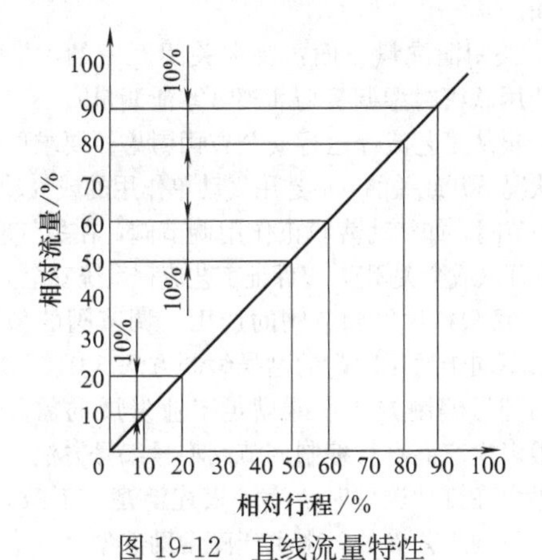

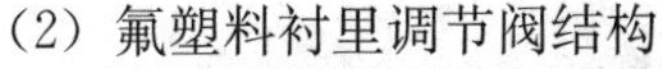

图 19-12　直线流量特性

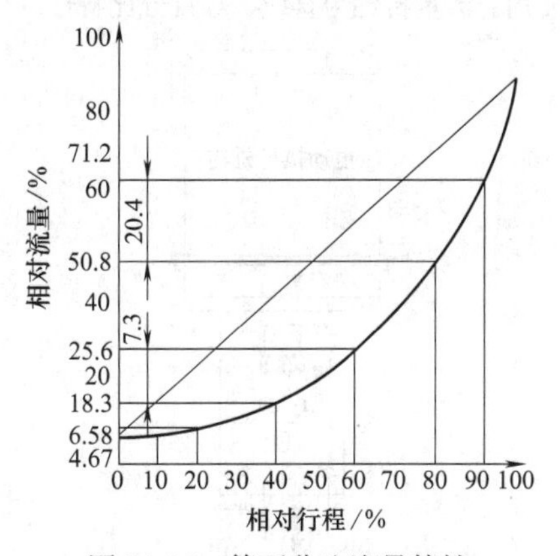

图 19-13　等百分比流量特性

(2) 氟塑料衬里调节阀结构

调节阀结构形式很多，受氟塑料材料和衬里工艺的限制，氟塑料衬里调节阀结构形式目前国内只有直行程单座球芯截止型氟塑料衬里调节阀与直行程隔膜阀型氟塑料衬里调节阀两种，角行程球阀形、蝶阀形、旋塞形氟塑料衬里调节阀相信不久也会问世。

目前常见的有气动单座氟塑料衬里调节阀与电动单座氟塑料衬里调节阀。

防腐蚀工业管道上用的氟塑料衬里调节阀主要由阀体、阀盖、阀瓣、阀座、阀杆等组成，见图 19-14。根据阀瓣调节的方式分直行程式和角行程式两种。

① 直行程式调节阀　流量是靠阀瓣在阀座中做垂直移动时，改变阀座流通面积来进行调节的。阀门的开、关由电动执行机构或气动、液动机构控制。属这类结构的有：单座调节阀、笼式调节阀、双座调节阀、套筒调节阀、三通调节阀、角形调节阀、隔膜调节阀等。

氟塑料衬里调节阀目前只有直行程单座调节阀一种。

② 角行程式调节阀　阀门的流量调节借圆筒形的阀瓣相对阀座回转，改变阀瓣上窗口面积来实现。阀门的开关范围，由阀门上方的开度指示板指示，指

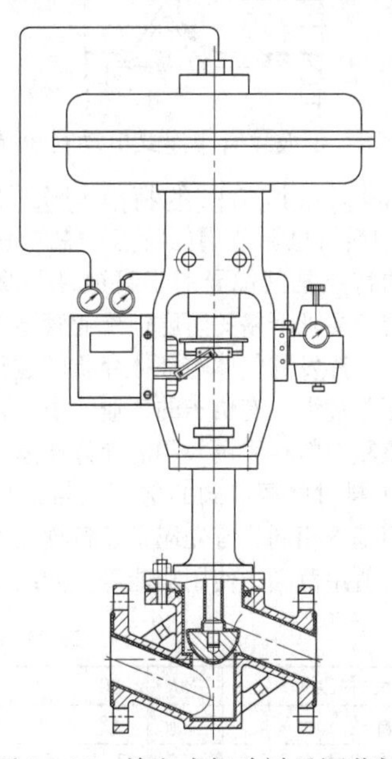

图 19-14　单座式气动衬里调节阀

示针所指示的开关范围与阀门的开关范围相一致。属于这类结构的有：蝶形调节阀、球形调节阀、偏心旋转调节阀等。

氟塑料衬里角行程式调节阀市场上目前还未见。

③ 常用氟塑料衬里调节阀的特点

a. 单座调节阀，见图 19-14。阀体由于只有一个阀芯和阀座，容易保证密封。泄漏量为 0.01%×K_VL/h，不平衡推力大，允许压差小，它适用于压差不大，泄漏量要求较严，在干净流体介质上使用。流量特性为直线、等百分比特性。

b. 带波纹管的单座调节阀（图 19-15），只有一个阀芯和阀座，阀芯与波纹管连接一体，保证腐蚀性介质在调节过程中不会从阀杆与填料之间外泄。泄漏量为零，它适用于压差不大，泄漏量要严格、洁净流体上使用。流量特性为直线、等百分比特性。

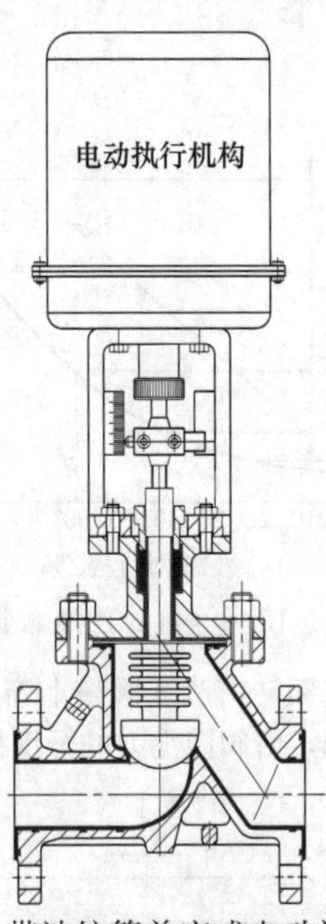

图 19-15　带波纹管单座式电动衬里调节阀

（3）氟塑料衬里调节阀的特点与选用

① 氟塑料衬里调节阀的特点　氟塑料衬里调节阀最显著的特点是其优异的耐腐蚀性与良好的密封性，可安装于要求严格的防腐蚀工业管道上，特别适用于有毒、易挥发的气体与液体介质的过程控制。但不适用于压差过大、有负压的工业管道。常用的气动直行程单座氟塑料衬里调节阀的允许压差见表 19-4。

② 氟塑料衬里调节阀的选用　与常规非衬里调节阀的选用基本相同。首先应了解各种类型调节阀的结构特点、适用范围、使用功能等。如结构类型、公称尺寸、压力温度等级、管道连接、上阀盖类型、流量特性、材料及执行机构等，还必须弄清控制过程中各工艺参数、调节仪表等基本条件，做到有的放矢，以满足防腐蚀工业管道中工艺流程控制的需要，确保高品质、安全、稳定、可靠、长期运行。还要注意其经济性能的适配，可从以下几点着手。

a. 流量、压力调节系统：反应速度快的选用等百分比流量特性。

b. 温度、液位调节系统：反映滞后的应选用直线（性）流量特性。

c. 流通能力：同口径调节阀的流量系数“K_V 值”越大越好，阀阻力损失小、流通能力大。

d. 如流体介质有毒、有害、易造成人员伤害时：应考虑选用波纹管密封的调节阀（无填料阀），严密无泄漏。

e. 关闭泄漏量方面：要求关闭严密的，常温低压阀选用软密封型调节切断阀（零泄漏量）。

f. 再从工艺流程运行安全方面考虑：要求阀门在事故状况下开或关的，应选用气动单作用的或气动薄膜式的调节阀。如气动薄膜正作用调节阀，在失气状态，阀门全开（或全关闭），以保证工艺流程系统安全。

③ 氟塑料衬里调节阀的选用　调节阀的型号编制方法不同于通用阀门的型号编制方法（JB/T 308），现有的型号编制方法不能满足工业发展的需要。因此，很多生产商自行编制调节阀型号编号方法。

用户在订货选型时，为了表述清楚，不致含混，可提出下列工艺参数，由生产商帮助选型。

• 产品位号；
• 产品型号、名称；
• 公称尺寸和阀座直径；
• 公称压力或压力等级；
• 法兰连接类型（法兰、焊接、螺纹）；
• 流量系数 C_V 或 K_V 值；
• 流量特性；
• 工作温度范围；
• 阀体、阀内组件材料；
• 执行机构型号、行程、弹簧范围；
• 阀作用类型（气开、气关；电开、电关）；
• 是否配用阀门定位器及所要求的输入信号；
• 附件（手动机构、保位阀、电磁阀，空气过滤减压阀，行程开关等）；
• 电动调节阀应提出是否配用伺服放大器、操作器。

表 19-4　氟塑料衬里调节阀的允许压差

公称尺寸 DN	20	20	20	20	25	32	40	50	65	80	100	125	150	200
阀座直径/mm	10	12	15	20	25	32	40	50	65	80	100	125	150	200
允许压差/kPa	5.3	3.7	2.3	1.3	0.8	0.5	0.5	0.3	0.25	0.2	0.12	0.12	0.08	0.05

19.3.9　氟塑料衬里管件

氟塑料衬里管件随着石化、制药、皮革、印染、电力、水处理等工业的发展，用量日益增长。由于氟塑料衬里管件具有优良的防腐蚀性能，重量轻，安装方便，节省贵重金属，生产成本较低，其用途也越来越广泛。

氟塑料衬里管件与氟塑料衬里阀门及相关设备连接在一起，主要用于防腐蚀工业管道上，完成腐蚀性介质输送、分配和调控的任务。

(1) 氟塑料衬里管件性能参数

公称尺寸　*DN*25～2000

公称压力　*PN*2.5～16

工作温度　－40～180℃

适用介质　强酸、强碱类

(2) 氟塑料衬里管件的种类与结构

氟塑料衬里管件的品种、规格繁多，主要有氟塑料衬里直管、弯管（弯头）、三通管、四通管、异径管 、波纹管等。

① 氟塑料衬里直管直径一般为 *DN*25～300，最大直径达到 *DN*2000 以上，长度可达 8m。公称尺寸小且长度短的直管采用铸钢管，公称尺寸大的一般采用卷板焊管，钢管壁厚 3～8mm，衬里层厚度 2～3mm。主要衬里材料为 F4、F46、F40 及 PO，每种材料的衬里工艺都不一样，可根据使用介质的不同，合理选用。

② 氟塑料衬里弯管（弯头）有 90°、45°、60°、30°等多种弯管，根据需要选择。最大直径达到 *DN*300，公称尺寸小的弯管采用铸钢件，公称尺寸大的一般采用卷板焊管制作，钢管壁厚 3～8mm，衬里层厚度 2～3mm。主要衬里材料为 F4、F46、F40 及 PO 等。

③ 氟塑料衬里三通管最大直径达到 *DN*300。公称尺寸小的三通管采用铸钢件，公称尺寸大的一般采用卷板焊管制作，钢管壁厚 3～8mm，衬里层厚度 2～3mm。主要衬里材料为 F4、F46、F40 及 PO 等，每种材料的衬里工艺都不一样，可根据使用介质的不同，合理选用。

④ 氟塑料衬里四通管最大直径达 *DN*300。公称尺寸小的四通管一般采用整体铸造工艺，公称尺寸大的一般采用卷板焊管制作，钢管壁厚 3～8mm，衬里层厚度 2～3mm。主要衬里材料为 F4、F46、F40 及 PO 等，每种材料的衬里工艺都不一样，可根据使用介质的不同，合理选用。

⑤ 氟塑料衬里异径管有：异径直管、异径弯管、异径三通管、异径四通管、异径多通管等。根据需要制作，多为非标产品。因此，在合同中应有严格的约定。其制作方法多采用等压成形工艺。如用 PO 材料衬里，可采用三维旋转滚塑工艺，降低生产成本。

⑥ 氟塑料衬里波纹管多作补偿器用。一般直径为 *DN*25～300，最大直径可到 *DN*2000 以上，长度不限。一般采用碳钢、不锈钢、不锈钢编织网、橡胶等材料作外壳，内衬 F4、F46 及 PO 等塑料。用于防腐蚀工业管道错位差、位移、尺寸变化及振动部位的连接，还可用作装有腐蚀性介质的储罐、槽车等设备的给排料管。

(3) 氟塑料衬里管件典型结构（图 19-16）

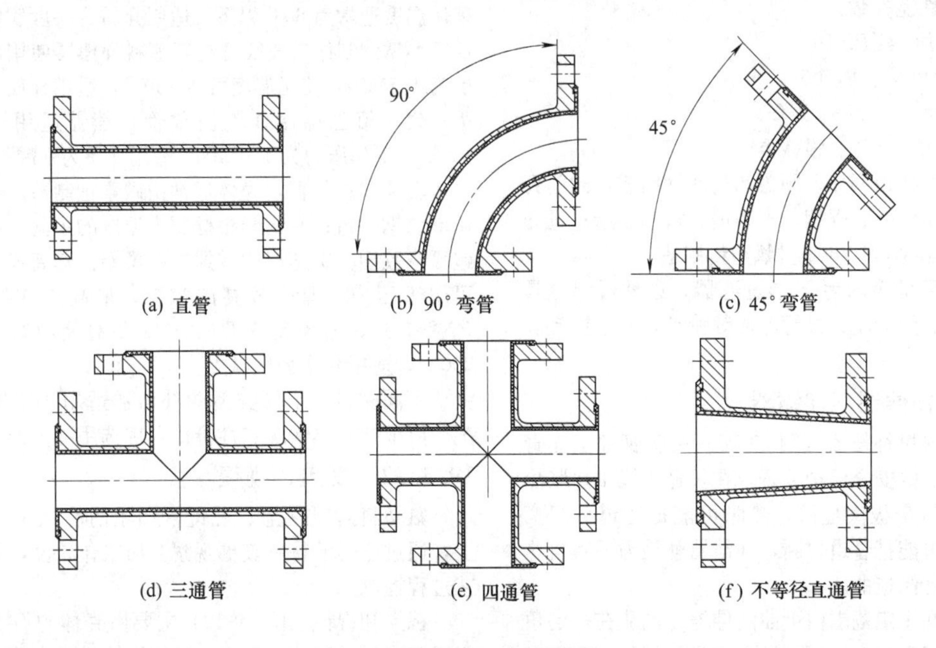

(a) 直管　(b) 90° 弯管　(c) 45° 弯管

(d) 三通管　(e) 四通管　(f) 不等径直通管

图 19-16　衬里管件

19.3.10 过滤器

氟塑料衬里过滤器（图19-17）是输送腐蚀性流体介质管道系统中不可缺少的一种装置，通常安装在减压阀、泄压阀、定水位阀或其他设备的进口端，用来清除介质中的杂质，以保护阀门及设备的正常使用。常用的过滤器有Y形、T形和桶形。

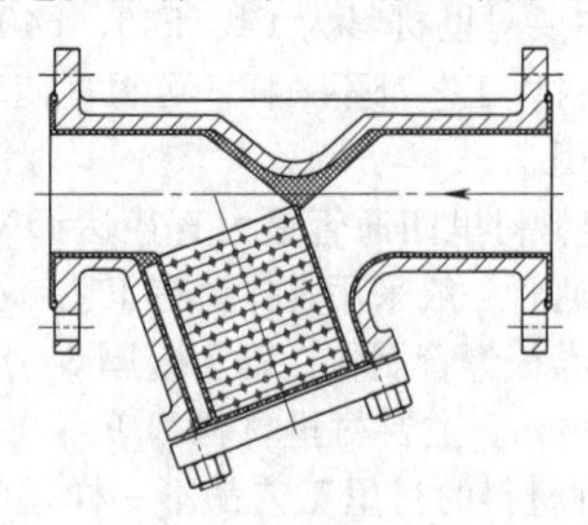

(a) Y形过滤器

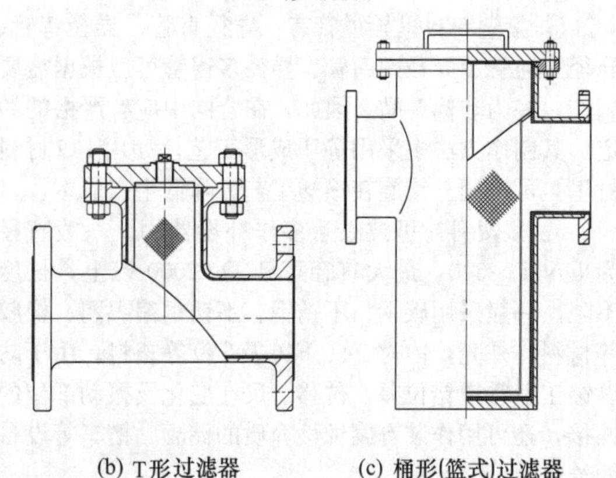

(b) T形过滤器　　(c) 桶形(篮式)过滤器

图19-17　衬里过滤器

过滤器性能参数：

公称压力　≤*PN*16

公称尺寸　≤*DN*500

适用温度　−29～150℃

适用介质　强酸、强碱类

过滤器主要由阀体、阀盖和过滤网组成，阀门壳体材料主要由铸铁、碳钢、不锈钢、黄铜制造；过滤网一般都采用WCB、304衬氟塑料制造。

通常使用量大的为Y形过滤器，这种过滤器具有结构简单、阻力小、排污方便等特点，便于拆卸和清除污物。

19.3.11 补偿器（伸缩器）

氟塑料衬里补偿器（图19-18）是防腐蚀工业管道上不可缺少的安全保护装置。在长输管线中热胀冷缩会对管道带来极大危险。热胀可能把管道弓起变形，冷缩时可能把管道拉断，补偿器就是为了解决这个难题而设计制造的。

补偿器在一定范围内可曲向伸缩，也能在一定角度范围内克服管道对接不同轴而产生的偏移。

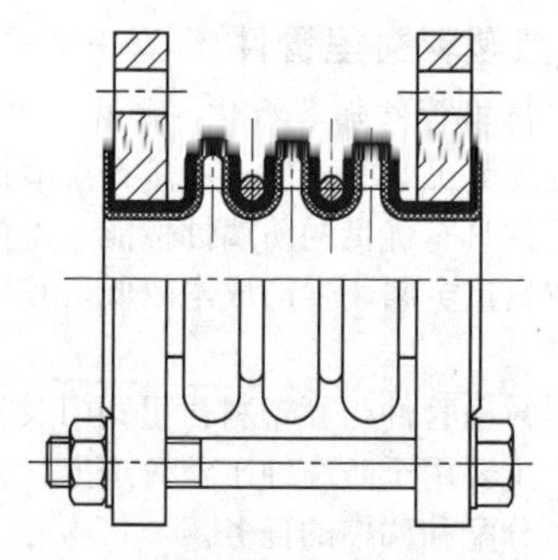

(a) 不锈钢波纹管衬里补偿器

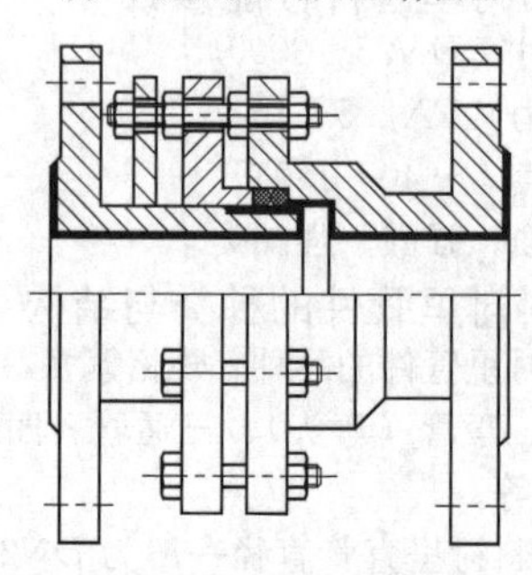

(b) 套筒衬里补偿器

图19-18　衬里补偿器

防腐蚀工业管道上常用补偿器有不锈钢波纹管衬氟塑料式和套筒内衬氟塑料式。

补偿器一般由波纹管和连接法兰组成，内衬氟塑料。套筒式补偿器由主壳体、伸缩套筒、密封圈、压套限位板等零件组成，内衬氟塑料。波纹管常用橡胶、不锈钢材料制作。橡胶制作的波纹管补偿器只用于温度压力比较低的工况，工作压力通常在0.6MPa以下，使用温度通常为80℃以下，适用介质为一般腐蚀性物质；不锈钢制作的波纹管衬氟塑料补偿器使用压力一般为1.6MPa，使用温度可达150℃，适用介质为酸碱类；聚四氟乙烯制作的波纹管补偿器适用温度为180℃，工作压力为1.0MPa，适用介质为强酸强碱类。

套筒式补偿器，壳体通常由碳素钢制造，也可采用不锈钢制造；密封圈根据压力温度的不同，可选用包氟橡胶圈、氟塑料圈或柔性石墨圈。套筒式补偿器可用于压力、温度较高的工况，最高工作压力为*PN*25，最大通径高达*DN*2000，最高使用温度可达200℃，适用介质为酸碱类。

不同材料，不同类型的补偿器适用于不同的工况，可根据具体情况和性价比合理选用补偿器。

19.3.12 视盅、视镜

氟塑料衬里视盅、视镜常用于防腐蚀工业管道上，通过透明的特制玻璃观察介质工作状况，便于工艺过程控制。

视盅和视镜（图19-19）主要由壳体与石英玻璃组成，内衬氟塑料。视盅、视镜壳体材料由碳钢、不

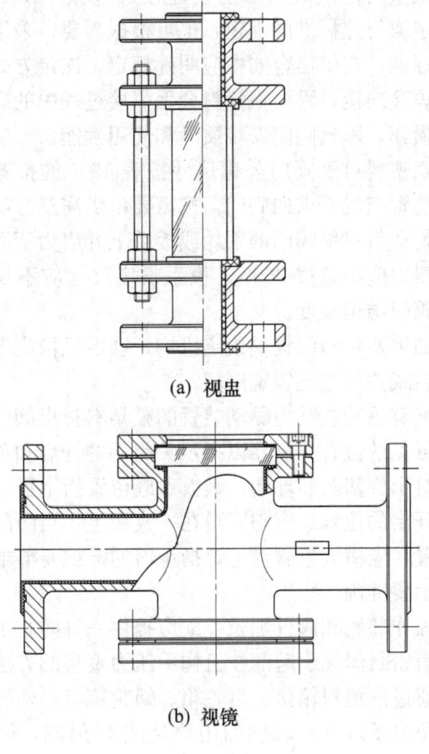

(a) 视盅

(b) 视镜

图 19-19　衬里视盅和视镜

锈钢、铝合金制造，透明玻璃因要承受一定压力和温度，所以采用石英玻璃制造。

视盅、视镜的性能参数如下：

公称压力　≤PN16

公称尺寸　≤DN200

适用温度　t≤150℃

适用介质　强酸、强碱、有机溶剂类物质

19.4　氟塑料衬里阀门设计制造规范

19.4.1　氟塑料衬里阀门设计规范

氟塑料阀门衬里的公称尺寸，按表 19-5 所列氟塑料衬里阀门的公称尺寸选取。如有特殊要求，按合同约定。

氟塑料衬里阀门的技术条件按 HG/T 3704—2003《氟塑料衬里阀门通用技术条件》或相应金属阀门的设计规范。

由于氟塑料衬里阀门有其自身的特点和要求，因此还必须满足下列技术要求：阀门壳体的最小壁厚按照 GB/T 12224 标准中的规定，根据不同类型不同结构的阀门，其压力等级按 PN10、PN16 和 PN25 选取，但此壁厚不包括衬里层厚度，衬里层厚度推荐采用表 19-6 的尺寸，也可按供需合同要求确定。

表 19-5　各类衬里阀门公称尺寸范围

公称尺寸 DN	闸阀	截止阀	升降式止回阀	旋启式止回阀	球阀	蝶阀	旋塞阀	隔膜阀
15	—	√	√	—	√	—	—	√
20	—	√	√	—	√	—	—	√
25	—	√	√	√	√	—	√	√
32	—	√	√	√	√	—	√	√
40	√	√	√	√	√	—	√	√
50	√	√	√	√	√	√	√	√
65	√	√	√	√	√	√	√	√
80	√	√	√	√	√	√	√	√
100	√	√	√	√	√	√	√	√
125	√	√	√	√	√	√	√	√
150	√	√	√	√	√	√	√	√
200	√	√	√	√	√	√	√	√
250	√	√	√	√	√	√	√	√
300	√	√	√	√	√	√	√	√
350	√	—	—	√	√	√	—	—
400	√	—	—	√	√	√	—	—
450	√	—	—	√	√	√	—	—
500	√	—	—	√	√	√	—	—
600	√	—	—	—	—	√	—	—
700	—	—	—	—	—	√	—	—
800	—	—	—	—	—	√	—	—
1000	—	—	—	—	—	√	—	—
1200	—	—	—	—	—	√	—	—

表 19-6 氟塑料衬里厚度

公称尺寸 DN	衬氟塑料厚度/mm
10 15 20 25 32	≥2.0
40 50 65 80	≥2.5
100 125 150 200 250 300 350 400	3～4
450 500 600 700 800	≥4
900 1000 1200	≥5

表 19-7 阀门公称尺寸

公称尺寸 DN	孔口直径 (PN6～16)/mm	公称尺寸 DN	孔口直径 (PN6～16)/mm
15	13	450	436
20	19	500	487
25	25	550	538
32	32	600	589
40	38	650	633
50	49	700	665
65	62	750	710
80	74	800	768
100	100	850	830
150	150	900	874
200	200	950	925
250	250	1000	976
300	300	1050	1020
350	334	1200	1166
400	385		

法兰连接氟塑料衬里阀门的结构长度及对夹连接氟塑料衬里阀门的结构长度按 GB/T 12221 的规定。在我国经济发展过程中，引进了大量国外先进技术和设备，与其相连接的阀门结构长度各不相同，因此可根据具体情况确定其结构长度。

氟塑料衬里阀门的法兰连接尺寸按 GB/T 9113 的规定或行业标准的规定，也可根据需要，采用国外法兰标准，在供需合同中应明确规定。连接方式不得采用焊接连接，因为氟塑料会因焊接过程中的高温而变形损坏，影响阀门安装质量和使用性能。

氟塑料衬里阀门公称尺寸按表 19-7 的推荐。对于有清管扫线要求的阀门，按需要由供需双方约定。

氟塑料衬里阀门的手轮或扳手上开启力所需要的最大扭力应不超过 360N。扳手长度尺寸应不长于两倍的阀门结构长度。

如果要求阀门提供锁定机构，锁定机构应设计为在开启或关闭位置锁定阀门。

配有手动或动力驱动装置的氟塑料衬里阀门应有一个可见的位置指示器以指示关闭件的开启和关闭位置。对于旋塞阀和球阀，其扳手或位置指示器，当阀门在开启的位置，应与管道在一直线上，当阀门在关闭位置，应横置于管道上。指示器的标识要清晰，位置显示要准确。

操作装置和阀杆加长装配应提供一种防止由阀杆或阀盖密封泄漏引起的在机构中压力聚集的方法。如阀杆通过的填料箱函、齿轮箱、蜗轮箱等，外部的连接部位应予以密封，例如用垫片或 O 形圈，以防止外界杂质进入机构。

驱动装置还可采用电动、液动或气动方式；装置与阀盖或阀杆加长装置的连接面应设计成能防止零件的错误或不当的装配；传动装置的输出应不超过阀门的驱动链的最大载荷能力。

阀杆应设计有防喷出机构，以防止在阀杆填料或保护圈卸去后在内压下阀杆喷出。

19.4.2 氟塑料衬里阀门的内部设计

通用阀门的设计，只需考虑阀门铸件的铸造工艺性和结构的合理性即可，对于氟塑料衬里阀门来说，这还不够，还要考虑氟塑料衬里的模压工艺性、生产成本、流道畅通等问题。

例如氟塑料衬里截止阀（图 19-20），其 S 形的阀门壳体流道设计，在铸造工艺性上可满足要求，如果是氟塑料衬里截止阀设计成这样的结构，氟塑料衬里模压工艺将无法实现。为了满足氟塑料衬里模压的工艺性要求，又符合截止阀的一般性能参数规范，氟塑料衬里截止阀应设计成图 19-20（b）和（c）所示的样式。

又如球阀的球体与阀杆（图 19-21），蝶阀的蝶板与阀杆，通用阀门的设计是分开的。如果氟塑料衬里球阀和蝶阀采用这样的连接方式，氟塑料衬里工艺性可行但使用效果上有问题。阀杆与球体（蝶板）连接部位在反复交变受力过程中，容易损坏衬里层，导致衬里层破坏，钢质骨架会受到腐蚀性介质的腐蚀而失

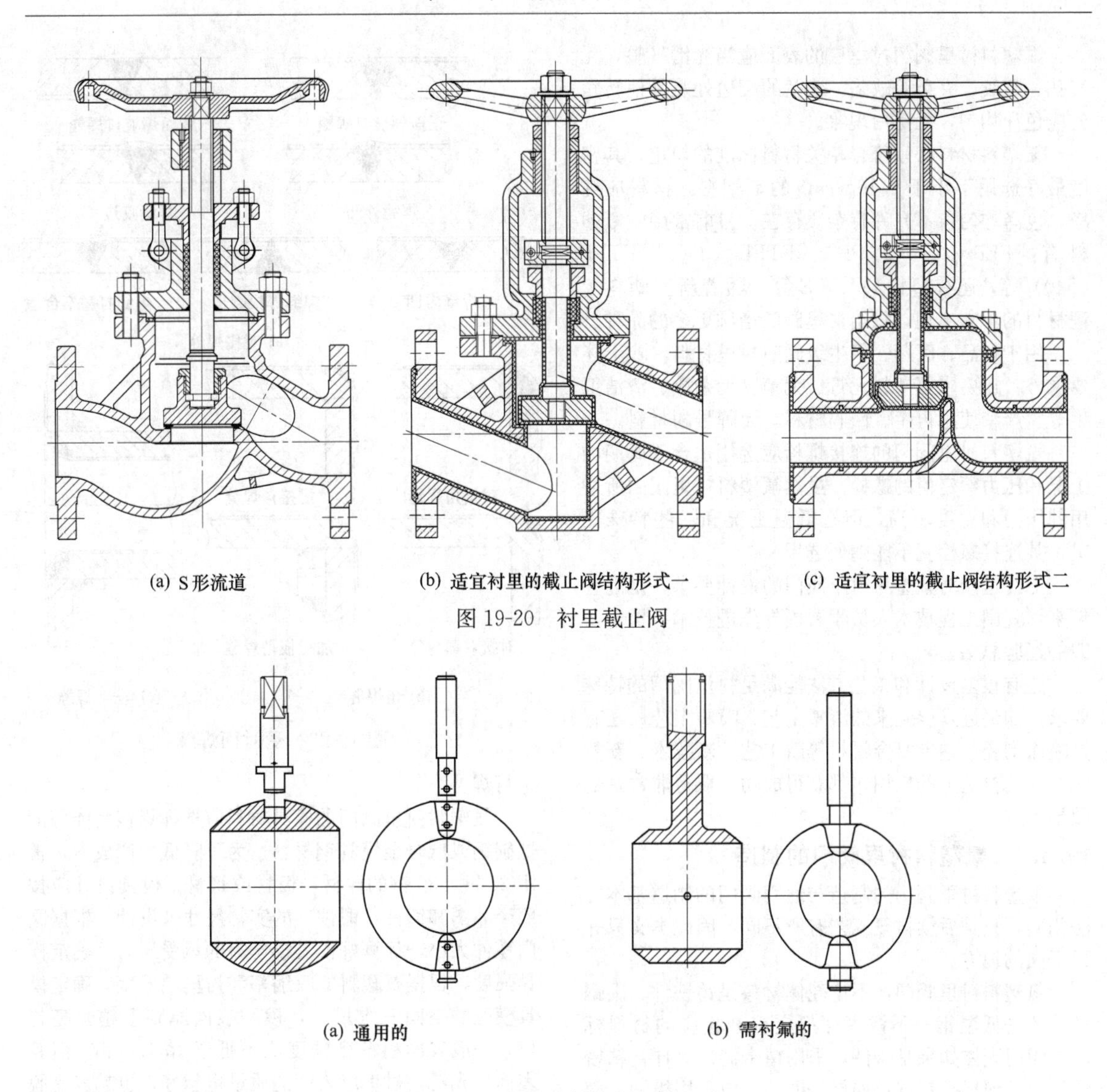

(a) S形流道　(b) 适宜衬里的截止阀结构形式一　(c) 适宜衬里的截止阀结构形式二

图 19-20　衬里截止阀

(a) 通用的　(b) 需衬氟的

图 19-21　球阀球体与阀杆的连接

效，从而缩短阀门使用寿命。所以，在设计中，通常设计成连体形，实践证明，这样的设计使用效果良好。

氟塑料衬里阀门的内部设计形状应尽量简洁，要充分考虑模具制造的简易，模压工艺的合理，制造成本的低廉，并保证介质流动顺畅，要求衬里面平整，所有转角处呈圆弧过渡，圆弧半径 $R\geqslant 2\text{mm}$。

氟塑料衬里阀门的壳体承压件，如采用焊接方式，其焊缝应设计为连续焊，焊缝应打磨平整，无棱角锐边。焊缝应符合 GB 150.1～150.4 的规定。

法兰面的氟塑料衬里应设计成衬满密封面，并且有扣紧基体的设计结构，防止脱壳（图 19-22）。

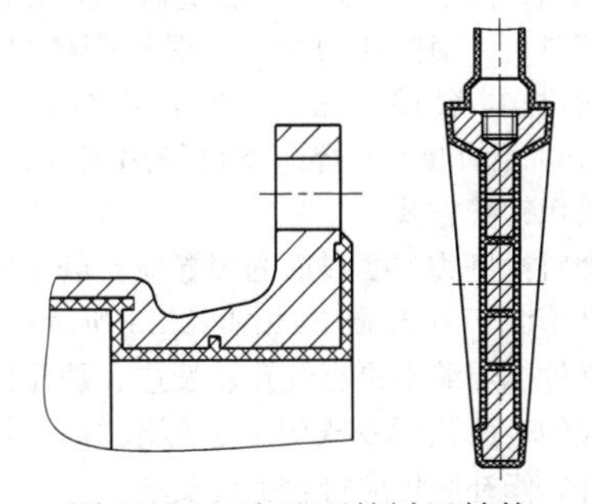

图 19-22　法兰面的衬里结构

氟塑料衬里阀门衬里层厚度不得小于 2mm。因为氟塑料是高分子材料，具有吸收少量与其接触的气体的特性。随着温度升高，材料体积膨胀，分子之间空隙增大，渗透吸收加剧，只有适当增加厚度才能减少渗透。因此，在衬里层设计时采用增加厚度来弥补这一缺陷，经过试验氟塑料衬里层厚度在 1.5mm 以上就无渗透。所以氟塑料衬里层厚度 $\delta\geqslant 2\text{mm}$ 较为合适。

氟塑料衬里阀门衬里层的表面应当光滑平整，无气孔、裂纹、夹杂等缺陷。法兰的翻边处及其他转角处应色泽均匀，无泛白现象。

氟塑料材料必须符合相关材料标准的规定，其密度最好选用不小于 2.16g/cm³ 的氟塑料，材料应纯净，色泽均匀，不允许有杂质存在。目前常用的氟塑料有：FEP（F46）、PFA、PTFE（F4）、ETFE（F40）等，还有塑料 PO、PE 等。随着新型塑料工程材料的不断出现，将给衬里阀门增添更多的品种。

用于食品、医药、卫生级阀门衬里材料，除上述要求外，还要求氟塑料无毒、无菌、无杂质、清洁卫生等。严禁使用再生、回收材料，无牌号的材料。

氟塑料衬里阀门的连接螺栓应选用适合于阀门的工况和压力额定值的螺栓。虽然氟塑料衬里阀门所适用的压力和温度不高，但在低温工况和一些特殊工况，其连接螺栓就不能随便选用。

上述这些对氟塑料衬里阀门的设计要求，是近些年来，我国工程技术人员学习国外先进技术，勇于实践的经验总结。

还有很多设计和工艺方法能满足衬里阀门的特殊要求，如最近发展起来的滚塑工艺、喷塑工艺，还有热喷涂陶瓷、纳米复合材料等新工艺、新技术、新材料在阀门衬里上的应用，都获得成功，取得非常好的效果。

19.4.3 氟塑料衬里阀门的制造

氟塑料衬里阀门的制造与通用阀门的制造基本方法相同，只是后续衬氟工艺有所不同，因此本文只介绍不同的地方。

氟塑料衬里阀门，不论壳体材料是铸铁件、碳钢件，还是低温钢、不锈钢件都应符合相应的材料标准，阀门壳体如果是铸件，采用精密铸造为佳，精密铸件的几何尺寸较好；如果是锻件，应采用模锻，模锻尺寸准确，便于衬里。无论是铸件还是锻件都应进行热处理退火，消除应力变形，保持壳体尺寸规范。如果是钢板拼焊件（图 19-23），焊缝应符合 GB 150.1～150.4 的规定，焊缝不得采用点焊、间断焊，更不得采用铆接方式。

氟塑料衬里阀门受衬面的焊缝应打磨平整，焊缝凸出高度不大于 0.5mm。如图 19-23 所示，打“×”为不合格件。焊缝不得有气孔、咬边、裂纹以及任何其他形式的表面孔洞及未焊缝透等缺陷。不合格时，可以修补。修补后仍应符合上述要求。

氟塑料衬里阀门的机加工，焊接等工序必须在氟塑料衬里之前完成。受衬面的焊渣、油污、飞溅物等杂物应予以彻底清除。衬里前，应按 GB/T 8923.2 的规定进行除锈处理。承压壳体在衬里前最好能做强度试验和密封试验。发现孔洞或需要加强的地方应按 GB 150.1～150.4 的规定进行焊补，不得在衬里后再进行焊补。

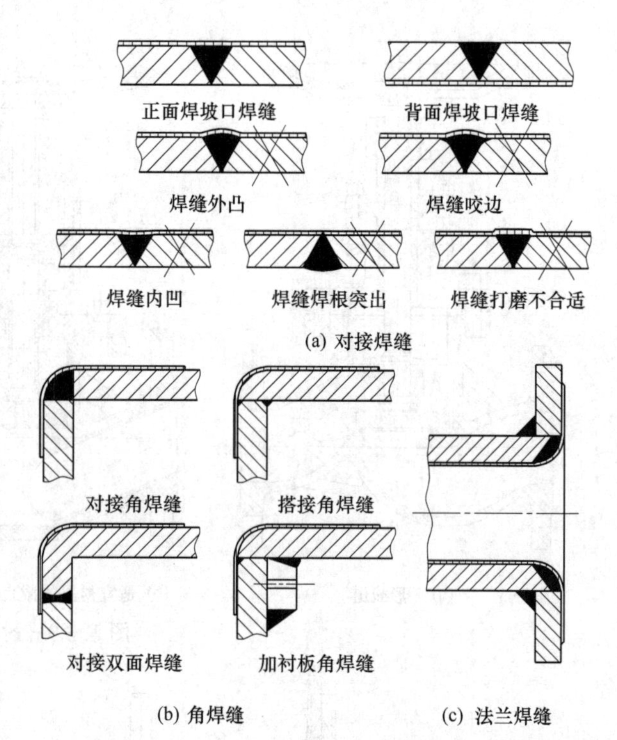

图 19-23 受衬面焊缝

氟塑料衬里阀门的模具材料应选择焊接性能好的低碳钢或低合金模具钢材料。为了降低生产成本，常用 25 钢、30 钢的棒材、板材或管材。模具设计应按照产品图和铸件（锻件）的实物尺寸来设计。根据阀门零件大小，计算好模具模压时的承受压力，确定模具强度；根据氟塑料的收缩率和衬里层厚度，确定模具模腔的空间三维尺寸，模腔表面原则上越光亮越好，一般表面粗糙度精度应不低于 $Ra1.6\mu m$。模腔表面越光滑，衬里层表面的质量也越好，也越容易脱模。但对于为了保证装配质量，需要机加工的衬氟塑料面可降低要求，减少生产成本。

模具的制作加工最好采用数控机床加工，也可采用线切割、电火花加工，还可采用普通机床，人工控制加工，根据生产规模与企业实际情况而定。模具制作的好坏对衬里层质量影响很大，必须由有经验的模具钳工来完成。

氟塑料衬里阀门的衬里加工需要有相应的模压设备，如压力机、加热炉、称料用的天平以及钳工工具、工作台等。

根据生产规模、品种规格选用相应的压力机，参照表 19-8。

加热设备应根据产品和种类、规格来合理选购加热炉。加热炉的内腔应能满足阀门的最大体积和模具体积所占的空间的要求，加热炉的功率应能满足模压工艺的需要，升温时间符合衬里工艺要求。加热炉应有温控装置和温度表，温度表的正负误差不超过 5℃。

表 19-8　压力机的选用

阀门公称尺寸 *DN*	压力机吨位/t
15～50	50～80
50～100	50～80
100～200	80～100
200～400	80～120
400～600	100～160
600～800	160～200
800～1200	200～300

氟塑料衬里阀门加热时间和温度，以聚全氟乙丙稀 FEP 和 PO 为例，如表 19-9 所示。

表 19-9　氟塑料衬里阀门加热时间和温度

材料	加热时间/h	加热温度/℃	终止加热温度/℃
FEP	4	340±5	80
PO	3	220±5	20

模压工艺以聚全氟乙丙塑料（FEP ）为例，FEP（F46）可在 330～350℃压缩成形。如果温度超过 350℃即很难将工件从模具中取出，还可能使模具受侵蚀，理想的成形压力是 5～8MPa。冷却时在温度降到 200℃前须维持此压力，如不保持此压力的话，会在衬里表面产生凹坑和气孔。待温度下降至常温出模。

氟塑料衬里车间应保持良好的工作环境，注意生产安全，特别是人身安全，这是其特殊工作性质决定的。

① 聚全氟乙丙塑料（FEP）在烧制过程中或树脂温度达（230℃）的高温场所必须安装局部排风设备进行充分换气，切勿吸入分解气体，达到 360℃高温时，热分解加剧，可能产生氟化氢气体。人吸入此气体可能出现类似患流感时的综合症状。

② 抽烟前应洗手，因为粘有聚全氟乙丙塑料（FEP）粉末吸烟有可能吸入分解气体。

③ 聚全氟乙丙塑料（FEP）燃烧时会产生有毒气体，绝对不允许燃烧废料，废料应采用填埋处理，或委托专业废弃物处理公司处理。

④ 模压工作间应保证人流和物流畅通，车间内应设人行通道（1.5m 宽）和车行通道（3m 宽）。对危及人身安全的设备及区域应设置安全标志牌。

⑤ 各种高压电线电缆应安置在专门的地沟或管道内，模具应设置专门的货架分类存放，定期检查，保证精度，工作面不得有锈蚀损坏。氟塑料等贵重原材料应有专门的存放库房，并由专人负责保管。工具应摆放整齐。

⑥ 模压车间应保持空气流通、清洁卫生，有良好的工作环境，做到安全生产。

19.5　氟塑料衬里阀门衬里成形工艺

氟塑料衬里阀门成形工艺主要有等压成形、模压成形和注射成形三种。

19.5.1　等压成形工艺

等压成形是氟塑料衬里阀门成形工艺方法之一，适合于多品种小批量的生产方式。适合等压成形工艺的氟塑料牌号是 PTFE（F4）粉末。粉状树脂常采用粉末冶金法成形，使用烧结方法。烧结温度 360～380℃，不可超过 410℃。粉末冶金成形法是将 F4 树脂粉末均匀而疏松地填放在橡胶模型与阀门壳体壁面之间，然后在橡胶模型内施压，水作加压介质，使橡胶模型与阀门壳壁之间的聚四氟乙烯（F4）均匀地受压，将 F4 树脂压实而成预制件，然后进行烧结。也可将工件放入等压罐内，经 20～30MPa 压力压制后，预制件密度达 1.8g/cm^3 以上。烧结时体积收缩，冷却后又收缩，阀门零件制品密度达 2.17g/cm^3 以上。烧结后的阀门零件，将法兰面不平处或有棱角处，用手提砂轮修整打平，转角处修磨成圆弧形。从而完成氟塑料衬里阀门等压成形工作。

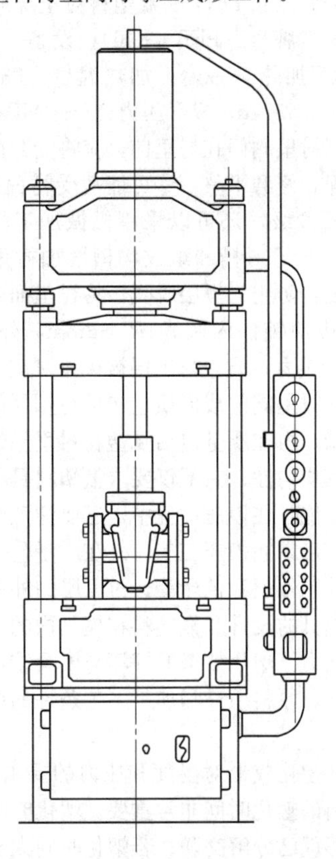

图 19-24　油压机与阀体模压示意图

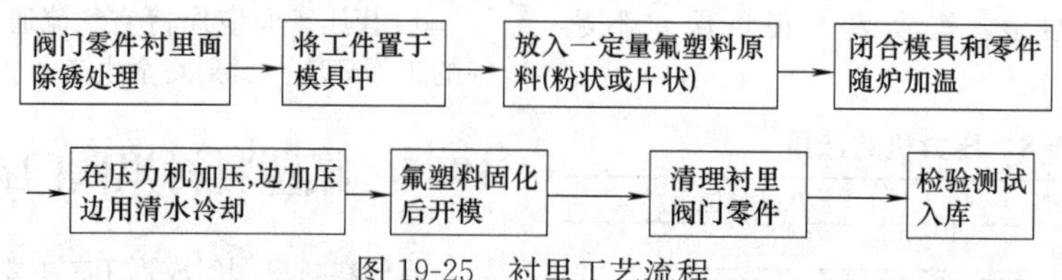

图 19-25 衬里工艺流程

将阀门预制件烧结成形，这种采用一次性整体成形的衬里层，其质量受氟塑料原料、工艺的影响很大。

19.5.2 模压成形工艺

模压成形是氟塑料衬里阀门主要成形工艺方法之一（图 19-24），也是氟塑料衬里阀门最常用的方法，适合于多品种小批量的生产方式。它是将一定量的 FEP（F46）、PFA 氟塑料（粉状、粒状、纤维状、片状和碎屑状等）放入成形的模腔中，然后闭合，放在加热炉内加热到一定温度，并在压力作用下熔融流动，缓慢充满整个型腔而取得型腔所赋予的形状。随着在模具内塑化、混合和分散，熔体逐渐失去流动性变成不熔的体型结构而成为固体，经冷却到一定温度打开模具，而成为成品，从而完成模压过程（图 19-25）。氟塑料衬里层的质量主要取决于氟塑料原料质量、衬里模压工艺和模具的设计。

现以公称尺寸 *DN*100 氟塑料衬里球阀成形工艺为例。氟塑料牌号：FEP（F46）；设备：80t 压力机一台，400℃加热炉一台；加热温度：335～345℃；加热时间：3.5～4h；成形压力：5～8MPa。

氟塑料衬里阀门在衬里前，应将受衬面毛刺、油污清除干净，修磨平整，尽可能使受衬面达到 GB/T 8923 中的 St2 级，还可以采用机械加工的方法，将受衬面加工出 T 形槽和螺纹沟槽增加衬里层与基体的结合强度，防止衬里层脱壳。将衬里面内部转角处的棱角锐边倒钝，内圆角 $R>2\text{mm}$，外圆角 $R>3\text{mm}$，减少应力，防止衬里层被锐角刺破。

氟塑料衬里阀门成形质量包括衬塑层的内在质量和外在质量。内在质量包括氟塑料衬里层的物理和化学性质及其均匀性；它不仅要求氟塑料具有相应的物理和化学性能，在模压过程中，还要注意塑化的温度和压力，正确掌握模压工艺。外在质量包括衬里层的规整、尺寸、外观和色泽等。衬里层的外表面质量主要取决于模具的设计和氟塑料在模具内的塑化、混合和分散的能力。塑化效果的好坏与模具结构以及氟塑料工艺配方、原料质量和加工工艺条件的控制有直接的关系。

氟塑料塑化成形对温度和压力的要求非常严格，掌握氟塑料的塑化时间非常重要。塑化时间太短，氟塑料未成形就已分解交联；若塑化时间太长，则生产效率低，需要很长时间才能固化脱模，生产周期长。在生产中，控制塑化时间的关键因素就是温度和压力。若不能控制好塑化温度和压力，则很可能产生诸如衬里层表面硬度低、表面光亮度不足；衬里层尺寸控制困难；熔接痕难以消除；衬里层沿氟塑料流动方向有“鱼鳞”样凸凹不平的有规则的波纹，或表面有箭头状波纹等问题。另外，在加压过程中放气次数、放气时间、间隔时间都对衬里层的外观质量有直接影响，在生产中要严格控制，并做好生产记录。工艺人员可以在生产前对氟塑料拟订其塑化曲线，掌握其塑化时间，然后在实践中根据实际情况进行工艺调整，进行工艺评定。因每种产品的氟塑料配方、原材料质量、产品质量要求各异，其温度、压力，放气等工艺控制也不尽相同，根据具体情况决定，从而制定出适合的模压工艺规程。

19.5.3 注塑成形工艺

注塑成形是氟塑料衬里阀门成形工艺方法之一，也是氟塑料衬里阀门最新的工艺方法，适合于中小口径氟塑料衬里阀门的批量生产方式。

注塑成形原理及注塑过程：注（射模）塑（或称注射成形）是氟塑料先在注塑机的加热料筒中受热熔融，而后由柱塞或往复式螺杆将熔体推挤到闭合模具的模腔中成形的一种方法。它不仅可在高生产率下制得高精度、高质量的制品，而且可加工的氟塑料品种在不断发展之中，因此注塑是氟塑料阀门加工中最具活力的成形方法。

目前能用来注塑成形的除塑料（如 PO 等）外，主要氟塑料是 PFA 与 ETFE（F40），虽然 FEP（F46）也能注塑成形，但不易掌控，质量不稳定。

19.6 氟塑料衬里管件衬里成形工艺

氟塑料衬里管件衬里成形工艺与氟塑料衬里阀门衬里成形工艺有相同的地方，也有不同的地方。就成形工艺而言，氟塑料衬里管件的方法要多一些。

19.6.1 模压衬里工艺

这种工艺方法与阀门衬里工艺方法相同（图 19-25）。衬里材料主要是聚全氟乙烯丙烯（FEP）与可溶性聚四氟乙烯塑料（PFA）。模具简单，主要用来生产短直管、弯管、三通管、四通管、异径管等。产品质量易保证，外形美观，但生产效率低，成本高。

19.6.2　聚四氟乙烯（PTFE）松衬直管工艺

聚四氟乙烯衬里管道缠绕管松衬法具体工艺为：将模压生产的四氟棒料，用车床切削成薄带，用手工或机械的方法将四氟薄带缠绕在预先设计好尺寸的模具上，达到要求的厚度后，再在其外用同样方法缠上3～4 层无碱玻璃丝带，最外层用铁丝扎紧，然后送入烧结炉成形，烧结后取出用水冷却，然后用手工或机械方法脱模，再套入钢管，翻边后即完成。

缠绕管是最初生产较多，应用较广的一种，此工艺在 20 世纪 80 年代流行，这种管子生产时，自由度大，可以从小口径到大口径（可达 *DN*2000 以上），该管用车削薄膜缠绕后，烧结而成，其整体性和均匀性与缠绕时的张力、薄膜的厚度、薄膜表面的洁净程度、烧结时的温度、时间等因素有关，较难掌握。由于缠绕层数多，工艺上难以控制，烧结后整体性和均匀性很难保证。因此，缠绕管最大壁厚不超过 3mm，其生产过程较多，控制欠严密，加工方法以手工为主，质量不稳定，缺乏有效的检测手段，且这种缠绕管松衬的管子壁薄，在负压和温差波动大时，管道易抽瘪和法兰翻边部位易断裂等缺陷。

（1）聚四氟乙烯（PTFE）推（挤）压紧衬直管工艺

此工艺是 20 世纪 90 年代工业发达国家普遍采用的衬管工艺。该工艺的原理是四氟塑料具有很好的延展性，利用此特性可在机械作用下冷拉，通过热成形翻边。首先采用聚四氟乙烯（PTFE）粉末，推（挤）压成管子，然后将它强行拉入无缝钢管（衬管外径略大于钢管内径 1.5～2mm），形成无间隙紧衬。然后加热翻边，推（挤）压管的轴向抗拉强度比缠绕管明显要好，此管道内壁光滑平整，结构紧密，能耐正压和负压，且施工方便，生产效率高，是生产企业普遍采用的衬管方法。但其通径受加工设备影响，直径较小，一般为 *DN*300 以下的直管。

（2）聚四氟乙烯（PTFE）等压成形衬里工艺

聚四氟乙烯（PTFE）等压成形衬里工艺是指加工工件所有衬里部位的内外壁在同等压差条件下达到衬里效果的一种成形方法。具体工艺为：将聚四氟乙烯树脂粉末均匀而疏松地填放在橡胶袋与管件器壁之间，然后在橡胶袋内施加液压（通常为水），使橡胶袋向器壁扩张，利用橡胶袋传递压力，水作加压介质，使橡胶袋与管件、器壁之间的聚四氟乙烯均匀地受压，将 F4 树脂压实而成预制件。取出后脱出橡胶模具，将等压完工的管件放入烘炉内烧结成形，出炉冷却后得到衬里管件制品。这种采用一次性整体成形的衬里层，其质量受到原料、工艺的影响很大。

聚四氟乙烯（PTFE）等压成形衬里工艺比较复杂，要求员工有一定技术水平和工作经验。这种方法的优点是解决了几何形状复杂的管件工艺成形问题，由于整体粉末等压成形，因而与金属管件内壁紧贴在一起，能承受一定的负压。弥补了现有衬管工艺的局限性，拓展了同类衬里管件与阀门的使用温度与介质。

（3）乙烯与四氟乙烯共聚物（ETFE）三维滚塑成形衬里工艺

由于乙烯与四氟乙烯共聚物（ETFE）具有与金属表面良好的附着力，利用这一特性，发明了三维滚塑成形衬里工艺。

三维滚塑成形衬里工艺是把高流动性的氟塑料热塑性树脂粉末放在一个空的模具里，加热工件，同时使模具绕自转轴和公转轴旋转，这样，工件内表面就涂上了一层均匀的熔融树脂。利用三维旋转成形方法可以生产厚度均匀的无缝衬里，不论是衬里管件，还是衬里阀门都可用此工艺生产。与其他衬里成形工艺相比具有如下优点。

① 不管衬里管件与衬里阀门型腔的形状有多复杂，通过双轴三维旋转系统也可使熔融状态下的氟塑料树脂到达工件需要衬里的每个部分，从而使工件有一层均匀的无缝衬里。而一般传统衬里方法很难达到。

② 可提供不同厚度的等壁衬里。传统成形方法不论是模压、注塑、挤出，还是缠绕成形方法，不能进行不同壁厚的衬里加工，而在三维旋转滚塑成形工艺中，只要根据衬里厚度所需的要求即可一次成形。

③ 由于三维旋转滚塑成形在整个工艺过程中没有对衬里物料施加外力，工件在成形过程中残留的应力非常有限，避免了产品在使用过程中产生局部开裂，提高了产品质量。

④ 高黏性的衬里。三维旋转滚塑成形工艺是使物料在熔融状态下直接涂覆到工件上，这样使它具有很高的抗撕裂强度，即使在高负压下，衬里层也不会脱落。此工艺非常适于制作重要的氟塑料衬里阀门管件。但 ETFE 塑料树脂价格昂贵，生产成本高。

19.7　氟塑料衬里阀门与管件的检验与试验

氟塑料衬里阀门是伴随着氟塑料的出现和社会需求而产生的一种高新技术产品。根据氟塑料的性能特点和成形工艺方法，我国阀门行业在多年氟塑料衬里阀门的设计和生产中不断探索、反复实践中，开发出了闸阀、截止阀、球阀、蝶阀、隔膜阀、止回阀、旋塞阀、调节阀、过滤器、视镜、波纹管等系列氟塑料衬里阀门与管件，取得数十项国家专利，积累了丰富实践经验。逐步形成了氟塑料衬里阀门管件技术条件和检验标准。已颁布实施的国家标准和行业标准如下：

HG/T 3704—2003《氟塑料衬里阀门通用技术条件》

GB/T 23711.1—2009《氟塑料衬里压力容器 电火花试验方法》

GB/T 23711.2—2009《氟塑料衬里压力容器 耐低温试验方法》

GB/T 23711.3—2009《氟塑料衬里压力容器 耐高温试验方法》

GB/T 23711.4—2009《氟塑料衬里压力容器 耐真空试验方法》

GB/T 23711.5—2009《氟塑料衬里压力容器 热胀冷缩试验方法》

GB/T 23711.6—2009《氟塑料衬里压力容器 压力试验方法》

GB/T 26144—2010《法兰和对夹连接钢制衬氟塑料蝶阀》

上述这些标准基本能指导和规范企业的设计与生产，满足了市场需求。还有一些标准正在制定和修订之中。氟塑料衬里阀门与管件的标准体系正在形成，相信不久，一套完整的科学的实用的氟塑料衬里阀门与管件标准将会问世。

19.7.1 毛坯质量检验

氟塑料衬里阀门与管件的毛坯件主要有：铸铁件、铸钢件、锻件和焊接件；原材料主要有：钢棒、板材、钢管及氟塑料树脂。

毛坯和原材料的质量检验非常重要，应按照相关标准的质量要求进行验收。毛坯和原材料检查验收项目包括：化学成分、物理性能、外观质量、外形尺寸及偏差、壳体壁厚等，要符合标准与图纸要求。把好了这一关，等于成功了一半。

19.7.2 衬里前质量检验

氟塑料衬里阀门零件与管件衬里前质量检验，属过程检验，是衬里质量好坏的重要环节。检验的主要内容有：

① 机加工尺寸检验 阀门配合面机加工尺寸，主要结构尺寸应符合图纸尺寸。

② 衬里模具检验 应保证模具验证时的精度，膜膛应光亮。

③ 衬里面处理 衬里面经喷砂处理后应达到GB/T 8923.2中的St2级，除锈处理与衬里之间的间隔时间应尽可能短，秋季不超过6h，春季不超过4h。

19.7.3 衬里后质量检验

氟塑料衬里阀门零件与管件衬里后质量检验，属过程检验，是阀门衬里质量好坏的关键环节。检验的主要内容如下。

① 衬里结构尺寸检验 阀门零件衬里后主要结构尺寸应符合图纸尺寸。

② 衬里层厚度检验 阀门零件衬里层厚度应均匀，最小衬里层厚度应符合图纸设计要求。

③ 衬里层表面质量检验 衬里层表面应当光滑平整、无气泡、裂纹、夹渣等缺陷，法兰的翻边处及其他转角处应色泽均匀，无泛白现象。

衬里层厚度采用磁性测厚仪或专用卡尺检测，检测点不少于3点，取最小值。最小值符合标准或图纸要求为合格。

④ 衬里层电火花测漏 氟塑料衬里层应进行100%电火花测漏。检测人员应按GB/T 23711.1—2009的规定进行检测。采用5～20kV高频电火花检测仪，检测探头在衬里层表面以50～100mm/s的速度均匀移动扫描。衬里层不被击穿为合格。为了保证检测质量，检测仪器一次连续工作不得超过50min。

⑤ 衬里层密度检测 氟塑料是高分子材料，有数据表明，氟塑料密度越大渗透系数越小，它们之间有线性关系。氟塑料衬里层的密度应不小于2.16g/cm^3，衬里层密度是在一定的温度和压力下形成的，这与衬里工艺的合理性和人员操作经验相关。密度的检测采用称重法计算，也可采用仪器检测。

⑥ 防腐蚀性能检验 氟塑料衬里材料的防腐蚀性能决定了衬里阀门的防腐蚀性能。由于氟塑料市场鱼龙混杂，质量千差万别，如不能确定氟塑料的性能，必须按GB/T 1763的规定做试验确认。特别是在更换新牌号氟塑料时一般要做试验。

防腐蚀性能试验很麻烦，需要一定的试验时间，因此生产企业在做氟塑料树脂采购计划时，一定要选好合格供货商。

供货商应提供氟塑料材质证明书，材质证明书应有符合相应材料标准的检测值（如力学性能、分子式、硬度、密度、线胀系数和耐液体化学试剂性能等）。

⑦ 衬里层与基体结合强度的检验 氟塑料衬里层与基体的结合强度，是衡量衬里质量好坏的标准之一。这项检测可与真空试验合并进行，在做型式试验时，按GB/T 23711.4—2009的规定由低真空度到高真空度顺序进行。在0.08MPa负压试验条件下试验，氟塑料衬里层不出现凸鼓挠曲现象为合格。

19.7.4 氟塑料衬里阀门与管件出厂压力试验

氟塑料衬里阀门与管件出厂前应100%按GB/T 13927（或GB/T 23711.6）的规定进行强度压力试验和密封压力试验。壳体试验可在未衬里前进行，也可在衬里后装配完成好的阀门涂漆之前进行，氟塑料衬里工作完成后试压，如发现壳体有针孔、气孔而渗漏，不得进行补焊直接出厂。但可补焊后重新衬里，检验合格后方可出厂。人们在实践中发现，如果直接补焊壳体，表面上虽然没有渗漏，但介质会在压力的作用下，顺着针孔、气孔渗入衬里层与壳体之间，如果是腐蚀性很强的介质，会很快腐蚀钢制阀门壳体而泄漏，其后果将是严重的。

用于卫生级的氟塑料衬里阀门与管件，还应符合 GB/T 17219 的规定。严禁使用再生、回收和无牌号的氟塑料，压力试验介质可使用纯净清水。

19.7.5　氟塑料衬里阀门与管件的型式试验

氟塑料衬里阀门与管件除按上述规定的项目检验外，如果用户有要求，还应进行如下试验：

① 氟塑料衬里阀门耐低温试验　其目的主要是检验阀门在低温下衬里氟塑料与壳体材料的耐低温性。试验方法按 GB/T 23711.2—2009 的规定。

② 氟塑料衬里阀门耐高温试验　其目的主要是检验阀门在高温下衬里氟塑料与壳体材料的耐高温性。试验方按 GB/T 23711.3—2009 的规定。

③ 氟塑料衬里阀门热胀冷缩试验　其目的主要是检验阀门在骤冷骤热时，耐热胀冷缩的能力。试验方法按 GB/T 23711.5—2009 的规定。

19.7.6　检验与试验用仪器、设备及人员要求

在企业的质量控制与检验程序文件中，应对检测人员资格和测量试验设备进行规范。这主要是因为氟塑料衬里阀门的特性而规定的。如检测人员素质达不到要求或检测仪器、设备有问题，会造成误判，从而放过不合格品出厂，会造成严重后果。

19.8　氟塑料衬里阀门与管件的安装、使用与维护

19.8.1　氟塑料衬里阀门与管件的保管

① 氟塑料衬里阀门与管件存放时，最好放在干燥的室内，避免露天日晒和雨淋，避免堆放在热源附近，防止氟塑料老化和变形。两端氟塑料法兰密封面应有保护盖，密封面不得有划伤，堆放时应避免两端法兰密封面受压。

② 存放保管的阀门与管件应有记录，记录内容：阀门名称、型号、规格、编号、数量、入库日期等。

19.8.2　氟塑料衬里阀门与管件的安装

① 氟塑料衬里阀门与管件安装时，应注意校对阀门标志（如阀门类型、公称尺寸、压力等级、材料等）是否与使用要求相符合，衬里材料是否适合腐蚀介质的要求，壳体上的流向标识是否与管道流向一致。

② 氟塑料衬里阀门安装时，尽量做到水平安装，使阀杆朝上。防止阀门歪斜，使阀门在自然状态下进行安装，防止阀门因管道、支承等产生较大的安装应力，安装起吊不得利用手轮进行阀门起吊。

③ 氟塑料衬里阀门与管件安装时，与阀门两端氟塑料衬里密封面连接的管道法兰密封面如果是金属的，须加氟塑料密封垫片。连接螺栓不应拧得过紧，防止氟塑料出现冷流失效。与之连接的法兰密封面应按图 19-26（a）所示的正确结构，若采用了不正确的结构［图 19-26（b）］会导致阀门密封面过早损坏、泄漏。

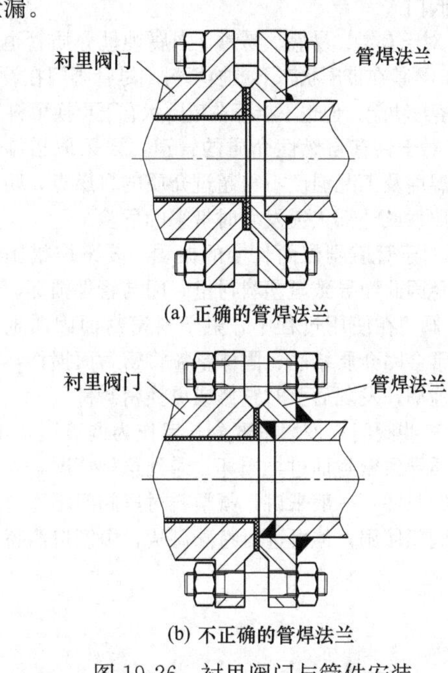

图 19-26　衬里阀门与管件安装

④ 如果管道具有足够的强度承受阀门的重量和操作力矩，则对此阀门可以不设支承，否则，应对氟塑料衬里阀门设专用支承点。

⑤ 安装后，在系统或管道进行试压时，阀门须处于全开位置。

19.8.3　氟塑料衬里阀门与管件的使用与维护

氟塑料衬里阀门与管件价格较高，所处的工况环境恶劣，不是有毒有害的化学物质，便是腐蚀性极强的各类酸碱或有机溶剂，使用不当将会产生重大经济损失和严重后果。正确使用和维护阀门能延长阀门的使用寿命，杜绝各类事故的发生，保障管道的正常运行。因此，使用中必须注意下列各点。

① 使用前，仔细阅读产品使用说明书。

② 按铭牌或说明书上规定的压力、温度、使用介质范围使用。

③ 使用时防止阀门因温度变化产生过大的管道应力，尽量减小温度变化，并在阀门前后增加补

偿器。

④ 禁止使用杠杆开启和关闭阀门，注意观察阀门启闭指示位置和限位装置，开启和关闭到位后，不要再强行加力关闭，避免氟塑料密封面过早损坏。

⑤ 对于有些介质不稳定且易分解（如某些介质的分解会引起体积膨胀造成工况压力不正常升高）会引起阀门破坏或泄漏，应采取措施消除或限制引起不稳定介质分解的因素。在阀门选型时，应考虑介质不稳定易分解可能造成的工况变化而选择有能自动泄压装置的阀门。

⑥ 对于有毒、易燃、易爆、强腐蚀性介质管道上的阀门，严禁在带压状态下更换填料。尽管阀门在设计上有上密封功能，但也不推荐在带压状态下更换填料。

⑦ 对于具有自燃性介质的管道，要采取措施确保环境温度及工况温度不得超过介质的自燃点，防止因阳光照射或外部火灾发生时带来的危险。

⑧ 对于管道剧烈而长期的振动，要采取措施消除，避免因此而导致氟塑料衬里阀门与管件损坏。

⑨ 阀门在使用过程中，氟塑料密封面因质地较软，经常会因介质结晶、固体颗粒将密封面损伤，导致密封泄漏，发现后及时整修或更换密封件。

⑩ 有些阀门在使用中部分开启作为调节流量用，高速介质导致密封面过早损坏，遇到这种情况，要及时更换密封件，一般来讲，氟塑料衬里阀门不适合作为调节阀门使用，但可进行特殊订货，由制造商特别处理。

⑪ 氟塑料衬里阀门中法兰处一般不加垫片。如遇到中法兰处渗漏，可均匀地拧紧中法兰螺母来消除渗漏。如果是中法兰密封面损坏，则要采取修复密封面和加中法兰垫片来解决。

⑫ 如果遇到手柄或手轮转动不灵活或不能开启和关闭阀门，可适当旋松压盖螺母。转动仍不灵活。可能是压盖歪斜，要调正压盖。经过调正和旋松压盖还不能灵活开启和关闭阀门，应该拆开检查，清除污物，排除故障。拆卸这类阀门时，应注意弄清管道中是何介质，阀门是使用过的还是新安装的。如使用介质是有毒、易燃、易爆物质，工作人员应戴好防护面罩和胶手套，穿好防护服，按照相关的操作规程作业。避免在拆卸时发生意外，杜绝事故发生。

参考文献

［1］ 黄锐. 塑料工程手册. 北京：机械工业出版社，2000.

［2］ 胡远银等. 衬氟塑料阀门设计若干问题的探讨. 阀门，2007（1).

［3］ HG/T 3704—2003. 氟塑料衬里阀门通用技术条件.

［4］ HG 20536—1993. 聚四氟乙烯衬里设备.

［5］ 钱知勉. 氟树脂性能与加工应用. 化工生产与技术，2007（14).

第20章　陶瓷阀门

20.1　概述

在一些复杂、恶劣甚至极端的工况，传统金属阀门已无法突破其材料上的极限，不能满足特殊工况的设计要求。因此，将新型陶瓷材料引入传统阀门行业是必然的选择。

新型陶瓷又称先进陶瓷、精细陶瓷等，包括结构（或工程）陶瓷和功能陶瓷两大类，由于不同的化学组分和晶相结构，使其具有不同的特殊性质和功能。

陶瓷比金属材料不仅具有优秀的耐热性能、磨损性能和耐腐蚀性能，而且作为高温结构材料具有优异的物理特性。由于这些优秀性能在阀门制造上得以有效的应用。它可以使用于金属材料不能适应的严酷环境并能大幅度延长阀门使用寿命。但是另一方面，陶瓷的脆性和热冲击性差，作为结构材料使用也有不安全的因素。

20.2　陶瓷特性

近年来，多种陶瓷材料在阀门制造上得到应用。经常使用的氧化铝、氧化锆、氮化硅、碳化硅等陶瓷，与金属18-8不锈钢的性能比较如下。

20.2.1　阀座的密封性

在高温下避免阀门内漏，密封面精度的稳定性是很重要的。尽管陶瓷材料加工性能差，但容易得到高精度的密封面。陶瓷材料在高温下具有线胀率小（图20-1）、弹性模量很高（图20-2）、抗氧化性能优越的优点，在常温下得到的高密封面精度在高温下仍能保持，可以得到金属材料不能达到的稳定密封性能。

20.2.2　阀座的热擦伤及热冲击性

延伸性大的金属材料在高温下滑动时密封副易产生擦伤现象，而陶瓷则没有这种现象。

耐热性优越的陶瓷材料弱点是热冲击性差，图20-3所示是热冲击试验的结果。高温水冷时产生微小裂纹的温度，一般氧化铝是200℃、氮化硅是700℃，可见因材料不同有很大差别。因此，根据使用条件选择陶瓷材料是非常重要的。同时，因实际部件壁厚、形状复杂程度，不均匀冷却允许温差可以参照氧化铝为50℃，氮化硅为300℃。

就热冲击性而言，既与急冷、急热的具体方法有关，又受形状（不同形状的制品的强度是有差别的）

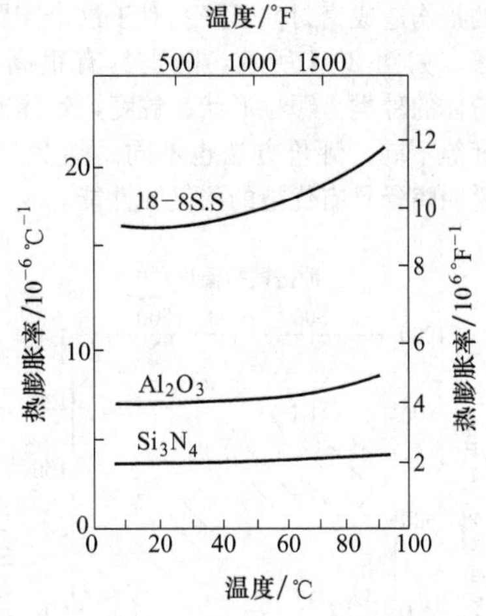

图20-1　热膨胀率的比较

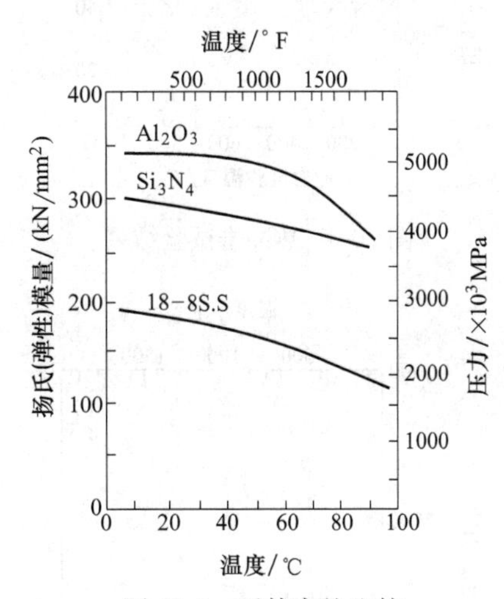

图20-2　延伸率的比较

等因素影响，其值大幅度变化，因此阀门的耐热冲击温度有一定的限制。对于机械应力，也必须根据实际情况进行考虑，设计中通常应注意的事项如下：

① 形状尽可能简单，以避免应力集中；

② 圆角尽可能做得大些，以避免应力集中；

③ 陶瓷上尽可能不施加拉伸应力、弯曲应力，另外，可进行自由膨胀，这种情况也主要考虑压缩应力；

④ 要注意陶瓷与增强材料（金属等）的接合部位热膨胀的差别；

⑤ 如上所述，要特别注意设备本身的功能，在设计陶瓷阀门时，必须从完全不同于金属材料的角度

出发，另行设计；

⑥ 就加工方面而言，有些加工方法对金属来讲是可行的，而对于精细陶瓷却不然，因此必须注意。

20.2.3 耐侵蚀抗磨损特性

当流体中含粉体时，阀座因被侵蚀及粉体对阀座滑动面的损伤造成密封性下降。对于这个问题硬度是重要因素。如图 20-4 所示，陶瓷具有很高的硬度。侵蚀因粉体的种类，颗粒形状、粒度，粉体速度及突出的角度等不同，评价方法也不同。图 20-5 所示试验结果说明陶瓷具有优越的耐侵蚀性能。

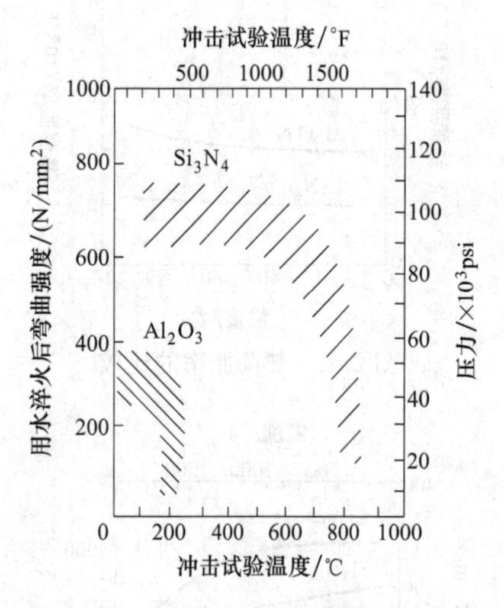

图 20-3 热冲击试验结果

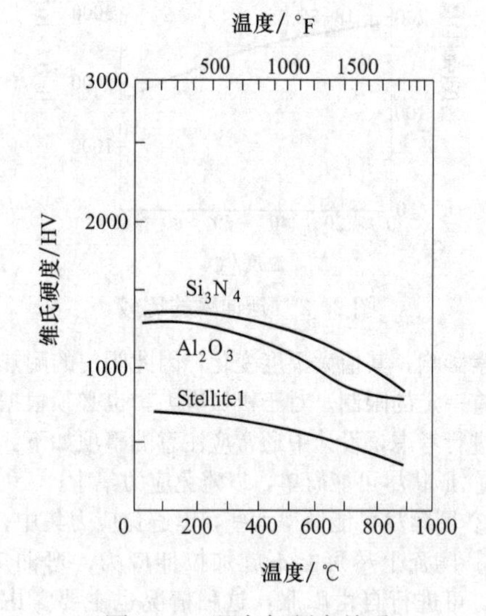

图 20-4 温度与硬度关系

20.2.4 耐腐蚀性

陶瓷在高温下抗氧化性比金属材料优越得多，对腐蚀性介质如 HCl、H_2SO_4、HNO_3 等酸类也具有很好的耐腐蚀性。在沸腾硫酸中进行的腐蚀试验结果如图 20-6 所示，陶瓷几乎没有被腐蚀。

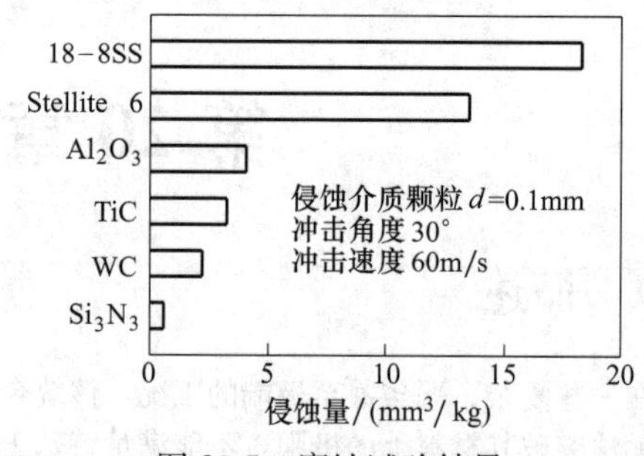

图 20-5 腐蚀试验结果

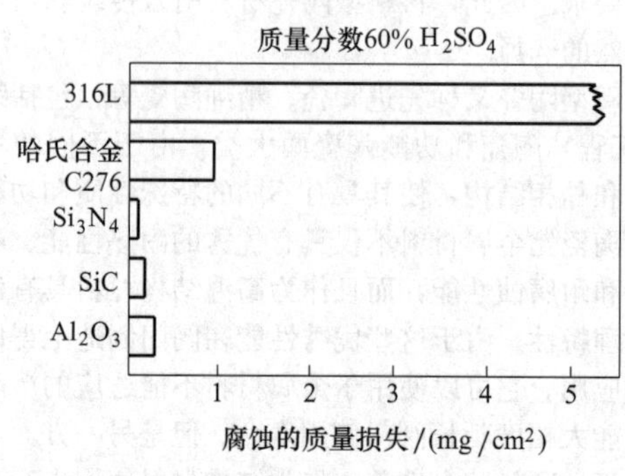

图 20-6 沸腾硫酸中的腐蚀试验结果

20.3 陶瓷阀门常用的陶瓷及陶瓷阀门的成形方法

20.3.1 氧化铝

最早进入传统阀门行业的是以氧化铝（Al_2O_3）为主体的陶瓷材料，其硬度达到 92 HRA，抗弯强度 350MPa，虽然脆性较大，但成形、烧结性能较好，成品率高。由于受自身强度和脆性的限制，除在一些对强度要求不高的场合（例如水龙头阀芯等）可用 Al_2O_3 直接制成整体阀瓣以外，在严酷的工业环境下，一般多通过镶嵌、黏结等方式将 Al_2O_3 瓷件附于金属表面，既利用金属作为支撑骨架以解决其脆性大、强度低的不足，同时又发挥其超高的硬度对金属材料起到保护作用。目前，采用此方式生产的主要是闸阀，适用于温度不高、无腐蚀工况下磨损、冲刷严重的场合，以延长和提高阀门的使用寿命。

金属表面进行陶瓷热喷涂也一直是被寄予厚望的解决方案，但受制于金属与陶瓷材料极性的不相容，一直没有解决好涂层的强度低、易剥落、热胀冷缩一致性差的问题，在阀门行业尚未开始成熟的应用。

在阀门行业特别是控制阀中占主导地位的是球阀和蝶阀。受结构和形状的限制，在设计和制造陶瓷球阀和蝶阀时就不宜采用 Al_2O_3 常用的镶嵌、黏结等方式，目前最可行和可靠的方法是采用整体实芯式陶瓷结构来制备全陶瓷阀门。经过等静压成形、热压烧结等工艺处理，陶瓷制品内在缺陷大为减少，整体强度和可靠性得到很大的提高。

20.3.2　氧化锆

目前，陶瓷球阀、蝶阀主要材料都是使用氧化锆（ZrO_2）陶瓷。氧化锆陶瓷与其他陶瓷材料相比，具有更突出的优良特性。

① 稳定的化学性质，能经受现有大多数腐蚀性介质的侵蚀。

② 较高的强度，硬度达到 87HRA，抗弯强度≥1150MPa，断裂韧性最高达 35MPa·$m^{1/2}$。

③ 良好的可加工性，可实现超净加工，以此可极大地降低陶瓷阀门的开启力矩。

④ 与金属材料相近的线胀系数，可实现在各种温度环境下和金属材料配合的同步。

⑤ 极好的抗热震性能，$\Delta T \geqslant 250$℃。

20.3.3　整体式

作为特种阀门领域里的新品种，陶瓷阀门的发展除了要与市场需求同步外，最终还必须要以过硬的品质接受市场的检验，这就要求生产厂家必须具备很高的材料技术和陶瓷加工技术。整体式陶瓷阀门制造技术要求非常高，并存在一定的难点。

（1）陶瓷内在缺陷的不可测性

陶瓷材料目前尚无法像金属材料那样进行准确的内在质量检测，这是一项世界性的难题。这就要求生产厂家必须要有稳定和娴熟的且从陶瓷制粉到压制成形、烧结及加工等全面的生产技术和装备，并具备严密和完善的质量控制体系，以最大幅度减少缺陷概率，提升产品的可靠性。

（2）成形难

氧化锆陶瓷难于成形，烧结的收缩率较大，特别是 V 形球阀、蝶阀等复杂形状零件，极易在这些过程中形成缺陷并最终影响产品的质量，因此在结构设计方面要突破传统金属阀门的思维方式，必须尽量避免设计成直角或尖角等容易产生应力的结构，壁厚也要尽可能大而且均匀。

（3）硬度高

陶瓷的硬度高，属超硬材料，加工手段少、难度大。对于开关型和调节型陶瓷阀门来说，必须要确保陶瓷件的尺寸公差、形位公差和配合精度，才能有效提高阀门的密封性以及零部件的互换和配套能力。

20.3.4　陶瓷的物理性质

表 20-1 列出了陶瓷阀门常用的典型陶瓷的物理性质。

20.4　陶瓷阀门的优点

金属阀门受金属材料自身条件的限制，很难适合高磨损、强腐蚀等恶劣工况的需要。主要体现为使用寿命短、泄漏严重，大大影响系统运行的稳定性。传统的金属阀门急需从材料、设计及制造工艺等方面进行彻底革新。用特种陶瓷材料制作耐磨陶瓷阀门，主要应用于电力、石油、化工、冶金、采矿、污水处理等工业领域，尤其是面对高磨损、强腐蚀、高温、高压等恶劣工况，更显示出它卓越的性能。它能满足高磨损、强腐蚀的使用环境，尤其突出特点是超长的使用寿命，其性价比远优于其他同类金属阀门，陶瓷阀门以其优异的性能越来越得到业内人士的认可。陶瓷阀门与金属阀门相比具有如下优点。

① 延长使用寿命　采用高技术新型陶瓷结构材料制作阀门的密封部件和易损部件，提高了阀门产品的耐磨性、防腐蚀性及密封性，大大延长了阀门的使用寿命。

② 减少了维修量　陶瓷阀门的使用可以大大降低阀门的维修和更换次数，提高配套设备运行系统的安全性、稳定性，减轻工人的劳动强度，节约设备修理费用。

③ 促进环境保护　陶瓷阀门的使用提高了工业管路的密封性，同时能最大限度地杜绝泄漏，对环境保护起到积极的推进作用。

④ 原料成本低　制造陶瓷的原料广泛、成本低廉，用铝、碳、硅等普通元素就能制造出性能优越的陶瓷材料，可以节约大量金属材料和稀有矿产资源。

表 20-1　陶瓷阀门常用的典型陶瓷的物理性质

材料	维氏硬度/(kg/mm²)	耐压强度		弹性模量/GPa	热膨胀系数/10^{-6}℃$^{-1}$	热导率/[W/(m·K)]	挠曲/拉伸强度		韦伯模数	密度/(g/cm³)
		MPa	kpsi				MPa	kpsi		
特级 Al_2O_3	1600	2000	290	350	7.2	24	＞250	＞35	＞8	3.9
ZrO_2-PSZ（部分稳定氧化锆）	1120	1900	275	205	10.2	2.3	＞700	＞101	＞30	5.7
SiC	＞1400	＞1200	＞174	330	4.3	100	＞300	＞43	＞10	3.1
HP-SiC（热压烧结碳化硅）	2500	2800	406	440	4.5	＞100	600	87	12	3.2
Si_3N_4-SSN	＞1500	＞2500	＞362	260	3.5	＞30	＞600	＞87	＞15	3.2
Si_3N_4-HPSN	＞1500	＞2500	＞362	290	3.2	＞30	＞600	＞87	＞15	3.2

20.5 陶瓷阀门的应用举例

陶瓷的特点是耐热、耐腐蚀、抗磨损、高硬度、高温变形小以及高的密封面精度等，有效地利用其特性作为阀门制造材料前景广阔。

陶瓷阀门一般为过流部件全部使用陶瓷，或者重要部件（如球阀的球体）利用陶瓷，其他部件（如壳体）内衬陶瓷，或在金属上涂覆陶瓷等。

现将过流件为陶瓷的陶瓷阀门主要产品介绍如下。

（1）陶瓷球阀

含固体物质的腐蚀性流体或高温流体的流量控制用阀门或关断阀就可以使用球阀，根据用途可选择过流部件全部是陶瓷的，或选择只有重要部位喷涂陶瓷的。

图 20-7 所示为球阀的结构，如果球阀的通道由圆孔变为三角形孔，流量特性大致接近于等百分比，因此，当安装上阀门定位器后，就可作为调节阀使用。三角形孔的顶点如制成角状，那么幅度变化范围就大，作为调节阀是十分理想的。然而，如果角部不是圆角，就会引起应力集中，易于开裂，因此，尽管制成圆角后，调节阀的调节性能稍稍下降，但还是要制成圆角形状。此时，流经调节阀的流体流速也就增大，而且加剧了腐蚀和磨损，因此，利用并发挥陶瓷的特点更显得重要。

图 20-7 陶瓷球阀

（2）陶瓷闸阀

在煤炭气化设备上，高温高压气体中含有粉煤和灰粉的硬颗粒腐蚀性气体流，在这种非常严酷条件下使用该类阀门是很有必要的。过去用金属制作的阀门在密封面上堆焊钴铬钨硬质合金不能满足使用要求。现在在外壳高温耐压部分上使用金属，而在密封部位使用陶瓷。由于开发了防止微粉体擦伤的独特结构使阀门的使用寿命大幅度提高。

（3）陶瓷隔膜阀

如图 20-8 所示，阀门的结构非常简单，其接触介质部位由陶瓷阀体和特氟隆隔膜组成。

陶瓷的阀座面经精密研磨及抛光处理后，受隔膜完全压接，不会泄漏。作为支承的橡胶衬里材料，使用氟橡胶。

陶瓷阀体的通道，表面平滑，与介质的摩擦很小。

（4）陶瓷旋塞阀

陶瓷旋塞阀由陶瓷制阀体和旋塞组成，密封部位使用特氟隆，是流阻小的直通阀门（图 20-9）。

阀的接触介质部位是陶瓷的单体零件外加衬里，不会在高温、高真空时变形和受渗透性药液作用而变形。

阀座位置由于陶瓷制旋塞的楔紧力作用，产生必要的密封比压。

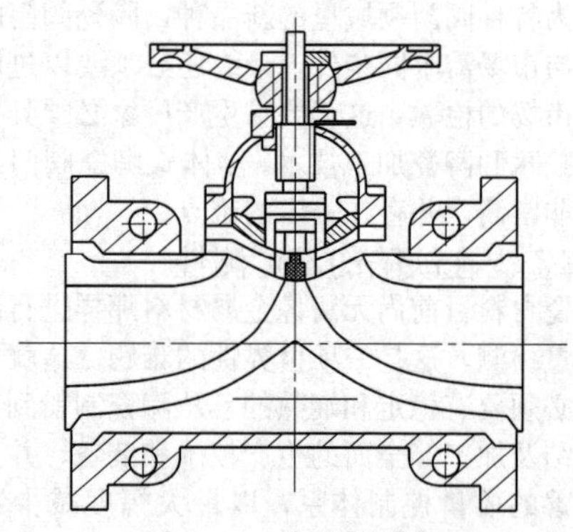

图 20-8 陶瓷隔膜阀

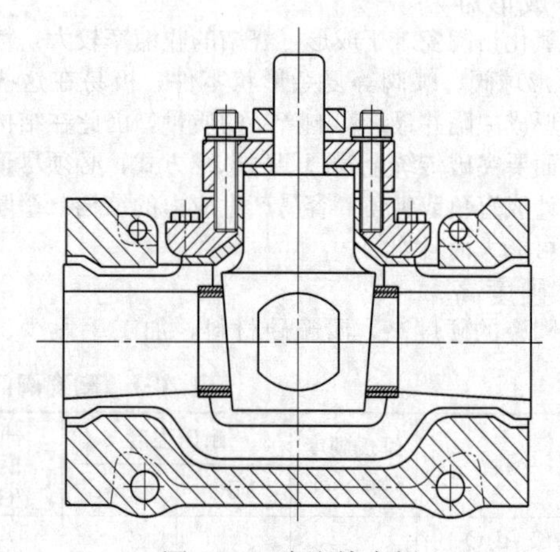

图 20-9 陶瓷旋塞阀

国内外阀门制造业与科研机构都很重视陶瓷的研究与开发。今后陶瓷的性能会越来越高，必将会成为阀门制造的一种经济材料。对用户来讲，陶瓷的脆性仍是一项缺陷，尽管对陶瓷的优点有很好了解，但在实际采用上不大放心。今后应在补救陶瓷弱点开发新结构的同时，努力开展陶瓷部件强度分析和建立破坏概率计算系统，开发生产出用户放心的高可靠性的陶瓷阀门，仍是阀门科技工作者的重要研究课题。

参考文献

［1］ 沈阳阀门研究所，机械部合肥通用机械研究所主编．阀门．北京：机械工业出版社，1994.

［2］［日］工业调查会编辑部编．最新精细陶瓷技术．陈俊彦译．北京：中国建筑工业出版社，1988.

［3］ 谢东等．陶瓷阀门的特点及其应用前景．阀门，2006（5）.

第 21 章　低温阀门

21.1　概述

低温阀门是低温介质流体输送系统中用于低温介质流体截断、流量控制等的装置，是现代化和现代工业不可缺少的产品。根据“阀门温度分级”的规定，阀门工作温度在－254（液氢）～－101℃（乙烯）这一温度区域的为“超低温阀门”；阀门工作温度在－100～－30℃这一温度区域的为“低温阀门”。

大部分低温介质是有毒、有害、易燃、易爆和能致人伤亡等的危险介质。设计和选用低温阀门要考虑诸多因素，它涉及低温阀门材料选用的要求、低温阀门的特殊的结构设计和低温阀门的检验及试验，包括低温阀门的低温密封试验等。

21.2　低温阀门材料的选用

21.2.1　钢在低温时的破坏形式

低温阀门用的金属材料为低温钢或低温合金。低温钢是使用在低温介质中的钢，低温介质及所对应的温度见表 21-1。

表 21-1　低温介质及所对应的温度

物质	温度/℃	物质	温度/℃
氨	－33.4	甲烷	－163
丙烷	－45	氧	－183
丙烯	－47.7	氩	－186
硫化碳酰	－50	氟	－187
硫化氢	－61	氮	－195.8
干冰(碳酸气)	－78.5	氖	－249.6
乙炔	－84	氘	－249.6
乙烷	－88.3	氢	－253.8
乙烯	－101	氦	－269
氪	－151	LNG	－161.8

低温钢（低温用钢）与常温用钢及高温钢不同，在低温状态下钢的塑性减小及韧性显著降低，当温度降至某一临界值以下，即“冷脆性转变温度”下，钢材将完全失去韧性，发生无前兆性的“脆性断裂”。所以，低温钢质量的好坏，在很大程度上取决于使用温度下钢的冲击韧性的大小。

断裂力学指出：钢材的屈服应力曲线 σ_y 与断裂应力曲线 σ_f 有一交点见图 21-1，对应于该交点的温度 T_c 称为“冷脆性转变温度”。

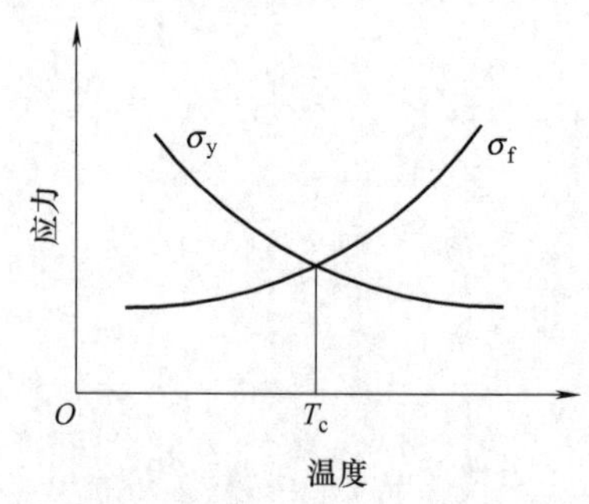

图 21-1　钢材的断裂应力及屈服应力与温度之间的关系

当温度高于 T_c 时，屈服应力小于断裂应力，材料在应力的作用下发生屈服，产生塑性变形，随着变形的进行材料中的流变应力，即材料屈服后继续变形的变形抗力不断上升，直到达到断裂应力时发生塑性断裂。当温度低于 T_c 时，情况则相反，断裂应力小于屈服应力，钢材在应力作用下，首先达到断裂应力，发生脆性断裂。因此，温度 T_c 是材料由塑性断裂到脆性断裂的“临界温度”，称之为“冷脆性转变温度”。降低钢的“冷脆性转变温度”就能有效地改善其低温韧性，所以，可以说低温钢就是“冷脆性转变温度”较低的钢。

21.2.2　低温钢及低温钢的冲击韧性

(1) 低温冲击试验

因为低温钢破坏是低温脆断，所以低温钢的低温韧性十分重要。API 6D—2008 标准中对韧性试验做出规定，低于－29℃的所有碳钢、合金钢和非奥氏体不锈钢，都应按 ISO 148-1 或 ASTM A370 使用摆锤式 V 形缺口的方法进行冲击试验。

低温钢的冲击韧性试验方法按 GB/T 4159 或 ISO 148-1 或 ASTM A370 的规定。

(2) 低温材料性能

ASTM A352/A352M—2006 规定了用于低温用途的阀门、法兰、管件和其他承压件的铁素体和马氏体铸钢件化学成分（表 21-2）、力学性能和冲击韧性（表 21-3）。

(3) 管道部件用碳钢和低合金钢锻件性能

ASTM A350/A350M—2004b 要求进行缺口韧性试验的管道部件用碳钢和低合金钢锻件化学成分见表 21-4，力学性能见表 21-5，冲击韧性值见表 21-6，冲击试验温度见表 21-7。

表 21-2　低温用承压件铁素体和马氏体钢的化学成分　　单位：%

类别	C钢	C钢	C-Mn钢	C-Mo钢	2.5%Ni钢	Ni-Cr-Mo钢	3.5%Ni钢	4.5%Ni钢	9%Ni钢	12.5%Ni-Cr-Mo钢
钢号	LCA	LCB	LCC	LC1	LC2	LC2-1	LC3	LC4	LC9	CA6NM
UNS号	J02504	J03303	J02505	J12522	J22500	J42215	J31550	J41500	J31300	J91540
C	0.25①	0.30	0.25①	0.25	0.25	0.22	0.15	0.15	0.13	0.06
Si	0.60	0.60	0.60	0.60	0.60	0.50	0.60	0.60	0.45	1.00
Mn	0.70①	1.00	1.20①	0.50～0.80	0.50～0.80	0.55～0.75	0.50～0.80	0.50～0.80	0.90	1.00
P	0.04	0.04	0.04	0.04	0.04	0.04	0.04	0.04	0.04	0.04
S	0.045	0.045	0.045	0.045	0.045	0.045	0.045	0.045	0.045	0.03
Ni	0.50②	0.50②	0.50②	—	2.00～3.00	2.5～3.5	3.00～4.00	4.00～5.00	8.50～10.0	3.5～4.5
Cr	0.50②	0.50②	0.50②	—	—	1.35～1.85	—	—	0.50	11.5～14.0
Mo	0.20②	0.20②	0.20②	0.45～0.65	—	0.30～0.60	—	—	0.20	0.4～1.0
Cu	0.30②	0.30②	—	—	—	—	—	0.30	—	—
V	0.03②	0.03②	0.03②	—	—	—	—	—	0.03	—
使用温度	−25℃	−46℃	−46℃	−59℃	−73℃	−73℃	−101℃	−115℃	−196℃	−73℃

① 含碳量在最大规定值下每减少0.01%，允许最高锰量增加0.04%，直到最大含量达1.10Mn%（LCA），1.28Mn%（LCB），1.40Mn%（LCC）。

② 残留元素总量最大值为1.00%。

表 21-3　低温用承压件铁素体和马氏体钢的力学性能和冲击韧性要求

类别	C钢	C钢	C-Mn钢	C-Mo钢	2.5%Ni钢	Ni-Cr-Mo钢	3.5%Ni钢	4.5%Ni钢	9%Ni钢	12.5%Ni-Cr-Mo钢
钢号	LCA	LCB	LCC	LC1	LC2	LC2-1	LC3	LC4	LC9	CA6NM
UNS号	J02504	J03303	J02505	J12522	J22500	J42215	J31550	J41500	J31300	J91540
抗拉强度/MPa	415～585	450～620	485～655	450～620	485～655	725～895	485～655	485～655	≥585	760～930
屈服点/MPa	205	240	275	240	275	550	275	275	515	550
延伸率/%	24	24	22	24	24	18	24	24	20	15
断面收缩率/%	35	35	35	35	35	30	35	35	30	35
冲击能量2个和3个试样最小平均值/J	18	18	20	18	20	41	20	20	27	27
冲击能量单个试样最小值/J	14	14	16	14	16	34	16	16	20	20
试验温度	−25℃	−46℃	−46℃	−59℃	−73℃	−73℃	−101℃	−115℃	−196℃	−73℃

注：冲击韧性试样为"夏比V形切口"。

表 21-4　需切口韧性试验的管道部件用碳钢和低合金钢锻件化学成分　　单位：%

元素	LF1	LF2	LF3	LF5	LF6	LF9	LF787
C(不大于)	0.30	0.30	0.20	0.30	0.22	0.20	0.07
Mn	0.60～1.35	0.60～1.35	≤0.90	0.60～1.35	1.15～1.50	0.40～1.06	0.40～0.70
P(不大于)	0.035	0.035	0.035	0.035	0.025	0.035	0.025
S(不大于)	0.040	0.040	0.040	0.040	0.025	0.040	0.025
Si①	0.15～0.30	0.15～0.30	0.20～0.35	0.20～0.35	0.15～0.30	—	≤0.40
Ni	≤0.40②	≤0.40②	3.3～3.7	1.0～2.0	≤0.40②	1.60～2.24	0.70～1.00
Cr	≤0.30②③	≤0.30②③	≤0.30③	≤0.30③	≤0.30②③	≤0.30③	0.60～0.90
Mo	≤0.12②③	≤0.12②③	≤0.12③	≤0.12③	≤0.12②③	≤0.12③	0.15～0.25
Cu	≤0.40②	≤0.40②	≤0.40③	≤0.40③	≤0.40②	0.75～1.25	1.00～1.30
Nb	≤0.02	≤0.02	≤0.02	≤0.02	≤0.02	≤0.02	≤0.02
V	≤0.08	≤0.08	≤0.03	≤0.03	0.04～0.11	≤0.03	≤0.03
N_2	—	—	—	—	0.01～0.030	—	—
对应铸造钢号	LCB	LCC	LC3	LC2		LC9	

① 当补充要求S4要求进行真空碳脱氧时，含Si量最高应为0.12%。

② 熔炼分析中Cu、Ni、Cr、V和Mo的总含量不得超过1.00%。

③ 熔炼分析中Cr和Mo元素的总含量不得超过0.32%。

表 21-5 需切口韧性试验的管道部件用碳钢和低合金钢锻件室温下的力学性能

牌号	LF1 和 LF2 类别 1	LF2 类别 1 和 2	LF3 类别 1 和 2 及 LF5 类别 2	LF6		LF9	LF787	
				类别 1	类别 2 和 3		类别 2	类别 3
抗拉强度/MPa	415～585	485～655	485～655	455～630	515～690	435～605	450～585	515～655
屈服点/MPa	≥205	≥250	≥260	≥360	≥415	≥315	≥380	≥450
延伸率(4D 标准)/%	≥25	≥22	≥22	≥22	≥20	≥25	≥20	≥20
断面收缩率/%	≥38	≥30	≥35	≥40	≥40	≥38	≥45	≥45

表 21-6 标准尺寸（10mm×10mm）试样的夏比 V 形切口能量值要求

牌号	每组 3 个试样的最小平均冲击能量值要求/J	每组仅 1 个试样允许的最小冲击能量值要求/J
LF1 和 LF9	18	14
LF2 的类别 1	20	16
LF3 的类别 1	20	16
LF5 的类别 1 和 2	20	16
LF787 的类别 2 和 3	20	16
LF6 的类别 1	20	16
LF2 的类别 2	27	20
LF3 的类别 2	27	20
LF6 的类别 2 和 3	27	20

表 21-7 标准尺寸（10mm×10mm）试样的标准冲击试验温度

牌　号	试验温度/℉(℃)
LF1	－20(－29)
LF2 的类别 1	－50(－46)
LF2 的类别 2	0(－18)
LF3 的类别 1 和 2	－150(－101)
LF5 的类别 1 和 2	－75(－59)
LF6 的类别 1 和 2	－60(－51)
LF6 的类别 3	0(－18)
LF9	－100(－73)
L787 类别 2	－75(－59)
L787 类别 3	－100(－73)

热处理——除 LF787 以外的其他所有的钢种的锻件，应按下列工艺规范进行正火或正火加回火或淬火加回火后提供。LF787 的“类别 3”级钢只能在淬火加沉淀时效热处理后使用。

沉淀时效热处理——将锻件加热到 870～940℃，保温到足够长的时间使温度完全均匀，均匀热处理时间应不低于 1/2h，然后将锻件浸入适当的液态介质中淬火；随后将锻件再加热至 540～665℃，保温时间应不低于 1/2h，然后以适当的速度冷却。

(4) 硬度试验

ASTM A350/A350M—2004b 标准中规定［标准中的 7.1.2.1 指出：“如果热处理是在连续加热炉或批次热处理炉中进行，且温度控制在规定的热处理温度的±25℉（±14℃）范围内，并配有记录仪以获得整个热处理的记录”］，每一批或每一次连续生产产品中至少取 2 个锻件（只生产 1 个锻件的除外）进行硬度试验，以确保力学性能热处理之后，锻件的硬度不大于 197HB。并应按照 ASTM A370 标准对硬度进行测量。当只生产 1 个锻件时，应对该锻件进行硬度试验，以确保其满足本规范规定的硬度不大于 197HB 的要求。买方可以在锻件的任何部位进行试验以验证锻件是否满足该硬度要求，但是此类试验不能损害锻件的使用性。

ASTM A350/A350M 标准中对钢的碳当量做出了专门的要求，基于熔炼分析的最大碳当量应如表 21-8 所示。碳当量 CE 为 CE＝C＋Mn/6＋(Cr＋Mo＋V)/5＋(Ni＋Cu)/15。若买方和供应商之间商定也可以使用较低的最大碳当量。

表 21-8 最大碳当量值 单位：%

牌号	最大厚度≤2in	最大厚度＞2in
LF1	0.45	0.46
LF2CL1 和 CL2	0.47	0.48
LF6CL1	0.45	0.46
LF6CL2	0.47	0.48

21.2.3 低温阀门用钢

(1) －254（液氢）～－101℃（乙烯）“超低温阀门”用钢

用于－254（液氢）～－101℃（乙烯）“超低温阀门”温度区域的低温阀门的主体材料，必须选用面心立方晶格的奥氏体不锈钢、铜合金或铝合金，其热处理后材料有优异的低温力学性能，特别是具有良好的低温冲击韧性。铜合金和铝合金因强度低，压力级高的阀门不多采用，高压、中压压力级的低温阀门主要用奥氏体不锈钢。下列奥氏体不锈钢可用于作“超低温阀门”用钢：ASTM A351 CF8、CF3、CF8M、

CF3M、CF8C，ASTM A182 F304、F304L、F316、F316L、F321和F347，以上奥氏体不锈钢也适宜工作温度为－100～－30℃的“低温阀门”。

(2) －100～－30℃“低温阀门”用钢

用于这一温度区的阀门材料，有别于“超低温阀门”级用的材料，它除了可用奥氏体不锈钢外，也可以选用金相组织为铁素体和马氏体的低温钢。在这一温度区域中的低温阀门，其与低温介质接触的主要零部件，根据多年生产低温阀门的经验，可以不做深冷处理（如果技术协议要求要做深冷处理时，执行技术协议）。适用于“低温阀门”（－100～－30℃）的主体材料有低温奥氏体不锈钢和低温承压件用铁素体和马氏体钢。低温用奥氏体不锈钢有ASTM A351 CF8、CF3、CF8M、CF3M、CF8C，ASTM A182 F304、F304L、F316、F316L、F321、F347及低温承压件用铁素体和马氏体钢有ASTM A352 LCA（－32℃）、LCB和LCC（－46℃），其含碳量应控制在不大于0.18%；碳钢量（CE）控制在：CE＝C＋Mn/6＋(Cr＋Mo＋V)/5＋(Ni＋Cu)/15≤0.40%。LC1（－59℃）、LC2、LC2-1（－73℃）和LC3（－100℃）。ASTM A352标准中的材料，虽然材料的初级价格较低，但是其冶炼时化学成分必须有可靠且要求十分严格的工厂内控标准。其热处理工艺复杂，需要多次做调质处理，方能达到标准要求的低温冲击韧性的要求，生产周期长。低温冲击韧性达不到标准要求时，决不允许投料作低温钢使用，否则会造成重大的质量隐患。因此，只有在生产批量大，并且可成炉冶炼时才采用，而在一般情况下应该选用安全性可靠的奥氏体不锈钢。低温阀门不论是－100～－46℃的“低温阀门”还是－254～－101℃的“超低温阀门”选用高级奥氏体不锈钢安全、可靠。

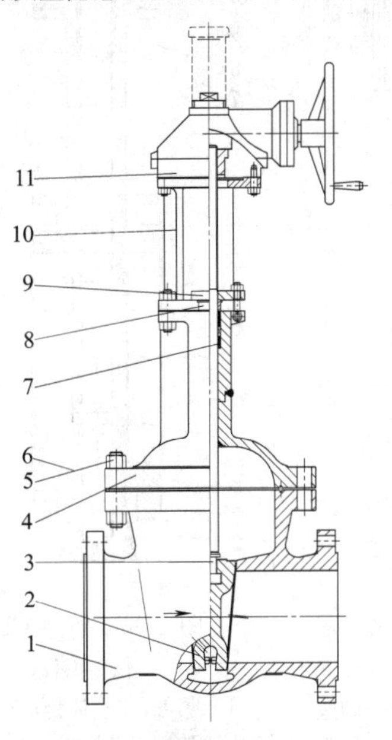

图21-2 铸造CL600低温闸阀

1—阀体；2—闸板；3—阀杆；4—阀盖；5—螺栓；6—螺母；7—填料；8—填料压套；9—填料压板；10—支架；11—齿轮箱

21.3 低温阀门设计制造标准及规范

21.3.1 典型的低温阀门结构

常用的低温阀门有：低温闸阀（图21-2和图21-3）、低温截止阀（图21-4和图21-5）、低温止回阀（图21-6）、低温球阀（图21-7）、低温蝶阀（图21-8）等。低温闸阀和低温球阀的中腔与闸板及球体之间，均开有“泄压孔”。所有的低温阀门均为单向密封，并在阀体上铸出或标注有介质流向。

21.3.2 低温阀门结构特点和技术特点描述

(1) 阀盖

低温阀门的阀盖采用加长结构，目的在于能起到保护填料和填料函的作用，使填料的工作温度在0℃以上。防止由于填料在低温作用下弹性消失，致使介质泄漏造成填料与阀杆处结冰，影响阀杆的正常操作以及填料拉伤阀杆而导致泄漏。同时加长阀盖还便于低温阀门壳体缠绕保冷材料，防止冷能损失。BS 6364标准规定了冷箱用阀门填料压套的加长部分的最小长度（阀门通道中心线至填料压套的加长尺寸，见表21-9）。还规定，除冷箱用阀门外，其他用途的阀门其填料压套加长部分的最小长度应为250mm。

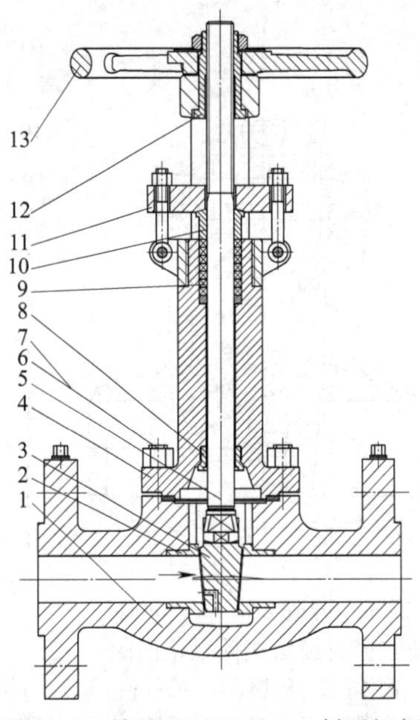

图21-3 锻造CL150～600低温闸阀

1—阀体；2—阀座；3—闸板；4—阀盖；5—阀杆；6—螺栓；7—螺母；8—上密封座；9—填料；10—填料压套；11—填料压盖；12—阀杆螺母；13—手轮

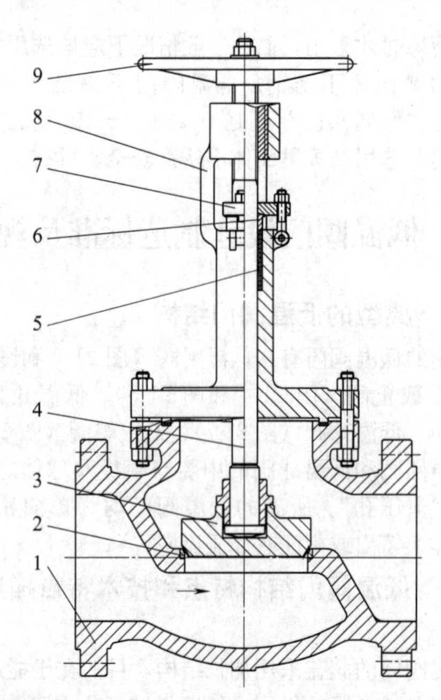

图 21-4　铸造 CL150～600 低温截止阀

1—阀体；2—阀座；3—阀瓣；4—阀杆；5—填料；6—填料压套；7—填料压盖；8—支架；9—手轮

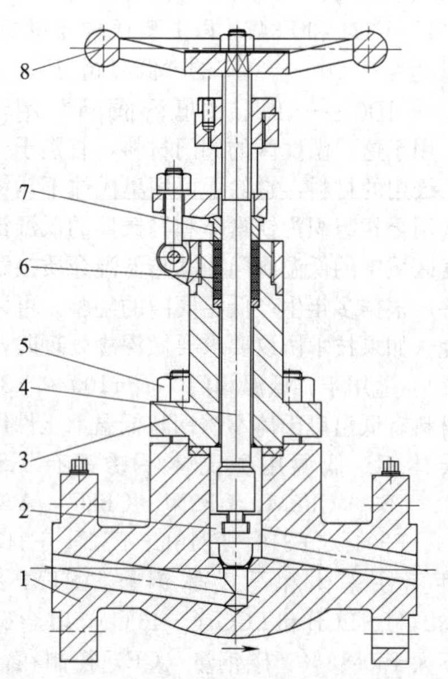

图 21-5　锻造 CL150～600 低温截止阀

1—阀体；2—阀瓣；3—阀盖；4—阀杆；5—螺栓与螺母；6—填料；7—填料压套；8—手轮

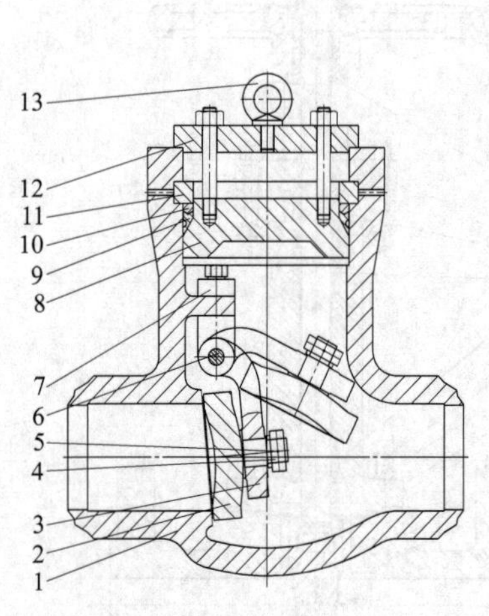

图 21-6　铸造 CL900～2500 内压自密封旋启式低温止回阀

1—阀体；2—阀瓣；3—摇杆；4,7—螺母；5—销；6—销轴；8—填料箱（阀盖）；9—密封圈；10—压环；11—四开环；12—压盖；13—吊环

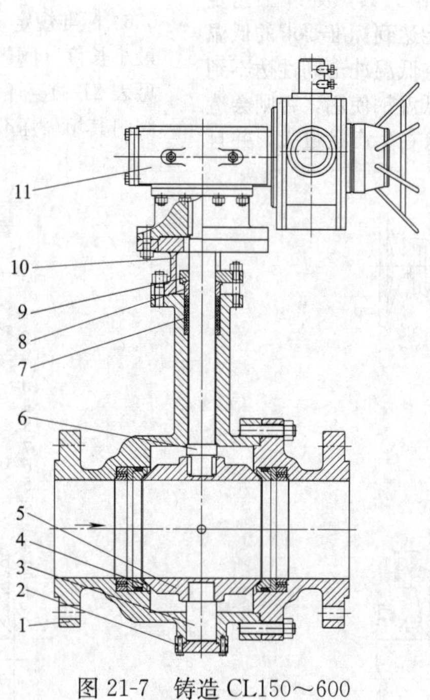

图 21-7　铸造 CL150～600 硬密封低温球阀

1—球体；2—端盖；3—下阀杆；4—阀座；5—球体；6—平键；7—上阀杆；8—填料；9—填料压套；10—填料压盖；11—支架

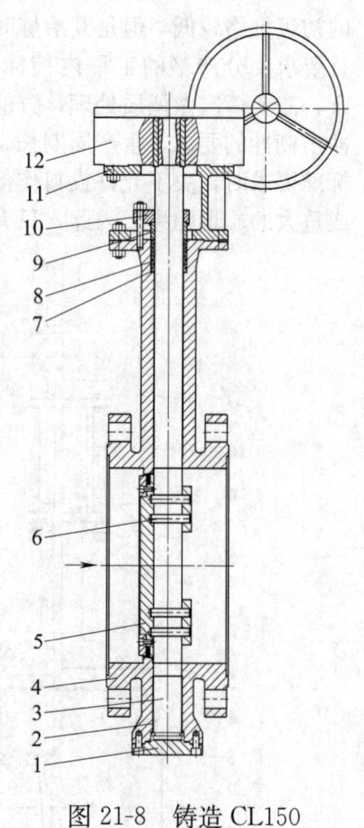

图 21-8　铸造 CL150 低温蝶阀

1—底盖；2—轴套；3—阀杆；4—阀体；5—蝶板；6—圆柱销；7—填料垫；8—填料；9—填料压套；10—填料压盖；11—支架；12—蜗轮蜗杆手动装置

表 21-9 冷箱用阀门填料压套的加长部分的最小长度 单位：mm

DN	15	20	25	38	50	80	100	150	200	250	300	350	400	450	500
截止阀	500	500	500	600	600	700	700	700	750	850	850	—	—	—	—
闸阀	500	500	500	600	600	700	700	750	900	1000	1100	1200	1300	1400	1500
球阀	500	500	500	600	600	700	700	—	—	—	—	—	—	—	—
蝶阀	—	—	—	—	—	—	700	700	700	750	800	850	850	900	950

低温阀门的阀盖也可参考执行中国石化北京工程建设公司（SEI）关于低温阀阀盖加长的尺寸要求（表21-10）。中国石化北京工程建设公司规定用于低温介质的延长阀盖阀门应具有以下最小延长阀盖长度。延长阀盖长度从阀门通道中心线至填料底部的距离。

表 21-10 SEI 规定的阀门通道中心线至填料底部尺寸 单位：mm

DN(NPS)	明杆(如闸阀、截止阀)	90°转动(如蝶阀、球阀)
15(1/2)	305	190
20(3/4)	305	190
25(1)	305	190
40(1½)	355	216
50(2)	406	254
80(3)	457	330
100 (4)	558	355
150(6)	610	432
200(8)	685	457
250(10)	889	635
300(12)	1016	711
350(14)	1118	787
400(16)	1194	838
450(18)	1295	889
500(20)	1397	940
600(24)	1600	990

当阀门尺寸超出表 21-9 范围时，阀门制造厂应提出阀门通道中心线至填料底部的加长长度。

(2) 最小壁厚

低温阀门的阀体、阀盖等壳体的“最小壁厚”，不接受 ASME B16.34 标准中的壁厚。闸阀的“最小壁厚”不得小于 API 600、截止阀的“最小壁厚”不得小于 BS1873、止回阀的“最小壁厚”不得小于 BS1868 等标准规定的“最小壁厚”；阀杆的直径应符合 API 600 或 BS 1873 标准的要求。

(3) 填料函、填料、垫片

低温阀门的填料函不能与低温段直接接触，而应设在加长阀盖顶端，使填料处于离低温段较远的位置，以保证填料在0℃以上的环境下工作，提高密封函的密封效果。对于≥*DN*300 的低温阀门填料函宜采用带有中间金属隔离环的二重填料结构。如果没有特殊规定，阀门设计温度不高于－46℃，阀门的填料采用柔性石墨 304 钢丝编制填料或唇式 PTFE（限用于介质的工作温度高于－73℃时）。压力级不大于CL600 时阀体中法兰与阀盖密封垫片采用 304 不锈钢柔性石墨缠绕垫或 PTFE（限用于介质的工作温度高于－73℃时）；压力级等于 CL 600 时，阀体中法兰与阀盖宜采用金属环密封。压力级等于或大于 CL 900 时，阀体应采用内压自密封结构，密封圈可选用 304 加柔性石墨成形密封圈或金属密封环。

(4) 闸板、阀瓣、球体

低温闸阀＜*DN*50 时宜采用刚性闸板；≥*DN*50 时宜采用弹性闸板，当介质温度和压力发生变化而使阀体变形时，弹性闸板可以适应阀座圈密封面的角度变形确保密封。截止阀采用锥形或球形结构的阀瓣。硬密封的低温阀均在闸板或阀瓣和阀体的密封面上堆焊 Co-Cr-W 硬质合金。

资料指出：低温阀门关闭后，残留在低温阀门内的低温液体，随着时间的延长，这些残留在阀腔里的液体会吸收周围环境的热量，回升到常温并重新汽化。汽化后其体积激烈膨胀，约增加上百倍。因而产生极高的压力，并导致承压边界的破坏。所以，对“双向密封”阀门（闸阀和球阀）一定要采取中腔泄压措施，如在闸阀进口端的闸板上开“泄放孔”；浮动球阀在进口端球体上开“泄放孔”，防止阀门在关闭状态时，由于温度升高造成“异常升压”所带来的阀体、阀盖变形爆裂等严重后果。由于低温阀中的“双向阀”的进口端设有“泄放功能”，所以，所有的低温阀门都是单向密封的。因此，所有的低温阀门的阀体必须铸出或明显地标出阀门介质流向。

(5) 阀座

低温阀门的密封副根据介质的工作温度和公称压力，可设计成金属-PTFE 软密封或金属-金属硬密封，但 PTFE 只适宜于介质的工作温度高于－73℃时，因为过低温度 PTFE 会变脆。同时 PTFE 不宜用于压力级大于或等于 CL1500，因为压力超过 CL1500 时，PTFE 会产生“冷流变”，影响阀门的密封。硬密封的低温闸阀、止回阀、截止阀的阀座采用直接在阀体上堆焊 Co-Cr-W 硬质合金。使阀座与阀体为一整体，防止因阀座低温变形引起泄漏，保证阀座与阀体间密封的可靠性。

(6) 连接紧固件

低温阀门中法兰用的螺栓和螺母，是至关重要的连接紧固件。前几年某阀门厂供大庆石化的低温阀门，由于中法兰连接螺栓断裂而发生了重大事故。磅级低温阀门连接件执行 ASTM A320/A320M—2005《低温用合金钢栓接材料》标准的规定。国家低温阀门标准 GB/T 24925《低温阀门 技术条件》附录 A 表

表 21-11 低温管道法兰用螺栓和螺母

螺栓材料	使用状态	螺栓规格	螺栓试验温度/℃	使用温度/℃	螺母材料	使用状态	螺母试验温度/℃
35	正火	≤M22	−29	−29	15	正火	免做
		M24～M28	−20				
	调质	≤M48	−29				
40Cr		≤M65			35	正火或调质	
40MnB			−40	−40	40		
40MnVB					40Mn		
35CrMoA			−100	−100	30Mn2 30CrMo	调质	−70
30CrMoA					35CrMo		
0Cr18Ni9	固溶	≤M48	免做	−196	0Cr18Ni9	固溶	免做
0Cr17Ni12Mo2		≤M32			0Cr17Ni12Mo2		

A.4 中，明确规定了不同温度条件下推荐使用的紧固件材料。国标低温阀门的中法兰的螺栓螺母的选用可参考表 21-11。

低温阀门的中法兰连接螺栓/螺母应选用安全可靠的奥氏体不锈钢，但要考虑螺栓/螺母应采用不同牌号的奥氏体不锈钢，保证二者间有适当的硬度差，以免螺栓/螺母间“咬死”。

(7) 防静电

用于易燃易爆低温介质时，如果阀门填料或垫片及密封面为聚四氟乙烯等绝缘材料时，阀门开闭时会产生静电，而静电对于易燃易爆的低温介质是十分可怕的，所以，阀门应设计有防静电的装置。

(8) 深冷处理

凡是−101℃及以下的“超低温阀门”或技术协议有要求的，其关键部位零件［阀体、阀盖、阀瓣、阀座、阀杆（阀体和闸板或阀瓣的密封面上堆焊硬质合金后）等］在粗加工之后精加工之前，100%浸入−196℃的低温液氮箱中进行“深冷处理”。将零件浸泡在液氮箱内进行充分冷却，当零件温度达到−196℃时，再恒温保冷 1～2h（或按相应技术协议的要求），然后取出箱外自然升温到常温。

“深冷处理”的目的是消除低温阀门材料的马氏体组织相变和在超低温下的材料进行充分的收缩变形，从而消除了影响阀门密封副尺寸精密度的隐患，提高了阀门在低温工况密封的可靠性。

21.3.3 阀门设计制造标准

ASME B16.34《法兰、螺纹和焊接端连接的阀门》

API 6D《管线阀门》

API 600《钢制闸阀-法兰连接端和对焊端、螺栓连接阀盖》

API 602《石油天然气工业用公称尺寸小于和等于 *DN*100 的钢制闸阀、截止阀和止回阀》

BS 1873《石油、石化及相关工业用法兰端和对焊端钢制截止阀和截止止回阀》

BS 1868《石油、石化及相关工业用法兰端和对焊端钢制止回阀》

ASME B16.10《阀门结构长度》

ASME B16.5《管法兰和法兰管件》

GB/T 12221《金属阀门　结构长度》

GB/T 12224《钢制阀门　一般要求》

GB/T 12234《石油、天然气工业用螺栓连接阀盖的钢制闸阀》

GB/T 12235《石油、石化及相关工业用钢制截止阀和升降式止回阀》

GB/T 12236《石油、石化及相关工业用钢制旋启式止回阀》

GB/T 12237 石油、石化及相关工业用的钢制球阀

JB/T 7746 紧凑型钢制阀门

GB/T 24925 低温阀门技术条件

21.4 低温阀门的检验与试验

21.4.1 低温阀门检验标准

API-598《阀门的检验与试验》

BS 6364《低温阀门》

GB/T 5677《铸钢件射线照相检测》

JB/T 6440《阀门受压铸钢件射线照相检测》

ASTM E142《射线照相的质量控制》

ASTM A388《重型钢锻件的超声波检验用标准实施规程》

GB/T 12224《钢制阀门　一般要求》

GB/T 24925《低温阀门　技术条件》

21.4.2 低温阀门的检验与试验

(1) 低温阀门毛坯的无损检验

阀门为铸件时，根据 SH 3501—2011 的规定或技术协议决定是否进行射线探伤检验。射线探伤检查

范围应符合 ASME B16.34 标准，检查方法按标准 GB/T 5677《铸钢件射线照相检测》或按 ASTM E142 进行。检查结果应符合气孔（A）不低于Ⅱ级，夹砂（B）不低于Ⅱ级，缩孔（CA、CB、CC、CD）不低于Ⅱ级，热裂纹和冷裂纹（D、E）无，嵌入物无。

阀门为锻造件时，所有承压锻件必须100%进行超声波探伤检验，超声波探伤检验按 ASTM A388 的规定。

（2）低温阀门的常温状态检验与试验

低温阀门常温状态检验与试验，执行 API 6D 及 API 598 标准的规定。

① 壳体试验　低温阀壳体试验的方法和要求与普通阀门相同。但是，对于不锈钢阀门，水压试验所用水的氯化物含量不应超过 30×10^{-6}（30ppm）。水压试验后，阀门的每个零部件应彻底清洗并清除油渍。

② 壳体密封试验　水压或气压壳体试验后，在阀体和阀盖的连接处，阀门的填料处抹上肥皂液或浸入水中，用干燥的无油空气或氮气进行壳体的密封试验，其余与普通阀门相同。

③ 阀座的密封试验　用干燥的无油空气或惰性气体进行试验，其余与普通阀门相同。

（3）低温阀门的低温密封试验

低温阀门的试验与普通阀门有很大的不同，低温阀门在－196℃或技术协议中规定的低温下进行低温密封试验，进行低温密封试验必须有低温装置及氦检漏专用设备，方可对低温阀门在低温状态下进行密封性能的检测。

① 检测能力　根据保温容器蓄冷槽的大小，检测范围如下。

公称尺寸：≤*DN*600

公称压力：≤*PN*250

试验温度：－196℃

测试精度：气体 4He，5×10^{-12} mbar·L/s；气体 3He，5×10^{-10} mbar·L/s。

② 检验标准　参照 BS 6364《低温阀门》标准或 GB/T 24925《低温阀门　技术条件》。

③ 检测手段及步骤　试验项目包括壳体试验、壳体密封试验、阀座密封试验和低温试验。

④ 低温试验　低温密封试验装置（图 21-9）在阀门常温试验合格后进行。试验前应清除阀门水分和油脂，拧紧螺栓至预定的转矩或压力，记录其数值。用符合试验要求的热电偶与阀门连接，试验过程中监测阀体、阀盖的温度。低温试验冷却介质为液氮与酒精的混合液或液氮，试验介质为氦气。

低温密封试验（图 21-10、图 21-11）时，将阀门两端的盲板和Z字形引出管安装好并放在相应的低温试验槽里，并连接好所有接头，保证阀门填料处在容器上部，且温度保持在0℃以上。在常温及1.0MPa 压力下，使用氦气做初始检测试验，确保阀门在合适的条件下进行试验。

将阀门浸入液氮与酒精的混合液或液氮中冷却至阀门低温工况温度，其酒精的混合液或液氮的水平面盖住阀体与阀盖。在低温工况温度下，按下列步骤进行操作：

a. 在试验温度下，在酒精的混合液或液氮中浸泡阀门，直到各处的温度稳定为止，用热电偶测量保证阀门各处温度均匀。

b. 在试验温度下，对阀门的密封检测试验。

c. 在试验温度和阀门的试验压力下，开关阀门5次做低温操作性能试验，配有驱动装置的阀门按上述要求做动作试验。

d. 在最大阀门试验压力下，按阀门的正常流向做阀门密封试验，用检漏仪测量泄漏量时，其泄漏率应符合 BS 6364—1998 标准中的“对于金属密封阀门，最大允许泄漏率应为 $0.3\text{mm}^3/\text{s}\times$公称尺寸 *DN*；对于软密封阀门，在试验的时间内应无可见泄漏”。

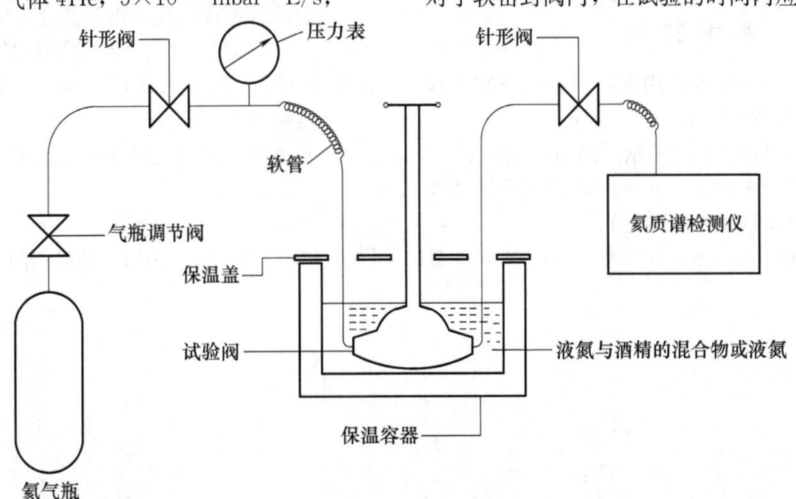

图 21-9　低温阀门低温密封试验装置

e. 阀门处在开启位置时，关闭阀门出口端的针形阀，并向阀体加压至密封试验压力，保持 15min，检查阀门填料处、阀体和阀盖连接处的密封性。

f. 阀盖上密封的检查，有上密封的阀门应做上密封试验，试验时阀门全开，两端密封，向阀内通入氦气至密封试验压力为止，松开填料压盖，检查上密封的密封性。低温性能的试验结果应符合表 21-12 的规定。

低温试验后，将阀门恢复到环境温度，重复阀门的氦气检验试验，测量并记录阀门的泄漏量、开关转矩并把结果与所得读数进行比较。低温试验合格的阀门应进行清洁、干燥，阀门处于关闭状态。

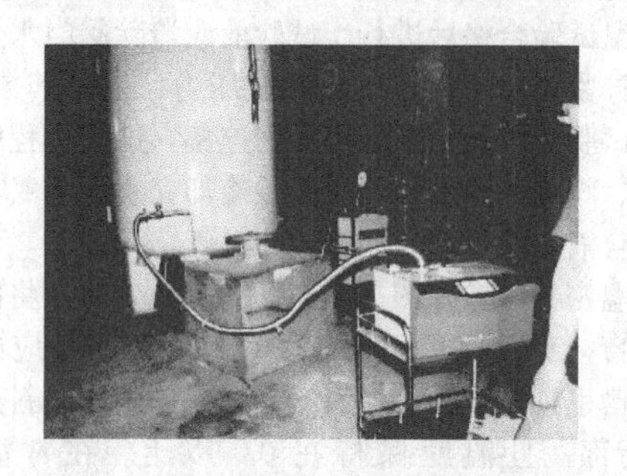

图 21-10 －196℃低温阀门在液氮中做低温密封性能试验的全景

图 21-11 －196℃低温阀门在液氮中做低温密封性能试验的近距离俯瞰照

表 21-12 阀门的低温性能试验

试验项目				闸阀、截止阀、球阀、蝶阀	止回阀
低温操作性能试验				要求动作灵活，无卡阻、无爬行现象	
低温密封性能试验	填料密封性能试验	试验压力/MPa		1.0	
		试验持续时间/s		900	
		结果		无可见泄漏	
	上密封试验	试验压力/MPa		1.0	
		试验持续时间/s		900	
		结果		无可见泄漏	
	垫片密封性能试验	试验压力/MPa		1.0	1.0
		试验持续时间/s		900	900
		结果		无可见泄漏	无可见泄漏
	密封性能试验	试验压力/MPa		1.0	200mm^3/s×DN
		试验持续时间/s		300	
		泄漏率	硬密封	100mm^3/s×DN	
			软密封		

参 考 文 献

[1] 乐精华. 阀门主体零件用钢及合金的适宜工作温度. 阀门，2008 (1).

[2] 乐精华. 低温钢及低温铸钢. 阀门，1979 (3).

[3] ASTM A352/A352M—2006. 低温用承压件铁素体和马氏体钢铸件标准规范.

[4] ASTM A350/A350M—2002b. 需切口韧性试验的管道部件用碳钢和低合金钢锻件标准规范.

[5] ANSI/API 6D—2008. 管道阀门规范.

[6] ASME A320/A320M—2005. 低温用合金钢栓接材料.

[7] 杨源泉. 阀门设计手册. 北京：机械工业出版社，1992.

[8] BS 6364. 低温阀门.

[9] GB/T 24925—2010. 低温阀门 技术条件.

第22章 真空阀门

22.1 概述

真空技术在我国国民经济中已近获得广泛的应用，无论是重工业还是轻工业，尖端科学还是一些普通工业部门都离不开它。因此，作为真空技术执行元件的真空阀门也得到了相应的发展。

“真空”是指在指定空间内低于环境大气压力的气体状态，也就是该空间内气体分子数密度低于该地区大气压的气体分子数密度。不同的真空状态，就意味着该空间具有不同的分子数密度。在标准状态（STP：即0℃，10135Pa）下，气体的分子数密度为$2.6870\times10^{25}m^{-3}$，而在真空度为$1\times10^{-4}$Pa时，气体的分子数密度只有$2.65\times10^{16}m^{-3}$。

22.1.1 真空度及测量单位

在真空技术中常用真空度来度量真空状态下空间气体的稀薄程度。通常真空度用气体的压力值来表示。压力值越高，真空度越低；压力值越低，真空度越高。

22.1.2 真空区域的划分

为使用上便利起见，人们常把真空度粗划为几个区段，按照GB/T 3163—2007，真空区域大致划分如下：

低真空　$10^5\sim10^2$Pa

中真空　$10^2\sim10^{-1}$Pa

高真空　$10^{-1}\sim10^{-5}$Pa

超高真空　$<10^{-5}$Pa

22.1.3 真空阀门的特性

主要是指真空阀门外壳对大气的真空密封性，衡量真空密封性的性能主要有两个技术指标，即真空阀门的流导和真空阀门的阀座漏气率（简称漏率）。

① 真空阀门的流导　在阀门打开状态下的气体流动的流导。需要指出的是，在样本中，真空阀门的流导通常以“当量管长度”列出，这里设管的公称尺寸与阀门的公称尺寸相同。

② 真空阀门的阀座漏气率　在关闭状态下由阀座漏入的气体流率。它取决于气体种类、压力、温度和阀门进、出口的压差。

22.1.4 真空阀门的定义和作用

真空阀门是在真空系统中用来隔离（切断）气流、调节气流流量、分配气流的真空元件。种类繁多的真空装置（亦称真空工程设备）都离不开真空系统。真空阀门不论在简单或复杂的真空系统中都占有重要的地位。通常在真空系统设计时，要根据真空装置的要求和真空系统的特点来选择不同类型的真空阀门。例如，真空放气阀，是用来给真空系统放入大气用的。真空装置完成真空作业后，若要更换工件或取出样品，必须将大气放入真空室，使真空室大门两侧没有压差，才能打开大门进行工件更换。而针阀是向真空系统中充气，并能调节气体流量的真空阀门。它常用于真空泵抽速测量、真空镀膜、离子束刻蚀、受控热核反应装置等真空系统上，提供精确调节的气体流量，用以获得稳定的工艺要求的真空度；高真空挡板阀、高真空插板阀，常用于主抽气泵的进气口上，用来隔离真空泵，使之不暴露于大气之中。高真空蝶阀可装于真空室，真空管道与真空泵之间，用以接通和隔离（截止）气流。阀门设计不应当漏气、发生机械、电气故障等。

需要纠正一下国内电站阀门存在的错误叫法，在电站阀门中，通常将填料部分带水封装置的阀门前面冠以“真空”，如真空闸阀、真空截止阀等。而事实上，这些阀门的介质压力都很高，有的阀门压力高达10MPa，这是一种错误的叫法，应当予以纠正。

22.1.5 真空阀门发展

(1) 国外真空阀门发展

世界上真空阀门技术先进的国家主要有俄罗斯、美国、法国、英国、德国、日本等，从20世纪初到现在，这些国家的真空阀门品种和规格都得到较快的发展。世界主要真空设备厂家，例如，巴尔蔡斯公司（Balgers）、雷宝德-海拉斯公司（Legbold-Heraeus）和西欧核子中心（CERN）、德国电子同步加速器研究所（DESY）等，都有真空阀门的专业生产厂，能按国际标准研制各种真空阀门。生产的真空阀门规格品种齐全，大多数真空阀门结构简单，性能可靠。瑞士VAT是一家专门为科研工业部门研制、生产真空阀门的产业工厂。VAT厂最主要的产品有手动、气动真空插板阀系列，金属密封气动真空插板阀系列，手动、气动真空摆动阀系列，快速关闭真空阀系列，手动、气动真空挡板阀系列，手动超高真空挡板阀系列等十多种真空阀门产品。这些产品在CERN和DESY加速器及其他真空装置上得到广泛应用，并享有较高的信誉。

国外真空阀门按阀门的动作特点分为插板式、挡板式、翻板式及微调式等阀门；按驱动形式分为气动、磁动、电动及手动等阀门；按密封材料分为橡胶密封、铟银合金不锈钢密封、钛合金镀银和镀金不锈钢密封、无氧铜不锈钢密封的阀门。其中典型的真空阀门有氟橡胶密封气动真空插板阀、铟密封气动真空插板阀和金属密封气动真空阀。

① 氟橡胶密封气动真空插板阀　该阀的阀板密封处漏气速率（简称漏率）不超过 1×10^{-9} mbar·L/s、气源压力为 0.4～0.6MPa，氟橡胶密封材料的烘烤温度为 150℃。该阀的特点是传动增力机构简单轻便，在行程小的情况下，能全开或全关，通导能力最大，外形尺寸小，维护保养方便，性能可靠。在国外很多真空系统中得到广泛应用。

② 铟密封气动真空插板阀　这种阀主要应用于在高能加速器中具有强辐射场合的真空系统中。与其他金属密封结构的插板阀最大的区别是所需要的密封比压较小。铟密封结构和压紧机构设计合理，使用寿命可以超过 500 次。阀门的漏气速率小于 1×10^{-9} mbar·L/s。不足之处是维护保养较复杂，外形尺寸大，造价昂贵。若没有特殊的冷却结构不能承受烘烤。

③ 金属密封气动真空阀　在需要烘烤温度较高的真空系统中，当选用氟橡胶之类的阀门满足不了需要时，则将金属作为密封材料用到超高真空阀中。如 CERN 研究所研制的全金属气动超高真空挡板阀，漏气速率小于 1×10^{-8} Pa·L/s，烘烤温度为 300℃，气源压力为 2.5MPa，阀板选用 $TiA6V_4$ 合金表面镀 50μm 的银。美国 Varian 公司生产的全金属气动超高真空摆动阀，其漏气速率不超过 1×10^{-7} Pa·L/s，阀门开启时烘烤温度 200℃，阀体用不锈钢材料，阀板用钛合金表面镀金的材料。但这类阀门需要的密封力较大，结构复杂，外形尺寸相应较大，对使用的真空要求严格，阀门的使用寿命短，维护保养复杂，造价昂贵。

当前，在国外的各类真空系统中，由于真空插板阀通导能力最大，结构简单，性能可靠，所以应用最广泛。由于全金属密封的插板阀的结构较复杂，寿命较短，性能可靠性较差，应用范围受到限制。所以除非用全金属阀门才能保证整个真空系统性能要求的场合外，一般都采用氟橡胶密封的插板阀。如真空镀膜机、离子注入机、各种表面物理试验仪器及大型加速器等都把氟橡胶密封的插板阀作为主要阀门。此外，国外应用真空阀门的另一个特点是主要的驱动形式为手动、气动及电动，其气动形式的应用最为广泛。

(2) 国内真空阀门发展

国内真空阀门生产厂家生产的真空阀门有真空电磁阀、真空蝶阀、真空隔膜阀、真空挡板阀、真空球阀、真空微调阀、真空调节阀、超高真空插板阀、超高真空挡板阀共 9 个大系列、42 个品种、150 多个规格的产品，尤其是生产的 *DN*1200 大型气动高真空蝶阀，*DN*900 的气动高真空插板阀，具有相当高的技术水平。生产的 GDD-J 系列手电两用真空挡板阀，适用于 10^{-5}～10^{5} Pa 的压力范围，该系列阀门公称尺寸为 *DN*150～1200，漏气速率小于 1.3×10^{-5} Pa·L/s。流导 1200～70000L/s，启闭时间 15～60s，此外，阀门还配置了离合器和开关，具有安全性高、密封可靠、流量大及可实现手控、电气自动控制。生产的 GDD-J 型高真空气动挡板阀和 GDD-JB 型（扁阀）共两大系列。公称尺寸 *DN*80～1200，漏气速率小于 1.3×10^{-5} Pa·L/s；启阀时间小于 5～20s，气源压力 0.4～0.8MPa，广泛用于大、中型高真空系统中。

当前，我国真空阀门种类繁多，规格齐全。归纳起来，可分为七大系类，依次为：高真空插板阀系列、高真空挡板阀系列、高真空蝶阀系列、高真空电磁阀系列、真空电磁带充气阀系列、电磁压差充气阀系列、真空球阀系列。在电子、半导体、集成电路、真空测量、检漏、离子束、电子束、激光、可控热核反应及航空航天等领域得到广泛应用。20 世纪 70 年代，我国高科技的北京高能所电子对撞机，兰州重粒子加速器，西南核工业受控聚变研究装置等都配置着数种上百个高真空阀门产品。这些阀门性能先进，工作稳定可靠，保证了这些装置的正常运转，标志着我国真空阀门具有相当高的技术水平。

(3) 发展前景

今后发展真空阀门应重视如下问题。

① 更新换代　要重视真空阀门的更新换代问题，早期的真空阀门若发现结构复杂，操作不便，给真空装置运行带来不便的话，希望能用同类规格的真空阀门更换。如早期手动的真空阀门可以用电动、气动真空阀门更换，以实现真空系统的自动化操作。

② 节能　要加强节能型阀门的研制和开发。用新型的密封材料、电磁相结合的驱动原理，研制新的节能型真空阀门。

③ 大型手、电两用高超高真空　加强大型手、电两用高超高真空插板阀的研制和开发。当前，我国生产的这类阀门有 CC 型（手动）、CCD 型（电动）、GC 型等几种，但口径在 *DN*500 以上的阀门是薄弱环节。电动阀门是实现真空系统自动控制的重要元件。应利用光电技术改进现行电动机构行程限位开关结构，以保证阀门开启、关闭的可靠性。

④ 超高真空阀门　要加强超高真空阀门的研制和开发。要从阀门的传动原理、密封材料、结构形式等入手，吸取国外同类超高真空阀门优点的基础上，开发新产品。如超高真空微调阀，国内产品不多，满足不了超高真空装置气流流量调节需要，要改进加工工艺，提高这类阀门的使用寿命。

⑤ 标准化和通用化　要加强真空阀门标准化、通用化工作。要在吸取国外同类阀门先进技术的基础上，改进阀门设计，使我国各类真空阀门，从性能到结构、外观能达到国外同类阀门的先进水平。除满足我国真空装置的需要外，力争将我国的真空阀门打入国际市场。

22.2　真空阀门的特点和类型

22.2.1　特点

真空阀门的基本特点是具有较高的气密封（密封可靠）；对气流的阻力尽量小（即阀门的流导尽可能大）；密封部件耐磨性好，能反复使用、寿命长；阀体材料及密封件放气量小；操作灵活，容易清洗安装，性能可靠、维修方便。此外，对于超高真空阀门还要求能耐高温烘烤（450℃）；对节流阀要求能均匀调节气体流量。

常用真空阀门阀体的材料主要有金属和玻璃。手动真空阀门驱动手轮采用高强度塑料材料。玻璃真空活塞又称“考克”，一般用于玻璃真空系统、小型真空装置、真空计规管或校准系统上。优点是制作比较容易、使用方便，易于清洗观察，化学稳定和绝缘性好，放气量较小等。不足之处是由于玻璃的脆性及活塞弯口处涂一层油脂，故限制了它的使用范围。工业生产所需要的真空装置，如真空镀膜设备、真空冶炼设备、真空热处理设备、空间环境模拟设备、火箭发动机模拟设备、卫星表面带电模拟设备、粒子加速器及受控核聚变装置、重离子加速器等都采用金属阀门。

真空阀门通常根据阀门的工作特性、传动原理、连接方式和用途等进行分类。

根据工作压力分：低真空阀门、高真空阀门、超高真空阀门。

根据用途分：截止阀、隔离阀、充（放）气阀、节流阀、换向阀、封闭送料阀等。

根据传动原理分：手动阀、手电两用阀、电磁阀、气动阀和液动式真空阀。

根据材料分：玻璃真空活塞（考克）、金属真空阀。

根据结构特点分：挡板阀、翻板阀、蝶阀、球阀、连杆阀、隔板阀、闸阀、双通阀、三通阀、四通直通阀和直通阀等。

22.2.2　类型

(1) 隔膜式真空阀

隔膜式真空阀是利用阀杆将橡胶隔膜直接压在阀座上，用来截止或接通气流。它常装在被抽真空容器与各种低真空泵之间。典型的隔膜式真空阀结构图如图 22-1 所示。

其动作原理是旋转手柄使阀杆向下运动，将橡胶隔膜直接压在阀座上，截止气流。反方向旋转手轮，阀杆向上运动，带动橡胶隔膜离开阀座，接通气流。阀门主体采用铝合金铸造。结构简单、质量轻、体积小，密封性能良好。采用丁腈橡胶的隔膜真空阀，用于前级和预抽低真空管道上及温度－25～80℃的非腐蚀性气体。采用氟橡胶的隔膜真空阀，可用于高真空系统，使用温度范围为－30～150℃。

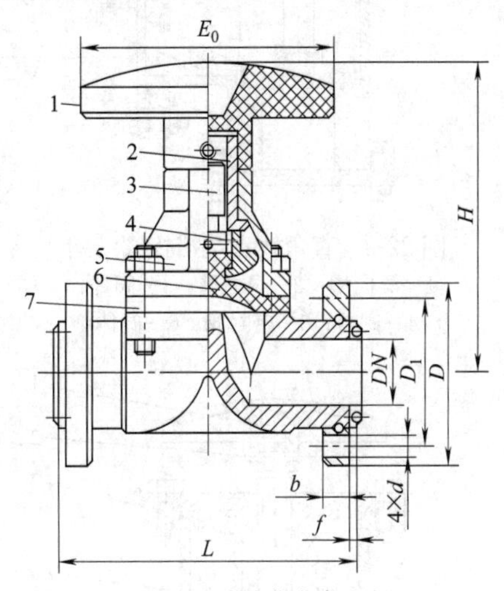

图 22-1　隔膜式真空阀

1—手轮；2—阀杆螺母；3—阀杆；4—阀芯；5—阀盖；6—隔膜；7—阀体

(2) 真空挡板阀

真空挡板阀的工作原理是阀板通过阀杆做上下运动而实现密封的。驱使阀杆运动的传动部件有手动、手电两动、气动三种方式。手动传动部件，以螺纹结构为主，也可以采用平凸轮结构。图 22-2 和图 22-3 分别为直角式、直通式真空挡板阀结构示意图。手动两用的传动部件，由电动机、蜗轮、蜗杆组成，并装有行程开关。当接通电源后，电动机按某一方向（如开启方向）旋转，通过蜗轮、蜗杆带动阀杆向上运动使阀板上升，当阀上升到一定高度时，行程开关自动切断电源，阀杆运动立即停止，反之亦然。手动时，松开手轮背帽，用手按一定方向转动手轮即可，图 22-4 为 GDD 型手、电两用真空挡板阀外形图。气动传动部件以压缩干燥空气为动力，通过电磁换向阀改变气路方向，推动汽缸活塞上下运动，带动阀杆上下运动，使阀板开启关闭，从而达到接通或停止气流的目的。

真空挡板阀有高真空挡板阀和超高真空挡板阀两种。高真空挡板阀用于高真空系统接通或截止气流。适用压力范围：轴封为橡胶时为 $1.3\times10^{-4}\sim10^{5}$ Pa；轴封为波纹管结构时为 $1.3\times10^{-5}\sim10^{5}$ Pa。工作介

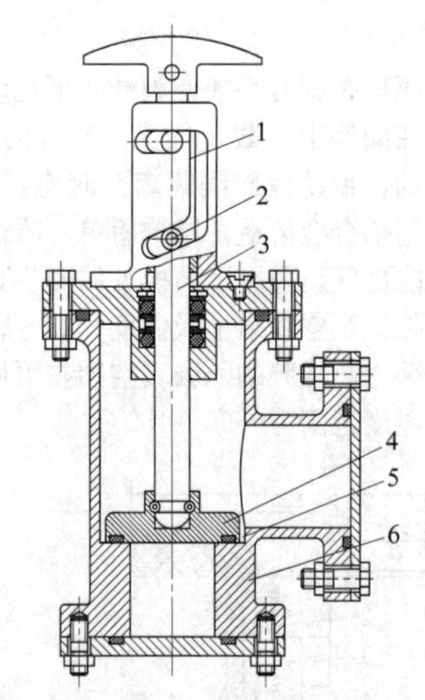

图 22-2　直角式真空挡板阀结构
1—导向槽；2—导向销；3—阀杆；
4—阀盖；5—密封阀；6—阀体

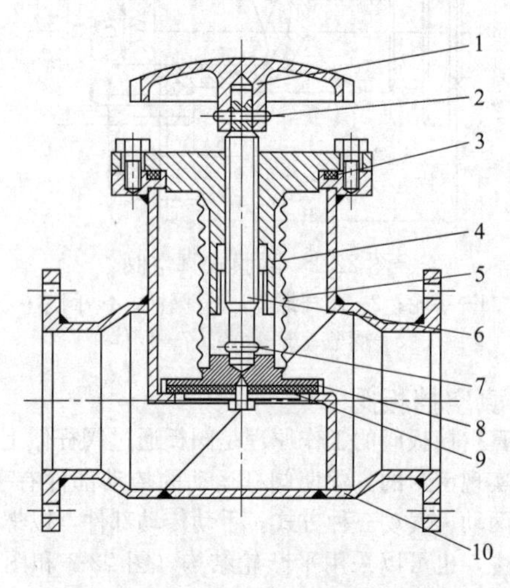

图 22-3　直通式真空挡板阀结构
1—手轮；2—销；3,9—密封圈；4—法兰套；
5—波纹管；6—阀杆；7—弹簧；
8—阀盖；10—阀体

质温度：−25～80℃（密封件为丁腈橡胶）；−30～150℃（密封件为氟橡胶）。阀体材料：碳钢镀镍或不锈钢；阀板密封材料丁腈橡胶或氟橡胶。超高真空挡板阀用于超高真空系统接通或截止气流。适用压力范围为 $1.3\times10^{-3}\sim10^{5}$Pa。阀门开启状态，烘烤温度小于 400℃；阀体材料为不锈钢；阀板材料为无氧铜；轴封处密封件材料为不锈钢波纹管。这两种真空挡板阀使用的工作介质为洁净的空气或对阀门无腐蚀的干净气体。不适合用在对金属有强腐蚀性和含有颗粒状态灰尘的气体情况下长期使用。

高真空挡板阀由于具有密封可靠、流导大、安全性好以及可手控、电控、气控等特点，形式多样，规

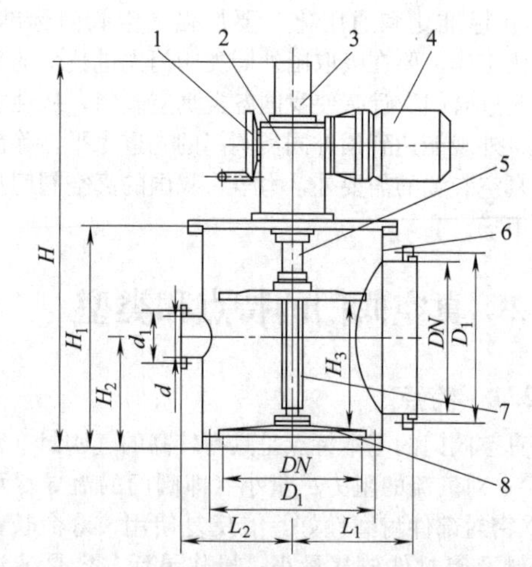

图 22-4　GDD 型手、电两用真空挡板阀外形图
1—手动轮；2—减速器；3—限位开关；4—电动机；
5—定位座；6—阀门；7—丝杆；8—阀盖

格齐全，公称尺寸 *DN*150～1200，结构合理等，因此，被广泛用于大、中型多种高真空装置的真空系统之中，如用于真空镀膜设备，真空热处理炉、真空钎焊、高真空电子束焊机、离子束刻蚀设备、空间环模设备等。

(3) 真空插板阀

① 原理、使用范围　真空插板阀的工作原理是阀通过阀杆的左右或上下运动，将阀板与阀座压紧实现密封。驱动阀杆运动的方式有手动、电动、气动三种。手动是通过手轮的旋转，带动阀杆和阀杆上的螺母或四杆连动式的阀杆使阀板运动。手、电两用的传动部件由直流电动机、齿轮箱组成。电动操作时，电动机按某一方向（如关闭方向）旋转，并通过传动部件使四杆连动式的阀杆往复运动。当阀板进入与阀座密封部位时，阀板靠板式弹簧部件的作用，使阀板压紧。此时装有行程开关而自动切断电源，运动立即停止。反之，若需打开阀门时，只需按反转电钮即可。手动时，只需松开手轮背帽，按一定方向用手转动手轮即可。

图 22-5 为 CCD-A 型手、电两用的超高真空插板阀外形图。该阀结构合理，阀板与阀体密封时漏气速率小于 1×10^{-7}Pa·L/s；阀门总漏气速率小于 5×10^{-8}Pa·L/s；阀板开启时阀体烘烤温度小于 150℃；手动装置允许受热温度小于 65℃；工作稳定可靠，操作方便；可远距离控制。气动驱动部件以压缩干燥空气为动力，通过电磁换向阀使气动部件带动传动装置，使阀门往复运动实现启闭作用，达到密封的目的。

真空插板阀有高真空插板阀和超高真空插板阀两种。

a. 高真空插板阀主要用于高真空系统中接通或

截止气流，可安装在被抽真空容器（真空室）与真空泵之间；或用于在半连续真空作业的进出料容器上。使用温度为$-20\sim80$℃，不适用于对黑色金属有腐蚀性或含颗粒状物灰尘的气体。

b. 超高真空插板阀主要用于超高真空系统中接通或截止气流。适用的介质为洁净的空气或非腐蚀性气体；适用温度在阀门开启时，阀体允许烘烤温度小于150℃。

由于真空插板阀具有流导大，密封性能好，放气率低，体积小，结构紧凑、合理，操作方便，安装位置可任意选择等一系列优点，因此真空插板阀广泛用于中、大型高真空、超高真空装置的真空系统中。

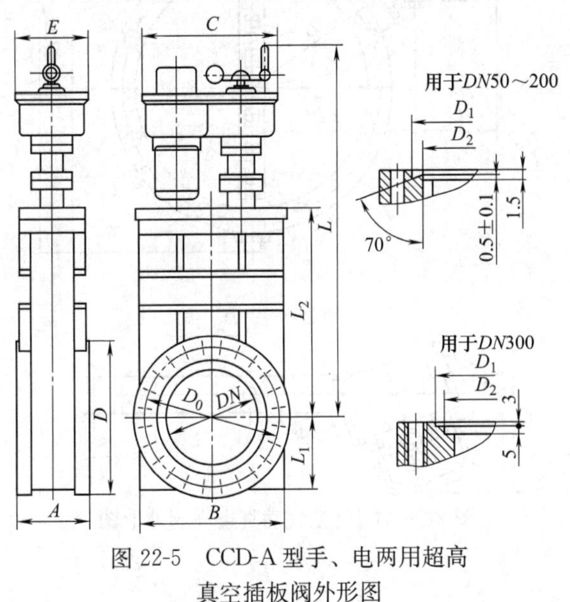

图 22-5　CCD-A 型手、电两用超高真空插板阀外形图

② 形式和性能参数

a. 高真空插板阀的形式与基本参数，已有行业标准（JB/T 4077—91)。该标准规范的高真空插板阀的形式和基本参数，适用于$1.3\times10^{-5}\sim1.0\times10^{5}$Pa真空系统中用来开启或隔断气流的插板阀。开启阀门时，阀板两侧的压差应小于或等于2.7kPa。

b. 我国生产的超高真空插板阀有手动（CC型）、气动（CCQ型）和电动（CCD型）三种。适用于介质为清洁空气及非腐蚀性气体的超高真空系统中切断或接通气流。其中GC型系列高真空插板阀是以螺杆传动来推动钢球运动，撑开阀板关闭，又靠弹簧力收拢阀板打开的高真空阀门；GCQ系列以压缩空气为动力推动钢球运动，实现阀门的开启和关闭。这两种阀的材料为不锈钢，漏气速率不超过1.3×10^{-7} Pa·L/s。GCD型系列阀门形式同CCD型超高真空插板阀，只是连接法兰按高真空法兰由刀口金属密封结构改为丁腈橡胶圈密封结构；阀体阀板材料可为不锈钢或碳钢镀镍，阀板密封件材料为丁腈橡胶。适用范围为$1.3\times10^{4}\sim10^{5}$Pa。

(4) 真空翻板阀

① 工作原理和使用范围　真空翻板阀工作原理如图22-6所示。阀板运动由两个动作组成，即阀板平动和翻转，平动用于压紧或脱离密封面，翻转用于将阀板翻转一定角度（通长为0°～90°)，以获得一定的通导能力。和真空挡板阀相比，优点是阀杆运动距离短，动作速度快，阀体总高度较小，缺点是全开启后，阀板仍处于气流通道上，增加了流阻。阀体尺寸较大，要留有足够阀板翻转空间，防止碰撞卡住。整体机构较挡板复杂，制造成本较高。

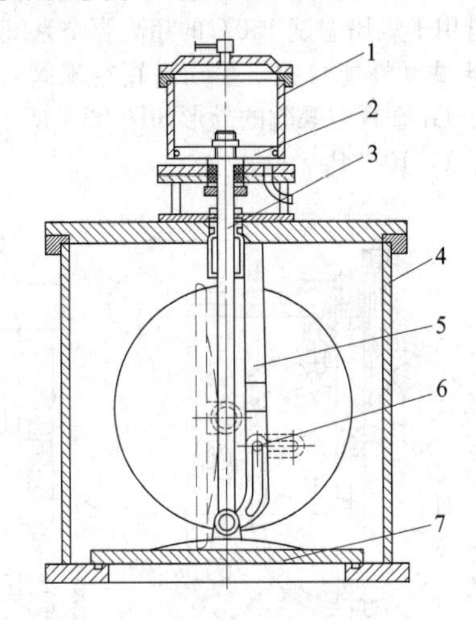

图 22-6　气动翻板式真空阀
1—汽缸；2—活塞；3—阀杆；4—阀体；5—支杆；6—销；7—阀盖

真空翻板阀阀板翻转的机构类型很多，常见的有：四连杆传动机构、蚌线机构、链板翻板机构以及止动杆翻板机构。驱动方式有手动、液压传动、气动、手电两用传动等。

真空翻板阀适合于中、大型口径的高真空、超高真空抽气系统中，多为直角式，可充分利用抽气管道中的弯头空间。

阀门适用介质为非腐蚀性洁净气体，阀板密封采用丁腈橡胶，可用于介质温度为$-25\sim80$℃的高真空系统。采用氟橡胶可用于烘烤温度150℃以下的超高真空系统。

② 形式和性能参数　CF-J型手动翻板阀是靠人工旋转阀门手柄使阀板上下运动，实现阀板启闭动作。

CFQ-J型气动翻板阀是利用压缩空气为动力，通过电磁换向阀改变气路方向，使汽缸中活塞做往复运动，带动阀板启闭，实现真空系统中的气流截止或导通。

(5) 真空蝶阀

① 工作原理和使用范围　真空蝶阀的工作原理是靠固定在转动轴上的蝶板旋转90°实现阀门的开启和关闭。和其他相同口径的真空阀门相比，真空蝶阀具有结

构简单，通导能力大，阀体结构长度短，启闭速度快等优点。国内生产的真空蝶阀有手动、气动、电磁动三种形式，手动真空蝶阀适用小口径（公称尺寸 *DN*32～300）真空抽气系统、抽气管道接通或截止气流之用，气动和电动真空蝶阀，最大公称尺寸可达 *DN*5000。

真空蝶阀在开位、关位都有自锁功能，阀板可承受0.3MPa的气体压力，不怕振动，可在任意位置安装，阀杆不窜动。

真空蝶阀使用的介质为洁净空气及不含颗粒粉尘的非腐蚀性气体，密封材料选用丁腈橡胶，可用于介质温度在−25～80℃的高真空系统中，选用氟橡胶密封圈，可用于烘烤温度150℃的超高真空系统中。

② 形式和性能参数　手动高真空蝶阀有GI型、GI-A型。GI型真空蝶阀的外形如图22-7所示。漏气速率小于 1×10^{-6} Pa·L/s。

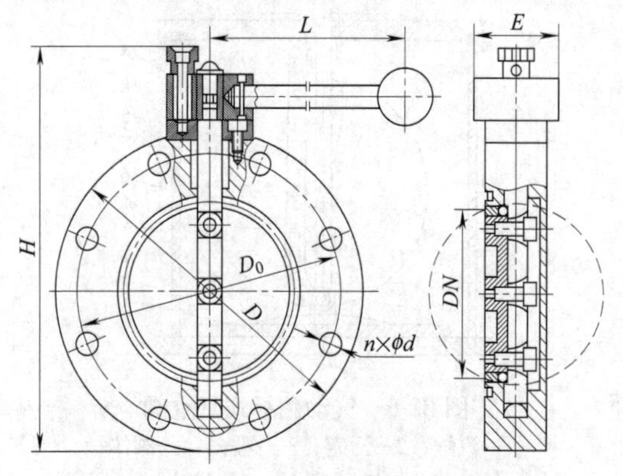

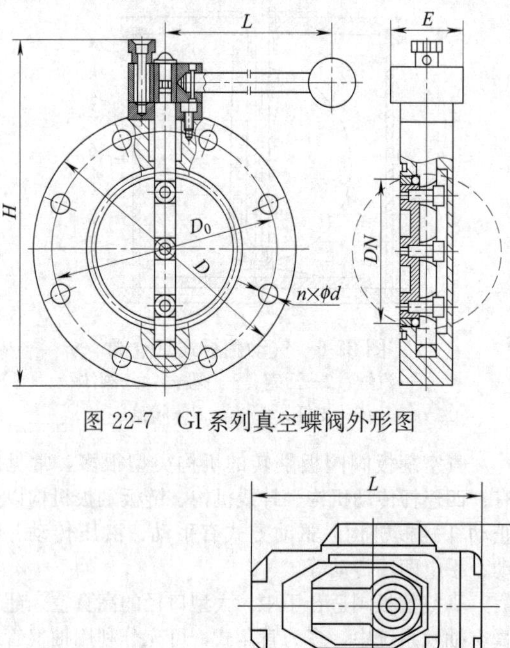

图 22-7　GI系列真空蝶阀外形图

GIQ气动真空蝶阀，采用1/4旋转汽缸，转角可调，设有开位和关位电信号装置，可作为自动控制信号源实现蝶阀启闭的自动控制。外形见图22-8。

GIQ系列气动真空蝶阀的漏率小于 1×10^{-5} Pa·L/s。密封材料为丁腈真空橡胶，气源压力为0.4～0.6MPa，适用于介质温度−25～80℃，压力 7×10^{-4}～10^{5} Pa的高真空抽气系统及抽气管道中。

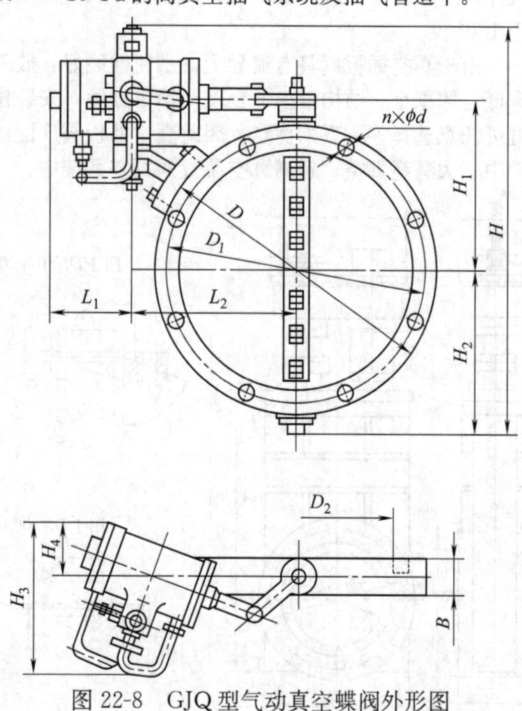

图 22-8　GJQ型气动真空蝶阀外形图

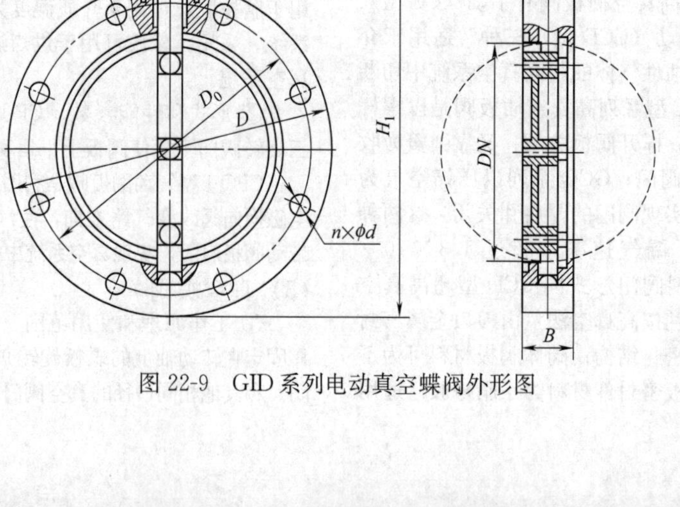

图 22-9　GID系列电动真空蝶阀外形图

手、电两用型GID电动真空蝶阀，采用1/4旋转的电动装置，工作平稳，噪声小（与气动阀相比），可在任意方向安装，阀门开位和关位均有电信号装置、用于显示阀板开闭状态和自动控制的信号源。GID系列电动真空蝶阀外形见图22-9。

GID系列电动真空阀门的阀板密封材料为丁腈真空橡胶，使用介质和环境温度为$-25\sim80$℃，漏气速率小于1×10^{-6}Pa·L/s，适用于10^{-4}Pa高真空设备及抽气管道中。

(6) 真空球阀

① 原理和使用范围　真空球阀是20世纪90年代研制的一种真空阀门。它的工作原理类似于真空蝶阀，是靠固定在转动轴上的球体旋转90°实现阀门的开启和关闭。真空球阀比真空蝶阀开闭速度快，而体积和漏率都较真空蝶阀大。由于其结构中阀体、阀杆为不锈钢，阀座、填料等密封材料均为聚四氟乙烯，因而适用于介质为空气、水、蒸汽、酸、碱等。介质温度范围为$-25\sim120$℃，适用于工作压力为$1\times10^{-3}\sim1.6\times10^{6}$Pa真空系统和压力系统中接通或切断带有酸、碱性的气体及液体的介质流。

② 形式和性能参数　真空球阀有手动、电动和气动三种形式。

a. 我国生产的真空球阀系列有手动（GU型）、气动（GUQ型）和电动（GUD型）三种。

b. 我国生产的真空压力球阀有气动（GQQ型）和电动（GQD型）两种。这两种真空压力球阀的技术性能参数为：漏气速率小于或等于1.3×10^{-4}Pa·L/s；使用压力范围$10^{-4}\sim1.6$MPa；工作温度为$-30\sim150$℃；阀体和球体材料为316L；密封件材料为增强聚四氟乙烯、氟橡胶；采用1/4旋转气动（或电动）执行器，工作平稳，阀门开和关有电信号输出。

(7) 不锈钢波纹管真空截止阀

① 外压式不锈钢波纹管真空截止阀　外压式是指波纹管内腔压力低于外腔压力的阀门结构类型。这类阀门根据波纹管组件的装配情况可分为两种。

a. 波纹管组件不可拆卸的真空截止阀。波纹管上端与阀针相接，下端与阀体相接。由于真空度低，工作温度也不高，通常可采用滚焊方式连接。阀门的启闭是借助阀盖与阀针的螺纹螺距差来完成的。为了防止波纹管扭曲，在阀针与阀盖之间装有防扭螺钉，这种结构的优点在于省去了阀体与阀盖之间的一道密封，结构简单，成本低廉，但是波纹管组件的不可拆卸也给阀门的现场维修造成一定的困难，当波纹管损坏时，常常造成整个阀门报废。

b. 波纹管组件可拆卸真空截止阀。它与之前一种结构相比，主要区别在阀体与阀盖之间增加了一个阀盖接头，因而波纹管下端可以直接滚焊在接头上，不再与阀体相焊接。当波纹管或密封面损坏时，就可进行单件维修而不需要报废整个阀门。但是，增加阀盖接头也带来另一方面的问题，即产生了阀盖接头与阀体之间的密封问题。

上述两种真空截止阀由于受到波纹管组件结构性能的限制，都不能使用于高真空系列。实际上，如果波纹管组件设计得当，阀门的使用范围就可扩大。国内外许多阀门厂家都在向这一方向努力，取得很好的研究成果并能满足高真空的要求。该组件中的波纹管上、下端都与上、下接头相连，并用氩弧焊焊接。这既可提高阀门的使用温度，也可提高阀的气密性。该组件的特色在于它的下接头，它是一只圆环，能与外侧的压环相焊，组成多种用途的体盖密封结构。

② 内压式不锈钢波纹管真空截止阀

a. 内压式超高真空截止阀。以1Cr18Ni9Ti为主要材质，以金（Au）作为法兰连接处的密封衬垫，主要用于1×10^{-10}Torr（1Torr＝133.322Pa）的超高真空系统中，并具有良好的耐腐蚀性能。阀门的总漏气速率小于10^{-10}Torr·L/s，关闭后，密封面任何一边暴露于大气时，静止漏率均可小于1×10^{-10}Torr·L/s，在450℃的高温烘烤温度下，漏率仍不超过这个指标。该阀的阀杆波纹管组件如图22-10所示，波纹管4两端分别与内、外衬环6和3采用氩弧焊焊接，上端的外衬环3与阀盖1焊接，下端的内衬环6与阀杆2焊接，波纹管的外表面暴露于真空系统，内表面与大气相通，因而，波纹管组件承受内压作用。组件制成后，应按对阀体的同样要求，通过氦气探漏。

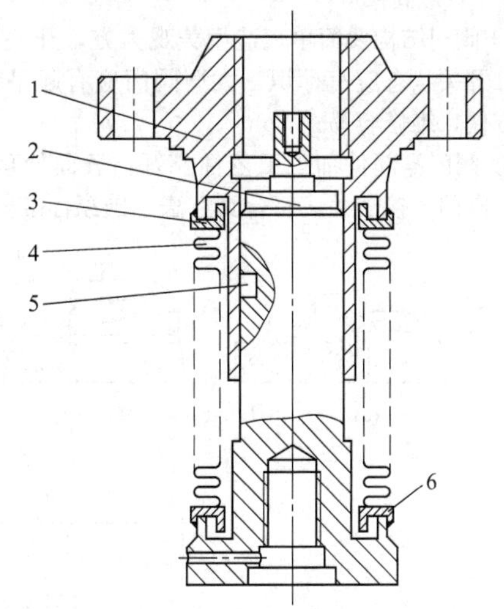

图22-10　内压式超高真空截止阀波纹管组件

1—阀盖；2—阀杆；3—外衬环；4—波纹管；5—销钉；6—内衬环

该阀的阀瓣也以金制成，阀瓣与阀座采用刀口密封，并取不同的硬度值，因而，阀门不仅具有良好的气密性，还可有效地防止冷焊现象的发生。

b. 波纹管-填料双密封式不锈钢真空截止阀。波纹管是一种薄壁元件，单层壁厚通常不超过 0.25mm，最薄的只有 0.10mm，是整个阀门中最为薄弱的环节。波纹管密封虽然具有很好的密封性能，但是波纹管在成形过程中的壁厚不均匀性、蚀点以及在阀门制造过程中的微小焊接缺陷等一系列因素都有可能在运行过程中使之产生破裂事故。因此，在危险性很大的应用场合，往往采用波纹管-填料双密封结构，即用波纹管作为第一道密封，填料作为第二道密封，以进一步提高阀门密封的可靠程度。目前，这种结构在核工业、化学工业等部门中已经被广泛采用。这种阀在结构上的另一个特点是将阀杆传动螺纹置于填料密封的保护下，从而有效地改善了传动螺纹的工作条件，并给更换填料提供了方便。

22.3 真空阀门的结构设计要求

22.3.1 基本要求

真空阀门设计原则一般应有以下几点：

① 阀门的密封性能要好，不但阀板封闭处漏气速率要小，而且阀体的漏气速率要小；

② 阀门密封部件耐磨性要好，特别是阀座与阀板密封部件要能反复使用，寿命长；

③ 阀门的通导能力要大；

④ 阀门材料应具有低饱和蒸汽压、高耐蚀能力和高化学稳定性；

⑤ 超高真空阀门应耐烘烤，烘烤温度一般不低于 150℃，最高 450℃；

⑥ 阀门结构要简单，造型美观大方，开关轻便、灵活，开关状态应有标识，大型阀门应有起吊装置，操作方便，维修容易；

⑦ 阀门零部件加工工艺性要好，表面处理工艺先进，阀门连接法兰应符合真空法兰国家标准要求。

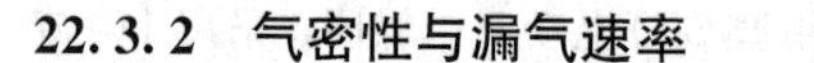

22.3.2 气密性与漏气速率

气密性表征真空阀的密封状态。漏气越少气密性越好。漏气速率表示在单位时间内，所有通过不同渠道漏入真空阀的气体量，单位为 Pa·L/s。当真空阀门的漏量小于规定的允许漏量时，气密性达到要求，通常称为没有漏气，实际上绝对不漏的阀门是不存在的。真空阀门各部位允许漏量视阀门对真空度的要求不同而不同。

22.3.3 密封结构

（1）磨砂玻璃表面密封

玻璃真空活塞是利用阀瓣和阀孔接触表面紧密贴合实现密封，这就要求对接触表面进行研磨，并涂敷真空油蜡。

玻璃真空活塞工作压力在 10^{-2} Pa 或更低一些，多用于真空校准系统及玻璃真空系统中。但由于玻璃的脆性及活塞磨口处涂有一层油脂，限制了它的使用范围，一般尺寸较小。国产玻璃真空活塞系列产品公称尺寸为 *DN*2～20，有直角、二通和三路直角通等类型。

（2）橡胶密封圈密封

真空阀门的橡胶垫密封结构有 6 种（图 22-11），图 22-11（a）～（d）所示的结构用于较大口径的真空阀。图 22-11（a）所示的结构必须在阀座上加工密封槽。为便于加工此槽，必须把阀座和阀体分成两部分，成为可拆卸的结构，这样在结构上又增加了一道密封。所以绝大多数的阀门都是在阀瓣上开密封槽[图 22-11（b）、（c）、（d）]。图 22-11（b）所示的结构需要加工燕尾，较麻烦，图 22-11（c）所示的结构需加一个压板。图 22-11（d）所示的结构集中了图 22-11（b）和图 22-11（c）所示的结构的缺点，不宜采用。图 22-11（e）所示结构简单，密封可靠，是一种较好的形式。

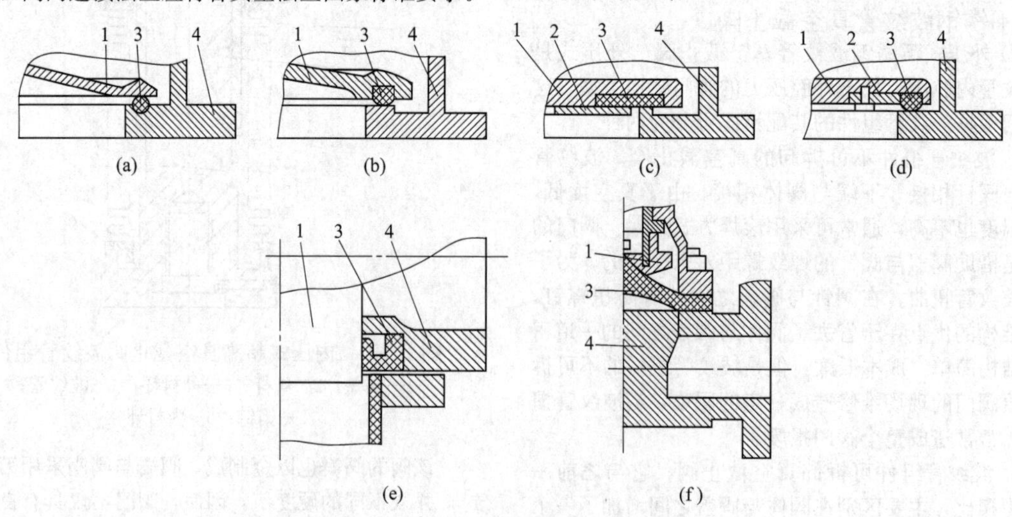

图 22-11 真空阀门胶圈密封结构简图

1—阀板或阀塞；2—压板；3—橡胶圈或膜；4—阀座

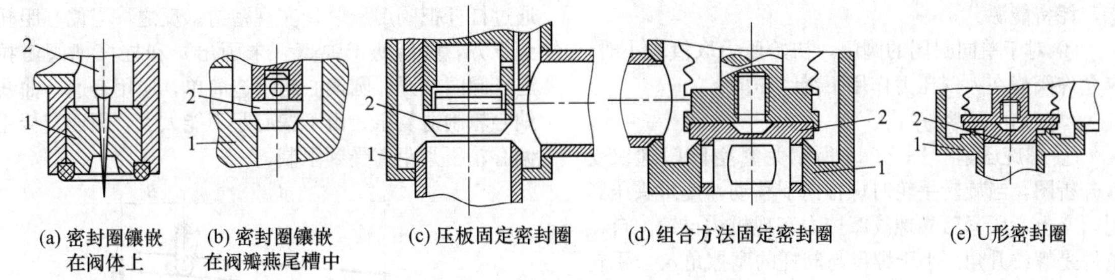

图 22-12 金属密封垫的几种形式

1—阀座；2—阀板

需要指出的是，在确定阀瓣结构时，要注意两点。一是密封圈要固定牢，长期启闭不脱落；二是阀杆与阀瓣不要使用刚性连接，特别是口径大的阀门，阀杆与阀瓣之间一定要采用活动连接，否则由于受力不均匀，保证不了阀口的气密封性。

国内真空阀门的金属密封垫如图 22-12 所示。图 22-12（a）所示是针阀，阀芯材料一般是淬火钢，阀座用锡或铜等软金属制成。阀芯锥度为 1∶50 或 6°锥角。阀芯表面要经过精细研磨，以使锥面紧密配合，针阀主要用来调节气流量，针形阀杆能实现气流量连续细微的调节。图 22-12（b）～(e）所示是超高真空密封结构，一般阀瓣由无氧高异铜软金属制成，而阀座由不锈钢等硬金属制成刀口形。阀瓣被压紧时，刀口楔入阀瓣软金属，靠软金属塑性变形使密封面紧密贴合达到密封。

为了保证密封性，阀门每次关闭时，都必须使刀痕很好重合，刀尖倒角及定位装置就是保证刀痕重合的措施之一，一般采用刀尖圆角半径为 0.1mm 或 0.2mm。

刀口形状对阀门性能也有影响，直角形刀口所需转矩稍大一些，如表 22-1 所示。

表 22-1 直角和尖角刀口密封性能

刀口形式	试验次数	所需转动力矩/N·m	漏气速率/(Pa·L/s)
尖棱形	1	49	6.65×10^{-8}
	2	49	6.65×10^{-8}
	3	49	6.65×10^{-8}
	4	49	6.65×10^{-8}
直角形	1	53.9	7.98×10^{-8}
	2	53.9	7.98×10^{-8}
	3	53.9	7.98×10^{-8}
	4	53.9	7.98×10^{-8}

国外采用的金属垫密封结构形式有如图 22-13 所示的四种。图 22-13（a）所示是不锈钢刀口与铜垫相结合，缺点是刀痕多次重复定位困难，同时垫圈受压时容易向刀口两侧滑移，降低了界面压力。图 22-13（b）所示是不锈钢平座与凸起的铝垫相结合，优点是铝垫压在光滑的不锈钢座上不会产生压痕，因而压紧位置不重合也没有关系，同时凸起受压后靠基体本身变形来闭锁。缺点是不适于阀盖本身关闭烘烤，因在高温下垫圈本身会产生滑移。图 22-13（c）所示是不锈钢平座与升角 1.5°～2.5°的铜垫和铝垫相结合，其优点是对压紧位置的重合性要求不高。缺点是不能压得过紧，否则密封面积随压力急增。开启烘烤温度可达 400℃。图 22-13（d）所示是采用不锈钢平座与不锈钢凸缘结合。凸缘表面镀金或银，就像在接触表面之间加入一个薄的软垫圈，镀层厚度应能阻止软金属从界面中挤出，因而能产生大大超过镀层屈服极限的界面压力。凸缘顶部圆角半径很小，使密封面宽度限制在 0.254～0.304mm 之内，可减小密封力和维持密封力恒定。在阀盖开启或关闭状态下都可进行烘烤。但是这种密封配合表面精度要求较高，如果表面有了浅的凹痕，对位置重合要求就更高，否则会产生微漏。

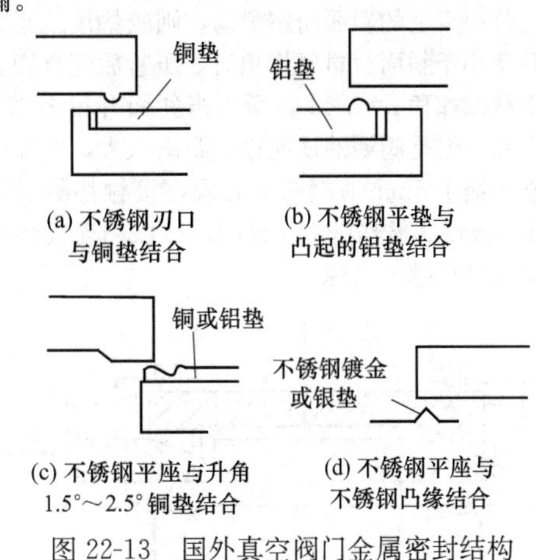

图 22-13 国外真空阀门金属密封结构

22.3.4 压紧装置

(1) 对压紧装置的要求

① 在密封垫压紧过程中，阀瓣不得产生横向运动，否则会擦伤密封垫，影响密封效果。

② 压紧位置要恒定，阀门关闭时压痕有重合性。

③ 密封界面上的压力要均衡，压紧程度必须可调。压紧机构要能自锁，否则需要用动力维持压紧状

态，耗费能源。

④ 对于单向封闭的阀门，初始压力取值较小时，应允许阀瓣在大气压力作用下继续压紧。

(2) 常用的压紧方式

① 螺旋压紧　图 22-14 所示为真空阀门螺纹受力分析图，当旋转手轮时螺杆向下移动，使封头压紧到阀座上，压紧后靠螺纹摩擦力实现机构自锁。自锁条件是螺纹升角 λ 小于螺母与阀杆的摩擦角 ρ_v。手轮反方向旋转时，螺杆上升，阀门便开启。

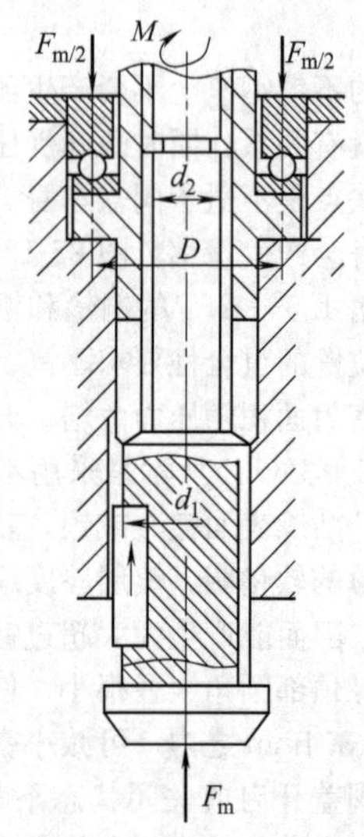

图 22-14　螺纹受力分析

② 斜面压紧　图 22-15 为采用斜面压紧装置的简图。若阀瓣上的斜面向左滑动，则胶垫被压紧。当斜面升角小于斜面材料摩擦角时，压紧后能自锁。因普通钢材摩擦角 $\rho=5°43'$，所以当斜面升角 $\lambda<5°43'$ 时才自锁。但是阀瓣的横向移动距离太大，例如胶垫需要被压缩 1.5mm 时阀瓣就必须在接触垫圈后横向移动 15mm，这显然是不允许的。所以用连板转至死点位置实现自锁才合理。

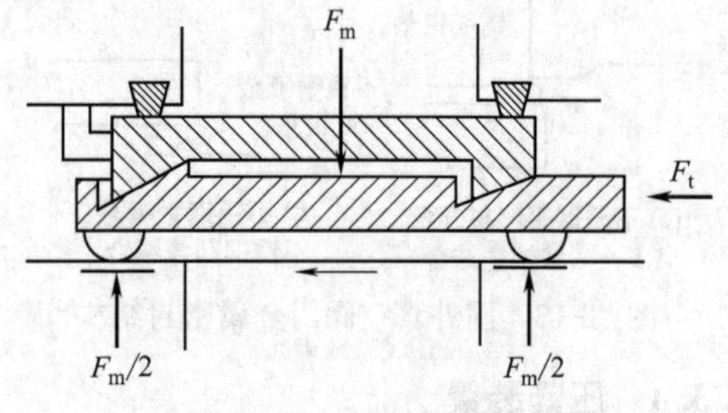

图 22-15　斜面压紧机构

③ 链板压紧　这种机构广泛用于真空插板阀中，尤其是较大通径的超高真空金属密封，需要较大的密封力，用链板压紧可得到较大的增力。

④ 偏心轮压紧　这种机构相当于曲斜面压紧（图 22-16），当偏心距转至上方［图 22-16 (a)］时，通过杠杆把阀瓣压紧，实现密封。反之，当偏心距转到下方，则借助于弹簧（未画出）和杠杆把阀瓣拉起，阀门打开。圆偏心轮制造简单，应用普遍。曲线偏心轮制造复杂。由于偏心距不能太大，因而直接用偏心轮压紧距离受到限制。

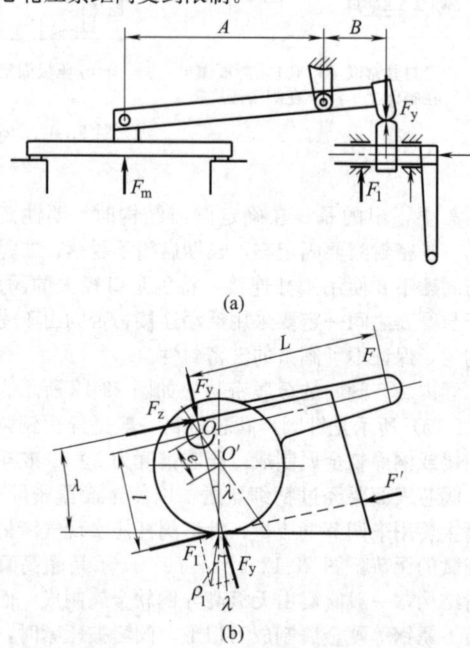

图 22-16　偏心轮压紧受力分析

如图 22-16 (b) 所示，ρ_1 是偏心轮与压紧表面间摩擦角，ρ_2 是偏心轮转轴与轴承间的摩擦角，λ 是偏心轮压紧点的升角。当 $\lambda<\rho_1+\rho_2$ 时，机构自锁。在真空阀门中，通常采用偏心轮压到“极点”来保证自锁，极点就是 $\lambda=0$ 的始点和终点，这样既使传动行程最大，又能达到压紧时增力较大的效果。

⑤ 弹簧压紧　由于阀门关闭时，往往有大气压力作用，因此常利用弹簧的作用力将阀盖压紧，使阀门处于关闭状态。当线圈通电时，衔铁被吸上，阀盖提起，阀门打开，此时弹簧受到更大的压缩。可见，采用这种压紧装置时，要求弹簧初始压力必须大于密封力。由于电磁线圈不宜做得过大，衔铁行程有限，因此电磁力压紧装置多用于小口径真空阀门。

⑥ 动力压紧　当阀门密封力较大时可采用液力压紧和高压结构。动力压紧可采用直接压紧，也可采用杠杆压紧。

22.3.5 阀瓣传动机构

阀门在开启和关闭过程中，阀瓣运动状态有着不同的形式：有的直开直闭；有的翻转开闭；有的同时具有上述两种运动。使阀瓣运动的手段有手动、磁动、电动、气动和液动。

阀瓣传动机构有两个职能：第一个职能是使阀瓣压紧垫圈，保证可靠的密封，承担这个职能的机构零配件称为主件。由于主件受力较大要考虑强度、刚度和稳定性问题。第二个职能是使阀瓣开启后有较大的通导能力，承担这个职能的零件称为辅件。辅件就是帮助主件使阀门按所需位置开启。因辅件受力不大，不考虑强度、刚度等问题。

有些阀门主件和辅件合二为一，成为普通机械传动，其气动（液动）的活塞力、手柄作用力、电磁吸力以及电动功率按普通机械设计方法计算。

22.4　真空阀门的材料

22.4.1　材料的吸气、放气

人们很早就知道某些材料具有很强的吸气能力，如活性炭等。现在已进一步了解到大多数金属和非金属材料或多或少都具有这种能力，这是真空技术，特别是超高真空技术中非常重要的物理现象，可为人们获得、提高或维持系统的真空度提供重要的手段。但是，对于真空阀门设计来说，感兴趣的是这种物理现象的逆过程，即放气现象，研究这种放气现象对于提高真空阀，特别是超高真空阀的产品质量是极其有益的。

材料的放气是真空阀门总漏量中的一个重要组成部分。气体的来源主要有：吸附于真空阀零件内表面的气体；从金属内部扩散出来的气体以及金属表面因发生某种化学反应而释放出来的气体。

① 不锈钢的放气量很小。只及铜的1/10左右，与铝相比，则仅为它的1/100左右；

② 橡胶与树脂的放气量比金属材料都要高出100倍左右，最高的如硅橡胶则要高出1000倍以上。

放气现象与温度有关，温度越高，放气速率越大。因此用加热方法除气是一种十分有效的手段，材料经过烘烤后的放气量要大大低于未烘烤时的放气量。

22.4.2　蒸气压、蒸发、蒸发（升华）速率

物质通常有三种不同的状态，即气态、液态、固态。它们依据一定条件而相互变化，液态转化成气态的过程称为蒸发；固态转化为气态的过程称为升华。

一定温度下，在封闭的真空空间中，液体（或固体）汽化的结果，使空间的蒸气密度逐渐增加，当达到一定蒸气压之后，单位时间内脱离液体（或固体）表面的汽化分子数与从空间返回液体（或固体）表面的再凝结分子数相等，即蒸发（或升华）速率与凝结速率达到动态平衡，可认为汽化停止，这时的蒸气压称为该温度下液体（或固体）的饱和蒸气压。

一般来说，在一定温度下饱和蒸气压高的材料，其蒸发（或升华）速率也大，蒸气压和蒸发（或升华）速率之间有如下关系：

$$\dot{W}=4.35\times10^{-4}p(M/T)^{1/2}$$

式中　W——蒸发（升华）速率，g/(cm² · s)；

M——摩尔气体质量，g/mol；

T——热力学温度，K；

p——温度为T时材料的饱和蒸气压，Pa。

在真空技术中，材料的蒸气压和蒸发（升华）速率是需要重视的参数。如真空油脂、真空规灼热灯丝的饱和蒸气压，均能成为影响极限真空度的起源。镉和锌具有很高的蒸发速率，因此不宜用作超高真空阀件的镀层材料，如在合金成分中，镉和锌的含量很高，这种合金也应避免采用。

在真空阀门设计中，材料的冷焊是一个不可回避的问题，它可能出现在密封面上、法兰连接处以及螺纹副上。这种冷焊的机理是，在真空情况下，特别是在超高真空情况下，金属表面会失去吸气层，吸气层的消失会导致金属表面摩擦因数增加，这样就有可能造成金属接触表面局部或全部焊住。例如，如果把一块铜试样置于超高真空系统中，用几千千克力把它拉断，再用50～100kgf使其断开合在一起，结果裂缝会自行消失，裂缝处的强度仍可达到原来强度的96%左右。其他材料也有与此相似的现象。实验表明，影响冷焊现象的因素很多，但主要因素是温度，通常存在这样一个温度值，在该值以下，冷焊就不会发生。目前，冷焊现象的研究还只能依靠实验手段。

22.5　选用真空阀门应注意的事项

选用真空阀门时主要应注意的事项如下：

① 所应用的真空区域；

② 关闭时阀门两边所承受的压力差；

③ 阀的漏率；

④ 能承受的烘烤温度；

⑤ 能承受的环境温度；

⑥ 以开启/封闭次数计的寿命；

⑦ 如为超高真空金属阀，还需知道其允许的升温率和降温率。

参考文献

[1] 徐成海等. 真空低温技术与设备. 北京：冶金工业出版社，2007.

[2] 王晓冬等. 真空技术. 北京：冶金工业出版社，2006.

[3] 徐成海. 真空工程技术. 北京：化学工业出版社，2006.

[4] 王孝天等. 不锈钢阀门的设计与制造. 北京：原子能出版社，1987.

[5] 达道安. 真空设计手册. 北京：国防工业出版社，2004.

[6] GB/T 3163—2007. 真空技术　术语.

[7] JB/T 6446—2004. 真空阀门.

第 23 章　供水管网专用阀门

23.1　水力控制阀

23.1.1　概述

水力控制阀属于自力式控制阀，是不需要流体介质额外能源驱动的控制阀。它是把计量、控制和执行功能合为一体的阀门，利用被控对象本身能量带动其动作的控制阀。可分为直接作用和带导阀作用式两类。

直接作用的自力式控制阀是利用阀进、出口水介质压力差 Δp 为动力来驱动控制阀动作，也可用电磁阀来进行远程控制，然后驱动控制阀动作。其特点是结构简单、操作方便，但会引起压降，造成出口压力的非线性。通常，稳定精度在 10%～20%。

带导阀作用的自力式控制阀，可适用于小压降和大流量的自力式控制场合，出口压力变化范围与流量变化范围，可小于设定压力与流量的 10%。

23.1.2　水力控制阀工作原理

(1) 水力控制阀基本定义与应用

水力控制阀是在给排水中利用阀进、出口水介质压力差 Δp 为动力进行控制的阀门。在管路上可以起到止回、节流、截断、减压等作用。通常是在常温，中低压力工况中应用。广泛应用于市政、水利、石油化工、污水处理、电力等行业中。

① 压力　垂直作用在物体表面上的力称为压力。压力单位：MPa、kPa、bar、psi。

② 流量　单位时间内，通过河、渠或管道某处断面的流体的量。流量的单位：m^3/s、m^3/h、L/s、US gal/min。

流量理论上计算方式可应用于伯努利方程：

$$p_1/r+v_1^2/2g=p_2/r+v_2^2/(2g) \tag{23-1}$$

根据连续方程 $Q=Av$，有

$$Q=(A/\xi^{1/2})[2g(p_1-p_2)/r]^{1/2} \tag{23-2}$$

③ 流量系数　流体经过阀门时产生的单位压力损失时的流体的流量。

流量系数用于衡量阀门的流通能力，系数越大流通能力越大，压力损失相反越小。

$$K_V=Q\sqrt{\frac{\Delta p_{KV}}{\Delta p}\times\frac{\rho}{\rho_w}} \tag{23-3}$$

$$C_V\approx1.167K_V \tag{23-4}$$

式中　K_V——国际单位制（SI 制）的流量系数，即温度为 5～40℃的水，在 10^5Pa 压降下，每小时通过阀门的体积流量数，m^3/h；

C_V——英制单位的流量系数，即温度为 60℉（15.6℃）的水，在 1psi 压降下，每分钟通过阀门的（美）加仑数，US gal/min；

Q——流量，m^3/h；

Δp——阀两端测出的静压损失，Pa；

Δp_{KV}——静压损失，10^5Pa；

ρ——流体密度，kg/m^3；

ρ_w——水的密度，kg/m^3。

④ 流量特性　是指介质流过阀门的相对流量与相对开度的关系。

⑤ 水锤　介质对管路元件的冲击作用。

由于水泵的突然停止运转或阀门快速关闭会引起很大破坏作用的水锤。其压力升高值为

$$\Delta p=av\rho/B$$

式中　Δp——相对于压力升高值，MPa；

a——压力波传递速度，m/s；

v——流体速度，m/s；

ρ——液体密度，kg/m^3。

⑥ 压力换算

1bar=100000Pa=100kPa

1MPa=10bar=1000KPa=140Psi

$1Pa=1N/m^2[p(Pa)=F(N)/A(m^2)]$

$1atm=101325N/m^2=101325Pa$，一般作为表压单位；$1kgf/cm^2=98.067kPa=0.9806bar$，$1bar=1.02kg/cm^2$。

$1US\ gal=3.785\times10^{-3}m^3$。

英制（IP）：psi、psf、inHg、inH_2O；米制：kgf/m^2、kgf/cm^2、mH_2O；国际单位制（ISO）：Pa、bar、N/m^2。

(2) 执行国家标准、行业规范

GB/T 152.4—88　《紧固件　六角头螺栓和六角螺母用沉孔》

GB/T 1047—2005　《管道元件 *DN*（公称尺寸）的定义和选用》

GB/T 1048—2005　《管道元件 *PN*（公称压力）的定义和选用》

GB/T 1184—1996　《形状和位置公差　未注公差值》

GB/T 12220—89　《通用阀门　标志》
GB/T 12223—2005　《部分回转阀门驱动装置的连接》
GB/T 1724.1—1998　《铸铁管法兰　技术条件》
GB/T 13927—2008　《工业阀门　压力试验》
JB/T 308—2004　《阀门　型号编制方法》
JB/T 7748—1995　《阀门清洁度和测定方法》
JB/T 7928—1999　《通用阀门　供货要求》
GB/T 9113—2010　《整体钢制管法兰》
GB/T 9124—2010　《钢制管法兰　技术条件》
GB/T 1724.16—2008《整体铸铁法兰》
GB/T 1220—2007　《不锈钢棒》
GB/T 4208—2008　《外壳防护等级（IP代码）》
GB/T 12227—2005　《通用阀门　球铁铸件技术条件》
GB/T 12225—2005　《通用阀门　铜合金铸件技术条件》
GB/T 21873—2008　《橡胶密封件　给、排水管及污水管道用接口密封圈　材料规范》
GB/T 12229—2005　《通用阀门　碳素钢铸件技术条件》
CJ/T 167—2002　《多功能水泵控制阀》
CJ/T 219—2005　《水力控制阀》
JB/T 10674—2006　《水力控制阀》

以上标准或规范若由新标准或规范替代时，则执行有效的新标准或规范。

23.1.3 水力控制阀一般要求

水力控制阀在流速小于2m/s时，除减压阀类的水头损失均应小于2m，流速不能过大，过大会造成很大的水头损失，同时，流速不能过低，否则效率低，影响正常工作需求，通常的流速保持：主管在1.5～3.5m/s，支管在1～2m/s。

(1) 主要零部件材料使用要求

① 根据用户需求与介质性能，水力控制阀主体材质（阀体、阀盖、阀瓣）等通常为铸铁（灰口铸铁、球墨铸铁），铸钢，不锈钢三种材质，其他的内部件的材质耐蚀性能至少等同主体材质。

② 在中低压情况下，主张采用球墨铸铁材质，球墨铸铁耐腐蚀性，铸造性能，铸件质量还有外观性，在使用中自润滑性，加工工艺与经济性能都优于铸钢，力学性能接近于中碳钢，屈服点比高于中碳钢约一倍，重量则轻于铸钢10%以上。但焊接性能差，容易开裂。

③ 灰口铸铁只能在低压，中小口径使用，其铸造性能高于其他材质，吸振性较好。但力学性能差于其他材质，故此壁厚较厚，显得笨重，易脆。

④ 不锈钢铸造阀门耐腐蚀性能好，压力、温度适用范围广，可焊性较好，但铸造性能、加工工艺上都有一定的缺陷，经济上也限制了其广泛应用。

(2) 分类

水力控制阀根据其结构形式可以分为，直通式水力控制阀、直流式水力控制阀还有简易式水力控制阀三大类。

① 直通式水力控制阀也就是第一代水力控制阀，其特点是：结构简单，只有一个控制腔，体型呈直通式，介质通过时，流动方式发生了明显的变化，因此它的流阻系数比较高，动源消耗相对较高。

② 直流式水力控制阀，通常又称为多功能水泵控制阀，其特点是：有单腔也有双腔，体型呈直流型也就是Y形，其流阻系数小，流量系数大，具有截断、止回、自动、减小或消除水锤的功能，同时还具有缓开、缓闭调节功能，进而保护水泵与设备的作用。

③ 简易式水力控制阀是水控阀“家族”中结构最简单的一种，它只有阀体、阀盖、弹簧、橡胶阀瓣四个零件。

(3) 特点

水力控制阀都是由一个主阀及其附设的导管、导阀、针阀、球阀和压力表等组成。根据使用目的、功能及场所的不同可演变成遥控浮球阀、减压阀、快闭止回阀、流量控制阀、泄压持压阀、水力电动控制阀、水泵控制止回阀等。水力控制阀前要安装过滤器，并应便于排污的要求。本类阀门在管道中一般水平安装的性能高于垂直安装。其综合特点如下：

① 水力控制阀无须外界驱动力（电动装置、液压站、蜗轮装置等），靠系统介质自身压力来控制；

② 水力控制阀的启闭依靠阀前阀后存在的一定压力差，因此相对于一般阀门，水力控制阀有相对较大的水头损失；

③ 由于结构的原因，水力控制阀需要更大的预留操作空间，这对管道安装时提出了要求；

④ 水力控制阀的介质温度一般不宜过高和过低，建议在0～90℃范围内，因为温度差异过大会引起热胀冷缩，造成配管破裂泄漏等问题，如果温度低于0℃，需要考虑对阀门进行保温。

(4) 压力

水力控制阀开启最小压力：双腔系列为0.02MPa；单腔系列为0.05 MPa。

(5) 铸造

铸造工艺决定了阀门铸件的质量好坏。所以选择合适的铸造工艺对阀门来说尤为重要，目前阀门行业上常用的铸造方法是砂型铸造。砂型铸造又可以分为普通的木模铸造，熔模铸造也称精铸模铸造，还有消失模铸造等。

① 木模铸造　适用范围广，可铸造各种复杂形

状，特别是内腔复杂的铸件，可批量生产，铸件成本低廉，更适合于大型铸件的铸造。但铸件质量较差，外观粗糙，不平整，力学性能不稳定，模具容易损坏。目前市场上通常是在木模表面上覆盖一层树脂，这样使木模表面上光滑、平整，硬度、强度得到提高，模具不容易变形。铸造出来的铸件质量、外观得到很大的改善，铸件的综合力学性也有所增强。减少了粘砂、掉砂等缺陷。

② 熔模铸造　也称蜡模铸造，大致的制作过程是：用蜡先制作一个与铸件相同的模样，外涂涂料与石英砂，浸入硬化液经过硬化，再把蜡融化出来，得到空壳，再经过烘干，除水分，再将金属液浇入空壳，冷却凝固后，再击破外壳，取出铸件。熔模铸造特点是：整体模样制作，无分型面，无须制芯，下芯的过程，铸件无错箱，质量精度与表面质量高，铸造的壁厚可以到达 4mm，能实现少切削，无切削加工，但周期长。可适用于各种铸造合金以及形状复杂，加工困难，尺寸精度高的中小型精件。

③ 消失模铸造　消失模铸造也称负压铸造，区别于其他的铸造方法主要特征是，它是一种干砂负压铸造。大致的制作过程是：先用塑料泡沫制作一个与铸件相同的模样，再在烘干室里烘干，烘干后埋入干砂中，在干砂表面上覆盖一层薄膜，再抽气进行真空处理，再浇入金属融液，融液把泡沫融化进入空腔，待铸件冷却凝固后再从专用砂箱倒出来。

消失模铸造的主要特点如下：

a. 铸件尺寸形状精确，表面光洁度高，几乎无加工，具有精密铸造的特点；可减轻铸件重量，减少了加工裕量，降低了机加工成本。

b. 取消了砂芯和制芯制造，没有分型面，根除了下芯、起芯、合箱引起的铸造缺陷和废品。

c. 无黏结剂、无水分、无任何添加物的干砂造型，根除了由于水分、添加物和黏结剂引起的各种气孔、粘砂等铸造缺陷和废品；型砂可全部重复使用，落砂极其容易，大大降低了清砂的工作量，同时减少了粉尘、烟尘和噪声污染，大大改善了铸造工人的劳动环境，降低了劳动强度。

d. 铸件无飞边毛刺，使清理打磨工作量减少 50%以上。

e. 可在理想位置设置合理形状的浇冒口，不受分型、取模等传统因素的制约，减少了铸件的内部缺陷。

f. 负压浇注，更有利于液体金属的充型和补缩，提高了铸件的组织致密度，可以铸造出来比较薄的壁厚，铸件力学性能得到提高。

g. 组合浇注，一箱多件，大大提高了铸件的工艺出品率和生产效率；可以取消拔模斜度；金属模具寿命可达 5 万次以上，这样降低了模具的维护费用。

h. 模具费用比较高，要求的技术含量比普通模具高，由于塑料泡沫强度低，脱模时易损坏，不适合做大铸件，由于负压的作用，铸件工艺如果处理不当，容易渗漏。

23.1.4 直通式单腔水力控制阀

我国的水力控制阀是自 20 世纪 90 年代末从以色列、欧美国家以及台湾地区引进来的，经过吸收、消化，改良成为符合中国国情自成一体的水力控制阀，并于 2005 年 11 月 11 日建设部批准发布的《水力控制阀》(CJ/T 219—2005) 城建部行业标准，2006 年 1 月 1 日起实施。

(1) 结构特点

① 直通单腔水力控制阀性能是水力控制阀的经济性选择。

② 液压式自动控制阀门。

③ 领先的控制阀门设计。

④ 简单而可靠，运行卓越，用途广泛。

⑤ 低压下使用较多，广泛应用于建筑及农业。

(2) 隔膜特点

① 简单设计适应于各种工况：开关或压力调节。

② 运行稳定，不会引起水流波动。

③ 低水压时开启同样灵活。

④ 隔膜受到良好的平衡支撑，不会出现受压偏移。

(3) 阀体特点

① 阀体内外表面光滑，无死角。

② 结构简单，维护十分方便。

③ 可选配件：限流手柄，阀位指示器。

23.1.5 直通式单腔水力控制阀分类

(1) 结构（图 23-1）

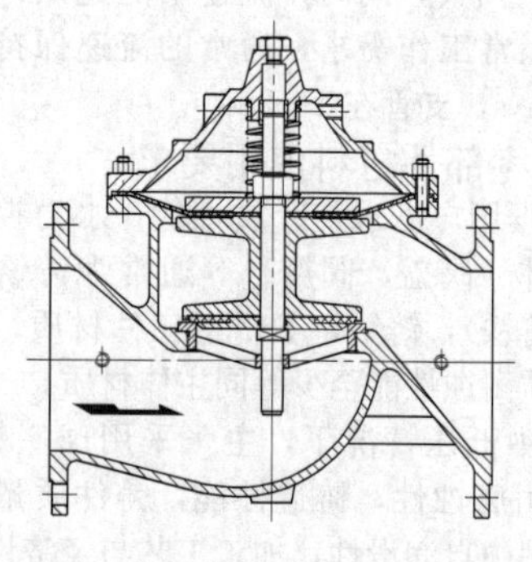

图 23-1　直通式水力控制阀

(2) 工作原理（图 23-2）

水力控制阀以膜片上、下压力差 Δp 为动力，完全由水力自动调节，从而使主阀阀瓣完全开启或完全关闭或处于调节状态。当介质进入膜片上方控制室内，由出水管排到大气或下游低压区时，当作用在阀瓣底部以密封面中径为面积的压力克服上腔压力与弹

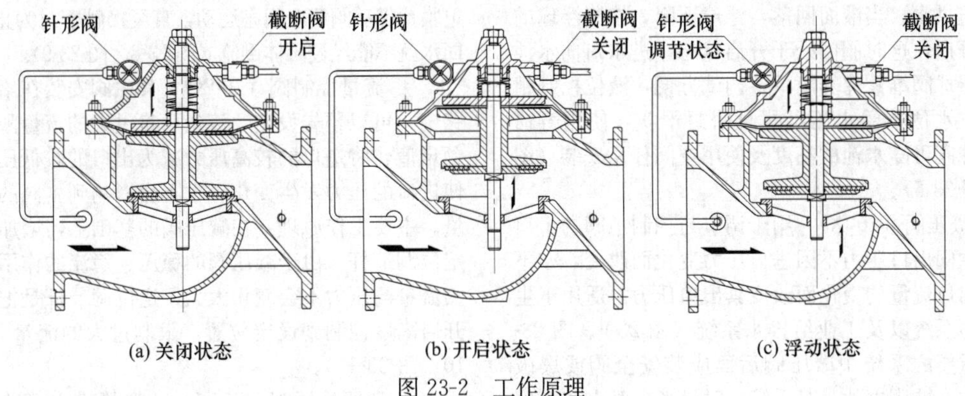

图 23-2 工作原理

簧力以及阀瓣自身重力时，阀瓣完全开启；当进入膜片上方控制室内的压力不能排到大气或下游低压区时，由于膜片上方有效作用面积大于阀瓣密封面中径的面积，加上膜片上腔的弹簧力与阀瓣的重力，作用在阀瓣上方的压力值就大于阀瓣下方的压力值与所需要的密封比压，此时阀门处于关闭状态。当膜片上腔的压力与作用在阀座底部的压力处于一种平衡状态时，此时阀门处于一种浮动状态，此状态通过阀门自带管路中的针阀与截止阀可以进行压力与流量调节功能。

(3) 压力与流量关系

单腔水力控制阀压力与流量关系见图 23-3。

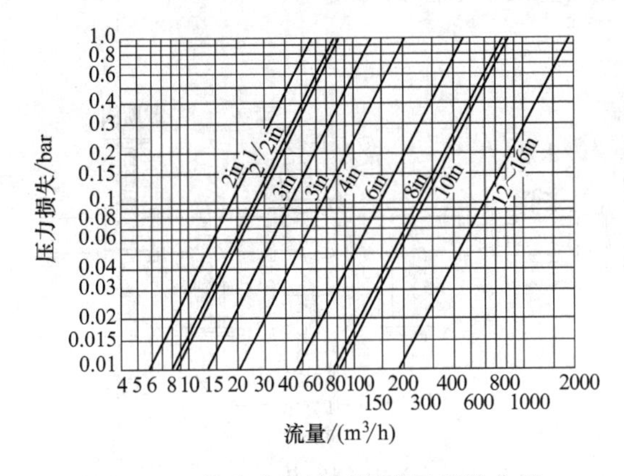

图 23-3 单腔水力控制阀流量系数曲线

(4) 分类

根据工况的需求，在主阀不变的情况下，改变主阀外的控制系统，包括导阀与其他元件，就可以把水力控制阀大致分为浮球阀（100X）、减压阀（200X）、缓闭止回阀（300X）、流量控制阀（400X）、泄压持压阀（500X）、电动控制阀（600X）、水泵控制阀（700X）、压差旁通控制阀（800X）和紧急关闭阀（900X）等。根据它的结构类型，又可以分为膜片式水力控制阀与活塞式水力控制阀。活塞式水力控制阀多用于压力较高的环境，但由于活塞式水力控制阀动作不够灵敏，加工要求高，介质需要清洁无颗粒，否则活塞易于卡死，维修困难，故较少使用。

① 浮球阀（100X） 其作用与用途是控制水塔与水池的液面高度，当水面达到所设定的高度时，浮球顶起，控制浮球的截断阀关闭，这时阀门处于关闭状

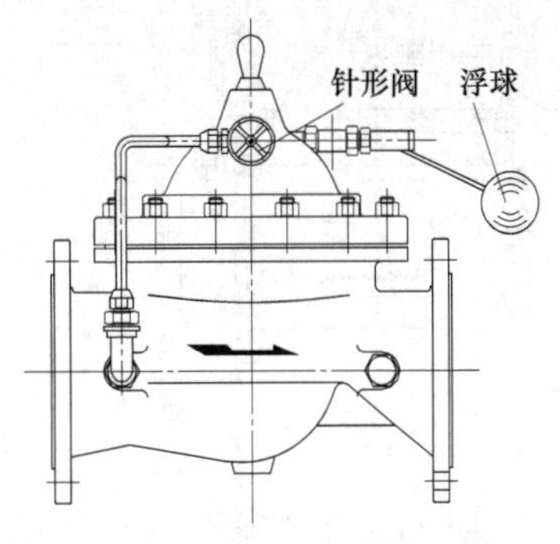

图 23-4 浮球阀

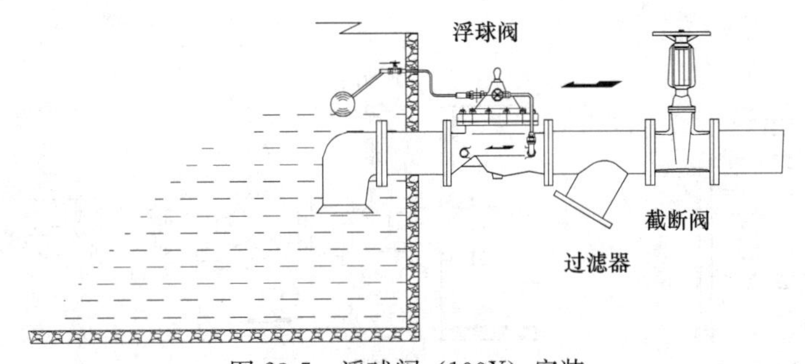

图 23-5 浮球阀（100X）安装

态，停止供水。当液面回落，浮球下降，控制浮球的截断阀开启，这时阀门处于开启状态，进水口向水池供水。浮球阀维修保养简单，调试方便，液位控制精确度高，水位不受水压干扰且密封严实，使用寿命长，浮球阀可随水池的高度及使用空间任意安装（图23-4、图23-5）。

② 减压阀（200X） 用于调节与控制主阀的出口压力，主阀出口压力不因进口压力变化而改变，亦不因主阀出口流量的变化而改变其出口压力。适用于生活、消防系统以及工业给排水系统（图23-6、图23-7）。在重要的系统中减压阀后面应装安全阀或爆破片，以防止减压失效，对系统、对设备、对人员产生重大危害。如果降压太大，应该装有减压孔板或者采用减压阀串联使用，以降低噪声并提高出口压力的稳定性。减压阀最大工作压力 1.0MPa、1.6MPa 和 2.5MPa，出口压力调节范围为 0.1～0.8MPa、0.2～1.3MPa 和 0.2～2.0MPa。

③ 缓闭止回阀（300X） 主要起到止回防止水锤的作用，可以保护水泵不受到过高的回水压力冲击，引起水泵高速持续回转，而烧坏电动机，同时具有调节启闭速度的功能，具有一定的缓开功能。其工作原理是：工作时，介质从主阀与控制系统中的止回阀、针形阀流出，当停泵时，回水流经控制系统，由于止回阀的单向作用，控制系统的介质不能排出，这时膜片上腔形成一个封闭的容器，只有进水压力，没有出水压力，这样强迫膜片带动阀瓣向阀座运动，直至接触密封为止。此时回水就不能经过阀体倒流（图23-8、图23-9）。

④ 流量控制阀（400X） 其主阀安装在给排水管路中，可以预先设定一流量，将过大的流量限制在一预定值，将进口的较高压力减为出口的较低压力。即使进口的压力发生变化，也不会影响到主阀的出口流量。主要工作原理：在减压阀的基础上，增加了一个定位调节杆，由于减压阀的稳压、稳流的作用，出口的流量与压力不会变化太大，定位调节杆是把阀门的开启高度控制到设定位置，限制过大的流量（图23-10、图23-11）。

⑤ 泄压持压阀（500X） 在给排水管路中，介质压力超过泄压阀额定压力时，泄压阀开启，防止管线及设备因超压而损坏，可用于高层建筑消防测试循环系统泄压，以防止水阀过高造成系统危险。泄压持压阀的最大工作压力 1.0MPa、1.6MPa 和 2.5MPa，泄压调节范围 0.05～1.05MPa、0.1～1.68MPa 和 0.1～2.62MPa（图23-12、图23-13）。

⑥ 电动控制阀（600X） 主要起到远程控制作用，利用介质自身的压力来启闭，不需要外力，结构简单，维修方便，故可以代替闸阀、截止阀等一些截断阀。常用于给排水及工业系统中的自动控制，准确度高。电磁阀可用交流电 220V 或直流电 24V，在意外断电情况下，可以自动关闭，以保护出口的设备作用（图23-14、图23-15）。

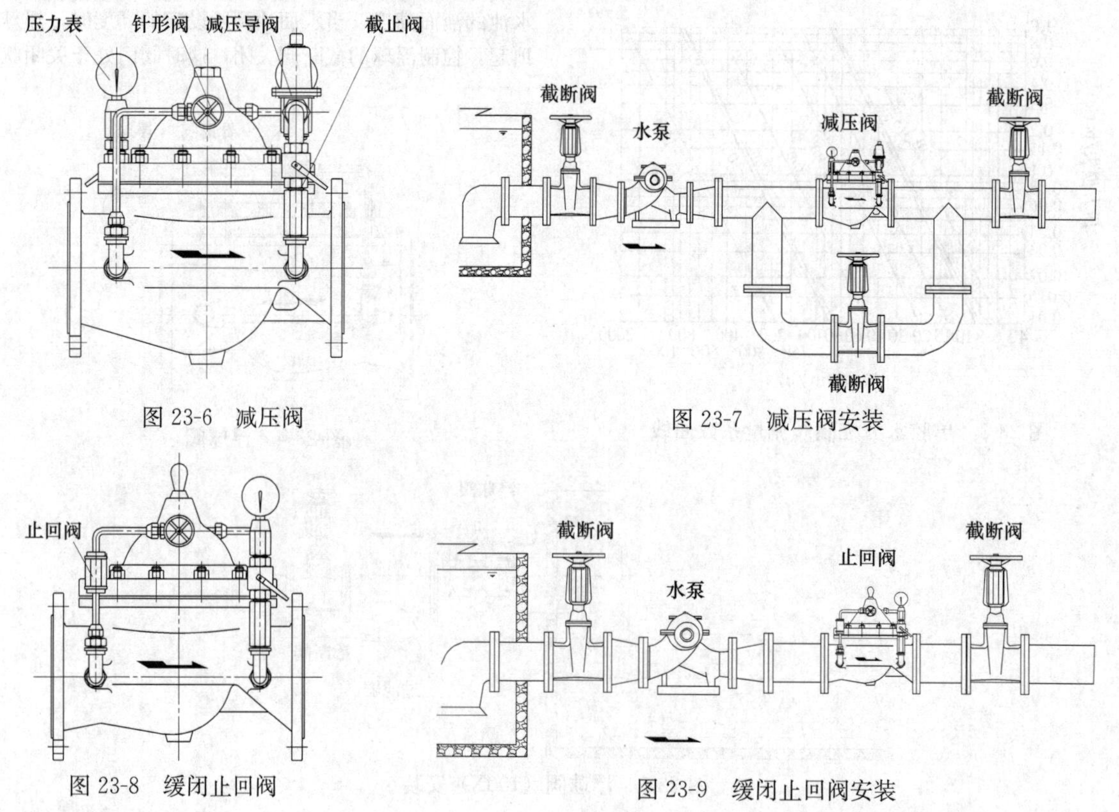

图 23-6 减压阀

图 23-7 减压阀安装

图 23-8 缓闭止回阀

图 23-9 缓闭止回阀安装

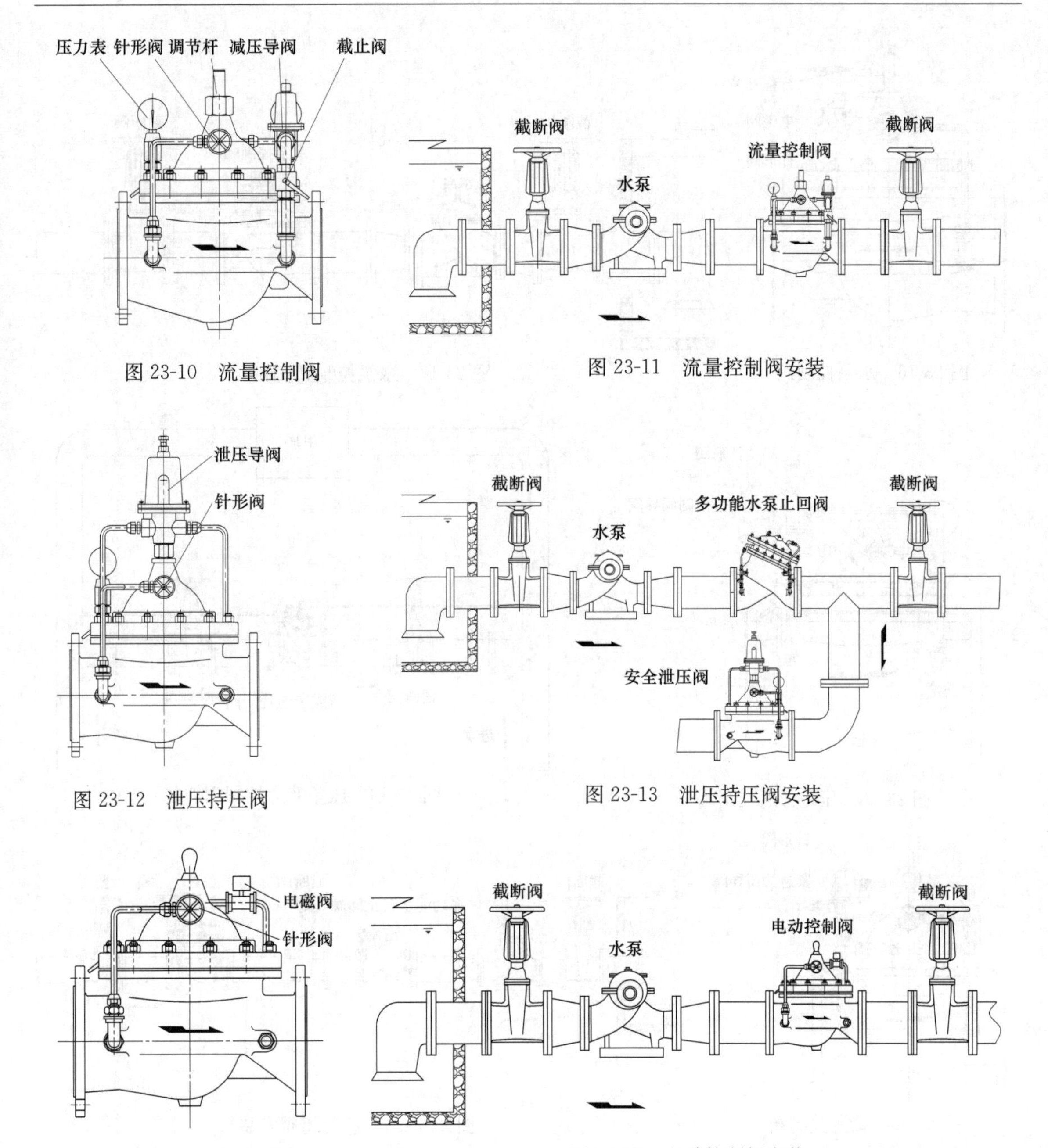

图 23-10　流量控制阀

图 23-11　流量控制阀安装

图 23-12　泄压持压阀

图 23-13　泄压持压阀安装

图 23-14　电动控制阀

图 23-15　电动控制阀安装

⑦ 水泵控制阀（700X）　安装在水泵的出口处，防止介质倒流。当水泵停止供水前，先将阀门关闭 90%左右，防止突然停泵而产生的水击与水锤。当水泵完全停止后，阀门再完全关闭，防止出口的水回流对泵产生冲击而引起其反转，烧坏电动机（图 23-16、图 23-17）。

⑧ 压差旁通控制阀（800X）　用于空调系统供回水之间以平衡压差的阀门，该阀门可提高系统的利用率，保持压差的精确恒定值，并可最大限度地降低系统的噪声，以及过大的压差对设备造成的损坏，其结构简单，没有外来执行机构，完全靠自身的压力差来达到系统的平衡功能。节约能源及安装空间，是一种智能型阀门（图 23-18、图 23-19）。

⑨ 紧急关闭阀（900X）　应用于消防用水与生活用水并联的供水系统中，用来调配供水方向。当火灾发生时，消防急需用水，此阀关闭截断生活用水，确保足够的消防用水，消防用水压力降低或停止时，阀门自动打开，恢复生活用水，该阀使系统无须专门的消防单独供水管网，大大节约了建设成本和用水量，阀门控制灵敏，调试简单，安全可靠（图 23-20、图 23-21）。

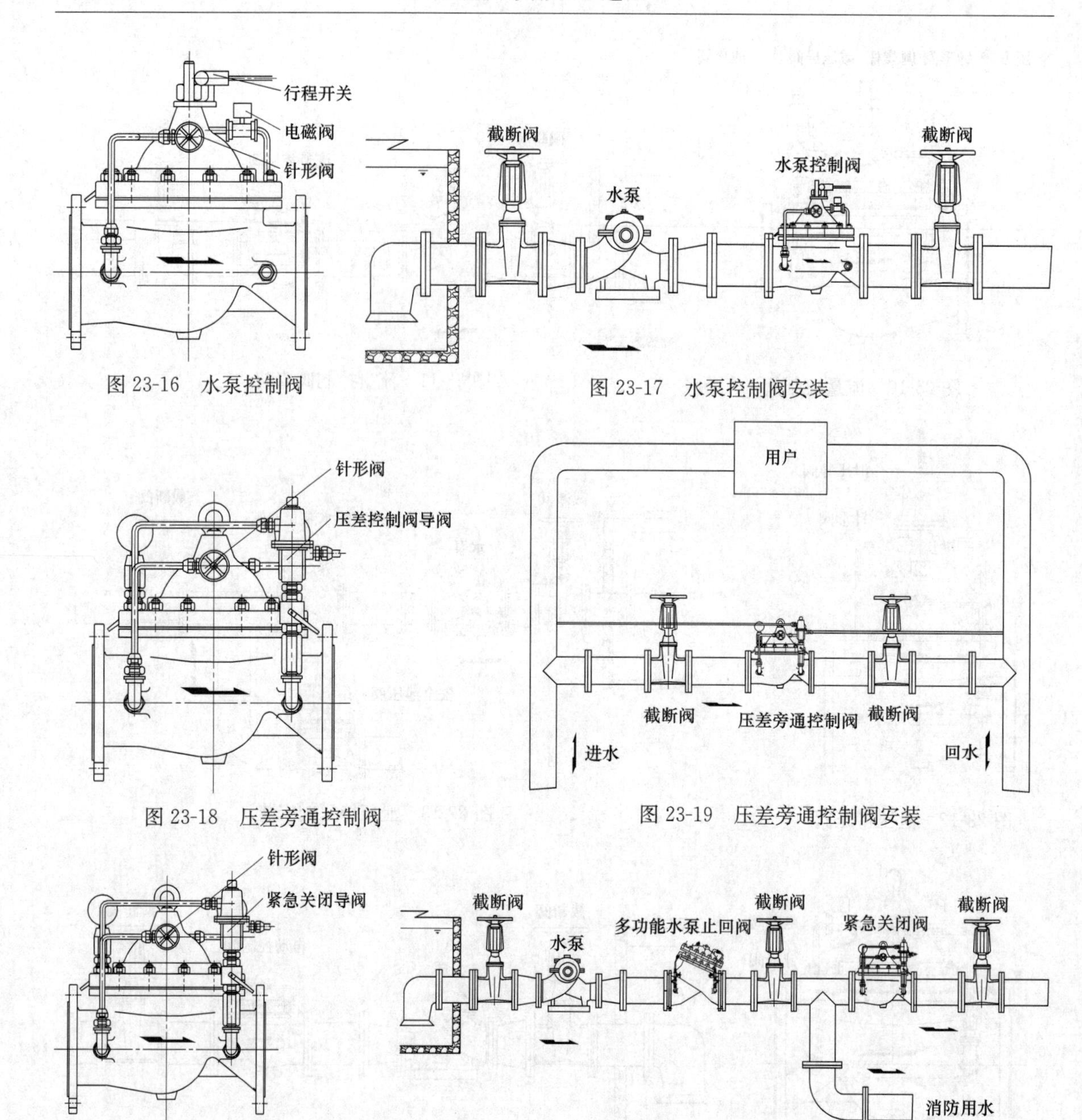

图 23-16 水泵控制阀

图 23-17 水泵控制阀安装

图 23-18 压差旁通控制阀

图 23-19 压差旁通控制阀安装

图 23-20 紧急关闭阀

图 23-21 紧急关闭阀安装

23.1.6 直流式Y形水力控制阀

直流式Y形水力控制阀（图23-22）通常又称为多功能水泵控制阀，是我国自行研究的也是目前我国应用最广泛的一种新一代水力控制阀，并于2002年3月3日建设部批准发布的《多功能水泵控制阀》（CJ/T 167）城建部行业标准，2002年10月1日起实施。

直流式Y形水力控制阀有膜片式与活塞式两种。这种阀门主要由两部分组成：阀体装置和驱动装置。驱动装置可作为一个整体从阀体上卸下，它分为上控制腔和下控制腔。在单腔式和双腔式中的隔膜均是中心导向，这提供了没有阻碍的阀座过流面积。双腔隔膜传动机构总是具有足够压差，产生最大动力并立即做出反应。上控制腔受控制压力关闭阀门，如释放上腔压力就打开。下控制腔通常与进口相通，如果给予克服背压与弹簧力即可打开阀门。

单腔隔膜传动机构是靠阀瓣进口压力与上控制腔的压力差来操作阀门位置的，下腔通过一个固定小孔与下游连通，能平稳地使阀门关闭。上控制腔内调节压力的变化通常通过导阀及限流针阀的复合运动来供给，调节阀门的开和关。

(1) 阀瓣

根据阀瓣结构类型，又可以分为单阀瓣Y形水

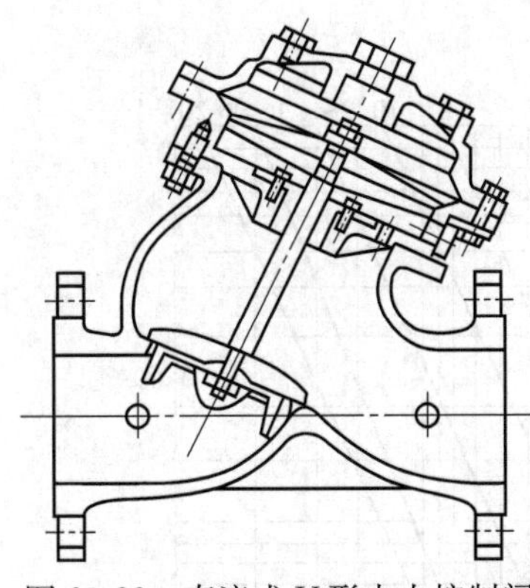

图 23-22 直流式Y形水力控制阀

力控制阀与双阀瓣Y形水力控制阀。单阀瓣Y形水力控制阀一般只有一个腔，双阀瓣Y形水力控制阀具有双腔，根据驱动方式与外接管不同，单阀瓣Y形水力控制阀可以分为减压阀（J741X），浮球阀（F745X），安全泄压阀（J742X）等。双阀瓣Y形水力控制阀简称多功能水泵控制止回阀，其主要作用是电动、防止回、防水锤，还有截止等功能。活塞式Y形水力控制阀大都是双阀瓣结构，其主要用途与多功能水泵控制止回阀相似。

(2) 结构

① 双腔隔膜活塞驱动装置 驱动装置可以作为一个整体从阀体上轻易地卸下，显著提高了检修维护效率。

简便的在线转换，由双腔转换成单腔。

同一个阀体可安装两种控腔（隔膜和活塞）。

② 隔膜 尼龙增强的橡胶隔膜由两片不锈钢垫片支撑连接在阀杆上，开启和关闭过程中，隔膜只承受少量的拉力，控制阀门启闭的压力几乎完全由不锈钢垫片承受，有效确保隔膜使用寿命。采用膜片控制方式，杜绝活塞式控制方式因压力介质中的杂质而引起活塞磨损或卡阻，导致阀门不能正常关闭或打开而引起的水锤事故。膜片疲劳弯曲次数应在100万次以上无龟裂现象。

③ 活塞驱动装置 活塞式传动机构：当下控制腔与大气连通时，可以构成具有真正缓闭功能的双腔控制回路，实现最佳的缓闭效果。活塞式的圆柱形传动机构，使阀门在运行过程中控制截面的受力面积始终恒定且活塞式运行距离长，有效提高调节的精确性和稳定性。中心导向的不锈钢阀轴结合铸钢骨架、橡胶软密封的阀座，在过流断面无任何阻隔水流的支架和支腿结构，具有阻力小、抗堵塞能力强的特点。

④ 性能 在停电（或意外失电）时产生水锤峰值一般不大于水泵出口额定压力的1.3倍，最高反转速度低于水泵额定转速的1.2倍，超过额定转速的持续时间少于1.5min。

⑤ 自动控制 安装在水泵出口管道上，阀门控制管上设置针形调节阀，能够有效地消除停泵回流产生的破坏性水锤，具有水力自动控制、启泵时缓开、停泵时先快闭后缓闭的特点。关闭时间3～120s可调。

⑥ 顶盖塞 可选多种功能，阀位指示器指示阀门开启程度，限位开关为控制系统提供阀门开启位置信号，阀位传感器传递阀位的模拟信号。

⑦ 下腔隔离体 双腔式结构中，隔离下控制腔与下游流体。单腔式结构中，下腔只能通过连通孔与下游连通，隔膜安装于控制腔内部，保护隔膜，对隔膜起保护作用。

⑧ 弹簧 应用于单腔控制结构或止回功能时，双腔控制结构中一般不需要安装。

⑨ 密封盘 不锈钢阀座结合自平衡式橡胶软密封盘，确保阀门滴水不漏。根据不同工况，有多种阀座与密封盘可供选择。

⑩ 阀座 可在线更换的不锈钢阀座，有效延长阀门使用寿命。

⑪ 阀体（Y形近流线型） 按照先进的流体动力学原理设计的全通式无阻隔过流断面。过流断面内无支撑筋和导向杆，使阀体具有水头损失小、过流量大、抗气蚀能力强的优势。

(3) 双腔Y形水力控制阀工作形式

在关闭状态，上游压力作用于上腔，产生一个较强的关闭作用力，主阀关闭。在开启状态，上腔与大气或下游连通，上腔内的水排出，主阀开启。在压力较低时，连通上腔与大气或下游，上腔内的水排出；同时连通下腔与上游，主阀开启。

(4) 单腔Y形水力控制阀工作形式

下游压力高于导阀设定压力时，导阀关闭，上游压力完全作用于上腔，产生一个很强的关闭作用力，主阀关闭。导阀内的感应弹簧感应到下游压力的变化，控制导阀的启闭状态，进而改变流出、流入上腔的水量，调节主阀密封盘位置，从而维持一个恒定的下游压力。下游压力低于设定压力时，导阀开启，上控制腔内的水排出，主阀完全开启。

(5) Y形水力控制阀的特点

① 优点

a. 节能，半直流阀体，流阻小水头损失低；

b. 全开式无阻隔阀口，无紊流，流通性高；

c. 低汽蚀发生概率，高抗汽蚀能力；

d. 组合式隔膜驱动系统，快速反应平稳精确控制；

e. 结构简便，便于安装维护，比其他形式阀门更安全，可靠；

f. 可缓闭，作为水泵控制阀使用；

g. 大过流量，全开式阀口，无污垢，无缠绕阻塞，比一般球形阀的过流量大25%；

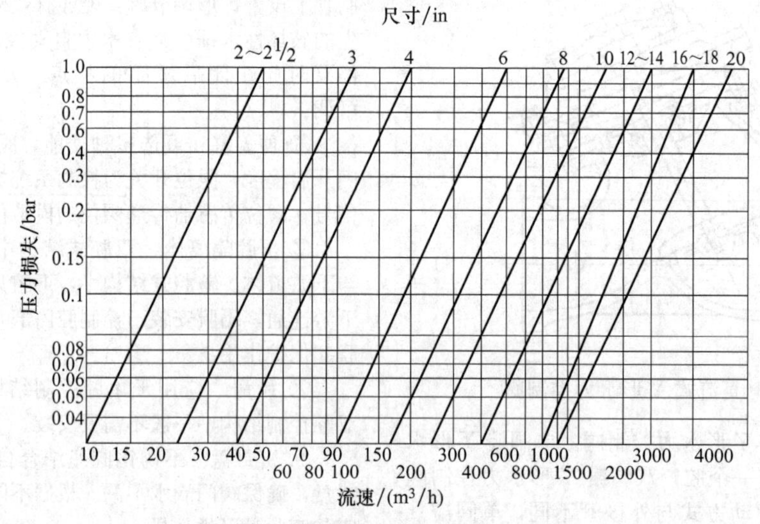

图 23-23 平阀盘控制阀压力-流速图

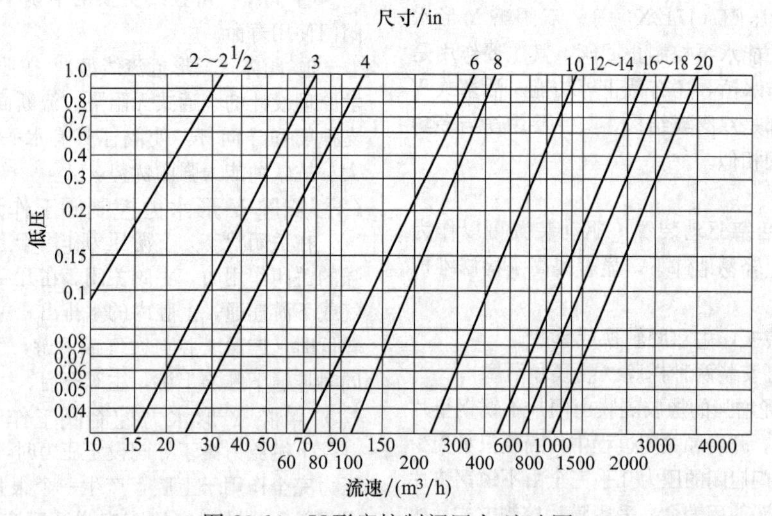

图 23-24 V形塞控制阀压力-流速图

h. 附阀位指示器，可见观察阀门的开启位置。

② 缺点

a. 制造技术要求高；

b. 价格比较昂贵；

c. 膜片由橡胶制成，易老化与疲劳损坏。

(6) Y形水力控制阀的压力-流速图

双腔水力控制阀的压力-流速关系曲线如图 23-23 和图 23-24 所示。

(7) Y形水力控制阀需加V形节流塞

① 定义 V形节流塞安装在标准的扁口密封盘下面。

② 作用 V形口节流塞改变了流量与阀杆行程的比例，对于相同的流量，使用V形口节流塞的阀杆行程相对较长。

③ 应用范围

a. 高压力损失低流速情况下的减压阀应用（741X）。

b. 通向大气的泄压阀应用（742X）。

c. 深井式泵控阀（745）及浮球阀（F745X）。

④ 安装 使用相同的安装螺钉简单地将标准扁密封盘垫圈用V形口节流塞代替。

V形节流塞可以满足高压差和大流量变化范围工况需求，提高压力-流量的控制精度，避免产生噪声和振动。V形节流塞提高阀门的压力和流量控制范围，因此不必在小流量工况下安装支管阀门。

23.1.7 Y形水力控制阀分类

(1) 内部结构

Y形水力控制阀按内部结构分类有膜片式（图 23-25）、活塞式（图 23-26）、双腔式（图 23-27）和单腔式（图 23-28）。

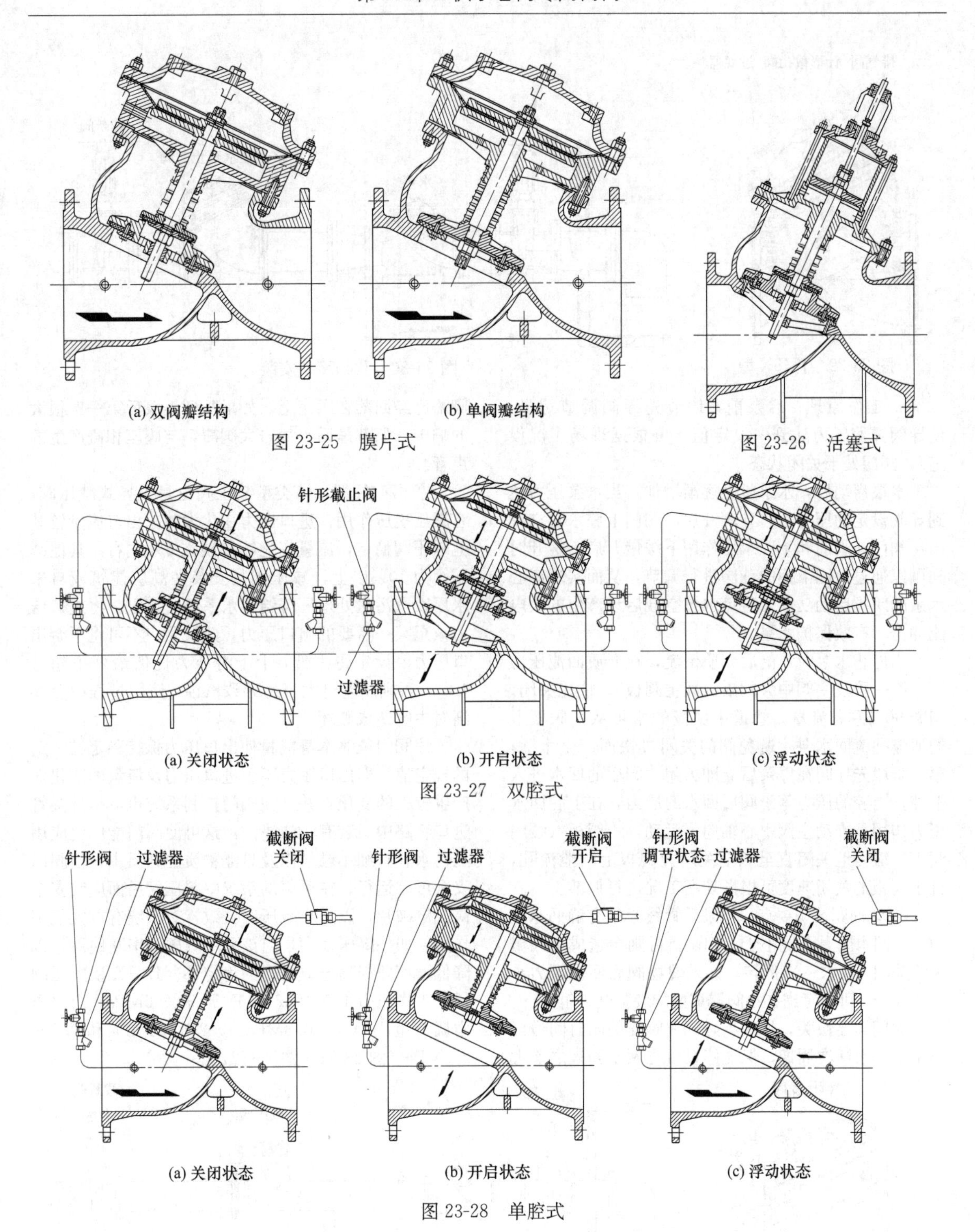

图 23-25　膜片式

图 23-26　活塞式

图 23-27　双腔式

图 23-28　单腔式

(2) 用途

Y 形水力控制阀按用途分类有 J745X 型、J741X 型、F745X 型、J742X 型和电磁水力控制阀等。

① J745X 型　该类型多功能水泵控制止回阀是安装在高层建筑给水系统以及其他给水系统的水泵出口处，防止水介质倒流、水锤现象的智能型阀门。该阀具有电动阀、逆止阀、水锤消除器和截断阀等功能，可有效地提高供水系统的安全可靠性，并将缓闭、缓开、速闭、速开消除水锤的技术原理一体化，防止快关，突然停电，以及正常停泵时，产生水锤对泵以及其他设备的损坏作用（图 23-29、图 23-30）。

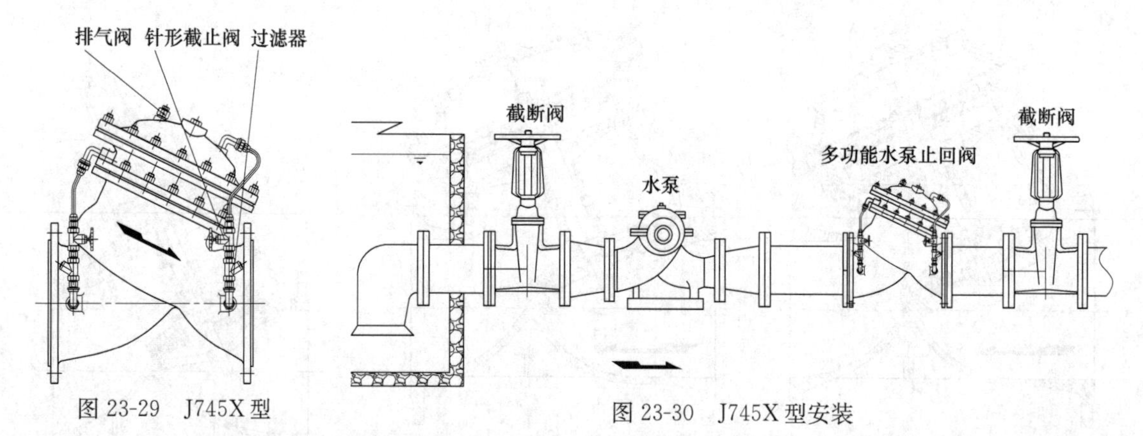

图 23-29 J745X 型

图 23-30 J745X 型安装

a. 工作原理。启泵前，调节先导阀调节螺母，使导阀弹簧压力达到一设定值（可根据现场工况设定），阀门处于关闭状态。

水泵启动后，水泵压力逐渐增加，当水泵压力达到导阀设定的压力后，导阀开启，阀门上腔水对空排出，阀门在阀前和下腔水压作用下缓慢开启，缓开时间可以通过导阀下面的球阀进行调节，从而实现离心水泵的闭阀启动功能，避免水泵空载启动产生的大电流冲击，有效保护水泵。

当停止水泵时，阀后介质倒流，在介质回流压力下，第一阶段主阀中大阀瓣（即主阀板），快速关闭，切断 90%左右流量，管道中倒流的水可从大阀板上的泄流孔流回水泵，避免阀门关闭过快而产生水锤；第二阶段先导阀在停泵后立即关闭，阀后的回水进入上腔，上腔的压力等于阀后回水的压力，在上腔回水压力作用下推动主阀中心轴向下运动，小阀板（缓闭阀板）缓慢地关闭直至完全关闭大阀板上的泄流孔，且小阀板的关闭速度可根据现场工况进行调节。

b. 止回阀认识要点。停泵后管线必须有静回水压力，且回水压力不能小于 0.5bar。否则会造成小阀瓣无法关闭，水泵一直倒转。如果现场阀后回水压力小于 0.5bar，可以考虑在小阀瓣那里加装弹簧来解决。

大阀瓣要快关，越快越好，大阀瓣关闭时间最好小于一个水锤波周期，保证停泵后在回水到来之前大阀瓣已经回落在阀座上。如果听到停泵后第一声很大的响声，那就是回水冲击大阀瓣，与阀座相碰产生的声音。

② J741X 型　该类型减压阀也是先导式减压阀，有减压稳压作用，进口压力变化大时，出口流量较其他减压阀稳定，流量变化能控制在 5%左右，其他减压阀为 10%以上，减压阀是安装在高层建筑或自来水厂以及污水处理厂等给排水系统管道上，将进口压力减至某一需要的出口压力，建议用户不可将下游出口压力值设定得太低，上下游压力比值最好不超过 4∶1，否则压差过大容易导致汽蚀，使用过程中会逐渐对主阀造成破坏。

该阀门依靠本身能量使出口压力保持稳定在一定的规定值，即出口压力不因进口压力及流量的变化而产生较大的变化，并且在阀门控制系统也就是外接管进口管路中，装有清洁滤网，这可使阀门能广泛应用在污水、有细小颗粒以及悬浮物质的介质中，使阀门安全可靠运行。在重要的系统中减压阀后面应装安全阀或爆破片，以防止减压阀失效，对系统有重大危害作用。如果降压太大，应该采用减压阀串联使用，以降低噪声并提高出口压力的稳定性。J741X 型减压阀最大工作压力 1.0MPa、1.6MPa 和 2.5MPa，出口压力调节范围 0.1～0.8MPa、0.2～1.3MPa 和 0.2～2.0MPa（图 23-31、图 23-32）。

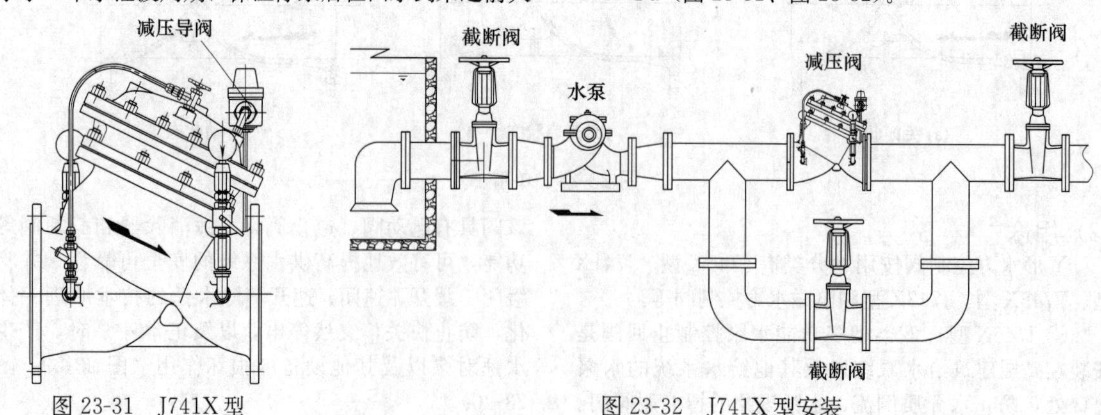

图 23-31 J741X 型

图 23-32 J741X 型安装

a. 工作原理。调节减压导阀上端的弹簧，设定一个压力 F_1，导阀隔膜下端与出口相通，出口水压力为 F_2。当 $F_1>F_2$ 时，先导阀开启，主阀上腔开始排水，因进水针阀流量很小，补充水量不足，因此主阀上腔压力小而在进水水压作用下，主阀开启幅度逐渐变大，主阀流量增加后，出口水压增加，F_2 增大，逐渐与 F_1 相同。

相反，当 $F_1<F_2$ 时，先导阀关闭，主阀上腔停止排水，针阀补充水量，主阀上腔压力增大，主阀缓慢关闭，主阀流量减少后，出口水压减小，F_2 减小，逐渐与 F_1 相同。

b. 可调式减压稳压阀认识要点。出口压力可调，且不随进口压力和流量的变化而变化。减压阀阀后的压力不能太低，一般不能低于 2bar。阀前与阀后的减压比不能太大，也不能太小，减压比太大阀后压力会产生很大波动，减压比太小时，当管道用水量很小时，减压阀会出现不减压的现象（即阀前和阀后压力相等）。一般减压比最大不能大于 4∶1，最小不能小于 1.2∶1。

在小流量状态下可以加装 V 形截流塞，防止阀后压力波动。减压阀阀后的恒定压力是一个动态的平衡，并不是绝对稳定。动态波动的幅度取决于导阀弹簧的灵敏度。导阀弹簧压力值设定好之后，由于导阀也存在一个动态平衡，导阀阀瓣会上下小幅度移动。但导阀阀瓣移动后弹簧的压力值已经不再等于先前设定好的压力值，所以阀后的压力才会变化。一般来讲，导阀的弹簧刚度在设计允许下要尽量小。

③ F745X 型　可控制水塔与水池的液面高度，当水面达到所设定的高度时，浮球顶起，控制浮球的截断阀自动关闭，这时阀门处于关闭状态，停止供水。当液面回落到设定的值，浮球下降，控制浮球的截断阀自动开启，这时阀门处于开启状态，进水口向水池供水（图 23-33、图 23-34）。

a. 工作原理。浮球阀只能控制某个液位，当超过此液位浮球阀缓慢关闭，当低于此液位浮球阀慢慢开启。液位控制精确度高，水位不受水压干扰且密封严实。

液压传感浮球阀在不停反复的开启关闭，开度在 0～40%之间周期变化，这种周期性变化对主阀隔膜提出了很高的要求。阀门始终在小开度下工作会产生一定的汽蚀。

b. 浮球阀认识要点。主阀与导阀可以分离安装，同时也可以随水池的高度及使用空间任意安装。浮球阀维修方便，保养简单，调试检查方便，使用寿命长。

④ J742X 型　在给排水管路中，介质压力超过泄压阀额定压力时，泄压阀开启，防止管线及设备因超压而损坏，也可以作持压阀用，保持主阀上游的供水压力，可用于高层建筑消防测试循环系统的泄压，以防止水阀过高造成系统危险。J742X 型最大工作压力 1.0MPa、1.6MPa 和 2.5MPa，泄压调节范围 0.05～1.05MPa、0.1～1.68MPa 和 0.1～2.62MPa（图 23-35、图 23-36）。

a. 工作原理。调整先导阀调节螺母，设定一泄压值 p。当管网中压力增高超过设定值 p 时，先导阀立即开启，因先导阀通径直径比针阀大很多，因针阀流量很小，补充水量不足，上腔介质经先导阀排出，阀前压力高推动阀瓣向上移动，阀门迅速开启泄压。当管网中压力减少低于设定值 p 时，先导阀立即关闭，介质经针阀进入上腔，上腔压力增加推动阀瓣向下移动，阀门缓慢关闭。

b. 持压泄压阀认识要点。持压泄压阀的泄压值可以现场进行调节。泄压阀口径的选择很重要，要根据主管道系统流量来决定。泄压阀达到泄压值时开始泄压，低于泄压值时关闭，这个过程需要时间，所有泄压阀在泄压过程中不可避免有个波动范围，此波动范围一般为±0.5bar。泄压阀阀后尽量对空排放，避免产生背压，降低泄压的启闭灵敏度。

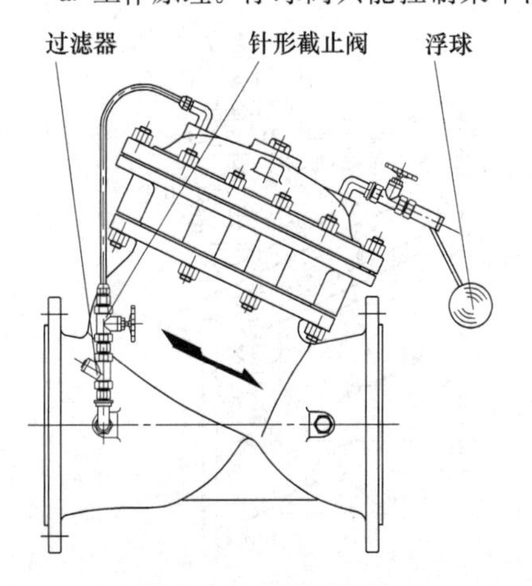

图 23-33　F745X 型

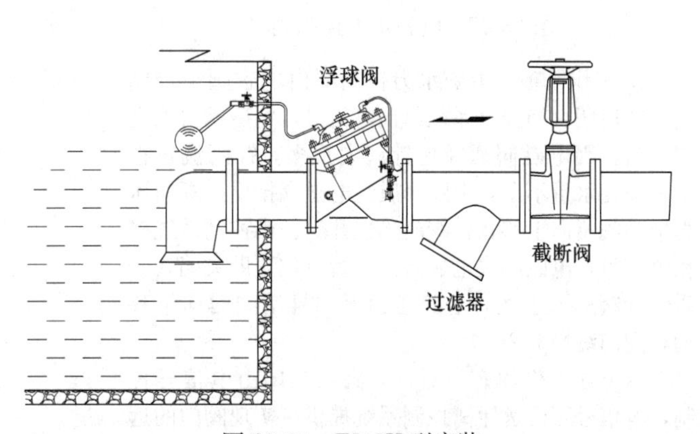

图 23-34　F745X 型安装

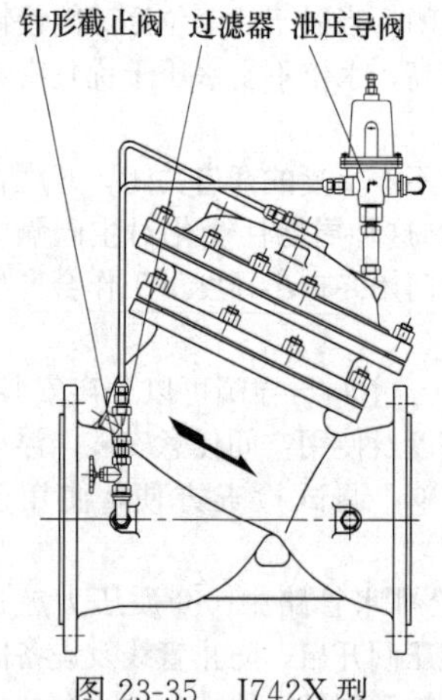

图 23-35　J742X 型

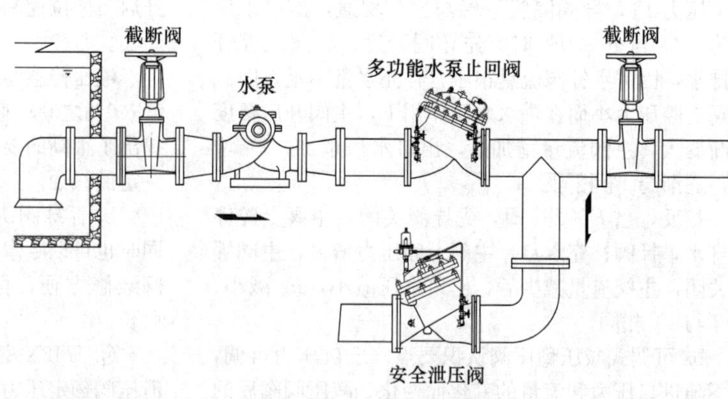

图 23-36　J742X 型安装

⑤ 电磁水力控制阀（图 23-37）　是靠电磁阀作为导阀来控制主阀启闭的水力控制阀，电磁阀可与任何必需的电信号相联。电磁水力控制阀具有启闭迅速灵敏，自动远程控制等特点，因此，在有些场合可替代电动阀实现远距离操作。另外电磁水力控制阀也可以由定时器、延时器、液位和流量传感器、数字编程等信号控制系统来控制开关。

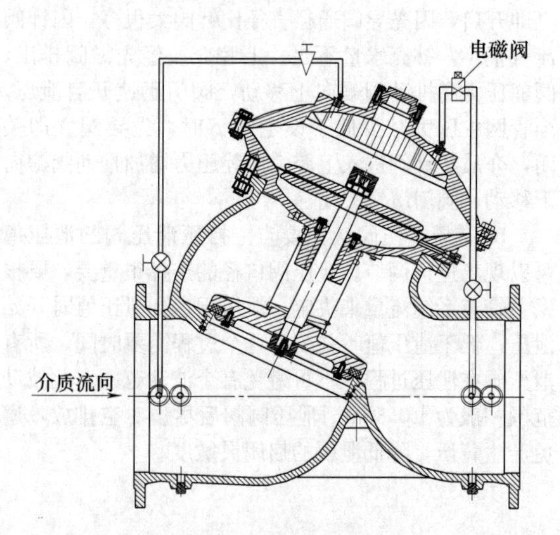

图 23-37　电磁水力控制阀

a. 工作原理。电磁水力控制阀由电磁阀来控制阀门的启闭。当控制系统给出电信号，电磁阀得电立即开启，因电磁阀通径比针阀大很多，针阀流量很小，补充水量不足，上腔介质经电磁阀排出，阀前压力推动阀瓣向上移动，阀门迅速开启。当控制系统停止电信号，电磁阀失电靠阀内弹簧复位立即关闭，介质经针阀进入上腔，上腔压力增加推动阀瓣向下移动，阀门缓慢关闭。

由上述工作原理可看出，阀门启闭由电信号控制，电信号可由远距离控制系统提供，实现阀门的远程控制功能。

b. 电磁水力控制阀认识要点。电磁阀可以实现远程自动控制，在一些场合可以代替电动蝶阀。电磁水力控制阀的启闭也可以现场操作，操作方便快捷，只需要关闭配管中的 *DN*15 小球阀，阀门就会缓慢关闭。相反，只需要打开配管中的 *DN*15 小球阀，阀门就会迅速开启。电磁水力控制阀为纯水力控制，不需要外接压力源、外界动力即可控制。电磁水力控制阀对配管稍做改变就可变为快速开启阀。

⑥ 其他类型　Y 形水力控制阀还可以根据用户的不同要求，在不改变主阀的情况下，制造出不同类型的阀门，以满足实际工况需要，如下。

a. 限流止回阀（图 23-38）。根据工况的需要，把进口流量限制在一定的范围内，防止过大的流量对设备的损坏作用，可以通过导阀的调节来实行。

b. 快闭止回阀（图 23-39）。其全开时，流阻系数小，流量大，停泵断电时，关闭速度关，结构简单，便于安装与维护。

c. 开度指示阀（图 23-40）。便于直观看到 Y 形

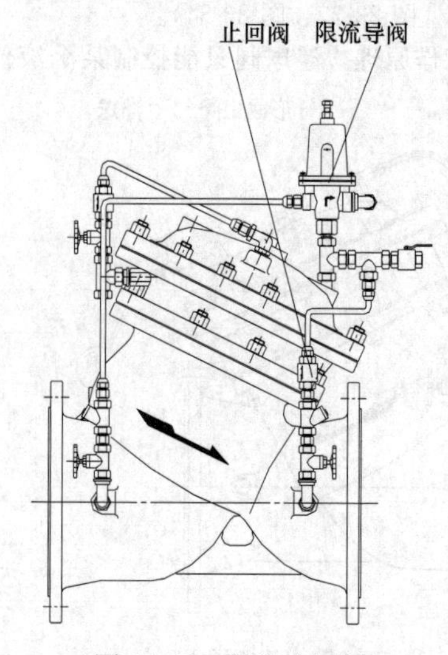

图 23-38　限流止回阀

水力控制阀的开启与关闭状态，故此在阀盖上装了一只能伸缩的指示器。结构简单，便于维护与控制。

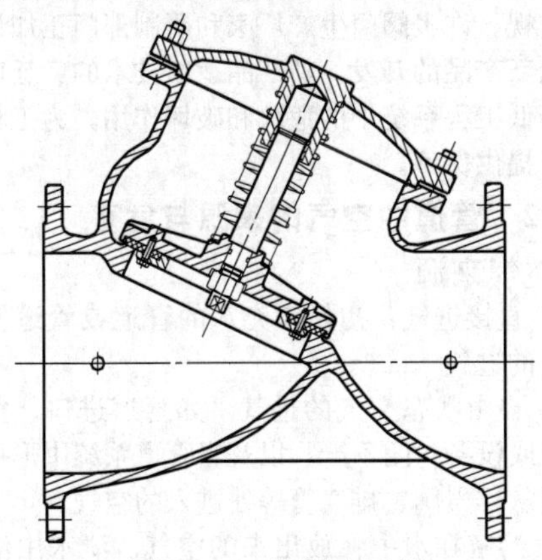

图 23-39 快闭止回阀

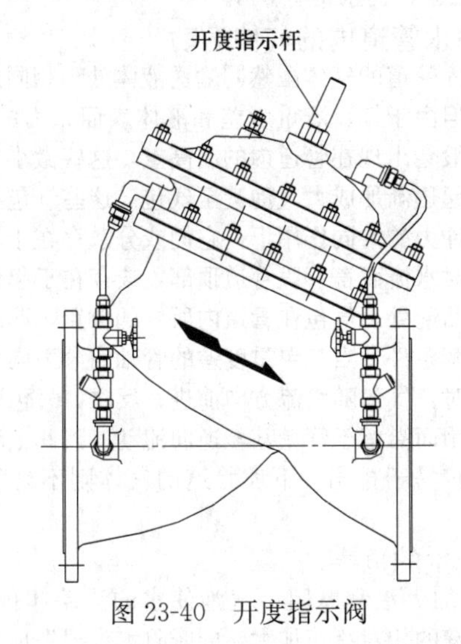

图 23-40 开度指示阀

其他用途 Y 形水力控制阀还有电动控制阀，流量控制阀，紧急关闭阀等。

(3) 水力控制阀的设计规范及适用性

① 一般规定

a. 水力控制阀的设计制造同时要符合 JB/T 10674—2006 标准。水力控制阀的应用设计规程应符合 CECS 144—2002 标准。

b. 水力控制阀应设置在介质单向流动的管道上。

c. 水控阀一般适用于压力为 $PN6 \sim 25$、公称尺寸为 $DN50 \sim 1400$、介质温度为 0～80℃、工作介质为水的场合。

d. 水力控制阀主阀体上的箭头方向，必须与管道系统的介质流方向一致。

② 浮球阀

a. 液压传感浮球阀应设置在水池或水箱的进水管道上，可水平或垂直安装。当水平安装时，阀盖应朝上。

b. 液压传感浮球阀的控制导管应牢固地固定在水池或水箱上，控制导管的总长度不宜超过 8m。

c. 液压传感浮球阀的出水管在水池或水箱内宜采用淹没出流方式，管口应低于最低水位，但距水池或水箱底不应小于 50mm。

d. 液压传感浮球阀的公称尺寸应与管道的公称尺寸相同。

e. 同一水池或水箱设置两组或两组以上液压传感浮球阀时，应保证液压传感浮球阀的控制浮球在同一水平面。

③ 减压稳压阀

a. 减压稳压阀的设计与制造要符合 GB/T 12244 和 GB/T 12246 中的规定。

b. 减压稳压阀在动态和静态系统都能实现减压。

c. 阀前与阀后的减压比不能太大，一般减压比最大不能大于 4∶1。

④ 缓开缓闭止回阀

a. 缓闭式止回阀应设置在水泵出口段，且宜水平安装，阀盖朝上。

b. 启泵时阀门能够缓开，保证泵能顺利开启；停泵时阀门能够缓闭，消除停泵水锤。缓开缓闭的时间现场应该能够调整。

⑤ 泄压安全阀

a. 泄压安全阀应安装在管道系统的泄水管上，且宜水平安装。

b. 泄压安全阀应设置在设定保护区域的管道系统的前端，且应在管道系统止回阀之后（沿水流方向）。为防止水泵运行超压和停泵水锤超压而设置的泄压安全阀，应设在水泵房内。

c. 与泄压安全阀出口端连接的管道，其管径不应缩小。

d. 泄压安全阀出口端的排水管必须引至安全处，且不得与污、废水管道系统直接连接。

e. 泄压安全阀进口端需要设压力。

23.1.8 设计选用要点

① 工程系统中应用的水力控制阀是经过制造厂检验合格，各种标识齐全，技术资料符合要求的产品。

② 根据功能要求，选择阀门种类，再根据管道输送介质、温度、建筑标准和业主要求等，确定阀门的阀体和密封部位的材质。常用的阀体材料有铸铁、铜合金、塑料等。常用的密封面和衬里材料有铜合金、塑料、钢、硬质合金、橡胶等。阀体材料应与管道材料相匹配。

③ 阀门的公称压力有 $PN6$、$PN10$、$PN16$、$PN25$ 和 $PN40$ 等不同级别，管道输送的介质，其工作压力应小于阀门的公称压力值。

④ 工程中水力控制阀的设置应当有足够的空间，

以便管理、操作、安装和维修，并应符合管路对阀门的要求。

⑤ 管路采用法兰连接时，应采用法兰连接的水力控制阀；管路采用沟槽式连接时，应采用沟槽式连接的水力控制阀。

⑥ 水力控制阀应设置在介质单向流动的管路上。

⑦ 水力控制阀主阀体上的箭头方向必须与管路系统流向一致。

⑧ 接水力控制阀管段不应有气堵、气阻现象。在管网最高位置等存气段应设置自动排气阀。

⑨ 阀门水平安装时，阀盖、阀杆应朝上。垂直安装时，阀盖、阀杆应朝外。

⑩ 阀门安装前应做强度和严密性试验。

⑪ 阀门的强度和严密性试验应符合以下规定：

a. 阀门的强度试验压力为公称压力的 1.5 倍；

b. 阀门的严密性试验压力为公称压力的 1.1 倍；

c. 试验压力在试验持续时间内应保持不变，且壳体填料及阀瓣密封面无渗漏；

d. 阀门试验按 GB/T 13927 规定。

⑫ 除不锈钢、铜制以及有色金属阀门外，铸铁、铸钢材质的阀门，内外表面应浸涂或喷涂一层有机物质，如油漆、塑粉等。在浸涂与喷涂前，阀体、阀盖等要进行喷砂处理，以除去铁锈、水分及油等杂质。涂层厚度应达 0.3mm 以上，粉末涂料必须经过检测，符合饮用水卫生要求并提供涉及饮用水卫生安全产品的检测报告或相关的卫生许可批件。

a. 常用的油漆有酚醛漆，环氧树脂粉末等。酚醛漆常作底漆，而环氧树脂漆作面漆。色泽光亮，硬而不脆，柔韧度好，附着力强，对酸碱有很好的抵抗力，粉化快。干后不溶解于水，不影响水质，并不因空气温度变化而分解。

b. 油漆施工方法有浸途法、喷涂法、静电喷涂法。静电喷涂因为其效率高，产品质量好，涂层光滑均匀无缺陷，厚度均匀，表面光洁，附着力好，故广泛适用于中小阀门件。

⑬ 阀门长时间闲置时，启用时需要重新调试。

注意：以上参数与性能，包括压力-流量性能曲线，均以大众阀门集团数值为依据，生产厂家不同，各类参数有一定的区别。

23.2 排气阀

23.2.1 概述

在给水管道设计中，管道的排气是一个非常重要且复杂的问题，排气阀作为一个附属设施，其设计的合理性对以后管道系统的运行状态和水泵的动力消耗有重要影响。设计不合理时，严重者可引起水柱分离，产生巨大的压力，破坏管道。

近年来我国长距离引水工程逐渐增多，输水管道的排气问题也越来越引起有关管道工程师和水力学专家的重视。许多阀门生产厂家和研制部门正加快进行排气阀新产品的开发。新产品、新技术的广泛应用能极大降低工程系统中的危险和破坏作用，为工程的安全运行提供保障。

23.2.2 管道中空气的来源与危害

(1) 空气来源

① 直接进气：初始未充水的管道或管道使用中放空时的进气。

② 自由状态空气的进气。如管道进口，负压管道系统或设备封闭不严，以及当管道系统中形成负压时空气从排气阀、排气管等处进入的空气。

③ 溶解在水中释放出来的空气。清水中溶解的空气有 2%，污水中有 3%。

(2) 输水管道内的气体运动

进入管道的气体虽然同输送液体处于相同的压强之下。但由于气、液重度差和液体表面张力的作用，气体一般会出现在管道内的制高点，这些微小气泡聚集在一起逐渐形成大气泡甚至气包。这些气包在重力和水流冲力的共同作用下，它们或分散存在于较平缓下坡（对水流而言）段管道顶部，或存在于起伏管线的管道凸起处。气包在管道内所处的位置，取决于其力的平衡条件。当气包重度差的管轴向分力同水流方向一致时，气包随水流方向前进；反之，气包则受摩擦力作用而滞留于管壁甚至逆向流动。因此上坡管道的气体较易于排出，下坡管道的气体则不易随水流排走。

(3) 产生的危害

① 加大沿程摩阻　气泡使水的流动体积变大，水与管壁的相对流速加大，即摩阻水头损失加大，则水泵扬程提高，出水量减少。

② 加大局部阻力　气泡集聚成为气囊，使管道流水截面减少，增加了水头损失，形成气阻时，甚至水泵不能按设计流量出水；当管道沿程起伏较大，形成多个较大的跌水，多个顶端气阻高差叠加，接近或达到水泵扬程时出水困难，甚至管道终端出口不出水。

③ 造成管道水压试验失真　如 *DN*400 及以下管道不做漏水量试验，只以 10min 落压不大于 5m 时为合格，当管道排气不净，试压过程将空气压缩，虽然管道漏水量较大，但被大量压缩空气体积膨胀所弥补，而表现为压力降落不大，不能真实反映管道密封性能。

综上所述，输水管道在充水或排水时，要排出或吸入相同体积的气体；正常输水过程中需要排出带入管道的微量气体或因压力和温度变化析出的气体。当缺乏必要的排气设施、排气阀选型不合理、排气阀布置不当或排气阀不能正常工作时，气体就会集聚在管道系统中。这些气体在管道水流发生非正常调节工况时，如输水系统发生事故停泵、输水管道系统切换、控制调节阀误操作等，轻则会影响系统正常运行，重则会使管道输水系统遭到破坏。

管道内积存气体对系统的危害是多方面的。首先会影响管道安全运行，气包实际上是处于运动和压力振荡之中的，其运动和压力振荡反过来又引起水流速度的变化，从而引发气爆型水锤。供水管网中发生爆管事故，排气不畅是主要原因。其次，在小直径输水管道中，由于附着于管壁的气泡或气囊缩减了管道过水断面甚至阻断水流，减小输水流量，影响需水户正常生产和生活用水，同时还会增加运行成本。特别对于长距离大、中口径输配水管道的排气问题十分重要，*DN*600管道对应水泵流量2500m³/h，扬程提高1m，每年耗电要8×10⁴kW·h左右。对于短距离小口径输配管道，由于流速快，出口多，安全系数大，问题相对要小一些。

23.2.3　排气阀结构

(1) 浮球（筒）式排气阀

这是最早生产的进排气阀，一般不能在压力大于0.102MPa状态自动排气，只能进行进气和在首次充水或事故检修后充水排气，且进排气速度较其他形式慢，只适合于进排气量不大的情况。

(2) 浮球（筒）杠杆式排气阀

在浮球（筒）式排气阀的基础上改进而成。通过杠杆原理使得在较大压力状态也能排气，排气最大压力一般不超过0.08MPa。

上述两类排气阀结构简单，但有一定缺陷。水气相间时大排气口仅能排出第一段气体，不能连续排气。输水管道坡度不大时，管道中大多是一段水一段气的柱塞流状态。浮球式排气阀的浮力较小，排完第一段气体后水就把浮球托起，第二段气体即有压力，假定压力为0.12MPa，气体对浮球的托力等于排气口面积乘以管道内压力，计算可得*DN*100排气阀托球力约1500N，*DN*300排气阀托球力约1000N，故大排气口不可能再自动开启排气，在柱塞流状态中失去排气功能。

(3) 汽缸式排气阀

汽缸式排气阀是近几年才出现的进排气设备（图23-41），是根据汽缸原理制成的不同于其他任何一种进排气阀的全新装置，其原理是用浮筒杠杆等控制汽缸内气动膜片动作，从而控制阀体排气口启闭。在高压（1MPa以下）状态下，无论是多段水柱、气柱相间，有压无压气体均可高速排出。

这类排气阀结构上的主要特点是：大、小排气口或仅大排气口的有效排气口径不小于排气阀公称直径的70％，排气口径大，排气速度快，且在任何情况下均可高速排气。一般设计者在选择排气阀时以排气阀的公称尺寸计算排气量。汽缸式排气阀则完全能满足设计要求，真正起到防止管道出现水锤和爆管的作用。

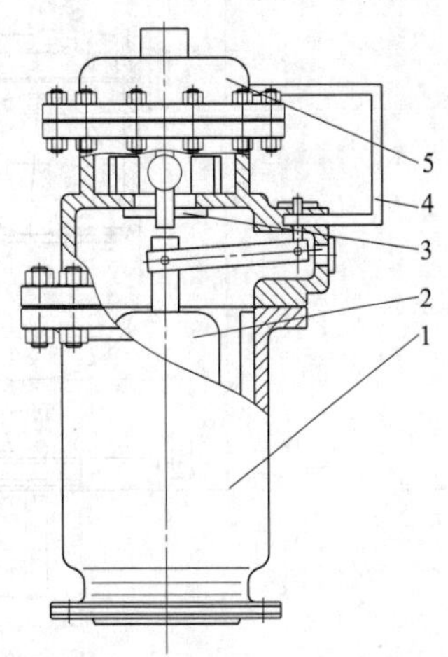

图23-41　汽缸式排气阀结构
1—阀体；2—汽缸；3—阀瓣；
4—压力平衡管；5—阀盖

(4) 复合式排气阀

复合式排气阀是我国最常用的排气阀（图23-42），它在浮球（筒）式和浮球（筒）杠杆式排气阀的基础上组合改进而成。在压力状态下微量排气用浮球杠杆式排气装置，首次充水或其他情况下的大量进排气用浮球（筒）式装置。可加大进排气口的尺寸，使得进排气速度有很大提高。

① 结构及用途　本阀阀体为圆桶状，阀门内件包括不锈钢浮球、杠杆及阀瓣。本阀安装在泵出口处或配水管线中，用来排除集积在管中的空气，以提高管线及水泵的使用效率，当管内一旦产生负压时，此阀迅速吸入外界空气，以防止管线因负压而损坏。介质温度：0～80℃。

② 工作原理　当管内开始注水时，阀瓣处于开启的位置，进行大量排气，当空气排完时，阀内充满水，浮球上升并带动阀瓣关闭，停止排气，当管内水正常输送时，如有少量空气聚集在阀内到相当的程度，阀内水位下降，此时空气由小孔排出。当水泵停止时，管内水流空或遇管内产生负压，此时塞头迅速开启，吸入空气，确保管线安全。

复合式排气阀的最大特点是在任何高的压差下进排气阀都不自闭。当管道注水时，大量气体从排气孔迅速排出，无论排气压差多大，不排净空气排气阀不自闭。

空气排出后，管内的水自阀体下部进入阀内，浮体罩内的浮体上浮，直到将升降罩顶到阀口处，而进排气阀自动关闭停止排气不泄水。

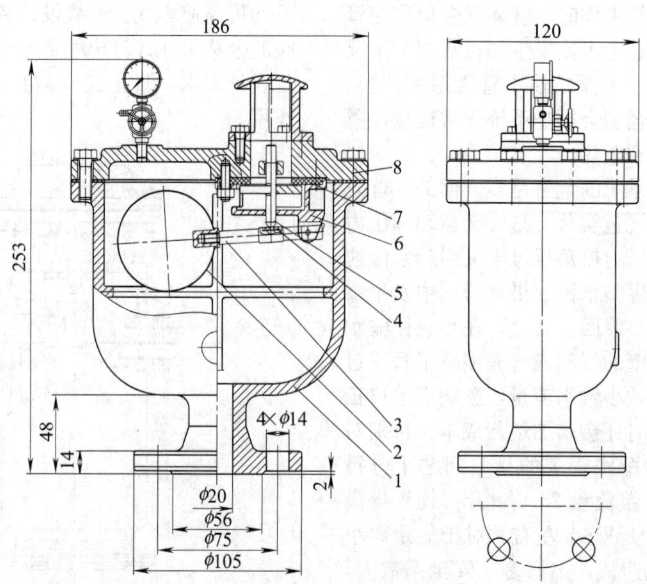

图 23-42　复合式排气阀结构

1—阀体；2—浮球；3—浮球杠杆；4—缓冲橡胶垫；5—阀瓣；6—阀座支架；7—阀座；8—阀盖

管内水中溶解的空气在运行中逐渐析出，自然积累在管道高点管顶的排气阀中。由于进排气阀中进入空气，使得阀内水面逐渐下降，但升降罩由于面积较大，只要管内压力略高于阀外，即能使向上的压力大于升降罩自重，而将升降罩托住不能自动下降。而浮体顶部小阀口面积很小，即使内外有最大工作压力的压差，也小于浮体的自重；因此当阀体内水面降至浮体以下时，浮体借重力下落，将浮体顶部的小阀口打开；于是形成自动小量排气。当气体排空时，水面上升浮体升起，再将小阀口关闭，于是形成间断地自动少量排气。

当管内受到负压水锤和管道排空时产生负压，此时升降罩受内外压差作用下降，将大阀口打开，通过进排气阀向管道迅速大量进气，以保证管内压力不致过低而使管材不致失稳破坏和使管道尽快顺利排空。

当用进排气阀作为管道水锤防护时（图 23-43），在阀下装一法兰管接，下口伸到管顶下 (20%～30%)D 处，此短管在管顶有一 ϕ6mm 小孔，当停泵水锤发生时起始为负压，进排气阀自动打开向管内大量进气使负压减少，不致产生水柱拉断。进一步发展到正压力水锤时，管内顶部空气通过法兰短管，排气阀自动向外排气。当管内水面上升到（70%～80%)D 的高度，即达到法兰短管的下口，而向进排气阀内进水，使管内的负压程度减少，而保证不产生水柱拉断水锤，有效地起到水锤防护作用。即在负压水锤波过去后，管道顶部 20%～30%高度气囊内的空气，在正压力水锤到来时利用空气的可压缩性起到了良好的能量吸收作用，而使压力上升大幅度地减少，保证了管道的安全。在水锤波过去后小阀孔缓慢地经过进排气阀的小孔口自动排出。在此阶段管内水面高度在管断面 70%～80%高度以上，接近最佳充满度并不致影响输水功能，直到顶部空气全部缓慢排出恢复正常。

③ 复合式排气阀优点　复合式排气阀性能可靠，可以将管道中的大量空气、系统运行中的少量气体，高速排到外界空气中。维修方便，复合式排气阀可方便地从系统上卸下进行维护，而系统中的水不会流出，所以不必排空系统。只排气、不排水，气、水分离盘设计采用特殊的结构，保证排气时绝不排水。只要系统有压力，复合式排气阀就会连续不断地排气。

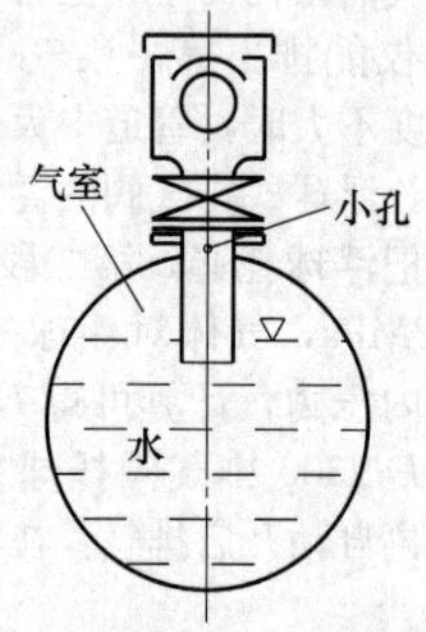

图 23-43　排气阀作为管道水锤防护时安装

④ 复合式排气阀性能　性能曲线见图 23-44，与传统式排气阀性能比较见图 23-45。图 23-45 中，“▲”代表排气阀因阀体内空气压力增加而关闭塞头的压力，超过此压力，则排气阀失去大量排气功能。

⑤ 复合式高速进排气阀主要性能参数　建设部行业标准 CJ/T 217—2005《给水管道高速进排气阀》，对其主要性能参数都做了明确的规定。

排气能力：CJ/T 217 标准规定的排气量见表 23-1。

表 23-1　排气量

公称通径 DN/cm	50	65	80	100	150	200	300
Δp 为 0.035MPa 时的排气量/(m^3/h)	670	1600	2100	2900	6100	11800	38000
Δp 为 0.07MPa 时的排气量/(m^3/h)	1080	2800	3200	4850	10850	18300	49400

注：Δp 为排气阀进出口压差。

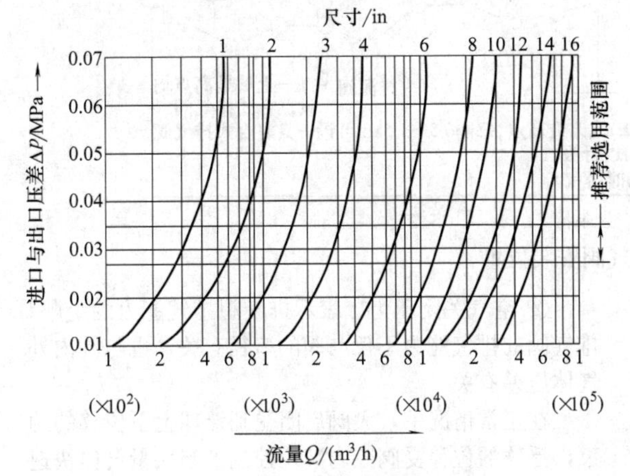

图 23-44　复合式排气阀性能曲线

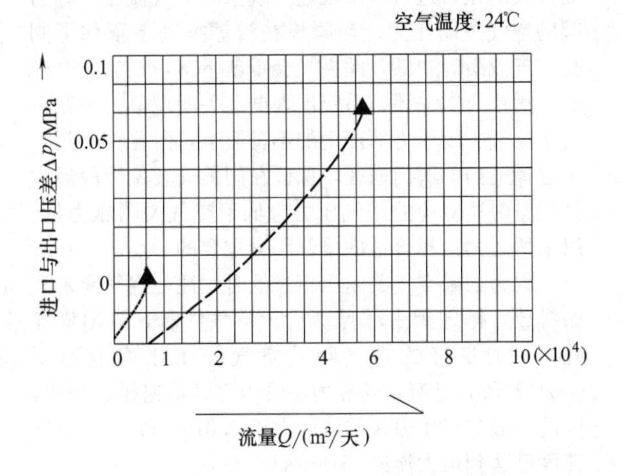

图 23-45　复合式排气阀与传统排气阀性能比较

空气闭阀压力：是指在大量排气时，浮球被吹起（吸起），堵塞大孔口，造成排气阀关闭不能排气的压力。

日本标准 JIS B 2063《给水管道空气阀》规定，排气阀进出口压达到 0.01MPa 之前不可闭阀，美国标准 AWWA C512《供水系统用自动排气阀、空气/真空阀及复合式排气阀》对空气闭阀压力未做规定，但美国各个排气阀产品生产厂家生产的排气阀，在样本资料上标出的空气闭阀压力均在 0.07MPa 左右。德国样本标出的大约为 0.08～0.10MPa，我国 CJ/T 217 标准规定的空气闭阀压力为不小于 0.1MPa。工程实践表明，实际在排气过程中，当排气阀进出口压差为 0.03～0.035MPa 时，就能将管道中的空气排完，这一数值在工业先进国家都是承认的，特殊情况如管道抢修紧急供水，深井泵出口的排气阀空气闭阀压力高一些，但一般均不会超高 0.10MPa。

吸力能力：复合式排气阀的吸力能力是排气能力的 85%，为保护管道的安全，避免管道失稳推荐用吸气量为进气量的 80%计算。

⑥ 复合式高速排气阀的作用

a. 在空管充水时，自动地排出管内大量的空气，以免使未排净的空气在管道内形成气囊阻碍水的流动。

b. 在压力管道运行中，能自动排除少量由水中分析出的空气，以免阻水。

c. 在管道发生负压时能自动快速地进气，以免管道由于负压过大而发生失稳破坏，对于小口径的球墨铸造铁管，最大负压值一般不能超过 0.035MPa，大口径薄壁受最大负压值一般在 0.014～0.025MPa 之间。超出时管道会失效。

在管道放空时，能自动大量地进气，使放水加快，缩短停水时间。用特殊方法安装，能消除管道上由于停泵水锤，产生拉断水柱的破坏性水锤，以保证管道安全运行。

⑦ 复合式排气阀的排气量计算和口径选择　一般情况下每千米左右管道安装一台排气阀，安装位置参考图 23-46，在管道较高的若干点上装设排气阀，计算出其最大的排气或吸气量，由重力流计算：

$$Q=0.0027\sqrt{SD^5}$$
$$S=\tan\alpha \tag{23-5}$$

式中　Q——流量，m^3/h；

α——管道与水平斜角，(°)；

D——管道通径，mm。

由于排气压差（压力）在小于或等于 0.035MPa 时即可排完管道内空气，查排气量表 Δp 为 0.035MPa 时的排气量（m^3/h），作为选择依据排气阀口径的依据。

23.2.4　排气阀在使用过程中存在的问题

随着排气阀在工程中的广泛应用，目前排气阀在使用过程中存在以下问题：

① 水气相间时大排气口仅能排出第一段气体，不能连续排气。

② 在排气过程中突然起球堵住排气口，终止排气，很多浮球式排气阀都存在当管道空气压力较大或气流带水时，使大排气口突然起球终止排气的问题。

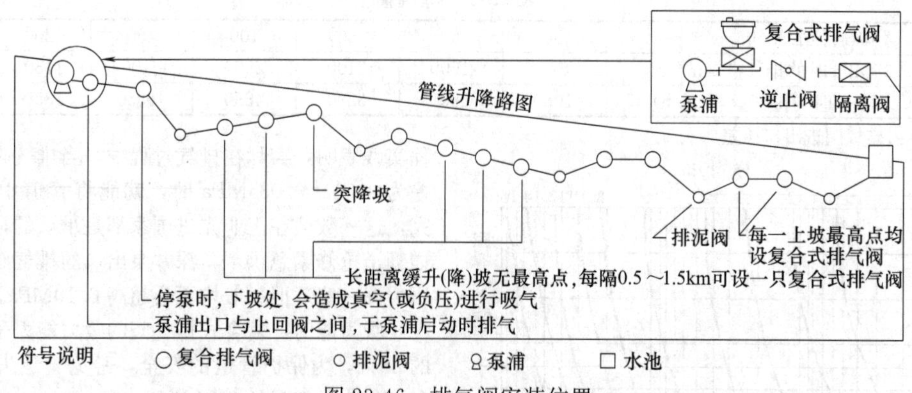

图 23-46　排气阀安装位置

③ 小排气口径一般为 3～5 mm，仅能微量排气，如果大排气口性能不好，仅靠微孔排气，对于大管径输水管是极危险的。

④ 运行时若长期不动作，小排气口浮球易因粘贴而失效。

⑤ 大排气口浮球在停水后再充水，易因复位不正、关不严而跑水，给日后维护管理带来损失。

23.2.5　管道的存气位置与排气阀安装位置

(1) 管道存气位置

① 管径变化处：在工程施工中管径由大变小时，一般都采用中心线对接方式，当水流速度不大时，气体会聚集于连接口处而无法被水流带走，形成气囊。

② 管道坡顶：对于有坡管道，气体在水中一般都是上行的，很容易在坡顶发生聚集，有时甚至堵塞管道、中断水流。

③ 管道交叉处：水流一般也是从大管径流向小管径，易发生类似管径变化处的气体聚集。

④ 逆坡管道：水流向下流而气泡向上运动，当浮力不足以克服水流推力时，气体便聚集在管壁处而形成气囊。

⑤ 各类阀门内部及安装处。

(2) 排气阀的安装位置

排气阀的安装位置直接影响着排气效果和管道的运行状态。设计人员在设计时，往往局限于局部最高点，其实排气阀的安装位置有多种，只有对整个管道综合考虑，才能使排气效果达到最佳。常见的安装地点有以下几个位置：局部最高点、下降坡度变大点、上升坡度变小点、长距离无折点上升或下降管段。另外，每隔 500～1000m 需安装一个排气阀。

23.2.6　排气阀的选择

(1) 选择合适的排气阀须考虑的因素

① 排气量　排气量小，往往停水后很久才能恢复原来的供水能力；排气量大则在极短时间内恢复至正常供水能力。

② 空气关闭压力　表示排气阀排气能力的上限。排气阀的排气能力不仅与阀的口径有关，也与阀内外气体压差有关。

在正常情况下，大阀启闭受到浮球上下位移的约束，浮球的位移受阀腔内液位控制。当大量气体快速集中排放时，浮球或阀板受气体冲击推力而关闭，影响排气的正常进行。出现这一现象时的气流压力称为阀的空气关闭压力。当阀板在浮球推动下顶住了阀孔，气流瞬时中断，阀板又会重新下落，气流又会形成，阀板再次关闭，系统出现振荡关闭现象。为避免由于空气关闭压力而产生的不良影响，配置排气阀时应选择适当的阀门通径，保证在阀的安装位置段最大排气量时所对应的排气压力应低于空气关闭压力值。以上所述为选择合适的排气阀最重要的一点。

因为如果空气关闭压力过低时，往往空气尚未开始排放，排气阀内部浮球已被空气浮起，关闭排气孔。一般良好的排气阀其空气关闭压力能达到 0.017MPa，已有足够能力将管内空气迅速排放完毕，因此一般空气压力在阀体内大于 0.015MPa 时，空气速度已达到最大流速 (90m/s)。

③ 水关闭压力范围　部分排气阀装置设于管道最高点，由于此点管中水压有时很低，部分排气阀需要水压高于 0.015MPa 才能完全关闭，若低于此压力则会产生漏水现象，因此水关闭压力范围越大越好，一般 0.012～1.0MPa 是最常用的范围。

④ 排气阀参数　选择排气阀时，一定要向厂家提供管道直径、最大工作压力、最大流量等参数。根据这些参数，确定排气阀的直径，排气孔的孔径，以保证正常情况下，清洁水中含有约 2% 的溶解空气能够在不断释放中被排除。

(2) 排气阀选型过程中应注意的问题

① 排气阀的位置选择比直径选择更重要。

② 对于长距离管线，较理想的排气方法是在较短的距离内（一般为 500～1000m）安装数量较多、直径较小的排气阀，而不是安装直径较大但数量少、

间隔长的排气阀。

③ 多数情况下，要求安装小容量自动排气、大容量系统充水排气和系统排空真空破坏三功能组阀，即复合式排气阀。

④ 当管道两侧有不同坡度时，按条件苛刻的坡度确定排气阀的尺寸。

⑤ 如果选用不带缓闭的排气阀，最好在一处安装一大一小两个排气阀。如果选用带有缓闭的排气阀，仅在管顶处安装一个即可。多起伏的管道，应在各高点处安装排气阀。

(3) 排气阀选型

① 排气阀类型选择　工程设计中，应根据具体的现场情况选用各种类型的排气阀，对局部最高点需安装复合式排气阀；对于长距离水平管段、长距离无折点下降管段宜安装复合式排气阀或微量排气阀；对于下降坡度变大点、上升坡度变小点宜选用微量排气阀；当需要真空保护时，应选用复合式排气阀；对于长距离无折点上升管段可选用复合式排气阀。

② 排气阀直径选择　微量排气阀由于适用范围较小，可直接选用，一般管径为 *DN*20、*DN*25；由于复合式排气阀是微量排气阀和高速排气/吸气阀的组合，因此复合式排气阀与高速排气/吸气阀直径选择的标准是一样的。

③ 根据性能曲线图选择　由于高速排气/吸气阀用于充水时排除空气和放空时吸气，因此应综合考虑在管道充水时排除的空气量（排气量）和管道排水放空或爆管保护时吸入的空气量（吸气量），既计算充水时的排气口直径，又计算排空时的吸气口直径，选择其中较大的口径作为排气/吸气阀直径。

④ 根据工程需求合理选型　目前，欧美国家研发的排气阀品种较多，排气阀口径也发展到 *DN*400，可以满足不同形式的管道工程需求。我国已建和在建的大直径长距离输水管道工程中大都选用了进口排气阀，如南水北调京石段选用了美国 GA 公司排气阀，山西省万家寨引黄工程、辽宁大伙房二期供水工程选用了以色列 AIRI 公司的排气阀。

美国国家标准协会和给水工程协会于 1996 年制定了《供水用排气阀、空气/真空阀和组合式排气阀》(ANSI/AWWA C512)，对排气阀产品的规范产生了积极的影响。该标准根据工作条件和阀的功能，把排气阀划分为高压微量排气阀（小孔口阀）和低压高速排（进）气阀（大孔口阀）两类，在此基础上定义了三种基本阀型，从而理清了有关排气阀选用的基本的概念。上述定义是针对起初的浮球式排气阀的，该组合式阀系将小口径高压阀通过螺栓孔附着在较大体积的低压阀上。后来，以色列 AIRI 公司发明了卷帘式高压排气阀，使排气量扩大了约十倍，但形式上依然采用附着式。最近新推出的双浮体式排气阀，其控制高低压排气的大小两个浮体设在同一个阀腔内，从结构上将高、低压排进气功能融合到了一起，从而颠覆了“三种阀型”的概念，更方便于设计人员选择。

23.2.7　排气阀的发展趋势

随着我国长距离供水工程和大型调水工程的开展，相应的辅助设备有了飞快的发展，目前我国排气阀的发展趋势有以下几个方面。

① 由过去的单一型向复合型发展。近年来我国城市供水系统越来越多地实施了远距离、跨流域供水工程。长距离调水工程输配水管道的管径和压力较大。管道中既有压力流，又有重力流，且管道起伏多，并有倒虹吸，因而管道水力条件复杂。过去单一性能的排气阀已远远不能满足现代工程的需要。今后排气阀的性能发展要使自动排气、充水排气等多种功能结合在一起，发挥多种作用。

② 由简单型向智能型发展。根据对输水管道系统中有关气体释放、气液两相瞬变流基本理论、空气进排气阀特性的研究表明，在较平坦的供水管道中会呈现六种气液两相流状态，即层流、波状流、柱塞流、气团流、泡沫流、环状流。所以现代工程需要排气阀可以根据工程需要，自动调节排气量、排气压力等，向智能方向发展。

③ 由开启力矩大、施力构件体积大的排气阀向精巧型发展。随着阀门研究和技术的发展，大型笨重的排气阀已经不适应现代社会工程，已逐渐被轻巧型所代替。

23.2.8　排气阀产品

(1) CARX 复合式快速排（进）气阀（图 23-47）

本产品用于管路上的最高点或有闭气的地方和泵出口处，来排除管内的气体来疏通管道，使管道达到正常工作。如不装排气阀，管道随时出现气阻，使管道出水容量达不到设计要求。其次，管道在运转时出现停电，停泵管道时出现负压会引起管道振动或破裂，排、进气阀就迅速把空气吸入管内，防止管道振动或破裂。

作用原理：复合式排气阀必须设有两孔（一大一小），大孔与通径基本相等，管道首次通水有大量气体往外排，这些气体是从大孔排出。当气体排完后，大孔停止排气，管道在正常运转时，管内自然会产生气体，这些气体会慢慢形成变大，会集中到管道上部，对管道出水量有一定的影响，这些气体由小孔排出，使管内无气体存在。如果出现停电、停泵、管内水流空时随时会出现负压。管内需要大量空气，浮动顺水下降，打开小孔带动大孔进行大量进气确保管道安全。

注意：排气阀在使用过程中压力不能低于 0.02MPa，如果低于 0.02MPa 排放阀容易漏水，该

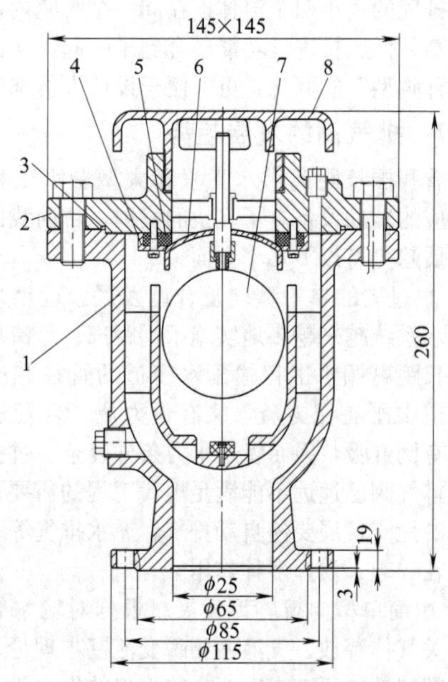

图 23-47 CARX 复合式快速排（进）气阀结构

1—阀体；2—阀盖；3—O 形圈；4—密封圈压板；5—密封垫圈；6—导杆活塞；7—浮球；8—防雨盖

阀必须配一只阀门作为检修用。

(2) SCAR 污水复合式排气阀（图 23-48）

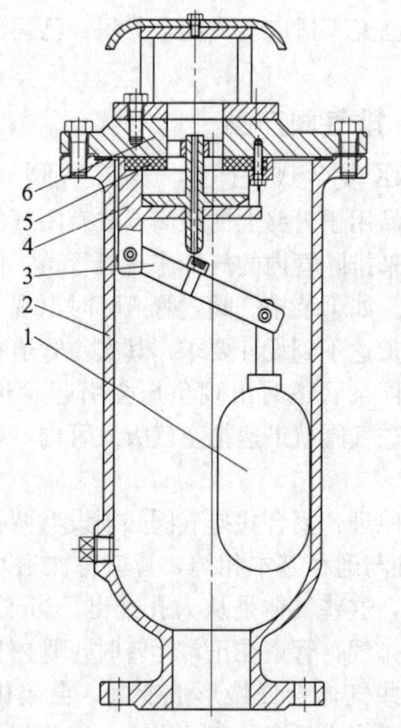

图 23-48 SCAR 污水复合式排气阀结构

1—浮球；2—阀体；3—杠杆；4—把持架；5—密封垫圈；6—阀盖

该产品用于污水管道上的最高点或有闭气的地方，来排除污水管道内气体来疏通管道，使管道运行正常。如不装此阀，管道会出现闭气，使污水流速受到影响，甚至还会中断。如果出现停电、停泵，管内随时出现负压，会引起管道振动或破裂，排、吸气阀就迅速把空气吸入管内，防止管道振动或破裂。

作用原理：管内污水在运作时，该阀活瓣停在定位架下部，进行大量排气，当空气排完时，污水进入阀内把球浮起来，传到活瓣到关闭。管内在运行时会自然产生少量气体集中到管内上部到相当程度，阀内污水与球随时下降，气从小孔排出。如果出现停电、停泵、管内无水流时随时会出现负压，浮球顺水下降，打开小孔带动大孔进行大量进气确保管道安全。

注意：SCAR 排气阀与 CARX 排气阀原理一样，只是结构略有改动，杠杆机构稍有改进，这样把浮球控制在下部，使污物只能在阀体下部而不会缠绕上部排气口上，不会影响密封性能。此产品是专用污水管道工程的排气阀。

(3) KP-10 快速排（进）气阀（图 23-49）

本产品设计合理，结构简单，体积小，排气量大，是在原基础上进行大量改进后设计的，使 KP 型更完美。

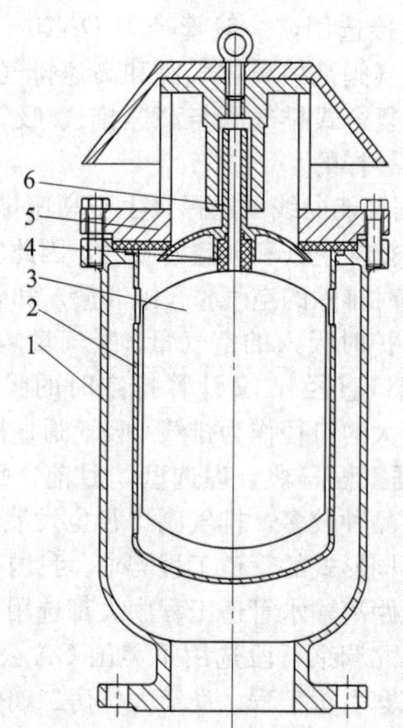

图 23-49 KP-10 快速排（进）气阀结构

1—阀体；2—把持架；3—浮筒；4—密封套；5—阀盖；6—导杆活塞

本产品用于管道最高点或闭气的地方和泵出口处，排除管内气体疏通管道，使管道运转正常，出水量达到设计要求。如不装排气阀，管道随时出现气阻，使管道出水容量达不到设计要求。其次，管道在运转时出现停电，停泵管道时出现负压会引起管道振动或破裂，排、进气阀就迅速把空气吸入管内，防止管道振动或破裂。

作用原理：当水进入管内时，浮球停在球桶下部进行大量排气，当气排完时，水进入阀内通过球桶把球浮起关闭，停止排气。管道在正常运转时自然会产生少量气体，这些气体集中到管内上部到相当程度，阀内水位下降，浮球顺水下降，气体从小孔排出。如出现停电、停泵，管内水流空时随时会出现负压，浮球顺水下降，打开小孔带动大孔进行大量进气确保管道安全。

(4) P41X-10型单口排（进）气阀（图23-50）

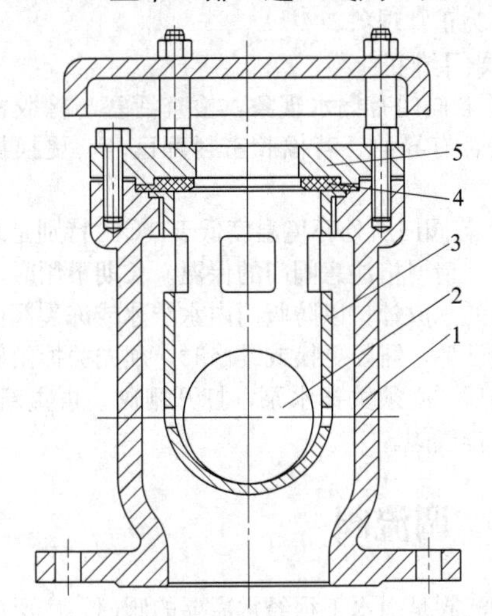

图23-50　P41X-10型单口排（进）气阀结构

1—阀体；2—浮球；3—把持架；
4—密封垫圈；5—阀盖

作用原理：单口排气阀，体积小，重量轻，排吸气量小，该产品用于管道最高点或有闭气的地方，来排除管内气体，疏通管道，使管道运转正常，如停电、停泵管内会出现负压力会引起管道振动或破裂，该排气阀随时进气，确保管道安全。

(5) P2（QB)-10双口排（进）气阀（图23-51）

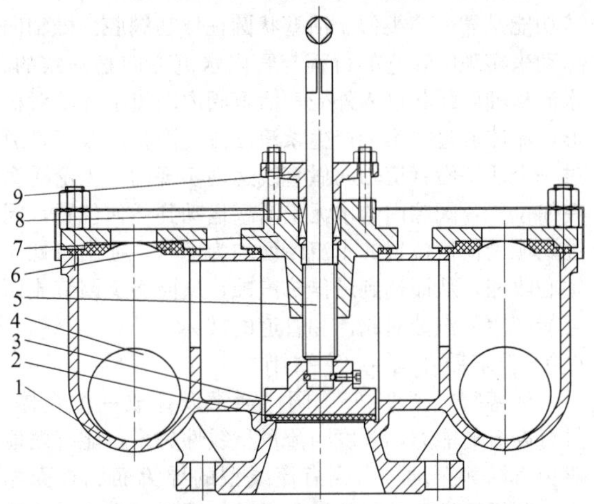

图23-51　P2（QB)-10双口排（进）气阀结构

1—阀体；2—阀座；3—阀瓣；4—空心浮球；
5—阀杆；6—密封垫；7—中盖；8—填料；
9—填料压盖

作用原理：双口排气阀诞生于20世纪70年代，体积大，重量重，排吸气量小。该排气阀在20世纪80年代末为最理想产品。问世以来一直还使用。

(6) P1（QB1)-10单口排气阀（图23-52）

此产品用于管道最高点或闭气地方，排除管内气体，疏通管道，使管道运转正常。此排气阀连接方式有两种（螺纹、法兰）。

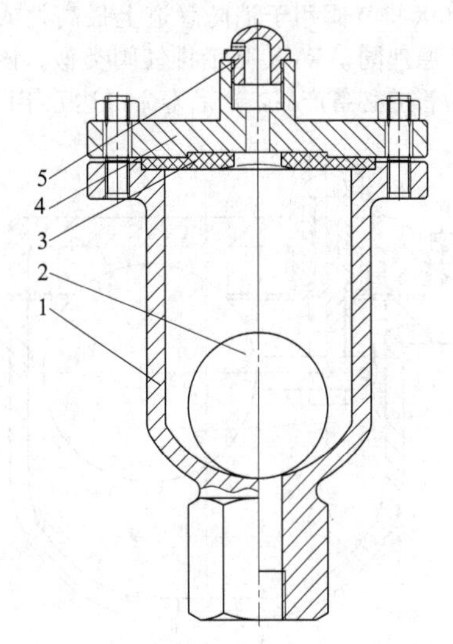

图23-52　P1（QB1)-10单口排气阀结构

1—阀体；2—浮球；3—密封垫圈；
4—阀盖；5—排气元件

(7) ARVX微量排气阀（图23-53）

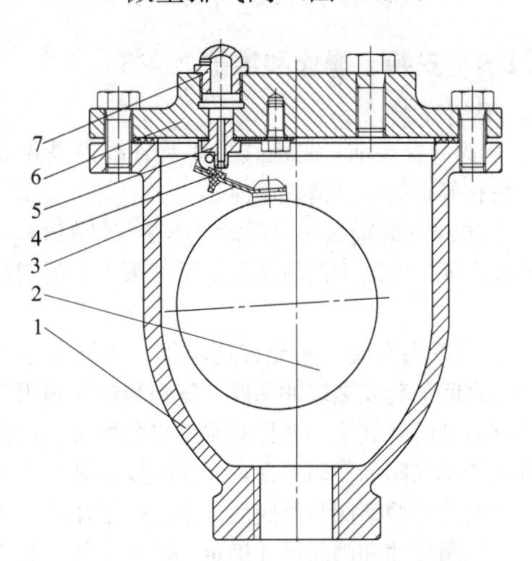

图23-53　ARVX微量排气阀结构

1—阀体；2—浮球；3—杠杆；4—密封圈；
5—阀座；6—阀盖；7—排气元件

ARVX型微量排气阀用于中央空调（制冷、制热）系统的管道上最高处或有闭气的地方，来排除管内的气体以疏通管道，但管道在正常运作时，管内水介质含有水的体积流量2%的气量（标准状态下），其依据是标准状态下空气在水中的溶解度为2%（化学上的亨利定律），因此管内自然会产生气体。这些气体慢慢形成变大，对管道有极大影响，会产生闭气或断路，该排气阀就及时把这些气体排除，使管道供冷、供热效率提高，可节省能源，是中央空调必备产品，产品寿命可达五年以上。

(8) HTQX排气阀（图23-54）

HTQX排气阀用于消防管道上最高处或有闭气的地方，原理同ARVX微量排气阀类似。该类排气阀是消防管道必备产品，产品寿命可达五年以上。

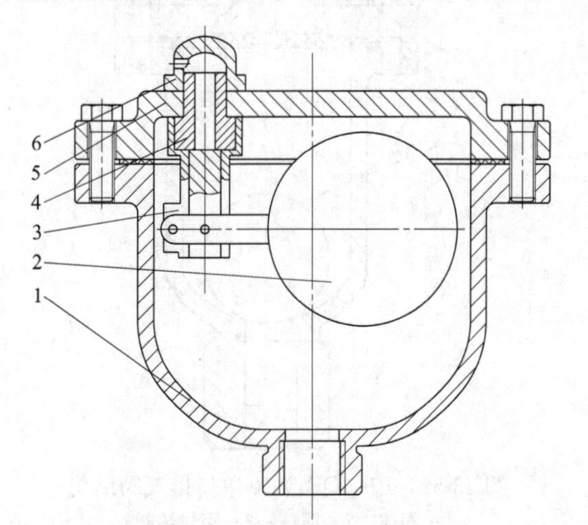

图23-54 HTQX排气阀结构
1—阀体；2—浮球；3—把持架；
4—阀座；5—阀盖；6—排气元件

23.2.9 安装、操作和维护

(1) 阀门安装

① 阀门安装前，先检查主体及管线内是否有石块、树枝等杂物，并清理干净。

② 在排气阀前装一只闸阀（不建议装蝶阀），以使维修方便。安装闸阀后系统的尺寸须参考闸阀尺寸确定。

③ 在现场安装空间允许情况下，建议在排气阀与闸阀之间配套安装缓冲塞阀。特别当排气阀用于水泵频繁启动的管线或不允许有水排出的场合，这样配置可延长排气阀的使用寿命，大大减少启泵时的水流带出。安装缓冲塞阀和闸阀后，系统的整体尺寸须参考缓冲塞阀尺寸和闸阀尺寸确定。若排气阀安装于窨井内，窨井切勿太过狭小，应有足够空间以便容纳技术人员调整及维护。

④ 排气阀应设在横管道最高处，立管的顶端。

(2) 阀门操作

排气阀应在公称压力下使用，关闭压力不可超过公称压力，以免损坏此阀。在管道试压时，如实验压力超过工作压力，应关闭排气阀后端闸阀，以免损坏排气阀。排气阀进口端闸阀作检修用。在一般工况下启泵，应先打开栓修闸阀，使得排气阀在正常工况下排空。特别在闭闸启动情况下启泵时，切勿先启泵，再打开闸阀，避免造成高静压情况。这种操作方式将使得高速水流冲击浮球，造成浮球损坏，并可能导致排气的瞬间失效，致使排气阀有巨大水柱喷出。若管线中未装缓冲阀，在启泵刚开始送水时，会有微量水排出，为正常现象。

(3) 阀门维护

① 若阀门有漏水现象，检查活塞与橡胶密封环之间是否有异物，若橡胶密封环已坏，更换橡胶密封环。

② 若阀门所处环境温度低于0℃，特别是北方严寒地区，请严格注意阀门的保温。长期不用时，请把阀体内的水放掉，以防阀门内水结冰或冻裂阀门。若排气阀已坏，需要更换或维修时，须先关掉闸阀。重新安装后，必须关掉水泵，打开闸阀，再重新启泵，以保护排气阀。

23.3 调流阀

调流阀是引水工程经常需要的阀门，广泛应用于流量控制领域，如污水处理厂、自来水厂入水口，排水管道流量控制，排水系统流量调度，市政排水管管理等工程项目中。是一种高效、环保、安全节能的流量控制产品。

调流阀按照结构可分为活塞阀、多喷孔调节阀、锥形阀、环喷式流量调节阀。

23.3.1 活塞阀

(1) 概述

活塞阀是能满足各种特殊调节要求的阀门。其调节功能是靠一个类似于活塞状圆柱体在阀腔内做轴向运动来实现的，它的行程与管内水流方向是一致的。水流从轴向弧状进入外壳，活塞阀内的流道为轴对称形，流体流过时不会产生紊流。流道面积的改变是通过一个活塞沿管道轴向做直线运动实现的。无论活塞在何位置，阀腔内的水无论活塞运动到任何位置，阀腔内无论任何位置的水流断面均为环状，在出口处向轴心收缩，从而达到最佳防汽蚀，从而避免因节流而可能产生的汽蚀对阀体和管道的破坏。

(2) 活塞阀的结构及作用

活塞阀（图23-55）阀体通常设计成一个整体，具有高流通能力，开度与流量呈线性关系，能有效地避免汽蚀和振动。内壳有流线型的导流筋和外壳相连，不锈钢活塞被可靠导引滑动，杜绝产生倾斜或运行不畅。内壳上游的端面为球形，使水流形成一个渐变过程，活塞用安装在壳内的曲柄连杆来操作。活塞阀采用金属对金属及金属与橡胶双重密封，实现双向气泡级密封，从而实现密封系统使用寿命长，关闭严密。

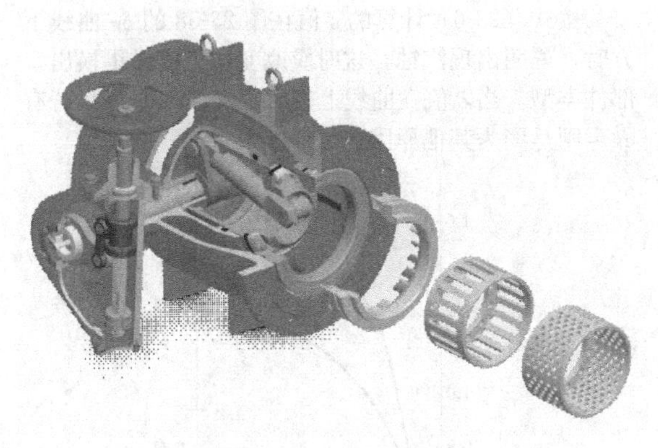

图 23-55　活塞阀的结构

(3) 活塞阀的下游出水口调节型部件类型及作用

由于活塞阀的结构特殊，根据运行工况的不同，阀的过水特性可以用阀下游出水口出口部件的类型来调节（可更换出口部件），从而适应不同目的的工况要求，达到最佳的调流效果。出口调节型部件有四种。

① E 型　具有截弯取直和沿端座下游横截面突然放大结构，从而消除汽蚀破坏。适用于控流、高压差、背压大的场合，而截弯取直，横截面突然放大结构可以减小汽蚀效应。

② S 型　其关闭的导向部件有开槽的套筒。适用于控流、调节高压差及背压大的场合，它的调节性与流体状态匹配，可以达到较佳的效果。

③ F 型　在阀体出口部分具有短扩散管作用，适用于调节及启闭场合，起到开关作用。启闭时水头损失非常小，完全开启时阻力小。

④ LH 型或 SZ 型　在阀腔内的活塞关闭的导向部件安装有防汽蚀的多孔环网，适用于调节、防汽蚀、高压差、背压小（蓄水池入口处）的场合，它的控流调节特性和运行工况要求最佳匹配，从而达到了消除汽蚀效应。

活塞阀在引水方面可以用作泄放阀和防爆管阀，在储存时活塞阀 LH 型、E 型可以用作液位或压力调节阀，在输水上活塞阀 LH 型、S 型可以用作流量调节阀，E 型、LH 型或 SZ 型可用作放净阀或灌管阀，在污水、水处理活塞阀可以用作泵启动保护阀，或是配备特殊的调节出口部件，也可以用在水处理厂的流量调节阀，E 型活塞阀亦可以用作污水处理厂气量调节阀，在供水上活塞阀根据液态工况采用不同的出口部件，用作压力或流量调节阀，例如管网压力平衡。

(4) 活塞阀的调节结构

活塞阀的调节结构一般有两种标准类型满足不同的工况，针对特殊工况，可以选择特殊类型的调节结构。

① 扇叶圈式（图 23-56）是由均匀分布的导流叶片，将上游的介质流分为多股小流，并在扇叶圈的引导下做螺旋流动。介质流被迫改变流向，产生汽蚀的气泡被限制在管道中央，失稳气泡的破裂不在管道与阀门的壁面，故而不产生汽蚀破坏。

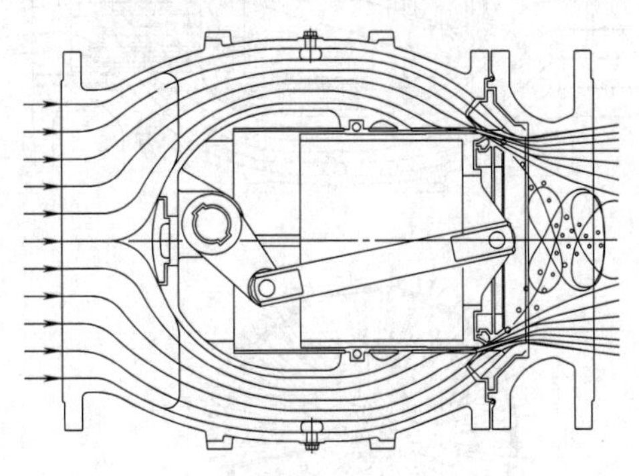

图 23-56　扇叶圈式

② 鼠笼式（图 23-57）是在活塞前部延伸出的一段带矩形孔的圆筒，孔是对称均布的，孔道与数量依工况而定。介质流经过圆柱形鼠笼节流孔道时被分成多股高速流体，沿径向向鼠笼中心喷射对撞，由此汽蚀被限定在鼠笼中心，因而也不会对阀门和管道产生汽蚀破坏。鼠笼式适合于高压差的工况，当下游压力小于上游的 2/3 时，通常采用鼠笼式。

(5) 活塞阀的特点

① 过水流量大；

② 汽蚀较轻，若出口部件选用 L 型的多孔环网时，汽蚀最弱；

③ 可调换阀出口部件的类型来改变水流特性；

④ 使用接触式关阀止水密封圈，密封性好；

⑤ 关阀密封圈上只承压而无摩擦，因而磨损很少，使用寿命长；

⑥ 更换活塞缸的密封座圈和关阀密封圈都较方便；

⑦ 活塞关闭时，有导向装置支撑；

⑧ 活塞阀内压力均衡，所需的驱动力很小，不像闸阀、球阀，作用于阀座面上的两侧水压力无方向性，而活塞阀上、下游两侧的水压力恰好方向相反，

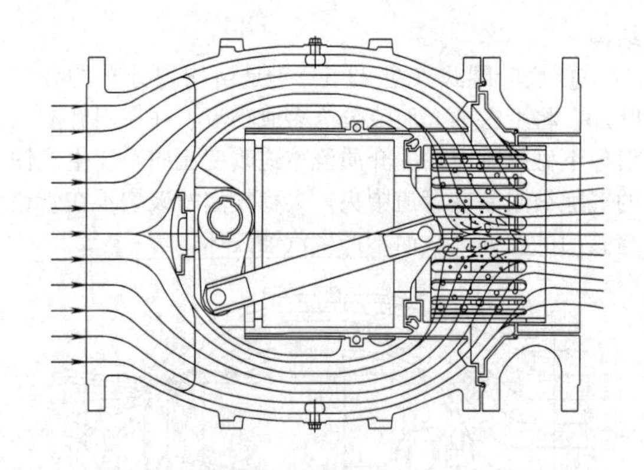

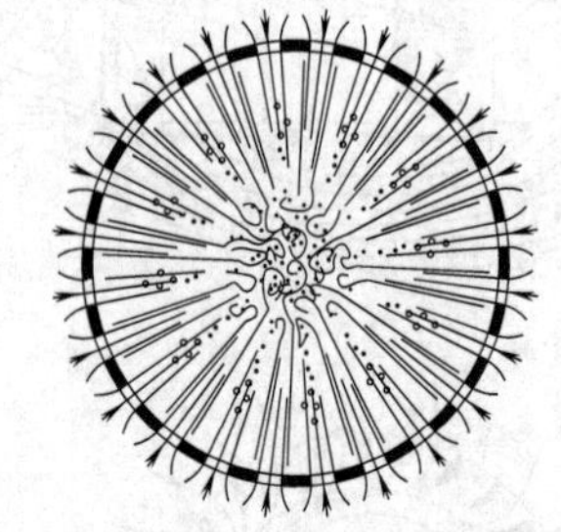

图 23-57　鼠笼式

作用于密封面上的力为两侧的压力差值；

⑨ 活塞行程距离较短；

⑩ 阀体为圆柱断面，因而占据空间小，环向刚度大，抗水压性能好；

⑪ 此阀可安装在管道的任何位置；

⑫ 此阀的动作部件都浸于水中，因此部件的耐蚀性能要求较高，通常用不锈钢焊接组装；

⑬ 此阀虽可短期逆向流动，但控流有方向性；

⑭ 此阀比蝶阀重，价格高；

⑮ 此阀流阻较大；

⑯ 阀门可手动调节，也可电动及自动调节。

(6) 汽蚀对活塞阀控流的影响

当水在管道内加速流动的过程中，水流通过一段渐缩断面时，部分水汽化，产生的气泡在活塞阀下游爆裂的现象为汽蚀，这种现象有三种不同的表现形式：发生噪声；振动，从而对构件产生疲劳断裂；对阀体和管内壁产生侵蚀而破坏材料组织。

至今对汽蚀程度的量度特别困难，还没有一种标准的判别方法。至于活塞阀的汽蚀值（δ）的通常计算方法如下：

$$\delta=\frac{H_2+H}{H_1-H_2+\dfrac{v^2}{2g}} \tag{23-6}$$

式中　H_1——阀入口处的水头值，m；

H_2——阀出口处的水头值，m；

H——大气压力值（H 以 10m 计），m；

v——阀体内流速，m/s；

g——重力加速度，$g=9.8\text{m/s}^2$。

活塞阀采用不同出口部件，其临界汽蚀（δ_k）变化曲线如图 23-58 所示。

按式（23-6）计算的 δ 值在图 23-58 的 δ_k 曲线下方时，说明出现汽蚀，这时应改变压力值或更换出口部件类型。当 δ 值在曲线上方时，汽蚀不明显，若有噪声则是因为其他原因造成。

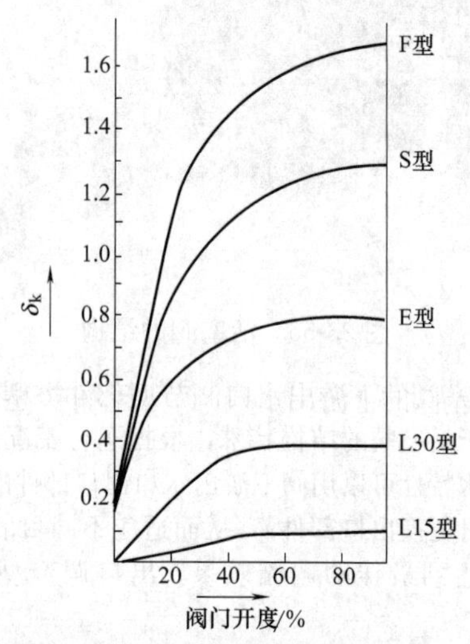

图 23-58　活塞阀采用不同出口部件时临界汽蚀（δ_k）变化曲线

(7) 活塞阀的适用场合

由于活塞阀具有上述的诸多特点，具有较佳的调流特性，适用于以下场合：

① 用于高流速、高压差情况的启闭装置；

② 供水管网的来水控制；

③ 管网中不同水压区之间的输水控制；

④ 水泵运行时的流量、压力控制；

⑤ 水箱进水的水位控制；

⑥ 水库进水、出水的控制；

⑦ 滤池进、出水的控制；

⑧ 加工工艺中的水量控制；

⑨ 冷却水系统中的水量控制。

23.3.2　多喷孔调节阀

(1) 概述

多喷孔调节阀，又称套筒式调节阀，它分轴流式、淹没式及 Y 形直列式。图 23-59 所示为多喷孔轴流式调节阀。

(2) 特性

噪声小、振动小；具有耐汽蚀性能，具有流量、压力调节特性；有防堵塞及清、排杂物措施；可自动跟踪调节阀后压力、流量。

(3) 应用场合

本阀应用于自来水、引水、水电站、循环水等工程管路上或末端，作为压力调节阀、流量调节阀或放泄阀。

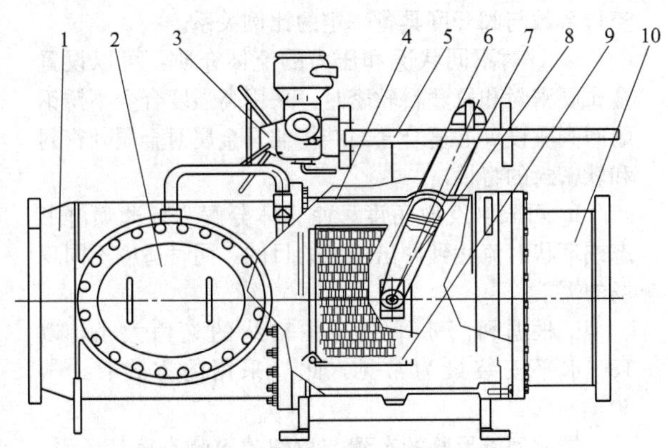

图 23-59　多喷孔轴流式调节阀

1—进口管；2—人孔门；3—驱动机；4—阀体；5—驱动机构；6—喷管；7—主轴；8—驱动臂；9—套管闸；10—出口管

(4) 调流原理

阀门上游侧管道中的水，从套筒外部经过节流孔喷向内部，再流向阀门下游侧。由于喷出的水流在水中消能，同时使流体在离开阀壁后产生的汽蚀在水中消除，从而使该阀兼备优良的消能（减压）效果和耐汽蚀性。流量或压差的调节是通过执行机构带动套筒闸在喷管上滑动，从而使套管上参与工作的节流孔的个数增加或减少来进行调节的。

该阀是利用多束水流中心对撞来减压消能的，小孔对称分布于喷管的壁上，如图 23-60 所示。

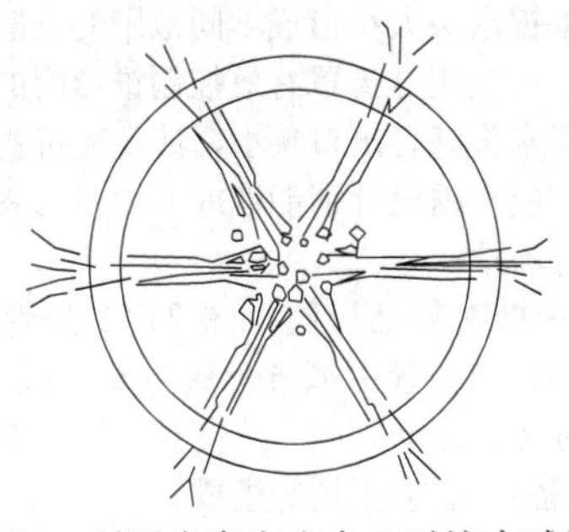

图 23-60　利用多束水流中心对撞来减压消能

水流通过小孔对撞于阀门的中心线上，径向流速急速降低，在喷管的中央形成细小的紊流区，水内部的剧烈碰撞和摩擦，消除了大部分的能量。该阀在消能的同时消除了汽蚀的产生，关键在于喷孔的孔形采用锥孔而不是直孔，水流在锥孔与直孔中的流态如图 23-61 所示。

因为直孔流态，压力恢复在喷孔内，气泡在喷孔内破裂，汽蚀会损坏喷孔，产生噪声与振动，严重时危及套筒本体，影响阀门寿命；锥孔的流态不断加速，水流速最快的部位在喷孔外，从而减少振动，避免对喷孔产生汽蚀。此阀门能在用户给定的：最大工作流量 Q_{max}、最小工作流量 Q_{min}、最大工作压力差 ΔH_{max}、最小工作压差 ΔH_{min} 四条指标线围成的区域内，通过调节阀门开度，精确达到工程需要的任意一个压差 ΔH 和流量 Q。

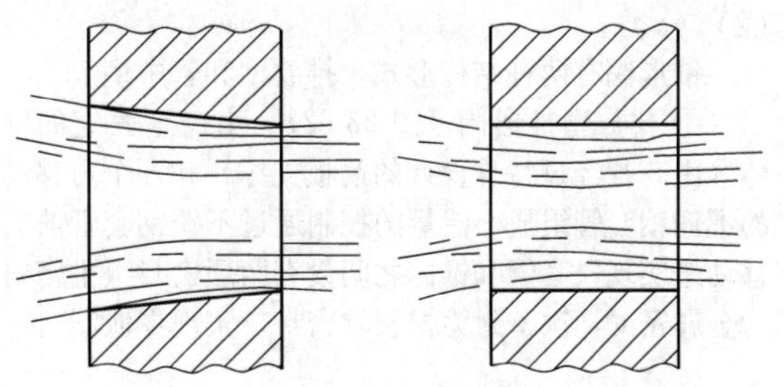

图 23-61　水流在锥孔与直孔中的流态

阀门任一开度下流量与压差的关系符合如下公式：

$$K_V = Q\left(\frac{\rho}{\Delta H}\right)^{1/2} \tag{23-7}$$

式中　K_V——阀门在某开度下的流量系数（制造厂提供）；

Q——介质（水）流量，m^3/h；

ρ——介质相对密度，对于水，取 $\rho=1$；

ΔH——阀前后压差，bar。

(5) 具有防堵塞及清、排杂物措施

① 由于该阀采用多小孔射流来减缓汽蚀，对于水中有草、杂物的情况是容易出现封堵故障的；

② 本阀在底部设有排污阀和排污管接口来清排杂物；

③ 滑动套筒前端为硬质合金刀口状，能剪断和刮下附在网孔套筒上的杂物，通过排污口排除；

④ 本阀门设有排污人孔或手孔盖，可人工清排杂物；

⑤ 套筒上的节流孔直径根据水质及调节精度合理选取，使不太大的杂物直接通过网孔排向下游；

⑥ 本阀门具有反冲洗功能，能配合排污阀反冲洗排污。

23.3.3　锥形阀

(1) 概述

安装在压力管道出口处、具有锥形出流段的阀门称为锥形阀。

锥形阀通常作为水轮发电机组自由排放的旁通阀，或用于连续排放及流量控制。由于采用了倒置锥形柱塞阀芯而得名，简称锥形阀，又因其具有优异的消能效果，故又称消能阀。因常用于农田灌溉，又称为灌溉阀。锥形阀除了在流道终端设置有锥形阀芯之外，所有运动部件全部设置在阀门的过流通道外部，使得阀体内部流道通常顺滑，流量大而压降损耗少，其在整个工作范围内不会产生汽蚀及振动，在小流量时仍具有良好的流量控制效果。

(2) 分类

锥形阀有两种结构形式，排放型和管中型。

① 排放型锥形阀（图 23-62） 由一个固定的锥体（由 6 片经过特殊设计的筋板支撑）和一个可移动的不锈钢套管组成。流量的控制通过不锈钢套管前后移动来实现，套管和锥体之间设有两层密封（主密封为金属密封，次密封为橡胶软密封，实现零泄漏）。

图 23-62 排放型锥形阀的结构图

排放型锥形阀工作时，水流以宽广的锥形角度扩散，由于水流和空气大面积的摩擦产生雾化（类似雨伞的效应），达到极佳的消能效果，使出口水流不直接冲击地面（或水面）。

如果现场情况要求抑制水流的冲击范围，可加装导流罩（此时为防止出流水回流需加装两条补气管），以此起到控制水流冲击范围的作用。

排放型锥形阀经理论模型测试和现场安装整阀实测，在运行期间均无明显的振动。在承压承流范围内，均能保证无汽蚀现象的产生。出水水流只会在出口部件边缘断裂，不会产生局部气泡导致阀体振动。阀门在运行行程中，无论是否安装导流罩，其排放系数和阀门开度均呈线性比例关系。

排放型锥形阀具有下列优点：

a. 水力条件好，具有较其他阀门低的流阻系数，$\xi=0.75\sim0.83$ 或更低。

b. 结构简单，重量轻，所有传动部件均设置在阀体之外，一目了然，便于维护检修。

c. 启闭力小，操作轻便，可适用于无电源的中小形水利工程场所，可设置电、气、液动操作启闭机构，轻松实现遥控或无人值守自动运行。

d. 泄流时喷出水舌为喇叭状，空中扩散掺气，消能效果好，简单消能池或不用做消能措施，如设置为淹没式出流，则水下的消能亦很简单。

e. 流体通过内部 6 条导流翼进行均匀分割，不会产生漩涡和振动。

f. 其阀门的启闭或流量控制则由外部套管的上下移动来带动锥形阀芯的动作实现控制，套筒与阀体之间通过导向环和 O 形圈实现导向和密封，使阀的流量系数与阀开度具备一定的比例关系。

g. 针对不同状况和压力的流体介质，可以设置金属硬密封和氟塑料软密封。采用高强度合金不锈钢耐磨阀座设计的复合密封结构兼具金属对金属硬密封和软密封的特性。

h. 可限制发散角度，使流体分解为稀薄喷淋形态或环状对流达到冲击抵消的目的，同时适应不同现场的需求。

i. 根据阀门水平线与中轴线的夹角大小，以 180°水平安装最为常见，此外采用的方式有 45°，60°，90°。

排放型锥形阀的布置与枢纽建筑物有密切关系，如布置不妥，将因射流引起对建筑物的冲刷或形成的雾气给电站的运行带来麻烦，以及放水时引起的显著振动，因此，布置形式必须慎重考虑，建议根据地貌和实际情况，主要从出口方式、安装方式和发散方式三个方面入手，合理安排锥形阀的布置。

a. 出口方式的选择。淹没式——适合水头较低的沟渠等灌溉或饮用水系统，出口四周都为宽阔平坦，以沙石地形为主。喷射式——适合水头较高、陡峭山体场合。

b. 安装方式的选择。水平安装——适合于消能池较薄弱、但场地宽广、周围无建筑物。垂直安装——适合场地狭小或近距离建筑物较多。可选角度安装——介于水平安装与垂直安装之间。

c. 发散形式选择。自由发散型——在空气中自由发散，根据水头大小形成不同范围的发散区域。限制发散型——利用导流罩有效控制锥形阀的出口发散程度，用于水头高，出口狭小，涉及建筑物或其他设施等；用户应根据设计消能池或泄洪渠的具体尺寸选择合适的导流罩。

② 管中型固定锥形阀 图 23-63 为管中型固定锥形阀的结构图。管中型锥形阀主要由阀体、喷管、套筒闸、锥体、浮动阀座、速度导流器、能量导流器（按需要配备）、驱动机构等组成。

管中型固定锥形阀特点如下：

a. 具有开启度-流量系数的线性特性；

b. 汽蚀能有效控制，固定锥形阀座后端独特的锥形，使汽蚀发生的部位不在喷管的管壁上，阀门后端的速度和能量导流器，使汽蚀区域与阀体金属壁分开，气泡在阀体内破裂，而非在阀体金属壁破裂，阀门免遭汽蚀破坏；

c. 振动小，当阀门开启度小于 10%，也不会振动；

d. 浮动阀座及金属密封设计，保证了密封效果，延长了阀门的使用寿命；

e. 低流阻损失，可再较低压差下，满足流量控制的要求；

f. 驱动机构位于阀体外部，操作力矩小，维护容易；

g. 阀门抗阻塞能力强。

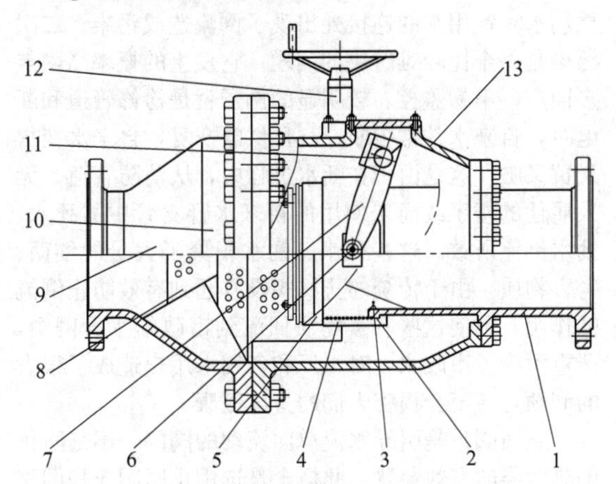

图 23-63　管中型固定锥形阀的结构

1—喷管；2—密封圈；3—翼板；4—套筒闸；5—阀座；6—锥体；7—驱动臂；8—导流器；9—出口管；10—阀轴；11—驱动机；12—手动启闭端；13—阀体

管中型固定锥形阀抗汽蚀机理如图 23-64 所示。当水流经过阀座与套筒闸进入气泡形成区时，由于水流速较快，压力较低，水形成微小气泡，气泡不断地融合形成较大的气泡，气泡随水流进入能量导流器前的爆炸区时，水流速急剧变换，且能量导流器的阻力作用使压力升高、气泡破裂，含较少气泡的水大部分流经导流器进入下游管道，避免汽蚀对下游管道的破坏。较小部分水流回流至速度导流器外围，被气泡形成区的低压水流，通过速度导流器的小孔吸入导流器内部，形成保护速度导流器表面环状水流，同时保护阀体免受汽蚀破坏。

23.3.4　环喷式流量调节阀

(1) 结构

环喷式流量调节阀（图 23-65）由引水管、阀体、牵引阀轴、活塞门、导流锥体、收流体、补气装置、驱动装置以及电气控制系统等组成。

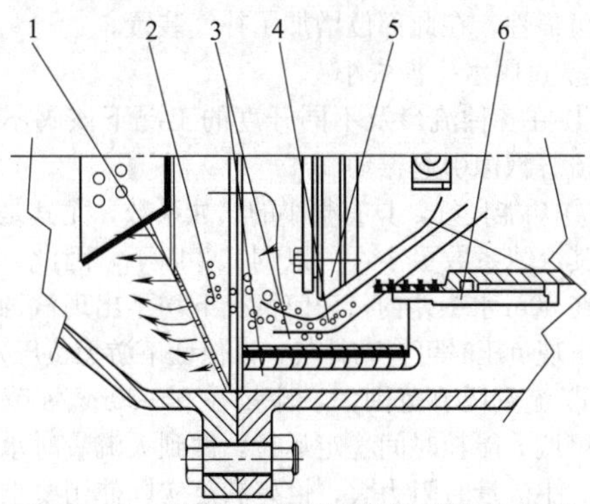

图 23-64　管中型固定锥形阀抗汽蚀机理

1—导流器；2—气泡爆炸区；3—回流区；4—气泡形成区；5—阀座；6—套筒阀

(2) 环喷式流量调节阀的运行原理

水自引水管流向加速，在导流锥体形成环状喷流，阀体与收流体——反射并收集环流，当负压时通过补气装置补气。

工作时，启动电动执行器，通过伞齿轮箱、蜗轮减速机及螺杆传动机构等传动装置的传动，带动活动螺母，伸缩杆及伸缩筒做前后移动，开启或关闭环喷式流量调节阀。

环喷式流量调节阀开启后，上游的高压水进入阀体内筒，通过锥形面时，形成环形的喷射流，然后进入出水直管的环形消能室，经消能的水流出环喷式流量调节阀，通过改变伸缩节与阀体内筒的锥形面间过流截面积，达到调节流量的目的。

环喷式流量调节阀关闭时，伸缩节与阀体内筒的锥形面贴合，过流截面积近似零。

为了防止下游管道可能形成负压，产生汽蚀，在出水直管上装有进排气阀的补气装置。

(3) 环喷式流量调节阀的特点

① 压力场分布较好，压力最低点远高于水的汽化压力，不易引发汽蚀。

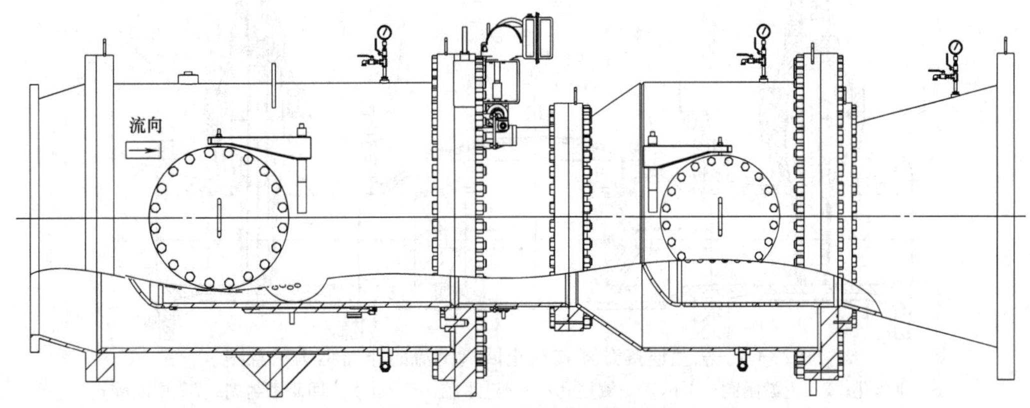

图 23-65　环喷式流量调节阀

② 速度场分布有规律，形成的涡流区较小；滞水区仅在尾水锥体的末端。为提高防汽蚀、防振动的安全可靠性，在此部位增加了补气装置。

③ 过阀水头损失小。

④ 在各种流量及不同开度的工况下该阀不容易因涡流、汽蚀引起振动。

⑤ 功能良好，具有很小的汽蚀系数。尤其是小流量，其汽蚀系数更小，可以到 0.2 以下，因此，可以保证在 50m 水头差内，任何情况下均不出现汽蚀（当下游出现负压时可自动补气，以保证下游无负压）。

⑥ 流量调节范围大，流量在 0～30m³/s 范围内连续可调。能长时间稳定运行，做到大流量时水头损失小，小流量时阻力大，恰好满足实际使用要求。

⑦ 活塞门的内部水压和外部水压能自身平衡，开关操作时只需克服摩擦力，因此操作轻便，可靠性极高。

⑧ 环喷式流量调节阀采用钢板焊接结构，便于流道尺寸控制，使其流量在全开度范围内调整值能较均匀变化，强度好。

总之，环喷式流量调节阀开发使用至今已有多年，从普通的调流调压工况，到高消能工况；从手动电动控制，到流量压力传感的全自动控制；*DN*200～2800；从服务电力行业，到服务城市供排水。由于其采用独特的设计思路，便于制作的钢焊结构，在国内一些供水工程上使用尚好，补气措施减少汽蚀，但管内进气后的排除增添了难度。

23.4 倒流防止器

倒流防止器，又称防污隔断阀。由进水止回阀、出水止回阀和中间腔的排水阀组成，是能够有效防止给水系统被回流污染的水力组合装置。GB 50015—2010《建筑给排水设计规范》中提出，应在给水管道的某些用水管上设置管道倒流防止器或其他有效防止倒流污染的装置。

倒流防止器与传统的止回阀比较，具有在任何工况下防止管道中的介质倒流，以达到避免倒流污染的目的，防止管网二次污染。二次污染的共同特点是非饮用水和饮用水的连接处出现了倒流造成污染。二次污染是一个比较难解决的问题，它发生的概率高，点多面广，不易监控。较明显的例子就是检修管道和断电时，自来水常常中断，一旦供电恢复，自来水变得又黄又脏，这是由于在断水过程中，从消防管道、无人居住的楼宇或尚未使用的自来水管支管中的死水、锈水倒流所致。这些死水、锈水积聚了大量的细菌、有害物质，由于传统的止回阀没有起到有效防止倒流的作用，致使这些有害物质回流到市政给水管网中，严重污染了市政水，对水厂和各用水用户造成了很大的麻烦，甚至会损害人们的身体健康。

止回阀只是引导水流单向流动的阀门，不是防止倒流污染的有效装置。此概念是选用止回阀还是倒流防止器的原则，倒流防止器具有止回阀的功能，而止回阀不具备倒流防止器的功能，所以设有管道倒流防止器后，就不必再设止回阀。

倒流防止器的问世，大大填补了这项技术的空白，既保证了居民饮水安全，又可节约水资源。

倒流防止器根据构成及功能可分为双止回阀倒流防止器、减压型倒流防止器和低阻力倒流防止器。其中双止回阀倒流防止器的结构最简单。

23.4.1 双止回阀倒流防止器

双止回阀倒流防止器是一种防止管道中的压力水逆向流动的两个独立止回阀串联装置。

双止回阀倒流防止器的整体结构一般有升降式（图 23-66、图 23-67）和旋启式（图 23-68）两种。

双止回阀倒流防止器的整体结构简单，主要由两个独立止回阀串联而成，并能满足在现场安装情况下，对其内部零部件进行检查、维修或更换等操作。两个止回阀的阀座密封副将其内腔分为进水腔、中间腔和出水腔。

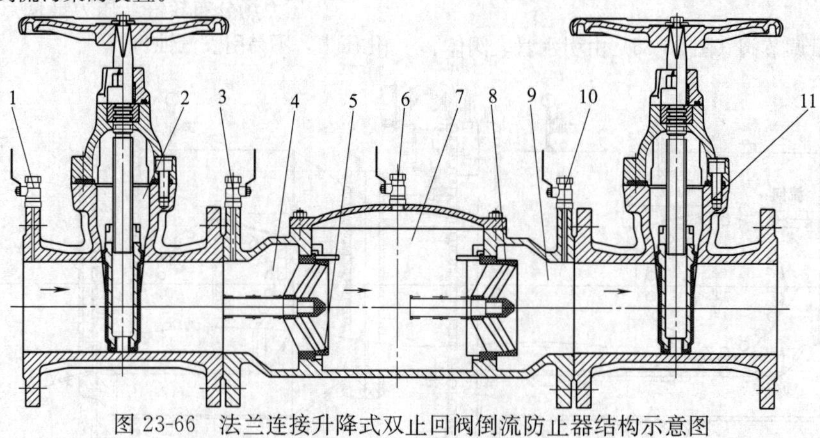

图 23-66 法兰连接升降式双止回阀倒流防止器结构示意图

1—泄压孔；2—上游闸阀；3,6,10—测压孔；4—进水腔；5—进水止回阀密封副；7—中间腔；8—出水止回阀密封副；9—出水腔；11—下游闸阀

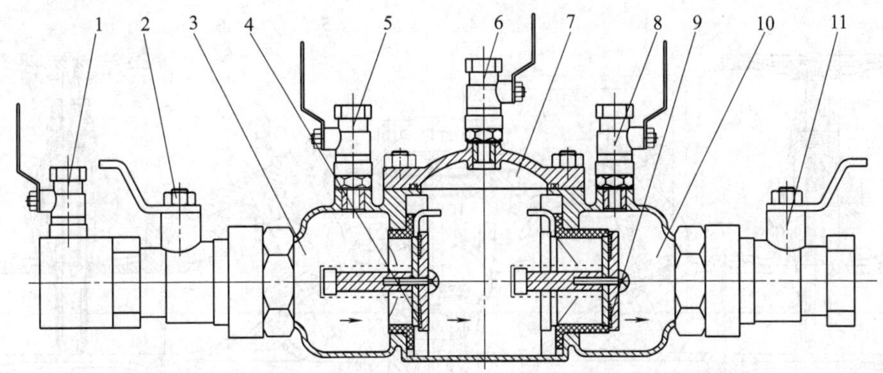

图 23-67　螺纹连接升降式双止回阀倒流防止器结构示意图

1—泄压孔；2—上游球阀；3—进水腔；4—进水止回阀密封副；5,6,8—测压孔；7—中间腔；9—出水止回阀密封副；10—出水腔；11—下游球阀

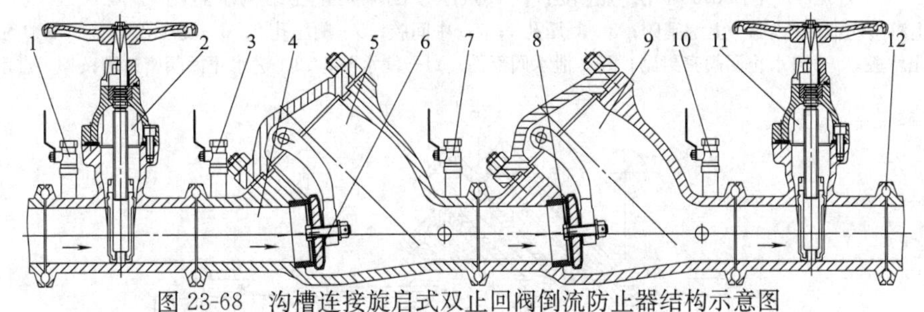

图 23-68　沟槽连接旋启式双止回阀倒流防止器结构示意图

1—泄压孔；2—上游闸阀；3,7,10—测压孔；4—进水腔；5—中间腔；6—进水止回阀密封副；8—出水止回阀密封副；9—出水腔；11—下游闸阀；12—沟槽管接件

23.4.2　减压型倒流防止器

减压型倒流防止器是由两个独立作用的止回阀和泄水阀组成，能严格限定管道中的压力水只能单向流动的水力控制装置。

(1) 结构

减压型倒流防止器由进口段的第一级止回阀＋中间泄水阀＋出口端的第二级止回阀，三部分串联而成的组合装置。第一级止回阀的阀座之前为进水腔，第一级阀座至第二级止回阀的阀座之前为中间腔，第二级阀座之后为出水腔。减压型倒流防止器除在两级止回阀上设置复位弹簧外，还在泄水阀设置开启弹簧，依靠泄水阀瓣上的开启弹簧与隔膜片上下的压力差，控制泄水阀的启闭。

(2) 工作原理

减压式倒流防止器由 2 个相互独立工作的止回阀组成，在 2 个阀之间外接一个差压泄流阀。这些部件可以集成到一个阀体，也可以做成独立的部分。止回阀的两端还直接连接两个用于检修的球阀（大于 *DN*50 通常用闸阀），此外还有 4 个弹性密封试验球阀，构成一个完整减压式倒流防止器。

在正常供水情况下，主输水管道的水从进口位置上的止回阀经过减压区到出口位置上的止回阀出口向用户供水，进口位置上的止回阀进口高压水直通减压阀隔膜上腔，而隔膜下腔与出口位置上的止回阀进口相通，由于其存在一定的压差，推动隔膜右移，减压阀关闭，供水正常。当阀后管路无用户，水静止的情况下，如进口压力保持不变，其前后存在压差，阀门呈关闭状态。如进口压力下降，其前后压差下降到一定值时，弹簧推动隔膜向左，减压阀开启泄压，泄压到与进口压力恢复一定差值时，减压阀又关闭。当阀后管网压力升高，超过阀前进口压力时，如出口位置上的止回阀密封完好无泄漏，高压水不会倒流，减压阀隔膜左右保持原来的压差，减压阀关闭不泄漏。当出口位置上的止回阀密封破坏造成渗漏，出口位置上的止回阀之前压力升高，造成减压阀隔膜左右压差减小，减压阀打开通过排水口泄压，此时，如进口位置上的止回阀同时密封破坏，由于出口位置上的止回阀倒流回的高压水已泄压，故不会倒流回进口位置上的止回阀。如供水过程中供水压力不断下降，则减压阀隔膜左面压力下降，减压阀控制弹簧推动阀芯打开减压阀排水。当进口压力下降至零或负压时，减压阀完全打开水排出，空气从减压阀进入真空腔，从而防止产生虹吸倒流现象。减压式倒流防止器前后的各个腔安装有 4 个测试水嘴，可以对阀门进行检测和维护，也可以检测各腔室的压力是否正常，止回阀是否失效。另外在阀门前后装有开关球阀，可以控制阀门开关，也可以在阀门失效的情况下，不拆下阀门对其内部零部件进行更换和清洗。

(3) 分类

减压型倒流防止器一般有直流式（图 23-69、图 23-70）和直通式（图 23-71、图 23-72）两种，泄水阀有双流道或单流道。

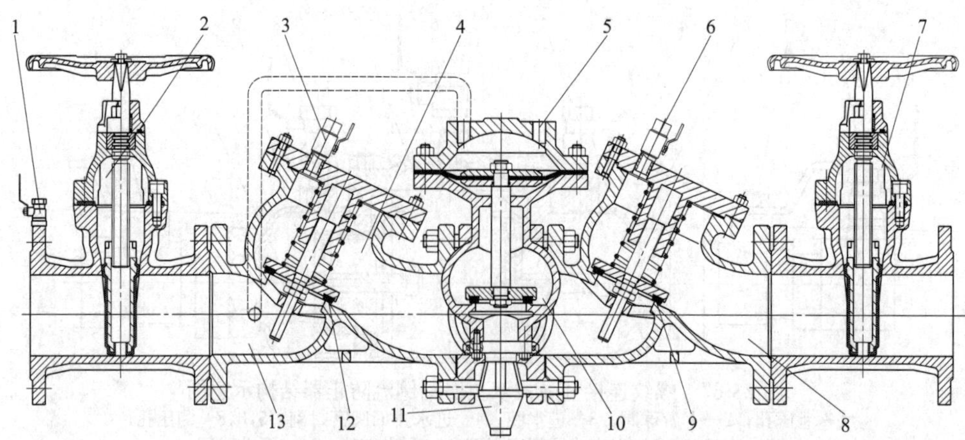

图 23-69　法兰连接直流式减压型倒流防止器结构示意图

1—上游闸阀泄压孔；2—上游闸阀；3—测压孔 1；4—中间腔；5—测压孔 2；6—测压孔 3；7—下游闸阀；8—出水腔；9—出水止回阀密封副；10—泄水阀部件；11—漏水斗；12—进水止回阀密封副；13—进水腔

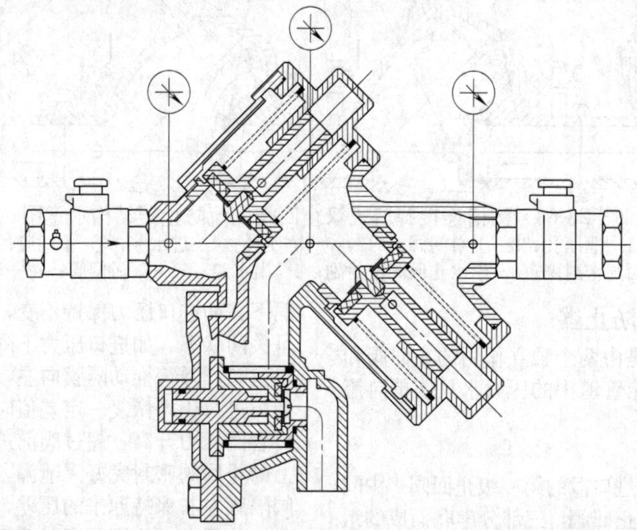

图 23-70　螺纹连接直流式减压型倒流防止器防止器结构示意图

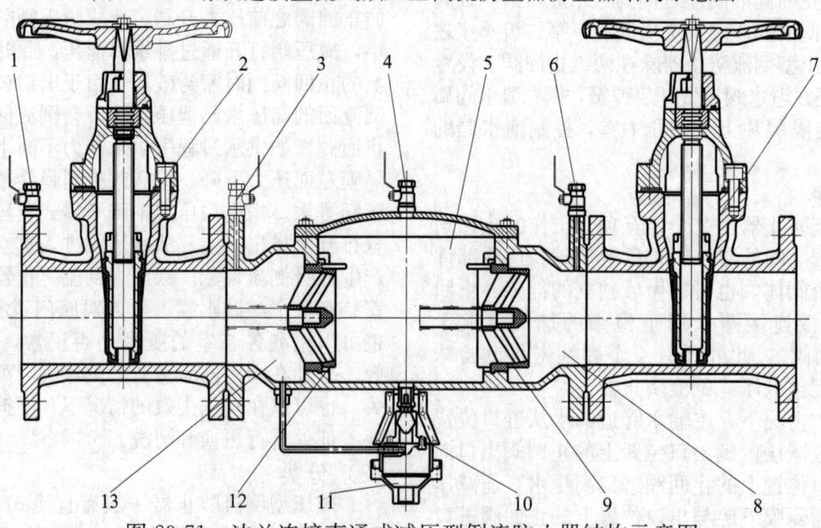

图 23-71　法兰连接直通式减压型倒流防止器结构示意图

1—上游闸阀泄压孔；2—上游闸阀；3—测压孔 1；4—中间腔；5—测压孔 2；6—测压孔 3；7—下游闸阀；8—出水腔；9—出水止回阀密封副；10—泄水阀部件；11—漏水斗；12—进水止回阀密封副；13—进水腔

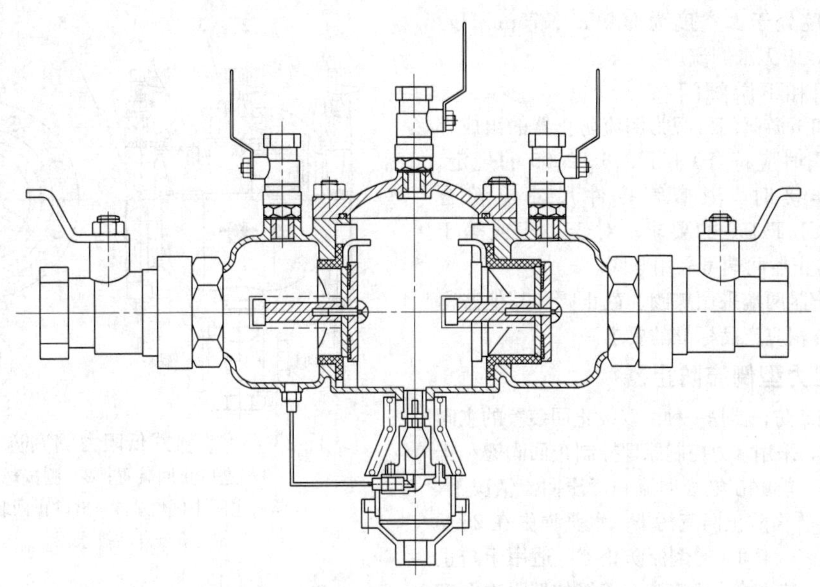

图 23-72　螺纹连接直通式减压型倒流防止器结构示意图

（4）减压型倒流防止器性能

① 止回阀紧闭性能

a. 进水止回阀紧闭性能。在零流量状态，进水腔压力 p_1 与中间腔压力 p_2 之差不应小于 20kPa，此时进水止回阀应紧密不泄水。

b. 出水止回阀紧闭性能。在零流量状态，中间腔压力 p_2 与出水腔压力 p_3 之差不应小于 7kPa，此时出水止回阀应紧密不泄水。

② 泄水阀性能

a. 零流量状态时泄水阀的启闭：

• 在零流量状态，因中间腔压力 p_2 上升或进水腔压力 p_1 下降，导致泄水阀开始动作泄水时，应满足 $p_1-p_2\geqslant 14$kPa，此时中间腔应与大气相通。

• 当泄水阀自动关闭时 $p_1-p_2>14$kPa。

• 在表 23-2 所确定的流速（流量）下，倒流防止器的压力损失不应大于表中规定允许值，对于水平安装的倒流防止器，压力损失为进入腔压力与出水腔压力之差值，此过程泄水阀不泄水。

b. 泄水阀排水性能：

• 当 $14\text{kPa}<p_1\leqslant PN$，泄水阀按照表 23-3 规定流量泄水时，应满足 $p_1-p_2\geqslant 3.5$kPa。

• 当 p_1 为零（进水腔通大气），泄水阀按表 23-3 规定流量泄水时，应满足 $p_2\leqslant 10.5$kPa。

③ 水力特性

• 为防止泄水阀在零流量状态时过量排水，当上游进水端压力在±10 kPa 范围波动时，泄水阀不泄水。

• 进水腔处于正常压力供水状态，无论水是否从倒流防止器内流过，进水腔与中间腔的压力差应满足 $p_1-p_2>14$kPa，且泄水阀应不漏水。

④ 防止虹吸倒流

• 上游处于非正常供水状态，当进水腔压力 p_1 下降到 14kPa 或更低时，无论中间腔和出水腔压力为多大，泄水阀应连续开启泄水。当 p_1 降为零时，泄水阀应处于全开状态，大气通过漏水斗装置进入中间腔，使中间腔称为气室，形成进水腔与出水腔之间的空气隔断。

表 23-2　平均流速与允许压力损失对应表

DN/mm	15	20	25	32	40	50	65	80	100	150	200	250	300	350	400
流量/(m³/h)	1.9	3.4	5.3	8.7	13.6	21.2	35.8	54.3	84.8	191	339	530	763	1039	1357
流速/(m/s)	3														
允许压力损失/MPa	0.1														
流量/(m³/h)	2.9	5.1	8	13	20.4	31.8	47.8	72.4	113	255	452	619	891	1212	1583
流速/(m/s)	4.5						4					3.5			
允许压力损失/MPa	0.15														

表 23-3　减压型倒流防止器公称尺寸与泄水流量对应表

DN/mm	15	20	25	32	40	50	65	80	100	150	200	250	300	350	400
泄水流量/(m³/h)	0.68	1.2	1.2	2.3	2.3	4.5	4.5	6.8	9	9	13.5	13.5	17.1	21	21

• 当进水腔处于真空度为 50kPa（375mmHg）时，保持 5min，应无水倒流。

（5）上游阀门和下游阀门

上游阀门和下游阀门可视为倒流防止器的组成部分，当选用闸阀时应符合 CJ/T 216—2005 的规定。当采用卡箍连接时，沟槽管接件尺寸应符合 GB 5135.11或 CJ/T 156 的要求。对于小于或等于 *DN*50 的倒流防止器两端可采用球阀。

当倒流防止器两端采用蝶阀、截止阀和其他截留阀门时，应符合相应产品标准的要求。

23.4.3 低阻力型倒流防止器

低阻力型倒流防止器是一种由双级止回装置的主阀和排水装置组成，采用水力控制原理控制止回阀瓣和排水器装置的启闭，能够在虹吸回流和背压回流情况下，实现空气隔断，严格防止回流污染；水头损失在 2m/s 流速时为 0.025～0.04MPa 的倒流防止器。适用于防止有害和轻微回流污染场合。而高安全等级的低阻力倒流防止器则为一种进口止回阀回座密封正向压差不小于 14KPa，出口止回阀回座密封正向压差不小于 7kPa，水头损失在 2m/s 流速时为 0.035～0.06MPa 的低阻力倒流防止器。适用于防止有毒回流污染场合。

（1）结构形式

低阻力倒流防止器由两级止回装置的主阀、自动排水装置、连通管道和附件等部件组成。

（2）分类

按介质温度可分为常温型和热水型，常温型工作温度不应大于 65℃，热水型工作温度不应大于 98℃。

按结构形式可分为直流式（图 23-73）、在线维护式（图 23-74）、内置排水式（图 23-75）、简易内置排水式（图 23-76）等形式。

依据安全等级的不同，适用于防止轻微、有害和有毒等危险等级的回流污染场合使用。

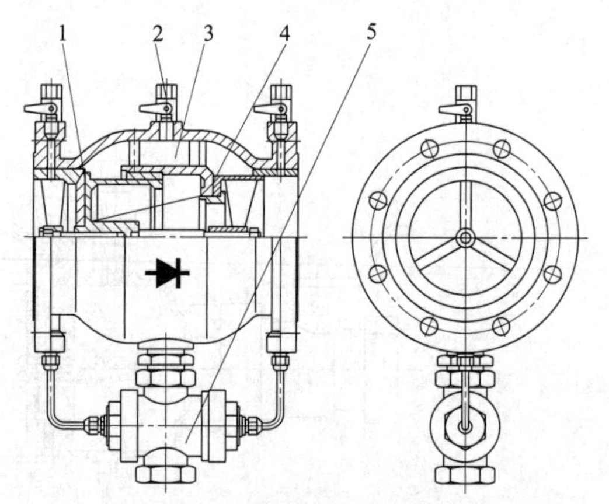

图 23-73 直流式低阻力倒流防止器外形

1—进口止回装置；2—测试球阀；3—主阀中间腔；4—出口止回装置；5—自动排水器

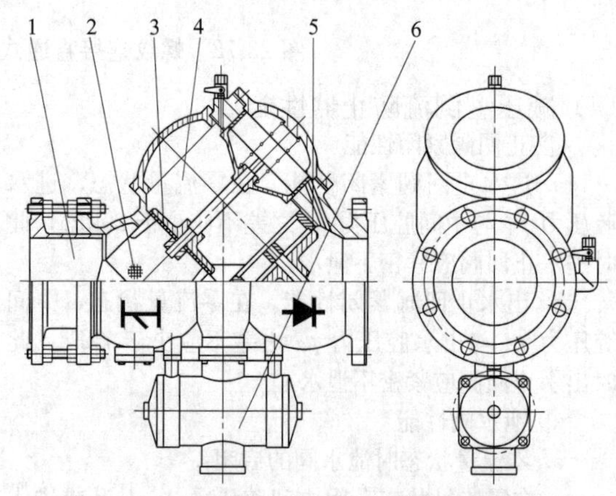

图 23-74 在线维护式低阻力倒流防止器外形

1—伸缩装置；2—滤网；3—进口止回装置；4—主阀中间腔；5—出口止回装置；6—自动排水器

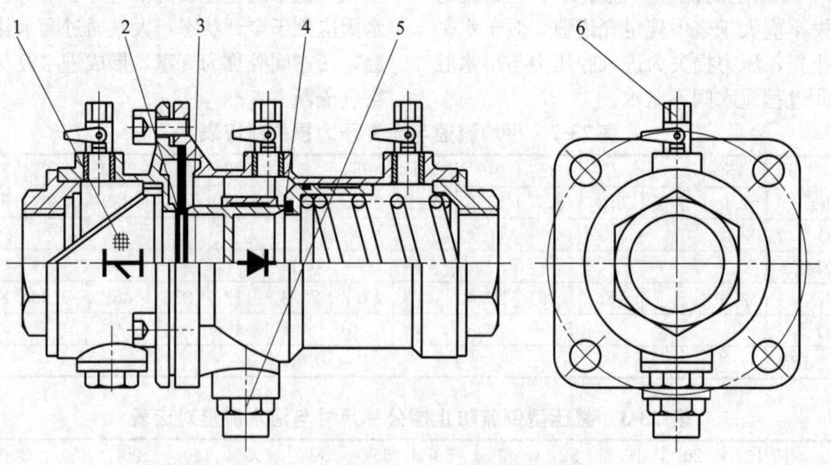

图 23-75 内置排水式低阻力倒流防止器外形

1—滤网；2—进口止回装置；3—内置排水装置；4—出口止回装置；5—排水管；6—测试球阀

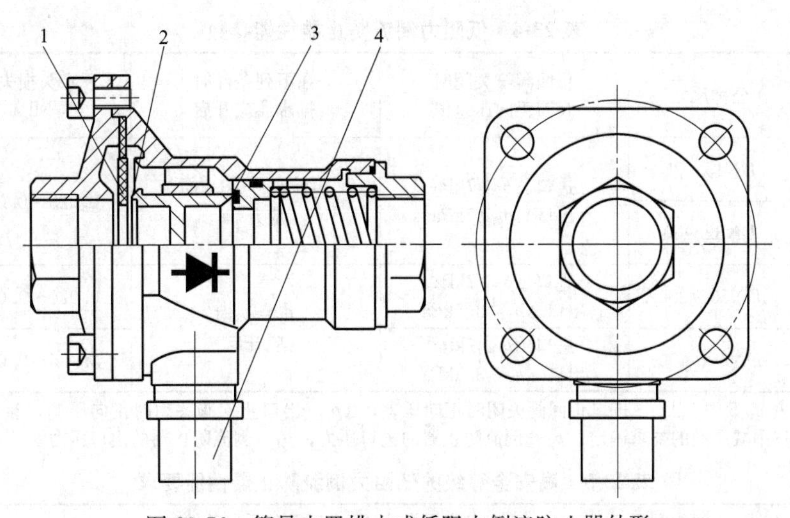

图 23-76　简易内置排水式低阻力倒流防止器外形

1—进口止回装置；2—内置排水装置；3—出口止回装置；4—排水管

(3) 工作原理

低阻力倒流防止器由双级止回阀和中间腔的自动排水器组成，双级止回阀主要是指进口端止回阀和出口端止回阀，在进出口止回阀之间为中间腔，设置排水装置。

进口止回阀，主要作用是在回流情况发生时封住进口端的压力水，防止水渗漏到中间腔。

低阻力倒流防止器在进口止回阀的阀瓣上连接一个能感应出口压力的活塞，利用进出口压力差控制阀瓣启闭，在回流状态时给阀瓣提供关闭力，封住进口端的压力水，由于在回流发生时出口压力最高，其关闭力足够克服进口压力对该阀瓣的作用力，关闭力可靠，极大降低进口阀瓣非正常漏水的概率，同时减少了复位弹簧的作用力，使倒流防止器在开启时，流通阻力较小。

排水装置，利用进出口压差，控制排水装置阀瓣的启闭，启闭状态与倒流防止器止回阀相反，设置于中间腔上。主要作用是在回流情况发生时，使中间腔内压力排空，形成低压隔断，一旦产生渗漏，所漏介质会自动流向中间腔，经排水器直接排出阀外，从而达到防止回流污染目的。

止回阀瓣上的复位弹簧，主要作用是提供前后两级止回阀瓣密封关闭时的正向压差值，确保倒流防止器在关闭过程中，不会产生回流。由于低阻力倒流防止器阀瓣上的复位弹簧无须承担阀瓣在回流关闭时的密封作用力和进口压力，其进口复位弹簧的刚度仅为减压型倒流防止器的1/3，在保证进口止回阀关闭可靠的同时实现低阻力。

主阀内为等截面流道和一体式结构，主阀内设有进口止回装置和出口止回装置，两个止回装置的阀瓣与阀座的关闭密封力均来自进口段和出口段的压力差。在关闭后，进、出口两端存在正常压力的情况下，具有自密封的功能，都能保证中腔内的压力为零，形成空气隔断，两个阀瓣净面积不同，出口阀瓣面积大于进口阀瓣面积，两个阀瓣由一根连杆和辅助弹簧进行柔性连接而联动，两个阀瓣仅靠一根主推弹簧复位，由于借助两阀瓣静水压的差异，该主推弹簧只克服阀瓣关闭运动时的摩擦力和自重，可采用较软的弹簧，所以主阀一方面可确保关闭时空气隔断，另一方面可有效地减少开启后的水头损失。当进口端水压下降时，出口端的高压使第二级止回阀关闭，通过连杆的推力，亦使第一级止回阀关闭；同时，出口端的高压经导管推动排水器感应活塞动作，打开中间腔的排水，中间腔内水排空，形成空气隔断，排水器一直保持全开状态，并维持最大的排水能力，一旦发生泄漏，可直接排出，排水器的结构可设计得较小。当进口端水压升高时，进口端的高压使第一级止回阀开启，通过连杆的推力，亦使第二级止回阀开启；同时，进口端的高压经导管推动另一个排水器感应活塞动作，关闭中间腔的排水。

(4) 低阻力倒流防止器性能

① 止回阀关闭时的正向压差值应符合表23-4的规定。

② 低阻力倒流防止器的水头损失，在介质水正向流速为2m/s时，应符合表23-4、表23-5的规定。

③ 排水器的开启应符合表23-4、表23-5的规定。

④ 排水器的有效通径应符合表23-4、表23-5的规定。

⑤ 漏水报警装置的自动报警功能应能在排水器超时漏水情况下自动报警。

表 23-4 低阻力倒流防止器性能参数

<table>
<tr><th>结构形式</th><th>公称尺寸</th><th>止回阀瓣关闭时
阀瓣正向压差值</th><th>在下列条件时
排水器应开启</th><th>水头损失
/MPa</th><th>排水器
有效通径</th></tr>
<tr><td>简易型
内置排水式</td><td>$DN15\sim25$</td><td rowspan="2">进口 $\Delta p_j \geqslant 7kPa$
出口 $\Delta p_c \geqslant 7kPa$</td><td rowspan="2">$p_1=p_3=0kPa$ 时
应开启</td><td rowspan="2">0.025～0.040</td><td rowspan="4">$\geqslant 0.25DN$</td></tr>
<tr><td>内置排水式</td><td>$DN32\sim50$</td></tr>
<tr><td>直流式</td><td>$DN50\sim200$</td><td>进口 $\Delta p_j \geqslant 7kPa$
出口 $\Delta p_c \geqslant 3.5kPa$</td><td rowspan="2">$p_1=p_3$ 时
应开启</td><td>0.020～0.035</td></tr>
<tr><td>在线
维护式</td><td>$DN65\sim400$</td><td>进口 $\Delta p_j \geqslant 7kPa$
出口 $\Delta p_c \geqslant 3.5kPa$</td><td>0.025～0.040</td></tr>
</table>

注：表 23-4、表 23-5 中，Δp_j—进口止回阀关闭时正向压差；Δp_c—出口止回阀关闭时正向压差，参照美国标准对减压型倒流防止器和消防用减压型的要求确定；p_1—倒流防止器的进口压力；p_3—倒流防止器的出口压力。

表 23-5 高安全等级的低阻力倒流防止器性能要求

结构形式	止回阀阀瓣 关闭时正向压差值	水头损失 /MPa	在下列条件时 排水器应开启	排水器的有效通径
在线 维护式	进口 $\Delta p_j \geqslant 14kPa$ 出口 $\Delta p_c \geqslant 7kPa$	0.035～0.06	$p_1-p_3 \geqslant 10kPa$ 时 应开启	$\geqslant 0.25DN$ 且不小于 $DN25$

注：水头损失为 2m/s 流速时的数值。

(5) 低阻力倒流防止器与减压型倒流防止器的区别

低阻力倒流防止器控制原理与减压型倒流防止器相比，主要区别在于第一级止回阀和泄水阀的启闭均为水力控制，而非弹簧控制，从而使得低阻力倒流防止器的水头损失比减压型倒流防止器的水头损失低。在管道流速 $v=1.0m/s$ 时，水头损失 $h=2\sim3m$；外形尺寸小，可垂直或水平安装。

参考文献

[1] 靳卫华等. 排气阀的机构特点与应用研究. 给水排水，2008 (7).

[2] 王光杰等. 给水管道的排气与复合式高速进排气阀. 水务世界，2007 (3).

[3] 王维红等. 供水长输管线排气阀的选择. 阀门，2005 (1).

[4] CJ/T 217—2005. 给水管道复合式高速进排气阀.

[5] 何维华. 供水管网常用管材和阀门. 北京：中国建筑工业出版社，2011.

[6] 李习洪等. 浅谈智能型活塞式多功能控制阀的技术特点 2005 水电厂附属设备技术进步研讨会.

[7] 王朝阳. 减压式倒流防止器. 阀门，2010 (1).

[8] 别红玲等. 低阻力倒流防止器的设计与应用研究. 液压与气动，2010 (3).

[9] GB/T 25178—2010. 减压型倒流防止器.

[10] CECS 259—2009. 低阻力倒流防止器应用技术规程.

[11] JB/T 11151—2011. 低阻力倒流防止器.

[12] CJ/T 160—2010. 双止回阀倒流防止器.

第 24 章　水力发电用阀门

24.1　概述

在水电站中，为满足运行和检修的需要，水轮机的过水系统中总要设置一些闸门或阀门，如压力管道进水口闸门、压力管道末端蜗壳前的阀门、水轮机导水机构和水轮机后的尾水闸门等。在压力管道末端、水轮机蜗壳之前所设的阀门称为水轮机进水阀，简称进水阀或主阀。

水轮机的进水管道上一般都设有进水阀门，其安装位置取决于水轮机和引水管道在正常工况和事故状态下运行可靠性的要求，也取决于水电站水工建筑布置及整个水力枢纽的经济因素。

一般在水电站的进水口装设事故阀门（或快速闸门）和检修阀门，水轮机进水管为明管时应装设快速闸门。对于进水管道较长的水电站，由于管道的充水和放空时间较长，可在水轮机前增设一个阀门（图 24-1），这样在事故情况下，装于水轮机前的阀门可比安装在引水管始端的阀门能更快地切断流向水轮机的水流，此外它还允许进行水轮机检修而无须排空引水管道。

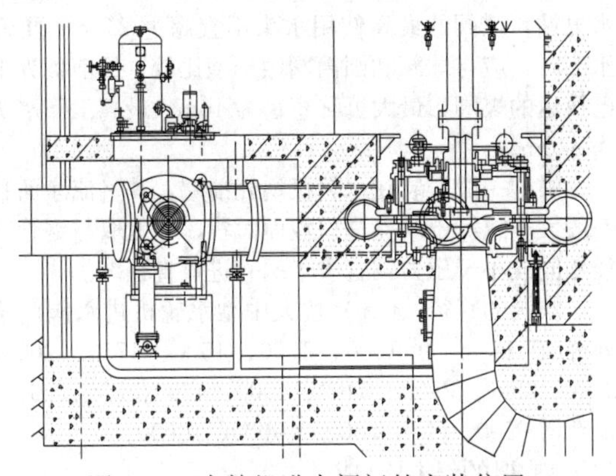

图 24-1　水轮机进水阀门的安装位置

另外，当几台水轮机共用一根进水管道时，每台水轮机的前面分进水管道上一般应装设一个阀门，以便一台机组检修时，不影响其他机组的正常运行。

有时为减小引水系统的压力上升，在水轮机蜗壳进水口的旁通管路上还装设放空阀，与水轮机导水机构联动；对于泥沙含量较大，且水轮机引水管道直径很大的水电站，为减小对水轮机过流表面的磨损同时减少水电站的成本，在水轮机的固定导叶与活动导叶之间装设圆筒阀。

24.2　水轮机进水阀的作用及设置条件

24.2.1　水轮机进水阀的作用

进水阀只有全开及全关两种工作位置，不进行水轮机进水流量的调节，其作用包括如下几个方面。

① 为机组检修提供安全工作条件。当电站采用一根压力管道向两台或两台以上机组供水的联合或分组供水方式时，其中一台机组检修，可关闭它的进水阀，从而在不影响其他机组运行的前提下形成安全工作条件。

② 停机时减少机组漏水量，开机时缩短启动所需要的时间。水轮机的导水机构往往关闭不严，在停机后存在较大的漏水量。这不仅浪费了水能，还会因漏水在缝隙处引起汽蚀破坏。据统计，一般导叶漏水量为水轮机最大流量的 2%～3%，严重的可达 5%，某些水头较高的小型机组甚至因漏水量过大而不能停机。当机组较长时间停机时，关闭其进水阀就可以大大减少漏水量。

机组较短时间停机时，一般不关闭压力管道进水口闸门。因为这样会因管末漏水而放掉压力管内的水，再次启动前又需要重新进行压力管道充水，既延长了机组启动时间，又使机组不能随时保持备用状态，失去了水电站运行的灵活性和速动性。关闭进水阀则可以既减少漏水又缩短再次启动机组所需要的时间。对于有较长压力管的中、高水头电站，水轮机进水阀的这一作用更为明显。

③ 防止机组飞逸事故扩大。当机组或调速系统发生故障时，水轮机不能及时关闭可能会造成机组飞逸事故，此时转速信号器应自动发出指令紧急关闭水轮机进水阀，快速切断水流，防止机组飞逸，避免事故扩大。如果没有设置水轮机进水阀，则应快速关闭压力管道进水口闸门，但由于压力管排空需要时间，机组飞逸时间会较长。

24.2.2　水轮机进水阀的设置条件

基于上述作用，设置进水阀是必要的。但是进水阀造价昂贵，而且会增大土建和安装工作量，因而只在必要时设置进水阀。

① 采用一根压力管道向两台或两台以上机组供水的联合或分组供水方式的电站，在每台水轮机前必须设置进水阀。

② 采用单元供水方式的高水头（大于 120m）或

长管道（一台机组一根压力管道）的电站，可考虑在每台水轮机前设置进水阀。原因是高水头水电站压力引水管较长，充水时间长，且水头越高，水轮机漏水也越严重，能量的损失也越大。

③ 当水头较低（小于 120m）且管道较短时，一般不设进水阀，但压力管道进水口应装有快速阀门，并与机组的过程保护联动。必要时，经过论证也可以设置水轮机进水阀。如某些多泥沙河流上的中、低水头电站，由于压力管道进水口闸门容易磨损和淤沙，不能保证快速切断水流，因而也设置了进水阀。

④ 单元供水水轮机进水阀设置考虑因素中的水头高低、管道长短，在工程实践中没有一个具体的界定数据，可从投资和运行方面综合分析确定。

24.2.3 对水轮机进水阀的技术要求

由于进水阀是机组和水电站的重要保护装置，所以对进水阀的结构和性能应有一定的技术要求。

① 进水阀应工作可靠，操作简便。

② 进水阀应结构简单，体积小，重量轻。

③ 进水阀应性能优越，有严密的止水密封装置，减少漏水，以便于阀后部件进行检修工作。

④ 进水阀及其操作机构的结构和强度应满足运行要求，能承受各种工况的水压力和振动，而且不致有过大的变形。当机组发生事故时，能在动水压力作用下迅速关闭，其关闭时间应满足发电机飞逸允许延续的时间和压力引水管允许水锤压力值的要求，一般不大于 2min。而采用液压操作直径小于 3m 的蝶阀、直径小于 1m 的闸阀或球阀则不大于 1min。

仅作为机组检修时截断水流用的进水阀，启闭时间根据运行要求确定，一般为 2～5min。此时阀门通常是在静水中关闭的。

进水阀通常只有全开和全关两种工况，不允许部分开启来调节流量，以免造成过大的水力损失和影响水流稳定，从而引起过大的振动。进水阀也不允许在动水情况下开启，这样既加大了操作力矩，运行上也不需要。

24.3 型号

进水阀的编号包括 3 部分 5 个要素，各部分以“-”相连。第 1 部分为阀门的类型和承受的最高净水头（单位：m），第 2 部分为阀门的阀轴布置方式和操作方式，第 3 部分为阀门的公称通径（单位：cm）。

① 阀门的类型代号：DF——饼型、单板型、拱顶型蝶阀；PDF——平板型蝶阀；QF——双面密封球阀；TF——圆筒阀。

② 阀轴的布置方式代号：W——卧轴；L——立轴。

③ 操作方式代号：Y——油压操作；C——水压操作；D——电动操作；S——手动操作。

④ 公称通径：蝶阀和球阀是指与上、下游压力水管相连处，阀体的通流内径，若两侧内径不相同，则取小值；圆筒阀是指与水轮机座环固定导叶上的导向板相配的筒体外径。

⑤ 阀门型号标注示例：PDF200-WY-420 表示平板型蝶阀；QF540-WY-175 表示球阀；TF182-LY-935表示圆筒阀。PDF200-WY-420 表示平板型蝶阀，最高净水头 200m，阀轴卧式布置，油压操作，阀门公称尺寸 *DN*4200。

闸阀、对夹式蝶阀及浮动球式球阀的型号编制按 JB/T 308—2004《阀门　型号编制方法》标准执行。

24.4 水轮机进水阀的类型及结构特点

由于水电站的类型多种多样，条件、要求各不相同，因而产生了多种类型的进水阀。比较广泛采用的类型有：蝶阀、球阀、闸阀和圆筒阀。

24.4.1 蝶阀

蝶阀与其他类型进水阀比较，具有结构简单、外形尺寸小、重量轻、造价低、操作方便等优点，缺点是活门刚性差，挠度大，密封不当，漏水量大，活门在水流中造成一定的水力损失，特别在高水头时，活门厚度大，影响更甚。它的密封性能也不如其他类型的进水阀，当密封环在启闭过程中被擦伤或磨损时，漏水量将更大。

一般情况下，蝶阀主要适用于低水头、大直径的水电站，蝶阀的最高使用水头不宜超过 240m；更高水头时，应与球阀和圆筒阀做选型比较。目前世界上已投运的蝶阀，最大公称直径为 10m，最高工作水头为 640m。

蝶阀一般安装在水轮机蜗壳前端，其过流净面积一般大于或等于蜗壳进口截面面积，一般取与钢管直径相同或小于压力钢管大于蜗壳进口直径。

蝶阀的直径（mm）按大中型水轮机进水阀门系列推荐标准为 1000、1250、1500、1750、2000、2250、2500、2800、3400、4000、4600、5300、6000 及新增 6500、7000、8000、9000、10000。

(1) 蝶阀的结构组成

蝶阀本体结构部分由阀体、活门、轴承、密封、转臂、配重块、接力器、基础部件等组成。圆筒形的阀体内安装可绕轴转动的活门，全关时活门四周与阀体接触，切断水流通路；全开时活门与水流方向平行，水从活门两侧绕过（图 24-2）。

(2) 蝶阀的类型

① 蝶阀根据活门的结构可分为菱形、铁饼形、平斜形、双平板形。通流式双平板蝶阀起源于 20 世纪 60 年代初，由于具有水力性能好、设计制造成本低、工作安全可靠等优点而逐渐取代其他类型的蝶

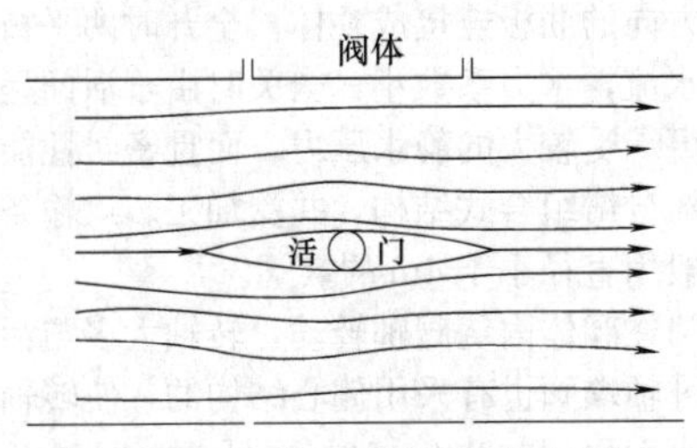

图 24-2　水流绕活门流动示意图

阀，在大中型蝶阀中占据着主导地位，并在水电站得到了广泛应用。图 24-3 所示的 PDF152-WY-420 型蝶阀是卧轴双平板蝶阀的典型结构。

② 蝶阀按阀轴的布置方式可分为立轴（立式）和卧轴（卧式）两种，如图 24-4 和图 24-5 所示。根据国内实际运行经验，两种类型各有优势，在水力性能上没有明显差别，因此都得到广泛的应用。各制造厂往往根据自己的经验以及用户的需要设计和生产不同类型的蝶阀。这两种类型的蝶阀水力性能没有明显差别，均得到广泛采用。其各自特点如下：

a. 立轴蝶阀的操作机构位于阀的顶部，有利于防潮和运行人员维护检修，但需要有一个刚度很大的支座固定在阀体上，下端轴承端部需安装推力轴承，以支承活门的重量，结构较为复杂。卧轴蝶阀的操作机构可布置在阀体的一侧或两侧，利用混凝土地基作基础，不需要支持阀门重量的推力轴承，因此，结构比较简单。

b. 立轴蝶阀阀体的组合面大多在水平位置上，在电站安装中可以就地逐件装拆；卧轴蝶阀阀体的组合面大多在垂直位置，在电站安装中往往要在安装间装配好后，整体吊到安装位置，因此使电站的安装与检修较为复杂。

c. 由于操作机构位置不同，立轴蝶阀比卧轴蝶阀布置紧凑，占用厂房面积小。

d. 立轴蝶阀的下部轴承容易沉积泥沙，且很难防止，要定期清洗，否则下部轴承容易磨损，甚至引起活门下沉，影响封水性能。卧轴蝶阀无此问题。

e. 卧式蝶阀的轴两侧由于上下高度不同的水压差产生净水力矩差，利用净水力矩差，可使接力器的操作容量减小一些，尤其是采用偏心蝶阀，效果更显著。

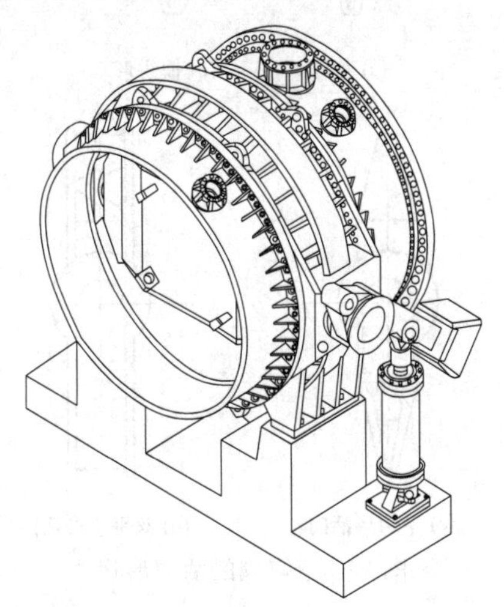

图 24-3　PDF152-WY-420 型蝶阀

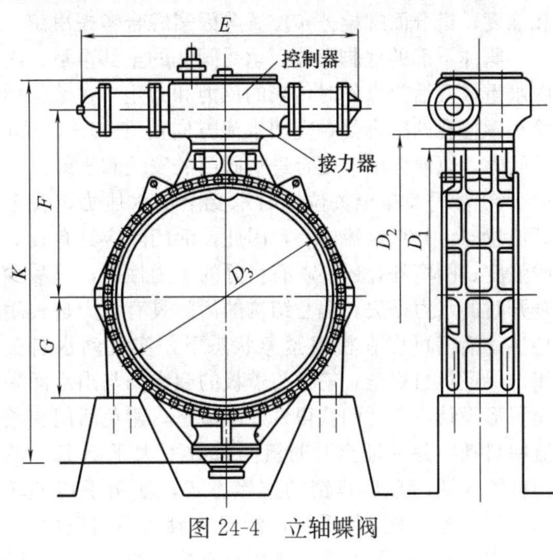

图 24-4　立轴蝶阀

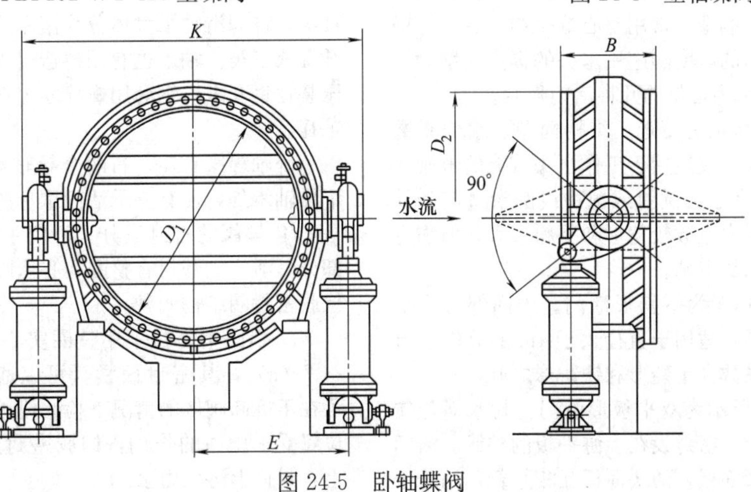

图 24-5　卧轴蝶阀

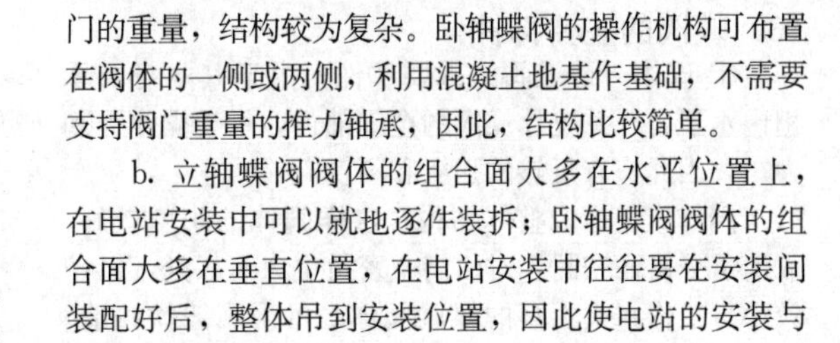

由于立轴蝶阀下部轴承沉积泥沙，磨损很难防止，因此，在一般情况下，特别是多泥沙河道，宜优先选用卧式蝶阀。

(3) 蝶阀的主要部件

① 阀体　是蝶阀的重要部件，由于其本身要承担内水压力，并支撑蝶阀的全部部件，承受操作力和力矩，因此应有足够的强度和刚度。

阀体应设计成整体结构，这样阀体的刚度较好，取消了分瓣面密封，对活门主密封也大有好处，口径较小、工作水头不高的蝶阀阀体，可采用铸铁铸造。大中型阀体多采用铸钢或钢板焊接结构。直径较大的大型蝶阀体由于尺寸很大，铸钢工艺和质量难以保证，以采用钢板焊接结构为宜。

阀体分瓣与否取决于运输、制造和安装条件。当活门与阀轴为整体结构或不宜拆卸时可采用两瓣组合。直径4m以上的阀体，受运输条件的限制，也需做成两瓣或四瓣组合。分瓣面布置在与阀轴垂直的平面上或偏离一个角度。

阀体的宽度要根据阀轴轴承的大小、阀体的刚度和强度、组合面螺栓分布位置等因素综合考虑决定。

阀体下部的地脚螺栓，承受阀体的全部重量、阀内水重量及活门操作时传来的反力和力矩。在地脚螺栓和螺栓孔的配合处，应按水流方向留有30～50mm的间隙，以便伸缩节配合进行阀门的安装和拆卸。

② 活门　在全关位置时承受全部水压力，在全开位置时，处在水流中心，因此，活门除应具有良好的强度、刚度外，还要求有良好的水力性能，以减少全开时的水力损失。偏心结构的活门具有水力自关闭特性，活门可以在机组紧急状态下，实现动水自关闭，保证机组安全。筋板与盖板的迎水面与出水面采用翼形设计，使活门获得良好的流态，避免活门在紊流中抖动，并保证全开时流阻系数不大于0.15。活门轴插入活门孔后打销的连接方式，使销子传递转矩。活门轴一般采用锻钢，活门一般采用钢板焊接。活门用铸铁或铸钢制造，常用空心框架结构。为保证强度、刚度，活门的厚度随应用水头的提高而增大。

如图24-6所示为常见的几种活门形状。

图24-6 (a) 所示为菱形，结构简单、水力系数最小，但强度较弱，仅适用于工作水头较低的电站。

图24-6 (b) 所示为圆弧或抛物线圆滑过渡的铁饼形结构，水力阻力系数较菱形和平斜形大，但强度较大，适用于高水头电站。

图24-6 (c) 所示为平斜形活门。中间部分为矩形，两侧为三角形，适用于直径大于4m的分瓣组合蝶阀，水力阻力系数介于菱形和铁饼形之间。

图24-6 (d) 所示为双平板形活门。封水面与转轴不在同一平面上，密封设在上游平板的外缘。活门两侧各有一块圆形面板，两块面板互相平行，用若干顺水流方向的筋板连接成整体。全开时两平板之间也可通过水流，水力系数小，全关时由于活门呈桁架式结构，可承受较大的静水压力，而且密封性能好。但不易做成分瓣组合式结构，并受加工、运输条件的限制，一般用直径小于4m的蝶阀。

活门在阀体内绕阀轴转动，转轴大多与活门直径重合。卧轴蝶阀也有采用偏心结构的，使转轴上、下的活门表面积相差8%～10%，活门一旦离开全开位置就会受到促使它关闭的动水力矩作用，这有利于在动水中迅速关闭。

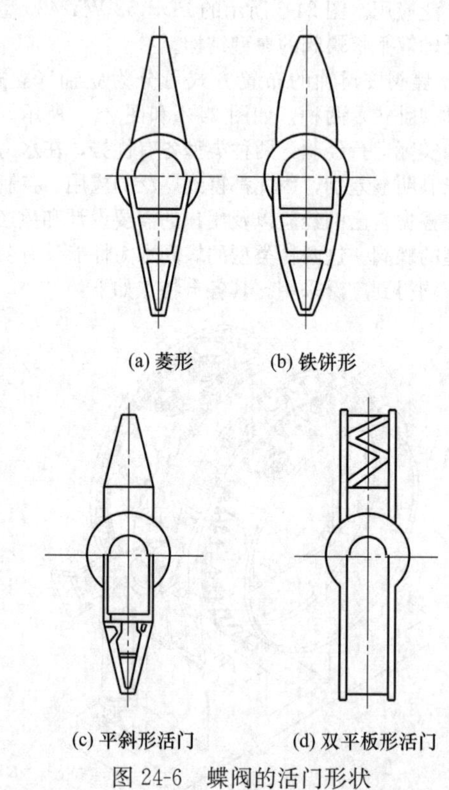

(a) 菱形　(b) 铁饼形

(c) 平斜形活门　(d) 双平板形活门

图24-6　蝶阀的活门形状

③ 轴承　用来支承阀轴。轴承一般采用自润滑轴承，自润滑轴承大体分为镶嵌式、烧结式、高分子纤维式三类。轴承也有用铸造锡青铜制作轴瓦，轴瓦压装在钢套上，钢套用螺栓固定在阀体上，以便检修轴瓦。

卧轴蝶阀有左、右两个导轴承，立轴蝶阀除上、下导轴承外，还有支承活门重量的推力轴承。

④ 蝶阀的密封　分为活门主密封和阀轴密封两部分。活门主密封有整圈实心橡胶密封结构及充气式橡胶密封圈结构两种。

a. 活门主密封采用整圈实心橡胶密封结构［图24-7 (a)］，其密封预紧量可以通过压板进行微调，可在不拆卸阀体的情况下检修或更换密封圈。在全关位置受水压力的作用，橡胶密封圈紧紧压在密封座上，封住上游压力水。

b. 活门主密封采用充气式橡胶密封圈结构［图24-7（b)]，实质为一种柔性密封结构，和气力除灰系统用圆顶阀的密封及工作原理一样，活门关闭后向橡胶密封圈充入压缩空气，使橡胶密封圈膨胀紧紧压在密封座上，消除漏水间隙。橡胶密封圈充气压力应比静水压力高0.1～0.3MPa。

过去活门主密封采用充气式橡胶密封结构，双平板型活门大多布置在阀门上游侧，铁饼型活门大多布置在阀门中部，现在双平板型活门大多布置在阀门下游侧，靠活门承压后的挠度变形来达到挤紧密封。

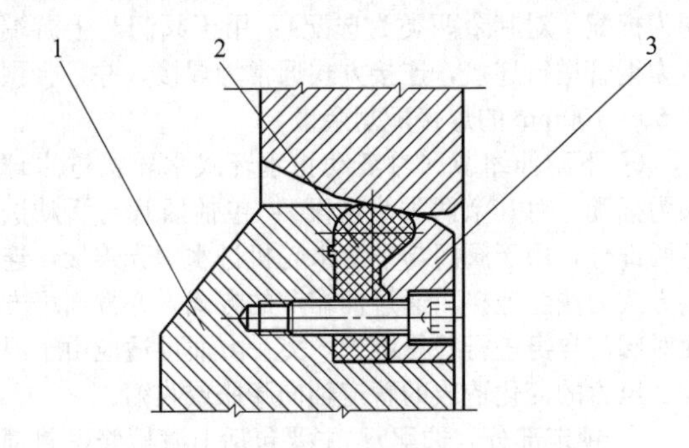

(a) 实心橡胶密封结构

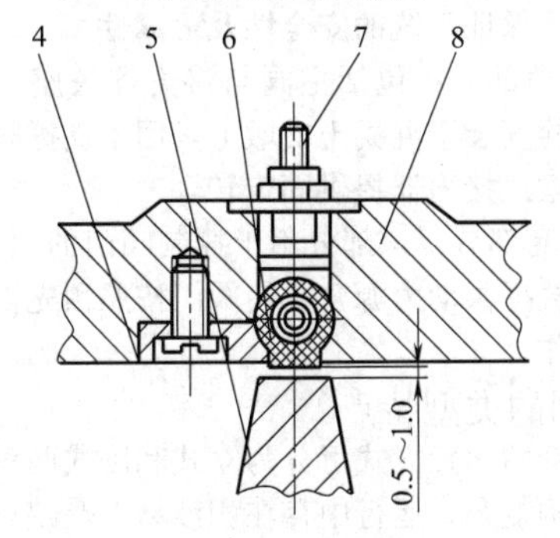

(b) 充气式橡胶密封圈

图24-7 活门主密封

1,5—活门；2—橡胶密封圈；3,4—压板；6—橡胶围带；7—围带嘴；8—阀体

由于蝶阀水头较低，一般阀轴密封采用O形橡胶圈密封，近些年随着密封技术的提高，多采用U形或V形组合密封填料，以增加密封的寿命。阀轴与轴承和轴头密封接触表面做硬化处理，增加阀轴的抗磨蚀能力，与活门的连接采用切向圆柱销，轴瓦采用的是自润滑轴承。阀轴与转臂之间采用销套式连接方式。阀轴轴头处设有钢套，钢套外侧设两道密封，内侧设两道密封，一道接近阀体内圆，另一道在阀体外侧，防止泥沙进入轴瓦，既可保证钢套拆卸方便，又可保证活门转动灵活，封水可靠。

⑤ 锁定装置 为防止误操作系统失控时活门被水流冲击而发生自动作，蝶阀配有锁定装置。在活门全关或全开位置时应投入锁定，保持活门位置。

⑥ 蝶阀接力器 分环形接力器和摇摆直缸接力器两种。早期采用环形接力器，由于环形接力器加工与装拆维护难度大，现已基本不再采用。摇摆直缸接力器加工与装拆维护方便，现在已经基本取代了环形接力器。摇摆直缸接力器下部用铰链与地基连接，工作时随着转臂摆动，重锤通过螺钉连接并紧固在转臂上，为了适应缸体的摆动，接力器的进出油管在接力器本体附近采用高压软管或专门的供油装置。蝶阀的地脚承受蝶阀的全部重量和操作活门时传来的力和力矩，而不考虑承受作用在活门上的轴向水推力，该水推力应由上游连接钢管传到混凝土上。一般来说，大中型蝶阀采用双接力器，接力器分别布置在阀轴两端上，且在阀轴线的同侧，这样布置使蝶阀的阀轴和基础受力均匀，总体结构合理。小型蝶阀往往采用单个接力器。

⑦ 阀附属结构 除本体外，蝶阀还设有上游连接管、下游连接管、伸缩节、液压旁通阀、空气阀和排水阀。上游连接管与上游压力钢管通过焊接相连；下游连接管通过法兰与水轮机蜗壳相连；伸缩节设于蝶阀的下游侧，其作用是便于阀门的安装和拆卸，同时补偿由于温度变化、地基下沉不均等原因造成的钢管变形；旁通阀的作用是当活门开启前，使活门上下游侧的压力达到平衡；空气阀的作用是当钢管充水时排气，钢管排水时进气；排水阀通常用于钢管的排水。

(4) 操作方式、控制机构组成部分及控制原理

在正常情况下，蝶阀通常是通过油压操作接力器来动作，蝶阀操作的方式如下：

① 开阀时，活门上下游侧先通过旁通阀进行注水平压，平压后在静水中实现开启。

② 蝶阀正常关阀情况是静水关阀，即先停机，活门通过接力器的油压和重锤在静水中实现关闭，密封水流，如果此时蝶阀接力器失去油压，可恢复压力后操作关闭或通过重锤的力矩、活门的偏心力矩直接关闭。

③ 蝶阀非正常关闭情况是动水关阀，即当导水机构失灵机组无法正常停机时，强迫启动蝶阀切断水流。

④ 在事故情况下，即导水机构失灵机组无法正常停机，同时蝶阀接力器又恰好失去油压，这时蝶阀可以通过重锤的力矩、活门的偏心力矩及动水力矩在动水中实现紧急关闭。

⑤ 蝶阀在动水关阀后应做仔细全面检查，在确认工作正常后方可重新使用。

蝶阀的控制机构主要包括控制柜、自动化元件，同时还设有一套提供给蝶阀和旁通阀的操作压力油的油压装置。控制柜包括机械液压部件和电气控制组件，分层装设，控制柜一般采用PLC对蝶阀及其附

属设备（锁定及旁通阀）进行自动控制。自动化控制元件主要包括电磁配压阀、四通滑阀、差压变送器及限位开关等，一般除限位开关外的自动化控制元件都装于控制柜中。

(5) 蝶阀的开启过程

① 开启条件是导叶全关，机组无停机信号，蝶阀无关闭信号，蝶阀锁定已拔出。

② 发出开启蝶阀信号。

③ 通过动作电磁配压阀开启旁通阀进行平压。

④ 平压后差压变送器发出信号。

⑤ 通过动作电磁配压阀和四通滑阀开启蝶阀。

⑥ 蝶阀开启至全开位置，全开位置限位开关发出信号。

⑦ 通过动作电磁配压阀关闭旁通阀。

⑧ 蝶阀开启过程结束。

(6) 蝶阀的关闭过程

① 发出关闭蝶阀信号。

② 通过动作电磁配压阀和四通滑阀关闭蝶阀。

③ 蝶阀关闭至全关位置，全关位置限位开关发出信号。

④ 通过动作电磁配压阀投入蝶阀液压锁定并发出投入信号（如果设有液压锁定装置）。

⑤ 蝶阀关闭过程结束。

24.4.2 球阀

球阀一般安装在水轮机蜗壳前端，其公称直径一般等于压力钢管直径。

球阀的直径按大中型水轮机进水阀门系列推荐标准为 *DN*500、*DN*650、*DN*800、*DN*1000、*DN*1300、*DN*1600、*DN*2000、*DN*2400 及新增 *DN*2500、*DN*2800、*DN*3000、*DN*3400、*DN*3500、*DN*4000、*DN*4600。

球阀的优点是承受的水头高；活门刚性好，挠度变形小，密封性能好；密封装置不宜磨损；活门全开时，其过水孔和管道内径一致，几乎没有水力损失，由于采用柔性密封结构，启闭球阀时所需操作力矩小，而且由于球阀活门的刚性比蝶阀活门的刚性高，所以在动水关闭时的振幅比蝶阀小，这对动水紧急关闭极其有利。其缺点是外形尺寸较蝶阀大，重量大，结构复杂，制造工艺复杂，造价高。

一般情况下，球阀主要用于高水头水电站，工作水头一般在 240m 以上；低于 240m 水头时，应与蝶阀和圆筒阀做选型比较。目前世界上已制成的球阀最大直径达 4.6m，已制成的球阀中最高工作水头达 1700m。

(1) 球阀的主要构成部分及作用

进水球阀主要由主阀部分、驱动部分、旁通管路、上游凑合节、下游伸缩节、锁定部分、支撑部分及配套部分八大部分组成（图 24-8）。

① 主阀部分（标配）：包括阀体、球体、阀杆及阀座（活塞止水环）等，该部分是整个阀门的核心，其作用是接通或切断水流。

② 驱动部分（标配）：对于电动操作的水轮机进水球阀，其驱动部分为电动装置；对于液动操作进水球阀，其驱动部分为液压接力器与拐臂（对于摇摆缸）等，该部分的作用是驱动主阀进行启闭动作。

③ 旁通管路（推荐采用）：包括旁通阀、检修阀（仅用于旁通阀）、钢管、弯头等，该部分的作用是在阀门启闭前平衡上下游压差，避免在全压差下启闭阀门出现水锤现象以及有效地降低阀门的操作力矩。

④ 上游凑合节（对液动止水环式水轮机进水球阀为标配，对其余两类为选配）：用于阀门与上游端压力钢管进行连接，连接方式通常为焊接，并且会预留 50～100mm 的焊接配割余量。

⑤ 下游伸缩节（对液动止水环式水轮机进水球阀为标配，对其余两类为选配）：包括插管与活动法兰两部分，用于阀门与下游水轮机进水蜗壳连接，连接方式为法兰连接。通过伸缩节的方式，一方面可方便对阀门自身进行检修维护，另一方面可适应由于温度、压力的变化造成的管道轴向膨胀或收缩。

⑥ 锁定部分（选配）：主要包括上游检修密封锁定及接力器锁定。主要用于防止由于误操作带来的阀门误动作，保证系统的安全性及可靠性。

⑦ 支撑部分：包括主阀与接力器底座，底座通过地脚螺栓安装于混凝土支墩上，用于支撑阀门的重量及为摇摆式接力器提供固定转轴。

⑧ 配套部分：该部分用于控制阀门的驱动部分，为驱动装置提供动力源，并使阀门按照预先设定的程序进行动作。

(2) 球阀的类型特点

按阀轴的布置方式可分为立式和卧式两种，立式球阀因结构复杂，运行中存在积沙易卡等缺点，已被淘汰。在一般情况下宜优先选用卧式布置，理由与蝶阀基本相同。卧式球阀的密封类型有单面和双面两种，双面密封可在不放空压力引水管的情况下，对其工作密封等进行检修。

球阀全开时，圆筒形活门的过水断面与压力引水管道直通，相当于一段钢管，对水流几乎不产生阻力，水力损失很小，也不会产生振动。当全关时，活门旋转 90°，由其密封装置截断水流。

球阀关闭严密，漏水极少；止水环在活门活动时不受摩擦，不易磨损；全开时水流条件好，几乎没有水力损失；启闭时操作力矩很小（动水操作时只有摩擦力矩 5%左右的水阻力），有利于动水紧急关闭。但结构复杂，体积、重量大、造价高。

(3) 球阀的结构特点

① 不锈钢活塞式止水环　液动止水环式水轮机进水球阀采用不锈钢活塞式止水环来密封止水，通过油压或水压来控制止水环的投入与退出（图 24-9）。每

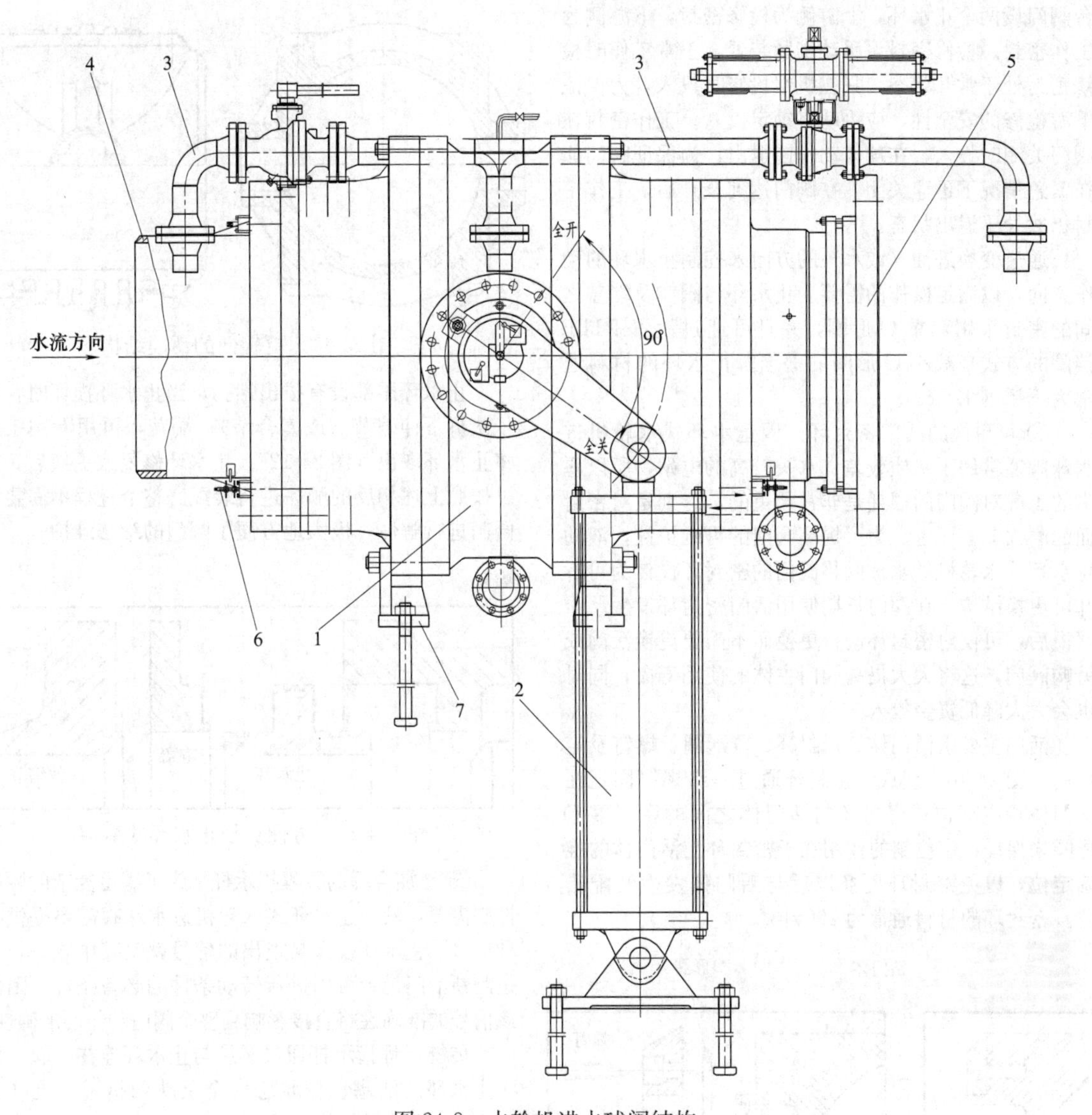

图 24-8　水轮机进水球阀结构

1—主阀部分；2—驱动部分；3—旁通管路；4—上游凑合节；5—下游伸缩节；6—锁定部分；7—支撑部分

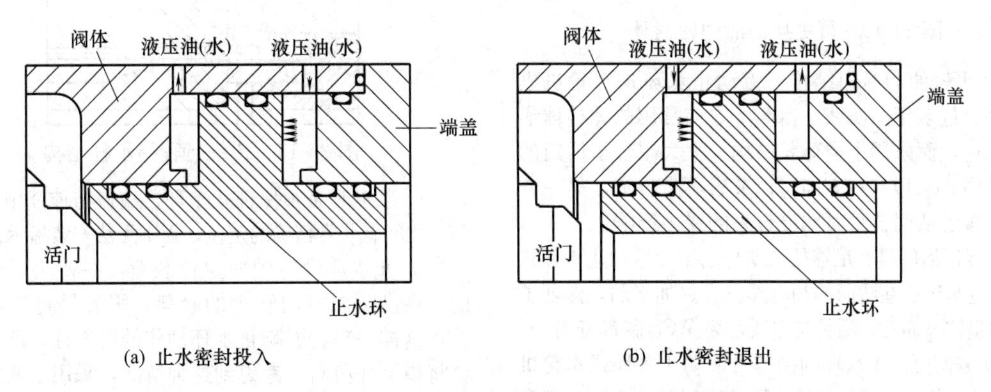

(a) 止水密封投入　　(b) 止水密封退出

图 24-9　止水环工作密封投入与退出

台阀门设两个止水环，上游侧为检修密封，下游侧为工作密封。检修密封设手动锁紧装置，正常工作时检修密封处于常开状态，只在机组检修时投入，为保证下游检修的安全性，应手动将锁定投入。工作密封在阀门关闭时投入，在球体动作前退出，为保证阀门能在紧急情况下迅速关闭，在阀门达到全开后，工作密封仍然处于退出状态。

通过变换进油（或水）的方向来控制止水环的动作方向，以满足操作的需要。止水环与阀体及端盖之间的密封采用双重O形圈，并且可通过设置PTFE挡圈的方式来减小O形圈的磨损。止水环的材料通常为不锈钢12Cr13。

② 可更换的活门密封环　因止水环式水轮机进水球阀通常用于水质较差、水头较高的电站，所以恶劣的工况对阀门的损耗是非常严重的，特别是对密封面的磨损非常厉害。为了提高阀门的可维护性，液动止水环式水轮机进水球阀将阀门的密封环设计为可拆卸可更换结构，在阀门长期使用活门密封环发生严重磨损后，可仅对密封环进行更换而不需要更换活门或另购阀门，这将大大提高阀门主体的使用寿命，同时也会大大降低资金投入。

活门主要由活门体、密封环、O形圈、螺钉及定位销（图24-10）组成。密封环通过一组螺钉固定在活门体相应部位；密封环与活门体之间的密封靠O形圈来保证；定位销的作用在于密封环与活门体的准确定位，以免密封环更换以后与活门体发生装配错位。密封环的材料通常为20Cr13。

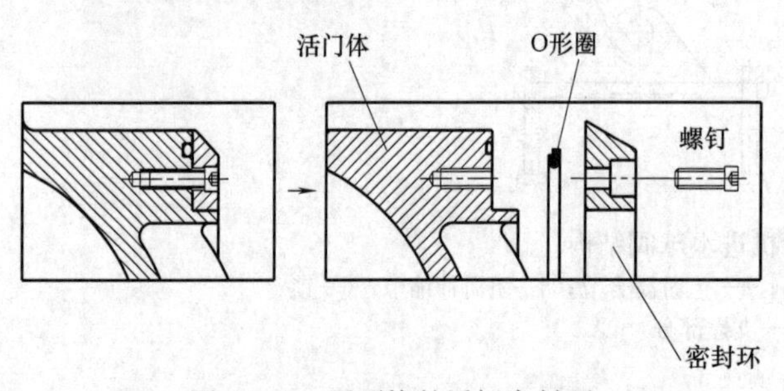

图24-10　可更换的活门密封环

③ 更轻便的活门结构　液动止水环式水轮机进水球阀经过多年的实践，摒弃了之前常用的完整球形活门结构，而采用了类球状结构，大大减轻了活门的重量（图24-11）。一方面可以节省不少投资，另一方面亦可缓解活门自重对阀壳带来的受力影响。

为保证活门具有足够的强度与刚度，液动止水环式水轮机进水球阀在活门的相应部位设置加强筋，保证了阀门的整体可靠性。活门材料通常为WCB碳素铸钢。

④ 方便更换止水环的结构　液动止水环式水轮机进水球阀独特的结构可保证在不将阀门拆开或不从管道上拆下的情况下，对阀门止水环进行维修及更换。

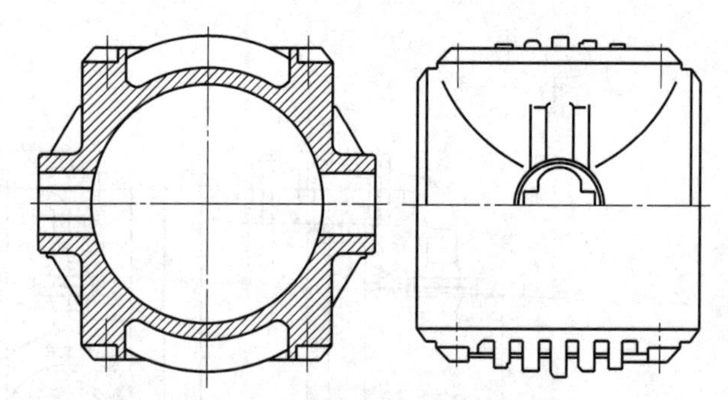
图24-11　更轻便的活门结构

止水环尾部设有拔出螺孔，当止水环损坏时，可依次拆下伸缩节（或凑合节）、端盖，再用专用工具将止水环取出（图24-12）。止水环修复或更换后，亦可按照上述相反的顺序进行装配。整个过程不需要对阀门进行解体，极大地方便了阀门的维修维护。

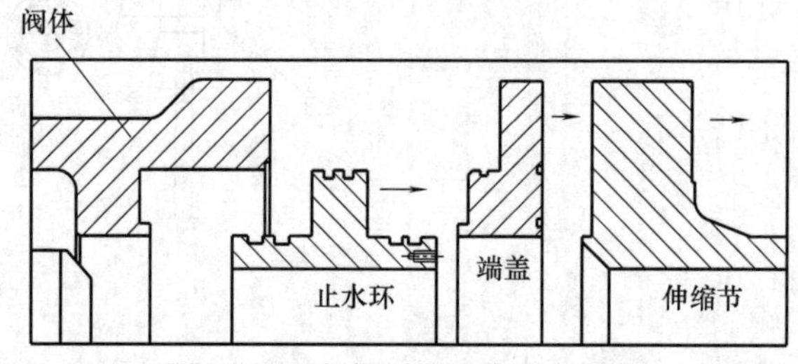

图24-12　方便更换止水环的结构

⑤ 更加合理的行程指示杆　为了满足复杂的顺序控制需要，液动止水环式水轮机进水球阀需要提供各种信号，止水环投入与拔出的信号就是其中之一。它是判断活门是否可以进行转动条件的必备条件，因此该信号的准确性将直接影响到整个阀门动作的准确性。

传统行程指示杆通过螺纹与止水环连在一起，可将止水环的活塞动作状态完全反映到指示杆上（图24-13）。但此种结构的缺点在于：

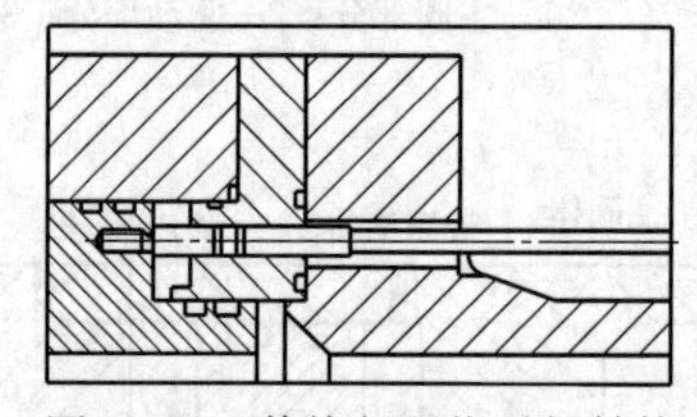
图24-13　传统行程指示杆结构

a. 装配时必须保证止水环、端盖与伸缩节（凑合节）之间有非常精确的定位，否则无法安装指示杆。

b. 止水环没有轴向定位装置，在使用过程中可能存在沿圆周方向转动的趋势，很容易将指示杆卡住，这样一来会影响止水环动作的可靠性，严重时还会将指示杆剪断。考虑到这种情况，采用了改型的行程指示杆结构。

改型的行程指示杆采用了非固定式的结构（图

24-14)，当止水环退出时，可直接将指示杆推动，当止水环投入时，通过弹簧张力使指示杆随之运动。该结构可很好地避免传统结构所带来的弊端。

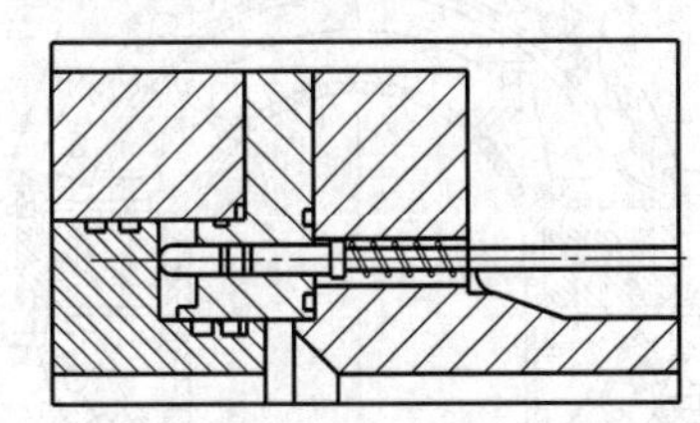

图 24-14　改型的行程指示杆结构

⑥ 先进的伸缩节形式　水轮机进水球阀伸缩节由伸缩节插管和活动法兰两部分组成（图 24-15)，密封采用双重（或三重）橡胶 O 形密封圈，为减小活动法兰自重对 O 形圈的磨损挤压，在每只 O 形圈背后设置 PTFE 挡圈，此举可有效延长 O 形圈使用寿命及提高密封的可靠性。

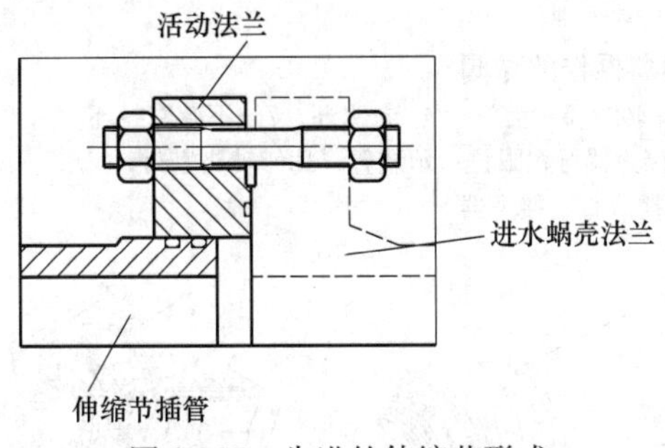

图 24-15　先进的伸缩节形式

该结构在两个方向均设置一定的伸缩量，当阀门正常工作时，该结构可以自动适应由于压力、温度变化带来的管道轴向膨胀或收缩。当对阀门进行检修维护时（如更换止水环、活门密封圈等)，拆下伸缩节与进水蜗壳法兰及阀门部分的连接螺栓，将活动法兰向上游（阀门方向）推动，同时将插管向下游（进水蜗壳方向）推动，缩短伸缩节长度，腾出足够空间满足阀门拆装要求（图 24-16)；当伸缩节自身的密封圈损坏需要更换时，拆下伸缩节与进水蜗壳法兰的连接螺栓，插管不动，将活动法兰向上游（阀门方向）推动，直至完全露出 O 形圈槽，此时可以非常方便地对 O 形圈进行更换（图 24-17)。

⑦ 满足微机监控要求　水轮机进水球阀可配套提供电动或液动 PLC 控制柜，对于液动水电球阀，还可配套提供油压装置。

控制柜应设有以下信号装置：指示主阀开启与关闭的信号装置；指示旁通阀开启与关闭的信号装置；指示接力器锁定投入与拔出的信号装置；指示工作、检修密封的信号装置；油压表、阀前、阀后水压表。这些传感器提供信号，并与控制柜和中央控制室连接，实现阀门的就地操作或中央控制，满足微机监控的要求。

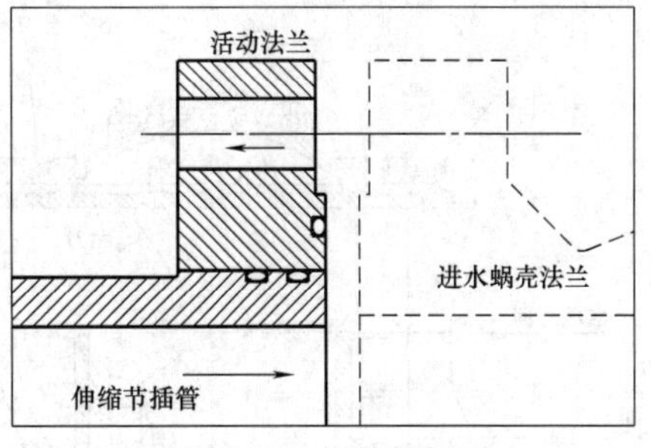

图 24-16　拆装阀门时

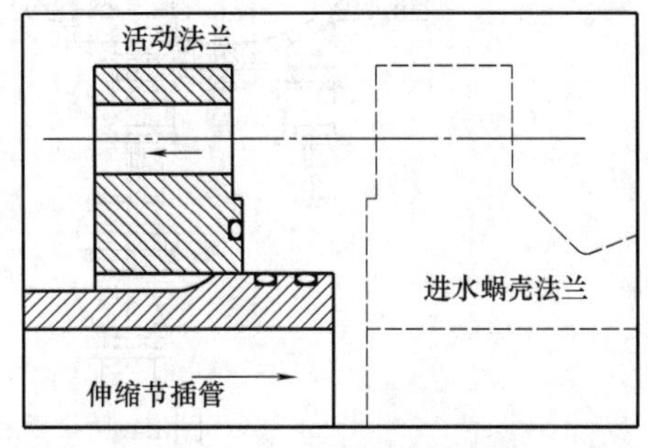

图 24-17　更换密封圈时

⑧ 满足动水关闭的要求　水轮机进水球阀根据电站的实际情况进行设计，所有数据均经过严格的计算及校核，最大限度保障了运行的安全性，满足在喷针不关闭、旁通不平压下的紧急关断要求。

⑨ 人孔结构（可选）　对于≥*DN*900 的水轮机进水球阀，根据需要，可以设计人孔结构，以方便对阀门及相关设备进行检修。

⑩ 水轮机进水球阀阀轴密封　阀轴密封属于运动密封，阀轴头处设有钢套，钢套外侧设两道 O 形密封，内侧设两道密封，一道接近阀体内圆，采用整圈 O 形橡胶密封，另一道在阀体外侧，采用 U 形密封，这种封水结构的好处是泥沙不会进入轴瓦，既可保证钢套拆卸方便，又可保证活门转动灵活。进水球阀能在不拆开阀体的情况下更换检修密封、工作密封及轴颈密封。

⑪ 阀轴与轴承　阀轴采用锻钢制造，在与轴承及轴头密封相接触的表面堆焊有不锈钢层，以增加抗磨蚀能力，阀轴与活门用螺栓拧合成一体。轴承采用德国进口 DEVA-BM 轴承，具有良好的承载性能。

⑫ 空气阀　名义直径为 *DN*200，装在水轮机进水球阀伸缩管的顶部。当蜗壳放水时，它就自动打开。当蜗壳充水时，其内部的空气通过空气阀排入大气中。当水轮机进水球阀动水关闭时，空气阀向蜗壳及伸缩管补入空气，以免产生真空而丧失稳定性。

(4) 球阀的主要部件

球阀本体结构基本与蝶阀相同，由阀体、活门、轴承、密封、转臂、配重块、接力器、基础部件等组成，典型结构如图 24-18 所示。

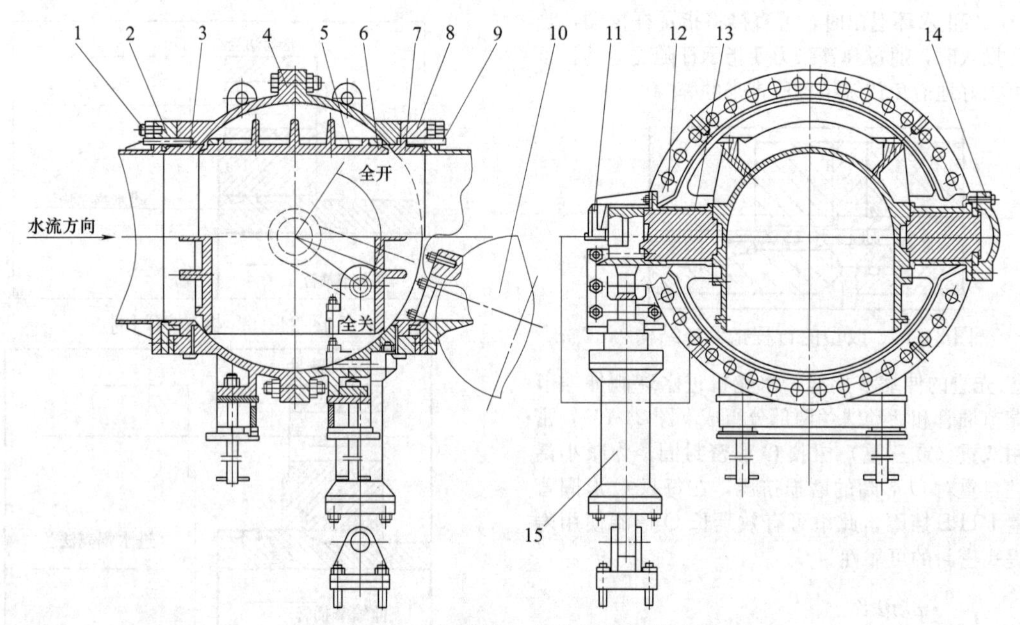

图 24-18 重锤式直缸接力器操作的球阀

1—检修密封手动锁定；2—上游导环；3—上游密封环；4—阀体；5—活门；6—封水环；7—下游密封环；8—下游导环；9—工作密封行程开关；10—重锤；11—接力器行程限位指示装置；12—轴头密封；13—轴瓦；14—端盖；15—摇摆式直缸接力器

① 阀体 球阀按阀体结构可分为沿水流方向垂直对称分体型球阀（图 24-18）、非对称分体型球阀［图 24-19（a）］、三段分体型球阀［图 24-19（b）］、斜分体型球阀［图 24-19（c）］及整体型球阀。

阀体通常由左右阀体组合而成。分型面的位置有两种，一种是偏心分体，分型面放在靠近下游侧，阀体的地脚螺栓都布置在靠上的大半个阀体上，其优点是分型面螺钉受力均匀，采用这种结构，阀轴和活门必须是装配式的，否则活门无法装入阀体；另一种是对称分体，将分型面放在阀轴中心线上，这时阀轴和活门可以采用整体结构，重量可以减轻，制造时可以采用铸钢整体铸造或分别铸造后焊接在一起。

非对称分体型阀体的分型面避开了阀轴处，能够避免由于阀轴处密封与阀体分型面处密封黏结不好而产生漏水的问题。非对称分体型球阀通常用于大型球阀。

斜分体型阀体的优点与非对称分体型阀体基本相同，只是斜分体型通常用于中小型球阀，阀轴和活门可以为整体结构。

对称分体型阀体通常用于小型球阀，阀轴和活门为整体结构，加工和装配比较简单，但由于阀体分型面在阀轴中心线上，阀轴处易漏水。

阀体还可以做成整体结构，两半阀体在活门装入后焊接成整体，然后与活门同加工，由于阀体是不可拆卸结构而且加工较为复杂，受运输条件和加工条件的限制。

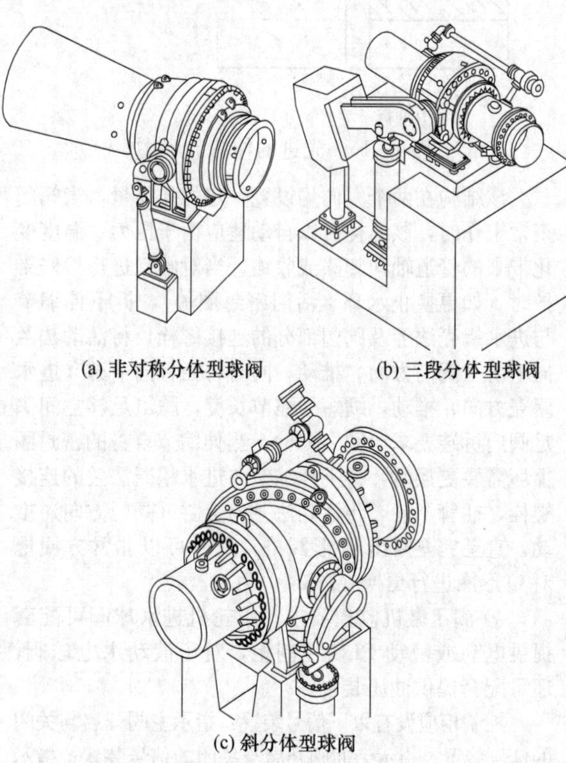

(a) 非对称分体型球阀　(b) 三段分体型球阀

(c) 斜分体型球阀

图 24-19 几种典型球阀结构示意图

② 活门 球阀活门一般有装配式结构、锻铸焊结构、整铸结构三种结构。装配式结构是阀轴与活门通过键等连接方式连接成一体。锻铸焊结构是将锻造

的活门轴与铸造的活门分别加工后焊在一起，此种结构通常用于尺寸较大的球阀活门。整铸结构是将活门和阀轴整铸为一体，此种结构一般用于尺寸比较小的球阀活门。

球阀的活门为圆筒形，球阀处于开启位置时，圆筒形活门的过水断面就与引水钢管直通，相当于引水钢管的一部分，阀门对水流几乎不产生阻力，也就不发生振动，这对提高水轮机的工作效率特别有利，在活门上设有一块可移动的球面圆板止漏盖，它在由其间隙进入的压力水作用下，封住出口侧的孔口，随后随着阀后水压力的降低，形成严密的水封。为了防止止漏盖锈蚀，止漏盖与阀体的接触面铺设不锈钢。由于承受水压力的工作面是一个球面，改善了受力条件，这不仅使球阀能承受较大的水压力，还能节省材料，减轻阀门自重。阀门开启时，应开启泄压阀，排除球面圆板止漏盖内腔的压力水。同时开启旁通阀，使球阀后充水，止漏盖在弹簧和阀后水压力的作用下脱离与阀体的接触，这样用不大的开启力矩就可使球阀开启。

(5) 球阀的密封

球阀的密封分活门主密封和活门阀轴密封两部分。

① 活门主密封　球阀的密封装置有单侧和双侧两种结构。单侧密封是在球形活门的下游侧设有密封盖和密封环组成的密封装置，也称为球阀的工作密封装置，如图24-20中所示的右侧密封装置。双侧密封是在活门下游装设密封装置的基础上，在活门的上游再设一道密封装置，以便于对阀门工作密封的检修。设置在活门的上游侧的密封装置，也称为球阀的检修密封装置，如图24-20中左侧的密封装置。

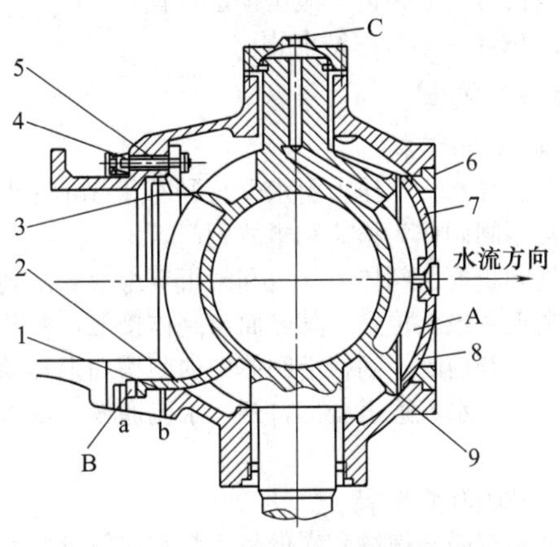

图24-20　双侧密封结构的球阀

1,3,6—密封环；2,8—密封面；4—调整螺母；5—螺杆；7—密封盖；9—护圈

以前的球阀都采用单侧密封，这样在一些重要的高水头水电站就得设置两个球阀，一个工作球阀，一个检修球阀。现在多采用双侧密封球阀，以便于检修。

活门主密封装置有两种，即工作密封与检修密封。

工作密封一般位于球阀下游出流侧，早期生产的球阀工作密封一般采用密封盖结构形式，主要由密封环、密封盖等组成，其动作程序如下：球阀开启前，在用旁通阀向下游充水的同时，将泄压阀打开使密封盖内腔A处（图24-20，下同）的压力水由孔C排出，由于旁通阀的开启，球阀下游侧水压力逐渐升高，在弹簧力和阀后水压力的作用下，逐渐将密封盖压入，密封口脱开，此时即可开启活门；相反，当活门关闭时，此时C孔已经关闭，压力水由活门和密封盖的护圈之间的间隙流到密封盖的内腔A，随着下游水压力的下降，密封盖逐渐压紧，直至将密封口封严，但这种结构复杂、笨重，活门和密封盖护圈之间的间隙容易堵死，造成密封盖动作失灵，球阀关闭困难。

现在球阀的工作密封与检修密封一样采用密封环结构形式，其两侧的结构相同，由活动密封环和把合在活门上的固定密封环组成（图24-21），活动密封环可以用上游压力水或压力油来操作。密封环大体有T形密封、L形密封和弹形金属密封三种。

检修密封位于球阀上游侧进口位置，检修密封结构为环状不锈钢制的密封环，在活门上也制作一个密封面与检修密封相接触，该密封面焊有不锈钢材料或在活门上把合上一个不锈钢密封座与检修密封相接触。检修密封环的动作靠水压或油压实现。正常情况下检修密封为常开状态，只有当需要检修工作密封和轴头密封时，检修密封才投入工作。

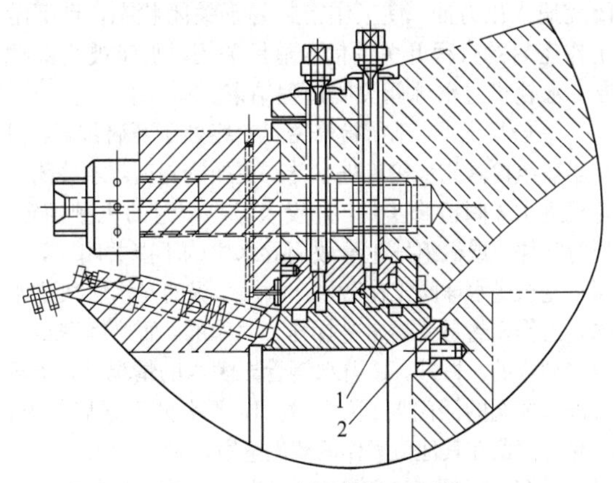

图24-21　球阀密封环结构

1—活动密封环；2—固定密封环

检修密封有机械操作的，也有水压操作的。图24-20所示左上侧为机械操作的密封，利用分布在密封环一周的螺杆和螺母调整密封环，压紧密封面。这

种结构零件多，操作不方便，而且容易因周围螺杆作用力不均，造成偏卡和动作不灵，现在已经被水压操作代替。水压操作的密封装置结构如图 24-20 左下侧所示，它由设在阀体上的环形压水室 B、水管 b、水管 a、密封环和设在活门上的密封面构成。当需打开密封时，水管 b 接通压力水，水管 a 接通排水，则密封环左（后）退，密封口张开；反之，水管 b 接通排水，水管 a 接通压力水，则密封环右（前）伸，密封口贴合。

② 阀轴密封　与蝶阀类似，一般采用 V 形密封圈、轴用回转方形密封圈或者 O 形密封圈，如果球阀阀体分型面不通过轴孔，则三种密封类型都具有较好的效果。阀轴处轴瓦以前通常采用铸锡青铜轴瓦，此种轴瓦需要在轴头处布置油杯润滑瓦面。现在一般都采用具有自润滑能力的轴套，如聚甲醛钢背复合轴套、镶嵌式轴套、烧结式轴套、高分子纤维轴套等。

(6) 工作原理

当水轮机进水球阀要开启时，首先解除检修密封处的 3 套周圈均布的沿水流方向锁定检修密封的锁定装置，然后在检修密封的开启腔通入压力油，使检修密封处于开启状态，上游检修密封的行程开关的信号显示开启，在此状况下，在下游工作密封的开启腔通入压力油，使工作密封处于开启状态，且下游工作密封的行程开关的信号显示开启，这样，水流就通过上游检修密封处的周围间隙与下游工作密封的周围间隙向蜗壳内充水。当活门前后压力趋于平衡，控制水轮机进水球阀的压力传感器和压力开关的显示达到设定值时，接力器转动活门由全关旋转到全开，水轮机进水球阀开启过程结束。

当水轮机进水球阀要关闭时，首先，接力器转动活门由全开旋转到全关，然后，在下游工作密封的关闭腔通入压力油，使工作密封处于关闭状态，且下游工作密封的行程开关的信号显示关闭，水流被全部截断，水轮机进水球阀关闭过程结束。

一般情况下，上游检修密封始终处于开启位置，只有当机组检修或水轮机进水球阀更换密封时，才关闭水轮机进水球阀检修密封，并投入检修密封的机械锁定。长时间停机或机组发生事故而导水机构不能关闭时，关闭水轮机进水球阀工作密封。值得一提的是水轮机进水球阀工作密封是要经常被操作、动作的，而检修密封是很少动作的。另外，在引水钢管充满水的情况下，水轮机进水球阀的活门要么处于关闭，要么处于开启状态，不允许停留在其他位置作调节流量用。

(7) 锁定装置、球阀接力器及球阀附属结构

锁定装置、球阀接力器及其连接方式、球阀的附属结构与蝶阀的基本相同。

(8) 球阀操作的方式、控制机构的组成部分及控制原理

球阀主密封的操作通常通过水压或油压来实现，水压取自上游连接管，油压取自球阀的油压装置，工作密封采用自动控制，检修密封采用手动控制。球阀活门的正常操作和事故情况下的动水紧急关闭通常通过接力器的油压来实现，由于通过重锤来实现动水关闭，重锤的重量需要很大，一般球阀不设机械式重锤，如果水质允许的话，球阀接力器的关闭腔通过压力水来操作，压力水取自球阀上游连接管，这样通过液压重锤来代替机械式重锤，保证球阀在机组事故情况下能够实现动水紧急关闭。

球阀的控制机构与蝶阀基本相同，只是增加了对检修密封的确认和对工作密封的操作。

① 球阀的开启过程

a. 开启条件是导叶全关，机组无停机信号，球阀无关闭信号，球阀锁定已拔出，检修密封已撤出；

b. 发出开启球阀信号；

c. 通过动作电磁配压阀开启旁通阀进行平压；

d. 平压后差压变送器发出信号；

e. 撤出球阀工作密封，限位开关发出撤出信号；

f. 通过动作电磁配压阀和四通滑阀开启球阀；

g. 球阀开启至全开位置，全开位置限位开关发出信号；

h. 通过动作电磁配压阀关闭旁通阀；

i. 球阀开启过程结束。

② 球阀的关闭过程

a. 发出关闭球阀信号；

b. 通过动作电磁配压阀和四通滑阀关闭球阀；

c. 球阀关闭至全关位置，全关位置限位开关发出信号；

d. 投入工作密封，发出投入信号；

e. 通过动作电磁配压阀投入球阀液压锁定并发出投入信号（如果设有液压锁定装置）；

f. 球阀关闭过程结束。

24.4.3 闸阀

(1) 闸阀的结构

对于高水头，压力引水管直径小于 1m 的小型水电站常用闸阀作为检修和事故阀门。

闸阀主要由阀体、阀盖和闸板等组成。闸阀关闭时，闸板在最低位置，其侧面与阀体接触，切断水流通路。当开启时，闸板沿阀体中的闸槽向上移动至阀盖空腔内，水流通道全部打开，水流通畅，水力损失很小。

(2) 闸阀的类型特点

闸阀按阀杆螺纹和螺母是否与水接触分为明杆式和暗杆式。

明杆式闸阀，如图 24-22 所示。其阀杆螺纹和螺母在阀盖外，不与水接触，阀门启闭时，在操作机构驱动下螺母旋转，使阀杆向上或向下移动，从而与阀杆连接在一起的闸板也随之启闭。

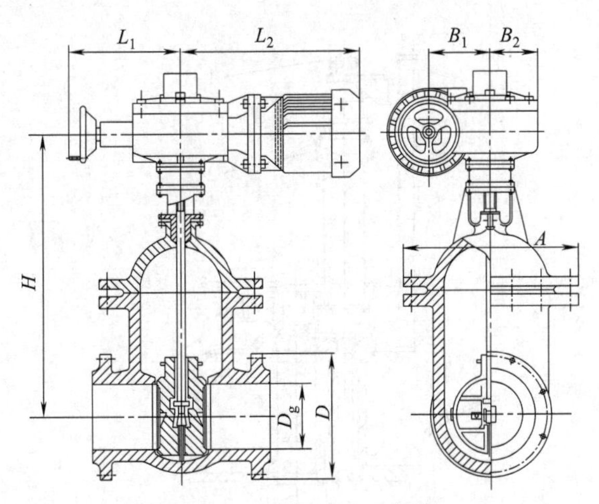

图 24-22　明杆式电动闸阀

暗杆式闸阀，如图 24-23 所示。其阀杆螺纹和螺母在阀盖内与水接触。阀门启闭时，在操作机构驱动下阀杆旋转，使螺母向上或向下移动，从而与螺母连在一起的闸板也随之启闭。

明杆式闸阀阀杆螺纹和螺母的工作条件较好，但由于阀杆做上下移动，因此，阀门全开时的总高度较大，而暗杆式闸阀全开时总高度不变。

作为进水阀使用的闸阀，一般应为立式安装。

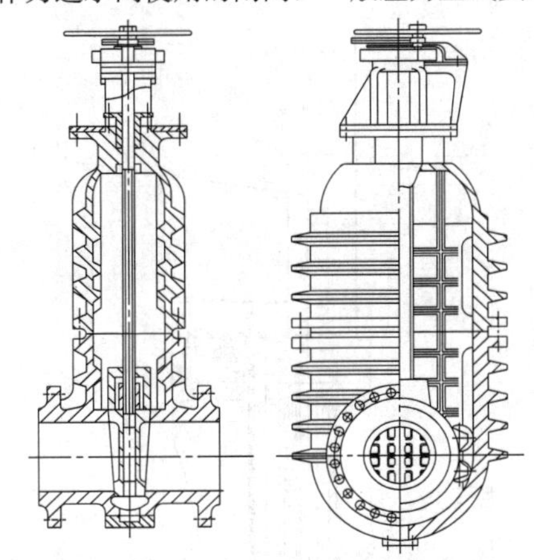

图 24-23　暗杆式手动闸阀

闸阀全开时，水力损失很小，全关时有良好的密封性能，漏水量少，不会由于水流冲击而自行开启或关闭，因而不需要锁定装置。但其体积、重量大、操作力大，启闭时间长，一般仅用于截断水流。闸阀的使用水头为 400m 以下，在压力引水管直径小于 1m 卧式机组的小水电站中广泛采用。

(3) 闸阀的主要部件

① 阀体与阀盖　阀体是闸阀的承重部件，呈圆筒形，水流从其中通过。阀体上部开有供闸板启闭的孔口，内部留有相应的闸槽，全关时闸板四周与闸槽接触以实现密封。阀盖安装在阀体上部，形成空腔以容纳升起的闸板。阀体与阀盖都用铸造结构，阀盖顶部填料函内常设柔性石墨或 PTFE 密封。

② 闸板　按结构不同分为楔式和平行式两类，如图 24-24 所示。楔式闸板呈上厚下薄的楔形，闸槽也加工成相同的形状，关闭时靠操作力压紧而密封。楔式单闸板结构简单，尺寸也小，但配合精度要求高，检修较难。楔式双闸板全关时操作力使两块闸板分向两侧，挤压闸槽，因而密封性能好，但结构较复杂。如图 24-24 (d) 所示为平行式双闸板，其动作情况与楔式双闸板相近，但闸槽上下宽度一致，制造和检修更方便。闸板与闸槽接触的部位，通常设铜合金的密封条以改善止水效果。

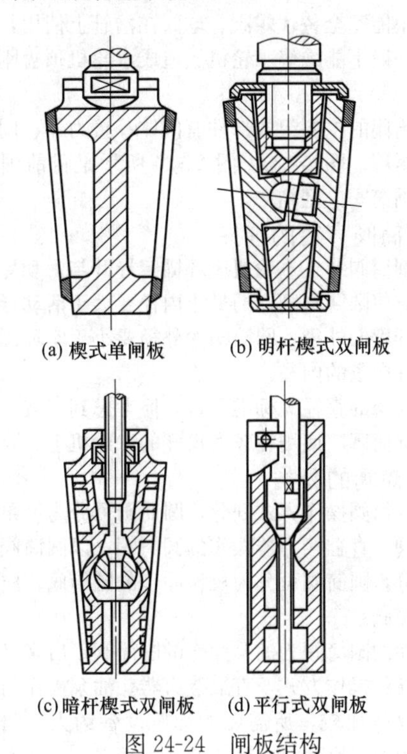

图 24-24　闸板结构

24.4.4 圆筒阀

圆筒阀布置在水轮机活动导叶与座环固定导叶之间。在机组停机时，圆筒阀处于关闭状态，圆筒阀阀体下落处于座环固定导叶与活动导叶之间，上端紧压布置在顶盖上的密封条，下端紧压布置在座环上的密封条，从而达到截流止水的作用。在机组要开启时，首先开启圆筒阀，将圆筒阀阀体提升到座环上与顶盖形成的空腔内，阀体底面与顶盖下端面齐平，不干扰水流流动。

在正常开机工况下，先开启圆筒阀，然后开启活动导叶；在正常关机工况下，先关闭导叶，然后关闭圆筒阀。

圆筒阀目前已用于在中、低水头的混流式机组、中低水头的抽水蓄能机组上，水头低于 300m，转轮直径大于1.4m。圆筒阀的工作水头一般在400m以下；高于400m水头时应选用球阀。

目前世界上已制成的圆筒阀最大直径达11m，已制成的圆筒阀中最高工作水头达275m，已制成的带圆筒阀的机组的额定出力为600MW。

圆筒阀的优点是操作灵活，启闭时间短，投入快，可频繁操作；关闭时密封性能好，可减少导叶漏水和减轻而产生的磨蚀；阀体全开时，阀体下端面与顶盖过水面基本齐平，水力损失很小；圆筒阀重量轻，为蝶阀1/2左右，球阀的1/5～1/4。圆筒阀最大的优点是没有单独的阀室，可明显降低水电站工程开挖投资，有的达到10%左右。缺点是圆筒阀在现阶段还不能完全替代蝶阀、球阀在岔管上使用，并且关闭后一般不能维修水轮机、造成水轮机顶盖刚度减弱等。

圆筒阀的主要组成部件有阀体、接力器、同步机构、密封等。图24-25、图24-26所示是目前国内外投运的圆筒阀典型结构。

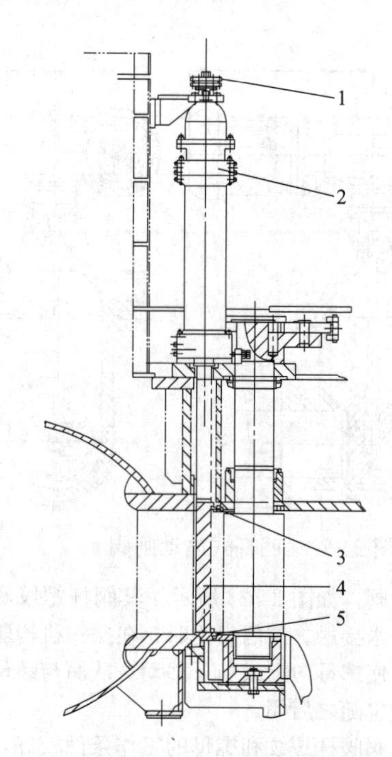

图24-25　机械同步圆筒阀

1—同步机构及指示装置；2—接力器操作机构；3—圆筒阀上密封；4—筒体；5—圆筒阀下密封

(1) 圆筒阀直径的选择

当圆筒阀装在水轮机座环固定导叶与活动导叶之间时，应使圆筒阀阀体的最小内径要大于活动导叶最大可能开度的外径，圆筒阀的外径要小于座环固定导叶上的导向条的内径。

圆筒阀的直径无标准可言，但考虑到安装，一般来说，圆筒阀应使用在较大尺寸的水轮机上。

(2) 圆筒阀的分类

以圆筒阀操作方式划分，圆筒阀可分为油泵操作的圆筒阀、直缸接力器操作的圆筒阀；以圆筒阀同步方式划分，圆筒阀可分为机械同步的圆筒阀、电液同步的圆筒阀。

早期的圆筒阀为油泵操作的圆筒阀，后来又发明了一种新的操作方式，直缸接力器。油泵操作与直缸接力器操作比较，所需要的油压设备约大一倍。另外，采用油泵操作时，筒体的运动基本上不受水力的影响，是匀速的，不具备自关闭能力。而直缸接力器操作在动水关闭时筒体的运动速度取决于作用在筒体上的动水作用力。

早期的圆筒阀为机械同步的圆筒阀，在每个接力器丝杆顶端装上链轮，将每个链轮用链条连接起来，使每根丝杆的旋转速度一致，从而使每个接力器提升杆与筒体接触点的上升或下落速度一致。而现在的圆筒阀为电液同步的圆筒阀，是在每个接力器提升杆内装上一只精度较高的位移变送器，将每个提升杆的位移传送到计算机进行比较，对相对位移差别大的接力器进行油压调控，使其每个接力器达到同步。

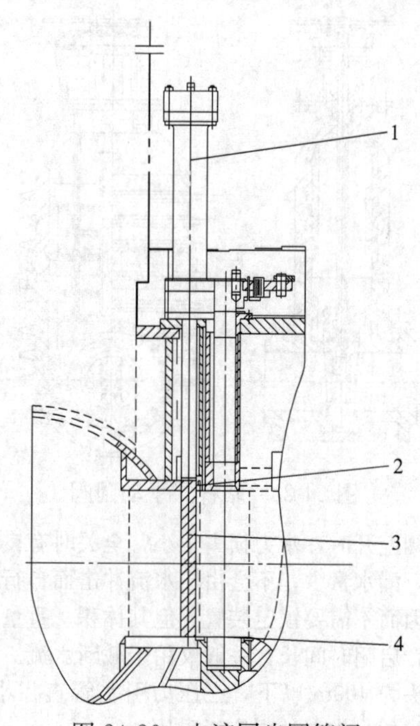

图24-26　电液同步圆筒阀

1—接力器；2—圆筒阀上密封；3—筒体；4—圆筒阀下密封

(3) 圆筒阀的结构

圆筒阀由筒体、操作机构、同步机构三大部分组成。

筒体布置位置必须超出导叶剪断销剪断后导叶与限位块相碰时导叶的外切圆尺寸范围，筒体高度应大于导叶高度。筒体厚度应满足全关时能承受外侧的最大水压力，并具有足够的强度和刚度，能承受关闭末端被异物卡住时所产生的不平衡操作力与周围水压力的联合作用。

筒体尺寸超过运输条件许可范围时，筒体一般应分为两瓣，采用螺钉连接，销钉定位，并在分瓣面的四周开有U形坡口，工地组合后焊在一起，这样既增加了分瓣面的连接强度，又起到了密封作用。

在筒体的全开和全关位置均设置有密封，密封多采用进口的氯丁橡胶密封条，用不锈钢压板和螺钉将密封条压在顶盖和底环上，筒体相对应密封接触部位也镶焊了不锈钢板。为防止筒体上、下运动时受水力冲击而产生大的晃动，在固定导叶尾端镶焊有青铜或不锈钢导向板，与导向板位置相对应的筒体上也镶有不锈钢板或青铜，起防锈蚀作用。

圆筒阀操作机构有两种。一种采用油泵，用于机械同步机构；另一种采用直缸接力器，用于电液同步系统。链条传动的机械同步机构由于在同步精度、运行噪声及维护方面都存在不足之处，近些年来已被电气液压同步系统所代替，与机械同步相比，电液同步的同步精度大大提高，操作方便，同时在运行噪声及维护方面也是前者所无法比拟的。圆筒阀的电液同步系统由液压控制部分和电气控制部分共同完成。具体动作原理如下。

在圆筒阀上升过程中，每个接力器顶端的磁滞传感器实时地将接力器的位置信号反馈至计算机，由计算机不断地比较各个接力器的位置读数，确定活塞水平位置最低的接力器的位置作为基准位置（下降过程中也如此）。然后分别将其他接力器的位置与之相比较，差值再与允许误差曲线相比较，当某个接力器的位置偏差超过允许偏差的30%时，微调电磁阀励磁，将该接力器下腔的油适量排入回油箱；当位置偏差超过允许偏差的70%时，粗调电磁阀励磁，将该接力器下腔更多的油排入回油箱。通过排油，使得该接力器上升速度减缓，与其他接力器运动速度渐趋一致，从而保证各个接力器上升过程中的同步。圆筒阀下降过程中的电气同步原理与此相同。

圆筒阀在运动过程中，一旦某个接力器的位置偏差超过了允许偏差，圆筒阀控制系统将发出指令，停止其原方向的运动，使圆筒阀向相反的方向运动6s，以消除发卡现象。若发卡现象消失，圆筒阀将向相反方向再运动6s。若发卡现象消除，圆筒阀将继续按原始方向运动，若发卡现象仍未消除，圆筒阀将停止运动，同时发出发卡报警信号。

24.4.5　进水阀的附属部件

(1) 旁通管和旁通阀

根据前述作用，进水阀应能在动水关闭，但不允许在动水情况下开启。所以，除少数直径很小者外，大多数进水阀都装有旁通管和旁通阀。进水阀开启前，先开旁通阀，经旁通管对阀后充水，当两侧平压后，再在静水中开启进水阀。

旁通阀的断面积一般为进水阀过流断面的1%～2%，但经过旁通阀的流量，必须大于导叶的漏水量。旁通阀多为小直径的闸阀，有液压、电动和手动操作之分。

旁通阀一般为液压操作的针形阀，装于阀门两侧连接管和伸缩管上，阀门正常开启前先打开旁通阀，将活门上游侧的压力水引入活门下游侧，待两侧压力趋近平衡时再开启活门，图24-27所示为旁通阀典型结构。由于抽水蓄能机组球阀在活门开启前的平衡压力是通过打开其主密封来实现的，因此有的抽水蓄能机组的球阀不设旁通阀，但蝶阀必须设旁通阀。

在一般情况下，混流式水轮机旁通阀的直径可近似取压力钢管直径的1/10，水斗式水轮机旁通阀的直径可近似取压力钢管直径的1/15。

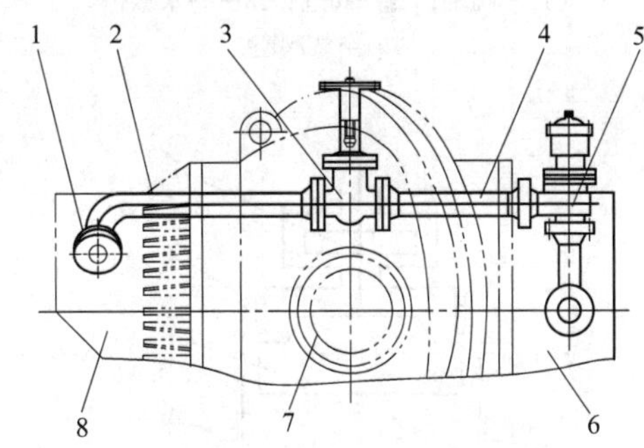

图24-27　球阀用旁通阀

1—旁通阀座；2—旁通管1；3—检修用手动闸阀；4—旁通管2；5—液压阀（或针阀）；6—伸缩节；7—球阀；8—连接管

(2) 空气阀

空气阀设置在进水阀下游侧压力引水管的顶部，其作用是：当进水阀紧急关闭时，由它来补给空气，防止阀后产生真空破坏管道；而在进水阀开启充水平压过程中，则又由它来排出空气。

图24-28为空气阀典型结构图，还有其他结构类型的空气阀。

在一般情况下，混流式水轮机空气阀的直径可近似取压力钢管直径的1/10，水斗式水轮机空气阀的直径可近似取压力钢管直径的1/15。

图24-29所示为空气阀原理简图。由导向活塞、通气孔和空心浮筒组成。当进水阀后水面降低，空心浮筒3下沉，则蜗壳或引水管道经通气孔2与大气相通，实现补气或排气。当进水阀后充满水时，空心浮筒3上升到顶部位置，蜗壳或引水管道与通气孔2和大气隔绝，防止水流溢出。

(3) 伸缩节

在进水阀的上游侧或下游侧，通常装有伸缩节，

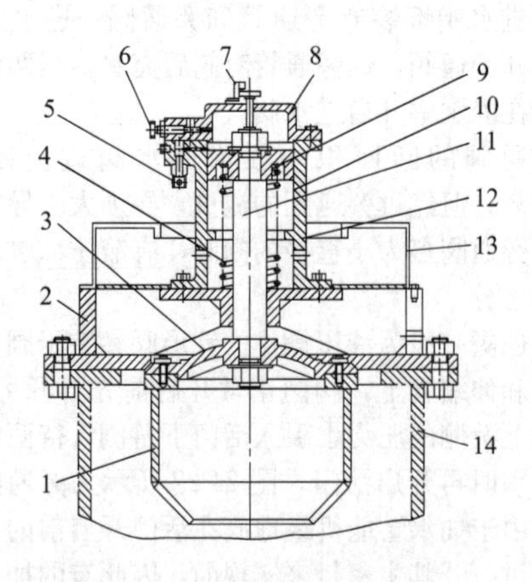

图 24-28 进水阀用空气阀

1—浮筒；2—阀座；3—阀门；4—弹簧；5—逆止阀；6—调节螺钉；7—行程限位指示装置；8—缸盖；9—活塞；10—轴套；11—阀轴；12—阀缸；13—防水罩；14—空气阀座

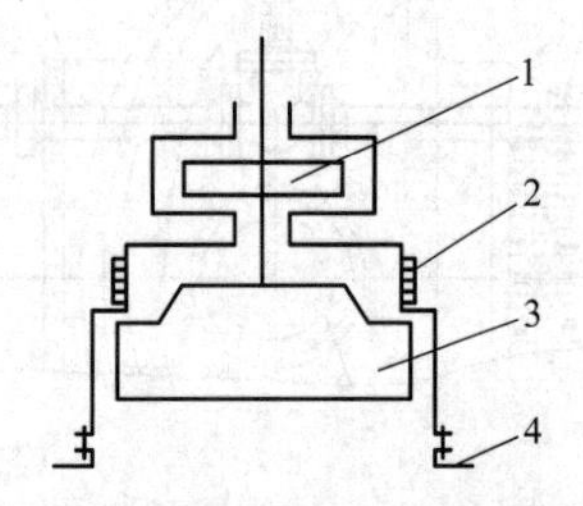

图 24-29 空气阀原理简图

1—导向活塞；2—通气孔；3—空心浮筒；4—压力引水管

既可补偿钢管的轴向温度变形，又便于进水阀的安装和检修。伸缩节与进水阀采用螺栓连接。伸缩缝中装有 3～4 层石棉盘根或橡胶盘根，用压环压紧，防止伸缩缝漏水。当多台机组共用一根引水总管，且其支管外露部分不长时，伸缩节最好安装在进水阀下游侧，以便在不影响其他机组正常运行的情况下，检修伸缩节或更换止水盘根。

图 24-30 所示为一典型的伸缩节结构。伸缩节一般由法兰、压环、密封压板、伸缩管等组成。有些伸缩节为分瓣结构，即伸缩节法兰、密封压板和伸缩管均为分瓣结构，法兰和密封压板采用螺栓连接。伸缩管在分瓣面处开有焊接坡口，工地连接成整体后再焊接为一体。此种伸缩节主要用于因受运输条件限制的大型蝶阀上。伸缩节的结构种类较多，应根据具体的要求与经验来选定结构类型。

(4) 连接管

连接管装设在伸缩节的对侧，将阀门与上游或下游的压力钢管连接，是承受阀门水推力的主要基础部

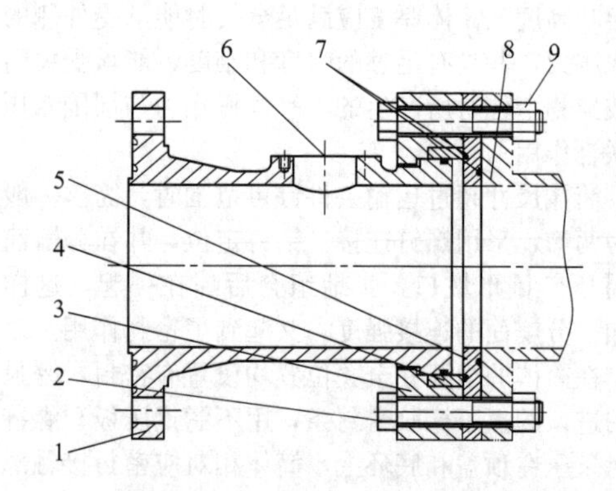

图 24-30 球阀用伸缩节

1—伸缩管；2—把合螺栓；3—压环；4—密封环（不锈钢材料）；5—圆环（不锈钢材料）；6—空气阀座；7—密封条；8—延伸管；9—螺母

件。图 24-31 所示为整体式连接管。大型阀门上采用分体式连接管。上游连接管的钢管部分要采用高强度的压力容器钢板卷制，法兰采用锻造法兰或厚钢板制造。

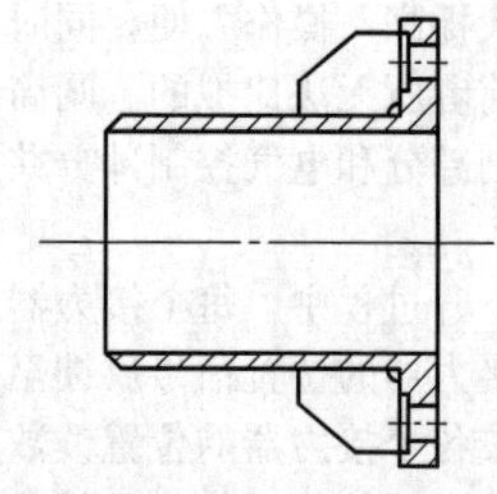

图 24-31 整体式连接管

24.5 水轮机进水阀的操作方式及操作系统

24.5.1 进水阀的操作方式

进水阀的操作方式，按操作动力的不同，分为液压、电动和手动操作三种。

对于需要很大操作力矩的大口径进水阀，为保证能迅速关闭，绝大多数都用液压操作；低水头、小直径以及作检修用的进水阀，可采用电动操作；对于不要求远方操作的小型进水阀，因其操作力较小，则采用手动操作。

进水阀液压操作的压力油源可由专门的油压装置、油泵或调速器的油压装置取得。具体采用什么方式，要根据电站的实际情况慎重选择，可以单一也可以组合。但应注意，由于进水阀操作用油容易混入水分，使油质变坏，如与调速系统共用压力油源时，对调速系统的油质是有影响的。

当电站水头大于 100～150m 时，也可以引用压

力钢管中的高压水操作，以简化液压设备。但需保证水质清洁和考虑配压阀、接力器的防锈。

当水头小于 120～150m 时，若水压操作则需加大接力器直径，增加设备的笨重，故通常采用油压操作。

进水阀的液压操作机构，根据其作用直径大小常采用以下几种类型。

图 24-32 所示为装在立轴进水阀上的导管式接力器。根据操作力矩的大小，采用一个或两个接力器，布置在一个盆状的控制箱上，固定在阀体上，是较常用的一种操作机构。

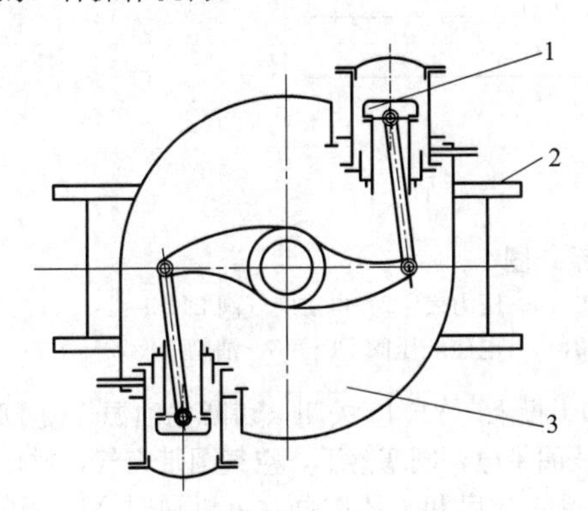

图 24-32　导管式接力器

1—接力器；2—阀体；3—控制箱

图 24-33 所示为装在卧轴进水阀上的摇摆式接力器。为适应摇摆式接力器缸体的摆动，接力器下部用铰链和地基连接，管接头应为高压软管接头或铰链式管接头。由于摇摆式接力器工作时随着转臂摆动，可不需要导管，因此，在同样操作力矩下，接力器活塞直径比导管式接力器要小，为大中型卧轴进水阀广泛采用。

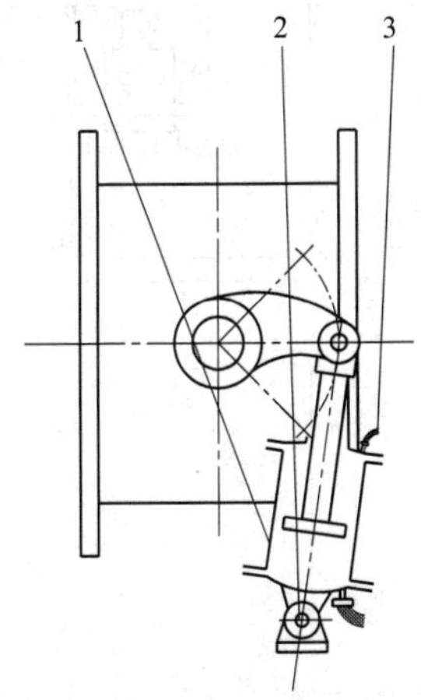

图 24-33　摇摆式接力器

1—接力器；2—铰链；3—高压软管

图 24-34 所示为液压操作的闸阀，其结构组成较为简单，多用于小直径的引水管道上。

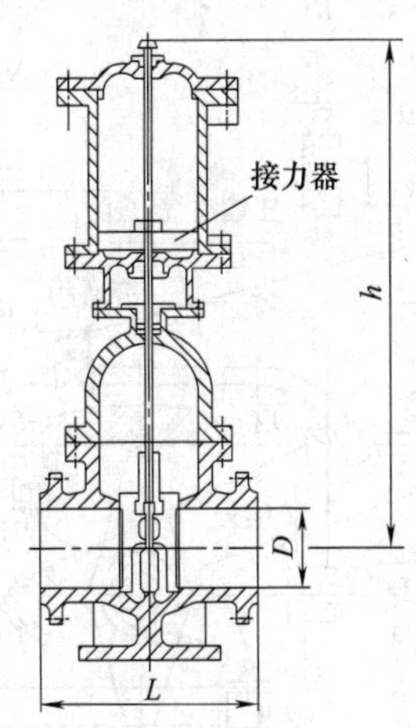

图 24-34　液压操作闸阀

24.5.2　进水阀的操作系统

进水阀的操作系统属于自动控制系统，由控制元件、放大元件、执行元件及连接管道等组成。当接受它的动作信号后，即按拟定的程序实现进水阀关闭或开启的自动操作。由于各水电站进水阀的结构、功用、操作机构、自动化元件和启闭各不相同，因此，进水阀的操作系统也是多种多样的。这里只介绍典型的液压操作和电动操作系统。

(1) 液压操作系统

① 蝶阀的液压操作系统　图 24-35 所示为水电站采用较多的蝶阀机械液压系统图（各元件位置相应于蝶阀全关状态）。

当发出开启蝶阀的信号后，蝶阀开启继电器使 1DP 14 开启线圈带电，阀塞提起，YF 13 活塞顶部经 1DP 14 排油，YF 13 开启，使压力油进入 HF 11 中腔。压力油经 1DP 14，一路进入 YP 8 顶部，将其活塞压下，使压力油经 YP 8 进入旁通阀活塞下腔，旁通阀活塞顶部经 YP 8 排油，旁通阀开启，蜗壳充水。另一路进入 SD 1 活塞右腔，左腔经 1DP 14 排油，SD 1 拔出，压力油来到 2DP 12。待蜗壳水压上升达 YX 4 的整定值时，使 DKF 7 开启线圈带电，阀塞提起，空气围带放气。当空气围带放气完毕，反映空气围带无压的 YX 5 动作，使 2DP 12 开启线圈带电，阀塞提起，使压力油经 2DP 12 进入 HF 11 右端，其活塞左移，使 HF 11 中腔的压力油经 XL 9 进入接力器开启腔，接力器关闭腔经 HF 11 排油，蝶阀开启；待蝶阀开到全开位置时，反映其全开位置的行程开关 1HX 3 动作，使全开位置的红色信号灯亮，将蝶阀开启继电器释放，1DP 14 关闭线圈带电，1DP 14 复归，则旁通阀关闭，SD 1 投入，YF 13 关闭，切断主油源。

当发出关闭蝶阀的信号后，蝶阀关闭继电器使 1DP 14 开启线圈带电，阀塞提起，完成动作与开启过

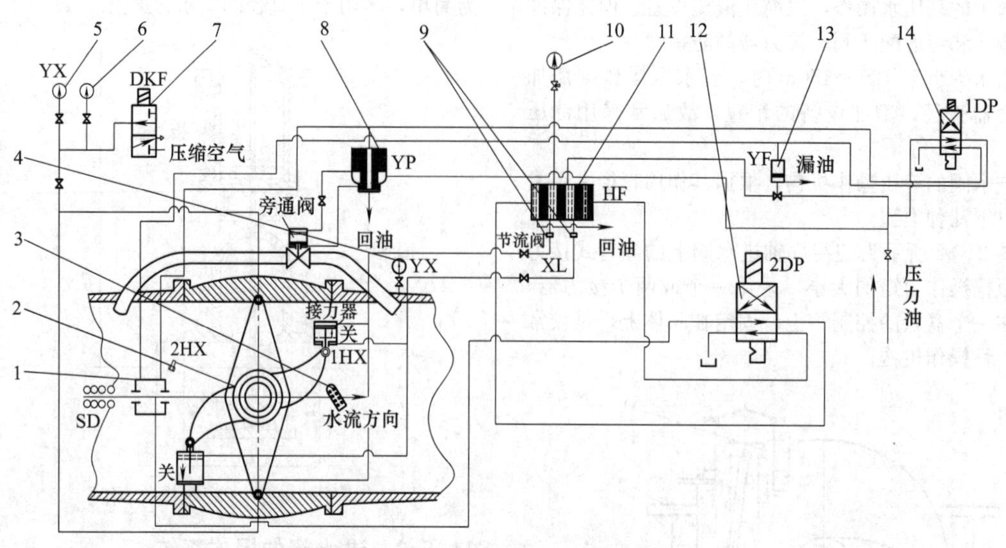

图 24-35 蝶阀机械液压系统图

1—锁定 SD；2,3—行程开关 HX；4,5—压力信号器 YX；6,10—压力表；7—电磁空气阀 DKF；8—液动配压阀 YP；9—限流器 XL；11—四通滑阀 HF；12,14—电磁配压阀 DP；13—油阀 YF

程相同。YF 13 开启，HF 11 中腔积聚压力油；旁通阀开启，SD 1 拔出。当完成上述动作后，蝶阀关闭继电器使 2DP 12 关闭线圈带电，阀塞落下，使压力油经 2DP 12 进入 HF 11 左端，其活塞右移，使 HF 11 中腔压力油经 XL 9 进入接力器关闭腔，接力器开启腔经 HF 11 排油，蝶阀关闭；待蝶阀关到全关位置时，反映全关位置的行程开关 2HX 2 动作，使全关位置的绿色信号灯亮，将蝶阀关闭继电器释放，1DP 14 关闭线圈带电，1DP 14 复归，从而旁路阀关闭，SD 1 投入，YF 13 关闭，切断主油源，使 DKF 7 关闭线圈带电，阀塞落下，空气围带充气，封住水流。蝶阀的开启和关闭时间，可以通过 XL 9 进行调整。

② 球阀的液压操作系统 图 24-36 所示为一球阀机械液压系统图，它可以在球阀现场手动操作，现场或机旁自动操作，以及在中腔室与机组联动操作。

当发出开启球阀信号后，球阀开启继电器使

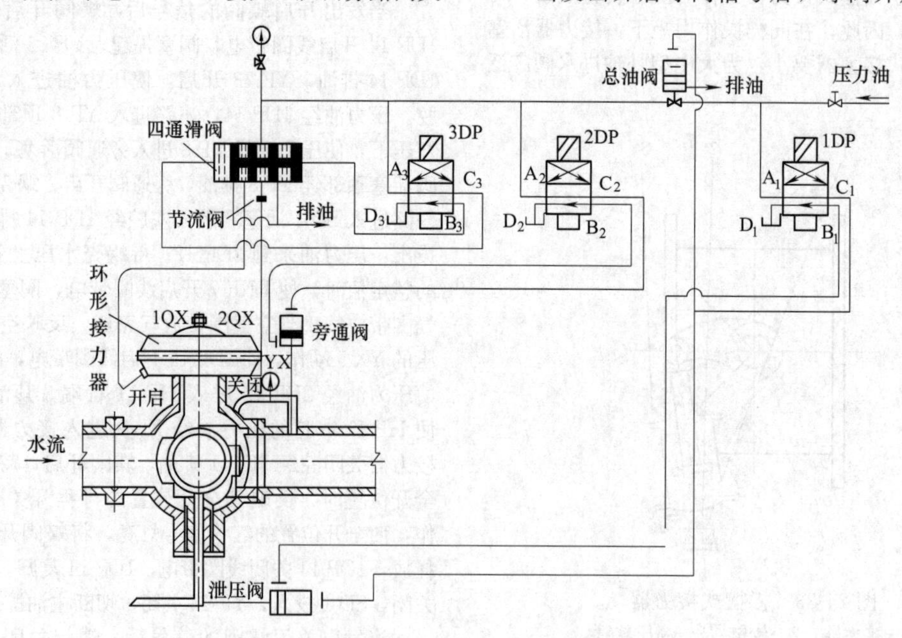

图 24-36 球阀机械液压系统

1DP、2DP开启线圈带电，阀塞提起，压力油经1DP A_1B_1 到泄压阀左腔，其右腔经1DP C_1D_1 排油，泄压阀开启，密封盖与活门间水压消失。总油阀活塞顶部经1DP C_1D_1 排油，油阀自动开启。压力油经2DP A_2B_2 到旁通阀活塞下腔，其上腔经2DP C_2D_2 排油，旁通阀开启，向蜗壳充水，待密封盖外压大于内压时，密封盖自动缩回，脱离阀体上的密封环。当球阀前后水压平衡时，压力信号器接通，使3DP开启线圈带电，阀塞提起，压力油经3DP A_3B_3 到四通滑阀右侧，其左侧经3DP C_3D_3 排油，四通滑阀左移，压力油经四通滑阀中腔和限流器进入接力器开启腔，其关闭腔则经限流器和四通滑阀排油，球阀开启；待球阀全开时，反映全开位置的行程开关1QX动作，使全开位置红色信号灯亮，将球阀开启继电器释放，1DP、2DP复归，泄压阀与旁通阀关闭，总油阀关闭，切断油源。

当发出关闭球阀信号后，球阀关闭继电器动作，使1DP开启线圈带电，阀塞提起，泄压阀开启，密封盖缩回，总油阀开启，供给压力油源。使3DP关闭线圈带电，阀塞落下，四通滑阀右移，压力油经四通滑阀进入接力器关闭腔，球阀关闭。当球阀全关后，反映全关位置的行程开关2QX动作，使全关位置绿色信号灯亮，将球阀关闭继电器释放，1DP复归，泄压阀关闭，密封盖自动紧压在阀体密封环上，总油阀关闭。球阀的开启和关闭时间，可通过限流器进行调整。

(2) 电动操作系统

电动操作装置分为Z型和Q型两种，Z型的输出轴能旋转多圈，适用于闸阀；Q型的输出轴只能旋转90°，故适用于蝶阀和球阀。

阀门电动操作装置主要组成如下。

阀门专用电动机——是为了适应阀门开启之初转矩最大和关闭末了迅速停转的要求选用的，其特点是启动转矩大，转动惯量小，短时工作制。

减速器——用于电动操作装置中的结构类型很多，其中蜗轮传动结构简单，速比较大；转矩限制机构，是一种过载安全机构，用以保证电动操作装置输出转矩不超过预定值。蜗杆窜动式工作可靠，适用转矩范围大。

行程控制机构——是保证阀门启闭位置准确的机构。要求灵敏、精确、可靠和便于调整。其中计数器是精度高、调整方便。

手-电动切换机构——用于改变操作方式，分全自动、半自动和全人工三种。半自动结构简单，工作可靠。

开度指示器——用来显示阀门在启闭过程中的行程位置，有两种控制方式，一种是直接机械指示部分，供现场操作时观察用，另一种是机电信号转换方式，供远距离操作时使用。

控制箱——用以安装各种电气元件和控制线路。可装在阀门现场，也可装在控制室内。

① 闸阀的电动操作系统　如图24-37所示为Z型电动操作装置传动原理。

开启阀门时，向开阀控制回路发出信号，接通电动机电源，电动机向开阀方向旋转，经带离合器齿轮12、离合器9、花键轴18、蜗杆套2、蜗轮3、输出轴4带动阀杆转动，使阀门开启。当阀门达到全开位置时，行程控制器5中的微动开关动作，切断电动机电源。若在开启过程中阀门卡住，或到达全开位置时，行程控制机构失灵不能切断电源，将会产生过载情况。此时，输出转矩超过转矩限制机构1由碟形弹簧20预先整定的限制转矩，则蜗轮3不能转动，而使蜗杆套2所受向右方向的轴向力大于碟形弹簧的弹力，蜗杆套2在花键轴18上向右移动，经齿轮19使双向转矩开关（图中未示出）中的微动开关动作，切断电动机电源，保护操作装置不遭破坏。

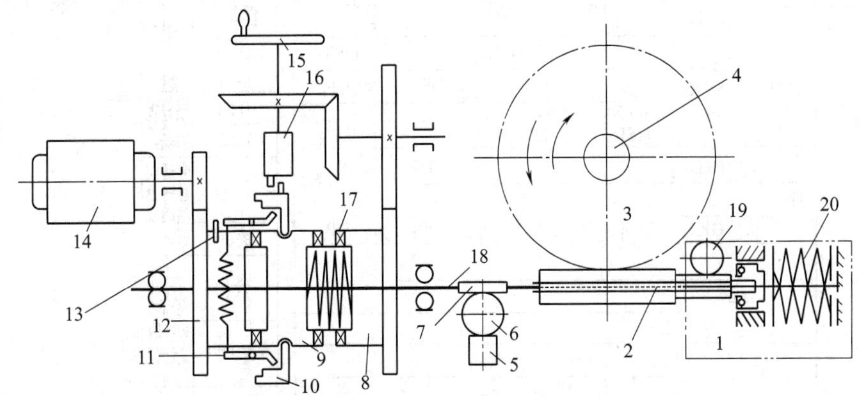

图24-37　Z型电动操作装置传动原理

1—转矩限制机构；2—蜗杆套；3—蜗轮；4—输出轴；5—行程控制器；6—中间传动轮；7—控制蜗杆；8,12—带离合器齿轮；9—离合器；10—活动支架；11—卡钳；13—圆销；14—专用电动机；15—手轮；16—偏心拔头；17—弹簧；18—花键轴；19—齿轮；20—碟形弹簧

关闭阀门时，动作过程与开启阀门相同，仅通过关阀控制回路发出信号、传动机构动作方向相反。

Z型电动操作装置设有自动的手-电动切换机构。当需手动操作时，转动手轮15，即自动切断电动机电源，继续转动手轮15，则偏心拨头16拨动活动支架10，使离合器9右移，压缩弹簧17而与带离合器齿轮8啮合，经花键轴18使阀门动作，进入手动状态。离合器9的位置靠卡钳11撑住活动支架10保持。当需恢复电动操作时，只要接通电动机电源，带离合器齿轮12转动，使其上面的圆销13在离心力作用下将卡钳11左端向外顶起，则右端收缩，离合器9在弹簧17作用下自动左移，重新与带离合器齿轮12啮合，进入电动状态。

② 蝶阀、球阀的电动操作系统 图24-38所示为Q型电动操作装置传动原理。其自动和手动操作过程与Z型电动操作装置基本相同，不予赘述。

24.5.3 进水阀的自动控制

进水阀通常是在机组发生事故或检修时用来截断水流的；当机组长期停机时，进水阀又可以减少导叶的漏水损失；当机组发生事故而调速器或导水机构又失灵时，要求进水阀能在动水作用下紧急关闭，迅速切断水流，以防事故扩大。为此，要求进水阀的操作应实现自动化。

(1) 蝶阀的自动控制

蝶阀的机械液压操作系统（图24-35）主要元件有电磁配压阀1DP和2DP、电磁空气阀DKF、液压操作系统YP和四通滑阀HF，还有压力信号器YX和压力表，以及指示灯和控制按钮等。所有这些元件都装在蝶阀的控制柜内。图24-39所示为蝶阀自动控制电器接线图。其自动控制操作程序如下。

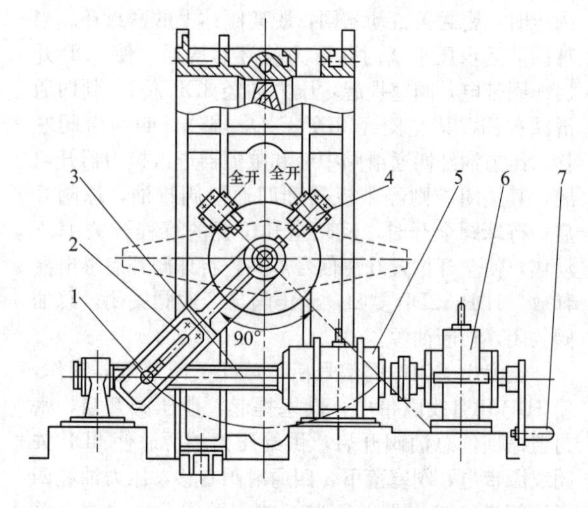

图24-38 Q型电动操作装置传动原理

1—螺母；2—转臂；3—螺杆；4—行程开关；5—电动机；6—减速箱；7—手动操作手柄

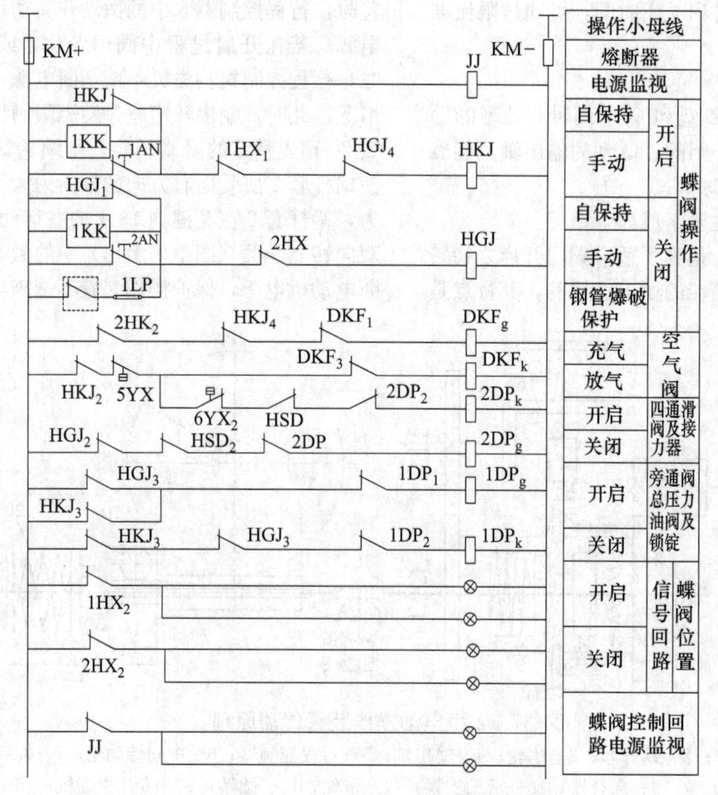

图24-39 蝶阀自动控制接线图

① 蝶阀开启操作程序　当蝶阀位于全开位置（其位置接点 $1HX_1$ 应闭合），水轮机导叶处在全开位置，蝶阀关闭继电器 HGJ 未动作（其常闭接点 HGJ_4 闭合）时，才能允许开启，此时可发出开启蝶阀的操作命令。这时可手动操作控制开关 1KK，也可通过按动按钮 1AN，使开阀继电器 HKJ 动作。其中一对常开接点 HKJ_1 闭合自保持，另一对常开接点 HKJ_3 闭合，使电磁配压阀 1DP 的吸引线圈 $1DP_k$ 励磁，1DP 向上动作，压力油进入液动配压阀上腔。总油阀上腔排油，打开总油阀，使压力油经总油阀通至四通滑阀。在压力油进入液动配压阀的上腔后，将活塞压至下部位置，切换操作旁通阀的液压阀油路，使旁通阀上腔进入压力油，下腔排油，旁通阀开启，向蜗壳充水。这时，由于电磁阀 1DP 上提，压力油同时通过蝶阀的锁定，将锁定拔出，压力油经锁定通至电磁配压阀 2DP 中。

旁通阀开启向蜗壳内充水，待水充满后，蜗壳内水压力升高至压力信号器 5YX 的整定值时，它的常开接点闭合。此时，蝶阀的开启继电器的常开接点 HKJ_2 闭合。因此，电磁空气阀 DKF 的吸引线圈 DKF_k 励磁，电磁空气阀 DKF 向上动作，蝶阀空气围带开始放气。

空气围带放完气后，监视空气围带气压的压力信号器 6HX 的常开接点 $6YX_2$ 闭合，此时锁定位置接点 HSD_1 早已闭合，因此电磁配压阀 2DP 的吸引线圈 $2DP_k$ 励磁。于是，电磁配压阀 2DP 向上运作，这时压力油经过电磁配压阀 2DP 通至四通滑阀的右端，将活塞推向左端，切换通向蝶阀接力器的油路，压力油即通过四通滑阀进入接力器的开启端，接力器即向开启方向动作，蝶阀开启。

当蝶阀至全开位置后，其开启终端限位开关接点 $1HX_1$ 断开，将开启继电器 HKJ 释放，使电磁配压阀 1DP 释放线圈 $1DP_g$ 励磁，电磁配压阀 1DP 脱扣复归，使旁通阀关闭、锁定落下，同时关闭总油阀，切断油源。至此，蝶阀的开启过程全部完成。

② 蝶阀关闭的操作程序　当机组停机需要关闭蝶阀时，发出关闭蝶阀的命令，命令可在中央控制室操作控制开关 1KK 发出，也可在蝶阀控制柜旁通过按动按钮 2AN 发出。如水电站装有压力钢管爆破保护装置，亦可用装设在压力钢管上的钢管爆破保护装置的信号进行操作。当关闭命令脉冲发出后，蝶阀关闭继电器 HGJ 动作，其常开接点 HGJ_1 闭合自保持，常开接点 HGJ_3 闭合，电磁配压阀 1DP 的吸引线圈 $1DP_k$ 通电励磁，1DP 向上动作，将总油阀开启。压力油通至四通滑阀及液动配压阀上端，将液动配压阀活塞向下压，切换其通向操作旁通阀的液压阀油路，打开旁通阀。当 1DP 向上动作后，压力油同时通至锁定，将锁定拔出，压力油经过锁定通至电磁配压阀 2DP 中。

当蝶阀关闭继电器 HGJ 动作后，其常开接点 HGJ_2 闭合，这时由于锁定已拔出，其限位接点 HSD_2 闭合，电磁配压阀 2DP 的常开触头 $2DP_1$ 闭合，其脱扣线圈 $2DP_g$ 励磁，2DP 复归。这时压力油通过 2DP 进入四通滑阀的左端，将四通滑阀的活塞压向右端，切换通向蝶阀接力器的油路，使压力油进入蝶阀的关闭侧，推动接力器活塞向关闭方向移动，将蝶阀关闭。

蝶阀关闭后，其限位开关接点 $2HX_1$ 断开，关闭继电器 HGJ 释放。这时限位开关接点 $2HX_2$ 闭合，电磁空气阀 DKF 由于尚未复归而使常开触头 DKF_1 闭合，于是电磁空气阀的脱扣线圈 DKF_g 励磁，使 DKF 复归。这时压缩空气通过电磁空气阀通入空气围带，使空气围带充气。

蝶阀关闭继电器 HGJ 释放后，由于其常闭接点 HGJ_3 闭合，以及 1DP 尚未复归，其电磁阀常开接点闭合，于是 1DP 的脱扣线圈 $1DP_g$ 励磁，而使 1DP 复归，关闭旁通阀，锁定投入，总油阀关闭，压力油路被切断。至此，蝶阀的关闭过程全部完成。

（2）球阀的自动控制

球阀的液压操作系统（图 24-40）由四通滑阀、旁

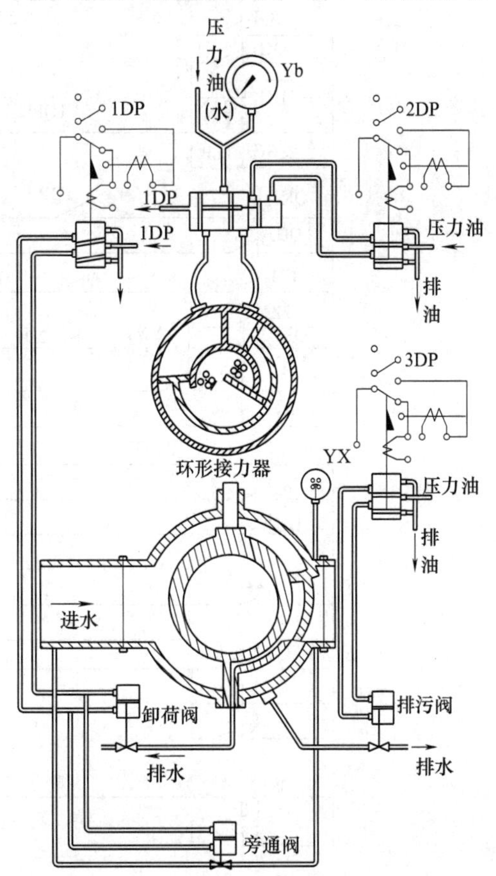

图 24-40　球阀机械液压操作系统图

通阀、卸荷阀、排污阀以及压力信号器和三个电磁配压阀等自动化元件所组成。其中 1DP 电磁配压阀同时操作卸荷阀和旁通阀；2DP 电磁阀操作四通滑阀；3DP 电磁阀操作排污阀。

球阀自动控制电器接线图见图 24-41，其自动控制操作程序如下。

① 球阀开启操作程序　当球阀位于全关位置，$2QFK_1$ 接通，水轮机导叶全关，$2FK_2$ 接通，对冲击式水轮机应为针阀全关，并且机组无事故，停机继电器 JTJ 未动作时，才允许开启。此时，可发出开启球阀的命令。由中控室操作控制开关 1KK，或在球阀操作柜上按动按钮 1AN 来实现，也可由中控室发出开机脉冲，通过 JQJ_3 接点闭合来实现。当发出开启球阀命令后，使球阀开放继电器 QKJ 动作，其中 QKJ_4 接点闭合使 3DP 电磁配压阀线圈 $3DP_k$ 励磁，打开排污阀；QKJ_3 接点闭合，开放卸荷阀，同时也开通排污阀，向蜗壳（或喷针输水管）充水。

当排污阀打开时，排污阀内的泥沙和污物，排污时间由时间继电器 2SJ 整定。排污阀开启时间达到继电器整定时间后，时间继电器 2SJ 动作自动关闭排污阀。

当卸荷阀开放时，排出止漏盖内腔的压力水，使止漏盖在其内弹簧的作用下，向内收缩，避免在关闭球阀时，止漏盖与止水环产生摩擦损坏。

当旁通阀开启向蜗壳（或喷针输水管）充水，使球阀两侧的水压基本达到平衡时，压力信号器 YX 的 YX_2 接点闭合，使电磁配压阀 $2DP_k$ 励磁，这时环形接力器向球阀开启方向移动，球阀开启。

当球阀开启至全开位置时，$2QFK_2$ 接点闭合，为球阀下次关闭做准备。$2QFK_2$ 接点闭合，使球阀端接点重复继电器 1ZJ 动作，球阀全开位置信号指示灯 1HD 及 2HD 亮。同时 $1ZJ_2$ 结合点闭合，电磁配压阀 1DPG 线圈励磁，使旁通阀和卸荷阀关闭。至此，球阀开启过程全部完成。

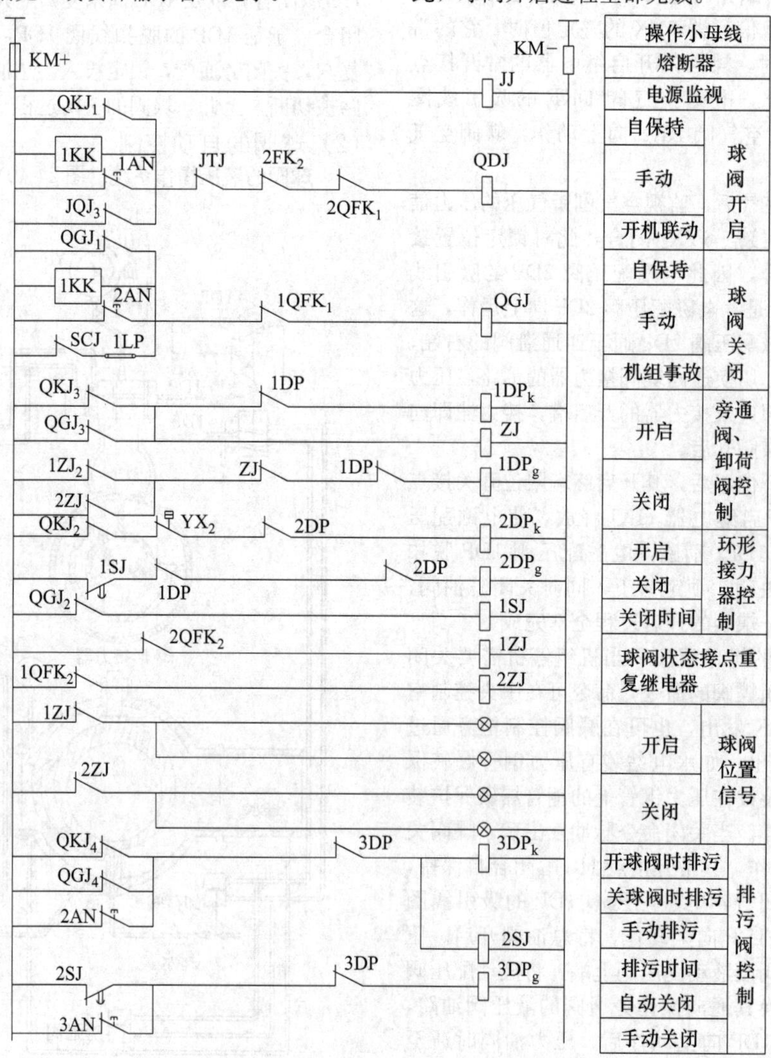

图 24-41　球阀自动控制接线图

② 球阀关闭的操作程序　球阀关闭前，必须在全开位置，即 $1QFK_1$ 闭合，满足此条件后即可发出关闭球阀的命令。球阀关闭命令可在中央控制室操作开关 1KK，使其拨至“关闭”位置；还可以在球阀控制柜前操作按钮 2AN。当水轮机事故停机时，事故继电器 SCJ 动作，也可以操作球阀关闭。

当球阀关闭命令发出后，球阀关闭继电器 QGJ 动作，其中 QGJ_1 接点闭合自保持；QGJ_4 接点闭合，使 $3DP_k$ 线圈励磁，打开排污阀；QGJ_3 结合点闭合，使卸荷阀与旁通阀开启。它们的操作动作与开启球阀相同。

当球阀关闭后，$2QFK_1$ 接点断开，$1QFK_2$ 接点断开，$1QFK_2$ 接点闭合，继电器 2ZJ 动作，使球阀全关，指示灯 1LD 及 2LD 亮。与此同时，使电磁配压阀 $1DP_g$ 闭合线圈励磁闭合，旁通阀和卸荷阀关闭。至此，球阀关闭的全过程完成。

24.6　进水阀的运行与维护

24.6.1　蝶阀的运行与维护

开蝶阀时，导水叶应全开，且导水压力水流叶接力器的闭侧有油压（或加锁状态），压油装置的工作及其系统正常，以防止开蝶阀时将导水叶冲开。

正常关闭蝶阀时，应在导叶关闭后进行，以保证蝶阀关闭过程两侧的水压平衡，防止轴承一侧受力损坏。但在事故时，则可在导叶未完成关闭的情况下紧急关闭蝶阀。

蝶阀运行中常见故障与处理方法如下。

(1) 空气围带的破坏

蝶阀空气围带是用橡胶（内有钢丝加固）制成的。当蝶阀全关时，压缩空气充入围带内，围带就与蝶阀阀体的边缘紧紧相贴，起到了严密止水的作用。当开蝶阀时，必须先将空气围带内的气压排除，以防围带被挤伤。因此，在正常操作与维护中应注意下列情况。

① 对侧路阀活塞杆上设有围带给排气装置的蝶阀，正常巡回检查时应注意蝶阀、侧路阀在开或闭的位置，蝶阀和侧路阀的自动操作状态也应在相应的位置，否则易挤伤围带。如机组开启蝶阀备用时，蝶阀和侧路阀的自动操作状态都应在开的位置。如果此时自动操作状态处于关闭的位置，当蝶阀、侧路阀自动关闭操作时，蝶阀和侧路阀同时关闭，但侧路阀关闭时间短，蝶阀关闭时间长，在侧路阀关闭后立即向蝶阀围带充气。虽然油泵已停止，但蝶阀还在关闭过程中，还能利用剩余油压走一段路程，在这段路程中围带就容易挤伤；反之，机组关闭蝶阀备用时，操作蝶阀和侧路阀的自动状态也应在关闭位置，如在开启位置，也容易挤伤围带。

② 对蝶阀围带的给排气专设有电磁阀操作的蝶阀，正常巡回检查时，应注意蝶阀在开启位置时围带给排气电磁阀应在排气位置。如在给气位置，关蝶阀就会挤伤空气围带。

(2) 运行中蝶阀自动关闭

机组在发电运行时，要求蝶阀在全开位置，锁定在投入状态。在机组未启动前，若开蝶阀时没认真检查，会致使蝶阀开后未投入锁定。当机组启动带负荷后，由于蝶阀阀体受水流作用被冲关（冲关至 30°左右），机组这时只能按上游水位的高度带一定的负荷。另外，当蝶阀在运行中维护不当，或者由于某种情况误拧蝶阀操作器或误碰关蝶阀的继电器，会造成油泵启动强关蝶阀至关闭，而随之关闭侧路阀。

机组在发电运行中，蝶阀自行关闭危害非常大。除甩掉机组大量有功功率外，更为严重的是当蝶阀由 70°向 30°的运动过程被水冲关太快，水压钢管内产生很大的水锤压力，并产生强烈的振动。因此，运行人员在正常维护和操作中一定要认真检查、细心操作，以保证机组的安全运行。

蝶阀自行关闭的现象：机组有功功率表指示出力逐渐下降，且有强烈的振动声。运行人员发现此种现象应立即检查油泵电动机是否转动，若未转动说明是开蝶阀后锁定未锁好，此时迅速启动油泵即可将蝶阀开启；如油泵电动机在转动，则说明关蝶阀的自动装置误动作，这时应设法复归关蝶阀继电器将油泵停止，同时将蝶阀操作把手扭向开侧，再次启动油泵将蝶阀开启。这时应观察蝶阀的开启速度，如蝶阀不动则是因导叶开度过大，应迅速调整速度调整机构或开度限制机构，以减小导叶的开度。当蝶阀全开后，再打开速度调整机构或开度限制机构到原位。

24.6.2　球阀的运行与维护

(1) 运行中的检查

球阀的运行中应检查下列相关事项：

① 检查各油路、水路连接是否完好、有无松动，接头有无漏油、漏水现象；

② 检查各压力开关、压力表等表计指示是否正常，外表有无破裂；

③ 检查球阀与延伸段、伸缩节、连接法兰处有无漏水现象；

④ 检查旁通阀回路阀门位置是正确，动作是否正常；

⑤ 检查球阀操作接力器位置是否正确，有无漏油、漏水现象；

⑥ 检查球阀开启、关闭声音是否正常；

⑦ 检查操作用油的压力油罐的油压、油位和油温是否在正常范围内；

⑧ 检查压力油泵及循环油泵运行时有无异常声音。

(2) 常见故障与处理

① 工作密封不能退出　球阀工作密封不能退出，可能是由于蜗壳压力不正常、工作密封水操作回路不正确、工作密封投入腔压力开关或位置开关故障等。为此，应检查蜗壳压力是否正常，导叶漏水量是否太大，蜗壳排水阀是否打开，蜗壳压力开关是否动作，压力开关信号回路是否故障，球阀工作密封本身是否漏水量太大等。

② 工作密封不能投入　球阀工作密封不能投入，可能是由于压力开关或液压阀故障引起的。这时应检查工作密封投入腔的压力开关动作是否正确，信号回路是否正常，工作密封退出腔的液压阀是否复位，以及工作密封投入腔的液压阀是否出现卡阻等。

③ 球阀无法开启　可能是由于其开启的逻辑控制回路故障、油压回路故障或球阀限位开关信号回路故障引起的。这时应首先检查是否具备球阀开启的条件，其次检查球阀的接力器开闭腔压力是否正常，其主控阀是否有卡阻现象，以及其限位开关信号回路是否故障等。

④ 球阀开启过程中不正常关闭　可能是外部故障导致球阀事故紧急停机，也可能是球阀开启过程过长而自动返回。若是外部故障引起的，则应先消除外部故障再开启，若是由于球阀本身开启过程过长，则应查找不能正常完成开启的原因并进行处理。

参 考 文 献

[1] 梁维燕等. 中国电气工程大典：第5卷. 北京：中国电力出版社，2010.

[2] 郑源等. 水电站动力设备. 北京：中国水利水电出版社，2003.

[3] 陈存祖等. 水力机组辅助设备. 北京：中国水利水电出版社，2008.

[4] 龙建明. 水电站辅助设备. 郑州：黄河水利出版社，2009.

[5] 张清双等. 水轮机进水球阀结构设计. 阀门，2009 (6).

第 25 章 火力发电用阀门

25.1 火力发电用高温高压阀门

25.1.1 概述

在火力发电的热力系统中，高温高压阀门是热力系统的重要组成部分。所有热力设备都是通过阀门和管道连接形成一个系统。因此阀门和管道，特别是高温高压阀门技术水平的高低，产品质量的优劣，直接影响火力发电机组安全可靠和经济运行。

从火力发电的发展趋势来看，其机组参数越来越高，从高压、次高压机组 10MPa/450℃，到亚临界机组 17～19MPa/537～550℃、超临界机组 24～27MPa/566～590℃、超超临界机组 30～35MPa/566～650℃；机组的容量越来越大，从 5 万、10 万、20 万，到 30 万、60 万，又到 100 万；机组的效率越来越高，一般中小高压机组热效率在 30%以下，亚临界大型火电机组的热效率在 38%左右，而超临界、超超临界机组的热效率可达 42%～45%。经过对比：一台 60 万千瓦超超临界火电机组参数 25MPa/600℃比亚临界火电机组参数 17MPa/540℃年节约煤炭 12.6 万吨，节约燃料费用 4000 多万元左右，减少 CO_2 气体排放 37 万吨，减少 SO_2 气体排放 0.3 万吨，所以火力发电机组向高参数、大容量发展是必然趋势。从而对阀门的要求亦越来越高。

在火力发电机组上阀门主要用于汽水管道。随着火力发电机组向高参数，大容量发展，阀门的尺寸和工作参数也愈来愈高，工作条件更加恶劣，其结构更加复杂，并且向单功能专用化方向发展，因此电站阀门可以认为是以“高温高压”或“特殊结构”为特征的阀门。阀门在火力发电机组上主要用于下列系统：锅炉给水系统、减温水系统、锅炉和蒸汽出口集箱附件、启动系统、旁路系统、高压给水加热器保护系统。以上这些系统对某些阀门提出了非常严格的要求，如要求在 2～5s 内快速开启和关闭；要在高温高压下工作，在高压差下经受汽水混合物的冲刷和侵蚀等。某些阀门将直接关系到整个设备的安全可靠性。因此要求阀门制造厂提供优质产品，同时也要求运行人员严格按技术规程进行操作。

25.1.2 阀门特点及要求

（1）特点

火力发电机组配套高温高压阀门以其所在部位和功能不同，其结构、品种、型号、规格多种多样，按照结构形式可分为闸阀、截止阀、止回阀、球阀、安全阀、调节阀、减压阀等。

对于超临界电站，由于主蒸汽管道和主给水管道参数比亚临界参数机组有较大提高，国际上发达国家主蒸汽管道、再热热段管道普遍采用 P91 和 T91 钢管道，1985 年以来 T91 和 P91 钢被世界各国广泛应用于火力发电机组的过热器、再热气管道上，与其配套的阀门采用锻造的 F91 钢阀门或铸造的 C12A 钢阀门。主给水管道普遍采用 WB36 高强度钢管道。WB36 是德国瓦卢瑞克·曼内斯曼企业材料牌号，DIN 标准牌号为 15NiCuMoNb5，材料号为 1.6368。20 世纪 90 年代后才在我国超临界机组上使用，与其配套的阀门采用锻造或铸造的 WB36 钢阀门。

按国际上火电运行经验，当温度超过 600℃，P91 和 T91 钢管道和 F91/C12A 钢阀门不能满足长期安全运行要求，应选更高一级的材料，就是 P92 和 T92 钢管道和 F92 钢阀门。且考虑超超临界阀门超高的温度压力，用锻造（最好是模锻）阀门更为可靠，因此选用 F92。F92 是在 F91 基础上开发的，在化学成分上适当降低了 Mo 的含量，同时加入了一定的 W，将材料的钼当量从 F91/C12A 的 0.85%～1.05%降低到 0.30%～0.60%，还加入了微量的硼，形成细小的回火马氏体钨强化钢。它 600℃许用应力比 F91/C12A 增加 30%，阀门厚度减少，重量减轻，成本降低。2000 年美国锅炉压力容器标委会将 F92/P92 纳入 ASME 标准中。

追踪国际上对耐热钢的研究成果，对于超临界主蒸汽阀门采用 F91 锻钢阀或 C12A 铸钢阀；对于超超临界主蒸汽阀门采用 F92 锻钢阀；对于超临界和超超临界机组给水阀门采用 WB36 铸钢或锻钢阀。

（2）要求

① 所有高温高压阀门密封面都应采用司太立硬质合金或其他铁基或钴、镍基硬质合金，高温下硬度高，使用寿命长。

② 对于口径大于 *DN*100 的高温高压阀门，阀门中腔设计成压力自密封结构。靠介质压力密封，高压状态密封效果更好。体积小、重量轻、安全可靠。

③ 闸阀的关闭件采用楔式弹性单闸板或双闸板密封结构，经使用后磨损的闸板产生泄漏超标时，可重新调整到原始合格密封状态，大大延长了阀门的使用寿命。

④ 截止阀阀瓣连接要可靠，阀体与阀瓣的配合应设置导向，避免阀瓣卡死，大口径截止阀可以采用

高进低出反向流。

⑤ 高温高压止回阀尽量采用内挂式的阀瓣结构，以减少阀瓣销轴处的泄漏。

⑥ 给水泵出口阀、高压加热器旁路阀，按设计要求设置旁通阀和中腔与进口、出口的平衡阀，以防止介质汽化超压。

⑦ 汽轮机抽气紧急切断保护阀，在失气失电状态下能够自动紧急关闭；在事故状态时，紧急切断保护时间不超过 0.5s。

⑧ 锅炉给水旁路用高压差调节阀，采用多级节流阀瓣，能承受锅炉启动时给水泵输出高压力和大压差。所有调节阀应在全行程启闭过程的动作平稳，无有害的振动、噪声，能防止零件的汽蚀损坏。

⑨ 高温高压安全阀应设置阀瓣导向机构，导向套耐磨损，以保证启闭动作和密封性；开启高度、排量应满足相关标准要求，安全阀动作过程无频跳和颤振，回座压差符合 GB/T 12241 以及 ASME 锅炉动力规范要求；弹簧载荷安全阀应防止排出的高温高压介质直接冲蚀弹簧。

⑩ 所有高温高压阀门要求维修方便，尽可能不必从管道上割下来，就可在现场直接研磨和修复，以减少维护工作量。

25.1.3 温度-压力参数

(1) 国内电站的温度-压力参数

国内电站的温度-压力参数见表 25-1。

(2) 高温高压阀门性能规范

高温高压阀门性能规范见表 25-2。

(3) 阀门的温度-压力参数

按照我国国家和行业老标准，阀门的工作温度小于和等于阀体、阀盖材料的基准温度时，阀门的公称压力就是阀门的最大工作压力。公称压力用符号“*PN*”表示，阀门的基准温度是 200℃。当工作温度高于 200℃时，阀门的工作温度及该温度下的最大允许工作压力见表 25-3～表 25-6。

表 25-1　国内电站的温度-压力参数

火电站规范	主蒸汽			给水系统		
	温度-压力	选用压力级	材料	温度-压力	选用压力级	材料
20 万千瓦	P_{54}140	2500Lb	WC9	PN 250	1500Lb	WCB
30 万千瓦	P_{54}170	3000Lb	WC9	PN 250	1500Lb	WCB
	P_{55}170	3500Lb	WC9	PN 320	2500Lb	WCB
60 万千瓦亚临界	P_{54}195	3500Lb	WC9	PN 320	2500Lb	WCB
60 万千瓦超临界	P_{57}240	3000Lb	F91	P_{28}420	3000Lb	WB36
100 万千瓦超超临界	P_{60}276	3500Lb	F92	P_{30}355	3500Lb	WB36

注：100 万千瓦超超临界机组参数按玉环电厂。

表 25-2　高温高压阀门性能规范

公称压力	强度试验压力 /MPa	密封试验压力 /MPa	上密封试验压力 /MPa	气密封试验压力 /MPa	工作温度/℃				
					38	427	454	540	570
					最大工作压力/MPa				
1500lb	39.2	28.6	28.6	0.5～0.7	26.0	14.5			
1500lbC1	36.7	26.85	26.85	0.5～0.7	24.4		17.1		
1500lbC6	39.5	18.8	18.8	0.5～0.7	26.4			7.45	
1500lbC9	39.6	10.1	10.1	0.5～0.7	26.4				6.55
2000lb	52.2	38.15	38.15	0.5～0.7	34.7	19.3			
2000lbC1	48.9	35.75	35.75	0.5～0.7	32.5		22.8		
2000lbC6	52.8	25.1	25.1	0.5～0.7	35.2			10.0	
2000lbC9	52.8	13.6	13.6	0.5～0.7	35.2				8.7
2500lb	65.2	47.75	47.75	0.5～0.7	43.4	24.1			
2500lbC1	61.2	44.75	44.75	0.5～0.7	40.7		28.5		
2500lbC6	65.9	31.35	31.35	0.5～0.7	43.9			12.5	
2500lbC9	65.9	16.95	16.95	0.5～0.7	43.9				10.9
3000lb	78.2	57.3	57.3	0.5～0.7	52.1	28.9			
3000lbC1	73.4	53.8	53.8	0.5～0.7	48.9		34.3		
3000lbC6	79.1	37.75	37.75	0.5～0.7	52.7			15.0	
3000lbC9	79.1	20.3	20.3	0.5～0.7	52.7				13.1
3000lbF91	79.1	26.4	26.4	0.5～0.7	52.7				25.0
3500lb	91.2	66.75	66.75	0.5～0.7	60.7	33.7			

续表

公称压力	强度试验压力/MPa	密封试验压力/MPa	上密封试验压力/MPa	气密封试验压力/MPa	工作温度/℃				
					38	427	454	540	570
					最大工作压力/MPa				
3500lbC1	85.5	62.7	62.7	0.5～0.7	57.0		40.0		
3500lbC6	92.3	44.0	44.0	0.5～0.7	61.5			17.5	
3500lbC9	92.3	29.65	29.65	0.5～0.7	61.5				15.3
3500lbF92	92.3	30.36	30.36	0.5～0.7	61.5				621℃时 28.1
250	37.5	27.5	27.5	0.5～0.7	25.0				
320	48.0	35.2	35.2	0.5～0.7	32.0				
P_{54}100	30.0	11.0	11.0	0.5～0.7				10.0	
P_{54}170	48.0	18.7	18.7	0.5～0.7				17.0	

表 25-3　碳素钢压力-温度基准（20、25、ZG200-400、ZG230-450）　　单位：bar

温度/℃	压力								
	16	25	40	63	100	160	200	250	320
200	15.7	24.5	39.2	62.7	98.0	156.8	196.0	245.0	313.6
250	13.7	21.6	35.3	54.9	88.2	137.2	176.4	220.5	274.4
300	12.3	19.6	31.4	49.0	78.4	122.5	156.8	196.0	245.0
350	10.8	17.6	27.4	44.1	69.6	109.8	137.2	176.4	220.5
400	9.8	15.7	24.5	39.2	62.7	98.0	122.5	156.8	196.0
425	8.8	13.7	21.6	35.3	54.9	88.2	109.8	137.2	176.4
450	(6.6)	(10.3)	(16.6)	(26.0)	(41.7)	(66.2)	(83.3)	(103.9)	(129.8)
水压试验压力	24	38	60	95	150	240	300	380	480

注：1. 按工作温度、压力确认压力级。

2. 温度或压力数值若在表中数值的中间时，可通过内插法确认最高工作温度或压力。

3. 表中所指压力均为表压。

4. 括号内数值不推荐长期使用，可能发生石墨化现象。

表 25-4　Cr-Mo-V 钢压力温度（12Cr1MoV、15Cr1Mo1V、ZG15Cr1Mo1V、ZG20CrMoV）

单位：bar

温度/℃	压力								
	16	25	40	63	100	160	200	250	320
200	15.7	24.5	39.2	62.7	98.0	156.8	196.0	245.0	313.6
250	14.9	23.3	37.6	59.5	93.9	148.6	187.8	234.8	297.3
300	14.0	22.1	36.0	56.2	89.8	140.5	179.7	224.6	280.9
350	13.4	21.1	34.4	53.5	85.9	133.8	171.9	214.8	267.6
400	12.8	20.4	32.9	51.3	82.2	128.1	164.3	205.4	256.3
425	12.6	20.0	32.1	50.1	80.3	125.3	160.6	200.7	250.6
450	12.3	19.6	31.4	49.0	78.4	122.5	156.8	196.0	245.0
475	11.7	18.8	29.7	47.0	74.7	117.2	148.6	187.8	234.8
500	11.1	17.9	28.0	44.9	71.1	111.9	140.5	179.7	224.6
510	10.8	17.6	27.4	44.1	69.6	109.8	137.2	176.4	220.5
520	9.8	15.7	24.5	39.2	62.7	98.0	122.5	156.8	196.0
530	8.8	13.7	21.6	35.3	54.9	88.2	109.8	137.2	176.4
540	7.8	12.3	19.6	31.4	49.0	78.4	98.0	122.5	156.8
550	6.9	10.8	17.6	27.4	44.1	69.6	88.2	109.8	137.2
560	6.3	9.8	15.7	24.5	39.2	62.7	78.4	98.0	122.5
570	5.5	8.8	13.7	21.6	35.3	54.9	69.6	88.2	109.8
水压试验压力	24	38	60	95	150	240	300	380	480

注：1. 按工作温度、压力确认压力级。

2. 温度或压力数值若在表中数值的中间时，可通过内插法确认最高工作温度或压力。

3. 表中所指压力均为表压。

4. ZG20CrMoV 推荐在小于或等于 540℃时长期使用。

表 25-5 Cr-Mo 钢压力温度基准（1Cr5Mo、ZG1Cr5Mo） 单位：bar

温度/℃	压力								
	16	25	40	63	100	160	200	250	320
200	15.7	24.5	39.2	62.7	98.0	156.8	196.0	245.0	313.6
250	14.9	23.3	37.6	59.6	94.1	149.0	188.2	235.2	297.9
300	14.1	22.2	36.1	56.5	90.2	141.1	180.3	225.4	282.2
350	13.2	20.2	33.8	52.6	84.4	131.5	168.9	211.1	263.1
400	11.9	18.1	30.4	47.8	76.2	119.3	151.9	191.1	238.9
425	11.0	17.9	27.9	44.7	70.7	111.4	139.7	178.9	223.6
450	9.8	15.7	24.5	39.2	62.7	98.0	122.5	156.8	196.0
475	8.6	13.4	21.1	34.3	53.4	85.7	106.9	133.5	171.5
500	6.9	10.8	17.6	27.4	44.1	69.6	88.2	109.8	137.2
510	6.3	9.8	15.7	24.5	39.2	62.7	78.4	98.0	122.5
520	5.5	8.8	13.7	21.6	35.3	54.9	69.6	88.2	109.8
530	4.9	7.8	12.3	19.6	31.4	49.0	62.7	78.4	98.0
540	4.4	6.9	10.8	17.6	27.4	44.1	54.9	69.6	88.2
550	3.9	6.3	9.8	15.7	24.5	39.2	49.0	62.7	78.4
水压试验压力	24	38	60	95	150	240	300	380	480

注：1. 按工作温度、压力确认压力级。
2. 温度或压力数值若在表中数值的中间时，可通过内插法确认最高工作温度或压力。
3. 表中所指压力均为表压。

表 25-6 奥氏体不锈钢钢压力温度基准（1Cr18Ni9Ti、ZG1Cr18Ni9Ti） 单位：bar

温度/℃	压力								
	16	25	40	63	100	160	200	250	320
200	15.7	24.5	39.2	62.7	98.0	156.8	196.0	245.0	313.6
250	14.7	23.1	37.3	58.8	93.1	147.0	186.2	232.8	294.0
300	13.7	21.6	35.3	54.9	88.2	137.2	176.4	220.5	274.4
350	13.0	20.6	33.4	52.0	83.3	129.9	166.6	208.3	259.7
400	12.3	19.6	31.4	49.0	78.4	122.5	156.8	196.0	245.0
425	11.8	19.0	30.1	47.5	75.7	118.5	150.6	189.9	237.3
450	11.4	18.3	28.9	45.9	72.9	114.6	144.6	183.8	229.7
475	10.9	17.7	27.6	44.4	70.1	110.6	138.4	177.6	222.0
500	10.3	16.6	26.0	41.6	66.1	103.9	129.8	166.6	208.3
510	10.1	16.2	25.2	40.4	64.4	100.9	126.2	161.7	202.1
520	9.8	15.7	24.5	39.2	62.7	98.0	122.5	156.8	196.0
530	9.6	15.2	23.8	38.2	60.8	95.6	119.3	151.9	191.1
540	9.3	14.7	23.1	37.2	58.8	93.1	116.1	147.0	186.2
550	9.1	14.2	22.3	36.3	56.9	90.7	112.9	142.1	181.3
560	8.8	13.7	21.6	35.3	54.9	88.2	109.8	137.2	176.4
570	8.5	13.2	20.9	34.0	52.9	84.9	105.9	132.3	169.9
水压试验压力	24	38	60	95	150	240	300	380	480

注：1. 按工作温度、压力确认压力级。
2. 温度或压力数值若在表中数值的中间时，可通过内插法确认最高工作温度或压力。
3. 表中所指压力均为表压。

按照 GB/T 12224—2005《钢制阀门 一般要求》，阀门的温度-压力参数从 ASME B16.34 的英制标准转换为公制标准（表 25-7～表 25-19）。

第 1.1 组材料：WCB、A105 长期使用于温度大于 427℃时，钢中的碳化物相会转化为石墨。见表 25-8。

第 1.2 组材料：WCC 长期使用于温度大于 427℃时，钢中的碳化物相会转化为石墨。LC2、LC3 使用温度不大于 343℃。见表 25-9。

第 1.3 组材料：LCB 使用温度不大于 343℃。见表 25-10。

第 1.5 组材料：WC1 使用正火加回火的材料，推荐长期使用温度不大于 468℃。LC1 使用温度不大于 343℃。见表 25-11。

表 25-7 钢制阀门承压件材料分组规定

材料组号	材料类别	钢板		锻件		铸件	
		钢号	标准号	钢号	标准号	钢号	标准号
1.0	20	25	GB/T 711	25	GB/T 12228	—	—
		20R	GB 6654				
1.1	WCB	—	—	A105	GB/T 12228	WCB	GB/T 12229
1.2	WCC	—	—	—	—	WCC	GB/T 12229
	—	—	—	—	—	LC2、LC3	JB/T 7248
1.3	16MnR	16MnR	GB 6654	16Mn	JB 4726	—	—
		16MnDR	GB 3531	16MnD	JB 4727	—	—
	—	—	—	—	—	LCB	JB/T 7248
1.4	09Mn	09MnNiDR	GB 3531	09MnNiD	JB 4727	—	—
1.5	—	—	—	—	—	LC1	JB/T 7248
	—	—	—	—	—	WC1	JB/T 5263
1.9	1Cr-0.5Mo	15CrMoR	GB 6654	15CrMo	JB 4726	—	—
		—	—	—	—	WC6	JB/T 5263
1.10	2 1/4Cr-1Mo	12Cr2Mo1R	GB 6654	12Cr2Mo1	JB 4726	—	—
		—	—	—	—	WC9	JB/T 5263
1.13	5Cr-0.5Mo	—	—	1Cr5Mo	JB 4726	—	—
1.15	—	—	—	—	—	C12A	JB/T 5263
2.1	304	0Cr18Ni9	GB/T 4237	0Cr18Ni9	JB 4728	CF8	GB/T 12230
	—	—		—		CF3	
2.2	316	0Cr17Ni12Mo2		0Cr17Ni12Mo2		CF8M	
	—	—		—		CF3M	
2.3	304L	00Cr19Ni10		00Cr19Ni10		—	—
	316L	00Cr17Ni14Mo2		00Cr17Ni14Mo2		—	—
2.4	321	0Cr18Ni10Ti (1Cr18Ni9Ti)		0Cr18Ni10Ti (1Cr18Ni9Ti)		—	—
2.5	347	—	—	—	—	CF8C	GB/T 12230

表 25-8 标准压力级阀门压力-温度额定值（一）

温度/℃	公称压力														
	16		25	40		63		100			160		320		
		20			50		67		110	150		260		420	760
	分级表示的工作压力/MPa														
−29～38	1.6	2.0	2.5	4.1	5.2	6.5	7.0	9.6	10.4	15.6	16.5	26.3	32.7	43.4	78.1
93	1.4	1.8	2.3	3.7	4.7	5.9	6.3	8.5	9.5	14.2	15.0	23.7	29.7	39.5	71.1
149	1.3	1.6	2.1	3.6	4.6	5.7	6.1	8.3	9.3	13.9	14.7	23.0	28.8	38.5	69.2
204	1.1	1.4	1.9	3.4	4.4	5.6	6.0	8.2	8.9	13.4	14.2	22.3	27.8	37.1	66.8
260	1.0	1.2	1.7	3.2	4.2	5.2	5.6	7.7	8.4	12.6	13.3	21.0	26.2	35.0	63.1
315	0.8	1.0	1.4	2.8	3.8	4.8	5.1	7.1	7.7	11.5	12.2	19.3	24.0	32.0	57.7
343	0.7	0.9	1.3	2.7	3.7	4.7	5.0	7.0	7.5	11.3	12.0	18.9	23.5	31.4	56.6
371	0.6	0.8	1.2	2.7	3.7	4.7	5.0	7.0	7.5	11.2	11.8	18.7	23.3	31.2	56.1
399	0.5	0.7	1.1	2.6	3.5	4.4	4.7	6.5	7.1	10.6	11.2	17.7	22.1	29.5	53.1
427	0.5	0.6	1.0	2.1	2.9	3.6	3.9	5.3	5.8	8.7	9.2	14.5	18.1	24.1	43.3
454	0.4	0.5	0.7	1.4	1.9	2.3	2.5	3.4	3.7	5.7	6.0	9.4	11.7	15.7	28.2
482	0.3	0.4	0.5	0.9	1.2	1.5	1.6	2.2	2.4	3.6	3.8	6.0	7.5	10.0	18.0
510	0.2	0.2	0.3	0.5	0.7	0.9	1.0	1.3	1.4	2.2	2.3	3.6	4.5	6.0	10.8
538	0.1	0.1	0.1	0.3	0.4	0.4	0.5	0.6	0.7	1.1	1.2	1.8	2.2	3.0	5.4

表 25-9 标准压力级阀门压力-温度额定值（二）

温度/℃	公称压力														
	16		25	40		63		100			160		320		
		20			50		67		110	150		260		420	760
	分级表示的工作压力/MPa														
−29～38	1.6	2.0	2.5	4.1	5.2	6.5	7.0	9.6	10.5	15.8	16.7	26.3	32.9	43.9	79.1
93	1.4	1.8	2.3	4.0	5.2	6.5	7.0	9.6	10.5	15.8	16.7	26.3	32.9	43.9	79.1
149	1.3	1.6	2.1	3.9	5.1	6.4	6.8	9.4	10.2	15.3	16.2	25.6	32.0	42.7	76.8
204	1.1	1.4	2.0	3.8	5.0	6.2	6.6	9.1	9.9	14.9	15.8	24.8	30.9	41.3	74.4
260	1.0	1.2	1.7	3.5	4.7	5.8	6.2	8.5	9.3	14.0	14.8	23.4	29.2	39.0	70.0
315	0.8	1.0	1.5	3.2	4.3	5.3	5.6	7.8	8.5	12.8	13.5	21.2	26.5	35.4	63.7
343	0.7	0.9	1.4	3.0	4.1	5.1	5.5	7.5	8.2	12.4	13.1	20.7	25.8	34.5	62.0
371	0.6	0.8	1.3	2.9	4.0	5.0	5.3	7.3	8.0	12.0	12.7	20.0	24.9	33.2	59.8
399	0.5	0.7	1.1	2.6	3.5	4.4	4.7	6.5	7.1	10.6	11.2	17.7	22.1	29.5	53.1
427	0.5	0.6	1.0	2.1	2.9	3.6	3.9	5.3	5.8	8.7	9.2	14.5	18.1	24.1	43.3
454	0.4	0.5	0.7	1.4	1.9	2.3	2.5	3.4	3.7	5.7	6.0	9.4	11.7	15.7	28.2
482	0.3	0.4	0.5	0.9	1.2	1.5	1.6	2.2	2.4	3.6	3.8	6.0	7.5	10.0	18.0
510	0.2	0.2	0.3	0.5	0.7	0.9	1.0	1.3	1.4	2.2	2.3	3.6	4.5	6.0	10.8
538	0.1	0.1	0.1	0.3	0.4	0.4	0.5	0.6	0.7	1.1	1.2	1.8	2.2	3.0	5.4

表 25-10 标准压力级阀门压力-温度额定值（三）

温度/℃	公称压力														
	16		25	40		63		100			160		320		
		20			50		67		110	150		260		420	760
	分级表示的工作压力/MPa														
−29～38	1.5	1.9	2.4	3.9	4.9	6.1	6.5	9.0	9.8	14.6	15.5	24.4	30.5	40.7	73.2
93	1.4	1.7	2.2	3.8	4.6	5.7	6.1	8.4	9.2	13.8	14.7	23.1	28.8	38.4	69.2
149	1.3	1.6	2.1	3.7	4.5	5.6	6.0	8.3	9.0	13.5	14.3	22.4	28.0	37.4	67.2
204	1.1	1.4	1.9	3.5	4.3	5.4	5.8	8.0	8.7	13.0	13.8	21.7	26.8	36.2	65.1
260	1.0	1.2	1.7	3.3	4.1	5.1	5.4	7.5	8.2	12.2	12.9	20.4	25.8	34.1	61.4
315	0.8	1.0	1.4	3.0	3.8	4.7	5.0	6.9	7.5	11.2	11.9	18.7	23.3	31.2	56.1
343	0.7	0.9	1.3	2.9	3.7	4.6	4.9	6.7	7.3	11.0	11.6	18.4	22.9	30.6	55.1
371	0.6	0.8	1.2	2.8	3.6	4.5	4.8	6.6	7.2	10.9	11.5	18.2	22.7	30.4	54.6
399	0.5	0.7	1.1	2.5	3.3	4.2	4.4	6.0	6.6	10.0	10.6	16.6	20.7	27.7	49.9
427	0.5	0.6	0.9	2.1	2.7	3.3	3.6	5.0	5.5	8.3	8.8	13.7	17.1	22.9	41.2
454	0.4	0.5	0.7	1.5	1.9	2.3	2.5	3.4	3.7	5.7	6.0	9.4	11.7	15.7	28.2

表 25-11 标准压力级阀门压力-温度额定值（四）

温度/℃	公称压力														
	16		25	40		63		100			160		320		
		20			50		67		110	150		260		420	760
	分级表示的工作压力/MPa														
−29～38	1.5	1.9	2.4	3.9	4.9	6.2	6.6	9.0	9.8	14.6	15.5	24.4	30.5	40.7	73.2
93	1.4	1.8	2.3	3.8	4.8	5.9	6.3	8.7	9.5	14.3	15.1	23.8	29.8	39.8	71.6
149	1.3	1.6	2.1	3.6	4.6	5.7	6.1	8.4	9.2	13.7	14.5	22.9	28.6	38.2	68.7
204	1.1	1.4	1.9	3.4	4.5	5.6	6.0	8.3	9.0	13.5	14.3	22.5	28.1	37.5	67.4
260	1.0	1.2	1.7	3.2	4.3	5.3	5.8	8.0	8.7	13.1	13.9	21.8	27.2	36.4	65.5
315	0.8	1.0	1.5	3.1	4.2	5.2	5.6	7.8	8.5	12.7	13.4	21.2	26.5	35.4	63.7
343	0.7	0.9	1.4	3.0	4.1	5.1	5.5	7.5	8.2	12.4	13.1	20.7	25.8	34.5	62.0
371	0.6	0.8	1.3	2.9	4.0	5.0	5.3	7.3	8.0	12.0	12.7	20.0	24.9	33.2	59.8
399	0.5	0.7	1.2	2.7	3.7	4.7	5.0	6.9	7.5	11.2	11.8	18.7	23.3	31.1	56.0
427	0.5	0.6	1.1	2.5	3.5	4.4	4.7	6.5	7.1	10.7	11.3	17.8	22.2	29.7	53.5
454	0.4	0.5	0.9	2.4	3.4	4.2	4.5	6.2	6.8	10.2	10.8	17.1	21.3	28.5	51.3
482	0.3	0.3	0.7	2.1	3.1	3.9	4.2	5.8	6.3	9.5	10.0	15.7	19.6	26.3	47.3
510	0.2	0.2	0.5	1.4	2.0	2.4	2.6	3.6	3.9	5.9	6.2	9.8	12.3	16.5	29.6
538	0.1	0.1	0.2	0.7	1.1	1.4	1.5	2.1	2.3	3.5	3.7	5.8	7.2	9.6	17.3

第1.9组材料：WC6使用正火加回火的材料，使用温度不大于593℃。见表25-12。

第1.10组材料：WC9只使用正火加回火的材料，使用温度不大于593℃。见表25-13。

第1.15组材料：C12A。见表25-14。

第2.1组材料：304、CF8温度大于538℃时，只能使用含碳量大于等于0.04%的材料。CF3使用温度不大于427℃。见表25-15。

第2.2组材料：316、CF8M。温度大于538℃时，只能使用含碳量大于等于0.04%的材料。CF3M使用温度不大于454℃。见表25-16。

第2.3组材料：304L、316L使用温度不大于427℃。见表25-17。

第2.4组材料：321使用温度不大于538℃。见表25-18。

第2.5组材料：347、CF8C使用温度不大于538℃。见表25-19。

按照ASME B16.34—2004《法兰，螺纹和焊接端阀门》以及《日本火力发电用阀门E101》标准阀门的温度-压力参数标准见表25-20～表25-28。

表25-12　标准压力级阀门压力-温度额定值（五）

温度/℃	公称压力														
	16		25	40		63		100			160		320		
		20			50		67		110	150		260		420	760
	分级表示的工作压力/MPa														
−29～38	1.6	2.0	2.5	4.1	5.2	6.5	7.0	9.6	10.5	15.8	16.7	26.3	32.9	43.9	79.1
93	1.4	1.8	2.3	4.0	5.2	6.5	7.0	9.6	10.5	15.8	16.7	26.3	32.9	43.9	79.1
149	1.3	1.6	2.1	3.8	5.0	6.3	6.8	9.3	10.1	15.2	16.1	25.4	31.7	42.3	76.1
204	1.1	1.4	1.9	3.7	4.9	6.1	6.5	8.9	9.7	14.6	15.5	24.3	30.4	40.6	73.1
260	1.0	1.2	1.7	3.5	4.7	5.8	6.2	8.5	9.3	14.0	14.8	23.4	29.2	38.9	70.0
315	0.8	1.0	1.5	3.1	4.2	5.2	5.6	7.8	8.5	12.8	13.5	21.2	26.7	35.4	63.7
343	0.7	0.9	1.4	3.0	4.1	5.1	5.5	7.5	8.2	12.4	13.1	20.7	25.8	34.5	62.0
371	0.6	0.8	1.3	2.9	4.0	5.0	5.3	7.3	8.0	12.0	12.7	20.0	24.9	33.2	59.8
399	0.5	0.7	1.2	2.7	3.7	4.7	5.0	6.9	7.5	11.2	11.8	18.7	23.3	31.1	56.0
427	0.5	0.6	1.1	2.6	3.6	4.4	4.7	6.5	7.1	10.7	11.3	17.8	22.2	29.7	53.5
454	0.3	0.4	1.0	2.4	3.4	4.0	4.3	6.2	6.8	10.2	10.8	17.1	21.3	28.5	51.3
482	0.3	0.3	0.7	2.1	3.1	3.9	4.2	5.8	6.3	9.5	10.0	15.8	19.7	26.3	47.3
510	0.2	0.2	0.5	1.5	2.2	2.8	3.0	4.1	4.5	6.7	7.1	11.2	14.0	18.7	33.6
538	0.1	0.1	0.3	1.0	1.5	1.8	2.0	2.7	3.0	4.5	4.7	7.6	9.4	12.6	22.7
565	0.1	0.1	0.2	0.7	1.0	1.2	1.3	1.8	2.0	3.0	3.1	5.0	6.2	8.4	15.1
593	0.1	0.1	0.1	0.4	0.6	0.8	0.9	1.2	1.3	2.0	2.1	3.4	4.2	5.6	10.1
621	0.1	0.1	0.1	0.3	0.4	0.4	0.5	0.8	0.9	1.3	1.4	2.2	2.7	3.6	6.5
649	0.1	0.1	0.1	0.2	0.3	0.3	0.3	0.4	0.5	0.8	0.8	1.3	1.6	2.2	3.9

表25-13　标准压力级阀门压力-温度额定值（六）

温度/℃	公称压力														
	16		25	40		63		100			160		320		
		20			50		67		110	150		260		420	760
	分级表示的工作压力/MPa														
−29～38	1.6	2.0	2.5	4.1	5.2	6.5	7.0	9.6	10.5	15.8	16.7	26.3	32.9	43.9	79.1
93	1.4	1.8	2.3	4.0	5.2	6.5	7.0	9.6	10.5	15.8	16.7	26.3	32.9	43.9	79.1
149	1.3	1.6	2.1	3.9	5.1	6.4	6.8	9.4	10.2	15.4	16.3	25.6	32.0	42.7	76.8
204	1.1	1.4	1.9	3.7	4.9	6.2	6.6	9.1	9.9	14.8	15.7	24.8	30.9	41.3	76.8
260	1.0	1.2	1.7	3.5	4.7	5.8	6.2	8.5	9.3	14.0	14.9	23.4	29.2	38.9	70.0
315	0.8	1.0	1.5	3.1	4.2	5.2	5.6	7.8	8.5	12.8	13.5	21.3	26.5	35.4	63.7
343	0.7	0.9	1.4	3.0	4.1	5.1	5.5	7.6	8.3	12.4	13.1	20.7	25.8	34.5	62.0
371	0.6	0.8	1.3	2.9	4.0	5.0	5.3	7.3	8.0	12.0	12.7	20.0	24.9	33.2	59.8
399	0.5	0.7	1.2	2.7	3.7	4.7	5.0	6.9	7.5	11.2	11.8	18.7	23.3	31.1	56.0
427	0.5	0.6	1.1	2.6	3.6	4.4	4.7	6.5	7.1	10.7	11.3	17.8	22.2	29.7	53.5
454	0.4	0.4	0.9	2.4	3.4	4.3	4.6	6.2	6.8	10.3	10.9	17.1	21.3	28.5	51.3
482	0.3	0.3	0.7	2.1	3.1	3.9	4.2	5.8	6.3	9.5	10.0	15.8	18.9	24.2	47.3
510	0.2	0.2	0.6	1.8	2.6	3.2	3.5	4.8	5.3	7.9	8.3	13.2	16.5	22.1	39.8
538	0.1	0.1	0.3	1.2	1.8	2.2	2.4	3.3	3.6	5.5	5.8	9.2	11.4	15.2	27.5
565	0.1	0.1	0.2	0.8	1.2	1.5	1.6	2.3	2.5	3.7	3.9	6.1	7.6	10.2	18.4
593	0.1	0.1	0.2	0.5	0.8	0.9	1.0	1.3	1.5	2.3	2.4	3.8	4.7	6.4	11.5
621	0.1	0.1	0.1	0.3	0.5	0.5	0.6	0.8	0.9	1.4	1.5	2.4	3.3	4.0	7.2
649	0.1	0.1	0.1	0.1	0.3	0.3	0.4	0.5	0.6	0.9	0.9	1.4	1.7	2.4	4.3

表 25-14 标准压力级阀门压力-温度额定值（七）

温度/℃	公称压力														
	16		25	40		63		100			160		320		
		20			50		67		110	150		260		420	760
	分级表示的工作压力/MPa														
−29～38	1.6	2.0	2.5	4.1	5.2	6.5	7.0	9.6	10.5	15.8	16.7	26.3	32.9	43.9	79.1
93	1.4	1.8	2.3	4.0	5.2	6.5	7.0	9.6	10.5	15.8	16.7	26.3	32.9	43.9	79.1
149	1.3	1.6	2.1	3.9	5.1	6.3	6.8	9.4	10.2	15.4	16.3	25.6	32.0	42.7	76.8
204	1.1	1.4	1.9	3.7	4.9	6.1	6.5	8.9	9.7	14.6	15.7	24.3	30.9	40.6	74.4
260	1.0	1.2	1.7	3.5	4.7	5.8	6.2	8.5	9.3	14.0	14.8	23.4	29.2	38.9	70.0
315	0.8	1.0	1.5	3.1	4.2	5.2	5.6	7.8	8.5	12.8	13.5	21.2	26.5	35.4	63.7
343	0.7	0.9	1.4	3.0	4.1	5.1	5.5	7.5	8.2	12.4	13.1	20.7	25.8	34.5	62.0
371	0.6	0.8	1.3	2.9	4.0	5.0	5.3	7.3	8.0	12.0	12.7	20.0	24.9	33.2	59.8
399	0.5	0.7	1.2	2.7	3.7	4.7	5.0	6.9	7.5	11.2	11.8	18.7	23.3	31.1	56.0
427	0.5	0.6	1.1	2.6	3.6	4.4	4.7	6.5	7.1	10.7	11.3	17.8	22.2	29.7	53.5
454	0.4	0.4	1.0	2.4	3.4	4.0	4.3	6.2	6.8	10.2	10.8	17.1	21.3	28.5	51.3
482	0.3	0.3	0.7	2.1	3.1	3.7	4.2	5.8	6.3	9.5	10.0	15.8	19.7	26.3	47.3
510	0.2	0.2	0.6	1.8	2.7	3.3	3.6	4.9	5.4	8.1	8.6	13.5	16.9	22.6	40.7
538	0.1	0.1	0.5	1.7	2.5	3.1	3.4	4.7	5.1	7.6	8.0	12.8	16.0	21.3	38.3
565	0.1	0.1	0.5	1.7	2.5	3.1	3.4	4.6	5.0	7.5	7.9	12.6	15.7	21.1	37.9
593	0.1	0.1	0.4	1.4	2.1	2.6	2.8	3.8	4.2	6.3	6.7	10.6	13.2	17.7	31.8
621	0.1	0.1	0.3	1.1	1.6	1.9	2.0	2.8	3.1	4.7	4.9	7.8	9.7	13.0	23.5
649	0.1	0.1	0.2	0.7	1.0	1.2	1.3	1.8	2.0	3.0	3.1	5.0	6.2	8.4	15.1

表 25-15 标准压力级阀门压力-温度额定值（八）

温度/℃	公称压力														
	16		25	40		63		100			160		320		
		20			50		67		110	150		260		420	760
	分级表示的工作压力/MPa														
−29～38	1.5	1.9	2.4	4.0	5.0	6.3	6.7	9.3	10.1	15.2	16.1	25.3	31.6	42.2	75.9
93	1.4	1.7	2.1	3.3	4.2	5.2	5.6	7.7	8.4	12.6	13.3	21.1	26.3	35.1	63.2
149	1.3	1.6	1.9	3.0	3.8	4.7	5.0	7.0	7.6	11.4	12.1	19.0	23.7	31.6	56.9
204	1.1	1.4	1.7	2.8	3.5	4.3	4.6	6.4	7.0	10.5	11.1	17.5	21.8	29.1	52.3
260	1.0	1.2	1.5	2.6	3.3	4.0	4.3	6.0	6.5	9.8	10.4	16.4	20.4	27.3	49.1
315	0.8	1.0	1.3	2.3	3.0	3.7	4.0	5.6	6.1	9.2	9.7	15.3	19.1	25.6	46.0
343	0.7	0.9	1.2	2.3	3.0	3.7	4.0	5.5	6.0	9.0	9.5	15.1	18.9	25.2	45.3
371	0.6	0.8	1.1	2.2	3.0	3.7	4.0	5.5	6.0	8.9	9.4	14.9	18.6	24.9	44.7
399	0.5	0.7	1.0	2.1	2.9	3.6	3.9	5.3	5.8	8.7	9.2	14.6	18.2	24.3	43.8
427	0.5	0.6	0.9	2.0	2.8	3.5	3.8	5.1	5.6	8.5	9.0	14.2	17.7	23.6	42.5
454	0.4	0.4	0.8	2.0	2.8	3.4	3.7	5.0	5.5	8.3	8.7	13.9	17.3	23.2	41.7
482	0.3	0.3	0.7	1.9	2.7	3.3	3.6	5.0	5.5	8.2	8.7	13.7	17.1	22.8	41.0
510	0.2	0.2	0.6	1.8	2.6	3.2	3.5	4.9	5.4	8.0	8.5	13.4	16.8	22.3	40.2
538	0.1	0.1	0.4	1.5	2.2	2.8	3.0	4.1	4.5	6.8	7.2	11.3	14.1	18.8	33.8
565	0.1	0.1	0.3	1.4	2.1	2.7	2.9	3.9	4.3	6.5	6.9	10.8	13.5	18.0	32.5
593	0.1	0.1	0.3	1.2	1.8	2.2	2.4	3.3	3.6	5.4	5.7	9.0	11.2	15.1	27.1
621	0.1	0.1	0.3	0.9	1.4	1.7	1.8	2.5	2.8	4.2	4.4	7.0	8.7	11.6	21.0
649	0.1	0.1	0.2	0.7	1.1	1.3	1.4	2.0	2.2	3.2	3.4	5.4	6.7	9.0	16.2
677	0.1	0.1	0.2	0.5	0.8	0.9	1.0	1.4	1.6	2.4	2.5	4.0	4.9	6.6	11.9
704	0.1	0.1	0.1	0.4	0.6	0.7	0.8	1.1	1.2	1.8	1.9	3.0	3.7	5.0	9.0
732	0.1	0.1	0.1	0.3	0.4	0.5	0.6	0.8	0.9	1.3	1.4	2.2	2.7	3.6	6.5
760	0.1	0.1	0.1	0.2	0.3	0.3	0.4	0.6	0.7	1.0	1.0	1.7	2.1	2.8	5.0
788	0.1	0.1	0.1	0.1	0.2	0.2	0.3	0.4	0.5	0.7	0.7	1.2	1.5	2.0	3.6
815	0.1	0.1	0.1	0.1	0.1	0.1	0.2	0.3	0.4	0.5	0.5	0.9	1.1	1.6	2.9

表 25-16　标准压力级阀门压力-温度额定值（九）

温度/℃	公称压力														
	16		25	40		63		100			160		320		
		20			50		67		110	150		260		420	760
	分级表示的工作压力/MPa														
−29～38	1.5	1.9	2.4	3.9	5.0	6.3	6.7	9.3	10.1	15.2	16.1	25.3	31.6	42.2	75.9
93	1.3	1.6	2.0	3.4	4.3	5.4	5.8	8.0	8.7	13.0	13.8	21.7	27.1	36.3	65.3
149	1.2	1.5	1.9	3.1	3.9	4.9	5.2	7.2	7.8	11.2	11.9	19.6	24.5	32.7	59.0
204	1.1	1.4	1.7	2.8	3.6	4.5	4.8	6.6	7.2	10.8	11.4	18.0	22.5	30.1	54.1
260	1.0	1.2	1.6	2.6	3.4	4.1	4.4	6.1	6.7	10.0	10.6	16.8	21.0	28.0	50.3
315	0.8	1.0	1.3	2.4	3.1	3.9	4.2	5.8	6.3	9.5	10.0	15.8	26.4	26.4	47.6
343	0.7	0.9	1.2	2.3	3.1	3.8	4.1	5.7	6.3	9.3	9.8	15.6	26.2	26.0	46.4
371	0.6	0.8	1.1	2.2	3.0	3.7	4.0	5.6	6.1	9.1	9.6	15.2	19.0	25.4	45.8
399	0.5	0.7	1.0	2.2	3.0	3.7	4.0	5.5	6.0	9.0	9.5	15.0	18.7	25.0	45.0
427	0.5	0.6	0.9	2.1	2.9	3.6	3.9	5.5	6.0	8.9	9.4	14.8	18.5	24.7	44.5
454	0.4	0.4	0.8	2.0	2.9	3.6	3.9	5.4	5.9	8.8	9.3	14.7	18.3	24.4	44.0
482	0.3	0.3	0.7	1.9	2.9	3.6	3.9	5.3	5.8	8.8	9.3	14.6	18.2	24.3	43.8
510	0.2	0.2	0.6	1.8	2.7	3.3	3.6	4.9	5.4	8.1	8.6	13.5	16.9	22.6	40.7
538	0.1	0.1	0.4	1.6	2.4	3.0	3.2	4.5	4.9	7.4	7.8	12.3	15.3	20.5	36.8
565	0.1	0.1	0.4	1.6	2.4	3.0	3.2	4.5	4.8	7.2	7.6	12.1	15.1	20.1	36.2
593	0.1	0.1	0.4	1.4	2.1	2.6	2.8	3.9	4.3	6.4	6.8	10.7	13.4	17.9	32.1
621	0.1	0.1	0.3	1.1	1.6	2.0	2.2	3.0	3.3	5.0	5.3	8.3	10.3	13.8	24.9
649	0.1	0.1	0.3	0.9	1.3	1.6	1.7	2.3	2.6	4.0	4.1	6.5	8.1	10.8	19.5
677	0.1	0.1	0.2	0.7	1.0	1.3	1.4	1.8	2.0	3.1	3.2	5.1	6.4	8.6	15.5
704	0.1	0.1	0.2	0.5	0.8	0.9	1.0	1.4	1.6	2.4	2.5	4.1	5.1	6.8	12.3
732	0.1	0.1	0.2	0.5	0.7	0.8	0.9	1.2	1.3	2.0	2.1	3.4	4.2	5.6	10.1
760	0.1	0.1	0.1	0.3	0.5	0.6	0.7	0.9	1.0	1.6	1.7	2.7	3.3	4.4	7.9
788	0.1	0.1	0.1	0.3	0.4	0.4	0.5	0.7	0.8	1.2	1.3	2.0	2.5	3.4	6.1
815	0.1	0.1	0.1	0.2	0.3	0.3	0.4	0.5	0.6	0.9	1.0	1.4	1.7	2.4	4.3

表 25-17　标准压力级阀门压力-温度额定值（十）

温度/℃	公称压力														
	16		25	40		63		100			160		320		
		20			50		67		110	150		260		420	760
	分级表示的工作压力/MPa														
−29～38	1.3	1.6	2.0	3.3	4.2	5.2	5.6	7.7	8.4	12.6	13.3	21.1	26.3	35.1	63.2
93	1.1	1.4	1.7	2.8	3.5	4.4	4.7	6.5	7.1	10.7	11.3	17.8	22.2	29.7	53.4
149	1.0	1.2	1.5	2.5	3.2	3.9	4.2	5.8	6.4	9.5	10.0	15.9	19.9	26.6	47.8
204	0.9	1.1	1.4	2.4	2.9	3.5	3.8	5.3	5.8	8.7	9.2	14.5	18.1	24.2	43.5
260	0.8	1.0	1.3	2.1	2.7	3.3	3.6	4.9	5.4	8.0	8.5	13.4	16.7	22.3	40.2
315	0.8	1.0	1.2	2.0	2.5	3.1	3.4	4.6	5.0	7.6	8.0	12.6	15.7	21.1	38.0
343	0.7	0.9	1.0	1.9	2.4	3.0	3.3	4.5	4.9	7.4	7.8	12.3	15.3	20.5	36.9
371	0.6	0.8	1.0	1.8	2.4	3.0	3.2	4.4	4.8	7.2	7.6	12.0	15.0	20.1	36.2
399	0.5	0.6	0.8	1.8	2.3	2.9	3.1	4.3	4.7	7.1	7.5	11.8	14.7	19.7	35.4
427	0.4	0.5	0.7	1.7	2.3	2.9	3.1	4.2	4.6	6.9	7.3	11.5	14.3	19.2	34.6
454	0.3	0.4	0.6	1.6	2.2	2.8	3.0	4.1	4.5	6.8	7.2	11.3	14.1	18.8	33.9

表 25-18 标准压力级阀门压力-温度额定值（十一）

温度/℃	公称压力														
	16		25	40		63		100			160		320		
		20			50		67		110	150		260		420	760
	分级表示的工作压力/MPa														
−29～38	1.5	1.9	2.4	3.9	5.0	6.3	6.7	9.3	10.1	15.2	16.1	25.3	31.6	42.2	75.9
93	1.3	1.7	2.1	3.5	4.5	5.6	6.0	8.3	9.0	13.6	14.4	22.7	28.3	37.8	68.0
149	1.2	1.6	2.0	3.3	4.2	5.2	5.6	7.6	8.3	12.5	13.2	20.9	26.1	34.8	62.7
204	1.1	1.4	1.8	3.0	3.8	4.8	5.1	7.1	7.7	11.6	12.3	19.4	24.2	32.3	58.2
260	1.0	1.2	1.6	2.8	3.6	4.5	4.8	6.6	7.2	10.8	11.4	18.0	22.5	30.1	54.2
315	0.8	1.0	1.4	2.6	3.4	4.2	4.5	6.2	6.8	10.2	10.8	17.1	21.3	28.5	51.4
343	0.7	0.9	1.3	2.5	3.4	4.1	4.4	6.1	6.7	10.0	10.6	16.8	21.0	28.0	50.3
371	0.6	0.8	1.2	2.4	3.2	4.0	4.3	5.9	6.5	9.8	10.4	16.4	20.4	27.3	49.1
399	0.5	0.7	1.1	2.3	3.2	4.0	4.3	5.9	6.4	9.6	10.2	16.1	20.1	26.8	48.3
427	0.5	0.6	1.0	2.2	3.1	3.9	4.2	5.8	6.3	9.5	10.0	15.8	19.7	26.4	47.6
454	0.4	0.4	0.8	2.1	3.1	3.9	4.2	5.8	6.3	9.4	9.9	15.7	19.6	26.1	47.0
482	0.3	0.3	0.7	2.1	3.1	3.8	4.1	5.7	6.2	9.3	9.8	15.5	19.3	25.8	46.5
510	0.2	0.2	0.6	1.8	2.7	3.3	3.6	4.9	5.4	8.1	8.6	13.5	16.9	22.6	40.7
538	0.1	0.1	0.5	1.7	2.5	3.1	3.3	4.6	5.0	7.5	7.9	12.5	15.6	20.9	37.6
565	0.1	0.1	0.4	1.5	2.2	2.7	2.9	4.0	4.4	6.6	7.0	11.0	13.7	18.3	33.0
593	0.1	0.1	0.4	1.3	1.9	2.3	2.5	3.5	3.8	5.7	6.0	9.5	11.9	15.9	28.6
621	0.1	0.1	0.3	1.1	1.6	2.0	2.2	3.0	3.3	5.0	5.3	8.3	10.3	13.8	24.9
649	0.1	0.1	0.3	0.9	1.3	1.6	1.7	2.3	2.6	4.0	4.2	6.5	8.1	10.8	19.5

表 25-19 标准压力级阀门压力-温度额定值（十二）

温度/℃	公称压力														
	16		25	40		63		100			160		320		
		20			50		67		110	150		260		420	760
	分级表示的工作压力/MPa														
−29～38	1.5	1.9	2.4	3.9	5.0	6.3	6.7	9.3	10.1	15.2	16.1	25.3	31.6	42.2	75.9
93	1.4	1.8	2.2	3.6	4.6	5.8	6.2	8.5	9.3	13.9	14.7	23.2	28.9	38.6	69.6
149	1.2	1.5	1.9	3.3	4.3	5.3	5.7	7.9	8.6	13.0	13.7	21.6	27.0	36.0	64.7
204	1.1	1.4	1.8	3.2	4.0	5.0	5.4	7.4	8.0	12.1	12.8	20.2	25.2	33.6	60.5
260	1.0	1.2	1.6	2.9	3.8	4.8	5.1	7.0	7.6	11.4	12.1	19.0	23.7	31.6	56.9
315	0.8	1.0	1.4	2.7	3.6	4.6	5.0	6.6	7.2	10.8	11.4	18.0	22.5	30.1	54.1
343	0.7	0.9	1.3	2.6	3.5	4.4	4.7	6.5	7.1	10.6	11.2	17.7	22.1	29.5	53.1
371	0.6	0.8	1.2	2.5	3.5	4.3	4.6	6.4	7.0	10.4	11.0	17.3	21.6	29.0	52.1
399	0.5	0.7	1.1	2.5	3.4	4.3	4.6	6.3	6.9	10.3	10.9	17.3	21.6	28.8	51.9
427	0.5	0.6	1.0	2.4	3.4	4.3	4.6	6.2	6.8	10.2	10.8	17.1	21.3	28.5	51.4
454	0.4	0.4	0.8	2.4	3.4	4.2	4.5	6.2	6.8	10.2	10.8	17.0	21.2	28.4	51.1
482	0.3	0.3	0.7	2.1	3.1	3.9	4.2	5.8	6.3	9.5	10.0	15.8	19.7	26.3	47.3
510	0.2	0.2	0.6	1.8	2.7	3.3	3.6	5.0	5.4	8.1	8.5	13.5	16.9	22.6	40.7
538	0.1	0.1	0.5	1.7	2.5	3.1	3.4	4.7	5.1	7.6	8.0	12.8	15.9	21.3	38.3
565	0.1	0.1	0.5	1.7	2.5	3.1	3.3	4.6	5.0	7.6	8.0	12.6	15.7	21.1	37.9
593	0.1	0.1	0.4	1.5	2.3	2.8	3.0	4.1	4.5	6.8	7.2	11.3	14.1	18.8	34.0
621	0.1	0.1	0.4	1.3	2.0	2.3	2.5	3.5	3.8	5.8	6.1	9.6	12.0	16.0	28.9
649	0.1	0.1	0.3	0.8	1.2	1.5	1.6	2.2	2.4	3.6	3.8	6.0	7.5	10.0	18.0

表 25-20　碳素钢压力-温度额定值（标准级）（WCB）

温度/℃	分级表示的工作压力/MPa							
	150	300	600	900	1500	2000	2500	3500
−29～38	1.97	5.10	10.20	15.31	25.55	34.04	42.54	59.57
93	1.79	4.62	9.31	13.96	23.27	31.03	38.78	54.30
149	1.59	4.52	9.07	13.58	22.62	30.17	37.71	52.81
204	1.38	4.38	8.76	13.10	21.86	29.13	36.40	50.99
260	1.17	4.14	8.27	12.38	20.65	27.53	34.41	48.16
316	0.97	3.79	7.55	11.31	18.86	25.15	31.44	44.02
343	0.86	3.69	7.41	11.10	18.51	24.68	30.85	43.20
371	0.76	3.69	7.34	11.03	18.38	24.49	30.61	42.85
399	0.66	3.48	6.96	10.41	17.38	23.17	28.96	40.54
427	0.55	2.83	5.69	8.52	14.20	18.93	23.65	33.10
454	(0.45)	(1.86)	(3.69)	(5.55)	(9.24)	(12.31)	(15.38)	(21.51)

注：1. 温度或压力数值若处于表中所示值之间时，可以根据内插法确认最高使用温度或压力。
2. 带括号的数值尽可能不使用。

表 25-21　0.5Mo 钢压力-温度额定值（标准级）（WC1）

温度/℃	分级表示的工作压力/MPa							
	150	300	600	900	1500	2000	2500	3500
−29～38	1.83	4.79	9.58	14.38	23.93	31.91	39.89	55.85
93	1.79	4.69	9.38	14.03	23.41	31.22	39.02	54.64
149	1.59	4.52	9.00	13.48	22.48	29.98	37.47	52.47
204	1.38	4.41	8.83	13.24	22.06	29.41	36.75	51.47
260	1.17	4.28	8.58	12.86	21.41	28.57	35.72	49.99
316	0.97	4.17	8.34	12.51	20.86	27.81	34.75	48.64
343	0.86	4.07	8.10	12.17	20.27	27.05	33.82	47.33
371	0.76	3.93	7.83	11.76	19.58	26.10	32.61	45.68
399	0.66	3.65	7.34	11.00	18.34	24.44	30.54	42.75
427	0.55	3.52	7.00	10.52	17.51	23.34	29.17	40.82
454	0.45	3.34	6.72	10.07	16.79	22.39	27.99	39.20
482	(0.35)	(3.10)	(6.21)	(9.31)	(15.48)	(20.65)	(25.82)	(36.16)

注：1. 温度或压力数值若处于表中所示值之间时，可以根据内插法确认最高使用温度或压力。
2. 带括号的数值尽可能不使用。

表 25-22　1.25Cr-0.5Mo 钢压力-温度额定值（标准级）（WC6）

温度/℃	分级表示的工作压力/MPa							
	150	300	600	900	1500	2000	2500	3500
−29～38	2.00	5.17	10.34	15.51	25.86	34.47	43.09	60.33
93	1.79	5.17	10.34	15.51	25.86	34.47	43.09	60.33
149	1.59	4.96	9.96	14.93	24.89	33.18	41.47	58.09
204	1.38	4.79	9.55	14.34	23.89	31.86	39.82	55.78
260	1.17	4.59	9.17	13.76	22.93	30.57	38.20	53.47
316	0.97	4.17	8.34	12.51	20.86	27.80	34.75	48.64
343	0.86	4.07	8.10	12.17	20.27	27.05	33.82	47.33
371	0.76	3.93	7.83	11.76	19.58	26.10	32.61	45.68
399	0.66	3.65	7.34	11.00	18.34	24.44	30.54	42.75
427	0.55	3.52	7.00	10.52	17.51	23.34	29.16	40.82
454	0.45	3.34	6.72	10.07	16.79	22.39	27.99	39.20
482	0.35	3.10	6.21	9.31	15.48	20.65	25.82	36.16
510	0.24	2.21	4.41	6.59	11.00	14.66	18.31	25.65
538	0.14	1.48	2.97	4.48	7.45	9.93	12.41	17.38
566	☆0.14	1.00	2.00	2.97	4.96	6.62	8.27	11.58
593	☆(0.14)	(0.66)	(1.31)	(2.00)	(3.31)	(4.41)	(5.52)	(7.72)

注：1. 温度或压力数值若处于表中所示值之间时，可以根据内插法确认最高使用温度或压力。
2. 带括号的数值尽可能不使用。
3. 带☆号的数据，法兰式阀门不适用。

表 25-23 2.25Cr-1Mo 钢压力-温度额定值（标准级）（WC9）

温度/℃	分级表示的工作压力/MPa							
	150	300	600	900	1500	2000	2500	3500
−29～38	2.00	5.17	10.34	15.51	25.86	34.47	43.09	60.33
93	1.79	5.17	10.34	15.51	25.86	34.47	43.09	60.33
149	1.59	5.03	10.03	15.07	25.10	33.47	41.85	58.61
204	1.38	4.86	9.72	14.58	24.34	32.44	40.54	57.95
260	1.17	4.59	9.17	13.76	22.93	30.56	38.20	53.47
316	0.97	4.17	8.34	12.51	20.86	27.80	34.75	48.64
343	0.86	4.07	8.10	12.17	20.27	27.05	33.82	47.33
371	0.76	3.93	7.83	11.76	19.58	26.10	32.61	45.68
399	0.66	3.65	7.34	11.00	18.34	24.44	30.54	42.75
427	0.55	3.52	7.00	10.52	17.51	23.34	29.17	40.82
454	0.45	3.34	6.72	10.07	16.79	22.39	27.99	39.20
482	0.35	3.10	6.21	9.31	15.48	20.65	25.82	36.16
510	0.24	2.59	5.21	7.79	13.00	17.34	21.68	30.37
538	0.14	1.79	3.59	5.38	9.00	11.98	14.96	20.96
566	☆0.14	1.21	2.41	3.62	6.03	8.03	10.03	14.07
593	☆(0.14)	(0.76)	(1.52)	(2.28)	(3.79)	(5.05)	(6.31)	(8.83)

注：1. 温度或压力数值若处于表中所示值之间时，可以根据内插法确认最高使用温度或压力。
2. 带括号的数值尽可能不使用。
3. 带☆号的数据，法兰式阀门不适用。

表 25-24 9Cr-1Mo-V 钢压力-温度额定值（标准级）（C12A）

温度/℃	分级表示的工作压力/MPa							
	150	300	600	900	1500	2000	2500	3500
−29～38	2.00	5.17	10.34	15.51	25.86	34.47	43.09	60.33
93	1.79	5.17	10.34	15.51	25.86	34.47	43.09	60.33
149	1.59	5.03	10.03	15.07	25.10	33.47	41.85	58.61
204	1.38	4.86	9.72	14.58	24.34	32.44	40.54	57.95
260	1.17	4.59	9.17	13.76	22.93	30.56	38.20	53.47
316	0.97	4.17	8.34	12.51	20.86	27.80	34.75	48.64
343	0.86	4.07	8.10	12.17	20.27	27.05	33.82	47.33
371	0.76	3.93	7.83	11.76	19.58	26.10	32.61	45.68
399	0.66	3.65	7.34	11.00	18.34	24.44	30.54	42.75
427	0.55	3.52	7.00	10.52	17.51	23.34	29.17	40.82
454	0.45	3.34	6.72	10.07	16.79	22.39	27.99	39.20
482	0.35	3.10	6.21	9.31	15.48	20.65	25.82	36.16
510	0.24	2.66	5.34	8.00	13.31	17.75	22.20	31.10
538	0.14	2.52	5.00	7.52	12.55	16.72	20.89	29.23
566	☆0.14	2.48	4.96	7.45	12.41	16.55	20.68	28.96
593	☆0.14	2.07	4.17	6.24	10.41	13.88	17.34	24.27
621	☆0.14	1.55	3.07	4.62	7.69	10.24	12.79	17.93
649	☆0.14	1.00	2.00	2.97	4.96	6.62	8.27	11.58

注：1. 温度或压力数值若处于表中所示值之间时，可以根据内插法确认最高使用温度或压力。
2. 带☆号的数值仅用于焊接端阀门。

表25-25　碳素钢压力-温度额定值（特殊级）（WCB）

温度/℃	分级表示的工作压力/MPa							
	150	300	600	900	1500	2000	2500	3500
−29～38					25.86	34.47	43.09	60.33
93					25.86	34.47	43.09	60.33
149					25.86	34.47	43.09	60.33
204					25.86	34.47	43.09	60.33
260					25.86	34.47	43.09	60.33
315					24.58	32.77	40.96	57.33
343					24.10	32.13	40.16	56.23
371					23.93	31.89	39.85	55.81
399					21.72	28.96	36.20	50.68
427					17.72	23.63	29.54	41.37
454					(11.51)	(15.36)	(19.20)	(26.89)

注：1. 温度或压力数值若处于表中所示值之间时，可以根据内插法确认最高使用温度或压力。
2. 带括号的数值尽可能不使用。

表25-26　1.25Cr-0.5Mo钢压力-温度额定值（特殊级）（WC6）

温度/℃	分级表示的工作压力/MPa							
	150	300	600	900	1500	2000	2500	3500
−29～38					25.86	34.47	43.09	60.33
93					25.86	34.47	43.09	60.33
149					25.86	34.47	43.09	60.33
204					25.86	34.47	43.09	60.33
260					25.86	34.47	43.09	60.33
316					25.86	34.47	43.09	60.33
343					25.86	34.47	43.09	60.33
371					25.27	33.70	42.13	58.99
399					25.13	33.49	41.85	58.61
427					24.82	33.10	41.37	57.92
454					23.34	31.13	38.92	54.50
482					20.24	26.99	33.75	47.23
510					13.76	18.32	22.89	32.06
538					9.31	12.41	15.51	21.72
566					6.21	8.27	10.34	14.48
593					(4.14)	(5.52)	(6.90)	(9.65)

注：1. 温度或压力数值若处于表中所示值之间时，可以根据内插法确认最高使用温度或压力。
2. 带括号的数值尽可能不使用。

表25-27　2.25Cr-1Mo钢压力-温度额定值（特殊级）（WC9）

温度/℃	分级表示的工作压力/MPa							
	150	300	600	900	1500	2000	2500	3500
−29～38					25.86	34.47	43.09	60.33
93					25.86	34.47	43.09	60.33
149					25.55	34.08	42.61	59.64
204					24.96	33.29	41.61	58.26
260					24.82	33.10	41.37	57.92
316					24.82	33.10	41.37	57.92
343					24.68	32.91	41.13	57.57
371					24.51	32.70	40.89	57.23
399					23.79	31.72	39.65	55.50
427					23.20	30.92	38.65	54.12
454					22.17	29.54	36.92	51.71
482					20.68	27.58	34.47	48.26
510					16.24	21.67	27.10	37.92
538					11.24	14.98	18.72	26.20
566					7.55	10.05	12.55	17.58
593					(4.72)	(6.31)	(7.90)	(11.03)

注：1. 温度或压力数值若处于表中所示值之间时，可以根据内插法确认最高使用温度或压力。
2. 带括号的数值尽可能不使用。

表 25-28 9Cr-1Mo-V 钢压力-温度额定值（特殊级）(C12A)

温度/℃	分级表示的工作压力/MPa							
	150	300	600	900	1500	2000	2500	3500
−29～38					25.86	34.47	43.09	60.33
93					25.86	34.47	43.09	60.33
149					25.86	34.47	43.09	60.33
204					25.86	34.47	43.09	60.33
260					25.86	34.47	43.09	60.33
316					25.86	34.47	43.09	60.33
343					25.86	34.47	43.09	60.33
371					25.27	33.70	42.13	58.99
399					24.93	33.39	41.85	58.61
427					24.82	33.10	41.37	57.92
454					23.34	31.13	38.92	54.50
482					20.68	27.58	34.47	48.26
510					16.27	21.68	27.10	37.92
538					14.51	19.34	24.17	33.85
566					14.51	19.34	24.17	33.85
593					13.00	17.34	21.68	30.34
621					9.62	12.81	16.00	22.41
649					6.21	8.27	10.34	14.48

注：温度或压力数值若处于表中所示值之间时，可以根据内插法确认最高使用温度或压力。

(4) 标准级和特殊级

ANSI/ASME 标准把按一般技术标准选用的阀门称为标准级阀门，遵循特殊技术检验标准制造的阀门称为特殊级阀门，即对于相同尺寸和压力级的阀门，特殊级阀比标准级阀的工作压力高出达 25%左右，但在特殊级阀门在毛坯的检验上比标准级阀门要求更加严格。要求按有关标准对阀门铸锻受压件和重要零件的原材料进行无损探伤，诸如射线检查、磁粉检查、超声波和着色检查等，特殊级阀门通常是对焊连接阀门而言，不适用于带法兰管端的阀门。从公称压力讲，特殊级阀门应用于 1500lb 以上的高压阀门，这类阀门应用于较高的压力，所带来的好处比起增加的检验成本更具有更高的经济性。

特殊级阀门有自已单独的温压表，当工作温度低于 250℃时，其允许的最高工作压力比起标准级阀门来说稍高一些，常温时甚至完全相等。这两类阀的水压强度试验压力也完全相同，其目的是保证水压试验时阀体应力不超过阀体材料屈服点的 90%。

25.1.4 高温高压电站阀门材料

(1) 阀门耐压件材料的选用

阀门耐压件材料见表 25-29。

国际标准 9%Cr 材料规范、化学成分、力学性能和许用应力见表 25-30～表 25-33。

表 25-29 耐压部位的主体材料

标准编号、记号及名称			最高适用温度
钢 种	铸 钢	锻钢件或棒料	
碳素钢	WCB 或 ASTM A216 WCB	25 或 ASTM A105	425℃
0.5%钼钢	WC1 或 ASTM A217 WC1	ASTM A182 F1	468℃
15%铬 0.5%钼钢	WC6 或 ASTM A217 WC6	15CrMo 或 ASTM A182 F11	540℃
2.25%铬 1%钼钢	WC9 或 ASTM A217 WC9	ASTM A182 F22	570℃
9%铬 1%钼矾钢	ASTM A217 C12A	ASTM A182 F91	600℃
9%铬钼钨钢		ASTM A182 F92	650℃
5%铬钼钢	ZGCr5Mo	Cr5Mo	550℃
铬钼矾钢	ZG20CrMoV	12Cr1MoV	
	ZG15Cr1Mo1V	15Cr1Mo1V	570℃
奥氏体钢	ZG1Cr18Ni9Ti	1Cr18Ni9Ti	650℃
	ZG1Cr18Ni12Mo2Ti	1Cr18Ni12Mo2Ti	

表 25-30　9%Cr 钢的材料规范和牌号

美国 ASME/ASTM	A-217　C12A	高温压力容器用马氏体不锈钢和合金钢铸件
	A-213　T91　T92	铁素体和奥氏体合金钢锅炉过热器和热交换器无缝钢管
	A-335　P91　P92	高温管道用铁素体钢无缝钢管
	A-387　GR91 GR92	铬钼合金钢压力容器钢板
	A-182　F91　F92	高温用锻轧合金钢管、法兰、锻制管件和阀门和其他部件
法国（国家标准）	NFA-49213 钢号 TUZ10CDVNb09-01	锅炉过热器和热交换器用铁素体合金钢热轧和冷拔无缝钢管
	NFA-49219 钢号 TUZ10CDVNb09-01	石油化工用热轧和冷拔无缝钢管
德国（国家标准）	DIN17175X10CrMoVNb91	材料号：1.4903

表 25-31　9%Cr 钢的化学成分　　单位：%

钢号 ASTM	C	Mn	P	S	Si	Cr	Mo	V	Nb	N	Ni	Al	W	B
A-217/A-335 C12A/P91	0.08~0.12	0.3~0.6	≤0.02	≤0.01	0.20~0.50	8.0~9.5	0.85~1.05	0.18~0.25	0.06~0.10	0.03~0.07	≤0.04	≤0.04		
A-182/A-335 F92/P92	0.07~0.13	0.3~0.6	≤0.02	≤0.01	≤0.50	8.5~9.5	0.3~0.6	0.15~0.25	0.04~0.09	0.03~0.07	≤0.04	≤0.04	1.5~2.0	0.001~0.006

表 25-32　9%Cr 钢的室温力学性能

标　准	钢　号	屈服点/MPa	抗拉强度/MPa	延伸率/%	硬度 HB
ASTMA-217/A-335	C12A/P91	≥415	≥585	≥20	≤250
ASTMA-182/A-335	F92/P92	≥450	≥620	≥20	≤269

表 25-33　9%Cr 钢与 WC9/P22 钢的许用应力　　单位：MPa

钢号	482℃	510℃	538℃	566℃	593℃	621℃	650℃
F92/P92		132	126	118.5	94	70.3	47.6
C12A/P91	115	107	98.6	89	71	48.3	29.6
WC9/P22	96.3	75.8	53.7	39.9	28.9		

从表 25-33 中可以看出：C12A/P91 钢的许用应力明显要高于 WC9/P22。540℃以上许用应力是 WC9/P22 两倍以上，在 593℃，10^5h 条件下持久强度达 100MPa，具有好蠕变强度，P92/F92 在 600℃以上许用应力比 P91 高 30%，持久强度约 140MPa，高温强度和蠕变性能得到了进一步提高。

(2) 阀杆材料的选用

阀杆是阀门中的重要零件，阀杆材料必须具有足够的强度和韧性，能耐介质及填料的腐蚀，耐擦伤，工艺性要好。为了提高阀杆表面耐腐蚀、耐擦伤性能，一般应对其进行表面处理。常用阀杆材料见表 25-34。

表 25-34　阀杆材料的选用

材　　料	适用范围		表面处理
	公称压力	介质温度	
13Cr	≤*PN*160	425℃	氮化
13Cr、17Cr-Ni	≤*PN*320	450℃	氮化、表面淬火
CrMoAl、CrMoV	P_{54}140、P_{57}170	570℃	氮化、磷镍化学镀层
12Cr-MoVNiN	P_{61}300	610℃	氮化

(3) 密封面材料的选用

密封面材料是保证阀门密封性能的关键因素。密封面在流体的压力、温度作用下必须具有一定强度和耐腐蚀性。对于密封面间有相对运动的阀门，还要求耐擦伤性能好、摩擦因数小、耐磨损。对于受高速流体冲刷的阀门，还要求有一定的耐冲蚀能力。

密封面材料见表 25-35。

表 25-35　密封面材料

密封面材料	适用范围		硬　度
	公称压力	介质温度	
13Cr 型	≤*PN*320	≤425℃	250HB
18Cr-8Ni 型			
18Cr-8Ni-Mo 型			
HF 型	≤*PN*420		350HB
Stellite 6	≤P_{57}170	≤570℃	38~42HRC
Stellite 12	≤P_{60}300	≤610℃	42~45HRC

(4) 填料的选用

填料的功用是保证阀杆与阀盖间的密封。在介质的压力和温度作用下，阀杆在静止和动作时，填料应具有：密封性好（具有一定强度和弹性），热稳定性好（不易烧损，不易老化），耐介质腐蚀，不腐蚀阀杆，摩擦因数小且不易擦伤阀杆等性能。

石墨编织填料与水、蒸汽等介质接触后，由于填料中的氯离子和石墨等的电化学作用，常常使阀杆表面产生点腐蚀。对要求严格的阀门，应使用经过缓蚀处理的石墨填料。填料的选用范围列于表25-36。

表 25-36　填料选用

填　料	形　式	适用范围
柔性石墨	RMS	≤*PN*320，≤425℃高温高压给水及蒸汽
增强柔性石墨	RSM	
组合填料	RSM+BSP	≤P_{57}170，≤570℃高温高压蒸汽
编制柔性石墨	BSP	≤P_{60}300，≤610℃超临界高温高压蒸汽

(5) 阀门材料选用技术要求

① 阀门材料选用要符合有关标准要求，并提供材料的化学成分、力学性能及质量报告。

② 铸钢件应符合JB/T 5263及JB/T 9625的规定。

③ 锻件应符合JB/T 9626的规定。

④ 碳素钢锻件应符合GB/T 12228的规定。

⑤ 碳素钢铸件应符合GB/T 12229的规定。

⑥ 不锈钢钢铸件应符合GB/T 12230的规定。

⑦ 柔性石墨编织填料应符合JB/T 7370的规定。

⑧ 缠绕式垫片应符合GB/T 4622.1～4622.3的规定。

25.1.5　高温高压阀门用途、零件材料及基本结构

(1) 高温高压闸阀

① 用途　闸阀是用闸板作启闭件并沿阀座轴线垂直方向移动，以实现启闭动作的阀门。闸阀按结构、密封形式可分为单闸板和双闸板闸阀、平行式和楔式闸板，闸阀是靠闸板的前后压差将闸板紧推靠在一端阀座上，从而截断流体的。其流体阻力小；启、闭力矩也小；介质的流向不受限制；全开时密封面受工作介质的冲蚀小，故闸阀常常在全开、全关等状态下用作切断阀。但在微开或半开的状态下使用，会在闸板背面产生漩涡，从而增大流体阻力，引起密封面侵蚀或管道振动。

② 典型结构和主要零部件材料　闸阀典型结构见图25-1～图25-4，主要零件材料见表25-37。

③ 产品结构说明

a. 阀体通常以焊接方式与管道相连接。

b. 阀体与阀盖连接通常采用压力自密封式结构，≤NPS6的阀门一般为预紧螺母结构；≥NPS8的阀门一般为四开环+预紧螺栓结构。

c. 闸板可以采用楔式单闸板、楔式双闸板、平行式双闸板等多种结构，密封面堆焊司太立硬质合金，高温耐擦伤性好。

d. 阀座与阀体采用焊接连接，密封面堆焊司太立硬质合金。

e. 阀门应考虑开关限位机构，以防止在过力矩的情况下，闸板被楔死打不开而造成事故。

f. 填料采用增强柔性石墨或增强编制柔性石墨，满足高温高压蒸汽和水介质，而且具有良好的密封性能。

(2) 高温高压截止阀

① 用途　截止阀是用阀瓣作启闭件并沿阀座轴线移动，实现启闭动作的阀门。截止阀主要用于截断流体，在对调节性能要求不高的场合也可用于调节流量。常见的截止阀阀体流通形式有直通式、直流式和直角式，截止阀在启闭过程中密封面间摩擦力小，耐磨；开启高度小（相当于闸阀的1/4），启闭迅速；制造工艺性简单，便于维修。但由于截止阀是靠对阀瓣施压而截断介质的，介质的反作用力使得截止阀转矩较大，同时截止阀流阻损失也较大，常被用于支管线作切断阀。

② 典型结构和主要零部件材料　截止阀典型结构见图25-5～图25-7，主要零件材料见表25-38。

表 25-37　闸阀主要零件材料

阀体、阀盖	阀座	闸板	阀杆	支架	密封环	阀杆螺母	填料
WCB(C钢) WC1(25)	C钢	WCB	CrNi钢	WCB	软钢	铜合金	增强柔性石墨
WC1(0.5Mo钢)	0.5Mo钢	WC1	CrNi钢	WCB/WC1	软钢	铜合金	增强柔性石墨
WC6(1.5CrMo钢)	1.5CrMo钢	WC6	CrMoV1A	WCB/WC6	软钢	铜合金	增强柔性石墨
WC9(2.5CrMo钢)	2.5CrMo钢	WC9	马氏体不锈钢	WCB/WC9	软钢	铜合金	增强柔性石墨
F91/C12A(9CrMo钢)	F91	F91/C12A	马氏体不锈钢	WC9	F软钢	铜合金	增强柔性石墨
F92(9CrMoW钢)	F92	F92	马氏体不锈钢	WC9	F软钢	铜合金	增强柔性石墨

表 25-38　截止阀主要零件材料

阀体、阀盖	阀座	阀瓣	阀杆	支架	密封环	阀杆螺母	填料
WCB(C钢) WCB(25)	钢	WCB	CrNi钢	WCB	软钢	铜合金	增强柔性石墨
WC1(0.5Mo钢)	0.5Mo钢	WC1	CrNi钢	WCB/WC1	软钢	铜合金	增强柔性石墨
WC6(1.5CrMo钢)	1.5CrMo钢	WC6	CrMoV1A	WCB/WC6	软钢	铜合金	增强柔性石墨
WC9(2.5CrMo钢)	2.5CrMo钢	WC9	马氏体不锈钢	WCB/WC9	软钢	铜合金	增强柔性石墨
F91/C12A(9CrMo钢)	F91	F91/C12A	马氏体不锈钢	WC9	F软钢	铜合金	增强柔性石墨
F92(9CrMoW钢)	F92	F92	马氏体不锈钢	WC9	F软钢	铜合金	增强柔性石墨

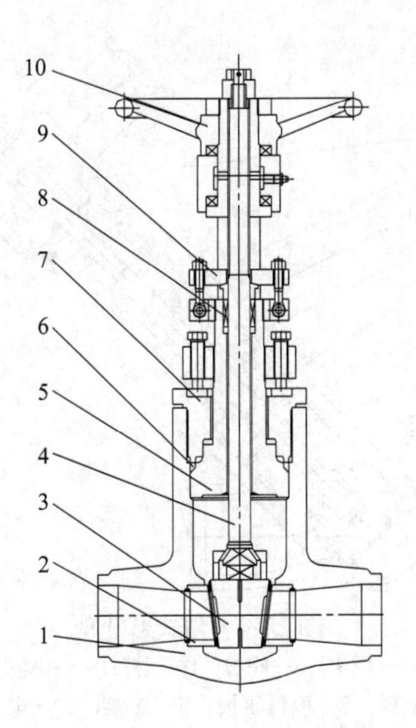

图 25-1　手动闸阀

1—阀体；2—阀座；3—闸板；4—阀杆；
5—阀盖；6—密封环；7—支架；8—填料；
9—填料压板；10—手轮

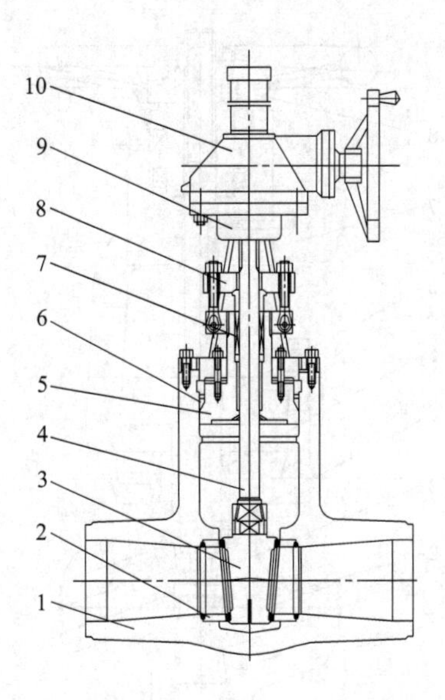

图 25-2　齿轮传动闸阀

1—阀体；2—阀座；3—闸板；4—阀杆；
5—阀盖；6—密封环；7—填料；
8—填料压板；9—支架；10—齿轮装置

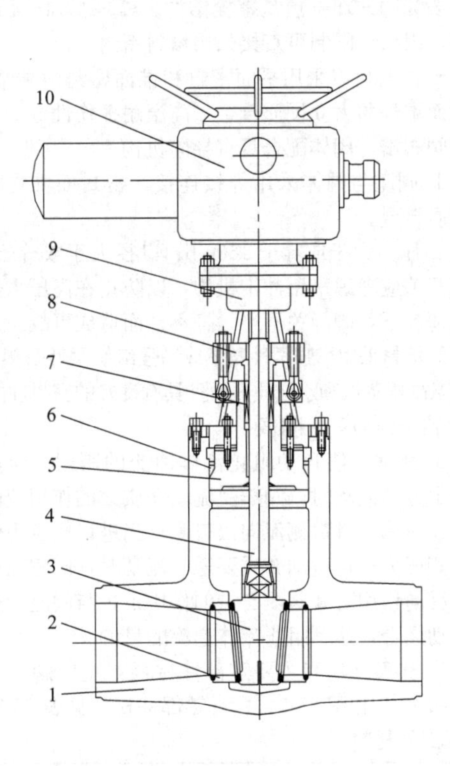

图 25-3　电动楔式闸阀

1—阀体；2—阀座；3—闸板；4—阀杆；
5—阀盖；6—密封环；7—填料；
8—填料压板；9—支架；10—电动装置

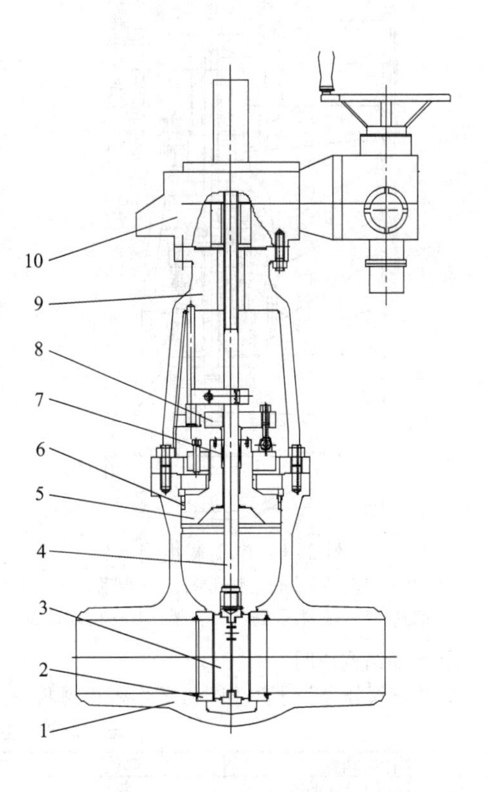

图 25-4　电动平板闸阀

1—阀体；2—阀座；3—闸板；4—阀杆；
5—阀盖；6—密封环；7—填料；
8—填料压板；9—支架；10—电动装置

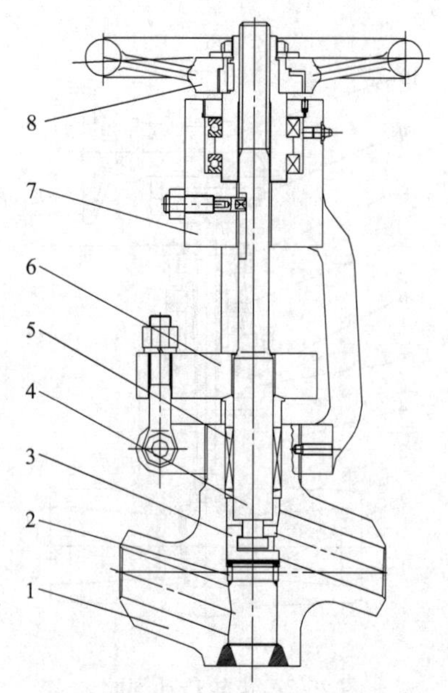

图 25-5　手动截止阀

1—阀体；2—阀座；3—阀瓣；4—阀杆；5—填料；6—填料压板；7—支架；8—手轮

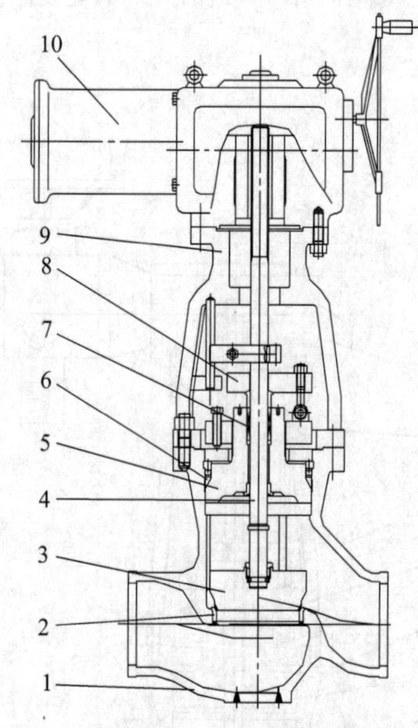

图 25-6　电动截止阀

1—阀体；2—阀座；3—阀瓣；4—阀杆；5—阀盖；6—密封环；7—填料；8—填料压板；9—支架；10—电动装置

③ 产品结构说明

a. 截止阀分为普通截止阀和Y形截止阀两种。

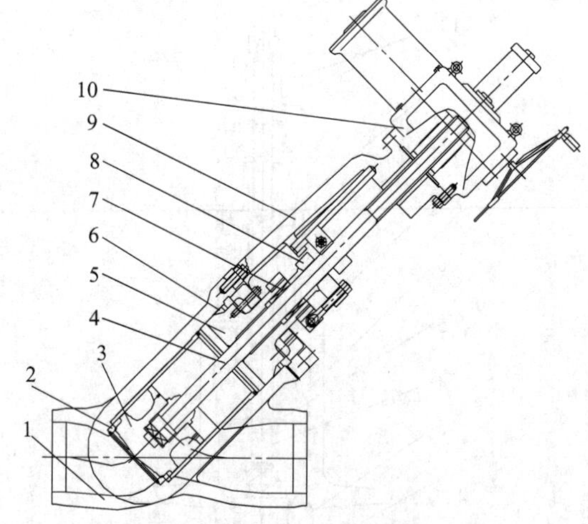

图 25-7　角式截止阀

1—阀体；2—阀座；3—阀瓣；4—阀杆；5—阀盖；6—密封环；7—填料；8—填料压板；9—支架；10—电动装置

阀体通常以焊接方式与管道相连接，≤NPS2 的通常采用承插焊。

b. 阀体与阀盖连接通常采用压力自密封式结构，≤NPS6 的阀门一般为预紧螺母结构；≥NPS8 的阀门一般为四开环＋预紧螺栓结构。≤NPS2 的无阀盖阀门，因结构限制可直接采用填料密封。

c. 阀瓣可以采用平面密封和锥面密封两种结构，密封面堆焊司太立硬质合金，高温耐擦伤性好。Y形截止阀阀瓣与阀体配合具有导向机构。

d. 阀座与阀体采用焊接连接，密封面堆焊司太立硬质合金。

e. 压力大于或等于 1500lb、口径大于或等于 4in 阀门开关应考虑采用冲击机构，以防止在高压力矩过大的情况下，阀门关不严、打不开而造成事故。

f. 填料采用增强柔性石墨或增强编织柔性石墨，满足高温高压蒸汽和水介质。而且具有良好的密封性能。

(3) 高温高压止回阀

① 用途　能自动阻止流体回流的阀门。当流体按规定方向流动时，阀瓣受流动介质力的作用使阀瓣开启，流体从进口侧流向出口侧；当进口侧压力低于出口侧压力时，流动介质要逆向流动时，阀瓣在所受流体反向作用力和阀瓣自重的作用下，与阀座的密封面自动闭合，达到阻止流体逆流的目的。

② 典型结构和主要零部件材料　止回阀典型结构见图 25-8 和图 25-9，主要零部件材料见表 25-39。

表 25-39　止回阀主要零部件材料

阀体、阀盖	阀座	阀瓣	销轴	密封环
WCB(C 钢)、WCB(25)	钢	WCB	CrNi 钢	软钢
WC1(0.5Mo 钢)	0.5Mo 钢	WC1	CrNi 钢	软钢
WC6(1.5CrMo 钢)	1.5CrMo 钢	WC6	CrMoV1A	软钢
WC9(2.5CrMo 钢)	2.5CrMo 钢	WC9	马氏体不锈钢	软钢
F91/C12A(9CrMo 钢)	F91	F91/C12A	马氏体不锈钢	F 软钢
F92(9CrMoW 钢)	F92	F92	马氏体不锈钢	F 软钢

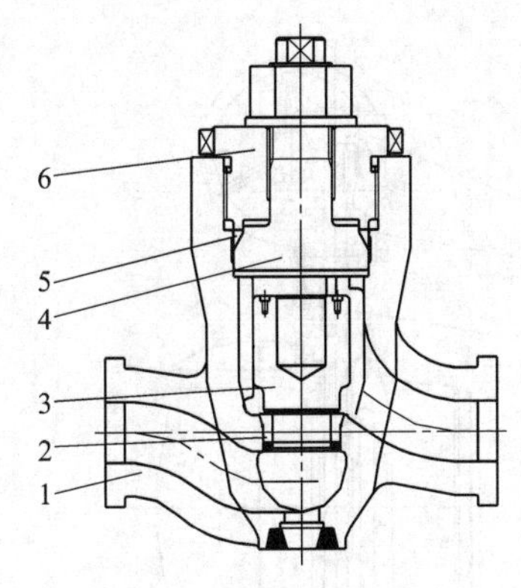

图 25-8　升降式止回阀
1—阀体；2—阀座；3—阀瓣；4—阀盖；
5—密封环；6—压板

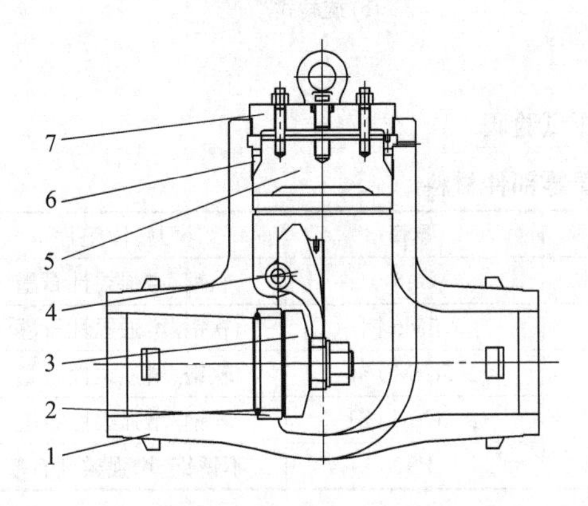

图 25-9　旋启式止回阀
1—阀体；2—阀座；3—阀瓣；4—摇杆；
5—阀盖；6—密封环；7—压板

③ 产品结构说明

a. 止回阀分为旋启式止回阀和升降式止回阀两种。≤NPS6 的阀门一般为升降式；≥NPS8 的阀门一般为旋启式。阀体通常以焊接方式与管道相连接，≤NPS2 的通常采用承插焊。

b. 阀体与阀盖连接通常采用压力自密封式结构，≤NPS6 的阀门一般为预紧螺母结构；≥NPS8 的阀门一般为四开环＋预紧螺栓结构。

c. 阀瓣可以采用平面密封和球面密封两种结构，密封面堆焊司太立硬质合金，高温耐擦伤性好。旋启式止回阀分为平行阀座和楔形阀座两种形式。

d. 阀座与阀体采用焊接连接，密封面堆焊司太立硬质合金。

e. 旋启式止回阀根据流量系数要求，分为全开型和部分开启型。

(4) 水压试验阀

① 用途　水压试验阀安装在锅炉过热器出口和再热器进、出口管道上，作为过热器或再热器水压试验时的隔离装置。分两种结构形式，一种是堵板式，一种是翻板式。堵板式水压试验阀在水压试验时阀内安装堵板，将管道隔断；水压后拆除内部堵板，装上导管，作为管道使用。下次水压时可再装入堵板，每次进行水压试验要拆装一次阀门。翻板式水压试验阀通过外置操作装置动作阀门关闭件，在水压试验时，关闭阀门；水压后开启阀门即可作为管道使用，避免多次拆装阀门。

② 典型结构和主要零部件材料　水压试验阀典型结构有堵板式（图 25-10）和翻板式（图 25-11），主要零部件材料见表 25-40。堵板式靠顶柱预紧力和介质作用力密封，完成水压试验。堵板密封面堆焊硬质合金，耐擦伤性好，使用寿命长。水压试验后拆除堵板，安装上导管，使阀门处于流通状态。翻板式通过操作装置开启和关闭阀门，使阀门处于流通状态和水压试验状态。

③ 产品结构说明

a. 堵板式水压试验阀。

• 阀体通常以焊接方式与管道相连接。

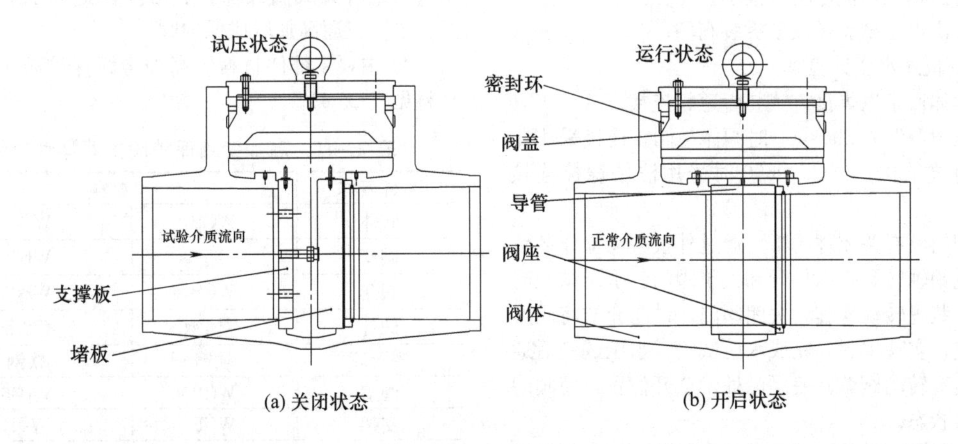

图 25-10　堵板水压试验阀

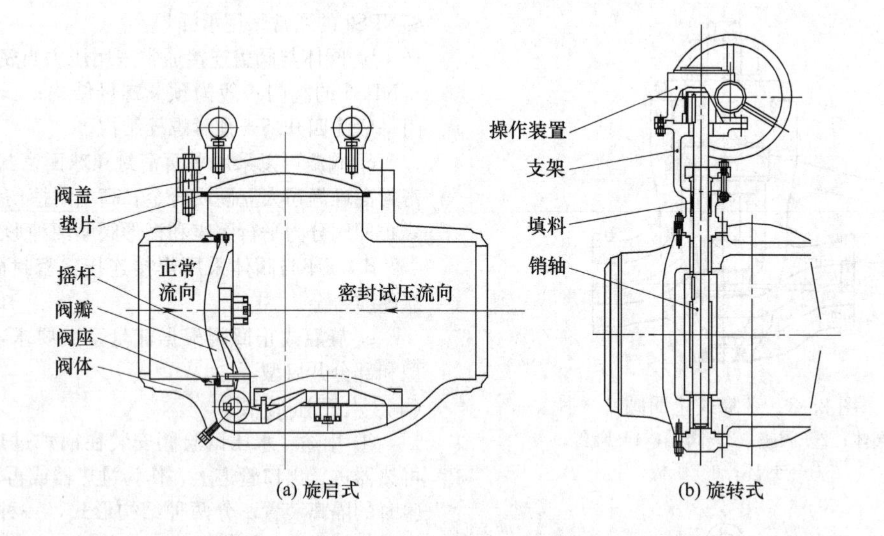

图 25-11　翻板式水压试验阀

表 25-40　水压试验阀主要零部件材料

阀体、阀盖	阀座	堵板(阀瓣)	导管	密封环/垫片
WCB(C钢)、WCB(25)	C钢	WCB	C钢	软钢/增强柔性石墨
WC1(0.5Mo钢)	0.5Mo钢	WC1	0.5Mo钢	软钢/增强柔性石墨
WC6(1.5CrMo钢)	1.5CrMo钢	WC6	1.5CrMo钢	软钢/增强柔性石墨
WC9(2.5CrMo钢)	2.5CrMo钢	WC9	2.5CrMo钢	软钢/增强柔性石墨
F91/C12A(9CrMo钢)	F91	F91/C12A	P91	不锈钢/增强柔性石墨

• 压力等级≤Class600时阀体与阀盖连接采用压力自密封式结构；＞Class600时采用法兰螺栓连接阀盖。

• 水压试验时，阀内装有堵板，堵板靠顶柱预紧力和介质作用力密封，完成水压试验。堵板密封面堆焊硬质合金，耐擦伤性好，使用寿命长。水压试验后拆除堵板，安装上导管，使阀门处于流通状态，流通能力和管道相同，流体阻力极小。

• 每次水压试验需反复拆装阀门。

b. 翻板式水压试验阀。

• 阀体通常以焊接方式与管道相连接。

• 压力等级≤Class600时阀体与阀盖连接采用压力自密封式结构；＞Class600时采用法兰螺栓连接阀盖。

• 阀门设有关闭件阀瓣，通过外接手动操作装置控制其绕销轴转动，以打开和关闭阀门。水压试验时通过操作装置转动阀瓣，关闭阀门，试压介质将阀瓣压向阀座，实现密封，完成水压试验。水压试验后通过操作装置转动阀瓣，使阀门处于全开位置，使阀门处于流通状态。

• 水压试验不需要拆装阀门，仅通过操作装置即可实现水压试验状态和正常运行状态的切换。

(5) 高加旁路保护

① 用途　高加旁路保护阀用于火力发电站锅炉高压加热器给水的保护系统，在高压加热器发生故障时或其他原因甩高加（即高加列解）时，快速切断高加给水，使高压加热器列解，给水通过旁路进入锅炉，从而保护高压加热器，使机组正常运行。根据不同机组及系统要求基本分为三种形式：利用三台电动闸阀门组合完成高加保护、液控四通高加联成保护阀、电动三通高加联成保护阀。

② 主要零部件材料　高加旁路保护阀主要零件材料见表25-41。

表 25-41　高加旁路保护阀主要零件材料

零件名称	材料	
阀体	WCB	WB36
阀座	25	WB36
阀瓣	WCB	WB36
阀杆	不锈钢	不锈钢
密封环	软钢	软钢
阀盖	WCB	WB36
支架	WCB	WCB
四开环	1Cr13	1Cr13
填料	增强柔性石墨	增强柔性石墨

③ 典型结构和工作原理

a. 利用三台电动闸阀组合完成高加保护。国内300MW以下的部分火电机组，利用三台高温高压电动闸阀组合完成高加保护，如图 25-12 所示。图 25-12 中，阀 1～阀 3 为高温高压电动楔式单闸板阀门。系统正常工作时，高加旁路闸阀 3 关闭，高加进口闸阀 1、高加出口闸阀 2 打开，给水经高加至锅炉；高加出现故障时，高加旁路闸阀 3 打开，高加进口闸阀 1、高加出口闸阀 2 关闭，高加解列，给水经旁路至锅炉，完成对高加的保护，保障整个机组正常运行。由于采用了三台电动闸阀作为高加紧急保护截断阀，所以介质流体阻力大大减小，流动特性也很好；而且电动闸阀作为高加紧急保护阀，其操作可靠性大为增加，系统布置也更为简化。缺点是开关时间较长，一般为 45～60s。

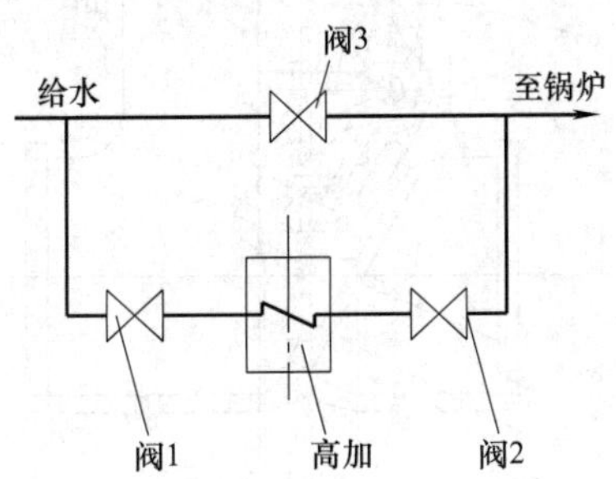

图 25-12　三台电动闸阀门组合完成高加保护

本系统中用到的高温高压电动闸阀结构形式见前述，在此不再赘述。

b. 液控四通高加联成保护阀。液控四通高加联成保护阀（图 25-13）给水由侧面上进口引入，向下出口进高压加热器，阀上方有两个出口与旁路管道相连。阀门有上下两个阀座，密封面堆焊司太立合金，下阀座直接焊于阀体上，上阀座与阀体采用双道自密封结构。高加正常运行时，靠作用于阀杆截面的压差而使阀门自动开启，阀瓣上浮，与上密封接触，旁路切断。当高压加热器发生事故时，管系破裂而使水位超过允许水位时，水位反馈信号通过控制系统，打开电磁阀，凝结水进入液压缸上部，推动活塞，迅速驱动液压装置，阀瓣下落，关闭阀门。给水通过上部两旁通管路直接进入锅炉，使高加列解，保护机组安全运行。

由于高压加热器的投入使高压加热器内部压力逐步上升驱动阀瓣，慢慢地自动打开阀门，因此高加的投入速度较慢。并且高加投入后，给水从侧面上进口高进低出经侧面下出口流向高加，形成较大的流动阻力；同时当高加列解（即甩高加）时，给水从侧面上进口经上部分两路，由高加旁路进入锅炉，此时的介质流动阻力也很大，流动特性较差。优点是关闭速度快，高加列解快，一般 3～5s。

电动三通高加联成保护阀（图 25-14）给水泵管路与该阀左侧通道连接，阀门下出口与高压加热器连接，右侧通道与旁路管道相连接。阀门有上下两个密封面，高加正常运行时，该阀开启，阀瓣与上密封接触，旁路切断。高压水由给水泵从三通高加旁路保护阀左侧通道，经下出口进入高压加热器。由于流体通道布局合理，流体阻力较小，流动特性良好。当高加发生故障或其他原因要甩高加时，电动装置紧急驱动阀瓣下落，关闭阀门，给水通过另一侧上通道出口由旁通管道直接进入锅炉（相当于低进高出的直通式截

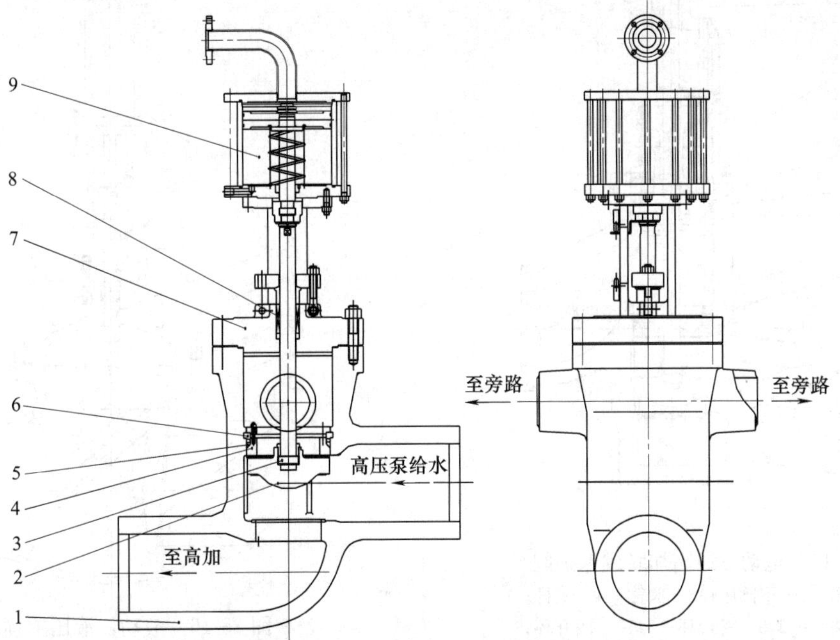

图 25-13　液控四通高加联成保护阀

1—阀体；2—阀瓣；3—阀杆；4—上阀座；5—密封环；6—四开环；7—阀盖；8—填料；9—液压驱动装置

表 25-42 汽轮机抽汽紧急保护阀主要零部件材料

阀体、阀盖	阀座	阀瓣	销轴	密封环/垫片
WCB(C钢)、WCB(25)	钢	WCB	CrNi钢	软钢/增强柔性石墨
WC1(0.5Mo钢)	0.5Mo钢	WC1	CrNi钢	软钢/增强柔性石墨
WC6(1.5CrMo钢)	1.5CrMo钢	WC6	CrMoV1A	软钢/增强柔性石墨
WC9(2.5CrMo钢)	2.5CrMo钢	WC9	马氏体不锈钢	软钢/增强柔性石墨
F91/C12A(9CrMo钢)	F91	F91/C12A	马氏体不锈钢	不锈钢/增强柔性石墨

止阀，其流动特性也大大优越于液动四通式高加旁路保护阀），甩掉高压加热器，高加列解。阀门结构采用双密封面阀瓣结构，开启关闭速度比闸阀快四倍，高加的投入比液控四通阀也快得多。

(6) 汽轮机抽汽紧急保护阀

① 用途 汽轮机抽汽紧急保护阀用于大型火电机组汽轮机抽汽系统，防止蒸汽倒流或事故状态高压给水倒流到汽轮机，对汽轮机、水泵等重要设施起到保护作用。其性能要求在管道介质倒流、断电、事故等非常状态下，该阀门瞬间关闭，气动蓄能装置关闭时间小于0.5s，液动关闭时间小于2s。

② 典型结构和主要零部件材料 汽轮机抽汽紧急保护阀典型结构见图25-15和图25-16，主要零部件材料见表25-42。

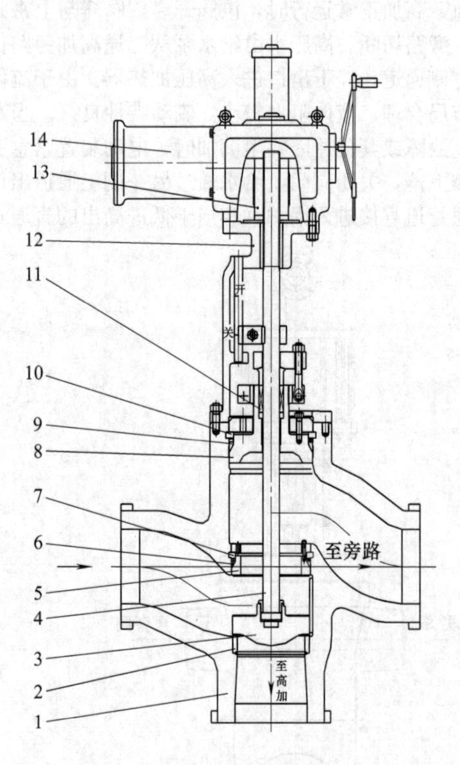

图 25-14 电动三通高加联成保护阀

1—阀体；2—下阀座；3—阀瓣；4—阀杆；5—上阀座；6,9—密封环；7,10—四开环；8—阀盖；11—填料；12—支架；13—阀杆螺母；14—电动装置

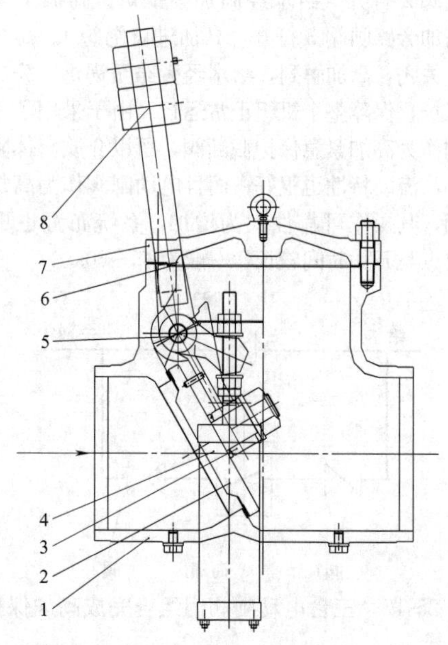

图 25-15 气动：汽缸侧装

1—阀体；2—阀瓣；3—摇杆；4—气动装置；5—销轴；6—垫片；7—阀盖；8—配重锤

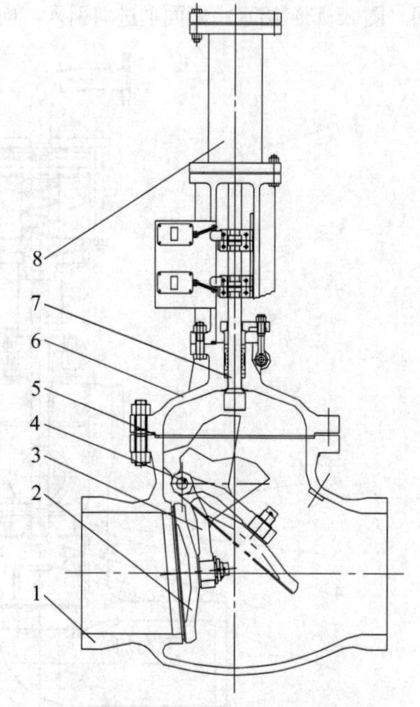

图 25-16 液动：液压缸顶装

1—阀体；2—阀瓣；3—摇杆；4—销轴；5—垫片；6—阀盖；7—阀杆；8—液动装置

③ 气动动作原理图及调整（图 25-17）

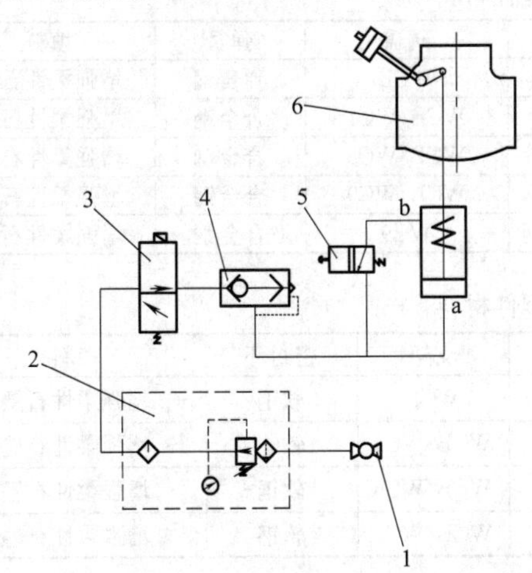

图 25-17　汽轮机抽汽紧急保护阀气动工作原理

1—不锈钢球阀；2—气源处理二联件；3—二位三通电磁阀；4—快排阀；5—手动换向阀；6—抽汽紧急保护阀

a. 动作原理。气源来自压缩空气（气源压力 0.5～0.7MPa）经过球阀进入二联件处理，再进入二位三通电磁阀（常闭式），最后经过快排阀进入进汽缸进气口，抽汽紧急保护阀打开。手动换向阀为运行中试验阀门灵活性用。抽汽紧急保护阀关闭时，电磁阀断电而关闭，切断气源，快排阀启动，排出汽缸下腔空气，抽汽紧急保护阀快速关闭。

b. 调整。为了使抽汽紧急保护阀顺利打开和稳定运行，并能够快速关闭，大口径抽汽紧急保护阀配有重锤，位置可调整，出厂前位置基本调好（见刻线标志），运行前可根据情况稍做调整。

如果抽汽紧急保护阀不能全开，拧松定位螺钉，把重锤沿重锤杆向外移，每次约移 10mm，然后拧紧定位螺钉，再进行动作试验，至抽汽紧急保护阀全开为止（初始调整时，允许用手扳动重锤杆，帮助抽汽紧急保护阀动作）。

如果抽汽紧急保护阀关闭速度太慢，可把重锤沿重锤杆向内移动，但应注意不得影响抽汽紧急保护阀全开启。

汽缸工作压力按 0.5～0.7MPa 设计，系统气源压力过低时，亦可造成抽汽紧急保护阀不能全开启，应适当增加气源压力。

用户尽量不要调整汽缸位置，确需调整应与制造厂联系。

一般抽汽紧急保护阀动作数次即可完成调整，确认阀门可以全开，关闭时间满足需要，转动部件无卡滞现象。调定重锤位置，拧紧定位螺钉，做好标记，调整完毕。

(7) 高温高压安全阀

① 用途　安全阀是压力管道、压力容器等压力系统上使用的一种安全排压设备，利用介质自身压力超过预设定值时而自动将介质排出一定数量，以防止系统压力超过允许的安全值，当压力系统恢复正常压力后，阀门自动关闭，阻止介质继续流出，确保压力系统安全运行。它要求具有可靠的密封性，开启迅速，动作灵敏可靠，排放介质时稳定及时，避免频跳、颤振、卡阻等现象，要及时有效地回座。

② 典型结构和主要零部件材料　安全阀典型结构见图 25-18 和图 25-19，主要零件材料见表 25-43。

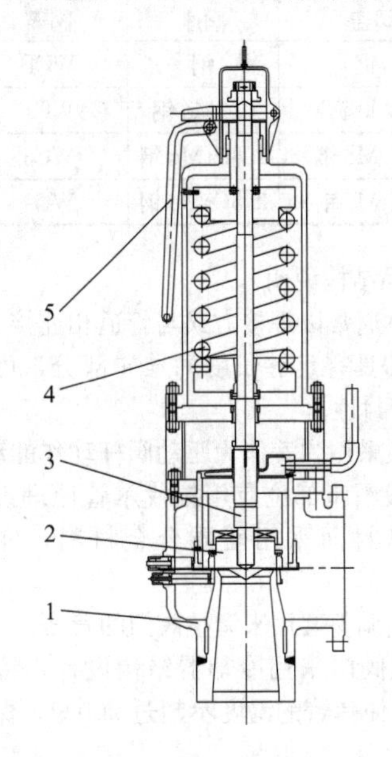

图 25-18　弹簧泄压式安全阀

1—阀体；2—阀瓣；3—阀杆；4—弹簧；5—手柄

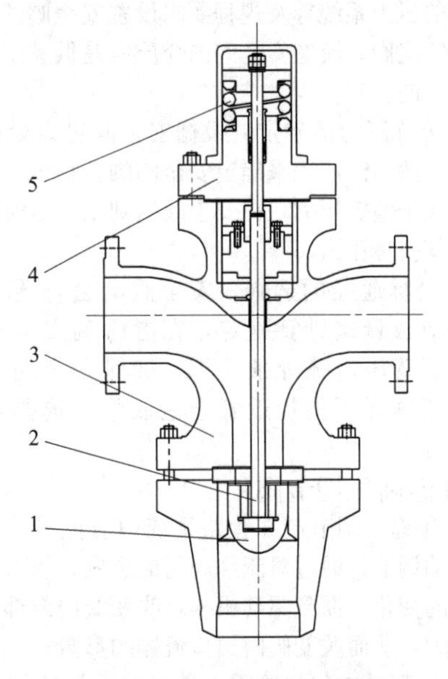

图 25-19　三通式安全阀

1—阀瓣；2—阀杆；3—阀体；4—阀盖；5—弹簧

表 25-43　安全阀主要零件材料

阀体、阀盖	阀座	阀瓣	阀杆	阀盖	弹簧	填料
WCB(C 钢)	钢	WCB	CrNi 钢	WCB	弹簧钢	增强柔性石墨
WC1(0.5Mo 钢)	0.5Mo 钢	WC1	CrNi 钢	WCB/WC1	合金钢	增强柔性石墨
WC6(1.5CrMo 钢)	1.5CrMo 钢	WC6	CrMoV1A	WCB/WC6	合金钢	增强柔性石墨
WC9(2.5CrMo 钢)	2.5CrMo 钢	WC9	马氏体不锈钢	WCB/WC9	合金钢	增强柔性石墨
F91/C12A(9CrMo 钢)	F91	F91/C12A	马氏体不锈钢	WC9	合金钢	增强柔性石墨

表 25-44　调节阀主要零件材料

阀体、阀盖	阀座	阀瓣	阀杆	支架	密封环	填料
WCB(C 钢)	钢	WCB	CrNi 钢	WCB	软钢	增强柔性石墨
WC1(0.5Mo 钢)	0.5Mo 钢	WC1	CrNi 钢	WCB/WC1	软钢	增强柔性石墨
WC6(1.5CrMo 钢)	1.5CrMo 钢	WC6	CrMoV1A	WCB/WC6	软钢	增强柔性石墨
WC9(2.5CrMo 钢)	2.5CrMo 钢	WC9	马氏体不锈钢	WCB/WC9	软钢	增强柔性石墨

③ 产品结构说明

a. 阀体通常以焊接方式与管道相连接。

b. 阀瓣具有足够长度的导向部分，可以有效保证阀门的密封性。

c. 一般采用弹簧作为驱动阀杆动作的动力。

d. 一般阀座部位应用拉伐尔管原理设计，排放系数大，密封面采用硬质合金材料，抗冲蚀，寿命长。

e. 采用调整套用来调整阀门的背压。

f. 高温阀门采用冷却器结构设计，将阀体与弹簧分隔开，使弹簧的温度不超过 200℃，保证弹簧的刚度。

④ 选用原则　对于压力源处的压力大于压力系统的容器或管道、压力经常超压的压力系统、温度波动很大的压力系统等及规程要求设置安全阀的场合都应设置安全阀，流经安全阀的介质应是低黏度、无颗粒、清洁的。

a. 公称压力的确定。根据安全阀进口处的压力和温度，按照温压表来确定安全阀的公称压力。公称压力应大于整定压力，在安全阀达到全开启时的压力应小于其公称压力。

b. 公称通径的选择。安全阀的公称通径需根据安全泄放量来计算确定，在考虑到安全阀的排放系数、背压情况等条件下，确保安全阀的额定排量大于并尽可能接近安全泄放量，选择合理的流道直径。

(8) 高温高压调节阀

① 用途　调节阀在管路系统中对流量、压力等进行自动调节，通过对流经阀门的温度、压力、流量等参数的变化反馈到驱动机构，改变阀门内部流体流通的能力，从而改变阀门出口流体的参数。

② 典型结构和主要零部件材料　调节阀典型结构见图 25-20～图 25-22，主要零部件材料见表 25-44。

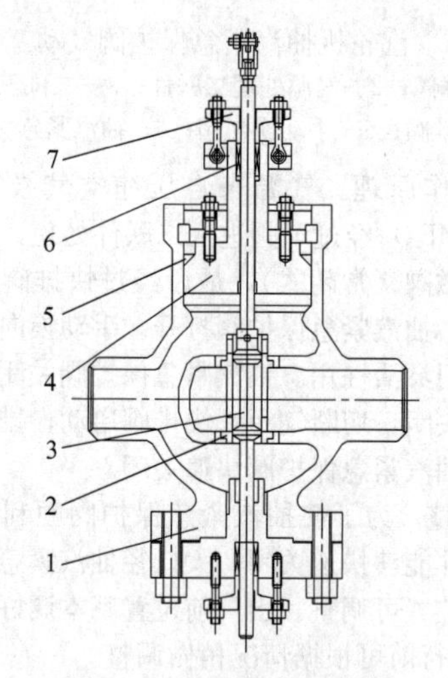

图 25-20　双阀座调节阀

1—阀体；2—套筒；3—阀杆；4—阀盖；5—密封环；6—填料；7—填料压板

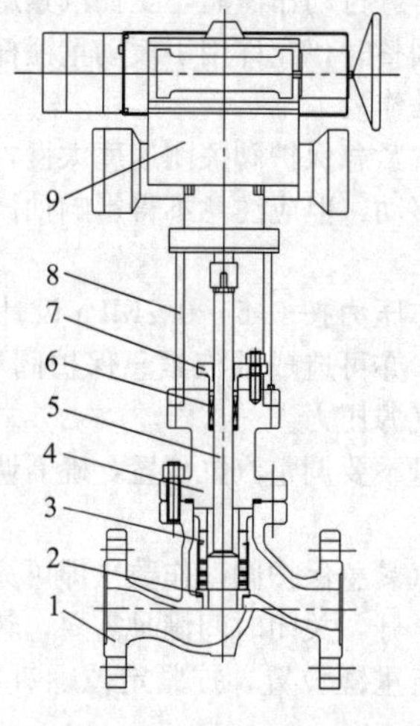

图 25-21　柱塞式调节阀

1—阀体；2—阀座；3—套筒；4—阀盖；5—阀杆；6—填料；7—填料压板；8—支架；9—电动装置

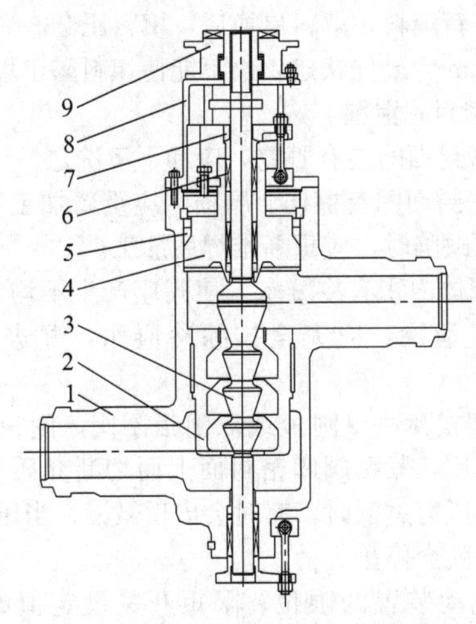

图25-22　高压差多级调节阀

1—阀体；2—套筒；3—阀杆；4—阀盖；
5—密封环；6—填料；7—填料压板；
8—支架；9—连接盘

③ 产品结构说明

a. 阀体通常以焊接或法兰连接方式与管道连接，阀体的设计应考虑具有良好的介质流动性。

b. 根据不同的调节要求对密封结构进行设计，以满足密封和调节的作用。

c. 中腔密封一般采用压力自密封结构，可有效保证阀门的密封性。

d. 采用增强柔性石墨或增强编制柔性石墨填料，满足高温高压蒸汽和饱和水介质，具有良好的密封性能。

e. 一般采用气动或电动执行机构作为阀门的驱动装置，根据介质参数的变化驱动调节阀动作，实现性能的调节要求。

④ 调节阀的流量特性　是指流体通过阀门的相对流量与阀门相对开度的关系。流量特性分固有流量特性和工作流量特性，制造厂给出的为固有流量特性，在实际使用中，固有流量特性受管路系统阻力分配的影响，成为阀的工作流量特性。一般调节阀应根据系统要求选择合适的流量特性。流量特性有直线流量特性、等百分比流量特性、快开流量特性、抛物线流量特性。

⑤ 调节阀选择基本步骤

a. 确定计算流量。

b. 选择压力级：根据介质的温度压力等工况，选择合适的压力级。

c. 压差计算：根据流经阀门的介质的压力差情况，确定最大压差和最小压差，合理分配调节阀的调节压差。

d. 计算额定流量系数：根据已经确定的各级调节压差及各工况参数，计算出额定流量系数。

e. 初步确定调节阀的压力级和口径。

(9) 产品技术特征

① 阀体

a. 温度-压力规范：符合 ASME B16.34 的规定。

b. 阀体的设计计算、应力分析：符合 ASME B16.34 的规定。

c. 阀体壁厚：符合 ASME B16.34 的要求。

d. 阀体连接形式：阀门以焊接方式与管道相连接。

e. 阀体无损检验：按照 ASME B16.34 特殊磅级提出的技术要求进行射线探伤和渗透与超声探伤。

f. 内腔采用流线型设计，流通能力大，减小阀门阻力。

② 阀座　采用焊接方式与阀体相连接，其通孔的内径符合 ASME B16.34 的规定。密封面堆焊硬质合金，耐磨性好，使用寿命长。

③ 阀盖　根据压力等级不同，阀盖采用压力自密封结构或法兰连接结构，结构紧凑、重量较轻、性能可靠。

④ 上密封座（闸阀、截止阀）　起着保护填料和闸板全开时的上限位作用，与阀杆下端锥部形成密封，避免了介质和填料经常接触，延长了填料的使用寿命。

⑤ 闸板（闸阀）和阀瓣（截止阀和止回阀）　闸板采用楔式弹性单闸板或双闸板结构。该结构能够依靠闸板的微量变形来弥补密封面角度加工过程中产生的偏差，具有良好的密封性能，改善了工艺性。当阀门开启时，闸板应全部脱离阀座通道，以避免工作介质对闸板密封面的侵蚀。

⑥ 填料　采用柔性石墨或增强柔性石墨，在阀门额定温度压力下，适用于高温高压蒸汽和水，而且具有良好的密封性能。

⑦ 抽气止回阀重锤　对于大口径阀门根据需要配有阻尼重锤，可平衡关闭件动力矩，防止水锤的发生。

⑧ 执行机构　抽气止回阀执行机构为弹簧复位式汽缸或液压缸，并与阀门关闭动作相对独立，执行机构故障不影响关闭件动作。执行机构配有阀门开关位置信号输出、阀门开启位置等指示。汽缸或液压缸内壁涂耐磨耐蚀层，可增加阀门寿命，减轻动作阻力，使阀门灵活、可靠。

⑨ 限位机构　抽气止回阀关闭件开启设有限位机构，避免开启过位或损坏。

25.1.6 使用与维修

(1) 操作注意事项

① 手动阀按顺时针方向旋转手轮时，为阀门关闭；反之，为开启。开启或关闭阀门应使用手轮，不得借助于杠杆或其他工具。

② 电动阀门启闭由电动装置控制。当电装上的换向手柄扳向手动位置时，亦可手动。按顺时针方向旋转手轮时为阀门关闭；反之，即为开启。调节阀执

行机构的调整应严格按照相应的说明书进行，避免发生损坏。

③ 阀门在进行 1.5 倍设计压力的强度试验时禁止操作，以免损坏机件。

④ 闸阀只能作全开或全关使用，不能作调节使用，以免密封面受冲刷而加速损坏。

⑤ 使用前应检查各连接螺栓是否均匀拧紧。当72h运行结束后，应对自密封阀盖上的预紧螺母及填料压盖上的活节螺栓螺母进一步旋紧，消除温度压力变化产生的松弛，以保证持续密封。

⑥ 在低温或常温时，若用力关闭阀门，则通汽后当阀门温度上升时，会出现高温时阀门开启困难的情况。为防止此类事故，在低温或常温时，不要将阀门关闭得太紧。

⑦ 上密封是在填料处出现泄漏，设备无法继续运转时，可将阀门全开让阀杆下端的圆锥部紧紧地靠住阀盖上密封部位，即可止住填料函的泄漏或减少其泄漏量。

⑧ 传动部位如阀杆螺母等应保持清洁，定期加注润滑油。

⑨ 电动装置调整的方法和步骤见电动装置使用说明书。其中，电动装置是按照在设计压差下进行电动操作来设计的。因此，水压试验时的压差若超过设计压差，则不能进行电动操作。

⑩ 堵板式水压试验阀在水压试验时，阀门装上堵板、顶柱和支承板，并拧紧顶柱产生预紧力，再依次装上阀盖组件（阀盖、螺柱、密封环、垫环、四开环、压盖、螺母）即可。中腔为法兰连接的，确认阀盖与阀体连接法兰无脏物，装上垫片和阀盖，拧紧连接螺栓即可。水压试验阀体上箭头均为压力试验方向。试压完毕，依次拆下阀盖组件，取出堵板、支承板及顶柱。装上导管、压板、螺钉及阀盖组件即可。

(2) 可能发生的故障及其维修方法

① 阀体与自密封阀盖连接处渗漏

a. 螺母没有拧紧或松紧不均匀，应将螺母重新松开，均匀地拧紧。

b. 阀体与阀盖密封面间夹有脏物，应卸下清洗之。

c. 自密封垫失效，应重新更换。

② 填料函泄漏

a. 填料太松，应将填料压盖上活节螺栓用螺母均匀地拧紧。但不应拧得过紧，否则会使操作力矩增大，手轮的操作困难，还会缩短填料的使用寿命。

b. 填料圈数不够，应增加填料。

c. 填料失效，应更换新填料，但必须注意填料切口为45°，相邻两圈之间的接头不得凸起，并应平整地互相交叉错成120°。

d. 即使在无泄漏及其他场合，为了减轻操作力矩及阀杆磨损，也要在每2～3年进行一次阀门拆卸，检查更换新填料，填料更换后，填料压套嵌入填料函内3～4mm为最佳状态，决不能使填料露出填料函。

③ 密封副泄漏

a. 密封面间夹有脏物，应卸下清洗之。

b. 密封面间有擦伤、磨损，应重新加工和研磨；若有严重缺陷时，应重新堆焊后加工。

c. 阀体内积有冷凝水，使阀座产生不均匀膨胀，从而形成泄漏，应完全排除冷凝水，并进行充分预热。

d. 楔式弹性单闸板或双闸板闸阀，闸板是受介质推力作用，紧贴阀座密封面上而切断介质流动的。所以，当压力过低时，有时会出现微漏；当压力上升后，泄漏就会停止。

e. 电动装置的限位、限矩开关设定值的改变，造成闸板（或阀瓣）未关紧而造成泄漏，应当进行电动装置限位、限矩开关的调整。

f. 阀门受到管道来的外力作用，使闸板产生极度变形，从而造成泄漏。这种情况下，需要更换闸板。

④ 阀杆转动不灵活

a. 填料压得太紧，应适当地、均匀地拧松填料压盖上的两个螺母。

b. 填料压盖压偏，应将填料压盖上的两个螺母重新松开，均匀地拧紧。

c. 阀杆和阀杆螺母之间夹杂有脏物或螺纹接触部分损伤，应卸开清洗修理。

d. 阀杆螺母螺纹磨损过度，应当进行更换。

e. 阀杆螺纹部位润滑不良，清洗螺纹部位，加注润滑脂。

⑤ 电动装置的保养和检修

a. 对开闭频率较低的阀门，在对系统的运转无碍的情况下，定期进行电动装置试验操作；此外，还要进行手动操作检查以及电动、手动的转换性检查。

b. 检查阀杆螺母部位有无尘埃附着以及润滑脂的状况。要使阀杆保持经常性的润滑状态。

c. 为检查、调整而打开电动装置端盖时，应首先关闭电装的电源，而且尽量在干燥的时候进行。要经常保持其清洁、干燥的状态，注意避免尘埃附着以及浸水、受潮。端盖的密封垫有损坏时，应加以更换。

d. 电动装置的限位、限矩开关的设定值原则上不能改变。若要改变，须取得制造商的同意后方可进行，且调整后的设定值须做记录。

e. 阀门的控制方法，即电动装置的限位开关、限矩开关不能随意变更，否则有可能造成阀门泄漏，无法开闭。

25.1.7 高温高压阀门的检验与试验

按照DL/T 992—2005《火力发电用钢制通用阀门订货、验收导则》，对高温高压电站阀门要进行以下几个方面的检验与验收。

(1) 材料检验与验收

材料检验与验收应由制造厂在厂内、产品发货前进行。

① 承压件材料必须符合 DL/T 992—2005 标准 3.1.1～3.1.6 的规定。

② 每一熔炼炉、每一热处理炉的钢种都要按相应的材料标准进行力学性能试验。

③ 浇冒口应随型切割，也可用机械加工方法进行修平。在消除冒口、多肉和芯砂以后，应进行热处理、喷丸。

④ 铸钢件尺寸公差应符合 GB/T 6414 的规定，但铸钢件承压部位壁厚不允许出现负偏差。铸钢承压件内外表面不允许有裂纹、气孔、毛刺和夹砂缺陷。阀门铸钢件外观质量应符合 JB/T 7927 的规定。

⑤ 锻件表面不应有裂纹、折叠、锻伤、斑痕等缺陷。

⑥ 机械加工面不允许有有害的伤痕。

⑦ 密封面表面不允许有裂纹、气孔缺陷。

(2) 焊接质量检验与验收

焊接质量检验与验收应由制造厂在厂内承压零部件焊后进行。

① 承压焊缝的焊接按 JB/T 1613 的规定。承压零部件焊后应进行无损检验。

② 承压件缺陷的焊补和焊缝局部缺陷的挖补，同一部位焊补碳素钢一般不能超过三次；不锈钢、合金钢一般不能超过两次。焊补后的承压件应按规定重新进行热处理消除应力。奥氏体不锈钢焊补后应做固溶热处理。承压件焊补后应按规定重新进行无损探伤检验。

(3) 无损探伤检验与验收

无损探伤检验与验收应由制造厂在厂内铸件和零部件进入装配前进行。

常用的无损检测方法有射线探伤、超声波探伤、磁粉探伤、渗透探伤。

标准级阀，对焊接式阀门，坡口要经过无损探伤检查；特殊级阀，所有承压件要按 GB/T 12224 进行无损探伤检查。

铸钢阀门的坡口、承压件及补焊部位射线探伤检验与验收按 JB/T 6440 的规定；阀门对接焊缝射线探伤检验与验收按 GB/T 3323 的规定；磁粉探伤检验与验收按 JB/T 6439 的规定；渗透探伤检验与验收按 JB/T 6902 的规定；超声波探伤检验与验收按 JB/T 6903 的规定。

① 射线探伤

a. 外径大于 410mm（水管 275mm），壁厚大于 19mm 和壁厚大于 41mm（水管 29mm）接管阀体的焊接坡口。

b. 对属于第 2 类阀门铸钢阀体及阀盖耐压部位的法兰根部、阀体过渡部位、阀盖填料函根部等应力集中处的部位。

c. 阀体、阀盖承压件焊缝处；经射线探伤发现缺陷焊补后部位。

② 超声波探伤

a. 锻钢阀门所用毛坯，原则上在锻前应进行检查。

b. 工作温度大于 450℃，工作压力大于 10.0MPa 的阀门阀杆及中法兰螺栓。

③ 磁粉探伤及浸渗探伤

a. 铸钢阀体的对焊坡口部位。

b. 对壁厚小于 114mm 的第 2 类阀门的外表面及自密封面，对壁厚大于 114mm 的第 2 类阀门整个表面的铸钢阀体及阀盖的耐压部位进行检查。

c. 对属于第 2 类的锻钢焊接形阀门阀体及阀盖的耐压部位整个表面都要进行检查。

d. 对工作温度大于 450℃，工作压力大于 10.0MPa 的阀门密封面要进行浸渗探伤。

④ 配套装置及成品检验与验收　应由制造厂在产品出厂前进行。

a. 密封面不允许存在裂纹、凹陷、气孔、斑点、刮伤、刻痕等缺陷。

b. 阀门产品的配套装置上的标志和铭牌须符合使用要求。

c. 阀门整机性能应在介质工作温度和工作压力下，安全可靠、动作灵活，无任何卡阻现象，对电动、气动及液动装置应整机带压做动作试验。

d. 每一台阀门都必须按 GB/T 13927 的规定进行强度试验和密封试验。强度试验压力按 1.5 倍的公称压力；密封试验压力按 1.1 倍的公称压力或 1.25 倍的工作压力。压力试验的试验时间和允许的泄漏量应按标准要求严格执行。

(4) 配套装置及成品检验

① 配套装置及成品检验与验收　应由制造厂在产品出厂前进行。

a. 密封面不允许存在裂纹、凹陷、气孔、斑点、刮伤、刻痕等缺陷。

b. 阀门产品的配套装置上的标志和铭牌须符合使用要求。

c. 阀门整机性能应在介质工作温度和工作压力下，安全可靠、动作灵活，无任何卡阻现象，对电动、气动及液动装置应整机带压做动作试验。

② 产品的压力试验

a. 除订货要求以外，试验前，阀门不得涂漆或防腐蚀化学处理以及使用防渗漏的涂层，且阀体应清理干净。

b. 试验设备应装设两只校验合格的压力表，量程应是试验压力的 1.5～3 倍，压力表的精度不低于 1.5 级。

c. 试验介质为 5～50℃的清洁水（可以加入防锈

剂)、煤油或黏度不大于水的其他适宜液体。充入介质时要排除阀体内的气体。

d. 压力密封的试验压力取1.1倍的公称压力，如依工作压力考虑进行压力密封试验时，则为工作压力的1.25倍。强度试验压力取1.5倍的公称压力。安全阀按GB/T 12242、JB/T 9624的规定。

e. 试验时，压力应逐渐升高到规定的要求值，不允许压力急剧地突然增加。压力试验的试验持续时间按表25-45的规定。

表25-45 压力试验持续时间

公称尺寸/mm	强度试验时间/min	密封试验时间/min
$DN\leqslant125$	>2	>1
$150\leqslant DN\leqslant400$	>3	>2
$DN\geqslant500$	>4	>3

注：试验持续时间是指阀门完全准备好以后，处于满载压力的检查时间。

f. 在规定的试验持续时间内，其压力应保持不变，如试验发现异常情况则试验无效，经查明原因后再按上述要求重新试验。试验过程中，不允许对阀门施加影响试验结果的任何外力。

g. 强度试验时，达到规定的试验持续时间后，阀门不允许发生可见渗漏。

h. 压力密封试验时，在规定的试验持续时间内，允许的渗漏量应符合：对主要用于截断或接通介质流的截断阀类密封面间的渗漏量不应超过0.01*DN* mL/min；止回阀渗漏量不应超过0.03*DN* mL/min。

i. 验完毕后，应对阀门进行防腐蚀处理和内腔防锈涂层。如果抽查库存的阀门，应去掉密封面上已有防锈涂层。

25.2 自动再循环阀

离心泵在输送接近饱和状态液体时，由于流量过小，温度过高，很容易产生汽蚀，导致泵工作不稳定，甚至使泵的叶轮损坏。这种现象常发生在输送轻烃（乙烯、甲烯、液化气等）、蒸汽冷凝液、锅炉给水等工况。为了防止离心泵在运行时产生汽蚀，应使泵在运行时的流量不小于一定值。当泵的流量小于此值时，泵就会产生汽蚀，导致损坏。

为了满足工艺流量需求，离心泵系统流量在一定的范围内波动，太小的流量往往会造成离心泵的温度过高，操作不稳定，并产生大量的噪声。因此在离心泵的出口安装了自动再循环阀，用来防止介质倒流，并实现系统的小流量回水以维持泵正常运行所需的最小流量，提高了泵的使用效率，减少了泵的故障。

25.2.1 泵保护系统性能分析

泵保护系统主要有连续循环系统、控制循环系统和自动再循环系统三种形式。

(1) 连续循环系统（图25-23）

连续循环系统泵的最小需求流量与系统的工艺流

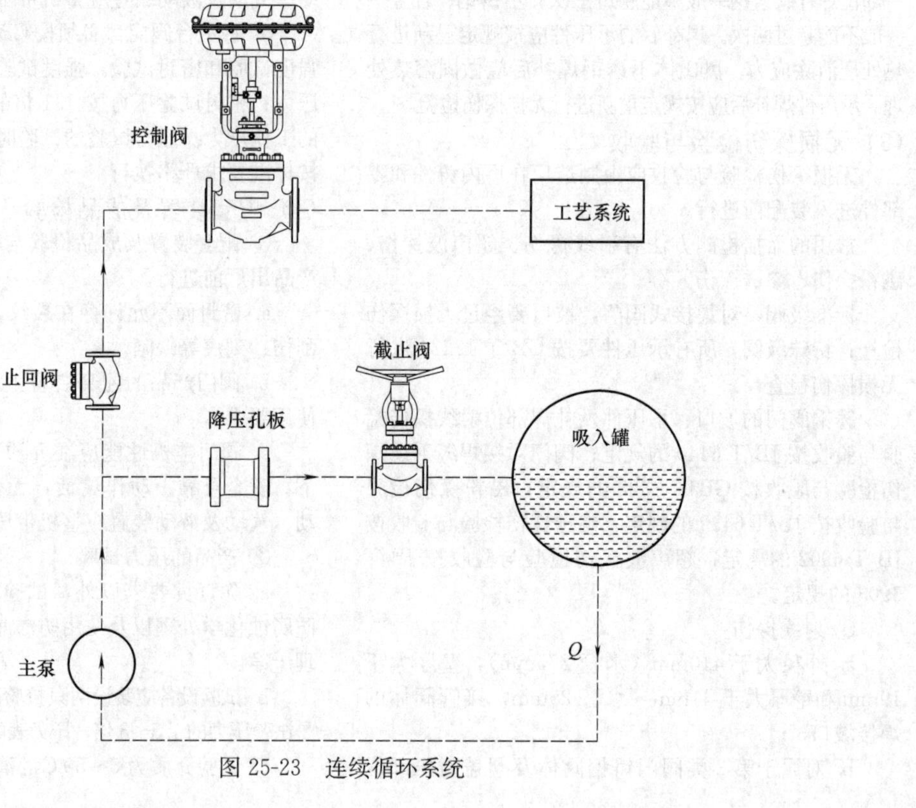

图25-23 连续循环系统

量变化无关。最小流量设定好后经过减压孔板直接回流至储罐，连续的最小流量循环虽然可以很好地保护泵，但是泵必须提供更大输出功率以保证系统工艺流量加上再循环流量，造成额外的能源浪费。

(2) 控制循环系统（图25-24）

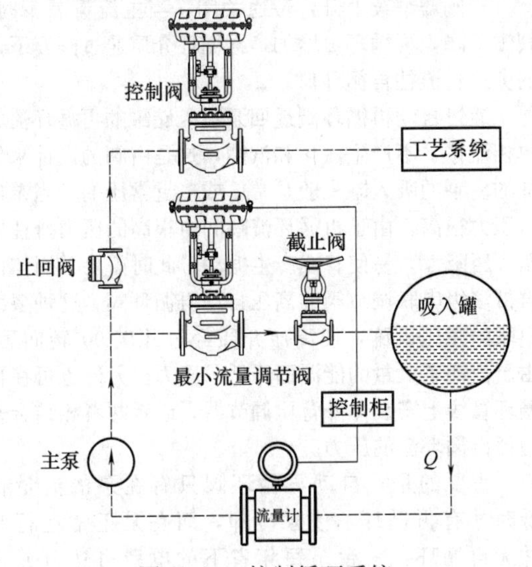

图25-24　控制循环系统

控制循环系统由止回阀、流量计、最小流量调节阀、控制系统组成，控制循环系统能够提供最小流量保护，当工艺流量大于泵的最小流量时，回路关闭，没有额外的能量损失。但系统复杂，控制元件多，购买、安装、维护费用成本比较高。

(3) 自动再循环系统（图25-25）

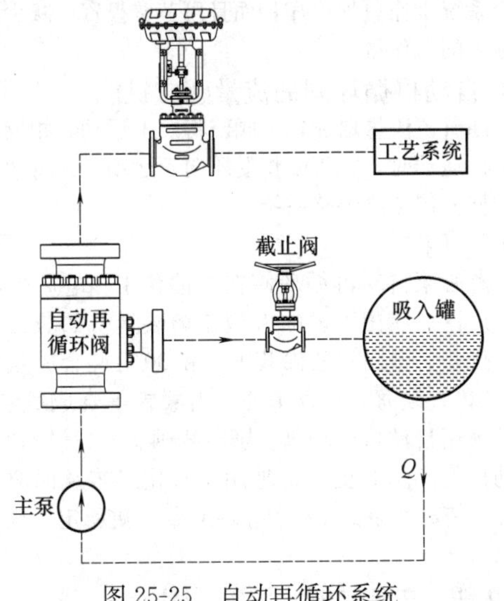

图25-25　自动再循环系统

自动再循环阀集止回阀、流量感知、旁路控制阀、多级降压功能于一体，不需要动力源和控制系统，不需要电气接线，安全可靠。占用空间小，将高速流体造成故障的可能性减至最小。安装维护费用低，是现代工业过程中优先考虑的泵的保护方式。

经分析对比（表25-46），自动再循环阀因具有流量感知、止回、旁通控制和多级减压等功能，其性能较好。

表25-46　泵保护系统性能分析

连续循环系统	控制循环系统	自动再循环系统
优点：初始投资低 缺点： ①旁路减压阀只能减压，不能进行流量调节，长时间工作会浪费大量能源，增加了运行成本 ②不能保证离心泵运行所需的最小流量，工作不可靠	优点：零件部件的设计、制造难度相对较小 缺点： ①部件多，初始投资费用高 ②旁通阀开启瞬间，降压剧烈，水流湍急，导致旁通系统洞穴腐蚀而泄漏 ③由于使用了多种设备，维护费用高	优点： ①系统简单，大大减少了连接的数量 ②完全的无电连接，工作可靠 ③旁通多级减压，减少了突然降压带来的气蚀 ④无须外加动力源或驱动信号 ⑤减少了安装维护费用 缺点：设计和制造难度相对较大

25.2.2　自动再循环阀

自动再循环阀是用于防止离心泵在低于负荷运行时由于过热、严重噪声、不稳定和汽蚀而引起损坏。只要泵的流量低于一定数值，阀的旁路回流口就会自动地打开，以此来保证液泵所必需最小流量。

自动再循环阀包括再循环流的减压设施，使高压介质经多次小通径绕流，消耗大量的能量，而降低压力。

自动再循环阀只在流量很低时才有再循环，使泵冷却，在泵正常运行时，并没有再循环，从而可节省因连续再循环所消耗的电能和水能。

(1) 结构

自动再循环阀（图25-26）主要由阀体、阀盖、阀瓣、弹簧、旁通套管等组成。

(2) 工作原理

根据主流量不同，自动再循环阀的主阀瓣将确定在某一个位置上。主路止回阀的阀杆通过一杠杆，将主阀瓣动作传递至旁路。旁路系统控制通过旁路的流量，同时将压力减至旁路出口所需值。当主阀瓣回至阀座关闭状态时，所有流量通过旁路回流。当主阀瓣上升至顶端位置时，旁路则完全关闭，所有泵的流量流向工艺系统。

自动再循环阀的主阀为升降式止回阀。其主阀从全关到全开的过程中，介质不断从阀体入口流入，克服弹簧力的作用，从阀盖主流出口流出，同时阀瓣上升带动拨杆左端上升。由杠杆原理，拨杆右端下降，

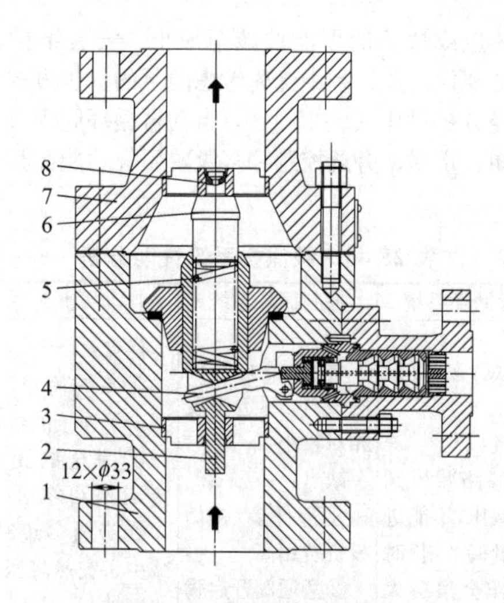

图 25-26　自动再循环阀结构

1—阀体；2，8—阀芯；3—导向环；4—顶杆；5—弹簧；6—阀芯导向块；7—阀盖

针阀在自动和介质力作用下下降。当主阀全开时，针阀全关，关闭流道B，D腔与C腔产生的压差使节流活塞右移，关闭流道A，停止旁通回流。

当主流出口压力超过额定值时，由于主阀进出口压差改变及弹簧的作用，阀瓣从上到下运动直至关闭，同时带动拨杆左端下降，右端上升，针阀开启，打开流道B。D腔内的介质经流道B流向旁通出口。由于节流活塞C腔受力比D腔大，故节流活塞左移，打开流道A。此时介质通过流道A，经多级正反螺旋槽减压后回流到高压离心水泵的入口，保证水泵正常运转。

(3) 功能特点

① 自动根据流量调整旁路开度（系统的流量调节）。

② 旁路压降可以控制。

③ 主路、旁路均带有止回阀。

④ 三通T形结构，适宜于再循环管线。

⑤ 旁路不需要连续的流量，减少能耗。

⑥ 减少设计工作量（四种功能集于一体）。

⑦ 减少安装和维护成本（自力式，不需要外部能源）。

⑧ 减低故障发生的可能性——将高速流体造成故障的可能性减至最小，没有汽蚀问题和电气接线费用。

⑨ 低流量工况下仍然可以保证泵稳定性。

⑩ 与常规系统相比，整体费用低。

(4) 技术特点

当阀处于关闭状态时，此时主流量为零，旁通全开，可避免泵出口切断阀关闭或者工艺调节阀关闭时造成的事故。

当主流量增加时，阀瓣上升，和阀瓣结成一体的旁通元件也上升，关闭了部分旁通孔的面积，减少了再循环量。这种由阀瓣的位置调节再循环量的调节特性，保证了泵的总流量大于泵制造厂要求的最小流量。

当阀瓣继续上升，旁通关闭。当主流量减少时，阀瓣下降，再循环量增加，再循环介质通过阀瓣下部的旁通孔流往再循环口。

通过自动再循环阀返回泵吸入储罐的再循环流时单相流体，不产生汽化和汽蚀，这是由阀的设计来保证的。泵的吸入罐一般是常压或接近常压的。当泵出口压力很高，由于再循环流瞬间由很高的压力排往常压，压降大，易使管线产生振动。此时需要采用体内自带多级串联调节阀的高压自动再循环阀。这种多级串联的减压设施，使高压介质经过几次90°转向后，由于消耗了大量的能源而降低了压力。另外也可在再循环管线上安装体外背压调节器，或者两者相结合来消耗再循环流的压力。

重要的是，自动再循环阀只有在泵的流量很低时才有再循环，使泵冷却，而在泵正常运行时并无再循环，一台泵每年省下的电费可达万元人民币。

自动再循环阀兼有止回的功能，又如同一个止回阀。它可自动检测流量，控制旁通的开启，这样省去了一个流量检测回路，不需要外界供给电源或压缩空气；又省去了一个高压三通及再循环控制阀后的多级减压孔板，一共只有三个管口，使安装工作大为简化。由于整个阀是一个整体，不需要外界的动力，使整个系统工作更加可靠，而且可节省投资，减少设计及施工的工作量。

(5) 自动再循环阀的流量感应机能

随着主流量增加，主阀瓣将向上运动。相反，在低负荷运动时，主阀瓣将受压向下运动，并将此运动通过杠杆传递给旁路系统。

(6) 应用

离心泵自动再循环阀在石油化工、电厂中应用甚为广泛。我国引进的大型乙烯装置（如燕山、齐鲁、扬子、金山等乙烯装置）和30万吨合成氨装置（如齐鲁、镇海、乌鲁木齐、内蒙古等合成氨装置）都已采用自动再循环阀。随着我国工业建设的发展，自动再循环阀会更广泛地用于石化工艺及锅炉给水系统，使离心泵的工作性能更可靠，更稳定，且节约能源。

25.2.3　产品实例

(1) 型号编制

自动再循环阀的型号编制由7个单元组成（表25-47）。

表 25-47　自动再循环阀的型号编制

ZD	旁路形式代号	公称压力代号	阀体材料代号	主路通径	旁路通径	结构形式代号
自动再循环阀	T形旁路组件	PN16＝PN16 Class150＝CL150	C——WCB或A105	DN50＝50 NPS3″＝3″	DN25＝25 NPS1″＝1″	V——垂直安装 H——水平安装 S——手动启动
			LC——LCB或LF2			
	L形旁路组件		P——CF8或F304			
			PL——CF3或F304L			
	M形旁路组件		R——CF8M或F316			
			RL——CF3M或F316L			
			D——定制材质			
标记示例：M形自动再循环阀，压力PN40阀体材料A105主路通径DN25垂直安装，型号为ZDM-PN40-C＝50/25-V						

(2) 产品介绍

ZD系列自动再循环阀是一种泵保护装置。它自动对离心泵（尤其输送热水介质）在低负荷运动时泵体内可能出现的部分汽蚀损害和不稳定进行保护。

一旦泵流量低于预设流量，旁路完全打开以确保泵所需最小流量，即使主路完全关闭，即主路流量为零，最小流量也可以通过旁路进行自动循环。压力通过旁路中的集成多级节流减压阀降低。

根据感应到的主路流量不同，自动再循环阀的主阀瓣止回锥将自动移动到某一个位置上，同时主阀瓣带动旁路阀阀杆，将主阀瓣动作传动至旁路，通过控制旁路阀阀瓣的位置，改变旁路的节流面积，从而控制通过旁路的流量，当主阀瓣回至阀座关闭状态时，所有流量通过旁路回流。当主阀瓣上升至顶端位置时，旁路则完全关闭，所有泵的流量流向工艺系统，该阀集流量感知、再循环控制、旁路多级减压和止回四种功能于一体。

流量感知——自动再循环的主阀瓣能自动感知工艺系统中的主流量，从而根据此流量来确定主阀瓣和旁路阀瓣的位置。

再循环控制——自动再循环阀可以将泵正常运行所需要的最小流量通过旁路吸入到存储装置中，调节水泵的H-Q特性，实现再循环。

旁路多级减压——旁路控制系统低噪声，小磨损，并能够把回流介质从泵出口的高压减至适宜回流存储装置中的低压。

止回——自动再循环阀还具有止回阀的作用，防止液体回流道泵体中。旁路止回为可选功能。

其他旁路尺寸可按要求制造，最大的旁路流量取决于最大的K_V值。

① ZDT系列自动再循环阀（图25-27）　有较大口径的旁路。此阀用于较大的旁路流量，压差最大至4MPa，具体选择由工厂确定。

ZDT系列自动再循环阀特点：

a. 结构简单，运行可靠稳定，只有少量运动部件；

b. 容易安装，可垂直或水平安装在泵的压力出口处；

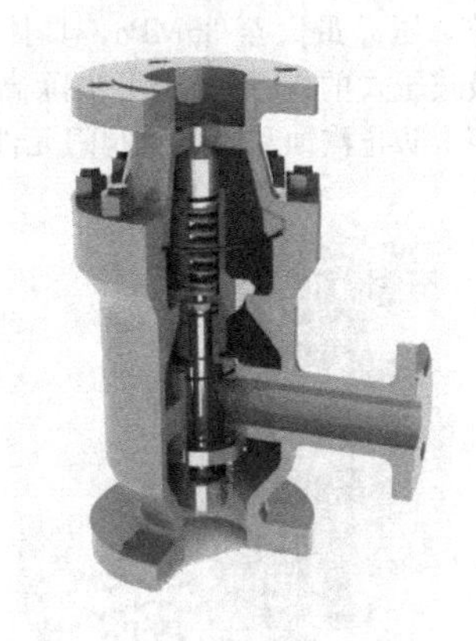

图25-27　ZDT系列自动再循环阀

c. 旁路流量大，最大至主流量60%，K_V值可调整；

d. 旁路最大工作压差至4MPa，可以选择增加旁路止回功能；

e. 可适用于水、油、甲醇及其他液体介质。工作温度为－196～300℃。

② ZDL系列自动再循环阀（图25-28）　适合中等压差的旁路，压差最大至6MPa，具体选择由工厂确定。独特的L形旁通可消除高速流动介质产生的噪声，防止汽蚀。

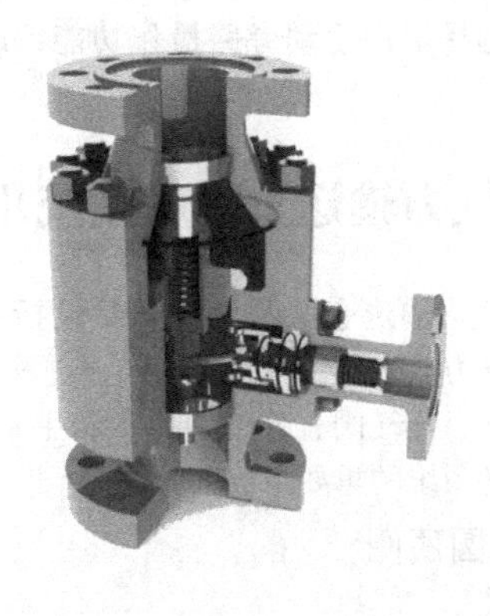

图25-28　ZDL系列自动再循环阀

ZDL 系列自动再循环阀特点：

a. 多孔笼式旁路、低噪声，适用于中低压工况；

b. 锻造阀体，可选用碳钢或不锈钢材质等；

c. 标准型旁路带止回功能，最大工作压差至 6MPa；

d. 带有文丘里流道的主路止回结构，适应复杂工况；

e. 压力等级 PN16～100，口径 DN25～500；

f. 可选择增加手动旁路操作功能，以备故障时使用。

③ ZDM 系列自动再循环阀（图 25-29） 适合高压差的旁路，压差最大至 30MPa，具体选择由工厂确定。多级减压式的 M 形旁通可消除高速流动介质产生的噪声，防止汽蚀和闪蒸对阀门元件的破坏。

图 25-29 ZDM 系列自动再循环阀

ZDM 系列自动再循环阀特点：

• 防汽蚀多级减压旁路，降低流速，适用于高压工况；

• 锻造阀体，可选用碳钢或不锈钢材质等；

• 标准型旁路带止回功能，最大工作压差至 30MPa；

• 压力等级 PN16～420，口径 DN25～500；

• 可选择增加手动旁路操作功能，以备故障时使用。

25.3 气力输送及除灰系统用阀门

LTP 气力输送仓泵系统，主要包括仓泵、阀门和管道。气力输送阀门包括进料阀、进气阀组、出料阀、平衡阀、补气阀、管路切换阀和手动插板阀等，是气力输送系统的重要组成部分。

25.3.1 圆顶阀

(1) 概述

圆顶阀（球形气锁阀）是一种新型的快速关闭阀门，常用作 LTP 气力输送仓泵系统的进料阀，它采用国际最先进的气封式结构，阀门启闭时阀芯与可充气密封圈之间无接触，密封圈采用特殊配方橡胶制成，可广泛应用于粉状物料的密封，是气力输送系统中的关键部件，广泛应用于电力、冶金、化工、食品、制药等领域。它的优点如下：

① 阀芯动作时与密封圈无接触、运行阻力小、使用寿命长；

② 采用可充气式密封圈，密封性好；

③ 气动执行器采用全封闭回转推杆式汽缸驱动，回转输出，性能可靠，输出转矩大，可满足在恶劣工况下工作。

(2) 圆顶阀结构特点及技术参数

圆顶阀（图 25-30）的旋转阀芯是一种以半球体作阀芯的球面圆顶，阀座采用压缩空气气封式密封圈。气封式圆顶阀通常采用气动，主要用在气固两相流管道上作关断或切换用。气封式圆顶阀在开关过程中，阀芯与橡胶密封圈之间保持有约 3mm 的间隙，使阀芯与橡胶密封圈可以以无接触的方式运动，目的是使阀芯与橡胶密封圈之间不产生摩擦，减少磨损，并且有效地降低了开关阀门的力矩，而且就是在粉煤灰高温热膨胀时也不会发生卡滞现象，从而提高阀门密封性能和使用寿命。

① 圆顶阀的部件

a. 结构。图 25-31 所示为气力输送的关键部件圆顶阀的装配图，主要分为气动执行曲轴汽缸和圆顶阀两大部分。圆顶阀的上法兰与电除尘灰斗连接，下法兰与仓泵连接，并可在进料的阀体上安装料位计，避免在仓泵上打孔安装料位计，这对于铸造的 T 泵特别有效。

b. 密封。由于是气囊式密封，所以阀芯与阀体之间的间隙调整很重要，一般为 1mm 左右，在装配和检修时法兰与阀体之间的密封垫片的厚度很重要，过厚漏气，过小卡死。另外，就是转轴密封，由于系统压力一般小于 0.5MPa，所以采用常见的 Y 形和 O 形圈组合密封。Y 形主要针对轴向密封，O 形主要针对周向密封。

② 圆顶阀的零件图 半球阀芯是圆顶阀的关键零件，见图 25-32，也是唯一的既作为灰的通道又频繁与密封橡胶圈周期接触的零件。它的设计、加工制造对整个阀的使用寿命特别重要，除了使用耐高温、耐腐蚀的 CF8 不锈钢以外，还要进行表面渗碳处理以便增加其表面硬度和耐磨性。加工误差和安装误差使阀芯与阀体圆周密封球带的径向间隙不均匀，将带来严重后果。如密封圈的半边或局部漏气，这样漏气处会带走灰粒，灰料就像磨料一样在很短时间内会磨穿密封圈，磨坏半球阀芯，使进料阀不能正常工作，从而影响整个气力传输系统。

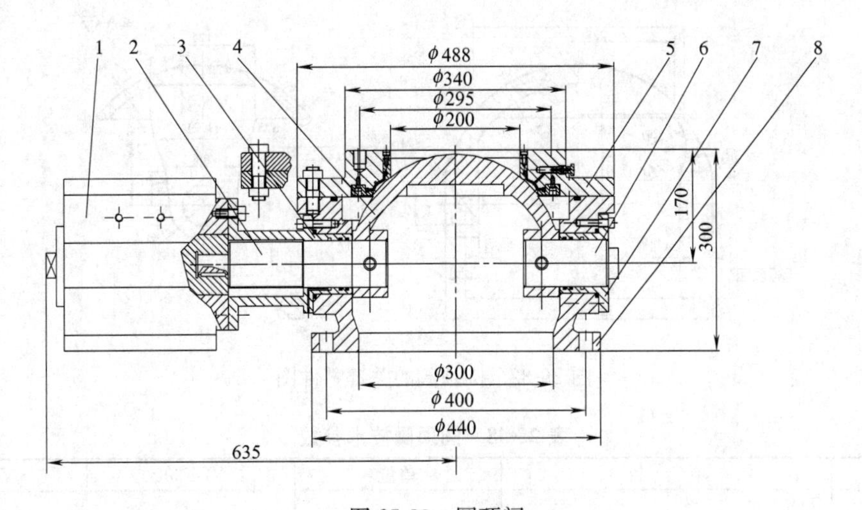

图 25-30　圆顶阀

1—执行器；2—转轴 1；3—接套；4—阀芯；5—顶座体；6—转轴 2；7—轴套；8—阀体

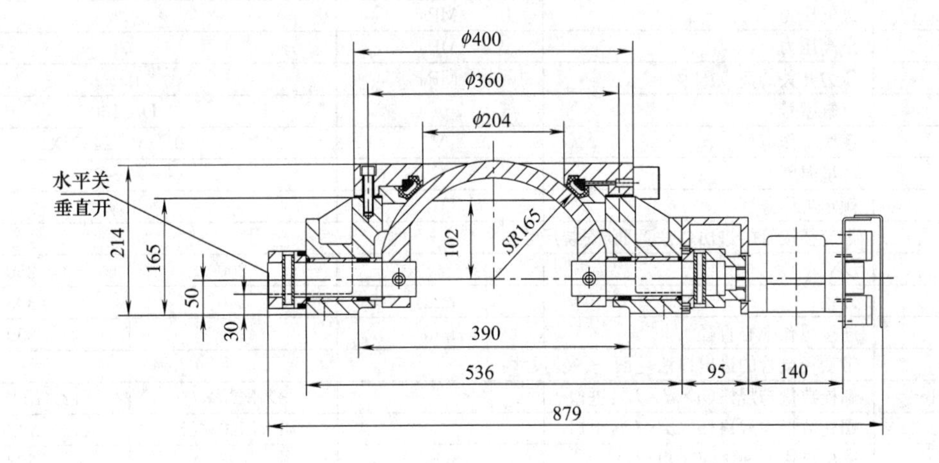

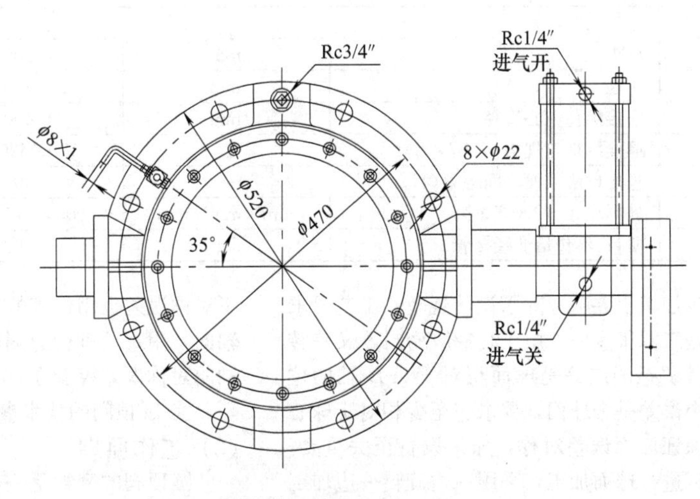

图 25-31　圆顶阀的装配图

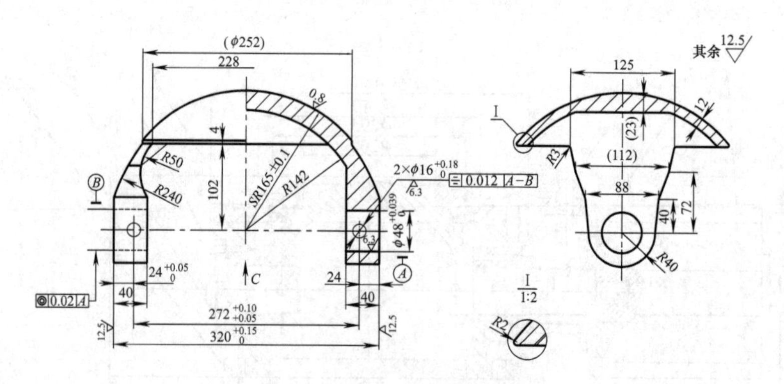

图 25-32 圆顶阀的关键零件图

表 25-48 圆顶阀技术参数

序号	项目	单位	YDF200	YDF250
1	*DN*		200	250
2	系统工作压力	MPa	0.35	
3	(工作点)供气压力:			
3.1	最低压力	MPa	0.5	
3.2	最高压力	MPa	0.8	
4	压力开关的高点压力	MPa	0.5	
5	汽缸型号		DA-160	
6	系统工作电压	V	220V AC/24V DC	
7	环境温度	℃	−22～55	
8	额定工作温度	℃	150	
9	带变径接管的进出口法兰面(安装尺寸):			
9.1	*DN*		200	250
9.2	外径	mm	340	395
9.3	连接螺孔中心直径	mm	295	350
9.4	带变径接管的进出口法兰面(安装)尺寸:			
9.4.1	螺栓数量与规格($n\times d\times L$):进口		8×M20×60	12×M20×65
9.4.2	螺栓数量与规格($n\times d\times L$):出口		8×M20×85	12×M20×85
9.5	进出口法兰面之间距离(H)	mm	488	528
10	不带变径接管的进出口法兰面(安装)尺寸:			
10.1	进口法兰:(同 9.4.1)			
10.2	出口法兰:			
10.2.1	*DN*	mm	300	350
10.2.2	外径	mm	445	505
10.2.3	连接螺孔中心直径	mm	400	460
10.2.4	螺栓数量与规格($n\times d\times L$)		12×M20×85	16×M20×85
10.3	进出口法兰面之间距离(H)	mm	305	325
11	外形尺寸(长×宽×高)	mm×mm×mm	900×470×350	947×540×325
12	质量(不包括变径接管)	kg	168	231

如何减少加工误差呢？除了设计规范，工艺要求外，分析误差来源很重要，由于是橡胶密封，又是转动部件，对其敏感的应该是球面相对于 *A-B* 轴的位置误差。这个误差是个球面，要求它至少相对于球心旋转对称。保证球面误差对称，加工设备至关重要，采用数控机床进行球面加工，采用一边旋转一边加工的方式，正好仿真了半球阀芯的工作过程。当然测量不对称误差也用仿真的办法在间隙四周（特别是转轴轴向）用塞尺进行边测量边转轴轴向调整，要求转轴轴向对称误差控制在 0.1mm 以内。

③ 圆顶阀的技术参数 见表 25-48。

(3) 工作原理

圆顶阀的密封是一种柔性密封结构，如图 25-33 所示。

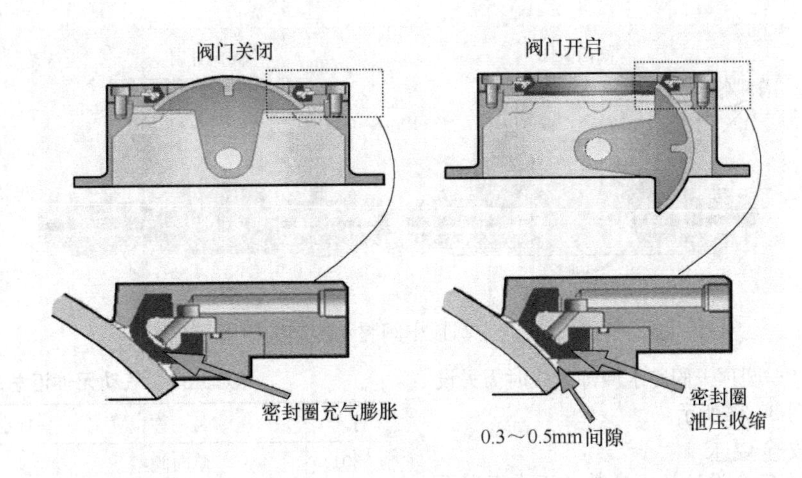

图 25-33　柔性密封原理

当圆顶阀处于开启状态需要关闭时，阀芯在驱动装置的作用下转动 90°，阀芯转到阀体内部与通道连接的一侧，延时 1～1.5s，气动装置凸轮压下触动位置开关，并输出信号。电磁阀动作，密封圈内开始输入 0.2～0.3MPa 仪表用压缩空气（压缩空气的压力要比管道介质的压力大），使橡胶密封圈在充入的压缩空气作用下鼓胀并与阀芯严密抱紧，从而形成一个非常可靠的密封环带，产生一定的密封比压，进而达到密封的目的，阻止了管道内物料的流动，产生良好的密封效果，实现阀门关闭。当阀门处于关闭状态需要开启时，橡胶密封圈内的压缩空气必须先泄压排空到大气，橡胶密封圈在自身的弹力作用下收缩并与阀芯分离，延时 1～1.5s 时间，阀芯在气动装置的驱动下转动 90°，阀芯的球面圆顶转到阀体内部与通道垂直的一侧，阀门开启。

（4）圆顶阀的选用

圆顶阀用于气动出料阀时，阀芯旋转速度必须迅速，尽可能地缩短阀芯开启由小到大的时间，减少磨损。

对用于负压气力输送系统的圆顶阀，主要考虑阀门启闭速度，以利快速排气，其密封圈的充气压力只需 0.2～0.3MPa。而对用于正压气力输送系统的圆顶阀，由于在阀门前后存在压力差，因此除需考虑阀门启闭速度外，还需考虑气灰混合物气流在高压、高速、高浓度状态下对阀座、阀芯、密封圈的磨损。另外，密封圈的充气压力与发送设备内压力有关。如果密封圈充气压力低于发送设备内压力，则气封式圆顶阀将失去作用。

在阀门实现开启与关闭的往复过程中，阀芯的转动和橡胶密封圈冲入压缩空气以及橡胶密封圈内压缩空气泄压排空到大气过程中的逻辑顺序，它们之间的先后顺序及时间间隔均由可编程 PLC 机控制（表 25-49）。PLC 控制系统实时监测系统的输送空气压力及圆顶阀密封圈的密封压力并按程序自动运行，不需要运行人员干预，动作准确无误。

表 25-49　圆顶阀阀芯转动与橡胶密封圈充气的关系

阀门状态	先后顺序		时间间隔/s	逻辑顺序
开启	橡胶密封圈泄压	阀芯转动 90°	1～1.5	由可编程 PLC 机控制
关闭	阀芯转动 90°	橡胶密封圈充气	1～1.5	

密封圈充气体时，经验证明密封圈内充气压力应大于密封圈外压力才能获得密封，这是因为气体是可以压缩的，其容积模数小。

密封圈鼓胀至密封位置须满足一定的条件：密封圈内压力必须克服外表介质压力；密封圈内压力必须克服橡胶的弹力；密封圈内压力必须达到密封力；密封圈内充气压时，还必须克服气体可压缩的力。

圆顶阀的阀芯根据使用场合的不同，采用不同的材料，表面进行不同的硬化处理方式，利用阀芯光滑坚硬的表面，可保证与橡胶密封圈良好地紧密接触以保证密封的可靠。橡胶密封圈采用特殊配方氟橡胶制成，具有耐高温、耐腐蚀、耐磨损、耐老化等特点，使用寿命长。阀门开启时，料口全流通无阻挡。

普通圆顶阀适合于物料温度不高于 200℃，当物料温度高于 200℃时则采用水冷却圆顶阀。根据使用温度不同，水冷却圆顶阀可以采用表 25-50 所列的冷却方式。

表 25-50　水冷却圆顶阀的冷却方式

水冷却方式	适用温度
上法兰水冷却	200～300℃
上法兰＋圆顶水冷却	301～350℃
上法兰＋圆顶＋阀腔水冷却	351～450℃

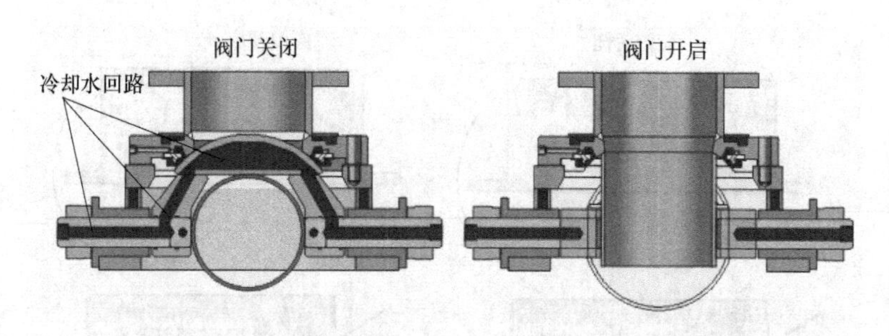

图 25-34 上法兰＋圆顶＋阀腔水冷却圆顶阀示意图

当选用上法兰＋圆顶＋阀腔水冷却方式时需另设物料直通管，如图 25-34 所示。

(5) 圆顶阀的安全要求

① 圆顶阀应在符合设计技术参数的正常工况下使用。

② 圆顶阀应由熟知操作规程、培训合格的人员操作。

③ 不得擅自更改系统设计和操作程序。

④ 任何违章操作都可能引发事故，应立即停止和纠正。

⑤ 只有在确认机械装置、电气装置、气动装置和工作环境都正常的情况下，方可启用圆顶阀。

⑥ 在启动、运行和停机的过程中，要观察各类仪表的示值是否正常。

⑦ 定期巡查圆顶阀的工作情况，对异常工况应及时、正确地处理与排除。

⑧ 在吊运、安装、操作、调试和维修时，应同时满足其他各相关的安全操作规程。

(6) 圆顶阀的控制系统

① 气动控制系统 气动元件汇总见表 25-51，气动控制原理见图 25-35。

a. 起始状态——关闭位置。当阀芯处于关闭位置时，二位五通电磁阀、二位三通电磁阀均不通电，气源对密封圈供气（关闭物料通道），此时二位三通的转臂压住（为通），压力表显示出作用在密封圈上的压力。

b. 打开物料通道。接通二位三通电磁阀的电源，

表 25-51 气动元件汇总表

序号	名 称	规定型号	数量
301	单向阀		1
302	排气消声节流阀		1
303	二位五通电磁阀	PS140S	1
304	快速排气阀	BSL-02	1
305	消声器	YSNS-106	1
9.41	压力开关	YSNS-110	1
9.42	压力开关		1
5.0	压力空气源		1
3.28	机械式二位二通阀	R3-1/8″	1
3.23	消声器	BSL-01	1
3.19	二位三通电磁阀	VT307-4G	1
3.24	压力表	0～1.0MPa	1
3.12	过滤器	AF2000	1
1.6	转轴		1
1.11.4	密封圈		1
4.0	气动执行器		1

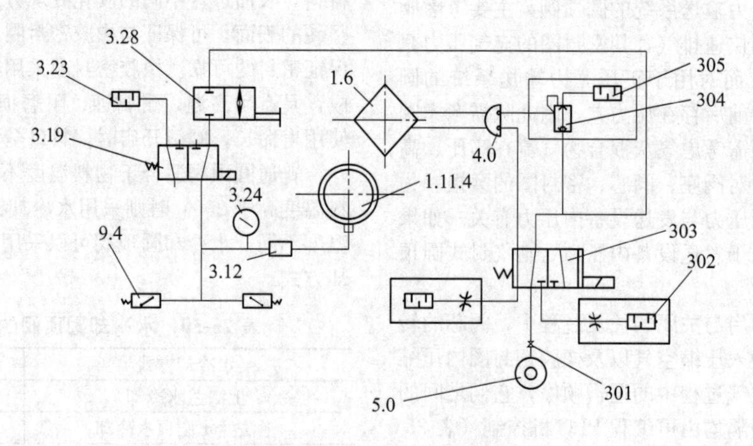

图 25-35 气动控制原理图

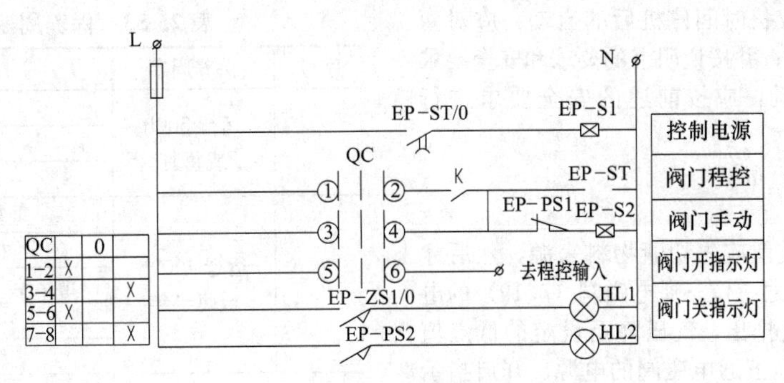

图 25-36　电气原理图

密封圈内的气从二位三通电磁阀排出，气压降至设定的低点值后，压力开关发出信号并接通二位五通电磁阀的电源，执行器开始转位，空气从快速排气阀排出，当转至开启位置时，表明阀芯已打开。

c. 关闭物料通道。关闭二位五通电磁阀和时间继电器的电源，执行器反向旋转，空气从二位五通电磁阀排出，当转至关闭位置时（阀芯阻断物料），同时压住二位三通阀，此时二位三通电磁阀（通过时间继电器延时3s后）断开电源，对密封圈供气（关闭物料通道）。密封圈的压力是由压力开关来监控的，当压力达到设定的高点值时，压力开关就发出信号，指示阀门已关闭。

d. 控制压力。气动控制的气压至少要比管道的工作压力高0.15MPa，并且压力源的空气必须是清洁的。例如输送管道的工作压力设为0.35MPa，压力开关的高点压力设为0.50MPa，控制气路的最低压力应为0.50MPa。

② 电气控制系统

a. 组成。电气系统是由行程开关、压力开关及其他电气元件组成的。它是用来控制圆顶阀的自动开启与关闭和显示阀的工作状态，可供现场控制和远程集中控制，并对阀门实施保护。其电气原理图见图25-36。

b. 操作。

• 阀门开启时。接通电源，二位三通电磁阀EP-S1工作，密封圈放气；当压力达到设定的低点值时，压力开关EP-PS1接通，同时二位五通EP-PS2工作，旋转汽缸旋转，阀门开启；行程开关EP-ZS1/0通过凸轮机构闭合，指示灯HL1亮，显示阀门已打开。

• 阀门关闭时。断开电源，二位五通EP-PS2和时间继电器开始工作，旋转汽缸带动半球阀芯旋转，当半球阀芯达到关闭位置时，通过凸轮机构使机械式二位三通工作，此时二位三通EP-S1（通过时间继电器延时3s后）得电，密封圈充气，当压力达到设定的高点值时，压力开关EP-PS2接通，指示HL2灯亮，显示阀门已关闭。

主要电器元件规格见表25-52。

表 25-52　主要电器元件规格

序号	代号	名称	型号	数量
9.1	FU	熔断器	RT-18/2A	1
9.2	QC	三位旋钮	LB-D_2B40	1
9.3	K	中间继电器	MY2J	1
9.41	EP-PS1	压力开关	YSNS-106	2
9.42	EP-PS2	压力开关	YSNS-110	
9.5	EP-ST	时间继电器	ST3PF	1
9.61	HL1	指示灯	ELRP	2
9.62	HL2	指示灯	EPGP	
3.17	EP-ZS	行程开关		1
3.19	EP-S1	二位三通电磁阀 VT30T-4G/5G-01	VT30T-4G/5G-01	1
303	EP-S2	二位五通电磁阀	PS140S	1

(7) 安装与拆卸

① 安装与拆卸前必须使系统停止工作、切断电源和气源。

② 安装应按图25-37所示，把吊环螺钉拧入顶盖上的两个螺孔，用钢丝绳进行吊装。

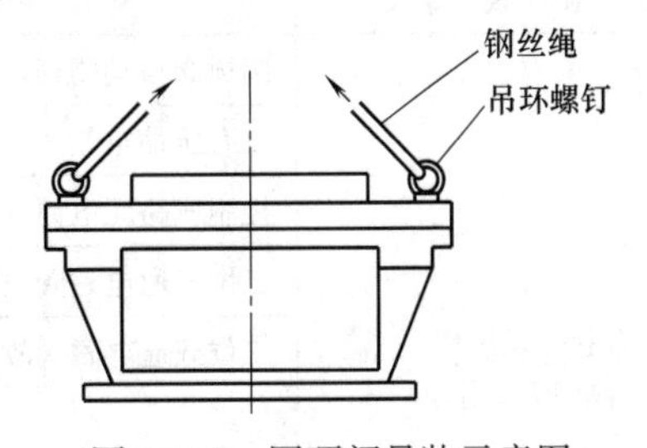

图 25-37　圆顶阀吊装示意图

③ 与阀门相连接的法兰安装面应与阀门法兰面平行，并且是加工过的。

④ 法兰与阀门连接时应垫上合适的密封材料，拧紧螺栓时应对角交叉均匀用力。

⑤ 圆顶阀安装在系统中应不带任何拉力。

⑥ 电气部分的安装应由电工来完成。

(8) 圆顶阀的使用、维护及保养

① 启动准备

a. 首次启动和较长时间停机后的启动：应对两油杯加油，润滑轴颈；并按说明书的要求和安全要求进行检查。常规启动：应按前述的安全要求进行检查。

b. 打开总电源和气源。

② 启动

a. 打开物料通道前应先切断物料来源，然后才可开启物料通道：接通二位三通电磁阀（3.19）的电源，让密封圈内的气排出，气压降至设定的低点值后，（自动）接通二位五通电磁阀的电源、开启指示灯同时发出信号，使执行器（4.0）转至开的位置，阀芯（1.15）打开。

b. 启动过程中应观察各类仪表的示值，发现异常应停止启动，待排除异常后重新启动。

③ 运行　运行中应时刻观察各类仪表的示值，并做好定期巡查。

④ 停机（关闭）　停机前应清空阀内物料，然后关闭物料通道：关闭二位五通电磁阀和时间继电器的电源，使执行器反向旋转，当转至关的位置时阀芯阻断物料通道，二位二通阀自动被接通，些时二位三通电磁阀（通过时间继电器延时 3s 后）也被接通，气源对密封圈充气，物料通道被关闭。

⑤ 保养　周期与内容见表 25-53。

⑥ 润滑加油

a. 对轴套上两油杯加油，第一次约 20g，然后为运行 4000h 或半年后约 10g；

b. 装配时加油；

c. 在安装转轴时，对转轴表面加少许润滑剂；

d. 在安装轴销时，对销的表面加少许润滑剂；

表 25-53　保养周期与内容

序号	保养周期	内　容
1	运行 500h 或每月	目视检查
		检查压力表
		监听噪声
2	运行 4000h 或每半年	重复 1 的保养内容
		检查空气管线
		清洁空气过滤器(更换滤芯)
		检查各阀门
		给润滑点加油
3	运行 8000h 或每年	重复 2 的保养内容
		更换密封圈和各形圈
		检查压紧圈和固定圈
		检查阀芯
		检查轴套

e. 在安装轴套装顶座组件时，对安放 O 形圈的结合面加少许润滑剂；

f. 润滑剂应采用耐温大于 150℃合成油（脂）。

(9) 故障及排除

① 运行中的故障

a. 电气故障。当控制电路失电、阀门又处在“开启”位置时，电磁阀供电中断，圆顶阀会自动复位，回到“关闭”位置。但会加剧密封圈的磨损。

b. 气路故障。当控制空气压力下降、阀门又处在“关闭”位置时，首先借助单向阀防止密封圈降压，此时必须在短时间内停止系统运行。

② 无开位信号的故障处理　见表 25-54。

③ 无关位信号的故障处理　见表 25-55。

表 25-54　无开位信号的故障处理

故 障 现 象	可能发生的原因	排 除 方 法
开指令发出后阀门无动作	圆顶阀自动闭锁	检查程序
	没有压缩空气	检查和恢复
	控制线路无电源	
	二位三通电磁阀故障或不通电气囊不能泄压	修复和更换
	二位五通电磁阀故障或不通电	
	低压压力开关故障或压力调整点偏移	调整或更换 注意：低压压力开关的设定值必须在 0.01MPa 以下，否则将可能对圆顶阀气囊造成损坏
	圆顶阀内有异物	检查和排除
开指令发出后阀门动作但无开位信号	行程开关故障	修复或更换
	执行器凸轮故障	重调或更换
	信号灯故障	更换

表 25-55　无关位信号的故障处理

故障现象	可能发生的原因	排除方法
关指令发出后阀门无动作或动作不到位	没有压缩空气	检查和排除
	圆顶阀内有异物,阀芯被卡住	
	二位五通电磁阀故障	修复或更换
关指令发出后阀门动作但无关位信号	压缩空气压力不够, 未达到压力开关设定值	检查和排除 注意:此时不允许用调整压力开关的方法来获得关位信号
关指令发出后阀门动作但无关位信号	信号灯故障	更换
	二位三通电磁阀故障	修复或更换
	机械阀故障	
	时间继电器故障	
	执行器凸轮故障	调整或更换
	气囊破损	更换 判断方法:打开圆顶阀上的控制盒盖,拉出红色的塑料软管,用手捏住软管,此时软管控制盒内的压力表的压力快速下降到零,则可判断为气囊已破损

此时应注意:

a. 无论在安装、调试运行或维护之中,在气囊内部有压力的情况下,严禁由二位五通电磁阀上的手动切换按钮开启圆顶阀。

b. 禁止用调低高压开关设定值的方法获得关位信号。

c. 低压压力开关的设定值必须在 0.01MPa 以下,否则将可能对圆顶阀气囊造成损坏。

d. 当输送管道的输送压力和控制回路压力的压差小于 0.15MPa 时,系统禁止运行。

25.3.2　出料阀

由于出料阀是输灰的出口,所以阀芯或阀板的耐磨性是出料阀的技术关键。根据出料阀的耐磨结构原理,又分为双闸板闸阀和圆柱型出料阀。

(1) 双闸板阀

气力输送系统中的出料阀采用各种措施,不让散料接触密封面更不能进入阀腔,由于现场工况复杂,难以避免的不规范操作(如堵管时的开关阀操作),使阀门密封面磨损、阀腔进料,导致了出料阀关闭后不能很好地密封,造成阀门的泄漏。双闸板闸阀完全避免了其他阀门的弱点,使之在散料输送系统中能可靠、长期地连续运行。使用寿命是一般阀门的 3～7 倍。

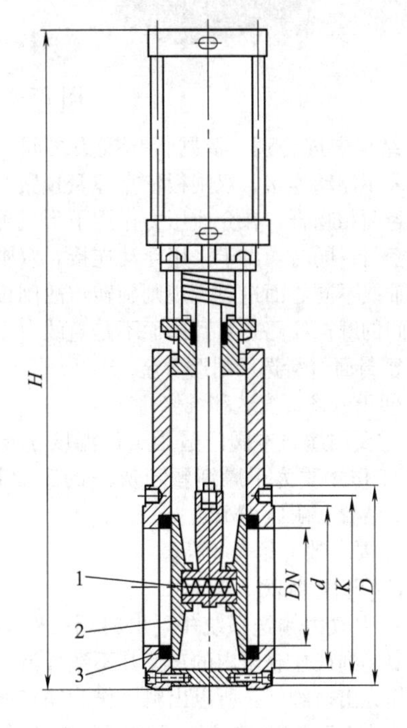

图 25-38　双闸板阀结构示意图
1—弹簧;2—阀板;3—阀座

① 结构特点　利用弹簧将两块闸板紧压在阀座上,如图 25-38 所示。使闸板处于自由压紧而不卡死,接触面的微量磨损可通过弹簧的压紧得到补偿。

闸板与阀座的接触面采用等离子喷焊耐磨硬质合金,使闸板与夹板接触面不会相互擦伤。硬质合金有很高的耐磨强度和较长的使用寿命。它允许散料进入阀腔,把散料进入阀腔的害变为利,进入阀腔的散料由于受闸板开关运动时的推送,相当于给密封面增加了研磨剂,随着使用时间的延长,使密封面表面增进平滑光亮,闸板压紧更为密实。

a. 采用汽缸作为驱动装置,推动闸板上下运动,故启闭速度快。

表 25-56 双闸板阀主要技术参数

公称尺寸	标准值							参考值	
	L	D	D_1	D_2	b	f	$N\times\phi d$	H	质量/kg
	PN1.6(MPa)								
DN100	276	220	180	155	22	3	8×φ18	792	65
DN150	325	385	240	210	24	3	8×φ22	972	90
DN200	375	340	295	165	24	3	12×φ22	1150	130

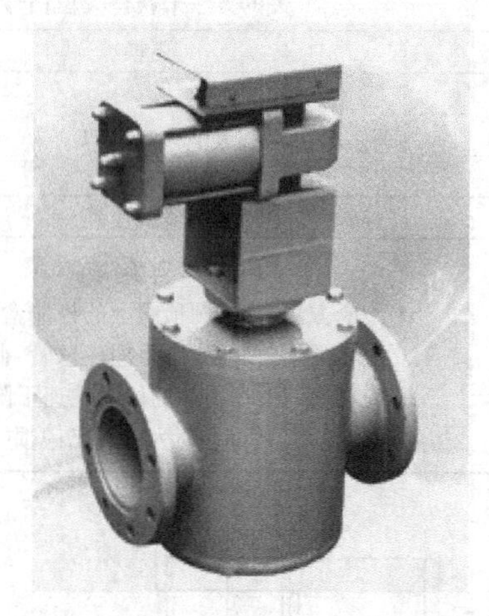

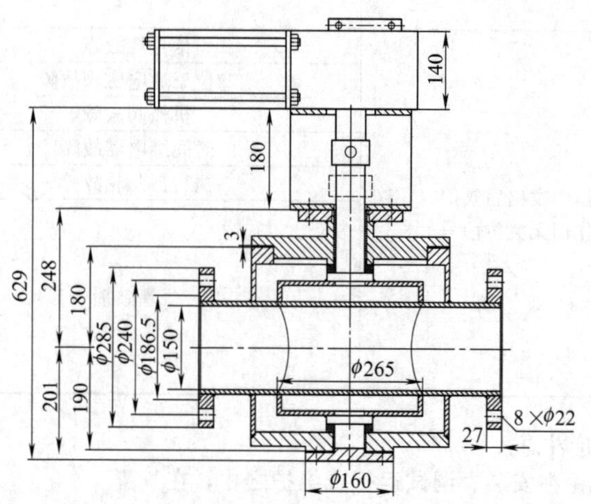

图 25-39 圆柱形出料阀结构示意图

b. 结构先进合理。双闸板与接头之间、双闸板之间均采用浮动连接，双闸板依靠弹簧预紧力与左右阀体密封面相吻合，在介质压力作用下形成可靠的单向自动密封；同时，由于采用浮动连接，双闸板启闭时会因轴线不同心而造成无规则旋转，故闸板与阀体密封面间的摩擦纹路是紊乱的而不是直线。

c. 密封面材料选用耐磨合金。

d. 便于运输、安装和维修。

② 主要用途 本阀门适用工作温度小于或等于180℃，工作介质为干燥细颗粒灰渣的工业管道上，作为启闭装置。耐压 1MPa。

③ 主要参数 见表 25-56。

(2) 圆柱形出料阀

在 LTP 气力输送系统中，出料阀一般不接受压力，主要起到挡住仓泵内的灰使其不致外流，以及检修时，作为出口阀门。所以出料阀作为输灰通道的一部分，结构上不能破坏灰栓，因而采用圆柱形内腔芯，呈完全的管状保证灰栓不断裂。

① 结构特点及用途

a. 结构特点。气动出料阀（图 25-39）是专为气力除灰系统而设计的，具有启闭动作可靠，密封性能良好，阻力小，安装检修方便等特点。

阀芯为半圆柱形，回转阻力小，阀芯与管道平滑过度，无曲率变化，从而减轻了介质对阀芯和阀体的磨损，延长了使用寿命。

出料阀结构简单，直接由汽缸驱动阀芯使阀门处于开启和关闭的状态，维护方便。

气动执行器采用全封闭回转推杠式直缸驱动，回转输出，性能可靠，输出转矩大，可满足在恶劣工况下工作。

b. 用途。气动出料阀计量准确，隔离灰库和仓泵。检修时，关闭出料阀，使检修方便，因此起到检修的作用。

② 主要技术参数 圆柱形出料阀主要技术参数见表 25-57。

表 25-57 圆柱形出料阀主要技术参数

型号		CLF80	CLF100	CLF125	CLF150	CLF200
口径/mm		80	100	125	150	200
工作压力/MPa		0.4				
工作温度/℃		≤150				
控制气源	压力/MPa	0.4～0.6				
	耗气量/(L/次)	1～3				
汽缸输出转矩/(N·m/5bar)		75～650				
工作介质		粉粒状物料				

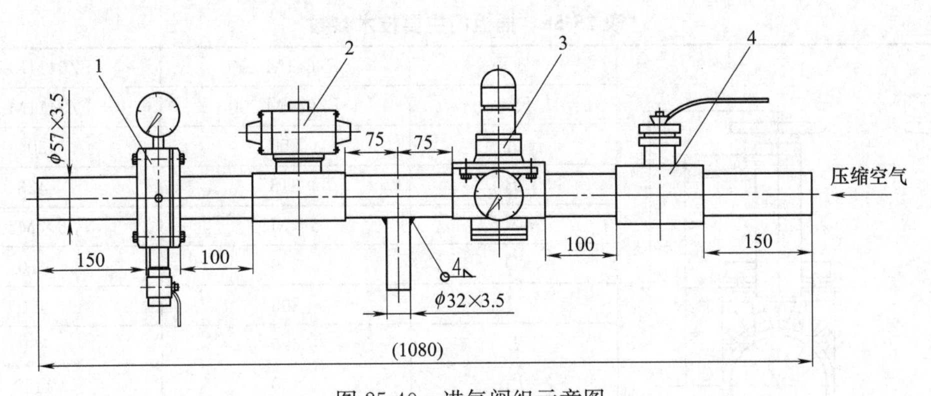

图 25-40　进气阀组示意图

1—孔板组件；2—气动球阀；3—减压阀；4—手动球阀

25.3.3　进气阀组

图 25-40 所示为气力输送的进气阀组，它主要是控制进入仓泵压缩空气的压力和流量的，对整个气力输送系统起重要作用。由于进气阀组通过的是经过处理的纯净压缩空气，所以可以用常用的气动阀门组成。它一般由流量孔板组件、气动球阀、薄膜式减压阀、手动球阀等组成。手动球阀用于系统检修，另外还有一根 ϕ32mm×3.5mm 的短管是用来连接补气阀的。

(1) 减压阀

① 减压阀的工作原理　图 25-41 所示为减压阀的典型结构示意图。它的作用是将高压气体减压成所需的恒定的低压气体，它是通过调整减压阀内阀芯和阀座之间的开度来实现的。

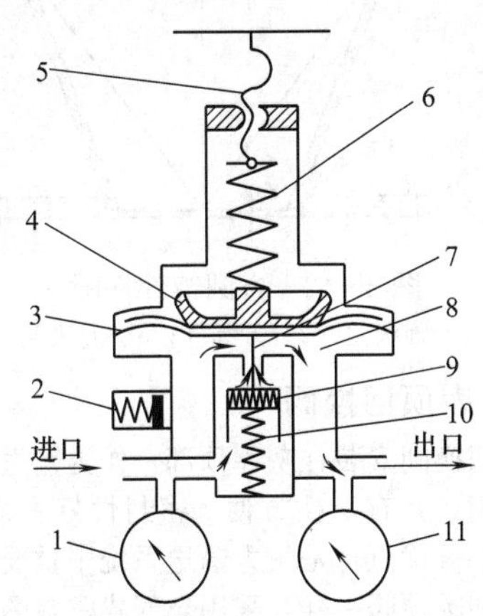

图 25-41　减压阀的典型结构示意图

1—高压表；2—安全阀；3—薄膜；4—弹簧垫块；5—调节螺杆；6—调节弹簧；7—顶杆；8—低压室；9—阀瓣；10—阀瓣弹簧；11—低压表

减压阀的工作原理简而言之就是减压、稳压。减压的原理是节流，气体流经阀瓣与阀座之间的缝隙时，压力减小，达到减压的目的；稳压的原理是力的平衡，因为弹簧的行程是设定的，要达到平衡，出口腔的压力必须与弹簧力平衡，当进口压力及流量变动时，利用弹簧力与出口腔的压力平衡保持出口压力基本不变。这是一个动平衡过程，并不是瞬间完成的，因为弹簧、活塞、阀瓣等有一定的重量，在移动中与阀体等一些其他零件都有摩擦，因此减压阀除了静态特性外，还有动态特性。

② 减压阀的工作过程

a. 开启。正确地将减压阀安装在进气阀组上并打开进气阀后，顺时针转动调节螺杆 5，压缩调节弹簧 6，传动弹簧垫块 4、薄膜 3 和顶杆 7，从而使阀瓣 9 离开阀座进口的高压气体由高压室经阀瓣和阀座的节流间隙进入低压室 8 扩散减压。高、低压室的压力分别由高压表 1 和低压表 11 指示。

b. 调节和工作。减压后的压力由左右拧动调节螺杆来调节，主要是改变调节弹簧 6 所产生的压力，致使薄膜 3 下面与平衡的气体压力产生变化来达到所需的工作压力。此时可打开减压阀后的气动球阀进行工作。

c. 关闭。工作完成时只要全松开调节螺杆，阀瓣 9 在高压气体作用力和阀瓣弹簧的作用下会关闭密封。

d. 安全阀。安全阀 2 是维护减压阀安全使用的泄压装置和减压阀出现故障的信号装置。当输出压力由于阀瓣封垫、阀座损坏或其他原因自行上升到超过最大输出压力 1.3～2 倍时，安全阀会自动打开排气、当压力降低到许用值时则会自动关闭。

③ 系统要求　气力输送系统对减压阀的要求很严，特别是对减压和稳压精度方面要求更高，因为气力输送系统的输送过程流量变化较大，而输送压力又要保持相对不变。所以要求 *DN*50 的减压阀公称流量（标准状态）一般要大于 30m^3/min，而压力变化要小于 0.05MPa。动态响应速度要快，一般要小于 0.5s。另外，其使用频率较高，一般要大于 0.03Hz。

(2) 气动球阀

气动球阀是普通的开关阀，它是一种转角为 90°

表 25-58　插板门主要技术参数

型号 尺寸	FZ641M-200 FZ941M-200	FZ6411M-300 FZ9411M-300
A	250	304
B	318	423
$n\times f$	6×M20	6×M20
D	360	470
d	295	400
L	690	860
L_1	980	1150
L_2	1060	1180
H	62	71
手轮 D_1	240	320

的旋转类阀门，密封性能优良，流量系数大，流阻系数小，结构简单，使用寿命长，便于维修。配用的执行机构是引进国外先进技术生产的汽缸式执行机构，球阀分单作用和双作用两种型号。产品广泛应用于化工、石油、轻纺、电力、食品制药、制冷、造纸行业的系统控制。在气力输送系统中对气动球阀没有什么特殊要求，只要能满足流量要求，控制灵活，方便更换即可，是一种普通常用的气动阀门。

(3) 流量孔板组件

流量孔板组件起自动调节进入仓泵流量、稳定压力、测量系统输送压力和手动排堵作用，是调节系统压力与输灰阻力相适应的关键技术之一。因为输灰阻力会随着灰量的多少不断变化，特别是仓泵内的灰进入管道阶段。它是通过调节流量孔板内径大小达到调节流动压力的作用的。流量孔板尺寸已系列化，如ϕ10mm、ϕ15mm、ϕ20mm、ϕ25mm、ϕ30mm 等，输送管道越长、输送阻力越大，其孔板尺寸也越大。另外，在板孔组件的孔板之后有几个测压点，这些点与仓泵内的压力相等。在孔板组件下面是手动球阀，作为手动排污、排堵用，是一种简捷又行之有效的经验之谈。

25.3.4　手动插板门

(1) 插板门

① 用途及特点　手动插板门又叫薄形闸阀，是用在输送飞灰和粉状干物料的系统中，作为截断输送物料的装置，可安装在火力发电厂的省煤器、空气预热器、干式除尘器、烟道等灰斗下部，工作温度允许高达 200℃，这种装置重量轻、动作灵活可靠、无飞灰外扬。它结构简单，密封性好，运动灵活，是设备检修的理想设备。

② 技术参数　主要技术参数见表 25-58。

(2) 波纹管

波纹管又称矩形金属波纹补偿器，主要用于输送气体或含尘气体管道及风机出口，用来吸收位移、减振以及补偿热胀冷缩的装置，并且便于设备拆卸。

(3) 方圆节

图 25-42 所示为方圆节的部件图，它是用于方形零件和圆形零件之间的起到连接作用的部件。在气力输灰系统中，由于电除尘厂家的电除尘灰斗通常都是方形的，而气力输送仓泵系统的进料阀通常是圆形的，所以方圆节是必要的过渡。方圆节也常用于方形插板门和进料阀之间。

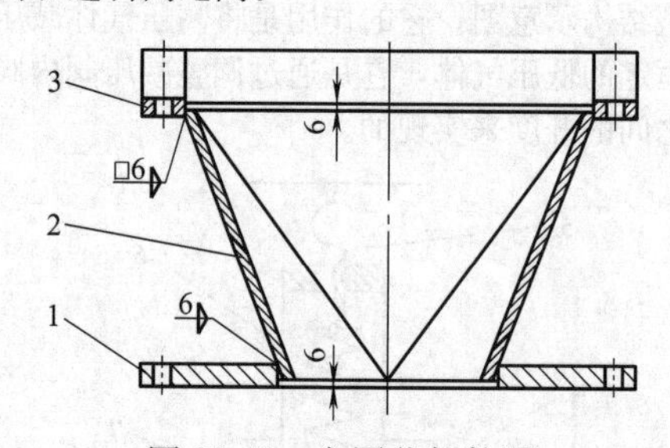

图 25-42　方圆节部件图

1—圆法兰；2—方圆件；3—方法兰

25.3.5　库顶切换阀

库顶切换阀安装在灰库顶部，作为输送管线灰库间切换之用，具有切换方便、密封性好、结构紧凑、占地空间小等优点，是气力输送系统中重要的部件。

该阀和圆顶阀一样，采用充气式密封圈，为柔性密封结构。阀门启闭时，阀芯与密封圈之间无接触，当阀门切换完成后，密封圈充气实现弹性变形进行密封。该阀设有限位开关，并可将开关信号送入 PLC，进行远程控制；密封圈具有检测压力开关，可检测密封圈是否失效破损。该阀采用曲轴密封汽缸驱动，切换方便迅速。

如图 25-43 所示，库顶切换阀可以进行半圆周方向切换。其内部阀芯管道有两个分布在旋转的圆周

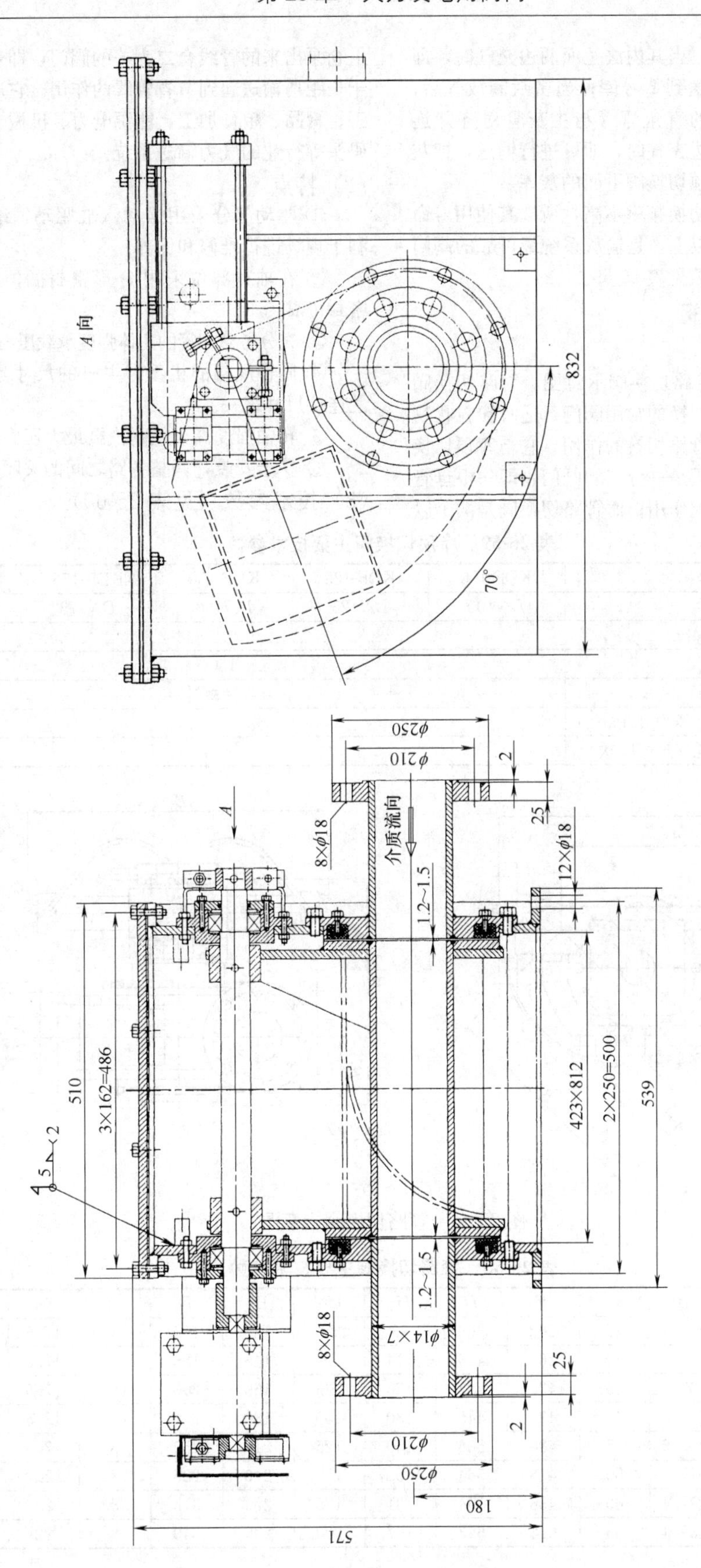

图 25-43　库顶切换阀主视和左视结构图

上，其中一个为直管，当其内法兰面两边充气时，即可进行输送，把灰输送到2号库；当密封圈放气后，旋转汽缸动作使90°的直角弯管与主灰管对齐并连通，当其内法兰面两边充气时，即可进行输送，把灰输送到1号库，即库顶切换阀下面的灰库。

由于库顶切换阀切换频率不高，所以其使用寿命很长，一般可达5年以上，是输灰系统最可靠的阀门之一。其主要技术参数见表25-59。

25.3.6 管路切换阀

(1) 用途

图25-44所示为管路切换阀示意图。管路切换阀是气力输送系统管路切换的常用阀门，适宜粉粒状物料，在输送系统中起管路切换的作用。它与库顶切换阀区别是：库顶切换阀是一分二的阀门，即一根母管分为两根子管，即分配作用；而管路切换阀是两个以上仓泵出来的管线合二为一的阀门，即合流作用，对于长距离输送起到节省管线的作用。它广泛应用于化工、食品、粮食加工、能源电力、机械、建材、港口码头等行业的气力输送系统。

(2) 特点

① 驱动部分采用摆动汽缸驱动，结构紧凑，有利于现场进行维修和保养。

② 在轴封部位采用O形密封圈，承压能力高，密封可靠。

③ 充分考虑配管的主体强度承载压力而专门设计。

④ 同种规格的机型，主机的尺寸是统一的，法兰连接尺寸统一。

⑤ 转轴强度高，能耐汽缸最大压力。

⑥ 易于安装，调整各路之间的关闭与开通。

(3) 技术参数（见表25-60）

表25-59 库顶切换阀主要技术参数

型　号		KDF-100	KDF-125	KDF-150	KDF-175	KDF-200
公称尺寸		DN100	DN125	DN150	DN175	DN200
工作压力/MPa		0.5				
工作温度/℃		150				
工作介质		粉状物料				
控制气源	压力/MPa	0.4～0.6				
	耗气量/(L/次)	1～3				

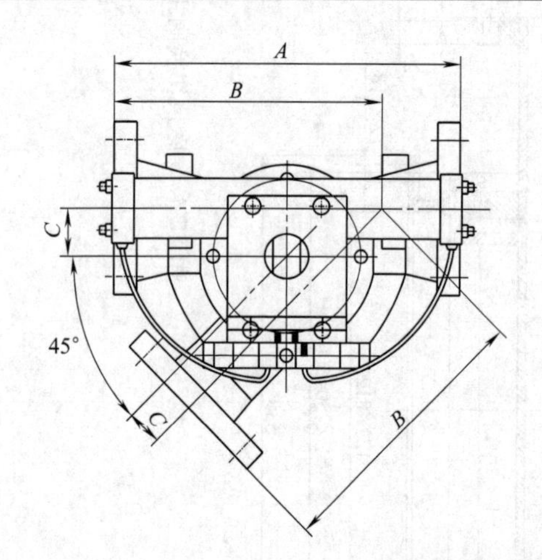

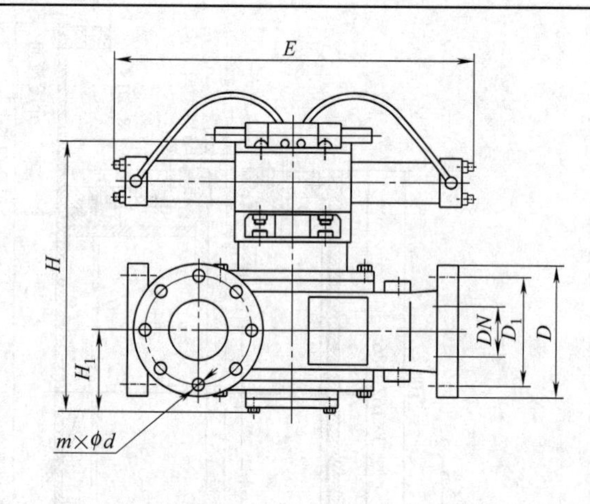

图25-44 管路切换阀示意图

表25-60 管路切换阀主要技术参数

型号	A	B	C	E	H	H_1	DN	D_1	D	m	ϕd	质量/kg
FL50	328	224.4	25	262	366	93	50	125	165	4	17.5	40
FL65	350	227	30	262	410	114	65	145	185	4	17.5	45
FL80	358	263.5	35	430	423	125	80	160	200	8	17.5	63
FL100	400	296.6	40	430	445	130	100	180	220	8	17.5	75
FL125	450	333.6	45	438	506	150	125	210	250	8	17.5	118
FL150	510	375.4	50	438	564	165.7	150	240	285	8	22	133
FL175	525	407.4	60	438	594	181	175	270	315	8	22	146
FL200	565	439.4	65	618	693	197	200	295	340	8	22	215

25.3.7　补气阀

补气阀在气力输灰中起补气作用，同时又防止飞灰倒流起单向进气作用。目前 XD 型防污单向阀由于其结构新颖、简单、可靠、廉价和实用，能够完全隔离两种流体，杜绝了流体的倒流污染，为替代各个领域传统单向阀提供了有力的保证。

(1) 应用领域

在气动和液压系统中，为了让流体单方向流动，通常采用单向阀。但在图 25-45 所示的水泥窑炉喂煤粉过程中，单向阀的一侧是气，另一侧是灰的情况下，传统的单向阀由于灰的污染，阀芯很快会被磨损、失效。对于 XD 型防污单向阀而言，由于它没有运动部件，且单向密封性能极好，所以有效地解决了在上述输灰过程中存在的问题。而且可以代替气动系统、低压液压系统中的传统单向阀，其正向压降、阻力小，反向泄漏为零，是十分理想的防污单向阀。

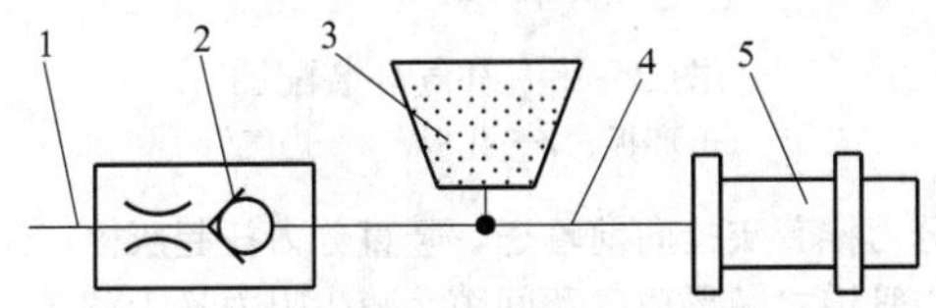

图 25-45　水泥窑炉喂煤粉过程示意图
1—高压气管；2—XD 型防污单向阀；3—灰斗；4—灰管；5—窑炉

(2) 现有单向阀技术

① 机械锥阀橡胶式密封　如图 25-46 所示，通常在气动和中低压系统单向阀中，采用有橡胶密封圈 5 的单向橡胶式阀芯，目的是为了增加密封可靠性。因橡胶有弹性，也可以弥补加工带来的误差。

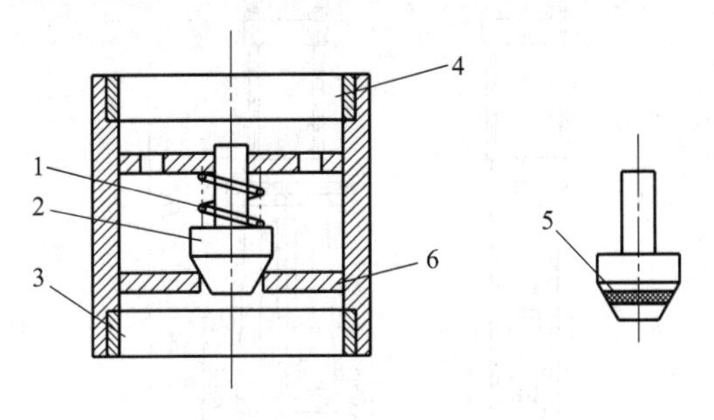

图 25-46　传统单向阀的结构原理
1—弹簧；2—阀芯；3—进口；4—出口；5—橡胶密封圈；6—阀座

② 机械锥阀式密封　在高压液压系统中，由于压力的升高，橡胶的强度不够，通常采用机械锥阀式硬密封。

③ 传统单向阀原理及弊端　传统单向阀是通过弹簧预紧力压住锥阀芯而起作用的，如图 25-46 所示。

当流体从上向下流动时，流体压力使锥阀芯被压在阀座上，且越压越紧，而当流体从下向上流动时流体压力克服弹簧预紧力推动锥阀芯，使液体通过起到单向流动的作用。其主要弊端如下：

a. 锥阀芯与阀座的严重磨损问题，使阀芯锥面上磨出一个圆环，以致产生反向泄漏。

b. 在工艺上要求锥阀芯与阀座二级同心，增加了加工难度和成本。

c. 弹簧预紧力增加了正向压降和正向阻力。

d. 更为严重的是，如果进口是气体或液体，出口是粉煤灰的话，由于粉煤灰在锥阀芯抬起时容易落入锥阀芯与阀座的结合面处，不但易磨损锥阀芯、阀座，而且无法单向密封，使单向阀无效。

e. 无节流、稳流孔板，容易产生冲击、振荡等。

综上所述，传统单向阀无法满足输灰系统中的单向补气、防污的作用。

(3) XD 型防污单向阀的结构原理

如图 25-47 所示，流体从左到右为正向流动而导通；从右向左为反向流动而截断。

① 工作原理　当流体从左向右流动时，经过流量节流稳流孔板 3，经单向阀芯 4 内径向孔压迫橡胶密封圈 5。由于橡胶圈有弹性，所以流体克服一定阻力后流出出口，当流体从右向左反方向流动时，流体压迫橡胶圈，使橡胶圈与阀芯间的密封越压越死，压力越大封得越死，所以起到单向密封作用。由于粉煤进入不到密封圈内，所以不会磨损阀芯，适应于各种流体、气体或液体；污染物不易倒流，使其单向密封可靠、无维护、寿命长，由于采用耐高温复合橡胶，流体温度可达到 300℃。

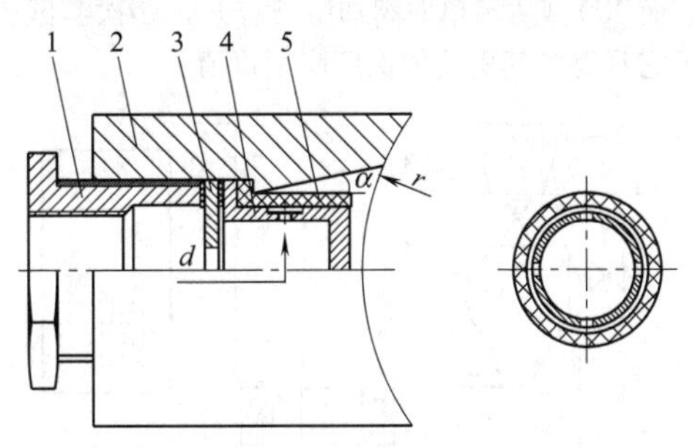

图 25-47　XD 型防污单向阀的结构原理
1—进口密封螺栓；2—单向阀体；3—流量节流稳流孔板；4—单向阀芯；5—橡胶密封圈

② 专有技术

a. 用于阻隔两种介质且能单向流动的特殊结构。

b. 流量节流稳流孔板 3，单向阀芯 4，橡胶密封圈 5 组成的特殊单向、防污、稳流、耐高温、免维护结构为专有。

c. 单向阀芯的结构，如密封带的宽度 $L=15\sim20$mm，径向孔的大小和数量，橡胶圈的大小、强度和耐高温性均为专有。

d. 单向阀体的内锥角 $\alpha=6°$，$d=\phi5$mm，半径 r 与安装的管道外径相适应。

e. 流量孔板的双面密封带被固化在孔板上，密封带的厚度 $\delta=2$mm，有无流量空板不影响其专有性。

f. 防污单向阀专门用于输灰系统的单向补气管道上或其他领域。

(4) XD 型防污单向阀的用途举例

① 用于传统单向阀领域　XD 型防污单向阀可以用于传统单向阀领域，完全可以替代各种规格的传统单向阀，不但结构简单、可靠、耐高温、使用寿命长，更重要的是它可以用于进口一边是气体，出口一边的是干状物料的单向流动流体管道上，用于单向防污、补气等。

② 用于输送主管道　图 25-45 所示为一个典型的水泥厂水泥窑炉添送煤粉过程示意图，它利用压缩空气流速大压强小的特性，把煤粉送至水泥窑炉内进行燃烧。由于传统单向阀不防污所以满足不了要求，但可以用 XD 型防污单向阀把气、煤粉隔离，且能单向添送煤粉，一举两得。

③ 用于辅助支管道　图 25-48 所示为一个用气力把粉煤灰输送到灰库的过程示意图，首先是进料阀 3 打开，物料下落到发送器 5 内，达到料位计 4 的位置后自动关闭进料阀 3，打开进气阀 1，开始把粉煤灰从发送器吹到灰库。由于沿途容易堵管，所以可以在输送管道上，每隔几十米加一个 XD 型防污单向阀 6 进行吹堵，在防污单向阀的进口是压缩空气，出口是粉煤灰。由于传统单向阀不防污所以满足不了要求，而 XD 型防污单向阀却游刃有余，多次实践也证明了它具有极其重要的推广应用价值。

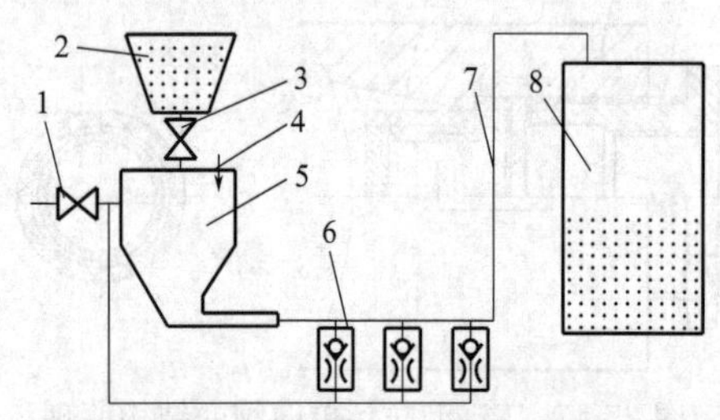

图 25-48　粉煤灰输送系统示意图

1—进气阀；2—灰斗；3—进料阀；4—料位计；5—发送器；6—XD 型单向阀；7—输灰管；8—灰库

25.3.8　其他阀门

(1) 补气环

补气环是使栓塞与管壁之间形成一层气体的装置，这样可减少栓塞与管壁的直接接触，减少管道的磨损。图 25-49 所示为补气环装配图，从补气管（进气管）补进去的气体可分为水平分力和竖直分力，水平分力推着灰栓向前输送，竖直分力托起灰栓，使灰栓与管道之间形成气薄间隙，减少阻力易于输送。

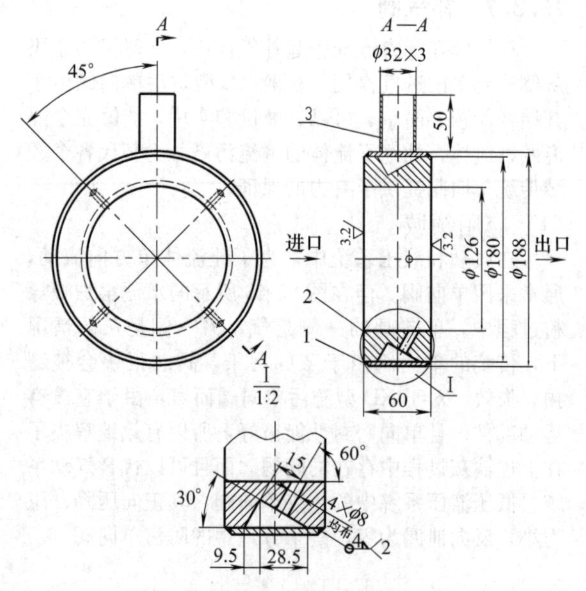

图 25-49　补气环装配图

1—环板；2—孔板；3—进气管

流过补气环气体的补气力受流量孔板调节，力太大易把灰栓吹散，太小又不起作用，所以流量孔板调节很重要。

(2) 平衡阀

平衡阀（图 25-50）起到透气作用。本阀适用于气力与灰浆管道等作为全开启或全关闭用。规格为通径 $DN50$、$DN80$、$DN100$ 三种，空气压力 0.4～0.6MPa。

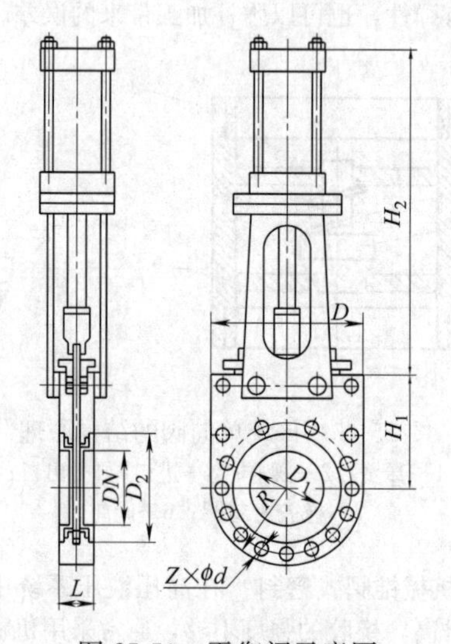

图 25-50　平衡阀示意图

本阀启闭由汽缸操作，汽缸结构有两种：其一，行程开关，电磁阀与汽缸分离型；其二，由磁性开关，电磁阀与汽缸组合型。两者均可远距离操作，动

表 25-61　平衡阀技术参数

公称尺寸	L	D	D_1	D_2	H_1	H_2	$Z\times\phi d$	汽缸型号
$DN50$	50	160	125	92	307	211	$4\times\phi18$	3FQG100B-75
$DN80$	50	195	160	135	307	215	$4\times\phi18$	3FQG100B-100
$DN100$	50	230	190.5	160	307	221	$6\times\phi18$	3FQG125B-120

作灵活，结构紧凑，位置正确。

本阀采用氯丁橡胶密封，具有气密性、耐热性、耐燃性、耐老化性、耐油性、耐化学腐蚀性等优点，常用时耐温可达120℃。其技术参数见表25-61。

25.4　火电厂烟气脱硫阀门

25.4.1　概述

火力发电厂湿法烟气脱硫环保技术因具有脱硫率高、煤质适用面宽、工艺技术成熟、稳定运转周期长、负荷变动影响小、烟气处理能力大等优点，被广泛应用于各大中型火力发电厂，成为国内外火力发电厂烟气脱硫的主导工艺技术，但该工艺同时具有介质腐蚀性强、处理烟气温度高、SO_2 吸收液固体含量大、磨损性强等缺点。

(1) 湿法烟气脱硫工艺

带压石灰石吸收液通过料浆泵输入脱硫吸收塔，经塔内均匀密布的雾化喷嘴将吸收液雾化、分散成细小的液滴，以均匀覆盖吸收塔整个断面的方式喷入吸收塔。液滴再与烟气接触时，烟气中所含 SO_2 在吸收区被吸收。吸收后的反应物的氧化和中和反应在吸收塔底部的浆液氧化区完成并最终生成石膏。

(2) 腐蚀

湿法烟气脱硫装置中的腐蚀源主体为烟气中所含的 SO_2，当含硫烟气处于脱硫工况时，在强制氧化环境作用下，烟气中的 SO_2 首先与水生成 H_2SO_3 及 H_2SO_4 再与碱性吸收剂反应生成硫酸盐沉淀分离。而此阶段，工艺环境温度恰好处于稀硫酸活化腐蚀温度状态，其腐蚀速度快，渗透能力强，故其中间产物 H_2SO_3 及 H_2SO_4 是导致阀门腐蚀的主体。此外，烟气中所含 SO_3、NO_x、Cl^-，吸收剂浆液中的水及水中所含的氯离子（海水法氯离子腐蚀影响更大）对金属基体也具有腐蚀能力。

稀硫酸属于非氧化性酸，非氧化性酸对金属材料的腐蚀行为宏观表现为金属对氢的置换反应。从腐蚀理论上可解释为氢去极化腐蚀过程（亦称析氢腐蚀）。在烟气脱硫中，仍有几种变化影响：一是在湿法烟气脱硫中，为保证生成物结晶效果，必须强制氧化。当介质中有富氧存在时，不锈钢表面的钝化膜缺陷易被修复，因而腐蚀速率降低。但因同时具有固体颗粒磨损作用及介质 Cl^- 存在，其钝化膜易被 Cl^- 或固体颗粒磨损作用破坏，从而腐蚀速率大大增加。Cl^- 容易在氧化膜表面吸附，形成含氯离子的表面化合物，由于含氯离子的表面化合物晶格缺陷较多，且具有较大的溶解度，故会导致氧化膜的局部破裂。此外，吸附在电极表面的离子具有排斥电子的能力，也促使金属的离子化，但阴阳极化仍是主要的。故通常的碳钢或不锈钢在此环境中均不适用。国外经多年对金属材料的筛选试验，最后将适用金属定位在镍基合金上，但由于镍基合金价格昂贵，阀门制造成本太高，其用材开发逐渐转到碳钢-有机非金属衬里复合材料技术路线上来，并获得了实用性成果。

25.4.2　阀门类型

用于“湿”法废气脱硫工艺的阀门工作环境非常苛刻，其 pH 值为 2～10，氯含量达到 10%，固体物质占 50%，温度高达 70℃，流速高达 4m/s。

根据阀门的用途，火电厂烟气脱硫（FGD）系统应用的主要阀门是隔离阀（或称截断阀）、调节阀、止回阀、减压阀和安全阀等，而应用最多的是前两种阀门，所以本节仅介绍这两种阀门在 FGD 系统的应用。在 FGD 各种管道系统中都布置有隔离阀，隔离阀用以控制管路中介质的接通或截断，将管路系统、泵、罐、仪器和调节阀隔离开来，以便确定运行范围、改变运行方式或进行设备维修。调节阀用来调节管路中的介质流量和压力，使工艺参数稳定在所希望的范围内。在磨损严重的浆液管路系统中应尽可能避免节流，在有些情况下，可以采用调速泵和开关阀运行或其他的运行方式，而不用调节阀，避免阀门磨损。FGD 系统中隔离阀和调节阀的选型和设计在很大程度上取决于流体的特性。

FGD 中所用阀门的种类很多，电厂所用的普通阀门都可以用在 FGD 系统清水管路中（工艺水管路和除雾器冲洗水管路）。然而，对于具有腐蚀、磨损和结垢性的流体需要用专用的阀门。由于一种类型的阀门通常很难满足隔离和调节流量的要求，所以常常需要采用不同类型的阀门串联起来，起到这两个作用。FGD 系统中通常使用的阀门有插板阀、隔膜阀、管夹阀、中线蝶阀、旋塞阀和球阀。下面仅限于讨论上述四种基本阀门。

(1) 插板阀

图 25-51 所示的是闸阀的一种类型，又称插板阀，它采用薄合金阀片，可以穿透阀体中的沉积固体物。填料密封插板阀［图 25-51 (a)］是美国第一代 FGD 系统中采用的典型的工艺水插板阀。内衬橡胶，

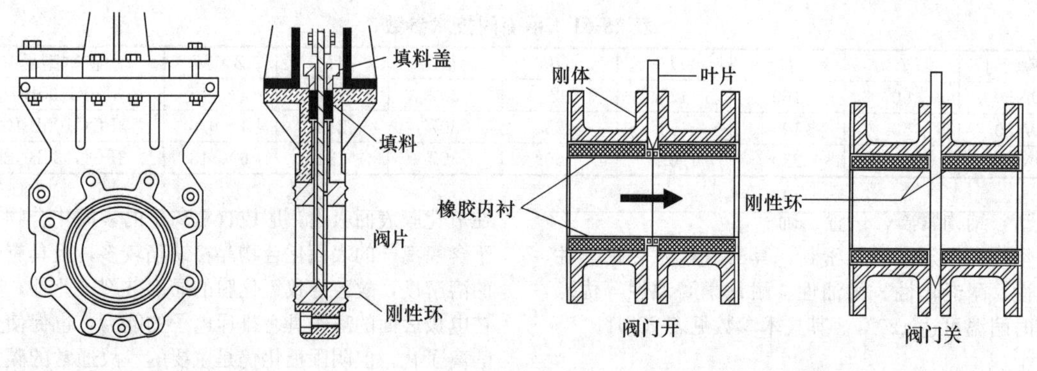

图 25-51 插板阀

闸板座入橡胶的阀座内，阀杆采取填料密封以防泄漏。如果闸板上的沉积物被带入填料中，填料很容易被损坏。如果填料压盖压紧程度不适当，介质很容易从阀杆周围泄漏出来。另外，阀座上的固体沉积物常常阻碍闸板紧密地插入阀座中，从而导致阀门内漏。

现在，美国 FGD 系统采用的多数插板阀是图 25-51 (b) 所示的无填料型插板阀。这种阀门在开启状态时闸板完全从浆液中抽出，阀内衬胶的两部分用刚性环夹紧形成无泄漏的密封。当阀门关闭时，闸板把阀体内整个圆周的内衬橡胶结合面分开。这种设计，在阀门关闭和打开时泄漏量很小，而且避免了固体沉积物使闸板关闭不严密。美国现有的插板阀的公称通径为 NPS 3～4。

(2) 隔膜阀

隔膜阀是通过弹性衬板的叠合来关断流体的。图 25-52 所示的屋脊式隔膜阀。阀门的驱动可以手动、电动、气动、或者液动方式。

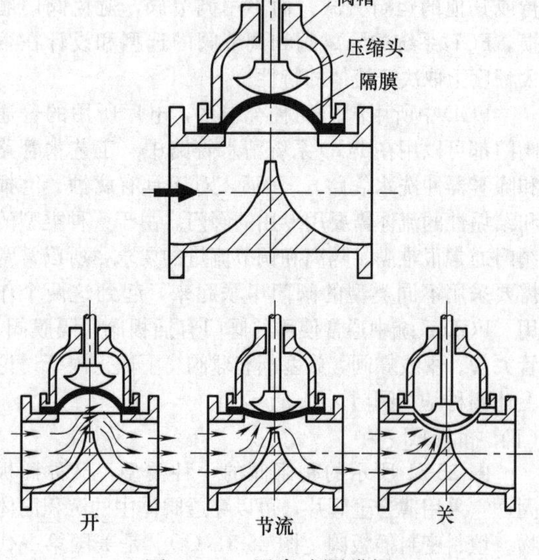

图 25-52 屋脊式隔膜阀

与插板阀、蝶阀相比，这类阀门的使用尺寸很有限。屋脊式隔膜阀的直径最大到 $DN400$，在 FDG 系统中，隔膜阀多用于清洁水、废水处理系统加药流量调节。用于小口径浆管中，如测量仪和排空管道上的隔离阀。

(3) 管夹阀

管夹阀（图 25-53）是利用外部机械装置或阀体和橡胶管套间的控制介质压力，使管件挠性变形被夹扁而贴合，来截断介质的流动或调节介质的流量。

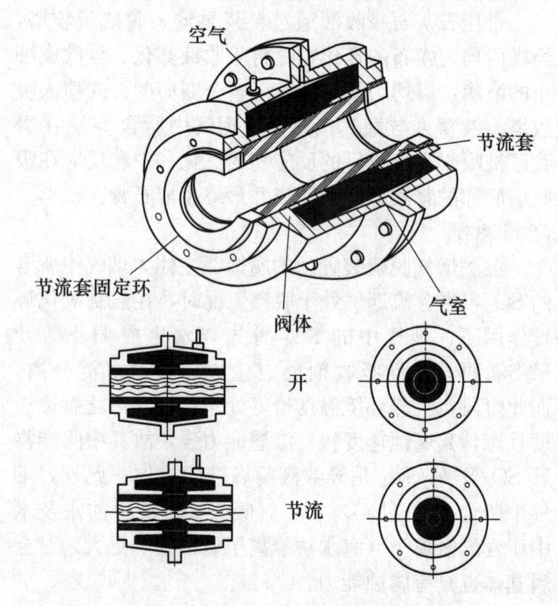

图 25-53 管夹阀

管夹阀的特点是不影响管道中介质的流通，在各种管夹阀的公称尺寸范围，管道介质几乎都可以畅通无阻。管夹阀的摩擦阻力极低，并且不会发生阻塞。此外，管夹阀的优点还有结构轻巧、紧凑，用户对管夹阀可以进行简便、快速的安装。

管夹阀适合 FGD系统工作的原因有：

① 耐用，挤压管是耐磨的并且能耐化学腐蚀；

② 可靠的密封，对于微粒和大的颗粒，阀门也能保证密封；

③ 可靠的流通，阻塞几乎是不可能的，因为没有缝隙和沉积物积聚的死角。

尽管石灰和石灰石泥浆输送系统的工况条件苛刻，但管夹阀可适用于这种工况条件。以岩石、泥浆或干粉末形式出现的石灰对大多数类型的阀门有很大的破坏性。例如，破坏轴承，冲蚀密封面，腔体凹坑处积聚颗粒等。沉积物可能变硬而妨碍阀门部件的滑动和转动。而管夹阀内部除挤压管外没有与介质接触的部件，也没有堵塞和腐蚀的问题。阀门套管折曲不仅可以去掉阻塞物，而且还能粉碎石灰结块。一定厚度的橡胶阀座可以关严颗粒状灰和岩石状的石灰。实际上夹管阀的阀座损坏是不可能的，因为没有固块石灰能沉积在橡胶面上。

套层式管夹阀不受工况苛刻的石灰系统的影响，在该系统中的裸露部件都挂上厚厚的石灰。因此，在外部的联动装置控制杆和配合件易受腐蚀和卡塞。而套层式管夹阀维护比较容易，因为它只需要一根铜管与气源连接，套层式管夹阀还可用于酸盐容器中和沉浸在泥浆中使用。

在净化的系统中，选择管夹阀的挤压管，要了解各种化学物质互相间的反应。生石灰、白云石质石灰（镁石灰）、白云（质石）灰岩、熟石灰、纯碱和苛性钠有分解的特性，它们需要不同材料的挤压管。例如，熟石灰一般含有90%氧化钙和少量的二氧化硫或二氧化硅。氯丁（二烯）橡胶或丁腈橡胶被认为最适用于这种化合混合物。

现在许多生石灰系统用泵抽出的泥浆带有30%～50%固体含量，而不是以往的5%～10%固体含量。由于这个原因，用户为了安全起见，通常使用过大口径的阀门，但是近来试验表明管夹阀并不需要附加安全系数。事实上，过大的或过小的管夹阀都严重地降低其工作特性并且缩短了挤压管的寿命。

(4) 中线蝶阀

图25-54所示为中线蝶阀，中线蝶阀的蝶板是由阀杆带动旋转的阀盘，通过旋转蝶板来改变阀门开度。阀体衬有可更换的橡胶衬里，阀杆穿过橡胶衬里与蝶板连接，橡胶衬里也就成了阀杆的密封件。中线蝶阀结构简单，外形尺寸小，液体阻力和启闭力矩较小，启闭速度快且方便，管内有少量沉积物不影响阀门的启闭，低压下有良好的密封性。因此中线蝶阀是FGD系统应用最多的一种阀门，大量用作各种浆液管道的隔离阀，也用于需频繁自动开闭的冲洗水管和排空管中。中线蝶阀可采用电动、气动或手动操作。中线蝶阀还可以作调节阀用，但不能用来调节带有大量固体颗粒物的浆液介质。由于蝶板始终处于浆液液体中，用蝶板来节流，不仅蝶板易磨损，而且会很快磨穿其下游侧的橡胶衬里，特别在流速较高的管路中，阀门接近关闭时更是如此。因此，中线蝶阀在大多数浆液管道上最好作关断阀使用。

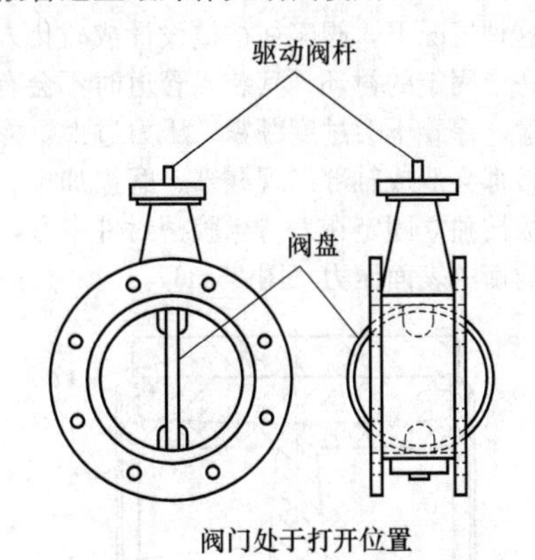

图25-54 中线蝶阀

由于蝶板始终处于具有腐蚀性的浆液中，阀杆也可能接触腐蚀液，因此普通中线蝶阀的蝶板和阀杆应采用不锈钢或等级更高的合金，SUS316是可供选择的等级最低的合金材料。根据FGD系统长期使用的经验，阀体的衬胶三元乙丙橡胶（EPDM），使用效果较好。现有中线蝶阀的公称尺寸为*DN*50～1000以上。

用于湿法烟气脱硫装置的中线蝶阀和普通中线蝶阀的区别在于设计细节。要将接触介质的零件数降到最低。接触磨损性腐蚀性石灰石泥浆的零件数越少，阀门的有效性就越高。

实际经验表明，无销中线蝶阀能产生最好的效果，该阀的关键设计在于蝶板内方形内孔和阀轴的方形连接头部相配合（图25-55）。有了方形连接器，就无须使用蝶板和阀杆之间的销连接了，接触介质的只有两个调整组件，即可替换衬里阀座和蝶板。阀杆不接触介质。无销连接还能预防潜在的裂缝腐蚀风险。这样，蝶板就能独立固定在密封壳衬垫中心，确保了阀座表面压力的均衡分布，同时也能减轻磨损。

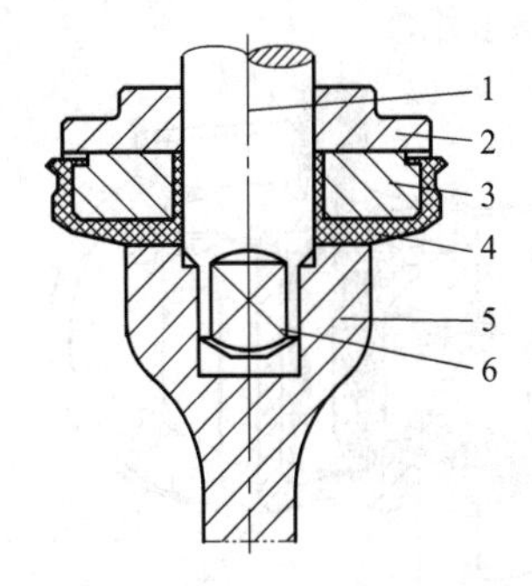

图25-55 阀杆内部方形连接器

1—转轴；2—阀体；3—上密封圈；4—衬里；5—蝶板；6—方形连接结构

因为介质含有泥浆（石英含量高），不仅具有磨损性，还有腐蚀性，通常在运行一段时间后，就需要替换新的阀座。

在这种情况下，阀座往往被设计成硫化人造橡胶内部加一个固定的衬环，其装入管道时不会有压力过大的危险，橡胶不会过度绷紧。压力过大，橡胶过度绷紧通常都会造成轴部出现漏缝、磨损加重、转矩增大。蝶板被独立固定在人造橡胶密封件中心，能对阀座施加均衡的表面压力（图 25-56）。

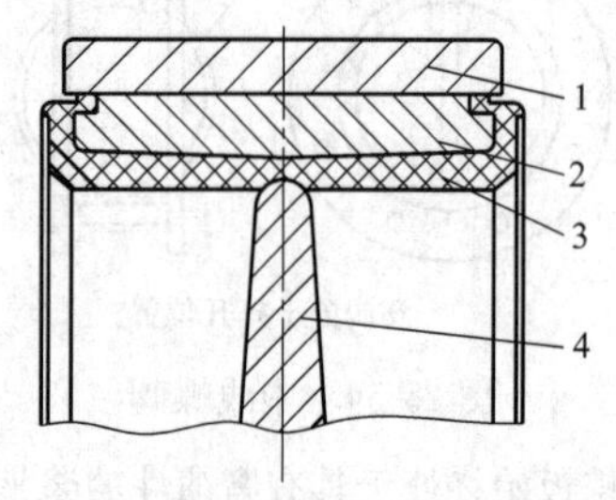

图 25-56　蝶板关闭示意图

1—阀体；2—上密封圈；3—衬里；4—蝶板

无销中线蝶阀的特点：

① 只有人造橡胶衬里和蝶板接触介质，避免了在选择调整组件时可能出现的错误。

② 能保证双向密封性。蝶板对衬套阀座表面施加的压力能保持稳定不变，从而提高了阀座的闭合密封度。

③ 阀杆与蝶板的连接是通过内部方形连接器实现的，没有使用销钉连接，所以蝶板的中心是自动固定的。方形轴能够防止衬套阀座校对不准或过度磨损的现象。

④ 稳定的弹性衬套阀座不会受到过度拉伸或产生变形，也不会产生普通阀座经常出现的磨损。此外，衬套阀座在安装时也不会变形。衬套阀座几乎无须替换。

⑤ 适用于真空环境。衬垫和衬环连接的完整性使阀门能用于高速运转或真空环境下，而普通阀门不能用于这种情况。

⑥ 设计精简。比起 T 字形阀门，无销蝶阀在输送和安装方面有很大的优势。精简的设计，轻巧的重量都便于安装和维修。

(5) 旋塞阀和球阀

旋塞和球阀在设计上很相似，区别主要在阀芯上。旋塞的阀芯是锥形，阀芯上有矩形流道，如图 25-57 (a) 所示。

图 25-57 (b) 所示为 V 形调节球阀，转动球体，V 形缺口起到节流和剪切的作用，适用于纤维、纸浆、泥浆等含有颗粒物介质的流量调节。因此，V 形球阀在 FGD 管道系统中最常用来调节浆液流量。

图 25-57 (c) 所示为 O 形切断球阀，即带有圆孔通道的球体，转动球体可起切断作用，常被用作隔离阀。

为了防止旋塞阀和球阀的阀芯周围泄漏，阀体和球芯应有精密配合。用于浆液调节的球阀阀芯应优先选用精密陶瓷。

25.4.3 设计中应考虑的问题

(1) 工艺上应考虑的问题

阀门选择时应考虑的主要工艺问题是：阀门的用途（隔离、调节流量或两者兼有）、液体特性（磨损性、腐蚀性、结垢特性或是清水）和操作频率程度。

① 阀门的用途　表 25-62 给出了在各种条件下四种阀门适合隔离和流量调节的程度。有些阀门给出了一个适合程度范围，这取决于特定的使用条件和阀门的材质，例如，中线蝶阀适合用于吸收塔循环管路中隔离浓度为 10%～30%，具有中等磨损性的浆液。但不太适合作吸收剂磨制过程中，浓度为 30%～60%、粒径较粗、高磨损性半成品浆液管路中隔离阀。

插板阀在全开状态下对流体没有任何阻力，适合用于隔离 FGD 系统中的各种流体，但不能用作流量调节。隔膜阀在全开状态下对流体都有一定的阻力。隔膜阀能够关闭严密，即使有夹带的固体物，也适合用作隔离阀。然而，因为关闭力必须始终维持大于流体的压力，所以比插板阀的适用等级低。如果夹紧力失去，例如压缩空气压力变低，就可能造成阀门内漏。

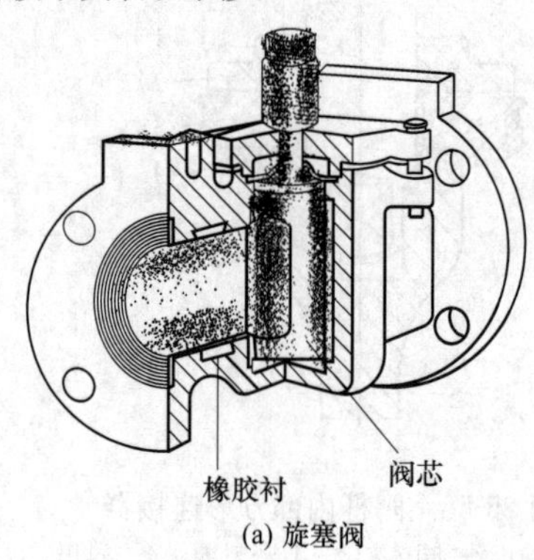

(a) 旋塞阀

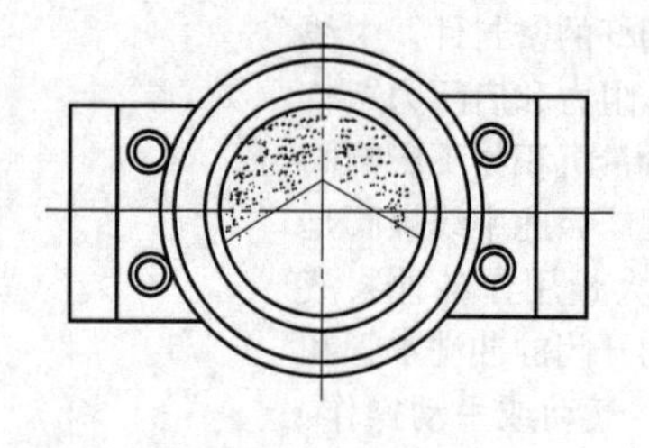

(b) V 形球阀

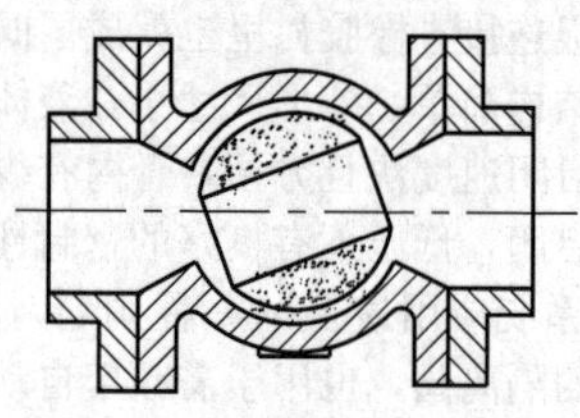

(c) O 形切断球阀

图 25-57　旋塞阀和球阀

表 25-62　四种阀门适合隔离和流量调节的程度

阀门类型		适用性							
		清水		磨损性		腐蚀性		结垢性	
		隔离	调节	隔离	调节	隔离	调节	隔离	调节
闸阀	普通闸阀	3	0	0	0	0～3	0	0	0
	插板阀	3	0	3	0	0～3	0	3	0
隔膜阀	双膜夹叠阀	2	1	2	1	2	1	2	1
	屋脊式隔膜阀	3	2	2	1	3	3	2	2
	管夹阀	0	3	1	3	0	2～3	0	3
中线蝶阀		3	3	0～2	0	3	3	2	1
旋塞阀/球阀		3	3	2～3	2～3	3	3	1	1

注：适用性等级：0 表示不适用，1 表示有限适用，2 表示适用，3 表示很适用。

由表 25-62 可见，隔膜阀作隔离阀和流量调节阀用时的适用性变化很大。通常在 FGD 系统中普通的隔膜阀不用作流量调节阀，因为阀门节流后的高速会冲刷磨损阀门弹性膜。然而，隔膜阀很适合作为清水和有轻微磨损性浆液的流量调节阀。管夹阀过去专门用来节流磨损性浆液，但不能用于隔离。这种阀的节流圈在阀门关闭过程中向中间收缩，最小节流孔径时的最小流量约为最大流量的 20%。当同时需要调节流量和隔离时，必须为管夹阀串联一个合适的隔离阀。

中线蝶阀和旋塞阀、球阀可以用作隔离阀，这取决于流体的特性。这两种阀门对于清水、具有磨损性和腐蚀性的流体具有很高的适用性。在吸收塔循环浆管回路则采用中线蝶阀。由于 FGD 浆液压力较低，中线蝶阀的价格相对便宜，除非有特殊要求外，FGD 浆管隔离阀都可以采用蝶阀。

在 FGD 系统中，对于浆液浓度或流速较高、调节精度要求高的管路最好采用陶瓷阀芯的球阀。在一些自流管路上，即流速较低的地方，也可以采用蝶阀调节流量。

② 流体特性　表 25-62 所列的四种阀门适用性等级对应的 FGD 系统四种流体是：清水、磨损性流体、腐蚀性流体和结垢性流体。通常，所有的阀门都能很好地用于清水，即使一般带填料的闸阀也具有令人满意的性能。

这些阀门对磨损性流体的适用性与流体的磨损性和阀门的设计有关。阀门内部件、流向突然改变的地方和高流速区的磨损程度与流体的固体物含量成正比。当吸收塔反应罐浆液浓度控制在 10%～15%时，系统中磨损性最强的流体为吸收剂浆液。但当反应罐浆液浓度控制在 20%～30%时，磨损性最强的流体为吸收塔循环浆液，由于吸收塔循环浆液同时具有较强的腐蚀性，所以对金属阀门表现出一定的磨损性。插板阀这类能够完全打开的阀门最适合用作磨损性流体中的隔离阀。FGD（浆液浓度 20%～30%）系统在吸收塔循环管路中采用中线蝶阀也取得了很好的运行效果。中线蝶阀出现的故障往往并不表现在磨损上，大多数故障原因是衬胶破损，变形或沉淀物卡涩阀芯。

阀门对腐蚀性流体的适用性取决于流体的化学特性。如果输送的腐蚀性流体是化学添加剂，如 DBA 或甲酸，那么无填料插板阀就不适用，因为打开和关闭时，这些阀门会发生泄漏。然而，如果腐蚀性是由高氯离子含量引起的，如浓缩器的溢流管路，那么可以采用无填料插板阀。在不能有泄漏的化学添加剂管道和其他腐蚀性流体管道，隔膜阀、中线蝶阀和旋塞阀、球阀适合作隔离阀和流量调节阀。

对于 FGD 系统，人们做了许多工作来防止产生结垢条件。然而，一些 FGD 工艺流体在输送过程中，在一定的条件下仍可能出现结垢。例如，硫酸钙的溶解度随流体温度的降低而降低，在旋流分离器的溢流液通过较长的管路排至废水池的过程中、在石膏浆液堆放池澄清液经过长距离回收管道送回 FGD 系统的过程中，特别在冬天，由于这两种工艺液中的硫酸钙已达饱和溶液而产后结垢。

阀门对结垢性流体的适用性主要取决于阀门的密封方法。如果阀门的结垢影响阀门关闭时的严密性，那么该阀门就不适合用作隔离阀。中线蝶阀存在这样的问题，如果在阀体和内部可动部件之间结垢，阀门可能在需要时无法打开和关闭。中线蝶形阀和旋塞阀、球阀容易产生这种问题。

③ 操作频繁程度　是指阀门是否经常启闭，在 FGD 系统中阀门的操作频繁程度相差很大。例如，吸收塔循环泵的隔离阀可能 1 个月甚至更长时间处于关闭或者打开状态而不进行操作。与此相反，除雾器冲洗水阀每小时要开关几次。又例如吸收剂浆液流量调节阀，阀门的开关位置常常改变，甚至每分钟都在变化。操作频繁的阀门减少了结垢和沉积物引起故障的可能性，但是容易磨损。

插板阀不能用在需要频繁操作的地方。插板在密封面之间的进出运动是磨损的基本原因。如果阀门频繁操作，启闭期间少量的泄漏都会给维修带来麻烦。

因此插板阀常用在不常操作的场合。其中包括泵隔离和罐体排空。

隔膜阀非常适合操作频繁的场合，但也可以用在通常为开或关的场合。这种阀所用的弹性衬里是主要磨损件，动作次数可达数千次。隔膜阀常常用在除雾器冲洗管路上，因为其具有较长的反复动作寿命、弹性膜价廉，易于更换。但有一个问题需要注意，当这种阀门经常处于常闭状态，很少操作时，弹性衬里长时间处于拉伸状态，容易撕裂。因此，罐体的排空阀和类似的通常处于关闭状态的阀门不宜采用隔膜阀。

中线蝶阀和旋塞阀、球阀很适合频繁操作。然而，如果长时间处于关闭状态，特别是在结垢性流体中，阀芯可能被卡死，难以动作。吸收塔循环泵入口蝶阀应尽量靠近罐体安装，当该阀门长时间处于关闭位置时，要确保靠近阀门的浆液始终处于流动状态，不会发生局部沉淀，否则，堆积的沉积物可能使阀门无法开启。

(2) 机械方面应考虑的问题

在确定 FGD 系统所用阀门类型时，电厂工程师应确定阀门执行机构的类型，检查设计商选定的阀门的最大流速。

① 最大流速　通过阀门的最大流速应当与确定管道尺寸时所采用的速度范围相同。因此阀门的尺寸通常与其连接的管道的尺寸相匹配，而不采用异径管过渡。然而，有时也用较小的阀门来达到较高的流速，对于流量调节阀就常有这种情况，用较小的阀门可以获得较为正确的流量调节特性。

② 阀门执行器的类型　阀门可以手动、电动、气动或者液压驱动。选择什么方式取决于阀门的设计、操作频繁程度、要求的操作时间、需要驱动力的大小以及用户和供货商的喜好。

四种阀门都可以采用手动操作，但手动方式限于阀门不经常动作和可以等待操作人员到达后再操纵的情况，例如，罐体和管道的排空阀，控制阀前后的隔离阀和旁路阀以及仪表的维修隔离阀。即使不常操作的阀门，有些类型的阀门和大型阀门可能也不能手动操作，例如，大型插板阀和中线蝶阀很难手动启闭阀门。关闭一个公称通径 *DN*300 的插板阀，即使采用伞齿轮手动装置来减小驱动力，也要花 5min 左右。

对不容易接近、需要远程操作和实现连锁控制的阀门，常采用电动装置。电动装置可以是电磁式或电动机驱动。电磁驱动只能用于诸如浆管自动排空和冲洗这类小阀门，其难以提供足够的动力来操纵大型阀门，对于大型阀门一般采用电动装置或气动装置，当操纵阀门所需要的驱动力超过气动装置或压缩空气所能提供的力量时，特别适合采用电动装置。

FGD 系统中大多数自动阀采用气动装置，气动阀中尤以气动中线蝶阀应用最多，公称通径在 *DN*50～1000 以上。气动阀门启闭快，易于泵的自动启/停、事故停运实现逻辑控制。气动装置与电动装置相比，气动装置价格低，且相对易于维护。像除雾器冲洗水阀这种频繁动作的阀门常采用气动阀门或电磁驱动阀门，气动装置也常用在不常动作的阀门上，如泵的隔离阀和管道排空和冲洗阀。液压装置一般只限于特大型循环泵入口隔离插板阀上。这些阀门的通径可能在 1m 以上，气动装置可能无法提供需要的驱动力。液压驱动系统造价通常低于电动装置，且结构简单。尽管这些阀门不常动作，但是它们通常是泵自动启/停逻辑控制的一部分，需远方控制开和关。如果设备中有 3～5 个以上这样的大阀门，通常采用中央液压系统；如果少于 3 个阀，可能每个阀门用一个液压系统更经济。

(3) 其他应考虑的问题

在阀门的选择上应当考虑的另外一些主要问题是动作的频繁程度、耐磨损性、维护和检修以及更换的难易程度。对于频繁动作的阀门，如除雾器冲洗水阀，应选择便于运行人员检查阀门动作情况、维修人员易于靠近和更换易损件的阀门；对于频繁动作又易磨损的调节阀，如吸收剂浆液流量调节阀、石膏浆液旋液器底流调节阀等，阀门的耐磨性至关重要，一个耐磨性优良的调节阀，日常几乎无须检修。调节阀是控制工艺参数的重要元件，需定时检查和校验，因此安装位置应便于观察，有便于检修和校验的通道和场地。

有些阀门和阀门驱动装置很大又重（如吸收塔循环泵隔离阀），在这些地方必须留有临时起吊的通道和空间。

25.4.4 材料选择

FGD 系统所用阀门的材料取决于阀门接触流体的性质。吸收剂浆液管道、吸收塔循环管道和浓缩器/旋流器浓浆液管道的阀门多数采用橡胶衬里来防磨损和腐蚀。

插板阀的阀板通常采用不锈钢制作，也可以用耐腐蚀镍基合金。在有的插板阀设计中基于阀板在工作场地易于更换，采用耐腐蚀等级较低的材料，定期更换比用昂贵的耐腐蚀材料合算。

隔膜阀的弹性衬里是橡胶或其他材料。在特殊使用条件下，应考虑采用最好的材料。在磨损性环境中，隔离阀的阀体通常为橡胶衬里，国内有长期成功使用采用三元乙丙橡胶（EPDM）衬覆阀体的经验。中线蝶阀的蝶板可以用不锈钢和其他防腐合金钢制作，或者采用橡胶和其他的防腐耐磨材料衬覆。阀杆通常不遭受磨损，可以采用不锈钢或防腐合金钢。如前所述，在磨损性严重的环境中，中线蝶阀不适合作为调节阀使用，即使是不锈钢和耐腐合金钢制作的蝶板也不适合。

无销蝶阀由两个湿化零件组成，实践经验表明，当金属铸件材料用于制造蝶板时，的确有其局限性。在pH值小于2，氯含量达到10%的情况下，金属-聚合物复合材料UHMWPE（Hostalen Gur）涂层蝶板是理想的选择。这种材料解决了涂层缺乏附着力的问题。

防化学腐蚀是化学添加剂管道，废水处理加药管路主要考虑的问题，因此不锈钢或者非金属材料制作的旋塞阀和球阀适合用于这些管路上。

用于脱硫浆液循环管道，石膏浆液管道中的阀门，要求其具有良好的耐蚀耐磨性能，常用中线蝶阀，即阀门采用衬胶，阀杆和蝶板采用哈氏合金。少数管路中的调节型球阀，球体和阀座均采用陶瓷材料。

前面已提到，FGD浆液调节阀在调节过程中，流道的改变使阀内流体的流向发生变化，流速高于与其连接的管道内的流速，阀芯处于严重磨损的工作环境，再加之浆液的腐蚀性，因此最好采用精密陶瓷阀芯。在某些流速、流量较低的浆液管路上也可以选用耐磨耐腐蚀的合金材料。阀体和阀杆都应采用耐腐蚀不锈钢。

25.4.5　建议

① 在不经常操作，具有磨损和结垢的环境下，采用无填料插板阀作为隔离阀较好。

② 在需要调节流量和动作频繁的场合应根据流体特性选择隔膜阀、中线蝶阀和旋塞阀、球阀。

③ 如采用调节阀来控制腐蚀性强的浆液的流量，应优先选用陶瓷阀芯的球阀。如果调节流量大，没有合适的调节阀可供选择，可以采用开关阀和变速泵，或者其他的方式来调节流量。

④ 在浆液管路中采用中线蝶阀时，蝶板转轴应当水平安装，蝶板底应当向下游方向旋转，这样可以避免蝶板上游侧管道底部的沉积物卡死蝶板。

在火力发电厂中，湿法烟气脱硫装置需用大量的阀门，只要了解湿法烟气脱硫工艺的特点，根据装置各系统的特点合理选择阀门的类型，解决阀门结构设计问题，选择适宜的材料，就能提高其耐磨损和耐腐蚀性能，控制火电厂和燃煤设备二氧化硫的排量，防止环境污染，达到环保要求，保证装置长期安全运行，促进我国能源工业的可持续发展。

参考文献

[1] 张德姜等. 石油化工装置工艺管道安装设计手册. 北京：中国石化出版社，2005.

[2] 蔡尔辅. 离心泵自动再循环保护阀. 石油化工设计，1994 (1).

[3] 李洪波. 自动循环泵保护阀. 阀门，2005 (6).

[4] 中国华电工程（集团）有限公司上海发电设备成套设计研究院编著. 大型火电设备手册：除灰与环保设备. 北京：中国电力出版社，2009.

[5] 吴晓编. 柱塞式气力输灰技术. 北京：中国电力出版社，2006.

[6] 原永涛. 火力发电厂气力除灰技术及其应用. 北京：中国电力出版社，1994.

[7] 崔功龙. 燃煤发电厂粉煤灰气力输送系统. 北京：中国电力出版社，2005.

[8] 卢井冈等. 圆顶阀及其充气式柔性密封结构. 阀门，2005 (3).

[9] 张清双等. 圆顶阀设计. 阀门，2006 (3).

[10] 周至祥等. 火电厂湿法烟气脱硫技术手册. 北京：中国电力出版社，2006.

[11] 天华化工机械及自动化研究设计院. 腐蚀与防护手册：第4卷. 第2版. 北京：化学工业出版社，2009.

[12] 郭东明. 脱硫工程技术与设备. 北京：化学工业出版社. 2007.

[13] 鹿焕成等. 火力发电烟气脱硫装置阀门的防腐蚀. 阀门，2003 (2).

[14] 陈科等. 烟气脱硫（FGD）装置浆液阀门的选用. 给水排水，2007 (9).

[15] 戴富林等. 含镍材料在烟气脱硫阀门中的应用. 阀门，2008 (2).

[16] 张清双等. 湿法烟气脱硫装置用阀门的选择. 阀门，2010 (2).

第 26 章　核工业用阀门

26.1　概述

核电阀门，在核电站设备中虽为附件，但至关重要。核电用阀门比常规的大型火力发电站用阀门其技术特点和要求要高。阀类一般有闸阀、截止阀、止回阀、蝶阀、安全阀、主蒸汽隔离阀、球阀、隔膜阀、减压阀和控制阀等。从我国核电机组的发展来看，核电阀门的需求量远高于同容量级的火电站。据统计分析，一座有 2 套百万千瓦级核电机组的核电站需各类阀门 3 万台，按每年有 250 万千瓦核电机组建设计算，每年核电阀门的需求量在 3.8 万余台。在核电站建设中阀门的投资比例占核电站总投资 4%左右，按国家核电发展规划，核电站的阀门需求额将为 30 亿元，年均需求为 6 亿元左右。另外，由于核电站花在阀门上的维修费一般占核电站维修总额的 50 % 以上，因此每年核电站花费在阀门上的维修费用约为 1.5 亿元。由此来看，核电阀门的市场需求量是相当大的。

随着核工业的发展，在核电站的建设中，对设备大型化、高参数、高性能及可靠性、安全性的要求越来越高。国内机组容量的发展方向，主要向 80 万千瓦、90 万千瓦及 100 万千瓦方向发展，这就要求核电阀门也能适应这种发展趋势。由于落后的设计生产水平、有限的控制能力，使得我国核电阀门依赖于进口，核电站关键阀门稳压器泄压阀、比例喷雾阀、快速启闭隔离阀、主蒸汽隔离阀、主蒸汽安全阀等关键阀门由于技术要求严，安全系数高，原来一直依赖进口，然而高昂的进口价格限制了核电的发展，致使国外企业对我国实行技术封锁。还有不少应用在一回路系统各种核级阀门都直接关系到核电站的正常和安全运行，同样不允许出现任何差错，也需要进口。要缓解核电投资过大的唯一出路，在于自主设计、自主制造、自主安装调试核电站关键阀门应用核电机组，实现核电关键阀门国产化。

与国外发达国家相比，还有很大的差距和潜力。特别在今后，国家还将建造更多的核电工程来填补我国能源的不足，百万千瓦级的压水堆型应是主要方向，同时正在创建的中国实验快堆和一些其他特殊类型的反应堆型，必将为我国今后核动力技术发展开拓新的途径。由于需要满足不同性质的流体，不同要求的压力、流量、温度及不同要求的控制方法、使用要求，所以阀门的类别、规格十分繁多。对核电阀门除满足一般阀门应具备的良好密封性能、强度性能、流通性能（包括调节性能）及可靠的动作性能外，还应满足核电阀门的高使用寿命（40 年设计寿命），严格地不允许任何外漏，及抗放射辐照和紧急情况处理等功能。

因此，核电阀门是质量要求十分严格的承压件，保证产品质量是至关重要的。阀门的产品质量是由设计、生产和使用三方面的全过程保证的。

一个性能优良、使用可靠、高性价比的阀门，必须在设计阶段综合考虑技术可行性、安全可靠性、经济合理性，提出设计过程中应遵守的基本原则。

一项优秀的设计，其性能的保障，是通过制造与安装来实现的。因此核级阀门制造与安装的质量控制，是生产厂商与安装单位严格把握的程序，包括制造与安装过程中的各项技术指标的控制。

对使用者来说，在阀门的寿命期内，为保证其功能的可靠性，使用方也必须投入一定的人力、财力和物力，来支持阀门的质量连续。为此，使用方对阀门的管理，也应做到合理选用、严格验收、正确使用、定期检查、及时维修。这样不仅能延长阀门的使用寿命，及时消除事故隐患，确保系统安全运行，同时也将给使用方带来经济效益。

一座由两套百万千瓦级机组装备的压水堆型核电站，其组成为核岛（NI）、常规岛（CI）和电站辅助设施（BOP）三部分，而其中核岛又包括核蒸汽供应系统和核岛辅助设施两部分。NI 是核电站的核心，在这里把核能转变为热能，生产出大量的蒸汽去提供发电。CI 是核电站的主力，在这里把热能转化为电能。BOP 虽然不是主角，但如同设备上的螺钉，同样不可缺少。

据统计两套百万千瓦级机组具有近 3 万台阀门，这三部分的使用数量配置比例大约为 43∶45∶12。由此可见，常规岛用阀量较多，与相同等级的火电机组阀门相比，其特点是口径规格较大，而压力和温度参数不算太高。因此从技术角度来看火电机组阀门难度相对要低于核岛用阀，电站辅助设施用阀不仅量少，而且技术难度更低一些。本文重点介绍和分析 NI 部分的阀门选用方法、设计准则、检验要求和故障排除及维修技术等。

26.2　核电厂常用阀门种类及选用方法

26.2.1　核电的发展

核电是一种清洁、经济和安全的能源，已经在世界范围内得到广泛应用。以核电替代部分煤电，不但可以减少煤炭的开采、运输和燃烧总量，而且是电力工业减排污染的有效途径，也是减缓地球温室效应的重要措施。对于我国沿海一些煤、水资源相对缺乏而工业又较发达的地区，核能发电是一种理想的能源。用核电等新能源逐渐代替部分传统的煤电，不仅是国家飞速发展的需要，也是我国实施能源多元化战略、优化能源结构、加强环境保护，进而保障能源安全现实可行的举措。对于延缓其他不可再生能源的枯竭，保护环境，维持低碳经济具有重要意义。从可持续发展的角度看，发展核电建设，符合国家产业政策，有利于确保能源安全、能源自主以及应对全球气候变化，发展核电是我国开发新能源、优化能源结构的必然需求。

我国国内已建设投产的核电机组有浙江秦山一期1×300MW、广东大亚湾2×900MW、广东岭澳2×1000MW、浙江秦山二期2×650MW、浙江秦山三期2×700MW、江苏连云港田湾2×1000MW，2005年投入商业运行，目前国内已建核电站共6座11台机组，总装机容量为8800MW，为全国电力装机总容量的2%多一点。从结构上讲，这与核电在全世界总电力中占18%的比例相差很远，发展潜力很大。对于我国来说，提升核电在现有能源结构中的比例是解“电荒”之困的重要途径，是电力结构调整的重要任务。

核电的地位将随着我国自主掌握核电技术而逐步提高，在21世纪前期可成为重要补充能源，中期将进一步形成由煤电、水电、核电组成的电力工业三大支柱。因此，百万千瓦级核电站的建设已迫在眉睫。

阀门作为核电站配套的基本设备之一，阀门投资约占核电站建设总投资的2%～4%，按岭澳两台百万千瓦机组核电站计算，阀门投资折合人民币约11.2亿元。按国家核电发展规划，到2020年新建核电站中阀门总投资累计将达到151.2亿元人民币。

核电阀门的维修、更换费用在核电站维修总额中约占50%。一座具有两台百万千瓦机组的核电站每年总维修费用将在1.35亿元人民币左右。阀门维修、更换费用每年达到约6700万元人民币。当我国运行的百万千瓦级核电机组装机容量达到2000万千瓦时，每年核电阀门的维修、更换费用就将达到6.7亿元人民币。

原子能工业是在第二次世界大战期间发展起来的，当时全力制造核武器以满足军事需要。20世纪50年代以来，原子能用于和平事业有了飞速发展，所以核反应堆类型和数量增多。核电站是原子能用于和平事业最有力的证明。目前常用的核电站反应堆堆型分为四大类。

(1) 石墨气冷堆（LGR）

石墨气冷堆包括最早的镁诺克斯堆，改进型气冷堆及高温气冷堆（HTGR）。该反应堆是以石墨为慢化剂，惰性气体氦气作冷却剂的堆型。我国自20世纪70年代中期开始研究高温气冷堆及其关键技术。10MW高温气冷实验堆（HTR-10）于2000年12月建成临界，2003年1月实现满功率并网发电。在此基础上，我国正瞄准国际上第四代核能系统的发展方向，研究高温气冷堆核电站。

(2) 轻水堆

轻水堆有两种类型，一是沸水堆（BWR），一是压水堆（PWR）。两者均用轻水作慢化剂兼冷却剂；用低富集度二氧化铀制成芯块，装入锆合金包壳中作燃料，沸水堆不需另设蒸汽发生器，但由于蒸汽带有一定的放射性，对汽轮机的厂房要屏蔽，同时对检修增加了困难。据统计，当今核电站的80%为压水堆。我国秦山一期和大亚湾核电站均属此类。“九五”期间秦山二期工程、广东核电站以及正在建设中的大连红沿河核电站也都采用压水堆型。

(3) 重水堆（PHWR）

重水堆是以天然铀作燃料，以重水堆作慢化剂的堆型。它是加拿大重点发展的堆型，以坎都（CANQL）型为代表。重水堆采用天然铀为燃料，无须设立浓缩铀工厂，对分离能力不足的国家，发展此种堆型特别有利。

(4) 快中子堆（FBR）

快中子堆就是钠冷却快中子增殖反应堆。在核能发电问题上，必须考虑增殖问题，否则对核燃料资源的利用是极为不利的。增殖堆的采用，可以将核燃料资源扩大数百倍，快堆是利用中子实现核裂变及增殖。而前述石墨气冷堆，轻水堆和重水堆，都是热中子堆。对每次裂变而言，快堆的中子产额高于热中子堆，且所有结构材料对快中子的吸收截面小于热中子的吸收截面。这就是实现增殖的原因。

钠冷快堆用金属钠作冷却剂。钠在97.8℃时熔化，883℃时沸腾，具有高于大多数金属的比热容和良好的导热性能，而且价格较低，适合用作反应堆的冷却剂。我国开发快堆技术始于20世纪60年代中后期，已取得丰硕成果。目前我国的实验快堆成功临界，1987年底已将快堆纳入“863”高技术研究计划，计划2015年建成并推广单堆功率100～150MW的模块式快堆电站，到2025年建成和推广增殖性能的1000～1500MW的大型快堆。

不同类型的核反应堆，相应的核电站的系统和设备有较大的差异。以压水堆为例，核电站是由核反应堆、一回路系统、二回路系统及其他辅助系统组成。核反应堆是核电站动力装置的重要设备，同时，由于反应堆内进行的是裂变反应，因此它又是放射性的发源地。一回路系统由反应堆、主循环泵、稳压器、蒸汽发生器（热交换器）和相应的管道、阀门及其他辅助设备所组成，它形成一个密闭的循环回路，将核裂变所释放的热量以水蒸气形式带出。二回路系统是将蒸汽的热能转化为电能的装置，并在停机或事故情况下，保证核蒸汽系统的冷却。辅助系统的主要作用是保证反应堆和回路系统能正常运行，为一些重大事故提供必要的安全保护及防止放射性物质扩散的措施。

核电阀门是核电站中量大面广的水压设备，它连接整个核电站的300余个系统，是核电站安全运行的关键附件。核电用阀门阀类一般有闸阀、截止阀、止回阀、蝶阀、安全阀、主蒸汽隔离阀、球阀、隔膜阀、减压阀和控制阀等。具有代表性阀门的最高技术参数为：最大口径 *DN*1200（核3级的蝶阀）、*DN*800（核2级的主蒸汽隔离阀）、*DN*350（核1级的主回路闸阀）；最高压力约Class1500；最高温度约350℃；介质为冷却剂（硼化水）等。

26.2.2 核电阀门的分类

(1) 按核安全等级分类

阀门按其安全功能确定相应的核安全等级，对阀门进行恰当的安全分级，能保证阀门的质量与阀门在安全运行中所起的作用相适应。在定出阀门核安全等级的基础上，规定它的设计制造要求，即设计制造规范等级、抗震要求以及质量保证要求。阀门核安全等级的正确划分是在充分了解核电厂各系统功能的基础上由系统设计者确定的。

阀门分为3个规范等级和1个NCh级，3个规范等级由高到低分别为规范1级、规范2级和规范3级。

① 核1级阀门　是指核安全设备安全等级（按RCC-P或ASME标准规定的安全等级）为1级的阀门设备。

核1级阀门按其在核岛中的使用位置又分为安全壳内和安全壳外。安全壳内的核1级阀门其要求高于安全壳外的核1级阀门。

② 核2级阀门　是指核安全设备安全等级（按RCC-P或ASME标准规定的安全等级）为2级的阀门设备。

③ 核3级阀门　是指核安全设备安全等级（按RCC-P或ASME标准规定的安全等级）为3级的阀门设备。

④ 非核级阀门NCh级　核岛中无核级要求、常规岛及其他辅助系统使用的阀门。

(2) 按驱动方式分类

① 自动阀（又称非能动阀门）　不需要外力驱动，依靠介质自身的能量驱动阀门。如安全阀、减压阀、疏水阀、止回阀等。

② 动力驱动阀（又称能动阀门）　可以利用各种动力源进行驱动，如电动阀，借助电力驱动的阀门；气动阀，借助压缩空气驱动的阀门；液动阀，借助液体压力驱动的阀门；电磁阀，借助电磁力驱动的阀门等。

③ 手动阀　借助手轮、手柄，由人力来操纵阀门动作。当阀门启闭力矩较大时，可在手轮与阀杆之间加齿轮或蜗轮等减速装置。

④ 远控阀门　远距离操作阀门，利用万向接头及传动轴进行操作，可以是手动或电动。

(3) 按用途和作用分类

① 截断阀　用来截断或接通管道介质。如闸阀、截止阀、球阀、蝶阀、隔膜阀等。

② 止回阀　用来防止管路中的介质倒流。如升降式止回阀，旋启式止回阀等。

③ 分配阀　用来改变管路中介质的流向，起分配、分流或分离介质的作用。如三通或四通球阀、三通旋塞、分配阀、疏水阀等。

④ 调节阀　用来调节或控制管路中介质的压力和流量。如减压阀、调节阀、节流阀等。

⑤ 安全阀　防止装置中介质压力超过规定值，从而对管道或设备提供超压安全保护。如安全阀（泄压阀）、事故阀等。

(4) 按公称压力分类

① 真空阀　绝对压力低于标准大气压的阀门。

② 低压阀　公称压力≤*PN*16的阀门。

③ 中压阀　公称压力 *PN*16＜*PN*≤*PN*100的阀门。

④ 高压阀　公称压力 *PN*100＜*PN*≤*PN*100的阀门。

⑤ 超高压阀　公称压力＞*PN*1000的阀门。

(5) 按工作温度分类

① 高温阀　适用于介质工作温度 t＞425℃的阀门，多数用在常规岛。

② 中温阀　适用于介质工作温度120℃≤t≤450℃的阀门。

③ 常温阀　适用于介质工作温度－29℃＜t＜120℃的阀门。

④ 低温阀　适用于介质工作温度－100℃≤t≤－29℃的阀门。

⑤ 超低温阀　适用于介质工作温度 t＜－100℃的阀门。

(6) 按公称尺寸分类

① 小口径阀门　公称尺寸≤*DN*40的阀门。

② 中口径阀门　公称尺寸 *DN*50～300的阀门。

③ 大口径阀门　公称尺寸 *DN*350～1200的阀门。

④ 特大口径阀门　公称尺寸≥*DN*1400的阀门。

(7) 按结构特征分类

① 截门形　启闭件（阀瓣）由阀杆带动沿着阀座中心线做升降运动。

② 闸门形　启闭件（闸板）由阀杆带动沿着垂直于阀座中心线方向做升降运动。

③ 旋转形　启闭件（锥塞或球）围绕自身中心线旋转。

④ 旋启形　启闭件（阀瓣）围绕阀座外的轴线旋转。

⑤ 蝶形　启闭件（圆盘）围绕阀座内或阀座外的固定轴旋转。

(8) 按与管道连接方式分类

① 螺纹连接阀门　阀体带有内螺纹或外螺纹，与管道采用螺纹连接。

② 法兰连接阀门　阀体带有法兰，与管道法兰通过螺栓连接。

③ 焊接连接阀门　阀体带有焊接坡口，与管道采用焊接连接。

④ 对夹连接阀门　用螺栓将阀门连接在管道上的法兰之间。

⑤ 夹箍连接阀门　阀体带有夹口，与管道采用夹箍连接。

⑥ 卡套连接阀门　采用卡套与管道连接。

(9) 按阀体材料分类

① 金属材料阀门　其阀体等零部件由金属材料制成。如碳钢阀、合金钢阀、铜合金阀、镍合金阀、钛合金阀等。

② 非金属材料阀门　其阀体等零部件由非金属材料制成。如陶瓷阀、玻璃钢阀等。

③ 衬里阀门　阀体外形为金属材料，内部凡与介质接触的表面均衬有其他金属或非金属材料。如衬胶阀、衬塑料阀、衬陶瓷阀等。

26.2.3　核电阀门的型号编制方法

(1) 核级阀门的 EJ/T 标准型号编制方法

核电用阀门的型号编制方法在核电行业标准 EJ/T 1022.10—1996《压水堆核电厂阀门型号编制方法》中进行了详细规定。它是在 JB/T 308—2004《阀门型号编制方法》和 JB/T 4018—1999《电站阀门　型号编制方法》的基础上，增加了有关核电阀门的一些特定参数组合而成。

① 阀门型号的组成　核电阀门型号由十个单元顺序组成，见表 26-1。

表 26-1　阀门型号的组成

序号	1	2	3	4	5	6	7	8	9	10
代号	阀门核安全级别代号	阀门相对安全壳的安装位置代号	阀门抗震要求代号	阀门类型代号	传动方式代号	与管道连接类型代号	结构类型代号	密封面或衬里材料代号	公称压力代号	阀体材料代号

注：8 与 9 之间用半字线“-”连接。

a. 阀门核安全级别代号，见表 26-2。

表 26-2　阀门核安全级别代号

阀门核安全级别	代号	阀门核安全级别	代号
核安全 1 级	N_1	核安全 3 级	N_3
核安全 2 级	N_2	非核安全级	NC

b. 阀门相对安全壳的安装位置代号，见表 26-3。

表 26-3　阀门相对安全壳的安装位置代号

阀门相对安全壳的安装位置	代号	阀门相对安全壳的安装位置	代号
安装在安全壳内	C	安装在安全壳外	不加注明

c. 阀门抗震要求代号，见表 26-4。

表 26-4　阀门抗震要求代号

阀门抗震要求	代号	阀门抗震要求	代号
运行安全地震动(SL_1)	0	无抗震要求	不加注明
极限安全地震动(SL_2)	S		

注：运行安全地震动（SL_1）亦可称为运行基准地震（OBE），极限安全地震动（SL_2）亦可称为安全停堆地震（SSE）。

d. 阀门类型代号，见表 26-5。

表 26-5　阀门类型代号

阀门类型	代号	阀门类型	代号
闸阀	Z	旋塞阀	X
截止阀	J	止回阀	H
节流阀	L	安全阀	A
球阀	Q	减压阀	Y
蝶阀	D	疏水阀	S
隔膜阀	G		

注：带波纹管的阀门和带中间引漏的阀门在类型代号前分别加注字母“W”和“E”。

e. 阀门传动方式代号，见表 26-6。

表 26-6　阀门传动方式代号

传动方式	代号	传动方式	代号
电磁动	0	液动	7
蜗轮	3	气液动	8
正齿轮	4	电动	9
伞齿轮	5	防爆电动	9_B
气动	6	远距离操纵	0_S

注：用手轮或手柄直接传动，以及安全阀、减压阀、止回阀、疏水阀等自动阀门可省略本代号。

f. 阀门与管道的连接类型代号，见表 26-7。

表 26-7　阀门与管道的连接类型代号

与管道连接类型	代号	与管道连接类型	代号
内螺纹	1	对夹	7
外螺纹	2	卡箍	8
法兰	4	卡套	9
焊接(对焊和承插焊)	6		

g. 阀门结构类型代号，见表 26-8。

表 26-8　阀门结构类型代号

阀类	结构类型	代号	阀类	结构类型	代号
闸阀	明杆楔式弹性闸板	0	截止阀	直通式	1
	明杆楔式单闸板	1		角式	4
	明杆楔式双闸板	2		平衡直通式	6
	明杆平行式单闸板	3		平衡角式	7
	平行明杆式双闸板	4		Y形	8
节流阀	直通式	1	减压阀	薄膜式	1
	角式	4		弹簧薄膜式	2
	直接式	5		活塞式	3
	平衡直通式	6		波纹管式	4
	平衡角式	7		杠杆式	5
蝶阀	杠杆式	0	隔膜阀	屋脊式	1
	垂直板式	1		截止式	3
	斜板式	3		闸板式	7
球阀	浮动直通式	1	止回阀	直通升降式	1
	L形浮动三通式	4		垂直升降式	2
	T形浮动三通式	5		旋启式	4
	固定直通式	7		动力驱动旋启式	8
旋塞阀	填料直通式	3	安全阀	弹簧封闭微启式	1
	填料T形三通式	4		弹簧封闭全启式	2
	填料四通式	5		弹簧封闭带扳手全启式	4
疏水阀	浮球式	1		弹簧不封闭带扳手微启式	7
	钟形浮子式	5		弹簧不封闭带扳手全启式	8
	脉冲式	8		先导式	9
	热动力式	9			

h. 阀座密封面或衬里材料代号，见表 26-9。

表 26-9　阀座密封面或衬里材料代号

阀座密封面或衬里材料	代号	阀座密封面或衬里材料	代号
铜合金	T	氟塑料	F
合金钢或不锈钢	H	硬质合金	Y
橡胶	X		

注：由阀体直接加工的阀座密封面材料代号用字母“W”表示，当阀座和阀瓣（闸板）密封面材料不同时，用低硬度材料代号表示（隔膜阀除外）。

i. 阀体材料代号，见表 26-10。

表 26-10　阀体材料代号

阀体材料	代号	阀体材料	代号
碳钢	C	不锈耐酸钢	P
低合金钢	V		

j. 压力级代号。用 NB/T 20010.1 规定的 MPa 值乘以十倍数值表示。非 NB/T 20010.1 规定的 MPa 值为非标准的压力值。大多数阀门制造厂家采用以下方法表示：若此值以 MPa 值表示，则仍用 MPa 值乘以十倍数值表示；如采用磅级（Class）表示，则用磅级值加上角标“#”，表示。

阀门型号编制示例。安全二级，安装于安全壳内，按极限安全地震动（SL_2）要求的电动直通式截止阀。密封面堆焊硬质合金，阀体材料为奥氏体不锈钢，与管道焊接连接，压力级 25MPa：N_2CSJ961Y-250P。

若上述压力级为 1525 磅级，则型号表示为：N_2CSJ961Y-1525$^{\#}$P。

② 阀门的命名　阀门的名称按传动方式、连接形式、结构形式、衬里材料、驱动方式和类型命名。但下述内容在命名中可以省略。

a. 连接形式中的法兰。

b. 结构形式中的闸阀的明杆、弹性、刚性和单闸板，截止阀和节流阀的直通式，球阀的浮动式和直通式，蝶阀的垂直板式，隔膜阀的屋脊式，旋塞阀的填料和直通式，止回阀的直通式和单瓣式，安全阀的不封闭。

c. 阀座密封面材料中的材料名称。

d. 驱动方式中的手动。

(2) RIN 编码

前文中按 EJ/T 标准编制的型号基本概括了核电厂所使用的阀门类型、结构和相关参数，但还有些阀门特征未能覆盖，如是否带行程开关、密封面详细的配对材料、远距离操作中的电动、非核级中的可靠性分级、材料的不同牌号等，在其编码系统中体现不出来。尤其从法国引进的机组中所使用的大量核级阀门，如中广核工程公司系统承建的核电站及大亚湾等核电厂普遍采用了阀门的标志编码即“RIN”代码，用来表示阀门的主要特性，引用如下。

阀门的标志编码即“RIN”码，包括三个特征组，第三组表示阀门的特殊要求。阀门的标志编码组成见表 26-11。

表 26-11　阀门的标志编码

第一组						第二组	第三组	
1	2	3	4	5	6	DN	本体特征	阀门特征
阀门类型	阀体材料	压力等级	密封副材料	连接形式	RCC-M 等级	公称尺寸		

① 第一组：由 6 个字母组成，表示 6 个特征。

代码第一个字母表示阀门类型，见表 26-12。

表 26-12　阀门类型代码

关断阀		控制阀	
阀门类型	代码	阀门类型	代码
弹性闸板闸阀	C	旋转型控制阀	Z
楔式双闸板闸阀	K	截止型控制阀（线性特性）	R
带弹簧平行座闸阀	V	截止型控制阀（等百分比特性）	Y
带楔块双闸板平行座闸阀	W	针形阀	U
蝶阀	P	减压阀	I
截止阀	S	背压控制阀	Q
隔膜阀	M	蝶式控制阀	B
球阀	T	笼式控制阀	A
止回阀		**泄压装置、安全阀**	
阀门类型	代码	阀门类型	代码
旋启式止回阀	N	泄放压力到封闭系统的安全阀	E
升降式止回阀	H	泄放压力到空气中的安全阀	L
球形止回阀	O	疏水阀	F
消声止回阀	D	其他	X

代码第二个字母表示阀体材料，见表 26-13。

表 26-13　阀体材料代码

阀体材料		代码	阀体材料		代码
非合金或低合金钢		A	0.5%～1.25% Cr，0.5% Mo 钢		C
2.25% Cr，1% Mo 钢		K	Z2CN18-10	304L	M
Z2CND17-12	316L	N	Z8CNT18-11	321	H
Z6CN18-10	304	I	Z8CNNb18-11	347	
Z5CN18-10			Z8CNDT18-12		
Z2CN19-10NS			Z8CNDNb18-12		
Z6CND17-12	316	J	高温特殊用钢		Y
Z5CND17-12			青铜		B
Z2CND18-12NS			黄铜		L
塑料		S	铅		P
其他		X			

代码第三个字母表示压力额定值，见表 26-14。

表 26-14　压力额定值代码

压力额定值（磅级）	代码	压力额定值 /bar	代码
2500	V	16(20℃)	C
1500	U	10(20℃)	B
900	T	6(20℃)	A
600	S	中间压力级	X
400	R		
300	P		
150	N		

注：1. RCC-M 表 B/C3531 和 D3520 规定了每种材料的温度-压力额定值（金属材料）。

2. RCC-M 非核级同核 3 级压力额定值相同。

代码第四个字母表示密封副材料，见表 26-15。

表 26-15　阀座与阀瓣密封副材料代码

阀座密封面材料	阀瓣密封面材料	代码	阀座密封面材料	阀瓣密封面材料	代码
同阀体	同阀体	A	青铜	青铜	B
同阀体	青铜	C	黄铜	黄铜	L
同阀体	不锈钢	D	司太立合金	不锈钢	P
同阀体	黄铜	E	司太立合金	司太立合金	S
同阀体	橡胶	F	司太立合金	特殊材料	U
同阀体	司太立合金	G	橡胶	同阀体	R
同阀体	特氟隆	H	橡胶	不锈钢	O
同阀体	特殊材料	J	橡胶	青铜	M
不锈钢	不锈钢	I	特殊材料	不锈钢	V
不锈钢	司太立合金	K	特殊材料	司太立合金	W
不锈钢	特氟隆	Y	特殊材料	特殊材料	X
不锈钢	特殊材料	Q	特氟隆	不锈钢	Z
不锈钢	橡胶	N			

代码第五个字母表示连接形式，见表 26-16。

表 26-16　阀门连接端形式代码

连接形式	代码	连接形式	代码
法兰	B	螺纹连接	T
法兰＋密封焊	J	承插焊	W
对焊	S	特殊连接	X

代码第六个字母表示核安全级别，见表 26-17。

表 26-17　核安全级别代码

规范等级	代码	规范等级	代码
RCC-M　核 1 级	A	可靠性（常规阀 F1）	F
RCC-M　核 2 级	B	可靠性（常规阀 F2）	G
RCC-M　核 3 级	C	可靠性（常规阀 F3）	H
RCC-M　核 1 级 安全壳隔离阀	I	RCC-M　核 2 级 安全壳隔离阀	J

② 第二组：公称尺寸 *DN*，表示阀门的公称尺寸。

③ 第三组：阀门的特征，由一个或多个字母组成，用来表示特殊要求的阀门特征。见表 26-18。

表 26-18 阀门特征代码

本体特征		阀门特征	
特征	代码	特征	代码
缩径	N	Y形阀体	P
真空填料装置,带密封脂	V	截止止回阀	K
真空填料装置,液体压力密封结构	W	电动装置	A
带引漏的填料函	R	故障开气动阀	J
波纹管式阀杆密封	S	故障关气动阀	F
非金属弹性材料隔膜	D	事故时用气动阀	E
金属隔膜	L	故障开液动装置	U
其他特征	X	故障关液动装置	C
气封和水封填料	M	带旁通	Z
闸板(阀瓣)泄压孔	T	三通或多通阀	H
		双瓣止回阀	O
		远程控制操作装置	Y
		限位开关	G

阀门的标志编码 RIN 码标记示例：CJNSSJ0350-AYG。

阀类 C——弹性闸板闸阀

阀体材料 J——Z6CND17-12

压力等级 N——150 磅级

密封副材料 S——堆焊司太立硬质合金

阀门连接形式 S——对焊

RCCM 等级 J——核 2 级安全壳隔离阀

公称尺寸 *DN*350

阀门特殊要求特征 A——电动执行机构；Y——远距离操纵；G——带限位开关

26.2.4 核电站阀门的标准

(1) 标准的分级和代号

我国标准分国家标准、行业标准和企业标准三级，下级标准不得同上级标准相抵触。国家标准和行业标准都是全国性的。企业标准是国家标准和行业标准的延伸与补充，只在厂、公司等范围内应用。其中工厂的产品标准应由其主管机关备案。

(2) 核电阀门的行业标准

我国尚未制定核电阀门方面的国家标准。核工业行业制定了一系列阀门方面的标准（表 26-19)。

(3) 与核电阀门相关的国家标准和相关行业常用标准

EJ/T 1012—1996 《压水堆核电厂核核岛机械设备制造规范》

EJ/T 1027.1～1027.19—1996 《压水堆核电厂核核岛设备焊接规范》

EJ/T 1039—1996 《核电厂核岛机械设备无损检验规范》

GB/T 4334.5—2000 《不锈钢硫酸-硫酸铜腐蚀试验方法》

GB/T 12220—1989 《通用阀门 标志》

GB/T 12221—2005 《金属阀门 结构长度》

GB/T 12222—2005 《多回转阀门驱动装置的连接》

表 26-19 核工业行业阀门相关标准

标准编号	中文名称	标准状态	被代替标准
NB/T 20010.1—2010	压水堆核电厂阀门 第1部分:设计制造通则	有效	EJ/T 1022.1—1996
NB/T 20010.2—2010	压水堆核电厂阀门 第2部分:碳素钢铸件技术条件	有效	EJ/T 1022.2—1996
NB/T 20010.3—2010	压水堆核电厂阀门 第3部分:不锈钢铸件技术条件	有效	EJ/T 1022.3—1996
NB/T 20010.4—2010	压水堆核电厂阀门 第4部分:碳素钢锻件技术条件	有效	EJ/T 1022.4—1996
NB/T 20010.5—2010	压水堆核电厂阀门 第5部分:奥氏体不锈钢锻件技术条件	有效	EJ/T 1022.5—1996
NB/T 20010.6—2010	压水堆核电厂阀门 第6部分:紧固件技术条件	有效	
NB/T 20010.7—2010	压水堆核电厂阀门 第7部分:包装、运输和贮存	有效	EJ/T 1022.7—1996
NB/T 20010.8—2010	压水堆核电厂阀门 第8部分:安装和维修技术条件	有效	EJ/T 1022.8—1996
NB/T 20010.9—2010	压水堆核电厂阀门 第9部分:产品出厂检查与试验	有效	EJ/T 1022.9—1996
NB/T 20010.10—2010	压水堆核电厂阀门 第10部分:应力分析和抗震分析	有效	EJ/T 1022.14—1996
NB/T 20010.11—2010	压水堆核电厂阀门 第11部分:电动装置	有效	EJ/T 1022.11—1996
NB/T 20010.12—2010	压水堆核电厂阀门 第12部分:气动装置	有效	EJ/T 1022.12—1996
NB/T 20010.13—2010	压水堆核电厂阀门 第13部分:核用非核级阀门技术条件	有效	EJ/T 1022.16—1996
NB/T 20010.14—2010	压水堆核电厂阀门 第14部分:柔性石墨填料技术条件	有效	
NB/T 20010.15—2010	压水堆核电厂阀门 第15部分:柔性石墨金属缠绕垫片技术条件	有效	
EJ/T 1022.6—1996	压水堆核电厂阀门焊接与焊缝验收		
EJ/T 1022.10—1996	压水堆核电厂阀门型号编制方法		
EJ/T 1022.13—1996	压水准核电厂阀门操纵系统		
EJ/T 1022.15—1996	压水堆核电厂阀门抗震鉴定试验		
EJ/T 1022.17—1996	压水堆核电厂阀门表面处理通用技术条件	有效	
EJ/T 1022.18—1996	压水堆核电厂阀门产品清洗规则	有效	

GB/T 12223—2005 《部分回转阀门驱动装置的连接》

GB/T 12224—2005 《钢制阀门　一般要求》

GB/T 12234—2007 《石油、天然气工业用螺柱连接阀盖的钢制闸阀》

GB/T 12235—2007 《石油、石化及相关工业用钢制截止阀和升降式止回阀》

GB/T 12236—2008 《石油、化工及相关工业用的钢制旋启式止回阀》

GB/T 12237—2007 《石油、石化及相关工业用钢制球阀》

GB/T 12238—2008 《法兰和对夹连接弹性密封蝶阀》

GB/T 12239—2008 《工业阀门　金属隔膜阀》

GB/T 12241—2005 《安全阀　一般要求》

GB/T 12243—2005 《弹簧直接载荷式安全阀》

GB/T 12244—2006 《减压阀　一般要求》

GB/T 12245—2006 《减压阀性能试验方法》

GB/T 12246—2006 《先导式减压阀》

JB/T 1751—1992 《阀门结构要素　承插焊连接和配管端部尺寸》

(4) 国际标准

结合国内核电阀门行业标准实际情况，采用国际标准，通过消化吸收，逐步完善国家核电阀门的标准体系。

目前核电阀门采用的国际标准有：

RCC-M—2000 《压水堆核岛机械设备设计和建造规则》

RCC-MR 《快中子增殖堆核岛机械设备设计和建造规则》

IEEE STD 382 《核电厂安全级阀门驱动装置的鉴定标准》

ASME QME-1—2002 《核电厂能动机械设备鉴定》

ASME NQA-1—2004 《核设施质量保证要求》

ASME B16.34 《法兰、螺纹和焊接连接的阀门》

ASME BPVC Ⅲ 《核设施部件建造规则》

(5) 法律法规

中华人民共和国国务院令 第 500 号 《民用核安全设备监督管理条例》

HAF 601 《民用核安全设备设计制造安装和无损检验监督管理规定》

HAF 602 《民用核安全设备无损检验人员资格管理规定》

HAF 603 《民用核安全设备焊工焊接操作工资格管理规定》

HAF 604 《进口民用核安全设备监督管理规定》

26.2.5 核电阀门的结构类型和用途

(1) 核电阀门工作条件

阀门在核动力装置上的所有回路、管道、动力设备、储存缸、各种容器和水池，以及与传送液体和气体介质有关的系统上均有配置。装置的功率越大、管道直径越大，介质的压力和温度越高，在这些系统上阀门的作用就越重要，由阀门故障引起的后果更严重。因此阀门的质量和可靠性在很大程度上决定着整个核动力装置工作的可靠性。再考虑核电阀门运行工况的复杂性以及环境条件的特殊性，对于核电机组的稳定运行要求核电阀门除能经受辐射、失水、抗震等要求外，还要求密封可靠、动作性能稳定、使用寿命保证在 40 年以上等性能。

核电阀门可安装在一回路的稳压系统、水净化系统、反应堆补水系统和事故冷却系统、排污系统、除气和抽气系统、燃料运输和储存系统等。其输送的介质主要为反应堆冷却剂、含硼水、除盐水、海水、冷凝水、重水、饱和蒸汽、空气、氮气、氦气、氢气、二氧化碳、氢氧化钠溶液、硝酸溶液、硼酸、液态金属钠等各种流体介质。

核电阀门的设计应满足核电站工况的特殊要求，除保证常规阀门的技术特性外，还要着重考虑介质中杂质的污染、环境温度、运行温度、环境湿度、放射性、抗辐照、老化、腐蚀及抗地震和振动要求、安全等级等。尽量采用经过验证、可靠性高的成熟结构。

(2) 闸阀

闸阀在核电站使用比较广泛，主要有楔式弹性单闸板闸阀、楔式双闸板闸阀、带弹簧预紧的平行式双闸板闸阀（V 形闸阀）和带楔块撑开的平行式双闸板闸阀（W 形闸阀）四种结构（图 26-1、图 26-2）。闸阀的公称尺寸一般都在 $DN80$ 以上，核 1 级闸阀主体材料通常采用锻件，核 2、3 级的闸阀其主体材料有铸件或锻件，但由于铸件质量不易控制和保证，因此通常也采用锻件。为防止介质外泄漏，填料函部位采用双层填料带引漏管结构，并设有碟簧预紧装置来防

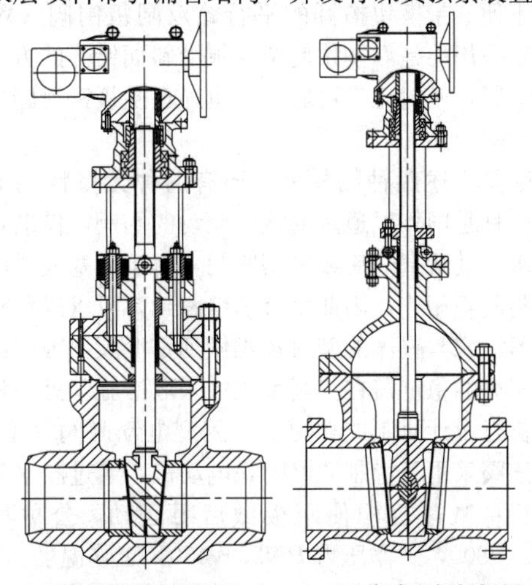

(a) 楔式弹性闸板闸阀　(b) 楔式双闸板闸阀

图 26-1　楔式闸阀

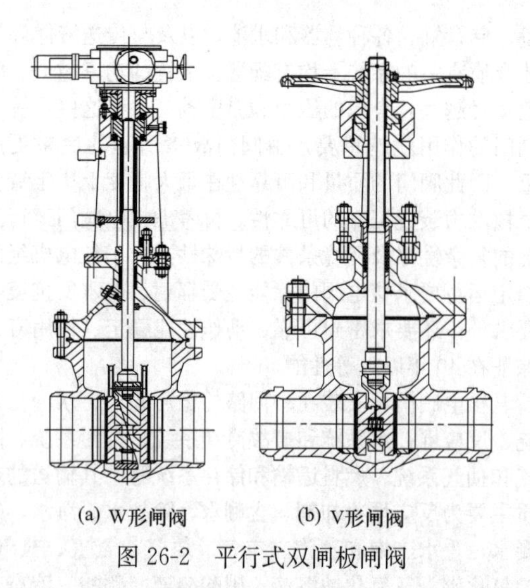

(a) W形闸阀　　(b) V形闸阀

图 26-2　平行式双闸板闸阀

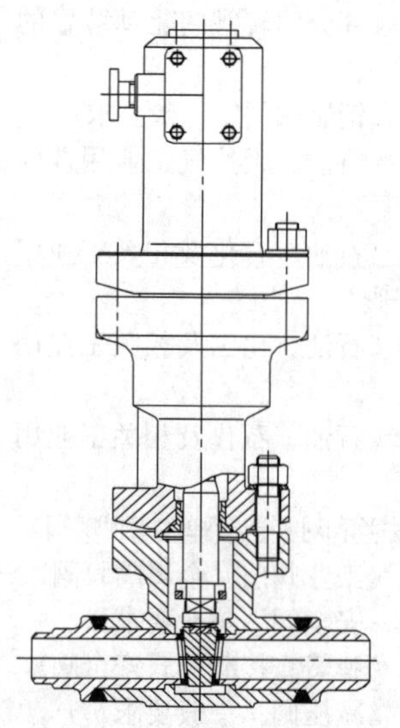

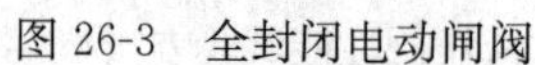

图 26-3　全封闭电动闸阀

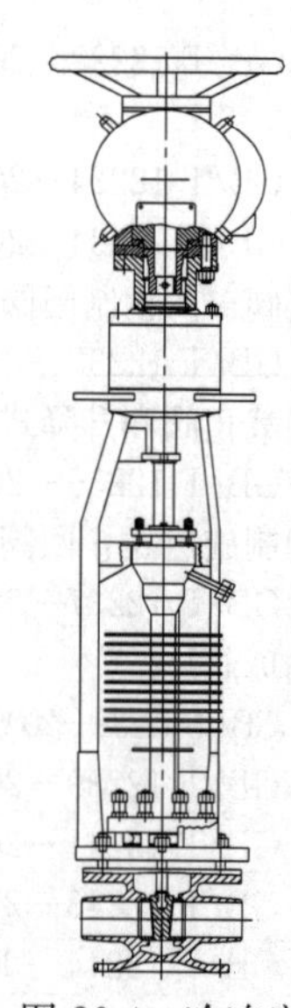

图 26-4　冷冻密封钠闸阀

止填料松动。电动闸阀的电动装置应考虑电动机的转动惯性对关闭力的影响，最好采用带制动功能的电动机，以防过载。电动闸阀的阀杆螺母不应与电动装置一体，应不从阀杆上拆卸阀杆螺母就能拆卸电装。阀体与阀盖的连接有法兰螺栓连接和压力自密封两种形式，但法兰螺栓连接应用更为普遍，因为这种结构有利于加一道唇边密封焊，密封更为可靠。四种闸阀结构不同，性能也不同。楔式弹性单闸板闸阀具有密封副结构简单，坚固可靠的特点，但制造上要求闸板与阀体的密封面配合角度误差要求严格，在主回路系统应用较广泛。楔式双闸板闸阀结构也是火力电站常用的结构形式，楔形双板角度可自行调节，密封较为可靠，维修也较方便。带弹簧预紧的平行式双闸板闸阀（V形闸阀）具有闸板在关闭时载荷不会陡增的优点，但同时会带来弹簧力使闸板在启闭时始终不脱开阀座，密封面相对磨损较大，同时闸板密封副零件多，组装不便。带楔块撑开的平行式双闸板闸阀（W形闸阀）采用的是靠楔块使两闸板沿斜面错开的方法使闸阀关紧，密封比较可靠，但也存在闸板密封副零件多的问题。

除了上述四种结构外，还有两种无填料函的闸阀。一种是国外报道过的液压驱动的闸阀，借助自身压力水推动活塞开启或关闭阀门。由于活塞通过阀杆直接与闸板相连，因此没有填料密封，可以避免外漏点。但活塞与缸体的密封较难做到零泄漏，因此如何保持压力的稳定需在控制系统中采取措施。另一种是我国自行设计研制成功的全封闭型电动闸阀（图 26-3），该阀采用了特制的屏闭式电动机，通过浸水工作的内行星减速机构使闸板做启闭运动。公称尺寸 *DN*15～800，工作压力 *PN*25～450，工作温度 200～500℃。由于采用了滚动丝杠副，而且无填料，因此减少了能耗，对保证运行安全和简化维护保养都有良好的效果。这两种闸阀存在的缺点是结构较复杂，加工制造难度大，造价成本高。

快中子增殖反应堆一、二回路及其辅助系统、钠工艺系统、钠净化系统等回路中应用的冷冻密封钠闸阀（图 26-4），利用液态金属钠随着温度下降其黏度增加的特性，在阀盖与填料函之间加散热片，以自然对流方式用空气冷却冷冻固化段，降低该部位介质的温度，达到密封的效果。

(3) 截止阀

截止阀是一种常用的截断阀，主要用来接通或截断管路中的介质，一般不用于调节流量。与闸阀相比，截止阀结构简单，制造与维修方便，开启或关闭行程短，在核电站中广泛应用。但流体通过截止阀时有方向的改变，所以阻力较大，不适用于黏度大、含有悬浮物质和易结晶物料的管路，也不宜作放空阀及低真空系统的阀门。

截止阀适用压力、温度范围很大，一般用于中、小口径的管道。截止阀关闭件（阀瓣）沿阀座中心线移动，其阀座通口的变化与阀瓣行程成正比例关系。用于核电站的截止阀，通常有三种结构，即填料式截止阀、波纹管式截止阀和金属膜片式截止阀。

截止阀阀体大多采用模锻成形，进出口流道加工而成的带斜度的直孔，因此流体阻力相应来说较大。驱动方式一般为手动和气动（图 26-5），采用电动时应考虑行程和力矩控制的准确性。气动截止阀通过气动装置开关来控制阀杆的升降运动。气动装置上部设有手轮，在事故状态时（停电断气）切换为手动操作。气动装置执行机构通常采用膜片式（单膜片或双膜片），具备储存能量的特性，阀门在失去气源的情况下能够回复到故障安全位置。波纹管式截止阀（图

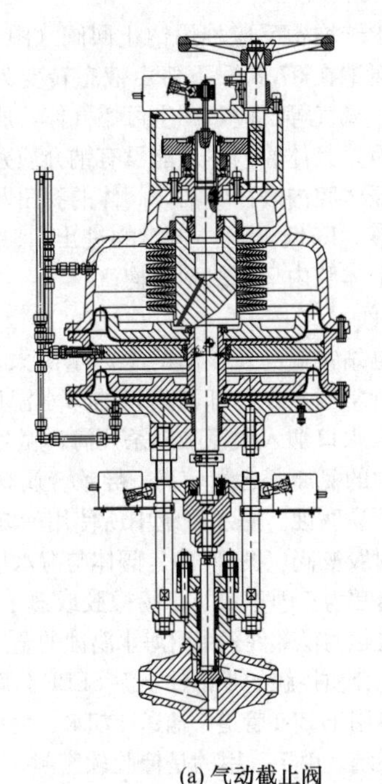

(a) 气动截止阀

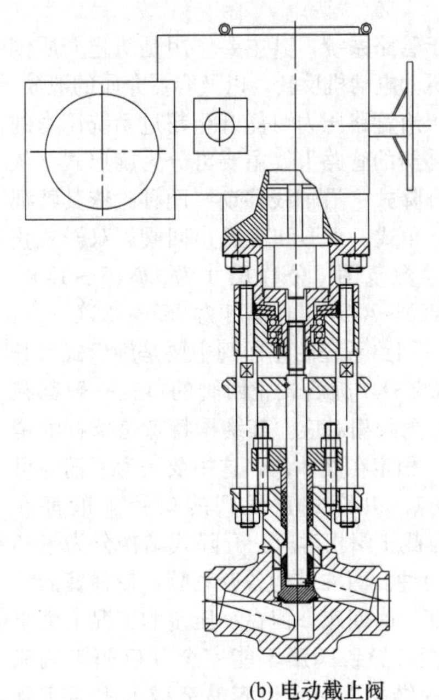

(b) 电动截止阀

图 26-5　截止阀

26-6）是用波纹管作为第一道密封，以保证不发生外泄漏，并备有填料函以防波纹管一旦出现破坏时阀门尚可暂时工作，不致使事故扩大。波纹管通常采用双层，高压时采用三层甚至多层。

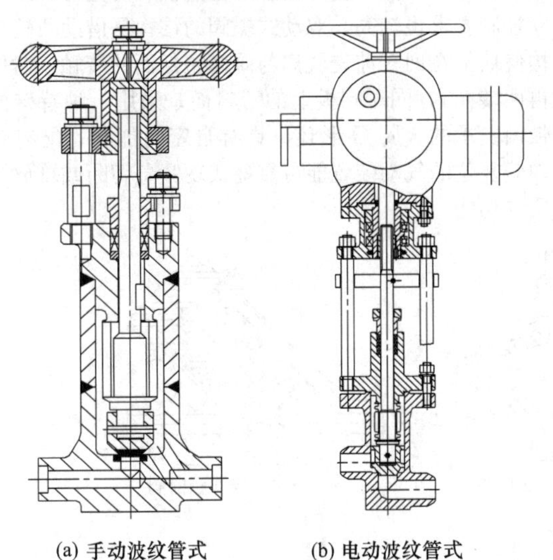

(a) 手动波纹管式　(b) 电动波纹管式

图 26-6　波纹管截止阀

用于快中子增殖反应堆的钠截止阀，由于其输送的介质液态金属钠是一种极活泼的金属元素，具有很高的反应活性，能直接与 O_2、H_2、S 或 H_2O 反应，产生可燃气体。因此钠截止阀密封可靠性要求极高，必须保证无任何外泄漏现象发生。常见的钠截止阀有冷冻密封和波纹管密封两种结构形式（图 26-7）。冷

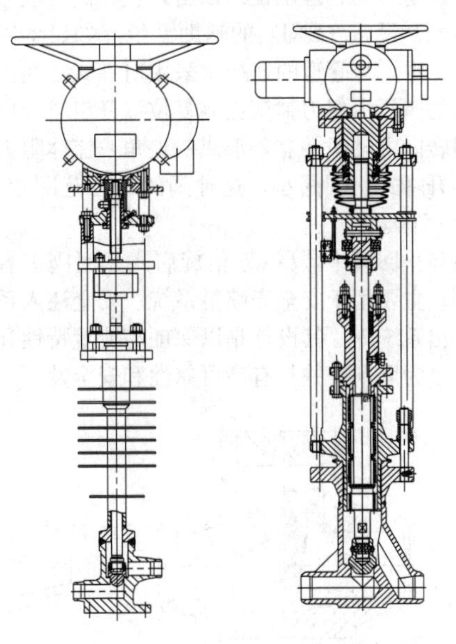

(a) 冷冻密封钠截止阀　(b) 波纹管密封钠截止阀

图 26-7　钠截止阀

冻密封钠截止阀阀盖上设有散热片，通过空气自然对流方式，使该部位的钠介质冷却固化，实现密封。波纹管密封钠截止阀对外密封是依靠单层或多层不锈钢波纹管实现的。不锈钢波纹管的下端焊接在阀杆上，另一端焊接在阀盖上。填料函中编织石墨填料可实现二次对外密封。为探测因波纹管破裂导致的泄漏现象，在上述两道密封之间安装探测火花塞，当波纹管出现破裂事故时，及时报警维修。

(4) 止回阀

止回阀用于管路系统，其主要作用是防止介质倒流、防止泵及驱动电动机反转，以及容器介质的泄放。止回阀还可用于给管路压力可能升至超过系统压力的辅助系统提供补给的管路上。主要可分为旋启式（依重心旋转）与升降式（沿轴线移动）两种。依其特征又可分为平衡、角式、Y形和旋启止回阀、双瓣式止回阀，其技术参数范围：公称尺寸为 *DN*15～1500，公称压力为 *PN*20～700，工作温度为 253～535℃。

其中用于一回路系统的止回阀主要是旋启式和升降式两种（图 26-8），旋启式止回阀的口径一般都在 *DN*80 以上，与闸阀相对应。其结构特点是摇杆的销轴采用内装式，固定在阀体内，这主要是为了消除可能形成的外漏点。升降式止回阀的口径一般都在 *DN*65 以下，与截止阀相对应。升降式结构分为带弹簧和不带弹簧两种。两种结构各有利弊，带弹簧的结构复位可靠，能及时回座，但在小压差的工况下由于流阻大增加能耗，导致阀瓣不能完全开启而影响流量。不带弹簧的结构简单，但容易造成卡阻而不复位，因此必须注意阀瓣与阀盖内孔的配合间隙和导向长度，以及材料的合理匹配。双瓣式止回阀一般较多用在核岛配套设施（BNI）的辅助系统（如设备冷却水等系统）中，与管道的连接常采用对夹式法兰。两块半圆形的阀板由扭力弹簧控制复位，开启时介质推动阀板回转向中轴线并靠，形成一夹角，流体阻力比旋启式和升降式止回阀小。这种阀的口径范围较大，为 *DN*50～700。

在核岛止回阀中，高 C_V 值旋启式止回阀占有一定的比例。主要用于安全壳喷淋系统、安全注入系统和余热导出系统等。其设计是以保证高流量特性和外形尺寸最小为原则，并具有高可靠性和安全性。

快中子增殖反应堆用钠止回阀（图 26-8），由于液态金属钠在 97.8 ℃下将由液态转变为固态，并容易与水、氧气等反应，产生可燃气体，所以当介质流经阀门后，其体腔内尽可能没有钠介质残留。在设计上应保证体腔内表面光洁，阀体的拐角及连接处均呈圆角过渡，降低流阻。阀门的进出口端有一定的落差，整个体腔内呈流线型结构。

(5) 蝶阀

核电站常规岛及核岛的冷却水源大多取自海水，温度接近常温，在冷却器出口的海水温度略有上升。在海水入水口加入次氯酸来杀死海洋微生物，所以海水系统中的氯离子含量较高，导致金属材料比在普通海水中更易腐蚀。海水系统中所使用的蝶阀多采用中线密封衬胶蝶阀（图 26-9）。阀体与海水接触部分全部衬胶（通常为乙丙橡胶、丁腈橡胶或氯丁橡胶），其他与海水接触的零部件采用耐海水腐蚀的金属材料。也可以采用与介质接触的零部件上涂 SEBF 防腐涂料。衬胶蝶阀大多用于 BNI 管道中输送冷却水、生水和除盐水等介质的系统。由于采用的是橡胶软密封，压力低于 150 磅级，核安全级别一般为 3 级，通过手柄、蜗杆副、气动装置或电动装置可实现阀门的启闭或调节功能。

金属密封蝶阀则常用在安全壳内输送空气介质的系统中。偏心式结构蝶阀是依靠蝶板回转到最大偏心距时产生与阀体密封面的接触和压紧而实现关闭，由于存在相对摩擦，密封面容易受磨损，而且对加工尺寸控制要求也较高。双动式蝶阀的结构是借助凸轮机构使蝶板在回转前先脱离与阀体密封面的接触，然后再回转 90°，同时阀板上的密封面是采用一种特殊的带内支承的金属 O 形环，具有自密封能力，配有带弹簧复位的气动装置能可靠地实现紧急切断或排放介质的功能。

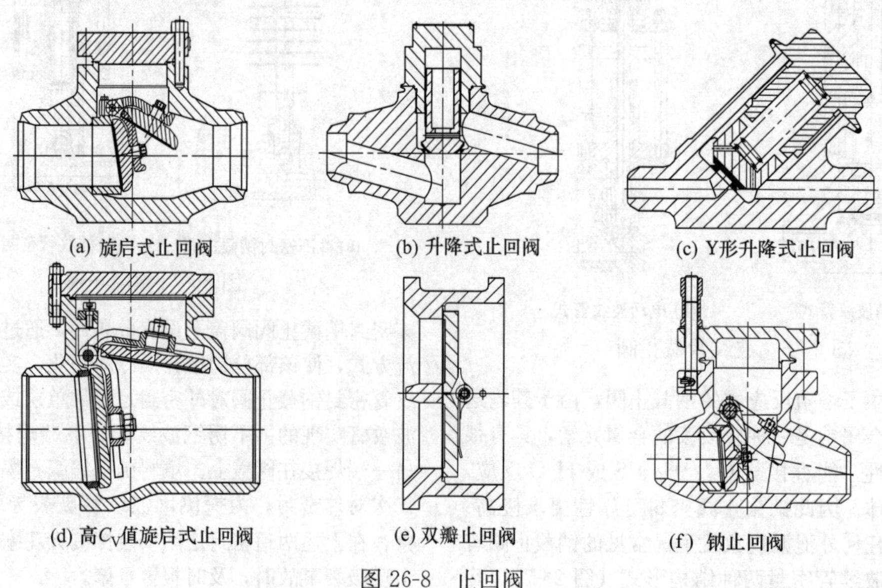

(a) 旋启式止回阀　(b) 升降式止回阀　(c) Y形升降式止回阀

(d) 高 C_V 值旋启式止回阀　(e) 双瓣止回阀　(f) 钠止回阀

图 26-8　止回阀

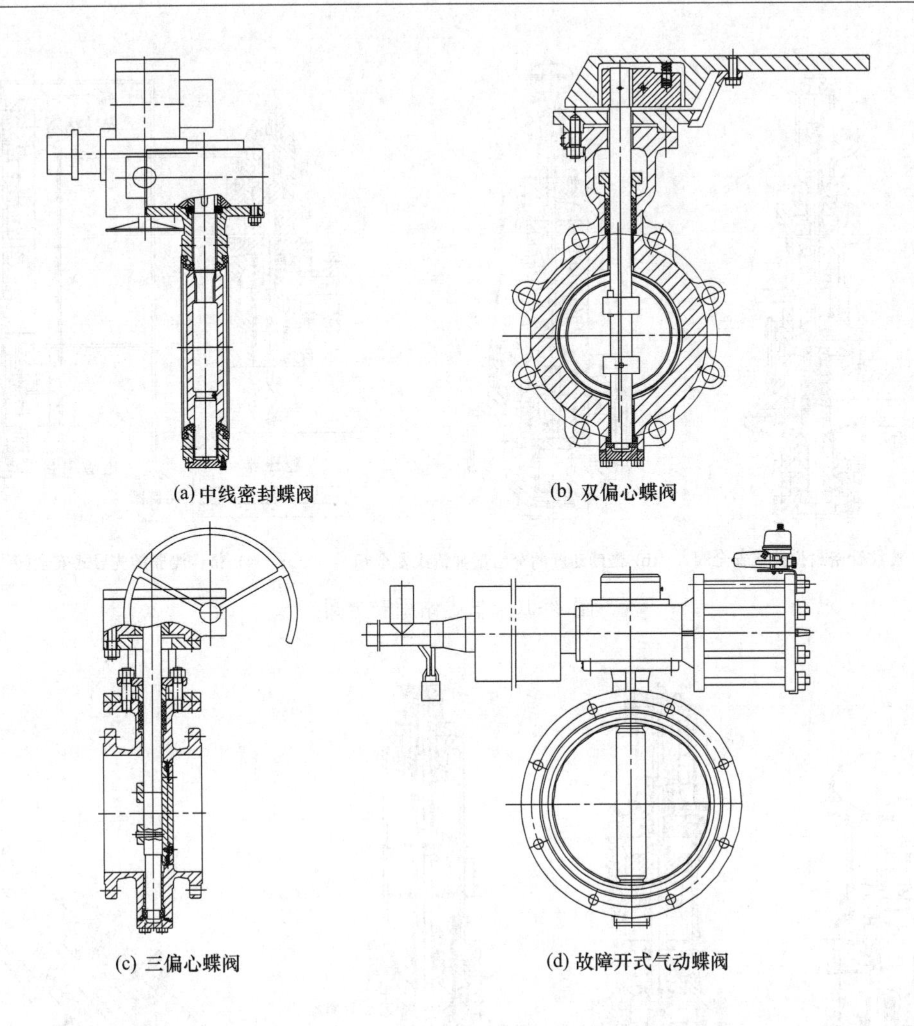

图 26-9　核级蝶阀

(6) 安全阀

在核电厂的一回路上，安全阀一般安装在容积补偿器上，除了一回路的主安全阀外，在水冷反应堆的每个环路被封闭的部分，还安装了通径较小的附加安全阀。

核电厂主要应用：直接作用式安全阀（全启式和微启式），先导安全阀，带辅助装置的先导安全阀，爆破片装置等。

核电站用安全阀的公称尺寸 *DN*15～200，公称压力 *PN*20～700，工作温度－253～535℃。

核电站用安全阀（图 26-10）主要有三种结构，波纹管密封弹簧式安全阀、带助动器的全启型弹簧式安全阀和带探测器的先导式安全阀。波纹管密封弹簧式安全阀由于采用了波纹管密封结构，可防止介质进入阀瓣上部的阀杆和弹簧工作腔，从而当安全阀在超压排放介质时不会有任何外漏现象发生。同时为防止出现因波纹管偶然损坏而造成的泄漏，上腔的外壁上还设有引漏管。阀门设有强制开启手柄，以备必要时使用。手柄的转轴设有填料密封函，以防止介质的泄漏发生。阀门还设有可调节的下挡环来改变阀瓣的升程或回座。

带助动器的全启型弹簧式安全阀用于主蒸汽系统，虽没有放射性危害，但事关整个电站的安全，其重要性不亚于用在冷却剂介质的阀门。该阀口径大(*DN*200)，采用上、下双调节环结构来保证阀瓣达到全升程。同时，为防止出现超压时不开启或开启后关不严的现象，阀门的上部还设有助动器。需要时可借助气源压力对薄膜的作用而产生的附加力来帮助提升或关严阀瓣，从而保证安全功能。

带探测器的先导式安全阀是 NI 中的关键设备，是用来保护稳压器的，不仅压力参数高，排量大，更主要的是介质为带放射性的冷却剂，美国三里岛核电站泄漏就是由于主安全阀前的导阀起跳后阀瓣受卡阻而未能回座导致核泄漏的。而带探测器的先导式安全阀，由于采用了探测器，根据压力变化与弹簧力平衡的敏感关系来改变位置控制释放和加充介质的两个触

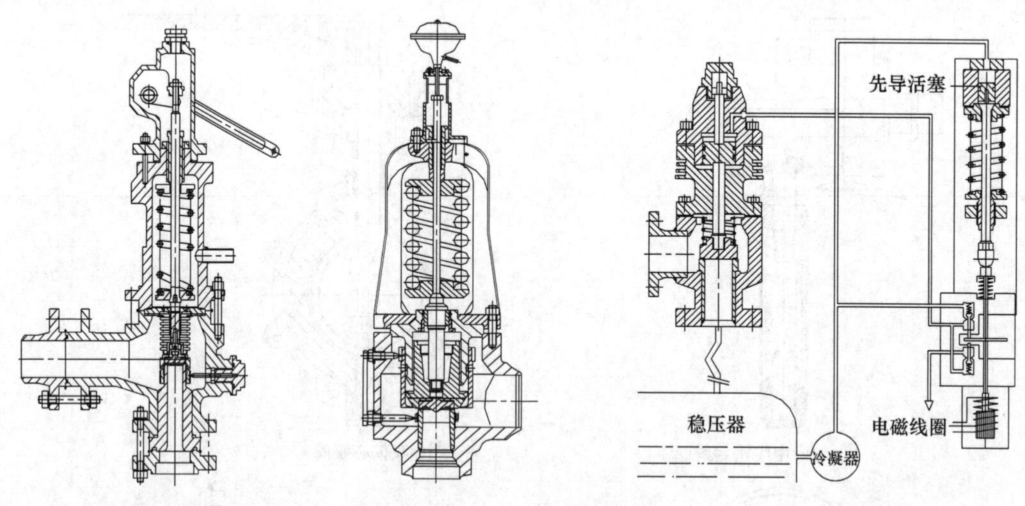

(a) 波纹管密封弹簧式安全阀 (b) 带助动器的全启型弹簧式安全阀 (c) 带探测器的先导式安全阀

图 26-10 核电站用安全阀

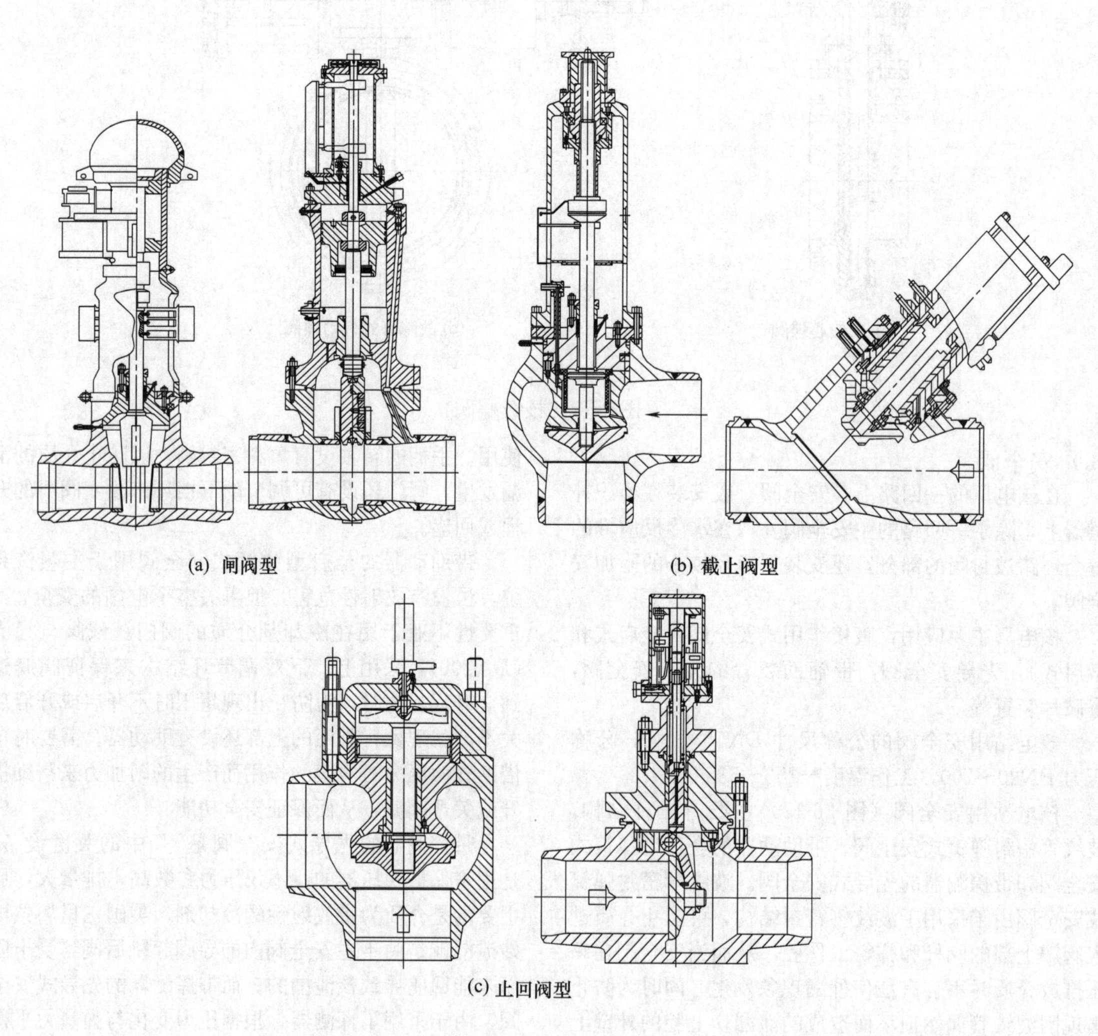
(a) 闸阀型 (b) 截止阀型 (c) 止回阀型

图 26-11 主蒸汽隔离阀

点的原理，从结构上避免了卡阻问题，主阀采用的是正作用式带弹簧预紧和波纹管密封的阀瓣结构，达到了可靠的密封效果。该阀公称尺寸 *DN*600，工作压力1.265MPa。

(7) 隔离阀

隔离阀主要用于核电站反应堆冷却水的一回路隔离阀和轻水堆饱和蒸汽的主蒸汽隔离阀。其公称尺寸 *DN*450～1250，公称压力 *PN*400，温度700℃。

主蒸汽隔离阀是核电站中核反应堆蒸汽发生器与汽轮机发电机组之间蒸汽输送系统中的重要安全设备，事故时可快速切断蒸汽，防止汽轮机失速发生飞车、爆炸等严重事故。在沸水和压水堆中，安装快关阀用于快速并安全隔离主蒸汽管路。主蒸汽隔离阀（图26-11）常见的有三种结构，闸阀型主蒸汽隔离阀、截止阀型主蒸汽隔离阀和止回阀型主蒸汽隔离阀。

闸阀型隔离阀使用比较广泛，由于是直通式的，因此与截止阀型和止回阀型两种结构相比流体阻力要小，即使采用适当的缩径仍能保持足够的流通量。楔式闸阀型隔离阀采用楔式双闸板和压力自密封结构，带有电动和手动泵，用油压推动活塞把闸板提升使阀门全程开启，与此同时通过活塞对球形储能罐腔内所充气体的压缩形成高压，因此又称此为蓄能式结构。正常工况下阀门处在开启状态，当出现应急事故或任何需要切断主管线的信号时，阀门能自动迅速地在几秒钟之内靠气体的能量克服油阻而关闭。平行式闸阀型隔离阀是利用系统本身介质为动力控制阀门，使阀门快速关闭，行程时间3～5s。该阀门带机械联轴器，可以保持阀门处于开启位置。

截止阀型的隔离阀与闸阀型相比，具有开启行程短的优点，但流体阻力要大，为减小流阻阀体常采用呈45°倾斜的Y形结构（直流式）。介质为反向流动，为减少开启阀门的操作力，阀瓣往往设计成先导式双阀瓣结构，利用空气压力推动汽缸内的活塞，同时压缩弹簧使阀瓣提升并保持在必需的高度。当需要紧急关闭时，阀门就会自动地排出空气，借助弹簧力可以快速地在2～3s，甚至更短的时间内关闭阀门。

升降式止回阀型隔离阀是给水泵保护无阻尼止回阀。该阀门结构形状类似于一台升降式止回阀，可消除压力骤增的阻尼设计，根据要求提供位置指示装置，该阀门全行程操作时间可在0.5～10s。阀门占有的空间和高度较小，制造和维护费用较低。旋启式止回阀型隔离阀单瓣带位置指示器结构。该阀门的结构特点是阀瓣的开启借助介质流动，回座依靠弹簧力，运动部件全部包容在体腔内，而且无填料，可靠性高。全行程动作时间为1～5s。

(8) 球阀

球阀（图26-12）启闭件是一个球体，利用球体绕阀杆的轴线进行90°旋转，实现开启和关闭的功能。球阀在管道上主要用于切断、分配和改变介质流动方向，设计成V形开口的球阀还具有良好的流量调节功能。

优点是具有最低的流阻，在较大的压力和温度范围内，能实现完全密封，并可实现快速启闭，有些气动或液动的球阀启闭时间仅为0.05～0.1s。在全开和全关时，球体和阀座的密封面与介质隔离，因此高速通过阀门的介质不会引起密封面的侵蚀。结构紧凑、重量轻。

由于软密封球阀最主要的阀座密封圈材料是聚四氟乙烯，该密封材料对几乎所有的化学物质都是惰性的，且具有摩擦因数小、性能稳定和密封性能优良的综合性特点。但聚四氟乙烯的物理特性，包括较高的线胀系数，对冷流的敏感性和不良的热传导性，耐温性的限制，尤其是抗辐照老化性能差，因此要求阀座密封的设计必须考虑这些特性，有些工作场合选用球阀时，也可考虑采用金属硬密封球阀。

公称尺寸 *DN*6～350；公称压力 *PN*10～145；工作温度－196～500℃。该阀在核岛系统中约占所用阀门总数的12.8%。在核电厂中，上装式球阀由于便于维修而获得较多应用。

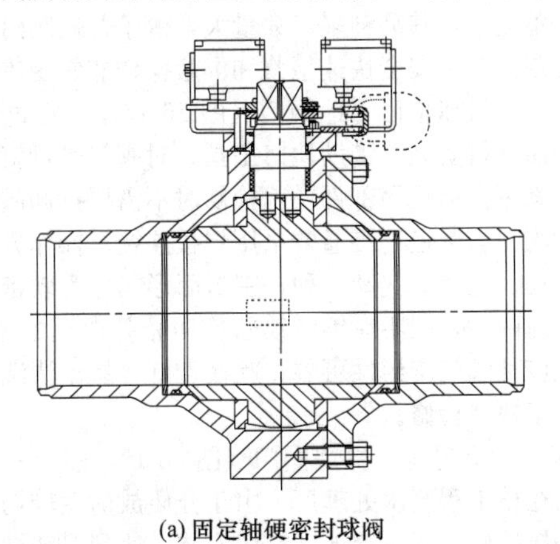

(a) 固定轴硬密封球阀

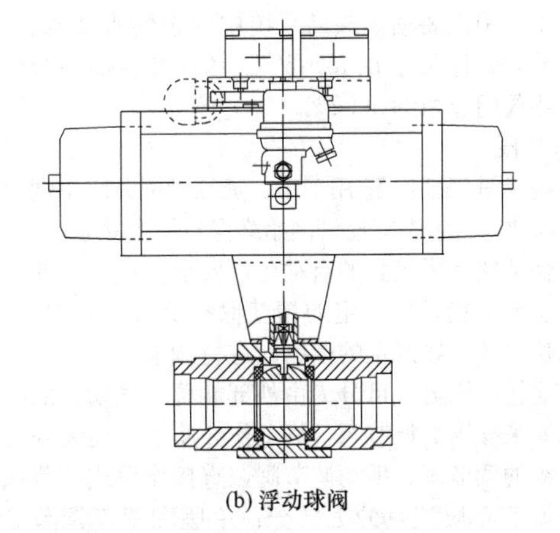

(b) 浮动球阀

图26-12　球阀

(9) 隔膜阀

隔膜阀（图 26-13）的阀体和阀盖内装有一挠性膜或组合隔膜，其关闭件是与隔膜相连接的一种压缩装置。优点是操纵机构与介质通路隔开，不但保证了工作介质的纯净，同时也防止管路中介质冲击操纵机构工作部件的可能性，阀杆处不需要采用任何形式的单独密封，除非在控制有害介质中作为安全设施使用。由于工作介质接触的仅仅是隔膜和阀体，二者均可以采用多种不同的材料，因此该阀能理想选用多种工作介质，尤其适合带有化学腐蚀或悬浮颗粒的介质。该阀门结构简单，只由阀体、隔膜和阀盖组合件三个部件构成。易于快速拆卸和维修，更换隔膜可以在现场短时间内完成。

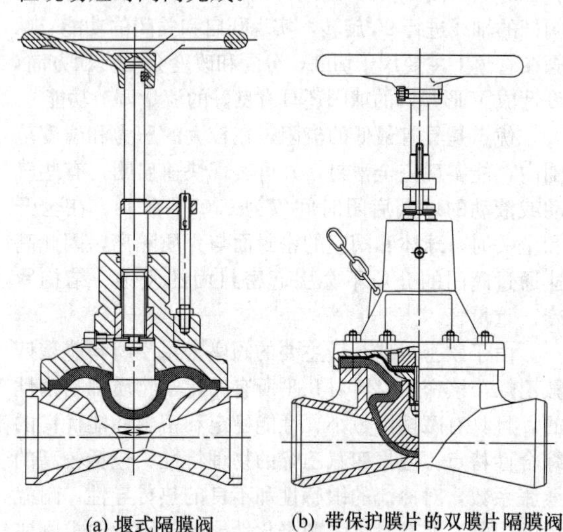

图 26-13　核级隔膜阀

由于受阀体衬里工艺和隔膜制造工艺的限制，较大的阀体衬里和较大的隔膜制造工艺有些困难，故隔膜阀不宜用于较大的管径，一般应用在不大于 *DN*200 的管路上。由于受隔膜材料的限制，隔膜阀适用于低压及温度不高的场合，一般不超过 180 ℃。

在核电站中主要用于核岛系统中放射性水蒸气、重水等介质，公称尺寸 *DN*8～500。该阀在核岛系统中约占所用阀门总数的 26.2%。

(10) 调节阀

调节阀（图 26-14）适用于水、蒸汽管网系统中调节流量等参数，自锁型能使管网始终保持平衡状态。

为了保证核动力装置的自动化，要求使用大量的调节阀，主要功能是以一定的精度保持流量、压力、温度、水位等参数在规定的范围内进行调节。

调节阀按操纵方式可分为由外部能源（气动、液动或电动）来操纵的调节阀，靠工作介质本身而无外部能源操纵的调节阀，手动调节阀，直接作用式调节器等。按调节介质流量的方式分：单座和双座调节阀、套筒调节阀、调节闸阀、球形调节阀和蝶形调节阀（图 26-14）。在核电厂应用最广的是双座和单座的套筒型调节阀，以升降式为主。套筒型调节阀的流量调节借圆筒形的套筒移动阀瓣，改变套筒上的窗口面积来实现。阀门的开关范围，由阀门上方的开度指示板指示，指示针所指示的开关范围与阀门的开关范围相一致。

核电站用调节阀技术参数范围：公称尺寸 *DN*1.5～500；公称压力 *PN*20～420；最高工作温度 538℃。

(11) 减压阀

核级减压阀（图 26-15）设计制造的关键是在保证使用功能的前提下，不允许有任何外漏，对易发生外泄漏处进行多重密封保护。

减压阀常见的结构如下。

① 薄膜式减压阀：以薄膜作传感件来带动阀瓣升降的减压阀。

② 弹簧薄膜式减压阀：用弹簧作调节元件，用薄膜作传感元件，出口压力作用在薄膜膜片上，与调节弹簧的力做比较，带动阀瓣升降的减压阀。它除具有薄膜式的特点外，其耐压性能比薄膜式高。

③ 活塞式减压阀：用活塞机构来带动阀瓣做升降运动的减压阀。它与薄膜式相比，体积较小，阀瓣开启行程大，耐温性能好，但灵敏度较低，制造困难。

④ 波纹管式减压阀：用波纹管机构来带动阀瓣升降的减压阀。它适用于蒸汽和空气等介质管道中。

⑤ 杠杆式减压阀：用杠杆机构来带动阀瓣升降的减压阀。常用在气体管道中。

在核电站中，减压阀主要是作为压力调节器使用，多数使用弹簧薄膜式减压阀（图 26-15）。

(12) 其他阀类

① 快速检修穿地阀　在核化工工程中，因流经阀门的介质具有很强的放射性，所以应保证设备的可靠性及操作者安全性。阀门作为核化工工程的重要设备之一，其品种多，数量大，由于普通阀门结构的限制，对于安全快速检修和屏蔽操作非常困难。

快速检修穿地阀门（图 26-16）是穿过混凝土地面进行安装，借助检修工具，对阀门进行就地快速维修更换易损零部件。因检修时不需要拆卸阀体，该种阀门与管道连接通常采用焊接连接。操作方式分为手动、电动、气动三种，密封面形式分为软密封、硬密封两种，用不锈钢波纹管作防止外泄漏的密封元件。该种阀门密封性可靠，互换性好，易于清洗污物，便于快速检修。

② 穿地、穿墙阀门（图 26-17、图 26-18）　应用在核工程废水处理厂，由于介质放射性较弱，可以直接检修。通过穿地、穿墙安装，达到屏蔽操作，保证操作者的安全。与管道连接有焊接和法兰连接，操作

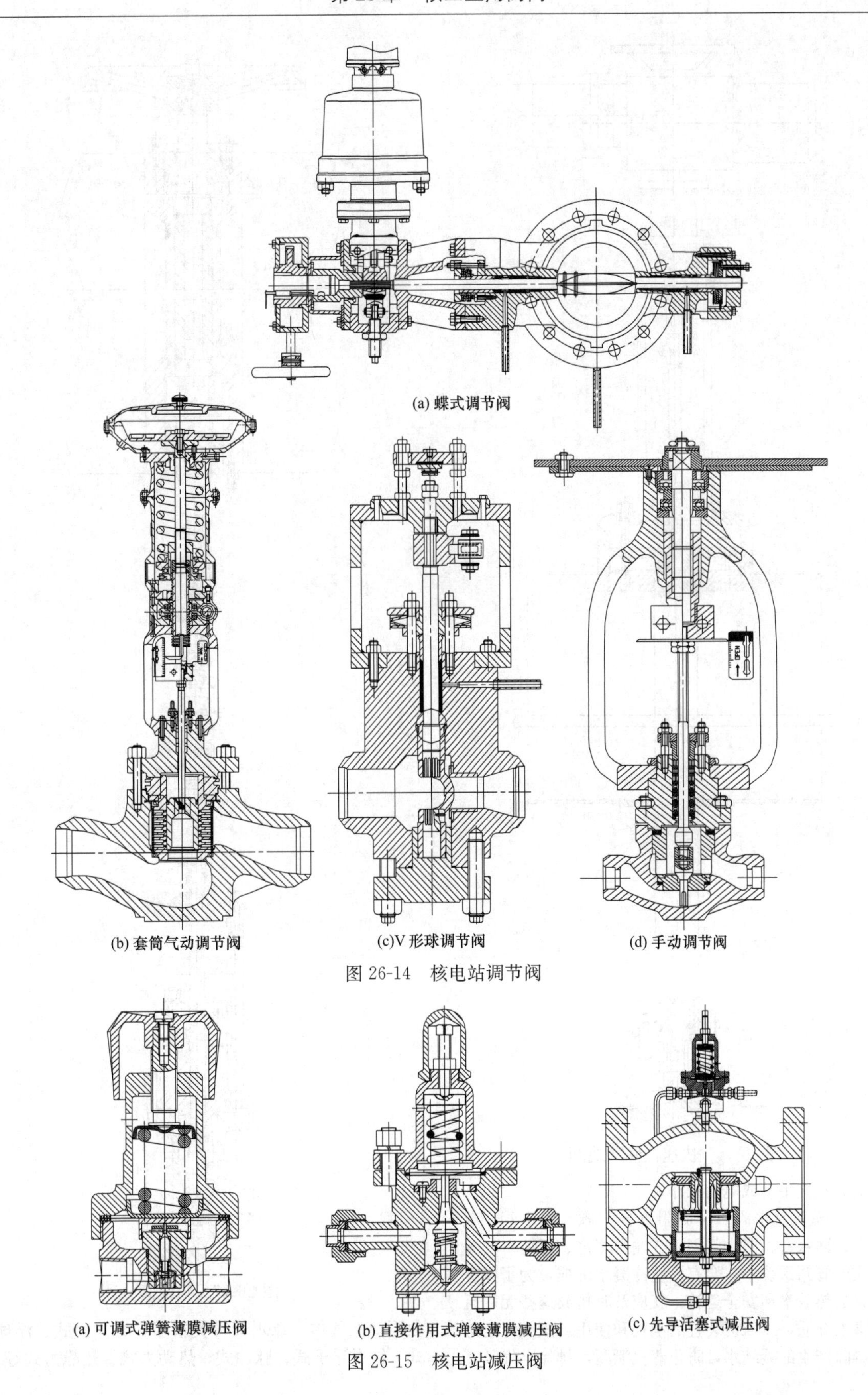

(a) 蝶式调节阀

(b) 套筒气动调节阀　(c)V 形球调节阀　(d) 手动调节阀

图 26-14　核电站调节阀

(a) 可调式弹簧薄膜减压阀　(b) 直接作用式弹簧薄膜减压阀　(c) 先导活塞式减压阀

图 26-15　核电站减压阀

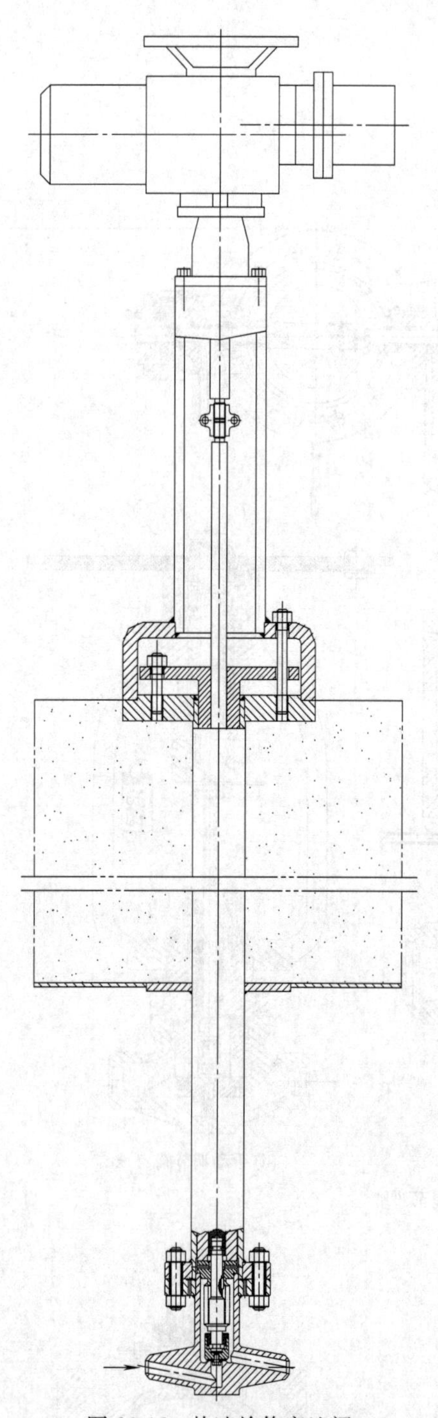

图 26-16　快速检修穿地阀

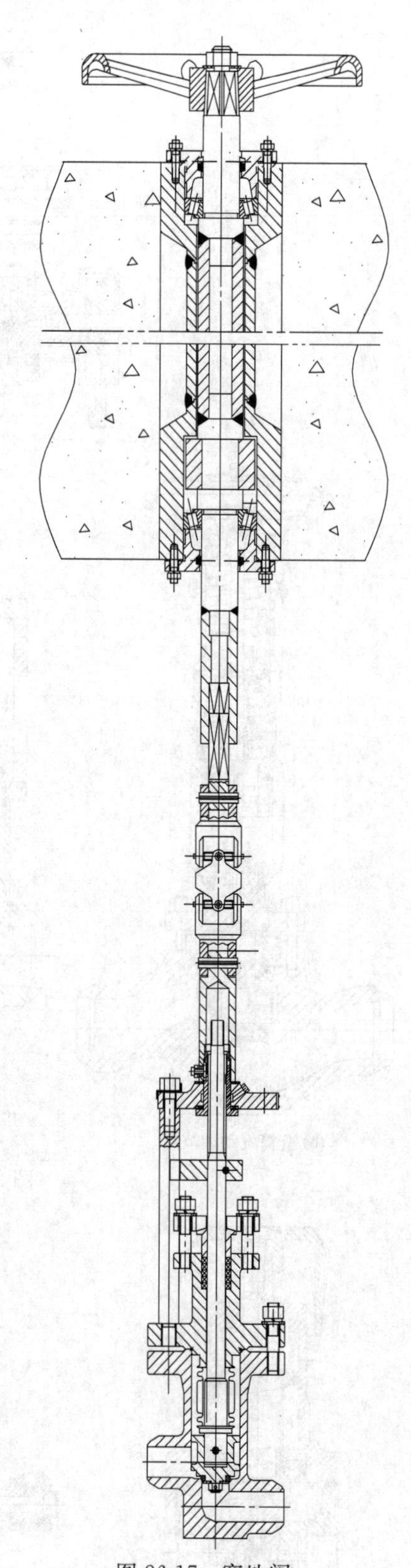

图 26-17　穿地阀

方式为直接手动或电动操作。

③ 蒸汽疏水阀　又叫阻汽排水阀、汽水阀、疏水器、回水盒、回水门等。在输送蒸汽、压缩空气等介质的管路系统中，会有一些冷凝水形成，为了保证装置的热效率和安全运转，就应及时排放这些无用且有害的介质，以保证装置的消耗和使用。该阀门能迅速排除产生的凝结水，防止蒸汽泄漏，排除空气及其他不凝性气体。疏水阀种类很多，有浮筒式、浮球式、钟形浮子式、脉冲式、热动力式、热静力式等，

常用的有浮筒式、钟形浮子式和热动力式。

在核动力装置中，蒸汽疏水阀主要作分相阀使用，用于自动地排除蒸汽管道内的凝结水，常采用敞口向上浮子式蒸汽疏水阀，热动力型圆盘式蒸汽疏水阀和热静力型双金属片式蒸汽疏水阀。

核电站用疏水阀技术参数范围：公称尺寸 *DN*25～50；公称压力 *PN*63～150。

④ 节流阀　是通过改变流道截面以控制流体的压力及流量，属于调节阀类，通常为手动，但由于它的结构限制，没有调节阀的调节特性，故不能代替调节阀使用。截止型节流阀在结构上除了启阀件及相关部分外，均与截止阀相同。节流阀的启闭件大多为圆锥流线型。

⑤ 保护阀　保护阀如同安全阀一样，用以防止所在系统发生事故工况，当所要监视的参数超出规定值时自行关闭。

保护阀可分成自动动作和受控保护装置，自动动作保护阀包括止回阀和切断阀，保护装置由快速切断装置（快速切断阀、闸阀和停汽阀）、敏感元件（反映受控参数的变化并给出执行信号）和驱动机构（气动、液动和电动）所组成。保护阀的结构和闸阀、截止阀等切断阀相似，但其不同特点是快速动作。快速动作闸阀用来把蒸汽发生器和汽轮机断开，其工作介质为蒸汽，工作压力级为 Class600～2500，公称管径为 NPS2$^1/_2$～30，工作温度为－29～1050℃。壳体材料为 WCB、WC6、WC9，连接方式为对焊连接与法兰连接。

⑥ 电磁阀　公称压力 *PN*40，工作温度小于或等于 150℃，公称尺寸小于或等于 *DN*150，其优点是动作时间较短、尺寸小、重量轻，可用交、直流电源来操作，动作时间在零点几秒到 3s。

26.2.6　核电站阀门的选用

首先掌握阀门的核安全性能要求，核安全级别，设计制造级别，质量保证级别，抗震级别，抗辐照等要求，其次是介质的性能、流量特性，以及温度、压力等性能，然后结合工艺和操作等其他因素，选用相应的结构形式、型号规格的阀门。阀门的选用可参照表 26-20。

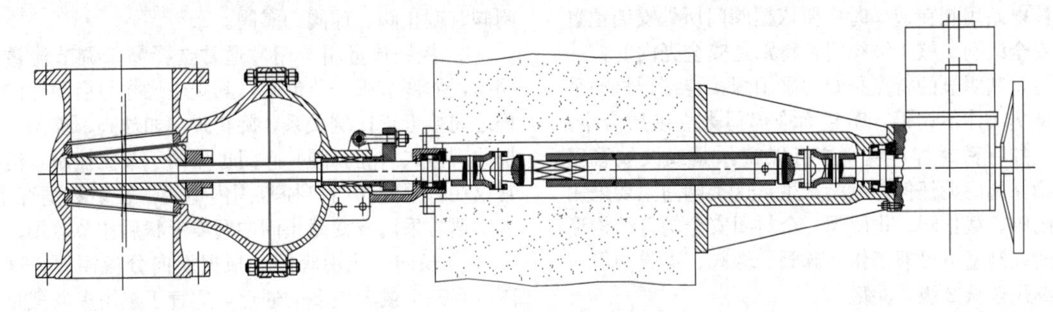

图 26-18　穿墙阀

表 26-20　核电站常用阀门的选用

阀门类别	类型	安全等级	流束调节形式			介质				
			截止	节流	换向分流	无颗粒	带悬浮颗粒		黏滞性	清洁
							带磨蚀	无磨蚀		
截止阀	直通式	1、2、3、NC	可用			可用	特殊	可用		
	角式	1、2、3、NC	可用			可用	特殊	可用		
	Y形	1、2、3、NC	可用			可用	可用	可用		
	多通式	3、NC			可用	可用	可用			
	柱塞式	1、2、3、NC	可用	可用		可用	可用	特殊用		
闸阀	楔式弹性闸板	1、2、3、NC	可用			可用	可用			
	楔式双闸板	1、2、3、NC	可用			可用	可用	可用		
	弹簧平行式双闸板	2、3、NC	可用			可用	慎用	可用		
	撑开平行式双闸板	2、3、NC	可用			可用	慎用	可用		
止回阀	旋启式	1、2、3、NC	可用			可用	可用	可用		
	全通径旋启式	2、3、NC	可用			可用	可用	可用		
	升降式	1、2、3、NC	可用			可用	可用		可用	
	双瓣式	2、3、NC				可用			可用	
蝶阀	偏心金属密封蝶阀	2、3、NC	可用	可用		可用	可用	可用		
	中心式衬胶蝶阀	2、3、NC	可用	可用		可用	可用		可用	
	双动式金属密封	2、3、NC	可用	可用		可用	可用			

续表

阀门类别	类　型	安全等级	流束调节形式			介质				
			截止	节流	换向分流	无颗粒	带悬浮颗粒		黏滞性	清洁
							带磨蚀	无磨蚀		
主蒸汽隔离阀	闸阀型	1	可用			可用	可用	可用	可用	可用
	截止阀型	1	可用			可用	可用			
	止回阀型	1	可用	可用		可用	可用		可用	
球阀	固定球	2、3、NC	可用	可用	特殊	可用	可用			
	浮动球	2、3、NC	可用	可用	特殊	可用	可用			
隔膜阀	堰式	1、2、3、NC	可用	可用		可用	可用			可用
	直通式	3、NC	可用	可用		可用	可用			可用
调节阀	套筒型	2、3、NC		可用		可用				
	单、双座型	2、3、NC		可用		可用	可用			
	回转型	2、3、NC		可用		可用	可用			
安全阀	波纹管弹簧式	1、2、3、NC			特殊	可用	可用			
	全启型弹簧式	1、2、3、NC			特殊	可用	可用			
	先导式安全阀	1、2、3、NC			特殊	可用	可用			
减压阀		3、NC			特殊	可用				
		3、NC			特殊	可用				

(1) 根据核电阀门的安全级别进行选择

核电站用阀在选择时主要依据阀门所处安装位置及核安全级别。核1级阀门，特别是安全壳内的核一级阀门，其明显的特点是阀门采用焊接连接，材料采用低碳奥氏体不锈钢，密封面堆焊司太立硬质合金，中法兰加有密封焊，填料加有碟簧预紧或波纹管密封，确保阀门无任何外泄漏产生。这类阀门主要采用楔式闸阀、截止阀、止回阀、全封闭安全阀等结构形式，能在高温下可靠工作。球阀、蝶阀、隔膜阀等一般最高用于核2级、3级。

与核安全级相关的内容有：规范等级要求，抗震类别要求，质保要求，电气分级要求等。

规范等级即设备设计制造的等级，它对应于核安全等级1、2、3级。

抗震类别表明设备承受地震载荷的能力。通常分为1A、1E级。

电气分级按RCC-E的K1、K2、K3、NC四个级别。K1级是指在电离辐射环境下工作40年和地震事故下维持可运行性和LOCA（失水事故）下保持运行的级别，K2级是指在电离辐射正常境下工作40年和地震事故工况下维持可运行的级别，K3级是指在正常环境下工作40年和地震事故期间保持运行的级别，NC级是指在正常环境下工作40年的级别，适用非核级阀门使用。

质保等级是核级阀门和非核级阀门质量保证中最重要的内容，将在后面章节重点介绍。

(2) 根据流量特性选用阀门

阀门启闭件及阀门流道的形状使阀门具备一定的流量特性。在选择阀门时，必须考虑到这一点。

① 开关型阀门　具有快速启闭特性的阀门。通常选择流阻较小、流道为直通式的阀门。这类阀门有闸阀、截止阀、球阀、蝶阀。

② 控制流量用阀门　通常选择易于调节流量的阀门，如调节阀、节流阀，其阀座尺寸与启闭件的行程之间接近正比例关系。旋转式（如球阀、蝶阀）和挠曲阀体式（隔膜阀）阀门也可用于节流控制，但通常仅在有限的阀门口径范围内适用。在多数情况下，人们通常采用改变截止阀的阀瓣形状后作节流用。

③ 换向分流用阀门　根据换向分流需要，这种阀可有三个或者更多的通道，适宜于选用多通截止阀或球阀。大部分换向分流用的阀门都选用这类阀门。在某些情况下，其他类型的阀门，用两只或更多只适当地相互连接起来，也可用作介质的换向分流。

④ 带有悬浮颗粒的介质用阀门　如果介质带有悬浮颗粒，最适于采用其启闭件沿密封面的滑动带有擦拭作用的阀门。如平板闸阀。

(3) 根据连接形式选用阀门

阀门与管路的连接形式有多种，其中最主要的有螺纹、法兰及焊接连接。

① 螺纹连接　这种连接通常是将阀门进出口端部加工成锥管或直管螺纹，使之旋入螺纹接头的管道上。由于这种连接可能出现较大的泄漏沟道，故可用密封剂、密封胶带或密封垫来堵塞这些沟道。如果阀体的材料是可以焊接的，螺纹连接后还可进行密封焊。如果连接部件的材料允许焊接，但线胀系数差异很大，或者工作温度的变化幅度范围较大，螺纹连接部必须进行密封焊。采用螺纹连接的阀门其公称尺寸不大于$DN50$。如果通径尺寸过大，连接部的安装和密封十分困难。

② 法兰连接　法兰连接的阀门，其安装和拆卸

都比较方便。但是比螺纹连接的笨重，相应价格也较高。故可适用于各种通径和压力的管道连接。但当温度超过 350℃时，由于螺栓、垫片和法兰的蠕变松弛，会明显地降低螺栓的负荷，对受力很大的法兰连接就可能产生泄漏。

③ 焊接连接　适用于各种压力和温度，在较苛刻的条件下使用时，比法兰连接更为可靠。但是焊接连接的阀门拆卸和重新安装都比较困难，所以它的使用限于通常能长期可靠地运行，或使用条件苛刻、温度压力较高的场合。公称尺寸不大于 *DN*50 的焊接阀门通常具有焊接插口来承接带平面端的管道。由于承插焊接在插口与管道间形成缝隙，因而有可能使缝隙受到某些介质的腐蚀，同时管道的振动会使连接部位疲劳，因此承插焊接的使用受到一定的限制。在公称尺寸较大，使用条件苛刻，温度较高的场合，阀体常采用坡口对焊连接。

(4) 根据介质性能选用阀门

许多介质都有一定的腐蚀性，同一种介质，随着温度、压力和浓度的变化，其腐蚀性也不同。核电阀门除此之外，还必须具有良好的抗辐照、抗冲击和抗晶间腐蚀性能。因此，应根据材料耐腐蚀和耐辐照性能，选择适宜于核电工况的阀门。

① 铸铁阀门　适用于温度和压力较低的水、蒸汽、空气等介质中工作。在核电站中用量极少。球墨铸铁阀门耐蚀性较强，能在一定浓度的腐蚀介质中使用。镍铸铁（奥氏体不锈钢铸铁）阀门耐碱性能比灰铸铁、球墨铸铁阀门强，在海水具有较好的耐腐蚀性，是一种理想的海水阀用材料。

在核动力装置的设备和管道上不允许采用铸铁阀门，只有在辅助系统内非关键性阀门的制造上才可以使用。

② 碳素钢阀门　其耐蚀性能与灰铸铁相近，稍逊于灰铸铁。碳素钢是核电站中非核级、核 3 级和部分核 2 级阀门广泛采用的材料。碳素钢也可以用于核 1、2 级阀门的非承压件上，如支架、手轮等。

③ 不锈钢阀门　耐大气性优良，能耐大多数碱、水、盐、有机酸及其他有机化合物的腐蚀，尤其耐辐照性能更具特色，是核电站核 1、2 级阀门首选的材料。一般情况下，不锈钢承压零件必须采用 ASME BPVC-Ⅱ-D-1 表 2A 和表 2B 中规定的材料或法国 RCC-M M3301、M3306 规定的材料。

阀杆和承压螺栓常采用沉淀硬化钢制造。填料多用石墨纤维或膨胀石墨。

含钼 2%～4%的不锈钢，如 0Cr17Ni12Mo3（RCC-M Z5CND17-12、Z6CND17-12）Z2CND18-12 控氮等，其耐蚀性能比铬镍不锈钢（304 型）更为优越。

含钛或铌的不锈钢对晶间腐蚀有较强的抗力。

④ 铜阀门　对水、海水、多种盐溶液、有机物有良好的耐蚀性能。在核电站中它主要用于与海水经常接触的阀门或阀门部件。

⑤ 钛阀门　钛是活性金属，在常温下能生成耐蚀性很好的氧化膜。它能耐海水、各种氯化物和次氯酸盐、湿氯、氧化性酸、有机酸、碱等的腐蚀。此外在一些重要的地方，也采用钛合金的阀门。

⑥ 锆阀门　锆也属于活性金属，它能生成紧密的氧化膜，它对硝酸、铬酸、碱液、熔碱、盐液、尿素、海水等有良好的耐蚀性能，但不耐氢氟酸、浓硫酸、王水的腐蚀，也不耐湿氯和氧化性金属氯化物的腐蚀。

此外，陶瓷阀门、玻璃钢阀门、塑料阀门以及各种衬里阀门，核电站也有一定的应用。

(5) 根据温度和压力选用阀门

选用阀门除了考虑介质的腐蚀性能、流量特性、连接形式外，介质的温度和压力是重要的参数。阀门的使用温度是由制造阀门的材质所确定的。

① 阀门常用材料的使用温度

a. 灰铸铁阀门使用温度为－15～250℃；

b. 可锻铸铁阀门使用温度为－15～250℃；

c. 球墨铸铁阀门使用温度为－30～350℃；

d. 高镍铸铁阀门最高使用温度为 400℃；

e. 碳素钢阀门使用温度为－29～425℃；

f. 1Cr5Mo、合金钢阀门最高使用温度为 550℃；

g. 12Cr1MoVA、合金钢阀门最高使用温度为 570℃；

h. 不锈钢阀门使用温度为－196～600℃。

② 阀门使用压力

a. 可锻铸铁阀门用于公称压力 *PN*25；

b. 球墨铸铁阀门用于公称压力 *PN*40；

c. 铜合金阀门用于公称压力 *PN*25；

d. 钛合金阀门用于公称压力 *PN*64；

e. 塑料、陶瓷、玻璃、搪瓷阀门用于公称压力 *PN*6；

f. 玻璃钢阀门用于公称压力 *PN*16。

③ 阀门温度与压力之间的关系　阀门使用温度与压力有着一定的内在联系，又相互影响。其中，温度是影响的主导因素，一定压力的阀门仅适应于一定温度范围，阀门温度的变化将影响阀门的使用压力。这种关系在 RCC-M、ASME 等标准中均有标准规定，如 RCC-MB3500 的表 B3531 和表 C 3531。

(6) 根据流量、流速确定阀门的通径

阀门的流量与流速主要取决于阀门的通径，也与阀门的结构类型对介质的阻力有关，同时与阀门的压力、温度及介质的浓度等诸因素有着一定内在联系。

阀门的流道面积与流速、流量有着直接关系，而

表 26-21 各种介质常用的流速

流体名称	使用条件	流速/(m/s)
饱和蒸汽	>DN200	30～40
	DN200～100	25～35
	<DN100	15～30
过热蒸汽	>DN200	40～60
	DN200～100	30～50
	<DN100	20～40
低压蒸汽	<PN10(绝压)	15～20
中压蒸汽	PN10～40(绝压)	20～40
高压蒸汽	PN40～120(绝压)	40～60
压缩气体	真空	5～10
	≤PN3(表压)	8～12
	PN3～6(表压)	10～20
	PN6～10(表压)	10～15
	PN10～20(表压)	8～12
	PN20～30(表压)	3～6
	PN30～300(表压)	0.5～3
水及黏度相似液体	PN1～3(表压)	0.5～2
	≤PN10(表压)	0.5～3
	≤PN80(表压)	2～3
	≤PN200～300(表压)	2～3.5
	热网循环水,冷却水	0.5～1
	压力回水	0.5～2.0
	无压回水	0.5～1.2
自来水	主管 PN3(表压)	1.5～3.5
	支管 PN3(表压)	1～1.5
锅炉给水	>PN8(表压)	>3
蒸汽冷凝水		0.5～1.5
冷凝水	自流	0.2～0.5
过热水		2
海水、微碱水	PN6	1.5～2.5
氮气	PN50～100(绝压)	2～5

流速与流量是相互依存的两个量。当流量一定时，流速大，流道面积便可小些；流速小，流道面积就可大些。反之，流道面积大，其流速小；流道面积小，其流速大。介质的流速大，阀门通径可以小些，但阻力损失较大，阀门易损坏。流速大，对易燃易爆介质会产生静电效应，造成危险；流速太小，效率低，不经济。对黏度大和易爆的介质，应取较小的流速。

一般情况下，流量是已知的，流速可由经验确定。通过流速和流量可以计算阀门的公称尺寸。阀门通径相同，其结构类型不同，流体的阻力也不一样。在相同条件下，阀门的阻力系数越大，流体通过阀门的流速、流量下降越多；阀门阻力系数越小，流体通过阀门的流速、流量下降越少。常用介质的流速见表26-21。

闸阀的阻力系数ξ为0.5～1.5，直通式截止阀的ξ为5～8，角式截止阀的ξ为2～3，直流式截止阀的ξ为0.5～2.5，这样直流式、角式截止阀的阻力系数与闸阀相近。为减小流体阻力，可以通过改变阀体过流部分的形状，采用适当的结构方案，在许多情况下也有可能运用大口径的截止阀。

止回阀的阻力系数视结构而定。旋启式止回阀通常约为0.8～2，其中多瓣旋启式止回阀的阻力系数较大，升降式止回阀阻力系数最大，高达12；蝶阀的阻力系数较小，一般在0.5以内；球阀的阻力系数最小，一般在0.1左右。

上述阀门的阻力系数是阀门全开状态下的数值。

阀门通径的选用，应考虑到阀门的加工精度和尺寸偏差，以及其他因素影响。阀门通径应有一定的裕量，一般为15％。在实际的工作中，阀门通径随工艺管线的通径而定。

(7) 根据工况条件和工艺操作确定阀门的结构类型

① 工艺要求

a. 对有腐蚀作用场所，要选用耐腐蚀材料制作的阀门。

b. 双流向的管线应选用无方向性的阀门。因为介质反向流入时，容易冲蚀截止阀密封面，应选用闸阀为佳。

c. 对某些有析晶或含有沉淀物的介质，不宜选用截止阀和闸阀，因为它们的密封面容易被析晶和沉淀物磨损。因此，应选用球阀或带导流孔平板闸阀较合适。

d. 在闸阀的选型上，明杆单闸板比暗杆双闸板适应腐蚀性介质。单闸板适于黏度大的介质，楔式双闸板对高温和密封面变形的适应性比楔式单闸板要好，不会出现因温度变化产生卡阻现象，特别是比不带弹性的单闸板优越。

e. 需要准确调节小流量时，不可选用截止阀，应采用针形阀或节流阀。在需要保持阀后的压力稳定时，应采用减压阀。

f. 对高压和超高压介质，宜采用直角式截止阀，因为直角式截止阀通常是锻钢制作的，锻钢的耐压能力相对比铸钢强。

② 经济合理性

a. 对腐蚀性介质，如果温度和压力不高，应尽量采用非金属阀门；如果温度和压力较高，可用衬里阀门，以节约贵重金属。在选择非金属阀门时，仍应考虑经济合理性。例如，在能够用聚氯乙烯的情况下就不用聚四氟乙烯，因为聚四氟乙烯比聚氯乙烯的价格要高。对温度较高、压力较大的场合，应根据温压表，若普通碳素钢阀门能满足使用要求，就不宜采用合金钢阀门，因为合金钢阀门价格要高得多。

b. 对于黏度较大的介质，要求有较小的流阻，应采用Y形直流式截止阀等流阻小的阀门。流阻小的阀门，能源消耗少。

c. 对低压力、大流量的水、空气等介质，选用大口径闸阀和蝶阀比较合理。

d. 一般水蒸气管道上可采用球墨铸铁阀门和铸钢阀门。但在室外蒸汽管道上，若停止供汽，水易结冰而使阀门破裂，特别是在我国北方。因此，宜采用铸钢或锻钢阀门，同时要做好阀门的防冻保温工作。

e. 对危害性很大的放射性介质和剧毒介质，应采用波纹管结构的阀门，以防介质从填料函中泄漏。对于带有驱动装置（电动、液动、气动）的阀门，除要求驱动装置安全可靠外，还要根据工况条件的不同，选用相应的驱动装置。例如，在需要防火的工况条件下，应选用液动、气动装置的阀门，必须选用电动阀门时，其电动装置应为防爆型，以避免电弧引起火灾。

③ 操作和维修方便

a. 对于大型阀门和处于高空、高温、高压、危险、远距离的阀门，应选用齿轮传动、链条传动或带有电动装置、气动装置、液动装置的阀门，包括远控的阀门。

b. 在操作空间受到限制的场合，不宜采用明杆闸阀，以选用暗杆闸阀为好，最好是用蝶阀。对需要快关、快开的阀门，不宜采用一般的闸阀、截止阀，应根据其他要求，选用球阀、蝶阀、快速启闭闸阀等。

c. 闸阀和截止阀是阀门中使用量最大的两类阀门。选用时，应综合考虑。闸阀流阻小，输送介质的能耗少，但维修困难；截止阀结构简单，维修方便，但流阻较大。从维修角度分析，截止阀的维修要比闸阀方便；水和蒸汽在截止阀中，压力降不大，因而截止阀在水、汽之类介质管道上得到普遍的使用。在焊接连接的管道中，应尽量选用焊接连接的截止阀，不宜选用焊接连接的闸阀。因为在管道上维修闸阀的密封面比维修截止阀的密封面困难得多，而且闸阀在温度变化大的情况下闸板与阀座容易被卡死。

(8) 阀门的选用

当阀门的类别、型号确定之后，随之确定阀门的壳体材料、密封面材料、适用温度、适用介质、公称尺寸等。

阀门选用时，一要根据阀门的核安全级别，包括一些特殊要求，如阀门能够实现的功能，采用的设计制造标准等，确定阀门生产厂家。在现阶段，通常按RCC-M、RCC-MR、ASME标准。二要根据介质特性、工作压力和温度，对照本节“根据介质性能选用阀门”和“根据温度和压力选用阀门”中提供的数据及相关标准选择阀体材料和密封面材料。三要根据阀体材料、介质的工作压力和温度按标准确定阀门的公称压力级，如RCC-M B3500、C3500、D3500，NB/T 20010.1等。四要根据管道的管径计算值，确定公称尺寸。一般情况下，阀门的公称尺寸采用管子的直径。五要根据阀门的功能、公称压力、介质特性、工作温度、公称尺寸、压力降要求和密封要求等，选择阀门的类别、结构形式及型号。

① 驱动阀门的选用

a. 闸阀的选用。闸阀设计用于全开或全关操作，当全开时，通过闸阀的压力降很小，当全关时具有很好的密封性能。由于闸阀行程较长，关闭或开启相对缓慢，所以可以防止流体水锤及其对管道系统的损坏。闸阀的主要局限性在于不适用于节流工况。当闸阀用于节流时流体在阀座附近有很高的流速，会引起侵蚀。在部分开启状态时，会出现振动，易造成损坏。

b. 截止阀的选用。截止阀最明显的缺点是相对较低的流量系数C_V值，它会导致流体通过阀门时高压力降的出现，这样会增加泵和系统磨损。截止阀的重量一般大于其他类型同样流量的阀门。

c. 隔膜阀的选用。隔膜阀的流体通道无内部移动件，适用于清洁的工况。隔膜阀被看做是最干净的阀门，或最少可能造成污染的阀门，为此适用于高纯度水系统中。该阀门有两种结构，堰式和直通式。堰式隔膜阀适用于较高压力的工况，其流道设计为将隔膜的伸缩度降至最低程度。这种阀门允许使用PTFE作为隔膜材料。直通式隔膜阀通道内没有任何阻碍，适用于较高流量的工况。直通式要求使用比堰式更有弹性的隔膜，为此直通式隔膜阀的结构材料一般选用弹性材料。

d. 球阀的选用。球阀的优点是便于操作，高流量并具有安全防火能力。球阀具有成本较低，重量轻，能提供严密关闭能力及低阀杆泄漏的特性，也可以选用多通道结构。

e. 蝶阀的选用。蝶阀有相对较高的C_V值，低的压力降。可制成耐火和防喷型，安装空间小。蝶阀的主要缺点是阀瓣和阀杆位于介质通道中，当需使用全流通工况时，或当要求扫线清理管线时，不适宜选择蝶阀。高磨损性介质易腐蚀阀瓣，也不宜选用蝶阀。

f. 驱动阀门选用举例。

【例1】 *核1级阀门，抗震1A级，质保Q1级，安全壳边界内，介质含硼冷却水，工作压力为17.2MPa，温度为343℃，公称通径为14in（DN350），电动操作，设计制造标准RCC-M。试选择此阀门。*

解 根据阀门的使用工况及口径，选用闸阀。由于压力温度均较高，选用楔式闸阀。根据核1级及安全壳内工作，阀体材料选用不锈钢锻件。

根据 RCC-M 表 B3531，设计温度取 $t=350$℃，在此温度下，最接近压力 $p=17.2$MPa 的公称压力级为选用 316 型不锈钢，1500 磅级，此时对应的允许压力为 $p_{35}=16.92$MPa（169.2bar），低于 $p=17.2$MPa 的要求，而选用 2500 磅级，$p_{35}=28.21$MPa，过于浪费，因此改用非标准压力级。根据标准的规定采用内插法，压力级 $p_r=1500+(2500-1500)/(28.21-16.92)(17.2-16.92)=1524.8$（lb），取 $p_r=1525$lb。

考虑阀门采用焊接连接，为保证焊接工艺性能，采用含碳低的材料 Z2CND18-12 控制氮含量不锈钢作阀体材料。

在结构上，必须严格控制含放射性物质的泄漏。填料分上下两层，中间带隔离环，一旦下层填料泄漏，通过引漏管将其引出并返回管路系统中。为了延长填料的寿命和维修周期，压紧填料的方式采用弹簧储能的方式，当填料产生微量磨损时，通过弹簧储存的能量补偿磨损量，使填料始终保持良好的密封性能。中法兰采用螺栓连接加唇边密封焊的结构。

由于闸阀（图 26-19）通常采用双阀座密封，关闭时中腔含有残留介质，当温度升高，中腔压力将会急剧升高，产生锅炉效应，从而引起阀门变形或爆裂，因此这种闸阀需要设计成单向密封。实现的方法一种是在进口阀座上开一小孔，一旦中腔压力升高，就可以通过小孔将压力释放到进口管道中。优点是简单可靠，但当维修试压时不方便，特别是用中腔试压时，需将其堵死。另一种是在中腔和进口管道之间外部连接一个小口径截止阀，正常工作时小截止阀打开，需维修试压时关上，其缺点是增加了泄漏点，而且小阀的安全级别、设计参数也要同闸阀一样，增加了成本。

其他在选型时的注意点，如结构长度，焊接接管尺寸或法兰的连接如法兰密封面形式、尺寸标准，质量要求等，根据相关标准要求进行具体规定，并传达给生产制造单位，作为完整的设计输入，必要时给出选型的型号。

【例 2】 *核 1 级阀门，抗震 1A 级，质保 QA1 级，安全壳边界内，介质含硼冷却水，工作压力为 17.2MPa，温度为 343℃，公称通径为 2 in（DN50），气动操作，失气阀关。设计制造标准 RCC-M。试选择此阀门。*

解 根据阀门的使用工况及口径，选用截止阀。除结构上的差别外，其他与例 1 一致。

由于阀门口径较小，在结构上，填料未分上下层，不设引漏管。压紧填料的方式依然采用弹簧储能的方式。中法兰采用螺纹连接加唇边密封焊的结构。气动装置执行机构采用双膜片式，设有碟形弹簧，具备储存能量的特性，阀门在失去气源的情况下能够迅速关闭（图 26-20）。

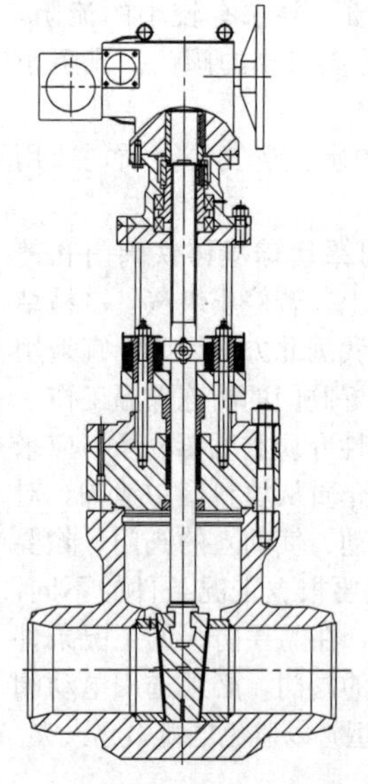

(a) 采用进口阀座泄压孔泄压

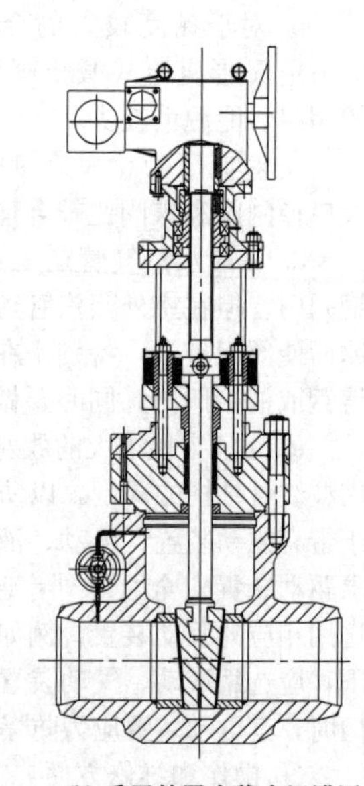

(b) 采用外置小截止阀泄压

图 26-19 避免锅炉效应的核 1 级闸阀解决方案

② 自动阀门的选用　与驱动阀门的选用一样，除要考虑安全级别、工艺适应性、经济合理性、经久耐用外，还要求自动阀门的动作灵敏、可靠、调节准确等性能，因而比较复杂一些。这里重点从满足的功能特性上加以说明，其他方面参照前一节。

a. 止回阀的选用。止回阀的作用是只允许介质向一个方向流动，并阻止反方向流动。常用的止回阀分升降式和旋启式两种。

在高压和小口径的设备或管道上，通常选用升降式止回阀。升降式止回阀可以安装在平行或垂直的管线上，并可用于高流速的管路中。如果管路中的介质有杂质，会拖延关闭件的运行，黏性的介质也会导致阀门的动作缓慢，因此升降式止回阀仅适用于低黏性的流体介质。如要求压力降小的管道，不宜选用升降式止回阀，因其流阻大，而应选用旋启式止回阀，必要时选用全通径式的旋启式止回阀。在压力波动大和有特殊要求的管道上，为了防止阀瓣产生水锤而损坏，应选用有缓冲装置的旋启式止回阀。口径较大时，选用多瓣旋启式止回阀。为了减少旋启式止回阀的外漏点，应尽可能选用内置式的摇杆轴，中法兰采用螺栓连接或内压自密封结构，对要求密封严格的止回阀，以采用中法兰螺栓加唇边焊的结构。旋启式止回阀不应使用具有脉动流的管线上，因为连续的敲击和振动会损坏密封面。阀门的设计制造应保证以最小的流速使止回阀瓣全开或开到合适位置。

根据介质的不同，阀瓣可以全部用金属制作，也可在金属上镶嵌橡胶、塑料或者采用合成覆盖面、热喷涂其等其他合金材料。

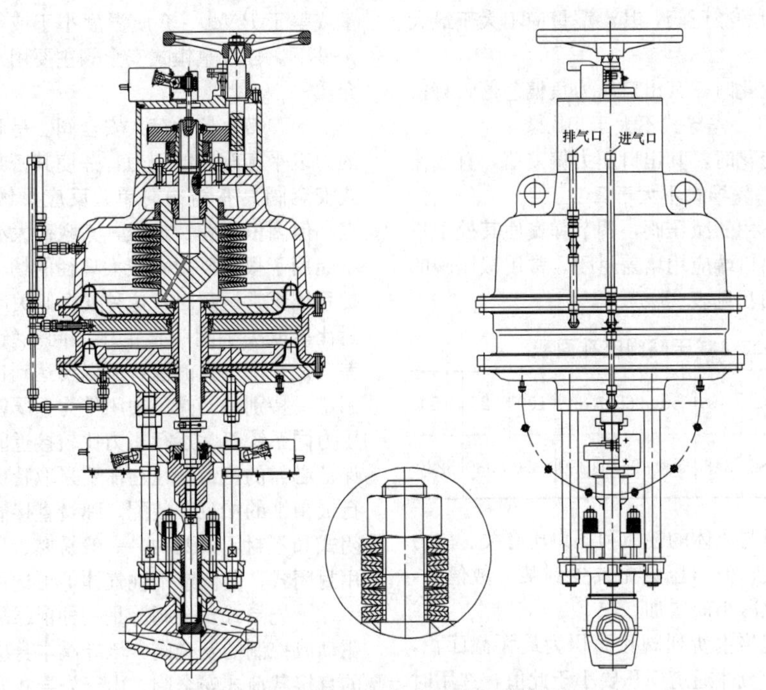

图 26-20　核 1 级截止阀的气动装置

b. 减压阀的选用。减压阀分直接作用式和先导式。

直接作用式减压阀是用压缩弹簧、重物或重力杠杆以及压缩空气加载，通过膜片、活塞或波纹管直接进行压力控制的阀门。这种阀门结构简单、耐用。在比较恶劣的情况下，只要维护得当，也能有很长的寿命。虽然直接作用式的压力调节不像先导式那么精确，但是造价较低，可以广泛地用于不必要做精确控制的场合。

常用的直接作用式减压阀按结构形式分有：弹簧薄膜式减压阀、活塞式减压阀、波纹管式减压阀和杠杆式减压阀。

弹簧薄膜式减压阀是采用膜片作敏感元件来带动阀瓣运动的减压阀。它的灵敏度高，宜用于温度和压力不高的水和空气介质管道上。

活塞式减压阀是采用活塞作敏感元件来带动阀瓣运动的减压阀。由于活塞在汽缸中承受的摩擦力较大，灵敏度不及薄膜式减压阀。因此，适用于承受温度、压力较高的以蒸汽和空气等为工作介质的管道和设备上。

波纹管式减压阀是采用波纹管作敏感元件来带动阀瓣运动的减压阀。它宜用于介质参数不高的蒸汽和空气等洁净介质的管道上。不能用于液体的减压，更不能用于含有固体颗粒介质的管道上。因此，需在波纹管减压阀前加过滤器。在选用减压阀时，应注意不得超过减压阀的减压范围，并保证在合理情况下使用。

先导式减压阀是由主阀和导阀组成，出口压力的变化通过导阀控制主阀动作的减压阀。在此类阀中，导阀的作用是辅助控制主阀或者完全控制主阀。导阀本身可以是一个小型的直接作用式减压阀。此类阀门精确的控制方式取决于它的特定的结构。而实质上，导阀工作的目的是以维持预定压力下的流量来调节主阀的开启量。先导式减压阀的压力控制精度非常精确，且结构紧凑，对于功能相同的减压阀来说，通常先导式比直接作用式结构小得多。在这种形式中，导阀和主阀可以是整体的，也可以适用于远距离压力信号控制的单独装置，它还能用于远距离开关控制，也就是由控制中心控制的成套系统中的部件。另外，通过安装适当类型的导阀能够获得由温度直接控制的设备。由于先导式减压阀结构复杂，因此需要经常保养及清洁的工作条件。清洁工作条件常在阀门入口处装过滤器。常用的先导式减压阀按结构形式分有：先导活塞式减压阀、先导波纹管式减压阀和先导薄膜式减压阀。

减压阀应用范围广泛，选用时应注意几个问题。减压阀适用于蒸汽、压缩空气、工业用气、水、油和其他液体介质。因而，鉴于许多可能的结构变化，当考虑到选用减压阀的时候，其中最主要的就是阀的确切性能，首先应充分进行检测，以保证良好的使用效果。在检测时，减压阀应能满足如下性能要求：

• 在给定的弹簧压力级范围内，出口压力在最大值与最小值之间应能连续调整，不得有卡阻和异常振动。

• 对于软密封的减压阀在规定时间内不得有渗

漏，对于金属密封的减压阀，其渗漏量应不大于最大流量的0.5%。

• 出口流量变化时，其出口压力负偏差值，直接作用式不大于20%，先导式不大于10%。

• 进口压力变化时，其出口压力偏差值，直接作用式不大于10%，先导式不大于5%。

• 对于闲置不用的减压阀，调节弹簧使其处于自由状态。进口和出口端应用堵盖封闭。常用减压阀的公称尺寸和阀孔面积见表26-22。

表 26-22 减压阀阀座孔面积

公称尺寸 *DN*	25	32	40	50	65	80	100	125	150
阀座孔面积 /mm^2	200	280	348	530	945	1320	2350	3680	5220

减压阀的流量与流体的性质和压力比有关。压力比愈小，流量愈大；但当压力比减少到某一数值时，流量不再随压力比减小而增加。

减压阀产品规格中所列阀孔面积为最大截面积，而在工作状态下的流体通道面积要小于此值，选用时应比计算的阀孔面积稍大些。选用某一工况条件下的减压阀，还可参阅产品样本和说明书，力求科学、合理。

c. 安全阀的选用。安全阀是一种自动阀门，它不借助任何外力而是利用介质本身的力来排出一额定数量的流体，以防止系统内压力超过预定的安全值。当压力恢复正常后，阀门再自行关闭并阻止介质继续流出。安全阀用于锅炉、压力容器和其他受压设备上，作为防超压的安全保护装置。对一些重要的受压系统，有时需设置两种以上的超压保护装置。在此情况下，安全阀往往作为最后一道保护装置，因而其可靠性对设备和人身的安全具有特别重要的意义。安全阀的技术发展经过了漫长的过程，从排量较小的微启式发展到大排量的全启式，从重锤式（静重式）发展到杠杆重锤式、弹簧式，继直接作用式之后又出现非直接作用的先导式。

常用的核电厂安全阀按其结构形式有直接载荷式安全阀、带动力辅助装置的安全阀、带补充载荷的安全阀、先导式安全阀。

在现代工业中，重锤式安全阀、杠杆重锤式安全阀由于其载荷大小有限，对振动敏感以及回座压力较低等原因，其使用范围已愈来愈小。而弹簧直接载荷式安全阀和先导式安全阀因为有不能相互取代的各自特点，两者都同时得到发展。

• 杠杆重锤式安全阀。靠移动重锤位置或改变重锤重量来调节压力。这种安全阀只能固定在设备上，重锤本身重量一般不超过60kg，以免操作困难。碳素钢材料制造的杠杆重锤式安全阀适用于公称压力小于或等于*PN*40、介质温度小于或等于425℃的工作条件下。杠杆重锤式安全阀主要用于水、蒸汽等工作介质。

• 弹簧直接载荷式安全阀。是利用螺旋压缩弹簧的力以平衡阀瓣的压力，并使其密封。弹簧直接载荷式安全阀具有结构简单、反应灵敏、可靠性好等优点。但因依靠弹簧加载，其载荷大小受到限制，因而不能用于很高压力和很大口径的场合。此外，当被防护系统正常运行时，这种安全阀关闭件密封面上的密封比压取决于阀门整定压力同系统正常运行压力之差，是一个不大的值，所以要达到良好的密封就比较困难。特别是当阀门关闭件为金属密封面或阀门整定压力同系统正常运行压力比较接近时更是如此，为了保证必需的密封性往往需要采取特殊的结构类型和进行极精细的加工和装配。弹簧直接载荷式安全阀有封闭式和不封闭式两种。一般易燃、易爆或有毒介质选用封闭式，蒸汽或惰性气体等可选用不封闭式。

• 先导式安全阀。是一种依靠从导阀排出介质来驱动或控制的安全阀，该导阀本身应是符合标准要求的直接载荷式安全阀。由于先导式安全阀的主阀通常利用工作介质压力加载，其载荷大小不受限制，因而可用于高压、大口径的场合。同时，因其主阀可设计成依靠工作介质压力密封的形式，或者可以对阀瓣施加直接载荷式安全阀大得多的载荷，因而主阀的密封性容易得到保证。此外，这类安全阀的动作可以较少受背压变化的影响，但是先导式安全阀的可靠性同主阀和导阀两者有关，而且结构比较复杂，为了提高可靠性，规范往往要求采用多重先导控制管路。这样就更增加了整个保护系统的复杂程度。

• 安全阀的选用要求。选用安全阀时，通常由操作压力决定安全阀的公称压力，由操作温度决定安全阀的使用温度范围，由计算出的安全阀的定压值决定弹簧或杠杆的调压范围，根据使用介质决定安全阀的材料和结构形式，根据安全阀的排放量计算出安全阀的喉径截面积或喉径，以选取安全阀型号和个数。

弹簧直接载荷式安全阀的弹簧工作压力等级如表26-23所示，共有五种工作压力级。选择时，除注明产品型号、名称、介质、温度外，还应注明弹簧的压力级别。

安全阀的进口和出口分别处于高压和低压两侧，所以连接法兰也相应采用不同的压力等级，如表26-24所示。

介质经由安全阀排放时，其压力降低，体积膨胀，流速增加，故安全阀的出口通径大于进口通径。对于微启式安全阀，其出口通径可等于进口通径，这是因其排量小，又常用于液体介质。而全启式安全阀的排量大，多用于气体介质，故其出口通径一般比公称尺寸大一级。进出口通径按表26-25选用。

表 26-23　弹簧安全阀工作压力级

公称压力	工作压力/MPa				
PN	$P_Ⅰ$	$P_Ⅱ$	$P_Ⅲ$	$P_Ⅳ$	$P_Ⅴ$
10	＞0.05～0.1	＞0.1～0.25	＞0.25～0.4	＞0.4～0.6	＞0.6～1.0
16	＞0.25～0.1	＞0.4～0.6	＞0.6～1.0	＞1.0～1.3	＞1.3～1.6
25			＞1.0～1.3	＞1.3～1.6	＞1.6～2.5
40			＞1.6～2.5	＞2.5～3.2	＞3.2～4.0
64			＞3.2～4.0	＞4.0～5.0	＞5.0～6.4
100			＞5.0～6.4	＞6.4～8.0	＞8.0～10
160			＞8.0～10.0	＞10～13	＞13～16
320	16.0～20.0	20.0～25.0	＞22～25	＞25～29	＞29～32

表 26-24　安全阀进出口法兰压力级

安全阀公称压力 *PN*	10	16	40	100	160	320
进口法兰压力级/MPa	1.0	1.6	4.0	10.0	16.0	32.0
出口法兰压力级/MPa	1.0	1.6	1.6	4.0	6.4	16.0

表 26-25　安全阀进出口通径

单位：mm

公称尺寸 *DN*	10	15	20	25	32	40	50	65	80	100	125	150	200	250	300
进口通径	10	15	20	25	32	40	50	65	80	100	125	150	200	250	300
微启式	10	15	20	25	32	40	50	65	80						
全启式					40	50	65	80	100	125	150	200	250	300	350

按照相关标准规定，碳素钢和合金钢制造的直接载荷式安全阀适用于小于或等于 *PN*32、小于或等于 *DN*150 的工作条件，主要用于水、蒸汽、油及油品等介质。碳素钢制的安全阀用于介质温度小于或等于 425℃，合金钢制的安全阀用于介质温度小于或等于 595℃。

安全阀应有足够的灵敏度，当达到开启压力时，应无阻碍地开启；当达到排放压力时，阀瓣应全部开启，并达到额定排量，当压力降到回座压力时，阀门应及时关闭，并保持密封。安全阀的压力参照表 26-26 的规定。

当装设两只安全阀时，其中一个为控制安全阀，另一个为工作安全阀。控制安全阀的开启压力应略低于工作安全阀的开启压力，以避免两个安全阀同时开启而使排气量过多。

表 26-26　安全阀的压力规定

使用部位	工作压力 p	开启压力 p_k	回座压力 p_h	排放压力 p_p	用途
蒸汽锅炉	＜1.3	$p+0.2$	$p_k-0.4$	$1.03p_k$	工作用
		$p+0.6$	$p_k-0.6$		控制用
	1.3～3.9	$1.04p$	$0.94p_k$	$1.03p_k$	工作用
		$1.06p$	$0.92p_k$		
	＞3.9	$1.05p$	$0.92p_k$	$1.03p_k$	控制用
		$1.08p$	$0.93p_k$		工作用
设备管路	≤1.0	$p+0.5$	$p_k-0.8$	$1.1p_k$	工作用
		$1.05p$	$0.90p_k$		
	＞1.0	$1.10p$	$0.85p_k$	不大于 $1.15p_k$	控制用

d. 疏水阀的选用。疏水阀是从储存有蒸汽的密闭系统内自动排出凝结水，同时保持不泄漏新鲜蒸汽的一种自动控制装置，在必要时也允许蒸汽按预定的流量通过。在现代社会中，蒸汽广泛地应用于工农业生产和生活设施中，在核电站中也不例外。无论在蒸汽的输送管道系统，还是利用蒸汽来进行加热、干燥、保温、消毒、蒸煮、浓缩、换热、采暖、空调等工艺过程中所产生的凝结水，都需要通过蒸汽疏水阀排除干净，而不允许蒸汽泄漏掉。

按启闭件的驱动方式，蒸汽疏水阀可分为三类：由凝结水液位变化驱动的机械型蒸汽疏水阀；由凝结水温度变化驱动的热静力型蒸汽疏水阀；由凝结水动态特性驱动的热动力型蒸汽疏水阀。

蒸汽疏水阀是蒸汽使用系统的重要附件，其性能的优劣，对于系统的正常运行，设备热效率的提高及能源的合理利用等方面具有重要作用。

• 机械型蒸汽疏水阀主要有密闭浮子式、敞口向上浮子式、敞口向下浮子式等。这类蒸汽疏水阀的工作原理运用了古老的阿基米德原理，性能可靠，能排除饱和水；但是体积比较大，较笨重。又由于颠簸摇摆的环境对其阻汽排水性能有相当大的影响，因此不适应在较大振动的装置上使用。

• 热静力型蒸汽疏水阀主要有蒸汽压力式蒸汽疏水阀、双金属片式或热弹性元件式蒸汽疏水阀、液体或固体膨胀式蒸汽疏水阀。这类疏水阀几乎与机械型疏水阀同时出现，最初是金属膨胀式蒸汽疏水阀，利用阀杆材料冷缩热胀的物理性能和凝结水温度的变化而实现阻汽排水作用。但是这种类型的蒸汽疏水阀不能适应蒸汽压力变化较大和凝结水量不稳的场合，后来研制出利用液体膨胀的压力平衡波纹管式蒸汽疏水阀，以上的问题得到了初步解决。随着材料科学技术的发展，双金属片得到了广泛应用，研制出了双金属片式蒸汽疏水阀，它是利用双金属片受到温度变化而产生的变形实现阻汽排水作用的。这种疏水阀体积小、重量轻，能排除大量空气，但是成本高。

• 热动力型蒸汽疏水阀有圆盘式蒸汽疏水阀、脉冲式蒸汽疏水阀、迷宫式蒸汽疏水阀、孔板式蒸汽疏水阀。圆盘式蒸汽疏水阀是利用蒸汽的流速与凝结水流速的差别而实现阻汽排水动作，这种蒸汽疏水阀体积小、重量轻、结构简单，但排空气性能较差。脉冲式蒸汽疏水阀也具有体积小、重量轻的特点，但结构复杂，制造精度要求高、价格贵。

以上三种蒸汽疏水阀在核电站中都有应用，可以根据各种类型的蒸汽疏水阀各自不同的优缺点和不同的适用条件选用。正确合理地选择适合的疏水阀，对系统的正常运行影响很大，选择恰当可提高热效率和节省燃料。正确的选型应按下列条件：

• 蒸汽疏水阀的公称压力及工作温度应大于或等于蒸汽管道及用汽设备的最高工作压力及最高工作温度。

• 蒸汽疏水阀必须区别类型，按其工作性能、条件和凝结水排放量进行选择，不能只以蒸汽疏水阀的公称尺寸作为选择依据。

• 在凝结水回收系统中，若利用工作背压回收凝结水时，应选用背压率较高的蒸汽疏水阀（如机械型蒸汽疏水阀）。

• 当用汽设备内要求不得积存凝结水时，应选用能连续排出饱和凝结水的蒸汽疏水阀（如浮球式蒸汽疏水阀）。

• 在凝结水回收系统中，用汽设备既要求排出饱和凝结水，又要求及时排出不凝结性气体时，应采用能排出饱和水的蒸汽疏水阀与排气装置并联的疏水装置或采用同时具有排水、排气两种功能的蒸汽疏水阀（如热静力型蒸汽疏水阀）。

当用汽设备工作压力经常波动时，应选用不需要调整工作压力的蒸汽疏水阀。

26.3 核级阀门设计准则和验收方法

26.3.1 核级阀门设计准则

一个性能优良、使用可靠、价格合理的产品，必须在设计阶段综合考虑技术可行性、安全可靠性、经济合理性，做出优化的设计。设计准则的确立，是优良设计的基础和依据。

目前，核电阀门在国际上主要采用 ASME 第三卷和 RCC-M 两大标准设计制造。其中 RCC-M 是在 ASME 标准的基础上，结合法国的设计经验，特别是法国的材料标准，其中涉及阀门方面的主要章节为 B3500、C3500、D3500，分别对应核 1、2、3 级阀门。

我国核电阀门起步于 20 世纪 50 年代，主要采用 RCC-M 标准，并在此基础上于 20 世纪 90 年代制定了核工业行业标准 EJ/T，其中涉及阀门的设计、应力分析、抗震分析、材料、试验、驱动装置诸方面，可以说是一个比较完整的核电阀门标准体系。由于它是参照 RCC-M 标准制定的，在主要方面是一致的，因此这里将二者综合起来叙述有关核电站阀门的设计准则。2010 年发布实施了 NB/T 压水堆核电厂阀门系列标准，替代了部分 EJ/T 标准。

(1) 核电阀门功能的保证——核阀设计制造规范级

① 核级要求　核电阀门首先按其安全功能确定相应的核安全等级，对阀门进行恰当的安全分级，能保证阀门的质量与阀门在安全中所起的作用相适应。在定出阀门核安全等级的基础上，规定它的设计制造要求，即设计制造规范等级（以下简称规范级）、抗震要求以及质量保证要求。

阀门分为 3 个规范级和 1 个 NCh 级，3 个规范级由高到低分别为规范 1 级、规范 2 级和规范 3 级。

核 1 级：属于反应堆、反应堆冷却剂系统压力边界内的阀门都为核 1 级阀门，对于压水堆核电站其核级阀门的设计参数均为设计压力 17.2MPa；设计温度 350℃。

核 2 级：主要在事故工况下执行安全功能。基本上属于专设安全设施用核级阀门（包括安全壳隔离阀）。

核 3 级：用于反应堆运行支持系统并与反应堆运行关系密切的阀门。

NCh 级：非设计制造规范级核电阀门。

规范级的划分见表 26-27。

表 26-27　设计制造规范级和其他等级的关系

分组	设计制造规范等级	核安全等级	抗震类别		
			1A	1I	NC
			质量保证等级 Q		
Ⅰ （*PN*>68）	1	1	Q1	Q1	—
	2	2	Q1	Q2	—
	2	3	Q1	Q2	—
	2	NC	—	Q3	Q3
Ⅱ （20≤*PN*≤68）	1	1	Q1	Q1	—
	2	2	Q1	Q2	—
	3	3	Q1	Q2	—
	3	NC	—	Q3	QNC
Ⅲ （*PN*≤20）	1	1	Q1	Q1	—
	2	2	Q1	Q2	—
	3	3	Q1	Q2	—
	NCh	NC	—	QNC	QNC

对于压力级小于或等于 2.0MPa 的非核安全级（NC）的阀门，根据其要求的可靠性分类，详见表 26-28。

表26-28　按可靠性分类的非核安全级阀门的分级关系

分组	设计制造规范等级	核安全等级	可靠性分类	抗震类别		
				1A	1I	NC
				质量保证等级		
Ⅲ	2 3 NCh	NC	F① G② H③	—	Q2 Q3 QNC	Q3 Q3 QNC

① F级：其故障立即引起反应堆停堆或电厂在很短时间内停运的所有阀门。

② G级：其故障在短时间内引起反应堆停堆或大部分设备停运，或直接引起小部分设备停运的阀门。

③ H级：其故障不影响电厂可利用率的阀门。

② 抗震要求　核电站的设计最重要的原则是安全第一，在任何情况下都应保证人类的安全，这就需要核电站的设计要在厂址可能发生地震的情况下，保证反应堆的安全，防止放射性介质外漏。在此要求下，将核级阀门都归入抗震1类要求。

抗震分类的目的是对阀门的设计与评定提出抗震要求，实际上是为了规定这些阀门在地震载荷下的功能要求。核安全级阀门均为抗震1类，抗震1类阀门根据不同的功能，分为抗震1I类阀门和抗震1A类阀门。1I类阀门在极限安全地震动（SL_2）作用下，仅要求保证其压力边界的完整性，不提出对变形的限制要求；1A类适用于能动阀门装置，除要求保证其压力边界的完整性外，还要求地震时和地震后有满意的可运行性。NC表示无抗震要求。

质量保证要求是以核安全等级为依据，并考虑到一些其他因素，如产品的复杂性、成熟程度等而对不同的系统和产品进行分级的。质量保证要求分为Q1、Q2和Q3三个等级，QNC级阀门不提出质量保证大纲的要求。

③ 抗辐照要求　反应堆在运行中由于裂变反应产生大量放射性物质，这就要求在系统运行和维修时要尽可能降低放射性对环境的影响及对人体的伤害，故在核级阀门设计时必须采取有效的措施。

a. 阀门材料选配要采用耐辐照、老化材料；

b. 阀门与介质接触表面其粗糙度精度要求需不低于6.3μm，以减少放射性介质的附着，降低维修时对人员的伤害；

c. 为防止放射性对环境的污染，阀门在寿期内要求外泄漏为零，内漏在标准允许的范围内。

④ 寿命要求　在核级阀门设计时要求其阀体、阀盖等主要承压件其寿命与核电厂寿期相同，对于易损件，要求其更换周期应满足电厂换料周期。目前核电厂的换料周期大多为12个月。对于核1级阀门，还必须按相关标准的规定进行疲劳分析，以满足不同工况下阀门的使用要求。

(2) 强度和刚度准则

在设计上首先应考虑阀门的主要部件能承受持久的或瞬时的压力和温度交变下的各种载荷的作用力，而不应出现明显的弹塑性变形。除常规的强度计算外，还应采用有限元应力分析和抗震计算分析等方法来确保阀门产品的可靠性。

核级阀门通常都工作在恶劣的环境工况中，最主要是放射性物质，一旦发生泄漏将会危及人类的生命财产安全，对于强度和刚度的设计尤其重要。

首先公称尺寸不小于*DN*25的规范级阀门均应进行应力分析，其目的在于阀门在承受各种载荷工况下具有必要的安全裕度，保证压力边界的完整性。应力分析不包括为避免其他失效类型如辐照、侵蚀和腐蚀等作用下的损坏，也不包括阀门在所有环境下的可运行性。阀门应力分析应考虑阀门在运行时所处的不同工况和载荷，并且要考虑各类载荷的共同作用，各级使用载荷应按阀门技术规格书的规定，分析要符合NB/T 20010.1或RCC-M B3500/C3500/D3500的规定。

其次核安全级阀门均应进行抗震分析。核电厂中动力操作的能动阀门装置都必须进行抗地震鉴定试验，以保证阀门在地震时和（或）地震后有满意的可运行性。

核电站用阀门在进行强度设计时必须满足设计压力和设计温度的要求，主要包括如下内容：

① 根据设计温度和压力，按照核阀设计制造规范级确定的设计规范级查找不同规范级规定的温度压力基准，如RCC-M B3500（规范1级）、C3500（规范2级）、NB/T20010.1等，从而确定阀门的公称压力级。

② 按RCC-M或NB/T规定的最小壁厚表确定阀门的最小壁厚。最小壁厚应考虑一定的腐蚀裕量。

③ 按标准规定的形状规则确定阀门的各部分形状，如圆角、转折、尖点等。

④ 按核级阀门标准进行应力分析计算，包括一次薄膜应力、二次薄膜应力、一次薄膜应力+弯曲应力，热分析、循环载荷、疲劳分析、自振频率分析、抗震分析等分析计算。

⑤ 运用有限元分析软件进行模拟分析计算。

(3) 密封性

由于核反应堆的一回路系统输送的介质大多带有放射性，因此不允许有任何外泄漏现象发生，必须在阀门的结构设计、密封件（波纹管、膜片、填料和垫片等）的选用、材料和成品的质量检测控制等方面，采取严格有效的措施来保证。

核级阀门的密封性保证，除试验验证之外，必须在结构设计上采取有效措施，包括采用多重措施保证。采用上密封装置、两组填料和各种波纹管密封阀杆是核电阀门的常用的密封形式。

① 阀体与阀盖连接处密封结构　阀体与阀盖连

接处是承压壳体密封的关键部位。核电站用阀门中法兰密封是导致阀门有可能外漏的一个重要环节，通常有五种中法兰密封结构。

第一种为带内环的金属缠绕垫片密封结构。是通过拧紧中法兰螺栓，对密封垫片施加压紧力，密封面上形成预紧比压来达到密封，其主要优点是阀体、阀盖结构简单，加工方便。其缺点是在介质压力上升和操作阀门时，预紧密封比压减小，降低密封性能。如图 26-21 所示。

第二种为无垫片刚性密封结构。依靠两个经过精密加工与研磨的密封面紧密接触，并通过拧紧中法兰螺栓，施加一定的密封比压而达到密封。其主要优点是维修方便，经久耐用，温度变化对密封影响较小，避免垫片密封形式需定期拆卸阀门更换垫片等不便，减少污染。其缺点是密封面加工制造较困难，螺栓预紧力大。如图 26-22 所示。

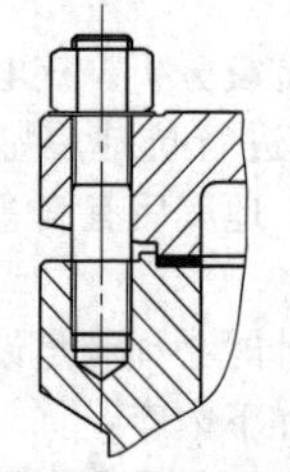

图 26-21 中法兰金属缠绕垫片密封结构

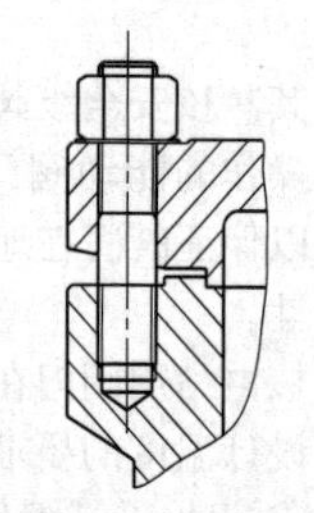

图 26-22 无垫片刚性密封结构

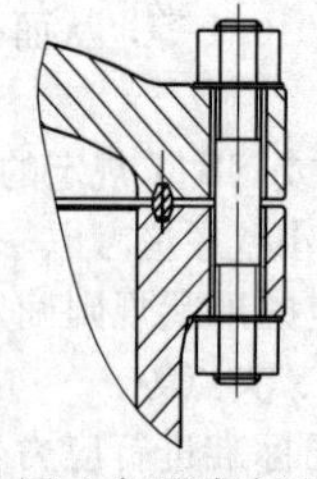

图 26-23 金属八角形密封垫圈密封结构

第三种为金属八角形密封垫圈结构。中法兰密封副的阀体、阀盖密封面之间采用金属八角形密封垫圈镶在梯形槽中实现密封，金属八角形密封垫圈由超低碳不锈钢材料制成，该类密封圈通过改变其材质可适应各种不同介质，密封可靠、适用性广。但金属八角形密封垫圈是靠密封材料塑性变形后填满中法兰的阀体、阀盖密封面的微观不平度来实现的。所以对应的阀体、阀盖密封面的尺寸精度、表面粗糙要求高，机械加工难度较其他密封副结构复杂。如图 26-23 所示。

第四种为唇边密封焊结构。在阀体与阀盖中法兰处各加工一唇形边，将其焊接，并用螺栓将中法兰拧紧。该密封结构在维修时允许切开次数大于 3 次。优点是密封可靠，温度变化对密封无影响，避免垫片密封形式需定期拆卸阀门更换垫片等不便。其缺点是维修不便。如图 26-24 所示。

第五种为内压自密封结构，是利用介质本身的压力来达到密封的目的，压力愈大，产生的密封力亦愈大，密封亦就愈可靠。其主要优点是在高压下和温度与压力有波动时，密封性能良好，密封可靠，与强制密封相比，不需要很大的螺栓预紧力，因此拆装方便，中法兰尺寸小，重量轻，结构紧凑。其缺点是结构复杂，阀体中腔高度增加，零件加工精度要求较高，低压密封效果差，甚至产生泄漏。如图 26-25 所示。

第六种为带内金属环的缠绕垫片，外加唇边密封焊结构，该种结构的唇边密封焊在阀门试验阶段及出厂时均不需要焊接，中法兰密封靠垫片完成。只有在必要时，垫片失效或更换垫片困难等情况下，将唇边密封焊焊上。如图 26-26 所示。

小口径阀门有时做成无法兰连接，阀盖直接焊到阀体上，而成为不可拆卸阀门。对于这类阀门内部零部件的可靠性要求更高，对于装配质量，正确地运行，特别是介质的清洁度也提出了更高的要求。这种密封形式的缺点是维修时必须切割焊接，给维修带来不便。

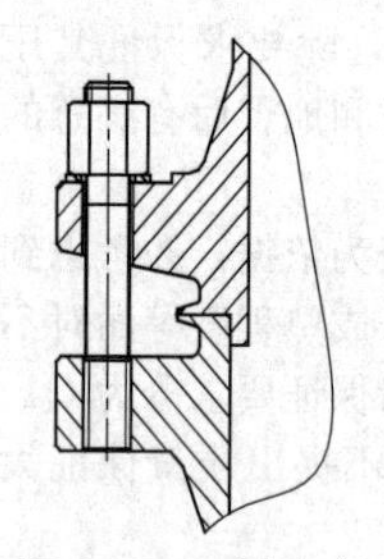

图 26-24 唇边密封焊结构

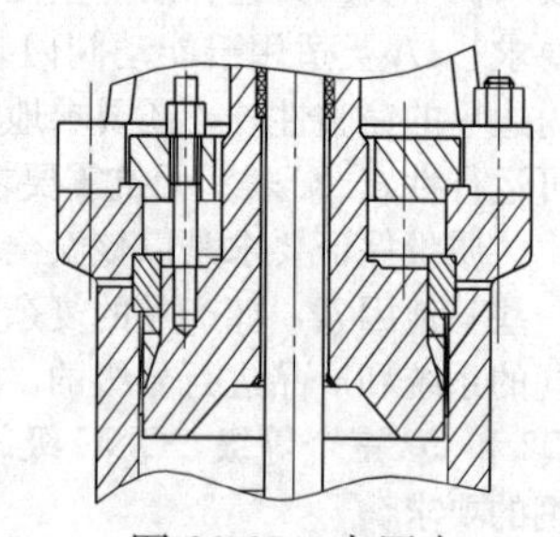

图 26-25 内压自密封焊结构

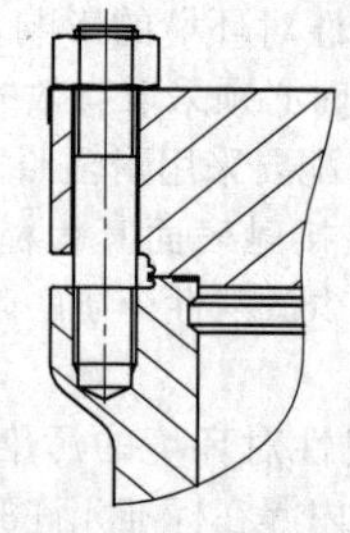

图 26-26 金属缠绕垫片外加唇边密封焊结构

② 阀杆对外密封 填料密封是最广泛使用的阀杆对外密封方式。尽管存在某些渗漏，但在不同的设计方案中，仍是最常采用的基本密封结构。

a. 双填料函结构。填料函采用双重填料结构，双重填料中间加填料隔环，填料函外部焊有引漏管，其作用一是采用泄漏收集系统，以避免放射性介质向外泄漏；二是检测系统，当填料失效发生泄漏时，可通过检测系统反馈信息，便于及时维修或更换填料。通常下组填料的圈数相当于阀杆通径的 1.5 倍，而上组填料比下组填料圈数少，因为它只是抑制收集系统内的泄漏，其压力只稍高于大气压。如图 26-27 所示。

b. 波纹管填料双重密封结构。如图 26-28 所示，波纹管是动连接对外部介质最可靠的密封元件，它能保证完全密封和完全排除沿阀杆的泄漏。因此在一回路上最重要的阀门，特别是对于液态金属冷却剂，以及有毒和易爆介质系统内的阀门，采用波纹管密封较为有利。波纹管密封通常用于处理有较高放射性介质的阀门中或用在由于系统其他部件可能发生放射性事故而影响阀杆填料受到放射性介质影响的情况下。由于波纹管行程的限制，使得阀门整体高度增加，因此要求相对加厚法兰和螺栓以承受地震负荷应力。在核动力装置阀门上所采用的主要是多层波纹管。这种波纹管在使用过程中，无故障工作概率较高。当选择波纹管时，应在给定的压差和温度工况下，根据行程距离和周期寿命来选购。而这些参数则必须根据周期运行试验来加以验证。

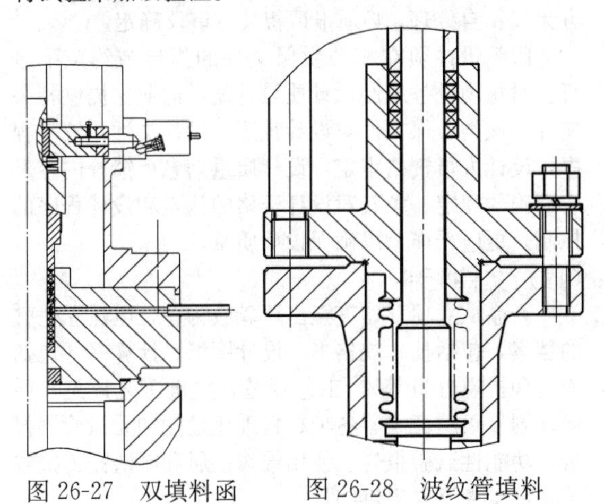

图 26-27　双填料函带引漏管结构　　图 26-28　波纹管填料双重密封结构

c. 冷冻填料双重密封结构。如图 26-29 所示，利用液态金属随着温度下降其黏度增加的特性，在阀盖与填料函之间加散热片，通过空气自然对流方式，降低该部位介质的温度，使该部位的液态金属介质冷却固化，达到密封的效果。通过填料函实现二次密封。对于快中子堆钠阀应用该结构效果显著。

（4）使用寿命

由于核电站建设的投资大，成本回收期长，如停工一天造成的经济损失约合人民币上千万元。因此在核级阀门设计时要求其阀体、阀盖等主要承压件其寿命与核电厂寿期相同，对于易损件，要求其更换周期应满足电厂换料周期。目前核电厂的换料周期大多为 12 个月。阀门设计应尽量减少维修次数和缩短维修

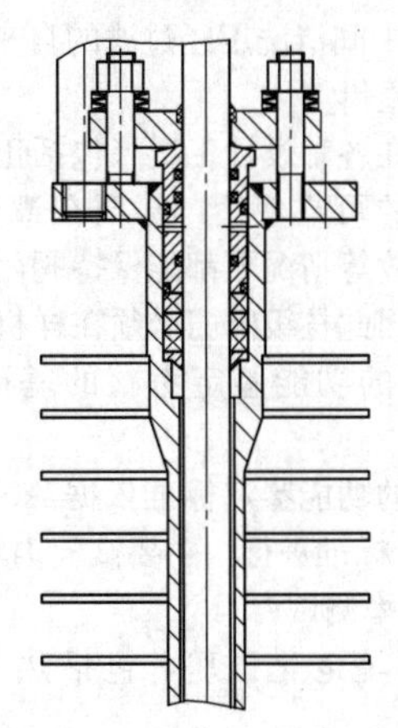

图 26-29　冷冻填料双重密封结构

周期。一般规定要求承压件使用寿期为 40 年，对于核 1 级阀门，还必须按相关标准的规定进行疲劳分析，保证阀门具备完成规定工作循环的能力，满足不同工况下阀门的使用要求。

（5）清洁度

① 清洁度分类　根据压水堆核电厂阀门所处的工作条件和环境条件（例如，压力、温度、介质、辐照等条件）提出不同的清洁度要求，按清洁度要求的不同分为以下三类。

A 类清洁度——规范级不锈钢阀门中的不锈钢零部件。

B 类清洁度——NCh 级不锈钢阀门中的不锈钢零部件、规范级碳钢和合金钢阀门中的零部件、规范级不锈钢阀门中的碳钢和合金钢零部件。

C 类清洁度——NCh 级碳钢和合金钢阀门中的零部件、NCh 级不锈钢阀门中的碳钢和合金钢零部件。

② 水质要求　阀门清洗用水的分级和水质要求按表 26-29 的规定。

表 26-29　水的分级和水质要求

项目	等级		
	A	B	C
氯离子最大含量/10^{-6}	0.15	1.0	25
氟离子最大含量/10^{-6}	0.15	0.15	2.0
电导率/(μS/cm)	2.0	2.0	400
悬浮物(最大)/10^{-6}	0.1	—	—
SiO_2(最大)/10^{-6}	0.1	0.1	—
pH	6.0～8.0	6.0～8.0	6.0～8.0
透明度	无混浊、无油、无沉淀物		

不锈钢阀门及其零部件按其清洁度类别为 A 类和 B 类，最终清洗应用 A 级和 B 级水，中间清洗用经过滤的自来水。

碳钢和合金钢的规范级及 NCh 级阀门及其零部件按其清洁度类别为 B 类和 C 类，最终清洗用 B 级

水或C级水。中间清洗用经过滤的自来水。

(6) 安全可靠性

阀门需要在各种设计工况（包括正常、异常、危急和事故）下的可靠使用，甚至在遭受地震灾害或LOCA失水事故等情况下都能保持阀门设备的完整性和可操作性。因此核级阀门必须在样机制造试验经受各种模拟工况的功能鉴定考核的基础上才能投入运行。

阀门样机的功能鉴定标准依据ASME B16.41及ASME QME-1标准进行。主要试验内容如下：

① 固有频率测试；

② 材料环境老化试验，包括热老化、辐照老化等；

③ 流阻系数测试，测试阀门在全开状态下的流阻系数；

④ 循环试验，包括冷、热启闭循环反复试验；

⑤ 寿命试验；

⑥ 端部载荷试验，在管子端部负荷最大反作用力下的操作性能；

⑦ 地震试验，承受代表最大地震负荷时和之后的操行性能，包括震动老化的操作性能；

⑧ 流量中断和功能能力验证；

⑨ 驱动装置如电动、气动装置的老化，如失水、辐照、湿热等。

(7) 材料要求

核电站中运行的水质为高纯度去离子水，其目的是保护反应堆和设备，并降低运行中的放射性水平，在核级阀门设计中按相应的规范要求（如ASME Ⅲ或RCC-M等）进行核级材料的制造、检验、无损探伤检测。材料必须具有良好的耐蚀性、抗辐照、抗冲击和抗晶间腐蚀性能，在一些主回路系统中均采用低碳甚至超低碳奥氏体型不锈钢作主体材料，并选用一些强度、韧性和耐温、耐压、抗冲蚀、抗擦伤等性能优越的合金材料来制作阀杆或密封面等零件。填料和垫片等非金属密封材料中的氯、氟和硫离子的含量都应严格控制，各项数据都应低于规范规定的指标，以保证对金属基体不造成腐蚀损伤。

(8) 控制装置的设计及选用

用于事故状态下工作的核电站阀门，应对系统起到安全保护和事故应急处理的作用。对于这些阀门来说动作的及时和准确十分重要，不论是及时而不准确或是准确而不及时都不能适应和满足保护核电站的需要。如主蒸汽隔离阀按要求关闭的时间仅为几秒钟，如果出现不及时或误动作都将导致严重的后果。因此阀门驱动装置的性能和质量非常重要和关键，对其选用必须进行认真考核、计算。对阀门制造企业来说必须对驱动装置制造企业的资质进行考核，确保满足核电厂的要求。

(9) 相关规范

从事核电站阀门设计和制造的人员，必须首先熟悉并掌握国家颁发的一整套核安全法规和条例中的相关规定，向主管部门和国家核安全局同时提出申请，经上级有关方审查和核准后颁发相关活动的许可证后才可开展工作。在实践中要认真执行我国和国际上一些公认的法规和标准，如核安全法规HAF、核安全导则HAD、核行业标准EJ及NB、美国机械工程师学会标准ASME、美国电气与电子工程师学会标准IEEE及法国压水堆核岛机械设备设计和建造规则RCC-M等规范文件。企业标准必须以保证达到上述各种法规和规范为前提，以确保生产的核级产品符合公认的规定要求。

(10) 质量控制

核电站阀门的生产企业必须建立完善的质量保证体系，编制相应的质保大纲和控制质量的相关程序和文件。在日常活动中严格认真地按照大纲、程序和文件要求办事，每一步骤都做到有章可循、有人负责、有据可查，并接受国家核安全局和相关方对活动的随时监督和检查。出现重大质量情况或不符合项时活动方无权私自处理，必须报请相关方审议确定。

阀门设计须在相关质保文件的指导与约束下进行。对每项任务编制设计质量计划，向业主提供相关文件。该类质保文件对设计程序，设计文件，校审程序，设计人员资格审定，设计质量信息反馈等内容都有明确的规定。尤其对设计资格的认定和设计程序的控制，更应严谨，以确保设计质量。

(11) 文件资料

产品从立项开始直至出厂验收为止，应建立完整的档案，包括技术规格书、设计图纸、计算书（包括应力和抗震分析等）、工艺规范、关键工艺评定、质量计划、跟踪记录、各种材料理化性能和无损检测报告、功能性试验报告、使用维修手册和制造完工报告等各种文件资料提供归档。

26.3.2 阀门的检验方法

做好阀门制造和维修质量的检验对核电阀门设备经济安全地运行具有重要意义。阀门维修过程中，从设计到选材、加工及修理、组装及调试，始终贯穿着质量检验过程，这是保证阀门质量必不可少的措施。

(1) 材质检验

核级阀门的材质检验是保证阀门质量，事关核电阀门运行安全的重要内容。

在阀门修理过程中，对需要更换或重新制作的阀门零件，应按图纸与技术标准进行选材和材质检验。对材质不清的零部件决不许盲目代用，否则，将会发生运行事故或危及安全的事故。

材质检验工作一般分为材料表面质量检验，材料内部质量检验和材料化学成分与力学性能检验三项内容。

① 材料表面质量检验　认真进行阀门材料的表面质量检查，可在投料加工前将不合格的材料剔除，防止投料过程的损失和保证产品质量。钢材在毛坯的轧、锻、铸等制造过程，以及储存运输等环节中往往会产生一些损伤和缺陷，其中常见的表面缺陷如下，应注意检验和控制。

a. 材料标记。按国家标准要求，钢材必须由生产厂家在材料的规定部位打上钢印或有涂漆标记，并应标明用于核电专用及相应安全级别。标明钢厂名称或厂标代号、钢号、炉号、批号和规格以供识别并与产品质量保证书内容一致。如果材料标记不清或材质标记错误，就无法核对材质，给材料检验和使用带来困难，如果盲目用，必将造成材质使用的混乱和错误，严重时会发生事故，从而形成较大的经济损失，因此，在进行阀门维修时，一定要注意材料标记的检验。

b. 表面裂纹。材料表面裂纹是在轧制、扩径、冷拔、锻造、铸造或热处理等过程中，因表面过烧、脱碳、变形和内应力过大，以及材料表面磷、硫杂质含量较高等原因而产生的裂纹。这些裂纹可直接进行目视观察，也可用酸洗、放大镜或金相等方法进行检验。关键阀门零件材料可用磁粉、超声波、渗透检验等无损探伤方法进行检验。

c. 氧化皮锈层和表面腐蚀。材料在热加工过程中会产生表面氧化皮，在自然环境中存放会产生表面氧化锈层，在有腐蚀性环境中产生表面化学腐蚀，不同金属材料混放接触产生电位差和电极相位不同的电化学腐蚀等，当表面氧化皮、锈层或产生腐蚀，特别是在阀门零件的承压部件非加工表面产生裂纹时，将影响阀门的结构强度和零件的力学性能，应进行表面净化处理，清除氧化皮、锈层和表面腐蚀，再进行测厚检查。

d. 折皱和重皮。在轧制的原材料和锻造坯料中，因材料上的毛刺、飞边、夹杂物、气孔、表面疏松、氧化层等，在热加工中金属流变或表面开口，形成折皱和重皮，其开口一般顺延轧制方向的锻延方向。这种缺陷同表面裂纹缺陷一样，将严重影响阀门的承压强度和使用寿命，必须严格清除和检查。

e. 机械性损伤。材料表面因运输、搬运、吊装、堆放等产生磕碰性损伤，因下料或切割等形成表面加工性损伤，特别是在铸件冒口气割面和锻件的吃边切割处，因表面不加工而形成阀门表面缺陷，这些缺陷达到一定深度时，也将影响阀门的质量及寿命。因此，不能忽视这类表面缺陷的检查。

f. 形状尺寸偏差。阀门的铸件或锻件毛坯形状均有技术标准或图纸尺寸要求，铸件因模型尺寸错误的偏差、砂型的偏差、浇铸时的泥芯浮动等而造成铸件形状尺寸超差。锻件也有因模锻错边，锻压比不足、坯料尺寸不足、模具不当造成外形不完整，自由锻的成形偏差等。上述形状尺寸超过技术标准或图纸尺寸也是表面缺陷。对这类缺陷的零部件，小件可用测量尺、内外卡尺、测厚卡尺等常规量具，大件可用划线方法检查。

除上述材料表面缺陷之外，阀门原材料中还有铸件的表面缺陷，如尺寸超过标准偏差：表面有粘砂、夹砂、缺肉、脊状凸起（多肉）、冷隔、割疤、撑疤、表面气孔及裂纹等缺陷，锻件阀门毛坯中的表面缺陷还有形状尺寸超过标准偏差、凹陷、模锻错边等，可按照上述材料表面质量要求注意对缺陷进行检查。

材料表面缺陷的检验应注意以下几点：

• 上述材料表面缺陷在加工部位时，只要缺陷不超过单边加工余量的 2/3，则可以允许使用，但在精加工后应在原缺陷部位进行严格复检，对高压阀门的紧固零件、承压部件和安全阀弹簧等应采用磁粉探伤或着色检查。

• 上述材料表面缺陷在非加工部位时，一定要将缺陷清除，清除时应采用正确的工艺方法以防缺陷扩大或加深。清除缺陷的周边应圆滑过度，清除的深度应使缺陷完全去除后其材料厚度不低于标准所规定的负偏差。承压部位要进行无损探伤检查。

• 在特殊情况下，上述材料的表面缺陷允许采用补焊的方法进行挽救，但必须有严格的成熟的补焊工艺并经技术负责人批准，由有焊工资质的焊工进行补焊，补焊后应消除焊接应力并经无损探伤检验合格。

② 材料内部质量检查　对于重要的阀门零部件除外观表面质量检验之外，还有必要进行材料内部的质量检验。材料的内部缺陷主要有：非金属夹杂物、层间裂纹、白点、气孔、分层、组织不均匀，成分偏差及晶粒粗大等。当材料内部存在上述缺陷时，将会影响阀门的力学性能和结构强度，使阀门寿命缩短，严重时会发生事故，对这类内部缺陷应注意检查和发现，并停止这类材料作为阀门承压零部件使用。

a. 非金属夹杂物。这种缺陷主要出现在铸件或以钢锭为毛坯的锻件中，有夹砂和夹渣两种。夹砂是在冶炼浇铸时，耐火炉衬的碎屑落入熔炼液中形成的。夹渣是由于熔炼液在凝固时熔渣未完全析出的结果。这两种缺陷在材料内的表现形式为块状、条状、片状夹杂物或分层缺陷。

b. 层间裂纹。一般都是由含硫、磷过高而产生的热裂纹。在热加工过程中，因过烧、疏松、温度控制不严或变形量过大而产生。在金相上显示为沿晶界或穿晶界的特征。因此，对阀门承压部件除打压试验外，还必须按相关标准规定进行射线探伤或磁粉探伤等无损检验。

c. 气孔。主要存在于铸件材料内部，由于熔炼液体向固体转变时，其中一些化学反应所形成的气体释放并局部聚集于某些部位未逸出所致，气孔在单一状态时是空球形或椭圆形，有时互相贯通、成为弯曲的虫蛀状气孔。检查方法同层间裂纹检查方法。

d. 白点。检查材料的断面时，有时可见一种银白色的斑点，这是氢在材料内部的一种积聚现象，会使钢材的塑性和韧性降低，在使用中会发生氢脆事故，应按裂纹类缺陷处理。白点严重时可宏观或低倍放大镜观察，必要时进行金相检验。

e. 晶粒粗大和晶粒不均匀。钢材在轧、锻过程中因加热不够而使钢锭内原始的粗大晶粒仍旧保留。另外因轧制压比或锻造比过小时，会形成晶粒不均匀将影响材料的力学性能。主要用材料断面观察和金相组织检验来判断该类缺陷。

③ 材料的化学成分与力学性能检验　对一般通用阀门材料的选用要有合格证和材质说明书，通过抽样进行光谱和火花鉴别等定性检验方法就可使用。但对放射性介质的核工业阀门以及重大工程的关键阀门，必须按有关技术标准或图纸要求进行材料的选用，并按技术要求进行材料化学分析，经材料化验部门出具材质复查合格报告单才允许使用。进行材料化学成分与力学性能检验时注意如下要求。

a. 领料手续要完整。首先按图纸或有关技术标准规定的材料牌号及工艺要求的规格尺寸填写领料单；核对材料入厂时的合格证和材质说明书；核对材料标记，钢号或材质跟踪标记，色漆标记；检查领料的外观质量和数量。如果是领取材料的批量较大时，应首先领取进行材料化验的试样，化验合格后再批量领料，以防止批量报废。单一的或小批量的材料，注意在领料时留放试样余量。

b. 正确地抽取试样。在抽取试样时，应严格按照国家行业或相应标准规定的取样方法、取样部位、取样方向及取样数量抽取试样。取样部位原则上按GB/T 2975—1998《钢及钢产品　力学性能试验取样位置及试样制备》执行。同时注意以下要求：

• 制取化学分析的试样碎屑应绝对保证不混入取样材料之外的杂物，确保元素测定的精确。进行取样加工的设备及夹具应清洁，切屑工具应有良好的红硬性，防止工具磨损而将工具材料的成分混入试样中，防止设备油垢和其他杂物污物混入样品内。

• 尽可能采用机械冷加工方法取样，其钻、车、铣、刨铣、刨等的切削速度不宜过高。受条件限制需要热切割时，应注意留有足够的加工余量能除去切割中的热影响区的金属组织。

• 试样袋的编号应与袋内试样碎屑一致。

c. 做好试样委托工作。试样委托工作应由材料检验人员进行，要认真填写好化学成分试验委托单，填写内容主要有：材料的牌号、规格、名称、试样编号、数量、试验项目及需化验的元素、验收标准、委托单位及委托人、委托时间等，并做好委托单的留存。

d. 做好试样报告工作。试样报告的检验项目与委托单的委托项目应一致。理化检验报告的试验项目和数据应填写完整，报告应按验收标准做出是否合格的定性结论，有试验人员和主管领导的签字认可。

e. 做好材料标记移植工作。经化验合格的材料，应将合格标记或合格检验批号及时移植到领取的材料上，以便材质跟踪和防止混乱。有不合格的材料应立即隔离并报告有关材料部门。

f. 严格材料代用手续。在阀门修理过程或修理现场，无法解决符合设计图纸需要的原材料，需采用与图纸相应的材料进行代用，需代用的材料应注意如下要求：

• 代用材料必须保证原设计要求的各项技术指标和工艺上的要求。

• 办理材料代用单和书面手续，并经技术部门核准签字同意后方可代用。

• 材质代用一般采用以优代劣、以高代低的原则，同时考虑经济性并尽可能减少经济损失。

(2) 制造精度检验

阀门零件的修理和制造的精度检验主要有三个内容：公差与配合尺寸检验、表面粗糙度的检验、形状和位置公差的检验。

① 公差与配合尺寸的检验　在进行阀门零件的公差与配合尺寸检验时，首先要明确图纸上的公差与配合尺寸的含义，并做出准确的检验结论。

我国已颁发的有关公差与配合的标准，在检验时可查询应用。

在阀门维修过程中，许多零件需要对实物进行实测，部分加工尺寸还要选配，因此正确地掌握测量方法并准确地使用测量器具是既重要又是最基本的要求。

a. 正确选用测量器具。用来测量几何量（长度、角度、形位误差、表面粗糙度等）的各种器具称测量器具，它是测量工具和测量仪器的总称。通常把具有传动放大机构的测量器具称为量仪，没有传动放大机构的测量器具称为量具。

当前使用的测量器具名目繁多，类型也多种多样，各有不同的特点与用途，测量器具基本上有以下几种分类：

标准（基准）量具——用来传递量值以及校对和调整其他测量器具的一种量具，如量块、角度块、直角尺等。

极限量规——是一种没有刻度的专用检验工具。它可用来检验光滑工件的尺寸或形位误差。量规不能测得零件几何参数的具体值的大小，只能判断被测零件是否合格。如检测零件外圆的片规和检测内孔的塞规。极限量规在阀门零件的大批量生产中较常用。

检验夹具——一种专用检验工具，在和各种量具配合使用时，能方便迅速地检查更多复杂的参数。

通用测量器具——在一定的测量范围内，可以对被测工件进行任一尺寸的测量，并能得到具体的测量数值。通用测量具在阀门修理中使用最普遍。

测量器具的选择——合理选择测量器具是获得所需精度的测量结果，保证产品质量，提高测量效率和降低费用的主要条件。一般要求是在大批量生产时，宜选用先进、高效率的专用量具；在小批量生产和阀门维修中，宜选用通用量具。选择时还应按被测阀门零件的形状选用合适量具，以防止因物体形状阻碍测量，如阀门内部尺寸的测量。为了保证零件测量尺寸的可靠性，国家对光滑工作尺寸的测量及量具的选用做出了规定，详见 GB/T 3177—2009《产品几何技术规范（GPS）　光滑工件尺寸的检验》。

b. 测量误差的原因及数据处理。测量误差及其产生的原因。在阀门零件的精度检查中，无论采用多么精确的测量器具和熟练的测量方法，由于各种因素的影响，都不可避免地产生测量误差。因此，在任何一次实际测量中，所得到的结果，仅仅是被测量的近似值。产生测量误差的原因有以下 4 种。

测量器具误差——测量器具因设计、制造、装配和调整等存在的内在误差。使用过程因磨损丧失原始精确度形成的误差。

测量方法误差——测量操作方法不正确形成的测量误差。

环境条件误差——因温度、湿度、气压、振动、照明、尘埃、电磁场、人体湿度等环境温度因素的影响而产生的测量误差。长度测量器具的误差主要是温度的影响。因材料存在热胀冷缩的变化，当测量温度高于标准温度 20℃，且被测零件与基准件的材料不同时，就产生因环境条件影响而形成的误差。

人为误差——测量人员的视力，分辨力和评判水平，责任心和技术操作水平，疲劳程度和思想情绪的起落等人为因素的影响而形成人为误差。

在阀门零件检验中，测量误差是客观存在的，但要控制在尽可能小的范围内，特别是进行选配或单配的阀件，更应该注意控制测量误差，这有利于提高生产效率和保证产品的质量。

② 表面粗糙度的检验　表面粗糙度也是阀门零件精度检验的一项重要内容，进行表面粗糙度的检验应该首先掌握有关技术标准。

表面粗糙度的检查方法较多，对表面要求高或需进行仲裁检验的表面粗糙度，可经计量部门用仪器测量（如轮廓仪等）。在加工现场可按目视宏观经验进行，也可用表面粗糙度样块做对比鉴别。具体的常用方法如下。

a. 比较法。将加工零件的被测表面与粗糙度样块进行比较，借助于人眼（放大镜、显微镜）或手感触摸等来判断其粗糙度大小。

b. 光切法。利用光切法原理测量表面粗糙度的方法称光切法。如用光切法显微镜（双管显微镜）测量。

c. 干涉法。利用光波干涉原理测量表面粗糙度的方法称干涉法。所用的测量器具有双光束和多光束干涉显微镜，可用于阀门密封面粗糙度、平面度（吻合度）的检查。

d. 针描法。属于接触测量法。在测量的过程中仪器的角触针沿被测表面轻轻划过，由于被测表面粗糙度不平，就使针上下移动处理，即可测得被测表面的粗糙度。该移动量通过电器传感或其他方法加以放大和计算处理，即可测得被测表面的粗糙度。

目前国内生产的“便携式表面粗糙度轮廓仪”是一种比较简便直观的测量仪，其中表面粗糙度在 1 型中用表针指示；11 型用数字显示。按图纸中标注的要求进行面粗糙度检验。

③ 形状位置公差的检验　阀门零件修理或制造的精度检验中，除公差与配合、表面粗糙度之外，还有形状位置公差的检验。从事这项检验工作的人员，应正确理解并准确地掌握国家颁发的有关形位公差的标准和测量技术，并应严格贯彻执行。

a. 阀体形位公差的测量。阀体是阀门的主要零件，阀体修理和加工过程中，结合阀体的形状和设计要求，采取相应的工艺措施，保证阀体加工精度和形位公差符合设计图纸的要求。

测量两侧法兰的平行度——因为技术要求是互相平行，因此，基准平面和被测量平面可以互为基准。由于阀体两法兰的内止口是密封部位精度高，可作互为基准的测量面。

测量两侧法兰的同轴度——两侧法兰的同轴度在这里要求很低，一般已由工艺采用夹具或专用机床来保证。

b. 阀盖形位公差的测量。阀盖上填料压盖活节螺栓的销孔位置对填料函轴线的对称度。阀盖连接法兰和中法兰凹凸缘线，阀杆螺母螺纹轴或电动阀门滚动轴承轴线等对填料函轴线的同轴度。

c. 启闭件形位公差的测量。启闭件是阀门中起关闭作用的运动零件，它用来切断、调节和改变介质的流向。所有启闭件都有一个或两个与阀座密封面吻合精度很高的密封面，启闭件密封面是阀门主要的泄漏源。因此，在制造与检验过程中应严格控制启闭件的形位公差。

• 闸阀密封面的平面度和径向吻合度的测量。

• 截止阀瓣密封面对导向圆柱面轴线垂直度的测量。

• 阀瓣与阀杆——整体的轴线对上方引导部分轴线的同轴度的测量。此类阀杆常见于脉冲式安全阀、针形调节阀等。

• 单闸板两密封面对导向槽的中心平面的倾斜度的测量。

d. 阀杆形位公差的测量。

• 阀杆与填料接触部分的圆柱度的测量。

• 阀杆梯形螺纹轴线和上密封面轴线对阀杆轴线的同轴度的测量。

• 阀杆全长轴线直线度的测量。

• 阀杆梯形螺纹公差的测量。

e. 对阀门紧固件的主要检验项目。

• 材料化学成分和力学性能检验。

• 尺寸和公差的检验。

• 表面缺陷的检验。

• 标志与包装的检验。

(3) 无损探伤检验

核级阀门的无损探伤检验应依据 NB/T 20003.1～8—2010、RCC-M或ASME标准的规定。

一些重要的阀门零件在制造或修理后，必须进行无损探伤检验。目前在生产上使用得最多的是射线、超声波、磁粉、渗透等方法。

无损探伤只是把一定的物理量加到被测物上，再使用特定的检测装置来检测这种物理量的穿透、吸收、反射、散射、泄漏、渗透等现象的变化，从而检查被检物是否存在异常。由于无损探伤检测方法本身的局限性以及仪器设备的误差、人为因素、环境因素等影响和被测物异常部位的综合特性而造成无损检测的准确性有偏差。

为了尽可能地提高检测结果的可靠性，必须严格按无损探伤的有关技术标准进行检测。选择适合于检测异常部位的检测方法，无损探伤的人员应持有“NDT人员技术资格证书”，无损检验设备应调校准确，应详细地记录检验情况并准确地给出结论报告。

① 射线探伤　方法有照相法、荧光显示法、电视观察法、电离记录法。探伤射线有 X 射线、γ 射线。射线在探伤过程中的强弱变化可用 X 射线胶片照相或用荧光屏、射线探测器等来观察。射线探伤法应用范围有夹渣、气孔、缩孔裂纹和未焊透等缺陷。

② 超声波探伤　其方法按探头形式分为反射波和穿透波两种，亦可分为脉冲反射法和穿透法；按探头与被检零件的耦合方式可分为直接接触及液浸法；按设备的结构特点又可分为脉冲反射法、连续发射法、超声波显像法等。超声波在不同材料的分界面上会发生反射、折射现象。当固体材料中有异种材质或缺陷时，就会产生波反射或透过强度的减弱。按接收的信号加以判断，便可确定缺陷。超声波探伤用于锻件或焊缝的白点、未焊透、裂纹、气孔、夹渣，铸钢件的夹砂、气孔、缩孔、疏松等缺陷的检测。

③ 磁粉探伤　把钢铁等强磁性材料磁化后，利用缺陷部位所产生的磁极可吸附磁粉并以此显示缺陷的方法称磁粉探伤。缺陷部位吸附着的磁粉称缺陷的磁粉痕迹。

磁粉探伤按设备特点分有磁粉法、磁带录像法、磁感应法和磁强计法等。

磁粉探伤按磁化方法分有轴向通电法、直角通电法、电极刺入法、线圈法、极间法、电流贯通法和磁通贯通法。在磁粉探伤中，必须考虑被检缺陷与磁场（磁力线）方向垂直，否则当磁场方向与缺陷方向平行时，就得不到缺陷的磁粉痕迹。

磁粉探伤按磁粉或磁悬液方法分有干式和湿式两种。按施加磁粉的方法分为连续法和剩磁法两种。

磁粉探伤适用范围如下：

a. 适用于磁性材料的表面或近表面缺陷的检测，例如阀门碳钢、低合金钢的铸、锻件、焊缝和机械加工后零件表面或近表面的裂纹，气孔、夹渣等缺陷的探测。

b. 特别适用于强磁性材料表面缺陷的探测，不适用于奥氏体不锈钢等非磁性材料的检测。

c. 对于表面没有开口且深度很浅如裂纹缺陷也能检测，不能探测磁性材料的内部缺陷。

d. 能测定表面缺陷的位置和表面长度，但不能检测磁性材料内部的缺陷。

④ 渗透探伤　是根据液体的毛细作用，使涂布于被检零件表面的渗透液能沿着表面开口的裂纹等缺陷的缝隙渗透到缺陷内；将表面多余的渗透液清除后，再涂置显像剂，缺陷内的渗透液又利用毛细作用而被显像剂吸出并显现出放大了的缺陷痕迹，从而检测出试件表面的开口缺陷。

渗透探伤方法大致可分为荧光渗透探伤法和着色渗透探伤法两大类。

渗透探伤按显像的方法有湿式显像法、快干式显像法、干式显像法和无显像剂式显像法等。

渗透探伤的适用范围及特点如下：

a. 适用于被检测零件表面开口缺陷的检测，缺陷表面堵塞时，缺陷不易检测出来。

b. 适于金属和非金属材料的表面开口缺陷的检测，不适于多孔性材料的渗透探伤。

c. 适于复杂几何开头的探伤，一次探伤级同时检测几个方向的表面开口缺陷。

d. 不需要复杂的探伤设备，适用面广，且操作简单。

(4) 腐蚀检验

核级阀门主要由不锈钢制造，因此腐蚀试验是必做检验项目。

阀门的腐蚀检验主要有以下两个方面：一是对阀门氮化件或表面化学处理件做耐腐蚀检验；二是对阀门不锈耐酸钢材料的耐腐蚀检验；

① 表面处理后的耐蚀检验　对阀门氮化件或表面化学处理件做耐腐蚀检验时，要求零件在氮化或化学镀镍前进行调质处理，并切削掉脱碳层金属，其耐蚀检验要求按图纸和相关标准规定。

② 不锈耐酸钢耐蚀检验　通过材料试片，主要是检查不锈钢晶间腐蚀试片由于介质的腐蚀而发生重量变化，变化的程度取决于介质的浓度、温度和压力，还取决于试片本身的组织状态，其基本方法如下：

a. 硫酸铜-硫酸沸腾试验法（L法）；

b. 铜屑、硫酸铜-硫酸沸腾试验法（T法）；

c. 硝酸沸腾试验法（X法）；

d. 草酸电解浸蚀试验法（C法）；

e. 氟化钠-硝酸恒温试验法（F法）。

在阀门生产或修理过程中，不锈钢阀门的上述检验是根据图纸或技术条件有选择性地进行。

(5) 阀门标志和涂漆的检验

① 标志的检验　要求如下：在阀门的表面要有标志，包括阀门压力级、公称尺寸、介质流向、材料、商标、核安全级别、熔炼或锻（铸）造炉号和跟踪号等。

a. 标志应明显、清晰，排列整齐、匀称，字体要求规整；

b. 制造厂的厂名或厂标，应标注在容易观看到的部位上，如阀体、阀盖、手柄、扳手，手轮轮辐等零件上。

② 识别涂漆检验　核级阀门识别涂漆检验应符合 EJ/T 1022.17、RCC-M或ASME和技术规格书等相关标准及文件的要求。

a. 根据阀体材料的不同在阀体上涂刷相应色别的涂漆。

b. 阀门密封面材料应在传动手轮手柄或扳手上进行相应的识别涂漆。

c. 阀门电动、气动、液动、齿轮传动装置的涂漆应符合核电厂规范的要求。

d. 油漆层应耐久、耐辐照腐蚀、美观、均匀，并保证标志明显清晰。

(6) 清洁度检验

核级阀门的清洁度是非常重要的指标，进行清洁度检验是一项不可缺少的内容，应符合 RCCM F6000 及 EJ/T 1022.18 或 ASME 相关标准的要求。

① 进行清洁度检验之前必须对阀门进行清洗

a. A类清洁度阀门——所有规范级的不锈钢阀门零部件，清洗时须用A级水；

b. B类清洁度阀门——所有规范级的碳钢、合金钢阀门零部件，清洗时须用B级水；

c. A级或B级水的水质应符合 RCC-M F6000 或 EJ/T 1022.18 的规定。

② 清洗的方法　在一般情况下应采用洗涤清洗法。清洗过程中不得改变金属基材的特性或引入可能造成破坏的杂物。一般可用槽池浸洗法、喷洗法、擦洗法或超声波清洗法，并且只能用不锈钢丝刷、尼龙刷或未被使用的不起毛的干净布料进行。清洗后用60～80℃的干燥无油的空气吹干。

③ 检查验收准则　按 RCCM F6000 附录 FⅡ的规定或 EJ/T 1022.17 第7节的规定。

(7) 阀门性能的检验

核级阀门的出厂检验主要有壳体强度性能、关闭件的强度性能、密封性能、动作性能试验。对样机还必须进行功能性试验。

阀门组装调试后，应采用必要的试验与检验方法来验证阀门是否符合基本性能和技术标准。检验的方法和验收标准应符合 NB/T 20010.9 或 RCC-M B5200、C5400、D5000 的规定。

① 阀门的基本性能

a. 阀门的壳体强度性能。是指阀门承受介质压力的能力。为了保证阀门长期安全使用，必须具有足够的机械强度和刚度。

b. 阀瓣（闸板）的静压强度试验。是指阀瓣（闸板）承受介质压力的能力。

c. 密封性能。是指阀门各密封部位阻止介质泄漏的能力。阀门的主要密封部位有：启闭件与阀座间的吻合面、填料与阀杆和填料函的配合处、阀体与阀盖的连接处。第一处的泄漏叫内漏，它直接影响阀门截断介质的能力和设备的正常运行。后两处的泄漏叫外漏，即介质从阀内泄漏到阀外。对于核级阀门不允许有任何外漏，因而阀门必须具有可靠的密封性能。

d. 动作性能。也叫机械特性，主要包括以下三个方面：

• 启闭力和启闭力矩指阀门开启或关闭所必须施加的作用力或力矩。阀门在启闭过程中，所需的启闭力和启闭力矩是变化的，其最大值是在关闭的最终瞬间或开启的最初瞬间。

• 启闭速度是指阀门完成一次开启或关闭动作所需的时间。启闭速度主要是对有些工况的特殊要求而言，如以防发生水击、以防发生事故等。有的要求迅速开启或关闭，有的则要求缓慢关闭，一般的阀门对启闭速度无严格要求。

• 动作灵敏度和可靠性指阀门对介质参数变化，做出相应的敏感程度。对于节流阀、减压阀、调节阀等用来调节介质参数的，对安全阀、疏水阀等具有特定功能的阀门，其动作灵敏度与可靠性是十分重要的性能指标。

e. 使用寿命。表示阀门的耐用程度。通常以能保证阀门密封要求的启闭次数来表示，也可以用使用时间来表示。

② 试验的压力、持续时间、渗漏量　核级阀门的试验压力如下：

a. 壳体强度试验取室温时阀门最大许用压力的1.5倍；

b. 阀瓣强度试验取室温时阀门最大许用压力的1.1倍；

c. 密封试验取室温时阀门最大许用压力的1倍。

渗漏量：不允许外漏；内漏及保压时间按 NB/T 20010.9、RCC-M 或 ASME 的规定。

③ 试验的介质

a. 水压试验用介质。不锈钢阀门按其清洁度类别，水压试验时 A 类用 A 级水、B 类用 B 级水。碳钢和合金钢阀门按其清洁度类别，水压试验时 B 类用 B 级水、C 类用 C 级水。在进行水压试验时，可使用缓蚀剂或其他防锈措施。

b. 蒸汽。用蒸汽作为试验介质，对蒸汽用阀有直接效果，能发现水压试验时难发现的缺陷，如蒸汽安全阀的鉴定试验要用蒸汽做试验。

c. 空气。气源充足，成本低。用在一般气体阀门的试验介质，试验时应注意安全。

d. 氮气和氩气。属惰性气体，安全可靠，但成本较高，通常应用在核级阀门的密封试验。对于安全壳内的阀门通常要做氩气密封试验。氮气做试验介质主要用于安全阀和一些重要阀门。

④ 阀门试验的原则与要求

a. 阀门的壳体强度试验、密封试验、动作试验以及其他试验应符合国家、行业、企业有关标准和规定。

b. 新采购的阀门应做壳体和密封试验，低压阀门抽查 20%，若不合格应 100%检查；中高压阀门应 100%检查。修理后阀门必须 100%进行压力试验，阀门在安装前，无论新旧阀门，一律经过试验，合格后使用。

c. 液压试验时，应将体腔内空气排净。

d. 阀门试验时的位置应便于检查和操作。

e. 对于允许向密封面注入应急密封油脂的特殊结构阀门，试验时注油脂系统应是空的或不起作用的。

f. 壳体试验前，阀门不得涂漆或其他可能掩盖表面缺陷的涂层。

g. 试验时介质压力应逐渐增高，不允许急剧地、突然地增加压力。

h. 进行密封试验时，在阀门两端不应施加对密封面有影响的外力。

i. 闸阀、旋塞阀、球阀进行密封试验时，阀盖与密封面间的体腔内应充满介质，并应受到试验介质的压力，以免在试验过程中，带压介质注入体腔内，未能发现泄漏。

j. 试验时，密封面应清洗干净，无油迹。

k. 试验中，阀门关闭力只允许一个人的正常体力操作，不得借助杠杆类工具加力（力矩扳手除外）。

l. 带驱动装置的阀门进行密封试验时，应启用驱动装置关闭阀门，还可用手动关闭阀门，进行密封试验。

m. 铸铁阀门不得用锤击，堵塞或浸渍等方法消除渗漏。

n. 阀门在试验中，操作人员应注意安全，正确使用安全装置。对高压试验或危险程度较大的压力试验，操作人员可置于安全区域，用折射镜进行泵压观察。

o. 阀门试验完毕后，应及时排除阀内积水，并用布擦净，进行烘干处理。

26.4 核级阀门设计、制造中的质量保证

26.4.1 引言

(1) 定义

① 质量　一组固有特性满足要求的程度。

② 核安全方针　安全第一、质量第一。

③ 核安全目标　建立并保持对辐射危害的有效防御，保护厂区人员、公众和环境。使工作人员和公众不受过量辐照危害，环境不受污染。

④ 质量保证　为实现质量提供充分把握而进行的一系列有计划、有系统的所有行动。质量保证强调的是取得实现质量的把握而不是事后把关，方式是有计划、有系统的。

⑤ 质量保证大纲　在执行特定合同和完成某项工程时，用于开展质量保证工作的整个管理和程序的描述。

(2) 核安全目标实现的基本措施

① 技术措施

a. 在安全设计方面采用纵深防御的概念和多层屏蔽的措施；

b. 在系统设计方面采用多样性、独立性、冗余的概念以及单一故障专责、失效安全准则等；

c. 在建造过程中始终坚持高标准和高质量的原则；

d. 在安全分析技术方面如事故分析、概率风险分析等方面分析得比较全面。

② 管理措施

a. 核安全立法；

b. 核设施许可证制度；

c. 执行全面的、分阶段的安全审评；

d. 建立严密的多层次的安全监督体系；

e. 对从事核安全设备的设计、制造和安装等单位从管理能力、技术能力、装备条件等方面进行审查和评定；

f. 建立严密的质量保证体系，并保证其有效运转。

(3) 核质量保证

核质量保证的确切提法应是核设施安全的质量保证，高质量的设备和高安全文化的人员是核安全的核心。核质量保证的目的就是“以持续改善实现质量的方法来提高核安全，使安全重要的构筑物、系统和部件的设计、制造、安装、检查和试验达到质量要求”。

核质量保证是以质量保安全，执行不同安全功能的物项按其相对安全重要性而有不同的质量要求和不同深度的质保能力活动。因此，核设施必须实施质量保证，否则核安全得不到保障。

(4) 核质量保证体系的基本要求

核质量保证体系建立的核心是对要完成的任务做透彻的分析、确定所要求的技能，选择和培训合适的人员，使用适当的设备和程序，创造良好的开展工作的环境，明确承担任务者的个人责任等。

核质量保证体系特别强调需要验证的每一种活动是否已正确地进行，是否采取了必要的纠正措施，并要求产生可证明已达到质量要求的文件证据。

(5) 核安全文化的建立

① 核安全文化　是组织和个人具有的特性和态度的总和，它确立一种最优先的考虑，即核设施厂的安全问题及其重要性保证得到重视。

② 核安全文化的体现

a. 每个人对核安全重要性有高度的认识；

b. 工作人员有相应的知识和能力；

c. 高级管理层用行动体现把核安全置于绝对优先地位；

d. 通过引导、建立目标、奖惩制度，以及人们自发的态度而产生重视核安全的积极性；

e. 对工作进行的监督和审查，尊重人们的探索态度；

f. 通过正式的委派，明确的分工使每个人对其各自的责任清楚了解。

③ 核安全文化建设的责任　分决策层、管理层和个人3个层次。决策层责任主要是公布核安全政策、建立管理体制、提供人力、物力和财力等资源。管理层责任主要是明确责任分工、安全工作的安排、管理人员资格审查、培训，奖励、惩罚、监察、审查和对比。对个人的要求是探索的工作态度，严谨的工作方法，互相交流的工作习惯。

④ 核安全设备管理的关键　是管理到位、意识清楚。管理到位是遵守核安全法规，制定正确的程序。意识清楚是使核安全文化深入人心，落到实处，态度积极。程序正确、态度积极是目前规避核电风险的捷径。

⑤ 核安全法规和核安全导则简介

到目前为止国家核安全局有关核质保方面共发布1个核安全法规和10个核安全导则。

HAF003　核电厂质量保证安全规定

HAD003/01　核电厂质量保证大纲的建立

HAD003/02　核电厂质量保证组织

HAD003/03　核电厂物项和服务采购中的质量保证

HAD003/04　核电厂质量保证记录

HAD003/05　核电厂质量保证监查

HAD003/06　核电厂设计中的质量保证

HAD003/07　核电厂建造期间的质量保证

HAD003/08　核电厂物项制造中的质量保证

HAD003/09　核电厂调试和运行期间的质量保证

HAD003/10　核燃料组件采购、设计和制造中的质量保证

26.4.2　质量保证大纲

(1) 概述

核质量保证大纲（以下简称大纲）对核级阀门设计、制造工作的控制做出了规定，每项工作的控制必须符合大纲的要求。

大纲中明确规定负责计划和执行质量保证活动的组织机构，明确规定有关部门和人员的责任和权力。

在设计和制造过程中进行的各项活动的技术方面，必须执行认可的工程规范、标准、技术规格书和经过证实的工艺。必须有保证满足这些要求的程序、细则和计划。

为了完成对质量有影响的工作，必须规定适当的保障条件，为达到要求的质量所需求的适当的环境、设备、技能、控制条件。所有从事对质量有影响的工作人员，必须根据从事特定任务所要求的资格（例如学历、职称、经验和业务熟练程度）进行培训，经过考试取得相应资格，确保工作人员保持足够的熟练程度。

(2) 大纲的管理

① 大纲的编、审、批　大纲由企业的质量管理部门组织编写，核级阀门项目负责人负责审核，由最高管理者批准。

② 颁发　企业的质量管理部门负责大纲编号、登记、发放，保存其发放记录。

③ 程序、细则及图样　凡对核级阀门设计和制造质量有影响的活动，必须按适用于该活动的书面程

序、细则或图样来完成。程序、细则和图样必须包括适当的定性和定量的验收准则，确保各项重要的活动都按该准则完成。

（3）管理部门审查

由企业最高管理者主持召开专题会议，对大纲的状况和适用性进行年度审查，审查着重对下列问题做出综合性评价，并提出书面报告。

① 大纲的监查结果；

② 大纲达到质量目标的整体效果；

③ 随着标准、法规、导则、新技术和环境等变化，对大纲进行修订的建议；

④ 纠正措施的状况；

⑤ 质量发展趋势，事故和故障；

⑥ 人员的资格及其培训；

⑦ 供方大纲实施情况的监控；

⑧ 重大的组织机构变化和人员更换。

26.4.3 组织

（1）责任、权限和联络

① 建立一个有文件规定的质量保证组织体系　确保管理、指导和实施质量保证大纲，明确规定参与质量活动的部门和人员的职责、权限和对内、外联络渠道。

某公司核级阀门质量管理组织机构图见图 26-30。

② 各部门职责和权限　企业凡参与质量活动的部门均以文件的形式规定其质量工作职责，各部门在其职责权限范围内相互配合。

③ 内部接口　企业内与核级阀门设计、制造管理等质量活动有关的部门均为内部接口部门。各部门间传递的文件、资料都必须有专用的标识，并将文件的编制、审核、会签、批准、分发、签收、编目、归档、保管等置于有效的管理之下。

④ 外部接口　市场部、采购部、生产部和技术部等为完成核级阀门产品而与外界有关的部门联络为外部接口部门。这些部门必须按项目以文件（或合同）的形式规定各方的工作界限、按合同项目所确定的需传递的文件资料的类型、分发的范围、分发人和对方接收人，并要明确对方的项目负责人、负责联络的部门和人员、企业相应人员以及联络的方法。

企业对外提供的文件资料要加专用标识，注明文件所处状态，必要处标明尚需进一步评价、审查或批准等未完成的事项。一般由部门负责人批准，重要技术文件要经项目负责人批准。

（2）人员配备与培训

对从事影响质量活动的人员，人力部必须制定相应的人员培训计划。有计划地按工作活动内容培训所需的人员。培训应包括核安全法规、专业知识和质保知识三个方面内容，并有文件表明培训课程内容，教师的姓名、培训日期和参加人员名单，考试成绩，且保存所有的这些记录。

26.4.4 文件控制

（1）概述

为使质量保证体系有效运行，必须对实施大纲所需的或产生的文件编制、审核、批准、颁布、分发、变更进行有效控制，以确保需用文件的工作人员和场所能够及时得到并使用最新有效版本的正确的文件。

（2）文件的编制、审核和批准

为保证有关影响质量活动的文件内容正确、适用，文件产生部门的领导必须授权了解该领域情况、能胜任该项工作的人员负责编制文件，并按文件控制程序履行审核、批准手续。

（3）文件的颁布和分发

为使各部门和工作人员及时得到和使用所需要的有效的文件，相关责任部门必须对设计制造文件和质量管理文件确定分发单位或部门，编制分发名册，并确定分发的份数，制定文件分发总清单。

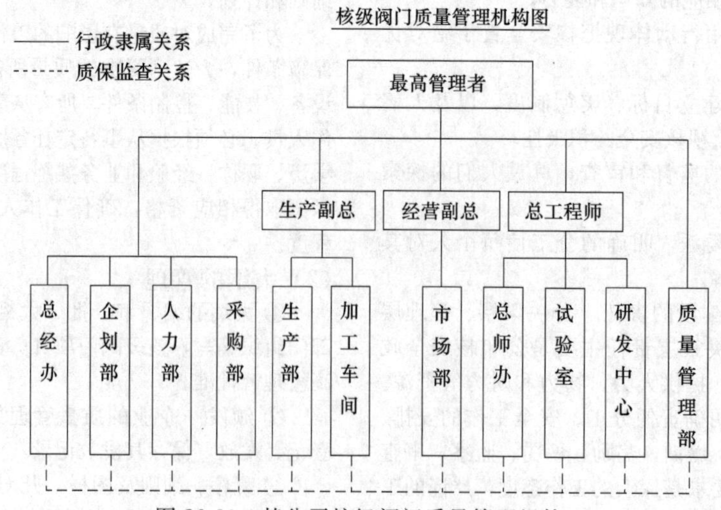

图 26-30 某公司核级阀门质量管理机构

(4) 文件变更的控制

① 当文件需要变更时，必须对文件变更过程本身、被废弃或过时的文件进行控制，并使文件使用者了解文件变更的情况，以避免使用过时的或废弃的文件。

② 执行大纲活动所使用的文件，均有可能发生变更。当文件需要变更时，均由提出或建议变更的部门或个人（不论其是否为原文件编制单位或个人）填写文件变更通知单，经审批后执行。

26.4.5　设计控制

(1) 概述

设计控制是指对从确定设计输入开始，直到发布设计输出文件为止的技术和管理全过程进行控制。必须对设计输入、设计验证、设计变更、设计输出、设计接口、设计分析、设计人员资格等设计活动，制定控制措施并形成程序文件。在设计过程中，对每一项设计活动，都必须由合格的人员，按照预先制定适用的程序去完成。对设计活动要进行验证和监查。验证和监查人员应是独立的、经授权的。

设计过程必须保证把设计要求（除设计输入要求、辐射防护、防火、物理和应力分析、热工、水力、地震和材料相容性以及检查和试验的验收准则等要求外，还包括国家核安全部门的要求、规范和标准等）都正确地体现在技术规格书、图样、程序或细则中，还必须确保在设计文件中规定和叙述合适的质量标准的条款，并对规定的设计要求、质量标准的变更和偏离进行控制。必须审核对产品功能起重要作用的材料、零件和工艺选择的适用性。

(2) 设计分析管理

必须有计划、有组织地进行设计分析。对设计的目的、方法、设计输入、参考资料和计量单位，做相应的分析，保证所确定的有关设计输入（如核安全法规要求、设计基准、规范、标准等）都正确地体现在技术条件、图样、程序、指令或说明书中，以便该技术领域内的合格人员进行审查，并验证其结果是正确的。

(3) 设计接口的控制

① 设计接口是指一个单位、部门或个人的设计责任和设计活动与其他单位、部门或个人的设计责任和设计活动之间的界限和工作衔接。它包括内、外部设计接口。外部设计接口是指本公司的设计责任和设计活动与其他单位的分界；内部设计接口是指本公司内各部门间设计责任分界，设计信息和文件资料的传递等内部衔接活动。

② 设计接口控制的目的是保证各单位所使用的技术要求、设计参数、设计输入、设计输出等的正确性和一致性。

③ 内部设计接口控制中各部门之间的工作责任按公司内管理制度规定执行。部门间传递的设计资料和文件，都必须有专用的标识，并将文件的编、审、批、分发、签收等置于有效的管理之下。

(4) 设计验证

设计验证是审查、确认或证实设计的过程，其目的是保证设计满足所有的工况要求。设计验证的主要方法有设计审查、使用其他计算方法计算（交替计算）、鉴定试验。

(5) 设计变更

① 引起设计变更的原因　至少有如下几项：

a. 样机鉴定试验的结果表明不能满足功能要求；

b. 制造期间的问题；

c. 不符合物项的处理；

d. 设计改进；

e. 买方提出的要求；

f. 国家核安全法规或其他要求的变更。

② 设计变更　当需要进行设计变更时，提出设计变更的单位、部门或个人提交设计变更申请，说明变更理由，提出建议。变更申请报告经原设计部门审批后，方可执行。

(6) 设计输出

设计部门对所有的设计输出都应形成文件，其中包括计算书和应力分析报告等。设计输出要求如下：

① 满足设计输入的所有要求；

② 引用验收准则；

③ 符合有关的核安全法规的要求；

④ 标出与安全和产品主要功能关系重大的设计特性；

⑤ 符合设计输出文件的完整性规定。

26.4.6　采购控制

(1) 概述

为了得到物项或服务所进行的各种活动被称为采购，它包括从提出规定要求开始，到验收该物项或服务为止的全部过程。

为使所采购物项或服务都达到规定的要求，必须对采购予以控制，它包括制定采购控制程序、编制采购计划和采购文件、选择主体供方、签订采购合同、物项或服务的验收采购的物项的不符合项控制等。

确定对某一项采购的物项或服务进行控制的范围或深度，最重要的因素是该物项失效或服务的差错对安全产生的影响。

(2) 对供方的评价和选择

负责按规定的程序要求选择供方，相关的（技术、业务）部门予以协助，质管部依据对供方考核评价和所提供的证据予以确认。

选择和确定供方的主要依据是：

① 供方已建立了完善的，并正在有效运行的质

量保证体系；

② 供方有满足所需物项或服务的技术能力（指技术人员、设计、工艺、检验、试验等能力）；

③ 供方有满足所需物项或服务的生产制造能力和提供服务的能力（指人员技能、装备、手段、材料制备等能力）。

其他需要考虑的还有供方的质量史，现有物项和服务的质量、按期交付的能力、价格、商务条款、担保等因素。

评价供方的活动及其结论必须形成文件。经评价并确认合格的供方，列出合格供方名单，并办理有关审批手续。

(3) 采购计划

在采购活动开始前，根据所需采购物项的明细、文件和生产作业计划，制定采购计划。采购计划中须明确在采购中要完成哪些活动、活动顺序、每项活动由谁完成、使用什么方法或执行什么程序规定去完成、每项活动或阶段的完成时间及其完成的状态。

(4) 采购文件

采购文件是买方为采购所需物项或服务向供方提出的书面要求。采购文件包括图样、技术规范书及适用的程序文件和规定，以及买方合同条款的要求延伸至供方。

内容包括供方完成的工作范围（清单）、技术要求、试验、检查、验收要求，物项形成某一过程的专门证明或特殊细则、质量保证要求，进入供方监督、检查的要求；供方应提交的文件、记录的要求以及不符合项管理的要求等。

采购合同签订后，按合同规定对供方生产过程的质量控制、产品检验进行监督，监督的方法按双方签订的合同或供方提供的质量计划进行。

(5) 对所购物项和服务的控制

通过对物项和服务的验收来验证由供方完成的物项或服务满足了采购文件的各项要求。根据物项或服务对安全的相对重要性、复杂性、数量制定验收计划，选择验收方法（如确认供方的合格证明书、收货检查、源地验证、安装后试验，上述几种方法的某种组合等），并按计划实施验收活动。验收活动要予以记录，形成文件。

26.4.7　物项控制

(1) 概述

对生产制造核级阀门用的原材料、器材、零部件及阀门产品的标识、装卸、储存、包装和运输必须制定程序，按规定的程序进行控制，以防止使用不正确的或有缺陷的物项，防止物项的损坏、变质和丢失，确保阀门在核设施中使用安全。

为物项控制所制定的程序中，要对每一活动需提供或应遵循的文件做详细的规定，对每一活动要求记录的形式和内容也做出详细说明。

(2) 材料、零件和部件的标识

① 标识的目的　“标识”是表明物项的类别、所处状态的识别信息。物项标识及其控制的目的是防止使用不正确或有缺陷的物项。

② 标识的方法　有实体标识（如铸字、钢印等）、实体分隔（如容器分隔、区域分隔）、标记标识、标签标识、记录标识等，应尽可能使用实体标识（图 26-31）。

③ 标识的内容　通常包括材质代号、铸造或热处理炉号、零件编号、零件图号、产品型号、产品出厂编号、生产部门或操作人员代号、质量状态标记、检验状态标记、不符合项报告单编号、扣留标签的编号及其人员签字和日期，以及表示物项所处的检查、试验状态的标识内容等。

④ 标识的代号　为保证产品出现问题时，具有可追溯性，对产品、零部件进行唯一性标识。标识从原材料进厂开始跟踪，到产品出厂具有唯一性。

⑤ 标识的移植　物项的标识在制造的某一工序中，有时被加工掉，操作人员必须将原有的标识内容完全、准确、清晰地移植到完成该工序的物项上。

⑥ 对不符合物项的标识　采用挂红色标签、检印和实体分隔相结合的方式予以严格控制。

(3) 装卸、储存、运输

① 包括在原材料及外购配套件进公司、零件制造、产品组装、试验、包装、入库、产品交付直至运抵买方仓库前的全部过程中。

② 负责物品储存的部门，必须制定和实施物品储存控制程序，保证物品在储存期间保持原有质量状态，物品被领用时防止误发。

图 26-31　物项标识（实体标识）

③ 运输前的验证，必须对要运输的物项（阀门产品或其他物品）进行核对，以确认如下内容：

a. 已满足了所有规定的质量保证要求；

b. 提供的质量证明、产品使用说明书、装箱单和合同要求的其他文件等，已齐全和符合要求；

c. 已按照设计部门的要求和适用的程序进行了保管和包装，包装的标识内容齐全、正确、清楚；

d. 已安排了有经验或经考核合格人员，并使该人员清楚地理解有关装卸和运输程序所规定的内容、作业和执行方法以便正确执行运输作业；

e. 所选用的交通（运输）工具可满足物项运输的要求。

26.4.8　工艺过程控制

(1) 概述

为确保最终的产品质量，必须按规定的要求对影响质量的工艺过程实施有效的控制，以免在零件或产品的作业结束后或使用时才发现不合格。

产品质量的好坏取决于所执行的工艺过程和操作者的技能，且无法以产品最终检查来完全验证其质量，这种工艺过程称之为“特种工艺过程”（如焊接、热处理、无损检验）。

工艺过程控制包括：工艺试验、工艺评定、人员资格、设备、环境条件、实施程序、监督等。

(2) 工艺过程控制文件

工艺过程控制文件包括：图样、技术条件、质量计划、工艺规程、工艺细则（守则）、见证点和停工待检点等重要工序工艺文件和为工艺过程各种不同的活动分别制定的控制程序，如对工艺试验、工艺评定、特殊工艺人员资格、清洗、装配、试验、检验、防腐蚀和污染等制定的控制程序。所有工艺过程控制文件和程序的内容必须使执行该工艺活动的人员准确地理解并正确使用。

① 质量计划　制造质量计划应列有待制造和验收的全部物项和进行的所有工艺，以及要使用的程序、工作细则、试验和检查的流程图或工序表，注明规定的停工待检点和见证点，规定每一种检查或试验需编制的记录类型。需要时，要注明执行某一工艺活动的外协单位的名称。质量计划格式见表 26-30。

② 程序和工作守则　必须对所述的活动详细写明要求什么，为达到要求必须做什么、需要完成哪些验证工作、需要进行什么记录、规定记录的形式及要求等，提供执行活动的全部细节和所用方法。

(3) 特殊工艺

用于阀门生产中使用的特殊工艺如焊接、热处理和无损检验，必须进行工艺试验和工艺评定。根据程序和具体零部件的质量要求，制定工艺试验和评定文件，规定试验和评定的人员资格、设备、环境条件要求，以及具体的试验、评定用技术参数。

(4) 人员资格

执行焊接、无损检验作业的人员，必须在国家核安全局指定的培训机构接受培训并取得资格证明书后方可上岗从事相应的工作。其他工艺作业人员也须有经验和经过培训或考核合格的人员来担任。具体执行按 HAF 602《民用核安全设备无损检验人员资格管理规定》和 HAF 603《民用核安全设备焊工焊接操作工资格管理规定》的规定。

(5) 设备

a. 特殊工艺或进行工艺试验和评定所使用的设备，在使用前应判定和检查其已经过校准和（或）检定，并是合格的，否则该设备不能进行指定的作业。一些特殊工艺使用的设备见图 26-32。

表 26-30　质量计划

<table>
<tr><td colspan="2" rowspan="3">××公司</td><td colspan="4" rowspan="3">质 量 计 划</td><td>版次</td><td colspan="2">A</td><td colspan="2">共×页</td></tr>
<tr><td>状态</td><td colspan="2"></td><td colspan="2">第×页</td></tr>
<tr><td>编号</td><td colspan="4"></td></tr>
<tr><td>产品名称</td><td>×××阀</td><td colspan="4">执行标准：×××</td><td colspan="5" rowspan="3">R——记录点
H——停工待检点
W——现场见证点
G——关键特性
Z——重要特性</td></tr>
<tr><td rowspan="2">型号规格</td><td rowspan="2">×××</td><td>零件名称　阀　体</td><td colspan="3" rowspan="2">材料：×××</td></tr>
<tr><td>图号　×××××-×</td></tr>
<tr><td rowspan="2">序号</td><td rowspan="2">(操作内容活动)</td><td rowspan="2">执行文件(程序)</td><td colspan="3">见证点</td><td colspan="3">实施情况（签名）</td><td rowspan="2">不合格项记录号</td><td rowspan="2">记录文件号</td></tr>
<tr><td>供方</td><td>买方</td><td>第三方</td><td>供方</td><td>买方</td><td>第三方</td></tr>
<tr><td>1-1</td><td>化学成分、
力学性能(G1)
晶间腐蚀检验
表面目视检查
100%超声波探伤检验
和液体渗透探伤检验</td><td>×××</td><td>R</td><td></td><td></td><td></td><td></td><td></td><td></td><td></td></tr>
<tr><td>1-2</td><td>金切加工</td><td>×××</td><td>R</td><td></td><td></td><td></td><td></td><td></td><td></td><td></td></tr>
</table>

 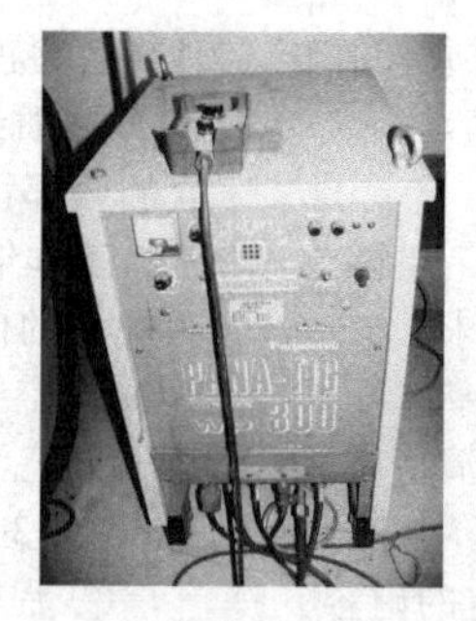 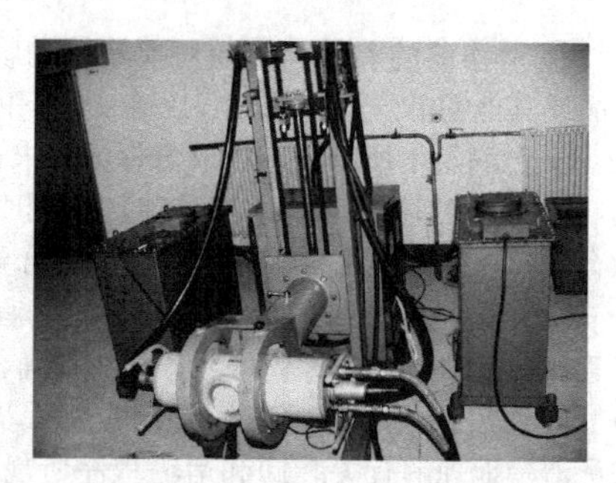

图 26-32 特殊工艺使用的设备

b. 其他工艺所用设备在使用前也必须判定和检查其已经过校准和（或）检定，并是合格的，否则该设备不能进行指定的作业。

(6) 环境条件

容易受到环境条件影响而导致质量不被保证的工艺过程，如焊接、热处理、清洁、装配等应在工艺文件或程序中规定的环境条件下作业。当环境条件不能满足要求时，禁止作业。改变环境条件后经验证合格，方可进行作业。

(7) 工艺过程控制的实施

工艺人员、检验人员和质量监督人员有责任对工艺过程进行监督和检查，他们不受进度和费用的约束，有权停止不符合要求的工艺过程，以控制工艺过程，由合格的人员，使用合格的设备，在符合要求的环境条件下按照预先制定经批准的程序进行，确保工艺过程的质量。

26.4.9 检查和试验控制

(1) 概述

检查是一种质量控制或验证行动。它用检验、观察和（或）测量的方法来确定材料、零部件、系统以及工艺和程序是否符合预定的要求，目的是判定物项的质量特性，根据已定的验收准则来验收或拒收被检查的物项。

用于阀门的检查主要有进货检查、工艺过程检查、产品竣工检查等。在保证质量所必需的每一个工作步骤都应进行检查。

试验是为确定或验证物项的性能是否符合规定要求，而使之置于一组物理、化学、环境或运行条件考核之下的活动，目的是对物项进行鉴定，决定是否可以接受（收）。用于阀门的试验有样品（样机）鉴定试验，压力试验和出厂调试试验。

检查和试验要按照检查计划（或质量计划）、试验大纲、程序和有关文件在合适的环境条件下，由具有资格的人员使用已鉴定合格的设备进行，检查和试验的过程结果要做详细的记录，提出试验结果的报告等。

(2) 程序、检查计划和试验大纲

检查或试验的程序必须明确检查或试验工作应遵守的规则和标准。程序的内容一般包括该检查或试验程序的目的、范围、主要活动和责任者、活动的顺序和工作内容，所使用和产生的文件（如标准、规范、图样、报告等）、全过程的记录要求等。

(3) 检查和试验人员

执行检查和试验的人员，必须经过所从事工作的培训，经考核合格，并用证书或文件证明其从业资格。

(4) 测量和试验设备的标定

检查和试验所用的工具、量具、仪表和其他检查、测量、试验设备和装置都必须具有符合要求的合适的量程、型号、准确度和精度，必须按程序规定进行检定、调整和控制。图 26-33 列出了一些测量和试验设备。

(5) 检查和试验状态的显示

材料、零部件和产品在整个制造过程和交付前按程序要求保持检查和试验（包括试验正在进行）状态的标识，指明经过检查和试验的物项可验收或列为不

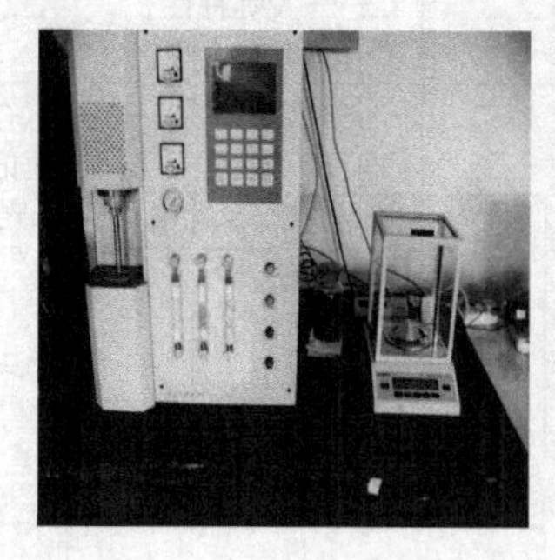 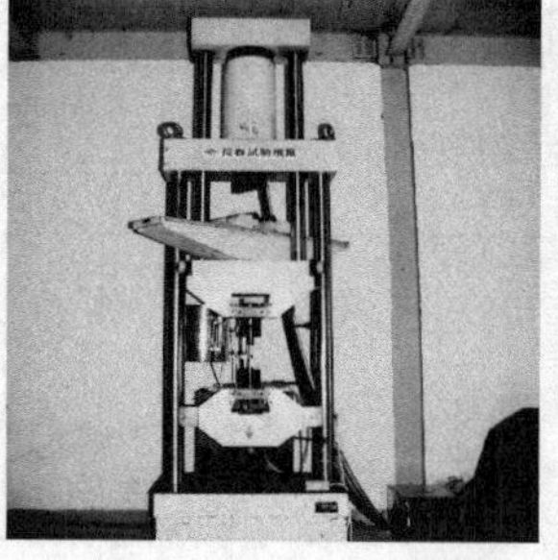 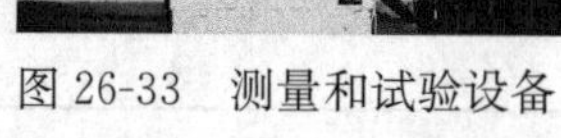

图 26-33 测量和试验设备

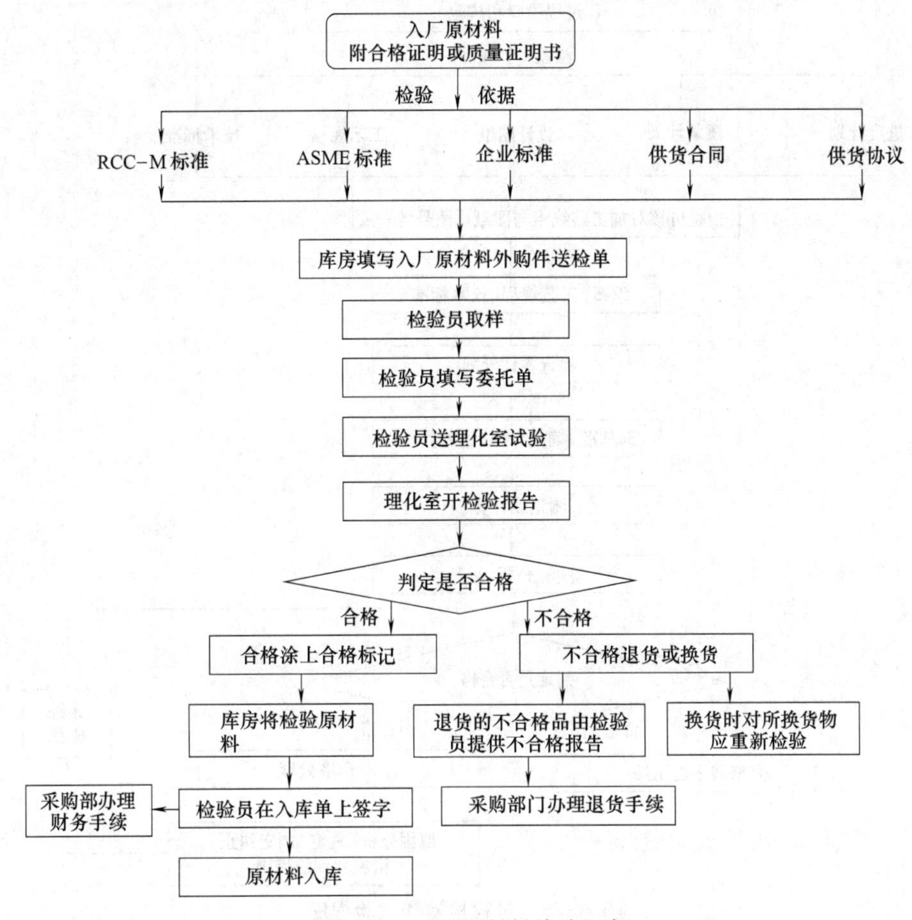

图 26-34　入厂原材料检验程序

符合项，以保证在整个制造过程中只能使用和向买方交付已通过了所有要求的检查和试验的物项。举例说明如下：

a. 原材料入厂进货检验程序见图 26-34。

b. 过程检验和试验程序见图 26-35。

c. 最终检验和试验程序见图 26-36。

26.4.10　对不符合项的控制

(1) 概述

为保证对不符合要求物项的控制，检验员必须用标记、标签或实体分隔的方法来标识不符合要求的物项。必须为不符合要求的物项或带有缺陷的物项制定控制下一步工序或交货的措施。

(2) 不符合项分类

根据不符合物项违背哪种要求，有无方法恢复以及对核安全的重要意义，对不符合物项进行分类，共分为三类。

① 一般不符合项　涉及下列情况中的一项或数项可定为一般不符合项。

a. 没有违反采购合同中规定的要求，也没有违反法规、标准规定的要求，仅违背了供方的内控标准；

b. 出现的缺陷不影响其使用性能、精度、寿命和安全性；

c. 经过返工或修理仍能达到原设计要求和质量标准；

d. 次要部件的少量超差，经设计代表和买方代表同意作为超差回用处理。

② 较大不符合项　涉及下列情况中的一项或数项可定为较大不符合项。

a. 不能沿用原有的技术规范、工艺方案，需要制定新的工艺方案、技术规范或验收准则来处理的；

b. 需要进行设计校核、设计要做较大修改或采取工艺补救措施处理的。

③ 重大不符合项涉及下列情况中的一项或数项可定为重大不符合项。

a. 出现的缺陷已影响其使用性能、精度、寿命、维修性和安全性；

b. 需要经过科学的论证、试验和分析才能确认是否可以接受的；

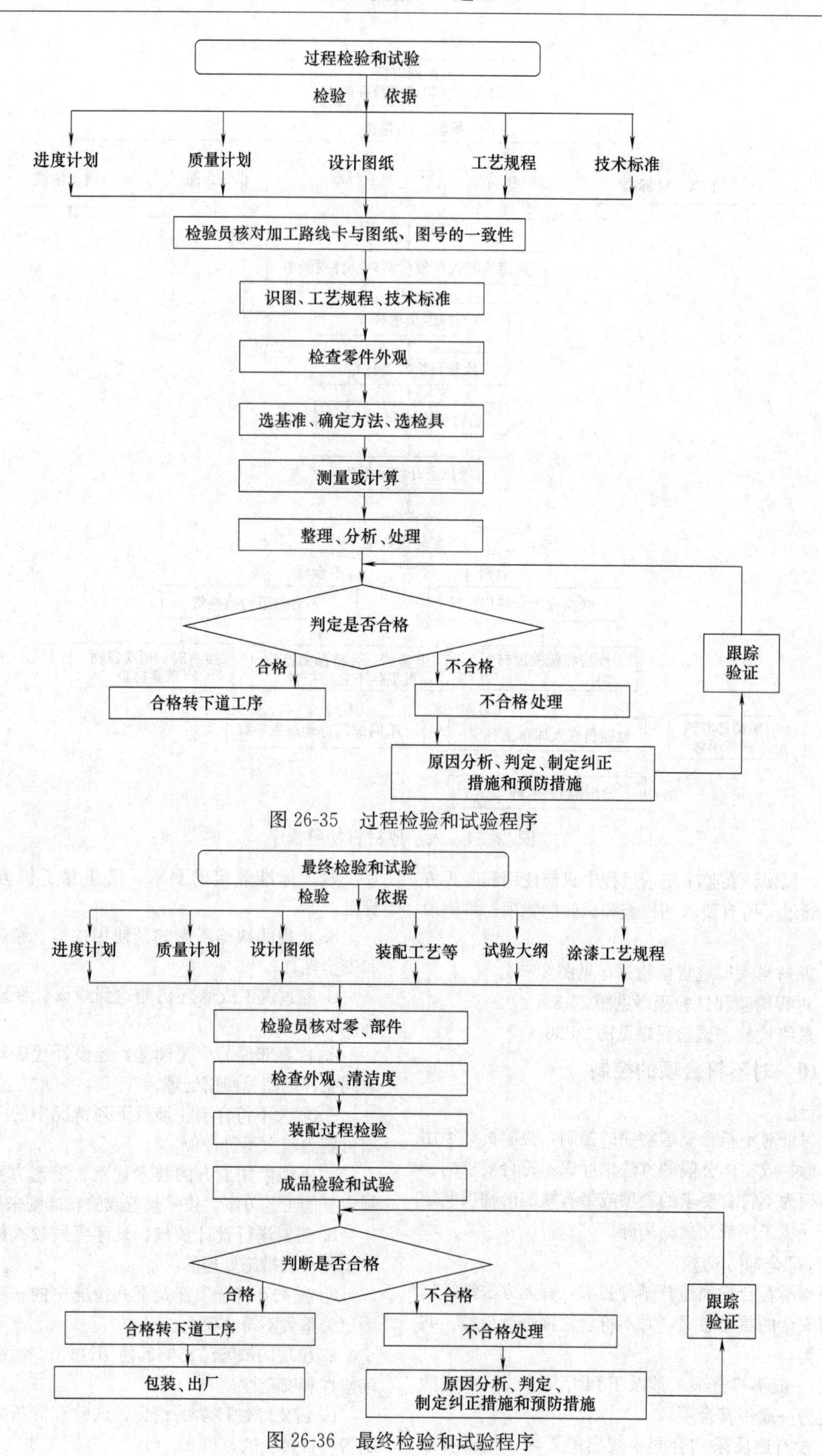

图 26-35 过程检验和试验程序

图 26-36 最终检验和试验程序

c. 需要进行重新设计才能满足要求；

d. 任何可能严重危及工程质量和安全的不符合项。

(3) 不符合项的处置方式

① 照用：物项的功能不受影响，不需要补充作业来纠正其缺陷；

② 返工：通过完善、再加工、再装配或其他纠正措施，使不符合物项符合原规定要求的过程；

③ 修理（返修）：是指把一个不符合项恢复到一种状态的过程，虽然在这种状态下该物项仍不符合原来的技术要求，但其可靠、安全地执行其功能的能力未受损害；

④ 拒收：从技术上考虑无法达到所需的质量。从经济上考虑补充作业或纠正措施没有价值。

要求为接收“照用”或“修理”处置的不符合项，必须做技术上的论证，保存论证记录或文件，作为“竣工”状态的说明。

对经审查确定采用“返工”或“修理”处置的不符合项，必须按制定的返工或修理的工艺规程和要求进行作业。

(4) 不符合项的标识和隔离

检验人员对发现的不符合项，必须马上做出标识，尽可能采用容器或区域方式隔离，控制其未经处理而继续流转和使用。

(5) 不符合项的审查和批准

所有类别的不符合项，都要按控制程序要求由不符合项审理机构进行审查，确定对该不符合项的处置方式，并制定返工、修理的工艺规程和要求。

(6) 纠正行动

质管部应对不符合的报告做定期分析，对发现重复的质量问题和质量趋势及时形成文件，并将该结果报企业最高管理者，以作为审查和评价的内容之一。

26.4.11　纠正措施

(1) 概述

对通过检查、文件审查、使用、监督和监查等活动发现有损于质量的情况，例如软件方面的错误，设备故障、物项的不符合性等，必须进行鉴别、分析原因，编制计划，采取纠正行动，在实施过程中不定期进行检查，及时总结，以保证从根本上防止同类问题的重复发生。

(2) 纠正行动及过程

为防止重复出现有损于质量的情况而采取的纠正行动，包括（但不限于）变更设计、技术条件和工艺，更改现有程序，颁发新程序；将有缺陷的设备退役、进行维修或检定，强制执行程序、工作细则或改变环境条件等。

纠正行动的过程按 PDCA 方法，也称 PDCA 模式，P——策划，D——实施，C——检查，A——处置/总结。即先审查质量问题的反馈信息，对影响质量的情况做具体的分析，确定问题产生的根源（原因），制定纠正措施；审查或评价纠正措施的适宜性和及时性，进行纠正行动；跟踪、监督纠正行动；验证纠正行动效果。

(3) 纠正行动的管理

对于在设计验证、设计文件的使用、制造过程，产品的试验、运行，监查、管理部门审查，买方或国家核安全局监查中发现的有损于质量的情况，各责任部门必须查明起因和采取纠正行动，以防止其再次发生。

对于严重有损于质量的情况，各责任部门必须用文件阐明其起因和所采取的纠正措施，并向质量管理部报告，由质量管理部采取跟踪检查的办法，证实该纠正措施已予以落实。质量管理部必须对在采取纠正措施方面所累积的数据进行分析，以确定有损于质量情况的基本原因和质量趋势。并向总经理报告，作为总经理下次审查和评价纠正措施状态的依据。

26.4.12　记录

(1) 概述

“质量保证记录”是“为各种物项或服务的质量以及影响质量的各种活动提供客观证据的文件”。这种文件可以是录像带、磁带、照片、胶卷、试样、见证件等对质量有定量和定性记载或陈述的证据。

根据 HAD 003/04《核电厂质量保证记录制度》的要求，编制质量记录控制程序。控制设计、制造、检验等全过程中记录的产生、标识、编目、归档、储存、保管和处置，确保记录能提供产品实现过程的完整证据，并能清楚地证明产品满足规定要求的程度。

对记录的基本要求是：产生的记录真实可靠，由合格的人员编制、审查并签字或盖章；收集的记录精练、必要，记录的分类清楚，记录与物项或活动的标识一一对应，记录方式容易辨认，检索和查阅方便，记录的保存期限和处置方法明确。

(2) 记录分类

① 永久性记录　一般表示某一物项的最终状态或某一过程的结果，其作用在于：证明安全运行能力；确定物项发生事故或动作失常的原因；使物项的维修、返工、修理、更换或修改得以进行；为在役检查或退役提供需要的基准数据。

永久性记录有设计技术规格书、设计报告、设计图样、应力分析报告、采购技术要求、不符合项报告、材料性能检测报告、无损检测报告和底片、焊接规程和记录，产品性能试验规程和试验记录、压力试验结果等。

永久性记录的保存期应不短于买方规定的该物项的使用寿命期。

② 非永久性记录　一般是基本活动的程序和记

录，其作用在于证明活动已按规定要求进行。

非永久性记录有设计变更申请书、设计审查报告、图样管理程序、质保监查报告、采购控制程序、接收记录、供方质保能力调查、检查和试验用器具的检定规程和记录、零件检查记录、无损检测规程、工艺规程和工序文件、特殊工艺和检查试验人员资格证书、清洗程序、压力试验程序、质量保证大纲和程序等。

非永久性记录的保存期应按不同类别在程序中规定，但至少不低于7年。当买方规定时，按规定时间保存。

(3) 受控记录的范围及控制要求

"在保存期内需要或可能变更的记录"为"受控记录"。

受控记录的范围包括设计规格书、设计图样、用于设计的规范和标准、采购技术规格书、设计程序和手册、图样管理程序、采购控制程序、无损检测规程、焊接规程、焊接材料管理程序、各种工艺规程和工序文件、工艺程序、检定程序、清洗程序、热处理程序、压力试验程序、装卸、储存、运输程序、质量保证大纲、质量保证程序等。

对受控记录规定其分发、变更和回收要求，以避免使用有缺陷或过期的记录。

(4) 记录的管理

在记录控制程序中应分别列出由买方提供的记录、向买方提供的记录，需要本公司保存的记录清单。对物项或服务的质量占次要地位的资料不能列入清单。记录必须注明日期并经授权人员签字或盖章后方有效。

要对记录的管理情况进行监督和定期检查，以确保记录得到正常管理和保存并随时可以使用。

对于超过规定最短保存期或作废的记录，按公司保密制度进行销毁或处理，必要时要征得营运单位或买方代表同意方可处理。

26.4.13 监查

(1) 概述

通过客观证据的调查、检查和评价，确定所定的质量保证大纲、程序、细则、技术条件、规程、标准、行政管理细则或作业大纲及其他文件是否齐全适用，是否得到切实遵守以及实施效果如何要进行有书面报告的活动。

监查的目的是验证质量保证体系及其文件是否完备和得到有效实施，并对此做出评价，以促使完善体系和使其有效运行；监查主要是查明是否有一个合适的质量保证大纲，质量保证程序是否齐备并文件化；查阅客观证据，判明质量保证大纲正确实施；确定不足之处或不符合性；建议改善质保大纲的纠正措施；评价大纲的有效性；向被监查的部门和单位的管理部门提供监查结果和评价报告，以促使被监查部门、单位和管理者改进工作、完善体系。

内部监查是指一个单位对本单位所进行的监查，外部监查是指一个单位对另一个单位所做的监查。

监查要由对监查范围不负任何直接责任的具有资格的人员（必要时可聘请技术专家参加）按监查计划进行，监查人员必须用文件给出监查结果。

(2) 监查人员资格

监查人员要经过培训或考核取得资格。培训内容包括质量保证的基本原则，核安全法则、导则、标准有关要求，质量保证大纲的要求和程序的规定，监查工作技术、有关核领域内（如设计、采购、加工、装卸、运输、储存、清洗、装配、检查、试验、无损检验、安全）的知识和特殊要求等。应从受教育程度、实践经验、专业知识及能力、人际交往能力、客观、公正、公平、正直、善于发现问题等方面进行考核。监查员由管理者代表授权。主监督员必须由总经理授权。

监查人员的主要工作是通过与质量保证大纲对比，调查研究质量保证要求的实施情况，而不是调查研究被监查领域的工作或工程的实施情况。

监查人员必须具有足够的权限和组织独立性。

监查人员必须对所监查的领域不负任何直接责任。

监查人员代表总经理和质保负责人行使监查的权力，对于严重违反质量保证规定、不积极采取纠正措施、对核安全构成威胁的活动有权停止工作，并向最高管理者或核安全监督机关报告。

(3) 监查计划

监查计划分总的监查计划和单项监查计划。

总的监查计划应包括监查的类型、监查质量保证大纲或其他组成部分的总的进度安排、每次将要监查的主题、监查的频度、监查的部门或单位、预定的监查日期、参考的以往的监查文件或合同。要定期检查计划的执行情况，根据需要予以调整或修订。

单项监查计划包括监查的范围、要求、监查组成员、要监查的活动、需要通知的单位、适用的文件、具体进度安排和执行监查的提问单（检查清单）。

在出现下列一种或多种情况时，必须安排追加的监查计划并进行监查：

① 有必要对质保大纲的有效性进行系统和独立的评价时；

② 在签订合同或发送订货单前，有必要确定供方执行质保大纲的能力时；

③ 已签订合同并在质保大纲执行一段时间后，有必要检查供方在执行质保大纲、有关的规范、标准和其他合同文件中是否行使所规定的职责时；

④ 对质保大纲中规定的职能范围进行重大变

更时；

⑤ 在认为由于质保大纲的缺陷会危及物项或服务的质量时；

⑥ 有必要验证所要求的纠正措施的实施情况时。

(4) 监查的组织

质量部门按总的监查计划，根据被监查领域适时挑选监查组长（主监查员）和监查员组成监查组。监查组长要编制单项监查计划、分配任务、领导小组做好监查准备工作。应有足够的时间进行监查准备工作。

要适时由监查小组向被监查部门或单位发出监查通知单，通知单应包括监查范围、依据、监查活动时间安排，监查组长和成员姓名，对监查要做的说明等。

(5) 监查的执行

对于要监查的质量保证大纲的每一方面，都要审查质量保证大纲、规程、程序、指令（说明书）的完整性和适用性；在被监查的工作领域内查找是否有执行程序、指令（说明书）的证据；对已验收的工作（如产品、设计计划和图样等）进行随机抽样和复查，比较结果与要求相符。

检查工艺控制和记录，证实符合规定要求；有特殊工艺要求时要检查有关人员培训和资格考核的记录。这些工作可以使用审查文件、会见人员、现场见证、追踪工艺过程、利用独立的试验、检查或检测手段确认等方法依照事先编制的监查提问单（检查清单）进行。

(6) 监查后的工作

监查后的工作包括监查后会议、监查报告、答复和后续行动（或代表）。

监查后会议由全体监查人员、被监查部门或单位的管理者及有关人员参加，由监查组长负责做出监查总结和纠正措施建议（规定如何采取纠正措施的责任在于被监查单位，监查小组不负任何责任），澄清任何误解。

监查报告要在监查后会议之前拟好，由监查组长签字。被监查部门或单位代表也应在报告上签字，报告要分发给监查和被监查部门及单位的管理部门。监查报告的内容应包括：监查的目的和范围、调查结论的综述、纠正不符合性和缺陷的建议、对答复的要求和有关人员（监查成员、主要接触人员、培训人员）名单等。

后续行动是指必要时由监查单位接收对监查报告的书面答复，对答复做出评价、确认已按计划采取了纠正措施，以及被监查部门或单位向监查单位报告实施纠正措施中所取得的进展。

(7) 记录

对于监查活动要保存的记录有监查计划、监查报告、完整的监查提问单（检查清单）、监查员资格（考核）记录、纠正措施计划、纠正措施完工报告，这些记录应作为质量保证记录加以保存，用以评价质量保证大纲，保存期为 7 年。

26.5　故障诊断及维修方法

26.5.1　概述

在核电站的设备中阀门虽然只是配件，但是它的作用却不容忽视，因为阀门对核电站的正常、安全和可靠运行具有极为重要的作用。由于在核电站内阀门的使用量大面广，可以说几乎核电站的每一个系统都离不了阀门，不同类型和作用各异的阀门安装在不同的回路、管道和动力设备上。以一座由两套百万千瓦级机组装备的压水堆型核电站为例，阀门用量就需约 3 万台。虽然阀门的投资额占核电站总投资额的 2% 左右，而每年核电站花费在阀门上的维修费用却要占维修总额的一半以上。其中一些重要的阀门产品，如主蒸汽隔离阀、稳压器安全阀和主蒸汽安全阀等也都属于核电站中的关键设备。还有不少应用在一回路系统各种核级阀门都直接关系到核电站的正常和安全运行，不允许出现任何差错。由于核电站中阀门故障率较高，特别是一回路系统各种核级阀门大部分工作在高温、高压和高剂量辐射的恶劣环境中，所以阀门的磨损和失效比较严重。阀门在安装、使用过程中发生故障是经常的，而且是不可避免的。

由于核电站建设的投资大，成本回收周期长，如停工一天造成的经济损失约合人民币上千万元。所以通过正确分析阀门发生故障的原因，采取适宜的解决方案，消除故障，并采取适当的改进措施，避免故障的再次发生，尽量减少维修次数和缩短维修周期，保证设备的安全是非常必要的。

26.5.2　故障诊断

由于核反应堆一回路系统的输送介质的特殊性，大多带有放射性，所以核电站一回路系统阀门一旦出现故障，危害更大，故障的处理也更困难，这就要求阀门使用单位及阀门制造单位对故障处理要更加慎重，故障处理人员要熟悉各种阀门设备的结构及功能，才能正确分析、判断发生故障的原因，采取适当的故障检测方法，包括运行监督，各种检查（目视检测、探伤、阀门前后压差或流量检测等），对重要的设备配置专门的诊断系统（引漏系统、氦气检漏系统、探测系统等）进行故障诊断。

维修性方案是把维修性要求与装备结构和性能的特点相结合的设计方案。它是对装备总体研究的组成部分，它必须在一开始就与其他设计方案特别是可靠性设计紧密结合，全面衡量，统筹安排。

26.5.3 故障维修

阀门的维修分为预防性维修和修复性维修两种。

(1) 维修的工作目标

确保核级阀门达到规定的维修性要求，以提高阀门的完好性并能完成其预期功能。减少对维修人员及其他资源的要求，降低系统全寿命费用，并为其全寿命管理提供必要的信息。

(2) 预防性维修

预防性维修是指按计划对阀门进行的定期维修检查。预防性维修的主要目的是通过定期的维修保养、调试检查及定期换件校证、检修来避免、减少或消除故障的后果。通过适用而有效的预防性维修工作，以最小的资源消耗保持和恢复设备安全性和可靠性的固有水平。预防性维修可以恢复和提高设备的性能，但却增加了运行和维修费用。这时重要的是如何确定合理的检修周期，一方面检修周期不可太长，因为这样可能会发生设备故障，另一方面检修周期也不能太短，因为这样不但检修费用上升，而且不必要的拆卸和装配而导致的阀门性能的下降。预防性检修周期的确定可参考阀门的相关标准和技术文件，安装阀门的目的和位置，使用条件、使用的频繁程度、重要程度和其他因素等。预防性检修周期在很大程度上取决于经验数据，并结合阀门所在系统的检修周期而进行。

预防性维修工作计划包括下列内容：

① 所要完成的维修性工作项目；

② 完成各工作项目的具体措施及评定与控制工作项目进度与质量的方法；

③ 进行每项维修性工作的单位、人员及其职责；

④ 说明维修性和诊断工作与其他工作的内容及进度如何协调，以保证工作项目所提出的数据能够纳入保障性分析记录，避免重复工作；

⑤ 维修性各工作项目的进度及所需的工作量；

⑥ 维修性评审的时机、要点、程序和方法；

⑦ 维修性信息收集、传递的内容和程序；

⑧ 补充的工作项目和对工作项目的改进建议；

⑨ 采用的维修性设计资料。

阀门的维修项目应包括下列内容：

① 垫片、填料及非金属密封件是否过时失效，是否有渗漏；

② 检查阀杆在填料函区内是否被划伤；

③ 检查阀杆与阀杆螺母梯形螺纹的磨损情况；

④ 启闭时是否灵活或有异常响声；

⑤ 弹簧是否松弛失效，工作状态是否正常；

⑥ 阀瓣是否有振荡或频繁启闭现象；

⑦ 密封面的渗漏和磨损情况，密封副间是否失去密封性而产生介质渗漏；

⑧ 阀门内腔以及阀瓣与导向面之间是否有污垢堆积；

⑨ 安全阀的调节圈与调节圈紧定螺钉转动是否灵活；

⑩ 调节阀中介质的不可调流量超过允许值；

⑪ 紧固件是否失效；

⑫ 波纹管阀门中波纹管是否失效；

⑬ 零部件锈蚀。

驱动机构的通常维修项目至少包括下列内容：

① 指示灯和开度指示器是否失灵或工作状态不正常；

② 行程控制机构、转矩限制机构是否失灵或工作状态不正常；

③ 气源信号、气源控制开关、空气过滤器工作是否正常；

④ 密封件与润滑脂是否过时失效，润滑脂量是否足够；

⑤ 微动开关、电气元件、气动元件是否过时失效或工作状态不正常或有异常响声；

⑥ 测定电气元件的绝缘电阻。

预防性维修前应按维修计划制定检修大纲，按阀门装配总图和使用维修说明书上的规定进行检修。检修后应按所属的专用技术条件进行测试、试验、调整或调试。

已被放射性污染的阀门或其零部件，在检修前应先进行去污后方能检修。经过维修的阀门及其零部件应有详细记录并存档备查。

(3) 修复性维修

修复性维修是阀门出现故障后所进行的非计划性维修。由于此维修是突发的，对核级阀门的维修要制定维修准备工程师控制制度，在得到维修工作指令后，先期介入现场勘查，在故障诊断后，分析发生故障的原因，做好维修的准备工作，阀门所在系统提供维修的必要条件，维修单位（一般是阀门制造单位）提出维修的方案，维修方案一般包括防护、维修步骤、维修所需工艺工装及需要更换的零部件，维修后的验收标准，维修记录等要求。使用单位及技术责任单位等有关部门组织对维修方案进行评审，评审合格后才能实施。已被放射性污染的阀门或其零部件，在维修前应先进行去污后方能维修，维修时要做好防护工作，维修后应按所属的专用技术条件进行测试、试验。对维修过程及维修零部件应有详细记录，并存档备查。记录的基本内容至少应包括：损伤评估结果、应急抢修措施、所需保障资源清单等。对带有放射性的维修所用工具及更换的零部件应妥善处理。

(4) 维修后改进

每次阀门故障处理后，都要及时总结，通过正确分析阀门发生故障的原因，采取适当的改进措施，避免故障的再次发生，确保阀门的工作性能及设备安全。

26.5.4 常见故障原因、处理及预防

(1) 泄漏

阀门泄漏分内漏和外漏两种：阀门的内漏主要影响阀门的功能，而阀门的外漏，特别是核反应堆一回路系统阀门输送的介质大多带有放射性，不但造成介质的流失，而且对周围的设备及人员构成事故隐患，污染环境，影响极大。

① 阀门内漏的主要原因、处理及预防

a. 阀门的关闭力不够。主要是由于阀杆与阀杆螺母使用一段时间后发生损坏，平面轴承使用后发生损坏，阀杆与填料压盖安装不合适，填料压盖压偏，造成部分位置间隙过小，高温时材料膨胀等原因造成。

处理：拆卸阀杆及阀杆螺母或平面轴承，检查磨损情况，如无缺陷，清除磨削物及污垢，如有损坏，进行更换后，重新装配。

预防：使用时注意阀杆与阀杆螺母之间，平面轴承的润滑，保持灵活。

b. 试压、安装、使用介质不干净造成阀体阀座与闸板（阀瓣）的密封面出现划痕、擦伤。主要是由于现场试压工装、介质不干净，安装过程中有异物留在回路中，回路运行一段时间后异物接触到密封面等原因造成。

处理：拆卸阀门，检查密封面磨损情况，如磨损不严重，可重新研磨密封面对密封面进行修复，如密封面损坏严重，需对密封面缺陷部位进行补焊后，重新研磨密封面，然后重新进行装配。

预防：试压、安装过程中要严格进行控制，避免密封面出现磕碰划伤。

c. 杂物恰好卡在接合部位或底部造成阀门关闭不到位。

处理：拆卸阀门，取出异物，检查密封面是否有损坏，如有，按上述方法进行处理后，重新装配阀门。

预防：安装过程中要严格控制检查。

d. 电动阀门限位开关调试不到位。

处理：重新调试电动装置限位开关。

阀门发生内漏后，要及时进行原因分析，查出原因后，进行修复或更换零部件。注意试压工装介质的清洁，安装时注意回路的清洁。

② 阀门外漏的主要原因、处理及预防

a. 阀体和阀盖连接法兰处泄漏。阀体和阀盖连接法兰是通过紧固螺栓压紧垫片实现密封的，其产生泄漏的原因有以下几个方面：

• 螺栓由于热冲击作用而产生应力松弛，造成螺栓的预紧力不够；或螺栓拧的不均匀。

• 垫片硬度高于法兰，或老化失效或机械振动等引起垫片与法兰结合面的接触不严。

• 接触面精度低（有沟槽、削纹等），以及被介质腐蚀或渗透漏。

• 装配时垫片偏斜，局部预紧力过度，超过了垫片的设计极限，造成局部的密封比压不足。

处理：如现场不具备拆卸条件，可松开阀体与阀盖中法兰所有螺栓，重新均匀对称紧固螺栓。检修时解体阀门，更换密封垫片，重新装配阀门，按规定预紧力均匀对称紧固螺栓。

阀门设计时要对螺栓预紧力进行计算，并在图纸上给出螺栓预紧力矩范围，阀门装配时用力矩扳手对螺栓预紧力进行控制，均匀对称施加预紧力。定期更换密封垫片。提高密封面的加工精度。设计时采用多重密封结构，防止泄漏。

阀体和阀盖连接是内压自密封结构，一般高温高压阀门多采用此密封结构，这种结构具有密封性能好，温度和压力变化时都能良好密封，中法兰不承受工作介质的压力和结构紧凑等优点。其产生泄漏的原因有几个方面：预紧力不够；密封圈及自压密封部位有损伤；阀体内腔变形。

处理：如低压时泄漏，高压时不漏，可能是螺栓预紧力不够，松开所有螺栓，重新均匀对称紧固螺栓。如低压、高压时都发生泄漏，可能是密封圈及自压密封部位有划伤，或阀体内腔变形。需拆卸阀门，检查阀体自密封部位及密封圈，如阀体自密封部位有损坏，需进行研磨修复，如阀体自密封部位无损坏，只是密封圈有损坏，更换密封圈后，重新进行装配。

阀门设计时要对低压密封时所需螺栓预紧力进行计算，应有足够的预紧力，在预紧力的作用下，密封环产生弹——塑性变形，对阀门中腔进行密封。减少密封圈拆装次数。因为在试验压力或高温高压工作介质的作用下，密封环发生塑性变形，每次拆装，自压密封圈及阀体自压密封部位表面有不同程度的划伤现象，影响密封。

b. 填料处泄漏。阀门在使用过程中，阀杆由绕其轴线的转动和在轴线方向的上下移动两种运动形式组成。随着阀门开关次数的增加，阀杆与填料之间的相对运动的次数也随之增多，使填料的磨损增加。另外，填料由于使用时间长，出现老化现象或失去了弹性，使填料的接触压紧力逐渐减弱。这时，压力介质就会沿着填料与阀杆的接触间隙向外泄漏。

处理：发生填料泄漏时，一般通过增加填料压盖的预紧力来补偿填料磨损而失去的填料密封力。在阀门检修时更换填料，更换填料前应了解填料的密封机理，掌握填料和相关标准、切口方法和安装要求。应全套更换填料，不允许个别层更换填料。

• 用填料钩掏旧填料时，不可以伤及阀杆和填料函表面，填料函底部要清理干净。

• 如解体更换填料，检查阀杆与填料接触的表面

和填料函的内壁应光滑无伤，能感觉到的拉痕、麻坑、脱皮或腐蚀等缺陷，都要报告设备工程师。

• 阀杆的弯曲度超过 0.2mm，均须向设备工程师报告。

• 新填料应完整无损坏，无变色，无松弛（预压过的填料）。用新填料在阀杆和填料函试装一下，检查填料外形是否符合要求。

• 检查新填料备件与拆下的旧填料条数是否相同，如果数量不一致，应向设备工程师报告，并查证。

• 膨胀石墨填料尽可能的不用切口型，采用解体阀门套装为好，若采用切口方式，应避免出现介质流向的贯穿通道。

• 填料组件装入填料函中时应一层一层装入，并保证每层都装到底，使用一种专用对开环可以达到此目的，对有切口的填料，原则上层与层间的切口错位90°，禁止采取把填料组装入整体下压的行为。

• 用力矩扳手紧固压紧填料时，根据给定的力矩应对称和分段施力，随时观察填料法兰的平行度和中心孔与阀杆的对中性，最后达到规定的力矩。

• 更换填料后，阀门需要进行手动（气动或电动）试验，检查填料是否过紧，有无异响或抖动等现象。

在阀门设计时尽可能采用升降杆结构而不采用旋转升降杆结构，减少填料与阀杆之间的摩擦力，延长填料使用寿命。

(2) 启闭不灵活

主要原因有：阀门导向装置之间间隙过小或偏移，零部件发生锈蚀，阀门控制系统故障。拆卸阀门，检查导轨与导轨槽是否有干涉摩擦亮点，如两端都有亮点，说明导轨与导轨槽之间间隙过小，需增加导轨与导轨槽之间间隙，如一端有亮点，需调整导轨与导轨槽之间相对位置。如零部件发生锈蚀，需对生锈零部件除锈或更换。如控制系统发生故障，需进行检修。在设计配合间隙时，必须考虑材料不同的热膨胀系数。

(3) 阀门的振动和噪声

节流阀、调节阀和减压阀等控制阀门的振动和噪声关系到设备的安全和寿命以及人员的身心健康。气流的扰动是控制阀内产生振动和噪声的根源。介质在阀内的节流过程也是其受摩擦、受阻力和扰动的过程，因而产生各种各样的涡流。例如介质通过节流处或转弯处以及分流时，都会产生涡流。当涡流的激振频率同机械元件的自振频率耦合或者同管道内纵向气柱声驻波、横向气柱振荡、热动力冲击、气动动力冲击、气动动力压缩或其他不稳定的流动产生压力波耦合，就会产生共振。此时，振动和噪声将增加，对设备的损坏程度将扩大。一般是改变管道和阀门的几何形状，控制阀门的自然频率和激振频率，避免由于它们的相互耦合而产生谐振。节流阀、调节阀和减压阀等控制阀门的振动和噪声还与阀门的压差有关。

机械振动是阀门流体不均匀压力的紊流冲击阀杆头部引起的。由于在阀杆头部和执行器运动不稳定时，在液体压力的作用下，阀杆上产生不平衡的上下方向的运动力，继而产生零件的疲劳破坏。造成阀门导向间隙不同心引起振动。

预防措施：

• 将容易承受紊流形式的柱塞节流结构变为节流罩节流结构；

• 将悬壁梁顶尖导向方式改成节流罩导向方式；

• 缩小导向间隙；

• 选用刚性导向和柱塞头；

• 为减少紊流流动时的涡流，避免扩大和缩小阀座以外的通道。

(4) 阀门零部件的磨损

振动经常会引起阀门上某些部件的异常磨损。除此之外，即使在正常运行条件下也会由于材料的匹配问题、经常性的操作以及维护不当引起磨损，影响阀门的功能。拆卸阀门，对磨损零部件进行修理或更换。要注意按推荐的检修周期对易损件进行维修或更换。

(5) 静态腐蚀

阀门密封不严和较长时间停运、存放、维护保养不当的情况下，阀门零部件可能会发生腐蚀。受腐蚀的部件就会失去应有的功能，引起阀门故障。润滑不好则会引起阀门零件生锈。拆卸阀门，对腐蚀或生锈零部件进行修理或更换。这些都可以通过阀门的良好维护加以避免。

参考文献

［1］ RCC-M—2000. 压水堆核岛机械设备设计和建造规则.

［2］ NB/T 20010.1—2010. 压水堆核电厂阀门 第1部分：设计制造通则.

［3］ HAF 003. 核电厂质量保证安全规定.

［4］ 中华人民共和国国务院令 第500号. 民用核安全设备监督管理条例.

［5］ HAF 601. 民用核安全设备设计制造安装和无损检验监督管理规定.

［6］ HAF 602. 民用核安全设备无损检验人员资格管理规定.

［7］ HAF 603. 民用核安全设备焊工焊接操作工资格管理规定.

第 27 章　油罐阀门

27.1　概述

油罐专用阀门属于自动阀门类，分为呼吸阀和液压安全阀两类。

呼吸阀的内部结构是一个低压安全阀（即呼气阀）和一个真空阀（即吸气阀）组合而成的，习惯上把它称为呼吸阀。

呼吸阀是利用重力、弹簧或膜片张力等来启闭阀门的，用于控制油罐内气体空间压力、抑制蒸发损耗，保护油罐免遭破坏。

液压安全阀是利用液封油高度产生的压力和液封作用来控制油罐内气体空间压力的。

27.2　呼吸阀

27.2.1　术语、用途、技术要求及型号编制方法

（1）术语

① 操作压力　当呼吸阀通气量达到额定通气量时，石油储罐气体空间的压力称为呼吸阀的操作压力。

② 开启压力　通气过程中，当呼吸阀的阀盘呈连续“呼出”或“吸入”状态时的压力称为呼吸阀的呼气开启压力，或呼吸阀的吸气开启压力。

（2）用途

呼吸阀是一种用于常压罐的安全设施，它可以保持常压罐中的压力始终处于正常状态，用来降低常压储罐内挥发性液体的蒸发损失，并保护储罐免受超压或超真空度的破坏。

呼吸阀和液压安全阀安装于同一油罐。正常情况下呼吸阀对油罐起保护作用，当呼吸阀因故障失去保护作用时，液压安全阀对油罐起保护作用。所以，液压安全阀的控制压力比呼吸阀的控制压力大 5%～10%。

（3）技术要求

① 呼吸阀阀体应能承受不小于 0.2MPa 的水压，无渗漏和永久变形。

② 呼吸阀的开启压力分为五级，见表 27-1。

③ 全天候呼吸阀耐低温性能的要求是在空气相对湿度大于 70%，最低温度为（−30±1)℃时，经过 24h 的冷冻，其阀盘的试验开启压力应符合表 27-1 的规定，其允许偏差，正压时为 −20～0Pa，负压时为 0～20Pa。

④ 呼吸阀的泄漏量的标定以 0.75 倍的控制压力作为试验压力，其值应符合表 27-2 的规定。

⑤ 阀盘部件工作时，动作应灵敏可靠；动作完成后应保证密封。

表 27-1　呼吸阀开启压力分级表

等级	开启压力 p_s /Pa	等级代号
1	+355，−295	A
2	+665，−295	B
3	+980，−295	C
4	+1375，−295	D
5	+1765，−295	E

注：正号表示呼出时开启压力，负号表示吸入时开启压力。

表 27-2　呼吸阀的泄漏量

规格 *DN*	≤150	≥200
泄漏量/(m^3/h)	<0.04	<0.4

（4）型号编制方法

呼吸阀的型号由产品名称、产品类型、公称直径、开启压力四个单元组成。呼吸阀的型号表示方法见图 27-1。呼吸阀的名称代号为 GF，GF 是由“罐”和“阀”两个汉字的汉语拼音字头组成的。结构类型代号见表 27-3。开启压力代号见表 27-1。

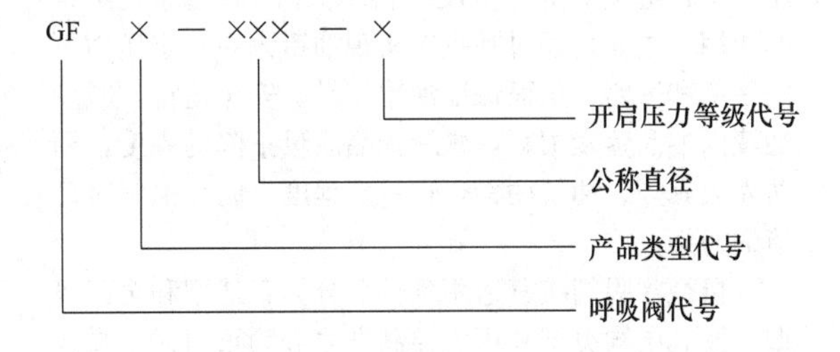

图 27-1　型号编制方法

表 27-3　呼吸阀结构类型代号

产品结构类型	代号	操作温度/℃
全天候	Q	−30～60
普通型	P	0～60

示例：开启压力为+980Pa和−295Pa，公称直径为 *DN*150 的石油储罐全天候呼吸阀表示为GFQ150-C。

27.2.2 类型

根据控制压力采用的结构类型，油罐专用阀门的种类见图27-2。

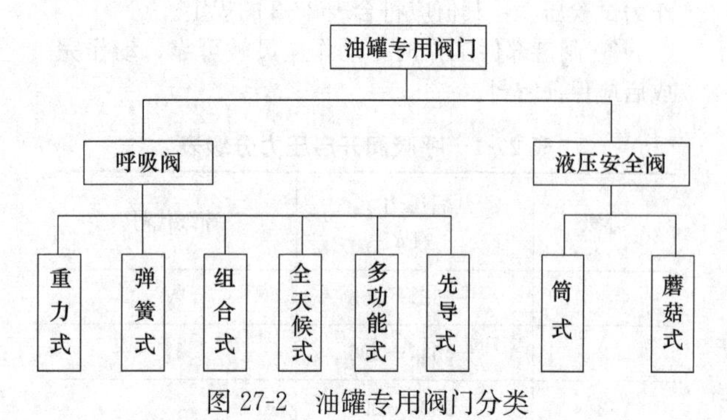

图27-2 油罐专用阀门分类

27.2.3 结构

目前石油化工企业中常用的呼吸阀可分为两种基本类型：机械呼吸阀和先导式呼吸阀。

(1) 机械呼吸阀

油罐呼吸阀是油罐呼吸系统的核心部件，一般由压力阀、真空阀、阀体组成。其原理是利用阀盘自身重量（或弹簧的张力）来控制油罐的呼气正压（压力）和吸气负压（真空值）。

当罐内气体空间的压力在呼吸阀的控制压力范围之内时，呼吸阀不动作，保持油罐的密闭性；当油罐内气体空间的压力升高，达到呼吸阀的控制正压时，在油罐内压力的作用下正压阀打开，气体从油罐内逸出，使油罐内的压力不再升高；当油罐内气体空间的压力下降，达到呼吸阀的控制负压时，在大气压的作用下，真空阀打开，空气进入油罐内，使油罐内的压力不再继续下降（负压不再增大）。油罐呼吸系统的作用，主要是通过呼吸阀实现油罐内在一定压力下的平衡和密闭，从而保证油罐正常、安全运行，减少油罐内油品蒸发损耗，减缓油品质量下降的程度，预防着火爆炸、油气中毒，在一定程度上防止油气对环境的污染。

机械呼吸阀按其适用条件可分为普通型和全天候型；按其结构类型和压力控制方法分为重力式、弹簧式和重力弹簧组合式；按阀座的相互位置分为分列式和重叠式。

① 重力式机械呼吸阀（图27-3） 由阀体、压力阀盘、真空阀盘、导向杆等组成，是利用阀盘重力来控制油罐内气体空间压力的一种呼吸阀，主要用于地上油罐和半地下油罐。

重力式呼吸阀的结构，压力阀和真空阀的阀盘是互不干涉的，独立工作。罐内压力升高时，呼气阀动作，向罐外排放气体；罐内压力降到设定的负压以下时，吸气阀动作，向罐内吸入大气。压力阀阀盘和真空阀阀盘既可并排布置，也可以重叠布置。在任何时候呼气阀和吸气阀不能同时处于开启状态。

图27-3 重力式机械呼吸阀

重力式机械呼吸阀为保证阀盘具有足够的重量和刚度，防止运行中阀盘跳动与阀座碰撞产生火花，阀盘一般用钢合金或铝合金制造；为防止冬季阀盘与阀座冻结在一起，阀座顶部宽度（密封面）一般大于2mm。尽管如此，实践证明这种呼吸阀用于寒冷地区时，仍然有阀盘与阀座冻结在一起的现象发生，而且严密性不太好，静止状态常有油气泄漏现象。

重力式呼吸阀控制压力与阀盘的关系：重力式呼吸阀的控制压力是由阀盘的质量决定的（包括阀盘自重、加重块质量和其他附加物质量。当 p 为控制正压时，m 为正压阀盘的质量。当 p 为控制负压时，m 为负压阀盘的质量），其阀盘质量与控制正、负压之间的关系为

$$m=\frac{\pi d^2}{4g}p \tag{27-1}$$

式中 m——阀盘重量，kg；

d——阀座内径，mm；

p——呼吸阀控制压力，Pa。

当油罐允许压力用 $H_水$ 表示，则呼吸阀控制压力 $p=H_水/(1000\rho_水)g=H_水 g$，将其带入式（27-1），则得阀盘质量 m 为

$$m=\frac{\pi d^2}{4}H_水$$

式中 $H_水$——用液柱高度表示的油罐允许压力，mmH_2O；

$\rho_水$——水的密度，$\rho_水=1000kg/m^3$。

② 弹簧式机械呼吸阀（图27-4） 由阀体、（压力、真空）阀盘、（压力、真空）弹簧、支架等组成，是利用弹簧的张力来控制油罐内气体空间压力的一种呼吸阀，控制压力较大，主要用于卧式油罐和油罐车。

③ 重力弹簧组合式机械呼吸阀 由阀体、（压

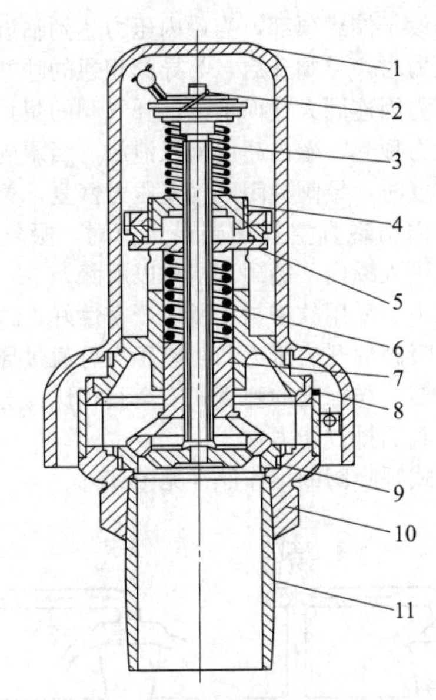

图 27-4 弹簧式机械呼吸阀

1—阀罩；2—压力弹簧；3,6—支架；4—上阀盘；5—阀座；7—下阀盘；8—真空弹簧；9—阀体；10—阀套；11—连接管

力、真空）阀盘、（真空）弹簧等组成，是利用阀盘的重力来控制油罐内正压的，利用弹簧的张力和（真空）阀盘重量来控制油罐内真空度。组合式机械呼吸阀的结构有两种形式，其主要区别是进出气口的外形有所不同。一种是用于地上、半地下油罐，一种是用于巷道式油罐。图 27-5 是用于巷道式油罐的重力弹簧组合机械呼吸阀结构示意图。

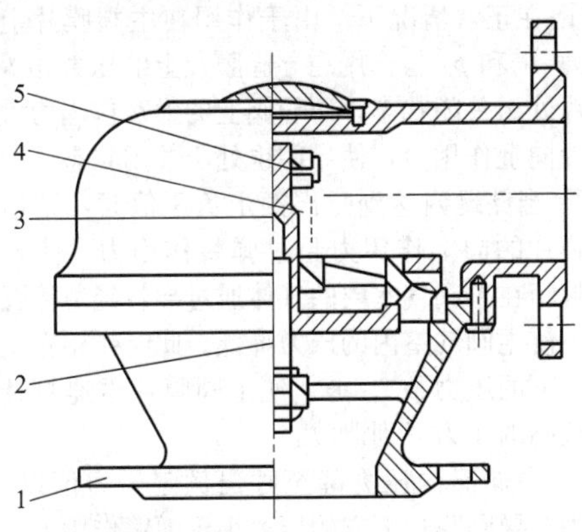

图 27-5 重力弹簧组合式呼吸阀

1—压力阀盘；2—真空阀；3—阀座；4—导向杆；5—金属防护网

这种形式的机械呼吸阀适用于各种类型的立式油罐，供油罐大小呼吸使用。对地面油罐和半地下油罐，可直接装在油罐顶上（装在半地下油罐时，出口弯管要引出地面）呼吸短管上，可实现呼吸阀在下，阻火器在上的科学合理安装，克服呼吸阀在上，阻火器在下存在的缺陷；对巷道式油罐，其控制压力为2156Pa（220mmH_2O），负压为637Pa（65mmH_2O），正压可用重块调节，负压可用（真空）弹簧调节。

④ 全天候机械呼吸阀　由阀体、（压力、真空）阀盘、（压力、真空）阀座、导向杆等组成。其特点是阀座相互重叠的立式机构，阀盘密封面与阀座密封面是带氟膜片垫的软接触，或者密封面上嵌入聚四氟乙烯。这种呼吸阀不易结霜、冻结，适用于寒冷地区油罐使用。

全天候机械呼吸阀，是针对寒冷地区油罐呼吸阀结霜、冻结，使呼吸阀失去对油罐保护作用，在原呼吸阀的基础上研制的一种呼吸阀，解决了寒冷地区油罐呼吸阀容易结霜、冻结问题。

图 27-6 所示为FC型全天候呼吸阀，其使用环境温度为－30～60℃，具有在低温下工作的能力，常与全天候阻火器配套用于寒冷地区。

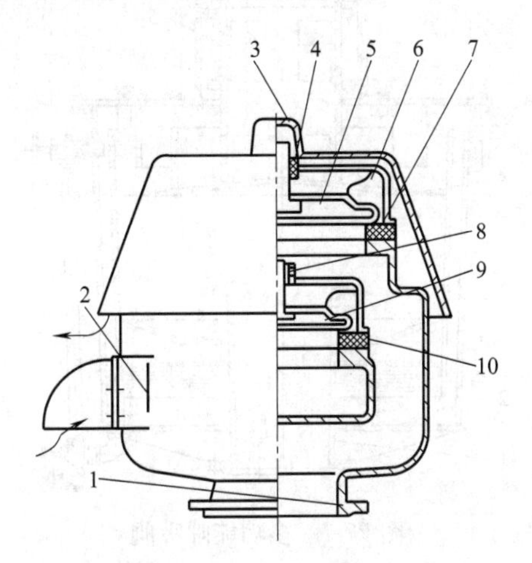

图 27-6 全天候呼吸阀

1—阀体；2—吸入空气口；3—阀罩；4—压力导向杆架；5—压力阀盘；6—接地线；7—压力阀盘座；8—真空阀盘导向架；9—真空阀盘；10—真空阀盘座

FC型全天候呼吸阀具有通气量大，泄漏量小，耐腐蚀等特点，特别是阀内设有静电输出机构，使其与罐体保持等电位。操作压力为负压 294Pa（30mmH_2O），正压A型为353 Pa（36mmH_2O），B型为 980 Pa（100mmH_2O），C 型为 1764 Pa（180mmH_2O）。

⑤ 多功能呼吸阀　（图 27-7）由内外壳体、压力阀组件、真空阀组件、（压力、真空）阀座、内壳体盖、防火组件、通气防尘罩等组成，是利用阀组件重量和配重盘来控制油罐内压力的，用于地上、半地下油罐。

多功能呼吸阀是在总结油罐系统存在问题（阻火器在呼吸阀下安装，呼吸阀排出口朝下）而研究设计的一种新型呼吸阀。它解决了油罐呼吸系统存在的呼吸阀在下，阻火器在上，以及呼吸排气朝下的不合理、不科学问题。

（2）先导式呼吸阀

先导式呼吸阀（图 27-8）由带导阀的泄压阀（呼气阀）和真空泄压阀（吸气阀）组成，两阀先后动作来联合完成呼气或吸气动作。导阀借助合适的材料制成的薄膜来控制主阀的动作，由于导阀采用薄膜结构，薄膜面积大，故在很低的工作压力下，仍可以输出足够的作用力来控制主阀的动作。在导阀开启前，主阀不受控制流的作用，关闭严密，无泄漏现象。主阀的密封是采用软密封，故可达到气泡级密封。在API 620《大型焊接低压储罐设计与建造》中推荐使用先导式呼吸阀，有利于达到所需的控制精度，有利于保证安全生产。

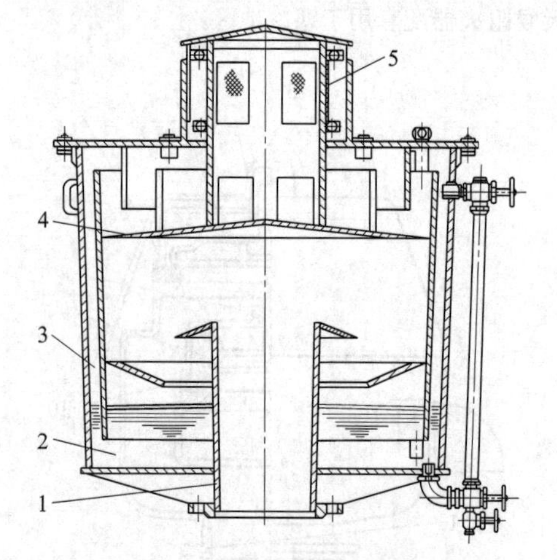

图 27-7　多功能呼吸阀

1—中心管；2—阀底；3—阀体；4—阀盘；5—保护网

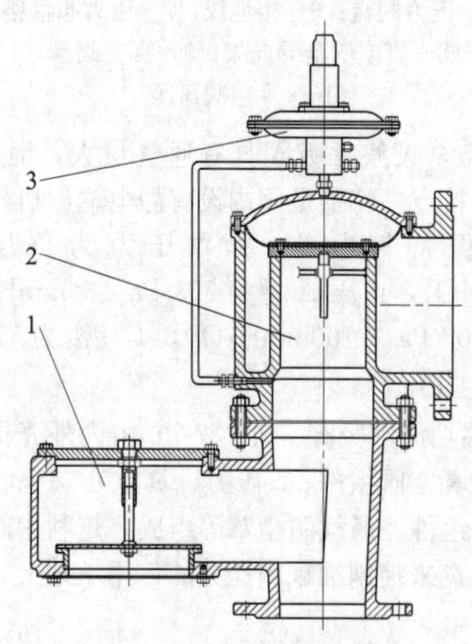

图 27-8　先导式呼吸阀

1—吸气阀；2—呼气阀；3—导阀

该阀设于储罐顶部，当罐内压力达到临近呼气阀的设定压力时，导阀开启，与导阀相通的呼气阀上部气室内压力因连同大气而下降，呼气阀的膜片和阀盘被罐内压力顶起，罐内超压得以泄放。当罐内压力降至一定程度时，导阀关闭，气室压力恢复，关闭呼气阀。当罐内出现真空且达到设定值时，吸气阀盘开启，空气进入罐内，储罐真空得以解除。

该阀由于采用软密封，所以严密性好，减少产品损失。呼吸阀的开启压力和回座压力可通过导阀方便灵活地调节，与标准的弹簧式安全阀相比，对相同进出口经该阀的排放能力大。

先导式呼吸阀的工作原理见图 27-9。

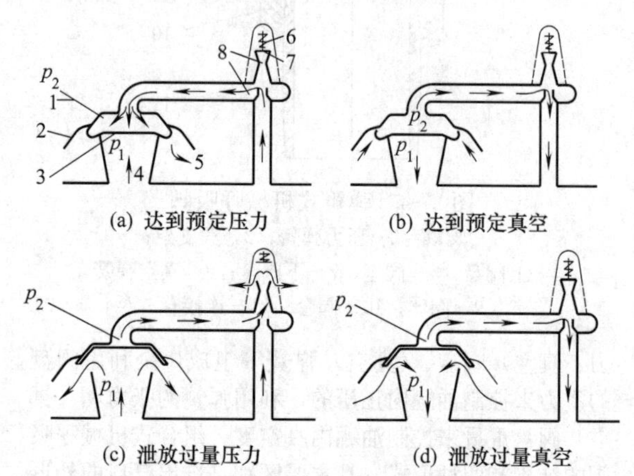

图 27-9　先导式呼吸阀工作原理

1—主阀气室；2—主阀；3—主阀膜片；4—进口；5—出口；6—导阀；7—导阀膜片；8—节流孔

① 在正常情况下，由于作用在主阀膜片上、下的压力 p_1 和 p_2 与作用在导阀膜片上的压力相等，主阀膜片处于关闭状态，而导阀上的弹簧作用力大于导阀膜片向上作用力，使导阀也处于关闭状态。

② 当储罐内达到呼出额定负压值时，则作用在导阀膜片的向上作用力超过弹簧作用力，使导阀开启，封闭在主阀气室内的气体通过导管经节流孔向外泄放，使主阀气室内的压力降低。此时作用在主阀膜片上、下的压力 $p_1 > p_2$，使主阀膜片迅速打开，储罐内超高的压力得到泄放。

③ 当储罐内压力降至呼出额定压力值以下时，则作用在导阀膜片下方的压力小于弹簧作用力，导阀被关闭。储罐内的气流通过导管进入主阀气室，使压力 $p_1 = p_2$，由于主阀膜片上方（气室一侧）受压面积大于阀座下方的受压面积，主阀膜片紧密关闭，达到最佳密封状态。

④ 当储罐内压力处于真空状态并达到额定负压值时，存在于主阀上方气室的气压 $p_2 > p_1$，气室内的气体通过导管经过节流孔进入储罐，使气室压力下降，外部的大气压力致使主阀膜片开启，并在阀内形

成气流，从而解除系统真空。大气压力通过导管经过节流孔而进入气室使主阀关闭。

先导式呼吸阀的一个显著特点是，定压范围可低于0.5oz/in²（盎司/英寸²）（21.97mmH_2O），因此可用于低压储罐上。此外，由于该阀设计成“导阀一旦打开，主阀就完全打开；导阀一旦关闭，主阀就迅速关闭”，因此，在泄压时达到最大流量的超压非常小，可以忽略不计，当阀门在吸气时，由于导阀不起作用，因此，超负压的作用等同于阀盘式呼吸阀。先导式呼吸阀的不足之处是，该类呼吸阀中有些设计是在储罐压力比呼吸阀定压低得多时它才关闭，增大了呼吸损耗，选用时应当注意。

27.2.4 呼吸阀的计算

(1) 确定呼吸量

呼吸阀的计算内容主要是确定呼吸量，呼吸量按下列条件确定：

① 储罐向外输出物料时，造成储罐内压力降低，需要吸入气体保持储罐内压力平衡；

② 向储罐内灌装物料时，造成储罐内压力升高，需要排除气体保持储罐内压力平衡；

③ 由于气候等影响引起储罐内蒸气压增大或减少，造成的呼出或吸入（通称热效应），热效应引起的呼吸气量见表27-4；

④ 火灾时储罐受热，引起蒸发量剧增而造成的呼出。

前三个原因引起的呼吸量叫正常呼吸量，后一个原因引起的呼吸量叫火灾呼吸量。

(2) 火灾呼吸量的计算

对于不设保护设施（如喷淋、保温等）的储罐，火灾时排气量的计算可查表27-5，该表的使用条件是1atm（绝）和15.6℃。

对于设计压力超过1atm（绝）的储罐和容器的润湿表面积大于260m² 时，火灾时的总排气量可按如下公式计算：

$$C_{HF}=1107A^{0.82} \tag{27-2}$$

式中 C_{HF}——排气量，ft/h［以14.7lbf/ft²（绝），60℉空气表示，相当于1atm（绝）和15.6℃时的空气排气量］；

A——润湿表面积，ft²。

表27-4 热效应引起的呼吸气量

罐的容积 /m³	热效应引起的吸入气量（适用各种闪点）/(m³/h)	热效应引起的呼出气量 /(m³/h)		罐的容积 /m³	热效应引起的吸入气量（适用各种闪点）/(m³/h)	热效应引起的呼出气量 /(m³/h)	
		38℃闪点以上的油品	38℃闪点以下的油品			38℃闪点以上的油品	38℃闪点以下的油品
9.46	1.69	1.10	1.69	5564.3	877.82	538	877.82
16.89	2.83	1.69	2.83	6359.2	962.77	594.65	962.77
79.49	14.15	8.45	14.15	7154.4	1047.72	651.29	1047.72
158.98	28.3	15.108	28.3	7949.0	1132.67	679.6	1132.67
317.96	56.63	33.98	56.63	9538.8	1245.104	764.55	1245.104
475.104	84.95	50.97	84.95	11128.6	1359.21	822.32	1359.21
635.103	113.26	67.96	113.26	12718.6	1472.47	877.82	1472.47
794.91	141.58	84.95	141.58	14308.2	1586.74	962.77	1586.74
1589.83	283.17	169.9	283.17	15898.0	1699	1019.4	1699
2384.74	424.75	254.85	424.75	19077.6	1926.54	1160.99	1926.54
3179.65	566.34.	339.8	566.34.	22257.2	2123.76	1274.26	2123.76
3974.57	679.60	424.75	679.60	25436.8	2324.99	1416.84	2324.99
4769.4	792.87	481.39	792.87	28616.4	2548.53	1529.11	2548.53

注：1. 热效应呼吸气量指在1atm（绝）和15.6℃时，以空气为介质经试验测得的数据。
2. 本表原文为英制单位，表中的公制单位数据由英制单位换算得出。
3. 表中未列出的储罐容量的计算值可用内插法算出。

表27-5 火灾时紧急排气量与润湿表面的关系［在1atm（绝）和15.6℃条件下的计算值］

润湿面积 /m²	排气量 /(m³/h)	润湿面积 /m²	排气量 /(m³/h)	润湿面积 /m²	排气量 /(m³/h)	润湿面积 /m²	排气量 /(m³/h)
1.858	597.5	9.290	2973.3	32.52	8156.24	111.484	15772.26
2.787	894.81	11.148	3567.92	37.161	8834.842	130.06	16621.96
3.716	1192.14	13.006	4263.57	46.452	10024.15	148.645	17386.52
4.645	1492.3	14.86	4757.22	56.742	11100.2	167.23	18094.44
6.574	1789.62	16.723	5380.2	66.032	12119.59	186.806	18746.72
6.803	2085.105	18.581	5974.85	74.322	13082.36	229.67	19936.03
7.432	2384.275	23.226	6767.62	83.613	13960.18	260.13	21011.07
8.361	2684.432	27.871	7503.95	92.903	14838.0	260.13以上	

27.2.5　呼吸阀的性能试验

试验时，呼吸阀应正确安装在试验台上。装置上不应有泄漏现象。管内壁应平整光滑，不得有凹凸不平现象，并应清理干净。

(1) 阀体压力试验

阀体压力试验所用介质为5～35℃的清水。试验时，压力应逐渐提高到0.2MPa，不得急剧增加。保压时间为10min，压力应保持不变，且无渗漏，无永久变形，视为合格。

(2) 开启压力试验和通气量试验

① 测试介质　开启压力和通气量试验所用介质绝对压力为0.1MPa，温度为20℃，相对湿度为50%，密度为1.2kg/m³的空气。若空气不是此状态，应换算成此状态。

② 测试装置　试验装置如图27-10所示。试验装置上的测试管内径截面积，应大于或等于呼吸阀的连接法兰接管的流通面积，其管内壁应平直，不得有弯头、阀门等影响气流稳定及增加压力损失的附件。

③ 接管要求　接管内径 d 与呼吸阀连接法兰公称直径相同，与储气罐相接的出口边缘为圆滑过渡(图27-11)，同时应无毛刺和可见损伤。

④ 测量口要求　测量口应在气流稳定的测试管中间，距两侧的弯头或阀门的距离应大于或等于 $4d$，测量口与测试管相连的下面出口边应无毛刺。

⑤ 开启压力试验　呼吸阀开启压力是在试验中，当呼吸阀的阀盘呈连续“呼出”或“吸入”状态时的压力。

试验时，将被测呼吸阀安装在储气罐接管法兰上，调节管线上的阀门，使储气罐内的压力逐步升高或降低。将阀盘调整到使其处于关闭状态，由连续的微压计上读出压力值，每分钟读一次，然后再将阀盘分别转动90°、180°重复上述试验，每一工况重复三次，取平均值。试验结果应符合表27-1的规定，允许偏差正压为－20～0Pa，负压为0～20Pa，呼吸阀动作灵敏可靠，完成动作后应保证密封。

⑥ 通气量测量

a. 精度等级应为0.5～1.0级风速仪探头垂直管壁插入测量口内，对不同位置的测点进行测量。

b. 在方形测试管内测试平均气流速度时，应将其管内截面划分成若干相等的小截面，各小截面的形状宜接近于正方形，小截面数目应不少于9个，见图27-12，在每个小截面的中心测量气流速度。

c. 在圆形测试管内测量气流平均速度时，应将管内的截面划分成若干相等的环状小截面，各环共用一个圆心，测点位于测量截面的对称轴上（图27-13），各

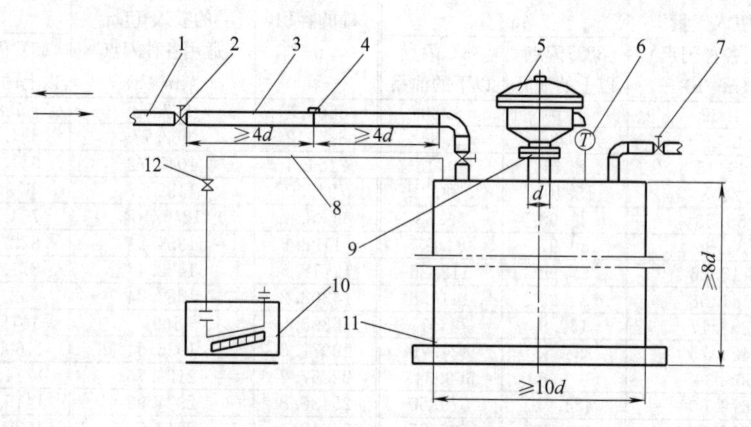

图27-10　呼吸阀开启压力和通气量试验装置

1—接风机管；2,12—阀门；3—测试管；4—测量口；5—被测呼吸阀；6—温度计；7—放空阀；8—胶管；9—接管；10—微压计；11—储气罐

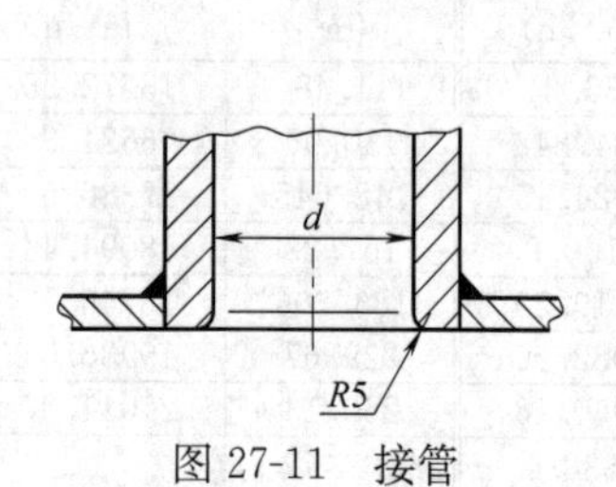

图27-11　接管

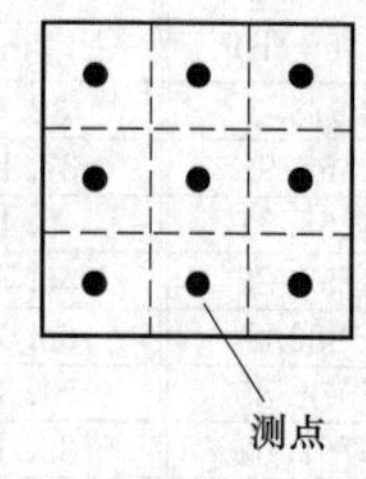

图27-12　矩形测试管内截面划分

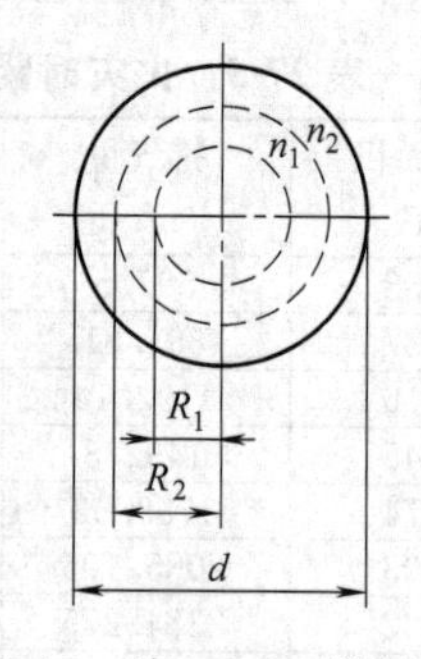

图27-13　当 $n=2$ 时测点半径

测点距中心的距离 R_i 为

$$R_i = R\frac{2I-1}{2n} \tag{27-3}$$

式中　R_i——从测试管中心到测点的距离，mm；

R——测量管半径，mm；

I——从测试管中心算起的圆环顺序号；

n——测试中在横截面上划分的圆环数量，其数量按表 27-6 规定选用。

表 27-6　横截面上的圆环数量

测试管内径/mm	50	80	100	150	200	250	300	350
圆环数量 n	1	2	2	2	4	4	4	5

d. 测量通气量应在操作压力下进行。每个测点每分钟读流速值一次，共读三次，计算得算术平均值，即为截面内的气流平均速度值。通气量 Q 为

$$Q = 3600Av \tag{27-4}$$

式中　Q——通气量，m^3/h；

A——测试管流通截面积，m^2；

v——流通截面内的气体平均速度，m/s。

（3）泄漏量试验

① 测量介质　试验所用介质绝对压力为 0.1MPa，温度为 20℃，相对湿度为 50%，密度为 $1.2kg/m^3$ 的空气。若空气不是此状态，应换算成此状态。

② 测试装置　见图 27-14。试验架的一侧连接微压计，另一侧连接流量计，并与稳压罐连接。稳压罐内的正压或负压由动力源上的管线阀门切换来实现，其压力值由调压阀控制。

③ 泄漏量测试　泄漏试验压力为 0.75 倍的开启压力，其值由微压计上读取。泄漏量的值由流量计上读出（流量计的精度等级应为 0.5～1.0 级）。各测量值每分钟读取一次，共读三次，取其平均值，其结果应符合表 27-2 的规定。

（4）全天候呼吸阀低温试验

将被测呼吸阀安装于试验架上放入低温箱内，当低温箱内的温度降到－15～－14℃，同时向呼吸阀与低温箱内连续输入相对湿度不小于 70% 的常温空气。在阀盘未启前达到呼吸阀内外结霜，再使低温箱内温度降到－30℃。经 24h 恒温后，将试验架一侧连接微压计，另一侧通过存有常温空气的稳压罐与空气动力源相接，当呼吸阀的阀盘处于开启状态时，读取压力值。上述试验重复三次，每次都应符合表 27-1 的规定，允许偏差正压为－20～0Pa，负压为 0～20Pa，呼吸阀动作灵敏可靠，完成动作后应保证密封。

27.2.6　呼吸阀的特点

① 为防止阀盘与阀座碰撞产生火花，阀盘通常用铜合金或铝合金制造，导杆一般用不锈钢制造。为防止冬季阀盘结霜、冻结，阀座顶部宽度不大于 2mm，但冻结现象仍有发生。

② 为防止因导向杆锈蚀或倾斜妨碍呼吸阀的正常工作，呼吸阀必须垂直安装。

③ 机械式呼吸阀的密封面较小，严密性较差，在未达到开启压力时，常有微量气体泄漏。

④ 弹簧式机械呼吸阀的上阀盘和下阀盘贴合在一起，结构紧凑，体积小，重量轻。这种呼吸阀对阀盘重量没有要求。

⑤ 组合式机械呼吸阀，阀盘组件的重量控制油罐内正压，弹簧组件控制油罐内真空度，正负压阀盘组件组合在一起，具有结构紧凑，体积较小的特点。

⑥ 全天候呼吸阀密封面上采用了增强聚四氟乙烯材料，具有防止结霜、冻结的特点。

⑦ 多功能呼吸阀的特点是将呼吸阀、阻火器设计为整体，改进了油罐呼吸系统阻火器在下的结构，并采用了全天候呼吸阀的防冻措施，具有防火结构合理，维修时可将防尘罩、防火组件、内壳体盖、真空阀组件、压力阀组件逐件取出，减轻了劳动强度，方便了操作。

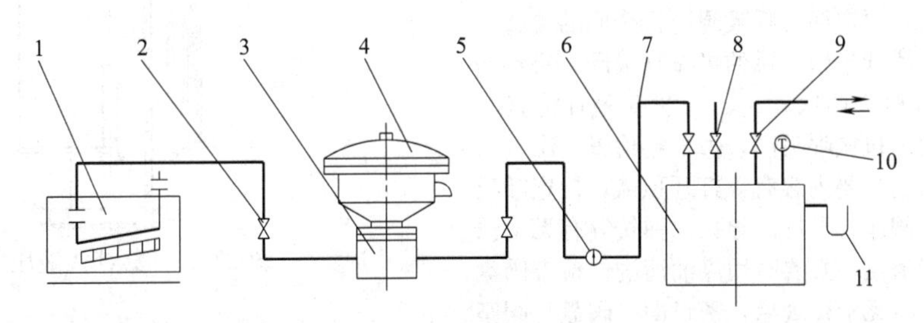

图 27-14　呼吸阀泄漏量试验装置

1—微压计；2—阀门；3—试验架；4—被测呼吸阀；5—流量计；6—稳压罐；7—胶管；8—调压阀；9—接空气动力源管；10—温度计；11—U 形压力计

27.2.7 呼吸阀的作用

呼吸阀是保证储罐使用安全及减少“呼吸耗损”的一种重要设备。当储存易挥发介质时，就应当采用呼吸阀，而不应当是通气管。因为通气管使储罐内空间与大气相通，使储液的蒸发损耗增大。呼吸阀使储罐内的空间与大气隔绝，只有当罐内压力达到呼吸阀额定呼出正压时，罐内气体才能排出；同样，也只有罐内真空度达到吸入负压时，空气才被吸入，这样可以减少“小呼吸”损失。如果在设计和选用呼吸阀时，能使呼吸阀的呼吸压力差略大于日夜温差所引起的罐内气体压力差，则“小呼吸”损失可以避免。

27.2.8 呼吸阀的安装位置及选用

呼吸阀安装在固定顶储罐的顶部，靠近中心位置，对容积大于或等于 $200m^3$ 的储罐，应注意避开罐顶中心管的加强筋。呼吸阀安装时，必须垂直，以免卡杆卡住。呼吸阀组装后，应进行严密性检验、风压试验等。利用呼吸阀来调节储罐的正压或真空度。对常压储罐，一般情况下，呼吸阀开始起跳的压力，压力活瓣为 $180mmH_2O$（$1mmH_2O=9.80665Pa$），真空活瓣为 $-30mmH_2O$。

呼吸阀的规格和数量，根据储罐储存介质的输送量来选择。根据呼吸阀的气体流速，一般均高于储存介质的进出流速，因此，可按照与进出口管截面积相等的条件，来选择呼吸阀的直径，但对于气温可能急变的地区，或可能向罐内输入大量与罐内原有储存介质温度相差很大的新储存介质时，呼吸气量可大量增加，就应当选择更大截面的呼吸阀，必要时应通过计算确定。

呼吸阀的选用，还应根据使用条件与地区的条件，考虑防冻、防腐蚀问题。

27.2.9 机械式呼吸阀在储罐上的维护保养

机械呼吸阀常见故障有漏气、卡死、黏结、堵塞、冰冻、生锈以及正压阀和真空阀常开等。机械呼吸阀在冬季使用时，当气温在0℃以下时，每周至少进行一次检查，防止阀盘与阀座因寒冷结冰粘住而失灵，应该擦去凝结在阀盘与阀座上的水珠，如果已结冰，应将冰除去，要定期对呼吸阀进行全面的检查与维护。对于地面罐和半地下罐的机械呼吸阀，每年的一、四季度每月检查两次，二、三季度每月检查一次，对于油库内的机械呼吸阀，每半年检查一次。

检查与维修的主要内容有，打开顶盖，检查呼吸阀内部的阀盘、阀座、导杆、导孔、弹簧等有无生锈和积垢，并进行清洁，必要时用煤油清洗；检查阀盘活动是否灵活，有无卡死现象，密封面（阀盘与阀座的接触面）是否良好，必要时进行修理，由于密封面的材料为有色软金属，在对其研磨时，要选用较细的研磨剂；检查阀体封口网是否完好，有无冰冻、堵塞等现象，擦去网上的锈污和灰尘，保证气体进出畅通；检查压盖衬垫是否严密，必要时进行更换；给螺栓加油。

27.3 液压安全阀

27.3.1 筒式液压安全阀

筒式液压安全阀（图 27-15）由储液槽、悬起式隔板、安全阀罩盖、加油管等组成。它与呼吸阀安装于同一座（地上、半地下）油罐。

27.3.2 蘑菇式液压安全阀

蘑菇式液压安全阀（图 27-16）由中心管、阀底、阀体、阀盘、保护网等组成。它与呼吸阀安装于同一座（地上、半地下）油罐。

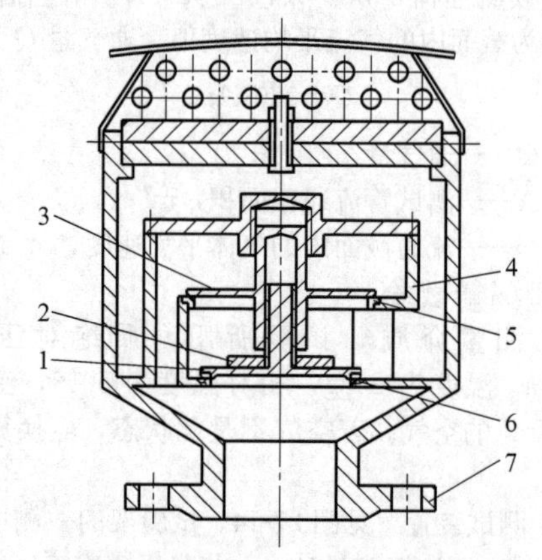

图 27-15 筒式液压安全阀

1—悬起式隔板；2—储液槽；3—连接短管；4—液面指示器；5—加液管；6—带防护网通风管；7—安全阀罩盖

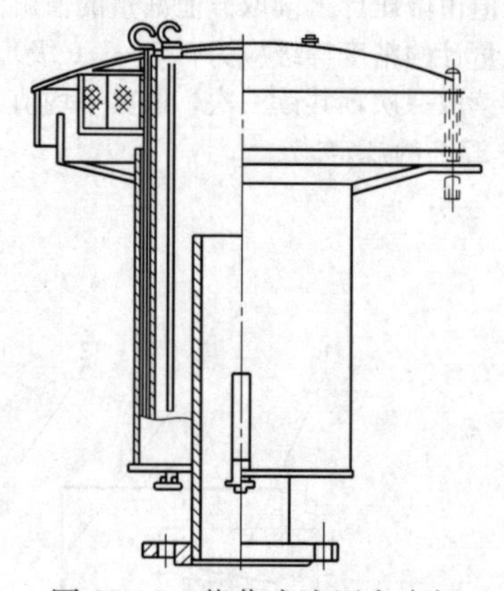

图 27-16 蘑菇式液压安全阀

参 考 文 献

[1] 范继义主编. 油库阀门. 北京：中国石化出版社，2006.

［2］ 贺明编．油库阀门选用指南．长沙：湖南大学出版社，1989．
［3］ 马晓建等．燃料乙醇生产与应用技术．北京：化学工业出版社，2007．
［4］ 崔克清等．化工安全设计．北京：化学工业出版社，2004．
［5］ 范继义主编．油库安全工程全书：油库安全工程技术．北京：中国石化出版社，2008．
［6］ 李征西等．油品储运设计手册：下册．北京：石油工业出版社，1997．
［7］ 王荣贵等．常压、低压储罐呼吸量的确定及呼吸阀的选用．化肥设计，2007（2）．
［8］ SY/T 0511.1—2010．石油储罐附件 第1部分：呼吸阀．

第 28 章　炼化装置用阀门

28.1　阀门分类

28.1.1　按装置分类

(1) 催化裂化装置用阀门

催化裂化装置用阀门种类、安装位置及主要技术参数如表 28-1 所示。

(2) 延迟焦化装置专用阀门

其专用阀门种类、安装位置及主要技术数据如表 28-2 所示。

(3) 硫磺回收装置专用阀门

其专用阀门种类、安装位置及主要技术参数如表 28-3 所示。

(4) 其他装置专用阀门

其专用阀门种类、安装位置及主要技术参数如表 28-4 所示。

28.1.2　按结构形式分类

(1) 滑阀

滑阀是利用阀芯（柱塞、阀瓣）在密封面上滑动，改变流体进出口通道位置以控制流体流向的分流阀。滑阀常用于蒸汽机、液压和气压等装置，使运动机构获得预定方向和行程的动作或者实现自动连续运转。

滑阀作为催化裂化装置的关键阀门，在反应再生生产工艺中，对催化裂化的反应温度控制、物料调节、压力控制起着关键作用，特别是再生滑阀和待生滑阀还起到紧急情况下自保切断两器的安全保护作用。

① 滑阀的分类及参数　按在催化裂化装置中阀板动作形式，滑阀可分为单动和双动滑阀。按隔热形

表 28-1　催化裂化装置专用阀门主要技术参数

编号	系统	阀门种类	主要技术数据						安装位置
			设计压力/MPa	设计温度/℃	执行机构形式	控制方式	作用形式	通过介质	
1	反再系统	待生、再生单动滑阀	0.6	550～780	风动马达电液	调节切断	气开式	分子筛催化剂	待生、再生斜管
2		待生、再生塞阀	0.5	600～760	风动马达电液	调节切断	气开式	分子筛催化剂	待生、再生立管下部
3		外取热单动滑阀	0.6	700～780	风动马达电液	调节切断	气开式	分子筛催化剂	外取热斜管
4	主风系统	旋启式阻尼单向阀	0.5	220	气动	快关	二位式	主风	主风机出口管道
5		蝶型阻尼单向阀							
6	烟气能量回收系统	双动滑阀	0.5	700～780	风动马达电液	调节	气关式	烟气	三旋出口烟气管道
7		高温蝶阀	0.35	700～750	气动电液	调节快关	气开式		烟机入口管线
8		高温闸阀	0.35						
9	余热锅炉系统	冷壁(衬里)高温蝶阀	0.11	600～700	气动	开关	二位式		烟机出口管线
10		高温三通阀							
11	富气系统	气动蝶阀	0.2	40	汽缸	调节切断	气关式	富气	气压机入口管线
12		气动闸阀	2.0	200～250					气压机出口管线
13		气动快开蝶阀	0.2	40					气压机入口放空管线

表 28-2　延迟焦化装置专用阀门主要技术数据

编号	阀门种类	主要技术参数					安装位置
		设计压力/MPa	设计温度/℃	执行机构形式	控制方式	通过介质	
1	除焦控制阀	25,32	常温	气动	程控	高压水	高压水泵出口
2	高温四通旋塞阀	5～10	500	电动	二位式	减压渣油及循环油	两焦炭塔进料前的结合处
3	高温四通球阀						
4	焦炭塔自动底盖阀	0.6～1.0	500	电液	二位式	减压渣油	焦炭塔底部

表 28-3　硫磺回收装置专用阀门主要技术参数

编号	阀门种类	主要技术参数					安装位置
		设计压力/MPa	设计温度/℃	执行机构形式	控制方式	通过介质	
1	高温掺合阀	0.135	冷流 150 热流 1400	气动	调节	高压水	高压水泵出口
2	高温四通旋塞阀 高温四通球阀	5～10	500	电动	二位式	减压渣油及循环油	两焦炭塔进料前的结合处
3	焦炭塔自动底盖阀	0.6～1.0	500	电液	二位式	减压渣油	焦炭塔底部

表 28-4　其他装置专用阀门主要技术参数

编号	阀门种类	主要技术参数						安装位置
		设计压力/MPa	设计温度/℃	执行机构形式	控制方式	作用形式	通过介质	
1	分子筛脱蜡PX回转阀	PX:1.9 分子筛:3.3	235	电液	程控		进料、脱附剂等	工艺流程框架上
2	蒸汽发生器调节阀	3.1	700	气动	调节	气开	转化气	蒸汽发生器

式又可分为外保温的热壁滑阀和耐磨衬里的冷壁滑阀。冷壁和热壁滑阀的优缺点比较见表 28-5，现新设计的装置均已选用冷壁滑阀。

a. 单动滑阀。热壁单动滑阀的典型结构如图 28-1 所示。

冷壁单动滑阀的典型结构如图 28-2 所示。

电液冷壁单动滑阀的规格参数见表 28-6。

b. 双动滑阀。热壁双动滑阀的典型结构如图 28-3 所示。

冷壁双动滑阀的典型结构如图 28-4 所示。

电液冷壁双动滑阀的规格参数见表 28-7。

表 28-5　冷壁与热壁滑阀比较

冷壁滑阀	热壁滑阀
能有效地防止 1Cr18Ni9Ti 在 H_2S 环境下酸性反应腐蚀裂纹的产生	与处理原油的吹扫介质有关。当通过滑阀的介质含有 H_2S 时，使用 5～6 年后在阀盖接管处和阀体与阀盖连接的法兰处产生酸性应力腐蚀裂纹
阀体与斜管均可用碳钢 20R 或 Q345R 材料，现场焊接、施工方便	需用不锈钢 0Cr18Ni9 异径管接头与碳钢 20R 或 Q345R 管线焊接，异种钢的焊接工艺比较麻烦
阀体壁温低，其强度设计易满足，热膨胀量小，有利于管线热补偿设计	阀体壁温高，需外保温，热膨胀量大，增加接管热补偿难度
阀体与阀盖连接处的法兰工作温度显著降低，密封可靠	阀体与阀盖连接处的法兰工作温度高，易产生泄漏
阀体尺寸较大，重量较重，但壳体材料可用碳钢 20R 或 Q345R，便于备料制造	阀体尺寸较小，重量较轻，但壳体需用价格昂贵的不锈钢
阀体内设隔热耐磨双层衬里，衬里结构较复杂	阀体内仅衬单层龟甲网刚玉耐磨衬里，施工较容易
价格与热壁滑阀基本相同	价格与冷壁滑阀基本相同

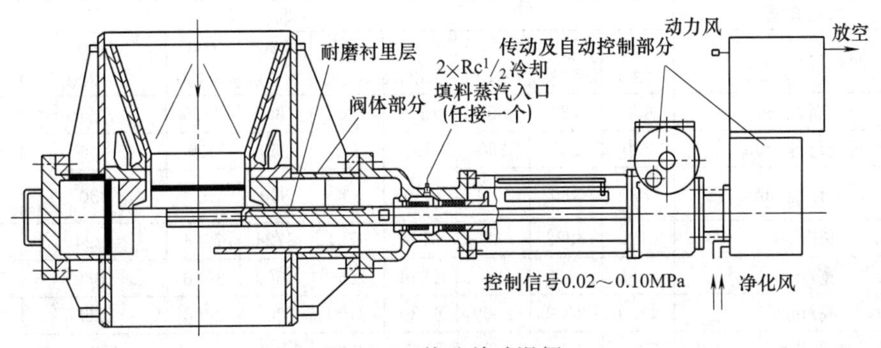

图 28-1　热壁单动滑阀

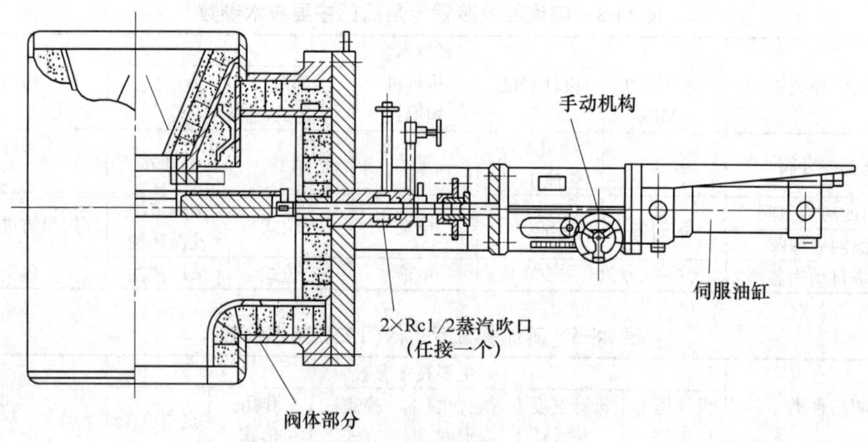

图 28-2　电液冷壁单动滑阀

表 28-6　电液冷壁单动滑阀的规格参数

项目		规格									
		DN 500	*DN* 600	*DN* 700	*DN* 800	*DN* 800(Ⅰ)	*DN* 900	*DN* 1000	*DN* 1200	*DN* 1500	*DN* 1700
设计数据	设计压力/MPa	0.6									
	设计温度/℃	700～780									
	设计压差(正常/最大)/MPa	0.03,0.04/0.15									
	通过介质	分子筛催化剂									
机械设计	阀座口径/mm	*R*110×220	*R*120×240	*R*160×320	*R*180×360	*R*200+250×440	*R*200×400	*R*220×440	*R*250×500	*R*400+450×800	*R*450+500×900
	全开面积/cm²	432	514	914	1157	1860	1428	1728	2231	6113	7680
	阀全行程/mm	320	340	420	460	570	500	540	600	950	1000
	调节行程/mm	270	290	370	410	520	450	490	550	900	1000
外形尺寸	长/mm	3430	3530	3745	3936	5342	4456	4562	4858	6276	6426
	宽/mm	965	1065	1065	1148	1155	1248	1348	1550	1860	1960
	高/mm	1100	1260	1650	1950	1650	2100	2200	2200	2500	2600
阀总质量/kg		4193	4252	5104	7194	6714	8522	10096	10216	17240	20071

表 28-7　电液冷壁双动滑阀规格参数

项目		规格									
		DN 600	*DN* 800	*DN* 900	*DN* 1000	*DN* 1100	*DN* 1200	*DN* 1500	*DN* 1400/1600	*DN* 1800	*DN* 2000
设计数据	设计压力/MPa	0.5									
	设计温度/℃	700～780									
	设计压差(正常/最大)/MPa	0.06,0.08/0.4									
	通过介质	烟气									
机械设计	阀座口径/mm	150×300	200×360	200×400	250×600	300×600	300×600	460×700	460×700	600×1000	650×1200
	全开面积/cm²	450	720	800	1500	1800	1800	3220	3220	6000	7800
	阀全行程/mm	200	230	250	350	350	350	400	400	550	650
	调节行程/mm	150	180	200	300	300	300	350	350	500	600
外形尺寸	长/mm	6120	6222	6220	6724	6724	6724	7224	7224	8484	9333
	宽/mm	1065	1065	1244	1348	1560	1560	1850	1850	2160	2260
	高/mm	1300	2000	2000	1880	2100	2300	2400	2265	2600	2600
阀总质量/kg		7296	8778	9625	12054	12392	12886	16529	12942	20728	23435

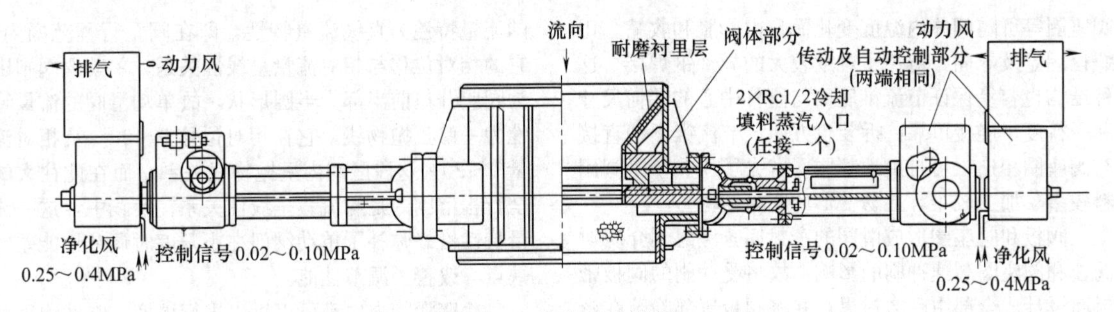

图 28-3　热壁双动滑阀

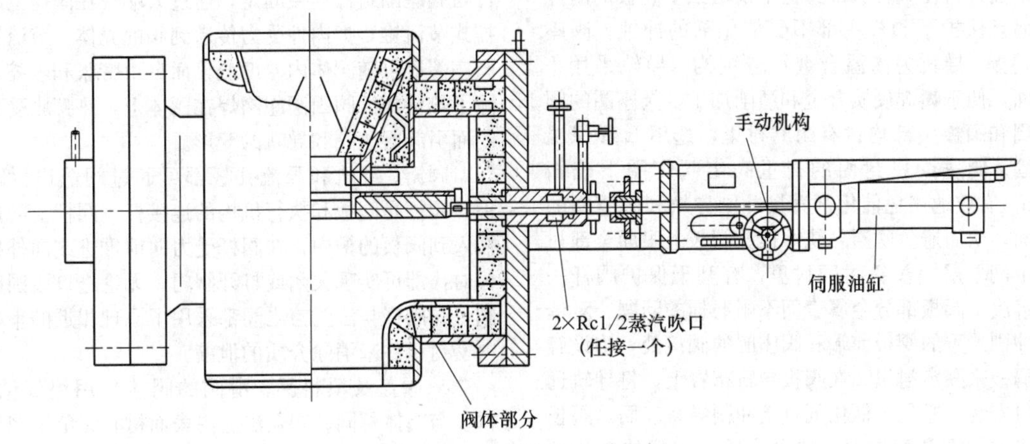

图 28-4　电液冷壁双动滑阀

② 滑阀的结构特点　20 世纪 90 年代以前，国内各炼化企业广泛使用的是热壁式滑阀，此后，冷壁式滑阀逐步取代了热壁式滑阀，促使热壁滑阀逐步退出工业应用，此处侧重介绍冷壁滑阀的相关内容。

a. 阀体。国产冷壁单动滑阀阀体设计上主要采用等径三通形焊接结构，双动滑阀阀体采用异径四通形焊接结构。阀体为 20R 或 Q345R 钢板焊接，阀体设计上取消了易产生局部应力集中的加强筋。内壁采用 100～150mm 厚的耐磨隔热双层衬里，衬里通常用圆柱形保温钉和龟甲网固定住，通过缩小保温钉的间距，以此来增强衬里与阀体的连接强度。常用耐磨衬里采用钢纤维增强的以电熔钢为骨料的如 JA95 等 AA 级的高强度耐火浇注料，衬里厚度 40～50mm，隔热衬里采用以大颗粒膨胀珍珠岩为骨科的如 WHL 等隔热耐磨浇注料，衬里厚度 100～110mm。常见的双层衬里结构有两种，一种双层衬里用 S 形保温钉锚固连接，使耐磨、隔热衬里成为完整的一体；另外一种是阀体内壁采用厚的耐磨隔热双层衬里，衬里用圆柱形保温钉和龟甲网固定住，缩小保温钉的间距来增强衬里与阀体的连接强度，以克服龟甲网在高温下易变形、鼓包、开裂和衬里剥落的缺点，保证衬里使用的可靠性。双层衬里即保证了耐磨，又兼顾了隔热性，使阀体外壁工作温度较低。在单动的再生、待生滑阀外表实测壁温能够控制在 150～180℃ 范围内。阀体与阀盖连接采用标准圆形法兰结构，其受力均匀，密封面加工质量易保证，配用标准化缠绕垫片，密封可靠，解决了原热壁滑阀方法兰容易泄漏的问题。另外，圆形法兰开口大，便于现场安装和维修。

双动滑阀，阀体内操作温度在 700℃时，其外壁温度也不超过 200℃，所以，阀体可采用 Q345R 低合金钢。阀体与相邻接管的连接采用同类材料焊接方式，现场焊接方便，质量容易保证，并且二者衬里施工后的内径相同，介质流动平稳，避免了变径处衬里的局部磨损，同时也节省了不锈钢材料。

进口冷壁单、双动滑阀与国产冷壁单、双动滑阀在阀体设计上存在较大差异，进口滑阀出入口多采用了等径焊接结构，大盖多采用矩形箱体。双动滑阀则采用了类似单动滑阀的结构，只是对称设置了两个矩形箱体及大盖，大盖密封均采用了先进的“唇形密封”结构，没有设置加强筋；在内部结构设计上与国产滑阀的差异小。

b. 内件。滑阀内件包括：节流锥、阀座圈、导轨、阀板等。

节流锥属于滑阀内部的高温受力部件，它承受介质压差及阀座圈、导轨、阀板的全部重量。

国产滑阀的节流锥为高温合金钢铸造，节流锥为悬挂式，大端焊接在阀体上，节流锥下部通过螺栓固定有阀座圈和导轨，阀板与导轨相对滑动，节流锥和阀座圈等可随阀体内温度变化而自由膨胀和收缩。用螺栓固定及导向，避免了难度较大的异种钢焊接，这种结构也容易保证节流锥底面与阀杆中心的几何尺寸和平行度，连接可靠，拆装也方便。节流锥下端直接与阀座圈相连，可自由地膨胀，省去了原热壁滑阀用料较多、加工较难，且易变形的底盘结构。

阀板和阀座圈形成滑阀的密封面，考虑到介质对阀板和阀座圈高速冲刷的影响，故将受冲刷的阀板密封面设计成全部由耐磨衬里，并将阀板尾部隐蔽在密封面下面，盖住阀杆头部，这不仅增强了阀板的耐冲蚀，而且保护了阀杆头部不受催化剂的冲蚀。阀座圈、阀板、导轨为高温合金铸造结构。导轨采用L形截面，便于喷焊硬质合金和磨削加工。阀座圈的阀口四周和阀板头部均衬有耐磨衬里，选用L形保温钉锚固。阀座圈密封面的衬里高出阀座圈下表面20mm，有效地避免催化剂直接冲刷导轨和阀座圈的结构面，从而避免吹断导轨螺栓。阀板上表面全部衬制龟甲网单层AA级耐磨衬里，有利于保护阀杆头部，解决了阀板部分金属表面不耐磨损的问题。对催化剂冲刷严重的阀板前端和阀座圈的阀口处，均设有增强隔板来固定衬里。在阀板导轨布置上，将导轨远离阀口安装，避免了催化剂直接冲刷导轨表面。阀板和阀座圈的重叠度增大，减少了通过间隙的催化剂量，减少了对导轨的磨损。实际设计中，国产冷壁单动滑阀导轨距离阀口为75mm，冷壁双动滑阀导轨距离阀口为100mm，全关时的阀杆头部与阀口重叠大约50mm，有效补偿了阀板磨损，同时保障了全开阀门时的流通畅通。

对于阀座圈与阀板相对滑动的两个衬里表面，为了使阀板和阀座圈之间的密封面装配间隙均匀，避免卡住阀板，提高密封面的耐磨性，国内外都采用了阀板和阀座圈之间密封面先烧结后磨平的制造工艺。即按规定程序和方法进行衬里的烘干和烧结，然后进行阀板和阀座圈衬里平面机械加工，磨削配合面，达到阀板和阀座圈之间的密封面装配间隙要求。

冷壁滑阀的阀座圈和导轨采用可整体预组装的结构形式，安装时可在阀体外先用螺栓将导轨固定在阀座圈上，调整导轨，保证阀板与导轨、阀座圈间的正常间隙，然后再用螺栓将阀座圈与导轨组件安装在节流锥上，不需要阀体内装拆导轨和调整间隙，便于现场安装和检修。

国产和进口单动滑阀的阀座圈开口都是半圆形和矩形的组合形状，其前半部圆形开口与阀体形状相似，可避免矩形阀口前部两角及其附近阀体的局部严重磨损，双动滑阀的阀座圈开口为矩形，在导轨两侧设有防冲挡板，可有效地保护下游管道衬里免受严重冲刷。由于开口形状不同，表现出的流量特性也存在一些差异。双动滑阀的阀座为矩形开口，故双动滑阀的流量特性为直线流量特性，即在阀全行程范围内，它的相对位移与相对流量呈线性关系；单动滑阀则因为阀座开口前半部为半圆形状，故单动滑阀的流量特性为一修正抛物线，它在相对位移0～30%及相对流量0～20%这段区间内呈抛物线关系，而在此往大的全行程范围内是与流量呈线性关系；实践中，这一流量特性恰好弥补了单动阀门在小开度时调节性能差的缺点，改善了调节性能。

冷壁滑阀内件都可以拆出进行更换，内件均用螺栓与阀座圈组件连接固定，通过大端焊在阀体上的悬挂式节流锥，把内件受力传递到阀的壳体。节流锥和阀座圈等可随阀体内温度变化而自由膨胀和收缩，消除了热壁式滑阀因阀座圈焊在阀体上，热膨胀受到限制而引起阀座圈和导轨的变形。

阀瓣、导轨和限流孔板都可通过阀盖口拆除修理。阀杆是阀板和执行机构的连接杆，阀杆上的插销插入到阀板的槽中，在阀杆受力向前推进或向外拉阀板时，即可实现关闭或打开阀门。无论进口或国产滑阀，在阀杆与法兰盖之间都采用了原理相近的串联填料密封组件来消除介质的泄漏。

c. 阀盖及填料函。滑阀的阀盖采用组焊结构，材质与阀体相同。阀盖法兰内表面衬有无龟甲网钢纤维增强的单层衬里，阀盖法兰两侧和填料函上分别设有导轨和阀杆的吹扫接口，用于引进脱水蒸气或其他介质对滑阀导轨及阀杆进行吹扫、冷却。

阀盖上的填料函采用串联填料密封结构，如图28-5所示，即在一个填料函内串联装入两种不同材料和规格的填料，内侧为备用填料，外侧是工作填料。正常操作时，备用填料套在阀杆上并不压紧，当工作填料失效或需要更换时，可通过填料函上备用填料处的入口向内注入液体填料，将备用填料充实并压紧，使该填料起到密封作用，在阀门正常工作、调节状态下，也可方便地更换外侧的工作填料。备用填料为浸油石墨盘根，工作填料为柔性石墨，液体填料可采用二硫化钼锂基脂或添加一定比例石墨粉进行配制。冷壁滑阀在安装完毕后还应适当调整工作填料的

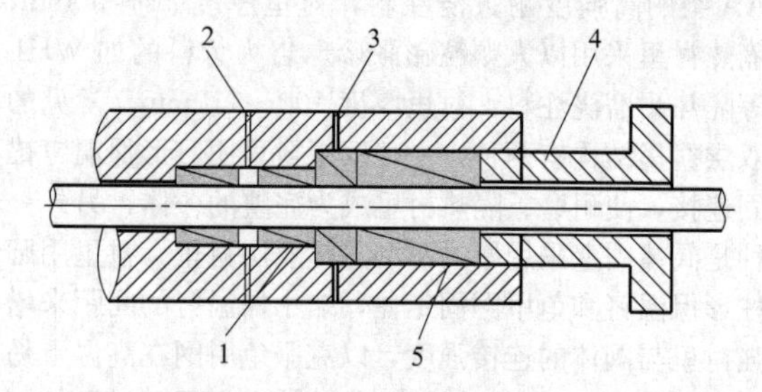

图28-5 串联填料结构示意图

1—备用填料；2—内侧液体填料注入口；
3—外侧液体填料注入口；
4—填料函压盖；5—工作填料

压紧量，以保证填料函的密封性能，对阀杆不应抱得过紧，以免填料及阀杆过早磨损，功耗也会增大，严重时还会影响灵活性。

国产滑阀阀体法兰设计形式通常为标准圆形法兰与阀盖连接，采用标准圆形凹凸面法兰受力均匀，改善了阀体的应力分布，法兰口径较大，有利于阀体内件检查和维修。法兰结合面采用标准的不锈钢加柔性石墨缠绕式垫片，密封可靠，基本上克服了老式国产气动滑阀采用矩形法兰泄漏的问题。

进口冷壁滑阀在阀体法兰设计上，多选用矩形结构，法兰密封选用了先进的唇形密封结构，如图 28-6 所示为唇形密封结构示意图。通过螺栓安装定位后，在将唇形密封面进行焊接，不用垫片，保障了滑阀法兰的支撑强度和密封效果。

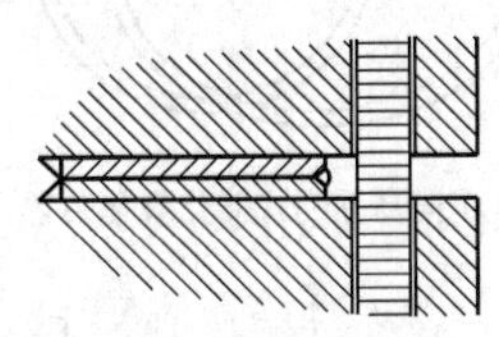

图 28-6　唇形密封

d. 阀杆。阀杆通常由高温合金钢锻造而成，其与阀板连接的头部都采用集 T 形接头和后密封台肩于一体的圆柱形球面连接形式。阀杆与阀板的连接采用滑动配合，以适应阀板随节流锥、阀座圈热胀冷缩时的位移。

阀杆表面多采用喷焊硬质合金的工艺，喷焊后表面硬化层的厚度较早期表面渗硼工艺得到的硬化耐磨层厚，整体抗磨和抗氧化性能比渗硼工艺更加优良，也克服了渗硼层薄、变形大的缺点，能有效提高阀杆的使用寿命。阀杆表面喷焊的硬质合金，其表面硬化层较厚而均匀，喷焊表面经磨削机加工后，几何精度高，表面光滑，有利于提高阀杆前部在介质环境的耐冲蚀性能，增加阀杆与填料的密封效果。

目前，国外采用爆炸喷焊一层碳化钨合金的方法来改善阀杆的耐磨性，国内也有采用喷焊一层钴铬合金的工艺，都取得了良好的耐磨效果。

③ 滑阀的性能特点　滑阀在发展历程中经历了热壁和冷壁两个阶段。在早期的催化裂化装置中，都采用了热壁式滑阀，由于技术和材料的发展，冷壁滑阀的巨大优越性达到了充分发挥，在很多装置已经取代了热壁滑阀。

随着重油催化裂化技术的发展，再生温度和再生压力不断提高以及技术含量高的专效、多效催化剂的应用，对配套单、双动滑阀的耐温高、耐磨损，以及执行机构的控制和自保联锁可靠性能提出了更高要求。原热壁滑阀的内部零件、阀体结构以及阀盖、阀杆密封和气动执行机构性能已难以适应长周期高负荷生产的需要。工业实践表明，冷壁滑阀具有广泛的实用性及耐用性，冷壁滑阀具有更好的发展空间。

a. 热壁式滑阀结构特点。热壁阀体的外壁敷设隔热层，阀体内壁只有一层耐磨衬里，操作时阀体温度与内部零件的温度差很小。热壁滑阀阀体构件的工作温度较高，特别是阀体内件长期工作在 500℃ 以上，苛刻的条件对阀体选材和金属焊接、热处理工艺提出了很高的要求。实际生产中，国内热壁单、双动滑阀的阀体通常选用 1Cr18Ni9Ti 不锈钢板与 ZG1Cr18Ni9Ti 铸件组焊结构，矩形阀盖为 ZG1Cr18Ni9Ti 整体铸件；国内在待生单动滑阀阀体选材上也有采用由 CrMo 钢板与 ZG15CrMo 铸件组焊结构的，阀盖可采用 ZG15CrMo 铸件。热壁滑阀内设置节流锥导流，阀座圈和导轨安装在节流锥下游；导轨远离阀座口隐藏布置在节流锥下部，有利于保护导轨，减免催化剂粉尘直接冲刷和磨损。阀盖内衬有 20mm 厚龟甲网刚玉耐磨衬里，用于保护内部流道和金属构件。单动滑阀的阀口形式为正方形，双动滑阀的阀口形式为长方形。

滑阀设计中，为防止高温催化剂的冲蚀以及在高温下阀板与导轨的粘接，通常做法是对阀体与导轨的滑道部分以及阀杆表面喷焊硬质合金，在阀板、阀座圈与催化剂在阀板接触部位衬有钢纤维增强刚玉耐磨衬里。另外，为避免催化剂在阀板与导轨以及阀杆与填料函的间隙处堵塞，在阀盖上设有 2 个导轨蒸汽吹扫口和 1 个填料函吹扫口，从外部引入脱水的蒸汽，吹扫相关阀部件，也相应地起到冷却有关部件作用。

鉴于热壁滑阀存在的不足，在炼油工业实践中已经逐步被冷壁式滑阀所取代。

b. 冷壁式滑阀结构特点。冷壁滑阀是在吸收热壁滑阀优点的基础上改进设计而来的。隔热衬里敷设在阀体内部，设计的阀壁温度约为 350℃，这种结构称为冷壁滑阀，适用于高温场合下应用。由于壁温较低，阀体可以采用价格便宜的优质碳素钢板制作，这样既避免使用昂贵的高温合金钢材，又可以满足使用要求。由于设计上加大了内部隔热效果，阀体构件工作温度大大降低，特别是阀体外表面实际工作温度长期在 150～180℃ 左右，降低了阀体选材要求，改善了金属焊接工艺，也降低了温度变化幅度大、热膨胀不均匀导致的热应力，但对阀体内部衬里施工提出了很高的要求。

国内冷壁单、双动滑阀的阀体设计、生产、应用较晚，但发展迅速，在阀体、阀杆等选材、制造工艺和使用效能等方面，也做到了性能可靠、经济实用。国外在冷壁单、双动滑阀设计制造上比较领先，产品综合性能好，在阀体等部件选材上也形成了成型的理念。以目前广泛应用的国产 BDY9 型滑阀为例，与我国引进较多的 TAPCO 滑阀进行选材对比，如表 28-8 所示。

④ 滑阀的应用　单动滑阀多应用于催化剂循环管路，其安装位置及所起作用因催化裂化装置类型不同而异。如图 28-7（a）所示，同高并列式催化裂化装置上的待生催化剂单动滑阀（待生滑阀）位于 U 形管上增压风入口的上游；再生催化剂单动滑阀（再生滑阀）位于 U 形管上进料入口的上游。都处于垂直管线上，并在距 U 形管最小距离处。在正常操作时，单动滑阀处于较大开度或全开位置，只在发生事故时才起紧急切断作用。

表 28-8　滑阀主要构件选材对比

部件	国内选材	国外选材
阀体、阀盖	Q345R、20R	SA-516-70
阀杆	ZG1Cr18Ni GH180 或 FN-2	SA-182-F304H
阀板	ZG1Cr18Ni GH180 或 FN-2	SA-204-304H
阀座圈	ZG1Cr18Ni GH180 或 FN-2	SA-204-304H
导轨	1Cr18Ni9Ti GH180 或 FN-2	SA-204-304H
内部螺栓	GH33	SA-193-B8
外部螺栓	GH33、25CrMoVA	SA-193-B7
阀杆涂层	硬质合金喷焊	WALLEX50#
硬化材料		STELLITE1#
耐磨衬里	JA95(或 TA218) 带柱形保温钉＋龟甲网	RESSCO AA-22S 带 304 不锈钢龟甲网
隔热衬里	矾土水泥	RESSCO RS-17EC

如图 28-7（b）所示，在高低并列式催化裂化装置中，再生和待生单动滑阀分别在不同的管路上。再生单动滑阀设置在从再生器向提升管反应器输送再生恢复活性的催化剂管路上，用于控制催化剂循环量和反应温度，是催化裂化反应操作的重要调节控制阀；待生单动滑阀设置在从反应沉降器通过待生斜管向再生器输送反应失活的催化剂管路上，用于控制沉降器料位，是催化裂化再生工艺操作的重要调节控制阀；同时再生、待生单动滑阀也是在紧急事故状态下，用于切断两器实现自保联锁的关键阀门。

同高并列式装置的单动滑阀直径设计成与催化剂输送管直径相同，使阀孔面积尽可能大而减少管路压降。而在高低并列式装置中的单动滑阀直径虽会影响催化剂循环量和压降，但单动滑阀的压降主要取决于装置的压力平衡。因此设计滑阀时，通常使滑阀正常流通面积占滑阀总面积的 50%～60%，因为超过 70%时调节作用已甚小。

双动滑阀安装在再生器出口或三旋出口烟气管道上。对于无烟气能量回收机组的装置，双动滑阀有两大作用：一是正常操作时调节再生器压力；二是留有安全余隙，以免滑阀突然关闭时再生气超压。对于配有烟气能量回收机组的装置，双动滑阀也有两大作用：其一是在烟气能量回收机组运转时，关小烟气旁路，使大量烟气通过能量回收机组，更多地回收能量；其二是在该系统故障停运时，通过调整烟气泄放

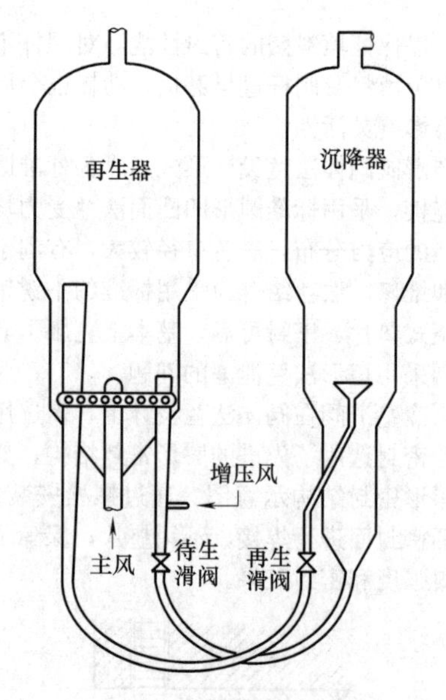

(a) 同高并列式催化裂化装置

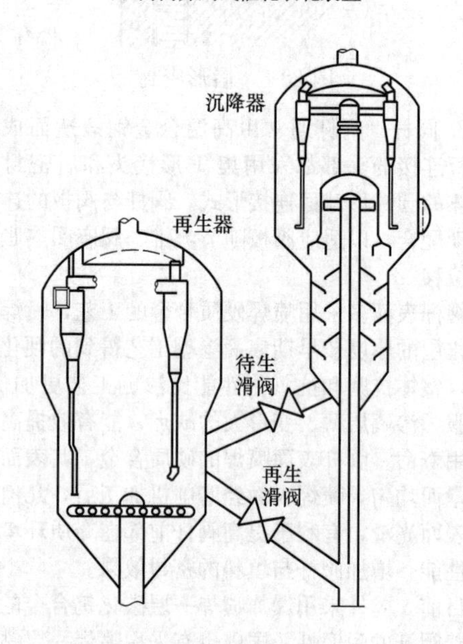

(b) 高低并列式催化裂化装置

图 28-7　单动滑阀在催化装置的应用

量，来控制再生器压力。双动滑阀的压力降由再生压力及后部烟气路线上的各项阻力与烟囱抽力决定。为了避免双动滑阀通道线速超过声速，规定双动滑阀下游压力和上游压力之比不小于 0.59。

双动滑阀的最小流量应按主风机停车时进入再生器的所有气体介质来确定，并按正常温度和泄放压力计算余隙面积。双动滑阀全开时的最大流量，应是主风机最大流量时的烟气量和正常运转时进入再生器的气体介质之和。其中主风机最大流量应按冬季吸入温度和最大转速时考虑，并在转化为烟气量时要考虑到烟风比。在参照风机设计性能的前提下，当主风机为

电动机带动，按电动机额定功率计算主风量；当主风机为烟机透平带动，按烟机透平最大连续运转功率计算主风量。双动滑阀最大和最小流通面积，已有成熟的计算公式，可以进行定量的计算。设计中，应保持最小（余隙）面积不大于最大（全开）面积的25%。

⑤ 滑阀的发展概况　由于滑阀工作在高温、有催化剂颗粒冲刷的条件下，在其结构设计和材料选择上也经历了多次改进、完善。目前催化裂化装置在用的主流滑阀，按隔热形式分为外保温的热壁滑阀和内设隔热耐磨衬里的冷壁滑阀。阀体内壁只有一层耐磨层，操作时，阀体温度与内部零件温度差不多，阀外铺设保温材料的结构称热壁结构。而阀体内除耐磨层外还有隔热衬里层，阀壁设计温度约350℃的结构称冷壁结构。

早在20世纪60年代末，国外催化裂化装置已经开始使用冷壁式滑阀，经过这50余年的不断改进，滑阀及其执行机构的结构日趋完善。阀体设计上采用了隔热耐磨双层衬里结构，执行机构上则采用了控制精度高、推力大、响应速度快和稳定性好的电-液执行机构。

催化裂化加工工艺在国内外发展较快。在20世纪90年代美国Kellogg、UOP等公司设计的催化裂化装置生产能力为每年500万～600万吨；加工能力、负荷率、开工率均在95%以上，开工周期为3～5年。滑阀直径达3.3m，阀体最大设计压力也达到0.53MPa，最大设计压力差达到0.35MPa，最高设计温度为900℃，能在840℃高温下持续操作。成熟的设计方案和制造工艺，保障滑阀可连续操作3年以上不需要停工检修。

近年来，针对长期运行于高温环境下的固定螺栓出现断裂而造成事故这一现象。美国TAPCO公司经过研究创新，开发出无螺栓滑阀。该设计消除了内部螺栓上的负载，也就避免了螺栓在拉应力下的断裂，从而消除了该类滑阀故障的发生，确保滑阀安全运行。

国内的滑阀研究工作起步晚，厂商相对较少，经过近几十年的发展，研制了高性能、良好性价比的滑阀应用于炼化工业，为国内催化技术进步和装置大规模化生产奠定了基础。

(2) 塞阀

塞阀最早用于凯洛格公司的同轴A型催化裂化装置上，其作用是控制反应器和再生器之间的催化剂循环量。通常塞阀位于再生器或反应器底部。

① 塞阀的分类　塞阀是提升硫化催化裂化装置的关键设备之一。按其在工作过程中的作用分为待生塞阀和再生塞阀两种。分别安装在装置再生器底部的待生和再生立管上（表28-9），用来调节待生和再生催化剂的循环量，以控制汽提段料位和提升管出口温度，在开停工或装置故障时作为切断阀使用。为适应装置开停工过程中立管的膨胀和收缩，塞阀具有可靠的自动吸收膨胀和补偿收缩功能。塞阀主要由阀体部分和执行机构等部分组成，按配置的执行机构又分为风动塞阀（图28-8）和电液塞阀（图28-9）两种。

表28-9　塞阀在催化裂化装置上的安装位置

装置类型	空心塞阀	实心塞阀
同轴A、C型	反应提升管底部	待生立管底部
同轴B型	待生催化剂提升管底部	再生催化剂立管底部 待生立管底部
同轴F、超正流		再生催化剂立管底部
石伟RFCC装置	半再生催化剂提升管底部	
快速床再生		外循环管底部

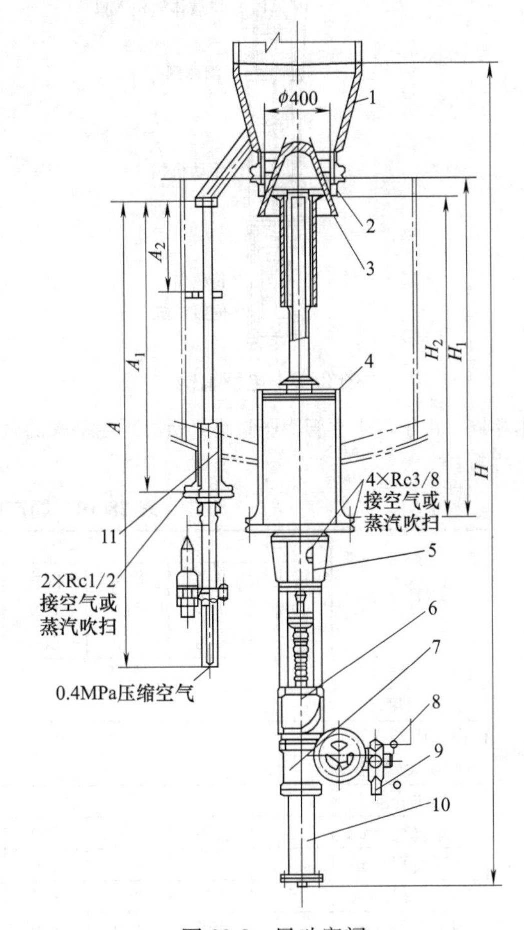

图28-8　风动塞阀

1—节流锥；2—阀座；3—阀头；4—石棉绳；5—阀体；6—控制部分；7—传动部分；8—配管部分；9—消声器；10—补偿弹簧箱；11—垂直式膨胀量指示器

a. 气动调节风动塞阀。风动塞阀主要由阀体部分、执行机构、补偿弹簧箱及膨胀量指示器（仅待生塞阀需要时设置）等组成。待生和再生塞阀的结构基

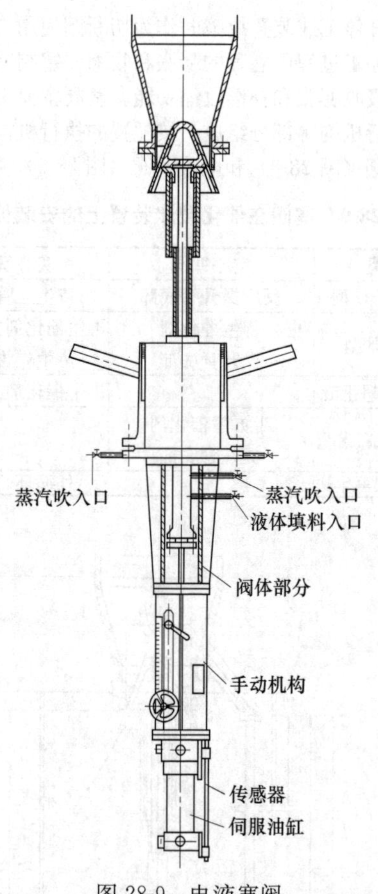

图 28-9　电液塞阀

本相同，由于再生立管膨胀量小，所以再生塞阀的全行程短。

b. 电液塞阀。国产电液实心塞阀的阀体结构基本与风动塞阀相同，但其填料函为串联密封结构。电液塞阀设有补偿弹簧箱，靠电液控制来实现自动跟踪，其中阀杆与伺服油缸活塞杆用滑块连接，手动机构在中间架内，中间支架采用钢板焊接结构。国产电液塞阀的规格参数见表 28-10。

国内长岭炼油厂和南京炼油厂在 1987 年引进美国石伟公司 RFCC 装置时，采用了美国 TAPCO 公司的电液空心塞阀，1993 年和 1998 年上海石化总厂和咸阳助剂厂又从美国 TAPCO 公司引进了同类的空心塞阀。它和实心塞阀的主要区别是采用空心的阀头及空心的上段阀杆，提升用空气从阀中间接筒接管处引入。

② 塞阀的结构特点　塞阀按工艺操作的要求除调节待生或再生催化剂的循环量以外，有时还需要通过塞阀送入提升风（如 Kellogg B 型装置），以及进入原料油（或分别送入原料油和回炼油）如 Kellogg A 型和 C 型装置。因而塞阀发展了两种基本结构，按照阀头的结构不同可分为实心塞阀和空心塞阀两大类。外表面分别采用全部衬里或中段衬里。

a. 实心塞阀。是指塞阀的阀头是实心的，这种塞阀主要是用于催化剂循环量的调节。

实心塞阀的主要部分为阀体（包括阀头、阀座、阀支架等），传动部分及控制部分。

阀体部分主要由焊接（或螺栓连接）在立管上的阀座、运动的阀头、上段阀杆、下段阀杆，以及再生器壳体开口相连接的阀支座、支架、阀杆密封及其他附件等组成。待生和再生塞阀的阀体部分分别用螺栓与再生器底部安装口及再生立管的接口法兰连接。

表 28-10　国产电液塞阀的规格参数

项目		规格										
		待生 *DN* 450	再生 *DN* 450	待生 *DN* 500	再生 *DN* 500	待生 *DN* 600	待生 *DN* 700	待生 *DN* 800	再生 *DN* 900	待生 *DN* 900	待生 *DN* 10000	待生 *DN* 11000
设计数据	设计压力/MPa	0.5										
	设计温度/℃	600～760										
	设计压差,(正常/最大)/MPa	0.03,0.04/0.12										
	通过介质	分子筛催化剂										
机械设计	阀座直径/mm	250	250	250	250	300	400	450	500	550	600	600
	全开面积/cm²	490	490	490	490	706	1256	1590	1962.5	2375	2826	2826
	阀全行程/mm	350	170	290	170	350	500	505	550	580	460	560
	调节行程/mm	130	130	130	130	150	200	235	510	280	310	310
	连接法兰	*PN*1.6 *DN*450	*PN*1.6 *DN*450	*PN*1.6 *DN*450	*PN*1.6 *DN*450	*PN*2.5 *DN*450	*PN*2.5 *DN*500	*PN*2.5 *DN*800	*PN*2.5 *DN*800	*PN*2.5 *DN*800	*PN*2.5 *DN*800	*PN*2.5 *DN*800
外形尺寸	L_1/mm	1760	1590	1600	1590	1740	2040	2582	2415	2475	2475	2526
	L_2/mm	2312	2312	2405	2405	2360	2841	2901	2901	2901	2901	2901
	D_2/mm	590	590	640	640	590	660	960	960	960	960	960
	高/mm	4612	4465	4635	4488	4715	6286	6286	6379	6286	6356	6677
阀总质量/kg		2189	2179	2357	2340	2332	3079	4423	4354	4254	4614	4476

• 阀头和阀座。塞阀的阀头及阀座是主要控制元件，循环量的调节要由塞阀的开度变化来实现，阀头和阀座也是主要的磨损部件，在结构设计时对塞阀的调节和耐磨性需要兼顾考虑。

国内最初的阀头及阀座采用 1Cr18Ni9Ti 表面堆焊硬质合金，阀头与上段阀杆的连接部分制成球形，在高温下允许阀头和阀杆间有一定的角偏差而不致破坏阀的严密性，阀头的型线设计一般分为两段，如图 28-10 所示，上段 30°锥角，作为调节段可得到较平坦的特性，下段 60°和 50°的锥角作为密封段可以在相同的轴向力及密封面宽度下得到较大的密封比压。

随着塞阀口径的增大及耐磨材料的发展，国内从 1982 年起，设计借用滑阀的思路，在塞阀阀头和阀座上采用了无龟甲网钢纤维增强的刚玉衬里，实践证明采用刚玉衬里的阀头及阀座有优良的耐磨性能及高温强度，可以满足长周期操作的要求。图 28-10 中典型的刚玉耐磨衬里的阀头、阀座，塞阀阀头及阀座均为可拆结构，阀头与空心阀杆在阀头内部是用螺栓连接的，这种结构不仅重量轻，而且能有效避免固定螺栓受到介质冲刷、磨损。

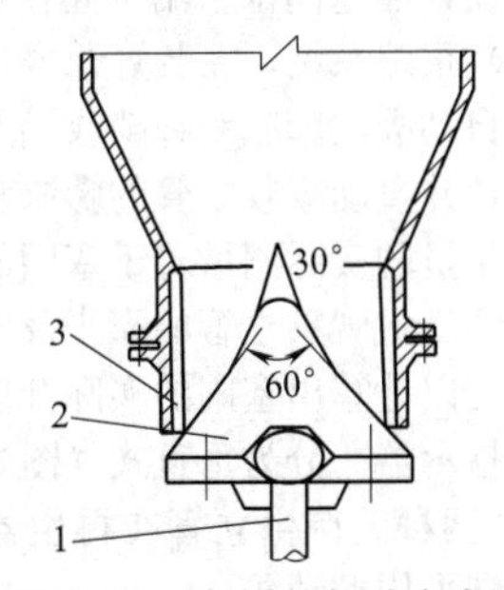

图 28-10　塞阀的阀头与阀座
1—阀杆；2—阀头；3—阀座

阀座和焊接在立管上的节流锥以止口定位并采用高温螺栓连接，为防止连接螺栓的松弛，设计上一般采用双螺母备紧，以便对阀座进行检修和更换。

• 阀杆。塞阀的阀头伸入到再生器内部，暴露在高温和有强烈冲刷、磨损性能高的硫化催化剂中，与阀头相连接的上段阀杆由于强度、刚度以及耐磨损的要求，通常采用直径较大而空心的结构，与传动部分相连的下段阀杆由于处在温度较低且不受介质磨损的条件下，设计上可按一般要求进行设计。

阀杆由上阀杆、中阀杆、下阀杆三件组成，上阀杆和中阀杆用螺栓连接，并用螺母锁紧，经制造厂组装后，在使用过程中，一般不应拆卸上阀杆。上阀杆有空心阀杆和实心阀杆两种。风动塞阀的中阀杆和传动丝杠用滑块连接，并用两个销钉锁紧。传动丝杠有梯形螺纹和滚珠螺纹两种，它直接伸入传动箱内，与传动箱的螺套啮合，为防止尘土直接进入传动丝杠的螺纹部分，对外露的传动丝杠罩有伸缩保护套。上阀杆与下阀杆因为驱动方式不同而有所不同。如图 28-11 所示，对采用风动马达执行机构的塞阀，下阀杆下部采用螺纹和传动部分连接；对于采用电液执行机构的塞阀则和液压缸的活塞杆连接，如图 28-12 所示。上阀杆与阀头的连接形式有台肩止口连接或铰链连接。

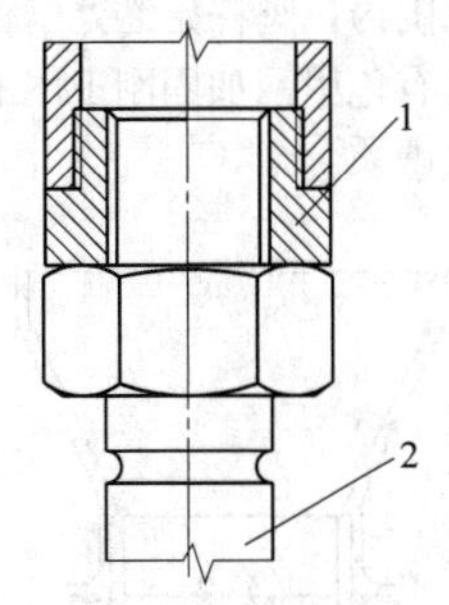

图 28-11　上、下阀杆连接方式
1—上阀杆；2—下阀杆

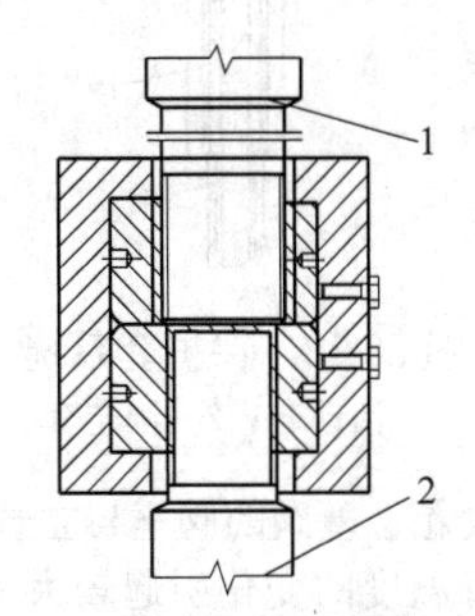

图 28-12　阀杆与活塞杆连接方式
1—阀杆；2—活塞杆

• 阀套。直接伸入再生器内部，为降低导向套、阀杆、连接法兰和填料函的工作温度，阀套内部衬有 70～150mm 厚的隔热衬里，阀套为带有一定锥度的圆筒结构，以便对阀体进行安装和维修。为了防止催化剂沿阀杆下落，积存于上阀杆与导向套、阀套之间卡阻阀杆，在阀套的法兰面和填料函上均设有压缩空气（或蒸汽）吹扫口，以吹扫催化剂，同时也可冷却上阀杆、导向套等有关部件。

• 填料函。为常规的单填料结构，填料函内放置柔性石墨环，以保证高温下阀杆密封的可靠性。最新的设计采用串联填料密封结构，填料函的阀杆密封与单双动滑阀相似，即在一个填料函内串联装入两组不同材料和规格的填料，内侧为备用填料，外侧为工作填料，正常操作时，备用填料松套在阀杆上并不压紧，当工作填料失效或需要更换时，可通过填料函上备用填料的注入口向内注入液体填料，将备用填料充实并压紧，使该填料起到密封作用，在塞阀正常调解状态下，可方便地更换外侧的工作填料。

• 固定保护套及活动保护套。为防止伸入再生器内的阀杆受催化剂的直接冲刷，在阀杆外围设置有固定及活动保护套。如图 28-13 所示，为保护上段阀杆免受催化剂的磨损，满足在高温下长周期运转的要求，在伸入再生器内的阀杆外部增设保护套系统，它由上段阀杆固定的活动套以及和阀支座直接连接的固定套装在阀套上，活动保护套与阀杆上端连接，并随阀杆一起移动。活动保护套与固定保护套承插在一起，在全行程范围内，阀杆始终处于保护套中。活动保护套外表面衬有龟甲网加固刚玉耐磨衬里，固定保护套外表面喷涂硬质合金。

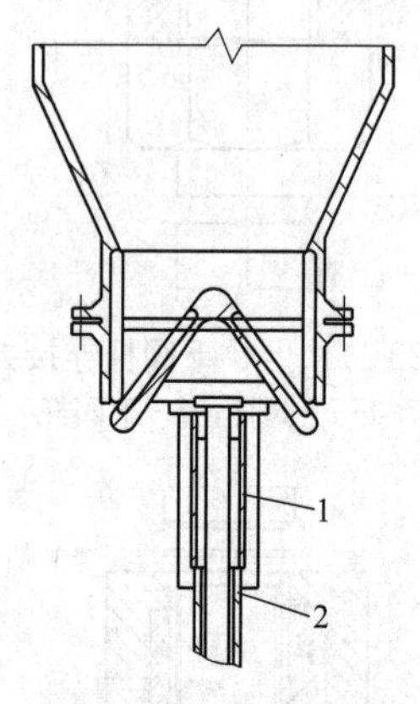

图 28-13 保护套系统

1—活动套；2—固定套

• 补偿弹簧箱。塞阀的阀座与立管连接，由于开停工过程中立管温度的变化引起较大的膨胀和收缩，因此升温和降温过程是缓慢进行的，可以通过可靠的系统来吸收和补偿膨胀和收缩。在气动执行机构中，立管膨胀和收缩的吸收和补偿是利用补偿弹簧箱来进行的。

图 28-14 为补偿弹簧箱示意图，补偿弹簧箱吸收膨胀量的过程主要是基于当阀处在开启状态时，弹簧完全卸载这一事实。阀头、阀杆通过螺套与压缩弹簧连在一起，组成一个可伸长（缩短）的系统。当阀在开启状态时，阀头和阀座不接触，各自的膨胀（或收缩）彼此无关。阀头的运动仅仅是通过螺套的正反转实现，弹簧完全卸载。但当阀关闭时，立管膨胀就推动阀头，将力传递到阀杆，阀杆向下，由于螺套上的滑键导向，使弹簧压缩而吸收来自立管的膨胀量。反之，当立管收缩时，在弹簧力的作用下，使阀杆阀头一起向上运动。由于立管的膨胀量比较大，如果全部膨胀都是由弹簧的一直被压缩所吸收，则会使弹簧力过大，这样在需要开阀时弹簧应先卸载（回到原位），即有一段空程后阀才能开启，这样就造成时间上的滞后。所以，必须使弹簧处于不断复位又不断被压缩的状态，这就是要由阀的控制系统完成的阀头和阀座间的自动跟踪问题。

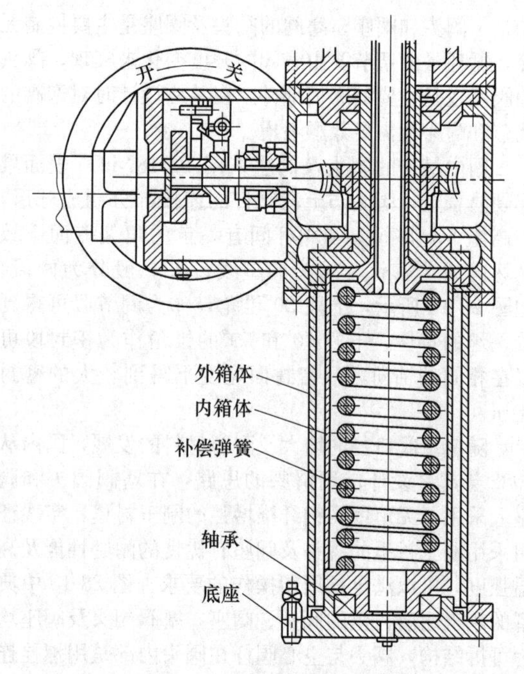

图 28-14 补偿弹簧箱示意图

我国自行设计的塞阀都采用了立管膨胀量补偿的自动（软、硬）跟踪系统。在装置开停过程中，打开主控制室内的自动吸收膨胀和补偿收缩开关，塞阀即处于关闭状态，并自动吸收立管的膨胀和补偿立管的收缩。立管膨胀量的实际测量对于塞阀的控制是重要的，除了在开停工中观察立管的膨胀及收缩以外，在正常操作中还可以计算出塞阀的实际开度。

• 膨胀量指示器。分为垂直式（图 28-8）和摆动式（图 28-15）两种。待生立管在再生器中心时，采用垂直式，否则采用摆动式。

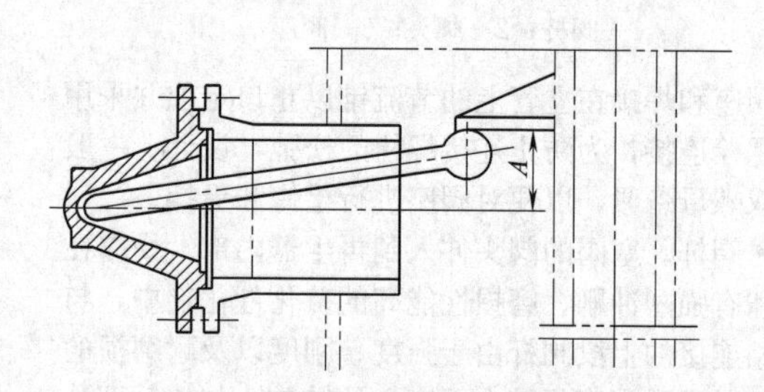

图 28-15 摆动式膨胀指示器

垂直式膨胀量指示器在立管向下膨胀时，焊接在节流锥上的压板推动指示器测杆向下移动，通过安装在测杆上的楔劈带动膨胀量变动器摇臂摆动，输出相应的气动信号。当立管收缩时，在指示器下端汽缸的作用下，测杆端头始终与压板接触并随压板一起向上移动，同时膨胀量变送器输出相应的气动信号。

摆动式膨胀量指示器在立管向下膨胀时，焊接在立管上的压板推动指示器测杆摆动，测杆又带动膨胀量变送器摇臂摆动，输出相应的气动信号。当立管收缩时，在平衡重的作用，测杆始终与压板接触并随之摆动，同时膨胀量变送器输出相应的气动信号。为了防止催化剂进入膨胀量指示器的法兰体内，卡住测杆，指示器壳体上均设有蒸汽吹扫口，以吹扫催化剂，同时也可冷却有关部件。

• 其他部分。塞阀除了阀头、阀杆和阀座外，其他部分包括和再生器（或其他容器）开口相连的阀支座以及和支座相连的阀支架、辅助的吹扫系统等。

阀支座：以相同规格的法兰和容器开口法兰配对连接，深入到容器内部的部分除衬以隔热材料外，一般在和容器开口短管间衬以耐温石墨石棉绳。阀支座上开有吹扫孔，向上段阀杆及保护套通入吹扫介质。

阀支架：在阀支座上连接的支架，连接有阀杆密封系统及吹扫口。

b. 空心塞阀。是指塞阀的阀头是空心的。空心塞阀和实心塞阀的主要区别是采用空心的阀头及空心的上段阀杆。根据工艺操作的需要以及反应器、再生器的位置，通常从空心塞阀阀头内导入的介质有进料油（Kellogg A 型）、提升空气（Kellogg B 型）、新鲜进料及回炼油（Kellogg C 型）。

国内已有多个炼化企业引进了空心塞阀，如 TAPCO 和 S&W 公司的空心塞阀，均安装在再生器底部，提升用空气从阀支架的接管处导入。图 28-16 为空心塞阀外形结构和安装示意图。

空心塞阀的阀体部分除采用空心阀头外，其余元件的设计要求和实心塞阀基本相同，传动部分及控制部分采用电液执行机构或气动执行机构时，也和实心塞阀的要求基本相同。

空心塞阀是在实心塞阀的基础上改进和发展起来的，具有实心塞阀的一些优点，同时还因结构上的差异，具备了新的特点。

• 空心阀头。阀头是由龟甲网刚玉衬里作为耐磨层的空心结构，阀头中心开有通孔。提升空气通过中间接筒上的引管引入，从上段空心阀杆导入阀头进入立管。阀头的下部装有保护管，防止提升风中断或压力下降时催化剂从立管进入阀内。如图 28-17 所示为阀头、阀座及上部保护管的结构。

• 吹扫。内外保护套间和阀杆填料函处吹扫介质从塞阀安装法兰两侧引入，吹扫介质为仪表用空气，吹扫压力要高于再生器压力。但绝对禁止蒸汽带水。因为一旦携带的水与催化剂形成团、块，将十分麻烦，严重时会卡住阀杆。吹扫量用孔板进行控制，根据经验保护套间的吹扫介质出口速度为 15m/s，可以有效地防止催化剂通过套间空间进入阀杆支承轴承和填料函处，避免引起阀杆磨损和卡阻。

③ 塞阀流通面积　塞阀和阀座间环形流通面积为

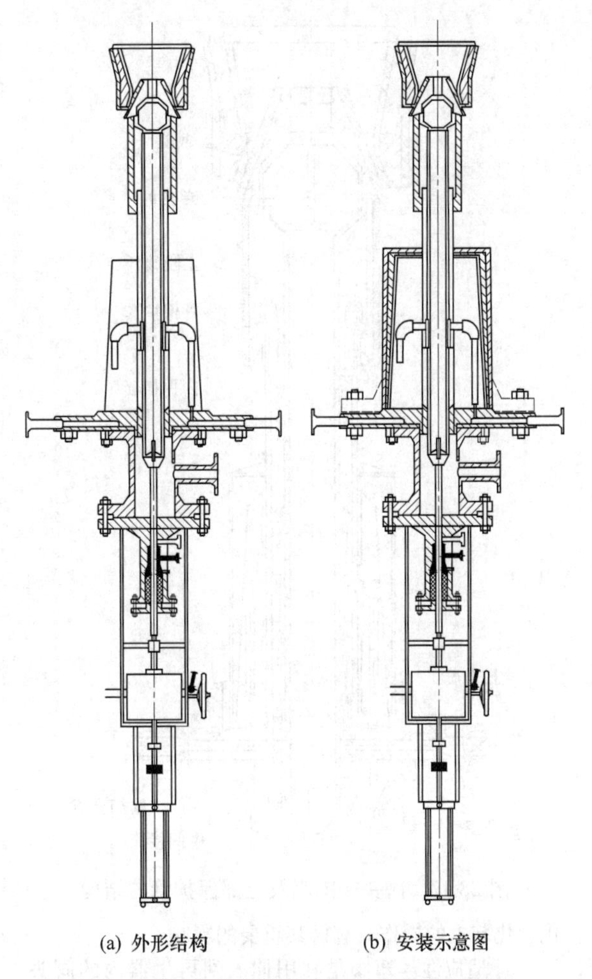

(a) 外形结构　(b) 安装示意图

图 28-16　空心塞阀外形结构和安装示意图

$$A=\frac{2.78G}{\rho u_{\mathrm{f}}} \tag{28-1}$$

$$u_{\mathrm{f}}=(u_0^2+1.96\times10^3C_0^3\Delta p/\rho)^{0.5} \tag{28-2}$$

式中　A——环形流通面积，cm^2；

G——催化剂循环量，kg/h；

ρ——塞阀上游催化剂密度，kg/m^3；

u_{f}——塞阀和阀座间环形横截面催化剂流速，m/s；

u_0——催化剂的初速度（由床层到提升管时此值为零），m/s；

C_0——流量系数，为 0.8；

Δp——塞阀压力降，kPa。

塞阀正常操作位置处于 1/3～1/2 开度为最佳。

④ 塞阀的性能特点　塞阀是同轴式催化裂化装置的关键设备之一。正常操作时，它是催化剂流量的调节控制阀；发生事故时是催化剂循环管路的切断阀。所以塞阀的工作可靠性和调节性能对于同轴式催

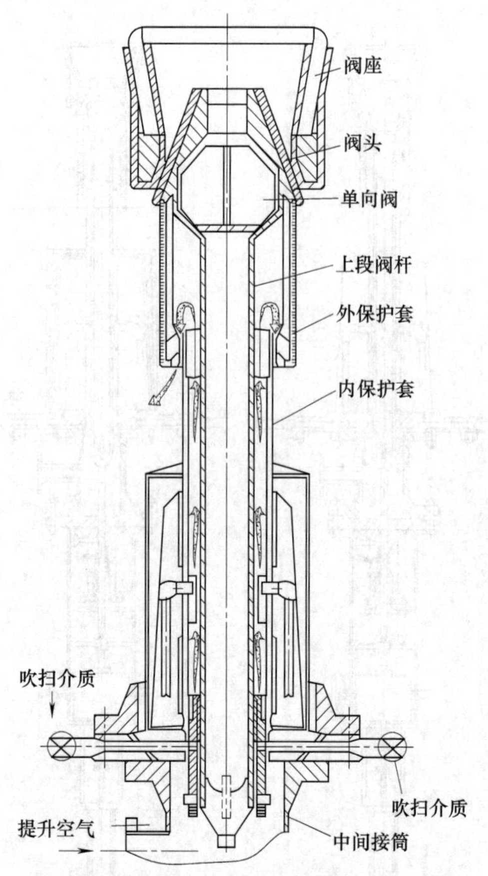

图 28-17 阀头、阀座及上部保护管的结构

化裂化装置的操作具有极其重要的影响。

a. 适应性。塞阀是利用伸入到再生器内的阀头来实现流量调节的，一方面必须适应在开停工（升降温度）过程中主管的膨胀和收缩，并自动吸收膨胀和补偿收缩，另一方面还根据工艺要求适时地开阀或关阀。

b. 可靠性。在各种恶劣条件如紧急停工、二次燃烧及处理量大幅度波动下，塞阀也能进行可靠操作，能在要求的较短时间内完全关闭。

c. 调节平稳性。催化剂通过流道时，沿着阀头整个 360°表面均匀分配，介质在流动方向上没有明显变化，使塞阀的磨损明显地比滑阀较轻，而且均匀，因而不会影响催化剂流量的控制及紧急切断的性能。

d. 耐磨性。控制催化剂流量的部件只是锥形阀头，使在高温下承受强烈磨损的部件减少至最少，便于维护更换。另外，塞阀改善了介质在阀内件表面的分布状态，延长了塞阀使用寿命，相比之下，滑阀在调节操作中催化剂对阀口的冲刷磨损情况更为严重。

⑤ 塞阀的发展。塞阀随着正流式催化裂化发展而诞生，正流式催化裂化装置由美国 M. W. Kellogg 公司研究开发，自 1951 年 7 月在加拿大 Edmonton 建成以来，塞阀在工业装置上的应用已达 60 多年。随着炼油工艺技术的发展，塞阀的操作条件也不断变化，温度和压力进一步提高，随着催化裂化装置大型化，塞阀在结构、耐磨材料的选用以及执行机构形式的设计上也有了重大发展。目前已有上百套催化裂化装置，数百台以上的塞阀在使用中，塞阀的规格尺寸由 15mm（节流口径）、长 4.3m、重 2t，发展到 97cm（节流口径）、长 7m、重 6t，并随着新建装置规模扩大而变得更大。

国内于 1973 年开始在洛阳炼油实验厂新建年产 3 万～5 万吨的同轴式催化裂化装置时，进行了塞阀的研制工作，由洛阳石化工程公司设计，石油部一公司（中国石油第一建设公司）施工，机具厂制造的第一套节流口径为 15cm 及 17.5cm 的气动调节式风动（待生及再生）塞阀，并于 1977 年在洛阳炼油实验厂顺利投用。1980 年又为兰州炼油化工总厂年产 50 万吨的新型催化裂化装置设计了节流口径为 25cm 的塞阀，并于 1982 年正式投用。

炼油技术的发展，一方面促进了塞阀技术进步，另一方面也拓宽了塞阀的应用范围。当前，新建装置上已经把塞阀应用在并列式催化裂化装置上，甚至一些催化裂化装置在外取热器循环线上也采用了塞阀。

装置的大型化发展，以及控制技术的进步也使塞阀的执行机构由气动调节、风动马达驱动向电信号控制、液压驱动方式发展。大连开发区炼油厂年产 200 万吨催化裂化装置上，首次设计应用了节流口径为 ϕ60cm，总长为 6.68cm，总重为 4.88t 的电液塞阀。在技术进步和实践的基础上，国内塞阀设计制造水平取得了长足发展，实践证明，国产实心阀头的塞阀设计合理、性能优越、运行良好、被控参数平稳、满足工艺要求，已经跨入了先进水平行列，但是空心阀头塞阀与国外同期相比还有一定差距。

塞阀与滑阀相比较，具有以下特点：

a. 介质（催化剂）是沿着阀头的整个 360°表面均匀分配，介质在流动方向上没有明显改变，使磨损均匀并且小于滑阀，而且在磨损后，阀头和阀座可以通过锥形的接触面补偿磨损而不影响控制。

b. 控制催化剂流量的部件只是形状简单的阀头，使其在高温下承受强烈磨损的部件减少到最少，也使一些机械设计问题，如滑阀中导轨与阀板在高温下的间隙问题不复存在。

c. 塞阀和滑阀都可实现自动控制，如图 28-18 所示，塞阀总是安装在易于操作和维护的再生器底部位置上。

(3) 高温蝶阀

① 高温蝶阀的分类 催化裂化装置用的高温蝶

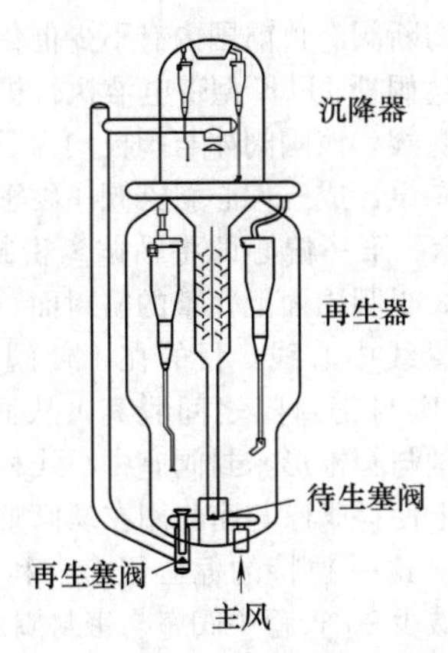

图 28-18　再生、待生塞阀在同轴式催化裂化装置上的应用

阀按其阀体结构的不同可分为：烟机入口高温调节型蝶阀、烟机旁路高温蝶阀、烟机入口高温切断型蝶阀和烟气余热回收系统的冷壁（衬里）高温蝶阀四种。按其配置的执行机构不同可分为气动高温蝶阀和电液高温蝶阀。

a. 烟机入口高温蝶阀。其作用是控制再生器压力及调节烟机入口烟气流量，并在烟机超速时兼作快速切断用，以保护烟机-主风机组。它由阀门、执行机构等部分组成。

阀门部分由阀体、蝶板、阀杆和支承轴承等部分组成。阀体为 0Cr18Ni9 钢板焊接结构，内部无任何隔热和耐磨衬里，阀座设计为台阶形式。阀体与烟气管道的连接方式按口径大小区分为：当公称尺寸大于 *DN*1000 时，采用与管道直接焊接形式，公称尺寸小于或等于 *DN*1000 时，采用法兰连接形式。

阀板为 ZG1Cr18Ni9Ti 铸造不锈钢或 0Cr19Ni9 钢板组焊结构，阀座圈焊在阀壳体内，阀座圈与阀板边缘均喷硬质合金，并经磨削加工，尺寸精度高，以减少烟气泄漏，提高耐磨性能。

阀杆采用分段结构，与阀板采用锥销连接，便于加工和装拆。为防止烟气中催化剂进入轴套卡住阀杆，在阀杆两端支承轴套前各设一个蒸汽吹扫口，操作时通入一定量的吹扫蒸汽以吹扫催化剂并可冷却阀杆。在阀杆与蝶板轮毂之间设有喷焊有硬质合金的耐磨衬套，保护阀座圈之间的外露阀杆，避免该处高速气流对其冲蚀。

阀杆两端的支承轴套采用耐高温的硅化石墨轴承，该轴承具有良好的自润滑性，较高的机械强度和耐蚀性能，可避免滚动轴承因高温或锈蚀等原因易造成阀杆卡阻的弊病。

烟机入口高温蝶阀为气开式，它可配置摆动式气动执行机构如图 28-19 所示；也可配置带有偏置曲柄连杆传动机构的电液执行机构如图 28-20 所示。气动和电液执行机构均设有正常调节和紧急快速关闭两个控制回路。为确保该阀动作可靠和提高紧急关闭速度，两种执行机构应单独配有空气事故罐或液压蓄能器。烟机入口电液高温蝶阀的规格参数见表 28-11。

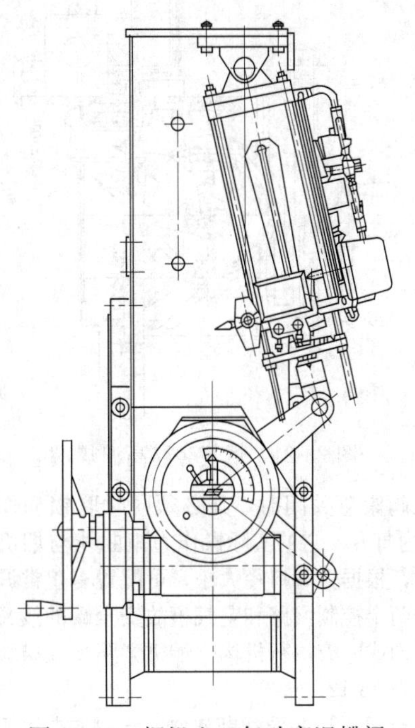

图 28-19　烟机入口气动高温蝶阀

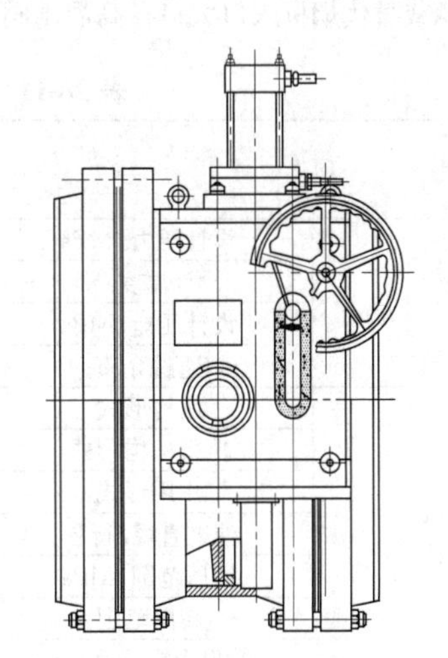

图 28-20　烟机入口电液高温蝶阀

b. 烟气旁路高温蝶阀（图 28-21）。该阀是烟气放空用的高压降调节阀，一般在临界压降下操作，磨损比较严重。除阀座、蝶板边缘和阀杆喷焊硬质合金外，阀体内部还衬钢纤维增强无龟甲网刚玉耐磨衬里，并在阀轴外部增设防磨保护套。阀座设计为台阶式，以尽可能减少泄漏量。该阀为气开式。

在设双动滑阀的情况下，主旁路高温蝶阀也可参与再生器压力的分程调节，但当烟机超速或烟机入口

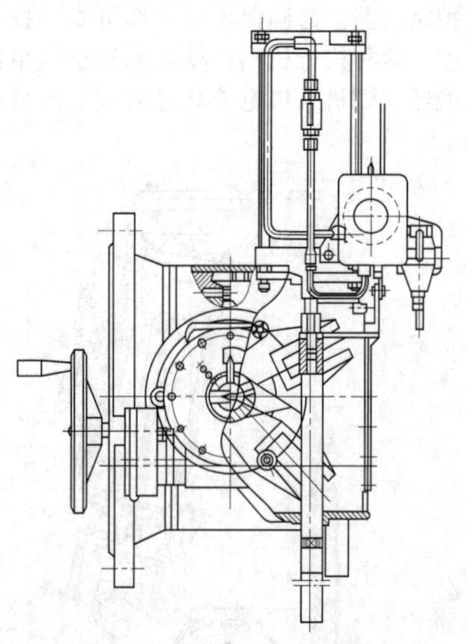

图 28-21 烟气旁路高温蝶阀

高温蝶阀紧急关闭时，其必须同时联锁动作，应在1～2s内打开。它的实际操作力矩曲线与烟机入口蝶阀不同，根据蝶阀口径大小，可配置有正常调节和紧急快开两个控制回路和空气事故安全罐的拨叉式气动执行机构或电液执行机构。烟机旁路高温蝶阀的规格参数见表 28-12。

c. 烟机入口高温切断蝶阀。该阀主要用于烟气分轴发电机组或替代烟机入口大口径高温闸阀作为可以快速切断的切断阀。目前国内有不少催化裂化装置是引进德国阿达姆斯 HTK 型带电液执行机构的烟机入口紧急关断蝶阀。该阀阀体与阀板均为不锈钢钢板焊接结构。该阀设计成三偏心斜锥阀座硬密封结构，如图 28-22 所示。第一偏心即将轴偏离密封面中心线，以形成蝶板 360°圆周面上完整的密封面。第二偏心是轴稍微偏离管线中心线，目的在于使阀板开至大约 20°以后，阀座与密封圈之间脱离，从而减少摩擦。第三偏心为轴与圆锥形密封阀座中心线相对偏离，它从几何形状上使得阀座与密封圈在蝶阀整个开关过程中完全脱离。这一独特的偏心组合，利用了凸轮效应，可明显减少 90°行程中阀座与密封圈之间的摩擦，其接触角大于阀板与阀座材料的摩擦角，排除了卡死可能。该阀一般仅要求二位动作，配置快速动作的电液执行机构，关闭时间可在 1s 以内。

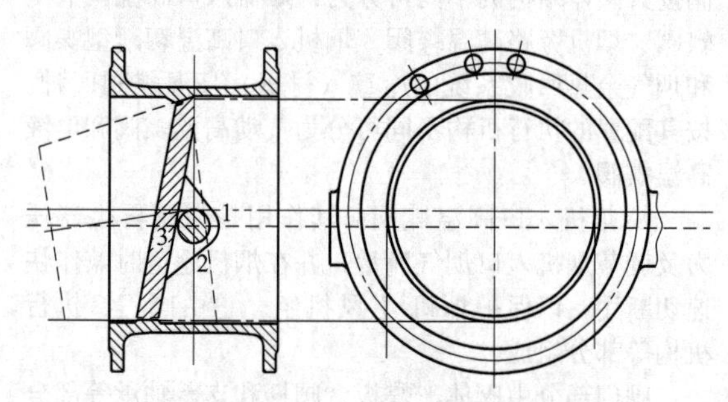

图 28-22 三偏心高温切断型蝶阀

表 28-11 烟机入口电液高温蝶阀规格参数

项目		规格					
		*DN*1000	*DN*1100	*DN*1200	*DN*1300	*DN*1400	*DN*1500
设计数据	设计压力/MPa	0.3～0.45					
	设计温度/℃	700～720					
	设计压差/MPa	正常 0.01～0.015/0.35 最大					
	通过介质	催化再生烟气					
机械设计	结构形式	台阶式					
	执行机构形式	分离式电液执行机构					
	作用形式	气开式					
	油缸直径/行程	ϕ100/180					
	油压范围/MPa	10～14					
	转向范围	0°～70°					
	输出力矩/kN·m	10～14					
主要技术性能	输入/输出信号	4～20mA					
	灵敏度	1/600					
	精确度	1/600					
	全行程时间/s	<4					
	紧急动作时间/s	<1					
外形尺寸	长/mm	2415	2521	2625	2730	2830	2950
	宽/mm	909	909	983	983	1000	1000
	高/mm	1633	1685	1735	1785	1835	1859
阀总质量/kg		2252	2535	2805	3075	3345	3615

表 28-12　烟机旁路高温蝶阀规格参数

项目		规格				
		DN400	DN500	DN700	DN800	DN900
设计数据	设计压力/MPa	0.35				
	设计温度/℃	700～720				
	设计压差/MPa	0.3～0.45				
	通过介质	催化再生烟气				
机械设计	结构形式	台阶式				
	执行机构形式	拨叉式电液或气动执行机构				
	作用形式	气关式(FC)				
	转角范围	0°～70°				
主要技术性能	输入/输出信号	电液 4～20mA,气动 0.02～0.1MPa				
	灵敏度	电液 1/600,气动 1/150～1/200				
	精确度	电液 1/600,气动 1/60～1/100				
	全行程时间	电液<4s,气动<15s				
	紧急动作时间	电液<1s,气动<3s				
外形尺寸	长/mm	1816	1880	2116	2216	2316
	宽/mm	629	650	739	759	879
	高/mm	1305	1380	1473	1523	1580
阀总质量/kg		788	965	1465	1690	1917

d. 冷壁（衬里）高温烟道蝶阀。主要安装在烟气进余热锅炉和去烟囱的烟道上，可控制进余热锅炉的烟气量，兼有调节和切断作用。其结构基本上与烟机入口高温蝶阀类同，只是阀体为冷壁结构，内衬隔热耐磨双层衬里。阀板与阀座圈因其操作压降小，烟气流速低，不需要喷焊硬质合金。另外根据工艺操作需要可配置带定位器的气动执行机构或一般蜗轮蜗杆手动机构，有时为了操作方便，也可配置带链轮的蜗轮蜗杆手动机构，实现地面操作。冷壁（衬里）高温烟道蝶阀的规格参数见表 28-13。

② 高温蝶阀的结构特点

a. 无吹扫填料函。图 28-23 所示为高温蝶阀无吹扫填料函泄漏监测系统。吹扫装置仅作为备用件安装，吹扫装置与一个连续的氮气源或蒸汽源相连，气源压力调节至比阀门内工作压力高 0.035～0.07MPa，在填料密封件内部或外部磨损时，吹扫介质将会泄漏至阀门内部或大气。对于无吹扫填料函正常运行期间，在吹扫装置管路上的流量指示器并没有流量指示，一旦流量表指示吹扫气进入了系统，则表明正在发生泄漏。

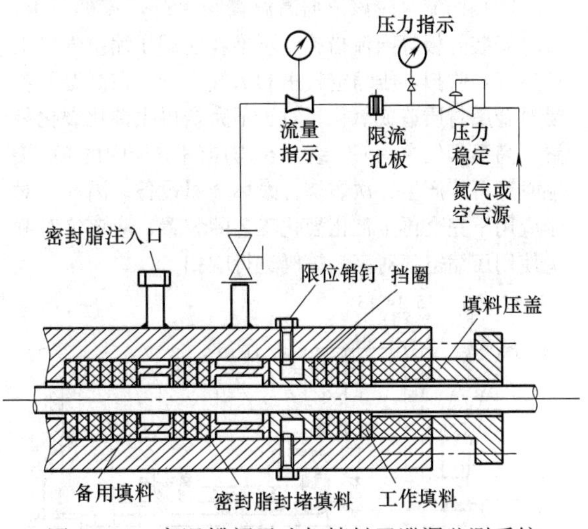

图 28-23　高温蝶阀无吹扫填料函泄漏监测系统

表 28-13　冷壁（衬里）高温烟道蝶阀规格参数

项目		规格							
		DN1400	DN1600	DN1800	DN2000	DN2200	DN2560	DN2850	DN3200
设计数据	设计压力/MPa	0.05							
	设计温度/℃	700～720(780)							
	通过介质	催化再生烟气							
机械设计	结构形式	台阶式							
	执行机构形式	手动、气动、电动							
	转角范围	0°～90°							
外形尺寸	长/mm	2883	3093	3316	3505	3925	4848	5838	6570
	宽/mm	550	550	550	550	1116	1296	1296	1296
	高/mm	1632	1832	2032	2232	2542	3026	3526	3880
阀总质量/kg		2736	3283	3723	4158	5391	11071	15500	19500

当泄漏漏至外侧时，通过拧紧填料函的紧固螺栓；当泄漏漏至内侧时，可通过注入密封脂的方法把中间填料密封件加强，并把密封套向外推出，同时把主填料密封件向中部压紧，就能减小或消除泄漏。当流量指示器指示无流量时，表示泄漏已经停止。

通过挡圈螺栓（或限位销钉）定位外密封底部的挡圈，以便当外侧填料密封件被拧紧时，其他的填料密封件也被拧紧。若挡圈接触到底，则只有外侧填料密封件会被拧紧；填料压盖完全进入则表明挡圈接触到底部。当挡圈接触到底部时，外侧填料密封件就需要进行更换。为了更换外侧填料密封件，必须首先对中间填料密封件进行加强，此时密封作用已由中间密封件承担。关闭吹扫气后，外侧填料密封件就能在运转中拆下和更换。

b. 阀杆吹扫。如图 28-24 高温蝶阀轴端结构图所示，在轴套位置设有吹扫孔，依据不同要求可以用氮气或蒸汽吹扫，保持给气压力适当高于管道内部烟气压力。持续的吹扫能保障阀体密封的冷却，并防止烟气中催化剂微粒进入填料函内，影响密封效果以及对阀杆的磨损和卡涩。

吹扫的流量应该依据高温蝶阀生产厂家的要求，设计安装孔板等限流措施。不推荐使用压缩空气（工业空气）吹扫，压缩空气里的氧气组分，在高温下容易对金属材质造成氧化；对于不完全再生催化裂化装置，高温烟气中的 CO 组分在与压缩空气中的 O_2 接触时还可能产生二次燃烧，毁坏金属设备。因此，对于应用不完全再生催化裂化工艺的装置，应该绝对避免使用压缩空气对高温蝶阀进行吹扫。

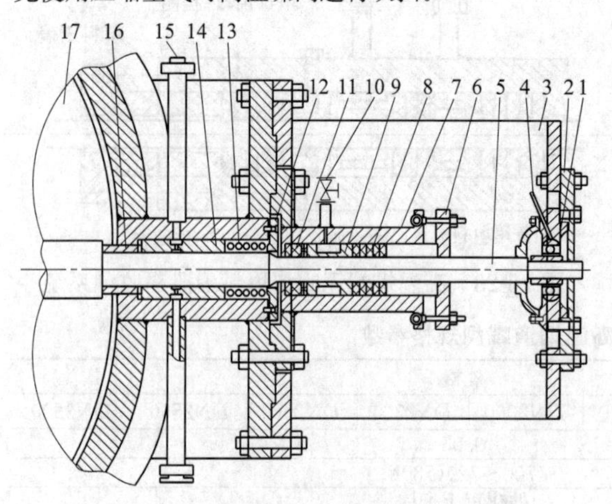

图 28-24　高温蝶阀轴端结构组成详图

1—轴承组件；2—托架；3—大托架；4—润滑脂注入口；5—阀杆；6—填料压盖；7—填料函；8—外侧填料；9—套环；10—液体填料注入口；11—内侧填料；12—弹簧压盖；13—弹簧；14—轴套；15—吹扫口；16—轴衬；17—蝶板

③ 高温蝶阀的性能特点

a. 高温蝶阀的流通性能。高温蝶阀的过流能力往往是根据工艺需要而首先确定，再确定蝶阀口径。确定步骤是首先计算阀门需要流通能力值，然后根据流通能力值和所要求的阀门开度从各蝶阀制造厂提供的图表中查出阀门口径。由于蝶阀也有一定的截流作用，确定口径就不能简单地定为与管线口径相同。

蝶阀流通能力定义为阀门全开、阀两端压差为 10^5kPa，流体是 5～40℃温度范围内的水，流经阀门的以体积流量（m^3/h）计量的流量数。

流通能力值计算方法如下。

• 先确定工艺参数如蝶阀压降 Δp、阀后压力 p_2、阀前介质温度 T、密度 ρ、平均相对分子质量和管道直径。

• 计算流通能力值。

按体积流量计算：

$$C=0.218Q\sqrt{(TG_bZ)/(\Delta p p_2)} \qquad (28\text{-}3)$$

按质量流量计算：

$$C=0.168W\sqrt{(TZ)/(\Delta p G_b p_2)} \qquad (28\text{-}4)$$

式中　Q——烟气体积流量，m^3/h；

W——烟气质量流量，kg/h；

T——工作温度，K；

G_b——烟气密度，$G_b=MW/29$；

MW——烟气平均分子量；

Z——压缩系数；

Δp——通过蝶阀的压降，kPa；

p_2——蝶阀阀后压力，kPa（绝压）。

b. 高温蝶阀主流密封结构和特点。传统理念中，蝶阀的密封性难以达到零泄漏，单纯的密封效果不如闸阀的性能好。但是随着技术进步和相关领域的发展，新型高温蝶阀的密封性能能够达到 FC 170-2—2006 密封等级的Ⅳ级以上。

依据密封面的设计不同，高温蝶阀的流道密封可分为台阶形密封、辅助蒸汽密封、金属硬密封以及可更换式金属圈硬密封等。例如，TAPCO 公司及绝大部分的国产高温蝶阀采用了“台阶形”密封；德国 ADAMS 公司选用“金属-金属”硬密封和“斜置锥形”阀座密封；意大利 VANESSA/BIFFI 公司选用“可更换式金属圈”硬密封。高温蝶阀密封圈安装位置多在阀板上，在大于 600℃高温烟气的苛刻使用条件下，若采用可调换金属密封圈，紧固螺栓的脱落问题是烟机运行的一个潜在安全问题。因此，传统金属圈密封方式逐步发展为被其他安全密封形式代替。

如图 28-25 所示，传统的台阶密封能够较好地实现启闭操作，执行机构所需要的力矩稳定，且相对偏心结构需要力矩小，但是密封面磨损造成的密封性能下降快，而新阀密封性能能够达到 FC 170-2—2006

密封等级的Ⅱ级以上；德国 ADAMS 公司斜置锥形阀座密封系统即 B&B 密封系统，采用双偏心结构，以及斜置锥形阀座密封，能够保障阀门在启闭过程中的相互卡挤，较好地适应磨损和温度的变化，新阀密封性能能够达到 FC 170-2—2006 密封等级的Ⅳ级以上。

④ 高温蝶阀的应用与发展　随着催化裂化能量回收技术的发展及催化裂化装置处理量的增大，对配套专用调节蝶阀的性能要求逐渐提高。要求阀门口径大、输出力矩大、可靠性高、控制灵敏度高等，这样才能确保装置安全、平稳、长周期运行，并尽可能多回收能量。国外高温蝶阀发展早、品种多。国内却起步较晚，经过试制、改进等不断发展，国内的高温蝶阀制造厂家，它们制造的高温蝶阀的性能指标都达到了较高水平。国内外设计的高温蝶阀，主要驱动形式为气动和电液形式，目前发展的方向是电液高温蝶阀，气动高温蝶阀正在逐步退出使用领域，当前在用的已经很少。

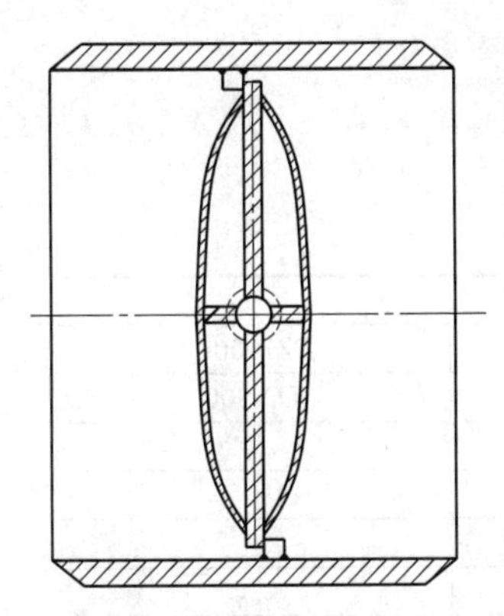

(a) TAPCO 台阶密封

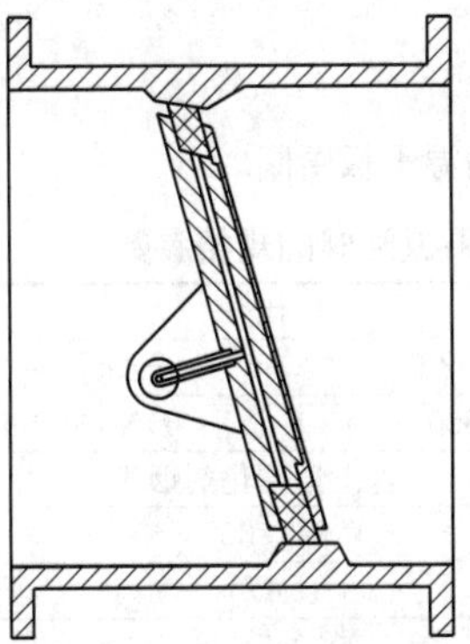

(b) ADAMS 斜置锥形阀座密封

图 28-25　典型高温蝶阀密封形式

目前，国内设计制造的高温蝶阀仍多为台阶式密封结构。近几年，主要针对相继发生的几次机组超速而引起严重损坏的事故，在提高烟机入口高温蝶阀的响应速度、快速切断以及确保长周期运行可靠性方面，在阀体结构方面做了一些改进和提高工作。

a. 阀杆与蝶板轮毂之间增设了堆焊硬质合金的耐磨衬套，保护外露于阀座圈与蝶板间的阀杆，使其免受高速气流的冲蚀。

b. 阀杆两端支承轴改用耐高温的硅化石墨滑动轴承，克服了原滚动轴承因受高温或锈蚀影响而易造成阀杆卡阻的弊病。

（4）高温三通阀

旋启式高温三通阀如图 28-26 所示，用来替代上述两个冷壁高温蝶阀，降低投资，简化大口径高温烟道配管设计，便于操作。

图 28-26　高温三通阀

旋启式高温三通阀阀体为 20R 钢板焊接的冷壁结构，内衬隔热耐磨双层衬里。阀板采用 ZG1Cr18Ni9Ti 铸造结构或铸造与椭圆形封头组焊结构，它通过两个曲臂与阀轴连接。阀轴为通轴结构，材质为 1Cr18Ni9Ti 或 4Cr14Ni14W2Mo，阀板可做 90°旋转，起到换向和切断作用。执行机构可根据需要配置带手动机构的气动执行机构或圆弧齿蜗轮蜗杆手动机构。旋启式高温三通阀与国外同类滑板式高温三通阀相比，具有结构紧凑，管线安装合理，操作方便等特点。高温三通阀的规格参数见表 28-14。

表 28-14　高温三通阀的规格参数

项目		规格		
		*DN*600	*DN*800	*DN*1400
设计依据	介质	催化再生烟气		
	设计压力/MPa	0.11		
	设计温度/℃	600		700
	阀门通径/mm	ϕ600	ϕ800	ϕ1200/1400
执行机构	汽缸直径/mm	ϕ250		—
	活塞行程/mm	250		—
	手动机构输出力矩/kN·m	4		10
	手动机构速比	280		187
	手轮直径/mm	ϕ320		ϕ461
阀总质量/kg		2343	3087	6489

（5）高温闸阀

高温平板闸阀是大型切断型阀门，用于炼厂催化裂化装置烟气能量回收系统，垂直安装高温蝶阀前的水平烟气管道上。当烟气轮机正常工作时，此阀全开，停工或事故状态时可通过执行机构及时关闭此阀截断烟气，用以保护烟气轮机安全和停工检修的需要。

现国内工程设计，一般公称尺寸小于 *DN*900，选用气动高温平板闸阀，而公称尺寸大于 *DN*900，则选用防爆电动高温闸阀。

① 高温闸阀的种类

a. 气动高温平板闸阀。由阀体部分、气动执行机构和手动机构组成，如图 28-27 所示。阀体由主、副阀体通过双头螺柱连接成一体，主、副阀体上各装有一个膨胀石墨密封圈置于平板型闸板两侧。主阀体的上下，分别装有上阀盖和下阀盖，它们与主阀体之间用 304+柔性石墨包覆垫片密封，若在此垫片两侧各放一层 0.2mm 厚的膨胀石墨带，则可提高密封的可靠性。气动执行机构由二位四通电磁阀、旁通阀、动力风管、汽缸组成。活塞杆与阀杆用连接块相连，从而一起动作。手动机构有伞齿轮-空心丝杠、螺母和蜗轮蜗杆-平行丝杠、双螺母传动两种机构，后者可缩短阀的总高。手动操作时，必须把旁通阀打开。该阀阀体、阀盖材质均为 ZG1Cr18Ni9Ti，阀板材质为 0Cr18Ni9，阀杆材质为 4Cr14Ni14W2Mo。气动高温平板闸阀的规格参数见表 28-15。

b. 防爆电动高温闸阀。是为解决气动高温平板闸阀实际最大通径只有 *DN*900，无法满足高温闸阀大型化需要的不足，在消化吸收洛阳石化厂引进美国 TAPCO 公司的 *DN*1200 防爆电动高温闸阀基础上，国内自行研制开发的更新换代产品。该阀由阀体部分和电动装置组成，见图 28-28。

阀体为大型厚壁高温合金钢板焊接结构，内部无衬里，与管道采用焊接连接。阀座圈和阀板均为高温合金钢铸钢件。球型头盖式阀板与阀座圈采用单面蒸汽密封。两条 L 形导轨为高温合金钢锻件，用高合

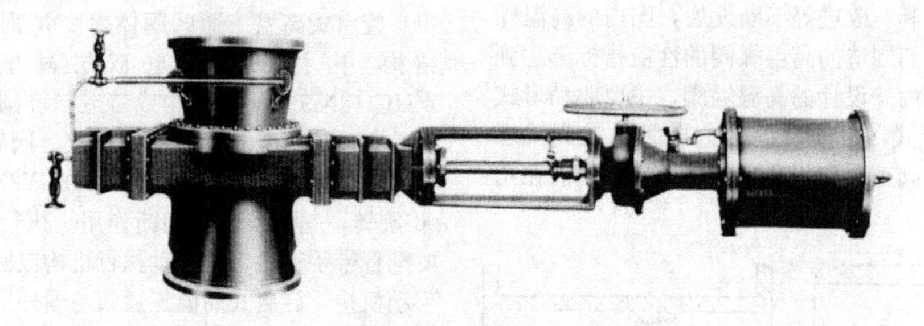

图 28-27 高温平板闸阀

表 28-15 气动高温平板闸阀的规格参数

项目		代号			
		PZ800	PZ800ZT	PZ900	PZ1000C
阀体部分	实际通径/mm	*DN*600	*DN*800	*DN*800	*DN*900
	工作介质	含微量催化剂烟气			
	全开(关)时间/s	<30			
	工作温度/℃	650			
	工作压力/MPa	0.296	0.345		0.4
气动执行机构	作用形式	气开式			
	汽缸直径/mm	φ500	φ700		
	活塞行程/mm	660	870		970
	手动机构形式	伞齿轮-空心丝杠、螺母	蜗轮蜗杆-平行丝杠、双螺母		
外形尺寸/mm		1200×1100×5184	1309×1240×6001	1329×1240×6001	1756×1460×6318
阀总质量/kg		2950	6876	7011	8718.6

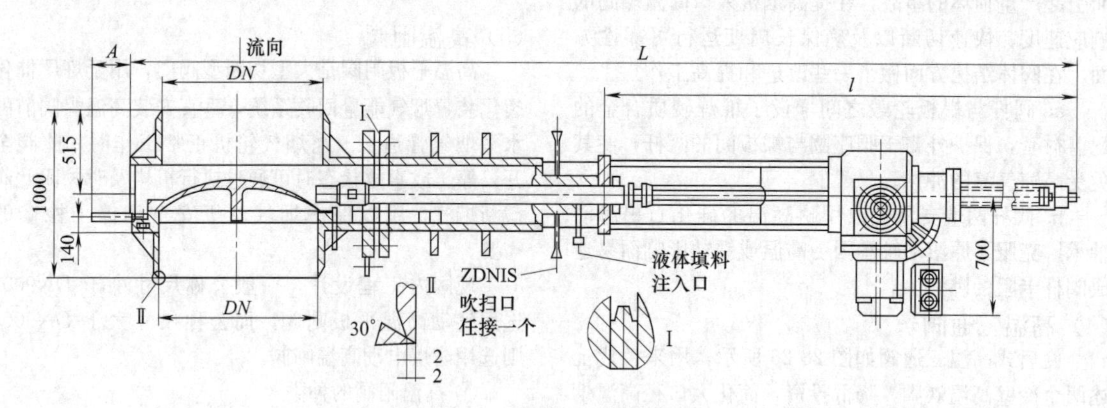

图 28-28 防爆电动高温闸阀

金螺栓分别固定在阀座圈上，导轨与闸板的滑动支耳间的滑动面设计有一定的斜度，保证闸板与阀座圈之间在关阀状态无间隙或少间隙。阀座圈、闸板与导轨的易冲刷部位大面积堆焊硬质合金，并经机加工，保证一定的尺寸精度。

阀盖与填料函合为一体，也采用高合金钢板组焊结构，填料函为串联密封结构，阀杆材料为4Cr14Ni14W2Mo并经磨削加工，与滑阀一样可在闸阀正常工作状况下，方便地更换外侧工作填料。阀盖与阀体采用唇形密封的方法兰连接。

该阀配套的电动装置是天津阀门公司吸收美国Limitorque的SMC-3、SMC-4技术基础上进行研究开发设计，形成新型专用阀门电动装置。其输出转速高，可达100r/min左右，是国内相同转矩规格产品中唯一的。为此专门设置关阀位置的缓冲机构和蜗杆轴柔性传动机构，可有效地防止高速运行产生的冲击或过载对其内部传动件的损害。电动装置还带有手动机构操作机构，并可实现手动与电动自动切换。防爆电动高温闸阀的规格参数见表28-16。

c. 电液高温闸阀。它是原气动和电动高温闸阀的更新换代产品，与气动和电动高温闸阀相比具有传动效率高，驱动力大，动作平稳可靠，使用寿命长，维护工作量少等优点，近几年已在烟气轮机入口管道上推广应用。

该阀由阀体部分，电液执行机构和手动机构组成，其阀体部分与防爆电动高温闸阀相同，手动机构可采用机械或液压操作方式，电液执行机构则由动力油缸、动力油站及防爆电气控制箱组成。电动机、电磁阀防爆等级均为dⅡBT4。见图28-29。

② 高温闸阀的应用与发展　烟机入口高温闸阀作为烟机的入口截断阀，主要是起到一种高温切断的自保作用，工作状态只有全开或全关。1995年以前，国内烟气能量回收机组普遍采用气动高温平板闸阀，采用柔性石墨密封圈的双密封结构，由于闸板受到所用厚不锈钢板的宽度和厚度的限制，大型密封圈压制的均匀度难以保证，实际该阀的通径最大只能做到*DN*900，规格大于*DN*900的高温平板闸阀均在密封副处采用了缩口结构，导致不能与烟机入口高温蝶阀合理匹配，造成“瓶颈”问题，影响了烟机的回收功率。

1995年，国内自主研制开发了楔形单面密封的电动高温闸阀。与气动高温闸阀相比，该阀具有一些显著的优点，是较理想的烟气轮机入口切断阀，满足了机组大型化的需求；此后，楔形单面密封电动高温闸阀得到了推广应用。目前在一些中小型装置上，仍然有气动高温平板闸阀在应用。但由于相对电动高温闸阀来说，气动高温平板闸阀存在一些不足，已失去了推广使用的意义，正在逐步退出使用领域。

电动高温闸阀具有结构新颖、流通能力大、节省动力、耐磨损、密封可靠等特点。它已在国内不少炼油厂推广应用，并获得了良好效果。资料显示，国内某石化厂于1996年用*DN*1100电动高温闸阀替换原*DN*1000气动高温平板闸阀，在主风量、高温蝶阀开度和再生器压力基本不变的情况下，烟气通过此阀的压降降低了0.004MPa，驱动电动机电流平均降低18A，每年可节省80万千瓦时电，具有良好的经济效益和社会效益。

(6) 阻尼单向阀

阻尼单向阀按阀体的结构形式可分为旋启式和蝶形两种形式。

① 旋启式阻尼单向阀　阀体结构与通用的旋启

表 28-16　防爆电动高温闸阀的规格参数

型号规格		DZ1000	DZ1100	DZ1200	DZ1300	DZ1400
阀体部分	阀通径/mm	1100	1100	1200	1300	1400
	全开时压降/kPa	<2				
	设计温度/℃	730				
	设计压力/MPa	0.4				
	设计最大压差(全关)/MPa	0.3				
	阀杆最大行程/mm	1100	1200	1300	1400	1500
电动装置	开关时间/s	40	41	47		
	电动机功率/kW	5.5	7.5	7.5		
	电源电压/V AC	380	380	380		
	控制电压/V AC	220	220	220		
	控制功率/W	200	200	200		
	电气防爆等级	dⅡBT4	dⅡBT4	dⅡBT4		
基本尺寸	*A*/mm	202	312	236		
	L/mm	3255	3544	3745		
	L/mm	6371	6850	7277		
阀总质量/kg		7601	8904	10235		

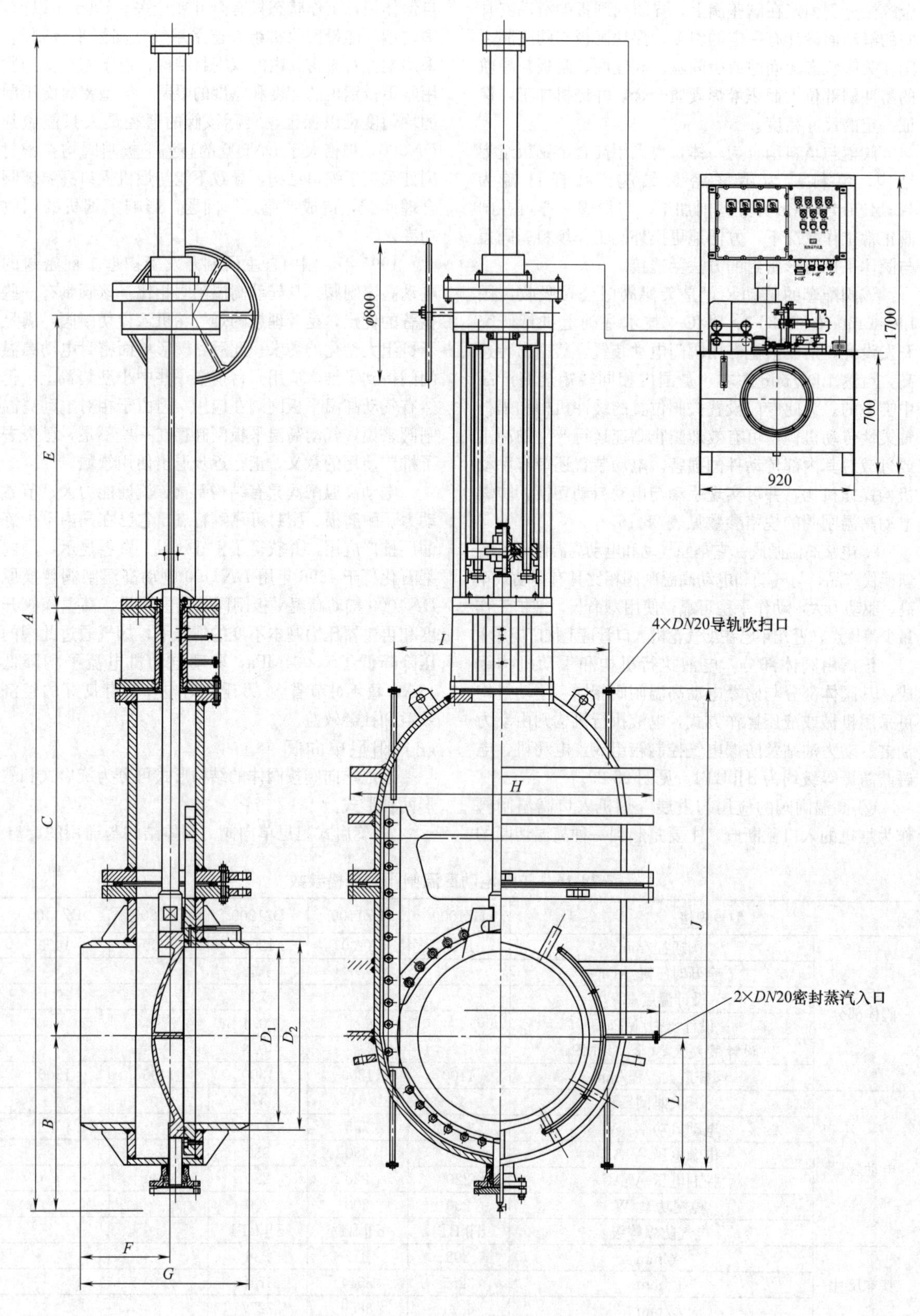

图 28-29 电液高温闸阀示意图

式止回阀相似，国内的旋启式阻尼单向阀阀体和阀瓣均为铸钢结构，阀瓣与阀座圈采用平面密封形式。它配有二位式摆动汽缸执行机构。通过电磁阀实现气动快开快关功能。规格为 *DN*300～600，主要用于小型主风机出口或增压机出口。该阀与管道采用法兰连接。由于结构形式所限，该阀不能实现随动控制功能。

② 蝶形阻尼止回阀　按其安装位置和作用不同可分为主风机出口阻尼止回阀（图 28-30）和主风系统阻尼止回阀（图 28-31）两种。前者安装在主风机出口，按随动开关附加气动快关功能设计，配有平衡重、阻尼油缸和双作用汽缸。正常操作时，依靠气流把阀门打开一定开度，当装置低流量自保动作或机组停机时，则通过电磁阀实现气动快关，可有效地防止催化剂倒流，确保机组安全。后者安装在辅助燃烧室前的主风管道上，不设平衡重，按气动快开、快关的要求设计。正常操作时，靠汽缸作用把阀全开，当装置低流量自保时，防爆电磁阀换向，汽缸快速反向动作，在 3～5s 内将阀关闭，防止催化剂倒流，保证装置安全。

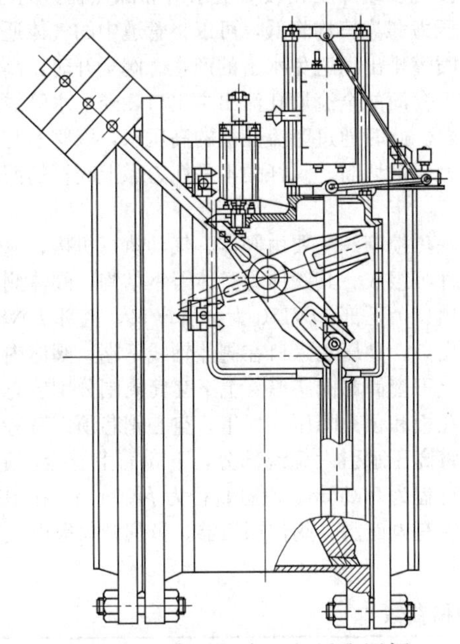

图 28-30　主风机出口阻尼止回阀

上述两类阻尼止回阀除传动控制部分如上述不同外，其阀体部分结构相同。该结构为三偏心结构，阀轴采用 40Cr 锻造，阀轴的驱动端用填料密封，另一端用法兰盖封住。阀座圈与阀板间采用金属对金属的特殊锥形密封，全开时阀瓣处于管道中心，形成上下对称气流，减少涡流损失和振动。

该阀配有二位式拨叉气动执行机构，汽缸设有缓冲气室，缓冲效果可通过缸盖上的节流锥调整，保证阀瓣快速关闭时不发生冲击。

蝶形阻尼止回阀与同规格其他止回阀相比，具有

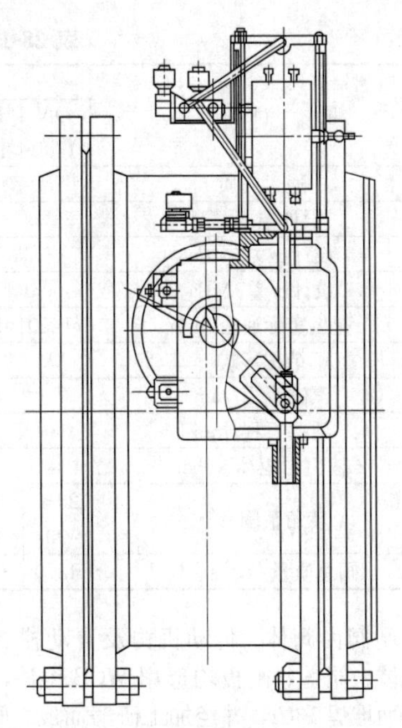

图 28-31　主风系统阻尼单向阀

结构长度短、外形尺寸小、质量轻、压降小等特点。阻尼止回阀的规格及参数见表 28-17。

(7) 风动闸阀

风动闸阀是一种气动调节的截断型阀门，如图 28-32 所示，该阀安装在催化裂化装置富气压缩机进出口和通往火炬的放空管道上，用来控制、调节通过该阀的石油富气流量或截断管路。

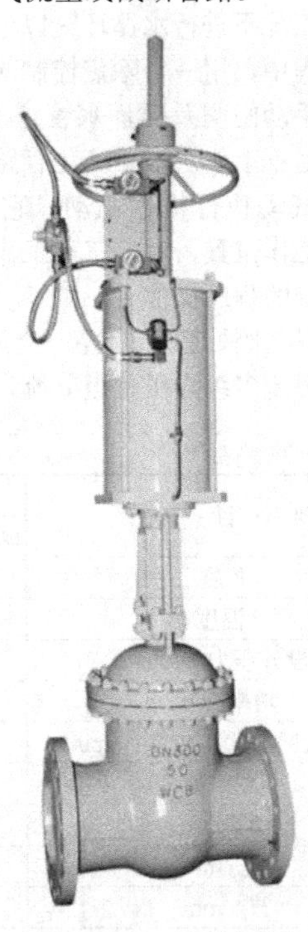

图 28-32　风动闸阀

表 28-17 阻尼单向阀的规格及参数

项目		规格											
		*DN*1500	*DN*1400	*DN*1200	*DN*1100	*DN*1000	*DN*900	*DN*800	*DN*700	*DN*600	*DN*500	*DN*450	*DN*300
阀体部分	通过介质	空气											
	设计温度/℃	350								250	350	250	350
	设计压力/MPa	0.6								0.55	0.6	0.55	0.6
	设计压差/MPa	开阀 0.06,关阀 0.4								开阀 0.04,关阀 0.3			
	阀板实际通径/mm	ϕ1450	ϕ1350	ϕ1150	ϕ1050	ϕ950	ϕ861	ϕ750	ϕ630	ϕ600	ϕ500	ϕ450	ϕ292
	结构形式	蝶形三偏心								旋启式			
气动执行机构	汽缸直径/mm	ϕ320				ϕ250			ϕ200				ϕ125
	活塞行程/mm	250								300	300	250	140
	输出力矩/kN·m	10.2				6.25			4	4.8	4.8	4	0.88
	转角范围/(°)	20～90	20～90	20～90	25～90	25～90	25～90	25～90	25～90	10～80			
阀总质量/kg		4270	3164	2640	2460	2280	1800	1405	1049	750	693	550	240.8

风动闸阀由阀体、传动机构及自动控制部分组成，其阀体、阀盖、闸板均选用 WCB 铸件，阀体和阀板密封面堆焊 13Cr，并经加工研磨而成。阀杆材质 20Cr13。该阀由风动马达执行机构驱动控制，保证阀密封的阀杆总轴向力由转矩开关控制。现工程设计中富气压缩机入口和入口放火炬风动闸阀，不少已由气动切断型蝶阀所替代。风动闸阀规格参数见表 28-18。

(8) 除焦控制阀

除焦控制阀（图 28-33）安装在高压水泵出口，通过预充水，全开及全关顺序动作以满足除焦操作的需要，实现无水锤、平稳切换操作的，并使高压水泵能在最小流量工况下进行水循环，以节省能耗。在整个水力除焦过程中，用一个除焦控制阀操作，可以取消电动闸阀、手动闸阀及循环水管道上的降压孔板，并使循环水管道不上焦炭塔，简化管路设计。

该阀采用气动执行机构驱动，它具有全关、预充、全开三种工作位置，对应三种工作状态。便于实现水力除焦系统的程序操作。

阀芯全关时，阀处旁流位置，全流出口被堵塞，高压水只能经旁流多级降压孔板节流，流回到高位水罐，此时高压水泵在最小连续流量工况下运行。当阀芯提升约 70～90mm 时，阀处在预充位置，一部分高压水经旁流多级降压孔板流回高位水罐，其余高压水则经预充多级降压孔板对上水管和除焦器进行预充。由于压力和流速均降低，可以将管道中的气体通过除焦器喷嘴排出以避免水击的产生。阀全开时，高压水通过下套筒的全流通孔流出主出口，经上水管线进入除焦器。此时通过旁流孔板的高压水，因阀芯与上阀座接触而被切断，阀杆的不平衡力靠上阀杆的液压缸平衡。

除焦控制阀主要由阀体、气动执行机构、电气控制元件等组成。其阀体为整体锻钢结构，阀体侧面有两个出口，下部 *DN*150 为全流出口，上部 *DN*80 为旁流出口，高压水入口在阀体轴线下端，阀体内有阀芯、上下套筒和阀座等。上下套筒周围分别装有旁流降压孔板和预充降压孔板组，空心阀芯顶部有旁流通孔，将高压水引入旁流部分，下套筒上有全流通孔，阀芯行程为 300mm。汽缸直径为 ϕ400mm，在中间支架上装有电磁阀、阀位回讯器、行程开关等电气控制元件。

表 28-18 风动闸阀规格参数

项目		规格								
		*DN*200A	*DN*300C	*DN*350	*DN*400C	*DN*500	*DN*600A	*DN*700	*DN*800	*DN*900
设计数据	介质	石油富气								
	设计温度/℃	200	250	200	250	200	200	200	250	220
	设计压力/MPa	2.0	2.0	2.1	2.1	0.4	0.1	0.3	0.4	0.2
	功率/kW	7.36								
	耗气量(标准状态)/(m^3/min)	9.0								
	开关时间/s	29	31	30	29	34	34	39	69	60
外形尺寸	K/mm	1945	2534	2677	2833	3180	3471	3858	4362	5107
	H_1/mm	972	1037	1105	1092	1182	1217	1297	1362	1484
	H_2/mm	550	600	600	670	800	800	1000	1100	1200
阀总质量/kg		720	1088	1381	1655	1870	2420	3103	3517	6035

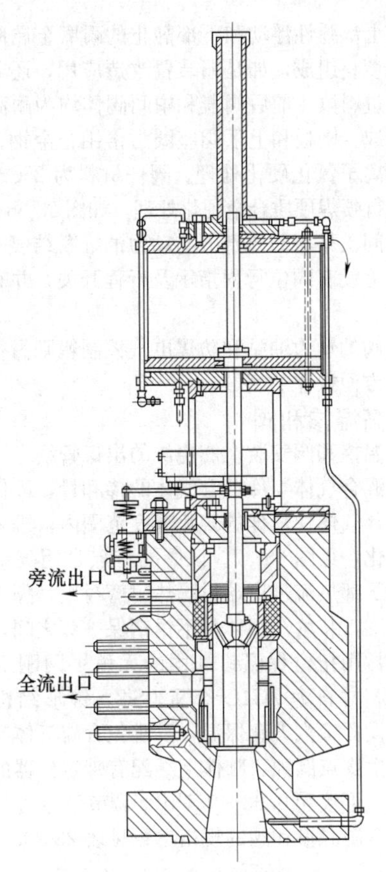

图 28-33　除焦控制阀

(9) 高温四通旋塞阀和球阀

① 高温四通旋塞阀　安装在延迟焦化装置焦炭塔进油管线上，用来切换原料油的流向，保证从加热炉来的高温渣油从已充满焦炭的焦炭塔及时切换到另一预热好的焦炭塔继续操作，使装置操作连续而稳定。

高温四通旋塞阀有一个进口、三个出口，阀门进口接进料总管，两个出口分别接两台焦炭塔的进料支管，另一出口开工时接焦炭塔顶油气管线。该四通阀和两条进料支管上的两台两通阀一起用于切换两台焦炭塔的进料。国产手动高温四通旋塞阀，常用于原非大型化的延迟焦化装置的 5.4m 和 6.4m 直径的焦炭塔。其阀体、阀盖与旋塞的材质均为 ZGCr5Mo，旋塞表面堆焊 2Cr13，厚 2mm，加工后与阀体研配。旋塞轴的密封采用铝条和柔性石墨填料密封。旋塞上、下端的阀体上设有蒸汽吹扫口，在开工前必须打开密封蒸汽，维持背压，保证旋塞与阀体密封面不泄漏，以防结焦影响操作。螺套安装在固定螺母上，如图 28-34 所示。在装置开工中，为防止阀芯因热胀卡死，阀升温到 400℃左右时，应转动螺套，向下松动阀芯 2～3 次，为开工转入正常操作创造条件。在装置正常操作中，每次阀门切换前，应保证四通阀后管道畅通，并应先向下转动螺套，松动旋塞以便切换。切换后再使螺套回复原位，旋紧旋塞并及时处理好原来管内的残油。螺套可调整密封面的比压，在操作中如遇有轻微泄漏时，可将螺套进一步向上顶紧手轮，适当提高旋塞的密封比压。高温四通旋塞阀的规格参数，见表 28-19。

表 28-19　高温四通旋塞阀的规格参数

项目		规格	
		*DN*150	*DN*200
设计参数	介质	渣油	
	操作温度/℃	500	510
	操作压力/MPa	0.3	0.5
	蒸汽气封压力/MPa	0.8	1.0
机械设计	旋塞直径/mm	ϕ260	ϕ285
	旋塞通径/mm	ϕ150	ϕ185
阀总质量/kg		447	764

② 高温四通球阀　为实现大型延迟焦化装置操作的程序控制，国外推荐使用电动高温四通球阀。近年来，新建的大型延迟焦化装置焦炭塔直径已达 8.4～8.8m。如金山、高桥、镇海、济南、长岭炼厂均引进了 Velan 公司的 *DN*300～350 的电动高温四通球阀，它除配用电动执行机构外，还可根据装置要求选用液动或气动执行机构。电动执行机构的开关时间约为 45s。

该阀结构如图 28-35 所示，其主要特点是球和阀杆为一体，防止球和阀连接处焦炭颗粒积聚，而导致操作力矩增加，另外，粗杆设计具有大的力矩安全系数，确保阀在严酷工作条件下的开关可靠，"刮刀"型的阀座每一次可刮去球面积聚的焦炭。球表面镀硬铬以及阀座表面堆焊的 Stellite6 合金，可保证长周期无故障的使用寿命。在阀三个出口的阀座圈后均设有 Inconel625 高温合金波纹管，提供了恒定的正压浮动密封载荷。阀杆填料密封、波纹管及阀腔内均通入吹扫蒸汽，防止阀杆处泄漏和输送介质在阀腔内沉积、结焦。球体内流道和阀通径等径，可减少介质阻力和结焦。目前，国内延迟焦化装置上使用这类电动高温球阀约为 24 台。

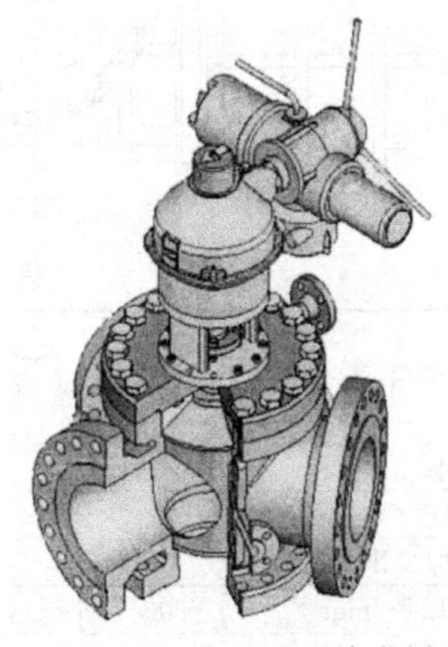

图 28-34　高温四通旋塞阀

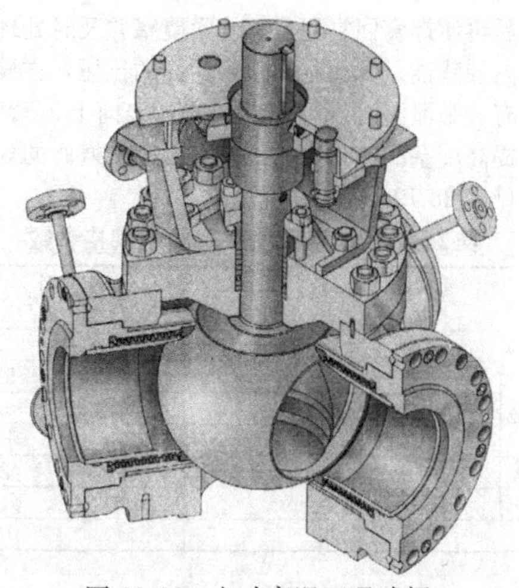

图 28-35 电动高温四通球阀

(10) 焦炭塔自动底盖阀

焦炭塔自动底盖阀是一种单闸板双重金属密封结构的高温含固流体用平板闸阀，它可取代现场人工装卸的焦炭塔底盖盲板和塔底盖机，实现全封闭除焦操作，消除安全隐患，改善环境条件，缩短除焦生产周期。

该阀口径 *DN*1500，由阀体部分、中间支架、动力油缸和电气控制箱组成。该阀已分别在荆门炼油厂和兰州炼油厂的延迟焦化装置上投入工业应用。

阀体部分由前后阀盖、中间阀体、带导流孔的平闸板、上部弹性浮动和下部静止的耐磨金属阀座以及阀杆及填料组成。如是旧装置改造应用，还需增设一个锥形进料段。前后阀盖和中间阀体均为耐高温合金铸造而成。闸板和上下阀座圈为铬钼合金钢。表面进行辉光离子氮化硬化处理。阀杆材料为 25Cr2MoVA，表面进行喷焊硬质合金硬化处理。如图 28-36 所示。

中间支架将阀体部分与动力油缸联结成一体，中间支架上设有阀位行程指示及行程开关，并有机械锁位机构。

该阀的动力油站和防爆电气控制箱则另行布置在其附近方便操作的区域。

(11) 高温掺和阀

高温掺和阀安装在燃烧炉的出口管线上。其作用是控制混合气体与冷混合气体的掺和量，以保证掺和后的混合气体在最佳的转化温度范围内，进入转化器进行转化，见图 28-37。该阀的特点是用碳钢焊接阀体，其下部热流进口端衬隔热耐磨衬里，隔热衬里用陶瓷纤维，装填在阀体与不锈钢保护套之间，保护套筒内侧衬用扭弯保温钉加固的无龟甲网刚玉耐磨衬里。阀芯材料为 ZG1Cr25Ni20Si2，锥形结构，阀杆填料函设置蒸汽夹套保温，以避免含硫气体冷凝后对阀杆产生露点腐蚀。阀体上端配有带定位器的气动执行机构。可接受 0.02～0.1MPa 调节信号进行调节控制。现有高温掺和阀的规格参数见表 28-20。

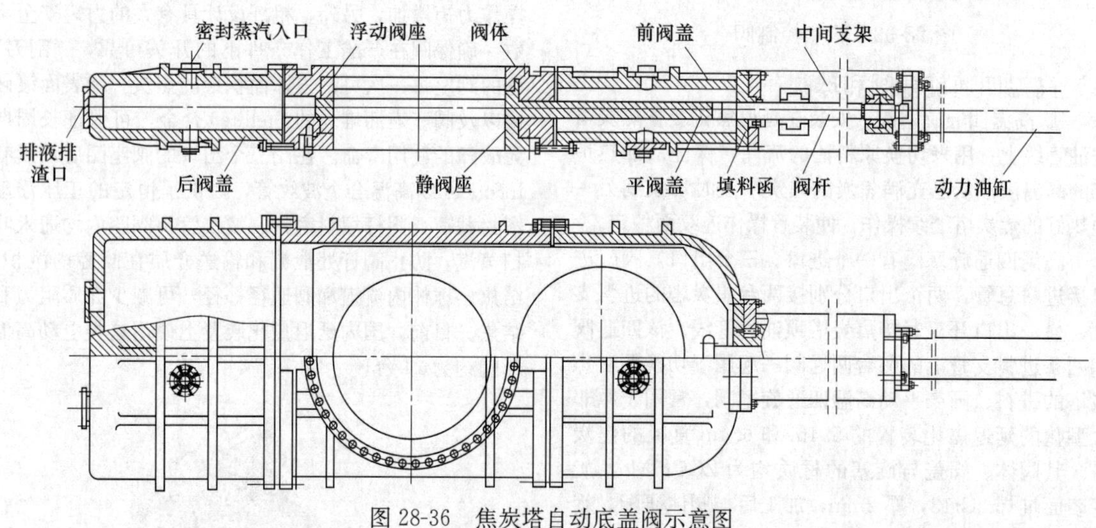

图 28-36 焦炭塔自动底盖阀示意图

表 28-20 高温掺和阀的规格参数

项 目	规格						
	*DN*600 /ϕ300mm	*DN*500 /ϕ200mm	*DN*350 /ϕ150mm	*DN*350 /ϕ100mm	*DN*250 /ϕ80mm	*DN*250 /ϕ60mm	*DN*150 /ϕ40mm
介质	H_2S,SO_2,CO_2,H_2O,空气等混合气体						
操作温度/℃	冷流 150,热流 1200～1400,混合流 260						
操作压力/MPa	0.125～0.135						
阀座阀芯口径/mm	ϕ300	ϕ200	ϕ150	ϕ100	ϕ80	ϕ60	ϕ40
汽缸直径/mm	ϕ250						

续表

项　目	规格						
	*DN*600 /ϕ300mm	*DN*500 /ϕ200mm	*DN*350 /ϕ150mm	*DN*350 /ϕ100mm	*DN*250 /ϕ80mm	*DN*250 /ϕ60mm	*DN*150 /ϕ40mm
活塞行程/mm	150			90			
调节信号/mA	4～20						
手动机构	开合螺母						
阀总质量/kg	1160	700	650	580	530	329	95

图 28-37　高温掺和阀

(12) 夹套切断阀

夹套切断阀为二位式气控阀，它分别安装在酸性气燃烧炉出口放空管线和尾气燃烧炉入口管线上，作为放空至烟囱和切断尾气进炉用阀，可在主控室控制操作。如图 28-38 所示。其结构特点为：阀体采用碳钢板焊接的 T 形夹套结构，其上下两端法兰设有蒸汽接管，以便将蒸汽引入夹套加热，防止硫凝固及过程气冷凝对阀体产生腐蚀。夹套切断阀的规格参数见表 28-21。

表 28-21　夹套切断阀的规格参数

项目	规格	
	*DN*350	*DN*250
介质	H_2S,SO_2 过程气	
操作温度/℃	300	300
操作压力/MPa	0.125	0.125
阀座阀芯口径/mm	ϕ310	ϕ210
汽缸直径/mm	ϕ250	ϕ200
活塞行程/mm	195	150
调节信号/mA	电磁阀控制二位式	
手动机构	无	无
阀总质量/kg	420	240

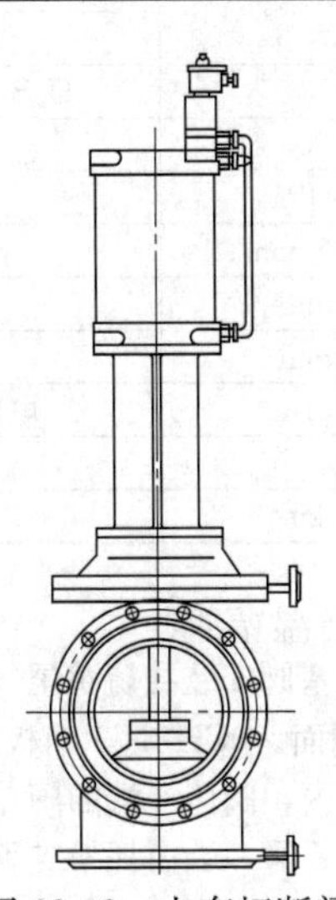

图 28-38　夹套切断阀

(13) 夹套三通阀

夹套三通阀安装在两个低温克劳斯反应器之间。它是一个二位式程序控制阀，其作用是将再生气体交替通入每个反应器，使原来间断的解析操作连续化，如图 28-39 所示。

图 28-39　夹套三通阀

夹套三通阀的 WCB 结构的阀体外焊有钢板蒸汽夹套，阀体内有上、下两个阀座，平板型阀板的上下密封面均堆焊有硬质合金。阀关闭时，左右接管相通，打开时，左下接管相通，阀杆填料函设有锥形蒸汽夹套。电磁阀控制的气动执行机构设有行程开关，可显示阀的实际操作状态。夹套三通阀的规格参数见表 28-22。

表 28-22 夹套三通阀的规格参数

项目	规格
	*DN*300
介质	H_2S,SO_2,N_2,H_2O
操作温度/℃	150
操作压力/MPa	0.125
阀座阀芯口径/mm	$\phi300/\phi260$
汽缸直径/mm	$\phi250$
活塞行程/mm	135
调节信号/mA	电磁阀二位式
手动机构	无
阀总质量/kg	440

(14) 内旁通高温塞阀

内旁通高温塞阀安装在硫黄尾气处理装置的过程气废热锅炉的侧面。0Cr18Ni9 钢板焊制的圆筒形阀体插入废热锅炉内，阀体一端的阀盖法兰与废热锅炉安装口法兰连接，另一端由托架支承在废热锅炉的筒体上。ZG1Cr18Ni9Ti 的空心锥形阀头在阀体圆筒内沿导轨滑动，滑体的圆环平面与安装在锅炉内的阀座密封，锥形阀头具有良好的调节性能。内旁通高温塞阀的规格参数见表 28-23。

表 28-23 内旁通高温塞阀的规格参数

项 目	规格			
	*DN*80	*DN*400	*DN*370	*DN*450
介质	转化气		H_2S,SO_2,N_2,H_2O	
操作温度/℃	700	710	600	700
操作压力/MPa	3.1	3.1	0.11	
阀座阀芯口径/mm	$\phi174$	$\phi390$	$\phi374$	$\phi410$
汽缸直径/mm	$\phi250$	$\phi250$		$\phi250$
活塞行程/mm	100	300		150
调节信号/mA	0.02～0.1MPa(g)	0.02～0.1MPa(g)		4～20mA
手动机构	开合螺母			
阀总质量/kg	548	780	760	800

(15) 分子筛脱蜡及 PX 装置 24 通旋转阀

24 通旋转阀是一个各种物料的特殊分配装置，它将七股工艺物料按次序进入或离开 24 个床层。阀定时移动一步，每股液流就前进一个床层。移动 24 步后阀旋转到原来的位置，再开始另一个循环。回转阀由阀体、驱动系统、液压系统组成，如图 28-40 所示。阀的直径有 1m 多，总质量 5t 多。下面分别介绍其各部分的结构特点及工作原理。

① 阀体　由底座板、转板和圆顶密封头盖组成。

底座板由一个 2.4t 的圆板组成，厚约 10in。板上有七圈同心凹槽，在每个凹槽下面有一个口与一股物料管相连接。凹槽的外圈有 24 个孔，这些孔与底部 24 根吸附床床层管相连接。底座板中心是一个轴承衬套，与上驱动轴承动配合。中间有一个导杆，用以在装配回转阀时对中心用。

转板由圆钢板及聚四氟乙烯板组成。聚四氟乙烯板上面有定位环及定位垫圈，用螺钉把定位环、定位垫圈、聚四氟乙烯板和圆钢板固定。定位环嵌在底座板的凹槽上。聚四氟乙烯板及圆钢板上相应于底座板凹槽位置上开有 7 个扇形孔。在相应的 24 个孔位置上开 24 个圆孔，但只有 7 个孔是相通的，其余的孔是盲孔。7 个扇形孔与 7 个圆孔通过 7 根跨越管道相连接。每个跨越管连接安排由吸附室的工艺需要而定。各跨越管的确定，亦确定了床层各作用区的对应高度。另外由于转板随轴转动，虽然凹槽与跨越管的物料是固定的，但从回转阀进出 7 个圆孔却是按时按次序改变，因此，7 根物料管随时间的改变按次序与进出吸附室的床层管相连接，从而使吸附室的固定床相应的变成了流动床。聚四氟乙烯板可以防止各液体在凹槽之间互相窜渗。转板上施有密封压力，使转板压紧在底座板的面上。

圆顶密封头盖的顶头盖有密封液进出口、排空口、观察口、吊耳。顶头盖还连有上驱动轴、下驱动轴及轴密封部件。在上驱动轴顶上装有床层位置指示盘。下驱动轴一端以联轴器与上驱动轴相连，另一端与转板相连。液压装置定时驱动轴转动，带动转板旋转。

② 拨动系统　由液压缸、电磁阀、限位开关、随行触停器、棘轮及棘爪组成。

24 通旋转阀拨动系统共有三个邻近限位开关：油缸缩回开关、油缸伸展开关、阀运动开关。邻近限位开关是一个固定的装置。左右随行触停器随着电磁阀指定的液压油缸的移动而在油罐缩回开关及油缸伸展开关之间来往移动。右随行触停器与油缸伸长限位开关的距离是决定转板转动幅度的关键，因此，这一距离必须调节好，以便每一旋转距离正好使转板孔前进一个孔的中心距，它的调节可以通过右随行触停器与油缸伸长限位开关的距离来调定。棘爪向后脱开棘轮的距离通过左随行触停器与油缸缩回限位开关的距离来调定。

③ 液压系统　拨动系统的驱动力是液压系统提供的 8.44～10.55MPa 的液压油。液压系统由两台泵、泄压阀、一个电磁阀操作的多口回动阀、一个手动回动阀、油滤器、储油槽、一个高压液压系统的蓄能罐、压力控制阀和连接管等组成。两台泵中一台正常运转，一台备用。液压油的流向通过电磁阀来控制。

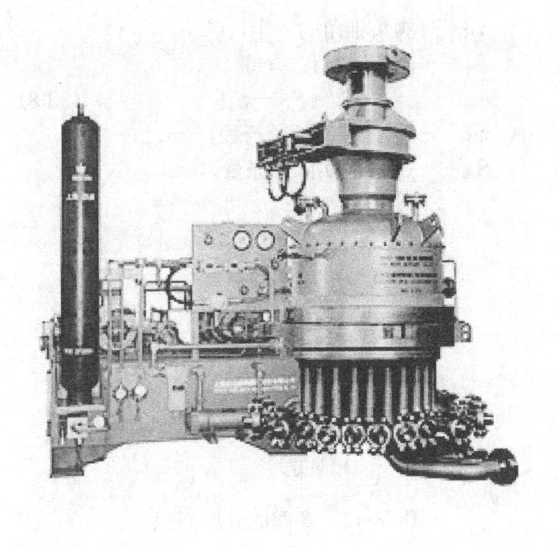

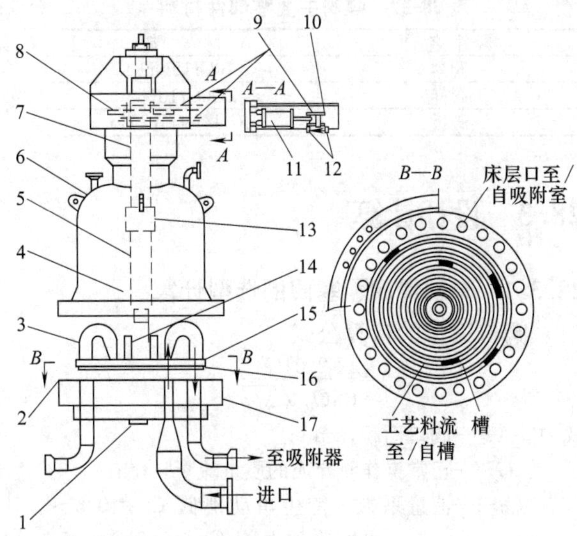

图 28-40　24 通旋转阀

1—阀杆孔盖 O 形环；2—O 形环；3—回转板跨管弯头；4—下轴与回板用键连接；5—下轴；6—顶封头；7—上轴；8—棘轮；9—棘轮臂；10—十字头；11—液压缸；12—临近开关；13—联轴器；14—回转板短套 O 形环；15—回转板；16—密封板；17—底封头槽板

当电磁阀动作时，压力会下降，可通过蓄能罐来补充，使压力不致大幅变化。当停电时，利用蓄能罐还可以使 24 通旋转阀步进 2～3 步。蓄能罐要预先充入 N_2 使压力为 5.0～5.5MPa。

28.2　材料选择

28.2.1　滑阀的材料选用

热壁滑阀主要零部件材料见表 28-24。

冷壁滑阀主要零部件材料见表 28-25。

表 28-24　热壁滑阀主要零部件材料

零件名称	材　　料	
	设计温度≤600℃	设计温度≤750℃
阀体	15CrMo 或 ZGCr5Mo	0Cr18Ni9 或 ZG0Cr19Ni9
阀板	15CrMo 或 ZG25Cr2MoVA	ZG0Cr18Ni9
导轨	Cr5Mo 或 25Cr2MoVA	0Cr18Ni9
阀杆	25Cr2MoVA	Cr18Ni2Mo2Ti
阀座圈	ZGCr15Mo 或 ZG25Cr2MoVA	ZG0Cr18Ni9
阀盖	ZGCr5Mo 或 ZGCr3Mo	ZG0Cr18Ni9 或 0Cr18Ni9
节流锥	ZGCr15Mo 或 ZGCr5Mo	ZG0Cr18Ni9

28.2.2　塞阀的材料选用

塞阀主要零部件材料见表 28-26。

28.2.3　蝶阀的材料选用

蝶阀主要零部件材料见表 28-27。

表 28-25　冷壁滑阀主要零部件材料

零件名称	材　　料		抗磨措施
	设计温度 750℃	设计温度 900℃	
阀体	20R、Q345R	20R、Q345R	内衬双层衬里
节流锥	ZG0Cr18Ni9	Incoloy800H	内衬双层衬里
阀座圈	ZG0Cr18Ni9	Incoloy800H	单层刚玉衬里
阀板	ZG0Cr18Ni9	Incoloy800H	单层刚玉衬里
导轨	ZG0Cr18Ni9	Incoloy800H	喷焊硬质合金
导轨螺栓	GH33	GH49	
阀杆	4Cr14Ni14W2Mo	GH43	喷焊硬质合金
阀盖	20R、Q345R	20R、Q345R	内衬单层隔热耐磨衬里
阀盖螺栓	15CrMo	15CrMo	
填料	工作填料：柔性石墨 备用填料：油浸石棉盘根	工作填料：柔性石墨 备用填料：油浸石棉盘根	

表 28-26　塞阀主要零部件材料

零件名称	材　　料
阀头、阀座	ZG0Cr18Ni9 并衬有刚玉耐磨衬里
上阀杆	0Cr18Ni9(空心)、25Cr2MoVA 喷焊钴基硬质合金
活动、固定保护套	0Cr18Ni9 活动保护 套筒外衬刚玉耐磨衬里
阀体	20R、Q345R 阀套内衬隔热衬里
节流锥	ZG0Cr18Ni9 下部喷焊高温硬质合金
填料	柔性石墨

表 28-27 蝶阀主要零部件材料

零件名称	材料
阀体	0Cr18Ni9
阀杆	ZG0Cr18Ni9
阀板	4Cr14Ni4W2Mo

28.3 设计计算

28.3.1 单动滑阀、塞阀的选型计算

(1) 阀口面积的计算公式

$$A=\frac{2.01G}{C_0O_p\sqrt{\Delta p\rho}} \tag{28-5}$$

式中 A——阀口面积，cm^2；

G——正常操作时介质的质量流量，t/h；

C_0——流量系数（待生单动滑阀 $C_0=0.8\sim0.85$，再生单动滑阀 $C_0=0.9\sim0.95$，塞阀 $C_0=0.8$）；

Δp——正常操作时阀的压降，MPa；

ρ——正常操作时介质的密度，kg/m^3；

O_p——阀开度（即阀实际操作时的开度面积与全开面积之比），要求所有工况下阀的开度应为 1/3～2/3，正常操作时阀的开度一般为 1/2。

(2) 单动滑阀开度面积与行程的关系

正方形阀口开度面积：

$$F_k=aS \tag{28-6}$$

式中 a——阀正方形开口边长，cm；

S——阀行程，cm。

圆方形阀口开度面积如图 28-41 所示。

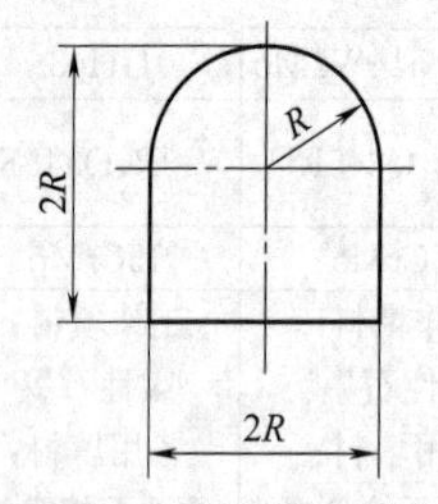

图 28-41 圆方形阀口开度面积

当 $S\leqslant R$ 时，有

$$F_k=\frac{\pi R^2\arccos\dfrac{R-S}{R}}{180}-\sqrt{S(2R-S)}(R-S)$$

当 $S>R$ 时，有

$$F_k=\frac{\pi R^2}{2}+2R(S-R)$$

(3) 塞阀开度面积与行程的关系

塞阀的开度面积见图 28-42。

$$F_k=\pi(D_c-S_k\sin\alpha\cos\alpha)S_k\sin\alpha \tag{28-7}$$

式中 D_c——阀座节流口直径，cm；

α——阀头锥角的一半，(°)；

S_k——阀实际行程，cm。

$$S_k=S_{总}-S_{膨} \tag{28-8}$$

式中 $S_{总}$——阀杆移动的总行程，cm；

$S_{膨}$——立管的实际膨胀量，cm。

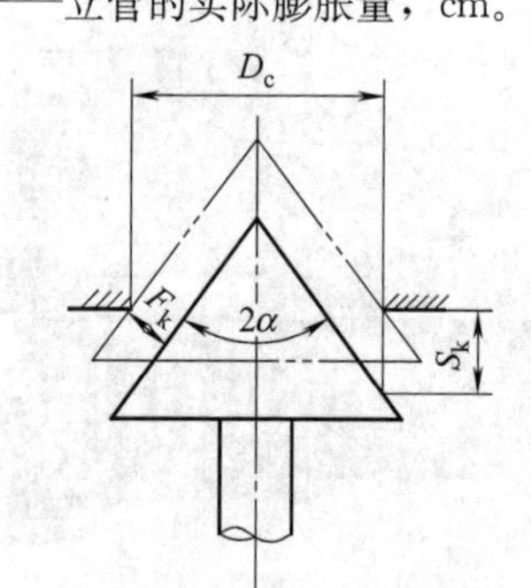

图 28-42 塞阀的开度面积

28.3.2 双动滑阀的选型计算

(1) 阀口面积的计算公式

$$A=\frac{1.06\times10^{-7}G}{C_0O_p\sqrt{p_1\rho\left[\left(\dfrac{p_2}{p_1}\right)^{\frac{2}{k}}-\left(\dfrac{p_2}{p_1}\right)^{\frac{k+1}{k}}\right]}} \tag{28-9}$$

式中 A——阀口面积，m^2；

p_1——阀前压力，MPa (a)；

p_2——阀后压力，MPa (a)；

G——烟气质量流量，kg/h；

O_p——阀开度（即阀实际操作时的开度面积与全开面积之比），要求所有工况下阀的开度应为 1/3～2/3，正常操作时，阀的开度一般为 1/2 为佳；

k——烟气绝热指数；

C_0——流量系数，双动滑阀取 0.9～1.0；

ρ——正常操作时烟气的密度，kg/m^3。

$$\rho=\frac{M}{22.4}\times\frac{273}{T_1}\times\frac{p_1}{0.1033} \tag{28-10}$$

式中 M——烟气分子量；

T_1——阀前烟气温度，K。

对双动滑阀，临界压力 $p_c\approx0.5p_1$。如 $p_2<p_c$，则 p_2 应以 p_c 代入式 (28-9) 计算。

(2) 双动滑阀开度面积与行程的关系

双动滑阀的开度面积：

$$F_k=b(S_1+S_2) \tag{28-11}$$

式中 b——长方形开口的宽度，cm；

S_1，S_2——阀两侧阀板的实际行程，cm。

28.3.3 蝶阀的选型计算

(1) 蝶阀所需的 C_V 值计算

$$C_V=\frac{Q_0}{4.435C_1p_1}\sqrt{\frac{\rho_0T_1}{273\times1.293}}\Bigg/\sin\left(\frac{3417}{C_V}\sqrt{\frac{\Delta p}{p_1}}\right) \tag{28-12}$$

式中　C_V——计算所需的流通能力系数；

C_1——与阀门结构和开度有关的阀门压力恢复系数（表 28-28），计算时，根据所需要的开度选择 C_1 值；

ρ_0——气体标准状态下的密封，kg/m^3；

p_1——蝶阀进口压力，MPa (a)；

Δp——对应计算流量下的蝶阀进出口的实际压差，MPa；

Q_0——气体的计算流量，m^3/h；

T_1——气体的蝶阀进口处的热力学温度，K。

另外，式中$\left(\frac{3417}{C_V}\sqrt{\frac{\Delta p}{p_1}}\right)<90°$时为非临界流动，此时 $\sin\left(\frac{3417}{C_V}\sqrt{\frac{\Delta p}{p_1}}\right)<1$；$\left(\frac{3417}{C_V}\sqrt{\frac{\Delta p}{p_1}}\right)>90°$时为临界流动，此时 $\sin\left(\frac{3417}{C_V}\sqrt{\frac{\Delta p}{p_1}}\right)=1$。

表 28-28　普通蝶阀的 C_1 值

口径 DN	开度 φ/(°)								
	10	20	30	40	50	60	70	80	90
≤125	24.7	28.9	29.3	29.4	27.4	25.2	20.2	17.4	17.2
150～1800	25.0	25.1	26.1	26.4	26.8	24.5	20.8	14.9	14.3

（2）蝶阀口径的确定

蝶阀的最大开度：调节型为 70°，正常操作时开度为 50°，切断型为 90°；根据此开度和上述 C_V 计算值查图 28-43 或图 28-44，确定大于 C_V 计算值的蝶阀口径；并得出该开度下的额定值 C_V 值（实际值为 C'_V）。当蝶阀口径小于工艺配管直径时，其实际的流通能力系数 C_V 值等于 C'_V乘以修正系数 m。修正系数 m 可查表 28-29。

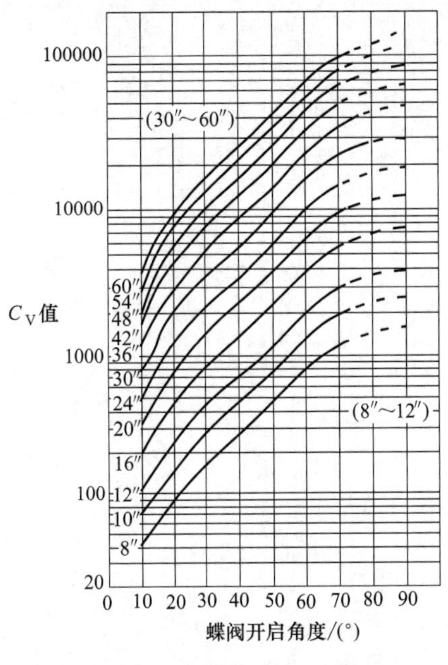

图 28-43　带台阶蝶阀的 C_V 值曲线

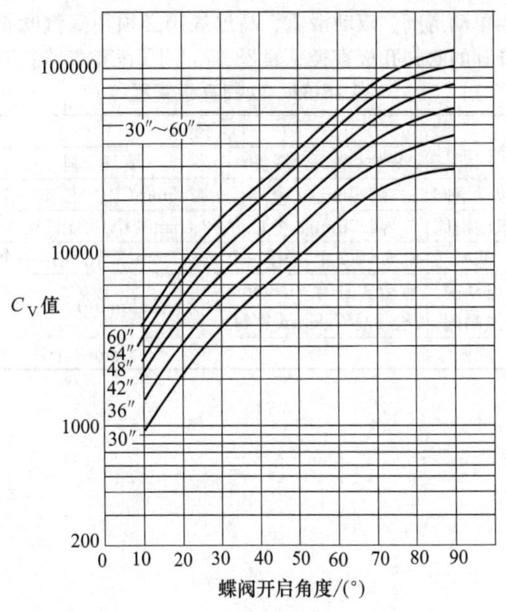

图 28-44　不带台阶蝶阀的 C_V 值曲线

表 28-29　不小于 DN600 蝶阀的 C_V 值修正系数 m

管道直径/蝶阀口径	1.5∶1		2∶1		3∶1 或更大	
阀板开度/(°)	60	90	60	90	60	90
C_V 值修正系数 m	0.92	0.80	0.90	0.65	0.90	0.65

28.4　故障处理

滑阀、塞阀及高温蝶阀常见故障分析与处理见表 28-30。

为保证阀杆、导轨（或导向套）的正常工作，塞阀可用空气或蒸汽吹扫，应优先选择用空气吹扫。再

表 28-30　常见的故障分析与处理

序号	故障现象	分析原因	处理方法
1	阀杆或阀板卡阻	阀杆或导轨吹扫中断，造成卡阻	打开孔板阀全量吹扫 3min，然后恢复正常吹扫
2	阀杆头部或导轨局部损坏	吹扫过度造成	检查吹扫孔板是否安装或孔径是否过大，安装符合规定孔径的孔板
3	热壁滑阀方法兰阀盖泄漏	垫片损坏、失效或方法兰阀盖变形	更换新垫片并加贴柔性石墨带或改为唇形密封结构
4	阀杆填料泄漏	填料未压紧装好或填料长期使用老化失效	注入加石墨粉的二硫化钼基脂，启用备用填料，更改外侧工作填料
5	衬里局部剥落阀体发热	由于局部衬里质量问题	彻底清除局部松动的衬里，严格按规范要求进行局部修补

生单动滑阀、双动滑阀、高温蝶阀必须用蒸汽吹扫。推荐的吹扫孔板直径见表 28-31。用压缩空气吹扫时，压力 $p=0.4\sim0.6$MPa（a）。用过热蒸汽吹扫时，$p=1.0$MPa（a），$T=250$℃。

表 28-31 吹扫孔板直径

阀门名称	吹扫部位	
	导轨(塞阀为阀盖)	填　料
单动滑阀	ϕ2.5mm(2 个)	ϕ2.5mm(2 个)任接一个
双动滑阀	ϕ2.5mm(4 个)	ϕ2.5mm(4 个)每端任接一个
塞阀	ϕ2.5mm(2 个)任接一个	ϕ2.5mm(2 个)任接一个
电动高温闸阀	4 合 1 总管 ϕ5.5mm 2 合 1 总管 ϕ6mm(密封)	ϕ3.5mm(1 个)
蝶阀		ϕ2.2mm(2 个)

参 考 文 献

[1] 袁黎明等. 特阀安全运行与管理. 北京：中国石化出版社，2007.

[2] 中国石油和石化工程研究会编著. 炼油设备工程师手册. 北京：中国石化出版社，2003.

[3] 中国石油和石化工程研究会编著. 炼油设备工程师手册. 第 2 版. 北京：中国石化出版社，2010.

第 29 章　氧气管路阀门

29.1　概述

在炼钢、切割钢件及煤化工的煤气化时，需要大量使用高纯度高压力的氧气，由于氧气助燃易爆，所以氧气管路必须使用专用阀门。氧气管路专用阀门的选型、结构、主体材料和处理（脱脂、防静电、禁油等）有一系列的措施和要求，以保证用于氧气管路的阀门安全可靠。

29.2　阀门选型

氧气管路阀门不宜采用闸阀，因为闸阀在开关过程中，闸板与阀座间的摩擦会产生火花和静电，是很危险的。也不能采用对夹式双瓣止回阀，因为双阀瓣在关闭时会与阀座碰撞产生火花和静电，是很危险的，加之该阀密封性能不可靠。根据阀门的不同用途，氧气管路专用阀门分可为切断型和止回型。

29.2.1　切断型

在公称压力不大于 *PN*40，公称尺寸不大于 *DN*400，或公称压力不大于 *PN*160，公称尺寸不大于 *DN*250 时，选用 T 形截止阀（图 29-1）。截止阀阀瓣与阀座间几乎无摩擦，截止阀的阀瓣与阀座接触后，阀门即切断关闭。阀瓣与阀座脱离后，阀门即开启。

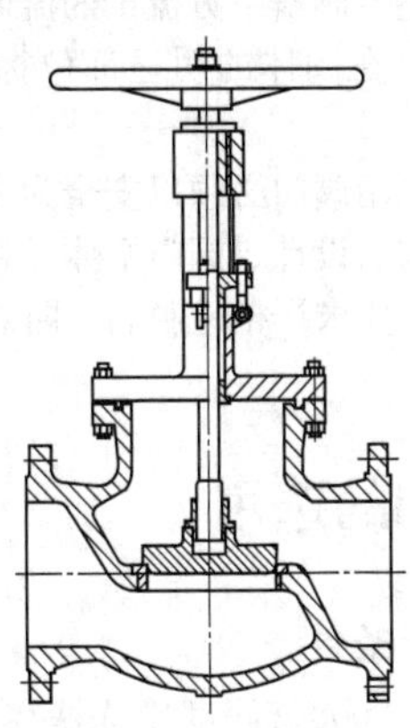

图 29-1　T 形截止阀

在公称压力不大于 *PN*40，公称尺寸大于或等于 *DN*400，或公称压力不大于 *PN*160，公称尺寸大于或等于 *DN*250 时，宜选用“防火型”聚四氟乙烯（F）软密封球阀（图 29-2）。如果选用截止阀，则由于截止阀公称尺寸过大，阀杆受力状况恶化，阀门开

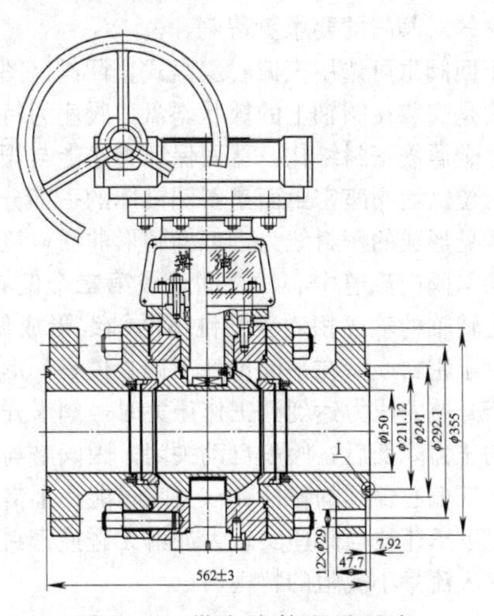

图 29-2　带有防静电及具有“防火”功能的软密封球阀

启费力。

29.2.2　止回阀

在公称尺寸小于 *DN*50 时，多选用立式或水平升降式止回阀（图 29-3）。在工作温度不超过 200℃，公称尺寸 *DN*50～100 时多选用聚四氟乙烯软密封旋启式止回阀（图 29-4）。在氧气工作温度超过 200℃

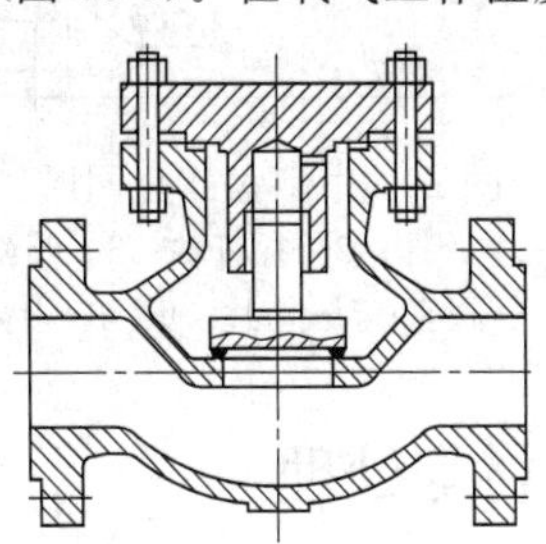

图 29-3　升降式止回阀

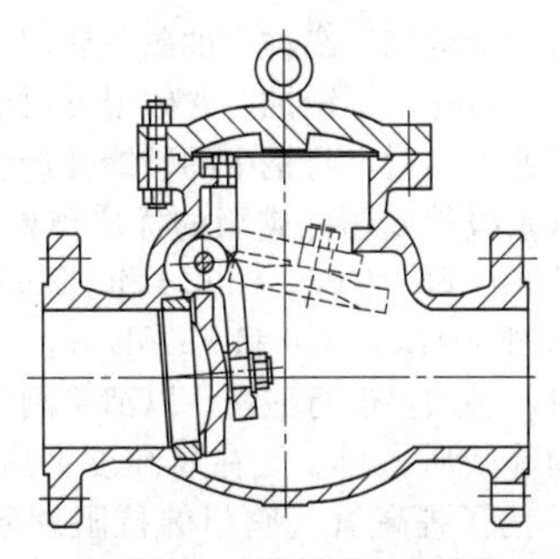

图 29-4　旋启式止回阀
（阀瓣密封面为 PTFE 或紫铜）

时多选用紫铜密封垫的软密封旋启式止回阀。用聚四氟乙烯或紫铜密封垫的软密封旋启式止回阀，在阀门迅速关闭瞬间，不会由于金属阀瓣直接打击或撞击金属阀座，而产生火花，因此是安全型的。

近年来，煤化工所需要氧气温度达 350～450℃，高温氧气对阀门的要求更苛刻。

止回阀也可选用三偏心斜盘式止回阀（图 29-5），其阀瓣是安装在阀轴上的蝶状斜盘，阀座为特制的浮动弹性金属硬密封结构，从而保证阀座能与阀瓣自动调节对位。而阀座密封面是斜圆锥体的一部分，阀座与阀瓣见形成的密封线为近似椭圆形曲线，该曲线所在平面与阀门流道中心线之间形成第二个偏心夹角。阀瓣旋转轴的轴线相对于圆锥体的轴线形成偏心量，且相对于密封线所在平面也处于偏心位置，形成偏心量。当介质的压力达到其工作压力时，阀瓣开启，当介质的压力降低后，阀瓣自动关闭。因阀瓣与金属阀座具有三偏心蝶阀的特征，在关闭时能在不借助外力的情况下迅速地与阀座实现无冲击无碰撞密封。该阀还具有大流量小流阻的特性。

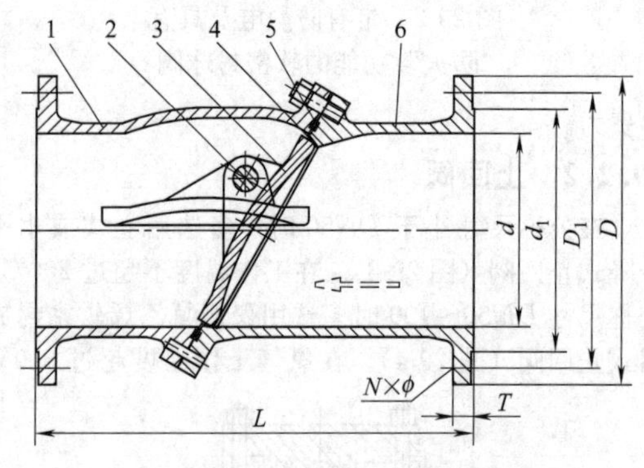

图 29-5 斜盘式止回阀

1—主阀体；2—摇杆轴；3—阀瓣；
4—阀座；5—垫片；6—右阀体

29.3 选材与处理

29.3.1 主体材料

用于常温下的高压高纯度的氧气管路专用阀门的主体材料应不氧化，不锈蚀，含碳量尽可能低，以减少氧气在高速流动时，与钢中的碳摩擦产生火花，因此常选用低碳级的或超低碳级的优质奥氏体不锈钢，如 ASTMA351CF8、CF3、CF8M 和 CF3M 或 ASTM A182 F304、F304L、F316 和 F316L 等。阀门选用不锈钢铸件时，必须要进行酸洗，以清除阀门内腔的粘砂和氧化物等杂质。当氧气在高纯度高压力（CL≥900lb）时，为了提高氧气阀门的抗阻燃效果，阀门的主体材料应选用安全等级更高的镍基合金，如蒙乃尔合金（M35-1、Monel400、Monel K500）、英康乃尔合金（Inconel600，Inconel625）及铸造哈氏 C 合金（CW-6MC）等。

29.3.2 处理

(1) 脱脂和禁油

氧气管路专用阀门不允许有油污，因为油污在氧气中会引起失火或爆炸。所以，在阀门装配前要对所有零件进行脱脂处理。在装配试压后对阀门通道再进行一次脱脂处理。氧气阀门必须有防尘和禁油隔离保护装置，并附有醒目的禁油标识。其阀杆应防止被油及灰尘污染。

(2) 防静电

氧气管路专用阀门必须有防静电装置。因为阀门在开关时，不可避免有各种摩擦，而摩擦会产生静电，有静电就会产生火花，这是十分危险的。

29.4 介质流向

T 形截止阀的介质是从阀座中流进、流出的，关闭阀门是用阀瓣强行“盖住”阀座后才能实现。由于截止阀的关闭或开启是由作用于阀杆上的阀瓣克服介质正面（或背面）的动压力和静压力来实现的，因而截止阀关闭和开启力矩大于同压力级和同等公称尺寸的闸阀，阀杆受力大。因此，公称尺寸小的 T 形截止阀的介质流向多为从截止阀的阀瓣下方进入而后从阀门阀瓣上方流出，即介质为“低进高出”流向。中、大公称尺寸的 T 形截止阀，公称压力 *PN*16～40（或 CL150～300lb），公称尺寸不小于 *DN*100，或公称压力不小于 *PN*64（或 CL≥400lb），公称尺寸不小于 *DN*80。其介质流向采用从截止阀的阀座和阀瓣上方进入，从阀座和阀瓣下方流出的流向，即介质为高进低出流向。并在阀体的明显部位标出阀门的介质流向。

氧气管路专用阀门必须以安全为主导，在阀门的类型选择、结构的设计、阀门主体材料的选用上都有特殊要求，同时要求严格地脱脂、防静电、禁油和进行相关的检验。

29.5 阀门的选用

29.5.1 生产条件

GB 16912—2008《深度冷冻法生产氧气及相关气体安全技术规程》对氧气阀门的选用做了如下规定。

① 氧气管道的阀门应选用专业的氧气阀门，并应符合下列要求：

a. 工作压力大于 0.1MPa 的氧气管道，严禁采用闸阀；

b. 公称压力大于或等于1.0MPa且公称尺寸大于或等于DN150口径的手动氧气阀门，宜选用带旁通的阀门；

c. 阀门材料的选用应符合表29-1的要求。

表29-1　阀门材料选用要求

工作压力 p/MPa	材　料
$p \leqslant 0.6$	①阀门、阀盖采用可锻铸铁、球墨铸铁或铸钢 ②阀杆采用不锈钢 ③阀瓣采用不锈钢
$0.6 < p < 10$	采用不锈钢、铜合金或不锈钢与铜合金组合(优先选用铜合金)、镍及镍基合金
$p > 10$	采用铜合金、镍及镍基合金

注：1. 工作压力为0.1MPa以上的压力或流量调节阀的材料，应采用不锈钢或铜合金或以上两种的组合。

2. 阀门的密封填料，应采用聚四氟乙烯或柔性石墨材料。

② 经常操作的公称压力大于或等于1.0MPa且公称尺寸大于或等于DN150口径的氧气阀门，宜采用气动遥控阀门。

29.5.2　结构因素

① 截止阀的开关件平直地移动于阀座上，其密封面负荷可由带梯形传动螺纹的阀杆可靠地控制。借助于对阀瓣、阀座的设计、阀瓣在运动时对阀座的摩擦力可以很小或甚至没有，这就解决了阀门在开启或关闭过程中密封副的摩擦问题。

② 截止阀在结构设计时，必须考虑介质的流动转弯，使其流动畅通，减少形成的强烈冲击。氧气介质流束经过的流道内腔表面要光滑、流畅、无棱角、尖角、无凹凸不平、无突变、阀门内部零件锐角倒钝倒圆，阀杆退刀槽加工要倒圆角，保证介质在流动过程中没有压力突变，没有流束的方向突变，阀体内腔中不能有任何固形物，从而防止产生静电。

③ 截止阀的阀瓣及阀座几何形状的设计选用球形-锥形，一个球面和一个锥面接触理论上是线接触，实际上是一条非常狭窄的密封带，它可以在低的负荷下达到设计应力。球形-锥形结构，在阀门关闭后，具有一个阻止因振动产生的横向运动的分力。球形阀瓣能在锥形阀座上做一定范围的转动，自动校正，保证良好的密封性能。

④ 为了使截止阀达到良好的密封性能，在结构上对阀瓣运动进行导向，使其能准确地落在阀座上，阀瓣在阀体中导向时，阀瓣受到流动介质的侧向推动力，由阀体而不是由阀杆承受，这就进一步增大了密封性能和填料密封的可能性。

⑤ 截止阀的阀瓣与阀杆的连接为铰链型，它最大优点是能自动调整阀瓣定心位置，又减少阀瓣在运动时与阀座的摩擦力，其密封性能容易得到保证。

⑥ 截止阀的阀杆设计成升降杆，即当阀杆升降时不转动，阀瓣随其升降，又一次减少阀瓣在运动时与阀座的摩擦力，减少填料的磨损，同时，上密封的磨损亦可能降低到最小程度。

⑦ 截止阀的阀杆螺母用金属罩封闭，使阀杆螺母与大气隔离，防止灰尘黏结在阀杆螺母上，通过梯形螺纹进入到阀杆下部，从而在阀杆升降过程中进入到填料函内，支架轴承的润滑应采用氟化脂。

⑧ 在氧气专用阀门阀体的端法兰上备有接地螺栓，并采用导线-螺栓连接，以避免因静电产生火花引起爆炸事故。

⑨ 氧气专用球阀和截止阀的阀杆外露部分应有保护措施，以防尘土和油类。支架框架处装有机玻璃盖板，有明显的“禁油”标志，提醒现场人员注意。

29.6　安装、操作和维护

29.6.1　安装

① 阀门的安装及安装人员必须严格遵守有关规定，严禁与油类接触。

② 截止阀的安装位置推荐阀杆垂直向上。

③ 阀门安装时，必须使阀体介质流向箭头标志与使介质的流向一致。

④ 阀门的安装不能影响阀的密封性，法兰垫片宜采用聚四氟乙烯或四氟乙烯金属缠绕式垫片。

⑤ 阀门不能安装在靠近明火和油污的使用点上，并应设在不产生火花的保护外罩内。

⑥ 阀门安装时应有良好的接地装置，法兰端导电螺栓孔要有良好接地，以防静电。

⑦ 对安装大口径的阀门及管道应给予足够的支撑。

29.6.2　操作

① 阀门操作人员所用的工具、工作服、手套等用品及阀门的零部件严禁沾染油脂。

② 开关阀门应缓慢进行，手动操作时，操作人员应站在阀的侧面，禁止将阀门作为调节阀使用和操作。

③ 对于大于或等于DN200的手动阀门，在开、关前应采取减小主阀门前后压差的安全措施。

29.6.3　维护

① 阀门应定期进行维护、保养或检测，以保证阀门的安全性和密封性。

② 阀门的维护、保养，包括修理只应由阀门的制造厂或其他有资格单位来执行。

③ 阀门在维护过程中的关键零件应由原制造厂提供或满足原零件的技术要求。

参考文献

[1]　乐精华等. 氧气管路专用阀门. 阀门，2009 (3).

第30章　高炉炼铁系统用阀门

30.1　概述

高炉生产处于高风温、高风压并产生大量的粉尘及腐蚀气体中，作业环境恶劣，为保证高炉安全，对阀门的基本要求是：具有良好的耐热性、耐磨性和耐蚀性，密封好、强度高、调节灵活及使用寿命长。随着生产过程自动化及计算机控制发展需求，要求各类阀门的传动（电动、气动、液动以及混合形式的驱动方式）要准确、灵活、可靠。同时还要求高炉阀门重量轻、操作灵便、维修更换方便等，以保证高炉长期、稳定生产。

一座高炉全系统共有阀门大约12000多台，如宝钢2号高炉共有12695台阀门，其中高炉有1910台，焦化10012台，烧结158台。阀门种类有闸阀、蝶阀、截止阀、球阀、安全阀、疏水阀、插板阀、真空阀、减压阀、隔膜阀、泥浆阀、眼镜阀、放散阀、滑阀、止回阀、节流阀、旋塞阀、氧气专用阀和水封煤气阀19个品种。高炉非标准大型阀门190多台，主要用于高炉热风炉及其辅助系统、炉顶系统和煤气系统。

标准化是今后高炉建设的方向。下述典型高炉阀门选型推荐表，是近几年来各设计院所形成的标准化、系列化和规格化的标准选型归纳，供参考。

30.2　高炉炼铁系统阀门选型

高炉炼铁系统阀门选型见表30-1。

表30-1　高炉炼铁系统阀门选型

使用名称		公称尺寸	阀门类型
热风炉及其辅助系统	热风阀、倒流休风阀	DN500～2200	水冷闸阀
	燃烧阀、烟道阀	DN600～3000	水冷闸阀
			闸阀
			连杆蝶阀
	冷风阀	DN600～3000	闸阀
			连杆蝶阀
	煤气切断阀	DN600～3000	闸阀
			连杆蝶阀
			偏心蝶阀
	充压、排压阀	DN150～600	闸阀
			偏心蝶阀
			球阀
	调节阀	DN400～3000	通风蝶阀、自动调节蝶阀
	混风切断阀	DN500～1000	水冷闸阀
			闸阀
	冷风放风阀	DN600～2000	调节蝶阀＋活塞阀组合
			调节蝶阀＋偏心蝶阀组合
	风机切换蝶阀	DN400～2000	通风蝶阀
			偏心蝶阀
	煤气放散阀	DN100～400	球阀
			偏心蝶阀
双预热系统	烟道阀	DN1000～6000	通风蝶阀
			偏心蝶阀
	预热气体切断阀	DN1000～3000	通风蝶阀
			偏心蝶阀
	预热炉低压热风阀	DN800～2000	楔式水冷闸阀
炉顶系统	炉顶放散阀	DN400～800	盘式阀
	均压、排压阀	DN150～500	止回阀
	二次均压阀	DN150～250	止回阀

续表

<table>
<tr><th colspan="2">使用名称</th><th>公称尺寸</th><th>阀门类型</th></tr>
<tr><td rowspan="8">煤气系统</td><td rowspan="2">除尘器遮断阀</td><td rowspan="2">DN800～4000</td><td>钟式阀</td></tr>
<tr><td>卧式眼镜阀</td></tr>
<tr><td>调压阀组</td><td>DN1600～3600</td><td>多个调节蝶阀组合</td></tr>
<tr><td>敞开式煤气切断阀</td><td>DN300～3600</td><td>敞开式眼镜阀</td></tr>
<tr><td>全封闭煤气切断阀</td><td>DN300～3600</td><td>封闭式眼镜阀</td></tr>
<tr><td>煤气切断阀</td><td>DN300～3000</td><td>偏心蝶阀</td></tr>
<tr><td>紧急切断阀</td><td>DN1000～3000</td><td>偏心蝶阀</td></tr>
<tr><td>快开调节阀</td><td>DN300～1000</td><td>偏心蝶阀</td></tr>
</table>

30.3　典型高炉阀门选型

30.3.1　1080m³ 高炉阀门选型

1080m³ 高炉阀门选型见表 30-2。

30.3.2　1750m³ 高炉阀门选型

1750m³ 高炉阀门选型见表 30-3。

30.3.3　2500m³ 高炉阀门选型

2500m³ 高炉阀门选型见表 30-4。

30.3.4　3200m³ 高炉阀门选型

3200m³ 高炉阀门选型见表 30-5。

30.3.5　4300m³ 高炉阀门选型

4300m³ 高炉阀门选型见表 30-6。

30.3.6　5500m³ 高炉阀门选型

5500m³ 高炉阀门选型见表 30-7。

表 30-2　1080m³ 高炉阀门选型

<table>
<tr><th>序号</th><th>阀门名称</th><th>公称尺寸
DN</th><th>工作压力
/MPa</th><th>工作温度
/℃</th><th>结构形式</th><th>传动方式</th></tr>
<tr><td>1</td><td>热风阀</td><td>1200</td><td rowspan="11">0.45</td><td rowspan="2">≤1300</td><td rowspan="2">水冷闸阀</td><td rowspan="3">液动或电动</td></tr>
<tr><td>2</td><td>倒流休风阀</td><td>700</td></tr>
<tr><td>3</td><td>冷风阀</td><td rowspan="2">1200</td><td rowspan="3">≤450</td><td>闸阀或连杆蝶阀</td></tr>
<tr><td>4</td><td>冷风流量调节阀</td><td>蝶阀</td><td>电动</td></tr>
<tr><td>5</td><td>充压阀</td><td>300</td><td>闸阀或偏心蝶阀</td><td>液动或电动</td></tr>
<tr><td>6</td><td>冷风放风阀</td><td>1400/600</td><td>≤250</td><td>斜蝶板蝶阀与活塞阀组合</td><td>电动</td></tr>
<tr><td>7</td><td>混风阀</td><td rowspan="2">700</td><td>≤1000</td><td>水冷闸阀</td><td>液动或电动</td></tr>
<tr><td>8</td><td>混风流量调节阀</td><td rowspan="4">≤450</td><td>蝶阀</td><td>电动</td></tr>
<tr><td>9</td><td>助燃空气燃烧阀</td><td rowspan="5">1200</td><td>闸阀或连杆蝶阀</td><td>液动或电动</td></tr>
<tr><td>10</td><td>助燃空气流量调节阀</td><td>蝶阀</td><td>电动</td></tr>
<tr><td>11</td><td>高炉煤气燃烧阀</td><td rowspan="2">闸阀或连杆蝶阀</td><td rowspan="2">液动或电动</td></tr>
<tr><td>12</td><td>高炉煤气切断阀</td><td rowspan="2">0.02</td><td rowspan="2">≤200</td></tr>
<tr><td>13</td><td>高炉煤气流量调节阀</td><td>蝶阀</td><td>电动</td></tr>
<tr><td>14</td><td>烟道阀</td><td>1300</td><td rowspan="2">0.45</td><td rowspan="2">≤450</td><td>闸阀或连杆蝶阀</td><td rowspan="2">液动或电动</td></tr>
<tr><td>15</td><td>废气阀</td><td rowspan="2">300</td><td>闸阀</td></tr>
<tr><td>16</td><td>均压放散阀</td><td rowspan="6">0.25</td><td rowspan="6">≤250</td><td rowspan="2">止回阀</td><td rowspan="3">液动</td></tr>
<tr><td>17</td><td>二次均压阀</td><td>150</td></tr>
<tr><td>18</td><td>炉顶煤气放散阀</td><td>500</td><td rowspan="4">盘式阀</td></tr>
<tr><td>19</td><td>除尘器遮断阀</td><td>2460</td><td rowspan="3">电动卷扬</td></tr>
<tr><td>20</td><td rowspan="2">除尘器放散阀</td><td>400</td></tr>
<tr><td>21</td><td>250</td></tr>
</table>

表 30-3 1750m³ 高炉阀门选型

序号	阀门名称	公称尺寸 *DN*	工作压力/MPa	工作温度/℃	结构形式	传动方式
1	热风阀	1400	0.45	≤1350	水冷闸阀	液动或电动
2	倒流休风阀	1100				
3	冷风阀	1300		≤450	闸阀或连杆蝶阀	
4	冷风流量调节阀				蝶阀	电动
5	充压阀	400			闸阀或偏心蝶阀	液动或电动
6	冷风放风阀	1400/600		≤250	斜蝶板蝶阀与活塞阀组合	电动
7	混风阀	700		≤1000	水冷闸阀	液动或电动
8	混风流量调节阀			≤450	蝶阀	电动
9	助燃空气燃烧阀	1400			闸阀或连杆蝶阀	液动或电动
10	助燃空气流量调节阀				蝶阀	电动
11	高炉煤气燃烧阀				闸阀或连杆蝶阀	液动或电动
12	高炉煤气切断阀		0.02	≤200		
13	高炉煤气流量调节阀				蝶阀	电动
14	烟道阀	1600	0.45	≤450	闸阀或连杆蝶阀	液动或电动
15	废气阀	400			闸阀	
16	均压放散阀	500	0.25	≤250	止回阀	液动
17	二次均压阀	150				
18	炉顶煤气放散阀	500			盘式阀	
19	除尘器遮断阀	2460				电动卷扬
20	除尘器放散阀	400				
21		250				

表 30-4 2500m³ 高炉阀门选型

序号	阀门名称	公称尺寸 *DN*	工作压力/MPa	工作温度/℃	结构形式	传动方式
1	热风阀	1600	0.45	≤1400	水冷闸阀	液动或电动
2	倒流休风阀	1100		≤1350		
3	冷风阀	1500		≤450	闸阀或连杆蝶阀	
4	冷风流量调节阀				蝶阀	电动
5	充压阀	400			闸阀或偏心蝶阀	液动或电动
6	冷风放风阀	1600/600		≤250	斜蝶板蝶阀与活塞阀组合	电动
7	混风阀	900		≤450	闸阀	液动或电动
8	混风流量调节阀				蝶阀	电动
9	助燃空气燃烧阀	1600			闸阀或连杆蝶阀	液动或电动
10	助燃空气流量调节阀				蝶阀	电动
11	高炉煤气燃烧阀	1800	0.02	≤200	闸阀或连杆蝶阀	液动或电动
12	高炉煤气切断阀					
13	高炉煤气流量调节阀				蝶阀	电动
14	烟道阀	2000	0.45	≤500	闸阀或连杆蝶阀	液动或电动
15	废气阀	400			闸阀	
16	均压放散阀	500	0.25	≤250	止回阀	液动
17	二次均压阀	250				
18	炉顶煤气放散阀	650			盘式阀	
19	除尘器遮断阀	2750				电动卷扬
20	除尘器放散阀	400				
21		250				

表 30-5　3200m³ 高炉阀门选型

序号	阀门名称	公称尺寸 *DN*	工作压力/MPa	工作温度/℃	结构形式	传动方式
1	热风阀	1800		≤1400	水冷闸阀	
2	倒流休风阀	1300		≤1350		液动或电动
3	冷风阀	1700			闸阀或连杆蝶阀	
4	冷风流量调节阀			≤450	蝶阀	电动
5	充压阀	400			闸阀或偏心蝶阀	液动或电动
6	冷风放风阀	1700/600	0.48	≤250	斜蝶板蝶阀与活塞阀组合	电动
7	混风阀	1000			闸阀	液动或电动
8	混风流量调节阀				蝶阀	电动
9	助燃空气燃烧阀	1700		≤450	闸阀或连杆蝶阀	液动或电动
10	助燃空气流量调节阀				蝶阀	电动
11	高炉煤气燃烧阀	2000			闸阀或连杆蝶阀	液动或电动
12	高炉煤气切断阀		0.02	≤200		
13	高炉煤气流量调节阀	1600			蝶阀	电动
14	烟道阀	2000	0.48	≤500	闸阀或连杆蝶阀	液动或电动
15	废气阀	400			闸阀	
16	均压放散阀	500			止回阀	
17	二次均压阀	250				液动
18	炉顶煤气放散阀	650	0.25	≤250		
19	除尘器遮断阀	3000			盘式阀	
20	除尘器放散阀	400				电动卷扬
21		250				

表 30-6　4300m³ 高炉阀门选型

序号	阀门名称	公称尺寸 *DN*	工作压力/MPa	工作温度/℃	结构形式	传动方式
1	热风阀	1800		≤1400	水冷闸阀	
2	倒流休风阀	1300		≤1350		液动或电动
3	冷风阀	1700			闸阀或连杆蝶阀	
4	冷风流量调节阀			≤450	蝶阀	电动
5	充压阀	400			闸阀或偏心蝶阀	液动或电动
6	冷风放风阀	1800/600	0.50	≤250	斜蝶板蝶阀与活塞阀组合	电动
7	混风阀	1000			闸阀	液动或电动
8	混风流量调节阀				蝶阀	电动
9	助燃空气燃烧阀			≤450	闸阀或连杆蝶阀	液动或电动
10	助燃空气流量调节阀				蝶阀	电动
11	高炉煤气燃烧阀	1700			闸阀或连杆蝶阀	液动或电动
12	高炉煤气切断阀		0.02	≤200		
13	高炉煤气流量调节阀				蝶阀	电动
14	烟道阀	2000	0.50	≤500	闸阀或连杆蝶阀	液动或电动
15	废气阀	400			闸阀	
16	均压放散阀	500	0.28		止回阀	
17	二次均压阀	250	0.8			液动
18	炉顶煤气放散阀	650		≤250		
19	除尘器遮断阀	3250	0.28		盘式阀	
20	除尘器放散阀	500				电动卷扬

表 30-7　5500m³ 高炉阀门选型

序号	阀门名称	公称尺寸 *DN*	工作压力/MPa	工作温度/℃	结构形式	传动方式
1	热风阀	1800	0.55	≤150	水冷闸阀	液动或电动
2	倒流休风阀	1300				
3	冷风阀	1800		≤500	闸阀或连杆蝶阀	
4	冷风流量调节阀				蝶阀	电动
5	充压阀	400			闸阀或偏心蝶阀	液动或电动
6	冷风放风阀	2000/1000		≤250	斜蝶板蝶阀与活塞阀组合	电动
7	混风阀	1000		≤450	闸阀	液动或电动
8	混风流量调节阀				蝶阀	电动
9	助燃空气燃烧阀	2200		≤1000	水冷闸阀	液动或电动
10	助燃空气流量调节阀				蝶阀	电动
11	高炉煤气燃烧阀			≤450	连杆蝶阀	液动或电动
12	高炉煤气切断阀		0.05			
13	高炉煤气流量调节阀				蝶阀	电动
14	烟道阀	2400	0.55	≤450	连杆蝶阀	液动或电动
15	废气阀	400			闸阀	
16	均压放散阀	500	0.30	≤250	止回阀	液动
17	炉顶煤气放散阀	800			盘式阀	
18	除尘器遮断阀	3500				电动卷扬
19	除尘器放散阀	400				
		250				

30.4　高炉阀门产品型号编制说明

高炉阀门产品型号由 6 部分组成：

□ □ □ □ □ - □

1　2　3　4　5　6

第 1 部分——阀门类型代号；

第 2 部分——传动方式代号；

第 3 部分——连接形式代号；

第 4 部分——结构形式代号；

第 5 部分——阀座密封面或衬里材料代号；

第 6 部分——法兰接口压力等级。

(1) 类型代号（表 30-8）

表 30-8　类型代号

类　型	代号	类　型	代号
热风阀	R	蝶阀	D
闸阀	Z	冷风放风阀	F
放散阀	S	插板阀	C
盘式阀	P	眼镜阀	G

(2) 传动方式代号（表 30-9）

表 30-9　传动方式代号

传动方式	代号	传动方式	代号
手轮传动	无	电-液动	2
气动	6	液动	7
手动(蜗轮)	3	手动(伞齿)	5
电动	9		

(3) 连接形式代号（表 30-10）

表 30-10　连接形式代号

连接形式	代号	连接形式	代号
内螺纹	1	外螺纹	2
对夹	7	卡箍	8
法兰	4	焊接	6
卡套	9		

(4) 结构形式代号（表 30-11）

(5) 阀门阀座密封面或衬里材料代号（表 30-12）

表 30-11　结构形式代号

类别	0	1	2	3	4	5	6	7	8
热风阀			无衬水冷	低压楔式水冷	高温衬里水冷	衬里汽化水冷	超高温衬里水冷	超高温衬里节能型	
闸阀		明杆楔式单闸板	明杆楔式双闸板	明杆平行式单闸板	明杆平行双闸板	暗杆楔式单闸板	暗杆楔式双闸板	明杆楔式单闸板水冷	明杆楔式单闸板
蝶阀	连杆式	垂直蝶板		斜蝶板	高炉煤气调压阀组	高温型		双偏心蝶阀	三偏心蝶阀

续表

类别	0	1	2	3	4	5	6	7	8
插板阀		齿条式无均压	齿条式带均压			曲柄式	污水处理用		
盘式阀		角接盘式废气阀	角接式炉顶料罐均压放散阀		钟式遮断阀	直通式炉顶料罐均压放散阀		盘式卸灰阀	
放散阀		净煤气放散阀	除尘器放散阀	杠杆式	无配重连杆式	有配重连杆式	内开式		
眼镜阀		全封闭式直行阀板	敞开式直行阀板	敞开式扇形阀板					
冷风放风阀		活塞与斜蝶板蝶阀组合式	盘式阀与斜蝶板蝶阀组合式	偏心蝶阀与斜蝶板蝶阀组合式					

表 30-12　阀门阀座密封面或衬里材料代号

阀座密封面或衬里材料	代号	阀座密封面或衬里材料	代号	阀座密封面或衬里材料	代号
铜合金	T	氟橡胶	F	耐热水泥	R
硅橡胶	X	硬质合金	Y	合金钢	H
复合密封圈	E	本体材料	W		

30.5　高炉非标准阀门的用途、主要参数

热风炉及其辅助系统阀门集中了高炉大部分非标准阀门。热风阀、倒流休风阀、煤气切断阀、煤气调节阀、煤气燃烧阀、助燃空气切断阀、助燃空气调节阀、混风切断阀、冷风阀、烟道阀、冲压阀、排压阀等热风炉系统阀门和冷风放风阀、风机切换阀、煤气放散阀、氮气吹扫阀等辅助系统阀门（图 30-1），炉顶系统阀门主要有一次均压阀、二次均压阀和炉顶煤气放散阀；煤气系统阀门主要有遮断阀、减压阀组、眼镜阀、偏心蝶阀等。以往因其高炉容积的设计各设计院存有差异，同时存在口径、温度的不同，造成了阀门非标性突出，几乎没有互换性。

高炉非标准阀门的各类很多，在本章里选择 10 种常用的典型产品加以说明。

30.5.1　热风阀

热风阀是高炉热风炉系统的最重要设备之一，20 世纪 80 年代初我国研制出第一台热风阀在鞍钢使用，寿命达三年多，实现了我国热风阀的国产化。1989 年宝钢 4350m³ 高炉中 *DN*1800 热风阀的研制成功，使我国热风阀的设计和制造技术达到了世界水平。

进入 21 世纪，国家大力鼓励采用节能炼铁的各种高新技术。在《国家节能技术大纲》中，把“高风温”和“发展高炉大型化、优化炉料结构和长寿命技术，实现精料、高喷煤比、低硅冶炼，建立高炉操作专家系统”等一起列为炼铁系统节能关键技术。作为高炉炼铁中高风温输送系统主设备热风阀不再是 20 世纪的低风温（≤1300℃）、大水量（≥150t/h）的热风阀。而是由我国自主创新研发的高风温（≤1500℃）、节能(≤75t/h)、长寿等特性的超大型高炉专用阀门。

（1）主要参数和用途

热风阀的主要参数和用途见表 30-13。

不同型号的热风阀，具有不同的用途。

（2）典型热风阀外形图（图 30-2）

30.5.2　闸阀

传统型阀门——闸阀是热风炉系统使用最多的一种类型阀门。在不同位置体现出不同的作用。如应用在烟气管道即为烟道阀、冷风管道为冷风阀、煤气管道为煤气切断阀、助燃空气管道为空气燃烧阀等。

优点：该类阀门技术成熟、性能稳定，使用安全可靠。缺点：该类阀门体积大、质量重。应用在大型高炉上所带来的是配套产品相应提高。如起重设备、安装空间等，造成高炉投资较大。

目前，大型高炉采用传统闸阀较少，采用连杆蝶阀较多。

（1）主要参数和用途

闸阀主要参数和用途见表 30-14。

（2）典型闸阀外形图（图 30-3）

30.5.3　连杆蝶阀

我国热风炉系统采用蝶阀型产品源于 20 世纪 90 年代所购买的国外二手设备，2004 年宝钢四期以及太钢 4350m³ 高炉所引进的德国设备，引发了国内热风炉系统炼铁设备的变革。随着我国对引进设备的消化、吸收以及再创新，到 2008 年已实现 5000m³ 级超大型高炉蝶阀设备全部国产化，使我国炼铁系统阀门步入世界先进行列。

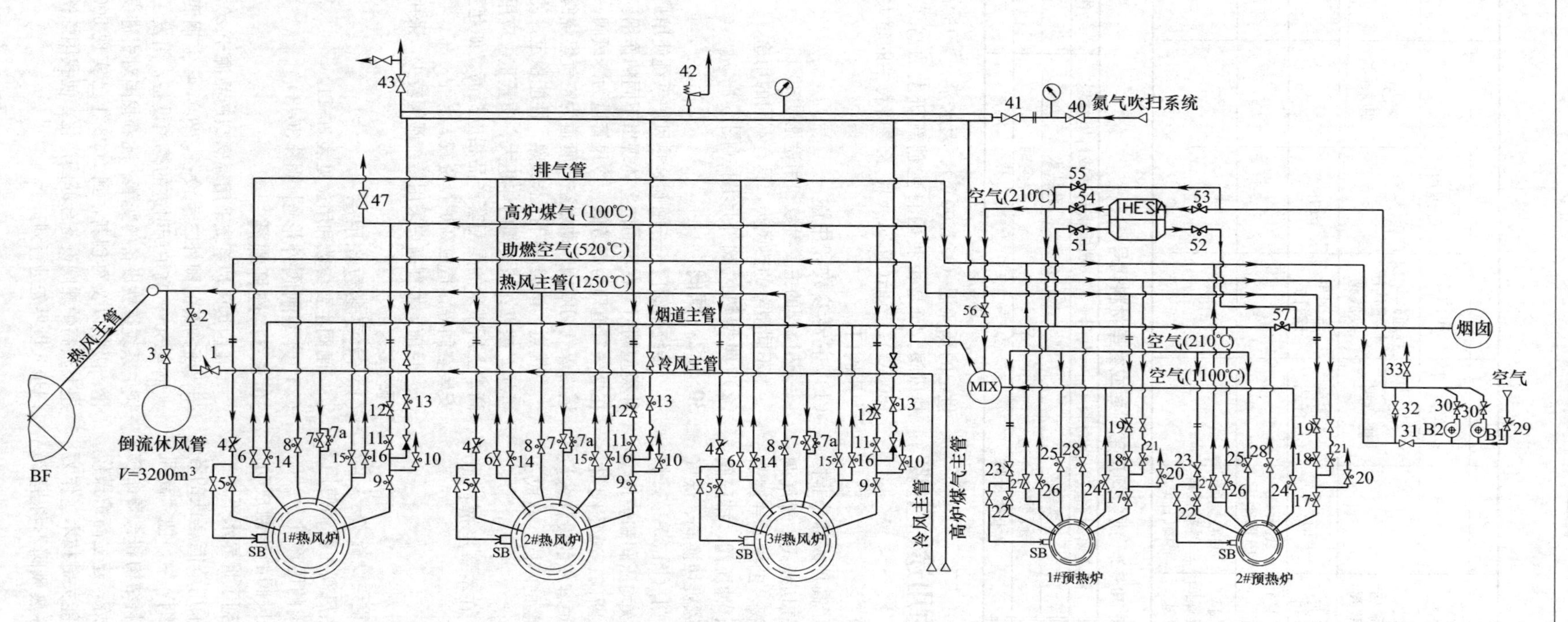

图 30-1 热风炉及其辅助系统阀门分布（部分）

1—混风调节阀；2—混风切断阀；3—倒流休风阀；4,23—助燃空气调节阀；5,22—助燃空气燃烧阀；6,27—排气阀；7—冷风阀；7a—充风阀；8,24—热风阀；9,17—高炉煤气燃烧阀；10,20—高炉煤气放散阀；11,18—高炉煤气切断阀；12,19—高炉煤气调节阀；13,21—氮气吹扫阀；14,15,26,28—烟道阀；16—废气阀；25—冷助燃空气切断阀；29—风机入口调节阀；30—风机出口调节阀；31,32—排气管线切断阀；33—助燃空气放散阀；40,41—氮气切断阀；42—安全阀；43—氮气放散阀；47—高炉煤气总管放散阀；51,52,57—烟道切断阀；53,54,55—助燃空气切断阀；56—混合室混风调节阀

表 30-13　热风阀的主要参数和用途

型号	R□42W	R□43R	R□44R	R□46R	R□47R
结构形式	无衬里 水冷闸阀	低压楔式 水冷闸阀	高温衬里 水冷闸阀	超高温衬里 水冷闸阀	超高温节能型 水冷闸阀
公称尺寸	DN500～1800	DN800～1800	DN500～1800	DN800～2200	DN800～2200
介质	热风	热风	热风	热风	热风
使用温度/℃	≤1000	≤1350	≤1350	≤1450	≤1500
工作压力/MPa	≤0.2～0.55	≤0.02	≤0.25～0.6	≤0.4～0.6	≤0.4～0.6
启闭压差/MPa	≤0.01	≤0.01	≤0.01	≤0.01	≤0.01
冷却水量/(t/h)	阀体 20～55	阀体 25～100	阀体 20～100	阀体 25～100	阀体 25～45
	阀板 10～30	阀板 15～50	阀板 10～50	阀板 15～45	阀板 15～35
冷却水压力/MPa	0.25～0.8	0.25～0.8	0.25～0.8	0.4～0.8	0.4～0.8
有配重驱动方式	电动、液动、气动	电动、液动、气动	电动、液动、气动	电动、液动、气动	电动、液动、气动
无配重驱动方式	双油缸驱动	双油缸驱动	双油缸驱动	双油缸驱动	双油缸驱动
主要材料	Q235/20g/ 耐热钢等	Q235/20g/ 耐热钢等	Q235/20g/ 0Cr18Ni9/耐热钢等	Q235/20g/ 0Cr18Ni9/耐热钢等	Q235/20g/ 0Cr18Ni9/耐热钢等
主要用途	热风阀、混风切 断阀、倒流休风阀	高温低压管道、 预热炉燃烧阀	热风炉系统热 风支管，用作热风 阀、倒流休风阀	中大型高炉热 风阀、倒流休风阀	中大型高炉热风 阀、倒流休风阀

注：型号中“□”为驱动代号，下同。

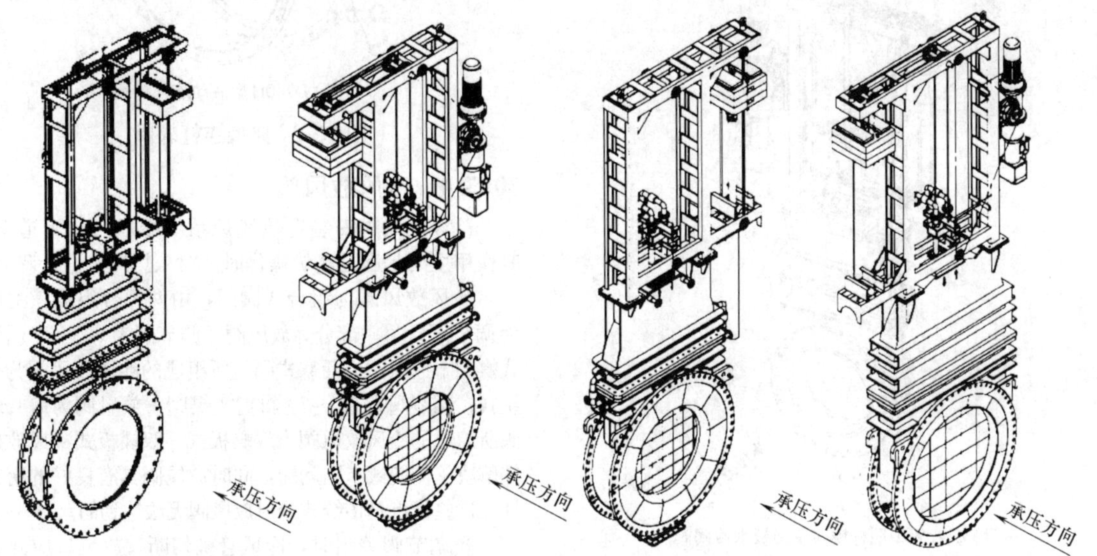

(a) R742W 型有配重式热风阀　(b) R944R 型有配重式热风阀　(c) R746R 型有配重式热风阀　(d) R947R 型有配重式热风阀

图 30-2　典型热风阀外形

表 30-14　闸阀主要参数和用途

型　号	Z□41Y	Z□47W
结构形式	明杆楔式单闸板闸阀	明杆楔式单闸板水冷闸阀
公称尺寸	DN500～2200	DN600～1800
介质	空气、煤气、烟气	热风
使用温度/℃	≤530	高温侧≤1000；低温侧≤530
工作压力/MPa	≤0.5	≤0.6
启闭压差/MPa	≤0.01	≤0.01
冷却水量/(t/h)	无	阀体 15～25
	无	阀板 10～20
冷却水压力/MPa	无	0.25～0.8
驱动方式	电动、液动、气动	电动、液动、气动
主要材料	Q235/ZG230～450/耐热钢等	Q235/20g/耐热钢等
主要用途	烟道阀、煤气切断阀、煤气燃烧阀、助燃空气燃烧阀、冷风阀等	用作混风切断阀

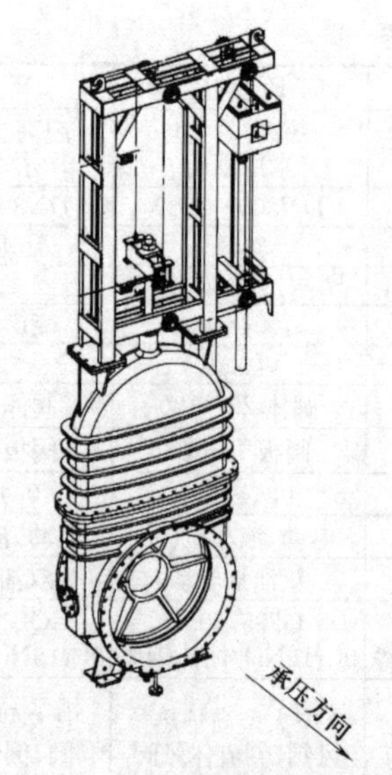

(a) Z741Y 型明杆楔式单闸板闸阀

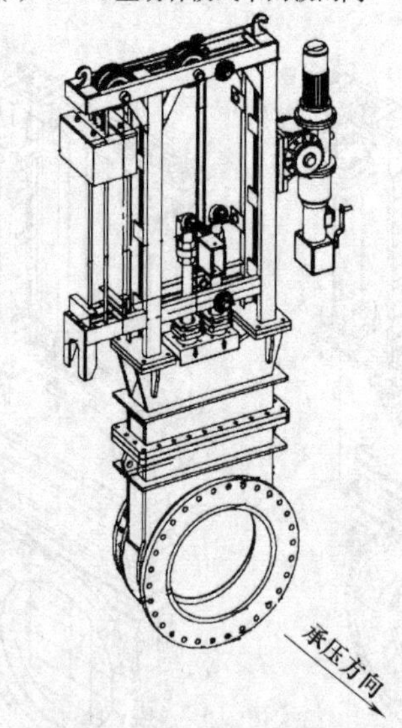

(b) Z947W 型明杆楔式单闸板水冷闸阀

图 30-3　典型闸阀外形

（1）主要参数和用途

连杆蝶阀的主要参数和用途见表 30-15。

表 30-15　连杆蝶阀的主要参数和用途

型号	D□40H(X)
结构形式	连杆式
公称尺寸	*DN*600～3000
介质	空气、煤气、烟气
使用温度/℃	≤530
工作压力/MPa	≤0.6
启闭压差/MPa	≤0.02
驱动方式	电动、液动、气动
主要材料	Q235/20g/耐热钢等
主要用途	烟道阀、煤气切断阀、煤气燃烧阀、助燃空气燃烧阀、冷风阀等

（2）典型连杆蝶阀外形图（图 30-4）

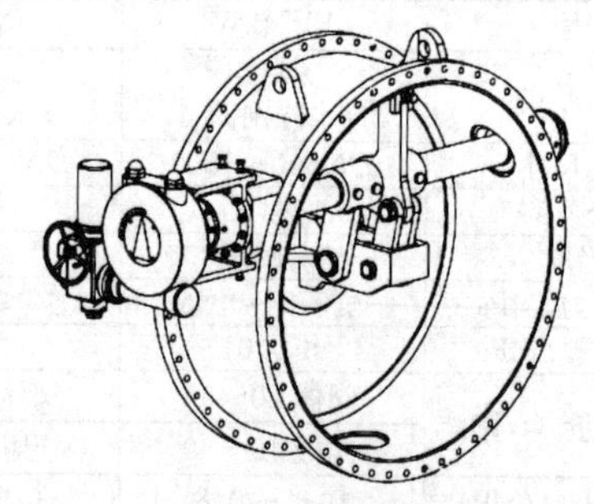

(a) D940H 型电动连杆蝶阀

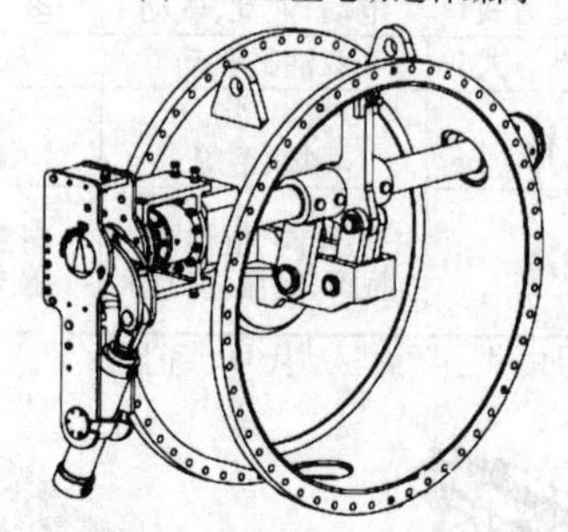

(b) D740H 型液动连杆蝶阀

图 30-4　典型连杆蝶阀

30.5.4　冷风放风阀

冷风放风阀安装在热风炉系统冷风入口管道上，其作用主要是满足高炉操作时，对入炉风量进行调节。

冷风放风阀为组合式阀门，由两部分组成：主阀为调节阀，另一部分为放风阀。调节阀为 60°～70°斜置式蝶阀＋放风阀为活塞式阀门所组成的冷风放风阀为传统式；调节阀为 60°～70°斜置式蝶阀＋放风阀为偏心蝶阀所组成的冷风放风阀为双蝶板式。双蝶板式冷风放风阀解决了传统式卡阻问题，同时放风阀具有良好的密封性。这些优点是传统式冷风放风阀无法达到的。

当调节阀关闭时，冷风管被切断，放风口应开启最大，冷风经放风阀放入大气；当调节阀阀板开启时，冷风全部或部分流过调节阀。调节阀阀板全开则放风阀为全闭，不再放散冷风。放风口将随着调节阀的启闭而启闭，放风口的通径与放风量成正比。因冷风放散时所产生的噪声高达 100dB 以上，所以冷风放风阀上端配有消声器。

（1）主要参数和用途

冷风放风阀的主要参数和用途见表 30-16。

（2）典型冷风放风阀外形图（图 30-5）

30.5.5　偏心蝶阀

偏心蝶阀（两偏心或三偏心）主要应用在双预热和煤气系统上，在系统中起切断截止作用，这两个系统阀门多为常开或常关场合，故连杆蝶阀不适应两个系统。

表 30-16　冷风放风阀的主要参数和用途

型号	F□41W	F□43W
结构形式	斜蝶板式蝶阀＋活塞式阀门	斜蝶板式蝶阀＋偏心蝶阀
公称尺寸	*DN*600～2000	*DN*600～2000
介质	空气	空气
使用温度/℃	≤300	≤300
工作压力/MPa	≤0.6	≤0.6
启闭压差/MPa	无	无
冷却水量/(t/h)	无	无
	无	无
冷却水压力/MPa	无	无
驱动方式	电动、液动	电动、液动
主要材料	Q235/20g/耐热钢等	Q235/20g/耐热钢等
主要用途	冷风调节与放散	冷风调节与放散

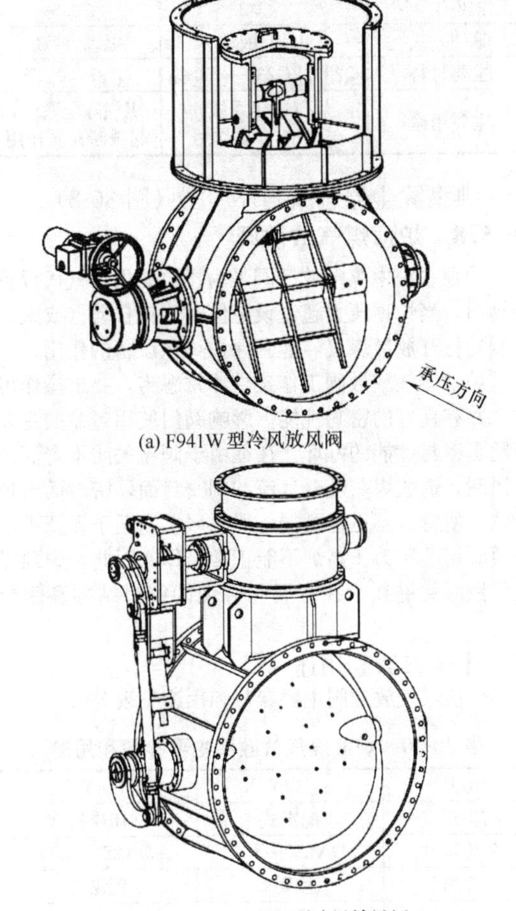

(a) F941W 型冷风放风阀

(b) F743W 型冷风放风阀

图 30-5　典型冷风放风阀

因双预热和煤气系统压力比较低，故两偏心蝶阀即可满足使用要求，但往往用户要求三偏心蝶阀，无形中增加设备成本。

偏心蝶阀以多层次复合式金属密封圈为主要结构形式，大口径阀门为桁架式阀板，厢式结构阀体使偏心蝶阀流阻小、刚性好。

(1) 主要参数和用途

偏心蝶阀主要参数和用途见表 30-17。

表 30-17　偏心蝶阀主要参数和用途

型　号	D□47E	D□48E
结构形式	两偏心	三偏心
公称尺寸	*DN*200～4000	
介质	空气、煤气、烟气	
使用温度/℃	≤450	
工作压力/MPa	≤0.6	
启闭压差/MPa	无	
驱动方式	电动、液动	
主要材料	Q235/20g/耐热钢等	
主要用途	煤气、空气、烟气管道上作为启闭设备使用	

(2) 典型偏心蝶阀外形图 (图 30-6)

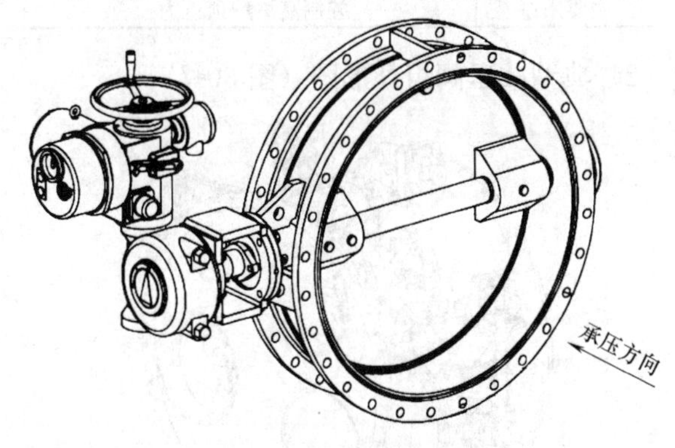

(a) D947E 型两偏心蝶阀

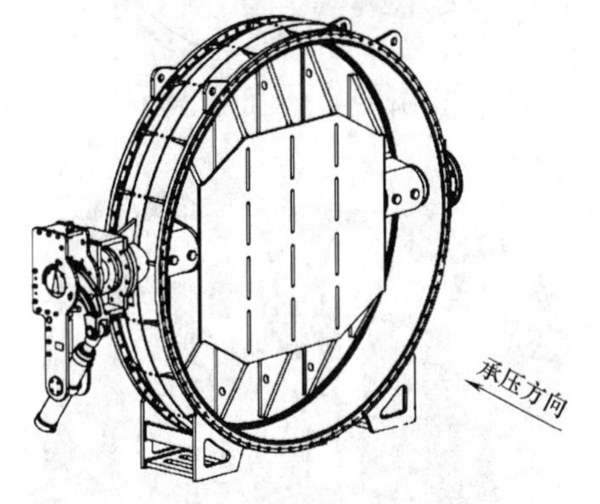

(b) D948E 型三偏心蝶阀

图 30-6　偏心蝶阀

30.5.6　减压阀组

减压阀组是控制炉顶压力、保证高压操作的关键设备，它在自动控制设备的操作下，使高炉在稳定的炉顶压力下正常生产。因此，减压阀组必须具有良好的调节性能。

减压阀组一般由四个蝶阀组成，即一个小口径蝶阀、三个同规格大口径蝶阀。蝶阀形式由两种结构：一种是直蝶板切断型调节蝶阀；另一种是三偏心密封型调节蝶阀。因目前所建高炉带有 TRT 余压发电系统，所以采用三偏心密封型调节蝶阀较多，原因在于三偏心密封型调节蝶阀具有良好的密封性。

(1) 主要参数和用途

减压阀组主要参数和用途见表 30-18。

表 30-18　减压阀组主要参数和用途

型号	D□44W	
结构形式	直通式	变径式
公称尺寸	*DN*1600～2600	
介质	煤气	
使用温度/℃	≤250	
工作压力/MPa	≤0.25	
启闭压差/MPa	无	
驱动方式	电动、液动	
主要材料	Q235/20g 等	
主要用途	控制高炉炉顶压力	

(2) 典型减压阀组外形图（图 30-7）

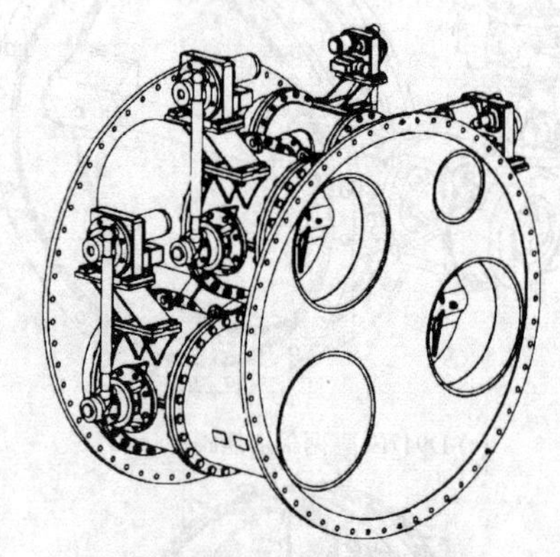

(a) D944W 型直通式减压阀组

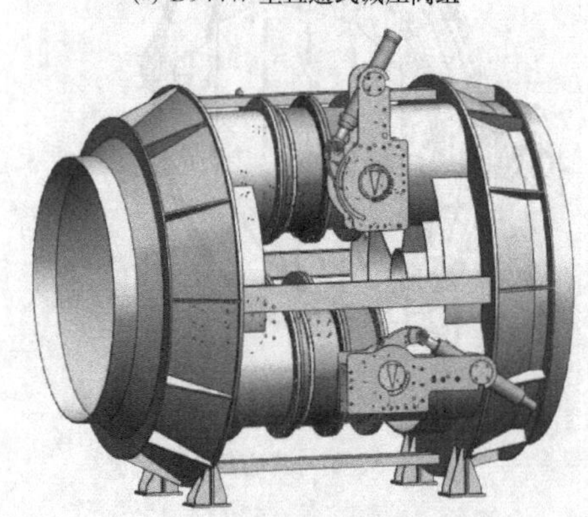

(b) D744W 型变径式减压阀组

图 30-7　减压阀组

30.5.7　除尘器遮断阀

除尘器遮断阀安装于高炉和重力除尘器之间的煤气管道上，用于高炉休风时迅速地将高炉炉顶煤气与除尘管道系统分割开。当检修时，起安全作用的阀门。因此，该类型阀门密封要求严，可靠性要求高。

目前，除尘器遮断阀有两种结构形式，一种是钟式，另外一种是插板式。从使用情况来看，钟式结构可靠性高，密封性不如插板式，有微量泄漏。钟式遮断阀密封问题可利用氮气或蒸汽等气体稀释或置换所泄漏的微量煤气，达到安全使用的目的。

(1) 主要参数和用途

除尘器遮断阀主要参数和用途见表 30-19。

表 30-19　除尘器遮断阀主要参数和用途

型号	P□44Y	G□42X
结构形式	钟式	插板式
公称尺寸	*DN*1000～4000	*DN*1000～3000
介质	荒煤气	荒煤气
使用温度/℃	≤450	≤250
工作压力/MPa	≤0.3	≤0.3
驱动方式	电动、液动	电动、液动
主要材料	Q235/ZG230～450 等	Q235/20g 等
主要用途	煤气除尘系统，起截断介质作用	煤气除尘系统，起截断介质作用

(2) 典型除尘器遮断阀外形图（图 30-8）

30.5.8　炉顶煤气放散阀

炉顶系统中煤气放散阀是为排放炉内煤气而设置的阀门，当炉顶压力超过设定值时，将自动（或人工控制）打开放散煤气，起到保护炉顶设备的作用。

炉顶煤气放散阀工作条件非常恶劣，要求操作可靠，并有良好的密封性能。影响阀门使用寿命的主要问题是密封性能的好坏。往往由于阀盖关闭不严而产生泄漏，造成煤灰随着气流冲刷密封面，密封面出现缝隙，使密封副迅速磨损，泄漏严重以至于保证不了炉顶应用的压力，高炉不能正常工作。因此，炉顶煤气放散阀关键技术在于要有合理的密封结构和密封材料。

(1) 主要参数和用途

炉顶煤气放散阀主要参数和用途见表 30-20。

表 30-20　炉顶煤气放散阀主要参数和用途

型号	S□42Y/X	S744Y/X
结构形式	配重式	液压碟簧式
公称尺寸	*DN*250～800	*DN*250～800
介质	荒煤气	荒煤气
使用温度/℃	≤500	≤500
工作压力/MPa	≤0.35	≤0.35
驱动方式	电动、液动	液动
主要材料	Q235/ZG230～450/硬质合金等	Q235/ZG230～450/硬质合金等
主要用途	炉顶煤气专用放散阀门	炉顶煤气专用放散阀门

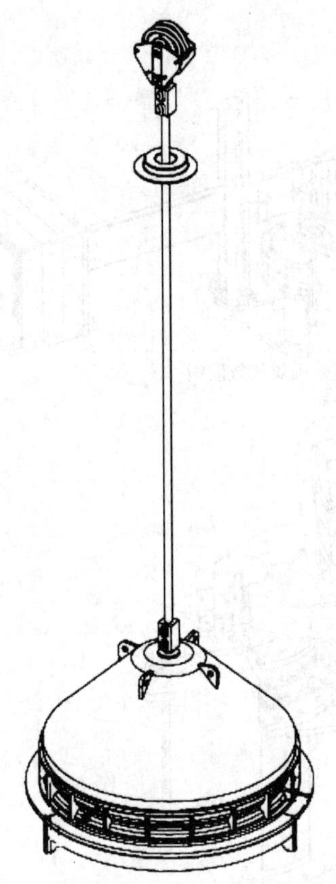

(a) P44Y 型除尘器钟式遮断阀

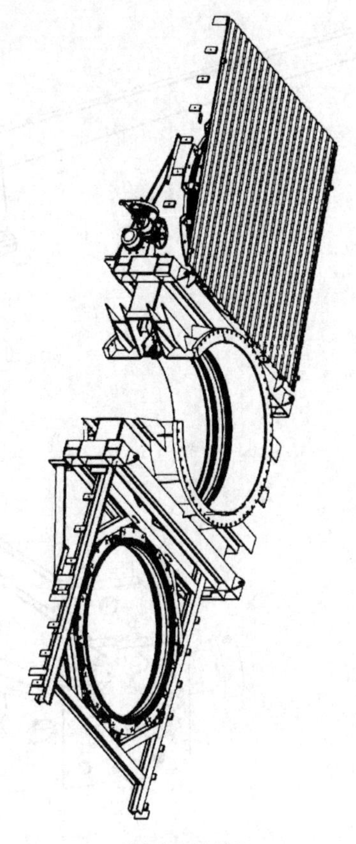

(b) G9Y42X 型除尘器遮断阀

图 30-8　除尘器遮断阀

(2) 典型炉顶煤气放散阀外形图（图 30-9）

30.5.9　炉顶均、排压阀

炉顶系统中均、排压阀门是确保高炉高压操作的主要阀门之一，它处于恶劣的条件下频繁工作，日启闭在 200～300 次。所以该类型阀门必须具有启闭的可靠性、良好的密封性和长寿命。工作介质为荒煤气、氮气，工作压力为：一次均压或放散 0.25MPa、二次均压 0.35～0.8MPa，工作温度小于 250℃。

(1) 主要参数和用途

炉顶系统中均、排压阀主要参数和用途见表 30-21。

表 30-21　炉顶系统中均、排压阀主要参数和用途

型号	P742Y	P745Y/X
结构形式	角式	止回式
公称尺寸	*DN*150～600	*DN*250～600
介质	荒煤气	荒煤气
使用温度/℃	≤250	≤250
工作压力/MPa	≤0.8	≤0.8
驱动方式	液动	液动
主要材料	Q235/合金钢/硬质合金等	Q235/合金钢/硬质合金等
主要用途	用于水平管道、炉顶一、二次均、排压	用于垂直管道、炉顶一、二次均、排压

(2) 典型炉顶均、排压阀外形图（图 30-10）。

30.5.10　眼镜阀

眼镜阀是煤气系统最主要阀门，在煤气系统检修时，起完全截断煤气作用，以保证施工的安全。

眼镜阀密封结构以软密封为主，通常附带水封。有全封闭式和敞开式两种结构形式。相对敞开式眼镜阀，全封闭式眼镜阀价格较高，根据所处位置及重要性不同，选用全封闭式或敞开式眼镜阀。

通常眼镜阀与偏心蝶阀成对使用，即眼镜阀进口处配有偏心蝶阀。

(1) 主要参数和用途

眼镜阀主要参数和用途见表 30-22。

表 30-22　眼镜阀主要参数和用途

型号	G□41X	G□42X
结构形式	全封闭插板式	敞开插板式
公称尺寸	*DN*400～3600	*DN*400～3600
介质	煤气	煤气
使用温度/℃	≤250	≤250
工作压力/MPa	≤0.3	≤0.3
驱动方式	全液动、全电动和电动行走液动夹紧	全液动、全电动和电动行走液动夹紧
主要材料	Q235/Q345B/硅、氟橡胶等	Q235/Q345B/硅、氟橡胶等
主要用途	用于高炉煤气管道上，起完全隔断煤气作用	用于高炉煤气管道上，起完全隔断煤气作用

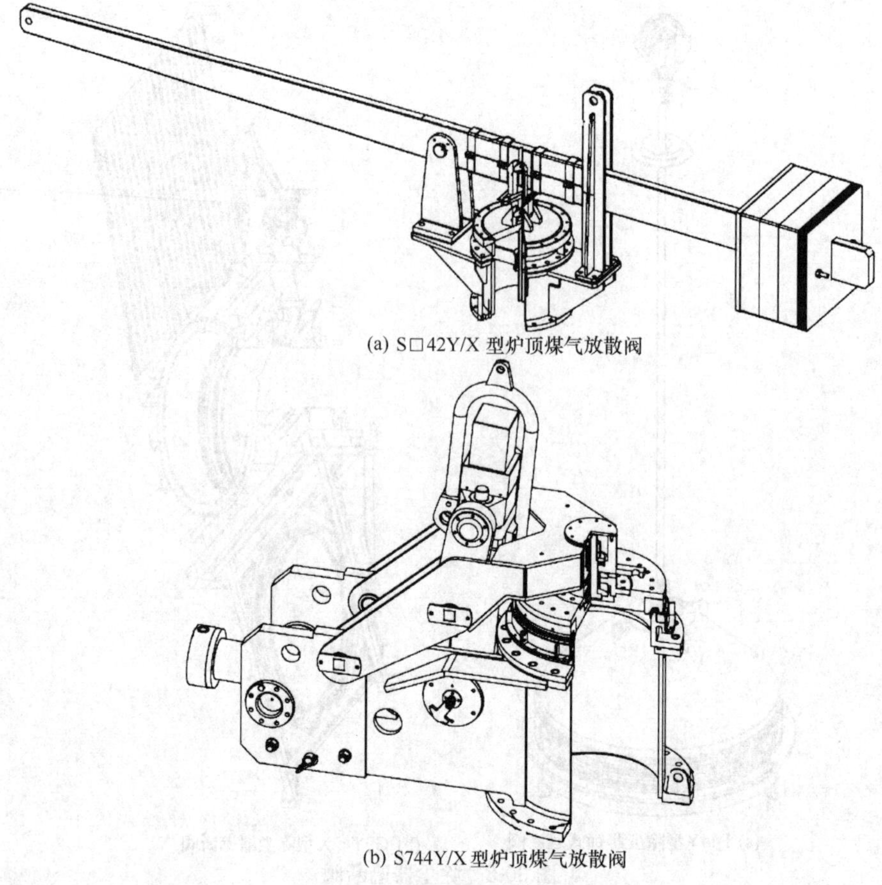

(a) S□42Y/X 型炉顶煤气放散阀

(b) S744Y/X 型炉顶煤气放散阀

图 30-9 炉顶煤气放散阀

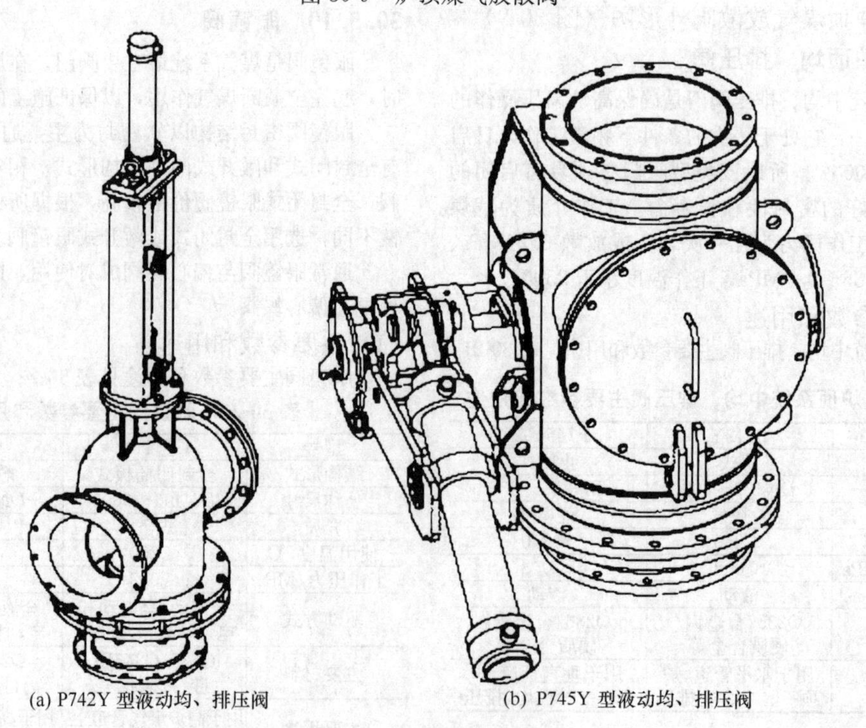

(a) P742Y 型液动均、排压阀

(b) P745Y 型液动均、排压阀

图 30-10 炉顶均、排压阀

（2）典型眼镜阀外形图（图 30-11）

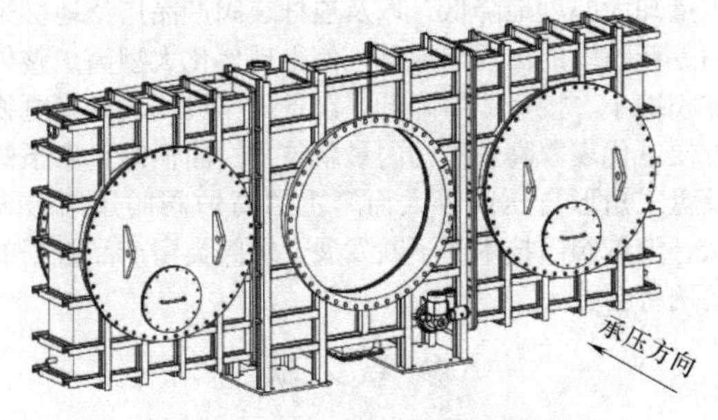

(a) G941X 型电动全封闭式眼镜阀

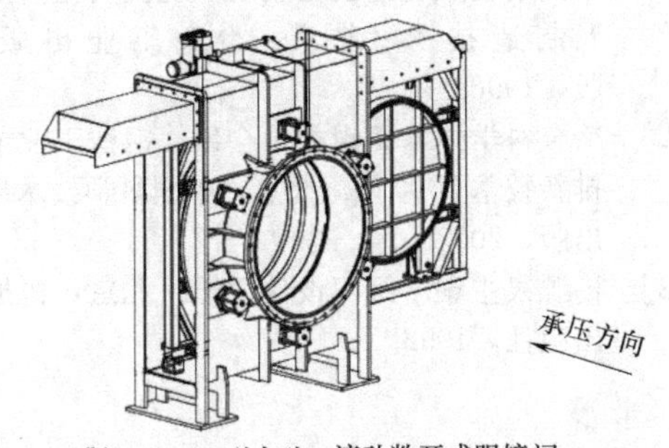

(b) $G9_Y42X$ 型电动＋液动敞开式眼镜阀

图 30-11　眼镜阀

30.6　使用和维护

① 安装前的准备

a. 详细阅读产品使用说明书。

b. 清理阀内腔，特别是密封面的粉尘及污物，检查密封面是否存在影响使用的损伤。

c. 各注油孔、各运动副加注润滑剂。

d. 检查驱动装置及传动装置是否完好正常，并确认驱动装置和限位开关的电源供应是否正确。

e. 带有耐火衬里的阀门要检查阀门耐火材料是否受潮、损坏。轻度受潮时，可自行以 150～180℃ 烘烤 24h 或自然干燥后使用，破损严重时，建议与厂家联系修复。

f. 认真清除所有运输固定装置的污物。

g. 检查并确认阀门所有的供应管路是否正确安装，压力是否达到要求。

h. 检查各部件的螺栓紧固情况，检查链轮、链条的啮合情况。

② 安装调试

a. 阀门垂直安装使用。将阀门吊起，垂直固定。

b. 安装阀门时先确认阀门安装方向，必须正确无误。阀体上箭头方向为承压方向，当阀门处于关闭状态时，箭头的一端为阀门的低压侧，箭尾一端为阀门高压侧。

c. 阀门与管道相连时，调整好法兰位置使阀门轴线成水平位置放置，管道两侧法兰应对中，要防止因强力连接而造成阀门整体变形。

d. 阀门法兰螺栓连接时，建议采用力矩扳手进行紧固（产品使用说明书中给出螺栓拧紧力矩值），螺栓紧固时必须对角同时紧固，且拧紧力要均匀。

e. 阀门启闭前必须清理阀门内腔，特别是密封面处的粉尘及污物。

f. 在阀板动作前，检查调节张紧轮（电动阀门），使链轮张紧。

g. 阀板的行走与密封分别由两部驱动装置分别控制，按顺序动作；阀板的行走必须在密封松开的情况下进行，调试时，注意眼镜阀开到关或关到开的控制流程。

h. 确定液压缸系统压力和所需的工作压力。接通驱动源（电源或液压站），确定阀门启闭位置，然后点动，试运转，要求阀板动作灵活、无卡阻，正常运行 3～5 次后即可使用。

i. 点动试验完成后，调试开和关位置的接近开关（或机械开关），确定开和关位置并固定开关。

j. 按正常运行条件进行阀门的开关动作试验，运行 3～5 次。达到阀板动作灵活、无卡阻要求。

③ 操作

a. 产品安装后再仔细阅读产品使用说明书后，才可进行操作。

b. 每次阀门开启时，需要均压或排压的阀门，如热风阀、闸阀、连杆蝶阀、除尘器遮断阀、眼镜阀等阀门，其阀门两侧管道压差要小于 0.02MPa。

c. 定期检查阀门使用情况，并做详细记录。

d. 检查阀板动作情况，阀板启闭动作是否到位，观察有无受阻现象。

e. 水冷闸阀，断水或水温突然升高 10℃以上，必须停风检修，否则，会酿成重大事故。

f. 闸阀类产品不得作为调节阀。在阀门正常工作期间，阀板不得停于中间位置。

g. 闸阀类产品若出现阀杆弯曲，必须停风检修，否则，会酿成重大事故。

h. 各运动部位每班加注锂基润滑脂一次。

i. 每周检查一次各部位螺栓是否松动及脱落。

j. 阀门使用后，初始阶段即 3 个月内，必须对阀门与管道相连接的法兰螺栓进行重新紧固，力矩值参照产品说明书给出值执行。螺栓紧固时要对角同时紧固，且拧紧力要均匀。

④ 润滑

a. 手动润滑。采用油枪进行手动润滑。油杯一般为压注式油杯，为保证阀门长期稳定运行，要求定期向各润滑点加注润滑油。当阀门使用温度为不高于 450℃时，推荐使用耐高温润滑油（不低于 340℃），其润滑周期为 3 个月；或其他耐温 270℃以上的高温润滑油剂，其润滑周期为 24～48h，亦可根据现场使用情况调整润滑周期。当阀门使用温度不高于 250℃时，润滑油可采用极压复合锂基润滑脂，其润滑周期为 48h，亦可根据现场使用情况调整润滑周期。

b. 集中润滑。一定要保证集中润滑管路的畅通，绝不可有堵塞问题发生，安装时要确认。否则会造成主轴烧燃事故发生。按手动润滑中提到的润滑油剂进行集中供油，润滑周期可为 24h，亦可根据现场使用情况调整润滑周期。

c. 润滑油是保证阀门正常运行的前提，不建议采用使用温度低于工作温度的润滑油。对于使用温度高于 300℃的工况，主轴两侧必须采用耐高温润滑油剂，绝不可采用常温润滑油代替；对于使用温度低于 100℃的润滑油，其润滑周期要小于 12h。否则，因高温使润滑油雾化而失效，带来的后果是主轴与滑动轴承会出现无润滑期而造成烧燃事故发生。

以上所列举的 10 种典型高炉系统阀门，为目前现代化高炉所选用的阀门。进入 21 世纪以来，高炉阀门技术随着热风阀使用温度大幅度地提高，而冷却水量却大幅度地降低，以及连杆蝶阀产品广泛地被采用等新技术的出现与成熟，使得现代化大型高炉整体体积缩小、投资成本降低，设备操作灵便、维修更换方便，代表着高炉阀门的最新技术。曲柄阀、齿条阀及盘式角形自压阀等大而笨重的高炉阀门逐渐被淘汰。随着阀门技术的不断发展，蝶阀类型产品占据的比例将会更大。

参考文献

［1］ 中国冶金设备总公司编著. 现代大型高炉设备及制造技术. 北京：冶金工业出版社出版，1996.

［2］ 冶金科学技术编辑委员会编. 钢铁工业节能减排新技术 5000 问. 北京：中国科学技术出版社出版，2009.

［3］ 杨源泉主编. 阀门设计手册. 北京：机械工业出版社，1992.

第31章 专用阀门

31.1 清管阀

31.1.1 概述

继陆运（铁道、公路）、水运、空运成为当今社会的三大动脉之后，迅速发展的地下管线运输已成为当今社会的第四大动脉。

管线运输具有运输效率高、成本低、安全可靠，损耗少和对环境污染小等优点。为了确保管线运输的高效、畅通，按照油气管线操作规程，必须定期使用清管装置，通过此装置发射和接收清管器对管道进行清管作业，清管作业是各类油、气输送管线正常操作过程中的重要工作。

在美国，石油和天然气工业最早的清管操作于19世纪末开始着手。那时，清管操作的主要目的就是保持管线的生产能力。

由于固体物质如石蜡在管线壁上的累积，将导致管线内径的缩减，而通过管线清管器的发送，清管器可以从管线壁上清除固体物质，这样就防止了内径的缩减。

今天，清管被用于清洁、校准、排放/干燥、检查、内表面处理、分离和分批操作。

传统的清管装置由发射（或接收）筒体、阀门进出管线，放空及排放管线等组成，整套装置需要专门的设计和制造，投资和维护费用高，占地面积大，操作复杂。

20世纪90年代初，国外一些公司相继研制开发了一种可以作为清管器发射接收装置的新型阀门——PIC阀门，这种阀式清管器发射接收装置简称清管阀，其中以德国ITAG公司和美国HARTMANN公司的产品最为成功，成为这类产品世界先进水平的代表。

清管阀具备了传统的清管装置的全部功能，用清管阀代替传统的清管装置，使管输系统大大简化，清管阀以其占地面积小和操作简单等突出优点而得到广泛使用。

清管阀的主要用途有：

① 新管线投产前，清除管内各种残留物使管线畅通无阻；

② 新管线内壁除锈和防腐层涂敷；

③ 对已投产管线做定期的油管刮蜡，气管除水，可长期保持有效输送能力；

④ 同一管道内输送不同种类的介质的隔离，质换。

清管阀在管道清管时只起到发射和接收清管器的作用，而对管道进行清管扫线的是清管器。清管器在德国称为PIC阀，它的含义是："装弹机构阀"（pipe internal cartridge的缩写词PIC），也就是说：清管器的动作原理是受到常规兵器中装弹机构的启发而发明的；而在美国，清管器又称PIG，这是源于一种习惯称谓，而德国工程师Hiltscher G. 等在其编著的《Industrial Pigging Technology：Fundamentals，Components，Applications》中对于美国称之为PIG则是这样阐述的："可能来自于采用金属装置清洁管道时，金属表面相互摩擦而产生刺耳的噪声使人们联想起猪的叫声，而且从石油管道取出后，油泥污染的清管器看起来更像猪内脏，清管器由此而得名。"也有一些工程师提出PIG是pipeline inspection gauge（管道检测仪）的缩写，这是基于清管器的功能而定义的。

在英语中，清管器通常也称为"刮除器（scraper）"、"托把（swabber）"或"见鬼去（go-devil）"。清管器在德语中称为"Molch"，在法语中则称为"picage"或"racleur"。

31.1.2 清管器在管道中的功能

没有清管技术就不可能进行管道的施工与进行。只有清管才能经济地完成大量工作。管道技术与清管技术密不可分，所以所有管道都安装了清管站。

因此，清管站的首次使用与第一条管道的施工相关。大约在1870年，美国铺设了第一条长距离原油管道，也首次使用了"清管器"这一术语。清管可用于管道建设、运营、检测、维护乃至维修。

施工期间的应用：清除粗乱污物；清除液体，干燥；记录铺设状态。

投产期间的应用：压力试验期间排出管内水分；体积流量计的标定。

运行期间的应用：清洁（清除蜡或固体）；冷凝物的清除；分批输送对不同产品的分离。

检测中的应用：几何形状的检测；腐蚀、裂纹以及缺陷的探测；泄漏的探测。

维修中的应用：就地在线内涂敷；缓蚀剂；关闭管段；使部分管段停运。

管道清管是管道铺设技术中的一个组成部分。清管技术的最初应用是在管段内运行清管器，把施工期间进入管道的粗乱污物、焊接残渣、沙石以及其他固态颗粒清除出去。用压缩空气驱动的刷式或刮板式清管器进行粗清洁。经常运行多个清管器。

接下来进行变形检测，主要检查最小内径。除了焊缝下垂与弯头的椭圆度外，管道施工时的变形也会引起直径的改变。通常采用一个铝制标定盘。对于大口径管道，这些标定盘时分开的。开始直径约为 $0.9d_i$，根据对该标定盘边缘的损坏情况，用 $0.95d_i$ 和 $0.97d_i$（d_i 为内径）。

对于长距离测试管段或无法接近的管段（如海底管道），为了安全起见，使用双向清管器。

智能清管器能提供更为精准的信息。对于管道的圆周与长度，无须接触即可测量并记录与管壁之间的距离。该记录仪可用于缺陷定位，甚至进行必要的修理。建议先用清管器进行初步清管。由于带有信号记录的智能清管器对速度变化（阻延/滑动作用）反应灵敏，因此，最好使用液体推进剂。

已建管道经检验并把缺陷消除后，要进行水压试验（应力试验）。只有用水驱动清管器才能实现对已建管道在不同地形条件下的注水。在压力试验中，必须彻底避免气泡以及高点含气。

压力试验结束后，清管器还用来将管内水完全清出并且对管道进行干燥。例如，天然气管道必须干燥以防止水合物的生成。

体积流量计的标定也是在产品前面投发清管器，使管道注满产品且不带有气体。管道投产，即注入产品也应用相同的方法。如果一条管道未使用清管器清洁而直接注入天然气，那么流量缓慢提升，必须认真监测产品浓度直到在管道末端符合要求为止，这样产品将有大量损耗。

在管道运行期间，清管器可根据输送产品的不同而发挥不同的作用。在输气管道中，清管器可清除冷凝物；而在原油管道中，清管器则可清除管内积蜡。经过数百小时的运行，快速结蜡会增加压力降甚至使管道彻底停运。

运行期间的检测可以监测管内径变化以及腐蚀状况。在线检测时，无须打开管道或清除产品即可获得数据。泄漏探测器清管器可以使用声波探测泄漏点的位置。

也可以使用专门清管器进行维修工作。很多天然气管道均有内涂层，在管道内通过运行清管器就可以对管道进行内涂敷。

通过串列式清管器可采用分批输送工艺将缓蚀剂加入管道。

清管器还可以用于管道的清空、清洁以及干燥。

31.1.3 结构特征和工作原理

(1) 结构特征

清管阀的结构特征是在 T 形三通固定式球阀结构原理基础上改型和增加功能后创新设计而成的新型阀门（图 31-1）。

(2) 工作原理

清管阀的工作原理是：将清管器置入清管阀的球体内腔，通过球体在相互垂直的三通阀体内，做 90°旋转运动。当球体通道和管线通道在同一轴线时，清管器在管道内的流体压力作用下，被清管阀发射。

(3) 基本类型

根据用途不同，清管阀有三种类型。

① 标准型（PC 型） 球体孔径比连接管道内径约大 25%，孔的一端设有允许介质通过但能阻止清管器的挡条，在取出和装入清管器时，流体短时断流，见图 31-2。

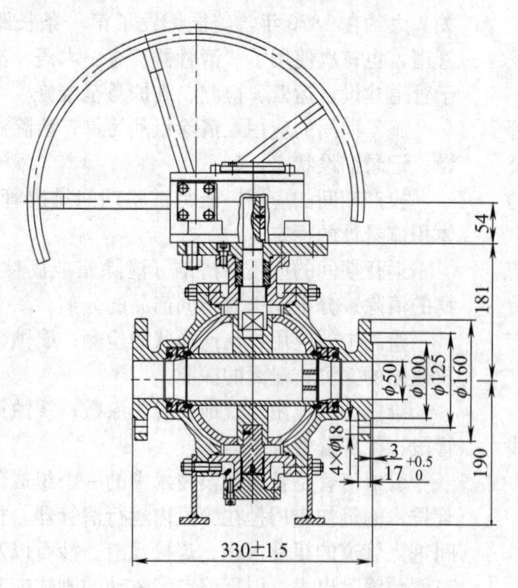

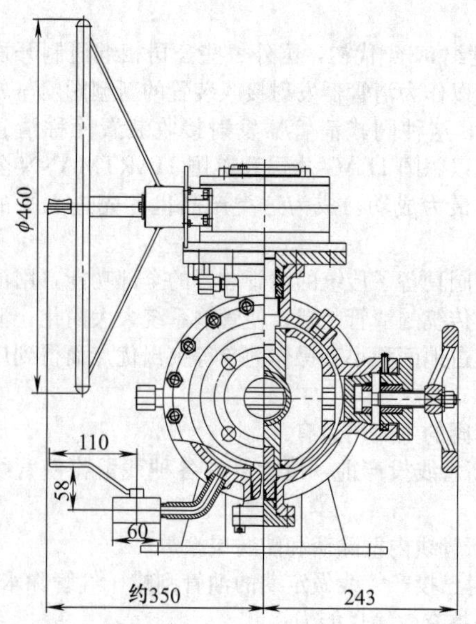

图 31-1 清管阀结构图

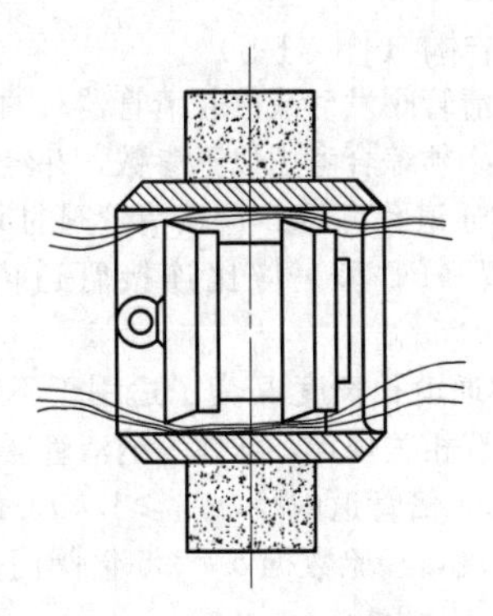

图 31-2 标准清管阀

② 旁通型（PB型） 在不允许输送介质短时断流的场合，使用旁通清管阀。它的球比标准的清管阀大，孔径尺寸和结构与标准清管阀一样，但在孔径轴线垂直方向开有两个旁通流道，其总流通截面约为阀孔径截面的25%。清管器发射接收全过程中流体流动不会中断。见图31-3。

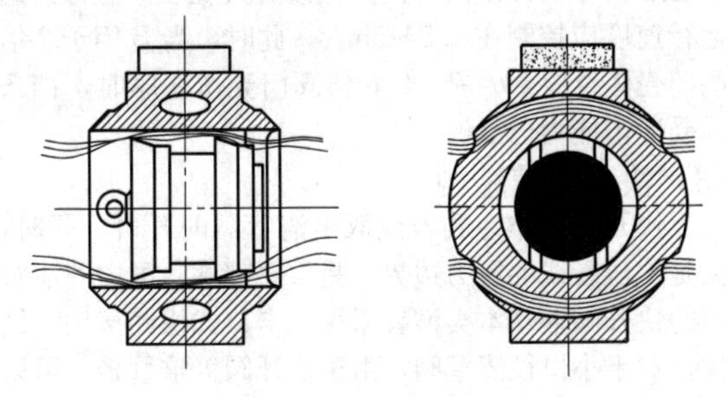

图 31-3 旁通清管阀

③ 隔离型（PS型） 球体孔径只比连接管道内径约大3%，为了尽量减少隔离球上、下游介质的混合，孔径挡条上游侧安装有附加的密封环，见图31-4。

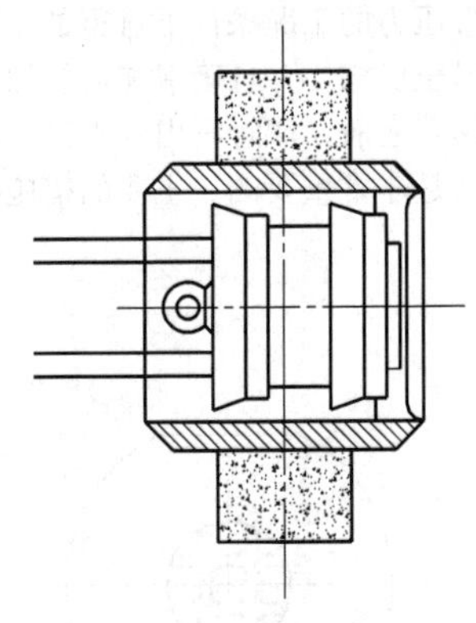

图 31-4 隔离清管阀

31.1.4 操作程序

(1) 发射清管器

① 旋转球体90°→打开放泄球阀→排放后关闭。

② 打开封门。

③ 装入清管器→关闭放泄球阀→拧紧封门。

④ 旋转球体90°→发射清管器。

(2) 接收清管器

① 旋转球体90°→打开放泄球阀→排放后关闭。

② 打开封门。

③ 取出清管器。

④ 拧紧封门→旋转球体90°恢复输送。

31.1.5 结构设计

清管阀实为T形三通固定球阀，由于安装使用在油气长输管线，因此，清管阀的设计规范执行GB/T 19672—2005《管线阀门 技术条件》、GB/T 20173—2006《石油天然气工业 管道输送系统 管道阀门》以及美国石油学会标准API 6D—2008《管线阀门》。清管阀的设计，计算方法同于常规的固定球阀。

清管阀是在固定式球阀结构原理基础上改进和增加功能后创新设计的新型阀门。它通过球体90°回转实现阀门的启闭，利用双活塞效应实现密封，并根据球阀的特点设计成双阻塞与排放功能，使阀门在全开或全关的状态下都可以排放体腔中的介质。它秉承了固定式球阀的所有优点，与固定式球阀有同等的适应性。它的阀体侧面开设有与流道中心线垂直的支管，支管上安装快开盲板和排放阀，使清管器能方便地送入清管阀或从中取出。球体通道的一端设置能阻挡清管器通过而又允许介质流通的挡条。

(1) 总体结构设计研究

经过十余年的不断研究开发，清管阀已有多种形式和各种规格，但在深入研究和综合分析国内外各种结构形式的清管阀后，如果按照球体安装方式和阀体结构来归纳，清管阀总体结构分为三种类型：三段式、二分体式以及上装式，这三种类型结构特点分析对比如下。

① 三段式清管阀 美国HARTMANN公司研发的清管阀为典型的三段式清管阀，结构特点：

a. 阀体由主阀体和左右相同的两件副阀体组成，整台阀门沿阀杆中心线完全对称，结构紧凑，外形线条流畅，外形美观，密封性能好。

b. 制造装配工艺性最佳，安装、调试最方便。

c. 主阀体和副阀体呈圆柱筒体，除铸造性能极佳外，还易于实现采用锻造阀体或锻焊式阀体结构。

d. 三段式阀体具有良好的抗外应力结构。

e. 三段式结构，易于制成高压力级，大口径规格。

② 二分体清管阀 是在三段式清管阀的基础上经适当改进而成的，结构特点：

a. 阀体由主阀体和副阀体组成。二分体清管阀的主阀体是由三段式清管阀的主阀体再加上一侧的端阀体合并而成的。阀体为不对称的主副两件。球体从主阀体侧面装入。

b. 和三段式结构相比，由于减少了一对大法兰及数量众多的连接螺栓。因此清管阀的总重量明显减轻。在上述三种结构的同规格清管阀中，二分体清管阀重量最轻。

c. 和三段式结构相比，制造、装配的工艺性略有下降，但仍优于整体式结构，适于 DN400 以下的中、小口径的清管阀。

③ 上装式清管阀　德国 ITAG 公司研发的清管阀为典型的上装式清管阀。结构特点：

a. 阀体整体铸（锻）制造，其上部设有一个大阀盖、球体、密封圈、阀座等阀内件均从阀体顶部装入。

b. 阀门在检修和更换阀座时，不必将整台清管阀从管线上拆下，仅打开阀盖，将球体、阀座取出即可，可实现在管线上维修，这是整体清管阀的最突出的优点。

c. 由于阀体为整体，铸（锻）、加工、装配都有一定困难，和三段式、二分体式相比制造，装配的工艺性差。

d. 由于阀体、阀盖体积大、重量重，难以制成大口径规格，阀体成本较高。

④ 卧式与立式结构　按清管器进出（装入和取出）清管阀的方向，清管阀总体结构布局上分为卧式和立式两大类。

a. 清管器进出口通道轴线与清管阀安装地平面平行的称为卧式清管阀。

b. 清管器进出口通道轴线与清管阀安装地平面垂直的称为立式清管阀。

卧式和立式各有特色，主要由使用者习惯和清管条件决定。通常对于公称通径不大于 DN200 的清管阀可采用立式。此时，快卸阀盖的操作更方便。但是，当清管阀公称通径大于 DN200 时，由于清管器以及快卸阀盖部件的重量较重，操作位置较高，清官器的装入和取出都不容易，必须设计附加机构，因此对于大口径的清管推荐采用卧式。

(2) 球体结构（图 31-5）

球体是清管阀发射或接收清管器时的载体，球体的结构尺寸必须综合考虑以下参数，并经计算确定。

a. 球体通道孔直径 D 应按清管阀的类型来确定，对于标准型（PC 型）应比连接管道内径 d 约大 25%，$D=1.25d$。

b. 球体通道孔长度 L 为了适用于不同功能的常规清管器，按相关规定，球体容纳清管器的有效长度 L_1 不小于 1.4 倍管道内径，$L_1 \geqslant 1.4d$。$L \geqslant 1.4d+b$（b 为挡条厚度，经验数据 $b=2.5$ 倍阀门壳体厚度 t，即 $b=2.5t$，$B=2t$）。

c. 球体最小直径 $S=\sqrt{L^2+D^2}+a$（a 为附加余量，$a=4\sim6\text{mm}$）。

球体孔径的一端设有允许介质通过，但能阻止清管器的挡条，挡条的数量 DN300 以下清管阀为 2 条，平行均布；DN300 以上为井字形，挡条尺寸（B 和 b）要满足即不能过多占用介质流通面积，又能承受清管器对球体挡条的冲击力。按有关规程，清管器的运行速度应控制在 1.5～5m/s。此时，当 B 等于 2 倍阀门壳体壁厚，b 等于 2.5 倍阀门壳体壁厚时，挡条承受冲击能力已足够。

(3) 快开阀盖结构

快开阀盖作为放入或取出清管器的开口，同时，又是承压管线的压力边界，是重要部件。国内外清管阀的快开阀盖基本类型皆采用“卡口式快卸接头”结构。对于小口径清管阀，由于快开阀盖重量轻，可采用直接卸下式。对于大口径清管阀（DN200 以上），由于快开阀盖重量较重，应设计成“连杆门式结构”（图 31-6）。

(4) 泄压结构

由于长输管线的清管作业是在油气输送不停止，并且主通道带压力的工况条件下进行的，因此，清管阀必须设有泄压机构，并且确保在清管器放入或取出时，在打开阀盖之前，清管阀内腔不带压，这对于清管作业的安全是非常重要的。主要的措施有：

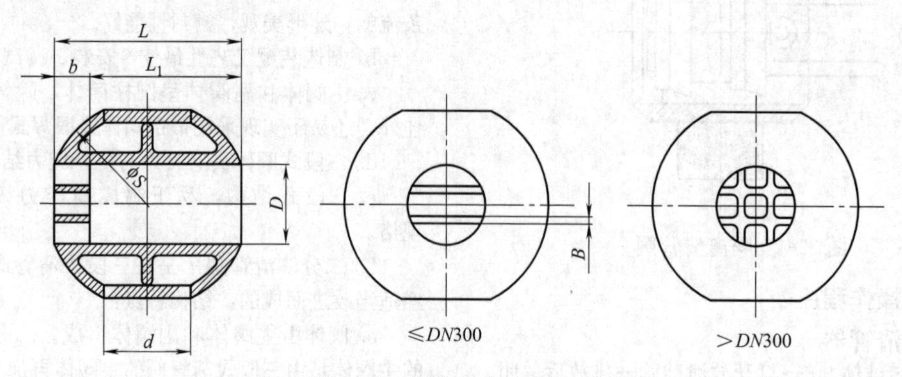

图 31-5　清管阀球体示意图

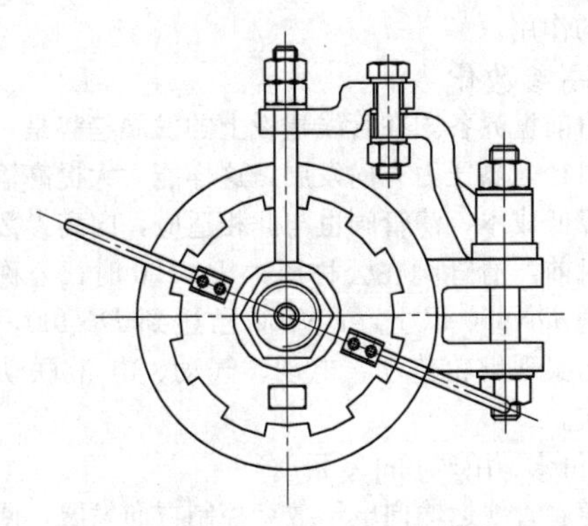

图 31-6　连杆门式快开阀盖

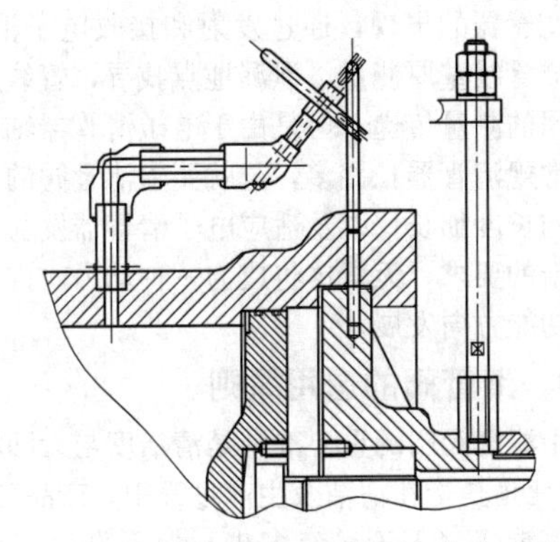

图 31-7　阀盖定位销与液压阀的联动互锁机构

a. 设置清管阀内腔泄压阀；

b. 快开阀盖上设置定位销，并在显目的位置设置安全警告牌，严禁在内腔泄压未尽的情况下打开阀盖；

c. 设计阀盖定位销与泄压阀的联动互锁机构，万一发生误操作，当提起定位销时通过联动杆强制首先打开泄压阀，以确保安全，见图 31-7。

31.1.6　清管阀门内的压降

从理论上讲，通过清管阀门上的压降可以按不可清管阀门的压降进行计算。清管系统的压降取决于输送的液体和管路、弯管及阀门上的各自压降。可用式(31-1)进行精确计算阀门流量计显示压降。

$$\Delta p=0.5\xi\rho v^2 \tag{31-1}$$

式中　Δp——压力降，Pa；

ξ——阻力常数；

ρ——密度，kg/m³；

v——速度，m/s。

一条 3in（DN80）管道的阻力常数视阀门类型而定，一般为 4.5～6.5。管径越大，阻力常数越小，阻力与管径成反比。图 31-8 所示为在输送管由时，一个 3in（DN80）的 T 形环阀上的压降变化。

为了获得准确的 ξ 值，必须对公称尺寸和阀型进行试验。对清管单元的计算通常有制造商提供的近似

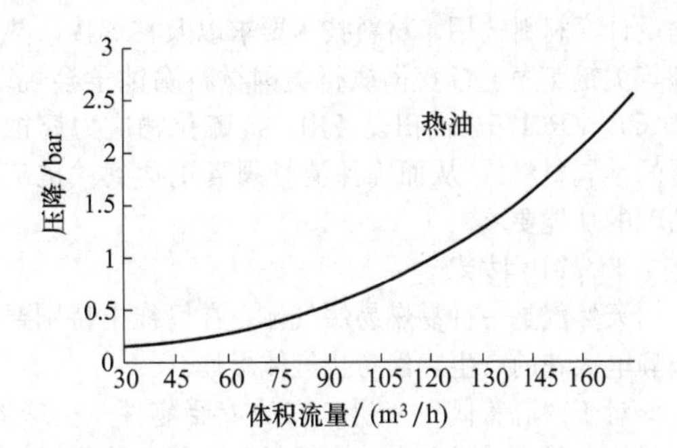

图 31-8　在一个 3in（DN80）T 形环阀上的压降变化（I.S.T.，Hamburg，德国）

值。DIN 阀和 90°阀的阻力常数 ξ 在 3.5～6.0 之间。对于蜂箱式阀门［3in，(DN80)］，其 ξ=4.9。

31.1.7　清管器的允许速度

球筒没有发生永久变形时，清管器的允许速度见表 31-1。

表 31-1　球筒没有发生永久变形时，清管器的允许速度

DN /mm	D /mm	d /mm	m /kg	L /mm	L_s /mm	s /mm	S_1 /mm	c_{tol} 单侧	c_{tol} 双侧
50(2)	55.1	20	0.35	71	35.5	15.5	7.8	8.7	15.4
80(3)	82.5	20	0.43	103	51.5	24	12	15.1	20.6
100(4)	107.1	20	0.74	126	63	28	14	16.1	20.2
150(6)	158.3	30	1.79	185	92.5	50	25	20.4	24.9

注：1. d 为球筒直径；m 为清管器质量；c_{tol} 为清管器允许速度。

2. 括号中数值的单位为英寸（in）。

由于变形性能未知，上述结论只是定性的。随着清管器公称尺寸的增加，其存储能量也大幅增加。清管器材料吸收了大部分动能，因而降低了作用在球筒上的载荷。虽然两侧固定的球筒明显增强了刚性，但更大尺寸清管器所允许的速度则由清管器材料的可压缩性确定。管道内的速度可高达 80m/s，因此，建议增大球筒的直径。因为无法得到清管器变形性 S_1 的实验值，因此，也无法确定直径的绝对值。

31.1.8　清管阀的发展

20 世纪是石油的世纪，21 世纪是天然气的世纪，随着天然气管线运输的快速发展，给清管阀的发展提出了新的挑战和机遇。近年来，清管阀的发展方向是以提高在天然气管线使用中的安全性和可靠性为主要目标，其发展的技术特征概括为以下几个方面。

(1) 提高抗硫技术性能

我国天然气资源特征是硫化氢含量偏高，特别是西南地区气田（称为“酸性油气田”），管线设备（含清管阀）在硫化氢（H_2S）为主的硫化物气体作用下，受拉伸应力的金属材料易产生，腐蚀说上的“硫化物应力腐蚀断裂”（SSCC）。因此要求清管阀从结

构设计、材料选用、材料技术要求以及在焊接、热处理等关键工序上皆贯彻执行美国材料腐蚀学会规范：NACE MR0175《油田设备用，抗硫化物应力腐蚀断裂的金属材料》，从而确保清管阀真正达到"抗硫产品"的功能要求。

(2) 防静电技术

天然气是一种易燃易爆气体，在管线中特别要防止静电火花的产生，以防止气体爆炸。

对于"清管阀"来讲，它的重要零件——球体，处于氟塑料"包容"中，当发射和接收清管器时，由于球体转动与氟塑料件摩擦易产生静电火花。为此，在"清管阀"结构设计中，在阀杆、阀盖等处，必须要增加抗静电结构设计。

(3) 防火设计

石油和天然气是易燃介质，在发生严重火灾时，作为阀门来讲，当它的密封原体（塑料、橡胶）在被烧毁的情况下，要求阀门的启闭功能和密封功能仍不丧失，并可有效阻止石油（天然气）介质泄漏，防止灾情的扩大，这就是对石油设备的防火（耐火）性能的要求。

为此，在"清管阀"结构设计中，在球体软密封座上增加设计金属密封座，在主副阀体法兰面和快开阀盖与阀体配合端面，在装配时皆要求为"零间隙"形成金属密封面。最终才能通过国际规范的"耐火试验"。

(4) 高密封性

输送天然气管线的清管阀，目前较多采用"增设注入油脂密封结构"（图 31-9）。此结构不但设置在球体阀座部位，还设置在阀杆动密封处，通过注入密封油脂，快速地形成可靠的二次辅助密封，同时它还具有减少阀座的摩擦和磨损，延长使用寿命，降低操作力矩的作用。

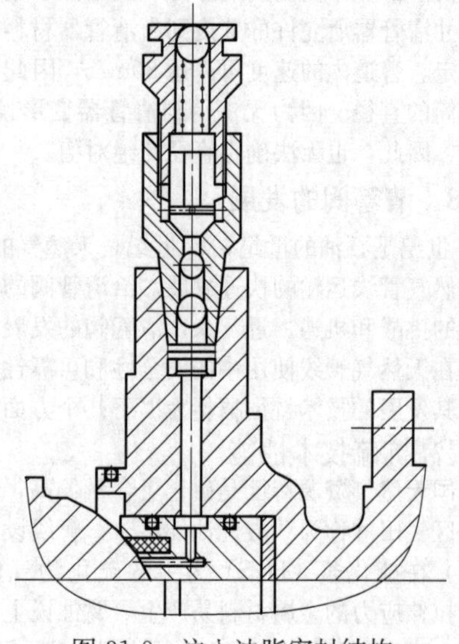

图 31-9 注入油脂密封结构

(5) 高参数化

目前世界各国在管线建设上的发展趋势是：管线向大口径，高压力方向发展，这样能大大提高输送能力，降低成本，清管阀也与此相适应，向高参数化发展。目前，清管阀在公称压力 *PN*160 时，公称尺寸已达到 *DN*600 以上，*PN*250 已达到 *DN*400，操作方式已实现齿轮传动、电动、气动、电-液联动等多种方式。

(6) 向多功能方向发展

随着管线运输向电子数字控制方向发展，使清管器的功能已大大超出传统的"清扫管线的范围"，由于电子清管器的出现，通过发射和接收电子清管器，可以完成管线壁厚测量，泄漏地点找寻，管线无损检测等数据的测量传递。但是由于电子清管器轴向长度尺寸比常规清管器长许多，这就要求清管阀的球体加大，结构长度加长，以及适应电子清管器发射和接收的许多新的要求，无疑这将成为一种动力，推动清管阀向多功能方向发展。

31.1.9 清管阀的选用原则

选用清管阀门的重要准则是清洁度与无凹坑（无死角）。死角是指在清洁及生产过程中，产品和/或者污物可以渗入（无论量有多少）但不发生交换的空间。将死角或死容积视为表面缺陷。焊缝就是很窄的死角。环焊缝、法兰连接件以及阀门存在很多这样的窝穴。对清管工艺而言，死角就是清管器清洁不到的地方。

严格来讲，没有完全没有死角的阀门，只有小死角的阀门。在工业清管系统中，必须始终采用小死角阀门。在无菌技术中，则需用极小死角的阀门。

清管阀门必须与所用清管器类型（球型、皮碗型、密封型、整体浇注型）相匹配，准确安装探头、泄压以及通气孔。产品的特性会影响对清管阀门的选择，从而限制阀门的应用。如产品易硬结、有黏性以及易磨损。有时可将标准的商用清管阀门按一定的方式改造，使之适用于特殊的应用场合。产品的特性需要用户与供应商的密切合作以寻求最佳的处理方案。

31.2 管夹阀

31.2.1 概述

管夹阀是由一个橡胶套管，一组夹紧机构和金属阀体或套管支架组成，通过压紧或压平橡胶套管，以实现阀门关闭。该阀门的主要优点是其流体通道是直通式的，没有任何裂缝，而且没有任何移动部件。

管夹阀与传统的金属阀门不同，阀门仅有橡胶套管与介质接触，使得金属壳体和操作机构与介质完全隔离，壳体不会受到介质的冲刷与腐蚀，加之套管应用了橡胶的弹性技术及优越的流动模式，从而使套管也有效地降低了介质中固体颗粒造成的磨损。根据介质条件选用不同的套管材料，管夹阀也能很好地适应那些会腐蚀金属表面的介质。管夹阀还有着低流阻、100%关断密封、低能耗、结构简单、易操作、套管更换方便、经济实用等优点，所以广泛应用于有颗粒、粉末、纤维、黏浆等磨损性、腐蚀性物质的化工、纸浆、造纸、食品、电力、再循环水处理和矿物加工等行业。

31.2.2　基本原理及特点

(1) 基本原理

管夹阀是以弹性套管为重要部件组成的阀门。其套管可通过机械作用来夹紧，如图31-10所示，也可以通过作用于橡胶套管的外力（气压或液压）作用来夹紧，如图31-11所示。

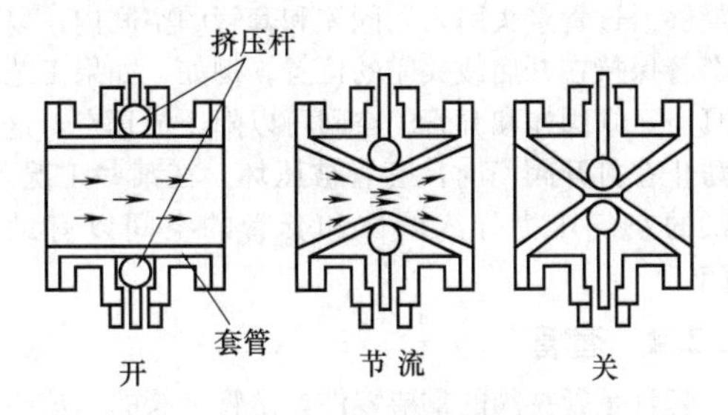

图31-10　机械作用管夹阀

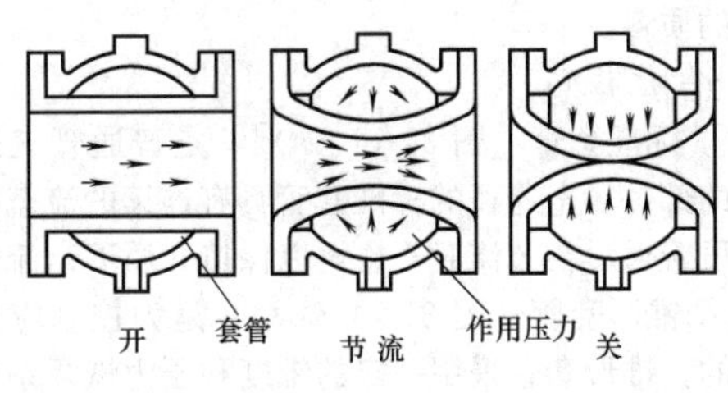

图31-11　外力作用管夹阀

机械作用管夹阀的启闭和调节是通过操作挤压杆压紧套管来实现的。当管夹阀需要关闭时，旋转手轮，因手轮与挤压杆通过丝杆相连，使挤压杆向套筒移动，直至套管被夹紧而贴合，以达到关闭目的。当阀门需开启时，通过操作手轮将挤压杆与套管分离即可。

机械作用管夹阀有上挤压杆和上、下挤压杆两种结构。上挤压杆的挤压机构比较简单，阀门关闭时套管被上挤压杆压向一边，即底部。上、下挤压杆的挤压机构较复杂，阀门关闭时套筒通过上、下挤压杆的联动作用，将套管压向中轴线位置。

外力作用管夹阀是通过控制阀体和套管间的环形空间里的空气或液体的压力来实现阀门的启闭和调节的。当套管为自然状态时，所控制流通的介质即可通过套管内腔输送，此时即为阀门全开状态；当外力超过套管内压力（大约为0.24MPa）时，就可以使阀门关闭。

无论是机械作用管夹阀还是外力作用管夹阀，其密封件都是套管，由于套管有高恢复回弹力加之套管内介质压力的作用，在阀门开启后横截面依然可保持畅通，因而避免了介质在套管壁的沉积。在阀门关闭时，即便介质中的固体颗粒（有一定的大小限制）在套管关闭时被包容，但在套管弹性力的作用下同样可以保证阀门的密封性能。

(2) 性能特点

① 耐磨损、耐腐蚀　介质由套管内腔通过，不接触金属阀体。而橡胶本身所具有的耐磨损、耐某些化学介质的腐蚀性能远比金属或特种金属更佳，这就决定该种阀门比金属阀门耐磨损、耐腐蚀。

② 密封可靠　该种阀门不存在金属阀门通常存在的内漏、外漏因素，只要套管完整无损，阀门就不会产生内漏和外漏。

③ 流通性能好　阻塞几乎是不可能的，因为没有缝隙和沉积物积聚的死角。这一特征避免了套管内的紊流和磨损，套管成为一段平滑的封闭的管道，每次操作都能自清洗。

④ 密封性能好　只要机械作用力或充入的外压足够，套管被挤压的密封效果良好。即使介质含有固体颗粒，或套管内腔有磨损划痕，也因为橡胶本身的高弹性作用而不会产生泄漏。

⑤ 节流方便　只要调节机械作用力或控制充入的外部压力，即可控制管夹阀内腔截面积，而不同的截面积即可调节出所需的流量。

⑥ 结构简单、故障少、维护方便　零部件少，只有阀体和套管组成主要部件，没有需要定期更换的密封填料、阀座等组件，套管是管夹阀唯一需要更换的零部件，因此管夹阀故障率很低，维护非常方便。

⑦ 可洁净性高、使用寿命长　除套管接触介质以外再无其他部件接触介质，这样就保证了介质不被污染，保证了介质的纯度，在这一点上管夹阀的作用与普通隔膜阀的作用类似。也可以这么说，管夹阀是在隔膜阀的基础上发展起来的，但是比普通隔膜阀的性能更好，使用寿命更高。

⑧ 造价低　因为结构简单，使用寿命长，金属外壳可长期使用，因而成本低，可节约大量成本。

(3) 缺点

尽管管夹阀有很多优点，但是因为套管采用橡胶材料制成，受材料本身性能的影响，管夹阀也存在某些局限性：

① 由于弹性套管受温度及压力所限，所以这种阀门只适用于低压系统。

② 外力作用的管夹阀和手动金属阀相比，一旦

停电失掉压力源阀门不能关闭。

③ 以水作压力源时，不宜在寒冷地区室外使用。

④ 用于泵下游一侧的管夹阀，在泵启动前要总是处于开启状态。如果关闭时，泵与阀之间空间就要受到压缩，一旦阀门有缝隙时，就会迅速溢出。这样紧接着的介质就会使套管受到更大冲击，严重的话会使套管破裂。

⑤ 在有些流体输送系统中，当流体被封闭后无空隙可流动时，这时要限制管夹阀作为主切断阀来使用。由于管夹阀的关闭需要一定量的流体位移，故上述场合管夹阀不能操作，强行操作可能使套管破裂。

31.2.3 结构类型

管夹阀结构类型主要按阀体结构进行分类，通常可分为敞开式结构和封闭式结构。

(1) 敞开式结构

敞开式结构的管夹阀（图 31-12）没有包覆套管的金属外壳，而是依靠一个金属框架的结构。框架结构由两个横杆紧固在金属法兰支架上。金属法兰支架设计成两体，拼凑而成，以便于套管在安装过程中放于法兰支架之间。顶部和底部支架用于连接横杆或法兰使之相对固定，成为一个结构单元。顶部支架上带有螺纹以便与阀杆上的螺纹相配合。阀杆有一个自由运动的接头连接到运动的闭合元件上，称为挤压管。它直接位于套管之上，当手轮旋转时，挤压管向下运动，并向下部支架处挤压套管。

图 31-12 敞开式结构管夹阀

敞开式结构的管夹阀结构比较简单，不需要昂贵的金属壳体，并易于检验套管的鼓胀、泄漏、撕裂或其他事故。这种结构的主要缺点是套管暴露在外部环境下的不良影响，它会缩短套管的寿命。

(2) 封闭式结构

封闭式结构的管夹阀（图 31-13）有包覆套管的金属阀体，但是这个金属阀体不是一个真正意义上的阀体，只是一个避免套管与环境接触的外壳。封闭式结构的管夹阀基本与敞开式结构的管夹阀相似，不同之处是套管被完全封闭在阀体内部。考虑到套管的组

图 31-13 封闭式结构管夹阀

装问题，金属阀体被设计为沿着物流通道中心线分成上、下两个阀体，并用螺栓连接在一起。在下阀体底部设有排水孔，它可作为信号孔以提示套管是否破坏。

采用封闭式结构的管夹阀的优点是外部流体或压力能够通过管接头引入到阀体和套管的空间内，以协助套管保持在开启或关闭的位置。例如，如果工艺涉及真空，则阀体和套管的空间可以降压成真空，这可以防止在打开阀门时，套管被压坏。在某些工况下，外加的空气压力导入阀体和套管的空间以有助于关闭。

31.2.4 套管

套管是管夹阀的重要零件，是管夹阀的“核心”，提供耐蚀、耐磨损和承压能力，管夹阀的质量取决于套管的质量。

(1) 结构类型

① 标准套管［图 31-14（a)］ 是普通管夹阀最常用的部件。全通径的标准套管具有连续的流态，就像一段管道，在节流时，也可以保持介质不紊流。

② 锥形套管［图 31-14（b)］ 是为控制应用而设计的。锥形套管采用一定的锥度和压力恢复系数以及锥形套管下游端额外加厚的橡胶，从而提高了整个套管的使用寿命。锥形套管比其他套管能处理更高的压降。

③ 加厚套管［图 31-14（c)］ 是专门为磨损性极强的介质而设计的，加厚套管的橡胶厚度是标准套管的 3 倍。用于磨蚀性泥浆时，加厚套管的管夹阀使用寿命甚至优于 STL 硬质合金 V 形球阀和其他金属密封阀门。为了补偿额外的套管厚度带来的流道缩小，阀体规格必须增大一个阀门口径，以保证阀门全通径。

④ 高压套管［图 31-14（d)］ 通常按 ASME 300 磅级法兰设计，额定压力可达 720psi。相对于标准套管，高压套管的加强纤维更强，橡胶结构更厚。配对法兰装有一个内嵌的 O 形圈，以确保高压时密封紧密，不泄漏。

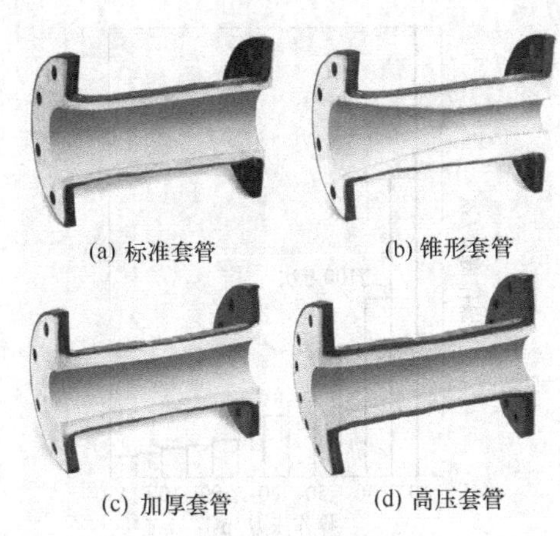
(a) 标准套管　(b) 锥形套管

(c) 加厚套管　(d) 高压套管

图 31-14 套管

(2) 套管的材料选择及注意事项

套管可由天然橡胶、合成橡胶、氟塑料或类似材料来制造。为了增加套管的机械强度可在套管里加入线网层，线网层是用手工在一个圆筒或一个芯子周围一层层地缠绕而成，再把橡胶经高温硫化，使橡胶包覆于线网层内外。

从防止因伸缩而破裂的角度看，天然橡胶（纯橡胶）是套管最好的结构材料。天然橡胶还具有良好的耐磨蚀性和耐多种介质腐蚀的性能，但不能输送碳氢化合物。

如果介质的化学性能较活泼，则高应力橡胶表面要比无应力橡胶表面易受破坏。腐蚀性物质也会形成一层很耐腐蚀的薄膜，但它比母体橡胶的柔性要小得多。该薄膜在剧烈的挠曲时一旦破裂，露出的橡胶受到进一步腐蚀，由于不断地挠曲，最终将导致橡胶彻底裂开。

某些合成橡胶不像天然橡胶那样容易受这种形式的损坏，因而这样的合成橡胶被广泛用于腐蚀介质的管夹阀中。在发展这种合成物时，制造厂不仅是为了耐腐蚀，还要考虑高的抗拉强度、柔韧的回弹性能和易于关闭性。

(3) 外力作用管夹阀对套管的要求

① 各种纯橡胶套管，在充入压力挤压下，套管沿两向闭合，截止效果好［图 31-15 (a)］。

② 套管长度对套管闭合方向有较大影响，原两向闭合的纯橡胶套管，若其长度缩短，套管的形变可由两向改变为多向，而多向变形的套管，截止性能不好。

③ 有些橡胶套管管壁较薄或带有线网层橡胶套管，套管在充入的外压作用下，其形变方向均是多向收缩［图 31-15 (b)、(c)、(d)］，不能安装使用，但多向形变的带线网层套管，在装入阀体之前以夹板挤压停放一定时间，然后再装入阀体中，即可使套管改变为两向闭合。

④ 为了减少剧烈收缩变形，套管内壁两向闭合部位带有凹槽，套管在闭合时可沿着这些凹槽叠合，这样也对于降低套管压差效果显著。

总之，外力作用管夹阀对套管有三项技术要求，即套管是两向闭合、较小的关闭压力、足够的抗压强度。只有这三项技术指标全面达到要求，外力作用管夹阀才具有实用价值。

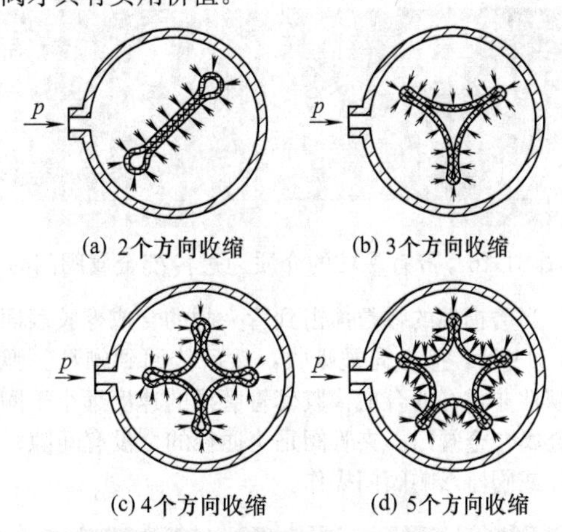

(a) 2个方向收缩　(b) 3个方向收缩

(c) 4个方向收缩　(d) 5个方向收缩

图 31-15 常见套管的收缩形式

(4) 套管的材料

套管的胶体材料见表 31-2。

表 31-2 常用套管材料

缩写	材料名称	最高使用温度/℃
CR	氯丁橡胶(neoprene)	80
NR/LW	浅色食品安全天然橡胶(natural rubber food quality)	80
NR	耐磨天然橡胶(natural rubber anti-abrasive)	80
NR/H	高温天然橡胶(natural rubber high temperature)	90
EPDM	三元乙丙橡胶(EPDM)	120
EPDM/HTEC	黑色食品安全三元乙丙橡胶(EPDM food black)	120
EPDM/LW	浅色食品安全三元乙丙橡胶(EPDM food pale)	120
FPM	氟橡胶(viton)	120
VMQ	硅树脂(silicone)	130
NBR	丁腈橡胶(nitrile)	80
NBR/LS	黑色食品安全丁腈橡胶(nitrile food black)	80
NBR/LW	浅色食品安全丁腈橡胶(nitrile food pale)	80
CSM	氯磺化聚乙烯橡胶(hypalon)	80
IIR	丁基橡胶(butyle)	80

31.2.5 管夹阀与全金属阀门的比较

当磨损性颗粒撞击到传统金属阀门的坚硬内表面时（图 31-16），撞击所产生的能量被金属表面完全吸收，因而过早地磨损了阀座、流道中的凸起部分、旋转的阀瓣、旋塞和球体。另外，这些磨损性的颗粒聚集在球体和旋塞上，会划伤密封表面并引起泄漏。

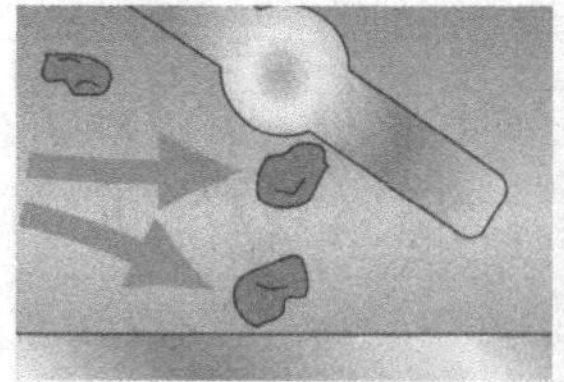
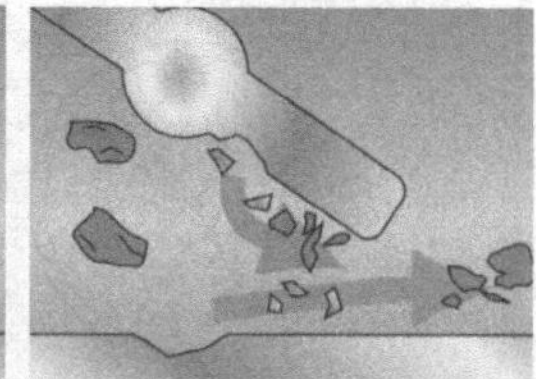

图 31-16 带有颗粒的介质通过传统金属阀门时

当磨损性的颗粒撞击到管夹阀的合成橡胶表面时（图 31-17），撞击先被吸收，然后传回到颗粒。弹性和韧性非常好的合成橡胶套管磨损的速度远小于陶瓷或金属合金阀门。夹管阀是全通径的，没有间隙、紧固件或阀座影响阀门操作。

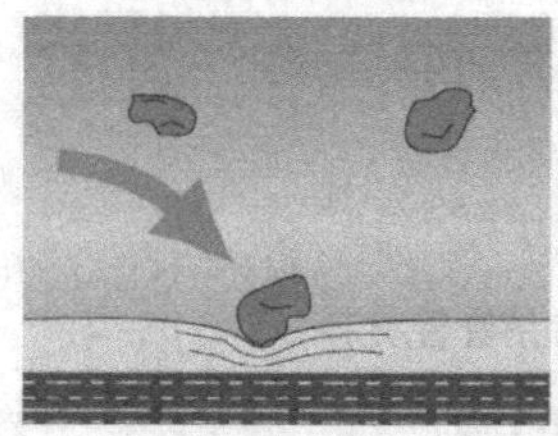
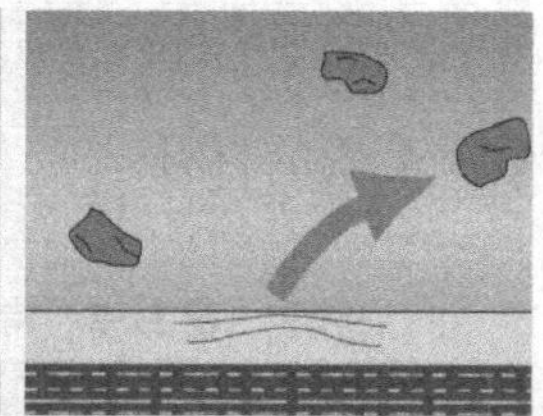

图 31-17 带有颗粒的介质通过夹管阀时

31.2.6 管夹阀的寿命

管夹阀的高操作寿命使它们适合频繁开关控制。管夹阀没有阀瓣与阀座密封，没有活塞密封，没有阀座的擦伤，使其操作一百万次以上还可能保证密封。

一般的阀门，操作一万次以后就开始显示出失效和磨损的迹象，磨损主要是由橡胶和金属之间相互摩擦所引起的。某些带有橡胶阀座的阀门密封副需要摩擦配合或相互作用来形成密封，其寿命即使可达20000～30000 次，但如果每天阀门需要频繁启闭，则寿命也仅为几个月。管夹阀的操作寿命与操作压力有关，它们之间有一个大致的对应关系（图 31-18）。如果操作压力大于给定值，则管夹阀的加强层所受的应力增加而引起过早的失效，使管夹阀的寿命降低。应根据所要求的操作寿命来调节操作压力，这样可使寿命提高。

31.2.7 管夹阀的安装

① 如图 31-19（a）所示，用装配润滑膏涂抹以下阀门组件：套管的两端内外侧；两个法兰的锥体；阀体内颈的两侧。

注意：不要使用润滑脂或润滑油。

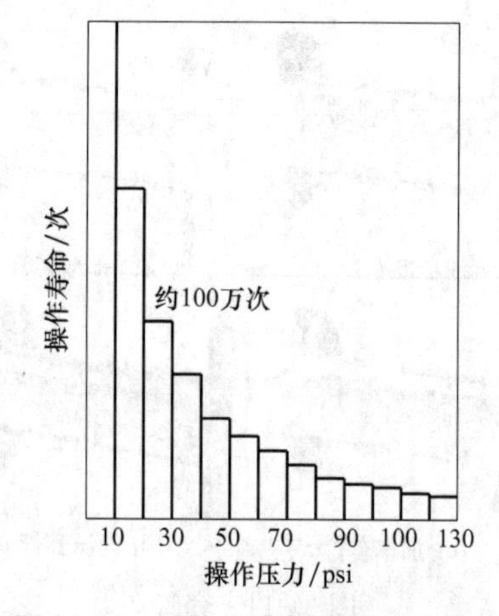

图 31-18 操作寿命与操作压力关系

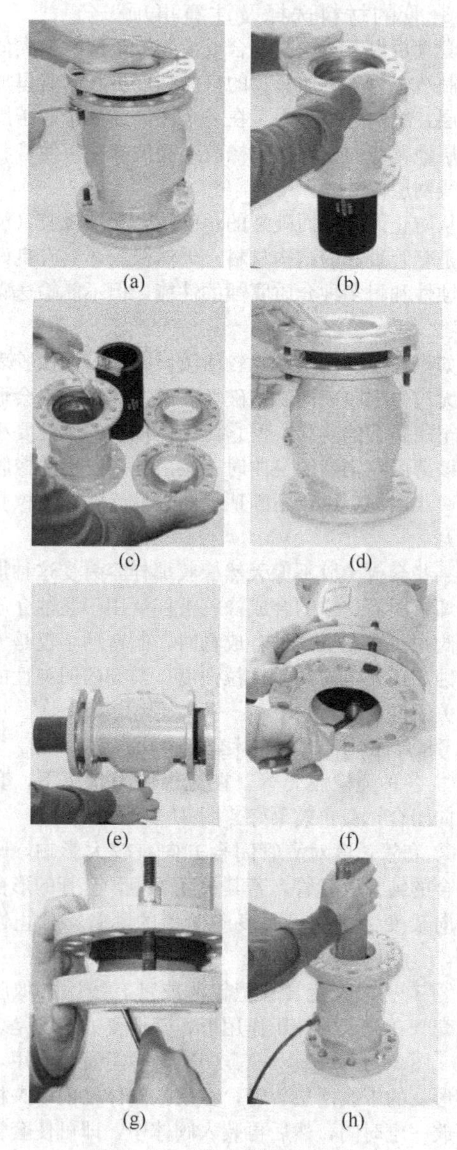

图 31-19 管夹阀安装示意图

② 如图 31-19（b）所示，将套管推入到阀体内居中对齐，并使其两个末端均匀地凸出。

③ 如图 31-19（c）所示，将一法兰放到阀体上，用两个或四个螺栓、垫片和螺母，十字交叉地拧紧，直到在法兰锥体和套管末端之间没有孔隙为止。

④ 如图 31-19（d）所示，安装第二个法兰（安装时将螺栓拧紧的程度是对套管有轻微的压力）。

⑤ 如图 31-19（e）所示，将装配管推入到阀门中（深度约为套管长度的 5/6）。通过控制空气接头对阀体施加约为 3bar 的压力。

⑥ 如图 31-19（f）、(g) 所示，用一个环形扳手将套管压到法兰锥体上。将法兰的一个装配螺栓拧紧，然后装入并拧紧其他的螺栓。排放阀体中的控制空气。用前述的方法安装反法兰。拆除装配管。检查是否用连接螺栓替换了装配螺栓，并检查连接螺栓是否已经拧紧。

⑦ 如图 31-19（h）所示，将装配板插入到阀门中，使其窄面朝向空气接头。将装配板握牢，向壳体施加 3bar 的控制空气。将该过程重复 2～3 次，以便使得套管有最佳的闭合方向（呈唇形地朝向控制空气接头）。也可将预安装的阀门放到压力机下压住，将螺栓拧紧。注意：在装配的过程中不能使用锐利的物体。

31.3 管道水击泄压阀

31.3.1 概述

在密闭输送石油的管线上，当某些意外事故导致一个中间泵站和一台泵机组突然停止时，将发生急剧的大幅度压力变化。一般的调节系统对此无能为力，必须有可靠的事故保护系统，以保证管线的安全运行。

管道进站压力较低，出站压力较高，为了节省建设投资，管道设计时在进站输油泵前面选择的设备和管道压力等级较低，在泵站输油泵后面的管道和设备选择的压力等级比较高。为了在超压情况下保护管道和设备，在泵站进口和出口区域分别设置了泄压阀。当进站或出站压力超高时，进站或出站泄压阀自动打开，向泄压罐泄压保护管道。设置在泵站进口的泄压阀泄放压力设置较低，称为低压泄压阀；在泵站出口的泄压阀泄放压力设置较高，称为高压泄压阀。

进出站泄压阀不仅是接力保护过程中的主要保护设备，而且也是水击超前保护过程中的关键设备。这种设备主要用于本站或下游站泵机组全停或干线关闭后进出站压力超高的泄压。

针对出站压力超高保护的各种设施来讲，出站泄压阀的动作频率最高，降压效果也最为明显。另外由于出站泄压阀的出口管线可以接在串联泵的入口，在不超过进站泄压阀氮气给定压力的情况下，出站泄压阀泄放的原油不仅可以进入水击泄放罐，而且可以进入串联泵进口进行站内循环，这种站内循环流程有利于提高密闭输油的安全性。

31.3.2 分类

目前，国内外石油管道使用的水击泄压阀主要有下列几种。

(1) 橡胶自动泄压阀

橡胶泄压阀具有结构简单、制造容易、局部阻力小、动作灵敏、操作平稳等优点，但目前尚存在橡胶寿命比较短的缺点，目前在一些泵站已推广使用。

① 工作原理　橡胶自动泄压阀是输油管道“从泵到泵”工艺流程上使用的一种水击泄压阀门。这种阀门在内套管中焊有盲板将两边隔断，如图 31-20 所示。

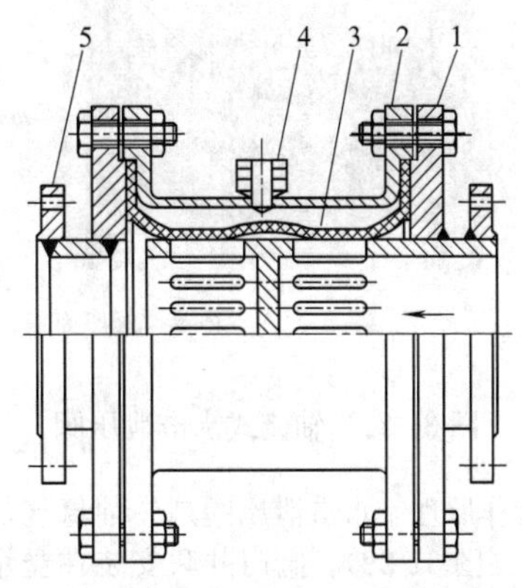

图 31-20　橡胶自动泄压阀

1—内套管；2—外套管；3—丁腈橡胶套管；4—活接头；5—短接法兰

它的作用原理是用高压缸中的氮气（防橡胶老化），经减压阀进入稳压罐，再经活接头流入调压室（内套管和外套管之间的空间）。进入调压室的压力是输油泵站要求的安全工作的最高压力，用 p_1 表示，当进站干线压力 $p_2<p_1$ 时，则橡胶套管紧套在内套管的外壁上，此时橡胶阀不通。当 $p_2>p_1$ 时，橡胶套管压盖在 $p_3=p_2-p_1$ 的作用下被顶离内套管外臂，从而使橡胶阀打开，进站干线的部分原油便从右端流到左端（如箭头所示方向），泄入大罐，使来油压力逐渐降低，自动防止泵进口管的超压。当 p_2 降低到低于 p_1 时，橡胶阀又自动关闭，使进泵压力自动控制在 p_1 以下的压力。

② 注意事项

a. 定期检查橡胶套管的老化情况和密封性能；

b. 更换新的橡胶套管时，要详细检查并经试压；

c. 调节箱应稍大些，以免橡胶套管被顶离时，调压室的空间减小而使 p_1 自动增大。

(2) 轴流式水击泄压阀

图 31-21 为库鄯输油管道使用的美国丹尼尔公司的 DANFLO 轴流式水击泄压阀。DANFLO 水击泄放系统由水击泄压阀和氮气控制系统组成。氮气控制系统主要用于为泄压阀提供充足的气源和稳定的工作压力。当阀门中氮气压力低于设定值时，氮气控制系统可自动向泄压阀充入氮气直至达到设定值。当气源的供气瓶缺少氮气时，通过自动监控系统自动切换备用氮气瓶，并发出缺气信号。为了防止泄压阀充气超压，在控制系统中装有安全泄压阀。

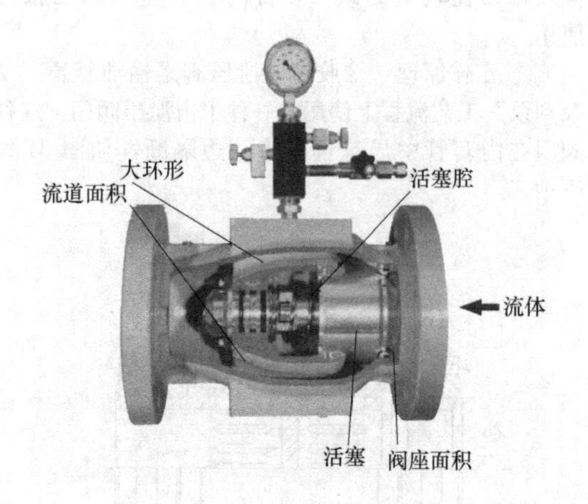

图 31-21 轴流式水击泄压阀

① 工作原理 水击泄压阀是一种氮气加载的轴流式阀门（图 31-22）。阀门并联安装在受水击管线上（图 31-23），阀门进口与受水击的管线相连通，出口与水击泄放管线相连。在投用前应预先向阀门的柱塞腔内充入确定数量的氮气，这样柱塞腔内氮气的压力将使阀门的柱塞与密封环贴紧。输油管线在正常压力下运行时，管线中的液体不会通过泄压阀，当输油管线因某种原因产生瞬时的水击波，使管道内的压力超过泄压阀预先设定的氮气压力值时，水击压力顶开泄压阀的柱塞，此时管线中的水击波通过阀门，并将部分液体泄放到水击泄压管线中，从而达到保护输油管线的目的。当水击压力衰减到小于氮气压力设定值时，柱塞产生轴向滑动，阀门将会缓慢平稳关闭，并自动恢复到水击泄放前的初始状态。该阀可以根据压力的需要预设定压力值和报警值。水击泄压阀顶部控制装置的充气阀是用来向柱塞腔内充入氮气，阀门的充气是由氮气控制装置的压力调节器进行的。

水击泄压阀最大泄放量可达 $1358m^3/h$，因此可以有效地避免突发原因造成的水击现象，确保输油过程中管线的安全。当阀前压力达到水击压力设定值时，阀门迅速开启，直到水击压力波衰减至设定值以下 15min 内自动关闭阀门（图 31-24）。由于将氮气作为泄压阀动力源，因此适用于易燃易爆的工作环境，以及地理环境差的工况条件。

当水击泄压阀因某种原因达到泄放值开始泄压时，输油泵仍可以正常工作，直到压力达到管道最高停运设定值时输油泵才停止工作。

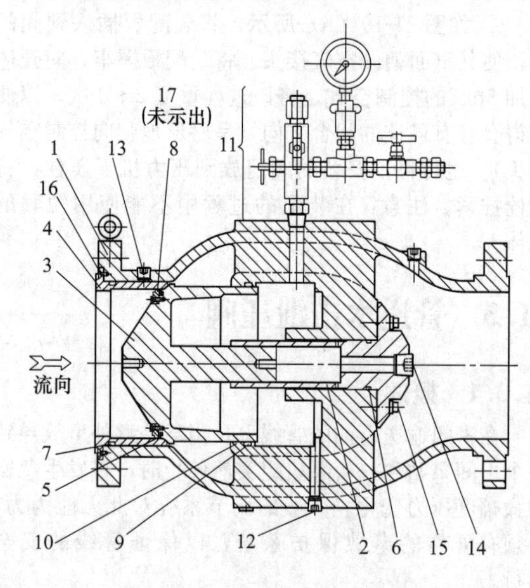

图 31-22 轴流式水击泄压阀

1—阀体；2—导向套；3—柱塞；4—定位环；5—座环；6,7,9—O 形圈；8—阀座固定环；10—柱塞支撑环；11—操作组件；12—排放口螺塞；13—阀体螺塞；14—导向套螺塞；15—导向套螺钉；16—定位环螺钉；17—缓冲气罐

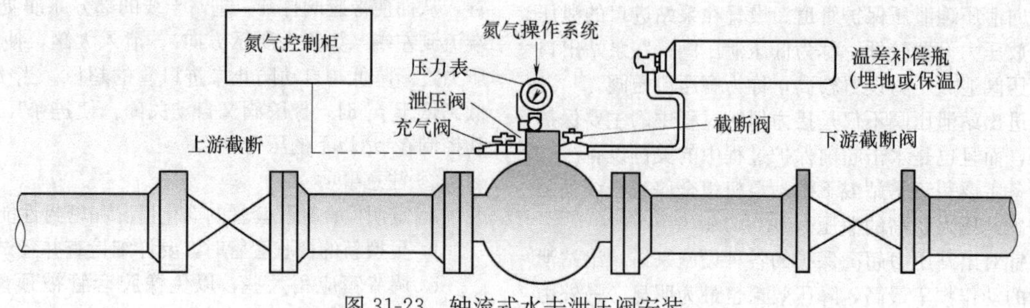

图 31-23 轴流式水击泄压阀安装

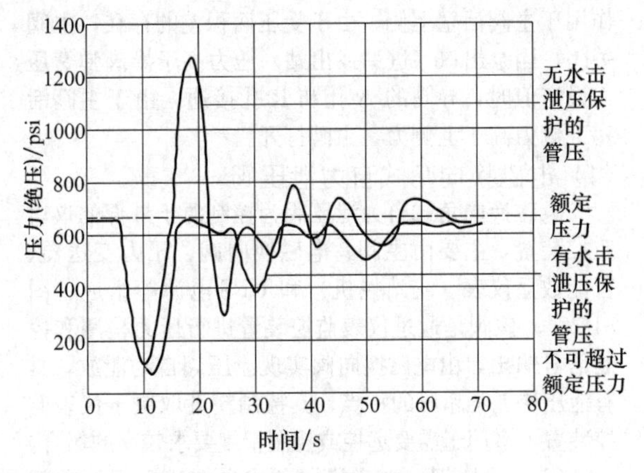

图 31-24 水击波衰减曲线对比

② 轴流式水击泄压阀的优点

a. 高泄流能力（Cv）。使用更小和/或更少的阀门，提供所需的水击保护。节省安装费用，减少重量。

b. 快速响应。阀门可追踪阀前水击泄放压力，反应灵敏，开关迅速平滑，使阀前压力绝不超过设定压力。

c. 安全性高。充足的安全系数，防止意外的瞬时水击压力破坏。

d. 关闭迅速。水击泄压阀关闭迅速，但在关闭的过程中不会产生水锤。

③ 操作及维护

a. 在运行时应定期核对阀门压力表读数是否正确，如果运行压力有增加或减小时，一方面可能是运行的输油管线或输油泵存在问题，另一方面可能是充气系统有故障。因此应准确判断故障原因。

b. 定期对阀门通过液体处清洗，避免因杂质堆积导致在阀门开启或关闭时的损坏，以及泄压阀工作时出现误判现象，导致管线发生不必要停输。

c. 当发现阀门动作迟缓时应及时投用备用阀，清理柱塞腔内的液体以保证阀门动作快速灵敏。

d. 做好泄压阀的油水置换及保温工作，防止泄压阀冻裂或误动作。

e. 在维修或测试泄压阀时，或使用中的压力调节器发生故障时，都必须切断气源并排放阀中气体，避免发生气体压力超高所引发的事故。

f. 在维修控制盘时，应关掉水击泄压阀的充气阀，并逆时针转动压力调节器的手柄，排泄控制盘和氮气管路中的压力后方可维修。

④ 轴流式泄压阀可能发生的故障、原因和解决方法 见表 31-3。

(3) 先导式泄压阀

图 31-25 为美国安德森格林伍德（GREENWOOD）的先导式泄压阀，其主要由主阀和导阀组成。

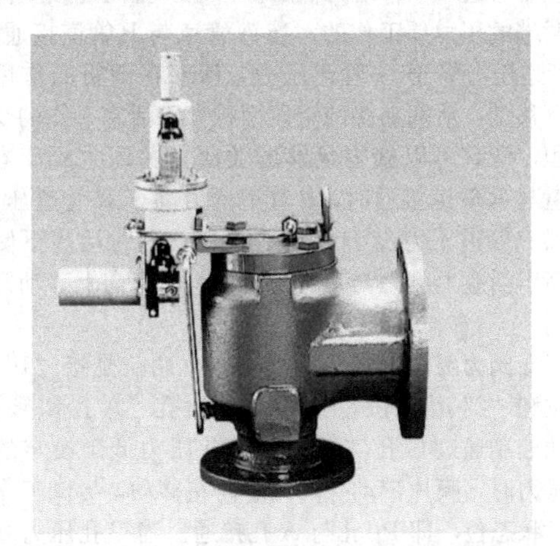

图 31-25 GREENWOOD 的先导式泄压阀

从图 31-26 可以看出，主阀的流动方向为下进上出，进口端较细接高压端（泵机组出口）管道，出口端较粗接低压端（泄压罐）管道。主阀接有 3 条细的

表 31-3 轴流式泄压阀常见故障原因和解决方法

故障现象	故障原因	解决方法
阀门不能关闭	有杂质在阀芯和阀座之间，阻止阀芯回位；阀座上有焊接飞溅等	将阀门从管线上拆下，清理杂质；如果阀座上有焊接飞溅，则需要更换阀座
阀门泄压点漂移	阀芯表面滑伤或阀芯偏斜	修理或更换阀芯
当阀门在临界点附近时，有缓慢开启的趋势	阀芯 O 形圈磨损或系统损坏氮气泄漏	更换 O 形圈检查并堵塞泄漏点
阀门动作迟缓	气体腔室内积水	检查清洁阀芯腔室
阀门不能维持设定压力	气体供应部件泄漏	检查并拧紧各个节点
压力设定点波动	温度对氮气压力的影响	将温度平抑氮气瓶埋地或隔热处理（在氮气系统中使用温压型调节阀）
氮气瓶低压报警	控制柜后氮气瓶压力不足	充氮气
阀门压力低压报警	调压阀后管线泄漏	检查并堵塞泄漏点
阀门压力高压报警	调压阀失效	检修调压阀
氮气损失快	温度平抑氮气瓶保温隔热不好	将温度平抑氮气瓶埋地或包裹隔热材料进行保温

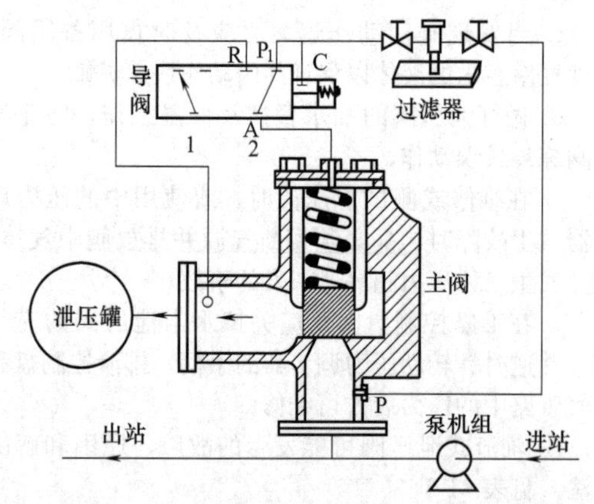

图 31-26 GREENWOOD 的先导式泄压阀工作原理图

控制管道，其中 P 管道为高压油管道，A 管道为活塞控制管道，R 管道为低压油管道。主阀是按主阀活塞两端的压力差工作的，当 A 管道与 P 管道接通时，P 管道压力等于 A 管道压力，活塞在弹簧的作用下向下移动，活塞上侧的受压面积大于活塞下侧的受压面积，活塞可以获得足够的关阀力关闭主阀。当 A 管道与 R 管道接通时，P 管道压力高于 R 管道压力，所以 P 管道压力高于 A 管道压力，这时活塞下侧的力高于活塞上侧力与弹簧力之和，活塞向上移动开启主阀。

导阀为两位三通液动换向阀。两位是指“1”状态位和“2”状态位，三通是指 P_1 孔、A 孔和 R 孔，液动控制通过 C 孔实现。当 C 孔压力低于设定的弹簧压力时，膜片带动导阀阀芯向左移动，导阀工作在“2”状态位，即 P_1 孔与 A 孔接通。当 C 孔压力高于设定的弹簧压力时，膜片带动导阀阀芯向右移动，导阀工作在“1”状态位，即 R 孔与 A 孔接通。

当泵出口（进站或出站）压力低于导阀弹簧压力设定值时，泵出口油压经过滤器、导阀 P_1 孔和 A 孔作用于主阀活塞上侧，由于受压面积差的存在，主阀关闭。当泵出口（进站或出站）压力高于导阀弹簧压力设定值时，导阀的 A 孔和 R 孔接通，由于主阀活塞下侧力高于上侧力，主阀打开。

(4) 电磁换向角式自力泄压阀

电磁换向角式自力泄压阀为控制源于外部的仪表监控装置，主要由主阀、电磁换向阀、压力变送器、智能数显仪表（或站控机）和 UPS 电源等组成（图 31-27）。该阀是通过仪表监控装置进行压力检测和控制信号输出，由电磁换向阀实现泄压阀自动泄放，具有泄压快、不超压的特点，其控制精度取决于仪表监控装置，多用于需要远控或控制精度要求较高的场合。

① 工作原理　电磁换向角式自力泄压阀的主阀与机械先导角式自力泄压阀的结构完全一样，工作原理也相同，只是控制部分有所不同。电磁换向阀为二位三通阀，电磁换向阀未通电时处于 1 位，A 管路与 P 管路接通与 T 管路断开，主阀处于关闭状态；电磁换向阀通电时工作在 2 位，A 管路与 T 管路接通与 P 管路断开，主阀处于开启状态。

输油站的出站压力通过压力变送器将 4～20mA 标准信号传递至智能数显仪表或站控机，然后再显示出站压力和设定的泄压值。当出站压力达到或超过设定值时，智能数显仪表或站控机输出信号报警并接通电磁换向阀的电源，电磁换向阀的工作状态由 1 位变为 2 位，此时 A 管路与 T 管路接通与 P 管路断开，即活塞上腔高压油路关闭，同时打开活塞上腔低压油路。活塞在高压入口液体压力的作用下被推动上移，泄压阀打开。高压侧的液体流向低压侧进入泄压罐。当智能数显仪表或站控机显示的出站压力低于设定值时，智能数显仪表或站控机停止输出报警信号并切断电磁阀电源，电磁阀失电恢复常态即由 2 位回到 1 位，这时 A 管路与 P 管路导通的同时与 T 管路断开，

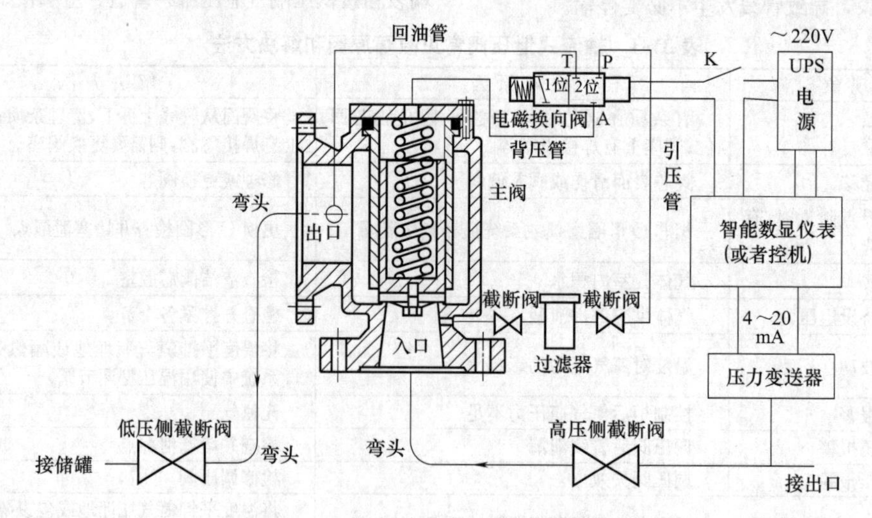

图 31-27 电磁换向角式自力泄压阀结构示意图

即活塞上腔高压油路接通的同时切断低压侧油路，由于活塞上部的面积大于下部的端口面积，所以活塞上部所受的力大于下部，活塞向下移动关闭高压液体出口，停止泄压。

② 水击角式自力泄压阀应用中存在的问题　水击角式自力泄压阀的安装设计复杂，存在部分设计缺陷，且管件较多。

a. 高压引压管、背压管、低压回油管以及电磁阀底座、过滤器、截断阀不便伴热保温。

b. 安装配管三个弯头的工程量大。

c. 泄压阀安装位置过高不便于检修和和维护。

d. 管件外置分散难以保温，常因温度低造成泄压阀失灵。

e. 清洗过滤器需拆除保温和伴热。

f. 被保温层包裹的电磁阀不易检测和试泄。

g. 高压泄放时，管道振动剧烈并伴有刺耳的“啸叫”声。

(5) 双控内置角式自力泄压阀

图31-28所示改进的双控内置角式自力泄压阀，主要由主阀、导阀连接底座、先导阀、电磁换向阀、压力变送器、智能数显仪表（或站控机）和UPS电源等组成。

① 结构　仪表控制技术与电磁换向角式自力泄压阀相同，先导阀的作用及工作原理与机械先导角式自力泄压阀相同，只是通过导阀连接底座将上述两种控制功能有效结合在一起。在双控内置角式自力泄压阀阀体上部设有一个油缸、活塞等部件能够拆装的圆孔，圆孔上扣有阀体上盖，通过螺栓紧固在阀体上。导阀底座安装在阀体上盖上部，电磁换向阀和机械式先导阀安装在导阀底座上部。高压引压管安装在主阀体内。过滤器、背压管路和回油管路均设于阀体上盖内部。主阀体中部加装了消音孔板。主管路油流方向从入口到出口，入口端接高压出站管道，出口端接低压管道至泄压罐。机械先导阀和电磁换向阀并联安装在导阀底座上，同时投用控制主阀。电磁换向阀定值偏低，作为主用；机械先导阀定值偏高，作为备用。

② 工作原理　当电磁换向阀和机械先导阀都工作在1位时，入口的高压液体一部分通过引压管→过滤器→P孔→P_1孔→A_1孔→先导阀的P_2孔→A_2孔→背压孔A，将压力施加在活塞上（A_1管路分出另一条支路作用在机械先导阀的阀芯C上）。活塞上下虽然压强相等，但受压面积上部大于下部，所以活塞在压力差和弹簧力的作用下下移至进油入口上端，形成密封，使液体不能通过。

当高压液体的压力达到智能数显仪表或站控机的设定值时输出报警信号，同时电磁换向阀的工作状态由1位到2位，A_1管路与P_1管路断开，同时与T_1管路接通。这时活塞上腔液体经背压孔A→导阀A_2管路→P_1管路→A_1管路→T_1管路→回油孔T→低压侧出口至泄压罐。此时进油腔入口的压力大大超过活塞上腔液体的压力和弹簧力及活塞重力之和，活塞被高压液体顶起，进油腔与出油腔形成通路，必须泄放高压液体以避免高压侧设备损坏。当压力降到智能数显仪表或站控机的设定值以下时，电磁换向阀失电恢复常态1位，即切断活塞上腔低压油路，接通高压油路，使活塞下行，封闭进油腔上端口，禁止液体流通。如果进油腔液体压力达到智能数显仪表或站控机的设定值时，电磁换向阀仍得不到换向信号，仪表控制可能会失灵或出现其他故障，电磁换向阀始终工作在1位。这时如果进油腔液体压力继续升高，机械先导阀的阀芯C受力增大开始发挥作用，当压力达到或超过机械先导阀的设定值时，先导阀的弹簧被压缩，工作状态由1位变为2位，机械先导阀的A_2管路与P_2管路切断，同时接通T_2管路。活塞上部液体经背压管路A→导阀A_2管路→T_2管路→回油孔T→低压侧出口。这时进油腔入口的压力大大超过活塞上腔液体的压力和弹簧压力及活塞重力之和，活塞被高压液体顶起，进油腔与出油腔形成通路，泄放高压液体。当压力降到机械先导阀设定压力值时，机械先导阀的阀芯C受力减小，弹簧推动阀芯C恢复到常态1位，切断活塞上腔低压油路，接通高压油路，使活塞下行，封闭进油腔上端口，禁止液体流通。

③ 应用效果　改进后的双控内置角式自力泄压阀的高压引压管路、背压管路、低压回油管路、过滤器都设计安装在主阀体内部，不仅结构内置简单，减少了泄漏点，便于伴热和保温，而且还减少了水平安装管件和泄压阀的泄压振动，主阀内部加装的消音孔板也有效降低了噪声。特别是角式内置改变了泄压时油缸径向受力不均的状况，双控使电磁换向阀和机械先导阀能同时控制，提高了泄压阀的安全可靠性。

④ 双控内置角式自力泄压阀的安装和注意事项

a. 安装：

• 水平安装，阀体不能悬空且必须配有阀门基座或支架；

• 安装时应将泄压阀体上的箭头与泄流方向保持一致；

• 测压点要求安装在距离泄压阀3m以外的高压管道上；

• 露天安装时要做防护罩，避免强光直接照射或雨淋，以免降低电磁阀的使用寿命；

• 建议使用挠形管和镀锌管保护引出的电缆线；

• 对于高凝原油管道应采用伴热和保温措施，确保温度在高于原油凝点且低于100℃之间；

• 泄压阀出口侧的截断阀只有在泄压阀故障检修时关闭，否则可能会因介质温度变化造成管道和泄压阀超压损坏。长期不用时只需关闭泄压阀入口侧的截

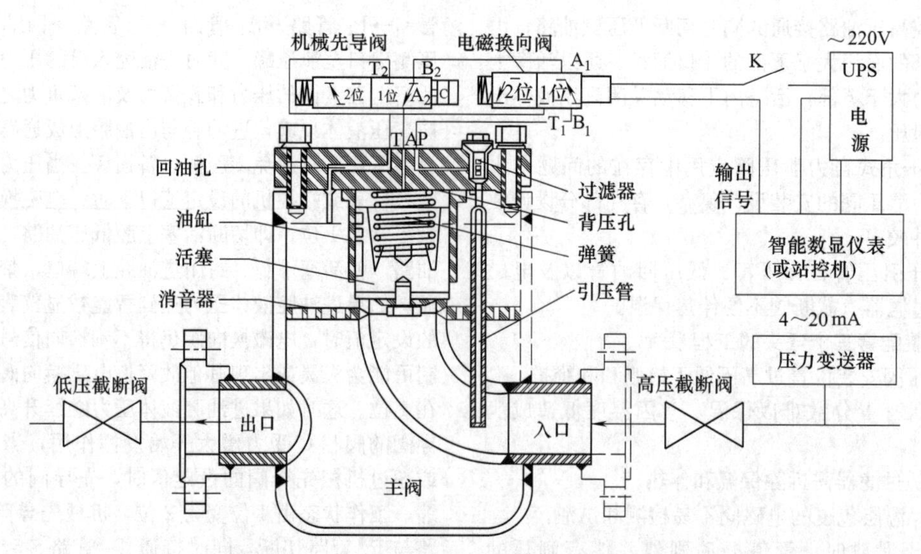

图 31-28 双控内置角式自力泄压阀结构示意图

断阀即可。

b. 使用和维护：

• 定期检查电伴热供电情况以保证输送的易凝介质的温度高于介质凝点；

• 定期进行手动或联动试泄压，以检查高压泄压阀及仪表控制的灵活性；

• 手动试泄压后，主阀体若关闭不严密，其原因一是电磁阀不能复位，拆下电磁阀阀芯用清洁的汽油清洗干净后装回原位，二是主阀体密封垫损坏，拆下上盖取出活塞卸下压板，更换密封垫，装回原位即可；

• 在手动试泄压正常后，进行联动试泄压，可将数显表设定值调到实际出站运行压力以下，再投运高压泄压阀接通电磁换向阀电源，如果不泄压，检查电磁换向阀是否接通，若未接通需检查数显表控制回路仪表及电源，排除故障后再投运；

• 每年清洗一次过滤器。

31.4 氧化铝工业用阀门

31.4.1 概述

氧化铝的生产工艺较为复杂，由于各工序的物料性质、温度和碱浓度不同，对阀门的要求也各不相同。因此，阀门的选型及结构设计，必须适应阀门所在位置的工艺特性。

31.4.2 氧化铝工业阀门存在的问题

(1) 阀门结垢

在氧化铝的生产过程中，不论是拜耳法还是烧结法，阀门结垢贯穿于湿法操作过程的始终，结垢的化学成分随着不同的铝矿组分和不同工序而各异，它的生产过程也受到生产条件，如物料温度、碱浓度、铝矿中 SiO_2 形态等的影响。

除此以外，结垢条件与物料在管道中的流速有关，实践证明，流速快，结构速率就相对减缓。

(2) 阀门磨损

我国氧化铝生产用的原料是一水硬铝石型铝土矿，硬度较高，磨成矿浆后，在高速输送时，对阀门的阀瓣、阀座产生严重磨损，从而使阀门寿命大大缩短。各种铝矿石硬度见表 31-4。

表 31-4 铝矿石硬度

铝矿石名称	硬度(莫氏)
一水软铝石	3.5~4
一水硬铝石	6.5~7
三水软石	2.5~3.5

阀门的磨损破坏虽有多种因素，但主要是磨料（被输送物料中的固体颗粒）磨损，磨料磨损有三种情况：一是磨料在高压作用下，对阀瓣和阀座的表面产生高应力碰撞或冲击而产生较深的沟槽；二是磨料与金属表面接触处的最大应力大于磨料的压溃强度，金属表面被拉伤，使韧性材料产生塑性变形或疲劳，脆性材料发生剥落；三是当流经的物料压力不高，磨料作用于阀瓣或阀座的应力较低（低于磨料的压溃强度）时，磨料擦伤金属表面。

总之，由硬质颗粒对阀瓣、阀座表面的刮擦作用而引起的材料表面脱落现象均称为磨料磨损，其磨损量与作用在表面的载荷成正比，与材料的硬度成反比。

(3) 提高阀门耐磨性的措施

① 提高材料硬度

研究结果表明，磨料磨损取决于金属硬度 H_m 与

磨料硬度 H_a 的比值，图 31-29 示出的是各种磨料硬度与磨损量的关系曲线。

当 $H_m/H_a>0.8$ 时，金属磨损量迅速下降，当 $H_m/H_a=1.25\sim1.3$ 时，磨损量已经很小。可见，要减少磨料磨损，金属材料硬度 H_m 应是磨料硬度 H_a 的 1.25～1.3 倍，即 $H_m=(1.25\sim1.3)H_a$。这个数据可以作为低磨损率的判断。

从图 31-32 中看出，磨损量对应于相对硬度分为三个区域。然而，目前我国氧化铝厂使用的阀门其阀瓣与阀座的密封面虽都堆焊硬质合金，但其硬度值低于磨料硬度，即阀瓣和阀座的硬度与磨料硬度比小于 0.8，在高磨损区域工作，故阀门寿命就很短。

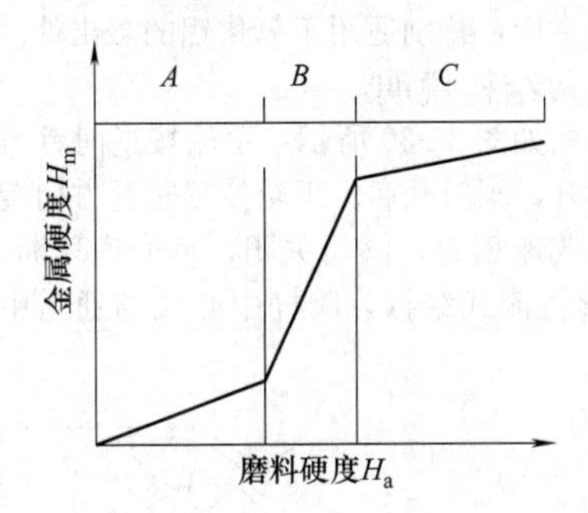

A 区—— 低磨损区，$H_a<H_m$，$H_m/H_a>1.25\sim1.3$

B 区—— 过渡磨损区，$H_a\approx H_m$，$0.8<H_m/H_a<1.25\sim1.3$

C 区—— 高磨损区，$H_a>H_m$，$H_m/H_a<0.8$。

图 31-29　磨料硬度对磨损的影响

② 表面处理　利用各种表面处理工艺，改变阀瓣与阀座表面特性是改善磨料磨损的重要方法。此外，提高物料过流面的表面光洁度可以减轻表面擦伤的磨料磨损，同时还可以延缓结垢。

阀瓣与阀座除了产生磨料磨损外，同时还伴有侵蚀磨损。

输送的料浆在与阀瓣、阀座接触时，局部压力比蒸发压力低，这样就会形成气泡；溶解在液体中的气体也同时析出形成气泡，当这些气泡流经高压区，压力超过气泡压力时便会破灭，于是在瞬间产生极大的冲击力及高温。由于气泡的反复形成和破灭作用，会使阀瓣、阀座表面疲劳磨损，产生麻点、空穴，这是汽蚀磨损。

小液滴以高速（1000m/s）冲到阀瓣、阀座表面，使表面产生很高应力，当超过材料的屈服强度时，往往一次冲击就会造成塑性变形。即便是较小的应力，反复冲击也会造成点蚀，这种由流体束冲击阀瓣、阀座表面所造成的磨损为冲蚀磨损，另外，液体中含有硬质颗粒，流体束冲击阀瓣、阀座也造成冲蚀磨损。

防止或减缓侵蚀磨损和冲蚀磨损的方法仍是提高材料的硬度。

31.4.3　料浆阀

氧化铝生产是连续生产，在氧化铝生产过程中多数工段为碱性介质溶液，这种介质在管路底部和阀门部分易产生结疤现象，若阀门连续关闭 24h 就会结疤，使阀门很难再次启闭，从而会影响整个工艺流程。另外，介质中含有氧化铝颗粒，使阀门的密封面受到冲刷和磨损，直至阀门关闭不严而不能继续使用，由于氧化铝生产工艺的特殊性，普通的阀门已经不能满足这种工况，直流式 Y 形截止阀（料浆阀）是目前氧化铝生产比较理想的阀门产品。

（1）料浆阀设计特点

① 为防止结疤采用的流线型通道　由于氧化铝生产的原料为稀土矿石，尤其是国产矿石多为软水硬铝，矿石的硬度较高；含苛性钠成分较多，要将矿石制成料浆才能进行高压溶出工艺，在高压溶出工艺过程中，由于氧化铝矿中含有 15%左右的活性碱容易在流动中停留结疤，所以一般的阀门由于制造原因对阀体内腔的夹角控制不严格，容易产生死角滞留介质，而 Y 形截止阀采用了先进的双阀体直流式结构，改善的阀门结构还使阀门通道变为弧形结构，实现了流线型的流体通道理念，减小了介质在高压作用下产生涡流或形成汽蚀冲击阀门壳体，不仅缓解了阀门内腔因介质冲蚀造成阀体磨损度，也防止了氧化铝矿浆在阀门通道的滞留，可在检修过程中方便清理内腔结疤和杂质。

② 独到的阀杆保护和抗磨损性能　氧化铝工矿的特性决定了它对阀门部件的损害远远大于其他工矿。由于氧化铝成分的原因，在流动状态下氧化铝溶液对阀门的冲刷比较严重，特别对阀门内腔和阀杆、阀瓣的冲刷更强烈，因而对阀门内件的更换更加频繁。为避免频繁更换阀门内件，减少工人劳动强度，一般对内件做如下处理能起到很好的效果。

a. 为提高阀杆表面硬度和耐磨性采取了先进的辉光离子氮化处理，辉光离子氮化处理可使阀杆表面硬度达到 1100HV 以上，有效地提高了阀杆的抗冲蚀能力与耐磨性。

b. 填料函采用组合填料，即增加填料的弹性密封度增强了密封效果又使填料本身起到了对阀杆附着物刮除的作用，延长阀杆的使用寿命和提升了阀门的灵敏度。

c. 密封面的抗磨损、抗冲刷处理。阀瓣密封面采用了球面线形结构，通过超音速喷涂技术使阀瓣密封面硬度达到 58～68HRC，不仅改善了过去焊接硬质合金容易出现裂纹的现象，且提高了密封材料的韧性，使阀门密封面在高温下不变形，耐磨性能好，即保证了密封也延长了阀门的使用周期。

(2) 主要零件结构设计

① 总体结构　为减少流阻，阀门的整体结构采用Y形结构，即阀杆中心线与介质流动方向成45°夹角，连接形式为法兰连接；支架为光杆；密封面堆焊硬质合金；阀体采用两开式、中间夹阀座的形式，为防止介质对体腔内的冲刷，在体内镶嵌耐磨圈等。

② 具体说明

a. 阀体。普通截止阀也有Y形的结构，但其阀体是一个整体，在体内加工密封面，这样，不仅加工、铸造不方便，而且密封面有损坏现象，维修也很不方便。而直流式Y形截止阀是采用对开式的阀体形式，即阀体由左、右阀体，中间夹阀座等对夹而成，两阀体需用高强度螺柱均匀地紧固连成一体，加工工艺性好，主要的优点是便于维修。如果体腔内结疤严重，可以将连接左、右阀体的螺柱拆开，将体内结疤的内件进行清洗或修理，若有损坏的零件，也可以及时更换，这就避免了由于结疤严重而使整台阀门报废所造成的一系列不必要的浪费。

此外，粗糙的流道表面，死角都极易结疤。直通式截止阀为了减少体腔内的结疤现象，阀体通道采用较大圆弧形成流线型，避免产生死角。就阀门的整体来看，介质的流线从入口端几乎为一直线，这不仅减小了流体阻力，而且也防止了颗粒的沉积，减少了结疤。

b. 密封面形式。直流式截止阀的阀瓣用球冠形密封面，阀座选用一个极小平面的锥形密封面。这样，在阀瓣与阀座密合时形成一种类似线密封的密封形式，其密封效果极佳。此外，这种形式还有一个优点，即如果密封面上结疤，可以利用关闭阀门时的关闭力将结疤碾碎，从而保证阀门的密封性能。要碾碎结疤，密封面就必须具有很高的硬度，而且还要有较好的耐介质冲刷的性能，密封面所选材料必须具有以下特点：耐冲蚀、耐腐蚀、耐磨损，而且还需要有较高的硬度，使其足以碾碎结疤。试验证明，采用超音速喷涂硬质合金的密封面，耐蚀、耐磨、耐冲刷效果良好。

c. 阀座。采用夹紧式的方法固定在左、右阀体密封部位的止口内。这种阀座与阀体的结合形式，使阀座的拆换具有更大的灵活性，从而解决了长期以来用户因不能轻易更换破损的阀座，而不得不报废整台阀门的问题。阀座密封面设计成锥面。阀座与左、右阀体密封部位止口的连接处，分别装有阀座上垫片和阀座下垫片，用以形成紧密连接，防止介质由此泄漏。垫片材料采用橡胶石棉板夹不锈钢丝网。

d. 其他部位。阀门在刚刚开启或关闭时，体腔及密封面受介质的冲刷最严重，直通式截止阀在体腔内受冲刷较严重的部位镶嵌了硬质合金钢圈，提高了阀体的耐冲刷、耐磨性能，从而大大地提高了阀门的使用寿命，这是闸阀、截止阀所不能比拟的。

阀杆与阀瓣采用压盖连接。拆卸阀瓣时，只需在左阀体拆开后，顺时针转动手轮将阀杆向下降低，使阀瓣露出右阀体外，即可方便拆卸阀瓣。如果要同时更换填料箱内的填料，可将支架与右阀体分开，将阀杆移出阀盖，取下填料压盖和填料压套，便可进行更换工作。

此外，直流式截止阀根据不同的通径选用了一个或两个轴承，以达到启、闭省力的目的，减轻了工人劳动强度。

鉴于氧化铝生产工况的恶劣条件，通过对料浆阀的结构分析，可以看出，直流式截止阀的结构形式比较适合氧化铝的生产，特别适用于氧化铝的溶出处。

(3) 工作原理及结构说明

料浆阀的结构如图31-30所示，手轮按逆时针方向旋转，阀瓣上升，阀门开启。手轮按顺时针方向旋转，阀瓣下降与阀座密封，阀门关闭，将通道切断。料浆阀采用Y形直流式结构，阀杆中心线与通道中心线成45°角。

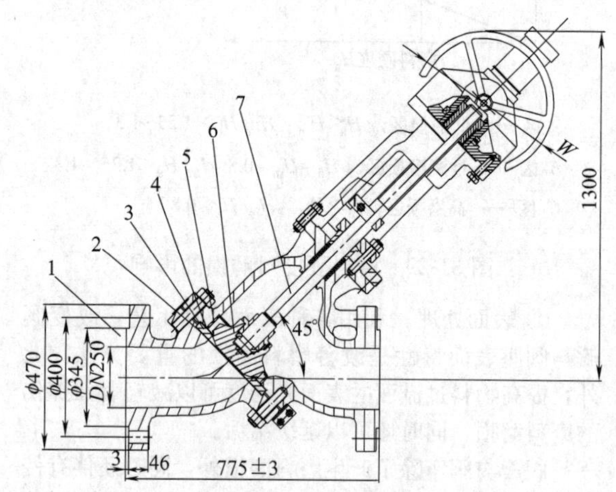

图31-30　料浆阀结构图

1—阀体；2,4—垫片；3—阀座；5—耐磨圈；6—阀瓣；7—阀杆

(4) 技术难点

阀体可分开式Y形截止阀，由于具有适用范围广和便于拆换易损件等优点，具有广阔的发展前途。但也存在一些问题，有待解决。

① 该阀虽然流体阻力小，但阀瓣启闭行程大，而且制造、安装、操作和维修较复杂，所以仅用于对流体阻力有严格限制的场合。

② 考虑减小管道系统压力的问题，而将阀的通道设计成直流型，致使阀杆与管道在同一方向成45°夹角。此结构不便于远距离自动控制传动装置的设计和安装。

③ 左右阀体连接螺栓因结构限制，给高压阀门

的设计造成了困难。若只考虑用加大螺栓直径的方法，而不设法寻求高强度螺栓材料，势必使得此种阀门过于笨重，且造成各部分结构在外观上不协调。

(5) 维护、保养、安装和使用注意事项

① 阀门应存放在干燥、通风的室内，不允许露天堆置、存放。长期存放应定期检查，防止阀门内部有污物。

② 在保管和运输过程中，本阀门应处于关闭状态，并将通道进出口堵住。

③ 安装前应消除阀门在运输过程中所造成的缺陷，并将腔体内沾染的污物清除干净。

④ 安装时，应仔细核对阀门上的标志和标牌是否符合使用要求。

⑤ 安装时，应注意使介质从阀瓣下方流入，从上方流出。

⑥ 阀门可水平或垂直位置安装，但要便于操作、维修和保养。

⑦ 阀门在工作时，应处于全开或全关位置，不允许作节流阀使用，以免加速密封面的磨损。

⑧ 阀门应靠旋转阀门手轮启闭，不得借助杠杆或其他工具。

(6) 可能发生的故障、原因及消除方法

料浆阀故障消除方法见表 31-5。

表 31-5　料浆阀故障消除方法

故障现象	原　因	消除方法
手轮转动不灵活	①填料压得过紧或填料压板压偏 ②阀杆或阀杆螺母的螺纹处有损伤或积有污物 ③阀杆弯曲 ④轴承内卡有污物	①调整填料压板处的螺母 ②拆开修理螺纹或清除污物并注入润滑油 ③校正阀杆或更换阀杆 ④拆下轴承
填料处渗漏	①填料未压紧 ②填料使用过久和损坏 ③填料圈数不够	①均匀地拧紧填料压板处的螺母 ②更换或增加填料 ③增加填料
阀瓣与阀座密封面处渗漏	①密封面有损伤 ②密封面间夹有污物	①重新研磨密封面 ②清洗干净密封面
左右体阀体连接处渗漏	①连接螺栓的螺母拧得不紧或松紧不均匀 ②法兰密封面上有损伤或积有污物 ③垫片损坏	①均匀地拧紧螺母 ②修整密封面或清除污物 ③更换垫片

31.4.4 氧化铝疏水专用阀

氧化铝疏水专用阀是蒸汽供热设备及蒸汽管路上的重要配件，为节能产品。它用于管线中调节流量，也可以利用喷嘴的节流作用，通过降压使饱和凝结水转化为二次蒸汽，再回收利用二次蒸汽，从而使凝结水得到二次利用。它还可以用于排放冷水、液面控制、最小流量控制等管线中，广泛地应用于石油、化工、氧化铝生产、建材、电力、造纸、纺织等部门的蒸汽设备管线中。氧化铝疏水专用阀是从蒸汽疏水阀派生出来的节能产品。

氧化铝疏水专用阀在氧化铝行业应用最为广泛，年产 70 万吨的氧化铝生产线，需要氧化铝疏水专用阀 19 台。

(1) GK11 一级喷嘴氧化铝疏水专用阀

① 结构说明

a. 该阀由阀体、阀盖、阀瓣、阀座、阀杆及窥视器等主要零件组成。

b. 该阀的主要控制元件为阀瓣，阀瓣端部与阀座的间隙腔将起到二次节流作用。

c. 阀座与阀瓣之间采用锥面密封、密封性能良好，且具有足够的强度、硬度和耐腐蚀性能。

d. 阀杆与阀瓣采用螺纹加紧定螺钉连接方法。

e. GK11 一级喷嘴氧化铝疏水专用阀的典型结构见图 31-31。

② 工作原理　该阀开始运行时，首先应调整好工作位置，运行后不需要再次调整。以后的凝结水排量根据介质在喷嘴进口处的状态利用喷嘴的节流作用由该阀自行调节。介质状态可以是冷水、热凝结水、蒸汽或凝结水与蒸汽的混合物。当介质为冷水时，通过喷嘴的节流排出的仍是冷水，但体积不变；当介质为蒸汽时，通过喷嘴的节流排出的仍是蒸汽，但由于该阀存在着较大的压降，蒸汽进入喷嘴后经二次扩张，再排出的蒸汽体积明显膨胀；当介质为凝结水时，凝结水经喷嘴连续扩张，由于阀的压降，使部分凝结水转化为二次蒸汽，排出的是凝结水与蒸汽的混合物。转变为二次蒸汽的量取决于凝结水的温度、阀门压力降及阀瓣开启高度。当阀瓣开启高度过大时不会产生二次蒸汽，产生二次蒸汽的阀瓣开启高度应控制在该阀最大排量 15%的高度内。

③ 排量　GK11 一级喷嘴氧化铝疏水专用阀热凝结水排量应不小于图 31-32 所示的排量。

图 31-32 显示为一级喷嘴氧化铝疏水专用阀位于连续操作位置处，阀瓣位于 3/4 全开位置时的热凝结水的排量。

(2) ZK29 多级喷嘴氧化铝疏水专用阀

① 结构说明

a. 该阀油阀体、支架、多级喷嘴（内套组件）、阀瓣、阀座、阀杆等主要零部件组成，见图 31-33。

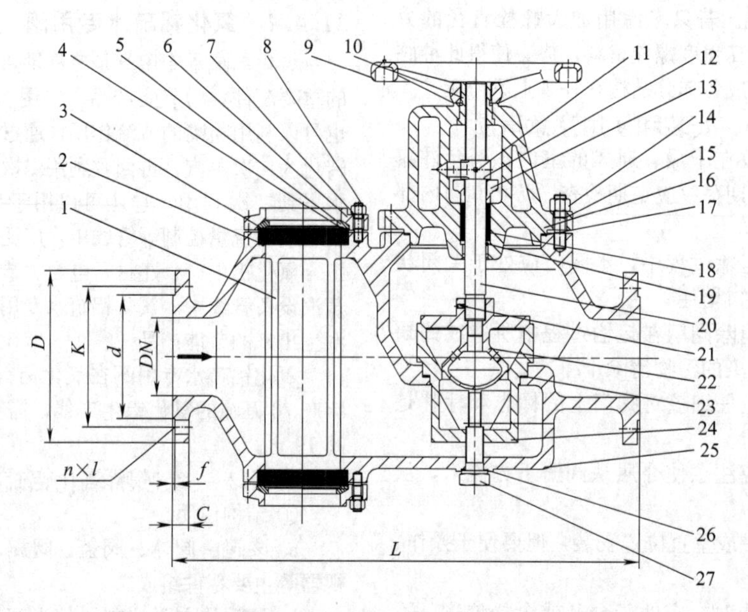

图 31-31 GK11 一级喷嘴氧化铝疏水专用阀的典型结构形式

1—窥视器；2,4,17,23—垫片；3—窥视玻璃；5—压环；6—压盖；7,14—螺母；8,15—双头螺栓；9—手轮；10—阀杆螺母；11—销；12—指针；13—填料压盖；16—阀盖；18—填料；19—填料压套；20—阀杆；21—螺钉；22—阀瓣；24—阀座；25—阀体；26—垫圈；27—六角螺栓

b. 该阀在主要控制元件为多级喷嘴，多级喷嘴由带有许多径向孔的多个套筒组成，径向孔平行排列，这些径向孔的相对位置可以改变，因此所构成的喷嘴上形成的一系列中间闪速腔将会部分重叠（图 31-34），从而使喷嘴起到多次节流的作用。如图 31-34（a）所示，各套筒上径向孔无相对位置未改变时，套筒上的径向孔全部重叠；如图 31-34（b）所示，改变各套筒上径向孔之间的相对位置，套筒上的径向孔部分重叠形成一系列中间闪速腔。多级喷嘴具有极好的耐腐蚀性能及耐磨性。

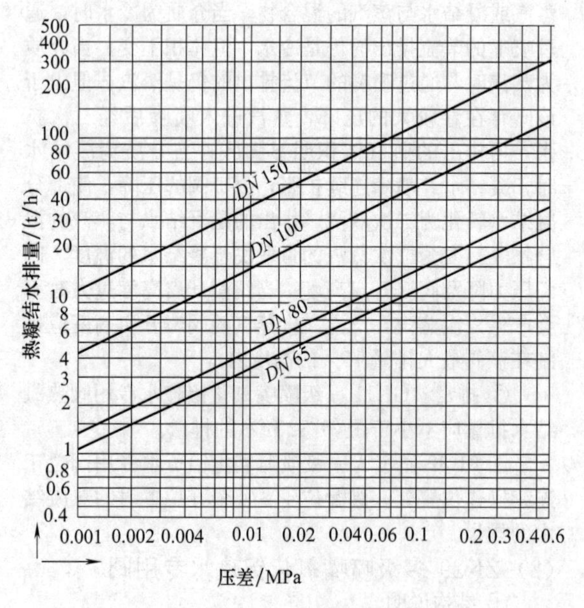

图 31-32 GK11 一级喷嘴氧化铝疏水专用阀热凝结水排量

c. 阀座与阀瓣之间采用锥面密封，密封性能好，阀座与阀瓣具有足够的强度、硬度和良好的耐腐蚀性能。

d. 阀杆与阀瓣利用圆柱销连接。

② 工作原理　该阀开始运行时，首先应调整好该阀的工作位置，运行后不需要再次调整，以后的凝结水排量根据介质在喷嘴进口处的状态利用多级喷嘴的节流作用由该阀自行调节。介质状态可以是冷水、热凝结水、蒸汽或凝结水与蒸汽的混合物。当介质为冷水时，通过多级喷嘴的节流排出的仍是冷水，且体积不变；当介质为蒸汽时，通过多级喷嘴的节流排出的仍是蒸汽，但由于该阀存在很大的压降，蒸汽进入多级喷嘴后经多次扩张，所以排出的蒸汽，体积有明显膨胀，当介质为凝结水时，凝结水在多级喷嘴内经过多次连续扩张，又由于该阀的巨大压降，从而使部分凝结水转变成二次蒸汽，该阀排出凝结水与蒸汽的混合物。转变为二次蒸汽的量取决于凝结水温度、阀门压力降以及阀瓣的开启高度。当阀瓣开启高度过大时不会产生二次蒸汽，产生二次蒸汽的阀瓣开启高度应控制在排量为该阀最大排量 10%的高度内。

③ 排量　多级喷嘴氧化铝疏水专用阀冷水排量应不小于图 31-35 所示的排量；热凝结水排量应不小

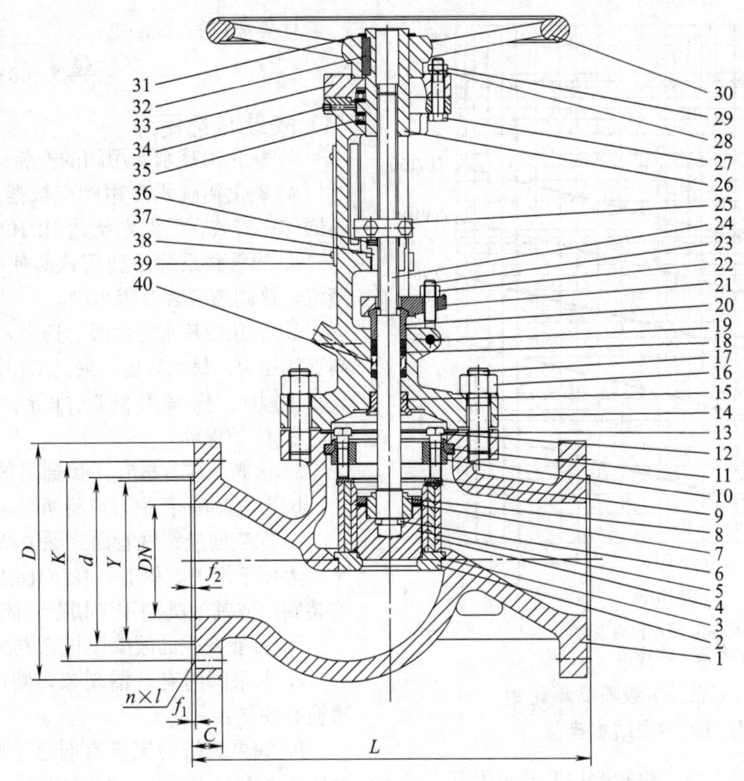

图 31-33　ZK29 多级喷嘴氧化铝疏水专用阀的典型结构形式

1—阀体；2—阀座；3,13—垫片；4—内套组件；5—阀瓣；6—对开环；7,36—螺钉；8—阀瓣盖；9—套压板；10—支撑盘；11—四瓣卡环；12—压紧螺栓；14—支架；15—上密封座；16—螺柱；17—螺母；18—填料；19—销；20—填料压套；21—填料压板；22,27—螺栓；23,28—螺母；24—阀杆；25—指针组件；26—阀杆螺母；29—垫圈；30—手轮；31—挡圈；32—键；33—压盖；34—油杯；35—轴承；37—指针托；38—铆钉；39—标牌；40—隔环

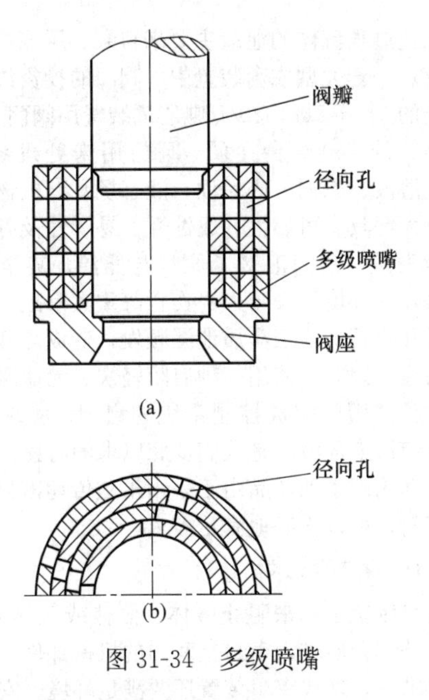

图 31-34　多级喷嘴

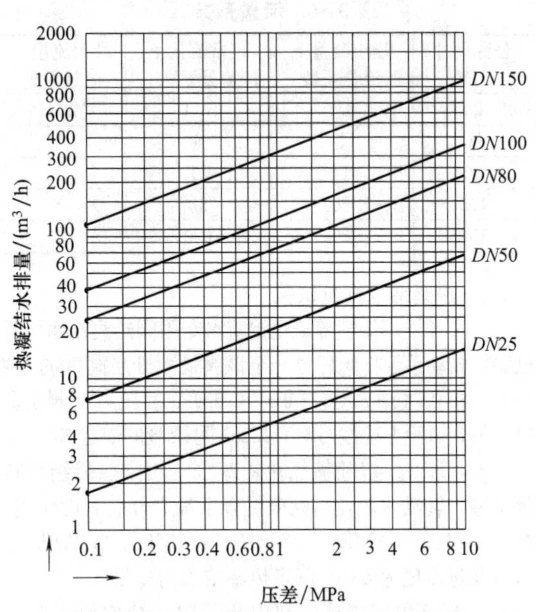

图 31-35　ZK29 多级喷嘴氧化铝疏水专用阀冷水排量

于图 31-36 所示的排量。

④ 流量系数　ZK29 多级喷嘴氧化铝疏水专用阀流量系数 K_V 按表 31-6 的规定。

(3) 排量试验

① 冷水排量试验　多级喷嘴氧化铝疏水专用阀

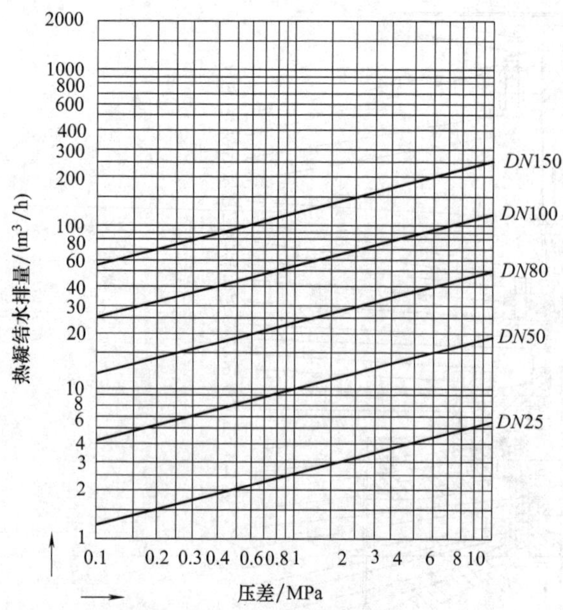

图 31-36 ZK29 多级喷嘴氧化铝疏水专用阀热凝结水排量

冷水排量试验：转动手轮，将阀瓣提升至最大开启高度位置，在 0.1MPa、0.3MPa、0.6MPa、1.0MPa、2.0MPa 压力下，测定其排水量，试验方法按 GB/T 12251 附录 B 的规定进行。

表 31-6 流量系数 K_V

公称尺寸 DN	最小流量下流量系数	正常流量下流量系数	最大流量下流量系数
25	0.7	1.4	2.1
50	3	6	9
80	14	21	28
100	20	33	46
150	70	100	130

② 热凝结水排量试验

a. GK11 一级喷嘴氧化铝疏水专用阀热凝结水排量试验：转动手轮将阀杆提升至该阀最大开启高度的 3/4 位置，在 0.01MPa、0.3MPa、0.6MPa 的压力下测定其排水量，试验方法按 GB/T 12251 附录 B 的规定进行。

b. ZK29 多级喷嘴氧化铝疏水专用阀热凝结水排量试验：转动手轮，将阀瓣提升至最大开启高度位置，在 0.1MPa、0.3MPa、0.6MPa、1.0MPa、2.0MPa 压力下及过冷度为 5℃时测定热凝结水的排量。

c. 试验手段如下：利用高压罐（结构形式为立式，并具有合适的高径比）水位计的水位高度变化测定氧化铝疏水专用阀的热凝结水排量 Q；氧化铝疏水专用阀出口端通过接管插入计量桶，测出氧化铝疏水专用阀排出凝结水的重量 Q'。

计算蒸汽转化率：

$$A=\frac{Q-Q'}{Q}\times 100\% \tag{31-2}$$

(4) 安装与选用

① 氧化铝疏水专用阀的安装

a. 氧化铝疏水专用阀应根据其在管路系统中的不同作用安装在管路系统适当的位置。

b. 当管路系统是利用该阀使凝结水转变成二次蒸汽，该阀前应装有疏水阀。

② 氧化铝疏水专用阀的选用　主要选用依据：最高工作压力；最大背压；最高工作温度；凝结水排量。

(5) 维护、保养及故障排除

① 维护保养

a. 该阀门应存放在干燥通风的仓库内。

b. 运输和保管中，应将两端通路堵塞。

c. 安装前应清洗管路，除去杂质。

为便于维护、保养，在氧化铝疏水专用阀前后应安装阀门或其他类型用于切断的阀门。

② 可能发生的故障及排除方法

a. 如果阀门有外漏现象，则应拧紧有关螺栓或更换有关垫片。

b. 如果阀门的流量有明显下降，可能是多级喷嘴内积存有过多污物，此时应及时检查多级喷嘴，清除污物，并及时清洗管路。

31.5 无填料永磁传动阀门

工业过程流体的泄漏主要来自泵、压缩机、阀门与管道。一套大型成套装置中，阀门的投资约占设备总投资的 3%～5%，30 万吨乙烯装置用阀门 4000 余种规格，约 25000 台。泵、阀门用来处理各种酸、碱、盐溶液、原油、成品油、液态烃及有机物等，这些物料大都具有可燃性、腐蚀性、易燃性及有毒，一旦密封失效，泄漏浪费了原料与能源，甚至发生火灾、爆炸、环境污染与人身伤亡等重大事故。

近几年石油化工介质泄漏频发，造成环境破坏和水体污染。因此，使用一种启闭轻快、无泄漏，且使用寿命长的阀门完成控制系统的启闭，实现安全生产，杜绝污染环境，是人们梦寐以求的心愿。无填料永磁传动阀门系列产品由于采用永磁传动密封，取消了动密封，可以很好地满足需求。

31.5.1 密封技术

密封装置是用来阻止液体、固体或气体的泄漏，并防止外部介质进入密封空间内的机械部件。除满足操作要求外，现代密封装置还要满足环境、安全和健康方面的要求。密封部件可分为两大类：静密封和动密封。相对静止两部件间的密封称为静密封，相对运动两部分件间的密封称为动密封。静密封只要选择适当的垫片材料和类型，确定螺栓的预紧力就可以达到理想的密封效果。动密封（分为旋转密封和往复密封）尤其是旋转密封是流体密封的主要形式，受到工程界的广泛重视，目前在密封理论、密封产品和密封系统三个方面有很大进展。填料密封有一定量的泄漏且具有高速下密封效果差等问题，其应用领域日趋减少。糊状填料密封成为填料密封技术的一项突破，但它的应用条件有限。机械密封在泵业获得了广泛的应用，尤其是集装式密封，它易于安装和维护，又安全可靠，但价格昂贵。金属波纹管双端面密封与冲洗、封液系统联合使用，对防止危险性介质的泄漏十分有效，但不意味绝对不漏。随着生产的发展，苛刻工况如高真空、高压、高温、强腐蚀等条件对密封界技术提出更高要求。现有的动密封件都存在不同程度的泄漏和磨损，需要精心维护及频繁更换。

(1)“零泄漏”的定义

在工厂经常可见“零泄漏工厂”、“零泄漏车间”的牌匾或锦旗，可能会给人一种误解，似乎该厂机械设备的全部泄漏点均绝对不漏。“零泄漏”是个相对的概念，相对运动表面不可能达到绝对不漏。美国通用电器公司先进技术实验室将零泄漏的定义规定为氦在大气压下泄漏量为 $1.0\times10^{-8}cm^3/s$。休斯敦载人宇宙飞船中心将零泄漏定义为在300psi（表压）和室温下泄漏量不超过 $1.4\times10^{-3}cm^3/s$ 的气态氮。国外环境保护法规定：允许通过泵轴密封处泄漏至环境中的物质不大于2.5～24g/h，对于环境有较大伤害的物质，要求泄漏量必须低于0.5g/h。

(2) 绝对密封

对于任何介质，在不同的温度、压力及转速下，回转机械在整个服务周期内达到点滴不漏，即绝对密封。常规的密封方式很难达到绝对密封。如果在设计的机器中，取消动密封或者说变动密封为静密封，则是密封技术的重大突破。这种密封传动称之为密封型传动。目前获得工业应用的封闭型传动主要有磁力传动、密闭型谐波齿轮传动、屏蔽电动机传动、隔膜传动及曲轴波纹管传动等。而磁力传动却占有的很大的份额。

(3) 磁力传动与绝对密封

磁力传动由永磁联轴器来完成。永磁联轴器主要包括内磁转子、外磁转子及隔离套等零部件。原动机和外磁转子连在一起，工作机轴和内磁转子连在一起。两者之间设有全密封的隔离套，将内、外磁转子完全隔开，使内磁转子处于介质之中，磁力传动与机械传动、液（气）力传动、电力传动一样，可实现原动机与工作机之间的连接与同步运动。它们之间的区别在于传递动力的介质不同。永磁传动是靠磁力线将原动机与从动机联系起来，两者之间无须任何机械连接，因此可用隔离套或隔板分开，形成两个独立空间。工作机械转轴不伸出机壳，因而淘汰了诸如填料密封、机械密封、流体密封等任何形式的轴封件，变动密封为静密封，也称之为全封闭、无密封。只要隔板与机体法兰间放置垫片，拧紧法兰，可实现绝对密封。它的结构简单，易于制造和装配，使用寿命长，彻底解决了磨损与泄漏问题。

(4) 永磁传动的应用

永磁传动对于需要密封的机械设备，对有害、有毒、污染、危险、纯净、贵重的产品和生产过程是一最安全解决方案，它的应用范围很宽。石油化工、医药、电影、电镀、核动力等行业中的液体大都具有腐蚀性，易燃、易爆、有毒、贵重、泄漏会带来工作液体的浪费与环境污染；真空、半导体工业要防止外界气体的侵入；饮食、医药要保证介质的纯净卫生。永磁传动技术是密封领域的最佳选择。1940年英国人Charles and Geoffrey Hoeard 首次解决了输送危险性介质化工泵的泄漏问题，解决的方法是磁力传动泵。在之后30多年里永磁传动技术由于磁性材料的原因进步十分缓慢。1983年高磁能积钕铁硼（NdFeB）永磁材料问世，为磁力传动泵的快速发展提供了关键材料。近年来永磁传动技术已从泵类向其他密封领域扩展。

31.5.2 无填料永磁传动阀门

阀门是流体输送管道的重要组成部分，现代工业生产对阀门提出了高可靠性的要求。密封是阀门的生命，目前在线的阀门的启闭一般采用手轮直接转动阀杆来完成，旋转的阀杆和静止的阀盖之间用填料或机械密封来阻塞泄漏，短时间、恒定压力下可能不漏，使用一段时间，或者介质压力发生异常，就会出现泄漏（外漏），阀杆的泄漏极为常见，泄漏不仅造成系统的压力损失和流体浪费，对于腐蚀性和危险性的流体，泄漏会带来灾难性的后果。

无填料永磁传动阀门应用磁力传动原理，阀杆无须伸出阀盖，传动轴与阀杆间靠永磁体的推拉磁路实现同步转动，两者之间用隔离套隔开，介质位于一个密封空间内，淘汰了密封件，减小了阀杆的摩擦力矩，实现了绝对密封。采用推拉磁路优化设计方案，把传统阀门启闭操作的机械用力变为永磁扭力，通过转动专用手轮，带动屏蔽的内磁轭（与阀杆连接为一体）旋转，完成阀门的启闭。由于此启闭机构封闭在阀门内部，取消了原来的动密封（填料），所以杜绝了阀门的外漏发生。因为操作手轮与阀杆无机械连接，故手轮可操作完毕后取下带走。独特的技术结构，使磁扭力阀门具备了零外漏、防盗、自锁功能。按此原理又开发了磁传动球阀、磁传动闸阀等若干品种无填料永磁传动阀门。闸阀若长期关闭楔紧，开启力矩很大，磁传动应用受到限制。

(1) 无填料永磁传动阀门技术特点

① 无填料函，可长期安全可靠地运行。

② 零泄漏无污染。

③ 无阀杆与填料间的摩擦力矩，转动省力。

④ 负压操作无外界气体进入。

⑤ 启闭时手轮无升降。

⑥ 结构尺寸和零件数与带填料阀门相同，阀体与密封件均为通用件。

⑦ 造价高于带填料阀门，制造安装精度要求较高。

(2) 结构与工作原理

无填料永磁传动阀门是阀门与永磁传动器的结合，同类型同规格阀门的阀体和密封件可以通用，其他部分有实质性改变。图 31-37 无填料永磁传动截止阀的结构模型，主要由永磁传动器、阀杆与螺母、阀体与阀瓣三部分组成。手轮或传动装置使外磁转子旋转，内磁转子与之同步旋转，与内磁转子固定连接的阀杆螺母旋转使阀杆沿滑座升降启闭阀瓣。

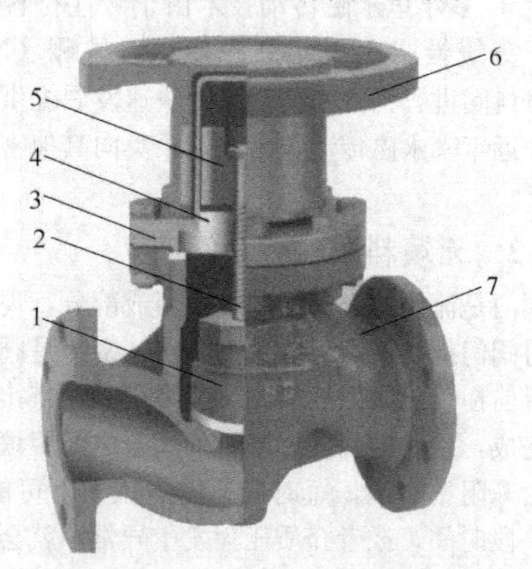

图 31-37 无填料永磁传动截止阀结构模型

1—阀瓣；2—阀杆；3—阀盖；4—阀杆螺母；5—内磁轭；6—手轮；7—阀体

图 31-38 所示为磁传动工作原理，内外磁圈各装有 Z 个（偶数）单块磁体，均布于磁圈上，每个磁块均径向磁化，磁极交替布置。在非工作时内外磁极异性相对 [图 31-38 (a)]，磁力线径向通过两磁极经由磁圈构成回路。阀门启闭时，外磁圈必须与内磁圈偏置一相位角 φ，磁力线沿圆周方向被拉长，传动力矩随 φ 增加而增加，当 $\varphi=\pm\pi/Z$ 时达最大值 [图 31-38 (b)]。当 $-\pi/Z\leqslant\varphi\leqslant\pi/Z$ 时，为传动工作状态，主动磁体对从动磁体的拉力 F_1 和推力 F_2 的合力使从动磁体产生运动，其传动力矩 $T=Z(F_1+F_2)R$。

隔离套是一非磁化部件，位于内外磁体之间，起静密封作用，防止阀内介质泄漏。

(3) 无填料永磁传动阀门产品分类

无填料永磁传动阀门主要包括三大系列：

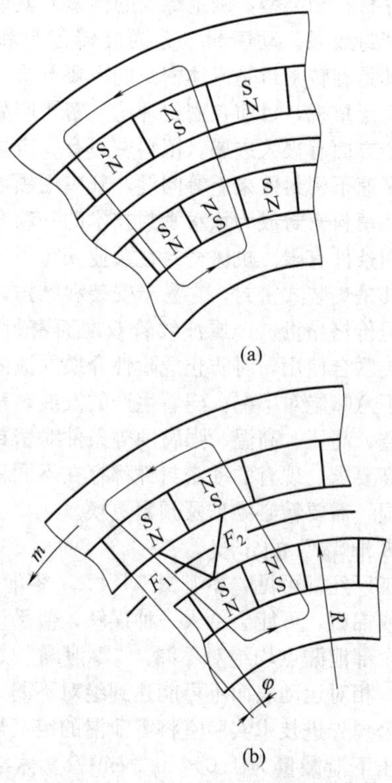

图 31-38 磁传动工作原理

① 第一种为小阀门系列，包括闸阀、截止阀、球阀，口径为 DN15～50，材质为铜、铸钢和不锈钢，公称压力等级为 PN10、PN16、PN25、PN40、PN64。

② 第二种为普通中压阀门系列，包括闸阀、截止阀、平衡阀、紧急切断阀等，口径为 DN15～600，材质为铸钢、球铁、不锈钢等，公称压力等级为 PN25、PN40、PN64、PN100。

③ 第三种为油、气专用阀系列，包括针形截止阀、节流截止放空阀、平板闸阀、阀套式排污阀、石油防盗取样器等，口径为 DN6～800，公称压力等级为 PN25、PN40、PN64、PN100 等。

31.5.3 发展条件与技术关键

永磁传动技术在我国应用起步较晚，发展较慢，应用范围不广。原因是多方面的，有认识问题，也有技术问题。如能注意解决下述问题，则会加速发展，增加产品的可靠性、安全性，降低产品的销售价格，为广大用户所接受。

(1) 形式与法规

从国外经济发达国家来看，磁传动技术的发展伴随着国家法律的出台。1980 年许多国家制定了控制泄漏的法令，1990 年美国通过了空气净化法令常规密封泵被列入空气污染的罪魁祸首，美国著名泵企业 Syndyne 公司称，空间净化法是磁传动革命的催化剂，磁传动技术将大显身手。在欧美的医学、化工、石化厂，无泄漏泵随处可见，几乎所有的除水以外的介质都会采用磁力泵进行输送。“十二五”规划指出：坚持把建设资源节约型、环境友好型社会作为加快转变经济发展方式的重要着力点。深入贯彻节约资源和保护环境基本国策，节约能源，降低温室气体排放强度，发展循环经济，推广低碳技术，积极应对全球气候变化，促进经济社会发展与人口资源环境相协调，走可持续发展之路。这些政策为磁传动无密封技术的发展提供了良好契机。

(2) 设计与制造

磁力传动技术并非简单地利用磁体同性相斥异性相吸的原理，它是传动技术、材料技术、制造技术的集成。世界一流的专业生产厂的产品技术含量高，在世界享有盛誉，以至于我们无法仿制，其原因就在于此。

在国产磁力泵产品中，屡屡出现启动失败，或者短期运转便出现滑脱。原因是多方面的，重要的是转矩计算。应用三维有限元法计算磁场强度与分布，误差可控制在5%以内。磁路的优化设计，以最少的磁体材料得到最大的传动转矩。国外设计常采用平面六方磁体粘接在正多边棱柱磁轭上，平面磁体易于充磁且方向一致性好，易于加工转配，但磁轭制造复杂，精度要求较高。

磁性材料制造厂应能保证样本提供的性能参数，且每块之间一致性要好。

磁传动用于苛刻工作环境才显示出它的特色。过流部件的材料要研究试制非金属材料，诸如各种氟聚合物衬里或包封来抵御强酸、强碱、金属盐的侵蚀，兼容强腐蚀性流体。

回转部件与轴承要精整加工与传动磁体保持同心，各部件间隙准确控制，才能保证良好运转。

参考文献

[1] [德] 希尔切尔 (Hiltscher G.). 工业清管技术. 李红旗等译. 北京：化学工业出版社，2005.

[2] 章华有等. 球阀设计与选用. 北京：北京科学技术出版社，1994.

[3] 陈世修等. 油气运输管线用清管阀结构设计. 阀门，2003 (6).

[4] 张清双. 清管阀在石油和天然气行业的应用. 阀门，2008 (1).

[5] 郑源等. 水电站动力设备. 北京：中国水利水电出版社，2003.

[6] 陈存祖等. 水力机组辅助设备. 北京：中国水利水电出版社，2008.

[7] 龙建明. 水电站辅助设备. 郑州：黄河水利出版社，2009.

[8] Philip L. Skousen 著. 阀门手册. 第2版. 孙家孔译. 北京：中国石化出版社，2005.

[9] Peter Smith, R. W. Zappe. Valve Selection Handbook. Fifth Edition. Gulf Professional Publishing is an imprint of Elsevier Inc., 2004.

[10] [美] 斯佩恩 (Spain, I. L.), 波韦 (Paauwe, J.) 编著. 高压技术：第1卷. 陈国理译. 北京：化学工业出版社，1987.

[11] 易大贤. 阀门，挤压阀能克服FGD系统中阻塞、泄漏和磨损. 阀门，1985 (2).

[12] 黄春芳. 石油管道输送技术. 北京：中国石化出版社，2008.

[13] 杨筱蘅. 输油管道设计与管理. 东营：中国石油大学出版社，2006.

[14] 黄春芳. 油气管道仪表与自动化. 北京：中国石化出版社，2009.

[15] 陈玉祥. 油气田应用材料. 北京：中国石化出版社，2009.

[16] 李勇. DANFLO形水击泄压阀在长输管道上的应用. 通用机械，2004 (4).

[17] 蔡丽君. 库鄯输油管道引进水击泄压阀运行情况分析. 油气储运，1999 (5).

[18] 李勇. 水击泄压阀在长输管道上的应用. 阀门，2004 (3).

[19] 张积泉. 长输管道水击泄压阀的应用. 油气储运，2006 (10).

[20] 吴宗泽. 高等机械设计. 北京：清华大学出版社，1991.

[21] 王福林等. 浅论氧化铝工业用阀. 轻金属，1994 (2).

[22] 夏平畴. 永磁机构. 北京：北京工业大学出版社，2000.

[23] 王玉良. 无填料永磁传动阀. 阀门，1997 (1).

第 32 章　过　滤　器

32.1　概述

过滤器是除去液体中少量固体颗粒的小型设备，可保护压缩机、泵、仪表和其他设备的正常工作，当流体进入置有一定规格滤网的滤筒后，其杂质被阻挡，而清洁的滤液则由过滤器出口排出，当需要清洗时，只要将可拆卸的滤筒取出，处理后重新装入即可，因此，使用维护极为方便。管道中的垃圾碎屑经常会对设备造成损坏，如水垢、铁锈、复合密封剂、焊渣及其他固体颗粒等都可能进入管道系统中，为了防止含有粉尘和颗粒的流体对设备的不利影响，常在管道中使用过滤器。为防止泵免遭遗留在管道中的施工垃圾的侵害，泵的上游可以装上过滤器装置。过滤器可以过滤掉液体或气体中的固体颗粒，保护设备免于损坏，防止管路堵死。

过滤器流通截面上装有过滤网，当液体通过的时候，绝大多数杂质都会被滤网阻拦。过滤器需要定期清洗以防止堵塞。

32.2　过滤器的选用

32.2.1　适用范围

① 标准所列过滤器适用于化工、石油化工、轻工等生产中的液体及气体物料，用以过滤其固体杂质，通常安装在泵、压缩机的入口或流量仪表前的管道上，以保护此类设备或仪表。

② 标准包括公制和英制两个系列：公制系列分 *PN*10、*PN*25、*PN*40 三个压力等级；英制系列分 Class150（*PN*20）、Class300（*PN*50）两个压力等级。公制系列中的尖顶和平顶锥形过滤器压力等级从 *PN*6 开始，即 *PN*6、*PN*10、*PN*25。

③ 标准过滤器的主要结构材料选用铸铁、碳钢、低合金钢和奥氏体不锈钢四种，其工作温度范围：铸铁为－20～300℃，碳钢－20～400℃，低合金钢－40～400℃，不锈钢－196～400℃。

④ 标准过滤器以 30 目/in 的不锈钢丝网作为标准网，可拦截粒径不小于 614μm 的固体颗粒。

32.2.2　型号编制

过滤器的型号由过滤器结构形式，连接形式，材料类别，接管、法兰等的标准，压力等级 5 部分组成，见图 32-1。

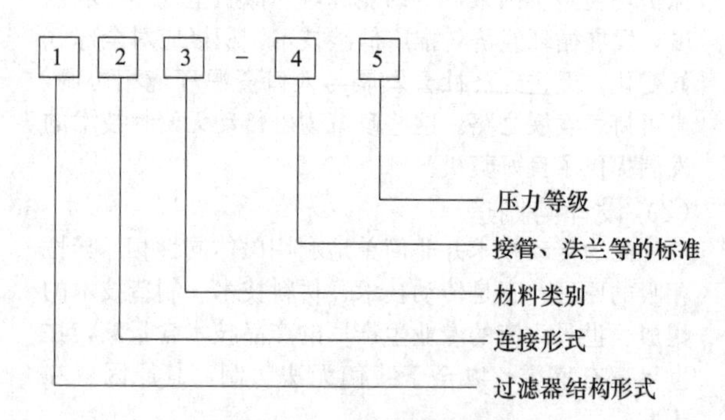

图 32-1　过滤器型号组成

① 过滤器的结构形式代号　见表 32-1。

表 32-1　过滤器结构形式代号

符号	意义	符号	意义
SY1	铸制 Y 型过滤器	SC1	尖顶锥型过滤器
ST1	正折流式 T 型过滤器	SC2	平顶锥型过滤器
ST2	反折流式 T 型过滤器	SD1	双滤筒式罐型过滤器
ST3	直流式 T 型过滤器	SD2	多滤筒式罐型过滤器

② 连接形式代码　见表 32-2。

表 32-2　连接形式代码

符号	意　义	符号	意　义
1	内螺纹连接	4	法兰连接
3	承插焊连接	6	对焊连接

③ 材料类别代码　见表 32-3。

表 32-3　材料类别代码

符号	意义	符号	意义
C	碳素钢或铸钢	S	奥氏体不锈钢
M	低合金钢	I	铬钼系钢
H	Cr13 系不锈钢	Q	球墨铸铁
K	可锻铸铁	R	铬镍钼系不锈钢
L	铝合金	T	铜及铜合金
P	铬镍系不锈钢	V	铬钼钒钢

④ 接管、法兰等的标准代码　见表 32-4。

表 32-4　接管、法兰等的标准代码

符号	意　义
H	接管尺寸采用 GB 标准，法兰采用 HG 标准
A	接管尺寸采用 HG 标准，法兰采用 ANSI 标准

⑤ 压力等级代码　无论是公制还是英制系列，均采用常用的压力等级数字。公制系列的压力等级单位为 bar，英制系列为磅级。

表 32-5 不锈钢丝网的技术特征

孔目数目/in	丝径/mm	可拦截的粒径/μm	有效面积/%	孔目数目/in	丝径/mm	可拦截的粒径/μm	有效面积/%
10	0.508	2032	64	30	0.234	614	53
12	0.457	1600	61	32	0.234	560	50
14	0.376	1438	63	36	0.234	472	48
15	0.315	1273	65	38	0.213	456	46
18	0.315	1098	61	40	0.193	442	49
20	0.315	956	57	50	0.152	356	50
22	0.273	882	59	60	0.122	301	51
24	0.273	785	56	80	0.102	216	47
26	0.234	743	59	100	0.081	173	46
28	0.234	673	56	120	0.081	131	38

表 32-6 一般金属钢丝网的技术特征

孔目数目/in	丝径/mm	可拦截的粒径/μm	有效面积/%	孔目数目/in	丝径/mm	可拦截的粒径/μm	有效面积/%
10	0.559	1918	61	30	0.234	614	53
12	0.457	1680	61	32	0.234	581	54
14	0.370	1438	63	34	0.213	534	52
15	0.315	1273	65	36	0.213	493	50
18	0.315	1096	61	40	0.173	402	54
20	0.274	996	62	50	0.152	356	50
22	0.274	881	59	60	0.122	301	51
24	0.254	804	58	80	0.102	216	47
26	0.234	743	59	100	0.080	174	50
28	0.234	673	56	120	0.070	142	50

32.2.3 选用原则

过滤器的选用可根据工艺过程及管道安装的需要，并结合各种类型过滤器的综合性能进行选择。选用原则及注意要点有如下几条。

① 为保证管网系统的严密性，可选用承插焊接、对焊连接的过滤器；如考虑更换方便，则可选用螺纹连接或法兰连接的过滤器。

② 过滤器的本体材料应与相连的管道材料一致或相当。

③ 对固体杂质含量较多的工作介质，就选用有较大过滤器面积的过滤器。

④ 一般有效过滤面积为相连管道的截面积 3 倍以上的过滤器可作为永久性过滤器；临时过滤器的有效过滤面积为管道截面积的 2 倍以上。但当输送流体中的固体杂质含量不多或有其他措施可弥补时，也可适当降低要求。

⑤ 滤网目数的选择应考虑能满足工艺过程的需要，或对泵、压缩机等流体输送机械能起到保护作用的目的。

⑥ 因 HG/T 21637—1991 标准过滤器以 30 目/in 的不锈钢丝网作为标准滤网，而且滤筒（包括滤框、滤网等零件）统一用不锈钢材料制作，因此，当工艺过程对滤筒或者对允许通过的固体粒度有特殊要求时，可以选用其他材料或根据表 32-5、表 32-6 的数据另选其他规格的金属丝网。但要注意，此时所选的过滤器，其有效过滤面积及压降与标准的数据不同。

⑦ 根据实际情况配管的需要选型。一般 SY1、ST3、SD1、SD2 诸型宜安装在直管段部位；ST1、ST2 型最好安装在有 90°流向变化处，以节省弯头；而 SC1、SC2 型既可置在直管段，又可在 90°弯头处安装，但需配置可拆卸的短管。

⑧ 各类型过滤器应按表 32-7 所示的流向及推荐的安装方式进行安装。

⑨ 除 SC1、SC2 型无须专设支承；除 SD2 型中的 *DN*200～300 过滤器自身配带支腿外，其他过滤器均无支承部件，由配管设计者考虑支承方式。

⑩ ST1、ST2 型过滤器可根据配管的要采用图 32-2 所示的四种方法进行安装；当选用这两种类型中规格大于或等于 *DN*350 的过滤器，必须注明安装方式，否则按 A 型供货。

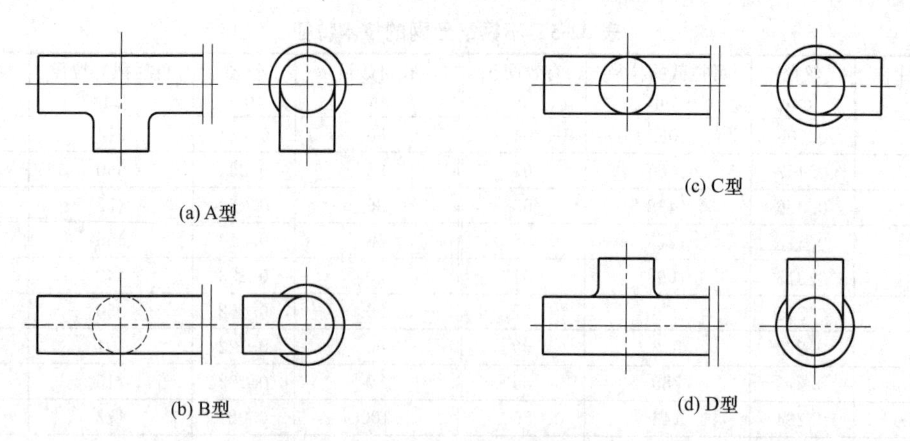

图 32-2　ST1、ST2 型过滤器的安装方式

表 32-7　各类型过滤器的主要性能及推荐安装方式

类型		SY1	ST1	ST2	ST3	SC1	SC2	SD1	SD2
允许的安装方式及流向	水平								
	垂直								
结构		简单	较简单	较简单	较复杂	简单	简单	较复杂	较复杂
体积		中	中	中	较小	小	小	大	大
质量		较重	中	中	中	轻	轻	重	重
过滤面积		中	中	中	小	小	较小	较大	大
流体阻力		中	中	中	大	大	较大	较小	小
滤筒装拆		方便	方便	方便	方便	较方便	较方便	方便	方便
滤筒清洗		方便	方便	方便	方便	方便	方便	方便	较不方便

⑪ 当 ST3 型过滤器水平安装时，从合理利用安装空间有利于排液和方便检修等方面考虑，宜采用图 32-3 所示的方位。

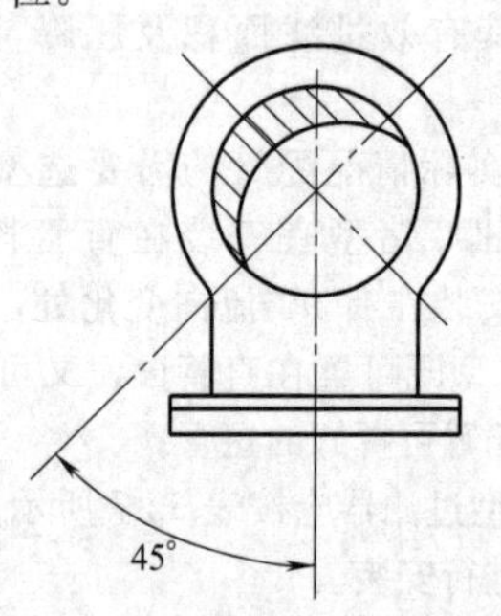

图 32-3　ST3 型过滤器的水平安装方式

32.3　过滤器产品

32.3.1　Y 型过滤器

Y 型过滤器（图 32-4）是通过编制网和冲压钢板（滤网）过滤元件，机械地（在机械力的作用下）将固体介质从流动的液体或气体提取出来的装置。本产品主要用于在管路中保护设备，如泵、管道、控制阀门、蒸汽存水管和调整器（校正仪）。

在蒸汽系统中，通常普遍采用 Y 型过滤器，一般安装在疏水阀、控制阀及其他设备的上游。Y 型过滤器与安装在管线上的阀门相类似。为便于维修，过滤器侧管的末端是可拆卸的。为了冲洗过滤器，可在其端盖上提供一个排放连接。

Y 型过滤器具有结构先进，阻力小，排污方便等特点。Y 型过滤器适用介质可为水、油、气。一般通水网为 18～30 目，通气网为 10～100 目，通油网为 100～480 目。

对 Y 型过滤器的使用通常遵从一些规则。首先，它通常用于分离杂质数量很小的工况。和同规格的蓝式过滤器相比，它的污垢存储容量少于篮式过滤器。其次，Y 型过滤器的通常安装在过滤器清洁不是很频繁的工况，有的过滤器用于蒸汽管路中。Y 型过滤器的优点在于其能垂直或水平安装。

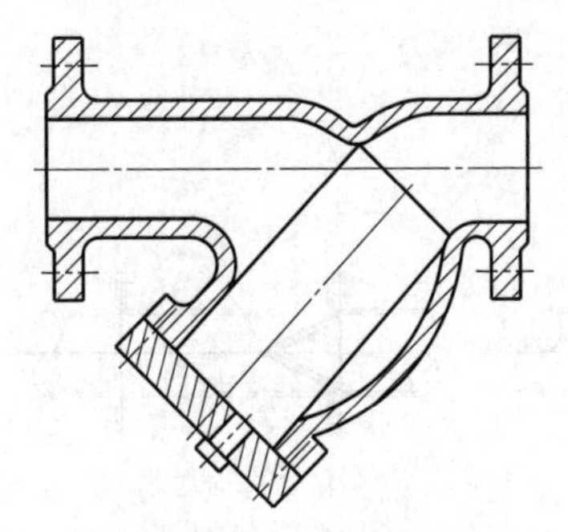

图 32-4　Y 型过滤器

Y 型过滤器在蒸汽和气体系统中要水平安装，过滤室和管道处于同一平面上［图 32-5 (a)］，这样可以避免水积聚在过滤室中，以免引起侵蚀并影响热量传递。在液体系统中过滤室可垂直安装［图 32-5 (b)］，避免在流量较低时过滤掉的杂质进入到上游。

虽然建议过滤器要安装在水平管道上，但如果流体向下流动，还是可以装在垂直管道上的，这样杂质碎屑就可以存留在过滤室中了［图 32-5 (c)］，但当流体向上流动时就不能垂直安装过滤器了，因为这样会使过滤掉的杂质落回管道内。

32.3.2　直型和角型过滤器

除了 Y 型过滤器，还有其他几种结构形式的过滤器，如直型和角型过滤器（图 32-6），其工作方式和性能与 Y 型过滤器相同，当蒸汽管道的几何结构不适合安装 Y 型过滤器时，可安装直型过滤器。

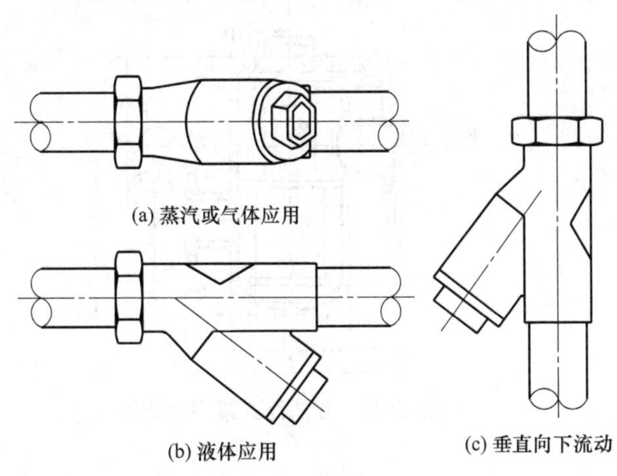

(a) 蒸汽或气体应用　(b) 液体应用　(c) 垂直向下流动

图 32-5　过滤器的正确安装

32.3.3　T 型过滤器

T 型过滤器（图 32-7）的工作方式和性能与 Y 型过滤器相同，仅是介质流向不同。

32.3.4　法兰对夹过滤器（临时过滤器）

法兰对夹过滤器是最简单的过滤器之一，它可以直接安装在两法兰之间，可以安装在直管和弯管处。具有结构简单，外形小，成本低等特点。如要清洗滤

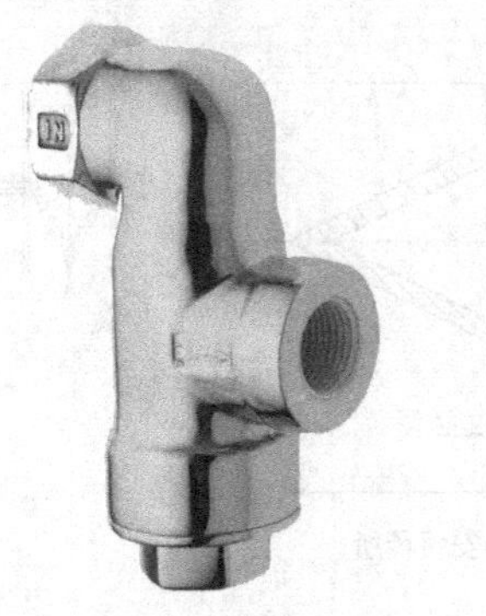

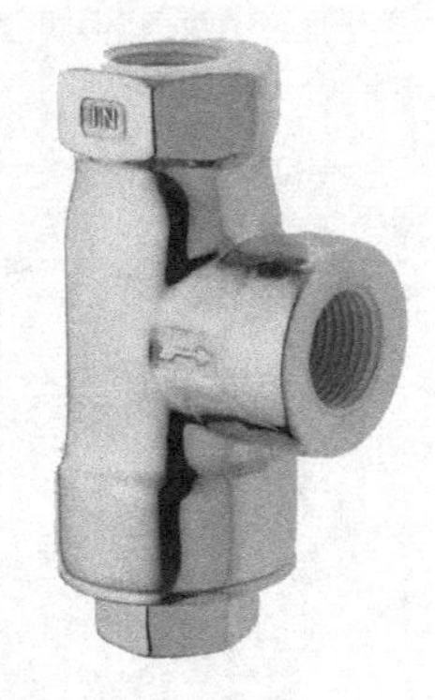

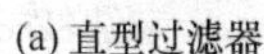

(a) 直型过滤器　(b) 角型过滤器

图 32-6　直型和角型过滤器实物图

网时，要求拆开管道，取出法兰对夹过滤器才可清洗，在维护保养比其他过滤器复杂一点。可分为尖顶锥型过滤器（图 32-8）和平锥型过滤器两种（图 32-9）。

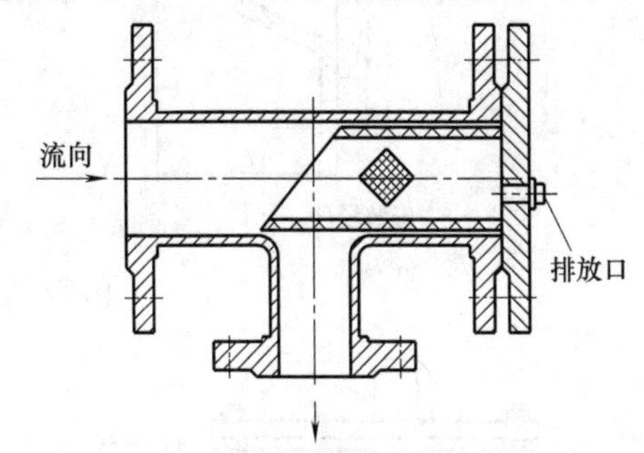

图 32-7　T 型过滤器结构图

32.3.5　篮式过滤器

蓝式过滤器（图 32-10）通常用在流量要求高的地方。篮式过滤器可通过移去顶盖进行维修，顶盖提供了篮式滤网的通路。由两个平行篮式过滤器和分水阀组成的并联方式是可利用的。当过滤器的一个元件在维修时，分水阀允许分流通过另一个过滤器元件——这是流动不能中断场合的一个基本特征。

篮式过滤器的特点是有一个垂直的过滤室，一般比 Y 型过滤器大，按其口径来说，通过篮式过滤器的压降也比 Y 型过滤器低，因此常用于液体系统，容纳垃圾和杂质的能力也比 Y 型过滤器强，篮式过滤器也常用于大口径的蒸汽系统。

篮式过滤器只能安装在水平管道上，较大较重的篮式过滤器底部需要安装支撑。

当篮式过滤器用于蒸汽系统时，在过滤器内会有较多的冷凝水，所以设计用于蒸汽系统的过滤器有一个冷凝水排放口，可以安装疏水阀排放冷凝水。

篮式过滤器使用时一般并联两个，流体只通过其中一个，要清洗时可切换到另一个过滤器，而无须停机。

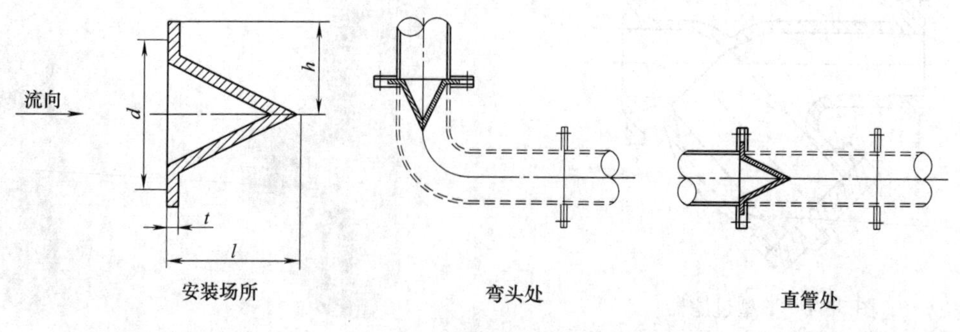

图 32-8 尖顶锥型过滤器

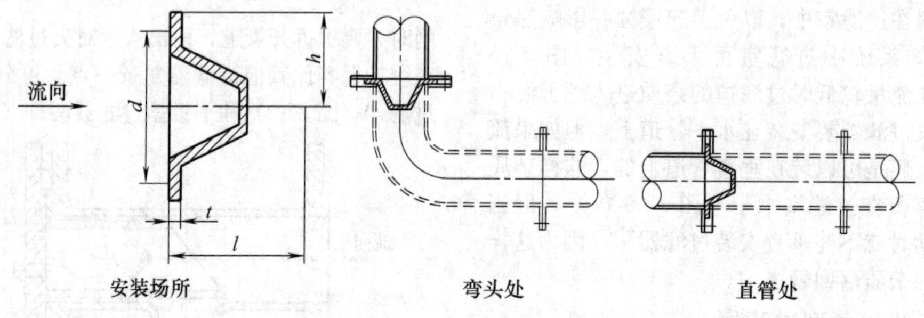

图 32-9 平锥型过滤器

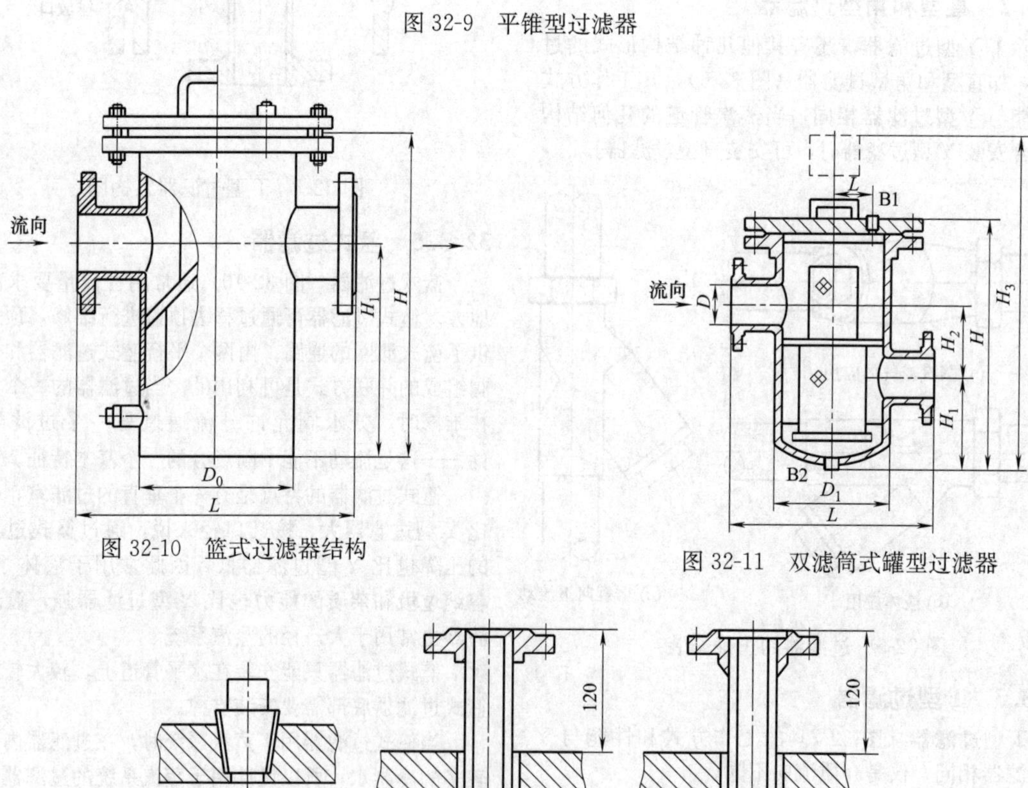

图 32-10 篮式过滤器结构

图 32-11 双滤筒式罐型过滤器

图 32-12 排放口“B1”的结构类型

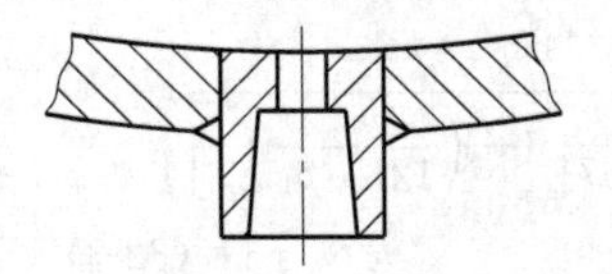
(a) PN1.0、2.5 (C、M)、150lb

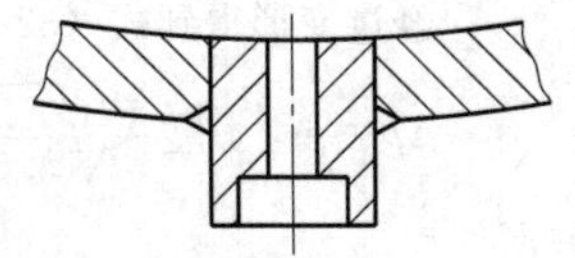
(b) PN4.0 (C、S、M)、150lb

图 32-13　排放口“B2”的结构类型

32.3.6　双滤筒式罐型过滤器

双滤筒式罐型过滤器（图 32-11）虽然结构复杂，但过滤性能好，具有双重过滤效果，可以满足各种不同介质和要求的场合。可以有多种排放口的连接结构尺寸，以便排放介质中残渣，以达到管路清洁的效果。双滤筒式罐型过滤器具有上（图 32-11 中 B1）、下（图 32-11 中 B2）两个排放口，B1 和 B2 排放口的结构类型见图 32-12 和图 32-13。其中，C——C. S；M——Q345（16Mn）；S——S. S。

32.3.7　超滤过滤器

过滤器会去除蒸汽中可见到的颗粒，但有时还需要去除更小一些的颗粒，例如在以下场合：

① 蒸汽直接喷射时，可能会引起产品污染，例如食品厂和制药厂的消毒灭菌设备上。

② 不洁净的蒸汽可能会由于携带杂质而无法生产或出现次品，如消毒器、纸板定形机。

③ 需要从蒸汽加湿器喷射很小颗粒的地方，例如用于洁净环境的蒸汽加湿器。

④ 为降低蒸汽中的含水量，保证干燥饱和。

在“洁净”蒸汽应用中，仅带滤网的过滤器是不合适的，需要使用一种带滤芯的更为精细的超滤过滤器（图 32-14），这种过滤器含有一个不锈钢烧结成的滤芯单元。烧结过程中会形成很多精细的不锈钢多孔结构，可过滤掉粒径小到 1μm 的细小颗粒，符合厨房烹饪使用标准。滤芯精细的多孔结构会造成一个很大的流体压降，所以在选型时要特别注意，而且滤芯也会被过高的流速损坏，应特别注意不要超过制造商的规定极限。

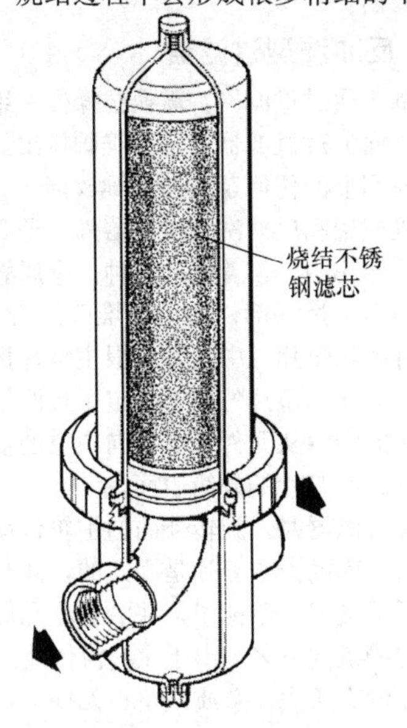

图 32-14　超滤过滤器

当用于蒸汽或气体系统时，在这种过滤器的上游要安装汽水分离器以去除掉其中的水滴，不仅能提高蒸汽的质量而且还可以延长滤芯的使用寿命。在上游也应该安装 Y 型过滤器，以过滤掉较大的颗粒，否则就会很快堵塞滤芯，缩短使用寿命。在过滤器的两端安装压力表，测量通过过滤器的压降，这样还可以确定何时清洗滤网。也可以在过滤器的下游安装压力继电器，当下游压力降低到一定水平后，控制室的警示灯会亮，可以提醒工作人员清洗过滤器。

超滤过滤器具有过滤效率高、耐腐蚀、强度高、气流阻力低、使用寿命长等特点。精密滤芯最外层采用抗油、耐酸类化学腐蚀的疏水性泡沫套筒，防止了聚结液体重新进入气流，确保了高效率除油、除水。

32.4　过滤器滤网

过滤器中常用多孔板筛和滤网两种形式。

32.4.1　多孔板筛

多孔板筛是在所需材质的平板上用多孔冲床冲出很多小孔，然后卷成筒状焊在一起。其筛孔相对粗大，孔径一般为 0.8～3.2mm，所以只能用于过滤一般的管道垃圾。

32.4.2　滤网

滤网是用精密的细金属线织成的网格形滤网，一般衬在多孔板筛做成的骨架上，支撑住滤网。这样过滤精度比仅用多孔板筛更为精细，网孔最小可达 0.07mm，能过滤掉更为细小的杂质。滤网经常用术语“目”表示，“目”表示每平方英寸滤网上的网孔数量，如图 32-15 所示是一个 9 目的过滤器。

滤网相应的通过孔径由网线的直径和筛孔尺寸决定，通过的最大颗粒尺寸可通过几何计算获得（图 32-16），例如一个 200 目的滤网，制造商说明的滤网孔径为 0.076mm，能通过最大的颗粒尺寸可经式 (32-1) 计算获得。

$$c^2=a^2+b^2 \tag{32-1}$$

然而，滤网是一个两维网，而杂质颗粒到达网孔时的位置状态是随机的，因此细长的颗粒到达滤网时，可能正好经过，也可能被拦下，如果有问题可以使用更为精细的滤网。过滤面积就是可利用的拦除杂质的面积，较大的过滤面积使得清洗滤网的频率大大下降。

有效流通面积和整个滤网的网孔面积成正比，通常用百分比表示，直接影响了过滤器的流通特性。有效面积越大，流通特性越好，通过过滤器的压降也越低，由于大多数过滤器有很大的有效过滤面积，所以通过过滤器的压降很低，可用于蒸汽和气体系统。但是，在有泵压的水系统和黏性流体系统中，压降就会很大。过滤器用流量系数 K_V 值表示流通能力。

滤网的材料也是多种多样，一般用于蒸汽系统的大多数为奥氏体不锈钢，这种材料强度大且耐腐蚀。

当过滤器应用于特殊的化学制品或海水中时要使用蒙乃尔铜镍合金材料的滤网。

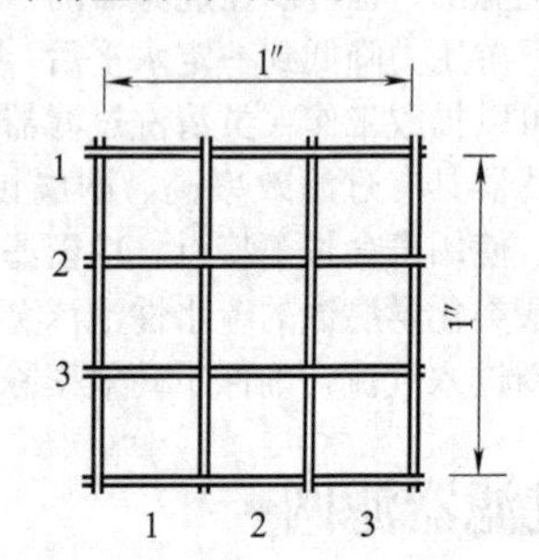

图 32-15 9 目的过滤器

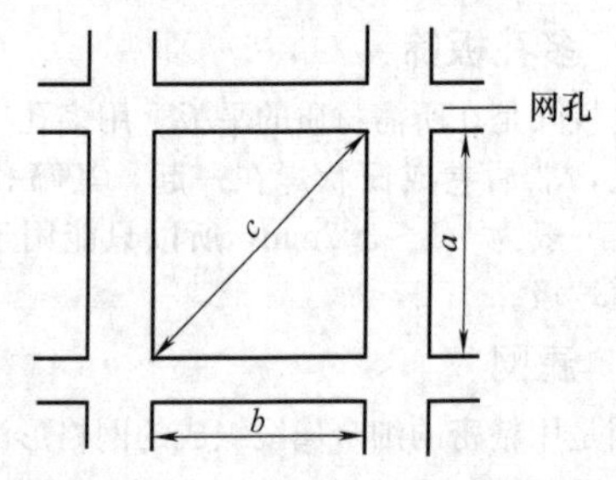

图 32-16 确定最大颗粒尺寸

32.5 过滤器的压降计算

一个 $DN40$ 的过滤器，其流量系数为 29，安装在 40mm 口径的管道上，蒸汽流量为 500kg/h，压力（表压）为 8bar，通过过滤器的压降可由经验公式 (32-2) 变换求得。

$$\dot{m}_s=12K_V p_1\sqrt{1-5.67(0.42-\chi)^2} \quad (32\text{-}2)$$

$$\chi=\frac{p_1-p_2}{p_1}$$

式中 $\dot{m}_s$——质量流量，kg/h；

K_V——流量系数；

χ——压降比率；

p_1——上游绝对压力，bar；

p_2——下游绝对压力，bar。

经过变形得到式 (32-3)。

$$\Delta p=p_1\left\{0.42-\sqrt{\frac{1}{5.67}\left[1-\left(\frac{\dot{m}_s}{12K_V p_1}\right)^2\right]}\right\} \quad (32\text{-}3)$$

其中 $\dot{m}_s=500$kg/h，$K_V=29$，$p_1=8$bar，计算得 $\Delta p=0.05$bar，也就是说压降仅为 0.5%。通过过滤器的压降也可以由 K_V 值或压降图确定。

32.6 过滤器选项

除了标准的过滤器，还有其他几种可供选择。

32.6.1 磁性内件

在篮式过滤器内可嵌入一些磁性物质，以便过滤掉小的铁屑。由于钢、铁部件的磨损在流体中会出现一些微小钢、铁粒子，这些粒子甚至能通过最为精细的滤网，因此需要嵌入磁性物质，设计上使得流速相对较低的流体全部通过这些磁性物质，并吸附住所有的金属粒子。通常这些磁性物质外部都包有一些像不锈钢这样的惰性材料以防腐蚀。

32.6.2 自洁式过滤器

自洁式过滤器也有多种，无须停机就能清理滤网上的杂质碎屑，可以人工清理，也可以自动清理。自动清理的过滤器既可以按时间自动清理，又可以按压降增加值自动清理。

32.6.3 机械型自洁式过滤器

可以使用机械刮片或者毛刷，在滤网表面刮扫。可以去掉滤网表面的任何杂质碎屑，清扫至过滤器底部的收集区内。

32.6.4 反冲洗型过滤器

流体倒流通过过滤网，需换位操作一组阀门使流体沿相反方向流过过滤器，经冲洗阀排出。反冲流体可以去除滤网上的任何杂质，并排放掉。

除去机械型和反冲洗型过滤器外，还有几种设计独特的过滤器滤网。较普遍的一种是金属叠片式过滤器（图 32-17），过滤部件由一些堆叠的圆盘片构成，盘片之间有间隔垫片，中间穿一根主轴杆把所有的盘片连在一起。间隔垫片的厚度决定了过滤精度，流体通过盘片间的间隙从元件外部流向中空的空心，杂质会被过滤到这些盘片的外缘表面。

当清洗过滤器时，旋转外面的手轮带动所有的盘片转动，而外面的清洁刀片是固定的，此时过滤在外边缘的杂质就被刀片刮掉了，并沿过滤元件上一条竖直的固定沟槽沉淀下来，由于没有流体流过这小部分区域，所以没有压力让杂质残留在元件上，自然落到过滤器底部的集槽内。

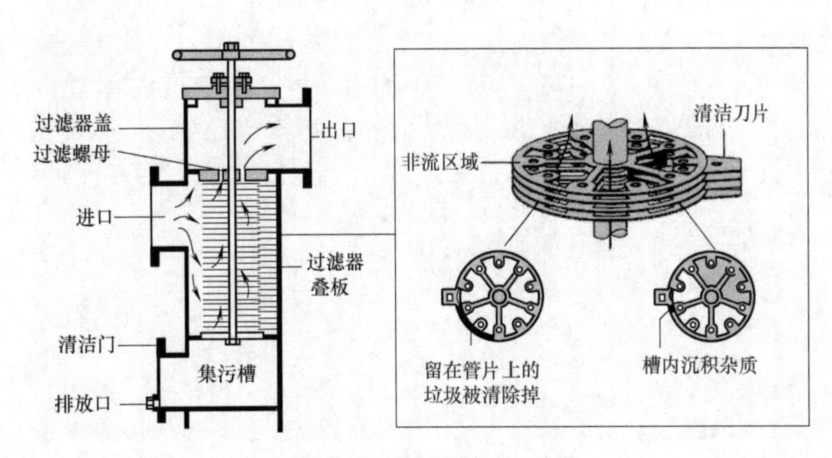

图 32-17　金属叠片式过滤器

参 考 文 献

[1]　徐宝东. 化工管路设计手册. 北京：化学工业出版社，2011.

[2]　斯派莎克工程（中国）有限公司. 蒸汽和冷凝水系统手册. 上海：上海科学技术文献出版社，2007.

[3]　HG/T 21637—1991. 化工管道过滤器.